现代干细胞与再生医学

主　编　庞希宁　徐国彤　付小兵
副主编　余　红　朱剑虹　蒋建新　金　颖
　　　　朱同玉　李　刚　周光前　施　萍
主　审　宋今丹　方福德

人民卫生出版社

图书在版编目（CIP）数据

现代干细胞与再生医学/庞希宁，徐国彤，付小兵
主编. —北京：人民卫生出版社，2017
　　ISBN 978-7-117-24682-8

　　Ⅰ.①现… Ⅱ.①庞…②徐…③付… Ⅲ.①干细
胞-关系-再生-生物医学工程-研究 Ⅳ.①Q24②R318

　　中国版本图书馆 CIP 数据核字（2017）第 142029 号

人卫智网	www.ipmph.com	医学教育、学术、考试、健康， 购书智慧智能综合服务平台
人卫官网	www.pmph.com	人卫官方资讯发布平台

现代干细胞与再生医学

主　　编：庞希宁　徐国彤　付小兵
出版发行：人民卫生出版社（中继线 010-59780011）
地　　址：北京市朝阳区潘家园南里 19 号
邮　　编：100021
E - mail：pmph @ pmph.com
购书热线：010-59787592　010-59787584　010-65264830
印　　刷：北京人卫印刷厂
经　　销：新华书店
开　　本：889×1194　1/16　　印张：45
字　　数：1457 千字
版　　次：2017 年 9 月第 1 版　2017 年 9 月第 1 版第 1 次印刷
标准书号：ISBN 978-7-117-24682-8/R·24683
定　　价：326.00 元

打击盗版举报电话：010-59787491　E -mail：WQ @ pmph.com
（凡属印装质量问题请与本社市场营销中心联系退换）

编者名单 （以姓氏笔画为序）

马　萍　中国医科大学附属第一医院
马兰兰　中国医科大学
王　娇　中国医科大学附属第四医院
王　哲　中国医科大学附属盛京医院
王　竞　中国医科大学附属第一医院
王　瑞　中国医科大学
王婧霭　暨南大学附属第一医院
王喜良　中国人民解放军第202医院
孔　珺　中国医科大学
田卫东　四川大学附属华西口腔医院
付小兵　中国人民解放军总医院生命科学院
朱同玉　复旦大学附属中山医院
朱剑虹　复旦大学附属华山医院
刘　刚　中国医科大学附属第一医院
刘　晶　中国医科大学附属第一医院
刘宏伟　暨南大学附属第一医院
刘晓玉　中国医科大学
齐国先　中国医科大学附属第一医院
苏　航　中国医科大学附属第一医院
李　刚　香港中文大学医学院
李　震　中国医科大学附属第四医院
李连宏　大连医科大学
李宏图　辽宁省计划生育科学研究院
李荣刚　复旦大学附属华山医院
李晓航　中国医科大学附属第一医院
杨　策　第三军医大学
肖新华　北京协和医院
吴　斌　中国医科大学附属第一医院

余　红　浙江大学附属第二医院
余丽梅　遵义医学院附属医院
张　易　复旦大学附属中山医院
张　涛　中国医科大学
张殿宝　中国医科大学
陈苑雯　暨南大学附属第一医院
范秋灵　中国医科大学附属第一医院
林学文　中国医科大学
金　颖　上海交通大学医学院
周光前　深圳大学医学院
庞希宁　中国医科大学
郎宏鑫　中国医科大学
孟　涛　中国医科大学附属第一医院
赵　卓　中国医科大学
赵　峰　中国医科大学
郝一文　中国医科大学附属第一医院
胡　苹　中国科学院上海生命科学研究院
施　萍　中国医科大学附属第一医院
姜方旭　澳大利亚西澳大利亚大学医学院
姜宜德　中国医科大学
洪登礼　上海交通大学医学院
徐国彤　同济大学医学院
郭维华　四川大学附属华西口腔医院
梁雨虹　深圳大学医学院
蒋建新　第三军医大学
程　飚　广州军区广州总医院
谭　爽　深圳大学医学院
谭丽萍　中国医科大学

支持项目:国家重点研发计划"生物医用材料研发与组织器官修复替代"重点专项(项目编号2017YFC1103300)

序

再生医学是一门研究组织器官受损后修复和再生的学科。20世纪80年代后，干细胞研究和组织工程学的快速发展，把再生医学提升到一个新的高峰，由此成为国际生物学和医学领域中备受关注的热点。

2014年Science杂志出版了《中国再生医学专刊》(Regenerative Medicine in China)，封面上印有中文"再生"二字，这是Science首次以专刊形式介绍中国再生医学研究的成就，是对我国再生医学研究成果的高度肯定。展望今后二三十年，我国干细胞与再生医学研究和应用将会有较大的突破，整体上将处于国际先进或领先水平，更多的患者必将从中受益。目前，我国干细胞与再生医学研究已形成自己的特色和优势，现已有较好的科学基础，临床转化初见成效，培养和引进了一批优秀的科技人才，建成了一些重要的研究平台和基地，但和先进国家比还有不少差距，如创新成果和转化力度不够、一些科研生产应用的法规尚不完善、经费投入不足等，这些都有待进一步解决。正是根据这种需求，针对这一新兴的热点领域，本书主编庞希宁教授、徐国彤教授和付小兵院士等，邀请国内外部分高校和科研单位的相关专家编写了这部专著，对于系统和全面反映近年来干细胞与再生医学领域的最新进展，开展广泛的学术技术交流，促进新理论、新技术以及新产品的开发和转化应用研究均具有重要意义。

本书内容包括从基础研究到临床应用的尝试。纵观各章，可以看到一系列的精彩展示，包括分子生物学、细胞生物学、发育生物学及与临床应用有关的有效工具和技术。这本书既介绍了干细胞与再生医学研究当前进展水平，也指出了今后有关的研究方向，还对干细胞与再生医学研究的设计提供了比较全面的概括。读者可以把这些有关干细胞与再生医学研究的信息，当作这项工作当前进展的一份报告。主编庞希宁教授在本书中总结干细胞研究的新进展，提出干细胞应包括通过旁分泌作用影响其他细胞的生物学特性，丰富了干细胞的概念。

中国工程院 院士 王正国

2017年1月 于重庆

前　言

目前,干细胞与再生医学已经成为各国政府、科技和企业界高度关注和大力投入的重要研究领域,成为代表国家科技实力的战略必争领域。

干细胞的自我更新和多向分化潜能特性使其在再生医学中占有核心地位。干细胞研究及其转化应用为许多重大疾病的有效治疗提供了新的途径,具有重要的科学意义,以及巨大的社会效益和经济效益。干细胞不仅可以用于组织器官的修复治疗,还将促进基因治疗、基因组与蛋白质组研究、系统生物学研究、发育生物学研究、新药开发与药效、毒性评估等领域的发展。

尽管中国在干细胞研究领域已经取得了长足的进步,获得了一批创新性研究成果,但在干细胞基础理论、核心技术及转化应用方面与美国等发达国家还存在一定差距,亟须国家在干细胞基础与转化方面持续加强投入与布局,整体提升我国在干细胞及其转化应用领域的核心竞争力。

我国在干细胞与再生医学领域经过多年发展,已经在细胞重编程、干细胞技术、特色性动物资源等领域打下了良好的基础。干细胞相关的研究论文与专利的国际排名大幅提升。但在干细胞转化研究领域的核心技术与成果则明显不足,目前尚无规范化的干细胞转化应用和干细胞相关产品面世。随着社会的发展,人类对干细胞及相关产品的安全性、有效性、可控性方面的需求日益迫切,以临床应用为目标的干细胞基础与转化研究已经成为新的研究热点。我国应凭借已具备的基础、人才与资源优势,合理布局干细胞及其转化应用研究,大力发展干细胞基础研发、技术、转化和产业,使我国能够占据干细胞基础研究及其转化应用的制高点,进一步增强我国在相关领域的国际竞争能力。

鉴于此,及时出版一部新的干细胞与再生医学专著,对于系统和全面反映我国及国外近年来在干细胞与再生医学相关领域的最新进展,对促进新理论、新技术的发展,以及新产品的开发和转化应用具有重要意义。

本书是在人民卫生出版2014年出版的全国高等学校创新教材《干细胞与再生医学》的基础上,由国内外从事该领域的主要专家和学者根据近年来国内外最新进展及自己研究相关工作编制而成。插图主要使用自行编绘的彩色插图。插图均由中国医科大学医学美术室刘丰和徐国成老师协助绘制完成,在此表示衷心感谢! 希望本书能够成为国内外从事该领域基础与临床研究的学者和专家的有益的参考书,可为基础研究和临床治疗提供一定的帮助。

干细胞与再生医学发展迅速,新的进展层出不穷。编者虽求新求全,但该书稿涉及的领域和专业范围比较广泛,在书稿的内容以及写作等方面可能存在不尽如人意之处,请大家批评指正。

庞希宁　徐国彤　付小兵

2017 年 1 月

目　录

第一章　干细胞与再生医学概述 ………………………………………………………… 1
　第一节　干细胞与再生医学的概念 …………………………………………………… 1
　　一、干细胞的概念 …………………………………………………………………… 1
　　二、再生医学的概念 ………………………………………………………………… 2
　　三、干细胞与再生医学在生命科学中的地位 ……………………………………… 3
　　四、干细胞与再生医学的研究意义和必要性 ……………………………………… 3
　　五、干细胞与再生医学的关键技术 ………………………………………………… 3
　第二节　干细胞与再生医学的发展历程 ……………………………………………… 3
　　一、干细胞的发展历程 ……………………………………………………………… 4
　　二、再生医学的发展历程 …………………………………………………………… 5
　　三、现代再生医学的三个重要发展阶段 …………………………………………… 6
　第三节　干细胞与再生医学研究现状 ………………………………………………… 7
　　一、干细胞研究现状 ………………………………………………………………… 7
　　二、再生医学研究现状 ……………………………………………………………… 7
　第四节　干细胞与再生医学发展趋势 ……………………………………………… 10
　第五节　干细胞与再生医学的产业化进程 ………………………………………… 12
　第六节　干细胞与再生医学的转化医学 …………………………………………… 13
　　一、转化医学研究流程及特点 …………………………………………………… 14
　　二、干细胞与再生医学是全新的转化医学 ……………………………………… 15
　　三、转化医学是干细胞与再生医学实践的桥梁 ………………………………… 15
　第七节　干细胞与再生医学发展目标 ……………………………………………… 15
　　一、干细胞研究发展目标 ………………………………………………………… 16
　　二、再生医学研究发展目标 ……………………………………………………… 17
　小结 …………………………………………………………………………………… 18
　参考文献 ……………………………………………………………………………… 19

第二章　干细胞生物学基础 …………………………………………………………… 21
　第一节　干细胞概述 ………………………………………………………………… 21
　　一、干细胞的分类 ………………………………………………………………… 22
　　二、干细胞的生物学特性 ………………………………………………………… 23
　　三、干细胞微龛 …………………………………………………………………… 25
　　四、干细胞应用发展趋势 ………………………………………………………… 26
　第二节　胚胎干细胞 ………………………………………………………………… 28
　　一、胚胎干细胞起源 ……………………………………………………………… 28
　　二、胚胎干细胞多分化潜能的表观遗传学基础 ………………………………… 28

三、胚胎干细胞的类型 ………………………………………………………………… 29

四、胚胎干细胞的生物学特性 ……………………………………………………… 31

五、胚胎干细胞的分离和扩增 ……………………………………………………… 33

六、胚胎干细胞不同的多能性状态 ………………………………………………… 34

七、胚胎干细胞的体外定向分化 …………………………………………………… 34

八、胚胎干细胞扩增后移植所伴随的风险 ………………………………………… 36

九、体细胞核移植囊胚获得设计"胚胎干细胞" …………………………………… 36

十、胚胎干细胞的应用 ……………………………………………………………… 37

第三节　诱导多能干细胞 ……………………………………………………………… 40

一、诱导多能干细胞系的建立及鉴定 ……………………………………………… 41

二、重编程体细胞到诱导多能干细胞 ……………………………………………… 42

三、诱导多能干细胞的研究方法 …………………………………………………… 42

四、iPS 细胞形成分子机制的研究 ………………………………………………… 45

五、诱导性多能干细胞定向分化 …………………………………………………… 46

六、诱导性多能干细胞的临床问题 ………………………………………………… 47

七、长期体外培养获得的类似胚胎干细胞 ………………………………………… 47

八、利用疾病建立诱导性多能细胞系模拟和研究重大疾病 ……………………… 48

九、诱导多能干细胞研究面临的挑战和应用前景 ………………………………… 50

第四节　成体干细胞 …………………………………………………………………… 52

一、成体干细胞研究与发展 ………………………………………………………… 53

二、成体干细胞的生物学特性 ……………………………………………………… 53

三、成体干细胞多分化潜能的机制 ………………………………………………… 54

四、成体干细胞分化潜能具有一定的局限性 ……………………………………… 55

五、年龄对成体细胞再生能力的影响 ……………………………………………… 55

六、成体干细胞的应用前景 ………………………………………………………… 58

第五节　间充质干细胞 ………………………………………………………………… 58

一、间充质干细胞的标准 …………………………………………………………… 59

二、间充质干细胞的分离培养和分化 ……………………………………………… 59

三、间充质干细胞的分化机制 ……………………………………………………… 59

四、诱导实验方法 …………………………………………………………………… 60

五、几种间充质干细胞 ……………………………………………………………… 61

六、间充质干细胞的临床应用 ……………………………………………………… 63

第六节　细胞重编程与再生 …………………………………………………………… 64

一、细胞重编程的分类 ……………………………………………………………… 65

二、细胞重编程机制 ………………………………………………………………… 65

三、细胞重编程的影响因素 ………………………………………………………… 66

四、细胞重编程的研究方法 ………………………………………………………… 66

五、细胞重编程方法的改进 ………………………………………………………… 67

六、重编程细胞的来源及其转化方向 ……………………………………………… 67

七、成体干细胞的转分化重编程 …………………………………………………… 69

第七节　上皮间充质转化与再生 ……………………………………………………… 71

一、上皮间充质转化的分型 ………………………………………………………… 71

二、上皮间充质转化的分子机制 …………………………………………………… 71

三、上皮间充质转化与创伤修复 …………………………………………………… 72

小结 ··· 72

参考文献 ·· 73

第三章 再生机制与策略 ···································· 77

第一节 再生发生的水平 ···································· 77

一、分子水平再生 ·· 78

二、细胞水平再生 ·· 78

三、组织水平再生 ·· 78

第二节 脊椎动物再生机制 ···································· 79

一、细胞再生长 ·· 79

二、已存在亲代细胞的再生 ······························ 80

三、成体干细胞激活 ······································ 80

第三节 细胞再生的微环境 ···································· 81

一、龛信号分子 ·· 82

二、信号转导通路 ·· 82

第四节 再生医学的研究方法 ·································· 86

一、再生的动物模型 ······································ 86

二、确定再生组织的细胞起源 ···························· 86

三、分析微环境调控细胞活性 ···························· 87

四、细胞成像和鉴定 ······································ 87

五、再生和纤维化的比较分析 ···························· 87

第五节 再生医学的策略 ···································· 87

一、化学和物理诱导的原位再生 ·························· 88

二、细胞移植 ·· 91

三、人工生物组织建立 ···································· 93

四、人造组织和器官的移植 ······························ 96

小结 ··· 97

参考文献 ··· 98

第四章 皮肤干细胞与再生医学 ···························· 107

第一节 皮肤组织的发育 ···································· 107

一、表皮的发育 ·· 107

二、真皮的发育 ·· 108

三、皮下组织的发育 ······································ 108

四、附属器的发育 ·· 108

第二节 人皮肤的组织结构 ···································· 109

一、表皮 ·· 110

二、真皮 ·· 112

三、皮下组织 ·· 113

四、附属器 ·· 113

五、皮肤血管 ·· 115

六、皮肤淋巴管 ·· 115

七、皮肤内的肌肉组织 ···································· 115

八、皮肤神经 ·· 115

第三节　表皮和毛发的维持性再生 115

一、表皮维持性再生 115

二、毛发维持性再生 116

三、皮脂腺维持性再生 118

四、指甲维持性再生 119

第四节　影响皮肤发育和再生的因素 119

一、影响皮肤发育和再生的基因 119

二、影响皮肤发育和再生的信号 121

三、miRNA 与皮肤再生 122

第五节　皮肤干细胞 126

一、表皮干细胞 126

二、真皮干细胞 128

三、汗腺干细胞 128

四、毛囊干细胞 129

第六节　皮肤干细胞在细胞治疗中的应用 132

一、表皮来源干细胞应用 132

二、真皮来源干细胞应用 133

三、毛囊干细胞的应用 133

四、诱导体细胞去分化为干细胞应用 135

五、诱导性多潜能干细胞应用 136

第七节　皮肤干细胞的应用前景 137

一、在皮肤组织工程以及基因治疗中的应用 137

二、在神经样分化中的应用 139

三、在形成脉管系统中的应用 139

四、在胰岛分化中的应用 140

五、在造血系统中的应用 140

六、在骨缺损方面的应用 140

小结 140

参考文献 141

第五章　皮肤伤口修复 146

第一节　创面愈合与纤维化修复 146

一、创面愈合 146

二、纤维化 146

三、皮肤伤口纤维化修复的过程 147

第二节　皮肤伤口再生 147

一、止血 148

二、炎症反应 148

三、结构性修复 149

四、皮肤修复过程中创口收缩的作用 155

五、损伤修复过程中分子的分析比较 155

第三节　皮肤伤口炎症反应与瘢痕 156

一、胎儿皮肤的无瘢痕愈合 156

二、皮肤激光治疗的无瘢痕愈合 158

三、文身的无瘢痕愈合 ·· 158
第四节 TGF-β/Smads 信号转导通路与 microRNA 相互作用 ················· 159
一、TGF-β/Smads 转导通路对 microRNA 的调控作用 ····················· 159
二、MicroRNA 参与 TGF-β/Smads 转导通路对疾病的影响 ·············· 159
三、MicroRNA 在 TGF-β/Smads 信号转导通路调控过程中发挥重要作用 ·· 160
第五节 伤口修复 ··· 161
一、急性伤口的修复 ··· 161
二、慢性伤口的修复 ··· 166
小结 ·· 169
参考文献 ·· 171

第六章 眼干细胞与再生医学 ·· 173
第一节 视网膜的发生发育 ··· 174
一、视网膜发生发育的重要调控因子 ·· 174
二、视网膜的结构 ·· 176
三、视网膜再生的基础 ··· 178
四、视网膜干细胞 ·· 179
五、视网膜前体细胞 ··· 180
六、视网膜细胞转分化与再生 ·· 182
七、利用干细胞再生修复视网膜 ··· 183
八、细胞移植治疗视网膜疾病进展 ·· 188
第二节 晶状体再生 ·· 191
一、人晶状体结构 ·· 191
二、虹膜色素上皮细胞去分化和增殖 ·· 192
三、去分化细胞向晶状体纤维转分化 ·· 192
四、晶状体再生与背侧虹膜 ··· 193
五、眼中晶状体再生的抑制 ··· 194
六、哺乳动物晶状体的再生能力 ··· 194
第三节 角膜干细胞与再生 ··· 195
一、角膜的发育 ··· 195
二、角膜上皮的再生 ··· 197
三、角膜基质不能再生 ··· 198
四、损伤诱导的角膜再生受上皮-基质相互作用调节 ··································· 198
五、角膜干细胞 ··· 198
六、角膜干细胞与再生 ··· 201
小结 ·· 204
参考文献 ·· 205

第七章 中枢神经干细胞与再生医学 ·· 211
第一节 神经发育与组织结构 ·· 211
一、神经系统的发育 ··· 212
二、神经系统的基本组成 ·· 212
三、神经细胞基本类型 ··· 212
四、基本神经元结构 ··· 213

第二节　神经干细胞 ………………………………………………………………………… 214
　　一、神经干细胞类型 …………………………………………………………………… 215
　　二、神经干细胞的分布 ………………………………………………………………… 216
　　三、神经干细胞分化与成熟 …………………………………………………………… 222
　　四、神经再生的分子标志物 …………………………………………………………… 227
　　五、神经轴突生长与髓鞘形成 ………………………………………………………… 227
　　六、神经干细胞的代谢 ………………………………………………………………… 228
第三节　脊髓损伤与再生 …………………………………………………………………… 229
　　一、哺乳动物脊髓损伤与再生 ………………………………………………………… 230
　　二、两栖类动物脊髓横断性损伤与再生 ……………………………………………… 235
　　三、鱼类脊髓横断性损伤与再生 ……………………………………………………… 237
　　四、蜥蜴脊髓尾端横断与再生 ………………………………………………………… 237
第四节　神经干细胞治疗中枢神经损伤 …………………………………………………… 238
　　一、神经干细胞治疗颅脑损伤 ………………………………………………………… 239
　　二、神经干细胞治疗脊髓损伤 ………………………………………………………… 239
第五节　神经干细胞治疗神经退行性疾病 ………………………………………………… 246
　　一、神经干细胞治疗帕金森病 ………………………………………………………… 247
　　二、神经干细胞治疗亨廷顿舞蹈症 …………………………………………………… 250
　　三、神经干细胞治疗肌萎缩侧索硬化 ………………………………………………… 252
　　四、神经干细胞治疗阿尔茨海默病 …………………………………………………… 255
　　五、神经干细胞治疗神经退行性疾病的前景 ………………………………………… 256
第六节　胶质瘤 ……………………………………………………………………………… 256
第七节　脑卒中 ……………………………………………………………………………… 258
第八节　问题和展望 ………………………………………………………………………… 258
小结 …………………………………………………………………………………………… 259
参考文献 ……………………………………………………………………………………… 262

第八章　周围神经干细胞与再生医学 ……………………………………………………… 267
第一节　周围神经发育和组织结构 ………………………………………………………… 267
　　一、周围神经组织的发育 ……………………………………………………………… 267
　　二、周围神经的组织结构 ……………………………………………………………… 268
　　三、周围神经的生理 …………………………………………………………………… 268
第二节　周围神经干细胞 …………………………………………………………………… 269
　　一、神经嵴 ……………………………………………………………………………… 270
　　二、神经嵴干细胞 ……………………………………………………………………… 273
第三节　周围神经干细胞与再生医学 ……………………………………………………… 282
　　一、神经干细胞治疗周围神经损伤 …………………………………………………… 282
　　二、神经嵴干细胞的治疗应用 ………………………………………………………… 283
　　三、影响神经嵴干细胞在再生医学中应用的相关因素 ……………………………… 284
　　四、神经嵴干细胞与组织工程 ………………………………………………………… 285
小结 …………………………………………………………………………………………… 286
参考文献 ……………………………………………………………………………………… 287

第九章　肺脏干细胞与再生医学 …………………………………………………………… 288

第一节 肺的发育 ……………………………………………………………… 288
　　一、肺发育分期 ………………………………………………………… 288
　　二、肺发育的调控机制 ………………………………………………… 289
第二节 肺上皮的再生 ………………………………………………………… 291
　　一、肺脏的结构和功能 ………………………………………………… 291
　　二、肺泡上皮的再生 …………………………………………………… 292
第三节 肺组织干/祖细胞 …………………………………………………… 292
　　一、常见的肺组织干细胞 ……………………………………………… 293
　　二、调控肺组织干细胞生物学特性的重要分子 ……………………… 298
　　三、调控肺组织干细胞生物学特性的重要信号通路 ………………… 300
　　四、独特的细胞亚群在呼吸道不同部分再生为上皮 ………………… 301
　　五、调节上皮再生的壁龛信号 ………………………………………… 302
　　六、人肺组织多能间充质干细胞 ……………………………………… 302
第四节 气管和肺的再生治疗 ………………………………………………… 302
　　一、气管的再生治疗 …………………………………………………… 302
　　二、肺脏的再生治疗 …………………………………………………… 304
第五节 肺组织干细胞与肺疾病 ……………………………………………… 305
　　一、慢性阻塞性肺疾病 ………………………………………………… 305
　　二、肺囊性纤维化 ……………………………………………………… 305
　　三、哮喘 ………………………………………………………………… 305
　　四、闭塞性细支气管炎 ………………………………………………… 305
　　五、急性肺损伤 ………………………………………………………… 306
第六节 参与修复肺组织损伤干细胞 ………………………………………… 306
　　一、肺外干/祖细胞参与修复肺组织损伤 …………………………… 306
　　二、肺内干/祖细胞参与修复肺组织损伤 …………………………… 307
　　三、药物对损伤肺组织修复与再生的影响 …………………………… 309
　　四、生物人工肺替代治疗修复肺功能 ………………………………… 310
小结 …………………………………………………………………………… 311
参考文献 ……………………………………………………………………… 312

第十章 造血干细胞与再生医学 ……………………………………………… 314
第一节 造血组织的发育 ……………………………………………………… 314
　　一、骨髓造血组织 ……………………………………………………… 314
　　二、髓外造血组织结构与功能 ………………………………………… 318
第二节 造血干细胞 …………………………………………………………… 319
　　一、造血干细胞的生物学特性 ………………………………………… 319
　　二、造血干细胞的命运决定 …………………………………………… 321
第三节 造血干细胞的调控 …………………………………………………… 323
　　一、转录因子对造血的调控 …………………………………………… 323
　　二、细胞因子及其受体对造血干细胞的调控 ………………………… 326
　　三、造血干细胞自我更新的调控 ……………………………………… 327
　　四、造血干细胞分化的调控 …………………………………………… 328
第四节 造血微环境 …………………………………………………………… 329
　　一、微环境组成成分 …………………………………………………… 330

二、短期造血干细胞的动员和交感神经系统的作用 ································· 332
第五节 造血疾病的治疗 ··· 332
一、造血干细胞移植历史 ··· 332
二、移植用造血干细胞来源 ·· 333
三、造血干细胞移植的骨髓微环境结构基础 ·· 333
四、造血干细胞移植的主要步骤 ·· 334
五、造血干细胞移植的医学应用 ·· 335
六、骨髓移植的方法 ··· 336
七、遗传缺陷性疾病的基因治疗 ·· 340
小结 ··· 342
参考文献 ··· 342

第十一章 心脏干细胞与再生医学 ·· 347
第一节 模式动物的心脏再生 ·· 347
一、蝾螈的心脏再生 ··· 347
二、斑马鱼的心脏再生 ·· 348
第二节 哺乳动物的心脏再生 ·· 349
一、心肌细胞的自我更新 ··· 349
二、心脏再生能力的有限性 ·· 350
第三节 心脏干细胞 ·· 351
一、心脏干细胞的发现 ·· 351
二、心脏干细胞的种类 ·· 352
三、心脏干细胞归巢 ··· 353
四、心脏再生的调节 ··· 354
第四节 心肌梗死再生治疗 ··· 357
一、细胞移植 ··· 358
二、可溶性因子 ·· 362
三、生物人工心肌 ··· 363
第五节 其他心脏疾病的再生治疗 ·· 367
一、慢性心功能衰竭的细胞移植治疗 ·· 367
二、心肌病的再生治疗 ·· 368
三、瓣膜性心脏病的再生治疗 ··· 368
小结 ··· 369
参考文献 ··· 370

第十二章 血管干细胞与再生医学 ·· 374
第一节 血管发育 ·· 374
一、原始心血管系统形成 ··· 374
二、血管重塑 ··· 374
第二节 血管再生 ·· 375
一、血管再生过程 ··· 376
二、血管再生策略 ··· 378
第三节 血管损伤的治疗 ··· 381
一、种子细胞 ··· 381

二、支架材料 ·· 381

三、干/祖细胞移植与细胞因子治疗 ··· 385

小结 ··· 388

参考文献 ·· 388

第十三章　胰腺干细胞与再生医学 ·· 390

第一节　胰腺的发育 ·· 390

一、胰腺发育的过程 ·· 390

二、胰腺发育的调节 ·· 391

第二节　胰腺结构和功能 ·· 392

一、胰腺的结构 ·· 393

二、胰岛细胞及功能 ·· 393

第三节　胰腺 β 细胞的再生 ··· 393

一、胰腺再生模型 ··· 393

二、胰腺 β 细胞的再生来源于局部胰腺切除术的母细胞 ··············· 393

三、生理和病理生理过程中 β 细胞的再生 ······························· 395

四、干细胞或非 β 细胞可再生出 β 细胞 ··································· 395

第四节　胰腺干细胞 ·· 397

一、胰腺祖细胞是干细胞 ·· 397

二、胰岛祖细胞是干细胞 ·· 398

第五节　胰腺的再生治疗 ·· 398

一、治疗 1 型糖尿病和某些类型 2 型糖尿病的战略 ····················· 399

二、糖尿病小鼠的自身免疫抑制和残余 β 细胞的再生 ················· 400

三、临床胰岛移植 ··· 401

四、实验动物的 β 细胞移植 ··· 402

五、基因治疗和原位腺泡细胞的转分化 ······································ 405

六、生物人工胰腺 ··· 405

小结 ··· 407

参考文献 ·· 408

第十四章　肝脏干细胞与再生医学 ·· 410

第一节　肝脏的发育 ·· 410

一、肝脏的形成 ·· 410

二、肝脏发育与 EMT ·· 413

第二节　肝脏的再生 ·· 413

一、肝脏的结构和功能 ·· 413

二、肝脏有极强的再生功能 ··· 414

三、肝脏再生的主要方式是代偿性增生 ······································ 414

四、肝再生与 EMT ··· 418

第三节　肝脏干细胞 ·· 419

一、肝干细胞生物学特性 ·· 419

二、肝干细胞与损伤诱导的再生 ··· 420

三、肝细胞大小与再生潜力的异质性 ··· 421

四、肝脏具有辅助再生干细胞 ·· 421

第四节　肝脏的再生治疗 ………………………………………………………………………… 422
　　一、药物治疗 ……………………………………………………………………………………… 422
　　二、肝细胞移植 …………………………………………………………………………………… 423
　　三、肝细胞移植细胞的新来源 …………………………………………………………………… 424
　　四、生物人工肝 …………………………………………………………………………………… 424
小结 ……………………………………………………………………………………………………… 426
参考文献 ………………………………………………………………………………………………… 427

第十五章　肠干细胞与再生医学 …………………………………………………………………… 428
第一节　肠上皮的再生 ………………………………………………………………………………… 428
　　一、肠道的结构 …………………………………………………………………………………… 428
　　二、肠干细胞和微龛 ……………………………………………………………………………… 429
第二节　肠绒毛的再生 ………………………………………………………………………………… 430
　　一、横断肠的再生 ………………………………………………………………………………… 431
　　二、短暂扩增细胞的增殖、迁移和分化 ………………………………………………………… 431
第三节　食管和肠再生医学 …………………………………………………………………………… 432
　　一、食管再生 ……………………………………………………………………………………… 432
　　二、肠管再生 ……………………………………………………………………………………… 432
小结 ……………………………………………………………………………………………………… 434
参考文献 ………………………………………………………………………………………………… 434

第十六章　肾干细胞与再生医学 …………………………………………………………………… 436
第一节　肾发育 ………………………………………………………………………………………… 436
第二节　肾小管上皮的再生 …………………………………………………………………………… 439
　　一、肾单位的结构和功能 ………………………………………………………………………… 439
　　二、肾小管上皮细胞通过 EMT/MET 再生 ……………………………………………………… 441
　　三、鱼能通过干细胞调控肾单位 ………………………………………………………………… 442
第三节　肾干细胞微龛 ………………………………………………………………………………… 442
第四节　肾干细胞与骨髓干细胞 ……………………………………………………………………… 444
第五节　肾再生的其他干细胞来源 …………………………………………………………………… 445
　　一、胚胎干细胞 …………………………………………………………………………………… 445
　　二、诱导性多能干细胞 …………………………………………………………………………… 446
　　三、间充质干细胞 ………………………………………………………………………………… 446
第六节　肾和肾导管的再生疗法 ……………………………………………………………………… 447
　　一、肾的再生疗法 ………………………………………………………………………………… 447
　　二、肾导管组织的再生疗法 ……………………………………………………………………… 448
第七节　由干细胞培育出的全新肾 …………………………………………………………………… 450
第八节　建立自体间充质干细胞来源的自体肾 ……………………………………………………… 451
　　一、应用人间充质干细胞和后续培养系统建立肾单位 ………………………………………… 451
　　二、人造肾产尿功能 ……………………………………………………………………………… 452
　　三、其他肾功能的获得 …………………………………………………………………………… 452
小结 ……………………………………………………………………………………………………… 454
参考文献 ………………………………………………………………………………………………… 454

第十七章　骨骼干细胞与再生医学 456
第一节　骨骼的发育 456
一、膜内成骨 456
二、软骨内成骨 457
三、骨重建 457
第二节　调控骨生长与重建作用机制 458
一、调控骨生长和重建的全身性因素 458
二、局部调控因子及其作用机制 459
第三节　调控软骨细胞分化及其分子机制 461
第四节　骨骼的再生 462
一、骨组织的主要细胞类型及功能 463
二、骨骼的维持性再生 464
第五节　软骨内成骨方式的骨折修复 468
一、细胞修复过程 468
二、骨折修复过程中软骨分化的分子调控 468
第六节　骨折不连和临界间隙骨缺损的再生治疗 470
一、骨折不连和骨切开术 470
二、临界性骨缺损间隙 470
三、基于伊利扎诺夫牵引技术的骨延长 473
四、用身体作为骨骼结构再生的生物反应器 474
小结 474
参考文献 475

第十八章　软骨干细胞与再生医学 487
第一节　软骨细胞发育 487
一、软骨细胞 487
二、软骨基质 488
三、软骨纤维 488
第二节　软骨的组织学结构 489
一、软骨组织的结构特点 489
二、软骨的生长方式 490
三、椎间盘的构成及组织学特点 490
第三节　软骨细胞分化及其分子调控机制 490
一、退行性骨关节炎相关再生生物学问题 491
二、椎间盘退行性病变相关再生生物学问题 491
第四节　软骨组织的再生医学 492
一、软骨缺损模型 492
二、骨关节炎动物模型 492
三、基于细胞移植的软骨损伤再生修复技术 492
第五节　关节软骨和半月板的修复 493
一、关节软骨的修复 493
二、半月板的修复 494
第六节　关节软骨的再生治疗 495
一、软骨损伤的类型 495

二、外科修复 …………………………………………………………………………………… 495

三、生长因子和无细胞生物材料及其复合物介导的治疗 ……………………………………… 495

四、细胞移植 …………………………………………………………………………………… 496

五、生物人工合成关节软骨 …………………………………………………………………… 498

第七节　半月板的再生治疗 …………………………………………………………………… 499

一、半月板的同种异体移植 …………………………………………………………………… 499

二、无细胞支架和生物人工半月板 …………………………………………………………… 499

小结 ……………………………………………………………………………………………… 500

参考文献 ………………………………………………………………………………………… 501

第十九章　肌和肌腱干细胞与再生医学 …………………………………………………………… 505

第一节　肌和肌腱发育 ………………………………………………………………………… 505

第二节　肌和肌腱干细胞 ……………………………………………………………………… 506

一、肌和肌腱干细胞的发现 …………………………………………………………………… 506

二、卫星细胞 …………………………………………………………………………………… 506

三、卫星细胞的增殖和分化 …………………………………………………………………… 507

四、卫星细胞的调控 …………………………………………………………………………… 508

五、具有肌肉分化潜能的其他成体干细胞 …………………………………………………… 509

六、血管内具有肌肉分化潜能的成体干细胞 ………………………………………………… 509

第三节　骨骼肌的再生 ………………………………………………………………………… 510

一、骨骼肌结构 ………………………………………………………………………………… 510

二、卫星细胞主导肌肉组织的再生 …………………………………………………………… 510

三、卫星细胞提供肌肉再生的必要和充分条件 ……………………………………………… 511

四、骨骼肌再生的细胞和分子机制 …………………………………………………………… 511

五、调控卫星细胞的信号机制 ………………………………………………………………… 512

六、肌小管分化的调控 ………………………………………………………………………… 514

七、表观遗传学机制调控肌干细胞与肌肉发育、再生和疾病过程 …………………………… 515

八、正常肌肉再生需要肌张力和神经支配 …………………………………………………… 515

第四节　肌腱与韧带的修复 …………………………………………………………………… 516

第五节　肌、肌腱和韧带组织的再生医学 …………………………………………………… 517

一、骨骼肌的再生治疗 ………………………………………………………………………… 517

二、生物人工肌肉 ……………………………………………………………………………… 519

第六节　肌腱与韧带的再生治疗 ……………………………………………………………… 520

一、肌腱的再生治疗 …………………………………………………………………………… 520

二、韧带的再生治疗 …………………………………………………………………………… 521

小结 ……………………………………………………………………………………………… 522

参考文献 ………………………………………………………………………………………… 523

第二十章　牙干细胞与再生医学 …………………………………………………………………… 526

第一节　牙齿的发育 …………………………………………………………………………… 526

一、釉质发育 …………………………………………………………………………………… 527

二、牙髓-牙本质复合体发育 ………………………………………………………………… 531

三、牙周膜-牙骨质复合体发育 ……………………………………………………………… 533

第二节　牙组织再生 …………………………………………………………………………… 535

一、哺乳动物牙齿及牙周结构 ………………………………………………………… 535
二、有尾两栖动物颌面与牙的再生 …………………………………………………… 537
三、釉质再生 …………………………………………………………………………… 537
四、牙髓-牙本质复合体再生 ………………………………………………………… 538
五、牙周膜-牙骨质复合体再生 ……………………………………………………… 543
六、生物牙根再生 ……………………………………………………………………… 545
第三节　牙源性干细胞分化 ……………………………………………………………… 548
一、牙源性干细胞与神经分化 ………………………………………………………… 548
二、牙源性干细胞与骨髓间充质干细胞 ……………………………………………… 549
三、牙源性干细胞成神经分化及修复损伤神经组织机制 …………………………… 550
第四节　牙及牙周组织的再生治疗 ……………………………………………………… 550
小结 …………………………………………………………………………………………… 550
参考文献 …………………………………………………………………………………… 551

第二十一章　乳腺干细胞与再生医学 ………………………………………………… 554
第一节　乳腺的发育 ……………………………………………………………………… 554
一、乳腺的胚胎发育阶段 ……………………………………………………………… 554
二、出生后乳腺发育 …………………………………………………………………… 557
三、月经周期乳腺 ……………………………………………………………………… 557
四、妊娠期乳腺 ………………………………………………………………………… 558
五、哺乳期乳腺 ………………………………………………………………………… 559
六、绝经期乳腺 ………………………………………………………………………… 560
第二节　乳腺形态结构 …………………………………………………………………… 560
一、乳腺的外表结构 …………………………………………………………………… 560
二、乳腺的组织结构 …………………………………………………………………… 560
三、乳腺的血管 ………………………………………………………………………… 560
四、乳腺的神经支配 …………………………………………………………………… 561
五、乳腺的淋巴回流 …………………………………………………………………… 561
第三节　乳腺干细胞 ……………………………………………………………………… 562
一、乳腺干细胞的存在与起源 ………………………………………………………… 562
二、乳腺干细胞的细胞表面标记 ……………………………………………………… 562
三、乳腺干细胞的鉴定 ………………………………………………………………… 563
四、乳腺干细胞特性与再生 …………………………………………………………… 565
五、乳腺再生的调控 …………………………………………………………………… 568
第四节　乳腺干细胞与再生医学 ………………………………………………………… 571
一、乳腺正常组织学特征与再生 ……………………………………………………… 571
二、乳腺干细胞与乳腺再生 …………………………………………………………… 571
三、乳腺脂肪再生 ……………………………………………………………………… 572
四、乳腺发育与激素水平 ……………………………………………………………… 573
五、乳腺干细胞与乳腺再生及癌变 …………………………………………………… 573
六、乳腺再生医学与临床应用 ………………………………………………………… 574
小结 …………………………………………………………………………………………… 575
参考文献 …………………………………………………………………………………… 576

第二十二章　生殖腺干细胞与再生医学 …………………………………………………… 578

第一节　生殖腺的发育与生殖细胞的发生 …………………………………………… 578
一、生殖腺的发育 …………………………………………………………………………… 578
二、精子的发生 ……………………………………………………………………………… 580
三、卵子的发生 ……………………………………………………………………………… 585

第二节　生殖干细胞 …………………………………………………………………… 589
一、精原干细胞 ……………………………………………………………………………… 589
二、卵巢生殖腺干细胞 ……………………………………………………………………… 590

第三节　生殖腺干细胞与再生医学 …………………………………………………… 591
一、生殖腺的再生能力 ……………………………………………………………………… 591
二、精原干细胞移植和不育症的治疗 ……………………………………………………… 591
三、卵巢生殖腺干细胞和卵巢组织移植 …………………………………………………… 592

小结 …………………………………………………………………………………………… 593
参考文献 ……………………………………………………………………………………… 594

第二十三章　脂肪干细胞与再生医学 ………………………………………………… 598

第一节　脂肪源性干细胞的生物学特性 …………………………………………… 598
一、脂肪源性干细胞的表型 ………………………………………………………………… 599
二、脂肪源性干细胞的可塑性 ……………………………………………………………… 599
三、脂肪源性干细胞免疫学特性 …………………………………………………………… 599
四、脂肪源性干细胞的组织学定位 ………………………………………………………… 600

第二节　脂肪源性干细胞获取和培养及扩增 ……………………………………… 600
一、脂肪组织的获取 ………………………………………………………………………… 600
二、脂肪源性干细胞的分离 ………………………………………………………………… 601
三、原代脂肪源性干细胞体外培养和扩增 ………………………………………………… 601

第三节　脂肪源性干细胞在组织修复与再生中的应用 …………………………… 603
一、血管再生 ………………………………………………………………………………… 603
二、脂肪组织再生 …………………………………………………………………………… 603
三、神经系统的再生 ………………………………………………………………………… 604
四、肾损伤的修复 …………………………………………………………………………… 604
五、造血作用 ………………………………………………………………………………… 605
六、皮肤年轻化和瘢痕的改善 ……………………………………………………………… 605
七、慢性创面的治疗 ………………………………………………………………………… 606
八、骨与关节的修复 ………………………………………………………………………… 606

第四节　脂肪源性干细胞临床转化应用中需要解决的问题 ……………………… 607
一、脂肪源性干细胞产品的管理 …………………………………………………………… 607
二、脂肪源性干细胞生产应遵循的质量控制标准 ………………………………………… 608
三、脂肪源性干细胞和 SVF 细胞生产过程中防止病原微生物污染的措施 …………… 608
四、脂肪源性干细胞分离过程中对酶和相关试剂的要求 ………………………………… 608
五、脂肪源性干细胞生产取材过程中有关供区、年龄和性别的考虑 …………………… 609
六、脂肪源性干细胞低温贮藏需要解决的问题 …………………………………………… 609
七、脂肪源性干细胞产品运输可能带来的问题 …………………………………………… 609
八、脂肪源性干细胞临床应用过程中安全性的问题 ……………………………………… 610

小结 …………………………………………………………………………………………… 610

参考文献 ……………………………………………………………………………… 611

第二十四章　脐带血干细胞与再生医学 …………………………………………… 613
第一节　人脐带血造血干细胞的发现 ………………………………………………… 613
第二节　脐带血干细胞生物学特性 …………………………………………………… 614
　一、脐带血干细胞的采集 …………………………………………………………… 614
　二、脐带血干细胞的冻存 …………………………………………………………… 615
　三、脐带血干细胞的生物学和免疫学特性 ………………………………………… 615
第三节　脐带血干细胞的体外扩增技术 ……………………………………………… 619
　一、细胞因子的合理组合 …………………………………………………………… 619
　二、培养基的选择 …………………………………………………………………… 619
　三、体外扩增的脐带血在临床中的应用 …………………………………………… 619
第四节　脐带血干细胞库 ……………………………………………………………… 620
　一、建立脐带干细胞血库基本条件 ………………………………………………… 620
　二、脐带血干细胞库分类 …………………………………………………………… 620
　三、人脐带血造血干细胞库应用前景 ……………………………………………… 620
第五节　脐带血源造血干细胞临床应用 ……………………………………………… 620
　一、治疗血液系统疾病 ……………………………………………………………… 621
　二、治疗免疫缺陷性疾病 …………………………………………………………… 622
　三、治疗自身代谢缺陷性疾病 ……………………………………………………… 622
　四、治疗中枢神经系统疾病 ………………………………………………………… 622
　五、治疗肝硬化 ……………………………………………………………………… 622
　六、治疗糖尿病足 …………………………………………………………………… 624
第六节　脐带血源间充质干细胞的临床应用 ………………………………………… 624
　一、急性呼吸窘迫综合征 …………………………………………………………… 624
　二、修复创伤后的神经病变 ………………………………………………………… 624
　三、肿瘤治疗 ………………………………………………………………………… 624
　四、1 型糖尿病 ……………………………………………………………………… 625
　五、创伤修复 ………………………………………………………………………… 625
第七节　脐带血源其他干/祖细胞的干细胞的临床应用 …………………………… 626
小结 ……………………………………………………………………………………… 626
参考文献 ………………………………………………………………………………… 627

第二十五章　羊水干细胞与再生医学 …………………………………………… 629
第一节　羊水的生物学特性 …………………………………………………………… 629
　一、羊水的来源 ……………………………………………………………………… 629
　二、羊水的吸收 ……………………………………………………………………… 630
　三、母体、胎儿和羊水间的液体平衡 ……………………………………………… 630
　四、羊水量、细胞和性状及成分 …………………………………………………… 630
第二节　羊水干细胞 …………………………………………………………………… 631
　一、羊水干细胞的获取 ……………………………………………………………… 631
　二、羊水干细胞的细胞周期与细胞核型分析 ……………………………………… 632
　三、羊水干细胞的特点及鉴定 ……………………………………………………… 632
　四、羊水干细胞的分化 ……………………………………………………………… 633

五、羊水细胞与其他干细胞的比较 ·· 633
第三节　羊水细胞在再生医学中的应用 ·· 634
小结 ·· 637
参考文献 ·· 637

第二十六章　羊膜干细胞与再生医学 ·· 640
第一节　羊膜的发育及组织结构 ·· 640
一、羊膜的发育 ·· 640
二、羊膜的组织结构和功能 ·· 640
三、羊膜的超微结构和特征 ·· 641
四、羊膜的生物学特性和功能 ·· 642
五、羊膜的免疫学特性 ·· 643
六、人羊膜对皮肤创伤修复作用 ·· 644
第二节　羊膜间充质干细胞 ·· 645
一、人羊膜间充质细胞的分离和培养 ·· 645
二、人羊膜间充质干细胞的形态 ·· 645
三、人羊膜间充质干细胞的超微结构 ·· 647
四、人羊膜间充质干细胞的鉴定 ·· 648
五、人羊膜间充质干细胞的免疫学特性 ·· 648
六、人羊膜间充质干细胞的分化 ·· 649
七、人羊膜间充质干细胞增殖和细胞周期 ·· 649
八、人羊膜间充质干细胞的核型分析 ·· 650
九、人羊膜间充质干细胞的基因表达谱 ·· 651
十、人羊膜间充质干细胞的磁性纳米颗粒标记 ·· 654
十一、人羊膜间充质干细胞对小鼠皮肤创伤愈合的作用 ···································· 655
第三节　羊膜上皮干细胞 ·· 656
一、人羊膜上皮干细胞的分离方法 ·· 656
二、人羊膜上皮干细胞的形态 ·· 657
三、人羊膜上皮干细胞的细胞增殖和细胞周期 ·· 657
四、人羊膜上皮干细胞的超微结构 ·· 657
五、人羊膜上皮干细胞的表面标记 ·· 657
六、人羊膜上皮干细胞具有类似胚胎干细胞的生物学特性 ···································· 658
七、人羊膜上皮干细胞具有移植免疫耐受特点 ·· 658
八、人羊膜上皮干细胞缺乏端粒酶 ·· 660
九、人羊膜上皮干细胞的诱导分化 ·· 660
第四节　羊膜组织与再生医学 ·· 662
一、羊膜临床应用历史与发展 ·· 662
二、羊膜组织与再生 ·· 663
三、羊膜的再生 ·· 663
四、羊膜的应用 ·· 664
第五节　羊膜干细胞与再生医学 ·· 666
一、羊膜间充质干细胞与再生医学 ·· 666
二、羊膜上皮干细胞与再生医学 ·· 667
小结 ·· 667

参考文献 ………………………………………………………………………………… 668

第二十七章　附肢再生 …………………………………………………………………… 673
　第一节　有尾目动物肢体再生 …………………………………………………………… 673
　　一、肢体再生过程 ……………………………………………………………………… 673
　　二、芽基的来源 ………………………………………………………………………… 674
　　三、芽基的形成机制 …………………………………………………………………… 674
　　四、芽基细胞增殖 ……………………………………………………………………… 677
　　五、芽基模式的形成机制 ……………………………………………………………… 681
　　六、近远轴的模式形成 ………………………………………………………………… 684
　第二节　成体青蛙、鸟类和哺乳动物肢体再生的抑制因素 …………………………… 686
　　一、无尾类的蝌蚪缺乏肢体再生与基因表达模式的空间缺陷相关 ………………… 686
　　二、解释无尾类蝌蚪再生缺乏的假说 ………………………………………………… 687
　第三节　哺乳动物的附肢再生 …………………………………………………………… 688
　　一、兔和啮齿类的耳组织 ……………………………………………………………… 688
　　二、鹿角的再生 ………………………………………………………………………… 689
　　三、小鼠和人指尖的再生 ……………………………………………………………… 690
　第四节　刺激无尾目类动物和哺乳类动物的附肢再生 ………………………………… 691
　　一、刺激青蛙肢体的再生 ……………………………………………………………… 691
　　二、小鼠指（趾）尖再生 ……………………………………………………………… 691
　第五节　用比较分析的方法来学习肢体再生 …………………………………………… 692
　小结 ………………………………………………………………………………………… 692
　参考文献 …………………………………………………………………………………… 693

第　一　章

干细胞与再生医学概述

干细胞与再生医学(stem cell and regenerative medicine)是 21 世纪医疗技术创新中具有重要科学意义和重大实际应用前景的一门新兴学科，也是生命科学最令人瞩目的领域之一。

以干细胞治疗为核心的再生医学，将成为继药物治疗和手术治疗后的第三种疾病治疗途径，从而成为新医学革命的核心。基于干细胞修复与再生能力的再生医学，包括促进机体自我修复与再生，改善和恢复损伤组织和器官的功能。

近年来，干细胞与再生医学领域国际竞争日趋激烈，已成为衡量一个国家生命科学与医学发展水平的重要指标。随着生命科学的进步，干细胞与再生医学研究将更加快速拓展和深入。

干细胞产业作为再生医学的转化结果，已成为一种新兴的健康医药产业，并对包括再生医学在内的多种不同医学专科及应用技术产生重要影响。

本章将对干细胞与再生医学的定义和干细胞与再生医学发展历史与现状和干细胞与再生医学的转化研究等方面的进展进行阐述。

第一节　干细胞与再生医学的概念

干细胞与再生医学是通过研究干细胞增殖、分化、迁移等机制，研究机体组织的创伤修复与再生，寻找促进机体自我修复与再生的新途径，并最终达到利用干细胞来构建新的组织与器官的目的，从而实现器官损伤性疾病的修复性治疗。

干细胞与再生医学发展需要分子生物学、细胞生物学、发育生物学、信息科学与系统生物学等基础医学及临床医学的推动。主要研究再生是在什么地方产生的？什么因素启动了再生？什么因素抑制了再生？再生的干细胞来自哪里？干细胞如何增殖、迁移到指定的位置和分化成熟？这些机制与纤维化作用机制有何不同？再生医学就是探寻这些再生的机制，利用它们去寻求组织细胞损伤治疗的方法，以刺激那些不能自发再生或再生能力低下的组织器官实现功能性的再生和修复。

一、干细胞的概念

干细胞(stem cell)是一类具有自我更新(self-renewal)能力和多向分化潜能(multilineage differentiation)的未分化或低分化的细胞(图 1-1)；是在特定的条件下可以分化成不同功能细胞的一类原始细胞；干细胞也可通过旁分泌作用影响其他细胞的生物学特性。

从胚胎到成体几乎任何组织器官都存在干细胞。干细胞是组织器官再生的来源，是研究和实践再生医学的最重要的先决条件。干细胞作为再生的种子细胞涉及再生医学的几乎所有领域。

目前，干细胞研究主要集中于在多能干细胞和单能干细胞。多能干细胞来源包括胚胎干细胞、成体干细胞和重编程干细胞；单能干细胞来源主要为成体干细胞。

干细胞作为再生医学的重要手段与研究核心，涵盖了基础与临床医学多个领域。在基础研究方面，通过对干细胞生长、迁移、分化的分子调控机制的了解，有助于认识器官形成、修复和功能的重建等基本生命规律，研究再生的机制和促进再生的方法。可以在体外扩增和诱导干细胞进行定向分化，从技术上发展符合临

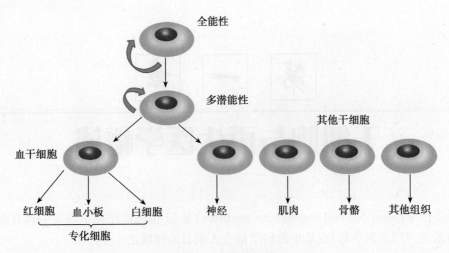

图 1-1　干细胞系统

床标准的单一种类干细胞的扩增方法,并研究干细胞移植入体内后的增殖、迁移和分化,直至功能的重新构建。在临床应用方面,科学家们已成功地在体外将人胚胎干细胞分化为肝细胞、内皮细胞、心肌细胞、胰腺细胞、造血细胞和神经元等。在组织干细胞方面,科学家们能够成功地从皮肤、骨骼、骨髓和脂肪等多种组织器官中分离培养出干细胞,并尝试将这些细胞用于疾病治疗。利用干细胞构建各种组织、器官,并将其作为移植的来源,这将成为干细胞一个重要应用的方向。

干细胞可以用作肿瘤、移植和心血管疾病及其他人类疾病资源的研究或治疗,干细胞在生命科学、新药试验和疾病研究这三大领域中具有的巨大研究和应用价值,现已广泛应用于医药再生细胞替代治疗和药物筛选等研究领域,成为世界关注的焦点。

干细胞治疗将有可能为解决人类面临的许多医学难题提供保障,如意外损伤、放射损伤等患者的植皮,神经的修复,肌肉、骨及软骨缺损的修补,髋、膝关节的置换,血管疾病或损伤后的血管替代,糖尿病患者的胰岛植入,癌症患者手术后大剂量化疗后的造血和免疫重建,切除组织或器官的替代,部分遗传缺陷疾病的治疗等。

二、再生医学的概念

再生医学(regenerative medicine,RM)是一门研究如何促进创伤与组织器官缺损生理性修复以及如何进行组织器官再生与功能重建的学科。广义上讲是一门研究如何促进组织器官创伤或缺损生理性修复,以及如何使组织、器官再生与功能重建达到临床治愈的新兴学科,即任何与再生修复有关的内容都可以包含在再生医学范畴内。而狭义上讲再生医学是利用创新的医疗手段研究和开发用于替代、修复、改善或再生人体各种组织器官的科学。主要通过研究干细胞进行创伤修复与再生的机制,寻找促进机体组织器官自我修复的方法,乃至于构建新的组织与器官达到改善或修复损伤组织和器官功能的目的。目前,主要是通过植入干细胞到组织与器官来修复和替代受损、病变与有缺陷的组织与器官,使之功能恢复和结构重建,从而达到再生的目的。

再生医学是一门综合性很强的交叉学科。它的范畴涉及干细胞研究、组织工程、细胞与分子生物学、发育生物学、生物化学、材料学、生物力学以及计算机科学等诸多领域,包括基因治疗、组织工程、组织器官移植、组织器官缺损的再生与生理性修复及活体组织器官再造与功能重建等多方面的研究内容。

干细胞是再生医学的基础和灵魂,可以说再生医学的诞生和发展取决于干细胞研究的进展程度。再生医学主要涉及干细胞研究的两个方面:首先,利用干细胞的可塑性,经体内外诱导或基因修饰等方法使其向目的细胞转分化,从而达到治疗目的。主要的研究细胞是胚胎干细胞和成体干细胞。其次诱导一些成体细胞逆转为干细胞或干细胞样细胞。这主要是利用细胞的去分化和逆分化特性来实现。这一类研究在近几年逐渐成为热门,并获得了相当大的突破。其标志性事件就是诱导多能干细胞(induced pluripotent stem cell,iPS cell)的诞生。

再生医学不等同于组织工程学,实际上组织工程是再生医学治疗手段的一种体现,同时,它也提升了再生医学的广度和深度。国际再生医学基金会(international foundation regenerative medicine, IFRM)明确把组织工程定为再生医学的一个分支。组织工程学会也与再生医学学会合并为一个统一的学术组织。较之最初的组织工程范畴,组织工程内容随着再生医学概念的引入而逐渐丰富,如干细胞治疗、细胞因子和基因治疗等,凡是能引导组织再生的各种方法和技术均被列入组织工程范畴。而组织工程因为提出了复制组织、器官这一全新的理念,进而促进了再生医学的形成和完善。

再生医学还涉及分子生物学的诸多领域,目前,研究的焦点包括构建理想的转基因载体系统,完善治疗基因的导向性和在体内的表达调控。研究涉及组织再生的新的生长因子和生长因子新的功能,研究生长因子的特殊启动子和转录因子水平上的基因调节,通过对特定分子序列的认识,来设计靶基因等。

此外,纳米技术的应用,使人们得以在分子水平观察、模拟组织再生。计算机辅助技术、缓释技术等的应用也大大促进了再生医学的不断发展。

随着干细胞移植技术的日臻成熟,对再生医学的发展起到了巨大的推动作用。但是,目前移植治疗面临供体少、临床应用适应症较少、个体排斥反应大等问题,无法满足实际的需求。通过再生机制的研究,诱导体内干细胞再生修复组织与器官必将给再生医学带来新的发展,也将成为再生医学的最终目标。

三、干细胞与再生医学在生命科学中的地位

干细胞与再生医学代表了现代生命科学发展的前沿,即将成为主流的科学研究领域,对医学的发展具有引领作用。其相关基础与应用研究和现代生物医学技术的结合,将使人类修复和制造组织器官的梦想得以实现,也是医学科学发展的必然方向。

再生医学研究不仅是衡量一个国家生命科学发展水平的重要指标,还具有十分重大的社会效益和经济效益,因此引起了各国政府、科技界和公众的高度关注。

四、干细胞与再生医学的研究意义和必要性

干细胞研究及其转化应用为许多重大疾病的有效治疗提供了新的思路和工具,具有巨大的社会效益和经济效益。干细胞不仅可以用于组织器官的修复和移植治疗,还将促进基因治疗、基因组与蛋白质组研究、系统生物学研究、发育生物学研究、新药开发与药效、毒性评估等领域的发展。目前,干细胞研究及其转化医学已经成为各国政府、科技和企业界高度关注和大力投入的重要研究领域,成为代表国家科技实力的战略必争领域。

尽管中国在干细胞研究领域已经取得了长足的进步,获得了一批创新性研究成果,但在干细胞基础理论、核心技术及转化应用方面与美国等发达国家还存在一定差距,亟须国家在干细胞基础与转化方面持续加强投入与布局,整体提升我国在干细胞及其转化应用领域的核心竞争力。

五、干细胞与再生医学的关键技术

干细胞与再生医学领域的核心任务是开发出干细胞新型先进技术;弄清组织与器官的形成规律,建立组织与器官的体内体外生产技术平台;完善再生医学基础研究、应用研究和临床研究,实现再生医学的临床应用,运用干细胞与再生医学的创新成果治疗疾病。

干细胞与再生医学的实践,依赖一系列技术与理论的突破。其中干细胞及其相关技术是再生医学的核心。具体的关键技术包括:体细胞重编程技术、动物体细胞克隆技术、胚胎干细胞技术、成体干细胞技术、组织工程技术体系、器官发育技术和移植的安全性与有效性评价技术等。

第二节　干细胞与再生医学的发展历程

人们对于再生的认识和研究实际上是从低等生物损伤器官的发生、发育开始的。发育生物学的研究使人们理解了涉及再生的三种机制:一是损伤部位休眠细胞被激活;二是部分残留在损伤部位的干细胞参与修复过程;三是部分已分化的细胞在创面环境下通过去分化转变为干细胞或干细胞样细胞。随着对发育生物

学更深入的研究,人们期望在组织、器官修复方面能像低等生物一样再生出外观和功能完全相同的新的组织、器官。

一、干细胞的发展历程

20 世纪初就有科学家提出"干细胞"这个概念,然而直到 1963 年,才由加拿大研究员恩尼斯特·莫科洛克和詹姆士·堤尔首次通过实验证实了干细胞的存在。他们发现小鼠的骨髓中存在可以重建整个造血系统的原始细胞,即造血干细胞。从发现造血干细胞开始,至今干细胞的发展经历的主要事件如下:

1968 年,Edwards 和 Bavister 在体外获得了第一个人卵子。

20 世纪 70 年代,EC 细胞注入小鼠胚泡产生杂合小鼠。培养的干细胞作为胚胎发育研究的模型,虽然其染色体的数目属于异常。

1978 年,第一个试管婴儿,Louise Brown 在英国诞生。

1981 年,Evan、Kaufman 和 Martin 从小鼠胚泡内细胞群成功分离出小鼠胚胎干细胞(embryonic stem cells,ESC)。他们建立了小鼠 ESC 体外培养条件。由这些细胞产生的细胞系有正常的二倍体,像原生殖细胞一样产生三个胚层的衍生物,再将 ESC 注入小鼠体内,能形成畸胎瘤。

1984～1988 年,Andrews 等人从人睾丸畸胎瘤细胞系 Tera-2 中产生出多能的、可鉴定的(克隆细胞,称之为胚胎癌细胞(embryonic carcinoma cells,EC 细胞)。克隆的人 EC 细胞在视黄酸的作用下分化形成神经元样细胞和其他类型的细胞。

1989 年,Pera 等分离了一个人胚胎癌细胞系,此细胞系能产生出三个胚层的组织。这些细胞是非整倍体的(比正常细胞染色体多或少),他们在体外的分化潜能是有限的。

1994 年,通过体外受精和患者捐献的人胚泡处于 2-原核期。胚泡内细胞群在培养中得以保存其周边有滋养层细胞聚集,ES 样细胞位于中央。

1998 年,美国有两个小组分别培养出了人的多能干细胞(pluripotent stem cells)。James A. Thomson 在 Wisconsin 大学领导的研究小组从人胚胎组织中培养出了干细胞株。他们使用的方法是:人卵体外受精后,将胚胎培育到囊胚阶段,提取 inner cell mass 细胞,建立细胞株。经测试这些细胞株的细胞表面标记和酶活性,证实它们就是多能干细胞。用这种方法,每个胚胎可取得 15～20 个干细胞用于细胞培养。John D. Gearhart 在 Johns Hopkins 大学领导的另一个研究小组,也从人胚胎组织中建立了干细胞株。他们的方法是:从受精后 5～9 周人工流产的胚胎中提取生殖母细胞(primordial germ cell)。由此培养的细胞株,证实具有多能干细胞的特征。

2000 年,由 Pera、Trounson 和 Bongso 领导的新加坡和澳大利亚科学家从治疗不育症的夫妇捐赠的胚泡内细胞群中分离得到人 ESC,这些细胞体外增殖,保持正常的核型,自发分化形成来源于三个胚层的体细胞系,将其注入免疫缺陷小鼠体内产生畸胎瘤。

2003 年,中国科学家建立了人类皮肤细胞与兔子卵细胞种间融合的方法,为人胚胎干细胞研究提供了新的途径。

2004 年,Massachusetts Advanced Cell Technology 报道克隆小鼠的干细胞可以通过形成心肌细胞修复心衰小鼠的心肌损伤。这种克隆细胞比来源于骨髓的成体干细胞修复作用更快、更有效,可以取代 40% 的瘢痕组织和恢复心肌功能。这是首次显示克隆干细胞在活体动物体内修复受损组织。

2006 年,Takahashi 和 Yamanaka 用逆转录病毒将四种转录因子(Oct4,Sox2,Klf4,cMyc)转入小鼠真皮成纤维细胞获得具有 ESC 特征的多潜能干细胞。这些细胞被命名为诱导多能干细胞(induced pluripotent stem cells,iPS 细胞)。

2007 年,美国 Whitehead 研究所 Jaenisch 研究组重复并改进了 Yamanaka 的 iPS 工作。他们建立的小鼠 iPSC 不仅在体外培养条件下可以无限扩增和分化为体内的任何种类细胞,并且在注入囊胚后参与嵌合体的发育和生殖细胞的形成。

2012 年,由于用逆转录病毒将四种转录因子(Oct4,Sox2,Klf4,cMyc)转入小鼠真皮成纤维细胞获得具有 ESC 特征的多潜能干细胞。因此,日本的 Yamanaka 与英国的 Gordon 共同获得诺贝尔生理学或医学奖。

2013年，美国哥伦比亚大学医学研究中心的科学家首次成功地将人体干细胞转化成了功能性的肺细胞和呼吸道细胞，大大地推动了再生医学的发展。

我国对干细胞技术领域的研究非常重视，《国家中长期科学和技术发展规划纲要(2006-2020)》中明确提出，"基于干细胞的人体组织工程技术"将成为未来15年中国前沿技术的重点研究领域，包括干细胞临床基础研究、植物细胞全能性与器官发生等方面的研究，尤其在伦理学方面中国对干细胞技术的研究有很好的支持度，中国目前在干细胞的基础性研究、移植和脐带血临床应用方面，处于世界上的相对领先地位，并发挥着重要作用。目前，正在广泛开展的试验性干细胞治疗疾病有脊髓损伤、脑卒中、大脑损伤和大脑性麻痹等，使得干细胞研究成为中国与世界各国最为接近的研究领域和产业发展。

目前，干细胞技术的应用，在药物研发、疾病治疗和再生医学等领域的潜力得到了国际高度重视，掀起了干细胞研究新的热潮。

二、再生医学的发展历程

再生是一个既古老又崭新的课题。在中国汉代时就普遍使用地黄治疗出血和接续断骨，《本草拾遗》《神农本草经》和《治百病方》等都记载有对以冷兵器损伤为代表的组织损伤起修复作用的药物或验方。历史上，再生生物学起源于对创伤修复和附属物再生的观察。由于争斗和意外事故，一些损伤如穿透伤、多发性骨折、脊髓压迫，或眼伤贯穿人类历史。旧石器时代的洞穴壁上发现的断指手印成为发现创伤的重要证据。早期人类已经注意到了各种创伤它们有的是长期存在的而有的则不是，并试图用基本的方式促进修复。那时，他们也可能已经意识到再生的现象了，如观察到动物如甲壳类和鹿能够分别再生出腿和鹿角、树木周期性地更新其叶子和种子，这些现象也有助于人们对再生的认知和好奇心。

几千年来，无论人们的知识水平如何，在治疗方法用以促进创伤修复之前，创伤修复实际上也是能够完成的。促进创伤愈合的方法，包括外科介入是古代苏美尔人、埃及人、中国人、印度人和印加人医学中最主要的内容。在古代文化中，创伤的清洗和清创是惯例，许多不同的植物和矿物质混合物用来处理创伤。古代中国人和埃及人用蜂蜜和酒做抗菌剂，中国人使用发面霉菌治疗轻微烧伤已超过2000年。在治疗头部创伤时，印加人用穿颅术降低颅内压。一千年以前，印度医生苏胥如塔使用自体皮肤移植来重建被切割的鼻子和耳朵。

希腊和罗马医生希波克拉底(公元前460年—公元前370年)、色勒俗(公元前25年—公元50年)、伽林(130—201)，对医学的发展，包括创伤治疗，贡献很大。伽林职业生涯的一部分时间用来照顾受伤的角斗士，因此，对于身体各部位的创伤治疗经验都很丰富。伽林参与编译了那个时代的几乎所有我们知道的解剖学、生理学和医学治疗书籍，至少35卷。在公元5世纪结束之际，罗马帝国瓦解，伽林的教材被译成东罗马帝国的医学语言阿拉伯语，之后又被译成拉丁语。直到中世纪结束，这些教材都是医学实践的主要指导。

14~17世纪，生物医学创造性的繁荣是基于更多的结构和功能上更精确详细的观察而建立的。主要贡献是达芬奇(1452—1519)、维萨里(1514—1564)、帕拉萨尔苏斯(1493—1541)、皮奥(1523—1562)、法布里修斯(1537—1614)对胚胎和成体结构的解剖学描述。笛卡尔(1596—1650)和伯雷利(1608—1679)编写了生理学的重要教材，哈维(1578—1657)出品了关于血液循环和动物繁殖的重要论著。外科医生查鲁里克(1300—1370)于1363年出版了《创伤与骨折》，这本书详细说明了多种创伤及其治疗方法。威廉法布里(1560—1634)论述了近70种治疗创伤的应用构想，其中很多种经再次检查后发现有真实的治疗价值。

17世纪的近代科学发起了技术和概念上的革命。2个世纪前发明的印刷术传播了更多新的结果和想法，技术革命是化学实验的开始，推动了望远镜、显微镜的发展。概念革命始于对亚里士多德天体运动观点的挑战。开普勒(1571—1630)表明行星运动在椭圆轨道上，每条轨道所需的时间与它们到太阳的距离是成比例的。伽利略(1564—1630)精确地证明了哥白尼一个世纪前的推断：地球环绕太阳轨道运行，而不是教条的宗教时间观点。牛顿(1642—1727)三大运动定律中相关的力和运动学现在已被称为牛顿力学。笛卡尔(1596—1650)将这些物理和数学关系概括为哲学机制——物质界的万物，包括生物体，都可以被视为根据严格的数学物理定律行动的机器。1687年，牛顿发表了他的自然哲学的数学原理，正式提出了理性指导科学研究的四条规则：①求自然事物之原因时，除了真的及解释现象上必不可少的以外，不当再增加其他；②在可能的状况下,对于同类的结果,必须给以相同的原因;③物体之属性,倘不能减少,亦不能使之增强者,而且为一切物体所共有,则必须视之为一切物体所共有之属性;④在实验物理学内,由现象经归纳而推得的定理,倘非有相反的假设存在,则必须视之为精确的或近于真的,如是,在没有发现其他现象,将其修正或容许例外之前,恒当如此视之。

这些规则提供了强有力的方式回答了事物如何工作的问题,改变了我们之前认为世界是永恒的观点。

17 世纪早期,复式显微镜的发明使得对生物结构的观察比以前更详细,能更好地理解自然界的生物现象。这一技术跳跃式地向前发展引领了 18 世纪显微解剖学的科学发展。比较解剖学家约翰·亨特(1728—1793)研究皮肤创伤修复时发现了肉芽组织及其在瘢痕组织形成中的过渡作用。预先形成的教条认为个体发生的机制是微小的成体在鸡蛋中生长,C. F. Wolff 对鸡胚的研究推翻了这一观点,C. F. Wolff 表明胚胎发育被一系列的无定形物质表观遗传学调控。

19 世纪有了更多的医学和外科手术学进展,改善了对严重创伤和疾病恢复的预期。乙醚麻醉的发展使无痛外科手术成为可能,因此,当人体处于不同治疗情况时增加了外科手术干预的类型,然而外科手术也会增加系统性全身感染而引起死亡的可能性。约瑟夫·李斯特是巴斯德的一个学生,引进了石炭酸浸湿辅料的使用和严格的医院卫生检查,以对抗外科术后的败血症。19 世纪外科医生恢复了几个世纪前苏胥如塔提出的皮肤移植术。

19 世纪对未来生物学和医学最重要的发展是唯物论生物学的崛起,是笛卡尔哲学机制的结果。直到 18 世纪中期,人们认为生物特性是由于非物质的生命力,而不是物质化学和物理力调控无生命的物体的属性。然而,18 世纪下半叶由拉瓦锡(1743—1794)开始,进入 19 世纪后由其他人继续的实验表明生命依赖于实验室里可再生的化学反应。随着施莱登和施沃恩(1838~1839)细胞理论的形成,以及后来魏尔萧、瑞麦克和其他人的显微观察,对生长和繁殖的解释更清晰,细胞是实现生命化学反应的基本单位,新的细胞是由已存在的细胞分裂产生的。

到了 20 世纪,生物和医学知识出现了空前的爆发性发展。主要进展是抗体的发现和生产,疾病的分子置换治疗的发展,对免疫系统的了解揭示了自我和非自我抗原的差异性,以及高度复杂的成像系统和外科手术技术的发展。这些进展,加上工程学和材料科学的进展,免疫抑制药物的发展,使我们能够通过组织器官移植和仿生设备的植入,进行输血、置换受损和功能障碍的组织器官等操作。

毫无疑问,20 世纪生物学最根本最深远的事件,是在世纪中叶发现 DNA 是遗传物质。DNA 结构解释了遗传物质如何复制和突变,信息如何编码蛋白质结构并表达,推动了生物学的发展,使我们对细胞的了解呈指数级增加。

在中世纪虽然有大量人的断臂和断腿的再生,以及古希腊神话中已提到的水螅再生的报道。但是,直到 18 世纪,再生才成为系统科学研究的焦点。亚伯拉罕完成了水螅再生的全部实验,雷奥米尔和斯帕兰扎尼分别观察到了甲壳类和蝾螈的再生。19 世纪末 20 世纪初肢体发育和再生的研究对理解发育做出了重要的贡献。在 20 世纪之前,两栖动物和甲壳类的肢体再生被解释成进化论。推测这些动物的肢体包含多个预制附件的副本,其生长受截肢的刺激。在 20 世纪初期,再生被认为是一个调整过程,将剩余部分修复成全部。Thomas Hunt Morgan(1866—1945)转向遗传学之前,他的主要研究目的是用化学和物理原理解释再生。一个世纪之后,人们仍在致力于上述解释,同时实现由来已久的梦想——能够再生组织和器官。现在,在 21 世纪的第二个 10 年,生命科学跨学科研究的飞速发展及化学和信息学使这个目标触手可及。

三、现代再生医学的三个重要发展阶段

第一个阶段源于 1981 年小鼠胚胎干细胞系和胚胎生殖细胞系建系的成功(这项成果直接导致了基因敲除技术的产生),这是再生医学理论的诞生。

第二个阶段始于 1998 年美国科学家 Thomson 等人成功地培养出世界上第一株人类胚胎干细胞系,从此,在全球范围内,科学家希望将胚胎干细胞定向分化,以构建一个丰富的健康组织库来替代一些被疾病损伤及老化的组织或器官,以达到治疗与康复的效果,这是再生医学真正的开始。但是,由于获取胚胎干细胞所带来的伦理等问题一直受到来自多方面的制约,因而,干细胞研究进展有限。

第三个阶段是 2006 年底日本京都大学 Yamanaka 和美国科学家 Thomson 两个研究组分别在 *Cell* 与 *Science* 上报道,他们利用 4 种转录因子联合转染人的体细胞成功地诱导出多能干细胞(induced pluripotent stem cells,iPSC),这意味着科学家们已克服了因伦理而不能采用胚胎干细胞进行细胞治疗的瓶颈,使得再生医学离临床又近了一步。

随着干细胞培养技术的进步,越来越多的成体干细胞能够在体外培养和扩增,而且成体干细胞是组织再生的源泉,对成体干细胞的研究必将进一步推动再生医学的发展。

我国在再生医学研究某些方面已经跨入国际先进行列。付小兵在国际上首先发现损伤修复过程中成熟的皮肤角质细胞去分化之后,在许多成体组织损伤修复中陆续观察到了去分化现象,大大推动了再生机制的研究。他获得的人体汗腺再生成果成功应用于临床,并正在推广应用。另外,我国已经通过组织工程技术,生产出与天然人体皮肤类似的组织工程人工皮、肌腱以及韧带等,并已进行临床应用。

第三节 干细胞与再生医学研究现状

再生医学已引起全世界范围内的高度重视,国际上与再生医学和组织修复有关的重要学术团体和机构就有包括国际再生医学基金会等在内的几十家,相关的实验室和技术公司更是数不胜数。韩国用于干细胞研究和开发的费用已逐步增至每年 1 亿美元。

一、干细胞研究现状

近几年人们在干细胞发育的基础理论方面进行了深入研究,尤其是决定干细胞命运的分化机制以及细胞在保持和获得干性分子机制方面取得了突破性进展。在对干细胞干性和可塑性研究中发现干细胞之所以具有干性决定于其基因的表达程序,不但植入去核卵细胞的体细胞核能通过改变基因表达程序而变成全能干细胞,而且导入干细胞的标志性转录因子基因到分化的体细胞也能使后者获得干性,即诱导多能干细胞。这一研究成果被 *Time*(《时代周刊》)评为 2007 年度十大科学发现之一,也是同年 *Science* 杂志评选的十大科技成果之首。周琪与曾凡一首次利用 iPSC,通过四倍体囊胚注射得到存活并具有繁殖能力的小鼠,论文已在 *Nature* 发表,在世界上首次证明了 iPSC 的全能性。而近年来兴起的表观遗传学研究为阐明细胞分化命运的决定因素开辟了新的途径。新近的研究结果表明,基因表达的调节主要在基因转录和翻译两个环节,转录水平的调节受控于基因所在部位的染色质结构,而在翻译水平的调节中近年发现的一些小 RNA,特别是微小 RNA(micro RNA,miRNA)可能起到了重要作用。

我国在干细胞研究领域也取得了重要的科研成果。在对传统的胚胎干细胞和成体干细胞研究的基础上,有学者提出了亚全能干细胞的概念,认为这种细胞刚脱离了胚胎干细胞的特征,但又不是成体干细胞。通过实验证明,在特定的体内外微环境中,人体亚全能干细胞能够诱导分化为各种组织细胞,通过移植给受者参与组织的再生和修复,并因显著降低移植排斥反应,为恶性血液病、心血管疾病、糖尿病、肝功能衰竭等多种严重疾病拓展了治疗途径。目前,我国已有超过 10 个实验室宣布获得了具有自主知识产权的人胚胎干细胞系;在国际上率先获得了人孤雌胚胎干细胞系;建立了成熟的恒河猴与人核移植技术体系和 iPS 体系。

二、再生医学研究现状

尽管组织修复与再生理论和技术的应用在中国涉及的疾病和损伤范围比较广,但总体而言在干细胞生物学、器官构建和复制、组织工程基础研究和产品制造以及创伤治疗本身等方面获得了迅速发展和广泛关注。

在干细胞领域,中国学者在一些基础研究方面取得了重要突破:利用具有发育成各种组织和器官能力的多能细胞和诱导性多能干细胞(iPS)技术复制出全能个体小鼠;通过异种细胞嵌合或转分化技术获得功能器官;iPS 大动物模型制备;建立诱导分化体系将体细胞诱导分化为多种组织细胞等。与此同时,在中、重度烧伤、创伤后的皮肤汗腺再生以及由糖尿病与下肢血管疾病导致的下肢血管性疾病等方面,通过诱导分化技术将成体干细胞应用于血管再生治疗已经观察到明显效果,部分病例在 3 年以上的随访中疗效确切。

作为组织再生的重要手段之一,中国在组织工程等方面的进展也有目共睹。除了在组织工程的三大要素如种子细胞、支架材料和调节因子等方面的进展外,通过创新技术构建的组织工程皮肤、骨、软骨、神经、血管、肌腱等已部分应用于临床试验并获得了显著的修复与再生效果。例如:组织工程脱细胞神经用于修复长8cm、直径5mm的粗大神经效果明显;注射用软骨细胞修复负重区软骨缺损应用300余例患者取得明显疗效。

在组织创伤修复与再生等领域,如何实现在损伤部位多种组织的同步再生是一个重要的研究课题。为此,有学者试图建立一些方法,一方面阻止损伤部位瘢痕的过度形成,另一方面通过诱导技术实现皮肤干细胞跳过 iPS 阶段直接分化为神经细胞、骨细胞、脂肪细胞等。目前该领域已有初步进展,比如提出真皮模板学说以减少瘢痕形成以及建立训化诱导方法在损伤部位诱导多种组织同步再生等。

总的来讲,中国的组织修复与再生不仅积极与国际主流方向接轨,同时也突出了自己的创新特点和独特的研究思路,这就是将基础研究的成果通过转化医学的理念,在某些关键领域实现理论与技术突破,尽快将相关成果应用到组织修复与再生的各个领域,并希望能够尽快造福于损伤患者。当然,存在的问题也是比较突出的,一方面原创性的东西还不多,特别是一些创新的理念和能够引领潮流的研究方向还不多,另一方面转化的效率还比较低,整体研究的优势还不是很突出,需要进一步关注和加强。

2012 年,*Science* 出版了《中国再生医学专刊》(*Regenerative Medicine in China*),封面上印有中文"再生"二字(图 1-2),这是 *Science* 首次以专刊形式介绍中国再生医学研究的成就,是对我国再生医学研究成果的高度肯定。专刊共发表论文 35 篇,分为:①干细胞和再生(8 篇);②组织工程和再生(13 篇);③创伤和再生(10 篇);④组织修复和再生医学基础(4 篇)。内容涉及临床内科、外科、口腔科、眼科等学科,它大体上代表了我国再生医学的最高水平。现就其部分内容作一介绍。

图 1-2　2012 年 *Science* 出版《中国再生医学专刊》封面

1. 功能性汗腺再生　付小兵等在功能性汗腺再生方面初步获得成功,但还有很多问题待解决,采用人骨髓间充质干细胞(human bone mesenchymal stem cells,HBMSC)与人汗腺细胞共培养,使 BMSC 具有汗腺样细胞表型及生理特征,在裸鼠身上验证,已获得初步成效。临床 30 例小面积创伤试用,显示移植物具有汗腺功能,被国际上认为是"里程碑"(landmark)性研究成果。

2. 组织工程　中国再生医学的重要组成部分,由于政府支持,我国组织工程发展很快,其发展经历 3 个阶段:①可行性研究;②裸鼠构建组织工程器官和组织;③正常免疫动物构成组织工程器官和组织。经中国食品药品监督管理局(SFDA)批准的组织工程皮肤、角膜与周围神经正在临床试用中,其他如软骨、骨、肌腱正在生产或在产品注册过程中。此外,许多组织工程产品标准已经或即将公布。但全国尚缺乏统一的干细胞操作规范,基础到临床转化不够,缺乏可靠的临床安全评价体系,相应的规范和法律制约手段尚在探讨中。

3. 多能干细胞的产生与评估　同种或异种干细胞治疗中免疫排斥至今仍未能得到很好解决,应用体细胞核转移技术(somatic cell nuclear transfer,SCNT)将来源于患者自体的细胞制成同种胚胎干细胞系是一项可行的解决办法。将核转移胚胎干细胞(nuclear transfer embryonic stem cell,NT-ESC)产生及分化的细胞用于疾病的治疗称为"治疗性克隆"(therapeutic cloning)。研究人员已经成功地培育出小鼠 NT-ESC,未发现与受孕的胚胎有任何显著差异。

4. 不同种属动物嵌合子在再生医学中的应用　由于伦理及实际操作的限制,人类 ES/iPS(induced pluripotent stem cells)细胞不能常规放在人的胚泡(blastocyst)中。为此,论文作者建立了一种新的方法,把一个种属的胚泡内正常分化的 ESC 融入另一种属动物的胚泡内,结果显示:①尽管两个动物种系差异很大,姬鼠(apodemus)ES 却能成功地融入小鼠胚泡细胞内,产生存活的嵌合子(chimera);②在被检的小鼠器官内含有嵌合子的细胞从百分之几到30%-40%,精子内有5%,表明已介入到生殖系统内;③正常分化成各种细胞类型的姬鼠干细胞可紧密结合到小鼠的组织中。据此,作者认为不同种属的细胞嵌合后,其多功能干细胞可分化成不同的细胞类型,甚至复杂的组织。

5. 真皮多能干细胞在创面修复中的治疗作用 2001 年论文作者与其他学者分别发现成年哺乳动物(小鼠、大鼠、人)真皮中存在类似骨髓间充质干细胞(Bone marrow mesenchymal stem cell,BMSC)的多能干细胞。将标记的真皮多能干细胞静脉注射至受致死性 γ 射线照射的小鼠体内,发现其存活率提高26%(小鼠模型 5Gy γ 射线全身照射+2.5% 全身皮肤创伤)。此外,还可促进创面愈合,增强骨髓造血能力。

6. 通过体外分化和去分化重编程间充质干细胞以提高体内疗效 体外培养成年大鼠 BMSC 时,观察到去分化间充质干细胞(dedifferentiate mesenchymal stem cell,DeMSC)可进一步扩增,并能再次被诱导分化获得重编程细胞,与未分化的 MSC 比较,DeMSC 有更高的神经元分化率,且保留免疫表型和间充质潜能。

7. 表皮基底层细胞:不仅支撑表皮再生 人体皮肤有几种不同类型的干细胞,分别存在于毛囊膨大部(bulge)、皮脂腺(sebaceous gland)和表皮基底层(the basal layer of epidermis),后者参加损伤皮肤的再生。在皮肤有慢性创面的条件下,已分化的表皮基底层细胞可逆转为表型和功能与表皮干细胞相似的细胞,与皮肤中其他类型干细胞相比,来源于表皮基底层的角化细胞(keratinocyte)易于获得,可在体外扩增,因其有可塑性(即多分化潜能),可作为不同组织再生的潜在性细胞来源。

8. 组织工程:肌腱再生的希望 作者采用种子细胞和支架材料在体外共培养组织工程肌腱(tissue engineered tendons,TET)用以作为肌腱代替物,为此在裸鼠、大鼠、兔、猕猴(rhesus monkey)试验了此种 TET 的生物相容性、愈合过程、生物力学强度、排斥反应及 TET 的整体效果。植入(implantation)实验证实,TET 可有效地修复缺损的肌腱,并促进愈合。在 18 例临床应用中,应用 GMP(Goods Manufacture Practice)认定生产的 TET 无副反应。尽管 TET 的安全性和有效性尚须进一步确认,但可预期,组织工程肌腱有望代替毁损的肌腱。

9. 人类围生期干细胞库 再生医学应用中的经验和前景。间充质干细胞是存在于各种组织中的多能干细胞,但在围生期(perinatal period,开始于妊娠28 周,终止于产后 1~4 周不等)特别多。韩忠朝等人于2006年建立了质量可控的围生期 MSC 生物库(P-MSC 已有 10 000 例标本),为临床前期和临床研究提供了丰富的来源。文章作者还建立了标准的细胞库方法,可检测细胞表型、纯度、生物性能、遗传稳定性、成瘤性(tumorigenicity)、微生物污染情况等。为测定分离出的 MSC 安全性,用小鼠和猴作多次实验,观察 3 个月无致瘤作用。用库存的围生期 MSC 治疗多发性硬化、2 型糖尿病,显示同种围生期 MSC 安全有效。作者还治疗了 1 例小儿极重度再生障碍性贫血,应用脐带血造血干细胞(CB-HSC)和脐带间充质干细胞(UC-MSC)治疗后迅速好转。

10. 神经再生的一种组织工程策略 神经损伤约占创伤患者 3%,损伤导致患肢部分或全部功能丧失,甚至终身残疾。为此,作者采用组织工程方法治疗周围神经缺损,将一种自然的生物降解多糖体脱乙烯几丁质/聚乙醇酸(chitosan/PGA)材料连接到缺损 30mm 的人前臂正中神经,术后 36 个月,受伤手的功能恢复,可做各种细致的动作。36 个月后的内收肌群肌电恢复正常。

11. 自体干细胞治疗慢性下肢缺血 严重肢体缺血通过常规的分流术或血管内治疗,约 2/3 患者可再血管化,另 1/3 患者则没有机会治愈,导致截肢、潜在性疾病或致死。作者用粒细胞集落刺激因子(G-CSF)将骨髓干细胞(含内皮祖细胞,endothelial progenitor cells)动员至周围血中,作者用此法分离出动员至周围血的中单核细胞(PB-MNC),用其治疗周围动脉疾病,效果甚好。但可能因血液黏性(viscosity)增加而对心脏有损害。改用骨髓单核细胞(BM-MNC)治疗后,减少了骨髓用量(由 400~500ml 减至 200ml),获得 10 倍以上的单核细胞,缩短了动员时间,从而减少了心脏血管并发症,提高了安全度和疗效。

12. 同种异体、基因修饰、脂肪源性干细胞和肝素壳聚糖脱细胞骨基质修复骨缺损 同种移植会引起免疫排斥反应,主要由重大组织相容性复合物-Ⅰ(MHC-Ⅰ)表面蛋白引起的(干细胞仅表达很少的 MHC-Ⅱ)将人类 MHC 产物 US2、US3 转入到来源于脂肪的干细胞(ADSC)中,检测能否下调 ADSC 中 MHC-Ⅰ 的表达。结果显示:①US2/US3 ADSC 的生物学特征与正常 ADSC 相似,但 MHC-Ⅰ 表达水平低很多。用此构建组织工程骨,并将其放至有骨缺损的组织中,显示同种 US2/US3 ADSC 与自体 ADSC 间无明显差异;②治疗大块骨缺损时,移植后可因血凝而妨碍血液灌注到移植物处,为抑制凝血机制活化制成无细胞骨基质(ACBM)+肝素/脱乙酰几丁质(Chitosan)可构建组织工程骨,明显提高移植效果。如外加真空封闭引流(VSD)则效果更佳。

13. 启动瘢痕形成:真皮"模板效应"学说 真皮缺损及其严重程度会促使增生性瘢痕的形成,组织内不同成分都会影响创面愈合,而这取决于真皮的结构成分。组织结构好似一个模板(template)指导细胞功能,而组织的完整性(integrity)和连续性是进行修复的前提,因创面而失去真皮的完整性和连续性就会出现模板缺乏效应,这正是阻止功能恢复、导致瘢痕形成的重要机制。

14. 去分化:一种新的皮肤再生途经 去分化是一种重要的生物学现象,它出现在创面修复和再生阶段,同时决定或影响种系或器官的再生能力。研究显示,在 Wnt β-catenin 信号通路和 ERK 通路作用下,已分化或正在分化的表皮细胞对内外信号的反应产生了去分化,如制造一个创面或引入生长因子可使成熟的细胞再度回到细胞周期中增生和分化。当内源性干细胞丧失或耗竭时,去分化可能是组织再生中关键甚至是必需的一个阶段。

综上所述,我国再生医学研究已形成自己的特色和优势,如现已有较好的科学基础;临床转化初见成效;培养和引进了一批优秀的科技人才;建成了一些重要的研究平台和基地。但和先进国家比还有不少差距,如经费投入不足、创新成果和转化力度不够、一些科研生产应用的法规尚不完善等,这些都有待进一步解决。展望今后 20~30 年,我国再生医学研究和应用将会有较大的突破,整体上将处于国际先进或领先水平,更多的患者将会从中受益。

第四节 干细胞与再生医学发展趋势

我国是世界第一人口大国,因创伤、疾病、遗传和衰老造成的组织器官缺损或功能障碍人数位居世界之首,也是步入老龄化社会最快的国家之一。老年病的防治已经对社会和谐、发展产生重要影响。就单病种而言,我国有糖尿病患者约 5800 万人,重症肝病患者约 3150 万人,每年等待肝移植手术的患者约 50 万,获得者 5000 余人,等待肾移植患者约 40 万,获得移植者 3000 余人,等待角膜移植患者约 30 万人,获得移植者 3000 余人。我国每年烧伤、烫伤患者达 500 万~1000 万例,新发癌症病例 160 万,恶性血液性疾病 10 多万,死于心脑血管疾病患者 260 万。乙肝病毒携带者为 1.2 亿,丙肝病毒携带者为 1500 万人,其转化为乙型肝炎与丙型肝炎的比例分别为 20% 和 50%,即 2400 万人和 750 万人,部分患者将最终发展成肝硬化或肝癌,每年因终末期肝病死亡约 30 万人,其中约 50% 死于肝癌;我国 60 岁以上人群的帕金森病发病率为 1.5%,70 岁以上人群升至 2%。如此庞大的患者群,迫使我们必须发展新的治疗模式,推进干细胞研究、组织工程产品研发等再生医学相关内容的进程。

我国对再生医学产品的需求将位居全球之首,但随着我国加入 WHO,知识产权保护日益成为我国突出的科学技术问题,因此,加强对再生医学的研究与开发,加大投入,尽快获得拥有自主知识产权的再生医学产品成果,使我国在未来激烈的国际竞争中占有一席之地,已是医学研究领域中的当务之急。

干细胞作为一类具有自我更新和多向分化潜能的细胞群体,能进一步分化成为多种类型的细胞,构成机体各种复杂的组织和器官。干细胞及其分化产品为有效修复人体重要组织器官损伤及治愈心血管疾病、代谢性疾病、神经系统疾病、血液系统疾病、自身免疫性疾病等重要疾病提供了新的途径。以干细胞治疗为核心的再生医学,将成为继药物治疗、手术治疗后的另一种疾病治疗途径,从而成为新医学革命的核心。加强干细胞和再生医学研究的战略部署,对构建我国国民健康体系至关重要。

干细胞及其转化应用是生命科学与生物技术研究的前沿和制高点,具有重要的科学意义和广阔的应用前景。近年来,干细胞研究取得了许多重要成果,干细胞调控的基本原理不断丰富,相关技术不断更新,临床转化成果逐步涌现,论文和专利数量逐年上升。干细胞移植在治疗神经、血液及自身免疫疾病等方面已经取得了一系列进展,逐渐呈现出两个明显的态势:一是干细胞的基础研究逐步深入,包括细胞命运调控、功能细胞获得、组织工程器官再造相关机制研究需求日益迫切;二是干细胞研究成果的转化步伐正在日益加快,一批干细胞相关产品已经进入临床实验,甚至已经上市,但是,规模化的干细胞转化应用在临床上尚未实现。

因此,系统化的干细胞基础研究、研究成果的产业化和临床转化研究亟待加强。

我国在干细胞与再生医学领域经过多年发展,已经在细胞重编程、干细胞技术、特色性动物资源等领域打下了良好的基础,干细胞领域论文与专利在国际上排名大幅提升,但在干细胞转化研究领域的核心技术与成果略显不足,目前尚无规范化的干细胞转化应用和干细胞相关产品面世。随着社会的发展,人类对干细胞及相关产品的安全性、有效性、可控性方面的需求日益迫切,以临床应用为目标的干细胞基础与转化研究已经成为未来发展的瓶颈和新的研究热点。我国应凭借已具备的基础、人才与资源优势,合理布局干细胞及其转化应用研究,大力发展干细胞基础研发、技术、转化和产业,使我国能够占据干细胞基础研究及其转化应用的制高点,进一步增强我国在相关领域的国际竞争能力。

干细胞与再生医学研究已引起各国政府、科技界、企业和公众的高度关注,美日等发达国家均在国家科技战略规划中将其作为重要发展领域,在干细胞发育调控、干细胞制备技术、干细胞临床应用等领域进行了重点部署。很多国家持续增加对干细胞的研发投入,医药企业也逐渐加大对干细胞和再生医学研究与应用的投入。

随着对干细胞多能性调控分子网络及多能性维持基本规律的了解,科学家们逐渐探索出胚胎干细胞体外培养的适宜条件,建立起包括小鼠、大鼠、恒河猴和人类的胚胎干细胞系。美国和英国已批准部分胚胎干细胞临床应用研究计划,涉及的疾病包括视网膜黄斑变性和脊髓损伤等。

我国政府对干细胞研究非常重视。"十一五"期间即开始以"973"计划、"863"计划和发育与生殖研究国家重大科学研究计划等大力支持干细胞的基础研究、关键技术和资源平台建设,在干细胞研究及转化应用领域取得了一批标志性成果:在世界上首次证明了小鼠诱导性多能干细胞(iPSC)的发育全能性;首次揭示体细胞重编程起始的分子机制;首次成功建立大鼠和猪的诱导性多能干细胞;发现提高诱导性多能干细胞的转化效率的有效途径;鉴定了干细胞干性的分子标志物等;研发了一批治疗性干细胞产品和组织工程产品;筛选和研究了一批能够促进干细胞自我更新、改进 iPSC 诱导及提高干细胞定向分化效率的小分子化合物;建立了更加适合临床应用的人胚胎干细胞(ESC)系;发现了新的调控 ESC 自我更新的转录因子。我国在干细胞研究领域的国际影响力显著提升。但是,与欧美科技发达国家相比,我国的干细胞研究在原始创新能力与标志性成果方面仍有一些差距。

针对干细胞与再生医学研究领域亟待解决的问题,我国干细胞研究应力争在干细胞多能性维持与重编程的分子机制、干细胞与微环境的相互作用、干细胞定向分化与转分化、干细胞应用转化研究与关键性技术等方面取得突破,尤其是干细胞临床和转化应用的核心技术。

我国政府相关部门和学术界对再生医学的发展给予了密切关注和大力支持。比如说在中国科学院《中国至 2050 年人口健康科技发展路线图》和中国工程院《中国工程科技中长期发展战略研究》等科技规划中,都把再生医学列为重大研究方向。原国家卫生部组织制定了《组织工程化组织移植治疗技术管理规范(试行)》,并将干细胞技术归入"第三类医疗技术"进行管理。最近,相关部门又进一步加强了对干细胞治疗的管理。与此同时,学术界先后于 2005 年、2010 年和 2015 年召开了 3 次"再生医学"香山科学会议,充分讨论了再生医学在中国发展的理念、范围、重点突破方向、技术路线以及需要解决的关键科学问题等,这些都为中国再生医学今后的发展打下了良好的基础并提供了相关保证。

在干细胞及转化应用研究领域,我国的起步较早,在《国家中长期科学和技术发展规划纲要(2006—2020年)》等重要规划对干细胞研究及相关的细胞治疗作了重要战略部署。通过"973"计划、"863"计划、国家重大科学研究计划、支撑计划、国家自然科学基金、中国科学院战略先导专项等科技规划和项目,对干细胞的基础研究、关键技术和资源平台建设给予了大力支持,取得了一批标志性成果。目前,我国干细胞领域的论文数量排名国际第 2 位,一批研究机构进入了国际研究机构前 20 位,其中中国科学院排名国际研究机构的第 4位,申请并获得了一批国家专利和国际专利,专利数量已经排名国际第 3 位,国际专利授权排名第 6 位。

我国已经在干细胞领域建立了良好的基础研究和转化平台,培养和引进了高水平的干细胞研究梯队,初步具有了国家层面的统筹协调和政策规范方面的保障,并依托这些基础在一些干细胞领域取得了世界领先的研究成果,为我国干细胞研究的进一步发展奠定了坚实的基础。

总体来讲,通过进一步深入研究,今后一段时间内中国的再生医学可能会在干细胞诱导分化与多种损伤组织同步修复与再生,组织工程大器官的构建,组织工程产品从基础研究走向规模化应用,涉及再生医学的制度和法规的进一步建立和完善以及再生医学转化基地的规模化建设等方面取得实质性进展和突破。

第五节　干细胞与再生医学的产业化进程

干细胞的商业前景及其对改善人类健康的价值无疑是巨大的,这使它成为当今诸多国家竞相追逐的焦点之一。到目前为止,美国、英国、德国、意大利、荷兰、法国、瑞典、比利时、捷克、以色列、加拿大、中国、日本、韩国、新加坡、印度、澳大利亚、南非、巴西等越来越多的国家和地区纷纷投入到这一领域中。正是由于干细胞与再生医学既能给现有临床治疗模式带来深刻变革,又是 21 世纪具有巨大潜力的新兴高科技产业之一,因此国际上已形成了国际性的科技竞争和产业化竞争的热潮,再生生物学产品正逐步成为衡量一个国家或地区科技发展水平与健康水平的重要标志之一,世界各国均纷纷斥巨资参与这一领域的研究与开发。2000年,全球从事再生生物学产品开发的企业为 66 家,2002 年已增至 99 家,其中仅美国就有 50 家,目前已经形成价值 60 亿美元的产业,并以每年 25% 的速度递增。到 2015 年末,美国的再生医学产品部分将有 4000 亿美元的营业额,倘若加上治疗前后的相关费用,市场达到 10 000 亿美元,成为美国经济的支柱性产业之一。

在美国,组织工程产品正以每年市值增加 22.5% 的速度成为国民经济的支柱产业之一。同样,干细胞治疗的市场规模也在不断扩大,到 2012 年,心脏病的干细胞治疗市场规模已达 35 亿美元。无论是中空的器官耳、鼻、膀胱还是实质性的器官肝脏、肾脏、骨骼都将逐渐进入市场轨道。我国 SFDA 已逐渐放宽对人类胚胎干细胞临床试验的限制,而据生物谷研究院统计,在接下来的五年中,中国的干细胞与再生医学相关领域的市场规模将达到 60 亿元,不论是临床研究的准入标准,还是干细胞研究的研发外包,甚至关联于干细胞与再生医学研究服务的机构,都将在这个产业链中占有巨大的市场份额。因此,在全球再生医学产业化形成的初期及早介入,将在下一轮产业爆发过程中占得先机。

目前,国际上的干细胞临床研究,无论从绝对数量或从早期(Ⅰ期)到中后期(Ⅱ期以后)临床研究的数量均呈显著增加的趋势。例如,2013 年 7 月底以前,在美国 NIH 临床研究网站(www. clinicaltrials. gov)上登记的有关 MSC 临床研究项目共 334 例,较一年前的数字提高了近 100 例。

目前,国际上共有 4 个 MSC 产品获相关国家药监机构批准上市(加拿大和新西兰 1 个,韩国 3 个),分别用于治疗 GVHD(异体骨髓来源)、急性心肌坏死(自体骨髓来源)、退行性关节炎(异体脐带　　　罗恩病引起的肠瘘(自体脂肪来源)。

我国也有大量的 MSC 临床研究。在美国 NIH 临床研究网站登记的就有 50 多项,包括数个进入Ⅲ期临床研究的项目,分别用于治疗 GVHD、溃疡性肠炎、多发性硬化、系统性红斑狼疮、缺血性心脏病、脊髓损伤和肝硬化等。

有数据预计,未来数年干细胞市场年增长率为 29%(2012 年为 28%),将远高于各国 UDP 的增长水平,并且,预计到 2020 年仅在美国市场干细胞及相关产品的销售量就可达到 110 亿美元。就干细胞产业发展而言,目前,美国被认为是当之无愧的世界第一大国(约占世界总份额的 65%),其次是欧盟(占 20%)及加拿大等国。美国有从事不同类型干细胞研发的公司超过 100 家,包括知名的 Osiris Therapeutics(MSC 产品研发)、Stem Cells Inc 和 Neural Stem Inc(神经干细胞产品研发)、Advanced Cell Therapies(ESC 和 iPSC 产品研发)等公司。另一个表现是,部分传统制药行业巨头也开始从事干细胞的研发,例如 Pfizer 早已启动了以 MSC 为主的干细胞制剂的研发。而美国干细胞产业上游从基础研究到细胞培养材料(如无血清培养基)、培养技术(如三维培养技术)和干细胞产品的 GMP 理念及相关设施的研发等完善的产业链已经基本形成。

相比之下,我国近年来干细胞产业的发展也很迅速,全国范围内已形成了数十家不同规模的干细胞公司,从事干细胞产品的研发、干细胞库的建立(主要是脐带血干细胞库)和干细胞及相关产品的销售。但各公司主要从事的是以 MSC 为主的干细胞产品研发,而相关产品符合现阶段干细胞制剂质量要求的干细胞公司为数并不多。此外中国干细胞产业健康发展的产业链尚未形成。

干细胞治疗的前景令人鼓舞,但由于干细胞的生物学特性、产品种类和适应征的多样性,而现有的知识、技术及临床资料非常有限,导致对干细胞治疗相关风险因素的分析和控制能力仍非常有限。因此,为确保干细胞治疗的安全性和有效性,就必须针对各类风险因素进行不懈的研究,并在此基础上,建立有效严格的质量控制方法。

与再生医学基础研究的累累硕果相比,再生医学的产业化进程可谓喜忧参半。喜的是人们已经逐渐重视再生医学研究成果的临床转化,截至目前已用于临床的细胞移植有:MSC用于促进骨再生及改善肢体、心肌血液循环;神经干细胞/SC/嗅鞘细胞移植用于促进中枢及周围神经再生;肌干细胞移植用于促进肌组织再生、延缓肌萎缩以及治疗压力性尿失禁;软骨细胞移植用于促进关节软骨修复;胰岛细胞移植治疗糖尿病;肝细胞/肝干细胞移植治疗肝衰竭等。而且干细胞对糖尿病、帕金森综合征、老年痴呆症、角膜病和白血病等多种疾病的治疗在动物实验层面已基本完成,部分进入人体临床试验。而且通过组织工程技术也已构建了人体很多重要组织,甚至还有肾脏、肝脏、心脏等重要器官的初步构建。但在产业化进程中暴露出的基础向临床转化效率低、效果差等问题却远远大于所取得的成绩。细胞治疗尽管进行得如火如荼,但截至目前,效果真正明确肯定、已被广泛接受的仍是20世纪50年代再生医学诞生前就开展的骨髓移植治疗恶性血液病。历经几十年,仍没有第二种细胞治疗成为常规的疾病治疗手段。组织工程面临同样的窘境,除了一些新研发的生物材料用于临床以外,在众多的构建体中,仅有组织工程皮肤和组织工程骨、软骨真正形成产品上市,但也仅仅是众多医疗手段中的点缀而已,远没有成为治疗中的主流。其全球市场份额也少得可怜,组织工程皮肤仅2千万美元,组织工程软骨也不过4千万美元,与上百亿美元的研究投资形成了巨大反差。美国最早最大的两家组织工程皮肤生产商Organogenesis Inc和Advanced Tissue Science已申请破产保护,一些主要的组织工程产品,如Cell Active Skin、Epidex、Bioseeds和Melanoseed也因严重亏损而停产。我国的再生医学产业化进程同样不容乐观,到2005年时,我国组织工程相关课题已申请国内专利137项,国际专利15项,却没有形成一种产品,直到2007年,第四军医大学金岩等研究的组织工程皮肤才获得了SFDA颁发的第一个组织工程产品注册证书。而且今后要想避免美国组织工程皮肤的覆辙,仍然困难重重。因此,如何实现再生医学的临床转化必将成为未来研究的一个重要方向。

第六节 干细胞与再生医学的转化医学

转化医学是近年发展起来的新兴医学研究模式,旨在促进基础医学的研究成果向实际医疗应用转化。是将科研结果转化成药品、预防和诊断手段或医学器械来为患者提供有效预防和诊疗干预措施的过程,包括临床前试验、前瞻性临床观察、预防和诊疗方案测试和最佳临床实践的发展。简言之,转化医学就是将合适的生物医学发现转换为药物、医疗装置或疾病防治措施等,使之服务于人类健康的科学。

1992年Choi在*Science*杂志首先引出"Bench to Bedside"(B-to-B)这一概念,意为从实验室的研究发现转化成临床使用的诊疗技术和方法的过程。1996年Geraghty在*Lancet*发表文章,首先提出"translational medicine"的概念。2003年美国国立卫生研究院(NIH)制定NIH Roadmap for Medical Research,定位了医学研究的重点路径,指出转化医学对于新世纪医学发展的重要性。转化医学是基础医学迅速发展的需求和产物。这种双向转化和循环转化的转化模式是转化研究的显著特点,其核心在于紧密连接基础与临床,在从事基础科学研究的工作者和熟悉临床需求的医生之间建立起桥梁。特别关注在其间建立起直接联系,努力缩短基础研究到临床医学应用的时间,将基础生物学研究成果最快速有效地向疾病诊断、治疗和预防进行转化,使其成为临床上的防治新方法,也将临床问题及时转化成为研究主题与方向。

目前,转化研究在发达国家已备受关注,但在国内还处于未成熟阶段。美国在美国国家卫生研究院(National Institutes of Health,NIH)的推动下,正在以每年5亿美元的资助力度推进转化性医学研究,预计到2012年将资助建立起60个研究中心,目前已建成55个。自2006年起NIH开始实施临床与科研成果转化奖励计划(Clinical and Translational Science Awards,CTSA)。欧共体每年用于与健康相关的转化性研究预算为60亿欧元。英国在5年内已投资4.5亿英镑用于转化性研究中心的建设。目前我国建立转化性研究中心的大型计划已在积极策划与组织之中。

随着科学研究复杂性的增加,转化研究的重要性愈加突出。转化研究填补了基础研发与临床应用之间的鸿沟,使科研与临床不再分家,加速了医学与理工技术紧密结合和知识产权的商业化。同时还刺激了新教育模式的产生,将以往独立的各学科整合到同一个基础研究和临床学科中去,促进多学科交叉研究策略和教育平台的建立,适应了近代科学三个"I"的发展趋势——Interdisciplinary(学科交叉)、Integration(整合与集成)、Innovation(创新与改革),有助于培养新一代具有转化医学理念和能力的研究工作者和医疗工作者,即培养既能研究又能看病的"两栖人才"。

一、转化医学研究流程及特点

一般认为转化医学研究分为四个阶段。

第一个阶段,研究成果向人的转化(translation to humans),探讨基础研究成果潜在的临床意义及可能的应用前景。通过第一个阶段研究,获得关于基础研究成果与人类病理生理过程相关性的知识;获得观察和影响相关病理生理过程潜在方法的知识。研究内容包括:临床前研究及动物模型研究、人类病理生理学研究、以人为对象的初步研究(健康志愿者研究)、基础研究成果在人体的验证以及Ⅰ期临床研究。

第二个阶段,研究成果向患者的转化(translation to patients),是在一个相对严格控制的环境下对基础研究成果的应用方式进行探索和优化,形成临床应用的指导方案。T2期研究主要是获得达到最优化应用的各项条件设置的知识,主要研究内容是Ⅱ期和Ⅲ期临床研究。

第三个阶段,研究成果向医学实践的转化(translation to practice),研究者根据推荐的应用方式探索通常情况下临床实际应用的方法,获得在实际工作中有效使用方法的知识。其主要研究内容是Ⅳ期临床研究、健康服务研究,包括对成果应用的宣传、交流和广泛应用以及临床实际效果的评估研究。

第四个阶段,研究成果向人群健康的转化(translation to population health),主要是研究分析影响人群健康的因素和研究提高人群健康的综合方法。T4期研究最终是以提高人类健康水平为目标。研究内容包括以大人群为基础的效果评估、影响健康的社会因素等。

生物医学的快速发展已经积累了海量的研究成果,大量与疾病过程相关的基因都已经被阐明。综合各种研究结果,发现很多最新发现的疾病相关基因还是通过已知的信号通路起作用。因此很多疾病的重要的致病基因已被发现,转化医学应当以目前的这些研究成果为基础发展有效的治疗方式。

转化医学研究是以有充分理论基础的成果为依据,探讨基础研究成果的应用方式,就是从已有的基础研究成果中选出有病理生理意义、有应用前景的成果,再将其实用化,最终转化成临床、社会可用的产品和服务。因此从研发过程来看,转化医学就是从理论到产品和(或)服务的过程。

转化医学研究的关键是T1期研究,特别是动物模型研究及临床前研究,也就是在动物模型中验证理论,探索适用的技术和药物等,并以此为基础进行临床前研究。这实际上是从基础研究迈向转化医学研究的第一步,也是最难的一步。

转化研究不等同于已往的"产学研结合"的概念,体现在它有一个专注于转化医学目标的专门化的研究系统,同时又是多学科综合研究的模式,需要有多重分析技术平台的集成,还要包括一定的市场化运作。因此,在发展转化医学研究时,不能单纯地复制我们以前的经验,认为建立研究中心,把从事基础和临床研究的科学家集中在一起就能够把转化研究做好。这里不妨关注一下发达国家的经验,以哈佛大学转化医学中心为例(图1-3),该研究中心不是转化研究的主体,不包含特定的课题研究组。它主要是为转化研究提供信息、技术、知识、人力资源等支持服务,同时研究"转化研究"本身可能存在的问题,并试图找到解决方案。他们认为并不需要为转化医学研究本身专门开辟新的研究场所,因为开展研究的还是原来进行基础或临床研究的人员,他们已经有充足的研究场地。而促进大家开展转化医学研究的关键是帮助研究人员克服那些阻碍基础医学研究成果向医学实践转化的因素,构建有利于转化医学研究的软硬环境,使有基础研究成果、又有兴趣开展转化研究的科学家了解周边可用的人力及技术资源,帮助其整合已有资源,并在遇到技术问题时提供参考意见,提升他们开展转化研究的能力和效率。

因此,在成立转化医学研究中心时,除了提供一般医学研究的必需条件外,还应该针对转化医学研究自身的特点和需求进行建设,并充分利用周边已有的人力及技术资源,在避免重复建设的同时,建成一些能提升转化研究的关键技术平台,使转化医学研究中心成为促进转化医学研究软硬环境的集成中心。

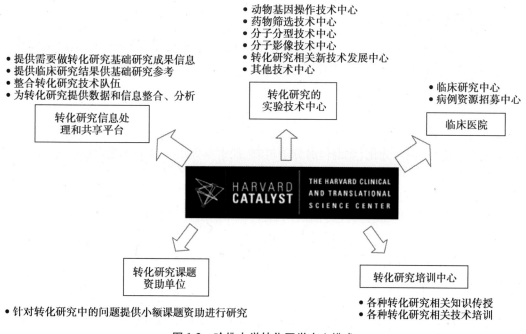

图1-3 哈佛大学转化医学中心模式

（引自董尔丹,胡海,洪微 2013）

二、干细胞与再生医学是全新的转化医学

近年来,干细胞研究成果受到全球广泛关注,以干细胞移植治疗为核心的再生医学,将成为继药物治疗、手术治疗的另一种疾病治疗途径,将会产生一种全新的转化医学,也就是再造人体正常的组织器官,从而使人能够用上自己的干细胞或由干细胞所衍生出新的组织器官,来替换自身病变或衰老的组织器官。现在,利用造血干细胞移植技术,已逐渐成为治疗白血病、各种恶性肿瘤放化疗后引起的造血系统和免疫系统功能障碍等疾病的一种重要手段。

三、转化医学是干细胞与再生医学实践的桥梁

首先,若把前瞻性研究的目标锁定在患者身上,强调疾病的早期检查和早期评估,并据此进行科研选题和研究,在获得再生医学研究成果的同时开展转化研究,使成果迅速应用于临床。一旦这条双向通道打开,将促进基础研究成果快速地为临床医学服务,为疾病防治和完善政府公共卫生政策服务。

因此,转化医学是未来医学领域研究的重要方面,如何结合中国的国情迅速把一些成熟的再生医学研究成果转换成患者和普通大众健康的福音,是目前转化医学的发展方向和重要任务之一。

转化研究作为一种新的研究模式,成为连接基础医学和临床、护理、预防医学的桥梁,其推动基础医学研究成果向实际应用转化的特征,使其迅速成为关注的热点。以往国内开展再生医学研究多偏重于理论探索,临床研究很不规范。为推动再生医学的成果转化,在政府支持下,成立了"国家干细胞与再生医学产业技术创新战略联盟",联盟由干细胞与再生医学领域的 27 家科研院所、医疗机构、高校、企业等单位联合发起,于 2010 年底在科技部注册成立。联盟体现了基础研究-临床应用-市场销售一条龙链接,为"B to B"(from bench to bedside,即从实验室到临床)提供了组织保证。

第七节 干细胞与再生医学发展目标

将从国家层面整体提升干细胞相关领域及其转化医学的实力,加快科研成果的应用。凝聚优势力量,重点针对干细胞发生、发育和形成功能细胞过程中的重要科学问题,深入开展干细胞、生物材料、组织工程、生物人工器官,以及干细胞与疾病发生等方面的基础研究、应用基础研究和转化开发。

一、干细胞研究发展目标

以深化干细胞研究和促进转化应用为总体目标,优化整合干细胞研究资源,培养创新能力强的高水平科研队伍,加速干细胞基础和临床前研究。实现干细胞基本理论的突破,开发并推广一批临床级干细胞产品和以干细胞为靶点的药物,为形成干细胞临床应用标准,发展干细胞临床治疗新技术和提高疾病的治疗水平提供基础理论支持。

(一) 发展目标

1. 研究干细胞多能性、定向分化、重编程的分子机制,探索重大疾病的干细胞治疗途径,重点突破干细胞干性的获得、维持和转化调控的机制。

2. 揭示微环境与干细胞的相互作用规律。

3. 研制以大动物和非人灵长类为特色的用于干细胞临床前研究的重要疾病模型及相关评估方案。

4. 针对心、肝、胰等器官的重大疾病,研制若干具有重大临床需求的人工组织器官。

5. 阐明干细胞再生修复治疗的机制,取得干细胞应用领域关键技术重大突破,推动符合伦理标准、规范化的干细胞临床治疗评价体系的建立。

(二) 干细胞研究主要任务

1. 细胞重编程研究 利用体细胞核移植(somatic nuclear transfer,SCNT)、iPS 细胞、转分化等技术获得功能细胞,解决发育生物学、干细胞研究和再生医学领域的关键性技术难题。

(1) 细胞重编程过程研究:比较 SCNT、iPS 等多种重编程过程,描绘出细胞重编程过程的精细图谱;揭示参与重编程的各种信号统一协调的作用方式;建立精确的数学模型模拟分析细胞重编程的动态过程。

(2) 细胞重编程调控机制研究:研究基因表达,蛋白质表达,非编码 RNA、DNA 甲基化,组蛋白修饰等多个方面的关键调控点。利用这些可调控步骤提高重编程效率,开发新一代重编程手段。

(3) 谱系重编程和细胞类型转换研究:研究体细胞谱系重编程过程及其调控机制。通过细胞类型转换获取具有功能和能用于治疗的细胞或组织;评估转分化来源的组织和器官的安全性及有效性。

(4) 利用重编程技术建立疾病的细胞模型:利用重编程技术建立患者体细胞来源的多能干细胞,作为疾病的体外模型;结合基因修饰及重编程技术等多种方法建立大动物和非人灵长类疾病的细胞模型,用于重要疾病的干细胞治疗与药物开发研究。

2. 干细胞自我更新及多能性维持的机制研究及新物种多能干细胞的建立 研究干细胞自我更新、多能性维持的分子网络及调控机制,取得理论突破。利用分子生物学、生物化学、细胞生物学等多种手段研究维持干细胞自我更新的条件;分离鉴定干细胞特有的包括非编码 RNA 在内的多种分子标记,检测与干细胞自我更新相关的特有的表观遗传状态;建立评估干细胞多能性的标准;比较各种不同来源、不同发育能力干细胞的基因及蛋白表达谱;研究转录后修饰等对干细胞自我更新进行调控的途径,寻找各个物种特有的维持自我更新的通路,比较在进化过程中干细胞维持自我更新的进化路线等。

利用新技术建立新型多能干细胞系和新物种的多能性干细胞系。利用 mRNA、蛋白质或小分子化合物诱导等多种手段建立新型的多能干细胞。利用重编程或其他发育生物学手段在新物种中建立起稳定的多能干细胞系;结合材料科学、生物力学开发新型材料,大规模培养干细胞;开发新型培养系统,稳定培养能满足临床治疗或药物开发等需求的干细胞。

3. 干细胞定向诱导分化及其调控机制研究 研究干细胞向某一特定细胞类型分化的条件,定向诱导胚胎干细胞、iPS 细胞及成体干细胞分化为可用于细胞治疗的功能细胞。结合材料学与组织工程技术研制功能性的人工组织器官。

干细胞定向分化机制研究。以胚层分化理论为基础,研究干细胞诱导分化的分子机制。结合发育生物学,研究干细胞在体内外的分化过程。揭示重要调控元件、转录程序、表观遗传网络调控干细胞分化的机制;利用计算生物学、系统生物学等方法建立干细胞诱导分化的数学模型;利用小分子化合物、mRNA 或蛋白质,开发新型定向分化技术,将干细胞高效诱导为功能性细胞。

干细胞诱导分化为组织和器官的研究。结合材料科学、物理学、化学等技术诱导干细胞分化为具有特定功能的组织和器官,如神经、视网膜、胸腺、胰岛等;结合发育生物学方法、胚胎操作等在大动物中生成人类重要组织和器官。

4. 干细胞与微环境相互作用研究 围绕干细胞与微环境的相互作用,发现新的干细胞多能性标志物,探索微环境与调控干细胞增殖分化等的分子机制。

成体干细胞的分离鉴定。研究成体干细胞维持自我更新的分子机制,分离培养成体干细胞,建立稳定的细胞系,全面检测成体干细胞的扩增和分化能力,比较体内外微环境对干细胞的自我更新及分化能力的影响。

干细胞的微环境研究。通过蛋白质组学、结构生物学等手段分离鉴定干细胞微环境的重要组成成分;研究微环境与干细胞的相互作用,以及调控干细胞自我更新与分化的机制。

5. 干细胞临床前研究 以临床级干细胞建系与建库为基础,规模化培养扩增并定向诱导分化干细胞,分离、鉴定和纯化特定功能细胞;选取理想疾病模型,进行标准化的细胞移植、功能评价及致畸与致瘤等风险评估。

临床级干细胞的建立和建库。利用干细胞基础研究成果,结合生物制品相关规定和临床应用的实际需求,建立统一、规范、明确的临床级干细胞标准;依据标准,结合化学生物学、细胞生物学、材料学等技术,开发安全无污染的干细胞培养方法;建立不同方法、不同来源的多样化的临床级干细胞系,为临床前研究提供丰富资源;建立国家级临床干细胞库,以便更好地储存、管理、利用和共享资源。

重要疾病动物模型的建立。针对人类重要疾病,如神经退行性疾病、代谢类疾病、心血管疾病等,利用并优化已有的动物模型建立方法,如自然筛选、药物诱导和基因修饰等,建立新型疾病动物模型,重点发展大动物和非人灵长类动物的疾病模型;制定针对不同物种动物模型的标准化评估体系。

干细胞治疗的安全性和有效性评估。结合细胞体内示踪技术、分子成像技术和新的临床医疗手段,建立和完善干细胞植入后细胞存活率、移植物与宿主的整合情况、功能改善状况、致畸和致瘤风险评估等方面的系统监测指标;依据这些技术和指标对干细胞临床治疗进行系统评价,建立可行的干细胞移植治疗方案。

6. 植物细胞全能性与器官发生 系统研究激素、温度、光照等调控细胞脱分化和再分化的机制,植物细胞全能性的遗传与进化机制,细胞全能性和器官分化的激素调控,植物生长点的维持、再生和器官发生的遗传与表观机制,植物无融合生殖的机制,植物遗传转化的新技术等,研究植物如何由单个体细胞发育成完整植株机制,促进揭示体内受精卵发育成完整个体的机制。

植物干细胞和发育。结合分子生物学、生物化学、功能基因组学和体外培养技术、体内示踪技术,分离和鉴定不同物种、不同部位中存在的植物干细胞;揭示干细胞在植物器官发生和发育过程中的功能和起作用的关键基因;阐明干细胞在器官发生中的精细分化图谱和调控机制。

植物干细胞维持和分化的调控机制。利用表观遗传学、全基因组学和生物信息学等方法系统研究环境因素、激素和遗传因子在植物干细胞维持和分化中的统一协调关系,挖掘新的调控基因和表观遗传调控方式。

植物细胞去分化和再分化的调控机制。以植物细胞特有的去分化和再分化应激形式为模型,研究在体细胞去分化和再分化的分子调控网络,揭示环境因素和遗传物质相互作用的关系,深入了解植物愈伤、抗逆等应激现象的调控机制。

二、再生医学研究发展目标

中国科学院"中国至2050年人口健康科技发展路线图"和中国工程院"中国工程科技中长期发展战略研究"等科技规划中,都把再生医学列为重大研究方向,并确立我国再生医学研究发展战略目标。

(一)2020年目标

1. 在组织修复与再生的关键理论上有重要创新和突破,包括阐明胚胎和成体干细胞诱导分化再生损伤组织的相关机制、细胞治疗用于多种难治性疾病治疗、修复与组织再生的相关机制、模拟低等动物完全再生以增强人体自主再生能力的相关理论,阐明2~3种干细胞治疗相关疾病的机制,基本明确干细胞技术的适应证等。

2. 在组织完美修复与再生的关键技术上要有重要突破,包括干细胞建库、保存、鉴定以及诱导分化用于多种组织再生的关键技术等,完成6~12种用于促进皮肤、肝脏、角膜、心肌补片、中枢和外周神经再生的重大关键技术并应用于临床,全国建10个左右的治疗用干细胞库、几十个科研用干细胞技术产品,研制成功5~8个干细胞药物制品,建立5~6种难治性疾病的干细胞移植标准临床方案并推广应用。

3. 建立比较完善的干细胞应用于组织工程以及再生医学的法规和法律体系。

4. 建成5~6个集产、学、研为一体的再生医学转化平台。

5. 我国再生医学总体水平国际先进,某些领域国际领先。

(二) 2030 年目标

1. 在增强组织和器官自身修复与再生能力方面,人体的某些组织和器官,如皮肤、肝脏等受损后基本上可以恢复到损伤以前的解剖和功能状况;肝脏、肾脏等实质性器官损伤后纤维化修复率下降50%,基本能够实现完全再生,从而显著降低器官移植的需求。

2. 在组织工程组织和器官方面,新一代组织工程人工皮肤基本上将是一个与正常皮肤可以等同的产品,具有与正常皮肤同等的颜色和皮肤附件等。组织工程神经、肌腱、角膜、骨和软骨等可以达到较大规模的生产与临床应用,大器官组织工程有较好的基础。

3. 在采用细胞(主要是成体干细胞)治疗重症疾病等方面,全国的干细胞技术产品要达到品种齐全,除组织干细胞产品外,争取有2~3个胚胎干细胞产品以及iPS产品问世。各种干细胞产品能基本满足治疗疾病的需求,对肿瘤及肿瘤干细胞的机制有进一步的了解,治疗上有突破性进展,同时研究开发出多种个性化和通用性干细胞技术产品以满足国民的保健、美容和增强体质的需求,使干细胞成为治疗损伤和疾病的常规方法。

4. 我国再生医学总体处于世界领先水平。

小　结

再生医学是一门研究如何促进创伤与组织器官缺损生理性修复以及如何进行组织器官再生与功能重建的新兴学科,其主要通过研究干细胞分化以及机体的正常组织创伤修复与再生等机制,寻找促进机体自我修复与再生,并最终达到构建新的组织与器官以维持、修复、再生或改善损伤组织和器官功能之目的。

从当今的发展趋势看,再生医学已是现代临床医学中的一种崭新的治疗模式,对医学治疗理论、治疗和康复方针的发展有重大的影响,也是近年来包括中国在内的世界各国政府重点发展和研究的高新科技领域之一。再生医学的研究范畴在医学科学领域占有重要地位,再生医学的加入是对医学学科的最重要拓展与完善,再生医学对医学治疗理论、治疗和康复方针的发展有重大影响,对医学学科理论的发展具有重要意义,其前沿性与现代医学研究手段和理念的结合将推动医学学科迅速跨上一个前所未有的高度。从近年来的快速发展和再生医学所展现的前景看,它已经成为医学研究领域中的一个新的学科,重视再生医学不仅是学科发展、临床应用的需要,同时也是国际竞争的需要。目前我国已形成了一支优秀的干细胞研究队伍,通过加大投入,假以时日,完全有能力在干细胞与再生医学研究领域赢得一席之地甚至抢夺制高点。

近几十年来,基础医学快速发展,医学研究进入了分子水平,使得关于人类疾病和健康的知识呈爆炸式增长,人们有理由要求医疗服务水平也随之大幅提高。为了适应这种要求,推动医学知识转化为医疗服务,转化医学应运而生。转化医学不以拓展人类对疾病和健康的知识为目的,而是研究如何将已有的知识变成现实的医疗服务。这是医学界对目前医学研究模式反思后的自我批判,也是对社会需求的回应。因此,在基础医学研究还相对落后的情况下,大力发展转化医学研究是适应我国国情、加快我国医学高技术产业发展、提高医疗水平的正确抉择。可以想象,转化医学研究虽然不会为我们赢得诺贝尔奖,但将能够培育出一批具有较高知识含金量的原创医疗产品和服务,最终促进我国医疗水平的跨越式发展。

干细胞和再生医学及其相关技术的研究和应用是医学研究领域未来重要的发展方向,既有重大理论研究价值,又属于国家重大需求,国家已关注干细胞与再生医学的发展现状及重要意义,并加大支持力度,设立干细胞与再生医学学科,以更加有效地推动我国干细胞与再生医学的健康发展。

(庞希宁　付小兵)

参 考 文 献

1. 付小兵,王正国,吴祖泽.再生医学基础与临床.北京:人民卫生出版社,2014.

2. 庞希宁,付小兵.干细胞与再生医学.北京:人民卫生出版社,2014.

3. 中国科学院.中国学科发展战略——再生医学.北京:科学出版社,2015.

4. 付小兵,王正国,吴祖泽.再生医学原理与实践.上海:上海科学技术出版社,2008.

5. 裴雪涛.再生医学理论与技术.北京:科学出版社,2010.

6. David L. Stocum.再生生物学与再生医学.庞希宁,付小兵,译.北京:科学出版社,2012.

7. 王正国.中国再生医学研究现状与展望.中国实用内科杂志,2012,32(8):561-564.

8. 付小兵.中国再生医学研究:需求与转化应用.解放军杂志,2012,37(3):169-171.

9. 戴尅戎.再生医学与转化研究.中华关节外科杂志(电子版),2011,5(1):68-71.

10. 江虎军,孙瑞娟,裴端卿,等.干细胞与再生医学的发展现状及重要意义.中国科学院院刊,2011,26(2):174-178.

11. 董尔丹,胡海,洪微.浅析转化医学与医学实践.科学通讯,2013,58(1):53-62.

12. 袁宝珠.干细胞研究产业发展及监管科学现状.中国药事,2014,28(12):1380-1384.

13. 袁宝珠.治疗性干细胞产品的相关风险因素.中国生物制品学杂志,2013,26(5):736-739.

14. Choi DW. Bench to bedside:The glutamate connection. Science,1992,258(5080):241-243.

15. Geraghty J. Adenomatous polyposis coli and translational medicine. Lancet,1996,348(9025):422.

16. Lean ME,Mann JI,Hoek JA,et al. Translational research. BMJ,2008,337(7672):a863.

17. Woolf SH. The meaning of translational research and why it matters. JAMA,2008,299(2):211-213.

18. Choi DW. Bench to bedside:The glutamate connection. Science,1992,258(5080):241-243.

19. Geraghty J. Adenomatous polyposis coli and translational medicine. Lancet,1996,348(9025):422.

20. Sanders S. Regenerative Medicine in China. Science,2012,336(6080):497.

21. Orlic D,Kajstura J,Chimenti S,et al. Bone marrow cells regenerate infracted myocardium. Nature,2001,410(6829):701-705.

22. Kocher AA,Schuster MD,Szabolcs MJ,et al. Neovascularization of ischemic myocardium by human bone marrow derived angioblasts prevents cardiomyocyte apoptosis,reduces remodeling and improves cardiac function. Nat Med,2001,7(4):430-436.

23. Anversa P,Nadal-Ginard B. Myocyte renewal and ventricular remodeling. Nature,2002,415(6868):240-243.

24. Belteamin AP,Urbanek K,Kajstura J,et a. Evidence That Human Cardiac Myocytes Divide after Myocardial Infarction. N Engl J Med,2001,344(23):1750-1757.

25. Verfaillie Catherine M. Pluripotency of mesenchymal stem cells derived from adult marrow. Nature,2002,418(6893):41-49.

26. Mason C,Manzotti E. Stem cell nations working together for a stem cell world. Regenerative Medicine,2015,5(1):1.

27. Mcmahon DS,Thorsteinsdóttir H,Singer PA,et al. Cultivating regenerative medicine innovation in China. Regenerative Medicine,2010,5(1):35-44.

28. Williams DA. Keating A. Enhancing research in regenerative medicine. Blood,2010,116(6):866-867.

29. Esteban MA,Wang T,Qin B,et al. Vitamin C Enhances the Generation of Mouse and Human Induced Pluripotent Stem Cells. Cell Stem Cell,2010,6(1):71-79.

30. Li R,Liang J,Ni S,et al. A Mesenchymal-to-Epithelial Transition Initiates and Is Required for the Nuclear Reprogramming of Mouse Fibroblasts. Cell Stem Cell,2010,7(1):51-63.

31. Zhao Y,Yin X,Qin H,et al. Two supporting factors greatly improve the efficiency of human iPSC generation. Cell Stem Cell,2008,3(5):475-479.

32. Zou K,Yuan Z,Yang Z,et al. Production of offspring from a germline stem cell line derived from neonatal ovaries. Nat Cell Biol,2009,11(5):631-636.

33. Zhao XY,Li W,Lv Z et al. iPS cells produce viable mice through tetraploid complementation . China Basic Science,2009,461(7260):86-90.

34. Takahashi K,Tanabe K,Ohnuki M,et al. Induction of pluripotent stem cells from adult human fibroblasts by defined factors. Cell,2007,131(5):861-872.

35. Yu J,Vodyanik MA,Smuga-Otto K,et al. Induced pluripotent stem cell lines derived from human somatic cells,Science,2007,318(5858):1917-1920.

36. Zhu WW,Yu Y,Zhou Q,et al. The development and expectation of stem cell research with new pattern. Bulletin of The Chinese

Academy of Sciences,2009,24(3):284-289.

37. Liu FF,Hou ZL. Research progress and application prospect of induced pluripotent stem cells. Journal of Clinical Rehabilitative Tissue Engineering Research,2014,18(1):149-154.

38. Takahashi K,Tanabe K,Ohnuki M,et al. Induction of pluripotent stem cells from adult human fibroblasts by defined factors. Cell,2007,131(5):861-872.

39. moue H,Yamanaka S. The use of induced pluripotent stem cells in drug development. Clin Pharmacol Ther,2011,89(5):655-661.

40. Wu SM,Hochedlinger K. Harnessing the potential of induced pluripotent stem cells for regenerative medicine. Nat Cell Biol,2011,13(5):497-505.

41. Wang M,Lin J,Sun CK,et al. Information analysis of iPSCs and its translational medicine. Basic & Clinical Medicine,2013,33(12):1554-1559.

42. Rosemann A. Modalities of value,exchange,solidarity:the social life of stem cells in China. New Genetics and Society,2011,30(2):181-192.

43. Tang PH. Controversy on adult stem-cell plasticity and rules governing the use of fetal tissue in China. Journal of Laboratory and Clinical Medicine,2004,143(4):199-200.

44. Salter B,Cooper M,Dickins A. China and the global stem cell bioeconomy:an emerging political strategy. Regenerative Medicine,2006,1(5):671-683.

45. Qiu J. Injection of hope through China's stem-cell therapies. Lancet Neurology,2008,7(2):122-123.

46. Liao LM,Zhao RC. An overview of stem cell-based clinical trials in China. Stem Cells and Development,2008,17(4):613-618.

47. Dai JW,Gao SR. Stem cell research is coming of age in China. Journal of Genetics And Genomics,2010,37(7):413-413.

48. Saltce B,Cooper M,Dickins A,et al. Britain and India stem cell strategy. Biotech World,2007,1(2):78-83.

49. Thomas KE,Moon LDF. Will stem cell therapies be safe and effective for treating spinal cord injuries. BritishMedical Bulletin,2011,98(1):127-142.

50. Jiao JW. Embryonic and adult neural stem cell research in China. Science China-Life Sciences,2010,53(3):338-341.

51. Chen Tao,Qian Wan-qiang. Comparative analysis of stem cell research and industry development between china and foreign countries. Forum Sci Technol China,2011,10(10):150-153,160.

第 二 章

干细胞生物学基础

干细胞(stem cell)是具有自我更新及多向分化潜能细胞,干细胞以其未分化或低分化状态存在,干细胞的旁分泌作用能影响其所处的微环境,进而影响其他细胞的生物学特性。干细胞是组织器官再生的种子细胞,是实践再生医学的最重要的先决条件。再生医学的四大临床应用策略除使用仿生学装置和器官移植策略外,其余三大策略都离不开干细胞。第一,细胞移植。它是现阶段人们主要关注的最有活力的、已经应用于临床再生和修复损伤的组织细胞。几乎所有移植细胞均来源于干细胞或经干细胞阶段转化而来。第二,生物化人工组织移入。是较大组织缺损离不开的再生措施,而干细胞作为种子细胞是人工组织离不开的主要功能成分。第三,干细胞原位诱导再生。这个策略只能在较充分了解干细胞启动再生的机制的条件下才能实现,虽然难度最大,离我们也最远,但却是再生医学的最终目标,始终应是我们努力的方向。因此,干细胞研究促进了再生医学的发展。

第一节　干细胞概述

干细胞既存在于早期胚胎也存在于成体组织。早期胚胎干细胞具有多向分化潜能,分化产生机体的所有类型细胞。存在于成体的干细胞群,可以分化成一个细胞谱系中的各种干细胞,但不能产生谱系以外的细胞。例如,造血干细胞可以分化成不同类型的血细胞,但不能形成肝细胞。

干细胞是组织器官再生的种子细胞,是建立和实践再生医学的最重要的先决条件(图 2-1)。间充质干细

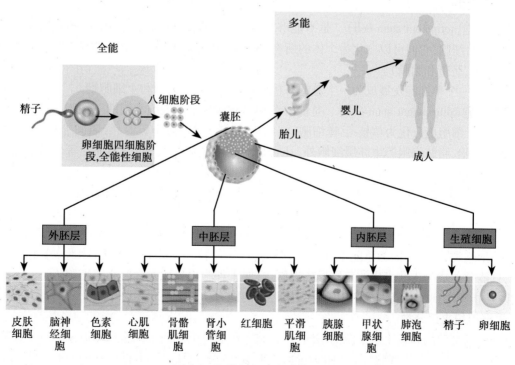

图 2-1　胚胎干细胞和成体干细胞

胞(mesenchymal stem cell,MSC)是目前细胞治疗和组织再生研究最热点的成体干细胞。

干细胞是高等多细胞生物体内具有自我更新及多向分化潜能的未分化或低分化的细胞。自我更新(self renewal)是指干细胞具有"无限"的增殖能力,能够通过对称分裂(symmetric division)和不对称分裂(asymmetric division)方式产生与父代细胞完全相同的子代细胞,以维持该干细胞种群。多向分化潜能(multilineage differentiation)是指干细胞能分化生成不同表型的成熟细胞。如胚胎干细胞可以分化为个体的所有成熟细胞类型(包括来源于外胚层、中胚层和内胚层的各种细胞),在成体各组织器官内几乎都存在干细胞,它们在生物体内终生都具有自我更新能力,但是其多向分化能力较胚胎干细胞弱,只能分化为特定谱系的一种或数种成熟细胞。干细胞的能通过旁分泌作用产生多种活性因子影响其所处的微环境,进而改变其他相邻细胞的生物学特性。

一、干细胞的分类

(一) 根据分化潜能分类

按分化潜能的不同,干细胞可以分为全能干细胞、多能干细胞和单能干细胞(图2-2)。

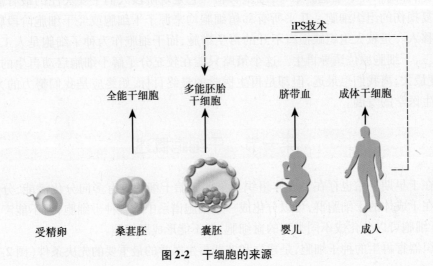

图 2-2　干细胞的来源

1. 全能干细胞(totipotent stem cell)　是指能够形成整个机体所有的组织细胞和胚外组织的干细胞,如受精卵和早期胚胎细胞,它们可以分化为个体的所有细胞类型(包括外胚层、中胚层和内胚层来源的细胞)及胎儿附属物(胎盘、脐带和胎膜)。

全能性:是指一个单细胞发展成为一个总的有机体的潜力(如受精卵和4细胞期)。

2. 多能干细胞(pluripotent stem cell)　是能够分化形成多种不同细胞类型的干细胞,具有多谱系分化潜能特征。如造血干细胞能分化为单核-巨噬细胞、红细胞、淋巴细胞、血小板等;骨髓间充质干细胞除能分化为骨细胞、软骨细胞、脂肪细胞等中胚层细胞外,还可以分化为表皮细胞、神经干细胞等外胚层及肝细胞、胰岛干细胞等内胚层细胞。

多能性:是指细胞有能力产生体内所有类型的细胞,但不产生有机体发育所需的附属性结构,如胎盘、羊膜和绒毛膜。

3. 单能干细胞(unipotent stem cell)　通常指特定谱系的干细胞。细胞分布于成体组织内,并具有产生所属该组织的细胞类型潜能,即为单能干细胞。它们仅产生一种类型的分化细胞,因此,分化能力较弱。如表皮干细胞只能分化成为皮肤表皮的角质形成细胞,心肌干细胞也只能发育为心肌细胞。

单能性:是指一个细胞有能力只产生一种细胞类型的能力。

(二) 根据组织来源分类

根据所处的发育阶段和发生学来源的不同,可以将干细胞分为胚胎干细胞(embryonic stem cell,ESC)、诱导多能干细胞(iPSC)、成体干细胞(adult stem cell,ASC)和生殖干细胞(germline stem cell,GSC),最近,有研究者还提出了肿瘤干细胞(cancer stem cell,CSC)的概念(图2-2)。

二、干细胞的生物学特性

干细胞通过细胞增殖完成自我更新,以维持稳定的干细胞数量。有些组织干细胞(如肝干细胞),虽然长期处于静息状态,但仍然具备强大的自我更新能力。其次,在特定分化信号刺激下,干细胞通过非对称分裂被诱导分化为具备特定功能的组织细胞。在某些组织器官(如胃和肠上皮或骨髓)干细胞较频繁地进行分裂增殖以替代损伤、衰老和死亡细胞;但是,其他一些器官(如胰腺或心脏)的干细胞仅在某些特殊条件下,才能进行分裂增殖。

干细胞的分裂有两种方式。其一是与体细胞相同的对称分裂;其二是独特的非对称分裂。非对称分裂产生的两个子代细胞,其中,一个细胞与父代细胞完全相同,并一直保持干细胞稳定状态,同时还产生过渡放大细胞(transient amplifying cell),然后再由过渡放大细胞经过若干次分裂产生较多的分化细胞。另外一个细胞则通过自我更新分化为特定的成熟细胞。

发育要求细胞定向为不同的命运。然而,对于干细胞,必须有一个机制,以维持干细胞的数目,同时也产生分化。这种机制被称为不对称细胞分裂。

不对称细胞分裂时,产生两个不同命运的子细胞。干细胞不对称分裂时,能产生一个类似其自身的细胞(继续作为干细胞),同时产生的另一个子细胞可进入不同的路径并分化(图2-3)。

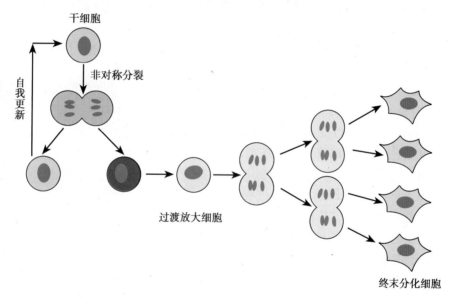

图 2-3　干细胞分裂的非对称

关于干细胞非对称分裂的机制,目前尚不明确。有几种机制使干细胞决定是否会发生不对称细胞分裂。机制之一是细胞的极性。极性是早期胚胎稳定的特征,但对于组织干细胞可能是短暂的特征。可能是由于干细胞进入分化程序以后,首先要经过一个短暂的增殖期,产生短暂扩增细胞(transit amplifying cell,TAC)。短暂扩增细胞再经过若干次分裂,最终生成分化细胞。外部信号的传递的过程是由跨膜受体参与的。

当细胞迅速生长并一分为二时,是什么触发了这种分裂? 和细胞最终达到的大小有关? 还是与细胞生长的时间有关?

最近,美国科研人员揭示细胞分裂与细胞最终的体积和细胞生长的时间都没有关系,它们遵循着特殊的量化原则保证不同大小细胞稳定分布。

细胞如何控制自己的体积并保持体积的稳定分布是生物学悬而未决的基本问题之一。研究负责人之一、加州大学圣地亚哥分校物理与分子生物学副教授萨昆·朱利安说,即使对于大肠埃希菌——可能是目前得到最广泛研究的细菌,也没有人能够回答上面的问题。

为了展开研究,朱利安和他的同事设计出一种微型装置来隔离并操控单个细胞,这种装置可以使他们跟踪数千细菌细胞个体几百代的发展过程。他们在严格保持多种生长条件稳定的情况下,监测了成千上万的大肠埃希菌和枯草芽胞杆菌的生长和分裂过程。这一实验使他们获得了以往研究之数千倍的样本量,在此基础上,他们进行了前所未有的量化研究。

科研人员通过建设与实验数据相匹配的数学模型发现,细胞生长遵循一种生长定律——按照恒定速率进行指数增长。他们还吃惊地发现,细胞对空间或时间都不"敏感",它们的分裂遵循着"独特而简单的细胞体积控制量化原则":不管新生细胞大小如何,每一代都会向群体中增加相同的体积,这种增长原则自动保证了不同体积细胞分布的稳定性。

该研究的意义将不仅仅是找到基本科学问题的谜底。科学家指出,深入了解细胞分裂的触发原因可以让科研人员更好地理解细胞分裂失控而导致癌症的过程。

(一) 干细胞具有自我更新能力

胚胎干细胞和某些组织干细胞的增殖能力非常旺盛。尤其是胚胎干细胞的分裂十分活跃。胚胎干细胞能够在体外培养环境中连续增殖一年而仍然保持良好的未分化状态。但是,绝大多数组织干细胞在体外的增殖能力有限,它们在快速增殖以后常进入静止状态,如成人肝干细胞、神经干细胞和心肌干细胞,通常处于静息状态,这种独特的增殖方式与组织干细胞保证整个生命周期中组织的稳态平衡与再生密切相关。

干细胞本身的增殖通常很慢,而组织中的过渡放大细胞分裂速度则相对较快。干细胞的上述增殖特点有利于干细胞对特定的外界信号做出反应,以决定干细胞是进入增殖周期,还是进入特定的分化程序。干细胞缓慢增殖特性,还可以减少基因突变的危险,并使干细胞有更多的时间发现和矫正复制错误。因此,干细胞的作用可能不仅仅是补充和修复受损组织细胞,或许还具有防止体细胞发生自发突变的功能。

为了维持稳定的自我更新,干细胞需要防止分化,促进增殖繁衍,自我更新的机制必须转交给其子细胞。虽然其中保持其全能性的具体机制尚不明确,但对小鼠胚胎干细胞的研究表明,一个转录因子的自组织网络的重要性。这些转录因子在防止分化、促进干细胞增殖中发挥重要作用。有利于这一进程的另一个改变是表观遗传修饰(这种改变不会直接影响细胞的 DNA 序列)的 DNA、组蛋白和染色质结构,以这样一种方式,它改变了转录因子与 DNA 的结合功能。

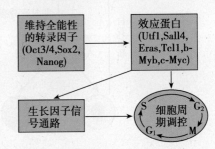

图 2-4　参与维持干细胞多能性的蛋白

1. 转录因子　如上所述,转录因子在这一进程中发挥了重要作用。这些转录因子类的蛋白质通过其他效应蛋白激活特定信号通路,导致细胞存活,并促进细胞分裂,使细胞进入细胞周期。有几个转录因子调控并维持干细胞的多能性(图 2-4)。

2. 表观遗传机制　被诱导分化的干细胞的细胞核与未分化干细胞的细胞核是明显不同的。与分化的细胞相比,未分化干细胞的染色质较为疏松。这使某几个基因在未分化的干细胞低水平表达,使细胞具有多能细胞特征。开放式结构能快速调节,这对于干细胞能够响应机体的需要非常必要。有一组蛋白质是非常重要的,它们通过修饰组蛋白而使基因组沉默,这组蛋白质称为 polycomb 蛋白质组。这些蛋白质已被证实对维持干细胞特性起关键作用,但其在胚胎干细胞作用机制的具体细节仍不清楚。

(二) 干细胞具有多向分化潜能

多潜能性是指一个细胞有能力产生少数几种不同类型的细胞。干细胞经过分化进程逐渐变为具有特殊功能的终末分化细胞,与此同时干细胞的多向分化潜能也逐渐丧失。如囊胚内细胞团的多能胚胎干细胞可以产生多分化潜能的各胚层干细胞,然后胚层干细胞再分化为成熟组织细胞。在上述分化进程中,干细胞的分化谱逐渐"缩窄",即只能分化成为种类越来越少的功能细胞。目前已经鉴定了一些调控干细胞分化的外源和内源性的信号分子。其中,外源性信号,包括其他细胞产生的化学信号以及干细胞微环境中存在的某些分子;内源性信号主要包括某些重要转录因子。这些调控通过干细胞 DNA 的表观遗传修饰,关闭或者开启某些重要基因的表达,最终调控干细胞的分化进程。

1. 干细胞定向分化　大多数干细胞能产生中间型的祖细胞(也称为短暂增殖细胞),然后产生一种细胞分化簇。造血干细胞逐步分化的过程就是一个很好的例子。这些细胞是多潜能的,但需经过一个逐步的过程,按特定路径定向。第一步,产生两个不同的祖细胞,然后,定向的祖细胞经过多次的细胞分裂,产生特定细胞类型。以这种特殊形式,造血干细胞产生了一种生成淋巴细胞系的祖细胞,另一种是生成髓性细胞系的祖细胞(图2-5)。

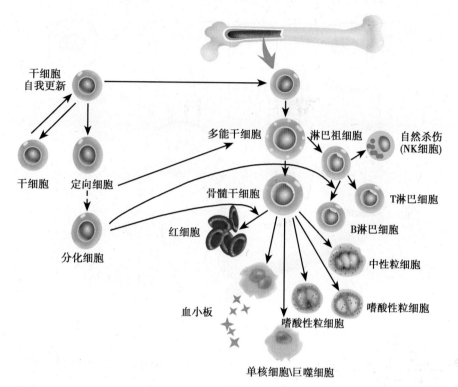

图2-5 干细胞的定向分化过程

2. 因基因表达变化,定向是不同步的 关闭了进入其他发育路径的基因表达。这些蛋白质能够激活的基因都是某一发育路径必需的基因,关闭表达的基因则是其他发育路径所必需的。

（三）干细胞具有未分化或低分化特性

干细胞不具备特殊的形态特征。因此,难以用常规的形态学方法加以鉴别。干细胞也不能执行分化细胞的特定功能,如心肌干细胞不具备心肌细胞的收缩功能,造血干细胞也无法像红细胞一样携带氧分子。但是,干细胞尤其是组织干细胞)的重要作用是作为成体组织细胞的储备库,在某些特定条件下,它可以进一步分化为成熟细胞或终末分化细胞,执行特定组织细胞的功能。

（四）干细胞具有旁分泌特性

干细胞能分泌多种活性因子影响其所处的微环境,进一步对其在组织原位的其他细胞产生影响,其也可迁移到其他部位或人为移植到其他组织,在那里对其周边的微环境及其相邻细胞产生影响,改变它们的生物学特性,促进它们的增殖、迁移和分化,最终促进该组织的再生。

三、干细胞微龛

1. 控制干细胞增殖和更新的信号尚未明确 现已知细胞外基质的相互作用在这方面发挥重要作用。研究结果显示干细胞表达 E-cadherin 和 β-catenin,以及干细胞与那些支持其呈"干细胞样"的细胞之间的连接必需的细胞黏附分子。最好的例子是造血干细胞,造血干细胞与支持它们的骨髓环境中的某些成骨细胞相连接。已发现经由黏着连接的信号转导通路对造血干细胞的更新和增殖是重要的。造血干细胞与成骨细胞之外的细胞直接接触会发生分化,而与成骨细胞亚群相连接的造血干细胞将维持其干细胞特性(图2-6)。

2. 在哺乳动物细胞中,不对称细胞分裂的机制还没有完全阐明 可能会有不同机制导致不同细胞分裂。机制之一可能是依赖于特定的蛋白质被分配到有丝分裂的细胞内的不同区域,以至于产生极轴。只有某些决定细胞命运的分子被分配两个子细胞之一,才会有助于一个子细胞继续维持干细胞特性,而另一个子细胞发生分化(图2-7)。

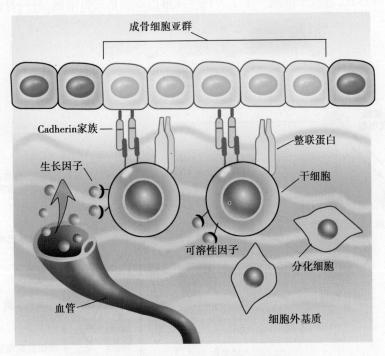

图 2-6　维持造血干细胞的干细胞微龛

四、干细胞应用发展趋势

多能性干细胞提供了一种替代细胞和组织的可再生资源,使治疗多种疾病成为可能。许多慢性病如帕金森症(分泌多巴胺的脑细胞被破坏);1 型糖尿病(胰腺中 β 细胞被破坏);阿尔茨海默病(由于大脑中的蛋白质斑块的沉积而导致神经元丢失);脑卒中(凝血块造成脑组织缺氧);脊髓损伤(致使骨骼肌麻痹);其他疾病:如烧伤、心脏病、关节炎和类风湿关节炎,缺失的细胞可以利用干细胞替换。

诱导多能干细胞(iPSC)通过诱导控制多能性的关键基因的表达,被重编程的成体细胞可以进入一个多能状态,在这种情况下,*C-myc*、*Sox2*、*Oct3/4*、*Nanog*等基因的引入就可以办到。然而,这样的研究尚处于

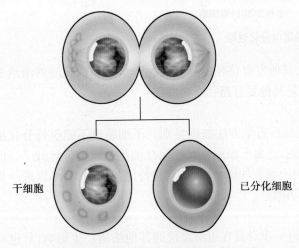

图 2-7　不对称分裂中细胞组分的差异分离

干细胞   已分化细胞

起步阶段,成瘤问题也尚未解决,但 iPSC 在治疗上述疾病方面具有可能性(图 2-8)。

通过治疗性克隆获得具有目的基因的胚胎干细胞,作为科学研究和治疗应用资源,可广泛应用于再生医学、研究人类疾病的模型及药物筛选等研究领域。

干细胞的生物学特性决定了其广泛的应用价值,另一方面干细胞可以在体外培养环境中增殖,经过 10 余年的研究,已建立了一系列成熟规范的干细胞体外培养体系;另一方面,利用干细胞具有多分化潜能的细胞的特性,在体外培养环境中给予一定的诱导条件,就可以将干细胞定向分化为特定类型细胞,然后,移植到机体相应的病变区域替代原本失去功能的病变组织细胞,以治疗多种疾病,如心血管疾病、糖尿病、恶性肿瘤、骨及软骨缺损、老年性痴呆、帕金森病等。由此可见,干细胞具有巨大的研究价值和应用前景。

众所周知,我们通常提到的老年痴呆症又名阿尔茨海默病,是一种进行性发展的致死性神经退行性疾病,临床表现为认知和记忆功能不断恶化,日常生活能力进行性减退,并有各种神经精神症状和行为障碍。据患病率研究显示,美国在 2000 年的老年痴呆症例数为 450 万例,年龄每增加 5 岁,老年痴呆症患者的患病

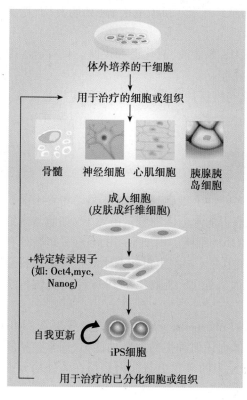

体外培养的干细胞

用于治疗的细胞或组织

骨髓　神经细胞　心肌细胞　胰腺胰岛细胞

成人细胞
（皮肤成纤维细胞）

+特定转录因子
（如：Oct4,myc,
Nanog）

自我更新

iPS细胞

用于治疗的已分化细胞或组织

图 2-8　基于干细胞的治疗

率将上升 2 倍,也就是说,60 岁人群的患病率为 1%,而 85 岁人群的患病率为 30%。目前,中国老年痴呆症的患病率已随着年龄的升高呈显著增长趋势:75 岁以上达 8.26%,80 岁以上高达 11.4%;老年痴呆的患者女性多于男性,60 岁以上妇女患老年痴呆症,通常是相匹配男性的 2~3 倍。

这么多年来,我国乃至世界的顶尖科学家们一直都在潜心研发和探索治疗阿尔茨海默病的方法和技术,但到目前为止,对产生这种病症的原因,医学界也没有一个绝对权威的说法。大家仅仅是将其归结为受各种因素影响,并不时有研究显示,诸如饮食问题、智商问题都可能产生不良的影响。应该说老年痴呆症到现在仍然是一种仅仅为人们知其然而不知其所以然的神秘病症。

但当"干细胞移植技术"问世后,问题便有了解决的方法,它属于一种细胞生物疗法,最显著的作用就是能再造一种全新的、正常的甚至更年轻的细胞、组织或器官。其治疗是通过采集外周血、骨髓或脐带血,通过专用的干细胞分离液,提取、纯化后得到临床治疗所需要的干细胞;经过静脉注射或介入等方法将干细胞输入老年痴呆症患者体内,利用干细胞具有自我复制和分化的能力来修复老年痴呆症患者体内受损的细胞,使机体功能重建,从而达到治疗疾病的目的。

胚胎干细胞(embryonic stem cell,ESC)具有向机体三个胚层细胞分化的能力,经过适当的诱导方法可以形成多种细胞类型,因此,胚胎干细胞被认为是最有潜力应用于细胞替代治疗的资源之一。1998 年,Thomson 等率先将人工授精后废弃的胚胎进行体外培养,成功地从囊胚中分离出内细胞团,建立了人胚胎干细胞系,这一突破性进展在全世界范围内引起极大反响。从此,针对胚胎干细胞的研究一直是生命科学的热门研究领域。但由于伦理争议、成瘤性、免疫排斥等问题,胚胎干细胞的研究仍停留在机制研究和动物实验阶段。

利用治疗性克隆(therapeutic cloning)技术获得的胚胎干细胞系,不仅具有正常胚胎干细胞自我更新和多分化潜能两大特性,而且与患者的 HLA 配型完全一致,因此具有极高的临床应用价值。治疗性克隆是指将来源于患者自身的体细胞,通过核移植技术,获得囊胚发育,进而从中分离内细胞团,建立胚胎干细胞系。这种治疗性克隆的可行性,早在 2002 年就开始在小鼠模型中被证实,然而在灵长类动物中,治疗性克隆仍然处于初期研究阶段。尽管 2007 年 Byrne 等建立了桥猴体细胞核移植干细胞系;2008 年 French 等首次报道获得了人体细胞核移植囊胚,但是两者获得的效率都比较低,而且在人体细胞核移植研究中,卵子使用、胚胎破坏等伦理道德争论也一直限制着这项研究的开展。

为了避免人胚胎干细胞和治疗性克隆研究带来的伦理争议,一直以来人们都在努力寻找新的体细胞重编程方法,寄希望于不通过卵子的重编程,而是通过其他一些特异的细胞类型诱导体细胞直接转变成为多能性干细胞。但是,这方面的研究一直或多或少存在某种缺憾,无法获得和胚胎干细胞特性一致的多潜能性细胞。然而,2006 年 Takahashi 等通过从 24 个转录因子中筛选,最终利用 4 个转录因子建立了诱导性多能干细胞(induced pluripotent stem cell,iPSC)。此后,针对 iPSC 的研究可谓日新月异,2007 年 Takahashi 等和 Yu 等分别建立了人诱导多能干细胞系。截至目前,已建立超过 8 种与疾病相关的人 iPSC 系,其中包括神经退行性疾病、糖尿病等。同时利用 iPSC,模拟细胞替代治疗的可行性已在小鼠中获得证明,然而,以病毒作为载体进行的基因操作仍然会带来潜在的治疗安全性问题。2009 年 Yu 等研究表明,利用非整合型附着体载体(Episomal Vectors)方法获得了人 iPSC,在去除附着体后,这种 iPSC 就成为没有外源 DNA 的细胞,从而解决了潜在的癌变的风险性问题。尽管这项研究成果可以被认为是 iPSC 向临床应用迈出的有力一步,但是距离 iPSC 最终应用于临床还有很多技术性的问题需要解决。

需要注意的是多种疾病的基本原因可能是干细胞异常。化生(metaplasia)是发生在一种组织分化的细胞类型转换到另一种组织分化的细胞类型。常见于肺部疾病(如肺纤维化)和肠道疾病(如肠炎病、克罗恩病)。这可能是由于干细胞,而非终末分化的细胞带来的转换。

实际上,很可能多种癌症是干细胞疾病,特别是不断更新的组织,如血液、消化道和皮肤。只有这些细胞持续足够长的时间来积累致病量的恶性转化的基因改变,才产生癌症。

因此,要注重干细胞疾病方面的研究,全面认识干细胞的功能与疾病的关系,促进干细胞应用的发展。

(庞希宁)

第二节　胚胎干细胞

胚胎干细胞(embryonic stem cells,ES 细胞)是最经典的一种多能性干细胞,特指哺乳类动物着床前囊胚内细胞团(inner cell mass,ICM)在体外特定条件下培养和扩增所获得的永生性细胞。虽然 ES 细胞与内细胞团的细胞有相似的特征,但 ES 细胞并不能等同地代表体内内细胞团的细胞。内细胞团的细胞只短暂地存在于胚胎发育的早期,而 ES 细胞通过适应体外的培养环境可以长久生存。早在上世纪八十年代初英国科学家 John Martin Evans 等人就首先成功地分离培养了小鼠 ES 细胞。而人的 ES 细胞是在 1998 年由美国科学家 James Thomson 分离培养成功。

作为多能性干细胞,ES 细胞具有两大特征,即发育的多能性(pluripotency)和无限的自我更新(self-renewal)的潜能。发育的多能性是指 ES 细胞具有自发地分化成为体内任何种类的细胞的能力,通常包括胚胎发育中三个胚层(内、中、外胚层)来源的细胞和生殖系的细胞;而无限的自我更新能力是指在体外培养中可以长期地自我复制,产生大量的相对均一的多能干细胞。

一、胚胎干细胞起源

胚胎干细胞起源于哺乳动物受精后 5 天到达囊胚期,囊胚是胚胎的早期阶段,尚未种植于子宫内膜。囊胚由内细胞团和滋养层细胞组成,滋养层细胞发育为胎盘,内细胞团(inner cell mass,ICM)包含 13～25 个细胞,最终发育为身体的全部分化细胞。ICM 细胞基因组的分化基因几乎全部甲基化而沉默,其增殖潜能受到抑制。

ICM 细胞或非哺乳动物其等同细胞,可用于培养获得 ES 细胞。鱼、鸟等一系列哺乳动物均已建立 ES 细胞系。首次建立人类 ES 细胞系是通过辅助生殖技术体外受精后的废弃冻融囊胚得到。

制作人类或小鼠 ES 细胞系的程序。小鼠 ES 细胞多潜能性的表现是通过将其移植到囊胚,参与组织器官的分化,将其移植入免疫缺陷小鼠中,其将分化成包含三胚层代表的畸胎瘤。人类 ES 细胞在畸胎瘤实验中,与小鼠一样,但显然不能将 ES 细胞用于实验。小鼠 ES 细胞形成球形集落并需要 LIF 通过 STA3 信号通路维持其多潜能性。BMP4 与 LIF 协同作用,通过激活分化移植基因维持 ES 细胞的状态。小鼠 ES 细胞能在不包含血清和滋养层细胞,只存在 LIF 和一些小分子的情况下激活 Wnt 信号通路并抑制 ERK1/2 和 GSK3β 激酶活性。人类 ES 细胞形成扁平集落并需要 FGF-2、Activin、Lefty2 和 IGF 信号分子维持。人类 ES 细胞不能像小鼠那样维持未分化状态。事实上,像小鼠那样维持未分化状态的培养条件,在人类 ES 细胞中是不可用的。

二、胚胎干细胞多分化潜能的表观遗传学基础

ES 细胞能无限增殖并保持多潜能性。一系列转录因子,包括 Oct4、Sox2、Nanog、Tcf3、Klf4、c-Myc、ESRRB、Sall4、Tbx3 和 STAT3 一起维持人和小鼠 ES 细胞的多潜能性。发育的小鼠胚胎其多潜能细胞逐渐受到限制,只能分化成外胚层细胞。外胚层细胞在原肠胚前具有自我更新能力及多分化潜能,当经历核转录因子沉默后,分化基因激活,随后向三胚层及其衍生物分化。外胚层来源的 ES 细胞与 ES 细胞来源的 ES 细胞相比,具有不同的生长特性、转录特性及分化特性。

ICM 来源 ES 细胞的表观遗传学特征是在受精及合子种植前发育过程中形成的(图 2-9)。当合子经过桑葚胚发育到囊胚期时,染色体经过表观遗传学调整,激活内细胞团维持多潜能性的基因并抑制其分化基因。

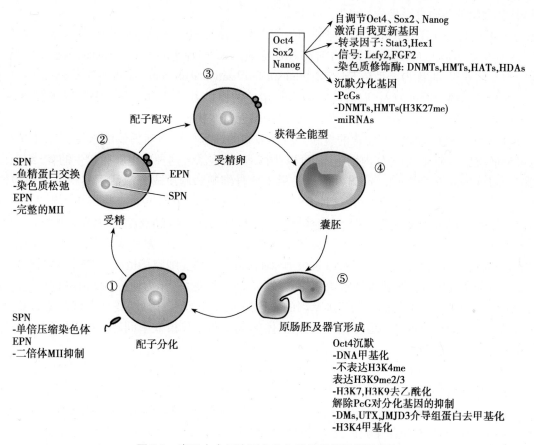

自调节Oct4、Sox2、Nanog
激活自我更新基因
-转录因子: Stat3,Hex1
-信号: Lefy2,FGF2
-染色质修饰酶: DNMTs,HMTs,HATs,HDAs
沉默分化基因
-PcGs
-DNMTs,HMTs(H3K27me)
-miRNAs

原肠胚及器官形成

Oct4沉默
-DNA甲基化
-不表达H3K4me
表达H3K9me2/3
-H3K7,H3K9去乙酰化
解除PcG对分化基因的抑制
-DMs,UTX,JMJD3介导组蛋白去甲基化
-H3K4甲基化

图2-9 囊胚中内细胞团多分化潜能获得的调控网络

①精子和卵母细胞是高度分化细胞,在受精时形成二倍体合子,单倍体精子细胞核(SN)异染色质被鱼精蛋白高度整合,二倍体卵母细胞核(EN)停留在第二次减数分裂中期。②受精时卵胞质中的分子让精原核(SPN)染色质重塑,因此可以转录。母体的组蛋白替换精子鱼精蛋白使其变成常染色质,卵原核完成第二次减数分裂变成单倍体。③④当受精卵分裂形成囊胚时,主要转录因子Oct4、Sox2和Nanog自我调控转录,并通过与PcGs、染色体修饰酶(包括甲基化和去甲基化DNA或组蛋白、乙酰化和去乙酰化组蛋白)结合激活自我更新基因,同时沉默分化基因。另外,microRNA降解mRNA或抑制其转录。在组蛋白H3的不同赖氨酸位点发生甲基化和去甲基化。DNMTS,DNA甲基转移酶;HMTS,组蛋白甲基转移酶;DMS,去甲基化酶;HATS,组蛋白乙酰化酶;HDAS组蛋白去乙酰化酶。⑤组蛋白甲基化形式的改变、DNA甲基化和去乙酰化沉默Oct4表达,去甲基化酶UTX、JMJD3和H3K4甲基化参与改变组蛋白甲基化形式从而释放PcG抑制,因此激活分化基因表达,最终完成胚层的分化

这些调整通过组蛋白、DNA甲基转移酶、去甲基化酶、组蛋白乙酰转移酶、去乙酰化酶在DNA本身CpG岛组蛋白特定氨基酸上添加或去除乙酰基、甲基基团。这些表观遗传学标记决定染色体的包装程度及转录活性。多分化潜能基因是低甲基化的,分化基因是高甲基化的。分析人ES细胞与胎儿肺成纤维细胞的组蛋白乙酰化和甲基化与DNA甲基化,发现分化包含显著的表观遗传学调整。Micro RNA(miRNA)与分化基因抑制有关,是分化发生中必经的过程。miRNA加工酶缺陷的ES细胞不能正常增殖,Oct4表达不能完全降调,因此分化受到抑制。

在多潜能细胞分化过程中,控制多分化潜能的基因表观遗传学沉默、分化基因激活是如何控制的尚不清楚。Loh和Lim指出个别多潜能细胞因子过表达能促进ES细胞分化而不是加强其未分化状态,表明转录模式决定表观遗传学密码的改变。为解释这种现象,他们指出个体多潜能转录因子明确区分胚胎分化并相互间持续竞争,使得多潜能性是一种只能通过外源生长因子来维持的不稳定状态,当这些因子消失后分化方向就已明确。

三、胚胎干细胞的类型

ES细胞来自哺乳类动物发育早期着床前囊胚的胚胎细胞在体外特定条件下培养而获得的多能干细胞

系,可根据囊胚来源的不同进一步分为以下三类。

1. 来源于正常受精发育的囊胚　对于动物研究,如最常用的小鼠,可以从动物体内(3.5 天孕鼠)获取囊胚并建立 ES 细胞系。但人 ES 细胞建系(目前在 NIH 注册的人 ES 细胞系)都是从卵母细胞体外受精发育到囊胚期的内细胞团获得,也称为人受精 ES 细胞(human fertilization embryonic stem cell,hfES Cells)。这种 ES 细胞表达父本和母本的表面抗原,它们对母卵细胞和精子的提供者及其他人都会引起同种异体免疫排斥。这一技术较成熟,所得到的 ES 细胞系未经任何修饰,最接近自然状态。

2. 来源于体细胞核转移重组胚发育的囊胚　将体细胞的细胞核转移到去核的未受精卵母细胞中,经体外培养也可形成囊胚。分离、培养其内细胞团,可以获得 ES 细胞系。这种重组胚胎产生的 ES 细胞称为核转移 ES 细胞(nuclear transfer ES cells,ntES cells),是由于卵母细胞的胞质成分激活了移植的体细胞核使其重新编程(reprogram)的结果。从理论上讲,这种 ES 细胞所表达的细胞表面抗原应与核提供者大部分一致,从而解决 ES 细胞分化获得的功能细胞用于细胞移植的免疫排斥问题,这就是治疗性克隆的概念。ntES 细胞与细胞核提供者在基因水平的差异仅存在于线粒体的基因。目前,在小鼠、猴和人类已成功建立这种 ntES 细胞系。建立人核移植的 ES 细胞系,不仅可以解决 ES 细胞衍生的功能细胞移植的免疫排斥问题,也可以利用患者的体细胞核与未受精的去核卵母细胞融合建立核移植 ES 细胞系,作为研究疾病的细胞模型。此外,这样的 ES 细胞系,也为研究基因的调控和印迹基因的表达提供细胞模型。因此,建立人核移植的 ES 细胞系有着重大的理论意义和应用前景。但是,由于卵细胞供体的缺乏和核移植效率问题,建立人的核转移 ES 细胞系的技术并未得到推广和应用。

3. 来源于孤雌发育的囊胚　孤雌发育指用化学或电刺激等方法激活未受精卵母细胞并使其发育为胚胎的过程。从孤雌发育的囊胚的内细胞团分离培养的 ES 细胞称为孤雌 ES 细胞(parthenogenetic or parthenote embryonic stem cells,pES cells)。目前,小鼠、猴和人的 pES 细胞建系已获成功,并有报道能够将小鼠 pES 细胞体外诱导分化为神经元,甚至是受到广泛关注的多巴胺神经元。pES 细胞的主要优势有:一是人 pES 细胞表达的表面抗原与卵母细胞提供者基本一致,由此排卵期妇女可望用与自体免疫原性一致的干细胞治疗自身的疾病或组织损伤。二是人 pES 细胞只含有母本染色体,基因型为纯合子。同种异体之间的细胞或器官移植,包括基于异体干细胞的供体细胞治疗,都会因为主要组织相容性复合体(the major histocompatibility complex,MHC;人类为 HLA,human leucocyte antigen)基因型的不同而出现免疫排斥,导致移植失败。由于 HLA 基因的高度复杂性和在人群中的高度多态性,一般人群中 HLA 杂合型的干细胞供体所能匹配的受体极其有限。而 pES 细胞的 HLA 基因位点基本为纯合子的优势,使得与其相配的受体群体数量非常明显地增大,可被用于细胞治疗的可能性更加接近现实。尤为重要的是,纯合子干细胞技术使创建一个覆盖人群中多数表型的 ES 细胞库,为治疗各种疾病提供同种异体的供体细胞成为可能。三是孤雌激活的哺乳类胚胎不能发育为个体的特性使建 pES 细胞系的研究避免了克隆人的伦理争议。此外,与 ntES 细胞相比,pES 细胞所涉及的技术难度低、成功率高。还有,pES 细胞表观遗传(epigenetic)的改变可作为研究细胞表观遗传学和基因印迹(genetic imprinting)的极好模型。总之,对人类疾病的细胞替代治疗和基础研究而言,pES 细胞具有其独特的优势。

4. 来源于单倍体囊胚　所有哺乳类动物的体细胞都携带有两套染色体(分别来自父亲和母亲),即二倍体细胞。以上介绍的三种 ES 细胞都是利用正常二倍体细胞组成的胚胎建立的。2011 年,英国和奥地利的科学家分别利用孤雌发育的单倍体胚胎建立了小鼠单倍体 ES 细胞系,并利用这样的细胞系进行了正向或反向遗传筛选(forward or reverse genetic screen),以及基因敲除实验。2012 年,中国科学院周琪和李劲松领导的研究组分别利用孤雄发育的囊胚建立了小鼠单倍体 ES 细胞系。这些单倍体 ES 细胞,与正常二倍体的小鼠 ES 细胞一样,表达多能性标志性分子,具有在体内和体外分化形成三个胚层来源的各种细胞的能力。当把这样的单倍体 ES 细胞注入小鼠囊胚时,它们在嵌合体中参与生殖系细胞的分化。值得一提的是,孤雄单倍体 ES 细胞具一定的精子表观遗传特点。周琪和李劲松研究组的工作都显示,当把孤雄的单倍体 ES 细胞注入成熟的卵母细胞时,可以获得具有生殖能力的小鼠。这两个研究组还分别尝试了利用孤雄单倍体 ES 细胞进行转基因和基因敲除实验。这些研究结果展示了单倍体 ES 细胞在进行基因修饰和遗传筛选,尤其是发现调节隐性遗传特征的基因方面的优势。虽然长期维持这些 ES 细胞的单倍体状态需要反复地进行单倍体细胞的分选,但单倍体 ES 细胞系的建立对加速我们对哺乳类动物基因功能的认识具有特殊的意义。2013年,上海干细胞研究人员李劲松、孙强和金颖的课题组合作建立和研究了非人灵长类食蟹猴的单倍体 ES 细胞系。最近,人类孤雌单倍体 ES 细胞系被成功地建立。该研究指出,人类单倍体 ES 细胞具有与正常二倍体 ES 细胞类似的多能性状态和分化能力。

四、胚胎干细胞的生物学特性

ES 细胞作为细胞的一种,具有所有细胞的共同属性。同时,作为一类特殊的细胞,又有其特有的属性。通过研究了解这些特性并不断加深认识,有助于理解干细胞作为研究对象的重要意义和可能的临床应用,最终达到利用干细胞造福人类的目的。基于已有的研究,现从基本特性、形态学特征、分子标记、细胞周期特征和端粒酶活性几个方面对 ES 细胞的特殊属性归纳如下:

1. ES 细胞的基本特性 ES 细胞比其他细胞受到格外的广泛关注,主要是由于 ES 细胞有其他细胞所不具有的生物学特性。这些特性中,以其无限的自我更新能力和分化的多能性最为重要。

(1) 具有无限的自我更新能力:自我更新是指亲代细胞(母细胞)分裂后产生的子代细胞保持了母细胞的所有特征。所有干细胞都具有自我更新的特性,而 ES 细胞具有无限的自我更新的潜能,换句话说,ES 细胞能够在体外合适的培养条件下长久地对称性分裂并保持未分化状态。理论上,这一特性使人们可以得到无限量的 ES 细胞。处于未分化状态的具有自我更新能力的单个 ES 细胞能够在贴壁培养时形成鸟巢样克隆,一旦细胞开始分化,就失去了形成克隆的能力。所以,通常通过克隆形成实验来检验 ES 细胞的自我更新能力。小鼠 ES 细胞形成集落的能力很强,在合适的培养条件下,可达到 90% 以上的形成率。而人 ES 细胞单细胞形成集落的能力很低(约 0.1%),即便在 ROCK 抑制剂存在的条件下,集落形成率也远低于小鼠 ES 细胞。

(2) 分化的多能性:在长期维持自我更新的同时,ES 细胞保留其多向分化潜能。ES 细胞所具有的自发地或被诱导分化为生物体内任何种类细胞(包括生殖细胞)的能力,被称为分化的多能性。正是这一特性使 ES 细胞可以在特定的条件下分化为不同的细胞,用于治疗特定的组织器官的疾病或修复受损伤的组织器官。验证 ES 细胞分化多能性的方法有体外和体内两大类方法。体外方法主要用类胚体(embryoid body,EB)形成实验。EB 是 ES 细胞撤除维持自我更新的生长因子并在悬浮培养中形成的球形细胞聚集体。EB 中的 ES 细胞可自发地分化为胚胎三胚层来源的各种细胞。这些不同胚层来源的细胞可以通过直接对 EB 切片进行组织化学染色确定,也可以把 EB 放回细胞培养皿使其贴壁生长,待分化的细胞从 EB 向外生长时,再根据分化细胞的形态和免疫细胞化学检查鉴定细胞的种类。体内验证方法主要有两种:一种是畸胎瘤(teratoma)形成实验,另一种是嵌合体(chimera)形成实验。在畸胎瘤形成实验室中,通过皮下、肌肉内、肾包膜内及精囊内等途径,将一定数量的 ES 细胞注入与 ES 细胞来源小鼠同一品系的小鼠或者免疫缺陷的小鼠体内。当 ES 细胞在小鼠体内成瘤后,取出瘤体进行组织化学检查。根据瘤组织的形态可以鉴定不同种类的细胞和组织结构。如果 ES 细胞所形成的畸胎瘤含有胚胎三胚层来源的细胞或组织,就证明了注入的 ES 细胞具有分化的多能性。嵌合体形成实验是把待检查的 ES 细胞注入受体小鼠的囊胚,并把接受了供体 ES 细胞的囊胚移入假孕小鼠的子宫。供体 ES 细胞会与受体囊胚内细胞团的细胞一起参与胚胎的发育。当供体 ES 细胞和受体囊胚选自毛色不同的小鼠品系时,如果供体 ES 细胞参与了受体胚胎发育,就可以获得毛色掺杂的新生小鼠,即形成了嵌合体。也可以对新生小鼠的各组织器官进行组织化学检查,根据供体 ES 细胞参与胚胎发育的组织器官分布来评估供体 ES 细胞的发育潜能。最后,把杂毛的嵌合体小鼠与提供受体囊胚的小鼠进行杂交,得到与供体 ES 细胞来源小鼠同色的纯毛小鼠,说明供体 ES 细胞在嵌合体中参与了生殖细胞的发育,发生了生殖系传递(germline transmission),这是具有 ES 细胞发育多能性的有力证明。当然,对小鼠等动物,检验 ES 细胞发育能力还有更严谨的方法,即四倍体囊胚互补(tetraploid blastocyst complementary)实验。该方法是将发育到两细胞期的胚胎融合,得到四倍体的两细胞胚胎。继续使后者在体外发育到囊胚期时,将待检验的 ES 细胞注入其中,并把囊胚植入假孕小鼠的子宫直至生出子代小鼠。由于四倍体的细胞只能发育为胚外组织,新生小鼠体内所有的细胞都是由供体 ES 细胞而来,从而直接证明了供体 ES 细胞的分化和发育的多能性。

　　值得特别强调的是,以上体外方法和体内方法中的畸胎瘤实验可以用于小鼠等动物和人的 ES 细胞多能性检验。而嵌合体形成实验和四倍体囊胚互补实验,尽管最为有效,由于伦理的限制,通常不能用于人 ES 细胞的多能性检验。

　　(3) 能保持正常的二倍体核型:ES 细胞的这一特征主要可以将其与 EC 细胞区别开来。EC 细胞的一个特征是核型不正常。虽然小鼠 ES 细胞可以在体外长期培养中保持正常核型,但也常能发现核型异常的细胞。此时可挑选核型正常的 ES 细胞克隆建立新的亚细胞系。人 ES 细胞在体外培养中也很容易发生核型异常,尤其在通过酶消化传代扩增时更为常见,如出现 12 号染色体三体或 17 号染色体三体细胞。但如果用机械法传代,人 ES 细胞可以在体外长期保持正常核型。因此,为了保证研究,尤其是细胞治疗中所用的 ES 细胞的质量,应该定期对 ES 细胞进行核型检查。此外,还可以采用更为灵敏的检测手段以便及时发现核型检查所不能确定的遗传变异。

　　(4) 容易进行基因改造:通过同源重组在 ES 细胞进行基因打靶(knock-out 和 knock-in)实验,也可以在 ES 细胞过表达外源基因。结合 RNA 干扰技术,可以在 ES 细胞特异性地减少某一基因的表达,也可以进行可诱导或条件性减少基因的表达。ES 细胞的这一特性为研究基因的功能提供了理想的细胞模型。当然,对人 ES 进行同源重组基因改造及 RNA 干扰的技术难度要比在小鼠 ES 细胞大很多。但已有利用慢病毒(lentivirus)对人 ES 细胞的有效感染,也可用锌指核酶(zinc finger nuclease, ZFN)及最近发展起来的 TALEN 和 CRISPR/Cas 等技术对人 ES 细胞进行基因修饰。

　　2. ES 细胞的形态学特征　　形态上,哺乳动物的 ES 细胞都具有与早期胚胎细胞相似的形态和结构特征,包括细胞体积小,细胞核大、核质比高,胞质较少、结构简单,具一个或多个大的核仁,胞质内细胞器成分少但游离核糖体较丰富且有少量线粒体。超微结构上看,ES 细胞显示未分化的外胚层细胞特性。ES 细胞呈克隆状生长,其克隆边缘光滑,细胞致密地聚集在一起,形成类似鸟巢样集落。细胞间界限不清,克隆周围有时可见单个 ES 细胞和分化的扁平状上皮细胞。与人 ES 细胞克隆(图 2-10)相比,小鼠 ES 细胞的克隆更为致密(图 2-11)。

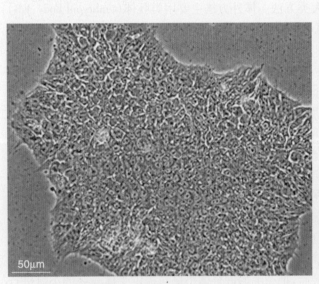

图 2-10　人 ES 细胞克隆

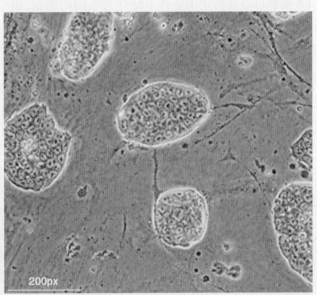

图 2-11　小鼠 ES 细胞克隆

　　3. ES 细胞的分子标记　　人以及不同种属动物来源的 ES 细胞都表达一些未分化细胞特有的标志性基因,如转录因子 Oct-4、Nanog、Sox2、生长因子 FGF-4、锌指蛋白 Rex-1、碱性磷酸酶等。一旦 ES 细胞发生分化,这些标志性基因的表达水平迅速下降或消失。近年来,通过大规模的基因表达谱比较,已经发现更多的在未分化的 ES 细胞中特异表达或高表达的标志性分子。尽管所有 ES 细胞都表达上述核心的标志性分子,不同种属动物来源的 ES 细胞也有不同的分子标记,如小鼠 ES 表达阶段特异性胚胎抗原 1(stage-specific em-

bryonic antigen 1，SSEA-1），而人和猴 ES 细胞的 SSEA-1 为阴性，却表达 SSEA-3 和 SSEA-4。表 2-1 显示人、猴、小鼠 ES 细胞表达的分子标记的异同。

表 2-1　人、猴、小鼠 ES 细胞的分子差异

分子标记	小鼠 ES 细胞	猴 ES 细胞	人 ES 细胞
SSEA-1	+	−	−
SSEA-3	−	+	+
SSEA-4	−	+	+
TRA-1-60	−	+	+
TRA-1-81	−	+	+
碱性磷酸酶	+	+	+
Oct-4	+	+	+

4. ES 细胞的细胞周期特征　与分化细胞的细胞周期相比，ES 细胞周期的 G_1、G_2 期很短，细胞大部分时间处于 S 期。而且，ES 细胞生长增殖比分化细胞快。不同种属来源的 ES 细胞的周期和增殖时间不同。与小鼠 ES 细胞相比，人 ES 细胞需要的增殖时间更长。一般说来，人 ES 细胞周期需要 36 小时，而小鼠 ES 细胞周期只需要 12 小时。

5. ES 细胞的端粒酶活性　端粒是染色体端部的一个特化结构，通常由富含鸟嘌呤核苷酸的短的串联重复序列组成，对保持染色体稳定性和细胞活性有重要作用。端粒酶能延长缩短的端粒，从而增强细胞的增殖能力。分化的细胞中没有端粒酶的活性，所以细胞每分裂一次，端粒也就缩短一些。随着细胞的不断分裂，端粒长度越来越短，当达到某个临界长度时，细胞染色体失去稳定性，进而导致细胞死亡。ES 细胞具有高的端粒酶活性，使 ES 细胞在每次分裂后仍能保持端粒长度，维持 ES 细胞的长期自我更新。

6. 胚胎干细胞的代谢和表观遗传特征　为维持快速的生长特点，ES 细胞必须维持能量和代谢的平衡。与分化的细胞相比，人和小鼠 ES 细胞更大程度上依赖糖酵解（glycolysis）获得 ATP。调节糖酵解的酶，如己糖激酶、乳酸脱氢酶，在多能干细胞中呈高水平表达。与此相一致，ES 细胞具有低于分化细胞的线粒体氧消耗，高于分化细胞的糖酵解通量。此外，与分化细胞相比，人多能干细胞具有低的丙酮酸脱氢酶复合体的活性，减少代谢底物进入三羧酸循环。多能干细胞所表现的低氧化代谢水平有可能减少活性氧的产生，有利于维护细胞遗传物质和细胞成分。此外，ES 细胞的染色体结构处于相对开放状态，在发育相关的基因的启动子区同时有标志基因表达激活状态的 H3K4 三甲基化修饰和标志基因表达沉默的 H3K27 三甲基化修饰。这样的表观遗传特定有利于 ES 细胞在收到分化信号时，迅速表达与分化相关的基因。

五、胚胎干细胞的分离和扩增

最初小鼠 ES 细胞的建系条件是模拟早期胚胎中内细胞团细胞生长环境，即在小鼠胚胎成纤维细胞（mouse embryonic fibroblasts，MEF）构成的滋养层细胞上和血清存在的条件下。后来的研究发现，MEF 主要是通过分泌白血病抑制因子（leukemia inhibitory factor，LIF）支持 ES 细胞生长。于是，ES 细胞的建系和培养可以在无滋养层细胞，只有 LIF 和血清的条件下实现。接下来的研究发现，血清中维持 ES 细胞处于自我更新状态的主要成分是骨形态发生蛋白（bone morphogenetic protein，BMP）。此发现成为无血清 ES 细胞建系和培养的基础，在只含有 BMP 和 LIF 的培养条件下，小鼠 ES 细胞既能进行对称性分裂而自我更新、无限增殖；同时，保持通过不对称性分裂而分化为体内任何种类的细胞的能力。相比之下，人 ES 细胞的特性虽然相似，但其分离和培养要比小鼠 ES 细胞困难得多。近年来，优化人 ES 细胞分离和培养条件的研究取得进展，实现了人 ES 细胞无滋养层培养和单细胞传代，并对人 ES 细胞在体外培养中的生长特性和基因表达有了更多的认识。此外，人 ES 细胞与小鼠 ES 细胞还有其他一些不同之处，如人 ES 细胞生长缓慢，培养中易出现自发分化；LIF 不能支持人 ES 细胞处于未分化状态；人 ES 细胞的培养需要在培养液中添加碱性成纤维细胞生长因子（basic fibroblast growth factor，bFGF）。

人 ES 细胞分离培养的主要步骤和技术包括：早期人胚胎培养、分离内细胞团、人 ES 细胞连续传代培养、

鉴定和保存。由于人早期胚胎极其珍贵,相关的获取和培养等工作必须严格按照伦理和临床规范进行操作。可与有资质的临床单位合作获得胚胎,根据自己实验室的条件确定胚胎的培养方法,在获得生长到第5~6天的囊胚后,可用免疫分离(immunosurgery)或机械分离方法获得内细胞团。免疫分离内细胞团的方法是1975年由Davor和Barbara教授提出的。其原理是囊胚的滋养层细胞对某些外源抗体具有不可穿透性。当囊胚与抗体和补体分步进行反应后,滋养层细胞可被杀死而内细胞团将被保留,从而获得完整的内细胞团。人ES细胞建系初期的细胞扩增需机械法完成。只有当细胞达到一定数量时才能通过酶消化的方法连续传代培养。在此过程中,可利用胶原酶Ⅵ、Dispase或用机械分离的方法进行传代。这些方法都不是以单个细胞的形式进行传代。胰蛋白酶和木瓜蛋白酶可以将人ES细胞消化成单个细胞。多次用胰蛋白酶处理会使人ES细胞受到损伤和基因组不稳定。与之相比,木瓜蛋白酶比较温和。即便如此,人ES细胞对细胞-细胞联接非常敏感,当人ES细胞被消化成单个细胞时,细胞会发生大规模死亡。人ES细胞对单细胞培养敏感,主要原因就是E-cadherin信号在单细胞化的过程中受到不可逆的损伤。当人ES细胞在较长时间内无法建立依赖E-cadherin的细胞间联系时,ROCK被激活,随后引发的肌动球蛋白超活化(actomyosin hyperactivation)引发细胞凋亡。现在,可以利用Rho相关的卷曲蛋白形成丝氨酸-苏氨酸蛋白激酶(ROCK)家族的小分子特异性抑制剂(Y27632)处理单细胞消化传代的人ES细胞。此外,传代的密度也很重要,接种的细胞太少不易生长,一般4~6天传代一次。人ES细胞对营养要求很高,因此必须每天换液,细胞一般培养在六孔皿中。

六、胚胎干细胞不同的多能性状态

小鼠ES细胞与人ES细胞之间存在显而易见的差别,例如细胞生长特性、分化能力、对细胞因子的需求等。小鼠ES细胞最关键的功能特征之一是能够经过囊胚移植形成嵌合体(chimeras),并且实现生殖传递(germline transmission)。而人ES细胞不具备这样的能力。随着小鼠上胚层干细胞(epiblast stem cell,EpiSC)的建立,人们意识到哺乳类动物的多能干细胞具有不同的多能性状态:原始态(naive)和始发态(primed)。原始态多能干细胞处于更原始的多能性状态,对应于小鼠胚胎着床前(pre-implantation)的囊胚上胚层多能细胞;始发态多能干细胞则对应于胚胎着床后(post-implantation)的上胚层多能细胞。这一理论认为在含有白血病抑制因子(leukemia inhibitory factor,LIF)和两种抑制剂(2 inhibitors,2i;MEK/ERK1/2抑制剂和GSK3b抑制剂)的条件下培养的小鼠ES细胞处于原始态,而传统的人ES细胞处于始发态。这样,是否存在原始态的人多能干细胞成为了干细胞研究领域关键的科学问题之一。国际上一些实验室开展了建立原始态人ES细胞的尝试。目前,国际上至少有五个研究小组,包括以色列威斯曼研究所Jacob Hanna、新加坡基因组研究所Huck-Hui Ng、美国华盛顿大学Ruohola-Baker、英国剑桥大学Austin Smith和美国白头研究院Rudolf Jaenisch,分别通过基因表达和筛选小分子抑制剂,先后建立了将始发态人多能干细胞转变为与小鼠ES细胞类似的原始态人多能干细胞,或直接分离培养原始态人ES细胞的系统。其中,Jacob Hanna实验室获得的原始态人ES细胞具有形成跨种属嵌合的能力。与传统的始发态人多能干细胞相比,原始态人多能干细胞均一性更好,体外培养更容易维持,更易进行基因编辑操作,具有更强的分化潜能,能够形成异种嵌合体。这些特性使得人多能干细胞具有更加广泛的应用前景。此外,原始态多能干细胞也在大鼠、猴等物种中被成功建立,提示原始态多能干细胞可能广泛地存在于哺乳动物的不同种属中。

目前国际上为数不多的实验室具有建立人原始态多能干细胞的能力。而且,不同研究组建立人原始态多能干细胞的维持条件存在较大差异。这些方法大多使用了基因编辑手段或血清替代因子成分,抑制剂种类较多,花费巨大。因此,发现更适合的建立原始态人多能干细胞的条件是亟待解决的问题。然而,确定人多能干细胞自我更新和多能性不同状态及相互转化的分子基础和调控网络是解决这一问题的关键所在。

七、胚胎干细胞的体外定向分化

根据前面叙及的ES细胞具有无限自我更新和分化多能性的特性,ES细胞不能直接用于人体进行细胞治疗,而必须在体外将其定向分化为受损伤组织所需要的有功能的细胞,通常是特定组织类型的细胞。因此,ES细胞的定向诱导分化,使其产生安全、有效的供体细胞,是ES细胞研究中的重要内容,特别是发现促进形成某种具有特定功能的细胞的重要诱导因子或者是更优化的诱导分化方案。ES细胞体外定向诱导分化的报道非常多、也很分散,但归纳起来主要还是向三个胚层来源的组成重要组织器官的细胞类型的分化。以下以神经外胚层细胞诱导分化为例介绍。

外胚层组织中最重要的是神经外胚层。这也是干细胞研究领域最热门的领域之一,特别是ES细胞向神经细胞的定向诱导分化,为各种神经退行性疾病的治疗带来了希望。

在ES细胞的神经分化领域,已积累了很多经验并建立了多种定向诱导分化技术,主要有:①EB形成方法;②与基质细胞共培养方法;③单层贴壁方法等。ES细胞的神经诱导分化具有较高的分化效率,再通过转基因技术进行细胞分选或筛选,所获得的细胞中神经细胞往往占有很高的比例。目前已能通过ES细胞的神经定向诱导分化获得中枢神经系统的三种主要神经细胞,即神经元、星形胶质细胞和少突胶质细胞。通过在诱导分化途径中加入相应的分化调节因子,可获得比例较高的特定类型的神经细胞,如神经元(图2-12)和胶质细胞(图2-13),并进一步获得了如中脑多巴胺能神经元、运动神经元等特定亚型的细胞。利用动物模型,已证明小鼠ES细胞分化获得的神经细胞能整合到受体小鼠中枢神经组织,并检查到了供体细胞来源的三种终末分化的神经细胞;ES细胞分化获得的少突胶质细胞移植进入髓鞘缺失的多发性硬化(multiple sclerosis,MS)大鼠模型能有效地恢复受体大鼠神经轴突的髓鞘化。

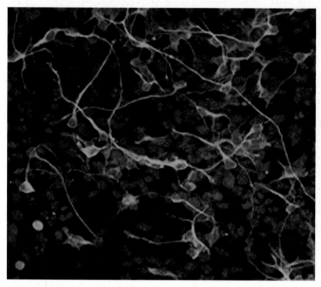

图2-12 神经元细胞

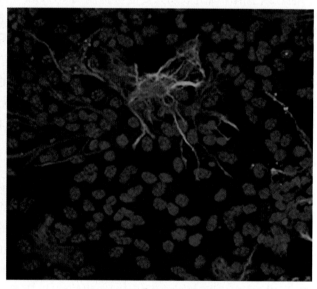

图2-13 神经胶质细胞

类胚体形成和共培养方法可以成功地使人ES细胞向神经细胞分化。然而,这两种分化方法中都有许多未知性和复杂性,这些未知因素严重地影响了人ES细胞来源的神经细胞在细胞替代治疗中的应用。于是,2005年Gerrard和同事们第一次报道了单层细胞诱导的神经分化方法。他们利用BMP拮抗剂Noggin和改造过的化学成分明确的培养液N2B27为诱导环境,从单层培养的人ES细胞中高效地诱导分化出了神经前体细胞(neural progenitor cell,NPC)。与之前小鼠ES细胞的研究结果一致,抑制BMP信号非常有效地促使了神经外胚层命运的决定,并且抑制了胚外内胚层的分化。单层细胞诱导的神经分化方法的优点之一是分化的整个过程,都可以通过显微镜监测每一个细胞的变化。单层细胞诱导的神经分化过程与体内神经系统的发育非常相似。在整个分化过程中,细胞先会变小,然后逐渐出现极性,细胞和细胞排列变得紧密,直到出现标志性的类似神经管的花环状结构(rosette structure)。非常有趣的是,使用Noggin介导的单层细胞诱导的方法得到的NPC,在撤除bFGF和EGF进入神经元分化时得到更多的是γ-氨基丁酸能神经元,而不是像共培养分化方法那样更容易得到多巴胺能神经元,或者是谷氨酸能神经元。当然,在加入特定的形态素后Noggin诱导的NPC还是可以定向特化成为多巴胺能神经元和谷氨酸能神经元。事实上,几乎所有人ES细胞来源的神经前体细胞都有分化成为任意一种特定神经元的潜能,只是使用的早期神经诱导分化方法的不同导致了其分化成某些神经元的潜能大小有所差异。除了BMP的拮抗剂之外,在神经诱导培养液中只加入bFGF也能够使单层贴壁培养的人 ES 细胞分化为神经细胞。2006 年,Shin 和同事们在没有使用任何外源性神经诱导因子的情况下,在特定的培养环境下将人 ES 细胞分化成为可长期增殖的神经上皮细胞(long-term proliferating neuroepithelial,NEP)。同样的神经分化方法在早期的小鼠 ES 细胞神经分化研究中就有应用。但值得指出的是,这种分化方法并不适用于所有的人 ES 干细胞系。同时,最新的研究进展显示不同人 ES 细胞系有着不同的神经分化潜能。可能对每个人 ES 细胞系都需要找到一种最适合它的高效神经分化方法。

2009 年,Chamber 等建立了两个抑制剂介导的人 ES 细胞单层细胞诱导的神经分化方法。这两个抑制剂都抑制 SMAD 通路,一个是 Noggin,另外一个是 SB431542,后者特异性地抑制 TGFβ 超家族的 I 型受体,ALK4、ALK5 和 ALK7 的磷酸化。两个抑制剂相比较 Noggin 单个因子诱导更快更高效。同时,由于使用了 ROCK 抑制剂 Y27632 和单细胞传代,使单层贴壁培养的人 ES 细胞更加地均一,并且更均匀地暴露在抑制剂的培养液中。使用这个方法能够在 3 周的时间得到特定分化的运动神经元,与类胚体形成或者共培养的神经分化(30~50 天)比较要快很多。因此,双因子介导的单层细胞诱导的神经分化方法被认为是一种更为理想的分化模型。1 年后,Wang 实验室的研究人员发现了一种 TGFβ 超家族受体的小分子抑制剂 Compound C,可同时替代 Noggin 和 SB431542 来诱导人 ES 细胞向神经分化。Compound C 主要通过抑制 TGFβ 超家族 I 型(ALK2、ALK3 和 ALK6)和 II 型受体(ActR II A 和 ActR II B)来达到同时抑制 Activin 和 BMP 信号通路的功能。以上两个研究表明只要能够抑制 Activin 和 BMP 两个信号通路的激活,那么就可以有效地(90%)使人 ES 细胞向神经细胞分化。最近,Chamber 等人又改进了双因子单层细胞诱导的方法。他们用小分子 LD-193189 替代了 Noggin,降低分化成本,并且同时分化系统中加入 SU5402(FGF 受体特异性酪氨酸激酶抑制剂)、CHIR99021(GSK3 的抑制剂)和 DAPT(NOTCH 信号通路抑制剂)三个小分子。这样,5 个小分子联合使用可以在 10 天之内得到大于 75% 的人 ES 细胞来源的疼痛感觉神经元(nociceptors)。综上所述,通过在单层贴壁培养的人 ES 细胞中抑制 SMAD 信号通路,可以快速而有效地得到较为均一的神经细胞,加上其操作的简便性,过程的可视性,使之成为研究神经分化分子机制及再生医学研究的理想实验模型。

八、胚胎干细胞扩增后移植所伴随的风险

ES 细胞被认为是再生医学治疗中一种主要的可移植细胞,因为它可以无限扩增提供大量细胞扩增产物并保持其多分化潜能,几乎可以分化成体内任何一种细胞,而且处于零衰老状态。然而,出于这种目的使用 ES 细胞的风险,必须严格评估。第一,随着培养时间的延长,染色体异常的可能性加大,例如丢失、复制、扩增。这些异常可能会对细胞的分化潜能、存活率、功能的稳定性、成瘤性产生潜在影响。第二,即使上述风险得到解决,另外一个潜在的主要问题是移植来源于人 ES 细胞的细胞可能错误分化、产生过量的细胞、错误定位、形成肿瘤。对移植的来源于 ES 细胞的细胞,需要建立限制其染色体异常、测试其分化潜能及功能特性、清除移植后错误定位的细胞、正确分化的方法。另外,比较 17 种人类 ES 细胞系发现其中一些细胞系具有分化成某种细胞类型的偏好,通常比特异性基因表达大 100 倍以上。这些发育潜能的差异表明建立 ES 细胞谱系确定其最佳分化方向的重要性。

九、体细胞核移植囊胚获得设计"胚胎干细胞"

向非免疫豁免位置移植 ES 细胞来源的细胞将会受到免疫排斥,不同的 ES 细胞系具有不同的 HLA 表型,因此能够建立一个不同 ES 细胞的细胞库,从而增加匹配的可能性。解决免疫排斥最直接的办法是采用患者自身的体细胞核移植(somatic cell nuclear transfer,SCNT)来源 ES 细胞(derived embryonic stem cells,dES 细胞),这一技术最初是苏格兰人在两栖类动物身上实现的(Wilmut 和 Campbell 在哺乳动物身上实现)。这种技术是将体细胞核移植到去核卵细胞中(图 2-14),供者细胞核染色体携带一整套表观遗传学标记,决定表型相关的转录活动。卵细胞质重排供者细胞核的表观遗传学状态,使之处于受精卵阶段发育至囊胚,在囊胚期取出内细胞团培养形成自体 ES 细胞系。来源于这种细胞系的细胞移植到细胞核捐赠者体内不会受到免疫排斥,因为它表达细胞核捐赠者的 MHC 抗原。这种设计的 dES 细胞最初在小鼠身上得到,并且证实可以体外分化成神经元与肌肉。利用 dES 细胞作为核供体获得的生殖克隆可产生能繁殖的成年小鼠,证明细胞核的多潜能性。最近,猴子身上获得的 SCNT 囊胚形成的 dES 细胞被用于分化成分别代表三胚层的细胞

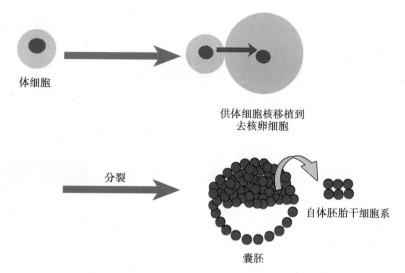

体细胞

供体细胞核移植到
去核卵细胞

分裂

自体胚胎干细胞系

囊胚

图 2-14 体细胞核转移是一种产生自体 ES 细胞并且不会受到排斥的方式
体细胞与去核卵融合,将二倍体体细胞核置入卵胞质中。卵被诱导分裂并发育
至囊胚期,将内细胞团取出并培养成自体 ES 细胞系

类型。人类 SCNT 囊胚也被用于克隆,但是内细胞团获得的细胞未形成 dES 细胞。总之,这些实验能够证明人类 SCNT 有能力形成 dES 细胞。

利用人类 SCNT 形成 dES 细胞有其缺点:①人类卵子短缺;②重编程效率低;③出于人类 ES 细胞研究的伦理和道德考虑。将人类体细胞核移植到动物去核卵细胞的实验正在探索。2003 年 Chen 等首先报道将人类的阴茎包皮和面部皮肤细胞核移植到兔子的去核卵细胞中成功得到 ES 细胞。这种杂交细胞的增殖潜能如何现在尚不清楚,但是由于人类细胞核与兔子细胞质线粒体产生的蛋白质存在物种不兼容的问题可能导致其不稳定。生物伦理学问题禁止进行 ES 细胞研究,尤其是 SCNT 胚胎得到的 ES 细胞。对这种问题的争论基于胚胎存在的道德权利及人格权利,并且,随着 hiPS 细胞的出现不再需要 hES 细胞作为研究对象。相反的观点认为 hES 细胞和 hiPS 细胞均有可能减轻人类遭受各种疾病所带来的痛苦。此外,iPS 细胞的出现使得 hES 细胞的研究就不会发生了,而 hiPS 细胞是否等同于 hES 细胞,尚存在许多问题。因此,限制 hES 细胞的研究本身不道德。

ES 细胞系来源于辅助生殖技术中多余囊胚的内细胞团。ES 细胞多潜能性的分子基础我们知道得很多,多潜能性的维持是由 DNA 的表观遗传学密码决定,包括特定组蛋白氨基酸残基的乙酰化和甲基化,基因启动子的甲基化形式,micro RNA 的作用。维持多潜能性的关键基因包括 *Oct4*、*Sox2*、*Nanog*、*Tcf3* 以及 *Klf4*、*c-Myc*、*ESSRB*、*Sall4*、*Tbx3* 和 *STAT3*。这些基因的启动子区甲基化水平很低,乙酰化水平很高,分化相关基因与之相反。在体内 ES 细胞可以定向分化成多种细胞类型,通过多潜能基因的沉默和分化基因的激活而实现。然而 ES 细胞来源细胞可能受到免疫排斥。通过 SCNT 从自体大鼠和猴子中获得的囊胚培养出 ES 细胞,人类 SCNT 已经克隆,但未能将内细胞团培养成 ES 细胞。无论生物伦理学怎样评价这些技术,制作这种设计的 ES 细胞系效率很低,以至于这种技术不可能用于自体移植。结缔组织和骨髓经过长期培养也可以获得 ES 样细胞。

十、胚胎干细胞的应用

干细胞之所以能引起世界范围的关注是因为它有着广泛的基础研究和临床应用前景。简要地讲,ES 细胞的应用大致可归纳为三个方面:首先是利用 ES 细胞的分化作为体外模型研究人类胚胎发育过程以及由于不正常的细胞分化或增殖所引起的疾病,如发育缺陷或癌症等;其次是利用 ES 细胞可以分化成特定细胞和组织的特性建立人类疾病模型,用于疾病的发病机制研究、药物筛选和研发、毒理学研究等;第三是利用 ES 细胞分化出来的供体细胞针对目前难治的疾病开展细胞移植治疗(图 2-15)。

1. 胚胎干细胞在基础研究中的应用 尽管现在的科学技术已经非常先进,但人类对自身的胚胎早期发

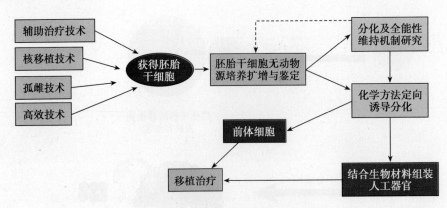

图 2-15 胚胎干细胞获取技术及应用

育过程、细胞分化机制以及相应基因的时空表达调控还了解甚少。一个具有发育全能性的受精卵经历了怎样的过程最后演变为由众多种类细胞和组织器官组成的具有高度复杂功能和精密调控机制的个体? 什么因素决定着机体内部这些不同种类细胞高度有序的时空排列? 胚胎发育过程中哪些步骤或环节出了问题会导致哪些先天性和遗传性疾病? 等等。这些问题的答案大多还不清楚,主要原因是相关研究在很大程度上受到实际可操作性和伦理准则的限制。由于 ES 细胞可以在体外自发地分化形成包括三个胚层来源的各种细胞的类胚体,在一定程度上可模拟体内胚胎发育过程,为研究哺乳类早期胚胎发育提供了很好的模型,特别是为研究人类自身早期胚胎中细胞分化为各种主要细胞系的过程以及这些细胞系如何进一步发育成熟并构成各种组织和器官提供了理想的模型。目前,ES 细胞系已经被用于研究胚胎发育过程中的重要事件、特定基因的作用、调节诱导原始胚层分化的关键因子,以及分离和鉴定发育特定阶段的祖细胞群。此外,利用 ES 细胞进行发育的研究可推动遗传病研究、癌症研究等多个领域的发展。事实上,对 ES 细胞的研究已经促进了出生缺陷的病因学研究,并将在指导建立有效的预防措施方面发挥重要作用。目前,全基因组范围内基因表达水平检测的技术日趋成熟,尤其是单细胞水平 RNA 测序技术的出现,人们可以用少量胚胎细胞研究发育过程中基因表达调控的真实过程,并与体外人 ES 细胞分化过程的基因表达进行比对,并指导体外人 ES 细胞的定向分化。

2. ES 细胞在药物筛选和新药开发中的应用　ES 细胞模型已被用于药物筛选和新药开发研究。人 ES 细胞来源的心肌细胞和肝细胞等可用来模拟细胞和组织在体内对受试药物的反应情况,还能观察到动物实验中无法显示的毒性反应,为毒理学研究和药物筛选提供更安全、方便的模型。利用 ES 细胞研究药物的其他优势包括:①与体内试验相比,需要的药量很少,并可在新药开发的更早期进行试验;②ES 细胞可以提供各种不同遗传背景的模型,从而可对引起特殊遗传药理学反应的药物进行药物反应和毒性试验。

通过改造 ES 细胞,可以使对药物疗效的定量监测变得更为简便。如将 GFP 与特定祖细胞群的标记基因或者与细胞功能相关的基因进行融合,可以有效地检测药物是否具有促进某类细胞增殖分化的功能。ES 细胞的这一特性是其他细胞所无法替代的。一个典型的例子就是在 ES 细胞中表达与胰腺发育或胰岛细胞成熟相关的报告基因,筛选这样的细胞可以更容易找到促进特定胰腺祖细胞生长或者促进分泌胰岛素的胰岛细胞成熟的分子。

利用具有不同遗传疾病背景的 ES 细胞系,能有效地研究这些疾病的发病机制,也为开发用于治疗这些疾病的药物提供了有效的筛选系统。此外,很多人类疾病缺乏动物和细胞模型,许多致病性病毒包括人免疫缺陷病毒(human immunodeficiency virus, HIV)和丙型肝炎病毒(hepatitis C virus, HCV)都只能在人和黑猩猩细胞中生长。ES 细胞来源的细胞及组织将为研究这些疾病及其他病毒性疾病提供很好的模型。ES 细胞还可以像其他干细胞一样用来作为基因治疗的一种新的基因运载系统。

3. 基于胚胎干细胞的细胞治疗　许多疾病都缘于细胞的损伤或身体组织的破坏,需要以组织或器官替换来进行修复。不论是在动物实验还是在临床实践,细胞治疗对这类疾病都显示出较好的治疗效果。比如,利用从新生小鼠视网膜分离的原代视网膜前体细胞(primary retinal progenitor cell, P-RPC)作为供体细胞,移植到视网膜变性小鼠视网膜下腔后,可分化为视网膜的各类细胞,改善模型小鼠的视力,且未观察到肿瘤发生。不过，由于供体细胞的困难，有需求的患者群体远远多于可以获得的捐赠的组织或器官，因此这类治疗很难在临床推广。由于 ES 细胞可在体外无限增殖并可以被定向诱导分化成几乎所有种类的细胞，所以可解决目前面临的治疗退行性疾病等的供体细胞短缺问题。正因为如此，ES 细胞应用中最引人关注的就是提供细胞移植治疗的细胞来源。1 型糖尿病、帕金森病、心血管疾病、阿尔茨海默病、视网膜变性、脊髓损伤、骨缺损、类风湿关节炎等疾病都适合于细胞移植治疗。不过，到目前为止，移植 ES 细胞来源的供体细胞并证明其在体内有治疗作用或替代功能的成功例子还非常缺乏。在这方面，研究积累最多的是人 ES 细胞的神经分化研究，其研究进展给基于 ES 细胞的神经退行性疾病的细胞移植治疗带来了希望。从人 ES 细胞分化获得的中脑多巴胺能神经元在移植进帕金森病大鼠模型后，能在受体大鼠体内检测到供体细胞，并且移植治疗组大鼠有一定程度的功能恢复。

在人 ES 细胞建系成功后 13 年，基于 ES 细胞的细胞治疗终于走上了临床试验，即最近的 ES 细胞来源的视网膜色素上皮（retinal pigment epithelium，RPE）细胞治疗视网膜变性的研究，标志着干细胞研究发展到一个新的阶段。尽管还存在很多不足，但是这项里程碑性的工作还是能代表着干细胞研究领域的进步。在这项 FDA 批准的前瞻性临床前期试验中，治疗了一例年龄相关性黄斑变性（age-related macular degeneration，AMD）和一例 Stargardt 黄斑营养不良（Stargardt's sacular dystrophy）。供体细胞为人 ES 细胞来源的 RPE 细胞，经手术移植到黄斑区周围的视网膜下腔。手术前、后分别进行视力、眼底荧光血管造影、光学相干断层扫描和视野等检查。手术后 4 个月，眼内没有发现移植细胞的过度增殖、异常生长或者免疫排斥，并且这两例晚期患者的视力有了一点儿改善。用早期治疗糖尿病视网膜病变研究（early treatment diabetic retinopathy study，[ETDRS]）视力表检查时，AMD 患者的视力从能辨认 21 个字母提高到 28 个字母，Stargardt 黄斑营养不良患者则从 0 个字母提高到 5 个字母。逻辑上推测，如果能在疾病更早阶段进行治疗，有可能更好地改善患者的光感受器细胞的功能以及患者的视力。此外，在临床试验前，该研究组先在动物模型中证实了 ES 细胞来源的 RPE 细胞（99% 纯度）能够整合到宿主 RPE 层中并形成单层结构，视为这项研究的基础之一。

客观地分析，这项研究还有许多缺陷。首先是病例太少，两种疾病各选一个病例，偶然性大，难以得出令人信服的数据。其次是细胞数量少，很多在小动物开展的类似研究都移植几十万至上百万个细胞。如果后面的研究证明再生视觉需要更多的细胞，这个项目的安全性会由于细胞数量少而受到质疑。更何况这个研究不能排除视力改善不佳是由于移植细胞数量少的可能性。第三是术后观察时间太短，4 个月时间往往不足以说明细胞治疗的安全，需要更长时间的随访。但我们可以从正面看待这一工作，就是在这个领域发展中的引领作用。2015 年 Schwartz 等报道，他们在 9 列患有 Stargardt 黄斑营养不良患者和 9 列萎缩性 AMD 患者进行视网膜下腔移植人 ES 细胞来源的视网膜色素上皮细胞的工作。细胞移植后平均随访 22 个月。没有发现不良增殖、排异、及严重局部或全身与细胞移植相关的安全问题。可喜的是，10 只移植细胞的眼视力得到纠正，7 只眼视力改善或维持原状，1 只眼视力下降。没有接受细胞移植的眼视力没有任何改善。这项研究结果首次提供了人 ES 细胞来源的细胞安全治疗人类疾病的中-长期证据。

总结利用 ES 细胞来源供体细胞进行细胞移植治疗的工作，在推广到临床应用之前，我们还面临着几个需要解决的重要问题。

1. 关于移植用的细胞类型和细胞数量　其中最重要的问题是移植 ES 细胞分化到哪个阶段的细胞。不同细胞类型用于移植的要求不同，例如考虑造血细胞移植治疗，需要移植相对分化的、成熟的，但仍具有一定增殖和再生能力的细胞。相反，持续替代造血系统就要求移植增殖分化能力更强的造血干细胞。至于移植细胞的数量则取决于细胞系类型、发育阶段以及疾病的种类及严重程度。

2. 关于细胞移植治疗过程中的安全性　移植 ES 细胞来源的细胞有可能因为移植物中所含有的未分化细胞而产生畸胎瘤。在这类研究中，我们最近的一项实验很有代表性。将小鼠 ES 细胞定向分化为神经祖细胞（neural progenitor cell，NPC），简称为 ESC-NPC，并在视网膜变性小鼠视网膜下腔进行移植，有约 70% 的受体眼内发现畸胎瘤；如果将 ESC-NPC 通过流式细胞分选仪分选去除残余的未分化 ES 细胞，然后进行单层细胞培养并进一步诱导其向神经视网膜方向分化。收集这些 ES 细胞来源的视网膜前体细胞（retinal progenitor cells，ESC-RPC）进行移植，结果在 60% 移植眼内可见神经瘤，但不再有畸胎瘤；比较 ESC-RPC 和从新生小鼠视网膜分离的原代 RPC 的全基因表达谱发现，ESC-RPC 中经典 Wnt 信号通路持续激活，并且应用该通路抑制剂 DKK1 处理的 ESC-RPC 移植后，神经瘤的形成率降低到 3% 左右。因此，一方面我们可以通过改进特定分化细胞的筛选技术而减少移植物中未分化细胞的数量。另一方面通过调控供体细胞的信号转导通路，使用于移植的细胞处于最佳的状态，即最好的治疗效果和最小的成瘤危险。因此，在 ES 细胞向特定供体细胞分化过程中找到一个治疗性和致瘤性的平衡点至关重要。要解决这一问题需要必须理解特定细胞系的发育机制和规律。

3. 必须克服的障碍是伦理限制和移植免疫排斥问题　这是基于 ES 细胞的细胞治疗目前难以跨越的障碍。由于人 ES 细胞的建系需要人的早期胚胎，在伦理学上存在很大的争议，尤其在宗教势力强大的国家。下一节将要介绍的诱导多能干细胞，为解决这些障碍提供了新的更理想的途径。利用患者自身体细胞建立诱导多能干细胞，细胞分化而来的细胞进行移植治疗，就自身细胞移植治疗来说，不仅规避了伦理限制，也不会导致免疫排斥反应。有关 iPS 细胞，后面将详细介绍。随着科技的发展，围绕 ES 细胞研究的伦理争议将越来越少，因为人多能干细胞不是必须来自早期的人类胚胎。

4. 基于胚胎干细胞的组织器官再生　ES 细胞定向分化为具有特定功能的细胞，只是干细胞临床治疗应用研究的第一步。由于机体的主要功能大多是由组织和器官完成的，再生医学治疗疾病需要把 ES 细胞诱导分化并产生特定的组织和（或）器官。与细胞定向诱导分化相比，人们在这一领域的积累还很少。但可喜的是，现在已经有了重要突破。

2011 年，日本 Sasai 研究组报道了小鼠 ES 细胞经过类胚体三维培养形成视杯结构（视原基）的工作。这是首次体外由 ES 细胞分化的细胞构建近于完整的组织器官，标志着利用 ES 细胞构建组织器官的开始。这项研究是基于细胞的分化由内在和外界信号共同调控，并且 ES 细胞在合适的环境中能自发形成神经组织的假设，将 ES 细胞置于低吸附性培养皿中，添加细胞外基质 Matrigel 进行无血清悬浮培养。这样，在没有添加细胞外信号干预情况下，利用类胚体内在的机制自发地形成视泡组织。在视泡分化过程中，ES 细胞首先增殖分化形成神经上皮样结构，然后沿着远-近端轴从神经上皮泡外翻形成由视网膜上皮组成的初级视泡，远端继续分化形成视网膜色素上皮，而近端则逐渐内折，形成与胚胎期视泡相似的结构。这种视网膜神经上皮细胞表现出典型的区间动态核迁移，进而形成复层视网膜组织，与体内胚胎发育过程中上皮泡从间脑的两侧突出形成的视原基相似。在这项研究中，Sasai 等还构建了以 *Rax* 基因驱动 GFP 表达的敲入细胞系，通过 Rax 的表达监测 ES 细胞向视网膜细胞分化过程的每个细节。最近，该研究组利用人的 ES 细胞的体外三维培养体系，构建了具有人视网膜组织特征的视杯结构。这项研究成果为在体外研究神经系统发生、视网膜器官发育、视网膜疾病模拟和最终视网膜干细胞移植治疗开辟了一个新途径、搭建了一个强大的平台。

（金　颖）

第三节　诱导多能干细胞

长期以来，分化细胞的细胞核是否仍保持着发育多能性一直是科学界关注的研究热点。1962 年，英国 Gordon 实验室利用核移植技术将非洲爪蛙体细胞的细胞核移植到爪蛙去核卵母细胞中，使之发育成一只蝌蚪，证明体细胞的细胞核仍保持发育的多能性；多利羊的诞生证明了哺乳动物的体细胞核同样可以在移植到去核卵母细胞后被重编程；此外，将分化的细胞与 ES 细胞融合，分化细胞的细胞核可被重编程到 ES 细胞状态。这些研究表明：分化细胞的细胞核仍保持多能的发育潜力，去核卵母细胞或 ES 细胞中的成分具有使已经分化的细胞重新回到未分化的状态的能力。但是，这些具有重编程能力的分子是什么却不得而知。研究人员通过各种技术手段，比如小鼠卵母细胞浆蛋白质组学、ES 细胞转录组学研究等，希望明确这些具有使分化的细胞核重新逆转到多能状态的分子的身份。

2006 年，日本科学家 Takahashi 和 Yamanaka 利用逆转录病毒基因表达载体将已知在 ES 细胞中高表达的 4 种转录因子（Oct4、Sox2、Klf4 和 c-Myc，简称 OSKM 因子）导入胎鼠或成年小鼠的皮肤成纤维体细胞，在体外成功地直接将这些分化的细胞诱导成为类似 ES 细胞的多能干细胞。这些细胞被命名为诱导多能干细胞（induced pluripotent stem cells，iPS 细胞），它们能在体外培养中无限自我更新并具有自发分化为各种类型的细胞和在体内形成畸胎瘤的能力。这是第一代小鼠 iPS 细胞,尚无形成嵌合体的能力。2007 年,美国 Whitehead 研究所 Jaenisch 研究组重复并改进了 Yamanaka 的 iPS 细胞工作。他们建立的小鼠 iPS 细胞不仅在体外培养条件下可以无限扩增和分化为体内的任何种类细胞,并且在注入囊胚后参与嵌合体的发育和生殖细胞的形成。同年,Yamanaka 和美国 Thomson 研究组分别用特定的因子诱导人类成纤维细胞成为 iPS 细胞。随后,Jaenisch 的研究组还利用单核苷酸突变而致的镰刀状贫血小鼠的成纤维细胞建立了疾病 iPS 细胞,通过基因打靶修正疾病基因。然后,将含有正确基因的 iPS 细胞诱导分化为血液干细胞并移植回患病小鼠,使小鼠的贫血症状得到改善。这一成果证明 iPS 细胞具有应用于疾病治疗的潜能。iPS 细胞的分离培养成功首次证明可以用几种已知的因子在体外逆转已经分化的细胞,使之成为具有发育多能性的细胞。这种体细胞的直接重编程使我们有可能建立疾病患者特异的 iPS 细胞,诱导其分化成具有特定功能的细胞用于患者自身疾病的治疗。这些细胞有可能解决异体移植的免疫排斥问题和实现因人而异的药物安全性和毒性检验。疾病患者特异的 iPS 细胞可用于研究疾病的发生机制和治疗途径;此外,建立 iPS 细胞系还避开了建立人 ES 细胞所涉及的伦理争议。因此,这是干细胞研究乃至生命科学领域的重要里程碑。2012 年,Yamanaka 由于这项贡献与 Gordon 共同获得诺贝尔生理学或医学奖。iPS 细胞研究领域发展迅猛,新的研究成果层出不穷。本节仅就该领域里的关键环节及代表性研究加以介绍。

一、诱导多能干细胞系的建立及鉴定

为建立 iPS 细胞系,首先需要把重编程因子(一般应用 Oct4/Sox2/Klf4/c-Myc)导入体细胞内。以人的成纤维细胞为例,通常我们用含有编码 4 个重编程因子序列的病毒感染 10^5 成纤维细胞,过夜培养。24 小时后,细胞被消化为单细胞并重新铺到用明胶包被并铺有 MEF 的细胞培养皿。第二天,培养液改为 ES 细胞培养液。在最初的几天内,细胞形态无明显变化。根据供体细胞状态和病毒滴度的不同,细胞形态的变化始于不同的时间。一般来说,在 10 天左右,一些被感染的成纤维细胞开始变短,逐渐由长梭形变为多边形,进而圆形。一些变形的细胞开始靠近,集聚成簇。但是,最初开始形态变化的细胞不一定最终会成为 iPS 细胞。挑选 iPS 细胞的标准是与 ES 细胞克隆相似,即细胞体积小、细胞核大、细胞之间紧密靠近的细胞团。通常,将这些细胞团分别挑出,继续扩增。在评估 iPS 细胞的建立效率时,目前常用的方法是计算 Oct4 或 Nanog 表达阳性的 iPS 细胞克隆数与起始供体细胞的数目之间的比例。有些研究组用碱性磷酸酶阳性的克隆数与起始供体细胞的数目之间的比例来评估。虽然,这一检测方法很方便,但研究证明表达碱性磷酸酶的细胞并不一定是完全重编程(fully reprogramming)的 iPS 细胞;它们可能停止在部分重编程的阶段(partially reprogramming)或被称为 pre-iPS 细胞;它们还可以又回到起始的分化状态。因此,在诱导 iPS 细胞的培养中含有处于分化或去分化不同阶段的不同形态的细胞。确定挑选什么样的细胞克隆和什么阶段挑选克隆是非常具有挑战性的。ES 细胞培养经验和熟悉 ES 细胞形态特征对建立 iPS 细胞系非常有帮助。有些研究组利用 Oct4 或 Nanog 启动子驱动的 EGFP 转基因小鼠的体细胞来建立 iPS 细胞系。这样,当有 EGFP 表达阳性的细胞集落出现时,就可以挑出继续培养。然而,这种策略并不适用于人 iPS 细胞系的建立。

iPS 细胞具有与 ES 细胞相似的特点。包括无限的自我更新能力、分化的多能性、保持二倍体核型、能承受反复冻/融等。这些特性与前面介绍的 ES 细胞基本特性类似。因此,在对新建立的 iPS 细胞系进行鉴定时,需要检查鉴定 ES 细胞系的所有指标。此外,还需要检查 iPS 细胞特有的指标。首先,需要检查外源性重编程因子的表达是否已经被沉默。一般情况下,外源性重编程因子在激活内源性多能性相关因子表达的同时,其自身的表达被抑制,而且在 iPSC 后续的分化过程中不再被激活。外源性重编程因子的持续表达或再次被激活将影响 iPS 细胞的分化,也会导致移植后形成肿瘤。另外,由于 iPS 细胞系的建立过程实质上是外源性重编程因子诱导体细胞发生表观遗传的改变。为了确定表观遗传的变化,最常应用的检验是 Oct4 或 Nanog 基因启动子 CpG 序列中胞嘧啶的甲基化状态。在完全重编程的 iPS 细胞中,这些区域的胞嘧啶由再分化的体细胞的高甲基化状态变为低甲基化状态。对于雌性小鼠 iPS 细胞,还可以检查 X 染色体的灭活。在没有完全重编程的雌性细胞中,有一条 X 染色体处于灭活状态。与小鼠 ES 细胞一样,完全重编程的 iPS 细胞中的两条 X 染色体都是有活性的。然而,有报道指出人 ES 细胞中 X 染色体失活处于一个动态变化的过程。对于人 iPS 细胞中 X 染色体的失活情况尚未有明确结论。

2006 年 Yamanaka 研究组建立的第一代小鼠 iPS 细胞虽然在形态上与小鼠 ES 细胞相似,能在体外培养中长期自我更新,并具有形成畸胎瘤的能力。但是,它们不具有产生成活嵌合体小鼠的能力。2007 年 Jaenisch 研究组改进建立 iPS 细胞的技术,它们建立的第二代小鼠 iPS 细胞不但具有产生嵌合体小鼠的能力,而且具有生殖传递的能力。此外,第二代小鼠 iPS 细胞在基因表达和表观遗传水平与小鼠 ES 细胞几乎无任何差别。尽管如此,这些 iPS 细胞不能像小鼠 ES 细胞一样在四倍体互补实验中产生存活的小鼠。为了确定小鼠 iPS 细胞是否与小鼠 ES 细胞具有相同的发育潜能,我国科学家周琪和高绍荣研究组在进行了大量实验后,于 2009 年分别成功地利用四倍体互补技术产生了完全由 iPS 细胞分化和发育而来的小鼠。至此,关于小鼠 iPS 细胞是否与 ES 细胞相同的争议终于尘埃落地。但是,对于人 iPS 细胞是否与人的 ES 细胞等同却不得而知。虽然最初的研究表明人 iPS 细胞与人 ES 细胞高度相似或没有区别,后来的研究发现在基因表达、DNA 甲基化、体外分化潜能和畸胎瘤形成能力等方面两者之间都存在很大的差异。但是,目前尚不清楚这些差异是反映了两种多能细胞类型之间的本质差异,还是源于不同细胞系之间的区别。iPS 细胞的遗传背景、重编程因子的表达方式、不同实验室的 iPS 细胞建立方法和 iPS 细胞所处的培养代数等都会影响人 iPS 细胞的基因表达谱式和发育潜能。iPS 细胞来源于单个体细胞的重编程,不难想象,供体细胞的不均质、重编程因子导入每个供体细胞效率的不同、基因组插入的位置不同、外源基因表达灭活程度的不同等等都会导致不同 iPS 细胞系之间在基因表达和发育潜能上不同。所以,对应每种供体细胞需要建立和鉴定多株 iPS 细胞系,然后根据鉴定结果选择性地保种和扩增 3~5 株细胞系用于后续的研究。由此可见,有必要开展尽可能多株人 ES 细胞系和 iPS 细胞系的研究和比较,从而明确是否这两类人多能干细胞之间的微细区别与它们在疾病治疗中的应用相关。

二、重编程体细胞到诱导多能干细胞

2006 年,Takahashi 和 Yamanaka 用逆转录病毒将四种转录因子(Oct4、Sox2、Klf4、cMyc)转入小鼠真皮成纤维细胞获得具有 ES 细胞特征的多潜能干细胞。1 年后,Takahashi 等和 Yu 等利用人类真皮成纤维细胞得到相同的结果。Takahashi 等使用四种原基因的组合,Yu 等使用 Oct4、Sox2、Nanog 和 Lin 28 的组合,这两种组合分别被称为 OSKM 和 OSNL。其他实验室很快发表类似的结果。重编程细胞被称为诱导多能干细胞(induced pluripotent stem cell,iPS 细胞)。比较 hiPS 细胞和 hES 细胞可发现两者有相似的外形、生长特征、基因图谱、多潜能基因启动子的 DNA 甲基化状态。小鼠 iPS 细胞重新激活多潜能基因、灭活雌性的 X 染色体、上调端粒酶表达、在嵌合胚实验和肌肉注射到 SCID 小鼠中能分化成三胚层细胞。小鼠 iPS 细胞在注射到四倍体胚胎的囊胚中后能发育成完整的小鼠。这种技术叫作四倍体囊胚互补,四倍体胚胎是通过融合两个早期卵裂球形成的。这种胚胎发育成滋养层而不是内细胞团,内细胞团由二倍体 iPS 细胞提供,iPS 细胞在再生医学中的潜能马上被人化的小鼠镰形细胞贫血症所证实。小鼠 iPS 细胞定向分化成造血细胞消除疾病。

利用逆转录病毒载体携带 OSKM 和 OSNL 转染成纤维细胞,其重编程效率很低(0.1%),并且过程缓慢,需要 2~4 周。重编程效率低是由于大部分细胞处于部分重编程状态,特征为染色体不完全修饰、分化特异性转录因子受到抑制。转基因与载体仍融合在基因组中,逆转录病毒载体能导致插入突变,转基因能影响分化潜能甚至引发恶性肿瘤,特别是 c-Myc。因此研究者们也在寻找更简单且有效的方法制作 iPS 细胞,使转录因子的需要量降到最低,减轻对逆转录病毒载体的依赖,通过同步添加一些小分子提高转染效率。

三、诱导多能干细胞的研究方法

如上所述,最初 iPS 细胞的建立是通过逆转录或慢转录病毒表达载体将特定的因子导入细胞内。这一方法本身有若干缺点:①重编程因子中的 c-Myc 和 Klf4 是致癌因子,它们在 iPS 细胞来源的分化细胞中的再激活会导致肿瘤发生;②病毒序列插入细胞的基因组会干扰重要基因的表达和诱发肿瘤;③体细胞重编程的效率低,且时程长。因此,为了获得可以在临床上应用的 iPS 细胞系,我们必须优化 iPS 细胞技术体系。这里,将针对供体细胞的选择、重编程因子选择和组合、小分子化合物的应用及重编程因子导入载体这四个要因素进行讨论(图 2-16)。

1. 选择合适的体细胞进行重编程　虽然最初的 iPS 细胞是从成纤维细胞获得,但是目前研究人员已经

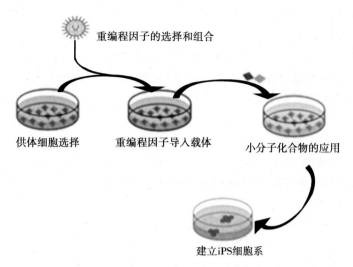

重编程因子的选择和组合

供体细胞选择　　　重编程因子导入载体　　　小分子化合物的应用

建立iPS细胞系

图2-16　获取iPS细胞的几个重要因素示意图

利用许多不同类型的细胞建立iPS细胞系,包括骨髓基质细胞、肝脏细胞、胃来源细胞、上皮细胞、胰腺细胞、神经祖细胞、黑色素细胞和成熟B淋巴细胞等。不同的细胞类型重编程的效率不一样。比如,与胚胎成纤维细胞0.02%的建系效率比较,应用髓系祖细胞(myeloid progenitors)和造血干细胞获得iPS细胞的效率可以分别达到25%和13%。这种差异可能源于干细胞或祖细胞的基因转录和表观调控特征与多能干细胞更接近。在考虑利用哪种类型细胞建立iPS细胞系时,除考虑建立iPS细胞系的效率外,哪种类型的细胞更方便从患者身体获得也是重要的因素。无痛苦和损伤地获取体细胞更容易被患者接受。目前,已有多个研究组利用外周血来源的细胞建立iPS细胞系。此外,还有研究报道利用尿液含有的细胞进行iPS细胞的诱导。值得一提的是,研究人员利用临床检查废弃的羊水分离所含有的胎儿细胞可以非常高效、快速地建立人的iPS细胞系。这些胎儿细胞来源的iPS细胞系有可能应用于他们成年后自体细胞移植,也可以考虑建立涵盖人群不同组织相容性抗原的iPS细胞库。

2. 对重编程因子的选择和组合　Oct4/Sox2/Klf4/c-Myc已经被证明可以使许多细胞类型和多种种属,包括人、小鼠、大鼠、猪和猴等的细胞发生重编程。此外,Oct4/Sox2/Nanog/Lin28组成的4因子配方也被成功地用来建立人iPS细胞系。为了防止重编程因子中的致癌因子诱发肿瘤,c-Myc和Klf4首先被舍弃。这导致重编程效率的大幅度下降。在探索体细胞重编程所需要的最少因子配方时,人们又发现Sox2不是必需的,而Oct4在多数情况下是不可缺少的因子。德国Scholer研究组仅用Oct4一个因子分别利用小鼠和人的神经祖细胞建立了iPS细胞系。但是,建系效率非常低。Yamanaka研究组用结构与c-Myc非常接近的*L-Myc*基因代替*c-Myc*基因,降低了这类iPS细胞的成瘤性。在探索体细胞重编程的机制过程中,人们发现除经典的4个因子外,其他一些转录因子或表观调控因子对iPS细胞系的建立也有重要作用。比如,有研究发现在应用经典4因子的同时,沉默*p53*、*DNMT*或增加*UTF1*、*Nanog*和*Zscan*等因子能明显提高iPS细胞建系效率。另外,有研究发现*Sox1*和*Sox3*可以替代*Sox2*;*Klf2*可以替代*Klf4*;甚至*Oct4*也可以被*Nr5a2*、*Essrb*或*E-cadherin*替代。最近的研究表明不需要任何外源性转录因子,只在供体细胞中过表达特定的miRNA就可以建立iPS细胞系。这些研究结果促进了我们对体细胞重编程分子机制的了解,而随着我们对iPS细胞形成过程认识的深入,将会产生更加优化的重编程因子配方。

3. 如何将重编程因子导入体细胞　在过去的几年中,针对这一因素的研究最为集中。这主要是因为最初建立iPS细胞时重编程因子是由逆转录病毒载体导入体细胞的,这一载体的应用限制了iPS细胞的进一步应用。逆转录病毒载体介导体细胞重编程的优点是建系效率高于其他方法,而且重编程因子的表达在体细胞转化为多能干细胞后会自动沉默;后一点是体细胞完全重编程的必要条件。但是,逆转录病毒载体只感染处于分裂期的细胞,这就对供体细胞的选择有所限制。慢病毒载体也被用于iPS细胞系的建立。这种载体对于供体细胞所处的细胞周期时相没有选择,可使重编程因子在处于细胞周期所有时相的细胞中表达。但是,慢病毒载体介导的表达一般不会自动沉默,这不利于体细胞的完全重编程。为了克服这一缺点,药物诱导性慢病毒表达载体应运而生。应用这一载体，人们可以在重编程过程中的任何时间开始或终止外源因子的表达。目前，携带这种表达载体的转基因小鼠已被成功地建立。利用这种转基因小鼠的体细胞建立 iPS 细胞时，一旦加入药物诱导，重编程因子可以在所有供体细胞中均匀表达，使得 iPS 细胞的建系效率提高 100 倍。应用这一策略建立的 iPS 细胞被称为"Secondary iPS 细胞"。这样产生的 iPS 细胞系其所有细胞的基因组中都具有同样的病毒整合位点。高效和均质的重编程特点使得这一策略被广泛地应用于研究体细胞重编程的分子机制。虽然"Secondary iPS 细胞"具有诸多优点，但是它们的基因组上还是插入了慢病毒表达载体，而且这种策略也不适合于人 iPS 细胞系的建立。2008 年，美国 Hochedlinger 研究组利用腺病毒表达载体建立了小鼠肝细胞和皮肤细胞来源的 iPS 细胞系。腺病毒载体介导的基因表达具有外源基因不插入供体细胞基因组的优点，从而避免了逆转录和慢病毒载体与基因组插入相关的缺点。同时，Yamanaka 研究组也报道了他们利用质粒载体建立小鼠 iPS 细胞系的研究结果。至今，已有多种非基因组插入表达载体被用于建立 iPS 细胞系，包括转座子载体、附加载体（episomal vectors），和利用含有多个因子串联在一个 DNA 载体上的多顺反子载体（multicistronic construct）进行同源重组。其中，有些策略是先用 DNA 插入的载体建立 iPS 细胞系，之后再切除外源基因，如 piggyBac 转座子系统。理论上，这些利用非基因组整合载体建立的 iPS 细胞中应该不含有插入的外源基因，但是实际上难以完全排除有外源基因插入基因组的可能性。此外，与基因组插入型载体介导的体细胞重编程相比，非基因组插入型载体介导的重编程效率非常低。鉴于这两种类型介导重编程因子表达载体的缺点，研究人员尝试直接将重编程因子的蛋白质导入体细胞诱导多能性。2009 年，美国丁盛研究组发表了他们利用在体外表达的与具有跨细胞膜功能的 11 个精氨酸多肽融合的重编程因子建立小鼠 iPS 细胞系的工作。同年，美国 Kim 研究组利用相似的策略建立了人的 iPS 细胞系。虽然利用重编程因子蛋白直接重编程体细胞从根本上解决了外源基因插入 iPS 细胞基因组的问题，但是，这一策略需要体外表达和纯化重组蛋白质的技能及反复、长时间在细胞培养中添加这些蛋白。而且，蛋白质诱导重编程的效率极其低（0.001% ~0.006%），而且所需要的时间非常的长（30 ~ 56 天），这严重限制了该策略的应用。2010 年，Warren 等报道了他们利用体外合成的经过修饰的 mRNA 成功地建立人 iPS 细胞系的实验结果，实现重编程效率 35 倍高于病毒载体介导的重编程。因此，实现了高效和安全地建立诱导多能干细胞系。尽管如此，在实际操作上，这一策略还面临诸多挑战，比如，所需试剂昂贵、需反复向供体细胞中导入合成的 mRNA 等。

最理想的诱导 iPS 细胞系的方法应该是不使用有致癌危险的因子和能插入基因组的载体，实现单纯应用小分子化合物诱导多能性的建立。这一愿望并不是凭空产生的。美国 Melton 研究组利用组蛋白去乙酰化酶抑制剂（valproic acid，VPA）可以提高重编程效率 100 倍，也可以在没有表达外源性 Klf4 和 c-Myc 的条件下建立 iPS 细胞系。进一步的研究表明乙酰化酶抑制剂能够增加组蛋白的乙酰化水平和激活基因转录，模拟了 c-Myc 的作用。目前，VPA 已经被广泛地应用于各种类型细胞的重编程。应用于体细胞重编程的小分子化合物多数在表观遗传调控过程中发挥作用，这也与 iPS 细胞系建立本身就是表观遗传改变的本质相一致。目前报道的参与建立 iPS 细胞系的表观遗传调控小分子还有 5-azacytidine（DNA 甲基化抑制剂）和 BIX01294（组蛋白甲基转移酶 G9a 抑制剂）。此外，一些调控信号通路的小分子化合物也被发现对多能性的诱导有促进作用，比如 BayK8644（L-型钙通道激动剂）、CHIR99021（GSK3 抑制剂）和 PD0325901（MEK/ERK 抑制剂）。此外，中国裴端卿研究组发现维生素 C 能提高 iPS 细胞建系的效率。2013 年，北京大学的邓宏魁研究组报道利用 7 种小分子化合物成功将小鼠成纤维细胞诱导为 iPS 细胞，CiPS 细胞，其诱导效率可达到 0.2%。而且，由 CiPS 细胞产生的小鼠嵌合体比普通 iPS 细胞产生的嵌合体生存时间更长。CiPS 细胞的成功建立为推进 iPS 细胞的应用作出了重要贡献。目前，尚无小分子化学复合物诱导建立人 iPS 细胞的报道。目前，应用比较广泛的诱导方法有 Episomal 附加载体和不与受体细胞基因组整合的 Sendai 病毒作为载体导入重编程因子。

总而言之，自 2006 年 Yamanaka 首次成功地建立 iPS 细胞起，针对建立 iPS 细胞系的技术体系的研究成果如雨后春笋般层出不穷。虽然已有的研究表明利用体外表达的重编程因子重组蛋白，或合成的修饰过的 mRNA，或附加载体等相对安全的策略可以建立 iPS 细胞系，但每种策略都含有这样或那样的缺陷。因此，目前将 iPS 细胞的衍生细胞应用于临床疾病治疗似乎为时过早。但是，利用疾病患者体细胞建立疾病 iPS 细胞系，进而模拟和研究疾病却有广泛的前景并正在成为现实。

四、iPS 细胞形成分子机制的研究

自从 2006 年 iPS 技术首次得到证明之后，这个领域取得了巨大的进步和发展。尽管如此，iPS 技术仍存在着很多尚未解决的问题。为了更好地利用 iPS 技术为人类健康事业服务，体细胞重编程分子机制的研究显得十分重要。很多的研究组开始着手在细胞群的层次上研究这个过程潜在的分子机制。他们首先以小鼠胚胎成纤维细胞（MEF）为材料，诱导其发生体细胞重编程，然后通过一系列的方法检测并分析重编程过程中不同时间点基因转录和表观遗传修饰的变化情况。Wrana 领导的研究组通过基因芯片结合 RNAi 筛选的方法发现整个重编程可以分为三个阶段即起始阶段（initiation），成熟阶段（maturation）和稳定阶段（stabilization）。起始阶段，OSKM 表达诱发小鼠胚胎成纤维细胞（mouse embryonic fibroblast cells，MEF）迅速发生应答，主要包括 MEF 特异的基因的表达下调，细胞增殖相关基因的表达上调。另外该小组还与裴端清小组同时发现起始阶段存在一个对于 MEF 细胞实现重编程十分关键的事件即间充质-上皮转化（mesenchymal-to-epithelial transition，MET）。机制上，他们发现重编程起始阶段，BMP 信号通路协同 OSKM 因子诱导 miR-200 家族 miRNA 的表达，从而促进 MET 过程的发生。该小组进一步通过追踪可以形成集落的细胞发现在外源四因子（OSKM）的灭活或者抑制是实现从逐渐成熟阶段向稳定阶段转变所必需的。他们通过比较具有和不具有从成熟阶段转变为稳定阶段能力的集落的表达谱发现，大多数多能性因子并不在从成熟阶段向稳定阶段转化过程中发挥作用。因此，这些研究提示出外源基因灭活所介导的向稳定多能干细胞状态转化过程所需要的调控信号是有别于 ES 细胞多能状态维持的信号通路的。

Hochedlinger 所带领的团队通过对可以形成 iPS 细胞的中间态细胞群进行基因组水平的分析后，发现在整个体细胞重编程过程中存在着两次大规模的基因表达变化，第一次发生在重编程早期（day 0 到 day 3），第二次发生在重编程后期（day 9 到重编程结束）。与 Wrana 的团队发现类似，他们发现在重编程早期的第一次大规模基因表达变化中，大量与细胞增殖、代谢、细胞骨架相关的基因表达上调，而与发育相关的基因则表达下调。而且上述变化在大多数的起始细胞均有发生。随后的过渡阶段则涉及到若干早期的多能相关基因逐渐上调和一些发育相关及细胞类型特异的基因短时调控。最后，重编程后期发生的第二次大规模基因表达变化主要涉及胚胎发育和多能干细胞状态维持相关的基因，这些基因的表达上调加速核心多能状态调控网络的建立及稳定的多能状态的获得与维持。与 Hochedlinger 的工作相呼应，Krijgsveld 等利用前者的重编程模型进行了整个重编程过程中定量蛋白组学的分析。他们发现蛋白水平的变化与 mRNA 水平相似，同样存在两次蛋白组的重置，分别发生在重编程的前三天和最后三天。重编程的早期，大量涉及基因表达、RNA 剪切加工、染色质重构、线粒体、代谢、细胞周期及 DNA 修复相关的蛋白强烈诱导表达，而电子传递系统相关蛋白分子则显著表达下调。相对于上述过程，糖酵解相关酶蛋白的表达则呈现出逐渐增加之势，提示出重编程过程中能量代谢的转变是一个循序渐进的过程。另外，他们还发现与囊泡运输、细胞外基质、细胞黏附和上皮间充质转化相关的蛋白在早期呈现表达下调，而在重编程后期则有所上调。以上基于细胞群的研究提示体细胞重编程是一个多步骤的复杂过程，其中涉及两次大规模的转录组和蛋白组的重置过程。

基于细胞群的研究所获得的知识有助于我们理解在重编程过程中细胞内整体水平的变化情况。但实际上，转录因子介导的重编程过程是一个非常低效的过程，只有很少一部分起始细胞最终可以实现真正意义上的重编程，不同时间点细胞群整体水平的基因表达谱并不能准确地反映出那些少数的可以实现重编程的细胞内的基因表达变化情况。随着近些年来各种单细胞检测技术的出现，单细胞水平的重编程的研究逐渐得以开展。首先，Meissner 等利用单细胞实时成像技术观察整个重编程过程中细胞形态的变化。他们发现，同细胞群的研究结果相似，四因子（OSKM）诱导表达后，细胞呈现出快速的应答，主要包括细胞增殖速率的加快及细胞体积的减小，而且这些事件发生在第一次细胞周期内，在所有可以重编程的单细胞中具有相同的动力学过程。Jaenisch 实验室利用 Fluidigm Biomark 和 single-molecule mRNA fluriscent in situ hybridization（sm-mRNA-FISH）技术检测包括细胞增殖、表观修饰、ESC 维持信号、多能状态标志物和 MEF 标志物在内的 48 个基因的表达变化发现，在外源四因子表达的前 6 天时间里，不同细胞内，上述 48 个基因的表达存在很大的差别，这提示出在重编程的早期，OSKM 四因子诱导基因表达变化是一个随机的过程，而某些重要的多能性基因被成功诱导表达对后续重编程事件的发生是至关重要的。起始阶段，OSKM 所诱导的随机的基因变化涉

及细胞增殖、间充质-上皮转化、细胞代谢等过程,尽管这些整体的变化是重编程过程中所必须发生的,但值得注意的是,这些基因的变化并不只是局限在那些可以实现重编程的细胞内。针对单集落来源的细胞群的单细胞分析显示出随机的基因表达阶段是一个十分漫长且变异广泛的过程。虽然具有 ESC 类似形态的细胞很早就会出现,但它们需要跨越一个限速的瓶颈事件才能完成最终的重编程过程。重编程后期,当重编程的细胞开始表达 Nanog 后,细胞与细胞之间的变异开始显著减小,提示出细胞进入了更加有层次的阶段,进而实现完整的多能性调控网络的建立。

体细胞重编程分子机制的核心问题是转录因子 OSKM 是如何将处于分化状态的体细胞转变为具有发育多能性的诱导干细胞的。相关研究结果表明 OSKM 在整个体细胞重编程过程中发挥着至关重要的作用。重编程过程中发生的第一次转录组的转变主要依靠 c-Myc 和 Klf4 来完成,而且这一过程广泛存在于所有细胞内。而第二次转录组重置的过程则需要 Oct4,Sox2 和 Klf4 三个因子协同作用来实现,并且这一过程只局限在那些可以完成重编程的细胞内。已有的研究表明 OSK 在重编程过程中发挥先锋因子的作用。无论是小鼠还是人的成纤维细胞,当诱导因子 OSKM 导入后,这些因子会立即结合开放的染色质区域,这些区域包括处于激活状态和抑制状态的基因的启动子区域。除此之外,早期阶段 O、S、K 可以作为先锋因子结合到许多基因的远端调控原件上,上调或者下调相关基因的表达,这些基因主要涉及成纤维细胞特异的基因(包括指示成纤维细胞状态的标志基因如 *Thy1*,*Postn* 和 *Col5a2*,以及间充质细胞标志物,如 *Snail1*,*Snail2* 和 *Twist*),细胞凋亡相关基因如 *Tp53*,细胞增殖及细胞周期相关基因如 *Cdc20* 和 *Cdc25c*,代谢相关的基因,如 *Pfkl* 和 *Gpi*,以及少数一些可以在重编程早期激活的 ES 细胞特异的基因,比如 *Fbxo15*、*Fgf4* 和 *Sall4*。另外,OSK 还可以作为先锋因子参与基因组范围内的染色质重塑过程,当 OSK 导入细胞后,可以引起常染色体发生大规模的组蛋白修饰的改变,在涵盖多能性相关基因和发育调控基因启动子和增强子在内的 1000 多个位点上,都获得了 H3K4me2 的修饰。然而 H3K27me3 的修饰并没有发生很大变化,只有在高度 H3K4 甲基化修饰的位点才被去除。而且上述染色质重塑事件的发生要先于对应位点基因转录的改变。MYC 在重编程过程中的作用是什么呢? 早期肿瘤细胞和发育过程中的研究证明 MYC 可以促进细胞增殖相关基因的表达,从而调控细胞的增殖过程。据此,早期人们关于 MYC 在重编程过程中贡献的理解主要是认为其可以通过增强细胞增殖,促进某些多能相关基因或者 miRNA 的表达,从而辅助体细胞重编程的发生。而且有证据表明 MYC 对于重编程的发生是非必需的,即便它对体细胞重编程有很强的促进作用。除此之外,在 ES 细胞中 MYC 可以通过增强大量处于激活状态的基因的转录延伸过程进而发挥维持 ES 细胞多能性的作用。最近两篇文献重新对 MYC 是如何调控基因转录的进行了详细的研究。他们的结果表明 MYC 并不是特异地调节某类基因的转录,相反,MYC 扮演着基因组范围内一个广泛存在的转录放大基因的角色。因此,关于 MYC 在重编程过程中的作用的理解,需要进一步调整,MYC 参与调节的基因可能并不仅仅局限于细胞增殖相关的基因。当 OSK 因子连同 MYC 一同过表达时,OSK 首先扮演急先锋的作用以便 MYC 可以结合到那些不易于接近的染色质区域,与此同时,在其他一些 MYC 的结合位点,MYC 也可以起到增强 OSK 与染色质结合的作用。随着这些因子持续不断地结合到那些处于失活状态的远端增强子区域,进一步会导致其结合到对应基因的启动子区,而这些启动子区在此过程中已逐渐获得新的 H3K4me2 修饰,最终会产生的结果就是该基因被转录激活。综上所述,OSK 在重编程过程中主要起到抑制体细胞特异的基因表达,激活 ES 细胞相关基因表达,最终建立可自我维持的多能调控网络的作用。而 MYC 不仅通过促进细胞增殖起作用,而且还可以通过增强众多下游基因转录的方式调节重编程的发生。

五、诱导性多能干细胞定向分化

像 ES 细胞,iPS 细胞定向分化策略必须包括可以复制胚胎发育关键步骤的过程。这些步骤使用一系列已知的能驱动干细胞或祖细胞定向分化的生长因子、底物、其他因子。使用耳诱导生长因子诱导小鼠 iPS 细胞而来的耳祖细胞能分化成带纤毛的听觉感官的毛发。使用胚胎内胚层分化和后肠形成所需生长因子诱导人类 iPS 细胞形成后肠胚层,Spence 等并分化成肠组织。以类似的方式可以用 iPS 细胞得到前肠内胚层。这些成就允许更多定向分化成一系列重要的后肠内胚层细胞如胸腺、甲状旁腺、甲状腺滤泡 C 细胞、肝细胞类似细胞、中脑多巴胺、脊髓运动神经元、心肌细胞同样也可以用人类 iPS 细胞得到。

如果使用iPS细胞取代受损组织,需要研究疾病的起源与发展,分析药物毒理学。另外一个很重要的问题是这些细胞如何能确定地分化成我们所需要的细胞类型。这依赖于重编程完成的程度,例如iPS细胞是否与受精后囊胚中获得的ES细胞、SCNT囊胚中获得的ES细胞相同?尽管最初的分析表明成纤维细胞获取的iPS细胞与ES细胞在细胞水平、分子水平、功能水平类似,之后的研究表明,人类iPSC与ESC在转录特征上有差异。两项包括数个实验室的研究表明在标准化条件下细胞生的人类iPS细胞与ES细胞在定向分化上差别很小,iPS细胞与ES细胞在全基因组结构及基因表达上很少有一致的差异,并且iPS细胞分化成运动神经元的效率与ES细胞差不多。一些iPS细胞细胞系类似于ES细胞,在培养过程中逐渐形成染色体异常及拷贝数改变,尽管持续扩增能筛选出染色体拷贝数正常的细胞。

有趣的是,类似于胚细胞再生两栖动物肢体或小鼠趾尖,有报道小鼠iPS细胞保留母细胞的转录记忆,并任意保留X染色体的失活状态,引起对iPS细胞衍生及分化的关注。人类β-细胞形成的iPS细胞保留转录记忆的证据已经得到。这些细胞获得多潜能标志并能分化成三胚层细胞。无论如何,它们在胰岛素、Pax、Mafa基因启动子保留开放的染色体结构,与ES细胞及iPS细胞等位基因相比,在体内及体外分化成胰岛素产生细胞的能力较强。由于携带表观遗传学标记,特定细胞类型产生的iPS细胞成为一种潜在方式用于扩大细胞数量再分化回原细胞类型。

六、诱导性多能干细胞的临床问题

尽管利用外源性多潜能基因重编程体细胞与SCNT获得的多潜能细胞及破坏胚胎相比,减少了免疫排斥及伦理问题,但在临床应用上还需要克服一系列问题,有些与ES细胞类似。最主要的问题是分化效率有必要达到100%,以避免形成恶性畸胎瘤。另一个问题是iPS细胞是否能像ES细胞一样稳定及向多方向分化,不同的细胞系在这方面会有区别,因此每种细胞系都需要严格测试。

iPS细胞的产生包括一系列步骤,从建立及扩增细胞系、分化及扩增前体细胞到测试细胞形成恶性畸胎瘤及恶性肿瘤的能力,这一过程大概需要两年时间,对于恶性脊髓损伤这样的疾病太过漫长。并且iPS细胞产生的成本很高,比患者特异性皮肤移植的费用高很多倍,可能达到$100 000。利用胎盘和脐带血细胞的细胞核建立同种iPS细胞细胞库更划算,它对大部分人群会最大可能地关闭免疫匹配。最后,我们需要确保使用安全的方式将iPS细胞运送及归巢到受损组织。

七、长期体外培养获得的类似胚胎干细胞

结缔组织、骨髓、一些其他组织来源的细胞经过长期培养可以获得ES细胞特征,所有细胞均是胞核大、胞质少。

Young等和Black报道从几乎所有哺乳动物的结缔组织及损伤皮肤的肉芽组织中分离出上胚层样干细胞(PPELS细胞)。PPELS细胞体积小(直径6μm~8μm)、核质比高,自我更新能力很强,在无血清及缺乏抑制因子如LIF的培养液保持休眠状态。它们的分子表型有些类似于ES细胞,如端粒酶、SSEA-1、3、4和Oct-4的表达。在体外它能够分化成软骨细胞、骨细胞、脂肪细胞、骨骼肌细胞及胰岛细胞。有报道在体内向克隆获得的PPELS细胞中转染 LacZ 基因能成为心肌、血管、结缔组织的一部分,但是否分化成这些组织的细胞尚不清楚。但这些研究者不能证实纯化的AS细胞能转分化,传说中的改变是否因为准备PPELS细胞时被污染。从小鼠及人类组织获得的中胚层谱系特异性干细胞在分化成骨骼肌、平滑肌、心肌、脂肪、软骨、骨、肌腱、韧带、真皮、内皮、肝细胞等细胞类型时,在分化能力上没有年龄差异。

人类、大鼠、小鼠经过骨髓培养分离出的指定成人多潜能祖细胞(multipotent adult progenitor cell,MAP细胞)经过15或更多代培养。这些细胞是小细胞,表达CD34、CD44、CD45、c-kit、MHC Ⅰ和MHC Ⅱ抗原表型,它们在SSEA-Ⅰ、高水平端粒酶、转录因子Oct-4和Rex-1表达中,表现出与ES细胞十分相似的特征,并被报道在嵌合胚实验中,几乎可以分化成任何组织。单独用GFP标记的MAP细胞子代在体外被诱导分化成内皮细胞、肝细胞、神经细胞。

利用维持ESC多潜能性的因子,体细胞已成功重编程为ES细胞类似细胞,称为诱导多潜能干细胞。联合使用Oct4、Sox2、Klf4、c-Myc、Nanog、Lin28,以及小分子丙戊酸能诱导成纤维细胞及其他细胞建立ES细

的表观遗传学特征。这一过程效率很低并使用病毒载体将基因带入细胞内。最近,技术进一步发展,使用修饰的信使 RNA 提高这些因子的转染效率。因此,避免了外源 DNA 的引入。iPS 细胞在体外能像 ES 细胞一样发生定向分化,这些衍生物理论上来说是自体基因不需要证明。一些从退行性疾病患者中获得的 iPS 细胞对揭示疾病起源的机制并寻找治疗疾病潜在的干预措施非常重要。

八、利用疾病建立诱导性多能细胞系模拟和研究重大疾病

很多人类疾病由于缺乏足够的样本和合适的动物模型得不到充分的研究,导致有效治疗手段的缺乏。iPS 细胞系的成功建立为我们研究疾病的发生和探索新的治疗方法开辟了新的途径。患者特异的 iPS 细胞可以作为疾病模型用来研究主要还是基于 iPS 细胞所具备的两大特性:一是能够无限地自我更新,从而提供充足的细胞来源;二是可以分化形成人体内所有的细胞类型,用于构建不同的疾病模型,探究相应疾病的发病机制。首先,对于遗传性疾病,获得患者的体细胞后经体外诱导可以得到患者特异的 iPS 细胞系。这样的 iPS 细胞携带了该患者全部的基因组信息。基于 iPS 细胞无限的自我更新能力,通过体外扩增,可以获得无限量的细胞用于疾病发生的研究。同时,iPS 细胞具有分化成为体内任何种类细胞的能力。可以诱导患者特异的 iPS 细胞定向分化为与疾病相关的细胞类型,并与正常人的 iPS 细胞的分化过程进行比较,以发现该遗传性基因突变导致的细胞水平和分子水平的变化,这就是建立疾病细胞模型的概念。利用这样的细胞模型,我们不仅可以研究致病基因是如何引起疾病的,也可以筛选有效改善细胞异常表型的药物,尤其是可以实现个体化的药物实验。另外,对于已知基因改变的遗传性疾病,可以对患者 iPS 细胞中的异常基因进行定点修正,使疾病 iPS 细胞成为正常 iPS 细胞。这样修正后的 iPS 细胞经过定向诱导分化成为相关的功能细胞,可以为疾病的细胞治疗提供无限的来源。对于非遗传性疾病,患者的体细胞有部分正常细胞和部分异常细胞。异常细胞可供建立疾病 iPS 细胞系,建立疾病模型,发现疾病发生机制和有效的治疗手段;同时,正常的体细胞可供建立正常的 iPS 细胞,这种 iPS 细胞不仅可以定向分化为疾病治疗所需的细胞类型,也是研究该患者疾病 iPS 细胞的最佳对照细胞。因为,疾病 iPS 细胞和正常 iPS 细胞来自同一个体,具有基本相同的基因组信息(除疾病所造成的基因异常外)。因此,利用疾病患者的细胞建立疾病 iPS 细胞系,建立体外研究模型成为目前干细胞研究领域的一个重要方向。目前,成功地建立很多疾病 iPS 细胞系,比如脊髓-肌肉萎缩症(spinal muscular atrophy,SMA)、肌萎缩侧索硬化(amyotrophic lateral sclerosis,ALS)、Ⅰ型糖尿病(type 1 diabetes)、范科尼贫血(Fanconi anemia)、家族性自主神经功能异常(dysautonomia)、雷特综合征(RETT syndrome)、巴金森氏病(Parkinson's disease,PD)和阿尔茨海默病(Alzheimer disease,AD)等。这里举几个典型的例子。

1. 脊髓-肌肉萎缩症　脊髓-肌肉萎缩症是最常见的引起新生儿死亡的遗传性神经系统疾病。该疾病的发生是由于 survival motor neuron(SMN)蛋白质缺失,导致脊髓运动神经元变性及肢体和躯干的肌肉萎缩。SMN 参与 RNA 剪切。为什么这样一个与 RNA 剪切相关的蛋白质的缺失只引起运动神经元的变性,而对其他类型的细胞没有影响?可供研究的患者样本的缺乏严重限制了对 SMA 的研究和治疗措施的开发。2009年,Allison 等人利用一位 SMA 患儿的皮肤成纤维细胞建立了 SMA iPS 细胞系,并同时建立了这位患儿母亲的 iPS 细胞系作为正常对照。SMA iPS 细胞具有正常 iPS 细胞的所有特征。但是,与正常 iPS 细胞比较,SMA iPS 细胞产生的运动神经元表现了疾病表型。这是第一次证明人 iPS 细胞可以在体外模拟人类遗传性神经系统疾病。2011年,Chang 等利用另一位 SMA 患者的成纤维细胞建立了 5 株 Ⅰ 型 SMA iPS 细胞系。他们发现这些 SMA iPS 细胞向运动神经元分化的能力降低,并且伴有神经元突出生长的异常。在 SMA iPS 细胞中表达 SMN 恢复了其向运动神经元的分化能力,且纠正了突出生长延迟的表型。这些结果表明 SMA iPS 细胞所表现出的异常表型的确是由 SMN 蛋白质的缺失所致。深入研究 SMA iPS 细胞来源的运动神经元的异常将极大地丰富我们对 SMA 发生机制的认识。而且,这些细胞可以用来开发对 SMA 的有效治疗策略。

2. 阿尔茨海默病　阿尔茨海默病(Alzheimer disease,AD)是最常见的老年神经系统疾病,典型表现为进行性丧失记忆和认知障碍。*Presenilin 1*(*PS1*)和 *Presenilin 2*(*PS2*)基因的突变可引起常染色体-显性早发家族性 AD。2011年 Yagi 等利用携带 PS1(A246E)和 PS2(N141I)突变的家族性 AD 患者的成纤维细胞和逆转录病毒载体介导表达 5 因子(*OCT4/SOX2/KLF4/LIN28/NANOG*)建立了 AD iPS 细胞系。他们发现 AD iPS 细胞来源的神经元分泌 β-42 淀粉样物增多,这是 PS 基因突变的典型分子水平病理特征。此

外,AD iPS 细胞来源的神经元的 β-42 淀粉样物的分泌对 γ-分泌酶抑制剂非常敏感。2012 年,Israel 等建立了携带有 APP(β-淀粉样物的前体)基因复制突变的 2 位家族性 AD 患者和 2 位散发性 AD 患者,以及 2 位年龄相配正常对照人的 iPS 细胞系,并将这些 iPS 细胞分化为神经元。iPS 细胞来源的神经元在基因表达水平与胎脑相似,能形成功能性突触,并表现出正常的电生理活性。但是,与正常 iPS 细胞来源的神经元相比,携带 APP 复制的 2 位家族性 AD 患者的 iPS 细胞来源的神经元和 1 位散发性 AD 患者的 iPS 细胞来源的神经元具有高水平的 β-淀粉样物、磷酸化的 tau 和具有活性的 GSK3β。他们还发现这些 AD iPS 细胞来源的神经元中集聚了大量 Rab5 阳性的早期内涵体。有趣的是,bβ-分泌酶抑制剂,而不是 γ-分泌酶抑制剂,能明显地降低磷酸化 tau 和活性 GSK3β 的水平。此外,一位散发性 AD 患者 iPS 细胞来源的神经元表现出家族性 AD 患者 iPS 细胞来源的神经元的表型,提示常染色体-显性型的家族性 AD 的发生机制也与散发性 AD 的发生相关。最近,Kondo 等利用非基因插入的附加载体表达重编程因子建立携带有 APP 基因突变的家族性 AD(2 名患者)和散发性 AD(2 名患者)的 iPS 细胞系。他们发现一位家族性 AD 患者和一位散发性 AD 患者的 iPS 细胞来源的神经元和星形胶质细胞内 β-淀粉样物寡聚体增多,导致内质网和氧化应激。而且,二十二碳六烯酸(docosahexaenoic acid,DHA)处理可以减轻这 2 位 AD 患者来源 iPS 细胞分化得到的神经细胞的应激反应。这些研究都为利用疾病 iPS 细胞作为模型探索重大疾病的发生机制和筛选新的治疗方案的可行性提供了实验证据。

3. I 型糖尿病 I 型糖尿病是由于自身免疫性破坏胰岛细胞所致。导致该疾病的细胞学和分子水平机制尚不清楚。美国哈佛大学 Melton 研究组利用 3 个转录因子(OCT4/SOX2/KLF4)将 1 型糖尿病患者的成纤维细胞诱导成为 iPS 细胞系,并定向诱导这些 iPS 细胞分化为能产生胰岛素的细胞。这一研究为应用 iPS 细胞系建立 1 型糖尿病研究模型和细胞治疗奠定了基础。最近,Kudva 等利用仙台病毒载体(Sendai)建立了 1 型和 2 型糖尿病患者细胞来源的 iPS 细胞系,其中包括一位 85 岁的 2 型糖尿病患者的 iPS 细胞系。这些仙台载体介导建立的 iPS 细胞系无外源性基因的插入。并且在培养至 8～12 代时,仙台病毒基因组和抗原也从 iPS 细胞中消失。这样,仙台病毒载体为建立非基因组插入的 iPS 细胞提供了新的途径。

4. Klinefelter 综合征 Klinefelter 综合征是一种性染色体遗传的常见疾病。在患有该疾病的患者中,一些患者所有细胞的核型都是 47,XXY,而一些患者是 47,XXY 与 46,XY 核型的嵌合体。该综合征在男性不育症患者中占 3.1%,是引起原发性睾丸功能减退最常见的先天性疾病。我国金颖研究组建立了四株 Klinefelter 综合征患者前皮成纤维细胞来源的 iPS 细胞系。这些细胞具有正常人 iPS 细胞的所有特征,并具有向生殖细胞分化的能力。通过转录组的分析和比较,他们发现一些在 Klinefelter 综合征患者 iPS 细胞中异常表达的基因。进一步的分析说明,这些异常表达的基因编码一些与 Klinefelter 综合征临床症状相关的分子。这样,Klinefelter 综合征 iPS 细胞可以作为研究该疾病的细胞模型。

此外,利用 iPS 细胞建立疾病模型在心血管疾病的研究中也发挥了重要作用。比如,离子通道性病变,包括 long-QT 综合征(LQT1,LQT2,LQT3/Brugada 综合征,and LQT8/Timothy 综合征),儿茶酚多形性室速(catecholaminergic polymorphic ventricular tachycardia,CPVT),心律失常性右心室发育不良(arrhythmogenic right ventricular dysplasia,ARVD),家族性肥厚型心肌病(familial hypertrophic cardiomyopathy,HCM),以及家族性扩张型心肌病(familial dilated cardiomyopathy,DCM)。患者来源的 iPSC 模型可以用在临床试验前进一步验证动物实验所得到的潜在药物是否在人类细胞中有作用,从而降低临床实验的工作量以及研究成本。iPSC 技术除了可以为药物研发提供有效的工具之外,还可以帮助研究人员模拟疾病的发病过程从而探究其深层次的病理机制,开发出新的诊断工具和药物从而对疾病进行早期干预和个体化的治疗。

总之,疾病 iPS 细胞在体外培养和分化中表现出相关疾病特异的细胞表型是利用 iPS 细胞建立疾病模型的第一步,发现疾病发生的分子机制和消除异常表型的有效药物是最终目标。此外,不同 iPS 细胞系之间的异质性使利用同一患者的多株 iPS 细胞系建立疾病研究的细胞模型,甚至基因修复等手段确定疾病的表型和药物反应成为必要。有必要指出 iPS 细胞模拟疾病也有一定的局限性。有些疾病的表型依赖于不同种类的细胞之间的相互作用,有些表型在体内的特定环境下才能表现出来。因此,iPS 细胞技术与动物疾病模型的相互结合,将更有利于对特定疾病的研究。

九、诱导多能干细胞研究面临的挑战和应用前景

iPS 细胞目前的研究应用于新药开发、神经损伤修复、心肌细胞修复、糖尿病治疗、组织、器官再生或移植等再生医疗(图 2-17),但目前 iPS 细胞植入的遗传因子易破坏细胞的基因或残留于细胞内,可能导致细胞癌变、形成肿瘤等问题。

1. 应用 iPS 细胞研究疾病及发现药物　再生医学的技术可以直接用于创伤或缺血造成组织损伤的病例。但是,将他们应用于变性疾病造成的组织损伤就是另外一个问题。在大多数病例,在组织再生之前,治疗疾病都是刻不容缓的。诱导多能干细胞或许能够为体外研究多种单基因和复杂疾病的机制提供必需的人模型,这些不可能完全通过动物模型来模拟,诱导多能干细胞也可以筛查有治疗作用的候选药物和毒性物质。退行性疾病的细胞转向黑暗面的中轴分子点是什么? 如果能发现这些点,有可能设计出独特的治疗方式以消除疾病进程。

应用 hiPS 细胞已经产生良好的开端,揭示了退行性疾病的秘密。从患有许多早期和晚期疾病患者的皮肤成纤维细胞提取人 iPS 细胞(表 2-2)。用于建立 hiPS 细胞的早期发作疾病包括肝脏代谢疾病,哈钦森-吉尔福德早衰(Hutchinson-Gilford progeria),Rett 综合征(一种伴 X 染色体的神经发育紊乱),家族性自主神经异常(FD,一种由 *IKBKAP* 基因异常剪切造成的罕见的致命的外周神经病变),LEOPARD 综合征(一种常染色体显性紊乱,包含肥厚性心肌病在内的多种发育异常),长 Q-T 间期综合征(由离子通道异常造成,这导致错误的离子流和致命的心律失常),脊髓性肌萎缩,以及精神分裂症,这有高度遗传的可能性。

表 2-2　患有特殊疾病的患者皮肤成纤维细胞来源的诱导多能干细胞

早期发作疾病	晚期发作疾病
肝脏代谢性疾病	帕金森病
哈钦森-吉尔福德早衰	肌萎缩性侧方硬化症
Rett 综合征	
家族性自主神经异常	
LEOPARD 综合征	
长 Q-T 间期综合征	
脊髓性肌肉萎缩	
精神分裂症	

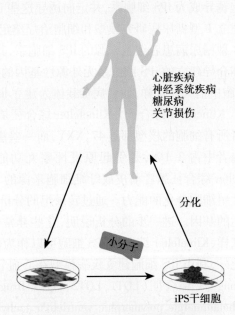

心脏疾病
神经系统疾病
糖尿病
关节损伤

分化

小分子

iPS干细胞

图 2-17　iPS 技术的应用

这些 hiPS 细胞定向分化成的神经元或心肌细胞概述了这些疾病的细胞学、生物化学和遗传特点。IGFI 和庆大霉素可以部分逆转 Rett 综合征,将家族性自主神经异常(FD)的细胞暴露于植物激素分裂素中,可以明显降低 IKBKAP 剪切突变体的形成。三种药物有潜在的治疗作用,能够调节长 QT 综合征的离子流,包括钙离子通道阻滞剂硝苯地平,钾离子通道开放剂吡那地尔,以及钠离子通道阻滞剂雷诺嗪。来源于精神分裂症患者 iPS 细胞的神经元高表达精神分裂症高风险基因 *TCF4*,并且神经元之间的连接减少,后者可以被抗精神病药物洛沙平逆转。这些结果清楚地显示了应用 iPS 细胞衍生物研究与疾病相关的分子学畸变的潜能,以及应用 iPS 细胞衍生物筛查治疗药物的潜能。而且,比较这些细胞和小鼠突变体模型细胞可以揭示出更多关于如何鉴别人和小鼠模型。

用于制备 iPS 细胞的晚期疾病是 ALS 和帕金森病。患有 ALS 的是一个 82 岁的女性患者,携带与 ALS 缓

慢形成相关的 SOD1 突变体(Leu 144 to Phe)。已经从这些 iPS 细胞分化出运动神经元和神经胶质细胞。来源于帕金森病患者的 iPS 细胞突变体 LRRK2 DNA 增加氧化应激反应关键基因和 α-突触蛋白的表达,对促使 caspase-3 诱导凋亡的应激源更加敏感,这表明细胞应激反应通路可以作为治疗靶点。通过比较来源于散在的和家族性的帕金森和 ALS 病例的神经元和神经胶质细胞,我们可以得知在每一种类别中是否有相同的触发和进展事件。例如,在 ALS 病例,我们可以测定来源于散在病例 iPS 细胞分化成的星形细胞是否像家族性病例一样对运动神经元有毒性。

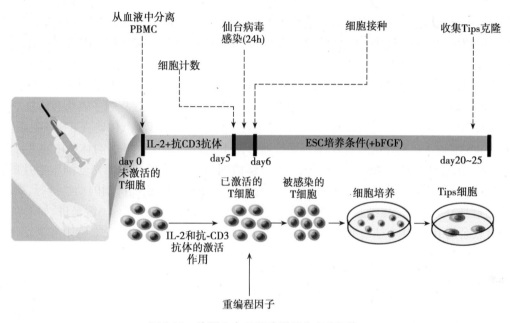

图 2-18　外周血中 T 细胞诱导为 iPS 细胞

2011 年,Soldner 等指出应用 iPS 细胞衍生物分析晚期发作疾病的局限性在于,预料其表型是精细的,而且对大量遗传背景中的变异是敏感的,这样就很难在遗传确定的条件下指导实验。他们发展了锌指核酸酶(ZFN)基因组编辑系统,通过这个系统他们可以在健康的人 ES 细胞上产生两个与帕金森病有关的突变点,并且校正来源于帕金森患者人 iPS 细胞的 α-突触蛋白突变点。这个系统承诺在迟发疾病细胞实验中会精确地控制引起疾病的遗传学变异,而且,在治疗上可以校正用于移植的特殊患者细胞的遗传突变点。

诱导多能干细胞也可以用于研究其他疾病的干预方式。例如,来源于皮肤成纤维细胞的人 iPS 细胞能够分化成视网膜细胞。这不仅有可能解析视网膜细胞分化发育过程,还可能用 iPS 细胞衍生物替代受损的视网膜细胞。而且,来源于患者如斑点退变或视网膜炎 iPS 细胞的视网膜细胞可以用来研究这些疾病的发展进程,并筛查出逆转或阻止他们的潜在药物。

2. 疾病的细胞治疗　除应用于模拟疾病和筛选药物外,iPS 细胞的一个重要潜在应用是疾病的细胞治疗,特别是自体细胞移植治疗。2008 年,Jaenisch 研究组将小鼠 iPS 细胞诱导分化为神经前体细胞(neural progenitor cells,NPC),并移植到约 14 天的胚胎小鼠侧脑室。9 天后,移植的 iPSC-NPC 整合到受体胎鼠脑不同部位的皮层中。此外,将诱导分化的多巴胺能神经元移植到帕金森病模型大鼠,4 周后可见大鼠的症状得到改善。移植人 iPSC 来源的心肌细胞,可以观察到啮齿类动物心脏收缩功能在短期内得到了一定程度的恢复与提高。随着技术的不断进步与发展,近年来科学家开始同临床医生开展合作,尝试将基于 iPSC 技术的细胞替代治疗应用到临床患者身上,并取得了初步的进展。2014 年日本眼科学家高桥雅代(Masayo Takahashi)领导的研究小组首次完成了 iPS 技术在临床上的应用,他们将 iPSC 诱导分化形成视网膜色素上皮细胞,并将这些细胞移植到了一名 70 多岁的老年黄斑变性女患者的右眼中,没有出现严重的副作用。这是世界上首例利用 iPSC 来源的细胞在人类疾病中进行的移植手术。尽管这项临床试验是否会最终获得成功还有待观察,但这项开创性的实验势必会为 iPSC 技术的临床应用产生深远的影响。

3. iPS 细胞自体移植与免疫反应　理论上,iPS 细胞衍生细胞用于自体移植时应该不发生免疫反应。但这一推论需要实验证据的支持。2011 年,美国科学家 Xu 研究组将 4 株多能干细胞系,B6 和 129/SvJ 小鼠来源的 ES 细胞株及分别由附加载体或逆转录病毒载体诱导 B6MEF 产生的 iPS 细胞系(分别命名为 EiPS 细胞和 ViPS 细胞),移植到 B6 小鼠。他们发现 B6 ESC 在 B6 小鼠有效形成畸胎瘤,没有引起任何明显的免疫排斥反应;而 129/SvJ ES 细胞引起快速免疫排斥,没有形成畸胎瘤。令人意外的是,B6 EiPS 细胞在 B6 小鼠体内形成的畸胎瘤含有 T 细胞侵入,提示这些 iPS 细胞具有引起免疫排斥的能力。但是,上述研究中应用的是未分化的 ES 和 iPS 细胞,而在现实中只有 ES 或 iPS 细胞的衍生细胞才会被用于细胞移植。有必要进行更加系统深入的研究以便明确下列问题:①是否由 iPS 细胞来源的分化细胞在自体细胞移植时会引起宿主的免疫反应? ②建立 iPSC 的策略是否会影响 iPS 细胞衍生细胞的免疫原性? ③上述小鼠 iPS 细胞在小鼠产生的免疫反应是否同样会发生在人类 iPS 细胞在人体的移植过程? 最近,Boyd 和 Abe 领导的研究组分别发现,不论未分化的 iPS 细胞还是 iPS 细胞来源的分化细胞,在同种小鼠移植中不产生明显的免疫反应或产生的微小免疫反应与小鼠 ES 细胞来源的分化细胞没有区别。后两个研究的结果与 Xu 研究组的结果不同,支持应用自体 iPS 细胞的衍生细胞进行自体移植。这些差异可能与不同研究组所应用的 iPS 细胞系是由不同的重编程因子表达载体建立有关。基于目前的研究结果,为了未来人 iPS 细胞的临床应用,应该避免利用逆转录病毒载体建立 iPS 细胞系。而且,有必要利用更多的 iPS 细胞系及其分化的细胞,更加系统地研究 iPS 细胞来源细胞进行自体移植的可行性。

4. iPS 细胞移植细胞产生肿瘤　除免疫原性外,移植细胞产生肿瘤是实现安全细胞治疗的重大障碍。目前,对于人 ES 细胞或 iPS 细胞衍生细胞的移植治疗是在免疫缺陷或免疫抑制的动物进行,所以我们不清楚当患者接受自身 iPS 细胞衍生细胞移植时会有更大或更小的可能产生肿瘤。一般来讲,如果在 iPS 细胞衍生细胞中含有残余的 iPS 细胞,往往会在移植后产生畸胎瘤;如果 iPS 细胞衍生细胞中有高比例的干、祖细胞,有可能产生某种组织细胞类型特异的肿瘤,如神经瘤或肌肉瘤。因此,高效地诱导 iPS 细胞向特定细胞类型分化并严格地选择所需细胞类型对于避免细胞移植造成的肿瘤发生是非常重要的。另外一个值得考虑的因素是 iPS 细胞的重编程程度和基因改变情况。外源性基因灭活不完全或在 iPS 细胞诱导过程中出现遗传改变会导致更大的成瘤危险。除形成肿瘤的危险外,ES 细胞、iPS 细胞在体外分化得到的细胞往往不能完全成熟,与胚胎期或新生儿期的细胞更相似。细胞的不成熟可能会影响它们在细胞移植后对疾病的治疗效果。此外,移植后的细胞是否能有效地与宿主细胞整合和发挥正常功能也是不容忽视的问题。目前,常用的细胞移植是单一细胞类型,而多数器官是由多种细胞类型组成的并具有特定组织结构。干细胞移植与组织工程的结合有可能为解决这样的问题提供途径。最近,有三个研究组分别报道,人 iPS 细胞基因组携带有基因的删除或复制(copy number variations)和点突变。其中一些变化与多能干细胞的体外培养相关,类似的变化也见于人 ES 细胞;而另一些异常存在于供体细胞;还有一些是在体细胞重编程的过程中产生。在 iPS 细胞衍生细胞应用于临床之前,需要对 iPS 细胞进行全基因组的序列、基因表达谱式和表观遗传特性等进行全面的检查,确定哪些遗传和表观遗传的改变会影响 iPS 细胞衍生细胞在移植治疗中的疗效和安全性,选择安全的 iPS 细胞的衍生细胞用于临床疾病的治疗。

成功应对以上挑战是基于我们对 iPS 细胞形成过程的分子基础的了解。至今,大量研究已经对诱导多能性的动态过程和分子调控提供了宝贵的资料。但是,还有许多关键问题有待回答,比如重编程因子是如何启动体细胞内源性与发育多能性相关的分子调控网络? 如何避免重编程启动导致的细胞应激反应和基因组不稳定? iPS 细胞的衍生细胞进行自体细胞移植是否会引起免疫反应? 在解决这些重要问题之前,iPS 细胞的衍生细胞还不应该进入临床人类疾病的治疗。但是,利用 iPS 细胞研究体细胞重编程的分子机制,建立体外疾病研究的细胞模型和研究疾病发生和进行有效药物筛选却是现实可行的。这些研究将会为未来 iPS 细胞在人类疾病治疗中的应用奠定基础。

(金　颖)

第四节　成体干细胞

成体干细胞(adult stem cell, ASC)是存在于胎儿和成体不同组织内的多潜能干细胞,这些细胞具有自我复制能力,并能产生不同种类的具有特定表型和功能的成熟细胞的能力,能够维持机体功能的稳定,发挥生理性的细胞更新和修复组织损伤作用。一般根据其来源或分化的组织细胞命名,如骨髓间充质干细胞、脐带间充质干细胞、羊膜间充质干细胞、造血干细胞、神经干细胞、心脏干细胞、骨及软骨干细胞、骨骼肌干细胞、表皮干细胞、脂肪干细胞、肝脏干细胞、胰腺干细胞、胃肠干细胞、前列腺干细胞、气管干细胞、角膜干细胞、血管内皮干细胞、牙髓干细胞等。由于ASC一般不存在成瘤和伦理学压力,并且同样具有多潜能性,自体移植不存在免疫排斥,ASC和胚胎干细胞相比,也许在自体细胞替代治疗方面会具有更多的优越性。特别是骨髓间充质干细胞和脂肪间充质干细胞等间充质干细胞,由于其采集容易,并能在体外大量扩增,而且具有较大的可塑性,将为再生医学治疗提供大量的种子细胞。

一、成体干细胞研究与发展

最早于1960年提出ASC的概念。当时,首次发现骨髓中定居着某些特殊的细胞,在特定的环境条件和其他因素作用下,能够诱导分化并重建所有血液细胞的功能,随后逐渐完成了对造血干细胞(hematopoietic stem cell,HSC)的鉴定和分离工作。HSC是目前研究得最为清楚、应用最为成熟的ASC,它在移植治疗血液系统及其他系统恶性肿瘤、自身免疫病和遗传性疾病等方面均取得令人瞩目的进展,极大促进了这些疾病的治疗,同时也为其他类型ASC的研究和应用奠定了坚实的基础。此后,人们陆续发现了多种ASC,如间充质干细胞(mesenchymal stem cell,MSC)、毛囊干细胞(hair follicle stem cell,HFSC)、心肌干细胞(cardiomyogenic stem cell,CSC)、肝干细胞(liver stem cell,LSC)等。研究发现,成体细胞的生化特性与其所在组织的类型密切相关,可以通过一些特异表达的细胞表面分子鉴定ASC。如Ⅵ型中间丝蛋白、CD233和CD24是神经干细胞的特异标志物,体外培养的ACl33$^+$/CD24$^+$细胞可以进一步分化为神经细胞、星形胶质细胞和少突胶质细胞。再如骨髓间充质干细胞高表达CD29、CD44、CD166等分子,在体外培养环境中可以分化为骨细胞、脂肪细胞、软骨细胞、肌细胞等。由于技术手段和研究方法的局限。目前,对ASC表达特异分子的研究还不够深入,还不能采用各胚层和

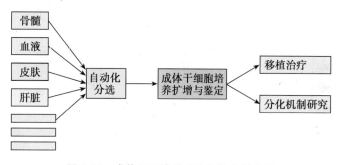

图2-19　成体干细胞的分离和鉴定及应用

各种ASC的特异标志物完全分离和鉴定不同来源的ASC(图2-19)。

成体干细胞的研究近几年发展很快,已有不少临床应用的报道。从脐带血中分离造血干细胞治疗血液病已取得成功。从脑组织、脊髓组织中分离出的神经干细胞在动物实验中已证实具有促进神经再生能力。从嗅鞘中分离出的嗅鞘细胞能生长出突触,穿过瘢痕组织生长,具有良好的促进中枢神经再生并重新建立传导功能的能力。肌肉干细胞局部注射治疗肌营养不良症、心肌缺血已有临床应用报道。自体骨髓间充质干细胞(marrow mesenchymal stem cell,MSC)通过局部心肌内注射、冠状动脉注射促进心肌再生与血管化已有大量研究及部分临床应用。MSC促进缺血肢体重建血液循环在临床上已获得成功。

无论是组织细胞或干细胞治疗,已经显示了良好的组织再生能力,但要使细胞治疗达到更好的临床效果,或完全再生一个新的组织或器官还有很大困难,主要存在以下问题:①细胞获取后的大量扩增、干细胞的定向诱导分化常需添加外源性物质,其安全性研究还停留在细胞水平。是否会引起基因水平的改变尚未引起足够的重视。②无论是组织细胞或干细胞,不管通过什么途径注入体内,需要与受体组织细胞黏附、融合、发挥功能,但注入细胞与受体组织融合率极低,在心肌大约为7%,而且注入心肌的细胞能否转化为心肌细胞至今尚在争论中,因此,提高细胞治疗的效率是尚待研究的问题;如果采用静脉或动脉途径注射细胞,还需研究其靶向性。③同种异体细胞移植具有来源广泛、获得容易及可以库存备用进行群体化治疗的优点,但必须克服其免疫排斥反应。

二、成体干细胞的生物学特性

1. 成体干细胞具有组织定向分化能力和特定组织定居能力　ASC具备以下三个重要的生物学特征:

①能够自我更新：ASC 通过分裂增殖，产生与其完全相同的子代细胞，有效地维持了 ASC 群体数量和功能的稳定性。②具有谱系定向分化能力：ASC 可以进一步分化为专能干细胞，最终成为终末分化细胞。组织中细胞分化的过程实际上是 ASC 获得特定组织细胞形态、表型以及功能特征的过程。许多 ASC 具有一定的多向分化特性，能够分化为特定组织中的多种细胞类型。③体内各 ASC 具有在特定组织定居的能力：ASC 可对组织再生的特异刺激和信号分子产生应答，分化为特定类型的组织细胞，替代受损细胞或死亡细胞的功能。

2. 成体干细胞的多分化潜能和可塑性　传统的干细胞发育理论认为，组织干细胞是胚胎发育至原肠胚（gastrulation）形成以后出现的，因此，组织干细胞不是分化全能细胞，只具有组织特异的有限的分化能力，只能分化为所在组织的特定细胞类型。但近来的实验研究表明，某些情况下，骨髓间充质干细胞可以跨胚层向肝脏、心脏、胰腺或神经系统的细胞分化，而肌肉、神经干细胞也可以向造血干细胞分化。目前将组织干细胞这种跨谱系甚至跨胚层分化的潜能，称为组织干细胞的可塑性（plasticity）。也就是 ASC 具有向两个和两个以上胚层细胞分化的能力。目前，人们观察和了解 ASC 的可塑性主要来自于两方面，一是体外培养，二是在体诱导。如早期发现骨髓单个核细胞在一定条件下可以分化为成骨细胞、脂肪细胞、成软骨细胞等，如果将这些细胞进行传代培养，可仍保持多向分化潜能。在体移植研究以 MSC 为例，已发现 MSC 经诱导可分化产生骨骼肌、心肌细胞、肺上皮细胞、皮肤以及神经细胞等，提示 MSC 这种可塑性具有一定的广泛性和代表性。更令人惊奇的是，Jiang 等将从骨髓分离纯化的成体多能前体细胞经体外诱导产生出了具有三个胚层来源特性的功能细胞，由于在体研究也有相似的结果，从而在实验上更进一步证实了 ASC 的多向分化潜能。但是，不同 ASC 其可塑性差异很大，而且绝大部分 ASC 很难在体内诱导出其可塑性（图 2-20）。

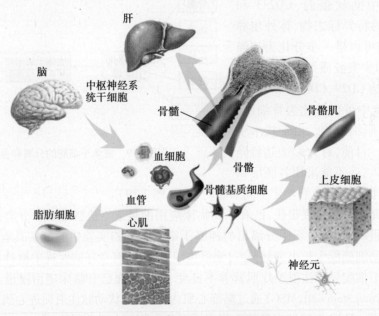

图 2-20　成体干细胞的多分化潜能

三、成体干细胞多分化潜能的机制

ASC 的多分化潜能机制尚不完全清楚，可能与以下几方面有关。

1. ASC 的来源　目前发现，大多数组织中栖息着单向或多向分化潜能的组织干细胞。一般认为，ASC 来源于胚胎发育不同时期的干细胞。在个体的器官和组织发生过程中，某些干细胞可能先后离开所在群体的分化、增殖进程，迁移并定居在特定器官或器官雏形中的某个位置，并保留自己的干细胞特性，形成 ASC。ASC 在微环境的作用下多数时间处于静息状态，一旦所定居的组织需要再生或修复，便在特定微环境下被激活并分化成所需的功能细胞。

2. ASC 的转分化和去分化　转分化（transdifferentiation）是指 ASC 通过活化其他潜在的分化程序改变了 ASC 的特定谱系分化的进程而转分化为其他谱系。造血干细胞向非造血组织细胞分化，神经干细胞向血液系统细胞分化都是 ASC 转分化的例子。转分化是一种已分化细胞关闭原有基因活动程序,同时转向另一种分化细胞基因活动程序,而不需要回复到原始的状态。未分化的 ASC 可能具有足够的可塑性以成为另一谱系细胞,或者 ASC 为了再决定需要去分化到具有可塑性的某个更原始状态,以后重新分化为其他细胞谱系类型。无论这两个过程的哪一个,其重新选择的过程称为转决定(transdetermination)。在这里,作者更愿意用谱系转化(lineage convertion)来命名这样的预期细胞类型的变化,这个术语不涉及变化过程所可能涉及的机制。去分化(dedifferentiation)是分化成熟细胞首先逆转为相对原始分化的细胞,然后再按新的细胞谱系分化通路进行分化的过程。如两栖类生物蝾螈(Salamander)肢体切除伤口边缘的分化成熟细胞能够逆分化成原始细胞,再形成新生的 ASC,最后分化为被切除的肢体组织。但是,正常生理状态下,成年哺乳动物的 ASC 转分化或去分化的现象较为少见。其机制也还有待进一步研究。

3. ASC 的多样性　特定组织中有可能存在其他谱系来源的 ASC,如骨髓或肌肉的细胞可能包括了多种组织干细胞,包括造血干细胞、间充质干细胞、内皮祖细胞和肌肉干细胞等。另外,造血干细胞不仅仅定位于骨髓中,它可以随着血液循环被一些组织器官,如肌肉和脾脏等摄取并定居于该区域。一些特定组织中共存的其他组织干细胞能够按照自己的定向需要,分化为与该特定组织不同的其他细胞类型,如造血干细胞、神经干细胞、胰腺干细胞等。

4. ASC 的细胞融合　一种细胞可以通过与其他细胞的相互融合而表现出另一种细胞的生物学特性。体外培养条件下,成年哺乳动物细胞存在细胞融合现象,如成肌细胞在破骨细胞作用下,细胞融合后形成多核的骨骼肌纤维;感染 HIV 的 T 细胞与靶细胞的融合能够介导病毒进入靶细胞等;体外培养的胚胎干细胞能够自发地与神经干细胞融合,并且还能将供体细胞的分子标志物移至融合细胞中。因此,如果一种组织中含有其他类型的组织干细胞,那么不同的组织干细胞可以通过相互融合而表现出与组织类型不同的细胞特性。但体内细胞自然融合的发生率较低,对其在组织干细胞可塑性的影响还需要深入研究。

目前,对组织干细胞可塑性的认识不够深入,尚需建立组织干细胞的分离、纯化和功能鉴定的成熟技术和体外维持组织干细胞未分化状态的模型,成体干细胞可塑性的机制和生物学意义还有待进一步研究。

四、成体干细胞分化潜能具有一定的局限性

由于 ASC 的获取及培养体系已经建立,并且成瘤性等潜在风险较低,因此 ASC 在临床治疗过程中取得了一定的进展,如造血干细胞移植已成为治疗白血病的主要手段。在 2008 年,Macchiarini 等报道利用患者自体干细胞,在胶原骨架上构建成体气管组织,然后移植到患者因肺结核而被破坏的气管患处,成功地再生了这种患者的气管组织,获得了良好的治疗效果。ASC 研究不涉及伦理问题,便于临床应用,但也有其自身局限性。一般 ASC 在体内含量极微,很难分离和纯化,数量随年龄增长而减少,而且至今未能从人体的全部组织中分离出 ASC,所以很多组织器官的损伤或功能障碍不能通过移植 ASC 来解决,而且 ASC 分化局限性也限制了其临床应用。

五、年龄对成体细胞再生能力的影响

机体通过再生或纤维化修复组织的能力随年龄增长逐渐降低。随着年龄的增长,组织的各种细胞遭受氧化应激压力,细胞内固有的改变和环境损伤导致细胞内自由基和抗氧化系统不平衡性增加。这种不平衡引起细胞、组织系统结构和功能的改变。在哺乳动物,改变发生于各个器官,最容易看到的是皮肤的改变,毛发再生减少,表皮周转率减低,真皮的蛋白聚糖厚度、弹性、水化作用减小,各种良性病变增加,太阳中紫外线的过度照射,又使这些改变加剧。并且,随着年龄增长基质金属蛋白酶(matrix metalloproteinase,MMP)引起的伤口收缩减少和胶原重塑增加。在大鼠中,随着年龄增长,伤口修复能力减低,这种减低伴随着祖细胞数量减少和对生物活性分子应答的降低。年龄偏大的患者骨髓形成成骨细胞集落的能力降低。损伤后,骨髓中被动员起来的成骨祖细胞减少。

一个很明显的问题是再生能力的下降是否由于具有再生能力的细胞减少所导致,或者是随着环境的恶化,细胞本身应答再生需求的能力在减少,或者这些原因综合起来所导致。这个问题的答案对基于使用成人有再生能力细胞的再生医学策略很关键。如果再生能力的下降是由于细胞数量减少和细胞本身再生能力下

降引起,它们潜在的治疗价值,随着年龄的增长会逐渐减小。相反,如果细胞数量和细胞本身再生能力不随年龄而改变,那么将可以向年长个体提供年轻的因子来维持其再生效率。目前,正在小鼠中用异种联体技术研究年龄对再生系统的影响(图 2-21),证据表明环境恶化是再生能力下降的最主要原因。

1. 肝实质细胞　年长大鼠部分肝损伤后再生能力减低,细胞数量减少,重新进入细胞周期发生延迟。年轻大鼠中,肝细胞转录因子 C/EBPα 与 pRb、E2F 及染色体重塑蛋白 Brm 形成复合物,抑制 cyclin 依赖性激酶,以此抑制肝细胞分裂。肝脏部分损伤后,C/EBPα 水平减低,复合物解体并起始 DNA 合成。年长大鼠中肝脏部分损伤后,C/EBPα 水平不减低,抑制性复合物继续抑制 DNA 合成,肝细胞的再生能力减低。年长大鼠肝脏再生能力的减低可以通过与年轻大鼠异种联体而逆转(图 2-22)。肝脏未受损伤异种联体模型中,年长大鼠肝细胞的再生翻倍,接近年轻大鼠模型,而年轻大鼠肝细胞的再生减少将近 1/3。这种升高和减低不是由于两只配对动物的细胞循环,因为在向其中一只动物细胞中转染 GFP,GFP 表达的细胞几乎不存在于另一只细胞中。并且抑制性蛋白复合物在年长大鼠肝脏中减少而在年轻动物肝脏中增加。

2. 骨骼肌卫星细胞　大鼠和小鼠肌肉再生均随年龄增大而减低。SC 数量不会随着年龄增加而减少,但其增殖能力由于肌肉中只有 25% SC 活化而严重降低。这种减低是由于 Notch 配体 Delta 不充分上调而导致的 Notch 活化减低引起,年轻大鼠中 Notch 受到抑制时再生能力也受到显著抑制。

用 Notch 抗体作用于其细胞外结构域,激活 Notch 将衰老骨骼肌的再生能力恢复到年轻小鼠。并且在联体模型中年长小鼠活化的 SC 和肌肉再生恢复到年轻小鼠的水平,而年轻小鼠活化的 SC 和肌肉再生只有轻微下降。

这些研究再次证实随着年龄增长,特定系统因子的丧失导致肌肉再生能力下降。与这种假设相吻合,将

青年
老年
青年

青年
老年
老年

图 2-21　异种联体技术

在麻醉的情况下,同时去除两只小鼠的一块皮肤,然后将两块伤口的边缘缝合在一起,做成异种配对。两只小鼠的皮肤愈合在一起,并建立交叉循环。三组实验被用来检测年龄对再生的影响,对照组配对为年轻:年轻,年长:年长,实验组为年轻:年长,用来检测配对中年龄对双方的影响

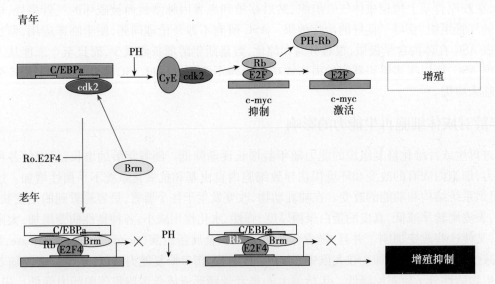

图 2-22　年长的部分肝切除动物模型,丧失再生能力

上:年轻动物肝脏未受损伤模型中,细胞周期由于 C/EBPα 与 cdks、Rb、E2Fs、Brm 相互作用受到抑制,肝脏部分损伤后 C/EBPα 水平降低,Rb 磷酸化并从 E2Fs 释放,因此 c-myc 基因转录活化从而肝再生。下:年长大鼠中,C/EBPα 表达水平在部分肝损伤后不减低,肝脏再生受到 C/EBPα/Rb/E2F4/Brm 复合物的抑制

年长小鼠肌肉来源的 SC 体外暴露在年轻小鼠血清中,结果发现 Delta 表达增加,Notch 活化增强,增殖能力增强。而且,有报道年长大鼠和人类分泌机械生长因子(MGH,IGF-Ⅰ的一种剪接异构体)缺乏。力量训练延迟人类力量减少症,与生长激素部分结合以增加 MGF 分泌,再次表明环境因子对年长小鼠肌肉产生重大影响,可使其保持再生潜能。

3. 造血干细胞 随着年龄增长,HSC 发育成髓系和淋巴系祖细胞的能力降低。在动物中,长期造血干细胞(long-term hematopoietic stem cell,LT-HSC)的自我更新能力不随年龄降低,但压力刺激下扩增能力下降,主要是 DNA 修复机制缺陷所致。联体实验表明造血能力下降伴随着周围微环境的改变。年长骨髓中成骨细胞数量高于年轻骨髓。年轻 HSC 在年轻成骨细胞刺激下能形成祖细胞,但在年长成骨细胞或血清刺激下这种能力降低,反之也成立。血清中哪些因子随着年龄增长而改变还不清楚,但其中包括信号分子,因为年长成骨细胞培养时加入 IGF-1 能使 HSC 恢复祖细胞的形成,反之亦然。

4. 心脏干细胞和祖细胞 循环内皮细胞祖细胞的作用被认为是持续修复血管壁,阻止血小板凝集和动脉粥样硬化。而人类循环内皮干细胞随年龄增大而减少。循环 EnSC 数量与心血管疾病的发生呈负相关。这种相关性可以作为心血管疾病的预测因子而不仅仅是危险因素。随年龄增大,EnSC 减少增加了 ApoE 引发的动脉粥样硬化风险。50 名冠状动脉旁路移植术患者的研究发现,EnSC 数量与 VEGF、IL-6、IL-8、IL-10 表达水平在手术后 6 小时显著升高。年龄>69 岁的患者术前 EnSC、VEGF 水平与年龄呈负相关,并持续保持低水平。

随年龄增长,心脏干细胞(cardiac stem cells,CSC)数量减少及分化能力减低与心脏功能降低相关。心肌细胞被认为由 CSC 代替(或代偿性增生),随着年龄增长,细胞凋亡引起 CSC 数量减少,直到心肌细胞减少的数量超过新产生的心肌细胞数量,最终损害心脏功能。野生型小鼠随年龄增大,生长停滞和凋亡的基因表达增加,端粒酶活性减低。转染 IGF-1 的小鼠在相同年龄时未见凋亡基因表达增加,IGF-1 激活 P13K-Akt 信号通路。Akt 总蛋白在两组动物中没有显著差异,Akt 磷酸化增加与端粒酶活性提高相关。野生型心肌细胞用逆转录病毒转染 Akt 后端粒酶活性显著提高。

5. 中枢神经系统干细胞 基因芯片分析结果显示,40 岁以后人类额皮质细胞中与突触可塑性、血管运输、线粒体功能、应激反应、抗氧化能力、DNA 修复等功能有关的一系列基因表达均下调,这种下调与这一系列基因 DNA 启动子破坏有关。大鼠和小鼠新神经元通常是由脑内室管膜下区外侧室与海马区这两个部位 NSC 分化产生,随年龄增大新生神经元减少。在海马区的齿状回,年龄增大伴随着神经性炎症增加,新生神经元数量持续减少,突触可塑性降低。NSC 在经过几个分裂周期后分化成有丝分裂期后神经胶质细胞,因此数量逐渐减少,所以新神经元的产生逐渐减少。这种"一次性 NSC"机制可能也适用于其他 ASC 随着年龄增长逐渐减少。

异种联体模型结果显示,系统性因子表达水平改变是导致随年龄增大海马功能损坏的原因。在异种联体模型中,年长者神经形成能力增强,年幼者减弱。将年长者细胞注射到年幼动物中,海马依赖性学习和记忆功能减退。血清 66 种趋化因子的蛋白质组学分析表明,其中 6 种趋化因子年长者比年幼者表达量高。

CCL11 为一种参与过敏反应的趋化因子,其也表现出随年龄增大表达水平升高的趋势。之前并未发现其与年龄、神经形成、认知能力有关。向年幼小鼠腹腔内或定向齿状回注射 CCL11 后其神经形成能力减低。年幼 NSC 暴露于年长者血清中其形成神经球的能力减低,但向其齿状回注射 CCL11 抗体后神经形成能力恢复。这些数据表明,这些实验方法可用于确定年龄依赖性神经形成能力减低有关的其他蛋白,以及维持神经形成或逆转这种作用的相关蛋白。

6. 干细胞老化过程中的 p16^{INK4a} 周期依赖性激酶抑制因子 p16^{INK4a} 细胞内表达水平随年龄增大而增加,被认为参与衰老过程。此位点 ARF 基因活化与肌纤维不可逆分化及细胞失去去分化能力有关。与这种观点一致的是小鼠 HSC 敲除 p16^{INK4a} 基因后保持其再生能力,与相同年纪对照组相比凋亡细胞数少。并且胰岛细胞再生能力在 p16^{INK4a} 敲除小鼠中增强,在 p16^{INK4a} 过表达小鼠中减弱。

综上所述,随着年龄增长,组织再生的有效性逐渐减低。这在绝大部分例子中不是由于干细胞数量的减少,而是因为细胞周围环境的有害改变。异种联体实验表明年长动物细胞周围环境的改变反映在血清上,年轻的血清能重塑年长动物肝脏、骨骼肌、造血干细胞的再生能力,而年长的血清能降低年轻动物干细胞的再生能力。在一些例子中,干细胞数量随年龄增长而减少。随年龄增长,骨折后产生的骨细胞减少,并伴随着骨折的愈合能力减低。同样,循环 EnSC 的减少伴随着心血管疾病发生、发展的风险增大。心脏中心肌细胞以一定的速率死亡之后被心脏干细胞所代替,而心脏干细胞的数量随年龄增长而减少,减少到不能全部替代死亡的心肌细胞时,心脏功能将会受到损害。有趣的是,向大鼠中转入 IGF-1 后心脏干细胞的数量不会逐渐减少,并且 IGF-1 信号分子还能促进随年龄增长造血细胞的持续再生。年长小鼠和年轻小鼠 NSC 在体外形成神经球的能力没有区别,而脑室下区和海马区新神经球产生的数量在减少。这种减少可能是由于随年龄增长对突触可塑性、膜泡运输、线粒体功能、应激反应、抗氧化反应、DNA 损伤修复、终末分化起关键作用的基因表达下调。在海马区 NSC 随年龄逐渐减少可能的原因是 NSC 经过数次不对称分裂后发生终末分化,形成神经胶质细胞。

六、成体干细胞的应用前景

再生医学的细胞移植治疗是基于移植的细胞能够分化成新组织并与周围组织进行整合,或者通过分泌旁分泌因子来促进病变处局部细胞的存活和再生、减少瘢痕,干细胞的这种旁分泌作用的机理和应用研究越来越得到重视,已经成为干细胞特性和应用研究的一个新的领域。一般将培养扩增的 ASC 作为自体或异体干细胞移植的细胞来源。自体 ASC 移植深受青睐,因为移植前或移植后都不需要考虑影响细胞存活的免疫抑制问题。然而,获取一些 ASC 必须以破坏它们存在部位的组织结构为代价,如神经干细胞(neural stem cells,NSC)、心肌干细胞,并且在离体条件下它们很难扩增,这使得在患者身上应用 ASC,尤其是自体移植,变得非常困难。

在过去的 10 年里,大量的研究报告指出,ASC 分化潜能远超出人们的想象。当暴露于某种分化信号之下的时候,ASC 能够分化成特殊的细胞类型(而不是常规的分化结局)。可见容易搜集、能够体外高度扩增的某种 ASC 可能为修复任何组织提供足够的移植用细胞来源。来自骨髓、脐带血的干细胞(造血干细胞、间充质干细胞、内皮干细胞)以及脂肪干细胞均符合这一标准,并可以实现体外高度扩增。特别是已经有报道骨髓间充质干细胞能够分化成比预期更为广泛的细胞类型。

关于 ASC 分化潜能的首要热点问题得到证明,就是关于 ASC 在体条件下的谱系转化,在体条件下的谱系转化频率很低,不足以再生新的组织,试验表明,大多数的谱系转化是在人为的条件下发生的。然而,一些实验表明,一些细胞的重编程在离体调控条件下能够高效获得,通过重编程成年体细胞使其转变成其他类型细胞或者多能细胞是很热门的课题。

已经证明,一些 ASC 具有分化潜能,也有一些 ASC 还有待于进一步研究。其中,尚未证明具有分化潜能的细胞包括表皮和肠上皮干细胞、听觉感觉细胞、肾上皮细胞、肝细胞、视网膜干细胞和心肌干细胞。已证明具有分化潜能的干细胞包括神经干细胞、骨髓间充质干细胞、造血干细胞和肌肉干细胞,来源于长期培养的骨髓和结缔组织的胚胎干细胞样细胞。这些细胞当中,有的是在体条件下验证的,有些是离体条件下验证的,还有一些在两种条件下都得到了验证。

从成人组织(器官)分离培养功能细胞在技术上已经十分成熟,制约临床应用的主要因素是大规模扩增技术,现已基本得到解决。如从患者活检得到的皮肤或从包皮切除术中得到的皮肤分离培养成纤维细胞和表皮细胞,均可达到相当大的扩增量,已经可在体外培养成为单层表皮层用于皮肤的修复。1989 年 Grande 首先用兔的自体关节软骨细胞移植修复关节软骨缺损,组织学观察证明有 82% 的软骨修复。1997 年美国 FDA 批准其用于临床。通过关节镜技术操作,创伤小,并发症少。随访观察发现 74% 为透明软骨,其组织学显示了接近正常的关节软骨结构,可用于 $15cm^2$ 全层软骨缺损的修复。

(庞希宁)

第五节　间充质干细胞

间充质干细胞(mesenchymal stem cell,MSC)为一种非造血成体干细胞,组织分布广,具有自我更新和分化能力。为来源于中胚层间充质具有多向分化潜能的成体干细胞,广泛存在于骨髓、脐带组织、脐血、外周血、脂肪等组织中,在体内或体外特定的诱导条件下,MSC 不仅可以分化为成骨细胞、脂肪细胞、肌肉细胞等中胚层间质组织细胞,还可跨越胚层界限,分化为外胚层的神经元、神经胶质细胞及内胚层的肝细胞等。间充质干细胞最早是在人类骨髓中分离出来,并用于做中胚层分化的模型。近年来 MSC 成为基础医学和临床医学组织器官损伤修复以及再生领域研究的热点。

MSC 的可获得性、可扩增性及可多向分化性为我们展示了良好的研究及应用前景,它具有向成骨细胞、成软骨细胞、成肌细胞、脂肪细胞、心肌细胞、神经细胞及神经胶质细胞、肝细胞、胰岛细胞分化的能力,故其能够作为种子细胞应用于修复/替代受伤或病变的多种组织器官。MSC 支持造血作用并具有免疫调控作用,与造血干细胞共同移植能降低移植物抗宿主病(GVHD)的发生,提高移植存活率,加快造血系统与免疫系统的重建,且可用来防治器官移植后的免疫排斥反应,其旁分泌作用也是影响其细胞生物学特性的功能之一。MSC 具有抑制肿瘤生长的特性也使其成为基因治疗中载体工具的良好选择。MSC 所展示出的诱人的临床应用前景随着生物学技术的发展,相信不久的将来必将给人类一个惊喜。随着干细胞科学和医学技术的发展,间充质干细胞的应用范围将会进一步扩大,这一新的治疗方式将成为人类摆脱重大疾病的希望。

一、间充质干细胞的标准

根据国际细胞治疗协会(ISCT)下属间充质和组织干细胞委员会提出的定义,人 MSC 的最低标准:①在标准培养条件下,MSC 必须具有对塑料底物的黏附性;②CD105、CD73、CD90 呈阳性,CD45、CD34、CD24 或 CD11b、CD79a 或 CD19 和 HLA-DR 呈阴性;③在体外标准分化条件下,MSC 能分化为成骨细胞、脂肪细胞和软骨细胞。

二、间充质干细胞的分离培养和分化

MSC 首先从骨髓中分离得到,后来从其他组织和器官也能获得,这些组织和器官包括毛囊、牙齿根、脑骨膜、软骨膜、真皮、脐血、脐带、胎盘、脂肪、肌肉、肺、肝和脾脏。多项研究表明,体外培养的 MSC 特异性表达造血细胞不表达的 113 种转录产物和 17 种蛋白。MSC 在不同的培养条件下,具有向成骨细胞、成软骨细胞、成肌细胞、脂肪细胞、心肌细胞、神经细胞及神经胶质细胞、肝细胞、胰岛细胞等分化的能力。

三、间充质干细胞的分化机制

对 MSC 分化机制的研究和认识有助于对 MSC 分化的精细调控和充分利用。关于 MSC 如何感知时空微环境的变化以及确切的分化机制的研究尚不十分清楚,主要与以下因素有关。

(一) 内源性调控

1. 信号转导通路　微环境中的特定信号通过信号转导通路传递,引起 MSC 内部转录因子激活或抑制,进一步启动基因表达。研究发现,在骨髓 MSC 分化为多种组织的过程中都有 Wnt 信号转导通路的激活,Wnt3a 和 Wnt5b 的激活使 MSC 向肌肉细胞分化;Wnt1、3a、4、7a 和 7b 激活使 MSC 增殖和向软骨分化,Wnt5a 和 Wnt11 存在于未分化 MSC 中并抑制 MSC 的分化。吡啶咪唑选择性抑制丝裂原活化的蛋白激酶(mitogen activatedproteinkinases,MAPK)途径和 p38,抑制成脂分化。丝裂原活化蛋白激酶的激酶 1 抑制剂 PD98059 则促进内源性甲状旁腺激素相关蛋白(PTHrP)的过度表达,通过 MAPK 途径,下调 PPAR-r2 表达,抑制成脂分化,Notc/Jagged 信号通路在 MSC 向肝细胞、胆管细胞的分化、成熟过程中起重要作用。

2. 转录因子　MSC 分化过程中,多个转录因子抑制或激活均是随机发生的,激活并不意味该细胞失去了向其他细胞分化的能力。将 cAMP 反应元件结合蛋白和 PPAR-r2 转入成肌细胞,则其分化为脂肪细胞。核心结合因子可能是成软骨细胞的关键启动基因,在转染 PPAR-r2 的成软骨细胞,其 Cbfal 表达受到抑制。干细胞的多能性被认为与单个转录因子-OCT4 有关,它的表达可能明确一个细胞是否具有多能性,它可以激活或逆转多种基因的表达。

3. 关键基因　Nicofa 等运用 mieros AGE 法确定了由未分化的人骨髓间充质干细胞形成的单细胞源性克隆表达的 2353 个独立基因,显示骨髓间充质干细胞克隆同时表达多种间充质代表性转录子,包括软骨细胞、成骨细胞、成肌细胞和造血支持基质,因此,表达的转录本反映了细胞的发育潜能。表明即使无外源信号刺激,体外培养的骨髓间充质干细胞也表达分化的间充质系的特征。

(二) 外源性调控

指导转录因子及启动基因表达的信号可能存在于 MSC 生存的微环境中,研究表明,微环境中的各种因子表现类型、浓度和应用次序是影响 MSC 分化的重要因素。细胞局部的微环境包括细胞周围多种细胞因子、激素、基质细胞、细胞外基质(extracellular matrix,ECM)等,细胞因子的作用尤为重要,不同的细胞因子作用下 MSC 可分化为不同的细胞类型。

1. 细胞因子 在微环境中,由于细胞因子影响而激活的细胞分化程序引起细胞的横向分化。体外培养的 MSC 经 TGF-β 诱导分化为成软骨细胞;5-Aza 则诱导其分化为心肌细胞,用肝细胞生长因子(HGF)则诱导 MSC 向肝细胞分化。此外文献报道,成纤维细胞生长因子(fibroblast growth factors,FGF)、表皮生长因子(epidermal growth factor,EGF)、肌生成抑制素 M(myostatin M,MSTN-M)、白细胞介素 3(interleukin-3,IL-3)、干细胞因子(stem cell factor,SCF)、肿瘤坏死因子-α(tumor necrosis factor,TNF-α)以及胰岛素样生长因子(insulin-like growth factor,IGF)等也参与了 MSC 向肝细胞的分化,与 HGF 起协同作用。

2. 细胞之间相互作用 RangaPPa 等利用接触培养和条件培养两种方法培养人骨髓间充质干细胞和心肌细胞后,发现接触培养组用 CMFDA 标记的骨髓间充质干细胞表达肌球蛋白重链、β-actin 和 cTnT,而条件培养组只有 β-actin 表达,表明除了可溶性细胞信号分子外,直接的细胞-细胞相互作用对于干细胞的分化也是必要的。体内外实验均显示,MSC 与其他细胞(浦肯野细胞、心肌细胞和肝细胞等)共培养时有自发的细胞融合,且 MSC 在没有诱导剂的情况下分化成其他细胞,提示细胞融合可能是促使 MSC 分化的原因之一。

3. 干细胞归巢 有学者认为,骨髓 MSC 是一种循环的干细胞,具有多器官归巢能力,在机体组织受损伤时,骨髓 MSC 可经骨髓动员自发到达损伤部位,并在局部微环境诱导下分化为特异的组织细胞参与自身修复。Bartholomew 等为观察非人灵长类动物 HLA 不相合异基因 MSC 的植入,用 γ 射线对狒狒进行 10Gy 辐照照射,造成多器官损伤,然后用绿色荧光蛋白(GFP)标记 MSC 联合 HSC 输注,发现标记的 MSC 存在于受损的肌肉、皮肤、骨髓和肠黏膜,而受伤组织得到修复。

四、诱导实验方法

(一) 体内研究

体内局部的组织器官微环境是间充质干细胞定向分化的最适合条件。Brazelton 和 Meze 两个研究小组分别采用不同的方法证实小鼠 MSC 在脑内可转变为神经元。Bayes Genis 等对接受心脏移植术的患者进行 MSC 移植,在体内证实 MSC 可分化成心肌样细胞。

(二) 体外诱导

MSC 的分化与其生长的微环境有密切关系,因此,体外诱导 MSC 分化是通过采取不同的方法模拟体内相应组织细胞生长的真实环境和必要条件。

1. 无须目标细胞参与的诱导方法 无须目标细胞参与的诱导方法最常见的是配制诱导分化液。其有两大方面的要求:其一是能够保持间充质干细胞的生长的典型环境,包含细胞分化诱导所需的必要因子;其二是诱导液要满足模拟特定 MSC 诱导,且简便而高效,并能够大批量对间充质干细胞进行诱导分化。

2. 需要目标细胞参与的诱导方法

(1) 直接接触式共培养:利用 MSC 与其他细胞共培养时有自发的细胞融合,或细胞的自分泌与旁分泌必要的细胞因子,MSC 在没有诱导剂的情况下分化成其他细胞。这种诱导方法存在的最大缺点就是两种细胞混合生长,使得两种细胞的分离比较困难,为后续的鉴定或应用带来障碍。李海红等将培养的 MSC 和经47℃高温处理造成热休克的汗腺细胞直接共培养,发现 MSC 向汗腺细胞表型转化。

(2) 非直接接触式共培养:MSC 与其他细胞不直接接触,在特定的设备或程序下依靠特定细胞生长的微环境影响 MSC 的生长和分化。

1) 上清液:利用特定细胞生长环境的上清培养基影响并诱导 MSC 分化,而上清液中不仅存在 MSC 生长分化所需的细胞因子,而且不可避免地也存在大量的代谢废物,有可能影响 MSC 的正常生长。

2) Transwell:Transwell 培养系统支架通透性底膜常用的是聚碳酸酯膜,近年来,利用 Transwell 技术通过共培养对间充质干细胞进行诱导分化越来越多地得到应用,通常是将间充质干细胞与目的细胞分别接种于Transwell 上、下室之中,通过目标细胞生长,为间充质干细胞创造适宜分化的微环境,通过旁分泌等方式诱导间充质干细胞发生分化以及表型的转变。而间充质干细胞与目标细胞不直接接触是 Transwell 技术的特点之一,能够使得诱导后的细胞成分相对单一,避免了分选、纯化或标记等烦琐步骤,为方便诱导后细胞的鉴定及应用奠定基础。

随着对间充质干细胞研究的深入进行和材料学的发展,必将有越来越多的分化机制被揭开,也将有更加新颖有效的体内外调控诱导分化的方法出现。这必将帮助人们更加清晰准确地了解、控制 MSC,为临床损伤修复以及干细胞治疗提供支持。

五、几种间充质干细胞

1. 骨髓间充质干细胞 骨髓组织可分为造血和基质两大系统,而基质细胞系统是由许多细胞群体组成,据其形态特征将其分为网状细胞、脂肪细胞、脂肪细胞前体、平滑肌样细胞、成纤维样细胞、内皮样细胞和上皮样细胞等。骨髓间充质干细胞似乎无论在体内和体外实验都能够改变自己的命运。据报道,培养的大鼠骨髓间充质干细胞用 BrdU 标记后移植到心肌后分化成了心肌细胞。用 dsRed 或 GFP 标记人骨髓 MSC 后注射到子宫内的羊胚胎,分析胎儿发育后期心脏表明,人类细胞植入到心脏并分化成浦肯野纤维。在心室随机区域平均超过总浦肯野纤维数量的43%是来源于人类细胞,而心肌细胞只有 0.01%。用 5-氮胞苷在体外诱导小鼠 MSC 分化为骨骼肌细胞。无论是经过长期培养自发地或经过 5-氮胞苷诱导处理后,两个 MSC 细胞系可以分化为具有胎儿心室肌收缩蛋白谱的可以搏动的细胞。因为这两种细胞系都表达心脏特异性转录因子Nkx2.5,所以容易诱导它们向心肌细胞分化。通过共培养小鼠 ESC 与心脏特异的 α-MHC 启动子启动的 LacZ 转基因小鼠的 MSC 创建了嵌合拟胚体。当胚体不再悬浮培养而是贴壁后,大面积出现收缩活动。然而,即使通过 PCR 证明带有报告基因的细胞的存在,也没有细胞分化为表达 β-半乳糖苷酶的心肌细胞,这表明 MSC 不分化成心肌细胞。MSC 在与通过半透膜分离的新生大鼠心肌细胞共培养后不分化成心肌细胞(通过检测是否表达 α-肌动蛋白)。然而,经过 7 天不经半透膜分离的共培养,与心肌细胞接触的 MSC 成为 CC-肌动蛋白和 GATA-4 阳性,并与原生的心肌细胞形成缝隙连接。结果显示,暴露于心肌细胞分泌的可溶性因子不足以改变 MSC 的命运,但是细胞间的接触可以改变 MSC 命运,如同神经干细胞与内皮细胞接触对神经干细胞转化为内皮细胞的作用一样。标记的 MSC 注入接受致死量辐射的小鼠后驻留在骨髓,后来发现有0.2%~2.3% MSC 出现在肝、肺、胸腺器官的结缔组织。已有报告 LacZ 转基因骨髓间充质干细胞注射到博来霉素肺损伤小鼠的体内后(或在体外培养)分化为Ⅰ型肺泡细胞。据报道,来自雄性小鼠 MSC 注射到顺铂诱导的肾小管损伤的雌性小鼠体内,MSC 植入肾小管,并在那里分化为肾小管近端上皮细胞。在将 MSC 注入新生小鼠脑室时,其迁移到整个前脑和小脑,并分化为星型胶质细胞。

2. 脂肪间充质干细胞 脂肪组织与骨骼、肌肉、软骨组织一样来源于中胚层。脂肪细胞(adipocyte)来源于胚胎间质。人们发现人类皮下结缔组织基质或膝垫脂肪组织抽吸物内含有干细胞,表型类似骨髓 MSC。这些细胞,被称为脂肪来源干(或基质)细胞(adipose-derived stem cell,ADSC),几乎和骨髓 MSC 表达相同 CD标记,它们只在其中两个 CD 标记表达上不同,ADSC 表达 CD49d(α4 整合素),而骨髓 MSC 不表达;骨髓MSC 表达 CD106(血管细胞黏附分子,VCAM),而 ADSC 不表达。同骨髓 MSC 一样,一系列促进成人干细胞潜能的因子能够诱导 ADSC 分化为成熟的脂肪细胞、成骨细胞、软骨细胞、肌肉表型细胞。

在脂肪细胞发育过程中,一般认为:首先间充质干细胞在多种信号通路的参与下定向成前脂肪细胞(定向阶段);前脂肪细胞经适当的分化诱导,再进一步分化成为成熟的脂肪细胞(终末分化阶段)。在已往 20 年间,关于前脂肪细胞如何分化为成熟的脂肪细胞已经研究得十分透彻。研究表明,在脂肪细胞的终末分化阶段,细胞核过氧化物酶体增殖物激活受体 γ(peroxisome proliferator activated receptor γ,PPARγ)和 CCAAT 增强子结合蛋白 α(CCAAT/enhancer binding protein α,C/EBPα)是调节这个过程的关键转录因子。在脂肪细胞终末分化过程中,几乎所有的脂肪细胞特异基因都受到这两个转录激活因子调控。而参与其上游脂肪细胞发育过程的信号通路,目前认为主要有转化生长因子 β(transforming growth factor β,TGFβ)信号通路,成纤维细胞生长因子(fibroblast growth factor,FGF)信号通路,刺猬蛋白(Hedgehog,Hh)信号通路,Wnt(winglesstype MMTV integration site family members)信号通路等。

近年来,Hh 信号通路在脂肪细胞发育过程中的作用逐渐成为研究热点。从果蝇到人类,Hh 信号通路广泛存在并高度保守,在多种器官如肺、前列腺、胰腺、睾丸、视网膜、肾、味乳头、牙齿、骨骼等的发育过程中都发挥重要作用。近年来,越来越多的研究表明,Hh 信号通路可以抑制脂肪细胞发育。信号通路是否影响脂肪细胞定向阶段呢? 2008 年 Fontaine 等研究发现,Hh 信号通路只是在脂肪成熟的过程中发挥作用,并不能改变干细胞定向命运。作者使用人脂肪间充质干细胞系,其可以在无血清的培养条件下分化,从而排除了血清中潜在的未知因素对 Hh 信号通路的影响. 研究发现,在培养基中加入 Hh 信号通路外源激活剂 purmorphamine 后,脂肪细胞的数量并没有被抑制,而脂肪细胞内脂滴出现减少并导致脂肪细胞的体积变小。对于人脂肪间充质干细胞系,其定向过程发生在培养的 0~3 天,而在这段时间内用 purmorphamine 处理却无法抑制成脂过程,如果 3 天后在其分化阶段仍持续使用该药物处理,purmorphamine 则显示出抑制人脂肪间充质干细胞系成脂的作用。结果提示,Hh 信号通路是在脂肪发育过程后期发挥作用,即参与脂肪细胞分化成熟,而并非命运决定阶段。Fontaine 等认为,Hh 信号通路在人间充质干细胞发育过程中,虽然可以抑制成脂肪,但是抑制 Hh 通路,却无法促进成脂肪,它只是影响脂肪细胞的成熟,Hh 信号通路在成脂肪定向的过程中无法改变干细胞的命运。

骨髓内脂肪含量随着年龄的增长而上升,而成骨细胞的数量则伴随年龄增长减少,具有发育成骨骼能力的间充质干细胞的数量随着年龄的增长也减少。从细胞水平到体内水平,从果蝇到小鼠,多数的研究结果表明,Hh 信号通路可以抑制脂肪的形成,促进骨骼的形成。如果这一研究结果确实成立,那么 Hh 信号通路将成为治疗老年性骨质疏松症很好的靶点。Hh 信号通路在脂肪细胞发育过程中作用的研究为明确脂肪细胞形成机制提供了理论基础,也将为治疗肥胖症及相关疾病开拓新的途径。

另据报道,暴露在神经细胞分化因子的 ADSC 分化成未成熟的神经细胞。ADSC 可能是基因载体很好的候选者。用逆转录病毒或慢病毒构建 EGFP 并转染 ADSC,ADSC 被诱导分化为脂肪细胞或成骨细胞,分化细胞保持了绿色荧光蛋白的表达。人 ADSC 在缺血组织可分化成内皮祖细胞并再生新的血管。而且,ADSC 通过旁分泌作用抑制成纤维细胞增生,减少瘢痕,促进皮肤损伤愈合。利用脂肪组织作为 MSC 来源的想法很有吸引力,因为脂肪组织几乎可无限量供应和易于收获。

3. 脐带间充质干细胞 脐带作为胎儿娩出后的医疗废弃物,具有易于获取、没有伦理限制、来源丰富、易于运输和便于从其扩增出大量 MSC,被广泛作为 MSC 的种子细胞源。

脐带间充质干细胞(umbilical cord mesenchymal stem cell,UCMSC)与骨髓间充质干细胞以及其他来源的间充质干细胞相似,都是易于贴壁,且表达干细胞的标志物,如:CD10、CD13、CD29、CD44、CD90 和 CD105,而不表达与造血相关的标志物。相比较而言,UCMSC 还具有更多在基础研究和临床应用方面的优势:首先,UCMSC 的来源和分离培养相对方便;其次,UCMSC 的应用不存在伦理学争议;而且,这种具有多向分化潜能的细胞与成人骨髓/脂肪 MSC 相比更加原始。

4. 羊膜和羊水间充质干细胞 羊膜间充质干细胞(amniotic mesenchymal stem cell,AMSC)来源于羊膜组织。因人羊膜组织有来源丰富、容易获得、免疫原性低、抗炎效果显著、获取时也不会损伤人胚胎等优势特征;同时,提取羊水(amniotic fluid)无损母亲健康,避免了有关胚胎干细胞的伦理争论,羊膜和羊水均已分离出具有不同细胞类型和分化潜能的间充质干细胞。因此,羊膜和羊水来源的间充质干细胞也被认为是再生医学领域很有应用前景的一种生物材料和新的细胞来源。

5. 牙髓干细胞 牙髓干细胞(dental pulp stem cells,DPSC)是一种异质细胞群体,其中包括成牙本质祖细胞和两种近似于骨髓 MSC 的干细胞。标有定位于核的染料 bisbenzimide 的人牙髓干细胞在多聚赖氨酸上与神经细胞共培养,分化的细胞具有神经元的形态,频率为 3.6%,并表达了神经元特异性标记 PGP9.5 和 β-微管蛋白Ⅲ。尽管培养物中有干细胞,但是实际上还不知道是否是这些细胞成为神经细胞。这些结果并不奇怪,因为牙髓来源于神经嵴,而神经嵴也产生感觉神经元。

6. 来自结缔组织的多能间充质细胞 几乎从包括人在内的哺乳动物的每一个器官的结缔组织以及从皮肤创面肉芽组织分离出外胚层样多能干细胞(pluripotent epiblast stem cell,PPELSC),它可以分化成所有外胚层、中胚层和内胚层的特定衍生物。PPELSC 是直径 $6\mu m \sim 8\mu m$ 的小细胞,高核质比例,具有很强的自我更新能力。并在无血清和没有如 LIF 的抑制因素的条件培养基中保持静止。它们的分子表型具有一定的胚胎干细胞特点,如端粒酶表达 SSEA-1、3、4 和 Oct-4。血小板源生长因子 PDGF-BB 可以刺激 PPELSC 增生,在体外用地塞米松作用后分化为软骨、骨、脂肪细胞、成纤维细胞和骨骼肌肌管,这均在 MSC 的正常谱系范围内。在体内,转染 *Lac-Z* 基因的 PPELSC 克隆被整合入心肌、血管和结缔组织,但没有检测到表达心脏分化标记物的 β-半乳糖苷酶细胞。

在促进胚胎胰腺细胞分化成胰岛细胞的培养基中贴壁后,大鼠 PPELSC 在体外被诱导分化成三维胰岛样结构。据报道,这些细胞表达不同类型胰岛细胞的特异分子,包括胰岛素、胰高血糖素和生长抑素。在葡萄糖刺激下,诱导的 β 细胞分泌的胰岛素是原生胰岛细胞的 49%。通过放射免疫法检测证明,这种胰岛素是大鼠特异性胰岛素,不是培养基中螯合并释放的牛胰岛素。

有关 ASC 与再生医学研究中,特别是 ASC 是否具有可塑性一直受争议。由于大部分展现 ASC 可塑性结果的实验来自于特定动物(如经辐射处理的动物和基因敲除动物)的移植实验,或种子细胞并非是由一个干细胞产生的细胞群,以及这些细胞在体外特定人工环境经过较长时间培养等。因而,对这种可塑性是否是在体外经培养所获得提出疑问。特别是 2002 年 Nature 杂志发表了 Terada 和 Ying 等有关将标记有绿色荧光蛋白(GFP)的骨髓 MSC 与胚胎干细胞(ESC)进行共培养,观察到形成有 GFP+ESC 样细胞后,这种争论与质疑便进一步受到人们的关注。

在我们现在掌握的技术条件下,有的 ASC 的可塑性较容易显现出来,而很多干细胞的可塑性还很难诱导出来。尽管,在体内外干细胞与分化细胞存在融合现象。但这并不是干细胞生理功能的主要方面,多数事实证明其可塑性是不可否认的。

对于 ASC 在再生医学上的应用,首先,我们已经能在哺乳动物和人类获得像骨髓间充质干胞和脂肪间充质干细胞这样足够数量的 ASC,满足在体外扩增和诱导分化并应用于再生医学细胞移植治疗;目前,我们还不能获得大多数的 ASC 和对它们进行原位诱导,但这可能并不是它们不能被诱导增殖和分化,而是我们还没有掌握诱导的方法。否则,蝾螈的肢体也不会再生。

六、间充质干细胞的临床应用

早在 1995 年,Lazarus 等在 *Bone Marrow Transplant* 上首次报道了 MSC 临床研究;2001 年,德国 Stauer 等首次用间充质干细胞移植治疗心肌梗死患者获得成功。意大利 Quarto 等将自体体外扩增的间充质干细胞局部注入大面积的骨缺损中治疗骨折获得成功。2003 年,美国 Whyte 等用间充质干细胞治疗磷酸酶过少症(成骨母细胞碱性磷酸酶遗传缺陷)获得成功。法国科学家应用间充质干细胞移植治疗再生障碍性贫血,患者临床症状明显得到改善。2005 年,美国 Lazarus 等用间充质干细胞与造血干细胞共移植治疗恶性血液病获得成功,提示共移植间充质干细胞会降低移植物抗宿主病的发生。2007 年,我国学者应用间充质干细胞治疗脑出血后中枢神经疼痛获得成功。美国 Neuhuber 等用间充质干细胞治疗脊髓损伤获得成功。

1. **免疫调节** 动物体内实验和临床试验结果表明 MSC 能有效治疗多种免疫疾病。MSC 的体外和体内实验均表明,MSC 能抑制 T 细胞、B 细胞、树突状细胞、巨噬细胞和 NK 细胞的过度免疫反应。可能的机制为许多免疫抑制介导分子(immunosuppressive mediator)所发挥的组合效应,而大部分这些免疫介导分子(如一氧化氮、吲哚胺 2,3-双加氧酶、前列腺素 E_2、肿瘤坏死因子诱导蛋白 6、单核细胞趋化因子 1 和程序性死亡因子配体 1)是由炎症刺激所诱导产生的,激活的 MSC 较少表达这些分子,除非它们被多种细胞因子(IFN-γ、TNF-α 和 IL-1)激活,中和上述免疫抑制效应分子或炎症细胞因子,可以逆转 MSC 所介导的免疫抑制效应。MSC 的免疫调节性能诱导免疫耐受,在临床上具有广泛的应用前景,如移植物抗宿主病(GVHD)的治疗。目前,MSC 治疗 GVHD 已经取得了重要进展。一项 MSC 治疗耐激素、重度急性 GVHD 的 II 期临床研究中,对 55 例患者给予了 MSC 治疗,30 例患者完全反应和 9 例患者有改善,MSC 回输期间或之后无患者出现毒副作用。与部分反应或无反应患者相比,完全反应患者的 MSC 输注后 1 年的移植相关死亡率较低(37% vs 72%,$p=0.002$)和造血干细胞移植后的 2 年生存率更高(53% vs 16%,$p=0.018$)。提示输注 MSC 能有效治疗耐激素、重度急性 GVHD。在肾移植方面,开展了一项 MSC 的随机对照临床研究,研究表明,在肾移植患者中,与抗 IL-2 受体抗体诱导治疗对照组相比,MSC 治疗组患者的急性排斥发生率和机会感染风险均降低。

2. 损伤修复 机体损伤部位能招募 MSC 到损伤部位发挥修复功能。提示 MSC 定位到靶组织后,在机体微环境作用下,能定向分化为需要的组织细胞,为 MSC 治疗疾病提供了一个理论基础。在心脏疾病方面,药物治疗和血管成形术等仅能挽救仍存活的心肌细胞,而对已坏死的心肌细胞则无能为力,MSC 治疗将可能实现心肌细胞的再生和有助于改善心肌功能。一项冠脉内注射自体骨髓来源细胞(含 MSC)的随机双盲对照临床研究,将 60 例心梗后成功实施了经皮冠脉介入治疗的患者随机分配到对照组或细胞治疗组。研究结果表明,6 个月后,接受细胞治疗组患者左心射血分数与对照组相比有明显增加,细胞治疗加强了梗死部位周围心肌的收缩功能。治疗过程中无额外心肌缺血损伤、支架再狭窄及心律失常等并发症。这表明自体骨髓细胞移植是一种治疗急性心梗或慢性缺血性心脏病安全且有效的方法。采用冠脉内注射自体骨髓来源干细胞对 10 例心梗患者进行治疗,与使用标准药物治疗的对照组相比,干细胞治疗组患者的梗死范围明显缩小,左室收缩末期体积、收缩能力和梗死部位的心肌灌注均明显改善。

3. 组织工程 MSC 具有自我更新和多向分化能力,它能借助组织工程方法修复受损组织或器官,已成为组织工程中最常用的种子细胞。在临床上 MSC 广泛用于结缔组织工程研究。早在 1994 年,Wakitani 等将 MSC 种植于 I 型胶原凝胶上构建的组织工程软骨,发现能修复全层膝关节软骨缺损和肌腱愈合。随后,Young 等将骨髓来源的 MSC 与 I 型胶原混合并植入恢复之中的跟腱,发现 MSC 治疗组的力学特性优于对照组,MSC 治疗组的腱内细胞和胶原纤维排列与正常跟腱类似。MSC 除了在结缔组织工程中的应用之外,在骨组织工程方面也有广泛的应用。骨缺损是个临床上亟待解决的问题,因为自体或异体骨移植受制于骨来源问题。2002 年 EI-Amin 等将 MSC 移植于生物可降解的多聚合材料上之后,能形成具有正常功能的组织工程骨,并能修复骨缺损。随后,对动物行微粒骨移植为对照,将富含血小板的血浆作为体外扩增 MSC 同源支架构建组织工程骨并植入动物体内,研究发现以富含血小板的血浆作为体外扩增的 MSC 同源支架组在 2 周、4 周时新形成骨和血管化优于对照组。另外,MSC 也被用于人工肝的研究,以尝试解决因肝硬化等导致的肝功能衰竭问题。

4. 基因治疗 MSC 不仅具有多向分化潜能,还易于外源基因的转染及其高效、长期表达,因此可将 MSC 作为一种基因治疗载体用于系统或局部疾病的治疗,综合发挥细胞治疗与基因治疗作用,如 Horwitz 等将野生型 I 型胶原基因导入 MSC 治疗儿童成骨不全症,研究表明在骨小梁中发生了明显的组织变化,提示有新的骨密质形成。另外,还发现骨的生长速度加快且骨折发生率降低,MSC 展示出广阔的临床应用前景。

MSC 由于具备免疫调节、多向分化潜能、易于获取、体外增殖快、冻存后活性损失小、低免疫原性和无毒副作用等特点,已经在临床上被广泛应用于多种疾病的治疗性研究。目前,有关 MSC 的治疗方法已经研究了数十年,许多临床研究已经完成或正在进行中,到 2012 年,美国 ClinicalTrials. gov 上注册的 MSC 临床试验已有 234 项。2011 年 7 月,韩国 FDA 已经批准全球第一个自体 MSC 产品(Hearticellgram-AMI)用于急性心肌梗死的治疗。截至目前,MSC 治疗已经取得了一定程度的突破。

(庞希宁)

第六节 细胞重编程与再生

发育和再生过程的细胞内部编程是遵照细胞内基因表达规律进行的。每个细胞都有全能的细胞核及相同的分化潜能。在胚胎发育不同阶段,由于细胞所处微环境不同及细胞定向分化内部编程不同,基因表达就存在差异,即开放某些基因,关闭某些基因,以使细胞合成特异性的蛋白质,产生不同的结构、功能及表型。基因组 DNA 在细胞分化过程中不是全部表达,而是基因的差异表达,即奢侈基因按一定程序有选择地相继活化表达。调控细胞分化的基因编程是由不同信号分子在特定时间和空间作用于细胞,产生基因表达的内在规律。总之,如能改变基因的表达就能改变细胞的编程,从而改变细胞的分化方向。

细胞重编程(reprogramming)是在一定条件下成体细胞的记忆被擦除,重新程序化产生新的表型和功能,导致细胞的命运发生改变。细胞重编程主要发生在不涉及基因组 DNA 序列改变的基因表达水平。对于细胞重编程的深入研究有助于掌握机体细胞的发生发育机制,解决再生医学种子细胞来源问题。

一、细胞重编程的分类

细胞重编程主要分为去分化和转分化两大类。

1. 去分化（dedifferentiation） 是指已经分化的细胞在一定条件下失去表型特征逆转为干细胞，可进一步增殖和再分化为成熟细胞替代损伤的组织。去分化是低等脊椎动物较常见的再生机制。鱼类可以通过去分化作用再生出鳍和触须；一些种类的蜥蜴可以通过去分化作用再生出尾。但是，在脊椎动物的世界里，这种去分化作用的主角是无尾目蝌蚪，以及一些有尾目的幼体和成体两栖类动物。这些生物可以像哺乳动物一样通过代偿性增生以及 ASC 进行再生。通过去分化作用其可以再生出更多哺乳动物无法再生的复杂组织和器官，例如肢体、尾、爪、晶状体、脊髓、神经、视网膜和肠。

付小兵等提出在表皮损伤的条件下表皮角质细胞去分化修复损伤以来，他们不断证实了去分化现象在表皮细胞具有普遍性，如在人的皮肤、包皮、瘢痕皮肤以及角膜上皮等均可以观察到。2007 年，日本科学家将皮肤细胞成功去分化成胚胎干细胞的研究结果，进一步证实了成熟的细胞可以去分化逆转为干细胞。这种分化的成体细胞在特定条件下被逆转后恢复到全能性或多能性状态，形成的新的类似于胚胎干细胞的多能性细胞称为诱导多潜能干细胞（iPSC）。同年，付小兵等在国际 *BioScience* 杂志就去分化的概念、机制以及可能的临床意义发表了长篇论述。与此同时，*BioScience* 杂志主编 T. M. Beardsley 教授就付小兵等人的工作发表了评述。他写道："几年前，哺乳动物分化过程中的逆转还被认为是不可能的，而如今，在机体的多个系统中，人们已经观察到已分化细胞可以通过去分化过程形成干细胞，之后又通过重新程序化产生其他功能细胞。虽然才刚刚起步，但可以断言，深入了解去分化具有重要科学意义，而将去分化用于疾病治疗也将成为可能。"

2. 转分化（transdifferentiation） 是指一种胚层来源的细胞或多能性干细胞向同胚层或不同胚层来源的另一种成体细胞或多能性干细胞转化。近年来，iPSC 研究为基因调控去分化和转分化提供了分子实验依据，使人为有目的地调控细胞基因的表达，改变细胞内部编程来改变原来分化方向成为现实。

二、细胞重编程机制

重编程是一个包括多个步骤的渐进过程，目前尚未完全理解。利用多西环素诱导逆转录病毒载体在小鼠成纤维细胞中瞬时表达 OSKM，检测成纤维细胞表面抗原 Thy-1 和 ESC 表面抗原 SSEA-1，发现成纤维细胞重编程后形成一系列细胞亚群，撤去多西环素后，逐步变得更可能成为 iPSC。这像是随机的过程而不是选择一系列发生重编程的"精英"细胞。iPSC 为去分化重编程的结果。

实时成像技术研究发现完全重编程细胞在被作为小型、快速分裂的独立细胞类型诱导后很快能被识别，形成Ⅰ、Ⅱ、Ⅲ型三种集落类型。应用相差显微镜观察Ⅰ、Ⅱ、Ⅲ型集落人类成纤维细胞重编程为 iPSC 的集落特征，Ⅰ型集落是完全重编程细胞；Ⅱ、Ⅲ型集落表达 Nanog，Ⅰ型集落 Nanog 表达阴性，Ⅱ型集落形成异源表达，Ⅲ型集落形成同源表达。只有Ⅲ型集落>35 个细胞，表达 CD13⁻、SSEA-4、TRA-1-60 和 Nanog，它代表真正的 iPSC。成纤维细胞经历间充质上皮转化（MET）形成这些集落，发生形态改变、上皮基因表达上调，当 MET 被阻止后重编程遭到破坏。功能基因组学研究表明在肾上皮细胞系中，BMP 驱动 MET。

重编程因子完全重塑分化细胞的表观遗传学形式变成 ESC。多潜能基因激活而分化基因沉默，这些改变反映在启动子甲基化形式、组蛋白甲基化和乙酰化形式、染色体包装结构上。组蛋白 3K 的表观遗传学重塑发生在成纤维细胞重编程的最早期。

一大部分多潜能相关基因、发育调控基因的启动子、增强子发生 H3K4me2 甲基化，H3K27me3 去甲基化。去甲基化专门发生在高密度 CpG 岛的位置，CpG 岛外围 H3K27me3 的甲基化状态维持不变。BAF 复合物（Brg1、Baf155）的组分过表达，与去甲基化酶相互作用增强其活性，促进 OSKM 的重编程效率。另一种对重编程非常重要的表观遗传学改变是胞嘧啶核苷脱氨酶（activation-induced cytidine deaminase，AID）的激活，它对启动子的去甲基化是必需的。因为这些甲基化形式的改变对于任何细胞分裂、转录形式的改变都起作用，因此是获得多潜能性过程中关键的一步。

抑制 p53 信号通路并失活 pRb 对重编程非常重要，表明重编程与细胞周期间的关系。OSNL 诱导重编程过程中 caspase-3 和 caspase-8 水平升高，并通过降解 pRb 来促进重编程。过表达 pRb 或其半胱氨酸降解位点突变将抑制重编程,抑制 caspase-3 和 caspase-8 也达到同样的效果。相反,用 shRNA 敲除 *pRb* 会使重编程效率提高一倍。用 shRNA 或非编码 RNA RoR(重编程调控因子)敲除 *p53* 将通过抑制 p53 介导的应激反应提高重编程效率。

三、细胞重编程的影响因素

研究表明,基因表达不但受转录因子的调控,还与其 DNA 和组蛋白表观遗传学修饰有关,包括 DNA 甲基化、组蛋白乙酰化、印记基因表达、端粒长度恢复、X 染色体失活等。在真核生物基因组的非蛋白质编码区存在大量非编码 RNA(non-coding RNA,ncRNA)基因,这些非编码区域担负着基因表达调控等重要功能,其编码产物可在转录后水平调节靶基因的表达,是调控细胞内基因表达的基本机制之一。ncRNA 不仅在干细胞的多能性维持过程中有重要作用,在成体细胞重编程中也发挥重要作用,还参与了干细胞分化的调节。

细胞重编程主要针对定向分化的某些关键调节基因,特别是近年发现的某些因子能调控大量基因的表达,对细胞编程起着重要作用。例如:神经元限制性沉默因子(RE1-Silencing transcription factor/neuron restrictive silencer factor,REST/NRSF)通过与调控基因启动子的一段 21nt 的 DNA 保守序列——神经元限制性沉默元件(neuron restrictive silencer element/repressor element 1,NRSE/RE-1)结合,经一系列反应使组蛋白发生甲基化和去乙酰化修饰,使染色质呈凝缩状态,启动子区域无法和转录因子及 RNA 聚合酶结合,而抑制其转录活性。这种表观遗传学修饰可批量抑制上千个与神经细胞分化相关的基因,其抑制的解除是神经细胞分化的必要条件。最近研究表明,胰岛 β 细胞分化基因胰十二指肠同源框 1(Pdx1)、胰岛素和神经原质蛋白 3(Ngn3)、神经源性分化蛋白 1(NeuroD1)和成对盒 4(Pax4)均因具有 NRSE 序列而受 REST/NRSF 调节。*Pdx1* 主要在胰腺前体细胞中表达,是促进早期胰腺发育以及胰岛 β 细胞成熟的关键基因,是最受关注的具有正向调节作用的转录激活因子,能和众多与胰岛分化有关的靶基因启动子中的 TAAT 序列结合,从而在启动胰岛内分泌细胞分化过程中发挥重要的作用。

随着发育分子生物学研究的深入,许多组织细胞的发育机制研究不断深入,提供了大量细胞分化的分子生物学信息,为未来改变细胞的内部编程提供了理论依据。通过调控转录因子和 DNA、组蛋白表观遗传学修饰和 miRNA 来抑制或促进不同基因的表达已成为可能。miRNA 可在转录后水平调节靶基因的表达,即通过对 mRNA 特异序列的抑制,批量调节基因的活性而改变细胞的编程。

四、细胞重编程的研究方法

目前主要通过逆转录病毒(主要是慢病毒)、腺病毒、质粒和转座子等介导的方式将转录因子对应的基因或者小分子导入成体细胞,将其进行重编程。

1. 逆转录病毒转导 逆转录病毒又名反转录病毒,是一组 RNA 病毒,其病毒科下包括慢病毒在内共 7 属病毒。病毒感染宿主细胞时,在逆转录酶作用下,逆转录病毒首先将其 RNA 逆转录为 DNA,然后将这段逆转录的基因插入细胞基因组中保持整合状态,并传给宿主细胞后代。慢病毒作为目前应用最广泛的逆转录病毒,其优点是转入基因可以长期稳定表达,并且对大部分哺乳动物细胞,包括神经元、干细胞等难转染的细胞,特别是体外悬浮生长的细胞,都有很好的转染效率。缺点是逆转录病毒整合到宿主细胞基因组的位置是随机的,这也就意味着有引起基因突变、激活癌基因的风险。

2. 腺病毒转导 腺病毒从腺样组织分离出来,其遗传物质为线型双股 DNA,全长 30 000～42 000bp。腺病毒的优点是几乎在所有已知细胞中都不整合到染色体中,因此不会干扰其他宿主基因,并且人类感染野生型腺病毒后仅产生轻微的自限性症状。腺病毒具有嗜上皮细胞性,因此对大多数细胞特别是上皮细胞有几乎 100% 的感染效率。腺病毒系统包装的病毒颗粒滴度高,浓缩后可以达到 1013VP/ml,这一特点使其非常适用于基因治疗。腺病毒的缺点是由于其不能整合到宿主细胞基因组中,因此不能长期稳定表达。

3. 质粒转染转导 采用脂质体转染的方法,将外源性质粒转导进入目的细胞中表达。优点是细胞中不再留存有任何外源的 DNA,不易使基因癌化。缺点是瞬时表达,转染成功细胞的获得率较低。

4. piggyBac 转座子转导 piggyBac 转座子是一个自主因子,遵循"剪切—粘贴"机制,在生物体染色体中特征性的 TTAA 四核苷酸序列位点准确地切入和转座,并可以在作用一段时间后采用转座酶切除外源性插入序列。piggyBac 转座子受生物体种类的限制较少,适用范围较广,转座频率较高。其作为非病毒体系提高了安全性,不易使基因癌化。缺点是需要多次使用转座酶去除转入序列,但仍然可能会留下一些痕迹。

5. 蛋白直接诱导可以通过 4 个蛋白(Oct4、Sox2、Klf4 和 c-Myc)诱导成体细胞重编程为 iPSC,优点是诱导过程不存在外源基因,缺点是诱导效率没有病毒载体诱导的效率高。

6. RNA 干扰 通过 RNA 干扰抑制某个或某几个基因的方法来对细胞基因表达进行重新编程,用十四烷基聚精氨酸肽链,将小干扰 RNA 导入细胞技术的出现,有助于推动 RNA 干扰方法对成体细胞的重编程。

五、细胞重编程方法的改进

在提高重编程速度和效率的同时,减少诱导过程中外源性 DNA 的使用,这些年在此方面作出了重大努力。

第一步,测试除成纤维细胞外的其他细胞是否更容易重编程。小鼠肝细胞、胃上皮细胞,人和小鼠 B-淋巴细胞、人类 T-细胞、人类睾丸细胞、人类脐血内皮细胞均被重编程为 iPSC。人类角质形成细胞使用 OSKM 更容易重编程,比使用成纤维细胞时间缩短一半、效率提高至少 100 倍。成纤维细胞重编程过程中需要大量逆转录病毒插入位点,与成纤维细胞来源的 iPSC 不同,肝细胞和胃上皮细胞来源的 iPSC 只需要少数插入位点,因此,在嵌合小鼠内不会形成肿瘤。

第二步,为简化诱导所使用的原始因子,发现 C-Myc 在低效率重编程中不是必需的。*Oct4* 和 *Sox2* 是核心基因,它们自身就可以赋予细胞多潜能性,因为成纤维细胞在离开 K、M、N 或 L 后还可以重编程。但是重编程速度减缓、效率极大降低,提示这些转录因子在重编程速度和效率上起相互支持作用。

据报道有些小分子可以提高重编程效率,其中一些起抑制甲基化或去乙酰化的作用。组蛋白去乙酰化酶-2 抑制剂丙戊酸(valproic acid,VPA)非常有效,比单独使用 OSK 重编程小鼠胚胎成纤维细胞的效率高 100 倍以上。VPA 在单独使用 OSK 重编程人类成纤维细胞过程中也起促进作用。成纤维细胞重编程时,Oct4 能被细胞核受体 Nr5a2 替代,它与 Sox2 和 Klf4 有许多共同的目的基因,同时能部分激活 Nanog 起作用。Vitamin C 能提高小鼠和人类成纤维细胞使用 OSK 或 OSKM 的重编程效率。两种 TGF-β 受体-1 激酶抑制剂(E-616452、E-616451)在 OSK 组中能替代 Sox2,表明激活 TGF-β 信号通路对去分化是有害的。

单独使用 Oct4 即可重编程小鼠或人类胚胎神经干细胞,最可能的原因是它们本身能表达 Sox2 和 c-Myc,但效率只有 0.004% ~ 0.006%。Oct4 与小分子 PS48(activator of PDK1)、BayB、A-83-01、parnate 和 CHIR99021 共转染,重编程角质形成细胞,人类脐静脉内皮细胞和脂肪来源干细胞为 iPSC。用逆转录病毒向小鼠胚胎成纤维细胞转染 Tbx3 和 OSK(OSKT)产生的 iPSC 生殖能力增强。

为减少病毒插入所带来的问题,非插入腺病毒、慢病毒和质粒均被用作载体转入 OSKM,OSKM 蛋白本身与细胞膜穿透肽融合能重编程成纤维细胞。而蛋白在 48 小时内会被降解,为完成重编程过程 1 周内需要处理 4 次。然而,用病毒转染 iPSC 集落出现的时间会加倍,重编程效率很低。当使用 OSKM 或 OSK 重编程时引入 VPA 重编程效率提高 0.006% 和 0.002%。

最近,RNA 被引入用于重编程,用慢病毒向小鼠成纤维细胞中转染 microRNA miR302/367,同时,加入 VPA 在 6 ~ 8 天即可形成 ESC 集落,效率比 OSKM 转染提高两个数量级。信使 RNA 被用作于重编程,通过持续内吞作用引入 OSKML 的 mRNA,调整了逆转录病毒和干扰素的瞬时转染模式,2 周内形成 ESC 集落,效率达到 4.4%。这种方法是至今为止最有效的,并可用于 iPSC 定向分化。

有效重编程体细胞的最终目标是使用合成小分子混合物,而不是外源性转录因子起始重编程并在短时间内完成。这将是巨大的进步,因为制作 iPSC 的成本和方式能降到适合临床应用的水平。

六、重编程细胞的来源及其转化方向

重编程细胞产生 iPSC。不同胚层发育来源的成体细胞,甚至胚外组织均有很多重编程产生 iPSC 的报道(表 2-3),说明分化成熟的细胞都有可能通过重编程擦去原来的记忆去分化为胚胎干细胞。这些研究证实改变细胞基因表达程序(时空和差异)就能改变细胞的分化方向。

不但同一器官中发育于同一内胚层的胰腺外分泌腺泡细胞可以通过重编程向胰岛内分泌细胞 β 细胞转

化,不同器官中内胚层来源的肝细胞也可通过重编程向胰岛 β 细胞转化,而且胰腺外分泌腺泡细胞还可通过重编程向肝细胞转化。此外,内胚层来源的肝细胞可通过重编程向外胚层来源的神经细胞转化,中胚层来源的皮肤成纤维细胞可通过重编程向外胚层来源的神经细胞及内胚层来源的肝样细胞转化,中胚层来源的骨髓间充质干细胞重编程向内胚层来源的胰岛 β 细胞转化,中胚层来源的成纤维细胞重编程向中胚层来源的心肌细胞转化,外胚层来源的表皮黑色素细胞重编程为外胚层来源神经嵴干细胞样细胞(表 2-4)。综上所述,各不同胚层发育来源的成体细胞都有可能通过重编程去除原来的记忆,重新转分化为同一胚层或其他胚层发育来源的成体细胞,这同样证实改变细胞基因表达程序(时空和差异)就能改变细胞的分化方向。

总之,目前正在进入一个可以通过人为调节关键基因对细胞进行重新编程的时代,人类未来将由此从许多分化的细胞获得更多所需要的另一些分化细胞,这对细胞分化机制研究和获取干细胞促进组织、器官再生具有划时代的意义。

表 2-3 各不同种属不同胚层发育来源的细胞诱导的诱导多潜能干细胞

胚层	细胞类型	种属
外胚层	神经干细胞	小鼠,人,大鼠
	黑色素细胞	小鼠
	角质形成细胞	人
	眼缘上皮细胞前体细胞	大鼠
中胚层	成纤维细胞	小鼠
	成熟 B 淋巴细胞	小鼠
	血细胞	小鼠,人
	脂肪干细胞	小鼠,人
	滑膜细胞	人
	真皮乳头	小鼠
	脑膜细胞	小鼠
	牙齿间质样前体细胞	人
内胚层	胰岛 β 细胞	小鼠
	肝细胞	小鼠,人
	胃细胞	小鼠
	肾小球系膜细胞	人
	脐带静脉内皮细胞	人
	睾丸细胞	人
胚外组织	羊水细胞	人
	滋养层干细胞	人

表 2-4 不同胚层发育来源体细胞的重编程转分化

来源细胞	(胚层来源)	转化后细胞	(胚层来源)	过表达基因
胰腺外分泌细胞	内胚层	胰岛 β 细胞	内胚	*Ngn3*,*Pdx1*,*Mafa*
肝细胞	内胚层	胰岛 β 细胞	内胚层	*Nkx6.1*,*Pdx-1*
胰腺腺泡细胞	内胚层	肝细胞	内胚层	*C/EBPβ*
肝细胞	内胚层	神经细胞	外胚层	*Brn2*,*Ascl1*,*Myt1l*
成纤维细胞	中胚层	神经细胞	外胚层	*Myt1l*,*Brn2*,*miR-124*
成纤维细胞	中胚层	肝样细胞	内胚层	*Hnf4α*,*Foxa1*,*Foxa2 or Foxa3*
成纤维细胞	中胚层	心肌细胞	中胚层	*Gata4*,*Mef2c*,*Tbx5*
骨髓间充质细胞	中胚层	胰岛 β 细胞	内胚层	*shREST/NRSF*,*shShh*,*Pdx1*
黑色素细胞	外胚层	神经嵴干细胞样细胞	外胚层	*Notch1*

七、成体干细胞的转分化重编程

理论上,我们希望用自身的成体干细胞来再生组织,由于很多成体干细胞容易获得及再生,并且不会被机体排斥。有研究表明成体干细胞如果被放到其他部位发育潜能将大于其预定命运,能转分化重编程为其自身细胞系以外的其他细胞类型。

1. 骨髓间充质干细胞的转分化 到目前为止,临床上应用最多的成体干细胞是骨髓间充质干细胞(BM-SC)。在 1968 年,首次用于在 HLA-同型的兄妹白血病和免疫缺陷中重建造血系统,之后扩展到没有血缘关系的供者和受者间的移植。因为骨髓间充质干细胞是多潜能细胞,1990 年有人提出它具有足够的发育可塑性,在暴露于创伤、一些特定细胞因子的情况下,能够转分化成多种正常情况下不能分化形成的细胞类型。许多关于 BMSC 的转分化实验已经完成,已接受 BMSC 治疗的患者也在证明 BMSC 的转分化能力,然而目前的结果与人造器官移植仍存在矛盾。注射到 X 射线照射、免疫缺陷、$PU.1$ 敲除的小鼠体内,未分离的骨髓细胞、纯化的人类干细胞和骨髓间充质干细胞均被证实不仅可以重建造血系统(人类干细胞的正常潜能),也可分化成心肌细胞、骨骼肌细胞、神经元、星形胶质细胞、肝细胞、胰岛 β 细胞、肾小管上皮细胞、表皮细胞、肺、胸腺、肠。

在绝大多数严格使用基因标记的细胞实验中,细胞的转分化频率很低,不超过4%,绝大部分小于1%,即便在一些个例中转分化效率异常高(肺泡上皮细胞可达到20%)。其他一些实验研究未能证实以上实验结果。

最近的一项研究证实,向未分离雄性骨髓细胞中转入心肌特异性 α-MHC 启动子连接的 EGFP 或 c-Myc 标记的 Akt 基因,经尾静脉注射到冠状动脉结扎术后的雌性小鼠体内,骨髓细胞形成大量被标记的心肌细胞,但与周围雌性细胞不发生融合。这些心肌细胞形成缝隙连接,并表达心肌细胞的分子标志物,但不能成熟。在注射后 15~30 天分离细胞,被标记细胞减少,并具有类似于梗死区心肌细胞的电生理特性,骨细胞亚群是否具有转分化能力尚不清楚。

通过对接受跨性别移植死去的患者研究发现,BMSC 而不是造血细胞发生转分化。对接受男性骨髓移植的女性患者,在其肝细胞和神经元中检测到 Y 染色体发生的频率为 0.5%~2%。Tran 等的研究发现接受男性骨髓移植的女性患者脸颊上皮细胞的 Y 染色体比例更高(12% in one patient)。男性患者接受女性肾脏移植表明含 Y 染色体细胞的比例达到1%,可能来源于受者骨髓、肾小管上皮。Muller 等研究表明女性心脏移植到男性受者后 0.16% 的心肌细胞含有 Y 染色体,Quaini 等的研究表明在移植的女性心脏中 Y 染色体可达到10%,在上述研究中出现如此大的改变很难解释。转分化为心肌细胞被归因于宿主免疫细胞及内皮细胞的募集,基因标记实验排除了骨髓再生成肾上皮细胞的可能。

β-巯基乙醇或二甲基亚砜/聚乙二醇化羟基茴香醚,视黄酸诱导或与出生后海马星形胶质细胞共培养,成年大鼠和人 BM-MSC 在体外转分化成神经样细胞。在培养液中添加 RA 和 Shh,或与产前耳蜗外植体孵育,或在培养液中添加胚胎后脑、体节、听囊组织,近80%的小鼠 MSC 分化成神经元。骨髓 MSC 在体外也能分化成 I 型肺泡上皮细胞。

同时,这些体外实验也受到挑战,向小鼠 MSC 中转导心脏特异性 α-MHC 启动子连接 Lac-Z,并与 ESC 共培养形成的嵌合体,去除悬浮培养的胚状体后,在大面积的收缩活动下,MSC 并没有分化成心肌细胞,MSC 与新生大鼠心脏用半透膜隔开后共培养时,MSC 不能分化成心肌细胞,然而去掉半透膜,允许其接触心脏后就会相互融合,其中形成间隙连接,并表达心脏特异性标志物 α-辅肌动蛋白和 GATA-4。

2. 非骨髓间充质干细胞的转分化 四种其他类型细胞也被报道可以转分化成其他的细胞。大鼠卫星细胞在神经分化培养基中培养时能表达 NSC 特异性标志物,而不能继续分化。移植到正常同源大鼠心脏内的卫星细胞单独分化成表达 β-MHC 的慢肌骨骼肌,与之前转分化成心肌细胞的报道相矛盾。脂肪来源干细胞(ADSC)正常能够分化成脂肪细胞、成骨细胞、软骨细胞、骨骼肌细胞和真皮成纤维细胞的一个亚群均被报道能转分化成表达神经元标志物的细胞,但能否形成成熟的功能性神经元及神经胶质尚不清楚。心脏、肾脏、大脑、皮肤组织在移植到肝脏后均被报道能转分化成肝细胞,但目前没有定量资料。

除了非血管卫星细胞,绝大部分 MSC 来源于毛细血管周细胞应答损伤时形成。周细胞被鉴定存在于机体的多种器官,基于它表达 CD146、NG2、PDGF-R β 等标志物,并缺少造血干细胞标志物。这可以解释这些细胞普遍存在,并可以分化成同一细胞系的几种细胞类型,如脂肪细胞、软骨细胞、成骨细胞。

3. 上皮干细胞的转分化 上皮干细胞的研究结果和 BMSC 的研究结果相矛盾。骨髓重建实验中,受到放射线照射的小鼠,其神经干细胞被报道转分化成髓系和淋巴系细胞。胚胎细胞得出矛盾的结论。Clarke 等报道转染 Lac-Z 的神经球能形成三胚层的组织和器官,而转导神经特异性 Sox2 启动子连接 EGFP(P/Sox2-EGFP)的神经球却不能。有报道 NSC 在体外也可能改变命运,当与人内皮细胞共培养时,大鼠来源转染 GFP 的 NSC 约 4% 能分化成表达内皮细胞标志物 CD146 的细胞。这种结果的形成需要与内皮细胞形成旁分泌接触。

NSC 在一些研究中被报道与成肌细胞、心肌细胞或 ESC 共培养时,能分化成肌肉。在与 C2C12 成肌细胞共培养时,57% 的大鼠 NSC 能分化成表达肌肉特异性标志物 α-actinin-2、骨骼肌的肌球蛋白重链。GFP 标记的 NSC 在与新生大鼠心肌细胞共培养时能分化成心肌细胞。Clarke 等将表达 ROSA26 的 NSC 与小鼠胚状体共培养,NSC 分裂成表达肌间线蛋白的细胞,许多细胞融合形成肌肉样合胞体,并能与肌球蛋白重链发生免疫反应。这些结果与 NSC 能转分化成上皮细胞一起,成为异核体(一种细胞类型的基因表达方式与另一种相比占主导地位,不是转分化成单一的细胞类型)形成的例证。

大鼠肝脏干细胞被报道在移植入心肌层或与新生大鼠、小鼠心肌细胞共培养时能分化成心肌细胞,并能转分化成胰岛内分泌细胞。角膜缘干细胞、毛囊干细胞均被报道具有神经发育潜能。

最近有报道,胸腺上皮干细胞(thymic epithelial stem cell,TEC)能转分化成表皮结构。胸腺髓质 TEC 编码非胸腺上皮抗原和胸腺抗原基因。这些抗原被报道介导逐步扩大的 T-细胞群体建立与自身抗原的高亲和性,形成选择性自身免疫耐受。Bonfanti 等将 EGFP-标记的大鼠 TEC 培养在新生小鼠的表皮与真皮间形成的空间,之后的几个月 TEC 参与表皮再生和毛囊再生,表明其向这些类型的细胞系分化。之后将 EGFP 标记的细胞重新分离、培养之后再次移植到小鼠表皮,它们在之后的超过 100 天通过表达适当的基因继续参与表皮再生和毛囊再生。大鼠和小鼠抗原探针表明它们之间没有融合,这些结果表明 TEC 额外基因的表达使其在暴露于表皮相应细胞因子时,能够向角化细胞和毛囊细胞发生转分化。有趣的是 TEC 是否具有更广泛的发育潜能,这种非同寻常的转分化例子是否由于 TEC 混乱的基因表达模式引起?

4. 人为转分化 除胸腺上皮细胞外,很多人为转分化的报道,造成外界信号引起转分化的错觉。这包括注射细胞中混入其他细胞,受者免疫细胞进入移植器官被误认为是转分化细胞,供者与受者细胞融合形成异核体,不完全转分化。向经过辐射处理的受者注射标记的 HSC(或 NSC)获得类似的结果,然而融合频率却比理论上的转分化低几个数量级。有趣的是,经辐射处理的(FAH-)小鼠被报道注射的 HSC 与宿主肝细胞融合比例很高,表明异核体中供者细胞能补偿受者的基因缺陷。供者细胞标志物只在受者造血系统重建之后才表达,这意味着在骨再生和修复时,不仅 HSC 本身与受者肝细胞融合,来源于 HSC 的巨噬细胞也发生相互融合形成破骨细胞。

人为转分化中,存在不完全转分化。供者细胞起始进入受者组织,并表达受者细胞的分子标志,但之后重编程失败。例如,向心肌梗死大鼠或小鼠中注射组成型启动子连接报告基因标记的 HSC,发现转分化表达心脏标志物的细胞比例很低(0.02% ~ 0.7%)。并且 HSC 中转入用心脏特异性 α-MHC 启动子连接的 β-gal 报告基因,几周后未检测到 β-gal 表达的细胞,表明即使 0.02% ~ 0.7% 的转分化概率也是由于融合或错误判断等人为因素造成的。另外一个实验中,向雌性 δ-肌聚糖基因缺失小鼠中注射雄性骨髓细胞,然而包含供者细胞核的骨骼肌和心肌纤维均不表达肌聚糖。

综上所述,最保守的是 ASC 移植在大多数情况下,不应答外界信号发生真正转分化或转分化概率太低,而不值得用于再生医学。一个明显的例外是胸腺上皮细胞形成表皮细胞类型,但 TEC 在暴露于表皮细胞因子的情况下,就有重编程的倾向,并表达表皮细胞类型基因。关于 ASC 转分化在再生医学实验中有持续报道。

(庞希宁)

第七节 上皮间充质转化与再生

上皮间充质转化(epithelial-mesenchymal transition,EMT)是指上皮细胞在某些生理或病理条件下失去上皮细胞特征并获得间充质细胞特征的生物学过程,涉及复杂的调控网络与分子机制。上皮细胞与间充质细胞是机体两种不同的细胞类型。两者在形态和功能上具有多种显著差异。上皮细胞具有极性,且细胞之间通过紧密连接、黏附连接、桥粒和间隙连接等细胞膜上的特殊结构形成连接,呈集落生长,细胞间保持着完全的细胞间黏着。在正常情况下,细胞不能相互分离离开上皮细胞层。而间充质细胞具有一定可塑性,迁移能力较强,不形成细胞层,无极性,细胞间仅在局部形成连接。体外培养的间充质细胞呈纺锤形,具有成纤维细胞样形态。

EMT发生于动物机体多种生理和病理过程中,上皮细胞失去其上皮特征并获得间充质细胞典型特征,同时伴随细胞结构和细胞行为等的复杂改变,参与组织创伤修复过程,包括正常或纤维化修复。

一、上皮间充质转化的分型

上皮间充质转化在不同的生物学过程中起作用。根据其与再生有关的生物学功能将EMT分成两个亚型,即Ⅰ型、Ⅱ型。

Ⅰ型EMT与胚胎形成、器官发育相关。能够形成不同类型的细胞,拥有共同的间充质细胞表型,并且不导致纤维化。形成的间充质样细胞能够经过间充质上皮转化(mesenchymal-epithelial transition,MET)形成上皮细胞。

Ⅱ型EMT与伤口愈合、组织再生和器官纤维化相关。通常会产生成纤维细胞和其他相关细胞来重建损伤组织。同Ⅰ型EMT相比,Ⅱ型EMT与炎症反应有关,当炎症反应减弱时,EMT即停止。创伤修复与组织再生中的情况都是如此。在器官纤维化过程中,Ⅱ型EMT能够对炎症持续反应,最终导致器官损坏。组织纤维化实质是持续性炎症反应导致的持续性创伤修复的结果。

虽然以上亚型EMT发生于不同的生物学过程中,但是它们具有共同的遗传学和生物化学事件作为基础。在某些生理或病理条件下,发生具有不同的细胞表型转变。总之,随着对其研究的进一步深入,两个亚型EMT的异同将更加明晰。

二、上皮间充质转化的分子机制

某一单独的细胞外信号在EMT过程中的作用并不保守,而是依赖于组织微环境。大多数诱导EMT的信号和信号通路通常具有几个共同终点,包括钙黏蛋白(E-cadherin)等关键基因表达的变化和细胞骨架、黏附结构的变化。

E-cadherin作为一种钙依赖型跨膜糖蛋白,能够与β-连环蛋白(β-catenin)等形成复合物发挥细胞连接和信号转导的作用。在EMT发生过程中,关键的步骤是E-cadherin的下调、细胞间黏附减弱、上皮结构稳定性破坏。E-cadherin基因的抑制是由锌指转录因子SNAI1起中心作用,该转录因子能够被大多数引发EMT的信号通路激活。同时,SNAI1还能够上调某些间充质基因的表达。糖原合酶-3β(glycogen synthase kinase 3β,GSK-3β)负向调节SNAI1的转录及其活性,也是EMT过程的决定因子之一。GSK-3β的持续性激活能够使静止的上皮细胞避免EMT的发生。不同的信号转导通路能够引发EMT,最终都集中到GSK-3β的抑制,进而控制影响SNAI1的核转运,最终导致E-cadherin表达下调。

多种生长因子相关信号与EMT的发生通路有关。EGF、FGF、PDGF、HGF、IGF等生长因子能够与酪氨酸激酶受体(receptor tyrosine kinase,RTK)相互作用,磷酸化酪氨酸残基;能够与存在SH2区的蛋白如生长因子受体结合蛋白2(growth factor receptor-bound protein 2,GRB2)和磷脂酰肌醇-3-激酶(phosphatidylinositol 3 kinase,PI3K)及辅激活因子Src(steroid receptor 85 coactivator)等结合,激活各自的下游信号通路,包括无SH2区Ras的激活和GRB2介导的募集鸟苷酸交换因子Sos及Sos将GDP转换为GTP结合型,接下来激活Ras-Raf(RAF1)-MEK1(MAP2K1-ERK1/2(MAPK1,MAPK3)通路。最终导致MAPK核转运,通过转录因子的磷酸化来调节基因表达。其中,激活的 MAPK 能够将 GSK-3β 磷酸化失活,正向调节 SNAI1。

Wnt/β-catenin 通路是参与 EMT 过程的另外一个重要信号转导通路。该通路能够将细胞核内信号转导至细胞间连接,β-catenin 具有三种功能形式,其一是与 E-cadherin 形成复合物调节细胞间黏附;其二是与轴蛋白、APC 和 GSK-3β 形成多亚基复合物,β-catenin 在其中经历 GSK-3β 依赖性丝/苏氨酸磷酸化,而后被 BTRC 识别并泛素化,被蛋白酶体降解;此外,β-catenin 也同 TCF/LEF 转录因子形成转录复合物,进而调节靶基因转录。

TGFβ 是 EMT 最有效的诱导物之一。它通过与 I 型和 II 型 TGFβ 相关的丝/苏氨酸激酶受体(包括 TGF-βR I 和 TGF-βR II)相互作用,通过 Smad 依赖途径发生 EMT。TGFβ 信号通路也能通过 Smad 非依赖性分子机制激活,包括 MAPK 的激活,PI3K 和整联蛋白结合激酶(ILK)通路等。

Notch 信号也在发育和 EMT 中起作用。Notch 的激活导致激活 *HEY1* 等靶基因,HEY1 不仅能够下调 E-cadherin 的表达并促进 EMT 的发生,还能够与 TGFβ-Smad3 信号通路相互作用调节 EMT。

此外,miRNA-21 能够诱导角质细胞的迁移,促进表皮细胞再生进程。在 EMT 过程中,miRNA-200 家族的 5 个成员 miRNA-200a、miRNA-200b、miRNA-200c、miRNA-14 和 miRNA-429 以及 miRNA-205 均显著下调。miRNA 能够与阻遏物 ZEB1 和 SIP1 结合调节 E-cadherin 表达。

总之,EMT 的发生是细胞旁分泌、自分泌以及相关的微环境共同作用的结果,具体涉及的细胞因子和分子机制是一个复杂的调控网络。

三、上皮间充质转化与创伤修复

在皮肤创伤愈合过程中有两种不同的细胞机制直接起作用,即角质细胞迁移能力增强、细胞间黏附减少,损伤部位表皮细胞再生,以及成纤维细胞驱动结缔组织形成,最终伤口愈合。创伤修复中炎症应答产生丰富的细胞因子和生长因子。特别是 EGF 受体的配体,包括 EGF、HB-EGF 和 TGFα,它们与 FGF7 和 TGFβ1 一同在 EMT 中起重要作用。这些多肽配体和机械刺激激活基底层和角质细胞使表皮细胞再生。创伤边缘皮肤角质细胞的肌动蛋白细胞骨架和接合结构发生重组,细胞失去极性和细胞间连接,基底膜也部分或全部降解。细胞获得迁移能力,由创伤边缘迁移至重建区。然而,在创伤修复过程中,表皮细胞再生时,这些细胞同时具有黏附能力和迁移能力,因此,此时发生的 EMT 是不完全的。迁移的角质细胞仍保持部分细胞间接合,保留有黏附细胞层;在表皮细胞再生的后期,角质细胞重新获得上皮特性。

研究发现,SNAI2 在人和小鼠上皮创伤边缘的角质细胞中表达显著升高,提示其在表皮细胞再生的 EMT 中可能起重要作用;分别将 *SNAI2* 基因敲除小鼠的皮片和人角质细胞的 SNAI2 过表达,发现细胞迁移能力增强,桥粒结构破坏。但是通过显微切割和免疫定位技术以及随后的 RNA 定量检测证实,该 EMT 与经典的 EMT 和表皮细胞再生过程中 EMT 不同,E-cadherin 的表达并未显著下调。在人角质细胞中,SNAI2 是 EGFR 下游的直接靶点,在表皮细胞再生过程中 EGFR 表达上调。EGF 处理人角质细胞后,SNAI2 的上调依赖于 ERK5 的磷酸化。在生长因子等配体作用下,角质细胞迁移是通过 EGFR、自分泌的 HB-EGF 和糖原合酶 3α 诱导的。此外,TNF-α 也能够通过诱导 BMP 促使 EMT 的发生。

总之,上皮间充质转化(EMT)是一个机体发育和病理条件下的一个复杂而有序的动态过程,涉及复杂的信号转导通路和分子机制,而其在创伤修复中的研究尚未完善,随着研究的进一步深入,EMT 可能成为再生医学研究新的增长点。

(庞希宁)

小　　结

干细胞是具有自我更新及多向分化潜能的细胞。干细胞是组织、器官再生的种子细胞,是实践再生医学的最重要的先决条件。

胚胎干细胞的应用,首先是利用 ESC 的分化作为体外模型研究人类胚胎发育过程以及由于不正常的细胞分化或增殖所引起的疾病;其次是利用 ESC 可以分化成特定细胞和组织的特性建立人类疾病模型,用于疾病的发病机制研究、药物筛选和研发、毒理学研究等;再次是利用 ESC 分化出来的供体细胞针对目前难治的疾病开展细胞移植治疗。

诱导多能干细胞能在体外培养中无限自我更新并具有自发分化为各种类型的细胞和在体内形成畸胎瘤的能力。

成体干细胞中,骨髓间充质干细胞最引人注目。在体内 MSC 分化成骨骼肌、心肌、肝细胞、神经元和胶质细胞、肾小管上皮细胞、皮肤表皮细胞等。间充质干细胞治疗方法在多种疾病中已经取得了显著的临床效果,但仍有很多基础问题仍未得以完全解释。因此,为了改进 MSC 的临床应用,需要进一步阐明 MSC 的组织修复和免疫抑制的作用机制;需要开展更多多中心随机临床研究以研究最佳的治疗时间窗口、细胞剂量和注射途径;对每项临床试验应建立长期随访监测体系。另外,需要对临床研究中的 MSC 分离和培养扩增方法进行标准化,使其早日成为一种临床标准治疗手段。

(庞希宁　金颖)

参 考 文 献

1. Takahashi K,Yamanaka S. induction of pluripotent stem cells from mouse embryonic and adult fibroblast cultures by defined factors. Cell,2006,126(4):663-676.

2. Takahashi K,Tanabe K,Ohnuki M,et al. induction of pluripotent stem cells from adult human fibroblasts by defined factors. Cell,2007,131(5):861-872.

3. Yu J,Vodyanik MA,Smugaotto K,et al. induced pluripotent stem cell lines derived from human somatic cells. Science,2007,318(5858):1917-1920.

4. Zhao Y,Yin XL,Qin H,et al. two supporting factors greatly improve the efficiency of human ipsc generation. Cell Stem Cell,2008,3(5):475-479.

5. Li W,Wei W,Zhu S,et al. generation of rat and human induced pluripotent stem cells by combining genetic reprogramming and chemical inhibitors. Cell Stem Cell,2009,4(1):16-19.

6. Anokye-Danso F,Trivedi C M,Juhr D,et al. highly efficient mirna-mediated reprogramming of mouse and human somatic cells to pluripotency. Cell Stem Cell,2011,8(4):376-388.

7. 庞希宁. 细胞重编程:调节关键基因获得需要细胞. 中国医学科学院学报,2011,33(6):689-695.

8. 张殿宝,施萍,庞希宁. 上皮间充质转化(EMT)与创伤修复研究进展. 北京:中国科技论文在线[2011-12-13]. http://www.paper.edu.cn/releasepaper/content/201112-294.

9. Park S,Moon YM,Kim SO,et al. Therapeutic Effect of Endothelial Progenitor Cells from Human Adipose Tissue Derived Stem Cells on Ischemic Limb Model. Tissue Eng Regen Med,2008(5):903-909.

10. Suga H,Eto H,Shigeura T,et al. FGF-2-induced HGF secretion by adipose-derived stromal cells inhibits post-injury fibrogenesis through a JNK-dependent mechanism. Stem Cells,2009,27(1):238-249.

11. Sharpless NE,DePinho RA. Telomeres,stem cells,senescence,and cancer. J Clin Invest,2004,113(2):160-168.

12. Mayack SR,Shadrach JL,Kim FS,et al. Systemic signals regulate ageing and rejuvenation of blood stem cell niches. Nature,2010,463(7317):495-500.

13. Zhao XY,Li W,Lv Z,et al. iPS cells produce viable mice through tetraploid complementation. Nature,2009,461(7260):86-90.

14. Kang L,Wang J,Zhang Y,et al. iPS Cells Can Support Full-Term Development of Tetraploid Blastocyst-Complemented Embryos. Cell Stem Cell,2009,5(2):135-138.

15. Takahashi K,Yamanaka S. Induction of Pluripotent Stem Cells from Mouse Embryonic and Adult Fibroblast Cultures by Defined Factors. Cell,2006,126(4):663-676.

16. Maherali N,Hochedlinger K. Guidelines and Techniques for the Generation of Induced Pluripotent Stem Cells. Cell Stem Cell,2008(3):595-605.

17. Haase A,Olmer R,Schwanke K,et al. Generation of Induced Pluripotent Stem Cells from Human Cord Blood. Cell Stem Cell,2009(5):434-441.

18. Miural K,Okada Y,Aoi T,et al. Variation in the safety of induced pluripotent stem cell lines. Nature biotechnology,2009,27(8):743-745.

19. Amabile G,Meissner A. Induced pluripotent stem cells:current progress and potential for regenerative medicine. Trends in Molecular Medicine,2009,15(2):59-68.

20. Feng B, Ng JH, Heng JC, et al. Molecules that Promote or Enhance Reprogramming of Somatic Cells to Induced Pluripotent Stem Cells. Cell Stem Cell, 2009(4):301-312.

21. Giorgetti A, Montserrat N, Aasen T, et al. Generation of Induced Pluripotent Stem Cells from Human Cord Blood Using OCT4 and SOX2. Cell Stem Cell, 2009, 5(4):353-357.

22. Kim D, Kim CH, Moon JI, et al. Generation of Human Induced Pluripotent Stem Cells by Direct Delivery of Reprogramming Proteins. Cell Stem Cell, 2009, 4(6):472-476.

23. Nakagawa M, Koyanagi M, Tanabe K, et al. Generation of induced pluripotent stem cells without Myc from mouse and human fibroblasts. Nature Biotechnology, 2008, 26(1):101-106.

24. Zhou H, Wu S, Joo JY, et al. Generation of Induced Pluripotent Stem Cells Using Recombinant Proteins. Cell Stem Cell, 2009, 4(5):381-384.

25. Ichida JK, Blanchard J, Lam K, et al. A Small-Molecule Inhibitor of Tgf-b Signaling Replaces Sox2 in Reprogramming by Inducing Nanog. Cell Stem Cell, 2009, 5(5):491-503.

26. Yoshida Y, Takahashi K, Okita K, et al. Hypoxia Enhances the Generation of Induced Pluripotent Stem Cells. Cell Stem Cell, 2009, 5(3):237-341.

27. Wakitani S, Nawata M, Tensho K, et al. Repair of articular cartilage defects in the patellofemoral joint with autologous bone marrow mesenchymal cell transplantation:three case reports involving 9 defects in 5 knees. J Tissue Eng Regen Med, 2007, 1(1):74-79.

28. Chang CW, Lai YS, Pawlik KM, et al. Polycistronic Lentiviral Vector for "Hit and Run" Reprogramming of Adult Skin Fibroblasts to Induced Pluripotent Stem Cells. Stem Cells, 2009, 27(5):1042-1049.

29. Woltjen K, Michael IP, Mohseni P, et al. Piggyback transposition reprograms fibroblasts to induced pluripotent stem cells. Nature, 2009, 458(9):766-770.

30. Zhou W, Freed CR. Adenoviral Gene Delivery Can Reprogram Human Fibroblasts to Induced Pluripotent Stem Cells. Stem cells, 2009(27):2667-2674.

31. Dimos JT, Rodolfa KT, Niakan KK, et al. Induced Pluripotent Stem Cells Generated from Patients with ALS Can Be Differentiated into Motor Neurons. Science, 2008, 321(5893):1218-1221.

32. Park IH, Arora N, Huo H, et al. Disease-Specific Induced Pluripotent Stem Cells. Cell, 2008, 134(5):877-886.

33. Ebert AD, Yu JY, Jr FFR, et al. Induced pluripotent stem cells from a spinal muscular atrophy patient. Nature, 2009, 457(15):277-280.

34. Soldner F, Hockemeyer D, Beard C, et al. Parkinson's Disease Patient Derived Induced Pluripotent Stem Cells Free of ViralReprogramming Factors. Cell, 2009. 136(5):964-977.

35. Shen X, Kim W, Fujiwara Y, et al. Jumonji Modulates Polycomb Activity and Self-Renewal versus Differentiation of Stem Cells. Cell, 2009(139):1303-1314.

36. Ezhkova E, Pasolli HA, Parker JS et al. Ezh2 Orchestrates Gene Expression for the Stepwise Differentiation of Tissue-Specific Stem Cells. Cell, 2009(136):1122-1135.

37. Gaspar-Maia A, Alajem A, Polesso F et al. Chd1 regulates open chromatin and pluripotency of embryonic stem cells. Nature, 2009, 460(13):863-868.

38. Ying QL, Wray J, Nichols J, et al. The ground state of embryonic stem cell self-renewal. Nature, 2008, 453(22):519-523.

39. Pittenger MF. Sleuthing the Source of Regeneration by MSCs. Cell Stem Cell, 2009, 5(1):8-10.

40. Smith AG. Embryo-derived stem cells:of mice and men. Annu Rev Cell Dev Biol 2001, 17:435-462.

41. Amit M. Sources and derivation of human embryonic stem cells. Methods Mol Biol. 2013, 997:3-11

42. Wu S, Hoochedlinger K. Harnessing the potential of induced pluripotent stem cells for regenerative medicine. Nat Cell Biol, 2011, 13(5):497-505.

43. Takahashi K, Yamanaka S. Induction of pluripotent stem cells from mouse embryonic and adult fibroblast cultures by defined factors. Cell, 2006, 126(4):663-676.

44. Zhou Y, Jin Y. Differentiation of Human Embryonic Stem Cells into Neural Lineage Cells. In M. A. Hayat(ed.), Stem Cells and Cancer Stem Cells. 2012(7):229-239.

45. Zhang H, Jin Y. Mouse-induced pluripotent stem cells. . Mouse Development. Springer Berlin Heidelber 2012:395-411.

46. Zhu Z, Huangfu D. Human pluripotent stem cells:an emerging model in developmental biology. Development 2013, 140(4):705-717.

47. Majumder MA, Cohen CB. Future directions for oversightof stem cell research in the United States: an update. Kennedy Inst Ethics J, 2009, 19(2): 195-200.

48. Nakamura K, Aizawa K, Yamauchi J, et al. Hyperforin inhibits cell proliferation and differentiation in mouse embryonic stem cells. Cell Prolif, 2013, 46(5): 529-537.

49. Hwang W S, Ryu YJ, Park JH, et al. Evidence of a pluripotent Human embryonic stem cell line derived from a cloned blastocyst. Science, 2004, 303(5664): 1669-1674.

50. Klimanskaya I, Chung Y, Meisner L, et al. Human embryonic stem cells derived without feeder cells. Lancet, 2005, 365(9471): 1636-1641.

51. Loser P, Schirm AJ, Guhr AA, et al. Human embryonic stem cell lines and their use in international research. Stem Cells, 2010, 28(2): 240-246.

52. Hasegawa K, Pomeroy JE, Pera MF. Current technology for the derivation of pluripotent stem cell lines from human embryos. Cell Stem Cell, 2010, 6(6): 521-531.

53. Park Y, Choi IY, Lee SJ, et al. Undifferentiated propagation of the human embryonic stem cell lines, H1 and HSF6, on human placenta derived feeder cells without basic fibroblast growth factor supplementation. Stem Cells Dev, 2010, 19(11): 1713-1722.

54. Garfield AS. Derivation of primary mouse embryonic fibroblast(PMEF) cultures. Methods Mol Biol, 2010, 633(633): 19-27.

55. Peiffer I, Barbet R, Hatzfeld A, et al. Optimization of physiological xenofree molecularly defined media and matrices to maintain human embryonic stem cell pluripotency. Methods Mol Biol, 2010, 584(584): 97-108.

56. Shyh-Chang N, Daley GQ, Cantley LC. Stem cell metabolism in tissue development and aging. Development, 2013, 140(12): 2535-2547.

57. Nouspikel T. Genetic instability in human embryonic stem cells: prospects and caveats. Future Oncol, 2013, 9(6): 867-877.

58. Ellerström C, Strehl R, Hyllner J. Labeled stem cells as disease models and in drug discovery. Methods in Molecular Biology, 2013, 997: 239-251.

59. Wu DC, Boyd AS, Wood KJ. Embryonic stem cell transplantation: potential applicability in cell replacement therapy and regenerative medicine. Front Biosci, 2007, 12: 4525-4535.

60. Knoepfler PS. Deconstructing stem cell tumorigenicity: a roadmap to safe regenerative medicine. Stem Cells, 2009, 27(5): 1050-1056.

61. Takahash IK, Yamanaka S. Inductiono f pluripotent stem cells from mouse embryonic and adult fibroblast cultures by defined factors. Cell, 2006; 126(4): 663-676.

62. Stadtfeld M, Nagaya M, Utikal J, et al. Hochedlinger K. Induced pluripotent stem cells generated without viral integration. Science, 2008, 322(5903): 945-949.

63. Okita K, Ichisaka T, Yamanaka S, et al. Generation of germline-competent induced pluripotent stem cells. Nature, 2007, 448(7151): 313-317.

64. Lin TX, Ambasudhan R, Yuan X, et al. A chemical platform for improved induction of human iPSCs. Nat Methods, 2009, 6(11): 805-808.

65. Huang FD, Maehr R, Guo W, et al. Induction of pluripotent stem cells by defined factors is greatly improved by small-molecule compounds J. Nat Biotechnol, 2008, 26(7): 795-797.

66. Esteban MA, Wang T, Qin BM, et al. Vitamin C enhances the generation of mouse and human induced pluripotent stem cells. Cell Stem Cell, 2010, 6(1): 71-79.

67. Warren L, Manos PD, Ahfeldt T, et al. Highly efficient reprogramming to pluripotency and directed differentiation of human cells with synthetic modifiedm RNA. Cell Stem Cell, 2010, 7(5): 618-630.

68. Anokye-Danso F, Trivedi CM, Juhr D, et al. Highly efficient miRNA-mediated reprogramming of mouse and human somatic cells to pluripotency. Cell Stem Cell, 2011, 8(4): 376-388.

69. Kunisato A, Wakatsuki M, Kodama Y, et al. Generation of induced pluripotent stem cells by efficient reprogramming of adult bone marrow cells. Stem Cells Dev, 2010, 19(2): 229-238.

70. Sun N, Panetta NJ, Gupta DM, et al. Feeder-free derivation of induced pluripotent stem cells from adult human adipose stem cells. Proc Natl Acad Sci USA, 2009, 106(37): 15720-15725.

71. Aasen T, Raya A, Barrero MJ, et al. Efficient and rapid generation of induced pluripotent stem cells from human keratinocytes. Nat Biotechnol, 2008, 26(11): 1276-1284.

72. Ruiz S,Brennand K,Panopoulos AD,et al. High-efficient generation of induced pluripotent stem cells from human astrocytes. PLoS One,2010,5(12):e15526.

73. Yulin X,Lizhen L,Lifei Z,et al. Efficient Generation of Induced Pluripotent Stem Cells from Human Bone Marrow Mesenchymal Stem Cells. Folia Biologica,2012,58(6):221-230.

74. Chou Bk,Mali P,Huang X,et al. Efficient human iPS cell derivation by a non-integrating plasmid from blood cells with unique epigenetic and gene expression signatures. Cell Res,2011,21(3):518-529.

75. Kim K,Doi A,Wen B,et al. Epigenetic memory in induced pluripotent stem cells. Nature,2010,467(7313):285-290.

76. Loh YH,Hartung O,Guo C,et al. Reprogramming of T cells from human peripheral blood. Cell Stem Cell,2010,7(1):15-19.

77. Staerk J,Dawlaty MM,Gao Q,et al. Reprogramming of human peripheral blood cells to induced pluripotent stem cells. Cell Stem Cell,2010,7(1):20-24.

78. Seki T,Yuasa S,Oda M,et al. Generation of induced pluripotent stem cells from human terminally differentiated circulating T cells. Cell Stem Cell,2010,7(1):11-14.

79. Takahashi K,Tanabe K,Ohnuki M,et al. Induction of pluripotent stem cells from adult human fibroblasts by defined factors. Cell,2007,131(5):861-872.

80. Zhao XY,Li W,Lv Z,et al. iPS cells produce viable mice through tetraploid complementation. Nature,2009,461(7260):86-90.

81. Kaji K,Norrby K,Paca A,et al. Virus-free induction of pluripotency and subsequent texcision of reprogramming factors. Nature,2009,458(7239):771-775.

82. Zhou H,Wu S,Joo JY,et al. Generation of induced pluripotent stem cells using recombinant proteins. Cell Stem Cell,2009,4(5):381-384.

83. Park IH,Arora N,Huo HG,et al. Disease-specific induced pluripotent stem cells. Cell,2008,134(5):877-886.

84. Lee G,Papapetrou EP,Kim H,et al. Modelling pathogenesis and treatment of familial dysautonomia using patient-specific iPSCs. Nature,2009(461):402-406.

85. Li P,Hu HL,Yang S,et al. Differentiation of induced pluripotent stem cells into male germ cells in vitro through embryoid body formation and retinoic acid or testosterone induction. Biomed Res Int,2013(10):608-728.

86. Moad M,Pal D,Hepburn AC,et al. A Novel Model of Urinary Tract Differentiation,Tissue Regeneration,and Disease:Reprogramming Human Prostate and Bladder Cells into Induced Pluripotent Stem Cells. Eur Urol,2013,8(2):259-273.

87. Hanna J,Wernig M,Markoulaki S,et al. Treatment of sickle cell anemia mouse model with iPS cells generated from autologous skin. Science,2007,318(5858):1920-1923.

88. Xu D,Alipio Z,Fink LM,et al. Phenotypic correction of murine hemophilia A using an iPS cell-based therapy. Proc Natl Acad Sci USA,2009,106(3):808-813.

89. Lee G,Papapetrou EP,Kim H,et al. Modelling pathogenesis and treatment of familial dysautonomia using patient-specific iPSCs. Nature,2009,461(7262):402-406.

90. Song B,Smink AM,Jones CV,et al. The directed differentiation of human iPS cells into kidney podocytes. PLoS One,2012,7(9):446-453.

91. Yoshikawa T,Samata B,Ogura A,et al. Systemic administration of valproic acid and zonisamide promotes differentiation of induced pluripotent stem cell-derived dopaminergic neurons. Front Cell Neurosci,2013,7(2):11.

第 三 章

再生机制与策略

　　我们生活在一个存在危险的世界。每天我们的身体可能遭受各种损伤,包括容易愈合的小割伤和擦伤等,以及更严重的能引起广泛性结构和功能缺失的创伤和疾病。甚至当损伤不存在时,很多正常类型的细胞的生命也是有限的,必须不断地替换以维持组织的完整性。进化的过程提供给脊椎动物两种细胞替换和组织修复机制。第一种是再生——维持和修复组织原始结构和功能的恒定过程。第二种是纤维化——成纤维细胞入侵受损组织后并不修复原始的组织结构,而是用胶原化的瘢痕组织代替修补受损区域。

　　现代医学能够通过细胞、组织和器官移植来替换身体的某些部分。但是这些技术都有弊端,对于患者来说无论是在副作用还是在发病率方面都较为明显。我们真正期望的方法是抑制纤维化,激活不能自然发生的原位再生。想实现这个目标就我们目前所掌握的知识还不够,还需要我们对再生医学的细胞和分子机制有更深入的理解并阐明这些机制与引起纤维化的机制有何不同。当我们充分深入理解时,将推动医学发生一场革命性的改变。

第一节　再生发生的水平

　　所有生物体都可以再生,但再生能力的程度因物种和个体生物的生物组织水平而有差异。一些无脊椎动物,如海鞘,腔肠动物扁形虫,环节动物蠕虫等能从身体的片段再生出整个生物体。植物的根茎叶具有强大的再生能力,能从单一细胞和小的插条生长成整个植物。例如一个单一的胡萝卜细胞能再生出整个胡萝卜。与这些生命形式相比,脊椎动物组织包括人类的再生能力是有限的,但同样重要。

　　物种的延续需要最小限度数量个体的存活,进而繁殖、成熟。但是面对环境的侵扰和自身不断的衰退,个体存活需要一种机制来维持组织功能的完整,这种机制就是再生(regeneration)。通过重演胚胎发育的部分过程,再生可维持和恢复组织的正常结构和功能。某些组织,如血液和上皮,其经过不断更新和持续自我替代的过程,即维持或稳态再生。还有包括血液和上皮在内的许多组织,当它们受损时,可以大量再生,这个过程被称为损伤诱导再生。

　　除再生外,还有另外一种损伤诱导的修复机制——纤维化(fibrosis)。纤维化是通过结构不同于原组织的瘢痕组织来修补创口。纤维化修复可以维持器官或组织完整性。但是,这种修复往往以牺牲部分器官或组织的功能为代价。纤维化是损伤处炎症反应的结果。炎症反应促进成纤维细胞形成肉芽组织,最后形成以无细胞的胶原纤维为主的瘢痕组织。在哺乳动物组织中,不具备自发再生能力者都是通过纤维化实现修复;对于那些具备自发再生能力者,当组织受损程度超过自身再生能力时,也需要通过纤维化进行修复。此外,慢性退行性疾病可以导致纤维化的修复,进而掩盖了组织固有的再生能力。当组织受损时,通过瘢痕组织进行创口修复的常见组织包括真皮、半月板、关节软骨、脊髓和大部分脑组织、神经视网膜和晶状体、心肌、肺和肾小球。但是,并不是因为这些组织没有再生能力,大部分的组织(即使不是全部)在受损时均启动了再生应答。而是,这种应答被竞争性的纤维化应答所淹没了。

　　尽管不同物种、不同个体以及个体内不同发育水平间的再生能力有所不同,但是,几乎所有生物体都存在再生现象。例如单个胡萝卜细胞可以再生出整棵胡萝卜。还有一些物种,像涡虫和水螅可以利用身体残片再生出整个身体。某些两栖类动物可以像再生许多其他组织一样,再生出肢体和尾部这样复杂的结构。

相对于这些生命形态,哺乳动物(包括人类)的再生能力是有限的。这些再生现象发生在从分子水平到组织水平的各个层面。

一、分子水平再生

在分子水平,再生是一个普遍存在的现象,再生一定有分子的增减,分子能调控再生。所有细胞都能够根据生物化学或物理负荷刺激调节蛋白质合成和降解之间的平衡。例如,当受到血压持续升高的刺激时,心肌细胞在两周内能替换其大部分分子,增加蛋白质的合成,并逐渐肥大。

二、细胞水平再生

单个细胞有能力再生,再生是从单个细胞开始的。自由生活的原生动物在去除身体大部分后,只要残余部位还存有有核物质就能再生出完整的细胞。例如,保留阿米巴变形虫的 1/80 就可以重新长出完整的阿米巴变形虫。对于脊椎动物而言,当感觉和运动神经的轴突部分缺失或横断后,如果神经内膜管保持完整并且断端能够对齐,轴突是可以再生的。当受损轴突发生再生时,其损伤近侧端轴突末端被封闭,而远端部分却退变。然后,在轴突封闭的近侧端萌芽成生长锥,而后,轴突延伸通过神经内膜管形成新的突触并投射到靶器官皮肤和肌肉。

三、组织水平再生

组织水平再生需要三个前提条件。

第一,组织必须含有具有丝分裂能力的细胞,细胞存在的受体和信号转导途径能对支持再生的环境反应。

第二,组织受损环境必须含有能够促进细胞有序增殖和分化的信号。

第三,必须从受损环境中清除、抑制或者中和再生抑制因子。在哺乳动物中,血液、上皮、骨骼、骨骼肌、肝、胰腺、小血管和肾上皮均为含有能有丝分裂细胞。因此,这些组织在受到损伤后都能诱导再生新的组织或器官所有的分子,细胞组织经历轮回,然后一定会继续不断地再生以维持生物体的完整性。在分子水平,再生是无所不在的。所有的细胞能够调整蛋白合成和降解的平衡以应对生物化学或机械负荷。例如,心肌细胞 2 周后会更新大多数的分子,调整蛋白合成率维持血压增加,因此变得越来越大。单细胞独立生存的原生动物如阿米巴、四膜虫、喇叭虫、伞藻只要核物质存在于剩余的碎片中,就能够在去除了大量胞质碎片后再生。仅仅一个阿米巴的 1/80 就能够重新组成一个完整的阿米巴。

再生是组织水平上最复杂的。一方面,一些分化的细胞如大脑皮质神经元从不自我更新。另一方面,我们知道许多组织细胞更新,但更新率因组织而不同。快速更新和替换是皮肤和消化管内层的上皮细胞,呼吸和泌尿生殖管道,以及造血系统的骨髓和淋巴细胞的特点。另一方面,肝脏 1 年更新 1 次,骨骼系统 10 年 1 次。这种类型的再生包括一个完整组织内的细胞替换,称为维护性再生。相比之下,损伤或疾病引起的大量细胞缺失引起更强烈的局部反应以修复缺失组织。这种反应被称为损伤诱导的再生。这两种形式的再生都是维持自我平衡的机制。

再生和无性生殖的繁殖在一些无脊椎动物中是密切相关的。腔肠动物门和扁形虫再生和繁殖的机制相同。因此,涡虫和水螅通过分裂繁殖,从分裂产物中重新组成两个新的个体。尽管脊椎动物不能通过分裂繁殖,再生因此与他们的繁殖相关,再生使脊椎动物生存到生殖的年龄从而繁殖物种。在脊椎动物中分裂与再生的关系在两个引用中被巧妙地做了总结。伟大的细胞生物学家 E. B. 威尔逊在他的经典教材《发育与遗传中的细胞》第 2 版中写道,"生命是一个连续统一体,在细胞形式上是永不休止的原生质,靠同化作用维持生长和分裂"。个体只不过是溪流中的一个旋涡,消失后不会留下踪迹,而生命的溪流总是向前进的。43 年后,20 世纪的再生生物学大师 Richard J. Goss 在他的著作《再生法则》中指出,"如果没有再生,就没有生命,如果一切都能再生,就将没有死亡。所有生物体存在于这两个极端之间。在其他条件相同的条件下,他们倾向于后者的范畴,没有实现永生是因为这与繁殖是不兼容的"。换句话说,作为个体我们用再生在短时间内逆转热动力学第二定律,我们最终会错过一场斗争,但是通过繁殖,我们会在经历很长的时间跨度后赢得胜利,而成为一个物种。

第二节　脊椎动物再生机制

探索再生如何发生时,首先要回答四个基本的问题:

1. 完成再生的细胞起源是什么(细胞类型和解剖位置)?

2. 这些细胞的特点是什么?

3. 这些细胞参加哪些活动以实现再生?

4. 调控这些活动的影响因素是什么?

目前,人们已得到了这些问题的部分答案,但却揭示了脊椎动物组织再生的四个潜在机制,包括细胞再生长;已存在的分化了的亲代细胞的再生;转分化;成体干细胞激活(图3-1)。

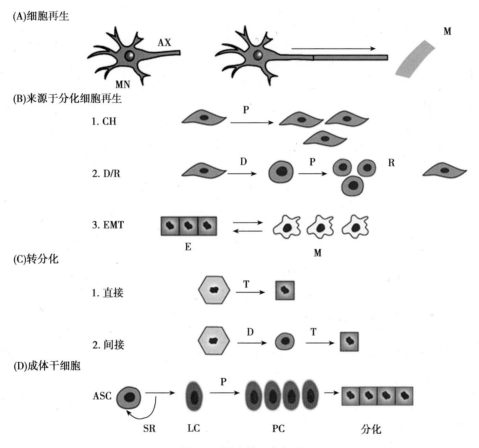

图 3-1　再生的四个机制

(A)细胞的再生长。横断轴突(AX)的运动神经元(MN)后,轴突再生长成肌肉目标(M)。箭头显示了再生长的方向。(B)亲代分化细胞的再生。①已分化细胞增殖(P),扩展数量的代偿性增生(CH)。②去分化/再分化(D/R),细胞先恢复到未分化状态(去分化,D),增殖(P),然后再分化成(R)亲代细胞类型。③上皮(E)间充质(M)转化和间充质上皮转化,使上皮细胞像间质细胞一样迁移增殖,然后又再分化成上皮细胞。(C)转分化。启动新的基因表达模式同时抑制旧模式而出现,或间接通过去分化(D)成更原始的状态,然后转分化(T)成新的细胞类型。(D)成体干细胞的激活。成体干细胞(ASC)通常分为产生谱系决定的子代(LC)和另一个干细胞,这个过程叫自我更新(SR)。谱系决定了细胞增殖(P)形成前体细胞(PC),然后分化成终末细胞类型。这个图标描述了单能性的ASC,但很多ASC是多能性的

一、细胞再生长

细胞再生长介导的再生包括细胞质部分缺失,以及随后剩余细胞再生长进行修复。这种现象出现在脊

椎动物组织,细长的细胞或细胞过程聚集在一起组成这个组织。例如在骨骼肌中,肌纤维通过再次密封断端的膜而再生并横穿断面留下的小缝隙,随后膜延伸并再融合。脊椎动物细胞再生长引发的最惊人的再生发生在横断的末梢神经轴突,部分横断的轴突与神经细胞体连接生长回到它的靶组织。

二、已存在亲代细胞的再生

已存在的亲代细胞的再生的通用形式涉及三个不同的机制:代偿性增生;上皮间充质转化(EMT)/间充质上皮转化(MET);去分化/再分化。

1. 代偿性增生　代偿性增生是细胞的增殖,同时保持其分化的结构和功能。是已分化细胞增殖,扩展数量的代偿性增生。经典的例子是肝脏的再生,部分肝切除术后的肝细胞,以及非实质细胞类型[库普弗(Kupffer cell)、Ito、导管上皮细胞、网状上皮细胞]分开,同时执行它们的功能,如葡萄糖调控、血液蛋白质的合成、导管分泌、药物代谢,直到肝脏被修复。其他通过这种机制再生的细胞类型包括胰岛 β 细胞、心脏的心肌细胞、再生血管的内皮细胞。

2. 上皮间质转化/间质上皮转化(EMT/MET)　转分化是一种细胞类型向另一种细胞类型转化,通常中间会出现去分化使细胞具有可塑性。这种可塑性使局部的损伤因子诱导去分化的细胞增殖分化成需要再生的细胞类型。这种再生类型的好例子是蝾螈背侧虹膜的着色上皮细胞再生出晶状体细胞,以及有尾目肢体再生过程中成纤维细胞再生出软骨。理论上,也有可能的是指定老细胞类型的一系列基因被抑制,同时新细胞类型的一系列特征性基因激活,而不通过去分化步骤。

使上皮细胞像间质细胞一样迁移增殖,然后又再分化成上皮细胞。上皮和间质细胞能彼此转化,这种现象分别叫作上皮间质转化(EMT)和间质上皮转化(MET)。这些转换是发育和病理学,如纤维化和癌症的突出机制。EMT 引起上皮细胞迁移,而 MET 通过建立一个上皮细胞,而限制迁移。EMT 和MET 在发育中的例子分别为原肠胚形成时上皮细胞向间质细胞转换,以及后肾间质形成肾小管的过程。癌症中的 EMT 负责转移。EMT/MET 对于上皮损伤修复也是至关重要的,假设在一个状态下,上皮细胞可以迁移在创伤表面同时维持松散连接,然后再形成一个紧密的上皮。在有尾目的(蝾螈目动物)脊髓再生中,室管膜上皮细胞的 EMT 使髓腔的缝隙通过间质细胞而架接。然后 MET 修复上皮,形成最终轴突通道的细胞再生长。

3. 去分化/再分化(D/R)　是细胞先恢复到未分化状态(去分化),增殖,然后再分化成亲代细胞类型。去分化是一个逆向的表观遗传学重编程,导致特异性表型缺失,细胞逆转至低分化状态从而使其增殖并再分化成亲代的细胞类型。去分化/再分化在较低等脊椎动物中是相对普遍的再生机制。硬骨鱼通过 D/R 再生鳍和触须,某种蜥蜴能通过这种机制再生尾。然而在脊椎动物世界 D/R 的仅是幼年和成年的有尾目两栖动物。这些动物如成年青蛙、鸟,爬行动物通过去分化再生出复杂的结构,如四肢、尾部、咽喉、晶状体、脊髓、神经视网膜、肠,而哺乳动物则不能。

三、成体干细胞激活

成体干细胞(ASC)被隔离在具有再生能力的组织中相对罕见的未分化细胞中,存在于能维持其干性特征的微环境中,就像胚胎发育时他们的分化一样。当被其他的微龛因素激活后,ASC 能对称分裂产生两个干细胞或两种谱系的细胞,或不对称地产生一种谱系的细胞和另一个干细胞。一个干细胞分裂产生另一个干细胞叫作自我更新。有两种主要的 ASC 级别,即上皮和间质。根据组织的不同,ASC 具有不同程度的发育潜能。其中一些是具有多潜能性的,能产生一些细胞类型,比如造血系,其他的如表皮干细胞似乎是单潜能性的,只能产生角质细胞。在维持再生和损伤诱导的再生时 ASC 的激活的发生是不同的。

维持再生时干细胞经历连续但缓慢的分裂以应对环境信号,维持子代适应新环境时的恒定诱导其分化,但应对损伤会增加干细胞的激活和增殖。

1. 表皮干细胞　上皮来源于原肠胚的外胚层和内胚层,组成了人体 60% 的不同的组织。上皮细胞通过专门的细胞连接彼此锚定,并锚定到基底膜上。能够区别它们的细胞内的主要蛋白质是角蛋白。上皮细胞组成了皮肤的表皮和管腔器官系统如消化系统、呼吸系统、尿道及中枢神经系统。嗅觉器官和视神经分别来源于鼻上皮和视网膜神经节上皮。肝脏的肝细胞、胰腺的腺泡细胞以及与它们相连的小导管和导管细胞排列如上皮细胞。心血管系统内衬专门的上皮细胞被称为内皮细胞，由于心脏和血管特异性的位置、形态、波形蛋白而非角蛋白的表达，以及特异性的细胞表面抗原，使得它们不同于表皮细胞。

再生皮肤表皮和管状器官系统上皮的干细胞分别位于相应组织的基底层。肝脏和胰腺通过外科术后缺失组织的亲代细胞复制而再生，但小导管处隐藏的干细胞组织损伤后通过其他方式再生。内皮细胞通过驻留于骨髓和循环系统的干细胞再生，并且内皮自身也具有再生能力。

2. 间充质干细胞　身体其他的组织类型来源于原肠胚和神经轴胚的中胚层和外中胚层（神经巢）。其中包括骨骼肌系统、心肌、平滑肌、疏松结缔组织以及皮肤真皮。最初，间充质干细胞（MSC）由 Friedenstein 等分离于骨髓并在体外培养，呈成纤维样聚集生长。这些原始的 MSC 能够分化成骨细胞、脂肪细胞、软骨细胞和平滑肌细胞。它们与骨髓中另一种中胚层来源的造血干细胞（HSC）共同存在。骨髓 MSC 细胞表面蛋白属性不同于 HSC，不表达细胞分化标记物 CD31、CD34 和 CD45，但是 MSC 特异性的细胞表面蛋白是很难准确定义的。分离自骨外膜和骨内膜、牙髓、脂肪组织、骨骼肌、心脏及血管周围组织来源的 MSC 种群与骨髓 MSC 相比具有相似性但不具备完全相同的特征。有证据表明大多数 MSC 实际上是血管周细胞，这就足以解释为什么可以在这么多组织中被发现。

值得注意的是大多数组织利用这四个机制之一作为主要的再生方式，但大量再生不止通过一个机制。红细胞和肠上皮细胞再生仅通过成体干细胞，然而肝脏和胰腺利用代偿性增生在外科手术损伤后再生，利用干细胞进行慢性化学损伤后的再生。有尾目的附属物再生主要通过去分化/再分化，但成体干细胞、EMT/MET、细胞再生长、转分化也有助于再生过程。

第三节　细胞再生的微环境

所有组织的细胞驻留于由细胞外基质（extracellular matrix, ECM）及各种可溶性分子组成的微环境中（龛，niche），其中，一部分分子是局部产生的，其他的是由远处组织和血液循环产生的（图 3-2）。龛的成分和空间组织决定了细胞的活性。ECM 和可溶性分子都能作为信号分子（配体）结合于细胞质膜或细胞核上的受体。配体结合引发了受体结构的改变，关闭了细胞反应连锁，导致细胞骨架结构的改变，或引起短期或长期的细胞基因转录模式的改变。

龛的组分已经被创伤修复纤维化及 ASC 再生很好地研究过。当前的证据说明很多龛通过对发育

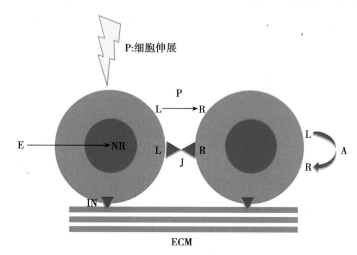

图 3-2　微环境因素调控细胞行为
两个细胞在自分泌（A）、旁分泌（P）、近分泌（J）方式中通过配体（L）和受体（R）自我作用或彼此作用。细胞也会通过细胞扩展（如轴突）和内分泌信号以及通过血液刺激核受体（NR）接受到远距离的旁分泌信号。另外细胞外基质（ECM）包围细胞或者其他的细胞包括多肽序列信号通过整合素受体（IN）

程序的概括指导组织修复,但实际上不总是这种情况。解剖学上,ASC 的龛能广泛分布贯穿组织中(如肌肉卫星细胞),被限制在有限的空间(如毛囊隆起、侧脑室脑室下区),或分散为兼性空间(骨髓中的造血干细胞)。

一、龛信号分子

龛的信号分子被分为旁分泌、自分泌、近分泌和内分泌。旁分泌信号由细胞分泌,短范围内扩散结合于邻近细胞的受体上。信号用这种方式在细胞间传播。许多(但不是全部)旁分泌信号根据它们的结构基础被分成四个家族。它们分别是成纤维生长因子家族(FGF)、Hedgehog 家族、Wnt 家族和 TGF-β 超家族。TGF-β超家族包括 TGF-β 家族、骨形成蛋白家族(BMP)、节蛋白、Vg1 家族和一些其他蛋白。自分泌信号是指一个分子结合于能够产生这种分子的细胞表面上的受体。近分泌信号包括细胞间的接触,细胞表面的配体结合到另一个细胞的受体上。内分泌信号在血液中传播并结合于核受体上。一些旁分泌信号,如维生素 A 酸(RA)也能结合到核受体上。

具有细胞黏附性的 ECM 组分中的短氨基酸序列也可通过结合细胞表面受体而作为信号被称为整合素。例如维持 HSC 的静止状态依靠 N-钙粘连蛋白的黏附连接及纤连蛋白的整合素,黏附到骨髓基质中的骨细胞上($\alpha_4\beta_1$、$\alpha_5\beta_1$)。封闭这种黏附能抑制长期骨髓培养的造血作用。ECM 的机械属性如多孔性、硬度、弹性、张力和压缩对细胞行为同样具有重要作用。无论如何细胞彼此相互作用,ECM 在 2D 或 3D 中(如在组织培养的单层中)也会影响细胞行为。如果固体组织培养在三维支架上,行为会更正常。

细胞经常需要通过近分泌或旁分泌的方式在长距离内彼此发送信号。这样的信号通过信号细胞向靶细胞结构伸展而完成,例如运动神经轴突从脊髓神经细胞胞体向肌肉伸展,原肠胚海胆胚胎中丝状伪足从入口的间质细胞向外胚层伸展。

二、信号转导通路

细胞间主要的 6 种信号通路基于受体结构被分为两组(图 3-3)。第一组,配体结合于单体受体。这组包括 Notch、Wnt 和 Hedgehog 通路。Notch 是近分泌信号通路,而 Wnt 和 Hedgehog 是旁分泌通路。第二组,配体结合于二聚体受体。这组包括受体酪氨酸激酶(RTK)、JAK-STAT、TGF-β 通路,这些都是旁分泌。总之,这些通路通过共同主题的变化发送信号到细胞内部。配体引起的受体结构变化使胞质区受体激酶激活,其他激酶利用 ATP 引起一连串的磷酸化反应,改变细胞骨架或激活/抑制转录因子。很多激酶也通过受体或配体内吞作用调控细胞内信号通路。细胞内核内体有两种目的地。其一受体被传递到隔室参与信号,其二受体被传递到降解室保持信号的强度和持续性在正常范围。此外有一个凋亡通路消除多余的和不需要的细胞及自体吞噬通路进行细胞内重塑。

1. Notch 通路　胚胎发育和再生过程中,Notch 信号是主要的干细胞自我更新及其命运决定的调控子。脊椎动物细胞有四种不同的 Notch 受体。Notch 是一种跨膜蛋白,通过膜结合配体 Delta 传递信号(被激活)交错作用于邻近细胞。内吞作用和膜运输调控细胞表面受体和配体的可用性。配体结合的内吞作用产生机械力引起 Notch 结构改变,使其细胞外的结构域被金属蛋白酶 ADAM 降解。然后 presenelin 酶裂解了 Notch 细胞内结构域(NICD)。NICD 转位到核与 DNA 结合蛋白 RBP-Jκ 相互作用,组蛋白乙酰化酶 p300 和 PCAF 激活靶基因,其产物作为基因编码产物的转录抑制子促进细胞分化。

NICD 的活性被 Numb 抑制。ASC 分裂过程中 Numb 在子代细胞中的不对称定位引起细胞的谱系决定而其他子代细胞仍然作为干细胞。Numb 蛋白被 RNA 结合蛋白 Musashi-1(果蝇 Drosophila)在翻译水平进行调控。Nrp-1 结合于 numb 的 mRNA 阻止其被翻译。因此,当 Nrp-1 缺乏时,Numb 产生并被定位,引起谱系决定。

2. 标准 Wnt 通路　Tcf/Lef 家族史一组重要的转录因子维持 ASC 的静止状态,是标准 Wnt 信号通路下游的效应子。由 4 个家族成员组成 Tcf-1-3 和 Lef-1。这些转录因子广泛表达于胚胎发育期和干细胞中,在缺乏 Wnt 信号时,与 Groucho 相关蛋白结合作为转录抑制子。在缺乏 Wnt 信号时,β-catenin 被破坏性的复合体不断降解,复合体由两个抑制子蛋白轴蛋白和腺瘤性息肉大肠埃希菌(APC)作为支架,两个激酶 CK1 和

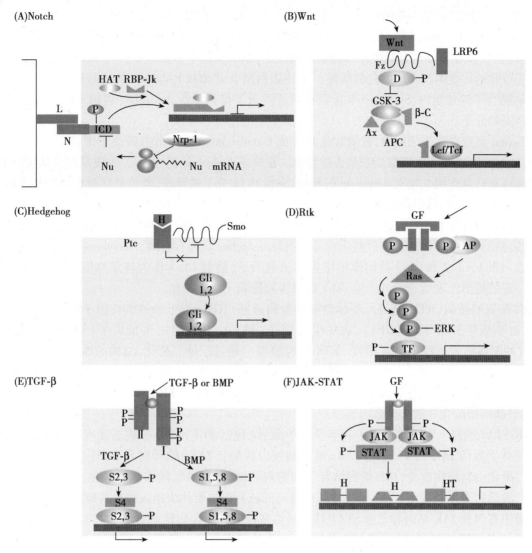

图 3-3　发育和再生过程中六个主要信号通路的简化草图

Notch 通路的信号积极的维护细胞的干性,然而其他通路的信号刺激细胞不对称分裂。(A)Notch 通路。L=配体,N=notch 蛋白,ICD=细胞内功能结构域,P=presenelin,HAT=组蛋白乙酰转移酶,RBP-Jκ=DNA 结合蛋白。ICD,HAT 和 RBP-Jκ 形成一个复合体结合于分化基因的调控区封闭其转录。封闭作用靠蛋白质 NRP-1 维持,NRP-1 能阻止 Numb(Nu)mRNA 的翻译。如果翻译,Numb 抑制 ICD 从 Notch 上去除,转录抑制复合物不能形成,激活细胞。(B)Wnt 通路。Fz and LRP6=Wnt 的协同受体。PAR-1=蛋白激酶磷酸化(P)蓬乱的蛋白(D)。GSK-3=糖原合成酶激酶-3,Ax=轴突,APC=腺瘤性结肠息肉病蛋白,β-C=beta 连环素。Lef and Tcf=转录因子在缺乏 Wnt 信号时抑制基因转录激活干细胞。(C)音猬因子通路。Ptc=碎片蛋白,Smo=平滑蛋白,Gli=果蝇肘中断副本转录因子。(D)RTK 通路。GF=生长因子,P=磷酸盐,AP=调节蛋白识别磷酸化受体激活 Ras 蛋白,引起一连串的磷酸化反应终止于 ERK,ERK 是丝裂元激活蛋白酶(MAPK),磷酸化转录因子(TFs)。(E)TGF-β(Smad)通路。P=磷酸盐,S=Smad 蛋白。Ⅰ型和Ⅱ型受体都是二聚体。(F)JAK-STAT 通路。P=磷酸盐。STAT 蛋白形成转录复合体二聚体(H)或异源二聚体(HT)

GSK-3 不断地磷酸化 β-catenin。磷酸化的 β-catenin 通过蛋白酶体靶向降解。

　　已鉴定的 Wnt 蛋白有 15 种结合于跨膜受体及其共受体 LRP5/6。这种相互作用使 LRP5/6 磷酸化,β-catenin 降解复合体磷酸化 β-catenin 的能力缺失,β-catenin 稳定并聚集于细胞核,取代了 Groucho 蛋白,与 Lef 和 Tcf 协同作用激活转录。抑制 β-catenin 降解复合体,包括通过 PAR-1 激酶磷酸化的 Disheveled 蛋白抑制 GSK3,并且 LRP5/6 招募轴蛋白远离复合体。

　　Dsh 在非标准 Wnt 信号通路中具有一定作用,通过这一信号通路能与 Rho GTPase 相互作用,Rho GTPase 能够激活激酶磷酸化细胞骨架蛋白,改变细胞形状、极性、运动性。第二非标准 Wnt 通路通过被磷脂酶激活的 Fz 起作用,引起储存钙从内质网中释放。钙激活多种蛋白参与多种生物学功能。

3. Hedgehog 通路　Hedgehog 信号分子家族有三个成员,音猬因子(Shh)、印猬因子(Ihh)和沙猬因子(Dsh)。这些蛋白质在干细胞自我更新、增殖、命运决定,组织模式中非常重要。与 Notch 配体或 Wnts 不同,hedgehog 信号抑制其受体及碎片蛋白的活性。碎片蛋白结合并抑制 hedgehog 的信号转导蛋白 Smoothened。当 hedgehog 结合于碎片蛋白,Smoothened 蛋白被激活。为了维持活性,hedgehog 裂解形成氨基末端肽,羧基端酯化成胆固醇分子。

Smoothened 蛋白存在于果蝇中,被磷酸化并释放 Cubitus interruptis 蛋白缠绕于微管上。Ci 蛋白是一个转录因子,发挥抑制或激活作用取决于是否被裂解。在缺乏 hedgehog 信号时 Ci 的羧基端区域裂解并移动到细胞核发挥转录抑制作用。当有 hedgehog 信号时,完整的 Ci 分子被释放,转位到细胞核发挥转录激活作用。Ci 的浓度决定了不同的基因被激活。在脊椎动物中三种不同的蛋白质 Gli 1~3 进化影响 hedgehog 通路的转录抑制或激活。当缺乏 hedgehog 信号时,Gli-2 和 3 的羧基端被酶裂解,转录不能被激活。Gli-1 的羧基端没有去除,但完整的 Gli-1 不能通过自己激活转录。当有 hedgehog 信号存在时,Smoothened 蛋白抑制酶裂解 Gli 2 的羧基端。Gli-1,Gli-2 和 Gli-3 共同作用作为转录激活子,然而 Gli-3 作为转录抑制子。Hedgehog 和 Wnt 通路具有一定的相似性表明它们可能是 sister 通路协同影响干细胞增殖。

4. 受体酪氨酸激酶(RTK)通路　受体酪氨酸激酶通路(RTK)用于各种生长因子如成纤维细胞生长因子(FGF)、血小板生长因子(PDGF))、表皮生长因子(EGF)、血管内皮生长因子(VEGF)及干细胞因子(SCF)。这些配体结合于特异性的 RTK。RTK 是跨膜蛋白通过配体二聚化,结构的改变引起受体胞质区特异性酪氨酸自身磷酸化。调节蛋白识别这些酪氨酸残基之一,引起 G 蛋白激活,如 Ras,引起激酶磷酸化级联反应。级联反应的最后一个成员磷酸化的细胞外信号调节激酶(ERK,也叫促分裂原活化蛋白激酶或 MAP)进入细胞核磷酸化并激活转录因子。

5. JAK-STAT 通路　很多细胞因子和生长因子激活(包括 FGF)结合于缺乏固有的酪氨酸激酶活性的 RTK 通路受体上激活 JAK-STAT 通路(JAK = 酪氨酸蛋白激酶;STAT = 信号转导子,转录激活子)。配体的结合使受体二聚化引起结构改变,JAK 蛋白结合于细胞内的结构域,酪氨酸残基磷酸化,将受体转换成酪氨酸激酶受体。激活的受体磷酸化 STAT 蛋白使其形成同源或异源二聚体快速入核与其他蛋白形成转录复合体。在哺乳动物中有四种 JAK 基因和七种 STAT 基因提供多种受体结合和转录结合。

6. 转化生长因子 β(TGF-β)通路　生长因子 TGF-β 家族由两个子族组成,TGF-β/激活素/诺达尔子家族和骨形成蛋白(BMP)/生长和分化因子(GDF)/Muellerian 抑制物(MIS)子家族。这些信号分子通过丝氨酸-苏氨酸激酶受体发送信号,丝氨酸-苏氨酸激酶受体是由两个跨膜蛋白组成的 I 型和 II 型受体。在脊椎动物中有七种不同的 I 型受体和五种 II 型受体。不同的 I 型和 II 型受体通过结合的配体形成了异源二聚体。根据结合的配体 II 型受体磷酸化 I 型受体,激活它的激酶结构域。激活的受体根据配体磷酸化不同类型的 Smad 蛋白。

这三种分类中有 8 种 Smad 蛋白。受体 Smads(R-Smad,1,2,3,5,8)是唯一直接被受体磷酸化的。它们聚集于核与 Co-Smad(Smad 4)一起,其他蛋白进入复合体激活或抑制转录。Smad 6 和 7 竞争其他 Smad 的结合位点而被抑制。三种 I 型受体通过磷酸化 Smad 2 和 3 转导 TGF-β 信号。其他四种 I 型受体激活 Smad 1,5 和 8 介导 BMP 信号。

7. 凋亡和自噬　凋亡是一种细胞的自杀行为,在明确的生物化学通路中引起细胞组分酶的自我降解,不产生炎症。这种明确的程序是凋亡与坏死相区别,坏死细胞整个瓦解是由于创伤伴随炎症。凋亡细胞收缩形成细胞表面气泡,DNA 降解,分散成小的膜结合片段,开始显示"寻找我"的信号,然后显示"吃掉我"的磷脂酰丝氨酸信号结合于巨噬细胞和树突状细胞表面。这些吞噬细胞吞没并消化碎片同时产生抗炎性细胞因子。胚胎和再生成体组织依靠凋亡调控细胞数量,翻转、雕刻发育和再生中器官的形状,并消除损害器官的细胞如病毒感染细胞、癌细胞、能引起自体免疫的免疫细胞、DNA 损伤的细胞。

细胞是否决定经历凋亡,取决于其他细胞产生的抗凋亡信号和促凋亡信号之间的平衡。有两组凋亡途径,一个由内部信号触发(内源性途径),另一个由细胞外的信号触发(外源性途径)(图3-4)。

内源性途径在缺乏抗凋亡信号(生长因子、黏附信号)时触发,或者当细胞遭受内源性 DNA 损伤时,

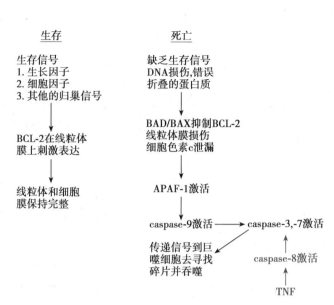

生存　　　　　死亡

生存信号
1. 生长因子
2. 细胞因子
3. 其他的归巢信号

↓

BCL-2在线粒体
膜上刺激表达

↓

线粒体和细胞
膜保持完整

缺乏生存信号
DNA损伤,错误
折叠的蛋白质

↓

BAD/BAX抑制BCL-2
线粒体膜损伤
细胞色素c泄漏

↓

APAF-1激活

↓

caspase-9激活 → caspase-3,-7激活

传递信号到巨
噬细胞去寻找
碎片并吞噬

↑ caspase-8激活

↑ TNF

图3-4 凋亡的基本方案 vs. 生存信号

生存信号通过 Bcl-2 维持线粒体的完整。细胞通过两种通路经历凋亡。内在通路(黑色)在缺乏生存信号时通过 DNA 损伤或细胞应力而触发,导致错配蛋白超负荷而不能被清除。BAD 和 BAX 蛋白抑制 Bcl-2,引起细胞色素 c 从受损的线粒体膜泄漏。细胞色素 c 泄漏导致一连串的反应,终止于 caspase-3 和 caspase-7 的激活。外源性通路(红色)通过直接的死亡信号如 TNF 激活。这些信号通过 caspase-8 激活 caspase-3 和 caspase-9

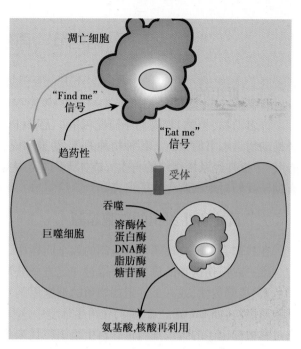

图3-5 凋亡细胞通过巨噬细胞吞入

凋亡的细胞和碎片发出"寻找我"的信号,吸引巨噬细胞后发出"吃掉我"的信号引发巨噬细胞的吞入。吞入的细胞或碎片内吞后成为溶酶体的一部分,溶酶体包含消化蛋白的酶、DNA、脂肪、碳水化合物,重回收后提供氨基酸和核苷酸给其他细胞(改自 Nagata et al 2010)

或积累错误折叠蛋白时,通过影响线粒体功能引起细胞死亡。健康的线粒体表面凋亡蛋白 Bcl-2,但两个其他蛋白 Bad 和 Bax 结合于 Bcl-2 封闭其功能,在线粒体膜上形成毛孔,使细胞色素 C 渗出。细胞色素 C 结合于凋亡蛋白酶活性因子(APAF-1)形成凋亡复合体。凋亡复合体结合并激活 caspase-9,并进一步激活 caspase-3 和-7。血红细胞是在缺乏抗凋亡信号时细胞经历程序性死亡的一个细胞类型的例子,血红细胞需要红细胞生成素才能生存。直接触发细胞死亡的外源性途径的两个主要的信号是 FasL 和肿瘤坏死因子(TNF)。FasL 由细胞毒性 T 细胞产生通过结合其受体 Fas 诱导靶细胞凋亡。TNF 通过与靶细胞上的 TNF 受体结合参与炎症引发凋亡。在外源性途径中,信号传递到细胞质激活 caspase-8 与 caspase-9 一样能引起 caspase-3 和 caspase-7 的激活。这些 caspases 将细胞消化成碎片,传递信号到巨噬细胞去寻找碎片并吞噬(图3-5)。

生死基因最初发现于线虫,其系统发生经历了漫长的时间,是非常保守的。有趣的是,成纤维细胞 caspase-3 和 caspase-7 敲除鼠抵抗线粒体和直接死亡受体介导的凋亡,说明这些酶对凋亡的重要性早于最后的破坏性作用。TUNEL(Tdt-mediated dUTP-biotin nick end labeling)或 caspase-3 抗体用于显示组织切片中的细胞经历凋亡。

自噬是一种不同类型的细胞自溶,不会引起细胞死亡,但会引起细胞器和蛋白质的降解并重新循环成新的分子。细胞组分被重新循环并直接包装到溶酶体(微自噬)或称为自噬体与溶酶体融合(大自噬)。当有生长因子存在时,如胰岛素样生长因子(IGF),大量营养素自噬途径被 TOR 激酶抑制(西罗莫司靶点)。IGF 通过 RTKs 发挥作用经由 I 型 PI3K/Akt 途径激活 TOR。在酵母,TOR 抑制大约20个下游基因完成自噬。低基础水平的自噬涉及所有细胞的分子再生,在高能量需求时上调,如饥饿、生长因子缺乏,或氧化应激时需要清除受损细胞组分时,感染,积累蛋白质聚合。自噬最重要的意义是细胞结构重塑时的再生和纤维化,发生于肉芽组织重塑、EMT/MET 及去分化过程中。

第四节 再生医学的研究方法

一、再生的动物模型

许多动物(植物)模型用于研究再生。无脊椎动物,如涡虫和水螅长期用于整体再生的动物模型。其中脊椎动物是本书的重点。各种物种的鱼,幼虫和成虫有尾目的蝾螈,无尾目的蝌蚪和成虫,用于研究附属物、心脏、中枢神经系统组织的再生。成体干细胞再生的研究主要用哺乳动物模型,但目前对果蝇的研究越来越有助于我们对干细胞生物的研究。

二、确定再生组织的细胞起源

在我们寻求解决理解再生机制的四个问题中,最根本的问题是解决再生的细胞的起源。确定细胞起源包含维护或损伤诱导的再生需要通过一定方式获取细胞并证明这些细胞能否产生再生的组织。自然标记,如色素、核倍数性,或人工标记如增殖的细胞用胸腺嘧啶脱氧核苷酸或 BrdU 进行 DNA 标记,或用细胞膜或细胞质燃料,如 DiI 标记细胞群,在再生环境中这些方法已用于移植标记组织到未标记宿主后追踪供体细胞。通过移植标记了的组织细胞追踪再生组织替代未标记的组织。例如,供体蝾螈的肌肉用几种不同方法进行标记,然后移植替换受体肌肉。标记的细胞存在于再生组织中说明了移植的作用。

细胞更复杂的遗传标记已大大改进了我们的能力以研究再生组织的起源。目前已发展了两种转基因标记方法(图 3-6)。第一种方法叫非条件性遗传标记(图 3-6A),受精卵被注入一个结构,由组成型基因(存在

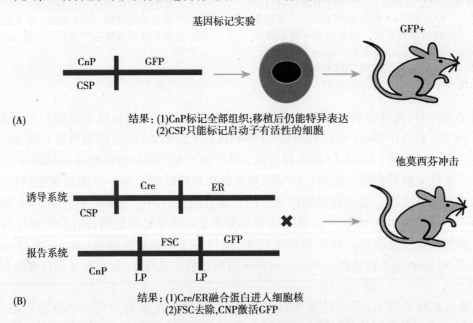

图 3-6 细胞的遗传标记与病毒载体的传递

(A)非条件性标记。一个组成型启动子(CnP)或细胞特异性启动子(CSP)及 GFP 报告基因组成的结构注射进入小鼠受精卵。首先,通过移植特异性组织到未标记受体实现所有细胞表达 GFP 转基因及标记特异性。然后,仅仅表达基因特异性的细胞类型被标记,因为只有这种类型的细胞具有转录因子激活基因启动子。只要基因标签是打开的,标记细胞的运动和命运就会被追踪。(B)条件性(诱导性)标记。这个方案允许研究者在组织损伤前的任何时候标记特定的成体细胞类型,决定再生细胞的起源。这种方法需要交叉交配两种鼠,一种携带诱导结构包含细胞特异性启动子(CSP)、Cre 和雌性激素受体基因(*ER*),另一种携带报告结构由组成型启动子(CnP)和一个报告基因(在本例子中是 *GFP*),通过每端各有一个 Lox P 位点的 DNA 序列隔开。这个 DNA 序列通常被推荐作为"floxed stop cassette"(FSC)。FSC 阻止报告基因被转录。当小鼠被交叉交配时,一些子代会同时携带两种结构。当 tamoxifen(雌性激素)被脉冲注入这些孕鼠时,Cre/ER 融合蛋白能够进入细胞核,删除 FSC,使启动子能够启动报告基因的表达

于每一个细胞)启动子驱动的报告基因所组成,或由仅在发育过程中特殊类型细胞中被激活的基因启动子驱动的报告基因所组成。首先报告基因在所有细胞中表达,损伤后通过移植特定细胞到未标记的宿主而被追踪。然后在表达表型特异性基因的细胞中报告基因被激活,其组织在维护或损伤诱导的再生过程中,标记细胞被追踪。

第二种方法,称为诱导或条件性遗传标记(图3-6B),报告基因表达的转基因动物,在发育和再生过程中的任何时候,通过 Cre/lox DNA 重组系统被刺激激活。Cre(导致重组)是一种表达于噬菌体的重组酶,在 lox P 序列处切断 DNA。两组转基因动物。第一组携带由特殊细胞类型的基因启动子(如胰腺 β 细胞的胰岛素)驱动的 Cre/雌性激素受体融合基因。这种结构使 Cre/雌性激素受体融合蛋白仅在那种特殊细胞中表达。第二组携带组成型的普遍存在的启动子和报告基因,被一个左右两侧有 lox-P 位点的序列隔开(一个两侧装接 lox-P 的终止盒,FSC)。交叉交配这些老鼠会产生子代同时携带这两种结构。融合蛋白的 Cre 部分能切除第二结构 lox P 位点 FSC,重新组合组成型启动子与报告基因并激活。然而,Cre/雌性激素融合蛋白必须通过对动物脉冲给药 tamoxifen 而被激活,并转位至细胞核并进行重组。Cre/ER 融合蛋白进入细胞核,Cre 重组酶剪切 FLC,组成型启动子和报告基因重组,仅标记表达融合蛋白的那些细胞。条件型遗传标记现已广泛用于区分干细胞或分化细胞来源的再生组织。

三、分析微环境调控细胞活性

细胞相互作用涉及的龛的调控在体外通过在不同组分的 ECM 上培养细胞进行研究,不同的可溶性分子相结合存在或与测试细胞有密切解剖学关系的其他类型细胞存在。龛在体内通过使用特殊细胞类型的配体/受体的抗体被研究,移植细胞进入异质龛改变组织和基因敲除或敲低细胞的空间关系,这些细胞可能有助于龛的功能。

四、细胞成像和鉴定

无论我们采用的实验策略如何,均需要能够识别和分离干细胞向终末分化细胞分化过程中,不同分化状态的细胞类型。这项工作已经进行了一个多世纪的研究,通过使用固定剂保存组织,切片和染色;通过不同颜色反映细胞内不同的分子成分和 ECM。这种染色方式揭示了组织细胞形态及各细胞类型及组织内部的细胞结构特异性。目前,这些组织技术通过分子技术如细胞类型和分化状态的生物标记物蛋白抗体染色,聚合酶链式反应放大决定细胞类型和分化状态的基因转录本。成像的发展如共聚焦显微镜和电脑断层扫描伴随着这些方法的发展,而且已经制订了不同的方法从混合物中分离出不同的细胞群。

五、再生和纤维化的比较分析

比较性分析有益于理解遗传通路对有再生能力的组织是共同的,并且对于理解再生能力的组织和再生缺陷的组织的分子差异性也是有帮助的。例如确定再生和纤维化分子差异性的直接策略是比较和对比再生能力组织和再生缺陷组织的转录组和蛋白质组。研究肢体再生主要用三个实验模型。

1. 对野生型组织和进行了获得或缺失再生能力遗传改变的相同组织进行比较。

2. 对同一组织在其有再生能力的发育阶段和没有再生能力的发育阶段进行比较。

3. 对不同种属的同一组织,其中之一能够再生组织,另一个不能再生。

这样的比较有助于揭示促进或抑制再生的机制,说明干预将给予再生缺陷的组织器官再生能力。

第五节　再生医学的策略

目前,用于组织、器官和附属结构的修复有 4 种策略。包括:①采用化学或物理方式,抑制瘢痕形成,同时刺激伤口局部直接形成新的组织;②细胞移植;③植入人造组织和器官;④使用仿生学装置和器官移植。在以上四种策略中,仅有第一种是真正意义上的再生。其他均是替代途径。但由于其涉及功能的重建,所以也归类到再生医学。对于细胞移植是替代,还是再生,目前没有明确的界定,由于移植细胞既可通过旁分泌刺激宿主细胞存活、调节瘢痕形成,也可通过化学刺激诱导局部干细胞再生形成新的组织。

一、化学和物理诱导的原位再生

再生医学最终的目标是通过单独或联合使用分子混合物、基因治疗或使用支架,直接抑制瘢痕形成,并刺激伤口局部细胞再生。溶剂可以通过注射、可降解生物支架作为载体进行局部传递。可降解生物支架本身可作为再生诱导剂或瘢痕抑制剂。根据再生机制,溶剂可以被设计成唤起再生,细胞再生长、原始细胞增殖(代偿性增生、EMT/MET 去分化/再分化)、成体干细胞激活、转分化。这种方式的优点是减少与细胞培养、移植、生物伦理学有关的一系列问题,并且与其他方法相比,费用更低。

我们相信有以下几点原因使化学刺激方式能够起作用。首先,哺乳动物所拥有的巨大潜力被抑制,包括组织像脑、视网膜、心脏中存在的干细胞在正常情况下不会再生。当体内这些部位的抑制被移除后,这些细胞能够增殖,并分化成神经元、心肌细胞等。因此,通过把不允许再生的损伤部位环境变得允许再生,我们能启动并完成再生过程。第二,在一系列实验动物组织中,再生反应已通过化学方式诱导或增强。局部使用生长因子已成功加速皮肤伤口修复。可降解生物支架已被用于刺激或促进皮肤伤口真皮再生,并促进末梢神经或骨间隙再生。一系列神经保护分子、抑制轴突延伸的中和分子、降解胶质瘢痕的酶、RNAi 已被用于促进小鼠动物模型的脊髓轴突再生、抑制肌萎缩侧索硬化(amyotrophic lateral sclerosis,ALS)的发生。将成年青蛙增殖能力差的肢体再生诱导也需要引起或增强再生反应。第三,在大鼠帕金森症模型中构建基因表达生长因子用于促进损伤骨再生并保护多巴胺能神经元。

到目前为止,化学诱导最惊人的示范是使用已知的生长因子将体细胞转分化为其他细胞类型或它们的祖细胞。在体内用慢病毒载体向小鼠胰岛腺细胞中转染三种对胰岛发育非常重要的转录因子 Pdx1、Neurog3 和 MafA 促使其转分化。Vierbuchen 等利用 5 种逆转录病毒载体向小鼠成纤维细胞中转染 Ascl1、Brn2/4、Myt1l、Zic1 和 Olig2,诱导其变成神经元。使用逆转录病毒载体转染 Gata4、Mef2c 和 Tbx5 三种基因将小鼠成纤维细胞转分化为心肌细胞。转染 Gata4、Hnf1α 和 Foxa3,联合 p19Arf 沉默能诱导肝细胞形成,Hnf4α 与 Foxa1/Foxa2/Foxa3 三种转录因子中的任意一种组合也能达到同样的效果。

直接的化学和物理诱导原位修复和再生是再生医学的转化的最好结果,这一方法具有最便宜、侵袭性最小的优点,因此,是再生组织不容忽视的一种方法。

1. 参与创伤修复或再生的可溶性分子 在创伤修复试剂以及各种治疗疾病的药物中,一种最有趣的潜在的和最有生产力的药物来源于在印度和中国应用千年的传统医学财富。例如姜黄素、咖喱粉香料等。姜黄根的黄色天然成分有抗氧化和抗炎的特性,已经用作修复创口的试剂。在再生医学研究中,印度政府已经编纂了传统知识数字化图书,他们从 100 部古籍书里罗列了超过 120 000 种成分,挖掘它们的潜在用途。其中一部分经历了临床试验,但许多其他的成分的研究到达这一阶段会很缓慢,因为这些生物源泉仅提供微量的成分,不能化学合成,他们作用的分子机制也不明确。

一个相关且同样令人兴奋的领域是筛选组合的化学库合成的小分子,他们具有在损伤部位启动直接参与修复和再生分子通路级联反应的能力。在最成功的例子中,一个分子(信号)将产生一种多米诺效应,席卷整个过程。这将是侵袭性最小、最有性价比的再生新组织方法。

2. 再生的支架 支架和生长因子的最佳组合对骨骼、肌肉和神经再生是很有价值的。现在正在开发能够诱导再生的新的生物材料支架,它从室温下的液态能够转变成体温下的固态。把这种生物材料注入伤口,它们会根据其形状精确地整合并固结。例如,已经设计出一种液态的叠氮基苯甲酸羟丙基壳聚糖水凝胶,它能够在伤口处应用,并且光交联成柔软且透明的膜。这种伤口包扎对氧气是通透的,但细菌是不通透的,对成纤维细胞或角质细胞均无毒。

即使目前正在开发的新支架不要求光交联,也会自动经历相位转变,从室温状态变化至体温状态。这些液体在凝固的过程中会调成设想的不同硬度,有潜能结合促进再生的生长因子,并将其传递至受损伤的组织。最近开发一种可调节的材料,由两种碱基连接组成,鸟嘌呤和胞嘧啶,连接赖氨酸使其功能化。在溶液中,许多组 6 对连接自我组装成玫瑰花结,进一步堆积形成纳米管结构。像他莫西芬或生长因子类药,可以混合进去并与玫瑰花结相结合。注射后这些溶液转化成固态,退化并释放出与它结合的因子。此外,这样一个材料可以装载慢病毒生长因子基因结构,转染迁移的细胞,并支持他们增殖和分化成新的组织。Audax Medical,Inc™正在商业化地开发这种不寻常的材料。

3. 诱导转分化　在再生医学中另外一种变化的方向是通过直接应用信号分子或转录因子的分子混合剂,转分化成纤维细胞、脂肪细胞或外膜细胞(体内最普遍存在的细胞类型)以及原位诱导再生成目的细胞的类型。可以通过两种方法诱导人细胞转分化,一种是用能够促进特殊表型分化的生长因子来处理,另一种是强行表达其他细胞类型特殊的转录因子。这些方法不仅可以避免所有生物伦理问题,还会减少关于 ESC 和 iPSC 的生物学问题,如畸胎瘤和免疫排斥反应。而且更简单,费用更低。

2002 年 Hakelien 等报道了体外利用源于人刺激 T 淋巴细胞的细胞核和细胞质对 293T 成纤维细胞重组。处理的成纤维细胞展现了核摄入和重组转录因子,染色质重塑复合物的活化,组蛋白乙酰化,T 细胞特异基因的活化。它们对刺激也有反应,上调 T 细胞特异性通路。另外,293T 成纤维细胞暴露于神经元前体细胞提取物后,在极化的区域像神经突可以表达神经丝蛋白200。在培养数周后基因表达的变化趋于稳定。重组成纤维细胞不具有 T 细胞或神经元所有的形态学特征,表明它们的分子轮廓没有完全重组。T 细胞能够发挥淋巴细胞的功能到什么程度是未知的。

通过神经元特异性转录因子和 miRNA 诱导的方法,若干组研究者已经报道了人皮肤成纤维细胞直接转分化成神经元。Pang 等应用了 BRN2、ASCL1、MYT1L 和 NEUROD1 的组合。2011 年 Yoo 等发现 miR-9/9 * 和 miR-124 联合 ASCL1、MYT1L 和 NEUROD1 是有效的,而 2011 年 Ambasudhan 等完成了 miR-124、MYT1L 和 BRN2 联合直接重组。这些转换产生了具有典型神经元形态和标志基因表达的一般神经元,它能够产生动作电位并形成突触。但神经元还不成熟,成年人成纤维细胞转分化效率比新生儿低许多。在另外一项研究,联合应用 ASCL1、Nurr1 以及 LMX1A 诱导来源于健康供体和帕金森病患者的出生前和成年成纤维细胞分化成多巴胺能神经元,作者证实了成纤维细胞标志基因下调,多巴胺能表型特征性基因上调,多巴胺能基因启动子区域甲基化,表明在重组过程中它们复活。来源于健康供体和帕金森病供体的成纤维细胞转分化的能力没有区别。

2011 年 Caiazzo 等报道成纤维细胞转分化成多巴胺能神经元,并不伴有细胞分裂和去分化。然而,细胞不分裂的情况下也可以去分化。2011 年 Richard 等已经研究了在 *C. elegans* 发育过程中,Y 直肠细胞转分化成 PDA 运动神经元的机制。他们发现 T 细胞失去它上皮细胞的标志,但并不伴随获得神经元细胞的标志;也就是完全清除原始特性,而后逐步转分化成运动神经元。这与我们所熟知的在晶状体分化过程中 PEC 转分化成晶状体细胞以及在肢体再生中成纤维细胞转分化成软骨细胞相符,这表明在转分化中彻底清除特性是存在的。

通过转染 Oct4,而后在含有能刺激免疫系统的细胞因子的培养液里生长,成纤维细胞转化成造血祖细胞。在内皮细胞结构性表达 BMP1 型受体基因 *ALK2*,或通过 TGF-β2 或 BMP-4 活化 ALK 受体,可以引起内皮向间充质转化(EnMT)。当产生的细胞生长在合适的分化培养液里时,它们既表达内皮细胞标志 Tie2,也表达 MSC 标志 STRO-1,表达成骨的,形成软骨或形成脂肪的标志。有这些进展,通过将人虹膜色素沉着的上皮细胞原位转分化成晶状体细胞,将来或许有可能用最新的办法模拟出来。

来源于携有早老素-1 或 2 突变体的家族性阿尔茨海默尔患者的皮肤成纤维细胞可以转分化成神经元,在神经元存活因子 BDNF、NT3 以及 GCM 存在的条件下,通过联合前脑转录因子基因 *BRN2*、*MYT1L*、*ZIC1*、*OLIG2* 和 *ASCL1* 可以完成此转化。这些神经元改变了淀粉样前体蛋白的处理和定位,相对于正常成纤维细胞或正常个体诱导的神经元,这些神经元增加了淀粉样蛋白 β(认为其在阿尔茨海默病患者中是神经毒性分子)的产量。这些结果显示,通过诱导这些疾病患者正常类型细胞的转分化,研究疾病状态如阿尔茨海默病、帕金森病、ALS 以及其他晚期发作的疾病是有益的,因为这可以快速证明疾病的特征性质。

相同的问题需要求证于来源于 ESC 或 iPSC 的转分化细胞,关于其分化的成熟度、功能的稳固性以及长期稳定性。

4. 诱导去分化/再分化或代偿性增生　有两种方法原则上可以完成在损伤部位化学诱导再生,一是通过细胞去分化和再分化(D/R)成他们的祖细胞,正如有尾目肢体再生,或者通过代偿性增生,如肝脏和胰腺的再生。代偿性增生不需要表观遗传学上的重组,但是,如何将分化细胞重组成祖细胞还不清楚。在肢体再生形成芽基过程中可以检测到转录因子 c-Myc、Klf-4 和 Lin 28。成年干细胞或小鼠祖细胞看起来并不表达 Oct4,在肠上皮细胞、造血系统、毛囊、大脑和肝脏,基因敲除对干细胞或依赖增生的再生没有影响。而且,在再生的有尾目晶状体或肢体中未能检测到 Oct4。如果能确切知道保持特殊分化细胞的未分化干细胞或祖细胞状态的转录因子,我们可以在父辈细胞过表达这些转录因子,这样在发育过程中就可以重复建立组织的这一部分。而且,研究有尾目动物将它们的肢体细胞重组成未分化芽基细胞的机制,有助于我们了解在哺乳动物中这一过程是如何完成的。例如,体外有肌肉肌动蛋白存在的情况下可以完成 C2Cl2 肌管细胞分化,但是进入单核细胞的细胞周期和去分化需要敲除细胞周期蛋白依赖性激酶抑制剂 p21。

天然的和人工合成的支架以及生长因子在促使任何组织再生至有完全功能的这一水平时发挥的作用甚微。一些人工合成的支架,如按外周神经再生设计成的支架,确实促使自体移植组织的再生,这样就免去从身体其他部位采集自体移植组织了。但对其他组织,如脊髓和关节软骨他们就没有多大作用了。临床上已经证明,局部应用不同的生长因子和其他制剂可以加速急性和慢性皮肤创口的修复。动物实验证实旁分泌因子也可促进心肌梗死时心肌细胞的存活,并减少瘢痕的形成,但对其他组织的再生没有效果。临床试验证明移植骨髓细胞通过旁分泌因子在一定程度上但不总是改善心肌功能,且还未批准应用于临床治疗。

具有再生能力的细胞广泛分布是诱导机体自身组织再生的先决条件。再生时需要利用生物学或人工材料,以及信号分子和抑制瘢痕形成因子之间的相互作用。为了诱导机体自身组织再生,我们需要了解有再生能力的细胞是如何普遍存在的。在一些特别组织中,化学和物理信号及中性成分如何确切结合,以及传递这些分子或基因的最好方式是刺激再生和抑制瘢痕形成的必要条件。

若要提高可再生组织的再生能力,我们可以在分子水平检测培养液,以确定维持或形成再生微环境的旁分泌因子。但这样的筛查,并不足以确定促使依靠纤维化修复的组织再生的因子。因为微环境要么不包括促进再生的因子,要么不包括抑制再生的因子,或两者均不包括。这里,如果我们给非再生组织提供一个促进再生的微环境,我们需要了解再生通路和纤维化通路之间的分子差别。通过分类筛选 ECM 和有再生能力及无再生能力组织产生的信号分子,以及筛选分泌蛋白库,或者通过筛选联合化学方法产生的分子库,可以鉴定这些差异。正如之前章节所描述的,有再生能力和无再生能力种系组织之间的比较,可以通过两者在发育阶段,两者不同种系之间,以及再生能力有差别的野生型和突变体组织之间进行。在这一点上两栖类动物特别有用,因为在每一种比较中都能用到他们,青蛙发育过程中有再生能力和缺乏再生能力阶段的比较,有再生能力的成年蝾螈和缺乏再生能力的成年青蛙的比较,以及野生型蝾螈肢体和突变体肢体(短趾)之间的比较。而且,相比小鼠的肢体,外科及化学处理两栖动物的组织更容易些,保存两栖类动物花费更少。最重要的是,两栖类动物能再生一大批哺乳类动物不能再生的组织,因此,他们是研究这些组织再生的合理选择。

作为一种化学诱导再生的方式,基因治疗正在逐渐兴起,特别是在仅需单个蛋白校正缺损的时候。基因可以直接导入质粒或病毒载体中,从而进入受损区域的细胞,转染能够作为生物反应器产生蛋白的细胞,比如成纤维细胞或干细胞,这些蛋白也可以被整合到参与宿主细胞再生过程的一些生物材料中。

三维细胞支架的构造能够提高质粒转染细胞的效率。许多组织再生的实验都会用到质粒。将血管成形术所用的气囊表面包被一层水凝胶复合物,编码人 VEGF 亚型的质粒 DNA 导入水凝胶中,经皮将质粒植入兔子的缺血髂动脉中可以促进侧支血管的建立。目前,已经进行了一项 I 期临床试验,在此项试验中,将编码 VEGF 的质粒 DNA 直接注入传统治疗方法无效的 5 名男性心绞痛患者的缺血心肌中。所有的患者冠脉侧支循环增多,心绞痛发作也明显降低。其中 3 名患者的左室射血分数没有发生变化,另 2 名患者的射血分数平均提高了 5%,相当于其他临床试验中移植完骨髓细胞的效果。目前已经证实了利用可生物降解的聚合物作为载体将质粒 DNA 植入骨折处或切除处可以刺激新鲜骨组织再生的可行性。应用质粒 DNA 的主要缺陷在于摄取率较低。因此,组织再生需要高剂量的 DNA,而高剂量的 DNA 容易形成抗 DNA 抗体。因而,研究者们已经转向其他的载体,比如没有致瘤性的慢病毒。

一种不同的基因治疗方法是 RNA 干扰(RNA interference,RNAi)。它是通过慢病毒载体将 siRNA(small interfering RNA,siRNA)导入大鼠 ALS 模型的脊髓中抑制 SOD 突变体基因。2004 年 Soutschek 等已经描述了另外一种导入 siRNA 方法,通过将胆固醇基团和 siRNA 的正义意链相链接而完成,此 siRNA 靶向载脂蛋白 B 的 mRNA。将胆固醇基团加入 siRNA 可以显著改善小鼠中通过静脉植入 siRNA 的速率。在缺失载脂蛋白 B

基因的大鼠中,siRNA 既降低血清载脂蛋白 B 的水平,也降低血清胆固醇水平,但并不改变其他基因的 mRNA 水平,表明 siRNA 特异性针对载脂蛋白 B 的 mRNA。此结果令人备受鼓舞,2004 年 Rossi 已经指出,将这种方法应用于人的相同或不同基因之前,必须弄清楚组织来源。治疗人的高胆固醇血症是终生的,但是应用 siRNA 治疗的远期效果尚不确切,收益/风险比也不知道。能够达到理想效果的 siRNA 剂量也是个问题。从小鼠胆固醇降低的数据来推论,需要将较大量的 siRNA 和胆固醇聚合物输入人体中,花费昂贵,或许会产生意想不到的副反应。

然而,RNAi 应该是抑制特异基因活性,并确定基因在生物发展中功能作用的一种较有效工具之一。在细菌体内表达基因特异性的 dsRNA,并将此细菌与食物(肝和琼脂糖的混合物)混合后喂养涡虫,通过这种方法已经证实 RNAi 的效力,它可以明确基因在再生中所起作用。用这种方法,评估了大量基因功能丧失后对涡虫再生的影响。通过这些方法,对两栖类动物或鱼进行类似的研究也是有可能的。

总体上讲,尽管我们在化学诱导再生方面还没有取得量子式跳跃式发展,随着我们进一步理解维持功能性再生所需的微环境因素,并以促进再生骨架、分子混合剂、基因治疗或几种方法联合的方式应用于创伤部位,必将会取得稳定的进步。

二、细胞移植

细胞移植是再生医学研究的一个主要焦点。尽管在动物身上实施了大量试验,除了骨髓移植重建造血系统以及修复骨不连骨折以外,将人的干细胞应用于临床替代组织研究报道却很少。然而,将角化细胞悬液涂抹于烧伤处重建表面取得很大进步。人干细胞移植治疗其他创伤或疾病效果甚微。移植胎儿细胞可以改善帕金森病和亨廷顿病的症状,但是也许移植细胞本身对疾病进程是比较敏感的。我们需要终止大多数退化性疾病的病情进展,而后再应用再生的治疗方式,记住这一点非常重要。这意味着我们必须首先了解疾病的病因。例如,我们知道糖尿病是一种自身免疫性疾病,因此了解如何操作免疫系统,从而逆转自身免疫性是一项重要的研究领域。

细胞移植领域最主要的一项挑战就是提供足量的无争议的用于移植且不被免疫排斥的细胞源。有持续报道试验动物骨髓细胞、脂肪组织细胞、毛囊干细胞、皮肤干细胞和胸腺上皮细胞的转分化情况,这暗示人干细胞或许被证明是能用于自身移植的可扩增的有活力的多能细胞源。要么通过基因插入,或者通过化学信号的方式,这些极微量的细胞或许很容易重组成想要的细胞类型。

细胞移植是一种可以弥补供体器官短缺的方式之一。细胞通过制成悬液注射或做成聚合体移植来代替受损组织。这种方式要求足够的细胞数量用来移植,或在移植后细胞能扩增到所需数量,并能发育成新的组织并与周围组织融合。分化和装配成原组织,并将再生组织与宿主周围组织融合需要受伤部位释放出适当的化学和生物物理信号,并依赖周围健康组织的三维结构。我们知道需要持续向再生组织提供必要的信号来维持组织结构,同时受伤环境向再生组织提供必要的再生信号。这些信号在再生失败的伤口局部一定已经存在,因为这些组织已经尝试过再生反应只是被纤维化所抑制。绝大部分组织拥有再生能力,因此,通过向受伤部位提供引起纤维化的中和剂及额外的再生允许信号,将使大多数组织再生成为可能。

脂肪干细胞是潜在无限量的用于细胞移植的衍生源。据报告脂肪干细胞在体外可以分化成少突胶质细胞的前体,后者可以明显改善大鼠受损脊髓的活动功能,可以分化成施万细胞,而施万细胞能够在中枢神经系统轴突上形成外周神经型的髓磷脂鞘(可以分化成神经元,而神经元可以逆转 3-硝基丙酸处理过的大鼠尾状核发生的毁损性变化)。据报告脂肪干细胞的条件培养液通过 Akt 信号通路对小脑颗粒神经元有神经保护作用,也促使大鼠中风模型远期功能的恢复。

1. 理想的移植细胞特征　细胞移植的核心问题是细胞来源,图 3-7 解释了不同细胞类型理论上的实用性。1990 年,自然流产胎儿的中脑细胞已被用于治疗帕金森症。显然,胎儿细胞不是一个标准的细胞来源。分化的软骨细胞已被常规用于修复外伤造成的关节软骨缺陷。骨髓间充质干细胞用于治疗造血系统疾病已获得很大成功,但干细胞在临床上用于替代其他组织受到很大限制,主要原因是细胞的获取及增殖问题。

用于移植的理想细胞需要满足以下五个标准:①容易获取;②容易扩增;③未衰老;④多潜能:例如,具有发育潜能,能分化成超过 200 种人类细胞;⑤免疫抑制,以避免免疫排斥,此类细胞需具有免疫惰性(作为通

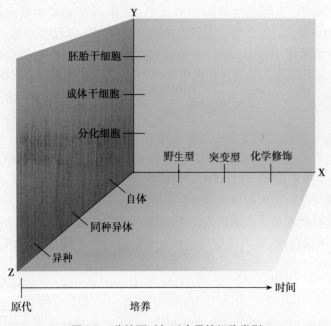

图 3-7　移植可以加以应用的细胞类型

用的供体细胞)或是自体细胞(来源于受者自身)。

2. 间充质干细胞准确定义对再生医学的重要性　准确定义什么是间充质干细胞对再生医学很重要。有证据表明大多数骨髓间充质干细胞(BMSC)是血管周围的周(外)皮细胞,这就可以解释 MSC 广泛存在于体内的原因了。目前已经了解到 BMSC 通过旁分泌和邻分泌的机制发挥免疫调节和抗炎的作用。把骨髓细胞注入诱导成心肌梗死的试验动物或患有心肌梗死患者的心脏内,已经进行了多项这样的试验,结果表明 BMSC 通过旁分泌的方式适度改善心脏功能。目前已经鉴定了一些旁分泌因子,这样可以利用这些因子从化学方法上防止瘢痕形成,调控免疫系统,刺激有再生能力细胞修复组织。

目前 ESC 和 iPSC 提供足够数量细胞用于新组织再生或鉴定旁分泌因子的可能性最大。在试验动物中,我们应用 ESC 衍生物替代组织已经取得一些成就。来源于 hESC 的少突胶质细胞前体诱导髓鞘再生治疗脊髓损伤和其他问题的临床试验正在进行中。移植其他细胞治疗脊髓损伤和神经变性疾病,或肌肉骨骼损伤或疾病,大多数效果甚微或没有效果。

许多组织与应用多能细胞有关联。首要的事实是,尽管定向分化的方案数量正在扩大,培养多能细胞产生分化细胞的产量仅占初始数量很小的百分比。我们必须找到一些方法,能够产生大量分化细胞,并确保没有未分化的细胞用于移植。必须设计一些合适的传递系统,理解归巢机制。必须估计移植后生存率,确保移植有更大的成功希望。对临床实践而言,细胞的准备、储存、转运和跟踪都应标准化,建立正常的 ESC 或 iPSC 库用于治疗许多疾病导致的组织缺损,这样在需要的时候可以提供亲近的组织配对。

免疫排斥是同种异体或异种细胞移植时主要关心的问题,细胞不管是悬液、聚集物,或者生物人工构造的一部分。尽管免疫抑制药物可以在始发阶段抑制免疫排斥反应,我们想完全地逃避它。避免细胞免疫排斥的策略包括以下几点:①建立表达调节分子的转基因动物,这些调节分子能够抑制排斥反应中关键蛋白的激活或合成;②通过表达 Fas 配体模仿免疫豁免的部位,如眼睛的前房;③生产针对 T 细胞受体的抗体,T 细胞受体识别外来细胞表面的主要组织相容性抗原;④生产遗传学上改良的表面不表达主要组织相容性抗原的隐形细胞;⑤通过平衡反应性 T 细胞的调节和缺失诱导外周对同种抗原的耐受;⑥由 SCNT 衍生的胚泡细胞产生的 ESC 细胞。

理论上讲,应用 iPSC 衍生物将会消除免疫排斥这个问题,但有可能在一定情形下,例如基因突变导致的疾病状态时,应用 iPSC 是不符合实际的。在这种状况下,需要移植野生型同种基因的 ASC、ESC 或 iPSC 衍生物。2011 年 Pearl 等已经研究了 ESC 和 iPSC 以及它们的衍生物的免疫性质,并指出所有的细胞作为同种异体或异种移植物时都会被排斥。但是,他们证实三种共刺激受体阻滞剂的短暂作用阻滞共刺激通路后,可以诱导同种和异种 ESC 和 iPSC 及它们的衍生物作为移植物能够长期存活。这些阻滞剂包括细胞毒性 T 淋巴细胞相关抗原 4(CTLA4)-Ig、抗 CD40 配体(anti-CD40L),以及抗淋巴细胞功能相关抗原 1(anti-LFA-1)。

3. 细胞移植代替组织以及旁分泌因子的确定　第一种成熟的研究方法是如何选择和扩增成体干细胞数量以用于治疗杜氏肌肉营养不良。第二种潜在令人兴奋的研究领域是严格地测试来源于头发滤泡、皮肤、脂肪组织和胸腺的成体干细胞,能令人信服地显示这些细胞是否有广阔的发育能力,最近的实验报道过这些能力以便进行组织替代。第三个领域是为多潜能细胞进一步发展和精制订向分化方案,消除畸胎瘤的可能性,决策长期存活的能力,稳定分化,以及稳固这些功能。通过人造的小分子,将体细胞重组成人 iPSC 是一种新的简单的方法,并可以降低这一过程的成本。在遗传缺陷导致无法进行自体移植的病例,将基因改良型的人

iPSC 用于临床是有益的。为组织替代提供细胞,研究的一个重要方向是确定成年干细胞,如 MSC 产生的免疫及抗炎旁分泌因子的全部范围。

尽管诱导多能干细胞是目前替代损伤组织最佳选择,将干细胞重组成何种程度以维持通过 SCNT 进行重组研究,这其中有许多问题。毕竟卵子包含所有为初期分裂球进行表观遗传学编码的因子。因此,最后全面定义这些因子或许是获得完美重组的唯一方法。

三、人工生物组织建立

1. 人工生物组织类型　人工生物组织是这样一种结构,细胞包含在支架内企图模仿组成正常组织的生态位并代替它。图 3-8 解释了这种企图,理想情况下人工生物组织的支架能模仿体内 ECM 的几何学、生物物理学、生物化学特征,并能隔离、释放细胞增殖和分化所必需的生物信号。单独使用 I 型胶原或与其他 ECM 分子一起,或脱细胞的结缔组织复合物最常用作天然材料;聚二噁烷酮、聚 ε-己内酰胺内酯、聚羟基乙酸、聚乳酸最常用于作为合成材料。

人工生物材料可能是开放的(被宿主血管化)或封闭的(细胞封装在生物材料中并依靠扩散生存)。开放组织的细胞,如果是同种异体或异种的,其可能遭到免疫排斥,封闭组织的细胞能受到免疫保护。支持封闭组织的复合物必须避免被降解。相反,开放组织的支架应该是可生物降解的,经过一定时间可被细胞产生的天然复合物所替代。封闭人工生物组织中细胞被放在直径 <0.5mm 的多孔

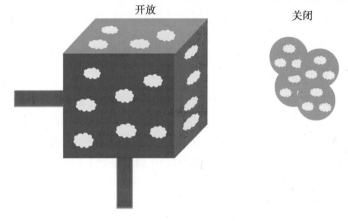

图 3-8　开放和封闭人工生物组织
左,开放系统包括多孔的 3D 多聚胶(蓝色)播种细胞(黄色)。这个结构被植入,并被宿主血管侵入(红色)。细胞可与内皮细胞共同种植在结构内形成血管与宿主血管连接。右,封闭系统中细胞被封装在多聚微球或微杆中,孔足够大允许营养物质和气体交换,但不足以被免疫细胞识别

微球或微胶囊中,多孔胶囊被做成直径 0.5mm ~ 1mm 的杆状、囊状、盘状,或将细胞放置在直径 0 ~ 1mm 的管套膜中其可以接触到血管壁。开放系统的结构需要可降解(天然或人工)材料,复合物支持细胞进入最后增殖、血管化、分化,当复合物降解时细胞可以融合到天然组织中。

2. 人工生物组织构建的挑战　组织工程师的观点是在体外设计及构建人工生物组织,其可以代替体积较大的组织甚至器官。人工生物组织构建需要克服三个主要的技术挑战。第一,是如何在三维角度上模拟组织,并被细胞占据且增殖;第二,如何提供有足够血管的人工生物组织保证细胞存活;第三,建立标准程序制作及测试组织工程产品和成分。

(1) 模拟环境使细胞能够定向分化:支架设计的目标就是能复制这样的环境,使成体干细胞或来源于多潜能干细胞的祖细胞定向分化成成熟的有功能细胞类型。细胞外环境的主要成分是 ECM,一种装配成三维空间结构的高分子复合物,由细胞合成作为细胞基底膜或细胞周围的间质组织复合物。细胞能感受从纳米到微米级 ECM 的组织结构。ECM 由纤维蛋白(主要是胶原蛋白)嵌合在高度水合的 GAGs 和蛋白多糖中形成,并是信号分子,如生长因子、蛋白酶及其抑制剂的储存库。天然支架是"灵活的",如它可以在合适的时间、适当的位置释放特定的生物信号来促进细胞的连接、分化、组织结构。因此,经过加工的天然生物材料像尸体真皮、猪 SIS 都是作为再生模板、人工生物组织支架合乎逻辑的选择。加工过程中去除细胞,减轻免疫排斥反应,但也改变了复合物的特征,因此,去除了再生必需的生物信号。

使用合成生物材料有一定的优势。因为它们的生产几乎无限量可以达到特定的标准,并可制造变形特征,例如在室温下可由流动的变成凝胶状态,体积小,具有延展性,在体温时可填充到组织间隙。2002 年 Hench 和 Polak 描述了生物材料的发展过程,从第一代,20 世纪 60 年代和 20 世纪 70 年代模仿替代组织的物理特性具有最小的毒性,到第二代 20 世纪 80 年代和 20 世纪 90 年代具有生物激活和生物降解功能。第二代

生物材料制作的装置从绝大多数再生模板到人工生物组织。

第三代生物材料正在发展,包括可生物降解聚合物的剪裁,在材料上固定细胞特异性黏附分子、信号分子。Lutolf 和 Hubbell 全面回顾现有的方式,将仿生成分添加到合成高分子中,在三维结构上组织生物力学,促进它们分化成组织结构。目前的重点在微米级、纳米级生物凝胶,包括自组装肽,非生物两亲分子,非纤维合成的亲水性聚合物水凝胶具有天然 ECM 的物理化学特性。一系列重要的生物信号分子和酶敏感性实体被纳入水凝胶,包括细胞黏附蛋白可识别的序列、可溶性生长因子、蛋白酶敏感寡肽,或蛋白成分。特别是衍生的氨基酸反应性聚乙二醇(polyethylene glycol,PEG)包括蛋白酶的肽底物、可溶性分子的结合肽、细胞黏附分子的出现能制造出模拟 ECM-细胞相互作用的反应过程。因此研究集中在将生长因子纳入支架中用于传递给细胞的方式上。

目前,研究人员设计能相互作用的合成仿生材料还有重大的技术障碍,尤其是模拟使 ASC 或 ESC 衍生物定向分化的特定微环境。这些细胞增殖依赖于一系列空间组织周围细胞的自分泌、旁分泌、近分泌信号分子,内分泌信号和 ESC 信号。这个问题没有那么可怕,由于只需要一小部分因子起始级联反应,之后的大部分行为干细胞自身可以实施。

我们希望在三维结构中能延续这些多潜能细胞的增殖能力并使其定向分化成所需细胞类型。2007 年 Gerecht 等描述了一种透明质酸水凝胶能维持封装 hESC 并使其保持未分化状态。向内皮细胞分化需要凝胶中的培养基质含有 VEGF。在三维人工生物结构中 hESCs 定向分化需要 50:50 的凝胶:培养基,将这种混合物种植在 5mm×4mm×1mm 的 50:50 PLGA/PLLA 中。培养基质中补充 RA、TGF-β1、Activin-A、IGF-I,这些因子诱导人 ESC 各自分化成神经、软骨、肝细胞。分化细胞建立三维组织类似于原始组织结构。除 RA-处理者外,其他组织均形成血管样结构并表达内皮标志 CD34 和 CD31。当移植到严重免疫缺陷病(severe immunodeficiency disease,SCID)大鼠中,此结构持续表达人类蛋白并且产生的血管网能与宿主血管吻合。

(2)血管化:目前,用细胞移植或人工生物组织替代大块组织损伤(通过移植细胞分化或影响宿主细胞)的主要技术障碍是缺氧和缺少营养物质所导致的细胞死亡,尤其在细胞集落的中心。因此,另一个研究活跃的领域是寻找可以扩大和加速移植细胞或人工生物结构血管化的方式。

目前,通过添加内皮细胞或 VEGF 来促进移植的人工生物结构血管化。例如,PGA 支架包括向大鼠皮下注射主动脉平滑肌细胞、骨骼肌细胞、主动脉内皮细胞,组织学上增强可达四周。与无细胞支架和只种植平滑肌或骨骼肌细胞的支架相比,包含内皮细胞的支架建立更多血管。将小鼠肝细胞种植到包含 VEGF 的 PLGA 小盘(直径大约 5mm,厚约 1.5mm)后皮下注射,与未添加 VEGF 的对照组相比,细胞存活率与血管密度均显著增加。VEGF 与 PEG 四条臂中水合凝胶的一条臂共价结合,其他臂与蛋白酶敏感肽或细胞黏附肽连接,或将设计的变异 VEGF 共价连接到诱导细胞释放的纤维蛋白上。人类脐血内皮细胞种植到凝胶中表现活跃,将连接 VEGF 的水凝胶或纤维蛋白移植到鸡胚绒毛尿囊膜或皮下注射到大鼠体内减小宿主血管的入侵。VEGF 局部浓度对决定向内生长血管的稳定性十分重要,低浓度有利于稳定血管,而高浓度导致血管形成异常及渗漏。

(3)产品及过程标准化:必须对支架、细胞、生物分子的特征、生产过程和功能设定严格的标准,以保证最终形成的产品可以有效行使其功能。另外,对人工生物组织各成分之间及与宿主之间的相互作用标准的建立对产品的有效性也非常重要。我们需要建立对产品性能长期影响的检测方法,有些仅限制在动物实验或临床实验,对检测结果需要报道及广泛传播。

3. 生物人工组织和器官构造的潜能　生物人工组织和器官构造的潜能使他成为将来发展的格外令人兴奋的领域。生物材料支架的发展支持细胞增殖,空间发育,以及分化成有功能的组织或器官,这是最重要的。成功的天然合成支架在其机械特性、表面化学分子、几何形状,以及微观和纳米结构上都与自然的 ECM 相似。为了设计这样的支架,生物学们必须与多聚体物理化学家很好地合作。一种能够生产大量多聚体纳米纤维的特别简单、廉价和有效的技术是电旋转。电旋转(electrospinning)是在注射器的多聚体溶液和与此有一定距离的金属收集板之间施加一个静电压(图 3-9)。喷射出的多聚体溶液可以被旋转成不同尺寸和结构的纤维,这取决于像分子量、溶液性质(黏度,传导率)、电潜能、注射器和收集板之间的距离、温度以及收集板是否移动这些参数。

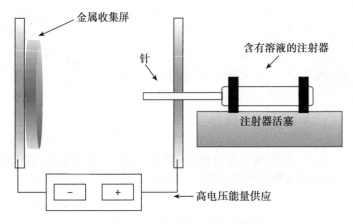

图 3-9　多聚体支架旋转装置

许多天然的和合成的多聚体组成的电旋转支架显示出生物人工组织结构的巨大潜能。例如，通过电旋转多羧基乙酸内酯（PCL）至旋转的轴柄上可以制作无细胞的血管支架，用它来替代部分大鼠腹部血管。这个支架诱导巨噬细胞、肌成纤维细胞和内皮细胞向内生长。在开放性以及无动脉瘤和血栓发生方面取得了长期良好的结果。一种新的用于制作支架的天然生物材料是头发的角蛋白。角蛋白可以形成自我组装的结构，调节细胞识别和行为，可以被用来电旋转。

在建立生物人工组织中血管化组织工程是一个主要目标。除了之前描述的方法，一种全新的建立血管化的生物人工组织和器官方法是生物印迹（bioprinting），不管在支架是否存在的条件下都可以完成。若依靠支架，应用喷墨的印刷机，"墨水"是细胞悬液，"纸"是一层可生物降解的 ECM。印刷机头部的喷嘴可以在三维方向移动，印刷多层功能细胞，用多层内皮细胞和平滑肌细胞可以把他们改造成滋养器官的血管。另外一个选择，功能细胞加上内皮细胞及平滑肌细胞的微点混合剂可以印到多孔的支架层上。连续地重叠这些层可以制成三维的器官。对没有支架的生物印刷，在三维方向上连续排列小球形细胞。这些球状体细胞可以融合成螺旋状或管状结构。

科学小说故事和电影的典型特征是"复制"（replicator）。未来生物印刷的发展最令人兴奋的一种可能是，从电脑化的医学图像或器官模型复制人类器官。这是研究的早期阶段，但在激光烧结的无机世界里它已经是事实了。激光烧结是一项制造的程序，即用高能激光将塑料、金属、陶瓷或玻璃粉末的小粒子融化成期望的三维形状。YouTube 上的一段视频显示，Z 公司的副董事长向参观者展示了从计算机三维扫描的功能型扳手进行复制印刷，通过一个充满金属粉末组成的"墨"的印刷机完成的。印刷机通过微量金属，一层一层地建立物体。在这一过程末尾，参观者将手伸向金属粉末，抽出了扳手的功能型复制品。以相同的方式，南安普顿大学的工程师们用激光烧结生产了一个无人飞行器的所有零部件。

人们可以想象出，以三维医学图像或固定的脱细胞 ECM 作为蓝图，如何应用这种技术制造复杂 ECM 的合成支架。这些支架可以分裂为许多小室，以制备生物人工组织或器官。重要的是，模式包括血管通路，以便内皮细胞种植。对于形状不太复杂的，不是指结构，如骨骼，应该相对简单地仿制。临时下颌骨关节的踝骨模板已经制作出来，即在去细胞的骨小梁里种植人 MSC。通过印刷骨骼 3D 扫描图，利用羟磷灰石或其他陶瓷粉末可以代替形成解剖形状的骨模板。

超越器官生物印刷的进步，我们或许可以利用细胞系统自我组织的特性。最近令人印象深刻的一项发现是在含有视网膜分化基质的 3D 系统内培养鼠 ESC，再补充基质膜成分，它能够自我组织成含有分层神经视网膜组织的视力杯。这为通过自我组装多能细胞制作新组织和器官提供了很大的可能性，通过提供发起这一过程的因子适当的组合来完成这个目标。在这一系统中，如果用 iPSC 来代替 ESC，相似的自我重组是否会发生，这是一件有趣的事情。

目前，重建大多数组织和器官的人工生物替代品尚不可能，但是已经取得一些显著的成功和进步，如人工生物膀胱和气管的构建和植入是件里程碑事件。尽管，将人工生物骨充填至长骨的缺损处表面上看起来相对简单，但事实并非如此。然而，人工生物下颌已经被成功植入患者。设计体外人工肝、胰腺和肾脏已经取得一些进步，未来几年，或许可以期待在这一领域出现更多的进步。

构建人工生物组织和器官面临着与细胞移植相同的挑战，关于细胞源问题，细胞直接分化的能力，以及免疫排斥的问题。另外，最为重要的问题是如何给这些构建品提供血运。图 3-10 说明了一个简单的观念，即将细胞联合种植在未必包含生长因子的三维支架上，并用人体作为生物反应器。将感兴趣的功能细胞和内皮细胞小粒种植在允许液体自由流通的多孔的三维支架上。将构造品移植到身体异位的部位，将使内皮细胞小粒增殖并快速连接宿主血管和植入体的血管雏形以建立一血液循环。不断发育的血液循环将会营养支

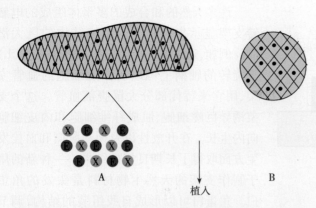

图 3-10 一种设想的使人工生物组织或器官血管化的方法
（A）表面观。实质细胞（X）/内皮细胞（E）小粒遍布种植在三维多孔的支架上，并将此构建品植入人体，细胞小粒在此通过弥散的方式生长。内皮细胞将会形成毛细血管，宿主的毛细血管会长入构造品中。这样血管网生长起来，实质细胞将会随之增殖。（B）横断面可以看见遍布支架的细胞小粒

持功能细胞或他们的前体细胞增殖/分化成连续的组织。对于圆筒状或管状的结构，细胞可以被种植在支架的外面或内面，可以向内或向外迁移。

开发新型生物材料对细胞行为的交互影响是目前主要的挑战。用生物材料矩阵进行高通量筛查有助于这一开发。2004 年 Anderson 等已经描述了一种系统，借此可以筛查大量聚合物对细胞行为的影响。聚合物由 25 种不同的丙烯酸酯、丙二烯酸酯、二甲基丙二烯酸酯和丙三烯酸酯单体以 70∶30 比例按照所有有可能的组合混合配对而成，在包裹环氧化物载玻片顶端将聚合物点样在一层聚羟乙基-甲基丙烯酸酯上，这样可以抑制细胞在各个点之间生长。单体聚合并牢固地贴在载玻片上。少量的 ESC 种植在点片（spots）上，在 RA 存在的情况下培养 6 天。大多数组合（制品，combinations）支持细胞附壁，生长蔓延，也可使它们分化成含有细

胞角蛋白的上皮细胞。第二种筛选方式，最支持细胞生长的聚合物揭示了它们在有或没有 RA 的条件下支持细胞分化的能力是不同的。Hubbell 指出聚合物生物材料可以被用作束带平台，以筛查分子的组合文库，正常情况下这些分子结合至 ECM 发挥对细胞活力的影响。如果这些分子的活性依赖于与 ECM 的结合，把这些分子和细胞以液态的方式混合时，这些分子在筛查系统中将不会发生作用，但把它们与聚合物结合则会发生作用（图 3-11）。

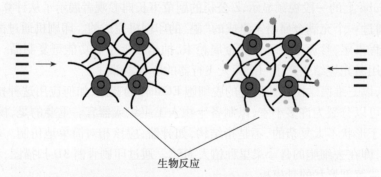

生物反应

图 3-11 利用生物材料作为束带平台筛选组合的分子库，分子的活性依赖于与生物材料的结合
左侧：大量单体聚合成聚合物文库。利用它们对细胞的效应筛选这些聚合物（基质）。右侧：利用它们对细胞黏附于生物材料的效力筛选小分子文库。如果分子需要和生物材料相结合才能发挥效力，这是可以观察到的。在这一过程中可溶性分子也可以被筛选出来

四、人造组织和器官的移植

目前，最主要的临床替代治疗策略是利用人造装置替代缺失的组织或器官。人造装置在助听器、关节置换术、心脏瓣膜移植和假肢置换上得到广泛应用，这是跨越千年的历史形成的。发展最好及应用最广泛的是增大或替代结构（关节置换术、假肢置换、心脏瓣膜移植）、转化能量（助听器）、完成机械功能（左心室辅助装置）。用假肢替换截断的附属物在设计和复杂程度上发展很快，C-型合金（Cheetahs）的衍生物以奥运火炬传递的速度成为可能。DEKA"Luke"假臂拥有电动弯曲，可以和肩关节的神经末梢连接，受到大脑运动皮层的直接控制（www.dekaresearch.com/deka_arm.shtml）。人工视网膜和人造心脏等设备也已被植入到部分患者体内（视觉假体、人工心脏），视网膜被连接到视神经上，使其可以感知光明和黑暗。一些已设计出的人造心

脏受到的最大限制是体积大小、活动性、持久性、电源等。器官最难模仿的是其复杂的生物化学功能,例如肝脏和胰腺。人造装置将来还会继续发展,在体积大小、活动性、持久性方面越来越接近真实器官。

器官移植产生于20世纪后半叶。在1901年Karl Landsteiner发现ABO血型抗原后输血已成为可能,固体器官成功移植直到1954年Joseph Murray首次在双胞胎兄弟Richard(受者)和Ronald(供者)Herrick在波士顿Peter Bent Brigham Hospital移植同基因型肾脏才成为可能,异型固体器官移植在1960年到1970年之间才得到尝试,直到1980年有效的抗排斥药物如环孢素的发现才获得重大成功。目前,绝大部分器官移植后的平均成活率为5年50%,10年40%。最重要的移植应该是局部和全脸移植,因为脸部可以说是人类接触社会的第一特征,其成功移植使受者的身心均得到巨大安慰。

免疫排斥是器官移植的一大问题。目前仍在寻找异体器官移植的免疫耐受方式,然而缺乏供体器官却是此刻最大的障碍。总体供求比例在1:4左右,异种移植(一个物种的器官移植到另一个物种)可能会解决目前供不应求的问题。猪的器官在解剖学和功能学上最接近人类器官,因此,猪被认为是潜在供者。而猪的器官受到灵长类和人的高度排斥,由于抗体作用在猪血管内皮细胞膜的α-1,3-半乳糖苷上,即使移植给狒狒的猪器官已将此糖基因敲除,伴随严重的免疫抑制受者可以存活更长时间,但依然受到排斥。

小　结

再生是一个修复过程,通过概述部分了解原始胚胎发育、维持和修复组织的原始构架,相对于纤维化(创伤愈合),用瘢痕组织进行组织修复。从18世纪到20世纪,生物科学的进展对我们理解再生机制有了很大的贡献,但仍不全面。再生的发生从分子到生物组织的组织水平有4种再生机制:细胞再生长,已有的分化细胞的再繁殖,转分化和驻留的成体干细胞的激活。大多数组织或器官利用这些机制之一作为再生的主要手段,但也有很多组织利用两种甚至三种机制修复结构。

再生机制通过旁分泌、自分泌、近分泌及内分泌龛等因素调控,通过多种信号转导通路,包括决定细胞存活或程序性死亡(凋亡)的通路或内源性细胞cannibalization(自噬)而影响细胞增殖分化。

再生机制研究主要关注以下四个问题。第一,最重要的是再生细胞的起源是什么? 即是什么类型的细胞能够产生再生组织,它们定位于哪里? 这个问题已经解决,在再生过程中,通过使用不同方法标记细胞进行示踪,最近的非条件性和条件性遗传标记实验不需要组织移植。第二个问题是再生细胞的形态和分子特征。第三,参与再生组织的细胞具有什么样的活性。调控这些组织的细胞活性的微环境(龛)因素是什么。第三个问题的答案接近于利用细胞成像技术,如组织学染色,利用抗体定位细胞类型及分化状态的生物标记物抗原,细胞环境分子水平的分析,不同类型显微镜的结合使用。第四个问题是确定再生过程中,调控细胞行为的细胞特征和环境因素,有益于对对有再生能力的组织和再生能力缺陷的组织从基因和蛋白质组水平进行比较,包括不同物种、不同发育阶段、功能突变的获得和缺失等。

原位化学诱导再生、细胞移植、构建人工生物器官和人造组织和器官的移植是再生医学的四种新的策略。理想的移植细胞、人工生物组织应该易于获取、传播、多潜能并且不会引起免疫排斥。ESC符合这些条件,但它的使用受到生物伦理学的限制。因此ASC,特别是骨髓干细胞在移植或归巢到损伤部位时的转分化能力正在测试。结果往往令人失望,尽管已有许多关于转分化的说法,但前后矛盾并遭受到各种抨击。许多关于体内细胞系转化频率低的报道原因是供者细胞与受者细胞融合。另一些关于转分化的假设归因于供者细胞中混入其他已分化细胞类型,宿主白细胞进入供者组织中,自发荧光抗体染色,或供者细胞进入宿主组织并开始表达宿主细胞标志物但重编程过程并未完成。尽管最严格的实验使用Y染色体标记细胞,转分化频率仍然很低以至于无法应用在再生医学中。这些实验中没有适合于损伤环境中干细胞转化成损伤部位细胞类型的生长因子浓度,或者损伤环境中缺少转分化过程中的关键生长因子。

细胞移植、生物人工组织和化学诱导再生都有他们自己的地位,这取决于组织损伤的类型和程度。例如,应用细胞移植或化学混合物再生组织不可能超越临界尺寸的缺损。大点的缺损需要一个精致的支架以诱导再生或一种生物人工组织植入。

人工生物结构是将细胞包裹在可生物降解的支架内,并试图模仿构成正常组织的微环境。封闭的人工生物组织将细胞封装在不可生物降解的生物材料中来避免免疫排斥反应,细胞通过扩散而存活。开放的结构被设计成可被宿主血管化。开放型结构有多种支架,理想的开放型结构能在几何学、生物物理学、生物化学上模仿 ECM 的特性。天然及合成生物材料均可作为支架。天然支架保留它本身的一些信号分子,这些分子被设计成新一代的合成生物材料。开放结构在体外很难实现血管化,但利用机体作为生物反应器来培养器官结构已获得成功。

再生医学的最终目标是单独或联合使用分子混合物、基因治疗、支架,直接抑制瘢痕形成并刺激伤口局部细胞再生。这种方式同时减小了与细胞培养、移植有关的免疫排斥及生物伦理学问题。应用这种策略的例子有:加速伤口修复的外部用药、神经保护剂的应用、脊髓损伤后促进轴突延伸的药物,目前,应用最多的是利用已知因子促进一种细胞向另一种细胞的转分化。

(庞希宁 施萍 张涛 赵峰)

参 考 文 献

1. Aaronson DS, Horvath CM. A road map for those who don't know JAK-STAT. Science, 2002, 296(5573): 1653-1655.

2. Aza-Blanc P, Lin HY, Ruiz I, et al. Expression of the vertebrate Gli proteins in Drosophila reveals a distribution of **activator and repressor** activities. Development, 2000, 127(19): 4293-4301.

3. Bafico A, Liu G, Yaniv A Gazit, et al. Novel mechanism of Wnt signaling inhibition mediated by Dickopf-1 interaction with LRP6/Arrow. Nature Cell Biol, 2001, 3(7): 683-686.

4. Barrientos S, Stojadinovic O, Golinko MS, et al. Growth factors and cytokines in wound healing. Wound Rep Reg, 2008, 16(5): 585-601.

5. Bejsovec A. Wnt pathway activation: new relations and locations. Cell, 2005, 120(1): 11-14.

6. Bilic J, Huang YL, Davidson G, et al. Wnt induces LRP6 signalosomes and promotes disheveled-dependent LRP6 phosphorylation. Science, 2007, 316(5831): 1619-1622.

7. Birnbaum KD, Sanzhez-Alvarado A. Slicing across kingdoms: regeneration in plants and animals. Cell, 2008, 132(4): 697-710.

8. Branda CS, Dymecki SM. Talking about a revolution: the impact of site-specific recombinases on genetic analyses in mice. Dev Cell, 2004, 6(1): 7-28.

9. Brantjes H, Roose J, Wetering M, et al. All Tcf HMG box transcription factors interact with Groucho-related co-repressors. Nuc Acids Res, 2001, 29(7): 1410-1419.

10. Brockes JP, Kumar A. Comparative aspects of animal regeneration. Ann Rev Cell Dev Biol, 2008, 24(1): 525-549.

11. Brown H. Wound healing research through the ages. // Cohen IK, Diegelmann RF, Lindblad WJ. Wound Healing: Biochemical and Clinical Aspects. Philadelphia: WB Saunders, 1992: 5-18.

12. Caplan AI. All MSCs are pericytes. Cell Stem Cell, 2008, 3(3): 229-230.

13. Carlson BM. Principles of Regenerative Biology. San Diego: Academic Press, 2007: 379.

14. Cavallo RA, Cox RT, Moline MM, et al. Drosophila Tcf and Groucho interact to repress Wingless signalling activity. Nature, 1998, 395(6702): 604-608.

15. Chernoff EAG, Stocum DL, Nye HLD, et al. Urodele spinal cord regeneration and related processes. Dev Dynam, 2003, 226(2): 295-307.

16. Clevers H. Wnt/β-catenin signaling in development and disease. Cell, 2006, 127(3): 469-480.

17. Deuster G. Retinoic acid synthesis and signaling during early organogenesis. Cell, 2008, 134(6): 921-931.

18. Engler AJ, Sen S, Sweeney HL, et al. Matrix elasticity directs stem cell lineage specification. Cell, 2006, 126(4): 677-689.

19. Fu X, Wang Z, Sheng Z. Advances in wound healing research in China: from antiquity to the present. Wound Rep Reg, 2001, 9(1): 2-10.

20. Galliot B, Ghila L. Cell plasticity in homeostasis and regeneration. Mol Reprod Dev, 2010, 77(10): 837-855.

21. Gilbert SF. Developmental Biology, ninth ed. Sinauer Associates Inc, Sunderland, 2010, 164-166.

22. Green DR. Apoptotic pathways: ten minutes to dead. Cell, 2005, 121(5): 671-674.

23. Guilak F, Cohen DM, Estes BT, et al. Control of stem cell fate by physical interactions with the extracellular matrix. Cell Stem Cell, 2009, 5(1): 17-26.

24. Hynes RO. Integrins: bidirectional, allosteric signaling machines. Cell, 2002, 110(6): 673-687.

25. Imai T, Tokunaga, A, Yoshida T, et al. The neural RNA-binding protein Musashi1 translationally regulates mammalian numb gene

expression by interacting with its mRNA. Mol Cell Biol,2001,21(12):3888-3900.

26. Ingber DE,Ingber DE. Cellular mechanotransduction:putting all the pieces together again. FASEB J,2006,20(7):811-827.

27. Jan YN,Jan LY. Asymmetric cell division. Current Opinion in Cell Biology,1998,392(6678):775-778.

28. Katoh M. WNT/PCP signaling pathway and human cancer. Oncol Rep,2005,14(6):1583-1588.

29. Kirkpatrick JJR,Curtis B,Naylor IL. Back to the future for wound care? The influences of Padua on wound management in Renaissance Europe. Wound Repair Reg,1996,4(3):326-334.

30. Klionsky DJ. Autophagy:from phenomenology to molecu-lar understanding in less than a decade. Nat Rev Mol Cell Biol,2007,8(11):931-937.

31. Knoblich JA. Mechanisms of asymmetric stem cell division. Cell,2008,132(2):583-597.

32. Kohn AD,Moon RT. Wnt and calcium signaling:β-Catenin-independent pathways. Cell Calcium,2005,38(3-4):439-446.

33. Kopan R,Ilagan MXG. The canonical notch signaling pathway:unfolding the activation mechanism. Cell,2009,137(2):216-233.

34. Lai K,Kaspar BK,Gage FH,et al. Sonic hedgehog regulates adult neural progenitor proliferation in vitro and in vivo. Nature Neurosci,2003,6(1):21-27.

35. Lakhani SA,Masud A,Kuida K,et al. Caspases 3 and 7:key mediators of mitochondrial events of apoptosis. Science,2006,311(5762):847-850.

36. Lecourtis M,Schweisguth F. Indirect evidence for Delta-dependent intercellular processing of Notch in Drosophila embryos. Curr Biol,1998,8(13):771-774.

37. Lenhoff HM,Lenhoff SG. Abraham Trembly and the origins of research on regeneration in animals//Dinsmore,CE. A History of Regeneration Research. Cambridge:Cambridge University Press,1991:47-66.

38. Levine B,Kroemer G. Autophagy in the pathogenesis of disease. Cell,2008,132(1):27-42.

39. Lai EC. Notch signaling:control of cell communication and cell fate. Development,2004,131(5):965-973

40. Liu ZJ,Zhuge Y,Velazquez OC. Trafficking and differentiation of mesenchymal stem cells. J Cell Biochem,2009,106(6):984-991.

41. Lum L,Beachy PA. The hedgehog response network:sensors,switches,and routers. Science,2004,304(5678):1755-1759.

42. Lum JJ,Bauer DE,Kong M,et al. Growth factor regulation of autophagy and cell survival in the absence of apoptosis. Cell,2005,120(2):237-248.

43. Lundkvist J,Lendhal U. Notch and the birth of glial cells. Trends Neurosci,2001,24(9):492-494.

44. Mizushima N,Levine B,Cuervo A,et al. Autophagy fights disease through cellular self-digestion. Nature,2008,451(7182):1069-1074.

45. Mizushima N,Klionsky D. Protein turnover via autophagy:implications for metabolism. Ann Rev Nutr,2007,27(1):19-40.

46. Morgan TH,Morrison SJ,Spradling AC. Stem cells and niches:mechanisms that promote stem cell maintenance throughout life. Cell,2008,132(4):598-611.

47. Nagata S,Hanayama R,Kawane K. Autoimmunity and the clearance of dead cells. Cell,2010,140(5):619-630.

48. Nakamura Y. Sakakibara SI,Miyata T,et al. The bHLH gene Hes1 as a repressor of the neuronal commitment of CNS stem cells. J Neurosci,2000,20(1):283-293.

49. Pittenger MF,Mackay AM,Beck SC,et al. Multilineage potential of adult human mesenchymal stem cells. Science,1999,284(5411):143-147.

50. Polo S,Di FP. Endocytosis conducts the cell signaling orchestra. Cell,2006,124(5):897-900.

51. Porter JA,Young KE,Beachy PA. Cholesterol modification of Hedgehog signaling proteins in animal development. Science,1996,274(5285):255-259.

52. Ravichandran KS. "Recruitment signals" from poptotic cells:invitation to a quiet meal. Cell,2003,112(7):817-820.

53. Reya T,Morrison SJ,Clarke MF,et al. Stem cells,cancer,and cancer stem cells. Nature,2001,414(6859):105-111.

54. Roche S,Provensal M,Tiers L,et al. Proteomics of primary mesenchymal stem cells. Regenerative Med,2006,1(4):511-517.

55. Roose J,Molenaar M,Peterson J,et al. The Xenopus Wnt effector XTcf-3 interacts with Groucho-related transcriptional repressors. Nature,1998,395(6702):608-612.

56. Rorth P. Communication by touch:role of cellular extensions in complex animals. Cell,2003,112(5):595-598.

57. Sakakibara SI,Imai T,Hamaguchi K,et al. Mouse Musashi-1,a neural RNA-binding protein highly enriched in the mammalian CNS stem cell. Dev Biol,1996,176(2):230-242.

58. Scadden DT. The stem-cell nice as an entity of action. Nature,2006,441(7097):1075-1079.

59. Lemmon MA, Schlessinger J. Cell signaling by receptor tyrosine kinases. Cell, 2010, 141(7):1117-1134.

60. Schroeter EH, Kisslinger JA, Kopan R. Notch-1 signaling requires ligand-induced proteolytic release of intracellular domain. Nature, 1998, 393(6683):382-386.

61. Shi Y. Caspase activation: revisiting the induced proximity model. Cell, 2004, 117(7):855-858.

62. Shi Y, Massague J. Mechanisms of TGF-β signaling from cell membrane to the nucleus. Cell, 2003, 113(6):685-700.

63. Slack JMW. Stem cells in epithelial tissues. Science, 2000, 287(5457):1431-1433.

64. Stecca B, Ruiz i Altaba A. The therapeutic potential of modulators of the hedgehog-Gli signaling pathway. J Biol, 2001, 1(2):1-4.

65. Taipale J, Beachy PA. The hedgehog and Wnt signaling path-ways in cancer. Nature, 2001, 411(6835):349-354.

66. Thiery JP, Acloque H, Huang RYJ, et al. Epithelial-mesenchymal transitions in development and disease. Cell, 2009, 139(5):871-890.

67. Van den Heuvel M. Straight or split: signals to transcription. Nature Cell Biol, 2001, 3(7):155-156.

68. Voog J, Jones DL. Stem cells and the niche: a dynamic duo. Cell Stem Cell, 2010, 6(2):103-115.

69. Wang B, Fallon JF, Beachy PA. Hedgehog-regulated processing of Gli3 produces an anterior/posterior repressor gradient in the developin gvertebrate limb. Cell, 2000, 100(4):423-434.

70. Wehrli M, Dougan ST, Caldwell K, et al. Arrow encodes an LDL-receptor-related protein essential for Wingless signaling. Nature, 2000, 407(6803):527-530.

71. Whetton AD, Graham G. J. Homing and mobilization in the stem cell niche. Trends Cell Biol 1999, 9(6):233-238.

72. Yannas IV. Tissue and Organ Regeneration in Adults. New York: Springer, 2001.

73. Zhang Y, Kalderon D. Hedgehog acts as a somatic stem cell factor in the Drosophila ovary. Nature, 2001, 410(6828):599-604.

74. Zhang J, NiuYe L, Huang H, et al. Identification of the hematopoietic stem cell niche and control of the niche size. Nature, 2003, 425(6960):836-841.

75. Zitvogel L, Kepp O, Kroemer G. Decoding cell death signals in inflammation and immunity. Cell, 2010, 140(6):798-804.

76. Aagaard P. Making muscles "stronger": exercise, nutrition, drugs. Musculoskel Neuron Interact, 2004, 4(2):165-174.

77. Aasen T, Raya A, Barrero MJ, et al. Efficient and rapid generation of induced pluripotent stem cells from human keratinocytes. Nature Biotech, 2008, 26(11):1276-1284.

78. Alison MR, Poulsom R, Jeffery R, et al. Hepatocytes from non-hepatic adult stem cells. Nature, 2000, 406(6793):257.

79. Alvarez-Dolado M, Pardal R, et al. Fusion of bone-marrow-derived cells with Purkinje neurons, cardiomyocytes and hepatocytes. Nature, 2003, 425(6961):968-973.

80. Anokye-Danso F, Trivedi CM, Juhr D, et al. Highly efficient miRNA-mediated reprogramming of mouse and human somatic cells to pluripotency. Cell Stem Cell, 2011, 8(4):376-388.

81. Anversa P, Leri A, Rota M, et al. Concise review: stem cells, myocardial regeneration, and methodological artifacts. Stem Cells, 2007, 25(3):589-601.

82. Aoi T, Yae K, Nakagawa M, et al. Generation of pluripotent stem cells from adult mouse liver and stomach cells. Science, 2008, 321(5889):699-702.

83. Ashjian PH, Elbarbary AS, Edmonds B, et al. In vitro differentiation of human processed lipoaspirate cells into early neural progenitors. Plastic Reconstr Surg, 2003, 111(6):1922-1931.

84. Atkins, B. Z, Lewis, C. W, Kraus, W. E, et al. Intracardiac transplantation of skeletal myoblasts yields two populations of striated cells in situ. Ann Thorac Surg, 1999, 67(1):124-129.

85. Ballas CB, Davidson JM. Delayed wound healing in aged rats is associated with increased collagen gel remodeling and contraction by skin fibroblasts, not with differences in apoptotic or myofibroblast cell populations. Wound Rep Reg, 2001, 9(3):223-237.

86. Balsam LB, Wagers AJ, Christensen JL, et al. Haematopoietic stem cells adopt mature haematopoietic fates in ischaemic myocardium. Nature, 2004, 428(6983):668-673.

87. Bar-Nur O, Russ HA, Efrat S, et al. Epigenetic memory and preferential lineage-specific differentiation in induced pluripotent stem cells derived from human pancreatic islet beta cells. Cell Stem Cell, 2011, 9(1):17-23.

88. Barrero MJ, Boue S, Izpisua Belmonte JC. Epigenetic mechanisms that regulate cell identity. Cell Sem Cell, 2010, 7(5):565-570.

89. Beyhan Z, Iager AE, Cibelli JB. Interspecies nuclear transfer: implications for embryonic stem cell biology. Cell Stem Cell, 2007, 1(5):502-512.

90. Bhutani N, Brady JJ, Damian M, et al. Reprogramming towards pluripotency requires AID-dependent DNA demethylation. Nature,

2010,463(7284):1042-1047.

91. Bibikova M,Laurent LC,Ren B,et al. Unraveling epigenetic regulation in embryonic stem cells. Cell Stem Cell,2008,2(2): 123-134.

92. Bilousova G,Roop DR. Altering cell fate:from thymus epithelium to skin stem cells. Cell Stem Cell,2010,7(4):419-420.

93. Bjorklund A,Dunnett SB,Brundin P,et al. Neural transplantation for the treatment of Parkinson's disease. Lancet Neurol,2003,2 (7):437-445.

94. Bjornson R,Rietze R,Reynolds BA,et al. Turning brain into blood:a hematopoietic fate adopted by adult neural stem cells in vivo. Science,1999,283(540):534-537.

95. Boland MJ,Hazen JL,Nazor KL,et al. Adult mice generated from induced pluripotent stem cells. Nature,2009,461(7260):91-94.

96. Bonadio J. Genetic approaches to tissue repair. Ann NY Acad Sci,2002,961(1):58-60.

97. Bonfanti P,Claudinot S,Amici AW,et al. Microenvironmental reprogramming of thymic epithelial cells to skin multipotent stem cells. Nature,2010,466(7309):978-982.

98. Borowiak M,Maehr R,Chen S,et al. Small molecules efficiently direct endodermal differentiation of mouse and human embryonic stem cells. Cell System Cell,2009,4(4):348-358.

99. Boulting G,Kiskinis E,Croft GF,et al. A functionally characterized test set of human induced pluripotent stem cells. Nature Biotech, 2011,29(3):279-286.

100. Brambrink T,Foreman R,Welstead GG,et al. Sequential expression of pluripotency markers during direct reprogramming of mouse somatic cells. Cell Stem Cell,2008,2(2):151-159.

101. Boyer L,Lee TI,Cole MF,et al. Cre transcriptional regulatory circuitry in human embryonic stem cells. Cell,2005,122(6): 947-122956.

102. Bucher NLR,Malt RA. Regeneration of liver and kidney. Journal of the American Medical Association,1971,218(8):1306-1307.

103. Bussman LH,Schubert A,Manh TPV,et al. A robust and highly efficient immune cell reprogramming system. Cell Stem Cell,2009, 5(5):554-566.

104. Byrne,JA,Pedersen,DA,Clepper,LL,et al. Producing primate embryonic stem cells by somatic cell nuclear transfer. Nature,2007, 450(7169):497-502.

105. Cai C,Grabel L. Directing the differentiation of embryonic stem cells to neural stem cells. Dev Dynam,2007,236(12):3255-3266.

106. Caplan AI. All MSCs are pericytes. Cell Stem Cell,2008,3(3):229-230.

107. Card DA,Hebbar PB,Li L,et al. Oct4/Sox2-regulated miR-302 targets cyclin D1 in human embryonic stem cells. Mol Cell Biol, 2008,28(20):6426-6438.

108. Carlson BM,Faulkner JA. Muscle transplantation between young and old rats:age of host determines recovery. Am J Physiol,1989, 256(1):C1262-C1266.

109. Carlson BM,Dedkov EI,Borisov AB,et al. Skeletal muscle regeneration in very old rats. J Gerontol,2001,56(5):B224-B233.

110. Carpenter MK,Rosler ES,Fisk GJ,et al. Properties of four human embryonic stem cell lines maintained in a feeder-free culture system. Dev Dynam,2004,229(2):243-258.

111. Carrino DA,Sorrell JM,Caplan AI. Age-related changes in the proteoglycans of human skin. Archiv Biochem Biophys,2000,373 (19):91-101.

112. Castro RF,Jackson KA,Goodell MA,et al. Failure of bone marrow cells totransdifferentiate into neural cells in vivo. Science,2002, 297(5585):1299.

113. Chambers SM,Fasano CA,Papapetrou EP,et al. Highly efficient neural conversion of human ES and iPS cells by dual inhibition of SMAD signaling. Nature Biotech,2009,27(3):275-280.

114. Chan E,Ratanasirintrawoot S,Park IH,et al. Live cell imaging distinguishes bona fide human iPS cells from partially reprogrammed cells. Nature Biotech,2009,27(11):1033-1037.

115. Chen,Y,He,ZX,Liu A,et al. Embryonic stem cells generated by nuclear transfer of human somatic nuclei into rabbit oocytes. Cell Res,2003,13(4):251-263.

116. Chen X,Xu H,Yuan P,et al. Integration of external signaling pathways with the core transcriptional network in embryonic stem cells. Cell,2008,133(6):1106-1117.

117. Chin MH,Mason MJ,Xie W,et al. Induced pluripotent stem cells and embryonic stem cells are distinguished by gene expression signatures. Cell Stem Cell,2009,5(1):111-123.

118. Chiu RC,Zibaitis A,Kao RL. Cellular cardiomyoplasty:myocardial regeneration with satellite cell implantation. Ann Thorac Surg, 1995,60(1):12-18.

119. Clarke D,Johansson C,Wilbertz J,et al. Generalized potential of adult neural stem cells. Science,2000,288(5471):1660-1663.

120. Clarke MSF. The effects of exercise on skeletal muscle in the aged. J Musculoskel Neuron Interact,2004,4(2):175-178.

121. Cole MF,Johnstone SE,Newman JJ,et al. Tcf3 is an integral component of the core regulatory circuitry of embryonic stem cells. Genes Dev,2008,22(6):746-755.

122. Conboy IM,Conboy MJ,Smythe GM,et al. Notch-mediated restoration of regenerative potential to aged muscle. Science,2003,302 (5650):1575-1577.

123. Conboy IM,Conboy MJ,Wagers AJ,et al. Rejuvenation of aged progenitor cells by exposure to a young systemic environment. Nature,2005,433(7027):760-764.

124. Condorelli G,Borello U,De Angelis L,et al. Cardiomyocytes induce endothelial cells to trans-differentiate into cardiac muscle:implications for myocardium regeneration. Proc Natl Acad Sci USA,2001,98(19):10733-10738.

125. Connolly JF. Clinical use of marrow osteoprogenitor cells to stimulate osteogenesis. Clin Orthopaed Rel Res,1998,355S(455 Suppl):S257-S266.

126. Conrad S,Renninger M,Hennenlotter J,et al. Generation of pluripotent stem cells from adult human testis. Nature,2008,456 (7514):344-349.

127. Crisan M,Yap S,Casteilla L,et al. A perivascular origin for mesenchymal stem cells in multiple human organs. Cell Stem Cell, 2008,3(3):301-313.

128. D'Amour KA,Gage F. Genetic and functional differences between multipotent neural and pluripotent embryonic stem cells. Proc Natl Acad Sci USA,2003,100 Suppl 1(20):11866-11872.

129. D'Amour K,Agulnick AD,Eliazer S,et al. Efficient differentiation of human embryonic stem cells to definitive endoderm. Nature Biotech,2005,23(12):1534-1541.

130. D'Amour KA,Bang AG,Eliazer S,et al. Production of pancreatic hormone expressing endocrine cells from human embryonic stem cells. Nature Biotech,2006,24:1392-1401.(11)

131. Darabi R,Gehlbach K,Bachoo RM,et al. Functional skeletal muscle regeneration from differentiating embryonic muscle cells. Nature Med,2008,14(2):124-142.

132. Da Silva Meirelles L,Caplan AI,Nardi NB. In search of the in vivo identity of mesenchymal stem cells. Stem Cells,2008,26(9): 2287-2299.

133. Denning C,Allegrucci C,Proddle H,et al. Common culture conditions for maintenance and cardiomyocyte differentiation of the human embryonic stem cell lines BG01 and HUES-7. Int J Dev Biol,2006,50(1):27-37.

134. Dubernard JM,Lengele B,Morelon E,et al. Outcomes 18 months after the first human partial face transplantation. New Eng J Med, 2007,357(24):2451-2460.

135. Ehrbar M,Djonov VG,Schnell C,et al. Cell-demanded liberation of VEGF121 from fibrin implants induces local and controlled blood vessel growth. Circ Res,2004,94(8):1124-1132.

136. Eisenberg LM,Burns L,Eisenberg CA. Hematopoietic cells from bone marrow have the potential to differentiate into cardiomyocytes in vitro. Anat Rec,2003,274(1):870-882.

137. Encinas JM,Michurina TV,Peunova N,et al. Division-coupled astrocytic differentiation and age-related depletion of neural stem cells in the adult hippocampus. Cell Stem Cell,2011,8(5):566-579.

138. Esteban MA,Wang T,Qin B,et al. Vitamin C enhances the generation of mouse and human induced pluripotent stem cells. Cell Stem Cell,2010,6(1):71-79.

139. Fairchild PJ,Brook FA,Gardner RL,et al. Directed differentiation of dendritic cells from mouse embryonic stem cells. Curr Biol, 2000,10(23):1515-1518.

140. Feng B,Ng JH,Heng JCD,Ng HH. Molecules that promote or enhance reprogramming of somatic cells to induced pluripotent stem cells. Cell Stem Cell,2009,4(4):301-312.

141. Filip S,Mokry J,Karbanova J,et al. Local environmental factors determine hematopoietic differentiation of neural stem cells. Stem Cells Dev,2004,13(1):113-120.

142. French AJ,Adams CA,Anderson LS,et al. Development of human cloned blastocysts following somatic cell nuclear transfer with adult fibroblasts. Stem Cells,2008,26(2):485-493.

143. Galic Z,Kitchen SG,Kacena A,et al. T lineage differentiation from human embryonic stem cells. Proc Natl Acad Sci USA,2006, 103()31:11742-11747.

144. Geijsen N,Horoschak M,Kim K,et al. Derivation of embryonic germ cells and male gametes from embryonic stem cells. Nature, 2004,427(6970):148-154.

145. Gerecht-Nir S,Dazard JE,Golan-Mashiach M,et al. Vascular gene expression and phenotypic correlation during differentiation of human embryonic stem cells. Dev Dynam,2005,232(2):487-497.

146. Gerecht S,Burdick JA,Ferreira LS,et al. Hyaluronic acid hydrogel for controlled self-renewal and differentiation of human embryonic stem cells. Proc Natl Acad Sci USA,2007,104(27):11298-11303.

147. Giorgetti A,Montserrat N,Aasen T,et al. Generation of induced pluripotent stem cells from human cord blood using Oct4 and Sox2. Cell Stem Cell,2009,5(4):353-357.

148. Green MD,Chen A,Nostro MC,et al. Generation of anterior foregut endoderm from human embryonic and induced pluripotent stem cells. Nature Biotch,2011,29(3):267-272.

149. Gobin AS,West JL. Cell migration through defined synthetic ECM analogs. FASEB J,2002,16(7):751-753.

150. Goldspink G. Age-related loss of skeletal muscle function:impairment of gene expression. J Musculoskel Neuron Interact,2004,4(2):143-147.

151. Gore A,Li Z,Fun HL,Young JE,et al. Somatic coding mutations in human induced pluripotent stem cell. Nature,2011,471(7336):63-67.

152. Gouon-Evans V,Boussemart L,Gadue P,et al. BMP-4 is required for hepatic specification of mouse embryonic stem cell-derived definitive endoderm. Nature Biotech,2006,24(11):1402-1411.

153. Griffith LG,Naughtoon G. Tissue engineering-current challenges and expanding opportunities. Science,2002,295(5557):1009-1014.

154. Guenou H,Nissan X,Larcher F,et al. Human embryonic stem-cell derivatives for full reconstruction of the pluristratified epidermis:a preclinical study. The Lancet,2009,374(9703):1745-1753.

155. Guenther MG,Frampton GM,Soldner F,et al. Chromatin structure and gene expression programs of human embryonic and induced pluripotent stem cells. Cell Stem Cell,2010,7(2):249-257.

156. Haase A,Olmer R,Schwanke K,et al. Generation of induced pluripotent stem cells from human cord blood. Cell Stem Cell,2009,5(4):434-441.

157. Hameed M,Lange KH,Andersen JL,et al. The effect of recombinant human growth hormone and resistance training on IGF-I mRNA expression in the muscles of elderly men. J Physiol,2004,555(1):231-240.

158. Han J,Yuan P,Yang H,et al. Tbx3 improves the germ-line competency of induced pluripotent stem cells. Nature,2010,463(7284):1096-1100.

159. Hanna J,Wernig M,Markoulaki S,et al. Treatment of sickle cell anemia mouse model with iPS cells generated from autologous skin. Science,2007,318(5858):1829-1923.

160. Hanna J,Markoulaki S,Schorderet P,et al. Direct reprogramming of terminally differentiated mature B lymphocytes to pluripotency. Cell,2008,133(2):50-264.

161. Hanna J,Saha K,Pando B,et al. Direct cell reprogramming is a stochastic process amenable to acceleration. Nature,2009,462(7273):595-601.

162. Hanna JH,Saha K,Jaenisch R. Pluripotency and cellular reprogramming:facts,hypotheses,unresolved issues. Cell,2010,143(4):508-524.

163. Hawkins RD,Hon GC,Lee LK,et al. Distinct epigenomic landscapes of pluripotent and lineage-committed human cells. Cell Stem Cell,2010,6(5):479-491.

164. Hench LL,Polak JM. Third-generation biomedical materials. Science,2002,295(5557):1014-1017.

165. Heng JC,Feng B,Han J,et al. The nuclear receptor Nr5a2 can replace Oct4 in the reprogramming of murine somatic cells to pluripotent cells. Cell Stem Cell,2010,6(2):167-174.

166. Hill JM,Zalos G,Halcox JPJ,et al. Circulating endothelial progenitor cells,vascular function,and cardiovascular risk. New Eng J Med,2003,348(7):593-600.

167. Hirano M,Yamamoto A,Yoshimura N,et al. Generation of structures formed by lens and retinal cells differentiating from embryonic stem cells. Dev Dynam,2003,228(4):664-671.

168. Hoffman RM. The potential of nestin-expressing hair follicle stem cells in regenerative medicine. Expert Opin Biol Ther,2007,7 (7):289-291.

169. Hovatta O,Meri S. Stem cell transplantation-a new era in medicine. Ann Med,2005,37(7):466-468.

170. Huang P,He Z,Ji S,et al. Induction of functional hepatocyte-like cells from mouse fibroblasts by defined factors. Nature,2011,475 (7356):386-389.

171. Huangfu D,Maehr R,Guo W,et al. Induction of pluripotent stem cells by defined factors is greatly improved by small-molecule compounds. Nature Biotech,2008,26(7):795-797.

172. Huangfu D,Osafune K,Maehr R,et al. Induction of pluripotent stem cells from primary human fibroblasts with only Oct4 and Sox2. Nature Biotech,2008,26(11):1269-1274.

173. Hubbell JA. Biomaterials in tissue engineering. Biotechnology,1995,13(6):565-576.

174. Hubbell JA. Biomaterials science and high-throughput screening. Nature Biotech,2004,22(7):828-829.

175. Hussein SM,Batada NN,Vuoristo S,et al. Copy number variation and selection during reprogramming to pluripotency. Nature, 2011,471(7336):58-62.

176. Iakova P,Awad SS,Timchenko NA. Aging reduces proliferative capacities of liver by switching pathways of C/EBPα growth arrest. Cell,2003,113(4):495-506.

177. Ichida JK,Blanchard J,Lam K,et al. A small-molecule inhibitor of Tgf-β signaling replaces Sox2 in reprogramming by inducing Nanog. Cell Stem Cell,2009,5(5):491-503.

178. Idelson M,Alper R,Obolensky A,et al. Directed differentiation of human embryonic stem cells into functional retinal pigment epithelium cells. Cell Stem Cell,2009,5(4):396-408.

179. Ieda M,Fu J D,Delgado-Olguin P,et al. Direct Reprogramming of Fibroblasts into Functional Cardiomyocytes by Defined Factors. Nihon Rinsho Japanese Journal of Clinical Medicine,2011,69 Suppl 7(3):524.

180. Jackson KA,Majika SM,Wang H,et al. Regeneration of ischemic cardiac muscle and vascular endothelium by adult stem cells. J Clin Invest,2001,107(11):1395-1402.

181. Jacobson RG,Flowers FP. Skin changes with aging and disease. Wound Rep Reg,1996,4(3):311-315.

182. Jaenisch R,Young R. Stem cells,the molecular circuitry of pluripotency and nuclear reprogramming. Cell,2008,132(4):567-582.

183. James D,Nam Hs,Seandel M,et al. Expansion and maintenance of human embryonic stem cell-derived endothelial cells by TGFβ inhibition is Id1 dependent. Nature Biotech,2010,28(2):161-166.

184. Janzen V,Forkert R,Fleming HE,et al. Stem-cell ageing modified by the chelin-dependent kinase inhibitor p16INK4a. Nature, 2006,443(7110):421-426.

185. Jiang Y,Jahagirdar BN,Reinhardt R,et al. Pluripotency of mesenchymal stem cells derived from adult marrow. Nature,2002,418 (6893):41-49.

186. Joannides A,Gaughwin P,Scott M,et al. Postnatal astrocytes promote neural induction from adult human bone marrow-derived cells. J Hematother Stem Cell Res,2003,12:681-688.

187. Kamiya D,Banno S,Sasai N,et al. Intrinsic transition of embryonic stem-cell differentiation into neural progenitors. Nature,2011, 470(7335):503-509.

188. Kanazawa Y,Verma IM. Little evidence of bone marrow-derived hepatocytes in the replacement of injured liver. Proc Natl Acad Sci USA,2003,100(100):11850-11853.

189. Kang L,Wang J,Zhang Y,et al. iPS cells can support full-term development of tetraploid blastocyst-complemented embryos. Cell Stem Cell,2009,5(2):135-138.

190. Kao RL,Chin TK,Ganote CE,et al. Satellite cell transplantation to repair injured myocardium. Cardiac Vasc Reg,2000,1:31-42.

191. Kattman SJ,Witty AD,Gagliardi M,et al. Stage-specific optimization of activin/nodal and BMP signaling promotes cardiac differentiation of mouse and human pluripotent stem cell lines. Cell Stem Cell,2011,8(2):228-240.

192. Kelly OG,Chan MY,Martinson LA,et al. Cell-surface markers for the isolation of pancreatic cell types derived from human embryonic stem cells. Nature Biotech,2011,29(8):750-756.

193. Kim K,Doi A,Wen B,et al. Epigenetic memory in induced pluripotent stem cells. Nature,2010,467(7313):285-290.

194. Kim JB,Greber B,Arauzo-Bravo MJ,et al. Direct reprogramming of human neural stem cells by Oct4. Nature,2009,461(7264): 649-653.

195. Kim D,Kim CH,Moon JII,et al. Generation of human induced pluripotent stem cells by direct delivery of reprogramming proteins.

Cell Stem Cell,2009,4(6):472-476.

196. Kiuru M,Boyer JL,O'Connor TP,et al. Genetic control of wayward pluripotent stem cells and their progeny after transplantation. Cell Stem Cell,2009,4(4):289-298.

197. Ko K,Tapia N,Wu G,et al. Induction of pluripotency in adult unipotent germline stem cells. Cell Stem Cell,2009,5(1):87-96.

198. Kobayashi A,Valerius MT,Mugford JW,et al. Six2 defines and regulates a multipotent self-renewing nephron progenitor population throughout mammalian kidney development. Cell Stem Cell,2008,3(2):169-181.

199. Koche RP,Smith ZD,Adli M,et al. Reprogramming factor expression initiates widespread targeted chromatin remodeling. Cell Stem Cell,2011,8(1):96-105.

200. Kondo T,Johnson SA,Yoder MC et al. Sonic hedgehog and retinoic acid synergistically promote sensory fate specification from bone marrow-derived pluripotent stem cells. Proc Natl Acad Sci USA,2005,102(13):4789-4794.

201. Kordower JH,Emborg ME,Bloch J,et al. Neurodegeneration prevented by lentiviral vector delivery of GDNF in primate models of Parkinson's disease. Science,2000,290(5492):767-773.

202. Kotten DN,Ma BY,Cardoso WV,et al. Bone-marrow derived cells as progenitors of lung epithelium. Development,2001,128(24):5181-5188.

203. Krause DS,Theise ND,Collector MI,et al. Multi-organ,multilineage engraftment by a single bone marrow-derived stem cell. Cell,2001,105(3):369-377.

204. Krishnamurthy J,Ramsey MR,Ligon KL,et al. p16INK4a induces an age-dependent decline in islet regenerative potential. Nature,2006,443(7110):453-457.

205. Kroon E,Martinson LA,Kadoya K,et al. Pancreatic endoderm derived from human embryonic stem cells generates glucose-responsive insulin-secreting cells in vivo. Nature Biotech,2008,26(4):443-452.

206. Kuwaki K,Tseng YL,Shimizu A,et al. Heart transplantation in baboons using α1,3-galactosyltransferase gene-knockout pigs as donors:initial experience. Nature Med,2004,11(1):29-31.

207. Laflamme MA,Murry CE. Regenerating the heart. Nature Biotech,2005,23(7):845-856.

208. Laird DJ,von Andrian UH,Wagers A. Stem cell trafficking in tissue development,growth and disease. Cell,2008,132(4):612-630.

209. Langer R,Tirell DA. Designing materials for biology and medicine. Nature,2004,428(6982):487-492.

210. Lapidos KA,Chen YE,Earley JU,et al. Transplanted hematopoietic stem cells demonstrate impaired sarcoglycan expression after engraftment into cardiac and skeletal muscle. J Clin Invest,2004,114(11):1577-1585.

211. Laurent LC,Ulitsky I,Slavin I,et al. Dynamic changes in the copy number of pluripotency and cell proliferation genes in human ESCs and iPSCs during reprogramming and time in culture. Cell Stem Cell,2011,8(1):106-118.

212. Lechner A,Yang YG,Blacken RA,et al. No evidence for significant transdifferentiation of bone marrow into pancreatic β-cells in vivo. Diabetes,2004,53(3):616-623.

213. Ledran MH,Krassowska A,Armstrong L,et al. Efficient hematopoietic differentiation of human embryonic stem cells on stromal cells derived from hematopoietic niches. Cell Stem Cell,2008,3(1):85-98.

214. Lee G,Kim H,Elkabetz Y,et al. Isolation and directed differentiation of neural crest stem cells derived from human embryonic stem cells. Nature Biotech,2007,25(12):1468-1475.

215. Lessard JA,Crabtree GR. Chromatin regulatory mechanisms in pluripotency. Ann Rev Cell Dev Biol,2010,26(1):503-532.

216. Levenberg S,Huang NF,Lavik E,et al. Differentiation of human embryonic stem cells on three-dimensional polymer scaffolds. Proc Natl Acad Sci USA,2003,100(22):12741-12746.

217. Li XJ,Du ZW,Zarnowska ED,et al. Specification of motoneurons from human embryonic stem cells. Nature Biotech,2005,23(2):215-221.

218. Li R,Liang J,Ni S,et al. A mesenchymal-to-epithelial transition initiates and is required for the nuclear reprogramming of mouse fibroblasts. Cell Stem Cell,2010,7(1):51-63.

219. Li F,He Z,Shen J,et al. Apoptotic caspases regulate induction of iPSCs from human fibroblasts. Cell Stem Cell,2010,7(4):508-520.

220. Lim CY,Tam WL,Zhang J,et al. Sall4 regulates distinct transcription circuitries in different blastocyst-derived stem cell lineages. Cell Stem Cell,2008,3(5):543-554.

221. Limke TL,Rao MS,Neural stem cell therapy in the aging brain:pitfalls and possibilities. J Hematother Stem Cell Res,2003,12:

615-623.

222. Lister R, Pelizzola M, Kida Y, et al. Hotspots of aberrant epigenomic reprogramming in human induced pluripotent stem cells. Nature, 2014, 514(7520):68-73.

223. Loewer S, Cabili MN, Guttman M, et al. Large intergenic non-coding RNA-RoR modulates reprogramming of human induced pluripotent stem cells. Nature Genet, 2010, 42(12):1113-1119.

224. Loh KM, Lim B. A precarious balance: Pluripotency factors as lineage specifiers. Cell Stem Cell, 2011, 8(4):363-369.

225. Lowry WE, Richter L, Yachechko R, et al. Generation of human induced pluripotent stem cells from dermal fibroblasts. Proc Natl Acad Sci USA, 2008, 105(8):2883-2888.

226. Lu T, Pan Y, Kao SY, et al. Gene regulation and DNA damage in the ageing human brain. Nature, 2004, 429(6994):883-891.

227. Lutolf MP, Hubbell JA. Synthetic biomaterials as instructive extracellular microenvironments for morphogenesis in tissue engineering. Nature Biotech, 2005, 23(1):47-55.

228. Lutolf MP, Gilbert PM, Blau HM. Designing materials to direct stem cell fate. Nature, 2009, 462(7272):433-441.

229. Maherali N, Sridharan R, Xie W, et al. Directly reprogrammed fibroblasts show global epigenetic remodeling and widespread tissue contribution. Cell Stem Cell, 2007, 1(1):55-70.

230. Maherali N, Hochedlinger K. Guidelines and techniques for the generation of induced pluripotent stem cells. Cell Stem Cell, 2008, 3(6):595-605.

231. Malouf NN, Coleman WB, Grisham JW, et al. Adult-derived stem cells from the liver become myocytes in the heart in vivo. Am J Pathol, 2001, 158(6):1929-1935.

232. Mann BK, Gobin AS, Tsai AT, et al. Smooth muscle cell growth in photopolymerized hydrogels with very adhesive and proteolytically degradable domains: synthetic ECM analogs for tissue engineering. Biomats, 2001, 22(22):3045-3051.

233. Marson A, Foreman R, Chevalier B, et al. Wnt signaling promotes reprogramming of somatic cells to pluripotency. Cell Stem Cell, 2008, 3(2):132-138.

第四章

皮肤干细胞与再生医学

皮肤(skin)是人体最大的组织器官,位于身体表面,覆盖全身。表皮和真皮总重量占体重的5%～8%,若包括皮下组织重量则可达体重的16%。成人皮肤的总面积1.5～2m²。皮肤的厚度根据年龄、部位的不同而异。皮肤作为人体的最外层,是机体抵御物理性、化学性和病原微生物入侵的第一道防线,主要承担着保护机体、代谢(排汗)和感觉(热、痛和触觉)等重要的生物学功能。当外部温度发生变化时,皮肤血管和汗腺会自动调节体温使之保持在37℃左右。另外,还有多种因素可能影响分泌腺的正常活动,如出汗是皮肤的正常排泄作用,出汗时水分、盐分和其他化学物质会被排出体外,而皮脂腺分泌过盛则会形成暗疮。皮肤的吸收作用是有限度的,只有少量成分可以由皮肤吸收而进入体内。皮肤还是人体内主要贮水库之一,大部分水分贮存在真皮内,其含水量占全身的18%～20%。皮肤又是一个重要的免疫器官,许多疾病的预防接种,变态反应观察以及某些疾病的诊断性皮肤试验、药物过敏试验等,都是通过皮肤进行的。此外,皮肤还是一个表情的器官,面部表情肌收缩舒张牵动皮肤产生各种表情。人类的面部皮肤是人们进行社会行为的媒介,是个人外观和表达的重要决定因素。皮肤的再生能力很强,如一般性损伤后数天即可愈合。

干细胞是皮肤再生医学的基础和研究热点,其中皮肤组织来源的成体干细胞是研究的重点。皮肤组织来源的成体干细胞在疾病治疗中可能突破以下几个方面,包括烧创伤后皮肤组织修复治疗、慢性难愈合皮肤创面的治疗、瘢痕创面的修复、皮肤附件再生和退行性疾病治疗,以及皮肤抗衰老等。这个领域的研究策略很多,包括利用干细胞的可塑性,经体内外诱导或基因修饰等方法使其向治疗目的的细胞转分化,从而达到治疗目的。如目前已初步观察到在特定条件下,皮肤组织干细胞有可能变成汗腺、皮脂腺以及毛囊等,因此,如果通过干细胞移植治疗Ⅲ度烧伤,一定程度上可以解决康复后的出汗,以及美容等问题,但由于难度较大,这方面要走的路还很长。另一种策略是诱导成体细胞逆转为干细胞或干细胞样细胞,从而达到治疗的目的。在这方面主要是利用了细胞的去分化或逆分化的特性来实现。但在这一领域尚有一系列的科学问题与技术难题需要解决,如干细胞的鉴定与分类、体外非分化扩增、定向诱导、排斥反应、基因表达模式调控、安全评价、伦理问题等。还有就是将干细胞与其他再生医学策略如组织工程、基因工程等结合应用,这方面的研究是近年来的热点,并取得了较多的研究成果。

皮肤的保护,尤其是保护面部皮肤的正常结构,具有很高的社会价值。人们投入巨额财产来美化,尤其在不幸遭受面部毁容后,为消除留下不可磨灭的心理创伤,更需整形。因此,皮肤的完美修复一直是学者们追求的目标。

本章节将从人皮肤发育、皮肤干细胞与再生医学等方面进展进行介绍。

第一节　皮肤组织的发育

皮肤由表皮和真皮组成,是机体最大的组织结构之一。表皮代表身体和它的外部环境之间的交流的接口,其结构适合其功能需求。真皮位于表皮深层,向下与皮下组织相连,与后者无明显界限。

一、表皮的发育

表皮来源于外胚层。随着发育的进展,细胞增生,在妊娠第1个月时,表皮层形成一层扁平细胞被称为胎皮。胎皮细胞存在于所有脊椎动物胚胎的表皮,似乎参与羊水和表皮之间水、钠和葡萄糖的交换。到妊娠第 3 个月,表皮变成了一个三层结构,即有丝分裂活性基底(或发芽的)层,中间层细胞表示将干细胞的后代的基底层,和一个浅层胎皮细胞构成表面气泡特征。胎皮细胞含大量的糖原,但糖原的功能仍不确定。在妊娠第 6 个月,表皮下的周皮发生分化,形成产后表皮层的诸多特征。许多胎皮细胞发生程序性细胞死亡(凋亡),蜕下的皮脱落到羊水中。胎儿表皮变成胎儿与外部环境之间的交流的屏障,而不是参与者。胎儿表皮功能的改变可能是自我适应,有学者猜测可能与尿等废物开始积聚在羊水有关。

表皮有均匀的组织学形态,被细胞镶嵌。这些细胞不仅来自表面外胚层,也来自其他地方,如神经嵴或中胚层。这些细胞发挥着皮肤重要的特定角色的功能。

在妊娠第 2 个月早期,来源于神经嵴的成黑素细胞迁移到胚胎真皮,继而成黑素细胞伴随神经末梢迁移到表皮,分散在基底层角质形成细胞中间。成黑素细胞一旦进入基底层,细胞质中出现酪氨酸酶,开始形成黑色素,此时,这类细胞称为黑色细胞。

不同的种族,皮肤色素细胞的数量差别不大,但深色皮肤的黑色素细胞含有更多的色素颗粒。白化病是一种具有遗传性状特点的疾病,表现为缺乏色素,但白化患者通常包含正常皮肤中黑色素细胞的数量。事实上,是由于缺乏酪氨酸酶,参与转换黑色素的氨基酸酪氨酸。白化病患者通常无法表达黑色素细胞的色素,朗格汉斯细胞源自骨髓,在妊娠前 3 个月,迁移至表皮。这些细胞具有免疫系统的活性,参与抗原的表达;其可配合 T 淋巴细胞(白细胞参与细胞免疫反应)在皮肤上启动细胞介导对外界抗原的反应。在妊娠后的前 2～3 个月,朗格汉斯细胞数量少(约 65 个表皮细胞/mm²),但随后,表皮细胞的总数成倍增加达成年人的 2%～6%。

在表皮细胞类型,表皮中的梅克尔细胞在手掌和足底出现,在胚胎第 8～12 周,与神经终端连接。其是有短指状突起的细胞,散在毛囊附近的表皮基底细胞间。

二、真皮的发育

真皮来源于中胚层,在胚胎 2 个月时,真皮由疏松排列的间充质细胞和基质构成。在第 3 个月时,出现嗜银性网状纤维,其不断增多变粗,排列成束,失去银浸染,即演变为胶原纤维。同时间充质细胞发育为成纤维细胞,产生胶原纤维、弹性纤维、网状纤维及基质成分。

人胎儿皮肤含有Ⅲ型胶原的比例较高,而成人皮肤则含较多Ⅰ型胶原。弹力纤维出现较晚,在胚胎第 22 周时才开始出现,见于真皮网状层内,呈弥散的颗粒或短纤维,形成细而分支的纤维网。第 32 周时,形成发育完好的纤维网。

三、皮下组织的发育

皮下组织来源于中胚层。胚胎第 20 周时,皮下组织内脂肪细胞开始发育。此时,组织学检查可见梭形不含脂质的脂肪细胞的前体细胞、含有少量小脂肪滴的幼稚型脂肪细胞和中央有一个大脂滴且核位于边缘的成熟的脂肪细胞。

四、附属器的发育

皮肤附属器包括毛发、毛囊、皮脂腺、汗腺、指(趾)甲等。

1. 毛囊的发育　毛囊(hair follicle)是哺乳动物最为独特和复杂的微型器官之一,也是哺乳动物唯一终生呈周期性生长的器官。毛发是毛囊细胞增殖和分化的产物。毛发具有感觉、调节体温、保护及交流等功能。毛囊是皮肤衍生物,毛囊组成各部分间结构界限明确。毛囊虽小但结构复杂,由 8 层独特的细胞群构成,分别来源于外胚层和中胚层,在毛囊中的位置、作用及基因表达特性都不同。以鼠为例,其毛囊基因的表达谱分析显示,毛囊在毛发周期中有多达 6000 个基因的表达发生改变,由此可见毛囊发育过程的极为复杂。

胚胎期皮肤表皮细胞和下层真皮细胞通过一系列相互作用导致毛囊的形成。上皮细胞和真皮细胞通过持续而复杂的相互作用,调控毛囊的形态发生。真皮细胞发出诱导毛囊形成的第一个信号,上皮细胞接收到来自真皮的信号后,首先变成柱状上皮细胞,上皮变厚,被称为毛囊基板(placode)。继而,毛囊基板发出信号,诱导真皮细胞迅速以一定模式聚集于毛囊基板下面,真皮细胞聚集的地方就是新毛囊发生的地方,这些聚集的真皮细胞发出信号,诱导毛囊基板细胞增殖,并向下生长,进入真皮,形成初级毛囊胚芽(primary hair germ,PHG),进一步生长形成毛钉(hair peg)。随后,毛钉发育呈鳞茎状时,聚集的真皮细胞形成毛乳头,毛乳头被毛囊上皮细胞所包围,形成所谓的毛球。靠近毛乳头的毛母质细胞增殖分化形成毛皮质、毛髓质、毛干鞘小皮以及内根鞘,最终形成毛囊。

2. 汗腺的发育　汗腺是表皮在生长发育过程中衍生的皮肤附属器之一,汗腺只发生于胚胎的早期发育阶段,出生后不再生成新汗腺,轻度烧伤后,汗腺细胞可以用其深部未受伤部分进行修复。

1996 年,Kere 及其实验小组将与人类汗腺的胚胎形成与分化发育密切相关的 *Eda* 基因定位于 xq12-13.1 染色体,并成功克隆,*Eda* 基因属于较晚确定的肿瘤坏死因子超家族成员。1998 年 Baye 等用 RACE 方法成功克隆该基因的全长基因(5307bp)并分析了其功能,Sheng 等的研究进一步表明,*Eda* 基因的表达产物及其受体在汗腺的胚胎发育中占有重要作用,人类和 tabby 小鼠的 *Eda* 突变,导致毛囊数量的下降和牙齿以及汗腺管的发育缺陷。

汗腺在胚胎期第 10 周,首先于手足掌部开始发育,外观上表皮嵴中基底细胞呈树枝状向真皮方向延伸,这时表皮含有较多的脂类物质,仅由 1~2 层细胞组成空泡状的周皮,周皮基底层细胞排列疏松且尚未形成极性细胞。胚胎期第 12 周后表皮基底层细胞开始充盈饱满并逐渐呈栏栅状排列,表皮嵴形成,毛囊的原基开始出现,外观形态呈相间分布的细胞团,间质细胞包绕其周围。胚胎期第 13~15 周皮肤表皮基底层以上已经比胚胎期第 10 周多了 1 倍的细胞层组成,达 2~4 层,排列仍然无层次,毛乳头开始形成,相间出现的汗腺原基明显发育的比胚胎期第 10 周更成熟。胚胎期第 15~18 周空泡状的周皮细胞开始脱落,皮下脂肪组织开始形成,表皮和真皮层均增厚,皮脂腺形成,足底汗腺原基内细胞呈条树枝状向真皮深层生长。在胚胎期第 20 周前后,身体其他部位汗腺也开始发育,并已经能观测到完整的毛囊、皮脂腺结构。胚胎期第 22~24 周,皮肤表皮已经达到 3~5 层上皮细胞,且排列得非常规整,毛囊和皮脂腺结构进一步形成,汗腺起源于原始的上皮,通过上皮细胞增殖,向其下方的结缔组织内伸入,形成上皮芽和细胞索,随后通过进一步的演变而形成汗腺。在演变过程中,这些上皮芽或细胞索与表层上皮保持联系,并发育成导管,形成汗腺,3 种汗腺的细胞形态均已经可见。胚胎期第 26~32 周,皮肤表层出现角化,汗腺、毛囊和皮脂腺结构完整、数量稳定,其汗腺结构基本与成人类似,毛干已形成,皮脂腺内开始出现类似油脂的脂性分泌物。

3. 皮脂腺的发育　皮脂腺的组织发生开始于胚胎第 4 个月。毛囊发育稍早,表现为胚胎的毛胚芽,即表皮的基底层细胞紧密排列形成原始芽状毛胚,原始毛胚芽迅速进入毛胚芽阶段(hair germs),此时基底细胞拉长变高,并从表皮向真皮生长,同时毛胚芽下方的间充质细胞和成纤维细胞数目增多,聚集形成早期的真皮乳头,此时的结构又称为毛索(hair peg)。毛索外层细胞沿长轴呈栏栏状排列,随后向下斜行生长,末端膨大呈球形,形成球形毛索,末端的毛球内含大量毛母质细胞,逐渐包绕真皮乳头。在人胚胎第 16 周,球形毛索阶段毛囊的后壁出现两个上皮样膨大,下方的为立毛肌附着处,即 bulge 区,随着毛囊的进一步发育,bulge 逐渐减小,上方的则是皮脂腺原基,细胞内充满类脂,通过一根导管开口于毛囊上端外根鞘处,最终发育为皮脂腺。

4. 指甲的发育　指甲是毛发坚硬表皮的变异体。指甲不断地从甲器官中长出,表皮凹陷入指甲尖的背面,它相当于一个大的毛囊。内陷的背侧壁较短,向角质层延伸,腹侧壁延伸到指甲的顶端。腹侧壁形成甲床,甲床的近端是基质,大量的干细胞是毛囊基质中等量的短暂扩充细胞。基质中细胞直接来源于甲。基质细胞分裂并分化成坚硬的角质,向远端迁移分化成甲。生长的甲沿甲床表面延长,并稳固地黏附在甲床上。因末端指骨的感染或切断使甲缺失,甲床近端可以从基质细胞中再生。

第二节　人皮肤的组织结构

皮肤基本结构由内向外分为三层,即表皮、真皮、皮下组织(图 4-1)

表皮内没有血管,划伤表皮后不会出血,表皮内含有丰富的神经末梢,它可以帮助我们感知外界的事物。

表皮以细胞形态由外向内可分为五层:角质层、透明层、颗粒层、棘层、基底层。(图 4-2)。

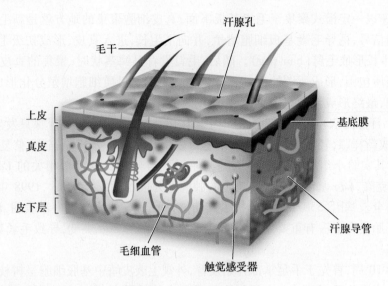

图 4-1 皮肤结构示意图

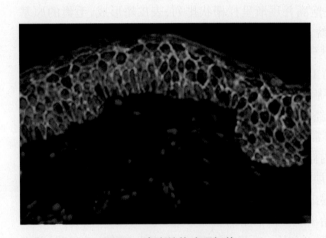

图 4-2 表皮结构病理切片
绿色为细胞边界,蓝色为细胞核

表皮分化出的特殊结构具有体温调节功能、感觉功能(表皮和毛发)、指尖保护功能(指甲)、视力(晶状体和角膜)和听力(内耳的感觉毛细胞)等功能。上述结构主要由表皮、毛发、指甲、角膜和感觉毛细胞等成体干细胞再生。

一、表皮

表皮是复层鳞状上皮,由处于不同分化阶段的角质形成细胞构成,从未分化的基底层细胞直到高度角化并逐渐脱落的表层细胞(角质层)。角质形成细胞之间通过黏着带、桥粒和紧密连接连接在一起形成防水层。基底层的 ECM 中含有透明质酸(hyaluronic acid,HA),HA 是一种能与水结合的多离子不含硫糖胺聚糖(glycosaminoglycan,GAG)。基底层细胞可表达 CD44,一种 HA 受体。基底层的干细胞不断进行分裂以自我更新并产生更多分化的角质形成细胞,这些细胞向上迁移(或被推倒)以替换不断脱落的角质层细胞。

表皮由多层细胞组成,表皮以细胞形态可分为五层:角质层、透明层、颗粒层、棘层和基底层。从基底层开始逐渐分化为扁平的角质形成细胞。基底层常常被深染是由于含有活跃的干细胞和短暂扩增细胞群;棘层和颗粒层代表有丝分裂下降和角化增加的连续过程;透明层与角质层具有同源性,只存在于厚的皮肤。

基底层位于表皮最深处,呈栅栏状排列,只有一层细胞可以分裂,慢慢演变,1 个细胞裂变成 2 个细胞所需要时间为 19 天,是表皮中唯一可以分裂复制的细胞。每当表皮破损时,基底层细胞就会增长修复而皮肤不留瘢痕。每 10 个基底细胞中有 1 个透明细胞,细胞核很小,是黑色素细胞,它位于表皮与真皮交界处,镶嵌于表皮基底细胞。它的主要作用是产生黑色素颗粒,呈树枝状,深入到 10 个基底状及棘状细胞中。黑色素颗粒数量的多少,可影响到基底层细胞和棘细胞中黑色素含量的多少。细胞繁殖再生及部分新陈代谢均在此层进行。棘层与基底层合称生长带,也称种子层。由厚度为 4~8 层带棘的多角形细胞组成,细胞棘突特别明显,是表皮中最厚的一层,它可以不断地制造出新细胞,从而一层层往上推移,具有细胞分裂增殖的能力。各细胞间有空隙,储存淋巴液,以供给细胞营养。颗粒层由 2~4 层菱形细胞组成,细胞核苍白,有角蛋白颗粒,在掌跖等部位分布明显,对光线反射有阻断作用,可防止异物侵入,过滤紫外线,逐渐向角质层演变。透明层由 2~3 层扁平无核细胞组成,可控制皮肤的水分,防止水分流失,细胞在这层开始衰老、萎缩,只有手掌、足底等角质层厚的部位才有此层。角质层是表皮最外层,由 4~8 层极扁平无核的角化细胞组成,含有角蛋白及角质脂肪,无血管和神经。外层的角化细胞到一定时间会自行脱落,同时会有新形成的角化细胞来补充。角质层是最能表现皮肤是否健美坚韧而富有弹性的一层,并且有抗摩擦、防止体内组织液向外渗透的功能,也可防止体外化学物质和细菌侵入,它的再生能力极强,角质细胞含有保湿因子,可防止表面水分蒸发,同时又有很强的吸水性。

表皮的构成:外胚层的角质形成细胞占大多数。另一类是树枝状细胞,主要包括4类细胞:黑色素细胞、朗格汉斯细胞、梅克尔细胞和未定型细胞。

1. 角质形成细胞　角质形成细胞最终产生角质蛋白,在其向角质细胞演变过程中,一般可以分为4层,即基底层、棘层、颗粒层以及角质层。此外,在某些部位,特别在掌跖部位,角质层下方还可见到透明层。

(1) 基底层:仅一层基底细胞,呈长柱状或立方形,核较大,卵圆形,细胞质深嗜碱性。基底细胞呈栅栏状排列于其下的基底膜上。它是未分化细胞,代谢活跃,不断有丝状分裂,产生子细胞以更新表皮。基底细胞内尚含有多少不等的黑素,其含量多少与皮肤的颜色是一致的。基底层细胞的分裂周期平均为311小时,由基底层移行至颗粒层最上层约需14天,再移至角质层表面而脱落又需14天,共约28天,这一时间称为表皮通过时间或更替时间。

(2) 棘层:由4~8层多角形细胞组成,由于胞质有多个棘状突起故称为棘细胞。胞体比较透明,核染色质比基底细胞染色质少。在棘细胞间可散有朗格汉斯细胞。离基底层越远,棘细胞分化越好,趋向扁平。棘层下部细胞仍有一定增殖功能,与基底层细胞合称为生发层。

(3) 颗粒层:由1~3层扁平或菱形细胞组成,胞质内充满粗大、深嗜碱性的透明角质颗粒。其厚度与角质层厚度一般成正比。在角质层薄的部位颗粒层一般由2~4层梭形或扁平细胞组成,而在掌跖等角质层厚的部位,颗粒层可厚达10层。电镜下颗粒无包膜,沉积于成束的张力细丝间。

(4) 透明层:在掌跖皮肤角质层厚的部位,在HE染色切片中,角质层下有时可见薄层均匀一致的嗜酸性带,称为透明带或透明层。境界不清、无核、嗜酸性、紧密相连的细胞,该层有防止水及电解质通过的屏障作用。

(5) 角质层:为扁平、无核、嗜酸性染色的角质化细胞。角质层内有时呈网状与切片有关。多层已经死亡的扁平、无核细胞组成,在掌跖部位可厚达40~50层。细胞内细胞器结构消失,电镜下胞质内充满由张力细丝和均质状物质结合形成的角蛋白。下方角质层细胞间可见桥粒,而上方角质层细胞间桥粒消失,易于脱落。

2. 树枝状细胞

(1) 黑色素细胞(melanocyte):黑色素细胞来源于外胚叶的神经嵴,具有合成黑色素的作用。其胞质透明,核较小深染。黑素细胞位于基底细胞层。约8~10个基底细胞间有一个黑素细胞。

黑色素细胞是一种皮肤里的特殊的细胞,它产生黑色素,传递给周围的角质形成细胞。黑色素停留在这些角质形成细胞的细胞核上起保护作用,防止染色体受到光线辐射受损。在正常人体表皮中,一个黑色素细胞大约可以顾及40个角质形成细胞,称为表皮的黑色素形成单位。皮肤的颜色来自于角质形成细胞内存储的黑色素。一般来讲,存储黑色素多的人肤色更深,也更受到保护,远离阳光辐射。但是研究表明不同种族的人的黑色素细胞个数并没有明显差异。人体的正常与健康的肤色是黑色素合成与代谢平衡的结果。

(2) 朗格汉斯细胞(Langerhans cell):来源于骨髓的免疫活性细胞,属于树突状细胞群体,是免疫反应中重要的抗原提呈细胞和单核吞噬细胞。散在分布于基底层和棘层细胞间。细胞核富含常染色质,有明显的凹痕,胞质内含有发达的高尔基复合体,溶酶体内常含有内吞的黑素颗粒,还有一种独特的网球拍型小颗粒,称为伯贝克颗粒(Birbeck granule)。朗格汉斯细胞能捕获和处理侵入皮肤的抗原,并传递给T细胞,可使特异性T细胞增殖和激活。在对抗侵入皮肤的病原微生物、监视癌变细胞中起重要作用。

(3) 梅克尔细胞(Merkel's cell):在光滑皮肤的基底细胞层及有毛皮肤的毛盘,数量很少,目前认为Merkel细胞很可能是一个触觉感受器。于1875年第一次被F.S Merkel描述,乃分布于全身表皮基底细胞之间的一种具短指状突起的细胞,数目少,常位于皮肤附件和触觉感受器丰富的部位(如指尖、鼻尖、口腔黏膜、掌跖、指、趾、口唇及生殖器、毛囊),不分支,与角质形成细胞之间有桥粒相连,通常被认为是一种触觉细胞,并具有神经内分泌功能。

(4) 未定型细胞:位于表皮基底层,其来源和功能尚不清楚。目前多人为该细胞就是未成熟的或未能找到的 Birbeck 颗粒的朗格汉斯细胞。

二、真皮

真皮位于表皮深层,向下与皮下组织相连,与后者无明显界限。真皮由致密结缔组织组成。其内分布着各种结缔组织细胞和大量的胶原纤维弹性纤维,使皮肤既有弹性,又有韧性。结缔组织细胞以成纤维细胞和肥大细胞较多。真皮的厚度不同,手掌、足底的真皮较厚,约 3mm;眼睑等处最薄,约 0.6mm。真皮一般厚度在 1mm ~ 2mm 之间。真皮可分为乳头层和网状层,主要由胶原纤维、弹力纤维、网状纤维和无定型基质等结缔组织构成,其中还有神经和神经末梢、血管、淋巴管、肌肉以及皮肤的附属器。乳头层可分为真皮乳头及乳头下层(两者合称为真皮上部)。网织层也可分为真皮中部和真皮下部,但两者没有明确界限。真皮结缔组织的胶原纤维和弹性纤维互相交织在一起,埋于基质内。正常真皮中细胞成分有成纤维细胞、组织细胞及肥大细胞等。胶原纤维、弹性纤维和基质都是由成纤维细胞分泌产生的。网状纤维是幼稚的胶原纤维,并非一独立成分。真皮组织的厚薄与其纤维组织和基质的多少关系密切,并与皮肤的致密性、饱满度、松弛和起皱现象密切相关。

真皮由包埋在 ECM 中的两层成纤维细胞构成,分别为表皮基底层下面的乳头层和深部的网状层,可以合成多种 ECM 蛋白。乳头层的名字来源于它的乳头向上突出至表皮,乳头层内含有丰富的毛细血管网,可为表皮提供营养并与外界交换热量。位于乳头层下方的是网状层,网状层比乳头层厚,有由粗大的胶原纤维和弹性纤维网构成的 ECM,仅含较少的毛细血管。真皮中还存在着肥大细胞,这些细胞与组织巨噬细胞(吞噬细胞)和脂肪细胞共同发挥作用,在过敏性反应中作为免疫细胞释放组胺。

真皮含有 4 种 ECM 蛋白,包括结构蛋白(structural proteins)、黏附糖蛋白(adhesive glycoproteins)、糖胺聚糖(glycosaminoglycans,GAGs)、蛋白聚糖(proteoglycan,PG)。结构蛋白包括纤维性胶原蛋白和弹性蛋白,胶原蛋白使 ECM 具有抗张强度,而弹性蛋白使 ECM 具有弹性,让皮肤能够在需要的时候进行伸展并再恢复到其原始的收缩状态。真皮基质中主要的胶原蛋白是 I 型胶原蛋白(80%)和 III 型胶原蛋白,还有少量其他类型胶原蛋白存在。IV 型胶原蛋白形成极细的分支状网络结构围绕 I 型胶原纤维;VIII 型胶原蛋白分布在毛囊和小血管的周围。胶原和弹力纤维在真皮中以网状(方平组织)形式交织在一起,位于乳头层中的纤维网络要薄于网状层中的纤维网络。从网状层伸出的胶原纤维束将网状层与深层筋膜或皮下组织锚定在一起,这种锚定结构可在一定范围内活动,从而允许皮肤与皮下组织之间在一定范围内进行平面移动。

真皮中主要的黏附糖蛋白有纤连蛋白(fibronectin,FN)、玻连蛋白(vitronectin,VN)和层粘连蛋白(laminin,LN)。Fn 首次发现于血清中,由邻近的真皮细胞合成。FN 与 VN 作为底物使细胞在迁移或静止时均可附着在 ECM 上。LN 是基底膜的主要结构蛋白。基底膜位于表皮层与真皮乳头层之间,约 100nm 厚,由表皮基底层细胞合成,是一层无细胞结构的薄膜。基底膜包括靠近表皮细胞的透明板和靠近乳头层的致密板,两者的主要构成分别为 LN 和 IV 型胶原蛋白。表皮细胞以半桥粒的方式通过 α6β4 整联蛋白锚定在透明板上,致密板通过 IV 型胶原蛋白纤维束锚定于真皮乳头层的 ECM。与大多数组织一样,基底膜是上皮非常重要的组织结构,具有固定和过滤功能。

真皮 ECM 中主要的黏多糖为透明质酸盐(hyaluronate),除此以外,硫酸皮肤素、硫酸乙酰肝素和硫酸软骨素的含量也很高。蛋白聚糖是与硫酸化的黏多糖连接的蛋白,真皮 ECM 中重要的蛋白聚糖有大的多功能蛋白聚糖、小的核心蛋白聚糖和基底膜蛋白聚糖。基底膜蛋白聚糖是与硫酸乙酰肝素连接的蛋白聚糖,是基底膜致密板的组成部分。多个蛋白聚糖与 HA 分子结合形成透明质酸-蛋白聚糖复合物。该复合物是已知最大的生物分子,通过多功能蛋白聚糖与水紧密结合,使真皮 ECM 可以抵抗外界压力并为皮肤受伤时细胞迁移创造空间(图 4-3)。

(1)胶原纤维:胶原纤维(collagen fibers)为真皮结缔组织的主要成分。在乳头层,胶原纤维较细,排列疏松,方向不一。而网状层的胶原纤维较粗,相互交织成网。其成分为 I 和 III 型胶原蛋白,HE 染色呈浅红色。胶原纤维由胶原原纤维(fiberils)和微原纤维(microfibrils)组成,后者平行排列形成节段性横纹。胶原纤维韧性大,抗拉力强,但无弹性。

(2)弹力纤维:弹力纤维(elastic fibers)比胶原纤维细,折光性强,由弹力蛋白(elastin)和微原纤维(mi-

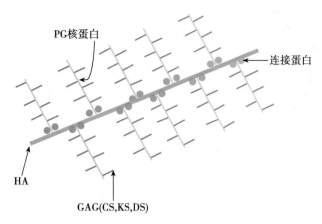

图 4-3　蛋白聚糖的结构图示 (透明质酸复合物)
HA 为透明质酸;PG 为蛋白聚糖;GAG 为糖胺聚糖。GAG 依据组织类型和不同部
位可以代表硫酸软骨素 (CS)、硫酸角质素 (KS) 和硫酸皮肤素 (DS) 等

crofibril) 构成。分布于真皮和皮下组织中,使皮肤具有弹性,对皮肤附属器和神经末梢起支架作用。HE 染色很难识别,用醛品红染色可为紫色。

（3）网状纤维:网状纤维 (reticular fibers) 的纤维细小,有较多分支,交织成网。主要由Ⅲ型胶原蛋白构成,表面有较多的酸性粘多糖,分布于乳头层、皮肤附属器、血管、神经周围及基底膜带的网板层等处。HE 染色中不能分辨,用银染呈黑色,又称嗜银纤维。电镜下,纤维上可见横纹。

（4）基质:基质细胞蛋白是被分泌的大分子蛋白,包括血栓黏合素、肌腱蛋白-C (tenascin,Tn-C) 和骨桥蛋白,这些大分子蛋白能够调节细胞和 ECM 之间的相互作用。这些无定形匀质状物质,充填于上述纤维和细胞间。以透明质酸长链的支架,通过连接蛋白结合许多蛋白质分子形成支链,这些支链又与许多硫酸软骨素等多糖形成侧链,使基质形成分子筛主体构型,具有许多微孔隙,有利于水、电解质、营养成分和代谢产物的交换,而较大分子物质,如细菌等被限制在局部,有利吞噬细胞消灭。

真皮 ECM 通过两条途经对细胞信号转导产生作用。其一,真皮 ECM 作为生长因子的储存库,与生长因子结合使它们成为潜伏状态,在损伤时释放生长因子。例如,TGF-β 存在三种异构体形式,可以与核心蛋白多糖、Ⅳ型胶原蛋白、Fn 和血栓黏合素等结合;其二,真皮 ECM 蛋白含有短氨基酸识别序列使其能够通过各种受体与细胞结合。能被真皮 ECM 蛋白分子识别的主要细胞受体家族如Ⅰ型胶原蛋白、Ⅲ型胶原蛋白和 Fn均为整合素类。Tn-C 和Ⅰ型胶原蛋白含有表皮生长因子 (epidermal growth factor,EGF) 重复结构域,能够使其与表皮生长因子受体 (epidermal growth factor receptor,EGFR) 结合,EGFR 是一种酪氨酸激酶。另外,其他识别结构域能够使蛋白质互相结合,进而调整 ECM 的结构。

三、皮下组织

皮下组织由疏松结缔组织和脂肪组织构成,与真皮间无明显分界。它将皮肤与深部组织连接到一起,且使皮肤有一定的可动性。皮下组织的主要成分是脂肪,脂肪的基本单位是由脂肪细胞聚集形成的一级小叶,许多一级小叶构成二级小叶,二级小叶周围有纤维间隔或小梁,故又称为皮下脂肪层,含有较大的血管、淋巴管、神经、小汗腺和顶泌汗腺等。皮下组织的厚度因个体、年龄、性别和部位的不同,而有较大差别。腹部皮下组织中的脂肪组织丰富,厚度可达 3cm 以上。眼睑、阴茎和阴囊等部位皮下组织最薄。皮肤血管、淋巴管和神经在皮下组织中通过。毛囊和汗腺也延伸到皮下组织内。

四、附属器

1. 毛囊　毛囊结构复杂,由 8 层独特的细胞群构成。成熟的生长期毛囊具有典型的毛囊结构,毛干(hair shaft) 位于毛囊的中央。暴露在皮肤外的毛干就是平时所见的毛发,而在皮肤内的毛干称为毛根。毛干由毛小皮 (hair cuticle)、毛皮质 (Cortex) 和毛髓质 (Medulla) 三层构成。毛干被内根鞘 (inner root sheath,IRS)、伴侣层 (companion layer) 及外根鞘 (outer root sheath,ORS) 所包围和支持。内根鞘是包围毛干的刚性结构,它是毛干生长和分化所必需的。内根鞘分别由三种独特的细胞构成,分为内根鞘鞘小皮(IRS cuticle)、Huxley层和Henle层,其中,内根鞘的鞘小皮与毛干的鞘小皮相接。在内根鞘外是由上皮细胞组成的外根鞘,它相当于上皮的基底层和棘细胞层。外根鞘并不与毛干接触,而是被内根鞘和伴侣层隔开,但可以通过内根鞘或信号通路直接或间接影响毛干的生长发育。在毛囊的最外层是由三层不同走向的胶原纤维构成的结缔组织鞘(connective tissue sheath,CTS),中间的较厚层存在成纤维细胞,结缔组织鞘将毛囊与真皮隔离开。

毛球(hair bulb)是毛囊位于皮肤深处的末端膨大部分,毛球包围着毛乳头(dermal papilla),围绕毛乳头的部分为毛母质(hair matrix)。毛母质的角质细胞(keratinocyte)是体内生长最快的细胞,生长期毛母质细胞增殖分化产生毛干和内根鞘。毛乳头位于毛球中央呈橄榄球形,它由一些密集的真皮细胞组成。毛乳头是毛囊的控制中心,负责信号的发送和接收,控制毛母质细胞增殖和毛干的形成。毛乳头还控制毛球大小、生长期的持续时间及毛干直径。此外,毛乳头通过维持血液循环,为毛发生长提供营养。转录表达谱分析显示,部分毛乳头细胞来源于神经嵴。在毛囊分化过程中,毛囊各部分大量表达各种角蛋白,促进毛囊的角质化,最终毛囊形成坚硬的结构和不同的形态。毛囊细胞间通过桥粒(desmosome)和角蛋白交联来维持毛囊的完整性。毛囊干细胞和毛乳头细胞在毛发周期中发挥着关键作用,人和鼠的毛囊干细胞位于毛囊外根鞘隆突区(bulge region)。

2. 汗腺的结构 属单曲管状腺,分为分泌部和导管部。分泌部位于真皮深部和皮下组织,由单层分泌细胞排列成管状,盘绕如球形。小汗腺有两种分泌细胞,即明细胞和暗细胞。明细胞较大,为分泌汗液的主要细胞;暗细胞较小,夹在明细胞之间,可分泌黏蛋白和回收钠离子等。导管部也称为汗管,由两层小立方形细胞组成。汗管与分泌部盘绕连接,开口于汗孔。除唇红、包皮内侧、龟头、小阴唇及阴蒂外,小汗腺遍布全身,160万~400万个,其分布与部位和遗传有关,以足跖、腋、额部较多;其次为头皮、背部和四肢,四肢屈侧较伸侧密集,上肢多于下肢;居住在热带地区的人比寒冷地区人的小汗腺密度大。小汗腺受交感神经系统支配。

3. 皮脂腺结构 皮脂腺分布于除掌和足背以外的皮肤,由数个上皮小叶组成,这些细胞呈向心性分化。每个皮脂腺小叶的外面是未分化的扁平的增殖细胞,类似于表皮基底层KC细胞,其核大,内含均质、苍白的嗜碱性胞质。皮脂腺导管连接毛囊外根鞘(ORS)与皮脂腺,开口于毛囊外根鞘或直接开口于皮肤表面,导管上皮很薄,角质层排列紧密,导管近毛囊一侧的颗粒层易见,但近皮脂腺一侧很少看到,组织学上以此为界将毛囊分成漏斗部和峡部。皮脂腺为顶浆分泌腺,腺泡周围是一层较小的幼稚细胞,可生成新的腺细胞,随着细胞的逐渐增大,胞质内形成越来越多的脂滴,最后细胞解体,将含有大量皮脂的内容物排出体外。皮脂腺的分泌物为皮脂(sebum),其中50%以上是游离脂肪酸、甘油二酯和三酰甘油,小部分为蜡酯(wax ester)、鲨烯(squalene)、胆固醇和胆固醇酯。人体只有皮脂腺才能产生蜡酯和鲨烯,它们是皮脂腺特征性物质。这些分泌物功能是在毛发表面形成一层保护膜,润滑毛发,防止表皮脱水,干燥;皮肤表面的游离脂肪酸对真菌与细菌的生长有适度的抑制作用,可以防止某些寄生虫穿入皮肤。分泌物也赋予身体一种特殊的气味。

4. 甲的结构 甲是指(趾)末端伸面的坚硬角质,由多层紧密的角化细胞构成。外露部分称为甲板,为透明的角质板,呈外突的长方形,其形状在不同个体和同一个体的各指(趾)上均存在差别,其厚度为0.5~0.75mm;覆盖甲板周围的皮肤称为甲廓;深入近端皮肤中的部分称为甲根;甲板下的皮肤称为甲床,甲床为上皮组织,其下方为富有血管的真皮,与指(趾)骨骨膜连接,甲床没有汗腺和皮脂腺;甲根下的甲床称为甲母质,是甲的生长区;近甲根处新月状淡色区称为甲半月,它是甲母质生发细胞的远端标志。指甲生长速度约每3个月长1cm,趾甲生长速度约每9个月长1cm。正常甲有光泽,呈淡红色。疾病、营养状况、环境和生活习惯的改变可影响甲的颜色、形态和生长速度(图4-4)。

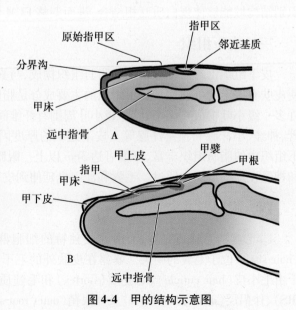

图4-4 甲的结构示意图

五、皮肤血管

真皮中有由微动脉和微静脉构成的浅丛和深丛血管,深丛位于真皮网状层深部,浅丛则位于网状层浅部。这些血管丛大致呈层状分布,与皮肤表面平行,浅丛与深丛之间有垂直走向的血管相通连,形成丰富的吻合支。乳头下丛发出的襻状毛细血管可到达每个真皮乳头。毛细血管静脉端通连到浅丛毛细血管后微静脉,然后再相继通连到真皮的交通微静脉、深丛较大的微静脉和皮下组织中的小静脉。皮肤的血管具有营养皮肤组织和调节体温的作用。

六、皮肤淋巴管

皮肤的淋巴管网与几个主要的血管丛平行,皮肤淋巴管的盲端起始于真皮乳头层的毛细淋巴管。毛细淋巴管渐汇合为管壁较厚的具有瓣膜的淋巴管,形成乳头下前淋巴网和真皮淋巴网,经皮下组织通向淋巴结。毛细淋巴管管壁很薄,只有一层内皮细胞及稀疏的网状纤维构成,无周围细胞和基板,内皮细胞之间有间隙,通透性较大,且毛细淋巴管内的压力低于毛细血管及周围组织间隙的渗透压,故皮肤中的组织液、皮肤中的游走细胞、侵入皮肤的细菌、皮肤病理反应的一些产物和肿瘤细胞等均可顺着渗透压方向进入淋巴管而到达淋巴结,最后在淋巴结内被吞噬处理或引起免疫反应。肿瘤细胞可通过淋巴管转移到皮肤。

七、皮肤内的肌肉组织

皮肤内最常见的肌肉是立毛肌,由纤细的平滑肌纤维束所构成,其一端起自真皮乳头层,另一端插入毛囊中部的结缔组织中鞘内。精神紧张及寒冷可引起立毛肌的收缩,即所谓起"鸡皮疙瘩"。此外,尚有阴囊的肌膜和乳晕的平滑肌,在血管壁上也有平滑肌,汗腺周围的肌上皮细胞有平滑肌的功能,面部的表情肌和颈部的颈阔肌属横纹肌。平滑肌纤维呈梭形,肌膜薄,胞质中原纤维不易见到,胞核为椭圆形,位于肌纤维中央,肌纤维周围有网状纤维缠绕;横纹肌肌纤维内有多个卵圆形细胞核,位于肌纤维边缘靠近肌膜处,肌原纤维纵切面上有明暗相间的横纹。

八、皮肤神经

皮肤中有丰富的神经分布,分为感觉神经和运动神经,既可感受环境刺激如触、压、振动、牵拉、毛发弯曲等,还可感受温度刺激(热和冷)和伤害刺激(对皮肤的轻重不同的破坏性刺激),这些刺激由分布在真皮和皮下组织中的神经纤维和神经末梢感受,并传导到脊神经节或脑神经节神经元产生各种感觉,支配肌肉活动及完成各种神经反射。皮肤的神经支配呈节段性,但相邻节段间有部分重叠,皮肤中的神经纤维分布在真皮和皮下组织中。

第三节　表皮和毛发的维持性再生

一、表皮维持性再生

皮肤表皮包括由毛囊间表皮(interfollicular epidermis,IFE)隔开的毛囊和相关的皮脂腺、指甲、鳞片和羽毛。与第二章中皮肤创伤的表皮再生不同,维持性再生不涉及细胞侧向迁移覆盖伤口,而是由基底层的上皮干细胞(epithelial stem cell,EpSC)向上迁移替代从角质层脱落的角质形成细胞。子代 EpSC 脱离其基底膜中的龛,增殖并向上迁移,逐步分化成角质形成细胞。

IFE 基底层的干细胞具有显著特点。Lrig-1(leucine-rich repeats and immunoglobulin-like domain protein 1)是人 IFE 基底层干细胞的一个标志物。Lrig-1 能够通过与 ErbB 受体的相互作用,通过这些受体的信号减弱生长因子作用,有助于维持干细胞的静止状态。然而,在小鼠表皮中,IFE 的干细胞不表达 Lrig-1,而毛囊峡部的干细胞表达。小鼠 IFE 静止期的 EpSC 高表达 Notch 配体 Delta 1,并且 $\alpha_5\beta_1$、$\alpha_2\beta_1$ 和 $\alpha_3\beta_1$ 整合素的表达水平是周围"低整合素"细胞的 2~3 倍。整合素 $\alpha_5\beta_1$ 是纤连蛋白受体,整合素 $\alpha_2\beta_1$ 是胶原和层粘连蛋白受体，$\alpha_3\beta_1$ 是层粘连蛋白受体。"高整合素"细胞群中非钙黏蛋白相关的 β-catenin 的表达水平高于其他角质形成细胞，其黏附性较高并能够在体外产生大量角质形成细胞，说明其中富含 EpSC。

基底层中只有少数干细胞；大部分细胞低表达 Delta 和整合素，能够定向分化为角质形成细胞。这些细胞不断地向上迁移至表皮表面，而且，随其最终分化成角质层，β1 整合素的表达逐渐消失。Notch 信号和多种阻遏复合物能够介导 β1 整合素下调，与角质形成细胞谱系定向和基底细胞向上迁移有关，同时导致对基底膜的黏附能力下降，由表达角蛋白 5/14 转为 K1/10。

基底层干细胞的活化与 Wnt 通路有关。将 GSK-3β 的 N-末端磷酸化位点突变或缺失，能够使其表达稳定的 β-连环蛋白（β-catenin），使体外增殖细胞中 β1 整合素阳性细胞的比例增加至 90%，而不稳定的 β-catenin 突变能够抑制这些细胞的增殖。向小鼠角质形成细胞中共转染 N-末端截短（稳定）的 β-catenin 和 Lef-1 能够使它们恢复增殖状态，也可以分化成毛囊或毛囊间表皮。

对 EpSC 增殖模式的分析表明，EPSC 增殖和谱系定向的"三个选择"模型解释了 IFE 如何进行维持性再生（图 4-5）。在此模型中，EpSC 的对称分裂和不对称分裂相结合，产生等量的干细胞和定向分化为角质形成细胞的细胞。对 EPSC 分裂命运的分析显示，8% 的细胞对称分裂成 2 个 EpSC，8% 的细胞对称分裂成 2 个谱系定向的短暂扩充细胞，84% 的细胞不对称分裂成产生一个 EpSC 和一个谱系定向的短暂扩充细胞。

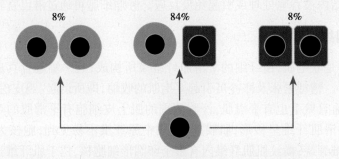

图 4-5　表皮维持性再生中干细胞分裂的三选择模型
表皮干细胞（EPSC）在分裂时有三个选择。它可以非对称分裂产生一个干细胞和一个谱系定向角质形成细胞（中心），或对称地产生两个干细胞（左），或两个谱系定向的角质形成细胞。不对称分裂占 84%，两种对称分裂各占 8%。需要注意的是，产生的干细胞和谱系定向细胞的总数目是相同的

二、毛发维持性再生

1. **毛囊更新过程**　毛囊是内陷入真皮的上皮结构。毛囊基部顶端内陷，毛囊相关的真皮成纤维细胞聚集形成帽状结构，覆盖在真皮乳头上。这个帽状结构称为基质，其中的短暂扩充细胞分化成毛干。毛乳头和基质共同构成毛球。基质细胞增殖和分化形成毛干，向上通过毛囊腔。已分化的毛发由角质形成细胞构成，并形成由皮质包围的髓芯。

基质上面的毛囊壁分化成内根鞘和外根鞘。每个毛囊由真皮细胞鞘包围。外根鞘和基质内含有神经嵴源性细胞。神经嵴细胞通常分化成毛发的色素细胞，但在克隆培养时，它们形成含有神经元、平滑肌细胞和黑素细胞的克隆，并可以分别用神经调节素-1（神经胶质细胞生长因子-1）和 BMP-2 诱导分化成施万细胞和软骨细胞。外根鞘的上 1/3 分化成几个不同区域。下部增厚形成隆突，有立毛肌附着。外根鞘隆突上面的区域称为峡部，外翻形成皮脂腺。在峡部上面，外根鞘弯曲并与 IFE 相连。该弯曲区域称为漏斗部。

毛发的脱落和再生的周期包括三个阶段：①退行期，毛发生长停止，毛囊萎缩；②休止期，或毛囊静止期；③生长期，毛囊和新毛发的再生。此周期是毛囊中特有的，没有在任何其他哺乳动物的结构中观察到。它可能具有若干功能，包括季节性的温度适应、体表清洁、消除缺陷毛囊以及防止恶性肿瘤的发生。

在退行期，毛囊壁细胞发生凋亡，毛囊向上萎缩，真皮乳头接触隆突。退行期结束后，源于隆突的一小簇细胞（毛胚）出现于隆突和真皮乳头之间。在休止期，上皮细胞处于休止状态，毛干仍保留在缩短的毛囊内。真皮乳头在退行期和休止期体积收缩，而是否由于细胞的缺失或挤压导致尚不清楚。在生长期，毛囊再次通

过两个步骤向下延长。第一步,毛胚细胞增殖,紧接着第二步中隆突细胞增殖,向下推动真皮乳头重建毛球和基质。基质中的短暂扩充细胞分化出新的毛干和内根鞘。随着新毛发的生长,旧毛囊被推出。如果毛发被强制摘除,或毛囊被化疗破坏,退行期将提早发生且休止期大大缩短,从而使毛囊迅速进入生长期。

90%人的头发处于生长期,每根头发可以持续 2~7 年。1%~2%人的头发处于退行期,每个毛囊可以持续 2~3 周。14%人的毛囊处于休止期,每个毛囊可以持续约 3 个月。身体不同部位毛发的这 3 个周期的长短不同。例如眉毛毛囊的生长期只能持续 4~7 个月,因此,眉毛比头发短得多。

毛囊的再生是通过成体干细胞的异质性细胞群完成。毛囊分布于不同隆突和毛囊峡部的龛。隆突中部和下部的干细胞再生毛发,峡部和隆突上部的干细胞更新毛囊的非毛发部分。隆突和峡部的干细胞共同促进损伤诱导的毛囊间表皮的再生。

2. 隆突干细胞再生毛发　已有确凿的证据证明,驻留于外根鞘隆突的干细胞在生长期的第二步中起作用。^{3}H-胸腺嘧啶或 BrdU 标记细胞结果表明,体外培养的啮齿类和人类毛囊隆突中慢周期的细胞群(如标记滞留细胞)的增殖能力和角质形成细胞分化能力远高于其他的毛囊细胞。

隆突干细胞中的特征性基因包括角蛋白 14 和 15,以及与干细胞静止相关的标志物 CD34、Sox9、Lef1/Tcf3、Lhx2 和活化 T 细胞核因子 c1(nuclear factor of activated T cells c1,NFATc1)。角蛋白 14、15 和 *Lgr5* 基因是毛胚和隆突干细胞的标志物,其中 *Lgr5* 是 Wnt 的靶基因,编码一个功能未知的 G 蛋白偶联受体。将隆突特异性的角蛋白 14 或 15 或 *Lgr5* 启动子驱动的报告基因 *GFP* 或 *LacZ* 转入 ROSA26 小鼠,进而标记隆突细胞,结果在休止期只有隆突干细胞表达报告基因。而在生长期,标记的子代细胞作为短暂扩充细胞迁移至基底上层,同时,向下迁移延长毛囊并形成新的基质,再生的毛发完全由标记的细胞组成,证实隆突干细胞形成了毛发的结构。

隆突中有两个部位表达 Gli-1 转录因子。定位于隆突下部的 Gli-1$^+$K15$^+$细胞再生生长期毛囊。定位于隆突上部的 Gli-1$^+$K15$^-$细胞再生毛囊间表皮。这些细胞能够形成表皮,但依赖于来自感觉神经元的 Shh 信号。隆突细胞也向底层基底膜存入肾连蛋白。肾连蛋白能够诱导 $\alpha_8\beta_1$ 整合素阳性的间充质细胞黏附基底膜并分化成平滑肌,使立毛肌选择性锚定于毛囊。起源于神经嵴的黑色素干细胞也驻留在隆突和隆突下。

3. 峡部干细胞更新毛囊的非毛发部分　毛囊峡部干细胞特异性表达 *Lrg6* 基因。其中部分 Lrg6$^+$细胞也表达胸腺上皮祖细胞标记 MTS24,Lrig1 蛋白和 B 淋巴细胞诱导成熟蛋白-1(B lymphocyte-induced maturation protein-1,Blimp-1)。Lrg6 阳性细胞在移植后可以分化成所有的表皮细胞类型。在胚胎发育过程中,Lrg6 细胞建立 IFE、毛囊和皮脂腺,但出生后对毛发细胞谱系的贡献逐渐减少。成体 Lrg6 细胞更新峡部、皮脂腺和漏斗部。

4. 真皮乳头的信号促进休止期向生长期过渡　BMP、Wnt 和 FGF 这三种生长因子信号促进休止期向生长期的过渡,启动新毛发的生长。真皮乳头在退行期后邻近毛胚,在隆突以下并紧邻隆突,这些信号都来自真皮乳头。

毛干和隆突干细胞的静止状态是由 BMP(BMP-2、4、6)和 FGF(FGF-18)维持的。这些生长因子能够降低体外培养的隆突细胞的增殖速度,但不诱导终末分化,这表明它们参与调节短暂扩充细胞扩充和进入基质的速率。小鼠毛囊外根鞘在生长期表达 *FGF5*。该等位基因敲除后,小鼠的毛发长度增加,表明 *FGF5* 具有抑制毛发生长的功能。抑制 BMP 信号能够使静止的毛囊提前进入生长期。毛发的生长是波段式的。这两波是根据实际情况划分的,即休止期分为两个功能阶段:一个是毛发不能再生,具有高 BMP 信号的特征;其他用于毛发再生,具有低 BMP 信号的特征。过表达 BMP 拮抗剂 noggin 能够缩短小鼠皮肤毛发不能再生的阶段,而过表达 BMP4 蛋白使毛发不能再生。

遗传谱系研究表明,毛胚细胞来源于隆突,且其激活比隆突干细胞提前几天。真皮乳头细胞在生长期通过激活 FGF 和 Wnt 信号活化毛胚和隆突干细胞。真皮乳头产生的 FGF-7 能够促进毛胚细胞的增殖,先后增加 *Wnt* 基因在这些细胞和隆突细胞中的表达。视网膜母细胞瘤(retinoblastoma,Rb)蛋白 p107/p130 是细胞周期所必需的,Rb 缺失小鼠表现为毛囊减少和表皮终末分化的缺陷。因此,毛囊隆突细胞中 Wnt 信号通路组分可能与 Rb 家族调控的细胞周期有关。真皮乳头细胞也分泌 HGF 和 VEGF。由于 HGF 能够刺激体外培养的小鼠触须毛囊的生长,这些生长因子也可能参与启动生长期。图 4-6 所示为 FGF、BMP 和 Wnt 等生长因

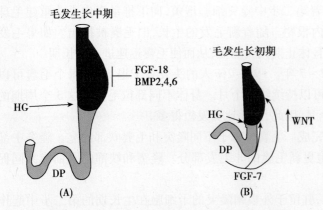

图 4-6　干细胞从退行期静止向生长期激活过渡

（A）在退行期，真皮乳头（DP）与毛胚（HG）和隆突（Bu）干细胞之间具有一定距离，隆突干细胞由 FGF-18 和 BMP-2、4,6 保持静止。（B）在生长期，真皮乳头邻近毛胚和隆突干细胞。真皮乳头的 FGF-7 信号先激活毛胚细胞的增殖，然后激活隆突细胞的增殖（弯箭头）。FGF-7 提高 WNT 表达水平，以进一步刺激增殖

子与毛囊细胞静止、激活之间的关系。

真皮乳头缺失后是可以再生的。如果切除毛囊下部 1/3 或 1/2，毛囊剩余部分能够再生出新的毛球。此再生与从真皮鞘细胞再生新的真皮乳头相关。组织重组实验表明，基质细胞可以将真皮鞘细胞诱导成为真皮乳头细胞，也可以使传代的不可诱导的真皮乳头细胞再次成为可诱导细胞。成年小鼠皮肤切除损伤后，所有毛囊都能由表皮细胞再生。这种再生随 Wnt 信号的抑制而受到抑制，随 Wnt 的过表达而增强。将转染 *BMP-2* 和 *Wnt-3* 基因的成纤维细胞经 FGF-2 处理后，移植到大鼠背部创伤，也观察到毛囊的形成。这些结果表明，表皮细胞在 BMP 和 FGF 存在的条件下能够再生毛囊，即使真皮处于瘢痕组织形成时期也是如此。从真皮层分离出一种 Sox2+ 干细胞，称为皮肤前体细胞（skin precursor cell，SPC）。SPC 可以分化成脂肪细胞、软骨细胞、成骨细胞和施万细胞，可能有助于皮肤稳态维持和创伤修复。毛囊真皮乳头和真皮鞘下部包含类似的 Sox2+ 细胞，可诱导毛发发生、不同类型皮肤细胞分化、移植后归巢于毛囊、从自身的龛向上迁移至皮肤创伤部位，促进创伤修复。

5. 隆突和峡部细胞在损伤表皮再生中起重要作用　60 多年前，猪的体内实验表明，毛囊外根鞘在切除伤的表皮再生中具有重要作用。全层切除小鼠背部皮肤后，使用 BrdU 和 ³H-胸腺嘧啶将隆突细胞双标记，证实了隆突 EpSC 在创伤表皮再生中的作用。随后的检查发现，再生的 IFE 中双标记的细胞数量增加，而在毛囊上皮中相应减少。因此，隆突干细胞不仅向下进入毛囊再生毛发，也向上援助创伤表皮的再生。同样，在创伤模型中研究基因标记的峡部 Lrg6+ 细胞，结果发现标记的细胞有助于表皮再生。

三、皮脂腺维持性再生

在出生后皮脂腺的更新与维持中，有若干问题尚不清楚：其干细胞的来源如何？是来自具有多向分化能力的单一干细胞，还是来自能严格分化为各自结构的多种干细胞之一？对小鼠皮肤细胞系的实验结果提示胚胎期毛囊起源于多个细胞克隆，即在胚胎期就已经决定了表皮、毛囊和皮脂腺的定向形成，但不同克隆之间在分化过程中的关系不明。

较早的放射性同位素实验发现皮脂腺的基底细胞很容易结合 ³H，当时猜测皮脂腺或许可能具有自身的干细胞；切除毛囊下段仍能再生完整的毛囊的实验现象通常被解释为系毛囊上段永久区 bulge 干细胞分化的结果，Inaba 等认为这种再生来源于皮脂腺；在毛囊不同区域不同的染色结果提示可能有多个祖细胞对毛囊的形成发挥作用，而用 β-半乳糖酸苷酶标记 37 周后，毛囊与皮脂腺不同表现也提示他们可能分别有自身的干细胞。但是，更多的实验并不支持皮脂腺含有多能干细胞的假说，主要依据是：①皮脂腺的器官培养可维持 2 周以上，其间 DNA 和蛋白质合成保持不变，而脂质形成却进行性降低，这说明虽然体外培养能维持正常的细胞分裂，但是新形成的细胞并不能分化为皮脂腺；②皮脂腺细胞体外增殖能力比毛囊上段低得多；③皮脂腺被破坏后可以从毛囊上段 ORS 重新生成；④皮脂腺中并没有检测到慢周期细胞。因此，大多数研究者的结论是皮脂腺的干细胞可能来源位于腺体外的其他区域，皮脂腺中具有增殖分化能力的细胞可能并不是真正意义上的干细胞，而是干细胞分裂产生的 TA 细胞。

皮脂腺在毛囊的调控下进行自我更新和维持，同时也发现某些分子经由毛囊细胞分化诱导作用之外的其他途径促进皮脂腺分化，如 Wnt 信号途径中的相关基因与蛋白。实际上，由于这些分子在脂肪代谢和毛囊生物学中有明显作用，因而也可能有助于 bulge 的毛囊干细胞向皮脂腺分化。

四、指甲维持性再生

指甲(nail)是表皮毛发的硬化变异体。指甲组织是指尖背侧表皮内陷形成的,相当于一个大毛囊,指甲从这里不断生长。图4-7所示为指甲组织的解剖结构和再生功能。内陷的背壁较短并延伸到角质层,而腹壁几乎延伸到指尖。腹壁形成甲床。甲床的近端是基质,其中包含大量干细胞,相当于毛囊基质中的短暂扩充细胞。形成指甲的细胞直接来源于基质。其中是否存在相当于毛囊隆突的更远侧的干细胞龛,目前尚不清楚。

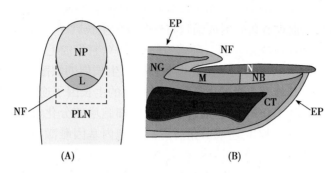

图4-7　指甲的再生(生长)

(A)指甲的外观。NP(nail plate):甲板(指甲);PLN(proximal limit of the nail):近端指甲界限;L(lunula):甲半月,指甲的半月形区域,基质从甲襞(nail fold,NF)下延伸而形成。(B)通过远端指骨(phalange,P)的指甲纵截面。NF是表皮内陷形成的甲沟(nail groove,NG)的边缘。甲沟背壁的表皮细胞构成的甲基(matrix,M)产生指甲(nail,N)。甲床(nail bed,NB)由指甲下方甲半月远端的表皮细胞构成。CT(connective tissue):结缔组织;EP(epidermis):表皮

基质细胞分裂并分化形成坚硬的角质,向远端迁移分化成指甲。指甲沿甲床表面向外生长,同时牢固地附着于甲床。感染或指骨尖端截肢而缺失的指甲将从基质细胞中再生。

第四节　影响皮肤发育和再生的因素

有学者对不同胎龄的胎儿皮肤基因表达变化的特征及其可能的生物学意义进行研究,创伤等原因流产所得10～32周的正常胎儿的研究结果显示,在胎儿皮肤发育早期,参与蛋白翻译、能量合成和DNA复制的基因表达较活跃,如DNA聚合酶、苹果酸酶以及烯醇酶、髓过氧化物酶、ATP酶等,提示早期胎儿皮肤细胞具有旺盛的分裂活性;而在胎儿皮肤形成发育中期,许多与细胞外基质特定转录蛋白有关的各种转录因子、转化酶和合成酶等相关基因持续高表达;到胎儿皮肤形成后期,一些与皮肤成熟相关的基因稳定表达,如细胞骨架蛋白基因等。

一、影响皮肤发育和再生的基因

1. 表皮细胞生长因子(epidermal growth factor,EGF)　学者用抗体识别技术研究胎儿期皮肤EGF及EGF受体(EGFR)在基底层细胞、bulge区、ISR和球部基质细胞表达弱的EGF,表皮中间层、ORS和皮脂腺表现中到强的EGF免疫反应。EGF标记抗体在bulge区细胞的激光共聚焦显微扫描图像揭示细胞质内和核内有斑点状形式的免疫反应,所有bulge区细胞及皮脂腺、基质细胞和表皮基底层EGF受体染色强阳性,提示了EGF参与调节bugle区细胞的生长和分化。EGF能促进角质形成细胞的迁移和增殖,EGF还调节K6和K16的表达。EGF可引起毛囊形态发生和促进DNA的合成,以及ORS细胞的增殖,启动毛囊早期生长和生长期向catagen发展。汗腺的发育与真皮峰有关。国内学者研究了EGF和EGFR在不同发育阶段人皮肤组织内的表达,提示EGF和EGFR对皮肤的发生、结构功能的维持以及伤后修复十分重要。

2. 成纤维细胞生长因子(fibroblast growth factor,FGF)　FGF和FGF受体基因在毛囊发育的早期表达,

刺激毛囊的形成。外源性的 FGF 分子诱导野生型鸡胚的异位毛囊和无鳞胚胎(外胚层缺陷而不能形成羽毛)的羽毛胚芽形成,相反,FGF2-3β 受体基因突变可引起皮肤和毛囊的发育缺陷。过度表达 FGF4 在鸡胚皮肤改变了 β-catenin mRNA 表达,提示 FGF 为刺激 β-catenin 在芽胚的表达又一可能作用。FGF-5 在活体可抑制老鼠毛发生长,引诱毛囊进入毛发生长中期。有研究证实 FGF-5 受体在真皮乳头细胞中表达,刺激外根鞘细胞(ORSC)增殖,FGF5 可抑制 FGF1 诱导的 ORSC 增殖。相反,FGF5 增强 DPC 介导的 ORSC 增殖不被FGF-5 抑制。真皮乳头需要激活才能有效地刺激头发生长,而 FGF5 似乎通过阻断激活抑制头发生长,诱导进入毛发生长中期。

3. 角化细胞生长因子(keratinocyte growth factor,KGF)　KGF 属 FGF 家族成员,由皮肤成纤维细胞合成。迄今为止认定,KGF-1 是最强的促皮肤角质形成细胞有丝分裂的生长因子。为研究 KGF-1 在体内的功能,利用胚胎干细胞技术,培育出 KGF-1 缺乏的小鼠。随着时间的推移,它们的毛皮褪色,与 rough mouse 相似。与 *TGF-α* 和 *FGF-5* 基因敲除相反(各自显示在毛囊外根鞘和毛发生长周期缺陷),*KGF* 基因敲除的毛发缺陷存在于细胞不能生成毛干,揭示了其涉及毛囊的生长和(或)分化的生长因子途径。用非病毒脂质体 *KGF* 基因转染大鼠皮肤,创伤表皮再生增强 170%,KGF 通过增加皮肤细胞增殖分化、迁移,降低细胞凋亡,改善表皮细胞生长平衡,增加胶原蛋白沉淀。KGF 还调节角质形成细胞内基因雌激素应答性 B box 蛋白(EBBP)表达,小鼠和人类的全长 EBBP 为编码 75ku 的蛋白,在人类皮肤中位于高水平表达 KGF 和 EGF 的基底层角质细胞,在体外主要位于角质形成细胞的细胞质,基底层 EBBP 的存在对此层细胞的分化能力具有重要性。

4. 转化生长因子(transforming growth factor,TGF)　TGF-α 是广泛研究的 EGF 生长因子家族成员,结合同一受体 EGFR,促角质形成细胞的迁移和增殖,调节皮肤成纤维细胞和表皮细胞的生长。TGF-α 在 bugle区、IRS 和基底层细胞表达弱的免疫反应,表皮中间层、ORS 和皮脂腺表现中到强的免疫反应,球部基质细胞为强的 TGF-α 免疫反应。TGF-β 可抑制增殖,促分化。用成兔(妊娠和非妊娠)、胚胎(孕 23～30 天)、新生(产后 1 天)的兔的皮肤背部,清楚地显示了在不同发育阶段 TGF-β1 和 TGF-β2 染色的分布和强度。TGF-β1出现在胚胎的皮肤(孕 23 天),在表皮真皮和皮下组织细胞大量表达;孕 30 天时,TGF-β1 弱染色,仅位于真皮细胞紧靠毛囊和汗腺部位的细胞内染色。新生兔皮肤在毛囊和汗腺周围低表达 TGF-β1。相反,成孕兔和非孕兔的表皮、真皮乳头、毛囊和汗腺血管周围大量表达 TGF-β1。TGF-β2 在标本检察染色的分布和强度与TGF-β1 组一致,浸有 TGF-β2 的念珠能刺激已去除上皮的鸡胚间质的真皮乳头和小鼠外植胚皮的毛囊形成,表明 TGF-β2 是又一个毛囊的刺激剂,失去 TGF-β2 基因功能的小鼠引起毛囊数量减少和形态发生的延迟。TGF-β1 和 TGF-β2 在兔的早期皮肤发育的强烈表达,表明调节皮肤形态发生和附件生长的重要性。

5. 胰岛素样生长因子(insulin-like growth factors,IGF)　IGF-1 在许多生物系统中被认定是非常重要的生长因子,且认为它与胰岛素结构同源,与 IGF-1 受体结合发挥生物学作用,发育中调节细胞的增殖和迁移。IGF-1 受体(IGF-1 R)是 IGF-唯一的受体调节,在循环中调节生长因子的内分泌活动,在组织通过旁分泌和自分泌由间质细胞产生 IGF-1 与结合 IGF-1R,并激活受体酪氨酸激酶引起下游的反应,最终刺激细胞分化。在皮肤,IGF-1 通过其受体信号途径,刺激毛囊细胞的分化。最近,转基因小鼠在皮肤过量表达 IGF-1 显示比对照组的毛囊发育早。且在许多类细胞中作为生存因子阻止细胞死亡,这种抗凋亡的功能在毛囊的发育中很重要,由于毛囊周期中其生长中期即开始了凋亡。在人类皮肤及附件用免疫组化和原位杂交的方法检测各类细胞表达定位 IGF-1 和它的受体,表明:真皮成纤维细胞产生 IGF-1;表皮基底层角质形成细胞 IGF-1 阴性,但 IGF 受体是阳性;颗粒层细胞产生 IGF-1。似乎提示来自颗粒层的 IGF-1 是表皮分化的自分泌调节剂。而它们在毛囊分布还提示它可能是成形素,而非促丝分裂素,因为 IGF-1 受体阴性的是增殖细胞而非分化细胞。另外,它与毛囊的生长循环有关。

6. 血小板源性生长因子(platelet derived growth factor,PDGF)　PDGF 由 bulge 区细胞和角质形成细胞分泌,是许多间质细胞,包括真皮细胞强的分裂素,调节 bulge 区细胞和间质细胞的相互作用。PDGF 除促分裂作用外,也是成纤维细胞化学趋化剂,刺激成纤维细胞生成更多的细胞外基质。用抗体识别技术研究胎儿期bulge 区及相关的间质细胞 PDGF A、B 链和 PDGFα、β 受体,发现 bulge 区细胞表达 PDGF,bulge 区周围的间质细胞显示 PDGFR 免疫活性,PDGFR α、β 只在毛囊周围真皮细胞(不包括真皮乳头)表达,但毛囊鞘抗PDGFR α、β 抗体显示了强烈的免疫反应。提示 PDGF 在毛囊形态发生过程中起作用。

7. 其他　SHH 是 Hh 信号转导通路的一种,乃表皮及间质之间信号转导的重要通路,属于细胞内调控方式,在多种组织和毛囊的发生及损伤修复过程中起着重要作用。Hh 蛋白都包括一个细胞内信号肽、一个高度保守的 N-端区域和一个多变的 C-端结构域。Hh 信号内介导依靠两个跨膜蛋白:Patched 和 Smoothened。在细胞中 Hh 信号是通过转录因子 Gli 发挥作用,在胚胎毛囊发育过程中可以调节 N-myc 和细胞周期蛋白 D2 的表达,协同 Wnt2/β-catenin 信号参与毛囊的发生。近期发现 Shh 下游信号 Sox9 分子能维持 FSC 的生长并引导干细胞向毛囊 bulge 聚集。*Shh* 基因敲除小鼠可以形成毛囊基底板,却无法形成成熟毛囊。故认为 Shh 信号作用于毛囊发生的次级信号。其对生长期形态发生也起重要作用,但不在发生最初阶段,而是生长以后的上皮细胞增殖和毛囊向真皮方向的生长时期。

Whn 利用小鼠 β-半乳糖苷酶报道基因,通过同源重组研究发育中 Whn 的表达方式,并采用蛋白免疫组化染色和 Whn mRNA 的原位杂交确定位置。结果表明在发育全过程中,Whn 限制表达在上皮细胞。在胚胎表皮,基底层以上的细胞诱导 Whn 表达的同时也首次出现终末分化的标记物。当表皮成熟时,Whn 启动子活性主要位于棘细胞层,此层是角质形成细胞终末分化的早期阶段。在发育期和成熟期毛囊,Whn 在有丝分裂后期的毛干、IRS 前体细胞高水平表达。虽然主要与终末分化相关,Whn 表达也能在毛囊前体细胞区域检测到。然而在 ORS,当毛囊结束它的延伸时,Whn 启动子活性被诱导。说明 Whn 表达围绕从增殖到有丝分裂后期转变,调节终末分化的启动。

p63 是 *p53* 家族中的一员,同 *p53* 具有相似的结构,与角质形成细胞的生长和再生能力密切相关。*p63* 在有强增殖能力的基底层上表现为高表达。小鼠的研究表明,缺少 *p63* 的小鼠会导致角化细胞和上皮细胞的严重缺失。p63 蛋白按照有无 N-末端转录激活域(transactivation domain,TAD)可分为两类,一类是缺乏 N-端的截短的 p63-DeltaNp63;另一类是具有反式激活域的全长的 p63-TAp63,其中 TAp63 能直接绑定并反式激活 Dicer 启动子来调控 Dicer 的转录,促进表皮的分层;DeltaNp63 则对维持表皮基底层细胞的增殖起着重要作用。

Niggin 是毛囊诱导的间质源性的刺激剂,在发育中诱导诸如神经管、牙齿等结构的产生。Niggin 缺乏的小鼠表现为毛囊的减少和毛囊发育的延迟。在毛囊的发育过程中毛囊间质表达 MBP-中性蛋白-Noggin,*Noggin* 敲除小鼠显示明显的毛发诱导的延迟;在胚胎皮肤组织培养中 Noggin 可抑制 BMP-4 的活性,刺激并诱导毛囊的形成。作为诱导毛囊生成重要的间质信号,在 Niggin 表达缺乏的小鼠,Lef-1 的表达减少,Lef-1 可能受 BMP-4 的抑制,而 Noggin 通过抵抗 BMP-4 起作用,导致转录因子 Lef 和细胞黏附因子 NCAM 的上调,以及通过 BMP-4 非依赖性在毛发发育中下调了神经营养因子受体。

Hoxc13 胚胎发育期,*Hox* 基因与动物的头尾轴和背负轴的发育相关,其表达受到间隔基因(gap genes)与对控基因(pair-rule genes)的调控,以时空共线性模式表达,不同浓度的同一转录因子对同一簇的不同 *Hox* 基因的调控作用也不尽相同。在成体中,*Hox* 基因对组织器官的作用不同于胚胎发育期。在毛囊的发育和周期循环过程中,*Hox* 基因在毛囊形态发生和周期循环的不同阶段、不同类型的细胞群中功能发生了分化。目前为止,与毛发发育相关的 *Hox* 基因家族中,仅 *Hoxc13* 基因的敲除鼠和转基因鼠可以成活,其他 Hox 成员的转基因个体在出生前就夭折。*Hoxc13* 的突变鼠与过表达的小鼠均在毛囊发育方面存在缺陷,表明 *Hoxc13* 对毛囊的发育和毛发的生长至关重要。*Hoxc13* 可以通过直接调控角蛋白(keratin protein,KP)和角蛋白关联蛋白(keratin associated protein,KAP)来控制毛囊的发育,其表达量在皮肤与毛囊的发育过程中是被严格调控,但其调控的分子机制并不清楚。

二、影响皮肤发育和再生的信号

1. Wnt 信号　自 1982 年发现第 1 个 *Wnt* 基因-鼠 Wnt1 以来,已从人等多种生物体内发现 100 余种 *Wnt* 基因,这些基因编码蛋白信号序列,其中内含 23 个半胱氨酸稳定结构。具有多种生物学功能,其亚型 mom-2 突变可致 C. elegans 外胚层发育缺陷,wg 突变致 Drosophila 胚胎表皮的极性紊乱。Wnt/β-catenin 信号途径常与其他信号途径结合起作用,Wnt/途径是最好的研究途径,调节许多基因的转录,并通过改变转录程序调节靶细胞,突变或不适当地表达 Wnt 信号可使细胞命运发生改变。Wnt 信号的作用在游离真皮乳头细胞与 Wnt 蛋白共培养中能保持毛囊诱导的特性,在毛囊间质和上皮之间建立信号传播,调节毛囊生长和毛干结构。利用转基因技术证明，Wnt 信号在发育中的毛囊上皮和间质都有表达，Wnt 10b 和 Wnt 8a 在毛囊基质形成初期明显上调；在生长初期，Wnt 10b mRNA 位于上皮细胞与真皮乳头连接部。Wnt-3 为编码旁分泌的信号分子，在正常发育和突变的毛囊都表达，在转基因小鼠过度表达可导致短发表型，在外根鞘细胞外源性表达 Wnt 可改变毛干的长度及蛋白含量。

2. BMP/TGF-β 通路 在体外培养的毛囊上皮细胞进行 Wnt 干预时并未发现相应的 LEF 分子表达增加，提示这一通路需要其他信号分子辅助调控。BMP/TGF-β 通路与 Wnt 通路具有广泛交联。BMP 属于 TGF-β 超家族成员，经典 BMP 通路是 BMP 与丝/苏氨酸受体结合而磷酸化，转移至细胞核内与 Smad1、Smad5 和 Smad8 结合，诱导下游信号分子的表达。BMP 也通过活化丝裂素蛋白激酶途径发挥作用。BMP、BMP 受体及 BMP 抑制剂通过在不同时间、空间的表达来调控细胞的增殖、分化及凋亡。在毛囊的发生过程中，BMP-2 表达于毛囊内根鞘并参与毛干的发生，BMP-4 表达于毛囊外根鞘，是上皮细胞和基质细胞间信号传递的重要分子。BMP-4 与其阻止剂 Noggin 相互作用上调 LEF 分子表达，参与 bulge 形成，并调节 FSC 向皮脂腺、汗腺和表皮细胞分化，但具体机制尚不清楚。在人 bulge 细胞中 BMP-4 亦促进 DKK3 分子表达上调。DKK3 是一种分泌型糖蛋白，能够特异地与 Wnt 分子 Lrp-6 结合从而抑制 Wnt 通路。bulge 细胞和毛囊外根鞘细胞基因表达分析证实，与毛囊外根鞘细胞及同部位角质形成细胞相比，人 FSC 中过量表达 DKK3。BMP/DKK 在维持胚胎干细胞的慢增殖和未分化特性中起至关重要的作用。可见 BMP-4 是调控 Wnt 通路的重要分子。BMP-4/DKK3 作为一种负反馈抑制信号通路，保证了毛囊 bulge 干细胞慢增殖性和多向分化潜能。

3. Notch 信号 Notch 信号是重要的递质途径，通过刺激干细胞介导细胞命运决定，包括表皮附件形成，毛囊发育和毛发形成包括几种类型细胞分化协调，Notch 显示在此起作用。细胞表面 Notch 家族受体有几种配体，Notch-1 受体的表达方式尤为复杂，在毛囊有 3 个配体，即 Delta-1、Jagged-1 和 Jagged-2。Notch 信号在来自外胚层的囊胚细胞中表达，即在胚胎芽胚内部细胞、囊胚球部以及成熟外根鞘的基底上部细胞，在成人表皮全层亦有表达。Delta-1 仅在胚胎囊胚发育期间表达，限于位于毛囊芽胚之下间充质乳头前体细胞，在人类表皮则局限于基底层。Jagged-1 和 Jagged-2 在所有阶段与 Notch-1 表达重叠。在成熟的毛囊，Jagged-1 和 Jagged-2 在毛囊球部和外根鞘呈互补式表达，Jagged-1 在基底上层细胞，Jagged-2 则明显在基底层细胞；在毛囊球部，Jagged-2 位于球部内层细胞紧邻真皮乳头，此处不表达 Notch-1。然而 Jagged-1 在上部分毛囊球部与 Notch-1 重叠表达，与球部细胞分化成毛干皮质和毛小皮角质细胞互相有关。

三、miRNA 与皮肤再生

miRNA 是 18～25nt 长度的 RNA，通过剪切和抑制蛋白质翻译的方式负调控靶基因。miRNA 的表达具有时空特异性，一个 miRNA 能够调控多个基因的表达，几个 miRNA 也可以共同调控某个基因的表达。

1. miRNA 与皮肤发育

（1）miRNA 与表皮内稳态：miRNA 在控制表皮角质形成细胞的终末分化中扮演着重要的角色。在人和鼠的皮肤中，大约有 10% 的基底层细胞为表皮干细胞。miR-203 是一个皮肤特异的 miRNA，在角质形成细胞中大量表达。miR-203 能够直接靶向作用于 p63 转录因子实现对表皮分化和分层的调控。miR-203 特异性地靶向作用于 DeltaNp63，阻断 p63 蛋白的转译，抑制细胞的"干性"（stemness）从而导致基底层细胞丧失增生潜力，转换为末端分化状态（terminal differentiation programme）。同时，抑制 miR-203 表达会阻止皮肤形成坚实的保护层。因此，miR-203 被认为是一种依赖于 p63 的分子开关，它通过抑制增殖能力和诱导细胞周期来调节基底层细胞的增殖和棘层细胞的最终分化，从而影响皮肤的发育。p63 不仅受 miR-203 的调控，还直接抑制 miR-34 家族成员的表达。p63 可直接抑制 miR-34a 和 miR-34c 的活性，保持细胞周期的进程。缺失 p63，角质形成细胞中 miR-34a 和 miR-34c 的表达就会增多，细胞周期调控因子——细胞周期蛋白 D1（Cyclin D1）和细胞周期蛋白依赖性激酶-4（Cdk 4）的活性受到抑制，随之引起细胞 G_1 期停滞。

研究还发现，miRNA 与 p63 存在自动调节的反馈回路型的互作方式。ASPP 是 p53 凋亡刺激蛋白家族（apoptosis stimulating protein of P53 family，ASPP 家族）的一员，与细胞黏附相关基因的表达有关。同时 ASSP 家族被认为是 p53 基因活性重要的调节因子。还有一些 miRNA 在控制表皮的发育和稳态上非依赖 p63。miR-184 及 miR-205 在细胞黏附及迁移中具有调控作用。miR-205 在表皮广泛表达，包括基底层和棘层，对表皮内稳态起着重要作用。研究证实,miR-205 是上皮-间质转化中重要的调节因子,尤其是对角质形成细胞迁移活动的调节,miR-205 的抑制作用引起细胞骨架的再造,包括丝状肌动蛋白的显著减少和焦点黏触的增加,其作用方式非依赖 p63,是通过靶定 SHIP2(SH2 结构域的 Ⅱ 型 5′肌醇磷酸酶-2)并增强蛋白激酶-B(Akt)信号通路来阻止角化细胞凋亡的。miR-184 可能具有抑制毛囊生长、促进衰退的作用,但并不直接影响 SHIP2 的翻译,而通过干扰 miR-205 间接发挥其对靶基因的抑制效应。

除此之外。一些 miRNA 还通过影响信号通路和调控因子的活性来控制表皮稳态的维持和黑素细胞的色素沉着。如骨形态发生蛋白质(BMP)在控制皮肤生长、出生后的组织重塑和肿瘤发生上起着重要的作用,是毛囊发育所涉及的重要信号分子之一。

miR-21 在正常小鼠的表皮细胞和毛囊上皮细胞中表达。用 BMP4 处理 4 小时后,miR-21 转录的表达量明显减少。在 BMP 拮抗物的控制下,小鼠体内 miR-21 的表达水平明显增加,两项研究表明,BMP4 对 miR-21 起负调控的作用。同时证实,miR-21 负调控 BMP 信号通路的靶基因(BMP 依赖的肿瘤抑制基因 *Pten*、*Pdcd4*、*Timp3* 和 *Tpm1*)。再如,miR-200b 和 miR-196a 可能作用于 Wnt 信号的潜在靶基因。Dickkopf 相关蛋白-1(DKK1)是 Wnt 信号通路的重要拮抗物,在胚胎发育阶段持续过表达 DKK1,则不能生成毛囊,在出生后过表达 DKK1 则抑制毛囊的生长。在过表达 DKK1 的转基因小鼠的表皮内 miR-200b 和 miR-196a 的表达量会显著减少。因此,miR-200b 和 miR-196a 可能作用于 Wnt 信号的潜在靶基因。

miRNA 对黑素细胞生长、成熟、凋亡和色素沉着的一个主要的调控因子——小眼畸形相关转录因子(microphthalmia-associated transcription factor,MITF)也具有调控作用。MITF 是干细胞因子(stem cell factor,SCF)及其受体 c-kit,即 SCF/c-kit 信号转导途径的下游分子,SCF/c-kit 信号活化后,MITF 可被活化的丝裂素活化蛋白激酶(mitogen-activated protein kinases,MAPK)磷酸化,启动一大类基因的转录,包括 kit 受体、酪氨酸激酶受体以及黑素合成酶的酪氨酸酶家族。研究显示,MITF 在黑素细胞发育的早期阶段有启动作用,同时也在后来的黑素细胞增殖和存活过程中起作用。早幼粒细胞白血病锌指蛋白(promyelocytic leukemia zinc finger,PLZF)可直接与 miR-221 和 miR-222 的调节区结合,之后 miR-221 和 miR-222 通过下调细胞周期依赖性激酶抑制剂 1B(cyclin-dependent kinase inhibitor 1B,CDKN1B)和 c-kit 来间接调控 MITF 的表达。miR-221 能直接与 c-kit 的 3′UTR 相互作用,抑制 c-kit 的翻译。此外,miRNA-221 对黑素瘤中的一些关键蛋白基因的表达也有抑制作用。

综上所述,miRNA 通过其靶基因并影响信号通路和相关调控因子的活性来维持表皮的稳态和黑素细胞的色素沉着,是皮肤发育中一类新的重要的调控因子,它与各种生物网络相互交织组成了复杂的生物调控网络,为表皮发生和色素沉着等过程做出精确调控提供机制。

（2）miRNA 与毛囊发生及周期发育:miRNA 的表达谱在表皮和毛囊的发生过程中是不同的。一些 miRNA 在特定的时期、组织才会表达。如 Dicer 酶的表达在皮肤发育中分布不均匀,在毛芽形成时检测到 Dicer 酶在毛芽处的表达信号强烈,但表皮细胞处的表达信号相对较弱,通过表达谱研究表明,miRNA 在表皮和毛囊细胞的表达存在差异。miR-200 家族(miR-200a、miR-200b、miR-200c、miR-141、miR-429)和 miR-19/miR-20 家族(miR-19b、miR-20、miR-17-5p、miR-93)先在表皮表达,而 miR-199 家族成员只在毛囊表达。另外,通过敲除 Dicer1 抑制 miRNA 的成熟,缺少成熟的 miRNA 对位于表皮和毛囊的角质形成细胞分别有着不同的影响:出生后第 1 周毛囊的形成过程中,miRNA 缺失会降低毛囊细胞增殖幅度,增加凋亡。与毛囊细胞相比,表皮细胞缺少 miRNA 的表达并不会对增殖和凋亡有显著影响。这种差异反映了 miRNA 在抑制基因表达时具有时序性和组织特异性,这种特异性可能决定着细胞的分化方向。

在毛囊形态的周期变化中,miRNA 的表达也呈现周期性的特点,这种表达量的变化规律预示着 miRNA 可能在毛囊时期转换中发挥着重要的调控作用。在毛发周期的不同阶段,219 个 miRNA 的表达差异极显著,其中从生长期到休止期的差异基因最多。在生长期的表皮和毛乳头细胞中均检测到 miR-31 表达量明显增加,在休止期和退行期明显减少。此外,在生长期的早期和中期,将 miR-31 的反义抑制剂注入小鼠皮肤,结果分别加速了生长期发育和改变了角质形成细胞的分化及毛干的形成。这表明 miR-31 在调控生长期发育和毛发生长中的重要作用:在生长期初期,miR-31 抑制生长期发育;在生长期的中期和晚期,miR-31 参与调控毛母质中角化细胞的分化和毛干的形成。

　　miRNA 作为毛囊周期的调控因子还可能通过间接调控毛囊相关组织的发育来发挥作用。在毛囊周期发育中,微脉管系统的血管发生与毛囊生长期生长是同步的,且提高毛囊的血管化水平可以增加毛囊大小,促进绒毛的生长。miR-31 被认为是血管特异的 miRNA,其作为一种负调控因子调控淋巴和血管的生长和成熟。有研究表明,miR-31 抑制的靶基因是 *PROX1*,*PROX1* 是淋巴管重要的转录因子,对淋巴管的发育起主要的调控作用。体外实验证实,miR-31 过表达会引起淋巴管内皮细胞和血管内皮细胞的标志基因(*PROX1* 是其中之一)的降解和转录物的减少;爪蟾胚胎活体实验的结果证实,miR-31 的异位表达可以干扰淋巴管和血管的发育。miR-31 功能的增强会阻碍淋巴管和血管的发育,突出了 miR-31 对血管淋巴管发育的负调控作用。这些都可能是对 miR-31 作为毛囊发育生长期初期的负调节物的间接证明。除 miR-31,对黑素细胞有重要调控作用的 miR-221 和 miR-222 也对血管的发生有影响,体外实验将 miR-221 和 miR-222 转染到内皮细胞可以阻断血管内皮细胞的形成和迁移,抑制血管成熟。另有研究发现,miR-31 对细胞周期也具有调控作用,高表达的 miR-31 可促进细胞从 G_2 期向 M 期转变,其可能通过下调 *CEBPA* 基因表达来促进细胞的增殖。由此可见,miRNA 与毛囊生成以及毛囊的周期性发育有密切的关系,与皮肤、毛囊以及附属结构的相关通路和调控因子形成了一种调控网络,通过精确的相互作用和调控来完成。

　　毛囊的周期性变化是多基因参与、紧密联系且相互制约的复杂的生理生化过程,miRNA 可以通过靶向作用于不同的信号通路和转录因子,从而对毛囊周期中不同发育阶段的调控和转化发挥作用(图 4-8)。

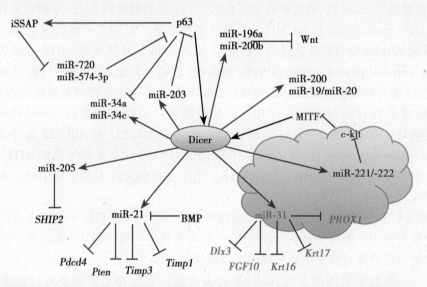

图 4-8　目前已知的与调控表皮内稳态、毛囊周期和色素沉着方面的相关的 miRNA 网络图
蓝色和绿色分别代表在表皮发生和毛囊周期中相关的 miRNA;红色代表调控色素沉着的 miRNA;橙色区域代表调控毛囊周围微脉管系统的 miRNA

　　FGF、Wnt 和 BMP 信号通路与角蛋白细胞分化和毛干形成的调控作用密切相关。miR-31 能干扰这些信号通路的活性。除此之外,还可以靶向性地作用于一些角质形成细胞特异的靶 mRNA,miR-31 可调控角蛋白 14、16 和 17 的表达,这三类蛋白是角质形成细胞骨架的必需成分。

　　2. miRNA 与皮肤创伤的修复与再生　皮肤创面愈合的不同阶段中 miRNA 的表达各不相同,miRNA 异常表达在创面畸形愈合中起着关键作用。

　　(1) 炎性阶段的 miRNA:创面释放的炎性介质能诱导特异的 miRNA 表达,继而 miRNA 又能沉默大量促炎因子,即体内存在一个调节环。miR-146、miR-155、miR-21 及 miR-125b 参与了创面炎症及免疫应答,这些 miRNAs 能被促炎因子,如 IL-1β、TNF-α 和 TLRs 等诱导表达。miR-146 家族包括两个成员:miR-146a 和 miR-146b,启动子分析研究提示 miR-146a 为 NF-κB 依赖的基因,暴露于炎症环境下,促炎因子如 TNF-α、IL-1β 或 TLR-2、4、5 能显著诱导其表达。*IRAK1* 和 *TRAF6* 为其靶基因,miR-146a 与靶基因结合通过负反馈循环机制调控 TLR 信号,抑制 IL-8 及正常 T 细胞表达和分泌的活性调节蛋白 RANTES 的释放。除 *TRAF6* 和 *IRAK1*,

IRAK2 为 miR-146a 的另一个靶基因，能调节干扰素的产生。miR-155 同样能被许多炎性介质诱导表达，如 TNF-α、聚肌苷酸-聚胞苷酸和 IFN-β，通过作用于 *c/ebp* 靶基因促进 IL-10 发挥抗炎作用。miR-21 亦是一种常见的受炎症诱导的 miRNA，能转录后抑制多个靶基因。与炎症有关的靶基因是促炎因子程序性细胞死亡因子-4（programmed cell death 4，PDCD4），miR-21 通过抑制 PDCD4 使 IL-10 产生增加，从而抑制了脂多糖的促炎作用。炎症期间 TLR-4 亦能诱导 miR-125b 的表达，同时 miR-125b 能直接结合至 TNF-α 的 3′非翻译区继而靶向沉默 TNF-α 的表达。

（2）增殖阶段 miRNA：敲除 Dicer、Drosha 后抑制了内皮细胞毛细血管发芽、迁移和血管生成，提示 miR-NA 参与血管生成。已发现的促血管生成的 miRNA 有 miR-17-92、miR-126、miR-130a、miR-210、miR-296、miR-378 等。研究发现，miR-17-92 在创面增殖阶段往往表达增加，其靶基因血小板反应蛋白 1（thrombospondin 1，*TSP-1*）及结缔组织生长因子（connective tissue growth factor，*CTGF*）为抗血管生成因子，miR-17-92 通过抑制 TSP-1 及 CTGF，发挥促血管生成作用。另有研究发现，当血管内皮细胞暴露于缺氧环境下，miR-210 的表达逐渐增加，其通过抑制靶基因 *EFNA3* 促进基底膜毛细管样结构的形成及内皮细胞迁移；相反，拮抗 miR-210 则抑制血管内皮细胞生长及诱导细胞凋亡。炎症环境下生长因子能诱导 miR-296 显著升高，其通过抑制靶基因 *HGS* 降低了生长因子受体 VEGFR-2 和 PDGFR-β 的降解，最终血管生成增加。另外 miR-378 通过抑制靶基因 *Fus-1*、*Sufu* 的表达促进血管生成。抑制血管生成的 miRNA 有 miR-92a、miR-17、miR-15b、miR-16、miR-20a、miR-221、miR-222、miR-320 等。miR-92a 主要表达于人内皮细胞，在心肌梗死小鼠模型中，内皮细胞过表达 miR-92a，通过抑制整合素 α5 的表达能阻断血管发生；相反，抑制 miR-92a 能促进血管生长和损伤组织的功能恢复。创面局部缺血能上调 miR-17，通过抑制靶基因 *Janus Kinase1*，从而抑制血管内皮细胞芽的形成，最终血管数量减少。同样，缺氧条件下，miR-15b、miR-16、miR-20a 表达上调，能直接抑制 VEGF 的表达，从而减少血管生成。研究报道 miR-320 表达于微血管内皮细胞，通过抑制促血管生成作用的 IGF-1 表达，影响血管内皮细胞的增殖与迁移，血管生成减少。miR-221、miR-222 亦表达于血管内皮细胞，通过抑制血管生成因子 c-kit 的表达来控制内皮细胞形成新的毛细血管。

增殖阶段另一个重要特征是表皮细胞再生，表现为创面边缘角质形成细胞的迁移和增殖。沉默 SHIP2 和增强 AKT 信号能加速角质形成细胞迁移，miR-205 通过抑制 SHIP2 的转录促进角质形成细胞迁移，并拮抗角质形成细胞凋亡，有利于上皮的稳定及创面愈合；拮抗 miR-205 后，可使创面的丝状肌动蛋白减少，细胞黏附力增加，焦点接触增强，从而创面愈合延迟。而 miR-205 在体内受 miR-184 的制约，miR-184 能拮抗 miR-205 的抗 SHIP2 能力，从而使角质形成细胞凋亡、死亡增加。miR-210 也通过调控角质形成细胞的增殖影响创面闭合，Biswas 等研究发现 miR-210 在体内缺血性创面中表达上调，miR-210 属于对缺氧敏感的 miRNA，而大多数慢性创面属缺血缺氧性创面，在 HIF-1α 的刺激下 miR-210 表达增加，抑制靶基因细胞周期调节蛋白 E2F3 的转录，阻碍细胞从 G_1 期进入 S 期，DNA 合成率及细胞增殖率明显下降，创面愈合延迟。miR-21 也参与了创面愈合，创面愈合过程中 TGF-β1 上调 miR-21 的表达，其通过抑制靶基因 *TIMP3*、*TIAM1* 从而促进角质形成细胞的迁移及创面的再上皮化。

（3）重塑阶段的 miRNA：miR-29b 和 miR-29c 抑制多种参与无痕愈合信号通路有关的蛋白质，包括细胞外基质蛋白、抗肝纤维化 TGF-β、Smad 蛋白及 β-catenin 蛋白。miR-192 通过靶向抑制 Smad 相互作用蛋白以增强胶原蛋白 12 的表达。miR-29a 能在转录后直接抑制胶原蛋白的表达，而在正常皮肤成纤维细胞，miR-29a 受控于 TGF-β、PDGF-B 和 IL-4。Kashiyama 等比较了瘢痕疙瘩成纤维细胞与正常成纤维细胞的 miRNA 表达谱，发现 20 个下调和 7 个上调的 miRNA，特别是 miR-196a 下调最明显，miR-196a 的表达量与 Ⅰ、Ⅲ 型胶原水平呈负相关。另有研究发现，miR-483-3p 在创面愈合的终末阶段表达上调，通过抑制靶基因 *MK2*、*MK167*、*YAP1* 的表达，抑制角质形成细胞的增殖与迁移，最终使创面再上皮化过程终止。庞希宁等研究发现 miR-378b 通过抑制靶基因 *NKX3.1* 表达促进角质形成细胞的分化新机制，为研究角质形成细胞的分化和去分化提供新的靶点。对 miR-378b 和 NKX3.1 的系统研究将有助于揭示皮肤损伤修复过程中的调控机制，促进 miRNAs 在创伤修复领域的临床应用。同时他们还发现 miR-136 抑制 PPP2R2A 调节 TGF-β1 诱导的角质形成细胞增殖阻滞新机制，建立促进角质形成细胞增殖研究新的增长点。发现 TGF-β1 能够显著下调 HaCaT 细胞和正常人表皮角质形成细胞中 miR-136 的表达，并且具有 Smad3 依赖性。miR-136 可以靶向抑制

PPP2R2A 调节 TGF-β1 诱导的角质形成细胞增殖阻滞,可能为改善皮肤伤口愈合提供新的靶标。

第五节 皮肤干细胞

皮肤干细胞是目前研究较多的一种成体干细胞,具有慢周期性和高度增殖的潜能。它们有干细胞两大基本特征:自我更新和分化,两者间平衡的破坏通常是皮肤损伤修复和再生的根源。皮肤干细胞的生长与分化受信号转导通路、整合素、细胞外基质等因素的调控。在皮肤中至少含有 6 类成体干细胞,包括表皮干细胞、真皮干细胞、黑色素干细胞、造血干细胞以及内皮干细胞等,这些细胞相互协调,可产生至少 25 种细胞谱系,发育并构建出完整的皮肤。目前,对皮肤中干细胞的研究多集中在表皮干细胞(epidermal stem cells)、真皮干细胞(dermal stem cells)、汗腺干细胞(sweat gland stem cells)以及毛囊干细胞(hair follicle stem cells)。

一、表皮干细胞

表皮干细胞是各种表皮细胞的祖细胞,来源于胚胎的外胚层,具有双向分化的能力。一方面可向下迁移分化为表皮基底层,进而生成毛囊;另一方面则可向上迁移,并最终分化为各种表皮细胞。表皮干细胞在胎儿时期主要集中于初级表皮嵴,至成人时呈片状分布在表皮基底层。表皮干细胞在组织结构中位置相对稳定,一般是位于毛囊隆突部皮脂腺开口处与竖毛肌毛囊附着处之间的毛囊外根鞘。表皮干细胞与定向祖细胞在表皮基底层呈片状分布,在没有毛发的部位如手掌、脚掌,表皮干细胞位于与真皮乳头顶部相连的基底层;在有毛发的皮肤,表皮干细胞则位于表皮基部的基底层。其中有 1%～10% 的基底细胞为干细胞。在 10% 的基底细胞中仅有 40% 能形成大的克隆,表明基底细胞中只有 4% 为表皮干细。关于表皮干细胞的确切数量仍有待于进一步观察。不同发育阶段的人皮肤表皮干细胞的含量不同。根据细胞的不同分裂增殖能力,表皮细胞存在三种状态:干细胞、短暂扩增细胞和分化细胞。胎儿期表皮基底层增殖细胞均为表皮干细胞和短暂扩增细胞,而少儿表皮基底层中部分细胞为表皮干细胞和暂时扩增细胞,成人表皮干细胞和暂时扩增细胞所占比例则进一步降低。

正常情况下,每个表皮干细胞进行不对称分裂,产生干细胞和短暂扩增细胞,维持皮肤的正常功能。干细胞、短暂扩增细胞和终末分化细胞分布于表皮不同的空间结构中,形成一定的空间结构,称为表皮增殖单位,并呈现出一定的梯度变化,即表皮干细胞-短暂扩增细胞-终末分化细胞。在表皮组织受损伤时,干细胞则可对称分裂,分裂一次可产生两个干细胞或两个祖细胞,从而可大量增加干细胞以及分化细胞的数量,更好地适应机体的需要。也可通过对称分裂对急性皮肤损伤进行及时修复。

表皮干细胞最显著的特性是慢周期性(slow cycling)、自我更新能力以及对基底膜的黏附。慢周期性在体内表现为标记滞留细胞(label-retaining cell)的存在,即在新生动物细胞分裂活跃时参入氚标的胸苷,由于干细胞分裂缓慢,因而可长期探测到放射活性,如小鼠表皮干细胞的标记滞留可长达 2 年。表皮干细胞慢周期性的特点足以保证其较强的增殖潜能和减少 DNA 复制错误;表皮干细胞的自我更新能力表现为在离体培养时细胞呈克隆性生长,如连续传代培养,细胞可进行 140 次分裂,即可产生 1×10^{40} 个子代细胞;表皮干细胞对基底膜的黏附是维持其自身特性的基本条件,也是诱导干细胞脱离干细胞群落,进入分化周期的重要调控机制之一。对基底膜的黏附,其主要通过表达整合素来实现黏附过程,而且不同的整合素作为受体分子与基底膜各种成分相应的配体结合。此外,体外分离、纯化表皮干细胞也是利用干细胞对细胞外基质的黏附性来进行的。

表皮干细胞高度表达 3 种整合素家族的因子,即 $\alpha_2\beta_1$、$\alpha_3\beta_1$ 和 $\alpha_5\beta_1$。另外,β_1 整合素高表达也可作为毛囊干细胞的一个表面标志;角蛋白(keratins)是表皮细胞的结构蛋白,它们构成直径为 10nm 的微丝,在细胞内形成广泛的网状结构。随着分化程度的不同,表皮细胞表达不同的角蛋白,因而角蛋白也可作为干细胞、定向祖细胞以及分化细胞的鉴别手段。表皮干细胞表达角蛋白 19(K19),定向祖细胞表达角蛋白 5 和 14(K5 和 K14),而分化的终末细胞则表达角蛋白 1 和 10(K1 和 K10)。近来,有实验结合表皮干细胞表面的 α_6 整合素及另一个与增殖有关的表面标志 10G7,可以区分干细胞与定向祖细胞。α_6 阳性而 10G7 阴性的细胞处于静息状态,在体外培养中具有很强的增殖潜能,认为是表皮干细胞。而 α6 与 10G7 均阳性的细胞是定向祖细胞,体外培养证实其增殖能力有限;有 p63(一种与 p53 同源的转录因子)也可区分人类表皮干细胞和暂时扩大细胞。表皮干细胞分化为暂时放大细胞后 p63 表达量迅速减少,连续培养的表皮干细胞可维持 p63 分泌。CD71 为表皮干细胞表面转铁蛋白受体。从细胞数量、形态、分布部位和所含标记保留细胞比例等多方面看,低水平表达 CD71 的那部分表皮细胞均符合表皮干细胞特征。虽然目前尚无表皮干细胞的特异性标志物问世,但学术界普遍推崇的是 β1 整合素、K19 与 Bcl-2 同时表达,可认为是表皮干细胞。

表皮来源的干细胞是近年来皮肤生物学和再生医学研究最有趣、最复杂,也最有吸引力的领域之一。表皮干细胞在胎儿期主要集中于初级表皮嵴处,至成人则在表皮的基底层呈片状分布;在正常成人表皮基底层主要含有三种细胞亚群维持着其新陈代谢:表皮干细胞;表皮干细胞的子代细胞—短暂扩充细胞(类似定向祖细胞);有丝分裂后分化细胞。在活体,正常表皮基底层约 40% 的细胞为表皮干细胞与短暂扩充细胞。一般认为毛囊隆突部(皮脂腺开口处与立毛肌毛囊附着处之间的毛囊外根鞘)也含有丰富的干细胞。表皮干细胞具有产生皮肤附属器的能力。在环境刺激下,如严重烧伤致皮肤缺损时,这些干细胞又能保留像胚胎细胞的多能性。有研究表明,在胚胎真皮的刺激反应下,培养的角膜上皮干细胞能产生不表达任何角蛋白的基底层,然后依赖真皮形成汗腺组织,最后形成表达角蛋白的上层表皮。培养人的乳腺表皮细胞也能形成毛发和毛囊,并且能分化成汗腺组织。这些研究结果说明,在环境刺激下,表皮干细胞具有很大的可塑性,是潜在的多能性细胞。皮肤干细胞是表皮和皮肤附属器再生或修复的主要资源。那么毛囊干细胞在皮肤组织中起着怎样的作用呢? 不仅毛囊干细胞能参与表皮损伤的修复,离体和在体研究还显示,成体多种上皮(干)细胞(如角质细胞、角膜细胞)以及骨髓基质干细胞等均有向毛囊、皮脂腺等附属器方向分化的潜能,如同造血干细胞与肌干细胞之间转化的可塑性仰赖于环境刺激一样,成体上皮细胞在合适的真皮间质诱导下可以形成毛囊等皮肤附属器。当然,这些实验结果还有待临床研究证实。表皮干细胞具有产生皮肤附属器的能力。在环境刺激下,如严重烧伤致皮肤缺损时,这些干细胞又能保留像胚胎细胞的多能性。有研究表明,在胚胎真皮的刺激反应下,培养的角膜上皮干细胞能产生不表达任何角蛋白的基底层,然后依赖真皮形成汗腺组织,最后形成表达角蛋白的上层表皮。培养人的乳腺表皮细胞也能形成毛发和毛囊,并且能分化成汗腺组织。这些研究结果说明,在环境刺激下,表皮干细胞具有很大的可塑性,是潜在的多能性细胞。

阐明干细胞分化的调控机制一直是科学家们努力的目标,随着对干细胞研究的不断深入,目前认为,干细胞所处的局部微环境是决定干细胞是否退出其群落而进行定向分化的关键性因素,因而提出了干细胞微龛(niche)的概念。干细胞微龛的组成成分亦相当复杂,但其中细胞外基质及其组成成分间的相互作用最为重要,各种原因所致的细胞外基质变化均对干细胞的生物学行为产生影响。细胞外基质是一个功能活性区域,可引导细胞表型的改变。ECM 影响细胞行为的途径主要有两方面。其一是通过隐匿的生长因子(这里所指生长因子广义地包括生长、分化与活性因子和细胞因子)或生长因子结合蛋白。目前认为,对这些生长因子,ECM 不是被动地使其失效,而是在它们的活性上起着活化作用。此外,改建酶在游离基质结合生长因子的活性上也起着关键作用,从而影响着细胞分化决定。其二是细胞与 ECM 间的相互作用,它既通过受体-信号通路,又通过调控细胞对生长因子的反应来实现。较典型的例子是将成年兔的角膜置于裸鼠胚胎的真皮,可观察到兔角膜形成鼠表皮,并含有皮肤附属器,由此可见 ECM 对细胞分化方向的影响力。

在表皮干细胞的微龛中,众多的细胞因子以自分泌或(和)旁分泌调控着干细胞的分裂、增殖,分化与迁移,经筛选且较详尽进行了研究的是 FGF 与 EGF 家族。FGF1、FGF2、FGF3(包括 KGF)及它们的受体在皮肤的层状结构发生上起重要作用。EGF 受体在表皮成层期方能检测出来,并随胚龄延展而表达增多。因此,在表皮干细胞的体外培养模型建立上,EGF 是必不可少的培养基添加物。在活体,外源性的 EGF 也可对表皮干细胞产生一定的影响,如付小兵等在以 rhEGF 治疗人慢性皮肤溃疡时发现,在已上皮化创面中的颗粒层与棘层出现了表皮干细胞岛现象,并认为是由成熟的表皮细胞逆分化而来。这一发现深化了细胞因子调控表皮干细胞的理论。

信号网络系统也是调控表皮干细胞分化的重要因素。Moles 认为表皮干细胞相对于其他基层细胞表达高水平的 γ-连环蛋白,而表达低水平的 E-钙粘连蛋白与 β-连环蛋白,钙粘连蛋白与 β-整合素表达下调是细胞间脱黏附而向终末分化的特征。β-连环蛋白在细胞的黏附上起着信号转导作用,β-连环蛋白信号通路的激活,可在皮肤中出现新的表皮,在表皮中超表达 β-连环蛋白能增加细胞的增殖,对体外培养的表皮形成细胞而言,增加 β-连环蛋白的表达,在不影响细胞间黏附的前提下,尚可激发细胞的增殖能力。在表皮干细胞内,β-连环蛋白作为激活 Tcf/Lef 的转录因子,较短暂扩充细胞更丰富,它的超表达可增加干细胞在体外的比例,在体内可致角质形成细胞转分化进入多潜能状态,β-连环蛋白与 Tcf/Lef 间的相互作用,可引起 c-Myc 的表达,c-Myc 的功能是促进细胞的增殖,即细胞向终末分化的启动的先决条件就是下调 c-Myc 表达。表皮干细胞脱离干细胞群落进入分化阶段的一个重要表现就是通过 c-Myc 诱导并伴随着表面整合素水平的下降,细胞对基底膜脱黏附。当干细胞微环境发生改变,胞外的信息可通过整合素 $\alpha5\beta_1$、$\alpha v\beta_5$ 和 $\alpha v\beta_6$ 传递给干细胞,以触发跨膜信号转导,调控细胞的基因表达。这一过程不仅可以改变干细胞的分裂方式,尚可激活干细胞的多潜能性,使干细胞产生一种或多种定向祖细胞,以适应机体的需要。因此,整合素 $\alpha5\beta_1$、$\alpha v\beta_5$ 和 $\alpha v\beta_6$ 也被称为创伤愈合过程中的应急受体(emergency receptor)。整合素高水平的表达所致干细胞的黏附特性可能是维持干细胞群落所必需的条件。为更加明确这一现象,将 β1 整合素显性失活突变体 CD8β1 转染到体外培养的人表皮角质形成细胞,以干扰其 β1 整合素的功能,降低 β1 整合素的黏附特性,结果发现转染成功的干细胞的表面 β1 整合素水平及细胞与 IV 型胶原的黏附性明显降低,MAPK 活性减弱,细胞的克隆能力下降,增殖潜能丧失,表现出短暂扩充细胞的特征;而过表达野生型 β1 整合素或激活 MAPK 可上调整合素的表达,恢复其黏附性及增殖潜能,故 MAPK 在 β1 整合素调控表皮干细胞增潜分化的信号转导通路中起着重要作用。

二、真皮干细胞

真皮干细胞又叫真皮多能干细胞或真皮间充质干细胞(skin mesenchymal stem cell,SMSC),具有自我更新和多向分化潜能。真皮干细胞的自我更新性表现为高度增殖能力即克隆性生长。SMSC 是 MSC 中的一种类型,相比于表皮和毛囊,真皮也许是成体干细胞最大的储存器。国内外学者研究均发现多次传代后仍能保持很强的增殖活性。2001 年,Toma 等首次对 SMSC 进行研究,第一次从真皮层中分离多功能成体干细胞,这些细胞可在体外分化为脂肪细胞、平滑肌细胞等。随后,多系诱导分化证实真皮干细胞具有多向分化能力,可以向骨、脂肪、血管、肝脏和神经细胞分化。SMSC 是间充质干细胞的一种,其基本特性为转分化和免疫抑制。研究表明,利用基因芯片方法检测到真皮干细胞表达多种不同细胞类型的特定转录因子,包括骨、神经、肌细胞等,这可能是其多向分化的分子基础。

大量实验已证实真皮干细胞通过诱导可分化为成纤维细胞而参与皮肤组织损伤修复和结构重建,真皮结构主要由成纤维细胞及其分泌的体液因子和细胞外基质组成,共同构成真皮干细胞微环境,以维持皮肤动态平衡。同时,由于真皮干细胞通过表达 VEGF、PDGF、HGF、TGF-β、ICAM-1、VCAM-1 和纤连蛋白等细胞因子,能激活成纤维细胞刺激胶原分泌,促进其增殖,并在一定条件下可从静止期转入细胞周期而增殖分化为成纤维细胞,进而合成胶原和弹力纤维。由此可以推测,通过移植或调控真皮干细胞,能激活成纤维细胞,促进新生成纤维细胞增殖,刺激其合成和分泌胶原,增强细胞外基质,促进消除皱纹和增加皮肤弹性,最终使皮肤年轻化。

研究真皮干细胞与皮肤衰老关系的研究人员最近发现,真皮来源的干细胞在环境改变的情况下将发生细胞衰老(cellular senescence)现象,并且这种现象最终将导致真皮干细胞自我更新能力的丧失。不同年龄的真皮干细胞对这种细胞衰老的过程具有不同的抵抗能力。该研究组的一系列实验表明,真皮干细胞的衰老与 PI3K-Akt 信号通路具有密切的关系:应用 LY294002 及 Akt 抑制剂Ⅷ抑制该信号通路,能够迅速促使真皮干细胞进入细胞衰老状态;与之相反,加入 PDGF-AA 以及 bpv(pic)激活该通路则能够有效地抑制真皮干细胞的衰老,促进其自我更新,并且不会影响该细胞的分化能力。该研究不仅为探索人类皮肤衰老的细胞分子机制奠定了基础,并且为今后应用成体皮肤干细胞进行组织工程皮肤的构建以及应用再生医学与转化医学进行皮肤相关疾病的治疗提供了理论依据与技术支持。

三、汗腺干细胞

2012 年来自洛克菲勒大学、霍德华休斯医学院等处的一组研究人员首次鉴定出汗腺干细胞,相关成果公布在 *Cell* 杂志上。研究人员尝试寻找成体汗腺中的干细胞——汗腺是由两层组成,即产生汗水的管腔细胞

(luminal cell)内层,和挤压汗管排泄汗水的肌上皮细胞(myoepithelial cell)外层。他们识别出了多种不同类型,用于保持汗腺平衡和损伤的祖细胞,这些细胞即使是在外部微环境中,也能保持这种能力。而且与乳腺干细胞不同,汗腺干细胞大部分都是保持着休眠状态。而且他们发现成体汗腺干细胞具有一定的内在特征,因此它们能够记住一些环境中它们的身份,从而当处于其他环境时,就能获得新的身份,这些发现可以用来探索一些影响汗腺的遗传疾病和治疗它们的潜在方法。

Fuchs 此前曾在小鼠的皮肤中找到了与真正干细胞所有特性一致的皮肤祖细胞,它们有自我更新的能力,具有分化成各种表皮和毛发的多能性。这是科学家第一次发现,甚至在实验室中完成繁殖过程后,单个的皮肤干细胞还可以发育成表皮和毛发。这些干细胞在实验室的器皿中繁殖得非常好,当研究者将这些细胞移植到秃毛的小鼠背上时,这些细胞长成了一丛带皮肤的毛发。目前,这项研究尚处在初级阶段,有望在未来提出烧伤病患的治疗新方法,以及为出汗太多或者太少的人群和秃发的人群提供一种新的治疗方法。

四、毛囊干细胞

毛囊是皮肤附属物之一,多位于真皮。由于最初在毛球部发现有显著的细胞分裂,因而早期人们认为毛球是细胞分裂及毛囊生长期起始的重要部位。1990 年,Cotsarelis 等对小鼠皮肤进行 HTdR 掺入实验,4 周后发现毛母质细胞不含有标记而 95% 以上的毛囊隆突部细胞仍保持标记。同时形态学上看,隆突细胞体积小,有卷曲核,透射电镜检查发现其胞质充满核糖体,而且缺乏聚集的角蛋白丝,细胞表面有大量微绒毛,是典型的未分化或"原始状"细胞。因而提出了毛囊干细胞定位于隆突部。随后的多个实验进一步支持了毛囊干细胞定位于隆突部的理论。

毛囊干细胞最重要的特点之一也是慢周期性,而且可以有无限多次细胞周期。一个完整的毛囊周期要经过生长期、退化期和休止期。在毛囊生长期时,位于隆突部的细胞可快速增殖,产生基质细胞,进而分化出髓质、皮质和毛小皮等。而后,毛基质细胞突然停止增殖,进入退化期。最后毛乳头被结缔组织鞘牵拉,定位于毛囊底部,在毛囊处于休止期时,通过毛乳头上移,使毛囊进入下一个循环。有实验发现,毛囊隆突部的干细胞表达 K15,而在干细胞的分化过程中,K15 表达的减少较 K19 表达的减少更早,K15(-)而 K19(+)的细胞可能是"早期"短暂扩充细胞,K15 可能较 K19 在鉴别毛囊隆突部的表皮干细胞更有意义。CD34 是一种属于 I 型跨膜蛋白的磷酸糖蛋白,主要在造血(祖)细胞上表达。通过实验证实 CD34⁺上皮细胞比 CD34⁻上皮细胞具有更高的增殖潜能。CD34⁺细胞位于毛囊的隆突部,它们处于静止期或在培养条件下有巨大的克隆能力,而且同标记保留细胞一样,用免疫组织化学和放射自显影法可以将 CD34 表达定位于毛囊的同一区域。因此这些细胞在生物学行为上与干(祖)细胞相似,故可以将其作为鉴别具有干细胞或祖细胞特征的毛囊干细胞的标志物。

位于毛囊中的黑素干细胞。在人和动物的皮肤附件系统中起着黑素细胞储存库的作用。在哺乳动物,黑素干细胞负责向毛母质提供黑素细胞,活化的黑素细胞向毛干的角质形成细胞提供黑素。在人类,黑素干细胞一方面,可为毛母质提供黑素细胞,如生长期毛母质中的黑素细胞、斑秃毛发再生中毛母质的黑素细胞等;另一方面可为脱色的表皮提供黑素细胞,如白癜风复色、表皮烧伤或擦伤后的复色。所以,对毛囊黑素干细胞的深入研究,在研究色素变化和相关疾病方面具有重要的意义。

毛囊(hair follicle)是具有周期性生长特性的一个亚器官,在人和哺乳动物的整个生命期间,按生长期(anagen)、退化期(catagen)和静止期(telogen)依序循环往复。完整的毛囊由多种细胞组成,其结构由内向外依次为毛干、内根鞘和外根鞘,毛囊下端膨大成毛球部,容纳毛乳头(dermal papilla,DP)。

有报道认为,在毛囊的外根鞘也有黑色素干细胞定居,这些黑色素干细胞逐渐分化成为毛母质黑色素细胞和表皮黑色素细胞,分泌黑色素,构成了表皮和毛发的颜色。另外,SCF 等细胞因子对毛囊和黑色素细胞的生长发育有明显的调控作用。色素细胞的干细胞也存在于毛囊的隆突区域。曾经认为毛囊细胞分化出来的毛母细胞是毛囊的干细胞。在皮肤损伤时,除表皮细胞外,毛囊干细胞也被活化,参与表皮再生。但是,毛囊干细胞也可引起多种上皮性肿瘤和皮肤病,推测皮肤上皮干细胞可能是物理或化学性因子(包括致癌物)作用的重要目标,以至损伤到表皮和毛囊附属器等。毛囊干细胞在皮肤生物学、病理学和未来皮肤病学的治疗中具有潜在的重要意义。

1. 毛囊干细胞分类 在毛囊上部,外根鞘向外形成一个突起,称为毛囊隆突(bulge)。现已证明,毛囊隆突中栖息着两种干细胞,其中,毛囊干细胞首先被鉴定,继后毛囊黑素干细胞被确认。这两类干细胞协同作用,生成具有稳定色素的正常毛发,并负责毛囊和毛发的维持与再生。

(1) 毛囊干细胞(hair follicle stem cell,HFSC):毛囊干细胞为外胚层上皮来源,表现为标记滞留细胞(label retaining cell,LRC),有多种分子标记物(K15/K19/α6/β1/CD34/DKK3/FZD1/Sox9,等)。目前,对毛囊干细胞的研究已经有相当丰富的工作积累。毛囊干细胞具有三个方向的分化潜能:向上迁移分化为皮脂腺及损失修复中的表皮细胞;向下迁移至毛球部,分化为毛囊和毛发的各种上皮类型细胞,其中部分细胞成为黑素接受细胞(melanin recipient keratinocytes),它们适时地接受成熟黑素细胞产生的黑素,进而生成含有黑素的毛干和毛发。

(2) 毛囊黑素干细胞(hair follicle melanocyte stem cell,HFMcSC):毛囊黑素干细胞来源于神经嵴。在胚胎晚期,神经嵴细胞分化为黑素母细胞(melanoblast,Mb),后者穿过真皮向表皮迁移并进入正在发育中的毛囊。当黑素母细胞进入毛囊后,一部分迁移到毛母质区域,分化为成熟的黑素细胞(melanocyte,Mc),产生色素并传递给形成毛干的角质形成细胞;另一部分定居于毛囊隆突,成为黑素干细胞(melanocyte stem cell,MSC),负责后续的黑素细胞谱系的再生。小鼠在胚胎发育的第8.5天(E8.5)黑素母细胞出现在神经嵴。之后黑素母细胞开始迁移,胚胎发育第10.5~12.5天进入真皮,胚胎发育第13.5天进入表皮,胚胎发育第14.5天开始从表皮基底部向发育中的毛囊迁移,胚胎发育第15.5天进入毛芽,胚胎发育第18.5天到达毛囊隆突并永久居留于该区。有文献认为,定居到毛囊隆突的黑素母细胞完全分化为黑素干细胞需要3~4天。当黑素母细胞在毛囊隆突分化为黑素干细胞后,黑素干细胞可在毛囊隆突维持静息状态,只在特定的时期(毛囊生长期早期)发生分裂,其子代细胞中,一部分补充空巢,回到静息干细胞状态,其他TA(transient amplifying cells)细胞迁移到毛球,分化为黑素细胞,向形成毛发的角质形成细胞输出黑素。毛囊黑素干细胞在毛囊隆突巢中散在分布,不与基底膜相贴,椭圆形,无突起,核质比大,不含黑素,动力学特点为慢周期原始细胞。黑素干细胞的分子标记物包括Pax3、DCT和KIT。

2. 毛囊黑素细胞谱系(melanocyte lineage) 出生后的小鼠处于生长期的毛囊中,黑素细胞可分为3类不同的亚型:首先是位于毛囊隆突的黑素干细胞,只表达酪氨酸相关蛋白-2(tyrosinase related protein-2,TRP2),也称多巴异构酶(DCT),不增殖;其次,是位于外根鞘的分化中的黑素细胞,表达TRP2和酪氨酸相关蛋白-1(tyrosinase related protein-1,TRP1),具有增殖活性;第3类是位于DP上方毛基质中的黑素细胞(melanocytes),表达TRP2、TRP1、酪氨酸酶(tyrosinase),在毛囊生长早期具有增殖活性,可产生黑素。黑素干细胞和分化中的黑素细胞都缺乏有功能的TYR,所以仅含有未成熟的黑素小体,不能产生黑素,只有成熟的黑素细胞可产生黑素。

毛囊黑素细胞谱系的生物学活性与毛囊周期密切相关。当毛囊从静止期转入生长早期(A2期),黑素干细胞活化,产生TA细胞并迁移到毛球部,分化为成熟的黑素细胞并产生黑素。在生长晚期,黑素细胞开始退化,部分分化的黑素细胞凋亡。在整个毛囊退化期和静止期,黑素细胞不合成黑素。待下一个毛囊周期开始后,毛囊黑素干细胞又重新开始新一轮的分化和迁移的循环。

3. 黑素细胞谱系培养 黑素细胞谱系的培养以对黑素母细胞和黑素细胞的培养为多,且主要是通过对培养的神经嵴细胞或胚胎干细胞或多能干细胞(iPSC)诱导而来。小鼠神经嵴细胞在体外诱导培养4天,1%~2%细胞表达黑素母细胞的标记物,并在2周后分化为黑素细胞。

对黑素干细胞的分离培养,目前主要是通过流式分选或者利用带荧光标记的转基因小鼠分选。日本Nishikawa实验室通过流式分选的方法从转基因小鼠[CAG-CAT-EGFP mice×Dcttm1(Cre)Bee mice],黑素细胞谱系表达EGFP的胚胎皮肤分离出黑素母细胞(GFP+/PI−),通过流式细胞仪检测纯度(全部为Kit+/CD45−)。在不同诱导条件下对分选出的细胞进行培养,选择出黑素母细胞最佳的培养条件为:以角质细胞XB2作饲养层,并添加SCF、FGF2,体外培养3周能保持未分化状态。

用毛发重建实验检测,培养的未分化的黑素母细胞具备在毛囊中重建MSC系统的能力。Nishikawa实验室还通过上述转基因小鼠,从毛囊隆突中分离出黑素干细胞,以角质细胞XB2作饲养层,在FGF2、SCF、EDN3、α-MSH存在情况下体外培养,可在毛囊重建实验中重建毛囊黑素细胞谱系。

Motohashi 等选用正常 C57/BL 小鼠,用流式分选出黑素母细胞(KIT+/CD45-)。分选出的细胞用 RT-PCR 检测黑素母细胞相关标记物(Mitf、Sox10、Pax3、TRP-2),证明分选出的 Kit+/CD45-细胞确实是黑素母细胞。

Yang 等通过诱导小鼠尾部成纤维细胞获得诱导多能干细胞(iPSC),并将其在含有 Wnt3a、SCF 以及 ET-3 的培养液中进行培养,发现 iPSC 可分化为产色素细胞。经检测这些色素细胞表达黑素细胞相关标记物(Pax3、MITF、TYR、TYRP1、TYRP2、Sox10 等),证明诱导 iPSC 可以分化为黑素细胞。

Yang 等用 SV4OT 抗原转染新生小鼠背皮黑素细胞,成功获得了不同分化程度的永生化黑素细胞(iMSC)。其中 iMC23 虽然表达黑素细胞早期标记物 c-kit,但不表达黑素合成必需的标记物 tyrosinase,且具有黑素生成的潜能,经鉴定为早期黑素母细胞(melanoblast progenitor);而 iMC65 和 iMC37 则分别为分化晚期的黑素细胞(late-stage melanocyte)和分化中期的黑素母细胞(intermediately differentiated melanoblast like)。

4. 调控黑素干细胞的维持和分化的信号途径 黑素干细胞的静息与分化受到严格的信号网络调控,黑素干细胞通常维持在静息状态,仅在毛囊生长早期短暂活化。已有研究结果表明,黑素干细胞的静息与分化受到 Wnt、Notch、TGF-β、SCF/KIT、Mitf、Sox10 等多种信号的调节,而其中的一些信号又相互间起作用,由此形成复杂的信号网络。

(1) Notch 信号途径:Notch 信号途径是进化中高度保守的信号转导通路,其调控细胞增殖、分化和凋亡的功能涉及几乎所有组织和器官。Notch 受体在邻近细胞产生的配体的活化作用下,通过一系列分子间的相互作用,精确地调控各谱系细胞的增殖分化。Notch 信号由 2 个邻近细胞的 Notch 受体与配体相互作用而激活。Notch 信号途径对黑素母细胞及黑素干细胞的维持具有关键作用,条件性敲除黑素细胞谱系中的 Notch 信号,小鼠的黑素母细胞和黑素干细胞都不能维持,出生后第 2 周期的毛发变白。

(2) Wnt 信号途径:Wnt 蛋白是一类脂质修饰的分泌型糖蛋白家族,通过细胞表面受体介导的信号途径调控一系列的细胞行为,包括细胞分化、增殖、迁移以及基因表达等。Wnt 信号途径对维持黑素干细胞的静息/分化具有关键作用。

研究表明,Pax3(+)/Sox10(-)/Mitf(-)是黑素干细胞保持静息状态所需的条件。Pax3 影响神经嵴干细胞分化和黑素细胞发育,Sox10 通过维持黑素干细胞对生长因子的应答及生成不同细胞系来调节迁移中干细胞的多能性,Sox10 和 Pax3 相互作用激活 Mitf,然后 Mitf 促进黑素干细胞的分化。

Sox10/Mitf 共同以增效形式激活 DCT,而 Pax3 抑制 Sox10/Mitf 介导的转录激活。而且,Mitf 同 Pax3 竞争 DCT 附着位点,在 Mitf 较高浓度时,Mitf 将置换 DNA 上的 Pax3。Wnt 缺乏时,Sox10/Mitf 低表达,Pax3 通过附着于 TCF/Lef 以及召回 DNA 上共抑制物 Groucho 抑制 DCT。Wnt 存在时,Wnt 信号的传入抑制 β-catenin 降解,使 β-catenin 在胞质内积聚并转运至核内;β-catenin 置换出 DNA 上的 Grg4(Groucho-reated corepressor),破坏 Pax3 介导的抑制,同时,Mitf 置换 DNA 上的 Pax3,Sox10/Mitf 共同作用,激活下游基因,导致 DCT 等转录激活,黑素干细胞转向初始分化。

5. 黑素干细胞异位分化与毛发变白 以前认为,黑色素生物合成时其氧化物质可能为细胞毒素,积累的细胞毒素导致随着年龄的增长黑素细胞逐渐退化,毛发变白。但最近研究发现事实并非如此,头发变白是由于黑素干细胞丧失了自我维持能力,在巢中异位分化,下一个毛囊周期中没有黑素细胞来源,从而毛发变白。而且,不论是因为何种因素引起的黑素干细胞异位分化,都具有以下共同的特征:巢中的黑素干细胞形态学特征由体积小、两极突起变为树突状、体积大,并且产生和聚积黑色素。

Nichmura 等制备了 2 类毛发变白的小鼠模型:*Bcl2* 突变鼠和 *Mitf* 突变鼠。*Bcl2*−/− 小鼠出生后第 1 周期的毛发颜色正常,第 2 周期毛发开始变白。通过对黑素干细胞进行检测,*Bcl2*−/− 小鼠出生后 8.5 天毛囊隆突中的黑素干细胞突然完全消失,导致第 2 周期毛囊不能像正常小鼠那样重建黑素细胞谱系。与 *Bcl2*−/− 突变鼠不同,*Mitfvit/vit* 突变鼠毛囊隆突中的黑素干细胞是逐渐减少的。在毛发第 3 周期的生长中期,*Mitfvit/vit* 小鼠毛囊隆突中黑素干细胞消失,且毛囊隆突中出现异位的黑素颗粒,说明 *Mitf* 突变鼠的黑素干细胞在毛囊隆突巢中不能维持,异位分化为黑素细胞。Nichmura 等同时对正常小鼠和人的黑素干细胞进行了观察,发现随着生理性衰老,毛囊隆突中不产黑素的黑素干细胞逐渐消失,取而代之的是产黑素的黑素细胞的出现,导致在下一个毛囊周期进程中毛囊隆突巢内缺失了黑素干细胞而不能重建黑素细胞谱系,毛发变白。

电离辐射可引起的DNA不可修复性损伤,也可导致小鼠黑素干细胞不能自我更新。值得注意的是,这种DNA损伤并非引起黑素干细胞衰老或死亡,而是触发了黑素干细胞在毛囊隆突巢中分化为成熟的黑素细胞,导致黑素干细胞缺失,毛发不可逆地变白。

而一些信号途径的缺失,也会引起黑素干细胞不能维持而异位分化,从而使得毛发变白,比如Notch信号缺失、TGF-β信号缺失。缺失TGF-β受体的小鼠在毛囊第2个生长中期即可发现异位分化的黑素干细胞,并且毛发颜色变灰或变白,说明TGF-β信号在维持黑素干细胞未成熟状态起到重要作用。Tanimura等研究发现,*COL17A1*⁻/⁻突变鼠的毛发会变灰白且数量减少。该突变鼠在生后5周内毛囊隆突的黑素干细胞是正常的,12周时黑素干细胞发生树突状的形态学改变,5个月时,毛囊隆突的黑素干细胞和毛母质的黑素细胞均消失。但是COL17A1并不表达于黑素干细胞,而在毛囊干细胞中表达,且*COL17A1*⁻/⁻突变鼠的毛囊干细胞数量减少。由此可见,毛囊干细胞不断更新参与了黑素干细胞巢的严密调控。

第六节　皮肤干细胞在细胞治疗中的应用

创伤修复和组织再生是一个复杂的生物学过程,涉及许多细胞、胞外基质以及调控因素的参与。就采用成体干细胞替代治疗的策略而言,有以下几个方面可以考虑:一是利用自身皮肤干细胞直接诱导分化为组织细胞来再生皮肤组织。但由于这一条技术路线难度比较大,影响因素众多,加之在大面积严重创伤烧伤时皮肤组织一样会受到严重的破坏,因而利用自身表皮干细胞来再生皮肤也是一条艰难的途径。同样,真皮的多能干细胞也面临着破坏与缺乏的问题。因此,利用异体的干细胞来再生皮肤也是一条重要的策略。这条技术路线的主要优点包括:一是在大面积创伤、烧伤时可以直接利用;二是储存量比较大,容易获取;三是由于皮肤干细胞具有逃避免疫系统和免疫调节的特性,在体外它们抑制T细胞对丝裂原和异体抗原的增殖反应,在体内可以减少移植物抗宿主疾病,延长皮肤移植存活时间,加速深度热灼伤创面的再生速度和血管再生。正是由于皮肤干细胞具有这种既能经诱导分化转变为不同修复细胞的潜能,又具有一定程度的免疫逃逸的双重功能,所以深入开展皮肤干细胞的分化调控特性及其对皮肤再生能力的研究具有重要的理论意义和应用价值。

一、表皮来源干细胞应用

外伤性皮肤缺损,特别是大面积Ⅲ度烧伤,仅靠创面自身难以实现皮肤的再生,可利用皮肤再生能力强的特点,进行自体皮的培养并应用于创面覆盖。表皮干细胞作为皮肤组织的特异性干细胞,不仅是维持皮肤新陈代谢的主要功能细胞,且与创面修复紧密相关,是皮肤及其附属器发生、修复、重建的基础。彭燕等报道了以表皮干细胞作为种子细胞联合脱细胞真皮构建人工皮肤可用于皮肤缺损创面的修复治疗。将外源基因导入大疱性表皮松解症患者表皮干细胞后,经体外培养移植到患处,并在随后1年的观察中发现移植部位皮肤完好,没有水疱、感染、炎症反应及免疫排斥反应,并且移植部位新生的表皮更新是由基因转染的干细胞维持,这一现象说明基因治疗已经取得巨大成功。有研究者观察皮肤干细胞在全层皮肤创面愈合过程中的分布特征及其作用,以BrdU、β1整合素、角蛋白19(K19)免疫组化法检测表皮干细胞在创面愈合过程中的分布情况,结果显示,EGF组创面愈合率为80%(32/40),对照组为60%(24/40)。两组创缘表皮棘层或颗粒层出现了散在的BrdU、β1整合素和K19同时染色阳性细胞。上皮化后,这些阳性细胞逐渐减少。提示表皮干细胞主动地参与了创面的修复,创缘表皮干细胞异位的主要功能可能是促进创面再上皮化。另有学者将表皮干细胞运用于糖尿病大鼠创面愈合,结果显示,表皮干细胞组治疗后第7天创面缩小明显,治疗后第14天创面基本愈合,创面愈合率明显高于其他组($P<0.01$)。

尽管研究成果不断涌现,皮肤干细胞真正走向临床尚面临以下难题:

1. 尚未找到高特异性表面标记物。如表皮干细胞,尽管通过筛选α6、β1亚单位、10G7抗原和p63的表达在理论上可以获得较纯的表皮干细胞,但10G7抗原和p63分别在胞质和胞核内表达,难以应用于活细胞分选。

2. 在治疗烧伤方面,皮肤干细胞拥有无可置疑的潜能,但能否能像骨髓基质干细胞那样可以分化为其他类型的组织依旧是研究的热点。若能将皮肤干细胞转化为其他类型的细胞,以其远远超出骨髓基质干细胞的扩增能力,将为皮肤以及其他组织的细胞治疗再生提供丰富的资源。

3. 受创后修复与再生机制及干细胞分化机制尚不完全明确,只有机制明了才能寻找到更有效更安全的生物治疗方法,促进机体自我修复与再生,或构建出新的组织与器官,以改善或恢复损伤组织和器官功能。

二、真皮来源干细胞应用

有研究证明皮肤衰老与真皮胶原蛋白的含量和性质有关,真皮结构改变是皮肤衰老的主要原因。真皮结构主要由成纤维细胞及其分泌的体液因子和细胞外基质组成,以维持皮肤动态平衡。真皮干细胞的基本特征之一即具有多向分化潜能,能在特定条件下激活或分化为皮肤细胞,进而参与创伤愈合和组织修复。比如在一定条件下可分化为成纤维细胞,进而刺激胶原和弹力蛋白的合成及分泌,可用于皮肤衰老,为抗皮肤衰老提供新的方法。同时也有研究认为,通过负调控 BMP 信号,可激活真皮干细胞促进毛囊再生;同时真皮干细胞能通过分泌一些促进毛囊生长的细胞生长因子如肝细胞生长因子、胰岛素样生长因子、血管内皮细胞生长因子等而促进毛囊生长。史春梦等通过一系列实验证实真皮来源干细胞经诱导分化为成纤维细胞而参与损伤修复,并且对创伤微环境的反应性显著强于成纤维细胞和血管内皮细胞等组织修复细胞。同时 Perng 等研究发现真皮干细胞可促进裸鼠的外伤愈合以及参与皮瓣创伤模型的愈合,为皮肤创伤修复打下基础。

1. 应用于抗皮肤衰老　Salvolini 等通过实验证实了人真皮间充质干细胞(dermal mesenchymal stem cells,DMSC)可作为血管内皮生长因子和一氧化氮合酶的来源,通过旁分泌机制作用于内皮,导致内皮屏障的改变,有效地促进了血液循环,可解决重度烧伤后造血功能受损、血液循环受阻等难题。同时,由于 DMSC 可分化形成成纤维细胞,参与损伤修复及组织结构重建,可进一步修复皮肤表观形态,且分泌的细胞因子及细胞外基质对皮肤微环境有一定的促进作用,一定程度上减缓皮肤衰老也是有可能的。

2. 应用于神经再生修复　以转基因胚鼠为来源获得了 DMSC,利用特定的表皮生长因子和腺苷酸环化酶激活剂等成功诱导 DMSC 向 Schwann 细胞分化,Schwann 细胞可以有效参与周围神经系统髓鞘的形成,对神经再生和修复有很重要的作用。由此说明皮肤有可能成为神经移植和神经修复过程中所需 Schwann 细胞的自体来源。Park 等研究了猪来源的 DMSC 对外周神经的作用,其结果显示,在 DMSC 向神经诱导前期可观察到神经元样细胞形态,大量的神经元标记也很容易被检测到,实验者利用纤维蛋白胶支架将自体的 DMSC 细胞移植入外周神经缺损的部位,2~4 周后发现显著的神经再生现象,并且可以在再生神经组织中发现组织学完整的神经束。这些实验充分说明了自体来源的 DMSC 可明显修复自身外周神经缺损,从而促进神经功能的恢复,为临床 DMSC 移植干预神经修复提供了有效的实验依据。

3. 用于其他疾病　在心血管疾病、克罗恩病等慢性炎症疾病领域,干细胞的研究也在不断深入。有研究者初步推测,MSC 可能在重度银屑病诱导产生并发性心血管疾病或慢性炎性疾病中发挥作用。

三、毛囊干细胞的应用

雄激素性脱发或秃顶是一种遗传倾向,主要影响男性,还会影响到女性。妇女很少经历完整的秃头,通常可保持自己的前额发际线。但在整个头皮,头发变薄。在男性中,头发通常变薄并在头皮上形成一个"M"形图案的损失,而且完整的秃顶,也并不罕见。男性和女性头发稀疏和脱发的原因是一样的,取决于受影响毛囊区受酶的 5-α-还原酶的作用形成激素二氢睾酮(DHT)影响的敏感性。这种敏感性是与自身免疫抵抗,即毛囊根部细胞受到细胞毒性 T(TC)细胞和自然杀伤(NK)细胞的攻击相关的。毛发生长的生长期阶段逐渐缩短,而休止期延长,从而导致毛囊变小,变薄,毛发变短,并最终毛囊消退。在未受损的头皮区域的毛囊,没有受到 DHT 影响,因此毛发得以存留。

秃顶可以通过移植集群的未受影响头皮 1~4 区的毛囊来治疗,这是一个耗时且昂贵的过程。两个非处方药物治疗,米诺地尔(商品名为 Rogaine®,每天局部涂抹 2 次)和非那雄胺(商品名为 Propecia®,每日 1 次口服),它们是有效的抗脱发药。米诺地尔被转化成亚硫酸米诺地尔,激活毛囊细胞钾通道,通过一种目前尚不清楚的机制,减缓脱发,使新的头发变粗。非那雄胺通过抑制 5-α-还原酶,阻断睾酮向 DHT 的转化,66%的男性经 2 年的治疗后恢复生长期的毛发长度和促进了毛发生长。Shh 的短暂表达诱导出生后小鼠的毛囊生长期出现并且对毛发发育和再生必不可少。脱发的小鼠可以通过具有细胞毒性的循环细胞给药——环磷酰胺,结合并交联 DNA 链。Shh 通过皮内注射腺病毒载体递送到小鼠环磷酰胺诱导的脱发症的皮肤上来刺激头发快速地再生。

最近,全基因组关联研究(GWAS)涉及的几个基因,特别是细胞毒性 T 淋巴细胞相关抗原4(CTLA4),在通过抑制 T 调节细胞促进毛囊的自身免疫攻击。另外,一类新的定位在毛囊的外护套的 ULBP(巨细胞病毒 UL16 结合蛋白)基因,其编码的 NK 细胞的配体被证实与发起对毛囊的自身免疫攻击相关。这些结果表明,Shh 或其激动剂和干预 NK 细胞配体的受体传导信号通路在 Alopecias 的治疗是可能有用的。而继续研究,更好地理解参与脱发的分子要素和途径,以便识别目标的药物干预,来自毛囊干细胞的移植被看作是对脱发的另一个有前途的治疗方法。完整的真皮乳头或培养的真皮乳头细胞,以及较低的真皮鞘或培养真皮鞘细胞碎片可与毛囊表皮关联形成新的毛乳头。当前研究的目的是培养带有滤泡隆起干细胞的真皮乳头细胞,在体外以创建无限数量的 DHT 不敏感的毛囊可植入到头皮的细胞沉淀,在那里它们将形成正常毛囊(图 4-9)。

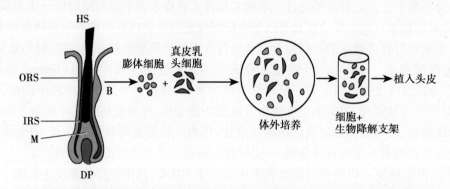

图 4-9　展示了生物人工毛囊是如何由毛乳头与在头皮区域表皮的毛囊隆起提取的表皮干细胞构建。针对 DHT 是不敏感的,并接种到可生物降解的聚合物支架上面

耶鲁医学院的研究人员首次在未受损伤的动物体内观察和操纵了组织再生过程中干细胞的行为。研究人员利用一种新型的非侵入式的活体双光子成像技术,观察了活体小鼠中随时间推移生理性的毛囊再生。通过这种先进技术,研究人员监控了在生理性毛发再生过程中上皮干细胞和它的子代细胞的行为。并证实干细胞在毛发再生最初阶段处于静息状态,而子细胞则更为活跃地分裂。此外,子代细胞分裂在毛囊中受到空间上的组织。除细胞分裂,子细胞协调的细胞移动也使得毛囊能够快速扩充(图 4-10)。研究结果表明干细胞和子代细胞与直接微环境间的互作决定了细胞如何分裂、迁移至何处以及变为何种特化细胞。最后,通过针对性细胞清除和长期追踪活体毛囊,研究人员还证实称为间充质的结缔组织是毛发再生的必要条件,缺乏间充质的小鼠毛发无法再生。

组织发育与再生依赖于细胞与细胞间的相互作用和靶向干细胞及直系后代的信号。然而,目前对于导致适当组织再生的细胞行为还不是很理解。该研究首次实现了在未受损的活体动物内以高空间和时间分辨率成像毛囊干细胞及子细胞。表明了毛发再生涉及一系列的动态细胞行为,依赖于间充质的存在。鉴于干细胞微环境组件在各种组织中普遍保守。新研究发现对于其他组织有可能也具有同样的意义。从更广泛意义上说,了解在生理条件下干细胞和子细胞的行为调控机制有可能是推动干细胞在再生医学中应用以及揭示大量疾病细胞机制的必要条件。

干细胞不仅能够刺激包括人类在内的哺乳动物毛发生长,而可以用于再生许多其他的组织类型。了解微环境调控干细胞行为的机制可以促进我们将干细胞用于治疗,并解释癌症及其他疾病中出错的机制。

男性型脱发是一种遗传缺陷导致对毛囊的自身免疫攻击。头皮的易感区毛囊对于双氢睾酮(dihydrotestosterone,DHT)过于敏感。双氢睾酮缩短头发的生长阶段,延长其休止期阶段,留下空毛囊及退化的毛囊腺。两种药物米诺地尔(Rogaine®)和非那雄胺(Propecia®)可对抗脱发。米诺地尔抗脱发的效果尚不明,但非那雄胺通过阻断 DHT 的形成来促进头发生长。SHH 刺激由环磷酰胺导致脱发的小鼠头发生长表明它可以用

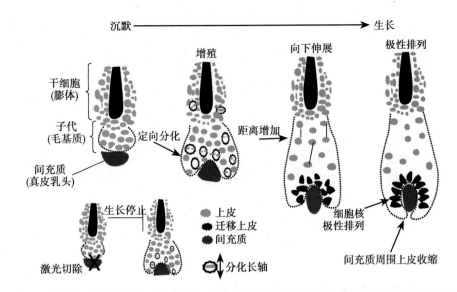

图4-10 非侵入式的活体双光子成像技术,观察了活体小鼠中随时间推移生理性的毛囊再生

作治疗脱发。其他方法来恢复头发包括培养隆起干细胞,通过培养对双氢睾酮不敏感的毛囊真皮乳头细胞并植入到新的头皮毛囊中。对全基因组的相关研究发现了参与对毛囊的自身免疫攻击的几个基因,这表明用药物治疗及干扰上述基因攻击可治疗秃顶。如果提供干细胞再生的角膜缘组织被破坏会导致受损的角膜不能再生。

在临床治疗中,白癜风恢复时首先表现为在毛囊口产生色素点,然后逐渐向外扩大形成色素岛,最后色素岛相互融合,白斑色素恢复正常;而掌跖及黏膜等无毛囊的部位,白癜风很难恢复。这些现象说明毛囊在白癜风治疗恢复过程中起着重要作用,这种毛囊周围复色模式提示毛囊中存在黑素细胞库,是色素恢复的再生源,在表皮复色过程中移行出来参与表皮色素的重建。甲苯胺蓝复合染色显示白癜风白斑表皮无黑素细胞以及黑素干细胞,但毛囊外根鞘内黑素干细胞仍然存在,其分布和数量与正常相似;在治疗恢复区皮损中,毛囊外根鞘内黑素干细胞数量明显增多,并出现多巴阳性的有功能黑素细胞。由此可见,毛囊中静止的黑素干细胞可在治疗作用下重新活化、分裂增殖,由无功能状态转变为功能状态,成为白癜风治疗恢复时黑素细胞的来源。因此,了解和阐明如何激活毛囊中的黑素干细胞可能是治疗白癜风的关键。

四、诱导体细胞去分化为干细胞应用

去分化是指已经分化的细胞在特定因素的作用下,重新进入增殖周期,获得增生及分化的能力。是指分化细胞失去特有的结构和功能变为具有未分化细胞特性的过程。多种非哺乳动物通过去分化的方式完成组织缺损后的再生。众所周知,高等哺乳动物的心肌组织以及神经组织是不能再生的,如果可以通过某一手段将其去分化再次获得增殖能力,那么对一些心肌缺血性疾病以及神经损伤性疾病的治疗将具有极大的推动作用。从这一意义上讲,寻找这些不能再生组织细胞的去分化途径显得颇为重要。

早在2001年,付小兵等就在慢性创面的表皮组织中发现了已分化的表皮细胞存在去分化的现象,之后这种去分化现象也被不同的学者在创伤修复中的肾以及肺组织中报道。提示已分化细胞的去分化可能是实现组织再生的一种途径。但是,值得注意的是,机体自身去分化的力度是微弱的,特别是创伤修复过程中去分化可能是哺乳动物个别组织类型所特有的。因此,依靠组织自身去分化完成组织再生几乎不可能。那么我们是否可以有意识地通过促使细胞去分化,使其再次进入细胞周期,再次增殖,实现某些组织的再生呢?如果可以,这一思路将对某些难以再生或不能再生的组织获得完美修复非常有意义。

2004年,Allan Spradling 和 Toshie Kai 在 *Nature* 杂志上首次报道了体内成功诱导体细胞去分化为干细胞的案例。遭受热休克打击的幼虫成熟后,实验者导入 *Bam* 基因,促使干细胞开始分化。但是,它们的功能尤其是生育功能仍然正常。这就说明了打击后观察到的干细胞是来源于去分化的细胞。这些去分化的机制是值得我们借鉴的。另外上述提到的重编程的实验研究中,多个研究显示抑制 p53 的表达可以有效地增加体细胞的重编程率,提示控制某些抑癌基因的表达可能促使已分化细胞发生去分化。近期,发表在 *Stem Cell* 杂志上的一篇论文颇有新意,Pajcini 等将肌肉细胞中抑癌基因 *Rb* 与 ARF 抑制后,发现哺乳动物肌肉细胞可以进入细胞周期,并获得部分增殖能力。这一研究结果给我们如下启示:通过抑制某些抑癌基因可能促使某些组织类型的细胞,如心肌细胞、神经细胞发生去分化,进而增殖,最终可能促进这些组织的再生。因此,通过不断的研究,借鉴其他生物去分化的相关机制,在实现受损组织细胞体外去分化的基础上,最终实现受损组织细胞的体内的去分化,是实现组织再生的最佳途径。

皮肤作为人体最大的器官,具有调节体温、排汗以及排泄机体代谢废物的重要作用。重度大面积烧伤后的汗腺损伤使皮肤排汗功能缺失,皮肤体温调节能力下降,严重影响患者的生活质量。因此,如何修复与重建幸存患者的损伤汗腺具有重要的临床意义。新近研究发现骨髓间充质干细胞(BMSC)经热休克诱导后可具有汗腺细胞的表型结构及特性,并已被用于损伤汗腺的修复与再生,但此项技术目前仅适用于烧伤后期瘢痕增生的患者,不能用于烧伤治疗早期的汗腺细胞修复。为改进汗腺再生干细胞治疗技术,促进干细胞治疗在烧伤救治中的早期应用,付小兵团队在研究中选择具有低免疫原性、高度增殖和分化能力的脐带沃顿胶间充质干细胞(hUCWJ-MSC)作为新的干细胞源用于汗腺样细胞的分化诱导。前期研究发现,hUCWJ-MSC 具有类似骨髓间充质干细胞的特性,能够表达间充质干细胞的表面抗原 CD44 和 CD105,不表达造血细胞系标记物 CD34 以及汗腺细胞的特异性标记物 CEA;同时该细胞还具有成骨及成脂多向分化潜能。使用 hUCWJ-MSC 三周,即可见细胞具有类似正常汗腺细胞的形态特征,并且能够表达汗腺细胞的特异性抗原 CEA、CK14、CK19 及汗腺发育基因 *EDA*。因此认为分化后的 hUCWJ-MSC 具有汗腺样细胞的形态和表型特征。此项研究成功构建了汗腺样细胞体外培养体系,并证实可通过汗腺诱导培养基分化诱导 hUCWJ-MSC 获取汗腺样细胞,为干细胞早期应用于烧伤救治奠定了基础,但尚需对 hUCWJ-MSC 以及汗腺样细胞的生物学特性、安全性等进行更加深入的研究,为其用于损伤汗腺的重建提供可靠的细胞学依据。

长链非编码 RNA(long non-coding RNA,lncRNA)是长度大于 200 个核苷酸的非编码 RNA。庞希宁团队发现抑制角质形成细胞分化的长链非编码 RNA,为研究角质形成细胞的分化和去分化提供新的靶点。研究表明,lncRNA 在表观遗传调控、转录调控、细胞分化调控,甚至作为小 RNA 的前体等众多生命活动中发挥重要作用。目前为止对长链非编码 RNA 在表皮分化方面的研究还比较有限。该团队通过基因芯片检测了分化前后角质形成细胞中 lncRNA 的表达情况,发现 6750 个差异表达 lncRNA,其中 3217 个 lncRNA 差异表达上调,这些 lncRNA 的分类;3533 个 lncRNA 差异表达下调,这些 lncRNA 的分类见图 4-11、图 4-12。初步筛选与分化有关的基因及对应的 lncRNA。对这些 lncRNA 进行功能学分析发现,它们参与对角质形成细胞分化的调控。下一步的工作是我们将对这些分化相关 lncRNA 进行细致全面的研究,探索分化去分化的分子机制,这些全新的发现将极大地丰富表皮细胞分化调控的机制,给表皮创伤修复带来新的治疗策略。

五、诱导性多潜能干细胞应用

2006 年,日本 Yarnanaka 研究小组通过将逆转录病毒介导的 *Oct-4*、*Sox2*、*Klf4* 及 *c-Myc* 四个基因转入鼠成纤维细胞,将成体细胞重编程为具有多分化潜能的干细胞,并将该类干细胞命名为 iPSC。2007 年,美国 Thomson 实验室报道了 *Oct-4*、*Sox2*、*Nanog* 及 *Lin28* 四个基因的转染可将人成纤维细胞重编程为 iPSC。随后,国内外多家实验室利用转基因方法完成了多种类型成体细胞向 iPSC 的重编程与 iPSC 向特定组织类型细胞的再分化研究。iPSC 在形态学、表观遗传学、全基因表达谱以及细胞类型特异的分化潜能方面与 ESC 极其相似,并且个体特异来源的 iPSC 尚不涉及免疫排斥问题,所以 iPS 具备成为细胞治疗以及组织器官再生最有前景的种子细胞。研究表明,一些遗传缺陷性疾病患者的体细胞也可通过转基因方法重编程为 iPSC,这将对通过体外细胞培养研究某些遗传疾病的发病机制提供了希望。与其他多潜能细胞产生技术不同(如来源于内细胞团的 Es 分离建系、体细胞与 ESC 融合以及核移植技术),iPSC 的生成技术不涉及胚胎毁损等伦理学问题,因而将成为干细胞研究与再生医学研究领域的热点话题。但目前为止,iPS 的研究可以说才刚刚起步,一些重要的科学问题与关键技术问题还没有完全解决,iPS 走向临床应用为时尚早。

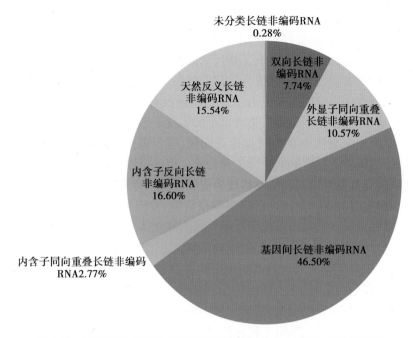

图 4-11　基因芯片检测分化前后角质形成细胞中 lncRNA 的表达情况
分化后表达上调的 lncRNA 分类

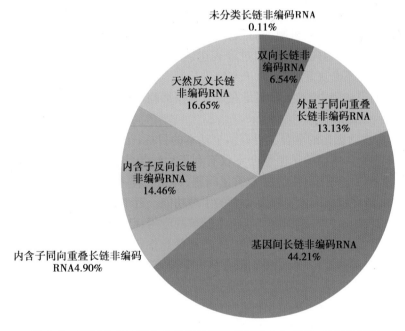

图 4-12　基因芯片检测分化前后角质形成细胞中 lncRNA 的表达情况
分化后表达下调的 lncRNA 分类

第七节　皮肤干细胞的应用前景

一、在皮肤组织工程以及基因治疗中的应用

近年来,兴起的以组织工程皮肤为主的修复方式对于皮肤损伤修复领域也有着深远的影响。由于皮肤创面愈合的基本条件是上皮始祖细胞的增生、分化和移行,利用能诱导上皮始祖细胞增生、促进皮肤创面愈合的组织工程相关技术,发展具有生物活性的人工替代物以及培养人体活性细胞再造新组织,用以维持、恢

复和提高人体组织的功能,已经成为组织工程技术相关研究方向之一。由于皮肤干细胞具有的多潜能性,不论是在正常的生理更新或是在损伤修复时,均可能分化参与构成皮肤真皮层的中胚层成分,包括真皮成纤维细胞、血管平滑肌细胞等,故皮肤干细胞在组织工程皮肤的应用方面,也具有很大的应用潜力。

目前,组织工程皮肤主要有三类:①自体或异体培养的表皮片;②胶原凝胶、胶原海绵、合成膜、透明质酸膜等构成的真皮替代物;③双层结构的人工复合皮肤。但还没有一种组织工程皮肤可以满足临床上治疗大面积烧伤的需求。这主要是因为:①严重烧伤患者自身的表皮干细胞数量不足,无法满足构建全身皮肤的需要;②异种或异体来源的表皮干细胞存在免疫排斥等问题;③目前的组织工程皮肤尚无法产生皮肤的附属器,如汗腺、皮脂腺等,因而无法重建皮肤的全部生理功能。由于对皮肤附属器发生机制的研究才刚起步,在往后的一段时间内皮肤附属器发生机制的研究将成为皮肤组织工程学的研究焦点。

有研究将表皮干细胞复合的皮肤支架进行体内移植研究,发现复合了表皮干细胞的皮肤支架可促进皮肤缺损修复,并减少瘢痕的形成。也有研究证明胚胎干细胞可在体外分化为角质细胞,并发现复合了胚胎干细胞的皮肤支架能发展出与真正皮肤非常相近的结构。据报道,复合有异种真皮、表皮干细胞和真皮毛乳头细胞的组织工程皮肤经三维培养后发现该组织工程皮肤可得到更厚的表皮,并可以减少瘢痕的产生。最近制备出的一种复合表皮干细胞和成纤维细胞的组织工程皮肤,经移植试验发现,该组织工程皮肤可诱导生成与完整皮肤在形态学上非常相近的真皮和表皮。另外,将由胚胎干细胞分化而来的表皮干细胞与组织工程皮肤支架相复合移植于老鼠后,发现此组织工程皮肤可诱导生成类毛囊结构与腺状结构。伴随着生命科学、材料科学以及诸多相关科学的飞速发展,构建出一种理想化的组织工程化皮肤的功能与外形近乎正常的人工皮肤替代物将是所有皮肤组织再生研究者的梦想。

干细胞除应用于外伤性皮肤缺损以及皮肤溃疡等导致的严重皮肤缺损的移植治疗外,还可以用来研究基因的作用以及某些疾病发病的基因机制,同时也可以用来对一些遗传性皮肤病进行基因治疗,包括导入标志性基因或一个异源基因,使细胞内原有基因过度表达(增加功能),或基因打靶(失去功能)以及诱导某个基因的突变等。由于表皮的不断更新,必须对干细胞进行基因转染以确保外源基因在表皮细胞的长期表达。为使外源基因在足够多的干细胞中表达,而不是在短暂增殖细胞中表达,需将表皮干细胞与短暂增殖细胞分离开,这是实现基因治疗的重要环节。

严重创(烧、战)伤后皮肤创伤的愈合主要有两个基本的目标,第一个目标是愈合速度问题,即怎样在最短的时间内使创面发生愈合。创面的迅速愈合不仅有利于后续治疗与康复,而且也是防止感染发生和减少瘢痕形成的主要方法之一。另一个目标是愈合质量问题,即怎么样才能使受损后修复的皮肤组织恢复到与损伤前具有相同的结构,以在最大限度上恢复患者的生理功能。近十余年来,基础研究与临床治疗的紧密结合,以及高新生物技术的发展及其在组织修复与再生领域的应用,已经使皮肤创伤的修复在愈合速度方面获得了突破。采用重组基因工程生长因子药物等方法,已经使急性创面(包括浅Ⅱ度、深Ⅱ度烧伤创面和供皮区)的愈合时间较常规治疗缩短 $2 \sim 5$ 天。美国匹兹堡大学麦克哥尔恩(McGowan)再生医学研究院发明了一种治疗烧伤的新方法,从烧伤者身上提取健康的皮肤部位分离出干细胞,然后将其加入到一种溶液中,用喷枪将皮肤干细胞"喷射"到烧伤者的皮肤上,来治疗烧伤的皮肤。由于干细胞较强的自我更新能力,使皮肤的愈合时间缩至数天。与此同时,还使过去一些采用常规方法难以治愈的慢性难愈合创面的愈合率由过去的60%上升至90%,显著提高了创面的治愈率。但是,在皮肤创面治疗中另一个没有解决的关键科学问题是如何进一步提高受创皮肤愈合质量的问题,即在皮肤创(烧、战)伤修复中如何减少瘢痕形成以及如何在损伤部位重建毛囊、汗腺及以皮脂腺等皮肤附件,由此显著提高皮肤对环境的适应能力以及恢复患者排汗与美容功能等问题。因此,如何实现大面积严重创(烧、战)伤后皮肤软组织功能修复与重建,不仅是创(烧、战)伤创面修复与组织再生研究的热点,同时也是再生医学、干细胞生物学以及组织工程化皮肤必须攻克的难点,其中如何从干细胞诱导分化角度在损伤部位原位重建汗腺与皮脂腺等皮肤附件又是研究的攻关点,不仅理论意义重大,而且对创(烧、战)伤的临床救治也具有潜在的应用价值,值得高度关注并开展研究。

许多研究已证实,真正的表皮干细胞在表皮组织中所占比例不到10%,且多处于 G_0 期,而细胞能进行分裂是逆转录病毒整合的必需条件。因而病毒感染时,皮肤干细胞不仅数量少,且多处于未分裂期,很难使外源性基因成功导入,是表皮干细胞基因表达丧失的主要原因。若想解决表皮干细胞的基因导入必须使表皮中所有基底细胞的基因转染率显著提高;或者在基因导入表皮干细胞之前将其分离出来。两种方法都存在很大困难。有报道,转导基因前对干细胞进行分离纯化是手段之一。

皮肤干细胞是近年来皮肤再生医学研究的热点领域之一。但目前尚有许多实际问题有待解决,如表皮干细胞的复制;隐匿于正常环境下,尚未被发现的干细胞增殖与分化方向的开发;通过缩短细胞周期以获得更多的短暂扩充细胞增殖等。作为成熟的干细胞来源用于临床还有一段长长的路要走,然而,这些初步的成就已为应用皮肤干细胞进行皮肤大面积深度创、烧伤创面从解剖修复到生理性修复开辟了新途径,并奠定了一定的基础。

国内学者应用人表皮干细胞和猪脱细胞真皮构建组织工程皮肤修复全层皮肤缺损,取环状切除后幼儿包皮用中性蛋白酶与胰蛋白酶混合消化液消化,收集细胞,接种在已包被Ⅳ型胶原的培养皿中,培养20天左右,用作构建表皮干细胞并进行细胞鉴定。结果显示表皮干细胞种植于无细胞真皮上1天后,细胞便贴壁并开始生长增殖,8天左右透过间隙见无细胞真皮上表皮干细胞渐增殖融合成片。实验组愈合创面抗人类白细胞抗原-Ⅰ型抗原直接免疫荧光染色呈阳性,证明新生表皮由移植的人表皮细胞形成。另有学者用改良的酶消化法(改良法)及传统酶消化法(传统法)分离、培养人表皮干细胞,为组织工程皮肤构建提供产率更高、活力更好的种子细胞。结果显示利用改良的酶消化法可获得数量更多、活力更好的人表皮干细胞,为以人表皮干细胞为种子细胞构建组织工程皮肤奠定了基础。还有研究者将表皮干细胞联合成纤维细胞-丝素蛋白纳米纤维活性支架体内培养,构建活性支架对大鼠Ⅲ度创面进行修复,证明了通过Ⅳ型胶原蛋白黏附法,能够分离得到表皮干细胞,且其在Ⅳ型胶原蛋白表面修饰的培养瓶中的生长活力较高。大鼠Ⅲ度创面的修复实验表明,表皮干细胞联合成纤维细胞-丝素蛋白纳米纤维支架,能够修复Ⅲ度创面,再生皮肤表真皮结构完整;并且与凡士林纱布敷料相比,能够提高创面的愈合效率,减少创面的愈合时间。

二、在神经样分化中的应用

目前,用于研究的神经干细胞多来自于胚胎脑组织、成年哺乳动物脑组织及脊髓。McKenzie等的研究结果说明,皮肤源祖细胞能产生有功能的施万细胞(SKP-derived Schwann cell,SKP-SC),是一种真正意义上的成体神经嵴前体细胞。在该研究中,研究者分离得到啮齿类动物皮肤源祖细胞和人皮肤源祖细胞,其在含有神经调节蛋白(neuregulins)的培育环境中,大量分化为SKP-SC。随后,研究者将SKP-SC与来自胎鼠的背根神经节在体外共培养,结果发现,SKP-SC能表达髓鞘形成的表型,形成包裹背根神经节轴突的髓鞘。若将SKP-SC移植入小鼠的坐骨神经两断端之间,移植后2~6周发现,断端间发生强有力的神经再生,神经功能的恢复显著增强。SKP-SC通过产生神经丝与轴突发生联系,并生成髓鞘,包裹正在形成中的轴突。有学者将啮齿类和人皮肤源祖细胞移植入患有先天性脑神经髓鞘形成障碍的新生鼠的大脑中,它也能分化为有功能的施万细胞,并形成髓鞘,包裹中枢神经轴突。Biernaskie等实验证实,哺乳动物来源的皮肤源祖细胞能够被用于修复受损的大鼠脊髓。研究者将皮肤源祖细胞及SKP-SC分别移植入挫伤的大鼠脊髓。移植12周后发现,在受损脊髓内,两组细胞均存活良好,大鼠脊髓挫伤面积都缩小,并且内源性施万细胞向受损部位集中。研究者还推测,SKP-SC对存活的神经具有神经保护作用。总之,皮肤干细胞能分化为有功能的施万细胞,而施万细胞的重要功能就是促进神经元的再生、促进轴突的髓鞘再生。研究证实,将施万细胞连接于损伤的脊髓,有益于脊髓损伤的修复。

三、在形成脉管系统中的应用

血管发生、毛细血管的活跃生长和破坏,在对组织维护、创伤愈合和恶性肿瘤的生长方面,扮演着重要的角色。寻找能够形成新生血管的细胞资源变得越来越重要。皮肤内Nestin阳性表达的毛囊细胞能形成血管内皮细胞,从而促进新生血管形成。近年来的大量研究也证实,来自于皮肤和毛囊隆突部(follicular bulge region)的Nestin阳性细胞,移植入动物体内后,能够再造脉管系统。所以,Nestin阳性表达、存在于毛囊真皮乳头层的皮肤源祖细胞可能也具有形成内皮细胞、促进新生血管形成的能力。由人包皮获得的皮肤源干细胞,在TGF-β1或TGF-β3存在的无血清培养基中,能主导性地分化为有功能的血管平滑肌细胞。实验还发现,来自于大鼠和人的SKP-derived SMC,在体内试验中,均有力地支持了新生毛细血管和更大口径血管的形成,在体外研究中不仅促进了新生毛细血管的形成,还具有收缩性。故可认为,皮肤干细胞是一种能够分化为血管平滑肌细胞的干细胞资源。人们希望,皮肤干细胞可通过形成有功能的血管内皮细胞、血管平滑肌细胞,促进新生血管的形成。该特点能够被用于组织工程人造血管、心脏瓣膜或心脏补片技术方面的研究及应用,治疗心血管疾病。

四、在胰岛分化中的应用

目前,同种胰岛主要来源于成人胰腺、新生儿胰腺及胚胎胰腺。异种胰岛主要来源于猪胰岛。但是,上述胰岛来源存在诸多问题,如免疫排斥反应,供源有限等。

目前已有报道,已能从新生大鼠真皮层来源的多能干细胞(dermis-derived multipotent stem cell,DMC)、新生小鼠来源的皮肤源祖细胞、猪皮肤来源的干细胞在体外的特殊诱导环境中得到胰岛素分泌细胞。在 Shi 等的研究中,来自于新生大鼠真皮层的多能干细胞不仅能产生 Nestin 阳性细胞,还能在胰岛素铁硒传递蛋白存在的环境中,表达数个与胰岛细胞相关的基因,并分化为能合成胰岛素的上皮细胞。Guo 等的将皮肤源祖细胞在体外进行诱导培养,结果发现:第一,在某些特殊细胞外因子及胞外基质存在的体外培养环境中,皮肤源祖细胞能够转化为胰岛素分泌细胞,形成类似胰岛细胞的细胞簇,并能同时表达胰岛素和 C 肽。第二,胰岛素分泌细胞表达了与胰岛细胞发育和功能相关的多种基因,如 *Insulin 1*、*Insulin 2*、*Islet-1*、*Pdx-1*、*BETA2/NeuroD* 等。第三,对胰岛素分泌细胞给予葡萄糖刺激时,其表现出了与葡萄糖变化相关的胰岛素的合成与释放。然而胰岛素分泌细胞的诱导分化研究中还存在一些局限性,如:实验的可重复性较差,胰岛素产量较低,诱导效率较低。组织细胞培养中的基因操作为上述问题的解决提供了新的途径。

五、在造血系统中的应用

2002 年,Lako 等第一次提出,从真皮乳头层和真皮鞘来源的细胞,在接受过量照射的小鼠上,能够重建多谱系造血系统。体外研究表明,从啮齿类动物真皮乳头层和真皮鞘来源的细胞,能活跃地制造红系和髓系细胞,在合适的诱导环境中,能向脂肪细胞、成骨细胞、软骨细胞和肌源性谱系分化。Lako 等将带有基因标记的供体鼠真皮乳头层或真皮鞘细胞移植入接受致死辐射剂量照射的受体鼠身上,观察造血系统及造血细胞的重建,时间最长达 13 个月。结果发现,第一,来源于毛囊真皮结构的细胞,能在体内参与形成所有的血细胞谱系;第二,第一代受体鼠骨髓中形成的克隆前体中,超过 70% 来自供体毛囊细胞;第三,将第一代受体鼠的骨髓分离,再次注入接受致死辐射剂量照射受体鼠中,这些移植的细胞仍然保持了同样的再生潜力,说明它们具有原始的干细胞特征;第四,分别使用大鼠和小鼠的毛囊真皮组织进行实验,均获得了相似的结果,说明真皮乳头层和真皮鞘来源细胞的这种行为具有普遍性。存在于真皮乳头层的多潜能皮肤源祖细胞是否参与了这一过程,有待进一步研究。

六、在骨缺损方面的应用

在 Lavoie 等的研究中,啮齿类动物和人包皮来源的皮肤干细胞在体外培养过程中,分化出了矿化的骨细胞及能释放软骨特异性蛋白聚糖的软骨细胞。在体内试验中,将大鼠皮肤源祖细胞移植入胫骨骨折模型中,移植后 6 周内,大量移植细胞在骨痂内存活下来,部分移植细胞出现了成熟骨细胞的表型,并与新形成的骨融为一体。部分移植的细胞还分化为软骨细胞、平滑肌细胞。有理由相信,随着研究的深入,皮肤源祖细胞有可能在骨折的愈合及骨再生医学中发挥重要作用。

对骨髓 MSC 被严重放射事故破坏的替代治疗,能有效对抗移植物抗宿主反应;对克罗恩病、传统治疗方法耐受的红斑狼疮、慢性阻塞性肺部疾病、先天肺纤维化、神经退行性疾病、脊椎肌肉萎缩、肌萎缩性脊椎侧索硬化症以及经基因工程处理过的癌症等进行治疗均显示突破性可能。

小　　结

哺乳动物的表皮、毛发、指甲、角膜和听觉感觉毛细胞都是表皮的衍生物,能够通过激活驻留的成体干细胞进行维持性再生和损伤诱导再生。晶状体是另外一种衍生物,蝾螈晶状体是通过背侧虹膜细胞的去分化和转分化进行再生的。

再生表皮的干细胞位于基底层。人表皮细胞特异性表达 Lrig-1 蛋白,该蛋白有助于维持干细胞静止状态。鼠 EpSC 特异性表达整合素。Wnt 通路在基底干细胞活化中起重要作用。基底干细胞不断增殖,子细胞向上迁移并分化成表皮各层,持续地替换表皮。EPSC 同时进行对称和非对称分裂,产生等量的干细胞和定向分化为角质形成细胞的细胞。表皮基底细胞与毛囊外根鞘的基底细胞是连续的。毛发经过退行期(毛囊萎缩)、休止期(毛囊静止)、生长期(毛囊再生并生长出新的毛发)三个阶段进行维持性再生。该周期是受毛囊根部真皮乳头的生长因子信号调节。Lef1 发挥转录抑制功能,使表皮和毛囊干细胞处于静止状态。Wnt3信号能够激活增殖,使其与 Lef1 形成一个转录激活复合物。毛囊由毛囊隆突和峡部龛中异质干细胞群再生。隆突干细胞更新毛囊的非毛发部分。Lgr5 和 Lgr6 是隆突和峡部细胞的特异性标志物。

表皮损伤后,创伤边缘的细胞分裂填充缺损,并通过临时的纤维蛋白基质侧向迁移。隆突和峡部干细胞都参与损伤表皮的再生。

指甲是毛囊的变异体。甲直接由位于甲床基部末端一种基质短暂扩充细胞再生,但其中的干细胞可能位于甲床下更远的部位,与毛囊的隆突的区域类似。

皮肤被覆于身体表面,可保护人体免受外界因素的伤害,防止水分和化学物质的渗透及细菌的入侵。任何原因造成皮肤连续性被破坏以及缺失性损伤,必须及时予以闭合,否则会产生创面的急慢性感染及其相应的并发症。皮肤创面愈合容易受到多种因素的影响,如:①细菌污染与创面感染;②组织的毁损与异物存留;③局部血运不良和组织缺氧等。表皮干细胞来源于胚胎的外胚层,可向下迁移分化为表皮基底层,进而生成毛囊;可向上迁移,并最终分化为各种表皮细胞。真皮干细胞通过表达 VEGF、PDGF、HGF、TGF-β、ICAM-1、VCAM-1 和纤连蛋白等细胞因子,能激活成纤维细胞刺激胶原分泌,促进其增殖,并在一定条件下可从静止期转入细胞周期而增殖分化为成纤维细胞,进而合成胶原和弹力纤维。毛囊干细胞最重要的特点之一也是慢周期性,而且可以有无限多次细胞周期。一个完整的毛囊周期要经过生长期、退化期和休止期。2012 年首次鉴定出汗腺干细胞,相关成果公布在 *Cell* 杂志上。

随着研究技术手段的进步,相信调控皮肤干细胞直接分化为皮肤附属物组织,或者与组织工程方法以及基因治疗相互接合及 应用并实现皮肤烧伤创面从解剖修复到功能修复的飞跃已为时不远。

(付小兵　程飚　张殿宝)

参 考 文 献

1. Akita S, Akino K, Imaizumi T, et al. Basic fibroblast growth factor accelerates and improves second-degree burn wound healing. Wound Rep Reg, 2008, 16(5):635-641.

2. Alam HB, Chen Z, Jaskille A, et al. Application of a zeolite hemostatic agent achieves 100% survival in a lethal model of complex groin injury in swine. J Trauma, 2004, 56(5):974-983.

3. Alam HB, Burris D, DaCorta JA, et al. Hemorrage control in the battlefield: role of new hemostatic agents. Milit Med, 2005, 170(1):63-69.

4. Argyris TS. Kinetics of epidermal production during epidermal regeneration following abrasion in mice. Am J Path, 1976, 83(2):329-340.

5. Badylak SF, Coffey AC, Lantz GC, et al. Comparison of the resistance to infection of intestinal submucosa arterial autografts versus polytetrafluoroethylene arterial prostheses in a dog model. J Vasc Surg, 1994, 19(3):465-472.

6. Baker CA, Uno H, Johnson GA. Minoxidil sulfation in the hair follicle. Skin Pharmacol, 1994, 7(6):335.

7. Balasubramani M, Kumar TR, Babu M. Skin substitutes: a review. Burns, 2001, 27(5):534-544.

8. Barker N, Bartfeld S, Clevers H. Tissue-resident adult stem cell populations of rapidly self-renewing organs. Cell Stem Cell, 2010, 7(6):656-670.

9. Beauvoit B, Kitai T, Chance B. Contribution of the mitochondrial compartment to the optical properties of the rat liver: a theoretical and practical approach. Biophys J, 1994, 67(6):2501-2510.

10. Beauvoit B, Evans SM, Jenkins TW, et al. Correlation between the light scattering and the mitochondrial content of normal tissues and transplantable rodent tumors. Anal Biochem, 1995, 226(01):167-174.

11. Bell E, Ehrlich HP, Buttle DJ, et al. Living tissue formed in vitro and accepted as skin-equivalent tissue of full thickness. Science,

1981,211(4486):1052-1054.

12. Bermingham McDonough O,Stone JS,Reh TA,et al. FGFR3 expression during development and regeneration of the chick inner ear sensory epithelia. Dev Biol,2001,238(02):247-259.

13. Biernaskie J,Paris M,Morozova O,et al. SKPs derive from hair follicle precursors and exhibit properties of adult dermal stem cells. Cell Stem Cell,2009,5(06):610-623.

14. Blanpain C,Lowry WE,Geoghegan A,et al. Self-renewal,multipotency and the existence of two cell populations within an epithelial stem cell niche. Cell,2004,118(05):635-648.

15. Blanplain C,Horsley V,Fuchs E. Epithelial stem cells:turning over new leaves. Cell,2007,128(03):445-458.

16. Blume P,Driver VR,Tallis AJ,et al. Formulated collagen gel accelerates healing rate immediately after application in patients with diabetic neuropathic foot ulcers. Wound Rep Reg,2011,19(3):302-308.

17. Borkow G,Gabbay J,Dardik R,et al. Molecular mechanisms of enhanced wound healing by copper oxide-impregnated dressings. Wound Rep Reg,2010,18(2):266-275.

18. Botchkarev VA,Botchkareva NV,Nakamura M,et al. Noggin is required for induction of the hair follicle growth phase in postnatal skin. FASEB J,2001,15(12):2205-2214.

19. Chang HR. Neuropathic diabetic foot ulcers. New Eng J Med,2004,351(16):1694-1695.

20. Boyce ST. Design principles for composition and performance of cultured skin substitutes. Burns,2001,27(05):523-533.

21. Brigido SA. The use of an acellular dermal regenerative tissue matrix in the treatment of lower extremity wounds:a prospective 16 week pilot study. Int Wound J,2006,3(03):181-187.

22. Brown GL,Nanney LB,Griffen J,et al. Enhancement of wound healing by topical treatment with epidermal growth factor. New Eng J Med,1989,321(2):76-79.

23. Brownell I,Guevara E,Bai CB,et al. Nerve-derived sonic hedgehog defines a niche for hair follicle stem cells capable of becoming epidermal stem cells. Cell Stem Cell,2011,8(5):552-565.

24. Cazander G,Pawiroredjo JS,Vandenbrouke CMJE,et al. Synergism between maggot excretions and antibiotics. Wound Rep Reg,2010,18(6):637-642.

25. Chance B,Nioka S,Kent J,et al. Time-resolved spectroscopy of hemoglobin and myoglobin in resting and ischemic muscle. Anal Biochem,1988,174(2):698-707.

26. Chen P,Segil N. p27(kip1)links cell proliferation to morphogenesis in the developing organ of Corti. Development,1999,126(08):1581-1590.

27. Chung VQ,Kelly L,Marra D,et al. Onion extract versus petrolatum emollient on new surgical scars:a prospective double-blinded study. Dermatol Surg,2006,32(02):193-197.

28. Clayton E,Doupe DP,Klein AM,et al. A single type of progenitor cell maintains normal epidermis. Nature,2007,446(7132):185-189.

29. Cohen IK,Crossland MC,Garrett A,et al. Topical application of epidermal growth factor onto partial-thickness wounds in human volunteers does not enhance reepithelialization. Plast Reconstruct Surg,1995,96(02):251-254.

30. Conlan MJ,Rapley JW,Cobb CM. Biostimulation of wound healing by low-energy laser irradiation. J Clin Periodont,1996,23(05):492-496.

31. Cotsarelis G,Millar SE. Towards a molecular understanding of hair loss and its treatment. Trends Mol Med,2001,7(07):293-301.

32. Cotanche DA. Regeneration of hair cell stereociliary bundles in the chick cochlea following severe acoustic trauma. Hear Res,1987,30(2-3):181-195.

33. Cotanche DA,Lee KH,Stone JS,et al. Hair cell regeneration in the bird cochlea following noise damage or ototoxic drug damage. Anat Embryol Berlin,1994,189(1):1-18.

34. Cotsarelis G. The hair follicle:dying for attention. Am J Pathol,1997,151(06):1505-1509.

35. Cotsarelis G,Sun TT,Lavker RM. Label-retaining cells reside in the bulge area of the pilosebaceous unit:implications for follicular stem cells,hair cycle,and skin carcinogenesis. Cell,1990,61(7):1329-1337.

36. Courtois M,Loussouarn G,Hourseau S,et al. Periodicity in the growth and shedding of hair. Br J Dermatol,1996,134(01):47-54.

37. Dasgupta R,Fuchs E. Multiple roles for activated LEF/TCF transcription complexes during hair follicle development and differentiation. Development,1999,126(20):4557-4568.

38. Demling RH. Oxandrolone,an anabolic steroid,enhances the healing of a cutaneous wound in the rat. Wound Rep Reg,2000,8

（02）:97-102.

39. DeVries HJ, Middelkoop E, Mekkes JR, et al. Dermal regeneration in native non-cross-linked collagen sponges with different extracellular matrix molecules. Wound Rep Reg,1994,2(1):37-47.

40. Diegelmann RF, Dunn JD, Lindblad WJ, et al. Analysis of the effects of chitosan on inflammation, angiogenesis, fibroplasias, and collagen deposition in polyvinyl alcohol sponge implants in rat wounds. Wound Rep Reg,1996,4(1):48-52.

41. Edward M, Quinn JA, Sands W. Keratinocytes stimulate fibroblast hyaluronan synthesis through the release of stratifin: a possible role in the suppression of scar tissue formation. Wound Rep Reg,2011,19(3):379-386.

42. Ehrlich HP. Understanding experimental biology of skin equivalent: from laboratory to clinical use in patients with burns and chronic wounds. Am J Surg,2004,187(5A):29S-33S.

43. Ezhkova E, Pasolli HA, Parker JS, et al. Ezh2 orchestrates gene expression for thestepwise differentiation of tissue-specific stem cells. Cell,2009,136(6):1122-1135.

44. Fekete DM. Cell fate specification in the inner ear. Curr Opin Neurobio,1996,6(4):533-541.

45. Fekete DM, Wu DK. Revisiting cell fate specification in the inner ear. Curr Opin Neurobiol,2002,12(01):35-42.

46. Ditre CM, Howe NR. Surgical anatomy of the nail unit. Dermatol Surg,2001,27(3):257-260.

47. Forge A, Li L, Corwin JT, et al. Ultrastructural evidence for hair cell regeneration in the mammalian inner ear. Science,1993,259(5101):1616-1619.

48. Fuchs E. Finding one's niche in the skin. Cell Stem Cell,2009,4(6):499-502.

49. Fuchs E. The tortoise and the Hair: slow-cycling cells in the stem cell race. Cell,2009,137(05):811-819.

50. Fujiwara H, Ferreira M, Donati G, et al. The basement membrane of hair follicle stem cells is a muscle cell niche. Cell,2011,144(4):577-589.

51. Gat U, Dasgupta R, Degenstein L, et al. De novo hair follicle morphogenesis and hair tumors in mice expressing a truncated beta-catenin in skin. Cell,1998,95(05):605-614.

52. Godwin JW, Liem KF, Brockes JP. Tissue factor expression in newt iris coincides with thrombin activation and lens regeneration. Mech Dev,2010,127(7-8):321-328.

53. Greco V, Chen T, Rendl M, et al. A two-step mechanism for stem cell activation during hair regeneration. Cell Stem Cell,2009,4(02):155-169.

54. Grogg MW, Call MK, Okamoto M, et al. BMP inhibition-driven albino rabbits and cats. Cataract Refract Surg,2005,19:735-746.

55. Haddon C, Jiang YJ, Smithers L, et al. Delta-Notch signaling and the patterning of sensory cell differentiation in the zebrafish ear: evidence from the mind bomb mutant. Development,1998,125(23):4645-4654.

56. Haddon C, Smithers L, Schneider Maunoury S, et al. Multiple Delta genes and lateral inhibition in zebrafish primary neurogenesis. Development,1998,125(03):359-370.

57. Ham AW. Experimental study of histopathology of burns, with particular reference to sites of fluid loss in burns of different depths. Ann Surg,1944,120(5):689-697.

58. Hardy MH. The secret of the hair follicle. Trends Genet,1992,8(2):55-61.

59. Hebert JM, Rosenquist T, Gotz J, et al. FGF5 as a regulator of the hair growth cycle: evidence from targeted and spontaneous mutations. Cell,1994,78(6):1017-1025.

60. Horne KA, Jahoda CA, Oliver RF. Whisker growth induced by implantation of cultured vibrissa dermal papilla cells in the adult rat. J Embryol Exp Morph,1986,97:111-124.

61. Horsley V, Aliprantis AO, Polak L, et al. NFATc1 balances quiescence and proliferation of skin stem cells. Cell,2008,132(02):299-310.

62. Horsley V, O'Carroll D, Tooze R, et al. Blimp1 defines a progenitor population that governs cellular input to the sebaceous gland. Cell,2006,126(03):597-609.

63. Hotchin NA, Gandarillas A, Watt FM. Regulation of cell surface beta1 integrin levels during keratinocyte terminal differentiation. J Cell Biol,1995,128(06):1209-1219.

64. Imokawa Y, Brockes JP. Selective activation of thrombin is a critical determinant for vertebrate lens regeneration. Curr Biol,2003,13(10):877-881.

65. Inamatsu M, Matsuzaki T, Iwanari H, et al. Establishment of rat dermal papilla cell lines that sustain the potency to induce hair follicles from afollicular skin. J Invest Dermatol,1998,111(05):767-775.

66. Ito M, Yang Z, Andi T, et al. Wnt-dependent de novo hair follicle regeneration in adult mouse skin after wounding. Nature, 2007, 447 (7142):316-320.

67. Jaks V, Barker N, Kasper M, et al. Lgr5 marks cycling, yet long-lived, hair follicle stem cells. Nat Gen, 2008, 40(11):1291-1299.

68. Jensen KB, Collins CA, Nascimento E, et al. Lrig1 expression defines a distinct multipotent stem cell population in mammalian epidermis. Cell Stem Cell, 2009, 4(05):427-439.

69. Jensen KB, Watt FM. Single-cell expression profiling of human epidermal stem and transit-amplifying cells: Lrig1 is a regulator of stem cell quiescence. Proc Natl Acad Sci, 2006, 103(32):11958-11963.

70. Jensen UB, Lowell S, Watt F. The spatial relationship between stem cells and their progeny in the basal layer of human epidermis: a new view based on whole mount labeling and lineage analysis. Development, 1999, 126(11):2409-2418.

71. Jindo T, Tsuboi R, Imai R, et al. Hepatocyte growth factor/scatter factor stimulates hair growth of mouse vibrissae in organ culture. J Invest Dermatol, 1994, 103(3):306-309.

72. Jones JE, Corwin JT. Regeneration of sensory cells after laser ablation in the lateral line system: hair cell lineage and macrophage behavior revealed by time-lapse video microscopy. J Neurosci, 1996, 16(02):649-662.

73. Jones PH, Harper S, Watt FM. Stem cell patterning and fate in human epidermis. Cell, 1995, 80(01):83-93.

74. Jones PH, Simons BD, Watt FM. Sic Transit Gloria: farewell to the epidermal transit amplifying cell. Cell Stem Cell, 2007, 1(04):371-381.

75. Jones PH, Watt FM. Separation of human epidermal stem cells from transit amplifying cells on the basis of differences in integrin function and expression. Cell, 1993, 73(4):713-724.

76. Kelley MW, Xu XM, Wagner MA, et al. The developing organ of Corti contains retinoic acid and forms supernumerary hair cells in response to exogenous retinoic acid in culture. Development, 1993, 119(4):1041-1053.

77. Khavari P. Profiling epithelial stem cells. Nature Biotech, 2004, 22(4):393-394.

78. Kil J, Warchol ME, Corwin JT. Cell death, cell proliferation, and estimates of hair cell life spans in the vestibular organs of chicks. Hear Res, 1997, 114(1-2):117-126.

79. Kobayashi K, Rochat A, Barrandon Y. Segregation of keratinocyte colony-forming cells in the bulge of the rat vibrissa. Proc Natl Acad Sci USA, 1993, 90(15):7391-7395.

80. Kobielak K, Stokes N, de la Cruz J, et al. Loss of a quiescent niche but not follicle stem cells in the absence of bone morphogenetic protein signaling. Proc Natl Acad Sci USA, 2007, 104(24):10063-10068.

81. Lachgar S, Moukadiri H, Jonca F, et al. Vascular endothelial growth factor is an autocrine growth factor for hair dermal papilla cells. J Invest Dermatol, 1996, 106(01):17-23.

82. Lo Celso C, Prowse D, Watt F. Transient activation of beta-catenin signaling in adult mouse epidermis is sufficient to induce new hair follicles but continuous activation is required to maintain hair follicle tumours. Development, 2004, 131(8):1787-1799.

83. Lowell S, Jones P, Le Roux I, et al. Stimulation of human epidermal differentiation by Delta-Notch signaling at the boundaries of stem-cell clusters. Curr Biol, 2000, 10(9):491-500.

84. Lowenheim H, Furness DN, Kil J, et al. Gene disruption of a p27(Kip 1) allows cell proliferation in the postnatal and adult organ of Corti. Proc Nat Acad Sci USA, 1999, 96(7):4084-4088.

85. Lowenheim H. Regenerative biology of hearing: taking the brakes off the cell cycle engine. J Reg Med(e-biomed), 2000, 1(2):21-24.

86. Lowry WE, Blanplain C, Nowak JA, et al. Defining the impact of beta-catenin/Tcf transactivation on epithelial stem cells. Genes Dev, 2005, 19(13):1596-1611.

87. Matsuzaki T, Yoshizato K. Role of hair papilla cells on induction and regeneration processes of hair follicles. Wound Rep Reg, 1998, 6(6):524-530.

88. McKenzie A, Biernaskie J, Toma JG, et al. Skin-derived precursors generate myelinating Schwann cells for the injured and dys myelinated nervous system. J Neurosci, 2006, 26(24):6651-6660.

89. Messenger AG. The control of hair growth: an overview. J Invest Dermatol, 1993, 101(Suppl.):4S-9S.

90. Morris RJ, Liu Y, Marles L, et al. Capturing and profiling adult hair follicle stem cells. Nature Biotechnol, 2004, 22(4):411-417.

91. Morris RJ, Potten CS. Highly persistent label-retaining cells in the hair follicles of mice and their fate following induction of anagen. J Invest Dermatol, 1999, 112(4):470-475.

92. Nakayama KI, Nakayama K. Cip/Kip cyclin-dependent kinase inhibitors: brakes of the cell cycle engine during development. Bioes-

144

says,1998,20(12):1020-1029.

93. Zhang D,Wang J,Wang Z,et al. Polyethyleneimine-Coated Fe3O4 Nanoparticles for Efficient siRNA Delivery to Human Mesenchymal Stem Cells Derived from Different Tissues. Sci. Adv Mater,2015,7(6):1058-1064.

94. Zhang D,Wang J,Wang Z,et al. miR-136 modulates TGF-β1-induced proliferation arrest by targeting PPP2R2A in keratinocytes. Biomed Res Int,2015,2015:453518.

95. Wang XL,Zhang T,Wang J,et al. MiR-378b Promotes Differentiation of Keratinocytes through NKX3. 1. PLoS One,2015,10(8):e0136049.

96. Zhao F,Wang J,Wang Z,et al. Dynamic Expression of Novel MiRNA Candidates and MiRNA-34 Family Members in Early-to Mid-gestational Fetal Keratinocytes Contributes to Scarless Wound Healing by Targeting the TGF-β Pathway. PLoS ONE,2015,10(5):e0126087.

第五章

皮肤伤口修复

皮肤是脊椎动物机体最大的器官。皮肤具有多种功能,包括体温调节、感觉传递,皮肤作为机械屏障,保护机体免于干燥,防止微生物入侵,以及避免如紫外线照射、机械刺激、化学和热刺激等环境因素所引起的损伤。保护皮肤,尤其是保护面部皮肤的正常结构,具有很高的社会价值。因为面部外观和表达是个人外观和表达等的重要决定因素。因此,皮肤美容护理和整容手术,在全球范围内构成了一个价值数十亿美元的产业。

皮肤的真皮层不能再生,而是通过纤维化来进行修复。在创口修复研究中,一个最普遍的问题就是难以进行比较,因为使用的创口模型的类型、动物的品种、性别、年龄,以及创口的位置和大小都不尽相同。因此,需要注意的是,不论使用哪种模型研究皮肤修复,观察和测量模型伤口的参数都需要得到良好的标准化。目前,研究人员已经在组织、细胞和分子水平上构建出皮肤纤维化修复的概貌。

皮肤修复的方法有很多,一千年以前就有应用于刀枪伤和烧伤的从植物、矿物质和动物产物中提取出的典型"药物"。最近,表皮细胞移植、表皮支架和人工皮肤成为部分皮肤修复治疗的选择。皮肤创面和烧伤创面的修复强于刺激毛发再生的能力。

在关于创口修复的体内实验中,由于对实验进行过程中用于观察和测量的伤口、动物模型和参数缺乏标准化,如伤口类型不一致(切口与切除),伤口位置和大小不同,动物的品系、年龄和性别不同等种种因素,使得体内实验存在一定缺陷。因此在已发表论文的结果之间也很难进行相互比较进而继续研究。不过,有人发现,将使用取皮机收集并切成小碎块的皮肤表面进行加热后培养在真皮组织上,这样建立的烧伤模型与体内实验产生的烧伤伤口及其相似。诸如此类应用收集到的动物皮肤制作的体外模型可以很容易地进行标准化,这使得上述问题在一定程度上得到了解决。

第一节　创面愈合与纤维化修复

一、创面愈合

皮肤创面愈合(wound healing)是指由于致伤因子的作用造成组织缺失后,局部组织通过再生、修复、重建,进行修补的一系列病理生理过程。创面愈合应使障碍减少到最小化,如血液循环减慢、失活组织、感染、免疫排斥和影响修复的疾病。如何减少这些障碍,则需要找到不同修复片段使其作为靶点加以介入,从而改善预后。

目前主要的干预手段:①通过局部应用不同溶剂进行化学诱导,或应用脱细胞真皮支架或两者结合应用;②细胞移植;③寻找真/全皮的替代物。对于未经处理的"对照组"改进的一般措施可以更快速地使创面愈合,整个措施与特定的细胞和止血的分子特性,炎症,特别是结构修复,包括再上皮化,成纤维细胞增生血管生成,合成胶原蛋白,蛋白聚糖和黏附蛋白,修复组织的组织学机构及强度有关。

二、纤维化

纤维化(fibrosis)是机体组织细胞损伤后产生,由免疫系统介导的炎性修复反应。这一反应刺激成纤维细胞分泌,进而形成组织胶原瘢痕(scar)。组织器官的纤维性修复在其完整性的维持中发挥重要作用。即使组织的损伤程度超过其再生能力,组织也能通过纤维化进行再生修复。但是,在某些诸如脊髓损伤(spinal cord injury)、心肌梗死(myocardial infarction)和Ⅲ度烧伤(third-degree burns)等情况下,产生的瘢痕组织严重影响了组织器官功能,使纤维性修复产生了诸多不良后果,包括使患者失去经济生产能力,降低其生活质量,耗费巨额的医疗费用,甚至死亡。为了在引导组织再生的同时,防止瘢痕产生,因此,有必要正确区分瘢痕和再生,以及两者在发生过程中的细胞和分子机制。

三、皮肤伤口纤维化修复的过程

皮肤结构的形成是一个复杂的多基因参与、多因素调节的过程。在外界致伤因子(如外科手术、外力、热、电流、化学物质、低温)以及机体内在因素(如局部血液供应障碍)等作用下,皮肤会受到不同程度的损害,常伴有组织结构完整性的破坏以及一定量正常组织缺失,以及皮肤的正常功能受损。任何原因造成皮肤连续性被破坏以及缺失性损伤,必须及时予以闭合,否则会产生创面的急慢性感染及其相应的并发症。尤其对于老年人以及抵抗力低下的人,更易导致伤口的延迟愈合,造成水、电解质以及蛋白质的过量丢失,经久可导致机体的营养不良。

有关纤维化的研究,皮肤纤维化的研究最深入。在解剖结构和生理功能上,猪的皮肤与人的皮肤最为接近。因此,猪的皮肤是研究创口纤维化修复的最好模型。尽管猪越来越多地被应用于模式动物,但是大部分研究工作,仍是用啮齿目动物(大鼠和小鼠)或兔形目(兔)来完成的。因为这些动物更易于繁殖和处理,而且其维持成本相对较低。但这些动物的皮肤与人类皮肤相比在很大程度上不同。人类的皮肤与下层筋膜层紧密结合,使得在创伤修复过程中伤口始终保持原来大小,不利于肉芽组织填充伤口。而啮齿类动物和兔的皮肤非常松弛,可以通过收缩以减小创口大小,以利于肉芽组织对伤口的填充修复。因此,在这些动物身上所做的伤口愈合的研究结果不能一概而论原样照搬到人体的皮肤上。

第二节 皮肤伤口再生

当损伤局限于表皮时,皮肤可以通过再生进行修复,不会产生瘢痕。然而,一旦损伤突破基底膜,真皮需要通过纤维化进行修复,瘢痕便产生了。真皮纤维化的程度取决于组织类型和创口深度。在皮肤修复过程中,表皮始终通过再生进行修复,这反映了组织必须再形成正常表皮组织以达到与外界环境隔离的目的。表皮和真皮对损伤的反应具有显著差异,而其原因尚未被我们知晓。

创面愈合容易受到多种因素的影响,如:①细菌污染与创面感染:实验证明,无论何种类型细菌感染,只要组织中微生物数目达到或超过$10^6/g$,就会严重影响创面的愈合过程。临床习惯以感染导致的炎症征象(如局部疼痛、发热、红肿、脓性分泌物)来判断是否发生创面感染,其实这并不完全适用于慢性创面的感染,因为慢性创面感染多表现为延迟愈合、创面颜色改变、肉芽组织不良、创面异味、不寻常的疼痛或疼痛增加、创面分泌物增加等。②组织的毁损与异物存留:创面的损伤较重,可能导致部分组织毁损,产生坏死组织及破损残片,甚至有外界异物存留。如果这类较严重的创面损伤早期没有得到及时、合理的初期处理(清创术),毁损的组织和残留于创面的异物必然对局部创面造成不良影响,促进感染,破坏创面的正常愈合过程,拖延愈合时间。③局部血运不良和组织缺氧:创面愈合需要是以局部良好血液供应为前提。如果因为全身因素(如年老、体弱、营养不良、免疫功能低下等)导致血液循环功能出现程度不同的障碍,或者因为局部因素(如末梢血液供应较差、局部血运不良等)造成的局部血运障碍,直接影响到血液供应,致使局部组织处于缺氧状态,自然会对创面愈合产生负面影响。既往的研究使人们初步了解皮肤发育过程中各种结构发生规律及再生、修复的机制,以及受到各种因素影响下创面愈合的过程和效果,提出相应的调控理论和生物学模式,以及干预治疗策略等,为促进皮肤组织的创伤修复,提高愈合的质量,丰富创伤修复的理论具有重要的意义。

深层皮肤的创伤修复可以分成三个紧密结合的阶段,分别是止血、炎症反应和结构性修复。这三个阶段发生的时间并不是一成不变的,它们取决于创伤的种类和大小,但每个阶段均启动下一阶段并互有重叠。结构性修复阶段可以分成再上皮化、肉芽组织形成和肉芽组织重建形成瘢痕三个阶段。在表皮和真皮的修复过程中,有 9 种细胞发挥重要作用。其中血小板、中性粒细胞、巨噬细胞、T 细胞、肥大细胞、损伤的感觉和交感神经节后神经的轴突参与止血和炎症反应过程;表皮细胞、真皮成纤维细胞和内皮细胞参与结构性修复。这些细胞通过合成 ECM 分子、蛋白酶、生长因子、细胞因子和趋化因子等激活或抑制细胞活动,从而精密安排修复过程。

一、止血

损伤发生部位血管断裂,表皮、结缔组织细胞和 ECM 被破坏。损伤处皮肤产生的第一反应是止血,通过主要和次要止血机制封闭创口血管,使出血在几分钟内停止。主要止血机制指破损的内皮细胞释放 ADP,ADP 可以吸引血小板黏附在损伤处聚集成团,堵住损伤血管。

图 5-1 描绘出皮肤损伤修复过程中联系止血之后各阶段的调节因子。次级止血机制包括血浆中钙依赖性凝血块产生和由组织因子级联反应引起的血管收缩。首先,损伤处血管的非内皮细胞合成组织因子(Ⅲ因子),Ⅲ因子与Ⅶ因子结合,激活凝血酶原酶(Ⅴ因子与Ⅹ因子复合物),凝血酶原酶可以激活凝血酶原生成凝血酶。凝血酶在损伤过程中发挥两个作用。其一,诱导血小板去颗粒化,这个过程释放致密体和 α 颗粒,致密体包含具有促进血管收缩功能的 ADP、血清素、血栓烷 A$_2$ 和 Ca^{2+},α 颗粒包含纤维蛋白原、Vn、凝血酶敏感蛋白、血栓收缩蛋白、血小板衍生生长因子(platelet derived growth factor,PDGF)和 TGF-β;其二,使 α 颗粒中的纤维蛋白原转化成纤维蛋白。纤维蛋白是血凝块的主要结构蛋白,可以将红细胞、白细胞、血小板、血浆 Fn、凝血酶敏感蛋白、血栓收缩蛋白、Vn,以及 Ⅰ 型、Ⅲ 型、Ⅳ 型胶原蛋白凝集成血凝块。这些胶原蛋白是由侵入的血细胞(可能是单核细胞)合成的。纤维蛋白原、凝血酶敏感蛋白、Vn 和胶原蛋白是血凝块的组成部分,而血栓收缩蛋白起到收缩血凝块的作用。之后,血凝块表面脱水形成结痂,防止进一步的体液丢失。最后,免疫系统的细胞进入血凝块深层,炎症反应阶段开始。

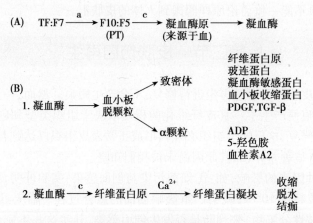

图 5-1 次级止血机制

(A)凝块中的组织因子(TF:F7)复合物激活(a)凝血酶原酶(F10:F5),凝血酶原酶激活凝血酶原产生凝血酶。(B)次级止血机制中凝血酶有两个主要作用。一是诱导血小板去颗粒化,释放 α 颗粒和致密体。α 颗粒释放 ADP、血清素、血栓烷 A$_2$,引起血管收缩。致密体释放纤维蛋白原、Vn、凝血酶敏感蛋白和血栓收缩蛋白,起到形成凝块结构和发挥凝块功能的作用。凝血酶的第二个作用是消化纤维蛋白原、纤维蛋白和纤维蛋白肽,纤维蛋白原由 α 颗粒释放,随着血浆进入创口血凝块的主要部分。血凝块由纤维蛋白原、Vn、血栓收缩蛋白和凝血酶敏感蛋白构成临时的网状 EM 捕获红细胞和血小板形成,其形成依赖致密体释放的 Ca^{2+}。血凝块形成后,血栓收缩蛋白收缩血凝块,挤出水分,血凝块表面脱水形成硬结痂。致密体释放两种非常重要的生长因子——PDGF 和 TGF-β,参与启动炎症反应阶段

二、炎症反应

公元 1 世纪,罗马内科医生 Celsus 用红、肿、热、痛定义了炎症反应的症状。炎症反应是免疫系统针对损伤时细胞的应激反应产生的适应性应答,其过程持续 5 ~ 7 天。在受伤后第 1 天,去颗粒化的血小板和激活的肥大细胞释放 TGF-β 和 PDGF,诱导炎症反应发生。TGF-β 有三种亚型,TGF-β1 在所有组织中含量最高,

其次是 TGF-β2 和 TGF-β3。人血小板中只有 TGF-β1,且创口处液体中 TGF-β 的 85% 为 TGF-β1。这些生长因子可以趋化中性粒细胞、单核细胞和 T 淋巴细胞(图 5-2)。它们可以增加微血管通透性,允许这些炎症细胞从血管内皮细胞之间渗出(血细胞渗出)进入血凝块。中性粒细胞和单核细胞借助 Fn 作为黏附底物同时迁移进入血凝块中,且发生迁移的中性粒细胞数量较多。

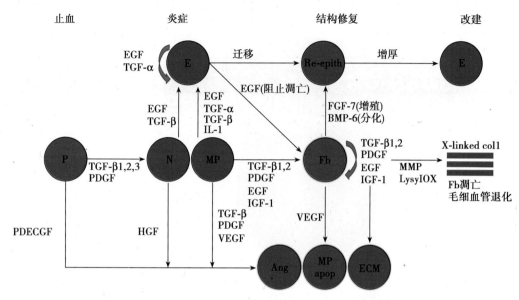

图 5-2　皮肤切割创口修复过程中由生长因子和细胞因子介导的细胞间相互作用的简化网络
P = 血小板;E = 表皮;Re-ep = 再上皮化;N = 中性粒细胞;MP = 巨噬细胞;Fb = 成纤维细胞;Ang = 血管生成;MPapop = 巨噬细胞凋亡;ECM = 细胞外基质;生长因子和 ECM 组成如文中所述

　　在血凝块内,单核细胞分化成巨噬细胞。巨噬细胞分泌 TGF-β、PDGF 以及其他趋化因子如白三烯 B4、单核细胞趋化因子蛋白(1、2、3)(monocyte-chemoattractant protein,MCPs)、巨噬细胞炎性蛋白(1α 和 β)和趋化性蛋白 CAP37 等使更多的中性粒细胞和巨噬细胞进入创口处。大量涌入的中性粒细胞,在创口形成后第 3~4 天逐渐减少。T 淋巴细胞在第 1 周结束后达到浸润顶峰。

　　炎症反应中,中性粒细胞和巨噬细胞的一个重要作用是杀菌和清创。这两种细胞都通过氧依赖性途径产生过氧化氢和次氯酸杀死细菌。中性粒细胞亦可合成杀菌肽和蛋白质,其中包括组织蛋白酶 G。中性粒细胞和巨噬细胞通过合成 MMP,特别是胶原酶 MMP-1 和 MMP-8 降解 I 型、III 型胶原蛋白。其中 MMP-1 降解 I 型、III 型胶原蛋白;MMP-8 降解 I 型胶原蛋白。巨噬细胞与变性的 I 型、III 型胶原蛋白接触后,MMP-1 的合成量增加 25 倍以上,而巨噬细胞与其他 ECM 组分接触后 MMP1 的合成数量不变。中性粒细胞和巨噬细胞通过吞噬死细菌和细胞碎片等方式进行创口局部的清理。有趣的是,中性粒细胞通过加速角质形成细胞在创口边缘的分化,减缓其增殖和迁移速度,从而阻止再上皮化的过快发生。这种作用可能确保伤口尤其是严重污染的伤口保持在空气中足够长的开放时间,以保证氧依赖的中性粒细胞发挥其杀菌效果。

　　创口处的中性粒细胞和巨噬细胞寿命通常有限。在某些病理情况下,这些细胞的大量涌入会导致慢性组织损伤、坏死和瘢痕过度形成。有证据表明,中性粒细胞在进入创口后几小时内就发生凋亡,它们表达出"自噬"信号并且被巨噬细胞完整摄入,以避免其内容物释放出来。已经完成功能的巨噬细胞本身也必须从伤口清除出去。在结构性修复阶段,纤维细胞分泌血管内皮细胞生长因子(vascular endothe-lial growth factor,VEGF),VEGF 可以诱导巨噬细胞凋亡,但其清除机制仍是未知的。

三、结构性修复

　　结构性修复阶段始于炎症反应阶段后期,从再上皮化延续至炎症反应阶段形成的纤维蛋白凝块,并逐渐由成纤维细胞形成的肉芽组织代替。结构性修复开始时,巨噬细胞分泌各种生长因子以带动结构性修复过程。

（一）再上皮化

再上皮化指创口边缘表皮细胞向内迁移,覆盖伤口形成上皮。长久以来,人们认为表皮基底层为再上皮化提供细胞来源。然而,近期有示踪试验发现,伤口两侧位于基底层上层的细胞也参与了再上皮化过程(图5-3)。在未发生损伤时,基底层细胞表达角蛋白14,上层细胞表达角蛋白10;在发生损伤后,两者均表达角蛋白16、Ki67(一种增殖标记物)、MMP-2和MMP-9,这些细胞因子可以促进表皮细胞发生迁移。

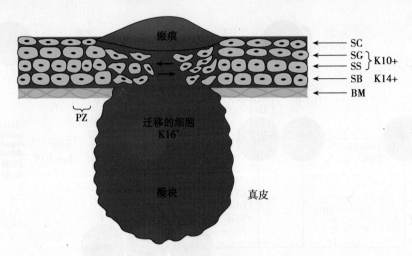

图5-3　再上皮化

细胞从基底膜(BM)、基底层(SB)、棘层(SS)、颗粒层(SG)迁移进入纤维蛋白凝块,再上皮化修复皮肤损伤。角质层(SC)由大量死细胞构成,并未参与修复皮肤损伤。未发生损伤时,基底层细胞表达角蛋白14(K14),棘层和颗粒层表达角蛋白10(K10)。损伤后,从基底层、棘层、颗粒层迁移的细胞均转向表达K16。迁移中的细胞不分化,但是在创口边缘形成一个增殖带(PZ),提供足够的细胞进行迁移以修复损伤

皮肤损伤后1~2天内,创缘处表皮细胞向纤维蛋白凝块内迁移。最初的迁移信号是空白边缘(free edge)。由于创缘侧缺乏邻近细胞,创缘处表皮细胞受到刺激改变其形态及内部结构以利于迁移。发生迁移的细胞失去其顶端-基底端极性,负责与邻近细胞间连接作用的桥粒连接也逐渐减弱。不仅如此,负责基底细胞与基底膜之间锚定作用的半桥粒连接也逐渐减弱。同时,表皮细胞外围形成肌动蛋白运动装置,这个运动装置具有激活的板状伪足和丝状伪足突出物能够使表皮细胞发生迁移。迁移中的细胞不分裂,创缘内侧基底层细胞分裂,并将子代细胞补给到迁移的细胞中,从而使细胞成片迁移而覆盖创面。

细胞分裂的信号是外调蛋白(epiregulin),外调蛋白是表皮生长因子(epidermal growth factor,EGF)家族成员,EGF可以促进表皮细胞增殖。有研究显示,EGF可以促进小鼠损伤皮肤的修复能力。所有的EGF家族成员都锚定于细胞膜上,在被切开时产生有活性的碎片。外调蛋白的活性碎片靠与酪氨酸激酶表皮生长因子受体erbB1和erbB4结合发挥作用。呼吸道上皮细胞分泌神经生长因子(neuregulin),神经生长因子与erb2结合,锚定于细胞顶端的质膜上。当呼吸道发生损伤时,呼吸道上皮细胞按照表皮细胞迁移的方式迁移使损伤处呼吸道上皮再生。对于表皮细胞和呼吸道上皮细胞,紧密连接将上皮细胞的顶部和基底部细胞外区域分隔开,防止两个区域内的分子扩散并相互作用。虽然外调蛋白受体与上皮细胞的空间位置未被固定,但是erbB2受体固定于呼吸道上皮细胞的基底部外侧表面。对上皮细胞做切口制造的体外实验模型证实,损伤后,神经生长因子接近erbB2引起细胞增殖(图5-4)。使上皮细胞间维持紧密连接并除去钙的作用因素后,上述结果同样得以证实。这些结果说明,损伤后首先发生EGF家族配体的活性片段靠近细胞对侧面的受体,进而引起创缘处上皮细胞增殖。

细胞迁移与创缘处皮肤成纤维细胞合成Tn-C密切相关,Tn-C能促进细胞脱离基质并发生迁移。脱离出来的细胞通过Fn、Vn黏附于胶原蛋白并迁移进入纤维蛋白凝块内。进入纤维蛋白凝块的细胞分泌MMP-2和MMP-9,MMP-2和MMP-9能够消化纤维蛋白凝块内的成分使细胞进一步向凝块内迁移。发生迁移的上皮细胞既表达IV型胶原蛋白受体,也表达$\alpha_5\beta_1$、$\alpha v\beta_6$纤连蛋白/肌腱蛋白-C和$\alpha v\beta_5$玻连蛋白整合素受体。在

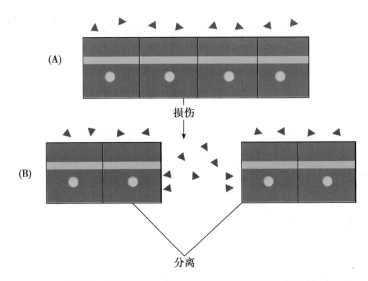

图 5-4　引起创口边缘基底部表皮细胞增殖的机制
(A)表皮调节素(橙色三角形)的区域与位于底外侧的受体 erbB1 和 erbB4 之间
被紧密连接阻隔,因此,表皮调节素不能与 erbB1 相互作用。(B)损伤将细胞顶端
与底外侧区域分开,表皮调节素和 erbB4 结合,引起细胞增殖

表皮逐渐迁移并将整个创面覆盖后,成纤维细胞分泌 FGF-7(KGF)、EGF 和细胞集落刺激因子(granulocyte-monocyte-colony stimulating factor,GM-CSF),这些旁分泌因子诱导表皮细胞垂直分裂并形成了一个新的基底膜。按照这种方式,下层瘢痕组织表面产生了正常厚度和具有黏附性的表皮。在体外实验中,KGF、EGF 和 GM-CSF 足以促进上皮细胞分化形成完整表皮。因为角质形成细胞介导的附加因子的作用,表皮和基底膜修复才如此精准,所以,只有肉芽组织中角质形成细胞和成纤维细胞能够发生相互作用才能再生形成一个完整正常的上皮。但是,这个附加因子尚未揭晓。

在启动上皮细胞迁移过程中,巨噬细胞发挥重要作用。损伤后,巨噬细胞产生 EGF 和 TGF-α,体外实验证实这两种生长因子促进表皮细胞迁移覆盖创口。但是,缺乏巨噬细胞的抗生素维持型 PU.1 小鼠,再上皮化过程正常,这也许是因为巨噬细胞产生的作用因素可以由其他细胞产生相同的或不同的因素代替。通过诱导作用,上皮细胞本身同样可以产生 EGF 和 TGF-α,因此,上皮细胞可以通过自分泌作用维持它们的迁移运动。激活素 B 能够显著促进角质形成细胞迁移和增殖,说明这个 TGF-β 家族成员在角质形成细胞迁移和增殖过程中发挥显著的作用。其他一些生长因子诸如 FGF-2、PDGF 和 TGF-β 也能促进表皮细胞迁移。

(二)肉芽组织形成

1. 成纤维细胞迁移和增殖　损伤后 2 天内,在炎症反应阶段结束前,成纤维细胞已经开始从周围真皮向血凝块内迁移。在低倍数放大镜下观测,成纤维细胞增殖形成具有红色肉芽状外观的组织,因此,18 世纪时,比较解剖学家 John Hunter 将其命名为肉芽组织。肉芽组织形成了新的取代纤维蛋白凝块的基质。参与结构性修复的成纤维细胞来源于两个部分,一部分是真皮处固有的成纤维细胞,另一部分是由脉管系统进入创口的骨髓间充质干细胞。真皮的成纤维细胞主要来自深层真皮网状结构和皮下组织。

实验证明,克隆自人类皮肤的成纤维细胞具有明显的异质性,不同亚型的成纤维细胞在形态上、单细胞表达的胶原蛋白数量上不同,对来源于巨噬细胞的细胞因子的反应也不同。来源于真皮乳头层的成纤维细胞与来源于网状层的细胞形态相似,但是,它们具有更强的代谢和增殖活性,融合时的细胞密度也更高。来源于这两层的细胞其表面标志也有区别。乳头层细胞 I 型、III 型前胶原蛋白和胶原酶 mRNA 的表达量更高。在口腔创口和胎儿真皮创口愈合过程中,类似的异质性也存在。在肉芽组织形成过程中,成纤维细胞潜在分化功能的差异意味着什么尚不清楚。

成纤维细胞通过整联蛋白受体介导与 Fn 黏附,进而迁移进入纤维蛋白凝块。迁移进入纤维蛋白凝块的成纤维细胞增殖并分泌 Fn、HA、硫酸化的 PGs 和胶原蛋白以形成 ECM 逐渐取代纤维蛋白凝块。胶原蛋白首先形成正常的网状结构。这个时期合成的胶原蛋白以 III 型为主,III 型胶原蛋白的早期出现与 Fn 的沉积有关。事实上,Fn 可能是Ⅲ型胶原蛋白纤维沉积的模板。早期的肉芽组织中 HA 的含量高于 Fn,HA-PG 复合物与水结合从而扩大细胞外空间,有利于成纤维细胞的迁移。成纤维细胞表达 CD44 受体和 HA 介导运动的受体(receptor for hyaluronan-mediated motility,RHMM)。CD44 受体介导细胞黏附并在 HA 底物上迁移;RHMM 对可溶性 HA 应答,介导细胞迁移。从此,真皮的再生修复阶段结束了,转而进入了纤维化修复阶段。硫酸软骨素和硫酸皮肤素-蛋白聚糖的合成取代了 HA 的合成,而成纤维细胞主要开始合成 I 型胶原蛋白,损伤皮肤合成的胶原蛋白多于未损伤皮肤。

成纤维细胞的增殖和 ECM 的合成是由炎症反应时巨噬细胞释放的生长因子(PDGF、TGF-β、EGF 和 IGF-1)刺激,进而由成纤维细胞本身进行调控的。关于动物损伤修复的研究发现,破坏动物体内的巨噬细胞后,PDGF、TGF-β、EGF 的活性均降低。尽管成纤维细胞生长因子也能引起成纤维细胞从细胞周期 G_0 期向 G_1 期的转变,但 PDGF 在成纤维细胞离开 G_0 期进入 G_1 期这一过程中发挥主要作用。

PDGF 促进早期 HA 的合成和晚期硫酸化的糖胺聚糖的合成。TGF-β 促进早期 Fn 和 EGF 的合成,晚期 I 型胶原蛋白、弹性蛋白和硫酸化的 PGs 的合成,并抑制胶原蛋白的降解。TGF-β 通过两种互补途径减少胶原蛋白的降解。一种是减少胶原酶基因的转录,另一种是增加组织金属蛋白酶抑制剂的合成。

2. 血管生成　伴随着成纤维细胞迁移,创口内的毛细血管再生,这一过程被称为血管生成。再生的毛细血管为成纤维细胞提供充足的营养和氧气,进而形成肉芽组织。早期肉芽组织中血管过多,表现为红色特征性外观,当肉芽组织重塑形成瘢痕时,多余的血管可能被巨噬细胞诱导凋亡进而被吸收。最初的纤维蛋白凝块内通常为低氧,因此,低氧分压可能是启动血管生成的信号。血管生成过程主要由损伤小静脉芽生出新生毛细血管(图 5-5)。损伤小静脉壁内皮细胞之间失去连接作用并通过有丝分裂增殖形成细胞束。随着细胞束的不断增长,细胞逐渐变得扁平并形成管腔,成为隶属于小静脉的新生毛细血管。纺锤形的间充质干细胞——周细胞使新生毛细血管黏附于内皮细胞壁并使两者固定在一起。不断生长的毛细血管分泌 tPA,可以将纤溶酶原激活为纤溶酶,溶解纤维蛋白凝块。

出芽过程的第一步是凝血酶消化内皮细胞蛋白酶激活受体 1(endothelial protease-activated receptor-1,PAR-1),内皮细胞被一系列生长因子如 FGF-2、TGF-β1、IL-8 和 TNF-α 激活。周细胞,与静脉血管壁和毛细血管相关的间充质细胞,合成人血管生成素 1(Ang 1),使内皮细胞间稳固结合,Ang 1 可以结合内皮细胞的血管生成素 2(Tie 2)受体。活化的内皮细胞诱导周细胞合成 Ang2,Ang2 与 Ang1 竞争结合 Tie2 使周细胞从内皮细胞分离。损伤的皮肤愈合后,上皮大量分泌 VEGF,引起上皮细胞迁移和增殖。

活化的内皮细胞表达 uPA、tPA 和胶原酶,破坏周围的基底膜,使内皮细胞增殖并迁移进入 ECM。TGF-α、VEGF、PDGF 和 FGF-2 促进细胞增殖。膜系黏 1 基质金属蛋白酶(membrane-tethered1-matrix metalloproteinase,MT1-MMP)能够降解基质,对细胞的迁移起决定性作用。PD-ECGF、TNF-α、FGF-1、EGF-2 和基质分子 Fn、HA、Ln、Tn 可以调节内皮细胞迁移。迁移的内皮细胞在其表面以扩散方式表达 PECAM-1,说明这种黏附分子在内皮细胞通过纤维蛋白基质过程中起重要作用。成纤维细胞合成的 HGF 也能显著刺激内皮细胞的迁移和增殖。

液泡具有内吞作用,它们能与内皮细胞膜发生融合。如图 5-6 所示,管腔的形成由液泡的内吞作用完成,作用方式有两种。其一,几个细胞彼此连接的细胞膜与液泡融合形成更大的液泡;其二,液泡之间依次融合形成管腔。Ln 在内皮细胞向新生毛细血管发展的管腔形成过程中起重要作用。Ln 分子的两个结构域——B1 链的 YISGR 序列和 A 链的 RGD 包含序列具有调节内皮细胞向毛细血管转化的作用。基底膜层粘连蛋白-巢蛋白复合物维持新生血管稳定性。其他 ECM 分子如 Tn 和骨粘连蛋白(osteonectin)在管腔形成过程中也起到一定作用。在培养的牛动脉内皮细胞中,两者促进肌动蛋白细胞骨架(actin cytoskeleton)重组。

在管腔形成过程中另一个具有重要作用的分泌蛋白是 EGF 17。EGF 17 是一个 30K 的 ECM 相关蛋白分子团块,在小鼠、人和斑马鱼发育的血管中高表达,在成人血管中不表达,但是,在有血管生成过程的组织如肿瘤、再生组织和炎症组织中 EGF 17 显著高表达。使用吗啉基反义寡核苷酸敲除斑马鱼胚胎的 EGF 17 转录本,所有主要动静脉均以正常方式形成,并且内皮细胞(endothelial cell,EC)标记表达正常,但是再生血管内皮细胞束不形成管腔,不具备脉管系统功能。这些分子与液泡形成及融合过程的关系尚未明确。

有人认为,细胞的迁移和增殖过程刺激血管生成,血管内皮对这个刺激产生应答,使一定数量的细胞分

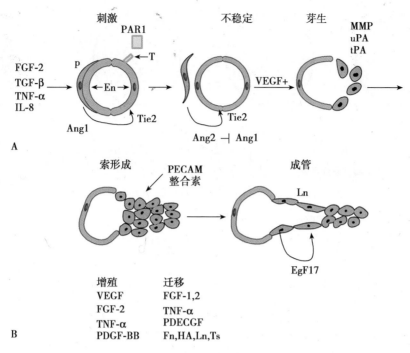

图 5-5　调节血管生成的分子因素

（A）芽生的初始阶段。Ang1/Tie 2 介导内皮细胞（En）与周细胞（P）相互作用，使内皮细胞保持稳定。凝血酶（T）消化蛋白酶激活受体（PAR-1），使内皮细胞活化。内皮细胞对由巨噬细胞、成纤维细胞、内皮细胞和周细胞合成的和由血小板和 ECM 释放的各种生长因子和细胞因子作出应答。周细胞合成 Ang2，Ang2 与 Ang1 竞争结合 Tie2，使周细胞不稳定，进而从内皮分离。在 VEGF 存在的情况下，内皮细胞分泌蛋白酶（MMP、uPA、tPA）降解血管基底膜，使血管损伤处分离的内皮细胞出芽。（B）出芽的内皮细胞不断增殖并迁移形成细胞束，内部的细胞表面表达 PECAM 和整合素。由不同体系的生长因子群促进细胞的增殖和迁移。迁移过程同样需要几种基质分子如纤连蛋白（Fn）、血小板反应蛋白（Ts）、透明质酸（HA）和层粘连蛋白（Ln）。随着细胞束的生长，在分泌蛋白 EGF 17 的作用下，接近损伤血管部位的细胞逐渐变得扁平，并像管状排列

化。但是，对于人脐静脉内皮细胞（human umbilical vein endothelial cells，HUVEC）和人主动脉内皮细胞（human aortic endothelial cells，HAEC）进行体外克隆形成实验结果显示血管内皮细胞增殖数量并不均一，HUVEC 和 HAEC 的增殖能力有显著差异。大约 28% 克隆板上的内皮细胞增殖能力强（克隆板上细胞数量的 52%，例如，形成大于 2000 细胞数的克隆）。相对于增殖能力较弱的细胞，这些细胞端粒末端转移酶活性较高。这些结果显示，在脐带血管和主动脉血管内皮细胞中存在不同的内皮细胞亚型，这个亚型的细胞增殖再生形成新生毛细血管。目前，仍需在其他系统血管中进行类似研究以证明这一细胞亚型的普遍存在。

骨髓合成的循环内皮祖细胞（circulating endothelial progenitor cell，EnPC）在血管生成过程中具有一定作用。EnPC 有［CD133 VEGFR2］+抗原表型，该抗原表型在 EnPC 分化为成熟的内皮细胞时停止表达。VEGF、胎盘生长因子（placental growth factor，PLGF）和粒细胞-巨噬细胞集落刺激因子（granulocyte monocyte colony stimu-lating factor，GM-CF）是血管生成趋化因子，在缺血组织中，VEGF、PLGF 和 GM-CF 高表达。有研究显示，EnPC 被这些血管生成趋化因子吸引至损伤部位发挥作用。对刚出生的小鼠注射带标签的骨髓细胞导致组织的血管分布增加，并且在新生血管中检测到带标签的细胞，同时注射 VEGF 和骨髓细胞得到的结果更加显著。在损伤过程中，EnPC 被瞬时转染间质细胞衍生因子-1α（stromal cell derived factor-1α，SDFF-1α）动员促进血管生成。有研究显示，HSC 可以合成 Ang-1，这在 EnPC 与新生血管结合的过程中是必不可少的。在去除一部分小鼠和兔的股动脉造成的肢体缺血模型研究中发现，外周血中内源性 EnPC 的数量显著升高。在由肢体缺血引起的新生毛细血管内皮中，能检测到 DiI 标记的 EnPC 和 EnPC 特征性表达的 Lac-Z 基因。

目前，EnPC 的起源仍未被充分认识。2007 年 Yoder 等通过血管形成分析证明有一类像 EnPC 一样特征性表达 CD34、CD133 或者 VEGFR2 的细胞实际上是形成骨髓细胞的 HSC 的后代，但是这类细胞既不能在体

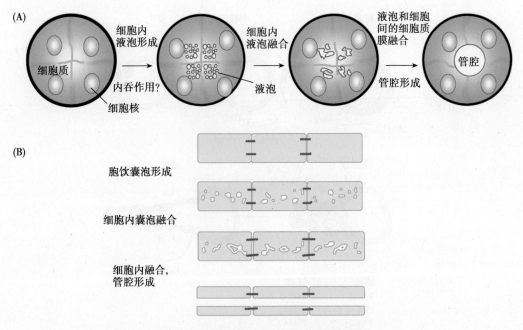

图 5-6　血管生成过程中管腔形成的机制

（A）图示为由 4 个内皮细胞构成的细胞束的横截面。在 4 个细胞汇合中心的连接处,细胞内的液泡合并扩大并与细胞膜融合形成管腔。（B）图示为内皮细胞束的纵切面。液泡沿着连接成串的细胞长轴合并扩大并与细胞膜融合,在三维空间上形成管腔

外形成细胞克隆,也不能在体内形成血管。他们发现实际上形成血管的细胞是外周血中的一种循环细胞——内皮集落形成细胞(endothelial colony-forming cell,ECFC)。ECFC 增殖能力强,并且散布在体内的血管中,说明它们在血管再生治疗方面有着非常重要的研究价值。

3. 神经再生　在损伤修复过程中,周围感觉神经和交感神经节后纤维同样进行再生。损伤后 1～2 天,损伤远端部分神经退化,在 2 周左右进行再生。再生的神经纤维较多,导致肉芽组织中有过多的神经分布。随后,许多神经纤维退化。因此,神经再生遵循与血管生成相同的生成和消退模式,事实上,血管和神经再生的机械耦合是可能的。大鼠损伤皮肤去神经化显著延迟了创口的收缩和再上皮化损伤的感觉神经和交感神经节后纤维显示出通过逆向(反方向的传导)刺激释放神经肽(如 P 物质)帮助介导炎症反应阶段(神经源性炎症)。这些神经肽的释放与肥大细胞的活化关联。在组织学上,真皮的神经和肥大细胞有密切联系。神经损伤能引起肥大细胞的去颗粒化,通过释放组胺和细胞因子扩张血管,增加血管通透性,吸引中性粒细胞和巨噬细胞,增加成纤维细胞的活动。去除感觉神经和交感神经节后纤维能减弱炎症反应。然而,当缺少肥大细胞时,真皮的修复并无异常,因此,推断其作用不是必需的。

4. 肉芽组织重塑形成瘢痕　结构性修复的最后一个阶段是肉芽组织重塑形成相对无细胞的瘢痕纤维组织。瘢痕组织与正常的真皮组织之间在以下几个方面有所不同。虽然 Fn 和 HA 的含量可以恢复到正常水平,但是,软骨素-4-硫酸化蛋白聚糖含量高于正常组织,核心蛋白聚糖的含量却低于正常组织,弹性蛋白纤维的数量也明显减少。瘢痕组织中 I 型胶原蛋白被金属蛋白酶破坏,由赖氨酸氧化酶连接成很粗的纤维束,平行排列于创口表面,代替正常真皮组织中随机的方平结构组织。金属蛋白酶由表皮细胞和肉芽组织中的成纤维细胞合成。在没有表皮的情况下,成纤维细胞中金属蛋白酶的合成数量大幅度减少,因此,成纤维细胞可能需要与表皮相互作用才能合成金属蛋白酶。生长因子不影响连接过程本身,只影响可以被连接的胶原蛋白的数目。

瘢痕组织成熟后,成纤维细胞和毛细血管开始凋亡,数量逐渐减少。在炎症期和肉芽组织形成早期,巨噬细胞分泌 EGF,EGF 促进细胞生长。瘢痕组织成熟后,EGF 下调引起成纤维细胞的凋亡。肉芽组织毛细血管网的退化引起内皮细胞凋亡。将新生兔的瞳孔覆盖血管膜制造瞳孔膜实验模型进行研究发现,巨噬细胞能够诱导内皮细胞和周细胞凋亡。

另有一系列包含抑制因子的反馈回路也参与了修复的终止过程,但目前尚不完全清楚。关于在终止肉芽组织基质重塑过程中发挥作用的因子和分泌它们的细胞方面仍有大量工作需要完成。啮齿目动物形成成熟稳定的瘢痕组织需要 80 天左右,人体则至少需要 6 个月。虽然瘢痕组织的抗张强度随着相互交联的增加而增强,但也仅是正常真皮组织抗张强度的 70% ~ 80%。

四、皮肤修复过程中创口收缩的作用

在皮肤松弛的哺乳动物切割创口的闭合过程中,切割创口处伴随着真皮的收缩,以减少表皮覆盖和瘢痕组织填充的区域。收缩的特征是皮损周围皮肤的滑动和伸缩,而痉挛可使瘢痕组织缩短,会导致创口变形和功能丧失,两者不能混淆。啮齿目动物创口收缩在创口闭合过程中起的作用比猪和人大很多(图 5-7)。在小鼠体内,收缩的作用占整个创口闭合的 90%。人体的创口收缩占创口闭合部分的比例小于 50%,创口闭合大部分依赖于瘢痕组织的形成。发育中的蝌蚪和胎儿期的哺乳动物皮肤在缺乏真皮收缩的情况下通过再生进行修复,随着发育的进行,伴随着收缩能力逐渐增强再生能力逐渐减弱。虽然,收缩能够减小创口的面积,但是,不能决定是否进行再生修复。

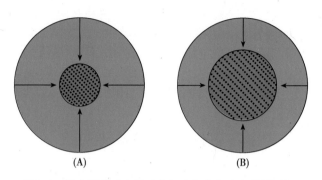

图 5-7　图表解释啮齿类动物(A)和人(B)皮肤圆形切割伤口的收缩过程

外层圆环 = 伤口最初的边界,内层圆环 = 收缩后皮缘的位置。圆点表示肉芽组织的区域,人皮肤收缩得少,剩下相对大的范围需要肉芽组织和瘢痕填充

在结构性修复早期,成纤维细胞在 TGF-β1、ECM 影响下分化成肌成纤维细胞,肌成纤维细胞和外周血中骨髓分化纤维细胞一起作用,引起哺乳动物真皮收缩。肌成纤维细胞同时具有成纤维细胞和平滑肌细胞的特征,它们具有类似于平滑肌收缩性的结构,即沿质膜内表面运行的肌动蛋白微丝形成大束的 α-平滑肌。在肌成纤维细胞表面,Fn 组装成纤维丝形成纤维微管连接蛋白和跨膜连接结构,跨膜连接结构连接肌动蛋白微丝和细胞外 Fn 纤维丝。在体外用 TGF-β1 处理成纤维细胞能够使 ανβ1 整联蛋白表达增加,用抗体阻断含有 αν 和 β1 的整联蛋白的功能可以抑制 TGF-β1 诱导的平滑肌肌动蛋白的表达和肌成纤维细胞收缩胶原胶的能力。这表明,上述整联蛋白参与了肌成纤维细胞的分化过程。用 BB-94 抑制 MMP 同时阻断了 TGF-β1 诱导的肌成纤维细胞分化,使修复过程延迟。在切除豚鼠背部和侧面皮肤创口中央肉芽组织后,皮肤通常发生收缩。这也表明,收缩的机制是创口边缘的肌成纤维细胞协调一致将创口周围真皮向内拉产生的。

五、损伤修复过程中分子的分析比较

目前,有关损伤后纤维化修复的分子尚未被完全了解。为了获取成年动物损伤皮肤全部基因的活动资料,研究人员分别对损伤与未损伤的成年小鼠和兔皮肤中基因转录情况作了综合分析。和预期的一样,这些研究表明损伤过程中损伤相关基因表达不同程度上调或下调。关于损伤与未损伤成年小鼠皮肤创口的基因芯片研究显示,在损伤后 30 分钟,约 3% 的基因表达水平上升 2 倍或更多,这些基因主要涉及信号和信号转导。1 小时后,表达上调的基因比例下降至 1.15%;6.6% 的基因表达下调 2 倍或更多。通过差值比对小鼠背部皮肤损伤和未损伤模型的 cDNA 库,发现一些损伤调节基因,包括编码趋化因子受体 CCR1 的基因等。CCR1 能与几种趋化因子相结合,在未损伤皮肤中几乎检测不到,但在损伤皮肤的巨噬细胞和中性粒细胞中过表达。研究表明,*CCR1* 敲除大鼠能够正常进行损伤修复,提示趋化因子/受体信号在皮肤损伤修复过程中是多余的。

关于损伤与未损伤胎兔皮肤的抑制性消减 PCR(PCR suppression subtraction)研究结果显示,在损伤皮肤中,15 个基因表达上调,20 个基因表达下调。几种下调的基因与细胞骨架调整有关,说明无瘢痕愈合过程可能包括成纤维细胞与肌成纤维细胞活性的改变。关于损伤后胚胎和成年兔的皮肤进行芯片研究结果显示,大多数的生长因子基因表达无明显差异,只有 *FGF-2* 和 *FGF-8* 在损伤的胎兔皮肤中表达上调,这个结果跟美西螈肢体再生过程中创口处的表皮细胞中检测结果相似。胎儿和成年哺乳动物皮肤 TGF-β1 表达相似,但是卵泡抑素(一种 TGF-β1 抑制剂)在胎儿皮肤中表达较高。成人皮肤中 I 型 α 胶原表达较高,但是 III 型胶原的表达与胎儿皮肤中表达相同。2008 年 Colwell 等发现胎儿和成人皮肤损伤后短期内一些基因表达存在差异,这些基因涉及转录、细胞周期调控、蛋白稳态和细胞内信号转导。

虽然,上述研究仍处于起步阶段,但结合生物信息学分析和系统生物学等更有效的方法,这些研究可能会产生一个关于皮肤瘢痕和再生修复差异的更加完整的分子描述,并得出如何进一步将纤维化修复转化为再生修复。改变胎儿和成人成纤维细胞的分子表型后在体外和体内用适当的生长因子和细胞因子联合作用,观察其产生的现象,进一步分析这些分子的作用是一种切实可行的证明方法。

第三节　皮肤伤口炎症反应与瘢痕

皮肤伤口的炎症反应程度与瘢痕形成有关。胎儿皮肤伤口、皮肤激光和文身的炎症反应程度最低,呈无瘢痕愈合。

一、胎儿皮肤的无瘢痕愈合

哺乳动物胚胎早期切割创口修复不产生瘢痕。妊娠后期,胚胎皮肤的损伤修复由再生模式转向成年动物的纤维化修复模式。在大鼠和小鼠中,这种转变发生在妊娠后 16~18 天,即分娩前 3~5 天。通过比较胚胎和成年动物损伤修复的过程,可以研究再生和纤维化修复之间的区别,有助于探索和干预成人创口形成瘢痕的方法。

1. 胚胎与成年机体创口中细胞与 ECM 的差异　在胚胎与成年鼠类创口修复过程中,存在一系列细胞与 ECM 的差异,这些差异反映了损伤局部微生态的不同。胚胎上皮再生更迅速(24 小时内完成),再上皮化的发生不同于成年动物体内的细胞迁移,而是创口边缘基层细胞的一种肌动蛋白微丝所发生的"荷包收缩"(指将创口周围真皮向内拉)。用 DiI 标记间充质细胞后发现,尽管 24 小时内创口面积减少了 50%,但这不完全是由真皮层收缩引起的,更多的是细胞穿过 ECM 底物的一种主动运动发挥作用。胎儿皮肤体外烧伤模型中,再上皮化和成纤维细胞迁移较成人皮肤速度更快。

在胚胎大鼠与成年大鼠的皮肤创口中,胶原蛋白和非胶原蛋白合成较正常皮肤均增加。成年鼠创口皮肤中胶原蛋白与总蛋白的比例高于正常皮肤,在胎鼠中则无显著差异。与成年大鼠皮肤创口相比,胎大鼠皮肤创口成纤维细胞合成等量的胶原蛋白。但是,胎大鼠创口不形成过量的 I 型胶原蛋白沉积,纤维丝与正常真皮一样呈方正结构。

在 ECM 合成过程中,胚胎创口与成年创口存在差异,其中,三个差异导致胚胎创口胶原蛋白合成与组织结构正常。其一,胚胎创口处的成纤维细胞可以合成更多的 HA 及其受体,使其有更多机会结合 HA 以利于细胞迁移。研究还表明,HA 可以抑制胎儿成纤维细胞的增殖,减少成人鼓膜创口瘢痕的形成。相反,用透明质酸酶或 HA 降解产物处理胎兔皮肤创口能够使再生转变为纤维化。其二,胎儿创口中硫酸化蛋白聚糖的合成并不伴有胶原蛋白的合成。其三,胎儿皮肤的 III 型胶原蛋白/ I 型胶原蛋白值更高。

2. 胚胎创口的炎症反应程度最低　跟成人创口不同,胎儿创口的炎症反应程度最低,这不仅与其少量的血小板、中性粒细胞和巨噬细胞密切相关,还与胎儿皮肤中 PDGF、TGF-β1 和 TGF-β2 以及它们的受体数量很少有关。相反,由角质细胞和成纤维细胞合成的 TGF-β3 水平虽然在成人创口中很低,却在胎儿创口中很高。在成人创口中,PDGF 诱导成纤维细胞持续表达 IL-6,它能促进创口周围环境的纤维化基质的沉积和形成。胎儿的创口虽然也表达 IL-6,但这种表达迅速消失。

改变与炎症反应相关的信号水平能改变皮肤对损伤的反应。在胎儿创口内添加 IL-6 能引起瘢痕修复,对胎儿创口添加外源性 IL-6 和 TGF-β1 能引起胶原蛋白的积累和瘢痕形成,高浓度的 PDGF 也能引起胎儿皮肤创口的再生修复向类似于成年机体的瘢痕修复形式转变。相反,腺病毒构建的 IL-10 过表达载体能减少成年动物创口 IL-6 的合成,减轻炎症反应和瘢痕形成。在不减少 PDGF 和 EGF 的情况下,利用中和抗体减少 TGF-β1 和 TGF-β2 含量能减轻成年动物的瘢痕反应,但只有在受伤后立即应用抗体才能起作用。这表明,TGF-β1 和 TGF-β2 在成人创口炎症早期发挥作用,完成伤口修复过程中所有分子的级联反应。因此,仅在级联反应开始之前进行干预才能发挥效果。

在成年动物创口处加入与胎儿创口相同浓度的外源性 TGF-β3 能减少瘢痕或不出现瘢痕。TGF-β3 缺失的胎大鼠皮肤创口表现出类似于成年大鼠的修复反应,这些大鼠的成纤维细胞在胶原蛋白胶中的迁移减慢,加入外源 TGF-β3 能改善这种情况,而加入 TGF-β1 和 TGF-β2 则不能。这些结果表明,TGF-β1、TGF-β2、TGF-β3 的比例能决定真皮损伤进行再生还是进行纤维化修复。另有研究显示,口腔黏膜的损伤愈合相比皮肤形成瘢痕较少,口腔黏膜形成的快速愈合与其高表达水平的 TGF-β3 密切相关。

与成年动物相比,胎儿伤口周围环境在物种和伤口部位方面可能存在差异,不同成年动物伤口的环境也存在上述差异。例如,Longaker 等的研究表明,胎绵羊皮肤创口处有巨噬细胞聚集,并且 TGF-β2 的浓度比成年绵羊创口高。有趣的是,成年哺乳动物唾液中含有高浓度的 TGF-β2,而成年动物口腔溃疡愈合后很少产生瘢痕。这表明,TGF-β 抑制剂可以发挥减少瘢痕的作用。

大多数研究比较的都是成年动物和胎儿的切割损伤。然而,对胎羊的研究发现,深层真皮烧伤也能进行无瘢痕愈合,而羔羊则进行瘢痕修复。这是因为 TGF-β1 含量在胎儿损伤后只有轻微的增加,而在羔羊创口中则大幅度增加,受伤 21 天后才开始下降,直至伤后 60 天其浓度仍未降至正常水平。

3. 某些新生和成年免疫缺陷鼠能进行真皮再生　PU.1 缺失小鼠缺少一种造血谱系转录因子,导致巨噬细胞和中性粒细胞缺失,PU.1 缺失小鼠容易被感染,除非获得野生型骨髓移植,否则,这种小鼠在出生后 24 小时内迅速死亡,表明巨噬细胞和中性粒细胞在吞噬和杀菌过程中发挥重要作用。抗生素治疗能够延长 PU.1 缺失小鼠的寿命。2003 年 Martin 等研究用抗生素维持生命的 PU.1 缺失新生小鼠的切除损伤修复过程中发现,不仅它的修复速度与野生小鼠相同,而且进行的是再生修复,而不是瘢痕修复。再生与 IL-6 和 TGF-β 的 mRNA 表达的显著降低有关。这表明 PU.1 缺失小鼠不能进行从胎儿到成年的伤口愈合反应的转变。目前,尚不能确定导致不能进行伤口愈合反应转变的原因是不是因为缺少巨噬细胞,不过,这是非常有研究价值的。

无胸腺裸鼠体内缺乏 T 细胞,成年无胸腺裸鼠损伤后经历无瘢痕愈合。像胎儿创口一样,无瘢痕愈合与胶原、PDGF-B 和 TGF-β1 低表达、HA 高表达密切相关。而且,这些裸鼠打孔后的鼠耳再生能力更强。由于它们的遗传背景明确,这些裸鼠较强的再生能力仅与它们的 T 细胞缺陷相关。对于对照组野生型小鼠,抑制性/细胞毒性 T 淋巴细胞或者辅助性 T 淋巴细胞和抑制性 T 淋巴细胞的选择性消耗使损伤修复类型转化为倾向于再生,然而,重新构成无胸腺裸鼠 T 细胞降低了对愈合创口的破坏程度,即形成瘢痕愈合。

4. 胎儿成纤维细胞内在改变对真皮再生能力缺失的作用　研究表明,除了炎症反应具有差异之外,胎儿和成年动物的成纤维细胞本身也存在差异,即其分化不依赖于免疫系统的成熟。根据形态学和蛋白质的合成模式,依据其倍增数和次代培养时间,可将来源于原代培养的人真皮成纤维细胞的次代成纤维细胞分成 7 种亚型。这种异质性表明一个成纤维干细胞能够分化为处于 7 个不同发育阶段的细胞谱系。该细胞谱系早期阶段的细胞能以再生修复对损伤进行应答。胎儿的成纤维细胞可能是处于早期阶段的细胞,胎儿创口修复方式向成年动物修复方式的转变可能是大多数早期细胞向终末期不能以再生应答损伤的细胞类型分化的结果。但是,尚无充分证据证明上述联系。

据报道,与成人成纤维细胞相比,胎儿成纤维细胞具有独特的表型,两者的差异在于细胞因子和生长因子的产生和应答、基质分子的合成、细胞外 HA 包被和抗原决定簇等方面不同。胎儿成纤维细胞对前列腺素 E_2 具有抗性,而前列腺素 E_2(prostaglandin E_2)是成人皮肤纤维化过程重要的介导子。虽然成年无胸腺小鼠通过瘢痕愈合进行修复,但是将胎儿成纤维细胞移植到成年无胸腺小鼠皮下后仍能保持再生反应。一个有趣的体外实验(图 5-8)表明,在免疫细胞和组织因子缺乏的情况下,培养 14 天的小鼠胚胎枝芽切割创口自发地由再生修复转变为瘢痕修复,这大概是因为成纤维细胞分子表型的转变。在这个实验中,发育第 12 天的胚胎小鼠早期枝芽皮肤损伤导致皮肤再生;但是,如果将枝芽发育至第 18 天,皮肤损伤将导致瘢痕形成。

然而,无论是胚胎还是成年动物,改变与炎症相关的细胞因子和生长因子的浓度可以彻底改变对损伤的应答。这一重要事实证明,创口周围的环境因素是损伤反应的主要决定因素。的确,也可能是胎儿和成人皮肤成纤维细胞之间本身存在着差异,但现在看来,通过适当的信号分子定向诱导或加入引起再生反应的成纤

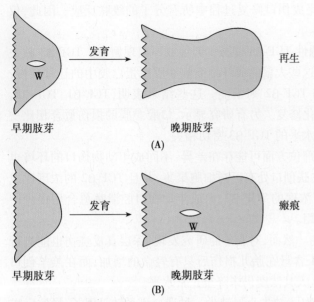

图5-8　体外获得独立于免疫系统的小鼠皮肤损伤后产生瘢痕的反应

在这个实验中,早期孕小鼠的肢体被体外培养。(A)当孕早期肢体的皮肤被损伤(W)时,随着肢体向孕晚期阶段发展,皮肤进行再生修复。(B)当孕早期肢体发展至孕晚期阶段时,皮肤的损伤导致瘢痕修复,就像体内实验孕晚期皮肤损伤修复一样

维细胞,这种差异能够被消除。炎症反应在决定创口环境中发挥重要作用,并且诱导成纤维细胞作出应答(至少在皮肤损伤中是这样)。关于免疫系统与修复的关系将在后续关于两栖动物的肢体再生章节中进行进一步探讨。

5. 胎儿表皮角质形成细胞能够促进成纤维细胞增殖、迁移和无瘢痕修复相关因子的表达　也说明胎儿表皮角质形成细胞对形成与无瘢痕愈合相关微环境关系密切,有望通过研究胎儿表皮角质形成细胞外分泌谱,获得改变无瘢痕愈合相关微环境的关键活性因子。为揭示无瘢痕修复的机制提供依据。研究发现与晚期妊娠组相比,中期妊娠胚胎表皮 KC 更能促进成人真皮成纤维细胞增殖和迁移。与中期妊娠胚胎表皮 KCs 共培养能上调成纤维细胞 precollagen 1、collagen 1、TGF-β1、TGF-β2、TIMP-2 和 TIMP-3 表达,同时下调成纤维细胞 precollagen 3、collagen 3、TGF-β3、MMP-2、MMP-3、MMP-9 和 MMP-14 表达。与晚期妊娠胚胎表皮 KC 共培养能下调成纤维细胞中 precollagen 3、TGF-β1、TIMP-2 和 TIMP-3 表达,上调 collagen 1、TGF-β2、TGF-β3、MMP-2、MMP-3、MMP-9 和 MMP-14 表达。

6. 妊娠中期胚胎表皮 KC 下调其 IL-6 分泌而抑制 $CD4^+/CD8^+T$ 细胞增殖　表明皮肤修复微环境中 IL-6 的减少,可能有利于皮肤无瘢痕修复。妊娠中期胚胎表皮 KC 具有比妊娠晚期胚胎表皮 KC 和成年表皮 KC 更强的抑制 $CD4^+/CD8^+T$ 淋巴细胞增殖能力;妊娠中期胚胎表皮 KC 条件培养液中 IL-6 的浓度明显低于妊娠晚期胚胎表皮 KC 和成年表皮 KC 条件培养液中 IL-6 的浓度;用激动剂上调胚胎表皮 KC 中 IL-6 表达时,其抑制 $CD4^+/CD8^+T$ 细胞增殖能力减弱。妊娠中期胚胎表皮 KC 能够抑制 $CD4^+/CD8^+T$ 细胞增殖,有望成为皮肤组织无瘢痕修复和预防皮肤移植排斥反应发生的理想细胞来源。

二、皮肤激光治疗的无瘢痕愈合

激光(laser)意即放大的光受激辐射(light amplification by stimulated emission of radiation)。激光的发展也经历了孕育、诞生、发展、成熟等各个阶段。1916 年,著名的物理学家爱因斯坦首次提出了"受激辐射"的概念,从而奠定了激光的理论基础,以后又在实验中得到了验证。1960 年,第一台真正的激光器终于诞生,这是一台红宝石激光器,完成这一创举的是美国的梅曼。此后激光进入了一个长足的快速发展阶段,各种激光器不断涌现。激光以其独特的性质,在军事、科研、医学领域得到了广泛的应用。其在医学上的应用使许多临床问题得到了很好的解决,并由此促成了一个新的医学分支——激光医学的诞生。

尽管激光治疗可以造成大面积皮肤损伤,但激光创口的修复并不形成瘢痕。这是因为,激光过程中,针尖造成的创口很小不会引起炎症反应。

三、文身的无瘢痕愈合

很多现象表明,当皮肤损伤修复的炎症反应极小甚至缺失时,主要依靠再生修复而不是瘢痕修复,成人皮肤文身产生的现象恰巧说明了这一问题。文身艺术家用针尖将墨水颗粒刺入真皮,刺入真皮的墨水颗粒被成纤维细胞吞噬。尽管造成大面积损伤,但文身创口的修复并不形成瘢痕。反之,同等面积的切开或切除创口则通过纤维化进行修复。这是因为,文身过程中,针尖造成的创口很小,不会引起炎症反应。文身产生的创口中 TGF-β1 含量低而 TGF-β3 含量高。文身图案能通过使带有色素颗粒的成纤维细胞溶解而被清除,

并再次在皮肤上形成大量微小的创口,这些创口的修复引起轻微炎症反应,亦不形成瘢痕。

第四节　TGF-β/Smads 信号转导通路与 microRNA 相互作用

转化生长因子 β(transforming growth factor beta,TGF-β)是一类可由多种组织细胞合成的多功能细胞因子,在胚胎发育过程中具有重要作用,且参与了成人免疫系统调控、刺激血管生成等重要生理活动。过度活跃的 TGF-β 与人类多种疾病有关,包括组织纤维化、瘢痕愈合和恶性肿瘤等。人 TGF-β 家族的细胞因子中,至少含有 33 个成员,包括 TGF-β 亚型、激活素类、骨形态发生蛋白(BMP)、生长和分化因子(GDF)。TGF-β 家族通过与Ⅰ型和Ⅱ型丝氨酸/苏氨酸激酶受体形成异形四聚体复合物发挥其细胞内功能。其中,Ⅱ型受体磷酸化并激活Ⅰ型受体,随后作用于下游的 Smad 蛋白家族使其磷酸化产生作用。

微小 RNA(microRNA)是广泛存在于真核生物中的一类长度约为 22 个核苷酸的内源性非编码单链小分子 RNA。MicroRNA 参与基因转录后水平调控,通过抑制其靶基因表达来发挥调控作用。研究表明,TGF-β/Smads 信号转导通路在 microRNA 基因的表观遗传学、转录及转录后加工等过程都具有调控作用;而 microRNA 也从转录后水平抑制 TGF-β/Smads 信号转导通路的相关基因表达。TGF-β/Smads 信号转导通路与 microRNA 之间的关系已受到广泛的重视。

一、TGF-β/Smads 转导通路对 microRNA 的调控作用

Smads 蛋白是 TGF-β 转导通路发挥作用的重要组成部分,是某些基因的转录激活因子。许多研究表明,TGF-β/Smads 转导通路可以在转录及转录后水平对 microRNA 进行调控,对特异 microRNA 基因的表观遗传学、转录及转录后加工都具有广泛的调控作用。

染色质免疫沉淀(ChIP)分析表明,microRNA 的启动区域与某些蛋白质编码区域非常相似。Smads 蛋白作为重要的转录因子能够特异地与某些 microRNA 的启动子结合进而调控 microRNA 基因的转录。例如,TGF-β 可以通过 Smad 结合元件与 miR-216 的启动子结合并诱导 miR-216a 和 miR-217 在肾小球系膜细胞中表达。相反,在肌细胞中,TGF-β 诱导的 Smad3/4 复合物与 miR-24 的启动子结合后抑制了 miR-24 的表达。TGF-β/Smads 转导通路对 microRNA 转录水平调控的多样性有着重要的意义并有待我们进一步研究。

Drosha 酶(也称为 RNASEN)在 microRNA 的转录后加工过程中起重要作用,它负责将 microRNA 的初级转录物—Pri-microRNA 剪切成 microRNA 前体(Pre-microRNA)。Brandi N. Davis 等通过研究表明,Smads 蛋白可以通过 RNA 解螺旋酶 p68 作用于 Drosha 酶复合物,进而在转录后水平对 miR-21 成熟体的表达产生调控作用。进一步,他们又分别对 TGF-β 和 BMP 调控的 microRNAs 进行研究,发现 Smads 蛋白可以通过与保守性的 RNA 序列进行特异性结合进而促进 Drosha 酶与 Pri-microRNA 结合,加速 Pri-microRNA 剪切,进而促进特异性 microRNA 成熟体的表达。

二、MicroRNA 参与 TGF-β/Smads 转导通路对疾病的影响

MicroRNA 可通过抑制其靶基因表达来发挥调控作用,进而影响到细胞增殖、分化和凋亡等途径。TGF-β/Smads 信号转导通路广泛参与了人体内各种重要的生理及病理活动,并与多种疾病密切相关,包括组织纤维化、瘢痕愈合及肿瘤等。研究表明,microRNA 既可以受到 TGF-β/Smads 信号转导通路的调节,又可以靶向作用于 TGF-β/Smads 信号转导通路,并由此对疾病的发生发展起到重要作用。

1. MicroRNA 参与 TGF-β/Smads 转导通路对组织纤维化产生的调控作用　纤维化是指由于炎症导致器官实质细胞发生坏死,组织内细胞外基质异常增多和过度沉积的病理过程。轻者成为纤维化,重者则可引起组织结构破坏而发生器官硬化。组织纤维化在人体各主要器官疾病的发生和发展过程中均起着重要作用,常发生于肺脏、肝脏和肾脏,是许多疾病致残、致死的主要原因。在组织纤维化的发生发展过程中,TGF-β/Smads 信号转导通路具有重要的调控作用。亦有研究显示,microRNA 可以参与到 TGF-β/Smads 信号转导通路中发挥一定的作用。

肺纤维化疾病是由成纤维细胞产生过量的细胞外基质造成的肺组织损伤,这是一个渐进发展的严重影

响患者呼吸系统并最终可致命的疾病。研究表明,在由抗肿瘤药物博来霉素诱导的小鼠肺纤维化组织及特发性肺纤维化患者肺组织中 miR-21 表达显著升高,而抑制 miR-21 表达显著降低小鼠体内诱导肺纤维化的程度。Smad7 是抑制型 Smad,是 miR-21 的靶基因之一。升高的 miR-21 主要集中于肌成纤维细胞中,抑制了 Smad7 的表达,使受体活化型 Smad 与共同通路型 Smad 异聚体加速形成,导致肺纤维化产生。另有实验证实 TGF-β/Smads 转导通路对 miR-29 的表达有显著抑制作用,而提高 miR-29 的表达可以抑制 TGF-β/Smad3 转导通路。这说明肺组织纤维化中 TGF-β/Smads 转导通路抑制了 miR-29 的表达,并通过降低 miR-29 的表达进而解除了其对 TGF-β/Smads 转导通路本身的抑制作用,形成并加重了肺组织纤维化。

　　肝纤维化可由许多慢性肝脏疾病均引起,如若控制不及时,肝小叶结构改建,假小叶结构形成,即可发展成为肝硬化。与肺纤维化类似,在肝纤维化过程中,miR-21、miR-29 也发挥了重要作用。在丙型肝炎患者纤维化的肝组织中,TGF-β/Smads 转导通路诱导 miR-21 上调,miR-21 表达显著升高,高表达的 miR-21 亦可通过抑制 Smad 7 的表达导致肝纤维化的形成。而肝组织中过度活跃的 TGF-β/Smads 转导通路同样抑制 miR-29 表达,导致 miR-29 表达下调,并通过 miR-29 在肝纤维化过程中发挥重要作用。

　　2. MicroRNA 参与 TGF-β/Smads 转导通路对瘢痕愈合产生的调控作用　　瘢痕是创伤后引起的皮肤组织的外观形态和组织病理学改变的统称,它是人体创伤修复过程中必然的产物。当瘢痕生长超过一定的限度,将会导致瘢痕疙瘩的形成,引起各种并发症,给患者带来巨大的肉体和精神痛苦,典型的如烧伤、烫伤、严重外伤后遗留的瘢痕等。许多研究表明,TGF-β/Smads 信号通路在瘢痕愈合过程中,发挥了重要作用,但其原理尚不明确。人们通过对瘢痕疙瘩中成纤维细胞的研究发现过表达 miR-200c 显著降低了磷酸化 Smad2 和 Smad3 的蛋白表达水平,并能抑制 TGF-β1 诱导的纤维细胞增殖和胶原合成过程。说明 miR-200c 可以通过抑制 TGF-β/Smads 信号通路对瘢痕愈合产生影响。针对小鼠胚胎中晚期皮肤的研究检测到 microRNA 的表达在瘢痕愈合与无瘢痕愈合的组织中有显著差异,并预测了 TGF-β 信号通路可能作为其作用于无瘢痕愈合过程的靶点。

　　3. MicroRNA 作用 TGF-β/Smads 转导通路对肿瘤发生的调控作用　　TGF-β 对肿瘤的发生发展过程具有复杂的调控作用。最初的研究表明 TGF-β 可以抑制细胞生长,诱导细胞凋亡,进而被认为是一种抑癌基因。然而,随着对肿瘤研究的不断深入,人们发现 TGF-β 不但可以作为抑癌基因发挥作用,同时还能抑制肿瘤患者免疫系统、促进血管生成,并且通过促进肿瘤细胞的浸润和转移进而发挥癌基因的作用。TGF-β/Smads 信号转导通路对肿瘤的复杂的调控作用预示着 TGF-β/Smads 信号转导通路的平衡性是肿瘤发生发展过程的关键。在肝癌中,TGF-β/Smads 信号转导通路可以特异性诱导 miR-23a-27a-24 基因簇表达,使其在肝细胞癌组织中显著升高,进而打破组织对肿瘤细胞的抑制作用,引起肝癌发生。同样,TGF-β/Smads 信号转导通路也可以诱导 miR-181b 过表达。金属蛋白酶组织抑制因子 3(TIMP3)是 miR-181b 重要的靶基因之一,miR-181b 过表达显著抑制了 TIMP3 的表达,进而降低了其对基质金属蛋白酶的抑制作用,促进了肝癌的侵袭转移的发生。MicroRNA 不仅介导了 TGF-β/Smads 信号转导通路对肿瘤的作用,它还可以通过调控 TGF-β/Smads 信号转导通路中重要的成员来发挥促癌或者抑癌作用。研究发现在全反式视黄酸诱导的急性早幼粒细胞白血病细胞中 miR-146a 的表达显著降低,而 Smad4 可能是 miR-146a 的靶基因,相关性分析及后续的实验亦证实 miR-146a 对 Smad4 的调控作用。进而证明了急性早幼粒细胞白血病细胞中低表达的 miR-146a 减弱了其对 TGF-β/Smads 信号转导通路的抑制作用,导致急性早幼粒细胞白血病细胞发生。

三、MicroRNA 在 TGF-β/Smads 信号转导通路调控过程中发挥重要作用

　　MicroRNA 可以由 TGF-β/Smads 信号转导通路诱导,并且通过抑制转导通路中重要的成员发挥作用,进而参与到细胞周期调控、细胞增殖、分化、黏附、转移和凋亡等相关过程。但目前对 microRNA 与 TGF-β/Smads 信号转导通路之间相关性的研究仍处于初级阶段,很多相关领域等待进一步研究。TGF-β/Smads 信号转导通路是否能通过 microRNA 的表达进行自我调控;以及如何将有关 microRNA 的研究成果应用于临床诊断及治疗等问题仍需要我们进一步解决。相信随着今后对有关问题的深入研究,可为进一步阐明两者的相关性并为今后的分子靶向治疗等问题提供新的方向。

　　TGF-β/Smads 信号转导通路与微小 RNA 之间具有广泛的相互作用。TGF-β/Smads 信号转导通路在 microRNA 基因的表观遗传学、转录及转录后加工等过程都具有调控作用;而 microRNA 也从转录后水平抑制

TGF-β/Smads 信号转导通路的相关基因表达。两者的相互关系与人类多种疾病包括组织纤维化、瘢痕愈合和肿瘤的发生发展密切相关。

庞希宁团队通过高通量测序研究，发现孕中期人胎儿角质形成细胞中表达的 miRNAs 与抑制 TGF-β/Smads 转导通路，进而促进胎儿无瘢痕愈合有关，并发现 10 余个新 miRNAs，为无瘢痕修复的分子治疗提供新的靶点。检测出 106 个候选新 miRNAs。预测出 25 个与已知各物种 miRNAs 具有相同种子序列的候选新 miRNAs。获得了 19 个保守性高的候选新 miRNAs，8 个是与已知人 miRNAs 有高度保守性的。发现孕中期胎儿角质形成细胞中 miRNAs 的表达较妊晚期高，这些 miRNAs 可通过抑制 TGF-β/Smads 转导通路促进胎儿无瘢痕愈合。

第五节　伤口修复

皮肤伤口一般分为急、慢性两种。急性伤口需要一个正常的修复过程，已经在第二章描述过了，然而慢性伤口在某个或某些个阶段被延误，因而很难愈合。浅表的急性创面无须任何干预即可愈合，深切口可通过对切缘的一期缝合达到促进愈合的目的。切除创面和烧伤由于遭受了严重组织损伤和缺失，与慢性创面一样成为世界范围内的巨大难题。

一、急性伤口的修复

急性创面（正常愈合）、切除或烧伤在美国每年需要耗费 450 万以上的医疗经费。烧伤是最严重的创伤，在美国造成每年大约近 1 万人死亡。烧伤幸存者会遭受身体的残疾和抑郁。由于瘢痕组织的挛缩和愈合组织即使应用化妆品也最终得到一个很糟糕的外观，加快正常组织的修复和减轻瘢痕组织的疗法是受欢迎的。因为可以使伤员，特别是老人，更快地从烧伤和外科手术中复原。不管其他因素，有令人信服的证据表明湿性伤口愈合效果更好，而且形成较少的瘢痕。

（一）外科修复

深切口的修复通过把伤口边缘缝合，在表面的皮肤形成一条细线的瘢痕组织，由创伤或Ⅲ度烧伤形成的深创面需要更进一步的干预，从而避免更大瘢痕的形成。

限定区域的深切口皮肤愈合的金标准是皮肤的全层愈合（表皮+两层真皮）。全层皮肤移植可以给予最好的结构和整容效果，因为收缩较少而且瘢痕在主要皮肤的边缘。此外，由于包含一个血管丛，可以很快建立与伤口处的血管网。

深部切除伤口需要大面积的移植皮肤来覆盖，然而全层皮肤移植是不切实际的，因为受到捐赠部位的治疗的限制。如想增加区域则可以覆盖自体皮肤，外科医生可使用网筛状皮肤移植（MSTSGs）。由表皮和去除乳头状层真皮的皮肤组织构成的小面积部分层厚的捐赠皮肤制成网状，可以延伸，从而覆盖一个更广泛的创面区域。网筛状的皮肤移植虽然获得成功，但拯救生命的效果却往往不那么令人满意。他们的血管丛并不像全层移植那样广泛。因此，全层皮损的网筛状的皮肤移植后，因创面是全层破坏，网筛状皮肤移植由于连接降低，出现皮肤水疱会降低皮肤移植的成功性，其成功程度与移植物的真皮层含量有关。甚至在移植成活的情况下，因瘢痕的过度形成和挛缩，导致皮肤的外观瘢痕愈合，不够美观。

皮肤移植的局限性刺激研究机构开发其他方法直接修复伤口处的皮肤。

（二）局部替代品的应用

非常多的局部替代品在加速伤口愈合和减少瘢痕的方面的能力已被测试，一些来自于植物，自古代文明就开始应用，拥有很长的历史。这些替代品的例子根据在伤口愈合的各个阶段的不同作用被讨论。根据在正常伤口修复过程中的时间和空间方面的表达，许多生长因子的功能可以被预测。

1. 加强止血　止血是一个问题，多包括于急性创面而非慢性创面，两种增强凝血药物被军队广泛应用在严重伤口的出血。QuikClot（快凝）是一种含有水铝硅酸盐粉（沸石，主要用作分子过滤器和离子交换剂）和钙构成的非处方药，可以通过注射器注于伤口。这种粘贴从血液中吸收水分，使伤口处的血小板和凝血因子聚集，从而迅速止血。HemCom 绷带是由壳聚糖，一种由脱乙酰方法从甲壳纲贝类中提取出的聚乙烯氨基糖苷,甲壳素的带正电的氨基基团拉带负电荷的红细胞进入其中,它们可以在伤口上创建一个紧密的敷料。

2. 减少炎症反应　炎症反应是正常伤口修复的必经阶段,限制炎症反应和瘢痕形成对于增强修复也是重要的,特别是当伤口可能被感染的时候,使用各种各样的药物促进伤口修复。

清创(清除受损组织)是利用手术或酶清除受损的组织。据报道,手术清创可以在烧伤伤口上减少瘢痕。用来清创伤口的标准的酶是木瓜素或尿素。1998 年 Hebda 等报道猪全层切口及部分层次烧伤伤口的修复可以通过尿素或木瓜清创混合应用来改善。最新清创酶的主要是绿头苍蝇的幼虫、丝光绿蝇或医疗用蛆。蛆虫自从 1920～1940 年被用来清创感染伤口,直至被抗生素取代,但今天却又被再次利用。丝光绿蝇或医疗用蛆用绷带将其滞留于伤口处,蛆虫通过分泌蛋白水解产物来液化坏死组织。蛆虫具有抗生素活性,包括耐甲氧西林金黄色葡萄球菌(MRSA),可以促进成纤维细胞迁移和提高抗生素的活性。

应用在早期修复过程的一些药物,可以减少瘢痕形成。Celicoxib 和壳聚糖降低 TGF-β1 的活性,表 5-1 示大鼠皮肤上 TGFβ1 的抗体减少炎症反应和瘢痕形成。Juvidex 是甘露糖-6-磷酸,是可以通过拮抗 TGF-β1 和 TGF-β2 减少炎症和瘢痕形成的制剂。临床试验报道了关于捐献皮肤自体移植再上皮化。在小鼠皮肤伤口实验中,*HGF* 基因通过质粒与 rhFGF-2 加速联合,可以减轻炎症反应和成纤维细胞的凋亡,可以减少瘢痕形成,在小鼠皮肤和兔子耳朵伤口中 FGF-2 的应用可减少炎症反应和瘢痕。美德™是包含槲皮素的洋葱提取物,一种既能抗增殖又抗组胺释放效应的生物类黄酮,是一种抑制新鲜伤口形成瘢痕,减少旧伤瘢痕延伸的标志。二次在兔耳肥厚瘢痕模型应用美德™研究显示瘢痕大小没有减少,但在胶原蛋白组织有改善。但在人体新鲜手术瘢痕研究没有显示出重复应用会对愈合有象征性的改善。

表 5-1　根据受影响的不同阶段总结出的部分促进愈合的增强剂

A. 止血

1. 快凝,用于黏贴伤口的含水铝硅酸盐粉和钙通过注射器注射,吸收血液中的水分,让血小板(及凝血因子)集中在伤口,使其在一分钟或更少时间内凝血

2. HemCom 绷带是由壳聚糖,一种由脱乙酰方法从甲壳纲贝类中提取出的聚乙烯氨基糖苷,这些氨基基团带正电,它们将携带负电荷的红细胞进入绷带,并将红细胞紧紧粘附在伤口上

3. FB 迁移/扩散　药剂精华 C.(鸡冠或鹤鹑草,原产于印度和非洲);HA/CS 水凝胶;表皮生长因子;FGF-2;TGFβ-1,2;生长激素;钒(密集的胶原蛋白);氧甲氢龙(合成代谢类固醇):更成熟,更密集胶原)

B. 炎症反应

1. 清创剂　弧菌;木瓜蛋白酶/尿素;医疗蛆:绿色的绿头苍蝇,Phaenicia 幼虫蝇。分泌剂液化坏死组织,有抗菌作用(包括对 MRSA),并放大伤口表皮生长因子和 IL-6 的治疗效果

2. 抗菌药　油酸 N-9 脂肪酸,HB-107 天蚕素乙肽

3. 消炎药(抗瘢痕形成)美德(洋葱);塞来考昔;壳聚糖;抗转化生长因子 β1,2 抗体;TGF-β3

C. 结构修复

1. 再上皮　HA/CS 水凝胶;表皮调节素(较厚的表皮)

2. 血管生成　芬太尼;猪釉基质;酮色林(血清素受体阻滞剂,用于治疗高血压);血管紧张素;血管内皮生长因子

3. 结构修复的增强　有些药物刺激上皮再生、血管再生和成纤维细胞的迁移和增殖,形成肉芽组织。酮色林是一种药物(5-羟色胺受体阻滞剂)与多个 G 蛋白偶联型受体和血管紧张素 1～7 亲和的药物,其被报道在动物伤口中具有增强上皮再生的功效。有报道 EGF 和 FGF-2 可以加速人切割伤口的修复,但也有研究显示上述生长因子在部分有一定深度人伤口修复中没有作用。在一项体外划痕实验中,FGF-10 联合硫酸皮肤素(dermatan sulfate,DS)可以增强角质化细胞的迁移。在小鼠烧伤创面模型和体外实验发现 Metallothionen-ⅡA(金属硫蛋白Ⅱa)的含量增加,显示 Zn-MT-ⅡA 显著增强这些伤口中角质细胞的迁移。在正常创面修复中,角质细胞可以通过分泌因子使成纤维细胞促进透明质酸的合成来减少瘢痕形成。其中一个可能就是糖蛋白分层蛋白。在体外实验已经显示,分层蛋白是由成纤维细胞刺激透明质酸合成的,在体内试验显示其可以减少瘢痕形成。通过使用羊膜在深伤口表面应用负面压力疗法也促使再上皮化的进展,羊膜细胞通过多种生长因子和细胞因子的产物产生此种效果。

猪釉基质衍生物(EMD)是用于促进牙周组织再生釉原蛋白的合成的混合物。在兔切割皮肤伤口实验中

发现 EMD 由于上调 VEGF 和 MMP-2 从而增强了血管生成。酮色林、血管紧张素 1~7,以及麻醉药芬太尼也增强了血管生成。芬太尼的应用使毛细血管形成增加是因为上调了血管内皮生长因子受体 Flk1 和一氧化氮合酶(NOS),一氧化氮合酶是一种用于形成一氧化氮的催化剂,能够诱导多种细胞传导。血管生成的增强是由阿片受体拮抗剂纳洛酮(naloxone)抑制,表明芬太尼的作用是通过外周阿片受体。另一种血管生成剂是硫酸乙酰肝素糖胺聚糖的模仿物,OTR4120。OTR4120 也刺激炎症消退,促进了小鼠的伤口再上皮化和改进的肉芽组织形成。在一般情况下,创面肉芽组织中增强血管生成的结果依赖于成纤维细胞增殖的密度的高低。一般来说,由于成纤维细胞的增殖,可以在高密度的肉芽组织中增强血管的生成。

许多局部措施被运用来降低炎症反应,减少成人皮肤伤口的瘢痕形成,特别是减少 TGF-β1 和 TGF-β2 的存在,或者产生更多胚胎样的细胞外基质。

干细胞生长因子(HGF)是肝再生的一个重要的生长因子。HGF 有血管生成、血管保护、抗感染和抗纤维化功能,但它在愈合的皮肤伤口中的表达未被研究。然而,鼠切开皮肤伤口联合注射 rhFGF-2 蛋白(Fiblast™)和 HGF 基因表达质粒,比单独注射其中任何一个成分,肉芽组织成纤维细胞凋亡增加,形成的瘢痕更小。抗纤维化的机制现在仍不明确,但在修复的早期阶段,rhFGF-2 可能有促凋亡的效果,而 HGF 具有抗感染的效果。

聚氨基葡糖是一种大分子量多糖,提取自螃蟹壳的壳多糖,带有正电荷,对修复鼠皮下创伤有显著的积极效果。聚氨基葡糖能延长中性白细胞的存在时间,推迟巨噬细胞的出现时间,因而能减少 TGF-β1 和 TGF-β2 的产生,毛细血管生长,成纤维细胞迁移和胶原沉积。产生的胶原是精细网硬蛋白样原纤维而不是对照组的致密胶原的成熟束带。N-O 羧甲基聚氨基葡糖(N-O-CMC,一种来源于壳多糖的 GAG 水凝胶)有细胞外基质样的特性,当局部应用于鼠的受伤的盲肠时,能够避免或最小化纤维化和粘连。聚氨基葡糖和 N-O-CMC 作用的机制仍不明确。聚氨基葡糖有凝血活性,独立于正常的血小板依赖的级联,它可能具有调节血小板的功能,因而改变修复的炎症阶段。N-O-CMC 具有亲水性,对纤连蛋白亲和力低,因而能阻止分子间的亲水作用,包括黏附力的形成。

降低伤口中的 TGF-β1 的含量能够减轻瘢痕的形成。在炎症反应中,环氧化酶2(COX-2)催化花生四烯酸转化成前列腺素。前列腺素诱导成人伤口的胶原生成,PGE2 诱导胎儿伤口的瘢痕形成。鼠的切除伤口每日用 COX-2 抑制剂 celicoxib 处理,伤后 48 小时,PGE2 降低 50%,TGF-β1 降低 1/3。这些降低同后期的瘢痕组织形成减少有关,同时不影响修复组织的表皮细胞再生,不降低修复组织的拉伸强度。平均的胶原容量和瘢痕宽度仅仅是对照组的一半。

体内和体外研究表明局部使用中和抗体降低 TGF-β1 的水平,或者受伤后立即应用 TGF-β3 能够减少皮肤伤口的瘢痕形成。抗 TGF-β1 抗体现在已经在医疗过程中被用来减少皮肤伤口修复过程中的瘢痕形成。

生物活性水凝胶膜片由交叉的透明质酸(HA)和硫酸软骨素组成,把它们应用到鼠全层皮肤伤口,检测它们对减少瘢痕形成的效果。HA 在胎儿皮肤中含量比在成人皮肤中更高,同胎儿皮肤的再生相关。膜片不影响炎症反应或者伤口的收缩,但表皮细胞再生、皮肤胶原的数量和结构明显增加。

生长因子增强成纤维细胞增殖和胶原合成。如 FGF-2、TGF-β 和生长激素。FGF-2 在商业上销售的在美国作为 Trafermin™ 和在日本作为 Fiblast™ 以促进患者肉芽组织的形成。在动物实验中提高成纤维细胞增殖的植物萃取物,包括鸡冠花叶、热带常绿余甘子的提取物、聚草药配方(PHF)的提取物,通过将沙棘和芦荟叶提取物加姜黄的根茎提取物(比例1:7:1)制备的。该 PHF 可以促进大鼠皮肤伤口成纤维细胞增殖、胶原合成和血管生成。钒的含氧阴离子钒酸盐,合成代谢类固醇,氧雄龙和人乳铁蛋白,转铁家族的糖蛋白也促进成纤维细胞增殖。乳铁蛋白加上 FGF-2 对细胞增殖的协同作用,并可同时对抗 TGF-β。2009 年 Mogford 等联合纤维蛋白胶与成纤维细胞和 PDGF-BB,这对组合被应用到兔耳全层活检创伤中。纤维蛋白胶是纤维蛋白原和凝血酶成分,当混合在一起时形成可以在新鲜创面产生用于止血的纤维蛋白凝块。成纤维细胞可以增强肉芽组织的形成,PDGF-BB 促进了上皮迁移。

许多水凝胶是市售的伤口敷料,提供可溶性分子到创面上。水凝胶由交联的固体物质(连续相)凝胶与生理盐水(不连续相)构成。该敷料的优点在于保持湿润的创面愈合环境,容易从创面床上去除。

交联的透明质酸和硫酸软骨素组成的水凝胶薄膜,应用于全厚度皮肤伤口成年小鼠来研究有无减少瘢痕形成的功能,该膜不影响伤口的炎症反应或收缩程度,但显著增加再上皮和真皮中胶原的量,以及改善胶原蛋白组织。壳聚糖水凝胶被发现具有缓和炎症反应、加速大鼠烧伤创面愈合的作用。成纤维细胞生长在含有壳聚糖/明胶微球的支架上,其内装入 FGF-2,通过释放 FGF-2 提高 GAGs 和层粘连蛋白转录物的增殖和合成,和一种浸有 SDF-1 藻酸盐水凝胶应用于小鼠背部伤口,可以增强血管生成和加速伤口闭合。在猪皮肤的部分厚度伤口中,除去血清淀粉样蛋白 P,同时加入藻酸钙凝胶可显著增加伤口愈合的速度。小鼠背部伤口实验中,含胶原的糖胺聚糖凝胶结合 SDF-1 的可以延迟挛缩和加速表皮细胞再生。通过水凝胶输送重组人 GM-CSF 到深Ⅱ度烧伤创面,所需完全愈合的时间可以从近 3 周减少至 2 周。

(三) 脱细胞真皮再生支架

脱细胞真皮再生模板可以由天然的或合成的材料制成。这些支架试图模拟一个正常的皮肤细胞外基质的环境。这些模板通过促进伤口中成纤维细胞的迁移和增殖,并增加 ECM 分子的合成来增强急性创面的结构修复。真皮模板被装配到伤口,并覆盖有一层皮肤移植,角质形成细胞或一种多孔膜,如 Silastin 以允许渗出物的释放。当模板上血管形成、铺上角质形成细胞或 MSTSG 时该膜即被去除。

经批准使用天然 ECM 和人类患者的皮肤合成的模板。Alloderm® 和 Integra® 是美国 FDA 批准的使用最广泛的天然真皮模板。Alloderm 是人类脱细胞真皮基质,并且被美国 FDA 批准用于乳房重建手术,也被用于皮肤伤口。Integra 是牛胶原蛋白Ⅰ加硫酸软骨素的混合物,并已被批准用于烧伤的治疗。角质形成细胞和真皮再生模板可以在任一步骤或两个步骤的过程中应用。在前者中,真皮再生模板和一个 MSTSG 或角质形成细胞被一起放置在创面上。然而,由于模板中缺乏血管生成,因此表皮存活受限。基于这个原因,该膜覆盖的模板被首先放置在伤口上,在加 MSTSG 或角质形成细胞之前被成纤维细胞和血管化侵入填平。

Alloderm® 被报道诱导真皮再生通过正常方向的胶原和弹性纤维,而不是交联的胶原和所看到的缺乏弹性的瘢痕组织。重新装入 Alloderm® 的成纤维细胞缺乏肉芽组织的成肌纤维细胞表型,移植物表现出最小的收缩。真皮配合着上覆角质诱导带有半桥粒的基底膜与Ⅶ型胶原固定纤维的形成。Alloderm® 被报道在临床烧伤的治疗中提供了优良美容外观和性能。然而,在一项儿童烧伤人自体角化细胞移植再生的模板中,相对于 MSTSG 组,低于 50% 例子成功出现血管化,而且通过 12 个月的观察皮肤质量没有任何区别。

对于 Intewrgra® 的评估在迷你猪的全层皮肤伤口及烧伤临床试验中较其他药品获得了更高的评价。同时也为前胸壁遭受严重烧伤的女性重建乳腺皮肤提供了技术支持。Intewrgra® 的采用率堪比同种 MSTSGs,但比自体 MSTSGs 低了 15%。Intewrgra® 的表现被患者和医师认为与单用 MSTSGs 同等效果或者更优秀。较薄的自体 MSTSGs 可以与 Intewrgra® 同用,因此捐献皮肤的移植面愈合更快,据报道 Intewrgra® 的基质通过 30 天的退化,且由成纤维细胞侵入人工合成的机制可与正常皮肤组织相接近。Intewrgra® 最严重的问题是与 Silastin 层的关系,在 Intewrgra® 放置于创面上及 MSTSGs 或角化细胞被应用期间不可轻易改变。植入内皮细胞进入真皮基质可能促进血管形成,并允许单步程序,允许皮肤模板和角质形成细胞或 MSTSG 交联在一起。人真皮血管内皮细胞接种到人类脱细胞真皮 ECM 可能会促进真皮内毛细血管的生成。当应用 Intewrgra® 在猪烧伤创面时,角质形成细胞会向上移动,形成一个融合的模板,其上有血管覆盖的表皮层。

SIS(库克生物技术)是一种抗感染的猪小肠黏膜下层基质,它主要由Ⅰ型、Ⅲ型、Ⅴ型胶原与少量的透明质酸、硫酸软骨素、硫酸乙酰肝素和 TGF-β 组成各种配方的 SIS 和 Permacol™(猪真皮基质,来自组织科学实验室),已经过测试,支持 MSTSGs 的活力和降低其收缩能力。在Ⅰ期试验中应用于大鼠皮肤伤口既不支持 MSTSGs 的活力和又不降低其收缩能力。但在Ⅱ期试验中,MSTSGs 在 Permacol™ 上显示坏死,但在 SIS 上保持活力,但单独应用 MSTSGs 的效果较其他两项都要好。PriMatrix™(胎牛真皮。TEI 生物科学)促进慢性伤口和急性切口或切除伤及烧伤的愈合。

胶原蛋白基质是由于其他大多数的一个皮肤再生运行模板,因为他可以在一个步骤内结合 MSTSG 嫁接或角质形成细胞来应用,由 Devries 应用于猪的皮肤。一种胶原蛋白真皮替代物称为"MatridermR"现在可应用于人体皮肤的伤口,这个基质含有牛胶原蛋白Ⅰ型、Ⅲ型、Ⅴ型和弹性蛋白。

(四) 细胞移植疗法

对于那些并没有失去太多真皮组织的创面或Ⅱ度烧伤创面,角质形成细胞可置于伤口表面来恢复表皮。自体角质形成细胞可以自患者的皮肤活检片材来培养,并用于创伤修复,但是这个过程需要 2 周或更长时间。Epicel™是标准化的自体表皮片材制品的一个例子。异体角质形成细胞片可以使用预先制成的,但这些都是受到免疫排斥的。在上述两种情况下的一个主要问题是片材较为脆弱,难以处理。一种新型材料由脱乙酰壳多糖构成,它缀合到结合于细胞表面的肝素样受体的二肽,可促进增强角质细胞附着,在裸鼠实验中,允许它被用来作为角质形成细胞递送载体到全层皮肤伤口。

近日,培养角质形成细胞移植的必要性已被回避。相反,通过表皮活检酶解得到的新鲜自体角朊细胞可简单地喷洒到Ⅱ度烧伤创面的烧焦表皮清创后的新鲜创面上。创面表面作为底物对于单个的细胞的克隆扩增可使其在很显著的短时间内铺满创面。喷枪的设计使角质形成细胞悬液用于Ⅱ度烧伤患者已获得成功,整个过程从开始到结束持续2个多小时。为了保证角质形成细胞的存活,敷料与循环营养液被放置在喷洒的烧伤处。再上皮化全身5%的烧伤面积的平均时间为12.6天。这种再上皮化的方法同样可用于其他切除切口。角质形成细胞黏附到真皮特别依赖于通过α_3整合素结合基底膜层粘连蛋白-5。再合成损坏或丢失的基底膜非常依赖真皮层,若真皮层被严重损坏,可导致低角质采集率。角质形成细胞所需要的因素,如KGF(FGF-7)用于有丝分裂是由真皮成纤维细胞产生的,因而在没有真皮的情况下表皮的再生性差。锚原纤维的恢复缓慢,导致表皮起疱。这些事实表明,Ⅲ度烧伤愈合将继续需要真皮/全皮等价的皮肤移植。间充质干细胞作为急性创伤修复介质已被检测。骨髓间充质干细胞的球状体通过单层角质形成细胞的培养对体外划痕损伤模型伤口起到快速愈合的效果。通过 c-Met 受体和 PI3K 通路活化的角质形成细胞生成球状的 HGF 可用于介导创面治疗。阻断由抗体对 HGF、c-Met、PI3K 或有丝分裂原活化蛋白激酶 MEK/ERK1/2 的抑制剂参与阻碍愈合的途径。用 BrdU 标记脐带间充质干细胞可加速小鼠的新鲜皮肤创伤的修复。有报道表明这些细胞分化为角化细胞,但没有定量数据资料给出这种潜在的转分化,它很可能是旁分泌作用对加速愈合产生了重大贡献。此可能性是由另一项研究来加强,该研究将脐带干细胞注射入大鼠皮肤创面,用以加强创面愈合,因此干细胞的条件培养基促进人皮肤成纤维细胞在体外的迁移和增殖。

(五) 真皮或全皮肤替代物

真皮替代物是一种天然或合成的用同种异基因成纤维细胞覆盖有硅胶膜的支架。当 MSTSGs 的角质形成细胞布满了创面表面时,它们成为整个皮肤替代物(图5-9)。这些构造基本上是用新鲜创面敷料来覆盖广泛切除的创伤和烧伤。例如脱细胞真皮模板,用真皮/皮肤替代物的一个主要问题是,除非底层伤口床血供非常良好,否则其血管再生非常缓慢。Transcyte 和 Orcel 是批准用于切除皮肤及烧伤创面的两种替代物。Transcyte 由生长在尼龙网的人真皮成纤维细胞结合表皮生长细胞合成的。Orcel 由含有人类皮肤细胞牛胶原蛋白的真皮组成。

生物工程皮肤替代物的另一问题是免疫排斥,它破坏了皮肤相当于自身宿主细胞的信号修复的能力。2010 年 Forouzandeh 等人最近描述了一种克服了上述缺点的皮肤替代物,他们制作了一个由牛Ⅰ型胶原和软骨素-6-硫酸盐填充的支架,用成纤维细胞进行遗传修饰以表达免疫抑制分子——吲哚胺 2,3-双加氧酶(IDO)。这个支架抑制 T 细胞在大鼠皮肤伤口浸润,4 倍增强血管生成,显著加速修复伤口超过 7 天。最后,

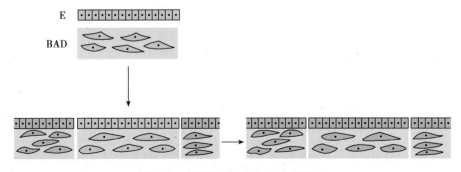

图 5-9　设计的生物人工皮肤替代物

生物人工真皮支架(BAD),在体外由聚合物网制成或从混合胶原和其他细胞外基质组分合成,如弹性蛋白和软骨素-6-硫酸盐。支架接种自体或异体成纤维细胞,并覆以自体或异体的角质形成细胞或网状裂层皮肤来为移植提供一个表皮(E)。该结构(蓝色)被装配到受体伤口(绿色)和充当活敷料,如果结构含有同种异体细胞,即随后被宿主细胞代替

皮肤替代物在很多方面还没有被证明比任何 MSTSGs 或脱细胞真皮模板更好。这些方法没有一个可恢复皮肤的正常外观，而且皮肤替代物比脱细胞真皮模板昂贵得多。生物人工皮肤替代物被冷冻保存直至使用，这一程序可能会严重减少真皮成纤维细胞成分的活力。这样的低温保存皮肤替代物的真皮基质实际上当他们被使用时，细胞可能要少得多，甚至可能是无细胞。事实上，人类的脱细胞真皮基质较裸鼠烧伤模型可产生更厚的新真皮，这表明更加廉价的覆盖有 MSTSGs 或培养的角质形成细胞的脱细胞真皮模板可能是更好的方法来诱导宿主真皮组织再生。我们希望能够将自体皮肤替代物简单地合并到周围皮肤的边缘，并应用于切除皮肤的地方。然而，自体生物人工皮肤替代物的主要不足之处是毛囊，皮脂腺和汗腺都不会被还原。汗腺的缺乏意味着热调节的丧失，这是大面积烧伤患者经常遇到的一个严重的问题。

1999 年 L'Heureux 等人描述了实验性带有毛发的皮肤替代物的建设方法。他们构建的真皮替代物具有体外生长的层叠成纤维片材，并用角质形成细胞覆盖它。4 周后，这种结构形成含有层粘连蛋白和胶原蛋白Ⅳ和Ⅶ的连续和结构组织的基底膜。毛囊分别被插入该构建体，在那里他们较对照组无毛囊的皮肤替代物显著增加了氢化可的松的渗透速率。

二、慢性伤口的修复

慢性创面（chronic wounds）在全世界是主要的健康问题。有报道全世界慢性伤口的治疗费用每年需要超过 250 亿美元，随着人口老龄化进程，这些创面的生物医学和社会经济负担越来越大。难愈性创面主要是由高血压、糖尿病和静脉曲张导致循环障碍从而形成溃疡。慢性创面的特征在于缺少再生上皮，或生产有缺陷的再生上皮，以及细胞外基质的异常重塑。慢性创面表现出持久的炎性阶段，并避免形成肉芽组织。慢性创面难以纠正的持续炎症导致的缺氧被假设为创面难愈合的一个重要因素。糖尿病患者血液循环不良与细胞的增殖或细胞黏附障碍和上述两者结合导致循环内皮前体细胞进入血管结构相关，也有报道表明糖尿病性溃疡循环内皮前体细胞数量显著降低。

人类的急慢性创面含有不同的生长因子和炎症因子。活性蛋白酶，尤其是 MMP-9，是在慢性创面要高得多，TIMP 水平则低得多。在慢性创面促炎细胞因子的活性似乎要高出很多。2000 年 Trengrove 等人报道称人的腿部溃疡的伤口流出液有显著更高浓度的促炎性细胞因子的 IL-1、IL-6 和 TNF-α，但在 PDGF、EGF、FGF-2 或 TGF-β 的水平，愈合和慢性创面之间没有显著差异。

（一）局部应用药物

1. 外用药　清创剂，包括医疗蛆在提高慢性创面愈合的修复是成功的。大部分的外用制剂用于治疗慢性伤口多试图纠正结构维修的错误（表 5-2）。生长因子发挥的重要作用是增强慢性伤口的结构修理。KGF-2、TGF-β、PDGF-BB、β-NGF 已经显示出可增强再上皮化过程。

表 5-2　可增强慢性皮肤伤口再生的外用制剂

A. 减少炎症	胸腺素 β-4
清创剂*	血管紧张素 1~7
弧菌	Chrysalin（合成肽占人凝血酶结合到内皮细胞表面的
木瓜蛋白酶/尿素	部分。提高内皮细胞产生一氧化氮的能力）
医疗蛆	L-精氨酸
B. 强化结构修理	己酮可可碱
1. 再上皮化	3. 成纤维细胞迁移/扩散
KGF-2（Repifermin；Human Genome Sciences Inc.（HGSI）	FGF-2（Fiblast，日本，曲弗明，美国）
开发的重组人角质细胞生长因子-2 的商品名）*	PDGF-BB 单独（Regranex）*或+胰岛素样生长因子Ⅰ
β-神经生长因子	或Ⅱ
PDGF-BB（单独）或+转化生长因子-α（更好）	胰岛素+EGF
2. 血管生成	胰岛素样生长因子Ⅰ+IGF-I 结合蛋白
FGF-2	TGF-β1,2
PDGF-BB	红外激光（700~1200nm）
血管内皮生长因子	LED 灯

*患者认可；其他无*都是动物实验，一直没批准在患者使用

在脓毒性大鼠模型递送质粒时 *KGF-1* 基因已被证实可以改善皮肤伤口愈合。携带 *PDGF-B* 基因的质粒与牛胶原凝胶混合应用于糖尿病溃疡创面被认为会加速创面愈合。KGF-2、PDGF-BB 和 FGF-L 是在市面上销售的,如 Repifermin™、Regranex™ 和曲弗明来治疗人类慢性创面。PDGF-BB 对糖尿病小鼠的背部创面的影响。采用上皮细胞隙(Eg)尺寸和三种不同类型的糖尿病小鼠制造 $8mm^3$ 创面愈合肉芽组织(GTA)对比。7 天由磷酸缓冲盐水(PBS),腺病毒 *LacZ* 基因或 PDGFB 之后的对比数据列于表 5-3;采用 KGF-2 局部给药用于慢性静脉性溃疡患者的伤口 $\leq 15cm^2$,时间 ≤ 18 个月,共 12 周(每周 2 次)治疗,对患者慢性静脉性溃疡的效果数据列于表 5-4。胸腺素 β4 可加速慢性糖尿病小鼠的创面角质细胞迁移。

表 5-3 三种不同类型的糖尿病小鼠模型创面愈合对比

小鼠模型	PBS		LacZ		PDGFB	
	EG	GTA	EG	GTA	EG	GTA
db/db	4.6	7	5.2	8	3	24
STZ	2.9	23	3	23	1.5	37
NOD	5.2	9	5	14	2.5	28
Control	0.6	35	0.6	35	0.6	35

注:EG 以毫米计算,GTA 在 mm^3 测量。数据来自:Keswani 等(2004)

表 5-4 KGF2 局部给药慢性静脉性溃疡患者伤口影响

伤口愈合百分比(%)	安慰剂	KGF2 药物成分	
		$20\mu g/cm^2$	$60\mu g/cm^2$
50	70	84	85
75	50	84	85
90	45	60	85
100	40	40	60

注:数据表示为患者伤口的 50% ~100% 愈合的百分比。KGF2 在 $60\mu g/cm^2$ 是最有效的。数据来自:罗布森等(2001)

在慢性创面的修复中,FGF-2 和 VEGF 促进血管生成。胸腺素 β4 增加血管生成,其诱发心外膜细胞分化成内皮细胞和冠状血管的平滑肌细胞的能力是一致的。L-精氨酸通过提高生产内皮一氧化氮和改善血液流动增强慢性创面的血管生成。L-精氨酸在形成胶原蛋白分子的必需结构--脯氨酸的过程中起着一定作用。Chrysalin™ 是一种合成肽,相当于人凝血酶结合到内皮细胞的表面的部分,增加了糖尿病足溃疡的人类患者的完全愈合率。另一个用于治疗外周动脉疾病的分子—己酮可可碱,据报道通过降低血液黏稠度,改善慢性伤口的血流量从而达到治疗目的。

在链脲佐菌素糖尿病大鼠模型实验中,polyherbal formula 作用于急性创面能促进血管生成和成纤维细胞增殖及胶原合成。氧化铜敷料应用于糖尿病小鼠的创面增殖,使其促血管生成因子的胎盘生长因子、缺氧诱导因子-1α 及血管内皮生长因子的表达上调,从而增加血管生成,使创面更快愈合。通过大量筛选得知了药用植物中有利于血液循环的成分是从当归中提取的名叫 SBD.4a 的成分,其与 PDGF-BB 具有同水准的血管生成特性。PDGF-BB、FGF-2、IGF-1 和 IGF-2,TGF-β 以及 L-精氨酸应用于慢性创面可增强成纤维细胞增殖和胶原沉积。胸腺素 β4 通过显著增加伤口收缩、胶原沉积,加速年轻和年老的糖尿病小鼠的创面修复。一种合成肽复制了胸腺素 β4 的肌动蛋白结合结构域应用于修复老年小鼠在一定程度上堪比整个分子。大鼠创面受丝裂霉素 C 影响,愈合速度显著受损,而肉芽组织(血管和成纤维细胞增生)的形成由海藻酸钠,甲壳素/壳聚糖和岩藻多糖构成的水凝胶片显著推进。高压氧治疗可加速糖尿病患者的下肢难愈合慢性创面的愈合速度。

一项研究表明,高压氧的治疗方法可使这些患者的循环干细胞提高 2 倍以上,主要是由于提升了血小板 NOS 活性,刺激血管干细胞在皮肤创面聚集。这项治疗若与外用药相结合可能会在治疗慢性难愈性创面中起到更大功效。

另一个有趣的可显著加速创面愈合的因素是通过激光或发光二极管所产生的红外(700~1200nm)和近红外(600~700nm)波长的光。光谱测量表明,光子在630~800nm的波长可穿透前臂和小腿的皮肤和肌肉。此光的效果可能刺激细胞色素c氧化酶的线粒体,从而提高氧消耗,增加ATP的生产。

研究表明,对糖尿病大鼠采取光处理后,其创面的胶原蛋白和抗拉强度会显著增加。在高压氧结合光波治疗下,大鼠的创面闭合得更快,这种治疗的效应是可在4天内使VEGF和FGF-2更均匀地上升和下降,而不是像对照组那样出现尖锐的峰值之后急剧下降。在体外实验中,小鼠的成纤维细胞增加超过150%,人上皮细胞为155%~171%。2001年Whelan等也曾报道在氧气含量更低而二氧化碳含量更高的大气环境下,伤口愈合时间缩短了50%,儿童口腔黏膜炎的治疗疼痛减少了47%。然而,最近一项随机试验采用980nm半导体激光照射治18例下肢静脉溃疡与16名对照组患者在减少溃疡大小程度无显著差异。

2. 细胞移植 一个标准的使慢性创面再上皮化的标准方法是用在无血清的培养基中生长的体外自体或异体表皮片进行移植。但这些片材是薄的、易碎的且难以转移到伤口。脆弱性的问题已在两个方面得到了解决。一种方法是将角质形成细胞负载于载体上,并转移到创面床,例如胶原蛋白片,聚乙二醇对苯二甲酸酯(PEGT)/聚对苯二甲酸丁酯(PBT)共聚物,或纤维蛋白。应用球形猪明胶微球可加速自体角质形成细胞的增殖,使他们快速转移至创面,仅需要10天之内,而不是传统的2周以上,他们共同提高了一个可供生长的创面表面积。两组对照研究证明了分3天应用的角质形成细胞被覆的微珠较生长于胶原蛋白的载体的细胞对顽固性静脉曲张溃疡患者更为有效。另外一种方法是通过无血清培养基形成一个厚的分层皮片,具有不同的角质形成细胞增殖、启动和凋亡程序。此表皮被应用于慢性静脉性溃疡有4层压缩可包裹8周,创面愈合较对照组大大加强,治疗组完全愈合时间为4.1周,而对照组8/10的患者愈合时间接近了12周。此外,愈合创面在12个月的随访期内仍保持封闭的愈合状态。在未来,角质形成细胞的喷涂技术将很可能被证明在表面再生的慢性创面是有用的脂肪细胞受到越来越多的关注,作为重塑其他组织的来源。最近,一组糖尿病患者应用加工的脂肪抽吸物(PLA)细胞(肥大细胞、周细胞、脂肪细胞、成纤维细胞和内皮细胞的异质群体)来治疗足部溃疡。经过8周治疗,PLA治疗组100%达到完全愈合,而对照组仅有62%。体外分析表明PLA细胞可促进糖尿病患者的成纤维细胞有更好的生存率和更高的细胞增殖能力及更高的胶原合成能力。在另一项研究中,通过流式细胞仪观察到GFP标记的脂肪干细胞的特点是加速正常和糖尿病大鼠的切除创面模型的愈合。这些细胞被报道分化为上皮细胞和内皮细胞谱系,同时也分泌促血管生成生长因子VEGF、HGF和FGF-2,表明其具有旁分泌功能。

3. 脱细胞真皮模板和皮肤替代物 针对糖尿病和静脉足溃疡主要有两种脱细胞真皮模板,Oasis™(Cook Biotech)和Graftjacket™(Wright Medical Technology)。Oasis™是一种由猪SIS制成的单张创面敷料。经过12周的治疗后,Oasis™治愈了55%的溃疡,而标准治疗组为34%,且治疗组半年后无溃疡复发。拿Oasis™与Regranex™凝胶对比研究表明,Oasis™的疗效近乎是Regranex™或Hyaloskin的2倍。在另一项与湿性敷料的对比中,Oasis™再次证明了其出众性,其足溃疡创面愈合率为80%而湿性敷料仅为65%。Graftjacket™是一种脱细胞软组织基质,在一项研究中,单独应用此基质可加速糖尿病足溃疡的愈合。

基于胶原的Apligraf®和聚酯基的Dermagraft®是两种FDA批准的异体皮等同物,用于治疗糖尿病和静脉性溃疡。Apligraf®是经过更改的相当于最初由bell等人(1981)所描述修改的胶原真皮。将人成纤维细胞混合于牛I型胶原凝胶,成纤维细胞将胶原纤维收缩在凝胶中,降低了基体的体积,并形成致密的网状纤维,然后角质形成细胞或MSTSG铺在凝胶上并通过构建一个气-液界面诱导形成一个具有角质层的表皮。当放置在全厚皮肤创面的无胸腺小鼠中,移植物被迅速掺入到宿主组织并且牛胶原蛋白被逐步由人和小鼠胶原代替。Apligraf®的临床试验证实了它应用于静脉性溃疡和糖尿病性溃疡可以显著减少伤口愈合时间,提高创面完全闭合的频率。Dermagraft®(人工皮肤)通过将人新生儿成纤维细胞汇聚到polyglactin-910(薇乔)的网眼,在伤口水解降解起到保护作用。放置在创面床后,该Dermagraft®(人工皮肤)被一个MSTSG或培养膨胀角质形成细胞覆盖。成纤维细胞合成含皮肤类型I、III和VI型胶原,弹性蛋白,肌腱蛋白,纤连蛋白,透明质酸,硫酸软骨素,主要的皮肤蛋白聚糖核心蛋白,核心蛋白聚糖,以及对mRNA的IGF-1和2,FGF-2,血小板衍生生长因子,肝细胞生长因子和血管内皮生长因子的矩阵,所有这些都参与了机体的皮肤修复。该构建体具有很高的抗张强度。创面的再上皮化和血管形成是迅速的,并且有最小的炎症反应。由 MSTSG 形成的表皮呈现出网眼图案,但轮廓与单独的 MSTSG 观察相比,其网状轮廓不是太明显。免疫染色层粘连蛋白和Ⅳ型胶原揭示了连续的基底膜的上面的表皮-真皮交界处的存在。临床研究表明,Dermagraft®(人工皮肤)显著增强糖尿病足溃疡的愈合。因此脱细胞和细胞真皮模板被批准在临床试验中可应用于更广泛的范围。

(二)红外或近红外光

通过激光或发光二极管(LEDs)输出红外(波长 700nm ~1200nm)和近红外(600nm ~700nm)光,已经被报道能显著加速慢性皮肤伤口的修复,1968 年 Mester 等首先观察到这种现象。分光镜的测量表明波长 630nm ~800nm 的光子能够穿透皮肤和前臂、小腿的肌肉。光线的效果可能是刺激线粒体中的细胞色素 C 氧化酶,导致耗氧量增加和 ATP 生成。

糖尿病鼠的研究表明,光照伤口比对照组能显著增加胶原的数量和抗拉强度。结合高压氧,光照鼠的皮肤伤口,伤口闭合得更快,效果同 VEGF 和 FGF-2 上升和下降更一致,而对照组中,在第 4 天时有一个尖锐的峰,随后则快速下降。在体外,鼠成纤维细胞的增殖增加超过 150%,而人上皮细胞增殖达到 155% ~171%。2001 年 Whelan 等也报道在潜水艇中伤口愈合时间减少 50%,潜水艇中的空气是低氧和高二氧化碳,在这样的环境中,儿童由于化疗造成的口腔黏膜炎的疼痛减少了 47%。

尽管有这些有趣的发现,红外和近红外光对伤口的效果没有经过大规模随机双盲的临床试验的验证。

如上述所述,伤口愈合是一个非常复杂的过程。我们不知道所有参与修复的分子元素,也不知道所有的调控通路的细节。局部使用的促生长因素和其他因素协同作用可能获得更好的疗效。在未来,基因和蛋白组阵的研究可能提供一个对正常伤口和慢性伤口愈合的更完整的画面,那会使我们更能确定哪些局部用药的组合对创面愈合是最优的,尤其是对慢性创面。上述局部用药也将包括提供生长因子的基因治疗。湿性愈合理论可以使创面瘢痕减少,并允许抗生素、生长因子、细胞或质粒到达创面组织。该理论在对创面愈合治疗中,其各种可溶性修复分子的组合应被认为高度有效的,而且其他的药物可加速创面愈合和减少纤维化。例如,血小板衍生生长因子和胰岛素样生长因子Ⅱ和胰岛素加 EGF 的组合,比单独的生长因子更有效。

小 结

皮肤是应用于损伤后纤维化修复最广泛的研究模型。皮肤由表皮和真皮构成。表皮分为若干层:含有干细胞并通过半桥粒连接锚定于基底膜上的基底层,分化的角质形成细胞构成的中间层和最外层由死细胞构成的保护层角质层。真皮由成纤维细胞嵌入 ECM 形成,分为两层:与表皮和基底膜紧密相连的乳头层和深层网状层。乳头层通过Ⅶ型胶原纤维锚定于基底膜。真皮的 ECM 由纤维状蛋白(胶原蛋白和弹性蛋白)、蛋白聚糖和黏附蛋白(Fn、Ln 和肌腱蛋白)构成。蛋白聚糖可以与 HA 结合形成高分子量水结合复合物。黏附蛋白可以作为基底促使细胞由整合素受体介导进行迁移。

只要皮肤损伤穿透基底膜进入真皮层即引发纤维化修复。真皮修复伴随瘢痕形成,但是表皮可直接再生修复,而毛细血管则进行一过性的再生修复。皮肤损伤修复可以分成三个紧密结合的阶段,分别是止血、炎症反应和结构性修复。在主要止血阶段,破损的内皮细胞释放 ADP,ADP 可以吸引血小板黏附在损伤血管处聚集成团,堵住损伤血管。次级止血阶段包括凝血连锁反应,凝血连锁反应由组织因子(Ⅲ因子)启动直至凝血酶原被激活生成凝血酶。凝血酶诱导血小板去颗粒化,释放组织因子,并将纤维蛋白原转换成纤维蛋白,形成纤维蛋白凝块。组织因子吸引中性粒细胞、巨噬细胞和 T 细胞启动炎症反应。中性粒细胞和巨噬细胞的作用是杀菌、降解胶原蛋白和清创。中性粒细胞在进入创口后几个小时内就发生凋亡,并被巨噬细胞的吞噬作用清除。巨噬细胞存活时间较长,并参与了结构性修复阶段的启动。再上皮化和肉芽组织形成始于成纤维细胞增殖并迁移进入纤维蛋白基质。在皮肤松弛的哺乳动物皮肤结构性修复的早期,肌成纤维细胞出现在创口周围并缩小创口。起初,由于毛细血管和神经的再生导致肉芽组织过度血管化和神经化,之后多余的血管和神经逐渐退化。在结构性修复的最后阶段,成纤维细胞凋亡,数量逐渐减少,ECM 的组织结构进行调整。弹力纤维的数量减少,Ⅰ型胶原蛋白被 MMP 破坏,赖氨酰氧化酶催化胶原蛋白横向交联形成平行于皮肤表面的粗大纤维束。这些密集的、相对缺少细胞的胶原蛋白纤维束形成了肉眼可见的瘢痕组织。具有核心作用的 PDGF、TGF-β 和 EGF 与各种生长因子共同作用使损伤修复过程中各阶段协调地结合在一起。

哺乳动物胚胎早期的皮肤损伤通过再生进行修复,没有瘢痕形成,至妊娠晚期转变成以形成瘢痕进行修复的成体动物修复模式。胚胎创口成纤维细胞与成年机体成纤维细胞合成相同的胶原蛋白,并能形成正常体系结构的 ECM。胎儿皮肤的再生反应与其和成年机体皮肤之间的一些差别有关。胎儿皮肤Ⅲ型/Ⅰ型胶原蛋白值高于成年机体皮肤,胎儿皮肤内硫酸化蛋白聚糖合成的同时不伴随胶原蛋白的合成,并且其成纤维细胞合成更多的 HA 及其受体。这与胎儿创口仅引起轻微的炎症反应有关。如果真是如此,血小板、中性粒细胞和巨噬细胞的数量就会非常低。因此,与成年机体相比这些细胞合成的生长因子和细胞因子也相对较低。但是,胎儿的伤口 TGF-β3 的浓度高于成年机体。在胎儿创口添加成年机体水平的生长因子(TGF-β1、TGF-β2)和细胞因子后能引起创口的瘢痕修复。而且,减少成年机体创口这些分子的含量或添加 TGF-β3 能减轻瘢痕形成。这些数据表明,通过控制创口外环境,能使成年机体损伤的皮肤具有再生能力。对文身的相关研究也支持这种观点,文身中因数以千计的伤口导致大面积的皮肤损伤,而这些微小的伤口并不引起炎症反应。进一步的研究也支持这种观点,如新生 PU.1 缺失小鼠缺少巨噬细胞和中性粒细胞,这种小鼠通过再生修复皮肤损伤,无瘢痕形成,说明这种小鼠不能将胎儿修复模式转变为成年机体的修复模式。

研究人员尝试通过基因芯片分析比较损伤和未损伤皮肤来鉴定纤维化损伤修复过程中发生上调或下调的所有分子。这些分析表明,在损伤修复早期表达升高的基因大多数是信号转导通路基因。这种方法同样还可以用来比较研究野生型小鼠和新生 PU.1 缺失小鼠的损伤皮肤,或者用来比较胎儿和成年野生型小鼠机体的损伤皮肤,以鉴定再生修复和纤维化修复过程中基因活性的差异。结合生物信息学分析和系统生物学方法,这些宝贵的数据可以用来对损伤皮肤的瘢痕与再生修复途径中涉及的分子进行完整描述。

再生疗法可用于急性和慢性皮肤伤口、脱发、牙周损伤和疾病,以及角膜疾病和损伤。

各种各样的外用药物针对创面修复不同阶段的加速修复急性小伤口的正常皮肤已经过了测试。QuikClot 粘贴和 HemCon 敷料加速止血。酶清创剂,如木瓜蛋白酶/尿素和医疗蛆减少感染。还有一些外用药物通过降低 TGF-β 的水平降低炎症和瘢痕,从而更加紧密地模仿胚胎的伤口环境。壳聚糖、COX-2 抑制剂塞来昔布(celicoxib,一种缓解骨关节及风湿性关节炎症状的药物)、肝细胞生长因子(HGF)及抗 TGF-β 抗体都通过减少 TGF-β 在伤口的水平减少瘢痕,在溶液中或在凝胶添加许多生长因子,增强结构修理阶段的效果。TGF-β、FGF-2、EGF、PDGF、FGF-10 与硫酸皮肤素的组合,通过锌 metallothionin ⅡA 和人分层蛋白 stratifin 刺激再上皮化。血管生成是由血管内皮生长因子、酮色林、油酸、脂肪酸和阿片芬太尼加快速度的,而促进增殖和成纤维细胞的迁移是由钒酸、氧雄龙、FGF-2、TGF-β、生长激素、青葙叶提取物、余甘果(Emblica offici-nalis fruit)和 polyherbal(通过沙棘和芦荟加姜黄的根茎提取物制备的产品)完成的。

脱细胞支架、细胞移植和生物人工皮肤构建体用于促进广泛的急性伤口,如二和三度烧伤的愈合。脱细胞支架目前在临床用于烧伤的是 Alloderm®(脱细胞处理人真皮基质)和 Integra®(Ⅰ型胶原加硫酸软骨素的混合物),Surgisis™ 是猪小肠黏膜下层(SIS)和真皮基质(Permacol)。SIS 的其中一个变体,,已被证明优于疝修补聚丙烯网。Primatrix™ 是一种真皮基质,被批准用于急性切口和切除伤口,也包括烧伤。Integra® 是最广泛使用的无细胞基质。临床评估中 Integra® 的报告结果优于其他结构的切除伤口,包括烧伤。对于真皮基质较新的替代品是一个名为 Matriderm® 的胶原蛋白-弹性蛋白结构,它对烧伤创面喷洒新鲜分离角化细胞有利于他们的再上皮化。角质形成细胞增殖并迅速在创面表面出现。骨髓或脐血间充质干细胞通过旁分泌作用加快切除伤口的愈合。生物人工真皮支架接种成纤维细胞,并覆盖有硅胶膜或分层与角化细胞作为一个活伤口敷料,通过生长因子和细胞因子分泌,加速切口或烧伤创面的愈合,有两个代表商业产品是 Transcyte® 和 Orcel®。脱细胞支架和生物人工真皮的一个问题是,除非相关的伤口床是良好血管化的,否则移植物的血管形成是缓慢的。此外,生物人工真皮的细胞会受到免疫排斥。研究表明,脱细胞支架的功能和生物人工真皮一样好,而且价格便宜得多。

难愈性慢性皮肤创面,如压力、糖尿病性和静脉性溃疡是迄今为止有关创伤修复的最大的临床问题。对于治疗慢性伤口,已制订了各种各样的再生疗法,包括局部应用药物、红外和近红外光、角质细胞移植、生物人工皮肤替代物,以及脱细胞真皮再生模板。清创剂,包括医疗蛆,能有效地清除感染和坏死组织,减少炎症。KGF-2、PDGF-BB、TGF-β 和胸腺素 β4 促进上皮再形成。血管新生是由 FGF-2、血管内皮生长因子、胸腺素 β4、L-精氨酸、合成肽的凝血酶、己酮可可碱、氧化铜和各种植物提取物促进的。成纤维细胞的迁移和增殖是由 PDGF-BB、EGF、FGF-2、IGF Ⅰ 和 Ⅱ、TGF-β、胸腺素 β4 和高压氧增强的。目前,只有 FGF-2、PDGF-BB 和 rhKGF-2 被批准用于临床使用。FGF-2 作为 Fiblast 在日本销售,PDGF-B 和 rhKGF-2 分别在美国作为 Regranex® 和 Repifermin 销售。LED 发出的红外激光和近红外光也被报道加快动物和人类患者的慢性伤口修复。如果通过大型随机、双盲临床试验确认了由 LED 光源发光可加速创面修复,则其可因为简单、创伤小、成本低可成为治疗的首选。

同种异基因成角质细胞片被用于增强广泛伤口区域的上皮再生。它们慢慢地被受体排除,并被宿主角质形成细胞所取代。该薄片是非常脆弱的,所以角化细胞生长在聚合物载体或微球可以更轻松地转移到伤口表面。当应用于真皮已经被严重破坏的伤口时,它们遭受到一个低通过率,因为它们依赖于皮肤成纤维细胞的基底膜再合成和有丝分裂因子,如 KGF-2 等。因而脱细胞真皮结构和生物人工皮肤构造了可生物降解的聚合物支架,该支架接种了人表皮的同种异体成纤维细胞,并覆盖有角质形成细胞或 MSTSG,已被设计覆盖具有大面积皮肤损伤的伤口。目前有 Integra®;GRAFTJACKET®;Apligraf®;Dermagraft® 等 FDA 批准的皮肤替代物在市场上销售。

(庞希宁　赵峰　苏航　王娇　王竞)

参 考 文 献

1. Heldin CH, Landström M, Moustakas A. Mechanism of TGF-beta signaling to growth arrest, apoptosis, and epithelial-mesenchymal transition. Curr Opin Cell Biol, 2009, 21(02):166-176.

2. Feng XH, Derynck R. Specificity and versatility in tgf-beta signaling through Smads. Annu Rev Cell Dev Biol, 2005, 21:659-693.

3. Wu L, Fan J, Belasco JG. MicroRNAs direct rapid deadenylation of mRNA. Proc Natl Acad Sci U S A, 2006, 103(11):4034-4039.

4. Hata A, Davis BN. Control of microRNA biogenesis by TGFbeta signaling pathway-A novel role of Smads in the nucleus. Cytokine Growth Factor Rev, 2009, 20(5-6):517-521.

5. Blahna MT, Hata A. Smad-mediated regulation of microRNA biosynthesis. FEBS Lett, 2012, 586(14):1906-1912.

6. Ozsolak F, Poling LL, Wang Z, et al. Chromatin structure analyses identify miRNA promoters. Genes Dev, 2008, 22(22):3172-3183.

7. Corcoran DL, Pandit KV, Gordon B, et al. Features of mammalian microRNA promoters emerge from polymerase II chromatin immuno-precipitation data. PLoS One, 2009, 4(04):e5279.

8. Kato M, Putta S, Wang M, et al. TGF-beta activates Akt kinase through a microRNA-dependent amplifying circuit targeting PTEN. Nat Cell Biol, 2009, 11(07):881-889.

9. Sun Q, Zhang Y, Yang G, et al. Transforming growth factor-beta-regulated miR-24 promotes skeletal muscle differentiation. Nucleic Acids Res, 2008, 36(08):2690-2699.

10. Davis BN, Hilyard AC, Lagna G, et al. SMAD proteins control DROSHA-mediated microRNA maturation. Nature, 2008, 454(7200):56-61.

11. Davis BN, Hilyard AC, Nguyen PH, et al. Smad proteins bind a conserved RNA sequence to promote microRNA maturation by Drosha. Mol Cell, 2010, 39(3):373-384.

12. Liu G, Friggeri A, Yang Y, et al. miR-21 mediates fibrogenic activation of pulmonary fibroblasts and lung fibrosis. J Exp Med, 2010, 207(8):1589-1597.

13. Cushing L, Kuang PP, Qian J, et al. miR-29 is a major regulator of genes associated with pulmonary fibrosis. Am J Respir Cell Mol Biol, 2011, 45(2):287-294.

14. Xiao J, Meng XM, Huang XR, et al. miR-29 inhibits bleomycin-induced pulmonary fibrosis in mice. Mol Ther, 2012, 20(6):1251-1260.

15. Marquez RT, Bandyopadhyay S, Wendlandt EB, et al. Correlation between microRNA expression levels and clinical parameters associated with chronic hepatitis C viral infection in humans. Lab Invest, 2010, 90(12):1727-1736.

16. Noetel A, Kwiecinski M, Elfimova N, et al. microRNA are Central Players in Anti-and Profibrotic Gene Regulation during Liver Fibrosis. Front Physiol, 2012, 3:49.

17. 孙慧娟,蒙喜永,胡纯婷. MicroRNA-200c 通过 TGF-β/ Smad 通路抑制人瘢痕疙瘩成纤维细胞增殖和胶原合成. 中国美容医学,2012,21(11):1539-1542.

18. 程杰,于洪波,邓思敏,等. 胚胎中晚期皮肤微小 RNA 差异表达谱及生物学功能分析. 中华实验外科杂志,2010,27(12):1865-1867.

19. Huang S, He X, Ding J, et al. Upregulation of miR-23a approximately 27a approximately 24 decreases transforming growth factor-beta-induced tumor-suppressive activities in human hepatocellular carcinoma cells. Int J Cancer,2008,123(04):972-978.

20. Wang B, Hsu SH, Majumder S, et al. TGFbeta-mediated upregulation of hepatic miR-181b promotes hepatocarcinogenesis by targeting TIMP3. Oncogene,2010,29(12):1787-1797.

21. Zhong H, Wang HR, Yang S, et al. Targeting Smad4 links microRNA-146a to the TGF-beta pathway during retinoid acid induction in acute promyelocytic leukemia cell line. Int J Hematol,2010,92(1):129-135.

第 六 章

眼干细胞与再生医学

　　眼睛是我们身体中最重要的感觉器官,组织结构精细而复杂,来自不同胚层的细胞巧妙而准确地彼此连接,从而能够完成从外界获得视觉信息的功能。眼球本身这个直径约22mm的近球形器官的结构常被形象地类比为照相机。坚韧的纤维组织维持着眼球的结构,角膜、房水、晶状体和玻璃体构成了功能上的屈光传导系统,而视网膜构成的感光成像系统至少在成像原理上类似传统照相机底片或数码照相机中由CCD/CMOS半导体器件构成的影像传感器。屈光传导系统从前到后保持透明,因为这些结构排列有序,没有血管,没有色素,除角膜外基本都没有神经支配,并且整个系统很少有细胞,主要器官晶状体更是除上皮细胞和赤道区的部分细胞外,绝大部分晶体纤维甚至没有细胞核(图6-1)。相比之下,视网膜作为感光组织,其组织干细胞在视网膜损伤和(或)疾病修复中的作用应该被有效激活和利用,而在干预目前难治的严重视网膜退行性病变时,基于干细胞的视网膜再生治疗更具有特别重要的意义。

　　干细胞,由于其具有自我更新和多向分化的潜能,可以分化成各种组织乃至发育或成熟过程中各阶段的细胞,为那些目前难治的重要视网膜疾病的有效干预提供了新的思路和工具。但不同类型的干细胞,具有不同的细胞生物学特性,包括细胞行为、分化倾向、旁分泌功能等。这为我们治疗视网膜疾病提供了多种选择,但也给我们提出了如何研发及选择合适的供体细胞的挑战。面对这样的挑战,我们不仅需要了解有关视网膜疾病的病理基础和分子机制,也需要更多地认识视网膜组织的发生发育过程。

　　以再生医学为基础的角膜修复与再生已获得重要进展,包括生物材料和基于干细胞的治疗方法,或者两者的相互结合,有望部分或全部代替患病的角膜。角膜原位强化治疗方法可以在不进行移植的情况下,修复病变角膜。

　　眼球壁组织包括三层:外层为巩膜,是坚韧的结缔组织外衣,并在眼前表面延续成透明的角膜;中层葡萄膜是含有大量色素的血管性结构,为眼球提供养分;内层视网膜层,由较薄的视网膜色素上皮细胞层和较厚的神经视网膜层构成,神经视网膜中视细胞将光子转换成电信号,通过视神经传递给大脑。

　　中间血管层在眼前部增厚,形成环形肌组织,称为睫状体。血管层进一步向前延伸形成有瞳孔的虹膜。

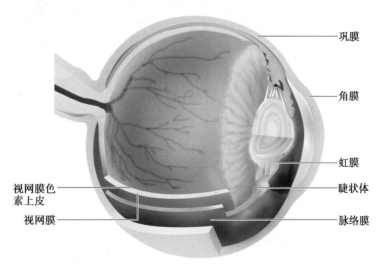

巩膜

角膜

虹膜

睫状体

脉络膜

视网膜色素上皮

视网膜

图6-1　屈光传导系统和感光成像系统

虹膜含色素上皮细胞(pigmented epithelial cells,PEC)和控制瞳孔直径的平滑肌。晶状体是透明、有弹性的扁圆体,通过悬韧带固定于虹膜 PEC 层后面。眼球无调节状态下,晶状体悬韧带具有张力,牵拉晶状体变薄,睫状体平滑肌收缩能减小悬韧带张力,晶状体发生形变增厚,会聚光线。

本章主要介绍视网膜干细胞、晶状体、角膜的发育和干细胞及晶状体和角膜的再生修复及在再生医学研究方面的最新进展。

第一节　视网膜的发生发育

尽管仍有很多环节尚不清楚,但较多研究证据表明,脊椎动物眼的发生发育起始于胚胎早期的原肠形成期,具体位置在前脑,在神经管前区腹侧的间脑的一个区,称为"生眼区"或"眼发生区"(eye field)。这一区已通过检测"生眼区转录因子(eye field transcription factors,EFTFs)"的表达而得到了进一步的确认。生眼区最初为位于中轴的单一区,后来从中间分开形成两个向两侧移、对称分布的生眼区。此后,生眼区的神经外胚层组织从间脑两侧向外凸出形成视泡(optic vesicles)。视泡不断向外生长,内侧经视柄(optic stalks)与发育中的大脑相连,外端则向外生长直到与表皮外胚层组织相接触。此时,视泡前端开始内陷,不断向视泡底部靠近,形成由内层和外层组成的视杯(optic cup),并且诱导表皮外胚层组织进入视杯成为晶状体泡(lens vesicle),并进而发育成晶状体。以后几周里,间充质组织伴随视杯发育,并不断分化形成玻璃体和眼球壁三层组织中的大多数组织,如脉络膜、睫状体、虹膜以及眼球最外面的纤维层巩膜。视杯和视柄的外胚层组织最终分别形成视网膜和视神经,而角膜组织则来自表面外胚层。

EFTFs 在眼的发育过程中发挥着关键作用,出现的时程、浓度以及相互作用,诱导着生眼区/视泡的细胞不断分化成眼组织的细胞,使生眼区与神经管其他区域有所不同。视泡细胞随视网膜的发育而大量增殖,最终产生神经视网膜的各种细胞以及其他几种非视网膜眼组织,如睫状上皮、色素上皮及虹膜等。

对视网膜疾病的再生医学治疗来说,眼发育中的视杯结构非常重要。视泡内陷形成视杯的内层,也就是后来的神经视网膜。而视泡外层内陷的部分形成视杯的外层,后来分化形成视网膜色素上皮(retinal pigmentation epithelium,RPE)层。两层之间的潜在间隙被称为视网膜下腔(subretinal space)(图6-2)。严格地讲,这个潜在的间隙称为神经视网膜下腔会更准确。这样的结构使视网膜脱离容易发生,但同时也为视网膜疾病的治疗,包括药物治疗、干细胞治疗、基因治疗等提供了一个理想的给药部位。目前研发中的干细胞治疗和基因治疗很多是通过视网膜下腔注射完成的。

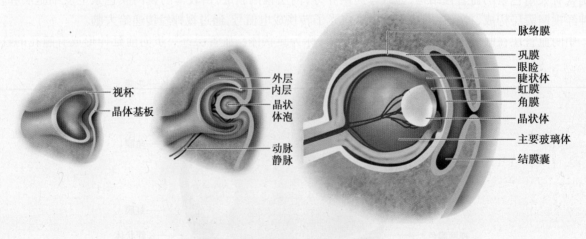

图 6-2　视网膜发生发育过程示意图

一、视网膜发生发育的重要调控因子

视网膜细胞的生物学性状,从生存、增殖、分化乃至衰亡,都是受多种因子特别是各种转录因子(transcription factor,TF)的调控。转录因子能与基因 5′端上游特定序列,即转录因子的结合位点(transcription factor binding site,TFBS)专一性结合,通过抑制或增强目的基因的表达以保证目的基因以特定的强度在特定的时间与空间表达蛋白分子,实现对细胞生物学性状的调控。因此,了解视网膜发生与发育过程有哪些转录因子参与、在哪个阶段参与、以什么样的强度参与以及转录因子间怎样协同作用,不仅有助于我们掌握视网膜各种细胞的分化和组织形成,而且对利用干细胞治疗视网膜疾病具有重要作用,因为控制干细胞分化为治疗所需要的供体细胞离不开对这些转录因子的认识。

1. 转录因子 Otx2　在生眼区出现之前,胚胎的神经系统的前端与后端已开始分开,转录因子 Otx2(orthodenticle 家族的成员之一)是调控这一区分的关键因子。当另一个相关的转录因子 Rx 开始表达时,生眼区的 Otx2 下调,并持续在生眼区周围表达和限制在色素上皮内,直到光感受器细胞(photoreceptor,或称为感光细胞)和双极细胞(bipolar cell)出现时才再次表达。敲除 Otx2 基因的实验动物不能形成生眼区及周围的结构。

2. EFTFs　在眼的发生发育中,最重要的转录因子是 EFTFs。生眼区从最初的中轴的单一区向两侧分开形成两个对称分布的过程也是受转录因子调控的。眼发生区为单一区时,先发生的事件是脊索前中胚层(prechordal mesoderm)中线区释放 Shh(sonic hedgehog),压制了中线区的 EFTFs,使得生眼区向两侧对称分开。生眼区/视泡表达的 EFTFs 主要包括 Rx、Pax6、Six3、Lhx2 和 Optx2(Six6)。这些 EFTFs 对眼的发育是非常重要而且必需的,其中任何一个基因的突变都会使个体出生后伴有小眼(microphthalmia)畸形或无眼(anophthalmia)畸形。

在各种 EFTFs 中,生眼区最先开始表达的转录因子是 Rx/Rax。Rx 表达起始于将要形成视泡的区域。一旦视泡形成,Rx 表达则限制在间脑腹侧和视泡区,并最终限制在发育中的视网膜中。在小鼠中,纯合子 Rx 基因突变导致无眼畸形,眼的发育在视泡阶段停止。由于 Rx 缺乏小鼠的其他 EFTFs,如 Pax6 和 Six3 表达也缺乏,表明 Rx 可能在这些基因的上游并具有诱导这些基因表达的作用。在人类,也已发现了一个无眼畸形和硬化性角膜(sclerocornea)患者伴有 Rx 基因突变。另一方面,过表达 Rx,在爪蛙胚胎可引起神经视网膜和RPE 的过度增殖以及异位视网膜组织形成。斑马鱼研究也得到类似的结果。

研究最清楚的 EFTFs 是 Pax6,配对盒同源结构域(paired box homeodomain)基因家族的一员。它是眼发育的关键调节基因,并且在不同种属中高度保守。在原肠末期,Pax6 在神经板前部开始表达,并持续在视泡及其后续组织中表达,并最终限制于成年动物的神经节细胞、水平细胞核无长突细胞。Pax6 基因突变时,会因基因剂量不同而引起多种不同的表型。在小鼠,纯合子 Pax6 基因突变将导致无眼畸形,但小鼠胚胎中 Rx 表达正常,表明 Pax6 是 Rx 的下游基因。在果蝇和爪蛙进行的 Pax6 异位表达(mis-expression)研究表明,Pax6 能诱导异位眼组织形成。在爪蛙,过表达 Pax6 导致沿着中枢神经系统(CNS)背侧有多个异位眼发生,并伴有包括 Rx 基因在内的其他 EFTFs 的异位表达,再次表明了 Pax6 对 Rx 等转录因子有诱导作用。异位眼与正常眼的形态类似,有神经视网膜和晶状体。

除 Pax6 和 Rx 外,其他几个 EFTFs 成员也在眼发生发育中发挥重要作用。Lhx2 就是其中一个。Lhx2 属于 Lim-homeodomain 基因家族的一员,在原肠期结束前的视泡中表达。在 Lhx2 突变小鼠,突变导致眼发育停止在视泡阶段,不形成视杯和晶状体。但这些小鼠视泡中的 Pax6 表达模式正常,所以,Lhx2 是在 Pax6 的下游。过表达 Lhx2 则在爪蛙导致两侧眼睛大并伴有异位视网膜组织。Six3 属于 Six-Homeodomain 基因家族,与 Pax6 基本同时出现。在鳉鱼中,Six3 失活引起无眼畸形和前脑发育不全,而其过表达导致多眼样结构异常,并且这些结构表达其他 EFTFs。Otx2(Six6、Six9)也属于 Six-Homeodomain 基因家族并在眼发育阶段的视泡表达。在爪蛙胚胎中过表达 Otx2 可导致视网膜区的增大,并使培养的视网膜前体细胞(retinal progenitor cell,RPC)过度增殖,提示体外干细胞分化或转分化为 RPC 时可以考虑在体系里检验一下 Otx2 的作用。

3. 胰岛素样生长因子信号通路　除上述 EFTFs 外,近年来也注意到生眼区表达的其他因子的作用。胰岛素样生长因子(insulin-like growth factor,IGF)信号通路和 Ephrin 信号通路在眼发生发育中的作用受到较多重视。IGF 和 IGF 受体在前神经板高表达。在爪蛙胚胎早期过度激活 IGF 信号通路可导致明显的异位眼形成和多个 EFTFs 上调。近来研究进一步表明,通过 IGF 受体可激活 MAPK 和 PI3K/Akt 两条细胞内第二信使通路,而对这两个信号通路激活程度的差异可能就是导致生眼区与周围脑区不同的原因。最近有报道,过表达 Akt 信号通路的 Kermit2 能特异性促进 EFTFs,而阻断 Kermit2 功能可抑制眼发育,并且这种被阻断的眼发育过程可通过表达 PI3K 而恢复。IGF 激活 Akt 信号通路引起 EFTFs 表达的机制也与其跟 Wnt 信号通路相互作用有关。爪蛙外胚层移植体中过表达 IGF-1 能抑制经典 Wnt 信号通路,并能恢复由于 Wnt8 过表达时引起的受到阻碍的眼发生过程。经典 Wnt 通路信号是生眼区形成所必需的。Wnt/beta-catenin 信号激活间脑后部的基因表达并压抑 EFTFs 表达,而激活经典 Wnt 通路可通过 Wnt4、Wnt11 和 Frizzled-5(Fz5)来促进 EFTFs 表达。所以,Wnt 信号通路也在区分生眼区形成与间脑发育之间起重要调节作用。在这个过程中,经典 Wnt 信号通路受 IGF 信号通路和非经典 Wnt 信号通路的抑制。此外,在鱼类和哺乳类动物,都观察到生眼区的 Wnt 抑制因子 Sfrp1 受到抑制时 EFTFs 表达区减小的现象。在小鼠胚胎生眼区表达的 Fz5 被条件性敲除后,导致第 10.5 天时小眼畸形及多种视网膜发育缺陷。

4. Ephrin 信号通路　在 Ephrin 信号通路研究中发现,在眼发生过程中,EphrinB1 与 FGF 信号通路之间的相互作用对眼的关键形态形成和迁移有重要协调作用。EphrinB1 增加引起较多细胞迁移到生眼区并导致眼区扩展,而阻断这个通路则减小眼的大小。EphrinB1 信号的作用也与 Wnt 信号通路有关。过表达 Wnt 信号通路能改变 EphrinB1 的组分如 Egl-10 和 pleckstrin,使因为 EphrinB1 抑制而发生的发育异常得以恢复正常。其他影响 EFTFs 的因子尚不很明确。如嘌呤介导的信号通路对 EFTFs 调节作用等。已观察到过表达 E-NTPDase2 能引起爪蛙胚胎异位眼形成,其机制可能涉及嘌呤受体 P2Y1,因为该受体的敲除和过表达,与 E-NTPDase2 一起,引起 Pax6 和 Rx1 的协同丧失或增多。

二、视网膜的结构

熟悉视网膜正常的组织结构和细胞组成以及疾病时发生的变化,对研发基于干细胞的各种治疗方法非常重要。因为我们首先要知道在特定视网膜疾病情况下哪些细胞发生了病变、要明确把干细胞分化成哪(几)种细胞进行治疗、明确把供体细胞移植到什么部位、明确怎样判断移植后是否实现再生治疗等重要问题。

简单概括:视网膜位于眼球壁内层,前起锯齿缘,后止于视盘。构成视网膜内层的神经视网膜和外层的色素上皮层分别来源于胚胎早期视杯的内、外层。视网膜主要由七种(光感受器细胞为一类)细胞组成四层细胞结构,组织学上分为十层。根据发育来源和细胞成分,视网膜分为两大层:外面的视网膜色素上皮层和内侧的神经视网膜。前者来源于视杯靠近视柄没有发生内陷的部分,后者则来源于前端内陷的部分。两层之间是一个潜在的间隙,即视网膜下腔,是供体细胞移植时经常选择的部位。移植前,通常先人为做一个局部视网膜脱离。注射细胞或基因后,神经视网膜一般会很快复位。

组织学上,视网膜的本质主要是由七种细胞组成的四个细胞层,从外向内为:RPE 层、外核层、内核层和节细胞层。由于神经视网膜的细胞有较长的突起,且突起彼此广泛连接,在显微镜下呈现出十层可见的结构(图 6-3),由外向内分别为。

1. 视网膜色素上皮层(RPE layer)　视网膜色素上皮层由单层含有黑色素的上皮细胞构成。细胞排列有极性,呈多边形。RPE 细胞之间通过连接小带形成紧密连接,阻断了包括水和离子在内的各种物质的自由往来,构成了血-视网膜屏障(blood-retinal barrier,BRB)的外屏障,与由视网膜血管内皮细胞构成的 BRB 内屏障共同完成对视网膜微环境的保护和稳定作用。RPE 细胞的另一个非常重要的功能是维持光感受器细胞的功能。一方面是参与视色素的再生与合成,支持光感受器细胞实现视觉的产生,另一方面,代谢活跃的光感受器细胞外界的膜盘不断脱落更新以保持视觉功能的正常,而脱落的膜盘要靠 RPE 细胞来清除。RPE 细胞吞噬脱落膜盘后,包裹在吞噬泡内,吞噬泡与溶酶体结合后,膜盘被消化。必需脂肪酸被保留下来用于外界合成的再循环,而代谢废物等则通过 RPE 细胞的基底膜被排出进入血液循环。当 RPE 功能下降或受损伤时,一些膜组织会在 RPE 中残留形成脂褐素,严重时会影响甚至损伤光感受器细胞,从而引发老年性黄斑变性(age-related macular degeneration,AMD)等眼病。在 AMD 时,干细胞治疗的主要靶细胞就是 RPE。值得特别提醒的是,RPE 细胞的极性对其完成功能非常重要。因此,在干细胞诱导分化制备 RPE 细胞时,不仅要保证供体细胞在移植后能够存活,还要尽量使细胞的排列符合正常的极性状态。

RPE 细胞还有许多其他功能,如吸收散射光线、合成生长因子、维持视网膜贴附、维持电稳态等,由于跟

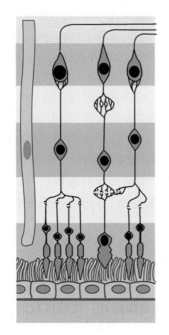
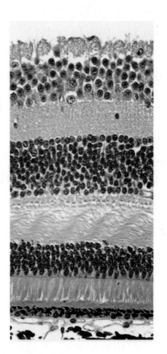

玻璃体内界膜
神经纤维层
神经节细胞层
内丛状层
内核层
外丛状层
外核层
外界膜
感光层
色素上皮层
脉络膜

图 6-3 视网膜的组织结构和细胞组分

本书的内容关系较远,故不详细介绍。而 RPE 在视网膜创伤和手术后的再生和修复作用,则在本章后面部分专题讨论。

2. 光感受器细胞层(photoreceptor layer) 光感受器细胞层,也称视锥、视杆细胞层或感光细胞层,实际上不是由光感受器细胞构成,而是由光感受器细胞(视杆细胞和视锥细胞)的细胞突组成,包括这些细胞在靠近 RPE 细胞一侧的内节和外节。光感受器细胞是我们身体中最为独特的一类细胞,是唯一能把载有外界物体大小、性状、颜色等信息的光信号转变为生物电信号从而可以产生视觉的细胞。这种光-电转换过程发生在光感受器细胞外节的膜盘上,其生化基础是视色素分子受光刺激后诱发的电反应,后者以神经冲动的形式经双极细胞传至神经节细胞(ganglion cell),并最终传到视中枢形成视觉。光感受器细胞损伤,能引起视觉的障碍,严重者可导致失明。由于人类视网膜光感受器细胞损伤后很难自身修复或替代,因此是干细胞治疗的另一个重要方向,即用干细胞分化为光感受器细胞进行替代治疗。

需要了解的是,整个网膜有 1.1 亿 ~1.25 亿个视杆细胞和 6.3 百万 ~6.8 百万个视锥细胞,使我们的视觉得以保持。如果进行细胞移植治疗时,要根据视觉损伤的面积和移植后细胞的生存率推算所需要的供体细胞。同样,需要移植 RPE 细胞时,也可以根据视觉损伤的面积推算相应的供体细胞数量。举例来说,我们视觉最敏锐的部分黄斑区中心凹直径约为 1.5mm,面积约为 1.77mm²。该区的视锥细胞密度约 38.5 万/mm²,则该区有视锥细胞约 68 万个,可作为移植光感受器细胞时的计算依据之一。如果是移植 RPE 细胞,由于 RPE 细胞较大,每个 RPE 细胞可支持约 45 个光感受器细胞,覆盖中心凹视锥细胞则需要 15 000 多个 RPE 细胞。当然,具体移植的供体细胞数量还要结合移植后细胞的存活率、细胞迁移到病变区的比率等因素进行综合考虑和测算。

3. 外界膜(outer limiting membrane,OLM) 外界膜为一层网状薄膜,是由视杆细胞和视锥细胞与 Müller 细胞连接处形成的结构。

4. 外核层(outer nuclear layer,ONL) 外核层是视杆细胞与视锥细胞的胞体所组成。显微镜下,可以看到多层细胞核组成的明显的层次结构。光感受器细胞损伤时,由于细胞的凋亡坏死等变化,细胞核消失,形态学上表现为外核层变薄,细胞核数量明显减少。这是检验治疗效果的一个重要的形态学指标。

5. 外丛状层(outer plexiform layer,OPL) 外丛状层为疏松的网状结构,是视杆细胞和视锥细胞的终球与双极细胞的树突及水平细胞的突起相连接的突触部位。

6. 内核层(inner nuclear layer,INL) 内核层主要是由水平细胞(horizontal cell)、双极细胞、Müller 细胞

和无长突细胞(amacrine cell)的细胞体组成。显微镜检查可见多层细胞核。

7. 内丛状层(inner plexiform layer,IPL) 内丛状层是双极细胞、无长突细胞与神经节细胞的树突相互连接形成突触的部位。

8. 神经节细胞层(ganglion cell layer,GCL) 主要由神经节细胞的细胞体组成。显微镜下可见少数几层相对松散分布的神经节细胞核。

9. 神经纤维层(optic nerve fibers,ONF) 主要由神经节细胞的轴突所组成。这些轴突向眼球后部汇集,经视盘形成视神经并延伸进颅内。此层含有丰富的视网膜血管系统。

10. 内界膜(inner limiting membrane,ILM) 内界膜,顾名思义,是位于视网膜与玻璃体之间的一层薄膜,构成视网膜的内界,由 Müller 细胞的基底膜组成。从上述组织学各层的细胞组分可以看出,视网膜各种细胞中,只有 Müller 细胞贯穿从内界膜到外界膜的各层,并与除 RPE 细胞外所有视网膜神经细胞及血管密切相互联系。Müller 细胞的这种组织学特性应该对视网膜功能有重要支持,并可能在视网膜再生治疗中发挥重要作用。

三、视网膜再生的基础

尽管人们对基于干细胞的再生医学寄予巨大希望,但事实上并不是所有难治的疾病都适合用干细胞进行再生治疗,在近期也很难实现干细胞再生治疗的跨越式进步和全面展开。比较可行的是,先在少数几个组织器官疾病的干细胞治疗中取得突破,积累和总结经验,再拓展到更广泛的领域去应用。一个组织的特殊病变是否适合干细胞治疗需要综合考虑很多因素。从发育和组织细胞结构角度看,至少在干细胞治疗开展的最初阶段,应优先考虑符合以下条件的疾病。

1. 需要的目的细胞(治疗用的供体细胞)量较少 很多从干细胞分化而获得的目的细胞数量都不多。要获得大量的细胞,就需要传代多次以扩增到一定的数量。目前的条件下,反复传代的过程中容易发生基因组的改变,为治疗带来潜在的风险。从这个角度看,视网膜疾病,特别是涉及光感受器细胞和 RPE 病变的疾病,非常适合于干细胞治疗。视网膜上,决定我们中心视力的黄斑中心凹只有约 15 000 个视锥细胞,而制备 1 万~2 万个细胞比较容易,不用多次传代,基因组的稳定性容易保持。即使包括中心凹周围区域,几万个细胞就能基本实现替代。而对矫正较大器官的组织缺陷或替代较大器官的代谢功能,几万个细胞则远远不够。至于经静脉输入后靠归巢效应进行治疗所需要的天文数字的细胞,靠全能性干细胞定向诱导分化及传代来扩增制备则不现实。

2. 病变组织的结构特点有利于供体细胞准确到位 许多病变的组织都深藏在机体深部,目前的技术,即使靠计算机辅助三位定位,也很难准确把供体细胞移植到需要治疗的部分。因为每个人的解剖结构都不同于其他人,即存在所谓的个体差异。目前的影像检查还无法精确到细胞水平,对深藏的微小结构的细胞移植,准确移植还是很大的挑战。当病灶较大时,相对容易,但尽早在病变早期进行干预是最为理想的方案。相比之下,目前的主要视网膜疾病主要涉及光感受器细胞和 RPE 细胞,发育过程和组织结构所提供的潜在间隙,视网膜下腔,是一个理想的干细胞再生治疗的部位。这两层细胞间很容易通过人工手术造成脱离,便于移植细胞并保证细胞最初只能在这个间隙准确分布,直接接触光感受器细胞和 RPE 细胞。眼睛的透明结构也使移植可以在手术显微镜下直视进行,定位准确。

3. 病变组织的微环境特点有利于供体细胞存活 干细胞再生治疗的终极目标还是异体供体细胞治疗,这样才有更广泛的科学意义和社会意义。但异体细胞治疗的一个重要障碍就是免疫排斥反应对供体细胞的杀伤。对我们机体绝大多数组织来说,免疫反应无所不在,是为异体干细胞治疗难以回避的重要挑战。但对视网膜疾病来说,干细胞移植治疗面临的免疫排斥问题较小,因为眼睛是机体内少有的免疫豁免器官(immune privileged organ),视网膜以内的组织受到的免疫排斥反应比其他组织小得多,可能与血-眼屏障的作用有关,使免疫细胞难以进入眼内去触发免疫排斥反应。

4. 病变组织器官的功能检查简便、指标明确 准确的治疗效果判定,对于把一项治疗方法推上临床至关重要。对很多不能直接、准确检查,而且功能复杂的组织器官来说,准确而客观地判断疗效并不容易,因为我们机体是处于一个动态变化的状态,主观感觉更是受多个因素的影响。血清白蛋白增加了 2g/L 很难确定是治疗肝脏疾病有了明确效果,血液红细胞增加了 200 个/μl 更不能说是矫正贫血的治疗有效。但在治疗眼病,视力提高 2 行,能明确表明患者的视功能得到改善,其生活质量也会有很大提高。检查方法既简单、又明确。所以,对于眼病,特别是视网膜疾病,干细胞治疗的效果的判断不那么含糊,有说服力。同时,通过视网膜电生理(electroretinogram,ERG)检查也可以客观判定治疗后视网膜功能的恢复情况。

5. 干细胞治疗后出现肿瘤等问题可早期发现并有办法干预　干细胞治疗的最大风险在于其成瘤性。干细胞的自我更新和多向分化潜能,使其在能够提供多种组织细胞以治疗不同疾病的同时,也存在有生长成肿瘤的可能。为叙述方便,姑且称这类肿瘤为"供体细胞来源的肿瘤"(donor cell-derived tumor,DCDT)。目前对肿瘤最有效的治疗是早期发现并及时切除(或其他最合适的治疗)。但体内大多组织器官的代偿能力很强,部分病变时常因患者没有症状而被忽视。深藏的肿瘤更不容易在常规检查中发现,而肿瘤发展到晚期手术也很难实施。相比之下,视网膜的任何微小病变都会在视觉上有所反应,比如患者感到眼前有局部微小的黑点。视网膜这种近乎"零容忍"的性质,使视网膜下腔干细胞移植后发生细胞异常增殖时,患者很早就有症状并及时就医。此外,眼睛前后轴向从前到后透明的组织学特性,使视网膜的病变能很容易通过光学仪器被直接观察到。最重要的是,现代眼科手术设备和技术已经能在发生 DCDT 时,通过激光、视网膜手术等办法及时消除肿瘤。这一优点也是其他组织器官所无法相比的。

6. 局部治疗时对全身的影响较小　眼球是相对与周围组织分离的。因此,不论是进行干细胞治疗或者发生肿瘤时进行干预,都很少影响到患者的全身情况。最坏的情况下,当眼内发生 DCDT 而现有办法不能治疗时,可以摘除眼球以保患者的生命。相比全身的干细胞治疗可能发生的 DCDT,眼内 DCDT 的影响还是比较小的。

视网膜组织结构的特点,在为干细胞治疗其病变提供了上述有利条件的同时,也给治疗视网膜疾病带来了特有的困难,如 RPE 细胞的极性的控制。在其他一些组织,细胞直接注射到病变部位可能都有效。但 RPE 的功能只有在其按应有的极性排列才能发挥支持光感受器细胞的作用。目前采取的对策一是在体外把诱导分化来的 RPE 细胞在介质上生长并保持一致的极性排列,然后剪取一小块进行移植。介质通常采用可降解可吸收的材料,或者在移植前去掉介质,仅植入细胞植片。另一对策是移植前体细胞,使供体细胞在微环境中多种因子的作用下,在分化成 RPE 细胞的过程中自己按应有的极性排列整齐。当然,不排除一种可能,RPE 细胞自己能根据在视网膜下腔中的位置调整自身的极性。但这种可能还需要有实验证实。目前尚未面对但可以想象的另一弊端,是再生细胞存活下来、分化为光感受器细胞并发挥功能时,治疗眼影像与对侧眼影像的一致性问题。我们视物用两只眼睛,给了我们很好的空间立体感。实现这一功能的一个重要基础,是两眼视网膜上注视同一点的视细胞间有精密的定位和准确的对应。移植的供体细胞即使存活下来,与下一级神经元(双极细胞)的突触连接未必与原来被替代的细胞一样,导致治疗眼单独视物时尚好,但与对侧眼的影像不一致,引起大脑视中枢混乱。在干细胞分化为 RPE 细胞时,应该不会发生这种情形。

四、视网膜干细胞

与机体其他组织类似,视网膜也有其组织干细胞,作为组织损伤或疾病后的修复。不过,视网膜干细胞的修复能力可能不够强,很多视网膜疾病或损伤后难以靠自身干细胞完成修复。而且,目前对大多数生物视网膜干细胞的数量、位置、特征、调控机制等所知尚少,对如何激活视网膜中静息状态的组织干细胞或诱导视网膜其他细胞转分化获得干性更是新的挑战。总之,视网膜干细胞研究还刚起步,有大量宝藏有待开发。

组织细胞在不断分化的过程中发生死亡。为保证机体中各组织器官能正常执行其功能,机体的很多组织中保留有一些具有自我更新和分化潜能的干细胞,属于成体干细胞。在机体细胞死亡或者受损时,组织中的干细胞会被激活而诱发向受损伤细胞的分化,修复和再生受损的器官,替代受损伤细胞以维持细胞、组织或器官的功能。视网膜干细胞属于成体干细胞中的一种。

目前,对视网膜是否存在组织干细胞仍有争议,主要集中在哺乳类动物视网膜是否有干细胞。普遍认为,从视网膜发生早期阶段分离出来的细胞属于视网膜前体细胞。但也有学者认为,这些细胞可以认为是视网膜干细胞,因为他们可以产生所有类型的视网膜细胞,产生大的克隆并进行对称分裂。在一些成年脊椎动物,视网膜边缘区不断产生新的神经元和胶质细胞,表明在这些种系的动物存在视网膜干细胞。但在哺乳类,视网膜发育过程中的干细胞/前体细胞在整个生命过程中不产生新的视网膜神经元,所以这些视网膜细胞并不具有神经干细胞的特征。

根据干细胞的定义,干细胞与祖细胞或前体细胞的重要区别是:干细胞具有干性,即自我更新(self-renewal)能力。换句话说,干细胞不仅能分化成多种细胞,也能产生与亲代细胞完全一样的子代细胞,而祖细胞和前体细胞没有自我更新能力。因此,发育早期的视网膜细胞中既包含有视网膜干细胞,又包含有视网膜前体细胞,而后者所占的比例应该大大多于前者。尽管两者都能分化为各种视网膜细胞,但视网膜前体细胞已经失去自我更新能力,是视网膜干细胞最终分化为视网膜细胞必经的中间阶段,比视网膜干细胞更为分化成熟、更接近视网膜细胞的中间状态细胞。并且,目前认识到的符合视网膜前体细胞定义的细胞群体也不是均一的,是由在向不同视网膜细胞分化过程中、处于不同分化阶段的细胞亚群构成的混合细胞群体。目前的困难是尚无有效办法在视网膜发生过程中用明确的、特异的细胞标志物(marker)把视网膜干细胞与视网膜前体细胞分开、把视网膜前体细胞各亚群分开。

按上述视网膜干细胞的定义,经历了半个多世纪的研究,目前在两栖类、鱼类和一些禽类比较明确有视网膜干细胞存在。这些动物的视网膜在胚胎期和新生儿期发育不完全,所以到成年后,视网膜会不断增加新的神经元。这一现象在硬骨鱼(teleost fish)最为明显。硬骨鱼的眼睛在一生中都在不断生长,可达 100 倍之大。这些有增殖能力的细胞和新产生的视网膜神经元都存在于视网膜周边区,位于与睫状上皮相接的部位,即围绕在视网膜的睫状边缘一个环形区,称之为睫状体边缘区(ciliary marginal zone,CMZ)。在非哺乳类脊椎动物,CMZ 细胞代表眼的早期前体细胞,甚至是视泡中的干细胞。事实上,成熟的蛙和鱼的视网膜的大多数细胞是由 CMZ 细胞产生的。谱系追踪研究表明,CMZ 细胞可以像胚胎视网膜细胞一样产生所有种类的视网膜神经元,很可能包含有一个视网膜干细胞亚群。只是在哺乳类目前尚未发现这群细胞。

蛙和鸡的 CMZ 细胞表达大多数的 EFTFs,包括 Pax6 和 Chx10,也表达 bHLH 转录因子,如 Ngn2 和 Ascl1。部分 CMZ 细胞对有丝分裂生长因子的刺激有明显反应。在鱼和两栖动物,CMZ 细胞增殖能力很强,但在鸟类则明显降低,在哺乳类则完全阙如。CMZ 中视网膜干细胞与视网膜前体细胞的比例目前尚不清楚。鸟类的视网膜细胞大多在胚胎期已产生,CMZ 产生的神经元则很少。鸡出生后一个月时仍有新生视网膜神经元产生,而在鹌鹑这个现象则可持续一年。所以,在蛙和鸡甚至其他禽类,多数人还是倾向于视网膜中存在有干细胞。

在哺乳动物眼,CMZ 进一步显著减少甚至缺失。在正常小鼠、大鼠和猕猴,多年来一直没能在视网膜中发现有丝分裂相的细胞。但 Tropepe 等在 2000 年发表的研究报告表明,成年小鼠视网膜睫状区的色素细胞能在体外不断分裂、增殖并且分化成为各种视网膜细胞的细胞,并认为这些细胞就是视网膜干细胞。同年,Ahmad 和 Tropepe 也从成年哺乳动物 CMZ 提取出了具有自我更新增殖能力的视网膜干细胞,并在一定条件下将其分化成了双极细胞、视杆细胞等视网膜细胞。2002 年,Yang 等更是从胚胎第 10 ~ 13 周的人胚胎眼中成功分离出视网膜干细胞。进一步,$Ptch^{+/-}$ 小鼠与光感受器细胞变性小鼠交配后,子代小鼠 CMZ 样区的增殖细胞明显增加,类似于低等脊椎动物 CMZ 受到损伤时发生的反应。在新生哺乳动物,用特殊生长因子诱导视网膜前体细胞离开正常细胞周期可刺激视网膜增殖,表明哺乳类视网膜周边区细胞仍保持着增殖能力,或者说 CMZ 区仍然存在,但哺乳类视网膜的再生机制与上述非哺乳类脊椎动物不同。首先,非哺乳类脊椎动物视网膜的再生主要通过 RPE 的转分化机制,所有 RPE 细胞都具有再生能力,而哺乳类视网膜再生的细胞很少并且只是在睫状区;其次,转分化意味着 RPE 细胞无须分裂增殖就可直接转变为神经元的表型,而视网膜干细胞需要经过细胞分裂来产生神经元或胶质细胞后代;最后,一些非哺乳类动物的睫状区干细胞可终生产生神经元,而哺乳类睫状区的干细胞可能在发育到一定阶段时受到微环境中某些因子的抑制而处于静息状态。除去抑制,这些干细胞应该具有再生视网膜细胞的潜力。只要找到这些因子,阐明其调控机制,将极大地推动视网膜疾病再生医学治疗的进步。

五、视网膜前体细胞

视网膜发育的一个重要阶段是视杯结构的形成。视杯是由视泡表层内陷和周边延展而形成,上述的 EFTFs 突变主要是影响、抑制这一阶段及以后的眼发育。视杯的细胞类似于中枢神经系统其他部位的神经前体细胞(RPC),具有简单的双极形态,跨整个神经上皮的宽度,经历有丝分裂,进而通过 S 期的核迁移阶段等。这些细胞曾被认为是均一的,但近年的研究表明他们具有不同的基因表达模式。1961 年,Sidman 报告了视网膜神经细胞发生的模式,并不断被后续研究所证实:神经节细胞、视锥细胞、无长突细胞核水平细胞在发育早期形成,而大多数视杆细胞、双极细胞和 Müller 细胞则在视网膜发生的后半期出现。这些细胞的后代细胞的克隆分析表明,他们可以产生各种类型的视网膜神经元,而这些克隆包含有神经元和神经胶质细胞两个谱系的细胞。RPC 的克隆分析同样显示包含各种大小的克隆,有些包含有数千个后代细胞。

决定 RPC 命运的机制一直是研究者关注的课题。目前有两个假说:一是 RPC 在发育过程中在被限定的方向上经历不断变化而最终形成神经元或 Müller 细胞。但这意味着要有一种分子总在帮助细胞确定是在发育中的哪个阶段。各种不同神经元的保守的出生秩序则可以被解释为因为在发育某一特定阶段在有丝分裂后被限定在一个特定的细胞分化的方向。另一个解释是周围环境的不断变化诱导着 RPC 逐步分化为后面的某一细胞,而 RPC 则在视网膜发生的整个过程中保持着能分化成视网膜所有类型细胞的能力。目前看来,RPC 固有因素和微环境因素都是决定这些 RPC 最终命运的重要因素。

近年来的研究表明,视网膜前体细胞可能是由不同亚群的细胞组成的。主要依据包括其不同组分细胞的基因表达不同,如碱性螺旋-环-螺旋(basic Helix-Loop-Helix,bHLH)基因表达谱的不同。bHLH 转录因子是真核生物蛋白质中的一个大家族,在发育过程中起着极为重要的调控作用,包括参与调控神经元发生,如 NeuroD 家族主要参与决定视网膜细胞命运,Atonal 家族和 Ngn 家族分别参与内耳发育及大脑皮质祖细胞分化的调控等。研究显示,bHLH 转录因子 Ascl1(Achaete-scute homolog 1,也称为 Mash1 或者 Cash1)只在视网膜前体细胞的某一群细胞表达,而转录因子 FoxN4 则在将分化成无长突细胞和水平细胞的视网膜前体细胞中表达,表明不同亚群的存在。另一类证据来自不同组分的视网膜前体细胞对生长因子和细胞内信号通路的不同反应。在同样的 cAMP 刺激下,从晚期胚胎或新生儿视网膜获得的视网膜前体细胞发生分化,而早期胚胎来源的视网膜前体细胞则发生增殖;从晚期胚胎或新生儿视网膜获得的视网膜前体细胞对 EGF 有强烈的反应能力,而早期胚胎来源的视网膜前体细胞对 EGF 或 TGFa 的反应很弱。对视网膜前体细胞存在亚群的异议,主要的依据是到目前为止还没能分离出可产生不同细胞类型的亚群。

简言之,胚胎视网膜中分裂活跃的细胞,主要是多能的 RPC。在视网膜发育早期,这些细胞可以产生视网膜所有类型的神经元和胶质细胞,但到发育晚期,他们后代的分化潜能就被限制在视杆细胞、双极细胞和 Müller 细胞。尽管这些细胞被称为前体细胞,但从视网膜发生早期分离出来的细胞可以被考虑是视网膜干细胞,因为它们可以产生所有类型的视网膜细胞、产生很大的克隆以及进行对称分裂。另一方面,在哺乳类,视网膜发育过程中的干细胞/前体细胞在整个生命过程中不产生新的视网膜神经元,从这个意义上说,哺乳类动物视网膜不像大脑海马区或室下区那样有真正的神经干细胞。无论如何,有些成年脊椎动物的视网膜在视网膜边缘区不断产生新的神经元和胶质细胞,表明视网膜干细胞在这些种系的动物是存在的。假定这些干细胞来源于视网膜发育过程中的某一亚群,但目前尚无有效办法在视网膜发生过程中把这些干细胞与 RPC 分开。

值得讨论一下的是成年哺乳动物视网膜干细胞和前体细胞。在胚胎期和新生儿期,在两栖类、鱼和禽类,视网膜的发育并不完全。这些动物中,成年后,视网膜会不断增加新的神经元。这一现象在硬骨鱼(teleost fish)最为明显,其眼睛在一生中都在不断生长,可达 100 倍之大。这些新的视网膜神经元产生于视网膜周边区,位于与睫状上皮相接的部位。这些细胞形成一个环形区,围绕在视网膜的睫状边缘,称之为睫状体边缘区(ciliary marginal zone,CMZ)。在非哺乳类脊椎动物,CMZ 细胞代表眼的早期前体细胞,甚至是视泡中的干细胞。事实上,成熟的蛙和鱼的视网膜的大多数细胞是由 CMZ 细胞产生的。谱系追踪研究表明,CMZ 细胞可以像胚胎视网膜细胞一样产生所有种类的视网膜神经元。因此,CMZ 中很可能有一个真正的视网膜干细胞亚群。蛙和鸡的 CMZ 表达大多数(如果不是全部的话)的 EFTFs,也表达 bHLH 转录因子,如 Ngn2 和 Ascl1。至少部分 CMZ 细胞能像胚胎前体细胞一样对有丝分裂生长因子有反应。在鱼和两栖动物,CMZ 非常高产,但在鸟类则明显降低,而在哺乳类则完全阙如。CMZ 中多少是干细胞、多少是前体细胞,目前尚不清楚。鸟类的视网膜细胞大多在胚胎期已产生,CMZ 产生的神经元很少。目前还不知道鸟类 CMZ 是否终生产生新神经元,但在鸡,出生后一个月时仍有新生视网膜神经元产生,而在鹌鹑则可持续一年。鸡的

CMZ 还表达多种 EFTFs，包括 Pax6 和 Chx10。在哺乳动物眼，CMZ 显著减少甚至缺失。在正常小鼠、大鼠和猕猴视网膜中没发现有丝分裂相细胞。有证据表明，在哺乳类，这一区被严重压制了。分析 Patched（Ptch）基因（Shh 信号通路的负调控因子）单个功能等位基因表明，直到成年的小鼠视网膜边缘区有少量增殖细胞存在。进一步，当 Ptch$^{+/-}$ 小鼠与有光感受器细胞变性的小鼠交配后，这一 CMZ 样区的增殖细胞明显增加，犹如在低等脊椎动物 CMZ 受到损伤时发生的反应。在新生哺乳类动物视网膜，通过注射特殊生长因子使前体细胞离开正常细胞周期可刺激增殖，表明哺乳类视网膜周边区的增殖可能是受到了微环境中某些因子的抑制。

六、视网膜细胞转分化与再生

转分化（trans-differentiation）是指一种类型的分化细胞转变成另一种类型的分化细胞的现象。转分化可以是同一胚层来源不同类型分化细胞之间，也可以是跨胚层进行。转分化是低等生物再生的方式之一，更是目前干细胞研究的热点领域，将在未来再生医学治疗中占有重要地位。本节将讨论部分生物眼内其他细胞转分化再生视网膜细胞的规律以及人为诱导各种细胞定向分化为目的细胞的研究进展。

1. 色素上皮　脊椎动物中最让人惊讶的再生例子是蝾螈各种组织包括眼睛的再生。视网膜完全去除后，五周之内，就能完全再生，同时，实验动物恢复对视觉刺激的反应。在蝾螈和其他多种两栖类动物，视网膜的再生是通过高度立体化的过程完成的：视网膜移去后，邻近的色素上皮组织很快就进入细胞周期。增殖的色素上皮细胞失去色素，并开始表达 RPC 的特异性标志物，是为第一个最早发现的转分化（transdifferentiation）例子之一。分化的色素上皮细胞继续产生新的视网膜神经元，其过程与正常视网膜组织再生一样。只需要几周，再生过程完成，新的视网膜神经节细胞与脑重新建立连接。

用分子标记示踪的办法，已确认 RPE 去分化（dedifferentiation）过程经历了类似 RPC 阶段，不过，这些细胞的这个过程可能甚至经历干细胞阶段，因为在某些种系 RPE 细胞可以再生出整个视网膜，最多可达 4 次完全再生。在胚胎鸡和哺乳类，类似的 RPE 去分化同样会引起整个视网膜的再生。不过，RPE 去分化为视网膜干细胞或前体细胞只能在眼发生的早期阶段实现。在两栖类和鸡，刺激 RPE 再生的关键因子是 FGF。在培养的 RPE 细胞中或体内模型中加入 FGF，可诱导 RPE 出现 RPC 的细胞特征，并产生新的 laminated 视网膜。最新证据表明，Shh 在 RPE 转分化的过程中同样起着重要作用。

2. 睫状上皮　睫状体也被认为是视网膜干细胞或前体细胞的 harbor。这一区的组织在发育上来源于神经管（色素性和无色素睫状上皮）和神经嵴。无色素睫状上皮是神经视网膜前部的延伸，而色素性睫状上皮则是 RPE 最前端的延伸。至少在某些动物，两个区很可能都具有产生神经元的潜能。眼内注射生长因子（胰岛素、FGF2 和 EGF）能刺激睫状上皮里的细胞增殖并最终向神经元分化。与 CMZ 细胞类似，这些细胞也表达 EFTFs、Chx10 和 Pax6。生长因子刺激该区诱导发育的神经元类似无长突细胞、神经节细胞核 Müller 细胞，但不表达双极细胞或光感受器细胞的标记物。

哺乳类的睫状上皮可能也具有一些产生神经元的能力，比如在成年猕猴眼的五色素睫状上皮具有神经元和增殖的标志物。用 Crx 转染时，眼神经上皮最前端的虹膜的细胞也能表达光感受器细胞的基因。体外培养的睫状上皮（色素性及无色素的）可产生能表达神经元标志物的细胞。色素上皮的一个小亚群可形成神经球，并传代后形成新的神经球。由于这些特征，这些细胞被称为视网膜干细胞。人眼中也有这些细胞，并且它们可以较长时间在体外生长、扩增和移植。不过，对这一提法，仍存在争议。通常来讲，形成神经球的潜力并不是表明干细胞的很可信的分析。Dyer 等人最近报道，这种神经球中的细胞并没失去睫状上皮的本身特征，而且神经元基因的表达很低。因此，他们结论说：睫状上皮细胞可以长成球，但这些细胞不是视网膜干细胞，甚至不是 RPC。因此，在目前阶段，还无法肯定这些细胞是否能用来重建功能性视网膜。具有成球能力的色素上皮细胞与 CMZ 中真正的视网膜干细胞之间的关系也还不明确，因为后者被认为没有色素。

3. 视网膜 Müller 细胞　Müller 细胞是视网膜主要的固有胶质细胞，也是 RPC 分化产生的唯一的胶质细胞。硬骨鱼视网膜损伤后也有强大的再生能力，但不是通过色素上皮而是通过 Müller 细胞实现的。实验性损伤后，鱼视网膜的 Müller 细胞产生强烈增殖反应，正常在 RPC 才存在的基因上调。鱼视网膜再生所必需的关键分子已明确。损伤后，Müller 细胞中前神经 bHLH 蛋白 Ascl1a（Achaete-scute homolog 1a）上调，而该基因敲除可导致视网膜再生过程失败。同样,其他神经前体细胞基因,包括编码 Olig2、Notch1 和 Pax6 的基因也上调。表明 Müller 细胞在应对损伤时可获得视网膜前体细胞的表型。鱼视网膜再生中,信号分子和生长因子发挥着重要作用。Midkine-a 和-b,睫状神经营养因子(ciliary neurotrophic factor,CNTF)对鱼视网膜再生很重要。目前,至少发现有四个基因是鱼视网膜再生所必需的,即编码 Ascl1a、PCNA、hspd1 和 mps1 的基因。

在新孵出小鸡,视网膜 Müller 细胞对神经毒性损伤的反应式重新进入有丝分裂细胞周期。正常视网膜的 Müller 细胞不增殖,但在受到损伤时会广泛增殖。其中一些增殖的 Müller 细胞表达前体细胞基因;他们上调 homeobox domain 蛋白 Chx10 和 paired box 蛋白 Pax6,表达 Cash1/Ascl1a、FoxN4、Notch1、Dll1 和 Hes5。这些结果表明,犹如在鱼那样,鸡的视网膜 Müller 细胞能进入前体细胞状态(阶段)。不过,尽管在 NMDA 损伤后大多数 Müller 细胞重返进入细胞周期,其中只有一小部分表达前体细胞的标志物,而更少的部分前体细胞样细胞能分化成表达神经元标志物的细胞。NMDA 处理数周后,Müller 细胞的后代表达无长突细胞(calretinin 和 RNA 结合蛋白 HuC/D)、双极细胞(Islet1)和极少量神经节细胞(Brn3、神经丝)的标志物。大多数 Müller 细胞的后代保持作为 Müller 细胞或前体样细胞,并继续表达前体细胞标志物如 Chx10 和 Pax6,但不进入神经分化。

尽管在视网膜再生的初始阶段,鸡和鱼的过程非常类似,而且视网膜损伤在两者都能引起 Müller 细胞增殖和表达神经前体细胞基因,但两者的再生反应有很多不同,关键差别包括:第一,损伤后,鱼的 Müller 细胞来源的前体细胞可多次分裂,而鸡的只分裂一次;第二,鸡的 Müller 细胞的后代只有很小一部分能分化为神经元,而大多数鱼的 Müller 细胞都能分化为神经元。哺乳类 Müller 细胞对损伤的再生反应比禽类还弱得多,它们会变得更为活跃、增大,但只有很少的细胞重新进入有丝分裂周期。只有特别的实验的例子中,少量 Müller 细胞重新进入细胞周期。此外,这个过程可以通过在损伤后加入有丝分裂原而得到刺激。Müller 细胞再生新视网膜神经元的能力与细胞获得前体细胞基因表达模式相关。为确定哺乳类 Müller 细胞损伤后是否激活前体细胞的发育程序,Karl 等用 RT-PCR 方法分析了接受 NMDA 损伤和生长因子处理的小鼠视网膜基因表达谱,并发现:NMDA 处理后 Müller 细胞的 Pax6 上调,Notch 信号通路的组分 Dll1 和 Notch1 也上调。也有报道其他前体细胞基因也上调的。在体外培养的人 Müller 细胞,也会表达至少部分前体细胞基因。

综上所述,哺乳类 Müller 细胞在视网膜受到损伤后,可以上调前体细胞基因。但这些去分化的 Müller 细胞能再生新的神经元的证据仍不明确。哺乳类视网膜神经元再生的第一份报告来自 Ooto 等人,表明在视网膜损伤 2~3 天后至少有一些 BrdU$^+$ 细胞存在并在 2~3 周后分化为双极细胞和光感受器细胞,但没有报告说可以分化为无长突细胞。NMDA 和有丝分裂原处理结合可以促进增殖和部分后代细胞分化为表达无长突细胞标志物的 BrdU$^+$ 细胞,包括 Calretinin、NeuN、Pax6、Prox1 和 GAD67-GFP。这些实验是用表达 GAD67-GFP 的小鼠完成的,因此,应该可以证明 BrdU$^+$ 细胞的层次位置及形态与无长突细胞一致。在 NMDA 处理小鼠有无长突细胞再生与 NMDA 处理损伤无长突细胞和神经节细胞的情形一致,表明这一再生修复有特异性。此外,在小鼠和鸡视网膜损伤后,一个明显上调的转录因子是 FoxN4,后者是在视网膜组织发生过程中产生无长突细胞必需的转录因子。Wnt3a、MNU 损伤和 alpha 氨基己二酸液被用于大鼠和小鼠的视网膜损伤后 Müller 细胞的再生潜能。这些因子都能用 Müller 细胞增殖,一些 BrdU$^+$ 细胞能与视网膜某些类型的神经元(特别是视杆细胞)共定位。这些研究总体上表明:啮齿动物视网膜 Müller 细胞的一个亚群至少可以再生少量无长突细胞和光感受器细胞。

七、利用干细胞再生修复视网膜

利用自体眼内干细胞诱导分化或利用眼组织其他细胞转分化这两种策略实现的临床视网膜再生治疗,即使研发成功,也可能受到应用上的限制。一是哺乳类视网膜再生修复机制比非哺乳类极大地减弱,二是很多视网膜疾病会同时损伤视网膜干细胞或前体细胞以及其他细胞。遗传性疾病更是使视网膜其他细胞也因与损伤细胞带有同样的基因组而无法分化出健康的细胞进行功能替代。因此,很多研究都聚焦在如何利用异体的细胞进行定向分化产生治疗用的供体细胞,或者 iPSC 技术对自体其他组织细胞进行定向诱导分化和基因矫正后进行治疗。在干细胞技术兴起之前,人们已经尝试用异体供体细胞移植进行替代治疗了。使用的细胞主要是取自流产胎儿或者眼库捐赠眼的视网膜光感受器细胞或者是 RPE 细胞。这类细胞移植治疗不仅在动物实验中取得成功,而且在不同的视网膜变性病例中移植胎儿视网膜前体细胞的 1 期临床试验也获得一定程度的成功。但由于获得合适的供体细胞非常困难,特别是从流产胎儿获取,还存在伦理上的争议和阻碍。因此,1998 年人胚胎干细胞(hESC)建系成功后,人们的努力开始转向用 ESC 定向诱导分化获得视网膜光感受器细胞或 RPE 等供体细胞。近年来,利用 iPSC 及成体干细胞进行视网膜再生治疗的尝试研究也获得进展,使获得治疗性供体细胞的途径越来越多。主要包括:

1. 胚胎干细胞来源的视网膜细胞　非哺乳类脊椎动物有多个不同的视网膜再生修复机制,包括已有的视网膜前体细胞去分化等。但这一能力在哺乳类视网膜极大地减弱。因此,有人尝试在不同的视网膜变性病例中移植胎儿视网膜前体细胞,包括进入Ⅰ期临床试验的研究,并获得一定程度的成功。不过,fRPC 的获得非常困难。因此,大家在研发能诱导 ESC 或 iPSC 向 RPC 或光感受器细胞分化的方法。ESC 具有分化的全能性,是其成为很有吸引力的内源性视网膜前体细胞的替代物。iPSC 具有类似潜能,同时避开了使用 ESC 时会遇到的伦理障碍。

已有数个将小鼠 ESC 定向诱导分化为视网膜细胞的方法。一些早期的神经分化方法设计使用视黄酸(RA)或者碱性成纤维细胞生长因子(basic fibroblast growth factor,bFGF)或者 ITS、Fn(胰岛素、transferrin、selenium 和 bifronectin 联合使用)。这样产生的神经上皮的比例高,并可进一步分化为神经元和胶质细胞。尽管早期的尝试不能证明培养 ESC 能表达明确的视网膜标志物,但 place 神经接到的 ESC into 神经微环境,在体外、鸡胚视网膜以及体内,推动了视网膜分化工作。与视网膜组织共培养,一些细胞甚至能表达光感受器细胞前体细胞的表面标志物,如 Crx 和 Nrl,但几乎不能表达光感受器细胞的标志物,如 Rhodopsin 和 interphotoreceptor retinoid-binding protein(IRBP)。这些细胞移植到视网膜变性模型后,可穿入视网膜并表现出神经元的形态特征。但他们并不表达明确的光感受器标志物,尽管他们看起来能使存留的宿主光感受器细胞存活得更好。

培养的 ESC 形成的 EB,与基质细胞系 PA6 结合,可产生视网膜和色素上皮细胞。用 EFTFs 如 Rx 驱动细胞的视网膜分化也较有效。不过,目前最成功的是用信号分子的特殊组合的刺激。如 Masayo Takahashi 小组使用 Lefty-A、Dkk1 和 Activin A 的组合诱导小鼠 ESC 向视网膜细胞分化。Lefty-A 通过抑制 BMP 信号通路而发挥神经诱导作用;Dkk1 则抑制 Wnt 信号通路而诱导 anterior neural fates;Activin A 诱导视泡细胞的色素上皮分化,并在视网膜发育晚期促进 RPC 向光感受器细胞分化。这一方案可使全部细胞的几乎 30% 都表达 Pax6 和 Rx,EFTFs 的两个重要组分。这些细胞与 re-aggregated 成年视网膜神经元共培养,大部分细胞会表达光感受器细胞标志物 rhodopsin 和 recoverin。包含这些细胞的植片移植后,这些细胞整合到了宿主视网膜中。

关键发育信号分子的组合对设计诱导人 ESC 的视网膜细胞方案也很重要。联合使用 Noggin(BMP 抑制剂)、Dkk1(Wnt 抑制剂)和胰岛素样生长因子(IGF-1)能有效地诱导人 ESC 向视网膜细胞分化。用这个方法分化出来的细胞表达所有关键 EFTFs 以及光感受器细胞分化的早期标志物,如 Crx、Nrl 和 recoverin。把人 ESC 来源的视网膜细胞与成人视网膜植片共培养,不论是使用野生型小鼠的正常视网膜还是视网膜变性小鼠的变形视网膜,细胞的光感受器细胞分化趋势都被明显增强,表明 ESC 自己缺乏光感受器细胞完全分化所需要的微环境因素。类似的方法有使用 Wnt 和 BMP/nodal 信号通路拮抗剂的组合。总而言之,这些研究报告提示:在人和小鼠,ESC 的眼发生区诱导与正常眼发育过程类似,Wnt 拮抗剂和 BMP 拮抗剂联合作用产生前神经组织。尽管眼发生区的很多标志物在其他前神经区组织也有表达,但大脑皮质的标志物如 Emx 在这些方法中不被诱导。更为重要的是,光感受器细胞只能由 RPC 产生,体外培养液能分化出早期光感受器。最近有报告说,某些类似这些信号通路分子的小分子化合物可以在视网膜分化策略方案中替换一些信号分子。Meyer 等人的分化策略与其他人的明显不同,他们在分化 ESC 的培养过程中从其他神经和非神经细胞中鉴定和挑选出 RPC。其好处是能展示人 ESC 分化为视网膜的各阶段与体内发生的各阶段一致。

2. 诱导性多能干细胞来源的视网膜细胞　诱导性多能干细胞(iPSC)是 ESC 的一个替代选择。这些细胞规避了 ESC 的一些伦理问题,因为获得这样的细胞不需要破坏胚胎。iPSC 的另一个优势是可以从成人皮肤成纤维细胞获得,因此可以从遗传疾病患者获得多能干细胞来建立疾病的细胞模型或患者特异性细胞替代治疗的供体细胞。已有多个研究证明,ESC 的视网膜分化策略可以诱导 iPSC 的视网膜分化。在体外,这些细胞发育出很多不成熟光感受器细胞的特性,并在植入正常小鼠视网膜后整合到适当的细胞层。虽然不同细胞系和诱导方法的视网膜分化效率不同,但至少在一些研究中这些 iPSC 在视网膜分化中与 ESC 一样好甚至更好。

分析诱导分化效率的一个关键方法是看移植后这些分化细胞整合到宿主组织中的情况。对细胞为基础的治疗来说,这是一个基本的原则性证明。首先证明了 ESC 来源的视网膜细胞在移植到眼内后能存活的是 Banin 等人,但他们的分化方法效率不高,并且移植细胞的视网膜细胞标志物的证据很弱。第一次明确证实人 ESC 来源光感受器细胞能在功能上重建先天性失明小鼠对光反应的是 Lamba 等的工作。他们将 ESC 用 GFP 进行标记后再行分化,并将分化的细胞移植到正常和 *Crx^{-/-}* 小鼠(遗传性视网膜缺陷小鼠,与 Leber's Congenital Amaurosis,LCA 的一种类型一致)。在 *Crx* 缺陷小鼠,光感受器细胞不能表达光转化所需要的基因,并最终变性。当在视网膜下腔移植了人 ESC 来源视网膜细胞后,这些细胞整合到变性的环境,并重建部分对光的反应。这些数据说明,人 ESC 原则上可以用来进行光感受器细胞的替代治疗。

在细胞替代治疗真正实现临床重建视网膜变性过程中,还有几个关键问题需要解决。其中最重要的考虑就是安全性,是眼内移植 ES 来源细胞后导致畸胎瘤的可能性。此外,多项研究表明,移植后整合到宿主视网膜最好的细胞是"新生"的光感受器细胞,即由 RPC 分化出来几天之内的视杆细胞和视锥细胞。一个解决上述两大问题的办法是对新近从人 ESC 分化而来的光感受器细胞进行纯化。Lamba 最近报告,用来诱导视网膜分化的 hESC 可以预先在体外进行光感受器细胞特异性启动子驱动的 GFP 标记。这些细胞可以用流式细胞仪技术(Fluorescent activated-cell sorting,FACS)进行纯化,使其纯度达 90% 以上。纯化后的光感受器细胞在移植后可以整合到小鼠视网膜内。由于光感受器细胞是有丝分裂后细胞,所以发生畸胎瘤的危险几乎被排除了。

3. 成体干细胞来源的视网膜细胞　视网膜干细胞属于成体干细胞,但前面已经讨论过。本节只探讨通过其他组织的成体干细胞转分化产生视网膜细胞的问题。目前,研究较多的成体干细胞主要有骨髓间充质干细胞(bone marrow mesenchymal stem cell,BM-MSC)、脐带间充质干细胞(Umbilical cord mesenchymal stem cell,UC-MSC)、脂肪干细胞(adipose-derived stem cell,ADSC)等。

(1) 骨髓间充质干细胞(BM-MSC):这是 MSC 中最具代表性的一类,目前关于 MSC 的认识很多是来自 BM-MSC。尽管 BM-MSC 在成年体内增殖不明显,但在体外培养中却表现出活跃的增殖能力。特别是其向不同谱系分化的能力,日益受到重视。已有研究表明,在体外培养体系中,BM-MSC 可被诱导分化为脂肪细胞、成骨细胞、软骨细胞、心肌细胞、肝细胞、血管内皮细胞、皮肤上皮细胞等。BM-MSC 可分化为神经星形胶质细胞、少突胶质细胞与神经元的潜能提示,BM-MSC 可能会被诱导分化为视网膜神经细胞和 RPE 细胞,成为视网膜再生修复的供体细胞。在 rMSC 研究中,用含有 EGF、bFGF 等因子以及细胞培养液的分化液处理,细胞发生形态改变,长梭形的细胞收缩成短梭形或锥形,并伸出多个末端有树状分支的突起,最终形成双极或多极的神经样细胞,并表达 Nestin、NeuN、Thy1.1 及 GFAP(glial fibrillary acidic protein)。在另一项 rMSC 研究中,联合使用光感受器细胞外节(Photoreceptor outer segments,POS)和 RPE 细胞条件培养液(RPE conditional medium,RPE-CM),促进了 rBM-MSC 的 RPE 分化和成熟。分化的细胞内,色素颗粒显著增加,RPE 标志物 RPE65、CK8(cytokeratin 8)和 CRALBP 高表达,并且具有吞噬 POS 的功能,可以确认为是 RPE 细胞。这两项研究中,由于使用了视网膜细胞培养液,因而无法得知是哪些因子在这个过程中发挥了作用。更进一步,在小鼠视网膜细胞培养体系中,MSC 的 CM 能延缓光感受器细胞的凋亡,提示 MSC 分泌的因子能促进光感受器细胞的存活。我们早前的研究证明,在 RPE 条件培养液刺激下,rMSC 能在体外分化为 RPE 细胞,称之为诱导型视网膜色素上皮细胞(inducible Retinal pigment epithelium,iRPE)。这些 iRPE 细胞不仅获得 RPE 细胞表面标志物的表达能力,还能像 RPE 细胞一样吞噬光感受器细胞脱落的外节碎片,表明 MSC 条件培养液中含有某个或某些因子能诱导 MSC 分化为形态、表面标志物和功能上都符合 RPE 细胞特征的 iRPE 细胞(图 6-4)。

体内研究同样表明 MSC 具有诱人的治疗应用前景。最早报道将 MSC 诱导分化为光感受器细胞的应该是澳大利亚的 Kicic 等人。2003 年,他们用 Activin A、EGF 和牛磺酸联合诱导,结果有 20% ~32% 的 CD90⁺ rMSC 分化为表达光感受器细胞标志物 rhodopsin、opsin 和 recoverin 的细胞。进一步,该团队还用 RCS(Royal College of Surgeons)大鼠检验了这些细胞的治疗效果。RCS 大鼠是由于 *merkt* 基因突变引起视网膜光感受器

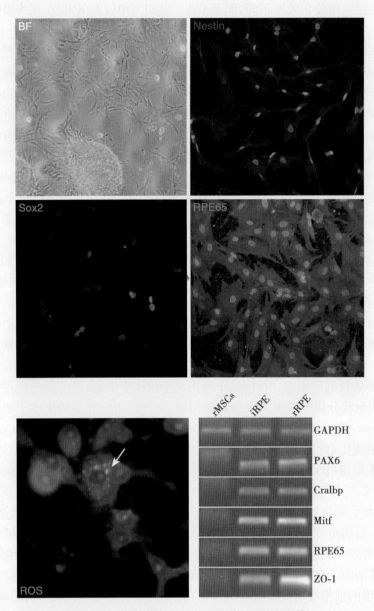

图 6-4　大鼠 MSC 体外诱导分化的 iRPE 细胞
大鼠 MSC(rMSC)在体外通过定向诱导而转分化为 RPE 样细胞(iRPE)。光镜显示,在分化 1 周时,
rMSC 来源的神经球贴壁培养;表达神经干细胞的标志物 Nestin 和 Sox2;在分化 2 周后,表达 RPE 的
特异性标志物 RPE65。下图显示 rMSC 来源的 iRPE 细胞具有吞噬功能。培养体系中的荧光标记的
ROS(视网膜外节膜盘)进入到细胞内,提示 iRPE 细胞具有正常 RPE 细胞的吞噬功能

细胞变性的模型。细胞移植到 RCS 大鼠视网膜下腔后,覆盖了视网膜的 30%,并在 2 周后迁移整合进宿主视网膜,形成光感受器细胞类似的结构,也表达相应的标志物。Kicic 等还证明了供体细胞在宿主视网膜内主要是分化而不是增殖,并可能具备信号传递功能。同时,移植后未见畸胎瘤形成。后来,Inoue 等也把 MSC 注射到 RCS 大鼠视网膜下腔以检验 MSC 的治疗效果,观察到 MSC 能从形态上和功能上保护视网膜,延缓视网膜变性的进程。我们用化学诱导模型做过类似研究。使用碘酸钠选择性损伤褐色挪威大鼠的 RPE 细胞,导致其光感受器细胞继发性变性,再通过视网膜下腔移植 rMSC 进行干预并获得满意效果。碘酸钠处理后,RPE 很快死亡后,继而导致光感受器细胞损伤,表现为细胞外节断裂、缩短及核固缩,TUNEL 染色呈阳性,表明光感受器细胞发生凋亡。视网膜电流图(ERG)检查显示大鼠视网膜对光的刺激反应明显下降,提示其视觉功能受到损伤。移植的 rMSC 能扩散分布于视网膜下腔并逐渐分化为 RPE 细胞,并保护治疗区域视网膜,特别是 ONL 细胞。值得注意的是,ERG 检查结果显示,MSC 移植组大鼠的视网膜功能在术后 2~3 周后才开

始逐渐得到改善和恢复,与移植的 MSC 分化为 RPE 细胞的过程类似。因此,MSC 干预的机制应该不是其旁分泌机制,而主要是 MSC 分化成目的细胞,即 iRPE 细胞,而发挥的作用。除治疗作用延迟的现象支持 iRPE 细胞分化所需要的时间外,从细胞的生物学特性也能更好理解这一机制。MSC 本身不具备支持光感受器细胞的作用,也不参与视觉形成过程,但在 MSC 分化为 RPE 后,就能发挥相应的功能。如果说移植的 MSC 的旁分泌作用也对这一干预作用有贡献的话,也只是部分作用,并且包括这些 MSC 分化为 RPE 后的神经营养作用。这一研究提示,MSC 有可能会发展成一种治疗视网膜变性的供体细胞。另外,我们利用慢病毒技术使MSC 表达神经营养因子促红细胞生成素(erythropoietin,EPO),而这种基于干细胞移植的基因治疗方法对碘酸钠大鼠的视网膜有更好的保护效果(图 6-5)。

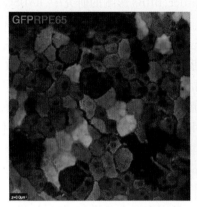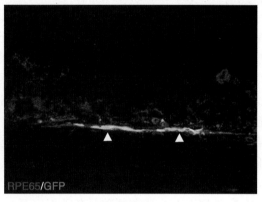

图 6-5　大鼠 MSC 移植后在体内分化为 RPE 细胞

视网膜平铺片(左)观察显示:将 rMSC 移植到受损伤的视网膜下腔,GFP 标记的供体细胞能够迁移并分化为 iRPE 细胞。细胞呈现典型的铺路石样上皮细胞的形态、表达RPE65 并嵌合在受损伤的 RPE 的部位。视网膜切片(右)表明:iRPE 细胞形成单层排列,类似于正常情况下的 RPE 层

目前已证明,MSC 可以跨胚层分化为视网膜细胞。其机制可能是转分化,或者是 MSC 中可能含有能分化为三胚层细胞的多能性成体祖细胞(multipotent adult progenitor cell,MAPC)。按转分化假设,MSC 这类组织干细胞的发育方向是由其所处的微环境所决定。当个体细胞进入到新的组织中时,新的微环境(如视网膜培养液中的因子)提供新的信号或解除原有的限制信号,部分细胞可能向其他细胞系(如视网膜细胞)发展,表现为转分化。对 MAPC 假设,尽管支持者在 MSC 培养中获得一类与 ESC 相似的细胞,甚至可以通过嵌合体实验证明其全能性,但 MAPC 只能在 MSC 培养一段时间后才出现,因此可能是继发或人工的产物。

从视网膜疾病的临床再生治疗角度看,BM-MSC 比 ESC、iPSC 或其他细胞(如神经前体细胞)更有优势:没有伦理争议、增殖速度快、免疫原性低、移植方法简单、易进行基因修饰等,是一个容易在临床推广的治疗技术。BM-MSC 应用所遇到的问题是,随着传代和老化,细胞数量和增殖/分化能力迅速下降。新近研究表明,MSC 存在不同的亚群,具有不同的生物学性状和特征。选择合适的亚群,将会进一步提高分化效率和治疗效果。

(2)脐带间充质干细胞(UC-MSC):UC-MSC 是目前临床应用最为广泛的一类 MSC,特别是在中国。尽管大多数干细胞库收集脐带血干细胞数量最多,但近年来,收集脐带以制备 UC-MSC 并提供给医院研究或临床试验等用途似乎成为干细胞库的主要业务了。UC-MSC 取自脐带华氏胶,材料获得方便,对供者无损伤,容易被普遍接受。其基本的间充质干细胞生物学特性与 BM-MSC 类似,因而其相关的应用研究逐年增多。但UC-MSC 的视网膜分化研究尚不多见。

(3)脂肪间充质干细胞(ADSC):尽管 BM-MSC 有诸多优点,但采集自体骨髓不仅仍有不小的损伤,能获得的量也有限。因此,人们也在致力于寻找一种可采集的细胞量大、局部麻醉下能实施、对身体造成的伤害和不适更小的自体成体干细胞来替代。2001 年,Zuk 等首先报道了 ADSC 相关的工作。他们通过吸脂术获得人脂肪组织并从中分离获得了一类成纤维细胞样的亚群,可在体外长期维持、具有稳定的群体倍增能力并且老化水平很低。从分化能力看,这些细胞不仅能被诱导分化为成脂细胞、成软骨细胞、成肌细胞和成骨

细胞,也能被诱导分化为神经外胚层的各种细胞。虽然 ADSC 表达多个与 MSC 类似的 CD 标志物抗原,但 ADSC 也有不同于 MSC 的特点,包括 CD 标志物表达谱和基因表达谱的差异。

在 ADSC 的视网膜细胞分化领域,也有人对 hADSC 在体内外分化为 RPE、光感受器细胞和血管内皮细胞,以及对视网膜变性大鼠的治疗效果进行了研究。结果表明,用血管内皮生长因子(vascular endothelial growth factor,VEGF)和 FGF 能在体外诱导 hADSC 分化为表达血管内皮细胞Ⅷ因子(vWF)、视紫红质(rhodopsin)、细胞角蛋白(pan-CK)的细胞,表明分化的细胞中包括有血管内皮细胞、光感受器细胞和 RPE 细胞。把 hADSC 悬液经尾静脉注射到视网膜变性模型大鼠体内,细胞可整合到宿主 RPE 层和脉络膜毛细血管,并且表达血管内皮细胞、RPE 细胞和光感受器细胞的标志物,视网膜损伤得到明显修复。在一项研究 ADSC 对糖尿病视网膜病变(diabetic retinopathy,DR)大鼠的血视网膜屏障(blood-retinal barrier,BRB)影响的研究中,hADSC 同样经尾静脉注射到 STZ 诱导的 DR 模型大鼠体内后,在胰腺、肝、肾、脾、角膜和视网膜中都发现有 ADSC。视网膜中的移植细胞能够表达视紫红质和胶质细胞特有的 GFAP。视网膜伊凡斯蓝(Evans Blue)渗漏减少,表明移植细胞或其分化的细胞有改善或修复 BRB 功能的作用。ADSC 在视网膜局部应用同样也有很好的疗效。在一项研究 hADSC 移植治疗新西兰白兔视网膜裂孔实验中,移植组的视网膜重建组织在 12 天恢复到正常厚度,而对照组需要 32 天才能恢复。对照组治疗区视网膜中只能检测到胶质细胞的标志物 GFAP,而移植组可见散在的供体细胞来源的 opsin⁺ 光感受器细胞和 PKC⁺ 的双极细胞。表明移植的 hADSC 能充填视网膜孔并加速损伤修复过程,并且有助于正常结构和功能恢复,而自然恢复主要靠胶质细胞充填(即瘢痕修复)。

(4) 其他间充质干细胞:包括脐带血间充质干细胞(U cord blood mesenchymal stem cell,UCB-MSC)、造血祖细胞(hematopoietic progenitor cell,HPC)、结膜间充质干细胞(conjunctival mesenchymal stem cell,,CJ-MSC)等。UCB-MSC 在 EGF 和牛磺酸刺激下表现出 UCB-MSC 具有多向分化潜能,包括从间充质相关的多向性到神经外胚层再到表皮外胚层的分化能力,如成骨细胞、成脂细胞、神经细胞、肝细胞样细胞等。特别是其神经细胞分化能力,包括向 RHOS⁺ 光感受器细胞分化的能力。以 CD133 富集的造血祖细胞(hematopoietic progenitor cell,HPC)也已被证明可以诱导分化为 RPE 细胞并改善视网膜功能。同时,已明确调控 CD133HPC 在视网膜内迁移、整合及 RPE 分化的必需因子是细胞因子 CXCL12(stromal cell-derived factor 1)。一旦整合完成,CD133 HPC 可获得色素及 RPE 细胞形态,表达 RPE 特异性蛋白,也能使 ERG 反应部分恢复。异种移植情况下,人源 CD133 HPC 也能整合到非肥胖糖尿病/严重免疫缺陷小鼠视网膜并呈现 RPE 细胞的形态。提示 CD133HPC 能归巢到损伤的 RPE 层,分化为 RPE 细胞,并帮助视网膜重建功能。Nadri 等从组织工程种子细胞角度研究了 CJ-MSC。他们从眼库眼获得球结膜基质组织进行培养,分离获得的 CJ-MSC 接种到聚乳酸(poly-L-lactic acid,PLLA)纳米纤维支架中并用牛磺酸等诱导。两周后,CJ-MSC 分化的细胞表达 Rhodopsin、Recoverin、PKC、Nestin、Crx、GFAP 和 Beta Tubulin,CJ-MSC 表明分化为光感受器细胞、双极细胞、神经元和胶质细胞等。在纳米纤维支架上的 CJ-MSC 倾向于分化为光感受器细胞,而在对照材料(polystyrene,聚苯乙烯)上的 CJ-MSC 易于分化为胶质细胞。

八、细胞移植治疗视网膜疾病进展

尽管已登记的干细胞治疗的临床试验已有约 5000 项,但在很长时间里,基本上都是成体干细胞的治疗项目。而在最受各界看重的全能型干细胞的治疗应用领域,直到人胚胎干细胞(human embryonic stem cell,hESC)系成功分离建立 13 年以后,才于 2012 年第一次走上临床试验,目前在临床试验中的占比仍非常低。hESC 分化来源的细胞被证实在多种动物疾病模型(包括眼病模型)中具有干预治疗作用。由于其良好的多向分化和无限增殖的潜能,hESC 分化来源的供体细胞既为治疗提供了理想的选择,也存在有成瘤、免疫排斥、非目的细胞生成以及伦理争议等问题。由于血眼屏障的保护作用和眼的免疫豁免的特性,眼病,特别是视网膜疾病,成了 hESC 分化来源细胞走上临床研究的首选。

1. ESC 分化来源的 RPE 细胞治疗干性 AMD 的临床试验 2012 年,Schwartz 等科学家首次报道了 hESC 来源的 RPE(hESC-RPE)在临床试验中的早期安全性结果。不过,由于只有 2 个病例,注射了 50 000 个细胞,观察只有 4 个月,文章的可靠性和科学性受到质疑。但同一团队在 2015 年报道了 hESC-RPE 临床试验的后续研究,论述了中长期的安全性及可能的干预效果研究,则得到比较普遍的认可。通过诱导 hESC 分化,该团队获得纯度大于 99% 的 RPE 细胞,分别以 5×10^4、10×10^4 和 15×10^4 的细胞量移植到 9 名干性年龄相关性黄斑变性(dry AMD)和 9 名黄斑变性黄斑营养不良(stargardt macular dystrophy,SMD)病患者一侧眼的视网膜下腔。经过平均 22 个月的系统眼科和影像学的跟踪检查,尽管患者出现了部分玻璃体视网膜手术的术后反应以及免疫抑制药物使用的副作用,治疗眼中没有观测到任何恶性增殖、免疫排斥或者严重的眼内炎症反应。在 18 名患者中,有 13 个(72%)治疗眼在细胞移植位点及周围可见视网膜下色素形成或增加。视力检查结果表明,18 只治疗眼中,有 10 只眼的最佳矫正视力(best-corrected visual acuity,BCVA)显著提高,7 只眼的视力没有明显变化,仅有 1 只眼的视力明显下降。值得关注的是,患者未接受治疗的另一眼(对照眼)没有出现类似的视力改善,提示是移植的 hESC-RPE 在改善患者视觉功能中发挥了作用。当然,这个研究还不能排除可能的"安慰剂效果"或者检测者与患者的主观倾向性。研究中支持干细胞移植疗效的另一个佐证来自视觉相关的生活质量(vision-related quality-of-life,VRQL)调查:AMD 患者在接受细胞移植后 3 ~ 12 个月中,VRQL 提高 16 ~ 25 点,Stargardt 患者提高 8 ~ 20 点。至少说明了一点,hESC-RPE 移植能提高患者的生活质量。

上述研究结果和结论也得到了另一项研究的支持。2015 年,韩国医生和科学家也开展了 hESC-RPE 移植的临床试验,并且首次以亚洲患者作为治疗研究的对象。在 Schwartz 等的治疗研究中,除 1 名是非洲裔美国人外,其他均为白人患者。患视网膜疾病(如 AMD)的白人患者携带的致病基因与亚洲患者不同。比如 $Y402H$ 和 $R80G$ 突变导致的 AMD 就仅在白人中发现,而在亚洲人中没有。在韩国的研究中,他们同样用纯度大于 99% 的 hESC-RPE 细胞,以 4×10^4 的细胞量移植到 2 名干性 AMD(79 岁和 65 岁)和 2 名 SMD(45 岁和 40 岁)患者的视网膜下腔。经过 1 年的系统眼科和影像学检查随访,其结果与 Schwartz 等的报道一致,在治疗眼中没有观测到移植细胞的恶性增殖、免疫排斥或者严重的眼内炎症反应。在 2 名干性 AMD 和 1 名 SMD 患者的细胞注射位点周围同样观测到视网膜下色素水平的提高,提示移植的 hESC-RPE 细胞在患者视网膜中发生了迁移与整合。此外,3 名患者的 BCVA 提高了 9 ~ 19 个字母,1 名患者的 BCVA 没改变(+1 字母)。鉴于 BCVA 改善 15 个字母才能被临床认可为显著性变化,该研究中 BCVA 的结果只能作为支持 hESC-RPE 移植后无不良影响的安全性参数。

2. ESC 分化来源的 RPE 细胞治疗湿性 AMD 的临床试验　2015 年后期,我国阴正勤团队与周琪团队合作开展了视网膜下腔 hESC-RPE 移植治疗湿性 AMD 的临床试验,首批 3 例患者接受了治疗。几乎同时,英国 Morefield 眼科研究所也启动了同样的临床试验,首批入组 10 位患者,并为一位患者实施了手术。这两个临床试验均由媒体进行了报道。但准确的结果和结论还要等学术论文的报告。

3. iPSC 分化来源的 RPE 细胞治疗 AMD 的临床试验　2014 年 9 月,日本 RIKEN 的 Takahashi 牵头的由 iPSC 分化来源的 RPE(iPSC-RPE)细胞治疗 AMD 的临床试验启动并实施了第一例手术。受试者为一位 70 岁的女性干性 AMD 患者。细胞取自患者自身的皮肤成纤维细胞,经重编程后建立 iPSC 细胞系,再进一步诱导分化为 RPE 细胞。这一方法避免了伦理争议和免疫排斥等问题,该团队还进一步将 iPSC-RPE 细胞培养成植片以保证 RPE 细胞极性的准确排列。一年过去,未见后续报道。根据媒体消息,在制备第二例患者的 iPSC 过程中,检测到一些非期待的基因突变,其中一个基因与癌症发生有关,并怀疑是诱导 iPSC 过程中使用的因子有关。据悉 Takahashi 本人主动暂停了该项临床试验,并考虑用改进的方案开展新的临床研究。

在细胞替代治疗真正实现临床重建视网膜变性过程中,有几个基本问题需要解决。其中最重要的考虑就是安全性,是眼内移植多能性的 ESC 或 iPSC 来源细胞后导致畸胎瘤的可能性。有研究表明,移植后整合到宿主视网膜最好的细胞是"新生"的光感受器细胞,即由 RPC 分化出来几天之内的视杆细胞和视锥细胞。解决上述两大问题的办法是对新近从 hESC 分化而来的光感受器细胞进行纯化,不但有利于光感受器细胞在移植后的视网膜整合,而且由于光感受器细胞是有丝分裂后细胞,发生畸胎瘤的危险几乎可以被排除。最近,金颖和徐国彤实验室的合作研究发现,ESC 来源的神经前体细胞在视网膜下强移植时致瘤性很强(约 70%),并且主要是畸胎瘤。经纯化和进一步分化成熟为视网膜前体细胞时,仍有约 2/3 的致瘤率,但主要是神经性瘤,没有畸胎瘤。进一步用 Dkk1 抑制 Wnt 信号通路,则神经瘤的发生率非常显著地降低到约 3%,移植细胞存活并整合到视网膜中发挥治疗作用的比例则提高到约 90%。同时,他们还揭示了相关机制(图 6-6):Wnt 通路中 Tcf1-Sox2-Nestin 是决定 ESC 来源 RPC(ESC-RPC)命运的关键因子。Wnt 信号促进 ESC-RPC 增殖而形成肿瘤,而通过抑制 Tcf1-Sox2-Nestin 或其中任一因子、阻断 Wnt 信号通路,ESC-RPC 则向视网膜细

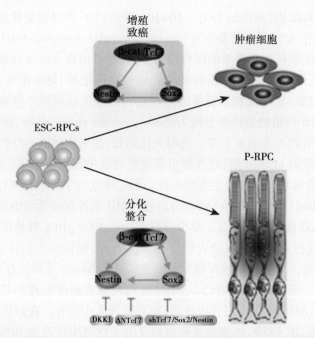

图 6-6　Wnt 信号通路调控 ESC 来源视网膜前体细胞移植后整合或成瘤的命运调控机制

经典 Wnt 信号通路在调控 ESC 来源的视网膜前体细胞（ESC-RPC）移植后的整合或形成肿瘤的选择中起重要作用：经典 Wnt 信号通路的下游因子 Tcf7 通过直接调控 Sox2 和 Nestin 的表达，调控细胞发生增殖或向神经分化，从而参与决定移植细胞的治疗效果或形成肿瘤。当 Wnt-Tcf7/β-cat-Sox2/Nestin 通路激活时，ESC-RPC 大量增殖，形成肿瘤；但这个通路的某个环节被抑制时，ESC-RPC 则不进行增殖而是向视网膜前体细胞（RPC）分化。β-cat：β-catenin

胞分化而不形成肿瘤。

综合已有的临床数据结果，hESC 来源的 RPE 细胞已被证实具备较好的安全性，移植后可长期存活，还可能干预病程并改善干性 AMD 患者的视觉功能。所以，hESC 来源的 RPE 细胞可以作为一种安全有效的供体细胞。iPSC 来源的 RPE 或其他供体细胞的安全性还有待进一步改进以确保患者安全。成体干细胞诱导分化为视网膜细胞的研究最多的还是处在临床前研究阶段，尽管研究结果显示具有很好的安全性和治疗效果，但确切的结果和结论尚有待临床试验的验证。

总而言之，视网膜疾病所致的盲是由于一种或几种视网膜神经元失去功能所引起的。在目前还没有研究清楚具体病因和发病机制，也缺乏有效的治疗方法，因此，细胞替代治疗为这些患者带来了巨大的希望。

视网膜是研究再生医学的经典模型，特别是在低等脊椎动物。而借此解释哺乳类的类似机制的努力已部分取得成功。虽然临床有效的细胞治疗离我们还有数年之远，但以下几个策略是非常有希望的：①刺激内源性细胞进行修复；②用从成体眼获得的干细胞经体外扩增后移植；③诱导 ESC 或 iPSC 分化为视网膜细胞后进行移植。

要实现这些目标，需要深入理解几个关键的生物学问题。比如，目前我们还不能在发育的任何阶段或成体动物体内区分开干细胞与前体细胞。在视网膜发育过程中的谱系分析表明，大多数分裂细胞是多能的，并能形成各种大小的克隆，有些可达数千个细胞。更重要的是，这些细胞进行对称性分裂和非对称分裂的比例基本一样。因此，以现在的亚克隆（细胞亚群）为基础的体外自我更新和分化潜能分析无法区别视网膜中分裂细胞的不同类型，尽管这些方法在研究 CNS 其他部位中可以使用。

我们同样还不了解细胞的去分化或可塑性。在某些种属，RPE 可以去分化为干细胞或前体细胞，进而生成全新的视网膜。在哺乳类，色素细胞在体外可以失去色素并进而表达正常值存在于神经视网膜的蛋白。不过，这些细胞并不能再现再生的整个过程，而且其中多数细胞并不具有神经细胞的形态和功能。是否哺乳类具有固有的对再生功能神经元潜力的限制？或者是否是因为视网膜微环境中存在的必需的因子在损伤的哺乳类视网膜不存在?

神经毒或手术损伤后,鱼和鸟能从固有来源再生出神经元。在鱼类,视网膜固有再生来源可能包括视杆细胞前体细胞(作为固有的干细胞)或 Müller 细胞。在鸡视网膜,Müller 细胞可能是新生神经元唯一的来源。不过,这两种动物的再生反应有很大的不同。在鱼类,再生是接近完美的,为在鸟类,多数增殖的胶质细胞不产生新的神经元,而是维持在未分化状态。造成区别的可能是 Müller 细胞的增殖调控因子。Müller 细胞核RPC 的基因表达谱的差异也可能使我们能更好地理解 Müller 细胞去分化从而进入神经再生。

最后,视网膜修复的未来可能需要移植在体外获得的从前体细胞或干细胞再生出来的视网膜细胞。尽管人 ESC 的研究工作进展迅速,在实现细胞移植治疗前还有一些重要的基础问题需要解决。过去 20 多年中的胎儿细胞移植的经验告诉我们,移植细胞的存活和与宿主组织的整合是变性视网膜功能重建的两个主要障碍。进一步,视网膜前体细胞的体外扩增和适当分化,不论来自 ESC 还是成人视网膜细胞,都需要更好地了解在视网膜发育过程中正常调控视网膜细胞命运的因子。在理解视网膜再生现象并利用有关原理修复损伤或疾病视网膜方面,我们还有很多工作要做。

未来的视网膜再生修复治疗,很可能要依靠移植在体外获得的从前体细胞或干细胞再生出来的视网膜细胞。尽管人 ESC 的研究工作进展迅速,并完成了第一个临床报告,但实现细胞移植治疗前还有一些重要的基础问题需要解决,如移植细胞的存活和与宿主组织的整合这两个变性视网膜功能重建的两个关键因素,成瘤性这个主要安全性考虑等。在理解和实现视网膜再生和治疗应用方面,我们还有很长的路要走。

(徐国彤)

第二节　晶状体再生

表皮外胚层分化的特殊结构除具有体温调节、感觉(表皮和毛发)、指尖保护(指甲)和听力(内耳的感觉毛细胞)等功能外,还具有视功能(晶状体和角膜)。表皮、毛发、指甲、角膜和毛细胞等结构主要由成体干细胞再生,而晶状体再生功能有限,蝾螈的晶状体可通过虹膜色素上皮细胞去分化和转分化进行再生,这似乎是有尾目两栖类动物所特有的方式。除晶状体外的大多数外胚层分化出的组织,细胞不断地被替换以维持再生功能,对损伤表现出较强的再生反应。

一、人晶状体结构

晶状体由三部分组成:透明无核的晶状体纤维,其特征是合成 α、β 和 γ 晶状体蛋白;晶状体前面的上皮层;晶状体囊,是在眼发育过程中由晶状体上皮细胞(lens epithelial cell, LEC)分泌形成。在发育过程中,上皮层后半部的 LEC 首先分化成晶状体纤维。上皮前半部的 LEC 持续到成年阶段。晶状体的生长依赖于晶状体上皮细胞的增殖。生长中的晶状体,位于前囊膜下晶状体上皮细胞持续地进行增殖,但只有位于赤道部的晶状体上皮细胞才能分化成新的晶状体纤维。

一些脊椎动物,包括鱼、蛙、鸟、大鼠,以及无尾目蝌蚪、非洲爪蟾(*Xenopus laevis*)的胚胎能够再生晶状体。蝾螈晶状体摘除后的再生是成体晶状体再生的经典实例(图6-7)。蝾螈是唯一能够再生晶状体的有尾

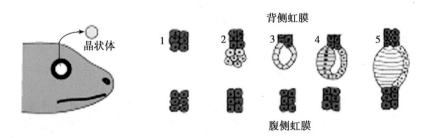

图6-7　蝾螈晶状体的再生

背侧虹膜色素细胞(1)去分化成为无色素细胞(2),进而形成晶状体囊(3)。晶状体囊生长以填充瞳孔空间,前面和后面的上皮细胞分化成新的晶状体纤维(4,5)

目两栖动物。美西螈等其他有尾目动物除了在胚胎和早期幼虫阶段,无法再生晶状体。惊人的是,多次再生和衰老并不会降低蝾螈再生晶状体的能力。一只野外捕获时至少 30 岁的成年日本蝾螈(*Cynops pyrrhogaster*),在 16 年的时间里被进行了 18 次晶状体摘除,每一次晶状体都完美再生。第 17 次和第 18 次再生的晶状体,其细胞和生化特性与从未经历再生的年轻蝾螈的晶状体等同。

蝾螈晶状体是由虹膜背侧色素上皮细胞(PEC)去分化及增殖,并转分化为晶状体纤维而形成的。

晶状体再生的过程分为两个阶段:①虹膜背侧 PEC 去分化和增殖;②形成晶状体泡,分化成晶状体(图6-8)。

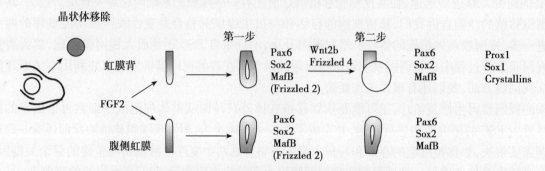

图 6-8　蝾螈晶状体再生分两个阶段,由 FGF-2 启动

第 1 阶段,整个虹膜被激活。第 2 阶段,Wnt 受体 Frizzled 4 及 Frizzled 2 表达,强烈激活 Wnt2b 表达,从而启动背侧虹膜表达 Prox1、Sox1 和晶状体蛋白(改自 Hayashi,et al. 2008)

二、虹膜色素上皮细胞去分化和增殖

晶状体摘除 8 天内,虹膜色素上皮细胞(PEC)开始去分化和增殖。在这个阶段,虹膜组织边缘失去双层结构,PEC 脱色素并进入细胞周期,上调晶状体胚胎早期发育基因 *Pax6*、*Sox2* 和 *MafB*。Pax6 是调控眼发育和晶状体再生的关键基因。rRNA 基因扩增、转录增加,上调核糖体 RNA 的合成,线粒体、游离核糖体和微丝数量增多。

大量证据表明,蝾螈晶状体再生是由 FGF-2 启动的。首先,晶状体摘除后,FGF-2 和调控晶状体发育早期基因上调。其次,背侧虹膜 PEC 高表达 FGFR3 受体。第三,注射可溶性 FGFR3 结合 FGF-2,能够抑制 PEC 中所有与晶状体再生相关的分子和形态变化。最后,向完整的蝾螈眼中注射 FGF-2 可导致相同的变化,从背侧虹膜 PEC 生长出新的晶状体替换原来的晶状体,原来的晶状体退化。

PEC 去分化和增殖过程中的表观遗传学对转录的调控相关研究尚在起步阶段。将 6 个维持胚胎干细胞多能性基因中的 4 个基因,*Oct4*、*Sox2*、*c-myc*、*Klf-4* 或 *Oct4*、*Sox2*、*Nanog* 和 *Lin28* 转染哺乳动物成体成纤维细胞,能够将其重编程为多能干细胞。其中的 3 个基因(*klf4*,*Sox2*,*c-myc*)在 PEC 去分化形成胚芽时表达上调,蝾螈肢体再生过程中也是如此。通过表达序列标签(expressed sequence tags,EST)分析发现,虹膜细胞去分化过程中表达大量肿瘤相关基因、凋亡基因、DNA 和染色质重塑酶基因。

microRNA 能够与靶基因 mRNA 的 3'非翻译区序列互补结合;抑制翻译,从而抑制基因活性。在对 microRNA 调控 PEC 去分化和增殖的研究中发现,PEC 去分化可能与 microRNA 124a(miR-124a)的高表达相关。另外两个 microRNA,miR-148 和 let-7b 可能与调控去分化 PEC 的增殖基因有关。

三、去分化细胞向晶状体纤维转分化

晶状体摘除后的 8~16 天为再生的第 2 阶段,去分化的细胞形成晶状体上皮细胞囊泡,悬于虹膜背侧边缘,表达 α 和 β-晶状体蛋白。接下来,朝向视网膜侧的后部晶状体上皮细胞退出细胞周期,表达 γ-晶状体蛋白并分化成晶状体纤维。前部的晶状体上皮细胞持续增殖分裂,赤道部的上皮细胞分化为晶状体纤维,使再生的晶状体生长至正常大小。

转录因子 Prox-1、Pax-6、Sox 1、Sox-2、Six-3 和 MafB 对晶状体纤维分化起重要作用,并只在背侧虹膜 PEC

中表达(见图 6-8)。晶状体摘除 8 天后开始表达 Sox-2 和 MafB,而 Prox-1 和 Sox-1 在 16 天后表达,因此被视为晚期晶状体调控基因。只有表达 Pax-6、Sox-2 和 Six-3 的细胞能够表达晶状体蛋白,表明 *Pax-6* 基因必须与 Sox-2 和 Six-3 协同作用才能激活这些基因。成年蝾螈视网膜和再生的晶状体囊都表达 Pax-6。美西螈胚胎和幼虫的视网膜和晶状体也表达 Pax-6,但随其衰老不能再生晶状体,Pax-6 的表达水平也随之下降。

视黄酸(retinoic acid,RA)在眼发育和晶状体细胞分化中起关键作用。RA 与胞质中两类受体结合:视黄酸受体(retinoic acid receptors,RARs)和视黄醇 X 受体(retinoid X receptors,RXRs)。视黄酸受体有三种亚型,α、β 和 γ(δ 存在于有尾目两栖动物)。RA 结合后激活受体,激活后的受体作为转录因子与靶基因 5' 端的视黄酸反应元件(retinoic acid response elements,RAREs)结合。RA 能够通过 RAR-δ 激活 αB 晶状体蛋白,晶状体的分化很大程度依赖于此。正常眼中,*RAR-δ* 只在视网膜神经节细胞层中低表达。晶状体摘除后,*RAR-δ* 在去分化的 PEC 中表达,形成晶状体囊泡,并在再生的晶状体纤维分化过程中表达量达到最高峰。RA 信号通路激活 αB 晶状体蛋白的过程依赖 Pax-6。Pax-6 突变型小鼠中,眼中 RA 信号通路下调,发育中的眼对外源的 RA 没有反应。使用双硫仑抑制 RA 合成或使用 RAR 受体拮抗剂 193109 抑制 RA 功能,都能导致再生晶状体发育迟缓或形态异常,甚至从腹侧虹膜或角膜异位再生晶状体。

Shh 和 Wnt 是晶状体纤维分化中另两个重要信号分子。以不同方式干预 hedgehog 通路(突变、抑制和过表达)都能够导致眼的发育缺陷。成体晶状体中表达 Patched 受体,不表达 Ihh 和 Shh;正常眼的背侧虹膜和腹侧虹膜不表达 Shh,但表达 Ihh 和 Patched 受体。在晶状体再生中,背侧和腹侧的虹膜以及晶状体囊都表达 *shh* 和 *ihh*。通过移植 KAAD(3-keto-N-amino-ethyl aminocaproyl dihydrocinnamoyl)浸渍的微珠或瞬时表达 hedgehog 互作蛋白(hedgehog interacting protein,HIP)的哺乳动物细胞抑制 hedgehog 通路,能够完全阻止晶状体再生,或形成不能进行纤维分化的小囊。背侧虹膜高表达 Wnt2b、Wnt 受体 Frizzled4 和 Frizzled2(见图 6-8)。晶状体切除和向正常眼中注射 Frf-2 后的第 8～16 天,背侧 PEC 的 Wen2b 和 Frizzled4 受体表达上调。注射可溶性 FGFR 中和 Fgf-2 能够抑制这两个基因的上调,阻止晶状体再生中所有的形态变化。此外,Wnt 受体抑制剂 Dickkopf(DKK)在体外能够抑制背侧 PEC 形成晶状体。

四、晶状体再生与背侧虹膜

体内晶状体的再生严格限定于背侧虹膜。体外的腹侧虹膜在实验条件下能够再生晶状体,而体内的腹侧虹膜在同样条件下不能够再生晶状体。尽管晶状体摘除后腹侧虹膜 PEC 在活体不能再生晶状体,但在体外分离培养中能够形成晶状体,说明腹侧虹膜 PEC 仍保持再生晶状体的能力,体内的微环境因子抑制其再生晶状体。事实上,与背侧 PEC 相同,晶状体摘除和向正常眼中注射 FGF-2 也能够诱导腹侧 PEC 去分化和增殖。而腹侧 PEC 不能进行转分化,中断晶状体再生过程。有证据表明,这种抑制作用主要依赖于背侧和腹侧虹膜 FGFR 水平的差异。背侧虹膜 FGFR3 和 FGFR1 的水平高于腹侧虹膜。使用 SU5402 抑制 FGFR1 受体能够终止晶状体再生过程。再生的第 1 阶段中,FGF-2 在背侧和腹侧虹膜中的转录水平基本相同,但在第 2 阶段中,背侧虹膜中的 FGF-2 明显高于腹侧虹膜,并且 FGF-2 在晶状体摘除后优先富集于背侧虹膜。因此,背侧虹膜的 FGF-2 信号高于腹侧,致使 Frizzled4 高表达和 Wnt2b 信号上调(见图 6-8)。

2010 年 Godwin 等进一步解释了背侧 FGF-2 的表达。PEC 重新进入细胞周期依赖于背侧虹膜凝血酶的激活。抑制剂 PPACK 或抗凝血酶Ⅲ能够使凝血酶失活,导致 PEC 不能合成 DNA。Godwin 等提出的证据表明,前房中支持晶状体的韧带撕裂时,背侧虹膜中血管破裂,其中非内皮细胞中优先表达的组织因子激活背侧的凝血酶。在这个部位,活化的凝血酶催化纤维蛋白凝结。纤维蛋白黏附巨噬细胞,晶状体摘除后巨噬细胞被吸引到背侧虹膜。这些巨噬细胞可诱导背侧虹膜细胞表达 FGF-2,使其到达启动再生的水平。图 6-9 所示为 FGF-2/FGFR 的不对称表达,将晶状体再生限定于背侧虹膜。

背侧和腹侧的 FGF-2 信号是不对称的,致使转分化阶段的 Wnt 和 BMP 信号不对称。再生的第 2 阶段表达 Wnt 2b 和 Frizzled4,但背侧 PECs 的表达水平比腹侧高。Wnt 3a 能够促进背侧 PEC 形成晶状体状结构,而腹侧不可以。正常腹侧 Six-3 的表达水平高于背侧,但在晶状体摘除后,由于 BMP 的抑制作用,只有背侧虹膜的 Six-3 水平上调。抑制 BMP 通路、向虹膜转染 *Six-3* 基因并使用 RA 处理,能够诱导腹侧 PEC 再生晶状体。

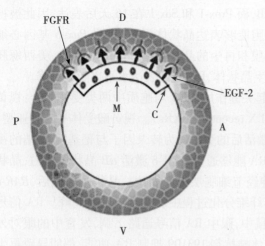

图 6-9　晶状体再生的背侧 PECs 选择性激活假说

背侧 PEC 中 FGF-2 和 FGFR 的表达量高于腹侧,背侧组织因子的选择性激活导致凝血酶催化形成血凝块(C),凝血酶是晶状体再生必需的。巨噬细胞(M)表达的 PDGF 和 TGF-β3 可诱导 PEC 表达 FGF-2。D:背侧,V:腹侧;A:前面;P:后面

此外,还有一种有趣的非对称性可能与晶状体再生定位于背侧虹膜有关。晶状体摘除后,也同时从背侧 PEC 表面去除了蛋白聚糖。1988 年,Eguchi 鉴定出一种特异性细胞表面糖蛋白 2NI-36,晶状体摘除后该糖蛋白从背侧虹膜细胞表面消失,而腹侧细胞没有这种现象。使用该抗原的抗体体外处理腹侧虹膜,之后移植入晶状体摘除的眼中,能够再生晶状体。这些现象表明,关闭或抑制 2NI-36 对启动 PEC 去分化是必要的。在蝾螈的许多其他组织中也发现了 2NI-36 的表达,2NI-36 可能起稳定分化状态的作用。将晶状体切除后蝾螈的 PEC 浸入细胞周期蛋白依赖性激酶 2 选择性抑制剂 SU9516 的溶液中,PEC 能够去分化并形成较小的晶状体囊,但其中的细胞无法增殖形成新的晶状体。该结果表明,PEC 去分化和重新进入细胞周期并非机械地联系在一起。这也表明,PEC 中 2NI-36 的屏蔽和去分化并不需要 FGF-2,但增殖过程需要。有趣的是,蝾螈晶状体再生需要背侧虹膜细胞与神经视网膜相互作用。视网膜信号的性质尚不清楚,而该信号是否参与启动 FGF-2 的表达、是否涉及再生中的其他必需功能都有待于进一步研究。

五、眼中晶状体再生的抑制

由于背侧虹膜只有在晶状体摘除后才能再生晶状体,因此推测正常眼中晶状体存在一种或几种信号抑制虹膜或角膜细胞去分化。此类信号还没有被鉴定出来,但它们有可能通过小眼相关转录因子(microphthalmia transcription factor,Mitf)起作用。Mitf 编码一个基本的螺旋-环-螺旋(helix-loop-helix,HLH)-亮氨酸拉链转录因子,在 PEC、耳和皮肤的色素细胞中具有活性。无论是在体内和体外的鸡胚色素上皮细胞中,Pax-6 和 Mitf 的表达是此消彼长的。FGF-2 能够诱导体外培养的鸡色素上皮细胞转化为晶状体细胞,Mitf 的过表达抑制这一过程,并同时抑制 Pax-6 的表达。虽然尚未在两栖动物中重复出同样的实验结果,这些结果表明 Mitf 对 Pax-6 的负调控可能是阻止背侧虹膜细胞去分化和参与晶状体再生的关键步骤。

六、哺乳动物晶状体的再生能力

如果从兔、猫、小鼠和大鼠的晶状体囊袋内切除晶状体而保留晶状体囊,则可以再生出不完善的晶状体。晶状体切除后,晶状体囊袋内仍然附着残留的晶状体上皮细胞,这些细胞能够增殖和分化形成一个新的晶状体。在分子水平上,此晶状体再生过程中的基因活性仿佛复制了晶状体的发育过程,只是胚胎晶状体发育所需的诱导作用在此过程中并非必需。

有趣的是,在人的白内障手术中使用人工晶状体替代自身的晶状体,保留晶状体囊后部和部分前部以在眼内固定人工晶状体。残留的晶状体上皮细胞附着在晶状体囊前部,有时会发生上皮间充质转化,在晶状体后囊膜表面增生,形成新的白内障样混浊,此病理生理过程被称为后囊混浊(posterior capsule opacification,PCO)。在这种情况下,外科医生采用激光切除增殖的细胞和晶状体后囊膜。其他哺乳动物也发生 PCO,但在晶状体摘除 20 天后明显减弱。

如果残留在人晶状体囊内的晶状体上皮细胞能被诱导增殖和分化为晶状体纤维,那么就有可能再生一个新的晶状体,而不需要植入人工晶状体。研究这种方案可行性的培养系统已经建立,在该系统内,残留的晶状体上皮细胞能够在晶状体囊内增殖,此培养体系表达 FGF-2、FGFR1、Pax-6 和 Six-3。并且使用 FGFR1 特异性拮抗剂 SU-5402 能够减慢晶状体上皮细胞的增殖速率。

哺乳动物不能由背侧虹膜 PEC 再生晶状体。而在合适的条件下,哺乳动物 PEC 具有形成晶状体的能力。人去分化 PEC 细胞系 H80HrPE-6 来源于 1 名 80 岁男性,在 Matrigel 上培养 4 天后,能够形成透明的晶

状体样聚合物,并表达晶状体蛋白。因此,如果蝾螈背侧虹膜再生晶状体过程中涉及的所有因素都被研究清楚,有可能通过人为干预使人类的背侧虹膜再生晶状体。

（孔　珺）

第三节　角膜干细胞与再生

角膜是眼前部近圆形的透明组织,在人类,其水平直径约为12mm。角膜位于眼球屈光传导系统的最前端,是外界光线进入眼内时遇到的第一个屈光介质。角膜和巩膜相连接的部分称为角巩膜缘,宽0.75~1.00mm,内含丰富的血管网,通过扩散作用向无血管的角膜组织提供营养。角膜的透明性和前表面曲率半径(7.8mm)大于后表面曲率半径(6.8mm)的解剖结构特点,使光线得以通过并被聚焦,是眼球最重要的屈光介质,承担整个眼球屈光度的2/3。角膜中央区厚度仅约520μm,而边缘处略厚(约650μm),主要由三层细胞构成:最外层为多层的上皮细胞层,感觉神经丰富且再生能力强;中间为基质层,主要为水合细胞外基质(extracellular matrix,ECM)和成纤维细胞样细胞(角膜细胞);最内层为单层角膜内皮细胞。角膜神经分布丰富,但没有血管。角膜组织完整性和损伤修复与角膜细胞和感觉神经之间的相互作用密切相关。

角膜由透明的无血管基质构成,前面由若干层鳞状上皮覆盖,后面由一层内皮细胞覆盖。角膜前界层是一层保护性胶原纤维膜,能够抵御创伤和细菌侵入,上皮层位于角膜前界层上,由一层基底细胞和4~5层基底上层细胞组成。角膜上皮对视力至关重要,必须通过眨眼和泪膜保持湿润。基质层占角膜厚度的90%。基质成纤维细胞称为角膜细胞,分泌出20~70层由Ⅰ型和Ⅳ型胶原纤维组成的平行排列纤维板,嵌入Ⅵ型非纤维胶原蛋白和含有硫酸角质素的蛋白聚糖组成的基质中。角膜内皮层位于称为"Descemet膜"的基底膜上,负责从角膜中泵出水分以保持角膜透明性。围绕角膜的上皮环形区域称为角膜缘,内后方移行与睫状体相连。角膜缘向周边与含有杯状细胞的黏膜组织即结膜相接续,结膜覆盖巩膜和眼睑的内表面上,协助润滑眼球。

一、角膜的发育

从发育角度,角膜上皮层来源于表皮外胚层,与结膜组织属同一来源并且解剖结构上彼此延续。角膜上皮层向球结膜过渡的角巩膜缘区是角膜缘干细胞所在的组织学部位。尽管有研究表明,角膜上皮与角膜缘干细胞及祖细胞并不彼此整合在一起,但这种胚胎来源一致、组织结构上贴近而使分化调控直接而高效,是角膜具有强大再生修复能力的基础。角膜基质和内皮细胞则来源于神经嵴细胞(neural crest),角膜基质更是与同一细胞来源的巩膜组织共同构成纤维膜层是眼球壁的重要支持结构,在保持眼球形状和保护眼内组织方面至关重要。尽管有研究表明房水的生化成分影响着角膜内皮细胞的再生能力,但胚胎来源的差异及相应的干细胞区阙如,不可避免地影响着角膜内皮细胞和角膜基质的再生修复,使得角膜和巩膜损伤后不能修复而是形成瘢痕。

组织结构上,角膜的组织结构高度有序,是维持其透明性的组织学基础和保障。来自三叉神经眼支的睫状神经感觉神经末梢大量、密集地分布在角膜各层,其密度高达皮肤感觉神经末梢分布的300倍,是我们机体触觉、痛觉最为敏感的部位。角膜的三层细胞结构之间被无细胞的前弹力层和后弹力层隔开,构成了显微镜下的五层组织结构(图6-10)。由外向内分别为:

1. 上皮细胞层　角膜上皮细胞层厚约50μm,由5~6层非角质化的上皮细胞组成。其基底层细胞为单层柱状上皮细胞,位于基底膜上;其上(外)为多角形的翼状细胞,在角膜的中央区有2~3层,周边部有4~5层;最外层为表层细胞,表面有微绒毛和微褶皱,有利于泪膜的黏附和吸收泪膜内的营养。基底层细胞不断增殖以补充不断失去的表层细胞,而增殖的细胞主要来源于角巩膜缘干细胞。上皮细胞再生能力强,损伤后24~48小时即可愈合且不留瘢痕。上皮细胞排列紧密,可防止角膜水分的丧失,也起到天然屏障作用。同时,上皮细胞还分泌多种抗炎和抗微生物因子,配合上皮细胞间的紧密连接,使角膜对细菌等微生物有较强的抵御作用。上皮细胞还帮助形成不溶性的黏液层,与脂质层、水样层一起组成泪膜,其中富含电解质、溶菌酶、乳运铁蛋白等生物活性物质,起到湿润角结膜、提供氧和营养物质等作用。

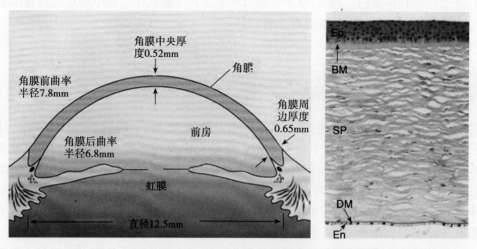

图 6-10　角膜的组织结构和细胞组分（显微镜下的五层组织结构）

人角膜的组织结构（H-E 染色）。外层透明的（非角化）角膜上皮位于其基膜上（BM，角膜前界层）。透明的结缔组织层构成固有质（SP），形成了角膜的大部分。角膜的后侧为内皮，内皮合成另一个基底膜，即 Descemet 膜。角膜中没有血管，其中细胞所需营养是通过房水和角膜缘血管扩散而来（改自 Wheater, et al. 1997）

2. 前弹力层　前弹力层是一层透明薄膜，厚度约 12μm，对机械损伤的抵抗力较强，但对化学损伤的抵抗力较弱。前弹力层损伤后不能再生，愈合时由瘢痕组织代替，并形成临床上的角膜薄翳、斑翳或白斑。前弹力层形成的机制和影响因素尚不清楚。阐明其机制有助于通过再生医学手段进行干预治疗。

3. 基质层　基质层是角膜的主体部分，厚约 500μm，占角膜厚度 90% 以上。基质层由 200~300 层排列整齐的胶原纤维板层构成。这些与角膜表面平行、交错但有序排列的板层，间距相等，且具有相同的屈光指数，是角膜透明的重要结构基础，也赋予角膜强大的剪切弹性和拉伸强度。基质层的主要成分是水，占 80%，通过对胶原的水化作用（hydration）使基质呈凝胶状。除水以外，胶原是基质的主要成分，占角膜干重的 75%，主要是 Ⅰ 型胶原（64%，形成支架）和 Ⅵ 型胶原（25%，起连接作用），以及少量 Ⅲ、Ⅳ、Ⅴ、Ⅶ 和 Ⅷ 型胶原。基质中的蛋白多糖能够维持胶原纤维的间距，有助于维持角膜基质的有序结构并赋予角膜的溶胀性能，提高角膜的机械性能。基质层中的细胞主要为透明的角膜基质细胞，均匀分布于纤维板层之间。静态的基质细胞中含一种可溶性酶，有利于角膜细胞的透明性；角膜受损后基质细胞被激活，分化和角化为成纤维细胞，则不再表达该酶，使角膜混浊。此层损伤后不能再生，由瘢痕组织代替。现阶段，角膜基质是组织工程再生的难点，但有些人工材料已经很接近角膜的结构并替代其生理功能，可望通过组织工程技术再生角膜。

4. 后弹力层　后弹力层是位于基质层和内皮细胞层之间的富有弹性的透明薄膜，由内皮细胞分泌而成。作为角膜内皮的基底膜，后弹力层可能是影响角膜内皮细胞再生治疗的重要因素之一。后弹力层对细菌毒素等化学性物质的抵抗力较强，损伤后可迅速再生。后弹力层与基质层连接不紧密，在外伤和病理的状态下，可能发生后弹力层脱离。

5. 内皮细胞层　内皮细胞层是角膜与房水之间的分界面，由一层扁平、六角形上皮细胞构成，切面呈立方体，高度约 5μm。人角膜大约有 50 万个内皮细胞，彼此连接紧密。这种紧密连接结构与内皮细胞膜上的钠/钾-ATP 酶、水通道蛋白-1 及离子通道相互作用，构成后弹力层和房水之间的物理屏障，即角膜-房水屏障，将角膜基质层内多余的水分泵入前房，以保持角膜的相对脱水状态及透明性。角膜内皮细胞还能选择性地将房水中的营养成分运送到血液供应无法达到的角膜部分。一般认为，角膜内皮细胞数量生后不会增加，且其密度随年龄增加而减低，每年减少 0.3%~0.6%。内皮细胞层损伤后不能再生，其缺损区依靠邻近的内皮细胞扩展和移行来覆盖。当角膜内皮细胞数量降低到临界值 400~700/mm² 以下时，角膜内皮功能失代偿，导致角膜基质层水肿、混浊。严重时出现大泡性角膜病变，甚至失明。角膜内皮细胞在体外培养体系可以增殖，但在体内却失去再生能力。寻找抑制角膜内皮细胞增殖的因子，可能是实现角膜内皮细胞再生的关键步骤。

从角膜疾病的临床和病理看,任何不可逆的角膜和(或)角巩膜缘损伤或衰竭,以及由于外伤、感染、营养不良等引起的神经损伤,都能使角膜失去透明性并导致视力下降或失明。角膜疾病是全球性仅次于白内障的首要致盲原因。全球的角膜盲影响至少1000万人,其中感染性角膜病占约85%,其他如热或化学药品损伤、紫外线和电离辐射、隐形眼镜、有毒物质侵入等均可导致角膜损伤,进而引起新生血管形成、持久性上皮缺损、角膜溃疡和穿孔,严重者则失明。对于角膜盲,角膜移植是目前唯一有效的治疗手段。由于角膜没有血管,移植片所受到的免疫排斥反应小,因此,是目前组织器官移植中成功率最高、疗效最好的范例。但由于角膜盲患者甚多,而可供移植的角膜相对非常少,靠异体供体角膜进行治疗对解决这个问题显得杯水车薪。角膜组织工程技术目前基本可以构建角膜基质,而角膜上皮也可以通过干细胞诱导分化或直接从角膜缘干细胞分化而来。目前的障碍是角膜内皮细胞的再生。这不仅涉及通过干细胞定向诱导分化为角膜内皮细胞,还要解决移植到体内后的存活问题。人们对没有血液供应、依赖房水供应营养的角膜组织认知还有限。

二、角膜上皮的再生

角膜上皮是角膜中唯一能够进行维持性再生和损伤诱导再生的部分。在许多哺乳动物的维持性再生过程中,上皮的垂直更新率为7～14天。在缺乏角膜缘组织的情况下,角膜上皮损伤后不能完全再生。使用^{3}H-胸腺嘧啶进行长期标记研究,在角膜缘中鉴定出慢周期细胞(保留标记),可能是负责上皮再生的干细胞。这些发现引出了一个角膜再生模型,即角膜缘干细胞不对称分裂产生短暂扩充细胞,向角膜中心迁移,取代由于更新或损伤而缺失的细胞。

基因标记的角膜缘和角膜上皮移植实验结果修正了这一假说。研究者将β-gal-ROSA26小鼠的角膜缘片段移植SCID小鼠角膜缘部位,另一组将β-gal-ROSA26小鼠的中央角膜上皮移植到SCID小鼠角膜缘部位,结果发现标记的角膜缘细胞对于角膜的维持性再生无明显作用,但标记的角膜上皮有促进作用(图6-11)。在角膜上皮出现较大缺损时,标记的角膜缘和角膜上皮移植物对角膜上皮的再生都具有促进作用。也有实验表明,中央角膜上皮移植物能够表现出结膜或角膜的表型,这取决于它们所处的微环境。这些结果提示,角膜上皮的更新和损伤修复都是由角膜上皮内的寡能干细胞增生所致,而角膜缘干细胞主要在损伤诱导的角膜再生中起作用。p63是公认的角膜干细胞标志物。有研究对几种哺乳动物的结膜、角膜缘、角膜周边、

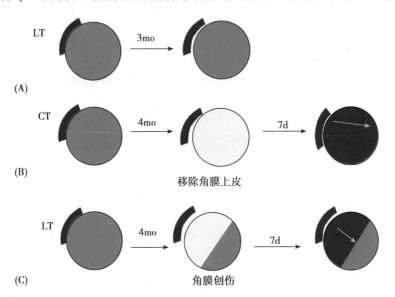

图6-11 实验表明,角膜缘对角膜上皮的维持性再生没有作用,但能够促进损伤诱导的再生,角膜上皮对损伤诱导的再生也起促进作用

(A)将标记(LacZ)的角膜缘细胞(蓝色)移植到角膜(绿色)边缘。经过3个月的维持性再生,角膜上皮中没有发现标记的细胞。(B)将标记的角膜上皮(蓝色)移植到角膜边缘,替代角膜缘。4个月后移除角膜上皮(黄色)。7天后,移植的细胞覆盖角膜(橙色箭头)。(C)将标记的角膜缘移植到角膜边缘,4个月后损伤角膜(黄色)。7天后,移植的细胞覆盖损伤的角膜(橙色箭头)(改自Majo,et al. 2008)

中周部角膜和角膜中央细胞进行体外培养发现,形成的每个细胞克隆都表达 p63,说明在损伤条件下,整个眼球表面都能够参与角膜再生。

深达角膜基质层的创伤修复过程中,MMP-9 是重要的调控因子。MMP-9 是创面清除纤维蛋白基质沉积的必需因子,角膜损伤中迁移的上皮前缘细胞表达 MMP-9。为了较好地修复角膜创伤,MMP-9 表达必须得到精确调节。*MMP-9* 基因敲除小鼠角膜创伤愈合较快,但其去除纤维蛋白基质的能力下降,从而影响角膜的透明度。相反,过表达 MMP-9 与皮肤和眼表疾病相关,如大疱性表皮松解症、瘢痕性类天疱疮和角膜上皮糜烂等。上皮重建过程中,TGF-β 和 IL-1 两个生长因子家族调控 MMP-9 的表达。

三、角膜基质不能再生

角膜基质损伤后不能再生。角膜细胞虽能够增殖,但产生瘢痕组织使角膜混浊,影响视力。然而,角膜基质中含有具有成体干细胞分子特性的细胞,表达 PAX6 和 ABCG2。团块培养能够诱导这些细胞表达角膜细胞基因并分泌角膜基质样细胞外基质。

四、损伤诱导的角膜再生受上皮-基质相互作用调节

上皮和基质之间的相互作用在损伤角膜上皮再生过程中必不可少。这些相互作用主要由上皮细胞和角膜细胞分泌的旁分泌生长因子介导(图 6-12)。角膜细胞能够上调肝细胞生长因子(HGF)和角质形成细胞生长因子(FGF-7)的表达,调节上皮细胞的运动、增殖和分化。基因上调呈区域性分布。角膜缘成纤维细胞和上皮细胞中的 KGF 及 KGF 受体表达量最高,中央角膜基质细胞和上皮细胞中的 HGF 及 HGF 受体表达量最高。上皮细胞释放的 IL-1 与角膜细胞上的受体结合,使角膜细胞凋亡。上皮细胞分泌 PDGF 调控角膜细胞的迁移、增殖和分化。表皮生长因子家族(HB-EGF、TGF-α)也在角膜损伤后表达上调,但仅 HB-EGF 是上皮创伤愈合所必需的。HB-EGF 主要通过 erbB1 和 erbB4 受体起作用,加速细胞迁移,但不促进细胞增殖。

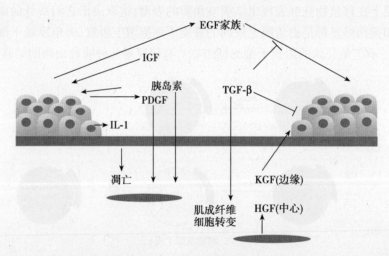

图 6-12　损伤诱导再生过程中角膜上皮与基质的相互作用(改自 Yu et al. 2009)

五、角膜干细胞

根据 WHO 的数据,全球 4500 万双目失明的人群中,有近 20% 是由各类角膜疾病造成的角膜盲,对患者、家庭、社会和经济发展都有巨大影响。角膜疾病的治疗也是一个世界性难题。角膜缘区有干细胞存在,可修复角膜损伤。但当损伤程度严重、超过角膜缘干细胞修复能力时,角膜的正常结构和功能就无法维持。对严重角膜疾病致盲患者,角膜移植是一个有效的复明治疗手段,但供体角膜的数量远达不到患者的需要。如能利用患者体内的干细胞直接移植或通过体外培养后移植进行治疗,将为这类角膜盲患者的治疗开辟一条新的复明之路。本节将简要对角膜上皮细胞、基质细胞和内皮细胞中可能有的干细胞进行介绍。

1. 角膜缘干细胞　角膜上皮有较强的修复能力。但在较长时间里,人们认为角膜上皮的再生能力是来

源于其周围的结膜细胞。后来发现,只有当损伤不严重累及角巩膜缘时角膜才能得到修复,才逐渐意识到具有修复能力的细胞是位于角巩膜缘处。1971 年,Davanger 和 Evensen 观察到角膜缘色素样细胞的水平向心迁移等现象,并提出了角膜缘干细胞(limbal stem cell,LSC)的概念。1983 年,Thoft 等人证实了角巩膜缘基底部存在有细胞增殖中心。上皮细胞损伤后,该区细胞快速增殖并从周边向角膜中心迁移进行修复。1986 年,Schemer 等观察到角膜缘基底细胞是所有角膜上皮细胞中唯一不表达角蛋白 K3 的细胞,进一步支持 LSC 在该区的存在。但直到现在,人们仍没有发现角膜缘干细胞的特异性标志物。目前认定的角膜缘干细胞存在于角巩膜缘基底部是基于该区没有 K3 和 K12 表达,后两者是角膜上皮细胞特异性表达的蛋白。

2. 角膜缘干细胞的生物学特性　LSC 作为组织干细胞,只能分化为角膜上皮细胞。根据其特殊的结构和功能,LSC 具有以下特性:

(1) 细胞周期长、分化程度低、应激增殖快:Cotsarelis 等用 ^{3}H-胸腺嘧啶核苷标定技术的研究表明,角巩膜缘基底层的细胞在正常情况下分化程度低、有丝分裂度低,具有干细胞的慢周期性(slow-cycling)特点。但在上皮细胞损伤时,基底层细胞则被激活并开始应激增殖,也符合干细胞的特点。而角膜组织其他区的细胞都不具备这些特性。此外,这一区域细胞的 K3 和 K12 染色呈阴性,胞体较小且呈圆形,后者也符合干细胞的形态学特征。临床上,可通过这些特点激活 LSC 增殖,促进角膜上皮的再生修复。

(2) 不对称分裂:这是干细胞的另一特性。在 LSC 分裂时,两个子代细胞中一个通过自我更新机制保持其干细胞特性,另一个进入分化状态进行损伤修复。子代的干细胞有利于维持干细胞总量的稳定,分化的子代细胞则形成"短暂扩增细胞"(transient amplifying cells,TAC)并向角膜损伤方向迁移,并在迁移过程中通过有丝分裂的形式完成分化。

LSC 一旦进入 TAC 阶段,就获得快周期性,增殖活跃,生存周期短。这些细胞有很强的迁移能力,包括从基底向表层的水平运动和从周边向中央的向心运动。从 TAC 的这些特性看,上述 transient amplifying cells 译为"迁移扩增细胞"更为合适,能更准确地反映出这些细胞的特征。这里面的关键词 transient 本身就有候鸟的意思,而且 TAC 在这个过程中的行为也不是"短暂的",而是持续存在。但鉴于目前多本书籍和文章都在使用"短暂扩增细胞",本书中暂时也继续沿用。

(3) 增殖潜能大、迁移扩增同步:LSC 为能在多种情况下修复角膜上皮损伤,进化成有较强增殖能力的储备。体外实验证明了角巩膜缘区细胞的增殖能力比角膜中央区的细胞更强,角膜缘上方和下方的干细胞数量也略多于鼻侧和颞侧。LSC 转化为角膜上皮细胞及修复的特点是扩增与迁移同时进行,有利于快速修复,其过程包括三个阶段:第一阶段,LSC 通过不对称分裂获得的两个子细胞群,同时完成 LSC 的补充储备和扩增出 TAC 向表层和中央区迁移。第二阶段,TAC 经过数次有丝分裂,分化为有丝分裂后细胞(post-mitotic cells,PMC),在向表层迁移过程中逐渐分化成熟,增殖能力明显减低。第三阶段,PMC 继续分化成熟为终末分化细胞(terminally differentiated cells,TDC),成为角膜表浅上皮细胞,完全分化,增殖能力丧失。通过这一增殖及迁移分化过程,使不断脱落丢失的角膜上皮细胞得到补充。三者关系常用 Thoft 提出的"X-Y-Z"理论来直观表述,即对于正常角膜上皮,应该是:X(角膜上皮基底细胞分裂)+Y(LSC 供应)= Z(角膜上皮细胞脱落)。结果是,衰亡细胞被等量补充,角膜表面的稳定得以维持。这一平衡被打破时,角膜表面稳定性被破坏,引起眼表疾患。

(4) LSC 的特定位置:角膜切片染色的结果表明 LSC 位于环绕角膜呈放射状平行排列的 Vogt 栅栏区(palisades of Vogt),存在于众多的小细胞团内,占整个角膜上皮细胞的 0.5% ~ 10%。Vogt 栅栏的长柱状或乳头状突起使上皮组织与基质产生更好的连接性,避免了干细胞受到物理剪切力的影响。Vogt 栅栏区域的结构,既提供了较大的表面积以容纳更多的干细胞,又与角膜缘丰富的血管和淋巴管紧密相连,为干细胞提供营养。当这个环境改变时,部分干细胞开始分化 TAC,后者迁移到角膜缘过渡区,受到外界生长信号的刺激后开始频繁地进行细胞分裂和迁移。栅栏区的上皮细胞呈典型的立方形,细胞核位于细胞中央,细胞内散在分布色素细胞。栅栏区内没有杯状细胞存在。Dua 等用 HE 或普鲁士染色联合 K14 和 ABCG2 转运蛋白检测研究了 5 位供者的角膜缘片段,发现 LSC 位于特殊的微结构处,并将其命名为角膜缘上皮隐窝(limbal epithelial crypt,LEC)。后来有文献称之为"微龛"(niche)。事实上,niche 泛指干细胞生存和发挥功能的"微环境",包括结构性的和非结构性(如各种因子等)的全部因素。

（5）LSC 的特异性标志物：尽管目前没有发现明确的 LSC 特异性标志物，但可以通过已知各种标志物表达情况的组合对 LSC 进行鉴定。比如 LSC 不表达 K3 和 K12 蛋白。详见下述 LSC 鉴定部分。

3. 角膜缘干细胞的鉴定　尽管已经有很多种干细胞可以用明确的表面标志物进行鉴定，尚未发现 LSC 的明确特异性标志物。目前使用的以下几个标志物也只是可能的直接标志物或者借助其他干细胞标记物来间接确认 LSC。

（1）三磷酸腺苷结合盒转运体 G2（ATP-binding cassette protein G2，ABCG2）：曾被认为是骨髓干细胞的分子标记物，后来证明是干细胞的通用标记物。ABCG2 是 ABC 转运体家族的一员，能保护 LSC 免受氧化应激所诱导毒素的伤害，也能通过转运干细胞增殖、分化及凋亡相关的调控因子而间接支持干细胞。Paiva 等使用流式细胞仪结合 ABCG2 单克隆抗体检测角膜缘细胞群，发现约 3% 的细胞为 ABCG2$^+$ 细胞，并证实有干细胞的特性。体外培养这些 ABCG2$^+$ 细胞，能形成只有干细胞才出现的细胞团。因此，ABCG2 是目前比较认可的 LSC 标记物之一，也可能有一定的特异性。

（2）转录因子 p63：p63 对上皮细胞的发育起着至关重要的作用，也是 LSC 的另一个标志物。p63 编码的 6 种蛋白亚型中，ΔNp63a 只在角膜缘表达。根据 p63 表达情况，角膜缘基底部细胞可分为两群，p63$^+$ 细胞的分布与 LSC 的定位一致，以细胞团形式存在；而 p63$^-$ 细胞在角膜缘周围分散分布，并经体外培养研究证实是短暂增殖细胞。近来发现，p63 在大多数中央角膜的基底细胞中也有表达，并认为 p63 有可能是 LSC 和 TAC 的共同标志物。因此，可以多个标志物一起使用来鉴定 LSC。目前看，p63$^+$/ABCG2$^+$ 的双阳性细胞与 LSC 的形态和功能特点相一致。

（3）细胞角蛋白（cytokeratin）：或角蛋白（keratin），是非水溶性骨架蛋白，广泛存在于已完成分化的终末细胞中，尤其是上皮细胞中。免疫染色检查显示，角膜上皮细胞表达特异性地表达角蛋白 K3 和 K12，而角膜缘基底层细胞则不表达这两种蛋白。与此相反，基于 Figueira 的微矩阵研究，另两种角蛋白 K14 和 K15 则只在角膜缘基底层细胞表达，不在角膜上皮细胞表达。K14 是具有增殖能力的表皮基底层细胞的标志物，而 K15 是毛囊干细胞的特异性标志物。

（4）整合素（interin）：整合素介导细胞-细胞外基质的黏附现象，并在多种生命活动中发挥关键作用。整合素 α、β 两种亚基构成异二聚体，编码约 30 个同源蛋白。其中整合素 α9 在小鼠眼球发育中存于上皮、结膜和角膜缘的基底部，可能与角膜缘干细胞相关。Chen 等研究则表明，角膜组织中只有 LSC 特异性表达整合素 α9。

除上述 4 个标志物外，还有其他几类非特异性标志物可以佐证角膜缘干细胞。CD34、CD133 等源自造血干细胞的标志物，曾经在鉴定其他干细胞中发挥重要作用，但用相应抗体来鉴别 LSC 未获成功。Chen 等的研究表明，LSC 可能的标志物是：p63、ABCG2 和整合素 9 阳性，以及神经上皮干细胞蛋白（Nestin）、上皮钙黏素（E-cadherin）、连接蛋白 43（Connexin 43）、Involucrin、K3 和 K12 阴性。此外，角膜缘基底层高表达的整合素 β1、EGFR、K19 和烯醇化酶 α（Enolase-α）也可以作为协助确认 LSC 的标志物。由于还没发现 LSC 的特异性标志物，实践中常组合使用以上各种标志物，而这种组合使用基本可以对 LSC 做出比较准确的鉴定。除使用标志物以外，也可以借助 LSC 培养的克隆化情况辅助鉴定。有研究表明，单个细胞培养为"全克隆"集落的基本是 LSC，而形成较小的"部分克隆"的细胞和"边缘克隆"则是不同阶段的 TAC。

4. 角膜基质干细胞　长期以来，角膜基质层内一直被认为不存在干细胞。但近年有研究发现，靠近角膜缘的基质层中有 ABCG2$^+$ 细胞。这些细胞在体外培养时能形成克隆，并且在不同培养条件下获得向三个胚层细胞分化的能力。2006 年 Yoshida 等人首次成功地从小鼠角膜分离获得角膜基质干细胞，不仅在体外培养时可以形成细胞簇，而且也表达干细胞特异性标志物 Nestin、Notch1、Musashi-1 和 ABCG2。角膜基质干细胞具有多能干细胞的分化能力，可以分化成脂肪细胞、软骨细胞和神经细胞等。角膜基质干细胞基本处于静息状态，不进行有丝分裂，但当角膜受到损伤时，基质干细胞受到 KSPG 以及 CD34 的调控转化为成纤维细胞。

此外，角膜基质本身（包括基质细胞及所含有的多种自分泌和旁分泌细胞因子）也是角膜上皮细胞和 LSC 的微环境，具有维持角膜上皮细胞特性的作用。

5. 角膜内皮细胞　角膜内皮细胞由位于角膜周围、来源于神经板的间充质干细胞迁移和增殖而来。这些细胞在婴幼儿期可进行有丝分裂，到成年后即停止，并且无法通过再生机制修复角膜内皮细胞的损伤。即使是内皮细胞进行体外培养,一般情况下,其增殖能力也很差。但近年来,日本的几组科学家,如 Yamagami 等人及 Ishino 等人,在研究角膜内皮细胞时发现,这些细胞在特定培养条件下仍具有很强的增殖能力,其形态及表达的角膜内皮特异性标志物都表明是角膜内皮干细胞或前体细胞。这些细胞高表达 p75,后者是角膜内皮细胞起源的神经嵴标志物。将分离出的角膜内皮干细胞在体外分化培养后,能获得与正常角膜内皮细胞同样形态和表达角膜内皮细胞特异性标志物Ⅷ型胶原蛋白。体内分析表明,这些细胞广泛分布于角膜中央和周边区,在周边区的密度更高,但各处细胞的增殖能力无差异。

对角膜内皮细胞的增殖能力研究还表明,这些细胞本身还是有增殖能力的,只是受不同因子的影响,使角膜内皮细胞的增殖能力在体内的环境下被严重抑制了。卢珞实验室用牛角膜内皮细胞(BCE)体外培养体系进行的研究表明,调控角膜内皮细胞增殖活性的主要是 FGF-2 和 TGF-β2 的平衡,并且阐明了相关的作用机制。FGF-2 是角膜后弹力层的成分,而 TGF-β2 则存在于眼的房水中。单层的角膜内皮细胞恰恰处在两者之间,两者的平衡决定了其增殖活动。FGF-2 能诱导 BCE 的有丝分裂,促进 BCE 的增殖活动。TGF-β2 则通过阻断 PI3K/AKT 信号通路而抑制 FGF-2 诱导的有丝分裂,进而抑制 BCE 的细胞增殖。由此推测,正常情况下,眼内的微环境应该是 TGF-β2 占优势,所以,角膜内皮细胞几乎没有增殖活动。从再生医学角度看,适当诱导 FGF-2 并抑制 TGF-β2,有可能激活角膜内皮细胞的增殖能力,有助于角膜内皮的修复。

六、角膜干细胞与再生

器官移植是再生医学的重要组成部分,其中,同种异体(allograft)角膜移植治疗角膜盲是最成功和最被广泛接受的一类治疗,即用透明的供体角膜替代混浊的角膜,重建患者的视力。尽管角膜移植在短期内通常比较成功,但由于排斥反应仍使 10% 的手术失败。在高风险排斥患者、自身免疫病患者、碱烧伤、干细胞缺乏、角膜新生血管及反复角膜移植等情况下,角膜移植的失败率更高,还有如 Stevens-Johnson 综合征等眼病不宜进行角膜移植。此外,供体来源严重短缺和潜在的感染也进一步限制了角膜移植的广泛开展。从发展趋势看,未来的供体角膜会进一步减少,而对角膜的需求可能会增加。一方面,随着人口老龄化,角膜捐赠者年龄会更大,而老年人角膜不适合作为供体。同时,这个人群的人往往会因为患角膜疾病的机会更多而成为角膜的需要者。另一方面,接受以准分子激光原位角膜磨削术(laser-assisted in situ keratomileusis,LASIK)为代表的角膜激光手术的患者不断增加,也使能用于角膜移植的供体眼进一步减少。

为解决上述角膜供体匮乏等限制角膜移植开展的问题,人们也在努力寻找替代供体角膜的生物材料和基于干细胞的细胞治疗方法,尽管与临床普遍应用仍有距离,但已经取得了令人兴奋的进展。

1. 基于自身组织的角膜再生 目前认为,角膜组织中只有上皮细胞层和后弹力层具有再生能力。角膜上皮的表层终末分化细胞在自然情况下就不断死亡并脱屑丢失。基底层的柱状细胞不断增殖以补充表层细胞。而基底层的柱状细胞则由 LSC 的增殖分化、沿基底膜向心性迁移来补充(图 6-13)。这种正常状态的变化可以用前述的 XYZ 假说加以描述,即 X+Y=Z。从再生医学角度看,可以利用这个机制促进角膜上皮细胞的损伤修复。比如角膜上皮细胞受到损伤时,可以通过以下方法加快修复:①诱导 LSC 分裂以产生更多的 TAC;②增加 TAC 分裂增殖的次数;③缩短 TAC 的细胞周期以增加细胞分裂的效率;④促进 TAC 向角膜中央区或损伤区的迁移。

已发现在神经营养性角膜病、糖尿病性角膜病以及外伤引起的角膜上皮损伤修复等过程中,纤连蛋白、神经肽 P 物质和 IGF-1 均有促进角膜上皮细胞迁移、促进角膜上皮伤口修复的作用。利用这类因子制成的眼药,可促进角膜损伤的修复。自体血制备的纤连蛋白滴眼液已显示良好的治疗效果。

基于目前的认识,角膜基质层和内皮细胞层尚不能依赖自体细胞修复。但以基质和内皮细胞的再生为目标,相关研究还在进行。正常情况下,角膜基质细胞均匀分布于纤维板层之间,平行排列。当角膜受到外伤或医源性损伤时,角膜上皮细胞产生 TGF-β1 和 PDGF 等细胞因子,诱导角膜基质细胞转变为肌成纤维细胞,通过收缩减少伤口创面、促进愈合,但同时也破坏了角膜基质的正常结构而导致角膜混浊。临床上可采用丝裂霉素 C 诱导肌成纤维细胞凋亡和抑制肌成纤维细胞生成以维持角膜透明,但要选择好时间,以避免减缓修复过程。灵长类角膜内皮细胞在体内基本没有再生能力,各种原因引起的角膜内皮细胞损伤都会导致角膜内皮失代偿、角膜基质水肿,最终形成大泡性角膜病变而致盲。最近研究认为,角膜内皮细胞本身仍保

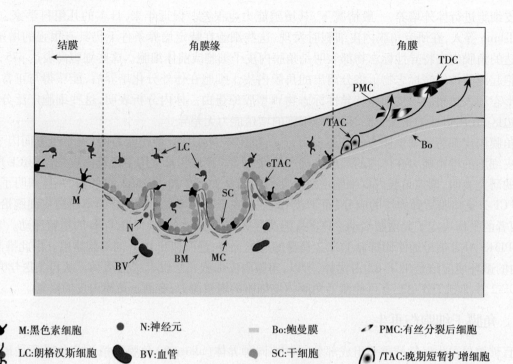

M:黑色素细胞　　N:神经元　　Bo:鲍曼膜　　PMC:有丝分裂后细胞

LC:朗格汉斯细胞　BV:血管　　SC:干细胞　　/TAC:晚期短暂扩增细胞

BM:基膜　　TDC:终末分化细胞　MC:间充质细胞　eTAC:早期短暂扩增细胞

图 6-13　角膜缘干细胞及角膜上皮再生示意图

留有增殖活性,但是否增殖取决于后弹力层的 FGF-2 和房水中 TGF-β2 的平衡。FGF-2 能诱导内皮细胞的有丝分裂并促进其增殖。只是由于 TGF-β2 对 FGF-2 诱导作用的抑制才使角膜内皮细胞处于静息状态。从作用机制看,TGF-β2 抑制角膜内皮细胞增殖的作用与促进前列腺素合成有关。前列腺素类生物介质的合成由环氧合酶(cyclooxygenase,COX)催化,而 TGF-β2 能强烈诱导 COX 表达,促进前列腺素的合成。角膜内皮细胞中,花生四烯酸的主要代谢合成产物是前列腺素 E_2(PGE_2)。角膜内皮损伤时,TGF-β2 诱导 COX 表达,刺激 PGE_2 合成,房水内的 PGE_2 浓度明显升高,达到 50ng/ml ~ 60ng/ml。PGE_2 结合 Gs 受体后,上调 cAMP,促进 p27 磷酸化和抑制 CDK4 蛋白的转定位,进而抑制角膜内皮细胞增殖。从再生医学角度看,适当诱导 FGF-2 表达或(和)阻断上述 TGF-β2 途径某一环节,可望能激活角膜内皮细胞的增殖能力,促进角膜内皮细胞的增殖活动,提高修复能力。

2. 基于自然材料联合细胞的角膜再生治疗　另一类很有前景的角膜替代物是使用全自然材料和细胞制备的,即使用基质细胞和适当的营养物质/因子以诱导形成胶原板层和其他细胞外基质(ECM),并用上皮细胞覆盖。最近的改进更是努力促进内皮细胞层衬在胶原板层的另一侧。这类结构在以前的高张力高强度组织工程血管制备中取得了成功,因此,有理由相信制备这种用于再生治疗的生物角膜也应该能获得成功。2008 年,Carrier 等报告了一种含有人角膜和表皮成纤维细胞的新型角膜基质。这种含复合细胞的材料更有利于分化的上皮细胞的形成,使上皮化速率进一步提高。这一模型能重现自然人角膜的组织结构,也能准确地重现损伤的修复过程,是研究损伤修复或筛选调控损伤修复因子,或在动物实验前进行筛选的有用模型。用类似的方法,已可制备出人原代角膜成纤维细胞整合的材料。数星期就可以培养出高度细胞化、形态学上类似于哺乳类角膜基质的多层结构。其形成的胶原纤维长(38.1±7.4)nm,与成人角膜纤维长度(31nm±0.8nm)很接近。

3. 干细胞治疗角膜疾病

(1)角膜缘干细胞:由于 LSC 是角膜上皮细胞增殖和分化的源泉,当各种致病因素引起 LSC 缺乏或功能障碍时,角膜上皮修复能力受损,导致角膜上皮缺损、溃疡、角膜混浊等而致盲。此时的治疗需要从自体或异体获取 LSC 进行移植。1997 年 Pellegrini 等采用自体 LSC 移植治疗 LSC 缺陷获得成功。他们从患者自体健眼取 1mm 角膜缘组织块,与 3T3 成纤维细胞共培养,其形成原代自体上皮细胞层后,以软性接触镜为载体,将培养的角膜缘上皮细胞片放在去除新生血管膜后的患眼角膜表面。术后 2 周取下软性角膜接触镜,移植获得成功。此后,LSC 移植受到广泛的关注,并在多个临床治疗中获得成功。Rama 等对 112 个患者进行了自体 LSC 移植,有效率达到 76.6%。Baylis 等总结分析了 583 例自体 LSC 治疗的资料,成功率也是 76%,基本上体现了这一治疗方法的临床效果。随着对适应证、禁忌证的认识,选择的病例会更加适合自体 LSC 移植,成功率也将会显著提高。同样,目前体外培养 LSC 时用的是小鼠成纤维细胞、牛血清等。正在研发中的人成纤维细胞和血清也将会进一步改善这一治疗的效果。

(2) 多能干细胞诱导分化产生的角膜干细胞:MSC 诱导分化的角膜细胞或角膜上皮植片研究获得的进展更接近临床应用。研究人员同时取 SD 大鼠 MSC 和角膜基质细胞,分别培养,传 2 代后,置 Transwell 体系中,共培养 7 天,之后将 MSC 覆载于新鲜人羊膜上,并再培养 7 天。结果表明,MSC 在体外培养条件下,贴壁生长,免疫染色显示 CD29$^+$、CD44$^+$、CK12$^-$。经角膜基质细胞诱导后,MSC 变大、呈扁平四边形细胞,细胞间紧密连接结构清晰,CK12 染色转为阳性。诱导后 MSC 接种到羊膜表面迅速贴壁生长,CK12 染色保持阳性:经角膜基质细胞诱导的 MSC 表现出角膜上皮细胞特征,在羊膜上生长后保持不变。如果通过这个技术构建完整的角膜上皮移植片,有望解决角膜缺损修复问题。

(3) 其他干细胞:对于单眼角膜缘上皮细胞缺陷患者,取自自体健眼的角膜缘组织(含干细胞)移植是一种重建眼表、恢复视力的简单而有效的方案。但临床上常见到双侧眼 LSC 功能障碍患者,因而异体 LSC 移植有广泛的临床需求。目前,异体 LSC 培养后移植后是否会出现排斥反应、何时出现排斥反应等一系列问题还在进一步研究中。在这一问题得到明确解决之前,人们也在尝试用自体其他组织来源的干细胞进行角膜损伤的再生修复。用口腔黏膜上皮细胞转分化重建角膜就是其中一种。目前,这一方法已被用于临床治疗多种 LSC 缺陷患者(包括 Stevens-Johnson 综合征、化学/热烧伤、特发性眼表疾病等)并取得成功。移植的口腔黏膜上皮细胞层在角膜表面能够持续存在 27~35 个月。此外,ESC、UC-MSC、BM-MSC、毛囊干细胞、结膜上皮细胞、牙髓干细胞等也在 LSC 缺陷动物模型上显示出一定的疗效。大体上都是先把细胞在羊膜或纤连蛋白表面扩增分化并形成细胞层,然后再将整个植片移植到角膜表面。具体疗效还有待大量临床试验证实。

(4) 角膜基质干细胞直接注射治疗:在角膜直接注射干细胞或其分化的细胞治疗角膜混浊的研究也取得了显著的进展。Du 等用从成人角膜基质中分离出的干细胞进行的研究是一个代表。研究中使用缺乏蛋白多糖 Lumican 的突变小鼠,其角膜混浊类似由于角膜基质结构紊乱引起的瘢痕角膜。Du 等将细胞注射到小鼠角膜基质中,注射的人干细胞可存活在野生型小鼠基质中而不与宿主细胞融合或引起 T 细胞免疫反应。但在突变小鼠的病变角膜中,注射的人角膜基质干细胞刺激产生蛋白多糖 Lumican 和 keratocan 等特异性人角膜 ECM。这些蛋白多糖不断积累,可重建角膜基质厚度和修补胶原纤维的缺损,并使突变小鼠角膜的透明性得到恢复。这些结果表明,基于直接注射的细胞治疗可能会成为将来治疗人类角膜盲的有效方法。

4. 基于生物材料的角膜细胞再生　角膜表层的上皮细胞最容易受到损伤,修复损伤的干细胞或前体细胞可能同样锐减。因此,取受损伤角膜周围的角巩膜缘干细胞、对侧健眼的干细胞甚至是异体干细胞促进角膜再生修复具有十分重要的研究价值。这些供体细胞通常需要细胞载体,便于实施手术。比如,供体细胞种植在人羊膜或纤维蛋白基质膜上,使细胞扩增形成植片然后移植到受损伤眼表面。作为载体的生物材料可以通过多种机制和方式提高细胞和干细胞的再生治疗效果。目前研究和临床应用的主要生物材料包括以下几类,但研究最多和临床应用较广泛的是羊膜。

(1) 羊膜:在应用羊膜治疗角膜疾病中,Tseng 和蔡等人的团队作出了重要贡献。羊膜作为细胞载体,之所以能获得较满意的治疗效果,是因为羊膜不仅提供了细胞载体,其本身的诸多优点和特性也参与到治疗作用中。羊膜首先有良好的组织相容性,患者眼接受羊膜后不发生排斥反应。羊膜半透明,在移植后细胞贴附和修复生长过程中不完全阻断患者视觉。更为显著的特点是羊膜的抗病原菌和抗新生血管作用,尽管机制不清,但应该与羊膜保护胎儿免受病原菌侵害功能有关。羊膜本身没有血管则提示其本身含有抑制血管的成分。组织结构上看,羊膜含有与角膜基质相同的板层体,并有类似的Ⅶ型胶原、层粘连蛋白、纤维连接蛋白和各种整合蛋白。层粘连蛋白有利于细胞的贴附,给细胞提供了良好的体外生长微环境。此外,羊膜取材容易,制备和保存方法成熟,是细胞或干细胞治疗中很好的细胞载体材料。但羊膜也有缺陷,主要是细胞在羊膜表面长时间培养时,细胞生长不均匀,在操作中容易脱落。此外,移植后吸收较慢,如不移除羊膜,患者在较长时间里视物不清。临床实践中,Tsai 等曾将健眼角膜缘上皮组织种植于羊膜上,培养 2～3 周后再移植到患眼。术后 15 个月的随访结果显示,6 例患者中,5 例患者的视力得到明显提高。Koizumi 等证实用去除上皮细胞的羊膜以及 3T3 细胞做饲养细胞培养 LSC,移植后可以获得更好的效果。

(2) 含细胞的生物支架:除羊膜外,其他生物材料和合成材料也在越来越多地走向应用。脱细胞角膜基质是一类,并且包括从猪到人的多种生物角膜。其中人角膜组织作为培养 LSC 的支架材料更为受人关注,应用到临床的潜力更大,遇到的免疫排斥、心理障碍也会较小些。Griffith 等最早报告了使用人细胞系在体外重建功能性人角膜替代物。该替代物表达角膜标志物并具有生理功能,具有角膜三层细胞性结构。在胶原蛋白-硫酸软骨素 C 水凝胶(collagen-chondroitin sulphate C hydrogel)内部和两侧都有永生性人角膜细胞,具有渗透调节作用,能通过基因表达对化学刺激产生反应,并保持透明。存在的问题是使用了永生化细胞带来的安全性问题和较差的机械性能。纤维蛋白凝胶则以能商业化、标准化、快速吸收、适合 LSC 生长等特点独树一帜,并已被成功应用到临床。最接近角膜基质板层纤维结构的是已在组织工程中广泛应用的 I 型和 III 型胶原。I 型胶原与核黄素交联后更适合 LSC 生长,并能形成多层上皮细胞。重组交联的人胶原蛋白材料和丝素蛋白(silk fibroin)可支持前体细胞来源的角膜上皮细胞增殖与分化。Ambrose 等研发出多种胶原材料,其张力强度在水合状态下,达到 6.8MPa±1.5MPa(脱水时达 28.6MPa±7.0MPa),可用于构建载有原代细胞和前体细胞的角膜三层细胞性结构人工组织。其他生物材料,如胶蛋白膜、壳聚糖水凝胶等材料也可作为载体支架培养 LSC。

除羊膜外,大多数支架的作用主要还是为供体角膜细胞提供一个载体以便于手术操作。但支架材料往往会影响手术后患者的视觉恢复。因此,研究人员的另一项努力是开发出无载体的细胞培养方法。目前,已能将 LSC 培养在 37℃培养扩增形成板层,使用前将温度降到 30℃时可使细胞与培养皿分离,形成适合移植的板层细胞片。

(3) 无细胞生物模拟(biomimetic)支架作为再生模板:很多存在于自然界的生物高分子水凝胶(biopolymer hydrogel),如基于藻酸盐(alginate)、纤维蛋白原-纤维蛋白(fibrinogen-fibrin)、脱乙酰壳多糖(chitosan)、琼脂糖(agarose)、白蛋白(albumin)胶原蛋白(collagens)及其衍生物的水凝胶,都被广泛地用于包被活细胞。I 型胶原蛋白水凝胶是人角膜中最主要的生物高分子,因为在低浓度也有较好的强度而特别适合用于制备角膜基质植片。

全合成材料的优点是能够避免使用去细胞动物角膜基质材料所带来的潜在传染性疾病(特别是病毒性传染病)的传播。EDC 和 NHS 与重组人胶原蛋白角膜替代物交联已在瑞典获准在 10 位患者进行板层角膜移植临床试验。经过两年的临床观察,证明植片稳定,没有不良反应,也不需要长期使用免疫抑制剂。

(孔 珺)

小 结

视网膜变性等疾病是全球性重要致盲眼病,其原因是一种或几种视网膜神经元的损伤和功能丧失,包括这些神经元本身的病变和因 RPE 损伤而继发的变性。

实现视网膜再生修复的目标,需要深入研究一些生物学的关键科学问题。涡虫、蝾螈、鱼、蛙和鸟等生物的视网膜都具有很强的再生能力,而灵长类则失去了这样的能力。是什么原因使我们的视网膜不能再生?是哺乳类视网膜的微环境与鸡、鱼等视网膜有根本不同还是只差了几个因子?它们视网膜再生的重要细胞 RPE 与我们人类的 RPE 有什么不同?是否是它们 RPE 细胞去分化和可塑性在人类已丢失或部分丢失?为什么哺乳类 RPE 细胞在体外可以脱色素并表达神经视网膜蛋白,但是不能再现整个再生过程?在鱼类和鸡,Müller 细胞是新生神经元的来源,人的 Müller 细胞与之有什么差异?是增殖调控因子不同?还是我们基因组中决定视网膜再生的基因阙如?抑或是我们基因组中过多的基因抑制了视网膜再生基因的表达?比较人类 Müller 细胞、RPE 细胞以及神经元中基因表达谱等与鱼、鸡等相应细胞的差异,以及不同阶段视网膜细胞基因表达谱等的差异,也可能会帮助我们能更好地理解视网膜再生的秘密,从而用以帮助视网膜疾病患者的视网膜得以再生。

视网膜是研究再生医学的经典模型,特别是在低等脊椎动物。通过这些研究,我们对哺乳类视网膜再生治疗的方向和机制已部分掌握并在试验中取得成功。虽然临床有效的细胞治疗或干细胞再生治疗才刚起步,但相信以下几个策略终将会取得成功:①刺激内源性细胞进行修复;②从成体眼获得细胞/干细胞经体外扩增后移植;③诱导 ESC、iPSC 或 MSC 分化为视网膜细胞后进行移植。

哺乳动物再生晶状体的能力较弱,而蝾螈可以反复再生自己的晶状体。蝾螈晶状体的再生分两个阶段,首先是背侧虹膜色素上皮细胞去分化和增殖,然后这些细胞形成晶状体囊泡并转分化为晶状体纤维。早期的晶状体调控基因 *Pax6*、*Sox2*、*MafB* 上调是去分化的特征。有大量的实验证据表明,FGF-2 是晶状体再生的启动子。背侧虹膜 PEC 中高表达 FGFR3,使用可溶的 FGFR3 中和 FGF-2 能够抑制再生的启动;向未受伤的蝾螈眼注射 FGF-2 能够启动另一个晶状体的形成。在 PEC 去分化过程中,一些胚胎干细胞多能性的基因和染色质修饰酶基因上调,而且去分化可能也涉及 microRNA 的差异调控。

在晶状体再生的第二阶段,晶状体囊泡形成,表达 α-和 β-晶状体蛋白。视网膜侧晶状体上皮细胞退出细胞周期,表达 γ-晶状体蛋白,并分化成晶状体纤维。转录因子 Prox-1、Peox-6、Sox-1、Sox-2、Six 3、MafB 和视黄酸受体 RAR-δ 的结合能够驱动基因表达。Shh 和 Wnt 是晶状体纤维分化的重要信号分子。抑制这些因子能够抑制 PEC 分化成晶状体纤维。

晶状体的再生只发生于蝾螈背侧虹膜。腹侧虹膜细胞有能力再生晶状体,但由于背侧虹膜 FGF 受体和 FGF-2 表达高于腹侧虹膜,腹侧虹膜的再生能力受到抑制。也有可能是由于晶状体摘除后,背侧虹膜优先表达组织因子,使凝血酶优先激活,形成血凝块吸引巨噬细胞诱导 PEC 产生 FGF-2。FGF-2 的背-腹不对称导致转分化过程中 Wnt 和 BMP 信号的不对称。晶状体产生的信号抑制 PEC 分化,转录因子 Mitf 可能与此有关。去除晶状体能够使 PEC 摆脱这种抑制作用。但该信号调控的具体机制尚不清楚。

哺乳动物的角膜是表皮外胚层的衍生物,能够通过激活内在的成体干细胞进行维持性再生和损伤修复性再生。另外一种表皮外胚层衍生物,蝾螈晶状体可通过背侧虹膜细胞的去分化和转分化进行再生。

角膜上皮细胞能够进行维持性再生和损伤诱导性再生。基因标记细胞的移植实验表明,中央角膜上皮细胞参与维持性再生和损伤诱导的再生,而角膜缘细胞主要参与损伤诱导再生。MMP-9 对于调节深达基质的角膜创伤上皮重建具有重要功能。MMP-9 由迁移的角膜上皮细胞表达,是清除沉积在创口的纤维蛋白基质过程中所必需的调控因子。当基质损伤并形成瘢痕组织使角膜混浊时,基质不能再生。既然基质中存在具有成体干细胞分子特性的细胞,这表明在适当的情况下,它们可以被调动起来,再生修复受损的基质。

(徐国彤 孔珺 张殿宝)

参 考 文 献

1. Carrington JC, Ambrose V. Role of microRNAs in plant and animal development. Science, 2003, 301 (5631): 336-338.

2. Del Rio-Tsonis K, Tsonis PA. Eye regeneration at the molecular age. Dev Dynam, 2003, 226 (02): 211-224.

3. Eguchi G. Cellular and molecular background of Wolffian lens regeneration. Cell Diff Dev, 1988, 25 (Suppl): 147-158.

4. Eguchi G. Cellular and Molecular Basis of Regeneration. New York: John Wiley & Sons, 1998: 207-229.

5. Eguchi G, Eguchi Y, Nakamura K, et al. Regenerative capacity in newts is not altered by repeated regeneration and aging. Nature Comm, 2011, 2 (3): 384.

6. Enwright JF, Grainger RM. Altered retinoid signaling in the heads of small eye mouse embryos. Dev Biol, 2000, 221 (01): 10-22.

7. Ham AW, Cormack DH. Histology. 8th ed. Philadelphia: JB Lippincott, 1979: 614-644.

8. Imokawa Y, Eguchi G. Expression and distribution of regeneration-responsive molecule during normal development of the newt, Cynops pyrrhogaster. Int J Dev Biol, 1992, 36 (3): 407-412.

9. Imokawa Y, Ono S, Takeuchi T, et al. Analysis of a unique molecule responsible for regeneration and stabilization of differentiated state of tissue cells. Int J Dev Biol, 1992, 36 (3): 399-405.

10. Makarev E, Spence JR, Del RK, et al. Identification of microRNAs and other small RNAs from the adult newt eye. Mol Vision, 2006, 12: 1386-1391.

11. Maki N, Suetsugu-Maki R, Tarui H, et al. Expression of stem cell pluripotency factors during regeneration in newts. Dev Dyn, 2009, 238 (06): 1613-1616.

12. Mitashov VI. Mechanisms of retina regeneration in urodeles. Int J Dev Biol, 1996, 40 (04): 833-844.

13. Mochii M,Mazaki Y,Mizuno N,et al. Role of Mitf in differentiation and transdifferentiation of chicken pigmented epithelial cell. Dev Biol,1998,193(01):47-62.

14. Mohan R,Chintala SK,Jung JC,et al. Matrix metalloproteinase gelatinase B(MMP-9)coordinates and effects epithelial regeneration. J Biol Chem,2002,277(03):2065-2272.

15. Oliver G,Mailhos A,Wehr R,et al. six-3,a murine homologue of the sine oculis gene,demarcates the most anterior border of the developing neural plate and is expressed during eye development. Development,1995,121(12):4045-4055.

16. Perron M,Boy S,Amato MA,et al. A novel function for hedgehog signaling in retinal pigment epithelial differentiation. Development,2003,130(8):1565-1577.

17. Pintucci G,Froum S,Pinnell J,et al. Trophic effects of platelets on cultured endothelial cells are mediated by platelet-associated fibroblast growth factor-2(FGF-2)and vascular endothelial growth factor(VEGF). Thromb Haem,2002,88(5):834-842.

18. Reyer RW. The amphibian eye:development and regeneration. Handbook of Sensory Physiology,1977,7(5):309-390.

19. Sasagawa S,Takabatake T,Takabatake Y,et al. Axes establishment during eye morphogenesis in Xenopus by coordinate and antagonistic actions of BMP4,Shh and RA. Genesis,2002,33(2):86-96.

20. Szaba FM,Smiley ST. Roles for thrombin and fibrin(ogen)in cytokine/chemokine production and macrophage adhesion in vivo. Blood,2002,99(3):1053-1059.

21. Tsonis PA,Jang W,Del K,et al. A unique aged human retinal pigmented epithelial cell line useful for studying lens differentiation in vitro. Int J Dev Biol,2001,45(5-6):753-758.

22. Yamada T,Reese DH,McDevitt DS. Transformation of iris into lens in vitro and its dependency on neural retina. Differentiation,1973,1(1):65-82.

23. Zorn AM. Wnt signaling:antagonistic Dickkopfs. Curr Biol,2001,11(15):R592-R595.

24. Boucher I,Yang L,Mayo C,et al. Injury and nucleotides induce phosphorylation of epidermal growth factor receptor:MMP and HB-EGF dependent pathway. Exp Eye Res,2007,85(1):130-141.

25. Zajicova A,Pokorna K,Lencova A,et al. Treatment of ocular surface injuries by limbal and mesenchymal stem cells growing on nanofiber scaffolds. Cell Transpl,2010,19(10):1281-1290.

26. Schwartz SD,Hubschman JP,Heilwell G,et al. Embryonic stem cell trials for macular degeneration:a preliminary report. Lancet,2012,379(9817):713-720.

27. Schwartz SD,Anglade E,Lanza R. Stem cells in age-related macular degeneration and Stargardt's macular dystrophy -Authors' reply. Lancet,2015,386(9988):30.

28. Song WK,Park KM,Kim HJ,et al. Treatment of macular degeneration using embryonic stem cell-derived retinal pigment epithelium:preliminary results in Asian patients. Stem Cell Reports,2015,4(5):860-872.

29. Algvere PV,Berglin L,Gouras P,et al. Transplantation of fetal retinal pigment epithelium in age-related macular degeneration with subfoveal neovascularization. Graefes Arch Clin Exp Ophthalmol,1994,232(12):707-716.

30. Van Meurs JC,ter Averst E,Hofland LJ,et al. Autologous peripheral retinal pigment epithelium translocation in patients with subfoveal neovascular membranes. Br J Ophthalmol,2004,88(1):110-113.

31. Coffey PJ,Girman S,Wang SM,et al. Long-term preservation of cortically dependent visual function in RCS rats by transplantation. Nat Neurosci,2001,5(1):53-56.

32. Sauvé Y,Girman SV,Wang S,et al. Preservation of visual responsiveness in the superior colliculus of RCS rats after retinal pigment epithelium cell transplantation. Neuroscience,2002,114(2):389-401.

33. Lin N,Fan W,Sheedlo HJ,et al. Photoreceptor repair in response to RPE transplants in RCS rats:outer segment regeneration. Curr Eye Res,1996,15(10):1069-1077.

34. Strauss O. The retinal pigment epithelium in visual function. Physiol Rev,2005,85(3):845-881.

35. Thomson JA,Itskovitz-Eldor J,Shapiro SS,et al. Embryonic stem cell lines derived from human blastocysts. Science,1998,282(5391):1145-1147.

36. Kumar JP,Tio M,Hsiung F,et al. Dissecting the roles of the Drosophila EGF receptor in eye development and MAP kinase activation. Development,1998,125(19):3875-3885.

37. Treisman JE,Heberlein U. Eye development in Drosophila:formation of the eye field and control of differentiation. Curr Top Dev Biol,1998,39(1):119-148.

38. Chen YT,Chen FY,Vijmasi T,et al. Pax6 downregulation mediates abnormal lineage commitment of the ocular surface epithelium in

aqueous-deficient dry eye disease. PLoS One,2013,8(10):e77286.

39. Gupta MD,Chan SKS,Monteiro A. Natural Loss of eyeless/Pax6 Expression in Eyes of Bicyclus anynana Adult Butterflies Likely Leads to Exponential Decrease of Eye Fluorescence in Transgenics. PLoS One,2015,10(7):e0132882.

40. Puk O,Yan X,Sabrautzki S,et al. Novel small-eye allele in paired box gene 6(Pax6)is caused by a point mutation in intron 7 and creates a new exon. Mol Vis,2013,19:877-884.

41. Kernt M,Thiele S,Hirneiss C,et al. The role of light in the developement of RPE degeneration in AMD and potential cytoprotection of minocycline. Klin Monbl Augenheilkd,2011,228(10):892-899.

42. Hanus J,Anderson C,Wang S. RPE necroptosis in response to oxidative stress and in AMD. Ageing Res Rev,2015,24:286-298.

43. Garcia TY,Gutierrez M,Reynolds J,et al. Modeling the Dynamic AMD-Associated Chronic Oxidative Stress Changes in Human ESC and iPSC-Derived RPE Cells. Invest Ophthalmol Vis Sci,2015,56(12):7480-7488.

44. Xu Y,Balasubramaniam B,Copland DA,et al. Activated adult microglia influence retinal progenitor cell proliferation and differentiation toward recoverin-expressing neuron-like cells in a co-culture model. Graefes Arch Clin Exp Ophthalmol,2015,253(7):1-12.

45. Fischer AJ,Bosse JL,El-Hodiri HM. Reprint of:the ciliary marginal zone(CMZ)in development and regeneration of the vertebrate eye. Exp Eye Res,2014,123:115-120.

46. Fischer AJ,Bosse JL,El-Hodiri HM. The ciliary marginal zone(CMZ)in development and regeneration of the vertebrate eye. Exp Eye Res,2013,116:199-204.

47. Reichman S,Terray A,Slembrouck A,et al. From confluent human iPS cells to self-forming neural retina and retinal pigmented epithelium. Proc Natl Acad Sci U S A,2014,111(23):8518-8523.

48. Sun J,Mandai M,Kamao H,et al. Protective Effects of Human iPS-Derived Retinal Pigmented Epithelial Cells in Comparison with Human Mesenchymal Stromal Cells and Human Neural Stem Cells on the Degenerating Retina in rd1 mice. Stem Cells,2015,33(5):1543-1553.

49. Sohn EH,Jiao C,Kaalberg E,et al. Allogenic iPSC-derived RPE cell transplants induce immune response in pigs:a pilot study. Sci Rep,2015,5:11791.

50. Wei H,Xun Z,Granado H,et al. An easy,rapid method to isolate RPE cell protein from the mouse eye. Exp Eye Res,2015,145(25):450-455.

51. Jones BW,Marc RE. Retinal remodeling during retinal degeneration. Exp Eye Res,2005,81(2):123-137.

52. Xia CH,Liu H,Cheung D,et al. NHE8 is essential for RPE cell polarity and photoreceptor survival. Sci Rep,2015,5:9358.

53. Abud M,Baranov P,Hicks C,et al. The Effect of Transient Local Anti-inflammatory Treatment on the Survival of Pig Retinal Progenitor Cell Allotransplants. Transl Vis Sci Technol,2015,4(5):6.

54. Ma J,Guo C,Guo C,et al. Transplantation of Human Neural Progenitor Cells Expressing IGF-1 Enhances Retinal Ganglion Cell Survival. PLoS One,2015,10(4):e0125695.

55. Sheridan C. Stem cell therapy clears first hurdle in AMD. Nat Biotechnol,2014,32(12):1173-1174.

56. Giralt S,Stadtmauer EA,Harousseau JL,et al. International myeloma working group(IMWG)consensus statement and guidelines regarding the current status of stem cell collection and high-dose therapy for multiple myeloma and the role of plerixafor(AMD 3100). Leukemia,2009,23(10):1904-1912.

57. Andresen JL,Ehlers N. Chemotaxis of human keratinocytes is increased by platelet-derived growth factor-BB,epidermal growth factor,transforming growth factor-alpha,acidic fibroblast growth factor,insulin-like growth factor-1 and transforming growth factor-beta. Curr Eye Res,1998,17(1):79-87.

58. Auran JD,Koester CJ,Kleiman NJ,et al. Scanning slit confocal microscopic observations of cell morphology and movement within the normal human anterior cornea. Opthalmology,1995,102(1):33-41.

59. Block ER,Matela AR,SundarRaj N,et al. Wounding induces motility in sheets of corneal epithelial cells through loss of spatial constraints:role of heparin-binding epidermal growth factor-like growth factor signaling. J Biol Chem,2004,279(23):24307-24312.

60. Block E,Klarund J. Wounding sheets of epithelial cells activates the epidermal growth factor receptor through distinct short-and long-range mechanisms. Mol Biol Cell,2008,19(11):4909-4917.

61. Boucher I,Yang L,Mayo C,et al. Injury and nucleotides induce phosphorylation of epidermal growth factor receptor:MMP and HB-EGF dependent pathway. Exp Eye Res,2007,85(1):130-141.

62. Buck RC. Measurement of centripetal migration of normal corneal epithelial cells in the mouse. Invest Opthalmol Visual Sci,1985,26(9):1296-1299.

63. Call MK, Grogg MW, Del RK, et al. Lens regeneration in mice：Implications in cataracts. Exp Eye Res,2004,78(2)：297-299.

64. Carrington JC, Ambrose V. Role of microRNAs in plant and animal development. Science,2003,301(5631)：336-338.

65. Collins JM. Amplification of ribosomal ribonucleic acid cistrons in the regenerating lens of Triturus. Biochemistry,1972,11(7)：1259-1263.

66. Cotsarelis G, Cheng SZ, Dong G, et al. Existence of slow-cycling limbal epithelial basal cells that can be preferentially stimulated to proliferate：implications on epithelial stem cells. Cell,1989,57(2)：201-209.

67. Cvekl A, Sax CM, Li X, et al. Pax-6 and lens-specific transcription of the chicken delta1-crystallin gene. Proc Natl Acad Sci USA, 1995,92(10)：4681-4685.

68. DelRK, Washabaugh CH, Tsonis PA. Expression of pax-6 during urodele eye development and lens regeneration. Proc Natl Acad Sci USA,1995,92(11)：5092-5096.

69. DelRK, Trombley MT, McMahon G, et al. Regulation of lens regeneration by fibroblast growth factor receptor 1. Dev Dynam,1998, 213(1)：140-146.

70. DelRK, Tomarev SI, Tsonis PA. Regulation of Prox 1 during lens regeneration. Invest Opthalmol Visual Sci, 1999, 40(9)：2039-2045.

71. Rio-Tsonis KD, Tsonis PA. Eye regeneration at the molecular age. Dev Dynam,2003,226(2)：211-224.

72. Del-Rio Tsonis, K., Eguchi, G. Lens regeneration. In：Lovicu, F. J., Robinson, M. L. (Eds.), Cambridge University Press, Cambridge,2004：290-311.

73. Du Y, Funderburgh ML, Mann MM, et al. Multipotent stem cells in human corneal stroma. Stem Cells,2005,23(9)：1266-1275.

74. Du Y, Sundar Raj N, Funderburgh ML, et al. Secretion and organization of a cornea-like tissue in vitro by stem cells from human corneal stroma. Invest Opthalmol Vis Sci,2007,48(11)：5038-5045.

75. Fini ME, Stramer BM. How the cornea heals：cornea-specific repair mechanisms affecting surgical outcomes. Cornea,2005,24(8 Suppl)：S2-S11.

76. Funderburgh JL, Mann MM, Funderburgh ML. Keratocyte phenotype mediates proteoglycan structure：a role for fibroblasts in corneal fibrosis. J Biol Chem,2003,278(46)：45629-45637.

77. Funderburgh ML, Du Y, Mann MM, et al. PAX6 expression identifies progenitor cells for corneal keratocytes. FASEB J,2005,19 (10)：1371-1373.

78. Eguchi G. In vitro analyses of Wolffian lens regeneration：differentiation of the regenerating lens rudiment of the newt,Triturus pyr-rhogaster. Embryologia,1967,9(4)：246-266.

79. Eguchi G. Cellular and molecular background of Wolffian lens regeneration. Cell Diff Dev,1988,25(25 Suppl)：147-158.

80. Eguchi, G. Transdifferentiation as the basis of eye lens regeneration. In：Ferretti,P., Geraudie,J. (Eds.),1998.

81. Eguchi G. Cellular and Molecular Basis of Regeneration. New York：John Wiley & Sons,,1998：207-229.

82. Eguchi G, Eguchi Y, Nakamura K, et al. Regenerative capacity in newts is not altered by repeated regeneration and aging. Nature Comm,2011,2(3)：384.

83. Enwright JF, Grainger RM. Altered retinoid signaling in the heads of small eye mouse embryos. Dev Biol,2000,221(01)：10-22.

84. Gwon, A., Gruber, L. J., Mantras, C. J. Restoring lens capsule integrity enhances lens regeneration in New Zealand regulation of six-3 underlies induction of newt lens regeneration. Nature,1993,438：858-862.

85. Haddad A. Renewal of the rabbit corneal epithelium as investigated by autoradiography after intravital injection of 3H-thymidine. Cornea,2000,19(3)：378-383.

86. Ham, A. W., Cormack, D. H. Histology,8th ed. Philadelphia：JB Lippincott,1979：614-644.

87. Hayashi T, Mizuno N, Ueda Y, et al. FGF2 triggers iris-derived lens regeneration in newt eye. Mech Dev,2004,121(6)：519-526.

88. Hayashi T, Mizuno N, Takada R, et al. Determinative role of Wnt signals in dorsal iris-derived lens regeneration in newt eye. Mech Dev,2006,123(11)：793-800.

89. Hayashi T, Mizuno N, Kondoh H. Determinative roles of FGF and Wnt signals in iris-derived lens regeneration in newt eye. Dev Growth Diff,2008,50(4)：279-287.

90. Huang AJ, Tseng SC. Corneal epithelial wound healing in the absence of limbal epithelium. Invest Ophthalmol Visual Sci,1991,32 (1)：96-105.

91. Huang Y, Xie L. Expression of transcription factors and crystalline proteins during rat lens regeneration. Mol Vision,2010,16(39-40)：341-352.

92. Imokawa Y,Eguchi G. Expression and distribution of regeneration-responsive molecule during normal development of the newt, Cynops pyrrhogaster. Int J Dev Biol,1992,36(3):407-412.

93. Imokawa Y,Ono S,Takeuchi T,et al. Analysis of a unique molecule responsible for regeneration and stabilization of differentiated state of tissue cells. Int J Dev Biol,1992,36(3):399-405.

94. Lavker RM,Wei ZG,Sun TT. Phorbol ester preferentially stimulates mouse fornical conjunctival and limbal epithelial stem cells to proliferate in vivo. Invest Ophthalmol Visual Sci,1998,39(2):301-307.

95. Li DQ,Tseng SC. Three patterns of cytokine expression potentially involved in epithelial-fibroblast interactions of human ocular surface. J Cell Physiol,1995,163(01):61-79.

96. Li DQ,Tseng SC. Differential regulation of keratinocyte growth factor and hepatocyte growth factor/scatter factor by different cytokines in human corneal and limbal fibroblasts. J Cell Physiol,1997,172(3):361-372.

97. Majo F,Rochat A,Nicolas M,et al. Oligopotent stem cells are distributed throughout the mammalian ocular surface. Nature,2008, 456(7219):250-254.

98. Makarev E,Spence JR,Del RK,et al. Identification of microRNAs and other small RNAs from the adult newt eye. Mol Vision,2006, 12:1386-1391.

99. Maki N,Suetsugu-Maki R,Tarui H,et al. Expression of stem cell pluripotency factors during regeneration in newts. Dev Dyn,2009, 238(6):1613-1616.

100. Maki N,Martinson J,Nishimura O,et al. Expression profiles during dedifferentiation in newt lens regeneration revealed by expressed sequence tags. Mol Vision,2010,16(9):72-78.

101. Matsubara M,Zieske JD,Fini ME. Mechanism of basement membrane dissolution preceding corneal ulceration. Invest Opthalmol Vis Sci,1991,32(13):3221-3237.

102. Matsubara M,Girard MT,Kublin CL,et al. Differential roles for two gelatinolytic enzymes of the matrix metalloproteinase family in the remodeling cornea. Dev Biol,1991,147(2):425-439.

103. McDevitt DS,Brahma SK,Courtois Y,et al. Fibroblast growth factor receptors and regeneration of the eye lens. Dev Dynam,1997, 208(2):220-226.

104. Mochii M,Mazaki Y,Mizuno N,et al. Role of Mitf in differentiation and transdifferentiation of chicken pigmented epithelial cell. Dev Biol,1998,193(1):47-62.

105. Mohan R,Chintala SK,Jung JC,et al. Matrix metalloproteinase gelatinase B(MMP-9)coordinates and effects epithelial regeneration. J Biol Chem,2002,277(3):2065-2272.

106. Oliver G,Mailhos A,Wehr R,et al. six-3,a murine homologue of the sine oculis gene,demarcates the most anterior border of the developing neural plate and is expressed during eye development. Development,1995,121(12):4045-4055.

107. Pellegrini G,Golisano O,Paterna P,et al. Location and clonal analysis of stem cells and their differentiated progeny in the human ocular surface. J Cell Biol,1999,145(4):769-782.

108. Pintucci G,Froum S,Pinnell J,et al. Trophic effects of platelets on cultured endothelial cells are mediated by platelet-associated fibroblast growth factor-2(FGF-2)and vascular endothelial growth factor(VEGF). Thromb Haem,2002,88(5):834-842.

109. Richardson J,Cvekl A,Wistow G. Pax-6 is essential for lens-specific expression of beta-crystallin. Proc Natl Acad Sci USA,1995, 92(10):4676-4680.

110. Reese DH,Puccia E,Yamada T. Activation of ribosomal RNA synthesis in initiation of Wolffian lens regeneration. J Exp Zool, 1969,170(3):259-268.

111. Reyer RW. The amphibian eye:development and regeneration. Handbook of Sensory Physiology,1977,7/5:309-390.

112. Reyer RW. Dedifferentiation of iris epithelium during lens regeneration in newt larvae. Am J Anat,1982,163(1):1-23.

113. Reyer RW. Macrophage invasion and phagocytic activity during lens regeneration from the iris epithelium in newts. Am J Anat, 1990,188(4):329-344.

114. Reyer RW. Macrophage mobilization and morphology during lens regeneration from the iris epithelium in newts:studies with correlated scanning and transmission electron microscopy. Am J Anat,1990,188(4):345-365.

115. Sasagawa S,Takabatake T,Takabatake Y,et al. Axes establishment during eye morphogenesis in Xenopus by coordinate and antagonistic actions of BMP4,Shh and RA. Genesis,2002,33(2):86-96.

116. Shirakata Y,Kimura R,Nanba D,et al. Heparin-binding EGF-like growth factor accelerates keratinocyte migration and skin wound healing. J Cell Sci,2005,118(11):2363-2370.

117. Szaba FM,Smiley ST. Roles for thrombin and fibrin(ogen)in cytokine/chemokine production and macrophage adhesion in vivo. Blood,2002,99(3):1053-1059.

118. Tseng,S. C. G. ,Sun,T. -T. Stem cells:ocular surface maintenance//Brightbill　FS. (Ed.),Corneal Surgery:Theory,Technique, Tissue. Mosby,St Louis,1999:9-18.

119. Tsonis PA,Trombley MT,Rowland T,et al. Role of retinoic acid in lens regeneration. Dev Dynam,2000,219(4):588-593.

120. Tsonis PA,Vergara MN,Spence JR,et al. A novel role of the hedgehog pathway in lens regeneration. Dev Biol,2004,267(2): 450-461.

121. Wilson SE,Liu JJ,Mohan RR. Stromal-epithelial interactions in the cornea. Prog Retin Eye Res,1999,18(3):293-309.

122. Yamada T,Roesel ME. Activation of DNA replication in the iris epithelium by lens removal. J Exp Zool,1969,171(4):425-432.

123. Yamada Y,Roesel M. Control of mitotic activity in Wolffian lens regeneration. J Exp Zool,1971,177(1):119-128.

124. Yamada T,Dumont JN. Macrophage activity in Wolffian lens regeneration. J Morph,2010,136(136):367-383.

125. Yamada T,McDevitt DS. Direct evidence for transformation of differentiated iris epithelial cells into lens cells. Dev Biol,1974,38 (1):104-118.

126. Yu FSX,Yin J,Xu K,et al. Growth factors and corneal epithelial wound healing. Brain Res Bull,2010,81(2-3):229-235.

127. Zalik SE,Scott V. Cell surface changes during dedifferentiation in the metaplastic transformation or iris into lens. J Cell Biol,1972, 55(1):134-146.

128. Zalik SE,Scott V. Sequential disappearance of cell surface components during dedifferentiation in lens regeneration. Nature(New Biol),1973,244(137):212-214.

129. Zorn AM. Wnt signaling:antagonistic Dickkopfs. Curr Biol,2001,11(15):R592-R595.

130. Block ER,Matela AR,Sundarraj N,et al. Wounding induces motility in sheets of corneal epithelial cells through loss of spatial constraints:role of heparin-binding epidermal growth factor-like growth factor signaling. J Biol Chem,2004,279(23):24307-24312.

131. Boucher I,Yang L,Mayo C,et al. Injury and nucleotides induce phosphorylation of epidermal growth factor receptor:MMP and HB-EGF dependent pathway. Exp Eye Res,2007,85(1):130-141.

132. Del-Rio Tsonis,K. ,Eguchi,G. . Lens regeneration//Lovicu FJ,Robinson ML. (Eds.),Cambridge University Press,Cambridge, 2004:290-311.

133. Du Y,Funderburgh ML,Mann MM,et al. Multipotent stem cells in human corneal stroma. Stem Cells,2005,23(9):1266-1275.

134. Du Y,Sundar Raj N,Funderburgh ML,et al. Secretion and organization of a cornea-like tissue in vitro by stem cells from human corneal stroma. Invest Opthalmol Vis Sci,2007,48(11):5038-5045.

135. Eguchi G. In vitro analyses of Wolffian lens regeneration:differentiation of the regenerating lens rudiment of the newt,Triturus pyrrhogaster. Embryologia,1967,9(4):246-266.

136. Godwin JW,Liem KFJ,Brockes JP. Tissue factor expression in newt iris coincides with thrombin activation and lens regeneration. Mech Dev,2010,127(7-8):321-328.

137. Huang Y,Xie L. Expression of transcription factors and crystalline proteins during rat lens regeneration. Mol Vision,2010,16(39-40):341-352.

138. Maki N,Martinson J,Nishimura O,et al. Expression profiles during dedifferentiation in newt lens regeneration revealed by expressed sequence tags. Mol Vision,2010,16(9):72-78.

139. Kaghad M. Limbal stem-cell therapy and long-term corneal regeneration. New Eng J Med,2010,363(2):147-155.

140. Yu FSX,Yin J,Xu K,et al. Growth factors and corneal epithelial wound healing. Brain Res Bull,2010,81(2-3):229-235.

141. Zajicova A,Pokorna K,Lencova A,et al. Treatment of ocular surface injuries by limbal and mesenchymal stem cells growing on nanofiber scaffolds. Cell Transpl,2010,19(10):1281-1290.

第七章

中枢神经干细胞与再生医学

神经干细胞是一类能自我更新的细胞,具有分化为多种类型神经细胞的潜能。很多神经疾病目前是传统医药难以攻克的,于是利用神经干细胞的再生能力帮助患者缓解痛苦逐渐成为神经学家的兴趣。

神经干细胞的研究始于 1960 年,但是目前神经干细胞并没有真正地临床化,更多的只是相关的临床研究。只有随着研究的深入、认识的加深,才能迈入临床。既往,认为只有 SGZ 和 SVZ 是神经干细胞存在的区域,后来又发现 OSVZ 同样存在数量庞大的神经干细胞,在其他如脑膜等处也相继发现神经干细胞的存在。新的细胞龛的发现为获得神经干细胞提供了新的来源。成体神经干细胞是治疗各种神经疾病的有力"武器",但我们必须首先理解这些细胞如何发育和分化的,才能最大限度地利用他们的潜力。神经干细胞治疗既是人类攻克神经疾病的一个契机,又是人类面临的一个考验。中枢成人神经干细胞移植是治疗神经再生医学领域的一个很好的选择,但是应用于临床前仍有很多问题需被阐明。需要更多的研究来确定如何获取大量的成体干细胞,并保证移植的可行性和安全性。中枢神经内免疫通路的发现也为干细胞移植的研究提出了新的问题。我们还必须了解这些细胞的相互作用机制以及我们如何使用这些机制来实现完全再生。基于既往研究,可以肯定的是在不久的将来,神经干细胞移植治疗神经疾病将成为不可或缺的治疗措施。

神经组织再生能力的研究已经超过了一个世纪。所有脊椎动物的周围神经轴能够在适当的条件下再生。但是,只有在一些水生或半水生的脊椎动物(如鱼和两栖动物)的中枢神经轴能够再生。在鱼类和两栖类动物中,中枢神经系统(central nervous system,CNS)的神经元,包括视网膜的神经元,能通过神经干细胞良好地再生。但是,令人感兴趣的是在哺乳类动物的中枢神经系统中,一些脑组织的神经元也能够通过神经干细胞再生。神经科学最致力于研究的方向之一就是了解轴突和神经元在组织维护或损伤后是如何再生的。

本章将对中枢神经组织干细胞和神经组织再生医学的新进展进行介绍。

第一节 神经发育与组织结构

脊椎动的神经系统主要分为三类:中枢神经系统、周围神经系统和自主神经系统。中枢神经系统(central nervous system,CNS)是神经反射活动的中枢部位,包括位于颅腔内的大脑(brain)以及位于椎管内的脊髓(spinal cord)。其控制机体的自主行为和部分非自主行为(例如反射)。视网膜和视神经(颅内第 II 对脑神经)是从间脑中生长出来并且投射向间脑,因此也是中枢神经系统的一部分。

在中枢神经系统内,大量神经细胞聚集在一起,有机地构成网络或回路。中枢神经系统可以接受全身各处的传入信息,经整合加工后成为协调的运动性传出信息,或者储存在中枢神经系统内成为学习、记忆的神经基础。此外,人类的意识、心理、思维等高级神经活动也是中枢神经系统的功能。

中枢神经组织结构是与其高度复杂的功能相一致的,具有高度的复杂性和精确性,它在胚胎发育期间经历了极其复杂和精密的构筑过程。神经系统的发育是特定的基因在特定的时空(spatio-temporal)顺序下表达的结果。起初是起源于神经干细胞的神经细胞的发生和增殖过程,然后这些细胞从发生的地点迁移到它们最后定居位置,最后成熟神经元之间精密回路的形成以及神经元与靶组织间的精密连接,包括神经元轴突和突触的形成。另外,在神经系统的发育过程中,有些神经细胞发生凋亡以及发生突触的重组等,这是机体适应环境变化而具有的可塑性(plasticity)。

一、神经系统的发育

中枢神经系统来源于原肠胚时期胚胎背侧表面的一层上皮样细胞,即由外胚层形成的神经板(neural plate),而周围神经系统则来源于神经板外侧边缘隆起的一些外胚层细胞,即神经嵴细胞(neural crest)。胚胎发育到第三、四周时,脊索(中胚层起源)诱导神经板的发展,这个阶段,是细胞发生增殖的一个主要时期。首先,脊索上方的背部外胚层细胞伸长加厚,开始形成神经板,到胚胎第三周结束时神经板完全成形。在接下来的几个星期,神经板不断加厚和扩展。随着它的延展,由于神经板周边部分生长较快,向背面隆起,隆起之间形成的纵沟称神经沟(neural groove)。最后神经板的两边完全合拢,形成神经管(neural tube),神经管是脑和脊髓的原基,神经管的头端演变成脑,尾端成为脊髓。神经管腔在脑内的部分发展演变成为脑室,在脊髓部分演变成为中央管。神经管的前部进行发育,起初可分为三个部分:前脑泡(forebrain 或 prosencephalon),中脑泡(midbrain 或 mesencephalon),后脑泡(hindbrain 或 rhombencephalon)。前脑泡以后将发育成为端脑与间脑,包括细胞发展成视网膜;中脑泡发育成中脑结构;后脑泡将形成脑桥、延髓和小脑。

神经管形成过程中,神经嵴细胞从背侧迁移到神经管腹侧。神经嵴细胞是多潜能的。实验已经证明,神经嵴细胞的衍生物遍及了外、中、内三个胚层的衍生结构,包括外周神经系统的神经细胞、中枢神经系统的一小部分神经元、色素细胞、滤泡旁细胞、嗜铬细胞、肾上腺髓质细胞、部分中胚层衍生物(脑脊膜、骨骼、牙乳头、牙囊)等。一部分可分化为脑脊神经节的感觉神经元(第 V、Ⅶ、Ⅸ 对脑神经的部分神经组成;第 X 对脑神经的头部神经组成)和背根神经节(躯体神经的组成部分)。另一部分可以分化成自主神经节(由脑发出的自主神经的节前纤维终于自主神经节和该节的神经元结成突触,由自主神经节发出的节后纤维到达各个器官)。其他神经嵴细胞将成为嗜铬细胞(肾上腺髓质细胞)、施万细胞(周围神经的髓鞘形成细胞)和黑色素细胞。此外,沿着神经管分布的部分中胚层细胞,称为体节(somite),将发展为骨骼肌、椎体和皮肤的真皮层。

从上到下神经板折叠形成神经沟,两侧靠拢形成神经管,最终发育成神经系统的组成部分以及各种类型的神经元(图 7-1)。

二、神经系统的基本组成

神经系统基本的构成是由神经细胞(亦称神经元)和神经胶质组成。脊椎动物的神经系统主要由中枢神经系统和周围神经系统组成。中枢神经系统(central nervous system,CNS)由脑和脊髓构成,控制机体的自主行为和部分非自主行为(例如反射)。视网膜和视神经(颅内第 Ⅱ 对脑神经)是从间脑发出并且投射向间脑,因此是中枢神经系统的一部分。周围神经系统包括第 Ⅰ 对脑神经和第 Ⅲ 到Ⅻ对脑神经以及脊神经。脊神经有感觉和运动分支。自主神经系统是周围神经系统的一个复杂的组成部分,主要调节心率、体温、血管和胃肠道平滑肌的活动。

三、神经细胞基本类型

脊椎动物神经系统的神经组织都是由神经元与胶质细胞构成。神经元(neuron),又称神经原或神经细胞,是构成神经系统结构和功能的基本单位。神经元是具有长突起的细胞,它由细胞体和细胞突起构成。细胞体通过轴突发送电信号,通过较短的树突接受其他神经元发送的信号。神经元在神经突触处连接,神经突触(synapse)是指一个神经元的轴突与另外一个神经元的树突或者细胞体连接处。所有的神经细胞胞体和轴突都与神经胶质细胞相联系。

在脑和脊髓中,少突胶质细胞和星形胶质细胞是主要的神经胶质细胞,少突胶质细胞形成绝缘的髓鞘,不同种类的星形胶质细胞存在于灰质和白质中。星形胶质细胞在神经元存活、神经递质谷氨酸盐的清除、酸碱平衡的维持、神经突触的接触与形成及神经元反馈调节中起关键性作用。与视神经相关的胶质细胞主要是星形胶质细胞。在周围神经系统中,施万细胞形成轴突的髓鞘,与中枢神经系统中少突细胞的作用相似。

小胶质细胞构成中枢神经系统神经胶质细胞的另一个重要组群。其是单核细胞造血系统的一部分。小胶质细胞经常监测神经系统的组织损伤和损伤导致的吞噬碎片,并作为应对中枢神经系统损伤的炎性分子的来源。他们也是抗原呈递细胞,能够刺激记忆 T 细胞和效应 T 细胞对抗病毒、细菌和肿瘤。

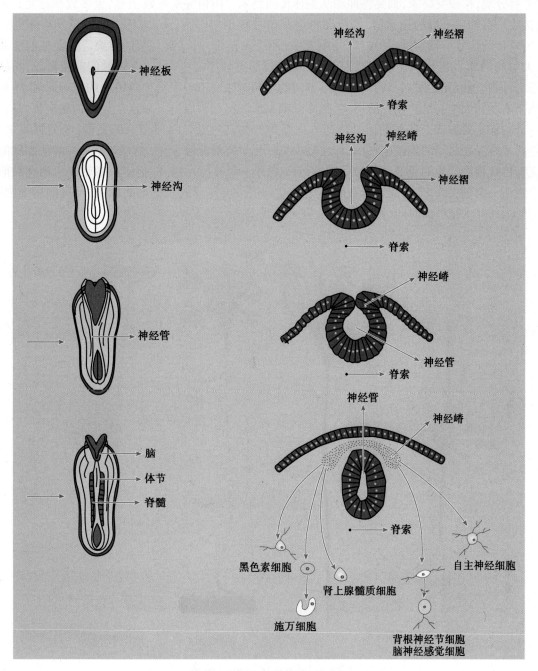

图 7-1　神经系统发育示意图(改自 Siegel,2011)

四、基本神经元结构

不同类型的神经元有着不同的形态,但在某些方面,它们都包含主要组成部分,执行不同的功能:胞体、树突、轴突和轴突终末。神经元的胞体包含细胞核和溶酶体,是神经元的核心部分。胞体的直径一般为 10～25μm,它包含了细胞核、核糖体、高尔基体、内质网等结构,是整个神经元新陈代谢等各种生化活动的主要场所,提供神经元活动所需要的能量。神经元都有一个轴突,但是轴突可以分出许多分支,其直径变化范围从人类的微米级别到巨型章鱼的毫米级别。轴突通常从胞体传导信息到轴突末端进而通过树突传到下一级神经元,但它也能反向传播信息,影响神经元的功能。轴突内含有神经元纤维,其功能是传导神经冲动。在轴突和胞体交界的地方叫作轴丘。这个地方传统的看法认为它是整合信号地方。轴突往往很长,由细胞的轴丘分出,其直径均匀,开始一段称为始段,离开细胞体若干距离后始获得髓鞘,成为神经纤维。轴突呈细索状,末端常有分支,称轴突终末,轴突将冲动从胞体传向终末。由树突来接收信号,大多数神经元具有多个树突,主要接收来自轴突末端的化学信号,树突将这些信号转化后向胞体方向传送。神经元胞体也能形成突触,因此可以接收信号。特别是在中枢神经系统中,神经元有非常长的、复杂的树突。这使他们能够形成突触,传送大量的信号。由于神经递质只存在于突触前膜的突触小泡中,只能由突触的前膜释放,然后作用于突触后膜上,因此神经元之间兴奋的传递是单方向的。同时树突不一定是神经传入的唯一通道,还可以是胞体膜。轴突末端膨大与其他神经元的树突、胞体或轴突形成突触。通过突触连接进行信息交流,是神经元之间传递信号的最主要方式。突触的信号传递方向是单一的。一般有两种类型的突触:电突触和化学突触。电突触是两个神经元之间的直接电气耦合,比较少见。化学突触比较常见,类型丰富。突触前细胞的轴突末端包含充有特定神经递质的囊泡。突触后细胞可以是另一个神经元树突、胞体或者轴突。当突触前细胞的动作电位到达一个轴突终末,引起 Ca^{2+} 在胞质中升高。信号可以释放到突触间隙中,与突触后细胞结合,整个过程需要大约 0.5 毫秒的时间(图 7-2)。

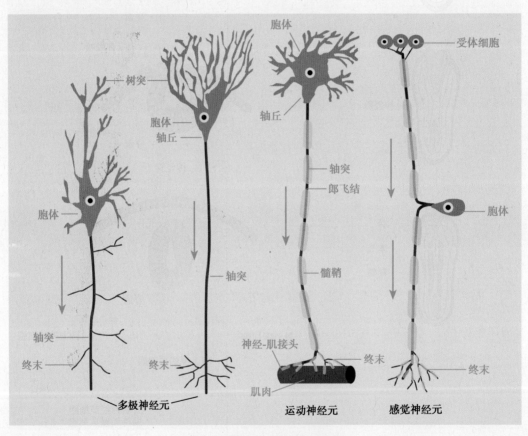

图 7-2　基本神经元结构示意图

第二节　神经干细胞

神经干细胞(neural stem cell,NSC)是大脑发育、神经再生及进化的基础,神经干细胞具有分化为神经元、星形胶质细胞和少突胶质细胞的能力,能自我更新,并足以提供大量脑组织细胞的细胞群。长期以来人们都认为:神经细胞主要在胚胎期发生,在生后早期也可以产生一部分,到成年后的哺乳动物的大脑几乎没有新生神经细胞的能力。直到 1992 年,Reynolds 和 Weiss 才证明成年哺乳动物的大脑内存在神经干细胞,并且这些细胞具有自我更新和多潜能分化的能力,可以在体外培养进行分裂增殖,并能分化产生神经细胞和神经胶质细胞。

一、神经干细胞类型

根据干细胞分化功能,干细胞可以分为全能干细胞、亚全能干细胞、多能干细胞和专能干细胞。按照细胞的来源,神经干细胞可以分为:①胚胎神经干细胞(embryonic stem cell,ESC);②胚体神经干细胞(fetal stem cell,FSC);③成体神经干细胞(adult stem cell,ASC)。ESC 和 FSC 的干性好,可以分化为多种前体细胞。但是,作为移植细胞源也受到最大的伦理学限制,用于临床有很大难度。而 ASC 可以从人体自身获得,在体外培养扩增后,可以重新移植回体内,从伦理学和医学角度来看,它是最合适的供体。但是它有限的分化能力也限制到它的广泛应用。

神经干细胞可以在多种内在基因因素和外在信号调控下通过分化发育为限制性神经前体细胞(neuronal restricted precursor,NRP)和胶质限制性前体细胞(glial restricted precursor,GRP)。限制性神经前体细胞最终分化为各种神经元,胶质限制性前体细胞不仅能分化为Ⅰ型星形细胞,还能分化产生双潜能的 O2A 祖细胞(Ⅱ型星形胶质祖细胞),这种祖细胞分化为少突胶质细胞和Ⅱ型星形细胞。与神经干细胞相比,神经祖细胞(neural progenitor cell,NPC)是具有限定潜能的、具有明确分化方向的一种细胞,也能自我更新分化为神经元、星形胶质细胞或者少突胶质细胞;神经前体细胞(neural precursor cell,NPC)则不是一个严格的概念,泛指处于发育更早期的细胞,可分化为多种神经细胞,如神经元细胞、胶质细胞等(图 7-3)。

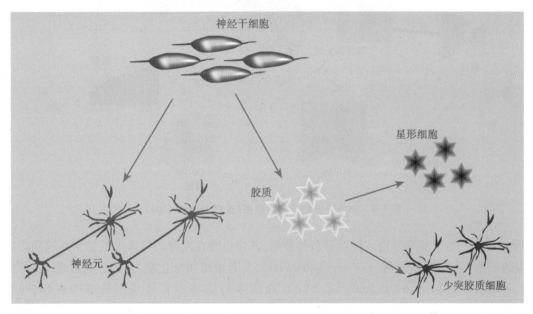

图 7-3 神经干细胞分化示意图(改自 Cheffer,2013)

中枢神经系统、周围神经系统和自主神经系统三类类型的神经组织都是由神经元与相关的胶质细胞构成,神经元是由细胞体构成的,细胞体通过轴突发送电信号,通过较短的树突接受其他神经元发送的信号。神经元在神经突触处连接,神经突触是指一个神经元的轴突与另外一个神经元的树突或者细胞体连接处。所有的神经细胞胞体和轴突都与胶质细胞(neuroglial cell)相联系。

在脑和脊髓中,少突胶质细胞(oligodendrocyte,OL)和星形胶质细胞(astrocyte)是主要的神经胶质细胞,少突胶质细胞形成绝缘的髓鞘,不同种类的星形胶质细胞存在于灰质和白质中。星形胶质细胞在神经元存活、神经递质谷氨酸盐的清除、酸碱平衡的维持、神经突触的接触与形成及神经元反馈调节中起关键性作用。与视神经相关的胶质细胞主要是星形胶质细胞。在周围神经系统中,施万细胞形成轴突的髓鞘,与中枢神经系统中少突细胞的作用相似。

小胶质细胞构成中枢神经系统神经胶质细胞的另一个重要组群。其是单核细胞造血系统的一部分。小胶质细胞经常监测神经系统的组织损伤和损伤导致的吞噬碎片,并作为应对中枢神经系统损伤的炎性分子的来源。它们也是抗原呈递细胞,能够刺激记忆 T 细胞和效应 T 细胞对抗病毒、细菌和肿瘤。

二、神经干细胞的分布

在哺乳动物的胚胎期,神经干细胞主要分布在大脑的皮层、纹状体、海马、室管膜下层和中脑等区域。

正常哺乳动物成年后,中枢神经系统内仍有神经干细胞存在,只不过这些细胞平时处于静止状态。研究发现,在室管膜下区和齿状回的颗粒细胞层具有数量较多的具有分化能力的干细胞。随着神经干细胞研究的深入,发现在成体动物以及人脑内多个部位均发现数量不均的干细胞聚集区域。这些区域的发现为自体神经干细胞移植提供了更多的移植来源,也为进一步研究不同部位神经干细胞的扩增、分化的差异提供线索(图7-4)。

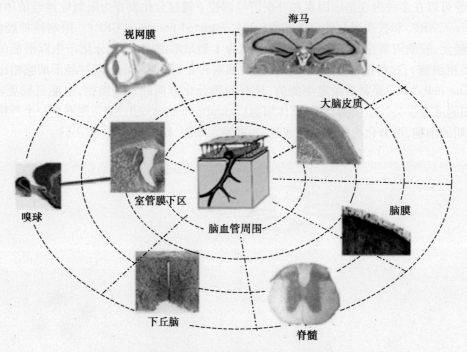

图7-4 神经干细胞分布示意图(改自 Decimo,2012)

1. 室管膜下区 始于胚胎早期的神经管和神经嵴,其中央管在发育的终末形成脑室系统和脊髓中央管,管腔内覆盖的细胞为神经上皮细胞(neuroepithelial cell),具有增殖和分化能力,此区在胚胎早期称为脑室或脑室下区(ventricular/subventricular zone, VZ/SVZ),而成年后则称室管膜或室管膜下区(ependymal/subependymal zone, EZ/SEZ)。室管膜下区被认为是一个生发区的残存部位,并且成年以后也会对嗅球的生长起到支持作用,动物实验中用电刺激成年大鼠室管膜下区可以对嗅球神经元产生影响。室管膜下区内的细胞种类混杂,具有不同形态结构的神经细胞群:静息状态的神经干细胞,具有迁移能力的神经母细胞,染色质致密或者疏松的星形胶质细胞,过渡性放大神经前体细胞及室管膜细胞。静息态的神经干细胞超微结构:细胞核呈多形性、分叶状,而胞质稀少并且没有成熟的细胞器。神经母细胞呈纺锤形,大量松散的染色质,细胞质少,胞质内包含丰富的游离核糖体、几个短的粗面内质网、小的高尔基体等细胞器。过渡放大神经前体细胞外形较大呈半圆形,染色质松散,细胞质内可见核糖体和中间丝。室管膜细胞形成单层细胞与室腔相隔,细胞间分布形态各异,具有微绒毛,染色质和细胞质均松散。最初分离培养的神经干细胞结果显示,在成体中枢神经系统内,室管膜下区的神经干细胞来源是室管膜细胞。把5-溴脱氧尿嘧啶核苷(5-bromo-2-deoxy uridine,BrdU)标记的室管膜细胞和其他室管膜下区神经干细胞移植到成年小鼠脑内,2 周后,只有室管膜细胞残留 BrdU(静息态神经干细胞分化的标志)。但是,其他研究表明室管膜细胞是不活跃的和不具有神经干细胞的能力。事实上,胶质纤维酸性蛋白(glial fibrillary acidic protein,GFAP)启动子控制的携带绿色荧光蛋白(green fluorescent protein,GFP)的腺病毒的研究表明室管膜下区星形胶质细胞也具有类似神经干细胞的能力。这个结果是通过在室管膜下区观察到被标记 GFAP 的表达阳性的细胞,并且观察到这些细胞可以迁移到嗅球,最终可以分化成神经元。用共聚焦显微镜观察免疫组化染色的脑室表面。可以观察到室管膜下区星形细胞和室管膜细胞位于脑室壁的表面。鉴于室管膜下区星形细胞和室管膜细胞之间的许多相似之处,猜测他们可能来自共同的前体细胞。室管膜下区的神经元前体细胞生成后迁移到嗅球,到达嗅球的颗粒细胞和球周细胞层,放射状分布的神经元前体细胞在这里分化成成熟的神经细胞。在病理条件下,室管膜下区细胞也可以迁移到其他区域,脑损伤后可以观察到室管膜下区细胞迁移到邻近的纹状体区域,在脑卒中区域也可以观察到来自室管膜下区细胞分化成熟的神经元。神经干细胞标志物决定神经前体细胞的功能多样性,如 GFAP、Sox2(一种转录因子)和 Nestin(巢蛋白)。必须指出,这三个标记可以在单一的神经干细胞表面共同表达。事实上,处于不同阶段的神经干细胞的存在可以反映这种异质性的表型,用于产生室管膜下区细胞的复杂细胞结构。

室管膜下区外层(outer subventricular zone,OSVZ)是近几年新发现有神经干细胞存在的区域。研究已经证实啮齿类动物的大脑皮质的神经元是由放射状胶质(radial glial,RG)细胞和中间前体(intermediate progenitor,IP)细胞分化而来,在啮齿类动物存在于 SVZ 的干细胞发展为中间祖细胞,迁移到大脑皮质后继续分化为神经元。以前,认为人类的大脑皮质形成也遵循这个规律,但是,灵长类的大脑结构和其他动物存在很多区别。人类区别于其他动物的神经细胞的主要标志之一是发达的大脑皮质,包括有执行语言、运动、行为等的重要功能区,许多神经性疾病都与皮层的变化有关。最近的研究发现,在灵长类动物大脑的 SVZ 区的外侧,存在着区别于啮齿动物的区域(OSVZ),OSVZ 具有数量庞大的干细胞,进一步细胞标记的研究发现,这些干细胞也可以分化发育为神经元。既往发现放射状胶质细胞在中枢神经系统发育中具有重要作用,起引导神经元迁移的角色。放射状胶质细胞会在神经新生的过程中持续进行细胞分裂,并衍生出大脑皮质中大多数的突出神经元。OSVZ 区的干细胞也形成类似 RG 的细胞类型,称为类 RG 细胞。Hansen 等共聚焦显微镜观察了这个部位细胞的形态,发现和 RG 存在一定形态上的差异,SVZ 的 RG 细胞具有典型的顶-基底极性(apical-basal polarity),其特点是 RG 细胞交叉定位在脑室表面,并且放射状地向上生长。在发育过程中扩展、分化成大脑皮质,但是 OSVZ 的类 RG 细胞形态上与其不同,缺少 apical process。使用磷酸化波形蛋白染色的方法,确定 OSVZ 内的类 RG 细胞的数量,发现这些类 RG 细胞的数量占 OSVZ 内总细胞数量的 40%。VZ 的 RG 细胞通常锚定在脑室的表面,而在脑室的表面却没有观察到 OSVZ 的类 RG 细胞。用表达绿色荧光的腺病毒标记细胞的方法证实了 OSVZ 的细胞可以自我更新和分化(图 7-5)。以往,对于神经疾病的研究,多使用老鼠模型,老鼠模型的研究已经为帕金森等疾病的研究奠定了基础,但是因为存在物种上的差异,

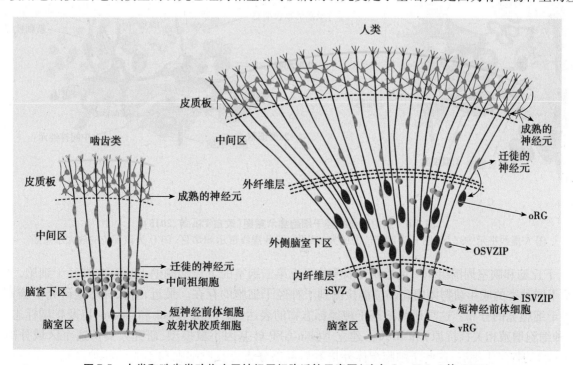

图 7-5 人类和啮齿类动物皮层神经干细胞迁徙示意图(改自 Jan H Lui 等,2011)

所以有些研究结果可能存在误导。我们需要新的研究系统去精确地研究大脑的发育、进化。

2. 海马齿状回的颗粒细胞下层　海马齿状回颗粒细胞下层(subgranular zone,SGZ)是另一主要神经干细胞聚集部位之一。海马齿状回的颗粒细胞下层的新生细胞部分迁移到颗粒细胞层,分化为颗粒细胞(granular cell),这些细胞可以产生树突、轴突,最后形成突触联系,整合到海马功能的神经环路中,参与海马的学习记忆等功能活动。在海马齿状回的颗粒细胞下层已经确定存在两种类型的神经前体细胞。Ⅰ型海马神经元前体细胞广泛分布于海马的颗粒细胞层和分子层,这些细胞表达 GFAP 等神经干细胞表面标志物,虽然可以表达星形细胞的表面标志物 GFAP,但是这些细胞从形态和功能上都与成熟的星形细胞不同。Ⅱ型神经元前体细胞具有较短的突起,不表达 GFAP,推测其可能来源于Ⅰ型细胞,但是没有直接的证据证明两者有明显联系。Suh 等首次证实 Sox2 阳性的Ⅱ型海马神经元前体细胞可以自我更新和分化为神经元、星形细胞(图 7-6)。

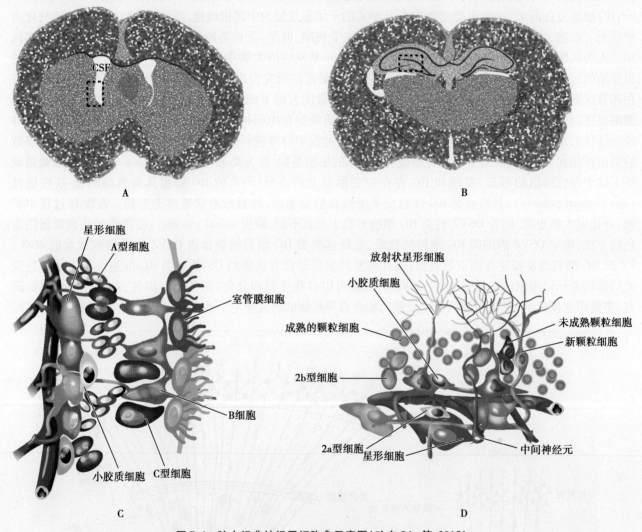

图 7-6　脑内经典神经干细胞龛示意图(改自 Lin 等,2015)
图 A 虚线框示 SGZ 区,图 C 为该部位的放大示意图;图 B 虚线框示 SGZ 区,图 D 为该部位的放大示意图

3. 下丘脑和脑室周围组织　最近研究表明位于近第三脑室的下丘脑侧壁上也存在神经干细胞,多个研究显示不同种类的成年动物体内此部位都检测到了神经干细胞的存在。最近,有人详尽地研究了脑室周围的神经干细胞龛的分布。这项研究是基于神经标志物的表达,如 GFAP、Sox2 和 Nestin,以及扩增标志物 Ki-67(一种细胞增殖相关核抗原)和 BrdU。建立 Nestin-GFP 转基因小鼠模型,研究人员从这个区域分离出的 Nestin 阳性的神经干细胞,这些干细胞在体外培养后可以分化为胶质细胞和不成熟的神经元。进一步研究发现下丘脑区和 SVZ 区在一定程度上具有类似的细胞外基质成分和超微结构。神经干细胞的存在和分化需

要细胞外基质成分的参与。

4. 大脑皮质 大脑皮质是神经细胞的胞体所在处,大脑皮质具有多层的细胞构成,研究发现大脑皮质内也存在神经干细胞龛,这些细胞被分离出来经鉴定具有神经干细胞的特征。在体外神经干细胞扩增实验中,已经把 A2B5 阳性的胶质限制性神经前体细胞和 NG2 阳性的细胞作为干细胞的来源,这两种细胞可以从成人脑组织中获得。A2B5 阳性的细胞是胶质限制性细胞,可以分化成少突胶质细胞以及 I 型和 II 型星形细胞。A2B5 是表达于神经胶质前体细胞和神经内分泌细胞表面的一类神经节苷脂抗原表位。在体外实验中,从大脑皮质下可以分离出 A2B5 阳性的细胞,可以形成神经球,并且具有位置特异性的分化潜能。

NG2 是一种硫酸软骨素蛋白多糖(chondroitin sulfate proteoglycan,CSPG)。NG2 阳性的细胞是在中枢神经系统的白质和灰质束中发现的,因可以表达 NG2 而得名。在脑内发现的 NG2 阳性细胞被看作实质细胞。NG2 阳性细胞作为少突胶质细胞祖细胞(oligodendrocyte progenitor cells,OPC),在成人中枢神经系统中可以分化为少突胶质细胞。OPC 能表达可以促进细胞存活和分化的血小板源性生长因子受体 α(platelet-derived growth factor receptor α,PDGFRα)。原基分布图证实 NG2-Cre 转基因小鼠的 OPC 也可以在中枢神经系统灰质中分化成原浆型星形胶质细胞的细胞亚群。

NG2 细胞也被认为是起源于 SVZ 的短暂扩增细胞,出生后可以生成中间神经元。原基分布图证实在小鼠模型脑内 OPC 有少量出现在梨状皮质中,但是嗅球内却未检出。在成年大鼠的新皮质的最外层的软膜下区域也发现了具有分裂能力的神经细胞。把逆转录病毒导入到软膜下,目的是观察这些细胞的分化情况,证实这些细胞在生理条件下不能分化成神经元。

最近几年,有多项实验致力于寻找大脑皮质内的神经干细胞,对分离的细胞的表型、结构、超微结构和功能都进行了各物种的研究。结果发现皮质的这些干细胞分化成的神经元,仅能表达细胞谱系中期的标志物唾液酸细胞黏附分子(PSA-NCAM)和双皮质素(DCX),但不能表达分化成熟神经元的神经元特异性核蛋白(NeuN)和胶质细胞标志物。而且这些细胞的具体功能和最终分化的结果目前还不清楚。在临床研究中,Zhu 的研究组在成人受伤的大脑皮质已经分离出神经干细胞,并且将这些细胞扩增后重新移植到患者脑内,发现这些细胞可以存活并且促进神经功能恢复。

5. 小脑 神经干细胞在成年哺乳类动物的中枢神经系统内,数量集中的只有少数的几个部位,而在鱼类的中枢神经系统各个部位都存在大量可以分裂增殖的神经干细胞,对硬骨鱼的研究显示在这些区域内,小脑的神经干细胞储量最大。从硬骨鱼小脑内分离出的神经干细胞,可以培养形成神经球,并可以分化形成神经元。继而在哺乳动物中,对兔子进行神经干细胞的研究发现,兔子小脑的细胞显示出明显的神经再生能力,这种再生能力可以从青春期持续到成年期。增殖的元素是位于小脑软膜下的细胞,这些细胞排列形式为不连续的单层细胞。用 BrdU 标记细胞显示在出生后这些细胞仍具有增殖能力,但是两个月后这种能力有所下降。这些细胞分化形成的神经元形态,不同于已知的任何一种小脑皮层神经细胞类型。这些细胞具有不成熟神经元的特点,可以表达 PSA-NCAM 和 DCX。

6. 嗅球 成年体的神经干细胞主要存在于脑室下区和海马的齿状回等脑内的重要功能区,或所处位置深在,这为自体神经干细胞培养、移植带来了困难。嗅球主要是用来感知气味,位于大脑的最前端,一侧嗅球切除对动物、人类的存活和行为没有重大影响,所以取材方便、安全。位于侧脑外侧壁的新生细胞可以沿嘴侧迁移流(rostral migratory stream,RMS)进入到嗅球,分化成颗粒细胞和小球周细胞。成年大鼠嗅球细胞进行体外培养七八天后,可见神经球形成。神经球形态规则,在培养液中悬浮生长。Nestin 荧光染色显示构成神经球的细胞大多数呈 Nestin 阳性,说明它们可能是具有多潜能性的神经干细胞。嗅神经出现损伤甚至离断后,可以观察到有补充神经细胞在损伤处出现。大量的研究证实嗅球内新生的水平基底细胞是来源于干细胞。在体内和体外的动物实验中,研究者证实,这些水平基底细胞可能发挥了干细胞的作用,最后扩增分化为嗅上皮细胞。通过化学方法损伤嗅上皮诱导水平基底细胞的增生,最后可看到嗅上皮的再生和嗅觉功能的恢复。球形基底细胞的移植也能起到修复损伤的嗅上皮的作用,原因可能是球形基底细胞在体内是来源于水平基底细胞。所以,看来水平基底细胞具有真正的干细胞的能力,而球形基底细胞具有的是多能干细胞或者神经前体细胞的能力。在嗅上皮的基底膜内的胶原蛋白、纤维粘连蛋白和层粘连蛋白可以与水平基底细胞表达的 ICAM-1 和整合素 β1、β4 和 α1、α3、α6 受体结合。当选择性地表达 ICAM-1,可以证明水平基底细胞具有自我更新的能力和分化成球形基底细胞,以及感觉神经元和胶质细胞的能力。但是,嗅球的神经干细胞数量少,目前的研究多数为动物实验,即使如此。嗅球的神经干细胞生物特性的进一步研究,可以为自体干细胞移植迅速用于临床带来希望,毕竟目前看来它可能是作为细胞库提供可移植细胞的最理想的器官。

7. 脑膜　脑膜是颅内覆盖在大脑表面的3层膜状结构,包括硬膜、蛛网膜和软膜。蛛网膜和软膜被称为软脑膜,蛛网膜和软膜中间有小梁状结构连接,脑脊液和动静脉也位于此。脑膜是大脑的保护性组织。脑膜的超微结构非常复杂,新的研究发现对于大脑来说它不仅是一层保护膜,还对脑皮层的正常发育起着重要作用。在胚胎发育的早期阶段,当柱状上皮位于脑室表面和软膜之间,软脑膜就存在了。软脑膜不仅结构复杂,而且含有大量保证脑皮层发育的因素,如:SDF-1/CXCR4 趋化因子、软脑膜细胞、放射状胶质细胞、神经前体细胞、Cajal Retzius 细胞,以及层粘连蛋白等。软脑膜异常可以引起皮质发育畸形,如鹅卵石形脑回。在成体脑中,软脑膜可以提供 FGF-2、CXCL12 和视黄酸等营养因子。脑膜在脑实质内也有分布。软脑膜随着穿通动脉和流出静脉进出脑实质延续形成脑血管周围间隙(Virchow-Robin 间隙),间隙内布满组织液。脑和血管之间的联系证明中枢神经系统实质内分布有大量的脑膜细胞。这些细胞与脉络丛细胞和脑室周围的组织形成了一个复杂的网络。最近研究证实,在脑膜内也有神经干细胞存在。动物实验的研究发现,在胚胎期,Nestin 表达阳性的细胞就存在于脑膜中,发育成熟时也可见到 Nestin 阳性的细胞存在;而且这些 Nestin 阳性的细胞被分离后,可以培养形成神经球;在动物移植试验中,这些体外培养的脑膜干细胞可以移植到在动物脑内分化形成神经元。不仅在大脑的脑膜中存在干细胞,在脊髓的软膜也存在具有分化能力的干细胞。但是这些干细胞的来源目前还不清楚。脑膜包绕在中枢结构的表面,也延展进入实质内,脑膜可能存在协助神经前体细胞在特定部位的分布。此外,与其他部位相比,如果能从脑膜顺利分离神经干细胞,无疑可以成为很好的供体来源。Decimo 从成年大鼠脊膜中成功分离出具有分化能力的细胞,因此,脑膜内的神经干细胞可作为一种高效、方便取材的干细胞来源。

8. 视网膜　视网膜是视觉中光电感应的部位,也是脑向外周的延伸。在出生后早期,视网膜即可完全形成,在那之后就不再有新生的视网膜细胞。因此,视网膜的损伤难以修复,所以认为成年的哺乳动物不存在视网膜干细胞。然而,Vincent 等发现在成年小鼠眼内存在视网膜干细胞,并证实这些细胞在体外可以扩增形成神经球。这个结果为视网膜再生提供了可能。经过原代培养的色素细胞可以再形成神经球,提示初代细胞就具备神经再生的能力。另外,在不同的分化条件下,这些细胞可以表达视网膜特殊细胞的表面标志物,如视杆细胞、双极细胞和 Müller 细胞。这些分化特性表明视网膜干细胞的多能性。在成年的哺乳动物及人的眼内,已经证实睫状体内存在的视网膜干细胞,只是这些平时处在有丝分裂静止状态。视网膜干细胞的分子标志已经被确定,有 Rx、Chx10、Pax6、Six3、Six6 和 Lhx2。通过比较视网膜干细胞表达的基因发现,成年动物眼内的视网膜干细胞和胚胎视网膜干细胞存在80%的同源性。另外哺乳类动物眼内存在的这些细胞与其他非哺乳类脊椎动物胚胎的眼内细胞有同源性,但眼内存在的干细胞能否作为移植供体仍不清楚。至少在临床上同种异体免疫排斥反应会成为治疗的障碍。目前,在活体成年啮齿类动物,猴子和人的眼内,已经检出表达 Pax6、Rx、Chx10 和 Six3 的干细胞/前体细胞。在成年灵长类动物,已经发现在适当条件下睫状体上皮干细胞可以分化成为视网膜细胞。鱼类和两栖类动物的视网膜周边部存在睫状体边缘带(ciliary marginal zone,CMZ),位于此部位的细胞也具备神经干细胞的特征,现已发现哺乳类的视网膜也具有这种细胞。通过选择性地破坏视网膜神经细胞后,Raymond 等观察发现除了周边区视网膜再生外,在视网膜中央也有活跃的细胞再生现象,且不依赖于周边干细胞。这些干细胞也表达 Müller 细胞的标志(CRALBP)和其他视网膜干细胞/前体细胞标志(如 CHX10,Sox2 和 SHH)。

9. 脊髓　对于脊髓内的神经干细胞的了解不如对脑内干细胞的了解深入。到目前为止的实验证明,在胚胎和成年的动物体和人体的脊髓室管膜区都有神经干细胞的存在,在成年哺乳动物脊髓中央管壁的室管膜细胞即是神经干细胞。在胚胎发育期,室管膜细胞负责向神经元和胶质细胞发育,满足脊髓的生长需求。在体外,已经从室管膜区分离培养出神经干细胞。研究发现在脊髓中央管内的纤毛室管膜细胞可表达波形蛋白(vimentin)。波形蛋白能维持细胞的形状、细胞质的完整性及稳定细胞骨架内的相互作用,随着年龄的增长,波形蛋白的表达会减少。目前,已经观察到在成年人的脊髓实质中有神经母细胞的存在,说明脊髓损伤后可以通过神经母细胞分化成的神经元得到修复。但是,这些神经前体细胞分化出不成熟的神经元,这些神经元表达的表面产物是发育早期的因子如 DCX、GAD-65/67 和 GABA。研究进一步发现了脊髓背部出现的新生的 GABA 能神经元,推测分化出这些神经元的前体细胞可能仍然是来源于脊髓中央管。在正常情况下,脊髓内的室管膜细胞和星形细胞通过自我更新的方式保持一定的数量,而少突胶质前体细胞会分化成一定量的成熟的少突胶质细胞。在脊髓的周边部位存在胶质前体细胞,这些细胞分化成为少突胶质细胞和星形细胞。当脊髓出现损伤后,这些细胞会参与到脊髓的损伤修复中去,如何诱导这些细胞分化成具有功能的神经元,是下一步需要继续的工作。

10. 纹状体区域 长久以来,科学家们认为成年体神经干细胞主要分布在 SVZ 和 SGZ 两个区域,2014 年斯德哥尔摩的 Ernst 通过放射性同位素^{14}C 的测定,发现在大脑的纹状体区域也分布了大量的神经干细胞,不仅在幼年时存在,在成体内甚至到老年时,这个区域依然存在神经干细胞,另外通过对人类和啮齿类动物的研究发现,在成年鼠脑内,这个区域没有神经干细胞的存在。在 20 世纪 50 年代,世界上核武国家进行了大量的核爆炸试验,导致空气中含有大量的^{14}C,而后由于核武扩散条约的限制,^{14}C 含量有所下降,人体内存在的^{14}C,通过碳测定技术,可以将 DNA 中^{14}C 作为一个时间标记,先测出神经干细胞的^{14}C,比对大气中^{14}C 的半衰期,便可推测神经干细胞生成的时间(图 7-7)。这项研究表明,在人脑内可能分布着比预计的要更多的神经干细胞,与其他动物相比,成年人脑的神经干细胞分布具有自己独特的分布区域。齿状回是海马体下的分区,这里有大量的具有再生能力的神经细胞,而在啮齿类动物,此区内的可再生细胞数量仅有 10%。另一个特殊点在于,在人脑内,这个区域的神经元数量不会随着年龄而明显下降。与动物相似,人脑内室管膜区和海马区存在着神经前体细胞。神经前体细胞的数量在室管膜区和海马区都会随着年龄增长而出现下降趋势。但是,人类有着自身特点,在神经前体细胞的迁徙上明显区别于动物,在啮齿类动物和部分灵长类动物,这个区域的神经前体细胞主要迁徙到了嗅球。还有研究显示,纹状体内的神经再生情况在人类更为显著,在人类,神经前体细胞不仅存在于侧脑室壁,也在纹状体部大量存在(图 7-8)。人类神经干细胞分布的特殊性,预示着今后的研究重点应侧重于人体自身的研究。

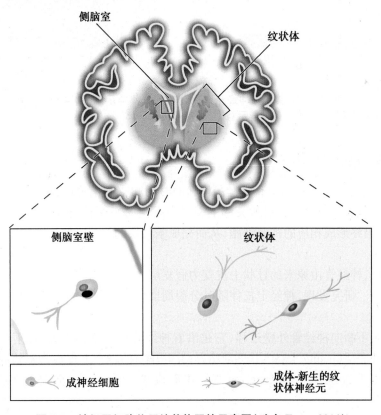

图 7-7 神经干细胞位于纹状体区的示意图(改自 Ernst,2014)

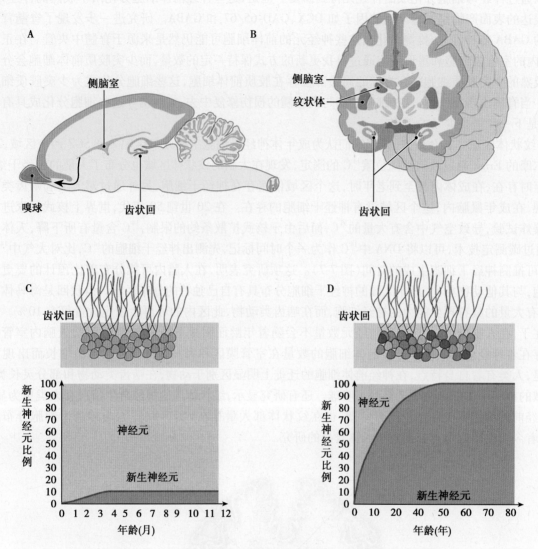

图7-8 啮齿类动物脑(A)和人脑(B)神经干细胞分布部位差异示意图,啮齿类动物脑(C)和人脑(D)神经干细胞在齿状回分布数量差异示意图(改自 Ernst,2015)

三、神经干细胞分化与成熟

在胚胎期,位于神经管上皮层的神经干细胞在精确的时间和空间信号的调控下进行不对称分裂产生限制性祖细胞。这些祖细胞在胶质细胞放射状突起的引导下发生向心性迁移,同时在局部环境信号的诱导下分化并作切线位迁移,最终形成相应的神经细胞,从而完成脑皮层的构建,稍后神经干细胞向胶质细胞分化,完成脑白质的构建。

随着神经管的形成,神经管由原来的柱状上皮变为假复层上皮,称神经上皮(neuroepithelium),其以基底面附着于神经管的管腔。研究发现,神经上皮伴随其分裂周期呈现一种在神经管内、外壁间往返迁移的过程(图7-9)。

有丝分裂后的细胞不断向神经管外壁迁移,它是沿着神经胶质细胞伸出的、辐射状排列的突起进行的。由于细胞的聚集形成外套层(mantle layer)并逐渐增厚,此时增殖的神经上皮称为室管膜(ependyma),在外套层和神经管外壁之间为边缘层(marginal zone)。外套层的细胞分化、向外迁移又形成一个中间层(intermediate layer)。

在神经管的发育中,作为神经管衬里的神经上皮分化为神经细胞和胶质细胞的前体,这是基因表达的特异时空模式的结果。神经元的发生开始于 numb 等细胞成分在神经祖细胞不对称分裂时的分布以及神经前

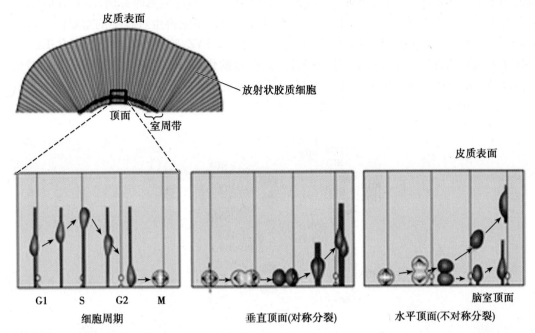

图7-9　室周带祖细胞分裂平面影响其分化归宿。在细胞周期中室周带祖细胞核发生迁移
G_1期:胞核从脑室顶面向皮质表面迁移;S期:胞核位于室周带第三层;G_2期:胞核再迁向脑室顶面,在脑室面进行有丝分裂(改自 Chen 和 McConnell,1995)

体细胞迁移到皮质板。

1. 神经细胞再生的内源性因素

(1) Notch 基因对神经细胞再生的影响:Notch 基因编码的 Notch 蛋白和 Notch 配体、DNA 结合蛋白、其他效应物以及相关调节分子共同组成了 Notch 信号通路,可通过细胞间的相互作用调控各个不同种类组织器官的发育与分化,在大脑中的作用,可以保证神经细胞的生长和大脑组织的发育。目前在哺乳动物体内发现的 Notch 配体主要有四种类型(Notch1、Notch2、Notch3、Notch4),Notch 配体主要结构包括胞内区、跨膜区、胞外区,配体的主要功能是和受体结合启动信号通路。Notch 信号通路通过靶细胞直接接受相邻细胞刺激的侧向激活效应,可将信号直接传递到细胞核,然后进一步激活下游靶基因转录调控,避免其他信号的干扰,特异性强,利于细胞分化起始过程的精确调控。目前研究发现 Notch1 信号通路在神经干细胞或神经前体细胞的自我更新、增殖及分化中起重要作用。Notch1 在成体神经再生过程中的作用还没有完全阐明。通过敲除 Notch1 的小鼠模型发现 Notch1 在成年小鼠的海马的神经干细胞和前体细胞的增殖中具有重要作用。Notch1 缺陷会影响 Nestin 阳性细胞的扩增,可以观察到在成体脑的齿状回新生神经元的量减少。Notch 信号通路保持着 SVZ 星形胞的神经干细胞特征,Notch 信号通路的阻滞会影响这些干细胞的数量及神经再生。用实验方法抑制 Notch 蛋白的表达会产生更多的神经元,但只表现为局部神经元密度增高而不扩散到神经板的其他非神经区,原神经区也未见扩展。这一现象说明存在一个早期调控机制,它规划着神经板内神经细胞发生的区域程序。就脊椎动物而言,这种早期调控机制的关键是一种 bHLH 蛋白(neurogenin)。Neurogenin 过表达导致神经细胞不仅数目增加,而且分布区域也扩大。因此原神经基因被认为是早期神经元发生的活化因子。

(2) 神经营养素及其受体对神经再生的影响:神经营养素(neurotrophin)是近几年发现的神经营养因子基因家族,目前已知的成员除神经生长因子(nerve growth factor,NGF)和脑源性神经营养因子(brain derived neurotrophic factor,BDNF)外,还有胰岛素样生长因子(insulin-like growth factors,IGF)等。这些营养因子通过与膜受体(TrkA、TrkB、TrkC 和 p75)结合发挥作用。Trk 受体的三个亚型与神经营养因子的结合具有特异性。P75 神经营养因子受体对细胞调控机制尚不明确,可能对神经元的凋亡和存活具有双重作用。用 Nestin-Cre-ERT2 系统建立转基因小鼠模型,研究敲除 TrkB 后神经干细胞的活性,结果发现这些小鼠并未出现基底节区神经再生受损,但是对于抗抑郁药引起的海马区的神经再生,产生明显的抑制作用。用 GLASTCreERT2 系统建立转基因小鼠模型,GLAST 可以促进神经干细胞的基因表达,但是在他莫西芬诱导的 *TrkB* 敲除后,神经细胞的数量会减少。这些实验证实了 TrkB 在 SVZ 和海马区的神经细胞再生过程中的重要作用。TrkB 和其他 Trk 受体在其他含有神经干细胞的区域的作用还不清楚,已知在 SVZ、脑膜和嗅球中都存在 Trk 受体,说明在这些部位神经干细胞的再生分化过程中,这些受体起到一定的作用。P75 神经营养因子受体对细胞调控机制尚存在争议,Young 等研究成年小鼠和新生小鼠 SVZ 的神经干细胞研究,认为 P75 可以和神经营养因子结合,直接导致神经细胞再生。但也有证据表明 P75 对神经元存活无明显作用(图 7-10)。

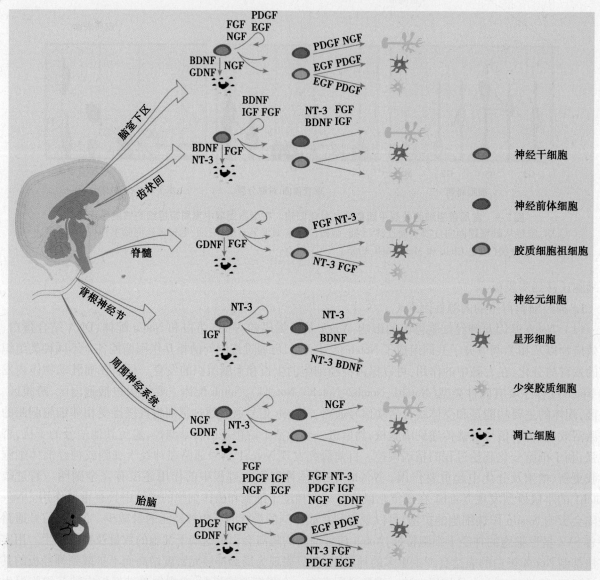

图 7-10　神经营养因子对各来源干细胞分化影响效果示意图(改自 Olivera 等,2013)

（3）细胞周期调控蛋白:细胞周期是指细胞从前一次分裂结束起到下一次分裂结束为止的活动过程,可人为地划分为 G_0 期、G_1 期、S 期、G_2 期和 M 期五个阶段。细胞周期调控依赖于不同信号分子的系统的网络调控。其中重要的环节之一是细胞周期依赖性蛋白激酶(cyclin-dependent kinases,CDKs)的活性状态。在 G_1 期,cyclin(细胞周期蛋白)D-Cdk4/6 复合物通过催化视网膜母细胞瘤相关蛋白磷酸化(retinoblastoma-associated protein,pRb)发挥作用,它是 G_1/S 细胞周期相互转换的一个重要调节因子。然后磷酸化的 pRb 可以释放转录因子 E2f,E2f 再激活大量下游分子的转录,如 cyclin E,cyclin E 又可以和 Cdk2 形成 cyclin E-Cdk2 复合物,然后继续催化 pRb 磷酸化,pRb 完激活后,细胞进入到 DNA 复制期(S 期)。在 S 期,Cdk2 和 cyclinA 结合,磷酸化 pRb,导致细胞通过 S 期,在 S 期末,cyclinA 和 Cdk1 结合形成复合物,它对于 G_2 期的完成至关重要。最终,Cdk1-cyclin B 复合物调节 G_2/M 期的相互转换。Cdk 除了受到 cyclin 的调控,也受到细胞周期依赖性蛋白酶抑制因子(cyclin-dependent kinase inhibitors,CKIs)的调控,CKIs 可以和 Cdk 结合阻滞细胞周期。根据功能和序列上的相似性,CKIs 具有两个家族,Kip/Cip 家族,可以抑制大多数 Cdk-cyclin 复合物,但是不能抑制 cyclinD-CD4/6 复合物,另一家属是 Ink4 家族,主要抑制 Cdk4 和 Cdk6 以及两者和 cyclinD 的复合物。一些研究已经揭示在胚胎神经系统的发育过程中,这些细胞周期调控因子对于神经干细胞增殖和分化的作用。在众多胚胎神经系统发育的研究中,发现可以通过调节这些细胞周期调控因子起到神经发育促进和抑制的作用。当然,这些细胞周期调控因子也保证了在合适的时间和区域进行正常的细胞扩增,可以保证神经系统的正常发育。

(4) 表观遗传因素:染色质修饰可以引起基因表达的改变,而保持 DNA 序列不发生变化,这种改变也可以遗传。染色质修饰的过程就是对染色质组成成分进行化学基团添加或者去除的过程,例如 DAN 甲基化,组蛋白修饰,染色质重塑,转录反馈回路,这些组成了主要的表观遗传现象。重要的是,表观遗传效应是相对持久的,引起的基因表达的改变可以通过细胞分裂而保持下去。表观遗传修饰主要有 3 类:CpG 二核苷酸的 DNA 甲基化,组蛋白尾部的共价修饰,非编码 RNA 介导的调控。除了这些表观修饰对于基因转录的直接作用,表观遗传修饰也可以作为染色质重塑复合物的平台,引起染色质状态的长期改变,从而引起基因的长期活化或者沉默。

神经干细胞具有分化成其他神经细胞的能力,其中表观遗传学调节是神经干细胞的重要的调节方式。在脊椎动物中,神经干细胞的命运是受空间和时间的严格控制的,同时伴有精确的表观遗传调控。组蛋白修饰包括组蛋白乙酰化、甲基化、泛素化和 ADP 核糖基化。组蛋白乙酰化由组蛋白乙酰化酶(histone acetylases,HATs)和组蛋白去乙酰化酶(histone deacetylases,HDAC)调控。HDAC 可将组蛋白尾部保守的乙酰化的赖氨酸残基去乙酰化,导致局部染色质浓缩,阻止转录因子进入靶基因。研究发现,HDAC 介导的转录抑制对于维持神经干细胞的自我更新和分化至关重要。用 HDAC 抑制剂处理神经干细胞可诱导神经细胞分化,这是由于 REST(RE1 silencing transcription factor)或称为 NRSF(regulated neuronal-specific genes)表达上调引起的。REST 是许多神经元基因的转录因子,它通过与一个保守的 21bp RE1 结合位点发挥作用。在非神经元细胞中,REST 与其共因子相互作用,包括 Co-REST、N-CoR 和 mSin3A,然后,它们"募集"HDAC 复合物,通过表观遗传的方式抑制神经元基因表达。

近年来,组蛋白甲基化引起人们极大的兴趣。如前所述,组蛋白乙酰化只发生在赖氨酸残基,并且一般与转录激活有关。而组蛋白甲基化可发生在赖氨酸和精氨酸残基,并且与转录激活和抑制相关。如组蛋白 H3K9 甲基化与转录沉默相关,而组蛋白 H3K4 和 H3、H4 精氨酸残基甲基化可产生转录激活。研究发现,与组蛋白乙酰化一样,组蛋白甲基化也受甲基化酶和去甲基化酶共同调节。赖氨酸甲基化的程度(单甲基化、双甲基化或三甲基化)以及残基的修饰方式与神经细胞分化紧密相关。比如,组蛋白 H3 三甲基化 K9、组蛋白 H4 单甲基化 K20 在增生的神经干细胞中被检测到,而组蛋白 H4 三甲基化 K20 在分化的神经元中含量丰富。DNA 甲基化也是表观遗传的一种方式,哺乳动物体内最显著的 DNA 甲基化形式就是胞嘧啶在 5′端的 CpG 二核苷酸成对性。DNA 甲基化及其相关的染色体重组在调控神经元活动的基因表达中起重要作用。如 DNA 甲基化可通过在大脑发育早期阻止转录因子 STAT3(signal transducer and activator of transcription 3)与 GFAP 基因启动子的结合来抑制星形胶质细胞的 GFAP 表达。DNA 甲基化的这种基因沉默效应是由甲基化胞嘧啶结合蛋白家族介导的,其中包括 MeCP2,MeCP2 在中枢神经系统内大量表达。MeCP2 是甲基化 CpG 结合蛋白中的一员,出生后在大脑内处于高表达水平。*MeCP*2 基因突变与神经发育疾病 Rett 综合征相关,这表明 MeCP2 参与神经元分化后的神经元成熟和维持,但对哺乳类动物大脑的神经发生不是关键的因素,这与 Rett 综合征在出生后发病是相一致的。甲基化 CpG 结合蛋白 MBD1 也是神经干细胞和脑功能所必需的。DNA 甲基化转化酶在中枢神经系统中也有表达,并在神经发生中起作用。DNA 甲基化转化酶 1(Dnmt1)缺乏的小鼠表现为神经元发生减少。将神经祖细胞中的 Dnmt1 敲除导致 DNA 低甲基化,以及过早地向星形胶质细胞分化。

2. 细胞外基质和神经细胞再生 神经干细胞龛是指神经干细胞聚集的区域,这个区域内也存在影像干细胞扩增和分化的因子,这些成分组成了细胞外基质(extracellular matrix,ECM),ECM 就是由细胞合成并分泌到胞外后分布在细胞表面或细胞之间的大分子,主要是一些多糖和蛋白,或蛋白聚糖。这些物质构成复杂的网架结构,支持并连接组织结构、调节组织的发生和细胞的生理活动。研究显示,ECM 成分可以影响细胞的分化、迁移和增殖。神经干细胞和 ECM 之间关系密切,细胞的扩增和分化受到 ECM 内多种成分的影响,对于 ECM 的了解,可以更加清楚干细胞的分化和迁徙的机制。

(1)蛋白多糖:蛋白多糖是由核心蛋白质与糖胺聚糖(GAG)以共价键相连构成。其分子组成以多糖链为主,蛋白质部分所占比例较小。往往一条多糖链上联结多条多肽链,分子量可达数百万 KD 以上。在细胞表面和细胞外的微环境中,常作为糖磷脂酰肌醇(GPI)锚定蛋白和穿膜蛋白存在。因蛋白多糖结构复杂,可以结合多种细胞外因子,例如信号调节分子、膜蛋白和细胞外基质成分。所以,糖胺聚糖在中枢神经系统的细胞与细胞之间、细胞和细胞基质之间扮演着重要的角色。中枢神经系统内常见的是含有硫酸乙酰肝素(HS)、硫酸软骨素(CS)和硫酸皮肤素(DS)侧链的蛋白多糖。中枢神经系统的另一类蛋白多糖细胞外基质的主要成分,即透明质酸(hyaluronic acid,HA),主要由 GAG 链构成,而没有核心蛋白,透明质酸的作用主要是联系作用,以及作为基质的组成部分,协助调节细胞信号转导。对于神经干细胞/前体细胞,透明质酸结合的蛋白聚糖包括神经蛋白聚糖、聚集蛋白聚糖、多功能蛋白聚糖。

(2)糖蛋白:糖蛋白是分支的寡糖链与多肽链共价相连所构成的复合糖,主链较短,在大多数情况下,糖的含量小于蛋白质。TNC(tenascin C)是一种重要的细胞外基质糖蛋白,属于糖蛋白家族,早期发现具有调节细胞和纤连素之间的黏附作用,研究发现在成熟的组织中 TNC 表达少,但是在发育期可见 TNC 高表达。在中枢神经系统,TNC 主要在 SVZ 和脑室区高表达。在胚胎发育的早期阶段,即可在前脑泡内检测到 TNC 的表达,此时的 TNC 主要在放射状胶质细胞中高表达,并且可以持续到发育后期。在产后阶段,TNC 的表达主要在星形细胞,在这个时期,它的表达也开始下调。但是,Kempermann 等在成体脑部神经干细胞聚集的海马区却检测到 TNC 的表达,随后在下丘脑也检测到表达。Garcion 等通过 TNC 缺陷的小鼠模型发现,在这些小鼠的前脑中神经干细胞的数量减少,作者指出 TNC 可能对神经干细胞的扩增能力有影响。

(3)整合素:细胞黏附细胞外基质是神经细胞龛的重要组成。这些细胞表面的受体主要是与整合素(integrin)结合,可以对细胞的迁移和功能起到调节作用。整合素具有异源二聚体结构,由 α 和 β 亚基组成,整合素可以和很多细胞外配体结合,如胶原蛋白、层粘连蛋白、纤维粘连蛋白、玻连蛋白、骨桥蛋白等。整合素和配体间的交互作用可以影响神经干细胞的黏附、迁移、细胞之间的联系和神经干细胞的存活。

(4)基底膜:基底膜(basal lamina)富含层粘连蛋白和胶原蛋白,是神经细胞龛的主要组成部分。基底膜可以起到调节神经干细胞和细胞外基质黏附的作用。基底膜包围在血管的周围,神经干细胞的增殖和迁移需要整合素 α6β1 的激活。如果阻断整合素 α6β1 的信号通路,它就不能和基底膜表面受体结合,结果干细胞的增殖和迁移受到影响。

(5)中枢神经的免疫系统:以前认为中枢神经系统属于免疫"豁免区",虽小胶质细胞能起到类似吞噬细胞的作用,组成了中枢神经的"免疫防线",但是,因为缺乏免疫系统及与免疫网络沟通的管道,大脑被认为不存在完整的免疫机制。近期,美国的科学家 Louveau 等在硬脑膜内也发现了淋巴循环的通路,改变了人们既往关于中枢免疫的认识。硬脑膜内的淋巴管道是淋巴细胞进入大脑的通路,并汇入静脉窦内。中枢免疫免疫的发现不仅为研究免疫相关性疾病提供了突破,也可以用来解释细胞移植的免疫排斥问题。神经干细胞具有低免疫原性的特点,脑内存在正常的免疫系统,移植的外部的神经干细胞就会被免疫系统识别,造成移植的免疫排斥问题。所以,采用自体培养的神经干细胞或者其他组织转化成的神经元进行移植,会提高移植神经干细胞的成活率。

(6)其他:细胞外基质中还存在其他与神经干细胞表面受体结合的因子,共同发挥作用调节神经干细胞的增殖、迁移和分化等过程。如:成纤维细胞生长因子(fibroblast growth factor,FGF)、表皮生长因子(epidermal growth factor,EGF)、基质细胞衍生因子-1(stromal derived factor 1,SDF1)、转录调控因子 SHH(sonic hedgehog,SHH)、骨成形蛋白(bone morphogenic protein,BMP)等。FGF 调节干细胞的反应是通过细胞外基质中乙酰肝素硫酸蛋白多糖受体(SHPR)来实现的,即通过与 SHPR 受体结合激活 FGF。BMP 在中枢神经系统发育的各不同阶段也起着关键的调控作用。BMP 不仅和早期神经与非神经命运决定直接相关,在神经干细胞的增殖、分化以及神经系统各亚型细胞的形成过程中,BMP 也与其他因子如 SHH 等一起协同发挥作用。

四、神经再生的分子标志物

经过多年的研究,发现了许多神经干细胞表达的特定的分子标志物,如 PCNA、Nestin、Sox2 等,这些特定分子的发现,赋予了神经干细胞特殊的身份,这些标志物的鉴定,是神经再生医学不可缺少的步骤。

1. 增殖细胞核抗原　增殖细胞核抗原(proliferating cell nuclear antigen,PCNA)与细胞 DNA 合成关系密切,在细胞增殖的启动上起重要作用,是反映细胞分裂状态的良好指标。在细胞周期的 G_1 期和 S 期,PCNA 表达增加,进入到 G_2/M 期后,表达减少。后研究证实,在细胞的整个分裂周期都有 PCNA 的存在。作为细胞扩增标志,在 SVZ 和 SGZ 都可检出具有 PCNA 的细胞,标记神经干细胞的分化。

2. 微小染色体维持蛋白 2　微小染色体维持蛋白 2(minichromosome maintenance protein 2,MCM2)是微小染色体蛋白家族中的一员,在 DNA 复制的起始和延伸过程中有着重要的作用,是细胞增殖的标志物。MCM2 主要在细胞增殖周期的 G_1 期表达,在细胞增殖的各个周期都可以检测到。另外,在没有 DNA 合成的扩增细胞中也可检测到。MCM2 的表达水平比 Ki67 高,所以它是更好的细胞增殖的标志物。

3. 胶质原纤维酸性蛋白　胶质原纤维酸性蛋白(glial fibrillary acidic protein,GFAP)是中枢神经系统发育产生的特异性标志物,GFAP 是一种中间丝蛋白,起到细胞骨架的作用,是星形细胞的标志物,可以用来区别胶质细胞。越来越多的研究显示在神经发生的过程中,GFAP 阳性的神经前体细胞可以分化成其他细胞类型。据推测,在齿状回的星形细胞神经干细胞可能来源于基底节区的干细胞。

4. 脑脂质结合蛋白　脑脂质结合蛋白(brain lipid binding protein,BLBP),也称 B-FABP 或者 FABP7,是脂肪酸结合蛋白家族的成员,是放射状胶质细胞的标志分子。在胚胎和成体的神经发育过程中可以表达在一系列的星形细胞中。也可以代表 SGZ 的 I 型细胞和少量 II 型细胞。活化状态的星形细胞有 BLBP 的存在和少突胶质细胞前体的表达有关。

5. 转录因子 Sox2　转录因子 Sox2 是转录因子 SOX 家族的一员。*Sox* 基因家族编码一组进化上高度保守、结构上与 SRY(sex determining region Y)相关的转录因子,在人和鼠中,*SRY* 基因位于 Y 染色体上,其编码的蛋白 SRY 包括一个 79 个氨基酸的 DNA 结合区域,此区域和细胞核内非组蛋白染色体蛋白 HMG1 和 HMG2 同源,称为 HMG box,*SOX* 基因包含的 HMG-box 与 SRY/sry 的 HMG-box 具有高度的氨基酸序列相似性。SOX 家族在哺乳动物中广泛存在。Sox2 在胚胎期和成体神经干细胞的发育阶段可以高表达,Sox2 对于神经干细胞的分化和扩增也具有重要作用,Sox2 阳性的细胞可以扩增成一群未分化的细胞亚群,在齿状回 SGZ 分裂细胞。Sox2 阳性的神经干细胞具有多能性,可以分化成多种类型的神经细胞,也可以分化成 Sox2 特异性的神经细胞。在成体动物体外实验中,也发现神经前体细胞和多能神经干细胞表达 Sox1。

6. 巢蛋白　巢蛋白(nestin)又称作神经上皮干细胞蛋白(neuroepithelial stem cell protein)是神经上皮干细胞中的一种中间丝蛋白。在神经干细胞和不成熟的神经前体细胞可以短暂表达,但是在进入分化阶段后就会消失。具有形成和维持特定的组织细胞形态功能,主要在胚胎神经干细胞呈一过性表达,当神经干细胞完成迁移和分化后便停止表达,并逐渐被 GFAP、神经丝蛋白(NF)等中间丝蛋白所代替。巢蛋白在多器官、多细胞均有分布,尤以胚胎期分布为广泛,目前已可在胚胎干细胞可分化的几乎所有类型的组织细胞中发现表达。在成年鼠脑内某些特定区也检测到表达巢蛋白的细胞,这些细胞主要是在 SVZ 等富含神经干细胞的区域。

7. 其他　Ki67 也是一细胞核抗原,可以作为细胞分化的标记。除了在 G_0 和 G_1 早期以及静态细胞外均可见到 Ki67 的存在。Ki67 和 PCNA 都在细胞周期用来检测干细胞的分裂,但是 Ki67 略受限。磷酸组化蛋白 H3(phospho histone,PH3),在细胞分裂周期的 G_2 后期和整个 M 期都有表达,利用 PH3 的特性,可以追踪增殖的细胞亚群和有丝分裂状态。5-溴-2′-脱氧尿苷(5-bromo-2-deoxyuridine,BrdU)是一胸苷类似物,在胚胎和成人的干细胞增殖周期的 S 期表达,结合其他细胞标志物,双重染色,可判断增殖细胞的种类、增殖速度,单独标记 BrdU 只能代表神经形成。

五、神经轴突生长与髓鞘形成

1. 神经轴突生长　中枢神经系统的发育还需要成熟神经元之间精密回路的形成以及神经元与靶组织间

的精密连接,包括神经元轴突和突触的形成。整个 20 世纪,关于轴突是如何生长的一直有两种争论。生理学家 J. N. Langley 在 20 世纪首次阐明轴突生长的特异分子机制,而以 Paul Weiss 为代表的发育生物学家则认为轴突倾向于沿着一定的表面生长,机械因子可以为轴突模式化提供引导线索,他们提出轴突生长的触向性机制。

低等脊椎动物的视觉中枢主要在顶盖,来自鼻侧视网膜的视神经轴突大部分投射至顶盖后部,而颞侧缘的视神经轴突投射至顶盖前缘。而且,视网膜前腹侧的视神经轴突对应投射至顶盖中间-外侧轴。1940 年,Roger Sperry 通过研究发现,将青蛙的视神经切断并旋转其眼球 180°后,视神经轴突能再生而重新与视中枢建立联系,但青蛙却表现出影像颠倒的行为且无法纠正。这一实验表明,轴突的模式化主要依赖信号分子的作用而非功能活动加强,从而建立了分子机制的地位。现在认为,分子机制在胚胎发育中起主导作用,而神经电活动参与轴突环路的建立。

神经元与靶细胞间的功能连接点称为突触。此概念是著名的生理学家 CS Sherrington 于 1897 年提出的。突触组成了神经系统复杂的环路,使神经细胞间进行信号转导。另外,突触的活动还可以引起突触形态和功能的修饰,即突触可塑性。突触的形成包含三个重要过程:轴突与其靶位有选择性地建立联系;生长锥分化为神经末梢;突触后细胞结构的完善,这些主要依赖于细胞间信号的相互作用。目前关于突触形成的理论主要来源于神经-肌肉接头处的研究。

2. 神经髓鞘的形成　髓鞘(myelin sheath)在中枢神经系统由少突胶质细胞构成,在周围神经系统主要由施万细胞和髓鞘细胞膜包绕神经构成。髓鞘结构的消失是损伤导致神经功能缺失的主要因素之一。神经髓鞘不仅可以跳跃式传到动作电位,也可以引导受损轴突的再生。髓鞘化是神经损伤修复的重要过程。神经发生损伤时,少突胶质前体细胞能够迁移到受损部位,增殖分化形成少突胶质细胞,修复损伤的髓鞘。少突胶质前体细胞是中枢神经系统发现的一种具有典型双极突起、胞体小而不规则的细胞,正常情况下,在胚胎发育过程中能够增殖及可分化为成髓鞘的少突胶质细胞。在成体脑组织内,灰质和白质都有少突胶质前体细胞的广泛存在。在 2000 年,Kondo 将出生后的小鼠视神经内的少突胶质前体细胞分离纯化,可以将这些前体细胞重编程为多能干细胞。将这些细胞和胎牛血清、骨形态发生蛋白和成纤维细胞生长因子、神经干细胞共培养,可以形成神经球。将神经球解离后培养细胞可以分化形成少突胶质细胞、星形细胞和神经元。因为少突胶质前体细胞在脑内广泛存在,理论上可以将这种细胞群作为神经再生的细胞来源。由少突胶质前体细胞形成的神经干细胞主要分化成少突胶质细胞,也包含施万细胞。少突胶质前体细胞具有多能性,具有自我更新和分化的能力,所以它具有神经干细胞的特点。虽然大多数情况下,中枢神经系统的神经髓鞘化是有少突胶质细胞形成,但是施万细胞也在这个过程中起到一定作用。在发育过程中,神经嵴细胞迁移发育形成前体细胞,最终形成施万细胞。

六、神经干细胞的代谢

细胞的分裂、增生活动需要能量支持,大部分的能量物质来源于糖类的分解代谢。同样,神经干细胞的调节因素可分为内源性和外源性,物质代谢属于外源性调节因素。细胞代谢对于神经干细胞的生长、分化至关重要,只有在代谢过程中才能产生能量物质,具备能量,细胞才能进行代谢。iPSC 是由体细胞逆转成的干细胞,经研究发现体细胞的细胞代谢过程和 iPSC 的代谢过程是截然不同的,体细胞主要是利用线粒体的氧化磷酸化获得能量产物,而 iPSC 的能量产生则依赖于糖酵解。神经干细胞的代谢研究也在逐渐展开,随着对 NSC 代谢过程的研究,发现了异于成体细胞的特点,这也有助于揭开体细胞逆转为 iPSC 的机制。葡萄糖是细胞代谢活动的主要能源物质,对于神经细胞的功能也起着重要的支持作用。但是,经研究发现,脂质代谢却保证了神经干细胞的“干性”,对于神经分化和生长起着重要作用。

1. 糖代谢　在哺乳动物中,葡萄糖是细胞的主要能量来源。葡萄糖通过 GLUT(葡萄糖转运体)经由异化扩散进入细胞内,进行代谢产生 ATP(三磷酸腺苷)。干细胞分化过程,有其特殊的代谢过程,Birket 等研究了胎源性干细胞转化为神经干细胞/祖细胞过程中代谢的特点,发现转化期间糖酵解活动增加,而线粒体的活性氧的产生活动减少。糖酵解对于神经干细胞的分化和再生具有重要作用,为细胞内氨基酸和核酸的合成提供了碳源。糖酵解过程虽然只生成了 2 个 ATP,但是可以产生许多 ATP 的片段,相应地,神经干细胞表达糖酵解的蛋白,如 GLUT1 和 GLUT3。糖酵解对于神经再生的关键,有丝分裂原、SHH 介导了 HK2 的表达,HK2 介导的糖酵解对于小脑的神经再生具有重要作用。SW 等观察到葡萄糖摄入减少会引起小鼠脑内海马的祖细胞量减少,说明葡萄糖对于维持神经干细胞的量也起到一定作用。但是过多的葡萄糖又会抑制神经干细胞的扩增和分化,机制是因为过多的糖会抑制 GLUT1 的表达,从而影响了神经干细胞对糖的摄取利用。

2. 脂质代谢

(1) 多不饱和脂肪酸:多不饱和脂肪酸(polyunsaturated fatty acids,PUFA)指含有两个或两个以上双键且碳链长度为 18~22 个碳原子的直链脂肪酸。通常分为 n-3 和 n-6。二十二碳六烯酸(docosahexaenoic acid,DHA)、花生四烯酸(arachidonic acid,ARA)都属于常见的脂肪酸类型。在体外研究中,DHA 和 ARA 都可以维持神经元能的 NSC 的生存,对于神经元能的 NSC 的分化未见到有明显影响。但是对于可以分化为胶质细胞的胶质能的 NSC 的研究发现,DHA 不仅可以支持其生存也可以促进分化为胶质细胞,但是,ARA 不能对其起到支持作用,结果是分化为星形细胞。据推测,这种差异的产生可能是因为 DHA 比 ARA 多了脂质双键。2012 年发表的一项动物实验报告中,两组雌性大鼠分别被给予富含脂肪酸的食物和缺少脂肪酸的食物,在分娩后,检查新生鼠脑内 NSC 的数量和分化情况,结果发现被给予富含脂肪酸的大鼠的幼崽脑内 NSC 的数量明显多于另一组。另外,在对成年大鼠的研究中,通过喂养富含 n-3 多不饱和脂肪酸的饲料,发现齿状回处可以发现不成熟的神经元,这可能是因为成年后脑内磷脂随着年龄增加而减少,从而影响了神经干细胞的生存。在神经干细胞分化的研究中,发现经多不饱和脂肪酸处理的神经干细胞增殖和分化能力加强,在使用 etomoxir(脂肪酸氧化抑制剂)抑制脂肪酸的氧化过程,发现神经干细胞的扩增能力下降,但是细胞的生存却未受影响。调节能量代谢的因素可以影响神经干细胞的增殖和分化。

(2) 脂肪酸结合蛋白:脂肪酸结合蛋白(fatty acid binding proteins,FABP)在体内各个器官都有存在,是细胞内脂肪酸载体蛋白。脂肪酸结合蛋白的作用是参与细胞内脂肪酸的运输,可将脂肪酸从细胞膜运送到脂肪酸氧化、三酰甘油和磷脂的合成位置。脂肪酸结合蛋白可以分为多种类型,如 FABP3、FABP5、FABP7。其中,FABP3 在胎脑内不表达,而存在于成体脑组织内。FABP5 及 FABP7 在胎脑内表达,在多个神经干细胞龛的细胞内和星形细胞内也发现 FABP5 的表达。FABP 和脂肪酸结合,调节脂肪酸的代谢。FABP3 因为仅在胎脑内存在,说明对于 NSC 影响不大。通过对转基因小鼠的研究,将 *FABP5* 和 *FABP7* 基因敲除后发现,神经干细胞的数量下降。另外对于 *FABP7* 进行敲除后还发现细胞的分化增加了,说明 FABP7 对于神经干细胞数量的维持有重要作用。

(3) 胆固醇:胆固醇(cholesterol)是细胞膜的基本组成结构,可以形成脂筏与各种蛋白相互结合,最终形成微区结构,这些微区结构对于膜运输和信号转导起到重要作用。胆固醇可以作为类固醇激素和胆汁酸的前体,也是脂蛋白的组成部分,可以携带各种脂质。脑和脊髓是富含胆固醇的器官,可见胆固醇对于神经发育具有重要作用。胆固醇对于神经干细胞的影响目前研究不多,在大脑皮质发育过程中,可见检到胆固醇含量急剧增加,prominin-1(一种脂膜蛋白)可以和膜胆固醇结合,暗示胆固醇在神经发育中的重要性。抑制胆固醇的生物合成,发现可以引起神经元的坏死,说明胆固醇对 NSC 具有作用。孕妇过度肥胖可以引起胎儿神经管发育的异常,通过动物实验发现,在高脂饮食的母鼠生育后,发现幼鼠脑内未成熟的神经元增加,进一步研究发现,幼鼠脑 notch 信号通路活化,引起 *Hes1* 和 *Hes2* 基因表达上调(Hes1 和 Hes2 可以抑制 NSC 的分化),结果影响 NSC 的分化,抑制成熟神经元的发育成熟。

第三节　脊髓损伤与再生

脊椎动物的中枢和周围神经系统的轴突在挤压伤或横断以后具有再生潜能,事实也表明在此类损伤之后轴突开始生长。另外,中枢神经系统的干细胞具有再生成神经元和胶质细胞的潜能。轴突能否再生或者来源于神经干细胞的新的神经元能否再生很大程度上取决于其所在的微环境,特别是在中枢神经系统中。在一些物种中,例如蜥蜴类和鱼类有尾目动物,周围和中枢神经系统的轴突均可再生,神经干细胞可再生为中枢神经系统的组织。在哺乳类动物中,因为由胶质细胞提供的微环境不同,周围和中枢神经系统的轴突的再生能力有显著的区别。

一、哺乳动物脊髓损伤与再生

中枢神经系统轴突的再生,以损伤的脊髓为例。脊髓通过启动轴突再生应对脊髓横断。在哺乳类动物中,横断或挤压伤后轴突最初的再生反应被不利于轴突延长的微环境所阻断。然而,在鱼和羚羊等有尾类动物中存在旺盛但并不完美的轴突横断损伤后再生。

50 年前,哺乳动物的中枢神经系统在出生以后就停止发育这一观点得到了普遍认可,然而 20 世纪 80 年代初,通过成年人鼠体内 ^{3}H-胸苷标记的研究发现海马体细胞 DNA 合成活跃,从而形成假说认为在大脑的这些区域神经细胞仍然保持再生状态。但所有脊椎动物的中枢神经系统都保持再生这一观点并不被人们接受,直到 20 世纪 80 年代,Nottebohm 及其同事发现雄金丝雀在每年春天其控制声音的大脑区域膨大,神经元增多。这些神经元进入鸣叫学习的回路中,而交配季节结束就会死掉。这表明成年金丝雀神经元存在新老更替,但是哺乳动物大脑中"没有新的神经元"这一教条仍然占据主导地位。

20 世纪 90 年代,由于在小鼠的中脑和侧脑室发现了神经干细胞,这一教条被彻底打破。他们在有 EGF 或 FGF-2 的无血清培养基中培养、增殖细胞群。但当生长因子被剔除时,细胞群呈球形。球体的细胞与抗体反应生成胚胎神经祖细胞中表达的细胞表面标志物——巢蛋白,因此这一细胞球被称为"神经球"。神经球的单个细胞增殖分化成新的神经元和神经胶质细胞,也形成新的神经球,表明他们是神经干细胞。神经干细胞表达的其他标志物有 Nrp-1,EGF 受体,低水平的花生凝集素(PNA[10]),低水平的耐热抗原(HSA[10])和 LeX(SSEA-1)。FACS 纯化的神经干细胞在体外进行克隆分析,表明它们能自我更新和分化为神经元和神经胶质细胞。当它们分化时,神经干细胞表达未成熟的神经元标记,最后表达成熟神经元标记,如神经元特异性烯醇化酶(NSE)、class Ⅲ β-微管蛋白(β-Tu Ⅲ)、神经元核转录因子(NeuN)和神经递质-γ-氨基丁酸(GABA),P 物质。图 7-11 表明了在体内和体外来自神经球的神经干细胞的鉴定和新神经元的产生。

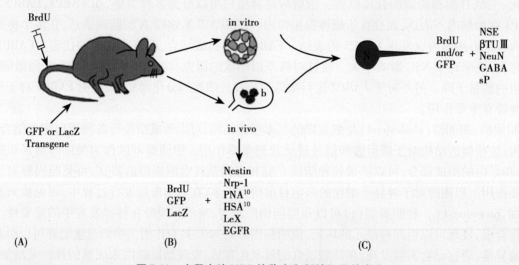

图 7-11 小鼠大脑 NSC 的鉴定和新神经元的产生
(A)给 GFP 或 β-半乳糖苷酶转基因动物注射 BrdU。(B)被标记的细胞体外分裂形成神经球或者在体内分裂(b)成为多能神经干细胞。这些未成熟细胞表达多种鉴定标记。(C)证明标记细胞是 NSC,分化成神经元并表达成熟神经元标记

体外方法检测到在其他区域也有增殖的神经干细胞,但它们通常是增加新的胶质细胞。追踪体内未损伤神经系统被标记细胞的研究表明只有海马体脑室壁(增加颗粒细胞数量)和前脑的侧脑室壁(增加嗅球神经元数量)两处保持神经组织的再生状态。

自从发现了小鼠和大鼠持续性的神经再生,通过神经干细胞的持续再生已被证明存在于许多其他哺乳动物和所有其他主要脊椎动物中。

尚不确定神经再生是否发生于在体成年哺乳动物脊髓中。然而,Kehl 等证明了来自成年大鼠脊髓培养

的祖细胞产生新的神经元,这表明如果脊髓细胞脱离体内抑制再生和促进神经胶质瘢痕形成的微环境,脊髓具有神经再生的潜能。通过由 FoxJ1 和巢蛋白调节序列驱动的 Cre:ER 进行遗传标记,已经确定像排列于椎管的室管膜细胞一样,小鼠脊髓细胞具有这种再生潜能。这些细胞在体内形成胶质瘢痕,但是在体外形成可分化为神经元,星形胶质细胞和少突胶质细胞的神经球。这一发现对细胞移植治疗脊髓损伤具有重要意义。

1. 海马神经元的再生 海马,特别是齿状回,是人脑对认知能力、学习和记忆至关重要的一个区域。在小鼠和大鼠体的海马内已鉴定出具有长期更新能力的神经干细胞。对狨猴和死亡人体进行 BrdU 实验已成为癌症研究的一部分。神经干细胞有放射状形态,表达 Sox2,位于颗粒下区,在那里他们产生能够分化成齿状回神经元和胶质细胞的转运增殖细胞群。室下区神经干细胞的静止状态通过 BMP 信号通路维持。通过向大脑脑室注射 BMP 的拮抗剂 Noggin,抑制 BMP 信号通路,在一定程度上促进神经再生,最终导致神经干细胞的消耗,并生成新的神经元。

海马再生能力的维持对记忆和工作以及掌握新信息能力的保留和形成中至关重要,其受运动和认知活动的影响。对照组年老小鼠海马的 BrdU 标记的新神经元减少数量与破解迷宫的速度成反比。生存在复杂环境(每个笼子中放入更多的小鼠来增加它们的社会性,小鼠玩具和其他的处理,并且建有可变的隧道)中的小鼠的细胞增殖和齿状回的神经发生与对照组相比都有所增强,且破解迷宫的速度更快。BrdU 标记的新神经元在数量上减少超多一半。有趣的是,这一优势在年老小鼠中更明显。实验数据显示整个实验过程中的成年小鼠 BrdU 标记的细胞损失 56% ,剩余的 BrdU 标记的细胞只有 40% 表达神经特异性标志物,这一结果表明大量神经前体细胞在出生后死亡。2010 年 Sierra 等发现小鼠海马的大量新生细胞凋亡,并迅速被颗粒下区的小胶质细胞清除。

研究发现海马中新生神经元在功能上融入海马神经回路。2002 年 Van Praag 等通过逆转录病毒将 GFP 转染入增殖的小鼠海马细胞,通过超微结构分析和突触泡蛋白免疫染色分析发现,GFP 标记细胞分化成成熟神经元,并接受突触连接。电生理学检测表明神经元功能正常,接受正常的兴奋性输入。神经发生联合行为学的研究也表明新生神经元融入正常的海马回路。小鼠被"跟踪控制"以建立一种中立的声音与延迟的眼睑刺激毒性之间的关联。使用 MethyJazoxymethane(MAM)杀死增殖细胞来抑制神经发生,新生的神经元减少 80% ,而机体条件反射减少 50% 。

对小鼠和沙鼠的研究表明,由局部或全部缺血引起的神经退化之后,海马齿状回区的颗粒细胞加速增殖。但是,只有小部分的退化神经元被替换,不足以恢复功能。哺乳动物中枢神经系统受损后纤维性星形胶质细胞 FGF-2 表达上调,体外实验表明 FGF-2 协助神经干细胞保持分裂和不分化状态。体外实验中,新生星形神经胶质诱导成体海马神经干细胞在体外增殖分化为神经元,而成熟星形胶质细胞的诱导作用只有新生细胞的一半。由于脊髓星形胶质细胞不支持海马的神经发生,这种作用似乎是海马星形胶质细胞所特有的。这些研究结果表明,星形胶质细胞与海马神经干细胞发生的微环境有关,但是星形胶质细胞向神经干细胞提供的 FGF-2 和 EGF 信号不足,成体海马神经元受损后增长水平较低。

侧脑室是否有新皮质的持续再生仍有争论,1999 年 Gould 等将 BrdU 注射入狨猴并在 2 小时后评价其渗入额叶前部、后部、颅顶部和颞下弓的皮质情况,1~2 周后补充注射。1~2 周以后,观察到标记的细胞从侧脑室通过皮质下白质流向皮质。皮质中大部分标记的神经元都表达成熟神经元相关标记(MAP-2,NeuN),而皮质外细胞流的细胞表达未成熟神经元标记 TOAD-64。这些现象说明侧脑室壁神经干细胞能够补充皮质神经元。将染料注入皮质区以显现新分化出来的导致退行性填充的神经元;结果表明它们已经成为皮质回路的一部分。

此外,成年狨猴 BrdU 注射实验也表明,标记的室管膜细胞迁移进入皮质。但是这些细胞表达 GFAP,不表达神经元标志物,提示它们已分化成神经胶质细胞。共聚焦显微镜对其切片的精细观察发现,邻近神经元紧密排列的 BrdU 标记的神经胶质细胞容易被误认为是 BrdU 标记的表达神经元标记的细胞。2002 年 Magavi 等从小鼠的大脑皮质中得到了类似的结论。他们也观察了 BrdU 标记的侧脑室壁细胞进入皮层,但这些细胞或分化成胶质细胞,或保持未分化状态,或死亡。

一种叫作"archeo-cell biology"的新方法似乎能够解决这个问题,结果支持神经干细胞不能够维持人脑皮层的观点,在出生前后神经元组分已经全部存在。这一方法是测量枕叶皮质神经元和其他已知由神经干细胞维持的组织中细胞核[14]C 含量,这是利用 1955~1963 年之间进行的原子弹爆炸试验产生了大量存在于大气中的[14]C,在 1963 年达到峰值并按照每 11 年减少 50% 的量下降。通过测量出生在这一时期之前、之中和之后的已故人体中[14]C 含量,同树木年轮中[14]C 的含量相比较从而建立神经元的生成时间。结果显示在高[14]C 期间产生的神经元会保持同一水平直至死亡,而其他由神经干细胞维持更新的组织没有[14]C 检出,说明这些细胞已被替换。

2000 年 Magavi 等虽然没有发现小鼠脑皮层中维持神经发生的证据,但位于共轭发色团 chlorine 6 纳米球标记的脑皮层底层(Ⅵ)投射向丘脑的锥体细胞遭到破坏后,他们确实观察到神经发生。然后用波长为 674nm 的激光激活发色团,杀死神经元。随后用 BrdU 标记的侧脑室细胞的增殖水平并不大于未损伤的动物侧脑室细胞,但是在通向皮层的路径上检测到 BrdU 标记并表达双肾上腺皮质激素的细胞。皮层中有 1%~2% BrdU 标记细胞表达成熟神经元标记 NeuN。逆向标记表明再生的神经元是投射向丘脑的锥体神经元。

2. 神经干细胞微环境的特点(permissive)　成年脊椎动物大脑海马、侧脑室和鸣禽高声中心区中的神经干细胞同血管类似。内皮细胞分泌的某些因子有利于建立一个微环境,控制神经干细胞保持未分化状态和不对称分化的平衡。2004 年 Shen 等通过研究胚胎中枢神经系统的不同区域和成体侧脑室壁神经干细胞,确立了血管内皮细胞同神经干细胞的功能性关系(图 7-12)。神经干细胞和内皮细胞共培养且中间由膜隔开,与血管平滑肌或非血管细胞共培养相比,神经干细胞扩张强烈。在移去嵌入物后,这些细胞同时分化成投射神经元和内在神经元。表明血管内皮细胞分泌可扩散因子,这些因子具有增强神经干细胞增殖和分化的作用。海马神经干细胞的增殖和分化也被星形胶质细胞增强,所以每一个神经干细胞微环境可能是由许多不同种类的细胞,甚至是神经干细胞自身决定的。调节神经干细胞增殖和分化的微环境信号大多未经鉴定,但是相当数量的生长因子,如 EGF、FGF-2、TGF-α 和音猬因子都是已知可以注入大脑或者体外增强神经干细胞增殖的因子,BMP 可以促使神经干细胞分化为胶质细胞。

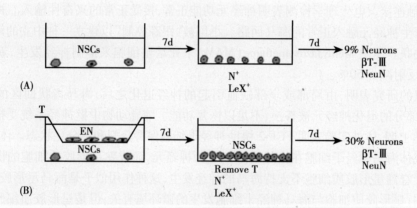

图 7-12　实验证实内皮细胞(EN)分泌的可溶性因子具有促进 NSC 的扩充和神经元分化的作用

(A)NSC 单独培养增殖 7 天,再培养 7 天后有 9% 形成神经细胞。(B)同 A 相比,NSC 同内皮细胞被膜分离开共同培养 7 天,增殖幅度大并且在移除共培养物后 30% 分化为神经元。N、Le=NSC 标记,βT-Ⅲ、Neun=成熟神经元标记

Notch 通路对神经干细胞的自我更新能力和干细胞性是至关重要的。Delta/Notch 信号上调 Hesl,Hesl 是神经元分化基因的转录抑制物。Nrp 1 和 2 的缺乏使神经干细胞不能形成神经球。另外,神经元限制性沉默因子(NRSF/REST)是保持神经干细胞未分化状态的关键性转录因子,NRSF 是能够抑制神经元特异性基因的 kruppel 家族锌指蛋白。一种非编码的小双链 RNA,NRSE dsRNA,在神经干细胞分化成神经元过程中通过同 NRSF/REST 转录复合物相结合起重要作用,其结合能够允许神经元特异性基因,如 Mash 1,Neurogenin 1、2 和 Neuro D 被激活。

3. 炎症反应在损伤中的作用　炎症反应在二次损伤中起主要作用(图 7-13)。在损伤初期,小胶质细胞被迅速激活,并上调肿瘤坏死因子 α(TNFα)和白细胞介素-1β(IL-1β)等促炎因子。来自血小板的 PDGF 和 TGF-p 聚集中性粒细胞和巨噬细胞至伤口,吞噬细菌和细胞碎片。随着整个损伤区域的细胞碎片的清除,脊

髓组织形成蛭斑,不同物种的蛭斑大小不同,蛭斑被覆盖于受损部位的瘢痕组织包裹,通过产生硫酸肝素蛋白多糖成为轴突再生的生理屏障和机械屏障。瘢痕组织由肥大的星形胶质细胞和周细胞构成。肥厚的星形胶质细胞有两个起源,已有的星形胶质细胞的增殖和室管膜细胞的增殖和分化,这两个过程相互作用,形成一个物理屏障。遗传标记实验已确定与脊髓血管相关的周细胞的一个亚型被称为 A 型周细胞,其在瘢痕构成的数量上是星形胶质细胞的 2 倍,周细胞位于瘢痕的中心,周围包绕星形胶质细胞。有趣的是,这种瘢痕在啮齿类动物模型中数量巨大,但在人类脊髓中并不突出。赖氨酰氧化酶、血栓调节蛋白、骨桥蛋白和蛋白酶抑制剂稳定胶质瘢痕。

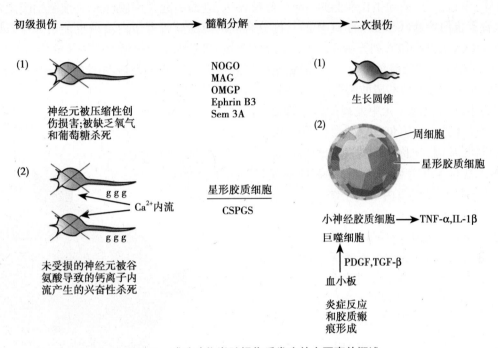

图 7-13　哺乳动物脊髓损伤后发生的主要事件概述

创伤和脊髓肿胀压迫组织,使血流阻断,氧和葡萄糖丧失,从而杀死神经元,引起初级损伤。原发损伤的第二个原因是未损伤神经元的凋亡。过量的神经递质谷氨酸引起谷氨酸的兴奋毒性,其可以通过开放钙离子通道,使细胞外钙大量内流,从而杀死神经元。损伤和完好的神经元发生脱髓鞘,形成髓鞘裂解产物,引起生长锥萎陷(1)。星形胶质细胞合成的硫酸软骨素蛋白聚糖(CSPGs)也能引起生长锥的萎陷。小胶质细胞表达炎性细胞因子,血小板释放的 PDGF 和 TGF-β 聚集巨噬细胞,吞噬细菌和细胞碎片,引起炎症反应,使脊髓产生被瘢痕组织包裹的蛭斑(2)

　　破坏大量轴突和神经元的脊髓损伤会导致损伤平面以下感觉缺失和瘫痪,并引起肌肉萎缩、痉挛和骨质流失。颈部损伤导致自主功能失调,如血压、心率和体温的调节。我们所了解的哺乳动物脊髓损伤的病理生理大部分来自于动物研究,主要是对大鼠和小鼠的研究。脊髓损伤引发的再生应答由上调生长锥形成和神经突延长相关的基因构成(FGF-2,GAP-43,CAP-23,NCAM-L1)。轴突短暂地萌芽后,停止生长并收缩。不能够继续再生是由于相关神经胶质细胞[少突胶质细胞和(或)星形胶质细胞]不能表达充分的神经元存活因子和延伸促进分子。相反,髓鞘裂解产生的蛋白质阻碍生长锥的形成,并产生"神经胶质瘢痕"——阻碍轴突延伸的化学或机械屏障。

　　大多数脊髓损伤为挤压伤,完全性横断性损伤很少见。组织破坏分为两个阶段,第一阶段是由损伤本身导致的组织破坏,第二阶段是与损伤无直接关系的持久的组织破坏。人类脊髓损伤的第一个 48 小时内,组织受压首先使血流阻断,受损区域的氧和葡萄糖丧失,从而导致神经元和神经胶质细胞坏死。损伤血管渗漏过量血浆,导致脊髓肿胀,压迫组织并致死更多的神经元和神经胶质细胞。完好的神经元过度兴奋,释放过量神经递质谷氨酸盐。谷氨酸盐通过开放膜通道使中毒剂量的钙离子流入,这一现象称为"谷氨酸中毒"。此外,脂质过氧化作用产生的自由基也具有毒性。从而导致神经元和神经胶质细胞迅速死亡。穿过软膜下病变区域的轴突经常已脱髓鞘。

　　第二阶段涉及存活神经元的坏死和神经胶质细胞的凋亡。以死亡和残存轴突的绝缘髓鞘分解开始。损伤发生后的数小时内,髓磷脂分解产物开始将损伤扩展至邻近的未损伤区,这一过程能够持续数月,并将最初的损伤严重放大。髓磷脂分解出来的髓磷脂蛋白质在体内外都抑制轴突的再生。目前已鉴定出几种导致生长锥萎陷的此种蛋白,包括"Nogo"、少突胶质细胞髓磷脂糖蛋白(Omgp)、髓磷脂相关糖蛋白(MAG)和配体-B3(Ephrin-B3)。Nogo、MAG 和 Omgp 通过 Nogo-66 受体(Ng-66R)和它的共同受体 p75/TROY 和 LINGO-1a 起作用。配体-B3 等效于 Nogo,MAG 和 Omgp 联合并通过 Eph4A 受体发送信号的活动一起引起生长锥萎陷。另一种抑制分子是神经诱导因子——臂板蛋白 3A(Semaphorin 3A,Sem 3A)。Sem 3A 通过纤毛蛋白受体(NP-1 受体)发送信号,诱导生长锥上的 RhoA 转录表达,进而引起视网膜神经节细胞轴突上的生长锥萎陷。硫酸软骨素蛋白聚糖(CSPGs)的 ECM 的一部分合成的硫酸软骨素蛋白聚糖也能引起生长锥萎陷。星形胶质细胞 mRNA 表达的微阵列分析确定了神经蛋白聚糖、多功能蛋白聚糖和 NG2 CSPGs,以及硫酸乙酰肝素 PG 降解 Syndecan-1 和硫酸角质素 PG 基底膜聚糖是潜在的轴突延长的 ECM 抑制因子。CSPGs 通过与具有高亲和力的跨膜蛋白酪氨酸磷酸酶受体——PTPσ 结合发挥作用。

　　在培养的小脑颗粒神经元中发现的髓鞘抑制蛋白的另一种受体是白细胞免疫球蛋白样受体 B2(LILRB2)的同源基因,被称为配对免疫球蛋白样受体 B(PirB),其与 NgR 有协同作用。髓鞘抑制蛋白也能通过增加神经元胞质内钙离子浓度引起生长锥萎陷。这一效应是通过钙依赖性的具有激酶活性的表皮生长因子受体(EGFR)的磷酸化实现的。EGFR 表达于大部分成熟的神经系统中。表皮生长因子激酶活性抑制因子促进来源于生长在髓鞘基底部的小脑颗粒细胞和来源于应用鸡脑中硫酸软骨素蛋白多糖的视网膜移植组织的神经轴突外生长。Nogo66 和 Omgp 引起培养的小脑颗粒细胞中的表皮生长因子受体的快速磷酸化,但钙螯合剂会显著地降低这一效应。

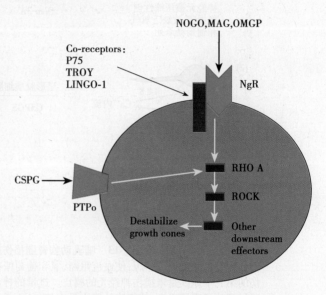

图 7-14　髓鞘蛋白、CSPGs 受体和 Rho A 通路信号的会聚导致生长锥的不稳定性

　　图 7-14 阐明,Nogo、MAG、Omgp 和 CSPGs 产生的细胞内信号聚集并激活 Rho A GTP 酶-ROCK 通路,从而引起肌动蛋白细胞骨架的解聚和生长锥的萎陷。因此,干预措施有针对性地抑制蛋白质、Nogo 受体和 Rho 通路。

　　磷脂酶 A2(PLA2)可能是脊髓损伤第二阶段自由基引起的细胞死亡,谷氨酸兴奋毒性,炎症反应过程的聚集介质。磷脂酶 A2 水解甘油磷脂生成游离脂肪酸和溶血磷脂,其为介导炎症反应和组织损伤的类花生酸和血小板活化因子的前体。在大鼠脊髓损伤后,PLA2 的表达和活性在神经元和少突胶质细胞显著上升。磷脂酶 A2 和其活化剂蜂毒肽注入未损伤的脊髓引起神经元死亡,这与炎症反应、局部脱髓鞘和弥漫性组织坏死导致的行为障碍相关。但是脱髓鞘改变可通过注射一种抑制磷脂酶 A2 活性的药物——米帕林被显著地逆转。

　　为了成功实现脊髓损伤后的再生,神经元必须存活,他们的轴突必须能够迅速进入病灶,且横贯整个病灶直至另一端,从而重新支配靶器官。成人脊髓神经元可能不会像周围神经元或培养的脊髓神经元那样上调再生所必需的蛋白质。例如,与培养的神经元相比,成人脊髓神经元环磷酸腺苷水平的降低被认为与神经元轴突再生能力的发育缺陷相关。另一方面,中枢神经系统轴突能够通过周围神经鞘再生,表明脊髓轴突存在被外源性的损伤因子抑制的内在的再生能力。室管膜的神经干细胞具有形成神经球的能力,神经球脱离脊髓环境后,能够分化成新的神经元和神经胶质细胞,这一现象也支持脊髓轴突有内在的再生能力的观点。

二、两栖类动物脊髓横断性损伤与再生

同哺乳类不同,有尾目幼体和成体脊髓在横断或部分缺失之后上行和下行神经束轴突都能够在主干水平上再生并且恢复功能。脊髓室管膜(NSC)层在这一过程中起主要作用。

1. 室管膜反应　两栖类动物室管膜细胞增加脊髓宽度和白质分支,具有膨大的终足,终足在软脑脊膜下形成神经胶质界膜。形态学上,这些细胞与鸟类和哺乳动物胚胎脊髓中的神经胶质细胞类似。然而与鸟类和哺乳类的胶质细胞不同,它们表达 GFAP 而不表达巢蛋白和中间细胞骨架纤丝波形蛋白。它们也表达上皮角蛋白 8 和 18,这两种蛋白能够促进脊髓再生,哺乳类室管膜细胞不表达这两种蛋白,而成体鱼和七鳃鳗科室管膜细胞表达。这些细胞骨架特征有时可作为再生潜能的标志。不过成蛙室管膜细胞具有这些特征,但不可再生脊髓,因此这种标志并不可靠。2003 年 Chernoff 等已经确定蝾螈和爪蟾室管膜神经干细胞表达 Nrp-1。Nrp-1 是脊椎动物中果蝇 Musashi-Ⅰ 的同源物,能够抑制 Nurb mRNA 翻译,从而保持 Notch 活性,维持神经干细胞静止或自我更新状态。

室管膜损伤反应似乎提供了防止轴突残端再生,促进其增长,形成利于功能恢复的新的突触连接的环境。切断后,伤口两侧细胞经历上皮间充质转化(EMT),抑制 Ln. OFAP 和上皮细胞角蛋白的表达,表达 Fn 和波形蛋白(Vn)。间充质细胞增殖形成芽基,然后连接断裂脊髓的两端。而后增殖的间充质细胞经过间充质上皮转化(MET),再次成为室管膜。新的室管膜细胞呈放射状排列,通过轴突再生的通路形成终足。对于水螈,再生脊髓较正常的脊髓细,甚至几个星期或几个月后只有较少的轴突再生且不是所有再生的内连接都是正确的,但能够恢复游泳功能。在控制水平上,对美西螈的脑支配做了 23 个月的长期研究。成年有尾类动物脊髓横断后只能再生成很少的新的神经元。

影响室管膜细胞与间充质细胞间相互转化的因素尚未完全研究清楚。基质金属蛋白酶(MMPs)可能通过消化室管膜细胞外基质起作用。在未损伤美西螈脊髓中未发现 MMP 活性,但表达 TIMP-1。损伤者脊髓室管膜间充质细胞表达 MMP-1,2 和 9 而不表达 TIMP-1。在体外实验中,TGF-β1 和 PDGF 联合致使室管膜间充质芽基分离并作为细胞束迁移,提示这些生长因素在体内起调节细胞组分构成的作用。体外实验表明,体外培养的室管膜芽基上的间充质细胞迁移和增殖依赖 EGF,并受 TGF-β1 抑制。成年 *Plurodeles* 伊比利亚肋蝾螈脊髓中间区域横断后,病变区域前方的脑干和脊髓的室管膜细胞强烈地上调 FGF-2 和 GFAP。这一结果表明,FGF-2 可能促进桥接病变区域的室管膜间充质细胞增殖。两栖动物脊髓损伤的 EMT/MET 反应值得深入研究,同其他系统中的类似现象相比较,如哺乳动物肾脏的近端小管中的 EMT 受 TGF-β1 信号调节,可导致纤维化,MET 受 BMP-7 调节。

室管膜细胞是如何保护和促进再生轴突的延伸是研究的主要问题之一。一种可能是它们能够通过吸收和隔离钙离子来缓解谷氨酸盐兴奋性中毒,进而通过第二信使通路触发上皮间充质转化。体外实验中类维生素 A 促进美西螈神经突向外生长。室管膜细胞能够吸收维生素 A 并将其转化为视黄醛,既而转化为 RA(类维生素 A)。分泌出来的 RA 又被神经元吸收。内源维生素 A 和 RA 在有尾目脊髓中均有检出。提示 RA 可能是体内轴突延伸相关的重要分子。另一种可能是大多数甚至是全部的其他存活和诱导因子被证实是末梢神经再生的重要因素,很可能与有尾目脊髓再生有关,但目前未见相关报道。

2. 髓磷脂蛋白在损伤周围既不受抑制,也不表达　两栖类动物脊髓损伤的一个重要特征是没有发现抑制脊髓再生的髓磷脂蛋白质类,这一点与哺乳动物不同。鱼类和爪蟾幼虫再生脊髓中不表达 Nogo,表达 MAG、CSPGs 和 Tenascin-R,但并不抑制再生。成年水螈损伤脊髓中的 Tenascin-R 和 MAG 分子被迅速清除,可能是由于巨噬细胞吞噬髓磷脂并将其消化。其他有尾目中脊髓再生过程中这些分子的表达与去除尚不清楚。变态爪蟾中,脊髓磷脂阻碍轴突生长,并对 Nogo 抗体反应。

美西螈脊髓包含九组神经元,但并未针对每一组细胞在间隙再生或者断尾再生的过程中的细胞命运进行研究。组织学和分类学研究表明,在未损伤的 6～7 个月大的幼年美西螈体内,新的脊髓神经元的产生相对频繁,但在年长的动物中较罕见。在脊索横断或切除后,神经元细胞几乎不能再生。相比之下,幼年和成年美西螈的存在新神经元和轴突的脊髓,在断尾后可以再生。然而,成年美西螈不形成新的神经元,断尾再生的脊髓只由轴突构成。

幼年无尾目动物的断尾再生是靠软骨、肌肉和表皮成纤维细胞去分化成间充质干细胞完成的。这些细胞首先在断尾断面形成增殖细胞的芽基(图7-15)。而后这些间充质细胞再分化生成再生尾部的新的软骨、肌肉和皮肤。NSC通过单独的室管膜或者放射胶质管从脊髓的切断面延伸入胚芽。这些室管膜细胞在尾部再生过程中仍然维持其上皮结构,这与它们在填充间隙再生过程中转化成间充质的特性相反。脊髓的中央管在切断后形成由不增殖室管膜细胞构成的端囊。邻近端囊的室管膜细胞增殖延伸成室管膜管。随着神经管的延伸,靠近断面的增殖细胞开始呈放射状排列并伸出终足,彼此连接构成神经胶质界膜。在横断面水平上终足重叠形成通道引导再生轴突从神经细胞体分支生长,这与美西螈脊髓再生或者眼神经的间隙再生的情形相同。增殖的室管膜NSC表达巢蛋白和波形蛋白。ECM和细胞黏附分子在脊髓发育过程中表达,在再生的过程中也由室管膜细胞表达。腱糖蛋白的分布与发育中动物的分布相似。多唾液酸神经细胞黏附因子(PSA-N-CAM)在未受损的尾巴的脊髓中的室管膜细胞中低水平表达,但再生脊髓中表达水平明显升高。

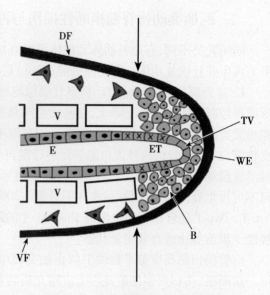

图7-15　幼年蜥蜴尾尖和脊髓再生

粗箭头指示出断面。芽基(B)产生并损伤上皮(WE)覆盖。芽基由脊软骨(V)、成纤维细胞、结缔组织和背腹鳍(DF、VF)以及肌肉(图中未表示)去分化形成。从脊髓延伸出来的室管膜(ET)进入芽基。室管膜管的端囊(TV)细胞并不分化,但是端囊(x)附近的细胞通过有丝分裂使其延长

在新孵化的水螈幼虫的细小的透明的尾巴里,室管膜NSC依然存活。显微注射绿色荧光蛋白(GFP)的cDNA来标记室管膜细胞,使GFP的表达受神经胶质原纤维酸性蛋白(GFAP)启动子的控制。再生的脊髓中被标记的细胞及其后代细胞和神经嵴来源的细胞如施万细胞、色素细胞、鳍状间充质细胞增殖并分化成神经元和神经胶质细胞。但是一些NSC从髓腔中迁移出来,24%转分化成肌肉(肌球蛋白重链的抗体鉴别),12%转分化成软骨细胞。

关于调控室管膜细胞NSC增殖的信号分子和转录因子以及它们对再生尾部中神经元分化和突触发生的作用模式报道较少。FGF-2可能在增殖过程中起核心作用。虽然它在神经元亚群中表达,但它在未受损伤的脊髓室管膜细胞中不表达。在肋突螈(pleurodeles)断尾增殖的室管膜细胞中,FGF-2和FGF受体高表达并伴随新生尾部的分化过程逐渐降低,直至不表达。向再生过程中的尾中注入FGF-2会增加室管膜增殖细胞的数量。这些结果说明FGF-2对断尾中室管膜细胞增殖起重要作用。因此,FGF-2是哺乳动物和美西螈的脊髓存活和增殖的重要因子,但是在哺乳动物中某些因子阻断了FGF的这些功能,而无尾类动物体内没有发生这种情况。

成年水螈(Pleurodeles waltlii)正常脊髓中表达Wnt-10(其他物种脊髓中不表达),并且其表达在水螈脊髓再生过程中微弱上调。Wnt蛋白在上皮干细胞与其他成体干细胞的激活和增殖中以及胚胎的神经系统发育过程中起重要作用,因此有理由认为在成年水螈脊髓中Wnt-10的持续表达与再生能力存在因果关系。

再生脊髓中轴突和树突的生长和突触连接模式的调节方式尚未研究清楚。PwDlx-3是distal-less基因的同源转录因子,在果蝇附肢发育中起着关键作用,在肋突螈(Pleurodeles)再生尾脊髓腹外侧的表达量升高。细胞就是从这个区域迁移出来形成再生脊髓中的脊神经节。在哺乳动物中枢神经系统中并未检测到这个基因的表达;因此,这意味着在美西螈体内,它的表达或许与再生能力有关。另外,shh基因是脊髓发育与运动神经元相关的重要的基因,但两栖类再生脊髓中shh和其他组成hedgehog信号通路的元件的表达模式未见报道。

在非洲爪蟾的胚胎和蝌蚪中,尾部从C42期胚胎至变态期间(不应期C45～47期除外)在切断后都可以再生。BMP信号系统在个体发育期间对尾部结构的形成有重要作用。一些基因在再生活跃阶段都有表达,但在无再生能力的阶段无表达:BMP和可能存在的下游靶点,Msx1、2,以及Notch信号通路的Notch-Ⅰ、X-delta-1和lunatic fringe。将带有热激启动子的BMP抗结剂、Noggin或显性失活BMP受体基因转入非洲爪蟾

中,抑制 BMP 信号通路,从而在热激条件下抑制尾部的再生。反之,热激启动子控制 BMP 或者 Notch 受体的转基因蝌蚪通过热激控制在不应期也可以再生尾部。BMP 信号通路能够满足所有尾部组织的再生,但 Notch 信号通路可以激活脊髓和脊索的再生,不能激活肌肉的再生。

在早期非洲爪蟾蝌蚪(C48 期)断尾 24 小时内发生的以下两个事件是尾部再生所必需的:首先是 ATP 酶泵驱动的质子流。其次是截断平面内神经源性组织的半胱天冬酶依赖的细胞凋亡,这与刀鱼一致。无论是药物诱导的 H^+ 或凋亡的抑制均能阻碍芽基的形成。也许这两者之间是有联系的,但这种可能性尚未经过验证。它们在整个幼虫的发育过程中,还是只有在幼虫的早期阶段拥有再生能力尚不可知。

三、鱼类脊髓横断性损伤与再生

硬骨鱼脑组织明显再生,从而成为非常有益于中枢神经系统再生研究的系统。许多,但不是全部成年硬骨鱼的大脑解剖区域都表现出位于或靠近脑室表面的 BrdU 参入中心,其神经干细胞合成的 DNA 的数量远远超过成年小鼠和大鼠大脑的两个增殖中心(侧脑室和海马)。在成年棕色鬼西刀鱼(Apteronotus 翎电鳗 leptorhynchus)的大脑中,维持再生的高细胞周期活性区域是嗅球、背侧端脑、视顶盖,中央后核/pre pacemaker 核(调制这种鱼的发电器官)和小脑。这些神经干细胞增殖和分化以反复不断地取代神经元,从而与大脑的发育保持同步。可能为了消除过量的没有得到足量的存活因子和无法与其他神经元建立联系的细胞,迁移到目标区域后,约 50% 的细胞发生凋亡,这是哺乳动物神经系统胚胎发育期的功能机制。

刺伤翎电鳗类小脑的模型是研究损伤诱导的硬骨鱼脑组织再生的较好系统。鱼类的小脑位于大脑的顶部。用无菌刀片穿破颅骨形成一个 1mm 深的伤口,其大约需要 2 周恢复。修复过程需要经历两个阶段,第一阶段在损伤的 24 小时内通过细胞凋亡和小胶质细胞去除细胞碎片来清除损伤的细胞。这一过程与哺乳动物相反,哺乳动物受损细胞的坏死引起炎症反应和胶质瘢痕导致的腔隙形成。第二阶段是新的神经干细胞的补充,其有两个来源:维持再生的损伤区之前产生的细胞和损伤应答中细胞增殖产生的细胞。

有学者对断尾脊髓再生已刀鱼进行了详细的研究。这些鱼在尾部有由电动神经元构成的帮助他们定位和寻找猎物的发电器官(图 7-16)。断尾引起一个像大脑一样的短暂的凋亡波,从而导致脊髓断面周围组织的细胞增生的增强,引起芽基形成。室管膜密封,形成一个扩张的终端囊泡,室管膜细胞增殖生长成胚尖尾。芽基分化成一个新的尾鳍,而不断增长的室管膜重组脊髓的神经元和神经胶质细胞,包括发电器官的电运用神经元。从喙到尾的神经元投射到断端的轴突能够再生。有趣的是,神经元在再生/残端接口的凋亡持续升高,这表明新的神经元整合到回路中需要消耗大量的细胞。

各种硬骨鱼胸颈段脊髓横断性损伤后的轴突再生其过程在形态学上与有尾目类不同,不存在有尾目类中所见的 EMT。相反,由肥大的星形胶质细胞构成的胶质瘢痕桥接断端,轴突再生横跨其上。起初,室管膜细胞封闭断端,随后在断端增殖形成胶质瘢痕,融合、恢复神经的连续性。再生的轴突不能恢复原来的结构,主要包括轴突和神经胶质细胞。因为缺乏神经元,所以灰质和白质不能恢复其特性。

胶质瘢痕为什么不像其在哺乳动物中一样成为轴突再生的障碍。因为胶质瘢痕提供有力的黏附条件和轴突延长所必需的生长促进因子。在斑马鱼中,再生轴突的神经元的黏合剂免疫球蛋白 zfNLRR 和 L1.1 被上调。神经胶质细胞中的髓磷脂蛋白 0(P0)、损伤区域周围的神经元和少突胶质细胞中的接触蛋白 1A 也被上调。这些黏附蛋白表达的抑制大大削弱了轴突的再生、突触的形成和功能的恢复。

在轴突再生过程中,斑马鱼神经元的生长相关蛋白 43(GAP-43)和中央管室管膜胶质细胞中的音猬因子(sonic hedgehog,SHH)被上调。一些信号分子可能参与了运动神经元的再生。如音猬因子、视黄酸、FGF-3,以及转录因子 Nkx6.1 和 Pax6。

鱼类损伤的脊髓中缺乏一些存在于哺乳类动物脊髓损伤时的抑制分子。然而 NOGO-A 存在,但它缺乏抑制性的 N-端,另外斑马鱼脊髓损伤区域的硫酸软骨素并不增加。

四、蝾螈脊髓尾端横断与再生

蝾螈的尾部能够再生。蝾螈是演绎尾部再生过程中脊髓再生程度的最高级别的脊椎动物。蝾螈尾部再生的芽基不能还原原始的尾部架构。尾部肌肉以肌节的模式再生,但椎骨被脊索诱导的薄的不分段的软骨

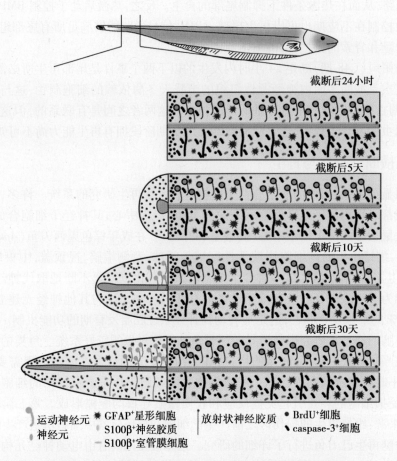

截断后24小时

截断后5天

截断后10天

截断后30天

運动神经元
神经元

★ GFAP⁺星形细胞
S100β⁺神经胶质
S100β⁺室管膜细胞

放射状神经胶质

● BrdU⁺细胞
caspase-3⁺细胞

图7-16 刀鱼 *A. leptorhynchus* 脊髓再生的主要过程
虚线所示的尾部截断伴随脊髓短暂的凋亡波(黑点),随后断尾脊髓周围的组织细胞(红点)大量增殖,形成芽基。脊髓的室管膜封闭,延伸到芽基,生长并分化成新的神经元和神经胶质细胞。再生脊髓的延伸似乎是通过尾端和喙实质内的细胞增殖的支持来实现的。分化过程的方向是从喙端向尾端的(改自 Sirbulescu and Zupanc 2010)

替代。其脊索再生方式与蝾螈相同,不同的是其不像蝾螈那样高度分化。再生的脊髓中大部分细胞是室管膜细胞,只有一小部分是神经元和神经胶质细胞。一种苍白的圆形的前体细胞分化成神经细胞和神经胶质细胞。少数轴突再生进入来源于切断平面以上神经元的再生的尾部。

综上,鱼、两栖类和蝾螈是成年神经发生和轴突再生的良好的比较模型。无论是跨越间隙的再生的轴突,还是尾部离断后的神经元,鱼、两栖类和蝾螈的脊髓是具有确定再生允许因子重要潜能的可用的模型系统,再生允许因子可以应用于不可再生的哺乳动物的脊髓中。例如,分子的比较可以在再生的蝾螈脊髓和有再生缺陷的成蛙脊髓之间的进行,或在蝾螈和成年小鼠之间进行。由于细胞凋亡在早期的爪蟾蝌蚪和鱼的尾部再生的突出作用,以及爪蟾尾部再生的质子流的需要,研究这两个过程在两栖类和蝾螈尾部再生的重要性,并确定其是否为所有物种尾部再生过程中专有的系统发育的保留功能,将非常有意义。

第四节 神经干细胞治疗中枢神经损伤

神经系统的损伤或退行性病变很难用药物或手术的方法进行治疗。神经系统的损伤和疾病的医疗保健费用巨大,更不用说随之而来的还有经济生产力的损失和生活质量的下降。另外,这类损伤和疾病给家庭成员和护理人员带来了沉重的身心负担。随着全球范围的人口老龄化,神经退行性疾病的发生率将会不断增加,给医疗保健系统、国家福利事业和家庭本身带来了更沉重的身体和经济负担。寻找治疗神经组织损伤的方法,是当代医学最主要的目标之一。因为再生疗法的有效性,神经退行性疾病的发展必然会减缓、稳固甚至会被治愈(在神经退行性病变发生时,再生疗法是最为有效的维持并延缓疾病发展,甚至治愈疾病的方法)。本章将回顾再生疗法在治疗中枢神经系统损伤方面的发展。其中包括神经保护性药物、促生长药物、生物管道、细胞移植,或多种方法的联合应用。

一、神经干细胞治疗颅脑损伤

脑外伤是严重影响人类生命和生活质量的严重神经损伤性疾病,带来的社会问题和经济负担也较为显著。迄今为止,对于损伤导致的永久性神经功能障碍仍然缺乏有效的治疗手段。Zhu 等在遵守医学伦理的情况下,利用自体神经干细胞移植治疗开放性脑外伤患者。方法是从开放性脑损伤(traumatic brain injury, TBI)患者破碎的脑卒中分离出神经干细胞,在体外培养扩增至满足移植所需数量,然后将神经干细胞植回脑损伤区域,为神经干细胞替代治疗提供新的干细胞来源。

另外,在临床移植前,还需要做大量的前期工作,以评估神经干细胞移植的安全性和有效性。通过对猕猴脑外伤模型的临床前期研究发现,颅脑创伤后一个月内移植的神经干细胞在损伤区存活的概率最大,据此提出了神经干细胞移植的时间窗理论,为临床观察神经元是否具有电生理功能,使用绿色荧光蛋白(GFP)基因标记成体神经干细胞,在移植体内 4 个月后进行移植区脑片的膜片钳检测,从而记录到 GFP 阳性神经细胞的动作电位和钠离子、钾离子电流,并利用免疫电镜观察到外源性神经干细胞和宿主细胞间形成突触的情况。在安全性方面,暂时没有观察到神经干细胞产生肿瘤的情况,证明神经干细胞移植治疗颅脑损伤是安全的,这是神经干细胞临床移植需慎重考虑的问题。

采用自体神经干细胞移植可以避免免疫系统引起的排斥反应,且移植的干细胞来源于同一个体,细胞相容性好、存活时间长,且更容易迁移并产生细胞间联系。Zhu 等经过多角度的体内、外安全性观察后,对开放性脑损伤患者进行了自体神经干细胞移植治疗,同时以损伤情况相似的患者作为对照,进行了对照研究。在移植两年后的随访过程中,通过正电子发射计算机断层扫描(positron emission computed tomography,PET)、功能磁共振成像(functional magnetic resonance imaging,fMRI)、运动诱发电位(motor evoked potentials,MEP)等客观方法评价发现自体移植神经干细胞可促进患者损伤区神经代谢和功能的恢复。

二、神经干细胞治疗脊髓损伤

世界范围内,每年急性创伤性脊髓损伤(SCI)的发生率为每百万人中 15~40 人。SCI 的主要原因为交通事故(55%)、摔伤或工伤(30%)、暴力犯罪(11%)和运动相关损伤(9%),男女比率为 4:1。在所有的 SCI 中,56% 发生在颈椎,而颈髓的损伤可以导致最为严重的神经性伤害。据测算每位由于颈部外伤造成四肢瘫痪的 25 岁患者此生所需医疗费用将近 300 万美元。

脊髓损伤是一种严重的中枢神经系统疾病,脊髓损伤是一系列的神经变化过程,不仅有原发神经元损伤,也有神经脱髓鞘损伤,免疫细胞浸润损伤会导致继发性神经损伤。伤后可遗留截瘫、排便障碍、感觉障碍等后遗症。脊髓损伤的治疗包括手术减压、亚低温治疗、激素冲击疗法、神经营养因子促进神经再生等治疗措施。脊髓损伤包括原发性和继发性的神经系统损伤,在伤后很长的一段时间内,都可以出现神经元因损伤造成的变性。简单的手术和药物治疗难以逆转这种进程。但是近年来,神经生物学和干细胞技术的发展使通过细胞移植来修复神经损伤成为可能。因此神经干细胞移植成为一种有效治疗脊髓损伤的新方法。脊髓损伤后功能恢复的困难主要为:①神经细胞的存活;②神经轴突的再生;③神经之间的相互连接;④再生的轴突定向生长。脊髓损伤后造成的神经元丢失最直接的方法是直接替代,故采用各种方法激励各种组织和细胞去保存神经功能,包括干细胞、嗅鞘细胞、周围神经、背根神经节、施万细胞形成的神经管。据推测这些组织和细胞都可以用来进行脊髓损伤后的移植治疗,有促进脊髓功能恢复的可能。对于脊髓功能的恢复,干细胞无疑是一重要方法。室管膜细胞位于脊髓中央管的内部,在正常情况下,室管膜细胞是很少分裂的,但是在细胞培养后发现它具有多能性,可以分化为星形细胞、少突胶质细胞和神经元。受伤后,体内的室管膜细胞迅速分裂增殖,分化为星形细胞和少突胶质细胞。少突胶质前体细胞可以分化为少突胶质细胞,在脊髓受损时,前体细胞大量分化为少突胶质细胞,修复损伤的神经;而星形细胞在脊髓受损时可以迅速反应,分裂形成胶质瘢痕的边缘。少突胶质细胞和星形细胞可以自我更新,但是不具有多能性,暗示这两类细胞不属于干细胞类别。但是室管膜细胞在进行细胞培养时,展示干细胞前体细胞的能力,在损伤状态下,室管膜细胞可以分裂增殖,并且可以转化为其他细胞,因此,室管膜细胞是成体脊髓内潜在的神经干细胞群。脊髓损伤后形成的胶质瘢痕可以作为一种屏障存在阻碍轴突再生,主要是因构成胶质的星形细胞可以释放抑制因子,如硫酸软骨素蛋白多糖。然而,进一步的研究发现,胶质瘢痕存在也给受损神经带来保护作用。在剔除星形细胞后,可以发现免疫细胞浸润受到影响,神经损伤范围和程度扩大,造成的功能障碍加重。为了研究神经干细胞在胶质瘢痕中的作用,利用 ras 基因敲除技术来制备小鼠模型,因为 ras 基因敲除会影响神经干细胞的增殖,实验观察到在脊髓损伤后,实验组可见到在损伤处形成一囊性结构,在对照组则观察胶质瘢痕形成,而无囊性结构。结果暗示神经干细胞可以保护受损脊髓受到继发性损伤。继而又发现在随后的一段时间内,实验组的脊髓损伤情况继续加重,神经元损伤的数量持续增加。神经干细胞不仅可以起到保护的作用,也可以直接参与修复过程。在受损部位出现少突胶质细胞的缺损,而少突胶质细胞是髓鞘的组成部分,脱髓鞘在伤后很长时间内都可能存在,可以加重功能障碍和阻滞神经功能恢复。脊髓内存在神经干细胞,但在成体中,其分化为少突胶质细胞的数量有限,有实验已经使用 BNDF 等因子诱导方法提高成体神经干细胞转化为少突胶质细胞的数量。脊髓神经元的损伤会引起严重的功能障碍,可以用细胞移植的方法来替换已经失去功能的受损神经元。脊髓移植干细胞的途径可以通过损伤部位直接植入、脑室注射后细胞迁移至损伤处,但是与脊髓鞘内相比,前述方法都创伤较大,移植方法复杂。脊髓损伤后移植干细胞可以替代损伤神经细胞、促进轴突生长,这种作用已经通过小鼠实验进行了验证。除了直接替代受损细胞外,移植神经干细胞治疗脊髓损伤后的机制还有神经干细胞分化后产生的神经元和胶质细胞可以分泌多种神经营养因子,这些生长因子可以改变细胞外环境,达到促进细胞增殖和轴突生长的作用。脊髓干细胞的移植来源目前有胚胎干细胞、间充质干细胞、神经干细胞、诱导性多功能干细胞。人胚胎脑来源干细胞在小动物脊髓损伤模型中,分化为髓鞘形成性少突胶质细胞及突触形成性神经元促进功能恢复,成为 2010 年 12 月由 Stem Cells 发起的 Ⅱ 期临床研究的基础。该项研究设计为胸段 SCI 后 3~12 个月不同瘫痪程度的 12 位患者评估安全性和前期有效性,于 2011 年 6 月获得批准。患者直接于损伤处接受细胞移植并短暂予以免疫抑制治疗。移植后,患者接受为期 12 个月的安全性监测,并同时观察感觉、运动以及肠道和膀胱的功能。在此基础上进行为期 4 年的独立观察研究(图 7-17)。

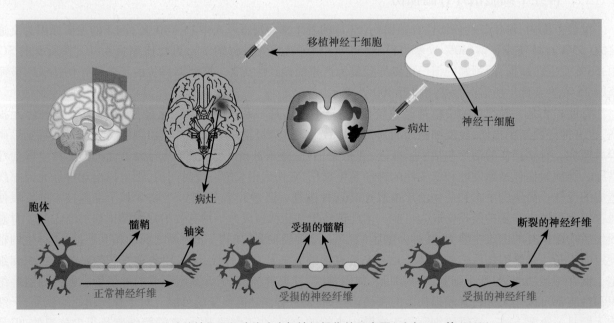

图 7-17　移植神经干细胞治疗中枢神经损伤的示意图(改自 zhu 等,2005)

　　Ⅰ期或Ⅱ期脊髓损伤的再生治疗,目的是改善可能由外部环境因素造成的神经元死亡、存活的轴突脱髓鞘和轴突再生抑制。动物实验显示,在轴突存活不低于 5% 的情况下神经元的功能可得到保留。

SCI 治疗方法包括：①应用可溶药物保护存活神经,预防延伸轴突的生长锥萎缩,抑制或改善胶质瘢痕;②细胞移植,重建脊髓组织和(或)提供生长因子和细胞因子来刺激轴突再生;③再生管道刺激或引导轴突再生并绕过胶质瘢痕延伸;④通过突触的可塑性,恢复受损组织,激活备用传导路。

1. 应用可溶药物 人们尝试了大量神经保护性药物来减轻 SCI 造成的神经损伤。包括神经节苷脂 GM-1,加环利定(谷氨酸受体 NMDA 的不完全拮抗剂)和所有能抑制中毒性钙内流的 ATP 受体拮抗剂。甲强龙和氨甲酰促红细胞生成素(EPO)可以通过减轻炎症反应来保护神经。系统给予四环素的衍生物米诺环素可以抑制小胶质细胞的活性,这样可以抑制其产生的炎性细胞因子,增加少突胶质细胞的存活,减少腔隙的形成,改善功能的恢复。1998 年 Wamil 等研究发现将 B 组链球菌衍生出的一种多聚糖 CM101 用于大鼠脊髓损伤的病灶处,可以防止血管生成和炎性免疫细胞的浸润,这样就限制了胶质瘢痕的形成。存活的动物数量很高,他们的运动功能也得到部分恢复。对于 SCI,雌激素和褪黑素也表现出了与神经保护性药物相似的作用。在动物试验中,尽管所有的这些药物都表现出了对轴突再生和功能恢复的积极效果,然而在临床试验中,却并没有表现出令人信服的效果。目前,关于神经保护性药物对急性 SCI 的作用效果,只有一个正在进行的临床试验,即评价利鲁唑对急性 SCI 的效果,其作用机制是通过关闭河豚毒素敏感性钠通道来抑制中毒性钙离子内流。

据报道,一些其他的药物如肌醇聚磷酸盐 4A(inositol polyphosphates 4A, INPP4A)、omega-3 脂肪酸和抗疟药米帕林都具有神经保护作用,并且可以加强 SCI 大鼠的功能恢复,但均未得到临床应用。INPP4A 可以预防兴奋毒性细胞死亡,而 omega-3 脂肪酸具有抗氧化作用。米帕林则可以抑制磷脂酶 A2 的活性,磷脂酶 A2 在 SCI 后会有剧烈的升高,导致炎症反应和神经元死亡。最近,有研究发现类似食物染色剂蓝染 1 号的 BBG(Brilliant Blue G)可以抑制 SCI 大鼠的炎性反应。这种分子与 ATP 受体拮抗剂有相似的结构,但与 ATP 受体拮抗剂不同的是其分子足够小到可以透过血脑屏障,这样就能通过身体注射起作用而不用注射进受损的脊髓。

预防生长锥萎陷和促进轴突芽生及延伸的药物。动物实验发现,外周神经营养因子可以增加神经轴索断裂的脊髓神经元的存活,并且能促进轴突再生。1994 年 Schnell 等报道通过注射神经生长因子(NGF)和神经营养素(NT-3)可以增加受损轴突的初始芽生,尽管轴突远端的延伸依然受限。NGF、NT-3 和 GDNF 都可以促进受损轴突的选择性愈合,通过选择性生长入脊髓背根入髓区与脊髓后脚神经元建立功能上的联系。SCI 后直接应用各种神经营养因子可以预防红核脊髓、皮质脊髓、上升的固有脊髓神经元的萎缩,刺激轴突生长相关基因的表达,防止皮质脊髓束和感觉上升轴索的死亡。用腺病毒将 *NT-3* 基因转染至脊髓运动神经元 $L_3 \sim L_6$ 区域,使 NT-3 的浓度明显增加。这样,在对侧传导束半切后,这种方法可以促使轴突从完整的皮质脊髓束中长出。在另一个实验中,2006 年 Ohori 等用逆转录病毒对大鼠受损的脊髓内源性神经祖细胞转染神经元素 2 和 Mash1。当对受损脊髓给予 FGF-2 和 EGF 时,转染的细胞分化成新的神经元和少突胶质细胞。生长因子如 BDNF、GDNF 和 NGF 阻滞了 MAG 的抑制效果。

磷酸二酯酶Ⅳ抑制剂——咯利普兰,抑制体内背根神经节神经元内 cAMP 降解,增强了 MAG 等抑制性基质内脊髓背柱轴索的芽生和背根神经节神经元轴突的延伸,通过这个途径加强功能的恢复。对斑马鱼非再生轴突给予 cAMP 能够促进其再生。作为鱼类逃避行为回路的一部分,Mauthner 神经元轴突在受损伤萎缩后,基本不会再生或只有少量再生。这样贫乏的再生能力与神经元固有的限制性有关,因为斑马鱼脊髓其他神经元轴突拥有再生能力。二丁基 cAMP 的直接应用可以诱导 Mauthner 细胞的轴突再生,这种再生与 Mauthner 神经元内正常钙离子反应和逃避行为的恢复有关。

另一种促进轴突芽生和延伸的方法是抑制髓磷脂蛋白和 CSPGs 的作用。2002 年 Dergham 等和 2003 年 Fournier 等报道,针对 Rho-ROCK 信号通路使用细菌 C3 转移酶或 Rho 激酶的特异性抑制物,可以使 SCI 大鼠的皮质脊髓轴突再生并在一定程度上恢复功能。Nogo-66 的合成氨基酸末端肽片段是 Nogo 受体 NgR 的竞争性拮抗剂,在对皮质脊髓束背侧半切的大鼠受损的部分使用时,可以促进轴突的再生。用 Nogo 的单克隆抗体对受损大鼠脊髓进行治疗,也可以促进轴突再生,但是再生轴突的数量很少或基本没有,或者没有功能性的突触生成。注射 NT-3 与抗 Nogo 抗体联合治疗可以增强皮质脊髓轴突的再生,在成功的样本中,有 5% ~ 10% 的皮质脊髓纤维再生。诺华公司已经将抗 Nogo 抗体商品化,并正在欧洲和加拿大进行临床试验。

一次性应对多种抑制性蛋白比逐个应对要更有效。给小鼠注射脊髓髓磷脂再生大量轴突,并穿过皮质脊髓束背侧半离断后区域。逆行性和顺行性标记都显示了许多再生的轴突穿过了胶质瘢痕。58%进行预处理的动物表现出了部分功能恢复,即触及后肢背侧面时可以将脚抬起并放在支撑物的表面。但却未见协调运动能力恢复的相关报道。在另一个实验中,大鼠脊髓背侧半切后,在受损部位置植入导管,连接至植入性皮下渗透性微型泵,通过导管给予可溶性 Ng-66R,抑制 Nogo-66、MAG 和 Omgp。这种治疗方法可以促使轴突再生,增强脊髓电传导,改善运动能力。但我们仍不明确,抑制蛋白的抗体是仅在轴突再生的初始阶段需要,还是轴突再生的整个过程都需要。

受髓磷脂抑制的蛋白同样可以通过 EGFR 的激酶活性引起生长锥的萎陷,因此,EGFR 激酶活性抑制剂可以用于治疗 SCI。2005 年 Koprivica 等发现 FDA 认证的一种用于癌症治疗的 EFGR 抑制物埃罗替尼,可以中和有髓鞘抑制蛋白引起的神经突生长的抑制。

抑制或消融蛋白多糖。向脊髓受损的大鼠给予药物 SM-216289 4 周时间,这种药物通过选择性抑制 Sema3A 信号,吸引外周施万细胞到病灶处,使旷置的轴突再髓鞘化,减少细胞死亡,加强血管生成,并促进轴突再生。通过 BBB(Basso Beatty Bresnahan)评分对功能恢复进行 0~21 分的评估,发现运动功能改善了 10 倍,从 SCI 后的 0.55 分到 14 周后的 5.13 分。向脊髓背侧横断联合外周神经条件性病变的大鼠输注 NG2 蛋白多糖的抗体,可以通过胶质瘢痕进入白质直至损伤处上调感觉轴突的再生。

神经胶质瘢痕成分可以被酶消除。软骨素酶 ABC(ChABC)作用于瘫痪大鼠第四脊椎水平的背侧柱碾压损伤区,可以改善行走模式和走平衡木时的滑步。这种酶可以清除 CS 蛋白多糖上的抗粘连硫酸软骨素 GAGs,增加 PGs 的黏附性,并以此作为轴突延伸的基质。这种运动功能的显著恢复表明,运动皮质神经元再生的轴突可以穿过病灶区域,在另一侧形成功能性突触。在一个非常有趣的实验中,通过 ChABC 转基因培育的小鼠在 GFAP 启动子的驱动下表达。之后,皮质脊髓背侧半离断的轴突延伸通过损伤区域但未达到对侧时,运动功能无法得到改善。然而在背侧神经切断后,可以观察到明显的感觉功能轴突再生,提示 CSPGs 和髓磷脂蛋白可能作用在胶质瘢痕的不同区域。在 37℃时注射的 ChABC 很快就失去了酶活性,只能被迫增加剂量,但海藻糖可以使 ChABC 热稳定。微管水凝胶内热稳定的 ChABC 送达 SCI 大鼠,使 CSPG 可以在损伤后 6 周内维持在一个低水平,并能观察到明显的轴突延伸和功能恢复(通过狭小通道和热足底实验)。HSPGs 和 KSPGs 尚未成为治疗的靶点,也没有 ChABC 临床应用的报道。

微管是轴突延伸十分重要的介质,并在 SCI 后变得不稳定。微管稳定剂紫杉酚可以刺激轴突的生长,在 CNS 髓磷脂存在时,促进轴突的延伸。2011 年 Hellal 等通过导管向 SCI 大鼠损伤处注射紫杉酚,观察微管的稳定性是否有利于轴突再生。结果发现紫杉酚通过抑制 TGF-β 信号和预防 CSPG 蓄积,减少了瘢痕形成。轴突可以越过损伤处生长,达到功能改善的目的。有动物实验报道,神经细胞或非神经细胞移植都对 SCI 有良好效果,并且部分结果已经应用至临床。

2. 细胞移植　神经干细胞起源于成人脊髓室管膜,或有 ESC 直接分化成神经元/胶质细胞前体。在同种异体的免疫系统中,神经干细胞无免疫原性。同种异体的 NSC 在移植到脑或脊髓后可以存活,是因为这些部位是免疫豁免区域。NSC 在移植到非免疫豁免区如大鼠的肾包膜下也可以存活。如果这种免疫原性的缺乏可以跨物种存在,那么就有可能将异体基因 NSC 运用到人类移植中。

有报道指出在脊髓挫裂伤大鼠损伤区域注射由 ESC 体外分化成的神经细胞、胶质细胞前体,9 天后部分功能得到恢复。用特异性抗体对小鼠蛋白和神经胶质以及神经元标志物进行染色,显示了许多移植的细胞都得以存活,并在损伤区域广泛存在,分化成新的中间神经元、少突胶质细胞和星形胶质细胞。这些发现与大鼠后肢承重能力的恢复和部分运动协调性相关,提示大脑与后肢运动之间的转导通路有一定程度的恢复。胎鼠的神经元前体在体外扩增后,移植到 SCI 模型大鼠体内可以增强功能的恢复。胎鼠神经元前体可以表达出神经转录因子 HB9、Nkx6.1 和神经原质蛋白,并能在腹侧角扩充增殖,表达出运动神经元分化标识,还可以使胆碱能轴突进入脊神经前根。2006 年 Deshpande 等的实验显示 ESC 衍生出的神经元可以在 SCI 模型大鼠体内存活,并向周围组织融合转移,使 SCI 大鼠的脊髓功能获得部分恢复。

有报道将胚胎第 13.5 天大鼠胚胎的神经胶质限制性 NSC 注射到成年大鼠脊髓损伤部位,可以分化成少突胶质细胞和星形胶质细胞,抑制瘢痕形成,减少宿主细胞抑制性蛋白多糖的表达。移植的细胞同样能将宿主皮质脊髓束轴突的形态向视锥细胞生长改变,而这些改变却没能增加轴突的再生长度。神经元素-2(Ngn2)是一种与神经系统的生长发育相关的转录因子,将神经元素-2 的基因转染至 NSC,可以促进神经元在体外的分化,但移植后并无相同的效果。未转染 Ngn2 的 NSC 主要分化成星形胶质细胞,与之相比,转染了 Ngn2 的 NSC 主要分化成少突胶质细胞,并能显改善后肢运动和感觉恢复。这种功能的改善主要发生在白质区域,提示了增加髓鞘再生可能对功能恢复起到重要作用。将起源于胶质限制性前体的未分化星形胶质细胞移植到 SCI 模型大鼠体内。

基于少突胶质细胞前体移植的多余轴突再髓鞘化,是 SCI 细胞治疗最有前途的方法之一。实验证明,将鼠或人 ESC 衍生出的神经胶质前体细胞移植到有脱髓鞘缺陷的啮齿类基因模型中,可以观察到轴突的再次髓鞘化。在小鼠的多发性硬化模型中,来源于侧脑室 NSC 的神经球可以使轴突再髓鞘化。黄色荧光蛋白转基因的成熟的脑源性神经元前体移植进 SCI 小鼠的损伤区后,有 50% 分化成少突胶质细胞和少突胶质细胞前体,加强功能恢复。大鼠 SCI 7 天后,将来源人类 ESC 的高纯度少突胶质细胞前体注入大鼠损伤处,这些前体分化成少突胶质细胞,加强了轴突再髓鞘化,改善了运动功能恢复。

施万细胞和嗅鞘细胞的混悬液已经被运用于诱导 SCI 后的轴突再生。大鼠和人施万细胞已经可以在体外分离扩增,并植入到 SCI 模型大鼠体内。一个常见的模型是向 PVC 管中填充施万细胞悬液,再移植到成年 SCI 模型大鼠的损伤处。这种移植方法可以支持轴突通过损伤处再生,并且在一定程度恢复功能。通过嵌入胶原蛋白的施万细胞从基因角度改善 NGF 的过度分泌可以观察到在 SCI 大鼠中轴突再生明显增强。而这些施万细胞移植物的主要问题是在生长超出连接桥后,脊上轴突难以重新进入髓束,这种情况可能是因为移植末端或宿主连接处的高浓度 CSPGs 所导致。

OEC 在 SCI 的治疗方面受到越来越多的关注,因为它可以促使轴突在损伤处以外的地方生长。许多研究报道,将 OEC 注射到啮齿类 SCI 损伤处的头端和尾端,可以促进轴突在损伤处再生,同时伴随一定程度的功能恢复。2003 年 DeLucia 等试验了一个同源 OEC 克隆细胞系,用 SV40 大 T 细胞抗原将其永生化,使之能够在 SCI 大鼠体内存活并支持功能恢复。永生的 OEC 移植到脊髓半切损伤处,可以恢复走过栅格所需的触觉和本体感觉。

OEC 也用于联合细胞移植。将 OEC 注射到含有施万细胞的基质胶连接桥的两侧,用于诱导 SCI 大鼠超出连接桥的轴突再生,继续向外侧延伸。胶质瘢痕的形成并未被抑制,但再生的轴突可以穿过胶质瘢痕,而且能恢复部分功能。OEC 与嗅神经成纤维细胞一同移植可以增强 OEC 移植的有效性,提示与成纤维细胞相互作用对 OEC 的功能提高有重要性。OEC 与神经元前体细胞联合移植,也可以促进轴突再生和功能恢复。一些研究显示,OEC 分泌神经营养因子,具有神经保护作用,它们表达的黏附分子可以促进轴突延伸,防止形成间隙,加强血管生成,还能促进相邻轴突分支连接的形成。

骨髓间充质干细胞(MSC)、脂肪源性干细胞、人类脐带血细胞可以使 SCI 大鼠的功能得到恢复。尽管已经有报道这些细胞能分化成胶质细胞或神经细胞,但这方面的证据仍旧不够充分,它们能发挥功能很大可能是通过旁分泌和近分泌作用。已经有其他的实验结果支持这样的作用机制。人间充质干细胞移植后并不能分化成神经细胞或胶质细胞,但依然能改善功能,脂肪干细胞在体外可以刺激脊髓源性 NSC 的转移和分化。脾脏树突状细胞移植到 SCI 模型大鼠体内,可以激活宿主 NSC 的增殖和分化成新的神经元,诱导轴突芽生,使瘫痪的后肢恢复部分功能。脊髓 NSC 和树突状细胞的共培养可以显著增强 NSC 的存活和增殖。相比之下,使用树突细胞的培养条件进行共培养,只能发会 1/10 的激活作用,提示了树突细胞对神经元的主要影响是通过近分泌作用实现的。NT-3 转基因的成纤维细胞在移植到背侧脊髓半离断的大鼠损伤处之后,可以促进部分功能恢复。

实际上,细胞移植治疗已经或正在全世界范围内开展了。现在普遍认为骨髓细胞移植是安全的,至少三个试验表明了在接受骨髓细胞移植 6 个月后运动和感觉功能有所改善。有报道指出,脐带血细胞移植能在一定程度上恢复运动和感觉功能。在中国,有一部分 SCI 患者接受了胎儿嗅球细胞的治疗,但却没有得到预期的功能改善。同样在葡萄牙,有 SCI 患者接受了嗅黏膜移植治疗,获得了运动和感觉功能的改善,但澳大利亚一个相似的试验却未发现有运动功能的改善。

有报道在髓磷脂植入到 SCI 大鼠的损伤处后,激活了巨噬细胞,可以促进轴突再生和部分功能恢复。巨噬细胞的这种作用可以用其对髓磷脂的抑制性吞噬作用解释。在一个小型 I 期试验中（Proneuron Biotechnologies,Israel),5 名 SCI 患者在 SCI 后 2 周内接受了自体巨噬细胞移植,这些巨噬细胞在移植前进行预培养,并用皮肤组织激活,之后这些患者表现出了一定的功能恢复。另外一项研究表明,给 32 名 SCI 患者输注骨髓细胞 2～12 年,其中 15 名患者的下肢功能有所改善。然而,一个对 SCI 犬的研究表明,自体髓磷脂移植激活巨噬细胞后,却未发现轴突再生和功能恢复。

第一个用来源于 ESC 的少突胶质细胞前体治疗急性 SCI,使损伤神经再髓鞘化的临床试验,是由 Geron 公司进行的。不幸的是,尽管 4 名接受细胞移植的患者已经出现了效果,但迫于财政原因,Geron 公司在 2011 年 11 月停止了这个试验。同时,起源于胚胎组织成熟 NSC 的干细胞,用于慢性 SCI 治疗的临床试验已经开始。这些试验的结果对未来的研究治疗的动向起重要作用。例如,这些 ESC 衍生物在进行同种异体移植时会受到免疫排斥,这一问题可以通过人群特异性细胞分化而成的 iPSC 来解决。

最简单的治疗方案是在损伤区域对神经干细胞进行化学诱导,使其增殖分化成新的神经元和神经胶质细胞。在中央管排列的室管膜细胞群中,人们发现了成熟脊髓隐窝 NSC,这一发现和其他一些试验显示,将这些细胞从体内的损伤处移开后,其能分化成神经元。

3. 引导轴突再生　现有许多种可降解或不可生物降解的自然材料或合成材料已经在 SCI 动物实验中应用。部分材料已单独或与其他药物联合用于外周神经的治疗,这些材料的生物活性可以促进轴突再生、再髓鞘化和功能恢复。由于不可降解的材料结构可以引起神经压迫或慢性炎症,所以并不适宜临床应用。目前主要的焦点集中在可生物降解的支架结构。可生物降解的自然材料包括胶原、壳聚糖、纤连蛋白、透明质酸盐、丝纤蛋白、木葡聚糖（一种罗望子籽来源的多聚糖热凝胶）和基质胶。合成的生物材料包括多聚（α-羟基酸）谷氨酸（PGA）、聚乳酸（PLA）和聚乳酸聚乙醇酸共聚物（PLGA）、聚己内酯（polycaprolactone,PCL）、聚羟基丁酸酯（PHB）和两亲分子肽。后面的分子包含了亲水和疏水,这种结构使它们根据周围环境中离子的状态自行调节形成圆柱形纳米纤维。人们向生物材料管道中添加了促进神经再生的药物,包括神经营养因子（NT-3、BDNF、NGF、GDNF）、Nogo-66 受体抗体、ChABC 和层粘连蛋白黏附域（IKVAV、YIGSR、RGD、RNIAEI-IKDI）。在促进神经突生长方面,层粘连蛋白比胶原和纤连蛋白更有效。

绝大多数的动物试验结果显示,尽管这些生物管道可以促进轴突生长和适度功能恢复,但 BBB 运动评分通常都不会超过 7 分或可能更低。然而有两个报道例外,一个是对 SCI 大鼠移植了半液体胶原填充的壳聚糖管道。这些大鼠在移植后 8 周,神经功能有部分恢复,BBB 运动评分高达 11 分,并且效果持续了 1 年以上。组织学分析显示了轴突通过损伤处再生,并向远端生长。因为单独壳聚糖管道移植后的 BBB 评分只有 4 分,所以,这样的效果是由壳聚糖和胶原的联合应用产生的。另一个报道是两亲分子肽和层粘连蛋白抗原表位 IKVAV 联合应用,在小鼠脊髓损伤处诱导它们自我装配成纳米纤维,减少胶质瘢痕形成,减少细胞死亡,增加再髓鞘化的少突胶质细胞数量,刺激通过病灶处的上行和下行轴突再生。实验组小鼠平均 BBB 评分为 9.2,与对照组的 7.03 相比,有显著的统计学差异。

填充多种促进神经再生药物的生物材料管道能使功能恢复得更好。例如,添加了咯利普兰和施万细胞的管道可以促进 SCI 大鼠的脊上轴突和本体感觉轴突的再髓鞘化。此外,在移植施万细胞附近联合注射咯利普兰和二丁基 cAMP,可以增加 cAMP 至控制水平以上,改善受损轴突的保留和髓鞘化,促进血清素激活纤维在移植物内外的再生,明显提高运动功能。另外,其他的一些成分如神经营养因子和抗体也对运动功能的远期恢复有益。

生物材料管道也已经开展了临床试验。据报道,一位胸段 SCI 4 年的患者,用腓肠神经自体移植和 FGF-1 治疗后,运动和感觉都有轻微的改善。这个治疗方案源于一个大鼠试验的结果,这个实验是将肋间神经段嵌入到含 FGF-2 的纤维蛋白基质中,结果发现再生的轴突绕过了胶质瘢痕,促进了一部分功能恢复。在巴西,对 8 名枪击伤导致的完全性 SCI 患者进行了相似的治疗,但是,5 年的恢复期后,却未发现有感觉和运动功能的改善。对 C_2 水平半侧脊髓损伤导致膈肌瘫痪的大鼠进行自体移植治疗后,膈肌活动有所恢复。C_4 水平以上的损伤会破坏轴突与脑干内控制呼吸的神经元的连接,这种脑干对呼吸的控制是通过 C_{3-6} 水平的膈运动核（phrenic motor nuclei,PMN）实现的。2011 年 Alilain 等用胫神经作为 C_2 和 C_4 膈运动核之间的连接桥,另外,他们还向 PMN 区域和移植物两端注射 ChABC,用以预防 CSPG 的蓄积（图 7-18）。通过肌电图的评估

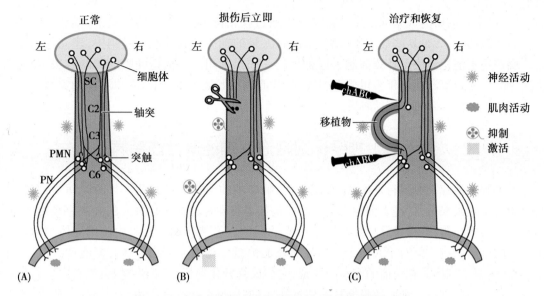

图7-18　在成年大鼠中进行外周神经移植使膈神经再生

（A）完整的呼吸系统的基本解剖结构。BS＝脑干；SC＝脊髓；C＝颈部水平；PMN＝膈运动核；PN＝膈神经。（B）C₂水平脊髓部分损伤后，左侧PMN的神经支配受到破坏，左侧膈肌瘫痪。（C）外周神经移植并注射ChABC 12周后，瘫痪侧的膈肌活动部分恢复（改自Zukor and He等，2011）

和注射进髓质内的德克萨斯红标记葡聚糖胺或生物素葡聚糖胺示踪，显示了轴突长入移植物中，并向脊髓灰质再生。

　　4. 突触的可塑性　　新生的大鼠在未进行治疗的脊髓横断后，也可以重获行走能力。这种恢复来源于脊髓自身的中心模型产生器触发的经典模式。大鼠再生了控制姿势、平衡和协调能力的神经束，但却不能再生出皮质脊髓束——主要的传递自主运动信号的通路。这就意味着脊髓束中存在巨大数量的可重塑突触，这些突触控制着非自主运动功能，以此来补偿无法再生的皮质脊髓束。

　　突触的可塑性包括新突触的产生和损伤残留神经元突触的清除，同时还有现存突触的增强和削弱化。大量证据显示，这种重塑发生在树突棘与轴突之间的兴奋性突触，主要是肌动蛋白丝的动态重组所带来的树突棘形态学的改变，这种突触重塑受营养因子、激素和星形胶质细胞活动的影响。对小鼠桶状皮层的神经锥树突进行电镜分析，当树突结构稳定时，树突棘的出现和消失是依靠感觉改变。这种突触的重塑与变形再生相似，叫作"synatallaxis"。大鼠海马区NSC分化出的早期颗粒细胞能够易化突触重塑，而成熟的颗粒细胞不具有这个功能，它们的作用是学习能力。

　　通过大量的锻炼和功能性电刺激，可以诱发运动相关的突触重塑。年幼的动物通过这样的方法可以使SCI恢复，尤其是不完全损伤，但随着年龄的增长，这样的恢复会减弱。例如，1999年Muir发现小鸡仔胸椎半离断后，依然能自主学习走路，但却不能重新学会游泳，通过刺激它们的脚从而使腿按游泳的方式运动，小鸡能够进行与损伤前游泳动作类似的腿部运动。

　　人类的运动行为可以在后期生活中通过学习获得。这意味着脊髓保留着相当大的可塑性，存在这空闲的可供发掘的通路，在SCI后，这些通路可以用来恢复系统运动的传导。跑步机训练是一种重复协调运动，它对脊髓不完全损伤患者的行走训练有很大帮助，但对于完全SCI患者却收效甚微。对于44名依靠轮椅行走的不完全脊髓损伤患者，跑步机训练使其2/3可以独立行走一小段距离，半数患者可以上楼梯。模拟协调运动的肌肉电刺激疗法也能使患者恢复一定的运动功能，可以改善呼吸、膀胱、肠道和性功能。

　　动物实验中或人类SCI后，尚无一种治疗方法可以使肢体无力状态完全恢复。目前的实验方案都有很大的不同，结果也都没有重复性和可比性。实验结果前后矛盾，通常实验里并不包括功能恢复的检测，或者不同的试验检测方法不统一。进一步说，小鼠、大鼠和人类之间存在差异，甚至动物的不同品种之间也不尽相同，这样，对神经损伤的不同反应会影响实验结果。为了使实验结果具有可比性和可重复性，实验的标准化是必要的。

　　然而,一个最主要的研究成果就是诱导轴突可以通过损伤区再生,在一些实验中,得到的结果远不止如此。但是仍旧欠缺的是,无论从病灶的哪一侧,都没有大量的轴突长入神经内膜鞘中,建立新的突触以恢复功能环路。现在还不清楚到底是什么抑制了这种生长。如果采用了不损伤硬膜的离断方法,使瘢痕形成在损伤区附近,那么,完全离断的成年小鼠的脊髓轴突,就能够很好地再生,同时获得功能的完全恢复,这表明,在损伤区上下的神经内膜管可以支持轴突再生。

第五节　神经干细胞治疗神经退行性疾病

　　用神经干细胞来治疗神经退行性疾病、脊髓损伤、脑卒中的研究已经有几十年的时间了,在临床前研究和临床治疗的初步效果来看,神经干细胞无疑对治疗例如退行性神经损伤是最好的办法。经过不懈的努力,目前已经克服了很多障碍,移植排斥显然是一个最大的问题。虽然在动物实验中使用异体、异种移植方法,没有见到明显的排斥反应。但对于人体的应用显然还需慎重。理论上干细胞具有多能性,可以分化成多种类型细胞,但在研究干细胞分化潜能的实验中发现,它们最终分化形成的细胞类型也很有限。自体移植似乎是最安全的途径。但是神经干细胞数量充裕的位置往往难以取材,会造成严重的后遗症。所以,有必要去寻找有无其他办法来获得神经干细胞。

　　来自早期胚胎(桑葚胚-胚泡)的细胞具有发育全能性,在合适的环境条件下可发育成完整的个体,称全能干细胞(pluripotent stem cell)。在适当的条件下这些全能干细胞可以分化成神经组织细胞。对于人类胚胎全能干细胞的研究,已经证实,人类的胚胎干细胞完全可以分化为神经组织细胞。胚胎发育成胎儿后,在胎脑组织中存在神经干细胞,这些神经干细胞日后发育成神经组织,但是随着胎龄的增加,神经干细胞的数量和分布区域都在减少,到出生时,只有室管膜下区和纹状体周围等干细胞密集的区域还有相当数量的神经干细胞存在,这与成人体内神经干细胞的分布情况基本相似。但是胚胎干细胞受到法律和伦理的限制,难以实现临床上的应用。成体干细胞的研究日益兴起,除中枢神经系统本身外,亦可以从非神经组织分离诱导出神经干细胞。骨髓间充质干细胞(bone merrow mesenchymal stem cell,MSC)和骨髓基质干细胞(bone merrow stromal stem cell,BMSC),对骨髓中的造血干细胞不仅有支持作用,还能分泌多种生长因子(IL-6、IL-11、LIF、M-CSF及SCF等)来支持造血。在大脑、骨、软骨、脾等多部位都可以检出骨髓间充质干细胞来源的组织细胞。Nillson等在体外将加入诱导因子的骨髓间充质干细胞分化成神经组织细胞。通过将骨髓间充质细胞植入小鼠脑室内,可以观察到这些细胞可以在脑内存活并分化成神经元。有研究通过将取自鼠皮肤上的成年干细胞转化成了神经组织细胞,后来在人类头皮上也发现了类似的多分化潜能成年干细胞。脂肪组织在人体中含量丰富,研究发现,通过抽取脂肪组织,可以分离培养出脂肪组织来源的干细胞(adipose derived stem cell,ADSC)。ADSC经过一定的定向培养后,可以分化为成骨细胞、软骨细胞、肌细胞、内皮细胞和神经前体细胞。采用免疫组化方法,可以发现培养后的细胞表达神经元特异性核蛋白和神经生长因子受体。但是目前ADSC来源的神经前体细胞不能分化成神经元或者星形细胞。即使如此,脂肪组织量大,取材方便,如果能诱导ADSC分化成成熟的神经元,将在神经再生医学领域发挥巨大的作用。诱导性多能干细胞(induced pluripotent stem cell,iPSC)是利用反转录病毒等载体,将Oct4、Sox2、Klf4、c-Myc等转录因子,导入终末分化的成体细胞,在胚胎干细胞培养条件下将其去分化,编程诱导而成。iPSC在表观遗传学、基因表达、表面抗原、增殖分化、畸胎瘤形成等方面与胚胎干细胞极为相似。因此,其在移植免疫排斥、干细胞替代治疗、疾病模型、发育生物学、新药研发和毒性评估等方面极具发展优势。由鼠和人体细胞衍生的iPSC已经培育出多种细胞类型,包括神经干细胞、运动神经元、视网膜细胞等,iPSC与胚胎干细胞在许多特性方面高度相似,由其分化生成的神经干细胞、听神经祖细胞在神经再生方面潜力巨大。2015年,神经元转分化研究方面,加拿大研究人员将外周血成功转化为神经元,这项技术拥有广泛的应用前景。研究人员从新生儿和成人采集外周血,然后用OCT4重编程生成诱导神经祖细胞(induced neural progenitor cell,iNPC)。生成的iNPC可以被SMAD+GSK-3抑制因子抑制,从而可以分化出不同类型的神经细胞。该研究组已经使用iNPC在体外诱导分化出胶质细胞(包括星形细胞和少突胶质细胞)、多巴胺神经元等神经元亚型。iNPC技术的出现可以解决神经干细胞来源的新的可能(图7-19)。

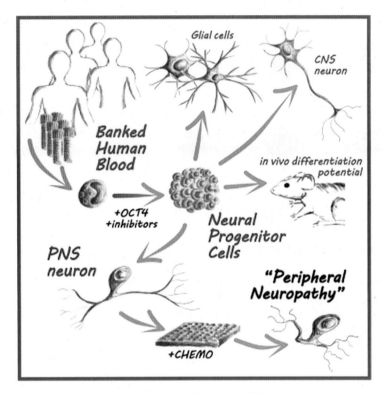

图7-19　诱导神经祖细胞分化示意图(引自 Lee 等,2015)

神经退行性疾病,以特异性神经元的大量丢失为主要特征,是一类进行性发展的致残、致死的复杂疾病。其可分为急性神经退行性病和慢性神经退行性病,前者主要包括脑卒中、脑损伤,后者主要包括肌萎缩侧索硬化、亨廷顿病、帕金森病、阿尔茨海默病等。帕金森病等慢性神经退行性变的病因复杂,各种假说虽有其合理的地方,但均无法解释这些慢性病复杂的神经退变过程。目前,此类疾病的治疗,主要是针对目前已知的可能造成神经退变的原理的药物治疗,包括改善胆碱能系统的药物、抗氧化的药物、神经营养剂、促代谢的药物等,但是经临床验证,这些药物对于神经退行性疾病仅能改善临床症状,无法遏制神经退变的进展,长时间的使用会导致严重的副作用,导致其他的症状出现。细胞治疗是神经退行性疾病治疗的一个新的概念。虽然还无法完全在临床展开,但是这种革命性的治疗方式对于神经疾病的治疗存在巨大潜力。

一、神经干细胞治疗帕金森病

帕金森病(Parkinson disease,PD)是临床最常见的中枢神经系统退行性疾病(neurodegenerative diseases),神经干细胞的发现及其临床应用为帕金森病患者的治疗带来崭新阶段。有研究者将8~9周人胚分离出的多巴胺能前体细胞植入PD患者的一侧纹状体中,发现这些神经元不仅能在人脑中存活下来,而且使患者脑内的多巴胺水平明显提高,进而缓解了患者的震颤症状。

1. 帕金森病的特点　基底节是由4个主要的核团(新)纹状体(striatum)、苍白球(globus pallidus,or pallidum)、黑质(substantia nigra,SN)、丘脑底核(subthalamic nucleus,STN)等组成。传出神经信号通过皮质-基底节-丘脑-皮质的神经回路(SPTOP)(图7-20)参与运动调节。SPTOP 该处神经发生病损后,人和(或)动物的运动将产生严重的缺陷。正常的状态下,在基底节的"直接"通路上,兴奋性的皮层传出刺激从纹状体投向黑质网状部和苍白球内侧核(GABA 能神经元),使后两者受抑制,导致丘脑核处于去抑制状态,结果,丘脑向皮层反馈大量的兴奋冲动;在基底节的"间接"通路上,兴奋性的皮层输出刺激经纹状体投向苍白球外侧核(GABA 能神经元),使苍白球外侧核受到抑制,而丘脑底核脱抑制。兴奋的丘脑底核使黑质网状部和苍白球内侧核兴奋抑制丘脑活性。丘脑底核也可被皮层直接兴奋。这一通路主要用于抑制不适当的运动行为。在

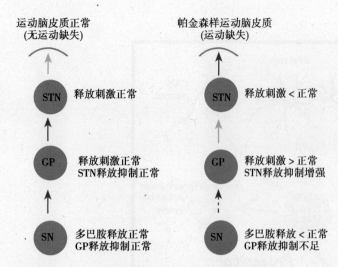

运动脑皮质正常　　　　　　帕金森样运动脑皮质
（无运动缺失）　　　　　　　（运动缺失）

STN　释放刺激正常　　　　　STN　释放刺激＜正常

GP　释放刺激正常　　　　　　GP　释放刺激＞正常
　　STN释放抑制正常　　　　　　STN释放抑制增强

SN　多巴胺释放正常　　　　　SN　多巴胺释放＜正常
　　GP释放抑制正常　　　　　　GP释放抑制不足

图7-20　正常人及帕金森病患者大脑内从黑质（SN）到运动皮质（C）的通路

图中,各个组分的输出物将激动下一组分,但是激动的结果是更低(红)或更高(绿)的输出。左侧:正常通路:黑质(SN)输出的多巴胺抑制苍白球(GP)的输出以达到正常水平。GP激动丘脑下核(STN)使到达运动皮质的兴奋性输出达到正常水平。运动行为是正常的。右侧:帕金森通路:多巴胺的缺乏导致GP受到刺激,使STN处于过激状态,减少了输出对于运动皮质的激动作用,并造成运动缺陷

帕金森病患者,由于黑质多巴胺神经元的坏死,导致纹状体的多巴胺传入降低,使得纹状体的GABA能纤维传入到黑质网状部和苍白球内侧核减少,并且纹状体GABA能纤维传入苍白球外侧核的抑制活性降低。总的结果为维持运动的直接通路变为低兴奋状态,而抑制运动的间接通路变得过度兴奋。因此,造成运动减少、僵直,并且难以维持正在进行着的动作,而引起运动徐缓等运动状态异常。基因突变及环境中的毒物造成了神经元的变性、死亡,同时也使线粒体损伤、氧化应激和神经毒性的α-突触核蛋白表达异常。仅有5%的帕金森病例与功能获得性或功能缺失性基因突变有关,但是这对于理解这种疾病是非常有意义的。如今已知的基因突变有14种,标记为PARK1-14。最常见的功能获得性基因突变是一种α-突触核蛋白显性突变(PARK1,4),这种蛋白能调控神经递质的释放。α-突触核蛋白过度表达造成了内质网应激及内质网与高尔基体之间抑制蛋白的运输。变异的蛋白更易形成细胞内聚合体,名为Lewy小体,它能干扰突触间多巴胺的传递。这种干扰使细胞内多巴胺的水平上升到毒性浓度从而杀死多巴胺能神经元。另一种功能获得性基因突变是富亮氨酸重复激酶2(leucine-rich repeat kinase 2, LRRK2)基因(PARK8)中的错义突变,它能引起病理及临床上的症状,但是,事实上我们无法辨认出这是非特异性的帕金森病。功能缺失性基因突变最常见的是使三种基因失去作用,影响线粒体的功能,并且通过泛素-蛋白酶体系统或自噬性溶酶体中断神经元的功能进而降低蛋白水平。这三种基因,包括parkin(PARK2),PINK1(PARK6)以及DJ-1(PARK7)。

帕金森病的基础治疗方法如下:①服用左旋多巴以增加仍有活性的多巴胺神经元输出的多巴胺。左旋多巴服用后能转化为多巴胺补充死亡的细胞停止输出的多巴胺。②苍白球切开术。③对于能兴奋苍白球的丘脑下核进行抑制性电刺激。上述治疗能逆转该病的运动不能、运动迟缓及肌僵直,但是对震颤无效,并且不能减缓疾病的进程。

自从1967年左旋多巴被首次提出以来,它已经成为最常用的临床治疗方法。左旋多巴的作用原理是为有活性的多巴胺能神经元提供底物以增加多巴胺的产出。但是左旋多巴服用多年后会产生严重的副反应,并且当存活的巴胺能神经元过少,左旋多巴的药效会逐渐消失。在行苍白球切开术或丘脑下核电刺激数年后,许多症状能再次出现。因此科学家寄希望于神经保护剂及神经干细胞移植能更有效地补偿失去的多巴胺。对帕金森模型大鼠、小鼠进行实验,单一地向纹状体内注射神经毒物6-羟基-多巴胺(6-OHDA)以杀死多巴胺能神经元(图7-21)。注入安非他明后老鼠表现为趋向注射一侧(同侧效应),但是注入阿扑吗啡后背向注射一侧(对侧效应),并且出现运动不能及运动迟缓。

2. 多巴胺神经元的细胞替代治疗　帕金森病的细胞替代治疗方法已经进行了很长时间,从干细胞的直接移植替代到转分化的细胞的移植治疗试验已经都有报道。到目前为止,只有胚胎干细胞显示出了良好而稳定的移植效果。所以胎儿(6~8周)的中脑细胞(包括多巴胺能神经干细胞)是移植的首选细胞,它能通过分化新的多巴胺能神经元治疗帕金森病。但是,移植的结果是多种多样的。在最好的病例中,它获得了显著的临床改善并且持续了5~10年。症状的改善与多巴胺输出的增加有关,与在[18]F-DOPA PET扫描中见到的摄取量的增加一致。在其他病例中,患者病情的改善很微弱,甚至继续恶化。对死亡的患者及进行移植实验的帕金森小鼠行尸检显示,这种多样性是由于移植细胞存活数量的不同所致。学者认为获得有效的治疗效

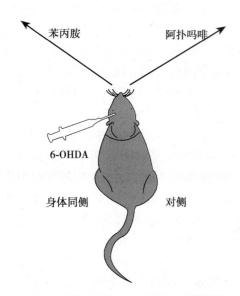

图 7-21 帕金森患者 6-OHDA 小鼠模型
向一侧纹状体(左侧)内注入多巴胺能神经毒性物质 6-OHDA 以破坏多巴胺能神经元。单侧损伤后，给予安非他明小鼠将表现为转向注射一侧(同侧效应)，而注入阿扑吗啡后将背向注射一侧(对侧效应)。

果至少需要 80 000 个多巴胺能神经元(正常人黑质内多巴胺能神经元总数的 20%)。进行了几个胎儿神经干细胞移植治疗帕金森病的双盲实验，但结果令人怀疑。在进行假移植术(sham translation)组也出现了症状的改善，这个结果为明确移植物的确切疗效带来了一定的困难。此外，移植似乎对老年患者无效。不过，因为胎儿干细胞显示出的良好结果，虽不稳定，但是为彻底治疗帕金森病、替代坏死多巴胺神经元的可能带来希望，故目前一项以 TRANSEURO(欧洲的帕金森研究机构)之名启动的使用胎儿中脑细胞的新型临床试验正在进行中，这项计划考虑到了年龄的因素，纳入了年龄 20 岁的年轻帕金森患者，拟进行长达 3 年的胎儿干细胞移植后的疗效观察。

但是从实践和伦理角度考虑，胎儿组织不能成为移植细胞的稳定供体。这样，研究者转而寻找其他多巴胺能神经元的潜在来源。颈动脉体细胞富含多巴胺，在低氧的情况下会兴奋，并且由于人体只必须拥有一个颈动脉体，颈动脉体细胞可以进行自体移植。向 6-OHDA 大鼠的纹状体注射颈动脉体细胞，90% 以上的细胞能够存活，多巴胺的水平可以增加达未损伤对照组的 65%。正常大鼠的纹状体是由 30 000 个多巴胺能神经元支配，但只需要 400 ~ 600 个颈动脉体细胞就能达到同样的效果。颈动脉体细胞移植后，消除了转向运动，但对运动迟缓和运动不能却几乎没有效果。

有人尝试了用胚胎干细胞或它们的衍生物治疗帕金森病。据报道，将低浓度未分化的小鼠胚胎干细胞注射到 6-OHDA 大鼠的纹状体，可以分化成多巴胺能神经元，消除转向运动。但是，在 20% 的病例中，胚胎干细胞会形成畸胎瘤。有研究者将胚胎干细胞直接分化成的多巴胺能神经元移植到 6-OHDA 小鼠和大鼠中。这种多巴胺能神经元释放多巴胺，将轴突延伸入宿主纹状体并形成功能性突触，安非他明诱导的旋转运动有明显的恢复，步态调整、柱面和抓取实验也有所改善。Werning 等将源于小鼠的 iPSC 的神经前体细胞移植到大脑不同区域，可以生成神经元和神经胶质细胞。将 iPSC 直接分化成的多巴胺能神经元移植到 6-OHDA 大鼠的大脑，能够改善功能性运动。Soldner 等从帕金森患者的成纤维细胞生成了 iPSC，免除了病毒改编因素。这些结果显示了用人类 iPSC 作为巴胺能神经元来源治疗帕金森病的可行性。

移植多巴胺能细胞的一个选择是移植抑制苍白球活性的细胞。纹状体内抑制苍白球活性的细胞是纹状体中间神经节突内的胎儿前体细胞所生成的小的多棘 GABA 能神经元。当这种细胞移植到 6-OHDA 大鼠纹状体中，会分化成抑制性 GABA 能神经元，改善大鼠的运动行为。

一些干细胞来源的神经细胞治疗已经用于帕金森病的动物模型，但是移植的目的是进行细胞替代，从而形成多巴胺能神经元，但是要注意的是其中几个细胞类型不通过多巴胺能细胞替代，如间充质干细胞。当然，从动物实验结果来看，这种细胞治疗方法也会对帕金森病产生一定疗效。但是，能否产生长期的疗效和最终能否用于临床，还有待进一步研究验证。从临床应用角度出发，任何一种多巴胺细胞替代移植治疗方法，都要考虑到:这种移植细胞是否安全、稳定性如何;能否分化成多巴胺能神经元。

早期使用未分化的小鼠胚胎干细胞进行移植，发现这些细胞可以成功地移植到啮齿动物纹状体内，并可以分化成多巴胺神经元和减轻一些帕金森大鼠的运动缺陷。但是这项研究也发现了干细胞成瘤的问题，为了能在临床上进行，成瘤的问题必须解决。干细胞定向分化的研究渐成热点，研究发现视黄酸或 bFGF 具有定向诱导分化干细胞成为神经细胞的作用。研究进一步向分化为多巴胺能神经元开展，Sonic hedgehog 基因(SHH)、成纤维细胞生长因子 8(FGF8)、脑源性神经营养因子(BDNF)和视黄酸等都可以提升多巴胺神经元的分化数量，最高可达到总细胞的 20% ~ 30%。在随后的基质饲养细胞的共培养研究中，胚胎干细胞也可以转化为多巴胺神经元，并且可以移植到脑内。将神经前体细胞从共培养胚胎干细胞饲养层中分离，发现也可以被 SHH 和 FGF8 诱导转化，与共培养的多巴胺能神经元具有相同的功能。细胞内转录因子在多巴胺神经元分化和成熟过程中可以起到促进作用，核相关受体因子 1（Nurr1）、垂体同源盒转录因子 3（Pitx3）、LIM 同源盒转录因子 1a（Lmx1a）和 β（Lmx1b）都可以促进多巴胺神经元的增殖。然而使用抗病毒剂转换胚胎干细胞的方法不能用于临床移植。逐渐从灵长类动物和人身上也分离出胚胎干细胞。但是和鼠的干细胞的分化是有明显差异的。如 EGF 和 FGF 只能促使胚胎干细胞转化成少量的多巴胺神经元，仅有 3%。但是 Pitx3、LIM1 a 和 Nurr1 对鼠和人的作用基本没有差异。近来，使用抑制分子信号途径的办法，如阻滞 SMAD 通路可以明显提高人胚胎干细胞的转化率。为了增加人胚胎干细胞源性 DA 神经元在人体内的神经支配水平，目前关注的是这些干细胞对于轴突导向因子的敏感性。帕金森病的一个研究困境是动物模型问题，以前的研究都是基于人尸体组织，帕金森病的转基因鼠模型或者是啮齿类动物的脑组织。虽然这些动物研究对于帕金森病的机制有显著意义，但是用于临床还有一定距离。2006 年，重编程细胞的出现打破了这个困境，通过转录因子（Oct4、Sox2、Klf4 和 C-MYC）的强表达，研究人员已经成功地重编程体细胞，转化为与胚胎干细胞特性相似的"多能"细胞，命名为"诱导多能干细胞"，这一干细胞生物学领域开创性的研究具有更少的伦理问题，并允许使用来源于各类患者身上的个体化的细胞。对于诱导多能干细胞用于帕金森病的研究，已有报道成功将取自不同类型患者身上的体细胞重编程为诱导多能干细胞，并成功地在动物模型体内分化成神经元。细胞移植疗法治疗帕金森病已经用于临床研究，但是目前病例数较少，另外还需要长期的临床疗效观察和最后的尸解后神经组织的分析。

3. 原位神经干细胞的激活　在体外，室管膜下区的细胞受肿瘤坏死因子-α（TGF-α）的影响增殖，提示了这种生长因子可能活化纹状体或侧脑室壁的神经干细胞，然后迁移到黑质内，分化成 DANs。为了验证这种猜想，在两周内，通过肩部植入式微型泵，以 0.5μg/h 的速度，通过管道向 6-OHDA 大鼠的纹状体内注射了总量为 50μg 的 TGF-α。与对照组相比，注射组大鼠旋转运动试验结果显示有所恢复。BrdU 和 Nestin 的免疫染色和分化神经元的标记，都显示了神经干细胞增殖，并迁移到纹状体，分化成新的神经元，猜测其中有些细胞可能是多巴胺能神经元。

4. 神经干细胞治疗帕金森疾病的安全性问题　细胞移植必须能长久地保持功能健全。近期，对接受胎儿中脑腹侧细胞移植超过 10 年的患者进行了尸检。这些患者表现出实质性的功能改善许多年，然后出现了进行性的功能恶化。组织学检测显示了移植物仍存活得很好。然而，一小部分细胞出现了 α-突触核蛋白阳性的 lewy 小体。但却不知道这些发现代表了什么。一种解释认为，无论原始疾病发生什么改变，这些改变同样会发生在移植细胞上。但是从目前已知的实验结果分析，这种病理性改变的发生率非常低（1%），Kurowska 推测这种 lewy 小体的出现可能是原本存在的变性蛋白转运到移植的干细胞内。还有 α-突触核蛋白对于帕金森病来说并不是特异性标志，在正常的老年人脑内也可以发现（8%～22.5%）。Svendsen 指出，在帕金森病中，许多非多巴胺能系统也发生退化，这种退化也许是引起功能恶化的原因。事实上，对长期胚胎干细胞移植患者的研究中，其中 1/3 并没有发现在移植细胞中出现 α-突触核蛋白，尽管这些移植细胞已经被宿主细胞包裹。但更令人担忧的是，干细胞移植可能形成肿瘤。据报道，一个共济失调性毛细血管扩张的男孩，接受了胎儿神经干细胞的移植，但却患上了捐献者源性的脑肿瘤。

二、神经干细胞治疗亨廷顿舞蹈症

亨廷顿舞蹈症（Huntington chorea）是一种运动功能进行障碍伴随严重认知功能退化的遗传性疾病。这些症状与大量纹状体神经元，尤其中型多棘神经元的大量死亡有关，导致从纹状体投射到苍白球的传出神经元受损，引起舞蹈病和肌张力障碍。亨廷顿舞蹈症的起因是亨廷顿基因（Huntington gene）N 末端多聚谷氨酰胺的扩增，导致了蛋白的错误折叠，形成神经毒性蛋白（polyQ-htt）。

Htt 对胚胎神经形成是必需的，它有抗凋亡的特性。毒性反应需要 caspase-6 将 polyQ-htt 裂解。裂解的蛋白在神经元内形成包涵体，但是这些与神经存活有关，提示了有毒的是游离的蛋白，而聚集形式的蛋白对神经是有保护作用。另外，有明确的体外证据 polyQ-htt 抑制基本转录器官，在体内，polyQ-htt 与泛素系统功能全面紊乱有关。也有证据提示 polyQ-htt 通过 BDNF 的运输促进神经退化。在正常细胞中，htt 与 htt 结合蛋白-1（htt-associated protein-1，HAP-1）和动力蛋白激活蛋白亚单位 p150^Glued 相结合。这种复合物介导了

BDNF 在神经元微管间的囊泡运输。PolyQ-htt 减少了分马达蛋白与微管的连接,参与 BDNF 的运输,导致了神经支持的减少。尾状核与亨廷顿舞蹈病的退行性变有关,尾状核与室管膜下层相邻,对 9 名患者的室管膜下层进行检测,发现其对神经退化有反应性再生,这与 2002 年 Nakatomi 等对海马缺血后的观察结果类似。通过检测 PCNA 和 βⅢ微管蛋白或 GFAP 的共表达,发现由于神经元和胶质细胞的增殖,对大脑的控制有显著提高。这些结果提示,阻止疾病发展后放大这种反应,可以重获功能的再生。

尽管 Htt 蛋白聚合物和亨廷顿疾病的发病机制有关,但是仍不知道 Htt 蛋白聚合物是否造成了神经损伤。亨廷顿舞蹈症发病机制不明确,所以目前尚无有效治疗措施,药物治疗主要针对缓解舞蹈症症状和肌张力障碍。人胎儿脑组织移植已经被证明可以改善亨廷顿舞蹈症的运动功能障碍和认知障碍。这个实验结果和以前的几个动物实验结果相同,动物实验是用纹状体细胞移植到亨廷顿舞蹈症大鼠模型的脑内,结果显示可以移植的细胞可以整合到大鼠模型的纹状体中,移植神经元的生存和分化良好,并与宿主组织有功能上的连接,症状上也可改善大鼠的运动功能障碍。另一项研究证实移植的胎儿脑组织可以在亨廷顿舞蹈症患者的受损区域生存和分化。胎儿脑组织移植为亨廷顿舞蹈症治疗带来了希望。但是,最近报道了一个移植了 5 年的亨廷顿舞蹈症患者的脑内发现了神经干细胞的过度增殖,这给细胞移植治疗亨廷顿舞蹈症的安全性产生质疑。神经干细胞替代变性的神经元或移植可以产生神经营养因子的转基因神经干细胞已被用于保护"中毒"的纹状体神经元。目前,我们对于神经干细胞治疗亨廷顿舞蹈症的受损纹状体神经元,是否可以防止神经病理的发生和改善神经功能,还没有明确的答案。这个问题很重要,因为亨廷顿舞蹈症突变基因的遗传学研究与神经影像学的研究可以提供参与疾病进展因素的详细信息,建议神经干细胞早期移植治疗潜伏期的携带突变基因的疾病患者,可能效果会明显。一项动物实验显示,对于携带亨廷顿舞蹈症突变基因的小鼠模型进行纹状体的人源性神经干细胞移植,与对照组比较,发现进行干细胞移植的小鼠模型的纹状体神经元受损程度明显减轻。这个结构可能与神经干细胞分泌的脑源性神经营养因子(brain-derived neurotrophic factor, BDNF)有关。红枣氨酸(kainic acid, KA)和喹啉酸(quinolinic acid, QA)诱导灵长类动物和啮齿类动物产生亨廷顿舞蹈症的动物模型被用来测试神经移植治疗的效果。红枣氨酸可以激动谷氨酸受体,用其诱导的兴奋性毒性动物模型,在组织病理学上与亨廷顿舞蹈症患者具有相同的特点,用小鼠胚胎干细胞、小鼠神经干细胞、小鼠间充质干细胞和人神经前体细胞来进行疗效测试,结果发现都有不同程度症状的改善。在喹啉制作的动物模型身上,移植人神经干细胞也产生相同效果。但是移植途径值得研究,因为纹状体移植本身是有创伤性的,如果静脉注射也能产生相同效果,可以增加神经干细胞用于临床治疗的可能性。

用 3-硝基丙酸(3-nitropropionic acid, 3-NP)处理的动物,可以造成基底节神经元损害和影响神经元代谢功能,所产生的行为损害与亨廷顿舞蹈症患者表现类似,3-硝基丙酸是线粒体毒性药物,主要作用于氧化呼吸链并抑制机体的三羧酸循环,限制 ATP 的合成。动物源性和人源性神经干细胞都被用来植入 3-NP 动物模型。为了明确神经干细胞的保护作用,有人用 3-NP 动物模型实验,在进行 3-NP 诱导神经元中毒之前一周,现在动物模型纹状体处植入神经干细胞,结果与对照组相比,运动障碍和神经元损伤的程度均较低。这种结果可能与神经干细胞分泌的 BNDF 起到脑组织保护的作用有关。

将亨廷顿病基因导入动物体内,可以做成亨廷顿转基因动物模型。与前面使用药物诱导的动物模型研究相比,转基因疾病动物模型的干细胞治疗研究还不多,骨髓间充质干细胞经 BDNF 基因修饰后移植到 YAC 亨廷顿动物脑内,可以治疗运动障碍。另一研究 R6/2 亨廷顿动物模型,脂肪源性干细胞可以治疗运动障碍并起到神经保护的作用。但是,在一项 R6/2 鼠模型中,使用人源性的神经干细胞并没有得到令人欣喜的结果,与对照组相比,结果显示没有明显差异。

目前,这种疾病的治疗针对的是运动和精神障碍,但却无法遏制其进展。

2000 年 Yamamoto 等人研制的一个亨廷顿舞蹈症的条件模型,表明神经元内 polyQ-htt 的消除和病理改变的逆转可能导致神经退化。在 tetO 双向启动子的引导下,对小鼠进行四环素调节反式激活因子(tTA)和亨廷顿基因 94*CAG* 重复突变的双重转基因。两种转基因都持续表达。这些转基因小鼠都表现出了亨廷顿突变蛋白的聚集,纹状体的尺寸减小,纹状体内星形细胞反应性增多和典型的亨廷顿行为缺陷,将小鼠从尾巴处吊起,其肢体紧握。疾病的进展需要突变基因的持续表达。多西环素,一种四环素衍生物,可以与 tTA 结合,抑制亨廷顿突变基因的表达,并减小对 tetO 启动子的亲和性。从小鼠 16 周开始,对其注射多西环素 16

周,可以逆转聚集物形成,也逆转疾病的其他症状,达到转基因后8周水平。2009年Jeong等人近期有报道,在一个亨廷顿转基因小鼠模型中,应用HDAC增加spolyQ-htt酪氨酸残基444(K444)的乙酰化,增加了突变蛋白的自噬作用,逆转它们对纹状体和皮质神经元的毒性。2000年Orr和Zoghbi提出给予RNAi可以清除功能障碍细胞内聚集的亨廷顿蛋白。

人们也发现了一些对亨廷顿舞蹈症小鼠模型具有神经保护作用的药物,过氧化物酶体增殖物激活受体γ辅激活子1α(PGC-1α)是一种调节线粒体生物合成和氧化磷酸化的辅激活因子。某种程度上polyQ-htt对线粒体的损伤是通过抑制PGC-1α的表达,慢病毒介导PGC-1α向转基因亨廷顿小鼠的纹状体转移,可以保护纹状体免受氧化损伤,提示了PGC-1α可能能有治疗作用。亨廷顿病中,谷氨酸兴奋毒性和自由基形成减少了血中的犬尿喹啉酸(kynurenic acid,KYNA)——犬尿氨酸的一种具有神经保护作用的代谢产物。用小分子JM6抑制人犬尿氨酸3-单加氧酶(KMO),可以使犬尿氨酸代谢成KYNA,对亨廷顿转基因小鼠有神经保护作用,延长生命。

向啮齿类或非灵长类动物的纹状体注射喹啉酸或肌注硝基丙酸(nitropropionic acid,NPA)可以模仿亨廷顿舞蹈病。这些模型已经用于细胞移植治疗亨廷顿舞蹈病的研究。对猴的喹啉酸亨廷顿舞蹈病模型进行了实验,结果证明了细胞移植对纹状体神经元有保护作用。将单纯的多聚物包裹的幼仓鼠肾(baby hamster kidney,BHK)成纤维细胞或睫状神经营养因子转基因的BHK成纤维细胞种植到一侧纹状体内。1周之后,向细胞移植区注射喹啉酸,发现与无CTNF结构的BHK移植区相比,CTNF移植区内,纹状体神经元的减少被显著抑制了。然而,在一个临床试验中,用基因工程细胞携带CTNF进行移植,患者的状况却未见改善。有报道提出,用人脐带干细胞或培养的人神经前体细胞,对亨廷顿小鼠模型进行注射,可以观察到功能改善。如果移植的细胞能分化成新的神经元,那么它们的主要作用将是提供旁分泌因子,来稳定宿主细胞的生存。

将胎儿纹状体组织移植到NPA诱导的非灵长动物亨廷顿模型中,可以逆转疾病的表现。有免疫组化研究结果显示,移植神经元的生存和分化良好,并与宿主组织有功能上的连接。在临床预实验中,向患者移植人胎儿纹状体组织,结果显示移植组织可以存活,疾病症状在某种程度上获得了缓解,一些患者在移植后三年都有持续的效果。然而,其中3名患者死亡前10年,对他们的大脑进行分析,结果发现移植的部分已有严重的神经退化。

三、神经干细胞治疗肌萎缩侧索硬化

肌萎缩侧索硬化(amyotrophic lateral sclerosis,ALS)是一种以脊髓运动神经元大量死亡为特点的进行性的、致命的疾病。90%的病例是散发的,病因不明。另外10%具有家族遗传性,但这些家族遗传病例与散发病例有着相似的临床形式。家族性ALS与几种基因的突变有关,包括FUS、TDP-43和ELP3,其中ELP3基因编码的RNA和DNA结合蛋白,与DNA的修复,RNA剪接、转录和mRNA运输有关。另外有两种突变蛋白VAPB(突触泡蛋白相关蛋白B)和视神经蛋白(OPTN)与ALS的发生相关。VAPB的氨基末端是分裂的,正常状态下分泌为Eph受体的配体,但是这个域内的一个点突变,影响了蛋白质的分泌,并且蛋白聚集成为内容物。正常情况下,OPTN可以抑制核转录因子κB的活性。

大部分家族性ALS(20%的病例有家族史)的普遍形式是由Cu/Zn依赖的超氧化物歧化酶-1(SOD-1)的突变引起。在代谢反应中,O_2通过单电子还原反应,生成过氧化氢和O_2,同时产生高活性有害的超氧阴离子,SOD-1就是一种能够转化超氧阴离子的线粒体酶。突变的蛋白仍具有这种功能,但这种蛋白折叠成错误的结构,并且在运动神经元内形成泛醌聚合体。突变的SOD-1与Derlin-1结合,引起ER应激和退化通路的功能失调,同时,激活蛋白激酶ASK1,驱动了caspase介导的细胞凋亡。突变的SOD-1与电压门控离子通道结合并抑制其功能,引起线粒体功能障碍,导致了细胞色素c的释放和细胞凋亡。最热门的家族性ALS模型是G93A转基因小鼠,其携带了多种家族性ALS相关的突变SOD-1的拷贝。这种小鼠显示出了运动神经元的进行性退化,在出生13周时表现出运动缺陷,生后4~5个月死亡。

最近研究表明,ALS患者可能从神经干细胞中获益,这些干细胞可以分化成运动神经元。小鼠胚胎干细胞分化成的运动神经元移植到运动神经元受损的大鼠的脊髓中,发现这些细胞不仅能存活并且轴突可以延伸到脊神经前根,人的胚胎干细胞注入运动神经元损伤大鼠脑脊液中,干细胞可以迁徙到脊髓,可以改善运

动神经元的功能。ALS 是一种进展性神经性疾病,在 ALS 小鼠的实验模型中,发现取自脊髓的神经干细胞可以延缓 ALS 小鼠疾病的进展。在最近的一项研究中,将来自 8 周胎儿的脊髓神经干细胞移植到脊髓超氧化物歧化酶(superoxide dismutase,SOD)-G93A 突变 ALS 小鼠的脊髓中。结果只能观察到 ALS 小鼠的运动功能恢复,但是与对照组相比较,疾病的进程未得到遏制。在美国,目前开展关于 ALS 的神经干细胞治疗的 I 期临床实验,参加的 ALS 患者为 12 名,方法是每次椎管内注射 10 万个胎源性神经干细胞,共注射 10 次。初步观察的结果显示这种治疗方法并没有使疾病进展加速。对于细胞移植的途径也进行了研究,无疑血管内注射是最方便和创伤最小的"用药"方法,通过 ALS 小鼠模型的尾静脉注射 GFP 标记的神经干细胞,7 天后,可以发现 13% 的移植细胞出现在皮层、海马和脊髓中。但是,这个实验并没报告是否能改善症状。实验结果不明确,目前希望通过移植的神经干细胞去替换 ALS 患者发病的神经元是不现实的。但是通过神经干细胞可以分泌保护性神经营养因子来治疗 ALS,这条路更实际些。研究将腺病毒载体的胶质细胞源性神经营养因子(GDNF)注入面神经运动核团受损的小鼠模型,GDNF 可以预防细胞死亡。将通过重组的能表达 GDNF 的人的神经祖细胞移植到 ALS 小鼠的脊髓中,可能观察到细胞的存活,并且能分泌生长因子。血管内皮生长因子(vascular endothelial cell growth factor,VEGF)能直接作用于血管内皮细胞,促进血管内皮细胞增殖,增加血管通透性,也可以起到对损伤神经的营养和保护神经的作用。有动物实验证实使用 VEGF 可以延缓 ALS 动物模型的疾病进展,并且可以延长模型动物的生存期(图 7-22)。

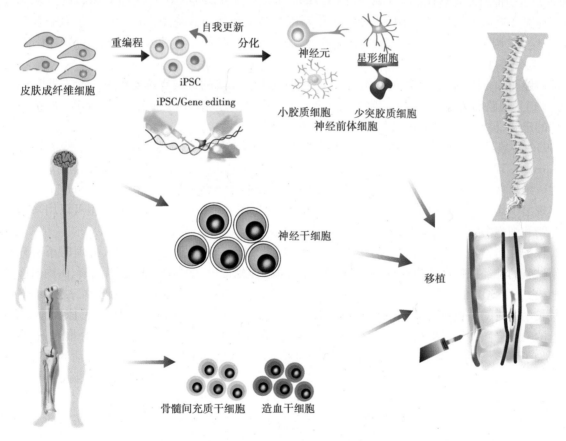

图 7-22　细胞移植治疗 ALS 的示意图(改自 Kim 等,2014)

　　用小鼠神经丝轻链基因和人神经丝重链基因转基因的小鼠,表现出了大量神经元退化,而这种退化与神经丝蓄积和神经丝磷酸化的改变有关;这些特点同样会出现在人类 ALS 的患者身上。另外;对 ALS 死亡患者的脊髓切片观察发现,表达 raldh2 运动神经元的数量有明显减少,仅是 ALS 的一部分病因可能使 radlh 基因的下调,导致了细胞内 RA 的丢失。

　　ALS 进展的一个主要因素是谷氨酸中毒。在脊髓和大脑中,星形胶质细胞可以将突起延伸到神经元间的突触附近,从而预防谷氨酸中毒。这些星形细胞的突起上有谷氨酸转运体(GLT1),可以修复谷氨酸分子,减弱接收到的谷氨酸信号。ALS患者下调了GLT1的表达,脑脊液中谷氨酸的水平增高。脊髓运动神经元上有AMPA受体,在ALS中,编码AMPA受体 *GluR2* 亚基的mRNA也有缺陷。

这些特点提示ALS中神经细胞进行性死亡的一个关键因素是星形细胞功能障碍,然后导致了谷氨酸清除能力减低,脊髓运动神经元上谷氨酸受体功能妥协。有更进一步的证据证明了这个观点,在ALS小鼠模型中,野生型星形胶质细胞可以延迟退化,并显著促进突变SOD-1运动神经元的存活,提示它们出现了ALS特征性的谷氨酸中毒。2007年Nagai等提出,突变SOD1的表达,并不能杀死培养的运动神经元。但是,将正常初级运动神经元或ESC源性运动神经元与表达突变SOD的星形细胞共培养时,神经元会死亡。这种针对运动神经元杀伤效果是星形细胞所特有的,因为表达突变SOD-1的成纤维细胞、小胶质细胞、皮层神经元和肌肉细胞,对共培养的运动神经元没有这种杀伤效果。在另一个实验中,将人ESC直接分化成的运动神经,与正常人星形胶质细胞或成纤维细胞,或与慢病毒G93A基因转染的星形胶质细胞,进行共培养。与正常星形胶质细胞或成纤维细胞进行培养的运动神经元并未发生凋亡,同时,G93A星形胶质细胞组的神经元有半数凋亡。此外,用SOD-1星形胶质细胞条件培养基培养的运动神经元也发生了死亡,这些结果显示,SOD1相关ALS是由星形胶质细胞分泌的运动神经元毒性分子所导致。

一个鉴定SOD-1星形胶质细胞毒性产物的实验揭示,iNOS的高水平表达,NO的水平也有所增加,同时,促进活性氧产生的NADPH氧化酶2(NOX2)的含量显著增加。在SOD-1突变星形细胞的作用下,含抗氧化apocyanin的运动神经元能够存活。2008年Di Giorgio等人对正常和突变星形细胞整体的基因表达进行比较。发现在突变星形细胞53个上调基因中,13个基因参与炎症反应或免疫过程。其中前列腺素2(prostaglandin,PEG_2)上调超过14倍,显著减少了培养运动神经元的存活。这种效果是通过PDG_2受体拮抗剂MK0524的减少实现的。

运动神经元和骨骼肌纤维之间的双向信号通路,也可能对ALS的进展有重要作用。骨骼肌特异性miR-206是这个信号通路的关键调节因子。在SOD1突变小鼠中,这种微小RNA显著上调。miR-206的缺乏可以加速疾病的进展,提示了其水平的升高可能减缓进展。

除G93A小鼠外,还有其他一些ALS模型。其中一种是,在谷氨酸转运抑制剂-羟天冬氨酸(threo-hydroxyaspartate,THA)存在的情况下,对小鼠脊髓切片进行器官型培养,THA可以引起谷氨酸介导的运动神经元死亡。维生素A缺乏和VEGE缺乏的突变小鼠,都有类似ALS的病理表现和症状。Pmn/pmn小鼠在生后3周表现出了运动神经元退化,可以检测到后肢力量变弱,在生后6周死亡。这些模型可以用来测试神经保护性药物和细胞治疗对ALS的效果。

神经保护性药物是ALS治疗领域的一个焦点。已经对 *ALS* 基因小鼠模型和THA处理的小鼠脊髓切片进行效果试验的神经保护性药物有GDNF、VEGF、Bcl-2凋亡抑制因子、zVAD-fmk、米诺环素、β-内酰胺类抗生素头孢曲松,突变SOD的siRNA。这些药物可以延迟ALS的发生和疾病进展过程中神经元表现的恶化,不同程度地延长生存时间。在将转染siRNA结构的慢病毒注射进G93A小鼠的后肢,观察到了惊人的改善效果。50%以上的腰段脊髓转导了慢病毒,并且突变蛋白的表达降低了40%。疾病的起始时间会推迟一到两倍,生存时间增加了77%,直到病程的晚期才会发生体重的减少。在疾病的晚期,运动神经元存活的数量是未治疗突变小鼠的3倍,约占野生型小鼠的60%。这个结果提示了,理论上 *SOD1* 基因的完全敲除,对于人家族性ALS有良好效果。

神经营养因子CTNF和BDNF有促进运动神经元存活的作用,在临床试验中,试图证实它们有阻止ALS进展的效果,但都未成功。北美临床试验曾报道了IGF-1的阳性结果,但欧洲的一个相似的试验却未得到阳性结果。IGF-1、GDNF和NT-4/5对THA处理小鼠脊髓的运动神经元有保护作用,而BDNF、CNTF、NT-3、FGF-2和LIF则没有相同的保护作用,临床试验的结果与此一致。头孢曲松钠可以增加星形胶质细胞GLT1的表达,在意大利,一个针对21名患者临床试验显示,给予头孢曲松5~8周后,其中1/3患者有所改善。米诺环素在小鼠的实验中,显示出了其对ALS的有益效果,近期一个包含ALS患者412名的临床试验中发现,与对照组相比,米诺环素可以减缓25%的疾病进展速度。

对于一些在 *SOD-1* 突变小鼠显示出了有所改善的药物,在临床试验中却以失败告终,这样的结果差异使人们对小鼠实验产生了疑虑,认为动物实验的样本量过少,缺乏随机性和盲法评估。对几种ALS药物的统计学评估也发现,当增大小鼠的样本量之后,原本的有利效果就会消失。*SOD-1* 突变小鼠的另一个问题是,突变基的拷贝数量是随时间而改变的。此外,有一种假说认为,SOD-1 突变小鼠 ALS 与人类散发 ALS 的神经退行性通路是一致的,但另外有证据显示了 TDP-43 蛋白引起了散发 ALS 的发生,而 *SOD-1* 突变则是另外一种类型的功能障碍。对神经保护性药物对动物模型的作用效果做更深入的分析,发现的这些不一致结论,避免了无谓临床试验。

将干细胞移植进脊髓,对 G93A 突变小鼠有积极效果。据报道,人脐带血干细胞可以延缓这些小鼠 ALS 的进展。这些细胞在移植后可以向神经退化出迁移,并能表达出神经元和胶质细胞的标志物,提示了它们能转分化成神经元。但是,只有少数注射的细胞能表达神经元标志物,它的主要效果依赖于它们对宿主细胞的神经保护性旁分泌作用。

有报道提出,将人神经元细胞系的神经元注射到 G93A 突变小鼠的脊髓前角,可以推迟运动神经元功能障碍的发生,延长小鼠的平均生存周期。这种注射细胞的作用机制尚不清楚,可以是通过替换死亡的神经元,或通过旁分泌因子对神经的保护作用,或者两方面作用同时存在。将人胎儿脊髓 NSC 移植到 G93A 大鼠的腰段脊髓,移植细胞可以分化成神经元,与宿主细胞之间形成突触连接,同时还能分泌 GDNF 和 BDNF,延迟了疾病的发生和发展,生命周期也延长了 10 天以上。

临床中也有一些针对 ALS 的细胞移植试验。在细胞治疗的 I 期临床试验中,一部分患者接受了自体外周血干细胞和骨髓细胞的移植。这些试验显示了细胞移植的副作用较少,而且可逆转。在骨髓移植试验中,有 4/7 的患者肌力减弱的进展被减缓,有 2/7 的患者感觉到肌力轻度增加。

Huang 等用胎儿 OEC 对 ALS 患者进行治疗。据报道介绍,在局部麻醉下,将超过 $(1 \sim 2) \times 10^6$ 胎儿 OEC 注射到 ALS 患者的额叶,这些移植细胞通过旁分泌作用,可以稳定甚至改善其中半数患者的状态。但生物医学界对此持怀疑态度。

四、神经干细胞治疗阿尔茨海默病

阿尔茨海默病(alzheimer disease,AD)是在 1906 年首次由德国精神病学家和神经发病学家 Alzheimer Alois 发现,并以其名字命名的老年痴呆,是一种慢性神经退行性疾病。研究发现 AD 导致持续的神经元损失,主要病变部位在嗅皮层和海马,但也损及其他结构如:杏仁核、Meynert 基底核、嗅球。在早期可出现神经突触结构破坏和轴突损伤。另外炎症反应在 AD 发展过程中一直受到关注,通过释放炎性因子,激活小胶质细胞和星形胶质细胞,进一步引起神经元损伤。神经退行性损伤导致认知功能出现障碍,并逐渐加重至痴呆状态。除了轴突损伤和突触结构的破坏,还有两种变性也可作为 AD 的标志性病变,老年斑和神经纤维缠结,主要在皮层和海马部位。神经元纤维缠结是引发 AD 的主要病理学变化之一。神经元纤维缠结不是特异性改变,它们也可见于其他神经系统变性中。神经元纤维缠结的主要成分是成对螺旋丝。成对螺旋丝形成平行束状以细丝彼此连接成混合微丝,成对螺旋丝表现独特的不溶解性和对蛋白酶解的抵抗性。成对螺旋丝的亚单位主要是过度磷酸化的 Tau 蛋白。Tau 蛋白是一种细胞骨架成分通常共聚合形成微管与微管蛋白,因此,Tau 蛋白是微管相关蛋白(MAP)家族的一员。Tau 蛋白的功能保证了微管的稳定性和参与微管轴突运输。Tau 蛋白为含磷酸基蛋白,AD 患者脑的 Tau 蛋白则异常过度磷酸化,并丧失正常生物功能。虽然 AD 患者脑内通常存在老年斑和神经元纤维缠结,而有些病例只出现了神经元纤维缠结,反之亦然,据报告,痴呆程度和神经元纤维缠结出现的密度有关。AD 的主要临床治疗方式是药物治疗和免疫治疗。药物治疗的主要目标是维持退化的神经元的功能,但是药物治疗效果欠佳;免疫治疗因其价格昂贵和副作用大难以临床推广。还有 AD 进展缓慢,与一般老年性认知功能衰退难以区分,早期难以发现,延误治疗。神经干细胞具有自我更新和高分化潜能。通过移植神经干细胞治疗 AD 是可行的。神经干细胞治疗 AD 的可能机制为:分化成神经元替代受损的细胞、释放营养因子促进神经修复、刺激血管再生及作用于炎性细胞等。突触素是一种位于突触前囊泡内的糖蛋白,它的表达可以反映突触的发生和密度,因此通过检测突触素,可用来检测神经干细胞移植治疗 AD 的效果。在 AD 大鼠模型脑内进行神经干细胞移植后,可以发现海马结构突触素吸光度值明显升高。神经干细胞在 AD 模型大鼠脑内不仅能够存活、增殖,而且可替代损伤或坏死的神经细胞而重建神经通路,改善学习记忆能力。在嗅鞘细胞和神经干细胞共移植的研究中,发现移植后神经中的神经干细胞存活数量增多,考虑这与嗅球细胞能产生神经应用因子有关。胆碱能系统的功能障碍是影响患者认知功能的主要原因,AD 患者乙酰胆碱转移酶的活性降低。嗅鞘细胞能促进移植的神经干细胞在 AD 模型大鼠脑内增殖和向胆碱能神经元的分化。神经干细胞的生存和活化需要很多调控因素进行调节。在细胞内,例如,Sox2 转录因子对于神经干细胞的自我更新能力和状态的维持具有重要作用。同时也需要细胞分泌的一些调控因子的参与,包括 Wnt、Shh、Notch 信号调节因子。Wnt 蛋白家族可以和卷曲蛋白家族受体连接,引起一系列的转导级联反应,包括影响转录效果的 wnt/β-catenin 信号通路途径,Wnt 信号途径不仅可以促进 NeuroD1 表达,也可以引起神经元分化,Wnt 也与突触结构形成有关。已经发现,Wnt 信号丢失和 β 淀粉样肽引起的神经毒性有关。Wnt 信号通路激活可以抑制这种神经毒性。后来发现,Wnt 信号不仅和 β 淀粉样肽有关系,也和 Tau 蛋白过磷酸化有关,也提示 Wnt 信号通路在 AD 疾病的发展中具有重要作用。齿状回中间神经元有 GABA 能细胞,可以释放 GABA 神经递质,促进 NeuroD 的表达,从而促进成神经细胞的成熟。成神经细胞的迁移和延长树突的能力与细胞周期依赖性蛋白酶(CDK5)有关,CDK5 不仅和细胞周期有关,也具有防止 Nestin 等蛋白过磷酸化的功能。

五、神经干细胞治疗神经退行性疾病的前景

我们需要人体模型来更深入地了解如何治疗神经退行性疾病。这种模型来源于对神经退行性疾病患者体细胞生成的 iPSC 衍生物的体外研究。目前,人们已经获得了帕金森病和 ALS 的 iPSC。突变 LRRK2 iPSC 衍生的多巴胺神经元可以增加关键氧化应激反应基因和 α-突触核蛋白的表达,同时,可以加强对应激剂的敏感性,而应激剂能引起 caspase-3 驱动的细胞凋亡,提示了细胞应激反应通路可以作为一个治疗靶点。一个 82 岁 ALS 女患,携带了缓慢进展型 ALS 相关的 *SOD1* 突变基因,她的皮肤成纤维细胞生成的 iPSC,可以进一步生成运动神经元和胶质细胞。这种方法现已于全球范围开放,用于比较突变细胞和正常细胞之间的内在区别,以及这种细胞和其他种类细胞或环境因子之间的相互作用,从而为疾病的发展和进展的细节提供证据。比较这种细胞和突变小鼠模型的细胞,可以探索两种细胞之间的区别。通过对比帕金森病和 ALS 的散发病例和家族性病例,我们可以更深入地了解每种疾病两种不同类型的发生和进展过程是否相同。在家族性病例中,突变基因(可能并非为遗传外标记)并不会消除,而在散发病例中,是否可能通过重新编程将突变基因的遗传外标记清除?这种衍生物是否能用于细胞移植?我们还可以研究散发病例细胞 iPSC 分化成的星形胶质细胞是否对神经元有毒性。

第六节　胶　质　瘤

胶质瘤(glioma)是中枢神经系统最常见的原发性肿瘤,胶质瘤的种类也很多,形成过程中因损及重要的功能区常造成神经系统的功能障碍,对躯体和认知可引起复杂的损害,胶质瘤的发展往往威胁到患者的生命,治疗的效果往往仅能缓解症状,因顾及到要保留神经功能,往往不能通过手术彻底切除病灶。脑胶质瘤干细胞的分离与鉴定成功,为脑胶质瘤的研究和治疗提供了新的切入点。脑胶质瘤干细胞是否由神经干细胞转化而来,也是目前研究关注热点之一。

最近有证据指出脑胶质瘤干细胞可能是由大多数在神经发生区域未分化的神经干细胞的变异衍生而来的,其中 SVZ 是最易发神经胶质瘤的区域。SVZ 受到致癌物侵袭后的致癌率明显高于周围皮层区域。但观察发现,脑胶质瘤的发生区域往往不同于最终发展的区域,这可能是由于胶质瘤干细胞经过不对称分裂后产生的脑胶质瘤干细胞仍然在 SVZ,但是前体细胞的迁移会导致脑胶质瘤的发展偏离于其发生的区域。另外,神经干细胞具有很强的自我更新机制,获得较少突变即有可能恶性转化,而且干细胞存活时间较长,这意味着干细胞比成熟细胞发生细胞复制的错误概率更大,因外界环境的刺激而发生突变的机会更多,最终形成脑胶质瘤干细胞。Nestin 在神经干细胞、前体细胞以及瘤性神经细胞中均有表达,提示三者之间在细胞发生学上存在渊源关系。Recht 等利用 ENU 致瘤模型,并选择 Nestin 为标志物进行胶质瘤起源细胞的研究,发现幼鼠出生后最早 30 天即可在 SVZ 附近的脑实质中出现单个或成团的 Nestin 阳性细胞,随着时间的延长,Nestin 阳性细胞团逐渐增大,形成实体瘤;而对照组相同部位未发现 Nestin 阳性细胞。尽管这只是一种说明脑肿瘤

来源于神经干细胞的间接证据，但进一步研究发现，脑胶质瘤干细胞与神经干细胞的生物学特性非常相似。胶质瘤干细胞的发现为胶质瘤的临床研究和其抗药性、复发的特性提供了新的研究方向，并提供了新的靶向治疗的目标。

在过去的十多年，干细胞用于治疗胶质瘤受到了广泛关注，这是因为干细胞具有迁移的能力可以不受血脑屏障的阻碍，干细胞可以表达各种具有杀死癌细胞的因子，干细胞可以通过免疫调节和携带溶瘤病毒来清除肿瘤细胞。到目前为止，干细胞已经被用于研究各种级别尤其高级别胶质瘤的治疗效果。神经干细胞、胚胎源性干细胞、间充质干细胞都被用来作为治疗胶质瘤的移植细胞。在前期试验中已经发现，干细胞具有免疫调节功能。间充质干细胞通过与免疫细胞（包括抗原递呈细胞、淋巴细胞、自然杀伤细胞）的相互作用降低免疫原性，调节免疫反应活性。对多发性硬化动物模型的研究中，已经发现神经干细胞可能对 $CD4^+T$ 细胞具有免疫调控作用。胚胎源性干细胞也能被发现可以通过下调 T 细胞活性来调节免疫功能。

研究发现，神经干细胞的表型变化与脑肿瘤的发现具有明显现相关性。DNA 的甲基化和组蛋白修饰可以导致肿瘤细胞的生成，CpG 岛、抑癌基因（RB、p53 等）启动子的 DNA 超甲基化会导致脑肿瘤的形成。另外，干细胞中组蛋白的修饰也会导致抑癌基因的 DNA 超甲基化和遗传基因的沉默。这些研究提示，神经干细胞的表型改变在胶质瘤的形成过程中具有十分重要的作用。而抑癌基因启动子甲基化的逆转和组氨酸脱乙酰酶抑制剂可以再次活化沉默的基因，对脑肿瘤的治疗具有重要意义。Notch 信号途径在进化上高度保守，在细胞增殖、分化、命运决定方面有着非常重要作用。研究表明 Notch 信号途径在胶质瘤中处于激活状态，可参与正常神经干细胞和胶质瘤干细胞的自我更新，促进其增殖，抑制其分化。抑制 Notch 信号途径可耗竭胶质瘤中的胶质瘤干细胞，促进胶质瘤干细胞对放化疗的敏感性。

将胚胎来源神经干细胞培养分化成为星形细胞，理由是星形细胞具有分泌功能，可以分泌多种生长因子，对于神经的功能具有代谢调节的作用；肿瘤坏死因子相关凋亡诱导配体（tumor necrosis factor related apoptosis inducing ligand，TRAIL）转基因治疗胶质瘤，因为其可以诱导肿瘤细胞的凋亡。体内和体外实验均证实，胚胎干细胞源性的星形细胞介导的 TRAIL 的释放可以明显诱导胶质瘤细胞的的凋亡。黑素瘤分化相关基因-7（melanoma differentiation associated gene-7/interleukin-24，mda-7/IL-24）是一种肿瘤抑制基因，定位于染色体的 1q32 位点，基于其编码蛋白的氨基酸序列及其细胞因子样特性被命名为 IL-24，在体外实验中，用 mda-7/IL-24 基因重组胚胎源性神经干细胞可以诱导肿瘤细胞的凋亡，另外也可以增加肿瘤的放疗敏感性、耐药性等。

基因修饰的神经干细胞移植到鼠脑肿瘤模型后能向肿瘤迁移，且可追踪浸润的瘤细胞，抑制其生长。将神经干细胞作为载体，将经 IL-4 转染的神经干细胞移植入高级别胶质瘤的动物模型脑内，研究结果显示经转染 IL-4 神经干细胞的移植组小鼠生存率明显增加。另一个实用 IL-12 转染处理的实验得到相同的结果。IL-4、IL-12 都具有免疫调节的作用，转染入神经干细胞内后，可以经免疫途径起到杀死肿瘤细胞的作用。基因修饰的神经干细胞移植到鼠脑肿瘤模型后能向肿瘤迁移，且可追踪远地浸润的瘤细胞，抑制其生长。转染 IL-23 的神经干细胞用于免疫基因治疗大鼠颅内胶质瘤也有报道，IL-23 与 IL-12 属于同一家族，可以通过增加细胞毒 T 细胞和自然杀伤细胞的效应而达到提高生存率的作用。通过注射 TRAIL 表达阳性的神经干细胞可以引起肿瘤细胞的凋亡和肿瘤病灶的缩小。TRAIL 基因具有多态性，包括膜结合 TRAIL 和可溶型 TRAIL 在体外均能诱导多种肿瘤细胞的凋亡，作用谱很广，将 FMS 样酪氨酸激酶 3 配体（Flt3L）和可溶型 TRAIL 的胞外区域结合，在啮齿类动物胶质瘤模型的实验中，发现可以抑制胶质瘤的生长和提高生存率。将 TRAIL 的胞外区域和 microRNA 和 TMZ 结合，也可以达到治疗胶质瘤的作用。自杀基因（suicide gene）是指将某些病毒或细菌的基因导入靶细胞中，其表达的酶可催化无毒的药物前体转变为细胞毒物质，从而导致携带该基因的受体细胞被杀死。两种酶/前药系统联和自杀基因导入神经干细胞治疗胶质瘤的方法已经在进行研究，主要有：胸腺嘧啶脱氧核苷激酶（TK）/丙氧鸟苷（GCV）药物系统和胞嘧啶脱氨基酶（cytosine deaminase，CD）/5-氟胞嘧啶（5-fluorocytosine，5-FC）药物系统。在这两种药物系统中，当给药后，药物的酶转化成其活性形式，干扰肿瘤细胞 DNA 的合成和增殖，诱导肿瘤细胞凋亡，导致肿瘤细胞"自杀"。正常情况下，GCV 在 TK 作用下进行磷酸化。隐藏在人的神经系统的单纯疱疹病毒 1（HSV-1）的表达产物 TK 可以是 GCV 单磷酸化的催化剂，能极大地促进 GCV 转换成毒性 GCV-TP 的效率。基于此，人们开始使用 HSV-tk/GCV 组合系统来进行胶质瘤的基因治疗。在动物模型中,确认转导 HSV-tk/GCV 的神经干细胞的迁移能力和抑制肿瘤生长的效果是通过旁侧效应(bystander effects)。旁侧效应与缝隙连接蛋白的表达和细胞间的连接有关,但是与 CD/5FC 系统相比,HSV-tk/GCV 系统具有较低的神经毒性。在动物模型中,也观察到 CD/5FC 系统可以减小肿瘤体积和提高生存率。但是,伴发明显的神经毒性效应,如瘤周组织坏死、水肿、脱髓鞘等。

第七节　脑　卒　中

在现代社会,脑卒中(stoke)是全球范围内致死和致残的主要原因之一。尽管脑卒中治疗的方法不断更新,但是迄今,对于脑卒中导致的神经障碍仍无有效措施。神经干细胞能否恢复脑卒中造成的神经功能障碍? 安全性如何? 是目前急需解决的课题。早期,Kondziolka 等就通过对 12 名脑缺血性卒中患者进行 NT2N 细胞移植治疗的 I 期临床试验,结果未发现有任何不良反应。该课题组又进行了 II 期临床试验,在一组含 18 名脑卒中患者的试验中,研究结果再次证实了细胞移植的安全性,但是并未观察到神经功能的恢复。不过,Savitz SI 等和 Bang OY 等却相继报道了鼓舞人心的结果,通过长达 4 年的随访,不仅发现接受过细胞移植的患者神经功能随时间呈现逐步恢复的趋势,而且还证明异体干细胞也可用于修复受损神经。

第八节　问题和展望

在啮齿类和灵长类动物模型的研究中,用胚胎干细胞来源的神经细胞移植治疗帕金森病等中枢神经系统疾病取得一定的疗效,但面临着伦理问题和免疫排斥问题。另外,早期曾有研究采用胚胎神经干细胞悬液作为神经替代治疗用于帕金森病。移植后能部分改善年龄在 60 岁以下患者的临床症状,但 60 岁以上患者症状未见显著改善。然而,胚胎神经干细胞移植不可避免地面临着伦理学、供体缺乏、移植细胞存活率低等问题,从而限制了应用。人工培养的具有分化成多种细胞潜能的 IPSC,研究渐热,但是也存在诸多问题,短期内,自体神经干细胞移植是走向临床的最佳选择,仍是今后临床干细胞移植的主攻方向。

目前成体神经干细胞临床应用越来越受到重视,但是,成体神经干细胞应用于临床时应谨慎。采用自体神经干细胞移植可以避免由免疫系统引起的排斥反应,而且移植的细胞来源于同一个体,移植后细胞与宿主相容性好,干细胞可以长期存活,可以进行迁移和产生细胞间的联系。上海复旦大学附属华山医院神经外科朱剑虹带领的课题组在进行了大量的体外细胞研究和体内动物模型移植实验后,经医院伦理学委员会批准和患者知情同意,自 2001 年开始,率先开展了自体神经干细胞移植治疗开放性颅脑损伤的临床研究,移植后经过两年的随访观察发现,PET 显示移植区脑细胞代谢有显著增加,诱发电位明显恢复,患者神经功能恢复明显。为了研究移植神经干细胞在体内迁移和存活情况,用纳米粒子-超顺磁氧化铁(SPIO)标记神经干细胞,成功地追踪到神经干细胞在脑内的迁移分布。

现在神经干细胞的临床研究还处于起步阶段,因此,其广泛应用于临床还有待诸多问题的解决,如移植神经干细胞还是移植分化后的神经元,两者谁更有效? 神经干细胞迁移以及与宿主细胞融合的细胞内、外环境调节机制尚不清楚,神经干细胞移植成瘤的风险到底有多高? 这些都是临床应用必须解决的问题。即使如此,神经干细胞的研究和应用已经为人脑再生医学开辟了新的路径,这些研究的进展将推动人类对自身大脑的生物学特征认识的深入和临床神经科学的发展。

中枢神经系统具有复杂的结构和功能,其在胚胎发育时期和成体期都与神经干细胞有着密切的关系。神经干细胞是近年来神经科学领域的研究热点,在国内外学者的共同努力下,相关领域取得了迅速发展;其主要标志在于明确了与胚胎期大脑发育相关联的神经干细胞的演化特性;了解了成体神经干细胞静息与激活的机制;了解了脑、脊髓损伤和神经退行性疾病中神经干细胞的自身调节和修复机制;验证了使用神经干细胞的干预措施的临床效果;证明了实体示踪神经干细胞在人脑内的迁移运动的可能性。

在神经生物学中,对神经干细胞自我更新和分化调控机制的研究更有意义。目前,有多种分子机制参与神经干细胞的自我更新和分化调控,包括转录因子、表观遗传、miRNA 调控子和细胞外信号等。这些细胞内在基因表达和外界环境因素构成复杂的调控网络,共同调节神经干细胞的自我更新和分化。

我们需要人体模型来更深入地了解如何治疗神经退行性疾病。这种模型来源于对神经退行性疾病患者体细胞生成的 iPSC 衍生物的体外研究。目前,人们已经获得了帕金森病和 ALS 的 iPSC。突变 LRRK2 iPSC 衍生的 DANS 可以增加关键氧化应激反应基因和 α-突触核蛋白的表达,同时,可以加强对应激剂的敏感性,而应激剂能引起 caspase-3 驱动的细胞凋亡,提示了细胞应激反应通路可以作为一个治疗靶点。一个 82 岁 ALS 女患者,携带了缓慢进展型 ALS 相关的 *SOD-1* 突变基因(Leu 144 to Phe),她的皮肤成纤维细胞生成的 iPSC,可以进一步生成运动神经元和胶质细胞。这种方法现已于全球范围开放,用于比较突变细胞和正常细胞之间的内在区别,以及这种细胞和其他种类细胞或环境因子之间的相互作用,从而为疾病的发展和进展的细节提供证据。比较这种细胞和突变小鼠模型的细胞,可以探索两种细胞之间的区别。通过对比帕金森病和 ALS 的散发病例和家族性病例,我们可以更深入地了解每种疾病两种不同类型的发生和进展过程是否相同。在家族性病例中,突变基因(可能并非为遗传外标记)并不会消除,而在散发病例中,是否可能通过重新编程将突变基因的遗传外标记清除?这种衍生物是否能用于细胞移植?我们还可以研究散发病例细胞 iPSC 分化成的星形胶质细胞是否对神经元有毒性。

目前,在阿尔茨海默病(Alzheimer disease, AD)中神经再生的水平是有争议的。动物实验发现,在 APP 蛋白(amyloid precursor protein)突变的 AD 小鼠模型中,神经再生的水平是下降的;而在转基因小鼠模型[含有不同突变的早衰蛋白(presenilin)中,神经再生有增加也有减少。野生型早衰蛋白和可溶性 APP 蛋白都与神经再生相关,但它们的表达下调可能与 AD 中神经再生变化部分相关。

研究发现,在死后 AD 患者中 SGZ 区的细胞增殖是增加的;PD 患者的 SGZ 和 SVZ 区的细胞增殖是减少的;而在亨廷顿病(Huntington disease)患者的 SVZ 区的细胞增殖是增加的。在上述这些神经系统退行性疾病中神经再生的变化,可能是由于特定神经细胞选择性死亡和炎症造成的。因此,神经再生在这些疾病中应用仍有待进一步的深入研究。

小　结

中枢神经系统的轴突不能在哺乳动物中再生,但能在鱼类和有尾目两栖类动物中再生。横断损伤的有尾目两栖类动物的脊髓通过室管膜上皮细胞转化成间充质细胞并桥接断端缝隙来再生。一旦断端闭合,间充质细胞转分化回上皮细胞,上皮细胞伸出终足作为促进脊髓轴突萌芽和延长的通路。在鱼类的脊髓横断性损伤中,肥大的星形胶质细胞桥接断端构成胶质瘢痕,其促进轴突横跨断端生长,进而脊髓再生,与此同时,室管膜末端跨胶质瘢痕生长,重建椎管的连续性。在各种情况下,损伤的分子环境允许轴突再生。与此相反,哺乳动物脊髓的环境抑制轴突再生长。有尾目动物和鱼类的视神经也能够再生,而哺乳动物的视神经则不能。在这些情况下,星形胶质细胞作为再生轴突延伸的底物。

CNS 是否能够再生新的神经元来维持结构或者反映损伤依赖于 CNS 的所在区域和与该区域相关的微环境。20 世纪 90 年代,从未损伤哺乳动物大脑的一些区域中鉴定出 NSC。其中多数 NSC 都是维持胶质细胞的再生,但有两处能够产生新的神经元。前脑侧脑室壁的 NSC 更新嗅球神经元。非人类动物中,OB 和嗅神经元由 NSC 更新和替换。侧脑室壁 NSC 增殖并迁移至 OB,分化成中间神经元和神经胶质细胞。同时,鼻嗅上皮基底层的 NSC 替换濒死的嗅觉受体神经元并向 OB 伸展轴突,维持嗅神经。嗅神经胶质细胞称为嗅鞘细胞(OEC),提供轴突延伸的基本信号和基底。海马在记忆形成、新知识和行为的学习中起关键性作用,其脑室壁 NSC 持续再生。集体运动和认知积极性较高的动物能够增强其 NSC 增殖和神经发生。一些研究证明,侧脑室壁 NSC 维持皮层神经元的再生,还有一些研究结果与此相反。

维持 NSC 微环境的实质值得探讨。在 NSC 和毛细血管内皮细胞间建立直接的功能性联系,神经干细胞和内皮细胞共培养且中间由膜隔开,与血管平滑肌或非血管细胞共培养相比,神经干细胞有更高的增殖水平。且在移去嵌入物后,这些细胞同时分化成投射神经元和内在神经元。表明血管内皮细胞分泌可扩散因子,这些因子具有增强神经干细胞增殖和分化的作用。这些因子尚未确定,但可能包括 EGF、FGF-2 和 TGF-α,都是已知可以注入大脑或者体外增强神经干细胞增殖的因子。Notch 通路是维持细胞干性的重要媒介,包括与神经分化基因有关转录因子的活性,神经分化基因,如 Hesl、NRSF/REST 蛋白复合物都与 Notch 信号通路有关。

局部或大部缺血杀伤哺乳动物皮层中的丘脑投射神经元或海马齿状回颗粒神经元,致使侧脑室壁 NSC 和海马脑室壁 NSC 分别增殖。但只有一小部分的损伤神经元被替换,不足以恢复功能。新生的海马神经元能够诱导 NSC 在体内分化成神经元,而成熟的星形胶质细胞只能起到一半的作用,因此星形胶质细胞分泌的生长因子不足以支持神经元的再生。

鱼类的脑组织显著再生,从而构成了研究中枢神经系统再生的模型系统。脑损伤通过细胞凋亡和小胶质细胞吞噬细胞碎片来清除损伤细胞。维持新组织再生的神经干细胞来自于通过神经干细胞增殖而不断产生的神经干细胞群。鱼类和有尾目动物的脊髓在断尾后再生成新的神经元。鱼类断尾后,脊髓周围的所有组织细胞增殖形成芽基。室管膜尾尖封闭,生成芽基,重建脊髓的神经元和神经胶质细胞,与此同时,芽基形成新的尾鳍。有尾目动物的尾部再生方式与鱼类在本质上是相同的,但其芽基是由软骨、肌肉和表皮的成纤维细胞去分化构成的。在这种情况下,增殖的间充质细胞不仅形成神经元和神经胶质细胞,也转分化成肌肉和软骨细胞。在早期非洲爪蟾蝌蚪(C48 期)横断的尾部,ATP 酶泵驱动的质子流和神经源性组织的半胱天冬酶依赖的细胞凋亡是断尾后再生的 24 小时内发生的专有事件。有趣的是,成年水螈尾的再生并没有新的神经元形成。不能认为是更加成熟的免疫系统使炎症反应增强从而阻止了再生,因为炎症反应也应该阻止其他组织的再生。幼年和成体有尾目再生的差异仍需进一步研究。此外,成年蜥蜴脊椎被细软骨管代替,但仍能再生其尾部。脊髓也能够以同样的方式进行再生,但不能够再生足够数量的神经元和神经胶质细胞。有尾目尾部再生的信号转导通路、转录抑制物和效应物还需进一步研究。FGF-2、Wnt、BMP 和 Notch 信号通路都与之相关,但其细节尚不清楚。

脊髓损伤的治疗方法包括应用神经保护性药物,诱导轴索穿过损伤处再生的中和抑制蛋白,限制胶质瘢痕扩展、桥接损伤处的支架,细胞移植和通过再生程序诱导突触的重塑。神经保护的主要目的是增加神经的存活。神经保护性药物通过一系列途径起作用,包括减轻炎症反应(甲强龙、氨甲酰促红细胞生成素、米诺环素、CM101、亮蓝 G 染料),减少钙离子内流和降低谷氨酸兴奋性(ATP 受体拮抗剂、加利环定、NMDA)。尽管有动物研究报道这些神经保护性药物对功能有改善,但临床试验中,尚未见可信的功能益处。

神经营养因子和生长因子,如 NT-3 和 FGF-2,可以促进轴突的芽生和延伸,磷酸二酯酶Ⅳ抑制剂——rilopram,可以提升 cAMP 水平,减少钙毒性。髓鞘蛋白抗体抑制剂后或 Rho 激酶促进轴突再生,这与损伤前髓鞘预处理的小鼠情形相似。用 CM101 限制胶质瘢痕的形成,或用硫酸软骨素酶消除胶质瘢痕,可以加快瘫痪大鼠的功能恢复。但上述药物都未进行过临床试验。

据报道,将起源于小鼠或大鼠 ESC 或胚胎的神经元/胶质前体,抑制到受损的脊髓,可以再生成新的神经元、少突胶质细胞和星形胶质细胞,减少瘢痕的形成和抑制性蛋白多糖的表达。由于施万细胞和嗅鞘细胞悬浮液能使外周神经和嗅神经再生,对于脊髓的损伤也能达到同样的目的。非神经细胞,如 MSC、脂肪干细胞和脾树突状细胞能通过旁分泌和近分泌作用,刺激脊髓 NSC 分化成神经元。人们进行了骨髓细胞、脐带血细胞、胎儿嗅球细胞、自体嗅黏膜和巨噬细胞相关的一些临床试验。尽管其中一些实验报道了适度的功能改善,但却未见有持续的或显著的功能恢复。Geron 公司放弃了一个重要的临床试验,这个试验是关于人 ESC 源性少突胶质细胞前体使旷置轴突再髓鞘化,Stem Cell 公司开始了另外一个关于慢性脊髓损伤治疗的临床试验,这个试验使用的是源于胚胎组织的 NSC。

SCI 损伤处可以用各种生物材料支架桥接,这些材料可以是自然生物降解材料,如胶原、壳聚糖、纤连蛋白、纤维蛋白、透明质酸、丝纤蛋白、木葡聚糖和基质胶,也可以是合成生物降解材料,如 PA、PLA、PLGA、PCL、PHB 和两亲分子肽。管道填充了促再生的分子,包括神经营养因子(NT-3、BDNF、NGF、GDNF)、Nogo-66 受体抗体、ChABC 和几种层粘连蛋白域。大量的动物实验显示,尽管这些方法可以促进轴突再生,功能的恢复程度却不乐观。但有两种方法例外,一种是填充了半流质胶原的壳聚糖管道,另一种是两亲分子肽与层粘连蛋白 IKVAN 表位联合应用。这两种方法可以神经轴突明显再生,神经功能显著恢复,BBB 运动评分明显高于其他实验组。

脊髓突触的可塑性可以一直保留到生命的晚期。在 SCI 后,这种可塑性可以通过治疗,将空置的环路恢复成运动通路,治疗方法包括重复协调运动的跑步机训练,或模拟协调运动的肌肉电刺激方法。

需要强调的是,无论是在动物实验或临床试验中,目前还没有任何一种方法能在 SCI 后,使功能完全恢复。未来联合应用不同的治疗方法可能有效。例如,施万细胞移植的同时,联合给予 roliprom 和二丁基 cAMP,可以显著改善 SCI 大鼠的运动功能。最后,通过对比可再生系统和再生缺陷系统,能对脊髓的再生有更深入的了解,这样可以开发出更有效的方法治疗脊髓损伤。这类的研究还包括胎儿和成人脊髓的对比,成年有尾动物脊髓和蛙脊髓的对比。

脑卒中和外伤性脑损伤会遗留严重的神经缺陷,这种损伤需要长期的昂贵的复原治疗。脑卒中对脑组织的损伤来源于缺血或出血血凝块引起的血供障碍,导致了谷氨酸兴奋和中毒性钙内流。神经保护性药物无法抑制细胞死亡,但在脑卒中发生后 3 小时内,给予 tPA 溶解血凝块,可以改善功能恢复。动物实验显示,脑室内注射 FGF-2 和 EGF,可以逆转缺血性脑卒中导致的神经元损伤。三种可以加强脑组织修复的药物正在进行临床试验,包括了促红细胞生成素与 EGF 或人 β 促绒毛膜性腺激素联合应用和 G-CSF。将永生畸胎瘤(NT2N)细胞、MSC 或人脊髓血细胞移植到大鼠缺血的大脑,可以增强血管形成、神经生成和突触发生。两个小型安全的临床试验发现,NT2N 细胞和 MSC 可以轻度改善功能。另一个猪胚胎细胞的试验由于癫痫发作和增加运动功能缺陷,已经停止。对 TBI 大鼠模型进行实验发现,注射 SCF 来调动内源性 NSC 和移植装载了 NFG 的 PLGA 微球上的 MSC 细胞,对组织的损伤有修复作用。

神经退行性疾病,如视网膜退化、帕金森病、亨廷顿舞蹈病、阿尔茨海默病和肌萎缩侧索硬化为再生医学带来了巨大的挑战。大部分这些疾病的病因并不明确,因此我们也不知道通过缺失细胞的替换是否能治愈这些疾病。假如这些疾病有一个基因成分的问题,那么,我们可以通过替换有缺陷的细胞或基因,或者缺失的分子来治疗疾病。这些疾病通常有一系列普遍的细胞学特征,如突变的错构蛋白、功能失调的线粒体和泛醌蛋白酶体系统功能障碍。

帕金森病是由大脑黑质内多巴胺能神经元(dopaminergic neuron,DAN)的凋亡引起的。5% 的病例有多个基因突变导致的功能增加或缺失。我们已经了解了这些突变中的 14 种。最常见的是影响线粒体功能,或影响神经元泛醌蛋白酶体系统降解蛋白的功能。帕金森病最初的治疗方法是使用左旋多巴,增加存活 DAN 产生多巴胺。在动物实验中,人们已经尝试了神经保护性药物和细胞移植替换凋亡神经元。通过基因治疗方法,将 GDNF 转入啮齿类和猴的大脑,发现 GDNF 是效果最好的神经保护因子之一,但将 GDNF 注射到帕金森病患者的壳内,却未发现持续的临床效果。其他动物实验显示有效的神经保护药物也进行了临床试验,如维生素 E、单胺氧化酶、辅酶 Q、钙通道阻滞剂和抗炎药物,但所有的都未见结果。用慢病毒携带多巴胺合成基因的治疗正在进行临床试验。

将胎儿中脑细胞移植到帕金森病患者的纹状体,移植细胞的不同存活程度导致了不同程度的功能改善。胎儿细胞不能作为标准的抑制细胞供体,人们寻找了其他种类的 DAN。单侧 6-OHDA 帕金森大鼠模型用于检测多种细胞的移植效果,如颈动脉体细胞。NSC 或 ESC 直接分化成的 DAN。这些细胞的生存程度不同,但都增加了多巴胺的生成。在这些模型中,安非他命诱导逆转的一方面症状得到了显著的改善,但其他症状如僵直、运动迟缓和运动不能都未见改善。

亨廷顿舞蹈症的起因是,huntingtin 基因 N 末端多聚谷氨酰胺的扩增,导致了蛋白的错误折叠,形成神经毒性蛋白。这种蛋白抑制了基本的转录装置,使泛醌系统功能失调,造成线粒体损伤,使 BDNF 的运输通畅。犬尿喹啉酸(KYNA)是一种神经保护性剂,在小鼠亨廷顿模型中,这种成分的含量降低。增加犬尿喹啉酸的产生,可以对这种模型有神经保护作用,并延长生命周期。将胎儿纹状体组织移植到亨廷顿猴模型的纹状体内,分化成新的纹状体神经元,可以改善疾病的症状。临床预实验显示,移植胎儿纹状体组织可以在某种程度上缓和亨廷顿患者的症状。在猴和小鼠模型中,可以通过移植睫状神经营养因子转基因的人脐带血干细胞或胎仓鼠肾细胞,来改善亨廷顿症状,再次提示了药物方法减缓神经丢失和神经再生治疗的可行性。

ALS 是一种以脊髓运动神经元大量凋亡为特点的进行性的、致命的疾病。大部分 ALS 病例的病因尚未明确。但是约 10% 的病例是由几个突变基因的家族性遗传引起的。家族性遗传病例中的 20% 是由超氧化物歧化酶(SOD-1)基因突变引起。通过人 SOD1 突变基因的转基因,制作了 ALS 的 G93A 小鼠模型,这种模型是目前最常用的治疗研究模型。一些研究显示,突变 SOD1 蛋白的毒性作用直接损伤了运动神经元,从而导致这种疾病的发生。然而疾病的进展却是因为星形胶质细胞生成了对神经元有毒性的因子。星形胶质细胞谷氨酸转运体的下调,导致了慢性谷氨酸中毒,这一过程在疾病的进展中起重要作用,同时还发现,G93A

人星形胶质细胞的条件培养液,对野生型运动神经元有毒性作用。通过对野生型和突变星性细胞进行微列阵芯片分析,结果显示了星形胶质细胞可以生成具有运动神经元毒性的炎症分子。

目前,ALS 的治疗方法包括神经保护剂、细胞移植和 RNA 干扰。已经证实了几种神经保护性药物可以延缓 G93A 小鼠模型 ALS 的发生和进展。这些药物包括 GDNF、VEGF 和 Bcl-2。Bcl-2 可以抑制细胞凋亡;给予其他 caspase 活性抑制剂也有同样的效果。据报道,β-内酰胺类抗生素头孢曲松钠可以增加星形胶质细胞表达 GLT1,可以延缓肌肉强度减弱,增加 G93A 小鼠的生存时间。人们还发现,ALS 患者存活的运动神经元中缺乏 RALDH2,这是一种可以将视黄醛转化成视黄酸的酶,因此认为视黄酸的缺乏对神经元减少起一定的作用。注射 siRN 使突变 SOD1mRNA 沉默,可以明显延缓 G93A 突变小鼠 ALS 的发生,并延长生命周期。在疾病的晚期,运动神经元存活的数量是未治疗突变小鼠的三倍,约占野生型小鼠的 60%。两种神经营养因子,CTNF 和 BDNF,可以促进运动神经元的存活。这两种神经营养因子也与头孢曲松钠和米诺环素一样进行了临床试验,用以验证它们在减缓疾病进展方面的作用。但不同于 G93A 小鼠模型,临床试验未见效果。

人们将几种细胞移植到了 G93A 小鼠模型的脊髓中,包括人脐带血干细胞、牙髓干细胞和来自于人神经元细胞系的神经元。这种移植方法可以延迟 ALS 的发生,延长小鼠的生命周期,但却不能治愈疾病。临床上,已有 ALS 患者接受了自体外周血干细胞和骨髓细胞注射到脊髓,或将自体 OEC 注射到额叶。这些移植方法都不能持续改善症状。

G93A 模型有两个问题。一个问题是小鼠实验的样本量太小,对几个显示有效的 ALS 药物进行大样本量的统计学评估后发现,原有阳性结果却消失了。第二个问题是小鼠模型本身。人 SOD1 突变基因的拷贝数量随时间而改变。此外,之前的假说认为,SOD1 突变小鼠的 ALS 与人类散发的 ALS 有同一条最后通路,但目前有证据显示两者是各不相同的功能障碍。

有一种新工具可以用于神经退行性疾病的研究,是用患者的成纤维细胞诱导形成 iPSC。现在,人们已经得到了几种退行性疾病的 iPSC,包括帕金森病和 ALS。这些疾病的遗传学和外遗传学的许多问题都有望解决,而且能了解关于疾病倾向细胞与其他细胞或环境因子之间的相互作用。

神经干细胞作为 21 世纪神经学最有潜力的神经疾病治疗的药物,对于提高生活质量和减轻神经功能障碍,已经得到了深入的研究。在临床前期研究和已经进行的临床研究中,已经明确在脑和脊髓的神经组织发生损伤后,神经干细胞可以通过神经营养因子减少现存细胞的死亡;起到保护神经的作用;可以起到细胞替代作用和神经再髓鞘化。在正常情况下和疾病状态下,维持干细胞和前体细胞数量的平衡也是研究的关键点。既往认为只有 SGZ 和 SVZ 是神经干细胞存在的区域,后来又发现 OSVZ 同样存在数量庞大的神经干细胞,在其他如脑膜等处也相继发现神经干细胞的存在。新的细胞龛的发现为获得神经干细胞提供了新的来源。关于神经干细胞壁龛的新的发现,为自体前体神经干细胞,进行体外扩增后重新移植,提供了新的来源,关键问题是新发现的一些壁龛的神经干细胞数量较少,这就需要新的培养技术进行体外扩增,增加可移植细胞的数量。新的神经细胞的转分化技术也为神经再生医学作出了贡献,不仅可以作为移植供体,也为肿瘤等神经疾病的发生机制研究提供了来源。

总之,科技的发展会进一步带动神经干细胞和再生医学的发展,在干细胞生物学和医学研究人员的共同努力下,神经干细胞会走出实验室,不断走向临床,进入我们的生活。

（李荣刚 朱剑虹 吴斌 刘刚）

参 考 文 献

1. Altman J, Das GD. Autoradiographic and histological evidence of postnatal hippocampal neurogenesis in rats. The Journal of comparative neurology, 1965, 124(3): 319-335.

2. Altman J, Das GD. Post-natal origin of microneurones in the rat brain. Nature, 1965, 207(5000): 953-956.

3. Doetsch F, Caille I, Lim DA, et al. Subventricular zone astrocytes are neural stem cells in the adult mammalian brain. Cell, 1999, 97(6): 703-716.

4. Malatesta P, Hartfuss E, Gotz M. Isolation of radial glial cells by fluorescent-activated cell sorting reveals a neuronal lineage. Development, 2000, 127(24): 5253-5263.

5. Merkle FT, Tramontin AD, Garcia-Verdugo JM, et al. Radial glia give rise to adult neural stem cells in the subventricular zone. Proceedings of the National Academy of Sciences of the United States of America, 2004, 101(50): 17528-17532.

6. Chojnacki AK, Mak GK, Weiss S. Identity crisis for adult periventricular neural stem cells: subventricular zone astrocytes, ependymal cells or both? Nat Rev Neurosci, 2009, 10(2): 153-163.

7. Luskin MB. Restricted proliferation and migration of postnatally generated neurons derived from the forebrain subventricular zone. Neuron, 1993, 11(1): 173-189.

8. Lois C, Garcia-Verdugo JM, Alvarez-Buylla A. Chain migration of neuronal precursors. Science, 1996, 271(5251): 978-981.

9. Kazanis I. The subependymal zone neurogenic niche: a beating heart in the centre of the brain: how plastic is adult neurogenesis? Opportunities for therapy and questions to be addressed. Brain: a journal of neurology, 2009, 132(Pt 11): 2909-2921.

10. Nunes MC, Roy NS, Keyoung HM, et al. Identification and isolation of multipotential neural progenitor cells from the subcortical white matter of the adult human brain. Nature medicine, 2003, 9(4): 439-447.

11. Zhu X, Bergles DE, Nishiyama A. NG2 cells generate both oligodendrocytes and gray matter astrocytes. Development, 2008, 135(1): 145-157.

12. Belachew S, Chittajallu R, Aguirre AA, et al. Postnatal NG2 proteoglycan-expressing progenitor cells are intrinsically multipotent and generate functional neurons. The Journal of cell biology, 2003, 161(1): 169-186.

13. Aguirre A, Gallo V. Postnatal neurogenesis and gliogenesis in the olfactory bulb from NG2-expressing progenitors of the subventricular zone. The Journal of neuroscience: the official journal of the Society for Neuroscience, 2004, 24(46): 10530-1041.

14. Rivers LE, Young KM, Rizzi M, et al. PDGFRA/NG2 glia generate myelinating oligodendrocytes and piriform projection neurons in adult mice. Nature neuroscience, 2008, 11(12): 1392-13401.

15. Emsley JG, Mitchell BD, Kempermann G, et al. Adult neurogenesis and repair of the adult CNS with neural progenitors, precursors, and stem cells. Progress in neurobiology, 2005, 75(5): 321-341.

16. Ponti G, Peretto P, Bonfanti L. Genesis of neuronal and glial progenitors in the cerebellar cortex of peripuberal and adult rabbits. PloS one, 2008, 3(6): e2366.

17. Kriegstein A, Alvarez-Buylla A. The glial nature of embryonic and adult neural stem cells. Annual review of neuroscience, 2009, 32: 149-184.

18. Ponti G, Crociara P Fau -Armentano M, Armentano M Fau -Bonfanti L, et al. Adult neurogenesis without germinal layers: the "atypical" cerebellum of rabbits. Arch Ital Biol, 2010, 148(2): 147-158.

19. Ohira K, Furuta T, Hioki H, et al. Ischemia-induced neurogenesis of neocortical layer 1 progenitor cells. Nature neuroscience, 2010, 13(2): 173-179.

20. Arvidsson A, Collin T, Kirik D, et al. Neuronal replacement from endogenous precursors in the adult brain after stroke. Nature medicine, 2002, 8(9): 963-970.

21. Yamashita T, Ninomiya M, Hernandez Acosta P, et al. Subventricular zone-derived neuroblasts migrate and differentiate into mature neurons in the post-stroke adult striatum. The Journal of neuroscience: the official journal of the Society for Neuroscience, 2006, 26(24): 6627-6636.

22. Fukuda S, Kato F, Tozuka Y, et al. Two distinct subpopulations of nestin-positive cells in adult mouse dentate gyrus. The Journal of neuroscience: the official journal of the Society for Neuroscience, 2003, 23(28): 9357-9366.

23. Garcia AD, Doan NB, Imura T, et al. GFAP-expressing progenitors are the principal source of constitutive neurogenesis in adult mouse forebrain. Nature neuroscience, 2004, 7(11): 1233-1241.

24. Suh H, Consiglio A, Ray J, et al. In vivo fate analysis reveals the multipotent and self-renewal capacities of Sox2+ neural stem cells in the adult hippocampus. Cell stem cell, 2007, 1(5): 515-528.

25. Kokoeva MV, Yin H, Flier JS. Evidence for constitutive neural cell proliferation in the adult murine hypothalamus. The Journal of comparative neurology, 2007, 505(2): 209-220.

26. Migaud M, Batailler M, Segura S, et al. Emerging new sites for adult neurogenesis in the mammalian brain: a comparative study between the hypothalamus and the classical neurogenic zones. The European journal of neuroscience, 2010, 32(12): 2042-2052.

27. Pencea V, Bingaman KD, Freedman LJ, et al. Neurogenesis in the subventricular zone and rostral migratory stream of the neonatal and adult primate forebrain. Experimental neurology, 2001, 172(1): 1-16.

28. Kokoeva MV, Yin H, Flier JS. Neurogenesis in the hypothalamus of adult mice: potential role in energy balance. Science, 2005, 310(5748): 679-683.

29. Bennett L,Yang M,Enikolopov G,et al. Circumventricular organs:a novel site of neural stem cells in the adult brain. Molecular and cellular neurosciences,2009,41(3):337-347.

30. Gomez-Climent MA,Guirado R,Varea E,et al. "Arrested development". Immature,but not recently generated,neurons in the adult brain. Arch Ital Biol,2010,148(2):159-172.

31. Varea E,Castillo-Gomez E,Gomez-Climent MA,et al. Differential evolution of PSA-NCAM expression during aging of the rat telencephalon. Neurobiology of aging,2009,30(5):808-818.

32. Nacher J,Crespo C,McEwen BS. Doublecortin expression in the adult rat telencephalon. The European journal of neuroscience, 2001,14(4):629-644.

33. Gomez-Climent MA,Castillo-Gomez E,Varea E,et al. A population of prenatally generated cells in the rat paleocortex maintains an immature neuronal phenotype into adulthood. Cereb Cortex,2008,18(10):2229-2240.

34. Xiong K,Luo DW,Patrylo PR,et al. Doublecortin-expressing cells are present in layer II across the adult guinea pig cerebral cortex: partial colocalization with mature interneuron markers. Experimental neurology,2008,211(1):271-282.

35. Varea E,Belles M,Vidueira S,et al. PSA-NCAM is Expressed in Immature,but not Recently Generated,Neurons in the Adult Cat Cerebral Cortex Layer II. Frontiers in neuroscience,2011,5:17.

36. Ponti G,Peretto P,Bonfanti L. A subpial,transitory germinal zone forms chains of neuronal precursors in the rabbit cerebellum. Developmental biology,2006,294(1):168-180.

37. Menezes JR,Smith CM,Nelson KC,et al. The division of neuronal progenitor cells during migration in the neonatal mammalian forebrain. Molecular and cellular neurosciences,1995,6(6):496-508.

38. Gritti A,Bonfanti L,Doetsch F,et al. Multipotent neural stem cells reside into the rostral extension and olfactory bulb of adult rodents. The Journal of neuroscience:the official journal of the Society for Neuroscience,2002,22(2):437-445.

39. Hinds JW,McNelly NA. Aging in the rat olfactory system:correlation of changes in the olfactory epithelium and olfactory bulb. The Journal of comparative neurology,1981,203(3):441-453.

40. Weiler E,Farbman AI. Proliferation in the rat olfactory epithelium:age-dependent changes. The Journal of neuroscience:the official journal of the Society for Neuroscience,1997,17(10):3610-3622.

41. Mercier F,Kitasako JT,Hatton GI. Anatomy of the brain neurogenic zones revisited:fractones and the fibroblast/macrophage network. The Journal of comparative neurology,2002,451(2):170-188.

42. Kerever A,Schnack J,Vellinga D,et al. Novel extracellular matrix structures in the neural stem cell niche capture the neurogenic factor fibroblast growth factor 2 from the extracellular milieu. Stem Cells,2007,25(9):2146-2157.

43. Birket MJ,Orr AL,Gerencser AA,et al. A reduction in ATP demand and mitochondrial activity with neural differentiation of human embryonic stem cells. Journal of cell science,2011,124(Pt 3):348-358.

44. Suh SW,Fan Y,Hong SM,et al. Hypoglycemia induces transient neurogenesis and subsequent progenitor cell loss in the rat hippocampus. Diabetes,2005,54(2):500-509.

45. Fu J,Tay SS,Ling EA,et al. Aldose reductase is implicated in high glucose-induced oxidative stress in mouse embryonic neural stem cells. Journal of neurochemistry,2007,103(4):1654-1665.

46. Maekawa M,Takashima N,Matsumata M,et al. Arachidonic acid drives postnatal neurogenesis and elicits a beneficial effect on prepulse inhibition,a biological trait of psychiatric illnesses. PloS one,2009,4(4):e5085.

47. Owada Y,Yoshimoto T,Kondo H. Spatio-temporally differential expression of genes for three members of fatty acid binding proteins in developing and mature rat brains. Journal of chemical neuroanatomy,1996,12(2):113-122.

48. Liu Y,Longo LD,De Leon M. In situ and immunocytochemical localization of E-FABP mRNA and protein during neuronal migration and differentiation in the rat brain. Brain research,2000,852(1):16-27.

49. Owada Y,Suzuki I,Noda T,et al. Analysis on the phenotype of E-FABP-gene knockout mice. Molecular and cellular biochemistry, 2002,239(1-2):83-86.

50. Matsumata M,Sakayori N,Maekawa M,et al. The effects of Fabp7 and Fabp5 on postnatal hippocampal neurogenesis in the mouse. Stem Cells,2012,30(7):1532-1543.

51. Feng L,Hatten ME,Heintz N. Brain lipid-binding protein(BLBP):a novel signaling system in the developing mammalian CNS. Neuron,1994,12(4):895-908.

52. Kurtz A,Zimmer A,Schnutgen F,et al. The expression pattern of a novel gene encoding brain-fatty acid binding protein correlates with neuronal and glial cell development. Development,1994,120(9):2637-2649.

53. Watanabe A, Toyota T, Owada Y, et al. Fabp7 maps to a quantitative trait locus for a schizophrenia endophenotype. PLoS biology, 2007, 5(11): e297.

54. Goustard-Langelier B, Koch M, Lavialle M, et al. Rat neural stem cell proliferation and differentiation are durably altered by the in utero polyunsaturated fatty acid supply. The Journal of nutritional biochemistry, 2013, 24(1): 380-387.

55. Yu M, Jiang M, Yang C, et al. Maternal high-fat diet affects Msi/Notch/Hes signaling in neural stem cells of offspring mice. The Journal of nutritional biochemistry, 2014, 25(2): 227-231.

56. Knobloch M, Braun SM, Zurkirchen L, et al. Metabolic control of adult neural stem cell activity by Fasn-dependent lipogenesis. Nature, 2013, 493(7431): 226-230.

57. Scheffler B, Walton NM, Lin DD, et al. Phenotypic and functional characterization of adult brain neuropoiesis. Proceedings of the National Academy of Sciences of the United States of America, 2005, 102(26): 9353-9358.

58. Mackay-Sim A, Breipohl W, Kremer M. Cell dynamics in the olfactory epithelium of the tiger salamander: a morphometric analysis. Experimental brain research, 1988, 71(1): 189-198.

59. Hinds JW, Hinds PL, McNelly NA. An autoradiographic study of the mouse olfactory epithelium: evidence for long-lived receptors. The Anatomical record, 1984, 210(2): 375-383.

60. Mackay-Sim A, Kittel P. Cell dynamics in the adult mouse olfactory epithelium: a quantitative autoradiographic study. The Journal of neuroscience: the official journal of the Society for Neuroscience, 1991, 11(4): 979-984.

61. Decimo I, Bifari F, Krampera M, et al. Neural stem cell niches in health and diseases. Current pharmaceutical design, 2012, 18(13): 1755-1783.

62. Sapru ASHN. Essential Neuroscience. 2th ed: Lippincott Williams&Wilkins; 2011.

63. Zhu J, Zhou L, XingWu F. Tracking neural stem cells in patients with brain trauma. The New England journal of medicine, 2006, 355(22): 2376-2378.

64. Whitton PS. Inflammation as a causative factor in the aetiology of Parkinson's disease. British journal of pharmacology, 2007, 150(8): 963-976.

65. Hoglinger GU, Rizk P, Muriel MP, et al. Dopamine depletion impairs precursor cell proliferation in Parkinson disease. Nature neuroscience, 2004, 7(7): 726-735.

66. Winner B, Desplats P, Hagl C, et al. Dopamine receptor activation promotes adult neurogenesis in an acute Parkinson model. Experimental neurology, 2009, 219(2): 543-552.

67. Hirsch EC, Hunot S, Damier P, et al. Glial cells and inflammation in Parkinson's disease: a role in neurodegeneration? Annals of neurology, 1998, 44(3 Suppl 1): S115-S120.

68. Yan J, Xu Y, Zhu C, et al. Simvastatin prevents dopaminergic neurodegeneration in experimental parkinsonian models: the association with anti-inflammatory responses. PLoS one, 2011, 6(6): e20945.

69. Zai LJ, Wrathall JR. Cell proliferation and replacement following contusive spinal cord injury. Glia, 2005, 50(3): 247-257.

70. Ziv Y, Avidan H, Pluchino S, et al. Synergy between immune cells and adult neural stem/progenitor cells promotes functional recovery from spinal cord injury. Proceedings of the National Academy of Sciences of the United States of America, 2006, 103(35): 13174-13179.

71. Hawryluk GW, Fehlings MG. The center of the spinal cord may be central to its repair. Cell stem cell, 2008, 3(3): 230-232.

72. Popovich PG, Hickey WF. Bone marrow chimeric rats reveal the unique distribution of resident and recruited macrophages in the contused rat spinal cord. Journal of neuropathology and experimental neurology, 2001, 60(7): 676-685.

73. Butovsky O, Hauben E, Schwartz M. Morphological aspects of spinal cord autoimmune neuroprotection: colocalization of T cells with B7--2(CD86) and prevention of cyst formation. FASEB journal: official publication of the Federation of American Societies for Experimental Biology, 2001, 15(6): 1065-1067.

74. Simard AR, Soulet D, Gowing G, et al. Bone marrow-derived microglia play a critical role in restricting senile plaque formation in Alzheimer's disease. Neuron, 2006, 49(4): 489-502.

75. Smith ME. Phagocytic properties of microglia in vitro: implications for a role in multiple sclerosis and EAE. Microscopy research and technique, 2001, 54(2): 81-94.

76. Dougherty KD, Dreyfus CF, Black IB. Brain-derived neurotrophic factor in astrocytes, oligodendrocytes, and microglia/macrophages after spinal cord injury. Neurobiology of disease, 2000, 7(6 Pt B): 574-585.

77. Batchelor PE, Porritt MJ, Martinello P, et al. Macrophages and Microglia Produce Local Trophic Gradients That Stimulate Axonal

Sprouting Toward but Not beyond the Wound Edge. Molecular and cellular neurosciences,2002,21(3):436-453.

78. Rapalino O,Lazarov-Spiegler O,Agranov E,et al. Implantation of stimulated homologous macrophages results in partial recovery of paraplegic rats. Nature medicine,1998,4(7):814-821.

79. Paintlia AS,Paintlia MK,Singh I,et al. IL-4-induced peroxisome proliferator-activated receptor gamma activation inhibits NF-kappaB trans activation in central nervous system(CNS)glial cells and protects oligodendrocyte progenitors under neuroinflammatory disease conditions:implication for CNS-demyelinating diseases. J Immunol,2006,176(7):4385-4398.

80. Butovsky O,Ziv Y,Schwartz A,et al. Microglia activated by IL-4 or IFN-gamma differentially induce neurogenesis and oligodendrogenesis from adult stem/progenitor cells. Molecular and cellular neurosciences,2006,31(1):149-160.

81. Lathia JD,Heddleston JM,Venere M,et al. Deadly teamwork:neural cancer stem cells and the tumor microenvironment. Cell stem cell,2011,8(5):482-485.

82. Li Z,Bao S,Wu Q,et al. Hypoxia-inducible factors regulate tumorigenic capacity of glioma stem cells. Cancer cell,2009,15(6):501-13.

83. Gilbertson RJ,Rich JN. Making a tumour's bed:glioblastoma stem cells and the vascular niche. Nature reviews Cancer,2007,7(10):733-736.

84. Kempermann G,Jessberger S,Steiner B,et al. Milestones of neuronal development in the adult hippocampus. Trends in neurosciences,2004,27(8):447-452.

85. Garcion E,Faissner A,ffrench-Constant C. Knockout mice reveal a contribution of the extracellular matrix molecule tenascin-C to neural precursor proliferation and migration. Development,2001,128(13):2485-2496.

86. Bifari F,Decimo I,Chiamulera C,et al. Novel stem/progenitor cells with neuronal differentiation potential reside in the leptomeningeal niche. Journal of cellular and molecular medicine,2009,13(9B):3195-3208.

87. Decimo I,Bifari F,Rodriguez FJ,et al. Nestin-and doublecortin-positive cells reside in adult spinal cord meninges and participate in injury-induced parenchymal reaction. Stem Cells,2011,29(12):2062-2076.

88. Louveau A,Smirnov I,Keyes TJ,et al. Structural and functional features of central nervous system lymphatic vessels. Nature,2015,523(7560):337-341.

89. Lee JH,Mitchell RR,McNicol JD,et al. Single Transcription Factor Conversion of Human Blood Fate to NPCs with CNS and PNS Developmental Capacity. Cell reports,2015,11(9):1367-1376.

90. Ernst A,Alkass K,Bernard S,et al. Neurogenesis in the striatum of the adult human brain. Cell,2014,156(5):1072-1083.

91. Ernst A,Frisen J. Adult neurogenesis in humans-common and unique traits in mammals. PLoS biology,2015,13(1):e1002045.

第 八 章

周围神经干细胞与再生医学

神经组织由神经元(即神经细胞)和神经胶质所组成。神经元是神经组织中的主要成分,具有接受刺激和传导兴奋的功能,也是神经活动的基本功能单位。神经胶质在神经组织中起着支持、保护和营养作用。神经组织在结构和功能上都是一个高度复杂的系统,从 Gray 简陋的家庭实验室开始,直至目前应用分子生物学手段,对神经组织发育和分化的研究已经历了上百年的历史。

神经系统主要分为中枢神经系统(central nervous system,CNS)、周围神经系统(peripheral nerve system,PNS)和自主神经系统(autonomic nervous system,ANS)三种类型。

第一节 周围神经发育和组织结构

脑、脊髓以外的神经结构统称为周围神经(peripheral nerve,PN),它将中枢神经系统即脑和脊髓与机体众多感受器和效应器连接起来,并在两者之间传导冲动。

一、周围神经组织的发育

神经系统来源于胚胎的外胚层背部,由神经嵴翻转成上皮神经管发育而来。目前研究显示,中枢神经系统起源于原肠胚时期的背侧表面的一层上皮样的细胞,即由外胚层形成的神经板(neural plate)。神经板两侧逐渐向中线卷起合拢形成管——神经管。中枢神经(包括脑和脊髓)控制着个体的自主行为和部分非自主行为,如反射作用。视网膜和视神经(第Ⅱ对脑神经)是从间脑中生长出来并且投射向间脑,因此,视网膜和视神经是中枢神经系统的一部分。而周围神经系统来源于神经板外侧边缘隆起的一些外胚层细胞,即神经嵴。周围神经系统包括脊神经、脑神经Ⅰ(嗅觉相关)和Ⅲ~Ⅻ。脊神经的运动部分是由神经管发育而来,感觉部分是由神经嵴发育而来。脑神经Ⅰ和Ⅲ~Ⅻ由外胚层基板和神经嵴发育而来。自主神经系统的发育源于神经嵴,它是周围神经系统的复杂亚类,控制非自主行为,如心率、体温、血管和消化系统的平滑肌活动。

神经嵴乃脊椎动物胚胎发育中的一种过渡性结构,是在神经管建成时位于神经管和表皮之间的一条纵向的细胞带。1868 年瑞士胚胎学家 Wilheim His 首次在鸡胚描述了这一构造,当时称之为中间带,后来的学者陆续在鱼类、两栖类和哺乳类描述了这一特殊构造,并用实验方法揭示了神经嵴细胞的预定位置和发育的命运。神经嵴的细胞具有很强的迁移能力,它们逐渐地迁移到胚胎一定部位,分化为各种特定的细胞和组织。神经嵴的预定部位可以追溯到早期原肠胚阶段。在有尾两栖类用活体染色法追踪观察证明它位于预定的神经板和预定表皮的交界处。神经板形成时,神经嵴细胞位于神经板的边沿,继而隆起为神经褶的主要部分(图8-1)。随着两侧神经褶的进一步隆起,相互接近,并自前而后逐渐

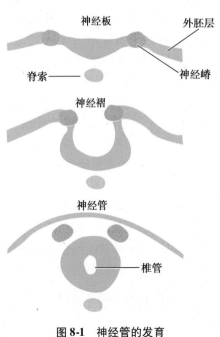

图 8-1 神经管的发育

融合,原来板状的神经板形成管状。神经嵴细胞从神经管背壁分离出来,形成一长条略有起伏的细胞带,同神经管及覆盖它的表皮细胞有明显的区别。

二、周围神经的组织结构

周围神经的基本结构单位是神经纤维,并由之组成神经干及神经终末装置。周围神经系统依其功能不同而分为躯体神经与自主神经。

(一) 神经纤维的解剖结构

神经纤维(nerve fiber)由神经元(neuron)轴突和髓鞘组成,长短不一,粗细不等,一般运动纤维较粗,接近神经元胞体处较远端粗。粗大的神经轴突(neural axon,neurite)外均被神经膜细胞(neurolemmal cell,Schwann cell)翻卷呈同心圆样包绕形成的髓鞘以及神经膜细胞胞体部分形成的神经鞘膜所包绕。众多神经膜细胞依次排列,分段形成鞘膜,包裹同一根神经轴突。神经膜细胞之间交界处鞘膜缩窄或消失形成郎飞结(Ranvier node),此节间距依神经纤维粗细而长短不一。髓鞘(myelin sheath)与神经膜细胞对轴突有绝缘及保护作用,在神经轴突损伤后的再生过程中,神经膜细胞具有重要作用,可以诱导神经轴突再生,同时,为再生轴突提供支架与通道(图 8-2)。与粗的轴突相比,直径≤1μm 的细小神经轴突没有髓鞘,而仅由神经膜细胞胞膜不完全包绕。因此,周围神经纤维根据有无髓鞘又可分为有髓纤维及无髓纤维。神经膜细胞,又称施万细胞(schwann cells,SC),存在于周围神经组织中,由 Schwann 于 1939 年首先发现并命名。在周围神

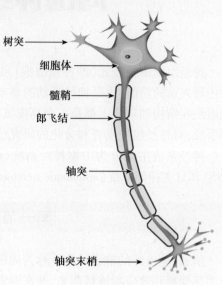

图 8-2　周围神经结构模式图

经系统,它以两种形式存在:包绕轴突并形成髓鞘或包绕轴突不形成髓鞘。SC 来源于胚胎时期的神经嵴细胞,并且先后经历 SC 前体和不成熟的 SC 两个阶段,最终形成成熟的 SC。近年来研究证实,神经轴突损伤后,神经膜细胞活跃增殖,参与神经坏死组织的裂解、吸收,同时按一定方式排列,引导新生神经轴突沿一定方向向远端生长;值得重视的是,神经膜细胞可以分泌多种神经营养因子,诱发、促进神经轴突的修复和生长,并精确地引导不同功能(运动或感觉)的神经轴突分别长入功能相同的神经终末装置中,从而在细胞水平保证受损伤神经的结构和功能恢复。SC 常被用作种子细胞,但神经组织工程中所需求的细胞数量较大,SC分泌的神经营养因子有限,而且异体移植常有免疫排斥反应。

(二) 神经干组成

疏松结缔组织构成神经内膜(endoneurium)对神经纤维进行包绕。由神经内膜包绕的众多神经纤维由结缔组织束膜即神经束膜(perineurium)包绕形成神经束(nerve tract),数量不等的神经束集合成神经干(nerve trunk),即临床含义上的周围神经。神经干外层尚有疏松结缔组织膜包裹,称为神经外膜(epineurium)。通过神经内膜、神经束膜、神经外膜互相移行包绕,众多神经纤维集合成神经干。由结缔组织形成的神经系膜将神经干固定于机体某一部位,并有一定活动度。神经供应血管经神经系膜进入神经外膜层,神经外膜层内包含神经营养血管及淋巴管(图 8-3)。

(三) 神经终末装置

周围神经末梢抵达各种组织、器官后,形成各种不同结构的终末小体即神经终末装置(nerve terminal),这些神经终末装置按其生理功能可分为效应器(运动神经末梢)和感受器(感觉神经末梢)。效应器是由中枢向末梢发出的运动神经终止于骨骼肌、平滑肌及腺体,以支配这些器官的运动。感受器则为机体内特化结构,将感应到的各种外周刺激转化为神经冲动(nerve impulse),通过感觉神经纤维向中枢传导(图 8-4)。

三、周围神经的生理

周围神经的血液供应由神经干外与神经干内两组紧密相关的血管系统组成。因此,周围神经和血液供

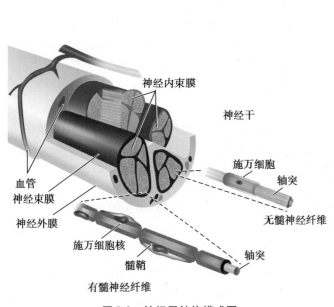

图8-3　神经干结构模式图

图8-4　神经冲动传递模式图

应丰富,侧支循环发达,对缺血具有较强耐受性。这种结构特点对保证正常的神经生理功能具有重要意义。

（一）神经干外血管

神经干外血管系统包括神经伴行血管与神经节段血管。前者多由一根动脉与两根静脉组成血管束,于神经干某一节段与神经伴行,沿途发出神经节段血管进入神经干;神经节段血管则部分来自神经伴行血管,部分来自邻近的其他血管干,于神经干全长范围内相隔一段距离即在节段经过神经系膜到达神经干,并于神经外膜表面分为升降支,移行为神经外膜血管且相互沟通吻合。

（二）神经干内血管

神经干内血管系统由神经外膜血管、神经束间血管网与神经束内微血管网互相移行、吻合组成。神经外膜血管由各神经节段性血管在神经外膜表面分出的升降支纵行吻合而成,并延续神经干全长,由其发出分支互相吻合深入神经束之间,形成神经束间血管网。神经束间血管网大多数为毛细血管网,走行于神经束间结缔组织内并形成众多毛细血管,斜行穿越神经束膜形成神经束内毛细血管网。神经束内毛细血管网负责神经纤维营养供应及物质交换。神经纤维的营养供给来源于神经元胞体合成的物质沿轴突进行的轴浆运输(axoplasmic transport)和局部的神经营养血管。前者向神经末梢供应营养,转运代谢产物,维持轴突生存、生长;后者对于神经纤维的功能维持以及损伤后的再生、修复具有重要意义。

第二节　周围神经干细胞

神经干细胞(neural stem cell,NSC)的概念最由 Reynolds 和 Richards 在 1992 年提出,是指中枢神经系统中具有自我更新能力并且能够分化成脑细胞(包括神经元、星形胶质细胞和少突胶质细胞)的多潜能细胞。2000 年,Gage 在 Science 杂志上提出的定义为:神经干细胞是指能产生神经组织或来自神经系统,具有一定自我更新能力,能通过不对称分裂产生一个与自己相同的细胞和一个与自身不同的细胞(神经元、星形胶质细胞、少突胶质细胞)。是一类具有分裂潜能和自更新能力的母细胞,它可以通过不对称的分裂方式产生神经组织的各类细胞。Gage 将 NSC 的特性概括为:①可生成神经组织或来源于神经系统。②具有自我更新能力。神经干细胞具有对称分裂及不对称分裂两种分裂方式,从而保持干细胞库稳定。③可通过不对称细胞分裂产生新的细胞,即多向分化潜能:神经干细胞可以向神经元、星形胶质细胞和少突胶质细胞分化。另外,应具有低免疫原性(神经干细胞是未分化的原始细胞,不表达成熟的细胞抗原,不被免疫系统识别),以及较好的组织融合性(可以与宿主的神经组织良好融合,并在宿主体内长期存活)。

1. 根据分化潜能及产生子细胞种类神经干细胞的分类

(1) 神经管上皮细胞:分裂能力最强,只存在胚胎时期,可以产生放射状胶质神经元和神经母细胞;

(2) 放射状胶质神经元:可以分裂产生本身并同时产生神经元前体细胞或胶质细胞,主要作用是幼年时期神经发育过程中产生投射神经元完成大脑中皮质及神经核等的基本神经组织细胞;

(3) 神经母细胞:成年人体中主要存在的神经干细胞,分裂能力可以产生神经前体细胞和神经元和各类神经胶质细胞;

(4) 神经前体细胞:各类神经细胞的前体细胞,比如小胶质细胞是由神经胶质细胞前体产生的。

2. 根据部位神经干细胞的分类

(1) 中枢神经干细胞(CNS-SC):NSC 一般是指存在于脑部的中枢神经干细胞(CNS-SC),其子代细胞能分化成为神经系统的大部分细胞。具体内容将在其他章节讨论。

(2) 神经嵴干细胞(neural crest stem cell,NCSC):NCSC 也称为外周神经干细胞(peripheral neural stem cell,PNSC),既可发育为外周神经细胞、神经内分泌细胞和 Schwann 细胞,也能分化为色素细胞(pigmented cell)和平滑肌细胞等。神经嵴细胞是脊椎动物进化过程中出现的一类特有的具有迁移能力的细胞。在胚胎及成体发育过程中,它们能够分化为诸如骨、软骨、结缔组织、色素细胞、内分泌细胞及神经细胞和神经胶质细胞等多种类型的细胞和组织。神经嵴细胞具有惊人的多系分化潜能和一定程度的自我更新能力,这种能力甚至持续到成年期,说明神经嵴细胞具有干细胞和祖细胞的重要特征。神经嵴干细胞的特定属性使其在组织修复和疾病的细胞治疗方面表现出巨大的应用潜能。

一、神经嵴

(一) 神经嵴细胞

1. 概念及结构　神经嵴(neural crest,NC)是一个细胞群。1868 年瑞士胚胎学家 Wilheim His 首次描述了这一结构,因其定位于在脊椎动物胚胎中背部外胚层和神经管之间,称之为"Zwischenstrang",即中间带。后来根据其准确的解剖位置,这一结构被 Arthur Milnes Marshall 最终命名为神经嵴。脊椎动物胚胎形成过程中神经褶融合形成神经管时从背壁产生神经嵴细胞。最初神经嵴细胞构成神经上皮一部分,因而在形态学上不易与其他神经上皮细胞区分。之后在神经板和表面外胚层组织接触介导的相互作用产生的信号引导下,经过上皮-间充质转化,神经嵴细胞开始逐渐分节并广泛迁移定位到胚胎的不同部位,并最终参与形成从周围神经系统到颅骨等许多不同类型的组织成分。

2. 神经嵴细胞的来源和发育　在脊椎动物胚胎早期发育过程中,神经嵴是暂时出现的一种结构,从低等动物鱼类到高等动物人类都有极大的相似性。禽类的胚胎中,由于这些细胞位于神经褶皱的嵴上,其分化和迁移特征较明显,因而被称为神经嵴细胞。在哺乳动物的胚胎中,这些细胞从神经板的侧方分离出来,而不是从嵴上分离出来。人胚胎发育第 14 天时,胚盘中轴区的外胚层局部增厚形成神经板,人胚胎 18 天左右时,神经板两侧缘增厚、隆起形成神经褶,神经褶进一步隆起、靠近与融合形成神经管。在神经褶闭合形成神经管的过程中,神经沟边缘与表面外胚层相延续处的神经外胚层细胞游离出来,形成左右两条与神经管平行排列的索状细胞,神经嵴位于神经管的背外侧和表面外胚层的下方,自中脑阶段延伸至尾部。神经嵴细胞分布广泛,具有多潜能性,可增殖并分化为不同类型的成熟组织和细胞。作为周围神经系统的原基,Schwann cells 的祖细胞,神经嵴干细胞活跃的增殖能力和分化潜能备受国内外学者的关注。

3. 神经嵴细胞的分类　神经嵴的分类还没有完全统一,目前基本上都是根据从头到尾的顺序来分类,大致有三种方法。

(1) 将神经嵴分为两部分:即脑神经嵴和躯干神经嵴。脑神经嵴又分为三叉神经、颜面和听觉神经嵴、舌咽和迷走神经嵴、枕部神经嵴。

(2) 将神经嵴分四部分:①脑神经嵴(cranial crest);②后脑神经嵴(hindbrain crest);③迷走神经嵴(vagal crest);④躯干神经嵴(trunk crest)。

(3) 将神经嵴分为六部分:①前脑区(Prosencephalon)神经嵴;②中脑区(mesencephalon)神经嵴;③后脑

区(rhombencephalon)神经嵴:具体位置是从后脑区至第 6 体节(somite 6,S6);④颈部脊髓区(cervical spinal cord)神经嵴:从 S7 至 S19;⑤胸部脊髓区(thoracic spinal cord)神经嵴:从 S20 至 S28;⑥腰骶部脊髓区(lumbosacral spinal cord)神经嵴:从 S29 至末端。不同部位的神经嵴细胞所分化方向不尽相同。

4. 神经嵴细胞的迁移和分化　与其他细胞不同,神经嵴细胞的特征之一就是在发育的过程中,能够发生迁移。且神经嵴细胞的迁移是长距离的,所有的神经嵴细胞都要离开背部的神经管迁移到腹侧。在研究神经嵴的迁移途径或衍生物时,研究人员通常将标志物(如活体染料等)直接注射入神经管内。神经嵴细胞脱离神经管迁移至其他地方可将带有标志物的神经嵴细胞与周围的细胞分辨开。迁移路径有背外侧和腹侧路径两种。前者沿着体节与外胚层之间的空隙迁移,后者沿着神经管与体节之间的空隙迁移。脑神经嵴细胞以背外侧路径为主,躯干神经嵴以腹侧路径迁移为主。

5. 神经嵴细胞的多潜能性　最关键问题在于是否单个神经嵴细胞具有多潜能性,或者在迁移之前是否每个神经嵴细胞的命运就已注定。鹌鹑-鸡胚移植实验体系的建立让人们第一次证明迁移前神经嵴细胞的可塑性。该实验将鸡胚预定肾上腺素能神经元区段切除后,将同胎龄鹌鹑胚神经管预定胆碱能神经元经典区段移植到该缺损部位。这一异位移植实验显示,在适当的环境下预定肾上腺素能神经嵴细胞前体细胞也能够发育成为胆碱能神经元。这表明在迁移之前神经嵴细胞的命运并非完全已经注定。随后,鸡胚躯干神经嵴细胞体外多层培养分化实验证明成黑色素细胞分化和成肾上腺素能细胞分化能够同时发生。这进一步证明神经嵴细胞作为多潜能细胞的可能性。但考虑到细胞培养过程中的异质性,该结论的说服力尚有限。随后有学者通过一系列体内和体外实验再次提供证据表明单个神经嵴细胞具有多潜能性。体外研究中,迁移前鹌鹑胚单一躯干神经嵴细胞发育潜能实验显示,这些细胞在体外培养环境中能够分化为至少两种细胞:黑色素细胞和神经元细胞。当将迁移前鹌鹑胚单一躯干神经嵴细胞克隆形成的细胞集落移植到鸡胚胎时,科学家们发现这些细胞与鸡胚宿主神经嵴细胞一样迁移并具有参与组织和器官发育的能力。由这些单一细胞克隆形成的细胞群衍生出了不同类型的神经元细胞,构成了交感神经节、肾上腺及大动脉丛组成成分。这些实验获得的一个重大发现就是单个神经嵴细胞可以增殖为两个不同类型的姐妹细胞,比如一个是黑色素细胞,另一个则是肾上腺素能细胞,从而最终确定神经嵴是一类多潜能细胞群。

在体染色和谱系示踪技术的发展使得在体内从迁移前到迁移、定位及最终分化,追踪单个神经嵴细胞整个活动过程变为可能。体内鸡胚追踪实验显示,单个躯干神经嵴细胞既能衍生出神经结构,也能衍生出非神经结构。这说明多潜能性不仅存在于迁移前躯干神经嵴细胞,还存在于迁移的躯干神经嵴细胞。同样,人们观察到脑神经嵴细胞还能够衍生出多种不同类型细胞,包括神经元系、神经胶质细胞系及黑色素细胞系。此外脑神经嵴细胞还能够衍生为中外胚层前体细胞,进而发育为骨、软骨及结缔组织,这是神经嵴索上其他神经嵴细胞所不具备的。此外,体外克隆分析实验提示,迁移中的单个脑神经嵴细胞能够同时向神经细胞、神经胶质细胞、软骨及色素细胞分化的几乎没有,而大多数单个脑神经嵴细胞源性克隆集落只由一到两种不同类型的细胞组成。鸡胚体内实验显示,单个迁移前躯干神经嵴细胞分化潜能同样有限。另有实验发现,从鹌鹑胚胎鳃弓分离获得的神经嵴细胞能够分化成多达 4 种不同类型的细胞。近期,单个脑神经嵴细胞和躯干神经嵴细胞的多潜能属性在鸡和小鼠实验中得到证实。事实上,体外实验证明,Sonic hedgehog(Shh)蛋白能够促进神经嵴细胞向神经细胞、神经胶质细胞、黑色素细胞、肌纤维细胞、软骨细胞及骨细胞等多种类型细胞分化。人们曾经认为,Kit$^+$躯干神经嵴细胞只发育为黑色素细胞,而 Kit$^-$躯干神经嵴细胞分化为神经细胞和神经胶质细胞。但 Motohashi 等用基因学方法证明,利用胚胎干细胞诱导的神经嵴细胞和直接从胚胎获取的神经嵴细胞,Sox10$^+$/Kit$^+$ 和 Sox10$^+$/Kit$^-$ 细胞均具有分化成为神经细胞、神经胶质细胞和黑色素细胞的能力。

以上实验说明,神经嵴细胞具有多潜能性。Chris Pierret 等人甚至认为,外围组织源性,以及成体的干细胞均来源于神经嵴细胞。大多情况下,神经嵴细胞是在体外培养及存在外源性诱导因子(比如 Shh 蛋白)的条件下呈现多向分化潜能,这些分化潜能未必能在胚胎环境下再现。结合神经嵴细胞作为过渡性结构的事实,将神经嵴细胞作为一群祖细胞,而非严格意义上的干细胞群的观点可能更准确。

神经嵴细胞的衍生物遍及了外、中、内三个胚层的衍生结构,包括外周神经系统的神经元及所有的神经胶质细胞、中枢神经系统的一小部分神经元、色素细胞、滤泡旁细胞、嗜铬细胞、肾上腺髓质细胞、部分中胚层衍生物(脑脊膜、骨骼、牙乳头、牙囊)等。而在体外,神经嵴细胞也可以分化为神经元、神经胶质细胞、平滑肌细胞和黑色素细胞。

6. 影响神经嵴细胞分化的因素

（1）时空因素：当神经嵴细胞由头侧至尾侧从神经嵴脱离后，首先要进行的就是由神经管的背侧向两侧迁移。神经嵴细胞只有在神经管与体节之间、神经管与外胚层之间有适宜的空隙时，神经嵴细胞才开始迁移。

（2）细胞外基质：由多种蛋白质和多糖分子组成的网络结构，又是细胞生存和发挥功能的基本场所。组成细胞外基质的大分子主要有胶原、弹性蛋白、蛋白多糖和非胶原类糖蛋白四大类。其中的非胶原类糖蛋白不仅种类多，而且功能复杂。研究最多的是纤维粘连蛋白（fibronectin，FN）和层粘连蛋白（laminin，LN）。

（3）神经嵴细胞的形成和分化基因：影响神经嵴细胞分化的基因很多，通过敲除小鼠的某个特定基因或使某个特定的基因发生突变的研究方法，人们发现，在神经嵴细胞分化中，作用比较明确的生长因子包括：胶质生长因子（glial growth factor，GGF）、转化生长因子-β（transforming growth factor-β，TGF-β）、骨形成蛋白（bone morphogenetic protein 2/4，BMP2/4）、脑源性神经营养因子（brain-derived neurotrophic factor，BDNF）和神经营养因子 3（neurotrophin 3，NT-3）等。

（二）神经嵴祖细胞的概念及自我更新能力

在早期，迁移的脑神经嵴细胞中已经鉴定属于高度分化潜能的祖细胞，这类细胞能够衍生出神经嵴源性的所有细胞类型，包括神经细胞、胶质细胞、黑色素细胞、肌成纤维细胞、软骨细胞及骨细胞，但其长期自我更新尚有待观察。当存在 Shh 蛋白作用时，这类组细胞更容易出现，提示 Shh 通路与多潜能脑神经嵴干细胞的活力及增殖相关。自第一次分离成功至今，人们已经不仅在其他妊娠晚期胚胎组织，甚至在成体身上发现并成功分离获得多潜能神经嵴祖细胞。虽然，这类细胞的自我更新能力，尚不符合严格意义上的干细胞定义，但这一发现还是为神经嵴细胞的基础研究和临床应用（如组织工程和创伤修复领域）开启了大门。

在胚胎和成体动物肠内均发现了多潜能肠祖细胞。两种来源肠的祖细胞研究发现，他们都具有自我更新能力，且在体外培养条件下都能够分化成神经细胞、胶质细胞及肌成纤维细胞，尽管成体动物肠源性的祖细胞这两种能力相对较弱。将大鼠胚胎来源新鲜神经嵴祖细胞不经过体外培养而直接移植到鸡胚宿主内，发现这些移植的祖细胞将主要衍生为神经细胞；而如果以同样的条件移植的是成体大鼠肠源性的神经嵴祖细胞，则移植的祖细胞将主要衍生为胶质细胞。需要进一步说明的是，移植的胚胎来源祖细胞能够迁移出移植位置，分化为神经细胞并最终定位到更末梢的位置如 Remak's 神经节和肠；而成体来源祖细胞只迁移到它们移植的后肢芽体节（交感神经链、周围神经）的邻近结构中。因此，肠的祖细胞发育潜能似乎随着年龄的增长而减弱，这与真正意义上的干细胞的特性相悖。胚胎坐骨神经源与胚胎肠源神经嵴干细胞分化潜能的比较实验发现，前者主要分化成胶质细胞，而后者主要向神经细胞分化，即这两种来源神经嵴干细胞群存在内在差异。这一现象提示，同一动物不同部位分离得到的迁移后神经嵴祖细胞存在内在的差异。

肠源迁移后神经嵴祖细胞被移植到先天性巨结肠疾病大鼠模型内无神经节细胞的末端肠内。这些移植的细胞存活下来并分化出表达神经细胞标志物的细胞。在一个重要实验中，从 Ednrb 缺陷大鼠胚胎内分离获得肠源神经嵴祖细胞，经体外培养后将其移植到另一缺乏神经节细胞的肠段的 Ednrb 缺陷大鼠，可观察到这些外源祖细胞能够移植成活并参与神经再生。从胚胎和成体动物背根神经节（DRG）中也能够分离得到多潜能神经嵴祖细胞。在标准培养基中，大鼠胚胎源神经嵴祖细胞的分化潜能非常有限，其主要衍生出神经细胞和胶质细胞，而加入外源性诱导因子还能促进其向表达平滑肌肌动蛋白的非神经细胞分化，但这一实验未进行自我更新能力的分析。在另一实验中分离获得了背根进入区胚胎边界帽（boundary caps，BC）细胞形成小细胞团的细胞克隆。BC 细胞源于晚期迁移的躯干神经嵴细胞，体内实验证明其能够分化为感觉神经细胞和神经胶质细胞。BC 细胞能够克隆增殖长达 6 个月，并表达特征性的神经嵴干细胞标志物，包括 nestin 和 P75。另外，BC 细胞的基因表达谱与干细胞非常相似。相对于从神经节中心部分离得到的细胞，BC 细胞明显呈现出更像干细胞，形成克隆。BC 神经嵴干细胞也能够在体外自我更新和分化成神经细胞、胶质细胞和平滑肌样细胞。BC 神经嵴干细胞与迁移前神经嵴干细胞重要的不同点在于，前者在缺乏诱发因素情况下不能分化为感觉神经细胞，即 BC 神经嵴干细胞的分化潜能受到更多的限制，如受环境的影响。利用成体动物背根神经节（DRG）祖细胞的实验中观察到了类似的结果，不同的是这些祖细胞的自我更新能力比胚胎源性祖细胞更弱。有观点认为神经嵴细胞衍生出胚胎 BC 细胞,后者进一步衍生为卫星胶质细胞,最终卫星胶质细胞构成了成体背根神经节祖细胞的来源。而要证明这些祖细胞是否是真正的干细胞尚需要大量的体内实验。

一个能够更精确地获取哺乳动物神经嵴源性祖细胞的方法是应用 P0 和 wnt1 启动子的 *Cre/Floxed-EGFP* 基因小鼠模型。尽管 P0 蛋白主要在施万细胞表达,但研究表明,其也在胚胎神经嵴细胞中短暂激活表达。因此,可以认为在这一模型中只有神经嵴源性细胞才会表达增强绿色荧光蛋白,这使得鉴别成体背根神经节、触须垫(whisker pad,WP)及骨髓(BM)内神经嵴源性细胞更加容易。骨髓内 EGFP 阳性细胞同时还表达 P75 和 Sox10,后两者在神经嵴细胞典型表达。流式分选技术从成年小鼠骨髓、背根神经节及触须垫内分离得到的 EGFP⁺ 细胞在体外培养条件下能够形成神经球,这是神经嵴源性细胞增殖期的特征。当处于含血清诱导分化培养基中时,这些神经球显示出三系分化潜能,即分化为神经细胞、胶质细胞和肌成纤维细胞。三种不同来源细胞形成的神经球的分化率不尽相同,其中背根神经节源性细胞最高(74.6%),而触须垫源(7.3%)和骨髓源(3.3%)细胞很低。这些组织来源的祖细胞大多数只能分化为 1~2 类细胞,比如触须垫源祖细胞主要分化为神经细胞和肌成纤维细胞,骨髓源祖细胞主要分化为肌成纤维细胞。当然,这些结论仅基于每一细胞系检测单个标志物表达所得结果,且尚没有通过体内实验验证。三种不同组织来源的细胞的自我更新能力反映了他们的分化潜能,其中背根神经节源性细胞二级神经球形成率最高,提示其分化潜能最强。

骨髓内神经嵴源性祖细胞的发现意义重大,已证实间充质干细胞和神经嵴细胞之间存在某种关系。尽管认为,间充质干细胞产生于骨髓,但究竟由何种细胞衍生而来却依然不清楚。通过研究转 P0 启动的 *Cre/Floxed-EGFP* 基因小鼠和转 Wnt1 启动的 *Cre/Floxed-EGFP* 基因小鼠的躯干神经嵴源细胞,发现这些细胞具备间充质干细胞样特征,即自我更新能力和分化为骨细胞、软骨细胞及脂肪细胞的间质细胞系分化能力。需要指出的是,该实验只取材神经嵴躯干段而非头段,因为后者能够自发衍生出骨细胞和结缔组织。这或许有助于解释为何骨髓间充质干细胞能够分化为神经细胞相关结构。尽管人们都认为骨髓细胞能够转分化成神经细胞,但是骨髓神经嵴祖细胞的发现进一步表明,发生这一转分化的骨髓细胞很可能是存在于骨髓内的神经嵴源性间充质干细胞。当然,需要指出的是,上面的实验结论认为或许神经嵴并非间充质干细胞的唯一来源。最近利用 fate mapping 研究法在骨髓内发现了一类少量但意义重大的间充质干细胞样特征的细胞,即 Mesp1⁺ 细胞,Mesp1 蛋白是一种碱性螺旋-环-螺旋蛋白(bHLH 蛋白),该蛋白表达于轴旁中胚层。而除了已知神经嵴和轴旁中胚层外,是否存在尚未发现的其他间充质干细胞来源尚有待研究。

在这里有必要提及上述实验所用两种转基因小鼠模型的差异性。*P0-Cre/Floxed-EGFP* 双杂合基因敲入小鼠骨髓内 EGFP⁺ 细胞同时表达内皮细胞标记物 PECAM-1 和平滑肌细胞标记物 SMA-1;而 *Wnt1-Cre/Floxed-EGFP* 双杂合基因敲入小鼠骨髓内 EGFP⁺ 细胞则不表达这两种标记分子。因为 *Wnt1* 基因能够在成年啮齿动物骨髓内表达,所以 *EGFP* 基因的表达可能依赖于 *Wnt1* 基因的表达活性。当 *P0* 基因启动时,需考虑到 P0 是施万细胞的标记蛋白。因此,在作相关结论时必须考虑到诸如此类的差异和问题。

二、神经嵴干细胞

1. 神经嵴干细胞的分离　神经嵴干细胞(neural crest stem cell,NCSC)这一概念是 1992 年由 Stemple 和 Anderson 两位科学家率先使用,他们通过体外实验证实,哺乳动物神经嵴细胞具有多潜能和自我更新能力,它能在体外不断繁殖,并分化为神经元、神经胶质细胞和平滑肌细胞等细胞。尽管类似工作早就在鸡胚上开展,但是 Stemple 和 Anderson 最先利用非破坏性抗神经嵴细胞上表达的低亲和力生长因子受体 P75 抗体,以荧光激活细胞分选术(FACS)从啮齿动物躯干段神经管分离获得了纯化的神经嵴干细胞。分离获得的神经嵴细胞主要分化为周围神经细胞,部分分化为不成熟的施万细胞。分离的神经嵴细胞二次克隆既有神经细胞也有非特异性非神经细胞,他们中的许多又形成多潜能的干细胞亚克隆。P75 分选技术后来又被用来从迁移后神经嵴细胞群中分离神经嵴干细胞,比如从大鼠幼胎坐骨神经分离神经嵴干细胞。因为在胎鼠内 P75 还在周围神经系统胶质细胞上表达,为获得纯化的神经嵴干细胞,在这一实验中作者使用抗 P0 抗体(P0 是一种在胶质细胞上表达的外周髓鞘蛋白)。体外培养情况下,分离获得的已定位神经嵴干细胞能够分化为神经细胞、施万细胞及平滑肌样肌成纤维细胞；不经过任何体外培养等中间过程而将分离获得的神经嵴干细胞直接移植到鸡胚躯干，移植的神经嵴细胞广泛迁移到周围神经系统的各个位置并分化为神经细胞和胶质细胞。这一直接移植实验强有力地说明，神经嵴干细胞分化能力与体外培养方法无关。当然这个问题还需要神经嵴干细胞领域更加细致的研究。

自 1992 年 Stemple 和 Anderson 两位科学家在体外试验的神经管中分离出神经嵴干细胞以来，后面陆续有人在其他的部位同样分离出该细胞。1999 年 Morrison 在大鼠坐骨神经中分离出 NCSC；2002 年 Kruger 在肠道中分离获得；2005 年，Tomita 在人心脏组织中分离出人的 NCSC；2004 年，Sieber-Blun 从人的皮肤中成功分离出 NCSC。从中可知，NCSC 具有广泛的来源，在干细胞治疗方面展现出极好的应用前景。

从胚龄 10.5 天小鼠胚胎第一鳃弓分离获得迁移后脑神经嵴细胞。这一时期第一鳃弓内神经嵴细胞尚未分化，因为其尚不表达神经细胞、胶质细胞和平滑肌细胞的特征性细胞标记物。提示神经嵴细胞处于未分化状态，但同时这一结果不排除这些标记物不表达仅仅是因为尚处于分化早期，尤其是当每种细胞类型只选择了相应的一种细胞标记物的时候。人们观察到，这些分离得到的迁移后脑神经嵴细胞在某些条件下保持未分化状态，而在体外又能够衍生出表达有神经细胞、胶质细胞、骨细胞和肌成纤维细胞特异性标记物的细胞。值得注意的是，在同一实验中还观察到，在允许分化的情况下这些分离得到的脑神经嵴祖细胞能够同时表达平滑肌标记物平滑肌收缩蛋白（SMA）和成骨细胞标记物碱性磷酸酶（ALP）。因为这些分化需要特殊培养基诱导，所以有可能是培养基内的生长因子启动了细胞内决定细胞类型的遗传标记物的表达，而并不能够反映该细胞的真实命运。此外，单个标记物的表达并不意味着该细胞就分化成了神经细胞、胶质细胞或是任何其他类型的细胞。随后实验证明，迁移后，在体内脑神经嵴细胞也具有自我更新能力和成骨细胞分化能力。

2. 神经嵴干细胞的生物学特性　神经嵴干细胞是脊椎动物早期胚胎发育过程中的阶段性干细胞，它并不是由处于单一分化状态的均一细胞组成，即神经嵴干细胞可由不同的细胞亚群组成，但并不意味着各个不同的亚群只有一种分化潜能，而是可分为不同时期的各种分化状态的细胞，包括完全未分化的干细胞和具有向不同方向分化的定向前体细胞，具有极强的可塑性。神经嵴干细胞与其他细胞、细胞外基质、生长因子或激素相互作用从而进行分化。这些分化信号存在于神经嵴干细胞迁移前、迁移中或迁移后的任何时期，并且不同区域的神经嵴干细胞的分化方向是相互交叉的。研究表明，每一种亚群细胞都至少有两种分化潜能。神经嵴干细胞的主要生物学特性包括：①具有多向分化潜能。体内实验证实，神经嵴干细胞的衍生物遍及了外、中、内三个胚层，包括周围神经系统和肠神经系统的神经元、胶质细胞，内分泌细胞、心脏流出道和大血管的平滑肌细胞，皮肤和内脏的色素细胞，以及头面部的骨、软骨、结缔组织等；影响其分化的主要因素有：细胞外基质、基因（HAND、MASH1）、细胞因子（NRG1，glia growth factor 等）。②具有自我更新的能力，可通过不对称分裂和对称分裂两种方式来维持细胞数量的稳定。③迁移性。区别于其他干细胞，神经嵴干细胞可进入特定的迁移路径，到达远离发生部位的靶器官或靶组织后分化为相应的子代细胞。迁移路径通常可分为背外侧和腹侧两种，前者沿体节与外胚层之间的空隙迁移，后者沿神经管与体节之间的空隙迁移。脑神经嵴以背外侧为主，躯干神经嵴以腹外侧路径迁移为主。

关于神经嵴细胞的"干性"一直存在争议。因为严格意义上的干细胞是指那些增殖后能够产生一个完全相同的姐妹细胞（即自我复制）和另一个分化潜能降低了的细胞（即分化）的细胞。在过去的十几年间，人们开展了大量的体内外实验检测和证明神经嵴干细胞的多潜能性和自我复制能力，但仍然有许多疑点。例如，神经嵴细胞在胚胎内只短暂地出现。因此与其说是干细胞，不如将大多数神经嵴细胞看作祖细胞更合适。与干细胞一样，祖细胞也具有自我更新和分化的能力。不同点在于相对于前者，后者的这两种能力受限。总之，神经嵴细胞在脊椎动物生长发育、进化及疾病发生方面的重要性，备受科学家们关注。

3. 神经嵴干细胞的定位分布和标志物　近期的研究结果发现，神经嵴干细胞在不同年龄神经组织的多个部位中广泛存在。早期胚胎是神经系统快速增长发育的阶段，在此阶段，神经嵴干细胞主要分布于神经管两侧。以往研究认为，成年动物体内不存在神经干细胞，但近期研究发现，在成体哺乳动物的毛囊、肠神经系统以及背根神经节等部位也可分离出具有增殖分化能力的神经嵴干细胞。此外，通过诱导分化胚胎干细胞也可获得神经嵴干细胞。动物实验发现，不同部位神经嵴干细胞的比例不同，而且干细胞性质也不同。

巢蛋白(nestin)作为一种神经干细胞标记物,属第Ⅳ类中间丝蛋白,仅在胚胎早期神经上皮表达,出生后便停止表达,它的表达与神经干细胞的自我复制和分化成其他类型细胞的多潜能性有关。神经嵴干细胞可表达此种蛋白。因此,鉴定神经嵴干细胞的方法通常可采用单克隆抗体(p75,nestin)的免疫细胞化学双重染色。低亲和力神经生长因子受体(low affinity neurotrophin receptor,LNGFR,p75)是神经细胞表面标记物,可表达于神经嵴干细胞和施万细胞前体细胞,但是神经干细胞不表达。

4. 神经嵴干细胞的分类 神经嵴细胞源性结构最初产生于神经嵴索的四个不同部分:脑神经嵴、心脏神经嵴、迷走神经嵴及躯干神经嵴。

(1) 脑神经嵴干细胞(cranial neural crest stem cell,CNCSC)来源于早期胚胎脑神经板的侧缘,是神经嵴细胞多潜能性的最佳代表,它们发育构成头面部大多数骨和软骨结构,以及神经节、平滑肌、结缔组织和色素细胞。脑神经嵴干细胞的多潜能性表现在:除参与形成头颈部腹侧皮肤的真皮、平滑肌及腺体中结缔组织基质等软组织外,尚可特征性分化为颅面部骨架硬组织。不同部位 CNCSC 各具特定的迁移路径,来源于中脑区前份的 CNCSC 向颅腹侧迁移,将来形成额骨的间充质细胞;中脑区后份及后脑(又称菱脑,rhombomeres,共分 r1~r8 八个节段)前份(r1、r2)的 CNCSC 侧腹向迁移,参与第一鳃弓形成,来自 r3、r4 的 CNCSC 参与第二鳃弓的形成。CNCSC 的分化不仅受细胞内在因素的影响,而且受外在信号分子的调控,在其迁入不同微环境过程中,内外因素相互作用,调控其特定方向的分化。一方面,CNCSC 通过不对称分裂方式把维持干细胞性状所必需的成分保留在子代干细胞中;另一方面,细胞在发生终末分化前要进行的分裂周期数是借助分子钟(clock)调控,通过细胞周期促进和抑制因子的控制性变化以及端粒体长度和染色体功能状态的改变而实现。另外,控制基因表达的核转录因子是 CNCSC 的关键性分化调控因子。

(2) 心脏神经嵴干细胞:心脏神经嵴(cardiac neural crest,CNC)来源于胚胎枕部耳板至第3体节间的一群神经嵴细胞,乃由此迁入心脏的干细胞,参与构成主动脉膈和心脏锥干部。研究发现,去除心脏神经嵴细胞,其衍生分化的细胞组织出现阙如,动脉血管细胞减少或者消失,因而与心脏发育相关。在鸡胚研究中发现,切除神经嵴的特定部位可获得预期的解剖畸形。如果在迁移之前切除迁移到第3、4、6咽弓的神经嵴细胞,就会出现永存动脉干、主动脉骑跨、右室双出口、主动脉弓畸形和室间隔缺损等心血管畸形。影响心脏神经嵴细胞的主要因素有:①Wnt 信号通路:Wnts 是一类广泛存在的分泌型糖蛋白。②GATA-6:GATA 转录因子家族的一员,其大量表达在血管平滑肌上,并且对发育过程中的细胞谱系分化起着至关重要的作用。③Pinch-1:作为一种衔接蛋白,高度表达于神经嵴细胞和其衍生物上,Pinch-1 通过形成生长因子信号来影响神经嵴细胞的发生,进一步影响心脏的正常发育。④同型半胱氨酸:同型半胱氨酸选择性地作用于神经外胚层的特定部位,影响神经嵴细胞的分化、迁移、增殖,导致畸形。⑤Cx43:一种细胞间连接蛋白,它所构成的细胞间隙连接是胚胎时期细胞之间信息交流的重要通道。可通过调节心脏神经嵴的行为而间接影响心脏的形态发生。

(3) 迷走神经嵴干细胞:可特异性分化出肠神经系统中神经元和神经胶质的 NCSC,被称为肠神经嵴干细胞(gut neural crest stem cells,GNCSC)。GNCSC 又称肠神经系统干细胞,来源于神经嵴的2个部位,即迷走神经嵴(vagal crest,VC)和骶神经嵴(sacral crest,SC)。VC 来源的 GNCSC 首先进入前肠间质,然后再沿口端向尾端的方向迁徙,最终定植于整个消化道,构成肠神经系统的绝大部分肠神经节。SC 主要参与形成后肠的肠神经系统,尽管大多数学者认为此区来源的 GNCSC 多被"限制"在结肠和直肠,但有报道,在盲肠发现很少的 SC 来源的 GNCSC。迷走神经嵴发育构成肠迷走神经节。NCSC 的迁徙是 NCSC 从神经上皮干细胞刚解离出来就启动。此时 NCSC 从上皮细胞转变为间质细胞,因而具备了迁徙能力。NCSC 迁徙的启动需要骨形成蛋白(bone morphogenetic proteins,BMP)的参与。GNCSC 进入胚肠间质后不久,便进入特定的分化途径,并分化出多种肠神经元细胞及胶质细胞等。同时,一些 GNCSC 在进入胚肠间质相当一段时间内保留"多能性",如果把这些细胞"回植"(back transplant)到胎龄较小胚胎,它们仍能发生迁徙,并表达神经元或胶质细胞的 marker。所有的肠神经元最先都表达泛神经蛋白(pan-neuronal proteins),如神经丝、Hu 抗原、SCG10 及PGP9.5 等。其中有一些迷走区来源的 GNCSC 在进入前肠前就有泛神经蛋白的表达,且在定植于前肠后,表达泛神经蛋白的 GNCSC 逐渐增多。在此之后,最先表达的神经元亚型特异性标记则是一氧化氮合成酶。

(4) 躯干神经嵴干细胞(cardiac neural crest cell,CNCC):与脑神经嵴干细胞不同,躯干神经嵴干细胞主要分化为周围神经系统的神经元和神经胶质细胞、内分泌细胞及色素细胞,并参与背根神经节、交感神经节和脊索的形成,在周围神经系统、内分泌系统及皮肤的形成的发育过程中起主要的作用。免疫细胞化学染色证实,躯干神经嵴干细胞在血清培养基中可自然分化为神经元、神经胶质细胞、平滑肌样细胞,说明了躯干神经嵴干细胞具有多潜能分化特性。此外,躯干神经嵴干细胞具有形成克隆的能力。低细胞密度培养,其集落样生长,呈多细胞克隆。不仅表明,躯干神经嵴干细胞具有很高的增殖活性,同时可以看到原代培养和克隆培养时干细胞所占的比重很高。但体外培养条件下,神经嵴干细胞并不能无限增殖。

5. 胚胎和成体其他组织内的神经嵴干细胞

(1) 人胚胎源性神经嵴干细胞:人们投入了相当多的精力以探讨神经嵴干细胞究竟由何种胚胎干细胞衍生而来。科学家们已经成功利用小鼠和人胚胎干细胞获取能够发育为神经嵴派生细胞的神经嵴样祖细胞。这种方法避开了从人胚胎内直接分离获取神经嵴干细胞这一无法实现的难题,将大大有利于人类神经嵴干细胞的研究。从成年人分离得到人神经嵴源多潜能祖细胞不仅其含量少,且相对胚胎来源的同一种细胞自我更新能力和多向分化潜能要弱得多。

首先证明小鼠和灵长类胚胎细胞能够被诱导形成神经嵴衍生物的是一项用基质层扩增体系培养胚胎干细胞的实验,在这一实验中胚胎干细胞受到神经外胚层的诱导衍生出感觉神经细胞、自主神经细胞、平滑肌细胞及神经胶质细胞。小鼠胚胎干细胞分化成表达神经嵴标记物,如 Snail、dHand 及 Slug 的神经嵴样细胞,后者继续分化为周围神经系统细胞。后来又有研究揭示了人胚胎细胞源神经嵴样细胞的起源,并发现后者能够分化成周围神经系统细胞。这两个实验首先证实,多潜能神经嵴细胞前体能够由小鼠和人胚胎干细胞衍生而来。且有研究提示,胚胎干细胞能衍生分化黑色素细胞、神经细胞和神经胶质细胞的神经嵴样细胞。

研究基质层扩增体系培养胚胎干细胞分化而来的神经嵴细胞特性的实验存在两个重要问题:一个是作为滋养层细胞的基质细胞的“污染”问题;另一个是培养基血清中的不明成分对胚胎干细胞的影响。胚胎干细胞与基质细胞可能存在相互作用,但目前仍不清楚。血清培养基内许多未鉴定的生长因子能够促进胚胎干细胞增殖分化,这会在无意中影响实验结果。已经有人尝试新的培养体系,以排除基质细胞的“污染”和培养基内未知生长因子的影响。例如,用流式细胞分选术纯化转 GFP 基因胚胎干细胞就可以消除混杂的基质细胞。但这种方法仍然不能排除分选之前基质细胞和胚胎干细胞的相互作用,这种长时间的作用有可能影响胚胎干细胞的基因表达。有研究者使用 P75 或联合使用 HNK-1 来鉴定从人类胚胎干细胞丛(hESC rosettes)分化而来的神经嵴样细胞。分离纯化的 P75$^+$/HNK-1$^+$细胞能够形成神经球结构,并进而分化出神经嵴派生结构。向培养基中加入诱导成神经细胞分化或成间质细胞分化的因子,P75$^+$/HNK-1$^+$细胞形成的神经球能相应派生出表达神经细胞标记物或间质细胞标记物的细胞。但因尚未有证据证实单个神经嵴组细胞克隆增殖后即能呈间质细胞系分化和神经细胞系分化,这提示人胚胎干细胞衍生的神经嵴细胞群是由许多亚群组成的,而非真正的干细胞。另外有人观察到某些 P75-细胞表达 TH 但却不表达外周蛋白,后两者系常用的周围神经系统细胞标记物。这就是为什么需要同时检测多个细胞标记物以鉴定待测细胞类型,而目前惯用的只鉴定单一标记物的方法应该避免。

用同样的方法已获得用诱导性多能干细胞(iPS Cells)分化而来的神经嵴细胞。iPSC 生成神经嵴干细胞的方法在再生医学领域有非常大的应用前景,因为利用患者自身细胞获得 iPSC,进而生成神经嵴干细胞,从而避免了异体移植所要克服的组织相容性难题。将人胚胎干细胞源神经嵴细胞移植到鸡胚躯干部的实验显示,移植的人源细胞能沿着典型的内源性神经嵴细胞迁移路径发生迁移,并最终分化成周围神经细胞和平滑肌细胞。该实验只将细胞移植到躯干神经嵴区。今后或许能够将其移植到脑神经嵴区以观察其分化潜能,因为脑神经嵴细胞能衍生出更多类型的细胞,除了神经细胞外,还包括骨及软骨细胞。有研究人员已能够利用 iPSC 生成黑色素细胞,并进一步证实这些黑色素细胞是神经嵴细胞衍生而来。但研究人员警告说,因其制作过程中通过病毒载体将转录因子基因的组合导入的方式,故 iPSC 目前不适合用于治疗,但他们潜在的治疗应用价值相当可观。

以基质细胞为滋养层细胞培养人胚胎干细胞衍生的 P75$^+$细胞,可见 P75$^+$细胞能够形成神经球结构,并表达神经嵴祖细胞标记物,如 HNK-1、Snail 和 Sox9/10。而后加合成培养基培养后;这些神经球结构能衍生出神经细胞、神经胶质细胞及肌成纤维细胞。而纯化的 P75$^+$细胞单独培养时不能增殖。提示:上述实验最先使用的是由异质性亚群细胞组成的细胞群。

另一项实验的研究人员发现。从人胚胎细胞形成的拟胚体(EB)中分离到了一种能够分化为脑神经嵴衍生结构的多潜能祖细胞。在实验中,研究者从拟胚体中分选出 Frizzled-3⁺/Cadherin-11⁺细胞以获得可能含大量迁移阶段脑神经嵴细胞的细胞群。体内实验证实,Frizzled-3 和 Cadherin-11 都与脑神经嵴迁移相关。上述实验发现,"富集"后的细胞能够自主衍生出与软骨细胞、神经胶质细胞、神经细胞、成骨细胞及平滑肌细胞相关的表面标记物表达的细胞。但也发现:Frizzled-3⁺/Cadherin-11⁺细胞自我更新能力非常弱;自主分化发生在第三代细胞,并只用了相应的一种标记物检测分化后细胞类型,且这种分化能力没有体内实验证明因而不可信。Cadherin-11 在非洲爪蟾蜍神经嵴细胞分化过程中持续表达,而在小鼠表达于多种间充质结构。Frizzled-3 在小鼠整个中枢神经系统都表达。因而很有可能分选出来的 Frizzled-3⁺/Cadherin-11⁺细胞群是由祖细胞和分化细胞组成的异质细胞群。

目前研究人员已创造出一种能够促进小鼠胚胎干细胞在无血清单层培养体系中分化为神经嵴细胞的技术。这一技术避免了未知生长因子和分化因子的影响,也避免了滋养层细胞的"污染"。将胚胎干细胞接种到层粘连蛋白上培养,加入 BMP-4 和 FGF-2 诱导分化后,检测分化细胞表达神经嵴细胞标记物,包括 Snail、Slug、Twist、Sox9/10 及 Pax3,结果显示,胚胎干细胞分化为神经嵴细胞。另外,加入特殊诱导培养基时,还能发现表达神经细胞、施万细胞、平滑肌细胞、软骨细胞、成骨细胞及脂肪细胞标记物的细胞。但该结论是建立在每系细胞仅仅检测单个标记物的基础上,因而需要谨慎对待这些实验结果。另一个需要谨慎的原因是分化诱导培养基中可能存在某种能够诱导任何细胞内特定基因表达的因子,而不仅仅是诱导胚胎干细胞和神经嵴细胞。因而,进一步检测多个标记物,且对这些细胞进行功能测试。

已有研究者能够通过特定生长因子组合实现既大量扩增神经嵴干细胞,又使其保持未分化状态。体外培养 Sox10-GFP 转基因小鼠胚胎干细胞,发现其中带绿色荧光的细胞能表达神经嵴细胞标记物。经过筛选,研究人员最终通过向培养基加入 Noggin、Wnt3a、Lif、和 Endothelin-3 达到延长神经嵴干细胞未分化状态的时间。当把这些细胞移植到胎肠时,它们能够迁移并分化为神经细胞。这是一项令人振奋的研究,因为它提供了一种在维持神经嵴细胞未分化状态的前提下使其大量扩增的方法,从而克服了细胞数量不足的限制,对开展更广泛的研究提供了便利。但是因为分离细胞时使用了 Sox10 作为标记物,因而得到的细胞有可能不是神经嵴干细胞,再者作者只分析了其神经细胞分化能力,而没有分析这些细胞向其他神经嵴衍生细胞系分化的能力。然而这依然展现胚胎源性神经嵴细胞和神经嵴干细胞研究领域正在发生迅速和令人兴奋的进步。

(2) 皮肤神经嵴干/祖细胞:Toma 等首先从幼鼠和成年鼠真皮内分离并鉴定出一类多潜能细胞,并命名为皮肤前体细胞(SKP)。当时对于皮肤前体细胞的来源并不清楚,实际上作者甚至排除了神经嵴来源的可能性,因为他们发现这种细胞不表达两种常见的神经嵴干细胞标记物,PSA-NCAM 和 P75。但是,该研究小组随后利用转 Wnt-Cre 重组酶报告基因小鼠证实了小鼠面部皮肤内的 SKPs 最初起源于神经嵴。SKPs 定位于毛囊基底部真皮乳头层,具备自我更新能力和多向分化能力,在体外培养条件下分化为神经细胞、平滑肌细胞、施万细胞和黑色素细胞。从小鼠背部分离得到皮肤前体细胞并培养形成 SKP 源神经球结构,将 SKP 神经球移植到鸡胚中,可观察到 SKP 神经球衍生细胞迁移并定位到神经嵴发育而来的组织结构中,比如背根神经节和脊神经。

因为躯干部皮肤由生皮节中胚层体节发育而来,因而认为躯干皮肤前体细胞并非神经嵴来源。事实也确实如此,Wong 研究证实,与面部皮肤不同,小鼠躯干皮肤真皮乳头层和真皮鞘并非神经嵴发育而来。同时指出,背部皮肤内能够形成神经球结构的 SKP 与神经胶质细胞及黑色素细胞系存在某种关系,而后两者均由神经嵴细胞发育而来。Biernaskie 等研究证实小鼠躯干 SKP 由起源于毛囊真皮乳肉层区和真皮鞘区的 Sox2⁺细胞发育而来。并观察到这些细胞能够衍生出皮肤干细胞,起到维持真皮正常结构并修复其损伤和参与毛囊形成的作用。进一步实验分别绘制 *Wnt1-Cre/Floxed-EGFP* 小鼠神经嵴发育命运图谱和 *Myf5-Cre/Floxed-EYFP* 小鼠体节发育命运图谱,有力地说明了躯干皮肤 SKP 由体节而非神经嵴发育而来。然而有趣的是,面部 SKP 和躯干 SKP 具备类似的转录图谱、分化潜能及功能属性。更加意外的是,躯干 SKP 尚能够分化为正常的施万细胞,而后者被认为仅由神经嵴发育而来。这意味着,要么施万细胞存在神经嵴细胞以外的其他祖细胞来源,要么就是实验中从 *Myf5-Cre/Floxed-EYFP* 小鼠分离的细胞中含有黑色素细胞系细胞,后者存在于毛囊球部。考虑到转基因技术的有限性,得到的结果需要仔细分析。

在成年小鼠胡须毛囊球部可以分离到一种非 SKP 的神经嵴源多潜能细胞。与 SKP 一样,这种被称为表皮神经嵴干细胞(EPI-NCSC)的细胞在体外能够分化成神经细胞、神经胶质细胞、平滑肌细胞和黑色素细胞。令人惊讶的是,尽管 SKP 和 EPI-NCSC 差异很大,但是初步结果显示,这两种细胞都能够应用于脊髓损伤的治疗。从幼鼠和人类新生儿分离的 SKP 能够被施万细胞诱导因子在体内外成功诱导分化为成髓鞘施万细胞。将 SKP 及其衍生细胞移植到一种碱性磷脂蛋白基因缺陷小鼠(shiverer 鼠)的实验中可以观察到,两类细胞均呈现髓鞘形成表型并与外周神经纤维及中枢神经纤维产生联系。只是这种表型和联系是否具有功能还有待证实。另外,尚不知移植到 shiverer 小鼠内的所有未分化 SKP 中没有与神经纤维产生联系的其他细胞是如何发育的。

从小鼠胡须毛囊分离上皮神经嵴干细胞(EPI-NCSC),经无血清培养基(也就是不含诱导因子)体外扩增培养后,将其移植到另一只小鼠受损的脊髓。与之 SKP 移植试验结果不同,移植的 EPI-NCSC 衍生出中枢神经系统细胞如 GABA 能神经细胞和少突胶质细胞,而不分化为施万细胞。Fernandes 及其同事进行的一项实验也获得了与该 EPI-NCSC 移植实验不同的结果。在 Fernandes 的实验中,研究人员发现移植到中枢神经系统环境中(大鼠海马体组织培养)的未分化 SKP 细胞未能发生迁移也不呈中枢神经系统或周围神经系统神经细胞样改变;而如果移植的是 SKP 衍生细胞,则观察到细胞迁移并呈现周围神经系统神经细胞样表型。这一差异可能是由于 SKP 和 EPI-NCSC 来源不同,抑或仅仅是因为培养基中缺乏施万细胞分化诱导因子。但考虑到有移植实验证实未分化 SKP 细胞能够分化出施万细胞,可排除第二种可能性。有研究证实,将从胡须毛囊分离的 EPI-NCSC 移植到脊髓受损部位可促进脊髓感觉转导通路连接和触觉的恢复。在这项实验中,尽管只有一侧接受了干细胞移植,且没有观察到干细胞迁移到对侧,然而两侧都出现了上述阳性结果。或许这是因为移植的 EPI-NCSC 合成并分泌的神经生长因子、血管生成因子及金属基质蛋白酶,扩散到没有移植干细胞的一侧,这些因子能够减少瘢痕形成。移植到大鼠脊髓受损部位的 SKPs 衍生施万细胞能够促进内源性髓鞘施万细胞的迁移和募集。当然要证明受损脊髓内存在 SKP 和 EPI-NCSC 或者它们的衍生结构且确定它们在体内的功能,尚还有许多的工作要做。实际上,电生理检测显示 SKP 衍生的神经样细胞无电生理功能。唯一令人欣慰的是,没有发现移植的 EPI-NCSC 在脊髓内不受控制增殖,形成肿瘤。

最近,Li 等从人包皮中分离到一种新的真皮干细胞(DSC),并发现其除了能够衍生出表达神经细胞、软骨细胞、脂肪细胞及平滑肌细胞标记物的细胞外,还能够分化出黑色素细胞。当未分化的 DSC 被接种到三维重建人工皮肤内时,DSC 迁移到表皮层-真皮层表面之间位置,并分化为黑色素细胞定位于表皮层内,正常皮肤内黑色素细胞也定位于该处。这一点不同于从人包皮中分离的 SKP,后者不能具有黑色素细胞系分化能力。因而,尽管都是从真皮内分离得到的,这两种祖细胞很可能并非属于同一类。但或许是同一类祖细胞,出现差异只是研究者所用培养条件有利于或不利于黑色素细胞分化所致。事实上也确实如此,Li 等所用培养条件被认为有利于人类胚胎干细胞衍生出黑色素细胞,而上述另一个实验却没有使用这类培养条件。

小鼠皮肤成黑素细胞(神经嵴源黑色素细胞前体)在体外培养时自我更新能力有限,但仍被看作多能干细胞,因为它们能够衍生出 Tuj1$^+$ 细胞、SMA$^+$ 细胞以及 GFAP$^+$ 细胞。许多科学家为证实他们分离的这种细胞确实是成黑素细胞而进行了大量实验:首先用流式分选出 Kit$^+$/CD45$^-$ 细胞,Kit 是成黑素细胞标记物,CD45 是造血细胞标记物;逆转录聚合酶链反应(RT-PCR)的方法定量检测 Kit$^+$/CD45$^-$ 细胞基因表达情况,得到成黑素细胞特定基因扩增产物,而没有检测到神经细胞特定基因扩增产物;谱系示踪分析法也证实了这些细胞是成黑素细胞。尽管如此,还有大约 26% 的细胞不表达另一种成黑素细胞标记物 Mitf,这部分细胞可能由 Kit$^+$/CD45$^-$ 细胞分化而来。最近一项研究证实鸡胚和小鼠胚胎中 Mitf$^+$/Sox10$^+$ 细胞与支配皮肤的神经存在联系。切除法和施万细胞前体(SCP)谱系示踪实验证实,许多施万细胞前体获得了发育为成黑素细胞的能力,后者将发育为皮肤中的黑色素细胞。施万细胞前体到底发育为成熟施万细胞还是成黑素细胞,取决于其与神经纤维的联系状态,并由神经调节蛋白信号介导:SCP 始终与神经纤维保持接触,则将发育成熟为髓鞘施万细胞;而如果脱离这种接触,则 SCP 将衍生为成黑素细胞。坐骨神经部分切除实验很好地证实了这一观点,研究者观察到神经损伤区皮肤内黑色素细胞大量增加。施万细胞前体向成黑素细胞分化的机制尚不明确,但是这或许能够解释为何在之前所述的实验中发现包皮成黑素细胞呈现多向分化潜能。也可能是在分离的成黑素细胞中混杂有施万细胞前体,这些施万细胞前体可能与皮肤神经纤维存在或不存在联系,并保持了分化为神经细胞和非神经细胞的能力。施万细胞前体向非神经细胞分化的潜能意味着可能存在多种类型细胞衍生于这一前体细胞。更重要的是,它将皮肤色素改变与神经功能障碍联系了起来,这将有助于我们理解和诊断皮肤色素沉着病。另外,上述证实成黑素细胞是由施万细胞前体衍生而来的实验,强调了神经嵴细胞发育过程的多阶段性,这是以前的实验所没有关注的。但或许正是这些阶段的可塑性使研究者肯定神经嵴细胞的"干性",尤其是从成年个体分离的神经嵴细胞。

（3）成体其他组织内的神经嵴干细胞:有学者在新生和成年小鼠心脏 SP 细胞群中鉴定出多潜能神经嵴细胞。SP 细胞是一类存在于多种组织内的组织特异性祖细胞,它们通常处于休眠状态。体外培养心脏 SP 细胞能够发育形成与神经球类似的多细胞球形结构-心肌球。这些结构表达干/祖细胞标记蛋白,nestin 和 musashi-1。游离的心肌球能够分化出神经细胞、胶质细胞、黑色素细胞、软骨细胞和肌成纤维细胞。研究观察到,移植到鸡胚内的 DiI 标记心肌球衍生细胞(CDC)能够沿着内源性神经嵴细胞迁移路径发生迁移,并最终定位于周围神经系统参与背根神经节、交感神经节、腹侧脊神经的形成,也能够迁移到心脏参与心脏流出道和锥干部形成和发育。值得注意的是,根据移植部位组织类型的不同,这些心肌球衍生细胞相应地分化。从成年大鼠心脏和人类正常或发生梗死的心肌中分离出的一类 nestin$^+$ 细胞也可能是 SP 细胞。当从成年大鼠心脏梗死部位分离得到这种能够形成球状结构的 nestin$^+$ 细胞,并将其移植到另外一只大鼠心脏梗死区后,发现它们参与形成新的小血管,考虑到其阳性表达 SMA,推测这可能与其分化为血管平滑肌细胞有关。这一能够参与心脏损伤修复的心肌祖细胞具有意义非凡的治疗应用前景。

幼年和成年小鼠角膜中也存在多潜能神经嵴祖细胞。角膜是位于眼球前壁的一层透明组织,起传播和折射光线作用,以使光线正常投射到视网膜。角膜基质层是角膜各层中最厚的一层,由脑神经嵴衍生的角膜基质细胞分泌的细胞外基质组成。角膜基质细胞终生具有修复角膜的能力,这种终生修复能力或许与它们的来源细胞—神经嵴细胞的干细胞样特性有关。已有人利用鸡胚/鹌鹑胚移植实验证实了角膜基质细胞的多潜能性。研究者们从鹌鹑晚期胚胎中分离获得角膜基质细胞,然后将其移植到早期鸡胚预定脑神经嵴部位,结果显示移植的鹌鹑角膜基质细胞按照脑神经嵴细胞的迁移途径迁移,并定位于后者富集定位的多个地方,参与宿主角膜、平滑肌及眼眶骨骼肌的形成和发育。随后从成年小鼠角膜内成功分离出多潜能角膜基质前体细胞,证实神经嵴源角膜基质细胞修复能力与其多潜能性有关。

多潜能角膜基质前体细胞因其角膜来源而被称为 COP(cornea-derived precursors),并利用 P0 和 Wnt1-Cre/Floxed-EGFP 转基因小鼠模型证实了其神经嵴来源。与已知其他多潜能神经嵴祖细胞一样,单个 COP 在体外培养条件下能够形成球形结构,且能够反复传代(18 次以上),提示其具备自我更新能力。另外,COP 能够自分化为角膜基质细胞、成纤维细胞及肌成纤维细胞,且尚能够被诱导分化为脂肪细胞、软骨细胞及神经细胞,体现了其多潜能性。从幼鼠角膜内也分离得到了一种与神经嵴源祖细胞类似的具备自我更新和多向分化能力的细胞。然而在随后实验中,研究人员从成年小鼠角膜内分离不到神经嵴源祖细胞。合理的解释或许是,随着小鼠发育在眼睑睁开前后—即幼鼠期和成年期—小鼠角膜内存在不同类型的祖细胞;当然也许只是分离过程采用的技术差异所致。

在成年小鼠颈动脉体(CB)内也发现了一种类神经嵴源干细胞,且发现这类细胞具备神经样功能。颈动脉体位于颈总动脉分叉处,是由神经嵴源交感神经系细胞构成的一种氧分压感受器。颈动脉体具有高度适应性,缺氧时能够增大其体积,而待到恢复正常氧分压时又恢复到原来大小。Pardal 等从颈动脉体内分离到一种能在体外培养条件下形成神经球的细胞。体内外实验均证明这种细胞能够自我更新,且能够分化为神经细胞(如多巴胺能神经细胞)和 SMA$^+$ 细胞。利用小鼠 Wnt1-Cre-驱动重组技术进行命运图谱分析所得结果显示,Pardal 等分离的细胞确实起源于神经嵴。颈动脉体内存在两种主要的细胞,即成熟的脉络球细胞(TH$^+$)和 II 型支持细胞(GFAP$^+$,nestin$^-$)。II 型支持细胞很快转化为中间祖细胞,后者进一步衍生出成熟的 TH$^+$ 脉络球细胞。尽管说与神经嵴祖细胞具有同样的多向分化潜能,实际上颈动脉体来源祖细胞的分化能力相对更弱。比如说其能够分化为神经细胞和 SMA$^+$ 细胞,但并非意味着这些 SMA$^+$ 细胞就一定是平滑肌细胞。相反,神经嵴祖细胞却能够分化为神经细胞、胶质细胞及肌成纤维细胞。尽管如此,这项研究的结论却提示颈动脉体祖细胞具备在组织工程和组织修复领域的应用及治疗潜力。脉络球细胞能够释放大量多巴胺,已被用于移植试验以治疗帕金森病,并取得了令人满意的结果。该方法的缺陷在于用以分离脉络球细胞的组织来源有限。因此,通过体外培养使颈动脉体祖细胞分化成脉络球细胞的方法或许能够解决这一组织来源不足的问题。

在成年大鼠腭部也分离到具备干细胞特征的神经嵴细胞,并将其称为腭神经嵴相关干细胞(pNC-SC)。pNC-SC 既表达神经干细胞标记物如 Nestin 和 Sox2,也表达神经嵴细胞标记物如 P75、Slug、Twist 及 Sox9。视黄酸能够诱导 pNC-SC 分化成 Tuj1⁺ 神经细胞,而胎牛血清能够诱导其分化为具有典型胶质细胞形态的GFAP⁺细胞。该作者没有提及是否 pNC-SC 可分化为除上述细胞以外的其他类型的细胞。在该实验中,研究人员还从人腭中分离出了表达干细胞标记物 Nestin 和 Oct3/4 的细胞,没有证实其自我更新能力和多潜能性。尽管这一发现令人兴奋,但是还需开展进一步实验以证实其神经嵴来源,以及是否具备干细胞/祖细胞特征的任意一种,比如自我更新能力和多向分化能力。

6. 影响神经嵴干细胞分化的主要因素　目前的研究发现,影响神经嵴干细胞分化的主要因素可能包括以下几方面:

(1) 影响其分化的基因:影响神经嵴干细胞分化的基因很多,体内的研究方法主要是通过敲除小鼠的某个特定基因或使某个特定基因发生突变完成。目前确定,有两种核转录因子参与神经嵴干细胞的分化,这两种转录因子分别为 HAND 和 MASH1。均属于螺旋-折叠-螺旋结构的蛋白,在神经嵴干细胞的发育和分化中发挥重要作用。MASH1 是神经嵴干细胞向自律神经元分化所必需的。从大鼠胚胎的肠中分离获得肠神经嵴干细胞表达 MASH1 并分化为自律神经元,随着时间的推移,MASH1 的表达逐渐降低,细胞分化能力也随之减弱。内皮素受体(ETAr)可影响神经嵴干细胞的发育,内皮素受体基因缺陷型小鼠具有起源于脑神经嵴干细胞的颅面部和心脏神经嵴干细胞来源的心血管流出道的畸形,而在正常的有 ETAr mRNA 表达小鼠中,没有这种现象。ETAr 可能是通过其下游靶分子 Goosecoid 来发挥作用的。

(2) 影响其分化的因子:神经嵴干细胞生物学的研究证实,神经嵴干细胞随着局部微环境的改变向不同的方向分化,成体局部微环境对神经嵴干细胞定向分化为特定细胞具有诱导作用。其中,特定组织专一性基因表达产物是关键性活性调节分子。神经调节蛋白1(NRG1,如 glia growth factor,GGF)主要通过抑制其向神经元方向分化,从而促进干细胞向神经胶质细胞的分化,并且可调节髓鞘的厚度;骨形成蛋白(bone morphogenetic proteins 2/4,BMP2/4)、脑源性神经生长因子(brain derived growth factor,BDGF)可促进神经嵴干细胞向神经元方向分化;转化生长因子(transforming growth factor β,TGF-β)可促进神经嵴干细胞向平滑肌细胞的分化;而神经营养因子3(neurotrophin 3,NT-3)则可充当分裂原的作用,影响神经嵴前体细胞的存活和分化。神经营养因子不仅仅是神经元的存活因子,在未分化的神经嵴干细胞中,它还可以是细胞生长和分化的诱导剂。另外,一些造血因子,如白血病抑制因子(LIF),具有诱导其向神经元细胞分化的活性,同时也是神经元的一种长效存活因子。在神经嵴干细胞的体外培养中,外源性的成纤维细胞生长因子(FGF)和表皮细胞生长因子(EGF)可刺激多潜能的神经嵴前体细胞增殖并且维持其细胞特性。胶质源性神经营养因子(GDNF)及受体对于迷走神经神经嵴来源的肠神经系统的发育起决定性的作用,其作用通路中任何一个发生突变都可造成肠神经的缺失,在人类被称为 Hirschsprung's 病。

将神经管基平板接种到包被过的塑料皿上,NCSC 从神经管背侧迁移形成所谓的神经嵴外植体。随后,这些细胞被胰蛋白酶消化并在加有特异性生长因子在培养基以单细胞克隆密度铺平。在离体系统中,加有胎牛血清和(或)鸡胚提取物导致几种神经嵴来源的细胞系形成混合克隆。相反,加有诱导性生长因子则导致特异性的细胞系的产生。例如,TGF-β 促进非神经类细胞(如平滑肌细胞)生长,BMP2 通过上调碱性helix-loop-helix(bHLH)转录因子 Mash-1 的表达促进自主类神经发生。NRG 亚型促进胶质细胞再生,Wnt 信号能诱导感觉神经的发生。但决定黑色素细胞和软骨细胞的特异性生长因子仍然没有确定(图 8-5)。

(3) 细胞外基质:细胞外基质是分布于机体细胞间由多种蛋白质和多糖分子组成的网络结构,也是细胞生存和发挥功能的基本场所。组成细胞外基质的大分子主要有胶原、弹性蛋白、蛋白多糖和非胶原类糖蛋白四大类,其成分随发育过程而发生变化。细胞外基质在引导神经嵴细胞的迁移和定位中发挥作用。研究最多的是纤维粘连蛋白(fibronectin,FN)和层粘连蛋(laminin,LN)。在神经嵴干细胞迁移出神经管后,FN 表达增强,细胞会以整合蛋白依赖性方式黏附于 FN 上,从而便于细胞的定向迁移。采用整合素反义寡核苷酸阻

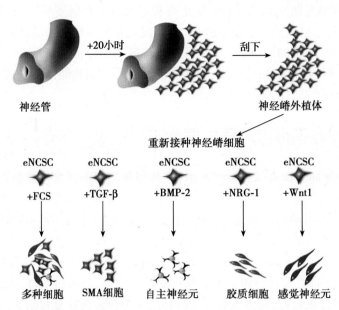

图8-5 指导性生长因子的调节在胚胎神经嵴干细胞命运,体外培养系统中用于分离胚胎神经嵴干细胞(neural crest stem cell,NCSC)示意图

断其表达,导致脑神经嵴干细胞出现迁移障碍。研究方法一般是通过将神经管组织块或神经嵴干细胞种植到预先用细胞外基质包被的器皿甚至直接接种到三维的胶原凝胶中,细胞外基质分子可将神经嵴干细胞从神经嵴中释放出来,并引导其迁移。

7. 神经嵴干细胞的可塑性与移植

(1) 神经嵴干细胞的可塑性:神经嵴干细胞生物学的研究证实,神经嵴干细胞随着局部微环境的改变向不同的方向分化,成体局部微环境对神经嵴干细胞定向分化为特定细胞具有诱导作用。已证实的有 EGF、bFGF 能促进神经嵴干细胞增殖,LIF 能够维持其干细胞状态,脑源性神经生长因子(brain derived nerve growth factor,BDNF)、骨形成蛋白(bone morphogenetic protein2/4,BMP2/4)能促使其向神经元方向发展,而神经调节蛋白 1(neuregulin,NGR1)主要通过抑制其向神经元方向分化,进而促进干细胞向神经胶质细胞分化,且可调节髓鞘的厚度。这些分化信号存在于神经嵴干细胞迁移前、迁移中或迁移后的任何时期,并且不同区域的神经嵴干细胞的分化方向是相互交叉的。研究表明,每一种亚群的细胞都至少有两种分化潜能。

通过体外试验,许多信号分子直接影响神经嵴干细胞的特定分化模式。如 Notch/Delta 和 Neureg-ulin 1 信号直接诱导细胞向胶质细胞分化,即使在强烈的神经细胞诱导信号 BMP 信号分子存在情况下,亦是如此。

(2) 迁移后的神经嵴干细胞:既然神经嵴代表一个暂时的胚胎细胞群,我们假定 NCSC 代表"体外干细胞",类似于从分裂球中分离出的胚胎干细胞,在培养时显示干细胞特性,但它只在生物体中短暂出现。在胚胎神经嵴迁移后的靶器官中仍能发现 NCSC 样细胞,如坐骨神经、背根神经节(DRG)、肠道和皮肤(图8-6)。

(3) 神经嵴干细胞的移植:既往人们认为,神经系统一旦发育成熟就不能再生,神经元的分裂便宣告结束,神经系统损伤或变性后,相应支配区域的功能难以恢复。周围神经损伤后,再生轴突如果没有及时到达靶器官,则可引起运动终板以及感觉器的退变,还有肌肉萎缩。若对损伤神经进行端侧吻合,当受损神经近

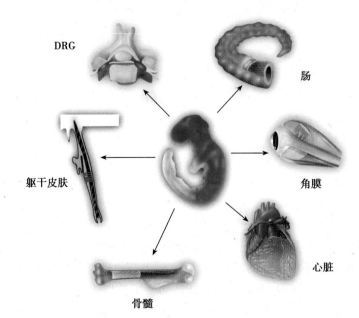

图8-6　迁移后的 NCSC

在成人的有机体包含几种不同的组织细胞具有自我更新能力和分化潜能,类似在胚胎发育过程中的神经嵴细胞。在背根神经节(DRG)、肠、角膜、心脏、骨髓和皮肤中已有 NCSC 的描述。在肠道,NCSC 与黏膜下神经丛、肠肌丛和外侧的肌层相关联。在角膜,神经嵴来源的细胞特点是位于角膜的基质与上皮。在心脏,NCSC 集中出现在流出管道和肌肉内,以及心室外膜下层和前房壁。在骨髓,紧密联系在骨髓表面。在皮肤,NCSC 主要在毛囊隆突部和毛囊神经末梢周围

端再生纤维未生长至远端时,正常神经干的再生纤维先期支配则有利于防止终板退变以及肌肉萎缩。21世纪,干细胞的发现给人们带来许多新思维,它不仅可以自我更新,而且还可以分化成为体内不同类型的细胞,为再生医学带来了新希望。将边界帽(boundary cap)来源的神经嵴干细胞移植入离断的坐骨神经共培养时,可发现神经嵴干细胞形成大量成熟的 SC,进而改善神经再生的微环境,促进周围神经再生和功能恢复,并进一步分化形成新轴突,支配受损神经靶器官,以防止靶器官的萎缩。

第三节　周围神经干细胞与再生医学

外周神经的损伤很常见,接近3%的外伤患者会同时伴有外周神经的损伤,外周神经损伤通常会导致长期的神经功能障碍。在未经治疗的情况下,成纤维细胞会侵入患处形成瘢痕组织,使近端轴突芽生形成纤维瘤(神经瘤)。正常情况下,通过神经再生形成正常数量的轴突和完全恢复功能是很罕见的,只有相对微小的损伤才可能出现这种情况。另外,随着神经再生长度的增加,损伤恢复的概率相应减小。但如果能通过外科手术将受损神经的断端缝合,那么恢复的概率就会更高。同时,因为施万细胞所表达的促再生分子具有轴突依赖性,所以神经修复手术应尽早进行,以促进轴突的生长和延伸。如果损伤超过 1 个月,施万细胞就会萎缩,并丧失表达这类分子的能力。如果神经缝合后存在张力,就会影响神经的再生。神经损伤修复目前采用的仍是神经移植,主要为自体移植或者是人工材料,但存在取材困难和恢复程度有限的问题,而细胞移植治疗周围神经损伤展现了一定的应用前景。

一、神经干细胞治疗周围神经损伤

周围神经受挤压或牵拉时造成神经干营养血管闭合,引起局部血运障碍,神经缺氧,导致神经失能或功能障碍等。但因神经轴突的连续性和完整性,使损伤后数周或数月内仍可逆转,预后良好。若遭受较严重的损伤可导致神经断裂,轴突连续性中断,损伤局部出现炎症反应。表现在损伤近端 SC 代谢增强、增殖加快,分泌多种胞体生存所需的神经生长因子(nerve growth factor,NGF),并保护胞体。神经断裂后数小时,轴突开始以出芽形式再生,新生轴突内充满微管,伴有神经微丝、线粒体和管泡结形成生长锥(growth cone)。损伤的远端发生瓦勒变性(Wallerian degeneration)表现为:①轴突溃变:神经干断裂使轴运输中断,导致细胞质凝聚,细胞发生液化,轴突脱髓鞘溃变;②SC 增殖形成 Bungner's 带神经断裂后,SC 分裂增殖加快,吞噬清除溃变的轴突碎片,并与神经内膜管共同形成 Bungner's 带,为新生的轴突提供向远端推进的通道。

受损神经的再生具有以下特点:①具有一定的再生能力,受损后神经断端若能及时紧密连接损伤两端,再生的轴突可从近端通过损伤区长入远端;②再生的神经纤维在引导下定向生长抵达远端的靶器官;③同种类型的神经纤维束对接吻合,再生神经的功能才能得到较满意的恢复。

如何促进周围神经的再生,最大限度地恢复其功能是一直困扰临床的难题,同时也是周围神经损伤修复的基础和临床研究的热点。参与再生主要的细胞有:嗅球成鞘细胞、施万细胞、骨髓基质干细胞、神经嵴干细胞和神经干细胞等。

1. 神经自体移植　目前,感觉神经自体移植是神经再生的金标准,如股神经的腓肠或隐静脉分支。感觉神经自体移植可用于修复缺损长度小于 1cm 的神经裂隙。在支持神经元轴突类型上,神经内膜管具有一定的特异性。相比运动神经和混合神经自体移植物,感觉神经自体移植促进混合神经再生的效果要差一些。但运动神经或混合神经自体移植的问题是会造成原支配区域的功能缺陷。此外,外科医师已经将注意力转向了其他组织,如冷冻干燥的肌肉、血管和肌腱等的自体移植,但是即使将培养的施万细胞与以上这些组织共同移植,也无法和神经的自体移植相媲美。现在的研究者致力于多种类型的生物材料管及细胞或可溶因子添加物的研发。

2. 细胞移植　从外周神经获取施万细胞并与生物神经管共同移植可以改善神经的再生,但效果没有神经自体移植好。另外从患者身上获取施万细胞是不切实际的,所以有研究用由其他种类细胞转分化而成的施万细胞用作移植细胞,包括骨髓基质细胞、皮肤干细胞、毛囊干细胞和脂肪干细胞。用 GFP 标记从骨髓基质细胞分化成的施万细胞,然后将其加入聚羟基丁酸酯神经管中,结果可以修复断裂长度为 1cm 的大鼠坐骨神经,或者也可以使用未分化的骨髓间质细胞来连接。据报道,以上两种方法都可以使轴突的再生长度增加。有研究人员将骨髓间质细胞诱导分化成的施万细胞与壳聚糖凝胶海绵复合,用于修复断裂为8mm长的大鼠周围神经,发现可以促进轴突再生和髓鞘形成。

新生儿真皮中发现的皮肤源性前体细胞(SKP),是一种神经嵴相关细胞,在神经嵴调控信号如神经调节蛋白的影响下,可以在体外分化成施万细胞。将分化成的施万细胞移植到外周神经损伤的的野生型小鼠或先天髓鞘碱性蛋白缺失的shiverer突变小鼠体内,可以使损伤的轴突重新获得髓鞘化。存在于大鼠毛囊外根鞘的隆突部和皮脂腺中间的毛囊外根鞘细胞,可以转化为一种巢蛋白表达阳性而角蛋白15表达阴性的毛囊干细胞。这种干细胞可在体外分化成神经元、神经胶质细胞、角质化细胞、平滑肌细胞和黑色素细胞。把这种干细胞移植入断裂长度2mm的大鼠坐骨神经断端后,它们可以首先分化成施万细胞,起到促进轴突再生和神经功能恢复的作用。随后,有人将起源于人头皮毛囊干细胞的神经球移植到断裂长度2mm的大鼠坐骨神经断端,8周后评估腓肠肌收缩功能的恢复情况,发现人头皮毛囊干细胞可以在体内分化成施万细胞,促进神经的再生。

脂肪源性干细胞在含有成纤维生长因子-2和表皮生长因子的培养液中可以聚合形成神经球。当去除生长因子并解离神经球,这些细胞会表达出施万细胞的特异标志,具有刺激培养的背根神经节神经元轴突的生长的能力。与单独使用Matrigel基质(大鼠肉瘤细胞分泌的一种蛋白的胶状混合物)相比,将用Matrigel基质培养的脂肪源性干细胞移植到大鼠腓神经的断裂处,可以更好地促进运动和感觉功能的恢复,但恢复效果并不比接受维生素B_{12}治疗的阳性对照组好。这种促进效果是通过脑源性神经营养因子(BDNF)的分泌实现的,而BDNF中和抗体可以对这种效果产生干扰作用。McKenzie等报道运用YFP(黄色荧光蛋白)标记皮肤源性前体细胞,发现这些细胞可以在体外形成神经球,能分化成施万细胞,可以使再生的轴突髓鞘化,可以在野生型小鼠或shiverer突变小鼠的神经再生实验中见到这种效果。

嗅鞘细胞(OEC)因为其潜在的促神经再生的能力被密切关注。对大鼠坐骨神经横断伤实验模型进行神经显微修复后,在吻合线两侧注射嗅鞘细胞,发现细胞不仅能够存活,并能够形成一种髓磷脂包裹住再生的轴突。从而再生轴突的神经传导速度加快,改善了实验大鼠的行走能力,提高了再生轴突的效果。在类似实验中,实验组小鼠的一组用嗅黏膜覆盖修复神经的表面,而对照组则使用呼吸道黏膜。2个月后,向腓肠肌注射DiI(细胞膜红色荧光探针)进行逆向荧光追踪。发现实验组小鼠被标记的运动神经元的数量要比对照组多1.5倍。提示嗅黏膜有促进神经再生的效果,但是再生的神经元数量只有假手术组的60%。

虽然干细胞移植存在很多争议,但是由干细胞转分化成施万细胞的研究还是引起研究人员的极大兴趣。值得注意的是,Nagoshi等用神经嵴特异性遗传标记的方法,标记大鼠的骨髓干细胞、背根神经节干细胞和触须垫毛囊干细胞,发现这些干细胞都有形成神经球的能力,都有分化成神经元和神经胶质的潜能。背根神经节干细胞形成神经球的概率最高(0.75%),然后是触须垫毛囊干细胞(0.55%),骨髓干细胞成球的概率较低(0.3%)。这一发现揭示了皮肤、毛囊和骨髓源性的神经嵴干细胞可以成为神经元和神经胶质细胞的来源。虽然最终没能发现这些干细胞转分化成神经胶质,或者失去表型特征前进行部分重编程,但可以确定的是它们能通过旁分泌途径促进轴突再生。

既然我们知道可以通过施万细胞来增加生长因子产物,促进周围神经损伤后的轴突再生,那么,发现其他可以促进轴突延伸的因子也很重要。例如对于低温损伤的大鼠坐骨神经来说,抗焦虑药依替福辛可以加快轴突再生和功能恢复。遗憾的是,无论是细胞、生长因子或其他加到神经生物管内的分子,都没有证据表明能比神经自体移植的效果好。

二、神经嵴干细胞的治疗应用

成体干细胞的发现促使研究人员着手研究这些细胞在再生医学领域的应用潜能。间充质干细胞成为该领域的焦点,因为体外实验证实它们具备自我更新能力,且能多分化为多种间质细胞,包括骨细胞、软骨细胞和脂肪细胞。

周围神经损伤后致使支配区域的感觉及运动障碍,常常导致肌肉瘫痪、萎缩,甚至留下终生残疾,寻找比较理想的治疗方法一直是当今创伤外科和康复医学等学科的研究热点。神经干细胞用于治疗的机制可能包括：①患病部位组织损伤后释放各种趋化因子，可以吸引神经干细胞聚集到损伤部位，并在局部微环境的作用下分化为不同种类的细胞，修复及补充损伤的神经细胞。由于缺血、缺氧导致的血管内皮细胞、胶质细胞的损伤，使局部通透性增加，另外在多种黏附分子的作用下，神经干细胞可以透过血脑屏障，高浓度地聚集在损伤部位。②神经干细胞可以分泌多种神经营养因子，包括 NGF、BDNF、胶质细胞源性生长因子（glialcellline-derivedgrowthfactor，GDNF）、NT-3、血管内皮生长因子（vascular endothelial growth factor，VEGF）、肝细胞生长因子和睫状神经营养因子，促进损伤细胞的修复。③神经干细胞可以增强神经突触之间的联系，建立新的神经环路，实现髓鞘再生。④直接取代或介导移植神经元取代坏死神经元。

由于神经嵴干细胞广泛的潜能性，从适当组织中分离 NCSC 的可能性，以及最近由人胚胎干细胞和诱导多能干细胞（iPSC）中获取类 NCSC 细胞的成功，科学研究证明了神经干细胞的定向分化性，使修复和替代死亡的神经细胞成为现实。为了减少神经损伤的后遗症，延缓或抑制疾病的进一步发展，取得更好的恢复效果，从根本上修复和激活死亡神经细胞是十分必要的。都使得 NCSC 成为研究干细胞生物学的发展及疾病的一个理想的模型系统。

间充质干细胞最初被发现存在于骨髓，随后被发现尚存在于其他组织中，包括脂肪细胞、脐带血和牙组织。这些非骨髓组织 MSC 源或许比骨髓源更有前景，因为从这些组织获取 MSC 无须侵袭性操作。迄今为止，研究者已从人类牙组织分离得到五种不同的 MSC 样细胞，即牙髓干细胞（DPSC）、乳牙牙髓干细胞（SHED）、牙周膜干细胞（PDLSC）、根尖牙乳头干细胞（SCAP）和牙囊前体细胞（DFPC），并证实了这些细胞具有自我更新能力和多系分化潜能，只是其更倾向于分化为牙源性细胞。上述五种 MSC 样细胞都来源于牙间充质，而后者被认为由脑神经嵴发育而来。虽然特有的预定命运图谱分析实验迄今尚未完成，但众所周知，牙间充质组织以及外胚层口腔上皮细胞和脑神经嵴源间充质细胞之间的相互作用对确保牙齿正常的发育很重要。因此，牙间充质干细胞可能具有与神经嵴细胞源祖细胞类似的特性。

除了再生牙组织的能力，有研究显示人牙源间充质干细胞尚具备再生神经细胞的功能。经适当诱导，牙髓干细胞能在体外分化成功能性神经元细胞，然而移植到鸡胚胎时，可引起受体自身牙髓干细胞分化成神经元样细胞。在另一项以鸡为受体的研究中，研究者观察到移植的人牙髓干细胞能够诱导三叉神经节神经元轴突向移植部位生长。然而，作者并没有提到移植的牙髓干细胞是否能也分化成了神经元样细胞。将人乳牙牙髓干细胞移植到大鼠帕金森病模型的实验中，研究人员观察到，模型的部分行为缺陷有所改善。研究人员将这种行为改善归因于人乳牙牙髓干细胞分化成了多巴胺能神经元细胞，因为移植后受体多巴胺水平升高。虽然尚不成熟，但这些结果表明牙齿间充质干细胞或许能用于神经系统疾病的干细胞治疗。这些细胞的优点在于它们的分离过程侵入性操作以及在整个成年期都能够获得。然而，因为乳牙牙髓干细胞存在于脱落的乳牙内，所以自体移植将需要从幼年时期就开始将这些细胞分离和储存。这一策略的问题在于，长期存储对这些细胞的影响尚未被研究。但牙间充质干细胞易于分离和多向分化潜能的优势，吸引了很多的研究者关注，且极有可能在不久的将来取得可喜的成果。

自体细胞在再生药物的研制中具有较大的潜力，这些用来治疗的细胞必须有适当的细胞来源。通过内镜收集嗅球的多能干细胞，该操作难度和风险下降，明显优越于通过外科手术采集小脑神经干细胞。收集糖尿病鼠海马回和嗅球的神经干细胞，在体外置于含有重组 Wnt3 蛋白和抗 IGFBP-4 的抗体成分的培养基中培养，待神经干细胞的胰岛素表达能力增强后移植回糖尿病小鼠，发现移植细胞开始表现出胰腺 β 细胞的一些主要特点，这表明移植的神经干细胞对胰腺环境信号产生应答，发动其表达胰岛素产物调节器的内在能力。移植的神经干细胞可以存活很长时间，甚至在移植后 10 周仍持续产生胰岛素，且产生的胰岛素具有降低血糖水平的生物活性。移植后 15～19 周后移除移植细胞，则发现血糖水平再次升高。以上说明将神经干细胞移植到胰腺是治疗糖尿病的有效手段。

三、影响神经嵴干细胞在再生医学中应用的相关因素

细胞因子与神经干细胞的增殖、分化密切相关。不同的细胞因子在神经干细胞的诱导分化中起重要作用，但尚没有一种细胞因子能在体外将神经干细胞全部诱导分化为所需的功能神经细胞，参与神经干细胞诱导分化的细胞因子有白细胞介素类，如 IL-1、IL-7、IL-9 及 IL-11 等。神经营养因子对神经干细胞分化到终末

细胞的整个过程均有影响。

神经干细胞已表现出分化神经元的特性。生长因子类，如表皮生长因子、神经生长因子及碱性成纤维细胞生长因子等也影响神经干细胞的分化。神经干细胞对不同种类、不同浓度的因子，以及多种因子联合应用的作用各不相同，在神经干细胞发育分化的不同阶段，相同因子的作用也不同。如在表皮生长因子及碱性成纤维细胞生长因子存在的条件下，胚胎神经干细胞主要向神经元、星形胶质细胞和少突胶质细胞分化，而出生后及成年的脑神经干细胞，则无论是否有表皮生长因子及碱性成纤维细胞生长因子，都主要分化为星形胶质细胞。这些研究提示，表皮生长因子及碱性成纤维细胞生长因子对神经干细胞向功能细胞的诱导分化是复杂的。

信号转导在神经干细胞分化中十分重要。作为一种信号转导途径，Notch 信号转导系统尚未完全阐明。目前认为，Notch 受体是一种整合型膜蛋白，是一个保守的细胞表面受体，它通过与周围配体接触而被激活，其信号转导途径开始于 Notch 受体与配体结合后其胞质区从细胞膜上脱落，并向细胞核转移，将信号传递给下游信号分子。该途径的信号传递主要是通过蛋白质相互作用，引起转录调节因子的改变或将转录调节因子结合到靶基因上，实现对特定基因转录的调控。当激活 Notch 途径时，干细胞进行增殖，当抑制 Notch 活性时，干细胞进入分化程序。这些研究结果表明，找到调节 Notch 信号途径的方式，就可能通过改变 Notch 信号来精确调控神经干细胞向神经功能细胞分化的过程和比例。此外，Janus 激酶信号转导递质与转录激活剂（JAK-STAT）信号转导系统也参与干细胞的调控。

神经嵴干细胞应用中存在的问题：建立的神经嵴干细胞系绝大多数来源于鼠，而鼠与人之间存在着明显的种属差异；神经嵴干细胞的来源不足；如何避免部分移植的神经嵴干细胞发展成肿瘤细胞；神经嵴干细胞转染范围的非选择性表达及转染基因表达的原位调节；利用胚胎干细胞代替神经嵴干细胞存在着社会学及伦理学方面的问题等。

神经嵴干细胞的来源、分离、培养及鉴定还有许多工作要做，进一步认识神经嵴干细胞的本质和控制分化基因，通过调控靶基因，可以从神经嵴干细胞诱导产生特定的分化细胞来满足各种需要。横向分化的发现对神经嵴干细胞的研究和应用具有重要意义，人们可望从自体中分离诱导出神经嵴干细胞，有可能解决神经干细胞的来源问题，神经干细胞的应用将有广阔的前景。

四、神经嵴干细胞与组织工程

近年来，随着组织工程的迅速发展，其在周围神经修复方面有了广阔的空间。采用组织工程技术修复周围神经缺损主要涉及外源神经营养因子、种子细胞及神经支架材料等方面。种子细胞包括施万细胞和骨髓间充质干细胞、骨骼肌干细胞、神经干细胞、胚胎干细胞等。其中对于施万细胞的研究较多。施万细胞存在于周围神经系统，其分泌物能够显著支持人类神经干细胞生长并诱导大多数干细胞分化成神经元，对促进周围神经的生长发育、再生和修复起到重要作用。常用的神经支架有自体移植物和生物工程材料。

因为，从一个胚胎只能获得有限数量的 NCSC 细胞，大多数生化和相关研究是困难的，如果可能，可以直接开展 NCSC 分离工作。因此，尽管最近的成就还集中在 NCSC 的扩增培养，但寻找神经嵴的替代来源已经成为许多实验室的研究焦点。尤其是，越来越多的报告证明从老鼠和人类胚胎干细胞中可得到神经嵴诱导物和（或）神经嵴衍生物。这些研究中大多数都失败了，然而，获得长期限的细胞培养类似于内源性神经嵴细胞。

通过使用有效的神经莲座状的培养法可由人类胚胎干细胞得到多能神经嵴干细胞衍生物，其中，该培养法是通过与 MS5 间质细胞系共培养获得的神经细胞方向诱导。本研究实现了预期的基于 p75NTR 的表达来识别神经嵴样细胞，接下来可进行克隆分析。用 FGF2 和 BMP2 生长因子诱导，人类胚胎干细胞可生成大量的 p75NTR 阳性表达的神经嵴多能干细胞，并可继续分化为神经细胞、神经胶质细胞和肌纤维细胞。这些细胞也能分化为脂肪细胞、软骨细胞和成骨细胞谱系。通过添加 FGF2 和 EGF 可延长 p75NTR 阳性细胞的培养增殖期限。从人类胚胎干细胞也可得到类神经嵴样多能干细胞衍生物。这些与 PA6 细胞系共培养的胚胎干细胞具有 p75NTR 阳性表达，并可生成神经元、神经胶质和表达平滑肌肌动蛋白（SMA）的细胞。这些原则是否可以应用到老鼠的胚胎干细胞还有待进一步研究证实。培养具有 NCSC 特性的人类细胞为构建人类疾病模型提供了一个令人兴奋的新途径。事实上,有学者已将此原则应用到取自人类家族性自主神经异常患者的 iPSC 上,该疾病的特征是自主和感觉神经元的递减。使用该系统,神经发生和迁移缺陷患者的前期神经嵴表现可被查知,并可采用适当的药物进行治疗。因此,"诱导多能性"细胞技术可以为人类神经疾病的发病机制研究和治疗提供新的视角。

小 结

能够从胚胎时期分离获得具有多能性和自我更新能力的神经嵴细胞,是细胞生物学领域的一项开拓性发现。也可从成年个体组织获得神经嵴祖细胞,既具备来源丰富,避免了使用胚胎干细胞的伦理问题,以及异体移植的排斥问题,又符合非侵入性分离的要求。极为重要的是,发现在成年个体皮肤中也存在具有高度多能性和自我更新潜力的神经嵴祖细胞,因为皮肤组织来源丰富。但是,进一步了解神经嵴祖细胞的多系细胞分化能力,尚有许多工作需要做。特别是需要开展更多的体内实验,以剖析移植的细胞与不同组织环境的相互作用,因为除了表皮,其他组织内的神经嵴祖细胞壁龛尚未被描述。从胚胎干细胞衍生神经嵴祖细胞的做法,也是该领域的一个突破,因为它解决了从单一的个体获取细胞数量有限的难题。但使用人胚胎干细胞依然充满争议。乳牙牙髓干细胞、根尖牙乳头干细胞和牙髓干细胞最近成功地被重编程为 iPSC,为该领域研究人员提供了用于生成 iPSC 的新的来源。此外,研究人员已成功并高效地将纯化的间充质干细胞重编程为iPSC。研究发现间充质干细胞制成的 iPSC 能成功地整合到囊胚,并发育成为正常生长发育的嵌合体小鼠,提示这些细胞具备正常功能。

虽然神经嵴祖细胞的分离和多系细胞分化能力研究已经取得了很大的进展,但仍需谨慎分析这些实验的结果和结论。有一个需要关注的问题是神经嵴祖细胞的纯度。最初人们通过分离从培养的神经管组织中迁移出的细胞中表达 P75$^+$ 的细胞来获取神经嵴祖细胞。然而,利用 *Wnt1-Cre/R26R* 转基因小鼠,Zhao 及其同事证实从培养的神经管组织中迁移出来的细胞中还存在一些非神经嵴细胞。况且,p75 也不是祖细胞的专有标记物,也表达在一些分化细胞上。虽然使用谱系跟踪转基因小鼠为研究人员提供一个分离神经嵴源干细胞更精确的方法,但是依然需要检测神经嵴干细胞发育早期的标记物,用以更加准确地判定其发育阶段。然而,对于与哺乳动物神经嵴细胞诱导分化相关的关键因子和信号通路,人们所知甚少。Wnt、BMP 及 FGF 信号转导通路在决定哺乳动物胚胎内神经嵴细胞谱系发育方向的几种基本的信号。众所周知,这几种信号通路在鸟类、鱼类及两栖类神经嵴细胞的形成过程中起着核心作用。但有一点很清楚,就是在神经干细胞分化成神经嵴细胞后 *Sox* 基因的表达状态改变了:*Sox2* 基因失活,而神经嵴祖细胞的 *Sox9* 基因及随后迁移阶段的神经嵴细胞 *Sox10* 基因活化。这些结果或许能为最终确定与哺乳动物神经嵴细胞形成相关的关键信号提供依据。

胚胎干细胞衍生的神经嵴干细胞需要进一步实验以验证其衍生为分化成熟并有功能的细胞的能力,尤其需要体内实验。然而证实分化后细胞类型时仅使用一个或几个有限的标记物检测得到的结果需要谨慎对待。此外,尽管开展了许多神经嵴祖细胞活体动物移植实验,但几乎所有的这些研究都是在躯干区移植。在其他区域进行这些细胞的移植也尤为重要,如头区移植也可以分化为多种类型脑神经嵴源性细胞。

将体外培养的干/祖细胞应用于细胞治疗需要谨慎对待。有研究显示,小鼠神经嵴源角膜前体细胞经过多代增殖后会发生染色体畸变和抑癌基因(如 *p16* 和 *p21*)表达下调。神经嵴干细胞的生长发育对任何潜在的细胞疗法是相当关键的一个步骤,因而严格地判定这些细胞的长期安全性和稳定性至关重要。很明显,对移植后神经嵴干细胞的长期影响、分化及功能的研究对于圆满地证实其在再生医学领域的实用性至关重要。有报道称神经嵴干细胞在治疗神经疾病中有积极作用,但是并不能促进新的神经元的形成。目前有关神经嵴干细胞永生化问题的研究较少。

综合考虑目前的研究结果可以得出结论,严格地讲,大部分神经嵴细胞其实是祖细胞而非真正的干细胞。然而,很明显一些神经嵴细胞显示出典型干细胞特征:自我更新和多潜能性。虽然神经嵴祖细胞在胚胎中存在时间短暂,但是许多神经嵴细胞在整个胚胎形成发育期间,甚至到成年,始终保持上述两种能力。忽略关于神经嵴细胞是干细胞还是祖细胞的语义之争,重要的是神经嵴细胞及其衍生物在再生医学领域具有重要的临床应用潜能。因此,未来的研究需要深入地探讨明确的功能性分化,避免仅检测一个或几个有限的标记物就匆忙地下结论判定分化结果。另外,对于任何体外实验获得的结果都应在动物模型上进行体内实验以进一步证实。

神经嵴细胞是脊椎动物进化过程中出现的特有的结构。大量的研究者致力于研究它们的发育来源以及如何获得其惊人的能力。毫无疑问这些能力是随着时间的推移逐渐获得的。前文所述探讨神经嵴细胞自我更新和多向分化能力的研究,不仅有利于组织生物工程和修复领域的治疗应用,最终还可能帮助我们揭示神经嵴细胞是如何产生并获得其各项特性的。

近年来,越来越多不同的阶段和位置的多潜能 NCSC 被报道。这些研究结果令人振奋,如鉴定骨髓中的 NCSC,有关"间充质干细胞"表现出神经再生潜力为人们带来一线曙光。另外,这些相似之处究竟是反映了原位细胞的内在特性还是他们在培养过程中获得的相似性尚有待证明。无论如何,最近的发现引发了这样一个问题:这些不同起源的多能干细胞是如何获得类似潜能;动态的渐进性修饰使得细胞在发展演化过程中通过重编程获得干细胞的性质。成人 NCSC 在内环境稳态和组织再生方面的作用,类似于其他干细胞类型。此外,对成体 NCSC 的异常调控可能与神经嵴源性肿瘤的发生有关,如黑色素瘤。解决这些问题似乎是当前 NCSC 研究中最紧迫的任务之一。

(程飚　付小兵)

参 考 文 献

1. Abzhanov A,Tzahor E,Lassar AB,et al. Dissimilar regulation of cell differentiation in mesencephalic(cranial)and sacral(trunk)neural crest cells in vitro. Development,2003,130(19):4567-4579.

2. Achilleos A,Trainor PA. Neural crest stem cells:discovery,properties and potential for therapy. Cell research,2012,22(2):288-304.

3. Aquino JB,Hjerling-Leffler J,Koltzenburg M,et al. In vitro and in vivo differentiation of boundary cap neural crest stem cells into mature Schwann cells. Experimental neurology,2006,198(2):438-449.

4. Bronner-Fraser M. Neural crest cell formation and migration in the developing embryo. FASEB journal:official publication of the Federation of American Societies for Experimental Biology,1994,8(10):699-706.

5. Crane JF,Trainor PA. Neural crest stem and progenitor cells. Annual review of cell and developmental biology,2006,22:267-286.

6. Dupin E,Calloni G,Real C,et al. Neural crest progenitors and stem cells. Comptes rendus biologies,2007,330(6-7):521-529.

7. Dupin E,Sommer L. Neural crest progenitors and stem cells:from early development to adulthood. Developmental biology,2012,366(1):83-95.

8. Gage FH. Mammalian neural stem cells. Science,2000,287(5457):1433-1438.

9. Ham AW,Cormack DH. Histology. 8th ed. Philadelphia:JB Lippincott,1979:614-644.

10. Murakami T,Fujimoto Y,Yasunaga Y,et al. Transplanted neuronal progenitor cells in a peripheral nerve gap promote nerve repair. Brain research,2003,974(1-2):17-24.

11. Keilhoff G,Pratsch F,Wolf G,et al. Bridging extra large defects of peripheral nerves:possibilities and limitations of alternative biological grafts from acellular muscle and Schwann cells. Tissue engineering,2005,11(7-8):1004-1014.

12. Le Douarin NM,Calloni GW,Dupin E. The stem cells of the neural crest. Cell Cycle,2008,7(8):1013-1019.

13. Le Douarin NM,Kalcheim C. The Neural Crest. Cambridge UK:Cambridge University Press,1999.

14. McKay R. Stem cells in the central nervous system. Science,1997,276(5309):66-71.

15. Neirinckx V,Coste C,Rogister B,et al. Concise review:adult mesenchymal stem cells,adult neural crest stem cells,and therapy of neurological pathologies:a state of play. Stem cells translational medicine,2013,2(4):284-296.

16. Stemple DL,Anderson DJ. Isolation of a stem cell for neurons and glia from the mammalian neural crest. Cell,1992,71(6):973-985.

17. 吕红兵,金岩. 神经嵴细胞的特性和培养. 现代口腔医学杂志,2004,18(2):181-184.

18. 杨洁,张菁华. 神经嵴干细胞的研究进展. 医学理论与实践,2011,24(17):2049-2050.

第 九 章

肺脏干细胞与再生医学

呼吸系统来源于胚胎的中胚层和内胚层。呼吸系统由鼻腔、咽喉、气管、支气管和肺组成。呼吸系统的管状部分都具有多层结构,其中包括基底膜内侧的上皮层和外侧的结缔组织层。如果该管状结构具有收缩功能,那么在上皮层和结缔组织间还有平滑肌层。内皮衬里(epithelial linings)来源于内胚层,而平滑肌层和结缔组织层来源于中胚层。每个系统中的上皮细胞都具有各种不同的和非常重要的生理作用,同时对于保持系统的内在结构的完整性也具有重要意义。

肺(lung)是体内一个重要而复杂的器官。不同的解剖部位含有不同的细胞类型,成人肺内共含有 40 ~ 60 种细胞。在生理情况下,成年肺组织的更新非常缓慢,如正常成年大鼠肺细胞更新一次需要 4 个月。由于肺与外界相通的特性,需要经常暴露于有害颗粒和微生物之中,因此,肺组织自身的修复能力对于维持其结构完整性,发挥其正常功能恢复内环境稳态具有重要意义。本章将从肺组织的发育、肺组织的干细胞与再生医学等方面进行介绍。

第一节 肺 的 发 育

一、肺发育分期

肺的发育,一般分为三期,即胚胎期、胎儿期和出生后期(图 9-1)。胚胎期(第 3 ~ 7 周)是肺发育的最初阶段,主要标志是主呼吸道和肺芽(lung bud)的形成。除鼻腔上皮来自外胚层外,呼吸系统其他部分的上皮均由原始消化管内胚层分化而来。胚胎第 4 周时,原始咽的尾端底壁正中出现一纵行浅沟(喉气管沟)。此沟逐渐加深,并从其尾端开始愈合,愈合过程向头端推移,最后,形成一长形盲囊,即气管憩室,是喉、气管、支气管和肺的原基。气管憩室的末端膨大,并分成左右两支,即肺芽,是支气管和肺的原基。肺芽与食管间的沟加深,肺芽在间叶组织间延伸,并分支形成未来的主支气管。叶支气管、段支气管和次段支气管约分别于胎龄 37 天、42 天和 48 天形成。

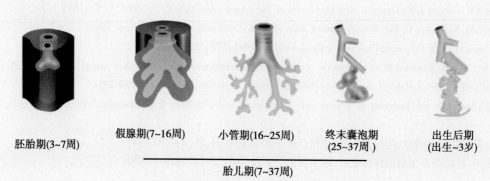

胚胎期(3~7周)　　假腺期(7~16周)　　小管期(16~25周)　　终末囊泡期 (25~37周)　　出生后期(出生~3岁)

胎儿期(7~37周)

图 9-1 肺发育的基本过程

胎儿期又分为假腺期、小管期和终末囊泡期 3 个阶段。假腺期(胚胎第 7 ~ 16 周)主要是主呼吸道的发育到末端支气管的形成。其特点是形成胎肺(包括 15 ~ 20 级呼吸道分支),再分支形成未来的肺泡管。发育中的呼吸道内布满了含大量糖原的单层立方细胞。胚胎第 13 周时随着纤毛细胞、杯状细胞和基底细胞的出现,近端呼吸道出现上皮分化。上皮分化呈离心性,未分化的细胞分布于末端小管,而分化中的细胞分布于近端小管。上叶支气管发育早于下叶。早期呼吸道周围是疏松的间叶组织,疏松的毛细血管在这些间叶组织中自由延伸。肺动脉与呼吸道相伴生长,主要的肺动脉管道出现于胚胎第 14 周。肺静脉也同时发育,只是模式不同,肺静脉将肺分成肺段和次段。在假腺期末期,呼吸道、动脉和静脉的发育模式与成人相对应。小管期(胚胎第 16~25 周)主要为腺泡发育和血管形成。此期是肺组织从不具有气体交换功能到具有潜在交换功能,包括腺泡出现、潜在气血屏障的形成,以及Ⅰ型和Ⅱ型上皮细胞的分化,且 20 周后逐渐开始分泌表面活性物质。腺泡由一簇呼吸道和肺泡组成,源于终末细支气管,包括 2~4 个呼吸性细支气管,末端带有 6、7 级支芽。其初步发生对未来肺组织气体交换界面发育是至关重要的一步。最初围绕在呼吸道周围较少血管化的间叶组织进一步血管化,并更接近呼吸道上皮细胞。毛细血管最初形成一种介于未来呼吸道间的双毛细血管网,随后融合成单一毛细血管。随着毛细血管和上皮基底膜的融合,气血屏障结构逐渐形成。在小管期,气血屏障面积呈指数增长,从而使壁的平均厚度减少,气体交换潜力增加。上皮分化的特点是从近端到远端的上皮变薄,从立方细胞转变成薄层细胞,后者分布在较宽的管道中。因此,随着间质变薄,小管长度和宽度都在增加,同时逐步有了血供。小管期的许多细胞被称为中间细胞,因为它们既不是成熟的Ⅰ型上皮细胞,也不是Ⅱ型上皮细胞。在人类胚胎约 20 周后,富含糖原的立方细胞胞质中开始出现更多的板层小体,通常伴有更小的多泡出现,后者是板层小体的初期形式。Ⅱ型上皮细胞中糖原水平随着板层小体内糖原水平增加而减少,糖原为表面活性物质合成提供基质。终末囊泡期(胚胎第 25 周~足月)主要为第二嵴引起的囊管再分化。此期对最终呼吸道分支形成很重要。终末囊泡在肺泡化完成前一直在延长、分支及加宽。随着肺泡隔以及毛细血管、弹力纤维和胶原纤维的出现,终末囊泡进一步发育成原始肺泡。原始肺泡内表面被覆着内胚层来源的上皮细胞,被认为是肺泡上皮的干细胞。起初,细胞为立方形,即称为Ⅱ型肺泡上皮细胞,以后,部分Ⅱ型细胞变成薄的单层扁平上皮,发育为Ⅰ型肺泡上皮细胞。到出生时,肺泡与毛细血管已相当发达。因此,胎儿一出生即具备可独立生存的呼吸功能。

出生后期又称为肺泡期,是肺泡发育和成熟的时期,也是肺发育的最后一个环节,绝大多数气体交换表面是在该阶段形成的。胎儿出生时肺的发育已基本成熟,但进一步完善发育需到 3 岁。肺泡表面上皮细胞分化,形成很薄的气血屏障是肺发育成熟的形态学标志,从胎儿晚期到新生儿早期肺泡化进展迅速。伴随着肺组织结构的发育成熟,其功能发育亦趋成熟。

二、肺发育的调控机制

肺脏来源于内胚层和中胚层两种不同的组织。肺脏从一个肺芽发育成为一个具有呼吸功能的完整器官,经历了肺原基的出现、气管形成及其与食管的分离、气管分支的形态发生、特定上皮细胞沿近-远端轴分化形成肺脏基础结构、肺泡发生以及远端上皮细胞的分化等极为复杂的发育生物学过程。这些变化既相互交错又有序发生。因此,肺的发育应存在着精细而严格的调控机制。现已研究表明,肺的形态发生与局部微环境内生长因子和形态发生素的作用息息相关(图 9-2)。在肺内,促进肺形态发生的生长因子有成纤维细胞生长因子(fibroblast growth factor,FGF)、上皮生长因子(epidermal growth factor,EGF)、转化生长因子(transforming growth factor,TGF)、骨形态发生蛋白-4(bone morphogenetic protein-4,BMP-4)、血小板源性生长因子(platelet-derived growth factor PDGF)。与肺发育有关的形态发生素有 sonic hedgehog(SHH)和视黄酸。转录因子对系列效应基因表达的时空调节作用是胚胎发育精细调节机制的重要部分。微环境内的形态发生信号通过转录因子对靶基因的调控作用,从而实现胚胎的有序发育。与肺发育相关的转录因子有肝细胞核因子-3(hepatocyte nuclear factor-3,HNF-3)、甲状腺转录因子-1(thyroid transcription factor-1,TTF-1)或 NKX2.1、GATA6、神经胶质核蛋白(glial nuclear protein,GLI)、Hox 簇转录因子、Myc 等。在肺的不同发育阶段,存在着不同的生物活性物质,形成了严格和有条不紊的时空变化规律,共同调控着支气管树的形态发生、肺泡上皮细胞的分化演变和气血屏障的建立。

原基是肺脏形成的基础,它起源于前肠腹侧壁。虽然关于肺原基形成机制的直接资料不多,但愈来愈多

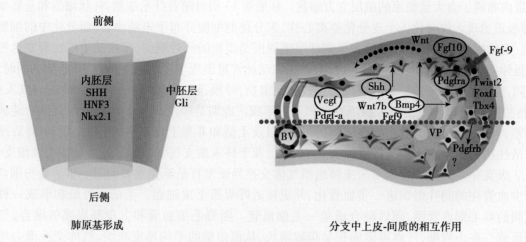

图 9-2　肺发育的调控机制

的研究表明，系列转录因子参与肺原基模式构成的时空调节作用。HNF-3 是报道较早、作用较为明确的转录因子，它们具有与果蝇内叉头（forkhead，fkh）基因家族成员高度的相似性。肺原基的形成限于 HNF-3β 和 HNF-3α 表达的边界内。早在食管和喉气管槽开始分化时，HNF-3β 和 HNF-3α 就开始表达。在完全分化的成体支气管上皮内还保留 HNF-3α 和 HNF-3β 的表达。研究显示，它们调节肺特异性基因的表达，如表面活性蛋白 B。HNF-3 家族的另一成员 HNF-3γ 出现在后肠的分化中，与肝、胃的形态发生有关。因此，区域性特异表达的 HNF-3 基因家族可能形成分子轴向信号，特定指导肠内胚层来源的组织结构内的细胞变化。敲除 HNF-3β，胚胎在肺形态发生前死亡。因此，关于 HNF-3 基因家族激活是否是肺原基形成所必需的，尚无直接证据。最近有研究显示，GLI 在肺原基的发生中发挥重要作用。GLI 转录因子以不同的时间和空间模式表达在肺间质内。GLI2 和 GLI3 联合敲除能明显阻断肺组织的发育。形态发生素 SHH 在种系发生上与果蝇内的 hedgehog 相关，果蝇内的 hedgehog 参与果蝇身体多个部位的形成。SHH 在肺上皮内表达，与间质细胞上的细胞受体作用。SHH 信号通过 GLI 家族转录因子激活发挥促进肺形态发生的作用。有研究显示，SHH 敲除小鼠的肺间质虽有异常，但有肺间质结构的形成，提示 SHH 信号在肺间质的形成中仅发挥部分作用。

同源结构域转录因子 NKX2.1/TTF-1 在肺芽形成的过程中表达在前肠背腹侧边缘，清晰地区分出肺原基和食管原基。目前对于肺原基发育成气管的机制尚了解不多。有研究显示，将 *NKX2.1* 基因敲除，出生小鼠的气管明显变短，并与食管融合。同样的气管-食管表型也发生在 SHH$^{-/-}$、GLI2$^{-/-}$ GLI3$^{+/-}$、视黄酸受体 RAR-α1$^{-/-}$RAR-β2$^{-/-}$小鼠。NKX2.1$^{-/-}$小鼠肺内有 SHH 表达，同样，SHH$^{-/-}$小鼠肺内也有 NKX2.1 表达，提示两者在肺形态发生中的作用是相互独立的，但可能存在功能上的平行关系。在脊椎动物，气管包括了系列表型不同的细胞，如纤毛和非纤毛柱状上皮细胞、分泌细胞（浆液细胞、杯状细胞）。这些细胞沿气管分化和空间构成所需的特定信号和转录因子，尚为完全明确。HNF-3/forkhead homolog-4（HFH-4）表达在支气管上皮内，似乎是肺内纤毛上皮细胞分化所需要的。HFH-4 不是肺特异性的，还表达在胎肾、输卵管和其他胚胎器官内。HFH-4$^{-/-}$的胚胎缺乏整个纤毛发生过程。HFH-4 异位表达可导致远端肺，即富含肺泡上皮细胞的区域出现柱状细胞，说明 HFH-4 是柱状纤毛上皮细胞分化所必需的。

分支是肺形态发生的重要部分。分支的形态发生是依赖于上皮-间质的相互作用，这种相互作用是通过一个复杂的分子网络介导的，包括生长因子、转录因子、细胞外基质蛋白和它们的受体。上皮-间质间相互作用的特性取决于发育信号，后者在单个细胞水平建立了位置信息，基于发育信号，细胞发生行为改变，根据形态发生的位置信息，细胞进行增殖、迁移或分化。形态发生和细胞分化所需要的发育信号需要通过细胞-细胞相互作用的位置信息和细胞-细胞间作用通过激活转录因子而启动特定效应基因表达。上皮-间质相互作用的关键成分包括信号分子和转录因子。在肺上皮中，作用明确的关键信号分子包括 BMP-4、SHH 和 PDGF。在肺间质内，对分支形态发生最重要的介质是 FGF 途径，尤其是 FGF-10。除 GLI 家族外，Hox 簇转录因子也在肺间质内表达。转录因子 HNF-3、HFH-4、GATA6、N-myc 和 NKX2.1 在肺上皮内表达。有研究表明，HNF-3 和 GATA6 是上皮-间质相互作用的关键调控分子。

组织重组实验显示，两种功能不同的间质可能指导气管(非分支)和实质(分支)肺上皮的形态发生。认为这两种间质内产生的信号和表达的转录因子可能是不同的。Hox 家族编码的转录因子在肺间质内表达。*Hoxa-5* 基因靶向实验显示了这一家族在指导肺上皮形态发生中的关键作用。Hoxa-5$^{-/-}$ 小鼠出生后因气管形态发生异常和肺内表面活性物质产生减少而很快死亡。肺发育的另一个关键的间质介质是 FGF 信号转导通路。破坏此通路可导致肺形态发生明显障碍。FGFs 由间质产生，但通过上皮细胞上的同源受体发挥作用。靶向敲除 FGF-10 可导致主支气管远端的肺结构缺失。FGF 在指导上皮形态发生中的作用可能与它直接诱导上皮细胞增殖和细胞分化有关。FGF 诱导细胞增殖时，细胞内转录因子 c-fos、c-myc 激活。它们可能在肺上皮和间质细胞的增殖中发挥相似的作用。肢体形态发生中，异位应用 FGF 导致锌指转录因子 SnR 和 Tbx 家族转录因子的激活。肺上皮内也表达 Tbx 家族转录因子，但这些转录因子与 FGF 信号诱导肺形态发生的关系尚不清楚。

整个肺发育过程中，上皮-间质间的细胞-细胞相互作用是正常形态发生的关键。转录因子介导由细胞-细胞相互作用产生的指导性信号。在肺分支形态发生中，上皮细胞接受间质信号依赖于 N-myc 的正常活性。N-myc 在肺上皮内表达。靶向敲除 N-myc，小鼠肺发育则发生明显异常。FGF-10$^{-/-}$ 胚胎中，沿近-远轴的肺生长与分化出现明显障碍。阻断 NKX2.1 也导致近-远端形态发生的严重缺陷。NKX2.1$^{-/-}$ 胚胎中，在二级或三级支气管以后即无肺结构的形成。阻断 SHH 信号转导也影响近-远端的肺形态发生，但可观察到有限的肺发育和细胞分化。因此，近端肺形态发生是不依赖 NKX2.1、FGF-10 和 SHH 的调控作用的，远端肺形态发生则明显依赖于 NKX2.1 和 FGF-10 的调控作用，以及一定程度上还依赖于 SHH 的作用。

肺泡形成是指肺囊隔室分割成不同肺泡的过程，从生理角度讲，肺泡形成是呼吸系统成熟和建立有效气体交换的的关键步骤。FGF 和 PDGF 信号转导通路参与肺泡形成，但是这些通路下游的转录因子尚不清楚。关于参与肺泡形成的信号机制和转录因子，报道不多。参与早期肺形态发生，并存在于成熟肺的一些因子可能也参与了肺泡的形成。这些因子包括 HNF-3、GATA6 和 NKX2.1。但尚缺乏直接的证据。

视黄酸和糖皮质激素影响肺泡形成。有研究显示，视黄酸可改变发育肺间质内 Hox 基因簇的转录因子表达模式。这种变化具有改变间质诱导作用或始动作用的可能性，从而影响上皮的形态发生。然而，除 Hoxa-5 外，*Hox* 基因的异位表达或功能缺失突变都不引起肺表型的明显异常。糖皮质激素受体是属于与视黄酸受体相同超家族的转录因子。糖皮质激素受体的功能性缺失导致出生后因呼吸功能障碍死亡。肺表面活性蛋白基因上存在糖皮质激素结合功能性位点。然而，糖皮质激素受体 DNA 结合域上突变(阻断其二聚化，进而阻断其基因激活能力)的胚胎，其肺发育是正常的，提示糖皮质激素对肺发育的影响可能不依赖于 DNA 结合和下游靶基因的反式激活。

第二节　肺上皮的再生

一、肺脏的结构和功能

肺脏在解剖上由三个不同的区域组成：气管、细支气管和肺泡。每一区域均覆盖有不同类型干细胞再生而来的特定上皮。气管和细支气管构成导气部，肺泡是肺脏的气体交换部位。气管覆盖有假复层上皮，主要由基细胞、纤毛细胞和 Clara 细胞(分泌黏液的非纤毛细胞)组成。细支气管覆盖有基细胞、Clara 细胞、纤毛细胞以及散在的神经内分泌细胞簇。最小的细支气管称为呼吸性细支气管，开口于肺泡管，并衍生出多重肺泡囊，每一肺泡囊由数个肺泡组成。肺泡上皮很薄，并且在肺泡之间的结缔组织高度血管化，富含毛细血管，以保证肺脏空气和血液之间实现气体交换。据估计成年人肺脏大约含有 3×10^8 个肺泡，气体交换表面积达到 451.5～516cm^2(70～80 平方英寸)。

肺泡上皮包括两种类型：Ⅰ型和Ⅱ型肺泡细胞。多数Ⅰ型肺泡细胞是介导气体交换的扁平细胞。Ⅱ型肺泡细胞散在分布于Ⅰ型肺泡细胞之间,且较Ⅰ型肺泡细胞体积偏大并分泌肺表面活性物质。表面活性物质能够通过减少水分子之间的作用力降低组织液体的表面张力,促进肺泡在吸气时膨胀。巨噬细胞作为免疫防御一线细胞能够监视肺泡,吞噬粉尘和碎片。这些异物通过吞噬负载颗粒移出肺泡并进入导气部,在此,通过纤毛摆动以咳嗽或吞咽形式将异物清除至肺外。

人肺上皮在高氧、吸入毒性物质时受损,统称为急性肺损伤(acute lung injury,ALI)。在肺泡内,Ⅰ型肺泡细胞是主要受损的细胞类型。肺泡损伤会导致慢性阻塞性肺病(chronic obstructive pulmonary diseases,COPD)的发生,例如肺气肿、肺纤维化。实验研究中,酸雾、博来霉素(bleomycin,BLM)、弹性蛋白酶或脂多糖均可诱导动物形成急性肺损伤。

二、肺泡上皮的再生

许多因素都可以导致肺泡损伤,如高氧、毒性物质吸入,所有这些被称作急性肺损伤(ALI)。在实验动物中,酸雾、博来霉素、弹性水解酶或脂多糖等能被用来诱导 ALI。肺泡损伤能导致慢性阻塞性肺病(COPD),如肺水肿和肺纤维化。Ⅰ型肺泡是 ALI 中主要的受损细胞。Ⅰ型肺细胞是通过Ⅱ型肺细胞充当的干细胞增殖和分化进行再生的。然而,并不是所有的Ⅱ型细胞都是干细胞,Reddy 等(2004)从高氧处理的大鼠的肺泡分离培养了Ⅱ型肺细胞,得到了 E-黏钙素阴性和阳性二个亚群。E-黏钙素阳性亚群主要是损伤的细胞,是静息的,表达低水平的端粒酶;E-黏钙素阴性亚群能抵制高氧,有增殖能力,并表达高水平的端粒酶,表明它是干细胞亚群。然而,这些细胞的分子表型仍没有被鉴定。

几个生长因子对调控损伤诱导的肺泡再生是重要的。FGF-1、EGF 和 HGF 在体外能刺激Ⅱ型肺泡细胞的有丝分裂。在这些因子中,HGF 在启动肺泡修复中发挥着核心作用,这与其在肝脏再生中的作用类似。ALI 3~6 个小时以后,内皮细胞和肺泡巨噬细胞内的 HGF 合成被诱导,同时伴随着 HGF 受体 c-Met 的迅速消失,表明 HGF 与其受体结合并被内吞。肺泡上皮细胞表达 u-PA,它能裂解 HGF 前体和尿激酶受体,而在体外培养的小鼠的肺泡上皮细胞中,HGF 能上调 u-PA 活性。与在肝脏中的情况类似,转录因子 C/EBPα、β、δ 在肺泡再生的早期发挥作用。这些因子在Ⅱ型肺细胞中都存在;C/EBPα、β 也存在于肺泡巨噬细胞中,它们的 mRNA 在脂多糖或博来霉素诱导的 ALI 中显著升高,这表明它们在激活一组与Ⅱ型肺细胞增殖有关的立早基因的过程中发挥作用。

在 HCl 体内诱导的小鼠肺泡损伤中,hrHGF 静脉注射能诱导Ⅱ型肺细胞增殖,这进一步证实了 HGF 在肺泡再生中的重要性。此外,给博来霉素诱导的肺泡纤维化小鼠静脉注射 rhHGF 能抑制纤维化改变,这是由于它能抑制胶原的累积。在 ALI 患者的肺水肿液体中检测到高浓度的 HGF。部分纯化的水肿液增加培养的大鼠Ⅱ型肺泡细胞 DNA 合成,而抗 HGF 抗体能削弱这种增加达 66%。KGF(FGF-7)在肺泡上皮的恢复中似乎也发挥着重要的作用。KGF 是肺发育的重要因子,在肺损伤前气管内给予 KGF 能改善高氧和博来霉素诱导的损伤。它不仅能促进Ⅱ型肺细胞的增殖,也能在体内和体外促进表面活性物质的表达。ALI 患者的肺水肿液中有低浓度的 KGF,其存在对Ⅱ型肺泡细胞的增殖有促进作用,KGF 抗体对其 DNA 合成的削弱作用达 53%,几乎与 HGF 抗体一样。

作为一个器官,肺在其摘除后不能再生,但其对侧的肺的气道基底细胞和Ⅱ型肺细胞的增殖会增加。在肺、肝脏和肾脏中,这种增殖似乎是被局部摘除操作后 HGF 的增加所刺激的,这与此时血浆中 HGF 水平和Ⅱ型肺细胞中 c-Met 受体的短暂增加是一致的。内源性 HGF 抗体的中和作用抑制肺的再生,而肺切除术小鼠被给予 hrHGF 后则刺激 DNA 的合成。

第三节 肺组织干/祖细胞

近年来,在肺脏的不同部位发现了不同类型的干细胞(图 9-3,表 9-1),他们在肺组织修复中可能发挥着关键作用。由于其位于肺组织内,并具有干细胞的特性,因此,也将他们称为内源性肺干/祖细胞(endogenous lung stem/progenitor cells)。

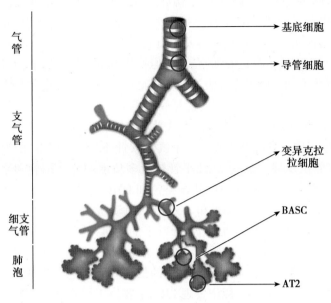

图9-3　常见的肺组织干/祖细胞

表9-1　常见的肺组织干/祖细胞

细胞类型	细胞标志	分布	干细胞层次	子细胞
基底细胞	K5、K14、P63	气管、支气管	专能干细胞	杯状细胞、纤毛细胞、黏液细胞、浆液细胞
导管细胞	K5、K14	气管黏膜下腺体	专能干细胞	杯状细胞、纤毛细胞、黏液细胞、浆液细胞、肌上皮细胞
克拉拉细胞	CCSP$^+$CYP450 2F2$^+$	细支气管上皮	短暂扩增细胞	纤毛细胞
变异克拉拉细胞	CCSP$^+$CYP450 2F2$^-$	NEB、BADJ	专能干细胞	克拉拉细胞、纤毛细胞、PNEC
BASC	CCSP$^+$pro-SPC$^+$	BADJ	专能干细胞	克拉拉、AT2、AT1
AT2	Pro-SPC$^+$	肺泡上皮	祖细胞	AT2、AT1
人肺脏干细胞	C-kit、OCT4、Nanog、Klf4、SOX2	细支气管各层、肺泡上皮	多能干细胞	克拉拉细胞、AT2、AT1、血管内皮细胞和平滑肌细胞
SP细胞	Sca1、CD31、Hoechst33342	尚未定位	未明确	未明确
平滑肌祖细胞	Fgf10	各级气道肌层	祖细胞	平滑肌细胞
成血管细胞	Flk1	各级血管	祖细胞	毛细血管内皮细胞

一、常见的肺组织干细胞

（一）气管-支气管上皮部位干细胞

1. **基底细胞**　基底细胞(basal cell,BC)主要位于气管、支气管等近端气道上皮层的基底膜部。BCs呈三角形,主要表达K5、K14和P63。体外培养的BC具有较强的克隆形成能力,在一定条件下可以分化为纤毛细胞、杯状细胞等各种气管上皮细胞。将体外培养的BC移植到受损的气管基底膜上,并种植到免疫缺陷小鼠皮下,BC可分化为杯状细胞和纤毛细胞,并再生出类似于正常气管的上皮组织。因此,BC具有自我更新和分化为各种气管上皮细胞的潜能。Hong等观察了萘损伤后各种类型气管上皮细胞的变化,结果发现,损伤后3天,克拉拉细胞基本全部脱落,而BC迅速增加至正常的4.5倍,并且是最主要的增殖细胞;损伤后6天克拉拉细胞数目开始增加,而 BC 数目开始下降;损伤后 9 天克拉拉细胞和 BC 数目均恢复至正常水平。BC 和克拉拉细胞的动态变化提示基底细胞是萘损伤后气管上皮的主要修复细胞,并可能分化为克拉拉细胞。之后进行的谱系追踪实验则证实了这一推断。研究人员利用基因条件敲除技术选择性标记 K14$^+$BC 及其子代细胞,结果发现,萘损伤后 4 天遗传标记的细胞较少,但均为 BC;萘损伤后 12 天和 20 天标记细胞数目明显增加,并且大多数细胞具有纤毛细胞的形态或表达 CCSP,证明了 BC 可以分化为纤毛细胞和克拉拉细胞。

2. 导管细胞 导管细胞(duct cell)位于气管黏膜下腺体的导管部。导管细胞呈立方形,表达 K5 和 K14。气管黏膜下腺体(submucosal gland,SMG)位于软骨环和气管上皮层之间,人类 SMG 分布于从喉至主支气管的气道内,而小鼠 SMG 局限于环状软骨和第一个气管软骨环之间。SMG 由浆液/黏液小管、集合管和纤毛导管构成,最后开口于气管上皮层。浆液/黏液小管被覆多角形的黏液细胞和浆液细胞,周围包裹扁平的肌上皮细胞。黏液细胞分泌黏液,黏液可被 AB/PAS 染色和 DMBT1 标记;浆液细胞分泌浆液,主要表达溶霉菌、乳铁蛋白和 pIgR;肌上皮细胞表达 K5、K14 和 α-平滑肌肌动蛋白(α-smooth muscle actin,α-SMA)。黏液小管和浆液小管相互连接,并逐渐汇合形成集合管,开口于上皮前又转变成纤毛导管。由于其隐蔽的解剖部位,SMG 细胞与上皮细胞相比不易受到损害,适合干细胞的生存。

BrdU 或 H^3-TdR 标记后,间隔一段时间仍带有标记的细胞称为标记滞留细胞(label retaining cell,LRC),LRC 可能包含有干细胞。Liu 等利用 BrdU 标记发现 LRC 主要位于气管和近端支气管的 SMG 导管处。将导管细胞种植到去除上皮的气管基底膜上,再一起移植到免疫缺陷小鼠皮下,可以再生出气管上皮组织。Hegab 等利用差速消化法和流式分选得到 TROP-2 阳性导管细胞和 TROP-2/ab 整合素(integrin)双阳性 BC,并在体内和体外比较了两种干细胞的干性。TROP-2 是前列腺基底细胞的标志,表达于所有的上皮细胞和导管细胞,但不表达于肌上皮和黏液/浆液细胞。体外培养发现,BC 的克隆形成能力要高于导管细胞,并且两种细胞均可分化为黏液细胞、浆液细胞、纤毛细胞和肌上皮细胞。研究人员把体外培养的 RFP$^+$导管细胞接种至不带任何标记的小鼠肩胛骨部位的脂肪垫内,发现约 50% 的小鼠可以形成黏膜下腺小管样结构,20% 小管样结构周围存在导管样结构,甚至还包裹有肌上皮细胞。形成的黏膜下腺具有黏液和浆液分泌功能,所有细胞均表达 RFP。结果表明移植的 RFP$^+$导管细胞可以形成一个功能和结构完整的黏膜下腺,进一步验证导管细胞的多分化潜能。体内研究发现,小鼠缺血缺氧损伤后气管内仅有 K5$^+$K14$^+$导管细胞和少量的 K5$^+$K14$^-$BC 残留。利用谱系追踪 K14$^+$导管细胞发现,缺血缺氧损伤后导管细胞参与修复黏膜下腺、黏膜下腺导管及开口附近的上皮层细胞,但 BC 仅能分化为上皮层细胞。需要特别说明的是,仅有 1% 人 BC 和 10% 小鼠 BC 表达 K14,而大部分 K14$^+$细胞为导管细胞,故 Hong 等追踪的 K14$^+$细胞可能是导管细胞,而不是 BC。总之,导管细胞的干性要强于 BC,应归属于多能干细胞。

(二) 细支气管-终末细支气管上皮部位干细胞

1. 克拉拉细胞 克拉拉细胞(clara cells)主要分布于细支气管上皮内,但其分布和数量在不同物种间略有差异:分布上,人类克拉拉细胞仅分布于细支气管,气管和支气管均无,而小鼠克拉拉细胞则分布于气管以下的所有气管分支中,包括支气管和细支气管;数量上,人类克拉拉细胞在终末细支气管和呼吸性细支气管中分别占 11% 和 22%,小鼠的远端气道几乎全为克拉拉细胞。克拉拉细胞呈立方状或柱状,特异表达 Clara 细胞分泌蛋白(clara cell secretory protein,CCSP)和细胞色素 P450 的 2F2 单体(CYP450-2F2)。CYP450-2F2 可以将香烟中的萘转换成细胞毒物质,使细胞死亡,因此,萘可以造成克拉拉细胞的特异性损伤。

目前认为,克拉拉细胞是细支气管处的主要短暂扩增细胞(transit-amplifying cell,TAC),即静止状态时具有终末细胞的功能,但损伤后可快速大量增殖,并向纤毛细胞分化。生理情况下,大小鼠细支气管中仅有 0.2% ~ 0.5% 的克拉拉细胞发生增殖,细胞周期为 30 小时,但在人类终末细支气管和呼吸性细支气管中分别有 15% 和 44% 的增殖细胞为克拉拉细胞。克拉拉细胞分泌的蛋白 CCSP 又称为 CC10、CC16、Clara 细胞抗原、分泌球蛋白、子宫珠蛋白等是气道表面液体的主要成分。CCSP 是一个对蛋白酶有抗性并在高热和强酸环境中稳定存在的 10 ~ 16kD 大小的蛋白质。人类中编码此蛋白的基因大小约 4.1kb,含有 3 个外显子和 2 个内含子,可以被亮氨酸拉链因子基本区域 CCAAT、增强子结合蛋白 α、NKX2.1 和甲状腺转录因子 1 调节。CCSP 的主要功能有以下几个:①构成气道表面液体物质的主要成分;②免疫调节,可以增强抗炎介质的释放;③抑制肿瘤形成;④调节气道中干细胞的微龛;⑤增强肺应对氧化应激的能力;⑥血清含量的升高可以作为肺损伤的早期标志。

2. 变异克拉拉细胞　又称为变异表达 CCSP 细胞（variant CCSP-expressing cells，vCE），主要位于细支气管分叉处和细支气管肺泡连接处（bronchoalveolar duct junction，BADJ）。如前所述，克拉拉细胞由于 CYP450-2F2 的作用而被萘特异性损伤。但萘损伤后，在细支气管分叉处的神经内分泌小体（neuroepithelial body，NEB）和 BADJ 处仍残留一群表达 CCSP 的细胞，此群细胞缺乏 CYP450-2F2 从而对萘耐受，故将之称为变异克拉拉细胞。

Hong 等利用 H^3-TdR 标记残留法发现，萘损伤后 NEB 及其邻近组织存在着 LRC，提示该部位可能存在干细胞。进一步研究发现 LRC 有 3 种细胞亚群，包括表达 CCSP 的 vCE；表达降钙素基因相关肽（calcitonin gene-related peptide，CGRP）的神经内分泌细胞和表达 CCSP 和 CGRP 的 vCE。利用条件敲除小鼠特异性去除表达 CCSP 的细胞后，发现 PNEC 并不能完整修复气道上皮，提示 NEB 处的变异克拉拉细胞可能是细支气管修复的主要细胞。可能的干细胞层次如下：vCE 自我更新并分化为克拉拉细胞，克拉拉细胞自我更新并分化为纤毛细胞，而 PNEC 仅能自我更新，此外 vCE 还可能分化为 PNEC，而 PNEC 可以调节 vCE 的增殖和分化并维持其干性状态。因此，NEB 处的 vCE 是细支气管上皮中的干细胞。

Giangreco 等发现，萘损伤后 BADJ 处的 vCE 是伤后终末细支气管最早、最主要的增殖细胞，约占该处所有增殖细胞的 90%。但 BADJ 处和 NEB 处的 vCE 是否为同一群细胞呢？形态定量分析发现，BADJ 处的 vCE 约 57% 位于距 BADJ 40μm 的范围内，增殖 vCE 约 75% 位于距 BADJ 80μm 的范围内，因此，从解剖部位上看两者不是一群细胞。CGRP 免疫学染色发现，BADJ 处的 vCE 不表达 CGRP，且分布与 NEB 完全无关，而 NEB 处的 vCE 有一部分表达 CGRP，且分布于 NEB 及其周围组织。因此，BADJ 处的 vCE 与 NEB 处的 vCE 不是同一群细胞。萘损伤早期终末细支气管处大部分克拉拉细胞发生坏死脱落，而 BADJ 处 vCE 快速增殖并逐渐向近端迁移，萘损伤晚期克拉拉细胞密度恢复正常，一部分 vCE 则进入静止期。因此，BADJ 处的 vCE 主要参与终末细支气管上皮的稳态维持和修复。

（三）细支气管肺泡连接处干细胞

细支气管肺泡干细胞（bronchioalveolar stem cells，BASC）是 BADJ 处一种表达克拉拉细胞标志 CCSP 和 Ⅱ 型肺泡上皮细胞标志 pro-SPC 的干细胞，由 Kim 等于 2005 年首次发现并命名。BADJ 是传导气道和肺泡的分界处，由于食管、角膜等组织内不同细胞的移行区域不同，已经发现组织特的干/祖细胞，因此 BADJ 也是一个潜在的干细胞巢，并且寻找不同组织移行区域内共有的调控机制有助于发现干细胞调控因子。实际上，$CCSP^+SPC^+BASC$ 只存在于 BADJ 处，同时 Giangreco 等在 BADJ 处也发现了变异克拉拉细胞。生理情况下，BASC 数目极少，约占肺总细胞的 0.34%，正常小鼠中仅有 35%±9% 常小鼠的 BADJ 含有 BASC。由于细胞质标志不能用于活细胞的分离和功能分析，因此，选用了表面标志 Sca-1、CD34、CD45、CD31 作为分选标记，流式分选出的 $CD45^-CD31^-Sca1^+CD34^+$ 肺上皮细胞几乎全为 $CCSP^+pro-SPC^+BASC$。将接种至射线照射后的小鼠胚胎成纤维细胞滋养层培养，发现单个 BASC 就可以形成克隆，克隆形成率明显高于 AT2。传至第 9 代时，仍全部表达 CCSP 和 pro-SPC，并保持较强的克隆形成能力。表明 BASC 具有较强的自我更新和克隆形成能力。基质胶是从小鼠肉瘤细胞提取的细胞外基质蛋白和生长因子等基底膜成分，常用作干细胞诱导分化培养基。BASC 在基质胶培养基中培养后可分化为 $CCSP^+$ 克拉拉细胞、$pro-SPC^+$ Ⅱ 型肺泡上皮细胞和 $AQP5^+$ Ⅰ 型肺泡上皮细胞，但不能分化为纤毛细胞。表明 BASC 具有多向分化潜能。小鼠萘损伤、博来霉素损伤和左肺切除术后，BASC 数目明显增多，增殖能力显著增强，并开始向肺泡迁移，最终气管上皮、肺泡上皮得到有效修复。但是 Rawlins 等通过谱系追踪 $CCSP^+$ 细胞发现，BASC 并未参与细支气管和肺泡上皮的修复。虽然，此研究存在样本量偏少、形态定量分析不严格等问题，但结果仍提示：肺修复的完成需要多种干细胞的参与，并且数目较多的干细胞发挥主要作用。由于 BASC 也对萘耐受，且表达 CCSP，因此 BASC 与 BADJ 处的 vCE 非常类似。那么，两者间有何联系？Kim 等发现萘损伤后 BADJ 残留的 $CCSP^+$ 细胞中只有一部分同时表达 pro-SPC，其他则只表达 CCSP，因此 BASC 可能为 BADJ 处 vCE 的一个亚群，但尚未有研究证实。研究发现小鼠胎肺内有一种同时表达 CCSP、CGRP 和 SPC 的上皮细胞，提示克拉拉细胞、神经内分泌细胞和 AT2 都可能发育自一个共同的前体细胞，而 BASC 可能就是这个前体细胞。

BASC 的分离和培养是研究其生物学特性及重要调控分子的前提和基础。目前 BASC 的分离主要参照

Kim 实验室的方法,即通过肺内灌注分散酶、胶原酶等消化酶将远端气道的上皮细胞消化成单细胞悬液,然后,利用流式分选出 CD45⁻CD31⁻Sca1⁺CD34⁺细胞即为 BASC,然后,接种于小鼠胚胎成纤维细胞滋养层和 DMEM 培养基中培养。对 BASC 的流式分选标记进一步分析发现,CD34⁺细胞并不存在于气道上皮。免疫荧光染色发现,Sca1 主要表达于气道上皮层之外的细胞,特别高表达于血管的内皮细胞(95% 的 CD31⁺细胞表达 Sca1)。气道上皮内,Sca1 只表达于肺内近端气道上皮细胞基底及侧边的胞膜上,而远端气道上皮细胞并不表达 Sca1。因此,Sca1 是肺组织中一个广泛表达的标志物,并且不同细胞表达水平不同:内皮细胞最高,近端气道上皮细胞次之,远端气道上皮细胞最弱。结果表明 Sca1 并不能区分细支气管内的干细胞(BASC)和短暂扩增细胞(克拉拉细胞)。但同时发现克拉拉细胞具有较高的自发荧光(autofluorescence,AF),而 BASC 的自发荧光较低,由此提出新的分选标记 CD45⁻CD31⁻CD34ˢca1ˡᵒʷAFˡᵒʷ。产生不同结果的原因可能为细胞分离方法的不同:Kim 使用分散酶、胶原酶消化和分离 AT2 的方法,而后者使用弹性蛋白酶,分离从传导气道至肺泡的所有上皮细胞,这其中就包含 BADJ 和 NEB 处的克拉拉细胞。BASC 纯化方法除流式分选外,还出现全细胞贴壁筛选的方法,主要利用 AT2 细胞培养 1 周后即已完全分化,之后进入凋亡阶段,而 BASC 培养 1 周后才形成克隆集落,因此全细胞悬液培养 2 周后即可去除大部分的 AT2;培养体系中加入 FIBROOUT 可以去除成纤维细胞。但无论哪种分选和纯化方法,最终都需要利用 CCSP 和 pro-SPC 共染分析其纯度。

(四) 肺泡上皮部位干细胞

1. **Ⅱ型肺泡上皮细胞**　肺泡上皮主要由Ⅰ型肺泡上皮细胞(alveolar type 1 cells,AT1)和Ⅱ型肺泡上皮细胞(alveolar type 2 cells,AT2)组成。AT2 呈立方状,约占肺总细胞的 16%,却仅覆盖肺泡表面积的 5%,主要分布在相邻肺泡壁的连接处。AT2 细胞质内富含板层小体,板层小体内存在大量的表面活性蛋白(surfactant proteins,SP),包括 SP-A、SP-B、SP-C 和 SP-D,这些蛋白可以维持肺泡表面张力和清除进入肺泡腔的微尘或病原体。AT1 为扁平上皮,占肺脏总细胞的 8%,却覆盖了 95% 的肺泡表面,AT1 主要构成气血屏障完成气体交换,清除肺泡内液体维持肺的干燥状态。干细胞理论认为,在持续更新的组织中,干细胞群可增殖、分化产生过多的子细胞,一部分子细胞替代衰老或损失的细胞,剩余的子细胞最终凋亡。因此,为了维持组织稳态和正常修复,干细胞的增殖、分化和凋亡必须处于平衡状态。

2. **AT2 的增殖**　成年小鼠³H-TDR 标记发现,AT2 的一个完整细胞周期约为 22 小时,与 NO₂损伤后大鼠 AT2 的细胞周期相同。AT2 的整个细胞周期以及各期时间与机体所处的发育阶段、有无毒物损伤相关,并且体外培养与体内条件下也有所不同。总体而言,不同物种、不同发育阶段、毒性气体损伤、细胞培养等情况下 AT2 的 S 期均为 7~9 小时,而 G₂期和 M 期持续 1~12 小时不等。原代培养时只有一部分 AT2 可连续增殖并形成克隆,提示 AT2 可能由不同的亚群组成。近年来的研究也证实了这一观点。Reddy 等发现高氧损伤后 AT2 对钙黏着蛋白(E-cadherin)的反应不一致,并据此将 AT2 分为 2 个亚型:一种亚型不表达钙黏着蛋白,此群细胞端粒酶活性高,增殖活性较高,对损伤比较耐受;一种亚型表达钙黏着蛋白,此群细胞端粒酶活性较低,无增殖活性,且容易受到损伤。Liu 等发现金葡菌肺炎后表达干细胞抗原(stem cell antigen 1,Sca-1)的 AT2 比例明显升高,体外培养时 Sca-1⁺AT2 比 Sca-1⁻AT2 具有更强的分化为 AT1 的潜能,提示 Sca-1⁺AT2 可能是 AT2 发挥祖细胞功能的主要亚群。

3. **AT2 的分化**　Evans 等利用 H³-TdR 标记 NO₂肺损伤大鼠发现,标记后 1 小时肺泡上皮中 88% 标记细胞为 AT2,仅有 1% 为 AT1;标记 24 小时后肺泡上皮中出现 AT1 和 AT2 之间的细胞,并占标记细胞的 40%,而 AT2 下降至 60%;标记后 3 天 AT1 明显增多,中间状态细胞明显减少。结果提示肺泡上皮损伤后,AT2 可以增殖并分化为 AT1,最终修复肺泡上皮。Adamson 等同样利用 H³-TdR 标记技术证实肺发育过程中 AT2 也可以分化为 AT1。从此,AT2 被认为是 AT1 的祖细胞。但在含有 10% FBS 的 DMEM 中培养 AT2 时,第 4 天即开始向 AT1 分化,第 7 天则由铺路石样细胞完全分化为扁平 AT1,并且 AT2 传代后立即分化。因此,AT2 也被认为是一种短暂扩增细胞。目前 AT2 向 AT1 的分化研究主要依赖于各种细胞的判断。目前,鉴别 AT2 的金标准仍然是电镜下其超微结构满足以下条件:胞质内有板层小体(lamellar bodies)、顶端微绒毛(apical microvilli)、细胞间连接(cell-cell junction)和立方细胞形态(cuboid shape),通过这几点可明确分辨 AT2 和 AT1。此外,AT2 还有其他鉴别方法,如改良 Papanikolaou 染色、细胞特异凝集素和免疫组化标志。但免疫组化标志的表达依赖于机体所处的发育阶段,并受到病理变化的影响,如肺损伤后会出现 AT2 向 AT1 分化的中间细胞,即同时表达 AT2 和 AT1 标志。

4. AT2 的凋亡　机体清除细胞的一个重要机制就是凋亡。虽然对凋亡诱导物、凋亡途径和效应物的基础研究非常多,但关于肺组织细胞的凋亡研究较少。AT2 细胞膜表达 Fas 受体,而 Fas 受体与 Fas 配体或 Fas 抗体的结合可启动细胞凋亡。AT2 的凋亡是肺形态发生时肺间隔重塑和肺损伤后上皮修复中不可或缺的部分。成人急性肺损伤缓解期,大鼠气管内注射 KGF 导致 AT2 增生后的上皮恢复期,均出现了大量的凋亡细胞,最终被肺内巨噬细胞或邻近细胞清除。

目前认为,AT2 可能是肺泡上皮修复的关键干细胞。Mollar 等将体外培养的雄性大鼠肺泡Ⅱ型上皮细胞经气管移植到博来霉素诱导的肺损伤的雌性鼠肺内,发现移植的肺泡Ⅱ型上皮细胞不仅直接参与肺泡组织的修复,而且可能通过内分泌等效应防止、减轻的肺纤维化,改善肺功能。Nolen-Walston 等发现,左肺切除的小鼠残肺中 AT2 在术后第 7 天数目开始增加,增殖活性最高,第 14 天达到高峰,细胞动力学模型发现 AT2 贡献了 75% 以上的肺泡上皮再生。

(五) 肺间质部位干细胞

1. 平滑肌祖细胞　平滑肌祖细胞分布于各级气道管壁的肌层,表达成纤维生长因子10(fibroblast growth factor 10,FGF10),属于一种外周间充质细胞。通过 FGF10 带有遗传标记 Lacz 小鼠的谱系追踪发现,气道平滑肌细胞来源于 FGF10 阳性细胞。随着气道的不断出芽、伸长,FGF10$^+$细胞沿着气道长轴逐渐包裹气道外周。研究发现,SHH 和 BMP4 可以调控 FGF10$^+$平滑肌祖细胞向 α-SMA$^+$平滑肌细胞的分化,同时 SHH 和 BMP4 分布在从近端到远端的整个气道内。

2. 成血管细胞　成血管细胞(hemangioblasts)分布于肺内的各级血管内,表达 FLK1。小鼠胚胎第 9~10 天和人胚胎第 4~5 周时,原始咽的尾端底壁正中出现一纵形浅沟,称为喉气管沟(laryngotracheal groove)。喉气管沟内同时出现了毛细血管,并且 FLK1(带有 β-gal 标记的小鼠)此时可特异性地将所有毛细血管显像,故 FLK1 是成血管细胞的最早标志。在原始上皮层分泌的 VEGF 刺激下,成血管细胞增殖、分化,最终形成肺内复杂的毛细血管网。毛细血管网的正确形成对于气道分支和组织灌注非常重要,并且毛细血管内皮和肺泡上皮的正确匹配决定肺最终的最大气体弥散能力。其中,间皮-间质-上皮-内皮间的相互作用(mesothelial-mesenchymal-epithelial-endothelial cross-talk)在肺发育的整个过程中是必不可少的:间皮内表达的 FGF9 可通过上皮内 FGFR2b、SHP2、GRB2、SOS 和 ras 等分子激活和调控外周间质内的 FGF10,而 sprouty2 是一个重要的诱导调控因子。

(六) 其他类型的肺干/祖细胞

1. 人肺干细胞　美国哈佛医学院的科学家 Kajstura 于 2011 年在人类肺脏中首次发现了一种真正意义上的干细胞,即完全具备自我更新、克隆形成和多向分化等干细胞的三大特性,并将其命名为人肺干细胞(human lung stem cell,HLSC)(图 9-4)。HLSC 细胞膜特异表达 C-kit,细胞核表达 NANOG、OCT3/4、SOX2、KLF4 等四种干性转录因子。C-kit 即 CD133,是一种干细胞抗原,C-kit$^+$细胞胚胎时期定居于卵黄囊、肝脏和其他器官中,成年后主要表达于造血干细胞,定居的器官表达 C-kit 的配体干细胞因子。成纤维细胞转入 NANOG、OCT3/4、SOX2、KLF4 四种干性转录因子后可以去分化形成多能干细胞,即诱导多能干细胞。故单从干细胞表型可以推测 HLSC 的干性相当高。利用 C-kit 表面标记,研究者从成人和胎儿肺组织中分选出 HLSC,然后单细胞接种到 Terasaki 培养板中培养,发现培养 8 天后培养孔内出现细胞集落,培养 20 天时集落明显增大,并全为 C-kit 阳性细胞,总克隆形成率大约为 1%,表明 HLSC 具有较强的克隆形成能力。实验中还观察到,HLSC 有对称性和非对称性两种分裂方式,可以产生与自身完全相同的子细胞,因此,HLSC 具有自我更新能力。培养基中加入地塞米松后,HLSC 可以分化为 AT2、BC 等肺上皮细胞,血管内皮细胞和平滑肌细胞,因此 HLSC 具有多向分化潜能。体外实验表明,HLSC 具备干细胞三个主要特性,属于一种多能干细胞。

为了进一步检验 HLSC 的干细胞特性,研究者制备了局部肺冷冻损伤小鼠模型,将体外扩增培养的带有 EFP 标记的 HLSC 直接注射到损伤区周围肺组织内。结果发现,无论注射的细胞为单克隆还是多克隆,移植后 12~48 小时 HLSC 就开始进行对称和非对称分裂,10~14 天后 HLSC 完全定居于损伤区及周围肺组织,并分化为克拉拉细胞(CC10)、Ⅰ/Ⅱ型肺泡上皮(AQP5/SPC)、血管内皮细胞(VWF)和平滑肌细胞(ACTA2),

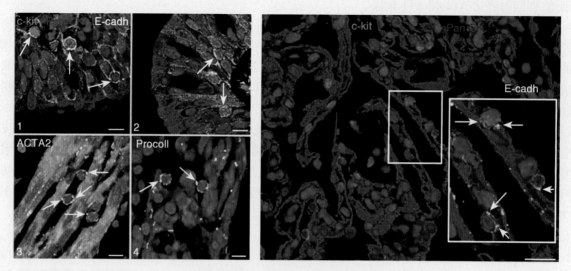

图9-4　存在于不同部位的人肺干细胞

证实了 HLSC 的多向分化潜能。利用双光子显像技术,分别进行罗丹明气管和肺动脉灌注,检验肺泡上皮和血管内皮的完整性。结果发现新生的肺泡上皮和血管内皮连接紧密,未发生罗丹明渗漏,表明新生肺组织具备了正常肺泡换气的结构基础。研究者通过造血干细胞常用的连续移植实验验证了 HLSC 的自我更新和克隆形成能力。他们从接受 EGFP$^+$HLSC 移植14天的小鼠肺组织中分离得到 EGFP$^+$ C-kit$^+$细胞,不经培养,直接按照相同的方法注射到另外一只肺冷冻伤小鼠体内,10天后发现第二只小鼠仍可得到与首次移植相同的效果。

　　人肺中 HLSC 含量极为稀少,形态定量分析发现 HLSC 主要分布于直径 25～1200μm 的无软骨支撑的气管(终末细支气管以下)和肺泡等远端气道中,79% 分布于细支气管,21% 分布于肺泡,在成人全肺、气管、肺泡中的比例分别为1/24 000、1/6000、1/30 000。虽然 HLSC 的发现受到了各方质疑,但仍为肺疾病的干细胞治疗带来了曙光。

　　2. SP 细胞　SP(side population)细胞,又称为边缘群细胞、旁路细胞。该细胞表达一种 ATP 结合盒依赖的运输体蛋白 BCRP 1,可对抗染料浓度梯度将已进入细胞内的 hoescht 33342 和 PI 主动流出,从而在流式分选时与 hoechst 33342 或 PI 阳性的主体细胞分开。SP 细胞最早从骨髓中分离提取,因此曾被认为具有造血干细胞的活性。近年研究发现 SP 细胞属非造血干细胞,相继在心脏、肝脏、胰腺、乳腺等组织提取出特异性 SP 细胞,并具有干细胞分化潜能。肺内的 SP 细胞约占细胞总数的 0.03%～0.07%,非骨髓来源的 CD45$^-$SP 细胞表达 Sca1、间充质细胞标志波形蛋白和克拉拉上皮细胞标志 CCSP,但不表达 CYP450 2F2。但 SP 细胞的组织定位、参与肺损伤的具体作用和分子机制尚未明确。

二、调控肺组织干细胞生物学特性的重要分子

　　1. CARM1　共激活剂相关的精氨酸甲基转移酶1(coactivator-associated arginine methyltransferase Ⅰ,CARM1),又称为精氨酸蛋白甲基转移酶4(protein arginine methyltransferase 4,PRMT4),是精氨酸蛋白甲基转移酶家族中 9 个成员之一。CARM1 属于一种调控因子,可以调控基因转录、mRNA 加工稳定和翻译。CARM1 也是一个转录共活化剂,通过甲基化类固醇受体共活化剂 SRC3(NCOA3)和 CBP/p300(CREBBP)来增加类固醇受体的转录和翻译。此外,CARM1 可以增加其他因子的转录活性,如 cFOS、p53(TRP53)、NFκB 和 LEF1/TCF4。正常情况下,CARM1 表达于 AT2、克拉拉细胞、BASC 和血管内皮细胞中,以 AT2 表达量最高。小鼠敲除 CARM1 后肺泡数目减少,肺间隔增厚,肺不能充盈,因此不能进行有效气体交换,导致出生后很快死于呼吸窘迫。进一步研究发现 CARM1 敲除小鼠的 AT2 增殖能力增强,但不能分化为 AT1,从而不能形成有效的气血屏障。小鼠敲除 CARM1 后细胞周期抑制子 Gadd45g 和促凋亡基因 Scn3b 表达下调。体外研究发现,CARM1 能与糖皮质激素受体、P53 形成复合物,共同结合到 Scn3b 基因启动子区,启动 Scn3b 的转

录。因此，CARM1 可以提高细胞对糖皮质激素的反应性，而糖皮质激素可以促进 AT2 等肺组织干细胞的分化。综上，CARM1 可以抑制肺组织干细胞的增殖，促进凋亡和分化。

2. HNF3α（Foxa1） 为肝细胞核因子 3（hepatocyte nuclear factor 3）家族的一个亚型。HNF3 家族有 HNF3α、HNF3β 和 HNF3γ 三种类型，其结构特点如下：HNF3 家族共有一个 N 末端保守转录激活区，主要调节 HNF3 蛋白与其他蛋白的相互作用；C 末端的 100 个氨基酸残基是 HNF3 必需的转录激活区域，包括 2 个重要的保守区域 II 和 III；N 端和 C 端间有一个同源的翼环状 DNA 结合区域。HNF3α 和 HNF3β 蛋白在翼环状 DNA 结合区域有 93% 的同源性，可结合到相同的 DNA 序列上，均是较强的转录激活因子。在正常情况下，多个特异转录因子协同作用才能激活肺相关基因的启动子。HNF3α 和 HNF3β 蛋白可以共同调控克拉拉细胞特异蛋白 CCSP 和 AT2 特异蛋白 SP 的表达。HNF3α 和 HNF3β 在肺发育中呈现相互交错的表达模式，但 HNF3γ 却不参与肺的发育。成人中 HNF3 肺主要表达于 AT2，ALI 后 24 小时肺组织中 HNF3α 的表达增加，可以通过与抗凋亡基因 *BCL2* 和 *UCP2* 启动子区域结合抑制抗凋亡基因的表达，从而促进 ALI 后的 AT2 凋亡，减缓修复。

3. HNF3β（Foxa2） HNF3β 从近端至远端气道呈现递减的表达模式：高表达于细支气管上皮细胞中，低表达于 AT2 中。HNF3β 可以单独或与其他因子协同调控克拉拉细胞标志物 CCSP 和肺表面活性物质 SP 的表达，参与维持正常的肺发育和修复。Xu 等利用基因芯片、启动子分析和蛋白交互研究发现 HNF3β/SREBP/CEBPA 共同维持 SP 的稳态；Porter 等利用免疫组化技术发现 GATA-6 和 HNF3β 共同调节 AT1、AT2、克拉拉细胞和纤毛细胞烟碱乙酰胆碱受体（nAChR）α 亚单位的表达。ALI 后释放的 IFNγ 促使 IFNγ 调节因子 1 与 HNF3β 启动子结合，刺激 HNF3β 的表达；IFNγ 还可以促进 HNF3β 和 STAT 共同结合到 CCSP 启动子，诱导 CCSP 的表达。ALI 后的急性期 SP 缺乏、CCSP 分泌增多，提示 ALI 后 HNF3β 的活性恢复可能提高 ALI 的修复效率。*HNF3β*⁻/⁻ 基因敲除小鼠在 E9.5 时死亡，发现其不能形成肺节、肺脊、前肠内胚层、内脏内胚层和神经管等，提示 HNF3β 在肺发育中不可或缺的作用。SPC 启动子后插入 HNF3β 序列的转基因小鼠，其肺泡上皮细胞中高表达 HNF3β，同时打乱了 HNF3β 从近端气道向远端气道递减的表达规律。此种转基因小鼠的胎肺主要包含大量的原始管（primitive tubules），管腔覆盖高表达 HNF3β 的立方上皮细胞，但分支和血管形成受到抑制，E-cadherin 和 VEGF 表达消失，提示 HNF3β 正常的浓度梯度可促进肺泡的形成。

4. TTF-1（Nkx2.1） 即甲状腺特异增强子结合蛋白（thyroid-speciflc enhancer-binding protein，T/EBP），表达于肺、甲状腺和间脑等器官内胚层来源的上皮细胞中。肺发育早期，TTF1 表达于所有气道上皮细胞，晚期主要表达于肺泡上皮和细支气管上皮，参与调控 SP、T1α 和 CCSP 的表达，而 TTF1 的表达受到 HNF3β 和 GATA6 的共同调节。TTF1 在肺发育中发挥关键作用。*TTF1*⁻/⁻ 基因敲除小鼠存在肺、甲状腺和脑垂体的发育缺陷，肺只有支气管干，而没有肺泡结构，提示 TTF1 可能在假腺管期促进肺分支的形成；TTF1⁻/⁻ 小鼠肺泡上皮细胞不表达 SPB、SPC 和 CCSP，低表达 BMP4，提示 TTF1 促进肺干细胞向肺泡上皮细胞和克拉拉细胞的分化。支气管肺发育不良的早产儿肺中含有丰富的 TGFβ，激活下游的转录因子 SMAD3，SMAD3 和 TTF1 结合抑制 SPB 的表达。因此，TTF1 促进肺组织干细胞的成熟和分化。

5. Hfh4（FOXJ1） 是 FOX 家族中一个有力的转录激活子。胚胎时期 FOXJ1 主要表达于气管、支气管和细支气管的纤毛上皮细胞中，也表达于食管纤毛上皮、鼻旁窦、卵巢、睾丸、肾脏和室管膜细胞中，成年鼠主要表达于肺的纤毛上皮细胞、脉络丛和特定阶段的精子细胞中。*FOXJ1*⁻/⁻ 基因敲除小鼠细支气管和脑室中纤毛细胞缺失，造成肺功能障碍和脑积水，导致死胎。此外，FOXJ1⁻/⁻ 小鼠存在内脏器官的随机转位，因此 FOXJ1 可以调控纤毛细胞的分化和内脏器官的左右不对称分布。利用转基因技术使小鼠远端气道异位表达 FOXJ1，发现胎鼠的远端气道含有非典型的立方或柱形上皮细胞，并且高表达 FOXJ1 和 β 微管蛋白 IV，虽然这些细胞仍可以表达 TTF1 和 HNF3β，但不再表达 SPB/SPC/CCSP，因此异位表达 FOXJ1 可以促进向纤毛细胞的分化，抑制非纤毛细胞基因的表达。

6. GATA6 GATA 家族最初被发现可以调控造血干细胞的基因表达，主要包括 GATA4、GATA5、GATA6 三种。GATA4 主要表达于心脏、肠内胚层、间质上皮、肝脏、睾丸和卵巢中，GATA4⁻/⁻ 小鼠因前肠内胚层和内脏内胚层发育障碍而早期死亡。GATA5 和 GATA6 在肺发育过程中呈现不交叉的表达模式（nonoverlapping expression patterns），GATA5 主要表达于气管支气管的平滑肌细胞，GATA6 仅表达于支气管上皮细胞中。GA-

TA5$^{-/-}$ 小鼠肺发育正常,而 GATA6$^{-/-}$ 小鼠因胚外组织缺陷造成死胎。Zhang 等发现敲除小鼠 SPC$^+$ 细胞的 Gata6 后不能存活,肺内 BASC 数目升高和增殖能力增强,但不能分化为 AT2、AT1 和克拉拉细胞,进一步研究发现敲除小鼠体内非经典 wnt 通路受体 FZD2 下调,人为升高 FZD2 或下调经典受体 β-catenin 均可逆转敲除 *Gata6* 后的效应;特异敲除 CCSP$^+$ 细胞的 GATA6 后小鼠可以存活,并且萘损伤后 14 天,BASC 的增殖能力明显强于野生型小鼠。因此,GATA6 可以抑制 BASC 的增殖能力,促进其向 AT2、AT1 和克拉拉细胞的分化。

7. Bmi1 是 polycomb group 家族中一个表观遗传的染色质修饰子,可以抑制基因转录,属于 PRC1 复合体的重要成分。最早发现 *Bmi1* 与 C-myc 协同促使 B 细胞淋巴瘤的发生,因此被认为是一个癌基因。Bmi1 主要抑制 P16^{INK4a} 和 P19^{ARF} 两种蛋白质的表达,从而促进细胞增殖抑制凋亡。Bmi1 对于维持造血干细胞和神经干细胞的自我更新非常重要。敲除 *Bmi1* 的小鼠肺发育正常,但 BASC 的增殖能力丧失。*K-ras* 敲除的肺腺癌小鼠模型敲除 *Bmi1* 后,可以减缓肺癌的数目和进展,可能与 BASC 增殖能力缺陷有关。并且两种敲除小鼠中 p19^{ARF} 的表达下降。表明 Bmi1 促进 BASC 的增殖。

8. c-Myc Myc 是一个作用广泛的转录因子家族,和配体 Max 一起结合到 10% ~ 15% 基因组 DNA 的 E-box 元件来调节上千种基因的转录。c-Myc 高表达于许多增殖细胞和肿瘤中,调控细胞生长、增殖、去分化和凋亡。c-Myc 通过两种途径调控基因表达:一种通过 c-Myc/Max 复合体结合到靶基因启动子区的 E-Box 元件,在转录水平调控基因表达;一种是通过 Myc 诱导的 miRNA 在转录后水平调控基因表达。胚胎干细胞和成体组织干细胞可以自我更新和多向分化的能力称为"干性"(stemness)。目前认为,各类干细胞维持干性所需的转录因子和基因都是一致的。在维持胚胎干细胞干性的 34 个基因和 IPSC 干性的 19 个基因中,c-Myc 是 BASC 中上调最显著的转录因子。肺发育早期 c-Myc 在 BASC 中的表达升高,随着肺发育成熟表达逐渐下降。敲除 *c-Myc* 后 BASC 增殖能力下降。进一步分析发现 c-Myc 可能通过 miRNA 和 E-Box 元件共同调节 BASC 的生物特性。

三、调控肺组织干细胞生物学特性的重要信号通路

1. Wnt/β-catenin 通路 Wnt/β-catenin 通路共有三种途径:经典 Wnt/β-catenin 途径、Wnt-Ca2$^+$ 途径和 PCP 信号途径。其中 Wnt/β-catenin 信号途径对各种组织干细胞调控作用的研究最为广泛。遗传性破坏 β-catenin 降解复合物后细胞内 β-catenin 水平升高,导致小肠干/移行细胞的失控性增生,并丧失分化和迁移能力。β-catenin 信号增强或抑制分别导致小肠隐窝细胞的增殖能力增强或抑制,并失去向小肠上皮细胞的分化能力。β-catenin 信号的增强或抑制分信号的增强还可以引起其他类型干细胞如造血干细胞和表皮干细胞的增殖能力增强和分化能力降低。E16.5 的小鼠处于肺内胚层发育和 β-catenin 表达的高峰期,增强 β-catenin 后气道上皮发育缺陷,成年后 BASC 数目增多。萘损伤后,增多的 BASC 增殖能力与正常 BASC 大致相等。上皮修复结束后,增殖的 BASC 又回到静止状态。因此,β-catenin 对于维持 BASC 的干性是必需的,增强其表达可以增强其增殖能力,降低分化能力。

2. Rho GTPase 通路 Rho GTPase 家族包括 Rho、Rac、Cdc42、Rnd 等,主要通过调节肌动蛋白的重塑、黏附位点的形成和更新、肌动球蛋白的收缩参与细胞骨架的重塑和细胞的收缩。RhoA 作为 Rho 家族中的一员,参与肌动蛋白聚集成肌束和应力纤维、局部黏附大分子的形成和肌动球蛋白的拉伸。Rac1 刺激片状伪足中局部复合体的形成和肌动蛋白的聚集,而 Cdc42 在丝状伪足中发挥相似的功能。利用细菌毒素 ExoT 使 RhoA 失活后,可以抑制 AT2 细胞系 A549 的伤口愈合,而蛋白激酶 A(protein kinase A,PKA)可以增强 RhoA 活性,从而促进支气管上皮的迁移。大鼠高通量通气损伤后,AT2 内 RhoA 活性增高从而黏附能力增强,而 KGF 可以抑制活性增高的 RhoA 从而降低 AT2 的黏附能力。研究表明,RhoA 和 Rac1 的组成性激活形式(constitutively active,CA)和显性失活形式(dominant negative,DN)的过表达均可抑制人支气管上皮细胞系 16HBE14 细胞的伤口愈合,表明 CA 和 DN 的活性平衡对正常上皮修复是必需的。此外,细胞的不同部位 Rho GTP 酶活性也不同。正在迁移细胞的创缘侧 Rac1 活性增高,而细胞的中心有较高活性的 RhoA 来产生细胞收缩的黏附位点和张力。因此,Rho GTP 酶主要调控肺组织干细胞的迁移和黏附能力。

3. MAPK 通路 丝裂原活化蛋白激酶(mitogen-activated protein kinases,MAPKs)是哺乳动物细胞内广泛存在的一类丝氨酸/苏氨酸蛋白激酶,主要参与细胞的增殖、分化和迁移。MAPK 通路以高度保守的激酶级

联反应传递信号,按激活顺序依次为丝裂原活化激酶激酶激酶、丝裂原活化激酶激酶及丝裂原活化激酶。MAPK 家族包括:p38 MAPK、细胞外信号调节蛋白激酶(extracellular signal-regulated kinase,ERK)、c-jun N 末端激酶(Jun N-terminal kinase,JNK)、大丝裂原活化蛋白激酶-1(ERKS/BMK1)、ERK3、ERK7、NLK 和 ERK8 等八个亚家族,这些亚家族可组成多条通路,其中 ERK1/2 途径、JNK/SAPK 途径和 p38 途径最为主要。p38 和 JNK 在创缘处细胞中被快速激活,并且抑制 P38 MAPK、JNK、ERK1/2 的活性可以减缓原代培养的人气道上皮细胞的迁移;炎性因子氮氧化物水平升高可以降低 ERK1/2 的活性,进而抑制支气管上皮细胞的迁移。Ventura 等发现小鼠敲除 $p38\alpha$(又称为 MAPK14)后 BASC 数目增多、增殖能力增强,但丧失分化能力。体外培养 $p38\alpha$ 敲除小鼠的 BASC 发现,BASC 不能分化为 AT2 和克拉拉细胞,野生型小鼠的 BASC 中加入 $p38\alpha$ 抑制剂 SB203580 后也不能分化为 AT2 和克拉拉细胞。因此,虽然 MAPK 通路的主要作用是促进细胞增殖、迁移,但是不同的组织和不同的刺激因子 MAPK 通路的生物学效应也有所不同。

4. PI3K/PTEN 通路 PI3K 和 PTEN 是一对可以相互抑制的信号通路。PI3K 激活后诱导 PIP3 的合成,进而激活 AKT 和 PKB,发挥抗凋亡、增殖和促癌作用,而 PTEN 是一种磷酸酶,可以降解 PI3K 从而抑制 PI3K 的作用。PTEN 活性的抑制、失活形式 PTEN 的过表达,或 PTEN 特异 siRNA 的导入都可加速原代培养的人气道上皮细胞伤口愈合,而 PI3K 活性的抑制和失活形式 PI3K 的表达均可减缓肺损伤后的细胞迁移。Yang 等发现 K-ras 敲除的小鼠肺腺癌模型中,增多的 BASC 内表达 PI3K 的一个亚单位 P110 单和下游靶点 AKT。给予 PI3K 抑制剂 PX-866 处理后 BASC 数目减少,敲除 CCSP$^+$细胞内 PTEN 后 K-ras$^{-/-}$小鼠的 BASC 数目增多。PX-866 可以抑制 BASC 的克隆形成率。以上结果表明,激活 PI3K 或抑制 PTEN 可以促进 BASC 的增殖。Shigehisa 等特异性敲除 SPC$^+$细胞的 *PTEN* 基因,发现 *PTEN* 敲除新生鼠的肺泡腔不能膨胀、肺间隔增厚、存活率明显下降。流式分析发现 BASC 和 SP 细胞比例明显增高,但向 AT2 和 AT1 分化缺陷。表明 PTEN 的失活会促进 BASC 和 SP 细胞的增殖,抑制其分化。

5. TGF 通路 TGFβ 是哺乳动物体内最主要的形态发生素。根据其生物学功能,TGF 家族可分为以下几类:激活素类、抑制素类、骨形态发生蛋白(bone morphogenetic proteins,BMP)和缪勒管抑制物质(mullerian-inhibiting substance,MIS)。各类 TGF 类与 I 类和 II 类受体结合后,通过各种 Smad 分子发挥作用。TGF 是一个免疫抑制因子和促炎因子,可以诱导许多基因的表达,包括:结缔组织生长因子(connective tissue growth factor,CTGF)、平滑肌动蛋白(α-smooth muscle actin,α-SMA)、II 型胶原和 II 型纤溶酶激活物抑制物。TGF 酶可以通过 Smad3 和 transgelin 依赖途径促进 A549 细胞和大、小鼠原代 AT2 细胞的迁移,但可抑制胎牛支气管上皮细胞的成片迁移。Manoj 等发现大鼠 SPC$^+$AT2 表达 TGF 大鼠和 Smad4。体外培养 AT2 过程中发现,增殖期 TGF 发现、Smad2、Samd3、细胞周期抑制因子 p15^{Ink4b} 和 p21^{Cip1} 表达下降,AT2 向 AT1 分化高峰期时以上分子表达升高,且培养基中含有较多的 TGF 峰。分化期时培养基内加入 TGF 期时抗体或 Smad4 siRNA 后可以抑制 AT2 向 AT1 的分化。因此,TGF 通路可以促进肺组织干细胞的迁移和分化。

四、独特的细胞亚群在呼吸道不同部分再生为上皮

1. 有限分化潜能的区域性干细胞 肺脏不同部位的上皮通过有限分化潜能干细胞在损伤后得到维护和再生。气管上皮的基底干细胞能够实现气管受损 Clara 细胞再生。然而,如果仅仅是纤毛细胞受损,Clara 细胞而非基细胞似乎再生为纤毛细胞,提示基细胞和 Clara 细胞在气管内发挥干细胞作用。细支气管上皮损伤后,比邻神经内分泌细胞和细支气管肺泡结合部的 Clara 细胞通过增殖修复上皮。气管和细支气管的 Clara 细胞分子标记是 *Secretoglobobin 1a1*(*Scgb 1a1*)。位于细支气管肺泡结合部的一种 Clara 细胞亚群也已得到鉴定,共表达 *Scgb 1a1* 基因和 II 型肺泡细胞标记表面活性蛋白 C(surfactant protein C,SftpC)。此类细胞亚群在肺损伤后增殖并能够在体外形成细支气管和肺泡上皮。因此,目前认为,这些 Clara 细胞是具有双向分化潜能的支气管肺泡干细胞(bronchioalveolar stem cells,BASC)。

为了进一步阐明 Clara 细胞在肺脏上皮维护和损伤诱导再生中的作用,2009 年 Rawlins 等构建了 *Rosa26R-eYFP* 转基因小鼠,小鼠携带 *Scgb1a1-CreER*^{TM} 构成体。当他莫昔芬注射浓度升高时,标记的 Clara 细胞能在细支气管和气管形成纤毛细胞,但仅在细支气管存在显著的自我更新,提示气管 Clara 细胞代表了短暂扩增的基细胞亚群。因此,气管和细支气管 *Scgb 1a1* 细胞作为干细胞可能具有不同作用。

这些实验中尚无证据认为推定的支气管肺泡干细胞(BASC)能够形成肺泡细胞。其他研究工作显示,Ⅰ型肺泡细胞是由表达 E-cadherin 具有干细胞增殖潜能的Ⅱ型肺泡细胞再生而来。该亚群对高氧有抵抗性,有良好增殖能力并表达高水平端粒酶,但其分子表型尚未得到鉴定。

2. 杯状多能干细胞　c-kit 用于鉴定人肺脏远端气道具有自我更新能力的多能上皮细胞库。这些细胞表达 Nanog、OCT3/4、Sox2 和 KLF4,这些分子可将成纤维细胞转化为胚胎干细胞。克隆性干细胞体外培养两周后能够形成细支气管、肺泡和肺血管。当这些细胞在体注射至低温损伤小鼠肺脏后,细胞再次形成人细支气管、肺泡和肺血管,并因此可能促进肺脏疾病患者组织修复。

五、调节上皮再生的壁龛信号

HGF 在Ⅱ型肺泡细胞增殖中发挥关键作用,这与其在肝脏再生中的作用类似。这种共性也许与肝脏和肺脏均由胚胎内胚层分化而来有关。

HGF 能体外刺激Ⅱ型肺泡细胞有丝分裂,体内实验也发现,急性肺损伤后 3~6 小时能够诱导其在内皮细胞和肺泡巨噬细胞表达。肺泡上皮细胞表达尿激酶受体,可以激活 u-PA 裂解 pro-HGF。HGF 可上调培养小鼠肺泡细胞 u-PA 活性。C/EBPα、β 和 δ 转录因子在肺泡再生早期也能发挥作用,这一现象见于Ⅱ型肺泡细胞和肺泡巨噬细胞。在脂多糖或博来霉素诱导的急性肺损伤 C/EBPα 和 β mRNA 显著上调,提示 HGF 对这两种转录因子活性的诱导可能对激活参与Ⅱ型肺泡细胞增殖早期的即刻基因发挥作用。

HGF 在肺泡再生中的重要性的进一步证据显示,静脉注射重组人 HGF 至盐酸雾损伤小鼠体内可激发Ⅱ型肺泡细胞增殖,持续性静脉输注重组人 HGF 致博来霉素诱导的肺纤维化小鼠能够通过抑制胶原积聚抑制纤维化病变。高浓度的 HGF 见于急性肺损伤患者肺水肿液。部分纯化的水肿液能够刺激培养大鼠Ⅱ型肺泡细胞 DNA 合成,并且抗 HGF 抗体对这种增幅的抑制比例达到 66%。

KGF(FGF-7)在肺泡再生中也发挥重要作用。KGF 是肺脏发育中的关键因子,气管内预先输注 KGF 能够减轻高氧和博来霉素诱导的损伤效应。体内、外实验也显示,KGF 不仅能够刺激Ⅱ型肺泡细胞增殖,还能够增加表面活性蛋白的表达。急性肺损伤患者肺水肿液含有低浓度的 KGF,此类水肿液能够刺激Ⅱ型肺泡细胞增殖,抗 KGF 抗体对 DNA 合成增幅的抑制能够达到 53%,这与抗 HGF 抗体类似。FGF-1 和 EGF 也能刺激Ⅱ型肺泡细胞增殖。

肺脏作为器官在切除后不能再生。然而,在对侧肺脏切除实验中,残留肺脏气道基细胞和Ⅱ型肺泡细胞数目显著增加。这种增殖似乎是由术后肺脏、肝脏和肾脏 HGF 水平增加所致,而三种脏器 HGF 水平与血浆 HGF 水平以及Ⅱ型肺泡细胞 c-Met 受体瞬时增加呈正相关。内源性 HGF 抗体中和能够抑制肺脏的代偿性生长,然而,注射重组人 HGF 给肺切除小鼠能够刺激 DNA 合成。

六、人肺组织多能间充质干细胞

在人肺移植接受者的支气管肺泡灌洗液样本中,能够分离出可塑性黏附细胞,其通常表达间充质干细胞表面标记(CD73、CD90、CD105),而缺少造血细胞系分子标记。进一步显示其为间充质干细胞特性的证据是细胞具有成脂、成软骨和成骨分化潜能。这些间充质干细胞并非来自骨髓,而是定居于局部肺脏,其证据来自 7 例性别错配移植物的受体,在移植后 11 年收集的细胞仍表达供体的性别基因型。这群间充质干细胞群在未损伤肺脏可能呈静息状态,而在损伤后能够动员并修复结缔组织。

第四节　气管和肺的再生治疗

一、气管的再生治疗

人气管长度约 11cm,直径约 2.5cm。气管终端在切除损坏段尺寸少于 50%(约 5cm)时能够汇合,但超过这一长度则无法自行汇合。目前,不同的支架、假体和自体移植物已经尝试用于替代气管节段,但由于瘢痕组织形成缘故其应用与供体区域病变和并发症相关。因此,生物和拟生态的支架也已用于修补气管周围更多的局部缺损,甚至完全构建新的气管。

1. 气管壁组织补丁　修补气管壁局部损伤的组织片是由硅树脂、聚四氟乙烯、胶原蛋白结合网、多聚-L-乳酸、聚乙醇酸和猪 SIS(Surgisis™)构成。补丁必须是密闭的,能够引起的炎症反应极轻,易于掺入周围组织,在抵御成纤维细胞侵入的同时允许呼吸道上皮沿腔内壁生长,并能抵御管腔的细菌感染。Surgisis™可用于修复成年大鼠气管 2mm 宽(约占气管周长的 30%)、6mm 长的外科缺损。在实验 4 周时间里,大鼠未发生呼吸窘迫,而没有补丁的对照大鼠死亡。缺损区域的管腔仍保持开放,而且管腔面积达到正常的 70%。组织学研究显示修复处补丁已经血管化,没有降解,内表面上以宿主气管上皮中的纤毛柱状上皮完全覆盖。因此,单独的支架对于促进上皮化是足够的,但无法实现软骨环的再生。实验取得成功的必需条件是使用八层结构的 Surgisis™。这一厚度所具有的韧性对于防止补丁在呼吸时塌陷是必需的,较薄的板层材料则无法奏效。

最先在临床应用获得成功的生物人工补丁是在肺切除术后,用接种过细胞的 SIS 修复气管壁缺损。术前病变是气管支气管的交接处的腹外侧 1.5cm×1.5cm 缺损。通过活检收集胸廓肌肉细胞和成纤维细胞,体外扩增并收集到 SIS(含 5% 肌肉细胞和 95% 成纤维细胞)。将此构建物进一步孵育 3 周,以允许细胞外基质更新。构建物折叠以使其厚度加倍,置于缺损位置上并在纵隔组织附近用锚定缝线以形成密闭的封条。定期内镜检查显示,宿主气道内密闭的移植物表面覆盖了再生的纤毛呼吸上皮并形成新血管。在 12 周时,补丁在功能和形态上完全整合到宿主气道组织中,患者的生活质量恢复正常。

2. 完整的生物人工气道　2004 年 Kim 等报道了犬 5cm 长的完整气管修复术的开展情况。构建物的框架是具有 10 个聚丙烯环附于外表面的聚丙烯网状圆柱体。框架覆盖有明胶,以提供黏膜的黏附表面,后者是由腹部皮片来源的角质细胞构建,并接种于聚乳酸和聚乙醇酸共聚物支架。黏膜沿框架环绕并且全部构建物包被于网膜内以促进血管化。在腹腔内培养 1 周后,构建物缝合至气管以桥接 5cm 外科缺损。支气管镜检查显示在 2 个月时,移植物末端完全长入原先的气管组织,管腔覆盖有纤毛上皮。

生物人工羊气管可由软骨和鼻中隔活检采集的上皮细胞构建。为开发更加通用型细胞来源以制备气管软骨,将羊骨髓细胞培养至含有 TGF-β_2 和 IGF-1 的非编织样聚乙醇酸纤维网上 1 周,接种细胞的纤维网沿螺旋形硅树脂模板环绕,该构建物再以浸透 TGF-β_2 的微球体涂布。随后该构架物置于裸鼠宿主皮下,并在 6 周后收集。在构建物表面可见显著的血管发生,且分化的软骨与原先的气管在组织学上类似,生物人工软骨与原先的气管软骨在羟脯氨酸和糖胺聚糖方面也没有差异。

2008 年 Macchiarini 等描述了临床抑制生物工程化气管(图 9-5)。气管的制备是通过接种骨髓细胞至脱细胞的 7cm 长气管节段上,供者是一位 51 岁的死者,随后以软骨细胞接种至气管节段外侧以形成气管环,内侧则接种上皮细胞。构建物以生物反应器孵育 4 天,以便细胞能够迁移到气管基质并抑制到患者左主支气管位置,患者此处受到肺结核的严重损坏。移植获得成功,患者是一位年轻妇女,术后迄今状况良好。从此,至少还有 2 例尚未报道的此类气管移植病例。甚至更加令人关注的是,Macchiarini 等移植了来自接种有自体细胞的合成纳米(nanocomposite)支架材料,受试者是一位 36 岁的晚期气管癌患者。这些结果表明,随着控制干细胞分化的支架组成材料的进一步发展,气管移植将不会依赖对提供支架基质(scaffolding matrix)的生物供体的需求。

图 9-5　气道组织工程用生物反应器
生物反应器侧面观示意图显示围绕纵轴的脱细胞基质旋转过程。旋转时采用生长、营养素分布需要的剪切应力并确保应用细胞获得平等的暴露(改自 Macchiarini,et al)

3. 干细胞气管移植　已有一项为期 2 年的随访研究显示,首例接受基于干细胞的组织工程气管移植术患儿转归良好,显示此技术具发展前景,但仍须进一步研究。该接受移植的患儿 12 岁,患有先天性长段气管狭窄和肺动脉吊带畸形,曾使用金属支架保持气道通畅。在金属支架失败后,接受此次基于干细胞的气管移植。研究者首先对捐献者气管进行脱细胞处理,形成软骨支架。随后,对患儿短期使用粒细胞集落刺激因子,取其骨髓间充质干细胞及其自身气管的上皮细胞,接种于捐赠者的软骨支架上。在新的气管支架上,使用人重组促红细胞生成素,以促进血管生成,输入转化生长因子β,以支持软骨形成。并于手术后继续经静脉注射人重组促红细胞生成素。在术后1周内,移植气管的血管开始重新形成;在术后8周内,在移植气管局部可观察到强烈的中性粒细胞反应;1年后,气管上皮细胞出现再生;直至术后第18个月,患儿移植气管才开始出现局部生物力学反应,其后,患儿已不再需要药物干预,而且胸部CT扫描和通气灌注扫描均正常。至此时,患儿身高增长11cm。术后2年,患儿呼吸道功能正常,已重返学校。

二、肺脏的再生治疗

1. 肺纤维化的药物治疗　特发性肺纤维化(idiopathic pulmonary fibrosis,IPF)是迅速引起全世界关注的健康问题。目前认为,该疾病是某些类型的肺泡上皮损伤的结果,损伤因素可引起肌成纤维细胞(纤维细胞)的增殖以及细胞外基质的沉积,肺泡空腔因而呈进行性减少。博来霉素或地塞米松处理的肺损伤小鼠模型在IPF研究中得到广泛应用。应用这些模型,有证据证实纤维细胞源于肺内和骨髓,但有证据显示多数纤维细胞来自骨髓并在CXCL112/CXCR4信号作用下募集到损伤区域。还有证据显示IPF发展包括炎细胞抵抗凋亡,而引起慢性炎症状态,并无法清除纤维细胞。这种抵抗是由于TGF-β对黏着斑激酶(focal adhesion kinase,FAK)和Akt的激活,表现出对纤维细胞分化和存活的稳定诱导。

地塞米松连续处理生后2天小鼠,10天后可引起能够模拟IPF的永久性肺泡异常。表现为肺泡数目很少而体积很大,这与正常的产后肺泡分隔障碍、气体交换表面积减少相一致。在正常肺泡分隔的诸多因素当中,视黄酸(Retinoic acid,RA)及其受体至关重要。RA、RA合成酶、RA受体和胞质RA结合蛋白(CRABPs)在小鼠和大鼠生后肺泡发育中均有表达。腹腔内注射双硫仑———一种RA合成抑制剂,能够抑制小鼠生后肺泡发育。大鼠肺泡在地塞米松破坏后接受RA处理能够实现再生。

2004年Hind和Maden研究显示,地塞米松处理小鼠在生后30~42天以RA治疗,肺泡能够恢复至正常水平。而且,全身性RA处理能够逆转成年大鼠弹性蛋白酶所致实验性肺气肿病变。

Vittal等(2005)研究显示,对于博来霉素所致小鼠肺纤维化模型,活跃的纤维化区域存在AKT和FAK磷酸化水平升高。这些效应在博来霉素处理小鼠接受腹腔注射蛋白激酶抑制剂AG1879后减轻,提示该分子可能是肺纤维化异常的有效治疗成分。肿瘤药物甲磺酸伊马替尼(格列卫,Gleevec)或是一种非受体酪氨酸激酶抑制剂,虽能够抑制肺上皮增殖,但不能抑制博来霉素损伤小鼠的肺脏纤维化反应。

2. 生物人工肺脏　IPF和COPD(包括慢性支气管炎和肺气肿)末期肺脏纤维化唯一治疗措施就是肺移植。目前,用于移植的肺脏来源还很有限,也尚未显示出特别良好治疗效果。有鉴于此,尝试移植细胞在病变肺脏形成肺泡结构或者构建生物人工肺脏完全替代病变肺脏的方法均在尝试当中。

明胶海绵是一种能够支持来自胎肺细胞在体外形成肺泡样上皮发育的支架材料。将接种有大鼠胎肺细胞的明胶海绵注射至正常大鼠肺脏,能够形成肺泡样结构,随后明胶海绵能够降解。有证据显示这些结构的肺泡细胞来自受体,提示供体细胞能够提供促进肺泡干细胞生长、分化的旁分泌因子。在其他实验中,表达HGF的脂肪源性间质细胞掺入聚乙醇酸支架后,将构建物随后植入接受肺切除术的大鼠体内。肺泡和血管再生在1周后显著加速,大鼠气体交换功能改善,运动耐量增强。

生物人工气管构建的脱细胞方法业已用于制备生物人工大鼠肺脏。脱细胞肺脏在通过气管重新注入来自新生肺上皮细胞,而肺内皮细胞或人脐静脉细胞可通过肺动脉注入。这种构建物在生物反应器内培养,在此细胞再生为拥有正常肺泡组织结构的区域特异性组织,以血气分析和肺活量评价生物人工肺的功能,显示其与正常大鼠肺脏类似。生物人工肺随后移植到正常肺脏所在位置,其在2~6小时内能够发挥正常的气体交换功能。为检测这种方法是否适用于人,选用来自组织库的人肺段,同法脱去细胞,并接种A549肺癌细胞和内皮细胞。A549细胞能够很好地黏附于肺泡基质(matrix),而内皮细胞则贴附于血管沟,提示此法构建人类的生物人工肺具有可行性。

与其他生物人工构建物一样,我们希望能够制备合成支架,以使其用于制备能够模拟肺泡功能甚或天然肺泡细胞外基质结构,以有效遏制对供体气管的需求。目前,在这一方面的努力包括设计体外肺脏,但迄今这些装置成效仍然有限。

第五节 肺组织干细胞与肺疾病

由于肺脏与外界环境相通的特性,呼吸道上皮细胞的增殖和分化能力持续受到病原体、粉尘和毒物等因素的影响。呼吸道上皮细胞尤其是干细胞的功能改变直接影响了急性和慢性肺损伤的发生发展,如:气道上皮修复能力不足是慢性肺损伤的最早事件,而肺组织干细胞向终末细胞分化缺陷可以导致上皮细胞比例变化,最终使病情恶化。此外,兼职祖细胞向专能祖细胞的转换可能使气道上皮细胞更容易损伤,从而促进慢性肺疾病的发生和永久存在。以气道损伤后发生急性应答的克拉拉细胞为例:克拉拉细胞一旦开始增殖就会失去细胞功能,如分泌 CCSP;如果克拉拉细胞连续增殖,其分化功能就会受限,但发生分化也会使其丧失增殖潜能;克拉拉细胞发生凋亡和衰老会使上皮功能缺陷。

一、慢性阻塞性肺疾病

慢性阻塞性肺疾病(chronic obstructive pulmonary disease,COPD)是一种慢性炎症引起的以进行性不可逆气流受限为主要特征的慢性肺疾病。因肺功能进行性减退,严重影响患者的劳动力和生活质量,造成巨大的社会和经济负担,WHO 预计 2030 年 COPD 将成为世界第三大疾病。COPD 主要病理变化是上皮增生和化生。研究发现,基底细胞和 AT2 可能参与了 COPD 的发生发展。黏液细胞增生区及伴发的扁平化生区有明确的分界,在增生区和化生区的基底面均有一层连续的 P63[+]基底细胞。上皮扁平化生区还出现复层的 P63[+]K14[+]或 K5[+]K14[+]基底细胞。肺气肿患者的 AT2 表达较高的细胞周期蛋白依赖激酶(cyclin-dependentkinase,CDK)抑制子 p16[INK4a] 和 p21[Wafl/CIP1],导致凋亡的 AT2 增多;此外 AT2 的端粒较短,提示肺气肿患者 AT2 发生衰老。

二、肺囊性纤维化

肺囊性纤维化(cystic fibrosis,CF)是一种由反复感染和炎症诱发的以上皮重塑为特征的肺疾病。目前认为,CF 的发病机制是柱状上皮细胞内囊性纤维化跨膜通道调节因子(cystic fibrosistransmembrane conductance regulator,CFTR)基因突变引起离子转运紊乱,最终引起黏液清除受限、慢性细菌感染、促炎因子释放、严重持续的白细胞渗出、上皮损伤和修复。CF 主要病理变化是杯状细胞和基底细胞增生、管壁组织破坏等导致的支气管扩张。CF 患者气道上皮中 K5[+]K14[+]基底细胞过度增殖,并表达表皮生长因子受体(epidermal growth factor receptor,EGFR)。Hajj 等分离出了 CF 患者和健康人的上皮细胞,分别接种于去除上皮的气管移植物中,种植到裸鼠皮下,发现来自 CF 患者的上皮细胞再生能力减弱,仅形成了组织结构异常的上皮层。

三、哮喘

哮喘(asthma)是由气道高反应性引起的以可逆性气流受限为特征的气道慢性炎症性疾病。我国五大城市的资料显示 13～14 岁儿童的哮喘患病率为 3%～5%,是引起学生缺课的主要疾病。哮喘的主要病理变化是杯状细胞增生和黏液分泌过多,其他还包括反复的纤毛细胞脱落、基底膜增厚、上皮下纤维化、平滑肌细胞肥大、血管生成和黏膜下腺增生。杯状细胞增生区域出现基底细胞,提示上皮细胞的脱落和杯状细胞增生可能由于基底细胞分化时的命运选择错误引起。Kicic 等分离了哮喘患者的上皮细胞,体外培养发现传代数次后仍可维持内在的"哮喘上皮细胞表型",提示哮喘患者的上皮细胞类型可能已发生转化。

四、闭塞性细支气管炎

闭塞性细支气管炎(bronchiolitis obliterans)是肺移植后一个主要的慢性排斥现象,导致其 5 年生存率(小于 50%)远低于其他器官移植。其主要发病机制是上皮细胞脱落引起黏膜固有层细胞如纤维细胞侵入上皮层,最终导致细支气管堵塞。其中,小气道内上皮脱落早于化生和增生,提示闭塞性细支气管炎中上皮细胞的缺失可能由于干细胞功能缺陷引起。基底细胞的自我更新与产生合适比例的杯状细胞和纤毛细胞之间的平衡是维持正常气道上皮功能的重要基础。这个平衡需要干细胞和潜在的中间祖细胞的调节。基底细胞及其子细胞的变化可以导致气道重塑：过度自我更新而无分化可以导致基底细胞的增生，细胞分化命运的选择错误导致杯状细胞的增生和纤毛细胞的化生，鲁米那细胞产生复层的上基底细胞可能导致扁平化生，基底细胞增殖障碍而凋亡增加或不正确的分化导致增生。基底细胞增殖和分化的异常改变都是由于其内在的转录和调控机制引起。

五、急性肺损伤

急性肺损伤(acute lung injury, ALI)/急性呼吸窘迫综合征(acute respiratory distress syndrome, ARDS)后肺水肿的清除和肺泡上皮的修复是肺损伤修复的关键环节。无论是直接因素还是间接因素导致的 ALI/ARDS，弥漫性肺泡损伤是一个主要标志。死于 ALI/ARDS 的患者病理活检发现：最早的损伤是间质水肿(interstitial oedema)，之后是严重的肺泡上皮损伤，表现为 AT1 广泛坏死，残留裸露、完整、覆盖有透明膜(hyaline membranes)的基底膜，同时上皮完整性缺失导致富含蛋白质的水肿液渗入肺泡腔。雄性 Wistar 大鼠气管内注射 5mg/kg O111:B4 内毒素(lipopolysaccharide, LPS)后，24 小时出现中性粒细胞和单核细胞的局灶性浸润，并逐渐加重，48 小时肺泡腔内出现嗜酸性粒细胞和无定形物质，AT1 无明显变化，AT2 数目较多并含有板层小体，部分 AT2 出现核糖体和粗面内质网等不成熟的表现。AT2 比 AT1 能抵抗损伤，ALI 后残留的 AT2 是肺泡上皮的修复细胞。

正常的肺泡上皮修复过程为：ALI 后 AT2 首先发生快速的黏附和迁移，整个过程需要 8~16 小时，是最早发生的修复事件；之后 AT2 开始沿着肺间隔迅速增殖，从而覆盖裸露的基底膜，重建上皮的连续性，以 ALI 后 1~2 天最为明显，是 ALI/ARDS 增殖期的主要表现，也是目前最明显、最易观察的修复反应；最后 AT2 分化为 AT1，于伤后 10~14 天完成修复。如果黏附、迁移和增殖不足而凋亡过强，则会造成肺泡上皮的脱落，最终导致肺纤维化修复。研究发现细胞黏附位点的丢失可以减缓细胞迁移，诱导细胞凋亡，因此，整合素相关的细胞黏附在 ALI 后的肺泡上皮修复中发挥关键作用。但由于缺乏特异、有效、实时的体内监测技术，目前为止还没有任何关于迁移和黏附的体内证据。此外，创缘处残留上皮细胞还可释放多种促炎因子和生长因子，吸引恢复细胞外基质所需的蛋白和细胞，促进再上皮化的进行。

第六节　参与修复肺组织损伤干细胞

一、肺外干/祖细胞参与修复肺组织损伤

1. 骨髓干/祖细胞动员参与修复损伤肺组织　骨髓是机体最大的干细胞库，肺外干/祖细胞的主要来源是骨髓池。潜在参与肺损伤修复的细胞主要包括骨髓间充质干细胞(bone marrow derived mesenchymal cell, BDMC)、内皮祖细胞(epithelial progenitor cell, EPC)和造血干/祖细胞(hematopoietic progenitor/stem cell)。在肺部感染或急性肺损伤或骨髓动员剂(如 G-CSF、HGF 或肾上腺髓质蛋白)作用下，以上细胞从骨髓池外流并发生定向迁移，以特定的分化形式参与损伤肺组织的修复过程。既往研究证实，在小鼠肺气肿模型肺泡再生过程中，骨髓动员剂 G-CSF、HGF 或肾上腺髓质蛋白可诱导肺毛细血管腔骨髓源性内皮祖细胞的增加。然而，骨髓源性细胞究竟是分化为肺泡细胞还是与定居细胞融合有待进一步证实。在细菌性肺炎和急性肺损伤患者中，循环内皮祖细胞数量显著增加，而且增加的数量与疾病预后相关，提示骨髓源性祖细胞在炎性刺激作用下释放到循环中，并且这些细胞促进炎症过程的消退和损伤肺组织修复。骨髓源性间充质细胞对肺泡再生促进作用在弹性蛋白酶诱导的肺气肿模型上得到很好的验证。

2. 骨髓干/祖细胞移植对肺组织损伤修复作用　目前，在临床干细胞治疗中，间充质干细胞(mesenchymal stem cells, MSC)是细胞治疗的重要候选细胞。MSC 易于从骨髓和组织中分离。同种异体 MSC 由于其低表达主要组织相容性复合物(major histocompatibility complex, MHC)Ⅰ和Ⅱ型蛋白且缺乏 T 细胞的共刺激分子而易于为受体耐受。因此，同种异体 MSC 应用在理论上可行，MSC 可以储存到治疗时使用，且无伦理学争议。近年在美国，已有超过 100 例临床 MSC 实验注册并开展。如上所述，MSC 能够减轻肺组织损伤并促进修复过程。这些有益的效应是基于 MSC 调节免疫系统以及产生生长因子和细胞因子(如表皮细

生长因子、HGF 和前列腺素 E$_2$)的能力。鉴于以上抗炎效应,MSC 治疗严重肺疾病(急性肺损伤、COPD、肺动脉高压、哮喘和肺纤维化)的潜力已有广泛研究。同时,在实验模型中,MSC 通过静脉或气管注射到损伤的肺脏。静脉或气管注射骨髓细胞或骨髓源性 MSC 可减轻 LPS 诱导的小鼠肺损伤,博来霉素诱导的炎症、胶原沉积和纤维化也在气管或静脉输注 MSC 后减轻。其作用机制主要涉及以增加抗炎介质、减少促炎介质分泌为导向的免疫调节效应,以分泌生长因子为导向的气血屏障修复效应、肺泡水肿液清除效应和肺泡上皮细胞凋亡抑制效应,因此,MSC 在急性肺损伤修复与再生中具有重要临床价值。

在内毒素所致急性肺损伤模型中,肺组织损伤包括细胞凋亡和坏死。这就需要正常的修复细胞替代并维持器官内环境稳定。因此,既往有研究证实骨髓 MSC 在肺损伤微环境可塑性很强,能够分化为肺泡 I 型和 II 型上皮细胞、成纤维细胞、内皮细胞、支气管上皮细胞等多种类型的肺组织细胞。而且,对于骨髓重建的绿色荧光蛋白嵌合小鼠在 LPS 注射后 7 天,扁平的 GFP 阳性 BDMC 出现在肺泡壁。这些细胞分子标志角蛋白(上皮细胞标记)或 CD34(内皮细胞标记)呈阳性染色。这就提示骨髓 BDMC 可分化或与肺泡上皮、血管内皮细胞融合,显示移植的 BDMC 可能参与了肺损伤的修复过程。然而,随着观察时间的延长,BMDC 逐渐并且显著减少。此外,骨髓源性单个核细胞(bone marrow-derived mononuclear cell,BMDMC)治疗能够改善急性肺损伤的炎症损伤和纤维化进程。尽管目前对肺内定植的骨髓源性细胞数目、停留时间以及旁分泌调节尚有诸多争议,但根据以上结果提示,BMDC 最初迁移到损伤的器官并分化或与器官实质细胞融合,随着 BMDC 定植于损伤器官,便难以或不能分化或发育成新的细胞,此时主要作用应该是对损伤局部微环境的调节,刺激内源性修复反应。

另一方面,新近研究认为,静脉输注的骨髓间充质干细胞(mesenchymal stem cells,MSC)能够显著改善新生小鼠高氧所致的肺损伤,逆转肺泡表面积病理性减少和呼吸功能减弱。进一步研究发现,用 MSC 条件培养基同样具有类似的治疗效果。其作用机制研究进一步证实,在此过程中,支气管肺泡结合部的支气管肺泡干细胞(bronchioalveolar stem cells,BASC),一群具有分泌功能的克拉拉细胞显著增加,而且,体外克隆形成实验发现,BASC 的增殖可能并非由生长因子类成分所致,谱系追踪技术发现 BASC 有助于肺损伤后上皮结构重建。因此,MSC 对急性肺损伤的修复效应可能是通过刺激 BASC 的增殖所致。

二、肺内干/祖细胞参与修复肺组织损伤

近年来干细胞治疗各种肺脏疾病的研究显示,肺组织自身的干细胞和肺外组织来源的干细胞均可参与肺损伤组织修复。然而,基于呼吸道上皮本身极低的生长更新率和有限的再生能力的认识,既往应用外源性干细胞并取得一定的治疗效果,但外源性干细胞在肺组织内的修复与再生作用有限,难以产生足量气管上皮或肺泡上皮细胞,因而目前尚难以通过其促进损伤肺组织的修复与再生作用达到治疗肺脏疾病的目的。事实上,哺乳动物体内许多器官组织内都存留少量的内源性成体干细胞/祖细胞,他们分布于特定的微环境-微龛内。后者可能是维持正常器官组织稳定和修复损伤组织的重要细胞来源。关于肺脏内源性干细胞,研究结果表明,成年小鼠的气管、支气管、细支气管和肺泡内都分布有具有一定分化能力的干/祖细胞。人、大鼠、家兔等哺乳动物肺组织也证实存在类似的干/祖细胞的分布。尽管目前尚缺乏严格的内源性肺干/祖细胞标记,且分离培养尚较为困难,且这种干/祖细胞的分类方法尚有一定争论,但对其在维持肺结构稳定和肺组织修复方面的作用已获得较广泛认可。

1. 肺泡干/祖细胞参与损伤肺组织再生　在肺损伤修复过程中,肺内干/祖细胞(如气管和支气管干细胞、细支气管干细胞、细支气管肺泡干细胞和肺泡干细胞、肺泡 II 型上皮细胞等)对于恢复肺内环境稳定、参与损伤区组织修复扮演了重要角色。在执行气体交换的主体区域——肺泡壁的组成细胞中,肺泡 I 型和 II 型上皮细胞覆盖肺泡腔的大部分区域。在肺损伤发生时,表面积较大的 I 型肺泡上皮细胞损伤、坏死,数目占有绝对优势的 II 型肺泡上皮细胞能够分化并替代 I 型肺泡上皮。研究证实,在肺内炎性刺激(LPS 和博来霉素)条件下,可导致 I 型肺泡上皮损伤,II 型肺泡上皮可能分化并替代受损的 I 型肺泡上皮。一部分 II 型肺泡上皮群形态可变得肥大。这些现象经常见于各种受损伤的肺脏。目前有研究进一步认为,在 II 型肺泡上皮中存在形态结构不同的干细胞亚群,在终末细支气管、肺泡管连接处、肺泡壁均有分布。因此,在肺损伤结构重塑过程中,如何有效调动 II 型上皮细胞的修复潜能,从数量、分布和细胞转化路径分析无疑具有绝对

的权重优势。

应用 GFP 嵌合小鼠实验发现，肺损伤后再生的肺泡由骨髓源性（GFP 阳性）和非骨髓源性（GFP 阴性）细胞组成。这就表明，定居的肺细胞，包括内源性干细胞，有助于肺泡发生。业已明确，Ⅱ型肺泡上皮细胞能够修复损伤的肺泡上皮。然而，肺内源性干细胞替代损伤的Ⅱ型肺泡上皮的潜能尚不清楚。最近认为，小鼠干细胞抗原（Sca-1）阳性细胞可能是肺内源性干细胞。Hegab 等报道弹性蛋白酶诱导的肺损伤可增加具有干细胞标记（如 sca-1、CD34 和 c-kit）的细胞数目，在 HGF 或弹性蛋白酶作用下，Sca-1$^+$/SPC$^+$细胞数量显著增加，两者合用效果最强。多数 Sca-1$^+$细胞是肺内源性干细胞，然而，多数 c-kit$^+$细胞是骨髓源性。因此，如何有效增加肺内源性干细胞的数目可能是有效修复损伤肺组织的关键环节之一。可喜的是，近年美国学者 Edward Morrisey 等发现，激活 wnt 信号通路显著增加 BASC 的数量，而锂等药理学调控物可使肺组织中的关键干细胞群进行强制性扩增和分化，毫无疑问，这将为以肺干细胞为切入点修复损伤肺脏的设想提供新的可能。

与此同时，Nolen-Walston 等观察在肺切除小鼠代偿性肺生长过程中肺内源性干细胞（Sca-1$^+$/SP-C$^+$/CCSP$^+$/CD45$^-$）的和Ⅱ型肺泡上皮细胞的反应。结果发现，Sca-1$^+$细胞和Ⅱ型肺泡上皮细胞数量在代偿性肺生长中增加并分别到达基础值的 220% 和 124%。Sca-1 细胞在代偿性肺生长的作用占到 0% ～ 25%，然而，依照细胞动力学模型，在数目上占有绝对优势的Ⅱ型肺泡上皮细胞对肺组织再生仍是必需的。

目前，与小鼠肺内源性干细胞增加的报告相比，虽然 2011 年《新英格兰医学杂志》报告了人肺干细胞的证据，但对人肺干细胞的认识仍非常有限。主要原因有两方面：①缺乏人肺内源性干细胞的特异性标记；②人肺标本获得有限。尽管如此，这个关于肺干细胞的研究已证明了 c-kit 阳性细胞的体外干细胞特性，并在体内试验模型中证明了这种细胞的干细胞特性，同时为肺干细胞今后的临床应用前景提供了一些实验准备。但从肺干细胞的发现到最终真正应用到临床的干细胞移植还需要很多后续实验的补充。第一，肺干细胞移植的有效性如何？即由肺干细胞分化而成的新生肺组织是否具有正常肺组织的生理功能？第二，肺干细胞移植的可行性又有多少？而对于有肺部疾患的患者，他们的肺干细胞是否会因为肺部不良的微环境而失去自我增殖和多潜能分化的能力？第三，异体肺干细胞的移植又能否有自体移植相似的疗效？第四，从肺干细胞分离、培养到最终移植一系列过程的技术问题。

鉴于此，近年研究开发出组织干细胞的 stemsurvive 储存液。应用这种溶液，人肺组织可以储存 7 天，并且组织干细胞和微龛细胞不会受到任何影响。随后，研究从 StemSurvive 溶液储存的人肺内分离了肺泡祖细胞（alveolar progenitor cell，AEPC）。AEPC 是具有间充质干细胞特点的内皮细胞表型。通过芯片分析，AEPC 与间充质干细胞和Ⅱ型肺泡上皮细胞共享许多基因，提示肺泡上皮及其间质细胞在表型上的交叠。事实上，已有研究发现 AEPC 在纤维化肺和一些类型腺癌数量增加。AEPC 存在间质和上皮表型的转化提示这些细胞在组织修复和癌症发生中扮演了肺组织干细胞的角色。对于肺泡修复，间充质特性如抗凋亡活性和活动性可能对于功能性上皮祖细胞有益。需要进一步的实验探究以阐明 AEPC 在肺疾病中的病理生理作用。

2. 肺内间充质干细胞参与损伤肺组织再生　对于肺内 MSC 这一内源性干细胞亚群，具有自我更新能力和分化为间充质细胞系的能力。鉴于来自不同器官的 MSC 特性不尽一致，并无特定的细胞表面标记。目前基本的 MSC 判别标准为：能够黏附于塑料培养皿，体外具有成骨、成脂和成间充质细胞分化潜能，且阳性分子标记通常选择 CD73/CD90/CD105，阴性分子标记通常选择 CD34/CD45/CD14 或 CD11b/CD79a 或 CD19/HLA-DR。

肺脏 MSC 可从新生的肺脏和支气管肺泡灌洗液分离获得。Karoubi 等从外科手术人肺组织分离出 MSC 并将其成功分化为表达水通道蛋白 5 和 CCSP 的Ⅱ型肺泡上皮细胞。尽管肺再生中 MSC 的作用不明，但 MSC 对肺损伤的有益的作用已有广泛研究。MSC 能够产生多种细胞因子和生长因子。此外，LPS 刺激的肺细胞与 MSC 共培养可产生促炎细胞因子分泌减少，提示 MSC 分泌的可溶性因子可抑制炎症反应，并且/或者肺细胞与 MSC 的直接作用产生抗炎效应。MSC 对免疫细胞（T 细胞、B 细胞和 NK 细胞）有免疫调节效应。此外，新近研究发现，小鼠肺脏在弹性蛋白酶损伤后，应用具有 MSC 表型的肺内源性干细胞，气管内给予干细胞可减轻弹性蛋白酶诱导的肺损伤并改善存活率。移植的干细胞能够到达肺泡腔，仅有一些细胞保留在肺泡壁。以上结果并不支持细胞的分化，而是提示干细胞在肺损伤中的免疫调节效应。此外，Spees 等报告线粒体 DNA 能够从 MSC 传递到其他细胞，其能够调节受体细胞的线粒体功能。因此，我们推测 MSC 对肺损伤的抑制效应可能是由于 MSC 的抗炎效应而非分化为肺细胞的作用。

三、药物对损伤肺组织修复与再生的影响

1. 视黄酸 A(retinoic acid,RA) 　RA 属于维生素 A 的活性代谢产物,而气道上皮是维生素 A 作用的特定靶细胞。RA 参与肺脏发育,特别是肺泡的发生及损伤后肺脏修复过程。RA 调节胚胎肺脏的形态分支以及参与肺发育的基因并促进肺泡分隔。敲除小鼠 RA 受体导致肺泡发生障碍,即正常肺泡和肺泡弹性纤维形成异常。肺脏成纤维细胞在 RA 处理后弹性蛋白合成增加(与脂成纤维细胞 Lipofibroblasts 即类视色素储备细胞有关)。以上结果提示,RA 在肺脏发育形态上扮演了重要角色。自从 Massaro 等发现全反式视黄酸(all-trans retinoicacid,ATRA)可逆转大鼠肺气肿模型解剖和功能病变以来,在该领域内开展了一系列研究。特别是 RA 可诱导 Ⅱ 型肺泡上皮细胞增殖,其作用机制在于干扰 G_1 晚期细胞周期蛋白依赖性复合物的活性,抑制细胞有丝分裂中调节细胞周期的 Cdk 抑制蛋白 CKI p21CIP1 表达,导致细胞分裂周期抑制因素减弱,促进细胞进入增殖循环,因而促进肺切除后的残余肺脏的增长,发挥促进肺组织修复的作用;Massaro 曾经发现,大鼠出生后应用 RA 能够增加肺泡数目,此外,RA 能够抑制地塞米松对肺泡形成的抑制效应。目前认为,RA 促进肺泡再生可能是治疗气体交换表面积减少类肺脏疾患的重要成分。迄今共有 14 项研究使用 RA 防治肺气肿模型。有趣的是,其中有 8 项显示 RA 促进肺组织再生,而另外 6 项显示阴性结果,这种前后不一的可能原因包括:①动物模型种属差异;②RA 剂量域值差异。在代偿性肺生长过程中,如啮齿类的小动物显示良好的再生过程,这是因为其体细胞在整个生命过程都具有增殖潜能,这一特性可以影响 RA 的治疗结果。另外的因素就是促进肺再生的 RA 剂量。Stinchcombe 和 Maden 曾经评价过 RA 对 3 种品系小鼠(TO、ICR、NIHS)的肺再生效应,发现 RA 剂量域值对于不同品系小鼠各不相同。相比较,RA 对大鼠损伤肺功能改善作用较小鼠为弱。

除过外源性 RA,肺组织内脂类间质细胞储存有内源性视黄酸的底物-视黄醇,而脂类间质细胞聚集在肺泡生发部位,视黄醇在肺泡组织形成过程中起着关键作用,提示这些细胞中的视黄醇是形成肺泡组织的内源性视黄醇。研究发现大鼠脂类间质细胞能合成和分泌 ATRA,后者能够增加 Ⅰ 型上皮细胞视黄醇结合蛋白 CRBP-I mRNA 的表达。视黄醇结合蛋白-视黄醇复合物是体内合成视黄酸的底物。全反式视黄酸通过核受体 RARs 和 RXRs 介导相关基因的表达。外源性全反式视黄酸能够增加视黄醇存储颗粒的数量,并进而增加内源性视黄酸的分泌,从而诱导或增加了肺泡组织的形成。因此,在外源性 RA 促进损伤肺组织过程中,内源性视黄酸也参与其中。

腹腔注射外源性 RA 的药代动力学结果显示,小鼠在注射 RA(2.0mg/kg)后,迅速进入外周血,肺脏 5 分钟时已有 RA。在 15 分钟达到峰值 4178pg/mg 组织,随后减少,在 4 小时血浆内已经检测不出。但肺内视黄酸在观察时间内始终存在,并以全反式视黄酸形式存在。既往研究证实 RA 能够引起肺内有相关基因迅速表达:RA 反应元件如 RA 受体和 RA 结合蛋白以及再生信号通路基因(tropoelastin)表达。因此,外源性 RA 应用在肺脏组织局部具有很好的靶向性,是修复损伤肺组织的有效成分之一。

2. 肝细胞生长因子(hepatocyte growth facto,HGF) 　最初,HGF 作为一种肝细胞原代培养的有丝分裂剂使用,HGF 是一种由间质细胞分泌的多能性生长因子,具有促细胞分裂、增殖、迁移、分化等作用,在肺损伤后或肺发育过程中,通过其受体 c-Met 的酪氨酸磷酸化发挥促有丝分裂,对于发育肺脏的形态发生也有一定作用。特别是 HGF 是肺泡 Ⅱ 型上皮的促分裂剂。在小鼠肺切除术后的肺代偿性生长中,HGF 刺激呼吸道上皮细胞增殖。此外,HGF 还可以激活内皮细胞的迁移和增殖,诱导血管发生。在肺泡隔形成中,HGF 以三种常见分泌方式,主要通过四种细胞(成纤维细胞、巨噬细胞、平滑肌细胞、活化上皮细胞)对肺脏上皮和内皮细胞发挥促进增殖、迁移、微管形成作用。鉴于以上效应,HGF 在肺再生中的作用已有广泛研究。腹腔内注射 HGF 能够显著增加小鼠外周血单个核细胞 sca-1$^+$/flk-1$^+$ 比例。HGF 还能够诱导骨髓源性和肺泡壁内定居内皮细胞的增殖,逆转弹性蛋白酶诱导的小鼠肺气肿,减少肺纤维化小鼠胶原沉积并诱导肺代偿性生长。对大鼠肺气肿模型而言,转染编码人 HGF 的 cDNA 能够促进肺泡内皮和上皮有效表达人 HGF,引起更为广泛的肺血管化,并抑制肺泡壁细胞的凋亡。静脉注射分泌 HGF 的脂肪源性间质细胞,能够改善大鼠肺气肿。Hegab 等报道每周 2 次吸入 HGF,连续两周能够显著减轻弹性蛋白酶诱导的肺泡腔的扩张和肺泡壁的破坏,

而且静态肺顺应性增加并恢复到正常水平。HGF 促进上皮细胞株 A549 的趋化反应,HGF 受体阻断后,抑制 A549 趋化,相同浓度的 KGF 却没有此效应。在特定培养条件下,HGF 诱导非贴壁肺干细胞向肺泡样细胞分化。

3. 粒细胞集落刺激因子(granulocyte colony-stimulating factor,G-CSF)　G-CSF 通过动员骨髓干细胞进入外周血,缓解急性肺损伤病理过程。在小鼠肺气肿模型,G-CSF 能够减轻肺气肿病变。对于 G-CSF 治疗小鼠,肺泡平均线性间距(mean linear intercept,Lm)与损伤组比较明显缩短。这一现象与 RA 诱导的小鼠肺气肿病变减轻程度一致。G-CSF 能够增加血循环中骨髓源性内皮祖细胞的数量。G-CSF 复合 RA 治疗具有显著的叠加效应,表现为 Lm 进一步缩短。骨髓源性细胞在 G-CSF 诱导的肺再生中发挥了重要作用。以上结果提示,老年 COPD 患者缺少循环干细胞可能是影响疗效的限制因素。

4. 表皮细胞生长因子(keratinocyte growth factor,KGF)　KGF 即成纤维细胞生长因子-7,属于 FGF 家族,主要由间充质细胞产生,作用于表达 KGF 受体的肺泡Ⅱ型上皮细胞,在肺脏发育过程中具有重要作用。KGF 受体在肺泡Ⅱ型上皮细胞表达。KGF 能够促进肺泡Ⅱ型上皮细胞存活、增殖和迁移及细胞与细胞外基质的黏附。气管内注射 KGF 能诱导肺泡Ⅱ型上皮细胞增殖。对于肺切除术的大鼠,KGF 诱导发育成熟的肺脏代偿性形成新的肺泡。此外,体外实验证实,KGF 在 AT2 向 AT1 表型转化过程中具有显著的逆转效应,可能是保持 AT2 表型或 AT1 去分化的重要调节分子。尽管 KGF 预处理可以预防弹性蛋白酶诱导的肺气肿,KGF 治疗后(弹性蛋白酶作用后 3 周)并不能逆转肺泡病理性扩张。但 rhKGF 预处理可能并不能减轻肺泡炎性渗出,不能减轻上皮细胞损伤,研究认为 KGF 可能并未直接促进肺泡上皮修复和完整性。血气和肺顺应性检测结果提示,KGF 对气体交换功能改善可能主要是 AT2 增殖所分泌的表面活性蛋白增加所致。KGF 基因治疗(鼠伤寒沙门菌减毒疫苗+重组人 KGF 基因治疗)能减轻放射性损伤大鼠肺炎性损伤。这些结果提示,KGF 可能主要发挥抗炎效应,并不能有效促进肺泡修复。

5. 肾上腺髓质蛋白(adrenomedullin)　肾上腺髓质蛋白是从人肾上腺嗜铬细胞瘤内分离的多功能性调节多肽。肾上腺髓质蛋白能够诱导 cAMP 产生、支气管扩张、细胞生长调节、抑制凋亡、血管发生并有拮抗微生物活性。肾上腺髓质蛋白受体在气道上皮基细胞和肺泡Ⅱ型上皮高表达,而两种细胞均参与肺上皮再生。对小鼠肺气肿模型而言,经皮下渗透泵持续性输注肾上腺髓质蛋白可增加外周血 Sca-1$^+$ 细胞数量并肺泡再生和肺血管化。

6. 辛伐他汀(simvastatin)　除有降低胆固醇的作用外,羟甲基戊二酸单酰辅酶 A 还原酶抑制剂,即 HMG-CoA 还原酶抑制剂(他汀类药物)之一的辛伐他汀还有其他药理学效应,如抗炎效应(调节核因子-原酶、减轻白细胞浸润),改善内皮细胞功能,并可通过上调磷酸化 Akt 表达水平,从而抑制肺泡Ⅱ型细胞凋亡,促进肺泡Ⅱ型细胞的增殖。他汀类药物对组织再生效应研究证实,腹腔内注射辛伐他汀能缩短弹性蛋白酶诱导的肺气肿 Lm 并增加肺泡 PCNA$^+$ 细胞数量。以健康成人吸入 50μg 内毒素模型发现,辛伐他汀拮抗过度炎症反应包括:①通过减少局部细胞因子和趋化因子(如 TNF-α、MMP-7)产生,减少中性粒细胞聚集;②直接增加中性粒细胞凋亡,减少募集等机制,减少中性粒细胞数量和活化;③抑制巨噬细胞释放 MMP-7、MMP-9,减少巨噬细胞活化;④降低血浆中 CRP 浓度。此外,对于放射性肺损伤(RILI)小鼠,辛伐他汀能够作为抗炎分子和肺屏障保护成分,减轻血管渗漏、白细胞浸润、氧化应激,逆转 RILI 相关性基因表达失调控:包括 p53、核因子-红细胞 2-相关因子(nuclear factor 成分,减轻血管渗漏、白细胞浸润、氧化应激,逆转转化应激)和鞘脂代谢通路基因。为确认辛伐他汀保护效应关键调控分子,通过辛伐他汀治疗的损伤小鼠蛋白-蛋白相互作用网络(single-network analysis of proteins)分析获取全肺基因表达数据,经基因产物相互作用的拓扑学分析证实 8 个优先基因(ccna2a,cdc2,fcer1,syk,vav3,MMP9,ITGAM,CD44)是引起 RILI 网络的关键节点。这就从信号通路角度进一步证实他汀类药物对急性肺损伤的保护作用机制。目前有研究提出,在临床实践中,术前 3～7 天开始予 5mg/(kg·d)辛伐他汀可能利于缓解肺缺血再灌注损伤,从而利于术后肺功能恢复。

四、生物人工肺替代治疗修复肺功能

由于肺脏是 40 多种细胞组成的具有三维结构的复杂脏器,人工构建肺脏目前很困难。最近,几种人工肺模型已有报道。主流研究应用生物兼容性较好的脱细胞肺脏支架材料,辅以新的内皮和上皮细胞移植到支架的研究策略,另外,人工肺细胞来源还涉及胎肺细胞、人脐带内皮细胞等。

美国哈佛医学院研究人员曾将小鼠肺脏实质细胞以 SDS 溶液灌洗法洗脱,仅留下细胞外间质作为新肺生长的"支架"。该"支架"仍保留有血管、气道和肺泡等基本形态结构。随后,研究在"撑架"中植入血管内皮细胞和肺泡上皮细胞,并将其放入模拟生物体内环境的培养器中进行培养。结果发现,干细胞在残肺支架上迅速生长、分化,并在 7 天后开始执行氧气交换,模拟正常肺脏呼吸功能,大约两周就可以完成肺的再生。再将其植入小鼠体内后,人工肺仍能继续工作,并使小鼠存活了 6 小时。相信随着研究的进展和技术的改进,肺水肿等并发症状会逐渐得到克服,再生肺的生存时间会逐渐延长。另一方面,随着干细胞研究的不断深入,研究有可能在获得足量成体干细胞(如骨髓间充质干细胞)、胚胎干细胞甚至诱导性多能干细胞即iPSC,在特定分化阶段调控相关因子的作用下,产生能够促进肺脏再生的细胞类型(肺泡上皮细胞、血管内皮细胞等),从而实现基于肺基本支架结构的肺脏再生和功能恢复。此外,令人意外的是,人工肺研究者又将人类肺泡细胞与真空芯片结合,制造出能够自由呼吸的芯片肺脏。该微型装置模拟肺脏最活跃的肺泡部分,将肺脏气血屏障的两层组织——内层为肺泡层,外层为血液循环层结合起来,利用真空原理让空气在整个系统中能够以高度还原的方式运作,能够有效实现空气中的氧气混合至血液中的过程。尽管这些细胞尚不适用于临床应用,但生物人工肺的概念以其很低的排斥反应和可控的肺脏器官来源,将来可能是肺脏疾患治疗的潜在候选方法,可能会为全球约 5000 万的晚期肺脏疾病患者带来新的希望。

小　结

肺不同部位的上皮细胞受损后能通过不同的干细胞维持再生。遗传标记实验说明气管基底干细胞产生克拉拉细胞,克拉拉细胞产生气管纤毛细胞。

在支气管中,克拉拉细胞起到干细胞的作用产生纤毛细胞并进行自我更新。受损的 I 型肺泡上皮细胞通过不表达 E 钙黏蛋白的 II 型肺泡上皮亚型再生,抵抗高氧并表达高水平的端粒酶。HGF 对于启动这些细胞进入细胞循环具有重要作用,HGF 结合 c-met 受体,激活 C/EBPα、β 和 δ 转录因子。EGF 和 FGF-1 也能在体外刺激 2 型肺泡上皮细胞的有丝分裂,KGF 在体内外均能。博来霉素诱导的肺纤维化小鼠持续给予rhHGF 能抑制纤维化的改变。多潜能间充质干细胞存在于人肺组织中,肺损伤时动员并修复结缔组织。

通过在聚乳酸和聚乙烯酸支架上接种角质化细胞,然后将其包绕在模拟气管软骨的由 10 个聚丙烯环组成的网孔圆筒上,制造出生物人工气管。在腹膜腔培养 10 天后,用这个生物人工气管去替换犬的 5cm 长的气管节段。这个移植物与宿主的气管组织整合并产生有纤毛的上皮细胞。通过用猪的肌肉细胞和成纤维细胞接种 SIS 获得的生物人工组织补片,已经成功地修复了患者支气管吻合术造成的缺损。更特别的是,通过接种去细胞化的尸体气管或自体的间充质干细胞在合成的纳米复合材料支架上,得到生物人工气管,并对两例患者进行了移植。对于肺末端疾病诸如肺纤维化所做的研究很少,但视黄酸能诱导被地塞米松和弹性蛋白酶损伤的肺泡再生,这一发现为肺末端疾病治疗带来了曙光。用新生的肺上皮细胞接种到去细胞化的大鼠的肺,构建了生物人工末端肺组织,将其移植到大鼠体内去替换正常的肺,这个生物人工肺有效地进行气体交换达 2~6 小时。

肺脏是由胚胎的中胚层和内胚层发育而成的。肺原基是肺脏形成的基础,肺脏发育经历胚胎期、胎儿期和出生后期 3 个阶段。成熟的肺组织大约由 40 多种细胞组成。生理情况下,成年肺脏的更新非常缓慢。由于肺与外界相通,并且其结构十分脆弱,极易受到损伤。因此,肺组织自身的修复能力对于维持其结构完整性,发挥其正常功能具有重要意义。近年来,在肺组织内发现多种具有一定自我更新和分化潜能的组织细胞,统称为内源性肺干/祖细胞(endogenous lung stem/progenitor cell),如位于气管内的基底细胞(basal Cells,BC)和导管细胞,支气管和细支气管上皮内的克拉拉细胞、变异克拉拉细胞,以及位于细支气管肺泡连接部的细支气管肺泡干细胞和 II 型肺泡上皮细胞,此外,肺组织内的平滑肌祖细胞、成血管细胞、边缘群细胞等也具有一定的干性。也已研究表明,这些内源性干细胞在慢性阻塞性肺疾病、肺囊性纤维化、急性肺损伤等疾病中可能发挥一定的修复与再生作用。

(蒋建新　杨策)

参 考 文 献

1. Xu K, Moghal N, Egan SE. Notch signaling in lung development and disease. Advances in experimental medicine and biology, 2012, 727:89-98.

2. Kimura J, Deutsch GH. Key mechanisms of early lung development. Pediatric and developmental pathology: the official journal of the Society for Pediatric Pathology and the Paediatric Pathology Society, 2007, 10(5):335-347.

3. Kumar VH, Lakshminrusimha S, El Abiad MT, et al. Growth factors in lung development. Advances in clinical chemistry, 2005, 40: 261-316.

4. Rawlins EL, Hogan BL. Epithelial stem cells of the lung: privileged few or opportunities for many? Development, 2006, 133(13): 2455-2465.

5. Crosby LM, Waters CM. Epithelial repair mechanisms in the lung. American journal of physiology Lung cellular and molecular physiology, 2010, 298(6):L715-L731.

6. Costa RH, Kalinichenko VV, Lim L. Transcription factors in mouse lung development and function. American journal of physiology Lung cellular and molecular physiology, 2001, 280(5):L823-L838.

7. Zhang H, Bai H, Yi Z, et al. Effect of stem cell factor and granulocyte-macrophage colony-stimulating factor-induced bone marrow stem cell mobilization on recovery from acute tubular necrosis in rats. Renal failure, 2012, 34(3):350-357.

8. Ventura JJ, Tenbaum S, Perdiguero E, et al. p38alpha MAP kinase is essential in lung stem and progenitor cell proliferation and differentiation. Nature genetics, 2007, 39(6):750-758.

9. Stripp BR. Hierarchical organization of lung progenitor cells: is there an adult lung tissue stem cell? Proceedings of the American Thoracic Society, 2008, 5(6):695-698.

10. Reynolds SD, Giangreco A, Hong KU, et al. Airway injury in lung disease pathophysiology: selective depletion of airway stem and progenitor cell pools potentiates lung inflammation and alveolar dysfunction. American journal of physiology Lung cellular and molecular physiology, 2004, 287(6):L1256-L1265.

11. McQualter JL, Yuen K, Williams B, et al. Evidence of an epithelial stem/progenitor cell hierarchy in the adult mouse lung. Proceedings of the National Academy of Sciences of the United States of America, 2010, 107(4):1414-1419.

12. Toya SP, Li F, Bonini MG, et al. Interaction of a specific population of human embryonic stem cell-derived progenitor cells with CD11b+ cells ameliorates sepsis-induced lung inflammatory injury. The American journal of pathology, 2011, 178(1):313-324.

13. Zhu CP, Du J, Feng ZC. Role of pulmonary stem cells labeled with bromodeoxyuridine and telomerase reverse transcriptase in hyperoxic lung injury in neonatal rats. Zhonghua er ke za zhi, 2006, 44(6):459-464.

14. Ross AC, Li NQ. Retinol combined with retinoic acid increases retinol uptake and esterification in the lungs of young adult rats when delivered by the intramuscular as well as oral routes. The Journal of nutrition, 2007, 137(11):2371-2376.

15. Ross AC, Ambalavanan N. Retinoic acid combined with vitamin A synergizes to increase retinyl ester storage in the lungs of newborn and dexamethasone-treated neonatal rats. Neonatology, 2007, 92(1):26-32.

16. Nabeyrat E, Corroyer S, Epaud R, et al. Retinoic acid-induced proliferation of lung alveolar epithelial cells is linked to p21(CIP1) downregulation. American journal of physiology Lung cellular and molecular physiology, 2000, 278(1):L42-L50.

17. Belloni PN, Garvin L, Mao CP, et al. Effects of all-trans-retinoic acid in promoting alveolar repair. Chest, 2000, 117(5 Suppl 1): 235S-241S.

18. Baybutt RC, Smith BW, Donskaya EV, et al. The proliferative effects of retinoic acid on primary cultures of adult rat type II pneumocytes depend upon cell density. In vitro cellular & developmental biology Animal, 2010, 46(1):20-27.

19. Baeza-Squiban A, Boisvieux-Ulrich E, Delcher L, et al. Defense and repair mechanisms in the airway epithelium exposed to oxidative stress: effects of analogues of retinoic acid. Toxicology letters, 1998, 96-97:245-251.

20. Sugahara K, Iyama K, Sano K, et al. Overexpression of surfactant protein SP-A, SP-B, and SP-C mRNA in rat lungs with lipopolysaccharide-induced injury. Laboratory investigation: a journal of technical methods and pathology, 1996, 74(1):209-220.

21. van Bree L, Dormans JA, Koren HS, et al. Attenuation and recovery of pulmonary injury in rats following short-term, repeated daily exposure to ozone. Inhalation toxicology, 2002, 14(8):883-900.

22. Perdiguero E, Kharraz Y, Serrano AL, et al. MKP-1 coordinates ordered macrophage-phenotype transitions essential for stem cell-dependent tissue repair. Cell Cycle, 2012, 11(5):877-886.

23. Pellegatta S, Tunici P, Poliani PL, et al. The therapeutic potential of neural stem/progenitor cells in murine globoid cell leukodystro-

phy is conditioned by macrophage/microglia activation. Neurobiology of disease,2006,21(2):314-323.

24. Nguyen NY,Maxwell MJ,Ooms LM,et al. An ENU-induced mouse mutant of SHIP1 reveals a critical role of the stem cell isoform for suppression of macrophage activation. Blood,2011,117(20):5362-5371.

25. Febbraio M,Guy E,Silverstein RL. Stem cell transplantation reveals that absence of macrophage CD36 is protective against atherosclerosis. Arteriosclerosis,thrombosis,and vascular biology,2004,24(12):2333-2338.

26. Khurana A,Nejadnik H,Gawande R,et al. Intravenous ferumoxytol allows noninvasive MR imaging monitoring of macrophage migration into stem cell transplants. Radiology,2012,264(3):803-811.

27. Tropea KA,Leder E,Aslam M,et al. Bronchioalveolar stem cells increase after mesenchymal stromal cell treatment in a mouse model of bronchopulmonary dysplasia. American journal of physiology Lung cellular and molecular physiology,2012,302(9):L829-L837.

28. Ishizawa K,Kubo H,Yamada M,et al. Hepatocyte growth factor induces angiogenesis in injured lungs through mobilizing endothelial progenitor cells. Biochemical and biophysical research communications,2004,324(1):276-280.

29. Sakamaki Y,Matsumoto K,Mizuno S,et al. Hepatocyte growth factor stimulates proliferation of respiratory epithelial cells during postpneumonectomy compensatory lung growth in mice. American journal of respiratory cell and molecular biology,2002,26(5):525-533.

30. Shigemura N,Sawa Y,Mizuno S,et al. Induction of compensatory lung growth in pulmonary emphysema improves surgical outcomes in rats. American journal of respiratory and critical care medicine,2005,171(11):1237-1245.

31. Panos RJ,Patel R,Bak PM. Intratracheal administration of hepatocyte growth factor/scatter factor stimulates rat alveolar type II cell proliferation in vivo. American journal of respiratory cell and molecular biology,1996,15(5):574-581.

32. Mason RJ. Hepatocyte growth factor:the key to alveolar septation? American journal of respiratory cell and molecular biology,2002,26(5):517-520.

33. Dohi M,Hasegawa T,Yamamoto K,et al. Hepatocyte growth factor attenuates collagen accumulation in a murine model of pulmonary fibrosis. American journal of respiratory and critical care medicine,2000,162(6):2302-2307.

34. Hegab AE,Kubo H,Fujino N,et al. Isolation and characterization of murine multipotent lung stem cells. Stem cells and development,2010,19(4):523-536.

35. Ulrich K,Stern M,Goddard ME,et al. Keratinocyte growth factor therapy in murine oleic acid-induced acute lung injury. American journal of physiology Lung cellular and molecular physiology,2005,288(6):L1179-L1192.

36. Kaza AK,Kron IL,Leuwerke SM,et al. Keratinocyte growth factor enhances post-pneumonectomy lung growth by alveolar proliferation. Circulation,2002,106(12 Suppl 1):L120-L124.

37. Hegab AE,Ha VL,Gilbert JL,et al. Novel stem/progenitor cell population from murine tracheal submucosal gland ducts with multipotent regenerative potential. Stem Cells,2011,29(8):1283-1293.

38. Kajstura J,Rota M,Hall SR,et al. Evidence for human lung stem cells. The New England journal of medicine,2011,364(19):1795-1806.

第 十 章

造血干细胞与再生医学

造血干细胞是最早被鉴定的干细胞,也是研究最深入的干细胞,更是再生医学临床应用最成熟最广泛的干细胞。尽管如此,造血干细胞研究领域依然是基础和转化医学的热门研究领域,不断有重大发现和突破,值得继续关注。

骨髓中的干细胞位于骨髓特定的微环境中,干细胞的增殖和分化等均受到微环境的影响。所以,有必要对造血干细胞所处的微环境进行研究。造血系统的地位是至关重要的,为此,科学家们已经对其展开了深入的研究,在全世界范围内,造血系统的遗传性或者恶性疾病比较常见,尤其在儿童中。以骨髓移植为代表的再生医学,在治疗上述疾病中获得了较大成功。

本章节主要介绍造血系统再生的基础实验研究,为临床实践提供理论依据。以及介绍相关再生医学最新的研究进展。

第一节 造血组织的发育

造血组织是指为造血干细胞(hematopoietic stem cells,HSC)的自我更新、分化和血细胞成熟提供场所的组织,主要包括骨髓、脾脏、胸腺、淋巴结、肝脏等造血组织。胚胎发育早中期,造血主要在胚胎肝脏中完成。胚胎发育晚期和出生后,造血转移至骨髓腔。骨髓造血延续终生,因此,本章重点介绍骨髓结构和功能。由于受人造血组织来源的限制,本节介绍的骨髓造血组织结构和功能主要从小鼠的研究中获得。

造血前体细胞首先出现在原肠胚形成后外侧的中胚层,从那里迁移到最早的造血器官。

在 *Runx-1* 的影响下,造血前体细胞的一些后代遵循造血系统,而另一些造血前体细胞应对 *Hoxa3* 进入血内皮系统。还有一些造血前体细胞后代将最终形成血管平滑肌细胞。血细胞的形成(造血作用)开始于卵黄囊,卵黄囊来源细胞将很快取代血细胞来自其他部位的造血作用。

一、骨髓造血组织

(一) 骨的发育过程

造血和造骨密切相关,成体造血主要是在骨髓腔的骨髓中,不同阶段的造骨细胞都参与造血调控,因此先简单介绍骨的结构和发生。

骨(bone)是一个动态更新的组织,随着年龄增长或伤损发生,骨不断发生新陈代谢。骨的主要功能是为机体提供支撑作用。从组织学角度,骨分为骨密质(compact bone)和骨松质(cancellous bone)。骨密质主要分布于长骨骨干、扁骨和不规则骨的表层。骨密质由于钙的沉积,形成致密的结构,对于骨的形态维持至关重要。尽管其结构致密,但其中含有许多相互连通的小管腔,内有血管及神经穿过,血管可供应骨组织和骨髓营养及排出代谢产物,神经的功能则是感知骨髓环境的变化,调控造血过程。骨松质分布于长骨的两端、短骨、扁骨及不规则骨的内部。骨松质呈海绵状,由相互交织的骨小梁排列而成,配布于骨的内部,为造血提供场所。

骨的发育过程(图 10-1)由一系列不同分化阶段细胞参与。骨髓间充质干细胞(mesenchymal stem cell,MSC)、成骨祖细胞(osteoprogenitor)、前成骨细胞(pre-osteoblast)、成骨细胞(osteoblast)和骨细胞(osteocyte)。

骨髓间充质干细胞定位于骨髓腔中,是一群异质性多潜能干细胞,可分化为软骨细胞(chondrocyte)、成骨细胞、成纤维细胞(fibroblast)、脂肪细胞(adipocyte)、内皮细胞(endothelial cell)和肌细胞(myocyte)等。在骨的生理性生长或病理性损伤等信号刺激下,骨髓间充质干细胞向成骨祖细胞分化,成骨祖细胞进一步分化为成骨细胞,最终形成骨细胞,骨细胞通过矿化作用(mineralization)沉积钙等无机矿物质,从而形成骨组织。骨形成的不同发育阶段的细胞均参与造血调控。

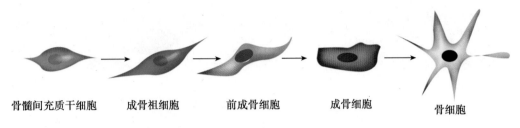

骨髓间充质干细胞　　成骨祖细胞　　前成骨细胞　　成骨细胞　　　骨细胞

图 10-1　骨细胞发育模式图

(二)骨髓

骨髓(bone marrow)位于骨髓腔内,是出生后最主要的造血组织。骨髓由许多的造血单位组成,这种造血单位现在被称作骨髓造血微环境或骨髓造血龛(bone marrow microenvironment or niche)。造血干细胞位于彼此交联、动态调控的骨髓造血龛中,源源不断地生成有功能的成熟血细胞,提供生理更新和应激补充需要。

1. 骨髓造血龛　骨髓造血龛根据生理功能不同,可分为静息 HSC 储存龛、维稳态 HSC 分裂龛、动态 HSC 增殖龛和祖细胞发育龛。这些骨髓造血龛由不同的细胞组分组成,包括成骨细胞(osteoblast)、血窦内皮细胞(endotheliums)、网状细胞(CXCL12-abundant reticular cells,CAR cells)、成纤维细胞(fibroblasts)、破骨细胞(osteoclast)、nestin 阳性间充质干细胞(nestin$^+$ MSC)、CD169 阳性巨噬细胞(CD169$^+$ macrophages)、Schwann 神经纤维细胞(Schwann glial cells)和 α-SMA 阳性单核-巨噬细胞(α-smooth muscle actin$^+$ monocytes-macrophages)等。造血干细胞则置身于这些细胞组分构成的三维空间结构中,与这些细胞直接接触或通过这些细胞分泌的细胞因子或基质间接地建立复杂但有序的信号传递网络,从而保证造血有序和有效地进行(图 10-2)。

2. 骨髓造血龛细胞组分

(1) 成骨细胞:成骨细胞是骨重塑的主要参与者,也是体内最早发现参与造血调控的骨细胞组分,通常位于骨和骨髓交界处,呈线性排列于骨内表面。成骨细胞参与造血调控,造血干细胞通过 N-cadherin 和 β-catenin 等分子与成骨细胞连接并共定位于骨内膜区。成骨细胞作为骨髓造血龛组分通过不同的信号途径调节造血干细胞功能。

(2) 血窦内皮细胞:骨髓中,血窦内皮细胞在造血细胞和血液之间形成一道屏障,它们是外周循环血液进入骨髓的第一道关卡以及造血细胞离开骨髓的最后一道门。多数的造血干细胞(80% 以上)定位于骨髓微血管周区域,这个区域的细胞表达趋化因子配体 12 或称基质细胞衍生因子-1[chemokine(C-X-C motif)ligand 12,CXCL12 或 stromal cell-derived factor-1,SDF-1]。血窦内皮细胞是骨髓造血龛组分,参与造血调节。

(3) 网状细胞:造血干细胞具有迁移(mobilization)和归巢(homing)能力,其主要原因是造血干细胞高表达趋化因子受体 4[chemokine(C-X-C motif)receptor 4,CXCR4],其发挥功能是通过目前发现的唯一配体 CXCL12 起作用。CXCL12 富集的网状细胞(CXCL12-abundant reticular cells,CAR cells)既位于微血管周,又位于骨内膜区。骨髓内大多数造血干细胞与 CAR 细胞共定位,CAR 细胞主要通过分泌 CXCL12 和干细胞因子(stem cell factor,SCF)维持造血干细胞的功能特征。因此,CAR 细胞作为重要的造血干细胞龛的组分,通过 CXCL12-CXCR4 和 SCF-KIT 信号通路参与造血干细胞调节。

(4) 破骨细胞:破骨细胞来源于单核细胞,其功能主要是骨吸收,参与骨形成的动态平衡。破骨细胞定位于骨内膜区,其成熟需要成骨细胞的诱导。激活的破骨细胞直接参与造血干细胞从骨髓造血区向外周循环迁移的过程,这种迁移在正常生理和应急状态均发生。大量失血等应急状况下,激活的 TRAP(tartrate-resistant acid phosphatase)阳性破骨细胞大量增加,并且沿骨内膜分布,其直接效应是导致造血干细胞大量迁移至外周循环中。这说明破骨细胞不仅通过参与骨吸收而影响骨内膜微环境,而且直接作为造血干细胞锚定

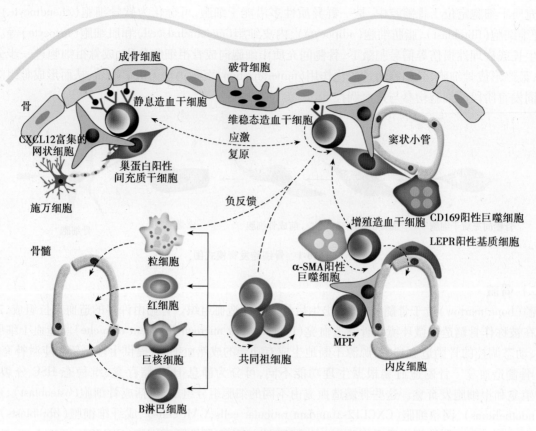

图 10-2　骨髓造血龛的结构示意图

位点发挥调控功能。

（5）间充质干细胞：间充质干细胞是骨髓中研究较早的细胞群，其特征是可以在体外贴壁黏附生长并形成单细胞克隆。间充质干细胞具有向多系分化的潜能，如分化为成骨细胞、软骨细胞、神经细胞、内皮细胞和平滑肌细胞等。另外，间充质干细胞与造血干细胞体外共培养时可以维持造血干细胞自我更新和分化潜能，而且共同移植给辐照小鼠，可促进小鼠造血干细胞造血功能。表达巢蛋白（nestin）的骨髓间充质干细胞（nestin⁺ MSC）在骨髓中的定位与 CAR 细胞相似：主要定位于微血管周，有少量细胞定位于骨内膜，定位于骨内膜的 nestin⁺ MSC 可能和骨修复功能有关。而且 nestin⁺ MSC 与交感神经系统（sympathetic nervous system，SNS）紧密相连，这种定位可能与造血干细胞迁移和循环造血干细胞数量的生物钟调节有关。nestin⁺ MSC 是造血干细胞龛的重要组成部分。

（6）单核/巨噬细胞：在骨髓中单核/巨噬细胞主要分布于微血管周，通过直接吞噬或分泌多种细胞因子参与免疫调节。同样，单核/巨噬细胞作为重要的骨髓微环境组分参与造血干细胞功能维持和滞留。一群稀少的处于激活状态的骨髓单核/巨噬细胞表达 α-平滑肌肌动蛋白（α-smooth muscle actin，α-SMA），这群细胞与造血干细胞紧密联系，可以抵抗化疗诱导的干细胞死亡，从而保护造血干细胞免受耗竭。

（7）Schwann 神经胶质细胞：神经系统作为最高级的调控网络通过神经信号动态调节骨重建、造血干细胞和微环境结构。交感神经系统通过直接或间接的方式调控造血干细胞的行为。交感神经系统可通过作用于成骨细胞和破骨细胞等间接的方式调节造血干细胞的增殖、迁移和归巢。Schwann 神经胶质细胞通过活化潜伏状态的转化生长因子-β（transforming growth factor-β，TGF-β）激活造血干细胞表面的 TGF-β 受体 2，进而激活干细胞内的 Smad 信号通路，从而维持造血干细胞长期重建活性。这种神经胶质细胞可以表达多种造血干细胞维持因子，与大多数的造血干细胞共定位。神经胶质细胞是骨髓微环境的重要组成部分，通过活化 TGF-β 信号通路维持造血干细胞静息状态。

3. 骨髓造血龛类型

（1）静息 HSC 储存龛：位于骨小梁（trabecular bone）骨内膜附近的骨髓腔中，目前已知的细胞组分包括成骨细胞、破骨细胞、CAR 细胞、nestin⁺ MSC、成纤维细胞、Schwann 神经胶质细胞等。这些龛常常被称为骨内膜龛(endosteal niche)。

静息 HSC 储存龛最重要功能是储备整个生命期所需 HSC,使其处于深度静止状态,代谢活动缓慢,极少进入细胞周期进行分裂,常常数周甚至数月处于静止期。其生物学意义在于:其一,减少干细胞分裂次数。因为尽管 HSC 具有很强的自我更新能力,但并不是无限制的,干细胞有自己的生命期限,完成每次细胞分裂都会损失部分自我更新能力,若干次分裂后就失去干细胞功能。其二,减少干细胞因分裂而发生的基因异常突变、染色体异位等。突变大多数是因为造血干细胞增殖分裂时染色体易碎位点的断裂而形成,突变后形成的融合基因可以赋予白血病起源细胞生长和竞争优势,随着更多突变的积累,而导致白血病的发生。

静息 HSC 储存龛中的 HSC 由于处于静止状态,很少需要消耗能量和氧气,一般利用无氧酵解提供能量,因此远离血窦,处于低氧状态。同时,低氧环境也能保护储存 HSC 免受活性氧的氧化损伤。另外,调节性 T 细胞(regulatory T cells,Treg)细胞也可能参与静息 HSC 储存龛的组成,提供给 HSC 一个免疫豁免(immune-privilege)区域,避免储存的 HSC 受到自身免疫反应和过度炎症反应的破坏。

(2) 维稳态 HSC 分裂龛:主要由成骨细胞、破骨细胞、CAR 细胞、nestin⁺ MSC、成纤维细胞、血窦内皮细胞等细胞组成。和静息 HSC 不同的是,维稳态 HSC 处于代谢活化状态,需要适当的营养物质和氧气供应完成有氧酵解和提供能量完成细胞增殖分裂。维稳态 HSC 进行非对称性分裂需要骨内膜细胞的调控,并从血窦中吸取营养和氧气,因此维稳态 HSC 分裂龛需要同时紧邻骨内膜和血窦,称该龛为骨内膜血管龛(endosteal-vascular niche),得以区分同在骨内膜附近的静息 HSC 储存龛。

维稳态 HSC 分裂龛行使两项重要功能:①维持和调控 HSC 的非对称性分裂。很早以前就有学者推测维稳态 HSC 通过非对称性分裂方式来更新自己并产生开始分化的祖细胞完成造血,并推测骨髓干细胞龛调控这一非对称性分裂。与其他的组织干细胞(如神经干细胞)相比,HSC 进行非对称性分裂的机制还不清楚,可能是由于造血组织的特征(柔软的骨髓藏于坚硬的骨组织中)不利于这方面的研究,并且研究 HSC 的生物学特征都是通过分离单个细胞进行研究的,不利于观察其分裂方式。非对称性分裂可能通过不同的机制来完成,即内源性机制、外源性环境机制,或内外源联合机制。②介导 HSC 在骨内膜龛和中央髓区血管龛之间的移动。生理情况下,每天有 1% 的 HSC 进入血液循环中,并且是处于分裂期的 HSC。HSC 需要从骨内膜转移到骨髓中央血管龛才能进入血液循环,维稳态 HSC 分裂龛的结构特点提示其可能介导这一运动过程。

(3) 动态 HSC 增殖龛:在大量失血等造血应激情况下,HSC 会离开骨内膜血管区而进入骨髓中央的血窦周围即血管龛(vascular niche)进行增殖。该龛由表达 SCF 的血窦内皮细胞、LEPR 阳性血管周基质细胞(leptin receptor-expressing perivascular stromal cells,LEPR+ stomal cells)、CAR 细胞、单核/巨噬细胞等组成。血管龛内增殖活跃的 HSC 进行对称性分裂,其寿命是有限的,随着分裂次数的增加,自我更新能力逐渐减弱。这一特性有很重要的生物学意义:快速增殖分裂的细胞,其 DNA 复制很易发生突变,当突变积累到一定程度,细胞会发生恶变,HSC 有限的生命可以避免恶变的发生。

(4) 祖细胞发育龛:骨髓中央的细胞龛除了支持细胞周期活化的 HSC(cycling HSC)进行扩增外,还提供特定的环境支持和调控造血祖细胞的定向分化和成熟。目前研究比较清楚的有 B 系细胞发育龛和巨核细胞发育龛。

1) B 细胞发育包括定向分化和成熟,是一系列连续过程,但从表型特征上可以区分为几个时期,不同时期需要特异的因子如 CXCL12、FLT3L、IL7、SCF 和 RANKL 等。因此表达这些因子的细胞就成为 B 细胞发育龛的组成细胞,包括 CAR 细胞、IL-7 表达细胞、成骨祖细胞和树突状细胞(dendritic cell,DC)等。①pre-pro-B 细胞龛:pre-pro-B 细胞有 B220⁺ FLT3⁺ 的表型特征,需要与 CAR 细胞直接接触才能完成该阶段的发育。②pro-B 细胞龛:pro-B 细胞的表型特征是 B220⁺KIT⁺,该阶段的发育需要离开 CAR 细胞,并与 IL-7 表达细胞接触才能完成发育。③pre-B 细胞龛:pre-B 细胞表型为 B220⁺IL-7Rα⁺,该时期细胞离开 IL-7 表达细胞,与 Galectin⁺基质细胞接触(也不与 CAR 细胞接触)。④未成熟 B 细胞:未成熟 B 细胞表型为 B220⁺IgM⁺,迁移到血循环中到达脾脏发育为成熟 B 细胞,当成熟 B 细胞遇到抗原变成浆细胞后,重新返回骨髓并与 CAR 细胞接触。

2) 巨核细胞发育龛:巨核细胞祖细胞在血管龛中发育成熟,需要与血窦内皮细胞互相作用才能完成,细胞间的相互作用是由巨核细胞活化因子介导的,包括 SDF-1 和碱性成纤维生长因子-4(fibroblast growth factor-4,FGF-4),能增强 VCAM-1 和迟发性抗原-4(very late antigen-4,VLA-4)的功能,介导 CXCR4$^+$巨核细胞定位在血管龛,促进巨核祖细胞的生存成熟和血小板释放。

4. 造血干细胞-龛突触　造血干细胞与龛之间建立了一个稳定的调节单位,如同神经末梢的突触,因此称为造血干细胞-龛突触(HSC-niche synapse)。在这一突触中,细胞黏附分子起重要的调节作用,许多黏着分子构成一个网络,连同细胞外基质(extracellular matrix,ECM),驱使 HSC 固定到不同的龛组成细胞(特别是成骨细胞和 CAR 细胞)附近,HSC 与龛组成细胞的紧密黏附和并排关系有利于建立有效的细胞间配体和受体互相作用和信号通路,主要有:①Stem cell factor(SCF)-kit 信号通路,SCF 和受体 c-kit 是最早发现的造血调节系统之一,对于长期维持骨髓造血干细胞的自我更新功能发挥重要作用。②Thrombopoietin(TPO)-MPL 信号通路,是调节造血干细胞静止状态所必需的。③Angiopoietin1(Ang1)-Tie2 信号通路也在维持造血干细胞的静止状态起重要作用。④CXCL12(SDF-1)-CXCR4 信号通路调控造血干细胞的归巢、定位和动员。⑤其他,如 N-Cadherin 参与 HSC-osteoblast 的相互作用,三磷酸水解酶 Rho 家族中的亚家族(Rho family of GTPases)Rac 调节造血干细胞的移动和黏附。Hedgehog(Hh)信号促进造血干细胞的增殖,Wnt 和 Notch 信号也可能参与调节造血干细胞功能。

二、髓外造血组织结构与功能

髓外造血是指生理或病理情况下的骨髓外造血,生理性髓外造血主要发生在胚胎时期和正常的免疫应答,造血器官包括卵黄囊、肝脏和脾脏等;病理性髓外造血主要由于骨髓纤维化或大量失血等情况下发生,造血器官包括肝脏、脾脏、胸腺和淋巴结等。

(一) 肝脏

肝脏是胚胎时期造血和病理性条件下髓外造血的主要器官。肝脏的功能单位是肝小叶,每个肝小叶的中心为中央静脉,肝小叶由围绕中央静脉呈辐射状的细胞板组成。细胞板由两个肝细胞组成,肝细胞之间有胆小管连接至终末导管。肝脏有丰富的血管,主要由肝门静脉和肝动脉供血。肝血窦流出的血液进入肝门小静脉,然后汇集到肝门静脉。肝静脉血窦由两类细胞组成,内皮细胞和库普弗细胞(Kupffer cell,一种网状内皮细胞),其分别执行不同功能。肝脏的主要功能为分解代谢,包括碳水化合物代谢、氨基酸代谢、激素代谢、脂肪代谢和药物代谢等。另外,肝脏可以分泌许多因子参与造血或是凝血等功能。

肝血窦内皮细胞(liver sinusoid endothelial cell,LEC)分两类:LEC-1 和 LEC-2。肝脏髓外造血发生位点主要在 LEC-1 组成的血窦龛中,在病理性条件下,前炎症因子刺激 LEC-1 高表达 SDF-1 趋化因子,趋化表达 CXCR4 的造血干细胞迁移和滞留至 LEC-1 组成的血窦龛中,这个过程的发生需要整合素和 CD44 等黏附分子的参与。造血干细胞跨越 LEC-1 以后,寄住在血窦龛中,在肝细胞和 LEC-1 分泌的造血因子刺激下,完成髓外造血。

(二) 脾脏

由结构相邻的白髓、红髓和边缘区三部分组成。白髓是散布在红髓中的许多灰白色的小结节,由密集的淋巴细胞构成,是机体对抗外来微生物及感染的主要场所。红髓主要由脾血窦和脾索组成,其主要功能是过滤和储存血液。红髓内血流缓慢,使抗原与吞噬细胞的充分接触成为可能,是免疫细胞发生吞噬作用的主要场所。边缘区(marginal zone,MZ)位于红髓和白髓的交界处,此区淋巴细胞较少,以 B 细胞为主,但含较多的巨噬细胞,是脾内捕获抗原、识别抗原和诱发免疫应答的重要部位。在胚胎时期脾脏是重要的造血器官,在骨髓造血发生障碍时,脾脏也是机体临时造血的器官。

(三) 胸腺

胸腺是 T 淋巴细胞发育场所,由不完全分隔的小叶组成,小叶周边为皮质,内部为髓质。皮质主要由不同分化阶段的 T 淋巴细胞和上皮性网状细胞构成。来源于胚胎早期的卵黄囊、胚胎后半期和出生后的骨髓的淋巴系祖细胞,在胸腺素与淋巴细胞刺激因子的作用下,在皮层增殖分化成为依赖胸腺的前 T 淋巴细胞和成熟的 T 淋巴细胞。网状细胞间有密集的淋巴细胞。髓质中含较少的淋巴细胞,但上皮性网状细胞密集。

（四）淋巴结

淋巴结分为皮质区和髓质区两部分,皮质区由淋巴小结、弥散淋巴组织和皮质淋巴窦(简称皮窦)构成。淋巴小结内富含密集的 B 细胞,其间有少量 T 细胞和巨噬细胞。淋巴小结中心部称生发中心,在抗原作用下,B 细胞在此转变为分裂活跃的大、中型淋巴细胞,并分化为能产生抗体的浆细胞。髓质区由致密淋巴组织构成的髓索和髓质淋巴窦(简称髓窦)组成。髓索内主要有 B 细胞、浆细胞及巨噬细胞,数量和比例可因免疫状态的不同而有很大的变化。淋巴窦接受从皮质区的淋巴窦来的淋巴液,并使淋巴循环通过输出淋巴管而离开淋巴结。淋巴结是产生淋巴细胞及储存淋巴细胞的场所。

第二节　造血干细胞

造血干细胞(hemopoietic stem cell,HSC)是存在于造血组织中的一群多能干细胞,这种多能干细胞是存在于造血组织中的一群原始造血细胞,能够分化产生各种成熟血细胞(红细胞、巨噬细胞和淋巴细胞等)来维持生命体正常生理功能。在整个生命周期中,通过造血调控能生成所有类型的成熟血细胞,包括红细胞、白细胞和血小板。造血干细胞具有自我更新和多系分化潜能两个生物学特征。成体造血干细胞在骨髓中以静止的状态存储,激活后进行自我更新或分化、衰老后发生凋亡。在白血病、再生障碍性贫血、淋巴瘤、多发性骨髓瘤和免疫缺陷病等许多血液疾病的治疗中,HSC 移植是非常重要的方法。此外,造血微环境可以对 HSC 的生长发育和造血调控起到作用,所以,HSC 和造血微环境在受损的造血系统功能恢复中起到重要作用,现重点从这两方面介绍。

人类 HSC 首先出现于胚龄 2 ~ 3 周的卵黄囊,在胚胎早期(第 2 ~ 3 个月)HSC 迁至肝、脾,第 5 个月又从肝、脾迁至骨髓。在胚胎末期一直到出生后,骨髓成为 HSC 的主要来源。HSC 有处于增殖态与静止态之分,并且不断地在静止和增殖态之间转换。95% 以上 HSC 处于 G_0 期静止状态,不进行 DNA 合成和有丝分裂,当机体发生缺氧、感染、失血和创伤等应激状态时,干细胞从静止进入增殖的数量增加,以满足机体对造血的需求。HSC 既能通过自我更新以保持本身数量的稳定,又能分化形成各系定向祖细胞,再定向分化发育成为各系幼稚细胞及成熟的终末分化的血液细胞。

一、造血干细胞的生物学特性

（一）造血干细胞的鉴定

早在 20 世纪初,已经有学者通过光学显微技术提出造血系统存在一个共同干细胞的观点,同时更为流行的另外一个观点认为各系造血细胞源自各系的干细胞。直至 20 世纪 60 年代,随着一系列技术的发展,包括移植技术和定量功能实验等,使造血干细胞研究从一种描述性研究变成一种定量研究后,造血干细胞研究才得以突飞猛进。

1. 脾集落形成单位实验(colony forming unit-spleen assay,CFU-S assay)　将骨髓移植给致死剂量辐照的小鼠,在脾脏可形成"再生结节"(regeneration nodules),每个再生结节源自一个克隆(基于谱系追踪实验)并存在多系造血细胞。尽管 CFU-S 实验得到广泛的应用,但是,CFU-S 细胞具有异质性,即每个 CFU-S 中的多系造血细胞不同,而且多系造血细胞中不含淋巴系。再者,CFU-S 细胞可被 5-氟尿嘧啶清除,剩下的一小群细胞可以再生 CFU-S。充分说明存在一群更为原始的干细胞。

2. 体外克隆祖细胞实验(in vitro clonal progenitor assays)　在体外培养条件下,添加造血细胞因子,观察造血干/祖细胞的自我更新和分化潜能。借助体外克隆祖细胞实验,造血干/祖细胞的谱系关系得以精确的阐述。随着逆转录病毒转染系统的发展,克隆追踪实验证实造血干细胞是一种长时程-多能性的干细胞。随后,干细胞的概念由造血系统延伸到其他相关领域。

3. 重症联合免疫缺陷小鼠异种移植重建实验[severe combined immunodeficiency(SCID)repopulating cell(SRC)xenotransplantion assay,SRC xenotransplantion assay]　将骨髓造血干细胞移植给半致死剂量辐照的免疫缺陷小鼠,在骨髓中重建整个造血系统。流式细胞分选技术(flow cytometry cell sorting,FACS)结合异种移植重建实验目前是鉴定造血干细胞(干细胞)的金标准。通过细胞表面标志物的鉴定,可以将造血干细胞分选成不同分化能力的细胞群（Lin⁻CD34⁺CD38⁻ 和 Lin⁻CD34⁺CD38⁺），将这些细胞群移植给免疫缺陷小鼠，只有 Lin⁻CD34⁺CD38⁻ 造血干细胞群有长期重建造血系统的能力。

（二）造血干细胞的发生和转移

个体发育过程中，造血活动最早出现在胚胎发育第 3 周的卵黄囊（yolk sac）血岛，它能够进行短暂的造血，为迅速生长发育的胚胎提供需要。卵黄囊造血的功能实验证明是在胚胎发育 4.5 周，卵黄囊存在多种类型的造血祖细胞。对于卵黄囊能否原位产生造血干细胞尚存在争议。在胚胎发育的第 27 天，胚胎背主动脉和卵黄囊动脉的腹壁上有成簇造血干细胞的出现，这些造血干细胞移植至免疫缺陷小鼠体内后可长期维持造血，被认为是个体发育过程中最早出现的造血干细胞。对于造血干细胞的起源目前存在两种观点，一种观点认为造血干细胞直接来自血源性内皮祖细胞，另一种观点认为造血干细胞由成血管祖细胞（hemangioblast）定向分化而来，这种成血管祖细胞还可分化产生内皮细胞。

伴随心脏的跳动，循环系统建立，造血干祖细胞随着血液流动发生迁移，定位到不同的组织进行增殖和分化，因此在个体发育过程中出现一系列的造血组织，主要的造血组织有卵黄囊、主动脉-性腺-中肾（AGM）区域、胎盘、肝脏和骨髓。

造血活动最早发生在胚外卵黄囊，循环系统建立以后，卵黄囊的造血祖细胞随血液流动经卵黄囊静脉迁移至肝脏进行短暂的造血。造血干细胞在 AGM 区域发生以后，AGM 成为主要的造血组织，卵黄囊造血逐渐减弱至消失。AGM 区域的造血干祖细胞经脐动脉至胎盘，然后由胎盘经脐静脉迁移至肝脏，从此肝脏开始造血，造血干祖细胞在肝脏大量增殖和分化使肝脏成为胚胎时期主要的造血器官。AGM 区域的造血干祖细胞还可经过卵黄囊动脉迁移至卵黄囊造血。肝脏的造血干祖细胞迁移至骨髓后，骨髓开始造血。出生后，骨髓成为主要的造血器官。近年来研究发现，胎盘是介于 AGM 造血和肝脏造血之间的一个造血组织，在胎盘中可检测到能够重建造血系统的造血干细胞，但胎盘的造血干细胞由 AGM 区域迁移而来还是原位产生尚不清楚。造血干细胞的迁移示意图如图 10-3。

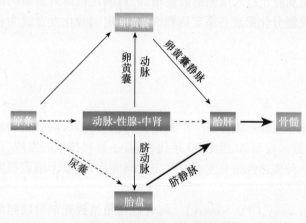

图 10-3　造血干细胞的迁移路径
虚线箭头表示可能但尚未证实的迁移路径，实线箭头表示已经被证实的迁移路径，粗实线箭头表示最主要的迁移路径

HSC 具有高度的自我更新能力和多向分化潜能两个基本特征，在正常生理情况下，每天由骨髓 HSC 产生约 1×10^{11} 个血细胞释放入血，以补充每天因衰老而死亡的血细胞。人类 HSC 能够存在于整个生命期有赖于主要处于静止状态下的干细胞群及其在必要时能够进入细胞周期进行自我更新的能力，正常情况下，仅有 5% 的 HSC 处于细胞周期的 $S/G_2/M$ 期，约 75% 停留在 G_0 期，HSC 以不对称形式分裂。自我更新是干细胞的重要特性，但 HSC 的自我更新能力并不均一。1988 年，Spangrude 将分离得到的 HSC 划分为三类：长期 HSC（long term-haematopoietic stem cell，LT-HSC）、短期 HSC（short term-haematopoietic stem cell，ST-HSC）和多能祖细胞（multi-potent progenitor，MPP）。这三类 HSC 依次日趋成熟，并逐渐丧失自我更新的潜能，具有有丝

分裂的活性。LT-HSC 体积很小（直径约 6μm），染色质致密，每 10^5 个骨髓细胞中有 1 个 LT-HSC。尽管在骨髓中存在丰富的血管，但 HSC 微环境仍是低氧环境，LT-HSC 及其子细胞则通过糖酵解途径代替线粒体氧化磷酸化途径来产生 ATP。LT-HSC 具有长期重建造血的能力，而 ST-HSC 和多能祖细胞对致死剂量照射小鼠的重建造血时间不超过 8 周。实验通过非致死量射线照射来破坏造血系统，然后注射标记的骨髓细胞悬液实现骨髓再造。之后标记的红细胞、髓系细胞和淋巴细胞集落在脾中形成，并随后在血液循环中观察到标记的细胞。一系列的集落形成实验显示单个的 LT-HSC 在自我更新时，能够产生所有的髓系和淋巴细胞。LT-HSC 高表达 c-Kit 和 Sca-1，低表达 Thy-1.1（CD90），此外还发现 LT-HSC 特异性表达 CD150，也称为淋巴细胞信号活化因子（SLAM）。虽然其功能未知，但这种标记提供了一种简单的方式来分离 LT-HSC，并可在组织切

片中识别它们。最近的研究发现了一个新的分子标记:CD49f,其是 LT-HSC 所特有的标志物,并发现移植 CD49f⁺细胞能够有效地重塑造血功能。酪氨酸激酶受体 Flt3/Flk2 是造血早期阶段的重要分子,Flk2 是干细胞自我更新的阴性标志,LT-HSC 为 Flk2⁻,而 Flk2⁺HSC 主要是拥有短期造血重建功能的 ST-HSC。在骨髓中,Flk2⁻Thy1.1^{low}LSK(Lin⁻Sca-1⁺c-kit⁺)是 LT-HSC,Flk2⁺Thy1.1^{low}LSK 是 ST-HSC,Flk2⁺Thy1.1⁻LSK 是多能祖细胞。在不表达 Thy1.1 的鼠种中,Flk2 可代替 Thy1.1 纯化 LT-HSC。

小鼠骨髓 HSC 分化过程,首先是骨髓中存在原始的具有自我更新能力的 HSC,HSC 进一步分为 LT-HSC 和 ST-HSC,LT-HSC 终生具有自我更新能力,而 ST-HSC 只具有有限的自我更新能力。MMP 可以分化为共同淋巴系前体细胞(common lymphoid progenitors,CLP)和共同髓系前体细胞(common myeloid progenitors,CMP),均是已经决定的祖细胞,失去了自我更新的能力。CLP 继续分化可以形成 T 细胞前体细胞、B 细胞前体细胞和 NK 细胞前体细胞,最终发育为 T 细胞、B 细胞和 NK 细胞。CMP 则分化为粒细胞/单核细胞前体细胞(granulocytic/monocytic-restricted progenitors,GMP)和巨核细胞/红细胞前体细胞(megakaryocytic/erythroid progenitors,MEP),前者分化为粒细胞、巨噬细胞,粒细胞又分为嗜碱性粒细胞、嗜酸性粒细胞和中性粒细胞,后者则分化为巨核细胞、红细胞和血小板。树突状细胞(dendritic cells,DC)则由 CLP 和 MEP 来源细胞分化。

(三) 造血干细胞自我更新能力和多系分化潜能

造血干细胞具有自我更新和向多系分化潜能两个特性,一方面使血液系统的各系血细胞能够得到不断地更新和补充,另一方面可以维持造血干细胞库的稳定,以保证长期的造血供应。

造血干细胞的自我更新是指细胞完成一次分裂,子代细胞(一个或两个)保留母细胞(即干细胞)的生物学特性,叫自我更新。目前还比较难从单细胞水平评估干细胞的自我更新。造血干细胞的自我更新能力主要通过造血干细胞系列移植(同基因、异基因或异种间)实验来证实和评估,具有自我更新能力的造血干细胞能够在致死剂量或半致死剂量辐照的受体骨髓中重建造血和再次重建造血。重建造血维持时间的长短可反映造血干细胞自我更新能力的大小。根据重建造血时间的长短可将造血干细胞分为长时程造血干细胞(long-term HSC,LT-HSC)和短时程造血干细胞(short-term HSC,ST-HSC)。ST-HSC 继续发育为祖细胞(如 LMPP、CMP),就失去自我更新能力,同时失去部分分化潜能,如 LMPP 失去红系和巨核系分化潜能,CMP 失去淋巴系分化潜能。

CMP 和 LMPP 继续发育,分化为各级多系、双系或单系的祖细胞,最后分化成熟为各系血细胞(图 10-4)。

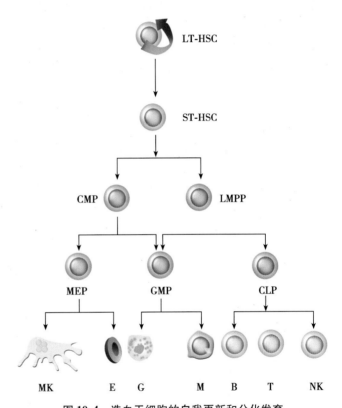

图 10-4　造血干细胞的自我更新和分化发育

LT-HSC,长时程造血干细胞;ST-HSC,短时程造血干细胞;CMP,髓系共同祖细胞;LMPP,多潜能淋巴祖细胞;MEP,巨核-红系祖细胞;GMP,粒-单核系祖细胞;CLP,淋巴系共同祖细胞;MK,巨核细胞;E,红细胞;G,粒细胞;M,单核细胞;B,B 淋巴细胞;T,T 淋巴细胞;NK,自然杀伤细胞

二、造血干细胞的命运决定

对于单个造血干细胞,有四种可能的命运:静止(quiescent)或休眠(dormant)、自我更新、分化(differentiation)和凋亡(apoptosis)(图 10-5)。

(一) 造血干细胞的静止和分裂增殖

单个 HSC 有多种命运选择,这意味着骨髓 HSC 池包含功能状态不同的干细胞群,如静止或休眠的干细

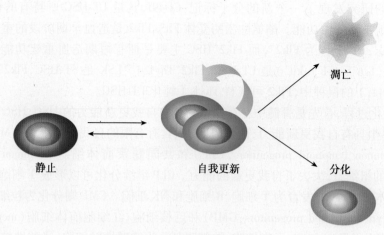

静止　　　　　　自我更新　　　　　凋亡

分化

图10-5　造血干细胞的命运决定

胞群和活化的处于分裂增殖状态的干细胞群。

骨髓要维持人体长达百年的血液供应,需要有一套完备的机制来储存和维持 HSC 池的稳定。其中一个重要的机制是大部分 HSC 处于静止状态,静止的 HSC 定位在骨髓微环境的骨内膜区,功能实验研究证实这些细胞具有长期重建造血的能力,即为长时程造血干细胞(LT-HSC)。静止的 HSC 随机缓慢地被诱导进入细胞周期,平均周期145天,许多 HSC 实际上处于休眠状态,但是生理情况下每天都需要数以亿计的新的血细胞补充,因此机体还有另外一群被激活处于分裂增殖的 HSC 群,能不断地产生大量的血细胞,满足机体生理需要。分裂增殖的 HSC 多分布于骨髓中央区域的血管微环境,功能上这群细胞相当于短时程造血干细胞(ST-HSC),经过若干次细胞分裂后,这群干细胞会逐渐失去自我更新能力,因此分裂增殖的 HSC 的数目会逐渐减少,需要得到不断补充。静止 HSC 群的功能就是补充分裂增殖的 HSC 群,但是这一生理过程的机制还不清楚。分析静止 HSC 群和增殖 HSC 群的不同生物学特性和行为,将有利于阐明造血异常性疾病的发病学机制和治疗学原理。

（二）造血干细胞的自我更新和分化

造血干细胞自我更新或分化是通过细胞分裂完成的,完成一次分裂形成的两个子代细胞中,一个或两者都具有母细胞的生物学特性叫自我更新。因此,HSC 的自我更新性分裂既可以是非对称性分裂(asymmetrical division),也可以是对称性分裂(symmetric division)。在生理条件下,HSC 主要以非对称分裂方式进行自我更新并分化,一个子细胞仍然是干细胞,另一个子细胞却分化为祖细胞,并发育为成熟血细胞,以满足生理需要(图10-6A)。非对称性分裂对干细胞有很重要的保护作用,通过非对称分裂,干细胞除了非对称性地把细胞命运决定因子(cell fate determinants)分给子代细胞,还会非对称性地把异常的蛋白质和损伤的 DNA 传给失去自我更新能力的子代细胞,以保证有干细胞功能的子细胞的基因组稳定。在应急的情况下如失血,作为代偿,机体在短时间内需要补充大量的血细胞,HSC 会采取对称性分裂方式,干细胞池得到快速扩增(图10-6B)。但是,由于失去非对称性分裂的保护,很容易发生基因突变并在干细胞中聚集,引起干细胞的恶性转化,这可能是造血异常性疾病发病学的重要机制。在某些情况下(可能大多是病理条件),造血干细胞在进行分裂后两个子细胞都失去干细胞功能,使干细胞耗竭,发生造血功能障碍(图10-6C)。

（三）造血干细胞的衰老死亡

生存或死亡也是 HSC 所要经历的命运选择,是机体维持造血稳定的机制之一,也与骨髓衰竭性疾病密切相关。快速增殖的造血干/祖细胞,很容易发生突变,不断有基因突变的积累,如果没有衰老死亡,聚集有基因突变的造血干/祖细胞会发生恶性转化。作为生物的保护机制,造血干/祖细胞每经过一次细胞分裂,染色体端粒会有缩短,细胞逐渐衰老,最终发生凋亡。当然,如果端粒缩短过快,细胞衰老凋亡过快,造血干/祖细胞会发生衰竭,形成骨髓衰竭性疾病。

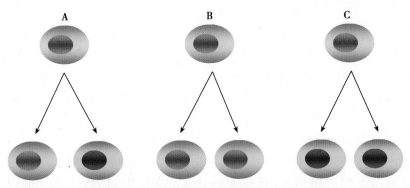

图 10-6　造血干细胞分裂与自我更新或分化

第三节　造血干细胞的调控

造血干细胞的自我更新和分化发育过程受到严格的调控,调控因素主要有干细胞微环境(niche)、转录因子、细胞因子等。微环境的调控在本章的第一节已经述及,此处重点介绍转录因子和细胞因子对造血干祖细胞的调控。

一、转录因子对造血的调控

造血干细胞/祖细胞发育的整个过程的基因表达都受转录因子调控,因此不难理解为什么造血功能异常性疾病(特别是恶性疾病)常常有转录因子的调控异常,如白血病和淋巴瘤中染色体移位和点突变常常累及转录因子。转录因子有两个必需的结构域:DNA 结合域和转录调节域,前者决定靶基因的特异性,后者抑制或激活靶基因的转录。在 DNA 结合域有相似氨基酸序列的转录因子归为一个家族,目前发现,有 5 个基因家族的转录因子常常参与造血干祖细胞的调控:①碱性螺旋-环-螺旋(Basic Helix-Loop-Helix,bHLH)家族;②Ets 家族,包括 PU1、Ets-1 和 TEL 等;③亮氨酸拉链(Leucine Zipper)家族,包括 c-Jun、C/EBPα 和 epsiv 等;④Hox 家族,包括 Meis1 和 HoxA9 等;⑤锌指结构(Zinc Finger)家族,如 RARα。

这些转录因子在造血系统发育的各个时期都起关键作用:①调节胚胎时期造血干细胞的发生,包括 SCL(TAL1)、CBF、MLL、LMO2 和 Notch1(TAN1)等;②维持成体造血干细胞功能,包括 Meis1、HoxA9、TEL(Etv6)、Bmi-1、Gfi-1 和 MOZ 等,这些因子调节造血干细胞的自我更新或分化;③调节红细胞/巨核细胞系定向分化,如 GATA1、FOG1 和 Gfi-1b 等;④决定髓系细胞定向分化,如 PU.1 和 C/EBPα 等;⑤调节髓系细胞成熟,如 C/EBPε、Gfi-1、Egr-1,2 和 RARAα 等;⑥调节淋巴系成熟,如 PU.1、Ikaros、E2A、EBF、PAX5、Notch1 和 GATA3 等。

(一)调节胚胎时期造血干细胞发生的转录因子

中胚层中 HSC 发生所需要的转录因子有 SCL、CBF、MLL、LMO2 等,这些转录因子在白血病相关染色体移位中常受累。

1. SCL(stem cell leukemia factor 或 TAL1)　最早在 T-细胞白血病中被鉴定,属 HLH 家族。缺乏 SCL 的小鼠在胚胎发育约第 9.5 天时死亡,因为在卵黄囊完全没有造血发生。用 SCL⁻ᐟ⁻ESC 的嵌合小鼠研究发现 SCL 也是 definitive hematopoiesis 所必需。进一步研究发现 SCL 只调控 HSC 的发生,却不调控其维持。另外 SCL 是红系生成和巨核系生成所必需的转录因子。

2. CBF(CBF-α 和 CBF-β)　是 HSC 发生所需要的。CBF-α 和 CBF-β 结合形成功能性异二聚体。CBF-β 不结合 DNA 但能提高 CBF-α 和 DNA 的亲和性。缺乏 CBF-α 的小鼠因胎肝造血异常而死于胚胎发育第 12.5 天。CBF-α 调节 HSC 的发生,但在成体 HSC 的维持中不发挥作用。CBF-α 也是在巨核细胞和淋巴细胞的成熟过程起作用。

3. MLL(mixed-lineage leukemia)　蛋白含有锌指结构域和一个组蛋白甲基化酶结构域参与染色质的塑造。正常造血过程中,MLL 在各系细胞中都表达包括早期祖细胞。在 MLL⁻ᐟ⁻ 小鼠卵黄囊和胎肝的造血都会发生异常。

4. LMO2(RBTN2) 是含有锌指 LIM 结构域的转录因子,自身不与 DNA 结合,而与其他的转录因子(如 SCL 和 GATA1)结合形成复合物。LMO2 是 HSC 发生所必需的,是否对成体 HSC 的维持起作用还不清楚。

5. Notch1(TAN1) 是 4 种 Notch 蛋白中一员。和其他的转录因子不一样,Notch1 先分布在细胞膜,与配体结合后发生系列酶切反应,释放细胞内部分 ICN1 移到细胞核配合 DNA 结合因子 RBJ-κ 从而调节转录。Notch1 是 definitive hematopoiesis 所必需的,但在成体 HSC 的维持中不起作用。

(二) 维持成体 HSC 所需的转录因子

HSC 一旦从中胚层中发生,就必须能够自我更新并分化为各系成熟的细胞,两者之间的平衡连同 HSC 池的储存都受到转录因子的严格调控,包括 homeobox 家族(Meis1、Pbx1 和 HoxA9)、TEL、Gfi-1、Bmi1 和 MOZ。

1. Homeobox 蛋白作为转录激活子或抑制子参与造血的多个步骤 其中一个成员,Meis1 在胎肝 HSC 中表达,和另外一个成员 Pbx1 协同调节转录。Pbx1 与 E2A 在白血病染色体移位中形成 E2A-Pbx 融合。Meis1$^{-/-}$小鼠表现多个造血缺陷,13.5dpc 的胎肝中造血祖细胞减少并有功能异常。Pbx1$^{-/-}$小鼠有同样的表型。HoxA9 是另外一个 homeobox 蛋白,与 Meis 1 形成异二聚体,激活基因表达,在成体 HSC 维持中发挥作用。但 HoxA9$^{-/-}$小鼠只表现出部分的 HSC 功能异常,可能被其他 HoxA 弥补。

2. Bmi-1 是 polycomb 家族的锌指蛋白 因与 *myc* 癌基因相同,可诱导鼠淋巴白血病而被鉴定。Bmi-1 通过表观遗传途径调节基因表达,使染色质开放,调节 DNA 更容易接近转录因子。Bmi-1$^{-/-}$小鼠出生时有严重的再生障碍性贫血,一周内死于多发性感染。HSC 和各系祖细胞明显减少,尽管 HSC 在中胚层发生不受影响,但胎肝和骨髓中 HSC 和祖细胞的扩增能力严重受影响。

3. Gfi-1 是一种锌指转录抑制子,与 Bmi-1 的作用正好相反。在 HSC 和各级祖细胞中表达。Gfi-1 对于 HSC 发挥正常功能至关重要。Gfi-1 突变导致 HSC 异常增殖并消耗干细胞池。

4. MOZ 蛋白是其他转录因子(如 PU.1 和 AML1)的共同转录激活因子,在急性单核细胞白血病相关 8 号和 16 号染色体融合基因[t(8;16)]中被鉴定。它有组蛋白乙酰转移酶活性,打开染色质使 DNA 易于接近转录复合物。MOZ$^{-/-}$和 MOZ$^{\Delta/\Delta}$小鼠有相同表型,出生时死亡,造血干祖细胞减少,在移植受体中不能重建造血。

(三) 红/巨核细胞系发生相关转录因子

1. GATA1 是红系生成关键调节因子,有两个锌指,近 C 末端锌指是高亲和地与 DNA 结合所必需的,近 N 末端锌指与 NDA 建立相互作用。GATA1 在红细胞、巨核细胞、嗜酸细胞和早期造血祖细胞中表达。GATA1 是红细胞发育所必需的。GATA1$^{-/s}$小鼠在 10.5 天 dpc 死于严重贫血,红系发育停滞在早幼粒阶段。巨核细胞发育也受阻滞。

2. Fog1 是在筛选 GATA1 相互作用蛋白时发现的,自身不与 DNA 结合,而是通过 GATA1 发挥作用。FOG1 主要是转录抑制子,但它可以增强 GATA1 的转录激活作用。和 GATA1 缺陷小鼠相似,FOG1$^{-/-}$小鼠在胚胎发育第 10.5 到 11.5 天之间死于严重贫血,红系发育停滞在早幼粒阶段。并且完全没有巨核细胞发育。

3. Gfi-1b 因与 Gfi-1 类似而被鉴定,是另一个参与早期红系和巨核系发育的转录因子。有与 Gfi-1 几乎一样的 C 末端锌指和一个抑制域,另有一个不同抑制域和 6 个 C 末端锌指。Gfi-1b$^{-/-}$小鼠在胚胎发育第 15 天死于严重贫血。

(四) 髓系定向分化所需转录因子

PU.1 和 C/EBP-α 是 HSC 向单核细胞和粒细胞定向分化必需的两个主要转录因子。

1. PU.1 属于 Ets 转录因子家族,在早期造血祖细胞中低表达,随着细胞分化,在红细胞、巨核细胞和 T-细胞的表达消失,在单核细胞、粒细胞和 B 细胞的表达升高。缺乏 PU.1 的小鼠不产生巨噬细胞、粒细胞和淋巴细胞。条件性敲除骨髓中 HSC 的 PU-1,不能检测到 CLP 和 CMP。条件性敲除 GMP 细胞中的 PU-1 表现粒细胞定向分化不受影响,却不能成熟。

2. C/EBP-α 是具有碱性亮氨酸拉链的转录因子。以二聚体形式发挥功能,或自身结合形成同源二聚体,或与家族的其他成员 C/EBP-β、γ、ε 构成异二聚体。在造血系统,C/EBP-α 主要表达在单核细胞、粒细胞和它们的祖细胞。在 GMP 细胞中过表达 C/EBP-α 促进粒细胞分化。缺乏 C/EBP-α 的小鼠，能形成 CMP 却不能形成 GMP，说明 C/EBP-α 和 PU.1 相比在更晚期起作用。

（五）髓系成熟所需转录因子

有一些转录因子虽然不影响粒细胞和单核细胞的定向分化，却调节其成熟。如调节单核细胞的 Egr1、2，调节粒细胞的 C/EBP-ε、Gfi-1 和视黄酸受体-α（retinoic acid receptor-α，RAR-α）。

1. C/EBP-ε 是与 C/EBP-α 相关的具有碱性亮氨酸拉链的转录因子。在粒细胞及其祖细胞中表达，却不在单核细胞中表达。CEBPE$^{-/-}$ 小鼠不能产生正常嗜中性和嗜酸性粒细胞，提示 C/EBP-ε 在粒细胞成熟中起重要作用。由于粒细胞缺乏，小鼠在出生后几个月内死于条件性感染。

2. Gfi-1 除了在维持成体 HSC 中发挥作用外还是粒细胞成熟时所必需的。Gfi-1$^{-/-}$ 小鼠表现中性粒细胞减少，粒系祖细胞形成正常但不能成熟。小鼠出生几个月内死于系统性感染。Gfi-1 在粒系祖细胞发挥功能，下调单核细胞特异性基因确保向粒细胞分化。

3. Egr-1 和 Egr-2 是有锌指结构的转录因子，其功能与 Gfi-1 相反，在 GMP 细胞中关闭粒细胞特异性基因，促进祖细胞向单核细胞分化。

4. RAR-α 属于大的核激素受体家族，与 RXR 蛋白结合成异二聚体发挥功能，与 retinoids 的结合受到 retinoic acid 的调节。在缺乏视黄酸（retinoic acid，RA）时，二聚体与抑制复合物结合而抑制转录；在 RA 存在时，二聚体被激活复合物取代而诱导转录。RAR-α 主要在髓细胞表达。RAR-α$^{-/-}$ 小鼠髓系发育并没有异常，但是因染色体移位与 PML 发生融合，阻滞早幼粒细胞的分化。

（六）淋巴系发育所需转录因子

许多转录因子调节淋巴细胞成熟，包括 PU.1、Ikaros、E2A、EBF、PAX5、Notch1 和 GATA3。

1. PU.1 是淋巴发育所必需的。PU.1$^{-/-}$ 小鼠的 B-细胞和 T-细胞形成都减少。调节性敲除成体骨髓的 PU.1，导致 CLP 细胞丢失。PU.1 在正常 T 细胞发育的早期表达，PU.1$^{-/-}$ 小鼠 T-细胞发育延迟。PU.1 也是 B 细胞成熟的重要调节因子。许多 B-细胞特异性基因都是 PU.1 的靶分子，包括 EBF、Interleukin-7（IL-7）受体、Mb1、CD45 和免疫球蛋白轻链 κ 和 λ。

2. Ikaros 是锌指 DNA 结合蛋白，既可以是转录抑制子又是转录激活子，与染色质调节蛋白和转录抑制复合物相互作用。在造血系统广泛表达，与 PU.1 一起参与早期淋巴发育。一个最早的 Ikaros 缺失小鼠模型，形成 Ikaros 的显性阴性突变体（dominant negative form），干扰 Ikaros 和其相关家族成员 Helios and Aiolos。这些小鼠不能发育 T、B 和 NK 细胞。一个等位 *Ikaros* 基因突变，小鼠发育成 T-细胞白血病和淋巴瘤，而两个等位 *Ikaros* 基因突变，小鼠缺乏胎儿 B 细胞和 T 细胞，在成年鼠有 T 细胞生成但没有 B 细胞发育。

3. E2A 通过剪切 E12-和 E47-特异的 bHLH 外显子形成两个异构体 E12 和 E47。E2A 与 EBF 组成二聚体调节许多基因参与 B 细胞受体基因重排和受体信号的表达。E2A 或 EBF 的缺失使 B 细胞的发育阻滞在 pro-B 时期。

4. PAX5 是 E2A 和 EBF 的下游调节因子，EBF 激活 PAX5 启动子。PAX5$^{-/-}$ B-细胞虽然表达 EBF 和 E2A，但 B-细胞受体重排后的发育受阻滞。PAX5$^{-/-}$ pro-B 细胞表达多个髓系抗原，包括 M-CSFR、G-CSFR 和 GM-CSFR-α，这些细胞能够发育成巨噬细胞、红细胞和 T 细胞，提示 PAX5 的关键功能是关闭 B 细胞内不适当的髓系基因，有利 B 细胞的发育。

5. Notch1 除了前文所述参与胚胎发育过程中 HSC 的发育外，也是 T-细胞分化所必需的。Notch1 通过表达转录活性形式 ICN1 诱导鼠骨髓中 T-细胞的发育。类似地，骨髓基质细胞表达 Notch 配体 Delta-like 1 诱导胎肝造血祖细胞向 T-细胞分化并阻止向 B-细胞分化。Notch1-缺陷小鼠是胚胎致死的，Notch1$^{-/-}$ 骨髓移植给受体不能产生 T-细胞。

6. GATA3 是 GATA 家族中的一员，具有锌指结构，调节 TCR-α 基因增强子，也参与调节其他 T-细胞基因，包括 TCR-β、TCR-δ 和 CD8。在造血系统中 T 细胞和 NK 细胞上表达。GATA3$^{-/-}$ 小鼠在胚胎发育第 11.5 和 13.5 天期间死亡，表现为多种缺陷，包括生长迟缓、严重出血和神经缺陷。GATA3$^{-/-}$ ES 在嵌合小鼠中不能发育成 T 细胞。条件性缺失 GATA3 显示 GATA3 是在 T 细胞发育的 β-选择点发挥功能。在 T-细胞发育的晚期，GATA3 是 T-细胞分化为 TH2 辅助 T-细胞所必需的细胞因子。

二、细胞因子及其受体对造血干细胞的调控

(一)细胞因子对造血干细胞的调控

细胞因子/生长因子(后文统称细胞因子,cytokine)对造血的调控作用研究得比较深入,很多细胞因子已通过人工合成应用于临床。表 10-1 汇总了所有调控造血干祖细胞的细胞因子。细胞因子对造血细胞的作用可以是刺激、协同刺激、抑制或多种活性。

表 10-1 调控造血干祖细胞的细胞因子

分 类		细 胞 因 子
集落刺激因子		granulocyte colony-stimulating factor(G-CSF)
		granulocyte-macrophage colony-stimulating factor(GM-CSF)
		macrophage colony-stimulating factor(M-CSF)
		interleukin-3(IL-3)
		erythropoietin(EPO)
		thrombopoietin(TPO)
		interleukin-5(IL-5)
协同刺激细胞因子	具有造血活性的经典的生长因子	stem cell factor(SCF)
		flt3 ligand(FL)
		interleukin-6(IL-6)Family
		IL-6
		IL-11
		leukemia inhibitory factor(LIF)
		oncostatin-M(OSM)
	具有造血活性的白介素类	IL-1,IL-2,IL-4,IL-7,IL-9,IL-10,IL-12,IL-17,IL-20,IL-31
干细胞调节因子		wnt family
		notch ligands
		sonic hedgehog
		bone morphogenic protein-4
		vascular endothelial growth factor(VEGF)family
		insulin-like growth factor-1(IGF-1),IGF-11
		basic fabroblast growth factor(bFGF)
		hepatocyte growth factor(HGF)
		platelet derived growth factor(PTGF)
		angiopoietin-like proteins(AngPtl)
抑制性细胞因子		chemokines
		interferons(IFNs)
		tumor necrosis factor α(TNF-α)
		transforming growth factor β(TGF-β)
		lactoferrin(LF)
		h-ferritin(HF)

细胞因子对造血干细胞的调控主要位于干细胞龛中,通过造血干细胞-龛突触间的信号转导来完成。细胞因子对造血祖细胞克隆形成的调控作用包括诱导谱系抉择(lineage commitment)、增殖/扩增(proliferation/expansion)、生存(survival)和归巢/动员(homing/mobilization)。

1. 干细胞的谱系抉择 细胞因子可以诱导不同集落的形成,SCF 等可以支持造血干/祖细胞形成原始细胞集落(blast colony),同时添加 GM-CSF 和 M-CSF 可诱导巨噬细胞和粒系细胞集落的形成;添加 TPO 诱导巨核系祖细胞集落形成;添加 EPO 才有红系集落形成。

2. 干细胞的增殖/扩增　一旦造血祖细胞完成命运抉择,促进造血细胞增殖将是体外形成集落、体内完成造血的重要过程。一些细胞因子在使造血细胞完成命运抉择后还会刺激细胞增殖,如 M-CSF、IL-5、G-CSF 和 EPO 等。刺激较原始的祖细胞增殖可能需要多种细胞因子的配合,如 IL-6、IL-11、IL-12、G-CSF 和 LIF 刺激静止期细胞进入细胞周期,IL-3、GM-CSF 和 IL-4 才能刺激细胞增殖,同时 SCF 和 FL 参与协同作用。

造血干/祖细胞在增殖的同时常伴有分化并逐渐失去自我更新能力。适当的细胞因子组合,有可能刺激造血干/祖细胞增殖的同时维持自我更新能力,如利用 SCF、FL、Tpo、IL-6、G-CSF 和 IL-3 的不同组合来扩增造血干/祖细胞,可以解决临床干细胞移植遇到的干细胞源短缺问题。

3. 干细胞的生存　造血细胞因子的另一个重要作用是维持造血细胞的生存,避免凋亡的发生。如在造血细胞培养过程中缺少细胞因子,造血细胞就会发生凋亡。在骨髓衰竭性疾病中,由于细胞对细胞因子的反应差,发生过度凋亡;相反,恶变细胞(如白血病细胞)常对细胞因子有异常反应,通过启动抗凋亡机制,使细胞过度聚集。

4. 干细胞的归巢/动员　生理状态下,造血干/祖细胞通过 SDF-1/CXCR4 等黏附分子或信号系统从外周血归巢至骨髓微环境中。某些细胞因子(如 G-CSF)可以动员(mobilize)造血干/祖细胞离开骨髓微环境,进入外周血。G-CSF 的动员作用主要通过降低骨髓中 SDF-1 的水平来实现。这一过程在临床上已被普遍应用于自体干细胞移植。

(二) 细胞因子受体

细胞因子发挥生物学作用常常通过特异的受体介导,受体与细胞因子结合,发生寡聚化(oligomerization)或二聚体化(dimerization)后被激活并进行跨膜信号转导。根据受体的保守结构和相似的活性可以把各种受体归类到不同家族:① Ⅰ 型细胞因子受体家族,又称血细胞生成素(hematopoietin)受体家族,大多数造血细胞因子通过这一受体家族发挥作用;② Ⅱ 型细胞因子受体家族,有与 Ⅰ 型细胞因子受体家族相似的结构和激活机制,如 IFN、IL-10、IL-28、IL-29 和 TF 等通过这一受体家族起作用;③受体酪氨酸激酶家族,在造血系统中包括:c-kit(stem cell factor receptor)、Flt-3、和 c-Fms(M-CSF R);④TGF-β 受体家族,TGF-β、活化素(activins)和骨形态发生蛋白(bone morphogenic protein,BMP)通过这一受体家族发挥功能。有关细胞因子受体的激活和信号转导请参阅其他有关章节。细胞因子受体家族在调节造血过程中发挥重要作用,在造血系统疾病特别是恶性疾病中,常常有受体基因的突变和受体介导的信息传递异常。

三、造血干细胞自我更新的调控

HSC 既具有自我更新能力,又具有定向分化能力。HSC 的自我更新如何被调节一直是研究的重要课题。所有的 HSC 必须进行自我更新,并调节自我更新和定向分化之间的相互平衡。目前研究发现多种信号途径和基因在 HSC 维持自我更新中起重要作用。活性氧 ROS 参与调节 HSC 的自我更新和迁移,并调节造血微环境。研究发现通过内源性因子(如细胞呼吸或 NADPH 氧化酶)的激活或外源性因子(如 SCF 或前列腺素 E_2)调节低水平 ROS,是保持 HSC 自我更新能力所必需的,因应激或炎症反应而导致的高水平 ROS,能诱导 HSC 的分化和迁移。在慢性炎症高水平 ROS 情况下,需要避免 HSC 的耗竭。

在造血系统中,Wnt/β-catenin 信号转导通路的存在及其完整性对 HSC 的增殖和分化起重要的调节作用。在 HSC 和其微环境中发现了 Wnt 受体的表达,人 HSC 表达 Frizlled-6 受体,基质细胞也表达 Frizzled 家族中的一些成员。研究表明 Wnt 蛋白能促进 HSC 的自我更新。Reya 等用荧光激活细胞分选技术(fluorescence-activated cell sorting,FACS)分选出小鼠骨髓 LT-HSC[c-Kit$^+$ Thy-1.1^{lo}Lin$^{-/lo}$ Sca-1$^+$(KTLS)细胞],把 Wnt 信号转导途径中的下游信号蛋白 β-catenin 通过逆转录病毒转导到高度纯化的小鼠骨髓 HSC 中长期培养,使 β-catenin 在 HSC 中过量表达发现能扩增 HSC,且保留了 HSC 的表型和功能。另外抑制 Wnt 信号途径能导致体外 HSC 生长受抑,体内造血重建受损。激活 Wnt 信号途径能增加 *HoxB4* 和 *Notch1* 的表达,这两个基因在 HSC 的自我更新中均具有重要作用。使用纯化的 Wnt3A 蛋白能显著扩增鼠 HSC(c-Kit$^+$ Sca-1$^+$ Thy-1.1^{lo} Lin$^{-/lo}$细胞)100 倍。上述均表明 Wnt 信号途径的下游信号蛋白有调节骨髓 HSC 自我更新的作用。除了直接调节 HSC 的自我更新作用外,Wnt 信号途径也可通过影响微环境间接调节 HSC 的增殖、分化。其次,Notch 信号通路在 HSC 中高度活化,而在外周淋巴器官和成熟的血细胞中几乎不活化,在骨髓中观察到 Notch 活性在造血分化时下调,并且 Notch 信号通路下游主要靶基因 *HES1* 在 HSC 中高表达,而在成熟的祖系细胞中表达水平显著降低。Notch 信号途径阻断会导致体外 HSC 分化加速和体内干细胞数量的减少,从而阻止了 HSC 未分化状态的维持。所以认为活化 Notch 信号能抑制 HSC 的分化,维持其多能性,促进自我更新。还有研究发现 TGF-β 参与对造血发育的调控,在胚胎发育后期,胎肝的血细胞和早期内皮细胞都有 TGF-β1 的表达,表明 TGF-β 对 HSC 的增殖有抑制作用。此外,PI3K/AKT/mTOR 信号通路也对 HSC 的更新和分化有影响。最近研究发现,mTOR 信号通路过度活化可引起 HSC 脱离静止状态,导致 HSC 池的耗竭,抑制 mTOR 信号通路则能恢复 HSC 的自我更新和造血能力,mTOR 属于 PI3K 蛋白家族。实验发现老年小鼠 HSC 的造血重建能力低于年轻小鼠,在老年小鼠用西罗莫司抑制 mTOR 信号通路,能够恢复 HSC 的自我更新和造血能力。Zheng 等发现 HSC 中 mTOR 失调会引起血细胞减少和自身免疫疾病,由于 mTOR 的过度活化,小鼠 HSC 的造血功能减弱,西罗莫司处理能够恢复 HSC 的功能。TSC1-TSC2 是 mTOR 的负调控蛋白复合物,在 HSC 中敲除 *TSC1* 会导致 HSC 内 mTOR 的过度激活,使 HSC 进入细胞周期,伴随着线粒体生成和活性氧自由基水平的升高。

HSC 的细胞周期静止状态是非常重要的,通过阻止细胞分化或衰老来维持干细胞的特性,HSC 的静止状态与长期重建能力有关,为了维持个体整个生命过程中成熟血细胞的供应而不耗竭 HSC 池,大多数 HSC 维持在静止状态。研究发现 LKB1 能够维持 HSC 的静止状态,在成年老鼠中剔除 *LKB1* 基因能导致严重的全血细胞减少症,使 HSC 脱离静止状态,引起细胞分裂增加。研究人员发现一种多效生长因子(pleiotrophin,PTN)在 HSC 和其所处微环境的相互交流过程中发挥重要作用。研究员发现骨髓中血管内壁细胞产生 PTN,有助于移植的 HSC 定位于骨髓,用以调节 HSC 自我更新和驻留,之后生成成熟的红细胞和白细胞。当小鼠缺少编码 PTN 的基因时,小鼠骨髓内 HSC 数量减少,并且骨髓抑制后的造血再生能力受损。用抗 PTN 的抗体处理正常小鼠后,发现 HSC 归巢能力和骨髓驻留能力均受损。

Bmi-1,一种原癌基因转录阻遏物,能调节各种细胞型的细胞生长和分化基因的表达,这是 HSC 自我更新必不可少的。*Bmi-1* 基因敲除的小鼠,其 HSC 数量比正常低 10 倍,并且 Bmi-1 失活的骨髓复原造血系统的能力显著降低。微阵列分析显示各种基因对缺乏 Bmi-1 的反应,例如,*P16* 和 *P19* 的基因表达升高。P16 异常表达会导致增殖抑制,*p19* 基因的异常表达可导致正常 HSC 的凋亡。这些结果表明 Bmi-1 降低了对这些基因的抑制活性,使干细胞进入细胞周期。

有研究表明,转录因子 GATA-3 在 HSC 自我更新中起到重要作用。在休眠的 HSC 中,GATA-3 往往位于细胞质中。当 HSC 进入细胞周期后,GATA-3 则迁移至细胞核中,此过程受到蛋白激酶 P38 的调控。敲除 GATA-3 能够提高 HSC 的移植能力,加速其自我更新速度,使干细胞数量增加,而不影响细胞周期。加入 GATA-3 会作用于 P38 信号途径下游,可作为多能造血干细胞自我更新和分化之间的平衡调节者。此外,人类 HSC 及其发育过程存在特征性的 miRNA 表达谱,参与调控 HSC 的发育进程。例如已有研究表明许多 miRNA 调控着 HSC 的更新过程。miR-155 已被证实能够终止干细胞发育成红细胞和白细胞,而缺乏 miR-155 的干细胞可以发育成熟,携带 miR-155 的干细胞则很少能发育成熟为红细胞和白细胞。这些研究有助于我们进一步了解 HSC 的自我更新机制,有助于体外扩增 HSC,并促进再生医学发展。

四、造血干细胞分化的调控

研究发现 HSC 分化受到多种因素的影响和调控,包括微环境中释放的多种细胞因子、各种信号途径、基因表达的差异等。已发现的涉及 HSC 分化的信号途径包括 SCF-c-kit、Notch、Wnt、TPO-MPL、Ang1-Tie2、SCL、BMP、c-Myc 信号等。在某些情况下,一个单一的转录因子可作为主导调节因子决定 HSC 的分化命运。转录因子 GATA-1 和 PU.1 控制着细胞分化命运,GATA-1 是一种锌指结构转录因子,能够与 DNA 结构上的 GATA 区结合发挥转录作用。高表达 GATA-1 可促使红系相关基因(*NF-E2*、*EKLF* 等)和巨核系相关基因(包括 *PF4*、*GPllb*、*GPV* 等)的表达。PU.1 是 Ets(红细胞相关转录因子)家族成员,其高表达则使细胞易向 GMP 的方向分化。PU.1 通过与 Rb 的连接形成复合物,竞争性地结合 GATA 区,阻止 GATA-1 介导的下游基因转录激活,GATA-1 也能与 PU.1 的 Ets 结构域结合,阻碍了 PU.1 与 DNA 的结合,进而阻止下游粒巨噬系分化相关基因的激活,两者相互作用,相互制约。Runx1 是血管中 HSC 发育的中枢转录控制因子,在内皮细胞-动脉细胞簇-造血干细胞转型过程中起过度调控因子作用。有研究认为 HSC 来自于血管内皮细胞,先生成动脉内的细胞簇,接下来 Runx1 发挥调控作用,促进细胞簇转化成 HSC。Runx 是 CBFs 的一个亚单位,CBFs 有两个亚结构组成,一个是结合 DNA 的区域,一个是非 DNA 结合区域,Runx1 就是结合 DNA 的区域。研究将脉管内皮钙黏蛋白阳性的内皮细胞中表达 Runx1 的基因敲除,结果发现 Runx1 对动脉内细胞簇的生成具有关键的作用,失去 Runx1 就无法生成 HSC。

近年来,通过对小鼠的研究,也发现某些基因位点与早期 HSC 定向分化有关。许多研究表明,*Hox* 基因在 HSC 中表达,且在 HSC 的发育、增殖及定向分化中起到重要作用。38 个 *Hox* 基因主要在红系、髓系、淋巴细胞系表达,*HoxB4*、5、6、7 及 *HoxC 10*、11、12、13 主要在红系表达,*HoxA A 9*、10、11、12 在髓系和淋巴系表达。此外 *GATA* 家族基因在 HSC 发育过程中也起到作用。Tpo 受体(*c-mpl*)基因也参与 HSC 发育,*c-mpl* 位于人类 1 号染色体,在巨核细胞和血小板及其前体细胞表面、原始细胞、多能 HSC 表面表达,*c-mpl* 突变的 HSC 丧失了血小板形成和增生能力。当小鼠体内骨髓造血重建时可检测到 c-mpl;且 c-mpl 可作为早期 HSC 的标志。最新研究发现一种称作 DNA 甲基转移酶 3a(DNA methyltransferase 3a,Dnmt3a)基因丢失或发生突变会影响 HSC 的分化,同时扩增 HSC 在骨髓中的数量。敲除 *Dnmt3a* 基因会上调 HSC 多能基因的表达,并下调分化因子。当 HSC 收到分化信号时,Dnmt3a 必须对维持干细胞干性基因进行甲基化以阻止基因转录为 RNA,进而阻止相应蛋白表达,通过这种方式让基因失活,促进 HSC 分化。如果细胞缺乏功能性的 Dnmt3a,则将很难进行正常分化过程。

HSC 定向分化潜能也受 miRNA 调控,在各系祖细胞中高表达的 miRNA 可能起着定向分化调控作用。已确定一些 miRNA 在造血组织中优先表达,miR-142 在 B 淋巴细胞和髓系粒细胞中表达增高,miR-181 在 B 淋巴细胞中选择性表达上调,miR-223 则在髓系中限制性表达。其中,miR-181 在骨髓祖细胞阴性谱系中高水平表达并只在 B-淋巴细胞中上调,在体内和体外 miR-181 的过表达可提高 B 细胞的数量,表明 miR-181 参与 HSC 向 B 细胞谱系的分化。Felli 等人在研究脐血 CD34+ HSC 向红系发育过程中,miR-221 和 miR-222 表达逐渐下降,而在 CD34+ HSC 中转染 miR-221 和 222 的寡核苷酸,则导致红系增殖和分化障碍,阻断 miR-221 和 miR-222 表达促进早期红系增殖。一些 miRNA 与 HSC 红系分化相关,如 miR-15a、miR-161、miR-126、miR-144、miR-451 和 miR-210。研究表明 miR-486 在正常小鼠造血细胞中表达量最高,随着细胞向红系分化,miR-486 表达增高。miR-486 的靶基因包括 *FOXO1*、*Pten*、*Arid4b*、*Sirt1*、*TWF1* 等,这些基因都是调控 HSC 增殖分化的重要基因。

第四节　造血微环境

造血微环境,又称"龛"(niche),是 HSC 赖以生存的基础,存在于长骨骨髓腔中。造血微环境是一个由造血基质细胞、细胞外基质、各种造血因子以及骨髓血管和神经等构成的复杂系统,在交感去甲肾上腺素能神经支配,共同调节 HSC 及其子细胞的数量、自我更新、增殖、分化和定位,同时在有信号因子和损伤的刺激下,龛的位置可以发生动态变化。根据位置和功能的不同将骨髓 HSC 龛分为骨内膜 HSC 龛(邻近成骨细胞)和血管 HSC 龛(邻近血窦)。基质细胞是一个复杂的异质细胞群,包括成骨细胞、成纤维细胞、骨髓 MSC、内皮细胞、网状细胞与脂肪细胞等。HSC 的生长依赖于多种基质细胞组成的黏附层及与基质细胞传导信号的膜蛋白。目前研究较多集中在骨内表面的成骨细胞和窦状内皮细胞,以及和他们关联的网状细胞和交感神经末梢。在骨髓中,不同的微环境有利于 HSC 生长,骨髓通过划分不同的区域而制造出不同类型的 HSC。另一项研究则发现存在于骨髓中的不同微环境滋养不同类型的 HSC,研究人员因 CXCL12 在所有基质细胞群中表达,并能调节 HSC 和淋巴祖细胞,所以选择其作为敲除基因,在小鼠体内敲除特异性基质细胞中的基因 *CXCL12*,发现每个微环境含有只被特异的基质细胞滋养的某种 HSC。从成骨细胞中敲除 *CXCL12* 对 HSC 和淋巴祖细胞没有影响;从表达成骨相关基质细胞(包括 *CXCL12* 富集网状细胞和成骨细胞)中敲除 *CXCL12*,导致 HPC 动员和 B 淋巴祖细胞丢失,但 HSC 功能却正常;从内皮细胞敲除后导致 HSC 长期再生能力的缺失。由此表明在骨髓中不只存在一个产生血细胞的微环境。此外,通过全标本共焦免疫荧光成像方法对 HSC 龛内不同细胞类型的空间分布进行研究发现,静止的 HSC 特异地与优先在髓内发现的小动脉关联,而这些小动脉是保持 HSC 静止所必需的。因此,上述结果表明,不同的 HSC 龛是由不同血管类型所决定的。

一、微环境组成成分

(一) 成骨细胞

骨内膜 HSC 龛中成骨细胞是骨髓中 HSC 微环境的重要组成部分,是骨髓基质细胞中一类较成熟的细胞,为 HSC 的生存、静止、自我更新和移植后植入提供重要信号。成骨细胞能分泌多种细胞因子或生长因子,包括 SDF-1、VEGF、G-CSF、M-CSF、GM-CSF、IL-1 和 LI-6 等支持造血因子,还包括抑制造血细胞增殖的因子。原始 HSC 处于细胞周期 G_0 期,保持自我更新、多向分化的干细胞特性。随着 HSC 脱离成骨细胞,向骨髓腔中央血管迁移,HSC 开始不断地分裂、分化及成熟。成骨细胞对于 HSC 原始性状的维持具有调节作用。通过调节微环境中的成骨细胞数量或功能,就可以控制静止状态 LT-HSC 的数量。如果体内成骨细胞消失,HSC 也消失。促血小板生成素能刺激巨核细胞产生和分化,由成骨细胞产生并维持 HSC 静止状态。由成骨细胞产生的 Ang1 通过与 LT-HSC 上的 Tie-2 受体的相互作用使 HSC 处于静止。因为,5-FU 只能杀死进入细胞周期的细胞,静态的 LT-HSC 能抵抗 5-FU 的作用。在体内,经 5-FU 治疗后,表达 Tie-2 的 HSC 数量增加,且特异性地与表达 Ang-1 的成骨细胞黏附。当给予骨髓清除小鼠 Ang-1 逆转录病毒载体转染的骨髓细胞,处于 G_0 期的 HSC 数量会大量增加。Ang-1 可以上调 N-钙黏素的表达,促进成骨细胞与 HSC 间的黏附,进而影响 HSC 在细胞周期中的状态。且 c-Myc 表达增强会抑制 N-钙黏素和整合素的表达,使 HSC 失去自我更新的特性,开始分化增殖,c-Myc 是 Tie2-Ang1 信号途径中负性调节因子。

骨形成蛋白(bone morphogenetic protein,BMP)信号激活会导致成骨细胞和 HSC 数量减少。相反的,小鼠经灭活 BMP 受体 1A 型(BMPR1A)则表现出成骨细胞和 LT-HSC 数量增加。N-钙黏素和 β-钙黏素被认为是 LT-HSC 和成骨细胞之间黏附的重要中间介质,以确保 HSC 处于静止状态。然而,也有其他证据表明 N-钙黏素在 LT-HSC 静止状态中不起作用。Hang 等人鉴定出 2 种 LT-HSC 群,一群低表达钙黏蛋白,另一群高表达钙黏蛋白。只有钙黏蛋白低的细胞群有能力在骨髓清除后的小鼠体内重建骨髓。钙黏蛋白高的细胞群不能重建骨髓,而是主要形成祖细胞。此外,二聚糖基因缺失的小鼠骨小梁和成骨细胞显著减少,但没有造血功能缺陷。研究发现 LT-HSC 仅与富集在网状骨/骨小梁表面的纺锤形 N 钙黏素[+]成骨细胞(SNO)相结合,SNO 细胞与 LT-HSC 呈现类似的分布形式,且 SNO 细胞数量的增加与 LT-HSC 数量的增加亦呈高度的正相关性。此外,成骨细胞表达许多黏附分子与 HSC 相黏附,例如,血管细胞黏附分子-1(vascular cell adhesion molecule1,VCAM-1)、细胞内黏附分子-1(intracellular cell adhesion molecule1,ICAM-1)、ICAM-3、淋巴细胞功能相关抗原-1(lymphocyte function-associated antigen 1,LFA-1)等。在成骨细胞与 HSC 之间存在许多信号转导通路如 Shh、Wnt、Notch、TGF-β/BMP 等通路。Wnt/β-catenin 通路对于 HSC 的自我更新非常重要,Notch 通路有助于 HSC 维持在未分化状态,BMP 通路在控制 HSC 数量方面起作用,Shh 信号介导 BMP 通路维持体外干细胞的存活。故认为成骨细胞是 HSC 干细胞壁龛的一个重要组成部分。

尽管存在上述研究的结果,但是,新近一些研究对成骨细胞在 HSC 中的作用提出了质疑。研究表明,甲状旁腺激素处理能够增加 ST-HSC,不是通过成骨细胞扩增实现,而是通过 T 细胞产生的 Wnt 配体实现的。给予小鼠骨代谢药物导致成骨细胞扩增,并未影响 HSC 的数量和功能。从成骨细胞中条件性敲除 CXCL12,又称基质细胞衍生因子-1(stromal cell-derived factor-1,SDF-1)或 SCF,对 HSC 也没有影响。

(二) 内皮细胞

用 SLAM 染色标记对骨髓中 HSC 进行定位,发现有许多 HSC 被定位于骨髓血管内皮的附近,由此称为血管 HSC 龛。通过致死剂量的照射破坏骨髓血窦,发现注射的 LT-HSC 更靠近于骨内膜,这表明在没有血窦时,LT-HSC 在骨内膜中寻求庇护,以回应来自骨内膜血管系统或其他基质细胞的信号。SDF-1 由窦状内皮细胞和血管网状细胞表达,主要表达在骨髓清除术后的骨内膜。这些结果表明窦状内皮可能是 LT-HSC 的首选微环境。在骨髓中动脉和窦状内皮细胞均表达多种黏附分子,对 HSC 的动员、活化、归巢和迁移均起到重要作用。研究发现窦状内皮细胞表达血管内皮细胞生长因子受体 2(vascular endothelial growth factor receptor 2,VEGFR2),条件性敲除 VEGFR2 基因可以阻止在经亚致死剂量照射的小鼠中窦状内皮细胞的再生,并阻止造血重建。Gerber 等人在体外实验中发现,*VEGF* 基因缺失的小鼠生存能力的下降与骨髓细胞的血细胞集落形成频率显著降低有关,并且会降低骨髓重建的能力。当予小分子 VEGF 受体抑制剂 ZD4190 和 SU5416 后,野生型小鼠骨髓细胞也表现出血液集落形成减少。这些结果表明 VEGF 是窦状内皮细胞存活的一个重要的信号。微环境可以影响移植的 HSC 骨髓入驻。骨髓中趋化因子 SDF-1 与 HSC 表面的 CXCR4 受体结合而使得干细胞归巢于骨髓。HSC 和内皮细胞间的紧密连接在 HSC 归巢和动员中起到作用,而内皮细胞的物理结构及 SDF-1-CXCR4 轴决定血管龛能协助 HSC 的跨内皮迁移。通过调控微环境中的 SDF-1,可以影响干细胞的入驻率。在 SCID 小鼠中 SDF-1 或 CXCR4 的抗体阻止 HSC 移植。

(三) 其他细胞

除了内皮细胞,骨髓血管周围区域存在 MSC 和高表达 CXCL12 的基质细胞群,CXCL12(SDF-1)在保持 HSC 功能中起重要作用。已经鉴定 3 种血管周围基质细胞高表达 CXCL12、CXCL-12 富集网状细胞(CXCL12 abundant reticular cell,CAR cell)、nestin⁺基质细胞和 leptin 受体⁺基质细胞,均参与血管微环境的组成。CAR 细胞是具有成骨和脂肪生成潜能的间充质祖细胞,HSPC 和某些淋巴祖细胞在骨髓中直接与 CAR 细胞接触。*CAR* 敲除小鼠的 HSC 数目减少。在骨髓中 nestin⁺细胞分布于血管周围,在体内许多 HSC 和肾上腺素能神经元紧邻 nestin⁺细胞生长,nestin⁺细胞敲除的小鼠中,HSC 数目显著减少。将 HSC 移植到致死剂量辐照的小鼠后,可见 HSC 归巢到了 nestin⁺细胞处。nestin⁺细胞高表达 CXCL12、SCF、促血管生成素-1(angiopoietin-1,Ang-1)和血管细胞黏附分子-1(vascular cell adhesion molecule-1,VCAM-1)等,维持 HSC 在干细胞龛内的静止状态。研究表明当龛内 CD169⁺的巨噬细胞减少时,骨髓基质细胞和 nestin⁺细胞间充质干细胞中 CXCL12、SCF、Ang-1 和 VCAM-1 的 mRNA 表达下降,促使 HSC 动员出骨髓。此外,单核巨噬细胞系统可以通过多种机制对 HSC 进行调控,在 CSF 的作用下,巨噬细胞减少从而介导 HSC 动员出骨髓,产生的 α-平滑肌肌动蛋白(α-smooth muscle actin,α-SMA)和环氧化酶-2(cyclooxygenase-2,COX-2)促进 HSC 增殖并抑制其凋亡。在骨髓中施万细胞能够产生 TGF-β,通过与 HSC 表面的 TGF-β 受体作用,调控 HSC 滞留在骨内膜微环境和 HSC 的自我更新。

(四) 细胞外基质

干细胞表面表达整合素,与基质环境中相应的受体及骨髓 ECM 结合,为 HSC 和基质细胞之间黏附提供界面。ECM 由纤连蛋白、透明质酸、I 型和 IV 型胶原、层粘连蛋白、细胞因子结合的糖胺聚糖、硫酸肝素和硫酸软骨素组成,它能通过与整合素、CD44 和其他黏附分子的相互作用,提供大量可溶性因子影响 HSC 生长、分化、迁移和生存。人类 HSC 表达整合素超家族异源二聚体:CD49e/CD29(VLA-5)、CD49d/CD29(VLA-4)、CD49f/CD29(VLA-6)和 CD49b/CD29(VLA-2)。VLA-4 和 VLA-5 都与纤连蛋白相连,增强干细胞与基质的黏附。造血祖细胞表达许多不同的黏附分子包括 CD44、CD31(PECAM-1)、CD62L(L-选凝素)等。骨桥蛋白(osteopontin,OPN)是一种多聚的磷酸盐糖蛋白,主要由成骨细胞分泌,在骨髓中主要表达在贴近骨内膜的成骨细胞表面,是已知的 HSC 负性调节因子。OPN 在调节 HSC 黏附和增殖的过程中发挥着重要作用。OPN 可以与 HSC 表面的 β1 整合素结合,从而介导 HSC 穿透基底膜,并将 HSC 锚定在造血微环境。动物实验表明敲除 *OPN* 基因的小鼠外周血中 HSC 的数量明显高于野生型小鼠。

(五) 微环境信号调控因子

造血微环境中的基质细胞能够分泌趋化因子 CXCL12,对 HSC 和造血祖细胞产生趋化作用,在胚胎发育中 HSC 由胎肝向骨髓迁移起重要作用。CXCL12 在骨髓中呈浓度梯度分布,可趋化 HSC 从外周向骨髓归巢,并最终进入干细胞壁龛。CXCL12 能够与 HSC 表面的 CXCR4 结合。应用 CXCR4 拮抗剂后,外周血中 HSC 数目增加,显示 CXCL12/CXCR4 信号通路参与调控 HSC 处于静止状态。此外,应用 CXCL12 抗体和 CXCR4 抗体能够显著降低 HSC 的归巢。SCF 是 HSC 原癌基因 *C-Kit* 编码受体的配体,分为膜相连和可溶性两种形式存在,在骨髓基质细胞介导的 HSC 分化中起重要作用。SCF 维持着成年骨髓中 HSC 的活力,是骨髓骨内膜 HSC 龛的主要成分,尤其 SCF-c-kit 通路对介导骨髓骨内膜龛的活性起着重要作用。一些可溶性细胞因子(如 GM-CSF)可特异与 ECM 分子相连,这样可以形成一个具有高浓度细胞因子的局部区域并可避免被蛋白酶水解,从而作用于 HSC 调控其发育。基质细胞产生的许多细胞因子和生长因子能够促进不同谱系血细胞和淋巴细胞的增殖和分化。这些因子包括 IL-1、IL-3、IL-6、IL-7、IL-8、IL-11、IL-12、白细胞抑制因子(leukemia inhibitory factor，LIF）、SCF、Flt 配体和 MCS-F。GTP 酶蛋白 Rac1 和 Rac2 也是哺乳动物细胞的重要调节。

二、短期造血干细胞的动员和交感神经系统的作用

早期的研究发现，骨髓内存在交感神经支配，并且通过对骨髓中交感神经功能的研究证实，交感神经可以调节骨髓的功能。交感神经系统能够调节 HSC 从骨髓中的动员和归巢。ST-HSC 的动员是通过肾上腺素信号调节的，其中交感神经分布起着关键的控制作用。ST-HSC 从 LT-HSC 微环境迁移出是由 G-CSF 诱导的，G-CSF 能激活交感神经去甲肾上腺素能神经元产生去甲肾上腺素，去甲肾上腺素能阻止由成骨细胞、内皮细胞和周细胞表达的 SDF-1。通过药物或遗传切除肾上腺素神经传导，可以抑制 G-CSF 诱导的 ST-HSC 动员（在成骨细胞微环境中维持）。UDP-半乳糖神经酰胺半乳糖基转移酶缺陷的小鼠，表现出神经传导异常，以及骨髓 HSC 对 G-CSF、岩藻多糖动员无反应，且肾上腺素、成骨细胞功能和 CXCL12 的表达失常。相反 β_2 肾上腺素激动剂能促进小鼠骨髓 HSC 的动员。去甲肾上腺素轴突影响 ST-HSC，不仅通过影响成骨细胞 SDF-1 的表达，也直接影响 HSC 及其子细胞。在小鼠中，HSC 的释放出现昼夜节律性，循环中的 HSPC 的峰值出现在光照后的 5 小时，并在黑暗后 5 小时达到低值。交感神经系统通过生理节律分泌去甲肾上腺素影响分子生物钟核心基因的表达，后者进一步调节 HSC 的周期性释放和 CXCL12 的表达。这些肾上腺素信号在骨髓通过神经系统进行局部传导，通过 β_3-肾上腺素能受体传送到基质细胞，导致 *Sp1* 转录因子核内水平下降，由此快速下调 CXCL12 的表达。上述结果显示具有生理节律性、神经驱动的 HSC 释放在动物静止期可促进干细胞龛和其他组织的再生。

第五节　造血疾病的治疗

造血干细胞在再生医学的应用是通过造血干细胞移植（hematopoietic stem cell transplantation，HSCT）来完成的。HSCT 是通过大剂量放化疗预处理，清除或摧毁自身（正常或异常）的造血系统和免疫系统后，再将自体或异体多能造血干细胞移植给受者，使受者重建正常造血及免疫系统。目前广泛应用于恶性血液病、非恶性难治性血液病、遗传性疾病和某些实体瘤治疗，并获得了较好的疗效。

一、造血干细胞移植历史

由于骨髓为主要的造血器官，含丰富的造血干细胞，早期进行的均为骨髓移植。1958 年法国肿瘤学家 Mathe 首先对 5 位放射性意外伤者进行了骨髓移植，随后他率先给白血病患者进行了骨髓移植治疗。最早（从 20 世纪 50～70 年代）从骨髓分离干细胞进行移植的是 E. Donnall Thomas，他发现静脉输注从骨髓分离的细胞可以重建造血并减轻移植物抗宿主病（graft-versus-host disease，GVHD）。因此，Thomas 获得了 1990 年度的诺贝尔生理学或医学奖。

20 世纪 70 年代后，随着对人类白细胞抗原（HLA）的发现，以及血液制品、抗生素、全环境保护性治疗措施以及造血生长因子的广泛应用，促使 HSCT 技术快速发展。HSCT 在应用于治疗白血病、再生障碍性贫血及其他严重血液病、急性放射病及部分恶性肿瘤等方面取得巨大成功。骨髓移植技术使众多白血病患者得到治愈，长期生存率提高至 50%～70%。

20 世纪 70 年代发现脐带血富含造血干细胞，1988 年法国血液学专家 Gluckman 首先采用 HLA 相合的脐带血移植治疗一例范科尼贫血患者，开始了人类脐带血干细胞移植。1989 年发现 G-CSF 能将造血干细胞动员出骨髓进入外周血，采集动员后外周血的干细胞可以用于造血干细胞移植。1994 年国际上报告第一例异基因外周血造血干细胞移植。

在中国，陆道培于 1964 年在亚洲首先成功开展了同基因骨髓移植，又于 1981 年首先在国内成功实施了异基因骨髓移植。之后 HSCT 在全国范围广泛开展，一些类型的移植技术在国际上处于领先地位。

近 20 年来，随着对 HSCT 的基础理论，包括造血的发生与调控、造血干细胞的特性及移植免疫学等方面的深入研究，临床应用的各个方面，包括移植适应证选择、各种并发症的有效预防等也有了很大发展。HSCT 的疗效不断提高，被普遍认可和广泛开展，因此陆续建立了一些国际性协作研究机构，如国际骨髓移植登记

处、欧洲血液及骨髓移植协作组、国际脐血移植登记处等,还建立了地区或国际性骨髓库,如美国国家骨髓供者库和中国造血干细胞捐献者资料库等。迄今全球进行骨髓和外周血 HSCT 的患者已超过 10 万例,其中,非血缘关系移植数万例,无病生存最长的已超过 30 年。在中国,造血干细胞资料库登记志愿捐献者 140 万人,已为 2000 余患者捐献了造血干细胞并进行了移植。北京、上海、济南、天津、广州和四川等地也相继成立了脐带血库,库存脐血数量超过 50 000 单位,全国进行脐血移植近 1000 例。

二、移植用造血干细胞来源

(一)骨髓是临床移植用造血干细胞的最早来源

在局部或全身麻醉下,可以从供者髂骨(常常是后嵴)反复穿刺,抽取骨髓血(实际是骨髓和外周血的混合),获得移植用干细胞。

(二)干细胞动员后外周血

骨髓中的一些造血干细胞(1%~10%)不断地离开骨髓微环境,进入血液循环,因此外周血是一个采集更为方便的造血干细胞来源。外周血干细胞的数目常用细胞表面分子 CD34 作为标记进行估计。应用粒细胞集落刺激因子(G-CSF)可以动员干细胞离开骨髓,增加外周血 CD34$^+$ 细胞的数目。

1979 年 Goldman 等为一组慢性粒细胞白血病患者成功移植初诊时采集的外周血细胞,开始了外周血造血干细胞移植(PB-HSCT)的临床应用。由于 20 世纪 80 年代中期以后细胞分离机性能提高,1990 年以后,G-CSF 应用于外周血干细胞动员获得成功,PB-HSCT 得到迅速发展,已经取代骨髓用于自体移植和大部分异基因移植。和骨髓移植相比,用现代技术收集的外周血干细胞移植,能更快地重建造血。但是收集的外周血细胞含有比较多的 T 细胞,因此更多发生移植物抗宿主病(GVHD),特别是慢性 GVHD。

(三)脐带血

切尔诺贝利核灾难发生后对 HSCT 的大量需求,刺激了对新干细胞源的寻找,特别是从胚胎组织和新生儿脐带血中寻找。脐带血是胎儿娩出、脐带结扎并离断后残留在胎盘和脐带中的血液。EA Boyse 和 HE Broxmeyer 对脐带血细胞的特性、重建造血的能力、采集、运输和冻存等进行了重要的基础研究,发现脐带血中含有可以重建人体造血和免疫系统的造血干细胞,可用于 HSCT。1988 年 E. Gluckman 成功指导了第一例脐带血移植治疗范科尼(Fanconi)贫血。之后脐带血作为干细胞来源进行干细胞移植在世界范围内迅速开展,并建立脐血库和进行国际合作。与骨髓和外周血干细胞相比,脐带血干细胞有很多的优点,由于脐带血细胞具有新生不成熟性,因此 GVHD 的发生率和严重程度都比较低;对 HLA 的相合性要求较低。但是脐带血干细胞移植后,造血恢复相对较慢。

脐血也是非造血干细胞的重要来源,如间充质干细胞(mesenchymal stem cells,MSC),在其他章节有介绍,这里不作重复。

三、造血干细胞移植的骨髓微环境结构基础

造血干细胞移植后,要重建造血需完成两个事件:其一是造血干细胞归巢(homing);其二是造血干细胞植入/再生(engraftment/repopulation)。两者是相辅相成而又不同的过程,都是通过相似的迁移和黏附机制进行。归巢是一个迅速完成的过程,不涉及细胞增殖,不同分化阶段的细胞均可完成这个过程,但植入/再生需要发生细胞自我更新和增殖,只有干细胞才具有这个特性(图 10-7)。

(一)造血干细胞归巢

归巢是一个快速完成的过程,通常在数小时或 1~2 天内完成。归巢由 2 个步骤组成,其一是跨越血管/骨髓内皮屏障,其二是短暂定位于骨髓造血区。整个过程包括迁移、黏附、滚动、跨越和定位等过程,大量的黏附分子和细胞因子参与这个过程。

在受体接受移植前,需接受全身大剂量放/化疗(见后文),其目的之一是清除骨髓或脾脏等脏器中大量增殖的造血细胞以及破坏生理性骨髓内皮屏障。同时,组织/细胞的损伤可以动员机体的再生和修复机制,促使损伤的细胞分泌大量的细胞趋化因子、细胞因子和蛋白水解酶,这些因子对于移植的造血干细胞迁移、黏附、滚动、跨越和定位等过程至关重要。造血干细胞经静脉移植后,细胞随着血液循环迁移至骨髓窦状

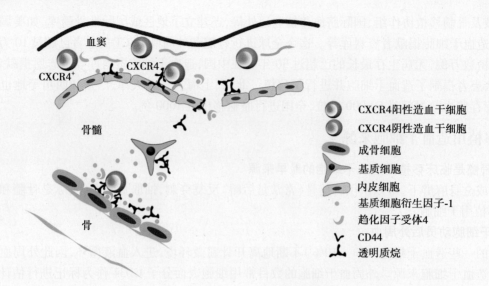

图 10-7　归巢与植入／再生示意图

血管内皮区,并通过选凝素(selectin)和整合素(integrins)与血管内皮上的受体结合,使造血干细胞黏附在血管内皮上。由于血流的应切力,黏附不紧密的造血干细胞可以在内皮细胞上滚动,直到与内皮细胞锚定紧密。锚定过程主要依赖造血干细胞表达的 CD44 分子,CD44 可以与内皮细胞上的透明质酸(hyaluronan)和骨桥蛋白(osteopontin)结合,其作用是使造血干细胞伸展和黏附至内皮细胞上。SDF-1 是广泛表达于骨髓血管内皮细胞和骨髓基质细胞的趋化因子,与黏附于血管内皮细胞的造血干细胞表面的 CXCR4 结合,介导造血干细胞的跨越内皮细胞进入骨髓造血龛中,暂时定位于动态 HSC 增殖龛中。

(二) 造血干细胞植入／再生

归巢的造血干细胞与骨髓造血龛形成突触结构(见本章第一节)。突触结构的形成有利于造血干细胞的滞留(retention)。在这一突触中,细胞黏着分子起重要的调节作用,许多黏着分子构成一个网络连同细胞外基质(extracellular matrix,ECM)驱使 HSC 固定到不同的龛组成细胞(特别是成骨细胞和 CAR 细胞)附近,HSC 与 niche 组成细胞的紧密黏附和并排关系有利于建立有效的细胞间配体和受体互相作用和信号通路。归巢的造血干细胞被这些信号通路激活,发生自我更新和增殖分化,重建正常造血及免疫系统。正常造血重建完毕后,部分造血干细胞通过维稳态 HSC 分裂龛进入静息 HSC 储存龛,维持静息状态,以备生理平衡或应激时动员。

四、造血干细胞移植的主要步骤

HSCT 是人为的造血系统和免疫系统的再生过程,通过预处理(大剂量放疗和化疗)清除或摧毁自身(正常或异常)的造血系统和免疫系统后,立即输注外源造血细胞(含有造血干细胞),新的干细胞植入骨髓微环境进行造血,形成血细胞,重新建立造血系统和免疫系统。HSCT 有如下基本步骤:

(一) 造血干细胞移植的预处理

在造血干细胞移植前,受者需接受大剂量化疗或联合大剂量的放疗,这种处理称为预处理(conditioning),这是造血干细胞移植的重要环节之一。预处理的主要目的为:①清空骨髓微环境中原有的血细胞,为新的造血干细胞的植入腾出空间;②抑制或摧毁体内免疫系统,以免移植物被排斥;③尽可能清除基础疾病(如白血病细胞),减少复发。

根据预处理强度的不同,可分为清髓性预处理和减低剂量的预处理方案。清髓性方案主要通过联合应用多种化疗药物进行超大剂量的化疗,或配合放疗来达到预处理的目的。该预处理方案能够最大限度地清除体内的残留病灶以减少基础疾病的复发,缺点是毒性作用较大而增加移植相关死亡概率。因此对于耐受性较好,特别是年轻的恶性疾病患者多采用清髓性预处理方案进行 HSCT。目前环磷酰胺+全身照射(Cy/TBI)、白消安+环磷酰胺(Bu/Cy)是临床中最为经典的清髓性预处理方案,两者在长期生存率方面没有明显的差别。

减低剂量预处理方案所应用的化疗和放疗剂量都比较小,其主要目的是抑制受者的免疫反应,便于供者的细胞植入,以形成供受者嵌合体,并通过供者淋巴细胞发挥移植物抗肿瘤作用。此种预处理方案的毒性作用较小,主要适用于疾病进展缓慢、肿瘤负荷相对较小、年龄大或重要脏器功能异常的患者。减低剂量的预处理方案中的药物主要是免疫抑制作用较强药物,如氟达拉滨及抗胸腺细胞免疫球蛋白,放疗剂量可低至2戈瑞(Gray,Gy)。由于减低剂量预处理后残存的肿瘤细胞较多,免疫抑制作用较弱,可能影响供者干细胞的植入,同时增加了移植后基础疾病复发的机会。

(二) 造血干细胞的采集、保存与输注

1. 骨髓采集　采集骨髓前先进行供者自体循环采血。先抽400ml血于4℃保存,1周后,将血液回输,同时再抽600ml血液保存。如此重复,最后抽血1000ml保存,供采集骨髓时补充血容量之用。采集骨髓时要做硬膜外麻醉或全身麻醉,在髂前和髂后上棘多点穿刺,在输血的同时,抽取骨髓血1000ml左右。所采的单个核细胞(MNC)要求达到3×10^8/kg(受者体重)。

2. 外周血干细胞采集　由于外周血中造血干细胞含量较少,仅为骨髓的1%~10%,所以采集前需进行干细胞动员处理。异基因供者接受皮下注射G-CSF(5~10)μg/kg×(4~5)天,然后用血细胞分离机采集。要求采集的MNC达到3×10^8/kg(受者体重),CD34$^+$细胞达到3×10^6/kg(受者体重)。自体外周血HSCT的供者就是患者自己,可用化学治疗加G-CSF的方法进行动员。化学治疗可以进一步减少肿瘤的负荷,同时能加强G-CSF的动员作用。外周干细胞采集物体积较小(50~200ml),供者一般不需要输血。

3. 脐带血采集　脐血应在分娩时,于结扎脐带移去胎儿后娩出胎盘前,在无菌条件下,直接从脐静脉采集,每份脐血量60~100ml。

4. 保存　骨髓液、外周造血干细胞或脐血可以在4℃条件下保存72小时。如加入冷冻保护剂(10%二甲基亚砜)以每分钟降1℃的速率程控降温,降到-60℃后放在液氮(-196℃)中超低温长期保存。骨髓液容量高达1000ml以上时,可以仅保存有核细胞,其体积可减少85%。

5. 输注　上述采集的血或细胞均由外周静脉或中心静脉输入。冻存的血或细胞应在40℃水浴快速解冻后尽快输注。由于骨髓中的脂肪可能引起肺栓塞,所以每袋的最后10ml应留在输液袋内弃去。用肝素抗凝的血输注时要输以相当量的鱼精蛋白,每100单位肝素需1mg鱼精蛋白。

(三) 成功植入标准和移植物鉴定

1. 成功植入标准　回输造血干细胞后,血细胞持续下降随后再回升,当中性粒细胞连续3天超过0.5×10^9/L,为白细胞植活;在不进行血小板输注的情况下,血小板计数连续7天大于20×10^9/L为血小板植活。

2. 移植物鉴定　可根据供受者之间差别进行鉴定,如性别、红细胞血型和HLA的不同。通过细胞和分子遗传学方法(如FISH技术)、红细胞及白细胞抗原转化的实验方法获得植活的实验室证据。对于上述三项均相合者,则可采用短串联重复序列(STR)、单核苷酸序列多态性(SNP)结合PCR技术分析鉴定。

五、造血干细胞移植的医学应用

HSCT目前主要用于恶性血液疾病的治疗,也试用于非恶性疾病和非血液系统疾病。

(一) 血液系统恶性肿瘤

慢性粒细胞白血病、急性髓细胞白血病、急性淋巴细胞白血病、非霍奇金淋巴瘤、霍奇金淋巴瘤、多发性骨髓瘤、骨髓增生异常综合征等。

(二) 血液系统非恶性肿瘤

再生障碍性贫血、范科尼贫血、珠蛋白生成障碍性贫血、镰状细胞贫血、骨髓纤维化、重型阵发性睡眠性血红蛋白尿症、无巨核细胞性血小板减少症等。

(三) 实体肿瘤

乳腺癌、卵巢癌、睾丸癌、神经母细胞瘤、小细胞肺癌等。

(四) 免疫系统疾病

重症联合免疫缺陷症、严重自身免疫性疾病。

六、骨髓移植的方法

骨髓移植作为目前最为成功的再生医学实践,已广泛应用于多种遗传性、恶性造血系统疾病。如在恶性造血系统疾病中,患者首先接受一定剂量的化疗和(或)放疗,全部或者部分除去体内有增生能力的恶性肿瘤祖细胞。然后,依靠自身静态造血干细胞(HSC)的扩增或者通过移植人类白细胞抗原(human leucocyte antigen,HLA)匹配的同种异体健康人的造血干细胞,使患者的造血系统得以恢复。而对于治疗遗传性疾病,可以移植 HLA 匹配的健康异基因造血细胞,或者移植那些经过基因操作后拥有原致病基因正常拷贝的自体造血细胞。此外,造血细胞移植也可用于某些经化疗和(或)全身放疗后的实体性肿瘤的治疗。

用于移植的细胞可以从骨髓,或经粒细胞集落刺激因子(granulocyte colony stimulating factor,G-CSF)动员后的外周血及脐带血中获取。通常,自体的造血祖细胞几乎都来源于外周血,而异体移植用的细胞既可来源于骨髓,也可来自于外周血,或者脐带血。无论哪种途径获取的细胞,其细胞群中不仅含有造血干、祖细胞,也含有 T 细胞。这部分 T 细胞既能清除宿主体内异常造血细胞,但同时也会攻击宿主正常组织器官引发移植物抗宿主病(graft versus host disease,GVHD),是一把双刃剑。如何更好地利用其有利的一面,同时减少 GVHD 也是目前细胞移植研究的热点和难点所在。

(一)清髓性治疗

清髓性治疗是利用高剂量的全身放疗联合抗有丝分裂药物,清除所有分裂中的造血祖细胞,只留下静止的 HSC 以缓慢地恢复造血系统,或者为移植的 HSC 提供骨髓空间以提高移植效率,是目前临床上的常用方法。然而,这种治疗会引起贫血和黏膜炎,并易造成感染及器官损伤。因而,清髓性疗法不适用于年龄超过55 岁,或患有其他疾病的幼年患者。此外,该治疗后疾病的复发较快,而对复发的和具有高复发风险的患者,在二次移植前,通常需要使用更高剂量的清髓性治疗方案,这也会对患者造成更加严重的损伤。

自体动员 HSC 治疗　清髓性治疗的患者通常受到自体 CD34$^+$ 的动员及增殖的限制,或者由于术前无法在外周血中获取足够多的 HSC 及前体细胞进行回输,术后造血系统的恢复较慢。因而,在清髓治疗后利用可溶性因子,如 G-CSF,诱导 HSC 动员,加快造血组织的恢复是目前临床上常用的方法。G-CSF 可以介导血管细胞黏附分子-1(VCAM-1)的降解,从而促进 HSC 从骨髓小龛中释放然后进入血液循环。因而,自体 HSC 经 G-CSF 激动后,可使所有髓系及淋系家族细胞升高。G-CSF 的常见副作用为骨痛、发热及全身乏力。除了 G-CSF 外,目前 AMD3100 是最新发现的一种 HSC 动员因子,它通过拮抗 HSC 表面的 CXCR4 分子与骨髓微龛中的基质衍生因子(SDF-1)结合,在骨髓基质与外周血之间产生 SDF-1 梯度差,促进 HSC 脱离骨髓基质,进入外周血循环。同时,ADM3100 几乎不产生副作用,因而,它是 HSC 动员的理想药物。进一步的动物实验也表明,联合应用 G-CSF 及 AMD3100 在治疗下肢缺血效果更佳。此外,将患者外周血中的 HSC 收集后,在体外进行诱导增殖,也可应用于自体或者异体移植。随机试验显示,与骨髓移植相比,HLA 匹配的供者注射造血干细胞动员剂,动员外周血干细胞移植可加速植入过程,但也可增加急性和慢性移植物抗宿主病风险。美国莫菲特癌症中心 Anasetti 等人研究人员开展了一项随机、多中心 III 期临床试验,比较非亲缘供者外周血干细胞移植和骨髓移植的 2 年生存率。共纳入 551 例白血病患者,按 1:1 的比例随机分组分别接受外周血干细胞移植或骨髓移植,结果显示,外周血组 2 年总生存率为 51%,与之相比骨髓移植组则为 46%($P=0.29$),绝对差值为 5%。研究人员发现,外周血组和骨髓移植组的总移植失败率分别为 3% 和 9%($P=0.002$)。2 年间慢性 GVHD 发生率为 53%,相比骨髓移植组则为 41%($P=0.01$)。急性 GVHD 或复发发生率无显著性组间差异。

造血干和祖细胞移植　尽管,通过动员患者自身静止的 HSC 可以重建造血系统,但是,此种方法的成功率低,复发率高。因而,对于那些传统化疗后复发的或具有高危复发风险的白血病患者,异基因造血细胞移植是经典治疗方案。现代临床造血细胞移植始于 1968 年,研究者们使用 HLA 完全匹配的同胞骨髓细胞,治疗严重联合免疫缺陷病(SCID)、威斯科特-奥尔德里奇综合征(Wiskott-Aldrich syndrome)(一种 X 连锁突变,涉及 T 细胞、B 细胞和血小板的疾病)及进行性白血病。异基因移植的步骤可以简单概括为在患者接受强化化疗方案和(或)全身放疗清除恶性细胞得以临床缓解后,将足够数量的 HLA 匹配的异基因造血细胞输注给受体。然而,异基因移植后受体需要接受高强度的免疫抑制治疗,这使得患者很容易发生感染及严重的贫血。此外,只有约30%的患者能在自己的同胞或者其他亲属中找到 HLA 完全匹配的配型。尽管如此,异基因移植后,患者会出现受体/供体的嵌合型造血细胞,也可能全是衍生于供体的造血细胞。这种嵌合现象使得移植的 HSC 及它的后代在受者体内产生免疫耐受,并根据白血病类型的不同,该方案的长期治愈率最多可达80%,某些患者已经存活30年,甚至更久。另一方面,美国已经拥有超过百万的 HLA 样本信息,使得超过50%的患者能在非亲属中找见合适的配型。这些捐赠的细胞来源于供体的外周血而非骨髓,避免了捐赠者骨穿损伤及其他可能的并发症。对于重型再生障碍性贫血,目前,主要依赖于供者和患者人类白细胞抗原(HLA)全相合的异基因造血干细胞移植治疗。近年来的研究发现,未能找到匹配干细胞的患者也可以受益于半相合造血干细胞移植。然而,半相合移植的发展却受制于移植失败和难治性 GVHD 的高发生率。MSC 的输注能减少急性和慢性 GVHD 的发病率。最新一项研究成果表明,低强度预处理的半相合 HSC 与 MSC 联合移植治疗重型再生障碍性贫血(severe aplastic anemia,SAA)可以显著提高疗效。研究共纳入 17 例年龄 4~29 岁的 SAA 患者,所有病例均进行半相合造血干细胞移植。17 例患者中 9 例是极重型再生障碍性贫血(very severe aplastic anemia,VSAA),其余 8 例患者是重型再生障碍性贫血(SAA)。受者接受骨髓和外周血干细胞输注前 6 小时接受脐带 MSC 注射。输注中以及输注后 30 分钟、4 小时、24 小时和 72 小时监测患者的生命体征和过敏症状。16 例患者在造血干细胞移植后 30 天达到完全供体嵌合率。23.5%的病例出现Ⅲ~Ⅳ级急性 GVHD,14.2%出现中度和重度慢性 GVHD。总体而言,输注后未观察到副作用。结果表明半相合造血干细胞和脐带 MSC 联合移植对于 SAA 是安全的,有效地降低了严重 GVHD 的发生率,提高了患者生存率。目前,异基因 HSC 移植已经成功治疗再生障碍性贫血(aplastic anemia,AA),首选同胞全相合移植,但因随着独生家庭的增多,需要不断地扩大造血干细胞来源的途径,同时,行非亲缘 HLA 全相合或不全相合移植、单倍体移植、脐带血移植移等异基因造血干细胞移植时需不断改良预处理方案,达到最佳的治疗效果。

异基因移植治疗后的患者恢复的主要障碍是急性或慢性移植物抗宿主病(GVHD)。无论是何处来源的 HSC,HLA 配型越差则排斥反应越强烈。由于受体的免疫功能受损,供体 T 淋巴细胞攻击受体的皮肤、小肠及肝脏而造成 GVHD,并会导致诸如皮疹、严重腹泻及黄疸等临床综合征。移植后的 100 天以内,急性 GVHD 的发病率和死亡率在 10%~30%。而移植 180 天后,25%~45%的患者会受慢性 GVHD 影响。一旦患者能存活 3~5 年,那么慢性 GVHD 就会自行缓解消失。按疗程规律服用环孢素 A 和(或)泼尼松等药物,可以抑制供体 T 细胞产生的免疫反应,也可以在移植前将移植物中的 T 细胞清除,从而抑制 GVHD。然而,这些处理会增加患者的感染风险。此外,清除 HSC 中的 T 细胞会增加 HLA 不完全匹配移植的失败率。因而,探究如何提高供体 HSC 移植率、同时能减低 GVHD 的发生率及严重程度的方法显得尤为重要。

当我们在试图缓解 GVHD 时,也应该清晰地认识到 GVHD 也可作为对抗白血病细胞的武器,这种作用被称为移植物抗白血病细胞作用(graft versus leukemia,GVL)。HLA 完全匹配的双胞胎骨髓移植或者 T 细胞清除后的骨髓移植可使白血病患者 GVHD 最小化,但其复发率增高,复发周期加快,感染更加严重,并会产生更为强烈的排斥反应。而相反的是,具有慢性 GVHD 的患者的白血病复发率则较低。更甚者,通过输注供体淋巴细胞诱导受者体内 GVHD 发生,可以达到持续的完全缓解状态。显然,同种异体 T 细胞在引起 GVHD 的同时,也在攻击受体的白血病细胞。在异基因骨髓移植中,关键问题是如何掌控供体 T 细胞产生的 GVHD,同时又充分利用 GVL。图 10-8 概括了受体与供体 T 细胞相互作用之后的可能结果,强调了 GVHD 互相矛盾

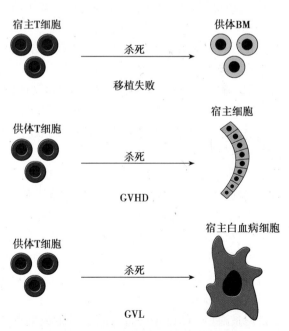

图 10-8 T 细胞对外来细胞的不同反应

(上)受体 T 细胞杀死供体骨髓细胞,导致移植失败;(中)骨髓移植中供体 T 细胞杀死受体细胞,引起 GVHD 反应;(下)供体 T 细胞杀死受体白血病细胞,引起 GVL 反应

的两方面。

　　提高造血干、祖细胞的移植成活率　当供体与受体之间的主要移植抗原不匹配时,异基因 HSC 移植只有在受体的免疫系统被完全摧毁后才能获得成功。但是,此种情况下引起的 GVHD 及感染会造成极高的死亡率。减少放化疗剂量,则再生造血系统所需要的异体 HSC 数量随之增加。T 细胞清除后的移植能够减轻GVHD,但会导致 HLA 不完全匹配移植的失败率增高。基础理论研究表明 HSC 必须归巢至骨髓龛位内才能执行造血功能。这一过程不仅需要干细胞穿越血管骨髓屏障,也需要干细胞与微环境的复杂相互作用。由于对干细胞与骨髓微环境之间复杂的相互作用理解不足,缺乏直接提高细胞植入效率的方法。因而,探究提高供体 HSC 移植成活率的方法仍是研究的重点。

　　增加移植 HSC 数量的简单方法是体外培养。现行通过输注高剂量的 HSC 以达到提高植入的目的,实践证明,该种策略是有效的。在多数情况下,可以实现异基因 HSC 的长期植入和重建供者造血。各种移植模式不断改善。在 HSC 的培养基中,加入 StemRegenin 1(SR1)的嘌呤衍生物,可以显著提高人原代 HSC 的数量。此外,将来通过分化 iPSC 或者转分化成纤维细胞(fibroblast,Fbs),我们能获得大量造血干、祖细胞。Choi 等人已经构建了将人类 iPSC 分化为髓系细胞的技术。Szabo 等人通过在人成纤维细胞中异位表达 OCT4 用以激活造血转录因子,并联合应用两个对早期造血非常重要的因子,即 FMS-样酪氨酸激酶 3(FMS-like tyrosine kinase-3,Flt3)和干细胞因子(stem cell factor,SCF),直接将其转分化为 CD45$^+$ 细胞。CD45$^+$ 细胞形成粒细胞、单核细胞、巨核细胞及红系家族细胞,将其移植到免疫缺陷的 NOD/SCID 小鼠,其移植成活率最高可以达到 20%,这与脐带血和成熟外周血祖细胞的移植存活率相当。

　　另一种提高异基因 HSC 移植存活率的方法是增强受体耐受性。Zhang 和 Lodish 构建了一种无血清的小鼠 HSC 增殖培养基。Zheng 等人利用以上的培养基,同时加入 11 因子,培养纯化的 HSC 第 8 天后,这些扩增后的细胞移植成活率较纯化但未扩增的 HSC 提高了 40 倍。进一步的研究发现,该培养后的 HSC 高表达产生一种 PD-L1 分子,可以抑制效应 T 细胞。同种异体 HSC 部分表达 PD-L1 便可以增强移植物再生能力,而 *PD-L1* 基因敲除细胞则无法成功移植。此外,PD-L1 在 TGF-β 存在条件下,还可以转化 CD4 细胞为 T-调节细胞(Tregs),而 Tregs 通过分泌 TGF-β 和 IL-10 介导移植物耐受。同时,Fujisak 等人的研究显示,富含 c-kit$^+$ Sca$^+$Lin$^-$ 的骨髓细胞,90% 在移植后 1 个月仍驻留于骨内膜,并可不依赖于宿主条件而完成异基因移植。

　　联合输注间充质干细胞(mesenchymal stem cell,MSC)也是增强移植存活率方法之一。由于 HSC 的成活依赖于 MSC,接受异基因造血细胞移植的患者需要自体 MSC 来恢复骨髓基质。骨髓穿刺所得的自体 MSC 经体外培养后与外周血中采集的造血祖细胞联合输注,可以提高造血细胞的移植存活率,并已经用于清髓性治疗后的乳腺癌患者。在一项纳入 21 名患者的临床研究中,有 13 名患者(62%)在移植后 1 小时的静脉血中发现了 MSC 的克隆增殖细胞,并显示出造血功能的快速恢复,提示联合 MSC 输注有助于提高 HSC 移植成活率。不同组织来源的 MSC,几乎全部都来源于血管周围的周皮细胞或者其衍生细胞,这些细胞类似于"药房",表达多种旁分泌及自分泌分子,以抑制效应 T 细胞、B 细胞的增殖,抑制树突状细胞前体细胞的分化,从而提高移植细胞存活率。

　　近年来,基础研究领域对骨髓微环境的研究不断深入,人们开始尝试提高干细胞植入效率的新方法。例如,改变输注途径细胞或非细胞组分共同输注及模拟造血微环境等。最近的一项研究对比了清髓性预处理后单份脐血骨髓腔内移植与双份外周血输注治疗恶性血液病的疗效。结果显示单份脐血(2.5×10^7/kg)骨髓腔内注射移植后患者造血恢复较双份 UCB(3.9×10^7/kg)静脉输注更快,GVHD 更低。因而脐血进行骨髓腔内移植可以以更低的细胞剂量得到更好的造血重建。

　　脐带血来源的造血干细胞　早在 20 世纪 70 年代,人们已经知道脐带血中含有 HSC。有学者在 20 世纪 80 年代早期就提出将脐带血作为 HSC 的移植来源。在 1988 年,法国开展了世界上首例脐带血 HSC 移植治疗范科尼贫血(Fanconi anemia),其中脐带血的提供者是患儿新出生的妹妹,两者的 HLA 完全匹配。到了 1993 年,杜克大学(Duke University)进行了首次非亲缘性脐带血移植,脐血来源于公共脐血库的冷藏脐血。相较于 20 世纪 80 年代后期,脐带血被当作出生时的"废物"而被丢弃的状况不同,如今,储存脐带血已经比较普遍,这种私人或者公共的脐血库在美国及欧洲很多。脐带血移植占每年造血干细胞移植数量的近 20%。脐血移植已用于治疗多种遗传性及恶性造血性疾病。相较于骨髓或者外周来源的 HSC,脐血 HSC 有很大的优势。首先,脐血的集落形成能力较成人骨髓血高 8 倍,而且脐血采集过程对产妇没有影响。其次,脐血可被冷藏保存,不影响其恢复为成熟或不成熟干细胞的能力,同时冷藏前后的脐血细胞均有很强的增殖能力,能保证患者移植治疗的及时进行。再次,外源基因诱导分化下的脐血细胞增殖水平明显高于经 G-CSF 刺激的外周血祖细胞增殖,而且,这些外源基因可以在细胞中稳定整合与表达,不受冷藏的影响。截至目前,在全世界范围内储存的脐血超过 60 万份,进行脐血移植超过 3 万例。脐血移植的安全性和有效性在临床实践中不断得到验证,脐血为需要接受异基因造血干细胞移植的患者提供了一种可供选择的干细胞来源。

最近,Goessling 等人的研究发现,人脐血细胞经二甲基前列腺素 E_2 处理后,体外培养时造血集落明显增加,同时 $CD34^+$ 细胞在 NOD/SCID 小鼠中的移植成活率显著提高。2013 年 Robinson 等报道了人脐血 $CD34^+$ HSC 在体外与 FT Ⅵ或 FT Ⅶ作用后移植给 NOD-SCID 小鼠,FT Ⅵ或 FT Ⅶ岩藻糖化的脐血 $CD34^+$ 细胞都能加速植入,提高人脐血在 NOD-SCID 小鼠的嵌合率,而只有 FT Ⅶ能岩藻糖化 T 和 B 淋巴细胞,进一步提示 FT Ⅶ可以用于调节移植物抗肿瘤效应或 GVHD。脐血移植时其淋巴细胞细胞毒性反应较成人外周血迟钝,使得急性 GVHD 发生率低、程度轻,同时慢性 GVHD 的可能性也很小,具体原因还不清。目前的研究未发现 GVHD 的发生率及其程度与 HLA(1-3)的错配之间存在相关性,因而提示,相较于骨髓或外周血移植,脐血移植可以允许有更宽泛的 HLA 匹配差异。虽然有研究发现 GVHD 的低发生率及低强度造成 GVL 效应的减弱,但是,脐血移植与骨髓移植在复发率上没有明显差别。一个单中心的研究比较了 HLA 匹配的骨髓移植与 HLA 不匹配(1-4)的脐血移植治疗多种成人恶性血液病的结果,发现接受脐血移植的患者造血功能恢复较慢,但 GVHD 的激素治疗需求较少。脐血受者移植后的复发率及死亡率明显降低,而无疾病生存率则明显提高(表 10-2)。此外,从脐血移植供体的寻找到移植进行所需的时间明显短于骨髓移植(平均分别是 2 个月和 11 个月)。

表 10-2 应用脐带血和骨髓移植治疗血液恶性疾病的情况对比

积 累 率	骨 髓	脐带血
移植物抗宿主病Ⅲ~Ⅴ型(移植后 100 天)	27%	6%
甾类激素治疗(移植后 100 天)	48%	16%
环孢素或者 F506 终止(移植后 180 天)	16%	40%
移植相关发病率(移植后 5 年)	34%	<10%
复发(移植后 5 年)	34%	18%
无瘤生存率(移植后 5 年)	30%	74%

注:通过累积发病率的研究可以发现,脐带血治疗的效果好于骨髓移植(数据源于 Takahashi 等,2004)

然而,目前脐血移植受者以儿童为主,主要是因为同等体积脐血中所包含的 HSC 数量仅是骨髓或外周血来源的 1/10,通常脐血的量为 40~100ml,但即便是最大量脐血中所含有的 HSC 都明显少于骨髓中的 HSC 量,因而,通常移植细胞数量不足以满足成年人需求。此外,儿童脐血移植后造血系统的恢复很慢,感染机会增大。

为克服脐血 HSC 植入延迟及失败,目前采用的方法有双份脐带血移植,与其他来源 HSC 或 MSC 共同输注以及体外扩增。Sharon Avery 等全面分析了双份脐血移植细胞数对植入的影响,在全部 84 例患者中,稳定的植入率是 94%,几乎所有的植入都源于一份脐血。脐血的 $CD3^+$ 和 $CD34^+$ 细胞数是影响植入的主要因素,在清髓预处理后,脐血的有核细胞数,$CD34^+$ 和 CFU 数与高效稳定植入及中性粒细胞恢复明显相关。MD Anderson 移植小组将两份脐血中的一份和同种异基因的间充质基质细胞体外共同培养,能将有核细胞和 $CD34^+$ 细胞数分别提高 12 倍和 30 倍。同时移植一份扩增的脐血和一份未处理的脐血能将移植的有核细胞和 $CD34^+$ 细胞数分别提高至 $8.34×10^7$/kg 和 $1.81×10^6$/kg,移植后中性粒细胞的恢复的中位时间是 15 天,而只接受一份未处理脐带血的患者中性粒细胞恢复的中位时间是 24 天;血小板恢复的中位时间在前者是 42 天,而后者是 49 天,均具有显著差异。

但是,这些方法往往伴有过多体外操作增加输注风险或者临床效果不可靠。因而,在脐带血 HSC 移植中同样需要继续探索可靠的提高植入效率的方法。综上所述,脐血移植虽然存在一定缺陷,但较成人 HSC 移植仍有很大优势。脐血库的建立可使更多的脐血单位完整地储存,既可为将来供体自身发生恶性造血疾病时提供移植材料(这种情况的可能性相对较低),也可以迅速地行同种异体移植,而体外培养技术的发展也能弥补脐血中干细胞数量不足的缺陷。

(二)非清髓性疗法

在摧毁患者造血系统时,应用大量化疗药物及放射剂量所产生的副作用是清髓性治疗引起死亡的主要原因。一些患者无法承受放化疗的副作用,因而无法行清髓性同种异体移植。为了解决这个问题,非清髓性治疗(即弱化的清髓性治疗)使用较低剂量的化疗和放疗,不摧毁患者的造血系统,而是把它抑制在允许 HSC 移植的水平,因而引起的副作用少且轻,能够被这些患者耐受。

首先,受体淋巴系统接受短期(6 天)低剂量(总共 200cGy)的放疗以减少 T 细胞。1 天后,小鼠接受高剂量(3×10^7)的不匹配供体骨髓细胞,以激活受者体内所有残余的 T 细胞(这些 T 细胞会特异性地攻击供体细胞)。移植后 1 天,给予环磷酰胺 200mg/kg 腹膜内注射,以清除这些残留的 T 细胞。然后,小鼠再次接受低剂量(3×10^6)的无 T 细胞的供体骨髓,使受体成为稳定的造血嵌合体(供体细胞占 19% ~ 53%)。受体小鼠不出现 GVHD 反应,并可以耐受皮肤、骨髓间质细胞及心脏的移植,这些移植的组织器官在受体小鼠余生可以一直存活。除此之外,在 DLA 匹配的犬及 SLA 匹配的猪身上也获得了这种造血嵌合体,Slavin 等人报道了患有各种造血系统恶性肿瘤和遗传性疾病的 26 例患者在非清髓性治疗后机体的状态,这些患者年龄在 1 ~ 61 岁之间(平均 31 岁),移植材料是经 G-CSF 激动的外周血干细胞。在移植前使用氟达拉滨(fludarabine)、白消安(busulfan)和抗 T 淋巴细胞球蛋白(anti-T-lymphocyte,ATG)10 天,使宿主处于免疫抑制状态。在移植前 1 天,给予环孢素 A 对抗可能出现的 GVHD。供者均为 HLA 匹配的同胞。移植后结果发现,9 个移植者表现出局限性的嵌合体表型,而 17 名患者则表现为全嵌合体。嵌合体患者所表现的免疫耐受使受体在复发后可以接受供者 T 细胞,使得 GVL 效应增强,从而控制疾病复发。此外,14 名患者没有出现 GVHD,而另外的 12 人则有,其中,4 人在环孢素 A 停止使用后的早期由于严重的 GVHD 死亡,其余 8 人都较成功地耐受了泼尼松治疗。

其他的研究报告也显示,低剂量化疗方案并联合多种免疫抑制药物治疗包括无痛淋巴瘤、严重联合免疫缺陷(SCID)、慢性淋巴细胞白血病、急性髓性白血病及黏多糖贮积症 IH 型(Hurler syndrome)等原发病及其复发也十分有效。Sorror 等人对清髓性治疗与非清髓性治疗后的患病率和死亡率进行了回顾性分析。研究组发现,尽管接受非清髓性治疗的患者年龄大,移植前合并症评分较高,且往往是清髓性治疗失败者,然而,相较于清髓性治疗的患者,他们所承受的放化疗的毒性损伤轻,严重的 GVHD 反应发生率(77% 比 91%)及非复发性死亡率也低。两组间的 1 年内发生慢性 GVHD 的概率相似。此外,另一个对比研究也有类似的结果,除了部分非清髓性移植的患者在移植 100 天后出现了急性 GVHD 综合征。为了降低非复发移植相关死亡率,近年来,减低剂量预处理(reduced-intensity conditioning,RIC)移植较前增加。据统计,目前,有 39% 的急性髓系白血病患者所行造血干细胞移植为 RIC 移植。值得注意的是,虽然有众多临床对比研究和一项随机对照研究支持,RIC 往往与 HSC 移植在临床上联合应用。但是,与 HLA 配型不合、非恶性疾病及输注细胞剂量偏低等因素一起考虑,RIC 或非清髓性预处理均增加植入失败和复发可能。

基于上述临床研究,尽管非清髓性移植患者的长期评估仍需进行,然而基于它的低毒性,稳定的嵌合体生成能力,较少的严重 GVHD 反应,较低的复发率及复发后的易于控制性,具有不亚于,甚至高于清髓性移植的生存期,使得该疗法可能在更多患者中推广应用。如果将非清髓性疗法联合经体外扩增的 HLA 匹配的脐带血或多个脐血单位浓集后的移植,可能会产生更好的疗效。

七、遗传缺陷性疾病的基因治疗

自体 HSC 等相关细胞通过基因修饰得以纠正并回输患者自身,就能解决异基因移植的供体限制和 GVHD 问题。图 10-9 展示了自体基因修饰治疗方法。

腺苷酸脱氨酶缺乏症(adenosine deaminase deficiency,ADA)造成的严重免疫缺陷在儿童中较常见。

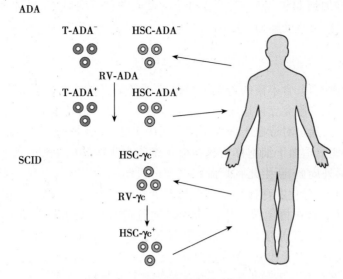

图 10-9 ADA 缺陷病和 SCID 的治疗

为治疗 ADA 缺陷,从患者体内收集 ADA⁻T 细胞(T-ADA⁻)或 HSC
(HSC-ADA⁻),用携带 ADA 基因的反转录病毒载体转染后回输患者
体内。为治疗 SCID,从患者体内收集 γc⁻ HSC(HSC-γc),并用携带
γc 基因的反转录病毒载体转染,并重新输入患者体内

Blaese 等人将 2 名患者的外周 T 细胞在体外转染含正常 *ADA* 基因片段的逆转录病毒后回输给患者。
Bordignon 等人则用含有 *ADA* 基因的逆转录病毒同时转染外周 T 细胞及骨髓干细胞,然后回输给患者自身。
在以上两个试验中,患者的免疫功能均在治疗后的 2 年恢复正常,在后一个实验中,外周 T 细胞逐渐被骨髓
衍生的、表达有 *ADA* 基因的 T 细胞所替代。但是,两个试验中的患者均需持续性的外源性聚乙二醇化 ADA
输注以控制症状。因而,基因转染疗法的确切作用仍难以评估。为此,Aiuti 等人为了单独评估基因治疗效
果,将 2 名患者的 CD34⁺ HSC 转染 *ADA* 基因后,回输经低强度的非清髓性治疗后的患者,且不使用外源性
ADA。患者对该治疗的反应良好,生长发育正常。转染的 HSC 持续分化为多种血细胞系,患者免疫功能也得
到改善。γc 细胞因子缺陷(SCID-X1,一种 X 染色体连锁的遗传疾病),主要发生在男性患者,由位于 X 染色
体上的编码白介素 2 受体的 γ 常链(*IL2RG*)基因失活突变引起。患病男孩的 T 细胞及 NK 细胞出现发育障
碍,B 细胞的功能受损。应用配型相同的骨髓移植治疗该疾病,只有 1/3 的患儿有效。用自体 CD34⁺的 HSC
体外转染具有 γc 细胞因子基因的 Moloney 反转录病毒并回输后,B、T 及 NK 细胞计数和包括抗原特异性反
应在内的功能学指标较同龄孩子无明显差别。患者的生长发育状况正常,未见明显副作用。黏多糖贮积症
IH 型(Hurler syndrome)由先天性 α-L-艾杜糖醛酸酶缺陷引起。Tolar 等人将 α-L-艾杜糖醛酸酶基因用慢病
毒转染至黏多糖贮积症 IH 型患者的 iPSC 中,再将这些细胞分化成造血细胞后回输患者体内,尽管仍有
GVHD 的发生并造成死亡,但该方法可作为黏多糖贮积症 IH 型的治疗方案。

尽管有很多阳性结果,其中的一些患者也发展成了白血病,这主要是由于反转录病毒插入到肿瘤启动子
LMO-2 附近,导致了进一步临床试验的终止。然而,慢病毒载体转染的 HSC 在小鼠体内不引发癌症,使得基
因治疗又有了转机。Cartier 等人通过慢病毒基因的构建治疗了 2 名 X 连锁的肾上腺脑白质营养不良(adre-
noleukodystrophy protein,ALD)患者。ALD 是一种大脑的脱髓鞘病变,在男孩中常见,患者在青春期前就会死
亡。该病由 ALD 蛋白突变引起,该蛋白为 ATP 结合转运子,定位于过氧化物酶膜上,由 *ABCD1* 基因编码。
ALD 与过氧化物酶体降解少突胶质细胞及小胶质细胞中长链脂肪酸的过程有关,该蛋白的缺陷会影响这些
细胞稳定髓鞘的功能。将含有野生型 *ABCD1* 基因的慢病毒载入 HSC 中并回输给清髓性治疗后的患者,从移
植后的 14~16 个月开始,脱髓鞘现象消失。造血系统中的许多细胞表达 ALD 蛋白,但起主要作用的是单核
细胞系来源的小胶质细胞。另一个慢病毒载体试验,在 1 名患有 HbE/β⁻珠蛋白生成障碍性贫血的 18 岁男
性患者身上进行,该病由编码血红蛋白的基因发生变异导致血红蛋白的生成障碍。因而,患者需要周期性输
血以维系生命。在该试验中,将转染有野生型血红蛋白基因的患者自体 HSC 在清髓性治疗后回输。移植后

3年,基因修饰后的 HSC 增加到11%,包含正常 β-球蛋白基因的重塑型 HSC(供体加自体)增加到20%。尽管还有轻度贫血,患者不再需要接受输血治疗。

小　结

　　由于骨髓为主要的造血器官,含丰富的造血干细胞,早期进行的均为骨髓移植。出生后骨髓是主要的造血场所,骨髓微环境中不同的细胞龛支持造血干细胞完成各项功能。造血干细胞是造血组织多能干细胞,具有自我更新和多系分化潜能,通过对造血干细胞不同命运决定的准确调控和平衡,保证个体在整个生命周期有合适的血细胞更新和补充。造血干细胞移植是造血干细胞再生医学的主要途径,移植用造血干细胞可以来源于骨髓、干细胞动员后外周血、新生儿脐带血。

　　造血干细胞的自我更新和分化发育过程受到严格的调控,调控因素主要有干细胞微环境(niche)、转录因子、细胞因子等。造血干细胞在再生医学中的应用是通过造血干细胞移植(hematopoietic stem cell transplantation,HSCT)来完成的。HSCT 是通过大剂量放化疗预处理,清除或摧毁自身(正常或异常)的造血系统和免疫系统后,再将自体或异体多能造血干细胞移植给受者,使受者重建正常造血及免疫系统。目前造血干细胞移植已经广泛用于血液系统疾病和非血液系统疾病如恶性血液病、非恶性难治性血液病、遗传性疾病和某些实体瘤治疗。

　　鉴于造血微环境在造血系统中的重要作用,越来越多的研究集中在造血微环境的研究中,骨髓微环境的信号调控为理解干细胞如何分化提供了新的思路,但造血微环境中各种基质细胞、细胞因子以及信号通路关系复杂,共同调节着 HSC 的功能,所以,上述微环境中各种成分对 HSC 的具体作用机制,还有待进一步深入研究。

　　随着 miRNA 的研究深入,miRNA 参与对干细胞功能的调控,调节特定基因的表达,进一步调控机体各系统的再生过程,显示出其重要作用和新的研究方向,近年来越来越引起重视。但 miRNA 的调节是一个复杂的过程,涉及多种因子、基因和信号途径的共同作用,所以接下来的研究,应进一步获得 HSC、各系祖细胞的特征性 miRNA,并且研究其在干细胞自我更新和分化中的作用机制。

　　再生医学成功治疗了许多造血系统恶性、遗传性疾病。自从1968年开始,清髓性化放疗后同种异体骨髓干细胞或外周血干细胞移植已用于治疗血液系统疾病。然而清髓过程的毒性很强,这对于具有其他并发症的患者来说常常难以接受。因而,非清髓性治疗越来越受到研究者和临床医师青睐。如今,联合脐带血移植的非清髓性治疗方案使得移植存活率、免疫耐受及 GVL 最大化,而使 GVHD 最小化。在儿童中,基因疗法已经被用于治疗多种联合免疫缺陷病,如 ADA 缺陷病(ADA-SCID)、SCID-X1(X 连锁,由于免疫细胞缺乏 γc 基因所致)及慢性肉芽肿病(由于基因缺陷导致吞噬细胞的氧化抗菌能力缺失)。以逆转录病毒为载体,将含有缺陷相关的正常基因拷贝转染至外周 T 细胞并回输患者体内,便可产生明显的疗效。然而,其中的一些患者发生了白血病,这是由于逆转录病毒插入到了一癌症启动子旁边。用慢病毒载体代替逆转录病毒则可以解决致瘤问题。

(洪登礼　郝一文　王瑞　姜宜德)

参 考 文 献

1. Garrett RW,Emerson SG. Bone and blood vessels:the hard and the soft of hematopoietic stem cell niches. Cell Stem Cell,2009,4(6):503-506.

2. Park D,Sykes DB,Scadden DT. The hematopoietic stem cell niche. Front Biosci,2012,17:30-39.

3. Ludin A,Itkin T,Gur-Cohen S,et al. Monocytes-macrophages that express alpha-smooth muscle actin preserve primitive hematopoietic cells in the bone marrow. Nat Immunol,2012,13(11):1072-1082.

4. Yamazaki S,Ema H,Karlsson G,et al. Nonmyelinating Schwann cells maintain hematopoietic stem cell hibernation in the bone marrow niche. Cell,2011,147(5):1146-1158.

5. Morrison SJ,Kimble J. Asymmetric and symmetric stem-cell divisions in development and cancer. Nature,2006,441(7097):1068-1074.

6. Nagasawa T. Microenvironmental niches in the bone marrow required for B-cell development. Nat Rev Immunol,2006,6(2):

107-116.

7. Li L, Clevers H. Coexistence of quiescent and active adult stem cells in mammals. Science, 2010, 327(5965):542-545.

8. Ding L, Saunders TL, Enikolopov G, et al. Endothelial and perivascular cells maintain haematopoietic stem cells. Nature, 2012, 481(7382):457-462.

9. Lapidot T, Kollet O. The brain-bone-blood triad: traffic lights for stem-cell homing and mobilization. Hematology Am Soc Hematol Educ Program, 2010, 2010:1-6.

10. Kim CH. Homeostatic and pathogenic extramedullary hematopoiesis. J Blood Med, 2010, 1:13-19.

11. Mendt M, Cardier JE. Stromal-derived factor-1 and its receptor, CXCR4, are constitutively expressed by mouse liver sinusoidal endothelial cells: implications for the regulation of hematopoietic cell migration to the liver during extramedullary hematopoiesis. Stem Cells, 2012, 21:2142-2151.

12. Dick JE. Stem cell concepts renew cancer research. Blood, 2008, 112:4793-4807.

13. Robin C, Bollerot K, Mendes S, et al. Human placenta is a potent hematopoietic niche containing hematopoietic stem and progenitor cells throughout development. Cell Stem Cell, 2009, 5(4):385-395.

14. Mikkola HK, Orkin SH. The journey of developing hematopoietic stem cells. Development, 2006, 133(19):3733-3744.

15. Mazo IB, Massberg S, von Andrian UH. Hematopoietic stem and progenitor cell trafficking. Trends Immunol, 2011, 32(10):493-503.

16. Zon LI. Intrinsic and extrinsic control of haematopoietic stem-cell self-renewal. Nature, 2008, 453(7193):306-313.

17. Speck NA, Gilliland DG. Core-binding factors in haematopoiesis and leukaemia. Nat Rev Cancer, 2002, 2(7):502-513.

18. Rossi DJ, Jamieson CH, Weissman IL. Stems cells and the pathways to aging and cancer. Cell, 2008, 132(4):681-696.

19. Copelan EA. Hematopoietic stem-cell transplantation. N Engl J Med, 2006, 354(17):1813-1826.

20. Gluckman E. History of cord blood transplantation. Bone Marrow Transplant, 2009, 44(10):621-626.

21. Fuji S, Kapp M, Einsele H. Alloreactivity of virus-specific T cells: possible implication of graft-versus-host disease and graft-versus-leukemia effects. Front Immunol, 2013, 4:330.

22. Devine H, Tierney DK, Schmit-Pokorny K, et al. Mobilization of hematopoietic stem cells for use in autologous transplantation. Clin J Oncol Nurs, 2010, 2(14):212-222.

23. Bensinger W, DiPersio JF, McCarty JM. Improving stem cell mobilization strategies: future directions. Bone Marrow Transplant, 2009, 3(43):181-195.

24. Lapidot T, Petit I. Current understanding of stem cell mobilization: the roles of chemokines, proteolytic enzymes, adhesion molecules, cytokines, and stromal cells. Exp Hematol, 2002, 9(30):973-981.

25. Broxmeyer HE, Orschell CM, Clapp DW, et al. Rapid mobilization of murine and human hematopoietic stem and progenitor cells with AMD3100, a CXCR4 antagonist. J Exp Med, 2005, 8(201):1307-1318.

26. Dar A, Schajnovitz A, Lapid K, et al. Rapid mobilization of hematopoietic progenitors by AMD3100 and catecholamines is mediated by CXCR4-dependent SDF-1 release from bone marrow stromal cells. Leukemia, 2011, 8(25):1286-1296.

27. Capoccia BJ, Shepherd RM, Link DC. G-CSF and AMD3100 mobilize monocytes into the blood that stimulate angiogenesis in vivo through a paracrine mechanism. Blood, 2006, 7(108):2438-2445.

28. Li XH, Gao CJ, Da WM, et al. Reduced intensity conditioning, combined transplantation of haploidentical hematopoietic stem cells and mesenchymal stem cells in patients with severe aplastic anemia. PLoS One, 2014, 3(9):e89666.

29. Porter DL, Roth MS, McGarigle C, et al. Induction of graft-versus-host disease as immunotherapy for relapsed chronic myeloid leukemia. N Engl J Med, 1994, 2(330):100-106.

30. Kolb HJ, Schattenberg A, Goldman JM, et al. Graft-versus-leukemia effect of donor lymphocyte transfusions in marrow grafted patients. Blood, 1995, 5(86):2041-2050.

31. Horowitz MM, Gale RP, Sondel PM, et al. Graft-versus-leukemia reactions after bone marrow transplantation. Blood, 1990, 3(75):555-562.

32. Welniak LA, Blazar BR, Murphy WJ. Immunobiology of allogeneic hematopoietic stem cell transplantation. Annu Rev Immunol, 2007, (25):139-170.

33. Larochelle A, Gillette JM, Desmond R, et al. Bone marrow homing and engraftment of human hematopoietic stem and progenitor cells is mediated by a polarized membrane domain. Blood, 2012, 8(119):1848-1855.

34. Auberger J, Clausen J, Kircher B, et al. Allogeneic bone marrow vs. peripheral blood stem cell transplantation: a long-term retrospec-

tive single-center analysis in 329 patients. Eur J Haematol,2011,6(87):531-538.

35. Boitano AE,Wang J,Romeo R,et al. Aryl hydrocarbon receptor antagonists promote the expansion of human hematopoietic stem cells. Science,2010,5997(329):1345-1348.

36. Choi KD,Vodyanik M,Slukvin II. Hematopoietic differentiation and production of mature myeloid cells from human pluripotent stem cells. Nat Protoc,2011,3(6):296-313.

37. Szabo E,Rampalli S,Risueno RM,et al. Direct conversion of human fibroblasts to multilineage blood progenitors. Nature,2010,7323(468):521-526.

38. Condomines M,Sadelain M. Tolerance induction by allogeneic hematopoietic stem cells. Cell Stem Cell,2011,2(9):87-88.

39. Zhang CC,Lodish HF. Cytokines regulating hematopoietic stem cell function. Curr Opin Hematol,2008,4(15):307-311.

40. Zheng J,Umikawa M,Zhang S,et al. Ex vivo expanded hematopoietic stem cells overcome the MHC barrier in allogeneic transplantation. Cell Stem Cell,2011,2(9):119-130.

41. Francisco LM,Sage PT,Sharpe AH. The PD-1 pathway in tolerance and autoimmunity. Immunol Rev,2010,(236):219-242.

42. Fujisaki J,Wu J,Carlson AL,et al. In vivo imaging of Treg cells providing immune privilege to the haematopoietic stem-cell niche. Nature,2011,7350(474):216-219.

43. Simmons PJ,Przepiorka D,Thomas ED,et al. Host origin of marrow stromal cells following allogeneic bone marrow transplantation. Nature,1987,6129(328):429-432.

44. Koc ON,Gerson SL,Cooper BW,et al. Rapid hematopoietic recovery after coinfusion of autologous-blood stem cells and culture-expanded marrow mesenchymal stem cells in advanced breast cancer patients receiving high-dose chemotherapy. J Clin Oncol,2000,2(18):307-316.

45. Caplan AI,Correa D. The MSC:an injury drugstore. Cell Stem Cell,2011,1(9):11-15.

46. Zibara K,Hamdan R,Dib L,et al. Acellular bone marrow extracts significantly enhance engraftment levels of human hematopoietic stem cells in mouse xeno-transplantation models. PLoS One,2012,7(7):e40140.

47. Rocha V,Labopin M,Ruggeri A,et al. Unrelated cord blood transplantation:outcomes after single-unit intrabone injection compared with double-unit intravenous injection in patients with hematological malignancies. Transplantation,2013,10(95):1284-1291.

48. Gluckman E,Broxmeyer HA,Auerbach AD,et al. Hematopoietic reconstitution in a patient with Fanconi's anemia by means of umbilical-cord blood from an HLA-identical sibling. N Engl J Med,1989,17(321):1174-1178.

49. Broxmeyer HE,Cooper S,Hass DM,et al. Experimental basis of cord blood transplantation. Bone Marrow Transplant,2009,10(44):627-633.

50. Broxmeyer HE,Douglas GW,Hangoc G,et al. Human umbilical cord blood as a potential source of transplantable hematopoietic stem/progenitor cells. Proc Natl Acad Sci U S A,1989,10(86):3828-3832.

51. Broxmeyer HE,Cooper S. High-efficiency recovery of immature haematopoietic progenitor cells with extensive proliferative capacity from human cord blood cryopreserved for 10 years. Clin Exp Immunol,1997,107 Suppl(1):45-53.

52. Pollok KE,van Der Loo JC,Cooper RJ,et al. Differential transduction efficiency of SCID-repopulating cells derived from umbilical cord blood and granulocyte colony-stimulating factor-mobilized peripheral blood. Hum Gene Ther,2001,17(12):2095-2108.

53. Ballen KK,Gluckman E,Broxmeyer HE. Umbilical cord blood transplantation:the first 25 years and beyond. Blood,2013,4(122):491-498.

54. Goessling W,Allen RS,Guan X,et al. Prostaglandin E2 enhances human cord blood stem cell xenotransplants and shows long-term safety in preclinical nonhuman primate transplant models. Cell Stem Cell,2011,4(8):445-458.

55. Robinson SN,Thomas MW,Simmons PJ,et al. Fucosylation with fucosyltransferase VI or fucosyltransferase VII improves cord blood engraftment. Cytotherapy,2014,1(16):84-89.

56. Sanz MA. Cord-blood transplantation in patients with leukemia--a real alternative for adults. N Engl J Med,2004,22(351):2328-2330.

57. Barker JN,Davies SM,DeFor T,et al. Survival after transplantation of unrelated donor umbilical cord blood is comparable to that of human leukocyte antigen-matched unrelated donor bone marrow:results of a matched-pair analysis. Blood,2001,10(97):2957-2961.

58. Takahashi S,Iseki T,Ooi J,et al. Single-institute comparative analysis of unrelated bone marrow transplantation and cord blood transplantation for adult patients with hematologic malignancies. Blood,2004,12(104):3813-3820.

59. Steinbrook R. The cord-blood-bank controversies. N Engl J Med,2004,22(351):2255-2257.

60. Rocha V,Broxmeyer HE. New approaches for improving engraftment after cord blood transplantation. Biol Blood Marrow Transplant, 2010,1 Suppl(16):S126-132.

61. Kurtzberg J,Laughlin M,Graham ML,et al. Placental blood as a source of hematopoietic stem cells for transplantation into unrelated recipients. N Engl J Med,1996,3(335):157-166.

62. Gluckman E,Rocha V,Boyer-Chammard A,et al. Outeome of cord-blood transplantation from related and unrelated donors. Eurocord Transplant Group and the European Blood and Marrow Transplantation Group. N Engl J Med,1997,6(337):373-381.

63. Liu H,Rich ES,Godley L,et al. Reduced-intensity conditioning with combined haploidentical and cord blood transplantation results in rapid engraftment,low GVHD,and durable remissions. Blood,2011,24(118):6438-6445.

64. Wu KH,Tsai C,Wu HP,et al. Human Application of Ex-Vivo Expanded Umbilical Cord-Derived Mesenchymal Stem Cells:Enhance Hematopoiesis after Cord Blood Transplantation. Cell Transplant,2013,22(11):2041-2051.

65. de Lima M,McNiece I,Robinson SN,et al. Cord-blood engraftment with ex vivo mesenchymal-cell coculture. N Engl J Med,2012,24(367):2305-2315.

66. Prigozhina TB,Gurevitch O,Zhu J,et al. Permanent and specific transplantation tolerance induced by a nonmyeloablative treatment to a wide variety of allogeneic tissues:I. Induction of tolerance by a short course of total lymphoid irradiation and selective elimination of the donor-specific host lymphocytes. Transplantation,1997,10(63):1394-1399.

67. Fuchimoto Y,Huang CA,Yamada K,et al. Mixed chimerism and tolerance without whole body irradiation in a large animal model. J Clin Invest,2000,12(105):1779-1789.

68. Storb R,Yu C,Zaucha JM,et al. Stable mixed hematopoietic chimerism in dogs given donor antigen,CTLA4Ig,and 100 cGy total body irradiation before and pharmacologic immunosuppression after marrow transplant. Blood,1999,7(94):2523-2529.

69. Slavin S,Nagler A,Naparstek E,et al. Nonmyeloablative stem cell transplantation and cell therapy as an alternative to conventional bone marrow transplantation with lethal cytoreduction for the treatment of malignant and nonmalignant hematologic diseases. Blood, 1998,3(91):756-763.

70. Sarzotti M,Patel DD,Li X,et al. T cell repertoire development in humans with SCID after nonablative allogeneic marrow transplantation. J Immunol,2003,5(170):2711-2718.

71. de Lima M,Anagnostopoulos A,Munsell M,et al. Nonablative versus reduced-intensity conditioning regimens in the treatment of acute myeloid leukemia and high-risk myelodysplastic syndrome:dose is relevant for long-term disease control after allogeneic hematopoietic stem cell transplantation. Blood,2004,3(104):865-872.

72. Staba SL,Escolar ML,Poe M,et al. Cord-blood transplants from unrelated donors in patients with Hurler's syndrome. N Engl J Med,2004,19(350):1960-1969.

73. Sorror ML,Maris MB,Storer B,et al. Comparing morbidity and mortality of HLA-matched unrelated donor hematopoietic cell transplantation after nonmyeloablative and myeloablative conditioning:influence of pretransplantation comorbidities. Blood,2004,4(104):961-968.

74. Baldomero H,Gratwohl M,Gratwohl A,et al. The EBMT activity survey 2009:trends over the past 5 years. Bone Marrow Transplant, 2011,4(46):485-501.

75. Bornhauser M,Kienast J,Trenschel R,et al. Reduced-intensity conditioning versus standard conditioning before allogeneic haemopoietic cell transplantation in patients with acute myeloid leukaemia in first complete remission:a prospective,open-label randomised phase 3 trial. Lancet Oncol,2012,10(13):1035-1044.

76. Blaese RM,Culver KW,Miller AD,et al. T lymphocyte-directed gene therapy for ADA-SCID:initial trial results after 4 years. Science,1995,5235(270):475-480.

77. Bordignon C,Notarangelo LD,Nobili N,et al. Gene therapy in peripheral blood lymphocytes and bone marrow for ADA-immunodeficient patients. Science,1995,5235(270):470-475.

78. Aiuti A,Slavin S,Aker M,et al. Correction of ADA-SCID by stem cell gene therapy combined with nonmyeloablative conditioning. Science,2002,5577(296):2410-2413.

79. Cavazzana-Calvo M,Hacein-Bey S,de Saint Basile G,et al. Gene therapy of human severe combined immunodeficiency(SCID)-X1 disease. Science,2000,5466(288):669-672.

80. Baum C,von Kalle C,Staal FJ,et al. Chance or necessity? Insertional mutagenesis in gene therapy and its consequences. Mol Ther, 2004,1(9):5-13.

81. Tolar J,Park IH,Xia L,et al. Hematopoietic differentiation of induced pluripotent stem cells from patients with mucopolysaccharido-

sis type I(Hurler syndrome). Blood,2011,3(117):839-847.

82. Cavazzana-Calvo M,Thrasher A,Mavilio F. The future of gene therapy. Nature,2004,6977(427):779-781.

83. Cartier N,Hacein-Bey-Abina S,Bartholomae CC,et al. Hematopoietic stem cell gene therapy with a lentiviral vector in X-linked adrenoleukodystrophy. Science,2009,5954(326):818-823.

84. Cavazzana-Calvo M,Payen E,Negre O,et al. Transfusion independence and HMGA2 activation after gene therapy of human beta-thalassaemia. Nature,2010,7313(467):318-322.

第十一章

心脏干细胞与再生医学

心脏(heart)通过有节律性的收缩与舒张,推动血液在血管中不停地循环流动,为机体提供必要的营养和氧气。因此,一旦心脏出现问题,生命即受到威胁,严重时甚至导致死亡。目前,心脏相关疾病是导致死亡和残疾的首要因素。在全球范围内,每年估计有1700万人死于卒中和心脏疾病。世界卫生组织估计,到2030年,每年由心脑血管疾病所导致的死亡人数将达到2300万。如何应对和治疗这些疾病成为人们迫切需要考虑的问题。目前,临床上只能采用药物、介入或手术等方法进行治疗,以期望能缓解症状,改善功能,减缓进展,但是预后大多不良。可见在心脏疾病中,传统的药物等治疗出现了"瓶颈",而心脏移植等再生医学治疗手段的出现及发展,为进一步提高患者预后提供了可能。虽然心脏疾病所导致的器官衰竭终末期,最有效的治疗方法是心脏移植。随着人们对疾病及机体认识的不断加深,材料科学的不断进步,可溶性因子、细胞移植及人造组织移植等再生医学治疗方法的拓展,疾病预后将得到进一步改善。但是,这一方法存在许多目前难以解决的问题,如免疫排斥、器官供源稀少等等。

干细胞是一类具有克隆源性的细胞,能不断进行自我更新,并可以分化成多种细胞系。随着对干细胞认识的深入以及干细胞研究技术的成熟,干细胞的基础及临床研究日益深入,利用干细胞治疗心脏疾病,必将是有利于人类的一大创举。为此科学家们已经对其展开了深入的研究。

本章节主要介绍心脏再生的基础实验研究,以及最新的研究进展,为临床实践提供理论依据。

第一节　模式动物的心脏再生

人类心脏损伤后不可再生,使得心脏疾病成为威胁人类生命的主要疾病之一。科学家们已经对多种动物进行了心脏再生的实验研究,比较多的集中在斑马鱼、蝾螈、小鼠等。不同种类动物的心脏结构有一定的差异,蝾螈、斑马鱼等非哺乳动物的心脏在受损伤后可以再生,并且遗传操作技术成熟,使其成为研究心脏再生的模型。本节总结了模式动物心脏再生的实验研究,以及再生现象的可能机制,为研究哺乳动物心脏再生研究提供了借鉴。

一、蝾螈的心脏再生

两栖类动物的心脏有3个腔、2个心房和1个心室。心肌层较薄,高度小梁化,并且无血管。它通过进入的血液流入血窦中,然后渗入肌小梁来获得营养。心肌层的外面由一层薄的心外膜覆盖,心外膜有两层,外层是间皮层,内层是成纤维细胞结缔组织层,心肌层的内表面衬有心内膜层。两栖类动物心肌层的再生,已经在成年蝾螈进行了最广泛的研究。

蝾螈拥有超强的心肌再生能力,受损心肌几乎可完全通过心肌再生达到修复而非通常的瘢痕修复。成年蝾螈可以在切除30%～50%的心室的情况下存活,切除心尖,心肌细胞可再生,但是恢复最初的形态是有限的。成年美西螈的心肌层在切除10%～15%心室之后也能再生,在纤维蛋白凝块之下,心外膜层首先再生,BrdU标记研究表明,心外膜层合成DNA的频率高达74%,心肌细胞的DNA合成高达50%。此外心房心外膜和心肌细胞也标记有BrdU,表明有丝分裂信号从受损的心肌传播出心脏。图11-1阐明了蝾螈和美西螈心脏的心室再生。

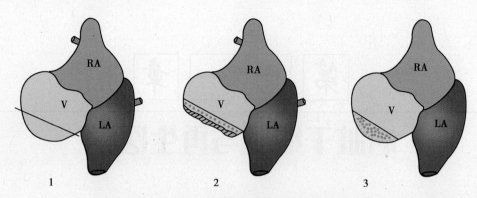

图 11-1　切除心室顶端后蝾螈心肌再生图示
1. 横线处表示切除平面。V=心室;RA=右心房;LA=左心房。2. 心外膜层(绿色)首先再生,接下来是心肌层的部分去分化(紫色)。3. 去分化的细胞增殖并再分化成新的心肌细胞

　　蝾螈心肌细胞的再生有多种方式,主要包括去分化和原有心肌细胞增殖分裂。首先可能是源自部分去分化的心肌细胞的分裂。组织学、DNA 标记和超微结构研究表明,在伤口边缘的未损伤的心肌细胞,经过部分去分化后会再分化。在这些心肌细胞中紧凑的肌原纤维中断,带有胚胎样组织的心肌纤维分散在整个细胞质。体外研究表明,在有丝分裂之后心肌细胞维持其收缩性,就如胚胎和胎儿的心肌细胞。类似的现象,在美西螈也可以观察到。进一步研究发现蝾螈心肌细胞部分去分化,可以通过镊子对心脏挤压的机械损伤来实现。此外,部分心肌细胞可通过经历代偿性增生来再生心肌层,但两栖类的心肌细胞在增殖能力上是不相同。尽管绝大多数培养的蝾螈心肌细胞可以进入 S 期,但超过一半以上稳定处于 G_2 期或者胞质分裂期,大约 1/3 的细胞完成有丝分裂,其中一些经历连续有丝分裂。

　　最新的研究表明,在蝾螈心肌再生的过程中首先发生心肌小梁的延长,而细胞外基质(extracellular matrix,ECM)的大量堆积是小梁新生不可或缺的条件。此外,一些小分子 RNA 也在调节蝾螈心肌再生中也起到重要作用。miR-128 可通过下调胰岛素基因增强子结合蛋白 1(Islet1)从而促进蝾螈心肌细胞的再生,此外高表达的 miR-128 同时抑制非心肌细胞的再生,敲除 *miR-128* 可导致显著的心肌再生迟滞。

二、斑马鱼的心脏再生

　　斑马鱼的心脏只有两个腔,一个心房和一个心室。心室心肌层由 2 层心肌细胞组成,外部是一层薄的,带血管的紧凑细胞层,内层细胞组成小梁。心肌层外被心外膜层覆盖,心肌层内衬有心内膜层。斑马鱼心脏再生大约需要 2 个月,切除后不久就会形成血凝块封堵伤口,损伤后 3 天,伤口由成熟的血纤蛋白凝块替代最初的血凝块。损伤后 7 天,开始 DNA 合成以及心肌细胞增殖,斑马鱼心室在移除 20% ~ 30% 心尖后的再生情况,首先心外膜层再生,之后是新的心肌层再生覆盖伤口表面。新的心肌组织通过增生来完成心室的恢复。连续标记显示 BrdU 高峰在切除术后 14 天,有 32% 的细胞 BrdU 阳性,到 60 天再生完成时,减少到 7%。在转基因 EFGP 的鱼中使用 BrdU 标记研究,在肌球蛋白轻链 2a(mlc2a)促进因子(标记有分化的心肌细胞)的控制下,靠近切除平面的心肌层中 EGFP/BrdU-阳性和具有心肌细胞形态学特征的细胞明显积累,这表明它们来源于已有的心肌细胞分裂。BrdU 标记实验展现出标记细胞的数量增加、被标记的细胞互相靠近,且在心室壁再生初期,最高的梯度发生在再生的心外膜下的心肌细胞。尽管在切除心脏的动物模型中发现低水平表达胚胎心肌细胞谱系早期标记,但同源盒转录因子 nkx2.5 和 T 盒转录因子 tbx5 在再生时,并不上调。但有研究却在斑马鱼再生心脏的边缘观察到心肌分化激活因子 nkx2.5、tbx20,心脏神经嵴衍生表达因子 2(hand2)、tbx5 和肌细胞增强子 2(mef2)的表达上调,表明斑马鱼再生的心肌细胞是源自未分化的祖细胞。

　　最近有证据表明,再生心肌细胞源自部分去分化的预存心肌细胞,Kikuchi 等构建的斑马鱼系的心肌细胞带有荧光标记,在切除部分心尖后,观察到再生的心肌细胞均带有荧光标记,说明新的心肌细胞来源于已分化心肌细胞的去分化,而非心脏干细胞增殖。此外,通过"可视化"地监控斑马鱼心室损伤后心脏再生时所发生的动态细胞事件,证实心脏中的多种细胞系具有可塑性,即能够转化为新的细胞类型。研究者通过遗传

手段在斑马鱼体内构建出一种基因消融系统(genetic ablation system),该系统能够靶向破坏心肌,并且在心室损伤期间能利用荧光蛋白追踪心房和心室心肌细胞。此外利用遗传命运图谱(genetic fate mapping)等技术,发现斑马鱼心房中的心肌细胞通过转分化过程能够转化为心室中的心肌细胞。这种转分化允许心房心肌细胞再生和修复心室,而当 Notch 信号受到抑制时,转分化亦受到阻断。

以上实验均是针对切除部分斑马鱼心脏进行的,而斑马鱼心脏是如何应对损伤而不是切除是值得研究和探讨的问题。哺乳动物心脏组织在阻断供应心肌层区的血流后受损,通常引起冠状动脉的阻塞(心肌梗死)。冠脉结扎和低温损伤实验已在小鼠中实施过来模拟心肌梗死,但是之前并没有在两栖类动物和鱼类中实验过。利用冷冻消融法现已构建了斑马鱼心肌梗死模型。利用干冰或液氮冷却探针可破坏25%的心室肌细胞,随着大部分坏死组织的清除及邻近部位心肌细胞增殖,至130天时心脏基本修复完成。Gonzalez-Rosa 等人对斑马鱼25%的心室行低温损伤,在第一个24小时,心肌和血管细胞发生死亡,到第3周巨大的瘢痕已经取代受损区的组织。随后,瘢痕组织退化并被心肌组织取代。然而,再生的心肌层形成一层较厚的心室壁,并表现出心室收缩不同步,其再生过程类似于哺乳动物急性心肌梗死后的心肌重塑。这些发现均提示低温损伤的动物心脏模型可以模拟人类心梗后的心脏,通过动物模型可用来思考人类心梗后如何消除瘢痕组织的问题。

斑马鱼的心肌修复再生过程是多种信号通路调节的结果,包括成纤维细胞生长因子(fibroblast growth factor,FGF)、Notch 信号通路的家族成员、生长因子、分泌性因子以及其他涉及调控炎症、细胞黏附或细胞外基质因子等。例如损伤早期 jak1/Stat3 通路的激活,抑制其可以阻断损伤特异性诱导的心肌细胞增殖和再生,而并不影响心脏发育。此外,Notch 通路也在斑马鱼心肌再生中起到重要作用。有报道 Notch 的过度激活或抑制均可影响心肌细胞的增殖或再生,可见成年心肌细胞转化重排也是心肌再生的一个潜在来源。有研究发现血小板衍生生长因子-BB(platelet derived growth factor-BB,PDGF-BB)可能对靠近伤口处的心肌细胞 DNA 合成有诱导作用。在切除术后7天 PDGF-BB 的表达上调,与观察到的心肌细胞 DNA 合成增加相一致,并且在体外能促进部分去分化的心肌细胞 DNA 合成。通过在培养的心肌细胞中加入 PDGFR 抑制剂 AG1295 来终止 PDGF 信号可阻止 DNA 合成,这表明 DNA 合成需要 PDGF。FGF 也表现出对心肌细胞再生启动的调节。心室受损的转基因斑马鱼在热休克基因启动子的调控下,表达显性负突变的 FGF 受体,通过高温诱导30天使受体表达导致 FGF 信号抑制,心肌再生停止,瘢痕形成。高温刺激移除之后,FGF 信号恢复使瘢痕中的心肌再生。

第二节　哺乳动物的心脏再生

哺乳动物的心脏有2个心房和2个心室。心室连接主动脉和肺动脉,而心房连接上腔静脉和下腔静脉。心肌层由心肌细胞通过闰盘结合,一些心肌细胞高度分化为快速传导的浦肯野纤维,传导电信号使整个心脏达到同步收缩,冠状动脉和主动脉分支毛细血管为心肌层提供血液。过去认为心脏是终末分化器官,缺乏自我修复能力,这一观点现已受到极大的挑战。

一、心肌细胞的自我更新

以往认为哺乳动物心肌不能再生,但是近来的研究表明哺乳动物的心肌也存在一定程度上的再生,在心脏损伤后(如心肌梗死)依然存在细胞分裂的现象。有报道在低温损伤后 MRL/MpJ(Murphy Roth Large)小鼠能够再生心肌组织。经 BrdU 标记,在低温损伤的心肌层中,共焦显微镜显示 α-辅肌动蛋白和 BrdU 共定位于心肌层,表明心肌细胞的增殖。标记的细胞有丝分裂指数为10%~20%,显著高于对照控制组的1%~3%。在 MRL 小鼠的损伤部位,血管再生更为明显。到第60天,心脏几乎无瘢痕并且超声心动图测量显示心脏功能回归正常。然而,其他一些研究发现冠状动脉结扎术和低温损伤在 MRL/lpj 小鼠均能导致心肌瘢痕形成,这些差异的具体原因仍需进一步研究揭示。Drenckhahn 等人通过基因敲除方法,使小鼠 X 连锁基因编码的全细胞色素 C 合成酶(holo cytochrome C synthase,Hccs)在妊娠期间灭活。在线粒体中,Hccs 是一种能将失活状态的细胞色素 c 和 c1 转化为活性形式的酶。结果发现,在雄性小鼠中,所有缺乏 Hccs 的心肌细胞会死亡,这种基因敲除是致命的。在雌性小鼠中,由于X染色体的随机失活,只有一半的缺乏Hccs的心肌细胞出现死亡。通过对X连锁转录基因标记的心肌细胞,结合Hccs缺失基因敲除,结果发现,出生时X基因失活的心肌细胞能增殖再生一个功能完整的心脏。利用冷战时期核试验产生的^{14}C结合DNA的原理来计算人类心肌细胞的寿命,成人心肌细胞在体内分裂可以通过个体出生前、生存期间、死后的心肌细胞DNA中^{14}C水平测得。试验使大量^{14}C进入大气层,通过植物和动物的食物链最终进入人体。从个体出生前就开始测试,经过测试显示出心肌细胞中^{14}C DNA增加,表明心肌细胞已经分裂,个体从出生到死亡的测试显示心肌细胞DNA中^{14}C水平下降,表明心肌细胞在生命过程中逐步更新,并随年龄增长更新速率减慢。此外,通过稳定同位素标记的遗传作图和质谱同位素成像,发现在正常老化过程中,心肌细胞可起源于原有心肌细胞分裂,且再生速率很低。这些研究数据表明预存心肌细胞是维持正常哺乳动物心肌平衡和心肌损伤中心肌细胞的重要来源。

二、心脏再生能力的有限性

现在的观点认为,脊椎动物都具有使受损心脏组织再生的能力,只不过由于某种未知原因,哺乳动物在进化过程中将这种再生能力封闭起来,或是在哺乳动物的成熟心脏中,其心脏在受到损伤后无法再生出足够的心肌细胞来进行修复,或在慢性病的病程中无法再生出足够的心肌细胞来防止疾病的发生,但是斑马鱼和一些两栖类动物在成年以后却仍然能够再生出大部分的心脏。最近的几项研究发现,在哺乳动物出生后非常短暂的时间窗内,心肌组织依然具有再生能力,但是这种再生能力随着时间的推移逐渐丧失。出生后,小鼠心脏再生能力继续维持,1天大的小鼠心脏再生的方式与3周大的斑马鱼心脏再生相似。伤口首先被血凝块密封,接着是炎症反应。通过测定ph3和极光激酶B的表达,发现在伤口边缘的心肌细胞分解肌原纤维节,并经历有丝分裂和细胞质分裂。通过标记BrdU和*Cer/LacZ*条件基因敲除,发现再生的心尖是源自已有的心肌细胞。然而,这种再生能力在7天的时候就消失了,心肌细胞停止分裂,并被瘢痕取代。成年哺乳动物的心脏,成纤维细胞不占多数体积,却是数量最多的细胞,它们进入受损区域后迅速增殖,以非收缩形式修复,形成胶原瘢痕组织,减弱心脏收缩功能。这提示我们幼年和成年哺乳动物的心脏再生能力不同,两者存在明显差异。人类婴儿、儿童、青少年的心脏能够产生新的心肌细胞,表明年轻人心肌细胞增殖促进了出生后心脏的生长,上述人群的心肌细胞在出生后仍在分裂,在增加心肌细胞数量上起到重要作用,其中在婴儿期心肌细胞再生速率最高。婴儿和儿童将有可能通过提高心肌细胞的增殖,重建心肌受损部位。

最新的一项研究探索了上述非哺乳动物和哺乳动物心肌再生差异的可能机制,以及幼年与成年哺乳动物的差异。哺乳动物在出生后数天内,由于其心肌细胞暴露于大气环境中高浓度的氧,从而导致心肌细胞停止增殖,这一发现可解释生活于低氧环境下的斑马鱼在成年以后还能够进行心脏再生。正常情况下,出生不久的哺乳动物心肌细胞通常都会出现细胞周期阻滞,但发现,当小鼠暴露于轻度缺氧的环境下(即氧气含量为15%的环境,而标准大气的氧含量水平为21%)时,就会延缓这种细胞周期阻滞的出现,而高浓度氧(即100%的氧气)的暴露会加快细胞周期阻滞的出现,提出小鼠胚胎和成年斑马鱼所处的低氧环境能够增强其心肌细胞的增殖和再生能力,但是哺乳动物在出生以后,由于暴露于大气环境中较高浓度的氧,会失去这些能力。在胚胎发育时期以及新生儿时期,哺乳动物的心脏与成年斑马鱼的心脏之间存在着一些相似之处:它们都存在于低氧环境中,心肌细胞都是利用非氧化性的糖酵解代谢(以葡萄糖为基础的代谢)来产生能量,并且都具有增殖能力,心脏在受到损伤之后,就能够再生出大部分心脏来修复损伤。而成年哺乳动物的心脏存在于富氧环境中,是通过氧化代谢来产生能量的。研究者进而试图了解胎儿期动物心脏损伤后的再生机制,发现哺乳动物胎儿期心梗后心脏的再生与成年动物相比,调控损伤、炎症反应、细胞外基质重塑、细胞周期、细胞迁移和细胞增生中特定基因表达存在差异,基因表达的差异影响胎儿期心脏再生过程和心脏功能的恢复。

出生时所发生的氧化应激可以促使机体生成活性氧ROS的化学分子,诱导DNA损伤应答,促使仔鼠心肌细胞在高氧环境下发生细胞周期阻滞;利用ROS清除剂(N-乙酰半胱氨酸)对小鼠进行处理后,能够延长心脏的再生能力,使心脏在小鼠出生后21天内仍能够再生,而正常情况下心脏再生能力的窗口期仅为7天。在一些小鼠模型中,研究者们可以使细胞周期阻滞的出现推迟1~2周,但是在大多数情况下,心肌细胞最终还是会停止分裂。也有研究揭示新生和成年哺乳动物心脏再生调节受到miR-15家族的调节,用出生1天的小鼠构建心梗模型,结果新生小鼠心脏具有再生能力,通过预存心肌细胞增生使得心功能完全恢复。并且发现在出生后的早期阶段到成年抑制 miR-15 家族,能增加成年心脏心肌细胞再生,并改善心室收缩功能,提示 miR-15 家族可能导致成年心脏再生能力缺失。

虽然如上所述成年哺乳动物心脏再生能力受限,但仍有部分证据表明成人心肌层可以启动再生反应,例如在组织学上,进行的人类心肌梗死后 4~12 天的心室心肌细胞研究。环绕梗死的边境区有 4%($2×10^6$) 的心肌细胞处于有丝分裂期,在同一心肌层区域,这个数值是死于其他病因且没有心脏病重大危险因素患者的 84 倍。这些结果表明,在未受损的成人心肌层存在基础水平的有丝分裂,在未受到任何损伤时,它可以缓慢地分裂。目前仍然不清楚心肌细胞增殖的重要阻碍机制,由于成年动物的心肌与新生动物心肌在代谢和细胞周期调节方面存在差异,这个问题值得继续研究。

第三节　心脏干细胞

一、心脏干细胞的发现

传统观念认为心脏是一个终末分化的器官,所以其损伤后修复的能力非常有限。但最近的研究显示,心脏中存在着心脏干细胞(cardiac stem cell,CSC),能进行自我更新和修复。目前,越来越多的研究正深入探讨 CSC 的存在证据、作用机制及临床应用的可能性。

最早关于心脏干细胞的报道中,研究人员用既往发现骨髓干细胞的方法发现了在心脏中有一群能将 Hoechst 33342 染料快速泵出细胞外的边缘细胞,并证明大约 1% 的心肌细胞具有这种特性且具有自我更新和分化的能力。Martin 等在 2004 年又进一步证明存在于小鼠心肌细胞中的边缘细胞能够表达 Abcg2(一种能将 Hoechst 染料泵出细胞的转运分子),这些细胞具有增殖能力,并且能够表达 α-肌动蛋白,提示了其可能具有分化能力。

另一项寻找心脏干细胞的研究探讨了其形成自我黏附集落的能力。Messina 等用这一方法从人的心房、心室标本以及小鼠的心脏组织中分离出能形成集落的未分化心肌球细胞。这些细胞在特定的培养条件下能发育成具有周期搏动能力的细胞,并且表达 CD34、c-kit、Sca-1 这些造血干细胞表面标记。将 CS 细胞移植入心肌梗死的免疫缺陷小鼠体内之后,这些细胞能够与心肌细胞发生融合并发生直接分化。这也是人们较早地发现人类的心肌组织中存在着干细胞,并能在体外大量获取和增殖的证据,为将来的心肌干细胞移植治疗奠定了基础。

如何将心肌组织中的干细胞鉴别分离出来是一个关键环节。借鉴造血系统的干细胞表面标记,研究人员尝试用类似的细胞分选技术结合体外和体内的培养技术从心脏中分离心脏干细胞。研究人员在成年小鼠的心肌细胞中发现了 0.3% 的表达干细胞表面标记 Sca-1 阳性细胞,当用催产素处理后,这些细胞能够在体外分化成具有搏动能力的心肌细胞。这一研究第一次揭示了成体心肌干细胞具有增殖,并且分化成为包括心肌细胞在内的不同类型细胞的能力。

早期发现的三种心肌干细胞。第一种是 lin⁻ ckit⁺ Sca-1⁺ 细胞,在小鼠受损的心肌细胞周围每 4 万个细胞中有一个这种细胞,细胞直径很小,具有高度核质比,总能在群体中被发现,类似于人体心脏内的[ckit Sca-1]⁺ 细胞,具有自我更新能力,并能分化成心肌细胞,促进心肌再生。第二种心肌干细胞是 Sca-1⁺ ckit⁻ Lin⁻ 细胞,这些细胞表达大量的心源性转录因子(GATA4,MEF2C,TEF1)。当暴露于 5-羟色胺时,这些细胞会在体内会分化成心肌细胞表达心肌结构蛋白,这些蛋白在腔内注射的时候主要作用于坏死心脏和分化成心肌细胞。第三种心肌干细胞来自构成胚胎第二心区的一组胚胎干细胞,除了其他心肌转录因子外还表达转录调节因子 islet-1,是[Sca-1,c-kit]⁻细胞。在发育过程中,这些细胞(islet-1 细胞)迁移到咽部前方进入心脏管道的顶部和底部,当它们停止表达 islet-1 时,开始分化成心肌细胞并构成心房、右心室,也可能构成左心室。islet-1 细胞在小鼠、大鼠和人类的心脏流出道、心房和右心室也有存在,可以分化成心肌细胞。上述三种亚型的心肌干细胞的相互关系还不清楚。

目前已经有许多研究成果能够证明心脏中存在着前体细胞,并能够分化成有功能的心肌细胞。但是这些研究并没有证明那些我们假定的心肌前体细胞能够修复组织并且在移植进入其他个体之后能帮助其修复组织。与骨髓造血干细胞的研究不同，实质器官中干细胞的研究更为复杂，制定一个明确自我更新能力的金标准也相当困难，但相信在不久的将来，随着研究技术的不断进步，我们能用更先进的方法来证明心脏干细胞的自我更新和修复能力，从而为心脏的再生修复寻找到更合适的方法。

二、心脏干细胞的种类

研究人员已经分离出和鉴定出了能够分化发育成多种心脏细胞类型的心脏干细胞（cardiac stem cell，CSC）。CSC 可以分化为心肌、平滑肌、内皮细胞。CSC 参与组织损伤修复，CSC 移植可以减少梗死面积，改善左心室的功能，CSC 的发现为心肌损伤修复提供了新策略。

虽然收集 CSC 的技术还存在一些困难，且无法很好地评价其安全性，但是其作为移植细胞的前景还是相当的广阔。目前已经从成年哺乳动物心肌中获得多种 CSC，但对 CSC 没有统一的分类方法，根据 CSC 生物学特性及表面标志物，可分为几种类型：c-Kit$^+$ CSC、Scal-1$^+$CSC、侧群细胞、心球衍生细胞和 Islet1$^+$ 等。

1. c-Kit$^+$细胞　心脏干细胞像其他系统（肝、胰）一样通过代偿性增生来再生组织和器官。c-Kit$^+$CSC 是发现最早、研究最深入的一类 CSC，以表达 c-kit 为特征。首次由 Beltrami 等报道，这些细胞体积较小，核质比例高，并且经常成簇出现，是克隆源性的。这些细胞有很多既表达有丝分裂标记 Ki67，也表现出处于心肌细胞分化的早期阶段。通过流式细胞仪分选从心肌层分离，它们能在体外分化成不成熟的心肌细胞、平滑肌细胞和内皮细胞。

进一步的研究发现 c-Kit$^+$CSC 与心肌损伤后修复密切相关（图 11-2）。研究人员首先将心力衰竭的小鼠 CSC 去除，结果发现小鼠心脏停止再生和修复。但是如果将这些 CSC 再重新注入小鼠体内，它们会返回心脏并对其进行修复。这表明 cKit$^+$CSC 对于心脏损伤过程是必需且充裕的。该研究揭示了 CSC 回归并修复受损心肌这一强有力的归巢机制。表达 c-kit$^+$的内源性心脏祖细胞一直被认为是受伤后生成新的心肌的主要来源，但用成年心脏固有的 c-Kit$^+$细胞所做的部分研究却得到相反的结果，这些细胞在活体中不能产生心肌细胞。研究利用一个可诱导的世系跟踪系统，来验证是否内源性 c-Kit$^+$细胞在衰老或损伤的情况下，分化产

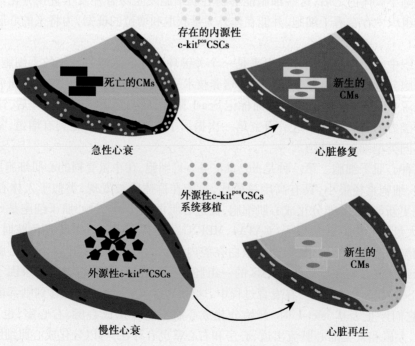

图 11-2　内生性 c-Kit 阳性与外源性 c-Kit 阳性心肌干细胞分别在急性与慢性心衰发生中所起的作用

生心肌细胞用以修复心脏。结果发现，心肌细胞 c-Kit$^+$ 世系形成的速度极慢，在生理学上没有多大意义，而 c-Kit$^+$ 细胞对心脏中内皮细胞的生成有实质性贡献。

2. Sca-1 细胞　Oh 等用免疫磁珠分选技术从成体心肌组织中分选出一类 Sca-1$^+$ 祖细胞，该系细胞具有单能性。许多研究表明来自骨髓间充质、心肌、骨骼肌、血管的多能干细胞均表达 Sca-1 并在体内可分化为心肌细胞。这些细胞表达绝大多数心源性转录因子（GATA-4、Mef-2C、Tef-1），但不表达心脏结构蛋白基因，如心房心室肌球蛋白轻链等。在体外，当有 5-氮杂胞苷时它们分化为表达心肌结构蛋白的心肌细胞。当经静脉注射时，它们入驻缺血的心脏，并分化为心肌细胞。有研究在急性心肌梗死小鼠模型中发现，急性心梗后 2 周，梗死区产生了许多具有干细胞行为特性的细胞，多为 Sca-1$^+$-CD45$^-$ 亚群细胞，这些细胞可以分化成成纤维细胞、内皮细胞和平滑肌细胞，并且证明了这些细胞是心源性细胞。Sca-1$^+$ 细胞可改善小鼠心肌梗死后心功能，敲除小鼠 *Sca-1* 基因可造成心脏收缩和修复功能缺陷，从而影响 c-Kit$^+$ CSC 活化、增殖和分化。

3. Isl-1 细胞　另有研究发现在新生哺乳动物心脏有 1/3 的干细胞型是源自胚胎细胞群，这些细胞组成二级胚胎心脏，表达心脏转录因子外，还表达 Isl-1，Isl-1 是第二生心区特有的标志物。Isl-1 细胞是心脏内未分化细胞群，如果该细胞向心肌细胞分化，则 Isl 的表达就会消失。在小鼠、大鼠和人类心脏发育过程中，这些细胞进入环状心管的顶部和底部，当它们分化成心肌细胞，可形成绝大部分右心室和心房及流出道的细胞，出生后 Isl-1 细胞则极少能检测到。Isl-1 细胞不表达 Sca-1、c-Kit、CD31，与心肌共培养能分化为成熟心肌。同时，Islt-1$^+$CSC 的表达还调控 Bmp4 和 Wnt 信号通路，这些信号通路的开启会激活 GATA4 和 SRF（血清反应因子）的表达，GATA4 是调控心脏发育及心肌细胞增殖、分化和凋亡的重要转录因子）。

4. 其他 CSC 类型　目前也发现许多不同种类的 CSC，包括心肌球衍生细胞（cardiosphere-derived cell，CDC）、侧群细胞（side population，SP）等。在心肌球来源的干细胞群体中，c-Kit$^+$ 细胞位于细胞团的核心部分，周边为间质细胞、内皮细胞以及表达 Nkx2.5 等心肌特异性标记的分化细胞。CDC 可以向其他的心肌祖细胞亚群转化。Chimenti 等人将 CDC 注射到急性心梗小鼠的梗死周边区后，发现局部有新生的心肌细胞。Hierlihy 等首先从小鼠心肌细胞中分离出一类具有干细胞生物行为特征的细胞，称为 SP 细胞，并证明其具有干细胞活性和心肌分化潜能。SP 细胞通常表达 Sca-1 而不表达造血细胞系的相关细胞标记物，如 CD34 和 CD45，可将 Hoechst33342 染料排出胞外。

5. 其他干细胞类型　最近研究人员利用人类胚胎干细胞（ESC）生成的心脏细胞成功修复了猴子受损的心肌，实现了心肌再生，首次在灵长类动物身上成功完成了此类实验。研究人员首先在培养皿中用人类 ESC 培养出大量心肌细胞（数量提高了 10 多倍），然后在麻醉的猪尾猕猴中建立心肌梗死模型，将它们移植到猕猴梗死心肌中。结果干细胞衍生的心肌细胞进入到受损的心脏组织中，随后成熟并组装成了肌纤维，与猕猴的心脏细胞一起同步跳动。所有猕猴的心脏功能都得到一定程度的恢复，受损组织的修复成功率平均可达约 40%。在这项研究之前，科研人员已经在小鼠等动物身上成功利用干细胞分化出心肌细胞，从而修复心脏组织，但还未在与人类心脏相似的大型动物中验证过。此项研究首次表明，人类 ESC 可生成足够数量的心肌细胞，并且在实验室培养出的这些细胞可冷冻储存，这对于用于人类心脏修复移植治疗提供了借鉴。

另一种可能性是干细胞来自身体的其他地方，入驻损伤的心脏，增殖并分化成新的心肌细胞，但这个想法是有争议的。Quiani 等人报道，将女性的心脏移植到男性后，发现有高达 10% 的心肌细胞是 Y 染色体阳性的。骨髓干细胞可能是这些细胞的来源。这些 Y$^+$ 的细胞可能是来自受者心脏残余部分的心肌细胞和（或）内皮细胞，心脏残余部分正是供者心脏所附着的。另一方面，通过 X 和 Y 染色体荧光原位杂交，对经性别不匹配骨髓移植患者的心肌层染色，表现出高水平的嵌合现象。然而，遗传标记实验显示被移植的骨髓干细胞在体外实际上没有分化成心肌细胞的能力。

三、心脏干细胞归巢

研究表明 CSC 主要存在于心尖、心房等干细胞巢内，在心肌发生损伤时，CSC 如何动员及向损伤区域归巢的机制尚不完全清楚。

在动物模型的 c-Kit$^+$ CSC 迁移中，较多研究集中在心脏受损后分泌的趋化因子。基质细胞衍生因子-1（stromal cell-derived factor，SDF-1）与其特异性受体（C-X-C chemokine receptor type 4，CXCR4）可促进 CSC 归

巢。研究发现低氧环境下的 c-Kit⁺ CSC,其 SDF-1、CXCR4 表达增高,细胞迁移试验发现 SDF-1 能促进低氧下 CSC 的迁移。其次在缺血再灌注大鼠模型中,也观察到高表达的趋化因子 SDF-1 通过 CXCR4 受体,使得冠脉内注射的 c-Kit⁺CSC 能够归巢到损伤区域。SDF-1/CXCR4 轴介导多种干细胞归巢新生血管,修复损伤内皮。有研究在心梗小鼠模型中报道了 Sca-1⁺CSC 的迁移,CSC 首先出现在心梗周边区域血管周围和心梗区的心外膜,4 周后心梗区和周边区域 Cx43 的表达无差异。在体外通过模拟组织缺血缺氧监测 CSC 的迁移,发现低氧情况下,CSC 从干细胞巢迁移到梗死区修复受损心肌,迁移的内源性 CSC 的数量与梗死后修复时间相一致,而不是梗死的程度。

最新的研究使用心肌梗死小鼠模型,比较了正常心脏和晚期心衰患者心脏来源 CDC 的再生潜能,依 CDC 来源不同分为正常组、心梗患者组和晚期心衰 3 组。结果发现心衰组 CDC 注入后,与另两组相比取得更高的射血分数和最少的瘢痕修复,进一步研究揭示心衰组 CDC 能够分泌更高水平 SDF-1,能促进血管生成、抵御氧化应激和提高心肌生存率,组织学显示植入心衰组 CDC 后能募集更多的内源性干细胞,诱导更多的血管生成和心肌细胞重新进入细胞周期。并且 CDC 分泌 SDF-1 的水平与瘢痕修复面积减少相关。

干细胞因子(stem cell factor,SCF)诱导的 CSC 趋化和迁移,可能是通过激活磷脂酰肌醇 3-激酶(phosphatidylinositol3-kinase,PI3K)和基质金属蛋白酶-2/9 途径。当用 PI3K/AKT 抑制剂 LY294002 后,观察到阻碍了 SCF 诱导的 CSC 迁移。并且 SCF 以剂量依赖的方式诱导 MMP-2/9 的表达和活性,抑制 AKT 活性则明显降低 MMP2/9 的表达。

四、心脏再生的调节

成年哺乳动物心脏再生能力受限,虽然有不少证据表明心脏受损伤后心肌细胞更新的速率会增快,但是这种反应较轻微且增殖的细胞不足以代替缺失的心肌细胞数,仍会导致心功能不全的进展。除了外源性细胞移植策略,有效增加内源性心肌细胞再生潜能成为研究的一个方面。目前越来越多的关注点集中在基因和小分子为基础的策略上,现将再生调节机制进行总结。

1. 胞外环境 出生后心肌细胞逐渐退出细胞周期,此时外界环境发生变化,从外部环境角度可探索哺乳动物心肌细胞增殖情况。研究发现出生后有两个重要的环境变化:高氧环境和机械应力,这两个过程既相互关联又相互独立。低氧张力影响人类心肌祖细胞的增殖,而出生后高氧环境能阻止心肌细胞增殖。除了高氧的环境,在出生后心肌细胞也受到增加的机械应力的影响(左室压力负荷突然增加),并观察到心脏内层表面的细胞相对于外层而言,由于受到更多血流剪切力的影响,更早地退出细胞周期,细胞增殖受限。在鼠离体心脏中进行的试验发现机械剪切力能诱导白细胞介素-6(IL-6)和胰岛素样生长因子-1(IGF1)表达增加。而鱼、两栖类、爬行动物等因心脏负荷较低,具有更强的心脏再生能力。除了外部环境的影响,ECM 在控制心肌细胞增殖速率方面也起到重要作用,尤其是心肌细胞的生长增殖与 ECM 的重塑和整合素受体相关。当 ECM 含有较多纤连蛋白时能有效促进心肌细胞生长,而胶原蛋白 I 增多则抑制出生后的细胞生长。

2. Hippo 信号途径 近年来许多学者研究了信号转导途径对内源性心肌细胞再生能力的调节。在生物发育过程中,多细胞生物器官的细胞数量、器官大小受到精密的调控,器官大小也必须与全身其他部位相互协调,整个过程是一个高度协调和复杂的调控过程,而 Hippo 是其中的关键信号通路。Hippo 信号通路是一条细胞抑制生长性信号通路,在进化过程中非常保守,多细胞动物果蝇、小鼠、哺乳动物中都存在 Hippo 通路。Hippo 信号途径中的核心分子是 MST1/2,和他们的调节蛋白 WW45(SAV1),两者相互作用形成有活性的复合体,激活的 MST1/2 磷酸化 Lats1/2 和 MOB1 复合体,Lats1/2 是一种肿瘤抑制因子,介导细胞的存活机制,促进细胞增殖,激活的 Lats1/2 可以磷酸化 YAP/TAZ 转录共激活因子,使其滞留在细胞质中,抑制了 YAP/TAZ 的转录活性,进而抑制细胞增殖,促进细胞凋亡。进一步的研究显示这条信号通路还调控干细胞自我更新及组织再生,研究人员发现了这种能显著改善心脏修复的新方式。从发育生物学角度,研究发现 Hippo 信号通路通常阻断成年小鼠损伤后的心脏修复,生物学家发现,如果剔除小鼠的 *Hippo* 基因,它的心脏会生长到原来的两倍半。其他一些研究也表明不论是在发育阶段还是出生后,Hippo 途径控制着心肌细胞增殖,具有抑制心肌细胞生长的能力。Hippo 通路也充当着阻遏成人心肌细胞增殖的角色。近年来越来越多的研究证实,Hippo/YAP 和 Wnt/β-catenin 通路在很多方面相互影响,共同参与组织生长和胚胎发育的调控,研究发现了两条途径共有的信号传递和调控机制，YAP 的调控作用在 β-catenin 活化信号通路时起到关键作用，TAZ 也是 Wnt/β-catenin 信号途径的下游元件，作用与其在 Hippo 途径中作用相关。综上所述，Hippo 信号通路是成年人心肌细胞更新和再生的一个内源性阻抑物，在人类疾病中靶定 Hippo 通路，可有利于心脏病的治疗。

3. 基因策略　不论是两栖类动物还是哺乳动物，心脏的发育始终由一组核心的转录因子调控。这些转录因子包括 NK2、Mef2、GATA、Tbx 和 Hand，它们调控的基因控制着心脏细胞的分化方向、心肌细胞收缩蛋白的表达以及心脏形态结构的完善等。这些转录因子分工明确，在心脏内按照一定的时间和空间顺序表达，同时这些转录因子相互之间也存在复杂的联系，在一定程度上组成了信号的级联反应，共同调控心脏的发育。在胚胎期，哺乳动物心脏主要由两个特定区域发育而成，分别为第一生心区和第二生心区。第一生心区负责左心室及一小部分心房发育，Nkx2.5 是与心肌细胞发育相关最早的标志物，它与 Tbx5、Tbx2、Handl 等调控第一生心区发育，是形成左心室和部分心房的关键调节点。第二生心区负责右心室和流出道及部分心房的发育。低等动物如鱼类心脏结构只有单心房、单心室，两栖类则是双心房和单心室，都没有右心室结构。而哺乳动物为了适应陆地生活，心脏的结构则变为双心房和双心室。参与第二生心区调控的转录因子有 Nkx2.5、Isl-1、Tbx20、GATA4、Mef2c、Bop、Hand2 等。

研究人员还鉴定出一种特异性的基因调节心脏损伤后的再生能力，在出生后不久即心肌停止分裂的时候，*Meis1* 基因的活性显著性地增加，Meis1 是一种转录因子，能够控制其他抑制细胞分裂基因的功能，在再生过程中发挥着关键性作用。现已证实在新生小鼠心脏中，剔除 *Meis1* 基因会延长心肌细胞增殖的时间，同时在成年小鼠心脏中，剔除这种基因会重新激活这种再生过程。Meis1 与 Hippo 途径以及 miRNA 均有相互作用，这种机制仍需进一步研究探索。据一项新的研究报道，基因疗法可帮助猪体内的心肌再生，*CCNA2* 基因通常在哺乳动物出生后沉默，进入休眠状态，是一个指示胚胎心脏细胞分裂和生长的基因。正因此成年心肌细胞无法迅速而容易地应对像心肌梗死这样的损伤而进行分裂。*CCNA2* 基因之前已经在小型心梗动物模型中能够诱导心脏修复。研究者将腺病毒携带的 *CCNA2* 基因注射到刚发生心肌梗死后的猪心内，经过处理的心脏组织不但能再生，而且在心肌梗死区域的周围出现新的心肌细胞，心脏泵血功能射血分数显著提高18%，心肌细胞有丝分裂增加，心肌细胞数量增加，心肌纤维化降低。这为我们提供以通过调节心肌细胞细胞周期为基础的心脏再生治疗方式。这些发现提示，在心肌梗死后采取基因疗法可帮助强化心脏恢复。Kenneth Chien 等筛选出一种 RNA，通过化学修饰让其能够稳定存在体内并可表达一种刺激血管生长的因子，用其来治疗冠状动脉结扎的小鼠。结果发现，利用这种 RNA 来表达生长因子仅几天时间，就能使小鼠的存活率上升至 1 年，比用 DNA 长期表达生长因子的方法更好。该治疗方法同时也促进了内在 CSC 分化为血管内皮细胞。

4. miRNAs 的作用　miRNA 代表着一种新的生物工具，在多种心脏再生策略中起调节作用，目前研究显示 miRNA 可通过心肌细胞增殖和存活、心肌细胞重编程、心肌细胞分化和通过细胞治疗刺激内源性修复机制来调节心脏再生（图 11-3）。在小鼠心脏的研究观察到 miR-199a 能抑制缺氧诱导因子（hypoxia-inducible factor-1α，HIF-1α）和泛素蛋白酶体系统，同时在心衰患者 miR-199 受到高糖和低氧的调节。有研究通过生物机械压力诱导小鼠心衰，发现沉默 miR-199a 和 miR-214 后能明显改善心功能，减少心室肥厚，恢复线粒体脂肪酸氧化，机制研究进一步揭示 miR-199a 和 miR-214 能直接抑制心脏 PPARδ 的表达（线粒体脂肪酸代谢的关键调节因子），但没有改变涉及糖代谢的基因表达，促使代谢途径的转换，从主要依赖脂肪酸氧化变为糖代谢的增加，表明 miR-199a-214 簇在心脏损伤后抑制脂肪酸代谢过程。在 miR-17-92 簇中，miR19 能诱导心肌细胞增殖，而 miR-92a 能抑制内皮细胞迁移和血管生成。对成熟大鼠心肌梗死或血管损伤后的观察发现，抑制 miR-92a 能明显促进血管生成和改善心功能，且能诱导心肌细胞增殖。最近的研究显示 miR-19 在心梗缺血性损伤时起到保护心脏的作用，体外研究表明 miR-19 通过直接抑制磷酸酶及张力蛋白同源的基因（phosphatase and tensin homolog，PTEN），诱导心肌细胞增殖，*PTEN* 是抑癌基因，已被证实在防止许多癌症发生和发展过程中发挥了不可或缺的作用。因此，当 *PTEN* 基因丢缺失或突变，恶性细胞可以生长泛滥。miR-34a 作为凋亡和衰老的调节因子，能诱导细胞死亡，其表达水平在老年人心脏明显高于青年人心脏，在敲除 miR-34a 的大鼠观察到，细胞死亡和心室肥厚明显降低，心脏收缩功能改善。miR-34a 的靶基因是 *Pnuts*，其功能是调节细胞凋亡、端粒酶缩短和 DNA 损伤。miR-15 家族由 6 个相关的 miRNA 组成(miR-15a、miR15b、miR-16-1、miR-16-2、miR-195、miR-497),在不同心脏疾病时表达上调。抑制 miR-15 能明显减少心梗面积,改善缺血再灌注术后心脏功能,并且心脏再生潜能的缺失与 miR-15 表达上调有关,这些进一步强调了 miRNA 在调节心肌细胞增殖方面具有重要作用。并且相关研究揭示 miR-195 能抑制多种细胞周期相关基因,例如细胞周期检测点激酶 1(Chek1)、细胞周期依赖性激酶 1(Cdk1)、核仁与纺锤体相关蛋白 1(Nusap1)、精子相关抗原 5(Spag5)等。

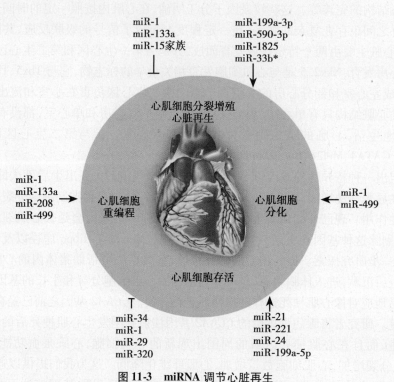

图 11-3 miRNA 调节心脏再生

miRNA 调节心脏再生的多个过程,包括心肌细胞增生、分化、存活、重编程(红色:促进作用,绿色:抑制作用)

研究者对于哪些基因在 miRNA 过表达时能增强心肌细胞增殖进行了研究,结果发现 miRNA 可能通过联合靶向多种基因发挥作用,而不是影响单独一种基因。一项发表在 *Nature* 上的研究,再次证明了心肌细胞可以缓慢地自我更新,但只有小部分的心脏细胞(不到 1%)通常能够自我更新,在心脏疾病发生时比例会上升但仅为 3%。这表明心脏的再生能力并没有想象中的强大,所以研究者对如何提高心肌细胞再生能力进行研究,从数百个 miRNA 中进行筛选,检测其促进心肌细胞增殖的能力。随后通过体内试验,在诱导心脏疾病发作的小鼠身上,证实 2 个候选 miRNA,miR-199a-3p 和 miR-590-3p 能有效地促进心肌细胞增殖、缩小纤维瘢痕面积,帮助重新修复受损心脏,心脏功能明显改善。miR-199a-3p 和 miR-590-3p 的靶向基因有 3 个发生重叠:*Homer1*、*Hopx* 和 *Clic5*。Homer1 能与 RyR 受体相互作用控制胞内钙信号转导,并通过 PI3K 途径阻止细胞凋亡。Hopx 是一种非典型同源盒蛋白,已知能调节多种细胞的增殖和分化,也包括通过调节 GATA4 乙酰化影响心肌细胞增殖。*Homer1* 和 *Clic5* 基因在心肌细胞增殖中还没有明确的意义,还需要今后进一步研究探索,这些基因限制成熟心肌细胞增殖的可能机制及其意义也需要继续研究。

此外通过注入多种组合的 miRNA(miR-1、miR-133、miR-208、miR-499),能够有效地重编程成纤维细胞,将其转变成心肌细胞,表明 miRNA 不仅是恢复正常心功能的调节因子,也能调节细胞命运决定,在细胞分化、转分化等过程中可能起作用。

5. 细胞因子和生长因子 成熟心脏不仅是由心肌细胞组成,也包括许多细胞类型,例如成纤维细胞、脂肪细胞、内皮细胞、平滑肌细胞和炎症细胞等,这些细胞可通过分泌多种细胞因子对心肌细胞的生物功能发挥作用,包括影响其增殖能力。这种旁分泌相互作用的网络需要更深入的研究和阐明。目前已有许多细胞因子和生长因子被证明具有诱导心肌细胞增殖的能力。成纤维细胞生长因子(fibroblast growth factor2，FGF2)被证明通过激活蛋白激酶 C，能促进新生心肌细胞 DNA 的合成。在成熟心脏，这种细胞因子的活性被 FGF16 所抑制，FGF16 在出生后的心脏中表达，可能参与心肌细胞从细胞周期中退出。PDGF 和 IL-6 也能明显诱导心肌细胞增殖。除了细胞因子的释放，成纤维细胞对心肌细胞增殖的控制调节，还可通过对 ECM 成分的重塑来实施。在共培养系统中，胚胎心脏成纤维细胞通过分泌纤连蛋白、胶原蛋白和肝素结合 EGF 样生长因子，具有维持心肌细胞增殖的作用。另一个有丝分裂细胞因子来源于白细胞，白细胞能够分泌肿瘤坏死因子相关凋亡诱导因子(tumor necrosis factor-like weak inducer of apoptosis，TWEAK)，其是肿瘤坏死因子超家族的成员，其功能主要是作为可溶性细胞因子调节细胞的生长、增殖及凋亡、炎性反应、血管生成等，TWEAK 主要通过与其受体成纤维细胞生长因子诱导早期反应蛋白 14(fibroblast growth factor-inducible 14，Fn14)结合介导这些效应，Fn14 受体在新生的心脏中表达，随后在成熟过程中表达下调。研究发现 TWEAK/Fn14 在心功能不全的发展过程中有重要作用，能够促进心肌细胞增殖和胶原合成。

相对于多种蛋白因子能对新生心肌细胞的再生能力产生作用，仅有少数的因子能对成熟细胞起作用。其中一个成熟心肌细胞增殖的诱导因子是神经调节蛋白 1(neuregulin-1，NRG1)，它是心血管系统中重要的信号蛋白，现已知其在心脏发育及成熟心脏功能维持方面的作用，其能促进多种细胞的增殖、分化及存活。进一步的研究表明，通过在实验中使用 NRG1 作为分裂诱导剂，可以证明成年哺乳动物心肌细胞仍有分裂的能力。在出生前参与心肌细胞增殖的受体，可被成纤维细胞生长因子 1(FGF1)、骨膜蛋白和 NRG1 经 PI3 激酶途径所激活。此外，研究结果证实 NRG1 信号经过酪氨酸激酶受体(ErbB2 和 ErbB4)激活成年小鼠部分心肌细胞再进入细胞周期和有丝分裂。Erb4 基因遗传失活抑制 NRG1-激活细胞进入细胞周期。目前重组的 NRG1 作为心衰患者的治疗性分子正在观察研究中，其能作为保护性药物，免遭抗肿瘤药物的心脏毒性，起到保护心脏的作用。另一个被证明能促进新生和成熟心肌细胞增殖的因子是骨膜蛋白，其在心脏发育过程中起到重要作用。研究显示骨膜蛋白通过与整合素相互作用并激活 PI3K 途径，能诱导已分化的心肌细胞重新进入细胞周期。将骨膜蛋白合成肽注入猪心梗后心外膜，能明显改善心功能，促进心肌细胞再生，但同时也明显增加了心肌纤维化。在心衰患者心脏中也观察到骨膜蛋白表达上调与心肌纤维化相关。骨膜蛋白既促使心肌细胞增殖又会增加心肌纤维化的矛盾情况，使其实际治疗潜能也受到质疑。

细胞因子除了直接影响细胞增殖外，也可通过影响心脏干细胞/祖细胞调节心脏再生过程。干细胞旁分泌作用除了影响心脏代谢、收缩、重塑和血管生成外，还能控制内源性心肌细胞生成和增殖。移植的 MSC 通过旁分泌途径可产生肝细胞生长因子和 IGF1，这两个因子均能促进原有心脏干细胞的迁移、增殖和分化。其他因子也能促使心脏祖细胞增殖，例如 NRG1、FGF1 和血管内皮生长因子(vascular endothelial growth factor，VEGF)，VEGF 能诱导干细胞募集和增殖，并能使心外膜来源的祖细胞分化为心肌细胞。心外膜能够分泌多种因子，例如 VEGF-A、血管生成素-1、FGF1、PDGF、SDF-1、IL-6，这些因子均能促使心脏修复。

综上所述，激活心脏再生过程至少需要从胞内外两方面考虑，一方面心脏再生受到胞外生长或抑制信号和细胞因子的影响，哪些信号途径和细胞因子对此有影响，以及它们之间如何相互作用；另一方面心脏再生离不开胞内的变化，启动相应基因的激活或沉默，使心肌细胞重新进入细胞周期，哪些基因参与这个过程，以及受到哪些胞内因素影响。例如，实验发现蝾螈心肌细胞再生激活可受到哺乳动物血清成分的影响。激活成熟心肌细胞再生过程，除需抑制 p38 MAPK 途径外，同时，还需要予以 FGF1 或其他生长因子的刺激。心脏损伤后信号途径的激活可启动心肌细胞再生，这是以一种远途的、弥散的方式实现的，例如，研究发现蝾螈心室受到损失后，原有心房心肌细胞发生增殖和迁移，形成心室心肌细胞。在刚出生的小鼠也观察到，切除心尖部后启动了整个心室的 DNA 复制。这些现象均表明可扩散的远途的细胞因子和信号的存在。所以继续寻找这些可扩散的细胞因子，为心肌细胞提供增生信号，将成为目前研究的方向。

第四节　心肌梗死再生治疗

20 世纪 90 年代兴起干细胞生物学后，细胞疗法便成为心力衰竭患者心脏结构与功能重建的一个新的探索方向，而心肌梗死作为心力衰竭的首要病因也成为研究的重中之重。

心肌梗死(myocardial infarction)是由冠状动脉内血栓形成或者血小板堆积,使血流受限,引起缺血区域的心肌细胞死亡。损伤区域心肌细胞缺血坏死,并由成纤维细胞(占心脏体积不大,但数量最多,在病变区域增殖迅速)分泌的无收缩性胶原组织修复,导致心脏结构破坏。心脏收缩力的减弱程度与胶原瘢痕大小成正比,而余下的心肌会产生肥大以代偿丢失心肌的功能。心肌梗死经典的治疗方法是用支架扩张受累动脉,或者对晚期的心衰患者行心脏移植。因而,减少心肌的缺血损伤及增加心肌细胞再生一直是心肌梗死治疗的研究热点,包括向梗死区注射细胞,给予心脏保护性和再生性因子,用人工心肌修复梗死区域,或者完全再造一个人工心脏等。

目前心肌组织工程的研究主要采用了两种方式:一是通过细胞体内移植的方法而进行的细胞心肌成形术,二是通过将细胞接种到可降解支架材料上,进而在体外再造出心肌组织的方法。

在动物实验中,通过结扎冠状动脉诱导实验动物发生急性心肌梗死后移植骨髓单个核细胞,9天后就发现这些细胞能够分化成心肌细胞形成新的心肌,减少了心肌梗死面积并提高了左心室功能。目前,关于骨髓单个核细胞治疗心肌梗死的机制还在深入研究中,很有可能是通过其促进血管新生作用、旁分泌作用以及细胞融合作用实现保护受损后心脏的疗效的。到目前为止,在临床上关于骨髓来源单个核细胞治疗心肌梗死的临床研究已大量开展。早在2002年Assmus B等已经在临床上进行了关于骨髓来源干细胞治疗急性心肌梗死的随机对照研究。他们随机选取了20名急性心肌梗死的患者通过冠脉内注射的方法将骨髓来源或外周血来源的干细胞移植进入心梗区域。通过4个月的跟踪随访,与对照组比较接受干细胞移植的患者其心肌梗死得到了明显的改善,因此,骨髓干细胞可能对于治疗急性心肌梗死有作用。此后,又有大量的临床随机对照研究在不同层面对骨髓单个核细胞治疗心肌梗死的作用及其安全性进行了评估,2009年Trzos E发现骨髓单个核细胞移植后不会引起室性心动过速;2010年Silcia Charwat通过临床研究发现在心肌内注射骨髓单个核细胞的部位心肌灌流明显提高,并且心脏的机械和电生理功能也明显改善。但并不是所有的结果都支持骨髓干细胞的保护功能;Stefan Grajek等选取了45名心肌梗死患者进行随机对照研究,发现经冠脉内移植骨髓单个核细胞的患者心脏射血分数并没有显著的提高,而心肌灌流量相较于对照组也只是有微小的改善;Beitnes等在100名前壁心肌梗死的患者中进行长期随机对照研究,发现经冠脉内干细胞移植的患者其左室收缩功能并没有明显的改善,只是在运动耐量测试中发现移植组较对照组有较大的提高。总的来说,关于骨髓干细胞移植的临床研究依然存在着样本数太少、治疗组和对照组分配不平衡等种种问题。所以对于其是否真正具有治疗效果以及治疗效果的大小和伴随的风险等问题仍然没有完全得到回答,仍需进一步研究。

一、细胞移植

近年来,越来越多的人研究心脏疾病治疗方法,其中之一是植入干细胞引起心肌再生,这种方法称为细胞心肌成形术,是指将细胞直接种植到心肌内而对受损心肌进行治疗的方式,尤其适用于心肌梗死后心肌受损(图11-4)。细胞移植的目的是在受损的心肌中生长新的心肌纤维和(或)促进新的血管生成,使心脏收缩和舒张功能改善,并且逆转缺血后心室重塑。

早在20世纪60~80年代,俄罗斯科学家首先尝试了大鼠和兔子损伤心肌的再生研究。他们利用白喉毒素性心肌炎或者心肌电凝固方法造成心肌损伤,通过腹腔内注射骨骼肌和心肌的水解液促进循环干细胞募集至损伤区域,和(或)通过将骨骼肌、脑组织及外周神经移植至损伤区域。随着20世纪90年代干细胞生物学的发

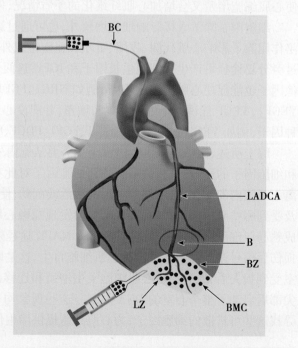

图11-4　将细胞注入梗死心肌的方法

上部所示:将骨髓细胞通过一个球囊导管经冠状动脉注入梗死区(这个病例中是冠状动脉左前降支,LAD-CA)。B=球囊在梗死区边缘带膨胀。下部所示:直接将骨髓细胞注入梗死区的边缘带

展,研究者们便积极探索干细胞在重建心梗及心梗后心力衰竭患者心脏结构与功能中的作用。干细胞移植理论上能够分化为心肌细胞,并替代坏死心肌细胞,因而现在成为临床研究的热点。

1. 干细胞移植治疗心脏梗死的机制　干细胞治疗心脏梗死的机制相当复杂(图 11-5)。首先细胞必须进入受损的心肌组织,然后通过不同机制发挥治疗作用。可简要概括为以下几个方面:①干细胞可能直接分化成为心肌细胞起到改善心功能的作用。②干细胞与成体细胞(包括心肌细胞)融合被认为可能是其治疗的一个机制。③干细胞可以分化成血管细胞(包括内皮细胞和血管平滑肌细胞),从而促进毛细血管网和大血管的形成,为缺血的心肌提供更多的氧和营养物质,从而起到保护心肌的作用。④最近的许多研究都表明移植干细胞能够分泌多种细胞因子从而起到保护心肌细胞、促进心功能恢复的作用。这种旁分泌作用可能是细胞治疗的主要作用。外源移植入的干细胞能够通过旁分泌作用募集心脏自身的干细胞,并通过多水平的细胞-细胞间接触作用激活心脏固有的干细胞来达到修复心肌的目的。最近也有研究证明,干细胞移植能够调节炎症因子表达,从而促进受损心肌的存活,起到保护心脏的作用。

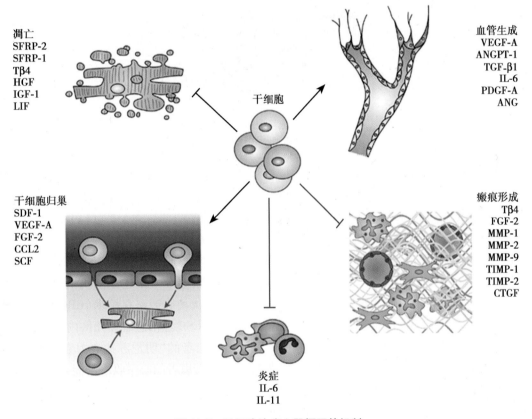

图 11-5　干细胞治疗心肌梗死的机制
抑制心肌凋亡(apoptosis)、促进血管生成(angiogenesis)、促进干细胞植入(stem cell homing)、抑制炎症(inflammation)和抑制瘢痕形成(scar formation)

干细胞还可能通过改善心脏重构来发挥作用。同时越来越多的证据表明心梗后干细胞移植能够改善心肌收缩功能,而且移植入心脏的干细胞能够对受损心肌的代谢起调节作用(图 11-6)。

2. 移植细胞种类　根据移植细胞种类的不同,可分为卫星细胞、心肌干细胞、胚胎干细胞、骨髓来源细胞及 iPSC,或者通过基因修饰后的成纤维细胞。

(1) 卫星细胞:卫星细胞(satellite cells,SC)很容易获取,因此其在替代心肌中的作用有较多研究。在大鼠、兔子和猪上,通过冷冻法或者冠脉结扎造成心肌损伤,将卫星细胞移植入梗死区,这些细胞可以存活数月并形成肌小管。一些临床研究也显示 SC 的输注可以提高患者射血分数。移植的 SC 不能分化成心肌细胞,而可能发挥旁分泌作用。然而,临床试验发现了一个在动物实验中不明显的潜在性的危险,部分患者中出现了短阵的室性心律失常。引起心律失常的原因还不清楚,但可能是基于骨骼肌细胞与宿主心肌细胞之间缺

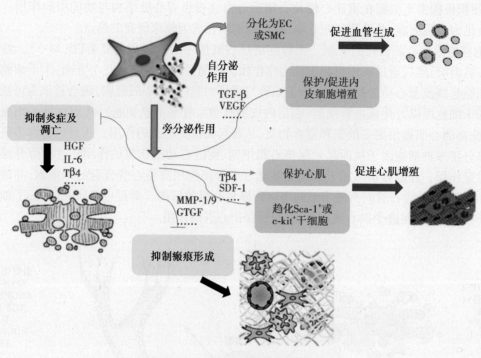

图 11-6 干细胞移植后发挥多种作用
EPC,内皮祖细胞;SMC,平滑肌细胞

乏电偶联。

（2）心肌干细胞:过去认为心脏是终末分化器官,缺乏自我修复能力,这一观点现已受到极大的挑战。目前已经发现,心脏损伤后(包括心梗),依然存在细胞分裂的现象。一些研究人员已经分离出和鉴定出了能够分化发育成多种心脏细胞类型的心脏干细胞(cardiac stem cell,CSC),主要存在于心肌内,具有多向分化以及自我更新能力。在动物模型和临床试验证明,CSC 可以用来治疗心肌梗死,减少心梗的面积,改善左室的功能。SCIPIO 是左室功能障碍(LVEF<40%)患者 MI 后的 c-KIT 阳性 CSC 的 I 期随机试验。将心肌梗死后左室射血分数(LVEF)≤40%的患者分为 CSC 组和对照组。在冠状动脉旁路移植术(CBGA)术后 CSC 组经冠脉内注射(1×10^6)自体 CSC。该研究心磁共振成像(MRI)显示,CSC 经治患者梗死区内不能存活的心肌组织质量及能存活组织的比例显著提高,有统计学意义。移植治疗患者的"明尼苏达心力衰竭评分量表"分数明显提高,表明经冠脉内输注自体 CSC 能显著提高心肌梗死伴心衰患者的心室收缩功能并减少梗死面积。

心肌球衍生细胞(cardiosphere-derived cell,CDC)是一种心脏来源的干细胞,存在于心肌内,具有分化以及自我更新能力。2012 年的 CADUCEUS 研究将心肌梗死后 2~4 周心衰的患者分为 CDC 组 17 例和标准治疗组 8 例,CDCs 组通过心肌活检获得的自体 CDC 被输入心肌梗死相关冠脉,6 个月后 MRI 分析显示接受 CDC 治疗的患者与对照组相比心脏瘢痕面积减少,增加心肌细胞存活,局部心肌收缩力增强,收缩期室壁显著增厚。CDC 输注后 24 小时内没有发现并发症,6 个月后无患者死亡,无肿瘤发生,CDC 组有 4 例患者(24%)出现不良心血管事件,上述结果表明心肌梗死伴心衰患者经冠脉内输注自体 CDC 治疗是安全的和有效的。2014 年该研究团队又发表了一篇 CADUCEUS 研究也是将自体 CDC 经梗死相关冠脉输注给 17 位心肌梗死后出现左室功能不全的患者,1 年后 MRI 显示心脏瘢痕面积减少、活力心肌细胞增加,再次阐明了 CDC 的安全性和有效性。同时,Tao-Sheng Li 等比较了多种干细胞移植治疗的优劣,发现 CDC 移植所产生的心脏获益最为明显,表现为室壁厚度增加及梗死面积减少。此外在猪心梗模型中,CSC 与 MSC 联合移植能进一步减少心肌梗死面积,改善心肌缺血预后。然而,也有研究显示,移植后的 c-Kit⁺ 细胞并不能分化成心肌细胞,而可能源于肥大细胞。不管怎样,作为冠脉搭桥术后的辅助治疗方案,自体 c-Kit⁺ 干细胞移植正在进行临床研究,以验证其安全性及可行性。

（3）胚胎干细胞及诱导全能干细胞:目前,在心脏组织工程中 iPSC 和 ESC,是具有发展前景的细胞来源。在小鼠模型中,由 ESC 分化而来的心肌细胞注入小鼠缺血心肌部位后,能稳定地移植入小鼠心脏,并且能和周围的心肌细胞同步收缩舒张。但是,一旦移植胚胎干细胞就有可能形成畸胎瘤,这就使其应用受到了限制。因此,先将胚胎干细胞诱导分化再进行移植可能是一种有效的方法。Kehat 等人研究了 ESC 衍生的人心肌细胞的起搏能力。通过射频消融将猪的房室束阻断,造成完全性房室传导阻滞,再将 ESC 衍生的人心肌细胞注入猪左心室。移植的细胞使心肌重新开始节律性跳动。此外,人 ESC 衍生的心肌细胞移植到裸鼠心脏后可增殖成早期肌小节,而未分化的 ESC 则形成畸胎瘤。因而提示,心肌组织缺乏诱导幼稚 hESC 分化的必要因子。另一方面,心肌细胞的移植成活率很低,因此,Laflamme 等人发明了一种"鸡尾酒"疗法,即利用促存活分子阻断锚蛋白依赖的细胞死亡及经线粒体途径的细胞凋亡,提高移植存活率。最近有研究将 ESC 体外分化为心肌细胞,并将形成的心肌贴片移植到梗死心脏中,发现移植心肌贴片可以随宿主心脏同步搏动。研究发现将 $1×10^{10}$ 的人胚胎干细胞衍生的心肌细胞(hESC-CM)移植到缺血再灌注的灵长类动物心脏,移植后 2 周发现,移植细胞与宿主细胞电耦联良好,钙瞬变与宿主心肌同步,且未出现致命性心律失常。2009 年首次将 iPSC 用于心肌梗死的治疗,为 iPSC 修复梗死后心肌提供了确凿证据。结果显示移植的 iPSC 在心肌内生长迅速,并分化为心肌、血管内皮和平滑肌细胞,明显改善左室收缩功能,减少心室壁厚度,抑制心室重塑,增加心电稳定性。但皮下注射 $5×10^5$ 个 iPSC 导致明显的肿瘤形成。

在干细胞尝试修复受损心肌的研究中,细胞悬液移植未取得理想的效果,而采用组织工程技术,研制替代受损心肌的干细胞补片是目前对心肌梗死后期治疗的策略。组织工程的三要素:种子细胞、支架材料和生长因子。ESC 和 iPSC 在心肌补片领域有一定的进展。如有研究将 ESC 种植在不同组分、设计和制作工艺的三维支架材料上,制备了多种类型的细胞补片。将所制备的细胞补片"缝到"或"粘到"心脏的损伤区域,使心肌功能得到一定的改善。

(4) 骨髓细胞

1) 移植的骨髓细胞在梗死心肌中发挥旁分泌作用:许多研究显示,将骨髓细胞及其衍生细胞输注到大鼠、兔及猪心脏的梗死区域能改善左室功能,这可能涉及多种机制。首先,移植物中的内皮祖细胞(endothelial progenitor cell, EnPC)可能有助于血管新生。其次,HSC 和 MSC 可能会转分化为新的心肌细胞,或者通过旁分泌作用发挥心肌保护作用,如抗纤维化、促进血管新生,甚至诱导心脏干细胞分化为新生心肌。然而,许多文献已经报道,移植后的骨髓细胞不会转分化为心肌细胞,但是通过旁分泌因子的产生,起到心脏保护及促血管新生作用。移植非收缩性细胞到梗死区,如成纤维细胞,也可以改善血流动力学状态,进一步佐证了旁分泌假说。我们实验室的研究也发现,缺氧预处理可以促进 MSC 的缺氧/复氧耐受,增加 HIF-1α 及生长因子的表达,提高心肌梗死后 MSC 的移植效率,进一步改善心梗面积。同时,我们发现,小鼠在心梗后 1 周移植 MSC,获益最大。此外,向梗死区注射血管紧张素受体 2 激动剂预处理的 MSC,可以进一步促进 MSC 向梗死区的移植,增强心功能。体外研究显示,猪骨髓细胞培养基中 VEGF 和 MCP-1 含量成时间依赖性增加,且主动脉内皮对上述两种生长因子呈现剂量依赖性增生效应。体内实验也显示,注射到心肌梗死猪的骨髓细胞可以上调促血管生成因子 FGF2、VEGF、IL-1β 及 TNF-α 等的表达。我们的研究发现,移植后的 MSC 可以影响基质金属蛋白酶,从而影响梗死心脏的纤维化过程。

2) 骨髓细胞应用的临床试验:在动物实验中观察到心肌梗死后骨髓细胞移植可提高心脏功能这一现象后,人们着手进行人体骨髓移植治疗心肌梗死的临床研究。Segers 和 Lee 总结了 2002~2007 年间的 28 个临床试验结果,骨髓细胞移植方式包括心内膜注射(3 个)、心肌内注射(2 个)及冠脉内灌注(23 个),移植细胞的数量从 $3×10^6$ 个到 $6×10^{10}$ 个不等,随访时间 3~18 个月。其中,11 个试验为非随机非盲,2 个是随机,12 个为随机单盲,剩余 3 个为随机双盲。此外,14 个试验使用骨髓单核细胞,1 个使用非特定的骨髓衍生细胞,2 个使用 MSC,1 个联合应用 MSC 和 EnPC,1 个为 CD34$^+$ 细胞,3 个为 CD33$^+$ 细胞,其余 6 个使用外周循环血中的祖细胞。结果显示,MSC 移植治疗对 LVEF 的作用差别较大,治疗结果 3.0%~12% 不等,而其余大多介于 2.8% 至 9% 之间。基于以上荟萃分析,似乎试验类型、移植细胞数量及种类、移植的方法、随访时间与 LVEF 的增加之间没有相关性。

3) G-CSF 可以增强 HSC 细胞动员至血循环中:Togel 和 Westenfelder 等总结了 2001~2006 年间的 6 个随机双盲临床试验,纳入患者数量 21~114 人不等。4 个试验中,3~6 个月的随访未发现 LVEF 改变,但其中一个试验报道称 LVEF 明显改善且舒张期室壁厚度增加,而另一个试验发现冠脉侧支循环明显改善。但是,G-CSF 不改善外周动脉血管疾病症状。以上临床试验的结果提示,骨髓移植中的 HSC 不能提高 LVEF。然而最近,Zaruba 等人发现心肌中的 DPP-Ⅳ,一种能剪切和灭活归巢因子 SDF1-α 的物质,可能是导致 G-CSF 疗效减弱的主要原因。当 G-CSF 与 DPP-Ⅳ 的拮抗剂,Diprotin-A 联合使用于小鼠梗死心肌,DPP-Ⅳ 的活性被减弱,循环中 CXCR4⁺(造血)干细胞的心脏归巢增加,同时,心肌瘢痕组织减少,心功能改善和生存期延长。因此,Diprotin-A、SDF1-α,或两者联合 G-CSF 使用的效果可能会较单用 G-CSF 更好。2012 年国际循证医学协作组完成迄今最大规模的关于骨髓干细胞治疗急性心肌梗死的荟萃分析,共纳入 2004～2011 年间 17 个国家 33 项随机临床试验(1765 例患者)。结果发现,干细胞治疗相关的不良事件无增加,干细胞能改善左室射血分数,减少梗死面积,改善左室重构,心功能改善与输注的细胞数量相关。但是没有改善心梗后死亡率及致残率。因此需要对细胞产品、细胞剂量、移植方法、移植时机等移植环节进行标准化和优化。根据上述数据,我们可以得出以下结论:骨髓移植后心功能改善的确存在,但是程度很低。Perin 等人提出了这其中的几个重要的问题,需要研究者们认真思考。何种骨髓细胞可产生最高的移植率、最多的促血管形成因子释放和最大的新生血管形成的能力? 这种细胞是骨髓细胞全体,单核细胞,纯化的 HSC、MSC 或者 EnPC,还是以上纯化细胞的联合? 最佳的细胞移植数量及浓度是多少? 要回答以上问题,必须首先弄清干细胞归巢、迁移、存活及分化的机制。心脏生理功能的提高和形态的恢复是通过增加心肌收缩力,提高心肌存活率,抑制纤维化,刺激血管再生,还是通过以上作用方式的联合? 移植细胞的生存期如何? 长期的安全性如何? 是否会诱导肿瘤发生?

(5) 基因修饰后的成纤维细胞:由于心脏组织中成纤维细胞数量多、分布广,因而,转分化成纤维细胞为心肌细胞是较好的治疗方案。Ieda 等人分析了 14 个心肌转录因子激活 Myh6 启动子的能力,该 Myh6 启动子具有心肌转录特异性,可以操纵小鼠成纤维细胞中转染的 *YFP* 基因。全套转录因子可激活约 1% 的成纤维细胞中的 *YFP* 基因,经过连续的筛选,最终确定了三个转录因子(MEF2C、GATA4、TBX5),它们可激活 20% 成纤维细胞中的 *YFP* 基因。这些转染的成纤维细胞,绝大多数出现部分重组现象,即基因的表达介于成纤维细胞和心肌细胞之间,只有约 1% 的细胞实现了完全重组,甚至可以发生自发性搏动。这为进一步实现在体成纤维细胞转分化打下了基础。此外,Askari 等人发现心肌梗死后,心脏有短暂的 SDF-1 表达,但其浓度不足以募集由 G-CSF 动员的骨髓衍生细胞至梗死区。然而,将转染有稳定表达 SDF-1 的成纤维细胞移植入心肌,可以诱导经 G-CSF 激动后的内源性 HSC 及 EPC 细胞进入大鼠心脏梗死区。

综上所述,干细胞对心肌梗死等心脏疾病的治疗有着广阔的应用前景。但是最近一项发表于《英国医学杂志》的综合性研究,分析了 2014 年之前发表的来自 49 个随机临床试验的 133 篇报告,并寻找它们在设计、方法和结果报告上的错误。这些报告主要涉及干细胞对心脏病发作或心力衰竭患者的治疗。此项 Meta 分析发现得出正面结论的都是有漏洞的试验,而完全无误的试验显示这种治疗并无效果。不符点的数量与文章中的疗效呈线性关系,即不符点越多,干细胞疗效越强。在少数没有错漏的试验中,干细胞治疗心脏病并没有显示出应有的效果。这使得很多人开始质疑干细胞治疗心脏病的价值,说明仍需要进一步的研究证实。目前细胞治疗的限制主要包括:在梗死瘢痕区域细胞的驻留和存活较低;缺血心肌处移植细胞的死亡率较高;在缺血性心脏病,细胞外基质被病理性改变,不利于移植细胞的存活和功能发挥;移植后基因(染色体核型)的异常表达等。适宜的提供安全的微环境(或巢)用以细胞增殖和分化显得尤为重要,使用抗氧化、抗炎症、抗凋亡蛋白分子也能促进移植细胞的存活。因此干细胞治疗联合心肌组织工程已在现代心脏再生治疗中起到重要作用,以突破上述的限制。

二、可溶性因子

在胚胎发育过程中,内皮细胞及与内皮细胞结构有关的心瓣膜、心肌小梁及心室流出道等均表达丰富的胸腺素 β4。小鼠冠脉结扎后即刻心内注射或者腹腔注射胸腺素 β4,与对照组相比,最多可以提高射血分数 2 倍以上(28%～58%),同时心脏瘢痕组织及心肌凋亡减少。

胸腺素 β4 与整合连接激酶(ILK 相互作用,)通过激活 Akt/PKB 信号途径,干扰细胞凋亡提高心肌缺氧耐受。将转染有 *Akt* 基因的心肌细胞的低氧培养基作为条件培养基,培养大鼠心室肌细胞,其缺氧耐受性较对照组明显升高,存活心肌数量增加40%。而且,体内实验显示,将上述条件培养基浓缩处理,在左冠脉闭塞后30分钟注入梗死周围5个位点,心肌梗死面积较对照组减少了40%,心肌细胞凋亡减少69%。除此之外,Mangi等人将供体雄性大鼠$5×10^6$个GFP-标记的Akt-MSC注射到心肌梗死的雌性大鼠心肌中。这些转基因细胞极大地提高了移植细胞的存活率(表11-1)。左室功能几乎完全恢复,梗死区域接近于零。这些结果更加支持了Akt拥有强大心肌保护作用的观点,通过上调旁分泌因子以减少瘢痕,甚至促进再生。

表11-1　将 *Lac-Z*(转染对照组)或 *Akt* 转染的间充质细胞移植到小鼠的心肌梗死部位后的影响

			Lac-Z(#MSC)		*Akt*(#MSC)	
	空白	盐水	$2.5×10^5$	$5×10^5$	$2.5×10^5$	$5×10^5$
梗死体积	—	140	115	85	60	15
左心收缩压	250	155	150	175	200	210
心脏表面胶原率	1	8	—	2	—	1
心肌细胞直径	13	23	—	18	—	13

注:影响测量方面:梗死体积(mm^3),左心收缩压(LVSP,mmHg),胶原占据的心脏面积(%),心肌细胞直径(μm),肥大的测量(Data from Mangi,et al,2003)

完整的胸腺素β4分子可以促进静止的成年心外膜细胞分化为成纤维细胞、平滑肌细胞和内皮细胞。胸腺素β4拥有肽链内切酶活性,可将自身剪切成N-乙酰-丝氨酰-天门冬氨酰-赖氨酰-脯氨酰多肽(AcSDKP)。2007年Smart等人的研究显示AcSDKP在心外膜细胞分化为内皮细胞的过程中起作用。将胸腺素β4基因敲除后,AcSDKP含量降低,导致了内皮细胞的分化明显减少。Fraidenreich等人发现,心外膜在心肌的再生中发挥着重要作用。Id转录因子基因在心肌细胞中不表达而在心外膜中表达。敲除小鼠 *Id1*、*Id2*、*Id3* 中的任何两个基因都是致命的,这是由于敲除这些基因后会导致一系列的心脏发育缺陷,包括心肌的增殖减少,心肌细胞变纤细,心室的小梁受损及室间隔缺损形成,而心外膜则相对正常。这些结果提示,Id蛋白在心外膜向心肌细胞信号传达及对心脏的正常生长十分重要。Fraidenreich等人将培养过野生型心外膜细胞的条件培养基培养 *Id* 基因敲除的心肌细胞,发现心肌细胞的增殖缺陷得到恢复。如果使用基因敲除心肌培养后的条件培养基,则缺陷心肌功能的无法恢复。向基因敲除囊胚注射少至15个野生ESC,可以挽救心肌发育障碍及心肌基因谱的表达异常。此外,在雌性基因缺陷小鼠交配前,腹腔注射野生型ESC,可以部分挽救胚胎心脏的发育,提示这些细胞分泌的远距离作用因子。微阵列分析敲除小鼠与野生小鼠心外膜细胞表达和分泌的因子发现,在基因敲除小鼠中,IGF-1和Wnt5a均明显减少。其中,IGF-1是长效作用因子,可以部分模拟移植ESC的心肌功能挽救功能。而Wnt5a作为旁分泌因子,可以完全逆转发育缺陷。S100A1是一个低分子量的钙结合蛋白,其过表达可以增强心肌收缩力,抑制心室肌细胞的凋亡。体内实验表明,心肌梗死后大鼠心脏,转染包含 *S100A1* 基因的腺病毒后,可以使S100A1蛋白表达正常化,可以逆转收缩功能缺陷,提高心功能。总的来说,胸腺素β4、AcSDKP、IGF-1、Wnt5a及S100A1可以作为"鸡尾酒疗法"的序贯作用分子,以提高心梗后心肌的存活率及减少瘢痕形成。在众多旁分泌细胞因子中,VEGF、IGF-1和碱性成纤维细胞生长因子能被低氧诱导上调增加,目前研究表明移植前低氧预处理干细胞,能促进细胞的治疗潜能和功能发挥。

三、生物人工心肌

细胞移植治疗通过植入存活的细胞使心肌细胞再生,但在缺血性心脏病中细胞外基质往往断裂和毁损,因此将干细胞种植在可生物降解的三维基质上并一同植入到梗死心肌处的研究越来越引起重视。心脏组织工程在体外将移植细胞或细胞因子等种植于生物材料上,然后将此结构移植到心肌梗死区域发挥作用(图11-7)。采用生物合成的基质与细胞疗法相结合的组织工程,其目的在于发展生物人工心肌。人工心肌可以通过衍生ESC或者iPSC得到,但较人工骨骼肌或者脉管系统更具有挑战性,因为人工心肌不仅要求机械融合及电耦联,还必须具有柔韧度,能够收缩舒张。其次,向梗死区心肌注射细胞悬液很容易造成细胞损耗,在注射过程中损耗至少50%,剩余50%中的90%在移植后的1周死亡,只剩下最初注射量的5%左右。因而,构建合适的移植载体也变得尤为重要,复合材料中纳米材料结合干细胞的应用已作为生物人工心肌的新的

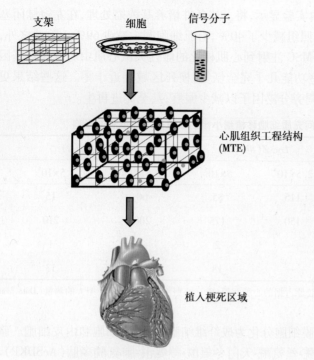

支架　　　　细胞　　　　信号分子

心肌组织工程结构
(MTE)

植入梗死区域

图 11-7　心脏组织工程再生示意图

心脏组织工程组成包括生物材料、移植细胞和特殊细胞因子/生长因子，移植细胞具有形成心肌细胞的能力，在体外将其种植于生物材料上，然后将此结构移植到心肌梗死区域。当支架随时间逐渐降解后，移植物能直接指导新组织形成和细胞整合到原组织

治疗方法。

1. 心肌补片　心脏组织工程目前使用的产物主要是具有功能性的心肌补片，能替代受损心室肌细胞。理想的心肌补片是由自体心肌细胞组成，能够减少移植后免疫反应，干细胞具有分化为谱系多种细胞类型的潜能，这使得其种植于支架后能作为生物人工心肌。干细胞可通过外源性物理刺激(电刺激、磁场)，化学(细胞因子)和生物/基因刺激(细胞共培养、基因操作)可发生分化。实验研究显示电刺激细胞种植的胶原基质能改变干细胞形态和生物特性，增加心脏标记物的表达。这种预处理生物基质支架可能对心肌再生有利。因此电刺激被认为是通过物理和生物化学改变，诱导干细胞分化为心脏细胞的一种安全方式，没有使用脱甲基药物或病毒载体。此外，联合特殊分子也能促进诱导细胞分化。胶原支架结合 RGD 分子能诱导新生小鼠心肌细胞分化。一项研究使用再生基质联合 RGD 肽观察到能自发分化为收缩细胞表型例如心肌成纤维细胞。来源于自体或直接分化的心肌细胞常被认为是欠成熟的，因此研究者们使用不同的方法来增加这些细胞的成熟过程。延长培养时间到 10 天和在较硬的基质材料等已报道能增加多能干细胞来源心肌细胞

的成熟。此外，电刺激单层细胞或机械刺激包裹在胶原凝胶的细胞也能增加成熟信号。在心肌补片使用电刺激联合机械拉伸，能模拟正常心脏负荷，起到诱导人多能干细胞来源心肌细胞分化的作用。心肌补片联合心脏脱细胞基质支架材料，能进一步促进细胞成熟。研究人员发现一种培养心脏组织的新方法就是通过加入细胞因子将衰老的干细胞转化为更加年轻的干细胞那样发挥作用的细胞。这项发现利用年老年患者自己的干细胞培养心脏组织补片(cardiac patch)来修复受损或患病的心脏，同时避免免疫排斥的风险。首先利用多孔的胶原支架(porous collagen scaffold)构建一种能够培养心脏组织的微环境，并加入年老年患者捐献的干细胞。然后加入两种促进血管形成的细胞因子-VEG 和 bFGF，来活化这些干细胞。结果发现一些衰老因子(p16 和 RGN)被关闭，从而有效地让它们恢复到更加年轻和健康的状态。纳米材料在体内、体外的研究和应用显示出有效性，具有广阔的发展前景。具有生物活性的心肌补片携带干细胞种植在自组装的纳米网络结构上，具有较高的细胞生存率，并调节细胞分布。基于纳米技术的干细胞补片研究虽面临着诸多难题，但其优越性和潜在的应用前景已引起高度关注。随着纳米技术以及干细胞研究本身的不断发展，基于纳米技术的干细胞补片研究必将会更加深入，能够为心梗后心肌治疗提供一个崭新的手段。

2. 移植载体　用于心肌组织工程的支架材料必须具有生物相容性，并能满足心肌组织形成过程中细胞在营养和生物学上的需要。用于人工心肌移植的载体可以是合成材料，也可以是全细胞衍生的心肌层，合成材料，如可降解聚氨酯(PUR)、PGA、PLA、聚羟基丁酸戊酯(PHBV)、聚乳酸和聚羟基乙酸的共聚物等。目前通过美国食品药品管理局(FDA)认证的可降解的合成材料包括 PCL、PGA、PLA 及其共聚物。合成类材料往往存在生物相容性不好、不易降解或降解产物导致局部 pH 降低等缺点，不利于局部组织修复。天然材料具有相同或类似于细胞外基质的结构，可促进细胞的黏附和增殖，具有良好的生物相容性和生物可降解性，且降解产物无毒副作用，抗原性较弱，不易引起免疫排斥反应等，但天然材料面临孔隙率低和孔径难以制备等困难。天然材料包括动物腹膜、胶原、氨基葡聚糖、硫酸软骨素等。研究有将猪腹膜作为心肌补片的支架材料，在支架上种植骨髓干细胞，植入大鼠体内用来修补缺损的心肌组织，发现手术后 1 个月该心肌补片能有效改善心功能并促进新生血管的再生。细胞联合 3D 支架或补片可以改善移植细胞存活率，并能诱导新血管

和 ECM 形成。MAGNUM 临床试验是第一个心脏组织工程的临床应用。此试验是将自体骨髓单核细胞种植到 Ⅰ 型胶原基质上,然后植到左室壁,长期观察结果显示细胞移植联合基质支架与单独细胞治疗相比,能提供更大的获益。细胞种植的胶原基质能增加梗死瘢痕处的厚度,并使损伤处的心室壁压力减轻,因而限制心梗后的室壁重构和改善心功能。但是胶原支架材料有其有限性,其具有较低的机械特性和到中期才能完全降解或吸收。目前有研究使用生物可降解的支架材料和合成的网状捕获式结构,显示出心脏组织修复的良好效果。

可注射的支架材料不需外科手术程序和麻醉过程,而是直接通过导管导入,并且可直接从梗死周围到达损失区域,因此具有较好的应用前景。这些可注射的材料是典型的水凝胶,由天然或合成来源的多聚网络与水分子交联形成,在体外是液体形式,然后注射前凝胶呈半固体形式,而这种凝胶过程可被多种途径触发,决定于在环境条件触发下(温度和 pH)水凝胶如何交联(如共价键结合、离子间交互作用或物理交联等)和其化学组成。大量的研究显示这些可注射支架能增加细胞存活。一项研究表明无细胞种植的纤维蛋白也能阻止心梗后心室重塑,而移植细胞并不是必需的。此后在动物实验中许多其他的可注射材料被证实能改善心功能,包括藻酸盐、胶原、去细胞基质组织、透明质酸、基底膜基质、壳聚糖、角蛋白和合成材料如自组装肽或含有 PEG 和 PNIPAAm 的多聚物。Leor 等在小鼠模型中将钙交联海藻来源的多聚糖,结果表明心梗后一周注射材料后能明显增加梗死瘢痕厚度,并减少收缩和舒张末期容积,维持心功能。随后他们又在大型动物中继续此项研究,并首次在心梗模型中将可注射材料从心外膜直接注射途径转变为以导管为基础的途径。在猪模型中他们将材料通过血管成形术导入。可注射材料注射途径,如图 11-8 所示。第一个关于导管注射生物材料治疗心肌梗死的临床试验是通过血管成形术注射藻酸盐到急性心梗患者的一个 Ⅰ 期试验,随后的 Ⅱ 期试验也正在进行中,主要测量结果包括左室收缩末期容量指数。心肌基质材料是来源于去细胞基质心脏 ECM 的水凝胶,也在大型心梗动物中证实可通过经导管途径注射导入。近来,心肌基质水凝胶也在猪心肌梗死模型中被证实可通过经心内膜途径输入,心肌梗死后 2 周通过导管注入后,水凝胶能明显改善心室舒张和收缩容积,通过室壁运动和射血分数监测能改善心脏功能。

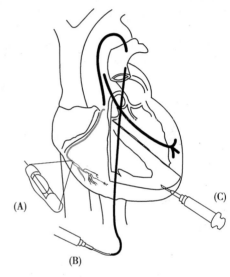

图 11-8　可注射生物材料支架注入途径
(A)与细胞移植类似,生物材料支架可通过冠脉成形术注入;(B)经心内膜途径注入,包括导管置入左室腔内,并且在心内膜内注入;(C)直接心外膜注入,需要手术过程使心外膜可视

除了细胞外,可注射材料也能用于注射其他治疗,例如生长因子和基因以进一步改善心功能和细胞存活。通过在生物材料支架捕获蛋白、基因或小分子,这些物质作为药物治疗的释放和扩散被延迟和控制。这种材料能为因子和蛋白释放和发挥作用起到调节作用。其次黏附于材料上能增加蛋白活性,例如生长因子典型的结合于天然 ECM 上。多种生长因子、bFGF、VEGF、PDGF、IGF-1、SDF-1、TGF-β 和 HGF,目前均已在实验中验证。质粒编码 VEGF 和 PTN 也被发现通过可注射生物材料导入能改善转染效率。Hseih 等在猪心梗模型中的研究表明,通过自组装肽纳米材料上输注 VEGF 能增加射血分数。而游离 VEGF 也能增加毛细血管密度,但通过支架输入能明显增加小动脉和动脉密度,表明动脉生成而不是血管生成在治疗心梗中可能更重要。

此外,移植载体的预先血管化对移植物的存活具有重大影响。利用明胶海绵或者藻酸盐的人工载体,具有完全的生物可降解性,包裹胚胎心肌细胞后直接植入梗死心肌的瘢痕区域。移植物中出现新生血管并整合入宿主心肌组织,形成缝隙连接,并能强力收缩,延缓心脏扩张。Kruprick 等人检测了由基质胶和 Ⅰ 型胶原蛋白构成的三维水凝胶支架效能,该水凝胶由可生物降解的多孔聚乳酸酯支撑,并经 Gore-Tex 强化。基于间充质干细胞能够分化为心肌细胞的想法,来源于胎羊的间充质干细胞被种植到支架上,然后再将支架移植到免疫功能不全的大鼠左心室。结果显示,间充质干细胞分化成为表达心肌特异蛋白的自主收缩细胞。但由于扩散的障碍,只有支架周围细胞能得到宿主血液供给而得以存活,在中心的部位的细胞无法存活。此外,在明胶海绵、藻酸盐、Ⅰ型胶原蛋白和基底膜基质与Ⅰ型胶原蛋白构成的液体基质的二维和三维(双凹平面或者环形结构)的支架中植入源于胚鸡、胚胎大鼠、新生大鼠和经心脏修复的儿童(法洛四联症)心肌细胞,这些细胞能在支架表面分化良好,展示出连续的节律性和同步搏动,持续时间超过3个月甚至更久,且对电信号、Ca^+及肾上腺素的刺激能产生收缩力增强表现。然而,以上人工心肌中最大问题就是由于支架的僵硬,会造成心室壁的变形。为了解决这个问题,Eschengagen等人使用Ⅰ型胶原蛋白和基质胶制成液体支架,这个支架可以在体温下凝固。然后,将EGFP标记的大鼠ESC种植到液体支架中,并将该液体支架注入离体心脏的梗死部位。随后,再将该"心脏"移植到宿主大鼠中,通过冠状动脉循环再灌注心脏,而不需要心脏完成射血功能(非工作心脏模式)。尽管不射血,这些心脏的收缩仍然强有力,几乎和移植的非损伤的心脏收缩力一样,且是梗死心脏(无支架移植)和单独接受ESC治疗的梗死心脏收缩力的2倍。

Shimizu等人使新生大鼠的心肌在一个温敏多聚合物(N-异丙基丙烯酰胺)(PIPAAm)上生长,构造了跳动的心脏组织片。当温度下降的时候,融合的细胞层脱离多聚合物,从而实现层层叠加的效果。由4层心肌细胞片组成的结构通过连接蛋白43(connexin43)保持细胞间的联系,当这些结构被种植到裸鼠的皮下,可肉眼观察到其跳动。这些结构存活超过12周,并通过组织学检查,观察到典型的血管化的心脏组织。Zakharova等人将大鼠和人心房来源的心肌干细胞移植到基质细胞层,然后再将该细胞层移植到大鼠梗死心脏中。大约有15%的干细胞分化成心肌细胞。室壁的变薄情况得以改善,毛细血管密度增加,同时射血分数也增加。这些结果提示,预先成形的心肌层可修复受损心肌而无支架的副作用。Wang等在体外棕色脂肪来源干细胞(brown adipose-derived stem cells,BADSC)的培养中发现,壳聚糖能明显提高细胞的心肌分化能力;随后他们在SD大鼠的心肌梗死模型中,分别注射壳聚糖水凝胶加BADSC、BADSCs、壳聚糖水凝胶及PBS进行修复,结果显示,运载了BADSC的壳聚糖水凝胶组中细胞活力最佳,细胞的心肌分化能力最强,心功能恢复最快,新生微血管密度最高,梗死灶面积最小,梗死区纤维化面积也最小。以上结果均表明壳聚糖水凝胶能增强移植细胞活力,促进BADSC分化,有利于心肌的修复再生,从而为心肌梗死提供了一种有效治疗手段。

血管化对人工心肌的存活、整合及功能起着决定性作用。将藻酸盐补片植入大网膜预先形成血管,再将此补片移植到梗死大鼠心肌,移植28天后,该补片显示出与宿主之间良好的结构和电生理整合,心功能明显改善。最近,Madden等人构建了一促血管生成凝胶,该凝胶主要成分是聚2-甲基丙烯酸羟乙酯-甲基丙烯酸(pHEMA-co-MAA),并利用多聚纤维制成平行管道,以利于心肌条带形成,利用微球模板形成球形空隙网,促进血管新生。该结构中植入hESC衍生的心肌细胞,这些心肌可以存活超过2周,与成人心肌细胞密度相近,尽管没有成熟的肌小节,但仍可产生足以使补片扭曲的收缩力。

3. 去细胞化基质支架 脱细胞基质是通过各种物理化学方法除去具有免疫原性的细胞成分,尽量保留基质成分。Okada等在小鼠急性心肌梗死模型中,将富含bFGF的猪小肠黏膜下层脱细胞基质水凝胶直接注射至心肌缺血部位,6周后取材行组织学染色观察,结果表明该水凝胶可缩小梗死面积并诱导血管再生。Singelyn等将成胶前的猪心室肌脱细胞基质水凝胶注射植入大鼠心肌内,原位迅速成胶,组织学染色观察到内皮细胞和平滑肌细胞的迁移,11天后梗死区有明显的小动脉形成;进一步实验发现,该水凝胶可增加心肌梗死区内源性心肌细胞再生,并维持心脏功能,而且不会诱发心律失常,有望成为治疗心肌梗死的新疗法。Seif-Naraghi等取接受心胸外科手术患者的心包组织(大小为4~5cm²),脱细胞溶解后直接注射至大鼠左心室心肌内,45分钟后即成胶,2周后注射部位出现新生小动脉,并有骨髓衍生肝干细胞的迁移生长,提示心包可作为治疗心肌梗死的自体水凝胶材料来源。

心脏基质可以对定植其内的细胞起到长时间的促进作用,并提供一个含有多种分化因子的微环境,基于以上假设,Godier-Furnemont等人将心室行环形切割并除去其中的细胞,然后植入STRO-1⁺和STRO-3⁺的间充质干细胞,这些细胞在植入前先在含有低浓度TGF-β的纤维凝胶中预处理。把这个复合结构移植到裸鼠梗死心肌,经过TGF-β预处理的间充质干细胞移植入缺血心肌并极大地促进了梗死区血管网的形成,该作用通过旁分泌因子,如SDF-1实现。而且,左室收缩体积和收缩力恢复到基线水平。近年来基于全器官脱细胞技术的心脏再造研究发展迅速,心脏全器官脱细胞能够保留心脏细胞外基质成分,获得一个具有组织特异性、三维超微结构和血管结构保持良好的支架材料。目前用于全器官脱细胞基质支架材料再细胞化的种子细胞主要有 ESC、iPSC、成体干细胞和分化末期的器官实质细胞。最令人惊叹的有关于人工心肌的工作可能是 Ott 等人对心脏全器官脱细胞与再造技术进行了首次报道，他们将整个心脏去细胞化，并将其置于生物发生器中，然后植入新鲜的新生小鼠心肌细胞或主动脉内皮细胞，并模拟收缩舒张状态。第 8～10 天，观察到了不成熟的横纹肌纤维，并能够泵出成年鼠心脏泵血量的 2%。内皮细胞在大小冠脉中形成了单层结构。在这个模型中，同时植入心肌细胞和内皮细胞能否更好地增强心脏功能不得而知。Wan 等人在之前脱细胞方法的基础上，制备了大鼠心脏脱细胞基质支架材料，然后将 ESC 和谱系特异性祖细胞作为种子细胞，通过主动脉灌流进行再细胞化。结果表明 ESC 和其体外分化的中内胚层细胞系在心脏脱细胞支架中，具有向心肌细胞和血管内皮细胞分化的能力，并表现出分化细胞特异性标志物。这些结果给未来的治疗以启示，利用合成材料制成心脏基质支架，植入适当的生长因子、心肌、内皮及结缔组织细胞，形成一个与人体尺寸相当的人造心脏。目前常见的全器官脱细胞方法有物理法、化学法和灌注酶解法。Wainwright 等使用包括胰蛋白酶、EDTA、NaN_3 及 Triton X-100 等不同配比的洗涤剂制备大鼠心脏脱细胞基质材料。

第五节　其他心脏疾病的再生治疗

一、慢性心功能衰竭的细胞移植治疗

慢性心功能衰竭常继发于心肌梗死和扩张性心肌病等心脏疾病，引起心肌收缩能力减弱，从而使心脏的血液排出量减少，不足以满足机体的需要，并由此产生一系列症状和体征。

骨骼肌成肌细胞（skeletal myoblasts）和骨髓间充质干细胞是临床上用于治疗慢性心功能衰竭的两类主要干细胞。成肌细胞最早是用于治疗开胸手术的患者，在 2005 发表的一篇临床研究文章中，研究人员选取了 30 名患有缺血性心衰并接受冠脉搭桥的患者，在手术的同时进行自体成肌细胞的移植。所有患者都成功进行了细胞移植且并未出现近期或远期的副作用，而且通过 PET 观察发现移植患者心功能得到了提高。1 年之后，心脏超声显示，患者的左心室射血分数（ejection fraction，EF）从 28% 提高到 35%，2 年后则提高到 36%。然而此后的一项临床随机对照研究同样是开胸手术后注射成肌细胞，却发现左心室功能并未提高反而心律失常的情况增多。

最近，一项临床实验通过心肌内注射将成肌细胞移植进入严重缺血性心力衰竭患者心肌内，发现与对照组相比其 NYHA［纽约心脏协会（New York Heart Association）］心功能等级改善，生活质量提高，且心室重构减轻。同时，一项类似的临床实验对心肌内注射移植成肌细胞的安全性和可行性进行了研究，结果发现患者的症状有一定程度的减轻，但其左心室射血分数并无提高。因此，关于成肌细胞治疗慢性心功能衰竭还存在很大的争议，也不断有越来越多的临床研究开展起来。近来，有一项大型临床随机对照研究正在进行，这项研究从 2007 年 10 月开始，涉及 330 名北美和欧洲心功能 Ⅱ 或 Ⅲ 级的患者，并将进一步探究心肌内注射移植成肌细胞的安全性及其有效性。

骨髓间充质干细胞也在临床上被用来治疗慢性心功能衰竭。最初的一项临床研究在冠脉搭桥手术时直接将从胸骨取得的骨髓移植进入心肌，并发现接受移植的患者移植区心肌收缩功能得到了提高。但是，随后的一项随机对照研究选取了 63 名患者进行骨髓间充质干细胞移植，并未发现移植组心功能有所改善。最近，德国的一项临床双盲随机对照研究（NCT00950274）正在进行，并计划入选 142 名患者进行骨髓间充质干细胞的移植并对其移植效果进行研究。

迄今为止，关于骨髓间充质干细胞治疗心功能衰竭的临床研究仍然较少。TOPCARE-CHD 研究发现，冠脉移植骨髓间充质干细胞能够提高左心室射血分数（2.9%）且无其他副作用。在一项大型的临床研究中，391 名患者入选（其中 191 名接受冠脉内间充质干细胞移植），通过 5 年的随访发现，移植组患者左室射血分数和运动能力都得到显著的提高，而且移植组的死亡率也较对照组降低。

综上所述，干细胞治疗慢性心力衰竭的方法前景非常广阔，但基于临床研究的数量和患者样本量的不足，其疗效和安全性还很难有一个明确的评价，仍然需要进一步探究。

二、心肌病的再生治疗

扩张型心肌病(dilated cardiomyopathy)大多有遗传因素或继发于心肌炎。目前部分学者认为扩张型心肌病的主要发病原因是与心肌收缩、细胞骨架、核蛋白以及调节心脏离子平衡的基因发生了变异。扩张型心肌病与缺血性心衰的治疗方法类似,基本以长期药物治疗改善心功能为主,辅以植入性器械治疗,如心脏同步化治疗(cardiac resynchronization therapy,CRT)、左心辅助装置等,但有很大一部分的年轻患者需要接受心脏移植,然而心脏移植的死亡率很高,且供体严重不足,所以临床上就设想应用干细胞来治疗扩张型心肌病从而延缓甚至阻止患者心功能不全的发生,改善患者预后和生活质量。

2006 年发表的一篇文章中,Seth S 等人首次在临床上应用骨髓干细胞治疗扩张型心肌病。他们选取了24 名患者,经冠状动脉将干细胞移植进入心脏内,通过 6 个月随访观察发现移植组患者的左室射血分数提高了 5.4%,且 NYHA 心功能分级得到了改善。另一项大型临床研究的结果在 2009 年由 Fischer-Rasokat 发表在 Circulation Heart Failure 上:研究选取了 33 名扩张型心肌病患者,通过气囊导管将骨髓干细胞移植进入患者心脏,经 3 个月随访后同样发现患者左室射血分数提高,心功能得到改善。这些开拓性的干细胞临床实验为接下来的临床随机对照实验奠定了基础。

2011 年,迈阿密大学的 Hare 等开始了一项大型干细胞治疗扩张型心肌病的临床随机对照实验,他们预计选取 36 名 21~94 岁的扩张型心肌病患者,通过心内膜内注射的方法,将自体或异体的骨髓间充质干细胞移植进入患者心脏,研究其治疗扩张型心肌病的效果及差异。

目前,干细胞治疗扩张型心肌病的临床实验仍然较少,而且开展得比较晚,很难系统评价其治疗的效果和安全性。

2014 年日本庆应义塾大学研究人员利用肥厚型心肌病重症患者和健康人的体细胞培育出诱导多功能干细胞(iPSC),然后培育出心肌细胞。经对比发现,健康人的心肌细胞内部整齐地排列着称为肌原纤维的纤维状结构,但肥厚型心肌病患者心肌细胞内肌原纤维的排列则非常混乱,心肌细胞的收缩也存在异常。

肥厚型心肌病(hypertrophic cardiomyopathy)是心脑血管疾病中最常见的病症之一。肥厚型心肌病是因心肌变厚,导致其难以向全身输送血液而发病的,有时会导致心力衰竭,是运动性猝死的原因之一。肥厚型心肌病通常有家族遗传倾向,目前尚无有效疗法。

研究人员进一步分析导致病情恶化的因子时发现,一种被称为内皮缩血管肽-1 的物质会大幅加剧肌原纤维排列的混乱。内皮缩血管肽-1 是心脏因运动而承受负荷时产生的激素,不仅存在于血管内皮,也广泛存在于各种组织和细胞中,是调节心血管功能的重要因子,对维持基础血管张力等起重要作用。

研究人员认为,肥厚型心肌病患者的心肌细胞肌原纤维应该是生来就存在稍许的排列紊乱,因内皮缩血管肽-1 的影响而加剧。

研究同时发现,一种名为内皮缩血管肽受体拮抗剂的药物能改善心肌细胞肌原纤维的排列混乱,以及心肌细胞的收缩紊乱现象。这种药目前已被用于治疗肺动脉高压,其对人体的安全性已得到确认。

三、瓣膜性心脏病的再生治疗

心脏瓣膜病是危及人类健康的一种严重疾病,目前对于心脏瓣膜病的治疗手段以采用人工心脏瓣膜置换为主。自 1960 年 Starr-Edwards 球笼瓣应用于临床以来,人工心脏瓣膜置换术作为一种治疗瓣膜病的有效手段已经使用了 44 年。历经了 40 余年的发展,人工心脏瓣膜的质量不断完善,极大改善了广大瓣膜病患者的生存质量,延长了患者的生存寿命。但是,目前的人工瓣膜都存在一定的缺陷,如机械瓣有血栓形成风险,患者需要终生抗凝治疗;生物瓣耐久性差,容易退变;同源瓣来源有限,并且也容易退变、衰败。另外,现存的人工瓣均无生物活性,无法随机体的发育而生长,对于广大的儿童患者来说是非常不利的。因此,可以这样认为,目前市场上尚无一种瓣膜能够满足理想的瓣膜标准。

1995 年 Shin'oka 成功在体外培养出组织工程心脏瓣膜并应用于羊体内,给心脏瓣膜的研究带来了新的思路。组织工程心脏瓣膜(tissue engineering heart valve,TEHV)是指在生物支架或高分子合成(如聚羟基乙酸,PGA)支架上种植患者自体种子细胞,进行体外培养后,植入患者体内,最终为患者自体组织所代替,成为完全自体瓣膜。理想的 TEHV 具有良好的自主相容性,可避免血栓形成、凝血和钙化的产生,同时具有自我修复能力,具有良好的发展前景,因此,具有生长能力和修复能力的 TEHV 成为研究的方向和热点。

构建 TEHV 是十分复杂的工程,涉及医学、材料学、生物学及力学等,现在尚未研制成功可以临床应用的 TEHV。TEHV 的两个基本要素包括具有相应功能的自体活性细胞和生物支架。研究人员先后尝试了多种细胞后作为种子细胞,考察这些细胞在 PGA 支架形成的组织特性,但未获得理想效果。近年来,干细胞研究已经成为细胞生物学和生物医学工程研究的新亮点,通过体外模拟血流脉动环境,Prockop 等、Mark 等和 Jiang 等利用各种细胞生长因子可诱导分化增殖出 TEHV 需要的内皮样细胞核肌成纤维细胞等,并具有类似的功能,为成功构建 TEHV 打下了坚实的基础。

组织工程心脏瓣膜研究的另一重点是瓣膜支架材料的选择和应用。支架材料的主要作用是提供细胞生长的三维空间,并易于细胞附着和生长,为最终所要构建的瓣膜提供一个最初的形态。理想的支架材料应具备以下优点:多孔性;良好的生物相容性和可控制的生物可降解性;材料表面适合细胞黏附、增殖和分化;良好的机械特性。目前组织工程瓣膜研究主要采用的支架材料有两大类:一是可降解型高分子材料;二是同种或异种去细胞成分的生物瓣膜材料。

目前,对组织工程心脏瓣膜的研究有了很大的进步,但是还需要对理想的细胞源、支架装置和体外条件作进一步研究,解决诸如人工合成支架的弹性与生物降解性之间的矛盾、去细胞的生物瓣膜与人类机体的异种性反应等问题,最终的目标是研制出能够耐受循环中的血流动力学应力、能随机体发育而生长、可塑形的人工心脏瓣膜。

小　结

迄今为止,已有大量的基础实验在全球范围内开展,研究了不同动物心肌再生的模式,为研究人类心肌再生提供了参考。目前通过激活内源性心肌细胞和外源性干细胞移植均能达到心肌修复的目的,心脏再生过程受到多种因素的调节,受到胞外生长或抑制信号和细胞因子的影响,以及相应基因的激活或沉默。目前关于如何激活内源性心肌细胞以及修复的效果,哪些信号途径和细胞因子对此有影响,进而影响了哪些相关基因的表达改变,这些问题仍有待进一步研究。此外,以干细胞作为心血管疾病临床治疗的手段,CSC 能够明确分化为心肌细胞或血管细胞,并且改善心功能效果明显。但目前 CSC 移植研究短期可行性高,但长期预后和安全性仍需评估,其对心肌细胞再生与修复的作用机制还需要进一步深入研究,以指导今后临床实践的具体应用。

卫星细胞和骨髓细胞的移植治疗人类心肌梗死,均显示出适度增加 LVEF 的作用。心外膜分泌的其他可溶性因子可能对心肌的再生起到作用,如:IGF-1、Wnt5a 及胸腺素 β4。从大鼠梗死心脏获得的 S100A1 蛋白,可以抑制心肌细胞的凋亡,逆转收缩力的减弱。"鸡尾酒"疗法将进一步提高预后。最理想细胞移植治疗莫过于使用人心肌细胞,因为这些细胞不仅提供旁分泌因子,促进血管再生及抑制瘢痕形成,而且,它们可以整合到宿主细胞中,并产生新的组织结构。尽管心脏干细胞已经被证实存在,然而它们很难获取,因而,直接分化人 ESC 或者 iPSC 可能是心肌细胞的最佳来源。已有证据显示,胚胎期心肌或者 ESC 衍生的心肌细胞可以稳定地整合入心室肌中,这在小鼠、大鼠、犬以及猪中取得成功。一种新的潜在的提供心肌细胞的方法是转分化梗死区域的成纤维细胞。其中,3 个在成纤维细胞转分化为心肌细胞过程中起直接指导作用的转录因子已经被鉴定。

人工大鼠心肌层已经通过种植心肌细胞或 ESC 到明胶海绵、藻酸盐、I 型胶原或基质胶的混合物中被制造出来。当把这个凝胶移植到梗死区域后,可轻度提高心功能。目前为止,最成功的结构是 ESC 种植在体温时凝固的由 I 型胶原蛋白和基质胶组成的液体凝胶中。将这个混合液注入离体的梗死心脏,混合液在心脏再移植到宿主后凝固。这些心脏的心肌收缩力是不治疗的梗死心脏收缩力的二倍,几乎和未损伤的移植心脏一样。最新的人造心肌的观点是使用内皮细胞构建血管化架构,或者构建一个类似将大鼠整个心肌去细胞化后的心脏框架结构,再植入各种细胞,构建一个全新的心脏。心脏组织工程显示出强大的应用前景,但仍有一些问题需要解决。目前,许多都是研究较小区域心肌瘢痕,在较大范围的心肌梗死瘢痕中是否很难修复;其次心肌组织工程联合干细胞需注意材料的选择,支架材料的选择能为细胞存活、增殖和分化提供适宜的微环境。此外,如何将动物模型与临床实际情况相结合,因为大多研究,并不是在冠脉直接闭塞后立即行心肌补片或可注射支架治疗,而是在心肌梗死 1 周或 1 个月后。而实际情况与此有时间窗方面的出入,因此,对于心肌梗死后立即注入的时间性需要引起足够的重视。

(余红　齐国先)

参 考 文 献

1. Witman N,Murtuza B,Davis B,et al. Recapitulation of developmental cardiogenesis governs the morphological and functional regeneration of adult newt hearts following injury. Developmental biology,2011,354(1):67-76.

2. Oberpriller JO,Oberpriller JC. Response of the adult newt ventricle to injury. The Journal of experimental zoology,1974,187(2):249-253.

3. Flink IL. Cell cycle reentry of ventricular and atrial cardiomyocytes and cells within the epicardium following amputation of the ventricular apex in the axolotl,Amblystoma mexicanum:confocal microscopic immunofluorescent image analysis of bromodeoxyuridine-labeled nuclei. Anatomy and embryology,2002,205(3):235-244.

4. Nag AC,Healy CJ,Cheng M. DNA synthesis and mitosis in adult amphibian cardiac muscle cells in vitro. Science(New York,N. Y.),1979,205(4412):1281-1282.

5. Laube F,Heister M,Scholz C,et al. Re-programming of newt cardiomyocytes is induced by tissue regeneration. Journal of cell science,2006,119(Pt 22):4719-4729.

6. Bettencourt-Dias M,Mittnacht S,Brockes JP. Heterogeneous proliferative potential in regenerative adult newt cardiomyocytes. Journal of cell science,2003,116(Pt 19):4001-4009.

7. Piatkowski T,Muhlfeld C,Borchardt T,et al. Reconstitution of the myocardium in regenerating newt hearts is preceded by transient deposition of extracellular matrix components. Stem cells and development,2013,22(13):1921-1931.

8. Witman N,Heigwer J,Thaler B,et al. miR-128 regulates non-myocyte hyperplasia,deposition of extracellular matrix and Islet1 expression during newt cardiac regeneration. Developmental biology,2013,383(2):253-263.

9. Poss KD,Wilson LG,Keating MT. Heart regeneration in zebrafish. Science(New York,N. Y.),2002,298(5601):2188-2190.

10. Raya A,Koth CM,Buscher D,et al. Activation of Notch signaling pathway precedes heart regeneration in zebrafish. Proceedings of the National Academy of Sciences of the United States of America,2003,100 Suppl(1):11889-11895.

11. Lepilina A,Coon AN,Kikuchi K,et al. A dynamic epicardial injury response supports progenitor cell activity during zebrafish heart regeneration. Cell,2006,127(3):607-619.

12. Jopling C,Sleep E,Raya M,et al. Zebrafish heart regeneration occurs by cardiomyocyte dedifferentiation and proliferation. Nature,2010,464(7288):606-609.

13. Kikuchi K,Holdway JE,Werdich AA,et al. Primary contribution to zebrafish heart regeneration by gata4(+) cardiomyocytes. Nature,2010,464(7288):601-605.

14. Zhang R,Han P,Yang H,et al. In vivo cardiac reprogramming contributes to zebrafish heart regeneration. Nature,2013,498(7455):497-501.

15. Schnabel K,Wu CC,Kurth T,et al. Regeneration of cryoinjury induced necrotic heart lesions in zebrafish is associated with epicardial activation and cardiomyocyte proliferation. PloS one,2011,6(4):e18503.

16. Chablais F,Veit J,Rainer G,et al. The zebrafish heart regenerates after cryoinjury-induced myocardial infarction. BMC developmental biology,2011,11:21.

17. Gonzalez-Rosa JM,Martin V,Peralta M,et al. Extensive scar formation and regression during heart regeneration after cryoinjury in zebrafish. Development(Cambridge,England),2011,138(9):1663-1674.

18. Fang Y,Gupta V,Karra R,et al. Translational profiling of cardiomyocytes identifies an early Jak1/Stat3 injury response required for zebrafish heart regeneration. Proceedings of the National Academy of Sciences of the United States of America,2013,110(33):13416-13421.

19. Zhao L,Borikova AL,Ben-Yair R,et al. Notch signaling regulates cardiomyocyte proliferation during zebrafish heart regeneration. Proceedings of the National Academy of Sciences of the United States of America,2014,111(4):1403-1408.

20. Lien CL,Schebesta M,Makino S,et al. Gene expression analysis of zebrafish heart regeneration. PLoS biology,2006,4(8):e260.

21. Leferovich JM,Bedelbaeva K,Samulewicz S,et al. Heart regeneration in adult MRL mice. Proceedings of the National Academy of Sciences of the United States of America,2001,98(17):9830-9835.

22. Cimini M, Fazel S, Fujii H, et al. The MRL mouse heart does not recover ventricular function after a myocardial infarction. Cardiovascular pathology: the official journal of the Society for Cardiovascular Pathology, 2008, 17(1): 32-39.

23. Grisel P, Meinhardt A, Lehr HA, et al. The MRL mouse repairs both cryogenic and ischemic myocardial infarcts with scar. Cardiovascular pathology: the official journal of the Society for Cardiovascular Pathology, 2008, 17(1): 14-22.

24. Robey TE, Murry CE. Absence of regeneration in the MRL/MpJ mouse heart following infarction or cryoinjury. Cardiovascular pathology: the official journal of the Society for Cardiovascular Pathology, 2008, 17(1): 6-13.

25. Drenckhahn JD, Schwarz QP, Gray S, et al. Compensatory growth of healthy cardiac cells in the presence of diseased cells restores tissue homeostasis during heart development. Developmental cell, 2008, 15(4): 521-533.

26. Bergmann O, Bhardwaj RD, Bernard S, et al. Evidence for cardiomyocyte renewal in humans. Science(New York, N. Y.), 2009, 324(5923): 98-102.

27. Senyo SE, Steinhauser ML, Pizzimenti CL, et al. Mammalian heart renewal by pre-existing cardiomyocytes. Nature, 2013, 493(7432): 433-436.

28. Porrello ER, Mahmoud AI, Simpson E, et al. Transient regenerative potential of the neonatal mouse heart. Science(New York, N. Y.), 2011, 331(6020): 1078-1080.

29. Mollova M, Bersell K, Walsh S, et al. Cardiomyocyte proliferation contributes to heart growth in young humans. Proceedings of the National Academy of Sciences of the United States of America, 2013, 110(4): 1446-1451.

30. Laflamme MA, Murry CE. Regenerating the heart. Nature biotechnology, 2005, 23(7): 845-856.

31. Puente BN, Kimura W, Muralidhar SA, et al. The oxygen-rich postnatal environment induces cardiomyocyte cell-cycle arrest through DNA damage response. Cell, 2014, 157(3): 565-579.

32. Zgheib C, Allukian MW, Xu J, et al. Mammalian fetal cardiac regeneration after myocardial infarction is associated with differential gene expression compared with the adult. The Annals of thoracic surgery, 2014, 97(5): 1643-1650.

33. Porrello ER, Mahmoud AI, Simpson E, et al. Regulation of neonatal and adult mammalian heart regeneration by the miR-15 family. Proceedings of the National Academy of Sciences of the United States of America, 2013, 110(1): 187-192.

34. Beltrami AP, Urbanek K, Kajstura J, et al. Evidence that human cardiac myocytes divide after myocardial infarction. The New England journal of medicine, 2001, 344(23): 1750-1757.

35. Anversa P, Nadal-Ginard B. Myocyte renewal and ventricular remodelling. Nature, 2002, 415(6868): 240-243.

36. Anversa P, Leri A, Rota M, et al. Concise review: stem cells, myocardial regeneration, and methodological artifacts. Stem cells(Dayton, Ohio), 2007, 25(3): 589-601.

37. Welt FG, Gallegos R, Connell J, et al. Effect of cardiac stem cells on left-ventricular remodeling in a canine model of chronic myocardial infarction. Circulation. Heart failure, 2013, 6(1): 99-106.

38. Martin-Puig S, Wang Z, Chien KR. Lives of a heart cell: tracing the origins of cardiac progenitors. Cell stem cell, 2008, 2(4): 320-331.

39. Wu SM, Chien KR, Mummery C. Origins and fates of cardiovascular progenitor cells. Cell, 2008, 132(4): 537-543.

40. Schoenfeld M, Frishman WH, Leri A, et al. The existence of myocardial repair: mechanistic insights and enhancements. Cardiology in review, 2013, 21(3): 111-120.

41. Beltrami AP, Barlucchi L, Torella D, et al. Adult cardiac stem cells are multipotent and support myocardial regeneration. Cell, 2003, 114(6): 763-776.

42. Ellison GM, Vicinanza C, Smith AJ, et al. Adult c-kit(pos) cardiac stem cells are necessary and sufficient for functional cardiac regeneration and repair. Cell, 2013, 154(4): 827-842.

43. Nadal-Ginard B, Ellison GM, Torella D. The cardiac stem cell compartment is indispensable for myocardial cell homeostasis, repair and regeneration in the adult. Stem cell research, 2014, 13(3 Pt B): 615-630.

44. van Berlo JH, Kanisicak O, Maillet M, et al. c-kit+ cells minimally contribute cardiomyocytes to the heart. Nature, 2014, 509(7500): 337-341.

45. Oh H, Bradfute SB, Gallardo TD, et al. Cardiac progenitor cells from adult myocardium: homing, differentiation, and fusion after infarction. Proceedings of the National Academy of Sciences of the United States of America, 2003, 100(21): 12313-12318.

46. Ye J, Boyle A, Shih H, et al. Sca-1+ cardiosphere-derived cells are enriched for Isl1-expressing cardiac precursors and improve cardiac function after myocardial injury. PloS one, 2012, 7(1): e30329.

47. Bailey B, Fransioli J, Gude NA, et al. Sca-1 knockout impairs myocardial and cardiac progenitor cell function. Circulation research,

2012,111(6):750-760.

48. Laugwitz KL,Moretti A,Lam J,et al. Postnatal isl1$^+$ cardioblasts enter fully differentiated cardiomyocyte lineages. Nature,2005,433 (7026):647-653.

49. Cai CL,Liang X,Shi Y,et al. Isl1 identifies a cardiac progenitor population that proliferates prior to differentiation and contributes a majority of cells to the heart. Developmental cell,2003,5(6):877-889.

50. Chimenti I,Smith RR,Li TS,et al. Relative roles of direct regeneration versus paracrine effects of human cardiosphere-derived cells transplanted into infarcted mice. Circulation research,2010,106(5):971-980.

51. Chong JJ,Yang X,Don CW,et al. Human embryonic-stem-cell-derived cardiomyocytes regenerate non-human primate hearts. Nature,2014,510(7504):273-277.

52. Thiele J,Varus E,Wickenhauser C,et al. Regeneration of heart muscle tissue:quantification of chimeric cardiomyocytes and endothelial cells following transplantation. Histology and histopathology,2004,19(1):201-209.

53. Balsam LB,Wagers AJ,Christensen JL,et al. Haematopoietic stem cells adopt mature haematopoietic fates in ischaemic myocardium. Nature,2004,428(6983):668-673.

54. Murry CE,Soonpaa MH,Reinecke H,et al. Haematopoietic stem cells do not transdifferentiate into cardiac myocytes in myocardial infarcts. Nature,2004,428(6983):664-668.

55. Yan F,Yao Y,Chen L,et al. Hypoxic preconditioning improves survival of cardiac progenitor cells:role of stromal cell derived factor-1alpha-CXCR4 axis. PloS one,2012,7(7):e37948.

56. Liu J,Wang Y,Du W,et al. Sca-1-positive cardiac stem cell migration in a cardiac infarction model. Inflammation,2013,36(3): 738-749.

57. Cheng K,Malliaras K,Smith RR,et al. Human cardiosphere-derived cells from advanced heart failure patients exhibit augmented functional potency in myocardial repair. JACC. Heart failure,2014,2(1):49-61.

58. Guo J,Jie W,Shen Z,et al. SCF increases cardiac stem cell migration through PI3K/AKT and MMP2/9 signaling. International journal of molecular medicine,2014,34(1):112-118.

59. Hoshijima M. Mechanical stress-strain sensors embedded in cardiac cytoskeleton:Z disk,titin,and associated structures. American journal of physiology. Heart and circulatory physiology,2006,290(4):H1313-325.

60. Pan D. The hippo signaling pathway in development and cancer. Developmental cell,2010,19(4):491-505.

61. Heallen T,Zhang M,Wang J,et al. Hippo pathway inhibits Wnt signaling to restrain cardiomyocyte proliferation and heart size. Science(New York,N. Y.),2011,332(6028):458-461.

62. von Gise A,Lin Z,Schlegelmilch K,et al. YAP1,the nuclear target of Hippo signaling,stimulates heart growth through cardiomyocyte proliferation but not hypertrophy. Proceedings of the National Academy of Sciences of the United States of America,2012,109(7): 2394-2399.

63. Xin M,Kim Y,Sutherland LB,et al. Hippo pathway effector Yap promotes cardiac regeneration. Proceedings of the National Academy of Sciences of the United States of America,2013,110(34):13839-13844.

64. Del Re DP,Yang Y,Nakano N,et al. Yes-associated protein isoform 1(Yap1)promotes cardiomyocyte survival and growth to protect against myocardial ischemic injury. The Journal of biological chemistry,2013,288(6):3977-3988.

65. Heallen T,Morikawa Y,Leach J,et al. Hippo signaling impedes adult heart regeneration. Development(Cambridge,England),2013, 140(23):4683-4690.

66. Mahmoud AI,Kocabas F,Muralidhar SA,et al. Meis1 regulates postnatal cardiomyocyte cell cycle arrest. Nature,2013,497(7448): 249-253.

67. Shapiro SD,Ranjan AK,Kawase Y,et al. Cyclin A2 induces cardiac regeneration after myocardial infarction through cytokinesis of adult cardiomyocytes. Science translational medicine,2014,6(224):224ra27.

68. Zangi L,Lui KO,von Gise A,et al. Modified mRNA directs the fate of heart progenitor cells and induces vascular regeneration after myocardial infarction. Nature biotechnology,2013,31(10):898-907.

69. Srivastava D,Heidersbach AJ. Small solutions to big problems:microRNAs for cardiac regeneration. Circulation research,2013,112 (11):1412-1414.

70. Greco S,Fasanaro P,Castelvecchio S,et al. MicroRNA dysregulation in diabetic ischemic heart failure patients. Diabetes,2012,61 (6):1633-1641.

71. Baumgarten A,Bang C,Tschirner A,et al. TWIST1 regulates the activity of ubiquitin proteasome system via the miR-199/214

cluster in human end-stage dilated cardiomyopathy. International journal of cardiology,2013,168(2):1447-1452.

72. el Azzouzi H,Leptidis S,Dirkx E,et al. The hypoxia-inducible microRNA cluster miR-199a approximately 214 targets myocardial PPARdelta and impairs mitochondrial fatty acid oxidation. Cell metabolism,2013,18(3):341-354.

73. Iaconetti C,Polimeni A,Sorrentino S,et al. Inhibition of miR-92a increases endothelial proliferation and migration in vitro as well as reduces neointimal proliferation in vivo after vascular injury. Basic research in cardiology,2012,107(5):296.

74. Chen J,Huang ZP,Seok HY,et al. mir-17-92 cluster is required for and sufficient to induce cardiomyocyte proliferation in postnatal and adult hearts. Circulation research,2013,112(12):1557-1566.

75. Hullinger TG,Montgomery RL,Seto AG,et al. Inhibition of miR-15 protects against cardiac ischemic injury. Circulation research, 2012,110(1):71-81.

76. Porrello ER,Johnson BA,Aurora AB,et al. MiR-15 family regulates postnatal mitotic arrest of cardiomyocytes. Circulation research, 2011,109(6):670-679.

77. Eulalio A,Mano M,Dal Ferro M,et al. Functional screening identifies miRNAs inducing cardiac regeneration. Nature,2012,492 (7429):376-381.

78. Wang J,Martin JF. Macro advances in microRNAs and myocardial regeneration. Current opinion in cardiology,2014,29(3): 207-213.

79. Jayawardena TM,Egemnazarov B,Finch EA,et al. MicroRNA-mediated in vitro and in vivo direct reprogramming of cardiac fibroblasts to cardiomyocytes. Circulation research,2012,110(11):1465-1473.

80. Inagawa K,Ieda M. Direct reprogramming of mouse fibroblasts into cardiac myocytes. Journal of cardiovascular translational research,2013,6(1):37-45.

81. Fu JD,Stone NR,Liu L,et al. Direct Reprogramming of Human Fibroblasts toward a Cardiomyocyte-like State. Stem cell reports, 2013,1(3):235-247.

82. Hinrichsen R,Haunso S,Busk PK. Different regulation of p27 and Akt during cardiomyocyte proliferation and hypertrophy. Growth factors(Chur,Switzerland),2007,25(2):132-140.

83. Novoyatleva T,Diehl F,van Amerongen MJ,et al. TWEAK is a positive regulator of cardiomyocyte proliferation. Cardiovascular research,2010,85(4):681-690.

84. Novoyatleva T,Janssen W,Wietelmann A,et al. TWEAK/Fn14 axis is a positive regulator of cardiac hypertrophy. Cytokine,2013,64 (1):43-45.

85. Shi J,Jiang B,Qiu Y,et al. PGC1alpha plays a critical role in TWEAK-induced cardiac dysfunction. PloS one,2013,8(1):e54054.

86. Odiete O,Hill MF,Sawyer DB. Neuregulin in cardiovascular development and disease. Circulation research,2012,111(10): 1376-1385.

87. Pasumarthi KB,Field LJ. Cardiomyocyte cell cycle regulation. Circulation research,2002,90(10):1044-1054.

88. Bersell K,Arab S,Haring B,et al. Neuregulin1/ErbB4 signaling induces cardiomyocyte proliferation and repair of heart injury. Cell, 2009,138(2):257-270.

89. Cote GM,Sawyer DB,Chabner BA. ERBB2 inhibition and heart failure. The New England journal of medicine,2012,367(22): 2150-2153.

90. Ladage D,Yaniz-Galende E,Rapti K,et al. Stimulating myocardial regeneration with periostin Peptide in large mammals improves function post-myocardial infarction but increases myocardial fibrosis. PloS one,2013,8(5):e59656.

91. Malliaras K,Zhang Y,Seinfeld J,et al. Cardiomyocyte proliferation and progenitor cell recruitment underlie therapeutic regeneration after myocardial infarction in the adult mouse heart. EMBO molecular medicine,2013,5(2):191-209.

92. Koudstaal S,Bastings MM,Feyen DA,et al. Sustained delivery of insulin-like growth factor-1/hepatocyte growth factor stimulates endogenous cardiac repair in the chronic infarcted pig heart. Journal of cardiovascular translational research,2014,7(2):232-241.

93. Zacchigna S,Giacca M. Extra-and intracellular factors regulating cardiomyocyte proliferation in postnatal life. Cardiovascular research,2014,102(2):312-320.

94. Engel FB,Hsieh PC,Lee RT,et al. FGF1/p38 MAP kinase inhibitor therapy induces cardiomyocyte mitosis,reduces scarring,and rescues function after myocardial infarction. Proceedings of the National Academy of Sciences of the United States of America,2006, 103(42):15546-15551.

第十二章

血管干细胞与再生医学

目前,心血管相关疾病是导致死亡和残疾的首要因素。在全球范围内,每年估计有1700万人死于卒中和心脏疾病。世界卫生组织估计,到2030年,每年由心脑血管疾病所导致的死亡人数将达到2300万。如何应对和治疗这些疾病已成为人们迫切需要考虑的问题。

血管系统的地位至关重要。为此科学家们已经对其展开了深入的研究,本章节主要介绍血管再生为临床实践提供理论依据的基础实验研究,以及最新的再生医学研究进展。

第一节 血管发育

一、原始心血管系统形成

胚胎第3周,卵黄囊、体蒂和绒毛膜等处的胚外中胚层细胞聚合成团成为血岛(blood island)。血岛细胞在成纤维细胞生长因子-2(fibroblast growth factor-2,FGF-2)的诱导下形成造血成血管细胞(hemangioblasts),是形成血细胞和血管细胞的前体细胞;而血岛周边的细胞分化为成血管细胞,是造血干细胞的前体。前者在其周围中胚层分泌的血管内皮生长因子(vascular endothelial growth factor,VEGF)诱导下增殖形成内皮细胞。相邻的血岛内皮细胞在VEGF、血小板源性生长因子(platelet-derived growth factor,PDGF)和转化生长因子β(transforming growth factor-β,TGF-β)的共同调节下相互连接,形成胚外毛细血管网。人胚第18~20天,胚体内间充质中出现许多裂隙,裂隙周围的细胞分化为内皮细胞(endothelial cells),之后形成毛细血管,相邻血管相互连通后便形成了胚体内原始血管网。胚体第3周末,胚内和胚外血管彼此连接,逐渐形成卵黄囊与胚体、绒毛膜与胚体以及胚体本身的原始血管通路,即原始心血管系统,包括胚体循环、卵黄囊循环和脐循环。

二、血管重塑

血管发生的初期完成后,胚胎脉管系统进一步发育,即血管重塑。血管重塑过程包括塑形和血管增大,并通过融合以形成成熟血管网。此外,在原非血管组织上,新血管通过血管生成而形成。间充质细胞分化成为平滑肌并围绕内皮,通过内皮细胞表面表达Ephrin家族的两个不同细胞表面分子区别动、静脉。动脉内皮细胞表达Ephrin B2(EphB2)配体,静脉内皮细胞表达Ephrin B4(EphB4),为EphB2的酪氨酸激酶受体。血管发生可发生于*EphB2*敲除的小鼠,血管形成则不然。Eph配体-受体相互作用是为了确保动脉毛细血管仅与静脉毛细血管首尾相连以及仅在同型毛细血管间左右融合以扩大血管(图12-1,图12-2)。

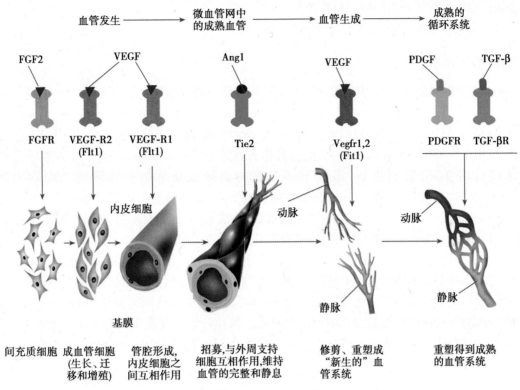

图 12-1　血管发生的步骤

上排显示了毛细血管、动脉、静脉的形成。下排显示了一些在促进各步上起重要作用的信号分子及其受体〔Reproduced with permission from Gilbert, Developmental Biology (7th ed) Copyright 2003, Sinauer Associates〕

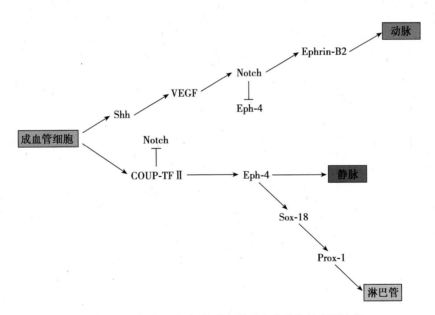

图 12-2　图解表示动脉、静脉和淋巴内皮分化的主要途径

第二节　血管再生

脉管系统在传输氧气和营养物质过程中起到重要作用，血管性疾病可导致循环系统的健康问题。到 2030 年，因血管疾病造成的经济负担估计超过 10 440 亿美元，外周血管、心血管、脑血管、肾血管等疾病均会造成严重的后果，甚至死亡。血管再生作为正常生理过程，参与人体各个组织器官，贯穿胚胎和个体发育的各个阶段,同时,也与血管损伤后的修复过程相关。

血管的再生有两种类型,包括血管生成和血管发生。

一、血管再生过程

1. 血管形成过程　血管由三层膜组成,内膜、中膜和外膜血管壁细胞均来源于中胚层,且含有祖细胞,包括内皮祖细胞(endothelial progenitor cell,EPC)、间充质干细胞(mesenchymal stem cell,MSC)、Sca-1$^+$和CD34$^+$细胞等。在胚胎发育早期,由中胚层祖细胞分化出内皮前体细胞,即未成熟的血管内皮祖细胞,通过增殖、迁移和聚集,形成功能尚不成熟的初级血管丛,此过程称为血管发生(vasculogenesis)。随着后续发育的进行,初级血管丛经过萌芽、分支和重塑,形成不同等级的动静脉及毛细血管网的过程称为血管生成(angiogenesis)。血管生成始于血管萌芽,在低氧环境影响下,内皮细胞对促血管生成因子发生不同反应,促使部分内皮细胞激活,获得迁移能力,成为特殊的内皮细胞,成为尖端细胞,随后尖端细胞周围的细胞特化为柄细胞,柄细胞在尖端细胞引导下持续增殖,血管芽形成管腔,并不断形成分支(图12-3)。整个过程包括内皮细胞增殖、迁移、分化,管腔形成、血管芽形成、动静脉分化等。内皮细胞激活和尖端细胞/柄细胞选择过程是受到VEGF和Notch途径的相互作用的调节。不论是到微血管中的血管周围细胞还是到大血管中的平滑肌细胞,血管生成的最后阶段均涉及血管基质细胞的募集,而邻近的内皮细胞分泌的PDGF能激活募集的过程,这些细胞分化为围绕在内皮细胞血管周围的壁细胞。以往认为血管发生仅存在于胚胎期。自从外周血中发现血管内皮祖细胞以后,出生后个体的血管再生被认为是既有血管新生,又有血管发生的过程。

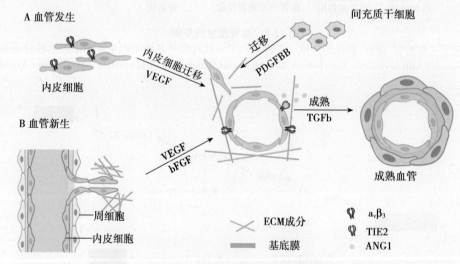

图 12-3　血管发生和血管生成过程

（A）血管发生过程,受到VEGF/VEGFR信号途径调节,内皮细胞释放的PDGF能募集邻近MSC,而MSC能释放血管生成素1(angiopoietin 1,ANG1)。ANG1的释放能促进壁细胞覆盖和基底膜的形成,并能通过ANG1/TIE2信号途径增强血管张力。（B）血管生成过程,是发生在预先静止状态的血管结构经历出芽、伸长和管腔形成过程而形成新血管的过程。促血管生成的因子bFGF和VEGF能促进内皮细胞出芽

2. 内皮祖细胞(endothelial progenitor cell,EPC)　在内膜层的EPC具有形成新生血管的能力,并且能够产生大量的内皮细胞,在血管壁外膜层,大量表达Sca-1$^+$的干/祖细胞参与内皮细胞再生和内膜损伤处血管平滑肌细胞的聚集。EPC是一类能循环、增殖并分化为血管内皮细胞,但尚未形成血管的前体细胞,血管再生过程中在多种血管生长因子的作用下能够转化为内皮细胞,在血管新生及修复中发挥着重要作用。EPC有多种来源,可从骨髓、脐带血、外周血、脂肪细胞、血管壁中获得。成人EPC主要存在于骨髓,健康个体外周血中数量很少,因此需要从骨髓动员,许多细胞因子、趋化因子能够发挥动员作用。但是,不论是来源于骨髓还是外周血的EPC在缺血性组织的恢复中均具有重要作用。成人外周血中存在两种不同生物学特征的EPC,即循环早期EPC(early-EPC)和外向生长内皮细胞(outgrowth endothelial cell,OEC)。既往研究发现循环

早期 EPC 可能来源于单核细胞,增殖能力差,不具备祖细胞特征。OEC 分化为成熟内皮细胞直接参与血管发生,同时还能通过旁分泌途径分泌多种生长因子,增加 VEGF 分泌。VEGF 不仅能增加内皮通透性促进微血管生成,还是一种趋化因子,使 OEC 归巢到血管损伤部位,修复损伤的血管。许多血管疾病的危险因素(例如氧化应激)会破坏 EPC 细胞的功能,导致缺血性组织功能恢复的延迟。此外,高密度脂蛋白也被证明通过 Rho-相关激酶途径,会影响 EPC 的数量和功能,进而影响血管形成。最新的一项研究显示,低氧预处理通过 HIF-1α-TWIST-p21 途径,能抑制细胞衰老,重新恢复老年人 EPC 的功能。

此外,研究证实,内皮祖细胞对各种细胞因子、药物和组织缺血均有反应,整合入新血管生长的地方,能促进成年个体血管生成。动脉内膜的炎症反应能诱导细胞因子的分泌,一旦干细胞被细胞因子驱使到达炎症反应的内皮细胞层,这些干细胞依赖微环境的不同因子,会分化为多种细胞类型。其中 SDF-1 是趋化 CX-CR4 阳性干/祖细胞的重要趋化因子。在动脉粥样硬化的病理过程中,内膜损伤处 SDF-1 的表达上调,趋化 CXCR4$^+$干细胞迁移到内膜层,若阻止 SDF-1 的表达则会抑制干细胞的归巢和迁移。SDF-1 还能驱使血管干细胞从外膜层迁移到内膜层,并在内膜层分化为血管细胞。此外各种药物对内皮祖细胞的功能也具有作用。药物洗脱支架(例如西罗莫司)因其能抑制血管平滑肌增殖,用于开通冠心病患者狭窄冠脉,但长期来看,支架植入后会出现内细胞愈合延迟和再狭窄的发生。西罗莫司能通过 CXCR4 和 EGFR-ERK1/2-β-catenin 途径,诱导干/祖细胞迁移和分化为平滑肌细胞,这表明了一种西罗莫司涂层支架治疗后再狭窄形成的新的机制。血管内原有干/祖细胞通过产生 MMP 起到稳定动脉粥样硬化斑块的作用,但同时在支架再狭窄中又具有加速损伤形成的作用,这提示我们血管干/祖细胞在血管再狭窄的病理过程中类似双刃剑,取决于支架涂层药物的使用。

干/祖细胞在调节血管再生过程中是如何决定其自身分化方向,是分化为内皮细胞还是平滑肌细胞? 研究表明巨噬细胞介导的炎症反应可能在其中起到重要作用,巨噬细胞可通过 TNF-α 介导 NF-κB 激活,控制血管干/祖细胞的可塑性。体外实验也显示巨噬细胞能诱导干/祖细胞向内皮细胞分化。但目前控制内皮细胞和平滑肌细胞分化的调节网络怎样,其他炎症性细胞因子是如何影响干细胞分化的,这些问题仍不完全清楚,需要进一步研究。

3. ESC/iPSC　ESC 具有体外培养无限增殖、自我更新和多向分化的特性。无论在体外还是体内环境,ESC 都能被诱导分化为机体几乎所有的细胞类型,所以 ESC 也能分化为脉管系统的细胞。iPSC 是将特殊的转录因子引入体细胞,诱导体细胞重编程,得到的类似 ESC 的一种细胞类型,其也具有分化为所有细胞类型的能力。ESC 和 iPSC 均能分化为平滑肌细胞,用于组织工程血管的再生。应用 ESC 来源的内皮细胞能增加缺血组织的血流。研究人员利用 ESC 和经过重编程的成体干细胞第一次产生称作周细胞(pericyte)的细胞,而且产生的周细胞能够发生增殖,并且在健康血管形成中发挥着关键性作用。然后将这些周细胞注射进小鼠受损的并且血液流动几乎完全被阻断的腿部肌肉。只需 3 周时间,这些周细胞重建功能性的血管系统,并且甚至能够再生因为缺乏氧气供给而受损的肌肉。

最近的一项研究揭示了 iPSC 分化为内皮细胞的分子机制,用于促进血管形成再生过程。研究使用胶原Ⅳ和 VEGF 促使 iPSC 分化为内皮细胞,并发现 miR-21 和 TGF-β$_2$ 信号途径介导 VEGF 诱导的 iPS 向内皮细胞分化。Orlova 等人使用不同组织来源的 iPSC,在特定的条件下能高效地分化为内皮细胞和周细胞。人iPSC 来源的内皮细胞能整合进形成的脉管系统,表明了 iPS 来源细胞的功能性。此外,Flk-1 是 VEGF Ⅱ 型受体,与血管生成密切相关。将小鼠 iPSC 来源的 Flk-1$^+$或 Flk-1$^-$细胞静脉注入血管损伤的小鼠体内,与对照组相比能明显减轻新生内膜的增生。与 Flk-1$^-$细胞组相比,植入 iPS 来源的 Flk-1$^+$细胞能明显增加再内皮化过程。这也为造影术后防止冠脉再狭窄和血管功能障碍提供了有利的治疗措施。虽然 iPSC 显示出强大的应用前景,但是,在临床应用 iPSC 时仍需解决转化效率低和致癌性的问题。部分诱导多能干细胞(partial-iPS cells)是新近提出的,这类细胞的编程过程较短,能极大降低肿瘤风险。Margariti 等人发现了一种新的方式,通过在人成纤维细胞转入 4 个重编程因子(Oct4,Sox2,Klf4 和 c-myc)产生部分 iPSC。部分 iPSC 在体内不会致瘤,且能够分化为内皮细胞,促使下肢缺血血流的恢复和新生内膜再血管化,并且部分 iPS 来源的内皮细胞显示出较好的黏附性、稳定性和形成典型的血管结构。

二、血管再生策略

1. 细胞因子/生长因子　细胞因子或生长因子在血管再生过程中起到重要作用。在某些应激情况下,如缺血缺氧、内皮细胞损伤等,内源性的促血管生成细胞因子水平上调,内皮细胞被刺激而促使血管生成。在外源性促血管生成因子作用下,也能观察到内皮细胞增生、迁移和血管再生现象。在生理和病理状态下,VEGF 都是最主要的血管生长调节因子。VEGF 是血管内皮细胞的特异性有丝分裂原,血管再生过程中VEGF 介导内皮细胞的迁移、增殖以构建新生血管的管状结构。敲除小鼠胚胎的 *VEGFR-2* 基因,结果发现小鼠胚胎不能形成正常的血岛和新生血管,血管发生过程受到了破坏。揭示了 VEGF 在血管再生过程中的重要作用。此外 VEGF 还能动员 EPC,并改善 EPC 的功能。成纤维细胞生长因子(fibroblast growth factor,FGF)是血管内皮细胞分裂原,同时也是血管内皮细胞的趋化因子,具有很强的促血管再生能力。相对于 VEGF 而言,FGF 作用的细胞类型较多,不但能够激活血管内皮细胞促进血管的再生,而且能够刺激上皮形成和软骨再生,在创伤愈合和组织修复中发挥重要作用。FGF 在血管再生中与血管内皮生长因子之间有协同作用。早期的研究在动物缺血模型中,通过缺血肌肉局部注射 FGF 能增加其侧支循环。临床上将 FGF 注射入冠脉搭桥血管周围组织中,12 周后血管造影发现心肌灌注和血管再生状况明显改善。促血管再生因子还包括PDGF、转化生长因子 β(transforming growth factor-β,TGF-β)、血管生成素等。PDGF 是血管平滑肌细胞分裂原,在体内具有促进血管形成的作用,PDGF 对于促进新生血管的成熟具有重要意义,缺乏 PDGF 将导致新生血管脆弱。此外,体内存在一些促进抑制血管生成因子包括血管抑素、内皮抑素。

虽然细胞因子和生长因子等在血管再生过程中起到重要作用,但长期患缺血性疾病的患者,其体内对细胞因子的反应性会下降,使得治疗效果较差。研究人员发现一种新的更加有效的再生心脏和肢体血管的方法。通过将脂质包被的物质注射进患病体内可修复受损的血管。此方法本质上通过传送额外的物质能够让长期患病的患者组织恢复对生长因子的反应性。这种方法将 FGF-2 嵌入基于脂质的含有辅助受体多配体蛋白聚糖-4(syndecan-4)的人工合成纳米颗粒中。含有辅助受体的纳米颗粒当与生长因子一起传送时就能够改善结合细胞的能力,生长因子就能够指导靶向细胞发生分裂和增殖,从而产生用于组织再生的新细胞。当被注射到患有后肢缺血症的大鼠之后,这种用脂质包被的物质仅用 7 天就能促进大鼠下肢缺血的恢复。

2. 信号途径　目前已经证实在血管形成中起到调控作用的信号通路有 Notch 通路和 Wnt 通路,并且这两条通路具有协调调控作用。Notch 通路在血管形成过程中,参与内皮细胞分化、增殖、迁移、动静脉分化以及肿瘤血管发生等,而 Wnt 通路在内皮细胞增殖、迁移、血管发育等方面有重要调控作用。研究发现当组织缺氧时,分泌的 VEGF 会促使内皮细胞激活,起始血管形成过程。VEGF 通过和受体酪氨酸激酶结合,诱导内皮细胞表达 Dll4,在内皮细胞中启动 Notch 信号。此外,Notch 和 Wnt 信号通路均与内皮细胞增殖有关。在内皮细胞中,Notch1 和 Notch4 能够下调 cyclin 依赖性激酶抑制剂 p21^{CIPI} 的表达,使 cyclinD-cdk4 介导的 Rb 磷酸化作用减弱,导致细胞周期停滞。Wnt 的下游分子 β-catenin 则可以在 Tcf/Lef 介导下,诱导 cyclinD1 表达,从而促进细胞增殖。Wnt 能够调控多种细胞的迁移和黏附行为。在体外培养的人脐静脉内皮细胞中发现,Wnt3α 刺激能显著促进细胞迁移。

最新的一项研究表明,恢复南亚人外向生长内皮细胞 OEC 中 Akt1 活性能重新激活血管再生潜能。研究者发现南亚男性心血管疾病发病风险较高,所以从健康年轻南亚男子提取 OEC 细胞,与相匹配的对照组的欧洲白色肤色男性进行比较,前者无法有效地修复受损血管或形成新血管,且促血管生成分子 Akt1 和 eNOS 表达均下降,而对照来源的 OEC 细胞可以修复受损的血管。进一步分析发现 OEC 中 Akt 活性在两种人群中存在差异,Akt 在很多南亚人的细胞中是不活跃的,Akt 已知在血管形成中具有重要作用。随后研究将 OEC 中的 Akt 活化,能够完全恢复这些细胞修复血管的能力。这表明 Akt/eNOS 通路在血管形成中的重要性,也将为未来修复受损的血管提供一种新的方法。

此外,研究发现血管内皮细胞"Gab1-PKA-eNOS"信号转导通路在缺血性血管新生过程中也起关键作用。信号接头分子-Grb2 相关结合蛋白 1(Grb2-associated binder 1,*Gab1*)基因敲除的小鼠在下肢缺血的血管新生和侧支循环重建等方面都存在严重的缺陷。通过进一步分析小鼠血管及其内皮细胞,探明 *Gab1* 基因敲除导致 VEGF 形成管状结构的信号系统出现障碍,并且发现 Gab1 参与调节 PKA-eNOS 通路。Gab1-PKA-eNOS 信号转导通路对于人血管内皮细胞形成管状结构起到重要作用。鞘氨醇-1-磷酸受体-1(sphingosine 1-phosphate receptor-1,S1P1)在血管新生中发挥着关键性作用。研究人员已发现 S1P1 与 VEGF 可通过相互协作,从而促进血管生长。研究人员证实当新的血管网络形成时,由此产生的血液流动激活血管内皮细胞表面上的 S1P1,并通过 S1P1R 信号途径传递到这些细胞内部从而让新形成的血管网络稳定化。研究人员发现阻断 S1P1 会导致血管内皮功能异常和血管生长异常。抑制 S1P1 导致新形成的血管产生泄漏而变得不稳定。另外,JAK/STAT 信号在增加心肌毛细血管密度方面有着重要的作用;血管内皮细胞缺氧的情况下可诱导转录相关增强子-1(related transcriptional enhancer factor-1,RTEF-1)的高表达。RTEF-1 的过表达驱动 VEGF-A 启动子的激活从而促进血管再生。

3. 基因策略　到目前为止,无论是在体内还是体外的研究中,促血管生成的细胞因子诱导血管再生的疗效是有限的。血管再生是被严格控制的过程,受到多个基因的调控。近年来,对血管再生基因的研究为缺血性疾病提供了新的方向,目前研究发现一些基因的表达上调或下调对血管再生具有重要影响,现已发现的促血管再生的基因主要包括 *VEGF* 基因、*FGF* 基因、*HGF* 基因、*ANG* 基因、*HIF-1* 基因等,抑制血管再生的基因包括 *Notch* 信号基因,*p53* 等。血管再生促进因子和抑制因子的平衡决定了在组织中观察到的血管生成的净效应。此外研究发现 miRNA 能调节特定基因的表达,进而影响血管再生过程,近年来越来越引起重视。

近来越来越多的研究发现,miRNA 在血管新生和血管形成中发挥着重要作用。许多 miRNA 参与血管内皮细胞的功能调节,以及内皮细胞增殖和生长,例如 miR-126,促血管生成 miR-17-92 基因簇和抑血管生成 miR-221 和-222(图 12-4)。研究发现 miR-126 在血管内皮细胞中含量最丰富,且具有特异性。去除小鼠体内的目标 miR-126 将导致血管破裂、出血,甚至是部分胚胎死亡,其原因在于血管完整性遭到破坏,以及内皮细胞分裂增生和迁移能力的缺陷。而生存下来的变异动物则表现出新生心脏血管方面的缺陷,并导致心肌梗死。发生了 *miR-126* 变异的小鼠在血管方面存在的异常可能是血管生成因子 VEGF 和 FGF 等信号减少导致的。进一步研究发现 miR-126 能增强 VEGF 和 FGF 的前血管生成作用,并通过限制 Spred-1 蛋白的表达来促

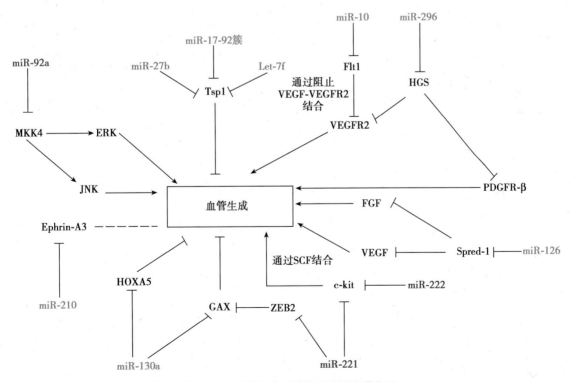

图 12-4　miRNA 在血管生成中的调节作用

促血管生成 miRNA(绿色)和抑血管生成 miRNA(红色)可通过各种信号途径对血管再生过程进行调节。推测 miR210 通过靶向 ephrin-A3 调控血管再生(虚线所示)

进血管的形成,Spred-1 是一种细胞内血管新生信号的抑制子。这表明 miR-126 的作用是直接限制 VEGF 通路的负调节因子,包括 Spred1 蛋白以及磷脂酰肌醇-3 激酶调节亚基 2(phosphatidylinositol-3 kinase regulatory subunit 2,PIK3R2/p85-β)。此外,敲除斑马鱼的 *miR-126* 基因也会导致胚胎发育过程中血管完整性的降低以及出血发生。*miR-17-92* 基因簇(包含 miR-17、-18a、-19a/b、-20a 和 -92a)在内皮细胞中表达,并在肿瘤血管生成中起到重要作用。在肿瘤血管生成中,发现 miR-17-92 簇的表达上调,其靶标凝血酶敏感蛋白(thrombospondin1,Tsp1)的表达则下调,Tsp1 是抑血管生成因子,且相关蛋白结缔组织生长因子(connective tissue growth factor,CTGF)的表达也下调,促进血管生成。Tsp1 也是 let-7f 和 miR-27b 的靶标。miR-130 也在内皮细胞中通过抑制生长中止特异性同源盒基因(growth arrest-specific homeobox gene,*GAX* 基因)的表达,具有促血管生成作用。*GAX* 基因是近年来发现的一种同源盒基因,其编码的蛋白是核转录因子,能够激活或抑制其下游基因的表达,在血管内皮细胞中具有抑制血管生成作用。

促血管生成的 miRNA 可通过直接或间接的方式,靶向其生长因子和受体。例如 miR-126 通过抑制 Spred-1 蛋白促进 VEGF 和 FGF 信号转导途径。miR-296 以类似的方式通过间接靶向生长因子发挥作用。miR-296 靶向肝细胞生长因子调节的酪氨酸激酶(hepatocyte growth factor-regulated tyrosine kinase substrate,HGS),抑制其活性,因此减少 HGS 介导的生长因子受体 VEGFR2 和 PDGFR-β 的降解。另一个促血管生成 miRNA,miRNA-10 也是通过 VEGF 途径发挥作用。在人类脐静脉内皮细胞中研究发现,miR-10 减少 Flt1 蛋白的表达,而 Flt1 被认为能阻止 VEGF 与 VEGFR2 的结合拮抗 VEGFR2 介导的信号途径,所以 miR-10 通过促进 VEGFR2 介导的信号途径来调控内皮细胞的增殖、迁移和黏附。miR-210 的表达下降能抑制内皮细胞生长,并诱导细胞凋亡,表明 miR-210 的促血管生成作用。观察发现与正常环境下的内皮细胞相比,在缺氧的内皮细胞中 miR-210 的水平明显增加,导致细胞存活、迁移和分化的改变。上述作用被认为是通过直接靶向膜结合 ephrin-A3 蛋白,ephrin 蛋白通过结合 Eph 受体酪氨酸激酶作用于胞内信号途径。先前的研究表明 Eph 受体和 ephrin 配体结合在心血管系统发育和血管重塑中起到重要作用。因此推测,ephrin-A3 在调控血管生成过程中也具有重要作用。一项最新的研究进一步阐明了 miRNA-210 的作用。在脐静脉内皮细胞中过表达 miR-210,会上调 Notch-1 信号分子,诱导毛细血管的形成。上述表明 miR-126、miR-296、miR-10 和 miR-210 代表着一种新的治疗方式用于血管生成过程的调节。

除了促血管生成的 miRNA 外,也已经证实了抑血管生成 miRNA 的存在。高表达抑血管生成 miRNA 被证实能靶向许多促血管生成因子的受体,进而抑制血管生成。miR-221 和 miR-222 能靶向 SCF 受体(c-kit 蛋白)的表达,这两个 miRNA 与 c-kit 相互作用调控着内皮细胞形成新生毛细血管的能力,进而影响着 SCF 的促血管生成活性,抑制内皮细胞增殖和迁移。miR-221 和 miR-222 均能抑制脉管形成和内皮细胞的修复能力。此外,miR-221 也可通过下调 ZEB2(转录抑制因子)上调 GAX 表达,产生抑血管生成作用。与 miR-221 和 miR-222 类似,miR-92a 被证实也具有抑血管再生的特性。体外实验表明,抑制 miR-92a 能增加小鼠主动脉内皮细胞增殖和迁移,并在体内实验能增强损伤小鼠主动脉的再内皮化。最新的研究通过抗-miR 和特异性敲除 *miR-92a* 的方式分别证实,抑制内皮 miR-92a 能通过加速再内皮化过程减轻内皮损伤,这为血管损伤后功能恢复提供了新的机制。miR-15b 和 miR-16,以及 miR-20a 和 miR-20b 也被认为通过靶向 VEGF 具有抑血管生成作用。miR-100 在内皮细胞和血管平滑肌细胞内均有表达。在低氧环境下 miR-100 表达下调,并负性调节哺乳动物西罗莫司靶蛋白 mTOR,后者是低氧状况下血管生成和内皮细胞增殖所必需的。miR-181a 和 miR-181b 在血管发生中也起到作用,miR-181b 在血管内皮细胞广泛表达,并且通过靶向 importin-α3 在 NF-κB 介导的炎症反应中作为调节因子,importin-α3 参与 NF-κB 的核转移。因此,靶向结合 importin-α3 会抑制 NF-κB 入核,导致 NF-κB 靶向基因的抑制失活,例如,抑制 VCAM-1 和 E 选凝素。Zhang 等人发现分离的 EPC 表达大量的内皮细胞特异性血管生成相关 miRNA(miR-126、miR-221、miR-222、miR-130a、miR-92a),表明这些 miRNA 在血管生成中的作用,尤其是参与 EPC 分化为成熟的血管内皮细胞。在健康人和患心血管疾病的患者中比较 miRNA 的水平,患者中 miR-126 表达水平明显降低,而抑血管生成因子(miR-221、miR-222、miR-92a)的表达增加。因此 EPC 中内皮细胞相关 miRNA 的表达失调,会导致所观察到的再生能力的下降。

第三节　血管损伤的治疗

血管疾病可分为动脉系统和静脉系统。动脉性多由于其内斑块的形成导致管腔狭窄,或者斑块破裂、血流中断,形成心肌梗死、脑卒中及神经源性腿脚痛等。静脉系统疾病主要表现在下肢静脉曲张导致的血栓形成、脱落,引发肺栓塞或者脑卒中。本章节主要讨论动脉疾病的再生治疗。血管再生的策略都是以尽可能保持血管原有结构为指导。血管的结构可以简单地概述为三层膜结构,位于最内层的内膜最薄,是目前知道的唯一有抗血栓形成作用的结构。此外,内皮能分泌血管舒张因子,如一氧化氮(NO)及血管收缩因子,如血管紧张素Ⅱ及血栓素 A_2,因此其在调节血管壁张力中也发挥着重要作用。中膜最厚,由平滑肌细胞及胶原蛋白、弹性蛋白和蛋白聚糖组成。平滑肌细胞通过感知来自内膜或者其他系统的血管作用因子,舒张或者收缩血管以调节血管壁张力及血流。

动脉疾病的常规治疗是通过导管挤压斑块部位以疏通血管,或者用人工血管代替梗阻血管以重建血流。血管移植是主要的临床治疗手段,天然替代/人工合成血管移植物的组织工程血管移植物(tissue engineered vascular graft,TEVG)是血管移植的方向。

损伤血管的修复技术可分为以下 5 种:①应用自体静脉或人造血管做旁路移植术;②应用一个无细胞的血管支架;③将体外合成的生物支架缝于血管间;④将干细胞直接输注至损伤血管区,或通过血循环的归巢作用使之定植于损伤血管部位;⑤给予多种化学因子驱使内皮祖细胞向损伤血管迁移。

本章节主要从以下三方面进行讨论:种子细胞类型、支架材料的选择和干/祖细胞移植及生长因子的作用。

一、种子细胞

用于构建血管组织工程的种子细胞包括初始内皮细胞、内皮祖细胞、血管壁细胞、胚胎干细胞(embryonic stem cell,ESC)和骨髓间充质干细胞(bone marrow mesenchymal stem cells,BMSC),还包括平滑肌细胞(smooth muscle cell,SMC)及成纤维细胞等。自体细胞具有高度的生物相容性,成为组织工程化血管首选的种子细胞。2005 年 Meihart 等证实了人大隐静脉内皮细胞种植后其顶端和腔面能够形成大量细胞骨架,具有抵抗动脉血流剪切力的作用。有研究通过裸鼠皮下培养含有种植了动脉平滑肌细胞的 PGA 支架后,将管道内腔内种植培养 ESC 分化的内皮细胞,发现其能够形成血管结构。动物实验证实,骨髓 MSC 是建立组织工程化血管管壁细胞的重要来源。Oswald 等发现 MSC 能够转化为血管内皮细胞,并且具有上皮细胞特异性表现,体外培养能够形成毛细血管样结构。MSC 还能分化成血管平滑肌细胞,并参与平滑肌细胞重建。此外,最近 ESC 和 iPSC 作为血管工程和再生治疗的细胞来源也引起了大量关注。这些细胞具有自我更新和分化为任何细胞的能力,包括 EC、SMC 和外周细胞。构建稳定和功能性的血管结构除了需要 EC 外,还需要外周血管细胞以支持初始内皮细胞毛细血管丛的形成。共培养 MSC 和 EC 或 EPC 能在血管网络形成中,支持间充质来源外周细胞发挥作用。从祖细胞群中产生两种不同类型的细胞(EC 和外周细胞或 SMC)是需要时间的,理想的血管再生方式是从一种单一的祖细胞就能产生所需的两种细胞类型。最近一项研究发现了来源于人多能干细胞的特殊细胞类型,称为早期血管细胞,能分化为 EC 和周细胞且在基质上自组织形成微血管网络。在组织工程血管形成中,这种从单一血管祖细胞产生两种不同细胞类型的能力,能帮助我们减少血管分化的时间和消耗,并形成更稳定的血管结构。

二、支架材料

血管组织工程支架材料包括天然材料、可降解合成材料和复合材料。支架材料需满足:可控制的生物可降解性、良好的生物相容性、良好的细胞亲和性、合适的多孔结构、良好的力学性能等。天然生物材料分为大分子结构材料,如丝素蛋白、胶原蛋白、弹性蛋白、明胶等;脱细胞组织基质材料,如脱细胞真皮基质、脱细胞血管基质等。支架材料不仅要考虑不同的细胞类型和结构成分,还要考虑支架的生物化学性能和物理参数,如血液流动和延伸性能。

1. 小口径血管移植 小口径人造血管(指直径≤5mm)在临床上的需求日益增加,小口径人工血管对生物相容性和抗凝血的要求远远高于普通大口径人工血管,其中血管支架的选择对于小口径人工血管的选择非常重要。依据材料来源,大致可分以下几种,以天然材料为基础的血管结构,以合成或复合材料为基础的人造血管以及利用体外培养细胞制作人造血管。

(1) 以天然材料为基础的血管结构:天然材料目前研究较多的有小肠黏膜下层、丝素蛋白、胶原、脱细胞基质等。猪小肠黏膜下层(SIS)及人类动脉基质已经用于人造中小口径血管的研究。首先,将 SIS 包裹在玻璃棒周围并将边缘缝合,形成一管状结构。然后将该血管缝于犬股动脉,6 个月后不仅移植管腔仍保持畅通,同时移植物促进了切口两端血管的再生,该血管在植入后的 28 天就被完全内皮化,90 天后组织学结构与正常动脉相似。在长达 5 年的随访观察中,没有发现感染迹象,无内膜增厚(即成纤维细胞及平滑肌细胞从中膜进入内膜并增生)及动脉瘤形成。此外,再生后的血管壁较原先植入的 SIS 管腔壁厚 10 倍以上,且其机械强度及韧性较正常血管高。Huynh 等人将 SIS 与Ⅰ型牛胶原及 1-乙基-3-(二甲氨基丙基)碳二亚胺盐酸盐(EDC)交联处理,其内表面覆以肝素-苯扎氯铵复合物(HBAC)以阻碍血栓形成,该改良后的 SIS 血管通过旁路移植术嫁接至兔颈动脉。3 个月后,宿主内皮细胞、成纤维细胞、平滑肌细胞迁入移植血管,重塑正常血管结构,并且再生后血管能对去甲肾上腺素、5-羟色胺及缓激肽产生血管舒缩反应。此外,有关幼猪的研究显示,SIS 血管可用于生长期儿童的血管移植。将来源于空肠的幼猪自体 SIS 血管,移植于奇静脉及腔房连接处,形成上腔静脉与奇静脉的贯通。90 天后,幼猪的体重增加了 630%,同时再生血管长度也增加了 147%,周长增加了 184%。再生的血管一直保持通畅,且无动脉瘤的发生,组织学结构也与正常血管相似。在另一些研究中,将猪 SIS 血管、自体大隐静脉及聚四氟乙烯(PTFE)血管分别替代犬颈动脉的一段,比较三者间区别。SIS 血管与大隐静脉性移植血管的通畅性相似(83% 比 88%),明显高于 PTFE 血管(88% 比 25%)。SIS 血管较 PTFE 血管的抗感染能力更强。PTFE 血管不仅内表面容易附着纤维蛋白,并结合血小板及红细胞而形成纤维素性血栓,而且即使在移植 180 天后,这些血管仍不能完全内皮化。然而,也有研究发现,SIS 血管移植于直径 1mm 左右的大鼠股动脉,然而移植后的 1 小时便发生血栓形成、血管闭塞。因而,SIS 血管移植还有待进一步研究。PTFE 血管的通透性可以通过在其内层种植一层内皮细胞而改进。但是种植的内皮细胞在 PTFE 血管上存留率低又是个问题。通过在 PTFE 血管上植入双层细胞,先平滑肌细胞,再内皮细胞,使其在暴露体内血流后内皮细胞的存留率大大提高。

通过部分脱细胞基质可以得到一个自然衍生的三维微血管网络,脱细胞血管基质是采用动物血管,经脱细胞处理而获得的一种生物材料,它不仅去除了血管原有的免疫原性,保持了血管的原有形态和物理性能,而且保存了细胞识别的结合位点,易于种子细胞的种植和吸附。DeQuach 等将猪骨骼肌脱细胞基质水凝胶与单一成分的胶原蛋白水凝胶进行比较,结果显示前者更能促进平滑肌细胞和成肌细胞的浸润与增殖,且在外周动脉疾病的治疗中,能促进小动脉和毛细血管密度增加,同时改善相关的肌肉萎缩。种植在支架材料上的 BMSC 不仅因自身分化为血管内皮细胞而作为血管内皮化的主要来源,同时也提供生物学信号,募集受体循环中的内皮祖细胞参与再内皮化过程。这些对于组织工程血管的内皮化显然具有重要意义。BMSC 复合脱细胞支架制备的组织工程血管可望成为一种新型的血管代用品。

(2) 以合成或复合材料为基础的人造血管:人工合成的材料主要是高分子聚合物材料,分为生物非降解聚合物材料和生物可降解聚合物材料。早期的人造血管主要是聚乙烯、尼龙、涤纶、聚氨酯和 PTFE 等,因不良反应较多现已逐渐淘汰。目前,使用最广泛的合成或复合材料有聚乳酸(polylactic acid,PLA)、聚羟基乙酸(polyglycolic acid,PGA)以及聚乳酸-羟基乙酸(polylactic acid-glycolic acid,PLGA)共聚物等,它们可作为 ECM 的替代物,有良好的生物相容性和生物可降解性。Niklason 等人将牛主动脉平滑肌细胞负载在非交联的多聚乙醇酸管上构建小口径人工生物动脉,并用氢氧化钠水解人工血管表面以促进细胞对多聚体的黏附性。将这些血管置于模拟胚胎发育的流体动力学环境的生物反应器内培养 8 周后,将内皮细胞悬液注入血管内腔促进其黏附,其中,若预先将平滑肌细胞和成纤维细胞植入支架能显著提高内皮细胞贴壁能力,然后该血管在腔内有液流的条件下继续培养 3 天,构建成最终的移植血管。移植血管的组织学和生物化学评估显示,衬有内皮细胞的平滑肌壁含有类似天然动脉的胶原蛋白和平滑肌肌动蛋白。相较于人体隐静脉,该生物血管具有更大的爆裂强度,且在动脉移植的适用范围之内。这种移植血管显现的特性只有在动脉血流的环境下才具有,这也为血管发育中的物理作用力的重要性提供了证据。

大量的生物材料作为人造微环境以支持血管分化、形态发生和管腔形成,尤其是水凝胶被大量应用作为血管网络集合的微环境。水凝胶是富含水分子的亲水性多聚网络结构,通过物理和化学的交联反应组装而成,包括多种天然材料例如胶原、纤维蛋白原、透明质酸以及合成的多聚物(如 PEG 和其衍生物)。研究发现来源于人多能干细胞的特殊细胞类型,称为早期血管细胞,能分化为 EC 和周细胞。且在透明质酸水凝胶基质上可自组织形成微血管网络(图 12-5)

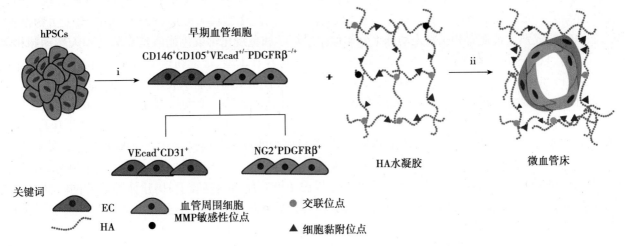

图 12-5　多能干细胞在透明质酸水凝胶基质中形成血管网络
人类多能干细胞在合成的透明质酸水凝胶上,可分化为早期血管细胞(EVC)和外周血管细胞,前者可成熟为有功能的内皮细胞。水凝胶基质支持 EVC 的自组织和分化形成血管网络结构。

基质硬度和水凝胶的重塑对血管形态发生和内皮祖细胞迁移有重要作用。有研究对比了不同基质硬度水凝胶结构,越软的部分则血管发生和血管网络形成更明显,能促进更多的内皮细胞,而在较硬区域则会抑制细胞的迁移。透明质酸水凝胶通过控制基质降解也能支持或抑制血管发生和形成过程。

组织工程血管支架也可以由纳米材料或经过纳米技术处理的天然材料制成。可利用相分离、电纺丝、结构蛋白多肽的自组装等技术构建纳米血管支架,目前应用较多、发展较迅速的是静电纺丝技术。静电纺复合纳米纤维制备的小口径管状支架,既能克服天然高分子材料力学性能的不足,又能避免合成材料在生物相容性和安全性上的缺陷,同时制备多层血管进行功能化修饰,模拟天然细胞外基质的结构和功能,已成为心血管组织修复及再生小口径血管组织工程研究的新方向。静电纺丝技术能够形成纳米到亚微米级纤维,是组织工程中制备支架的常用方法,此种方法制备的支架比表面积大、孔隙率高,纳米纤维直径与体内许多细胞尺寸相当,能够负载生长因子诱导细胞黏附、增殖和分化,对于体外细胞培养、模拟细胞外基质构造具有特殊优势。蚕茧中的静电纺丝也可以作为移植血管支架材料。静电纺丝强度及生物相容性高,具有生物可降解性。将静电纺丝纤蛋白制成管状支架,内面附以基质胶并植入人主动脉内皮细胞及平滑肌细胞。在有液流的生物发生器中,这些细胞附着并增殖。在管腔中植入自体骨髓或外周血来源的内皮祖细胞,能使血管内腔形成具有抗血栓作用的内皮细胞层。这些血管植入主动脉或颈动脉 4 个月后仍能保持通畅,且具有与自体动脉一样的收缩与舒张功能。Zhang 等将种植有人冠状动脉平滑肌细胞和主动脉内皮细胞的电纺丝素蛋白血管支架置于模拟人体最小冠状动脉血流(35mL/min)的灌流生物反应器中培养 14 天,证实动态培养条件下更利于细胞黏附增殖,细胞沿培养基流动方向定向排列。有报道将 PLLA 和 PCL 按 70∶30 的比例共混电纺,制备的多孔膜支架与猪冠状动脉平滑肌细胞复合培养 105 天,观察到该支架能长时间支持血管平滑肌细胞生长和增殖,且维持细胞表型。此外有研究将 PCL 与胶原按 1∶1 共混后电纺,制备了纤维直径不相同的双层血管支架,在内层种植人主动脉内皮细胞,外层种植人主动脉平滑肌细胞,并对不同培养天数两种细胞各自的特异性因子表达情况进行检测,发现支架能支持血管细胞的表型,并且联合培养 4 周后平滑肌细胞移行到支架外层内部,而内皮细胞只在腔面形成单层,通过改变电纺参数可增加支架的孔隙。将蜘蛛丝蛋白、聚己内酯和明胶按不同比例共混制备电纺管状支架,并测试理化性能和细胞相容性。结果表明,该复合材料具有良好的细胞相容性和亲水性,与聚己内酯和蜘蛛丝蛋白/聚己内酯相比,该复合支架更有利于小鼠内皮细胞的增殖和分化。

（3）纯细胞来源支架:L'Heureux等人只利用体外培养的细胞,而不用任何天然或合成支架制作血管。首先,他们将人脐静脉内皮细胞和平滑肌细胞群以及表皮成纤维细胞培养成片层状。其次,将成纤维细胞片层进行脱水处理以形成内膜(inner membrane,IM),并将该IM覆盖于一多孔管(外径3mm)。再次,将平滑肌细胞层包被于IM外周,并在有腔内血流的生物反应器中培养1周。接着,再将另一成纤维细胞片层作为外膜包在血管外并继续培养8周。最后移除多孔轴心管,并将内皮细胞植入腔面,形成完整的人工生物血管。该方法获得的成熟人造血管和正常人动脉十分相似。组织学和免疫化学染色能清楚显示出和天然动脉相像的三层结构,只是平滑肌细胞的密度较天然动脉的低。ECM含Ⅰ型、Ⅲ型和Ⅳ型胶原蛋白,还有层粘连蛋白、纤连蛋白和硫酸软骨素。外膜可以合成大量的弹性纤维,且超微结构显示胶原纤维的组织结构正常。由于存在外膜,移植物的爆裂强度远高于人体隐静脉。内皮细胞的血管性血友病因子表达及ac-LD摄取呈阳性,且不黏附血小板。这些人工生物血管(5cm长)在不含有内皮细胞的情况下(以防止超急性排斥反应)异种植入犬的股动脉,1周以后,通畅度只有50%,但是移植血管的组织学结构完好。这些移植血管在大鼠、犬及非人类灵长类动物体内最多可以存活8个月。除此之外,Koike等人将转染有GFP的人脐带内皮细胞和10T1/2成纤维细胞经体外培养后负载到三维的纤连蛋白Ⅰ型胶原蛋白凝胶上,构建体外血管网。将这些负载细胞的凝胶植入小鼠体内,可以观察到其形成稳定的血管网,该血管网与小鼠的小动脉血管系统相连通。10T1/2细胞通过与内皮细胞的相互作用分化成为平滑肌细胞,且α肌动蛋白免疫染色阳性。局部应用血管收缩剂、内皮素-1,可诱导该人工生物血管的收缩。

ECM在血管分化和生成中具有重要作用。其不仅为各种细胞功能的发挥提供给支架网络结构,也通过细胞与细胞间或细胞与基质间相互作用参与调节细胞行为(细胞黏附、增殖、迁移和分化)。而目前基质重塑和基质硬度已被证实是血管形成的重要因素。有研究将肝素结合肽RGD结合到合成的基质材料上,通过肝素介导的细胞黏附和形态发生能调节血管管腔大小和毛细血管形成。已知低氧通过HIF能促进血管分化和形成,大量实验证实低氧不仅能促进促血管生成因子和受体的表达,还能调节ECM的重塑。因此控制氧张力成为血管组织工程的一种策略,但是直到目前在微环境中,由于监测和控制溶解性氧水平的限制,还很难进一步研究氧张力的作用。最近有研究开发了一种氧浓度可控的水凝胶由明胶和阿魏酸组成,作为3D的低氧微环境,研究发现低氧诱导性水凝胶可精确控制和预测氧浓度,并通过HIF激活MMP而诱导血管的形态发生,促进新生血管形成。

2. 大口径血管移植　Shinoka等人在犬模型中使用可降解支架,将自体大隐静脉来源的混合细胞种植其上,然后移植到下腔静脉,6个月后在移植物表面有内皮细胞单层和平滑肌细胞的表达。其后采用这种方式用于临床研究,将TEVG植入仅有单心室的4岁女孩体内代替形成血栓的肺动脉。TEVG覆盖有来自自体外周静脉的细胞,支架由左旋聚乳酸和聚羟基乙酸共聚而成,8周后能降解,观察到移植7个月后,没有任何的术后不良反应和移植物闭塞或动脉瘤扩张现象。Opitz等人将绵羊自体颈动脉平滑肌细胞负载至聚-4-羟基丁烷支架,并在动脉血流条件下培养,构建出了一种大管径的人工生物主动脉。在该支架内植入内皮细胞后2天,将其包裹于绵羊SIS之中以增加机械应力,然后移植到降主动脉。通过组织学、生物化学评估(最长移植时间为24周)及移植血管的功能性评价(最长移植时间为6个月)。研究者发现,植入后3个月移植血管完全通畅,无闭塞、内膜增厚及扩张现象,且扫描电子显微镜下可见融合性腔性内皮。而6个月后移植物血管出现了部分栓塞并伴有显著扩张,这些异常现象与弹性纤维的分布紊乱和数量的相对减少有关。如自身主动脉壁上布满弹性纤维,而在移植物中只有在管壁近腔部可找到。这项研究表明弹性纤维的合成与分布在使人工生物血管获得正常的机械性能中的重要性。

大血管除了能做移植处理外,还可以进行缺损的修补。Iwai等人研发了一种用于大血管修补的聚乳酸羟基乙酸共聚物—牛胶原海绵支架。聚乳酸羟基乙酸共聚物(PLGA)中的网眼与牛Ⅰ/Ⅳ型胶原与戊二醛交联结合。将20mm×15mm大小的补片移植到犬肺动脉干中,其中某些补片中移植有大隐静脉来源的内皮细胞和平滑肌细胞,其余则没有。6个月后发现,有无细胞植入对结果无影响。补片的大小无变化,补片内膜也没有出现增厚或血栓形成,且移植后的补片机械强度较正常肺动脉大。两组补片的组织学结构及生化组成基本相同,提示该种补片有诱导血管再生的能力。

最近,以聚乙二醇为基础的水凝胶用以促进血管再生,该凝胶中还包括有 MMP 可降解位点(GPQGI-WGQK)、细胞黏附基序(RGD)及 VEGF。将该大分子单体聚合物植入皮下,紫外线照射可使其聚合,然后大量血管长入胶中。将该大分子单体植入股动脉部分切除的小鼠下肢缺血区,利用低剂量紫外线照射使化合物聚合后,血管迅速再生,出现血流再灌注。

三、干/祖细胞移植与细胞因子治疗

1. 干/祖细胞移植 应用组织工程技术将干/祖细胞结合到生物可降解支架材料上,在再生医学治疗中具有重要的前景。成体干细胞(adult stem cell, ASC)在血管再生治疗中的应用越来越引起重视。目前实验和临床应用的 ASC 主要包括内皮祖细胞(endothelial progenitor cells, EPC)、骨髓间充质干细胞(bone marrow mesenchymal stem cells, BMSC)和组织内的多能干细胞。高浓度 EPC 的输注可以增强血管再生能力。组织工程中移植的血管往往具有高血栓形成的风险,所以内皮化过程是值得研究和探讨的,EPC 在其中起到重要作用,除了具有促进血管生成的作用外,也能促进血管的内皮化过程。EPC 能从骨髓、外周血和脐带血中得到。小鼠和兔的下肢缺血会导致外周血中 EPC 增加,促进 DiI 和 Lac-Z 标记的 EPC 进入肢体新生血管及动脉闭塞后的新生角膜血管中。SDF-1 在 EPC 的归巢过程中扮演着重要角色。Yamaguchi 等人发现,经过 7 天培养,66% 的 EPC 表达 SDF-1 受体,即 CXCR4,这些细胞的迁移程度依赖于 SDF-1 浓度。当 SDF-1 和 DiI 标记的人内皮细胞一同注入裸鼠的腓肠肌后,标记细胞在肌肉内累积,血流和血管密度在治疗后 28 天上升。EPC 已证明在种植于 TEVG 多种基质上能产生内皮细胞层,形成非血栓形成的表面,增加血管形成的潜能。双重种植 EPC 和 SMC 或 MSC 能增加中间细胞层,与单独种植 EPC 组比较表达高水平 α 肌动蛋白和肌球蛋白重链。另一项内皮化植入 TEVG 的策略是增加多种 EPC 归巢因子,能减少细胞培养和种植于支架的步骤和时间。某些成分,例如 G-CSF 能增加移植血管的内皮化,NGF 结合到脱细胞基质支架也能增加内皮化过程。研究将自体 EPC 种植于人工血管聚酯表面,并置入犬胸主动脉下段,结果显著提高了人工血管内皮全层覆盖率并表现出血管内皮的相应功能。将内皮组细胞与三维基质培养的管状结构移植入小鼠的腹主动脉来观察血管结构的形成,发现管腔表面完全内皮化,且 15 天后血管壁全层再生。Brett 等人也利用内皮祖细胞构建了小口径的组织工程化动脉血管。

Tateishi-Yuyama 等人的随机对照试验评价了在缺血腓肠肌注入自体骨髓单核细胞的效果和安全性。一组单侧肢体缺血的患者患侧注入骨髓单核细胞(bone marrow mononuclear cells, BM-MNC),健康侧注入生理盐水,另一组双侧肢体缺血的患者一侧注入骨髓细胞,另一侧注入外周单核细胞。注入外周单核细胞和生理盐水的肢体均无改善,注入骨髓细胞的肢体的踝臂指数、经皮血氧分压、静息痛和跛行时间均有明显改善,且疗效能持续 24 周。在组织工程血管移植(tissue engineered vascular graft, TEVG)中,BM-MNC 已被广泛应用(表 12-1)。一般而言,使用 BM-MNC 构建 TEVG 中存在两种不同的方式,一种是在植入移植物前,在体外特定的培养条件下预分化 BM-MNC,使其形成不同血管表型,另一种方式是没有分化步骤,直接移植 BM-MNC。

表 12-1 干细胞组织工程血管移植研究现状

干细胞类型	植入细胞类型	细胞来源	支架	植入位置
BM-MNC	SMC/EC	犬	脱细胞颈动脉基质	颈动脉
BM-MNC	SMC/EC+G-CSF	犬	脱细胞腹主动脉基质	腹主动脉
BM-MNC	SMC/EC	犬	PGA/PLCL	腹主动脉
BM-MNC	SMC/EC	羊	PGA/PLCL	下腔静脉
BM-MNC	SMC/EC	猪	脱细胞腹主动脉基质	腹主动脉
BM-MNC	SMA+EC	羊	纤维蛋白水凝胶	颈静脉

续表

干细胞类型	植入细胞类型	细胞来源	支架	植入位置
BM-MNC	BM-MNC	犬	PCL/PLLA	下腔静脉
BM-MNC	BM-MNC	犬	PCL/PLLA	下腔静脉
BM-MNC	BM-MNC	羊	PCL/PLLA/PGA	下腔静脉
BM-MNC	BM-MNC	人	PCL/PLLA/PGA	腔肺连接处
BM-MNC	BM-MNC	人	PCL/PLLA/PGA	下腔静脉
BM-MNC	BM-MNC	人	PCL/PLLA/PGA	下腔静脉
BMSC	SMC/EC	羊	脱细胞颈动脉基质	颈动脉
BMSC	BMSC	犬	PLGA/聚氨酯	腹主动脉
BMSC/EPC	BMSC/EPC	人	PGA/PLLA	颈动脉
BMSC	BMSC	人	PLLA	颈动脉
MDSC	MDSC	鼠	PEUU	腹主动脉
周细胞	周细胞	人	PEUU	腹主动脉
PB-EPC	PB-EPC	犬	胶原/聚氨酯	颈动脉
PB-EPC	PB-EPC+SMC	羊	脱细胞颈动脉基质	颈动脉
CB-EPC	CB-EPC+SMC	人	脱细胞颈动脉基质	颈动脉
PB-EPC	PB-EPC	猪	脱细胞基质	颈动脉

注:BM-MNC=骨髓单核细胞,BMSC=骨髓间充质干细胞,MDSC=肌肉来源间充质干细胞,PB-EPC=外周血内皮祖细胞,CB-EPC=脐带血内皮祖细胞,G-CSF=粒细胞集落刺激因子,SMA=α平滑肌肌动蛋白,PGA=聚羟基乙酸,PLCL=聚左旋乳酸己内酯,PCL=聚己内酯,PLLA=左旋聚乳酸,PLGA=聚乳酸羟基乙酸共聚物,PEUU=聚乙二醇聚醚氨酯脲

Lim 等研究发现 BM-MNC 种植于聚左旋乳酸己内酯支架上,在移植前表达低水平 eNOS,而在犬模型中植入 8 周后 eNOS 与正常动脉中水平相同。Wu 等构建了一种支架,由聚丙三醇-癸二酸、血浆和血小板组成,能将种植其上的 BM-MNC 分化为平滑肌细胞。在移植前不分化 BM-MNC,能明显减少组织工程血管移植的准备时间,这种方式优于分化后移植方式。Matsumura 等第一个使用了这种方式并首先在 TEVG 中使用 BM-MNC,研究通过种植 BM-MNC 到由聚 ε-己内酯和聚左旋乳酸组成的支架上,然后移植到狗下腔静脉中,发现能产生由平滑肌细胞和内皮细胞组成的血管,并且能保持 2 年时间。植入的 BM-MNC 在其未分化状态能导致移植物由平滑肌细胞和内皮细胞组成,但是这个具体的过程是如何产生的仍未知。许多研究提供了可能的机制,BM-MNC 是由多种细胞组成的细胞群,单核细胞被认为在 BM-MNC 再生血管组织中起到重要作用,并且使其保持再生能力。有研究比较了支架上种植 BM-MNC 全细胞、BM-MNC 无单核细胞以及单核细胞三种类型,所有组均能产生有内皮细胞和平滑肌细胞的血管,仅在移植物形成的血管直径大小存在差异,6 周后植入单核细胞组明显大于无单核细胞组。作者表明可能的机制是单核细胞在长期血管形成中起到作用。并且其他相关研究也证明了单核细胞在血管重塑的作用。此外,种植细胞的支架与未种植的相比,移植后 1 周细胞密度明显较高,且随着时间推移,高密度仍然持续存在,这表明种植的 BM-MNC 以旁分泌方式通过募集宿主细胞启动了血管重塑过程。Roh 等的研究将人 BMC 种植于生物可降解支架上,植入小鼠下腔静脉,6 个月后观察组织工程移植物转变为体内活血管,且种植的人 BMC 在移植数天后不再能检测到,取而代之支架上布满小鼠单核细胞,随后又出现小鼠内皮细胞和平滑肌细胞。种植的 BMC 能分泌大量的 MCP-1 增加小鼠体内单核细胞趋化作用。这项研究表明 TEVG 转化为体内有功能的新生血管结构是通过炎症反应介导的血管重塑过程,大部分宿主细胞(内皮细胞和 SMC)均是被骨髓单核细胞募集而来,并不是通过种植的 BMC 直接分化而来。

而将 MCP-1 微颗粒种植于移植物上,能产生与种植 BM-MNC 类似的血管重塑再生过程,内皮细胞和平

滑肌细胞覆盖移植物,形成内皮化过程,并且这两种细胞均不是来源于宿主骨髓内的祖细胞而是由邻近血管中分化细胞迁移而来。这种单核细胞启动血管再生的机制。

此外,BMSC 是 BM-MNC 例的亚群,和单核细胞类似,BMSC 能分泌多种促血管生成生成因子和细胞因子,在组织工程血管移植中也起到重要作用,研究结果也较多。使用静电纺丝技术产生聚左旋乳酸己内酯支架,具有释放肝素的能力,通过种植 BMSC 到支架上促其分化为内皮细胞。有研究将羊 BMSC 种植于脱细胞基质支架前分化为内皮细胞和平滑肌细胞,然后将构建的支架自体植入羊模型内,支架由血管成分细胞组成,可观察到支架具有血管形成能力和抗血栓作用。脂肪来源间充质干细胞(ADSC)也具有分化为内皮细胞和平滑肌细胞的能力,并且已有研究进行了 TEVG 的构建。研究发现,ADSC 分化的内皮细胞种植于纤连蛋白并暴露于剪切血流下,通过上调 α5β1 整合素能增加其驻留。许多研究通过在脱细胞基质上覆盖纤连蛋白和 I 型胶原蛋白能明显促进细胞种植。在联合 TGF-β1 和骨形成蛋白4 作用下,ADSC 能分化为平滑肌细胞,且在生物反应器中当种植于聚羟基乙酸时,平滑肌表面标记增多(如 α 平滑肌肌动蛋白、钙调蛋白、肌球蛋白重链)。类似 BM-MNC,ADSC 也能分泌促血管生成、炎症和趋化因子。骨骼肌也是 MSC 的来源,有研究用肌肉来源间充质干细胞(MDSC)构建 TEVG。有研究构建和实验了人周细胞为基础的 TEVG,所有种植后的支架在移植 8 周后显示出比未种植组更好的再生血管能力,种植组具有更广泛的血管重塑所需胶原、弹性蛋白、平滑肌细胞层和 vW 因子。

2. 生长因子/细胞因子 生长因子及细胞因子对血管化过程具有重要的促进作用,可有效刺激内皮细胞和祖细胞的聚集与增殖,促进新生血管形成及发育成熟。目前已知的促进血管生成的因子主要有 VEGF、bFGF、HGF 等;另外一些细胞因子,如 PDGF、TGF-β、Ang 等,作为间接的血管生成因素参与内皮细胞的再生,加速血管化的进程。VEGF 和其受体(Flk 和 Flt)被认为在血管生成和血管发生中起到最重要的作用,能够调节 EC 的生存、分化、增殖、形态发生和迁移。小鼠 MSC 的条件培养基含有 VEGF、FGF-2、LGF 及单核趋化因子蛋白-1(MCP-1),能促进内皮和平滑肌细胞增殖。向其中加入 VEGF 和 FGF-2 抗体后,该培养基的促增殖作用减弱。将动物的股动脉结扎造成下肢缺血模型,并在内收肌群肌注 MSC,缺血区的血循环明显改善,患肢的自截率降低,肌肉萎缩及瘢痕减少。然而,以上作用并不是由于 MSC 合并入新生血管引起,而是通过分泌 VEGF 和 FGF-2 发挥作用。在缺氧条件下,人脂肪基质细胞(hADSC)分泌 VEFG 增加了 5 倍,该条件培养基在体外能显著促进内皮细胞的增殖并抑制其凋亡。体内实验也表明,股动脉结扎的裸鼠在注入 GFP 标记的 ADSC 后胫前肌血流明显改善。

临床试验表明,VEGF、FGF-2 与内皮细胞的联合应用并不减轻患者缺血症状及降低死亡率。尽管在短期内有血管再生,但新生的毛细血管不稳定,无法提供长期的血流灌注。但如果联合输注平滑肌细胞前体,则可以增强新生毛细血管的稳定性。多种生长因子可以促进血管周围基质中平滑肌细胞向新生血管募集,其中最重要的是 PDGF。Frontini 等人发现,平滑肌细胞分泌的 FGF-9 可以通过 hedgehog 信号途径增加细胞表面 PDGF 受体表达,从而促进平滑肌细胞的募集。含有 FGF-2、FGF-9 的基质栓植入到小鼠皮下,可以促进丰富的毛细血管网形成,3 年后其密度较单用 FGF-2 基质增高 3 倍。此外,把神经生长因子 1 和神经生长因子 4 的基因片段导入小鼠的缺血腓肠肌中,同样可以促进血管形成。

在经典药物治疗中,Walter 等人研究发现,他汀类药物(如辛伐他汀)可以加快球囊损伤颈动脉的再内皮化。研究人员利用球囊损伤裸鼠颈动脉后输注 *Tie2/lacZ* 小鼠的骨髓细胞,他汀治疗组颈动脉内腔的再内皮化过程中的骨髓细胞整合率是对照组的 5 倍。他汀类药物不仅能增加大鼠循环中 EPC 的数量,体外实验也表明,他汀类药物可以上调 α5、β1、α V 及 β5 整合亚单位而促进人 EPC 黏附到奇静脉内皮细胞层。此外,辛伐他汀还可以通过下调 RhoA,上调 HIF-1α 来诱导内皮细胞表达 VEGF。联合应用他汀类药物动员祖细胞及 SDF-1 增强细胞入驻,小鼠缺血下肢中血管再生有显著提高。

因为生长因子的高降解率,使生长因子随时间变化释放到目标植入部位,成为技术上需要克服的问题。以确保生长因子有效的传递和发挥作用,目前有各种复合材料的缓释装置。可降解多孔层结构或预包埋的微球生物材料已用于控制生长因子的释放,把生长因子包埋在生物可降解的聚合物中,如聚乳酸-羟基乙酸共聚物(PLGA)或多聚赖氨酸,这样可以持续释放生长因子。最新的一项研究设计了一种皮下细胞释放装置(ICDD),研究人员将能释放高浓度 VEGF 的组织工程化平滑肌细胞置入 ICDD 中,再通过回旋支近端植入慢性完全闭塞病变猪体内。植入体内的 ICDD 能够持续释放 VEGF,CT 显示 ICDD-VEGF 能明显增加微血管密度和局部血流。通过这种装置皮下植入后长久、持续释放生长因子,为慢性闭塞病变微血管网络的生成提供了新的方式。

生长因子的剂量和组合方式也是血管再生的关键,如通过 Ang-1 过表达,来加强三维多孔藻酸盐支架的血管化,可能会导致血管内皮增生和血管丢失减少。在新构建的水凝胶基质上,通过结合 VEGF 和 Ang-1 或结合 VEGF、IGF、SDF-1 的组合均取得良好血管生成作用。目前研究仍是集中在一种特定类型生长因子,而因子之间和组合信号之间的作用及关系研究仍较少,因体内环境的复杂性,需进一步阐释血管化的具体机制,合理高效利用生长因子等。

除了促血管生成的生长因子外,新近发现一些蛋白或肽类因子也具有血管再生的作用。Lee 等成功地将抗凋亡药物联合 VEGF 植入体内,治疗小鼠下肢缺血疾病。抗凋亡药物由一种热休克蛋白融合了转录激活因子 TAT,VEGF 则包被在聚乳酸-羟基乙酸共聚物微粒内,然后将所有成分结合到藻酸盐水凝胶上,TAT 元件和多孔渗透微粒能有效控制热休克蛋白和 VEGF 的释放。另一种具有潜在治疗作用的药物是胸腺素 β4(Tβ4),由 43 个氨基酸组成的肽,已证实通过募集 EC 和 SMC 具有促血管生成和保持血管稳定性的作用。许多研究发现在聚乙二醇和胶原为基础的凝胶材料上结合 Tβ4,使其在局部释放治疗梗死心肌,并观察到内皮细胞迁移和脉管结构的形成。

小　结

随着对血管再生的过程和机制的深入研究,提出了开展能同时促进心肌细胞再生和血管新生的治疗策略。今后的研究需进一步阐明 EPC 的表面标记,使 EPC 体外培养、鉴定、增殖更加容易,以得到足够数量的血管内皮祖细胞供治疗使用。此外,采用胚胎干细胞和 iPSC 修复血管再生也具有一定的应用前景,但离真正的临床应用还有一定距离,这方面还缺乏更坚实的理论基础,仍需进行大量的基础研究。总之,心血管再生领域仍然面临着很多重大的问题,任重而道远。

在心血管领域,血管移植也是目前再生治疗的热点目标,尤其是细胞移植和人造组织重构。血管再生及人造血管是治疗血管疾病很重要的一步。内皮干细胞移植、无细胞的人工血管等已被广泛研究。EPC 联合使用促进其归巢及增殖的因子,可以增强血管再生及改善缺血区的血流供给。这些作用因子通常是趋化因子 SDF-1 和生长因子 VEGF 和 FGF-2。他汀类药物,如辛伐他汀,能加速损伤动脉的再内皮化过程,这意味着患者在服用这些降胆固醇的药物的同时获得动脉修复增强的能力。SIS 管状支架、人动脉基质移植也能促进宿主来源的血管的内皮、平滑肌和成纤维细胞的再生。这些动脉的组织学结构和正常动脉相似,相对来说,爆裂强度较隐静脉相似或更高。

（余红　施萍　庞希宁）

参 考 文 献

1. Krawiec JT, Vorp DA. Adult stem cell-based tissue engineered blood vessels:a review. Biomaterials,2012,33(12):3388-3400.

2. Cho SW,Lim SH,Kim IK,et al. Small-diameter blood vessels engineered with bone marrow-derived cells. Ann Surg,2005,241(3):506-515.

3. Cho SW,Lim JE,Chu HS,et al. Enhancement of in vivo endothelialization of tissue-engineered vascular grafts by granulocyte colony-stimulating factor. J Biomed Mater Res A,2006,76(2):252-263.

4. Lim SH,Cho SW,Park JC,et al. Tissue-engineered blood vessels with endothelial nitric oxide synthase activity. J Biomed Mater Res B Appl Biomater,2008,85(2):537-546.

5. Roh JD,Brennan MP,Lopez-Soler RI,et al. Construction of an autologous tissue-engineered venous conduit from bone marrow-derived vascular cells:optimization of cell harvest and seeding techniques. J Pediatr Surg,2007,42(1):198-202.

6. Cho SW,Kim IK,Kang JM,et al. Evidence for in vivo growth potential and vascular remodeling of tissue-engineered artery. Tissue Eng Part A,2009,15(4):901-912.

7. Liu JY,Swartz DD,Peng HF,et al. Functional tissue-engineered blood vessels from bone marrow progenitor cells. Cardiovasc Res,2007,75(3):618-628.

8. Hibino N, Shin'oka T, Matsumura G, et al. The tissue-engineered vascular graft using bone marrow without culture. J Thorac Cardiovasc Surg, 2005, 129(5):1064-1070.

9. Matsumura G, Ishihara Y, Miyagawa-Tomita S, et al. Evaluation of tissue-engineered vascular autografts. Tissue Eng, 2006, 12(11): 3075-3083.

10. Brennan MP, Dardik A, Hibino N, et al. Tissue-engineered vascular grafts demonstrate evidence of growth and development when implanted in a juvenile animal model. Ann Surg, 2008, 248(3):370-377.

11. Hibino N, McGillicuddy E, Matsumura G, et al. Late-term results of tissue-engineered vascular grafts in humans. J Thorac Cardiovasc Surg, 2010, 139(2):431-6, 436. e1-2.

12. Mirensky TL, Hibino N, Sawh-Martinez RF, et al. Tissue-engineered vascular grafts: does cell seeding matter?. J Pediatr Surg, 2010, 45(6):1299-1305.

13. Roh JD, Sawh-Martinez R, Brennan MP, et al. Tissue-engineered vascular grafts transform into mature blood vessels via an inflammation-mediated process of vascular remodeling. Proc Natl Acad Sci, 2010, 107(10):4669-4674.

14. Zhao Y, Zhang S, Zhou J, et al. The development of a tissue-engineered artery using decellularized scaffold and autologous ovine mesenchymal stem cells. Biomaterials, 2010, 31(2):296-307.

15. Zhang L, Zhou J, Lu Q, et al. A novel small-diameter vascular graft: in vivo behavior of biodegradable three-layered tubular scaffolds. Biotechnol Bioeng, 2008, 99(4):1007-1015.

16. Hjortnaes J, Gottlieb D, Figueiredo JL, et al. Intravital molecular imaging of small-diameter tissue-engineered vascular grafts in mice: a feasibility study. Tissue Eng Part C Methods, 2010, 16(4):597-607.

17. Hashi CK, Zhu Y, Yang GY, et al. Antithrombogenic property of bone marrow mesenchymal stem cells in nanofibrous vascular grafts. Proc Natl Acad Sci, 2007, 104(29):11915-11920.

18. Nieponice A, Soletti L, Guan J, et al. In vivo assessment of a tissue-engineered vascular graft combining a biodegradable elastomeric scaffold and muscle-derived stem cells in a rat model. Tissue Eng Part A, 2010, 16(4):1215-1223.

19. He W, Nieponice A, Soletti L, et al. Pericyte-based human tissue engineered vascular grafts. Biomaterials, 2010, 31(32): 8235-8244.

20. He H, Shirota T, Yasui H, et al. Canine endothelial progenitor cell-lined hybrid vascular graft with nonthrombogenic potential. J Thorac Cardiovasc Surg, 2003, 126(2):455-464.

21. Zhu C, Ying D, Mi J, et al. Development of anti-atherosclerotic tissue-engineered blood vessel by A20-regulated endothelial progenitor cells seeding decellularized vascular matrix. Biomaterials, 2008, 29(17):2628-2636.

22. Quint C, Kondo Y, Manson RJ, et al. Decellularized tissue-engineered blood vessel as an arterial conduit. Proc Natl Acad Sci, 2011, 108(22):9214-9219.

23. Matsumura G, Miyagawa-Tomita S, Shin'oka T, et al. First evidence that bone marrow cells contribute to the construction of tissue-engineered vascular autografts in vivo. Circulation, 2003, 108(14):1729-1734.

24. Hibino N, Villalona G, Pietris N, et al. Tissue-engineered vascular grafts form neovessels that arise from regeneration of the adjacent blood vessel. Faseb j, 2011, 25(8):2731-2739.

25. Centola M, Rainer A, Spadaccio C, et al. Combining electrospinning and fused deposition modeling for the fabrication of a hybrid vascular graft. Biofabrication, 2010, 2(1):014102.

26. McIlhenny SE, Hager ES, Grabo DJ, et al. Linear shear conditioning improves vascular graft retention of adipose-derived stem cells by upregulation of the alpha5beta1 integrin. Tissue Eng Part A, 2010, 16(1):245-255.

27. Wang C, Cen L, Yin S, et al. A small diameter elastic blood vessel wall prepared under pulsatile conditions from polyglycolic acid mesh and smooth muscle cells differentiated from adipose-derived stem cells. Biomaterials, 2010, 31(4):621-630.

第十三章

胰腺干细胞与再生医学

胰腺(pancreas)是一个重要的,兼有内分泌和外分泌功能的器官。成人的胰腺包括位于胰岛分泌激素的内分泌组织,分泌消化酶的外分泌泡状腺组织,以及输送消化酶的胰腺导管组织。胰腺内分泌组织由成千上万的胰岛集合而成。实体上皮器官胰腺更新能力低,相对而言再生能力较差。但是,胰腺具有很强的损伤诱导再生能力。胰腺干细胞和再生医学因为胰岛内分泌混乱(如糖尿病)等而受到高度重视。本章将主要介绍胰腺发育及干细胞与再生医学进展。

第一节　胰腺的发育

一、胰腺发育的过程

胰腺是由内胚层发育而成的器官。内胚层是人体内能够顺序发育成所有组织和器官的三个原始胚层之一。人类胰腺的发育有一个显著特征,是由两个独特的彼此分离的原始器官相遇并融合,最终发育成的一个独立的器官。在胚胎发育第 26 天左右,发育中的肝管对侧形成背侧胰芽,它是由前肠末端大约 300 个细胞形成的细胞簇构成的内胚层外突,背侧胰芽生长并进入背侧肠系膜。在发育过程的第 5 周,由于前肠壁生长速度的差异致使胃旋转至左侧腹部,肝管及相应的腹侧胰芽则绕着前肠迁移并将与背侧胰芽汇合。至第 6 周开始,两个胰芽融为一体,管道系统也相互吻合,成为一个统一的单位。同时,发育中的肝和胃在腹腔内继续扩大,肝脏转移至右侧,胃翻转并转移至左侧,这使得发育中的十二指肠、胰腺及相连的肠系膜均转移至右侧腹部。随后,胰腺侧躺于后侧腹部并定位于腹膜后。最终,背侧和腹侧的主胰管相互连接。尽管背侧胰芽大于腹侧胰芽,但是腹侧胰管最终发育成为主胰管。背侧胰管的残余部分退化或保留至成人期衍化成为副胰管。

背侧和腹侧胰芽生长时其周围中胚层发育包绕主胰管上皮。随着主胰管的延伸,次级胰管形成并分支,它们交替延伸并形成更细微的分支。直至第 9 周开始时,末端小管终止于初始腺泡中的细胞簇。初始胰岛细胞团块从小管处迁移至发育的腺体基质中,这样,新的细胞簇继续形成并且出芽。通过胰岛前体细胞的增殖、分化并与细胞簇融合形成胰岛。

直至第 12 周,小叶间导管形成,它的形成决定了胰腺小叶结构未来的发展模式。小叶间导管的远端通过小叶内导管与发育中腺泡延伸出的终末导管网连接。由发育中的脉管系统包绕着原始小管和由均一的细胞间质组成的(间质)结构。随着腺泡扩张,锥体细胞出现在终末端细胞团块中,逐渐生长并包围原始的泡心细胞。外分泌系统的上皮细胞随着其分化过程表达糖原,因此腺泡细胞中糖原的浓度较高,而上皮细胞中糖原的浓度较低。在基质中则出现了大量的结缔组织和由间充质细胞分化产生的成纤维细胞。

在第 14～20 周,腺泡发育导致体积不断扩大,而基质成分逐渐减少,因此,小叶的外形也逐渐清晰起来。随着腺泡的成熟,细胞内糖原不断减少并伴有相应数量酶原颗粒的增加。直至第 16 周,第一个成熟腺泡形成。至第 21 周,导管和大部分腺泡细胞中不再分泌糖原,而腺泡中酶原颗粒的数量和体积不断增加,直至出生。

胰腺继续成长并发育,在出生时发育成熟。实验证明,上皮与间质的相互作用在分支的形态发生和细胞分化过程中起着一定的作用,并决定了胰腺中各类细胞的相对比例。

二、胰腺发育的调节

在胰腺正常发育各阶段中,至少受 3 个主要的调节器控制,即转录因子、非编码小分子 RNA 和表观遗传修饰分子。转录因子在胰腺特化、谱系发育、细胞功能的维护方面起关键的决定作用(图 13-1,图 13-2)。

局部区域的前肠内胚层祖细胞表达 TCF2(T cell factor 2,T 细胞因子 2),也称为 HNF1B(hepatocyte nuclear factor 1b,肝细胞核因子 1b),HNF6(也称为 Onecut 1),Sox9(Sry-related HMG box transcription factor 9,Sry 基因相关的 HMG 盒转录因子 9)和 Rfx6(regulatory factor X-box binding 6,调控因子 X-盒 6)。抑制音猬(sonic hedgehog,Shh)信号通路引起胰腺祖细胞的发育。这些祖细胞表达几个转录因子,特别是 Pdx1(pancreas and duodenum transcription factor 1,胰腺和十二指肠转录因子 1,也称为 IPF1),胰腺转录因子 1a(pancreas transcription factor 1a,Ptf1a),Nkx2.2(NK 家族同源盒因子 2.2)、Nkx61 和 HB9[也称为运动神经元和胰腺同源盒 1(motor neuron and pancreas homeobox 1,Mnx1)]的表达。Sox9 基因的表达抑制 Notch 信号通路激活螺旋-环-螺旋转录因子神经元素 3(helix-loop-helix transcription factor neurogenin 3,Ngn3),这些胰腺祖细胞分化为内分泌胰岛细胞谱系的前体。这些内分泌祖细胞也表达 NeuroD(neuronal differentiation 1,神经细胞分化 1),IA1(insulinoma associated 1,胰岛素瘤相关 1),ISL1(胰岛 1),PAX6(paired box factor 6,配对合因子 6)和 Rfx6。然后内分泌祖细胞可以分化成五类胰岛细胞(α、β、δ、PP 和 ε)。例如,MAFB(musculoaponeu-rotic fibrosarcoma oncogene family protein B,肌肉腱膜纤维肉瘤癌基因家族蛋白 B)、Pdx1、PAX4 和 Nkx2.2 等表达的祖细胞会成熟为分泌胰岛素的 β 细胞,而细胞表达 Brn4(brain-specific POU-box factor,大脑特定的 POU 盒因子)和 Pax6 分化成为胰高血糖素分泌细胞。

微小 RNA(microRNA)是新近发现的重要的发育调节监管机制之一。当 PDX1 驱动条件性敲除 DICER1(编码 RNase Ⅲ 酶为生成成熟 miR 所必需)后,所有三个胰腺谱系均出现缺陷,即包括外分泌、导管和内分泌

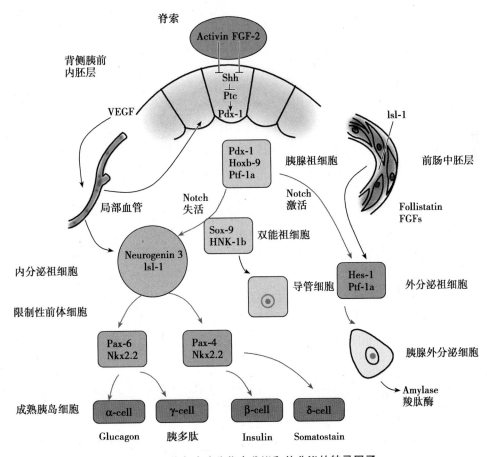

图 13-1　潜在胰腺分化内分泌和外分泌的转录因子

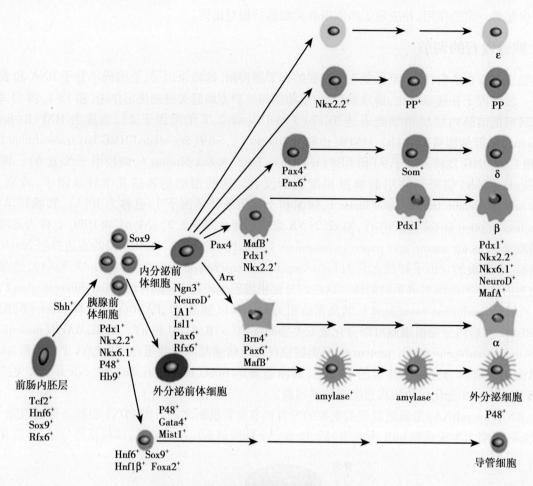

图 13-2　胰腺的谱系发育与转录因子的作用

的组织。特别是 α、β、δ 和胰多肽细胞的数量分别减少了 79%、94%、95% 和 86%。另外，缺乏 miR-375 的小鼠表现出胰腺 α 细胞数目的增加，同时 β 细胞数量减少，并发现新生高血糖症。

表观遗传修饰（epigenetic modifiers）主要是调节转录因子的活性。例如，胰腺 β 细胞的功能特性是通过 DNA 甲基化来抑制 aristaless 相关同源异型框转录因子（aristaless-related homeobox，ARX）。

尽管各物种之间胰腺发育调节过程相似，但也存在着许多不同之处。例如，在人类胚胎的发育过程中，背侧胰芽在受孕后第 26 天即可被发现（这个阶段相当于小鼠胚胎期第 9.5 天）。到受孕后第 52 天即能检测出胰岛素阳性细胞，比与之对应的小鼠胚胎发育早 2 星期。且人胰岛素阳性细胞在 8～10 周时出现，先于胰高血糖素阳性细胞。所有的人胰岛细胞均可在人类胚胎发育的前 3 个月内检测出来。而在小鼠，直到胚胎第 17.5 天才能检测出这些胰岛细胞的存在，较人类胚胎发育要晚。虽小鼠的 Ngn3 的 mRNA 的表达峰在胚胎第 15.5 周（相当于人胚的 7～8 周），人的 NGN3 表达峰较晚在胚胎 11～19 周之间。此外，人类胰岛发育中 NGN3 的关键作用尚不是太确定，两个纯合子 NGN3 突变的患者在 8 岁时才出现糖尿病，而 Ngn3 基因敲除小鼠没有胰岛细胞，出生后即死亡。这些资料表明，在人类和鼠的胚胎发育过程中，关键发育事件的发生顺序是不同的。这两个物种系的发育和疾病发展过程中，基因表达的模式也不同，进一步验证了上述观点。

第二节　胰腺结构和功能

胰腺表面覆盖有薄层疏松结缔组织，这些结缔组织深入腺实质形成网状隔膜，将实质分隔成许多小叶。人类的胰腺是一个长度为 12～15cm 逐渐拉长变细的组织，它位于左上腹部，背侧贴于后腹壁。

一、胰腺的结构

胰腺可分为胰头、胰体和胰尾。其外分泌部负责释放各种消化酶和盐类,两者经由导管系统运输至肠道,共同参与消化作用。其腺泡产生排空作用将内容物排入腺泡中心的腺管中并逐步排放至较大的小叶内导管、小叶间导管,最终进入主胰管。主胰管横贯整个胰腺,沿途收集各胰腺小叶的分支胰管,再与胆总管汇合后开口于十二指肠上段。胰管的分布并不是一成不变的,经常有变异的存在,最常见的是副胰管,它时常开口于主胰管远端几厘米处的十二指肠副乳头或开口于胆总管。

胰腺小叶内有两种类型的细胞,外分泌细胞称为腺泡,内分泌细胞簇被称为胰岛朗格汉斯细胞。这两种细胞类型从胰芽的内胚层上皮细胞个体发育过程中发展而来。腺泡细胞分泌大量的消化酶进入小间管的内腔,这些小间管连接更大的小叶内导管,又与更大的小叶间导管相连;这些更大的小叶间导管又注入胰管,再与十二指肠相连。间管上皮分泌含有高浓度碳酸氢钠的液体,它能中和由胃到达十二指肠的胃酸。

二、胰岛细胞及功能

胰岛散布在腺泡中,仅占整个胰腺体积的 1%~2%。胰岛呈不规则的束状且由细胞团和毛细血管包裹。胰岛内富含由有孔毛细血管构成的网格系统。这种毛细血管网的形成可以使小叶内动脉首先供应毛细血管网并营养其周围的腺泡组织来产生一定程度的自我调节,进而维持胰腺分泌的自我调节作用。此外,血管交感神经的刺激和分泌单位对胰腺的内分泌也具有一定的调节作用。人体的胰腺中包含了约 100 万个胰岛,它们是由几十到几千个细胞组成的体积不等的小的球形细胞簇。胰岛散布于胰腺各处,以尾部最为常见。这些胰岛有丰富的血供,并直接向血管中分泌激素。胰岛中至少包含 5 种类型的内分泌细胞,其中各个类型细胞的大小及相对位置均由种族及发育顺序决定。

α 细胞占人体胰岛细胞总数的 20%~30%,它们包绕胰岛,位于胰岛的外周,其分泌的胰高血糖素有助于提高血糖水平。胰高血糖素的分泌受胃肠道激素、自主神经功能及旁分泌机制(如生长抑素释放等)的调节。

β 细胞占人体胰岛细胞总数的 60%~75%,他们一般分布于胰岛的中心部位,其分泌的胰岛素和胰岛淀粉样多肽分别具有降低血糖水平及调节胰岛素释放的作用。胰岛 β 细胞的分泌受胰高血糖素、胃肠道激素、血糖水平和自主神经功能的调节。

δ 细胞占人体胰岛细胞总数的 5%,它们是包绕胰岛,位于胰岛外周的神经分泌细胞。δ 细胞可以释放生长抑素,这是一种抑制胰岛素分泌的旁分泌抑制剂。

此外,胰岛内还存在几类所占比例较小的细胞,包括 PP 细胞和生长素释放肽(ghrelin)细胞。PP 细胞是一种神经内分泌细胞,它占人体胰岛细胞总数的 1%。PP 细胞可以分泌胰多肽,这是一种抑制腺泡细胞分泌的旁分泌抑制剂。生长素释放肽细胞常在发育的胰腺中被发现。

第三节　胰腺 β 细胞的再生

一、胰腺再生模型

人类的胰腺损伤后再生还不清楚,但是小鼠胰腺具有低水平的持续再生能力并能损伤后进行再生。在胰腺导管的短暂结扎或乙硫氨酸处理胰岛细胞和胰管导致其选择性破坏后,腺泡组织会迅速再生。通过手术摘除胰腺的 60%~90% 导致腺泡和胰岛组织的再生,这种观察最早追溯到 20 世纪 20 年代。链脲霉素(STZ)能选择性地破坏胰岛 β 细胞群。没有其他的损伤 β 细胞不会再生,但 STZ 治疗后进行局部胰腺切除术(PP)后 β 细胞会明显再生。

二、胰腺 β 细胞的再生来源于局部胰腺切除术的母细胞

基因标记研究强烈地证明了再生的 β 细胞源于局部胰腺切除术的母细胞。为了研究正常和损伤条件下

再生 β 细胞的来源,2004 年 DOR 等选择性标记的完全分化的 β 细胞中携带他莫昔芬诱导的 Cre/雌激素受体融合基因的胰岛素启动子和报告基因构建由人胎盘碱性磷酸酶基因(HPAP)通过一种普遍存在的 CMV/β-肌动蛋白启动子由加注好液氟液氧混合剂的停止盒(图 13-3)分隔。脉冲式的他莫昔芬注射允许 CreER 蛋白转运到细胞核,并切除停止盒,让 HPAP 向脉冲期间表示。脉冲后,将标记的 β 细胞能够在胰腺的生长或 PP 后再生过程中进行跟踪。如果新的 β 细胞产生非胰岛素干细胞,它们将是无标记的,仅能通过稀释 HPAP 细胞的百分比时间进行比较。如果它们从预先存在的 β 细胞产生,HPAP 细胞的百分比将不会改变。

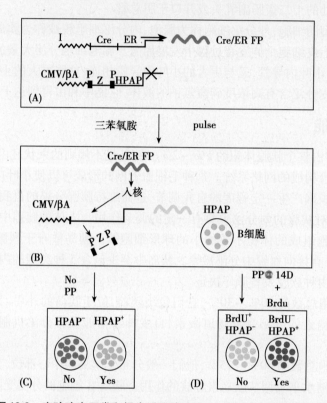

图 13-3　实验确定正常和损失诱导胰腺再生过程中新生 β 细胞来源
(A)用由胰岛素基因启动子驱动的 Cre/雌激素受体基因(Cre/ER)和由 CMV/B-actin 启动子驱动的胎盘碱性磷酸酶基因(HPAP)构建转基因小鼠。Cre/ER 融合蛋白(FP)被表达,但没有激素脉冲时不能进入细胞核。HPAP 不表达因为在 HPAP 基因和启动子之间插入了一个由 LacZ 序列组成的终止框。(B)他莫昔芬(抗雌激素)脉冲诱导 Cre/ER 融合蛋白的核定位,在 β 细胞内终止框被选择性切除,进而使 HPAP 得以表达。被标记的细胞能被示踪,正生长的胰岛(C)或局部胰腺切除术后用 BrdU 标记(D)两种情况下都没有观察到 HPAP⁻ β 细胞,表明再生的 β 细胞来源于已存在的 β 细胞

在完整的胰腺,胰岛都包含在他莫昔芬脉冲后 HPAP β 细胞。标记细胞的百分比并没有随着时间的推移显著改变,虽然其绝对数量增加 6.5 倍,3～12 个月的年龄之间的胰腺生长,显示出由现有的 β 细胞产生的新的 β 细胞。在另一组实验中,进行了他莫昔芬脉冲后 14 天的 70% 的局部胰腺切除术。BrdU 被给药 2 周操作之后标记分离出 HPAP 细胞。任何新的 β 细胞从干细胞产生应该被 BrdU 标记,但不是 HPAP。相反 BrdU 阳性细胞 HPAP,表明它们来自预先存在的 β 细胞。

β 细胞由 PP 后代偿性增生的再生也证明了 DNA 类似物为基础的谱系追踪技术。细胞合成 DNA 进行体内具有两个胸苷类似物,5-氯-2-脱氧尿苷(CldU)和 5-碘-2-脱氧尿苷(IDU)在饮用水标记的顺序。该类似物的间隔与结合于 CldU 和 IDU 具有不同的亲和力的两种抗血清的 BrdU 可视化中的组织切片。从祖细胞再生的 β 细胞的预测标记的图案,其中有一个共同标记的细胞的高频几轮分裂之后,而从预先存在的 β 细胞的再生预测含有一个或另一个标记细胞的高频率。通过已知的成体干细胞,如肠上皮再生的组织,表现出共定位模式,而标记的新的 β 细胞显示出 PP 后单标签模式。

类似的 β 细胞、腺泡细胞从预先存在的腺泡细胞的 PP 后再生。2007 年 Desai 等发现小鼠腺泡细胞遗传

标记有他莫昔芬诱导表达 Cre：ER 融合基因腺泡特定弹性蛋白酶Ⅰ启动子和 LacZ，报告指出 70%～80% 的 PP 细胞再生是由腺泡细胞驱动的。

三、生理和病理生理过程中 β 细胞的再生

研究发现，在妊娠期女性、部分胰腺切除术患者和肥胖人群中，β 细胞可再生，β 细胞再生的发现也支持胰腺干细胞的概念。

1. 妊娠期 β 细胞的再生　为了适应生理需求，在人和实验动物的妊娠期，胰腺 β 细胞可进行再生。例如，在妊娠期大鼠的胰腺中，胚胎第 10 天时 BrdU 的吸收值增加了 3 倍，至 14 天时则增加了 10 倍，这间接证明了胰岛细胞增殖显著促进胰岛体积的增加。然而，在妊娠期实验小鼠的胰腺中，直至胚胎第 15.5 天，胰岛体积仅增加了 2 倍，BrdU 标记也仅增加了 3 倍。这也许是由不同物种之间再生能力不同或者不同检测方法的灵敏度不同造成的。实验证明，在人类的妊娠期，无论是孕妇胰岛的体积还是胰岛 β 细胞的数量均有所增加。在啮齿类动物和人的妊娠期，β 细胞数量的增加可能是由于催乳激素和胎盘催乳素的刺激引起的。

多发性内分泌腺瘤蛋白是一种转录辅助激活因子，由多发性内分泌腺瘤 1 型-*MEN1* 基因（multiple endocrine neoplasia type 1，MEN1）编码。催乳素可以充分降低多发性内分泌腺瘤蛋白的表达并刺激小鼠胰岛细胞数量增加，因此，我们通过短期注射催乳素来证实以上这些激素的作用。最近，在妊娠过程中，遗传学的研究为阐明 β 细胞增殖的原理提供了更多分子学水平上的新见解。除此以外，抑制多发性内分泌腺瘤蛋白、催乳激素和胎盘催乳素均可诱导色氨酸羟化酶 1（TPH1）的表达。色氨酸羟化酶 1 是产生血清素过程中必不可少的酶，而血清素则具有诱导 BrdU 进入离体胰岛细胞的作用。

尽管已经取得了上述研究进展，但 β 细胞的再生究竟是来源于功能性 β 细胞还是来源于胰岛中的胰腺干细胞这一问题仍未明确。进一步的研究应从体外分离纯化受孕及未受孕啮齿类动物胰岛的各类细胞亚群入手，检测新的刺激以及分子学转导通路。确立这些转导通路可以为研发治愈 1 型糖尿病的新途径建立良好的平台。

2. 肥胖患者 β 细胞的再生　某些病理过程诸如肥胖可以引起 β 细胞再生。例如，对于患有肥胖症的啮齿类动物，由于对胰岛素产生了抵抗作用，β 细胞数量增加了 9 倍。在肥胖的小鼠和人类胰腺组织中进行双染，可以检测到胰岛素分泌细胞表达 Ki-67（一个与细胞增殖严格相关的指标），表明在肥胖的条件下，胰岛细胞可进行再生。如前所述，小鼠的再生能力要远强于人类。有关一个被命名为 A^y 的肥胖突变小鼠家族的研究表明，降低多发性内分泌腺瘤蛋白有助于适应性 β 细胞增殖。

综上所述，实验说明由 β 细胞的增殖引起的相关机制在小鼠生理妊娠和病理肥胖过程中起着重要作用。在人类妊娠或肥胖的情况下，确立这种机制是否起作用同样是一件非常有趣的工作。

3. 部分胰腺切除后 β 细胞再生　像体内许多其他器官一样，胰腺的损伤可引起胰岛再生，胰腺切除术就属于胰腺损伤的一种。例如，将鼠的胰腺切除 90% 后第 4 周，胰腺组织增生至未切除胰腺的 27%，胰岛数量也恢复至未切除时的 45%。然而，不同物种之间再生能力也是不同的。对一只成年犬类即使是进行 50% 的胰腺切除也会导致短期内空腹血糖浓度迅速升高，在一段时间之后衍变为糖尿病。同样，切除成人体内 50% 的胰腺也可以导致切除后引发的肥胖症和糖尿病。这些研究再次表明，不同物种之间胰岛的再生能力存在差异：啮齿类动物胰岛的再生能力要远强于大型哺乳类动物。这种不同物种之间控制再生能力机制的差异有待于进一步研究。

在胰岛再生过程中，究竟哪些成分利用了现存的胰岛细胞以维持成人 β 细胞的数量？其他组织细胞对维持 β 细胞数量做了多大贡献？这些问题尚未完全阐明。这方面的知识，对制订一个可行的促进 β 细胞在体内和体外再生的方案起着重大的作用。

四、干细胞或非 β 细胞可再生出 β 细胞

很多研究表明，与肝脏相似，胰腺导管结扎术或 STZ 导致胰腺损伤后已存在的 β 细胞不能增殖，胰导管干细胞、腺泡细胞或胰岛非 β 细胞能再生出新的 β 细胞。

1. 导管细胞　STZ 处理的糖尿病仓鼠给予胰岛新生相关蛋白（INGAP[104-118]）能够刺激导管细胞产生新的

胰岛。胰岛新生相关蛋白是由 15 个氨基酸片段组成的叫作 Reg 的 β 细胞再生诱导蛋白,它是胰腺损伤的标志物,表达于体内外的人和小鼠的胰岛。胰岛数量增加了 75%,循环血糖和胰岛素水平恢复正常,逆转了糖尿病状态。INGAP[104-118]诱导 β 细胞再生与导管细胞 PDX-1 增加有关。小鼠和人的 Reg 蛋白都能促进非肥胖型糖尿病小鼠(NOD)β 细胞的再生。大量的生长因子、激素及它们的受体通过诱导 PDX1 的表达刺激 β 细胞再生于导管细胞。Betacellulin(BTC,EGF 家族成员),胰高血糖素样肽-1(GLP-1),及其受体 Exendin-4(Ex-4)能促进 90% 胰腺切除术后 STZ 小鼠 β 细胞再生。

导管细胞能够产生 β 细胞已通过遗传标记实验证实。2008 年 Xu 等表明小鼠胰管结扎,隐匿的遗传标记的 β 细胞刺激导管细胞增殖,但并不携带标签。增殖的导管细胞启动转录因子 Ngn3 的表达,Ngn3 能够协调转录因子调控网络工作产生胰岛细胞。Ngn3 下游是 Arx 指定的 α 细胞和 Pax4 指定的 β 细胞。将导管细胞注射到 Ngn3 缺陷胚胎来源的(这种胰腺不能产生 β 细胞)胚胎胰腺外植体中,导管细胞能够分化成 β 细胞。而且,在遗传标记了由 Ngn3 启动子驱动的 β 半乳糖苷酶报告基因的小鼠中,内衬在导管腔的 β-gal[+]/Ngn[+]细胞在结扎术后一周内表达编码胰岛细胞激素的转录本。这些结果明显说明这些实验中再生的 β 细胞并不是来源于已存在的 β 细胞,而是来源于胰腺导管细胞。

2. 腺泡细胞　大鼠脾脏胰腺结扎术证明腺泡细胞转换成导管上皮细胞后能够分化成 β 细胞。静脉给予胃泌素 3 天可将腺泡来源的导管细胞诱导为 β 细胞,使 β 细胞的量增加一倍。已有报道认为体外培养的胰腺腺泡细胞能够转分化成导管样的细胞球,球体边缘的细胞能够分化成胰岛素阳性的细胞。人的腺泡细胞通过 GFP 或 dsRed2 标记后与胚胎胰腺细胞(能产生分化相关的所有信号分子)混合在一起能够分化成产生胰岛素、胰高血糖素和生长抑素的胰岛内分泌细胞。

2005 年 Jamal 等报道体外培养的人胰岛 β 细胞凋亡后,剩余细胞转换为导管上皮,而使人胰岛转换成上皮囊(图 13-4)。胰岛特异性激素和转录因子胰岛素、Isl-1、Nkx-2.2 在上皮囊中的表达下调,然而胰腺导管前体的标记物如 PDX-1、CK-19、碳酸酐酶Ⅱ,以及干性标记物如 α-胎蛋白、巢蛋白、Ngn-3 上调。通过胰岛新生相关蛋白(INGAP[104-118])短期处理囊能诱导上皮细胞分化成表达胰岛转录因子和激素的功能性胰岛,其表达水平相当于新鲜分离的人胰岛。PI3-K 抑制相关研究表明 INGAP[104-118]信号通路的诱导,即通过 Akt 激活 PI3-K 调控 Ngn-3 的表达,与胰岛发育相同。

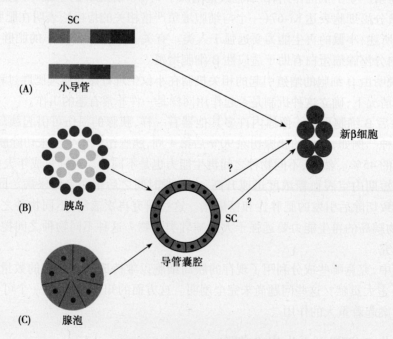

图 13-4　新生 β 细胞的潜在来源
(A)胰腺小叶中的干细胞能再生 β 细胞。(B)培养的胰岛 β 细胞(绿色)经过凋亡和其他内分泌细胞变成上皮囊,这些上皮囊能被诱导产生 β 细胞。(C)培养的腺泡细胞也能产生导管囊,进而产生 β 细胞。胰岛和腺泡是否含有能产生导管囊的干细胞以及是否囊状上皮细胞具有干细胞的特征仍不清楚

3. α-Cells　α-细胞过表达 Pax4 可使其变为 β 细胞。然而,链脲菌素破坏 β 细胞后 β 细胞再生于之前表达胰高血糖素的细胞。2010 年 Thorel 等通过条件性表达白喉毒素制备了几乎所有 β 细胞消融的小鼠胰腺。当小鼠通过胰岛素注射维持生存时,β 细胞再生(图 13-5)。通过 YFP β 细胞消融前条件性标记 α-cells 显示新生的 β 细胞来源于胰岛 α 细胞转分化。

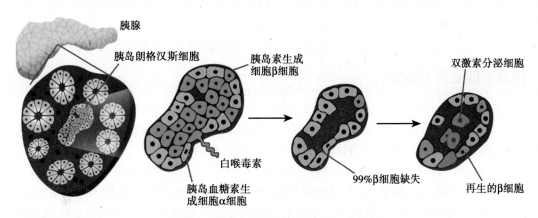

图 13-5　小鼠来源于 α 细胞的 β 细胞再生

白喉毒素制备 β 细胞(蓝色)消融的模型,示意图显示胰岛素治疗一段时间后,α 细胞先生成双激素细胞
(生成 β 细胞前的细胞,能分泌胰岛素和胰高血糖素),然后再形成 β 细胞(改自 Zaret and White,2010)

4. 胰岛干细胞　大量研究表明,PDX-1 表达的胰岛干细胞存在于受损胰腺中,并能在体内和体外环境下分化为新的 β 细胞。2004 年 Choi 等报道富集胰岛的小鼠胰腺片段培养于含有纤连蛋白的无血清培养基,并添加 FGF-2 和 LIF 后,失去三维结构并产生不分泌胰岛素的异种形态的细胞群。胰岛素的缺失与大量凋亡有关。胰岛剩余细胞迅速增殖并表达大量干细胞标记物包括胚胎干细胞转录因子 Nanog 和 Oct-4 及胚胎胰腺转录因子 Sox10,并且表达大量的 NSC 标记物。当重新高密度接种于 Ln-1 时,它们会形成胰岛样的细胞簇,产生胰岛素,并且也会形成胚胎 CNS 及神经巢样形态的细胞。这些数据解释了胰岛组织中的多能干细胞分化替代了培养过程中死亡的胰岛 β 细胞,它们也能分化形成神经细胞。

2004 年 Seaberg 等把这些细胞称为胰腺来源的多潜能前体细胞(PMP)。2011 年 Smukler 等分离小鼠和人胰岛组织中的 PMP 并追踪它们在胚胎胰腺中的起源。他们证实 PMP 细胞能增殖,自我更新,并产生胰腺和神经细胞。小鼠和人 PMP 细胞移植到糖尿病小鼠后能降低血糖。PMPC 不具有成熟 β 细胞的形态。它们不能表达葡萄糖转运体 2,颗粒更小,呈前体表型。然而,研究发现它们能够低表达胰岛素的 mRNA。这一发现对部分胰腺切除术后再生的 β 细胞的来源产生了分歧。这意味着已存在的 β 细胞再生的细胞,也可能来源于 PMP 细胞,因为 PMP 细胞具有激活胰岛素启动子的转录因子并且具有 HPAP 标记的细胞。2011 年 Smukler 等使用的报告基因是 *GFP*,然而,对于挑选胰岛素低表达细胞更敏感的是 HPAP。这些研究非常有趣,因为这项研究提升了是否任何情况下,再生都只源于干细胞,而不是其他机制的问题。这种观点非常引人注意。因为它统一,并简化了再生是如何实现的过程。

第四节　胰腺干细胞

不同于其他的组织特异性干细胞,胰腺干细胞(PSC)是近期才被提出的。尽管,针对胰腺干细胞已经有了深入的研究,但是,自从 β 细胞可以进行自我复制的功能被证实以来,有关胰腺干细胞的存在与否及其起源的争论,又变得日趋激烈起来。

一、胰腺祖细胞是干细胞

遗传谱系追踪实验表明,PDX1 表达(PDX1[+])细胞分化为所有的胰腺外分泌、内分泌和管道组织。这些祖细胞位于胰腺分支管道的末端并呈 PDX1[+]Ptf1a[+]CPA1[+](carboxypeptidase 1,羧肽酶 1)。令人惊讶的是,现在还没有这些祖细胞能增殖和自我更新的直接证据。然而,间接证据表明,这些 Pdx1+细胞可以增殖,因为他们可以被溴脱氧尿苷(bromodeoxyuridine,BrdU)所标记,胸苷类似物(thymidine analogue)可掺入细胞周期 S期间的 DNA。然而,由于缺乏可用于纯化 Pdx1+细胞的特异性标记物,其增殖和自我更新的能力尚未在体外进行研究。因为能让 PDX1+祖细胞在体外自我更新,并分化为所有胰腺谱系(包括分泌激素的胰岛细胞),不仅对于胰腺发育生物学,而且对未来由 ESC-分化的 1 型糖尿病的细胞治疗是至关重要的。

在 8~21 周人胚的胰腺中有大量的 PDX1+细胞。这些细胞的数量逐渐增加,在此期间也表达胰岛素和生长抑素。但这些研究尚不能回答 PDX1+细胞是否由他们的祖细胞的自我更新和分化而来。

二、胰岛祖细胞是干细胞

大约在胚胎第 9.5 天的小鼠,部分增厚 DE 上皮细胞开始表达神经元素 3(Ngn3)。先前的研究表明,这些 Ngn3 表达(Ngn3+)细胞是胰岛祖细胞,因为 Ngn3 基因敲除小鼠没有胰岛细胞;基因谱系跟踪显示,Ngn3+细胞形成所有胰腺内分泌细胞;Ngn3+细胞从部分导管结扎的小鼠胰腺纯化后,注入一个 Ngn3 基因敲除胎胰中,Ngn3+细胞可分化成所有的胰岛细胞。虽然一些研究似乎表明 Ngn3+细胞可以增殖,但"马赛克分析与双标记"(mosaic analysis with double markers,MADM)遗传学克隆分析表明,Ngn3+细胞不能增殖,并仅分化为单一类型的胰岛细胞。与此相一致,最近的一个重要发现表明,Ngn3+细胞通过表达诱导细胞周期蛋白依赖性激酶抑制素 1A(cyclin-dependent kinase inhibitor 1a,CDKN1A)来抑制细胞增殖。因此,胰腺干细胞现尚无定论。

尽管如此,非常可能是成年 β 细胞主要以自我复制再生辅以胰腺干细胞(pancreatic stem cells,PSC)的自我更新和分化来维持胰岛的功能。最近 1 年内有一个重要的科学发现,在 β 细胞发育阶段,胰岛素基因表达持续上调(图 13-6)。

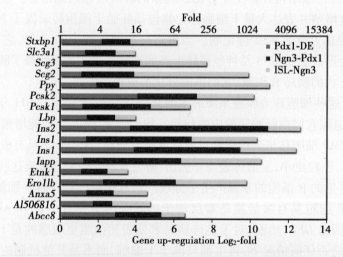

图 13-6 胰岛素基因从胰腺祖细胞到成熟的胰岛细胞持续上调
从分析分离的确定内胚层细胞(DE)、纯化 PDX1+胰腺祖细胞,Ngn3+
胰岛祖细胞和成熟的胰岛细胞(ISL)构建的微阵列数据资料。生物
信息学算法计算出各个阶段胰岛素基因和参与翻译后修饰胰岛素的
其他基因的表达水平

第五节 胰腺的再生治疗

糖尿病是一种由葡萄糖代谢紊乱引起的慢性疾病,它影响着全世界数以亿计的人群。胰岛素是人体的生命激素,它可以通过一系列精细的调节方式将血液中的糖类转化成能量。糖尿病的本质是人体内胰岛素的产生不足或周围组织产生胰岛素抵抗所致。换句话说,糖尿病是由于胰岛素的绝对(1 型糖尿病)或相对(2 型糖尿病)不足引起的。

　　1型和2型糖尿病是一个主要的世界性的健康问题,全球5%的人口受到这两种类型糖尿病的影响,其中2型糖尿病占到90%。在美国,糖尿病是第三大导致死亡的疾病,占到个人医疗保健费用的大约6%。流行病学研究显示,2型(成人型)糖尿病主要与肥胖有关,并具有潜在的遗传易感性。2型糖尿病由胰岛素抵抗导致,从而导致胰岛素分泌缺乏,通过锻炼、规律饮食和药物治疗能够降低血糖。1型(青少年型)糖尿病是一种更为严重的疾病,由遗传畸变与知之甚少的环境因素相互作用导致,这种患者的β细胞被T淋巴细胞和B淋巴细胞的自身免疫破坏,由此影响胰岛素的产生。这种自身免疫应答直接抵抗胰岛素和其他抗原,如由β细胞产生的谷氨酸脱氢酶(GAD)。这种疾病对骨骼、心血管、眼、肾和神经系统的损害严重,也影响伤口愈合。自从20世纪20年代发现胰岛素及其作用,就通过胰岛素注射来治疗1型糖尿病;通常直接注射,最近也有将胰岛素泵植入皮下来提供胰岛素;但这种方法的最大问题是对潜在的疾病无能为力。因而生物医学研究人员持续投入巨大努力去研究糖尿病的发生及进展,以便能进行干预,延缓或完全治愈这种疾病。只有再生疗法能恢复丢失的β细胞团块大小。

一、治疗1型糖尿病和某些类型2型糖尿病的战略

　　治疗1型糖尿病和某些类型的2型糖尿病的战略可以概括为“3个R”(图13-7),即更换(移植捐赠的胰岛细胞或由来自胚胎干细胞的干细胞或iPSC分化的胰岛细胞)、再生[功能性β细胞和(或)直接诱导内源性干细胞或β细胞分化的复制]和重新编程(β细胞从α细胞或胰腺外分泌细胞重新编程而来)。

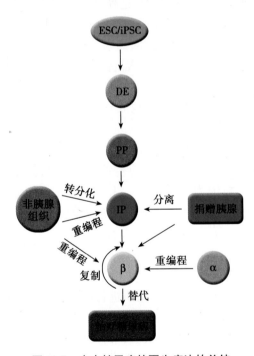

图13-7　未来糖尿病的再生疗法的总结

　　循体内的正常发育途径,将胚胎干细胞(ESC)或诱导式多能性干细胞(iPSC)分化成确定的内胚层(DE),通过前肠后端的内胚层阶段(PP)到胰腺祖细胞、胰岛祖细胞(IP)和β细胞。从供体胰腺分离胰岛后,剩余组织已被用来富集胰岛胰腺祖细胞进一步分化。研究还延伸到非胰腺组织或非β细胞重新编程,以希望产生可供移植的β细胞。发现增强仅存β细胞的功能及其复制的研究现也备受追捧。

　　1. 更换(replacement)　Shapira等采用了一种温和的胰岛分解方法,按每千克受体体重4000个胰岛的剂量制备好悬液(<10ml),通过门静脉移植到患者肝脏,全部过程是在局部麻醉状态下进行的,耗时仅20分钟,后用无糖皮质激素的免疫抑制,大大增强了供体细胞的存活率。距离最后1次注射6个月后,61%的移植者无胰岛素依赖性,1年后58%的移植者无胰岛素依赖性,移植了2次和3次胰岛的患者对血糖的控制有更好的改善。这就是所谓埃德蒙顿方案。这个方法最主要的缺点是缺少供体胰岛细胞的来源,这个问题有望通过能增加移植效率和寻找新的胰岛来源得到部分解决。

　　异体或异种的胰岛可通过在移植前将其包裹装入微囊体或灌注的血管设备中而受到免疫保护。将包有异体胰岛的藻酸盐微囊体注入自发型1型糖尿病狗的腹腔中,这些狗的血糖水平降至正常并在无胰岛素的情况下存活6个月(实验跨度)。藻酸盐胶囊必须具有足够的洛糖醛酸含量,才能满足大型动物模型的需要,具有高甘露糖醛酸的藻酸盐能通过生长因子的释放诱导胶囊纤维化。

　　这个系统的临床实验是在一名38岁的患1型糖尿病30年的患者体内进行的。该患者已发生外周神经病变,脚部溃疡及终末期肾衰竭,需要进行肾移植。这名患者接受的初次剂量是每千克体重包裹10 000个胰岛在藻酸盐微囊体中,并通过一个2cm的腹部切口将其送入腹腔,这些胰岛来自于经胶原酶消化并梯度分离纯化的供体。6个月后他接受了又一次移植,移植胰岛剂量为每千克体重5000个胰岛。初次移植9个月后,中断外源性胰岛素,外周神经病变减轻,足部溃疡愈合,新陈代谢指数也明显改善。然而,对于胰岛素原水平的测量显示总剂量为每千克体重15 000个胰岛是次临界点水平,很难维持其不依赖胰岛素状态。关于糖尿

病狗的研究显示,20 000 个被包裹的胰岛能达到延长胰岛素不依赖性的效果,人类理想的腹腔内剂量尚不清楚。2004 年,美国国家消化和肾脏疾病中心的胰岛移植合作登记处报道了埃德蒙顿计划的结果,在对 13 个埃德蒙顿中心进行移植的 86 名患者(平均患糖尿病 30 年)中,28 名患者接受 1 次胰岛注射(每千克体重 8665 个胰岛的剂量,是无糖尿病者胰腺数量的 30% ~50%),44 名患者接受了 2 次胰岛注射(总剂量每千克体重 14 012 个胰岛的剂量),14 名患者接受了 3 次胰岛注射(总剂量每千克体重 22 922 个胰岛的剂量)。

通过腹腔移植包裹了猪胰岛的海藻酸钠-多聚赖氨酸-海藻酸钠微囊体治疗猴糖尿病,使其实现了 120 天的胰岛素不依赖性及超过 2 年的正常空腹血糖浓度和葡萄糖清除率。我们发现接受微囊体移植的 2 名患者,其移植了 3 个月的微囊体形态完整。微囊体内的胰岛能分泌胰岛素以应对高血糖的挑战。数周后,2 名接受移植者血糖恢复到正常水平,β 细胞数为 $(65 ~200) \times 10^6$ 个。患者恢复了对血糖波动的控制,没有出现明显移植排斥的临床症状,免疫抑制方案有效地阻止了糖尿病的自身免疫复发。据 Ryan 等报道,在 12 名患者中有 11 名实现了不依赖外源胰岛素。尽管全球科学家不懈努力,β 细胞功能尚不能从胚胎干细胞或 iPSC 分化而获得恢复。因此,对 1 型糖尿病患者来说,胰岛移植可能成为一种理想的治疗手段。

2. 再生(regeneration)　胰岛再生包括 β 细胞的精确自我复制和由内源性干/祖细胞的诱导分化而来的胰岛素分泌细胞(β 细胞新生)以弥补失去的 β 细胞功能。这可能是最有前途的对各种形式的糖尿病的可再生疗法。肠降血糖素激素 GLP-1 和其受体激动剂,如 exenatide 和 liraglutide 能刺激 β 细胞增殖和减少凋亡。目前正在临床试验中用于治疗 2 型糖尿病。

3. 重新编程(reprogram)　传统上,糖尿病确认为 insulino centric 性疾病。然而,这种观点最近已被逐渐改变,即糖尿病至少是一种双荷尔蒙(α 和 β 两种细胞)功能障碍的疾病:①在糖尿病控制较差的患者中,α 细胞数目总是增加的(胰高血糖素症);②胰高血糖素刺激肝生产葡萄糖和酮,是胰岛素缺乏的代谢特征;③在全胰高血糖素受体敲除的小鼠 β 细胞的全部破坏不会引起糖尿病;④用抗胰岛素抗体灌注正常胰腺,引起显著的胰高血糖素症;⑤不像在啮齿类动物,人类 α 细胞占所有胰岛细胞的 33% ~46%,表明胰高血糖素在葡萄糖动态平衡(glucose homeostasis)中起着重要作用;⑥β 细胞去分化和转分化成 α 细胞最近被认为是 2 型糖尿病的主要发病机制。

因此,将 α 细胞重新编程为 β 细胞用于糖尿病治疗可能是一个有吸引力的策略。在小鼠中,过表达转录因子 PAX4 可以分化祖细胞为 α 细胞,然后重新编程为 β 细胞。此外,作为胰腺中的主要成分,外分泌细胞经暂时表达三种转录因子基因,即 *Pdx1*、*NGN3* 和 *MafA* 已被直接重新编为 β 样细胞。未来的研究可能集中在发现细胞渗透性的小分子。这些分子能直接重编 α 细胞和腺泡细胞或其他类型的细胞成为葡萄糖响应的 β 样细胞。

二、糖尿病小鼠的自身免疫抑制和残余 β 细胞的再生

目前,对糖尿病自身免疫的抑制主要关注特异性抗原的干预,用糖尿病小鼠模型所进行的这些研究可能拓展免疫学的作用,包括耐受。鉴于炎症是自身免疫疾病的一个标志性特征,抗炎干预也被密切关注。例如,在 1 型糖尿病 NOD 小鼠模型研究中,目前很有希望的两种药物已经用于临床实验,一种是抗胰酶抑制剂 Aralast NP,另一种是抑制络氨酸激酶受体的抗癌药物 imatinib(Gleevec),这两种药物都作用于与疾病发生有关的免疫细胞。

许多实验已经显示,完全 Freund's 试剂(CFA)或混合嵌合态的诱导作用能够抑制对 NOD 小鼠 β 细胞的自身免疫,从而使得新的 β 细胞能够再生。NOD 小鼠的 T 细胞自体反应是由于 MHC Ⅰ类分子的内部肽的缺陷导致的错误,从而表现为对 β 细胞自身抗原的不耐受以及对 TNF-α 诱导的凋亡的敏感。但是,对自身抗原的耐受可以通过注射完全 Freund's 佐剂(CFA)获得。

2001 年 Ryu 等用 CFA 去诱导 TNF-α 表达,导致自体反应 T 细胞的凋亡,从而消除血糖高的 NOD 小鼠的 T 细胞自体反应。来自同种异体的非糖尿病供体的脾细胞或胰岛移植到肾囊下,能使新生的 T 细胞对自身抗原耐受。移植后小鼠的血糖恢复正常,甚至在移植的肾脏被摘除 120 天之后依然正常;β 细胞重新出现在宿主的胰腺中,说明有来自存活细胞的新的 β 细胞再生。

2003 年 Kodama 等用 CFA 和来自正常雄性小鼠的脾细胞治疗雌性前驱糖尿病和糖尿病 NOD 小鼠,研究

显示,能抑制糖尿病并有 β 细胞再生。通过同系胰岛在肾囊下短暂移植,随后即被去除,能使小鼠维持血糖正常。如果短暂移植的胰岛去除 120 天后,绝大多数小鼠保持正常血糖,则表明 β 细胞再生。据报道再生的 β 细胞来自原来残存的 β 细胞和脾细胞的转分化。为了明确脾细胞对 β 细胞再生的作用,用 GFP 标记的 CD45 阳性(淋巴细胞)、CD45 阴性(间充质细胞)或分选的脾细胞进行移植,结果发现间充质细胞产生 β 细胞,这表明脾脏中的 MSC 有分化为 β 细胞的能力。在三个相似的实验中,证实了 CFA 和脾细胞移植对 NOD 小鼠的糖尿病有抑制作用,但没有证据显示脾细胞转分化为 β 细胞,这种矛盾的结果仍无法解释。

2003 年 Zorina 等通过非致死剂量的全身辐射诱导前驱糖尿病 NOD 小鼠对自身 β 细胞的耐受,随后通过移植去除了 T 淋巴细胞的 GFP 标记的同种异体的小鼠骨髓,得到一个混合嵌合状态。只有 1% 的嵌合状态小鼠能抑制糖尿病的发生。糖尿病已经发生后,即使这种嵌合状态出现,正常的血糖也不得不靠胰岛的肾囊下移植来维持,此时糖尿病被控制并且新的 β 细胞再生,正如移植胰岛去除后血糖持续正常的事实所证明的那样。2008 年 Verda 等研究显示,通过注射来自于 ESC 的 HSC 到非致死剂量的全身辐射 NOD 小鼠体内,得到的混合嵌合状态小鼠中,超过 5% 也产生了对 β 细胞的自体免疫耐受而没有发生糖尿病。

2008 年 Luo 等报道了一个有趣且简单的方法,去诱导糖尿病 STZ C57BL/6 小鼠的胰岛移植耐受。他们移植 BALB/c 胰岛到肾囊下 1 天后,注射了 10^8 个用 3-(3 二甲胺基丙胺)-碳化二亚胺(ECDI)处理过的 BALB/c 脾细胞(抗原递呈细胞)到小鼠体内 7 天。这个方法诱导对移植的耐受,并使得小鼠在免疫抑制缺乏的情况下无限期存活(这个实验在第 100 天是被终止)。尽管移植后两周在胰岛周围有淋巴细胞存在,但这些淋巴细胞并没有进入胰岛或破坏其结构,而且胰岛素表达一直正常。耐受的诱导关键依赖于凋亡受体 1 和凋亡配体 1 信号通路和 Foxp3[+] 的 T 调节细胞之间的协同作用。初步的实验数据显示,在 NOD 小鼠中,用 ECDI 处理的抗原递呈细胞诱导的耐受分别与胰岛素肽 InsB9-23 或完整的胰岛素相关,它们能阻止糖尿病的发生或使新出现的疾病缓解。

2012 年 Pang 等重编程骨髓间充质干细胞使其分化为胰岛 β 细胞,通过小干扰 RNA 抑制 NRSF 和 Shh 的转录,从而抑制神经元分化,再通过同时过表达 Pdx1 重编程培养的大鼠 BMSC,使胰岛素产生更明显,并受葡萄糖浓度调节。首次完成 Ins-dsRED2/ngn3-eGFP 表达标签转基因小鼠胰岛 β 细胞 miRNA 高通量测序,比对胰岛非 β 细胞、骨髓和脂肪间充质干细胞 miRNA 测序,筛选出 99 个差异表达的 miRNA,其参与调控 FOXO 信号通路及 insulin 信号通路。用筛选的 miRNA 诱导骨髓间充质干细胞分化为胰岛 β 细胞,产生大量的胰岛素。有望通过补充损伤的胰岛 β 细胞解决治疗糖尿病的问题。

我们仍无法逆转人糖尿病的自体免疫。CFA 对人体有毒不能使用,但诱导混合的嵌合状态也许可行,因为这是骨髓移植的一项技术。这么做的关键是要弄清楚,对自体抗原耐受的通路哪些是正常产生的,并且当它们出现错误时,能设计出最有效的方法去纠正这些通路。不管什么技术能帮助我们最终攻克 1 型糖尿病,我们都希望去恢复 β 细胞团块原来的大小。因此胰岛和细胞移植、生物人工胰腺和实验转分化不过是临床应用或实验的不同阶段而已。

三、临床胰岛移植

当前,消化道的功能障碍均可以通过同种器官移植进行治疗。在某些情况下,动物实验及患者的抗纤维化药物治疗、细胞移植、人工生物材料植入以及原位再生治疗等替换或再生受损组织已经或正在开展,在这些案例当中,最成功的是肝脏和胰岛细胞的移植。

全球已经进行了许多胰腺整体移植。其中,只有 50% 能达到 5 年不依赖胰岛素,并且有胰腺外分泌功能相关的移植并发症。因为 1 型糖尿病 β 细胞被替换是必要的,所以胰岛移植已经成为严重 1 型糖尿病的治疗选择。尸体胰腺的异体移植始于 1990 年,但由于分离操作粗糙,以及免疫抑制导致细胞存活很少,只有 12.4% 的移植者不依赖胰岛素超过 1 周,超过 1 年的只有 8.2%。现在一个有名的操作流程是 Edmonton 操作流程,2000 年 Shapiro 等介绍了一个分离操作流程以及无糖皮质激素的免疫抑制疗法(免疫抑制药西罗莫司、他克莫司和达克珠单抗),极大地提高了供体细胞的存活。移植胰岛按受者每公斤体重超过 4000 个胰岛进行准备,加上填充物体积不到 10ml,通过肝门静脉导管移植到 7 个患者的肝脏。在局部麻醉和镇静条件下,整个操作仅需要 20 分钟。2 例患者的移植物在几周后取出,移植的 β 细胞数分别为 65×10^6 和 200×10^6

（患者达到正常的血糖水平所需要的），血糖波动后又迅速恢复正常。没有移植排斥的明显的临床并发症，而且免疫排斥疗法对于阻止自身免疫糖尿病的复发似乎很有效。2001 年 Ryan 等报道了 12 例胰岛移植的结果，他们中的 11 例获得了非依赖性外源胰岛素。

2004 年，消化和肾脏疾病国立研究院的胰岛移植注册联盟报道了全美 13 个中心用 Edmonton 操作流程进行的 86 例移植的结果，这些糖尿病患者的平均患病时间为 30 年。28 例患者接受了 1 次胰岛注射（总计 8665 个胰岛/公斤体重，占到未发病胰腺总数的 30% ~ 50%）；44 例接受了 2 次胰岛注射（总计 14 102 个胰岛/公斤体重），14 例接受了 3 次胰岛注射（总计 22 992 个胰岛/公斤体重）。最后 1 次注射 6 个月后，61% 的患者为胰岛素非依赖性；1 年后为 58%。注射 2 次和 3 次的患者的血糖控制改善非常明显。2011 年据 Emamaullee 等报道，从 1999 年起，陆续有多达 125 人在亚伯达大学接受了胰岛移植，1 年的胰岛素非依赖性比率约为 80%。然而原始数据显示，尽管 88% 的患者的 C 肽（一个胰岛素分泌的标志物）维持超过了 3 年，但 3 年后，只有 50% 患者仍分泌胰岛素，而 5 年以后仍分泌胰岛素的只有 10%。

除了需要免疫抑制，胰岛移植的一个主要障碍是作为胰岛来源的供者的缺乏。这个问题多少延缓了增加移植有效性的新技术的发展。8 例女性糖尿病患者的临床实验发现，通过预先诱导并维持免疫抑制，来自同一供者的 7271 个胰岛/公斤体重的移植足以获得超过 1 年的胰岛素非依赖性。另一个方法是从活的供者身上得到一定数量的健康胰腺，并用其来进行移植。一例这种移植已经被成功地进行，是由一位母亲为她患有糖尿病的女儿进行了捐献。异种移植可能是解决供体短缺的一个方法。野生型猪的胰岛移植到非人为免疫抑制糖尿病灵长类动物体内，逆转了糖尿病。因为胰腺没有血管形成，高排斥反应不会发生，因而不会引起与存在于猪内皮细胞表面的 α-半乳糖相关的高排斥反应应答。

四、实验动物的 β 细胞移植

对于供体缺乏的一个更好的解决办法是通过体外培养无限的提供 β 细胞。已经分化的 β 细胞自身不能在体外明显地扩增，于是人们将研究的注意力放到那些能分化成 β 细胞的细胞。

1. 永生化的 β 细胞　2005 年 Narushima 等用一个含有 SV40T 和 TERT 反转录病毒质粒转染 β 细胞，得到一个克隆，建立了一个永生化的人 β 细胞系（NAKT-15）。当用 Cre 腺病毒质粒转染这些细胞时，这个细胞系表达 β 细胞的转录因子 Isl-1、Pax 6、Nkx 6.1、Pdx-1，以及激素加工酶、分泌的颗粒蛋白和应答葡萄糖的胰岛素分泌。移植 3×10^6 个 NAKT-15 cells 到 STZ 诱导的糖尿病 scid 小鼠的肾囊下，结果 2 周内，血糖恢复正常，并维持超过 30 周。但这个细胞系胰岛素的分泌量只有新鲜 β 细胞的 40%，而胰岛素加工酶和分泌的颗粒蛋白只有 20% ~ 40%。因此需要移植的 NAKT-15 的量是正常 β 细胞数量的 2 ~ 5 倍。此外，NAKT-15 细胞是同种异体的，如果进行临床实验，患者将仍然不得不进行免疫抑制疗法。

2. 胰腺干细胞和 EMT　动物研究已经显示，从胰腺导管中分离出来的细胞具有干细胞的特征。2000 年 Ramiya 等体外诱导从前驱糖尿病 NOD（非肥胖型糖尿病）小鼠体内分离的胰腺导管细胞产生有功能的 α、β 和 δ 细胞（图 13-8）。当这些细胞被包裹在透明质酸凝胶中并移植到 NOD 糖尿病小鼠的皮下或肾囊，它们能形成血管并逆转糖尿病状态超过 3 个月。2004 年 Gershengorn 等报道，在含有血清的培养液中，成年人 β 细胞发生 EMT，上皮和内分泌的标志物表达下调而间充质细胞的标志物表达上调。这种间充质细胞被称作人胰岛前体细胞（hIPC），通过 3 个多月的培养，它被扩增到 10^{12}。去除血清后，hIPC 分化成胰岛样细胞簇（ICAs）。与 hIPC 相比，这些细胞簇表达前体胰岛素 mRNA 增加了 100 ~ 1000 倍，前体胰高血糖素的表达量增加了 100 多倍。然而这个前体胰岛素的表达水平不到人胰岛在体内表达的 0.02%。然而，将 ICAs 移植到 SCID 小鼠的肾囊后检测小鼠血液中人 C 肽显示，其表达水平与用人胎儿肝脏前体细胞诱导分化的胰岛素表达细胞移植并逆转了糖尿病小鼠的 C 肽表达水平是相似的。所有这些用于移植给糖尿病受者的细胞都可以通过培养扩增，但移植后都需要免疫抑制药物治疗。

3. 来源于多能干细胞的 β 细胞　同种异体或自体的 β 细胞的另一个潜在来源是多能干细胞。首先发展的实验方法是诱导 ESC 分化为内胚层，然后分化为 β 细胞。经过进一步发展已经能从 ESC 分化成葡萄糖敏感的 β 细胞，这种细胞在移植到 STZ 诱导的糖尿病小鼠体内后能够使血糖恢复正常。然后，有超过 15% 的实验动物形成肿瘤，表明移植的细胞中含有多能细胞。去除移植细胞中所有的多能细胞是这项技术用于

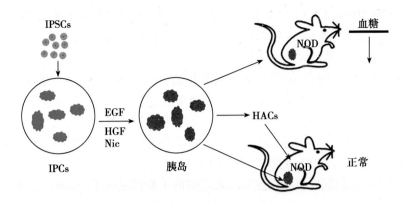

图 13-8　通过移植糖尿病前期胰岛和胰管干细胞（islet pancreatic stem cells, IPSC）逆转非肥胖型糖尿病（non-obese diabetic, NOD）小鼠的糖尿病病情, IPSC 被诱导分化为胰岛祖细胞（islet progenitor cell, IPC）

通过表皮生长因子（epidermal growth factor, EGF）、肝细胞生长因子（hepatocyte growth factor, HGF）、烟酰胺（nicotinamide, Nic）使其进一步分化为不成熟的胰岛, 将不成熟的胰岛移植到肾纤维囊下, 胰岛进一步分化并降低血糖水平（箭头）, 或装入透明质酸胶囊中（hyaluronic acid capsules, HAC）, 皮下移植使血糖水平恢复正常

人之前必须解决的一个问题。已有诱导小鼠 iPSC 分化为 β 细胞的报道。此外, 通过化学文库筛选鉴定了两个小分子（IDE1 和 IDE2）, 它们能诱导 ESC 分化为限定内胚层细胞。这些结果表明, 也许会有能诱导 ESC 和 iPSC 分化为 β 细胞的其他的小分子化合物被发现。

我们希望去建立一个诱导自体 iPSC 细胞分化为 β 细胞的平台, 甚至是在体外构建胰岛。然而, 正如 2010 年 McKnight 等指出的那样, 这需要我们了解更多的关于人类胰腺发育的知识, 我们目前拥有的显然不够。在器官和细胞水平上, 小鼠的胰腺发育和形态与人类的都有很多不同；在胰腺的再生能力以及免疫抑制刺激的应答等方面小鼠和人也有很大差别。对正常人和糖尿病患者的 iPSC 向 β 细胞分化的研究将会对此提供更多有价值的信息。

4. 骨髓和脐带血细胞　据报道, 用特定的培养液培养 3 天, 然后, 用添加血清的高糖培养液继续培养, 成年大鼠的 HSC 能转分化为 β 细胞。存活的细胞分化为能表达胰岛素转录本和蛋白的有组织结构的细胞簇。免疫金电镜显示, 分化细胞的胰岛素分泌颗粒与 β 细胞的类似。将这些细胞簇移植到 NOD/scid 糖尿病小鼠的肾囊下, 移植后这些小鼠的血糖能维持在正常水平达 90 天。是否有足够数量的分化细胞长期存活不得而知。

近些年来, 有很多研究已证实, MSC 能够被诱导分化为胰岛素分泌细胞。诱导 MSC 向胰岛素分泌细胞分化的方法有很多, 大致分为基因外诱导和基因修饰两类。

其一, 基因外诱导是将大鼠骨髓 MSC 在高糖培养基或富含烟酰胺的培养基中, 能够分化为胰岛素分泌细胞（insulin-producing cells, IPC）, 并在 mRNA 和蛋白水平表达胰岛素, 并且能在非肥胖型糖尿病（non-obese diabetes, NOD）鼠中控制血糖水平。通过 3 代共 18 天的培养过程, 来自 1 型和 2 型糖尿病患者的 MSC 能被诱导分化为 IPC。这个诱导过程添加了烟酰胺、活化素和 β-cellulin 及高糖（25mmol/L）以有效地促进 MSC 分化, 在培养末期, 分化细胞出现了与胰岛样细胞类似的形态, 并表达 Pdx1、胰岛素、胰高血糖素基因, 同时胰岛素分泌呈葡萄糖剂量依赖性。Chen 等建立了在体外诱导 MSC 分化为胰岛样细胞团的培养体系。首先用 L-DMEM（含 10mmol/L 烟酰胺、1mmol/L β-巯基乙醇和 20% 的胎牛血清）预处理大鼠骨髓 MSC 24 小时, 接着用无血清的 H-DMEM（含 10mmol/L 烟酰胺, 1mmol/L β-巯基乙醇）诱导 10 小时。结果表明, 诱导的 MSC 首先发生形态学的改变, 由纺锤状变为圆形或卵圆形, 类似于胰岛细胞的形态。通过 RT-PCR 和免疫组化方法检测发现, 诱导的细胞有胰岛素 mRNA 和蛋白的表达。将诱导后的细胞（5×10^6 个）皮下注射给糖尿病大鼠后能够明显降低大鼠的血糖。李等在以 αMDM 为基础的培养液中加入 bFGF（10g/L）、表皮生长因子（10μg/L）及 2% B27 培养 6 天后, 再在 IMDM 培养液基础上加入 β 细胞调节素（10μg/L）、肝细胞生长因子（10g/L）、活化素 A（10μg/L）、烟酰胺（10mmol/L）和 2% B27 继续培养 6 天，通过多种方法检测后发现，MSC 可以分化为胰岛样细胞团。Kanikar 等将大鼠胰腺细胞培养上清液经腹膜内注射到糖尿病大鼠体内，发现可以降低血糖水平，受体血清中的胰岛素水平量较对照组明显提高，表明胰腺中存在促进胰岛再生的细胞因子。王等在大鼠骨髓 MSC 培养过程中加入大鼠胰腺导管上皮细胞培养基中的上清部分，混合培养基诱导的 MSC 表达胰腺-十二指肠同源盒基因（Pdx1）及胰岛素（Ins），DTZ 染色阳性，表明在适当的培养环境下，大鼠骨髓 MSC 具有向胰岛素分泌细胞分化的能力。在大鼠骨髓 MSC 向胰岛样细胞的诱导过程中加入再生胰腺提取液，明显提高了所诱导生成细胞的胰岛素分泌水平，但仍远未达到正常胰岛细胞的分泌量，证实胰腺修复过程中的某些特定微环境变化可以明显促进 MSC 向 IPC 分化。

其二，基因修饰。Pdx1 是胰腺发育和细胞基因表达谱的主要转录因子，Karnieli 等用基因转染 Pdx1 的方法，研究了 14 个捐献者 MSC 的细胞分化。这项研究显示有 40% ~60% 表达 Pdx1 的 MSC 能响应高糖刺激而产生胰岛素。将 MSC 移植链脲霉素诱导的糖尿病结合免疫缺陷鼠的肾囊，5 周后能将血糖从 16.7mmol/L（300mg/dl）降到 11.1mmol/L（200mg/dl）。而最近的另外一项研究也取得类似的结果。Lu 等通过逆转录病毒载体 pLNCX，在体外将人胰岛素基因导入健康成年人的 MSC，培养 3 周后，这些细胞可以稳定表达胰岛素。唐小龙等用构建含 Pdx1 与 Nkx6.1 双基因的重组腺病毒载体感染并联合多种细胞因子分步诱导 MSC，MSC 经诱导后持续稳定表达胰岛素、葡萄糖转运蛋白 2（GLUT2）等 β 细胞相关分子；葡萄糖刺激后胰岛素分泌量显著升高。移植实验组细胞可恢复 STZ 糖尿病小鼠血糖正常水平。Moriscot 等将胰岛分化过程中的转录因子 IPF1、HLXB9、FOXA2 转染到 MSC 中，在体外适当的环境下，成功诱导为胰岛样细胞。而 Zhao M 等报道通过共转染 Pdx1、Ngn3 和 NeuroD1 能诱导人骨髓基质细胞分化为胰岛素分泌细胞，且移植糖尿病小鼠后能发挥明显的降糖作用。此外，这些通过基因修饰诱导 MSC 向胰岛素分泌细胞分化时往往也会添加一些诱导因子，以提高诱导分化的效率。

2012 年庞希宁团队研究也证实，共转染 REST/NRSF、SHH 慢病毒干扰载体和 PDX1 慢病毒过表达载体能够重编程大鼠 MSC 细胞向胰岛素分泌细胞分化，表达胰岛内分泌细胞分化的相关基因，且胰岛素的分泌呈葡萄糖剂量依赖性（图 13-9）。

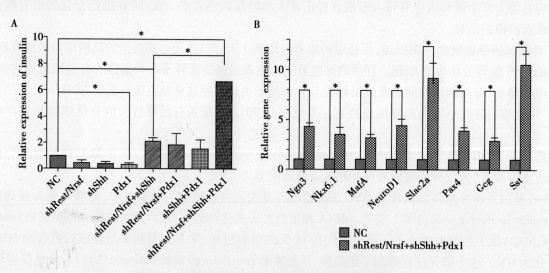

图 13-9　重编程大鼠 MSC 细胞向胰岛素分泌细胞分化

共转染 REST/NRSF、SHH 慢病毒干扰载体和 PDX1 慢病毒过表达载体能够重编程大鼠 MSC 细胞向胰岛素分泌
细胞分化，表达胰岛内分泌细胞分化的相关基因，且胰岛素的分泌呈葡萄糖剂量依赖性

2003 年 Hess 等报道，成体骨髓细胞移植到肝脏能降低 STZ 小鼠的血糖。2008 年 Haller 等报道，将脐带血注入新诊断的 1 型糖尿病患者体内，能减少胰岛素的需要量并降低糖化血红蛋白（HbA1c，血糖水平的一个检测指标）。在这些实验中，被移植的细胞是否转分化为 β 细胞或分泌能延缓纤维化的发展和（或）促进宿主细胞再生的旁分泌因子仍不得而知。

五、基因治疗和原位腺泡细胞的转分化

在糖尿病动物模型中,一个通常降低血糖的基因治疗策略是,用病毒载体将结合了葡萄糖应答启动子的胰岛素基因转染到肝脏,然而,这也一些问题。由于肝脏不含有前体胰岛素的加工酶,因此,这个质粒必须被修饰以便产生单链胰岛素或产生含有新的裂解位点以便于肝脏的蛋白酶能活化前体胰岛素。而且,尽管肝脏有葡萄糖传感机制,但它们与 β 细胞的不同,从而导致血糖控制并不充分。另外一个方法是将对胰岛细胞发育至关重要的转录因子或信号分子转染到肝脏。2000 年 Ferber 等将 PDX1 腺病毒载体转染 STZ 糖尿病小鼠肝脏,这个 β 细胞分化的关键基因的表达使得血液胰岛素的水平增加了 300% 并降低了血糖。然而这种腺病毒有肝脏毒性,并只能在短期实验中应用。2003 年 Kojima 等报道,用没有肝脏毒性的辅助依赖型腺病毒(HDAD)质粒将胰腺转录因子 NeuroD 和诱导胰岛再生的 β 细胞刺激激素 betacellulin 联合转染到 STZ 糖尿病小鼠体内,胰岛细胞首先在肝脏荚膜下被发现,但它们来自于哪里?是否来自肝细胞或肝脏干细胞?这些都不清楚。转染 3 个月后,糖耐量试验显示小鼠血糖和胰岛素水平正常。

β 细胞再生诱导蛋白 Reg 在人和小鼠的体内体外都有表达,是胰腺损伤的标志物。通过调节 Reg 蛋白的一个 15 个氨基酸片段——胰岛再生相关蛋白(INGAP[104-118])的表达,可以促进 STZ 诱导的糖尿病仓鼠胰腺导管细胞的胰岛再生。小鼠和人的 Reg 蛋白都能激活非肥胖型糖尿病小鼠 β 细胞的增殖。INGAP[104-118] 也能刺激导管细胞内 ^{3}H-脱氧核苷嘧啶的吸收,并使这些细胞分化为分泌胰岛素的 β 细胞。胰岛细胞数量增加了 75%,血糖和胰岛素恢复正常,逆转了糖尿病状态。INGAP[104-118] 诱导的 β 细胞再生与导管细胞 PDX1 的表达增加有关。

导管细胞和胰岛的非 β 细胞能在体外形成导管表型,用 INGAP 刺激能使其去分化为 β 细胞。2008 年 Zhou 等证实,通过转染 β 细胞分化必需的 3 个转录因子,能够诱导胰腺导管细胞分化为 β 细胞,这为在胰腺原位用其他类型细胞产生 β 细胞提供了可能的转基因方法。2006 年 Kobinger 等用病毒质粒转染并表达信号受体,能体外激活人胰岛细胞增殖。通过暴露于小分子二聚体化学诱导剂(CID)使这个受体激活,增加了 β 细胞的增殖并促进了胰岛素的分泌。通过移植被 CID 处理过的增强了增殖活性的胰岛,糖尿病小鼠的高血糖得以纠正。这个方法对移植治疗时减少需要的胰岛细胞的数量也许是有用的。

在所有这些策略中,被基因修饰的细胞理论上与原始的 β 细胞一样,都会受到相同的自身免疫作用。事实上,自身免疫问题适用于所有的被讨论的移植细胞,此外对异体移植的免疫排斥必须进行有效的控制。

六、生物人工胰腺

绝大多数生物人工胰腺装置都是一个闭合的系统,通过在多聚体微粒体内装入胰岛制成;这些多聚体微粒体带有小孔,允许 O_2/CO_2 以及养分和代谢物交换,但能阻止 T 细胞进入以避免免疫排斥反应。将含有同种异体胰岛的高古洛糖醛酸藻酸盐微粒体注入患有 1 型糖尿病犬的腹膜腔内,结果其血糖恢复正常。再没有胰岛素注射的情况下,这些犬存活了 6 个月(这个实验就进行了 6 个月)。由胰腺导管干细胞产生同种异体 β 细胞并被包裹在透明质酸中,当将其注射到糖尿病 NOD 小鼠的肾囊下或皮下时能逆转胰岛素依赖的糖尿病。为了能够用磁共振成像(MRI)监测含有胰岛的微粒体,2007 年 Barnett 等用一种被用于临床 MRI 的磁性铁氧化物的水胶质——超顺磁性氧化铁混合藻酸盐,并注射到 4000 个胶囊,每个胶囊含有 3×10^6 个胰岛,这些胶囊被注射到 STZ 糖尿病小鼠的肝门静脉。这些胶囊分泌胰岛素并使血糖恢复正常。清晰的 MRI 成像使得这些胶囊能够被检测到。

异种异体的胰岛应用在闭合的生物人工胰腺中,能避免供体缺乏的局限,并且几项研究已经显示这个策略的可行性。在一些案例中,用大鼠胰岛的中心体移植给糖尿病小鼠,能维持血糖超过 2 年。将犬、猪和牛的胰岛接种到藻酸盐中,并放置到半渗透的丙烯酸管状膜腔中(每个腔 200～400 个胰岛),移植到 STZ 诱导的糖尿病大鼠的腹膜下,能使空腹血糖恢复正常达 10 周。长期的组织学检测(30～130 天)显示,有正常的 α、β 和 δ 细胞出现。在藻酸盐/多聚赖氨酸水凝胶微粒体的猪和牛的胰岛也能使 STZ 糖尿病大鼠的血糖恢复正常水平。将放置在藻酸盐-多聚赖氨酸-藻酸盐微粒体内的猪的胰岛移植到糖尿病猴子的腹膜内,猴子

的空腹血糖和糖耐量能恢复到正常范围内达 120 天至超过 2 年。尽管可能由于微粒体内的胰岛溶解凋亡，又复发高血糖血症，但通过再次移植含有胰岛的微粒体又能使血糖恢复正常。在给 2 个受者移植了 3 个月后，可以发现微粒体依然保持完整，其中的胰岛能应答葡萄糖而分泌胰岛素。用包裹的人胰岛给糖尿病猪做实验取得了类似的结果。

　　一名患有 1 型糖尿病的 38 岁患者，伴有周围神经病变、足溃疡及需要肾移植的末期肾衰，对其进行一次被包裹胰岛的临床移植实验，图 13-10 显示了这个实验的操作程序。给患者移植的胰岛来自于尸体胰腺，通过胶原酶消化和梯度离心进行的分离，按 10 000 个胰岛藻酸盐微粒体/公斤体重给这位患者移植，通过在患者腹部开一个 2cm 的切口将这些胰岛移植到患者的腹膜内。6 个月后，又按 5000 个胰岛/公斤体重给这名患者进行了再次移植。初次移植 9 个月后，停止给予外源性胰岛素，周围神经病变减轻，足溃疡也以正常速度愈合，代谢指数显著改善。然而，前体胰岛素水平检测显示，15 000 个胰岛/公斤体重的总剂量只是一个临界水平，勉强能维持胰岛素的非依赖性。对患糖尿病犬的研究显示，要获得长时间的胰岛素非依赖性需要 20 000 个胰岛，但人腹膜内移植的最适宜剂量仍不得而知。这位患者后来死亡，没能进行进一步的实验。

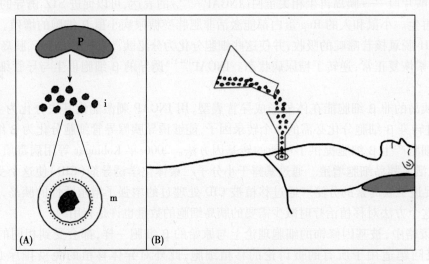

图 13-10　通过灌注包裹了胰岛的高甘露醇糖醛酸藻酸盐微囊体逆转患者糖尿病
（A）通过消化胰腺组织制备微囊体，然后将胰岛和藻酸盐混合，再用喷雾器将混合物喷射使其与 $CaCl_2$ 充分接触后与藻酸盐交联；（B）微囊体通过漏斗传递到腹腔

　　被包裹胰岛的存活依赖于营养物质的扩散，并且只要微粒体保持完整似乎就足够了。尽管通过改变组件的浓度能在一定程度上控制生物降解，但绝大多数生物材料不能长时间持续并能导致炎症反应。移植位点也是值得商榷的，腹膜内和肝门静脉注射都是侵袭性的，并且肝门注射容易引起出血和血栓形成。2006 年 Pileggi 等用一个生物相容性装置解决了这个问题，这个装置由 2cm 长带有 450μm 小孔的不锈钢圆筒构成，其一端有塞子，并有注射器的内芯填充到装置内部。这个圆筒被移植到 STZ 糖尿病大鼠的皮下 40 天逐渐被包埋，而其外部的筒壁则与周围的组织相连并血管化。注射器的内芯然后被取出，注入胰岛溶液并堵上末端的塞子。这个装置能恢复血糖，胰岛的组织学检测显示，其很好地保护了胰岛的结构，并且有丰富的血管网。然而，这个装置并不能避免免疫排斥，但通过包裹胰岛能有效地减轻免疫排斥。此外，这个装置也能装载来自自体 iPSC 的 β 细胞或经过配型的异体 β 细胞。

　　基于灌流的胰腺装置已经在犬身上进行了实验（图 13-11）。这些装置由具有卷曲的选择性渗透膜（丙烯酸共聚物）的塑料罩组成，选择性渗透膜的两个末端与吻合到作为动静脉旁路的髂骨血管的血管移植物相连。罩内注入被接种在水凝胶（如藻酸盐）上的胰岛。这个装置很小，容易植入腹膜内。同种异体或异种异体（猪）的胰岛通过这个装置移植到 1 型糖尿病犬的体内，能维持正常的血糖浓度和其他代谢指标达数月之久。这个装置在正常犬的体内能保持 3 年半，表明其具有极好的生物相容性。然而，在这项研究中，后期绝大多数犬都有血栓形成。

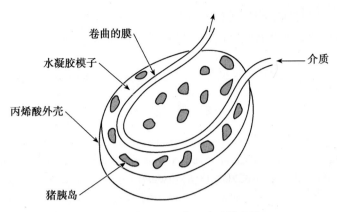

卷曲的膜

水凝胶模子

丙烯酸外壳

介质

猪胰岛

图 13-11　体外生物人工胰腺的设计
盘绕的管状膜置于丙烯酸外壳中,壳中充满了包含猪胰岛的水
凝胶,介质由入口泵入管状膜,循环过程中新陈代谢产物扩散,
并滋养胰岛最后通过出口排出

小　结

小鼠胰腺部分切除术后,导管结扎及链脲霉素处理后能再生出 β 细胞。遗传标记实验显示部分胰腺切除术后,新生的胰腺 β 细胞和腺泡细胞再生于已存在的 β 细胞和腺泡细胞,就像部分肝切除术后新生肝细胞再生于已存在的肝细胞一样。然而导管结扎或 STZ 引起的胰腺损伤刺激导管细胞再生为 β 细胞。导管细胞暴露于 INGAP 蛋白,细胞调节素,GLP-1 或注射到移植的 Ngn-缺陷的胚胎胰腺(不能产生 β 细胞)能刺激导管细胞再生。胰岛非 β 细胞、腺泡细胞经过一系列处理后能转分化成导管上皮细胞,并分化成 β 细胞说明导管细胞对于 β 细胞再生能起到干细胞的作用。尚未有报道称胰岛细胞本身存在 β 干细胞。

对 1 型糖尿病患者来说,胰岛移植可能成为一种理想的治疗手段。胰岛再生包括 β 细胞的精确自我复制和由内源性干/祖细胞的诱导分化而来的胰岛素分泌细胞(β 细胞新生)以弥补失去的 β 细胞功能。将 α 细胞重新编程为 β 细胞用于糖尿病治疗可能是一个有吸引力的策略。

1 型糖尿病是 T 淋巴细胞和 B 淋巴细胞攻击 β 细胞所引起的自身免疫性疾病。1 型糖尿病小鼠模型已经被用来研究对抗自身免疫性糖尿病方法。通过使用抗炎药物、T 细胞对自身抗原 β 细胞的化学耐受诱导、TNF-α 表达诱导作用导致自体反应性 T 细胞凋亡以及完全 Freund's 佐剂伴有脾脏间充质干细胞的给予,已经获得了自身免疫性的逆转。后续的实验也证实 β 细胞的再生,尽管这些细胞的来源是有争议的。然而,这些结果还并不具备应用于人类的条件。

通过 Edmonton 操作流程已经对 1 型糖尿病患者进行了成功的治疗,在这个操作流程中,来自多个尸体的胰岛被小心收集并移植到肝脏,同时,进行了无糖皮质激素的免疫抑制疗法。然而这些移植随后的数据显示,只有不到 5% 患者移植 5 年后不用再注射胰岛素。尽管,新的技术只需要来自一个供体的胰岛,但供体缺乏仍然是主要问题。异种移植可能是一种解决办法,将猪的胰岛移植到非人为免疫抑制糖尿病灵长类动物体内逆转了糖尿病。由于胰腺没有血管形成以及没有内皮 α-半乳糖,所以高的排斥反应并不会发生。潜在的其他来源的供体有永生化的异体 β 细胞、胰腺干细胞以及多能性的 ECS 和 iPSC 的定向分化等。在小鼠实验和患者临床实验中已有报道,骨髓基质细胞和脐带血细胞能降低血糖水平和胰岛素依赖。这个作用的本质仍不清楚,但很大程度上可能是通过胰腺因子的活动延缓了纤维化的发展和(或)刺激了胰岛 β 细胞的再生。诱导非 β 细胞向 β 细胞的转分化是另外一个潜在的方法,动物实验已经证实了其能够发挥作用。

三种类型的生物人工胰腺已经在人和动物身上进行了测试。一个是将胰岛封装以进行免疫保护并移植到腹膜腔。含有同源或异源胰岛的中心体或丙烯酸小体移植到糖尿病大鼠、犬、猪和猴体内,能使血糖恢复正常。被包埋在藻酸盐微粒体中的胰岛注入人的腹膜腔的临床实验已经在 1 例患者身上进行,这例患者后来死亡而没有能够进行更多的实验。然而这种生物人工胰腺微粒体最后会坏掉并需要被替换。第二种生物人工胰腺是生物相容性的闭合的多孔性圆筒装置,移植到皮下一段时间后能和周围的组织结合形成血管。这种圆筒植入到糖尿病大鼠体内 40 天后去除并填入分离的胰岛。这个装置能恢复血糖正常,而且有广泛的血管网络形成并对胰岛的结构起到了很好的保护作用。第三种，生物人工胰腺是一个能连接到髂骨血管上基于灌流的装置。血流流经外壳和载有胰岛的内部圆筒之间的空隙。据报道这个装置维持犬的正常血糖水平达3年半，但最终有血栓形成。

（庞希宁　李宏图　李晓航　肖新华　姜方旭）

参 考 文 献

1. Baggio, LL, Drucker, DJ. Therapeutic approaches to preserve islet mass in type 2 diabetes. Ann Rev Med, 2006, 57:265-281.

2. Barnett BP, Arepally A, Karmarkar PV, et al. Magnetic resonance-guided, real-time targeted delivery and imaging of magnetocapsules immunoprotecting pancreatic islet cells. Nat Med, 2007, 13(8):986-991.

3. Bluestone JA, Herold K, Eisenbarth G. Genetics, pathogenesis and clinical interventions in type 1 diabetes. Nature, 2010, 464(7293):1293-1300.

4. Bonner-Weir S, Weir GC. New sources of pancreatic β-cells. Nature Biotech, 2005, 23(7):857-861.

5. Collombat P, Hecksher-Sorensen J, Krull J, et al. Embryonic endocrine pancreas and mature β cells acquire α and PP cell phenotypes upon Arxmis expression. J Clin Invest, 2007, 117(4):961-970.

6. Collombat P, Xu X, Ravassard P, et al. The ectopic expression of Pax4 in the mouse pancreas converts progenitor cells into alpha and subsequently beta cells. Cell, 2009, 138(3):449-462.

7. Couri CE, Oliveira MC, Stracieri AB, et al. C-peptide levels and insulin independence following autologous nonmyoablative hematopoietic stem cell transplantation in newly diagnosed type I diabetes mellitus. JAMA, 2009, 301(15):1573-1579.

8. Desai BM, Oliver-Krasinski J, De Leon DD, et al. Preexisting pancreatic acinar cells contribute to acinar cell, but not islet β cell, regeneration. J Clin Invest, 2007, 117(4):971-977.

9. Dor Y, Brown J, Martinez OI, et al. Adult pancreatic β-cells are formed by self-duplication rather than stem cell differentiation. Nature, 2004, 429(6987):41-46.

10. Atala A, Lanza R, Thompson JA, et al. Principles of Regenerative Medicine. 2nd ed. Elsevier/Academic Press, 2011:795-816.

11. Kent SC, Chen Y, Bregoli L, et al. Expanded T cells from pancreatic lymph nodes of type I diabetic subjects recognize an insulin epitope. Nature, 2005, 435(7039):224-228.

12. Koulmanda M, Bhasin M, Hoffman L, et al. Curative and beta cell regenerative effects of α1-antitrypsin treatment in autoimmune diabetic NOD mice. Proc Natl Acad Sci USA, 2008, 105(42):16242-16247.

13. Marshak DR, Gardner RL, Gottlieb D, Stem Cell Biology. New York: Cold Spring Harbor Laboratory Press, 2001:499-513.

14. Louvet C, Szot GL, Lang J, et al. Tyrosine kinase inhibitors reverse type I diabetes in nonobese diabetic mice. Proc Natl Acad Sci USA, 2008, 105(48):18895-18900.

15. Mayhew CN, Wells JM. Converting human pluripotent stem cells into beta cells: Recent advances and future challenges. Curr Opin Organ Transplant, 2010, 15(1):54-60.

16. Nakayama M, Abiru N, Moriyama H, et al. Prime role for an insulin epitope in the development of type 1 diabetes in NOD mice. Nature, 2005, 435(7039):220-223.

17. Rhodes CJ. Type 2 diabetes—a matter of β-cell life and death Science. 2005, 307(5708):380-384.

18. Risbud MV, Bhonde RR. Models of pancreatic regeneration in diabetes. Diabetes Res Clin Pract. 2002, 58(3):155-165.

19. Smukler SR, Arntfield ME, Razavi R, et al. The adult mouse and human pancreas contain rare multipotent stem cells that express insulin. Cell Stem Cell, 2011, 8(3):281-293.

20. Song KH, Ko SH, Ahn YB, et al. In vitro transdifferentiation of adult pancreatic acinar cells into insulin-expressing cells. Biochem Biophys Res Commun, 2004, 316(4):1094-1100.

21. Teta M, Rankin MM, Long SY, et al. Growth and regeneration of adult beta cells does not involve specialized progenitors. Dev Cell, 2007, 12(5):817-826.

22. Trucco M. Regeneration of the pancreatic β cell. J Clin Invest, 2005, 115(1):5-12.

23. Xu X, D'Hoker J, Stangé G, et al. β cells can be generated from endogenous progenitors in injured adult mouse pancreas. Cell, 2008, 132(2):197-207.

24. Zaret KS, Grompe M. Generation and regeneration of cells of the liver and pancreas. Science, 2008, 322(5907):1490-1494.

25. Oh SH, Muzzonigro TM, Bae SH, et al. Adult bone marrow-derived cells trans-differentiating into insulin-producing cells for the treatment of type I diabetes. Lab Invest, 2004, 84(5):607-617.

26. Chen LB, Jiang XB, Yang L. Differentiation of rat marrow mesenchymal stem cells into pancreatic islet beta-cells. World J Gastroenterol, 2004, 10(20): 3016-3020.

27. Wu XH, Liu CP, Xu KF, et al. Reversal of hyperglycemia in diabetic rats by portal vein transplantation of islet-like cells generated from bone marrow mesenchymal stem cells. World J Gastroenterol, 2007, 13(24): 3342-3349.

28. Sun Y, Chen L, Hou XG, et al. Differentiation of bone marrow-derived mesenchymal stem cells from diabetic patients into insulin-producing cells in vitro. Chin Med J(Engl), 2007, 120(9): 771-776.

29. Chen LB, Jiang XB, Yang L. Differentiation of rat marrow mesenchymal stem cells into pancreatic islet beta-cells. World J Gastroenterol, 2004, 10(20): 3016-3020.

30. Kanitkar M, Bhonde R. Existence of islet regenerating factors within the pancreas. Rev Diabet Stud, 2004, 1(4): 185-192.

31. Choi KS, Shin JS, Lee JJ, et al. In vitro trans-differentiation of rat mesenchymal cells into insulin-producing cells by rat pancreatic extract. Biochem Biophys Res Commun, 2005, 330(4): 1299-1305.

32. Karnieli O, Izhar-Prato Y, Bulvik S, et al. Generation of insulin-producing cells from human bone marrow mesenchymal stem cells by genetic manipulation. Stem Cells, 2007, 25(11): 2837-2844.

33. Yuan H, Li J, Xin N, et al. Expression of Pdx1 mediates differentiation from mesenchymal stem cells into insulin-producing cells. Mol Biol Rep, 2010, 37(8): 4023-4031.

34. Lu Y, Wang Z, Zhu M. Human bone marrow mesenchymal stem cells transfected with human insulin genes can secrete insulin stably. Ann Clin Lab Sci, 2006, 36(2): 127-136.

35. Moriscot C, de Fraipont F, Richard MJ, et al. Human bone marrow mesenchymal stem cells can express insulin and key transcription factors of the endocrine pancreas developmental pathway upon genetic and/or microenvironmental manipulation in vitro. Stem Cells, 2005, 23(4): 594-603.

36. Zhao M, Amiel SA, Ajami S, et al. Amelioration of streptozotocin-induced diabetes in mice with cells derived from human marrow stromal cells. PLOS ONE, 2008, 3(7): e2666.

37. Li HT, Jiang FX, Shi P, et al. In vitro reprogramming of rat bone marrow-derived mesenchymal stem cells into insulin-producing cells by genetically manipulating negative and positive regulators. Biochem Biophys Res Commun, 2012, 420(4): 793-798.

26. Chen B, Jiao L. [Differentiation of rat marrow mesenchymal stem cells into pancreatic islet beta-cells]. World J Gastroenterol, 2009, 10(21):3016-3020.

27. Wu QJ, Lin GF, et al. [Experimental study on the application of islet-like cells transformed from bone marrow mesenchymal stem cells].

28. Sun Y, Chen L, Hou XG, et al. Differentiation of bone marrow-derived mesenchymal stem cells from diabetic patients into insulin-producing cells in vitro.

29. Chen LB, Jiang XB, Yang L. [Differentiation of rat marrow mesenchymal stem cells into pancreatic islet beta-cells]. World J Gastroenterol, 2009, 10(20):3016-3020.

30. Kumar M, Bhandari U. [Current status of stem cells in type 1 diabetes]. Rev Diabet Stud, 20xx, x(x):185-196.

31. Chao KC, Sun G, Liu H, et al. Islet-like cells differentiated from human umbilical cord mesenchymal stem cells improve diabetes in rat.

第十四章

肝脏干细胞与再生医学

肝(liver)是身体内以代谢功能为主的器官,并在身体里面能去毒素、储存糖原(肝糖)、分泌性蛋白质合成等。肝也制造消化系统中之胆汁。肝脏和胰腺是具有很多窦道和导管构成的实质性器官。这些组织管状部分的上皮都具有相对较高的更新能力,能够进行再生以及损伤诱导再生。实体上皮器官肝脏和胰腺更新能力低,相对而言再生能力较差。但是,肝脏和胰腺具有很强的损伤诱导再生能力。

对肝干细胞的认识,自卵圆细胞发现以来已经经历了五十多年。近年来,肝干细胞的概念已被广泛接受和认可,肝干细胞的生物学特性及其医学应用的探索也成了研究的热点。

目前在该领域,主要以肝干细胞存在的位置、与其所处微环境的相互作用、肝干细胞的分子标记以及其分化特性等方面备受关注。肝干细胞的研究为肝脏疾病及其他相关疾病的治疗带来了新希望。本章将主要介绍肝发育及肝干细胞与再生医学相关进展。

第一节　肝脏的发育

肝在发育中经历了复杂的过程:包括内胚层阶段肝的特化(specification)、肝芽(liver bud)的出现、肝祖细胞(hepatoblasts)的形成和增殖、细胞命运的选择(肝向和胆管方向的分化)以及最后细胞的成熟等。相关的细胞信号通路和转录因子共同发挥作用调控这一过程。

一、肝脏的形成

胚胎发育时期哺乳动物的肝脏起源于内胚层前肠末端腹侧壁,在胚胎发育到14～20体节期(somite stage)腹侧壁上皮细胞增生向外突起形成肝芽,构成肝芽的这些细胞称之为肝祖细胞。这个阶段的细胞受到来自心肌中胚层的成纤维生长因子(fibroblast growth factor,FGF)信号调控。胚胎发育到第20～22体节期,肝祖细胞继续增殖,并迁移进入中胚层来源的原始横隔间充质(septum transversum mesenchyme,STM);此时的肝祖细胞随即受到来自横隔间质产生的信号刺激,如骨形态发生蛋白(bone morphogenetic protein,BMP)信号通路等,进一步诱导发育。肝祖细胞具有双向分化潜能,能够向肝脏细胞和胆管上皮细胞分化;抑瘤蛋白M(oncostatin M,OSM)信号通路可以促进其向肝脏细胞分化并进一步成熟为具有代谢功能的成熟肝脏细胞;而Notch-Delta信号通路通过改变胎肝时期肝祖细胞中特定转录因子的表达水平促进其向胆管细胞分化。

1. 肝芽的发育　在胚胎发育的前肠内胚层期,随着肝细胞相关基因的激活,肝芽开始出现,也就是说形成了肝脏区域(小鼠约在胚胎第8.5天,ED8.5)。BMP在内胚层形成肝芽时起着至关重要的调节作用。BMP属于β-转化生长因子(transforming growth factor-β,TGF-β)家族,它与相应受体结合后通过激活Smad蛋白转导信号通路,激活下游基因发挥作用。Rossi等运用分子标志物和功能评价等研究方法证明BMP的作用是通过调节转录因子GATA4的水平,以及FGF信号通路控制肝脏早期基因表达。FGF信号作用也是激活肝细胞基因表达的首要信号通路之一。FGF激活促分裂原活化蛋白激酶(mitogen-activated protein kinase,MAPK)信号通路(此过程并不通过3-磷酸肌醇激酶信号途径),进一步诱导肝细胞基因表达。

2. 肝祖细胞的增殖　随着肝祖细胞向横隔扩散,细胞继续增殖,同时肝脏区域开始扩大。此时,横隔和内胚层等开始表达肝细胞生长因子(hepatocyte growth factor,HGF)。肝祖细胞的细胞表面分子 c-met 作为其受体,介导 SEK/MAKK4 级联信号通路,通过此途径促进细胞增殖。同时,TGF-β 通过 Smad2/Smad3 信号通路也可以促肝祖细胞增殖。有研究表明 HGF 和 TGF-β 两个通路在功能上相互作用。另外,体外实验证明,肝祖细胞产生的肝癌衍生生长因子(hepa-toma-derived growth factor,HDGF)也可以刺激细胞增殖,但是,HDGF 随着肝祖细胞的肝向分化成熟而逐渐消失。

3. 肝祖细胞双向发育和分化　在细胞命运的决定阶段(小鼠约在 E11.5),通过不同信号作用诱导,肝祖细胞开始向不同方向分化发育。造血干细胞(hematopoietic stem cell)分泌的细胞因子抑瘤蛋白 M(OSM)在此阶段刺激肝祖细胞的肝向分化,使细胞表达一些肝细胞特有酶蛋白,如 6-磷酸葡萄糖水解酶、磷酸烯醇式丙酮酸酶等。OSM 与 gp130 膜受体信号转导和转录活化蛋白 3(STAT3)偶联作用,通过 STAT3 介导一系列级联信号通路,激发下游作用。但是其他一些细胞因子也有类似的作用,因为 OSM 受体功能缺陷的小鼠并没有表现出明显的肝细胞异常。另外,Iida 等研究了 κB 核因子(nuclear factor-κB,NF-κB)级联信号通路在肝脏发育中的作用,此信号通路是由 κB 抑制蛋白(IκB)激酶激活的。实验表明,缺失了 IκB 激酶的小鼠会导致大规模肝脏凋亡。Tanimizu 等的研究表明,肝祖细胞向胆管发育过程中,Notch 信号通路被激活,同时抑制肝祖细胞的肝向分化,白蛋白的表达显著减少(白蛋白是肝祖细胞和肝细胞的表面标志物)。此外,ck7、ck19、整合素 34 和 HNF-13 等胆管细胞标志物表达上调。用 siRNA 方法下调 Notch 信号通路表达可以促进肝祖细胞的肝向分化。也有体外实验表明,Jagged-Notch 途径控制着胆向发育;Notch 功能缺失突变小鼠胆管结构异常,功能紊乱。但是这一说法仍然有很多争论。

4. 肝细胞的发育　Petkov 等通过基因芯片分析发现在整个肝脏发育过程中都伴随着肝细胞的逐渐成熟,甚至出生后也还是有肝细胞在不断成熟。Kyrmizi 等的研究表明,调节肝细胞成熟的有个核心六因子(core of 6 factor),包括肝细胞核因子(HNF)-la、HNF-1p、分叉头框蛋白质 FoxA2、HNF-4a1、HNF-6 和核受体同源蛋白 LRH-1 等。造血干细胞释放的 OSM,首先促进了肝祖细胞的肝向分化,它通过激活 STAT3 介导的级联信号通路,可刺激肝细胞表达一些其成熟后特有的水解酶类。另外,在胎儿出生前,OSM 的诱导效应似乎被 α 肿瘤坏死因子(tumor necrosis factor-α,TNF-α)信号通路影响;在出生后,TNF-α 表达量就减少了。TNF-α 信号通路可抑制成熟肝细胞特有的一些基因产物的表达,比如酪氨酸转氨酶。从这一方面可以反映出肝细胞的成熟是个持续过程,受时间和空间影响的各因素调节。肝板的索样结构也表现了肝细胞的成熟。研究表明,鸟苷三磷酸腺苷二磷酸核糖基化因子((guanosine triphosphatase adenosine diphosphate-ribosylation factor 6,ARF6)缺陷可导致肝脏无法形成索样结构,取而代之的是肝细胞丛。而且,HGF 信号通路也可以激活 ARF6;同时,ARF 基因缺陷细胞在 HGF 的刺激下不能形成索样结构,这也说明了 HGF 在肝脏发育的过程起到许多不同的作用。Wnt 信号通路的作用在细胞成熟过程也有体现。Suzuki 等研究表明,窦细胞(sinusoid)产生的 Wnt9a 可以促进糖原在肝细胞中积累;基因表达分析表明,这是由于对糖原合成酶的正反馈和对 6-磷酸葡萄糖酶的负调节导致的。

如前所述,肝细胞并不是在胎儿出生时立刻成熟的,在新生儿阶段,肝脏还有一个很重要的发育成熟过程。HGF 在新生儿中的表达量远高于出生前,HGF 可以通过其信号通路刺激体外培养的胎肝细胞发育成熟。这个结果暗示在体内它可能也有相同的作用。在胎儿出生后的第一周,肝脏的代谢区域开始出现。HNF-4a 以及其信号通路是介导这些小叶代谢区的形成的因素之一。Wnt/β 一联蛋白(catenin)也在出生后早期肝脏生长中发挥重要作用。Ben-hamouche 等的实验表明在肝脏中,β-联蛋白和其负调节因子腺瘤性结肠息肉蛋白(adenomatous polyposis coli protein,APC)互补表达;前者出现在早期旁静脉和后期旁门静脉中。灭活 APC 或者激活 β-联蛋白表达都可以加强整个肝脏小叶 Wnt 信号通路作用。相反,过表达 Wnt 信号通路的拮抗作用因子 Dickkop-1 蛋白,通过抑制 Wnt 信号作用可以加强旁门静脉向旁静脉肝细胞发展。但是到目前,Wnt 信号通路在代谢区的配体仍然未知。

5. 胆管细胞的发育　和肝细胞一样,胆管也是在出生后继续分化成熟,并且,胆管细胞根据各自所在的分支导管位置,在形态上以及功能异质性上持续发生变化。目前,还不知道这个过程是如何控制的。Kodama 等研究称,Hes-1 基因缺陷的小鼠无法形成胆管结构。Hes-1 是 Notch 信号通路的效应物,而且这个过程与 Jaggedl 及其受体 Notch2 信号通路相关。在小鼠模型中研究发现,Jaggedl 在旁门静脉间质、门静脉成纤维细胞以及星状细胞中表达,在胆管细胞与 Notch-2 作用后,可以刺激表达 Hes-1,进而诱导胆管成型。胆管细胞的增殖直接调节了胆管的半径,通过研究大鼠的卡罗里症(Carob's disease)发现,EGF/MAPK 信号通路正向调节胆管细胞增殖;而 EGF 受体通路抑制因子则有相反作用,可抑制囊性扩张(cystic dilations)。

在基底部,肝芽在细胞核进行 DNA 合成(S 期细胞周期),与周围的基板形成肝脏芽。然后,细胞核移植到顶端(腔的)位置,进行有丝分裂。显然子细胞的途径和命运尚未确定。过渡到假复层阶段需要 Hhex 同源框基因的参与,否则肝脏不能形成(图 14-1,图 14-2)。

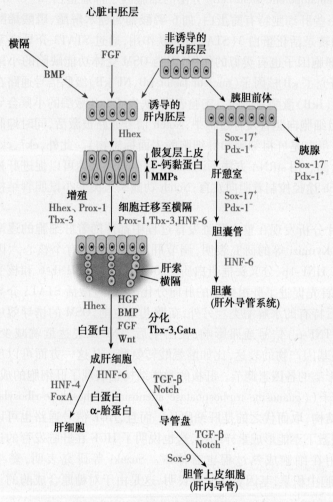

图 14-1　肝脏及胆管系统的形成的主要发育活动
红色显示生长因子;蓝色显示转录因子。BMP,骨形态形成蛋白;FGF,成纤维细胞生长因子;HGF,肝生长因子;HNF,肝核因子;TGF,转化生长因子

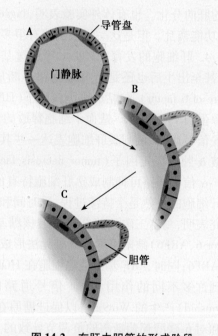

图 14-2　在肝内胆管的形成阶段
(A)单层内皮细胞在肝门静脉周围形成导管板。(B)在早期阶段的形成胆管,在外周的细胞,具有肝细胞的特点,而内层细胞表现出胆管上皮细胞(cholangiocyte)表型。(C)已分化的胆管,所有的细胞都有胆管上皮细胞表型(改绘于 Lemaigre FP:2010)

在第 3 周的早期,干细胞表达同源盒(homeobox,Hhex)和其他转录因子,由于 E-cadherin 下调和基底层迁移、基质金属蛋白酶(matrix metalloproteinases,MMPs)下调,肝上皮细胞失去上皮细胞特点。这些迁移细胞进入横隔下面间质中构成肝索。在肝脏形成的早期,肝细胞表达白蛋白基因,这是肝细胞成熟的主要特征之一。原来的肝憩室分成许多肝索,这是与脏壁中胚层的横隔骨密切相关。中胚层持续支持增长和扩散的肝内胚层。这部分发生是通过肝细胞生长因子(HGF)的启动,受体分子 c-met 位于内胚层的肝细胞的表面。实验研究表明,中胚层 splanchnopleural 或侧板中胚层的 somatopleural 组件可以支持进一步的肝生长和分化,而近轴中胚层支持肝发展只有有限的能力。

二、肝脏发育与EMT

肝脏的发育包括细胞的扩增、细胞的分化以及空间结构的形成等过程。现有的证据表明,在肝脏空间结构形成的过程中,可能有EMT过程的参与。

Lemaigre提出,肝脏发育之初特定的内胚层上皮细胞从基底膜迁移到横膈间充质形成肝芽的过程可能包含EMT过程。在此基础上,Su等对5~28周胎龄的人胎肝进行免疫荧光化学检测,发现只有在8周胎龄前的人胚胎肝脏中才能检测到细胞角蛋白8(cytokeratin 8,CK8)和α-平滑肌肌动蛋白(α-smooth muscle actin,α-SMA)的共表达,提示EMT可能仅发生在肝脏发育的早期。Chagraoui等从胚胎发育第11.5天的小鼠胎肝中分离出同时表达上皮细胞标志和间质细胞标志的祖细胞;Fausto等从人胎肝中分离出了具有EMT特征的多能干细胞,这些研究都提示在胎肝发育的后期可能也有EMT的参与。目前对肝脏发育过程中与EMT过程相关的分子机制也有一定的认识。EMT最主要的特征之一就是以上皮细胞钙黏蛋白(epithelia cadherin,E-cadherin)为代表的上皮细胞标记蛋白的缺失,Wnt/β-catenin信号通路被认为是肝脏发育的主要调控因子,Liu等发现Wnt/β-catenin通路在肝脏发育中参与了E-cadherin的调节以及EMT过程。Wnt/β-catenin信号通路对肝脏发育的调控开始于胚胎时期,抑制Wnt/β-catenin信号途径会影响早期肝脏的发育;反之则能促进肝的发育、增殖以及分化。以上证据表明,肝脏发育过程中EMT发挥重要作用。

第二节 肝脏的再生

肝脏再生是指在正常生理或病理情况下,部分肝细胞丧失或者其功能丧失后,肝细胞重新修复的过程。肝脏遭到各种致病原侵袭时,引起肝脏损害与炎症反应,肝组织免疫系统同时被激活,进行组织修复。

一、肝脏的结构和功能

肝脏是身体内部最大的器官,重量约为1.5kg。肝脏循环血量约为心脏总输出量的25%。实际上,它的功能影响体内每个生理过程。肝细胞将糖原转化为葡萄糖,并在碳水化合物、氨和三酰甘油代谢中都起到主要作用。肝细胞分泌大量血清蛋白,包括白蛋白、凝血酶原、纤维蛋白原、脂蛋白的蛋白组分以及胆汁,其中胆汁包含了肠吸收所需的胆汁盐。最后,肝细胞解毒代谢的副产物和有毒物质。

肝脏的组织结构反映了其分泌和代谢功能(图14-3)。构成80%肝脏的肝细胞,有大量的线粒体粗面、内质网和高尔基体。肝细胞的排列为两层小梁。这两层结构包围着的毛细胆管将胆汁通过由肝细胞和胆管细胞混合排列构成的肝闰管(hering canal)输入到小叶间胆管。肝小梁被血窦分隔,血窦由有孔的内皮细胞和被称为Kuppfer细胞的巨噬细胞排列而成。肝血窦有孔内皮和小梁之间的是Disse间隙。有孔内皮和Disse间隙使肝细胞最大限度地暴露于肝血流。肝细胞有很多从表面突出到Disse间隙的微绒毛,为吸收提供很大的表面积。穿插在肝细胞中并且紧邻Disse间隙的是Ito细胞(也称为星状细胞),它是储存维生素A的周细胞。

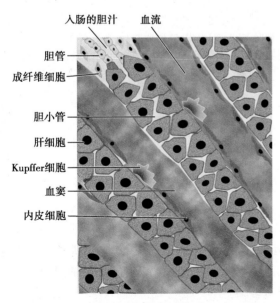

图 14-3 图示为双层肝小梁、毛细胆管和由有孔内皮排列成的血窦(**Alberts et al.**,1994)

在大鼠、猪等哺乳动物中,小梁组成含有"门管区"的小叶,小叶由结缔组织分隔,大致形成一个六边形。肝小梁从小叶周边延伸到中央静脉。在人体中,虽然没有小叶中隔,但是门管区的排列是相同的,而且通过在门管区画一条假想线可以"看到"小叶。门管区自身包括门静脉、肝动脉、胆总管的分支和淋巴管。

肝脏的细胞外基质主要集中于外部结缔组织被膜、

血管和胆管,只有少量存在于肝细胞。在外层包膜和血管中有胶原蛋白Ⅰ、Ⅱ、Ⅴ、Ⅵ和Ⅶ,纤连蛋白和黏蛋白。血管和胆管都有含层粘连蛋白、巢蛋白、Ⅳ型胶原和基底膜蛋白聚糖的基底膜。然而,血窦并没有基底膜。血窦中存在纤连蛋白和游离Ⅳ型胶原(free collagen Ⅳ)。

二、肝脏有极强的再生功能

有关普罗米修斯的希腊传说中描述了肝脏惊人的再生能力。普罗米修斯是使用黏土创造了人类的泰坦神,然后他还违背众神之王宙斯的明确意愿,将火赠予人类。作为惩罚,宙斯将普罗米修斯用锁链缚在一块岩石上,而且派一只鹰每天啄食他的肝脏。尽管肝脏在晚上再生,然而他要永远遭受这种苦难,直到被赫拉克勒斯解救。虽然古希腊人认为肝脏是激情和生活所属,但是他们其实不太可能知道它的再生能力,因为他们不可能观察到受损的人类肝脏发生了什么(在希腊禁止尸检)。虽然他们确实检查了动物的肝脏,但是那是为了占卜未来的事情是有利的还是无利的。由于普罗米修斯是神,而且神的器官被认为是不朽的,因此普罗米修斯神话中肝脏的再生可能反映了不朽这一概念。

进入21世纪后,实验研究显示了肝脏再生的生物学存在的重要意义。在一个重要的实验中,患有Ⅰ型遗传性酪氨酸血症(一种由于肝毒性酪氨酸代谢物累积造成的致命的退行性肝脏病变,)的小鼠肝脏通过四轮连续移植被救,这个移植以向病变肝脏注射1000野生型肝细胞开始(图14-4)。从这些结果计算出一个肝脏细胞能够分裂至少70次。这种再生能力是惊人的,显示出大多数肝细胞有4C倍体的现象,有一些甚至有更高的倍体数。肝脏还有将自己的大小调整到适应身体代谢需求的惊人能力。人类可以耐受损失70%的肝脏。对于年轻人,这个损失可以在3~4周修复良好。从成人向儿童或者从儿童向成人进行肝移植,肝脏分别可以通过凋亡下调或者通过有丝分裂上调大小。

Ⅰ型遗传性酪氨酸血症小鼠

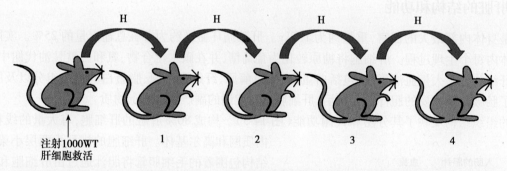

注射1000WT
肝细胞救活

1　　2　　3　　4

图14-4　患有Ⅰ型遗传性酪氨酸血症的小鼠通过注射1000野生型(WT)肝细胞获救,这些肝细胞重建了肝脏。之后1000肝细胞(H)依次4次注射到其他患有Ⅰ型遗传性酪氨酸血症的小鼠,救活了所有小鼠,这证明了肝细胞巨大的再生能力

三、肝脏再生的主要方式是代偿性增生

肝脏更新非常缓慢,肝细胞平均寿命范围为200~300天。细胞标记研究表明,在正常肝脏更新中,肝细胞是被已有肝细胞的基本的有丝分裂而不是干细胞所取代。然而,但肝脏部分切除术(partial hepatectomy,PH),有丝分裂更加强烈。手术切除肝脏组织诱导肝再生的最好的研究模型是大鼠2/3部分肝切模型。由于大鼠肝脏有两个大叶和2个小叶,故将其切除2个大叶,即可去除其肝脏2/3的质量做成研究模型。虽然,切除的肝叶不会长回来,但是,在术后14天内,余下的2个小叶迅速生长达到原来肝的质量。当去除独立的肝叶时,没有细胞损伤;因此,细胞的增殖是在没有细胞死亡和炎症活动时发生的。尽管肝组织自身切除造成的损伤确实涉及炎症阶段,但是再生的结果是相同的。由于炎症一般与纤维化相关,因此再生是通过何种机制绕过或者整合炎症反应是一个重要的问题,但是没有答案。

再生肝脏是否重复了胚胎肝脏发育的基因表达特征模式是一个主要问题。微阵列分析表明肝再生基因表达模式并不是肝脏胚胎发育的重复,它包括了很多已知的对肝脏发育重要的转录因子。然而,2004年

Odom 等发现肝细胞核因子(hepatocyte nuclear factors, HNFs),不仅在个体发育时在肝脏和胰腺分化方面起到作用,在成人肝细胞正常功能中也是必需的,而且在肝再生中继续发挥功能。HNF-1α、HNF-4α 和 HNF-6 处于这一转录网络的中心,是肝细胞特异性转录模式的一部分,这种模式生产了所有由肝脏合成的蛋白质产物。PH 触发的一系列调控将再生性的基因活动模式叠加到肝细胞特异性转录模式上是肝脏再生独特的特点。

　　肝细胞依赖于存储在脂滴中的脂质作为再生中能量和新的膜合成的现成来源。微囊蛋白-1(caveolin-1)也称为胞膜窖(caveolae)的细胞膜细胞内凹陷,是脂滴中三酰甘油合成和积聚的关键调节因子。在野生型小鼠中,脂滴中三酰甘油的积聚发生在 PH 之后。在无微囊蛋白-1 的小鼠中,三酰甘油积聚没有发生,并且存在与无法正确进行细胞周期相关的肝再生的抑制,也降低了小鼠存活率。这种抑制可以由输注葡萄糖缓解。

　　如图 14-5 所示,尽管每种细胞类型的 DNA 合成动力学不同,但是 PH 后肝的所有细胞类型都再生。肝细胞的 DNA 合成在 PH 后 10~12 小时开始,在 PH 后 24 小时达到峰值,而胆道胆管细胞、Kupffer 细胞和 Ito 细胞的 DNA 合成启动和峰值出现都较晚。血窦内皮细胞最后开始增殖,在第 4 天达到 DNA 合成的峰值。在年轻大鼠中,在恢复原来肝脏大小时高达 95% 的肝细胞至少分裂 1 次。在年老动物中,肝再生较缓慢,较不完整,参与增殖的肝细胞较少。

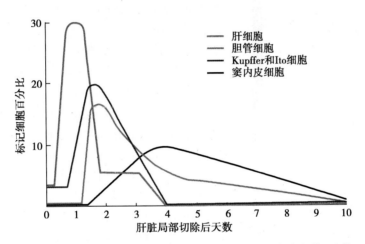

图 14-5　部分切除后肝脏中不同细胞类型 DNA 合成动力学(改绘 Michalopoulos GK, DeFrances MC. 1997)

　　1. 肝细胞周期启动和持续　肝细胞主要处于有丝分裂静止期,表达转录因子 CAAT/启动子结合蛋白 α(C/EBPα)。C/EBPα 在完整的肝细胞高表达,并通过抑制细胞周期蛋白依赖激酶(cdks)的作用进而阻止肝细胞进入细胞周期。肝肿物中第一个触发点即通过下调启动肝细胞增殖,其机制尚不明确,但是似乎涉及 VEGF 诱导的肝血窦内皮细胞 HGF 的表达。无论触发点是什么,肝细胞“被启动”,是对于生长因子和细胞信号的反应,驱动其从 G_0 期进入 G_1 期(图 14-6)。C/EBPα 的水平降低同时,超过 70 个“快速”基因在 30 分钟至 3 小时内开始表达。在大鼠和小鼠启动期持续约 4 小时。C/EBPα 水平降低的同时,超过 70 个“即刻早期”基因开始表达。这组即刻早期基因的诱导表达有赖于新蛋白的合成,例如,它们仅需要通过转录后修饰的方式激活已存在的转录因子。这些转录因子中最重要的是 STAT3、局部肝切除术因子 PHF/NF-κB(肝脏特异的 NF-κB)、AP-1(原癌基因蛋白 c-Jun 和 c-Fos 活性复合体)和 C/EBPα。许多即刻早期基因的启动子中含有这些转录因子的结合序列,它们编码与启动细胞周期 G_1 的有关的蛋白,诸如原癌基因 *c-Myc* 和肝脏再生因子 1(liver regeneration factor 1, LRF-1),后者也能和 AP-1 形成 DNA 结合复合体。多效蛋白是另一种表达在多种组织的细胞因子,包括在即刻早期基因的调节中。细胞周期启动的蛋白质组分析显示凋亡途径被抑制。

　　肝脏特异性蛋白合成模式在启动过程中有些许改变。在肝脏再生中,作为即刻早期基因激活的结果,许多蛋白是胎儿肝脏中出现的蛋白。它们包括甲胎蛋白、己糖激酶、胎儿醛缩酶的同工酶和丙酮酸激酶。此外,几个肝脏功能蛋白的表达也上调,以补偿短暂的组织丢失,包括白蛋白和几个编码与糖代谢和调控有关的蛋白,如葡萄糖 6 磷酸酶、胰岛素样生长因子结合蛋白 1 和磷酸烯醇式丙酮酸羧激酶等。

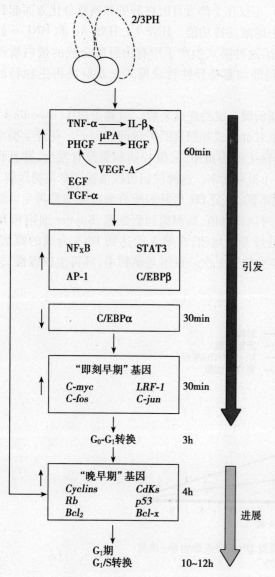

图 14-6　图解显示肝局部切除术后肝细胞周期启动和持续的相关分子机制

左侧的短箭头显示框内分子活性的上调或下调,详见原文

第二类基因为"延迟早期基因",在肝部分切除术(PH)后约 4 小时诱导开始。这些基因编码的蛋白调控细胞从 G_1 期进入 S 期。与即刻早期基因不同,它们的诱导依赖于新蛋白的合成。重要的蛋白合成包括:①细胞周期素和细胞周期素依赖性激酶(cdks),它能磷酸化 Rb 蛋白,允许 E2F 转录因子启动 DNA 合成;②p53,一个可激活 p21 的转录因子,编码抑制 *cyclin/cdk* 基因;③Bcl-X 和 Bcl-2,能和 Rb 一起使细胞免于凋亡,使之进入细胞周期。Rb 分别在 12、30 和 72 小时出现高峰,且在 30 小时的表达是未再生肝脏的 100 倍。在 p21 过表达的转基因小鼠中,肝脏的 DNA 合成与正常的 PH 小鼠相比降低 15%,相应的小鼠的肝脏体积也减少。Bcl-X 和 Bcl-2 在 PH 的 6 小时后表达,Bcl-2 在非肝细胞中表达,其表达量是正常肝脏的 2 倍;而 Bcl-X 在肝细胞中表达,其升高是正常肝细胞的 20 倍;但是,这些基因编码的蛋白在再生过程中表达,并没有明显的波动。

2. 肝再生调节的信号通路　肝再生过程中细胞周期启动需要什么样的信号?已有实验证实,肝部分切除术后有丝分裂信号可在血液中发现,宿主肝脏局部切除术后进行异位移植的肝细胞或肝组织能复制 DNA;而且两只连体大鼠中的一个肝切除术能诱导另一个肝脏的生长。有丝分裂信号是生长因子,它们由肝内的非肝细胞产生,也由体内的其他非肝细胞产生。肝再生过程中有三条冗长的细胞因子/生长因子信号通路,调节细胞周期,即 TNFα/IL-6、HGF 和 EGF/TGF-α。

(1) TNF-α/IL-6 通路:TGF-α 和 IL-6 在启动中具有重要作用。在 Kuppfer 细胞 TGF-α 与其受体 TNFR1 结合诱导 IL-6 的表达,IL-6 的血浆浓度在 PH 后 24 小时达到峰值。IL-6 的活化激活 JAK-STAT 和 MAPK 信号通路,导致即刻早期基因的转录。纯合型 *IL-6* 基因缺失小鼠,STAT3 活化,AP1 活性,Myc 和 cyclinD1 均显著降低,而 DNA 合成被抑制。TNFR1 或 *IL-6* 基因敲除小鼠缺乏再生肝脏的能力。TNF-α 受体缺陷小鼠和用 TNF-α 抗体处理的正常小鼠 DNA 合成受到严重受损,在这两种情况下,无法激活 STAT3 和 NF-κB,c-jun 和 AP1 的产物也无法增加。上述缺陷可以通过注射 IL-6 进行纠正。这些结果表明,受 TNF-α 调控的 IL-6 是启动再生必要的有丝分裂原。肝部分切除术 NF-κB 的活化诱导 TNF-α 的表达的信号通路,诱导了 IL-6,导致 STAT3 的活化。

(2) HGF 通路:许多组织细胞,包括肝内皮细胞产生无活性的 HGF 前体,pro-HGF。Pro-HGF 与纤维蛋白溶酶原同源,被一种从人血清中分离出来的称为肝细胞生长因子激活剂(Hepatocyte growth factor activator,HGFA)的丝氨酸蛋白酶因子裂解激活。HGFA 属于包括 Hageman 因子、组织尿激酶型纤溶酶原激活剂(tissue urokinase plasminogen activator,tPA)和尿激酶型纤溶酶原激活剂(urokinase plasminogen activator,uPA)的蛋白酶家族(内源性凝血途径因子XII),也能激活 HGF。事实上,PH 后的 1~5 分钟,由于尿激酶受体转运到肝细胞膜使得其活性升高。HGFA 本身被凝血酶激活,因此 HGF 在功能和结构上与血液的凝血途径相联系,是能够刺激血管新生的生长因子之一。肝损伤、血液的凝血系统和 HGF 的活化之间的关系见图 14-7。

活化的 pro-HGF 与其受体 c-met 结合形成异源二聚体,在肝部分切除术后 1 小时内活化的 HGF 浓度升

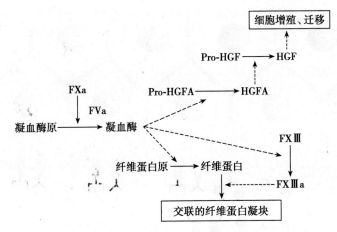

图 14-7　HGF 的活化是对肝损伤的反应
血液凝固级联反应导致凝血酶原转化为凝血酶,催化其形成稳
定的血凝块。同时,凝血酶通过 HGFA 诱导 HGF 活化,导致内皮
细胞生长和迁移,促进血管结构的修复。HGF 也促进内皮细胞
增殖和迁移来修复组织结构

高超过 20 倍。这种升高的机制可能与来自 ECM 基质降解产生的 pro-HGF 的释放有关,肝脏 ECM 中的 pro-HGF 的数量非常大。注射 HGF 到未受损害的肝脏会导致微弱的增殖应答,但在注射 HGF 之前向肝脏中注入胶原酶则会显著地增加这种应答,这表明肝细胞和其他细胞周围基质的降解在通过 pro-HGF 释放启动再生方面发挥作用。

HGF 产生中涉及肝星状细胞和内皮细胞,在肝损伤处星状细胞分化为成纤维细胞,分泌 ECM 和 HGF,促进肝细胞增殖。这种差异包括细胞骨架的重组,由相同的 p75NTR 受体调节,它是 Rho A 途径髓鞘抑制蛋白质,调节中枢神经系统轴突生长圆锥塌陷。p75NTR 基因缺失小鼠星状细胞分化为成纤维细胞,与 HGF 的减少和肝细胞增殖相关。

体内注射 VEGF-A 能刺激肝细胞分裂,但是,在体外只有肝窦内皮细胞(liver sinusoidal endothelial cell, LSEC)存在时才能刺激肝细胞的有丝分裂。在肝内皮细胞损伤激活两种不同的途径,通过上调肝细胞的 VEGF-A 的产物水平,促使 HGF 和 IL-6 表达水平升高(图 14-8)。在内皮细胞 VEGF-A 能与 VEGFR-1 和 VEGFR-2 受体结合,通过与 VEGR-1 结合使得 HGF 和 IL-6 的分泌增加,通过与 VEGF-2 结合促进内皮细胞的增殖(血管新生),从而细胞数量的加,生长因子水平增高。在 LSEC 中 VEGFR2 的遗传切除技术通过抑制内皮细胞特异性转录因子 Id1 来削弱肝细胞增殖的突然释放。Id1 缺陷小鼠表现出肝细胞再生缺陷,由于 LSEC 的 HGF 表达减少。这些数据表明肝细胞血管龛诱导了肝再生的初始事件。

(3) EGF/TGF-α 通路:在肝部分切除术后 15 分钟内,肝脏中 EGF mRNA 表达增加 10 倍,在肝细胞、库普弗细胞和 Ito 细胞中 EGF 蛋白都有表达。EGF 受体在最初的 3 小时倍增。EGF 蛋白既在肝细胞里累积,也在唾液腺中合成并释放入血液,这表明它能通过内分泌和自分泌发挥作用。在肝部分切除术前 2 周摘除唾液腺能减少血浆 EGF 约 50%,而在肝部分切除术后同样影响 EGF 的增加。在肝部分切除时或其后的 3 小时内摘除唾液腺,DNA 合成和有丝分裂也减少 50%。而在肝切除术后 6 小时或更长时间后摘除唾液腺则没有影响。外源性的 EGF 能使唾液腺摘除大鼠肝脏恢复正常的再生能力。总之,减少 EGF 的水平能延缓再生应答 24 小时,但肝脏到 7 天内仍能完全再生。

在肝部分切除术后 2～3 小时内,肝细胞内的 TGF-α 也与 EGF 受体结合并被诱导且在 12～24 小时达到峰值,但在血浆中 TGF-α 仅有少量的增加,尽管 TGF-α mRNA 有大量的增加。

重要的是任何这些途径的中断可能会延迟肝再生。但是,尽管如此,肝再生也会完成,这表明其他途径可能会代偿。这种强大的冗长的再生调控可以反映肝脏进化的意义。

3. 增殖的终止与重构　大鼠肝脏再生中的 DNA 合成于 72 小时完成。然而,对增殖终止的机制却知之甚少。TGF-β1 通常由伊藤细胞产生,它可能在防止和终止增殖过程中发挥了一定的作用。在体外,TGF-β1

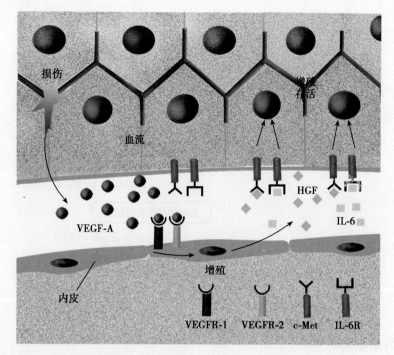

图 14-8　肝脏损伤后 VEGF-A 促进肝细胞存活和增殖图解

损伤诱导肝细胞和非肝细胞分泌 VEGF-A(红点)。如果 VEGF-A 和血窦内皮细胞的 VEGFR-1(红色长方形)结合,则能诱导内皮细胞产生更多的 HGF(绿色方块)和 IL-6(黄色方块)。如果 VEGF-A 与 VEGFR-2(蓝色方块)结合,它将促进内皮细胞增殖,这也将增加肝细胞可利用的 HGF 和 IL-6 的数量。HGF 和 IL-6 是通过与肝细胞上的受体 c-Met(紫色)和 IL-6R(橙色)而发挥作用的(改自 Davidson AJ,Zon LI,2003)

抑制了肝细胞的有丝分裂。但是,在 TGF-β1 过表达转基因小鼠中,肝脏再生也能缓慢地完成,这表明还有其他因素与 TGF-β1 协同去终止肝细胞再生。

　　当增殖结束时,肝细胞以缺乏血窦和细胞外基质的由 10~14 个细胞组成集群形式存在。随后,正常的肝脏组织通过凋亡、细胞运动和 ECM 合成重新调控细胞数量。促凋亡蛋白 Bax 在肝脏再生阶段中表达最丰富,并且它可能与细胞数量的调控相关。三种类型的肝脏细胞(肝细胞、内皮细胞和伊藤细胞)合成并分泌细胞外基质分子。伊藤细胞侵入肝细胞簇并合成层粘连蛋白。可能由于缺乏巢蛋白,层粘连蛋白并不参与构成基底膜,它可能是作为一种刺激物帮助内皮细胞完成随后侵入,使肝细胞形成 2 个细胞宽度的小梁。依照这种方式,血窦腔和 Disse 腔得以重建。与此同时,正常肝脏的其他细胞外基质分子也被合成和沉淀。

四、肝再生与 EMT

　　肝再生是指在正常生理或病理情况下,部分肝细胞丧失或者其功能丧失后,肝细胞重新修复的过程。肝脏遭到各种致病原侵袭时,引起肝脏损害与炎症反应,肝组织免疫系统同时被激活,进行组织修复。肝纤维化是指这种组织修复过程过度及失控时,肝组织内细胞外基质过度增生与异常沉积所致肝脏结构和肝功能异常改变的一种病理过程。轻者称为肝纤维化;重者使肝小叶结构改建,形成假小叶及结节,称为肝硬化。传统的观点认为,肝星状细胞(hepatic stellate cell,HSC)激活是纤维化发生、发展的中心环节。随着研究的深入,发现巨噬细胞骨髓来源的纤维细胞也能促进肝纤维化。目前认为,EMT 是成体肝脏损伤修复的一种可能的机制。

　　也就是说,特定类型的上皮细胞发生 EMT 从而短暂地获得间质表型,其中一些上皮来源的间质细胞通过产生大量的细胞外基质导致肝的纤维化;但是另一些能够经过其反过程 MET,重新转变成上皮细胞,最终形成肝细胞或胆管细胞,导致损伤肝脏的正常修复。这就提示,EMT 和 MET 之间的平衡调节着慢性肝损伤的结果。当 EMT 超过 MET 时,修复活动倾向于纤维增生,导致肝纤维化;相反,MET 占优势时,则倾向于正常肝再生。

　　目前,大量体外实验表明肝细胞、胆管细胞和肝星状细胞等三种类型的肝脏细胞在体外培养条件下可以经历上皮细胞-间质细胞之间的转化过程((EMT 或 MET)。一些研究者用亚致死剂量的 TGF-β 处理原代大鼠肝细胞,可以引起上皮细胞相关的基因表达下调(如白蛋白等);间质细胞相关的基因表达上调(包括α-肌动蛋白、胶原蛋白等),并且获得迁移表型四氯化碳(carbon tetrachloride,CCl₄)诱导的肝硬化模型大鼠中获得的肝细胞表现出了间质细胞特性。这些证据表明体外培养的肝细胞可以通过诱导发生 EMT。Rygiel 等发现人肝组织中胆管上皮细胞同时表达上皮细胞标志和间质细胞标志,同时报道了体外培养的原代人肝胆管细胞经过 TGF-β 处理后出现间质特性并具有高移动性。Diaz 等在对胆管闭锁以及其他与胆管增生有关的肝脏疾病的研究中,发现了细胞角蛋白 19(cytokeratin 19,CK19)与多种间质细胞蛋白的共区域化。

同时,肝损伤修复过程中 EMT 的参与也得到了一些体内实验的支持。Zeisberg 等利用谱系追踪法,对CCl₄诱导的转基因鼠肝纤维化模型进行了研究,监控细胞在成体肝损伤修复过程中的转化过程,为肝纤维化过程中肝细胞经历 EMT 过程提供了最有利的证据:在肝脏细胞表达标记性分子 β 半乳糖苷酶的情况下,在这些注射了 CCl₄ 的小鼠体内,45% 的肝脏细胞表达出间质细胞的标志物之一 S100 钙结合蛋白 A4(S 100 calcium-binding protein A4,S 100A4),同时积极地进行 β-半乳糖苷酶表达。此外,Nittta 等还发现抑制注射过CCl₄的小鼠体内 TGF-β 信号转导途径将会影响肝纤维化的程度。然而,肝细胞发生 EMT 导致肝纤维化的假设仍存在争议。Taura 等利用三重转基因小鼠作为研究对象,在白蛋白启动子区嵌入半乳糖苷酶基因,在胶原蛋白基因前嵌入绿色荧光蛋白(green fluorescent protein,GFP)基因,如果 GFP 被检测到,即可定位分泌胶原纤维的细胞;如果检测到半乳糖苷酶的表达,即表明此细胞来源于肝细胞;如果两者共表达,则表明该细胞来源于肝细胞并且分泌胶原纤维,从而提示肝细胞发生 EMT,并且促进肝纤维化过程。然而该实验对 CCl₄ 诱导的转基因鼠纤维化模型进行研究,发现 GFP 与 β-半乳糖苷酶并不共定位,而且分选 GFP 阳性的细胞进行体外培养也不能检测到 β-半乳糖苷酶,提示肝实质细胞并不能分泌胶原纤维。作者进一步检测了间质细胞的标志物 a-SMA 和成纤维细胞特异蛋白 1(fibroblast specific protein 1,FSP-1),发现无论体内实验还是体外实验都没有检测到肝实质细胞表达了这些分子,也就是说肝细胞没有转化为间质细胞。最终得出结论:肝细胞既不发生 EMT 现象,也不促进纤维化过程。但是该实验并不能排除这样一种可能:肝纤维化为肝脏再生修复的终末结果之一,如果 EMT 在肝损伤修复的早期就发生,那么在晚期肝纤维化模型中是检测不到的。另外,肝损伤再生动物模型并非仅局限于 CCl₄诱导的肝纤维化模型,有些实验在揭示 EMT 与干细胞的关系的同时也给我们一些提示:在另外一些有胆管反应发生的肝脏损伤模型中涉及的干细胞动员,是否可能有 EMT过程的参与?

胡等认为肝脏修复再生过程中是否有 EMT 的参与,可能与是否有胆管反应发生有关。有胆管反应动员的肝脏损伤模型中,EMT 可能为肝再生修复的机制之一;而没有胆管反应动员的肝脏损伤模型中则没有EMT 的发生。其甚至有更大胆的假设:也许肝干细胞的分化过程中 EMT/MET 的平衡是一个必经之路,其调节着慢性肝损伤的结果。当 EMT 超过 MET 时,修复活动倾向于纤维增生,导致肝纤维化;相反,当 MET 占优势时,则倾向于正常肝再生,从而在肝脏发育或者再生过程中完成肝脏结构的重建。

尽管目前对于肝脏细胞 EMT 现象已有一些研究,而且已经知道它参与肝脏发育、成体肝脏受损后修复的过程,但对它在这些过程中发生作用的许多细节和调控机制还缺乏认识。

第三节　肝脏干细胞

一、肝干细胞生物学特性

肝脏起源于前肠内胚层,与胚胎心脏相接触的前肠部分受到来自心脏间充质细胞分泌的 FGF 家族细胞因子的作用而形成肝脏的原基。如果阻断这些来自心脏的信号分子,本应该发育成肝脏的前肠部分将发育为胰腺。

1. 肝干细胞的起源和定位　胚胎发育过程中,肝原基(liver bud)起源于前肠内胚层(foregut endoderm),肝脏的器官形成发生在内胚层来源的成肝细胞索侵入原始横隔间充质过程中。胚胎期和新生儿期肝干细胞位于导管板(ductal plate)内,可以定向分化为肝细胞和胆管上皮细胞。成体肝组织也存在肝干细胞,其位于Hering 管区域内。除了肝组织来源以外,一些组织干细胞在体外培养条件下,也可以向肝细胞分化,包括造血 T 细胞、脐带血多能干细胞、骨髓干细胞和间充质干细胞等。

2. 肝干细胞的特征性标志物　人肝干细胞的特征标志物主要包括角蛋白 19(cytokeratin19,CK19),神经元黏附分子(neural cell adhesion molecule,NCAM),上皮细胞黏附分子(epithelial cell adhesion molecule,Ep-CAM)和 claudin-3(CLDN-3)。此外,Liv2、DIk-2、PunCE11、Thy1(CD90)等也被认为是重要的肝干/祖细胞标志物。但目前对肝干细胞的鉴定方法比较单一,对肝干细胞特征性标志物的认识仍不全面。

在肝的原基中,存在肝脏的前体细胞也被称为肝母细胞(hepatoblast),肝母细胞表达肝细胞特异性的蛋白,如甲胎蛋白和白蛋白。随着发育的进行,侵入间质组织的肝母细胞形成肝内胆管并开始表达胆管细胞特征性的分子标志:γ-谷氨酰转肽酶(γ-glutamyl transpeptidase,γ-GT);在肝内胆管形成的初期,原始胆管细胞只表达细胞角蛋白 8 和 18;随着管样结构的形成,开始表达胆管特征性的细胞角蛋白 7 和 19,但是仍然有一部分细胞持续表达甲胎蛋白和白蛋白直至个体出生后。另一方面不与间质组织接触的肝索细胞分化为肝细胞并形成肝板;但是一部分肝细胞可持续表达 γ-GT 直至个体出生;肝细胞中表达的中间纤维类型限于细胞角蛋白 8 和 18,而不会表达细胞角蛋白 7 和 19。因此肝索细胞是个体发育过程中的肝干细胞(liver stem cell),在不同的微环境中,可分别向胆管细胞和肝细胞两个方向分化。

3. 正常成体肝脏中是否存在肝干细胞一直存在争论　目前普遍倾向于接受肝干细胞存在的论断。在成体肝脏中,肝干细胞可能存在于 Hering 管位置。即终末胆管向细胞间胆管过渡的区域,或者组成 Hering 管的胆管细胞就是肝干细胞(图 14-9)。这些细胞通过不对称分裂一方面向胆管方向分化为胆管细胞,另一方面向中央静脉方向分化为肝细胞。有证据表明从门管区到中央静脉,肝细胞的分化程度由低到高。也就是说,从门管区到中央静脉存在肝细胞的分化梯度,这间接地支持了肝干细胞存在于 Hering 管的推断。如果肝干细胞的确存在于 Hering 管位置,则其在肝脏生理性更新中的作用还有待阐明。但是目前这种分化梯度的观点并没有得到普遍的接受,有人认为肝小叶中肝细胞的异质性仅仅是由于所处微环境的不同造成的。

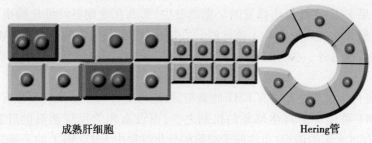

成熟肝细胞　　　　　　　　　　　　　　　　　　Hering管

图 14-9　肝板模式图

成熟肝细胞和 Hering 管,肝干细胞被认为存在于 Hering 管

二、肝干细胞与损伤诱导的再生

肝再生过程不都是由成熟肝细胞的增殖而实现。当广泛而慢性的损伤导致大量肝细胞死亡或者肝细胞的增殖能力被抑制时(如化学毒物、病毒导致的肝损伤),在再生肝中,可观察到所谓的胆管反应(ductular reaction)即在肝脏门管区出现一种小细胞,这种细胞因胞质少核呈卵圆形而被统称为椭圆细胞(oval cell)。

椭圆细胞具有多能性,能分化成肝细胞、胆管上皮细胞或胰腺导管上皮细胞。它们既表达胚胎肝母细胞标志物,如甲胎蛋白(α-fetoprotein,AFP)和白蛋白等,也表达胆管细胞的标志物细胞角蛋白 7 和 19 及 γ-谷氨酰转移酶(γ-glutamyl transferase)等。这表明它们类似于胚胎发育时期肝细胞的分化。除了肝母细胞和胆管的标志物,它们也表达 CD34、CD45、Sca1、Thy-1、c-Kit 和 flt-3 受体,这表明椭圆细胞和造血干细胞表型有潜在的重合。用 2-AAF 处理或 CCl₄ 损伤或 PH 后,用 Thy-1 抗体通过 FACS 能从肝细胞中分离得到纯度为 95% ~97% 的椭圆细胞。基于这些以及其他数据,Sell 提出产生椭圆细胞的干细胞来自骨髓。如果是这样,则有望通过骨髓移植来治疗肝脏损伤。然而,在各种肝脏的损伤模型中,被标记的骨髓细胞,并不能使椭圆细胞增殖进而建构肝脏。

目前,一般用椭圆细胞统指那些在严重损伤肝脏中产生的肝原始细胞。椭圆细胞增殖和分化在肝脏损伤后的修复中起作用,具有肝干细胞的特征,具备分化为肝细胞和胆管上皮细胞的双向潜能。由于椭圆细胞不存在于正常肝脏中,因此对椭圆细胞的来源尚不明确。这类细胞很可能是由于正常肝脏中静止的肝干细胞被激活产生的。

三、肝细胞大小与再生潜力的异质性

肝细胞的大小和再生潜能是有差异的。Tateno 等通过 FACS 分离了大小两个肝细胞群,小的有低的颗粒度和自发荧光,而大的则相反。这两个细胞群的增殖都需要肝脏非实质细胞,但小肝细胞群有更大的生长潜能。小肝细胞是多分化潜能的,能分化为肝细胞或胆管细胞,这表明它们处于椭圆细胞分化的早期阶段。与这个观点一致的是,在化学损害抑制了肝细胞的补偿性再生并引起椭圆细胞增殖过程中,可以观察到小肝细胞。然而,Tateno 等获得的小肝细胞来源于未损伤的肝脏,考虑到肝脏再生的维持或 PH 后它的再生仅仅是由于已完全分化的肝细胞的增殖。因而,它们似乎不大可能代表来自损伤或 PH 后肝脏椭圆细胞的一个分化阶段。另一种可能是小肝细胞代表着一个不是来自椭圆细胞的特定的细胞群。与这种观点一致的是,在肝脏再生的惹卓碱的 PH 模型中,椭圆细胞的增殖是温和的;但表达胎儿肝母细胞、椭圆细胞和完全分化的肝细胞的表型特征的小肝细胞能迅速扩增,进而使得肝脏完全再生。

四、肝脏具有辅助再生干细胞

大量证据表明肝脏内存在干细胞群。当肝细胞再生能力被破坏时能发挥再生的作用。破坏肝再生的化合物包括,D-半乳糖胺(D-galactosamine,D-gal),能够诱导广泛的肝细胞坏死,2-乙酰氨基芴(2-acetylaminofluorcnc,2-AAF),能够导致广泛的肝细胞 DNA 损伤,还有惹卓碱(retrosine),一种能够抑制肝细胞增殖的 DNA 烷化剂。2-AAF 和惹卓碱两种化合物是通过肝部分切除术诱导肝再生来实施的,并自动建立了与 D-gal 化合物的联系。在这些情况下,肝脏的再生是通过不受治疗影响的具有卵圆形细胞核的小细胞完成的(图 14-10)。这些

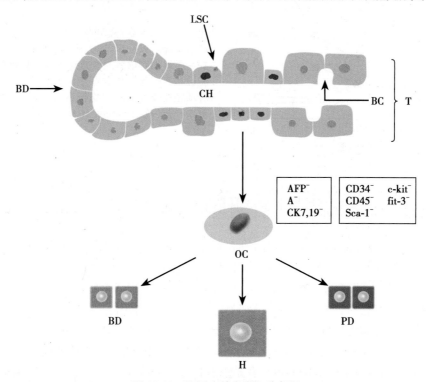

图 14-10 肝再生的卵圆细胞起源
T=肝小梁,胆小管(BC)通过短小的 Hering 管(CH)连接到胆管(BD)。Hering 管壁由肝细胞和导管状上皮细胞构成,其中部分或全部是肝干细胞(LSC)。在肝损伤的条件下,肝细胞是不能增殖的。LSC 增殖成为卵圆细胞(OC),它表达 α-甲胎蛋白(AFP)、白蛋白(A),细胞角蛋白 7 和 19(CK7,19)及一些细胞表面抗原,造血干细胞也可以表达这些蛋白。椭圆形的细胞可以分化成胆管细胞、肝细胞(H)或胰管(PD)的细胞

"卵圆形细胞"起因于 Hering 管壁的上皮干细胞的微环境。这些卵圆细胞被认为是通过酶消化基底膜上皮细胞并通过它到达门静脉周围。卵圆细胞具有多能性,能分化成肝细胞、胆管上皮细胞或胰腺导管上皮细胞。它们既表达胚胎肝母细胞标志物,诸如甲胎蛋白(AFP)和白蛋白等,也表达胆管细胞的标志物细胞角蛋白 7 和 19,γ 谷氨酰转移酶等。这表明它们类似于胚胎发育时期肝细胞的分化。除了肝母细胞和胆小管的标志物,它们也表达 CD34、CD45、Sca-1、Thy-1、c-Kit 和 flt-3 受体,这表明这些卵圆细胞和造血干细胞表型有潜在的重合。基于这些以及其他数据,2001 年 Sell 提出产生卵圆细胞的干细胞来自骨髓。然而,这个假设尚未得到证实。因为被标记骨髓细胞并没有像所期望的那样在各种肝脏的损伤模型中填充使卵圆细胞增殖进而建构肝脏。

大小两个肝细胞群被通过流式细胞仪从肝脏血肿分离出来。这两个细胞群的增殖都需要肝脏非实质细胞,但小肝细胞群有更大的生长潜能(图 14-11)。它们能分化为肝细胞或胆管细胞,且能够在抑制代偿性增生的化学性损伤的肝再生中被观察到,同时诱发卵圆细胞的增殖,这些表明它们是卵圆细胞分化的早期阶段。符合这一观点的证据还有一小族群巢蛋白绿色荧光标记卵圆细胞也表达了肝细胞标志物。然而卵圆细胞的增殖在惹卓碱/PH 肝再生模型中是适度的,但是肝细胞的全部再生是通过具有胎儿肝母细胞、卵圆细胞和完全分化的肝细胞表型特征表达的小型肝细胞进行的。

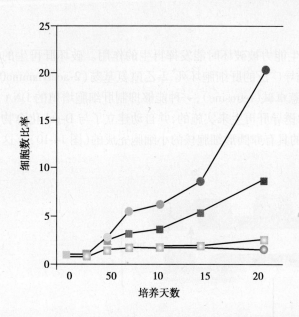

图 14-11 有(实心圆)或没有(空心圆)非实质细胞的小肝细胞培养以及有(实方块)或没有(空方块)非实质细胞的实质肝细胞培养的增殖动力学。计算每天培养的肝细胞数和第一天培养的肝细胞数的比率,小肝细胞和实质肝细胞在非实质肝细胞存在时增殖,但小肝细胞增殖得更快一些(改绘 Tateno et al. 2000)

第四节 肝脏的再生治疗

肝纤维化是指这种组织修复过程过度及失控时,肝组织内细胞外基质过度增生与异常沉积所致肝脏结构和肝功能异常改变的一种病理过程。轻者称为肝纤维化;重者使肝小叶结构改建,形成假小叶及结节,称为肝硬化。传统的观点认为,肝星状细胞(hepatic stellate cell,HSC)激活是纤维化发生、发展的中心环节。随着研究的深入,发现巨噬细胞和骨髓来源的纤维细胞也能促进肝纤维化。

目前,由于肝纤维化和遗传性肝脏疾病导致的急性或慢性肝脏功能衰竭只能通过全部或部分的肝脏移植进行治疗。正在发展的新的疗法,包括通过药物治疗阻止纤维化、细胞移植替换坏死的肝细胞,以及应用生物人工肝脏设备去帮助患者等待肝脏移植或者是患者自身的肝脏再生。

一、药物治疗

肝脏纤维化表现为肝硬化、丙肝及某种遗传异常。在肝脏纤维化发展过程中,肝脏星型细胞是胶原瘢痕基质的主要来源。阻止或逆转纤维化将能显著地改善肝脏的再生能力,以便于恢复肝脏的结构和正常功能。目前,临床上还没有这样的治疗药物,但正在通过胆管梗阻、四氯化碳或二甲基亚硝胺诱导的小鼠肝脏纤维化模型中进行试验。有研究发现维生素 A 和干扰 gp46 表达的 siRNA 的脂质体复合体被用来作用于小鼠模型的星形细胞中的 gp46。gp46 为大鼠热休克蛋白 47（SHP47）的同源物。结果显示,通过减少胶原分泌和增加胶原酶能明显逆转肝细胞的纤维化,表明作用于被维生素 A 运送的 SHP47 的 siRNA 可能在人类肝脏疾病中有类似的作用。

肝脏纤维化的遗传学病因是 α1-抗胰蛋白酶（α1-antitrypsin,AT）342 位氨基酸的点突变（由赖氨酸变为谷氨酰胺）。AT 在许多组织中表达,也包括肝脏,它能保护细胞免受炎性细胞产生的酶的损伤。蛋白酶体通常降解可溶性的 AT,同时自溶系统处理 AT 的聚集物。突变促进了 AT 蛋白的聚集,使得 AT 缺乏并且毒性作用放大从而导致肝脏的纤维化,类似于神经退行性疾病的神经毒性突变蛋白。AT 突变是儿童肝脏疾病的最普遍的遗传学病因。2010 年 Hidvegi 等检测了自溶促进药物卡马西平（carbamazepine,CBZ）对肝脏细胞系和 AT 缺乏相关的肝脏纤维化小鼠模型的作用。他们的结果显示,通过自体吞噬和蛋白酶体降解,CBZ 减少了 AT 蛋白的数量,表明 CBZ 可能在人类疾病中发挥作用。

二、肝细胞移植

体重 70kg 的成人的肝脏大约含有 $2.8×10^{11}$ 个细胞。切除 90% 的肝脏,人依然可以存活,所以细胞移植需要至少提供 10% 的正常肝脏大小,也就是大约 120 克肝脏组织或 $25×10^9$ 个细胞。细胞通常经过肝门系统或脾脏植入肝脏。如果能从正常的肝脏组织中收集少量标本,来自患者自身的肝脏细胞移植是最理想的。通过免疫抑制疗法,也可进行同种异体的肝脏移植。一个主要的问题是需要有足够的细胞去恢复肝脏的功能,这个问题可以通过自体或异体肝细胞的体外扩增或者用需要数量的新鲜的猪的肝脏来解决。原代的肝脏细胞很难培养,但已有报道,在添加了肝脏细胞体内增殖所必需的 HGF、EGF 和 TGFα 的培养基中,肝细胞的克隆能够快速生长。这种被培养的肝细胞去分化,但基质胶能够被诱导其重新分化。同种异体的肝细胞系可以使用,但对于其功能的有效性存在争论。

在啮齿类动物的研究中,成体同种异体的肝细胞悬液被注入肝门静脉或脾脏,或者与聚合物支架结合在一起被移植。一次注射的肝细胞的数量相当于肝脏的 1%～2%,但这些细胞能长期存活。野生型肝脏细胞注入 DPPIV⁻ 大鼠的脾脏,8 个月后能观察到肝脏细胞移行至肝窦、断裂的窦状内皮以及宿主的肝小梁。这个结果表明,持续的肝细胞注射可能获得需要的替换水平,并显著地恢复肝脏的功能;通过反复注射人的肝细胞产生人化的小鼠肝脏也证实了这一点。

动物研究显示,对于苯巴比妥和四氯化碳导致的纤维化、D-半乳糖胺导致的急性肝脏衰竭、90% 的肝脏部分切除以及局部缺血损伤,细胞移植能有效地纠正代谢性肝脏疾病,诸如 I 型酪氨酸血症、胆红素代谢异常及其他疾病。

已经进行的动物的肝细胞移植研究有助于理解人的急性和慢性肝脏衰竭。这些移植可以作为一个短期的功能性的补充治疗,以便患者等待合适的肝脏供体进行移植或直到患者自己肝脏再生。总的来说,肝细胞移植改善了急性和慢性肝衰竭患者总的肝脏功能,延长了患者的存活时间使其有机会等到肝脏移植的机会。有些情况下,急性肝脏衰竭不需要器官移植,而通过再生能完全恢复。通过直接穿刺脾脏移植似乎比其他方式结果更好。1997 年 Strom 等报道,5 个患者接受了同种异体冻存肝细胞脾脏注射,细胞数量为 $7.5×10^6$～$1.9×10^8$。移植的肝细胞立刻改善了肝脏的功能并使患者等到了肝脏移植。后来有 2 位患者死亡,其中 1 位的脾脏切片显示,其具有肝细胞结节的正常结构。

代谢性肝脏疾病也是肝细胞移植的临床指征。由于移植时,仅仅一部分正常的肝脏团块被移植,因此,适用于细胞移植是那些只要 10% 功能恢复就能纠正这种疾病的代谢性疾病。在 I 型酪氨酸血症或 α1-抗胰蛋白酶缺乏的动物研究中,肝细胞注射后,被移植的肝细胞增殖,并逐渐替换病变的细胞,从而使疾病治愈。然而,对绝大多数人类的代谢性疾病可能需要多次移植以达到 10% 水平。这种疾病的一个例子是 I 型 Crigler-Najjar 综合征,一种以肝脏尿核苷二磷酸葡萄糖醛酸酯葡萄糖苷酸转移酶活性缺乏进而导致未结合胆红素升高为特征的退行性遗传病。一个患这种疾病 11 岁女性患者,经肝门注射了来自 5 岁男孩 $7.5×10^9$ 肝细胞,他们之间的配型并不匹配。假如有 50% 的细胞被成功植入,这个肝细胞的数目相当于的 2.5% 肝脏。通过免疫抑制避免排斥反应,移植 11 个月后,总血清胆红素降到原来 444.6μmol/L（26mg/dl）的一半,表明多次移植有可能会进一步降低总血清胆红素数值。

三、肝细胞移植细胞的新来源

1. 异基因肝细胞　治疗肝脏衰竭的最基本问题是需要充足的肝细胞。目前用于移植的肝细胞主要来自不适合整个器官移植的肝脏,但肝细胞的这个来源还是有限的。因此,通过不同的方式来增加肝细胞的供应引起人们的兴趣。一个来源是异基因肝脏,它已经被用在肝脏辅助设备(LADs)中,并免受免疫应答。由于免疫排斥的问题,猪的细胞移植并不可行;但通过遗传工程去除一些免疫障碍,猪的肝细胞移植将来也许是可行的。

2. 人类肝脏细胞的永生化　人的肝细胞通常是很难体外培养的。然而,在 2000 年 Kobayashi 等通过转染 LoxP 重组的 *SV40T* 基因产生大量的部分去分化的人肝细胞。当转染 *Cre* 时,这些细胞则完全分化。将 5×10^7 永生化并复原的人的肝细胞(相当于成年大鼠肝细胞数的 5%)移植到 90% 肝切除进行了免疫抑制的大鼠脾脏。但在移植后第 1 周,大鼠的胆红素、凝血酶原和血氨明显降低;组织检测显示,脾脏内的肝细胞岛和剩余肝脏的再生。在没有进行移植的情况下,这些肝切除的宿主大鼠 36 小时内死亡。

3. 肝脏干细胞　来自 Hering 管的卵圆形的肝脏干细胞培养可能提供一个肝细胞的来源。但最好的来源可能是 ESC 和 iPSC 被调控分化的肝细胞。iPSC 适用于非遗传性的慢性和急性肝脏衰竭,但不适用于代谢性肝脏疾病,因为,这些细胞仍然导致这种疾病的遗传学缺陷。最近已经从 iPSC 得到了人肝脏细胞,但是,这些细胞的长期功能如何还不是很清楚。小鼠 ESC 能定向分化为肝细胞,并制备了一个小型的生物人工肝,将其移植到肝脏功能缺乏的小鼠皮下,能改善肝脏的功能,并延长存活时间。

通过移植其他组织来源的干细胞,改善肝脏功能也有报道。2003 年 Terai 报道,将 GFP 标记的骨髓细胞移植到四氯化碳(carbon tetrachloride,CCl$_4$)诱导小鼠纤维化的肝脏后,能转分化为肝细胞。小鼠的血清白蛋白增加,肝脏纤维化减少并且延长了存活的时间。

2006 年 Terai 进一步报道了 9 例肝硬化的患者临床试验,其中几个患者在注射了自身的骨髓细胞或 CD133 阳性的 HSC 后,加速了肝脏再生和肝功能恢复。也已经被报道骨髓间充质干细胞能改善肝脏切除和局部缺血再灌注大鼠肝脏再生。人羊膜和 Wharton's jelly 干细胞注入 CCl$_4$ 诱导纤维化小鼠肝脏后,能明显地促进肝功能的恢复,这与 MMP2 增加、纤维化减少有关。与这个观点一致的是 2006 年 Jung 等报道,注入的骨髓细胞有助于修复由 CCl$_4$ 导致的小鼠肝脏损伤,但并不分化为肝细胞。而且这个作用似乎是通过上调 SDF,并增加损伤部位的干细胞巢实现的。这些改善最有可能是与旁分泌,而不是转分化有关。

人肝细胞和其前体细胞已经能由 iPSC 产生,经血注射后能使由二甲基亚硝胺导致的小鼠损伤的肝脏再生。重要的是,移植几个月后,并没有肿瘤形成的迹象。

4. 成纤维细胞向肝细胞的转分化　2011 年 Huang 等让对肝脏发育起关键作用的转录因子 Gata4、Hnf1α 和 Foxa3 在突变缺乏 *p19^{ARF}* 基因(这个基因能阻止细胞进入细胞周期)小鼠成纤维细胞中过表达,能使其转分化为肝细胞。这些细胞的基因表达谱与培养的肝细胞相似,并且其蛋白表达谱也与肝细胞相似。通过注射转分化的细胞到被诱导肝脏衰竭的小鼠体内,12 只小鼠中有 5 只小鼠存活,而对照组中没有 1 只存活。这个结果不如注射原代肝细胞效果好,后者能使所有的小鼠存活。转分化的细胞移植 2 个月后,并没有形成肿瘤,小鼠的肝脏似乎是"健康"的,但这些肝细胞没有增殖的能力。

四、生物人工肝

生物人工肝(bioartificial livers)以体外肝脏辅助设备(liver assist devices,LADs)的形式发展起来,以便能暂时替代肝脏的功能直到进行器官移植或患者的肝脏已经再生。大量的不同肝脏衰竭的动物模型被用来研究 LADs。

到目前为止,最简洁成功的 LAD 设计是含有肝细胞的空心纤维生物反应器。同种或异种肝细胞 LAD 都能使用。为了发挥最大的效力,生物效应器里肝细胞的数量估计至少 10^{10},并且,最好是能达到人肝脏等量的 2.8×10^{11}。这个细胞数目仍无法获得,但培养和冷冻的人或猪的肝细胞使细胞达到这个数目成为可能。图 14-12 说明了被称作肝脏辅助系统的 LAD 的功能。这个系统的生物反应器由作为人工毛细血管的

0.15μm 的聚砜中空纤维组成。这些纤维之间的空隙含有 $7×10^9$ 猪的肝细胞,它们附着在胶原包被的葡萄糖串珠上。来自股动脉的血流首先经过血浆置换机,然后经过两个木炭柱和生物反应器的中空纤维,在这里通过纤维上微孔与肝细胞接触并被解毒,然后血浆返回股静脉。应用这个系统对 39 例患者进行了 I、II 期临床试验,发现生物反应器工作良好。其中有 6 例患者没有肝移植而存活,其余患者都接受了肝移植治疗。所有患者 30 天的存活率是 90%;与之相比急性肝衰竭的患者包括移植失败患者的存活率仅有 50% ~ 60%。由于设计缺陷,后续的试验没有进行,但一个新的 III 期临床试验已经获得批准。

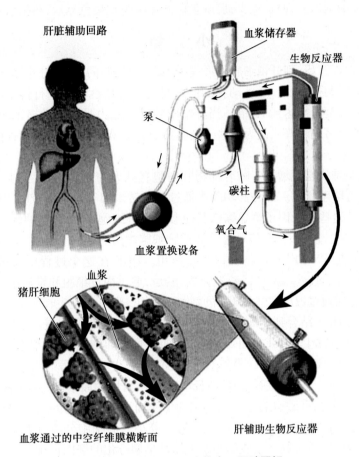

肝脏辅助回路

血浆储存器

生物反应器

泵

碳柱

氧合气

血浆置换设备

血浆

猪肝细胞

血浆通过的中空纤维膜横断面

肝辅助生物反应器

图 14-12　Hepatassist 生物人工肝脏图解

血浆流经血浆置换装置,然后经过猪肝细胞环绕的中空纤维膜构成的生物反应器,最后由血浆置换设备重回血流[改自 Mullon and Solomon,. In:Lanza RP, Langer R, Vacanti J(eds). New York:Academic Press,553-558]

生物反应器内的肝细胞如果是成团的而不是单层的,则它们的功能会更好。当聚集成团时,肝细胞将重新获得正常的极化(即表面蛋白的非对称定位从而使得细胞不同的部分具有不同的功能)。大鼠肝细胞团包埋在生物反应器的聚砜小管之间的胶原凝胶中,与肝细胞散在分散于胶原中相比,这使得白蛋白合成和 P450 酶活性提高 4 倍。通过用不止一种类型肝脏细胞组成的小的类器官种植生物反应器,能更进一步改善功能。用肝细胞和成纤维细胞制成的球形的细胞器,具有肝细胞的组织和功能特征,与胆小管结构相似,并分泌白蛋白。基于类器官,Gerlach 等已经研发了一个 LAD。混有内皮细胞的猪肝脏细胞被放置在由合成的毛细小管构成的生物发生器内,这种细胞形成了界限清楚的具有肝脏组织结构的类器官,包括便于介质流动的窦状通道,并附着在"毛细血管"上。

最终,我们有可能得到一个可移植的生物人工肝脏,对这个领域的研究已经开始。2011 年 Chen 等研发了一个生长在三维立体塑料支架上的三个细胞类型的培养系统,即人的肝细胞、内皮细胞和小鼠的成纤维细胞。内皮细胞和成纤维细胞能提供肝细胞存活和血管化作用的必要因子。培养 1 周后,这些细胞形成了长度为 20mm 的肝脏。这个支架提供免疫保护,使得其能够被移植到受者的腹腔中。这个移植物和宿主的循环系统相连,能产生绝大多数人肝脏合成的酶,并能代谢药物。这种生物人工肝脏理论上能做到人肝脏的大小。

还有另一个方法,2010 年 Uygun 等去除大鼠肝脏细胞,留下肝脏的 ECM 和脉管基质,然后将大鼠肝细胞和内皮细胞再接种到这些基质上,在灌流室中培养 2 周,重新产生一个肝脏。在这个过程中,肝细胞从内皮细胞中分离出来,并围绕着内皮细胞产生的脉管重新分布。这些肝细胞能产生药物代谢酶。当移植到肾脏并与肾脏的动静脉相连时,血液会灌流这个重新接种的肝脏。8 小时后,肝脏被取出用于组织学检测。组织学染色显示,为正常的肝细胞形态,凋亡很少;肝脏蛋白的免疫组化染色显示,移植后有正常的功能。

小 结

肝脏发育从肝芽的出现开始,到肝祖细胞的形成,接着肝祖细胞的增殖、分化和迁移,直至最后器官的形成,经历了复杂的细胞信号调控过程。哺乳动物的肝脏是通过补偿性增大进行再生的一个典型的例子。肝细胞具有强大的复制能力,至少能达到 70 倍。当肝细胞的增殖能力受到化学损害而受到影响时,肝脏也能通过干细胞增殖进行再生。目前,普遍认为这些干细胞位于胆管末端,能产生过渡性的小椭圆细胞进而分化为肝细胞。

肝脏再生的主要机制是代偿性增生。哺乳动物肝细胞有巨大的复制能力,至少能复制 70 次。通过 C/EBPα 的抑制 cdks 维持为增殖状态。部分肝切除术通过激活转录因子 STAT3、PHF/NF-κB、AP-1 和 C/EBPβ 使肝细胞进入细胞周期。这些转录因子诱导编码其他参与推进细胞循环 G_1 期的转录因子的"早期直接"和"延迟立即"基因激活。再生过程中三个信号通路调控肝细胞增殖。第一个是 TNF/IL-6 通路,IL6 启动有丝分裂受 TNF-α 的调控,因此 TNF/IL-6 通路发挥重要作用。HGF 在这个过程中发挥核心作用。第一个是 HGF 通路,促肝细胞生长因子通过基质降解最先释放,然后,通过内皮细胞和星形细胞合成(Ito)然后分化成肌成纤维细胞。HGF 的合成通过内皮细胞 VEGF 的刺激而增加。促肝细胞生长因子通过肝细胞生长因子激活子和 uPA 而激活。激活的 HGF 结合到 c-Met 受体引起细胞循环的进入和进展。第三个是 EGF/TGF-α 通路。EGF 和 TGF-α 结合到 EGF 受体上。EGF 在肝细胞、内皮细胞、库普弗细胞、伊藤细胞表达。EGF 也通过唾液腺合成并释放到血液成为除自分泌和旁分泌信号外的内分泌信号。这三个信号通路中的任何一个遭到破坏都可能延迟肝脏再生但并不能终止。一旦肝脏的原始质量增殖停止,肝脏的原始组织结构就会遭到破坏。

当肝细胞再生能力受累时,肝脏也能通过干细胞的增殖而再生。当前的共识是这些细胞贮存于终末胆管产生小椭圆形的短暂扩充细胞,并分化成肝细胞。另一群小的肝细胞分离自未受损伤的肝脏具有高度增殖潜能并能分化成肝细胞或胆管细胞。这些细胞很可能是早期分化的椭圆形细胞。细胞移植和生物化人工组织已用于肝脏的再生治疗。

药物治疗一直被探索如何能攻克肝纤维化。维生素 A 和干扰大鼠热休克蛋白 47 的 siRNA 的脂质体复合体能逆转肝脏瘢痕化的小鼠模型的纤维化。α-抗胰蛋白酶突变能引起儿童肝脏纤维化,自噬作用促进药物卡马西平能减轻 α-抗胰蛋白酶(AT)突变小鼠模型的肝脏纤维化。通过自体吞噬和蛋白酶体降解能降低 AT 蛋白的数量。

细胞移植是治疗肝衰竭一条很有希望的途径,动物实验已经显示了将成体肝细胞注入肝脏或脾脏恢复肝功能的可行性。急慢性肝衰竭患者通常的结果是,通过肝细胞移植改善肝功能并延长存活时间以等待肝移植;或者是一些急性肝衰竭病例,通过再生能完全恢复而不需要器官移植。在动物中,野生型肝细胞移植也能治疗一些遗传代谢性肝脏疾病,并且 Crigler-Najjar 综合征的临床治疗已经取得了一些成功。在临床实验中,基于含有同源或异源肝细胞的空纤维生物反应器制成的体外肝脏辅助装置,已经证明能成功地使患者等到肝移植或者自身肝细胞再生。研究表明,通过接种小的类器官比接种单一类型的肝细胞更能改善生物反应器的功能。为移植或生物反应器提供充足的细胞是一个主要问题。除了猪的肝细胞以外,具有无限增殖能力的肝细胞、肝脏干细胞以及来源于 ESC 和 iPSC 的细胞也是潜在的细胞来源。

随着肝干细胞生物学研究的发展,我们相信在不久的将来,肝干细胞一定能成为终末期慢性肝病、急性肝衰竭及肝脏代谢异常等肝脏疾病的治疗手段研究的一个重要的靶标。

(王竞 施萍 李晓航 谭丽萍)

参 考 文 献

1. Azuma H,Paulk N,Ranade A,et al. Robust expansion of human hepatocytes in Fah-/-/Rag2-/-/Il2rg-/-mice. Nat Biotechnol,2007, 25(8):903-910.

2. Chen A A,Thomas D K,Ong L L,et al. Humanized mice with ectopic artificial liver tissues. Proc Natl Acad Sci U S A,2011,108 (29):11842-11847.

3. Deng X,Li W,Chen N,et al. Exploring the priming mechanism of liver regeneration:proteins and protein complexes. Proteomics, 2009,9(8):2202-2216.

4. Fausto N. Liver regeneration and repair:hepatocytes,progenitor cells,and stem cells. Hepatology. 2004,39(6):1477-1487.

5. Fernández MA1,Albor C,Ingelmo-Torres M,et al. Caveolin-1 is essential for liver regeneration. Science. 2006,313(5793): 1628-1632.

6. Fisher RA,Strom SC. Human hepatocyte transplantation:worldwide results. Transplantation,2006,82(4):441-449.

7. Friedman SL. Targeting siRNA to arrest fibrosis. Nat Biotechnol,2008,26(4):399-400.

8. Marshak,DR,Gardner,RL,Gottlieb,D,Stem Cell Biology. Cold Spring Harbor Laboratory Press,2001:455-497.

9. Hidvegi T,Ewing M,Hale P,et al. An autophagy-enhancing drug promotes degradation of mutant alpha1-antitrypsin Z and reduces hepatic fibrosis. Science,2010,329(5988):229-232.

10. Robert Lanza,Robert Langer,William Chick. Principles of Tissue Engineering. 2nd ed. New York:Academic Press,2000:541-552.

11. Jung YJ,Ryu KH,Cho SJ,et al. Syngenic bone marrow cells restore hepatic function in carbon tetrachloride-induced mouse liver injury. Stem Cells Dev,2006,15(5):687-695.

12. Kanazawa H,Fujimoto Y,Teratani T,et al. Bone marrow-derived mesenchymal stem cells ameliorate hepatic ischemia reperfusion injury in a rat model. PLoS One,2011,6(4):e19195.

13. Lin SZ,Chang YJ,Liu JW,et al. Transplantation of human Wharton's jelly-derived stem cells alleviates chemically induced liver fibrosis in rats. Cell Transplant,19(11):1451-1463.

14. Manuelpillai U,Tchongue J,Lourensz D,et al. Transplantation of human amnion epithelial cells reduces hepatic fibrosis in immunocompetent CCl(4)-treated mice. Cell Transplant,2010,19(9):1157-1168.

15. Miyazawa K. Hepatocyte growth factor activator(HGFA):a serine protease that links tissue injury to activation of hepatocyte growth factor. FEBS J,2010,277(10):2208-2214.

16. Odom DT,Zizlsperger N,Gordon DB,et al. Control of pancreas and liver gene expression by HNF transcription factors. Science, 2004,303(5662):1378-1381.

17. Otu HH,Naxerova K,Ho K,et al. Restoration of liver mass after injury requires proliferative and not embryonic transcriptional patterns. J Biol Chem,2007,282(15):11197-11204.

18. Passino MA,Adams RA,Sikorski SL,et al. Regulation of hepatic stellate cell differentiation by the neurotrophin receptor p75NTR. Science,2007,315(5820):1853-1856.

19. Perlmutter DH. Autophagic disposal of the aggregation-prone protein that causes liver inflammation and carcinogenesis in alpha-1-antitrypsin deficiency. Cell Death Differ,2009,16(1):39-45.

20. Power C,Rasko JE. Whither prometheus'liver? Greek myth and the science of regeneration. Ann Intern Med,2008,149(6): 421-426.

21. Sato Y,Murase K,Kato J,et al. Resolution of liver cirrhosis using vitamin A-coupled liposomes to deliver siRNA against a collagen-specific chaperonef. Nat Biotechnol,2008,26(4):431-442.

22. Anthony Atala,Robert Lanza,James A. Thomson. Principles of Regenerative Medicine,San Diego:Elsevier/Academic Press,2011: 305-326.

23. Sullivan GJ,Hay DC,Park IH,et al. Generation of functional human hepatic endoderm from human induced pluripotent stem cells. Hepatology,2010,51(1):329-335.

24. Tateno C,Yoshizane Y,Saito N,et al. Near completely humanized liver in mice shows human-type metabolic responses to drugs. Am J Pathol,2004,165(3):901-912.

25. Uygun BE,Soto-Gutierrez A,Yagi H,et al. Organ reengineering through development of a transplantable recellularized liver graft using decellularized liver matrix. Nat Med,2010,16(7):814-820.

26. Zaret KS,Grompe M. Generation and regeneration of cells of the liver and pancreas. Science,2008,322(5907):1490-1494.

第十五章

肠干细胞与再生医学

消化系统来源于胚胎的中胚层和内胚层。消化系统由口腔、咽（既属于消化系统又属于呼吸系统）、食管、胃、小肠和大肠、胆囊、肝、胰腺和胆囊组成。上述器官中除了肝脏和胰腺外，其他都是中空的管状结构。消化系统的管状部分都具有多层结构，其中包括基底膜内侧的上皮层和外侧的结缔组织层。如果该管状结构具有收缩功能，在上皮层和结缔组织间还有平滑肌层。内皮衬里（epithelial linings）来源于内胚层，而平滑肌层和结缔组织层来源于中胚层。每个系统中的上皮细胞都具有各种不同的和非常重要的生理作用，同时对于保持系统的内在结构的完整性也具有重要意义。

本章将介绍肠管干细胞与再生医学的新进展。

第一节　肠上皮的再生

一、肠道的结构

小肠和大肠的肠壁，由里到外由四层组成（图 15-1）。第一层是黏膜，它由三个亚层组成；最里层是面向管腔的单层柱状上皮；其下层是固有层，它是一个松散的结缔组织亚层，隐藏在基底膜下并与第三个亚层——黏膜肌层相连。黏膜肌层由两薄层平滑肌纤维组成，里层纤维是环向，外层是纵向。第二层是黏膜下

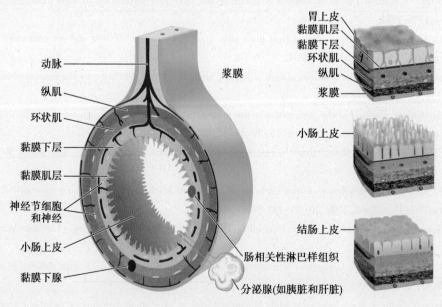

图 15-1

左:消化道的基本结构示意图。上皮层、黏膜肌层、黏膜下层、环向和纵向平滑肌层、浆膜。小肠的上皮细胞形成绒毛，肝脏和胰腺的外分泌产物经胆管和胰管排入十二指肠。右:不同部分的消化道上皮细胞的差别［改自 Stevens and Lowe，Human Histology (3rd ed)，Mosby/Elsevier］

428

层,由松散的胶原结缔组织组成,其中含有丰富的血管和神经纤维丛。第三层由两个平滑肌亚层——内侧环向纤维和外侧纵向纤维组成,负责蠕动收缩。最后一层是浆膜,它是一层覆盖着扁平间皮细胞的结缔组织层。

二、肠干细胞和微龛

小肠和结肠固有层和上覆柱状上皮的管状凹陷也称肠隐窝(intestinal crypt)。肠隐窝被众多的绒毛包围,因而增加了肠腔的吸收面积。小肠上皮能吸收营养、电解质,包含四种分化的细胞类型,分泌抗菌物的潘氏细胞、肠上皮细胞、杯状细胞和肠内分泌细胞。潘氏细胞驻留在底部的地穴,而其他细胞占据表面绒毛。结肠上皮细胞包含两个主要的分化细胞类型,吸收大肠细胞和黏液生成杯状细胞。结肠上皮细胞主要功能是吸收水和一些维生素,并能保持体液平衡。

肠上皮细胞是通过肠隐窝底部的肠干细胞(intestinal stem cell,ISC)分化而成。在化学或放射性损伤后,腺窝干细胞也能生成上皮细胞,脉冲标记研究[3]H-胸腺嘧啶核苷(图 15-2)清楚地显示了隐窝底部的肠干细胞上皮的再生过程。由于腺窝的数量多于绒毛,因此,每个绒毛上皮细胞都有多个腺窝。在化学或放射性损伤后,腺窝干细胞也能生成上皮细胞。直到作为小肠和结肠肠隐窝干细胞特异蛋白 Lgr4/5 诱导遗传标记鉴定的应用,肠隐窝干细胞定位才清楚。所有的肠隐窝细胞都表达 Lgr4,而肠隐窝底部干细胞表达 Lgr5。表达 Lgr5 的干细胞被称为 crypt base columnar(CBC),最初由 Cheng 和 LeBlond 应用[3]H-T 标记并通过电镜观察鉴定。这些细胞夹在潘氏细胞位置之间,其实是潘氏细胞的来源。Lgr4[+] 代表了一类介于潘氏细胞和短暂扩增细胞之间的细胞群。群异质细胞(Position+4)代表一群中间细胞介于 CBC 和成熟的具有功能的绒毛细胞之间。Lgr 4[+] 细胞高表达 Bmi 基因,Bmi 基因是 polycomb 家族成员之一,编码参与调控基因表达的多种蛋白。CBC 和 Lgr 4[+] 细胞还表达 Musashi,Musashi 是另外一种标记蛋白。CBC 和 Lgr 4[+] 细胞间的差别仍不清楚,肠干细胞表达转录因子 Tcf-4,它代表细胞存在位置。

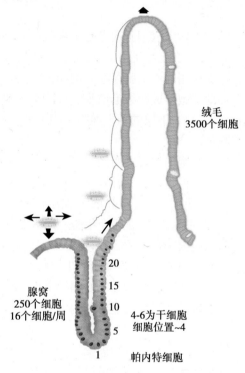

绒毛
3500个细胞

20
15
10
腺窝
250个细胞
16个细胞/周

4-6为干细胞
细胞位置~4

1
帕内特细胞

图 15-2

左:小肠黏膜上皮细胞绒毛和腺窝的结构图解。腺窝各个位置的细胞数。箭头所示为腺窝细胞生出的多个绒毛。右:[3]H 胸苷酸标记的腺窝/绒毛在 40 分钟(a)、24 小时(b)、48 小时(c)、72 小时(d)的放射性自显影。可见被标记的细胞从腺窝深处向绒毛的顶部移动(改绘 Potten,Numbers,Phil Trans R Soc London B 353:821-830)

通过使用多光子显微镜,可以清楚地观察全层的肠隐窝,2010 年 Quyn 等发现细胞在 1 ~ 7 带的有丝分裂纺锤体垂直于肠腔,这也是肌卫星细胞不对称特征。通过应用 BrdU 标记这些细胞的 DNA,研究者们发现 EdU 标记阳性的细胞存在于多个区域并且定位在隐窝上皮的基底膜,这个结果符合"immortal strand"假说,该假说中提出干细胞具有保持样板 DNA 的特性,而不是简单的 DNA 复制,这样可以避免隐窝复制而带来的突变等错误。在 APC 突变小鼠体内基底膜与永久链分离被废除,这与结肠癌发病相关。

单独的 CBC 细胞表达 Lgr5,这类细胞在体外进行培养时,能够形成一个组织(绒毛隐窝结构),这个组织由 CBC、潘氏细胞以及短暂扩增细胞和各种各样分化的细胞构成。然而,如果 Lgr5[+] 细胞混合了潘氏细胞,组织体形成便具有更高的频率。潘氏细胞表达高水平 Wnt3 和 Notch 配体 DLL4,以及 EGF 和 TGF-α。CBC 细胞的维持依赖于 Notch 信号,从而直接与潘氏细胞接触。

Wnts 促进 CBC 细胞增殖,条件缺失的 Lgr4/5[+] 小鼠细胞导致 CBC 细胞数量的减少。最初 LGR4/5 基因的受体,被证明与 FRZ 和 LRP 一起形成一个受体复合物,促进 CBC 增殖。此外,这种复合物受隐窝分泌的生长因子的影响而促进 CBC 细胞增殖。外源性 Wnt3a 加入培养的细胞器使他们变成圆形囊肿缺乏任何分化的细胞类型,并通过抑制小分子 iwp1 Wnt 的分泌来阻止类器官细胞增殖。在潘氏细胞缺失小鼠模型中,CBC 细胞数量同时下降。事实上,CBC 表达的一个签名的基因也是 Wnt 靶细胞转录因子 $ASCL-2$ 基因(Achaete scute-like-2,ASCL-2)。在成年的小鼠小肠敲除 $ASCL-2$ 基因导致 Lgr5$^+$ 干细胞几天之内完全丧失,而转基因过表达 ASCL-2 导致整个肠上皮隐窝增生,包括绒毛隐窝异位诱导发生。这些数据有力地表明,潘氏细胞通过靶基因,如 Ascl 2 介导的 Wnt 和 Notch 信号通路控制 CBC 细胞的数目和命运。隐窝处的 Lgr4$^+$ 区域让位给大量的短暂扩充细胞,这些细胞向上移动,并和肠绒毛一并承担肠杯状细胞和肠内分泌细胞的分化。每个短暂扩增细胞有多达 6 次分裂的能力,而每个隐窝每天产生 200~300 个分化细胞。隐窝中 ISC 的数量是受凋亡调控的。光和电子显微镜以及 TUNEL 分析显示细胞凋亡发生在隐窝处 5%~10% 干细胞中。

第二节　肠绒毛的再生

　　肠绒毛状上皮细胞通过肠干细胞(intestinal stem cells,ISC)迁移和分化进行维持性再生。ISC 来源于利氏肠腺窝,存在于绒毛褶皱底部的微龛(micro niche),每个微龛大约含有 250 个细胞。实验证明,这些细胞中有起再生作用的干细胞存在。例如,把腺窝内细胞注射到受照射的小鼠体内后,在受体小鼠的小肠部位可发现由移植细胞形成肠绒毛细胞。进一步实验发现,这些细胞位于肠腺窝底层。当已分化的上层腺窝内的细胞凋亡后,位于下层的肠干细胞可一步分化补充。肠干细胞可分化为吸收细胞、杯细胞、嗜酸细胞和肠内分泌细胞。

　　肠干细胞的位置已明确,但肠干细胞在体外培养至今尚未成功。比较好的体外培养方法不能使 ISC 生长和分化。但是,有一种体内皮下培养方法则能够使 ISC 生长和分化。通过小鼠的体内 DNA 标记实验,已经获得 ISC 的定位、数量和增殖动力学等方面的数据。这些数据显示,小肠的 ISC 是位于腺窝的基底部上面的 3~5 个细胞,平均是 4 个细胞。而大肠的 ISC 似乎定位在腺窝的底部。干细胞区域的上面是一个由中间过渡细胞组成的较大的区域,这些中间过渡细胞在向腺窝边缘迁移的过程中逐渐分化成熟,每个细胞大约能分裂 6 次。每天,每个腺窝能产生 200~300 个细胞。

　　通过对体内腺窝干细胞的辐射杀伤和再生的克隆分析表明,当干细胞数在 4~6 个细胞时,腺窝能够保持一个稳定的状态。通过对体内的 ISC 化学突变标记研究表明,每个腺窝的干细胞中仅有一个干细胞的子代细胞与绒毛上皮的发生有关。$Dlb-l^b$ 等位基因突变的 $Dlb-l^b/Dlb-l^a$ 杂合子小鼠小肠上皮植物凝集素与双花豌豆结合能力丧失。这种突变导致单克隆腺窝完全由不能结合 DLB 植物凝集素的细胞组成。来自绒毛上每个腺窝的单克隆细胞带可以量化,这样可以推算出产生每个条带的干细胞/腺窝的数量并给出一个数值。在腺窝微龛中,ISC 的数量是通过细胞凋亡来调控的。光镜和电镜以及末端标记法(Tdt 介导的 dUTP-生物素尼克末端标记)对凋亡细胞分析显示,腺窝中的干细胞自发凋亡占 5%~10%。ISC 特异性标志物尚没有被鉴定出来。但是 Kayahara、Potten 和 Nishimura 等发现像神经干细胞一样,ISC 也表达 $Nrp-1$ 基因和 $Hes-1$ 基因。与表皮的 EpSC 一样,整合素调控 ISC 对基底膜的黏附作用。小肠腺窝底部的上皮细胞表达 $\alpha_2\beta_1$ 整合素。ISC 表达的转化因子 Tcf-4 能与 TLE-1 或 CREB 结合蛋白(CREB-binding protein,CBP)结合,从而保持 ISC 的静息状态。$Tcf-4$ 基因敲除的裸鼠没有小肠 ISC,结果表明 ASC 的存在需要在胚胎发生过程中 $Tcf-4$ 基因的表达。ISC 的活化和增殖调控方式与表皮和毛囊的 EpSC 相似。Wnt 信号缺乏时,APC 蛋白不断降解 β-整联蛋白(β-catenin);而当 Wnt 信号存在时,β-整联蛋白是稳定的并和 $Tcf-4$ 相互作用激活下游基因的转录。Wnt 信号通路的一个下游靶基因是透明质酸受体 CD44;与 $Tcf-4$ 基因表达模式类似,CD44 的 mRNA 在整个腺窝中都有表达。

　　绒毛状上皮与其下固有层间质细胞之间的正向和负向纤维相互作用调节着腺窝细胞增殖与分化的转换。固有层间质细胞产生的信号,包括 Wnt,导致 ISC 活化、迁移出腺窝和增殖。已经克隆许多固有层成纤维细胞的异质亚系,这些亚系在诱导孕 14 天胎大鼠肠的内胚层增殖和分化能力是不同的,这表明不同类型的成纤维细胞发出不同的信号。

　　有几个生长因子与 ISC 的生长和分化有关。通过人和小鼠的体内和体外实验已证实,IGF-Ⅰ 和 IGF-Ⅱ 在小肠上皮细胞表达,它们能增加 ISC 的增殖。IL-4 在体外能促进 ISC 的增殖,而 TGF-β、IL-6 和 IL-11 则在体内、体外皆能抑制 ISC 的增殖。TGF-β 在体外能诱导 IL-6 和 IL-11 的产生,这表明在调控 ISC 增殖上上述因子之间存在着相互作用。FGFR-3 作为受体能结合 FGF-Ⅰ、Ⅱ和Ⅸ,它在受损的小肠上皮表达明显上调,表明这些生长因子参与调节上皮的再生。在放射损伤后,FGF-2 和 FGF-7 都显示出了能促进 ISC 的存活,而 FGF-10 能促进实验诱导的大鼠小肠溃疡的愈合。总之,这些因子可能参与调节腺窝干细胞的移出,同时调控它们脱离细胞周期而进行终末分化。ISC 向内分泌前体细胞的转化需要转录因子 β2。因为,转录因子 β2 突变裸小鼠缺乏内分泌细胞表达的肠促胰液素和肠促胰酶肽。转录因子同源框基因 Cdx-2 与柱状上皮细胞的终末分化成熟有关。

在调节腺窝龛干细胞分化和迁移比率方面,细胞黏附分子和 ECM 发挥作用。小肠上皮基底膜含有许多黏附分子,包括钙黏蛋白(E-cadherin)、纤连蛋白(fibronectin,Fn)、腱生蛋白(tenascin,Tn)、层粘连蛋白(laminin,Ln)和胶原蛋白Ⅳ,它们调控 ISC 的迁移。纤连蛋白(黏合剂)在腺窝的表达更丰富,而腱生蛋白(抗黏合剂)在绒毛的表达更丰富,这与细胞迁移的速率加快以及离干细胞所在位置距离增加是相一致的。钙黏素似乎在调节小肠上皮分化方面发挥着重要的作用,在由启动子调节的仅在肠细胞表达突变钙黏素的转基因小鼠中,沿着腺窝-绒毛轴迁移的速率增加且分化消失。当这种突变的改变沿着腺窝-绒毛轴表达时,转基因小鼠被转染的细胞发生类似于克罗恩病样的损害。

目前,对肠干细胞的认识更多是对肠道肿瘤的研究。家族性肠息肉腺癌(familial adenomatous polyposis coli)是由于肠息肉腺癌基因(adenomatous polyposis coil gene,APC)缺陷所致。APC 可与 β-catenin 作用,并可加速其降解,这导致肠特异性 Lef/Tcf 家族成员 Tcf4 的发现。随后对 Tcf4 功能的研究表明,Tcf4 缺失小鼠腺窝干细胞发育有缺陷。腺窝干细胞也表达中间纤维(tFs)和上皮角蛋白 K8、K18 和 K19。角蛋白 K8 缺乏的小鼠可观察到大肠增生现象,这表明角蛋白表达水平的改变可影响肠干细胞的增殖和迁移功能。细胞间黏附也涉及对腺窝自身稳定的调控。在小鼠肠细胞中,E-钙黏蛋白(E-cadherin)高表达,其可抑制腺窝细胞的增殖并诱导凋亡。此外,整联蛋白及其 ECM 配体对腺窝干细胞数目的维持也十分重要。研究还发现,参与肠干细胞和皮肤干细胞调控的机制有许多相似之处。但是,细胞凋亡对肠干细胞似乎有更为重要的调控作用。

一、横断肠的再生

青蛙、蝾螈和大鼠肠在完全横断后能够再生。组织化学和 ^{3}H-胸腺嘧啶标记显示,在被横断的青蛙和蝾螈的肠浆膜和平滑肌细胞末端,有去分化和增殖形成的能再生出肠壁的间质胚芽。而小肠上皮则没有观察到与再生有关的胚芽。二个胚芽通过增殖融合而缩短相互间的距离,类似于脊髓缺损的再生。然后,肠上皮向间质内延伸、连接在一起并内陷形成肠腔,类似于两栖类动物肠发育时副肠腔的形成过程。间质细胞分化成黏膜下层、平滑肌和浆膜细胞层进而重构原肠结构。

大鼠的小肠和大肠在横断后均能再生。结肠甚至在完全横断后仅剩下 2~3cm 也能再生。这些结果表明,由于疾病切除结肠后,人类结肠也有可能再生。大鼠小肠的再生与蝾螈类似,也是通过胚芽再生。目前,对于大鼠的肠再生组织学研究并没有能揭示其再生的机制。

二、短暂扩增细胞的增殖、迁移和分化

当干细胞出现在隐窝的下部时,多种生长因子和受体调节干细胞增殖和分化。在短暂扩增细胞区域,从隐窝驱动器的下部 Wnt 信号产生的 β-连环蛋白促使 EphB 受体表达,EphB 受体与隐窝较高位置 ephrin 配体相互作用。这个信号占 50% 增殖细胞区域。余下的 50%,以及分化成绒毛上皮的细胞类型的扩增细胞,是来自固有层间充质细胞的信号的结果。

促进短暂扩增细胞增殖和分化的信号是 Wnt,IGF-1 和 IGF-2,IL-4,IL-5,IL-6,IL-11,FGFs 和 TGF-β。Wnt 信号的存在时,β-连环蛋白是稳定的,并与 TCF-4 相互作用以激活下游基因的转录。透明质酸受体是下游的一个靶基因,CD44、CD44 mRNA 表达于整个隐窝,这种模式与 Lgr5 在隐窝处的表达相似。在小鼠和人类的体内外研究中均发现 IGF-1 和 IGF-2 表达于肠上皮细胞,并能够促进 TA 细胞的增殖,IL-4 能在体外促进 TA 细胞增殖,而 TGF-β、IL-6 和 IL-11 在体内外均能抑制增殖。FGFR-3 能够与 FGF-1 和 FGF-2 结合,高

表达于受损失的肠上皮,说明这些生长因子参与调控肠上皮再生。研究发现 FGF-2 和 FGF-7 能够增加放射后 TA 细胞存活率,FGF-10 能改善小肠溃疡模型大鼠溃疡的预后。因为转录因子 β2 缺乏小鼠没有表达分泌素和胆囊收缩素的肠内分泌细胞,TA 细胞转变成肠内分泌前体细胞需要有转录因子 β2。同源盒转录因子,Cdx-2,参与柱状上皮细胞最后成熟。

第三节　食管和肠再生医学

一、食管再生

自 20 世纪 80 年代人们试图通过植入小肠或无细胞合成支架来再生食管全周缺损。这些尝试一般都令人失望,一般都以塌陷和纤维性狭窄告终。

1. 脱细胞支架 1983 年 Fukushiwa 等用包裹了聚酯纤维的硅橡胶管使 16 只犬的 5~7cm 的食管再生。其中 7 只犬生存了 12 个月以上,4 只犬生存了达 6 年之久。食管上皮从邻近上皮末端再生并进入导管。但是,其导管中心仅覆盖了纤维结缔组织并引起了狭窄。导管没有骨骼肌,不具备运动性。所以,它们就像一个管道。

也有报道称用可生物降解的乳糖和聚乙醇酸共聚物或 SIS 作为有 5cm 食管缺损的犬架桥,也得到相似的结果。内皮细胞和结缔组织长满了支架并再结合到食管断端,但缺陷区域的周长减少了 50%。原因可能是由于支架不够坚硬,而且管腔内缺少压力引起了支架塌陷造成的狭窄。

在制造犬食管壁非周围缺损模型后,使用 SIS 和 Alloderm™ 支架再生了食管组织,取得了巨大成功。鳞状上皮和骨骼肌从缺陷边缘再生并覆盖支架,没有产生狭窄,支架退化后只留下再生组织填充缺损处。

2. 生物人工食管 最近,脱细胞基质食管已经过清洁酶处理得到生产。这种材料可以支持食管上皮细胞的生长,因而可能适于人体基本长度受损食管的重建,类似于已经实现了的对气管重构化。然而,这种长度食管的重建需要一层可受再生神经元支配的定向平滑肌组织。因为自身固有上皮细胞只能覆盖小段腔面,所以腔面上还需要移植食管上皮细胞。2010 年 Kofler 等已经确定羊食管上皮细胞亚群具备高增殖能力,可能有助于实现这一目标。再生这些组织将需要腔面形成血管。这可以通过异位移植或控制营养介质流量得到实现,由于原生食管贫乏的血管供应移植后与宿主血管的连接,还将仍然是一个问题。

二、肠管再生

短肠综合征、肠内局部缺血、肿瘤和炎性肠疾病均导致肠面积不足,需要进行适当的电解质平衡和营养。目前,很多实例中唯一可行的办法是全肠的同种异体移植,但这种方法受供体器官短缺和长期的需要免疫抑制的限制。在实验动物模型小肠或大肠壁缺陷修补可通过移植的自体其他肠道的浆膜、腹膜或自体腹壁的肌瓣成功完成,具有原始特性的新的黏膜再生并覆盖了移植物。但由于要求避免从供区搜集组织而引起相关疾病,该方法不容易适用于人类患者。因此,研究者纷纷转向仿生模板诱导肠道组织跨肠壁缺陷处再生形成肠壁或种入细胞能使其产生完整的新生肠道。图 15-3 阐述了上述策略。

1. 脱细胞支架 非吸收性材料,如涤纶和聚四氟乙烯不能有效地促进肠壁组织再生以填补缺陷,可降解生物材料,如 SIS 和聚乙醇酸成功地诱导了缺损处再生,构建了全长肠道。2001 年 Chen 和 Badylak 在犬小肠壁制造了一个 7cm×3cm 缺陷(周长的 50%~60%),并用多层的 SIS 修补。直到一年后试验结束 15 只犬中 13 只犬是健康,且没有肠道功能紊乱。一年中最高有 80% 移植物出现感染,但没有表现出狭窄。组织学检测显示,由黏膜上皮、大量平滑肌、胶原和一层浆膜覆盖的正常肠壁已经再生成功。

用管状 SIS 或脱细胞异体真皮再生切除的肠段均未成功。该管泄漏,并成为移植的阻碍暴露于肠腔内容物。通过移植 SIS 硅胶支架手术离体肠管件和平滑肌、隐窝上皮细胞、肠细胞和肠内分泌细胞再生的整个管状支架来解决这些问题。然而,全平滑肌的收缩比是最小的,大部分为圆形平滑肌,但无纵行平滑肌。2006 年 Ansaloni. 等报告了一个例外,发现了受神经支配的圆形和纵向平滑肌。2001 年 Hori 等将犬的 5cm 空肠段切除,用包裹了猪胶原蛋白海绵的硅树脂管来替换切除空肠段。一个月后,硅树脂管在胃镜直视下被

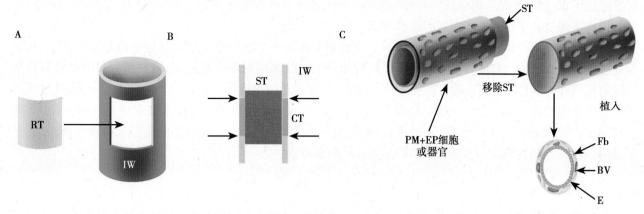

图 15-3

（A）再生模板（RT）移植到肠壁（IW）部分圆周缺损处。（B）用胶原蛋白管状（CT）再生模板移植肠壁的全圆周。支持管（ST）用于稳固胶原蛋白管。（C）一节生物人工肠道的构建。接种了肠道上皮细胞（EP）的聚合网（PM）或肠道类器官包裹在支持管（ST）外，体外短暂培养。去除支持管将已接种了的聚合网移植到缺损肠节，类器官重构肠壁。Fb:纤维原细胞；BV:血管；E:上皮细胞

摘除。四个月，肠道壁已再生，并海绵覆盖肠腔表面，而海绵本身被吸收，但没有肌肉再生。

2. 生物人工肠　新生物化人工肠道的全段已构建完成，主要包括肠道上皮细胞、肠"类器官"和聚合管。1992 年 Organ 等播种大鼠肠上皮细胞到可降解的聚乙醇酸网上，将经过接种的网包裹在硅橡胶管外面作为结构支撑并植入肠系膜，一周后去除硅橡胶管。伴有血管的纤维组织长入聚合物网形成管状结构与具有 5～7 层细胞厚度的多层肠上皮相连。然而，28 天后仍没有观察到杯状细胞分化或绒毛的形成。

1999 年 Kim 等将酶消化的大鼠小肠碎片制备的同源肠类器官接种到聚乙醇酸/聚乳酸酸管并植入网膜使其形成血管。3 周后，进行 75% 的小肠管切除，并将剩余的肠的末端吻合连续。3 周后此结构和原生小肠完全吻合。10 周后组织学评价显示管腔开放，血管形成及平滑肌支持下新黏膜生成，新生黏膜内陷类似隐窝绒毛结构。有趣的是借助与肠道不吻合的植入结构发育的新生组织其分化程度不如借助吻合组织发育的新生组织，这说明切除的小肠提供了利于肠壁再生的因子。在另一项研究中，观察到吻合的结构其长度和直径的生长明显超过了 36 周的周期。用结肠类器官构成的生物人工结肠结构进行实验，显示大鼠回肠末端吻合的结构能重现自身结肠的一些主要的生理功能。

虽然动物实验提供了无细胞或有细胞接种的仿生模板可促进胃肠组织再生的证据，但是，在人类患者中是否能很好地进行还未可知。为了代替人类肠道，我们需要更多如肠类器官的功能性组织。肠源性干细胞、胚胎干细胞和（或）iPSC 的定向分化提供了潜在的组织来源。该生物人工肠的血管系统的建立可通过在类器官结构中包裹内皮细胞得以实现，或将内皮细胞和肠干细胞接种到异种小肠细胞外基质（如猪小肠黏膜下层）充分利用基质中含有血管的天然优势。更多关于支架系统结构和形状、细胞因子、生长因子和平滑肌在肠细胞分化上的影响的详细信息的掌握，将使我们在组织工程方面得到更加长足的进步。

聚酯纤维和聚四氟乙烯等不可吸收性材料不能有效地促进肠壁组织再生以填补缺损。然而，SIS 和聚乳酸或聚乙醇酸网目等可降解的生物材料能够成功地诱导缺损处再生，构建全长的肠道。

新生物化人工肠道的全部节段已经构建完成，其由肠道上皮细胞、肠道类器官及聚合管构成。Organ 等接种大鼠的肠道上皮细胞到可降解的聚乙醇酸网上。将经过接种的网包裹在硅橡胶管外面作为结构支持并植入到肠系膜，1 周后去除硅橡胶管。伴有血管的纤维组织长入多聚网形成管状结构与具有 5～7 层细胞厚度的多层肠上皮相连。然而，4 周后仍未观察到杯形细胞分化或绒毛形成。

Kim 等将酶消化大鼠小肠碎片制备的同源肠类器官接种到到聚乳酸/聚乙醇酸管并植入网膜使其形成血管。3 周后，进行 75% 的小肠切除术并将剩余的肠的末端吻合连续。3 周后此结构与本体小肠完全吻合。10 周后，组织学检测显示管腔开放，血管形成及平滑肌支持下新黏膜的生成。新生黏膜内陷类似隐窝绒毛结构。有趣的是借助与肠不吻合的植入结构发育的新生组织其分化程度不如借助吻合组织发育的新生组织，这说明切除的小肠提供了利于肠壁再生的因子。在另一项研究中，观察到吻合的结构其长度和直径的生长

明显超过了 36 周的周期。用结肠类器官构成的生物人工结肠结构进行了类似实验,显示大鼠回肠末端吻合的结构能重现自身结肠的一些主要的生理功能。

通常胆总管从肝和胆囊排空进入小肠的十二指肠。外科手术过程中由于损伤经常出现胆管狭窄,且很难通过外科手段修复。自体移植空肠片、动脉、静脉、输尿管、阑尾筋膜或断层皮,或移植大量的合成材料都因瘢痕形成和再发性狭窄而失败。然而 SIS(surgisis™)成功地用于置换犬的前 2/3 的胆管。SIS 通过包围在其周围的支架并将边缘压合到一起而形成了管状结构。移植 3 个月后胆管造影术显示出开放的导管。2 周后对移植物的组织学评估发现有预期的炎性浸润,也有血管、胆道上皮和成纤维细胞侵入到移植物末端。5个月后,SIS 完全被衬有胆道上皮的天然胶原蛋白纤维壁置换。

小 结

肠绒毛上皮通过 Lgr5⁺ 的干细胞(ISC)又叫作隐窝柱状细胞(CBC)而再生,存在于利氏肠腺窝底部的三种细胞中,散在于 ISC 来源的潘氏细胞间。ISC 位置 7 特异性的分子标记物是 Lgr4 蛋白。从底部起 4 位,Lgr4⁺ 细胞群富集表达 Bmi 蛋白。CBC 和 Lgr4⁺ 细胞都表达 Musashi 和其他标记物。从位置 1~7 细胞的有丝分裂纺锤面向垂直于管腔,与不对称分裂一致。然而 7 位以上经历平面划分。潘氏细胞通过 Wnt 和 Notch 信号调控 CBC 细胞的数量和命运。4 位以上是短暂扩展细胞区域,增殖迁移的绒毛分化成肠上皮细胞、杯状细胞、肠内分泌细胞。生长因子和细胞因子、细胞黏附分子、ECM 的合成都通过固有层的成纤维细胞来调控。促进增殖的细胞因子和生长因子包括 Wnt,IGF-1 and 2,IL-4,FGF-1,2 和 9,然而 TGF-β、IL-6 和 IL-11 能抑制增殖。E 钙黏蛋白,α 整合素,Fn,Ln 及 Ⅳ 型胶原控制隐窝外的迁移率,N 钙黏蛋白对迁移的 ISC 细胞的分化至关重要。

小肠的绒毛上皮通过位于 Lieberkuhn 腺窝底部的干细胞再生。离断的两栖类动物小肠是通过浆膜和平滑肌细胞的去分化形成的两个胚芽进行再生的,且伴随着从小肠上皮索向间充质的迁移。小肠上皮索异形后变为肠腔,而间充质细胞分化为小肠的其他层。修补犬食管缺损可应用由聚乳酸和聚乙醇酸共聚物,SIS和 Alloderm™ 构成的再生模板。聚乳酸或聚乙醇酸网和 SIS 都能促进正常的三层肠道组织穿过犬的肠道修补缺损处再生。大鼠全肠道可通过接种酶消化肠壁获得的肠道类器官到聚乳酸/聚乙醇酸管上构建。

切断的两栖动物的肠道通过浆膜和平滑肌细胞去分化形成两个胚芽长合到一起而再生,随后肠道上皮索迁移至间质。索中空重组肠腔间质细胞分化成肠的其他层。大鼠也再生肠横断面,但再生机制尚不清楚。

通过聚乳酸、聚乙醇酸共聚物、SIS 和 Alloderm™ 再生模板对犬食管的缺损进行了修补。这个合成的共聚物诱导上皮细胞和纤维组织再生,但同时也造成食管的狭窄。而生物模板再生上皮细胞、平滑肌和纤维组织而没有发生狭窄。聚乳酸或聚乙烯酸网状物和 SIS 都能促进正常的再生,产生多层肠壁对犬的肠壁缺损进行修补。将通过胰酶消化肠壁得到的肠"类器官"接种到聚乙醇酸/聚乳酸导管上,构建了完整的大鼠小肠片段。将其吻合到宿主的肠上,它们能发育出黏膜和平滑肌,尽管平滑肌的数量很少。但这种方法还有缺陷,无法应用于患者身上。

虽然,动物实验已经提供了证据无细胞或有细胞接种的拟生态的模板能促进胃肠道组织再生,但是否其在人类患者能很好地进行还未可知。在进行临床试验前需要从动物实验获得更多关于由这样的结构再生的组织的长期结构和功能方面的详细信息。

(王竞 苏航 李晓航 李震 庞希宁)

参 考 文 献

1. Barker N,Bartfeld S,Clevers H. Tissue-resident adult stem cell populations of rapidly self-renewing organs. Cell Stem Cell,2010,7(6):656-670.

2. Barker N1,Huch M,Kujala P,et al. Lgr5(+ve)stem cells drive self-renewal in the stomach and build long-lived gastric units in vitro. Cell Stem Cell,2010,6(1):25-36.

3. Brittan M1,Wright NA. The gastrointestinal stem cell. Cell Prolif,2004,37(1):35-53.

4. Casali A,Batile E. Intestinal stem cells in mammals and Drosophila. Cell Stem Cell,2009,4(2):124-127.

5. Caldwell CM1,Green RA,Kaplan KB. APC mutations lead to cytokinetic failures in vitro and tetraploid genotypes in Min mice. J Cell Biol,2007,178(7):1109-1120.

6. Cairns J. Mutation selection and the natural history of cancer. Nature,1975,255(5505):197-200.

7. Carmon KS1,Gong X,Lin Q,et al. R-spondins function as ligands of the orphan receptors LGR4 and LGR5 to regulate Wnt/beta-catenin signaling. Proc Natl Acad Sci U S A,2011,108(28):11452-11457.

8. De Lau W1,Barker N,Low TY,et al. Lgr5 homologues associate with Wnt receptors and mediate R-spondin signalling. Nature,2011,476(7360):293-297.

9. Dumont AE,Martelli AB,Schinella RA,Regeneration-induced lengthening of the cut ends of the rat colon. Br J Exp Pathol. 1984,65(2):155-163.

10. Fuchs E. The tortoise and the hair:slow-cycling cells in the stem cell race. Cell,2009,137(5):811-819.

11. Gregorieff A1,Clevers H. Wnt signaling in the intestinal epithelium:from endoderm to cancer. Genes Dev. 2005,19(8):877-890.

12. Nishimura S,Wakabayashi N,Toyoda K,et al. Expression of Musashi-1 in human normal colon crypt cells:a possible stem cell marker of human colon epithelium. Dig Dis Sci,2003,48(8):1523-1529.

13. Potten CS. Stem cells in gastrointestinal epithelium:numbers,characteristics and death. Philos Trans R Soc Lond B Biol Sci,1998,353(1370):821-830.

14. Potten CS,Booth C,Pitchard DM. The intestinal epithelial stem cell:the mucosal governor. Int J Exp Pathol,1997,78(4):219-243.

15. Quyn AJ,Appleton PL,Carey FA,et al. Spindle orientation bias in gut epithelial stem cell compartments is lost in precancerous tissue. Cell Stem Cell 2010,6(2):175-181.

16. Sangiorgi E1,Capecchi MR. Bmi1 is expressed in vivo in intestinal stem cells. Nat Genet,2008,40(7):915-920.

17. Sato H,Funahashi M,Kristensen DB,et al. Pleiotrophin as a Swiss 3T3 cell-derived potent mitogen for adult rat hepatocytes. Exp Cell Res. 1999,246(1):152-164.

18. Sato T1,Vries RG,Snippert HJ,et al. Single Lgr5 stem cells build crypt-villus structures in vitro without a mesenchymal niche. Nature,2009,459(7244):262-265.

19. Sato T,van Es JH,Snippert HJ,et al. Paneth cells constitute the niche for Lgr5 stem cells in intestinal crypts. Nature,2011,469(7330):415-418.

20. Van der Flier LG1,Van Gijn ME,Hatzis P,et al. Transcription factor achaete scute-like 2 controls intestinal stem cell fate. Cell Cell. 2009,136(5):903-912.

21. Van der Flier LG1,Clevers H. Stem cells,self-renewal,and differentiation in the intestinal epithelium. Annu Rev Physiol,2009,71:241-260. .

22. Van Es JH1,Van Gijn ME,Riccio O,et al. Notch/gamma-secretase inhibition turns proliferative cells in intestinal crypts and adenomas into goblet cells. Nature,2005 435(7044):959-963.

23. Van Es JH1,Jay P,Gregorieff A,et al. Wnt signaling induces maturation of Paneth cells in intestinal crypts. Nat Cell Biol. 2005,7(4):381-386.

24. Van Es JH1,De Geest N,Van de Born M,et al. Intestinal stem cells lacking the Math1 tumour suppressor are refractory to Notch inhibitors. Nat Commun,2010,1:18.

第十六章

肾干细胞与再生医学

目前，全球由各种原因导致的急性肾损伤人数约为 1.46 亿人，我国每年新增急性肾损伤患者超过 400 万人。2025 年全球急性肾损伤患者人数预计将增长到 2.8 亿人，相关医疗费用数千亿美元。有 30% 急性肾损伤患者因肾功能不能恢复而发展成为慢性肾衰竭，必须接受肾移植或透析治疗，给患者、家庭和社会带来巨大的经济负担。

近年来，国内外学者围绕肾脏再生的基因调控、细胞来源以及微环境对再生的调控机制等问题进行了大量研究。这些工作取得的进展不仅为肾脏再生机制研究的突破创造了良好条件，也为发展促进肾脏再生的新策略，提高肾病和肾移植治疗效果奠定了坚实基础。人们发现了大量非造血干细胞来源的干细胞（或者祖细胞），其中包括内皮干细胞和神经干细胞。这些研究发现提示了器官再生潜能及干细胞的临床应用前景。世界范围内的肾脏供体短缺使人们极度关注肾脏再生这一领域。

本章节中，将介绍肾干细胞及在肾脏疾病中的治疗应用，以及再生医学在肾领域的最新研究。

第一节 肾 发 育

哺乳动物肾的发展过程一般包括三个连续的阶段，即从胚体颈部至盆部相继出现的前肾、中肾和后肾。前肾和中肾是发育过程中的暂时性器官，可在胚胎时期相继退化，后肾将发育为永久肾脏。在肾脏发育中，前肾发育最早，在人胚胎第 22 天，由间介中胚层头侧形成节段性排列的细胞团，称为生肾节，首先证明了泌尿系统的发生。生肾节内（颈部第 7~14 体节的外侧）从头到尾先后出现 7~10 条横行的细胞索或小管，称为前肾小管，其内端开口于胚内体腔，外端均向尾部延伸，并相互连通成一条纵行的前肾管，前肾管向胚体尾部生长，尾端开口于泄殖腔（图 16-1A）。泌尿系统的早期发展阶段取决于视黄酸的水平，它能限制 *Hox-411* 基因的表达，由此决定早期泌尿系统头尾侧方向的发展。间介中胚层表达转录因子 Pax-2、Pax-8，从而诱导生成 Lim-1（Lhx-1），在招募间充质细胞聚集形成原输尿管的过程起着关键的作用。

中肾发生在前肾尾端。人胚第 4 周末，随着原始输尿管向尾端延伸，促使间介中胚层不断形成新的小管。间介中胚层的间充质细胞向上皮小管转化取决于 Pax-2 的表达，如果 Pax-2 表达缺失，肾小管将不会进一步发育。这些小管结构相当于鱼类和两栖动物的中肾小管。中肾小管内侧端膨大并凹陷成双层杯状的肾小囊，内有从背主动脉分支而来的毛细血管球，两者共同组成肾小体（图 16-1B）。中肾小管外侧端接于前肾管，于是前肾管改称为中肾管（mesonephric duct，又称 Wolff 管）。

成对中肾小管的形成是沿着头侧向尾侧发生的。最初的第 4 至 6 对中肾小管（和前肾小管）是由原输尿管发展而来。随着向尾侧更远处发展，直到中肾小管总共达 36~40 对，间介中胚层中肾小管逐步发育成型。到人胚第 4 周末时，中肾管附着到泄殖腔，并且存在相互连续的腔隙。对比头侧的第 4~6 对中肾小管及剩下的尾侧小管的发育过程，两者存在着明显的差异。敲除 *WT-1*（Wilms 肿瘤抑制基因）将会导致尾侧中肾小管的表达障碍，而从前肾管芽生来的头侧中肾小管则发育正常。后肾（见后）形成过程也如此（图 16-2），WT-1 在中肾小管发育的早期调控着间充质向上皮的转化。在近泄殖腔处，左右中肾管末端向背外侧长出一个盲管，即输尿管芽（见图 16-1）。到人胚第 5 周的早期，输尿管芽开始向间介中胚层的尾侧部分生长，然后开始了一系列连续的相互作用形成真正意义上的肾，即后肾。尽管有证据表明哺乳动物中肾具有泌尿功能，但是

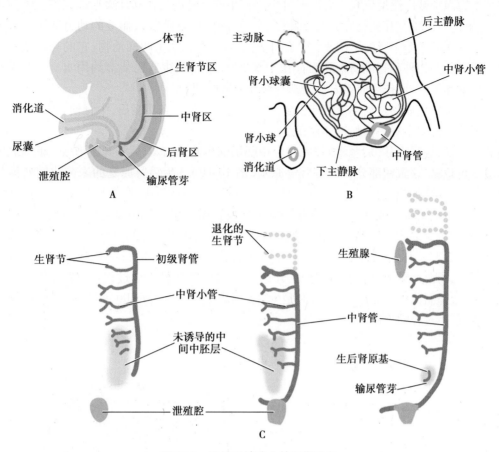

图 16-1　泌尿系统建立的早期阶段

（A）间介中胚层形成前肾、中肾、后肾；（B）通过中肾截面显示成熟的中肾小管及其相关的脉管系统；（C）中肾尾侧的形成和最原始头侧节段的退化

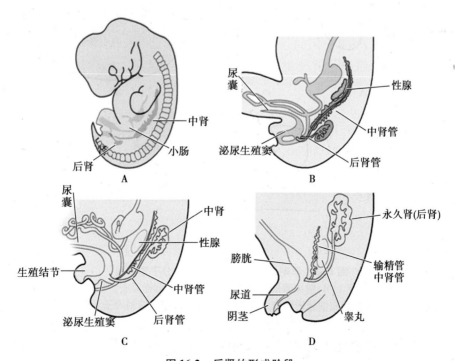

图 16-2　后肾的形成阶段

（A）在 6 周,（B）在 7 周,（C）在 8 周,（D）在 3 个月（男性）

中肾的生理学作用尚未被广泛地研究。血液通过中肾肾小球滤过进入肾小球囊形成尿液。滤液流入中肾的管状部分,在这里进行离子及其他物质的选择性吸收。这些物质重吸收入血液的动力来源于中肾小管周围致密毛细血管丛。人类胚胎中肾的结构非常类似于成年的鱼类和水生两栖动物,它的功能主要是过滤和清除体内废物。因为这些物种和脊椎动物胚胎存在于水生环境中,很少有需要节约用水。中肾没有髓质或一个复杂的系统来浓缩尿液,而作为成年人肾脏则有浓缩尿液的功能。

中肾在后肾开始发育成形过程中扮演着重要的角色。在后肾具有功能后,中肾便作为肾单位迅速退化,但是中肾管及尾端小部分中肾小管却持续存在。

在人胎第 5 周初,输尿管芽(后肾囊)伸入间介中胚层的尾侧,标志着后肾开始形成。此时输尿管芽周边的间介中胚层变得致密,该致密部分即为生后肾原基(图 16-1C)。生后肾原基的未分化间质能分泌胶质细胞源神经营养因子(GDNF),配体 GDNF 和共受体 Gfra-1(位于早期的输尿管芽上皮细胞的胞质膜上)激活 c-Ret(酪氨酸激酶受体超家族的成员之一),促使中肾管生成输尿管芽(图 16-3)。后肾间质 GDNF 的形成是由 WT-1 调控。间充质分泌的 Slit-2/Robo-2 能抑制中肾管头侧对 GDNF 的作用,Sprouty 蛋白能降低中肾管头侧对 GDNF 敏感性,它们共同促进输尿管芽伸入间介中胚层尾侧发展。骨形态发生蛋白(BMP)为 TGF-B 超家族的信号转导分子,可参与调节细胞增殖、凋亡、分化、形态发育的多种生理过程。在输尿管芽分支顶端周围间充质表达 BMP 能抑制输尿管的芽生过程,但是生肾后原基自身产生 gremlin 能抑制 BMP 的作用,从而抵消了 BMP 对输尿管芽生过程的抑制。

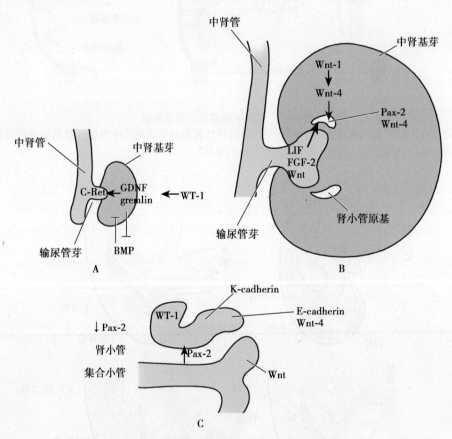

图 16-3　早期后肾和输尿管形成的分子学基础

(A)后肾的早期诱导。(B)输尿管的分支形成。(C)早期小管形成。FGF,成纤维细胞生长因子;GDNF,神经胶质细胞诱导神经生长因子;LIF,白血病抑制因子

输尿管的芽生过程与两种类型的间质有关:间介中胚层和尾芽间充质。这两种类型的间质,使得形成的输尿管(与尾侧间质有关)和肾内集合管系统(与间介中胚层有关)间形成明显的界限。

尾侧间充质促使输尿管上皮形成尿空斑蛋白 uroplakins,使得输尿管的上皮对水没有通透性。成人肾盂

与输尿管及尿液收集系统一样,有着共同的收集尿液的功能,其细胞的起源尚不清楚。后肾的形态学发育是输尿管芽生过程的不断延伸和分支,在人类发育过程中要进行高达 14～15 次的反复分支。最终发育成后肾集合管系统及肾小管(由位于输尿管芽分支顶端的生后肾原基生成)。这个过程潜在的机制是由后肾管芽的分支顶端和周边生后肾间质细胞的交互诱发的一系列反应。没有后肾管系统,小管不可能形成;相反,生后肾中胚层作用于生后肾管系统并诱导出其特征性的分支形成。分支形成在很大程度上取决于周围的间质。如果肺芽间质代替后肾间质,输尿管芽的分支形式将和肺的极为相似。

输尿管芽的分支形成机制类似于最初的诱导后肾的形成过程。在每个分支的顶端有着高度定位的相互感应系统。在后肾间质 GDNF 信号的诱导下,输尿管芽的分支上皮产生信号分子 FGF-2 及白血病抑制因子,引起周边生后肾间质开始形成肾小管的上皮细胞前体。该处还能产生 BMP-7,防止间充质细胞死亡,并能维持间充质细胞的持续发展状态。输尿管芽顶部转录因子 Wnt-9b 的表达对输尿管分支反应非常重要。

小管形成还需要由后肾间质自身产生的后续诱导信号 Wnt-4。这种早期感应模式使得后肾间质变成管状上皮,并表达 Wnt-4 和 Pax-2,并使得间充质细胞表达转录因子 BF-2,从而调控后续的基质感应信号。

在后肾发育过程中,功能小管(肾单位)的形成涉及三种中胚层细胞系:来自于输尿管芽的上皮细胞,生后肾原基的间充质细胞,内生的血管内皮细胞。一开始是输尿管顶芽周边的间质胚基细胞(后来成为后肾管)开始浓缩,被预先诱导的间质包括一些间质蛋白,例如胶原蛋白 I、III 和纤连蛋白等类型,在由输尿管芽的分支局部诱导之后,间质细胞开始浓缩,这些蛋白丢失,取而代之的是上皮细胞蛋白(IV 型胶原蛋白、多配体聚糖-1、层粘连蛋白和硫酸肝素蛋白多糖),最终定位于基底膜。

第二节　肾小管上皮的再生

泌尿系统来源于胚胎的中胚层和内胚层。泌尿系统由肾、输尿管、膀胱和尿道组成。肾单位是肾脏结构和功能的基本单位。每个肾单位由肾小体(renal corpuscle)和一系列的小管组成,这些小管又包括近端小管、远端小管和髓袢,它们汇成集合管,尿液由此流入输尿管。

一、肾单位的结构和功能

肾脏的基本单位是肾单位(nephron),具有如下功能:分泌尿液,排出代谢废物、毒物和药物;调节体内水和渗透压;调节电解质浓度和酸碱平衡;调节内分泌功能。根据肾小体在皮质中的深浅位置不同,可将肾单位分为浅表肾单位和髓旁肾单位。浅表肾单位其肾小体位于皮质浅层,体积较小,髓袢较短,数量较多,约占肾单位总数的 85%,发生比较晚,在尿液的形成过程中起重要作用。髓旁肾单位的肾小体位于皮质深层,体积较大,髓袢较长,数量少,约占肾单位总数的 15%,对尿液的浓缩具有重要的意义。肾小体一端与肾小管相连,肾小管的起始段盘曲走行于肾小体附近称为近端小管曲部或近曲小管;继而进入髓放线向下直行称为近端小管直部或者近直小管;随后至髓质内管径变细称细段;细段反折上行,管径又增粗,在髓质和(或)髓放线内直行上升,称为远端小管直部或远直小管。近直小管、细段和远直小管构成"U"形的结构称髓袢,髓袢由皮质向髓质方向下行的一段称为降支,由髓质向皮质方向上行的一段称为升支。远直小管上升到原肾小体平面时,离开髓放线进入皮质迷路,盘曲走行于原肾小体附近,称远端小管曲部或远曲小管,其末端汇入髓放线内的集合管。肾小管的不同部分在吸水率和离子注入过程中具有特殊的作用。肾小体形成的原液,流经肾小管各段和集合管后,绝大部分水、营养物质及无机盐等被重吸收入血,部分离子也在此进行交换;同时小管上皮细胞还排出机体部分代谢产物,最终形成的浓缩液体称终尿,经乳头管排入肾小盏,最终合并流入输尿管。尿液在膀胱收集并通过输尿管和尿道排出。

肾脏复杂的结构是完成其多方面功能的基础。

肾单位是肾脏基本的结构和功能单位。人体的两侧肾脏共有约 200 万个肾单位。肾脏的代偿功能很强,部分肾单位损伤引起的功能丧失可由其他肾单位予以代偿。肾小体呈球形,亦称肾小球,直约 150～250μm,由血管球和肾小囊组成。血管球(glomerulus)是包裹在肾小囊中盘曲成团的毛细血管丛((capillary tuft)。肾小球有两个极,微动脉出入的一端为血管极,相对的一端与近曲小管相连,称为尿极。入球微动脉在血管极进入血管球,反复分支,形成4~5个初级分支。每个初级分支再分出数个网状吻合的毛细血管袢。初级分支及其所属分支构成血管球的小叶或节段(segment)。小叶的毛细血管汇集成数支微动脉,后者汇合成出球微动脉,从血管极离开肾小球。肾小球毛细血管壁为滤过膜(filtering membrane),由毛细血管内皮细胞、基膜和脏层上皮细胞构成。

1. 内皮细胞(endothelial cell) 为胞体布满直径70~100nm的窗孔(fenstra)的扁平细胞,构成滤过膜的内层。细胞表面由薄层带负电荷的唾液酸糖蛋白被覆,对大分子物质的通透有选择性作用。

2. 肾小球基膜(glomerular basement membrane,GBM) 为滤过膜的中层,厚约300nm,中间为致密层(lamina densa),内外两侧分别为内疏松层和外疏松层。肾小球基膜是肾小球滤过的主要机械屏障。基底膜的主要成分是Ⅳ型胶原、层连蛋白(laminin)、硫酸肝素等阴离子蛋白多糖、纤维连接蛋白(fibronectin)和内动蛋白(entactin)等。Ⅳ型胶原形成网状结构,连接其他糖蛋白。Ⅳ型胶原的单体为由三股α-肽链构成的螺旋状结构。每一单体分子由氨基端的7s区域、中间的三股螺旋状结构区域和羧基端的球状非胶原区(non collagenous domain,NCl)构成。

3. 脏层上皮细胞(visceral endothelial cell) 为高度分化的足细胞(podocyte),构成滤过膜的外层。足细胞自胞体伸出几支大的初级突起,继而分出许多指状的次级突起,即足突(foot process,pedicels)。足细胞表面由一层带负电荷的物质覆盖,其主要成分为唾液酸糖蛋白。足细胞紧贴于基底膜外疏松层,相邻的足突间为20~30nm宽的滤过隙(filtration slit)。滤过隙近基底膜侧足突间由拉链样膜状电子致密结构连接,该结构称为滤过隙膜(slit diaphragm)。有三种重要的蛋白质参与滤过隙膜的构成。其中,nephrin属细胞黏附分子中免疫球蛋白超家族成员,特异性表达于肾小球。Nephrin为跨膜蛋白,其分子自相邻的足突向滤过隙内延伸,并相交形成二聚体。Nephrin胞质内部分在足突内与podocin和CD_2相关蛋白(CD_2-associated protein,CD_2AP)分子结合,并通过CD_2AP与细胞骨架中的肌动蛋白连接。脏层上皮细胞对于维持肾小球屏障功能具有关键性的作用。基底膜成分主要由脏层上皮细胞合成。滤过隙膜是对滤过物质的最后一道防线。

毛细血管间的肾小球系膜(mesangium)构成小叶的中轴。系膜由系膜细胞(mesangial cell)和基底膜样的系膜基质(mesangial matrix)构成。系膜细胞具有收缩、吞噬、增殖、合成系膜基质和胶原等功能,并能分泌多种生物活性介质。

肾小囊又称鲍曼囊(Bowman's capsule),是肾小管起始部膨大凹陷形成的杯状双层囊,内有血管球。肾小囊外层(或称壁层)为单层扁平上皮,在肾小体的尿极处与近曲小管上皮细胞相连续,在血管极处上皮折返为肾小囊内层(或称脏层),两层上皮之间的腔隙称肾小囊腔,与近曲小管腔相通。脏层细胞也称为足细胞。足细胞体积比较大,胞突起体凸向肾小囊腔,胞质内含丰富的糙面内质网、游离核糖体、高尔基体、溶酶体和内吞小泡。足细胞是多突起的细胞,从胞体伸出几个较粗的初级突起,初级突起再分支形成许多指状的次级突起,相邻足细胞的次级突起相互穿插嵌合成栅栏状,紧贴在毛细血管基底膜外侧,突起之间有宽约25nm的裂隙,称为裂孔。足细胞突起内含较多微丝,其收缩可调节裂孔的大小。

肾小体是一个"滤过器",当血液流经血管球毛细血管时,由于血管内压力较高,血浆内部分物质经内皮细胞窗孔、基底膜和足细胞裂孔膜滤入肾小囊腔,这三层结构组成滤过屏障或滤过膜。正常情况下,水和小分子溶质可通过肾小球滤过膜,但蛋白质等分子则几乎完全不能通过。滤过膜具有分子大小和电荷的双重选择性通透作用。分子体积越大,通透性越小;分子携带阳离子越多,通透性越强。病理情况下,如果滤过屏障受损害,大分子蛋白质甚至血细胞也可以滤出,则形成蛋白尿或血尿。

哺乳类动物大约在出生前后即停止新生肾单位,但是遗传保留着由肾脏干细胞和祖细胞参与的细胞水平的再生,起到维持局部组织结构和损伤后修复的功能。因此在人类肾单位被破坏后,仅遗传保留了局部细胞水平再生,不具备肾单位整体组织结构功能的重建。人类肾小管损伤后发生完全的上皮细胞再生修复。这种修复的特征是细胞再生,死亡的肾小管上皮细胞被新生细胞所替代,肾小管结构和功能恢复。再生的过程可以通过有丝分裂后的PCNA和Ki67染色进行评估。局部缺血再灌注模型,是损伤诱导小管上皮再生的标准模型。即暂时断开肾脏血供然后再重新灌注,在这种情况下出现上皮细胞死亡,基底膜脱落,但被快速替换。

二、肾小管上皮细胞通过 EMT/MET 再生

肾小管上皮细胞的损伤过程可分为可逆与不可逆两种情况。可逆的上皮细胞损伤使肾小管上皮细胞发生去分化,损伤细胞中区域化蛋白进行重分布,以促进细胞修复;不可逆的肾小管损伤可导致上皮细胞凋亡与坏死,造成严重的组织学病变。因此,肾小管上皮细胞的再生是肾损伤后修复的重要问题。然而,与皮肤、肠道上皮细胞持续进行快速更新所不同的是,肾小管上皮细胞的更新速度十分缓慢。对于新形成的肾上管上皮细胞的来源仍存在着较大的争议。目前认为,这些细胞的再生主要有三个来源:①肾脏干/祖细胞;②受损肾小管上皮细胞的去分化;③骨髓来源干细胞。

通过大量基因表达及其功能检测得知,肾小管中存在着干细胞。在人肾脏中,细胞表面抗原 CD24 与 CD133 通常被用于鉴定肾脏干细胞,这两者也多被认为是人其他成体干细胞的表面标记物。一些研究发现,肾脏中存在着表型为 CD24⁺CD133⁺ 的肾小管细胞,尤其具有较高乙醛脱氢酶活性的近端小管细胞,不但可表达 CD24 与 CD133,同时也表达一些间质性标志物,如波形蛋白。这些细胞具有干细胞的两大典型特征,一是体外培养过程中可形成上皮细胞球样团簇,二是可不依赖于支持物生长。动物实验证实,当这群细胞输注入患有急性肾损伤的免疫缺陷小鼠中后,可在肾单位中的不同区域观察到新生的小管结构,并显著改善肾单位的形态与功能。

骨髓来源的干细胞是对受损伤的肾小管起修复作用的另一来源,存在于小管或小管周围的间质组织。在肾移植的研究中发现,将女性供者的肾脏移植给男性受者后,在移植物中可检测到具有 Y 染色体的外源性肾小管上皮细胞,所占比例为 $0.6\% \sim 6.8\%$。另外,通过将转基因小鼠的骨髓移植给野生型的小鼠,也可在受鼠体内发现来源于供鼠骨髓干细胞的肾小管上皮细胞。这说明,肾小管上皮细胞的再生并非全部来源于肾脏本身。

除了肾脏及骨髓来源的干细胞外,位于受损后脱落细胞周围的未受损和受损程度较轻的肾小管上皮细胞也具有修复肾小管损伤的功能。肾小管上皮细胞是一类高度分化且处于静止期的细胞,正常情况下无法进行自我分裂。受损细胞脱落后,裸露的基底膜逐渐被具有间质特征的细胞所覆盖,表面变得平滑并失去极性。存活的肾小管上皮细胞通过去分化成为间质样状态,并重新启动细胞周期,随后所形成的间质细胞进一步分化为成纤维细胞,造成肾脏纤维化损伤,这一过程被称作上皮-间质转化(epithelial-mesenchymal transition,EMT)。相反,基底膜裸露区重覆盖后,间质细胞通过上皮-间质转化(mesenchymal-epithelial transition,MET)过程,从而启动损伤修复。

已有大量证据指出,转化生成因子(TGF)-β 在离体环境中可诱导肾小管上皮细胞发生 EMT,表现为上皮细胞标志物 E-粘连蛋白、闭锁小带蛋白(ZO-1)、细胞角蛋白表达丢失,而间质样细胞标志物如波形蛋白、平滑肌肌动蛋白(α-SMA)、成纤维细胞特异性蛋白 1(FSP1)、纤连蛋白以及肾脏发育过程中的关键转录因子 Pax-2。这些蛋白表达谱的改变同时也伴随着形态学上向成纤维细胞样转变,以及迁移能力的增强。在迁移过程中,整合素从基底向横向边界重定位,NCAM 表达增加,Fn、HA、uPA 以及金属蛋白酶(MMP)-2 和 9 表达上调。间质迁移涉及的另一个分子是肾损伤分子-1(Kim-1),是 Ig 超家族的跨膜蛋白,在缺血后的大鼠肾脏中表达显著上调。因此,总体而言可分为以下四个阶段:上皮细胞失去黏附性;α-SMA 新生表达与肌动蛋白重组;肾小管基底膜受损;细胞迁移与侵袭性增强。

肾小管上皮细胞 EMT/MET 的发生是高度有序的,调控这一过程的胞内机制也相当复杂。在特定的病生理环境下,不同的信号调控网络及调节因子通过交互作用,共同影响 EMT/MET 的发生。参与这一过程的信号通路及因子主要包括:

1. TGF-β 信号通路　在 EMT 的发生过程中,TGF-β 信号通路主要包括 Smad 蛋白依赖与非依赖两类。在受到 TGF-β 刺激后,肾小管上皮细胞表面的 1 型与 2 型跨膜受体紧密结合形成复合物,诱导 Smad2 与 Smad3 的磷酸化与活化。磷酸化的 Smad 与 Smad4 形成多聚物并移位至细胞核,通过与调节区的特异性顺式作用元件的互作,调控 TGF-β 应答基因的转录。与 EMT 相关的许多基因都是 TGF-β/Smad 信号通路的下游靶点,包括结缔组织生长因子、ILK、PINCH-1、1 型整合素、Wnt、Snail、Id1、α-SMA、胶原蛋白 IA2 以及 MMP-2 等。此外,Smad 非依赖型的 TGF-β 信号通路包括 RhoA、p38 丝裂原活化蛋白激酶(MAPK)、磷脂酰肌醇 3-激

酶(PI3K)/Akt 信号通路,在 EMT 发生的特定阶段或特定方面起重要作用。比如在 TGF-β 诱导的 EMT 中,小分子 GTP 酶 RhoA 对于细胞形态变化、α-SMA 启动子的激活以及细胞骨架重排十分重要。

2. ILK 信号通路　ILK 是一类胞内丝/苏氨酸蛋白激酶,可介导多种类型细胞中的整合素信号通路。ILK 主要通过作为支架蛋白和蛋白激酶两种方式发挥其生物学活性。当其作为支架蛋白时,可通过与整合素以及多种胞内蛋白如粘连蛋白 α-parvin、PINCH 等相互作用,进而发挥功能。研究发现,在正常的肾小球足细胞中,ILK 可通过与去氧肾上腺素互作,建立起连接细胞-基质整合素信号与细胞-细胞裂孔隔膜信号的分子桥梁。当其作为蛋白激酶时,ILK 的催化活化可引起信号通路下游多种重要效应激酶包括 Akt 与 GSK-3β 的磷酸化,从而维持 β-连环蛋白的稳定。这一生理效应因调控着 EMT 过程中一系列基因的表达,因而在肾小管上皮细胞再生中十分重要。然而,ILK 信号通路并非独立发生作用,多种相关蛋白包括 ILK、PINCH-1、β1-整合素等也可在 TGF-β 的刺激下与 Smad 蛋白依赖的信号通路同时被诱导并发挥功能。

3. Wnt/β-连环蛋白信号通路　哺乳动物中编码 Wnt 蛋白的基因多且复杂,形成一个庞大的信号系统网络。肾小管上皮细胞中 Wnt 相关蛋白的活化可使 β-连环蛋白稳定地定位于胞质与细胞核。Dickkopf-1 是一种内源性的 Wnt 拮抗剂,可通过与 LDL 受体相关蛋白-5/6 结合特异性抑制典型的 Wnt/β-连环蛋白信号通路。研究表明,通过 Dickkopf-1 抑制 Wnt 蛋白的活化,可显著抑制 Wnt 靶基因如 *Twist*、*LEF*1、*c-myc* 与纤连蛋白的表达,同时缓解梗阻损伤所引起的肾纤维化。同样的,Wnt/β-连环蛋白信号通路活化后,可通过诱导 Snail 蛋白并抑制去氧肾上腺素,介导肾小球足细胞 EMT 的发生。动物实验的研究也证实,当条件性基因敲除小鼠肾小球中 β-连环蛋白后,可有效避免小鼠接受阿霉素处理后蛋白尿的发生以及足细胞失功。

尽管 EMT 可被多种刺激因素诱导并且其自身也是多种胞内生物学效应的关键调控介质,但参与肾小管及足细胞 EMT 发生的主要信号通路主要包括 TGF-β/Smad、整合素/ILK 和 Wnt/β-连环蛋白三大信号通路。这些信号通路之间并非各自独立,而是通过各种因素在不同程度上有机结合并形成复杂的网络,调控 EMT 的发生。

三、鱼能通过干细胞调控肾单位

作为哺乳动物的重要器官之一,肾脏能够响应生长强化治疗以及代偿性肾单位肥大的部分肾切除术。一侧肾脏摘除能引起另一侧肾脏的代偿性肥大,这是由于上皮细胞大小的增加导致个体肾单位的增大而引起的。叶酸和生长激素治疗也能引起肾单位增大。

有趣的是,硬骨鱼和板鳃类鱼中的鳐鱼,能够在部分肾切除术或化学损伤(庆大霉素)后形成新生的肾单位。研究发现,鳐鱼一侧肾脏损伤也能刺激对侧未受损肾脏中新的肾单位的形成。由于鳐鱼肾脏的发育、解剖结构和生理学特征与哺乳动物极其类似,因此是研究哺乳动物肾单位再生诱导的良好模型。鳐鱼肾脏中新肾单位的来源,可能是来源于特定生肾带中的干细胞群。肾单位再生的干细胞表达哺乳动物 Six2 的同源基因,具有生肾单位中冠细胞的特征。研究者通过庆大霉素注射诱导肾单位损伤后,将带有荧光标记的供肾植入,发现新生肾单位完全代替了受损的肾脏区域。已有报道称腔壁上皮细胞的一类亚群表达干细胞标志物 CD24 和 CD133,并且在人肾小球囊中发现转录因子 Oct-4 和 Bml-1。将这些细胞输注给急性肾损伤的 SCID 小鼠后,可再生出新的肾小管结构并显著改善肾脏的形态与功能。这一报道提出了一种可能性,即人的肾脏可能会像鳐鱼一样,通过活检组织体外扩增出大量肾脏干细胞后,用于肾内移植以及生物人工肾的构建。当然,也有可能这些细胞会像神经视网膜和脊髓室管膜干细胞一样,由于不适当的微龛并不参与肾脏再生。

第三节　肾干细胞微龛

在干细胞研究进展中,近年来虽然已证实肾脏干细胞的确存在于成人机体中,并且具有分化为成熟肾脏细胞的功能,但是关于干细胞微龛的争议仍然不断。控制干细胞命运的许多外界信号组成干细胞的微环境即微龛,其作用非常重要,涉及干细胞、分化细胞及其与周围细胞之间近程及远程的复杂相互作用。目前所提出的微龛主要包括表皮间质、乳头和小管等。

　　研究发现,利用干细胞的低循环性给出生后3天的大鼠注射溴脱氧尿苷(BrdU)2个月后,通过免疫荧光显微镜分析发现鼠肾乳头部 BrdU 显色细胞数量密集,并且 BrdU 信号持续时间较长,而肾脏其他部位 BrdU 显色细胞则十分稀少。肾乳头 BrdU 显色细胞多处于静息状态,分裂次数较少,是一种低循环细胞(low-cycling cells),但当肾脏出现短暂缺血进入修复阶段,这些细胞便开始了快速细胞周期循环,BrdU 信号从肾乳头很快消失,然而肾乳头处并没有出现细胞凋亡现象。体外实验证实,乳头部细胞具有产生一种以上其他类型细胞的克隆能力,具有很强的可塑性,并且能表达上皮细胞和内皮细胞两类标志物。此外乳头部细胞有成球能力,这与大多数器官特异性干细胞具有的特性相似。因此认为,成人肾乳头 BrdU 显色细胞即为肾脏干细胞,而肾乳头是肾脏干细胞的"蓄水池"。

　　在其他器官成人干细胞是定形且一致的,如成人神经干细胞就呈现已分化的星形胶质细胞特征,而 BrdU 显色细胞既是间质细胞又是已分化的上皮细胞。器官受损后肾脏上皮细胞发生去分化是由于细胞增生和再分化成多样的细胞,那么终末分化的肾脏细胞在器官修复期间可被认为是在行使多能干细胞的功能。表明肾乳头是成人肾脏干细胞微龛,对干细胞生长分化有很重要的调控作用,细胞外基质对干细胞有结构和功能上的支持作用。微龛内各种组织细胞通过旁分泌和自分泌产生多种细胞因子及分泌性蛋白质,构成干细胞生长微环境的信号物质,调节干细胞的增殖和分化。在分泌性细胞因子及蛋白中,TGF-β 和 Wnt、Hedgehog(Hh)、Notch 信号蛋白具有高度的保守性,是干细胞增殖分化的重要调节因子。肾乳头处 BrdU 显色细胞紧靠血管分布,这加强了干细胞通过细胞膜表面的黏附分子或缝隙连接与外界进行信息交流。肾乳头的摩尔渗透压浓度是全身最高的,此处的 PO_2 为 4～10mmHg。肾乳头的高渗对干细胞的调控机制有待进一步探索,而低氧微环境对干细胞的调控机制的研究已取得了一定进展。Danet 等研究认为低氧压能增强干细胞生存、增殖和分化的能力。在组织缺氧期间,转录调节物缺氧诱导因子-1(HIF-1)在肾脏的表达最显著,并且分布极类似于 BrdU 显色细胞。短暂肾缺血后肾皮质和髓质处的 HIF-1 表达轻微增加,而肾乳头处增加明显,表明氧分压和活性缺氧基因对肾乳头干细胞的调节起重要的作用。

　　组织微环境对再生修复有重要影响。组织受损部位会产生大量趋化因子和炎症因子,诱导巨噬细胞、T 细胞和树突状细胞等各种免疫细胞趋化集聚。不同种类和亚型的免疫细胞对组织再生修复发挥不同作用,有的加剧炎症,有的促进再生。因此,免疫微环境的影响是再生机制研究的前沿和热点。目前对肾脏损伤再生时免疫微环境的变化特征及作用机制仍缺乏系统深入的了解,研究这些问题不仅会丰富我们对再生组织微环境调控的认识,而且会为肾小管再生修复的临床干预提供科学依据。

　　巨噬细胞是肾损伤部位最主要的炎症细胞。正常肾脏中巨噬细胞含量较少。缺血再灌注等肾脏损伤2小时内,大量巨噬细胞募集到受损部位,成为局部数量最多的免疫细胞。损伤初期浸润的巨噬细胞主要为 M1 型。这种细胞分泌 IL-12 和 IL-23 等促炎性细胞因子,可以诱导细胞凋亡并加剧炎症。肾再生修复时局部的巨噬细胞主要为 M2 型。这种细胞分泌 IGF-1、FN-1 等滋养因子和 Arg-1、IL-1Ra 等抗炎因子,促进受损组织再生修复。但是,肾脏损伤修复过程中巨噬细胞亚型变化如何调控,M2 型细胞如何促进肾小管再生等具体分子机制仍不明确。有研究显示,肺损伤时产生的炎症因子通过诱导巨噬细胞发生自噬而促进巨噬细胞亚型改变,转变为 M2 型的巨噬细胞一方面分泌 IL-10 等细胞因子抑制炎症反应、缓解损伤,另一方面高表达 TGF-β,促进损伤修复。这些成果是进一步研究巨噬细胞及其亚群在肾小管再生中的作用机制的宝贵参考。

　　T 细胞在组织损伤和修复中亦发挥重要作用。CD4⁺T 细胞可以控制损伤程度。这种细胞在肾脏缺血再灌注损伤早期即发生浸润,用 CTLA-4 抗体阻断 CD4⁺T 细胞活化的共刺激通路 B7-CD28,可缓解肾损伤并降低单核细胞的肾内浸润。CD4⁺T 细胞两个亚群 Th1 和 Th2 细胞的平衡可能是调控肾脏损伤的关键。Th1 细胞促进炎症,而 Th2 细胞则可抑制损伤,Th2 细胞分化的关键转录因子 STAT6 敲除可导致急性肾损伤小鼠模型肾小管损伤显著加剧。调节性 T 细胞(Treg)在肾小管再生修复中发挥重要作用。Maria 等研究表明,肾脏缺血再灌注损伤后 3～10 天局部出现大量 Treg,输注 Treg 也可降低 CD4⁺T 产生的炎性细胞因子,改善修复。T 细胞依表面抗原不同分为多种亚型,各种亚型 T 细胞是否参与损伤再生修复还不明确。阻断 CXCR3⁺T 细胞趋化至受损器官可显著改善器官的受损程度,为发现影响肾小管损伤和再生的其他 T 细胞亚型准备了切入点。

树突状细胞在组织损伤和修复中的作用日益受到关注。树突状细胞按照功能分为刺激性树突状细胞和耐受性树突状细胞。有研究发现小鼠肝脏损伤后趋化因子 MIP-1α 吸引刺激性树突状细胞进入肝脏而加剧损伤，用 MIP-1α 抗体则可有效抑制损伤程度。这些前期研究基础对进一步研究肾脏损伤再生微环境中树突状细胞不同亚群的产生及其作用机制提供了重要线索。

第四节　肾干细胞与骨髓干细胞

骨髓干细胞是肾脏再生的重要来源，骨髓干细胞可以形成肾细胞，包括系膜细胞、肾小管上皮细胞、肾小囊脏层细胞。骨髓干细胞主要包括造血干细胞(HSC)和间充质干细胞(MSC)。HSC 是一类未经谱系分化(lineage-uncommitted)的骨髓干细胞，表达特异性标记 Sca-1 与 c-Kit。实验证实，将雄性小鼠骨髓细胞输注入叶酸诱导的雌性肾损伤小鼠后，约 10% 的再生肾小管细胞具有 Y 染色体。将表达半乳糖苷酶(LacZ)的雄性 ROSA26 小鼠获得的骨髓干细胞($Rh^{low}Lin^-Sca-1^+c-Kit^+$细胞)移植给雌性肾缺血再灌注损伤的小鼠时，可分化为肾小管上皮细胞，促进肾小管再生。随后有学者提出，将骨髓干细胞输注治疗急性肾衰竭(acute renal failure，ARF)的治疗潜力，为发展 ARF 外源性肾干细胞治疗策略提供了理论基础。

许多研究利用不同骨髓片段或实验模型来研究骨髓中肾细胞再生的治疗潜能。这些研究一般涉及 LacZ 标记或使用一个遗传标记(Y 染色体)的骨髓细胞移植，在诱导肾损伤后进行检测。这些供体细胞的后代用半乳糖苷染色，或者荧光原位杂交 Y 染色体，用荧光显微镜分别检测。研究发现再生的肾小管细胞带有这些标记，表明一部分移植的骨髓细胞[即大块碎片、HSC 和(或)MSC]有助于 ARF 肾脏修复。干细胞含量变化很大，但它在一个器官中所占的比例通常低于 1%；而所选择的疾病模型是影响干细胞数量的重要因素。事实上，Kunter 等人提出在灌注微量细胞后肾脏修复的加速与旁分泌生长因子有关。包括内皮细胞生长因子和 TGF-β_1。最近，有研究者提出，虽然目前已经建立了很好的检测系统，但所有早期研究中的检测系统可能产生假阳性结果，导致过高地评价了骨髓来源干细胞对肾脏修复再生的贡献。比如，Duffield 等人用单独表达绿色荧光蛋白(GFP)或表达细菌 β-gal 或携带 Y 染色体的嵌合体小鼠来研究肾脏缺血损伤的修复，在 GFP 嵌合体小鼠中发现主要是白细胞表达 GFP，而在小鼠缺血再灌注损伤模型中，纯化的 MSC 虽可改善肾功能，但对肾实质的影响是间接的。此外，通过三种示踪方法，均未发现受体小鼠肾小管中存在供体小鼠来源的骨髓细胞，并认为前面关于在受损肾小管处 β-gal 阳性小管细胞是内源性 β-gal 活性增强的结果而非 β-gal 骨髓细胞。他们还提出在雌鼠体内所发现的 Y 染色体阳性小管细胞可能是染色技术或小管细胞和渗入的骨髓细胞重叠造成的假象。

目前，基于其他实体器官的工作，有三种方式可以分离组织干细胞。最常规使用的方法是细胞表面标记，它可以在组织干细胞中表达。CD133 的表达最初在造血干细胞和祖细胞中显示，但此标志物也在干细胞和其他组织如血管和神经中表达。最近，在成人肾脏皮质中也发现了表达 CD133 阳性细胞。这些 CD133 阳性的人肾细胞注入免疫功能低下的 SCID 小鼠后，可在小鼠体内分化成肾组织。这些数据提示 CD133 阳性细胞可作为固有肾脏干细胞的标志物。

另一个被提出的肾干细胞标志物是巢蛋白，它是一个在神经上皮干细胞中表达的多谱系干细胞标志物。巢蛋白阳性细胞在乳突处大量聚集，其次在小鼠肾小球和肾小球旁动脉也有表达。在缺血性损伤后，巢蛋白阳性细胞在最初的 3 小时迁移到皮层的速度为 40μm/30min，这表明他们参与了肾脏缺血损伤修复。目前尚不清楚这些巢蛋白阳性细胞是分化为成熟的原位细胞，还是直接在损伤处分泌促肾生长因子。

Dekel 等发现肾间质中存在一种非管状的 $Sca-1^+Lin^-$ 细胞，它具有分化成肌肉、骨骼、脂肪等的潜能。将这些细胞直接注入肾实质后再给予缺血损伤的刺激，这些细胞表型改变可变为管型；该研究提示了这种细胞呈现组织干细胞的表现和特性，可促进损伤肾脏的再生。

胚肾间充质细胞的基因表达分析被用于识别其他潜在的肾干细胞的细胞表面标志物。Challen 等人发现最终分化成肾组织的细胞中普遍上调表达 21 个基因；其中 CD24 和 cadherin-11 作为表面蛋白，可用于在从成人肾脏中分离活性的祖细胞。Sagrinati 等人使用 CD133 和 CD24，在一个成年人类肾脏的肾小球囊中分离了多能祖细胞；分离的依据是根据多能祖细胞体外分化为近端和远端小管、成骨细胞、脂肪细胞、神经元细胞以及壁层上皮细胞(parietal epithelial cells,PEC)的能力。在甘油诱导 ARF 的 SCID 小鼠上静脉注射 CD24⁺ CD133⁺ PEC 可在肾单位的不同部分再生管状结构,从而减轻肾脏形态和功能的损害。

还有一种方法不使用细胞表面标志物分离肾脏干细胞。Kitamura 等人通过显微切割分离肾祖细胞。将肾片段进行单独培养,经过简单的稀释,将最具有生长潜力的细胞进行分选培养。rKS56 细胞系在体外有潜力分化成成熟的肾小管上皮细胞,植入体内后取代损伤的小管,改善肾功能。

另一种常见的识别干细胞的方法是检测侧群细胞(side-population,SP)。这种技术首先是从成年小鼠骨髓中用 Hoechst 33342 染料和荧光激活细胞分选技术(fluorescence-activated cell sorting,FACS)进行分选获得丰富的造血细胞,实验中将染色阴性的细胞视为 SP 细胞。SP 细胞表达编码流出泵的基因,而这种流出泵多在膜转运体 ATP 结合基因盒超家族中存在,此特性赋予了 SP 细胞生存优势。因此,SP 表型可以用来纯化干细胞富集片段。

识别组织干细胞的另一种方法是使用溴脱氧尿苷 DNA 标记(bromodeoxyuridine,BrdU),由于组织干细胞只分化组织循环所要求的,分化周期非常缓慢。这种技术已经被用于识别包括皮肤、肠和肺中的慢循环干细胞。Maeshima 等给予缺血/再灌注损伤成年大鼠模型腹腔注射 BrdU 每日 1 次,连续 7 天,观察到肾小管中存在 BrdU 阳性细胞。定量分析结果表明再灌注后,BrdU 阳性细胞的数量增加两倍,这表明在肾缺血损伤修复的肾脏中大部分增殖细胞来自 BrdU 阳性的肾祖细胞。

第五节 肾再生的其他干细胞来源

在肾脏再生过程中,成体肾脏干细胞并不是唯一的来源,以下介绍的就是利用其他来源的干细胞修复肾脏的可能性。

一、胚胎干细胞

胚胎干细胞是起源于囊胚内部细胞的一种未分化的多能性干细胞。胚胎干细胞根据培养环境的不同,可以分化为多种类型的内胚层、中胚层、外胚层细胞,是组织再生工程中具有重大潜能的一类细胞。胚胎干细胞作为再生的医疗手段已经被应用于多种疾病模型中,包括帕金森病、糖尿病等。自从发现人的胚胎干细胞在移植入免疫功能被抑制的小鼠体内仍具有分化为肾脏结构的功能后,越来越多的研究开始专注于寻找体外培育胚胎干细胞向肾脏细胞分化的合适环境。Schuldiner 等人的研究发现在人胚胎干细胞的培养过程中加入 8 种生长因子,并通过观察分化过程中各胚层相关标志物的变化水平来研究这 8 种生长因子在胚胎干细胞分化过程中的作用。活化素 A(activin A)和 TGF-β1 主要诱导中胚层分化;视黄酸 A(RA)、表皮生长因子(EGF)、BMP-4 和碱性成纤维细胞生长因子活化外胚层和中胚层标志物;神经生长因子(NGF)和肝细胞生长因子(HGF)均可诱导向三个胚层分化,没有任何一个因子可以直接诱导向一个胚层细胞分化。基因学的研究发现,与肾脏发育相关基因主要有 4 个:威尔氏瘤抑制基因 WT-1、Adrenal marker、Rennin 和 Kallikrein。WT-1 在早期肾脏生成中扮演核心角色,它在 MET 中介调控信号诱导,且只有加入 NGF 或 HGF 后方可检测到 WT-1。

最近有报道指出,小鼠稳转录 Wnt4 基因的胚胎干细胞在 HGF 和活化素 A 存在的情况下,可以分化为具有小管样结构的表达 AQP-2 的细胞。尽管在体外要建立起一套完整有效的可应用于临床的体系仍然任重而道远。但是,利用这些体外的技术,可以先寻找到决定胚胎干细胞分化的重要分子从而为今后的研究打下基础。一个在离体后肾中培育胚胎干细胞的体系正在被研究是否具有使胚胎干细胞分化为具有肾组织结构的肾脏细胞的功能。ROSA26 胚胎干细胞被注入离体后肾,加以各种在发育微环境中所需的因子刺激后,最终在起源于胚胎干细胞,β 半乳糖苷酶基因(LacZ)阳性的细胞中发现具有类似于肾小管上皮结构的细胞接近 50%。在这些研究的基础上,Kim 和 Dressler 期望可以进一步找到使胚胎干细胞分化为肾上皮细胞所需的肾源性的生长因子。胚胎干细胞在被移植入发育中的后肾后,又加以视黄素、活化素 A 和 BMP7,这些因子的加入使得最终分化为肾小管上皮细胞的成功率接近 100%。另外,Vignearu 等人指出胚胎干细胞表达中胚叶的特定标志基因——brachyury 基因,这提示在活化素 A 存在的情况下或许胚胎干细胞可以成为肾脏原始祖细胞,这些细胞再被移植入发育中的后肾后,或许会被整合入生肾带中。另外,这些细胞在一次性注入新生的活的小鼠的肾脏后,稳定地被整合进了近端小管,并且一直保持着正常的形态和极性长达 7 个月之久,并且从未发现有畸胎瘤的形成。总之,这些研究结果表明胚胎干细胞或许可以在损伤修复中作为肾脏干细胞的来源。

二、诱导性多能干细胞

目前,胚胎干细胞的应用遇到的障碍,主要包括所捐献的受精卵的合理使用及异体移植可能带来的排斥反应。因此,理想的细胞来源应是在具备胚胎干细胞所有性能的同时来源于成体细胞,比如皮肤。第一个制造患者特异性干细胞的尝试应用了体细胞核移植技术,即把成体细胞植入未受精卵的胞质中使其 DNA 得以重新编码,或者近期的技术手段是移植入新鲜的受精卵。尽管研究已证实通过细胞核移植技术可以在小鼠体内得到胚胎干细胞,但是细胞比例却不容乐观。Hwang 等报道了第一例在人体中的成功克隆,极有可能就是使用了来源于囊胚的单性生殖的胚胎干细胞,当然,之后这个研究小组的研究结果被认定是一种欺骗。理论上说,在成人机体内制造多能干细胞是有可行性的,事实也表明在非人类的灵长类动物中,已有成功运用成体皮肤成纤维细胞培育出多能干细胞的先例。但是,迄今为止,仍然没有任何报道声称可以利用细胞核移植技术成功培育出人胚胎干细胞系。日本学者 Takahashi 和 Yamanaka 于 2006 年首先报道了在成体细胞中通过逆转录与细胞多能性有关的转录因子如 Oct3/4、Sox2、c-Myc 和 Klf4,可以成功培育出类似于多能胚胎干细胞的一类细胞。这些细胞被称为诱导性多能干细胞(iPSC)。

研究人员利用逆转录病毒将 Oct4、Sox2、c-Myc 和 Klf4 转染鼠成纤维细胞使之重编程为 iPSC,之后将 500 个胚胎干细胞或 700 个 iPSC 用悬滴法培养成拟胚体,利用含有活化素 A、GDNF、BMP-7、Gremlin、GDF11、Wnt4 的培养液诱导拟胚体分化,3 天后转入明胶包被的培养板中诱导培养至 18 天,通过定量 PCR 检测发现胚胎干细胞和 iPSC 均表达肾脏相关标志物,如中胚层和后肾间充质标志物 Six2、WT-1、PAX2 的表达显著增强,足细胞标志物 WT-1 和 Nephrin 均有表达,KSP 表达逐渐增加。在 iPSC 中,活化素 A 对其向肾小管细胞分化具有诱导增强作用,但是这种增强作用较诱导胚胎干细胞相对较弱。

iPSC 具有先天记忆功能,可分化为其最初来源的细胞。2012 年,Song 等首次报道:人类肾小球系膜细胞重新编程而来的 iPSC 经生肾因子 RA、活化素 A 和 BMP-7 诱导 10 天后便具有肾小球足细胞的特征,如 WT-1、Nephrin 和突触蛋白的表达上调;去除生肾因子后,该 iPSC 来源的足细胞仍然具有增殖活性,并且证实这些足细胞具有摄取蛋白的功能及对血管紧张素 II 的反应性。该项研究在一定程度上解决了之前关于肾小球诱导分化困难的问题,为后续研究开拓了思路。

三、间充质干细胞

研究表明,通过静脉或腹膜移植入小鼠体内的间充质干细胞(mesenchymal stem cell,MSC)或是类似于间充质干细胞的细胞群可以在骨髓、脾脏、骨和软骨及肺中持续存在长达 5 个月之久。近来,Liechty 等报道了把人 MSC 通过腹膜异体移植入绵羊胚胎中同样也可以在异体分化成为多种组织,包括软骨细胞、脂肪细胞、肌细胞、心肌细胞、骨髓和胸腺基质细胞。这些发现表明骨髓 MSC 具有位点专一的分化为不同组织类型的能力。

大量研究发现,将 MSC 移植入多种不同的肾损伤模型,结果均显示 MSC 均具有分化成肾实质细胞的潜能,参与肾损伤后的再生和修复。在缺血再灌注肾损伤的羊模型中通过肾动脉注射自体 MSC,通过示踪实验发现这些植入的 MSC 最终可表达肾小管上皮细胞和足细胞表型;将人的 MSC 注入肾小球性肾病的小鼠体内,发现肾内抗人的 CD105⁺细胞同时也表达系膜细胞的标志抗人结蛋白,提示体内肾小球损伤后 MSC 可参与肾小球系膜细胞的分化;将雄性大鼠来源的 MSC 输注到由顺铂诱导的急性肾损伤的雌性大鼠体内,通过 Y 染色体原位杂交发现受鼠的肾脏近曲小管和远曲小管内的细胞部分含有 Y 染色体,且受鼠肾功能得到良好改善,提示 MSC 具有向肾小管上皮细胞分化的潜能;从转 GFP 基因小鼠的骨髓分离纯化 MSC,并将 GFP⁺MSC 注射入甘油诱导的肾损伤小鼠的肾静脉后,发现 GFP⁺MSC 定位在肾小管上皮的衬里,表达细胞角蛋白,提示这些 MSC 已定植于受损肾脏,分化为肾小管上皮细胞,促进肾脏形态和功能的恢复;另有研究指出,将外源性骨髓来源的 MSC 输注入肾损伤小鼠,发现在损伤修复过程中受鼠肾小管周围的毛细血管内出现新骨髓来源的内皮细胞标志物 CD31 与 vWF。

但是,Kunter 等近来的研究也发现在肾小球内移植 MSC,MSC 将会在体内不当地分化成脂肪细胞,使得早期 MSC 在保护损伤的肾小球及维持肾脏功能中所起的有益效果被削弱。因此,若想将 MSC 进一步推广应用于急性肾损伤的细胞治疗,其在肾小球内的分化条件仍需进一步被探索。

Zhu 等在对肾脏再生的研究中,使用了健康志愿者骨髓中原始的骨髓间充质干细胞。因为,人 MSC 近来被认为保留了可塑性并且具有分化成为不同细胞类型的能力。但胚胎干细胞仍被认定为是肾脏再生最理想的细胞来源。不同于胚胎干细胞,当人 MSC 被移植入后肾后,人 MSC 在培育过程中不会被整合进肾脏结构,为人 MSC 对于形成有效的肾脏结构的可行性提出了质疑。研究结果显示人 MSC 并不表达 *WT*1 和 *Pax*2 基因,提示人 MSC 并不具备肾源性的分子特性。但是,与胚胎干细胞相比较,人 MSC 的优势在于成体 MSC 可以在自体骨髓中分离得到,因此,在临床应用中不存在伦理问题,也不需要使用免疫抑制剂。

第六节　肾和肾导管的再生疗法

一、肾的再生疗法

1. 生物人工肾单位　人类肾单位不可再生,因此研究的重点都集中在生物人工肾的体外构建上,该体外肾单位具备透析功能可滤过血液中的代谢废物,同时具备近端小管的水分重吸收功能,从而形成一个巨大的肾单位等价物。生物人工肾由一个标准的血滤器盒(肾小球)和生物人工肾小管辅助装置(renal assist device,RAD)两部分组成(图 16-4)。前者使用人工生物膜包裹具有活性的内皮细胞,以使移植的细胞逃避宿主的排斥,通过转基因技术,并能合成分泌多种肾源性物质;后者肾小管具有再生、分裂、分化、分泌的功能。因此生物人工肾应具有正常肾小球的滤过、分泌和肾小管细胞的重吸收、内分泌和代谢的多种功能。RAD 的构建中,首先选择不同表面积、具有生物相容性的中空纤维膜制成的高通量血液滤过器作为肾小管细胞的支架,以便细胞黏附。在细胞接种前,预先在膜的内表面包被细胞外基质蛋白,然后将成年哺乳动物(犬、猪、人)肾近曲小管(proximal tubular cell,PTC)分次灌入滤过器空腔。在滤过器外腔中加血清蛋白提高渗透压,则水的重吸收率提高,滤过器内腔出口的收集液和内腔入口灌洗液(TF/P)菊粉浓度比亦随之升高,钠离子是等渗重吸收,因此 TF/P 的钠浓度不变。但在滤过器中加入 Na-K-ATP 酶的抑制剂圭巴音(0.5mmol/L),则钠的重吸收发生明显减少。PTC 对碳酸氢根、葡萄糖具有重吸收作用,此外具有分泌对氨基马尿酸(PAH)的作用。谷氨酰胺能为 PTC 重吸收、降解、再合成。将 RAD 灌注液的 PH 从 7.5 逐步降到 6.9 时,则 RAD 中的氨生成随之增多。RAD 内腔灌注液中加入 25(OH)D$_3$,出口液中可检测到灌注液中不存在的 1,25-(OH)$_2$D$_3$。因此,RAD 具备重吸收、代谢、内分泌等活性,是具有生物活性的装置。人类最终的目标是将该设备改良为可植入的生物人工肾。新开发的超纳米孔膜和新材料,如铌合金盘(供上皮细胞在 RAD 中粘连)的应用,最终将使该设备可携带和植入生物人工肾成为可能。

采用电化学阳极氧化法制备的 TiO$_2$纳米管阵列,成本低,结构易控制,具有良好生物相容性及高的孔隙

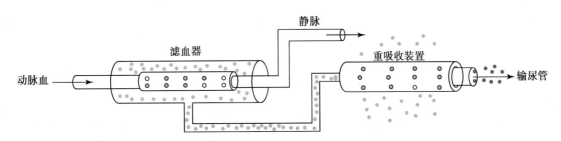

图 16-4　可植入的生物人工肾的图解

载有动脉血管腔通过衬有内皮细胞的滤血器(HU),滤血器与一个衬有近端小管上皮细胞的重吸收装置(RU)相连,滤血器模拟肾单位的肾囊,重吸收装置模拟近端小管。水和电解质被滤血器过滤,重吸收。过滤的剩余物被运到输尿管(改绘 Humes,2000)

率,被认为是理想的生物医用材料,且 TiO_2 在生物医学领域的应用目前已有文献报道。因此,将其用于种植具有重要肾脏功能的肾小管上皮细胞。我国科学家采用目前常用的阳极氧化工艺制备了 4 种不同管径的新型高强度 TiO_2 纳米管阵列材料。将得到的材料先后用 HF 及甲醇溶液浸泡清洗,可分别去除纳米管底部的阻挡层及表面的纳米纤维,从而获得两端通透的纳米管。再将材料在 400℃ 退火后经 X 射线衍射仪检测,发现 TiO_2 由无定型相转换为锐钛矿相结构。把猪肾小管上皮细胞分别种植在无定型及锐钛矿型的 4 种不同管径材料上,用以研究材料的表面形貌及晶型结构对细胞黏附、增殖的影响。荧光显微镜、扫描电子显微镜及 MTT 的实验结果综合证明了管径为 70nm 的锐钛矿型 TiO_2 纳米管材料最有利于猪肾小管上皮细胞的黏附生长,表现为细胞在该材料上黏附的数量最多、形貌最佳及活性最高。华中科技大学朱文教授课题组于 2013 年取得重要研究进展,他们采用电化学阳极氧化法制备出结构和几何尺寸可控的 TiO_2 纳米管阵列薄膜材料,对纳米管底部进行轻微的化学刻蚀得到两端通透的垂直排列的管状阵列。这种纳米管状材料具有较高的孔密度($>10^{10}/cm^2$),能模仿细胞外基质的微环境。将人肾近曲小管上皮细胞(HK-2)和人脐静脉血管内皮细胞(HUVEC)分别种植培养在两端通透的纳米管阵列薄膜上,与微流道阵列芯片组装成多层生物芯片透析器,实现了生物人工肾的微缩化及肾小球与肾小管的功能复合。与传统高分子透析膜材料进行对比研究显示,该纳米管阵列膜具有作为便携式或可移植且多功能复合的生物人工肾透析膜的潜力。

2. **肾单位再生** 再生肾组织方面也取得一定进展。此前的研究表明,分离的小鼠肾脏细胞的混合物可以重组成功能性肾小球和肾小管组织管状支架。当连接到一个聚乙烯容器,并进行无胸腺小鼠皮下植入时,所述组织产生尿。类似的研究表明,在克隆牛源性肾细胞移植到供体动物体内可分化为功能性肾单位产生尿液。脱细胞猪肾脏 ECM 接种肾细胞并移植到无胸腺小鼠体内也能形成肾小管和肾小球样结构。为了确定肾脏细胞是否可以在肾脏内自我再生及装配,将培养扩增标记的肾细胞注射到小鼠肾脏中胶原的胶原支架上结果显示细胞形成肾小管和肾小球状结构,以上研究表明肾单位再生可能是治疗终末期肾脏疾病的一个有效方法。

其他来源细胞也被用来探讨生物人工肾的构建。科学家发现在胚胎形成过程中,如将人类或猪的肾脏前体细胞移植到免疫缺陷小鼠体内后,可在受鼠体内进行自我更新并具有较高的保真性,重建为功能性肾单位,而这群前体细胞可能即为人工肾构建的潜在重要细胞。对于人类而言,这群前体细胞大概形成于 7~8 周妊娠期,而猪体内的这群细胞形成于 3.5~4 孕周。胎儿细胞比成体细胞的免疫原性低,因此,可能是生物人工肾或肾内移植物的可靠肾细胞来源。Ross 等人报道,接种到脱细胞大鼠肾脏的胚胎干细胞可表达某些肾细胞的标志物。可向肾细胞系预分化的胚胎干细胞如接种于支架内,可能具有更强大的分化潜能,因此扩大了这些细胞和(或)支架的应用范围。此外,从人肾小囊分离的壁层上皮的某些细胞亚群可能是肾内移植或生物人工肾的另一可靠细胞来源。

二、肾导管组织的再生疗法

肾导管组织包括肾盂、输尿管、膀胱和尿道。管壁包括三层结构,内侧为尿路上皮,中间为结缔组织层,外侧为平滑肌层。用其他组织的部分导管进行手术重建或尿流改道至回肠或结肠,但都因狭窄、粘连和肾脏感染及供区致病性而失败。因此,人们更关注再生模板或者构建生物人工尿道管壁组织。

1. **膀胱** 膀胱成形术的标准材料为自体髂骨壁,但其他组织,如腹膜、筋膜、网膜、心包膜和硬脑膜也曾经有使用。这些自体移植很少可以再现膀胱壁的功能,还会出现代谢异常、感染、穿孔和恶性肿瘤等并发症。无细胞再生的模板已被用于修补 40% 膀胱壁切除的动物模型。1996 年 Sutherland 等和 1998 年 Piechota 等描述了使用无细胞自体膀胱使大鼠和猪膀胱壁再生,并在兔和犬体内应用猪 SIS 促进膀胱壁再生,效果良好。膀胱三层组织均从缺损处边缘再生,厚度正常,但平滑肌排列混乱,神经系统可对其进行支配。

生物人工膀胱壁是将在体外培养的猪或人的尿道上皮和膀胱平滑肌细胞分别接种到猪 SIS 两侧或膀胱壁基质。这两种基质支持了两层泌尿道上皮细胞和平滑肌细胞的发育。尿道壁全层也可在不使用任何支架材料的条件下体外制造。尿路上皮细胞、成纤维细胞和平滑肌细胞以此顺序相互毗连接种。共培养 3 周后,产生了一个组织性良好的可以用机械方法处理的三层组织,但组织很薄,尿路上皮成分是单层的。

Atala 等分别在 2007 年和 2010 年通过把膀胱上皮细胞种植到膀胱脱细胞基质或者人工支架获得了完整

膀胱,构建了犬的新膀胱,通过可生物降解的聚乙醇酸网外丝涂多聚左右旋共乙醇酸交酯50：50形成膀胱的形状。支架的腔侧接种了活组织检查来源并进行培养的泌尿道上皮细胞,对侧接种了自体平滑肌细胞。将生物人工膀胱移植到残留了膀胱顶部(输尿管测)的部分膀胱切除术的犬体内。对照犬不接受此移植或者接受无细胞的支架移植。尿流动力学检查、膀胱X线照射、总体解剖检查、组织学和免疫细胞化学评价结果表明,未接受移植的对照组没有重新生成新的膀胱壁,且膀胱容量低。接受多聚支架移植的对照组移植物发生强烈的收缩,瘢痕组织形成,粘连和组织再生量较小。然而,接受了生物人工膀胱移植的动物有良好的膀胱容量和组织学结果显示正常的三层结构形成并伴有神经组织长入。另一个相似的实验是使用同种异体膀胱黏膜下层(using allogeneic bladder submucosa,UBS)作为支架材料和自体上皮细胞进行的。经十字形膀胱部分切除术后移植接种或未接种的UBS闭合缺损处。组织学上,两组移植物都有正常的三层细胞组织与神经纤维组织,但接种了UBS的膀胱容量增加了99%,而未接种细胞组只增加了30%。

2007年Atala等报道将有或没有大网膜包裹的生物人工膀胱植入7个患者体内,胶原蛋白支架或胶原和聚乙醇酸的复合支架分别接种,活组织检查获得的有自体尿道上皮和平滑肌细胞。尿动力学随访研究(22～63个月)表明,植入包裹网膜的膀胱后,膀胱容量和控制能力均有所提高。

2. 输尿管和尿道　由于缺乏尿道括约肌,而产生的压力性尿失禁在老年人中很常见。治疗这种尿失禁损伤最小的方法是向括约肌注入一种填充剂。最常用最成功的注射材料是戊二醛交联的牛骨胶原注射物。虽然短期效果不错,但是因注入的胶原蛋白被重吸收而缺乏长期效果。

为了获得更好的长期结果,探索使用肌肉细胞作为活填充剂。将lac-Z基因转导的永生成肌细胞系的细胞与荧光胶乳微球体共孵育,然后注射到大鼠膀胱壁和背侧近端尿道,以确定细胞是否会融入周围组织并分化成肌纤维。注入的肌细胞融合并分化成了肌管和肌纤维。肌源性干细胞注射到膀胱壁之后也分化成肌管。这些细胞很容易从患者自身的肌肉活组织检查获得,并很快经过试验用作人临床填充剂。人工尿道括约肌(artificial urethral sphincter,AUS)植入术被视为治疗前列腺术后压力性尿失禁的金标准。1973年,人们首次发明了这种治疗方式,在接下来的10年内,通过不断的改进,最终研制出了5种不同样式的装置,而第5种样式的AUS,即美国AMS公司800型一直沿用至今。这种装置有3个组成部分:尿道袖套、压力调节水囊及开关泵,这些组成部分通过两个管道相连接并一起植入体内。对于前列腺切除术后尿失禁的患者,尿道袖套放在球部尿道,压力调节水囊通常放在耻骨后,开关泵通常放在阴囊。

自1983年以来,AUS的设计并没有大的改变,但是AUS的配件不断改良,并带来了更好的控尿率,延长了AUS的使用寿命。这些配件的改良包括:窄袖的尿道球部袖套,小号(3.5cm～4.0cm)的袖套,表面有涂层以减小损耗的袖套,防打结连接管,耐磨的袖套以及无须缝合的连接装置,这些改良实现了简化连接,减少了连接失败的可能性。

输尿管狭窄是另一临床治疗的难题。猪SIS已被用作支架通过诱导再生修补猪输尿管缺陷组织,在左侧输尿管插入支架后,输尿管长度的一半或2/3处被切开形成一个2～7cm长度的缺口,缝合SIS的管形或者圆形的缺口以覆盖缺陷。一个星期后除去支架。组织学评估显示了管腔表面有正常尿路上皮再生。管状猪SIS的移植物已被用于修补11mm长的兔输尿管间隙。术后第35天,输尿管的三层结构已经再生,且无闭塞。2004年Sofer等用管状SIS修补2cm长的猪输尿管间隙。然而,他们报道,尽管尿道上皮和平滑肌细胞在移植物上再生,但它们被嵌入纤维组织中,且完全闭塞管腔。切断处与断端吻合的输尿管仍然保持开放。1999年Shalav等也获得了类似的结果。

一名远端输尿管狭窄的患者已接受用单张4层的SIS的导管置换5cm输尿管的治疗。术后12周,进行输尿管镜检查显示有新的组织在间隙处再生。因未观察到蠕动,因此新的组织很可能仅作为一个导管存在。

尿道狭窄通常是采用尿道切开术,阴茎或包皮皮肤的血管皮瓣移植治疗。如果移植不成功就会使瘢痕形成,有进一步加重狭窄的危险。另一个选择是用拟生态的支架促进尿道组织的再生。已经有人用猪SIS促进雄兔尿道3层的尿道壁再生。尸体UBS被用来治疗28例22～61岁被诊断为纤维变性的腹侧尿道狭窄患者。狭窄区域被打开,纤维变性的腹侧组织被切除。单一的移植条被缝合到健康的背侧组织。结果在26例患者中,有24例成功。逆行尿道造影显示广泛的尿道开放现象。尿流率表明,平均和最大尿流率达到2倍。新的尿道壁组织在移植物上再生,与正常组织无异。

第七节　由干细胞培育出的全新肾

目前,世界上有几个研究小组正在致力于建立一个全新的肾脏,将其作为一个整体的器官,用于肾脏疾病的治疗。Woolf 等报道显示,如果将中肾管移植到宿主小鼠的肾皮质,中肾管可能会继续生长。移植物包含肾血管球和成熟的近端小管,并可能具有肾小球的滤过能力。集尿管状结构出现并从移植物向宿主肾乳头延伸。虽然没有直接的证据证明这些集尿管状结构与宿主集尿系统相连,也没有证据证明移植物功能与原始肾脏有相似之处,但这些结果为早期胚胎来源的中肾管作为潜在的再生肾来源,用以解决肾脏移植的器官短缺的问题提供了依据。因为肾包膜存在空间限制,可能会阻碍移植物生长。所以透析患者肾包膜是否适合作为移植部位,是这一研究领域的重大瓶颈。由 Rogers 等人建立的系统,可以克服这些问题,他们也用中肾管作为可移植的人工肾来源,但是,将移植物移植到宿主网膜,这一位置不会受过紧的器官包膜的限制,也不会被透析干扰。大鼠、小鼠和猪的中肾管移植入大鼠或小鼠大网膜,并对异种移植成功和分化成功能性肾单位进行了评估。结果显示,在早期妊娠阶段收获的组织,包括中肾管,具有最低的免疫原性。同种异体移植(大鼠中肾管移植到大鼠大网膜)的情况下,原位移植物呈肾脏外形,大小接近原始肾脏直径的1/3。

组织学结构上,移植物具有分化良好的肾脏结构。重要的是,这种移植技术无须进行免疫抑制。随着异种器官移植,猪中肾管在大鼠网膜生长分化成肾组织,拥有肾小球、近端小管和集合管;然而,必须使用免疫抑制剂,因为如果没有这些药物,移植后的移植物将迅速消失。有意思的是,猪中肾管移植物比正常大鼠肾脏的体积(直径和重量)稍大。此外,移植的组织可以产生尿液,而且令人惊讶的是,完整的输尿管吻合术后,将肾脏输尿管移除后,无肾大鼠开始排泄,寿命也会延长。这一成功提供了一种新的慢性肾衰竭的治疗策略。

Chan 等人对整个肾脏功能进行研究后,首次尝试通过开发非洲爪蟾可移植的前肾建立一个功能性全肾单位。非洲爪蟾的表皮和神经组织可以正常发育,其外胚层包含多能性干细胞,在特定的培养条件下,可以分化成多向组织细胞。基于此他们将这一前肾结构移植到双侧肾切除的蝌蚪用于检验前肾的功能是否完整。双侧前肾切除导致蝌蚪发生严重水肿,并在 9 天内死亡;移植前肾单位后可减轻水肿程度,并且,蝌蚪存活长达 1 个月之久。虽然,前肾结构的形成对于任何人类的医学应用过于原始,但是,就目前研究进展而言,该研究是迄今为止唯一一个实现体外移植物功能的全肾单位。

Lanza 等试图建立自体肾单位来避免免疫抑制剂导致的不良影响。应用了核移植技术培育具有组织相容性的肾脏用于人工器官移植,该技术将成年母牛分离的皮肤成纤维细胞转移到去核的牛卵母细胞,并用非手术的方式移植到同步受孕的受者。6~7 周后,分离胚胎中的后肾,用胶原酶消化,进行体外培养和扩增,获得理想的细胞数量。然后将这些细胞接种在专用管内,移植入这些克隆细胞来源的同一头牛体内。令人惊讶的是,通过这种方法接种后肾细胞产生的肾可以形成尿液样的液体,而那些没有细胞或者移植同种异源细胞的没有形成类似液体。移植物的组织学分析发现新生的肾组织具有分化良好的肾结构,由肾小球、小管和血管等结构有条理地组成。这些肾组织向单一方向分化发育,与肾盂相连,尿能够排泄入集尿管系统。虽然目前对于培养细胞如何从后肾管脱落,获得极性并发育成肾小球和肾小管的机制尚不清楚,但是该研究成功之处在于在肾脏再生中应用核移植技术,从而避免长期使用免疫抑制剂所导致的副作用。

最近,Osafune 等人对体外培养系统进行了研究,在这一系统中,后肾间充质中的高表达 sal 类似基因(sal-like 1,SALL1)的细胞可形成包含肾小球和肾小管的三维肾结构。这一发现提示从单个细胞建立整个肾脏具有一定可行性;日本研究人员目前在美国《干细胞》杂志网络版上报道说,他们在动物实验中,首次在试管内利用成体干细胞成功培养出了类似肾单位的立体管状组织。他们从成年实验鼠肾脏内采集了成体干细胞,在培养皿内制作出细胞团块,然后将细胞团块放入凝胶状物质中,再加入促其生长的特殊蛋白质。3~4 周后,他们培养出了 50~100 个类似肾单位的立体管状组织。这些组织中含有肾小管和肾小球等结构,并具有部分肾脏的功能。美国加州大学旧金山分校的研究人员近期公布了首个可植入式人工肾脏的原型,并称该设备有望完全取代患者对透析和肾脏移植供体的需求。该人工肾脏中包含有数千个微型过滤器和生物反应器,能过滤血液中的毒素,模拟真实肾脏的代谢功能和水平衡功能。此前,研究人员在一个房间大小的外部模型上进行了实验,结果表明,该疗法获得初步成功,可有效运行。为实现在人体上应用的最终目的,研究人员计划通过硅制造技术和一种经过特殊设计的、用于帮助活体肾脏细胞生长的间隔,来使庞大的设备缩小到一个咖啡杯的大小。研究人员也将使用组织工程学的方法来培养肾小管细胞,以提供健康肾脏所必备的其他功能。整个过程在人体的血液压力下即可运行,无须泵和任何电力供应。如果该技术得以实现,患者将过上正常的生活,无须服用任何免疫抑制药物。该研究小组已经建立了一个具有可行性的动物模型,并正在努力完善以使其更适合于人类,这种人工肾脏有望在未来 3～5 年内进入临床实验阶段。

第八节 建立自体间充质干细胞来源的自体肾

一、应用人间充质干细胞和后续培养系统建立肾单位

肾脏解剖结构非常复杂,需要所有细胞共同组成功能单位才能够产生尿液。人工肾脏的结构必须包括肾小球、肾小管间质和血管。但是,人工肾脏无须达到与自身肾脏相同的大小,只要肾小球滤过率超过 10ml/min,过滤体积至少达到原肾 10% 即可。理想的情况下,人工肾只需使用低剂量的免疫抑制剂就能够存活和生长。并且人工肾脏具有多种重要的功能,包括控制血压、维持钙磷平衡以及产生促红细胞生成素(erythropoietin,EPO)。

根据这些要求,科学家们试图建立理想的人工肾。首先,尝试使用发育中的异种动物的胚胎作为"器官工厂",用于重建兼具结构和功能的肾脏。在胚胎发育阶段,单个人类受精卵细胞发育成为一个个体需要 266 天,啮齿类动物只需要 20 天。这说明单个受精卵都有内在的发育图谱,每一个器官包括肾脏的发育都有精准的调控。因此,人们试图破解这张发育编程的蓝图,保证干细胞最终在正确的位置上发育成需要的器官。

在后肾(永久性肾)发育过程中,后肾间质最初来源于生肾索尾端部分,并分泌神经胶质细胞源性神经营养因子(glial cell line-derived neurotrophic factor,GDNF),该因子诱导邻近的 Wolffian 管生成输尿管芽。后肾间充质细胞因此形成肾小球、近曲小管、亨利袢、远端小管以及肾间质,这是上皮-间充质在输尿管芽和后肾间充质相互作用的结果。这种上皮-间质诱导的发生,必须有 GDNF 与其受体,表达在 Wolffian 管的 c-RET 的相互作用。我们假设,如果定位在芽生位点并由多种因子的空间刺激,GDNF 表达的骨髓间充质干细胞可以分化成肾脏结构。

为了验证这种假设,首先将人骨髓间充质干细胞(human bone marrow mesenchymal stem cells,hBMSC)体外注入发育的后肾中。这样并未建立肾脏结构,也没有任何肾脏特异性基因表达,说明 hBMSC 必须在后肾发育开始前植入才能发生特异性分化。将 hBMSC 种植到发育中的胚胎的肾发生位点可以实现肾脏的再生。然而,一个被用于细胞移植的胚胎不能再移植回子宫进一步发育。因此,我们建立了结合单个胚胎培养系统的后肾器官培养系统。在这一系统中,胚胎在出芽前从母体分离,在培养瓶中继续生长,直到原始肾形成,胚胎可以通过器官体外培养进一步发育。应用这一联合方法,通过对小管形成和输尿管芽分支的观察,发现即使事先将胚胎解剖并取出输尿管芽,后肾仍能够在子宫外继续发育。

基于这些结果,将表达转录因子 Pax2 的 hMSC 显微注射到出芽位置并进行"后续培养"。在注射之前,使 hMSC 高表达 GDNF,同时用 LacZ 基因和 DiI(1,1'-dioctadecyl-3,3,3',3'-tetramethylindocarbocyanine perchlorate,DiI)进行标记。注射后不久,胚胎和胎盘一起被转移到孵化器例如鸡的输尿管芽生发区域培养(图 16-5)。培养结束后,观察到整个后肾分布着 X-gal 标记阳性细胞,从形态学上也可鉴定

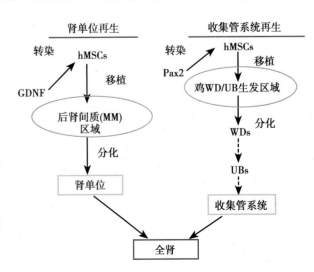

图 16-5 应用 hMSC 和后续培养系统建立全肾的两步法

出肾小管上皮细胞、间质细胞和肾小球上皮细胞。此外,逆转录-聚合酶链反应还显示出一些足细胞和肾小管特异性基因的表达。

二、人造肾产尿功能

评价一个人造肾脏是否成功的重要指标是其是否具有产尿功能。肾脏的产尿功能需要依赖受体肾脏周围的血管动脉系统。人工肾周围需要有血管丛的支持,使其成为一个有功能的肾。利用 Rogers 等的前期研究方法,将胚胎期后肾与受体血管共植入大网膜中,可以分化成有功能的肾单位。在此过程中,科学家需要知道哪个阶段的胚胎后肾可以在大网膜中发育成功。他们选取了大鼠胚胎不同阶段的后肾移植入大网膜中,观察胚胎的生长情况,发现 2 周后,只有大于 13.5 天的后肾才能发育成功。

为了探讨人造肾周围的血管是来源于受体还是供体,将受体标记上 β-半乳糖苷酶($LacZ$)基因,这样就可以通过 X-gal 测定(X-gal assay)来观察人工肾周围血管的来源。前期实验已经证实利用转基因标志来观察器官再生是非常有用的,如 GFP 标志。研究发现大网膜中有几组血管出现并整合在人造肾中,大部分的肾小管周围毛细血管都是 β-半乳糖苷酶阳性的,结果提示它们大部分来源于受体。进一步的电镜分析提示在肾小球脉管中存在血红细胞。这些数据暗示大网膜中的人造肾脉管系统来源于受体本身且可与受体微环境进行交流并且有能力收集和过滤受体血液,从而产生尿液。为了证实这个观点,有研究将人造肾置于大网膜中 4 周后继续看它的发育状态。结果发现,人造肾结构患有肾盂积水,这进一步证实了人造肾可以产尿的观点。因为如果将输尿管埋藏在大网膜的脂肪组织下,尿液就没有可以流出的出口,因此,比较容易积聚变成肾盂积水。同样通过分析膨胀输尿管中的液体成分,发现在大网膜中发育的人造肾可以通过过滤受体血液,产生尿液。

2013 年,美国研究人员将一颗在实验室培养的"人造肾脏"成功植入实验鼠体内,目前该移植肾的部分功能保持正常,能产生尿液。他们首先将死亡实验鼠肾脏中的功能细胞剥离出来,只留下一个蜂窝状的胶原质架构,以保持器官基本结构,然后将新生实验鼠体内的肾细胞和人脐带血细胞注入这个肾脏"空壳"中。经过 12 天的培养,注入的人脐带血细胞生成了肾脏中的血管,注入的实验鼠肾脏细胞则生成了肾脏的其他组织。移植实验显示,该肾脏过滤血液的功能处于正常水平,但产生尿液的能力有所下降。在实验室测试中,这一人造肾脏的产尿能力为天然肾的 23%。但当研究人员将人造肾植入实验鼠体内后,这一数字降至 5%。研究小组负责人哈拉尔德·奥特指出,人造肾脏如果能有天然肾脏 10%~15% 的功能,患者就可避免血液透析。他们下一步将用猪和人的肾脏继续展开实验。研究人员表示,此前的研究曾用同样原理"制作"出了心脏、肝脏等器官,但由于肾脏中的细胞成分更多样,结构更复杂,因此从生理学和解剖学来说,肾脏显然更难以"复制"。这种利用生物工程技术制成的人造器官有望在未来改善器官移植疗法,用患者自身细胞和捐赠的器官"合成"新脏器,避免目前直接移植他人脏器造成的排斥反应等副作用。但实现这一目标可能需要数十年的时间。

三、其他肾功能的获得

一个理想的再生肾还应该具有其他重要功能。肾脏在清除尿毒症毒素,将多余液体以尿的形式排出,参与调控造血功能、血压、钙磷平衡从而维持机体的体内平衡方面。因此,有研究用小鼠模型探讨人造肾在遗传性肾脏疾病法布里病中具有生物学可行性。法布里病是一种 X 性染色体相关的遗传性疾病,主要是由于 A 型 α-半乳糖苷酶缺陷导致的溶小体储积症,从而导致非正常鞘酯糖的积聚,使末端 α-半乳糖苷酶沉积在包括肾脏在内的不同器官中,导致慢性肾衰竭。α-半乳糖苷酶在肾脏中的沉积主要表现在足突状细胞和肾小管上皮细胞中,导致肾小管硬化症、肾小管上皮细胞萎缩和间质慢性纤维化。法布里病小鼠虽然缺乏 A 型 α-半乳糖苷酶,但表现型却与正常的小鼠相像,且在过碘酸希夫染色(periodic acid-Schiff stain)、Masson 三色染色和苏丹Ⅳ病理学染色方面都与正常小鼠一样。这是由于它积聚不正常脂质的过程非常缓慢,通常老鼠在表现肾功能缺陷前就已经死亡。研究评估了再生肾脏在恢复 A 型 α-半乳糖苷酶活力和清除法布里病小鼠体内不正常鞘酯糖积聚的可行性。Yokoo T 等将 hMSC 与脑源性神经生长因子共同移植入 9.5 天的法布里病小鼠胚胎内,然后将其放在培养系统中让它形成一个肾脏。与正常野生型小鼠相比,患有法布里病的小鼠肾脏中 A 型 α-半乳糖苷酶的生物学活性非常低,而移植入 hMSC 的再生肾脏表达显著高水平的 A 型 α-半乳糖苷酶。与患有法布里病的小鼠相比,移植入 hMSC 的再生肾脏中输尿管芽和后肾 S-形部分鞘酯糖的积聚显著性下降。这些事实提示人造肾脏具有维持机体内环境的功能。研究进一步证明人造肾脏可以产生人体某些蛋白质并且参与人体内稳态调节。比如,从人造肾脏中提取核糖核酸检验了 1α-羟化酶、甲状旁腺素受体-1 和 EPO,发现其都是人体特异性的产物,这表明人工肾很好地参与了受体的内分泌调节。综上所述,在大网膜中发育的人造肾脏拥有除了产尿以外的其他重要肾脏功能。

肾脏的另一重要功能是生成 EPO 维持红细胞的平衡。EPO 主要由肾脏产生,可以刺激产生血液细胞。虽然目前已广泛应用重组人 EPO 来改善慢性肾衰竭患者的肾脏性贫血,从而降低其发生率和死亡率,但是由于其价格昂贵(每人每年超过 9000 美元),通常不能负担。

目前,关于 hMSC 形成的肾脏在大鼠体内有三大发现:

1. 依赖由自体骨髓细胞分化形成的类器官可在大鼠体内生成人红细胞生成素;

2. 人红细胞生成素可通过贫血刺激生成,这提示红细胞生成系统可以自发调节性地保证红细胞生成素水平;

3. 贫血因素刺激下的大鼠模型中,人造肾脏可分泌红细胞生成素,从而促进红细胞的生成增多,甚至可达到与正常大鼠相同水平。

这些实验提示 hMSC 分化成的人造肾脏可能拥有正常肾脏全部的功能,而不仅仅只是产尿功能。这些研究为治疗慢性肾衰竭提供了新的方法。

综上所述,干细胞领域的最新进展发现肾脏干细胞可以在成人体内分化成成熟肾脏细胞。从而使如何利用这些细胞去治疗急性肾衰竭成为现在的热点问题。与之相反,如何建立一个结构和功能兼具的人造肾脏去治疗慢性肾衰竭的研究目前甚少。因为,这一领域需要克服组织器官自然生长所面临的巨大挑战。基于前期的研究,提示我们利用肾脏再生技术治疗急性和慢性肾衰竭是可行的。下面描述了一个再生医学治疗慢性肾功能损伤的方案(图 16-6)。首先从慢性肾衰竭患者的骨髓和皮肤中提取细胞,建立肾脏干细胞,然后将肾脏干细胞注入生长中的胚胎并且移植入患者的自体大网膜中,使其具有足够的时间发育成肾脏原基,最后使肾脏原基变成一个独立的器官,产生患者尿液,使患者能免于透析的困扰,甚至完全变成一个正常人。

虽然再生医学在治疗肾脏疾病中的应用前景非常光明,是终末期肾脏疾病患者的希望,但其目前尚处于发展阶段,还有许多问题需要克服。我们相信,随着肾脏医学知识的发展和肾脏干细胞生物学的深入研究,

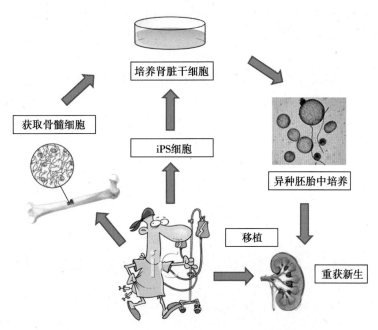

图 16-6　干细胞生物学在肾脏再生中的应用前景设想

最终能够建立肾脏再生临床干预新策略。

小　结

肾小管上皮细胞再生率低。损伤后再生剥夺了小管基底膜。遗传标记实验显示已存在的上皮细胞通过 EMT/MET 再生出新的上皮细胞,而不是之前认为的通过干细胞。EMT/MET 通过 TGF-β 和 BMP 信号通路调控。TGF-β 信号激活 EMT 基因程序而 BMP 信号通过重诱导关键上皮黏附分子 E 钙黏蛋白启动 MET。肾损伤或疾病时,TGF-β 信号通路转为优势引起纤维化损伤肾功能。

哺乳动物肾脏不能再生新的肾单位,但可以通过代偿性增生使肾单位扩大。然而软骨鱼鳐科和硬骨鱼能从包含干细胞的肾源性特区再生新的肾单位。鳐科鱼类的肾脏其发育、解剖学和生理学功能与哺乳动物肾脏类似,因此是研究确定哺乳动物如何再生肾单位的理想模型。

生物人工肾脏正在研发当中,由串联的滤血器连接到近端小管组成。滤血器是将内皮细胞接种到聚合物导管的内表面制成,而近端小管则是将管状上皮细胞接种到聚砜导管内部制成。这个装置已经具备了一些肾单位的功能。通过将分离的小鼠的肾脏细胞放置到合成导管支架上,制成肾单位样的结构,在支架上这些细胞形成有功能的肾小球和肾小管组织,当移植到无胸腺的小鼠皮下时,该构造能产生尿液。ESC 和 iPSC 都是潜在的细胞来源。最近,已经从肾小囊中分离出干细胞样的细胞,将其注射到急性肾衰且肾脏有形态和功能损害 SCID 小鼠体内时,这些细胞能再生肾单位的管状结构。

无细胞支架或生物人工组织已经被用来测试修补泌尿系统管壁缺损,或替换泌尿系统节段。同种异体膀胱基质再生模板、猪 SIS 和胶原 I 促进大鼠、猪、犬和兔子正常的三层膀胱壁的再生。在 1 例动物实验和 1 例临床患者实验中,包被在导管中的 SIS 已经成功地促进了输尿管节段的再生。再生的主要问题是平滑肌缺乏,其数量低于正常影响组织形成。用聚乙醇酸做出膀胱的形状,用自体的泌尿道上皮细胞接种到其网孔内表面,用平滑肌细胞接种到其外表面,已经造出了整个膀胱。将这个生物人工膀胱移植到犬的体内,其能很好地发挥作用,而且组织学检查发现,其有正常三层结构并有神经组织生长。已有几例患者接受了生物人工膀胱的移植,随后的 22～63 个月的研究显示,其适应性增强,患者储存尿液和自制能力都增强。目前,通过依次接种泌尿道上皮细胞、成纤维细胞和平滑肌细胞的方法,更先进的无支架的生物人工膀胱壁构造正在研制当中。

组织发育和再生涉及基因、细胞和微环境的复杂相互作用,研究肾脏再生对了解这些过程的分子机制、促进发育生物学和再生医学发展具有重要价值。肾脏再生涉及上皮细胞去分化和再分化、前体细胞与辅助细胞的相互作用、再生细胞极性形成等过程,许多具体的细胞和分子机制还不清楚。研究肾脏再生可以充实我们对器官再生过程细胞命运调控的认识,并有望发现新的细胞作用机制。免疫微环境对细胞和组织再生的调控是近年研究的热点。肾脏再生时位于损伤部位介导炎症反应的一些免疫细胞可从促炎发生转变为抗炎,诱导并促进组织的再生与修复。对再生过程肾脏局部微环境的研究不仅可以发现促进免疫细胞功能转变(免疫功能本身不会转变)和组织再生的关键细胞和分子,而且可以了解免疫微环境对再生的调控机制。此外,对肾脏再生机制的深入认识还将大大拓展临床应用研究的思路,对临床肾损伤防治具有决定性意义。因此,肾脏发育再生机制的研究不仅将丰富发育生物学的研究内涵,还将促进再生医学的发展,为临床应用服务。

综上,再生医学在肾脏领域的研究提示,利用肾脏再生技术治疗急性和慢性肾衰竭是可行的。

(张易　范秋灵　朱同玉)

参 考 文 献

1. Barker N,Bartfeld S,Clevers H. Tissue-resident adult stem cell populations of rapidly self-renewing organs. Cell Stem Cell,2010,7(6):656-670.

2. Barker N,Huch M,Kujala P,et al. Lgr5ve stem cells drive self-renewal in the stomach and build long-lived gastric units in vitro. Cell Stem Cell,2010,6(1):25-36.

3. Brittan M,Wright NA. The gastrointestinal stem cell. Cell Prolif,2004,37(1):35-53.

4. Casali A,Batile E. Intestinal stem cells in mammals and Drosophila. Cell Stem Cell,2009,4(2):124-127.

5. Caldwel CM,Green RA,Kaplan KB. APC mutations lead to cytokinetic failures in vitro and tetraploid genotypes in Min mice. J Cell Biol,2007,178(7):1109-1120.

6. Cairns J. Mutation selection and the natural history of cancer. Nature,1975,255(5505):197-200.

7. Carmon KS,Gong X,Lin Q,et al. R-spondins function as ligands of the orphan receptors LGR4 and LGR5 to regulate Wnt/β-catenin signaling. Proc Natl Acad Sci USA,2011,108(28):11452-11457.

8. De Lau,W Barker N,Low TY,et al. Lgr5 homologues associate with Wnt receptors and mediate R-spondin signaling. Nature,2011, 476(7360):293-297.

9. Dumont AE,Martelli AB,Schinella RA,Regeneration-induced lengthening of the cut ends of the rat colon. Brit J Exp Pathol,1984,65 (2):155-163.

10. Fuchs E. The tortoise and the Hair:slow-cycling cells in the stem cell race. Cell,2009,137(5):811-819.

11. Gregorioff A,Clevers. Wnt signaling in the intestinal epithelium:from endoderm to cancer. Genes Dev,2005,19(8):877-890.

12. Nishimura S,Wakabayashi N,Toyoda K,et al. Expression of Musashi-1 in human normal colon crypt cells:a possible stem cell marker of human colon epithelium. Dig Dis Sci,2003,48(8):1523-1529.

13. Potten CS. Stem cells in gastrointestinal epithelium:numbers,characteristics and death. Phil Trans R Soc London B,1998,353 (1370):821-830.

14. Potten CS,Booth C,Pitchard DM. The intestinal epithelial stem cell:the mucosal governor. Int J Exp Pathol,1997,78(4):219-243.

15. Quyn AJ,Appleton PL,Carey FA,et al. Spindle orientation bias in gut epithelial stem cell compartments is lost in precancerous tissue. Cell Stem Cell,2010,6(2):175-181.

16. Sangiorgi E,Capecchi MR. Bmi1 is expressed in vivo in intestinal stem cells. Nat Genet,2008,40(7):915-920.

17. Sato H,Funahashi M,Kristensen DB,et al. Pleiotrophin as a Swiss 3T3 cell-derived potent mitogen for adult rat hepatocytes. Exp Cell Res,1999,246(1):52-164.

18. Sato T,Vries RG,Snippert HJ,et al. Single Lgr5 stem cells build crypt-villus structures in vitro without a mesenchymal niche. Nature,2009,459(7244):262-265.

19. Sato T,van Es JH,Snippert H,et al. Paneth cells constitute the niche for Lgr5 stem cells in intestinal crypts. Nature,2011,469 (7330):415-418.

20. Van der Flier LG,van Gign ME,Hatzis P,et al. Transcription factor Achaete Scute-Like 2 controls intestinal stem cell fate. Cell, 2009,136(5):903-912.

21. Van der Flier LG,Clevers H. Stem cells,self-renewal,and differentiation in the intestinal epithelium. Ann Rev Physiol,2009,71: 241-260.

22. Van Es JH,van Gijn ME,Riccio O,et al. Notch/γ-secretase inhibition turns proliferative cells in intestinal crypts and adenomas into goblet cells. Nature,2005,435(7044):959-963.

23. Van Es JH,Jay P,Gregorieff A,et al. Wnt signaling induces maturation of Paneth cells in intestinal crypts. Nature Cell Biol,2005,7 (4):381-386.

24. Van Es JH,deGeest N,van den Born M,et al. Intestinal stem cells lacking the Math1 tumor suppressor are refractory to Notch inhibitors. Nature,2010,1:18.

第十七章

骨骼干细胞与再生医学

骨(bone)是一种特殊的结缔组织,主要发挥对人体的支持和保护作用,也参与维持体内钙磷平衡。骨包括脊椎和肢体的骨骼,分为长骨、短骨、扁平骨和不规则骨。骨骼是由胚胎早期的中胚层分化而来。虽然骨骼系统在运动、造血、钙代谢等方面都尤显重要,发生骨折后,骨骼确可再生,但发生较大的缺损时,也无法再生。骨骼系统的再生基本依赖于相应组织内几种基质干细胞的活力。

骨骼的损伤和疾病是人类最常见的一类病症。损伤或疾病发生后,骨骼会进行相应的再生修复,但较大的骨折或软骨部位的损伤则很难自然修复。骨骼系统的再生修复基本过程与其正常生长发育的生理过程非常相似,因而研发骨骼系统各组织再生医学技术,有赖于对其正常生理过程及其相关的再生修复生物学的充分理解。

由于机体的活动大都依赖骨骼系统,该系统的损伤是所有系统中最常见的。本章将在介绍骨骼基本结构和组成的基础上,对其生长发育及其相关的再生医学原理、针对骨骼疾病及损伤着重讨论和叙述骨骼干细胞与再生治疗的最新进展。

第一节　骨骼的发育

人体在胚胎发生、发育阶段、幼年生长期、成年后骨组织平衡的维持以及损伤与缺损后再生修复过程中,骨组织一直处于形成与吸收交替的重建(remodeling)状态中。这些过程的分子和细胞生物学机制很相似,对这些基本过程和原理的充分理解,是理解骨、软骨疾病机制以及骨、软骨再生生物学的必要前提。

骨形成包括膜内成骨与软骨内成骨两种方式。膜内成骨是指间充质细胞在原始结缔组织内分化,而软骨内成骨是指长骨间充质雏形内的间充质细胞先分化为软骨细胞,形成软骨雏形,而后软骨组织逐渐由骨组织所替代。两种成骨方式都包含成骨细胞生成与破骨细胞生成之间的耦合,亦即骨重建。

一、膜内成骨

膜内成骨(intramembranous ossification)主要发生在颅骨、下颌骨、面颅、部分锁骨等部位,也参与中轴骨和四肢骨的形成和改建过程。首先,起源于中胚层的间充质细胞连同胞外基质形成富有血管的胚胎性结缔组织膜,其中的间充质细胞在接受了诱导信号刺激后,细胞变圆,体积增大,胞质内含丰富的内质网、核糖体和高尔基复合体,呈合成分泌旺盛相,成为典型的成骨细胞。成骨细胞在结缔组织的膜内成骨部位聚集,称为骨化中心。骨化中心及其周边积聚越来越多的成骨细胞,形成成骨细胞群。成骨细胞分泌的细胞外基质增多,成骨细胞被逐渐包埋其中,形成类骨质。继而,成骨胞内出现高浓度碱性磷酸酶(alkaline phosphatase, ALP),类骨质内出现基质小泡,标志着类骨质开始骨化。最后部分成骨细胞会发生凋亡,更多成骨细胞被矿化的骨质完全包埋,处于相对静息状态,演变为骨细胞。

新生骨为不规则的针状或片状,由骨化中心向四周扩展,相互连续成网,成为骨小梁结构,即为原始骨松质。骨松质表面覆有成骨细胞,能合成分泌新的基质,并在原有骨支架上沉积。该过程反复进行,骨质层层堆积,骨小梁不断增粗、合并,形成密质骨板。当新骨在某些表面形成时,在另外一些表面的过量骨被破骨细胞吸收,发生骨的改建。同一位置持续的生长与骨小梁重建,使得骨的尺寸增加,骨的形状重塑。密质骨板内部改建形成骨单位,骨小梁内外骨板之间仍保留为骨松质,其中的间充质成分分化为骨髓组织。骨小梁表面的间充质细胞分化为骨膜。

二、软骨内成骨

软骨内成骨(endochondral ossification)为长骨、短骨和一些不规则骨形成的主要方式。首先,在长骨的发生部位,间充质细胞增殖并高密度聚集,形成具备骨轮廓的间充质雏形,其间细胞分化为软骨细胞,并合成分泌基质,逐渐形成具备未来骨形状的软骨雏形。软骨雏形周围的间充质组织分化为一层膜,即软骨膜。软骨雏形内的软骨细胞随胚体的发育、生长而分裂、增殖并形成细胞外基质,使软骨雏形在纵轴方向增长,而在软骨雏形的中段(即未来的骨干部位)的软骨膜开始以膜内成骨的方式生成骨组织,环绕软骨的中段,形成骨领(bone collar)。开始时的骨领较薄较短,以后又继续以膜内成骨方式形成原始的骨松质,代替软骨起支撑作用。骨领形成后,其周围的软骨膜即成为骨膜。

骨领出现的同时,软骨雏形内的软骨细胞增殖并发生肥大,其周围沉积有大量的胞外基质。软骨细胞分泌碱性磷酸酶进入胞外基质后,发生软骨基质的钙化。钙化限制了营养物质的供应,肥大的细胞进一步退化、消亡,软骨雏形中心的钙化基质部分被分解、吸收后,形成小的空腔。这些区域首先成为软骨内成骨的部位,称为初级骨化中心(primary ossification center)。几乎在同时,骨外膜的血管连同未分化的间充质细胞、成骨细胞、破骨细胞等穿过骨领,侵入已破碎的软骨雏形内,其中成骨细胞贴附在残留的钙化软骨基质表面,分化并分泌类骨质,钙化后成为骨质,而后形成原始骨小梁。侵入的破骨细胞在初级骨化中心开始溶解、吸收原始骨小梁,形成骨髓腔,其间为大量血管、间充质细胞等充填,其中的细胞可转化为造血干细胞、内皮干细胞和基质干细胞等。骨领外以膜内成骨的方式形成新骨,使骨干不断加粗,而骨领内的骨组织则不断被吸收,从而使得骨髓腔不断扩大。同时,骨干两端的软骨生长和初级骨化中心向两端推移,使长骨不断增长,其间的骨髓腔也不断延展。

出生前后,在长骨两端的软骨内出现新的骨化中心,即次级骨化中心(secondary ossification center)。以相似过程成骨,但最后增殖的软骨细胞不会纵向地呈柱状排列。次级骨化中心向外扩展,以致骺端软骨大部被原始的骨松质所取代。原始骨松质经不断吸收与重建后,形成板层骨构成的骨松质,而在骨端近关节处形成一层透明软骨,成为终身存在的关节软骨。在骨骺与骨干交界面,暂时保留一层不骨化的软骨组织,即为软骨骺板,允许长骨不断增长。当人的生长发育趋于停滞时,骺板为骨组织所代替,成为成年长骨的骺线,长骨骨干随即停止向两端增长(图17-1)。

三、骨重建

骨为高度动态的组织,一生都在不断降解和再生。在成年脊椎动物中,每年更新10%的骨骼;在任何一个时点,这一过程都在全身骨骼内大约200万个点发生。

成熟骨的层状结构就是骨重建的结果。在该过程中,破骨细胞沿着微小管道溶解和吸收骨组织,从而形成相对较大的管腔,而成骨细胞会紧随其后,沿着该管腔移行并环绕该管腔形成骨单位层状新骨。骨溶解和吸收的边缘会形成一条钙化线,亦即新形成的层状骨的边界。经过无数次重复后,其陈旧层状结构的骨单位碎片就变成新的骨单位之间的层状结构。

骨重建(bone remodeling)是在骨组织内临时形成的、相对封闭的蓬状(canopy)结构内的通过多个成骨细胞和破骨细胞实现的,该结构称为"基础性多细胞单位(basic multicellular units,BMUs)"。在BMU内,骨重建是一个连续的过程,通常包含以下阶段:

1. **激活期**　骨组织出现微小裂纹、机械负荷改变,以及骨组织微环境内的 IGF-I、TNFα、IL-1β、PTH 和 IL-6 等因子,都可激活相对静态的成骨细胞,后者反过来会分泌一些因子招募破骨细胞前体。其中,成骨细胞表面表达配体核因子-κB 受体活化因子配体(receptor activator of NF-kB ligand,RANKL),与破骨细胞的 RANK 相互作用后,刺激破骨细胞的分化和成熟。PTH 或炎性细胞因子 TNFα、IL-1β 作用成骨细胞后,还可分泌单核细胞趋化蛋白 1(MCP-1),参与破骨细胞前体的募集。

2. **骨吸收期**　在人体骨组织,此期为 2~3 周。破骨细胞一旦分化成熟,即会极化、黏附在骨表面,开始溶解、吸收骨组织。

3. **反转期**　此期在人骨组织可持续 9 天,然后破骨细胞发生凋亡而失活。可出现少数所谓的"反转"细胞,即单核的巨噬细胞样细胞,行使清除基质降解碎片的作用,同时也可释放抑制破骨细胞和刺激成骨细胞

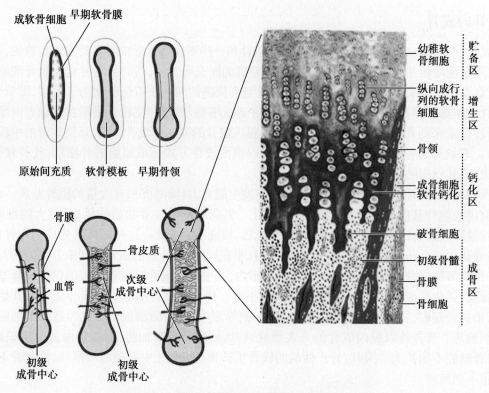

图 17-1　长骨的发生发育过程模型及显微结构图

的一些因子。

4. 骨形成期　此期在人骨组织可续持 4~6 个月。骨基质吸收导致沉积其中的一些细胞因子得以释放，包括 BMPs、FGF、TGF-β、IGF-Ⅱ等，从而将成骨细胞募集到骨吸收发生的部位。破骨细胞还分泌鞘氨醇-1-磷酸盐（sphingosine 1 phosphate，S1P）、血小板源生长因子（platelet-derived growth factor，PDGF）、肝细胞生长因子（hepatocyte growth factor，HGF）和 Myb 诱导性髓蛋白-1（Myb-induced myeloid protein 1，Mim-1）等，也参与募集成骨细胞。成骨细胞积聚到骨吸收部位后，产生骨基质，继而基质矿化，从而完成一个周期的骨重建的全过程。骨质的矿化机制迄今尚未完全阐明，但非组织特异性碱性磷酸酶、核苷酸焦磷酸酶、磷酸二酯酶等可能都与矿化过程相关。

第二节　调控骨生长与重建作用机制

骨组织的生长与重建受全身和局部多重因素的调控，包括激素、营养、生长因子、免疫因素、疾病状态，以及局部机械因素等。

一、调控骨生长和重建的全身性因素

一些全身性随血液循环输送的激素类因子对成骨细胞和破骨细胞均有调节作用。PTH、甲状旁腺激素相关蛋白（parathyroid hormonerelated protein，PTHrP）和 1,25-二羟维生素 D_3（1,25-dihydroxy vitamin D_3）等可激活 MSC 和成骨细胞，后者又表达 M-CSF 和 RANKL，促进破骨细胞的分化。此外，甲状腺激素 T_3 通过甲状腺激素受体作用于成骨细胞，上调 RANKL 的表达，而糖皮质激素抑制肠道钙的吸收，刺激 PTH 产生。促甲状腺激素（thyroid stimulating hormone，TSH）很少直接作用于破骨细胞，而主要是通过降低成骨细胞表面 LRP-5 的表达并抑制其分化，进而负向调控破骨细胞的分化。TSH 受体缺陷的小鼠成骨细胞的 RANKL、TNF-α 和 LRP-5 的表达量均有增加，可导致成骨细胞和破骨细胞都过度分化，但破骨细胞的分化和骨吸收速率超过成骨细胞活性，致使 TSHR 缺陷小鼠有严重的骨质疏松症。

一些性腺激素，包括雌二醇和睾酮，可减少 RANKL 的表达，或者提高成骨细胞骨保护素（osteoprotegerin，

OPG）的表达,从而减少骨吸收。老年人的骨质疏松症就主要是因为性激素减少造成的。女性因为停经易较早出现骨质疏松,停经最初几年的骨质流失较严重,之后逐渐与同龄的男性骨质减少程度相似。

维生素 D_3 在高浓度时也可增加成骨前体细胞的数量。胰岛素通过刺激氨基酸转运和 RNA 合成,增加胶原及非胶原蛋白质和蛋白聚糖的合成,从而强化成骨细胞的作用。

瘦素(leptin)是全身性骨代谢重要调控因子,由脂肪细胞产生,可通过下丘脑受体抑制食欲和骨形成。缺乏瘦素或下丘脑瘦素受体的人或小鼠都易变得肥胖,同时骨密度过高,而在瘦素基因缺陷小鼠脑室内注射瘦素,可逆转肥胖并恢复正常的骨密度。下丘脑对骨的主要作用途径是交感神经系统,交感神经与骨细胞直接接触,通过特异性受体产生调控作用。交感神经也产生去甲肾上腺素,可与成骨细胞的 β_2 肾上腺素能受体（β_2-AR）结合。β_2-AR 缺陷的小鼠,其骨密度也增加,但对瘦素没有反应。另外,卵巢切除可引起野生型鼠骨质疏松,且其交感神经控制也减弱,但不会引起 β_2-AR 缺陷小鼠的骨密度降低。因此,交感神经系统对骨的调控可能需要雌激素的参与(图 17-2)。

除了上述全身性因子外,部分存在于血液循环中的生长因子/细胞因子,也可通过成骨和(或)破骨细胞的特异受体,从而在骨生长、重建或再生中发挥作用。

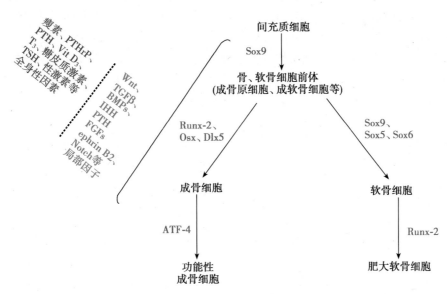

图 17-2　调控间充质干细胞向成骨和成软骨分化的主要因子示意图

二、局部调控因子及其作用机制

在局部参与骨生长或骨重建的主要是各种细胞因子和生长因子。目前研究比较充分的各种因子可用表 17-1 总结。

表 17-1　调控骨生长与重建的主要生长因子/细胞因子及其主要功能

刺激 MSC 化为成骨细胞	刺激 MSC 增殖及分化 刺激成骨细胞前体分化为成骨细胞	上调 M-CSF 及 RANK 促进破骨细胞分化
BMPs	IL-6、11	IL-1
	LIF	TNF-α
	Oncostatin-M	
	CNTF	
	BDNF	
	EGF	
	IGF-Ⅰ	
	TGF-β	
	PDGF	
	FGF-1、2	

1. 调控成骨细胞的主要因子及其分子机制　成骨细胞是特异性的骨形成细胞,由多能 MSC 分化而来,后者在特定转录因子作用下还具备向软骨细胞、脂肪细胞、肌细胞等分化的潜能。通常成骨细胞泛指未成熟的成骨细胞前体、分化中以及成熟的能产生基质的成骨细胞等。MSC 分化为成骨细胞的过程中,可依序表达一系列特异性基因,因此,在体外观察到的成骨细胞表型的异质性,多与细胞分化阶段有关。Wnt 和 BMPs 信号通路在 MSC 向成骨/软骨前体细胞分化的第一步起着重要的作用。其中,Wnt10b 不仅可促进 MSC 向成骨/软骨前体细胞分化,而且也能抑制促进成脂细胞分化的转录因子 C/EBP α 和 PPAR γ,从而阻止 MSC 向脂肪细胞方向的分化。Wnt 辅助受体 LRP-5 基因的激活型和缺失型突变可分别引起骨质疏松-假性神经胶质瘤综合征和高骨量综合征。当 Wnt 与 Frizzled 和 LRP5/6 受体结合时,可抑制 GSK3β 活性,阻断 β-catenin 的磷酸化并抑制其泛素化降解,从而稳定 β-catenin 蛋白,使其在细胞质内累积,并在达到阈值时,转移至细胞核内调节下游靶基因的表达。反之,在没有 Wnt 时,GSK3β 可磷酸化 β-catenin,加速后者的泛素化降解,从而抑制其下游基因的表达。骨形成蛋白(bone morphogenetic proteins,BMPs)是 TGF-β 超家族的蛋白成员,为调控成骨分化初期的另一组分子,其在成骨过程中的关键作用已由 BMP 基因修饰动物的出现的表型得以证实。MSC 向成骨细胞分化的主要特征是表达骨转录因子 Runx-2(也称作 Cbfa-1)、Dlx5,以及 Runx-2 下游的 Osterix(Osx)基因。其中 Dlx5 受 BMPs 介导的蛋白激酶 A 依赖性机制调控,在肢体骨骼系统发育过程中表达较为广泛,在骨折愈合过程中呈高表达。Runx-2 是成骨分化的最主要基因,Runx-2 缺失小鼠成骨细胞分化障碍而不能形成骨,且伴有软骨模板内肥大软骨细胞分化障碍。单个 Runx-2 等位基因缺失就足以引起头颅发育不良症(cleido cranial dysplasia,CCD)。许多因子诸如 BMPs、TGF-β、PTH 和 FGF 等都可激活 Runx-2 的表达。Osx 则可被 BMPs、IGF-1 通过激活上游的 Runx-2 而激活,其中 BMP-2 也可通过非 Runx-2 依赖性途径激活 Osx。最新研究发现,成骨细胞分化相关的另一转录因子 Sox4,也可通过非 Runx-2 依赖性途径激活 Osx。Wnt 的激活和 Runx-2 的表达进一步促进了前体细胞向成骨细胞分化,同时减少其向成软骨细胞分化。一旦分化方向确定,成骨前体细胞经过一个短暂的增殖阶段后,很快表达 ALP,为成骨细胞分化最早的标志之一。

机械应力信号及内分泌因子 PTH 信号可通过作用于成熟的骨细胞而刺激骨形成。在静息状态下,骨细胞表达可溶性骨硬化蛋白(sclerostin),后者能与 LRP5/6 结合从而直接阻断 Wnt 信号通路的激活。机械刺激信号可降低骨细胞表达硬化蛋白的能力,从而解除其对 Wnt 信号通路的抑制作用,因而促进骨形成。但是,目前机械应力及 PTH 信号如何在骨形成的早期和晚期发挥完全相反作用的机制尚不清楚。

当成骨前体细胞停止增殖时,同时经历一个形态转化过程,不再呈纺锤状构象,而是呈较大的、立方状的成骨细胞,富含 ALP,分泌骨基质蛋白 I 型胶原、OPN、BSP 等。成骨细胞在持续成熟过程中,还表达一系列与骨基质矿化相关的基因,以及骨钙素(osteocalcin,OCN)等,后者是较成熟的、有一定激素功能活性的成骨细胞的标志之一。

间充质细胞在骨吸收部位的分化成熟中,分泌产生一系列骨基质有机分子,包括 I 型胶原蛋白、非胶原蛋白、蛋白聚糖、糖蛋白、脂质等,其中糖蛋白包括非组织特异性碱性磷酸酶、小整合素结合配体蛋白质、基质 Gla 蛋白(matrix Gla protein,MGP)和 OCN 等。同时,成骨细胞还产生一些参与羟基磷灰石形成的沉积因子。

2. 调控破骨细胞(osteoclastogenesis)生成的主要因子及其分子机制　破骨细胞起源于 CFU-M(巨噬细胞集落形成单位)谱系。最初调控破骨细胞分化的是识别 5′-GGAA-3′ 的 ETS 家族转录因子 PU.1。PU.1 能促进骨髓巨噬细胞分化成破骨细胞,PU.1 缺陷型小鼠缺乏破骨细胞和巨噬细胞。PU.1 启动 c-fms 基因的表达,而 c-fms 编码 M-CSF 受体及 RANK。受 M-CSF 及 RANKL 激活后,募集肿瘤坏死因子受体活化因子 6(tumor necrosis factor receptor activation factor,TRAF-6),可进一步激活 MAPK 和 NF-κB 的抑制蛋白 IκB,导致细胞内 c-fos、c-Jun、ATF2 及 NF-κB 的核内转移,从而全面启动破骨细胞特异性基因的表达。

转录因子 MITF 也对破骨细胞分化起重要作用。破骨细胞表达两种 MITF 亚型,MITF-A 和 MITF-E。MITF-A 在巨噬细胞和破骨细胞中的表达水平相似,而破骨细胞分化过程中 MITF-E 表达增加。MITF 与 PU.1 可相互作用,协同促进破骨细胞特定基因的表达,增加组织蛋白酶 K(cathepsin K)和酒石酸酸性磷酸酶(tartrate-resistant acid phosphatase,TRACP)的转录。还有一个能与 PU.1 和 MITF 相互作用进而促进破骨细胞特异基因表达的是转录因子 NFATc1,后者又受 NFATc2 和 NF-κB 所激活。在破骨细胞相关基因表达调控的自身扩增环路中,还需要依赖于钙/钙调蛋白的钙调性磷酸酶的活化。

3. 成骨-破骨细胞功能活性耦合的分子机制　在骨生长及重建过程中,成骨细胞与破骨细胞相互影响、相互调控。目前,成骨细胞-破骨细胞之间的耦合信号及其机制尚不十分清楚。起初仅认为耦合分子已储存在骨基质中,包括胰岛素样生长因子(IGF)Ⅰ、Ⅱ和 TGF-β 等,在破骨细胞介导的骨溶解和吸收时被释放出来,从而募集 MSC。但是,在破骨细胞有功能缺陷的小鼠和患者中补充相关的耦合分子,成骨细胞所参与的骨形成过程仍会出现障碍,因此应该还有其他因子参与耦合。其中,可溶性分子 S1P 和细胞锚定 EphB4-ephrin-B2 双向信号复合物是目前所知的重要因子。S1P 由破骨细胞分泌产生,具有募集成骨细胞前体、增加成骨细胞存活的作用。EphB4 受体在成骨细胞表面表达,而破骨细胞则表达配体 ephrin-B2,EphB4 信号通路激活后增强成骨细胞分化。同时,ephrin-B2 也介导逆转信号,通过抑制 c-Fos/NFATc1 级联反应而抑制破骨细胞的分化。因此,EphB4-ephrin-B2 复合物在骨改建时骨吸收期向骨形成期的转换中发挥重要的调控作用。

骨特有的组织学结构使得破骨细胞并不总是与成骨细胞直接接触,在破骨细胞溶解吸收骨组织后空出的空隙部位处,基质降解后发生的成骨细胞的募集会持续较长的时间。因此,可能存在多种机制调控成骨细胞与破骨细胞的耦合,包括直接接触和可溶性信号。

最初发现 RANK 和 RANKL 分别是 T 细胞和树突细胞所表达的分子,其相互作用增加了树突细胞对 T 细胞增殖的刺激能力和树突细胞本身的存活率。在骨组织中,RANK 和 RANKL 的相互作用也起着重要的调控作用。成骨细胞表面表达 RANKL,与破骨细胞前体直接接触后,RANKL 激活破骨细胞表面的 RANK。成骨细胞表面的 RANKL 蛋白能在基质金属蛋白酶(matrix metalloproteinases,MMPs)的作用下从膜表面释放出来,如 MMP14、解整合素样金属蛋白酶[a disintegrin and metalloproteinase(ADAM)-10],以及 1 型膜基质金属蛋白酶(membrane type 1 matrix metalloproteinase,MT1-MMP)等。相反,成骨细胞也分泌产生 TNF 家族可溶性因子 OPG,OPG 具有与 RANK 相同的胞外结构,竞争性地与 RANKL 结合后,能够抑制 RANKL/RANK 相互作用,从而抑制破骨细胞活性,起着保护骨组织的作用。因此,OPG、RANK 与 RANKL 彼此之间的平衡是调控破骨细胞活性的一个关键环节(图 17-3)。

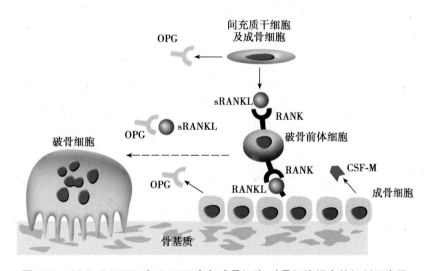

图 17-3　OPG、RANKL 和 RANK 参与成骨细胞-破骨细胞耦合的机制示意图

成骨细胞还分泌其他多种细胞因子,参与刺激破骨细胞的分化成熟和功能,包括 IL-1β、IL-6、PTHrP 和 TNF-α 等,均是目前正在深入研究的因素,但限于本章篇幅,不再详述。

第三节　调控软骨细胞分化及其分子机制

软骨细胞在分化早期通常体积较小,在软骨基质的末端区域,称为软骨储备区或软骨静止区。紧挨着静止区下方的是增殖区,这个区域的细胞稍大,呈扁平状,处在快速增殖相。增殖后的软骨细胞表达Ⅱ型胶原和蛋白聚糖。过分化的软骨细胞(前肥大软骨细胞)除表达一定量的Ⅱ型胶原外,还表达Ihh、PTH和PTHrP受体等。生长软板近中央区域含有肥大的软骨细胞,表达X型胶原,这些软骨细胞趋向于发生凋亡。

在分子水平,转录因子Sox9属于HMG家族成员,是研究最充分的调控软骨细胞形成的最重要的分子。在软骨细胞内,Sox9可以激活Ⅱ型、Ⅸ型和Ⅺ型胶原基因的表达。Sox9异常会导致显性遗传疾病短指发育不良(campomelic dysplasia,CD)。Sox9杂合突变小鼠的表型与人类CD患者很相似,而双等位基因的缺失则带来更明显的表型,胚胎由于骨骼不融合,四肢发育异常,在出生前即死亡。*Sox9*基因突变的动物软骨肥厚区扩大,骨早熟矿化。因此,Sox9除决定软骨细胞最初的大小和细胞聚集后的存活外,还能抑制软骨细胞肥大。

另外,两个HMG家族成员Sox5和Sox6,也在软骨成熟过程中扮演着重要角色。这两个基因伴随着Sox9在软骨前体细胞聚集过程中同时表达,在肥大的软骨细胞里还继续表达。Sox5和Sox6在体内的作用有所重叠,单个突变时对小鼠外形几乎没有影响,但同时敲除Sox5和Sox6时将导致全身性软骨发育异常,并引起后期胚胎死亡。

与上述激活性因子作用相反的是NFAT1。NFAT1属于激活T细胞的细胞核因子家族的一员,可抑制软骨分化。在软骨细胞中过表达NFAT1会抑制软骨细胞标志性分子的表达,而*NFAT1*基因缺失小鼠在关节中会有异位软骨形成,新形成的软骨中含有大量柱形的软骨细胞,且最终为骨细胞所替代,导致软骨内骨化。

成纤维细胞生长因子(fibroblastic growth factor,FGF)基因家族成员是一类分泌性因子,负向调控软骨细胞的增殖与分化。在骨骼形成的几乎每一过程都有FGF类分子的大量表达,对其受体FGFR的研究也比较充分。小鼠FGFR3的失活会引起软骨增殖的增加,人*FGFR3*突变后导致其活性增强,造成软骨发育异常,患者生长板软骨增生区缩短。FGF-18为软骨细胞FGFR3的配体,其基因缺失的小鼠也有相似的表型。因此,至少一个或多个FGF通过作用于FGFR3来抑制软骨细胞的增殖。

在软骨细胞成熟的最后阶段,其增殖与肥大的相对比例受PTHrP和Ihh相关的负反馈环路调控。PTHrP由近软骨膜的软骨细胞分泌,与增殖区软骨细胞的PTHrP受体(parathyroid hormone related protein receptor,PPR)结合,从而刺激它们的增殖。当细胞位于PTHrP所不及的区域,在与PTHrP起拮抗作用的Ihh的作用下,细胞停止增殖,并分化为肥大的软骨细胞。因此,在小鼠软骨细胞过表达PPR,可引起增殖性软骨细胞向肥大软骨细胞转换的延迟。人*PPR*基因活化型突变会引起遗传性短肢侏儒症,为干骺端软骨发育异常。相反,含有PPR$^{-/-}$胚胎干细胞的嵌合体小鼠出现软骨细胞过早肥大现象。另一方面,肥大软骨细胞前体分泌印度刺猬因子(Indian hedgehog protein,Ihh),促使软骨膜的细胞增加PTHrP的合成,从而间接减缓软骨细胞肥大的进程。Ihh缺失小鼠的肥大性软骨细胞增加,进一步证实了PTHrP的作用。

此外,成骨细胞的关键转录因子Runx-2对肥大细胞分化也起关键调控作用。Runx-2缺陷小鼠除缺失成骨细胞之外,其近端软骨充满静止和增生期软骨细胞,虽部分有肥大趋势,但没有肥大性软骨细胞出现,这些细胞也无X型胶原表达。相反,如果在野生型小鼠或Runx-2缺失小鼠的软骨细胞中针对性地过表达Runx-2,可分别引起异位性软骨内骨化和恢复软骨细胞的肥大。

肥大软骨细胞也调控血管的侵入,其间发挥作用的主要因子是肥大软骨细胞分泌的MMP9和VEGF等因子。

第四节　骨骼的再生

骨骼由坚韧的、高度钙化的有机基质和骨细胞构成,其中细胞又被基质所包绕。长骨由几部分组成,其较长部分为圆柱形骨干,骨干的两侧为干骺端,具有盘状骨骺和覆盖于其上的关节软骨。骨干区的结构主要由圆柱状骨干的外部由密致皮质或密致骨组成,其在骨骺和干骺端逐渐变薄。骨细胞被埋在小陷窝内,并围绕血管呈同心圆成层排列,形成Haversian系统或骨单位。骨细胞之间通过长突起相互联系,并与骨内膜和骨外膜细胞联系,在骨基质中分支形成微管网络。在骨密质以内是细小的骨小梁,状似海绵,常被称作海绵骨,骨小梁间的空隙和最终与骨干的髓腔相连。

骨髓腔衬有内膜结缔组织,腔内由骨髓填充。骨内膜组织由成纤维细胞、间充质干细胞(mesenchymal

stem cells，MSC)、成骨细胞前体和成骨细胞组成，而骨髓则由血窦中的间质干细胞、成纤维细胞、脂肪细胞、巨噬细胞和内皮细胞组成。骨髓细胞与骨内膜结缔组织层组成骨髓基质，包埋于基质内并依赖其生存的是造血干细胞(hematopoietic stem cells，HSC)和内皮干细胞(endothelial stem cells，EnSC。骨的外层有另一层结缔组织鞘覆盖，称作骨膜。骨膜和中央管(haversian canal)内层也含有 MSC、成骨细胞前体及成骨细胞。骨基质内90%的有机质为胶原蛋白 I，另外10%由各种糖蛋白和蛋白多糖组成。在有机基质中散在的是羟基磷灰石[3Ca$_3$(PO$_4$)$_2$]·(OH)$_2$晶体，为骨基质提供硬度。

一、骨组织的主要细胞类型及功能

骨组织的细胞主要为骨细胞、成骨细胞、破骨细胞，以及血循环来源的各种细胞(如免疫细胞)等。许多长骨还含有骨髓腔，其间也有多种细胞成分。这些细胞成分都可能参与维持骨组织平衡和再生修复。

1. 骨细胞(osteocytes)　骨细胞由成骨细胞分化而来。单个骨细胞被埋在骨单位内环状板层之间的矿化骨陷窝(bone lacuna)内。陷窝之间有直径1~2nm的骨小管(bone canaliculi)相互连通，这些小管使骨细胞之间可以通过长突起相互联系，并最终与骨内外膜细胞联系，在骨基质形成分支微管网络。年轻的骨细胞位于骨样基质中，尚可合成分泌并不断添加基质到骨陷窝壁上。随着基质的不断钙化，骨细胞失去分泌基质的能力，变为相对静息的成熟骨细胞。典型的骨细胞胞体较小，呈扁椭圆形，有许多细长突起。突起中没有细胞器，但有很多刷状微丝。相邻骨细胞的突起通过骨小管以缝隙连接方式相连。骨陷窝和骨小管内含小管液，可营养骨细胞和输送代谢产物。同时，作用于骨组织的应力可使骨小管液体流动，而作用于骨细胞突起，骨细胞再将机械能转化为化学信号，作用于其他骨细胞以及骨表面的衬里细胞，并可激活后者，启动成骨过程。

骨陷窝周围的薄层骨基质钙化程度较低，可不断更新。在甲状旁腺激素(parathyroid hormone，PTH)的作用下，骨细胞将溶酶体内的水解酶释放出来，溶解骨陷窝壁的基质，溶解的 Ca^{2+} 可被释放后进入血液。在降钙素的作用下，骨细胞又可恢复部分的蛋白合成功能，在陷窝壁形成部分新的骨基质。因此，骨细胞在维持矿物代谢和调节血钙水平方面发挥重要作用。

2. 成骨细胞(osteoblast)　骨髓腔衬有骨内膜结缔组织，由骨髓及其基质填充，含有间充质干细胞(mesenchymal stromal cells，MSC)、成纤维细胞、脂肪细胞、巨噬细胞和内皮细胞等；MSC、成纤维细胞、成骨细胞前体，以及成骨细胞等共同组成骨内膜。骨的外层由另一层结缔组织覆盖，称作骨(外)膜。骨膜和中央管衬里也含有一些 MSC、前成骨细胞和成骨细胞。成骨细胞由 MSC、成骨细胞前体(osteo-progenitor cells)分化而来，这三种细胞处于骨分化的不同阶段，在组织形态学上无法清楚区分。

成骨细胞常见于生长期或修复中的骨组织，多呈不规则的矮柱状或立方形，有细长的胞突。成骨细胞分泌骨基质的有机成分，称为类骨质(osteoid)，同时向类骨质中释放一些小泡，称基质小泡(matrix vesicle)。基质小泡直径约0.1μm，其包被膜上含有碱性磷酸酶、焦磷酸酶和 ATP 酶等，泡内含钙和细小的羟基磷灰石结晶。碱性磷酸酶作用于有机磷酸复合物和焦磷酸后，与血液中渗透出来的钙离子结合，达到一定阈值，即每 ml 血液钙与磷之积(Ca×P)<0.4mg 时，促进类骨质钙化，而基质小泡的破裂，也加速类骨质的钙化。

成熟骨表面的成骨细胞称为骨衬细胞(bone lining cells)，其特有的主要功能包括：①维持骨表面相对静止状态，阻断各种因子对矿化骨质的影响，并使骨小管内的液体自成一个微环境；②协同成骨细胞和骨细胞参与骨质的钙化；③与骨细胞共同构成力学感受器和微损伤感受器的功能装置，把机械能转化为化学信号，合成分泌破骨细胞分化因子和形成抑制因子等。

3. 破骨细胞(osteoclast)　破骨细胞主要分布在骨组织表面，数量较少。破骨细胞是一种多核的大细胞，直径约100μm，含有2~50个核。目前认为，它们由多个单核细胞融合而成，无分裂能力。破骨细胞贴近骨基质的一侧胞质呈泡沫状，电镜下可见许多不规则的微绒毛，称为皱褶缘(ruffled border)。在皱褶缘的周边有一环形胞质区，内有多量微丝，称为亮区(clear zone)。亮区的细胞膜平整并紧贴于骨基质表面，形成一道环形胞质围墙，使所包围的区域成为封闭的微环境区。破骨细胞被激活时，向此区释放多种蛋白酶、碳酸酐酶、乳酸及柠檬酸等，使得骨基质溶解。其中破骨细胞含有酒石酸酸性磷酸酶(tartrate resistant acid phosphatase，TRAP)，为破骨细胞的特异性标志。皱褶缘可增大吸收面积，电镜下可见皱褶缘基部有吞饮泡和吞噬泡,泡内含小骨盐晶体及解体的有机成分,表明破骨细胞有溶解和吸收骨基质的作用。一个破骨细胞可以溶解大约 100 个成骨细胞所形成的骨质。破骨细胞受 PTH 和降钙素影响。PTH 增加破骨细胞的活力和数量,而降钙素抑制骨吸收作用,参与其中的有破骨细胞分化因子(osteoclast differentiation factor,ODF)和破骨细胞抑制因子(osteoclastogenesis inhibitor factor,OCIF)等。

二、骨骼的维持性再生

骨骼是一个高度动态的组织。骨骼的主要功能是支持和保护软组织,是肌肉活动的杠杆,支持血细胞的生成,更有一个重要的功能是储存和释放钙来维持正常的血钙水平。所有的这些功能都要求骨骼终身处于降解和再生过程中。成年脊椎动物每年更新大约 10% 的骨骼实质,相当于每 10 年全身的骨骼都会被更换一次。在任何时间点,这一更新过程都在全身大约 200 万个微观位点发生。在这些位点,骨被多核的破骨细胞移除,又由成骨细胞和骨基质分泌细胞再生补充。这种维持性再生被称作骨重塑。

生物力学因素(骨弯曲或牵拉)可促进骨形成增加。现有数据提示,正如 Frost 最初假设的那样,外力致骨变形可引发骨细胞周围液体从较下凹的骨表面流向更凸起的表面。这一过程引发骨膜成骨细胞成骨反应,但这些力学信号,如何转变为细胞信号却至今未知。大鼠实验表明,力学刺激经 4~8 小时的静息期后,成骨反应达到最大化。

骨丢失和补充速度的失平衡导致骨骼异常。当骨丢失速度超过替代速度,导致低骨密度,即骨质疏松,反之则导致高骨密度,即骨骼石化症。多个遗传相关因素可导致骨的重塑系统异常或骨发育紊乱。

1. 破骨细胞的功能和分化　破骨细胞是含有 4~20 个细胞核的巨细胞,由巨噬细胞相互融合分化而来,具备降解骨基质的专有功能。破骨细胞在骨膜和骨内膜形成,并使得这些组织退缩后从而暴露出骨基质。骨基质降解包括脱矿物质和降解有机成分。破骨细胞首先出现极化,并在一侧形成皱膜,皱膜周围形成与骨基质紧贴一起的密闭环。密闭环内破骨细胞皱膜处形成一个微腔隙,由 V-type Atp6i 驱动泵和氯离子通道分别输入 H 离子和 Cl 离子,从而形成 HCl,当 pH 达到 4.5 时,开始溶解骨基质中的羟磷灰石。HCl 还激活溶酶体来源的组织蛋白酶 K 等酸性水解酶,后者可与 MMPs 共同溶解掉骨有机成分,形成骨内的"重吸收腔",其间破骨细胞发生凋亡而消失,而代之以成骨细胞充实,并成新的骨基质。

破骨细胞的分化成熟主要是由成骨细胞所产生的诱导因子来调控的。必需且足够的两个诱导破骨细胞生成的因子分别为巨噬细胞集落刺激因子(macrophage colony-stimulating Factor,M-CSF)和 NF-κB 因子激活受体的配体(receptor for activation of nuclear factor kappa B,RANKL)。M-CSF 与巨噬细胞受体 c-Fms 结合,RANKL 是成骨细胞表面分子,与巨噬细胞表面 RANK 受体结合(RANK)。因此,巨噬细胞分化为破骨细胞需要巨噬细胞和成骨细胞的接触。RANKL 和 RANK 分别是生长因子 TNF 和 TNF 受体家族的成员。成骨细胞产生另一种可溶性蛋白骨保护素(osteoprotegerin,OPG),其与 RANKL 竞争性与 RANK 结合,从而负向调控巨噬细胞分化为破骨细胞。因此,破骨细胞总体活性通过 M-CSF、RANKL 与 OPG 之间的浓度平衡来调节。转录因子 c-Fos 是个关键的胞内效应分子,其通过诱导破骨细胞生成的主要转录因子 NFATc1 来表达出破骨细胞分子表型。此外,Lee 等的研究表明破骨细胞前体表达 d2 的同型酶 HATPase(V-ATPase) V0,并借此来促进其自身的融合。

破骨细胞的分化也受破骨细胞内部的负反馈机制调控。被 c-Fos 激活的基因之一是干扰素 β 基因。Takayanagi 等提出干扰素 β 由破骨细胞释放,与细胞表面受体结合后可下调 c-Fos,从而终止破骨细胞的分化。多方面的实验证据支持这一认识。第一,干扰素 β 或干扰素 β 受体缺失小鼠的骨密度降低并表现出骨再吸收增加,意味着干扰素 β 可以抑制破骨细胞的分化。第二,缺失干扰素 β 表达的小鼠,骨密度减低可由外源性干扰素 β 所逆转。第三,外源性 RANKL 可在体外培养中诱导巨噬细胞表达干扰素 β。第四,通过向培养基内添加外源型干扰素 β,可以抑制巨噬细胞分化为破骨细胞。

2. 成骨细胞的起源和功能　成骨细胞是从骨内膜、骨膜及骨髓的 MSC 演变而来的有丝分裂期后的细胞。在 MSC 分化为成骨细胞的过程中,有两个转录因子起关键作用,一个是骨软骨细胞系列分化特异性的 Runx2(Cbfa1),另一个是对成骨前体细胞特异的 Osterix(Osx)。在颅面部的 MSC,Runx2 的表达受 Hoxa2 抑制,而后者由核基质蛋白 Satb2 所激活。Runx2 和 Osx 均在软骨内成骨雏形的骨膜中表达,表明骨膜存在

MSC。两者共同诱导成骨细胞分化,Osx 可能是作用于 Runx2 的下游。*Runx2* 和 *Osx* 基因的功能性突变后小鼠还可具备完好的软骨支架,但会缺少成骨细胞而导致骨化缺失。

Runx2 对分化的成骨细胞的作用却是负向调控其分泌基质的速度。Runx2 的下游靶标之一是骨钙蛋白(Bgp)基因,只在分化的成骨细胞中激活,可负向调控骨基质的产生。锌指适配蛋白 Schnurri-3 也可能通过蛋白酶体介导的泛素化降解过程以调控 Runx2 的水平。

3. 骨量的调控　骨骼的吸收和再生是在全身(内分泌)和局部(生长因子)调控着的。调控骨密度的许多因子作用于成骨细胞调控 M-CSF 和 RANKL 的表达,从而影响破骨细胞的分化。破骨细胞数量的增加导致骨吸收增加,反之则骨吸收减弱。破骨细胞的数量和大小的过分增加和减少都会分别引起相应疾病,如骨质疏松症和骨硬化病。破骨细胞的大小也是影响骨量的一个重要因素,破骨细胞的大小受 Fos 相关转录因子 Fra-2 通过 LIF 信号通路而负向调节,Fra-2 缺失小鼠会产生巨破骨细胞,并且骨密度下降。

(1) 全身性调控:全身性因素调节 M-CSF 和 RANKL 的表达和破骨细胞分化的过程。这些因素主要为性相关甾族激素和非甾族类激素。性激素中,雌二醇和睾酮通过减少 RANKL 的表达而抑制破骨细胞的分化,或者提高成骨细胞 OPG 的表达,从而减少骨重吸收。小鼠实验表明通过雌性激素作用的分子机制似乎是通过激活 Fas/FasL 系统而导致破骨细胞凋亡,从而减弱骨的重吸收。除此之外,另外一种性腺激素,促卵泡激素(follicle-stimulating hormone,FSH)通过与破骨细胞的 FSH 受体结合,直接刺激破骨细胞的形成和功能,增加骨的重吸收。FSHR 和 FSHβ 缺失的性低下小鼠的破骨细胞功能也低下,从而可保护其骨丢失。

老年男女的骨质疏松症是因为甾族性激素减少所致。女性停经后出现骨质疏松较早,且最初阶段骨质流失较严重,但随时间进程,男女骨质减少程度很类似。间断性地注射 PTH 可诱导成骨前体细胞分化为成骨细胞而刺激骨的再生,维生素 D_3 在高浓度时也可通过增加成骨前体细胞的数量产生同样的作用。胰岛素通过刺激氨基酸转运、RNA 合成、胶原和非胶原蛋白质,以及蛋白聚糖的合成得以强化成骨细胞的作用。

多种非性激素类的激素参与了骨量的调节。持续给予 PTH、甲状旁腺激素相关蛋白(parathyroid hormone-nerelated protein,PTHrP)和低剂量 $1,25\text{-}(OH)_2D_3$,都可刺激成骨细胞表达 M-CSF 和 RANKL,导致破骨细胞的分化产生,增加骨的重吸收。甲状腺激素 T_3 和糖皮质激素也可增加骨的重吸收。糖皮质激素抑制消化道的钙吸收,刺激甲状旁腺产生 PTH。T_3 通过甲状腺激素受体作用于成骨细胞,上调其 RANKL 产生,刺激破骨细胞的分化。促甲状腺激素(thyroid stimulating hormone,TSH)也在骨的重塑中起关键作用,TSH 同时抑制成骨细胞和破骨细胞的分化,两者都在其表面表达 TSH 受体(thyroid stimulating hormone receptors,TSHRs)。破骨细胞分化的抑制是通过负向调节成骨细胞的 RANKL 和 TNFα,而成骨细胞分化的抑制是通过抑制 Wnt 通路的 LRP-5 的表达。在缺乏 TSHR 的小鼠中,RANKL 和 TNFα 以及 LRP-5 都在其成骨细胞中过度表达,导致成骨细胞和破骨细胞的分化都增加。然而,破骨细胞的形成和骨吸收速率超过了成骨细胞形成和骨再生速率,缺失 TSHR 小鼠会患严重的骨质疏松症(osteoporosis)。

瘦素(leptin)也是一个重要的非类固醇全身骨量调节因子,通过下丘脑对骨形成的抑制而发挥其功能。瘦素由脂肪细胞产生,与下丘脑细胞的受体结合后,抑制食欲,从而抑制骨的形成。缺乏瘦素或下丘脑瘦素受体的人或小鼠会变得肥胖,骨密度增加。*ob/ob* 小鼠脑室内注射瘦素可逆转肥胖并恢复正常的骨密度。

瘦素不直接影响成骨细胞,因为在成骨细胞检测不到瘦素受体的转录,连接下丘脑-骨的是交感神经系统。骨是由感觉和交感纤维高度支配的,神经与骨细胞直接接触,各种神经递质及其受体都可在骨组织检测到。交感神经原产生的去甲肾上腺素结合到成骨细胞的 β_2-肾上腺素能受体(β_2-adrenergic receptor,β_2-AR)。缺失 β_2-AR 的小鼠,会如 *ob/ob* 小鼠一样骨密度增加,但与 *ob/ob* 鼠不同的是它们对瘦素没有反应。此外,缺失 β_2-AR 的鼠切除卵巢后,不会导致骨密度降低;而切除卵巢的野生鼠却出现骨质疏松,且骨骼的神经支配也减少。因此,维持骨骼的交感神经系统需要雌激素。肾上腺信号激活成骨细胞的蛋白激酶 A(protein kinase,PKA),致使转录因子 ATF4 的磷酸化和 RANKL 产物的上调。RANKL 则诱导巨噬细胞分化为破骨细胞,从而减少骨密度。胰岛素信号也参与调控骨重塑。成骨细胞上就有胰岛素受体,成骨细胞通过胰岛素信号通路抑制 Twist 2 的表达,并刺激成骨细胞产生非激活状态的骨钙蛋白,掩藏在骨基质中。Twist 2 是成骨细胞发育的一个抑制因子,抑制 Twist 2 会导致成骨细胞的分化,从而促进破骨细胞发育及骨重吸收。血液循环中活化态的骨钙蛋白羧化后,可增加脂肪组织对胰岛素的敏感度,还可刺激胰腺的胰岛素的分泌。

活化的骨钙蛋白由非活化态骨钙蛋白去羧酸基后衍生而来,是在由破骨细胞环形吸收间隙内的酸性条件下完成的。这些活动形成一种正向调控环,将骨重塑与能量调节联系起来(图17-4)。

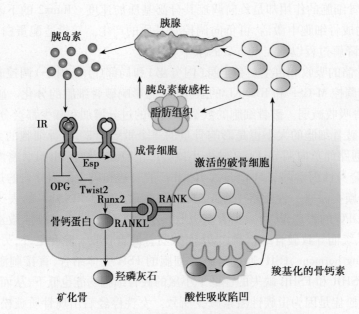

图17-4 骨钙蛋白/胰岛素轴与能量调控及骨更替

胰岛素激活骨骼重塑,主要通过成骨细胞介导的骨形成和破骨细胞介导的骨重吸收。破骨细胞分泌的酸性水解酶使骨基质的骨钙蛋白脱羧基,并且以羧化物的形式释放于血液循环。这种形式的骨钙蛋白可增加脂肪组织对胰岛素的敏感度,刺激胰腺分泌产生胰岛素。这些活动因而形成正向调控环,将骨重塑与能量调节链接起来(改绘 Rosen 和 Motyl 2010)

有研究提出成 Wnt 经典信号通路可通过成骨细胞的受体 Lrp5 调控骨量,Wnt 受体 Lrp5 功能增强性突变可同时抑制成骨细胞的死亡和破骨细胞的分化,从而导致起骨量过度增加,而 Lrp5 功能缺失性的突变则引起骨质疏松性缺陷。然而,成骨细胞特异性的 β 连环蛋白的增强型或缺失性突变均不影响骨的形成,且 Lrp5 缺失的小鼠胚胎也没有明显的骨骼缺陷。因此,*Lrp5* 突变会从根本上影响成骨细胞,但应该是通过影响其他类型的细胞而非进行直接调节。

目前已有强有力的证据表明,在野生型小鼠和 Lrp5 缺陷小鼠(低骨量)的基因表达谱比较性研究中发现,Lrp5 缺失小鼠骨组织中色氨酸羟化酶 Tph1 的表达升高,Tph1 是十二指肠的亲铬细胞血清素(亦即 5'-羟色胺)合成的限速酶。抑制血清素转运蛋白的合成会减少生长期小鼠骨量的增加。Lpr5 缺失小鼠的 Tph1 转录以及血清中血清素转运蛋白都显著上调。因此,可以推断为 Lpr5 调控胃肠道血清素产生,而血清素负向控制骨量增加。

进一步实验验证,绒毛 Cre 介导的小肠细胞特异性 *Lrp5* 敲除也可引起低骨量的表型,将血清素水平增加到 *Lrp5* 基因缺失时的水平,而成骨细胞特异性的 *Lrp5* 敲除却不会产生如此效应。胃肠特异性高表达的功能激活型 Lrp5 可引起高骨量表型,并伴有血清素水平降低,而在成骨细胞的高表达也不会产生如此效果,血清素水平不受影响。通过抑制血清素合成或低色氨酸膳食来减低血清素水平,可逆转 Lrp5 缺失小鼠的低骨量表型。循环血的血清素很可能是特异性地与其受体 HTR1b 结合而抑制骨形成,HTR1b 继而抑制转录因子 CREB 的表达和依赖于磷酸化的活化,而 CREB 对细胞周期蛋白 D1 的最大化表达和成骨前体细胞的增殖都至关重要。Lrp5 通过非 β 连环蛋白依赖方式来抑制 Tph1 表达。

部分微小 RNA 通过调控 Wnt 信号分子参与成骨细胞的调控。miRNA-29 和-218 均可通过负向调控 Wnt 抑制因子 Sclerostin、DKK2 等而促进骨细胞分化。多种乙酰化酶通过影响 Wnt 通路、微小 RNA 以及其他分子的活性,也参与成骨细胞功能活性的调控。

(2) 局部性调控:骨量也受多种局部细胞因子和生长因子的调控。这些因子在骨骼发育过程中掩藏在骨基质内,在骨重塑过程中在基质被破骨细胞降解时释放。骨吸收过程所释放的生长因子再掩藏于新形成的骨基质中可认为是骨吸收-骨形成过程偶联的一种方式。骨骼细胞本身产生多种生长因子,还有其他从来自血液循环的骨骼外组织细胞产生的因子。表 17-2 根据其对骨重塑的功能——列出。其中,BMPs 诱导 MSC 的成骨分化决定。TNF-α 和 IL-1 促进破骨细胞的形成,而 TGF-β 会诱导破骨细胞的凋亡。表中的其他的生长因子刺激成骨细胞前体增殖、分化为成骨细胞而促进骨形成,包括上调 I 型胶原基因,抑制 MMP-3 基因转录(其降解 I 型胶原)等。

表 17-2　与骨重塑的局部控制有关的生长因子和细胞因子的功能概括

MSC 刺激成骨的能力	MSC 刺激增生及分化为前成骨细胞成为成骨细胞
BMPs	IL-6 、11
	LIF
	Oncostatin-M
	CNTF
	BDNF
	EGF
	IGF-I
	TGF-β
	PDGF
	FGF-1 、2

通过上调基质 M-CSF 及 RANKL 促进破骨细胞分化

IL-1

TNF-α

(3) 骨内稳态过程及成骨细胞-破骨细胞间的关系:骨细胞被认为是骨组织更替所最需要的细胞。骨细胞通过微管发出信号到骨表面区域的成骨细胞回缩以暴露骨表面。回缩的细胞再给予最近的毛细管信号,使其通过出芽的方式进入成骨细胞回缩的位置。这些毛细血管的内皮细胞,或者其他类型细胞,提供了"区域编码的化学趋化因子",其中一个似乎是 S1P,将破骨细胞之前体单核细胞导向需要重吸收的部位。成骨细胞前体位于骨膜和骨髓中,为成骨细胞-破骨细胞的相互对话和作用形成一个骨重塑的间隙。这种相互作用尤其包括双向作用的肝配蛋白(ephrin)信号。当一个细胞表达的肝配蛋白受体与另一个细胞表达的肝配蛋白相互作用时,受体表达细胞获得顺向信号,而配体表达细胞就获得反向转导(图 17-5)。破骨细胞及其前

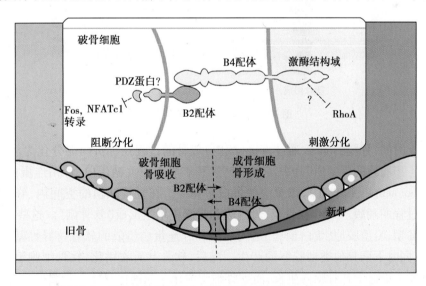

图 17-5　骨稳态维持过程中成骨细胞与破骨细胞间的相互作用
破骨细胞负责骨基质的局部吸收,随即,成骨细胞贴附于降解吸收的部位,形成新的骨基质。顺向信号从肝配蛋白配体 B2 传递到 EphB4,刺激成骨细胞分化和促进骨基质积累;肝配蛋白的反向信号作用于破骨细胞,从而中止重吸收过程(改绘自:Mundy 和 Elefteriou,2006)

体细胞表达肝配蛋白配体 B2,而成骨细胞及其前体细胞表达受体 EphB4,破骨细胞重吸收骨基质,其顺向信号从肝配蛋白配体 B2 与成骨细胞及前体细胞的 EphB4 受体,刺激其分化为成骨细胞。新生骨基质是由成骨细胞分泌沉积而成,破骨细胞之前体细胞接受从 EphB4 传递到 B2 的反向信号,从而抑制破骨细胞分化。通过这种机制,骨吸收和骨形成过程因此偶联起来。

第五节　软骨内成骨方式的骨折修复

骨形成包括膜内成骨与软骨内成骨两种方式。软骨内成骨是指长骨间充质雏形内的间充质细胞先分化为软骨细胞,形成软骨雏形,而后软骨组织逐渐由骨组织所替代,而膜内成骨是指间充质细胞在原始结缔组织内分化。两种成骨方式都包含成骨细胞生成与破骨细胞生成之间的耦合,亦即骨重建。

一、细胞修复过程

长骨的骨折有闭合性(无皮肤损伤)和非闭合性。图 17-6 示意说明长骨骨折的修复过程。骨的修复过程和损伤皮肤的修复很类似,区别仅在于修复结果是再生而非纤维化。再生首先由骨膜中的 MSC 完成,少数也来自于骨内膜和骨髓基质。骨折后,骨内外的血管都有所损伤,导致在损伤部位及其周围形成纤维凝块(血肿)。血管损伤引起的缺氧导致在损伤两侧一定距离内的骨细胞死亡。在凝块内的血小板可释放 PDGF 和 TGF-β,引发炎性反应以及中性粒细胞和巨噬细胞侵入血肿。骨髓中的一些巨噬细胞成为破骨细胞并降解坏死的骨基质。

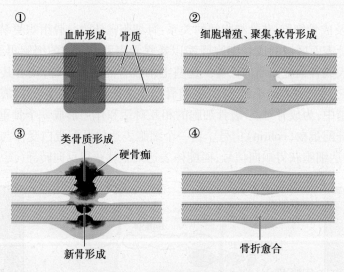

图 17-6　长骨骨折修复示意图

在骨折后的数天时间,骨膜的 MSC 通过直接(膜内)成骨的过程在骨折两端分化为成骨细胞(硬骨痂)。成骨细胞分泌富含 Ⅰ 型胶原的骨基质,其中富含骨钙素和矿质素相关糖蛋白、骨粘连蛋白、骨桥蛋白和骨唾液蛋白 Ⅱ(bone sialoprotein Ⅱ,BSP-Ⅱ),以及一些蛋白多糖等。在骨折缺损的空间内,修复过程几乎是胚胎期软骨内成骨发育过程的翻版。MSC 在骨膜、骨内膜和骨髓中增生形成“软骨痂”。这些 MSC 聚集后分化为软骨细胞并分泌由 Ⅱ 型、Ⅺ 型胶原,蛋白聚糖,透明质酸和纤连蛋白组成的软骨特异性基质。软骨细胞接着分泌产生 Ⅹ 型胶原,同时下调其他类型胶原的产生。随后,软骨基质被钙化,软骨细胞肥大,然后凋亡,并释放血管生成信号引发毛细血管在骨膜内生长,而破骨细胞消化吞噬钙化基质。骨膜的毛细血管侵入,血管周围的 MSC 分化为成骨细胞。

二、骨折修复过程中软骨分化的分子调控

骨折修复过程中的软骨模板的形成及其调控因子与胚胎期骨骼发育过程非常相似。表 17-3 总结了目前

已知的骨折修复过程中调控软骨生成的分子成分和通路。软骨痂的形成和软骨细胞的分化所需的转录因子和信号分子与软骨内成骨和维持分化是一致的。软骨痂内 MSCs 向软骨分化需表达软骨转录因子 Sox9，后者再诱导软骨标志基因的表达，如 Ⅱ、Ⅹ、Ⅸ和Ⅺ型胶原蛋白和蛋白聚糖。随着软骨细胞痂的成熟，启动 *Ihh* 基因转录，然后 *Gli1* 在形成骨膜的周围骨痂细胞中表达，在软骨内骨胚胎发育中，这些基因产物以及 PTH 和 PTHrP 形成调控软骨成熟速率的反馈环的一部分。在软骨模板替换为骨质的过程中，成骨细胞分化相关的重要基因，包括 *BMPs*、*Runx2* 及骨钙蛋白等，都发现有所表达。

然而，那些在胚胎发育时软骨模板早期形成相关的其他因子在骨折修复中的表达和功能却知之不多。比如迄今为止，尚不知胚胎骨骼发育早期形成聚集时所需的透明质酸酶和粘连蛋白（NCAM、纤连蛋白、Cyr61）上调是否在软骨痂内间充质聚集也是必需的。那些在肢芽发育的细胞聚集和轴向形成中起重要作用的，如 Hoxa、Hoxd、T-box 转录因子、Shh、FGF-4、FGF-8 和 Lmx1 等，在软骨痂内细胞聚集过程中，不起什么作用，即使有作用的话，也不是轴向形成作用，因为，软骨痂内细胞聚集与软骨细胞的分化都发生在一个已限定的空间内，而不需要轴向形成功能。

表 17-3　破碎的软骨内骨的骨膜和再生组织中信号分子的表达

组织	信号	转录因子	分化标记
骨膜	BMP2,4,7	Runx2	
软组织	BMP2,4,5,7	Sox9	
愈伤组织	PDGF FGF-2 IGF-1		
软骨	Ihh	Runx2	Col Ⅱ, Ⅳ, Ⅹ, Ⅺ
愈伤组织	BMP2,4,6,7 TGF-β FGF-1,2	Sox9	Aggrecan
形成中的骨		Runx2	Osteocalcin, Col Ⅰ

调控骨重塑的重要生长因子也是骨折修复的关键。其中部分生长因子是由软骨细胞、MSC 和成骨细胞合成的。其他因子，包括 TGF-β 和 IGF-Ⅰ、IGF-Ⅱ，是通过破骨细胞吸收降解骨基质后释放出来的，尤其是 TGF-β 家族成员对骨折修复过程中的软骨形成和骨形成都特别重要。

诱导 MSC 向软骨和成骨谱系分化的 BMP 家族分子，由骨折的骨基质释放，而非由未损伤的骨骼释放，且软骨痂细胞高表达 BMP 受体。BMP 的受体 IA 和 IB 是未损伤的骨膜细胞表达的，硬痂形成区域骨膜间充质细胞、早期软骨痂的增殖性间充质细胞及其衍生的成软骨细胞都大量表达 IA、IB 和 BMPs 2,4 和 7。在成熟和肥大的软骨细胞中则检测不到明显表达，而在骨质替代软骨后成骨细胞相关基因表达又明显增强。短耳小鼠的 *BMP-5* 基因突变，可导致先天性骨缺陷和骨骼损伤修复能力降低，表明该 BMP 对骨的胚胎骨骼发育和再生都发挥重要作用。骨痂内增生期和成熟期的软骨细胞中均表达激活素受体，而激活素表达不高，提示激活素受体可能发挥 BMP 受体的作用。

Northern blotting 和免疫定位实验表明，软骨痂软骨形成过程中高表达 TGF-β 和 FGF-1 和 FGF-2，而不在硬痂形成区表达。FGF-2 和其他 FGF 家族分子可调控 *Sox9* 基因的表达，TGF-β 早期也存在于血肿和骨膜中，但似乎主要来源于血小板和降解的骨基质，而并非骨膜细胞合成产生。PDGF、FGF-2 和 IGF-Ⅰ 在软骨痂也有表达，提示其在骨折的修复中也在起作用。

应用消减杂交方法和芯片技术比较分析未受伤和骨折的股骨组织的转录组学，发现基因表达谱式在骨折修复中有非常明显的变化。66% 的基因与已知的一些基因家族有同源性，而这些基因家族的基因与细胞周期、细胞黏附、细胞外基质（ECM）、细胞骨架、炎症、代谢、分子加工、转录活性和细胞信号相关，其中包括 Wnt 信号通路的一些成分。另有 34% 为未知功能的基因，可根据其在骨折后 3 天的活性明显增加、14 天达到高峰,随后表达降低等方面,分为两类。其表达模式提示这些基因在骨痂内软骨细胞的生长和分化中具有重要作用。

骨再生不论是膜内还是软骨内成骨方式,都无法跨越超过一定临界宽度空隙(critical sized defect,CSD)。CSD 通常被定义为骨缺损达到一定长度时,有 50% 可能在两个断端的再生连接会失败,取而代之的是纤维化的瘢痕组织。

第六节　骨折不连和临界间隙骨缺损的再生治疗

需要治疗性干预的骨骼缺损包括:①骨不连骨折,骨折两断端不齐,也不愈合到一起;②骨切开术,为骨皮质相对较小的缺陷;③临界性缺损,骨存在一个骨再生过程不能跨越的间隙。临界性缺损的大小在不同骨骼种类和生物种属各不相同。骨折不愈造成的骨缺损、需要行骨切开或移除术的患者每年都数以万计。各种损伤的标准治疗方法是自体骨移植,但可造成骨的供者和受者部位经历双重创伤风险。也可进行异体骨移植,但可遭遇免疫排斥反应,也有一定的感染性风险。替代骨移植的方法包括电刺激、应用成骨生长因子与无细胞支架刺激内源性细胞形成新骨、细胞移植,以及生物人工骨等。

一、骨折不连和骨切开术

1. 电磁疗法　活跃的骨生长与再生区域,或生理性骨重塑的骨沉积区域,与非活跃区域相比,更倾向于带负电。因此,电场可能对正常骨发育和再生发生作用。Friédenberg 等首次使用直流电刺激成功地治疗人类难治性骨折,报告显示不愈合骨折对阴极电流及电磁场的反应都很好。Bassett 等人对犬腓骨远端 3.5 ~ 4.5cm 处的骨切开术研究表明,应用电刺激可加快骨再生。通过引导性地耦合低频脉冲电磁场和直接作用于骨的强度,在皮外引入一个高压电场。与对照组相比,受刺激的骨折端不仅愈合加快,且具有更高的组织分化和强度,而结痂的量较少。这一方法已经成功用于年轻患者的胫骨假关节的治疗。假关节是一种局部骨愈合不良的罕见病,通过常规技术手段很难修复。Mark 等还报道脉冲电磁场作为一种无创性治疗方法应用于腰椎融合术后的治疗。

2. 成骨生长因子及无细胞生物支架　基于成骨生长因子可启动整个再生过程的认识,已在尝试将成骨因子或编码这些因子的基因直接注射到骨折处或骨切开处加速再生。将 rhBMP-2 或 FGF-2 直接注射到大鼠骨折处,能使骨折愈合进程缩短 2 周。含有 200μg 的 FGF-2 的明胶水凝胶可成功治疗短尾猴尺侧骨折不连。FGF-2 治疗后其机械强度、骨矿物质含量和骨密度都有所增加。以甲基纤维素为载体联合应用 PDGF-BB 和 IGF-Ⅰ修复猪胫骨皮层骨损伤取得较好效果,但单独使用则没有如此效果。经皮注射表达 BMP-6 腺病毒到兔尺骨截骨处,与注射空载体相比,也加速了骨再生。当 PLGA 多孔微球整合了多肽 TP508(Chrysalin®,Chrysalis Biotechnology),再移植到兔尺骨损伤时,比单用微球的对照组,更明显地诱导骨再生。TP580 是一个有 23 个氨基酸的肽,具有与人凝血素受体结合的氨基酸序列,目前在修复骨折方面已进入Ⅲ期临床试验,在治疗糖尿病性溃疡方面也已处于Ⅱ期临床试验。Geesink 等报道的 24 例患者中,Ⅰ型胶原载体中的 BMP-7 能促进胫骨截骨术后的骨再生。

3. 注射骨髓细胞　Connolly 对接受自体骨髓移植治疗骨不连接的 100 名患者进行了总结,显示 80% 的患者出现骨形成,可能植入的细胞参与骨形成,但是也有可能是这些细胞分泌的因子所致。其余 20% 没有明显骨形成反应的原因可能与患者年纪有关。因为年老确实引起骨髓 MSC 的数量降低。自体骨髓细胞种植于脱矿化的骨基质载体在促进犬模型的骨折不连和矫正脊柱侧凸的脊椎融合术后也能有效促进骨再生。

二、临界性骨缺损间隙

哺乳动物临界性骨缺损(critical sized defect,CSD)是指约 50% 案例都无法再生的一个尺寸的间隙,这样的间隙可能是外科手术不得不去除由创伤或疾病造成的骨损伤碎片所致,也可能由于肢体的穿透性和冲击性损伤导致骨和软组织的严重丢失,也是很常见的战伤,也是目前避免截肢治疗的一个重大挑战。联合战区创伤登记署有关伊拉克和阿富汗战争受伤士兵的登记数据表明,最常见的战伤部位是四肢(54%)。这类伤员所耗费的资源占患者总资源的65%,且预计伤残抚恤金成本接近20亿美元。这一类型的伤员很多为组织复合性损伤,需要手术切除骨组织,便形成 CSD,无法通过再生弥合。目前的标准治疗是自体或同种异体骨移植。自体移植不是理想的方法,因为自体骨的来源很有限,且造成患者的慢性疼痛。同种异体移植物可以避免这些问题,但可能存在感染、不连和应力性骨折,因此,急迫需要找到新的策略来改善跨越 CSD 的骨再生。

已在小鼠、大鼠、兔子和羊开展了大量跨越临界性骨缺损的再生研究。实现跨间隙的、100%的高质量再生的治疗原则是植入导向性的骨支架以促进具有成骨分化能力的局部细胞迁移到支架,并分化为成骨细胞。在支架中可加入成骨因子或表达成骨因子的基因载体。支架因此充当成骨因子的载体,也是成骨细胞迁移、扩增和分化的物理平台。最常用于促进骨再生的因子是 BMP,可使定向迁入的 MSC 向成骨细胞分化。因此,支架设计的目的是模仿骨基质的微结构和物理性质,并可生物降解,尽管还没有任何天然或合成支架可以完全满足这些需求,每种支架都各有其优缺点。支架材料分成基本的四类,而且这些支架材料在持续进步和更新,包括:①非有机物,如磷酸钙陶瓷或磷酸钙水泥;②天然聚合物,胶原是应用最广泛的;③合成的聚合物,(聚 α 羟基酸)是最常用的;④上述材料的复合物。作为替代,支架在植入前需含有成骨细胞,含或不含有成骨因子。最常种植在支架上的细胞是不同来源的 MSC,尤其是骨髓 MSC。

1. 不含生长因子和细胞的支架　最不复杂、效价比最高的诱导跨越 CSD 再生的方法是植入具有骨传导和骨诱导性的支架,并能吸引具备成骨细胞分化潜能的宿主细胞。一些陶瓷,如羟基磷灰石模拟了骨形成的无机阶段,为成骨细胞黏附提供良好的界面,但再生骨的生物力学不尽如人意,因其不易被重吸收,也不易被正常的骨基质所取代。也有一些钙磷酸盐水泥和陶瓷可被吸收,且不借助生长因子就能通过募集 MSC 而促进骨再生。Constanz 等发明了一种由磷酸二氢钙-水混合物、α-磷酸三钙和碳酸钙组成的胶,加到磷酸钠溶液中,再将胶注射到骨折间隙处。该胶能迅速变硬形成骨基质样的材料,然后有宿主 MSC 和(或)成骨细胞浸入,分泌骨基质。热压结的多孔羟基磷灰石可诱导成年狒狒颅盖骨缺损伤的骨再生。这些支架的几何结构使其能从宿主组织环境吸附 BMP,从而诱导宿主细胞再生骨。BMP 不但诱导 MSC 分化成骨细胞,也促进支架血管化。这样的智能支架不需要加入外源性的生长因子,并且不贵。

据报道,由45% SiO_2、24.5% CaO、24.5% NaO_2和6% P_2O_5组成的可吸收生物活性玻璃颗粒(90~710μm)能促进大鼠胫骨皮质 3mm 钻孔骨缺损的完美再生。宿主成骨细胞在玻璃颗粒之间迁移,并进入颗粒间隙。生物活性玻璃颗粒已用于人类牙周疾病的骨再生。但是,对其他类型的人类骨缺损没有作用。令人感兴趣的是,玻璃颗粒是否也从宿主细胞周围吸收生长因子而成为“智能”生物材料。猪 SIS 在促进大鼠桡骨 11mm 缺损的再生能力与去矿物质的皮质骨颗粒类似。为促进有成骨分化潜能的细胞进入支架,Wotowicz 等把 GFOGER 涂到聚己内酯(polycaprolactone,PCL)表面上。GFOGER 是一种合成的三螺旋胶原蛋白模拟肽,在成骨过程中,其会与 α2β1 整合素受体结合。将该复合体植入到大鼠股骨的 CSD,射线照片和显微 CT 分析发现,12 周后缺损已完全由新骨连接上,且植入 GFOGER 涂覆的动物的骨体积比没涂覆的 PCL 明显要好,但在抗扭力的强度方面无显著差异,说明其骨质量没有差别。

2. 含有生长因子但无细胞的支架　含有生长因子的支架已经广泛用来制备诱导骨再生的模板。胶原载体含有 BMP-2 或 BMP-7,或在脱钙骨基质的 BMP-7,能促进大鼠和绵羊股骨缺损、下颌骨缺损、犬尺骨损伤、兔 CSD 等不同类型的骨再生。载有 FGF-2 的乙酰透明质酸或明胶水凝胶也可以促进大鼠颅骨损伤和腓骨截骨术后、兔 CSD、猴颅骨缺损的骨再生。

载体类型能影响所含有的生物活性因子释放的动力学。通过Ⅰ型胶原海绵或多聚(D,L-丙交酯)载体可持续释放 BMP-2。相反,在损伤后初期,无机牛骨基质则以突发方式释放蛋白,以后又似乎不可逆地与基质结合着。TP508 肽则随 PLGA 微球降解可控地逐渐释放,因而能明显促进兔尺骨 CSDs 的骨再生。Lutolf 等发明了聚乙烯二醇(polyethylene glycol,PEG)支架,通过迁入细胞的降解,逐渐释放生物活性因子。RGD 黏附肽偶联到 PEG 链,然后与 MMP 切除识别肽交联形成水凝胶。在胶体形成时将 BMP-2 整合到支架中。当有细胞黏附到 RGD 位点并释放出 MMPs,后者通过作用于交联肽的切除位点而降解凝胶,从而释放 BMP-2,可以高效地促进大鼠颅盖骨 CSDs 的骨再生。目前也有方案使用 PMMA 间隔来诱导形成高度血管化的膜,或使用 PTFE 膜,将骨诱导材料围隔起来。

基因活化基质(gene-activated matrices,GAMS)也可用来将生物活性因子送到宿主成骨细胞。在该方法中,携带生物活性因子基因的病毒或质粒载体被整合入支架,宿主成骨细胞迁移进入支架时将其吸收,并表达和合成这些因子。把胶原海绵移植到大鼠股骨部分缺损处,在胶原海绵携带 *hrPTH*(1-34)和 *BMP-4* 基因的质粒可促进新骨的形成。当将 hrPTH(1-34)质粒放于胶原载体中治疗犬股骨或者胫骨钻孔圆柱形(直径8mm×高8mm)缺损时,也能刺激骨再生。

3. 生物人工骨 将具有骨传导和诱导作用的支架先接种培养扩增的 MSCs,可用于取代含有 CSDs 的骨组织,而并不添加外源性生长因子。Kadiyala 等接种培养的 MSC 到整个羟基磷灰石/β-三钙磷酸盐圆柱体,然后将其移植入一个 8mm 的成年大鼠股骨的间隙中。MSC 在 8 周后分化为成骨细胞,并在整个植入物中分泌新的骨质。同样的结果在采用含自体 MSC 的移植物填补犬股骨 21mm 的缺损时也能观察到。研究表明,人 MSC 在类似的陶瓷支架中可以形成新骨,填补无胸腺大鼠股骨 8mm 长的间隙。在该类研究中,作为对照的移植物(无细胞)只能在支架和宿主骨之间形成新骨。生物力学测试表明 MSC 介导形成的新骨比无细胞的陶瓷支架形成的新骨更牢固。但是,由于支架的吸收缓慢,支架中新骨质所占的体积通常只有 40% ~47% 。

合成的多聚或二聚体单独或者和钙或羟基磷灰石合用,也被证明是形成生物人工骨的较好支架。这些多聚物是可吸收的,而且磷灰石为 MSC 提供了附着和骨诱导的表面。Yaszemski 等设计了一个多聚体(丙烯延胡索酸)复合材料,通过 N-乙烯基吡咯烷酮单体交联延胡索酸双键,并以 NaCl 和 β-三磷酸钙填充。这个复合材料刚混合时具有一定可塑性,可被压入骨缺损。当凝固变硬时其强度足以暂时取代骨,当成骨细胞浸入再生的新骨时,该复合体逐渐降解。将羟基磷灰石悬浮于多聚乳酸∶乙交酯(50∶50)混合物中,再接种大鼠颅盖骨细胞,在 β-磷酸甘油酯存在下进行体外诱导,可以形成与多孔状骨相似的组织。将成年女性骨髓 MSC 和颅骨源性的成骨细胞接种于磷灰石包被的多聚(乙酸共羟基乙醇酸,PLGA)支架,能发生高质量的膜内骨并完全修复雄性小鼠顶骨 5mm 直径的损伤,也不需要任何外源性生长因子。由 XX 或 XY 染色体判定,构成新骨的 99% 的成骨细胞是供者源性的。有趣的是,来源于成人脂肪组织的间质细胞(ADAS)在同样的支架中形成同样的骨组织,98% 的新骨成骨细胞来自供体细胞。

把人 MSC 或羊水干细胞种植于多聚己内酯支架再植入小鼠股骨的 CSD,明显比没有 MSC 或羊水干细胞的支架能形成更多的骨骼。9 例种植 MSC 的动物中有 4 例表现出完全连接,而在 9 例种植羊水干细胞的动物中只有 1 例有连接。干细胞都用量子点标记,便于追踪植入的干细胞。量子点标记对细胞的功能活性没有影响。

生物人工骨与单纯的支架一样,可吸收周边组织的生长因子。也可加入外源性生长因子到人工生物骨结构中促进接种细胞的分化。例如,体外将 C3H10T1/2 细胞悬浮在胶原胶中,再种植于三维多聚 L-乳酸支架内,在重组人 BMP-2 存在的情况下促进成骨。在免疫缺陷大鼠模型上,植入渗入了人 MSC 和含有 BMP-2 和 FGF-2 各 10μg/ml 的明胶海绵,可完全修复大鼠顶骨 4mm 的缺损,形成的骨质量优于只加 MSC 而无生长因子的对照组明胶海绵。由 Lutolf 等发明的 PEG 材料也可作为一个较好支架,用于种植 MSC 和制作人工生物骨。

4. 骨再生过程中血管化的重要性 血管化对骨形成过程是十分必需的,尤其是在跨越 CSD 的骨再生中的重要性,已经认识到很长时间。最重要的激活血管化的因子之一是 VEGF,可介导血管浸润,在软骨模板的骨化中是必需的。抑制 VEGF 可阻碍骨折愈合和导致不愈合。通过放大 MSC 募集作用并增加细胞存活率,VEGF 与 BMP4 在软骨形成过程中发挥协同作用。有趣的是,软骨形成过程中,VEGF 与 BMP4 的最佳比例是1∶5。因此,VEGF 与 BMP4 是对于连接 CSD 的骨再生很有用的一种组合。形成内皮细胞集落(ECFC)的内皮祖细胞参与血管生成,致使 Chandrasekhar 等在鼠股骨断裂或 CD 时,采用 ECFC 来提高支架的血管化,从而刺激骨再生。将 ECFC 与胶原蛋薄片整合,用以围绕骨断裂部位或植入 CSD 的羟基磷灰石/磷酸三钙(HA/TCP)支架,比没有 ECFC 整合的支架形成明显更多的血管和骨。

5. 临床研究报告 即使在动物实验已取得部分的成功,只有少数再生策略目前达到临床阶段,主要原因是达不到最佳的骨填充和(或)与两端骨的整合。Ripamonti 报道在南非有超过 7000 名患者接受了热压结羟基磷灰石支架的治疗。Quarto 等报道 3 例成功植入形同骨缺损形状尺寸(4.0cm~7.0cm)且种植了自体骨碎基质细胞的的大孔羟基磷灰石支架的病例。所有患者的肢体功能在术后 1.5~2 年得到恢复,完全没有任何问题。

另一个实现临床应用的是使用含有骨基质的多聚物 L 乳酸网重塑下颌骨。在对犬的实验中,研究人员移除犬下颌的一段骨片,然后植入含有自体髂骨微粒多孔骨和骨髓(PCBM)的 PLLA 筛网。术后 6 个月的 X 线检查显示再生骨达到宿主自身骨相同高度,具备正常的骨小梁排列和整齐的牙槽嵴。

Kinoshita 等也报道了利用相同技术进行下颌骨替换手术的两个临床病例。在其中一个病例中,下颌骨的右边被部分切除,生物合成的替代物最后形成了有牙槽嵴的骨,方便患者戴义齿。在另一个病例中,整个前端的下颌骨从左臼齿到右臼齿区都已全部丢失,造成容貌畸形,说话和咀嚼都困难。在用生物合成骨替代后,3 个月恢复了下颌骨的连续性,在外观、说话和咀嚼的能力等方面也得到明显的改善。

6. 刺激软骨内成骨的再生　值得注意的是大多数关于 CSD 的研究都试图直接再生骨,而肢体骨发育和骨折愈合都是通过软骨内成骨过程,即先形成软骨模板,然后被骨取代。Jukes 等指出小鼠或人 ESC 可以在体外向骨细胞方向分化,但皮下植入人体后并不分化为成骨细胞。如果 ESC 或 MSC 首先在体外向成软骨方向诱导,植入皮下后就会逐渐被更强健的骨所取代。已分化的软骨必须是自然的软骨内的,因为植入关节软骨并不会导致骨形成。此外,ESC 或 MSC 衍生的软骨内软骨盘可在 8mm 大小的大鼠颅骨 CSD 内诱导骨生成。这些结果提示在哺乳动物四肢的 CSD 内,达不到最佳骨填充,可能是由于错位地仅关注直接骨再生,而不是再现软骨内骨发育和骨折愈合的实际过程。

7. 建立 CSD 再生的两栖动物模型　成年有尾两栖动物如蝾螈截肢后可再生,但与哺乳动物一样无法跨越 CSD 再生。哺乳动物的 CSD 模型较昂贵,时常需要固定,而且骨再生的时间以月计。用有尾两栖动物来研究 CSD 再生的优势是简单和保有的花费不高,去除骨碎片微创外科手术以及组装支架或提供生长因子的实验步骤简单,伤口愈合快,术后不需要缝合或固定,术后护理简单、发病率和死亡率低,最后收集组织和组织学分析都较容易。最后,有尾两栖动物模型还可用于生长因子和支架组合的相对快速和直接的体内筛选。

吸附 BMP-2 的小珠可诱导跨越蝾螈半径骨内 CSD 的软骨再生,成纤维细胞似乎是再生软骨的细胞来源。Feng 等利用软骨内再生过程可将非洲爪蟾蜍跗骨的 CSD 连接。结果表明非洲爪蟾蜍跗骨 CSD 的间隙为骨头总长的 35%,而在哺乳动物则约为 20%。而未经治疗的 CSD 填充的是纤维瘢痕性的组织。把生物相容的含 BMP-4 和 VEGF 的 1,6 己二醇二乙酸(HDDA)聚合物支架植入跗骨的 CSD,结果显示其间隙完全由软骨连接起来,并在软骨中央开始出现骨形成。软骨再生的细胞来源没有进行跟踪,但很可能是成纤维细胞。HDDA 支架不是作为成骨基质,而是为 CSD 的整个长度内提供生长因子。该支架不能生物降解,会被再生的软骨推到一侧。BMP4 可能是促进软骨形成的主要因子,因为软骨不需要血管来维持发展;VEGF 和 BMP4 没有单独使用过,故不能确定 VEGF 是 BMP4 的协同增效因素。

有趣的是,成年蝾螈截肢后,再生 6 周的长骨内的软骨模板会在 CSD 内再生出新的软骨和骨。由于骨骼开始矿化,这种再生能力在截肢 7 周后很快退减。这些观察提示再生肢体骨骼中软骨模板的可塑性足以补偿重大的组织丢失,但已再生的骨骼组织不再有这种能力。软骨和骨对 CSD 反应的比较性分析可能对理解为什么哺乳动物长骨不能跨越 CSD 再生的原因有所帮助。

三、基于伊利扎诺夫牵引技术的骨延长

基于伊利扎诺夫(Ilizarov)研发出延长骨或软骨发育不全导致的长骨异常短小的一种方法。该方法通过切开或裂开骨皮质,最大限度保护骨髓、血管和神经,在 5～7 天后应用一个稳定的外部固定器进行纵向拉伸。固定器每天拉伸很小一段距离以使切开的两端分离 1mm。在骨膜和骨髓受损区域的 MSC 被激活,定向分化为软骨细胞,并形成盘状结构,并在近端和远端方向再生为软骨内骨。一旦达到骨形成所需要长度,再生部分会完全骨化,以后再从事各种体力活动。外部固定装置产生的张力无疑也激活肌卫星细胞,通过再生新的肌纤维来延长肌肉,与骨骼长度匹配。在延长治疗过程中,肢体活动及物理治疗是必不可少的,可避免因肌筋膜组织抵抗延长导致的痉挛和半脱位甚或脱位。

为确定加入细胞是否能扩大骨产物的体积,Richards 等把含 MSC 的胶原凝胶直接注入小鼠股骨间隙,通过 Ilizarov 牵引技术延长骨。单独的胶原凝胶也可扩大骨体积,但是含细胞的胶原凝胶的扩大幅度更显著。用供者细胞和宿主血清的裂解实验表明供者细胞的存活率需要考虑,但即便如此,细胞死之前也可能提供部

分生长因子,通过宿主细胞刺激骨骼再生。

四、用身体作为骨骼结构再生的生物反应器

Stevens 等描述了在机体异位移植的方法来生产新骨的新方法。使用 $200\mu l$ $CaCl_2$ 交联的藻酸盐胶填充兔胫骨骨膜下间隙,骨膜细胞(可能是 MSC)迁移到凝胶内以膜内方式形成骨密质,在植入 12 周藻酸盐溶解时神经血管化可达正常水平。形成的骨体积达到 $162mm^3$,估计已足够应用于同一动物的一次骨融合。骨的力学性质与正常骨已有可比性。显而易见的是,新骨的形成依赖于内源性生长因子,加入 TGF-β1 和 FGF-2 并不能改善结果。另外,有趣的是,将脂质体包被的 Suramin(血管浸入的抑制剂)导入生物反应器间隙会导致新软骨的形成,提示通过该方法可产生移植用软骨的可能性。将新骨收取并植入对侧胫骨 C 形缺损,6 周后的放射影像和组织学评价表明:植入骨已完成重塑,且与周围骨整合。

机体异位空间可用来产生复杂的骨骼结构,因为机体周边组织可使其血管化。Warnke 等描述了在患者背阔肌内产生生物人工下颌骨的方法。该患者 9 年前因为口腔癌手术失去了下颌骨,先对患者的头颅进行三维扫描,用此数据设计出一个蓝图,据此蓝图制造下颌形状的三维细网钛质箱笼,然后把自体骨髓细胞、小块牛骨基质和可刺激骨再生的 BMP-2 充填于其中。将此箱笼植入背阔肌 7 周后,将其连同周围肌肉和血管一并移除,连接到患者的剩余下颌骨部位,其血管与患者颈部血管相连。该人工构件继续形成新骨,约 10 年后,患者首次能够咀嚼固体食物。2 年后,该患者死于吸烟和饮酒相关问题。

Heliotis 等也描述了应用生物人工骨段部分替代由于肿瘤手术去除的下颌骨片段的治疗方法。该生物人工骨段是通过在胸肌植入浸有 BMP-7 的贝类衍生的羟磷灰石后血管化而生成的。

小　结

骨骼是一个动态的组织,通过破骨细胞对骨基质的吸收和成骨细胞的再生不断地进行重塑。破骨细胞是在包括成骨细胞在内的基质细胞产生的各种因子刺激下,从巨噬细胞分化形成的多核细胞。促使破骨细胞分化的最主要因子是 RANK 和 c-FMS,分别是巨噬细胞表面表达的结合 RANKL 和 M-CSF 的受体。M-CSF 是基质细胞产生的可溶性信号分子,但 RANKL 为基质细胞膜表面分子,破骨细胞分化产生因而需要巨噬细胞与基质细胞相接触。巨噬细胞也生成 OPG,作为一种诱饵蛋白与 RANK 竞争性地与 RANKL 结合但却抑制破骨细胞的分化。因此,破骨细胞的分化受 M-CSF 和 RANKL 相与 OPG 之间的浓度平衡所调控。破骨细胞黏附于骨基质并利用其分泌释放的 HCl 和蛋白酶分别溶解羟磷灰石和有机成分,然后发生凋亡,其吸收骨基质所产生的空间渐渐由成骨细胞所占据,并重建骨骼。成骨细胞是位于骨膜、骨内膜和骨髓的 MSC 分化产生的有丝分裂后细胞,多种生长因子可诱导 MSC 增生。BMP 诱导 MSC 的成骨决定,其他多种分子可促进成骨细胞的分化,在成骨细胞的分化中起关键作用的两个转录因子是 Runx2 和 Osx。

机体骨量受全身性和局部性信号通路所调控,这些通路或促进,或抑制成骨细胞或破骨细胞的分化。全身性的激素参与了骨骼的重塑,包括 PTH、PTHrP 和 $1,25\text{-}(OH)_2 D_3$,可刺激基质细胞表达 M-CSF 和 RANKL,从而促进破骨细胞分化,增加骨的吸收。脂肪细胞激素——瘦素也可通过上调成骨细胞表达 RANKL 从而增加破骨细胞的分化。瘦素还与下丘脑的受体结合,刺激支配骨的交感神经产生去甲肾上腺素,去甲肾上腺素与成骨细胞的相应受体 β_2-ARs 结合,可上调 RANKL;相反,性激素抑制破骨细胞的分化,而间断性的 PTH 注射和高剂量的维生素 D_3 都可刺激 MSC 分化为成骨细胞。经典 Wnt 通路在调控骨量方面也发挥作用。小鼠模型的成骨细胞 Wnt 信号的 Lrp5 成分的功能获得性突变可引起骨量过度,同时抑制成骨细胞的凋亡和破骨细胞的分化。反过来,Lrp5 的功能失活性突变则引起骨质疏松。但是,成骨细胞特异性 β-环联蛋白的功能获得性或失活性突变均不影响骨量,因为 Lrp5 不是通过成骨细胞的 β-环联蛋白,而是通过 Wnt 负向调控胃肠道细胞的血清素产生而发挥调控作用的。

骨量的局部调控通过基质降解吸收所释放的一系列细胞因子来实现。TNF-α 和 IL-1 可以促进破骨细胞的分化,而 LIF、IL-6、IL-11、制瘤素 M、CNTF 和低浓度的 Wnt 都促进 MSC 的增生。BMPs 诱导 MSC 的成骨决定,而高浓度的 Wnt 促进 MSC 分化为成骨细胞。全身与局部调控通路互有关联。TSH 通过负向调节 TNF-α 来抑制破骨细胞分化,通过抑制 MSC 表面 Wnt 受体 LRP-5 的表达来抑制 MSC 增殖及分化。

维持骨组织内稳定过程中,成骨细胞与破骨细胞的功能性偶联是通过两类细胞之间双向 ephrin 信号来实现的。内皮细胞吸引破骨细胞、单核细胞的前体细胞到需要吸收的部位。成骨细胞前体抵达骨膜位置,因此建立一个骨重塑腔室,两种细胞可通过双向 ephrin 信号相互作用。在破骨细胞吸收骨基质同时,同时将 ephringB2 的信号传给成骨细胞前体细胞的 EphE4 受体,刺激它们分化为成骨细胞。随着成骨细胞沉积新骨基质,它们也将 EphB4 到 ephrin B2 的反向信号传递给单核细胞,抑制它们向破骨细胞分化。

当软骨内成骨的长骨骨折时,在骨折区形成纤维蛋白血凝块填充骨折区,接着是炎症反应。骨再生不是形成瘢痕,而更类似于先形成软骨模板的软骨内成骨过程。在骨膜、内膜和骨髓中的 MSC 增生并分化为肥大的软骨细胞,其紧接着被骨骼替代。局部的骨折修复的调控因子也就是那些参与软骨内成骨发育以及骨重塑的调控因子。BMP 决定 MSC 变成软骨细胞。骨折局灶的软痂高表达 TGF-β、FGF-1 和 2,PDF 和 IGF-I,这些因子诱导软骨细胞分化。FGF-2 调控转录因子 Sox-9 的表达,Sox-9 激活激活 I 和 IX 型胶原蛋白的基因及蛋白聚糖基因。软痂周围的细胞群中表达 Ihh 信号通路分子,并形成骨膜,表明骨折的修复机制与长骨在胚胎发育期时软骨细胞成熟机制相同。随着软骨模板为成骨细胞侵蚀和替代,成骨细胞分化基因激活表达,包括 Runx2 和骨钙素等。其他一些与胚胎骨骼发育时相关的基因,包括调控 MSC 聚集、骨骼成型发育的基因还没有检查过。因为骨折修复是在特定空间发生的,骨骼成型基因不一定会被激活。

在刺激截骨术、骨折不连,以及骨的临界缝隙等情况时的再生方面,已做了相当多的尝试。多年来就有报道,脉冲电磁场可提升骨折不连的修复。动物实验研究发现可溶性因子 BMPs、FGF-2 和合成肽 TP508 可加速骨折和截骨术后的修复。在 80% 的病例中,注射自身骨髓细胞到骨折不连处都可刺激骨形成反应。

跨越临界尺寸的骨缺损缝隙(CSD)的再生就困难得多。目前的策略是移植可从周围组织吸收生长因子,或已负载有生长因子 FGF-2、BMP-2 和 4,以及 VEGF 的支架,或人工生物骨。已被证明有利于成骨细胞迁移和骨再生的支架包括猪 SIS、聚乙醇和酸聚乳酸及两者的共聚体、胶原、透明质酸或明胶水凝胶、磷酸钙陶瓷和水泥,以及可吸收性玻璃颗粒。将来,还逐渐会有通过移行的细胞逐渐吸收降解后能缓慢释放生长因子的支架材料。其中一个支架材料是将 BMP-2 整合进偶联到聚乙烯乙二醇 RGD 粘连肽水凝胶形成的,而偶联是通过包含 MMP 剪切位点的肽链实现的。成骨细胞黏附到 RGD 位点并产生 MMPs,后者降解凝胶即可释放 BMP-2。将 BMP 表达质粒整合入胶原凝胶内,成骨细胞移行到支架材料后可内吞质粒然后表达 BMPs。目前这些方法和技术都有临床应用的报道,包括从周围微环境吸收 BMPs 的陶瓷支架、负载自体骨髓细胞的陶瓷支架,以及含有骨髓细胞以重建颚部缺损的 PLLA 网箱等。Ilizarov 撑开是一种可通过填充再生材料并逐渐增宽缝隙以延长长骨的方法。在骨脆裂放置一个设施,每天缓慢撑开一点缝隙,该撑开力可激活骨膜和骨髓的 MSCs,逐渐形成一个生长板区域。

针对 CSD 的大多数研究都关注直接的骨再生。然而,长骨发育和骨折愈合时通过软骨内成骨过程,即首先形成软骨模板,然后由骨来替代。目前小鼠研究证据表明 CSD 的软骨内过程可导致更好的骨再生。小鼠的研究结果在蛙的跗跖骨研究也得到证实:从非可降解性支架传送的 BMP-4 可诱导完全跨越 CSD 的软骨模板的再生,而这个软骨模板随后就发生矿化。两栖动物具有哺乳动物系统所不具备的一些优点,已逐渐成为研究 CSD 再生的一个新模型。

机体可被认为是一个能制造新骨甚至复杂的骨骼系统结构的生物反应器。海藻酸盐凝胶可允许 MSC 移行并分化成骨与软骨,将海藻酸盐包装在兔尺骨骨膜下,可长出新的骨和软骨。其中新骨还可用来移植治疗对侧尺骨的缺损。也可用负载了骨髓细胞、骨基质颗粒和 BMP-2 的钛网制作生物人工颌骨,将其移植到背阔肌后,可分化成骨且被血管化。新形成的颌骨可移出然后连接到头颅骨。

(周光前 谭爽 梁雨虹)

参 考 文 献

1. David L Stocum. 再生生物学与再生医学. 庞希宁,付小兵,译. 北京:科学出版社,2012.

2. 付小兵. 再生医学原理与实践. 上海:上海科技出版社,2008.

3. 裴雪涛. 再生医学:理论与技术. 北京:科学出版社,2010.

4. Lorenzo J,Horowitz M,Choi Y. Osteoimmunology:Interactions of the Bone and Immune System. Endocr Rev,2008,29(4):403-40.

5. Deschaseaux F, Sensébé L, Heymann D. Mechanisms of bone repair and regeneration. Trends in Molecular Medicine, 2010, 15(9): 417-429.

6. Clarke B. Normal Bone Anatomy and Physiology. Clin J Am Soc Nephro, 2008, 3(3): 131-139.

7. Raggatt LJ, Partridge NC. Cellular and Molecular Mechanisms of Bone Remodeling. J Biol Chem, 2010, 285(33): 25103-25108.

8. Fattore AD, Teti A, Rucci N. Bone cells and the mechanisms of bone remodelling. Front Biosci, 2012, E4, 2302-2321.

9. Abrahamsson SO, Lundborg G, Lohmander LS. Recombinant human insulin-like growth factor-1 stimulates in vitro matrix synthesis and cell proliferation in rabbit flexor tendon. J Orthop Res, 1991, 9(4): 495-502.

10. Akita S, Fukui M, Nakgawa H, et al. Cranial bone defect healing is accelerated by mesenchymal stem cells induced by administration of bone morphogenetic protein-2 and basic fibroblast growth factor. Wound Rep Reg, 2004, 12(2): 252-259.

11. Almonte-Becerril M, Navarro-Garcia F, Gonzalez-Robles A, et al. Cell death of chondrocytes is a combination between apoptosis and autophagy during the pathogenesis of osteoarthritis within an experimental model. Apoptosis, 2010, 15(5): 631-638.

12. Alderton JM, Steinhardt A. How calcium influx through calcium leak channels is responsible for the elevated levels of calcium-dependent proteolysis in dystrophic myotubes. Trends Cardiovasc Med, 2000, 10(6): 268-272.

13. Ambro BT, Zimmerman J, Rosenthal M, et al. Nasal septal perforation repair with porcine small intestinal submucosa. Arch Facial Plast Surg, 2003, 5(6): 528-529.

14. Awad HA, Butler DL, Harris MT, et al. In vitro characterization of mesenchymal stem cell-seeded scaffolds for tendon repair: effects of initial seeding density on contraction kinetics. J Biomed Mater Res, 2000, 51(2): 233-240.

15. Abe E, Marians RC, Yu W, et al. TSH is a negative regulator of skeletal remodeling. Cell, 2003, 115(2): 151-162.

16. Abou-Khali R, Le Grand F, Pallafacchina G, et al. Autocrine and paracrine angiopoietin 1/Tie-2 signaling promotes muscle satellite cell self-renewal. Cell Stem Cell, 2009, 5(3): : 298-309.

17. Adamo ML, Farrar P. Resistance training and IGF involvement in the maintenance of muscle mass during the aging process. Ageing Res Rev, 2006, 5(3): 310-331.

18. Alliston T, Derynck R. Interfering with bone remodeling. Nature, 2002, 416(6882): 686-687.

19. Amadio PC, Tendon, ligament In, Cohen I K, et al. Wound Healing: Biochemical & Clinical Aspects. WB Saunders Co, Philadelphia, 1992: 384-395.

20. Aoi W, Sakuma K. Does regulation of skeletal muscle function involve circulating microRNAs. Front Physio, 2014, 5: 39.

21. Armand AS, Gaspera D, Launay T, et al. Expression and neural control of follistatin versus myostatin genes during regeneration of mouse soleus. Dev Dynam, 2003, 227(2): 256-265.

22. Arthur A, Rychkov G, Shi S, et al. Adult human dental pulp stem cells differentiate toward functionally active neurons under appropriate environmental cues. Stem Cells, 2008, 26(7): 1787-1795.

23. Asakura A, Hirai H, Kablar B, et al. Increased survival of muscle stem cells lacking the MyoD gene after transplantation into regenerating skeletal muscle. Proc Natl Acad Sci USA, 2007, 104(42): 16552-16557.

24. Batouli S, Miura M, Brahim J, et al. Comparison of stem-cell-mediated osteogenesis and dentinogenesis. J Dent Res, 2003, 82: (12) 976-981.

25. Beauchamp JR, Morgan JE, Page CN, et al. Dynamics of myoblast transplantation reveal a discrete minority of precursors with stem cell-like properties as the myogenic source. J Cell Biol, 1999, 144(6): 1113-1122.

26. Bi Y, Ehirchiou D, Kilts TM, et al. Identification of tendon stem/progenitor cells and the role of the extracellular matrix in their niche. Nature Med, 2007, 13(10): 1219-1227.

27. Bischoff R. A satellite cell mitogen from crushed adult muscle. Dev Biol, 1986, 115(1): 140-147.

28. Boyden LM, Mao J, Belsky J, et al. High bone density due to a mutation in LDL-receptor-related protein 5. New Engl J Med, 1986, 346(20): 1513-1521.

29. Boyle WJ, Simonet S, Lacey DL. Osteoclast differentiation and activation. Nature, 2003, 423(6937): 337-342.

30. Bozec A, Bakiri L, Hoebertz A, et al. Osteoclast size is controlled by Fra-2 through LIF/LIF-receptor signaling and hypoxia. Nature, 2008, 454: 221-225.

31. Brack AS, Conboy MJ, Roy S, et al. Increased Wnt signaling during aging alters muscle stem cell fate and increases fibrosis. Science, 2007, 317(7201): 807-810.

32. Brack AS, Conboy IM, Conboy MJ, et al. A temporal switch from Notch to Wnt signaling in muscle stem cells is necessary for normal adult myogenesis. Cell Stem Cell, 2008, 2(1): 50-59.

33. Brack A. Adult muscle stem cells avoid death andpaxes. Cell Stem Cell,2009,5(2):132-134.

34. Brighton CT,Hunt RM. Early histological and ultrastructural changes in medullary fracture callus. J Bone Joint Surg,1991,73(6):832-847.

35. BuckinghamM,RigbyPW. Gene regulatory networks and transcriptional mechanisms that control myogenesis. Dev Cell,2014,28(3):225-238.

36. Burr DB,Robling AG,Turner CH. Effects of biomechanical stress on bones n animals. Bone,2002,30(5):781-786.

37. Burkin DJ,Kaufman SJ. The alpha7beta1 integrin in muscle development and disease. Cell Tiss Res,1999,296(1):183-190.

38. Burt-Pichat B,Lafage-Proust MH,Duboeuf F,et al. Dramatic decrease of innervation density in bone after ovariectomy. Endocrinology,2005,146(1):503-510.

39. Badylak SF,Arnoczky S,Plouhar P,et al. Naturally occurring extracellular matrix as a scaffold for musculoskeletal repair. Clin Orthopaed Rel Res,1999,367S:S333-S343.

40. Banes AJ,Tsuzaki M,Hu P,et al. PDGF-B,IGF-1 and mechanical load stimulate DNA synthesis in avian tendon fibroblasts in vitro. J Biomech,1995,28(12):1505-1513.

41. Barry F,Murphy M. Mesenchymal stem cells in joint disease and repair. Nat Rev Rheumatol,2013,9(10):584-594.

42. Benchaouir R,Meregall M,Farini A,et al. Restoration of human dystrophin following transplantation of exon-skipping-engineered DMD patient stem cells into dystrophic mice. Cell Stem Cell,2007,1(6):646-657.

43. Bertone AL,Pittman DD,Bouxsein ML,et al. Adenoviral-mediated transfer of human BMP-6 gene accelerates healing in a rabbit ulnar osteotomy model. J Orthopaed Res,2004,22(6):1261-1270.

44. Blaveri K,Heslop L,Yu D S,et al. Patterns of repair of dystrophic mouse muscle:studies on isolated fibers. Dev Dynam,1999,216(3):244-256.

45. Bluteau G,Luder HU,De Ban C,et al. Stem cells for tooth engineering. Eur Cell Mater,2008,16:1-9

46. Bonadio J. Genetic approaches to tissue repair. Ann NY Acad Sci,2002,961:58-60.

47. Borsell C,Storrie H,Benesch-Lee F,et al. Functional muscle regeneration with combined delivery of angiogenesis and myogenesis factors. Proc Natl Acad Sci USA,2010,107(8):3287-3292.

48. Bottino MC,Thomas V,Janowski GM. A novel spatially designed and functionally graded electrospun membrane for periodontal regeneration. Acta Biomateriala,2011,7(1):216-224.

49. Bourke SL,Kohn J,Dunn MG. Preliminary development of a novel resorbable synthetic polymer fiber scaffold for anterior cruciate ligament reconstruction. Tiss Eng,2004,10(1-2):43-52.

50. Brittberg M. Autologous chondrocyte transplantation. Clin Orthopaed Rel Res,1999,367S:S147-S155.

51. Bruder SP,Caplan AI. Bone regeneration through cellular engineering. In:Lanza,RP,Langer,R,Vacanti,J(Eds.),Principles of Tissue Engineering,second ed. Academic Press,New York,pp,2000:683-695.

52. Buma P,Ramrattan NN,van Tienen TG,et al. Tissue engineering of the meniscus. Biomats,2004,25:L1523-1532.

53. Burton EA,Davies KE. Muscular dystrophy—reason foroptimism? Cell,2002,108:5-8.

54. Bushby K,Genetics and the muscular dystrophies. Dev Med Child Neurol,2002,42(11):780-784.

55. Carinci F,Papaccio G,Laino G,et al. Comparison between genetic portraits of osteoblasts derived from primary cultures and osteoblasts obtained from human pulpar cells. J Craniofac Surg,2008,19(3):616-625.

56. Carlson BM. Muscle regeneration in amphibians and mammals:passing the torch. Dev Dynam,2003,226(2):167-181.

57. Carnac G,Fajas LL,L'Honore A,et al. The retinoblastoma-like protein p130 is involved in the determination of reserve cells in differentiating myoblasts. Curr Biol,2000,10(9):543-546.

58. Cerletti M,Jurga S,Witczak CA,et al. Highly efficient,functional engraftment of skeletal muscle stem cells in dystrophic muscles. Cell,2008,134(1):37-47.

59. Cerletti M,Stevenson K,Neuberg D,et al. Skeletal muscle precursor grafts in dystrophic muscle. Cell,2008,135:998-999.

60. Chai Y,Slavkin HC. Prospects for tooth regeneration in the 21st century:a perspective. Microsc Res,2003,60(5):469-479.

61. Chalmers J. Treatment of Achilles tendon ruptures. JOrthopaed Surg,2000,8(1):97-99.

62. Chenu C. Role of innervation in the control of bone remodeling. J Musculoskel Neuron Interact,2004,4(2):132-134.

63. Cohn RD,Henry MD,Michele DE,et al. Disruption of Dag1 in differentiated skeletal muscle reveals a role fordystroglycan in muscle regeneration. Cell,2002,110(5):639-648.

64. Collins CA,Olsen I,Zammit PS,et al. Stem cell function,self-renewal and behavioral heterogeneity of cells from the adult muscle

satellite cell niche. Cell,2005,122(2):289-301.

65. Conboy IM,Rando TA. The regulation of Notch signaling controls satellite cell activation and cell fate determination in postnatal myogenesis. Dev Cell,2002,3(2):397-409.

66. Conboy MJ,Karasov AO,Rando T. High incidence of non-random template strand segregation and asymmetric fate determination in dividing stem cells and their progeny. PLoS Biol,2007,5(5):102.

67. Cornelison DDW,Filla MS,Stanley H,et al. Syndecan-3 and syndecan-4 specifically mark skeletal muscle satellite cells and are implicated in satellite cell maintenance and muscle regeneration. Dev Biol,2001,239(1):79-94.

68. DeMarco FF,Conde MC,Cavalcanti BN,et al. Dental pulp tissue engineering. Braz Dent J,2011,22(1):3-13.

69. Denham J,Marques FZ,O'Brien BJ,Charchar FJ. Exercise:putting action into our epigenome. Sports Med,2014,44(2):189-209.

70. Desiderio V,Tirino V,Papaccio G,et al. Bone defects:Molecular and cellular therapeutic targets. Int J Biochem Cell Biol,2014,51:75-78.

71. Dobreva G,Chahrour M,Dautzenberg M,et al. SATB2 is a multifunctional determinant of craniofacial patterning and osteoblast differentiation. Cell,2006,125(5):971-986.

72. Ducy P,Schinke T,Karsenty G. The osteoblast:a sophisticated fibroblast under central surveillance. Science,2000,289(5484):1501-1504.

73. Cancedda R,Giannon iP,Mastrogiacomo M. A tissue engineering approach to bone repair in large animal models and in clinical practice. Biomas,2007,28(29):4240-4250.

74. Cao Y,Li H. Polyprotein of GB1 is an ideal artificial elastomeric protein. Nature Mats,2007,6(2):109-114.

75. Carpenter JE,Hankenson KD. Animal models of tendon and ligament injuries for tissue engineering applications. Biomats,2004,25(9):1715-1722.

76. Cerletti M,Jurga S,Witczak CA,et al. Highly efficient,functional engraftment of skeletal muscle stem cells in dystrophic muscles. Cell,2008,134:37-47.

77. Chaikof EL. Muscle mimic. Nature,2010,465(1):44-45.

78. Chamberlain JS,Metzger J,Reyes M,et al. Dystrophin-deficient mdx mice display a reduced life span and are susceptible to spontaneous rhabdomyosarcoma. FASEB J,2007,21(9):2195-2204.

79. Chamberlain CS,Leiferman EM,Frfisch KE,et al. The influence of interleukin-4 on ligament healing. Wound Rep Reg,2011,19(3):426-435.

80. Chan YS,LiY,Foster W,et al. Antifibrotic effects of suramin in injured skeletal muscle after laceration. J Appl Physiol,2003,95(2):771-780.

81. Chen J,Itman GH,Karageorgiou V,et al. Human bone marrow stromal cell and ligament fibroblast responses on RGD-modified silk fibers. J Biomed Mater Res,2003,67(2):559-570.

82. Clegg DO,Reda DJ,Harris CL,et al. Glucosamine,chondroitin sulfate,and the two in combination for painful knee osteoarthritis. New Eng J Med,2006,354(8):795-808.

83. Cochran DL,Wozney JM. Biological mediators for periodontal regeneration. Periodontol,2000,19:40-58.

84. Cohn RD,Campbell KP. The molecular basis of musculardystrophy. Muscle Nerve,2000,23(10):1456-1471.

85. Cohn RD,Erp C,Habashi JP,et al. Angiotensin II type 1 receptor blockade attenuates TGF-β-induced failure of muscle regeneration in multiple myopathic states. Nature Med,2007,13(2):204-210.

86. Cook JL,Fox DB. A novelbioabsorbable conduit augments healing of avascular meniscal tears in a dog model. Am J Sports Med,2007,35(11):1877-1887.

87. Cossu G,Mavilio F. Myogenic stem cells for the therapy of primary myopathies:wishful thinking or therapeutic perspective. Clin Invest,2000,105(12):1669-1674.

88. Cowan CM,Shi YY,Aalami OO,et al. Adipose-derived adult stromal cells heal critical-size mouse calvarial defects. Nature Biotech,2004,22(5):560-567.

89. Dahlgren LA,Mohammed HO,Nixon AJ. Temporal expression of growth factors and matrix molecules in healing tendon lesions. J Orthopaed Res,2005,23(1):84-92.

90. De SMPR,Ferretti R,Moraes LH,et al. N-acetylcysteine treatment reduces TNF-alpha levels and myonecrosis in diaphragm mmuscle of mdx mice. Clin. Nutr,2012,32(3):472-475.

91. Dellavalle A,Sampaolesi M,Tonlorenzi R,et al. Pericytes of human skeletal muscle are myogenic precursors distinct from satellite

cells. Nature Cell Biol,2007,9(3):255-267.

92. De MN,Silva MF,Macedo LGS,et al. Bone defect regeneration with bioactive glass implantation in rats. J Appl Oral Sci,2004,12(2):137-143.

93. Dennis JE,Solchaga LA,Caplan AI. Mesenchymal stem cells for musculoskeletal tissue engineering. Landes Biosci,2001,1:112-115.

94. Desvarieux M,Demmer RT,Rundek T,et al. Relationship between periodontal disease,tooth loss,and carotid artery plaque:the Oral Infections and Vascular Disease Epidemiology Study(INVEST). Stroke,2003,34(9):2120-2125.

95. Duailibi MT,Duailibi SE,Young CS,et al. Bioengineered teeth from cultured rat tooth bud cells. Dent Res,2004,83(7):523-528.

96. Dupont KM,Sharma K,Stevens HY,et al. Human stem cell delivery for treatment of large segmental bone defects. Proc Natl Acad Sci USA,2010,107(8):3305-3310.

97. El-Fayomi A,El-Shahat A,Omara M,et al. Healing of bone defects by guided bone regeneration(GBR):an experimental study. Egypt J Plast Reconstr Surg,2003,27:159-166.

98. Elter JR,Offenbacher S,Toole JF,et al. Relationship of periodontal disease and edentulism to stroke/TIA. J Dent Res,2003,82(12):998-1001.

99. Einhorn TA. The cell and molecular biology of fracture healing. Clin Orthopaed Related Res,1998,355S:7-21.

100. Elefteriou F,Ahn JD,Takeda S,et al. Leptin regulation of bone resorption by the sympathetic nervous system and CART. Nature,2005,434(7032):514-520.

101. Elmquist JK,Strewler GJ. Do neural signals remodel bone. Nature,2005,434(7032):447-448.

102. Erben RG. Vitamin D analogs and bone. J Musculoskel Neuron Interact,2001,2(1):59-69.

103. Ferretti A,Conteduca F,Morelli F,et al. Regeneration of the semitendinosus tendon after its use in anterior cruciate ligament reconstruction. Am Sports Med,2002,30(2):204-261.

104. Ferretti P,Ghosh S. Expression of regeneration-associated cytoskeletal proteins reveals differences and similarities between regenerating organs. Dev Dynam,1997,210(3):288-304.

105. Ferron M,Wei J,Yoshizawa T,et al. Insulin signaling in osteoblasts integrates bone remodeling and energy metabolism. Cell,2010,142(2):296-308.

106. Figeac N,Daczewska M,Marcelle C,et al. Muscle stem cells and model systems for their investigation. Dev Dynam,2007,236(12):3332-3342.

107. Charles C,Thomas SIL,Fukada S,et al. Molecular signature of quiescent satellite cells in adult skeletal muscle. Stem Cells,2007,25(10):2448-2459.

108. Fulzele K,Riddle RC,DiGiirolamo DJ,et al. Insulin receptor signaling in osteoblasts regulates postnatal bone acquisition and body composition. Cell,2010,142(2):309-319.

109. Filvaroff E,Erlebacher A,Ye JQ,et al. Inhibition of TGF-β receptor signaling in osteoblasts leads to decreased bone remodeling and increased trabecular bone mass. Development,1999,126(19):4267-4279.

110. Frank CB. Ligament structure,physiology and function. J Musculoskel Neuron Interact,2003,4(2):199-201.

111. Feng L,Milner DJ,Xia C,et al. Long bone critical size defect repair by regeneration in adult Xenopus laevis hindlimbs. Tissue Eng Part A,2010,17(5-6):691-701.

112. Flann K,Rathbone C,Cole L,et al. Hypoxia simultaneously alter ssatellite cell-mediated angiogenesis and hepatocyte growth factor expression. Cell Physiol,2013,229(5):572-579.

113. Fuentes BI,Lopez AM,Maneir E,et al. Pig chondrocyte xenoimplants for human chondral defect repair:an in vitro model. Wound Rep Reg,2004,12(4):444-452.

114. Galvez BG,Sampaolesi M,Brunelli S,et al. Complete repair of dystrophic skeletal muscle by mesoangioblasts with enhanced migration ability J Cell Biol,2006,174(2):231-243.

115. Gao J,Knaack D,Goldberg V,et al. Osteochondral defect repair by demineralized cortical bone matrix. Clin Orthopaed Rel Res,2004,427S:S62-S66.

116. Gargioli C,Coletta M,De GF,et al. PlGF-MMP-9-expressing cells restore microcirculation and efficacy of cell therapy in aged dystrophic muscle. Nature Med,2008,14(9):973-978.

117. Ghivizzani SC. Genetic approaches to the repair of connective tissues. Ann NY Acad Sci,2002,961:65-67.

118. Goldring SR,Goldring MB. Clinical aspects,pathology and pathophysiology of osteoarthritis. J Musculoskelet Neuronal Interact,

2006,6(4):376-378.

119. Goldstein SA,Patil P,Moalli M. Perspectives on tissue engineering of bone. Clin Orthopaed Rel Res,1999,367:S419-423.

120. Glass II DA,Bialek P,Ahn JD,et al. Canonical Wnt signaling in differentiated osteoblasts controls osteoclast differentiation. Dev Cell,2005,8(5):751-764.

121. Glowacki J. Angiogenesis in fracture repair. Clin Orthopaed Related Res,1998,355S:S82-S89.

122. Gong Y,Slee RB,Fukai N,et al. LDL receptor-related protein 5(LRP5)affects bone accrual and eye development. Cell,2001,107(4):513-523.

123. Gronthos S,Mankani M,Brahim J,et al. Postnatal human dental pulp stem cells(DPSCs)in vitro and in vivo. Proc Natl Acad Sci USA,2000,97(25):13625-13630.

124. Gros J,Manceau M,Thome V,et al. A common somatic origin for embryonic muscle progenitors and satellite cells. Nature,2005,435(7044):954-958.

125. Grottkau BE,Purudappa PP,Lin YF. Multilineage differentiation of dental pulp stem cells from green fluorescent protein transgenic mice. Int J Oral Sci,2010,2(1):21-27.

126. Hadjiargyrou M,Lombardo F,Zhao S,et al. Transcriptional profiling of bone regeneration. Biol Chem,2002,277(33):30177-30182.

127. Halevy O,Piestun Y,Allouh MZ,et al. Pattern of Pax7 expression during myogenesis in the posthatch chicken establishes a model for satellite cell differentiation and renewal. Dev Dynam,2004,231(3):489-502.

128. Hameed M,Lange KH,Andersen JL,et al. The effect of recombinant human growth hormone and resistance training on IGF-I mR-NA expression in the muscles of elderly men. Physiol,2004,555(Pt 1):231-240.

129. Harada SI,Rodan G. Control of osteoblast function and regulation of bone mass. Nature,2003,423:349-354.

130. Hassan MQ,Maeda Y,Taipaleenmaki H,et al. miR-218 directs a Wnt signaling circuit to promote differentiation ofosteoblasts and osteomimicry of metastatic cancer cells. J Biol Chem,2012,287(50):42084-42092.

131. Hauge EM,Qvesel D,Eriksen EF,et al. Cancellous bone remodeling occurs in specialized compartments lined by cells expressing osteoblastic markers. J Bone Miner Res,2001,16(9):1575-1582.

132. Hill M,Goldspink G. Expression and splicing of the insulin-like growth factor-I gene in rodent muscle is associated with muscle satellite(stem)cell activation following local tissue damage. J Physiol,2003,549(Pt 2):409-418.

133. Hock JM. Anabolic actions of PTH in the skeletons of animals. Musculoskel Neuron Interact,2001,2(1):33-47.

134. Hofbauer LC,Kuhne CA,Viereck V. The OPG/RANKL/ RANK system in metabolic bone diseases. Musculoskel Neuron Interact,2004,4:268-275.

135. Huang GTJ,Shagramanova K,Chan SW. Formation of odontoblastlike cells from cultured human dental pulp cells on dentin in vitro. Endod,2006,32(11):1066-1073.

136. Ishii M,Egen JG,Klauschen F,et al. Sphingosine-1-phosphate mobilizes osteoclast precursors and regulates bone homeostasis. Nature,2009,458(7237):524-528.

137. Jahagirdar R,Scammel BE. Principles of fracture healing and disorders of bone union. Surgery,2008,27:63-69.

138. Johnson ML. The high bone mass family—the role of Wnt/Lrp5 signaling in the regulation of bone mass. Musculoskel Neuron Interact,2004,4(2):135-138.

139. Jones DC,Wein MN,Oukka M,et al. Regulation of adult bone mass by the zinc finger adapter protein Schnurri-3. Science,2006,312(5777):1223-1227.

140. Kirkley A,Birmingham TB,Litchfield RB,et al. A rand-omized trial of arthroscopic surgery for osteoarthritis of the knee. New Eng J Med,2008,359(11):1097-1107.

141. Klaue K,Knothe U,Anton C,et al. Bone regeneration in long-bone defects:tissue compartmentalisation. In vivo study on bone defects in sheep. Injury,2009,40S4:S95-S102.

142. Knutsen G,Drogset JO,Engebretsen L,et al. A randomized trial comparing autologous chondrocyte implantation with microfracture. Bone Joint Surg,2016,98(16):1332-1339.

143. Koelling S,Kruegel J,Irmer M,et al. Migratory chondrogenic cells from repair tissue during the later stages of human osteoarthritis. Cell Stem Cell,2009,4(4):324-335.

144. Kon E,Gobbi A,Filardo G,et al. Arthroscopic second-generation autologous chondrocyte implantation compared with microfracture for chondral lesions of the knee:prospective non-randomized study at 5 years. Am J Sports Med,2009,37(1):33-41.

145. Kouri JB,Aguilera JM,Reyes J,et al. Apoptotic chondrocytes from osteoarthritic human articular carti-lage and abnormal calcification of subchondral bone. Rheumatol,2000,27(4):1005- 1019.

146. Karsenty G. The complexities of skeletal biology. Nature,2003,423(6937):316-318.

147. Kerr T. Development and structure of some actinopteryian and urodele teeth. Proc Zool Soc Lond,1958,133:401-424.

148. Kolar P,Schmidt BK,Schell H,et al. The early fracture hematoma and its potential role in fracture healing. Tiss Eng Part B,2010,16(4):427-434.

149. Kuang S,Kuroda K,Le-Grand F,et al. Asymmetric self-renewal and commitment of satellite stem cells in muscle. Cell,2007,129(5):999-1010.

150. Kuang S,Gillespie MA,Rudnicki MA. Niche regulation of muscle satellite cell self-renewal and differentiation. Cell Stem Cell,2008,2(1):22-31.

151. Kurosaka H,Takano YT,Yamashiro T,et al. Comparison of molecular and cellular events during lower jaw regeneration of newt(Cynops pyrrhogaster)and West African clawed frog(Xenopus laevis). Dev Dynam,2008,237:354-365.

152. Lee SJ,McPherron AC. Regulation of myostatin activity and muscle growth. Proc Natl Acad Sci USA,2001,98(16):9306-9311.

153. Lee SH,Rho J,Jeong D,et al. v-ATPase V0 subunit d2-deficient mice exhibit impaired osteoclast fusion and increased bone forma-tion. Nature Med,2006,12(12):1403-1409.

154. LeGrand F,Jones AE,Seale V,et al. Wnt7a activates the planar cell polarity pathway to drive the symmetric expansion of satellite stem cells. Cell Stem Cell,2009,4(6):535-547.

155. Lepper C,Conway SJ,Fan CM. Adult satellite cells and embryonic muscle progenitors have distinct genetic requirements. Nature,2009,460(7255):627-631.

156. Lorenzo G,and Pier LP. Epigenetic control of skeletal muscle regeneration-Integrating genetic determinants and environmental changes. FEBS J,2013,280(17):4014-4025.

157. Luan X,Ito Y,Dangaria S,et al. Dental follicle progenitor cell heterogeneity in the developing mouse peridontium. Stem Cells Dev,2006,15(4):595-608.

158. Levenberg S,Rouwkema J,Macdonald M,et al. Engineering vascularized skeletal muscle tissue. Nature Biotech,2005,23(7):879-884.

159. Li Y,Tew SR,Russell AM,et al. Transduction of passaged human articular chondrocytes with adenoviral,retroviral,and lentiviral vectors and the effects of enhanced expression of SOX9. Tiss Eng,2004,10(3-4):575-584.

160. Li Y,Li J,Zhu J,et al. Decorin gene transfer promotes muscle cell differentiation and muscle regeneration. Mol Therapy,2007,15(9):1616-1622.

161. Lian Q,Zhang J,Zhang HK,et al. Functional mesenchymal stem cells derived from human induced pluripotent stem cells attenu-ate limb ischemia in mice. Circulation,2010,121(9):1113-1123.

162. Liang R,SL-Y Woo,Takakura Y,et al. Long-term effects of porcine small intestine submucosa on the healing of medial collateral ligament:a functional tissue engi-neeringstudy . J Orthop Res,2006,24(4):811-819.

163. Lipiello L,Woodward J,Karpman R,et al. In vivo chondroprotection and metabolic synergy of glucosamine and chon-droitinsulfate. ClinOrthopaedRel Res,2000,381:229-240.

164. Lu QL,Morris GE,Wilton SD,et al. Massive idiosyncratic exon skipping corrects the nonsense mutation in dystrophic mouse muscle and produces functional revertant fibers by clonal expansion. J Cell Biol,2000,148(5):985-995.

165. Lutolf MP,Weber F,Schmoekel HG,et al. Repair of bone defects using synthetic mimetics of collagenous extracellular matri-ces. Nature Biotech,2003,21(5):513-518.

166. Lv S,Dudek DM,Cao Y,et al. Designed biomaterials to mimic the mechanical properties of mus-cles. Nature,2010,465(7294):69-73.

167. Majumdar MK,Askew R,Schelling S,et al. Double-knockout of ADAMTS-4 and ADAMTS-5 in mice results in physiologically nor-mal animals and prevents the progression of osteoarthritis. Arth Rheum,2007,56(11):3670-3674.

168. Mapeli M,Randazzo N,Cancedda R,et al. Serum-free growth medium sustains commitment of human articular chondrocyte through maintenance of Sox9 expression. Tiss Eng,2004,10(1-2):145-155.

169. Mandl EW,Van Der Veen SW,Verhaar JAN,et al. Multiplication of human chondrocytes with low seeding den-sities accelerates cell yield without losing redifferentiationcapacity . Tiss Eng,2004,10(1-2):109-118.

170. Mark RA . Spine fusion for discogenic low back pain:outcomes in patients treated with or without pulsed electromagnetic field stim-

ulation . AdvTherap,2000,17(2):57-67.

171. Marx RE,Carlson ER,Eichstaedt RM,et al. Platelet-rich plasma:growth factor enhancement for bone grafts. Oral Syrg Oral Med Oral Pathol Oral RadiolEndod,1998,85(6):638-646.

172. Masini BD,Waterman SM,Wenke JC,et al . Resource utilization and disability outcome assess-ment of combat casualties from Operation Iraqui Freedom and Operation Enduring Freedom . J Orthop Trauma,2009,23(4):261-266.

173. Meregalli M,Farini A,Sitzia C,et al. Advancements in stem cells treatment of skeletal muscle wasting. Front Physiol,2014,5:48.

174. Misoge N,Hartmann M,Maelicke C,et al . Expression of collagen type I and type II in consecutive stages of human osteo-arthritis. Histochem Cell Biol,2004,122(3):229-236.

175. Montarras D,Morgan J,Collins C,et al. Direct isolation of sat-ellite cells for skeletal muscle regeneration. Science,2005,309 (5743):2064-2067.

176. Murray PE,Garcia-Godoy F. Stem cell responses in tooth regen-eration . Stem Cells Dev,2004,13(3):255-262.

177. Mushal V,Abramowitch SD,Gilbert TW,et al. The use of porcine small intestinal submucosa to enhance the healing of the medial collateral ligament—a functional tissue engineering study in rabbits . Orthopaed Res,2004,22(1):214-220.

178. Mariani FV,Martin GR. Deciphering skeletal patterning:clues from the limb . Nature,2003,423(6937):319-325.

179. Martin TJ. Paracrine regulation of osteoclast formation and activity:milestones in discovery . J Musculoskel Neuron Interact,2004,4 (3):243-253.

180. McCroskery S,Thomas M,Maxwell L,et al. Myostatin negatively regulates satellite cell activation and self-renewal . J Cell Biol, 2003,162(6):1135-1147.

181. McKibbin B. The biology of fracture healing in long bones . J Bone Joint Surg,1978,60-B(2):150-162.

182. Miura M,Gronthos S,Zhao M,et al. SHED:stem cells from human exfoliated deciduous teeth . Proc Natl Acad Sci USA,2003,100 (10):5807-5812.

183. Montarras D,Morgan J,Collins C,et al. Direct isolation of satellite cells for skeletal muscle regeneration. Science,2005,309 (5743):2064-2067.

184. Moore R,Walsh FS. The cell adhesion molecule M-cadherin is specifically expressed in developing and regenerating,but notdenervated muscle . Development,1993,117(4):1409-1420.

185. Morszceck C,Gotz W,Schierholz J,et al. Isolation of precursor cells(PCs)from human dental follicle of wisdom teeth . Matrix Biol, 2005,24(2):155-165.

186. Murakami S,Kan M,McKeehan WL,et al. Up-regulation of the chondrogenic Sox9 gene by fibroblast growth factors is mediated by the mitogen-activated protein kinase pathway . ProcNatlAcadSci USA,2000,97(3):1113-1118.

187. Murphy MM,Lawson JA,Mathew SJ,et al. Satellite cells,connective tissue fibroblasts and their interactions are crucial for muscle regeneration . Development,2011,138(17):3625-3637.

188. Murray PE,Garcia-Godoy F. Stem responses in tooth regeneration . Ste Cells Dev,2004,13(3):255-262.

189. Nagata Y,Partridge TA,Matsuda R,et al. Entry of muscle satellite cells into the cell cycle requires sphingolipid signaling . J Cell Biol,2006,174(2):245-253.

190. Nakashima K,Zhou X,Kunkel G,et al. The novel zinc finger-containing transcription factor osterix is required for osteoblast differentiation and bone formation . Cell,2002,108(1):17-29.

191. Nakamura T,Imai Y,Matsumoto T,et al. Estrogen prevents bone loss via estrogen receptor α and induction of Fas ligand in osteoclasts . Cell,2007,130(5):811-823.

192. Nikolaou VS,Tsiridis E. Minisymposium:fracture healing(ⅰ)Pathways and signaling molecules. Curr Orthopaed,2007,21: 249-257.

193. Nicolas N,Mira JC,Gallien CL,et al. Neural and hormonal control of expression of myogenic regulatory factor genes during regeneration of Xenopus fast muscles:myogenin and MRF4 mRNA accumulation are neurally regulated oppositely . Dev Dyn. ,2000,221 (1):112-122.

194. Nakahara T,Nakamura T,Kobayashi E,et al. In situ tissue engineering of periodontal tissues by seeding with periodontal liga-ment-derived cells . Tissue Eng,2004,10(3-4):537-144.

195. Nakao K,Morita R,Saji Y,et al. The development of a bio-engineered organ germ method . Nature Methods,2007,4(3):227-230.

196. Negeshi S,Li Y,Usas A,et al . The effect of relaxin treatment on skeletal muscle injuries . Am J Sports Med,2005,33(12): 1816-1824.

197. Nevins M, Camelo M, Nevins ML, et al. Periodontal regeneration in humans using recombinant human plate-let-derived growth factor BB(rhPDGF-BB)and allogeneic bone . J Periodontol,2003,74(9):1282-1292.

198. Ohazama A,Modino SAC,Miletich I,et al. Stem-cell-based tissue engineering of murine teeth . J Dent Res,2004,83(7):518-522.

199. Oldershaw RA,Baxter MA,Lowe ET,et al. Directed dif-ferentiation of human embryonic stem cells toward chondrocytes . Nature Biotech,2010,28(11):1187-1194.

200. Owens BD,Kragh JF,Macaitis J,et al. Characterization of extremity wounds in Operation Iraqi Freedom and Operation Enduring Freedom . J Orthop Trauma,2007,21(4):254-257.

201. Owens BD,Kragh JF,Wenke JC,et al. Combat wounds in Operation Iraqi Freedom and Operation Enduring Freedom. J Trauma, 2008,64(2):295-299.

202. Ohazama A,Courtney AM,Sharpe PT. Opg,Rank,and Rankl in tooth development:coordination of odontogenesis and osteogenesis. J Dent Res,2003,83(3):241-244.

203. Owino V,Yang SY,Goldspink G. Age-related loss of skeletal muscle function and the inability to express the autocrine form of in-sulin-like growth factor-1(MGF)in response to mechanical overload . FEBS Lett,2001,505(2):259-263.

204. Palacios D,Puri PL. The epigenetic network regulating muscle development and regeneration. J Cell Physiol,2006,207(1):1-11.

205. Palacios D,Mozzetta C,Consalvi S,et al. TNF/p38α/polycomb signaling to Pax7 locus in satellite cells links inflammation to the epigenetic control of muscle regeneration. Cell Stem Cell,2010,7(4):455-469.

206. Papaccio G,Graziano A,d'Aquino R,et al. Long-term cryopreservation of dental pulp stem cells(SBP-DPSCs)and their differenti-ated osteoblasts:a cell source for tissue repair. J Cell Physiol,2006,208(2):319-325.

207. Papandrea P,Vulpiani MC,Ferretti A,et al. Regeneration of the semitendinosus tendon harvested for anterior cruciate ligament re-construction. Am J Sports Med,2000,28(4):556-561.

208. Parfitt AM. Misconceptions V—Activation of osteoclasts is the first step in the bone remodeling cycle. Bone, 2006, 39(6): 1170-1172.

209. Partridge T. Skeletal muscle comes of age. Nature,2009,460(7255):584-585.

210. Pastoret C,Sebille A. Age-related differences in regeneration of dystrophic(Mdx)and normal muscle in the mouse. Muscle Nerve, 1995,18(10):1147-1154.

211. Philippou A,Halapas A,Maridaki M,et al. Type I insulin-like growth factor receptor signaling in skeletal muscle regeneration and hypertrophy. J Musculoskel Neuronal Interact,2007,7(3):208-218.

212. Polesskaya A,Seale P,Rudnicki MA. Wnt signaling induces the myogenic specification of resident CD45 adult stem cells during muscle regeneration. Cell,2003,113(7):841-852.

213. Palladino M,Gatto I,Neri V,et al. Angiogenic impairment of the vascular endothelium:a novel mechanism and potential therapeutic target in muscular dystrophy. Arterioscler Thromb Vasc Biol. 2013,33(12):2867-2876.

214. Pei M,Seidel J,Vunjak-Novakovic G,et al. Growth factors for sequential cellular de-and re-differentiation in tissue engineering. Biochem Biophys Res Commun,2002,294(1):149-154.

215. Peretti GM,Caruso EM,Randolph MA,et al. Meniscal repair using engineered tissue. J Orthopaed Res,2001,19(2):278-285.

216. Peretti GM,Gill TJ,Xu JW,et al. Cell-based therapy for meniscal repair. A large animal study. Am J Sports Med,2004,32(1): 146-158.

217. Pittenger M,Vanguri P,Simonetti D,et al. Adult mesen-chymal stem cells:potential for muscle and tendon regeneration and use in gene therapy. Musculoskel Neuron Interact,2002,2(4):309-320.

218. Polo-Corrales L,Latorre-Esteves M,Ramirez-Vick JE. Scaffold designforbone regeneration. J Nanosci Nanotechnol,2014,14(1): 15-56.

219. Quarto R,Kutepov SM,Kon E. Repair of large bone defects with the use of autologous marrow stromal cells. New Eng J Med,2001, 344(5):385-386.

220. Reichenbach S,Sterchi R,Scherer M,et al. Meta-analysis:chondroitin for osteoarthritis of the knee or hip. Annals Int Med,2007, 146(8):580-590.

221. Rendler LH,Thompson SA,Hsu SH,et al. Platelet-rich plasma therapy:a systemic literature review and evidence for clinical use. The Physician and Sports Med,2011,39(1):42-51.

222. Rapraeger AC. Syndecan-regulated receptor signaling. J Cell Biol,2000,149(5):995-998.

223. Reddi AH. Initiation of fracture repair by bone morphogenetic proteins. ClinOrthopaedRel Res,1998,355S:S66-72.

224. Relaix F,Rocancourt D,Mansouri A,et al. A pax3/ Pax-7 dependent population of skeletal muscle progenitor cells. Nature,2005,435(7044):948-953.

225. Rho J,Altmann CR,Socci ND,et al. Gene expression profiling of osteoclast differentiation by combined suppression subtractive hybridization(SSH)and cDNA microarray analysis. DNA Cell Biol,2002,21(8):541-549.

226. Ripamonti U,Crooks J,Rueger DC. Induction of bone formation by recombinant human osteogenic protein-1 and sintered porous hydroxyapatite in adult primates. Plast Reconstr Surg,2001,107(4):977-88.

227. Ripamonte U. Soluble and insoluble signals sculpt osteogenesis in angiogenesis. World J BiolChem1,2010,1(5):109-132.

228. Robayo LM,Moulin V,Tremblay P,et al. New ligament heal-ing model based on tissue-engineered collagen scaffolds. Wound Rep Reg,2011,19(1):38- 48.

229. Robey PG. Post-natal stem cells for dental and craniofacial repair. Oral Biosci Med,2005,2:83-90.

230. Rosen V,Thies RS. The BMP proteins in bone formation and repair. Trends Genet,1992,8(3):97-102.

231. Rossi CA,Pozzobon M,De Coppi P. Advances in muscu-loskeletal tissue engineering. Organogenesis,2010,6(3):167-172.

232. Sacco A,Doyonnas R,Kraft P,et al. Self-renewal and expansion of single transplanted muscle stem cells. Nature,2008,456(7221):503-506.

233. Sacco A,Mourkioti F,Tran R,et al. Short telomeres and stem cell exhaustion model Duchenne muscular dystrophy in mdx/m TR mice. Cell,2010,143(7):1059-1071.

234. Saito T,Dennis JE,Lennon DP,et al. Myogenic expression of mesenchymal stem cells within myotubes of mdx mice in vitro and in vivo. Tissue Eng,1995,1(4):327-343.

235. Sampaolesi M,Blot S,D' Antona G,et al. Mesangioblast stem cells ameliorate muscle function in dystrophic dogs. Nature,2006,444(7119):574-579.

236. Satoh A,Cummings GMC,Bryant SV,et al. Neurotrophic regulation of fibroblast dedifferentiation during limb skeletal regeneration in the axolotl(Ambystoma mexicanum). Dev Biol,2010,337(2):444-457.

237. Seeherman H,Wozney J,Li R. Bone morphogenetic protein delivery systems. Spine,2002,27(16S):S16-S23.

238. Seo BM,Miura M,Gronthos S,et al. Investigation of multipotent postnatal stem cells from human periodontal ligament. The Lancet,2004,364(9429):149-155.

239. Sheller MR,Crowther RS,Kinney JH,et al. Repair of rabbit segmental defects with the thrombin peptide,P508. J Orthopaed Res,2004,22(5):1094-1099.

240. Shi S,Mercer S,Trippel SB. Effect of transfection strategy on growth factor overexpression by articular chondrocytes. J Orthopaed Res,2010,28(1):103-109.

241. Skuk D,Roy B,Goulet M,et al. Dystrophin expression in myofibers of Duchenne muscular dystrophy patients following intramuscular injections of normal myogenic cells. Mol Therapy,2004,9(3):475-482.

242. Skuk D,Goulet M,Roy B,et al. Dystrophin expression in muscles of Duchenne muscular dystrophy patients after high-density injections of normal myogenic cells. J Neuropathol Exp Neurol,2006,65(4):371-386.

243. Skuk D,Goulet M,Roy B,et al. First test of a "high density injection" protocol for myogenic cell transplantation throughout large volumes of muscles in a Duchenne muscular dystrophy patient:eighteen months follow-up. Neuromuscul Disord,2007,17(1):38-46.

244. Skuk D,Tremblay JP. Myoblast transplantation in skeletal muscles. In:Atala, A, Lanza, R, Thompson, JA, Nerem, R(Eds), Principles of Regenerative Medicine,second ed. Elsevier/Academic Press,San Diego,2011,pp:779-793.

245. Solchaga LA,Yoo JU,Lundberg M,et al. Hyaluronan-based polymers in the treatment of osteochondral defects. J Orthopaed Res,2000,18(5):773-780.

246. Song F,Li B,Stocum DL. Amphibians as research models for regenerative medicine. Organogenesis,2010,6(3):141-150.

247. Stevens MM,Marini RP,Schaefer D,et al. In vivo engineering of organs:the bone bioreactor. Proc Natl Acad Sci USA,2005,102(32):11450-11455.

248. Saito M,Handa K,Kiyono T,et al. Immortalization of cementoblast progenitor cells with Bmi and TERT. J Bone Miner Res,2005,20(1):50-57.

249. Sakallioglu U,Acikgoz G,Ayas B,et al. Healing of periodontal defects treated with enamel matrix proteins and root-surface conditioning—an experimental study in dogs. Biomaterials,2004,25(10):1831-1840.

250. Sambasivan R,Yao R,Kissenpfennig A,et al. Pax7-expressing satellite cells are indispensable for adult skeletal muscle regenera-

tion. Development,2011,138(17):3647-3656.

251. Schultz E. Satellite cell proliferative compartments in growing skeletal muscles. Dev Biol,1996,175(1):84-94.

252. Seale P,Sabourin LA,Girgis-Gabardo A,et al. Pax7 is required for the specification of myogenic satellite cells. Cell,2000,102(6):777-786.

253. Seo BM,Miura M,Gronthos S,et al. Investigation of multipotent postnatal stem cells from human periodontal ligament. The Lancet,2004,364(9429):149-155.

254. Shea KL,Xiang W,LaPorta VS,et al. Sprouty1 regulates reversible quiescence of a self-renewing adult muscle stem cell pool during regeneration. Cell Stem Cell,2010,6(2):117-129.

255. Shi S,Robey PG,Gronthos S. Comparison of human dental pulp and bone marrow stromal cells by cDN microarray analysis. Bone,2001,29(6):532-539.

256. Shinin V,Gayraud-Morel B,Gomes D,et al. Asymmetric division and cosegregation of template DNA strands in adult muscle satellite cells. Nature Cell Biol,2006,8(7):677-687.

257. Song F,Li B,Stocum DL. Amphibians as research models for regenerative medicine. Organogenesis,2010,6(3):141-150.

258. Sonoyama W,Liu Y,Yamaza T,et al. Characterization of the apical papilla and its residing stem cells from human immature permanent teeth:a pilot study. J Endod,2008,34(2):166-171.

259. Steinert AF,Kunz M,Prager P,et al. Mesenchymal stem cell characteristics of human anterior cruciate ligament outgrowth cells. Tiss Eng Part A,2011,17(9-10):1375-1388.

260. Sun L,Peng Y,Sharrow AC,et al. FSH directly regulates bone mass. Cell,2006,125(2):247-260.

261. Takayanagi H,Kim S,Matsuo K,et al. RANKL maintains bone homeostasis through c-Fos-dependent induction of interferon-β. Nature,2002,416(6882):744-749.

262. Takeda S,Elefteriou F,Levasseur R,et al. Leptin regulates bone formation via the sympathetic nervous system. Cell,2002,111(3):305-317.

263. Tanaka KK,Hall JK,Troy AA,et al. Syndecan-4-expressing muscle progenitor cells in the SP engraft as satellite cells during muscle regeneration. Cell Stem Cell,2009,4(3):217-225.

264. Tatsumi R,Liu X,Pulido A,et al. Satellite cell activation in stretched skeletal muscle and the role of nitric oxide and hepatocyte growth factor. Am J Physiol Cell Physiol,2006,290(6):C1487-C1494.

265. Teitlebaum SL. Bone resorption by osteoclasts. Science,2000,289(5484):1504-1508.

266. Teitelbaum SL,Ross FP. Genetic regulation of osteoclast development and function. Nature Rev Genet,2003,4(8):638-649.

267. Trubiani O,Orsini G,Zini N,et al. Regenerative potential of human periodontal ligament derived stem cells on three-dimensional biomaterials:a morphological report. J Biomat Res A,2008,87(4):986-993.

268. Tziafas D,Smith AJ,Lesot H. Designing new treatment strategies in vital pulp therapy. J Dent,2000,28(2):77-92.

269. Takayama S,Murakami S,Shimabukuro Y,et al. Periodontal regeneration by FGF-2(bFGF)in primate models. J Dent Res,2001,80(12):2075-2079.

270. Tanaka KK,Hall JK,Troy AA,et al. Syn22. deca-4-expressing muscle progenitor cells in the SP engraft as satellite cells during muscle regeneration. Cell Stem Cell,2009,4(3):217-225.

271. Tienen TG,HeijkantsR GJC,De Groot H,et al. Veth P H A porous polymer scaffold for meniscal lesion repair-a study in dogs. Biomats,2003,4(14):2541-2548.

272. Tuan RS. Biology of developmental and regenerativeskeletogenesis. Clin Orthopaed Rel Res,2004,27S:S105-117.

273. Vats A,Bielby RC,Tolley N,et al. Chondrogenic differentiation of human embryonic stem cells:the effect of the microenvironment. Tiss Eng,2006,2(6):687-697.

274. Veilleux NH,Yannas IV,Spector M. Effect of passage number and collagen type on the proliferative,biosynthetic,and contractile activity of adult canine articular chondrocytes in type I and II collagen-glycosaminoglycan matrices in vivo. Tiss Eng,2004,10(1-2):119-127.

275. Viateau V,Guillemin G,Bousson V,et al. Long-bone critical-size defects treated with tissue-engineered grafts:a study on sheep. J Orthopaed Res,2007,25(6):741-749.

276. Vunjak-Novakovic G,Altman G,Horan R,et al. Tissue engineering of ligaments. Ann Rev Biomed Eng,2004,6:131-156.

277. Verborgt O,Gibson GJ,Schaffler MB. Loss of osteocyte integrity in association with microdamage and bone remodeling after fatigue in vivo. J Bone Min Res,2000,15(1):60-67.

278. Vortkamp A,Pathi S,Peretti GM,et al. Recapitulation of signals regulating embryonic bone formation during postnatal growth and in fracture repair. Mech Dev,1998,71(1-2):65-76.

279. Wagers AJ. Wnt not,waste not. Cell Stem Cell,2008,2(1):6-7.

280. Warden SJ,Robling AG,Sanders MS,et al. Inhibition of the serotonin(5-hydroxytryptamine)transporter reduces bone accrual during growth. Endocrinology,2005,146(2):685-693.

281. Weis J,Kaussen M,Calvo S,et al. Denervation induces a rapid nuclear accumulation of MRF4 in mature myofibers. Dev Dynam,2000,218(3):438-451.

282. Whyte M,Mumm S. Heritable disorders of the RANKL/ OPG/RANK signaling pathway. JMusculoskel Neuron Interact,2004,4(3):254-267.

283. Williams A,Liu N,Rooij EV,et al. MicroRNA control of muscle development and disease. Curr Opin Cell Biol,2009,21(3):461-469.

284. Wozniak AC,Anderson JE. Nitric oxide-dependence of satellite stem cell activation and quiescence on normal skeletal muscle fibers. Dev Dynam,2007,236(1):240-250.

285. Wronski T. Skeletal effects of systemic treatment with basic fibroblast growth factor. J Musculoskel Neuron Interact,2001,2(1):9-14.

286. Yadav VK,Ryu JH,Suda N,et al. Lrp5 controls bone formation by inhibiting serotonin synthesis in the duodenum. Cell,2008,135(5):825-837.

287. Yang SY,Goldspink G. Different roles of the IGF-I Ec peptide(MGF)and mature IGF-in myoblast proliferation and differentiation. FEBS Lett,2002,522(1-3):156-160.

288. Yao S,Pan F,Prpoic V,et al. Differentiation of stem cells in the dental follicle. J Dent Res,2008,87(8):767-771.

289. Warnke PH,Springer IN,Wiltfang J,et al. Growth and transplantation of a custom vascularized bone graft in a man. Lancet,2004,364(9436):766-770.

290. Wei S,Huard J. Tissue therapy:Implications of regenerative medicine for skeletal muscle. In:Atala A,Lanza R,Thompson JA,Nerem R,(Eds),Principles of Regenerative Medicine. Elsevier/ Academic Press,San Diego,2008,pp:1232-1247.

291. Wirth CJ,Peters G,Milachowski KA,et al. Long-term results of meniscal allograft transplantation. Am J Sports Med,2002,30(2):174-181.

292. Young CS,Terada S,Vacanti JP,et al. Tissue engineering of complex tooth structures on biodegradable polymer scaffolds. J Dent Res,2002,81(10):695-700.

293. Young RG,Butler DL,Weber W,et al. The use of mesenchymal stem cells in Achilles tendon repair. JOrthop Res,1998,16(4):406-413.

294. Yukna RA,Evans GH,Aichelmann-Reidy MB,et al. Clinical comparison of bioactive glass bone replacement graft material and expanded polytetrafluorethylene barrier membrane in treating human mandibular molar class II furcations. J Periodontol,2000,72(2):125-133.

295. Zammit P,Beauchamp J. The skeletal muscle satellite cell:stem cell or son of stem cell? Differentiation,2001,68(4-5):199-204.

296. Zelzer E,Olsen BR. The genetic basis for skeletal diseases. Nature,2003,423(6937):343-348.

297. Zhang J,Tu Q,Bonewald LF,et al. Effects of miR-335-5p in modu-lating osteogenic differentiation by specifically downregulating Wnt antagonist DKK1. J Bone Miner Res,2011,26(8):1953-1963.

298. Zhang YD,Chen Z,Song YQ,et al. Making a tooth:growth factors,transcription factors,and stem cells. Cell Res,2005,15(5):301-316.

299. Zhao P,Hoffman EP. Embryonic myogenesis pathways in muscle regeneration. Dev Dynam,2004,229(2):380-392.

300. Zhao C,Irie N,Takada Y,et al. Bidirectional ephrinB2-EphB4 signaling controls bone homeostasis. Cell Metabo,2006,14(2):111-121.

301. Zheng B,Cao B,Crisan M,et al. Prospective identification of myogenic endothelial cells in human skeletal muscle. Nature Biotech,2007,25(9):1025-1034.

302. Zhang ZY,Teoh SH,Hui JH,et al. The potential of human fetal mesenchymal stem cells for off-the-shelf bone tissue engineering application. Biomaterials. 2012,33(9):2656-2672.

第十八章

软骨干细胞与再生医学

软骨(cartilage)由胚胎的中胚层分化而来。软骨是一种半透明、无血管的略有弹性的坚韧组织。在机体内起支持和保护作用。软骨是人和脊椎动物特有的胚胎性骨骼。由软骨组织及其周围的软骨膜构成,在胚胎发生时期,作为临时性骨骼,成为身体的支架;随着胎儿发育,软骨逐渐被骨所代替。成人体内的软骨,除具有支持、保护功能外,更具有缓冲负载和冲撞的作用。在机体内起支持和保护作用。成年人软骨存在于骨的关节面、肋软骨、气管、耳郭、椎间盘等处。

由于关节软骨缺乏再生能力,半月板也仅能部分再生。因关节软骨局部损伤等原因,每年造成数百万人就医诊疗。

本章将介绍软骨组织基本结构和发育及其相关的再生医学原理,针对软骨和关节疾病及损伤的主要再生医学策略进行阐述,着重讨论和叙述骨骼的再生治疗的最新进展。

第一节　软骨细胞发育

一、软骨细胞

软骨细胞(chondrocyte)位于软骨基质内的软骨陷窝中。在陷窝的周围,有一层染色深的基质,称软骨囊。软骨细胞在软骨内的分布有一定的规律性,靠近软骨膜的软骨细胞较幼稚,体积较小,呈扁圆形,单个分布。当软骨生长时,细胞渐向软骨的深部移动,并具有较明显的软骨囊,细胞在囊内进行分裂,逐渐形成有2～8个细胞的细胞群,称为同源细胞群。

由于软骨细胞不断产生新的软骨基质,各个细胞均分别围以软骨囊。软骨细胞核椭圆形,细胞质弱嗜碱性,生活时充满软骨陷窝内。在HE切片中,因胞质的收缩,胞体变为不规则形,使软骨囊和细胞之间出现空隙。软骨细胞的超微结构特点为胞质内含有丰富的粗面内质网和发达的高尔基复合体,还含有一些糖原和脂滴,线粒体较少。软骨细胞主要以糖酵解的方式获得能量。

软骨细胞来源于成软骨细胞(chondroblast),是关节软骨的主要细胞类型,有巨大的细胞核和高度发达的细胞器系,合成基质的功能非常活跃。成软骨细胞的有丝分裂活动也很活跃,尤其是位于软骨表层下部的成软骨细胞。

软骨细胞约占软骨总容积的1%,位于软骨基质的软骨陷窝内,其周围是富含硫酸软骨素和水的蛋白多糖基质。软骨细胞生存于一个相对缺氧的微环境中,细胞内沉积大量糖原作为能量储备。软骨细胞根据局部微环境而改变其自身的新陈代谢活动,虽然也能进行有氧代谢,但主要依靠无氧糖酵解的形式获得能量。

近软骨膜表面的细胞较幼稚,体积较小呈扁圆形,单个分布;越靠近深层,软骨细胞越成熟,逐渐形成2～4个细胞聚集在一起的细胞群。软骨细胞可分泌胶原纤维、蛋白多糖等软骨基质成分,同时也能精确调节蛋白酶及其抑制因子的含量,参与软骨基质的正常代谢和转化。

典型的骨关节软骨可分为4层,包括:

1. 浅表层　软骨细胞呈梭形或扁平,其长轴平行于关节表面。软骨细胞几乎没有突起,胞质仅有少量内质网,线粒体小而少,几乎不合成硫酸软骨素,细胞核呈卵圆形,有典型的核仁。基质中的纤维为纤细的原纤维,4~6根原纤维汇集成束,纤维束沿切线方向交叉排列呈网状,与软骨表面平行。关节滑液中的某些离子和葡萄糖能通过该层,但较大的分子如蛋白多糖、透明质酸盐分子无法通过。该层纤维束构成的薄壳状结构,既耐磨又能抵抗多种应力的破坏,保护软骨不易于发生拉断、撕裂等。

2. 移行层　软骨细胞呈圆形或椭圆形,细胞表面有较长而不规则的突起,细胞核呈卵圆形,有不规则的凹陷。胞质有丰富的粗面内质网,线粒体增多,高尔基体发达,有较多滤泡。基质的胶原纤维增粗,相互交错,弯曲斜行。

3. 辐射层　软骨细胞呈圆形或短柱状,垂直于软骨表面,也可出现其他形状,常有数个同源的细胞聚集一处。细胞较大,胞内常见脂滴。新陈代谢活动较少,其中部分为蜕变的细胞。基质中有 60nm 左右的规则排列的胶原纤维,常带有三个明显的带,也多见颗粒性的网状结构、纤细的原纤维结构网和粗大的胶原纤维网混杂。

4. 钙化层　此层细胞很少,部分细胞蜕变、钙化。基质胶原纤维粗大,形成拱顶状轴向深层带。胶原纤维间充满钙盐结晶。

总之,软骨细胞由浅层向深层逐渐由扁平至椭圆或圆形,维持着关节软骨的正常代谢。关节软骨没有神经支配,也基本没有血管,其营养成分必须从关节液中取得,而其代谢废物也须排至关节液中,因此软骨组织受伤后自行修补的能力有限。

二、软骨基质

透明软骨基质的化学组成主要为大分子的软骨黏蛋白,其主要成分是酸性糖胺多糖(glycosaminoglycan)。软骨黏蛋白的主干是长链的透明质酸分子,其上结合了许多蛋白质链,蛋白质链上又结合了许多硫酸软骨素和硫酸角质蛋白链,故染色呈碱性。这种羽状分支的大分子结合着大量的水,大分子之间又相互结合构成分子筛,并和胶原纤维结合在一起形成固态的结构。软骨内无血管,但由于软骨基质内富含水分(约占软骨基质的75%),营养物质易于渗透,故软骨深层的软骨细胞仍能获得必需的营养。

新鲜的软骨基质(cartilage matrix)是高度含水的凝胶,呈均质状,主要由水、蛋白多糖及其聚合体大分子框架构成。

1. 胶原　胶原占关节软骨湿重的 10%~30%,是关节软骨内主要的纤维蛋白成分,其中 90%~95% 为 Ⅱ型胶原,其他还有Ⅵ、Ⅸ、Ⅹ、Ⅺ和ⅩⅣ型胶原。其中Ⅵ胶原位于软骨陷窝周围,包绕着软骨细胞;Ⅸ型与Ⅱ型胶原表面结合,维持Ⅱ型胶原的结构和稳定性,从而参与维持关节的稳定性;多条Ⅱ型胶原纤维以Ⅺ型胶原为核心缠绕,故Ⅺ型胶原决定了胶原纤维的直径,并在调节纤维与纤维、纤维与蛋白多糖之间的相互作用中起重要作用;Ⅹ型胶原可能与特定区域软骨的钙化有关。

从软骨的浅层到深层,软骨基质的胶原纤维逐渐减少。且在自深向浅走行过程中,其排列方向有所变化而交织,形成独特的拱形结构,能更好地承受施加于它们的特定应力,更好地抵抗压缩力的破坏(图 18-1)。

2. 蛋白多糖　蛋白多糖是一大类蛋白多肽分子,由核心蛋白和氨基聚糖构成,占软骨干重的一半。蛋白多糖的分布与胶原相反,软骨浅层胶原密度高,蛋白多糖浓度很低,反之则异。蛋白多糖呈大分子聚集状态,由蛋白多糖亚单位、透明质酸(hyaluronan)及连接蛋白组成。蛋白多糖亚单位的基本单位是氨基葡萄聚糖(glycosaminoglycans,GAGs),包括4-硫酸软骨素、6-硫酸乙酰肝素,以及硫酸角质素等。约30个GAGs与一个核心蛋白组成可聚蛋白多糖(aggrecan)单体。约150个蛋白多糖单体附着于透明质酸分子上,并由连接蛋白进一步加固两者的结合,构成蛋白多糖聚合体。可聚蛋白多糖单体带有大量负电荷,可吸收超过其本身重量50倍的水分。蛋白多糖的分布随年龄及软骨部位不同而变化,儿童软骨的蛋白多糖就比成人分布广。

3. 结构糖蛋白　这类蛋白指的是非胶原、非蛋白多糖类糖蛋白,主要包括纤维粘连蛋白和层粘连蛋白,属于大分子黏附分子,或作为基底膜分子作用于细胞受体,参与调控软骨细胞的黏附、迁移、增生和分化。

三、软骨纤维

透明软骨中无胶原纤维,但有许多细小的无明显横纹的胶原原纤维,纤维排列不整齐。胶原约占软骨有机成分的40%,软骨囊含胶原少而含有较多的硫酸软骨素,故嗜碱性强。含胶原多的部分嗜碱性减弱,或呈

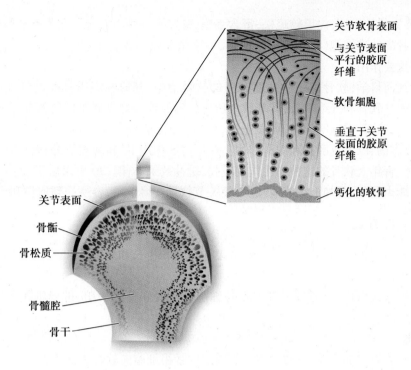

图 18-1　关节软骨的总体和显微结构模型及组织形态学特点

现弱嗜酸性。

第二节　软骨的组织学结构

一、软骨组织的结构特点

软骨由软骨组织及其周围的软骨膜构成,软骨组织由软骨细胞、基质及胶原纤维构成。根据软骨组织内所含纤维成分的不同,可将软骨分为透明软骨、弹性软骨和纤维软骨三种,其中以透明软骨的分布较广,结构也较典型。软骨是具有某种程度硬度和弹性的支持器管。

在脊椎动物中非常发达,一般见于成体骨骼的一部分和呼吸道等的管状器官壁、关节的摩擦面等。发生初期骨骼的大部分一度由软骨构成(软骨模型,cartilage model),后来被骨组织所取代。软骨鱼类的成体大部分骨骼也是软骨。在无脊椎动物中,软体动物的头足类的软骨很发达。软骨的周围一般被覆以纤维结缔组织的软骨膜,它在软骨被骨取代时转化为骨膜。

(一) 透明软骨

透明软骨(hyaline cartilage)间质内仅含少量胶原原纤维,基质较丰富,新鲜时呈半透明状。主要分布于关节软骨、肋软骨等。

(二) 纤维软骨

纤维软骨(fibrous cartilage)分布于椎间盘、关节盘及耻骨联合等处。基质内富含胶原纤维束,呈平行或交错排列。软骨细胞较小而少,成行排列于胶原纤维束之间。HE 染色切片中,纤维被染成红色,故不易见到软骨基质,仅在软骨细胞周围可见深染的软骨囊及少量淡染的嗜碱性基质。

(三) 弹性软骨

弹性软骨(elastic cartilage)分布于耳郭及会厌等处。结构类似透明软骨,仅在间质中含有大量交织成网的弹性纤维,纤维在软骨中部较密集,周边部较稀少。这种软骨具有良好的弹性。

(四) 软骨膜

除关节面的软骨表面以外,软骨的周围均覆有一层较致密的结缔组织,即软骨膜(perichondrium)。其外层纤维较致密,主要为保护作用;内层较疏松,富含细胞、神经及一些小血管。在紧贴软骨处的软骨膜内还有一种能形成骨或软骨的幼稚细胞(干细胞),呈梭形,可增殖分化为软骨细胞。软骨膜能保护及营养软骨,同时对软骨的生长有重要作用。

软骨的结构精细而科学,软骨组织由高度有序的软骨细胞、基质和埋于其间的纤维构成各种类型的软骨,包括透明软骨、弹性软骨和纤维软骨,其基质中所含的胶原纤维的成分和排列各有不同。

年轻和健康的关节软骨属透明软骨,表面光滑,呈淡蓝色,厚 1mm~5mm。关节软骨在关节活动中具有传导生物负载、吸收震荡,以及抗磨损和润滑作用。在压力的作用下,软骨被压缩;解除压力后,又可伸展,类似于弹性垫的效果。青年人软骨的这种弹性作用较强,缓冲效果亦佳。30 岁以后,人的关节软骨趋于纤维变性,弹性减弱,延伸能力弱化,再加上关节液减少,使关节软骨变得干燥,容易受到损伤和磨损。

二、软骨的生长方式

软骨的生长方式(growth pattern of cartilage)主要包括内积生长和外加生长。

(一) 内积生长

内积长生又称膨胀式生长,是通过软骨内软骨细胞的长大和分裂增殖,进而继续不断地产生基质和胶原,使软骨从内部生长增大。

(二) 外加生长

外加生长又称软骨膜附加生长,是通过软骨膜内层的骨祖细胞向软骨表面不断添加新的软骨细胞,产生基质和纤维,使软骨从表面向外扩大。

三、椎间盘的构成及组织学特点

人脊柱椎间盘共 23 个,以颈部和腰部最厚,发挥增加脊柱活动和缓冲震荡的弹性作用。椎体骨的上下面由透明的软骨板覆盖,后者与纤维环一起将胶状的髓核密封。软骨板不完整时,髓核可突入椎体后形成 Schmol 结节。纤维环位于髓核周围,成年后纤维环与髓核相互延续而无明显界线。纤维环由纤维软骨构成,横切面可见多层纤维软骨呈同心排列,相邻的板层纤维束排列呈相反的斜度交叉,限制扭转活动和缓冲震荡。纤维环周边部的纤维穿入椎体骺环的骨质并在较深处固定于透明软骨板。纤维环中心部的纤维与髓核的纤维互相融合。健康髓核是一种富有弹性的胶冻状物质,在纤维环和软骨板中滚动,将所承受的压力均匀地传递到纤维环和椎体软骨板。椎间盘在受压状态下,水分可通过软骨板外渗,含水量减少;压力解除后,水分使得椎间盘体积增大,弹性和张力也增高。

第三节　软骨细胞分化及其分子调控机制

软骨细胞在分化早期通常体积较小,在软骨基质的末端区域,称为软骨储备区或软骨静止区。紧挨着静止区下方的是增殖区,这个区域的细胞稍大,呈扁平状,处在快速增殖相。增殖后的软骨细胞表达 II 型胶原和蛋白聚糖。分化的软骨细胞(前肥大软骨细胞)除表达一定量的 II 型胶原外,还表达 Ihh、PTH 和 PTHrP 受体等。生长软板近中央区域含有肥大的软骨细胞,表达 X 型胶原,这些软骨细胞趋向于发生凋亡。

在分子水平,转录因子 Sox9 属于 HMG 家族成员,是研究最充分的调控软骨细胞形成的最重要的分子。在软骨细胞内,Sox9 可以激活 II 型、IX 型和 XI 型胶原基因的表达。Sox9 异常会导致显性遗传疾病短指发育不良(campomelic dysplasia,CD)。Sox9 杂合突变小鼠的表型与人类 CD 患者很相似,而双等位基因的缺失则带来更明显的表型,胚胎由于骨骼不融合,四肢发育异常,在出生前即死亡。Sox9 基因突变的动物软骨肥厚区扩大,骨早熟矿化。因此,Sox9 除决定软骨细胞最初的大小和细胞聚集后的存活外,还能抑制软骨细胞肥大。

另外,两个 HMG 家族成员 Sox5 和 Sox6,也在软骨成熟过程中扮演着重要角色。这两个基因伴随着 Sox9 在软骨前体细胞聚集过程中同时表达,在肥大的软骨细胞里还继续表达。Sox5 和 Sox6 在体内的作用有所重叠,单个突变时对小鼠外形几乎没有影响,但同时敲除 Sox5 和 Sox6 时将导致全身性软骨发育异常,并引起后期胚胎死亡。

与上述激活性因子作用相反的是 NFAT1。NFAT1 属于激活 T-细胞的细胞核因子家族的一员,可抑制软骨分化。在软骨细胞中过表达 NFAT1 会抑制软骨细胞标志性分子的表达,而 *NFAT1* 基因缺失小鼠在关节中会有异位软骨形成,新形成的软骨中含有大量柱形的软骨细胞,且最终为肥软骨细胞所替代,导致软骨内骨化。

成纤维细胞生长因子(fibroblastic growth factor,FGF)基因家族成员是一类分泌性因子,负向调控软骨细胞的增殖与分化。在骨骼形成的几乎每一步过程都有 FGF 类分子的大量表达,对其受体 FGFR 的研究也比较充分。小鼠 *FGFR3* 的失活会引起软骨增殖的增加,人 *FGFR3* 突变后导致其活性增强,造成软骨发育异常,患者生长板软骨增生区缩短。FGF18 为软骨细胞 FGFR3 的配体,其基因缺失的小鼠也有相似的表型。因此,至少一个或多个 FGF 通过作用于 FGFR3 来抑制软骨细胞的增殖。

在软骨细胞成熟的最后阶段,其增殖与肥大的相对比例受 PTHrP 和 Ihh 相关的负反馈环路调控。PTHrP 由近软骨膜的软骨细胞分泌,与增殖区软骨细胞的 PTHrP 受体(parathyroid hormone related protein receptor,PPR)结合,从而刺激它们的增殖。当细胞位于 PTHrP 所不及的区域,在与 PTHrP 起拮抗作用的 Ihh 的作用下,细胞停止增殖,并分化为肥大的软骨细胞。因此,在小鼠软骨细胞过表达 PPR,可引起增殖性软骨细胞向肥大软骨细胞转换的延迟。人 PPR 基因活化型突变会引起遗传性短肢侏儒症,为干骺端软骨发育异常。相反,含有 PPR$^{-/-}$ 胚胎干细胞的嵌合体小鼠出现软骨细胞过早肥大现象。另一方面,肥大软骨细胞前体分泌印度刺猬因子(Indian hedgehog protein,Ihh),促使软骨膜的细胞增加 PTHrP 的合成,从而间接减缓软骨细胞肥大的进程。Ihh 缺失小鼠的肥大性软骨细胞增加,进一步证实了 PTHrP 的作用。

此外,成骨细胞的关键转录因子 Runx-2 对肥大细胞分化也起关键调控作用。Runx-2 缺陷小鼠除缺失成骨细胞之外,其近端软骨充满静止和增生期软骨细胞,虽部分有肥大趋势,但没有肥大性软骨细胞出现,这些细胞也无 X 型胶原表达。相反,如果在野生型小鼠或 Runx-2 缺失小鼠的软骨细胞中针对性地过表达 Runx-2 时,可分别引起异位性软骨内骨化和恢复软骨细胞的肥大。

肥大软骨细胞也调控血管的侵入,其间发挥作用的主要因子是肥大软骨细胞分泌的 MMP9 和 VEGF 等因子。

一、退行性骨关节炎相关再生生物学问题

骨关节炎(osteoarthritis,OA)是与年龄和损伤相关的关节软骨的一类慢性疾病,在老年人群中发病率可高达 40% 以上。在骨关节炎的发生和发展中有两种主要的退行性病变。第一种是钙化,减少了对软骨细胞的营养和氧气的弥散,因而关节软骨细胞更易发生变形和退化,导致细胞数量减少,基质被重吸收。第二种是软骨表面沿着胶原纤维走向裂开,使胶原纤维暴露,产生绒毛样的表面。这种情况首先成片出现,然后扩大。当发展到一定程度,各种软骨丢失并暴露其下面的骨,从而伴有不断增加的疼痛。当细胞活性持续减低,出现细胞外基质胶原纤维化,关节软骨变粗糙,继而变薄,溃疡与裂隙形成,最后可能脱落。

OA 的整个病理过程实际上是一种破坏与重建并存的过程。在疾病发展的特定阶段,在裂缝基部关节浸润增加,营养环境良好,细胞分裂、增殖活跃,基质合成旺盛,呈现出退变过程中软骨代偿性反应的组织学标志,即基质大分子合成增加、细胞增殖的组织修复反应,企图代偿性地修复关节软骨,对抗蛋白酶的降解反应。其间,聚蛋白多糖酶 ADAMTS-5 存在于正常或炎症的关节软骨组织中,软骨损坏是由于 ADAMTS-5 降解聚蛋白多糖,而 *ADAMTS-5* 基因敲除小鼠对骨关节炎具有较好的抵抗力。修复反应可以持续数年,在某些患者可以减慢甚至逆转退行性病程的发展。如有合适的治疗干预措施,可在此发病阶段促进上述修复作用。

另一方面,OA 的很多病理变化也与"错误"的反应性增生修复相关。由于软骨在不适当的机械应力作用下,骨髓和骨膜的干细胞反应性地增殖、迁移、形成新骨,而导致软骨下骨增生。骨量增加的同时,若关节软骨裂隙深至软骨下骨,关节面部位将出现有骨髓 MSC 等细胞参与形成的肉芽组织,进而演变成纤维软骨。这种过渡性短期修复最后被致密的、"象牙"样的骨质所替代。此外,负重部位关节下骨重建活跃,发生增生,可导致软骨-骨交界部及韧带附着部的骨软骨骨赘形成。

二、椎间盘退行性病变相关再生生物学问题

遗传因素、老化、炎症和外伤等因素,综合作用后会诱发椎间盘退变,导致正常椎间盘内髓核细胞数量下

降,细胞外基质含量减少,椎间盘逐渐纤维化或钙化,椎间盘力学性能丧失,成为临床上最常见的颈椎病和腰背痛的主要病因。目前椎间盘退变的细胞及分子生物学过程仍未完全阐明,但椎间盘内细胞合成和分解基质的平衡失调,椎间盘基质和水平含量减少是其主要表现,这些表现都可以最终归因于椎间盘细胞数量的减少或功能活性的减弱。

近年来,随着生物治疗概念的提出和发展,及时干预退变的各个环节,促进细胞外基质的合成代谢而抑制其分解代谢,促进髓核组织再生,可能是椎间盘的修复和再生最有希望的途径。另一方面,最近的研究表明,无论健康还是退行性变的椎间盘组织,都表现出一定的再生性能,椎间盘组织中能够分离出类似于 MSC 的具有多向分化能力的干细胞,这一方面可以解释椎间盘组织对施用的生长因子(如 BMP-2、BMP-7 等)有一定再生反应的生物学基础,另一方面也意味着椎间盘环境仍具备包容干细胞的微环境,而改善该微环境并促进椎间盘干细胞的增殖分化,可能成为防治椎间盘退变的新思路和新策略。

第四节　软骨组织的再生医学

一、软骨缺损模型

动物模型在模拟临床软骨损伤情况、比较各种修复方法的优势及潜在的问题等方面有极大的价值。但是,应用动物模型模拟软骨缺损时,需要考虑各种实验动物关节软骨组织结构之间的差异。人类股骨髁透明软骨层的厚度为 2～3mm,而成年兔约为 400μm,仅为人类软骨厚度的 1/7～1/5。即使在较大的实验动物,如羊,内侧股骨髁关节软骨层的厚度也仅为兔的 1.5～2.0 倍。人的单个软骨细胞所拥有的基质的量约为兔的 8～10 倍。此外,人与实验动物的软骨基质在蛋白多糖的分布,胶原含量、交联程度及排列方式方面有不同程度的差异,导致人与实验动物软骨的力学特性也有明显区别。

对软骨缺损模型,最常选用成年兔。打开膝关节,在股骨髁的髌骨相对的面用电钻造成 0.5～0.8cm 的关节软骨缺损,深入骨髓腔。一般在术后 8 周缺损中仅有软组织填充而无软骨组织,适用于软骨组织工程及软骨小钻孔手术对软骨缺损修复基质的研究。

二、骨关节炎动物模型

骨关节炎(osteoarthritis,OA)分继发性和原发性,其动物模型制作方法上也可分为两大类:一类为诱发模型,即通过各种操作方法如关节制动、手术、关节内注射物质等诱导 OA 产生;另一类为自发模型,即不用任何外界干预,动物自发产生 OA,如 C57 黑鼠、STR/ort 小鼠等。其中自发性 OA 模型较少受外界因素干扰,在研究原发性 OA 的发病机制、关节软骨生化改变和防治效果的比较等方面具有极大优势,以 STR/ort 小鼠和 Hartley 豚鼠模型应用较多。

关节内手术方法所造模型诱导成功率高,稳定性好。但由于手术创伤对关节内的影响,一般适于研究药物疗效及药物对关节软骨成分、炎症介质、蛋白酶等表达的影响和治疗药物的筛选,以及生物机械因素所致骨关节炎,不适宜观察 OA 生化代谢的变化。

关节腔内注射化学药物建模所需时间短,可模拟软骨破坏的终末环节,适于软骨病理、药物防治的研究。

各种动物模型各有特点。用药物防治软骨退变的研究,鼠模型能满足要求。小鼠等小型动物在需要使用大量动物时具有优势。鼠模型关节软骨退变的组织学特征与人类 OA 相似,但其关节几何形状与人类不同且软骨不含硫酸角质素。狗、兔膝关节组织结构与人类接近,其 OA 模型的软骨生化指标与人类 OA 一致,故而在研究 OA 的病理进程、组织病理特征或软骨生化代谢的变化,选用狗、兔模型较适宜。

三、基于细胞移植的软骨损伤再生修复技术

关节软骨主要是由少量的软骨细胞和细胞外基质组成的无血管组织,软骨损伤后,自我修复能力很弱,关节软骨缺损超过一定面积($>2cm^2$)、大于 4mm 深的全层软骨缺损通常不能自行修复,持续发展会导致骨关节炎,给患者带来很大痛苦。传统的治疗方式,如关节磨削成形术、钻孔、微骨折、开放性自体骨膜移植术及

关节镜灌洗术,在移除关节内碎片及抗炎等方面确实能发挥作用,但不能将损坏的部位修复成正常组织结构。自体骨软骨移植术和自体软骨细胞移植(autonomous chondrocyte implantation,ACI)是目前可选的治疗方法。其中 ACI 自 1994 年首次应用于临床至今,全世界近 20 000 例患者接受了这一治疗方法。以此为基础,近年开发出的"基质诱导的自体软骨细胞移植(MACI)"技术,将自体软骨细胞提取后先种植到胶原基质膜上,然后再移植到软骨缺损处,大大改善了效果,已成功地用于治疗肩关节、肘关节、掌指关节、股骨头、膝关节和踝关节的软骨损伤,尤以膝关节、髁关节面软骨损伤治疗数最多。MACI 的优点突出表现在:①软骨细胞预先种植在生物膜上,细胞位置固定,不会发生术后软骨细胞流失;②以胶原膜为软骨细胞载体,不需切取骨膜,避免了骨膜移植到关节表面所带来的各种并发症;③用生物相容性更好的纤维胶替代缝线来封闭移植位点;④生成的软骨与原来的软骨几乎完全一样,修复完全;⑤手术切口小(2cm~4cm),操作时间短(0.5~1小时),创伤小,术后康复快,1 年左右就能完全恢复所有功能。

第五节　关节软骨和半月板的修复

一、关节软骨的修复

关节软骨是典型的透明(玻璃状的)软骨,由浅表的两个区构成:表面区有 3~4 排扁平的小软骨细胞,中间区含有肥大的软骨细胞。中间区以下为钙化软骨即骨骺区大关节下软骨。关节软骨基质主要有透明质酸、多聚蛋白多糖、Ⅱ型胶原蛋白、少量的Ⅸ和Ⅺ型胶原蛋白组成的透明软骨。由于在基质中有高亲水性的透明质酸(hyaluronic acid,HA),软骨内含水占重大约 80%。透明软骨基质的结构使它既有弹性同时也具有硬度,而且有着耐变形的特殊物理特性,这是对关节软骨的承重功能至关重要的特性。关节软骨没有血管,但因为基质中的高水分含量,很容易通过弥散作用从关节囊内的滑液中获得氧气和营养。

因为基质中的水分含量高,所以关节软骨虽然没有血管,但是可通过弥散作用从关节囊内的滑液中获得氧气和营养。成年表面软骨细胞已停止有丝分裂,因此,成年关节软骨必须通过产生新的基质而非新的细胞以弥补磨损。软骨的修复能力很低。仅仅影响软骨浅层的损伤不会自动修复,因为损伤范围限于无血管的浅层,没有血管,就没有纤维蛋白凝血块,没有炎性反应,损伤处的软骨细胞一般也不会再次进入细胞周期。而深透到骨质的损伤(全层缺损)往往反而表现出更好的修复。从骨血管进入损伤部位的血液可形成纤维蛋白凝血块并产生炎性反应,损伤处由来源于骨的 MSC 及成纤维细胞修复,形成纤维软骨,类似于皮肤损伤的结痂。同时,关节修复过程中如接受一定程度的被动运动和力学刺激,则修复效果更好,可能是因为运动促使关节滑液接触,便于提供营养和排出废物。

近期的研究发现关节软骨细胞也具有一定的增生和分化能力。羊幼仔关节软骨半穿透切口的修复,就主要是由受损区域软骨细胞的增生分化所完成的。成年关节软骨细胞的微环境可能存在某些抑制软骨细胞有丝分裂和分化的因素,如果这些抑制因素能被鉴定并剔出,则可改善浅表关节软骨损伤。

正常软骨的合成和分解代谢受一系列因子调控而达成平衡,关节受损和再生不良大部分可归因于该平衡的失调。BMP 和软骨源性形态发生蛋白(cartilage derived morphogenetic proteins,CDMPs)在促进合成代谢方面发挥着重要作用。其中,CDMP-1(也称 GDF-5)和 CDMP-2 在正常和损伤软骨中均有表达,已有实验证明其具有刺激体内和离体软骨形成的作用。相反,IL-17 及其相关分子则对 BMP 和 CDMPs 的促软骨生成作用起负向调控作用。其中,IL-17B 在关节软骨的中区和深区表达。此外,IL-17、IL-1 和 TNF-α 也参与关节疾病中软骨基质的降解。

尽管软骨可通过产生新的基质来补充磨损,但关节软骨并没有像骨那样有维持再生性能。关节软骨的修复性能很大程度取决于损伤的深度(图 18-2)。影响软骨的损伤(厚度的部分缺损)不会自动修复。因为,缺损会被无血管的软骨所隔离。那里没有纤维蛋白凝块,没有炎性反应,并且在损伤附近的软骨细胞不会再次进入细胞周期。而透入软骨下骨的损伤(厚度全层缺损)会发生纤维化修复。从骨血管进入损伤部位的血可形成纤维蛋白凝血块并产生典型的炎性反应。损伤被来自于骨及成纤维细胞的 MSC 修复,并形成纤维软骨,等同于皮肤损伤的结痂。如果关节缺少活动,这种纤维化修复往往是不良的,但如关节在修复过程中能

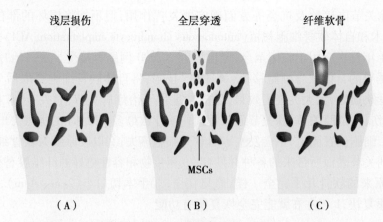

图 18-2　图示关节软骨的愈合（AC）
（A）非穿透性损伤（PTD）并未穿透至软骨下骨（SCB），这种损伤不会自愈。
（B，C）全层损伤穿透至软骨下骨（FTD），血液和间充质干细胞（MSC）填充缺损
处（B）；在损伤的软骨部分 MSC 分化成纤维软骨（FC）（C），纤维软骨之下是再
生的软骨下骨（RSCB）

被动地活动，则修复会好得多，可能是因为活动的关节内腔滑液能提供更好的营养供给和排出废物。在这样的环境下，动物实验中可以形成更为典型的透明软骨，但在人的修复效果则参差不齐。

成年关节软骨细胞的环境中可能存在某种抑制剂来阻止损伤后的有丝分裂。Namba 等报道胎羊来源的关节软骨细胞可增殖并修复一定厚度的关节损伤，但目前尚不知这种修复是因为其免疫系统像在皮肤的情况一样不够成熟，还是其软骨细胞的内在固有性能，或两者兼有。如果这些抑制因子能被找到并予以中和，则有可能刺激关节软骨的修复。

二、半月板的修复

内外侧半月板是两块 C 形纤维软骨，是膝关节运动的本体感受器，并在股骨和胫骨的关节软骨之间充当吸收和缓冲垫的作用（图 18-3）。半月板撕裂是最常见的膝关节损伤，也是常见的老年相关的骨科问题。半月板损伤或退变常引起膝关节软骨的骨关节炎。半月板外侧有血管的纤维软骨区域（所谓的"红区"），可一定程度上再生，但由透明软骨组成的非血管区（"白区"）就很难再生了。即使是红区的损伤，大多数骨外科医生的观点是超过 60 岁，也不会再生修复了。

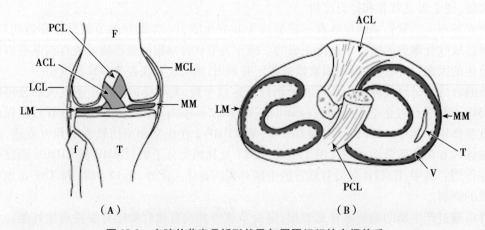

图 18-3　人膝关节半月板形状及与周围组织的空间关系
（A）膝部前部观。（B）膝关节胫骨表面观。F：股骨；T：胫骨；f：腓骨；ACL：前交叉韧带；PCL：后交叉韧带；LCL：外侧副韧带；MCL：内侧副韧带；MM：内侧半月板；LM：外侧半月板；V（红色）：半月板血管化边缘；T：非血管区半月板组织撕裂

第六节　关节软骨的再生治疗

一、软骨损伤的类型

关节软骨,特别是在膝关节的缺陷是引起疼痛和行动受限的常见原因。这些损伤来自于局部创伤或渐进性的关节炎,比如骨关节炎和类风湿关节炎。局部创伤更常发生于年轻人,尽管其也可能引起老年性的骨关节炎。局部损伤分为:①只影响透明软骨的软骨病变(部分厚度的损伤);②穿透软骨下骨的骨软骨病变(全层厚度的损伤)。软骨病变不能自发性修复,且随着磨损变得更大、更深。骨软骨的病变通过来自骨髓的MSC形成功能不良的纤维软骨组织修复。

骨关节炎是关节软骨随年龄增长而退化或在局部创伤条件下发生一种慢性疾病。在骨关节炎的起始和发展过程中,出现两种主要退行性改变。一种是钙化,使得提供给软骨细胞的营养和氧气扩散减少,钙化基质中的软骨细胞死亡,基质会被吸收。第二种变化是软骨层次性的纤维化和软骨表面基质沿胶原纤维方向的裂开,显露出毛糙的表面。这种情况先是点状发生,然后慢慢扩大。随着病情进一步发展,可因细胞凋亡和自噬导致软骨丢失,进而暴露出底层骨组织,并时常伴发疼痛。软骨破坏主要是由于蛋白聚糖酶ADAMTS5(一种含有血小板反应蛋白样的重复区域的解聚素和金属蛋白酶)分解蛋白聚糖。ADAMTS5是在小鼠的正常及炎性关节软骨主要表达的一种蛋白聚糖酶。*ADAMTS5* 基因缺失时,通过外科手术导致的关节炎模型中,软骨病变较野生型小鼠轻。

骨关节炎的软骨不会自动修复。很多人采用非处方药配方的葡萄糖胺和硫酸软骨素补救关节健康。一些研究表明这些配方对于减缓骨关节炎进程的效果有限。有报道说在兔骨关节炎模型中,氨基葡萄糖盐酸盐、低分子量硫酸软骨素和锰抗坏血酸盐的混合物可刺激 GAG 和抑制退行性酶的活性,但是抑制不了软骨细胞丢失。服用了葡萄糖胺或是硫酸软骨素的患者膝盖疼痛减少。一项随机性临床研究表明这种小分子混合物对部分中度疼痛的患者有一定效果,而另外一些患者每天即使服用 1500mg 葡萄糖胺和 1200mg 硫酸软骨素,其止痛作用依然微弱。多项临床试验的综合分析结果则表明软骨素对改善症状的效果非常微小或根本不存在。

二、外科修复

几乎没有替换损伤的关节软骨的有效外科疗法。尽管关节软骨表面磨损的基质可通过手术清除,大样本临床研究显示关节镜手术没有比优化的药物治疗和物理治疗更有益处。软骨下骨钻孔、磨损软骨成形术和微裂缝都是设计来从骨髓募集 MSC 到病变区,从而修复软骨的技术,但修复效果都没有比骨软骨本身缺损时的效果更好。从膝关节的非承重区取得的自体软骨组织碎末或片段,粘贴或插入软骨病变处(镶嵌式成形术),或移植来自自体或异体的较大的片段,在缓解症状方面成功率较高。然而,绵羊膝关节自体骨软骨移植的组织学观察发现移植的软骨部分与宿主组织融合得很差,且在移植后 3 个月软骨会再退化,提示自体移植不是软骨缺损长期有效的治疗方法。此外,自体组织来源很有限,且组织采集处会发生损伤不愈。

关节破坏和骨关节炎疼痛变得非常严重时,目前的治疗金标准是部分或全部膝关节替换。膝关节替换在最近十年来技术愈加成熟,可通过用新材料替代骨关节表面,手术技术也在改善,痊愈时间可大为缩短。

作为外科技术的一种替代,人们寻求一种使关节软骨再生的治疗方法。生长因子、细胞治疗、生物人工软骨构件都属于这方面的工作。尽管在动物实验中重建关节软骨已取得不少成功,但大多数情况,这些重建软骨欠强健和耐久。然而,在外科导致软骨缺损中,采用软骨细胞移植方法,取得相当的成功。

三、生长因子和无细胞生物材料及其复合物介导的治疗

1. 软骨损伤　TGF-β1、TGF-β2 和 FGF-2 等促软骨生成生长因子都被用在大鼠软骨缺损模型,期望其能刺激损伤周边的软骨细胞来修复软骨缺损。有报道说这种方法可刺激蛋白多糖合成,甚至软骨细胞增殖,但是并不能修复损伤。Hunziker 和 Rosenberg 报道经软骨素酶 ABC 处理过的兔子和小型猪的软骨表面黏性增

加从而增加滑液间充质细胞的迁移,但纤维蛋白载体中的 FGF-2 并不能刺激软骨再生。纤维蛋白凝块降解并为主要由胶原纤维为基质的疏松结缔组织替代,即使 48 周后也未见新的软骨形成。也有报道聚乙醇酸支架可使滑车骨槽处软骨损伤区再生出优质软骨,然而参与修复的细胞来源并不确定。一般来说,目前,单独使用生长因子或仿生支架,或两者联合使用,都还不实用,主要原因是局部软骨细胞对这些因子不能产生相应应答。然而,若能去除损伤部位边缘的基质,或去分化的软骨细胞,即有可能刺激关节软骨增殖和再生。

2. 骨软骨损伤 血液中的生长因子可刺激骨髓 MSC 自发地再生成软骨细胞,已有不少动物实验试图将生长因子或支架治疗与微裂缝法结合,将纤维软骨性修复转变成透明软骨再生修复。

脱钙皮质骨基质可用来诱导兔髁损伤后再生修复。在植入骨基质 12 周时的组织化学评价显示,从软骨下骨到表面透明软骨,95% 的缺损深度可获得修复。再生的软骨在组织化学上很类似正常的关节软骨,且与移植周围的关节软骨完全衔接。脱钙骨基质可能保留一系列促软骨生长因子,移植后随时间逐渐释放,联合作用。目前报道的其他诱导关节软骨再生的骨架包括基于透明胶质的聚合物、SIS 和壳聚糖。透明质酸多聚物植入兔股骨髁损伤处时,可刺激软骨下骨及透明软骨的再生。已证实 SIS 可提高兔软骨撕裂伤后的再生,且被成功应用于鼻中隔缺损的临床治疗,尽管尚不清楚能否诱导中隔软骨的再生。有报道把液态壳聚糖(BST-CarGel®, BioSyntech)注射到骨软骨损伤的患者,再经 12 周的物理治疗,患者可完全康复。这种液态壳聚糖具有温敏性,注射到体内组织后会变成凝胶。BST-CarGel 已在进行临床试验,预期不久后将会报道其结果。

含有胶原海绵和凝胶的 FGF-2、HGF、BMP-2 和 BMP-7 都有报道可刺激兔股骨髁或滑车沟槽处的软骨再生。Tanaka 开展了一项剂量-反应研究来测定胶原凝胶中 FGF-2 刺激兔膝关节髁部全层缺损处软骨再生的性能。FGF-2 在胶原凝胶的浓度为 100ng/μl 时,能再生出组织学上良好的透明软骨。然而,治疗 50 周后,再生的软骨会变薄,且有轻微的退化。此外,尽管 FGF-2 起初诱导的软骨在组织学上优于对照组动物的软骨再生,但这种优势随时间会逐渐减弱。

Sellers 等人也做过类似实验,用含有 rhBMP-2 的胶原海绵填充兔股骨滑车沟槽的全层缺损。24 周后,组织学检查显示生长因子加速了新软骨下骨的形成,且改善表层关节软骨的组织形态学。软骨修复的厚度接近未损伤软骨的 70%。根据组织学分级标准,与单纯胶原海绵的对照组相比,加 rhBMP-2 治疗后的软骨缺损充填是对照组的 3 倍,细胞形态学和基质染色是对照组的 2 倍。然而,修复再生的软骨与正常软骨边缘的融合仍然不理想。

Cook 等将含有 rhBMP-7 的 I 型胶原(OP-1 Implant, Stryker Biotech)移植到狗内侧股骨髁处的全层软骨缺损,在损伤后移植的初 12 周,软骨修复加速。但这一优势在 52 周时消失。此外,在 12 周时,OP-1 Implant 移植组软骨修复的组织学评分比对照组高 3.8 分,到 52 周时就仅仅高 0.7 分。

为什么在这些实验中起初观察到修复而后来又都失败了呢?一个可能是需要持续供给生长因子来维持组织的再生能力,而通过移植物一次性提供的生长因子在修复后期被耗竭。这些因子的释放动力学至今还不清楚。此外,考虑到再生修复是一个复杂过程,多种生长因子的组合可能才会导致更好的结果,且达到理想的生长因子的浓度和组合的时间顺序,才能达到理想的修复。

生长因子的持续性供应可通过基因治疗实现。最近设计出了两亲性多肽分子(PA),含有多个 TGF-β1 结合表位,可自我组装成纳米材料,已用于修复骨软骨损伤的关节软骨再生。PA 纳米材料水凝胶可促进 MSC 分化成软骨细胞。无论 PA 纤维是否含 TGF-β1,都可促进兔的滑车沟槽处软骨损伤后透明软骨再生。再生软骨的组织学和 GAG 合成和周围软骨类似,并能很好地融合。不含 TGF-β1 的 PA 移植处再生纤维软骨。含或不含 TGF-β1 的 PA 的再生性能相似,一个原因可能是不含 TGF-β1 的 PA 所具备的 TGF-β1 结合表位可富集进入损伤部位的血液中生长因子。这方面的进一步研究可能很有意义。

四、细胞移植

1. 自体软骨细胞移植 动物实验的软骨移植研究引导了人类关节软骨修复治疗,称为自体骨细胞移植(ACI),目前已被 Genzyme 公司推广到创伤所致的软骨缺损的市场。通过关节镜技术从健康和非承重位置取一小片自体软骨组织,用酶消化法分离成单个细胞,并在体外培养扩增,将具有软骨细胞表型的克隆进行体外悬浮培养、扩增。这些软骨细胞植入到损伤区域后,再用一小片骨膜瓣掩盖固定,便可形成新的透明软骨。已用 ACI 技术治疗过股骨髁的病变、髌股骨关节病变,或是微裂缝或清创治疗失败的患者,观察 2～7 年后,临床效果良好。一项为期 5 年的对照性试验表明,ACI 和微裂缝治疗股骨髁缺损的治疗效果没有明显差别。

将软骨细胞预先种植于胶原凝胶然后注射比直接注射软骨团效果似乎更佳,这成为第二代自体软骨细胞移植的基础,称为基质诱导性的 ACI(MACI)。其中一项研究是将软骨细胞在透明质酸修饰的 3D 支架上扩增,然后将这细胞-支架结构用关节镜技术植入 141 名患者。在 2～5 年的回访中,超过 90% 的患者的症状有所改善。对其中 55 名患者进行第二次关节镜检查,发现 95% 患者软骨正常或接近正常;对其中一半患者的活检检测到 50% 透明软骨,其余的为纤维软骨。另一项研究发现,接受含有软骨细胞的透明质酸凝胶治疗的患者比接受单一微缝隙治疗的患者,5 年内表现出更好和更稳定的改善。

下一代的 ACI 治疗很可能需致力于改善软骨细胞的培养条件,因为软骨细胞的去分化现象可影响软骨细胞的再分化能力。因此,目前正在探索最小化软骨细胞去分化和(或)最大化软骨再分化能力的体外培养条件和技术。体外扩增 2～3 代以内、低密度种植的软骨细胞,扩增后用来填充 $4cm^2$ 的缺损。通过形态学评分、Ⅱ型胶原和硫酸化 GAG 合成等指标,发现这些细胞最大限度地保留了再生性能。软骨细胞扩增培养基血清通常所含的一些因子,也可能降低 Sox9 表达,从而减弱细胞分化潜能。目前,已开发出无血清的体外扩增培养基,可诱导已去分化的软骨细胞达到含血清培养基等同的增殖水平,同时在至少扩增 6 代后仍维持 Sox9 表达。在该培养基中培养的软骨细胞能分化成具有透明软骨细胞和分子特性的组织。与这些结果一致的是,从老年患者获取的已去分化的骨关节炎软骨细胞,经 8 次传代后再用腺病毒或慢病毒载体转染 Sox9,根据其Ⅰ型与Ⅱ型胶原的产量,发现其再分化为软骨细胞的比率比对照组细胞明显高。这也提示骨关节炎的软骨细胞即使经过长时间培养后,也并未不可逆地丧失重获软骨形成的潜能。此外,有证据表明,骨关节炎软骨细胞在 DMEM 和正常软骨细胞的条件培养基中,其增殖和存活都显著增加。

生长因子也影响培养的软骨细胞的分化能力。IGF-1、FGF-2、IL-4 和 TGF-β 促进软骨细胞的扩增和分化,PDGF 则相反。另外,按一定时间顺序将各种生长因子联合应用,比单独一个生长因子一次或几个因子同时应用具有更强的刺激作用。应用 FGF-2 到扩增单层培养的软骨细胞能促进软骨细胞再分化,并促进其在三维支架培养条件下对 BMP-2 的反应,但用 TGF-β、FGF-2 和 IGF-1 刺激种植于支架上的软骨细胞,能获得最佳的生化及力学性能。Hidaka 等将同种异体驴软骨细胞经腺病毒载体表达 BMP-7,再移植到全层损伤的成年马外侧股骨滑车棘软骨缺损处。与对照组相比,尽管 BMP-7 组的再生速度加快,修复的软骨更显出透明软骨样,但在治疗 8 个月后,在形态学、生物化学或生物力学性质等方面,两组动物的表现并没有差异。因此,软骨细胞的质量可能需要多种生长因子的基因。Shi 等在体外把 *IGF-1* 和 *FGF-2* 基因插入同一个 pAAV 质粒,再转染进关节软骨细胞。结果表明转染 IGF-1 和 FGF-2 后 Sox2 的表达比转入只含有一个基因的质粒显著增高。其他一些因子包括 TGF-β、BMPs、PDGF、VEGF 以及其他影响骨细胞增殖分化的基因,都是可用于关节软骨细胞过表达或添加到软骨细胞体外扩增的候选基因或分子。

2. 异种软骨细胞的移植　猪软骨细胞异种移植可能用于人关节软骨的部分损伤修复。从猪股骨髁分离的关节软骨细胞培养 14～21 天后,移植到兔股骨髁关节软骨缺损处的骨膜瓣下,可形成具有透明软骨特征的组织。有趣的是,新组织中只有 27.5% 为猪细胞。由于骨膜瓣不太可能参与新软骨的形成,其余细胞应该是来源于宿主软骨细胞,可能是异种移植物刺激了缺损周围软骨细胞的增殖。类似结果在把猪软骨细胞移植到钻透关节软骨核心的人关节软骨损伤体外模型中也能观察到。

3. 软骨修复的其他来源

(1) 间充质干细胞:间充质干细胞可以分化成软骨细胞,因而被认为可很容易代替关节软骨细胞。目前报道的结果还不太一致。有报道在兔股骨髁的全层骨软骨缺损时,移植自体 MSC 可形成新的关节软骨。但是,再生的软骨在 24 周后变薄,且与周围关节软骨融合不完全。

MSC 移植也被提议可用于软骨部分缺损的修复。Gelse 等将 MSC 从兔肋骨软骨膜中分离出来,经过扩增,转染 BMP-2 或 IGF-Ⅰ腺病毒载体以诱导软骨分化。将细胞混悬于纤维蛋白胶中,用于填充大鼠股骨膝部关节软骨的部分缺损。转染两种载体的细胞都能产生透明软骨样的修复,产生富含 PG 和参与修复关节面

损伤的 Ⅱ 型胶原。未转染的细胞则形成纤维组织,基质内含 Ⅰ 型胶原。因此,生长因子决定了 MSC 分化成透明软骨和纤维软骨。

MSC 治疗软骨或骨软骨缺损的临床应用还很有限。但是 Centeno 等报道了一例阳性结果。他们把自体的 BMSC 和血小板裂解液、地塞米松同时注射入患者膝关节内以减小内侧股骨软骨缺损。注射 3 个月后的 MRI 数据显示,缺损面积明显减少,且疼痛减轻和功能改善。把成人脂肪细胞来源的干细胞种植于非编织的 PGA 支架,并用含有 TGF-β1 和胰岛素的培养基培养,从而评价这些细胞分化成软骨细胞的能力,发现脂肪来源细胞分化为软骨细胞的能力还是较弱。尽管这些初步研究提示干细胞治疗尚有一定局限性,但应用 MSC 或其他类型的干细胞治疗 OA 或其他类型软骨损伤的研究越来越引起关注。除了应用 iPSC 或 ES 的研究上处于较早期外,应用不同来源 MSC 的治疗研究,已在多个不同国家开展相当的临床研究或临床试验。这些临床研究的一个重点是,鉴定出适合 MSC 治疗的最佳适应证和最佳时间窗口。

(2) 来源于骨关节炎修复组织的软骨前体细胞:膝关节置换术患者的晚期骨关节炎性软骨的基质成分会有裂缝渗透软骨下骨,修复性组织和血管长入退化的软骨组织。电子显微镜下可见伸长的细胞迁移到软骨。将修复性组织在体外培养时,细胞可迁移出组织,且已证明这些细胞是不同于 MSC 的多潜能细胞,称为软骨祖细胞(CPC)。CPC 在 3D 海藻酸盐凝胶基质中分化成骨软骨细胞,其分化过程在 TGF-β3 诱导后增加,同时伴有 Runx-2 的表达减弱。体外测试发现这些细胞可在晚期骨关节炎性软骨移行和增殖。这些结果提示 CPC 不能在骨关节炎性修复微环境内分化成关节软骨,但可在体外扩增,作为细胞移植或人工生物软骨治疗的基础。

(3) ESC 和 iPSC:人 ESC 已被成功诱导成 MSC,后者能被扩增,而其表型不会改变,MSC 相关的表面标记物也不会丢失。这些细胞被 RGD 修饰过的聚乙二醇水凝胶封装后,可分化成软骨细胞,软骨特异性基因表达上调,分泌嗜碱性 ECM。好几项研究指出 ESC 可在体外直接分化成软骨。种植于陶瓷颗粒的小鼠 ESC 在含有 TGF-β3 的无血清软骨诱导培养基中培养 3 周后,可分化为软骨细胞。Vats 等报道 hESC 与原代软骨细胞在 Tranwell 培养皿共培养后,可诱导 hESC 分化成软骨细胞。Oldershaw 等提出一个诱导 hESC 向软骨分化的多步方案,其中包括采用基质蛋白底物,在培养基中添加特定生长因子,引导 hESC 通过中间发育阶段等。基因表达分析表明这些细胞在分化成骨软骨细胞群前,先经历从中内胚层到前中胚层的中间过程。建立 hESCs 和 hiPSC 向高质量软骨细胞分化的实验方案可为修复关节软骨的无限细胞来源提供希望。

五、生物人工合成关节软骨

多种高分子材料都已被用作支架制作体外生物人工关节软骨。这些高分子材料可根据缺损情况做成不同形状,且可生物降解。聚乙醇酸或聚乳酸羟基乙酸、胶原胶、胶原加聚乳酸羟基乙酸或聚乳酸聚乙醇酸的杂合共聚物(DL-lactic-co-glycolic acid,PLGA),以及来自鱿鱼的 β-甲壳素等,都可制成三维支架,支持人或动物软骨细胞分化为在组织学和生物化学方面都类似透明软骨的组织。有报道称负载于聚乳酸筛网支架上的异体软骨细胞(大鼠、小牛、人)在搅拌培养条件下可形成良好的生物合成软骨,植入部分缺损的兔关节软骨处还可修复缺损。筛网本身可以降解,然后只保留软骨细胞和基质。包埋于 Ⅰ 型胶原胶中的异体兔关节软骨细胞能修复全层的骨软骨缺损。虽然新软骨跟原来的正常关节软骨相似,但是没有带状的分化。

为解决新生软骨与周边软骨融合性差的问题,Wang 等将硫酸软骨素加上甲基丙烯酸酯和醛的化学基团,制作出高强度胶合胶。在股骨膝关节槽处的骨软骨缺损区域移植含有软骨细胞的 PEG 水凝胶前,预先用该黏合剂包被,可将水凝胶与周围软骨的 ECM 蛋白质连接起来。结果显示,相比于没有黏合剂的对照组,用黏合剂后在损伤部位形成更多的软骨。

将从兔的肌肉结缔组织分离的干细胞培养在多孔聚乙醇酸基质中,用于修复兔软骨缺损。移植 12 周后,多孔聚乙醇酸降解,而在损伤处形成软骨,其表面层与周围融合良好,其厚度与正常关节软骨也近似。将转染 BMP-7 或 SHH 基因的骨膜细胞种植于多孔聚乙醇酸再移植到骨软骨缺损区,也可获得类似的结果。当把 MSC 种植于由聚乳酸或海藻酸组成的基质,也可形成软骨。

也有人尝试兔关节软骨细胞和猪 SIS 支架制成生物人工关节软骨。用酶消化分离获得软骨细胞,直接接种于 SIS 上,在培养 8 周后,软骨细胞形成约 0.15mm 厚的软骨层,甲苯胺蓝染色阳性。这层软骨含有大量蛋白聚糖和Ⅰ型胶原,培养8周时的GAG含量接近关节软骨正常深度的80%。当置于股骨滑车髁全层骨软骨缺损时,软骨仍然维持其透明状态,而移植单独SIS的软骨缺损处则由纤维血管组织修复,且修复较差。或多或少的纤维血管组织包绕着透明软骨,同时在移植物的上或下都形成纤维软骨组织。

生物人工软骨理论上可由任何可分化成软骨的细胞制成,包括来源于ESC或iPSC的关节软骨细胞,但目前应用最广泛、研究最充分的仍然是MSCs。此外,现有生物人工软骨都还没有在临床试验中检测,其长期的生化和结构完整性在很大程度上还不清楚。

第七节　半月板的再生治疗

目前,治疗半月板撕裂的方法还是外科修复,有时使用纤维蛋白凝块或滑膜瓣,有时行部分或全部半月板切除。切除半月板会加快骨关节炎的进展。这些治疗可缓和疼痛,但是不能使膝关节稳定,合成材料的替代治疗的长期效果也不够满意。

一、半月板的同种异体移植

应用尸体来源的半月板进行异体移植非常成功。Wirth等对23名接受冻干和深度冰冻的异体半月板移植术的患者术后3年和14年的情况进行了评价。术后3年时的Lysholm评分已获显著改善,影像学显示深度冷冻的移植物几乎没有变质;术后14年时Lysholm评分有轻微的下降,但影像学表明移植体保存良好。冻干的移植物的表现差一些,且出现相当程度的损坏。鉴于半月板捐赠者严重短缺,故需寻找应用再生模版诱导撕裂半月板组织的再生,或使用生物人工合成半月板进行整个半月板的替换。

二、无细胞支架和生物人工半月板

Ibarra等和Buma等综述了利用细胞和支架促进半月板更新的研究。用于半月板修复的细胞来源于半月板自身、关节软骨细胞和骨髓MSC。

胶原/透明质酸/硫酸软骨素支架能促进犬的半月板再生。对9名有不同大小半月板缺损的患者进行了一个为期3年的Ⅰ期临床试验,关节镜和核磁共振检查显示,支架诱导再生的纤维软骨与正常的半月板软骨相似。36个月后,患者的疼痛评分下降了4倍,活动评分接近损伤前的评分。猪的SIS也可促进犬内侧半月板组织的再生。移植支架4周后,残疾评分就下降到了术前值。组织学评价、Ⅱ型胶原的免疫化学染色、GAG含量都表明了再生的组织与正常的半月板组织很类似。

Mueller等报道了接种到硫酸Ⅱ型胶原/软骨素支架的牛或犬的半月板细胞经过3周的培养后,DNA含量加倍,GAG含量也提高了50%。在这期间其复合结构没有缩小。遍及基质中的是几乎相等数量的球形软骨样细胞和成纤维细胞。Iberra等将牛的半月板软骨细胞接种到聚乙醇酸支架或海藻酸钙凝胶中,然后再移植到裸鼠皮下,经16周的时间细胞形成了与正常半月板组织相似的基质。Walsh等在Ⅰ型胶原蛋白白海绵中包埋了骨髓MSC,将该海绵胶移植到兔内侧半月板缺损处时,比单独使用海绵胶形成了更多的纤维软骨和透明软骨,虽然这个结构没有具备固定半月板间韧带部位所需要的拉伸强度。

Peretti等用异体关节软骨细胞接种到失活的绵羊半月板薄片上,然后将其置放到较大片失活半月板制作的桶柄状损伤处。将这一结构移植到裸鼠皮下后,观察到软骨细胞在切口边缘分泌基质将这薄片与半月板片段连接起来,而没有接种软骨细胞时是不能连接的。用猪的半月板和软骨细胞制作成类似的薄片,将其移植到无血管半月板的纵向撕裂处。其他人也报道软骨薄片与损伤边缘的结合良好,而未被处理的对照组或使用未接种细胞半月板薄片的对照组中,就没有修复。

这些结果表明,无细胞和种植细胞的支架确能促进半月板的再生,生物合成的半月板结构是可行的。然而,目前的结果,还不总是一致,在无血管带损坏的半月板的完全重建还做不到。最近的研发提供了直接再生半月板的希望。

Tienen等报道无细胞仿生支架来已用来尝试刺激半月板组织的再生。将聚氨酯(ι丙交酯/ε己内酯)支架移植到犬半月板无血管部位的纵向损伤区域,从血管周边到病变处开出大约半月板50%厚度的入口通道以促进血管化。犬在手术后 10 天恢复正常的步态;手术后 6 个月,组织学研究显示缺损已经主要由纤维组织填充,偶尔也会有软骨岛形成。Cook 和 Fox 使用稍微修改的技术诱导狗的无血管组织再生,不是将支架置放在半月板损伤区,而是先设计出生物可降解丙交酯圆筒(PLLA),这种圆筒可将血管区域血管引向损伤区,同时细胞也可沿圆筒内通道向损伤区迁移,从而再生新的功能性半月板组织,其生物力学完整性在术后 6 个月达到正常的 71%。与之相反的是使用环钻术或用缝线缝合修复,不能使半月板撕裂处功能性愈合(图 18-4)。

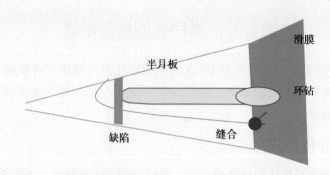

图 18-4 用来再生无血管白(不愈合)区半月板撕裂伤的导管技术

小 结

关节软骨与骨不同,如果损伤没有穿透软骨至骨,根本不会再生。损伤穿透至骨可以激发 MSC 迁移到损伤部位进行纤维软骨样修复。胎儿的关节软骨可再生是因为其软骨细胞仍能分裂,而成年的软骨细胞则不能,这可使人联想到成年软骨细胞不会增生可能是由于在组织微环境内有特定抑制因子。BMP 和 CDMP刺激软骨生成,且在正常和骨关节炎的软骨中均有表达,其作用可以为 IL-17 家族成员所阻挠。IL-17 在正常关节软骨和降解的骨关节炎软骨都有表达。

膝关节半月板和关节软骨的再生是矫形外科学的主要目标。骨软骨缺损可用各种生物降解性无细胞支架来修复,包括聚乙醇酸、去矿化皮质骨基质,基于透明质酸的整合入生长因子 BMP-2、BMP-7、FGF-2 或 HGF等各种支架。这些都可诱导骨髓 MSC 再生出良好结构的关节软骨。再生出的软骨然后变薄,与周围软骨的整合不良。也有发生严重骨软骨损坏后接受热敏液态壳聚糖水凝胶的患者,在连续 12 周的理疗后获得完全康复的报道。

软骨损伤不会再生,对患者来说唯一的治疗是移植培养的来源于非承重部位关节软骨活检所取的自体软骨。自体软骨细胞移植需要二次手术,且价钱昂贵。猪的关节软骨细胞或骨髓 MSC 可被移植到研究动物的骨软骨缺损位置。这些细胞起初会形成很好的透明软骨,随之变薄,无法与周围天然的关节软骨良好整合。遗传修饰后产生促进软骨生成的生长因子的 MSC 可能是一个再生一定厚度的缺损的途径。直接诱导ESC 或 iPSC 分化关节软骨细胞也是一个很有潜力的来源。

生物人工关节软骨可用以下成分制作:骨髓细胞、结缔组织分离的干细胞、兔关节软骨细胞分别种植于聚乳酸化合物/藻酸盐、聚乙醇酸、Ⅰ型胶原凝胶和猪 SIS 基质等,移植到软骨缺损处后可形成纤维软骨或关节软骨类似软骨。其他实验表明胶原、鱿鱼 β-甲壳素,或者胶原与聚乳酸/聚乙醇酸的混合支架,可促进人或动物软骨细胞分化为组织学和生物化学上都类似透明软骨的组织。但大多数实验没有做再生软骨生化和结构完整性的长期研究。

无细胞骨再生模板、胶原/透明质酸/硫酸软骨素(CHACS)或猪 SIS 都发现可促进犬类发生类似半月板组织的纤维软骨再生。由犬、牛、绵羊、猪或兔半月板细胞或关节软骨细胞种植于Ⅱ型胶原/6-硫酸软骨素支架、Ⅰ型胶原海绵、聚乙醇酸、藻酸盐凝胶或脱细胞半月板基质后,即可制作出生物合成的半月板组织,再将其植入裸鼠皮下或手术导致的半月板缺损。结果表明这些构造都形成半月板状的纤维软骨,并能与宿主组织整合连接。接受 CHACS 移植的患者 3 年后也再生出半月板样组织,疼痛减轻,活动分值提高。但是,这些实验或临床实验的结果变异较大,且至今还无法实现无血管区的半月板损伤的再生。克服后者的一个新技术是应用一个生物降解性的 PLLA 支架连接血管与非血管区以形成血管长入和细胞移行的导管。在犬类模型的测试表明,以此技术再生的新的半月板的生物力学完整性在外科手术 6 个月后达到 71%。

软骨分化的关键因子是 Sox9,软骨的机械性损伤以及退行性变化在临床上很常见,所导致的问题是矫形外科学所面临的主要问题。多年来,在相关疾病和损伤的动物建模方面已积累了相当的经验,模拟各种主要软骨损伤和疾病的动物模型都有报道。除了较为经典的自体组织/细胞移植外,各种软骨移植人工替代品的生物医用材料的研发已成为再生医学领域最活跃、最成熟的分支。在对一些基本的无机和有机材料、天然和合成的聚合材料等有了充分认识的基础上,多种新型复合材料、纳米材料、表面或整体修饰的材料、仿生材料也逐渐应运而生。已有多种生长因子应用在复合人工材料和人工移植产品上面。

通过自体软骨细胞移植以修复人关节软骨缺损已取得了良好的效果。骨髓或脂肪组织来源的 MSC 是目前用于骨、软骨修复再生的主要细胞类型,但随着干细胞领域的研究进展,目前已在尝试利用多种其他类型的干细胞,包括胚胎干细胞和诱导性多能干细胞等用于骨、软骨的修复再生。

一些基于生物医用材料、生长因子和干细胞的组织工程软骨更具挑战性,但也有征兆显示出巨大的应用前景。

(周光前)

参 考 文 献

1. Abe M, Takahashi M, Tokura S, et al. Cartilage-scaffold composites produced by bioresorbable β-chitin sponge with cultured rabbit chondrocytes. Tissue Eng, 2004, 10(3-4):585-594.

2. Amizuka N, Warshawsky H, Henderson JE, et al. Parathyroid hormone-related peptide-depleted mice show abnormal epiphyseal cartilage development and altered endochondral bone formation. J Cell Biol, 1994, 126(6):1611-1623.

3. Bi W, Deng JM, Behringer RR, et al. Sox 9 is required for cartilage formation. Nature Genet, 1999, 22(1):85-89.

4. Bock HC, Michaeli P, Bode C, et al. The small proteoglycans decorin and biglycan in human articular cartilage of late-stage osteoarthritis. Osteoarthritis Cartilage, 2001, 9(7):654-663.

5. Brittberg M, Lindahl A, Nilsson AA, et al. Treatment of deep cartilage defects in the knee with autologous chondrocyte transplantation. N Engl J Med, 1994, 331(14):889-895.

6. Carlevaro MF, Albini A, Ribatti D, et al. Transferrin promotes endothelial cell migration and invasion: implication in cartilage neovascularization. J Cell Biol, 1997, 136(6):1375-1384.

7. Caterson EJ, Nesti LJ, Li WJ, et al. Three-dimensional cartilage formation by bone marrow-derived cells seeded in polyactide/alginate amalgam. J Biomed Mater Res, 2001, 57(3):394-403.

8. Centeno CJ, Busse D, Keohan C, et al. Increased knee cartilage volume in degenerative joint disease using percutaneously implanted, autologous mesenchymal stem cells, platelysate and dexamethasone. Am J Case Reports, 2008, 9:201-206.

9. Chen G, Sato T, Ushida T, et al. Tissue engineering of cartilage using a hybrid scaffold of synthetic polymer and collagen. Tissue Eng, 2004, 10(3-4):323-330.

10. Chen FH, Rousche KT, Tuan RS. Technology insight: adult stem cells in cartilage regeneration and tissue engineering. Nature Clin Practice Rheum, 2006, 2(7):373-382.

11. Cook SD, Patron LP, Salkeld SL, et al. Repair of articular cartilage defects with osteogenic protein-1(BMP-7) in dogs. J Bone & Joint Surg, 2003, 85-A(Suppl. 3):116-123.

12. Crowe R, Zikherman J, Niswander L. Delta-1 negatively regulates the transition from prehypertrophic to hypertrophic chondrocytes during cartilage formation. Development, 1999, 126(5):987-998.

13. Cuevas P, Burgos J, Baird A. Basic fibroblast growth factor(FGF) promotes cartilage repair in vivo. Biochem Biophys Res Commun, 1988, 156(2):611-618.

14. Djouad F, Mrugala D, Noel D, et al. Engineered mesenchymal stem cells for cartilage repair. Reg Med, 2006, 1(4):529-537.

15. Dobreva G, Chahrour M, Dautzenberg M, et al. SATB2 is a multifunctional determinant of craniofacial patterning and osteoblast differentiation. Cell, 2006, 125(5):971-986.

16. Ducy P, Schinke T, Karsenty G. The osteoblast: a sophisticated fibroblast under central surveillance. Science, 2000, 289(5484):1501-1504.

17. Forslund C, Aspenberg P. Improved healing of transected rabbit Achilles tendon after a single injection of cartilage-derived morpho-

genetic protein-2. Am J Sports Med,2003,31(4):555-559.

18. Freed E,Marquis C,Nohira A,et al. Neocartilage formation in vitro and in vivo using cells cultured on synthetic biodegradable polymers. J Biomed Mats Res,1993,27(1):11-23.

19. Ferron M,Wei J,Yoshizawa T,et al. Insulin signaling in osteoblasts integrates bone remodeling and energy metabolism. Cell,2010, 142(2):296-308.

20. Fulzele K,Riddle RC,DiGiirolamo DJ,et al. Insulin receptor signaling in osteoblasts regulates postnatal bone acquisition and body composition. Cell,2010,142(2):309-319.

21. Bronzino,J. Biomedical Engineering Handbook. CRC Press,Boca Raton,1995,pp:1788-1806.

22. Fujimoto E,Ochi M,Kato Y,et al. Beneficial effect of basic fibroblast growth factor on the repair of full-thickness defects in rabbit articular cartilage. Arch Orthop Trauma Surg,1999,119(3-4):139-145.

23. Gaissmaier C,Koh JL,Weise K. Growth and differentiation factors for cartilage healing and repair. Injury,2008,39 Suppl 1: S88-S96.

24. Glansbeek HL,van Beuningen HM,Vitters EL,et al. Stimulation of articular cartilage repair in established arthritis by local administration of transforming growth factor-β into murine knee joints. Lab Invest,1998,78(2):133-142.

25. Glasson SS,Askew R,Sheppard B,et al. Deletion of active ADAMTS5 prevents cartilage degradation in a murine model ofosteoarthritis. Nature,2005,434(7033):644-648.

26. Granero-Molto F,Weis JA,Longobardi L,et al. Role of mesenchymal stem cells in regenerative medicine:application to bone and cartilage repair. Expert Opin Biol Ther.,2008,8(3):255-268.

27. Hadjiargyrou M,Lombardo F,Zhao S,et al. Transcriptional profiling of bone regeneration. J Biol Chem,2002,277(33): 30177-3082.

28. Hauge EM,Qvesel D,Eriksen EF,et al. Cancellous bone remodeling occurs in specialized compartments lined by cells expressing osteoblastic markers. J Bone Miner Res,2001,16(9):1575-1582.

29. Johnstone B,Alini M,Cucchiarini M,et al. Tissue engineering for articular cartilage repair-the state of the art. Eur Cell Mater,2013, 25:248-267.

30. Long F,Linsenmayer TF. Regulation of growth region cartilage proliferation and differentiation by perichondrium. Development, 1998,125(6):1067-1073.

31. lmonte-Becerril M,Navarro-Garcia F,Gonzalez-Robles A,et al. Cell death of chondrocytes is a combination between apoptosis and autophagy during the pathogenesis of osteoarthritis within an experimental model. Apoptosis,2010,15(5):631-638.

32. Ishii M,Egen JG,Klauschen F,et al. Sphingosine-1-phosphate mobilizes osteoclast precursors and regulates bone homeostasis. Nature,2009,458(7237):524-528.

33. Karsenty G. The complexities of skeletal biology. Nature,2003,423(6937):316-318.

34. Kolar P,Schmidt-Bleek K,Schell H,et al. The early fracture hematoma and its potential role in fracture healing. Tissue Eng Part B Rev,2010,16(4):427-434.

35. Marcacci M,Berruto M,Brocchetta D,et al. Articular cartilage engineering with Hyalograft C:3-year clinical results. Clin Orthop Rel Res,2006,435:96-105.

36. Martin I,Suetterlin R,Baschong W,et al. Enhanced cartilage tissue engineering by sequential exposure of chondrocytes to FGF-2 during 2D expansion and BMP-2 during 3D cultivation. J Cell Biochem,2001,83(1):121-128.

37. Mithoefer K,Williams RJ,Warren RF,et al. Chondral resur facing of articular cartilage defects in the knee with the microfrac-ture technique. Surgical technique. J Bone Joint Surg,2006,88(Suppl. 1 Part 2):294-304.

38. Mobasheri A,Kalamegam G,Musumeci G,et al. Chondrocyte and mesenchymal stem cell-based therapies for cartilage repair in osteoarthritis and related orthopaedic conditions. Maturitas,2014,78(3):188-198.

39. Murakami S,Kan M,McKeehan WL,et al. Up-regulation of the chondrogenic Sox9 gene by fibroblast growth factors is mediated by the mitogen-activated protein kinase pathway. Proc Natl Acad Sci USA,2000,97(3):1113-1118.

40. Musumeci G,Castrogiovanni P,Leonardi R,et al. New perspectives for articular cartilage repair treatment through tissue engineering:A contemporary review. World J Orthop,2014,5(2):80-88.

41. Namba RA,Meuli M,Sullivan KM,et al. Spontaneous repair of superficial defects in articular cartilage in a fetal lamb model. J Bone Joint Surg,1998,80(1):4-10.

42. Nakamura T,Imai Y,Matsumoto T,et al. Estrogen prevents bone loss via estrogen receptor α and induction of Fas ligand in osteo-

clasts. Cell,2007,130(5):811-823.

43. Nakashima K,Zhou X,Kunkel G,et al. The novel zinc finger-containing transcription factor osterix is required for osteoblast differentiation and bone formation. Cell,2002,108(1):17-29.

44. Nikolaou VS,Tsiridis E. Minisymposium:fracture healing(i)Pathways and signaling molecules. Curr Orthopaed,2007,21:249-257.

45. Chan KM. Controversies in Orthopedic Sport Medicine . Hong Kong:Williams and Wilkins Asia-Pacific,1998:549-563.

46. Ochi M,Uchio Y,Tobita M,et al. Current concepts in tissue engineering technique for repair of cartilage defect . Artif Organs,2001,25(3):172-179.

47. Otto WR,Rao J. Tomorrow's skeleton staff:mesenchymal stem cells and the repair of bone and cartilage . CellProlif,2004,37(1)7:97-110.

48. Pathi S,Rutenberg J,Johnson R,et al. Interaction of Ihh and BMP/Noggin signaling during cartilage differentiation. Dev Biol,1999,209(2):239-253.

49. Pascual-Garrido C,Slabaugh MA,L' Heureux DR,et al. Recommendations and treatment outcomes for patel-lofemoral articular cartilage defects with autologous chondrocyte implantation prospective evaluation at average 4-year follow-up. Am J Sports Med,2009,37 Suppl 1:33S-41S.

50. Peel SAF,Chen H,Renlund R,et al. Formation of a SIS-cartilage composite graft in vitro and its use in the repair of articular cartilage defects . Tiss Eng,1998,4:143-155.

51. Phillips MD,Kuznetsov SA,Cherman N,et al. Directed Differentiation of Human Induced Pluripotent Stem Cells Toward Bone and Cartilage:In Vitro Versus In Vivo Assays. Stem Cells Transl Med,2014,3(7):867-878.

52. Pribitkin EA,Ambro BT,et al. Rabbit ear cartilage regeneration with a small intestinal submucosa graft . Laryngoscope,2004,114(9 Pt 2 Suppl 102):1-19.

53. Ramallal M,Maneiro E,Lopcz E,ct al. Xeno-implantation of pig chondrocytes into rabbit to treat localized articular cartilage defects:an animal model . Wound Rep Reg,2004,12(3):337-345.

54. Reddi AH. Cartilage morphogenetic proteins:role in joint development,homeostasis, and regeneration. Ann Rheum Dis,2003,62 Suppl 2:ii73-8.

55. Reinholtz GG,Lu L,Saris DBF,et al. Animal models for cartilage reconstruction . Biomats,2004,25(9):1511-1521.

56. Roelofs AJ,Rocke JP,De Bari C. Cell-based approaches to joint surface repair:a research perspective. Osteoarthritis Cartilage,2013,21(7):892-900.

57. Sanchez M,Azofra J,Anuita E,et al. Plasma rich in growth factors to treat an articular cartilage avulsion:a case report. Med Sci Sports Exerc,2003,35(10):1648-1652.

58. Shah RN,Shah NA,Del Rosario Lim MM,et al. Supramolecular design of self-assembling nanofibers for cartilage regeneration. Proc Natl Acad Sci USA,2010,107(8):3293-3298.

59. Shi S,Mercer S,Trippel SB. Effect of transfection strategy on growth factor overexpression by articular chondrocytes. J Orthopaed Res,2010,28(1):103-109.

60. Song F,Li B,Stocum DL. Amphibians as research models for regenerative medicine. Organogenesis,2010,6(3):141-150.

61. Sellers RS,Peluso D,Morris EA. The effect of recombinant human bone morphogenetic protein-2(rhBMP-2)on the healing of full-thickness defects of articular cartilage. J Bone Joint Surg Am,1997,79(10):1452-1463.

62. Shah RN,Shah NA,Del Rosario Lim MM,et al. Supramolecular design of self-assembling nanofibers for cartilage regeneration. Proc Natl Acad Sci USA,2010,107(8):3293-3298.

63. Shapiro F,Koide S,Glimcher M. Cell origination and differentiation in the repair of full-thickness defects of articular cartilage. J Bone Joint Surg Am,1993,75(4):532-553.

64. Stanton H,Rogerson FM,East CJ,et al. ADAMTS5 is the major aggrecanase in mouse cartilage in vivo and in vitro. Nature,2005,434(7033):648-652.

65. Stone KR,Steadman JR,Rodkey WG,et al. Regeneration of meniscal cartilage with use of a collagen scaffold. Analysis of preliminary data. J Bone Joint Surg,1997,79(12):1770-1777.

66. Stone KR,Walgenbach AW,Freyer A,et al. Articular cartilage paste grafting to full-thickness articular cartilage knee joint lesions:a 2-12-year follow-up. J Arthroscopic Rel Surg,2006,22(3):291-299.

67. Suckow MA,Voytik-Harbin SL,Terril LA,et al. Enhanced bone regeneration using porcine small intestinal submucosa. J Invest Surg,1999,12(5):277-287.

68. Tanaka H, Mizokami H, Shiigi E, et al. Effects of basic fibroblast growth factor on the repair of large osteochondral defects of articular cartilage in rabbits: dose-response effects and long-term outcomes. Tissue Eng, 2004, 10(3-4):633-641.

69. Tibesku CO, Szuwart T, Kleffner TO, et al. Hyaline cartilage degenerates after autologous osteochondral transplantation. J Orthopaed Res, 2004, 22(6):1210-1214.

70. Teitlebaum SL. Bone resorption by osteoclasts. Science, 2000, 289(5484):1504-1508.

71. Wakatani S, Imoto K, Kimura T, et al. Hepatocyte growth factor facilitates cartilage repair: full thickness articular cartilage defect studied in rabbit knees. Acta Orthopaed Scand, 1997, 68(5):474-480.

72. Wakatani S, Goto T, Young RG, et al. Repair of large full-thickness articular cartilage defects with allograft articular chondrocytes embedded I a collagen gel. Tiss Eng, 1998, 4(4):429-444.

73. Vortkamp A, Lee K, Lanske B, et al. Regulation of rate of cartilage differentiation by Indian hedgehog and PTH-related protein. Science, 1996, 273(5275):613-622.

74. Verborgt O, Gibson GJ, Schaffler MB. Loss of osteocyte integrity in association with microdamage and bone remodeling after fatigue in vivo. J Bone Min Res, 2000, 15(1):60-67.

75. Zou H, Wieser R, Massague J, et al. Distinct roles of type I bone morphogenetic protein receptors in the formation and differentiation of cartilage. Genes, 1997, 11(17):2191-2203.

76. Zhao C, Irie N, Takada Y, et al. Bidirectional ephrinB2-EphB4 signaling controls bone homeostasis. Cell Metabol, 2006, 4(2):111-121.

第十九章

肌和肌腱干细胞与再生医学

肌肉、肌腱和韧带等组织在胚胎发育过程中是由中胚层分化而来的。发生肌肉撕裂等较轻损伤后,肌肉可以通过再生进行损伤修复。但发生大面积肌肉缺损时,无法通过内源性的肌肉再生完成损伤修复。韧带和肌腱的再生能力很弱,虽然可以进行类似瘢痕组织生成的再生,但不能恢复韧带和肌腱的初始强度。肌、肌腱和韧带的再生基本依赖于相应组织内几种成体干细胞的活力。

本章重点介绍肌肉、肌腱和韧带等组织再生的基础实验研究及临床再生医学研究的最新进展。

第一节　肌和肌腱发育

成熟的骨骼肌细胞是复杂的、具有特化的收缩能力的多核细胞。肌肉谱系的前体细胞(生肌细胞)可以追溯到早期胚胎发育阶段中由中胚层分化而来的体节的肌节部分(图 19-1)。虽然这些细胞类似于胚胎中的间充质细胞,具有分化为多种细胞类型的能力,它们经历过一系列分化事件后只保留了形成肌肉的能力。以上过程受到来自外胚层的 Wnt 7a,神经管的 Wnt 1a、3a,脊索的 Shh 及侧板中胚层的 Fgf-8 和 BMP4 等信号的激活,并进而受到下游转录因子的调控。这些分化潜能局限于肌肉谱系的生肌细胞可以进行数次有丝分裂,然后退出细胞周期,转变为肌原细胞。

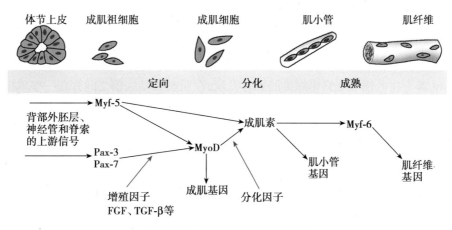

图 19-1　早期肌肉发育示意图

增殖中的生肌细胞依靠某些生长因子(例如 FGF、TGF-β)的作用维持其处在增殖状态,保持细胞周期的循环。随着生肌调节因子的积累,生肌细胞上调 p21 的合成,从而不可逆地退出细胞周期。在其他生长因子(例如 IGF)的影响下,肌原细胞开始转录主要收缩性蛋白—肌动蛋白和肌球蛋白的 mRNA。但是肌原细胞生命周期中的最主要事件是多个肌原细胞融合为多核的肌管。肌原细胞的融合是一个精确调控的过程,包括以下三个步骤:细胞的整齐排列,钙离子(Ca^{2+})介导的黏着[M-钙黏着蛋白(M-cadherin)和其他分子参与这个步骤],以及质膜的最终联通。

肌管中的 mRNA 和蛋白质合成均极为旺盛。除了肌动蛋白和肌球蛋白以外,肌管还合成多种其他蛋白,包括肌肉收缩的调节蛋白—肌钙蛋白和原肌球蛋白。这些蛋白质组装成为具有收缩功能的单元,称为肌原

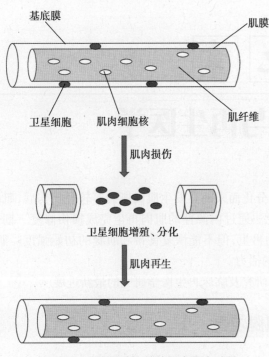

基底膜

肌膜

卫星细胞　肌肉细胞核　肌纤维

↓ 肌肉损伤

卫星细胞增殖、分化

↓ 肌肉再生

图 19-2　卫星细胞支持的肌肉再生过程

为快肌纤维和慢肌纤维。

纤维节。肌原纤维节按照精确的方式进行排列,形成肌原纤维。随着肌管被肌原纤维填充,它们的细胞核从中央迁移到周边。这时,我们认为肌管已经分化成为肌纤维,完成了骨骼肌细胞分化的最后阶段。

虽然骨骼肌细胞的分化随着细胞核迁移到肌管周边而完成,肌肉纤维的发育却远未完成。多核肌肉纤维的细胞核丧失了增殖的能力,但是肌肉纤维的生长必须跟上胚胎和婴儿的快速发育。肌肉纤维依靠一群位于肌膜和基底膜(图 19-2)之间的具有肌肉分化潜能的干细胞达成其快速生长。这群干细胞称为卫星细胞。卫星细胞在个体生长过程中保持缓慢分裂的能力,部分子细胞与肌肉纤维融合以使后者包含足够数量的细胞核从而引导收缩性蛋白的不间断合成。卫星细胞缓慢分裂的控制机制目前还不清楚,可能有 Delta/Notch 信号系统参与其中。在肌肉纤维发生损伤后,卫星细胞可以增殖并融合为再生肌肉纤维。

典型的肌肉通常由若干不同类型的肌纤维组成。这些肌纤维的收缩特性和细胞形态各不相同,并拥有不同亚型的收缩蛋白。为了叙述方便,本文仅将肌纤维区分

第二节　肌和肌腱干细胞

一、肌和肌腱干细胞的发现

早在 19 世纪,人们就已经观察到骨骼肌具有很强的再生能力,但是在肌肉再生过程中,肌纤维细胞不进行分裂,因而人们推断在体内一定存在能够支持骨骼肌再生的可分裂的细胞。1961 年,美国 Rockefeller 大学的 Alexander Mauro 博士在电镜下观察蟾蜍骨骼肌时发现,在肌膜和基底膜之间存在一些单核细胞,并根据其围绕肌纤维而生的定位特点,将这些细胞命名为卫星细胞(satellite cell,SC)。随后,同位素标记的胸腺嘧啶示踪实验等检测结果表明卫星细胞可以在肌肉损伤之后分裂,并融合形成新的肌纤维,从而证实了卫星细胞参与肌肉再生。细胞移植实验进一步表明卫星细胞不仅能够参与肌肉损伤的修复,而且能够在体内进行自我更新,证实卫星细胞是负责肌肉再生的成体干细胞。迄今为止,在几乎所有的脊椎动物的骨骼肌中都发现了卫星细胞的存在,这些成体干细胞负责出生之后骨骼肌的质量增加和损伤后的再生。

二、卫星细胞

卫星细胞在体内通常处于静息状态,在损伤等外界条件刺激下,卫星细胞可以被激活,由静息状态重回细胞周期,开始增殖。增殖后的卫星细胞,小部分又回到静息状态,成为新的成体干细胞;大部分则进一步分化为新的肌肉细胞,完成对损伤的修复(图 19-3)。在哺乳动物中,出生时卫星细胞核占新生肌纤维细胞核的 30%~35%,这个比例随着年龄的增长而降低,在成年哺乳动物肌肉组织中卫星细胞核仅占肌纤维细胞核的 1%~5%。能够进行分裂的卫星细胞的数量也随着年龄的增长而逐渐减少,提示衰老能够严重降低肌肉的再生能力。骨骼肌的肌原细胞和卫星细胞有共同的发育来源,均由位于生肌节(dermomyotome)中的表达 Pax3/Pax7 的细胞发育而来。

卫星细胞是支持肌肉损伤后再生的主要力量。

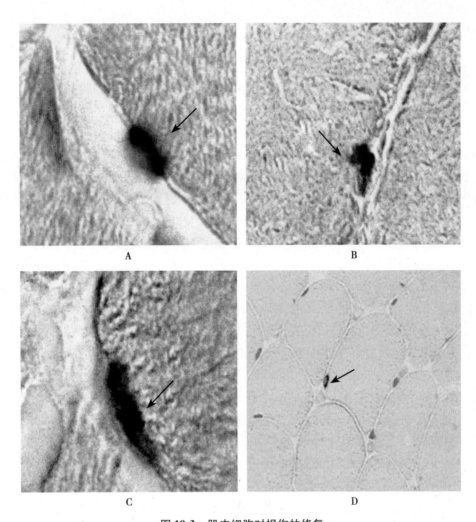

图 19-3　肌肉细胞对损伤的修复

（A）肌纤维旁处在静息状态下的卫星细胞。箭头标示卫星细胞。（B）损伤刺激后正在增殖的
卫星细胞。箭头标示卫星细胞。（C）损伤刺激后正在分化的卫星细胞。箭头标示卫星细胞。
（D）肌肉损伤修复后卫星细胞的定位。箭头标示卫星细胞

三、卫星细胞的增殖和分化

1. 卫星细胞细胞系　在确定了卫星细胞在肌肉再生过程中的功能后，一些能够部分模拟卫星细胞增殖和分化性质的细胞系相继建立，包括 David Yaffe 建立的大鼠 L6 和 L8 细胞系，David Yaffe 与 Ora Saxel 共同建立的小鼠 C2 细胞系，以及 Helen Blau 等在 C2 细胞系基础上进一步克隆得到的 C2C12 细胞系。这些细胞系都能在体外培养系统中增殖，并能够在特定的诱导条件下分化，成为广泛使用的研究肌肉分化的重要工具细胞系。

2. 卫星细胞分离和鉴定　根据卫星细胞在肌纤维旁的特殊定位，Rechard Bischoff 等经过多年的努力最终建立了通过酶解消化肌肉组织，获得单根肌纤维，进而分离得到卫星细胞的方法。这一方法至今仍然在肌肉再生研究中广泛使用。随着免疫组化技术和哺乳动物遗传操作技术的发展，Robert G. Kelly 等建立了 myosin 启动子驱动的 *LacZ* 转基因小鼠，利用 Bischoff 建立的卫星细胞分离方法，在排除表达 LacZ 的分化肌肉细胞后，获得了纯度较高的卫星细胞，并鉴定出一些卫星细胞的分子标记。迄今为止，应用类似的方法已经鉴定出了一系列卫星细胞的分子标记。这些分子标记包括核内的转录因子，如 Pax3、Pax7、Tshz3 等；细胞受体，如 c-Met、CXCR4 等；胞外基质黏附蛋白，如 M-cadherin 等；细胞表面分子标记，如 CD34、integrin α_7 等。虽然这些分子标记中的每一个都不是卫星细胞特异性表达的，但是联合使用多个分子标记可以比较准确地鉴定卫星细胞。目前可以综合使用多种细胞表面分子标记，利用 FAC 技术从肌肉酶解液中分离得到卫星细胞。

四、卫星细胞的调控

1. 多种转录因子对卫星细胞的产生、增殖和分化进行调控　Pax7 是卫星细胞重要的分子标记,在胚胎发育过程中决定卫星细胞的形成。从小鼠胚胎发育的第 7.5 天起,Pax7 阳性细胞开始出现在来源于中胚层的生皮肌节区,这些 Pax7 阳性细胞最终将分化为肌肉细胞和卫星细胞。到胚胎发育的第 17.5 天,在小鼠胚胎内已经可以检测到表达 c-Met、M-cadherin 标记的卫星细胞。*Pax7* 基因敲除小鼠虽然肌肉发育正常,但是由于缺失卫星细胞而表现出严重的肌肉再生缺陷,表明 Pax7 是卫星细胞形成过程中必不可少的调控因子。在卫星细胞开始增殖后,会形成两组子代细胞。一组高表达 Pax7,一组低表达 Pax7。Pax7 低表达卫星细胞更容易进入分化途径,形成新的肌肉细胞;而 Pax7 高表达卫星细胞则倾向于成为新的干细胞储备。遗传学实验结果表明,Pax7 和 Pax3 可以激活 MyoD 和 Myf5 的表达。MyoD 和 Myf5 能够激活 myogenin、myosin 等一系列与肌肉分化相关的基因的表达,从而促使卫星细胞分化为有功能的肌肉细胞。随着卫星细胞的分化,Pax3 和 Pax7 的表达量逐渐降低。

2. 卫星细胞的激活和增殖受到多种因素的调节　胰岛素样生长因子(insulin-like growth factor,IGF)能够促进卫星细胞增殖。随着年龄的增长,卫星细胞的增殖能力逐渐降低,最终导致与衰老相伴生的肌肉萎缩。向萎缩的肌肉中注射人 IGF 后,可以促进衰老卫星细胞的增殖,从而最终缓解肌肉萎缩的症状。Notch 信号分子可以促进卫星细胞的增殖,而 Wnt 信号分子则可以促进卫星细胞的分化。Notch 与 Wnt 两个信号通路的此消彼长,部分决定了卫星细胞是进入增殖状态,还是进入分化状态。c-Met 受体可以介导 HGF 信号,促进卫星细胞的激活和增殖,而膜蛋白 calveolin-1 则可以抑制 HGF 诱导的卫星细胞增殖。在卫星细胞中过表达 FGF 能够抑制卫星细胞的分化,反之,在卫星细胞中表达 FGF mRNA 的反义链则能够诱导卫星细胞的分化,提示 FGF 能够抑制卫星细胞的分化。Ang1/Tie2 信号通路的激活能够促使增殖后的卫星细胞回到静息状态,也是成体肌肉干细胞自我更新过程中必不可少的信号通路。TGF-β 能够抑制卫星细胞的激活和分化,促使损伤的肌肉细胞向成纤维细胞转化。TGF-β 家族的另一成员肌肉生长抑制素(myostatin)能够抑制卫星细胞的激活、自我更新和分化,从而严重抑制肌肉的再生,造成损伤部位肌肉细胞的纤维化。*myostatin* 基因敲除小鼠的卫星细胞增殖和分化能力增强,肌肉质量明显增加,肌肉的再生能力显著提高。

不同的肌肉由于所含的卫星细胞不同,其损伤后的再生能力也不同。例如,大鼠咬肌的再生能力不如腿上的胫骨前肌。这些肌肉的生化性质不同,在胚胎发育过程中的来源也不同。咬肌的卫星细胞与胫骨前肌的卫星细胞相比,前者的数量较少,增殖的速率较低。这些不同可能是由于不同卫星细胞的内在特征造成的,也有可能反映了外部微环境的不同。例如,在这两种肌肉的再生过程中,炎症细胞的产生、生长因子的种类数量均有所不同。

卫星细胞的增殖还受到年龄因素的调节。在未成年动物体内也参与肌肉的生长和再生。但是参与未成年动物体内肌肉生长的肌肉卫星细胞似乎与再生成年动物肌肉的卫星细胞分属于不同的亚群。与之相一致,在新生小鼠中新再生出的肌纤维的细胞核位于周边,这是胚胎发生时正在形成的肌肉的特征。而成年小鼠损伤后新再生出的肌纤维的细胞核则位于细胞中央,说明不同年龄小鼠中卫星细胞的性质有所不同。BrdU 连续标记实验表明未成年大鼠的卫星细胞具有两组明显不同的增殖动力学特性。占总数 80% 的群体在 5 天之内达到 BrdU 标记饱和;占总数 20% 的群体其增殖要慢得多,在 14 天的连续标记后仍然未达到饱和,尚有 10% 的细胞未被标记。成年大鼠更多地使用缓慢标记的卫星细胞群体进行肌肉再生,而年轻大鼠使用快速标记的卫星细胞群体进行肌肉生长。

3. 在卫星细胞的自我更新、增殖和分化过程中,表观遗传调控也发挥重要的作用　Pax7 能够与组蛋白甲基转移酶复合物 Wdr5-Ash2L-MLL2 相互作用,甲基化 *Myf5* 基因启动子区域的组蛋白 H3K4 位点,造成 H3K4 三甲基化修饰,激活 *Myf5* 基因的表达。MicroRNA 也在卫星细胞的增殖和分化过程中起重要的调控作用。miR-1 能够通过负调控 HDAC4 这一卫星细胞分化的抑制因子而促进卫星细胞的分化。miR133 能够通过抑制负向调控细胞增殖的血清反应因子而促使卫星细胞停留在增殖状态。miR-206 能够通过抑制 Pax3 的转录而促进卫星细胞的分化。miR-489 能够负向调控细胞周期调控蛋白 Dek 的表达,抑制处于静息状态的卫星细胞进入细胞周期,避免过度激活造成的干细胞损耗,从而维持卫星细胞的数量。

五、具有肌肉分化潜能的其他成体干细胞

除了卫星细胞之外,哺乳动物体内还存在一些具有肌肉分化潜能的其他成体干细胞,包括在骨骼肌中存在的几种具有肌肉分化能力的成体干细胞。Ceretti 等分离了 Pax7$^+$/CXCR4$^+$/β1-integrin$^+$细胞群体,称之为骨骼肌前体细胞(skeletal muscle precursors,SMPs)。SMPs 在移植入肌营养不良的(mdx)小鼠中后,具有非常高的整合效率。Tanaka 等分离出一个称为旁边群体的 Pax7$^+$ 细胞。这些细胞表达 ABCG2 ATP-binding cassette、CD34 和 syndecan 3/4。它们在体外可以自发分化为肌管。在移植入氯化钡损伤的 mdx 小鼠的胫骨前肌后,整合效率高,能够重建肌纤维并自我更新。另一类具有肌肉分化能力的干细胞是 Pax7$^+$/CD56$^+$/CD34$^+$/CD144$^+$的肌内皮细胞。这类细胞与肌肉间隙组织中的血管紧密结合,同时表达内皮细胞和肌原细胞的标记蛋白。与 CD56$^+$/CD34$^-$/CD144$^-$肌原细胞相比,这类细胞在注入心脏毒素损伤的 SCID 小鼠肌肉后可以再生出两倍多的肌纤维。这三个 Pax7$^+$群体之间是否存在,如 2007 年 Kuang 等描述的 Pax7$^+$/Myf5$^-$干细胞的层级关系现在还不清楚。

从人的骨骼肌酶解液中可分离到一组同时表达 CD34、CD117、VCAM、VEGFR-2、CD56 和 CXCR4 分子标记的干细胞,这些细胞具有分化为肌肉细胞的能力。在肌肉细胞中还存在另外一组干细胞,表达 CD133、CD105、vimentin 和 desmin,但是不表达 CD34、CD45、CD31、Flk、von Willebrand 因子、Bcl-2 和 Ve-cadherin,这些细胞也具有很强的肌肉分化能力。在肌肉组织中还存在一些分布于肌纤维之间空隙中的、表达 PW1/paternally expressed gene 3(Peg3)的干细胞,称为 PIC(PW1$^+$ interstitial cells)。谱系分析的结果表明,PICs 细胞与卫星细胞在胚胎发育过程中的来源不同,但其具体来源目前还不清楚。最近从肌纤维间隙中还分离出一组表达 β4-integrin 的具有肌肉分化能力的干细胞。迄今为止,这些存在于骨骼肌中的具有肌肉分化能力的非卫星细胞与卫星细胞之间的谱系关系还不清楚。

间充质干细胞是一类具有多种分化潜能的成体干细胞,能够分化为骨、肌肉、软骨、脂肪等多种细胞类型。这类细胞起源于中胚层,在哺乳动物成体中主要分布于骨髓中,在脑、脂肪、肌肉、外周血、肝脏等组织器官中也有分布。从骨髓和关节膜分离出的间充质干细胞都能够在移植后分化为肌肉细胞。

除了骨髓间充质干细胞外,骨髓中还存在一组被称为"边缘细胞群"的干细胞,这些细胞能够将具有细胞毒性的染料 Hoechst 33342 排出体外,因而在 FACS 染色时形成一个"边缘细胞群"(side population)。细胞表面分子标记分析表明,边缘细胞群表达 CD45 和 Sca1 标记。边缘细胞群在小鼠体内既能够分化为血细胞,也能够分化为肌肉细胞,并能够参与肌肉损伤的修复。

六、血管内具有肌肉分化潜能的成体干细胞

血管是另一个富含具有肌肉分化潜能的成体干细胞的组织。从血管壁可以分离出两类具有肌肉分化潜能的干细胞:成肌上皮细胞和毛细管周细胞。这两类细胞的分化潜能和其他生理性质在人体中研究得最为深入。成肌上皮细胞表达 CD56、CD34、CD144,不表达 CD45,在人骨骼肌血管生成过程中可以检测到这类细胞的存在。成肌上皮细胞在血管生成过程中所产生的新生细胞中所占的比例小于 0.5%。这类细胞可以在体外长期扩增,植入体内后不会成瘤,具有较强的肌肉细胞分化能力,因而具有很大的应用潜能。毛细管周细胞的特征分子标记是 CD146$^+$NG2$^+$PDGFR$^-$CD34$^-$CD45$^-$CD56$^-$,能够分化为肌肉细胞。成肌上皮细胞和毛细管周细胞位于血管壁,与卫星细胞和其他具有肌肉分化能力的成体干细胞相比,比较易于获得,因而具有很高的再生医学应用潜能。从胚胎或成体哺乳动物的血管中还可分离出另一类具有肌肉分化能力的干细胞,命名为中间成血管细胞(mesoangioblast,Mab)。在小鼠和狗体内都已经观察到中间成血管细胞参与肌肉损伤的修复。中间成血管细胞表达 CD34、c-kit 和 Flk1,具有较强的肌肉分化能力,具有较大的应用潜力。卫星细胞与上述各种具有肌肉分化能力的成体干细胞之间的谱系关系,目前尚不清楚。

第三节　骨骼肌的再生

一、骨骼肌结构

骨骼肌的基本组成单位是含多个细胞核的肌纤维(图 19-4)。肌纤维从胚胎成肌细胞通过增殖、端-端融合从而形成多核合体细胞后,最后分化成为由肌动蛋白-肌球蛋白组成的收缩装置。这一过程由一组肌调控因子(muscle control factor,MRFs)所调控,包括 Myf5、MRF4、Myo D,以及 myogenin 等转录因子,这些因子受来自周边组织的信号所激活,包括外胚层的 Wnt7a、神经管的 Wnt3a、脊索组织的 Shh,以及侧板中胚层的 Fgf-8 和 BMP4 等。随着增殖后及随后的分化、融合过程,成肌细胞相继表达 *Myf5/MyoD*、*myogenin* 和 *MRF4* 等因子。

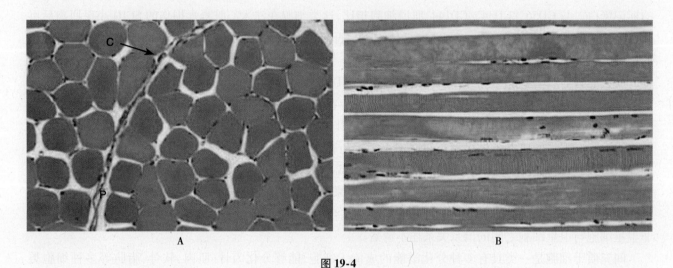

图 19-4

(A)骨骼肌横切面显示单根肌纤维。P=肌束膜包绕肌丝。C=毛细血管。注意肌细胞核位于周边(深染)。(B)骨骼肌纵切面(HE 染色)。在每一肌纤维中都可见清晰的肌动蛋白-肌球蛋白收缩蛋白复合体(改绘自 Wheater,1997)

肌纤维内的每个单核细胞形成一个收缩单位,称为肌小节。肌小节由 Z 线分隔,其中肌动蛋白纤维连接到肌小节两端。当肌动蛋白纤维沿着肌球蛋白向肌小节中央滑动时,肌小节长度缩短。多个单独的肌纤维被肌内膜所包绕,肌内膜紧贴肌纤维细胞膜从而形成基底膜。因此,肌纤维、基底膜以及肌内膜一起构成肌内膜单元。肌内膜单元排列成肌束并为肌束膜所包绕,而多个肌束被肌外膜包绕后,即形成肌肉组织。骨骼肌在肌鞘内和肌鞘间均含有丰富的血管,并在称作神经-肌肉接头的特化接触部存在丰富的神经支配。肌纤维、肌束间存在的大小血管和结缔组织统称为肌间组织。肌肉组织的两端演变为筋膜或肌腱,并与骨骼相连。

肌间组织合成细胞外基质,后者有 I 型纤维原及硫化的蛋白聚糖(PGs,包括肌特异硫化 PG)。肌纤维的肌动蛋白细胞骨架与 ECM 通过肌营养不良蛋白-糖蛋白复合物(dystrophin-glycoprotein complex,DGC)连接,该复合物由细胞内肌营养不良蛋白、肌氧(蛋白)结合蛋白和三种肌浆蛋白(分别为营养不良聚糖、肌聚糖类和跨膜蛋白质)组成。因此,肌营养不良蛋白或肌聚糖突变导致该链接破坏后可引起肌纤维收缩时发生肌膜受损,从而导致肌纤维趋向坏死,进而表现出肌营养不良的特征。

二、卫星细胞主导肌肉组织的再生

超过临界的肌肉缺损不会再生。保留肌束断端的横面切割或激光损伤则可激发肌纤维的胞质出芽、重连从而再生。但是,大多数损伤较广泛的肌再生由肌卫星细胞主导。肌卫星细胞属于间充质干细胞,位于肌纤维膜与基底膜之间。

卫星细胞最初是在电子显微镜观察青蛙肌肉组织时发现的,随后发现几乎所有脊椎动物在新生和成年骨骼肌中都含这类干细胞。新生哺乳动物的肌肉组织中,卫星细胞核大约构成了细胞核总数的30%;这个比例随年龄增长而逐渐减少,在成年期只占1%～5%。骨骼的成肌细胞与卫星细胞均来源于表达 Pax-3/Pax-7 的生皮肌节细胞。

肌组织卫星细胞特异性表达 Pax-7,同时也表达其他一些标记分子,包括:①肌细胞核因子:可防止促进肌源性分化的转录因子的合成;②c-met 受体:在卫星细胞激活过程中起关键作用;③p130:可通过与 E2F 转录因子结合而阻断细胞周期进程,并通过抑制 MyoD 表达以抑制成肌细胞的分化;④多配体蛋白聚糖(syndecans)3 和 4:一类跨膜硫化肝素类蛋白多糖(heparan sulfate proteoglycans,HSPGs);⑤CD34$^+$和 Sca1。卫星细胞与胚胎成肌细胞一样,通过 MRFs 所调控的融合和分化过程而形成新的肌纤维细胞。

多方面的证据提示卫星细胞是损伤后肌肉再生的源头。从鸡胸肌肉组织中分离出来的卫星细胞经 Percoll 密度离心法分离并体外培养后,可形成大量具有形成肌纤维能力的细胞克隆。在实验中,将肌营养不良小鼠的胫前肌放射线处理后,将卫星细胞植入,植入细胞不但能再生出肌纤维,也能充实已被放射处理所去除的卫星细胞库,表明卫星细胞具有自我更新的能力。Myf5 在卫星细胞和新形成的肌纤维中表达,而在成熟的肌纤维不表达。将单根完整的表达 Myf5 报告基因 Lac-Z 的肌纤维植入放射线损伤的胫骨前肌中,其附带的卫星细胞(平均为 22 个)既可自我更新,也足够完成损伤肌细胞的再生修复,且再生的肌纤维内的中央细胞核染色 β-半乳糖弱阳性。反过来,肌纤维基底膜下新形成的卫星细胞核内则呈现未分化肌纤维细胞的特征,即同时表达 Myf-5 和 Pax-7,说明其为移植卫星细胞自我更新而来。

现在一般认为卫星细胞移植可作为肌营养不良症等骨骼肌疾病的潜在治疗方法。然而,即使卫星细胞能再生损伤肌肉已很明确,与其他细胞治疗方法比较而言,将从肌肉分离所获的肌卫星细胞注射到损伤或疾病肌组织后,其增殖和成功移植的数量还是很低,提示仅仅少量具有真正再生性能的干细胞参与了肌再生。

三、卫星细胞提供肌肉再生的必要和充分条件

多种 Pax7$^-$ 的非卫星细胞都可通过移植参与肌肉再生,包括跟血管相关的成间质血管细胞、周细胞和间隙细胞。但是,当通过遗传工程完全去除卫星细胞后,这些细胞都无法参与肌肉再生,表明 Pax7$^+$ 卫星细胞是肌肉再生所必不可少的。另一方面,肌肉成纤维细胞的去除也导致肌肉再生缺陷,表现为卫星细胞缺失或无法成熟分化,以及再生的肌纤维较小,表明肌肉成纤维细胞为卫星细胞在肌肉正常过程中提供了关键的微环境因子。

承重增加导致肌肉肥大,其肌纤维核数量是增加的,表明肌肉肥大过程涉及现存肌纤维的卫星细胞也在增加,而去除卫星细胞的肌肉肥大后,其肌纤维核的数量并不增加。因此,肌纤维对应力增加后的肥大效应是不完全依赖于卫星细胞的,尽管正常时后者也对肥大反应有重要贡献。

四、骨骼肌再生的细胞和分子机制

承重和锻炼都可引发骨骼肌再生。较长时间航天飞行会导致宇航员肌肉组织量的丢失,但由失重状态返回至正常重力状态后肌肉会再生恢复。研究肌肉再生的模型有两种。第一种仅仅是肌纤维的损伤,而血管和神经完好,例如遗传性肌营养不良或肌肉毒素(如布比卡因)导致的肌肉损伤。第二种模型包括肌肉内各种组织类型的损伤,比如缺血性损伤。相对局部的缺血性损伤可用肌肉挤压、切割和血管钳等造成,而更大范围的缺血性降解是通过移除肌肉再移植回(游离移植),或将肌肉碾碎后再植回肌肉床。其中,胫前伸肌或腓肠肌的有利移植在研究肌肉再生中的细胞学机制方面尤其有用。

游离移植肌肉的再生分成 3 个相互重叠的期。第一期是肌肉纤维的分解和炎症,第二期是卫星细胞激活和增殖,最后是卫星细胞分化成新的肌纤维和新的卫星细胞。在大鼠腓肠肌游离移植模型中,这三个期向心地相继发生。第一期是在 7 天左右时补体激活与钙中和所激发的急性坏死所激发的。急性坏死伴随典型的炎症反应,导致中性粒细胞和巨噬细胞在降解肌肉部位的趋化聚集。聚集的炎性细胞可杀死细菌、清除肌纤维分解所产生的细胞碎片。在鼠的肌肉游离移植后,第一阶段便是从外围到中央的持续 7 天的坏死过程。肌纤维在补体激活和钙回流激活钙依赖中性蛋白酶的过程中被破坏。坏死侵入整个肌肉,继而引发典型的

炎性反应,化学趋化因子吸引中性粒细胞和巨噬细胞到达退行变的肌肉组织。酶谱学研究表明,MMP-9 和 MMP-2 在炎性反应期是上调的,且原位杂交实验显示 MMP-9 的 mRNA 定位于卫星细胞内。MMP-9 可消化降解肌组织的 ECM,促进巨噬细胞的吞噬。这一降解过程也可促进 ECM 结合生长因子的释放,从而促进卫星细胞的增殖。MMP-2 则可部分消化基底膜成分,从而促进卫星细胞与之分离。伴随炎性期进展,卫星细胞增殖、在干细胞巢内自我更新,并分化和融合,产生新的肌纤维。而随着新的肌纤维的分化,肌内膜鞘的成纤维细胞则负责修复卫星细胞群周基底膜的连续和完整性,同时新血管也增生并长入间隙组织内。

在损伤程度更轻的肌肉中,分化中的卫星细胞既可以互相融合形成新的肌纤维,也可以融合到现存的老的肌纤维中。经历了负重训练的肌肉会发生增生,蛋白质合成增加,单个肌纤维的体积增大。分化中的卫星细胞可以与增生的肌纤维融合以维持恒定的核质比,并提供额外的肌原性基因以支持增加的蛋白质合成。

成年肌肉的再生过程和胚胎肌肉的发育过程非常相似。胚胎肌原细胞在体外的生长速率和融合特征与卫星细胞相似。它们在肌纤维形成过程中都表现出肌酸激酶活性增强,肌酸激酶的同工酶谱发生变化。再生中的成年小鼠肌肉如同胚胎肌肉的肌原细胞一样表达 M-钙黏着蛋白(M-cadherin)。正常的成年鸡肌肉只合成小的硫酸乙酰肝素和硫酸皮肤素蛋白聚糖,而再生中的肌肉与胚胎发育时期类似,合成大量硫酸软骨素蛋白聚糖。但是成年肌肉再生与胚胎肌肉发育也存在一些不同。例如,在再生的早期阶段 ATP 的产生和生物合成活动发生了从需氧型到厌氧型的转变;随着肌肉的再生和血管化,又变回需氧型。这些过程在胚胎肌肉形成过程中不发生。

再生与胚胎发育期的快肌纤维的肌球蛋白轻链合成也有所不同。在胚胎发育过程中,快肌纤维和慢肌纤维都能表达快肌球蛋白和慢肌球蛋白轻链。在成体再生过程中,存在于慢肌中的卫星细胞能表达快肌肌球蛋白和慢肌肌球蛋白轻链;但是存在于快肌中的卫星细胞只表达快肌肌球蛋白轻链。慢肌球蛋白轻链的表达是神经依赖性的,快肌球蛋白轻链的表达则不依赖于神经。再生中的快肌纤维和慢肌纤维在肌球蛋白轻链合成中的差异可能是由于发育过程中卫星细胞分化的趋异性。

五、调控卫星细胞的信号机制

1. 卫星细胞静息状态的维持　卫星细胞受激活后进入细胞周期前处于静息状态,维持其静息的机制目前尚不十分清楚。早年的研究显示卫星细胞表达整合素 $\alpha7\beta1$ 与层粘连蛋白相互作用,而卫星细胞在其腔面表达 M-钙黏素,并通过其与肌纤维连接,并从肌纤维细胞获得信号。因此,初步合理的假设是卫星细胞-基底膜层粘连蛋白的相互作用抑制来自肌纤维和(或)间膜的激活信号。损伤后卫星细胞从基底膜分离,抑制解除,使得从损伤肌纤维和间质细胞所释放的激活信号和细胞外基质驱使卫星细胞进入细胞周期。静息状态的卫星细胞特异性地表达降钙素受体,提示降钙素信号,提示降钙素信号也与卫星细胞的静息状态相关。

未损伤肌肉的静息卫星细胞表达 RTK 信号的抑制因子 Sprouty 1,肌损伤后的增殖期卫星细胞则表达下调。Shea 等用遗传标记的技术显示损伤后,会有一小群的 Pax7$^+$卫星细胞进入细胞周期后会再回复到静息状态,而 Sprouty-1 基因的表达为这种回复所必需。静息的卫星细胞还表达 Ang-1 及其受体 Tie-2。抑制 Tie-2 会引起进入细胞周期的细胞数量增加,而再生过程中肌纤维过表达 Ang 1 可诱使卫星细胞进入静息状态。

调控激活、增殖和分化的信号,如图 19-5 所示。

2. 卫星细胞激活的调控　目前,公认肝细胞生长因子(hepatocyte growth factor,HGF)是卫星细胞的主要激活因子。1986 年 Bischoff 首先发现碎肌组织提取液(CME)中包含可在体外诱导卫星细胞进入细胞周期的活性组分;经测定 CME 所含的各种生长因子的活性,发现仅仅 HGF 具有 CME 的作用。HGF 的重要性随即在多个实验中得到证明。第一,抗-HGF 抗体可拮抗 CME 中刺激卫星细胞进入细胞周期的活性。第二,HGF 未受损的成年肌纤维中不表达 HGF,但其存在于包绕肌纤维的 ECM 中,可随时释放。第三,HGF 受体 c-met 本身存在于静息卫星细胞的质膜上,且在营养不良 mdx 小鼠发现其激活的卫星细胞膜 HGF 与 c-met 共定位。第四,增生的卫星细胞表达 HGF,但在融合和分化成肌管时下调。最后,注射 HGF 到未受损的 12 月龄的大鼠的胫骨前肌,可激活卫星细胞。

这些研究表明,损伤本身使肌肉细胞的 ECM 释放 HGF,激发卫星细胞激活和增生。作为激活程序的一部分,卫星细胞本身自分泌 HGF。很可能结合到肌肉 ECM 的 HGF 与肝脏再生时以同样的方式被激活,即通

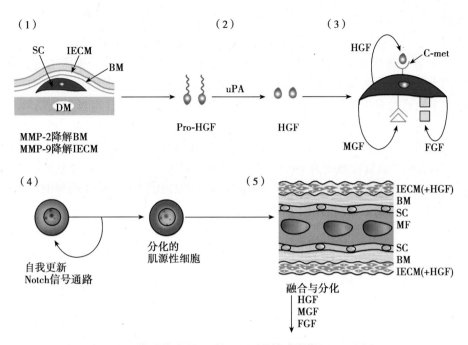

图 19-5　肌肉损伤后卫星细胞的激活、增殖和分化示意图

（1）损伤肌肉卫星细胞分泌 MMP-2 和 MMP-9，MMP-2 分解基底膜，而 MMP-9 分解间隙组织的 ECM，释放期间掩藏的 HGF 前体分子。（2）如肝脏再生时的普遍机制，尿激酶型纤维酶原激活素（uPA）剪切 HGF 前体，产生 HGF。（3）HGF 通过其细胞受体 C-met 驱使卫星细胞进入细胞周期。卫星细胞本身随即产生 HGF、机械生长因子（MGF）和 FGF（4）前述自分泌因子，可驱使细胞自我更新、增殖，并分化为肌前体细胞。（5）肌肉细胞融合、分化为肌小管，同时下调 HGF、MGF 和 FGF 的表达。在这一过程中，部分 HGF 前体分子又被掩藏在 IECM 中，供下一轮再生过程之用

过 uPA→血纤维蛋白溶酶原活化因子→血纤维蛋白溶酶级联。部分增生的卫星细胞产生的 HGF 可与新合成的 ECM 结合，在后续的再生过程中得以释放。此外，HGF 的活性也依赖于上游的 NO 信号。

另一类可能的卫星细胞激活因子是鞘磷脂衍生的磷酸化鞘氨醇-1（phosphorylation sphingosine 1，S1P）。S1P 处理体外培养的肌纤维表现为激活的卫星细胞明显增多。在丝裂原所激活的肌纤维中抑制 S1P 合成的药物处理也可导致卫星细胞的数量减少一半，同时也导致心毒素所致的小鼠胫前肌的再生不良。Calvolin-1 和鞘磷脂在静息卫星细胞胞膜内陷区共定位表达，卫星细胞从基底膜分离与 Calvolin-1 介导的内吞同时发生，而 Calvolin-1 缺失小鼠也表现出肌肉再生缺陷。因此，鞘磷脂内吞产生 S1P 可能促进卫星细胞的激活。

3. 卫星细胞增殖的调控　PDGF、TGF-beta、FGF-2 和白细胞抑制因子（LIF）都存在 CME 中。尽管不激活卫星细胞，但已发现在体外培养中对卫星细胞增殖起到调控或者协同作用。在未损伤的肌肉组织中，这些因子与 ECM 成分相结合，静息的卫星细胞也不表达其受体。肌肉受到损伤后，这些因子从 ECM 释放出来，同时巨噬细胞也分泌更多，从而与卫星细胞表面上调的相应受体相互作用。营养不良 mdx 鼠的肌肉再生时高表达 FGF、LIF 和 IL-6。LIF 与 ECM 成分结合，在与 mdx 肌纤维持续的融合过程中，可能通过增加活化的卫星细胞的增殖，促进较大的肌小管的形成。相反，IGF-1 和 2，以及 TGF-beta2 则抑制卫星细胞增殖，而促进肌纤维分化。机械生长因子（MGF）、胰岛素生长因子（IGF-1）的 Ec 异构体在这方面也很有意义。锻炼或损伤也会反应性地促进卫星细胞的 MGF 和 IGF-1 受体 mRNA 和蛋白表达。老年人注射重组生长激素结合强度训练课可增加 IGF mRNA 表达，维持肌肉体积。

FGF 家族在卫星细胞增生过程中起重要作用。静息期卫星细胞不表达高亲和性的 FGF-2 受体，但在体内或体外受 HGF 刺激后上调，同时 FGF-1、2、6、7 和 13 在再生的小鼠肌组织中也不同程度上调。

硫酸类肝素为肌卫星细胞增殖所必需，可能由于其促进 HGF 和 FGF 受体的二聚化。通过用盐酸盐处理完整肌纤维来抑制 HSPG 硫酸化，可导致损伤肌肉组织卫星细胞增生延迟和 MyoD 表达改变，提示多配体蛋

白聚糖 3 和 4 可提供卫星细胞活化时 HGF 和 FGF 受体二聚化所需的硫酸类肝素。

　　卫星细胞增殖过程的一项重要内容是区分其肌性定向分化和静息状态。来自基底膜和肌膜的各种可溶性和黏附性信号控制着卫星细胞功能活动和命运。Kuang 等发现 Myf5⁻EDL 干细胞通过对称性有丝分裂产生两个干细胞或两个定向分化的细胞，也通过非对称有丝分裂产生一个干细胞和一个定向分化细胞。90%的细胞在卫星细胞巢内通过对称性分裂而倍增。倍增分裂的细胞平面排列（有丝分裂纺锤与基底膜和肌膜平行），并特异性地演化成两个 Pax7⁺/Myf5⁻ 或两个 Pax7⁺/Myf5⁺ 子细胞。其余约 9% 的倍增细胞的有丝分裂纺锤则是朝向腔面的方向（与肌膜和基底膜垂直），而这些细胞则发生非对称分裂，接触基底膜的细胞为 Pax7⁺/Myf5⁻ 的干细胞，而与肌膜接触的为 Pax7⁺/Myf5⁺ 肌前体细胞。基底膜/间质（基底侧）和肌纤维（腔面）的不同信号分子决定了垂直分裂的子细胞命运。因为所接受的腔面侧和基底侧信号时一样的，平面分裂产生的绝大多数子细胞的命运也是相同的（图 19-6）。

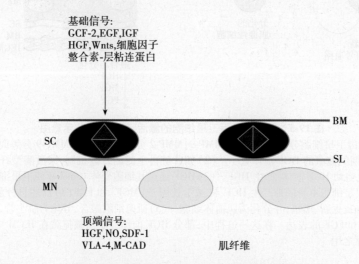

图 19-6　卫星细胞(SC)的平行与垂直分裂

BM：基底膜；SL：肌纤维肌膜。由于暴露于腔面和基底面不同的信号，垂直分列中与基底膜接触的子代细胞仍为干细胞，而与肌纤维接触的子代细胞则为肌前体细胞。反之，平行分列的子代细胞暴露于同样的腔面和基底面信号，故子代细胞会变成两个干细胞或两个肌前体细胞。（改绘自 Kuang 等，2008）

　　Kuang 等通过进一步的实验表明，Notch 通路卫星细胞的对非对称性自我更新非常关键。Myf5⁺ 前体细胞表达高水平的 Notch 配体 Delta-1，而 Myf5⁻ 细胞没有。Myf5⁺ 细胞液表达高水平的 Notch-3。用 DAPT 抑制对 Notch 信号很关键的 γ-secretase 后，可显著减少干细胞群。Numb 蛋白可抑制 Notch 的作用，在肌性分化细胞中与新合成的 DNA 链和肌性分化标志分子肌间线蛋白结合。也有报道 Numb 与干细胞就有 DNA 链结合的，其间的差别尚待进一步研究解决。

　　相反，卫星细胞的对称性分裂似乎通过非经典型 Wnt 平行细胞极性（PCP）通路调控。Wnt7a 及其受体 Fzd7 在卫星细胞增殖时明显上调。在体外实验中，Wnt7a 刺激对称性分裂的增加，而 Fzd7 的抑制可直接导致 Wnt7a 诱导的卫星细胞不能对称性分裂。PCP 蛋白 Vang12 的明显上调及其在连个对称分裂子细胞的正对侧出现，都提示 PCP 在对称性分裂中的作用。应用 siRNA 技术抑制 Vang12 的表达会减少对称性分裂的百分比。最后，在体内将 Wnt7a 蛋白电转入再生过程的肌肉组织，可使 Myf5⁻ 干细胞增加 63%，与对称性分裂的增加相一致。

六、肌小管分化的调控

　　肌前体细胞分化的启动以其对 Wnt 经典信号的依赖形成为标志。肌肉再生的激活期的 Wnt 信号通路活性低下，但在增殖和分化期持续性增加。卫星细胞增殖早期即予 Wnt 信号的话，可引起卫星细胞的分化不成熟，甚至逆转成形成瘢痕的成纤维细胞，而抑制 Wnt 信号通路则无效果；在卫星细胞增殖减弱并启动分化时抑制 Wnt 通路,则会显著减少新生肌小管的形成。对 Notch 信号的依赖开始减低时,对 Wnt 信号的依赖逐渐增强,提示两个信号通路的作用在此转折点直接交联,其中关键因子是 GSK-3beta。肌肉再生早期 Wnt 处于低水平,使得 Notch 得以维持其酶活性,导致 beta-连环蛋白的降解和细胞增殖的持续。肌肉再生后期高水平的 Wnt 活性,则可抑制 GSK-3beta 的活性,beta-连环蛋白得以稳定,细胞得以分化。

促进卫星细胞分化的另外两个蛋白质为激活素结合蛋白,包括卵泡抑素和 TGF-beta 家族成员肌抑素(GDF-8)。GDF-8 抑制卫星细胞激活和增殖,而卵泡抑素则促进成肌细胞分化。在肌肉再生到慢性增殖过程中,GDF-8 mRNA 是渐进地累积的,而卵泡抑素在肌小管形成阶段表达最强,从而促进分化。

肌纤维在持续分化过程中,*Pax7* 需要关闭。这一关闭过程由浸润到损伤肌肉组织的免疫细胞所产生的 TNF-alpha 所完成。TNF-alpha 激活 p38alpha,后者磷酸化 EZH2 的 PRC 亚基,从而提高其与 YY1 的结合。EZH2 接着使组蛋白-3 的第 27 号赖氨酸三甲基化,导致对 *Pax7* 启动子的直接抑制。这一相互作用的重要性可从以下事实来进一步说明:TNF-alpha 抗体、遗传性抑制,或 p38 和 EZH2 的药物抑制都可保持 *Pax7* 的持续表达和卫星细胞的扩增,但减弱卫星细胞的分化潜能。

七、表观遗传学机制调控肌干细胞与肌肉发育、再生和疾病过程

表观遗传学机制是指机体细胞对应于环境因素的逐渐与相对和缓的改变而发生的、基因转录水平的一系列调控机制,包括 DNA 甲基化、染色质结构、组蛋白乙酰化修饰,以及非编码 RNA 表达的改变等方面。虽然表观遗传学研究对肌组织和细胞的调控是一个新领域,尚有很多问题留待阐明,但现有证据已表明在肌干细胞的功能活性、肌肉组织发育、再生和疾病的全过程中,各种表观遗传学机制与上述蛋白编码基因和信号通路平行并相互交织。其中,非编码 RNA 中的微小 RNA 的功能作用近年引起较多的研究兴趣,更多微小 RNA 基因、更系统和深入的分析都还在继续,目前已发现 miR-1、miR-133a/b、miR-181、miR-206、miR-208、miR-486 以及 miR-499 等与肌干细胞的激活、增殖和分化均有关。包括营养和锻炼等影响肌肉组织功能活性的一些因素,可导致特定微小 RNA 的表达和功能活性的改变,进一步提示表观遗传机制对肌细胞和组织的调控作用。

八、正常肌肉再生需要肌张力和神经支配

虽然长期使用不足会造成肌肉萎缩,但是肌肉的再生并不依赖于肌肉的收缩功能。例如,连续麻醉下无法运动的蝾螈幼体仍然可以再生肌肉,提示与肌肉萎缩不同,使用不足不会造成肌肉再生障碍。再生肌肉的形状至少部分由其周围组织来决定。浸泡了肌肉匀浆上清液的明胶海绵可以代替大鼠的腓肠肌,再生出具有腓肠肌形状的组织,同时也能够生成肌肉-肌腱连接,但是再生出的类肌肉组织完全没有收缩能力。在肌肉再生过程中,张力对于肌纤维的正常取向很重要。某些脊椎动物,比如鸡和大鼠,可以从很小的肌肉残余再生出完整的肌肉。大鼠腓肠肌残余的延伸与是否成功地再生有功能的跟腱紧密相关。跟腱加于肌肉残余的张力是影响肌肉再生能力的重要因素。

在移植 1 周后,再生中的肌纤维会发生缓慢的自发收缩。再生中的肌肉的神经植入在移植后第二周开始。随着神经的植入,收缩的速度也开始增加,在移植后 30～40 天达到正常。将完整肌肉去神经会诱导卫星细胞增殖。在去神经条件下肌肉再生可以起始,但是再生的肌纤维的结构和功能的完全分化被抑制。如此再生的肌纤维"既矮且矬",而且肌肉束中的特化的肌梭内纤维(在牵张反射中作为感觉受体并调节肌肉紧张度)的分化也很不好。在爪蟾中,去神经化降低再生中的肌肉中的 MRF4 水平。在再生中的小鼠比目鱼肌中,去神经化上调卵泡抑素并下调 myostatin,暗示分化提前发生,造成再生的肌肉变小。神经很可能向再生中的肌肉提供生存和增殖必需的因子,从而维持肌纤维的数量和大小。

用非洲爪蟾来观察,去神经化可减少再生肌肉中的 MRF4 水平。在再生的小鼠腓肠肌中也观察到,去神经化上调卵泡抑素、下调肌抑素的表达,提示其分化不成熟从而导致肌肉较细小。很可能神经为肌肉再生提供了生存和增生因子,从而维持肌纤维的数量和大小。

第四节　肌腱与韧带的修复

肌腱将肌肉附着到骨骼上,而韧带将骨骼连接至骨骼,稳定关节并帮助引导其在正常的范围内运动。两者都由扁平的特化的成纤维细胞组成。这些特化的成纤维细胞能够分泌主要由低分子量硫酸皮肤素(dermatan sulfate PG)组成的 I 和 III 型胶原纤维,构成胞外基质。胶原蛋白纤维呈束状,特别是在肌腱其呈螺旋状。肌腱在休息时其胶原纤维外观呈波浪状,显示出其固有的松弛状态,在肌腱紧张时波浪状带消失(图19-7)。PG 组分调节胶原纤维的大小和装配,使得肌腱和韧带的强度与胶原纤维的直径呈比例。在机体发育阶段,肌腱和韧带有良好的血液供应,但是在成年,毛细血管血供则很少。

一些靠近骨骼的肌腱(如跟腱)被两个致密的不规则结缔组织鞘所包绕。外鞘连接于环绕它的结构,内鞘紧紧连接于肌腱。在两者之间是一个充满 HA 润滑液(类似于关节滑液)的腔隙,使内肌腱鞘(和肌腱)在外鞘内滑动。韧带有血管层覆盖表面,结合到邻近韧带插入位点的骨膜。

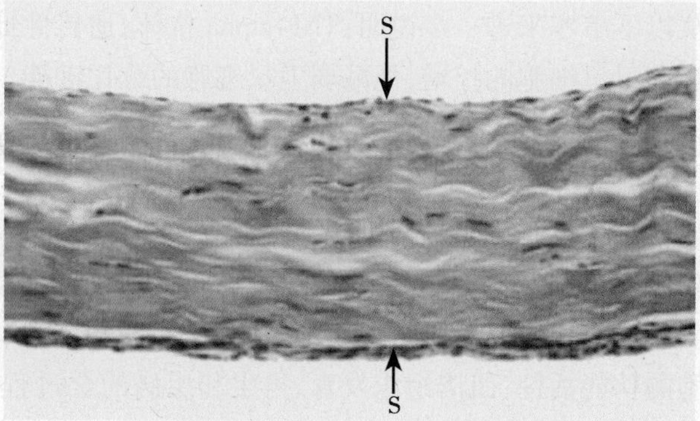

肌腱和韧带有两类常见损伤:撕裂和断裂。在最初的炎症期后,成纤维细胞在断裂处增生并产生胶原蛋白纤维,这些胶原纤维起初排列并不规则,但随着纤维的张力形成,它们会沿着肌腱或者韧带的长轴排列。胶原纤维的线性排列对肌腱的功能至关重要,上述修复过程基本能够重现损伤前的肌腱结构。

图 19-7　肌腱的纵行切片(HE 染色)
在肌腱中的胶原蛋白纤维表现出波纹状的特性。肌腱属于相对无细胞组织。S:肌腱鞘衬有可产生滑囊液的滑膜(S),允许肌腱在鞘内滑动(改绘自 Wheater,1997)

伴有滑液腱鞘损伤的断裂或撕裂损伤后,人的肌腱有自发修复的能力。源于肌腱内鞘的成纤维细胞负责该修复过程;在没有鞘的肌腱受损伤时,则是由周围疏松结缔组织迁移而来的成纤维细胞发挥作用。在有鞘的肌腱,内鞘可变形后与再生的肌腱接触,并与同样变形的外鞘分离,以保持滑动移动性能。

最近,从小鼠和人的肌腱都分离到了肌腱干细胞和前体细胞(TSPC)。这些细胞特异性表达 scleraxis、*Sox9*、*Runx2*、cartilage oligomeric protein、*Sca1*、*CD90. 2* 等标记基因。同时也表达骨髓干细胞的标记基因 *Stro1*。与其他间充质干细胞类似,肌腱干/祖细胞也具有骨、软骨和脂肪分化能力,能够自我更新。当种植在泡沫胶、羟基磷灰石钙盐粉剂或基膜基质上移植入体内后,能够再生出类肌腱组织,而来源于皮肤的成纤维细胞则不能再生为肌腱。肌腱干/祖细胞存在于特定的微龛中。这一微龛位于长的胶原纤维之间,由包含二聚糖(biglycan)和纤维调解素蛋白聚糖(fibromodulin)这两种小的糖蛋白组成的胞外基质包裹。二聚糖和纤维调解素蛋白聚糖突变会影响肌腱的大小和肌腱干/祖细胞的分化能力。这些结果提示肌腱干/祖细胞具有肌腱分化能力,可能用于治疗肌腱损伤。

关节损伤时韧带常被撕裂,导致其部分或全部的不连续,其修复愈合过程各有差异。内侧联合韧带(MCL)损伤可以自行愈合,但十字交叉韧带损伤的愈合就较差。除了参与修复的成纤维细胞来源于韧带本身以及周围的结缔组织外,兔的 MCL 修复与肌腱修复很类似。但是,修复的韧带胶原纤维直径较小、胶原交联不成熟、未完全修复的基质空隙也会持续存在,且再生的韧带只能恢复原韧带负荷的 50%。

韧带中也可能含有干细胞,负责韧带损伤的修复。人的前十字韧带在移植后可以分离出类似间充质干细胞的细胞,特异性表达 Stro1。在合适的培养条件下,这些细胞能够分化为软骨、骨、脂肪细胞,具有自我更新能力。组织化学和免疫荧光染色结果表明,这些细胞表达 CD44、CD90、CD105 和 STRO1 抗原,位于韧带中的血管和成纤维细胞周围。

第五节　肌、肌腱和韧带组织的再生医学

由于机体的活动大都依赖肌肉骨骼系统,该系统的损伤是所有系统中最常见的。因肌肉、韧带和肌腱撕裂等,每年造成数百万人就医诊疗。杜氏肌营养不良是最严重的儿童疾病之一。本节将着重讨论和叙述肌肉、肌腱和韧带的再生治疗的最新进展。

一、骨骼肌的再生治疗

1. 骨骼肌创伤　由创伤或外科手术切除造成组织丢失后,肌肉无法再生,而是以纤维组织修复替代。使用可溶性生长因子抑制纤维化和促进肌肉干细胞增殖分化是再生的一种方法。

抑制肌撕裂伤后的纤维化抑制因子有几种。Surmin 是一种聚砜甲脲,可通过与 TGF-β1 受体结合而竞争性地抑制 TGF-β1 的表达,在体内实验中能抑制小鼠腓肠肌撕裂伤或胫前肌挫伤后的纤维化、促进肌肉再生和功能恢复。体外实验显示 Surmin 可通过抑制肌抑素提升肌肉干细胞分化,在体内也可通过同样机制促进再生。松弛肽(Relaxin)是胰岛素生长因子家族的一种生长激素,在小鼠肌肉撕裂伤模型中可促进肌肉再生,改善肌肉强度。腺病毒介导的蛋白多糖 decorin 基因转入损伤的小鼠肌肉卒中,也可抑制 TGF-β1 表达,防止纤维化,改善肌肉愈合。在体外将 decorin 基因引入成肌细胞,也可上调肌调控因子,下调肌抑素表达,从而促进成肌细胞分化形成肌小管。最近 Hara 等发现内源性 G-CSF 对肌肉再生的重要性。用抗体中和 G-CSF 后,或在 G-CSF 受体基因敲除小鼠,都可观察心毒素诱导的股直肌损伤的再生受影响;相反,将 G-CSF 注射到受损肌肉后可促进肌肉再生和肌干细胞增殖。

促进肌肉再生的因子需要持续性地输入到受损肌肉。单次注射无法实现这一目的,而多次注射则可能因浓度过高而引起副作用。一个解决方案是用可降解支架去缓慢释放。Borselli 等分别将含 VEGF、IGF-1 或两者结合的海藻酸钠水凝胶注射到缺氧损伤的股直肌和胫骨肌肉组织,单独注射 VEGF 可显著促进新血管生成从而促进再生,而单独注射 IGF-1 可促进肌纤维功能并防止细胞凋亡。两个因子结合时其作用是协同的,可从各个方面促进肌肉再生和神经化,肌干细胞激活和增殖增加,炎症和凋亡减弱,肌纤维变粗。持续缓慢释放因子的方法在测试其他与 VEGF 和 IGF-1 相关的 HGF、FGF-2 因子,以及其他天然或人工缓释支架材料对肌肉再生的作用时,将会非常有用。

2. 杜氏肌营养不良(duchenne muscular dystrophy,DMD)　是一种发病较早的遗传性退行性疾病,主要特点为进行性肌无力、萎缩、脂肪和瘢痕组织代替肌纤维。遗传缺陷是肌营养不良蛋白基因的突变,引起该蛋白功能缺失,导致连接肌纤维骨架与基底膜的肌营养蛋白-糖蛋白复合物(dystrophin-glycoprotein complex,DGC)受到破坏(图 19-8),引起肌膜不稳定、结构破坏,钙流入增加和肌纤维坏死。这些病理变化也可在肌营养不良 mdx 小鼠得到体现。跟人 DMD 的情况一样,早期发病时肌组织可由卫星细胞再生维持,但因卫星细胞及新生肌纤维也携带遗传缺陷,最后会因耗尽卫星细胞无法再生,只能以脂肪和纤维化取代肌纤维。

氯沙坦是一种用于治疗高血压的 ACE 抑制剂,但在延缓 mdx 小鼠肌肉退变方面表现出一定的效果。肌营养不良小鼠肌肉的 TGF-β 增加,刺激纤维化,抑制卫星细胞激活。氯沙坦可抑制 TGF-β,减少纤维化,从而增强再生,但不能抑制卫星细胞的最后耗尽。因此,DMD 的焦点是注射或用可降解的支架携带野生型的具有自我更新能量的卫星细胞去替代退变的肌纤维,并充实体内肌肉干细胞库。

随着肌营养不良症病理机制的最新研究进展,基于改善肌肉血管供应、抑制炎症的一些新方法也被提出,包括增加低氧诱导因子 HIF-1β 的表达、用抗氧化剂干扰 TNFβ 的表达等,也能减缓疾病过程。

(1) 干细胞移植:野生型肌细胞注射到 mdx 小鼠肌纤维可再生正常肌纤维。同源或异源的 SC 或 C2C12 细胞注射到肌营养不良小鼠病变的四肢肌肉后,可整合到肌营养不良的肌纤维中,使得横断面面积、纤维总数量、膜电位、单收缩和强直性收缩张力都可暂时性增加。组织学结构得到暂时的改善,并且肌营养不良蛋白水平有所提高,尤其是在通过 X 线照射营养不良肌肉从而抑制宿主卫星细胞的增殖后,注射的外源肌细胞有更多的增殖优势。

一些早期临床试验发现将异源性的成肌细胞注射到 DMD 患者体内可使得肌营养不良蛋白的表达一过

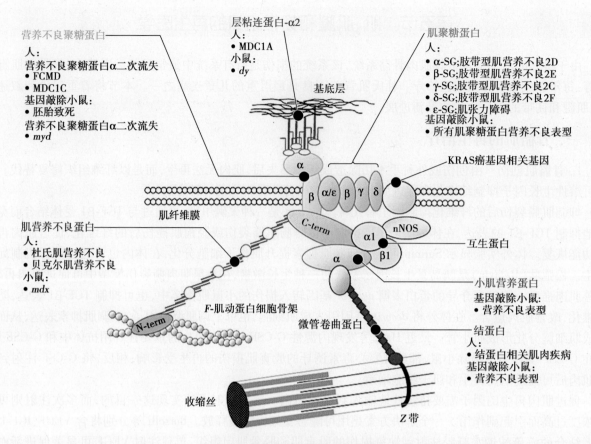

图 19-8　肌营养不良蛋白相关复合物

与肌营养不良蛋白相关的蛋白是肌营养不良聚糖蛋白、肌聚糖蛋白、肌伸展蛋白和小肌营养蛋白。该蛋白复合物保护基底膜免于受肌肉收缩时产生的局部压力(改绘自 Burton and Davies,2002)

性增加,且有的患者肌力可暂时性恢复,但多数试验都只能获得阴性结果。注射的成肌细胞向周边肌组织的扩散和融合效率都较低,尽管野生型肌营养蛋白可得以表达,但卫星细胞分化而来的肌纤维越来越少,其主要原因可能是免疫排斥,因为有的患者血清可检测出抗肌营养不良蛋白及其相关蛋白的抗体,而且在裸鼠, *scid* 或采用免疫抑制后的小鼠中,肌细胞移植成功率明显增加。

　　进一步的动物研究表明免疫排斥并不是导致移植细胞只能提供暂时改善的主要因素,导致治疗效果无法长期持续的主要原因最后归因于细胞移植前在体外的扩增。体外扩增技术明显减弱了移植细胞在体内的再生能力。将 10^4 个从野生型肌肉中新分离提纯的[Pax7,CD34]$^+$[CD45$^-$,Sca1$^-$]卫星细胞移植到 *mdx* 裸小鼠的肌肉内,治疗效果可获得显著改善,平均每次注射可获得 300 根正常表达肌营养不良蛋白的肌纤维;移植同样数量已预先在体外扩增了 3 天后的卫星细胞,仅能获得平均 88 根表达正常肌营养不良蛋白的肌纤维。克隆实验也证明培养过的卫星细胞的增殖潜能较低,且容易分化。

　　研究发现肌肉组织中含多种肌源性干细胞的,其对 *mdx* 小鼠肌肉组织的修复性能经过测试。间质成血管细胞(mesangioblast)、血管周围细胞(pericyte)、骨骼肌祖细胞(skeletal myogenic precursors,SMPs)、肌肉干细胞(muscle stem cells,MSC),以及具有表达 ABCG 转运蛋白的侧群细胞(side population cells),都在 *mdx* 小鼠肌肉组织中表现出一定的自我更新能力、重建肌营养不良蛋白表达,并显著改善肌肉组织的组织学结构和功能。从人肌组织中纯化的细胞,以及肌纤维及间质组织 Pax7$^+$ 的几种卫星细胞群,目前正在临床试验中检测其替代 DMD 肌纤维的效能。

　　其他多潜能干细胞也在逐渐引入肌再生治疗的研究领域,包括胚胎干细胞和诱导多能干细胞(iPSC),移植到 *mdx* 小鼠后,可大量分化为骨骼肌细胞,并起到改善肌肉收缩功能的作用。

　　为了实现人体移植治疗,还必须克服另外一类问题。由于注射的细胞不能从一个注射点均匀地向四周移行,且肌细胞融合后,肌营养不良蛋白并不能在肌纤维之间扩散,故通常要求注射较高浓度的细胞。这一局限性也意味着目前只能针对很小肌肉进行治疗。为了解决这个问题,Gargioli 等在注射肌肉干细胞之前,先注射转入 MMP-9 或者胎盘生长因子(placenta growth factor,PLGF)基因的小鼠肌成纤维细胞,旨在通过表达该组织酶以减少纤维化,增加空间,提高血管新生。观察发现当小鼠肌成纤维细胞只表达其中一个基因时,并没有什么效用;两个基因有协同效应,确实可显著减少组织纤维化,提供血管生成,增加肌细胞迁移,促进肌肉再生。

Mdx 模型小鼠的一个缺点是其并不能完全模拟人 DMD,其肌营养不良表型相对较轻,且小鼠肌组织具有较强的再生能力,并不会失去行走的能力,整个寿命仅减少 20% 左右。Mdx 小鼠肌肉较强的再生能力与其具有较长的端粒有关。Sacco 等在 mdx 肌营养不良的背景上进一步引入一个突变,使其产生较短的端粒,可致其肌再生能力减低至与 DMD 患者相似。利用该动物模型的移植治疗以及其他治疗性实验可更好反映出 DMD 患者的特征。

(2)杜氏肌营养不良肌肉干细胞的遗传修饰:DMD 患者接受野生型或异种肌肉干细胞移植均需要使用免疫抑制剂,以防止免疫排斥。从 DMD 患者获取的 iPSC 可直接分化成肌肉干细胞,但因为 iPSC 仍带有致病突变而无法直接应用,而需预先进行修饰以纠正肌营养不良致病基因突变,目前的基因修饰技术发展已为这一策略的实施奠定了基础。

此外也可以采用另一种遗传学方法来进行基因校正。大多数肌营养不良蛋白的基因突变都因翻译框的移码而导致蛋白表达缺失。Mdx 小鼠携带肌营养不良基因的 23 号外显子的 C-T 转换而产生异位终止密码子。非常罕见的时候,也会发生外显子跳跃,从而导致肌纤维细胞表达缩短的,但仍具有一定功能的肌营养不良基因。Goyenvalle 等通过在 U7 核内小 RNA 上连接反义序列的腺病毒,在 mdx 小鼠中长期实现 23 号外显子跳跃,从而阻止突变 mRNA 的表达。Benchaouir 等用相似的方法,通过慢病毒介导表达反义寡核苷酸,对 CD133+ 干细胞实现外显子跳跃,并将修饰过的干细胞注射到 scid/md 小鼠肌肉组织后,可显著恢复肌肉形态、功能及肌营养不良蛋白的表达。

二、生物人工肌肉

生物人工肌肉从理论上来讲可以用于代替整块肌肉,近年来取得了一些进展。通常可用载有肌肉干细胞的管状可降解水凝胶,也可以采用具有类似肌肉收缩性与弹性的多聚材料等构建人工肌肉。载有种子细胞的人工合成结构中,血管形成非常重要,可在水凝胶中同时加入内皮细胞,也可将合成结构预先异位移植,在宿主机体组织中通过芽生方式使得血管长入合成结构中。

先将 SYLGARD 底物条在体外被覆层黏蛋白并按相间 12mm 的距离按拱形缝合锚定,再将大鼠卫星细胞和成纤维细胞共培养,从而构建成肌样小体(myoid)。随着卫星细胞和成纤维细胞增殖形成连续的单层,卫星细胞融合成肌管并附着在缝合的拱形结构上,可观察其自发收缩。其收缩运动将细胞单层与 SYLGARD 分离,自身重塑从而形成由成纤维细胞包绕的圆筒状的肌源性组织。随着肌样体的进一步发育,由成纤维细胞和 ECM 形成的三角区形成成簇的结构,并由肌束膜包绕。经电刺激后,肌样小体产生的等距张力能达到大约成人肌肉的 1%。

以上述方式培育的肌样小体直径很小(0.3~0.4mm),因为它们必须要依靠弥散来进行气体和营养物质的交换。Levenberg 等人将成肌细胞、胚胎成纤维细胞和内皮细胞种植在由 50% 的聚 L-乳酸和 50% 聚羟基组成的多孔三维海绵体上,1 个月后可生长形成具有稳定的内皮小管腔的肌肉组织。将该肌肉组织移植到 SCID 小鼠皮下或股四头肌,或移植到前腹肌区域,可继续分化发育,并为宿主血管贯穿(图 19-9)。而种植细胞不包含内皮细胞的话,移植后肌肉分化发育不良。这些结果提示,在移植之前的培养中包含内皮细胞可形成与宿主血管连接的细小血管,从而显著改善生物人工肌肉的成活和分化。

最近报道,从链球菌来源 GB1 蛋白(结合免疫球蛋白 G 的蛋白 G)制造的人工多蛋白,能形成弹簧样的快速而又可逆性的高保真折叠,且在反复伸展-放松过程中很少发生机械疲劳。Resilin 是从跳蚤等昆虫分离而来的弹性多聚蛋白,可使昆虫跳跃的高度达到其体长的 150 倍。Lv 等利用 GB1 蛋白及 resilin 制成了弹性多聚物。应用光化学技术将大肠埃希菌表达产生的 GB1 和 resilin 交联就可以生成胶状多聚蛋白。Titin 使得

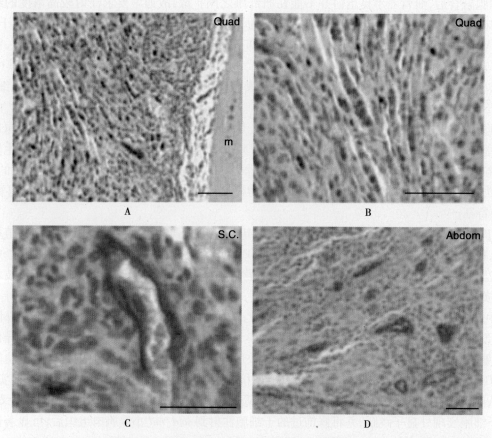

图 19-9　免疫缺陷宿主植入的生物人工肌肉体内检测

人工肌肉由成肌细胞、成纤维细胞和内皮细胞构建。(A,B)将构建的生物人工肌肉注入股四头肌，进行肌形成蛋白染色，显示分化成行排列的多核肌管。(C)皮下植入的人工肌肉，用人 CD31 抗体染色(棕色为阳性)。(D)腹部肌肉植入，用人 CD31 抗体染色检测内皮细胞(棕色)。C 和 D 可见肌肉组织明显血管化(改绘 Levenberg, et al. 2005)

肌纤维收缩器件具有被动弹性，而该多聚物可模拟 titin 的结构与功能。这一结果也提示可将其他肌肉功能关键蛋白进行人工组装，按序结合一起形成仿生肌肉。

第六节　肌腱与韧带的再生治疗

肌腱与韧带损伤愈合的过程与瘢痕形成同理，且都伴有同样的生长因子水平增高。即使在最成熟的情况下，因为直径和胶原纤维交联都不够正常，且蛋白多糖组成也发生改变，再生修复后的肌腱与韧带的生物力学性质再也达不到损伤前的水平。损伤断裂的肌腱和韧带常通过移植自体或异体的其他肌腱片段的方法来修复，因而带来捐献者或组织摘取部位的损伤，且来源有限。以损伤修复损伤是违背现代医学理念的。因此，在各种肌腱和韧带损伤的动物模型中，目前已有不少注射生长因子和细胞到损伤部位，以及应用预植细胞的生物支架来制成人工生物韧带和肌腱的尝试。尽管韧带和肌腱在形态学上很相似，但其具有不同的分子组成，且经受的力学刺激也不一样。这些区别在设计促进再生修复的支架/细胞复合体时都需加以考虑。

一、肌腱的再生治疗

肌腱的作用是将肌肉力量转导到骨骼上。断裂的肌腱经常采用末端缝合的方法修复，但常见再损伤发生，尤其是在再生的组织仍然很脆弱的修复早期。一些新的治疗方法，包括各种用来促进肌腱再生的措施，或用生物合成替代品，相比不加以治疗的损伤修复来说，对于肌腱功能都有一定程度的改善，但尚未达到将两端缝合所能达到的强度。

1. 生长因子 不少生长因子在体外能增强肌腱的活力。加入 10ng/ml 的 FGF-2 能明显加速大鼠髌骨肌腱成纤维细胞增殖,并促进体外静止和单层培养的组织的伤口的闭合。培养的肌腱成纤维细胞能持续产生 PDGF-BB、IGF-I 和 TGF-β1 等因子,这些因子增强成纤维细胞的增殖及胶原和蛋白多糖的合成,但是它们对体内肌腱再生修复的效果还未研究。

属于 BMP 家族成员的生长分化因子 5、6、7(growth differentiation factors5、6、7,GDF5、6、7)都可诱导分化肌腱样结构,且在异位植入时表达肌腱细胞相关基因。单次注射 10μg 生长分化因子-6(亦即软骨来源的形态发生蛋白-2)到兔跟肌腱的横面切断处,可诱导断面再生。注射 14 天后,其肌腱较对照组更粗大,其能承载的负荷和坚硬度提高 35%,但没有完全恢复到正常。将 GDF6、7、8 在去矿物质的骨基质颗粒上冻干,然后移植到大鼠皮下或肌内,可诱导肌腱形成。

在胶原酶诱导的马屈指浅肌腱组织损伤处,一周内 TGF-β1 的 mRNA 表达达到高峰,但起初 2 周内组织内 IGF-I 蛋白的水平下降 40%。到 4 周时,IGF-I 蛋白水平则超过正常肌腱的水平,并高水平维持 8 周,提示在肌腱损伤的前两周补加外源 IGF-I 的话,可能会加快肌腱的愈合。

基因工程是实现持续提供生长因子的有效方法。腺病毒 BMP-2 表达载体即可改善半韧带移植在骨-韧带界面的整合。Hoffman 等报道的新型基因治疗方法中,将小鼠 MSC 细胞株 C3H10T1/2 共表达 BMP-2 及其下游活化因子 Smad8 基因,后者还没发现在任何细胞分化通路中有任何作用。转染的细胞在形态学和基因表达方面都与肌腱细胞相似,这些细胞种植到胶原海绵然后移植到 3mm 长的大鼠跟腱断裂处后,可促进跟腱再生。在再生的肌腱处只能检测到很少的移植细胞,提示移植的细胞可能更通过旁分泌效应促进肌腱再生。

2. 脱细胞支架 由纵向排列的胶原纤维所组成的支架可促进成纤维细胞移行损伤的兔跟腱,但再生的组织强度只能达到正常的 36%。其他研究表明硅管也可用来连接切断的兔跟腱,管内也可形成纤维组织束,且其具备肌腱纤维的卷曲特征。在管内预先装满多空的胶原及再生表皮和外周神经时所用的糖胺聚糖(glycosaminoglycan,GAG),则可导致形成的组织密度更高,但没有卷曲。因此,GAG 基质似乎会抑制肌腱瘢痕组织的功能。如此再生的肌腱组织,还未进行任何生物力学测试。

3. 人工生物肌腱 培养的肌腱成纤维细胞和包含在 I 型胶原凝胶中的骨髓 MSC 已用来修复大鼠和兔跟腱长达 1cm 的缺损。移植治疗 12 周后,治疗组织的横断面区域、承重性能和最大生成力是只用胶原凝胶治疗的缺损组织的 2 倍,硬度和强度可增加到未损伤肌腱的 50%~60%。组织学检查表明植入的细胞分化成成纤维细胞,基质排列良好。Awad 等进一步证明了凝胶的收缩动力学受最初细胞种植密度的影响,高密度可使细胞和胶原纤维排列更好。

4. 近红外光线 有报道指出,近红外光刺激兔横断跟腱外科术修复后胶原的产生。激光刺激使总的胶原浓度提高 26%。胶原的差别提取与分析表明光刺激后的肌腱中胃蛋白酶可溶性胶原明显下降,中性的盐溶的和不溶性胶原升高,提示重塑速率及机械完整性较高。

二、韧带的再生治疗

韧带负责关节的稳定。膝关节韧带(前后交叉韧带、内侧交叉韧带),尤其是前交叉韧带是体育运动中是最常被损伤的部位之一。替代损坏的前交叉韧带的金标准是自体移植髌骨肌腱、骨薄肌肌腱或半腱肌肌腱,但自体移植导致组织采集处损伤。也有用尸体来源的异体移植和牛韧带的异种移植的,但是存在炎症、免疫排斥和传播疾病等问题。用合成品如涤纶、高泰斯、聚丙烯、聚酯和碳纤维替代韧带,但是失败率较高,且常表现出对邻近组织的应力遮挡影响。此外,并非所有合成材料都支持替代或增加再生组织的内生长。理想的替代或再生韧带的支架具有能稳定关节的较大的初始强度,能促使细胞向内生长,同时能将受力负荷转移到再生的新韧带上面。机械刺激是引导支架中的成纤维细胞向韧带表型分化的一个重要因素。

1. 生长因子与基因治疗 动物体外研究显示 DGF-BB、TGF-β1 和 FGF-2 能刺激 MCL 和 ACL 成纤维细胞的增殖、胶原和蛋白多糖合成。体内研究表明,PDGF-BB 可提升大鼠、兔和犬模型的膝关节韧带损伤的结构性质,但未能改善力学性能。体内自发性韧带修复过程中的一个问题是"爬行替代",即修复组织逐渐侵入正常组织,导致一个效力较低的修复区域增大,该区域内 Ⅲ/Ⅰ 型胶原的比例过高。此外,基质分子 docrin、Ⅱ

和Ⅳ胶原过表达。MCL断裂前和后静脉注射5天的100ng/ml的IL-4,可减少修复区域的大小,减少早期再生过程中Ⅲ型胶原的表达,增加Ⅰ型胶原的产生,但该效果不能长期维持。也可用反义寡核甘酸来防止在体外抑制Ⅰ型胶原形成的docrin、Ⅱ和Ⅳ型胶原的表达,但其对再生韧带结构和生物力学性能的效应还未见报道,只有PDGF-BB的结果目前用于临床试验。

Sanchez等首先报道了自体血小板富集血浆(platelet rich plasma,PRP)可加速各种运动性肌骨骼损伤的修复,并使得运动员很快恢复到损伤前的功能水平。Readler等最近总结了PRP应用于人和动物的外科和非外科方面。在非外科手术方面,应用于髌腱痛、腕和肘部上髁肌腱炎以及肌肉损伤。这些报道一般说来,PRP都可提升损伤的修复。动物研究的阳性结果使得PRP应用于修复跟腱、重建ACL和MCL,以及修复半月板、软骨以及肌腱套的外科治疗的研究中,其结果参差不齐,有的报道为显著改善,有的报道说没有明显效果,但还没有随机和双盲的临床试验。

公开发表的随机双盲临床试验结果基本上是阴性。这些试验评价了PRP对肌腱套、跟腱损伤和慢性肱骨外上髁炎的疗效。其中对49例慢性肱骨外上髁炎患者的治疗显示,PRP在减少疼痛和增加功能方面较有效,而在其他临床条件下用PRP治疗没有提高临床益处。

2. 细胞与支架　生物学支架材料和细胞在诱导韧带再生方面显示出新的希望。Goulet等将含有ACL成纤维细胞的Ⅰ型胶原支架移植到损伤的羊ACL,观察到良好的再生和功能性恢复。最近,Robayo等用山羊模型测试了Ⅰ型胶原水凝胶促进ACL再生的性能。在两者之间形成的张力存在的情况下,无细胞凝胶可支持培养情况下ACL成纤维细胞形成克隆,并表达对胶原纤维的正确装配相关的脯氨酰-4-羟化酶。移植到体内损伤的ACL后,无细胞凝胶也可吸引宿主细胞来合成胶原纤维。

也有人测试过猪SIS用于提高切断的山羊ACL和兔MCL再生的性能。SIS介导的山羊ACL再生优于未治疗组,1年内再生长入SIS的组织在形态学上与髌骨肌腱自体移植体很接近,并具备几乎相同的最大承重力,但都仅仅是正常韧带的25%。SIS也能明显提高兔MCL组织的生物力学强度,达到天然韧带的1/3。另一项研究中,SIS能促进MCL再生能持续到26周。

已发明出一种用来重建ACL的胶原纤维支架,将其平行排列后两端与甲基异丁烯酸甲酯聚合物制作的锥形塞子固定,以便移植进骨组织。碳酸脱氨酪氨酰乙酯多聚纤维是一种新型的支架材料,移植到大鼠皮下后可支持成纤维细胞长入,也可支持人和兔成纤维细胞的贴附。这种纤维也很快作为模拟兔ACL的支架,研究发现其强度等同或高于正常ACL,也高于多聚乳酸纤维。

经处理的无免疫原性的蚕丝纤维也被用于制作与人ACL大小近似的生物人工ACL。蚕丝纤维具有在初始阶段稳定关节所需要的生物力学性能,也可使细胞长入来达到再生的几何学形状,且降解缓慢,从而使得生物力学负荷可慢慢转至渐渐成熟的再生组织。RGD黏性肽可与蚕丝纤维以绳索的铰链方式偶联。再将骨髓干细胞或ACL成纤维细胞种植到这一复合体,再在生物反应器中垂直孵育。在培养14天时,与没有RGD肽的蚕丝纤维相比,加了RGD肽的蚕丝纤维明显提高了细胞的黏附力,增加了细胞的密度,也提高了Ⅰ型胶原的含量。因此,丝纤维可能适于制造出具有接近天然韧带性能的人工生物韧带。

与生物支架相反,基于合成材料的支架还未在动物实验研究中证明非常有益于韧带的再生。

小　结

骨骼肌无法跨越临界缺损而再生,但在肌内膜和基底膜保存相对完好时,则再生良好。肌肉再生的细胞来源为具有异质性的肌肉干细胞群,这些干细胞处于不同的解剖学niche中。经典的肌肉干细胞是卫星细胞,最先由Mauro从蛙的肌肉中发现。卫星细胞选择性地表达Pax7转录因子,定位于肌纤维细胞的内膜和所依附的基膜之间,并贴附于两者之上。这些细胞能再生出完整的肌肉,但在培养后注射到疾病肌肉组织后其移植效果较差。卫星细胞现在已经证明含有两种类型的细胞即Pax-7$^+$/Myf5$^+$(占90%)与Pax-7$^+$/Myf5$^-$(10%),后者移植效果较好,能够进行自我更新;前者为已经开始初步分化的肌肉前体细胞。在肌肉中也分离到另外两个具有较好移植效果的Pax-7$^+$细胞群,一个命名为"骨骼肌前体细胞(SMP)",第二类是表达ATP结合框架ABCG2、CD34和多配体蛋白聚糖3/4的侧群细胞。第三类干细胞是与间隙组织血管相关,表达CD56、CD34和CD144,可能是血管周边细胞。

在肌肉再生的细胞学和生物力学基础方面的绝大数研究工作都应用自由-移植模型和卫星细胞。自由-移植的肌肉发生退行性变化、接着是典型的炎症反应,卫星细胞脱离基底膜并通过利用无氧戊糖磷酸途径在其内进行增生。增生的卫星细胞显著上调 Pax7 和一系列 MRFs。MRFs 的激活顺序为 MyoD、Myf5、MRF4 和肌生成素。静息的卫星细胞被激活后,受 ECM 释放的 HGF 的刺激进行增殖。PDGF、FGF-2、LIF 和 TGF-β 在卫星细胞增殖方面都有调节作用,其中 FGF-2 与 HGF 有很强的协同作用。绝大数 Pax7$^+$Myf-5$^+$肌肉干细胞在细胞增殖时进行对称性平行分裂。大约 9% 的 Myf5$^+$干细胞进行非对称分裂,有丝分裂纺锤与肌内膜垂直排列,产生 Pax-7$^+$/Myf5$^+$ 与 Pax-7$^+$/Myf5$^-$ 两种子代细胞。紧贴基底膜的子代细胞是 Pax-7$^+$/Myf5$^-$ 干细胞,而与肌内膜紧贴的是 Pax-7/Myf5$^+$肌肉前体细胞。对称性分裂受决定平行细胞极性的 Wnt 非经典通路的调控,而非对称性分裂受 Notch 信号通路的调控。肌前体细胞分化的启动也决定于经典 Wnt 通路、肌抑素和肌激活素的调控。其中肌抑素抑制肌肉干细胞激活和增殖,而肌激活素促进肌向分化。肌张力和神经化对肌肉结构和功能的完全分化来说也是非常关键的。表观遗传机制也全面参与了肌肉干细胞与肌肉组织功能活性的调控。

人们已付出很大的努力,试图通过移植野生型成肌细胞或卫星细胞来治愈肌营养不良。细胞移植在早期临床试验和实验动物模型中,改善了肌肉的结构和功能,但免疫排斥仍是一个主要难题。通过基因校正方法修正肌营养不良蛋白或肌营养不良蛋白相关蛋白的基因突变是治疗各种遗传性肌营养不良症的有效策略,但是这一疗法的主要困难是基因太大,难以进行有效的基因操作。在小鼠体内,目前很有希望的基因疗法是通过反义腺病毒结构阻断由 23 号外显子编码的突变 mRNA 的翻译,这就可以产生缩短的、有功能的肌营养不良蛋白。注射反义核苷酸到胫前肌中可以将肌纤维的组织学和功能恢复到正常水平。构建微小的生物合成肌已经有了一些进展,但是,构建较大的肌肉则需要解决血管化问题。

抑制 TGF-β(如苏拉明),促进卫星细胞增殖分化(如 decorin、G-CSF 和 IGF-1),或促进血管生成分子(VEGF)等都已表明可防止纤维化或激发撕裂或心脏毒素诱导损伤的小鼠肌肉的再生。将生长因子预植于水凝胶中,然后,在体内缓慢释放的情况下,可获得更好的修复效果。迄今为止,有关肌肉再生的相关疗法主要聚焦于卫星细胞移植治疗 DMD。由于卫星细胞的体外扩增导致移植效率低下以及卫星细胞更趋向于快速分化,卫星细胞移植的临床试验目前还未获得成功。在 mdx 小鼠中的研究表明其他野生型干细胞群在移植后也具有一定的效果,可自我更新,可显著改善肌肉的组织学和功能。但是其他干细胞在体内的增殖和肌向分化完全依赖于肌肉干细胞的存在。

人肌腱具有自主修复的能力,无须外科手术干预,但其前提是(固定)处置及时。肌腱鞘的成纤维细胞是负责再生修复的主要细胞。成纤维细胞形成的胶原蛋白纤维最初是无序排列的,随后的肌腱张力使得胶原纤维沿肌腱的长轴排列,形成瘢痕样结构。韧带与肌腱的结构类似,再生方式也相似。无须外科干预时 MCL 也再生良好,但十字交叉韧带则会再生不良。即使在再生修复良好的情况下,再生修复的韧带也只能恢复正常承重力的 50%。

生长因子、无细胞支架以及种植了干细胞的支架的促进肌腱和韧带修复的能力都予以测试过。生长因子 PDGF-B、IGF-1 和 TGF-β1 可以加速体外培养的大鼠髌骨肌腱成纤维细胞(介导)的伤口修复。这些生长因子增加了肌腱成纤维细胞的增殖和胶原与蛋白多糖的合成。生长和分化因子-6 在体内能提高受损的兔跟腱再生速率。有报道称近红外线能刺激外科修复的兔跟腱的胶原产生。无细胞胶原再生模版可诱导某些肌腱再生;尤其当肌腱成纤维细胞和 MSC 种植于 I 型胶原后,再移植到受损肌腱,会获得更好的再生。然而,这些疗法或技术没有一个能使肌腱强度恢复到正常的 60% 以上的。与未处理组相比,韧带再生也可被 PDGF-BB、TGF-β1 和 FGF-2 加强,但再也不会达到对照组的水平。SIS、胶原、交织的聚-L-乳酸纤维、DTE 碳纤维和蚕丝纤维都有希望用来充当无细胞再生模版或生物合成韧带的支架。

(胡苹 苏航 王娇)

参 考 文 献

1. Abou-Khalil R,Le Grand F,Pallafacchina G,et al. Autocrine and paracrine angiopoietin 1/Tie-2 signaling promotes muscle satellite cell self-renewal. Cell Stem Cell,2009,5(3):298-309.

2. Borselli C, Storrie H, Benesch-Lee F, et al. Functional muscle regeneration with combined delivery of angiogenesis and myogenesis factors. Proc Natl Acad Sci U S A, 2010, 107(8):3287-3292.

3. Carlson BM. Muscle regeneration in amphibians and mammals:passing the torch. Dev Dynam, 2003, 226(2):167-181.

4. Chaikof EL. Materials science:Muscle mimic. Nature, 2010, 465(7294):44-45.

5. Cohn RD, Henry MD, Michele DE, et al. Disruption of Dag1 in differentiated skeletal muscle reveals a role fordystroglycan in muscle regeneration. Cell, 2002, 110(5):639-648.

6. Figeac N, Daczewska M, Marcelle C, et al. Muscle stem cells and model systems for their investigation. Dev Dynam, 2002, 236(12):3332-3342.

7. Fukada S, Uezumi A, Ikemoto M, et al. Molecular signature of quiescent satellite cells in adult skeletal muscle. Stem Cells, 2007, 25(10):2448-2459.

8. Kuang S, Gillespie MA, Rudnicki MA. Niche regulation of muscle satellite cell self-renewal and differentiation. Cell Stem Cell, 2008, 2(1):22-31.

9. Lepper C, Conway SJ, Fan CM. Adult satellite cells and embryonic muscle progenitors have distinct genetic requirements. Nature, 2009, 460(7255):627-631.

10. Lv S, Dudek DM, Cao Y, et al. Designed biomaterials to mimic the mechanical properties of muscles. Nature, 2010, 465(7294):69-73.

11. McCarthy JJ, Mula J, Miyazaki M, et al. Effective fiber hypertrophy in satellite cell-depleted skeletal muscle. Development, 2011, 138(17):3657-3666.

12. Murphy MM, Lawson, et al. Satellite cells, connective tissue fibroblasts and their interactions are crucial for muscle regeneration. Development, 2011, 138(17):3625-3637.

13. Palacios D, Mozzetta C, Consalvi S, et al. TNF/p38α/polycomb signaling to Pax7 locus in satellite cells links inflammation to the epigenetic control of muscle regeneration. Cell Stem Cell, 2010, 7(4):455-469.

14. Partridge T. Skeletal muscle comes of age. Nature, 2009, 460(7255):584-585.

15. Pastoret C, Sebille A. Age-related differences in regeneration of dystrophic(Mdx) and normal muscle in the mouse. Muscle Nerve, 1995, 18(10):1147-1154.

16. Rossi CA, Pozzobon M, De Coppi P. Advances in musculoskeletal tissue engineering. Organogenesis, 2010, 6(3):167-172.

17. Sacco A, Mourkioti F, Tran R, et al. Short telomeres and stem cell exhaustion model Duchenne muscular dystrophy in mdx/m TR mice. Cell, 2010, 143(7):1059-1071.

18. Sambasivan R, Yao R, Kissenpfennig A, et al. Pax7-expressing satellite cells are indispensable for adult skeletal muscle regeneration. Development, 2011, 138(17):3647-3656.

19. Shea KL, Xiang W, LaPorta VS, et al. Sprouty1 regulates reversible quiescence of a self-renewing adult muscle stem cell pool during regeneration. Cell Stem Cell, 2010, 6(2):117-129.

20. Skuk D, Tremblay JP. Myoblast transplantation in skeletal muscles. Principles of Regenerative Medicine, 2011, pp:779-793.

21. Tanaka KK, Hall JK, Troy AA, et al. Syndecan-4-expressing muscle progenitor cells in the SP engraft as satellite cells during muscle regeneration. Cell Stem Cell, 2009, 4(3):217-225.

22. Mauro A. Satellite cell of skeletal muscle fibers. J Biophys Biochem Cytol, 1961, 9:493-5.

23. Grounds MD, McGeachie JK. A model of myogenesis in vivo, derived from detailed autoradiographic studies of regenerating skeletal muscle, challenges the concept of quantal mitosis. Cell Tissue Res, 1987, 250(3):563-569.

24. Beauchamp JR, Heslop L, Yu DS, et al. Expression of CD34 and Myf5 defines the majority of quiescent adult skeletal muscle satellite cells. J Cell Biol, 2000, 151(6):1221-1234.

25. Barge MA, HM Blau. Biological progression from adult bone marrow to mononucleate muscle stem cell to multinucleate muscle fiber in response to injury. Cell, 2002, 111(4):589-601.

26. Relaix F, Rocancourt D, Mansouri A, et al. A Pax3/Pax7-dependent population of skeletal muscle progenitor cells. Nature, 2005, 35(7044):948-953.

27. Kassar-Duchossoy L, Giacone E, Gayraud-Morel B, et al. Pax3/Pax7 mark a novel population of primitive myogenic cells during development. Genes Dev, 2005, 19(12):1426-1431.

28. Seale P, Sabourin LA, Girgis-Gabardo A, et al. Pax7 is required for the specification of myogenic satellite cells. Cell, 2000, 102(6):777-786.

29. Tapscott SJ. The circuitry of a master switch:Myod and the regulation of skeletal muscle gene transcription. Development,2005,132 (12):2685-2695.

30. Bladt F,Riethmacher D,Isenmann S,et al. Essential role for the c-met receptor in the migration of myogenic precursor cells into the limb bud. Nature,1995,376(6543):768-771.

31. Epstein JA,Shapiro DN,Cheng J,et al. Pax3 modulates expression of the c-Met receptor during limb muscle development. Proc Natl Acad Sci U S A,1996,93(9):4213-4218.

32. Brack AS,Conboy IM,Conboy MJ,et al. A temporal switch from notch toWnt signaling in muscle stem cells is necessary for normal adult myogenesis. Cell Stem Cell,2008,2(1):50-59.

33. Kuehnle I,Huls MH,Liu Z,et al. CD20 monoclonal antibody(rituximab)for therapy of Epstein-Barr virus lymphoma after hemopoietic stem-cell transplantation. Blood,2000,95(4):1502-1505.

34. McKinnell IW,Ishibashi J,Le Grand F,et al. Pax7 activates myogenic genes by recruitment of a histone methyltransferase complex. Nat Cell Biol,2008,10(1):77-84.

35. Boutet SC,Cheung TH,Quach NL,et al. Alternative polyadenylation mediates microRNA regulation of muscle stem cell function. Cell Stem Cell,2012,10(3):327-336.

36. Cheung TH,Quach NL,Charville GW,et al. Maintenance of muscle stem-cell quiescence by microRNA-489. Nature,2012,482 (7386):524-528.

37. Rocheteau P,Gayraud-Morel B,Siegl-Cachedenier I,et al. A subpopulation of adult skeletal muscle stem cells retains all template DNA strands after cell division. Cell,2012,148(1-2):112-125.

38. Chen JF,Mandel EM,Thomson JM,et al. The role of microRNA-1 and microRNA-133 in skeletal muscle proliferation and differentiation. Nat Genet,2006,38(2):228-233.

39. Liechty KW,MacKenzie TC,Shaaban AF,et al. Human mesenchymal stem cells engraft and demonstrate site-specific differentiation after in utero transplantation in sheep. Nat Med,2000,6(11):1282-1286.

40. Zheng B,Cao B,Crisan M,et al. Prospective identification of myogenic endothelial cells in human skeletal muscle. Nat Biotechnol, 2007,25(9):1025-1034.

41. Gjerset R,Gorka C,Hasthorpe S,et al. Developmental and hormonal regulation of protein H1 degrees in rodents. Proc Natl Acad Sci U S A,1982,79(7):2333-2337.

42. Partridge TA,Morgan JE,Coulton GR,et al. Conversion of mdx myofibres from dystrophin-negative to-positive by injection of normal myoblasts. Nature,1989,337(6203):176-179.

43. Tedesco FS,Gerli MF,Perani L,et al. Transplantation of genetically corrected human iPSC-derived progenitors in mice with limb-girdle muscular dystrophy. Sci Transl Med,2012,4(140):140-189.

44. Dezawa M1,Ishikawa H,Itokazu Y,et al. Bone marrow stromal cells generate muscle cells and repair muscle degeneration. Science, 2005,309(5732):314-317.

45. Levenberg S,Rouwkema J,Macdonald M,et al. Engineering vascularized skeletal muscle tissue. Nat Biotechnol,2005,23(7): 879-884.

第二十章

牙干细胞与再生医学

牙齿（tooth）是人类重要的组织器官之一。它与人体其他器官，如心、肝、肺等器官一样具有独立的发育模式。牙齿组织基本是由胚胎早期的中胚层分化而来，但釉质部分从属于外胚层的口腔上皮衍生而来。牙再生医学是机体再生医学的重要组成部分。模拟牙发育过程，可利用牙源性细胞及非牙源性细胞进行牙再生。同时，利用牙源性细胞还可以进行除牙再生外其他组织再生，如神经组织再生等。

牙病（odontopathy）是人类常见病及多发病。它对患者咀嚼、言语、美观和心理等有显著影响。根据WHO统计，牙病是人类发病率最高的三大非传染性疾病之一，由各种牙病造成牙缺失的病例非常普遍。尽管缺失或缺损牙齿修复方法有很多，但较为理想的修复方法仍有待进一步研究。借助再生医学实现牙再生或部分牙齿再生已成为国际口腔医学研究的热点，将有望成为一种理想的牙齿缺失的新的修复方法，有着广阔的应用前景。再生一颗完整的牙齿，需要突破很多瓶颈，解决再生医学共同的难题，如种子细胞来源、器官胚胎培养及移植等。

牙再生医学（tooth regenerative medicine）是机体再生医学的重要组成部分。模拟牙发育过程，可利用牙源性细胞及非牙源性细胞进行牙再生。同时，利用牙源性细胞还可以进行除牙再生外其他组织再生，如神经组织再生等。

本章从牙齿发育及可能的调控机制、牙源性干细胞在牙及其他非牙组织再生中作用，促进牙组织或器官缺损或缺陷相关疾病治疗等方面进行介绍。

第一节 牙齿的发育

牙发育大致经历三个时期，即蕾状期、帽状期、钟状期及牙萌出期，也可分为起始阶段、形态发生阶段、细胞分化阶段及牙萌出阶段。牙发育过程中，无论是胚胎阶段还是成体阶段，牙发育形态发生、细胞分化乃至牙萌出等所有发育分化事件均存在严密的调控网络。

在蕾状期，来自于外胚层的口腔上皮与神经嵴来源的间充质相互作用形成牙板，牙板上皮迅速增生形成圆形或卵圆形蕾状突起，称为牙蕾（tooth bud，TB）。牙蕾的形成可能标志着成牙潜能从上皮转移至间充质。蕾状期的上皮细胞主要分为两类，一类为与基底膜接触的柱状细胞，另一类为基底膜内侧的立方状细胞。蕾状期细胞继续增殖导致成釉器（enamel organ，EO）生长。由于成釉器各区域细胞增殖速度差异导致成釉器基底部向内凹陷，而两边向间充质伸长形成球形覆盖于下方凝聚的外胚间充质牙乳头（dental papilla）上，形如帽，因此称为帽状期。此期细胞分化为四类，位于周边的一层单层立方状细胞称为外釉上皮，通过牙板与口腔上皮相连。与牙乳头直接相邻，两侧与外釉上皮相接，呈矮柱状的上皮为内釉上皮。内外釉之间呈网状星形多层的间充质细胞，称为星网状层（stellate reticulum）。与内釉上皮相邻的牙乳头区细胞为间充质细胞，将来分化为成牙本质细胞及牙髓细胞，进而形成牙本质及牙髓。包绕牙乳头及成釉器的外胚间充质细胞呈现为密集的结缔组织层，称为牙囊（dental sac）组织。牙囊组织将来发育为牙齿支持组织，即牙槽骨、牙周膜及牙骨质。牙囊与牙乳头及成釉器共同形成牙胚（dentary germ）。从牙胚形成直至牙齿萌出，牙囊组织持续存在，被认为不仅与牙齿发育形成密切相关，而且是牙齿萌出所必需的组织。内外釉上皮向根方继续发育，融合形成颈环（cervical loop）。颈环上皮的出现被认为是牙根开始发育的标志。颈环上皮持续发育，相继形成

Hertwig's 上皮根鞘（hertwig's epithelial root sheath，HERS），最终以条索状的 Malassez 上皮剩余（epithelial rests of malassez，ERM）存在于发育完成的牙根周围的牙周组织中。上皮根鞘发育分化正常与否直接决定牙根发育是否能正常完成。成釉器继续发育，从帽状发展为钟状，形成成釉器的钟状期。此期成釉器上皮细胞进一步分化，从外向内分化为外釉上皮、星网状细胞、中间层细胞及内釉上皮细胞。在钟状期，成釉器已分化成熟，细胞出现分化。此期牙齿形状被确定。

在内外釉上皮与周围间充质相互作用形成釉质、牙本质同时，上皮根鞘继续发育与周围牙囊组织细胞相互作用形成牙根组织，同时伴随上皮根鞘断裂，牙囊通过断裂的上皮向正在发育的牙根迁移分化形成包括牙槽骨、牙周膜及牙骨质在内的牙周组织。在牙根发育的同时，牙齿开始萌出。牙齿萌出不仅与牙根发育形成直接相关，而且也与牙冠部牙囊组织及成釉器与口腔上皮相连接的条索结构相关。调控破骨与成骨之间动态平衡直接决定了牙根形成与牙齿萌出。牙齿发育完成及牙齿萌出并未意味着牙形成与改建的终止。牙发育完成后，作为生理性改建或病理性反应，牙髓细胞、牙周细胞乃至来自于全身循环系统的骨髓间充质细胞均积极参与牙髓牙本质复合体及牙周膜牙骨质复合体修复（图 20-1）。

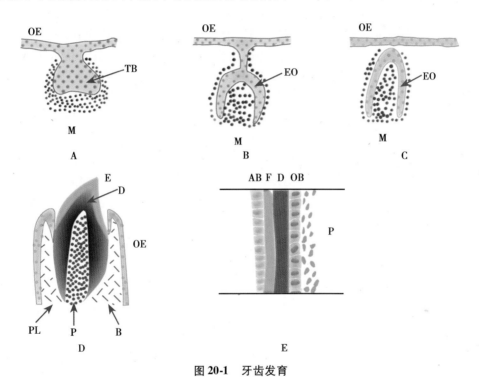

图 20-1　牙齿发育

（A）口腔上皮（oral epithelium，OE）变厚，形成牙板，由底层的间充质细胞（mesenchyme，M）诱导牙板内陷形成蕾状牙胚，称为牙蕾（tooth bud，TB），此期称为蕾状期。（B）牙胚形成后一个钟形釉质器官并封闭诱导的间质细胞；（C）从口腔上皮分离，此期称为钟状期；（D）质器官在牙齿发育中形成牙本质（dentin，D）和釉质（enamel，E），由牙周韧带（periodontal ligament，PL，红色）附着到牙槽骨（bone，B）。（E）牙本质和釉质形成。釉质器官外层上皮细胞包含向内分泌釉质的成釉细胞（ameloblasts，AB）。内层是向外分泌牙本质的成牙本质细胞（odontoblasts，OB）。因此，牙本质和釉质彼此接触

因此，胚胎性口腔上皮细胞、外胚间充质细胞、牙胚细胞、牙乳头细胞、牙囊细胞、成釉细胞、颈环上皮细胞、上皮根鞘细胞、牙髓细胞、牙周膜细胞、骨髓基质细胞、成骨细胞、破骨细胞等牙源性及非牙源性细胞与其存在的微环境相互作用直接决定了牙发育、牙萌出及牙修复改建。

牙齿发育主要包括釉质发育、牙本质牙髓组织发育和牙骨质牙周发育。牙骨质牙周发育的完成标志着牙根发育完成。

一、釉质发育

牙发育过程受到牙源性上皮细胞和神经嵴来源的间充质细胞间相互作用的调控。其中，间充质细胞最终分化成牙髓细胞以及成牙本质细胞，上皮细胞最终分化为成釉细胞进而形成釉质。成釉细胞的作用表现

在釉质发育的两个阶段——分泌期和成熟期。成釉细胞分泌出多种釉质发育生长相关的蛋白,通常主要包括釉原蛋白、釉鞘蛋白以及釉蛋白等,调控釉质的发生、生长以及形态结构。

釉质的发育是一个复杂而又精细的过程,釉质的形成以及矿化都始于钟状期。在此期,成釉细胞分化成为分泌型的成釉细胞,能分泌出多种特异性细胞外基质,包括釉原蛋白和非釉原蛋白。这些特异性蛋白在羟磷灰石晶体的成核作用、晶体排列、组织、空间构象等方面起着重要作用。钟状后期,在原来两个次级釉结的位置开始形成矿化的釉质,然后突破牙龈萌出,继续生长形成成熟的釉质结构。扫描电镜观察到釉柱结构是相互交织,从而保证了釉质结构的完整性和坚固性。在牙齿突破牙龈萌出之前,釉质已经完成矿化,这时釉质层包括大约95%的矿物质和不多于2%的有机物残留。釉质萌出以后将不能再生,因为成釉细胞层包括内釉上皮、中间层、星网状和外釉上皮细胞形成缩余釉上皮(reduced enamel epithelium,REE),REE开始部分降解直至牙齿萌出,REE移位至牙颈部,形成牙龈组织并与口腔黏膜上皮延续,而真正意义上的成釉细胞层已不复存在,这给组织再生工程与釉质发育不全的生物治疗途径带来了困难。

(一)釉质发育过程中的核心蛋白

釉质的分泌期主要产生多种釉质发育相关的调控蛋白分泌到釉质基质中,同时伴随着矿化和蛋白的加工过程。在这个时期,成釉细胞首先分化形成高分泌型细胞并且细胞发生延长伸展,伴随极化形成一个托姆斯突(Tomes' process)和一个大的基底核,成釉细胞由托姆斯突分泌釉基质并决定晶体排列方向。分泌的无定型磷酸钙带状物延长生长过程中转化为羟磷灰石晶体,在此转化过程中,釉原蛋白参与了此调控过程,形成釉质的基本结构单元——釉柱(enamel rod),釉柱与邻近釉柱之间发生交错偶联,对釉质结构的坚固性起到了很大作用。釉柱从釉牙本质界发出,延伸到牙齿表面,贯穿釉质全层。进入成熟期时,成釉细胞体积缩短变小,成熟时期的成釉细胞停止分泌釉质基质蛋白。此时釉质的厚度基本上固定下来,但仍然存在少量蛋白的分泌,如KLK4(kallikrein-related peptidase 4);其主要作用是加工与移除剩余的有机基质。

釉质蛋白在釉质发育过程中兼具双重作用,既是釉质的结构性物质,同时又在矿化组织的形成和吸收过程中扮演信号调节分子的作用。例如,釉原蛋白自组装形成一个个纳米球和卷状体,为釉质结构提供支架。同时,这些自组装体贯穿整个釉质层并且指导晶体结构的形成和生长。研究表明,釉原蛋白基因突变的小鼠表现出明显的釉质厚度的减小以及晶体结构的变化。另外两种釉质蛋白——釉蛋白和釉鞘蛋白在整个釉质发育过程中起到辅助调控的作用。

釉原蛋白是由位于X染色体上的基因*Amelx*和位于Y染色体上的基因*Amely*编码可进行自组装的蛋白(自组装成为球形结构),对于釉质的结构有着至关重要的作用,其可变剪切形成的各种亚型产物在釉质蛋白中占90%。釉原蛋白能组装形成釉柱,并且在釉质矿化过程中调节羟磷灰石晶体的形成与发展。釉原蛋白与釉质晶体结构的大小以及生长定向有关,在釉原蛋白基因敲除的小鼠(AKO)中观察到变小的晶体以及无组织规则的排列方式,而在AKO与TgM180-87(目前已知最大比例的釉原蛋白的亚型)小鼠杂交的后代KOM180-87的小鼠中观察到接近正常的晶体大小结构与定向的排布方式,这初步证明釉原蛋白在这两方面的重要作用。

釉鞘蛋白是釉质基质中含量最高的一种非釉原蛋白,主要分布在釉柱周围,其主要作用是控制晶体的生长速度,维持晶体生长以及决定釉柱的结构。从分泌早期一直持续到成熟晚期。被普遍认为在牙发育过程中调控釉质晶体的延长生长以及指导釉质矿化。釉鞘蛋白mRNA在成釉细胞增殖分化期表达为阴性,分泌初期细胞内及新生釉基质中开始出现弱阳性表达;至分泌期细胞内及新生釉基质中均呈强阳性表达。成熟釉质中无釉鞘蛋白mRNA的阳性表达。通过对釉鞘蛋白的时空表达进行分析可以推测釉鞘蛋白可能介导了釉质的发育矿化,它与牙齿发育、釉基质矿化反应等过程密切相关。有研究认为,在分泌期釉鞘蛋白协助晶体生长,保护晶体表面不被晶体生长抑制剂吸收;在成熟期为釉质深层蛋白的溢出保留通道。

釉蛋白属于非釉原蛋白,是含量少但相对分子质量最大的釉基质蛋白,具有复杂的生物学功能。釉蛋白被普遍认为在晶体的成核和延伸、调整釉质晶体形成的速率和形状等有关。釉蛋白的基因转录表达于牙胚中的前成釉细胞至成熟期成釉细胞的整个分化过程,直至牙冠形成、釉质发育完全。有关研究表明釉蛋白的基因突变可造成常染色体显性釉质发育不全,提示其在釉质发育过程的重要作用。

除了主要的釉质基质蛋白,釉质发育过程中还受到很多重要的蛋白酶的调控。釉质基质金属蛋白酶-20

（matrix metalloproteinase-20，MMP-20）是一种牙齿特异表达的基质金属蛋白酶，与釉质发育密切相关，表达于分泌早期。MMP-20 的主要作用是剪切釉质蛋白，MMP-20 还被检测到能加工切割分泌时期的釉鞘蛋白。MMP-20 能切割上皮钙黏蛋白（E-cadherin），提示 MMP-20 在釉质发育过程中水解钙黏蛋白从而促进相关转录因子的释放。激肽释放酶 4（kallikrein-4，KLK4）分泌于成熟期，其作用是进一步加工残留的部分有机基质。主要降解釉原蛋白的两种剪切产物 LRAP 和 TRAP，因为分泌期的 MMP-20 无法降解这两种蛋白亚型。

（二）多种转录调控因子在釉质发育过程中的作用

釉质发育是一个多因子调控的复杂过程。其中，转录因子如 Dlx3、Msx2、Tbx1、Pitx2、FoxJ1、Bcl11b 等起到了重要的调控作用。首先，基于釉质的结构发生特点（规律性重复分布的釉柱横纹）—以外加生长的方式形成釉质，科学家预测并发现生理周期相关的节律基因在釉质发育过程中起到了一定作用。哺乳动物的生理周期节律主要是受存在于视交叉上核（suprachi-asmatic nucleus，SCN）的主时钟基因的调控，同时又受到组织特异性时钟基因（circadian locomotor output cycles kaput Clock）的调节作用。研究表明，大脑区域 SCN 的损伤会导致牙本质周期性增量的消失，而时钟基因则是分布于分化中的成釉细胞和成牙本质细胞中，通过编码转录因子来实现周期性调节功能。这些分子如何调控生物学过程有待研究（图 20-2）。

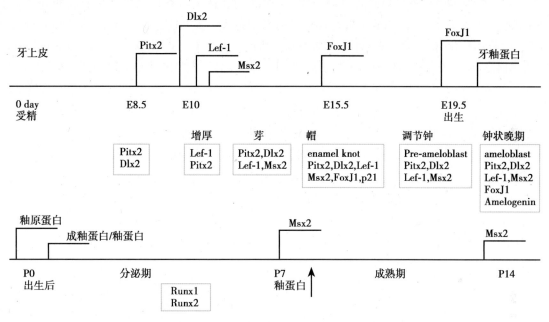

图 20-2　转录因子以及釉质蛋白的表达时间轴

为了进一步研究时钟基因与成釉细胞的分化以及釉质成熟之间的联系，科学家在 HAT-7 成釉细胞系中进行了实验，以时期特异性表达的蛋白 amelogenin（Amelx）、enamelin（Enam）和 kallikrein-related peptidase 4（Klk4）作为表达标记，结果显示：在转录因子 Runx2（runt-related transcription factor 2）过量表达的细胞中，Amelx 和 Enam 的 mRNA 水平的表达呈现下调趋势，而在 Dlx3（distal-less homeobox 3）过表达的细胞中呈现上调趋势。相反，Klk4 的 mRNA 表达水平在两种细胞中都呈现上调的趋势。该研究同时发现时钟基因不仅影响成釉细胞特异性基因的周期性表达，还影响 Runx2 的表达。由此，建立了节律基因与成釉细胞基因相关的转录因子之间的关系，说明节律基因可能通过间接地影响转录因子的表达而起作用或者直接地通过影响转录效率而起作用。Runx2 在成釉细胞分化过程中抑制分泌期的相关基因如 Amelx 和 Enam，促进成熟期基因如 Klk4 的表达。而其具体的作用靶点以及机制有待研究。

釉原蛋白基因不同时期的表达量受来自不同家族的多种转录因子调控，目前已确定的与釉质发育过程相关的转录因子家族主要包括同源异型基因家族、叉头转录因子家族和 T 盒基因家族。

同源异型基因（homeobox，Hox）是一类含有同源框的基因，在胚胎发育中的表达水平对于组织和器官的形成具有重要的调控作用。目前已发现的 Hox 基因产物都是转录因子，能识别所控制的基因启动子的特异序列，从而在转录水平调控基因表达。其中，目前已知的在釉质发育过程中起重要调控作用的有 Msx1、

Msx2、*Pitx2*、*Dlx2* 和 *Dlx3*。

　　Msx1（muscle segment homeobox 1）与 *Msx2* 来自于同一个同源异型基因家族，具有高度同源的保守序列，其转录产物在发育过程中的作用也极其相似。*Msx2* 基因对于釉基质蛋白的表达和釉质结构的形成有重要的影响作用。在釉质发育过程的各个阶段中，*Msx2* 的表达量也不一样。在分泌时期前、成熟期以及分泌期后的成釉细胞中，*Msx2* 的表达量明显高于分泌期的成釉细胞，提示 *Msx2* 的表达下调可能是釉质沉积的一个前提条件。定量分析成釉细胞中 *Msx2* 的转录产物发现，突变的小鼠中没有转录产物的形成，杂合型的小鼠中较之野生型的小鼠，转录产物减少了 50%，揭示了在杂合小鼠中存在一个单倍剂量不足的现象。杂合的小鼠中，釉原蛋白的表达量与野生型的相比增加了两倍。然而，在突变型的小鼠体内，釉原蛋白、釉蛋白的表达量都显著地减少，说明 *Msx2* 在釉质的分泌与形成过程中是必需的，但是其究竟是如何发挥调控作用的？*Msx2* 对釉原蛋白基因的启动子起着抑制作用。因此，杂合小鼠中釉原蛋白表达量的升高可以解释为起抑制作用的 *Msx2* 的表达量减少，而其他蛋白如釉鞘蛋白、釉蛋白、细胞黏附蛋白等在杂合型和野生型小鼠中无明显的表达量变化也恰好证明了这一点。总之，转录因子 *Msx2* 在釉质发育过程中起到了双重作用，一是对釉质结构形态的影响，二是对釉质蛋白所起到的信号分子的调控。

　　Pitx2 是牙发育过程中出现最早的转录调节因子，*Dlx2* 的表达紧随 *Pitx2* 之后，从启动期到分泌期，并且 *Dlx2* 是 *Pitx2* 的一个靶基因，共同调节牙齿发育与形态形成过程。叉头转录因子家族（forkhead box，FOX）在细胞的生长、增殖和分化过程中扮演着重要的基因调控作用。在牙发育过程中，FoxJ1 作为细胞核转录因子，主要表达于 E14.5、E18.5 和出生后第一天的成釉细胞和成牙本质细胞中，在牙齿发生发育过程中起到一定的调节作用。而在釉原蛋白基因的启动子区域，发现几处 FoxJ1 和 Dlx2 的结合位点，因此推测 FoxJ1 和 Dlx2 共同调节釉原蛋白基因的表达，从而影响釉质的形态学发展。在 FoxJ1 突变的小鼠体内表现为成釉细胞分化的缺失以及釉原蛋白表达量的减少，进一步证明 FoxJ1 在釉质发育过程中的重要调节作用。

　　因此，FoxJ1 与同源异型基因 *Pitx2*、*Dlx2*、*Dlx3* 等转录因子相互作用，构成了一个逐级调节的机制（图 20-3）：*Pitx2* 激活 *Dlx2* 的启动子表达，而反过来 *Dlx2* 与 *Pitx2* 竞争性结合于 *Pitx2* 的启动子结合区，从而抑制 *Pitx2* 的转录活性，同时 *Dlx2* 又包含自身的启动子区域结合位点。*Dlx2* 激活 *FoxJ1* 的转录表达，有研究提出 Amelx 启动子区域既包含 Dlx2 的结合位点又包含 FoxJ1 的结合位点，通过 ChIP（chromatin immunoprecipitation）分析表明，Dlx2 和 FoxJ1 均可独立地激活 *Amelx* 的启动子，但是当两者同时作用时，*Amelx* 的表达效率显著提高，提示 Dlx2 与 FoxJ1 的协同作用在釉质形态学发生过程中有重要作用。

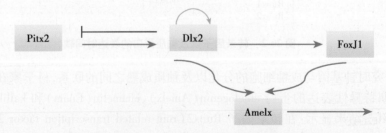

图 20-3　Pitx2、Dlx2 和 FoxJ1 的相互作用关系

　　TBX1 是由基因 *TBX1*（T-box 1）编码的转录因子，*Tax1* 基因被认为是一个与先天性胸腺发育不全综合征（congenital thymus dysgenesis syndrome，DiGeorge syndrome）相关的关键基因，可引起心脏、胸腺、甲状旁腺、颌面部以及牙齿的异常发育。在 *Tax1* 基因敲除的小鼠切牙中，表现出釉质缺陷。并且 *Tax1* 基因在小鼠磨牙的表达集中于前体成釉细胞中，强表达的 *Tax1* 能激活釉原蛋白基因。比较 *Tax1* 基因敲除小鼠与野生型小鼠的切牙釉质形态发育，发现敲除 *Tax1* 基因的小鼠釉质较野生型的小鼠釉质更少，矿化程度不足，而且分泌釉质的上皮细胞层更薄，矿物质的沉积量显著减少，说明 *Tax1* 参与了釉质生长和矿化两个过程。在牙发育过程中，存在着一个细胞增殖与凋亡的过程，也正是这两个过程的平衡协调控制着其形态学的发展。然而，在釉质发育过程中，不论是野生型的小鼠还是突变的小鼠，上皮组织中都存在极少的细胞凋亡。相反的，野生型的小鼠颈环中存在大量的细胞增殖，而突变型的小鼠中却未曾发现，其中也包括前体成釉细胞。对于釉原蛋白基因的表达的检测结果与釉质的形成结果一致,在突变的小鼠切牙中表达量极其微弱。因此,*Tax1*影响上皮细胞的增殖以及成釉细胞的分化,进而激活釉原蛋白的表达。而 Tbx1 的表达同时也受到 Fox 转录因子家族 Foxa2、Foxc1 以及 Foxc2 的调控。至此,各个转录因子家族构成了一个综合的调控网络系统。

此外,其他因子如 GEP(granulin epithelin precursor,GEP)是被发现在出生后的釉质发生过程成釉细胞中表达的一种自分泌生长因子。重组的 GEP 刺激成釉细胞的增殖,提高了釉质基质蛋白的表达,说明其参与了出生后的釉质发育调控。但 GEP 在此过程中的具体受体因子以及参与的信号通路还有待研究。Bcl11b(又称 Ctip2)是对釉质蛋白有明显调控作用的一个蛋白分子,同时还扮演着转录因子的作用。在 Bcl11b 缺失的小鼠 E16.5 时期唇侧及舌侧颈环上皮细胞中观察到,与野生型相比,Shh、Amelx 的表达类型具有显著差异;而在 Bcl11b 缺失的小鼠中,Msx2 的表达量出现了下降,并且 ChIP 相关研究进一步证明 Msx2 很可能是 Bcl11b 的直接靶点;Msx2 在釉质形成过程中调节包括 Amelogenin 及 Enamelin 在内的釉质蛋白的表达。此外,Msx1 和 Msx2 具有高度同源序列,Shh 的表达量在 Msx1 缺失型的小鼠中也出现了下调。而 Shh 调控成釉细胞产生,可以作为成釉细胞前体细胞的一个标志蛋白。由此推测,Bcl11b 对牙发育经典通路——Shh 通路可能存在重要的调控作用,并且可能参与了釉质蛋白表达与分泌,在切牙以及磨牙的釉质形成过程中具有重要作用,但在两种牙组织中的具体作用尚不清楚,具体分子机制有待阐明。

应用蛋白质芯片等技术可以筛选出 74 种与 ODAM 蛋白相互作用的蛋白,并且鉴定出 BMP-2-BMPR-IB-ODAM-MAPKs 这一信号级联在成釉细胞分化以及釉质的矿化过程中的重要作用。ODAM(odontogenic ameloblast-associated protein)与成釉细胞分化及釉质的成熟密切相关。此外,细胞核中的 ODAM 通过 MMP-20 调控釉质矿化。BMPR-IB 是经典的 BMP-2 的一个受体,在成釉细胞的胞质区,BMPR-IB 通过作用于 ODAM 的 C 末端区域而直接作用于 ODAM 蛋白,使 ODAM 发生磷酸化,活化的 ODAM 促进 ERK、JNK 以及 p38/MAPK 的磷酸化,从而激活 MAPK 信号通路,促进成釉细胞的分化以及矿化成熟。

虽然大量的小鼠遗传学模型研究证明多种转录因子在釉质发育过程中具有重要调节作用,但是这些转录因子以及基因之间在整个调控网络中的具体相互作用尚不清楚。对于成釉细胞分化、釉基质蛋白分泌以及釉质成熟过程中各个蛋白、基因或者调控因子具体作用有待探究。未来治疗途径越来越多集中于生物疗法,通过对釉质发育的分子机制研究探寻釉质发育不全的合理治疗对基于干细胞的牙再生可以提供重要的参考。

二、牙髓-牙本质复合体发育

牙本质是牙齿的一种主要矿化组织,牙本质构成牙齿的主体及其特殊形态。牙本质的组成成分与牙骨质和骨相似,其成分通常由无机与有机部分组成。无机部分主要包括羟基磷灰石(hydroxyapatite,HAP)、水及其他少量矿物质;有机部分主要包括胶原蛋白和非胶原蛋白两大类,包绕着羟基磷灰石晶体,形成有机基质。非胶原大分子物质分为几大类:牙本质磷蛋白(dentin phosphoprotein,DPP)、牙本质涎蛋白(dentin sialo-protein,DSP)、含 γ 羧基谷氨酸蛋白(carboxyl glutamic acid protein,MGP)、混合性酸性糖蛋白、生长因子、血清源性蛋白及脂类等。

牙本质主要由牙本质小管、成牙本质细胞突起和细胞间质组成,细胞间质分为管周牙本质和管间牙本质。管周牙本质(peritubular dentin)是围绕成牙本质细胞突起的间质,构成成牙本质小管的管壁,矿化程度高,含胶原纤维极少。管间牙本质(intertubular dentin)位于管周牙本质之间,其内胶原纤维较多,基本上为 I 型胶原,围绕小管呈网状交织排列,并与小管垂直,其矿化程度较管周牙本质低。

牙本质的形成是一个连续的过程:其始动信号来源于牙源性上皮,在牙源性上皮细胞分泌相关细胞因子诱导下,牙源性外胚间充质细胞迁移到特定的牙齿发育部位,与牙板上皮相互作用,分化为牙乳头细胞,进而在牙齿发育钟状期末期,外层的牙乳头细胞进一步分化为成牙本质细胞,待牙乳头外侧周围的牙本质发育成熟后,此时牙本质内侧的组织即称为牙髓,其内的细胞称为牙髓细胞,牙髓所在腔隙称为牙髓腔。有时成熟的牙髓细胞在受到外界刺激(例如牙本质损伤、外力刺激等)的特殊情况下,也会分化为成牙本质样细胞。许多细胞生长因子、细胞外基质分子已经被确认与成牙本质细胞分化相关,这些因子相互作用形成网络,共同调控牙本质发育,如 BMP 家族成员、FGF 家族成员及 mTOR 通路等。

在牙齿发育过程中,成牙本质与牙髓在结构上紧密结合,功能上密切相关,于是往往被统称为牙髓-牙本质复合体(pulp-dentin complex)。从器官发生来看,牙髓及牙本质均来自于胚胎发育期的牙乳头的分化,具有相同的起源。从功能上来看,牙髓为牙本质提供滋养,在牙本质受损时还能分化成为成牙本质样细胞,修复受损的牙本质;而牙本质围绕在柔软的牙髓外层,对牙髓提供保护和支持。两者相辅相成,共同完成一系列生命活动。

成熟的成牙本质细胞,一边合成和分泌细胞外基质,一边向着基膜方向伸出细胞胞质突起,同时胞体随着细胞外基质的分泌,向着牙髓方向缓慢迁移。随着牙本质的不断分泌形成,胞质细胞突被埋在了牙本质基质中,形成成牙本质细胞突及成牙本质小管。成牙本质细胞分泌的细胞外基质蛋白包括非胶原蛋白和胶原蛋白两大类,其中胶原纤维蛋白为牙本质的矿化提供了所需的支架以及三维空间,继而非胶原蛋白作为某种调节因子,与胶原蛋白支架的特定位点结合,启动了矿化的成核作用。当细胞外基质分泌到一定量的时候,成牙本质细胞开始合成基质分泌小泡到细胞外。当小泡破裂,泡内的钙离子以羟基磷灰石的形式沉积于胶原间隙,形成晶体,晶体逐渐成长,彼此互相融合,最后矿化而形成成熟的牙本质。碱性磷酸酶对于牙本质的矿化起着重要的作用,如果组织非特异性碱性磷酸酶功能遭到破坏,则牙冠与牙根的牙本质都不能正常矿化。

原发性牙本质形成于钟状期晚期,牙本质首先在邻近内釉上皮内凹面(切缘和牙尖部位)的牙乳头中形成,合成胶原纤维,继而合成非胶原蛋白并钙化形成牙本质。然后沿着牙尖斜面向牙颈部扩展,直至整个牙冠部牙本质完全形成。在多尖牙中,牙本质独立地在牙尖部呈圆锥状一层一层有节律沉积,最后互相融合,形成后牙冠部牙本质。

当牙发育至根尖孔形成时,牙齿发育便完成,但成牙本质细胞仍可以在其后继续分泌细胞外基质,基质矿化形成牙本质,但速度很慢,这种后来形成的牙本质为继发性牙本质。继发性牙本质是一种增龄性变化,形成于牙本质的整个髓腔内侧表面,但在各个部位的分布并不均匀,受到刺激的区域继发性牙本质形成相对较多。继发性牙本质不断形成使髓腔逐渐变小。继发性牙本质中牙本质小管的走行方向较原发性者有较大变异,小管更不规则。继发性牙本质小管方向稍呈水平,与原发性牙本质之间有一明显的分界线。

修复性牙本质是在外源性刺激(酸碱腐蚀及机械力刺激等)下,由牙髓组织内的成牙本质细胞及间充质细胞分化形成的组织。修复性牙本质与原发性牙本质在结构上有明显的区别,前者牙本质小管不均匀,数目大大减少,有些区域仅有少数小管或不含小管,同时小管明显弯曲,它与外源性刺激的强度及速度等因素密切相关。

成牙本质细胞与牙本质的形成直接相关,因此成牙本质细胞对于牙齿的正常发育至关重要。成牙本质细胞是一种来源于神经嵴分化的间充质细胞。在牙齿发育过程中,成牙本质细胞一直受到细胞-细胞或者细胞-基质相互作用的调控,许多分子(包括细胞外基质的成分、生长因子等)都参与其中。

成牙本质细胞终末分化包括退出细胞周期、胞体伸长、细胞极性分化,最终形成一种长形柱状细胞,然后在牙髓与牙本质的交界处形成一种类似于栅栏状的细胞层。在牙本质形成过程中,成牙本质细胞的胞体会伸长并极性分化,分泌的一端延伸进入钙化的基质,形成牙本质小管,而细胞主体则埋在柔软的牙髓组织中。之后,成牙本质细胞继续在牙髓周围缓慢的分泌牙本质(分泌速度受咬合的磨损程度的影响),而这一动态过程使得成牙本质细胞处于一种特殊的空间状态中。牙本质小管从釉质与牙本质的边界延伸到成牙本质细胞层,并一直处于牙本质层的包围之中。总体来说,成牙本质细胞作为一种选择性的屏障,根据不同的物理与病理状况,调控着牙本质与牙髓之间的关系。因此,在正常或病理条件下对于牙本质沉积的调控不仅仅来自于对牙本质或者牙髓释放的因子的感应,也同时是一种力传导的过程。

成牙本质细胞这种处于牙本质与牙髓之间的特殊的空间位置可能是它能够感受到来源于机械刺激的影响,因此可能是一种特殊的感觉细胞。在成牙本质细胞的细胞膜上,已经检测出受电信号调控的钠离子和钾离子通道以及氯选择性通道等。此外,钙离子通道也在生理和病理层面上对成牙本质细胞结构和功能的调控方面发挥作用。在体外培养的人成牙本质细胞中,高电导钙激活钾离子通道在细胞膜拉伸时被激活,显示出对外力刺激的敏感性,并且能够将机械刺激转化为电信号。在体内,这些通道往往集中于成牙本质细胞的顶端,而细胞则从此处将钙运送至正在矿化中的牙本质。因此,这些力敏感性离子通道可能直接参与了成牙本质细胞的代谢活动及牙本质的形成。

三、牙周膜-牙骨质复合体发育

在牙齿发育的钟状期以后,牙根开始发育。牙根发育较牙冠发育更为复杂。牙根开始发育时,内釉上皮和外釉上皮细胞在颈环处增生,向未来的根尖孔方向生长,这些增生的上皮呈双层,为 Hertwig 上皮根鞘(Hertwig epithelial root sheath,HERS)。HERS 细胞在颈环处向下延伸至不断生长的牙根部位,在牙根发育完成分化为 ERM。目前普遍认为 HERS 细胞在牙根的发育过程中起着重要的作用,然而 HERS 细胞引导的牙根发育机制仍不清楚。

(一) 牙周膜发育

经典发育学观点认为牙周膜的发育始于上皮根鞘的断裂,此时牙囊在邻近发育牙根侧聚集不成熟伸长的成纤维样细胞和细胞外基质所形成的疏松结缔组织。在牙根形成时,成纤维细胞在已形成骨与牙骨质的表面形成细小而排列杂乱无章的纤维束,并逐渐进入牙周间隙。随着牙根发育延长,根尖部增殖的成纤维细胞逐渐向牙颈部移行,从而分化为形成第一组胶原纤维的细胞。同时其外侧的牙囊细胞(dental follicle cells,DFC)增殖活跃,在根部牙本质的诱导下分化出成牙骨质细胞形成牙骨质,而在牙槽窝内壁分化为成骨细胞形成牙槽骨,两者将中间大量的 DFC 分化而来的成纤维细胞所产生的胶原纤维固定,形成 sharpey 纤维。而sharpey 纤维的排列走行与牙萌出运动以及咬合建立密切相关。由开始的斜形的排列发育为水平的走向直至最后形成咬合时再次形成斜形排列。在达到功能性咬合时,牙周膜内细胞增殖明显,形成致密的主纤维束并形成与咬合力相适应的功能性排列。而牙周膜能够在发育期和整个生活期都保持功能稳定,是通过成纤维细胞的快速合成和原有胶原吸收而完成。

(二) 牙周膜形成的可能机制

牙周膜内成纤维细胞由 DFC 分化而来,通过对 DFC 进行单克隆扩增后获得具有不同功能的三种亚型细胞:DF1、DF2 及 DF3。DF1 有较强增殖但缺乏矿化能力,可能与牙周膜形成有关;DF2 具有较强的碱性磷酸酶活性,可能与未分化细胞密切相关;DF3 表达较强的矿化基因及蛋白,可能与成骨或成牙骨质前体细胞密切相关。就其可能分化差异而言,细胞内 Ca^{2+} 可以激活钙信号通道而调控间充质干细胞不同的分化潜能。对 DFC 的 Ca^{2+} 所依赖的离子通道研究发现,TRPM4(transient receptor potential melastatin 4)可以抑制 DFC 的成骨分化能力,但是可以促进其成脂向分化作用,然而 DFC 是如何调控分化为各个亚型细胞的机制尚不清楚。

目前,在牙周组织内发现包括 DFC 以及牙周膜干细胞(periodontal ligament stem cells,PDLSC)。DFC 可以通过与 HERS 的上皮与间充质之间的信号调控向各种成纤维细胞的祖细胞、成牙骨质祖细胞等细胞分化,从而形成牙周组织的各种结构。其中所涉及的信号通路包括 TGF-β、Wnt、FGF、Lrp4、Hedgehog 等。敲除 *Smad4* 的小鼠牙根出现明显的发育障碍,推测 HERS 细胞介导的 TGF-b/Smad4-Shh-Nfic 调控了牙根形成。就其纤维方向分化而言,研究发现猪的 DFC 可以在 Ⅰ 型胶原基质的诱导下其基因表达模式跟 PDLSC 相似。同时,对牙周祖细胞与不同支架材料复合体内移植后形成组织进行分析发现,成纤维向分化可能与其所接触的细胞外基质以及黏附于牙根表面形态等微环境有关。就 DFC 分化的基因水平而言,各种信号刺激通路通过关键基因 *DLX3*、转录因子 ZBTB16 及 NR4A3 等差异性激活从而调控 DFC 向 PDLSC 分化,但是 DFC 如何被调控形成牙周纤维的具体机制不清楚。对于 PDLSC 的牙周纤维分化,血管内皮生长因子(vascular endothelial growth factor,VEGF)促进人 PDLSC 的成骨分化,而外源性 FGF-2 促进 PDLSC 的增殖,但抑制其成骨分化能力。

(三) 牙骨质发育

对于牙骨质发育,到目前为止依然存在较大分歧。多数研究认为是 HERS 来源的成牙骨质细胞形成无细胞牙骨质与由神经嵴来源 DFC 分化成牙骨质细胞形成细胞性牙骨质。

1. 牙囊细胞分化形成的细胞性牙骨质

（1）牙囊细胞分化形成牙骨质：经典观点认为成牙骨质细胞由 DFC 分化而来。将低分化 DFC 植入重度免疫缺陷小鼠后，发现 DFC 可分化出成纤维组织和牙骨质样组织，从而提示 DFC 内存在前期成牙骨质细胞或者成牙骨质祖细胞等。通过体外培养诱导以及体内的复合移植后发现牙本质非胶原蛋白（dentin non-collagenous proteins，dNCPs）可以促进 DFC 成牙骨质分化以及牙骨质样组织形成。这为在 HERS 细胞断裂后 DFC 与内层牙本质接触后形成牙骨质提出了一种可能解释。同时，通过 HERS 细胞与 DFC 共培养发现，HERS 细胞明显诱导 DFC 的 ALP、OCN、FN、COL-1 等成牙骨质、成纤维相关的蛋白、mRNA 表达，并且体外诱导后可见明显的钙化结节。从而提示 HERS 细胞可能通过分泌信号因子诱导 DFC 成牙骨质及成纤维发育。

（2）DFC 分化形成牙骨质可能机制：DFC 分化形成牙骨质的可能细胞信号机制研究多集中于 BMP 信号家族。BMP-2 可以促进牙周纤维形成，同时 BMP-2 可能通过影响胶原蛋白黏合素相互作用而介导细胞分化。在牙根发育阶段，HERS 细胞表达 BMP2、BMP7 及 BMP4，可能通过激活 BMP-smad1-MAPK 失活 Erk-1/2 调控 DFC 分化为牙骨质细胞及骨细胞，形成骨样或者牙骨质样结构。Wnt/β-Catenin 信号通路介导的 T 细胞因子荧光素酶与碱性磷酸酶同样可以调节其在 DFC 成牙骨质及成骨分化能力。此外，Wnt/β-catenin 信号通路同样调控了 BMP2 介导的 DFC 向成牙骨质及成骨方向分化。

2. HERS 细胞分化形成牙骨质

（1）HERS 细胞分化形成牙骨质：HERS 通过上皮间充质转化（epithelial-mesenchymal transitions，EMT）参与牙骨质形成尚存争议。通过对 Malassez 上皮剩余（epithelial rests of malassez，ERM）在维持牙周微环境的稳定作用提示 HERS 细胞可能分化形成牙骨质。通过对牙骨质修复阶段的研究发现，靠近牙根吸收的 ERM 表达与牙骨质发育相关的 BMP-2，并且在新形成牙骨质样结构阳性表达 OPN 及成釉蛋白。在此期间，其增殖细胞核抗原（proliferating cell nuclear antigen，PCNA）表达强阳性，但未见 ERM 细胞数量增加，提示增殖的 ERM 可能在 BMP-2 等作用下发生 EMT 形成骨或牙骨质相关蛋白参与牙骨质的修复。

HERS 细胞成牙骨质。通过对骨表达相关的 *Dlx-2* 基因检测，发现部分成牙骨质细胞以及 HERS 细胞表达 Dlx-2，而邻近的牙乳头和牙囊中却阴性表达 Dlx-2，说明成牙骨质细胞可能一部分来自 HERS 细胞；通过对"H-2Kb-tsA58"转基因鼠的永生化 HERS 细胞进行蛋白印记及 RT-PCR 来研究不同培养天数的 HERS 成牙釉质、成牙骨质等相关蛋白以及 mRNA 的表达情况，结果发现 HERS 细胞表达与 EMT 发生相关的 vimentin 及 OB-cadherin 等蛋白，同时 HERS 细胞沉积一种矿化胞外基质。通过形态学以及抗核增殖抗原染色等观察 HERS 细胞增殖凋亡，发现抗角蛋白抗体阳性的 HERS 细胞在凋亡后部分细胞埋入新形成的牙骨质细胞而形成类似于细胞样牙骨质结构，提示 HERS 细胞参与形成牙骨质样结构。

由于在体内很难具体定位 HERS 发生 EMT 后成牙骨质现象，有研究通过对 HERS 结构的内外层细胞数目研究并未发现 HERS 细胞在发育中发生迁移。同样，通过对出生后第 21 天大鼠第一磨牙进行 keratin 与 vimentin 检测，并未发现 EMT 现象。但通过组织切片的免疫荧光双标法则证实在体内的 HERS 组织发生 EMT，并发现了发生 EMT 的 HERS 细胞群（HERS01a），不仅表达与 EMT 相关蛋白，而且表达 ameloblastin 等成牙釉质相关蛋白。同时发现肝细胞生长因子可以调控这种涉及 EMT 的 HERS 细胞参与牙根发育。此外，通过对 K14-Cre、Wnt1-Cre R26R 小鼠的 Mollary-H、β-gal 检测，发现部分 HERS 细胞在牙本质表面以及细胞之间分泌了细胞外基质，从而参与形成无细胞性牙骨质，证明 HERS 细胞通过 EMT 分化形成牙骨质。

（2）HERS 细胞分化形成牙骨质可能机制：通过对结合矿化诱导信号 Ca^{2+} 的钙联素 D28k 的检测定位其在牙根发育中的表达，发现其不在 HERS 结构内表达而在 HERS 细胞开始断裂时才开始表达，直到形成同样阳性表达的 ERM，在细胞性牙骨质与牙本质之间的无细胞性牙骨质内阳性表达，而在细胞性牙骨质内表达较少。同时，D28k 在牙周纤维内阳性表达。通过共焦免疫荧光、定量免疫组织化学技术检测 HERS 细胞及分化产物 ERM 的三种 Ca^{2+} 的结合蛋白的表达，发现血清蛋白、钙结合蛋白、钙网膜蛋白三者都可以调节 HERS 细胞 Ca^{2+} 的表达。提高细胞外钙离子激活 cAMP/PKA 信号通路而非 PLC/PKC 信号通路促进成牙骨质细胞表达 bFGF。bFGF 是诱导细胞发生 EMT 重要细胞因子，在成牙骨质及成骨分化中具有重要作用。bFGF 可以调节釉质以及牙本质发生，调控小鼠切牙颈环上皮区域干细胞的增殖，同时调控颈环干细胞的成釉分化。

在牙根发育时期,bFGF 高表达于 DFC 以及 DPC,但形成牙根后其表达量降低。而正常牙周组织同样表达 bFGF,在受到外力移动的牙根新形成的牙骨质以及牙槽骨均高表达 bFGF。但具有成牙骨质诱导作用的 bFGF 是否参与 HERS 细胞发生 EMT 形成牙骨质尚需研究。

第二节 牙组织再生

一、哺乳动物牙齿及牙周结构

人类正常情况下颌骨内有 32 颗牙齿,上下颌各有 16 颗牙。图 20-4 显示了一个成年猫的前牙。每一颗牙都有一个中心,即高度血管化和神经化的牙髓腔,由成牙本质细胞分泌产生的一层厚实的、钙化的牙本质及前期牙本质所环绕,内含牙髓细胞,紧邻牙本质的是高度分化的分裂期后的成牙本质细胞。2/3 的牙齿埋在牙槽骨内,掩埋的部分称为牙根。人类牙齿包括单根牙(前牙)及多根牙(后牙)。包绕牙槽突并与牙紧密贴附的表皮和结缔组织为牙龈。覆盖牙齿根部牙本质呈高度矿化的薄层硬组织为牙骨质。连接牙槽骨与牙骨质,使得牙齿得以锚于牙槽中的纤维组织为牙周韧带。牙龈上方的牙齿部分为釉质,呈帽状覆盖,为人体最硬的物质,形成牙冠。釉质为一种有机基质,含有蛋白质、碳水化合物和呈磷灰石状的磷酸钙。

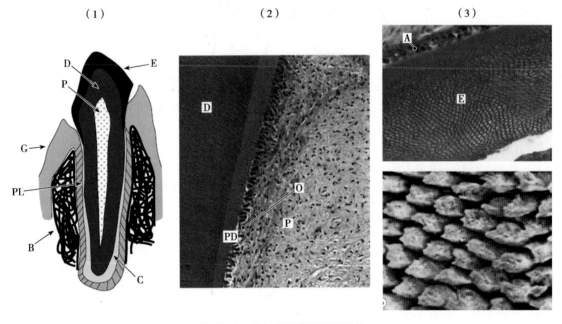

（1）　　　　　　　　　（2）　　　　　　　　　（3）

图 20-4　成年猫牙齿及牙周结构

(1) 成年猫门牙侧纵切面图。牙由高度血管化和神经化的牙髓(P,蓝点),牙髓由牙本质(D,紫色)和釉质(E,黑色)所覆盖。在牙冠以下的部分为牙根。牙根镶嵌于牙槽骨形成的牙槽窝(B,黑色)中。牙骨质(C,黄色)覆盖在牙根牙本质上。牙周韧带连接牙骨质和牙槽骨,将牙齿锚定在牙槽窝内。(2)示意为一层成牙本质细胞(O)并与其周围结缔组织一起形成牙髓(P)。成牙本质细胞分泌前期牙本质(PD),前期牙本质矿化后形成牙本质(D)。(3)上部:成釉细胞(A)分泌釉质(E),呈杆状排列。下部:釉质杆状结构的扫描电镜图像(2 及 3):(改绘 Stevens 和 Lowe 2005)

牙齿发育是上皮-间质细胞相互作用的结果。在胚胎发育期,外胚层先变厚形成牙板。在连续的牙板区域,上皮凹陷并进一步向下形成牙蕾(图 20-5)。牙蕾穿过由脑神经嵴衍生而来的间质,即会形成铃状成釉器,包绕着牙乳头。成釉器进一步分化为成釉细胞,分泌釉质。牙乳头的外围细胞分化为成牙本质细胞,形成牙本质,而牙发育后牙乳头遗留的间充质细胞形成牙髓。

哺乳动物牙蕾的形成需要牙源性上皮和紧衬其下的脑神经嵴间充质相互作用。在牙蕾发育前期,牙源性上皮诱导包括神经嵴间充质形成牙乳头。牙乳头间充质继而获得诱导牙源性上皮形成成釉器的能力。上皮通过产生 FGF 8、9,BMP2、4 和 7,Shh、Wnt10a 及 b,实现其成牙诱导能力。这些信号分子激活上皮的转录

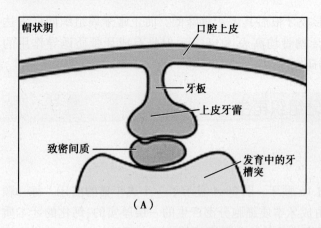
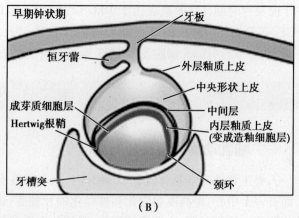
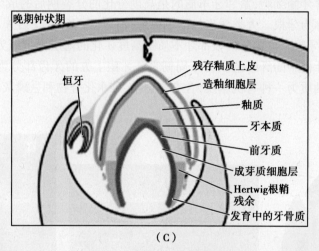

图 20-5　牙发育过程示意图

（A）牙蕾和发育中的牙槽骨和颚部上方的间充质聚集。（B）早期铃形阶段，牙蕾内凹包绕聚集的间充质，形成牙乳头。牙乳头表面的细胞分化成为成牙本质细胞层（橙色），而牙蕾（绿色）形成成釉器，由外釉上皮、星网状层和内釉上皮形成，后者进而变成成釉细胞层。（C）成釉细胞层分泌基质形成釉质，成牙本质细胞层产生前期牙本质，并进一步分化成熟后成为牙本质。成釉器的非成釉细胞成分退化、消失，牙乳头变成牙髓（改绘 Stevens 和 Lowe 2005）

因子 Pitx1 和 2，间充质的 Pax2、Msx1 和 2、Dlx 1 和 2，以及 Gli 1 等。随后，间充质转录因子又激活相关信号分子，包括 Bmp4、Fgf2、激活素 β A 和 Wnt5a 等，这些间充质转录因子反过来作用于上皮。在铃状成釉器行使功能阶段，成为釉结的一部分非增殖的上皮细胞表达 BMP2、4 和 7。釉结实际上充当控制细胞增殖和凋亡的信号中心，并决定牙尖的数量和位置。此外，通过 TNF 家族牙发育与牙槽骨的分化相呼应。

　　人的胚胎发育中有两套牙蕾形成，分别代表乳牙和恒牙。恒牙牙蕾紧靠乳牙牙蕾，但较晚形成。乳牙会随相应恒牙生长的推动，在 6~12 岁时脱落。

　　目前已经从人牙分离出好几种具有一定牙组织再生能力的干细胞。第一种是牙周韧带干细胞（PDLSC）。牙周韧带源于牙囊，后者又是从包绕未萌出的牙的神经嵴衍生而来的一种疏松结缔组织结构。PDLSC 表达 MSC 标志 STRO-1 和 CD146，也表达高水平的肌腱特异性转录因子 scleraxis。成年期，牙周韧带承受持续的压力，其中胶原更替活跃，因此终身处于不断重塑过程中。PDLSC 具有再生修复 PDL、牙骨质和牙槽骨的能力，也可表达矿化组织的一些特征，包括碱性磷酸酶、Ⅰ 型胶原、骨连蛋白、骨桥蛋白、骨钙素、骨唾液酸糖蛋白等，且可分化为成牙骨质细胞，这些细胞在 3D 生物相容性支架上可进一步形成克隆并增殖。成年小鼠、牛、大鼠和人的智齿的牙囊中都可发现含有另外一类多能干细胞，也可分化为成牙骨细胞、成骨细胞、脂肪细胞，以及神经细胞。

　　第二种类型乳牙牙髓干细胞（DPSC）。这类细胞的转录组学与骨髓 MSC 很相似。移植到免疫缺陷小鼠皮下后，DPSC 能重建完整的牙髓结构，可分化为成牙本质细胞、成骨细胞、脂肪细胞，以及神经样细胞。Papaccio 等还报道在冻存 2 年后，DPSC 仍可维持其分化能力。与 DPSC 相关的一类干细胞可从未成熟的人的恒牙根端分离到根尖牙乳头干细胞（stem cell from apical papilla，SCAP），但数目比牙髓腔少，与DPSC的免疫表性非常相似，但这些细胞增殖较快，且经神经诱导分化后，表达较多的神经分化相关标志物。

第三类干细胞是从儿童乳牙髓中分离的，称为SHED。与PDLSC相似，SHED也表达STRO-1和CD146，以及其他间质和血管相关标志（碱性磷酸酶、MEPE、FGF-2，以及内皮抑素）。SHED还表达干细胞因子-1的受体CD107，提示这些细胞比其他类型的牙干细胞更原始，表达CD107。SHED与体内牙髓血管相关，意味着内皮细胞分泌的因子可能是干细胞巢的重要组成成分。SHED与DPSC的区别在于其拥有较高的增殖速率，皮下移植后可分化为成牙本质细胞，形成牙本质样组织，并有新血管形成。

在细菌产物侵蚀作用下，釉质/牙本质可形成龋洞。TGF-β、FGF、BMP、PDGF及VEGF等生长因子都储存于牙本质基质中，在龋洞形成、牙本质降解过程中可释放出来。如果牙髓腔尚未暴露，则成牙本质细胞可存活并形成反应性的牙本质，其结构与乳牙的管装牙本质基质相似。严重的创伤或射线照射，可使得牙髓损伤暴露出来，损害成牙本质细胞。这种情况下，一般认为DPSC产生"修复性""第三类"牙质。这种牙本质基质的管状结构是断裂的，形态不规则。细菌侵蚀性龋洞形成而导致的牙髓暴露需要去除污染，并将龋洞填充，否则需行根管治疗甚至拔牙。

二、有尾两栖动物颌面与牙的再生

成年哺乳动物牙脱落后就不会再生。但成年有尾两栖动物则可由成排保留在内侧牙板的牙蕾中再生功能性新牙。鳄鱼和鲨鱼也可通过所保留的牙蕾终身长出新牙。

1768年斯帕兰扎尼在他的著作中就描述有尾目颚部的再生。现代研究发现蝾螈颚的再生可追溯到Gross和Stagg。有尾目动物的颚部切除后可先通过切割表面未分化的细胞形成胚基，再完全再生出来，颌面部再生需要大约24周。牙是带有骨骼成分的唯一组织，面颊和颚骨在去除牙胚后5个月左右骨化。无论上颚还是下颚，对缺失部分的再生能力都取决于切除的水平。当切除位置与眼睛太接近时，或接近下颌的关节，会影响颚部的再生。下颌再生的牙胚细胞由肌肉转分化而来，而软骨对上腭牙胚也很有用。牙胚细胞的密度在下颌切除端最高，可以再生为牙槽骨、牙以及多余的牙蕾等。下颌牙胚之间的细胞可参与肌肉和下颌结缔组织的再生，但舌头及舌骨不会再生。

去除四分之一至一半下颚后，斑点钝口螈（Ambystoma maculatum）幼体或成年蝾螈下颚都可跨过间隙再生牙槽软骨和骨，提示这些动物没有半胱亚磺酸脱羧酶（cysteine sulfenate decarboxylase，CSD）。含有牙形成上皮的斑点钝口螈幼体的牙可从再生骨的前后方向再生，但成年蝾螈的牙则表现出一定极性，即只从前侧方向再生。

蝾螈的下颌间软组织去除后可再生。这些组织去除后，上皮可移行过来覆盖伤口，且通过残留的肌肉和结缔组织转分化后在两侧表面都形成胚芽。两侧牙胚向中线生长，口腔-皮肤的表皮融合一起，这些组织得以重新连在一起。新的唾液腺从口腔表皮分化而来，而为口内和皮肤的上皮所包绕的牙胚的间充质细胞可再生形成新的肌肉和结缔组织。这种情况下，代表舌骨的软骨组织也会从这些细胞中再生出来。

Kurosaka等比较了非洲爪蟾与蝾螈的下颌再生过程。应用BrdU标记技术，可观察到两种动物的细胞在切除几天后都可进入细胞周期。但是，蛙的下颌修复只能观察到软骨的部分再生，而蝾螈则可完全再生。这一再生性能差别与蝾螈肌球蛋白重链（myosin heavy chain，MHC）的表达相关，而且蝾螈的下颌部组织含有Pax-7阳性细胞，而在损伤前后的蛙的下颌部并没有这类细胞。

三、釉质再生

釉质是牙冠表层坚硬、透明组织，保护着牙齿内部的牙本质和牙髓组织。釉质位于牙齿最外层，是脊椎动物钙化程度最高的组织，不同于牙本质或骨等其他矿化组织。成熟的釉质中没有活细胞，当它受到损伤时不能像其他的组织一样，通过细胞分裂进行修复和再生。它的主要化学成分（体积95%以上）是磷灰石纳米棒和少量的有机基质。这些纳米棒高度有序地紧密排列在一起形成釉质所特有的釉柱结构，赋予釉质优异的力学性能和抗磨损能力。"制造"釉质的成釉细胞在一定年龄后就无法生成，所以釉质遭破坏后无法再生。釉质受损后由于缺乏活细胞修复，如何再生一直是科学难题。因此，应用非细胞方法模拟釉质的结构可能是釉质再生的有效策略。但这些方法或反应条件要求过于苛刻，或所得釉质与天然组织相差太远，难以应用于临床。

（一）化学法再生

目前，由于缺乏活细胞修复，临床多采用化学法修复釉质。它是利用表面活性分子或微型乳剂来合成釉质，这种方法能够模拟釉蛋白的生物学功能。生物活性纳米纤维可以指导釉质再生时细胞的增殖和分化。利用含"Arg-Gly-Asp"多分支肽亲水亲脂分子可以在生理环境下自我装配形成纳米纤维，通过与釉蛋白整合参与细胞结合基质复合物以及传递釉质形成的指导信号。除了纳米纤维技术再生外，有研究还开发了一种可以在人牙釉质表面形成高密度氟磷灰石层，利用钙离子在富含丙三醇明胶凝胶溶液（同时包含磷酸盐和氟离子）37度的扩散性，以及在牙齿表面的覆盖，这些含离子的凝胶覆盖另一层不含磷酸盐离子凝胶，诱导牙齿表面氟磷灰石的矿化发生，上述装置被置于中性的钙离子溶液中，通过定期的交换凝胶和钙离子溶液，可以形成均一的釉质样层。在人体近生理条件下实现人牙表面釉质的直接化学再生已得以实现。以磷酸腐蚀釉质，表层的羟基磷灰石晶体被部分分解，产生有活性的成核位点。该活性位点被浸入含有钙离子、磷酸根离子和氟离子的溶液，在螯合剂羟乙基乙二胺三乙酸（HEDTA）的作用下，溶液中的各种离子在成核位点反应，不断成核及生长，形成与原组织相同的晶体结构，构成新的釉质层。重新构建的釉质层与天然釉质在化学组成、微观结构、纳米性能上都非常相似，再生的人工釉质具有天然釉质的微结构和类似的力学性能，为该成果真正走向临床应用提供了可能。

虽然这种化学法再生能够修复釉质的缺损和磨损，也为依赖于细胞性再生釉质提供了指标。但就目前而言，没有一种材料能够完全模拟天然釉质的物理的、机械的及美学的能力。

（二）组织工程法再生

直接化学方法操作简便、成本低廉，在生理条件下即可进行，便于有效用于加固已有的釉质、修补受损的釉质。但所用的 HEDTA 与口腔直接接触，对人体的危害不可避免。因此，利用牙源性上皮与间充质相互作用再生釉质层样结构的方法，即利用改良的支架材料和设计必须得以发展。

1. 成釉细胞再生　成釉细胞是上皮来源的唯一能产生硬组织的细胞。该细胞既能合成和分泌釉质基质，又对这些基质有重吸收和降解作用，同时也与钙盐的活跃转运有关，是釉质形成的关键细胞。当釉质形成时，内釉上皮不同部位的细胞处于釉质形成的不同阶段。但在釉质发育过程中，每个成釉细胞都经历不同时期。

釉质的成釉细胞在一定年龄后就无法生成，所以釉质遭破坏后无法再生。因此，成釉细胞的再生是釉质再生的关键，要想构建组织工程牙髓，就必须首先实现成釉细胞的再生。利用小鼠胚胎的牙源性上皮细胞和诱导多能干细胞进行培养，发现约95%的诱导多能干细胞分化成了成釉细胞。这些细胞中含有作为釉质成分的成釉蛋白。这一通过诱导成釉细胞发生方法使得利用成釉细胞进行釉质再生成为可能。

2. 相关因子调控釉质再生　除了成釉细胞再生外，相关因子也控制着成釉细胞的分化和增殖，从而决定着釉质再生。研究发现一种控制釉质生成的转录因子 Ctip2，从而使人们需要时重新长出新牙成为可能。*Ctip2* 基因敲除的成釉细胞合成少量或不合成釉质形成所必需的成釉相关特异蛋白，从而影响釉质形成和发育。当小鼠牙齿发育缺乏同源盒 *Msx2* 基因时，牙尖的形态发生和釉质形成都出现了明显的缺陷，进一步研究发现 Msx2 是细胞外基质基因 *Laminin 5α-3* 的表达的关键，而 *Laminin 5α-3* 是釉质发生的关键调控基因。Enamelin 基因敲除导致釉质形成时釉基质组织和矿化的发生异常，证明 Enamelin 也是釉质发育及再生的关键基因。

对于牙齿再生，釉质再生将是一个巨大的挑战，归因于在牙齿萌出时，缺乏牙源性上皮祖细胞的存在以及相关信号分子及蛋白的有序及空间表达。基于此，指导出生后牙源性干细胞性的上皮与间充质相互作用再生釉质层样结构的方法，以及利用改良的支架材料和信号通路设计将亟待解决。与其他组织的再生相似，重建釉质所面临的挑战是如何控制好组织的再生程度，以及新生组织的形状。如果这些问题能够解决，釉质再生的临床应用将指日可待。

四、牙髓-牙本质复合体再生

牙髓和牙本质均来源于牙胚的牙乳头结构；牙髓为牙本质提供营养并能不断形成牙本质，同时牙本质将牙髓与外界有害刺激隔离。由于两者胚胎发生和功能互相关系密切,所以合称牙髓-牙本质复合体。临床上牙髓本身病变或龋病外伤等引起牙本质完整性受到破坏及牙髓暴露时常需将牙髓去除,进而对根管进行严密充填,即根管治疗。根管治疗是目前临床上常用的保存牙髓病变牙齿的方法,但其仍然存在诸多术后并发症。随着生命前沿科学及再生医学的发展使传统物理根管充填的牙髓治疗向生物学治疗转变成为可能。因此,牙髓-牙本质复合体再生成为牙髓治疗学的新目标。

由于解剖局限性和成牙本质细胞的自身特点,牙髓组织作为高度分化的组织一旦受到较严重的损伤很难自行修复,根管治疗成为临床首选的治疗方式。尽管根冠治疗的成功率很高(78%~98%),但是传统的根管治疗利用充填材料代替牙髓组织严密充填根管,虽然能保存牙齿的完整性,延长牙齿在口腔内的存留时间,但由于操作过程中失去大量正常牙本质结构,同时牙本质缺乏牙髓组织的营养作用而导致牙本质抗折性能降低,较健康牙容易缺失。此外传统的充填和密封材料易使牙冠变色而影响患者的容貌美观。牙髓-牙本质复合体再生是为替代损伤的牙髓牙本质组织以生物学组织工程为基础的一种治疗手段。

(一) 种子细胞

在再生牙髓-牙本质复合体过程中首先必须要获得一种具有高度增殖能力和定向分化为牙髓细胞并能移植到根管系统中形成牙髓-牙本质复合体组织的细胞,因此种子细胞的选择是牙髓-牙本质复合体再生首要考虑的问题。

胚胎干细胞由于受到伦理学的限制导致临床应用有一定难度,因此,成体干细胞成为组织工程种子细胞的重要来源。与其他非牙源性干细胞相比较,牙源性干细胞是一类相对理想的种子细胞,细胞来源广泛且具有较强的自我更新和多向分化能力。主要包括牙髓干细胞(dental pulp stem cells,DPSC)、脱落乳牙干细胞(stem cells from human exfoliated deciduous teeth,SHED)、牙乳头细胞(dental papilla cells,DPC)和牙囊细胞(DFC)等。

1. 牙髓干细胞　当牙本质受损后牙髓深部的细胞能迁移到受损部位并分化成成牙本质样细胞形成修复性牙本质。将人第三磨牙牙髓进行体外培养,细胞可自我更新和高度增殖,可被诱导分化为脂肪细胞、神经细胞和成骨细胞等多种细胞,这种具有自我更新能力并有多向分化潜能的细胞被定义为DPSC。DPSC有较高的克隆形成和钙化结节形成能力,可以在经过处理牙本质表面分化为成牙本质样细胞,将DPSCs移植于裸鼠体内可以形成牙齿样结构,将牙髓细胞接种于牙髓腔内移植或是复合羟磷灰石-磷酸三钙、牙本质基质等材料复合裸鼠体内移植可以形成牙髓样结构。牙髓细胞复合胶原及DMP-1填充牙髓腔移植于裸鼠皮下可见牙髓组织样组织形成。

在用流式细胞技术分析造血干细胞的过程中,有一小部分细胞表现为低的Hoehst33342荧光染色特性,称为SP(side population)细胞。目前在鼠及人等哺乳动物的多种组织中通过相同的弱荧光染料染色现象已分离出相应的SP细胞。在牙髓组织中同样可以利用相同手段分离出这样一类细胞。其主要表现是CD31表达阴性,并且分泌较高水平的成血管/成神经相关因子,有较高的迁移能力。和骨髓侧群细胞以及脂肪侧群细胞相比,牙髓侧群细胞的条件培养基有抗凋亡能力以及神经营养能力。并且在动物实验模型中,牙髓侧群细胞在小鼠后肢缺血模型中再生了更多血窦以及更高血流通量。同时在异位皮下牙髓再生模型中,牙髓侧群细胞也取得了最好的血管、神经以及成牙本质的结果。

2. 脱落乳牙干细胞　SHED是从脱落的乳牙牙髓组织中分离得到的,SHED具有比DPSC更强的增殖和克隆形成力,在体外也具有分化成为脂肪细胞、神经细胞和成牙本质细胞等多种细胞的潜能,复合羟磷灰石-磷酸三钙后进行的体内试验同样形成牙本质样结构。将SHED与牙片复合移植后生成牙髓样组织,尤其生成前期牙本质和丰富血管。更重要的是体内试验观察到在揭顶的第一磨牙根管内移植SHED附合Ⅰ型胶原支架材料后形成了牙髓组织。

3. 牙乳头细胞　牙乳头是牙髓组织的胚胎期来源,位于未成熟牙齿的牙乳头部位的细胞与DPSC及SHED相似,具有分化为脂肪细胞、神经样细胞和成牙本质样细胞等的潜能,体内移植试验也有牙本质样结构形成,被定义为DPC。DPC可以分化为DPSC。与DPSC相比,DPC特异表达CD24,被认为是一类早期未分化完全的干细胞。将DPC复合PLG支架填充空的牙髓腔移植于裸鼠皮下,表明髓腔侧有表达DSP、BSP及ALP的成牙本质样细胞且髓腔内生成血管组织丰富的牙髓组织。

4. 牙囊细胞 从埋伏阻生人牙冠形成期第三磨牙中获取牙囊组织,进而培养扩增获得 DFC。所获取的 DFC 在牙本质基质作用下能表达成牙本质细胞分化相关蛋白。利用 DFC 和牙本质基质支架复合并移植入免疫缺陷小鼠皮下 1 个月,结果显示在支架表面形成了完整的牙本质结构,即包括牙本质小管的成熟牙本质、前期牙本质层、球型矿化小节和分泌丰富细胞外基质的成牙本质细胞层等牙本质的特异性结构。进而利用 DFC 细胞构建细胞膜片进行体内移植,可以成功再生牙本质牙髓复合体样结构,该结构包含有丰富的神经血管等组织。利用新生大鼠 DFC 与发育期及成体牙本质基质支架复合进行体外培养并经大鼠体内移植均再生出完整的牙本质结构。

5. 非牙源性间充质干细胞 非牙源性细胞也可以进行牙髓-牙本质复合体的再生。不仅是趋化分选或是流式分选的侧群骨髓间充质干细胞以及脂肪间充质干细胞,在成牙微环境诱导下可以表达 DSPP、DMP-1 等成牙标志物。同时其成牙标志物以及矿化水平可以通过条件诱导来实现,这两种细胞可作为潜在的备选种子细胞。

6. 混合细胞 在牙髓再生治疗中,良好的血供是软组织再生的基础之一。但牙髓是牙本质所包围的软组织结构,仅由根尖开放获得髓腔内的血供有限,而移植组织需要通过周围组织获得营养供给,而宿主血管的侵入和改建过程则较为漫长。通过 DPSC 和内皮细胞的共培养来提高其成牙以及成血管能力有望解决上述策略进行组织再生的不足。琼脂糖作为培养基质,对 DPSC 和脐静脉内皮细胞的共同培养,可以发现内皮细胞在 DPSC 作为滋养层的基础上得以存活,并且形成 CD31 阳性的网状窦结构。同时在移植后的血管周同样促使了 DPSC 的成牙分化,同单独培养的 DPSC 相比有更高的成牙/成骨基因表达以及更高的矿化组织形成。

同样在 PuraMatrix™ 中,DPSC 同脐静脉内皮也可以相互促进。自组装肽能够为细胞提供支持细胞的空间,促进细胞的增殖以及血窦网状结构,促使脐静脉内皮细胞的的聚集以及 VEGF 分泌。体内移植实验同样提示共培养的混合物比单独 DPSC 有更多的细胞外基质的沉淀以及矿化组织和血管结构的形成。虽然 DPSC 在成血管的开始过程中起了重要的作用,但是内皮和 DPSC 的相互作用在细胞外基质的沉积和矿化过程趋于平衡。

7. EMT 转化而来的上皮细胞 间充质干细胞是牙髓再生的种子细胞。但是间充质干细胞的有效应用受到多种限制,尤其是年老的人群。现有的技术可以通过 EMT 的转化作用将角质成型细胞转化为间充质细胞,进行牙髓再生。通过 p63 SiRNA 作用于 NHEKs,使得细胞有间充质细胞的表型、增殖特性、单层生长的特性以及分化潜能。内源性 p63 表达降低后,NHEKs 表达间充质细胞标志物 vimentin 以及 fibronectin,而上皮标志物 E-cadherin 和 involucrin 则丢失。分化后的 EMT 诱导 NHEKs 细胞表达 osteocalcin 和 osteonectin,并且茜素红染色可以观察到结节的形成,证明了 EMT 转化后 NHEK 细胞有一定的成骨/成牙分化能力。

总之,种子细胞是牙髓-牙本质复合体再生必须解决的首要问题,正确选择合适的种子细胞是牙髓-牙本质复合体再生的关键(图 20-6)。运用生物学治疗手段再生牙髓-牙本质复合体组织维持牙齿结构的完整性和正常的生理功能成为人们关注的热点,然而理想的牙髓-牙本质复合体再生仍未实现,需要进一步探索。

（二）支架材料及诱导微环境

支架材料能够供细胞附着、生长和诱导形成三维形态的作用。种子细胞在生物支架材料应该能促进细胞的附着、迁移、增殖,使得支架细胞复合体在改建后能在结构和功能上替代该组织。牙髓组织存在于有着固定形态的牙髓腔内,由于髓腔特殊的解剖环境,支架材料能更好地贴附髓腔形态,有助于组织生长至充盈整个固有髓腔。

1. 人工合成类支架材料 与天然组织支架相比,人工合成支架可以大规模生产,按需求设计几何形状,同时材料内部可设计为多孔结构以方便细胞

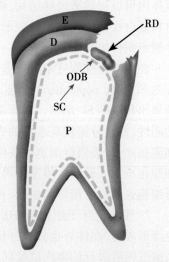

图 20-6 干细胞修复牙齿的模型

釉质（E）和牙本质（D）被细菌侵袭,暴露牙髓（P）,摧毁下面的成牙本质细胞（ODB）。牙髓干细胞（SC）被注射到损害部位,它们将分化成为成牙本质细胞,分泌修复性牙本质（RD）和修复需要的矿物质

生长及增殖,降解速度可以调控,而且可以通过载药等将诱导因子复合于支架材料上,以促进细胞进行增殖和分化。

(1)水凝胶:目前研究的多肽支架大都是基于 Hartgerink 开发的系统,多肽分子被设计为具有被称为"域"的明确的功能区,能够被独立地改变和优化。因此,允许定制可自行设计的自组装材料。同时水凝胶易于操作,贴合根管系统,体液即可触发凝胶;水凝胶具有和软结缔组织相同的黏弹性,营养和代谢产物扩散速度快,能够形成均匀的细胞包覆。同时凝胶包裹细胞的方式也适用于 3D 打印的应用。

(2)PuraMatrix:这类支架广泛用于心脏、神经、肝脏以及骨的组织工程再生研究中。同时 Puramatrix 本身也能够保持 DPSC 成牙的特性。PuraMatrix™ 中,DPSC 同脐静脉内皮细胞可以相互促进。自组装肽能够为细胞提供支持细胞的空间,促进细胞的增殖以及血窦网状结构,促使脐静脉内皮细胞的聚集以及 VEGF 分泌。

(3)基于水凝胶的 3D 打印:三维生物打印技术克服了传统组织工程的局限性,不仅可以构建形态、结构复杂的组织工程的支架,而且可实现不同密度的种子细胞在不同支架材料的三维精确定位。

结合离散-堆积快速成型原理和溶胶-凝胶相变机制,使用 DPSC-海藻酸钠-明胶的复合混合物,通过低温以及 Ca^{2+} 交联,促使溶液的凝结。存活率达到 87%,在打印 10 天后 cck-8 实验提示细胞在支架材料中能够增殖。但打印喷头内径、环境温度、交联剂毒性、载体材料的生物相容性均是细胞成活和增殖的主要影响因素。

(4)硅类支架:合成支架材料可以模拟天然牙本质的材料的结构特性,促进细胞对其黏附、增殖分化以及生物矿化。模拟硅元素有利于 DPSC 的增殖特性的增加以及诱导其成骨。

NF-gelatin/SBG 可以模拟出牙本质天然的物理结构,多孔,孔径大小规律并且相互连接,有一定的机械强度,空隙率在 (96.5±0.2)%,孔径在 50~420μm,最适于成牙本质细胞以及成骨细胞的黏附及增殖。对于 SBG 的结合,增加 DPSC 的生物矿化能力,其碱性磷酸酶酶活性以及成牙分化相关标志物表达均增加。

2. 天然支架材料 天然生物材料具有以下优点:来源神物体细胞外基质,生物相容性好;能够提供细胞外基质的化学和结构信息,能调节细胞行为。但是来源稀少,大量制备困难且质量差异较大;某些种类价格昂贵。

(1)胶原/胶原交联剂-京尼平(genipin,GP):胶原蛋白作为天然的细胞外基质成分,尤其是 I 型胶原蛋白,得益于其良好的生物相容性、降解性、低抗原性、合适的力学特性以及体内稳定性等,在组织工程中广受应用。作为体外细胞培养支架时,有促进细胞黏附、生长和诱导分化的作用,是细胞培养良好的黏附材料。然而,天然胶原蛋白机械性能较差,降解速度过快,在体内尤其是在胶原酶的作用下,降解速度更是无法得到有效控制,需要交联剂对其改性进行再加工。

京尼平(genipin,GP)为一种天然交联剂成分。京尼平的分子式为 C11H14O5,化学结构具有羟基及羧基等多个活性基团,能够与生物组织中的赖氨酸、羟赖氨酸及精氨酸等残基的自由氨基发生,从而以单分子或多分子形式进行交联。有同戊二醛相似的交联能力且毒性较低,并被广泛应用于明胶、胶原、壳聚糖等的交联中。

明胶在经过 GP 处理后,其表面粗糙度以及抗压强度增加,而 DPSC 在其中接触紧密,并且加速其增殖和分化,用 GP 进行交联后,胶原蛋白支架材料的生物降解性、力学性能可以得到显著提高。在 DPSC 培养中,GP 的加入可以促使 hDPSC 矿化分化。其对 DPSC 的作用通过 ERK 信号通路激活,在阻断 ERK 信号通路后,其矿化效果随之降低。

(2)富血小板血浆(platelet-rich plasma,PRP):PRP 含有丰富的生长因子,可以作为募集内源性干细胞向损伤组织区域迁移的趋化分子,促进组织的修复再生。PRP 是通过离心全血后得到的血小板浓缩物,含有高浓度生长因子。不同于造价昂贵的重组人类生长因子。作为一种自体生物材料,PRP 具有制备简单、易于操作、价格低廉、生物安全性高、并发症(如疾病传播和免疫反应)少等优点。

PRP 可以促进成牙本质细胞系 KN-3 成牙向分化,并在抗坏血酸以及 β-甘油磷酸钠的作用下形成矿化。尽管异位皮下模型可以较好地形成成牙髓样结缔组织,但 PRP 在犬牙的再生模型中,并未出现理想的软组织形态的牙髓组织再生。而是在根管内出现矿化组织,periostin 表达阳性(牙周组织标志物),nestin 表达阴性

（成牙本质细胞标志物）。髓腔内的硬组织 TRAP 染色阴性,提示类牙骨质结构。

由于 PRP 容易获得并且生物安全性高的特点,PRP 已经被用于临床试验中。16 岁男性,左侧上颌侧切牙成牙髓坏死变色而就诊,通过清理髓腔以及抗生素的使用,后植入 PRP 并以 3mm 厚的 MTA 封口后行永久性修复。经过治疗后 3、6、12、24 以及 36 个月的复查,X 线片提示根尖周的暗影消失,根管壁增厚,牙根继续发育和根尖闭合。牙髓在冷测试阴性,电活力测试呈延迟性反应。

针对 PRP 的临床使用可能需要进一步改性,对其理化性质需进一步修饰,减少其收缩性,提高结构的稳定性,使得 PRP 中血小板在临床使用中能够以适宜的浓度使释放的生长因子发挥最佳效应,利于干细胞归巢并促进组织和血管形成。

（3）细胞来源细胞外基质(extracellular matrix,ECM,):ECM 是通过培养细胞单层生长后,添加抗坏血酸增加其细胞外基质分泌,使用表面活性剂处理获得的脱细胞组织结构。它在结构上尽可能保留了干细胞所在的微环境,包括细胞外基质及生长因子。干细胞在 ECM 表面增殖的速度较传统聚苯乙烯材料快,并保持其未分化的特性。

利用 DPSC 的 ECM 诱导骨髓间充质干细胞以及 PDLSC 成牙向分化。在没有添加外源性生长因子的情况下,成功诱导了两种细胞的成牙向分化。并在裸鼠体内获得了富含血管的结缔组织。

（4）经过处理的牙本质基质(treated dentin matrix,TDM):TDM 是通过逐级脱矿所获得的牙本质基质。经过 EDTA 的反复处理,牙本质小管充分暴露、开放,使得牙本质中基质蛋白有效释放,并且空隙状的牙本质结构有细胞的极性分化。在牙髓再生过程中,TDM 促使种子细胞在其表面生成新生牙本质,以及中间的结缔组织。同时,经过冷冻后仍然保留着 TDM 的基本性质,并且冷冻后的理化性质改变促使 TDM 能够释放出更多的牙本质非胶原蛋白以及 I 型胶原,提示,可对 TDM 生物支架进行建库以方便临床应用。

3. 细胞膜片支架　细胞膜片可以较好地保留一些离子通道、生长因子受体、细胞间的连接蛋白等重要的表面蛋白,避免了传统的胰酶消化,易于收集,并且以较完整的膜状结构同培养皿分离。充分保留了生长过程中的细胞外基质成分。

（三）细胞因子

牙髓-牙本质复合体在其发生以及外界刺激的情况下产生抵御和修复,都是一个细胞和信号因子之间不断相互作用的过程。信号因子参与引导干细胞分化,促进成牙本质细胞的形成,以及血管神经的改建。牙髓细胞分泌多种生长因子参与其生理、病理过程,将生长因子同支架材料复合后,人为添加的生长因子促进干细胞向理想组织的分化。

1. 条件培养基　牙乳头干细胞可以通过和牙囊干细胞相互接触进而促进牙囊细胞的矿化作用。但是在临床操作中,很难获得成年人的牙乳头组织,因为牙乳头组织向成牙髓组织分化,并且形成成牙本质细胞层这一结构。但牙髓组织更容易从脱落乳牙中以及冠根均形成的第三磨牙中获得。小鼠切牙颈环中提取的前成釉细胞的培养液体可以促使 hDPSC 矿化,以及成牙向分化,并且在异位皮下成矿化组织。在 5mm 厚的牙本质管的异位皮下模型中,hDPSC 组在髓腔中产生了骨骼肌和牙髓样组织,而条件培养基处理过的牙囊细胞只产生了牙髓样组织。

2. 釉基质蛋白　釉基质蛋白主要包括釉原蛋白(amelogenin)和非釉原蛋白(nonamelogeninproteins)。其中釉原蛋白占 90%,是釉基质蛋白的主要成分,在釉质的发育和矿化过程中起着重要的作用。Emdogain 是从猪胚胎时期釉质中提取的疏水釉基质蛋白,主要成分为釉原蛋白,目前已用于牙周手术和牙再植以促进牙周组织的再生。研究发现,釉原蛋白在牙髓中也有表达,提示釉原蛋白可能在上皮-间充质的信号转导过程中发挥着一定的作用。将 Emdogain 用于牙齿的盖髓治疗,能够诱导形成牙本质样组织。

3. 骨形成蛋白(bone morphogenetic protein,BMP)在促进骨形成的众多调节因子中,骨形成蛋白 BMP 家族目前已成为研究的重点。BMP 属于 TGF 超家族的一员,在胚胎发育及骨骼形成中扮演着重要的角色。如今有数种 BMP 被证实有促进骨形成的作用并应用于临床(主要为 BMP2 及 BMP7),但并未有报道确认其为具有最强成骨作用的 BMP。

4. BMP-7　BMP-7 是最早确定的具有骨诱导特性的 BMP,对其他各种成骨因子有协同作用,可促进成骨细胞分化和新骨形成。BMP7 用于直接盖髓材料可以促进牙本质在断面上的再生。Smad1/5 在 BMP-7 刺激下表达及其变化提示 Smads 信号通路可能参与介导了 BMP-7 诱导的人牙髓细胞向成牙本质细胞分化过程。

5. BMP9　除了 BMP2 及 BMP7,BMP9 甚至具有更强的异位成骨的作用。BMP9 作用于根尖牙乳头细胞系后能上调 Runx2、SOX2、PPARγ2 及相关矿化标志物,增加碱性磷酸酶活性。同时,BMP9 并不受经典调控通路 BMP3 的调节,而同 Wnt/β-catenin 有协同矿化作用。Wnt3A 可以促使 ALP 的表达增高,而在 β-catenin 敲除后表达下降。同时 Wnt3A 和 BMP9 再矿化过程中有协同作用,沉默 β-catenin 后,BMP9 的成骨成牙向分化降低。

6. 基质金属蛋白酶3(MMP-3)　基质金属蛋白酶(matrix metalloproteinase,MMP)是一组在结构上具有极大的同源性,能降解细胞外基质蛋白的内肽酶总称,因含有金属离子锌、钙而得名。MMP-3 又称基质溶解素-1(stromelysin-1),主要降解蛋白聚糖的核心蛋白、纤维连接蛋白、弹性蛋白、层黏蛋白,Ⅲ、Ⅳ、Ⅴ、Ⅵ、Ⅶ型胶原等。

大鼠的牙髓干细胞以及成牙本质样细胞可以在早期炎症因子混合的条件培养基(白介素-1β、肿瘤坏死因子-α、干扰素-γ 以及白介素-1β 诱导产生的基质金属蛋白酶3)诱导下增加增殖活力。通过 siRNA 沉默人骨骼肌细胞中的 MMP-3 后,将牙髓细胞暴露于条件炎症条件培养液中,MMP-3 的转录和翻译水平都有所提高。同时细胞的增殖也加速,并且没有明显的凋亡现象。在所有 siRNA 干扰组中,细胞的增殖活性均有所下降并且凋亡增加。但是内源性的 MMP-3 的表达可以逆转凋亡的增加。同时,MMP-3 可以加速牙髓组织损伤后的修复。同时,复合炎症条件培养基可以促进成牙本质样细胞中 MMP-3 的表达,提示 MMP-3 参与牙髓细胞及成牙本质细胞分化并促进组织再生。

五、牙周膜-牙骨质复合体再生

牙周组织再生是指伴有穿通纤维的牙骨质及牙槽骨的再生,包括形成新的牙骨质、功能性牙周膜及牙槽骨。三者空间排列复杂有序,需要成骨细胞、成牙骨质细胞和成纤维细胞等多种细胞共同参与,其中牙周膜干细胞是新组织再生的基础。但在牙周病损区,由于长期的炎性破坏,残余的内源性牙周膜干细胞自身修复能力非常有限,以致牙周组织很难达到有效的组织再生和功能重建,因此,将种子细胞移植至牙周病损区以促进牙周组织再生成为目前的研究热点。

(一) 种子细胞

理想的种子细胞应具备以下特点:第一,取材方便,植入机体后性能稳定;第二,具有自我更新能力,在体外可克隆性生长,在体内可增殖形成组织并维持自身的数量;第三,较强的增殖分化能力,产生组织中具有特定功能的细胞,如成纤维细胞、成骨细胞和成牙骨质细胞等;第四,具有低免疫原性及免疫调节功能。

目前牙周组织工程种子细胞的选择主要包括牙源性间充质干细胞和非牙源性间充质干细胞两大类。前者有 PDLSC 及 DFC 等;后者有骨髓间充质干细胞(bone marrow mesenchymal stem cell,BMSC)、脂肪干细胞(adipose tissue-derived stem cell,ADSC)等。

1. 牙源性间充质干细胞

(1) 牙周膜干细胞:PDLSC 是来源于牙周膜的成体干细胞,具有自我复制更新能力,能分化形成不同种类的具有特定表型和功能的成熟细胞,在维持正常的牙周组织更新和牙周炎症组织损伤修复再生中起到了重要的作用。对牙周膜细胞的体外培养发现,经诱导可分化形成成骨细胞,并可出现矿化结节,证实牙周膜中存在着能分化为成牙骨质/成骨细胞的前体细胞。牙周膜干细胞不仅能分化为成牙骨质细胞样细胞和成骨细胞样细胞,形成牙骨质样和骨样组织,而且还可分化为成纤维样细胞,形成类似天然牙周膜样的结缔组织,形成组织形态、空间排列上类似于天然牙周膜牙骨质复合体的结构。利用酶消化法、克隆筛选和磁珠分离方法从人牙周膜中培养得到具有高度增殖能力的细胞,并表达 STRO-1 和 CD146,将其命名为 PDLSC。将PDLSC 与 HA-TCP 复合移植在免疫缺陷小鼠磨牙牙周缺损处,8 周后牙周缺损修复,形成牙骨质-牙周膜复合结构。同时,从拔牙后牙槽窝内残留的牙周组织和牙周炎患牙培养出 PDLSC 同样被证明是牙周组织工程的理想种子细胞。此外,PDLSC 具有低免疫原性的特性,主要组织相容性复合体 Ⅱ 型抗原表达呈阴性,有异体移植的潜能。

(2) 牙囊细胞:DFC 来源于牙齿发育期构成牙胚的重要结构之一牙囊,其是包被于未萌出牙齿的疏松结缔组织囊性结构。DFC 作为牙周组织分化发育的前体细胞,能分化形成牙周膜、牙骨质和固有牙槽骨。较强的增殖分化能力使其成为一种值得考虑的牙周组织工程的种子细胞来源。采用酶消化联合组织块法从埋伏阻生下颌第三磨牙中分离出牙囊并培养获得人 DFC,体外经矿化诱导后的 DFC 可形成矿化结节,细胞中 I型胶原、III 型胶原、骨桥蛋白、骨粘连蛋白、骨涎蛋白、骨钙素及碱性磷酸酶呈不同程度的阳性表达,这说明 DFC 具有成骨细胞、成牙骨质细胞的特性,体外培养的人 DFC 具有分泌合成矿化组织的能力。将 DFC 接种在支架材料上,移植在免疫缺陷小鼠皮下 6 周,均生成牙周膜和牙骨质样的复合结构。此外,依据上皮-间充质相互作用原理经 HERS 细胞诱导的 DFC 细胞膜片具有分化形成牙周组织结构的能力。因此,DFC 作为一种可塑性更强的牙周组织前体细胞,具有向牙周膜和牙骨质分化的潜能,是目前研究较热的牙周组织再生的种子细胞。

2. 非牙源性间充质干细胞

(1) 骨髓间充质干细胞:牙周组织修复过程中,局部血管周围会出现牙周前体细胞聚集,表明血液或骨髓来源的干细胞很可能是这种前体细胞的来源。因此,推测 BMSC 可能参与这一修复过程。将 BMSC 移植到犬牙周缺损后,观察到牙骨质、牙槽骨以及牙周膜再生。BMSC 分化具有"微环境依赖性",即在何种微环境中培养,就具有向这种环境中的细胞分化的潜能。把人的牙周膜细胞和 BMSC 共培养 7 天之后,BMSC 即具有牙周膜细胞的生物学特性。同样有学者发现牙周膜成纤维细胞通过旁分泌机制可以诱导 BMSC 向其分化。

然而,BMSC 的应用面临细胞获得具有创伤性,有并发供区坏死的风险、干细胞的提取率低、年龄的限制等问题。

(2) 脂肪干细胞:将 ADSC 移植到鼠牙周缺损,8 周后观察到牙周韧带样组织及牙槽骨样组织形成。ADSC 取材方便,来源充足,以及其成骨能力在牙周组织和骨组织工程中具有重要的应用潜能。但是恢复正常的牙周组织与其他部位的骨组织不同,牙周再生,包括牙周膜韧带、牙骨质和牙槽骨的再生。如何利用合适的蛋白和基因对 ADSC 进行修饰,进而控制其分化为牙周细胞,实现牙周组织的再生,仍有待研究。

(二) 种子细胞促进牙周组织再生

目前,干细胞体内移植方法主要有干细胞悬液直接注射法、牙周组织工程技术及细胞膜片技术等方法。

1. 干细胞悬液直接注射　细胞移植最简便、传统的方法是将细胞悬液直接注射到组织病损区,细胞悬液注射法操作简便、创伤小,能在一定程度上促进牙周软组织的再生。但这种方法存在很大缺陷:由于液体的流动性,注射后细胞悬液的大小、形状和在组织中的分布难以控制,细胞成活率低,其促进牙周组织再生的能力有限,不能达到牙周组织的完全再生。

2. 牙周组织工程技术　将体外培养的具有高度增殖能力和多向分化潜能的活性种子细胞种植于具有良好生物相容性和生物降解性的细胞外基质支架材料上,在生长因子的作用下,经过一段时间的培养,将这种细胞与生物材料复合体植入机体牙周病损部位,以获得牙周组织再生,达到修复创伤、恢复生理结构和重建功能的目的。其中种子细胞、支架材料及生长因子是该项技术的核心要素。牙周组织工程技术已被证明可实现有效的牙周组织再生,包括牙骨质、牙槽骨和功能性牙周膜的形成。牙周组织工程对于临床促进牙周组织再生有很好的应用前景,但由于目前支架材料以及细胞生长因子所面临的难题尚未解决,大大限制了该技术的临床应用。

3. 细胞膜片技术　牙周细胞膜片技术是针对上述传统牙周组织工程的不足而提出的一种新技术,是应用特殊培养技术培养而成的由细胞和其分泌形成的细胞外基质共同构成,无须借助任何支架材料可直接移植到宿主牙周缺损区进而实现促进牙周组织再生及恢复生理功能的目标。

细胞膜片技术与传统组织工程相比具有以下特点:首先,细胞膜片由紧密相连的内源性细胞和其分泌的细胞外基质共同构成的整体,无须支架材料来充当细胞外基质,进而降低免疫炎症反应的发生率,解决组织相容性问题。其次,细胞膜片与培养基的分离无须酶消化,其细胞表面蛋白如离子通道、生长因子受体等以及细胞与细胞,细胞与基质之间的连接蛋白均未被破坏,进而很好地局部模拟了自然体内细胞增殖、分化及组织形成的微环境,更利于促进牙周组织的再生。

细胞膜片技术的研究关键一是如何利用各种技术将牙周组织再生种子细胞在体外成功培养为细胞膜

片;二是如何在无须支架材料的情况下,采用复层膜片或多种细胞共培养等技术来构建三维立体组织结构,进而提高其机械性能和临床可操作性。成功培养的牙周膜细胞膜片经动物体内移植实验表明其具有较强的促进牙周组织再生的能力,有牙骨质、牙槽骨及功能性牙周膜的形成。从最初单层细胞膜片到随后发展起来的复层膜片的培养,细胞膜片技术已取得一定的进展。如何增强膜片的机械性能及临床可操作性,以及多种细胞共同培养复合膜片来实现牙周组织的三维立体结构体外构建仍需进一步研究。

在促进牙周组织再生方面,干细胞具有广阔应用前景:首先,体外组织工程牙周膜的构建促进了牙周组织缺损的修复,进而大大提高了患牙的保留率;其次,可应用于牙种植体-骨组织界面,实现牙周结缔组织附着的结合方式,克服种植体因缺乏天然牙的牙周韧带结构而引起骨吸收的缺点,进而使种植体发挥功能时更接近于天然牙;再次,与 DPSC 相联合构建组织工程活性牙根甚至完整的牙齿结构,最终实现牙齿的完全再生。

(三) 生物支架促进牙周组织再生

牙周疾病常用两种外科性再生方法来治疗,一是导向性组织再生(GTR),另一个是导向性骨再生。两种方法均应用闭合性生物可降解性的一层膜来防止上皮和结缔组织往下生长入损坏的牙周组织,因而使得牙周组织可从牙周韧带和牙槽骨再生出来。最近,有人用电纺丝技术制造出新颖的功能级别的生物膜来促进再生。这种膜由核心层和能分别与骨和上皮组织相互作用的上下功能性界面表层(分别含有纳米羟基磷灰石纳米膜和甲硝唑),而核心层为两层蛋白多聚混合物包绕的 DL-丙交酯-共-己内酯

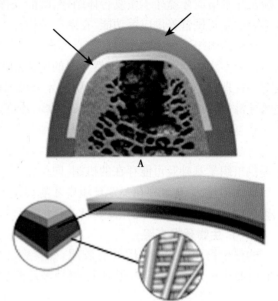

图 20-7 立体设计的和功能性分级的新型牙周再生膜示意图

(A)放置于牙槽的再生膜。(B)核心层(CL)和功能性分层(SLs)与骨(n-Hap)和上皮(MET)组织的界面细节。从 CL 到 SLs 的化学成分逐渐分级,即多聚含量逐渐减少,而蛋白质含量逐渐增加(改绘自 Bottino,et al,2011)

多聚膜(图 20-7)。尽管这种膜尚需经临床试验检测,但其功能特性已在其他研究中有所报道,包括促进细胞黏附和增殖、提升骨传导、中和酸性降解产物,以及杀灭牙周病原物等。

(四) 生长因子促进牙周组织再生

包括 PDGF、IGF、BMP-2、TGF-β 和 FGF-2 的各种生长因子都对牙槽骨再生有正向作用。研究发现,含高浓度 PDGF-BB 的血小板富集血浆可促进牙周修复再生。在犬牙周缺损模型中,红外激光线比导向性组织再生方法能更好地诱导牙周韧带、牙本质和骨再生。这些研究结果引人注目,但尚未见到红外线或近红外线的临床试验报道。

六、生物牙根再生

牙根是牙齿承受生理功能的基础,牙齿是通过牙根的牙周组织与颌骨进行连接从而发挥功能,同时人体也是依赖于牙根通过牙周组织来感知并条件性调控咬合力以达到非破坏性的咬合目的。种植牙的种植钉虽然可以与牙槽骨结合较好,在部分功能上可以替代牙根功能,但其缺乏天然牙根的重要结构,即牙周及牙髓组织,与天然牙根存在一定差距。因此,如果能再生一个具有牙髓牙本质复合体及牙周膜牙骨质复合体的生物牙根,则将极大提高修复牙齿的咬合功能。

牙根构建是全牙构建和再生的关键科学问题,而牙根构建的实现对于临床应用具有十分重要的意义,可为牙冠构建或全牙构建提供新的思路和研究策略。单纯的牙根构建不涉及牙冠形态和大小的调控,因而在牙齿组织工程研究中仍具有独特的优势,这种有生物活性的生物牙根完全可以取代目前广泛开展的种植义齿修复技术。

生物牙根的构建主要以组织工程的方法为主,并且已经取得了相对满意的结果。组织工程生物牙根是

指以天然或人工合成的可降解的、有一定空间结构的生物材料为载体,将从成牙组织中分离、培养的一定量的生物活性细胞"种植"到载体支架上,并提供细胞增殖和分化的生长因子微环境,通过细胞的黏附、增殖和分化,在体外或植入体内形成有活性的牙根样结构和牙根。既具有牙骨质及牙周膜的牙周组织结构,又具有牙髓及牙本质或牙髓牙本质复合体结构;既能发挥牙周组织的支持及改建等功能,又能发挥牙髓组织的温度敏感效应及提供营养供应等功能,在解剖结构与生理功能上接近于天然牙根。支架材料、种子细胞和诱导微环境是构建组织工程生物牙根的核心考虑要素。目前使用的支架材料多为骨诱导性生物活性材料,构建出的组织大多为骨样组织,这与天然牙根的构成相差较大,并且也没能构建出具有形状可调控的生物牙根,尚没有一种理想的支架材料被广泛应用于牙组织工程研究。在牙齿的不同部分可以分离到很多具有干细胞性能的牙源性干细胞,主要包括有 DPSC、PDSC、DFC、DPC 以及 HERS 细胞等。这些干细胞对于牙齿的发育、再生和修复等具有重要的意义,但对这些干细胞如何与生物支架材料结合进而应用于生物牙根构建等诸多难题尚待阐明。通过对牙源性干细胞成牙能力比较,寻找在生物牙根构建中最可能的种子细胞,为生物牙根构建提供组织学基础及可能存在的机制,向生物牙根的临床应用迈进一步。牙根构建的另一个难题是体外再生环境的构建,生物牙根在一定环境中才能持续发育,依赖环境提供生长所需的各种养分、氧气并排出二氧化碳等废物,而牙根构建究竟需要什么样的微环境尚有待进一步研究。

（一）生物牙根支架

构建生物牙根支架常用的有胶原、壳聚糖、水凝胶、羟基磷灰石(HA)与磷酸三钙(TCP)复合物(HA/TCP)、聚乳酸、聚羟基乙酸、聚乳酸-聚羟基乙酸(PLGA)及聚羟基乙酸-左旋聚乳酸等。不同支架有不同特征,其组织相溶性、空间结构、降解速度、力学性质等多因素都会影响种子细胞生物学特性。按其降解情况可分为降解类(主要为有机物质)和不可降解类(主要为无机物质)。降解类通过体内酶和自由基作用能变成小分子进入体内并可被排除体外,而组织再生与材料降解相一致,是构建生物牙根的理想支架。但目前的生物降解材料费用昂贵、可塑性差、降解后的酸性代谢产物不利于细胞和组织生长,还可引起局部组织纤维化以及免疫反应。不可降解支架如 HA 等虽然生物相容性较好,但细胞与材料不易黏附,植入体内难吸收,长期滞留体内妨碍组织改建和修复。同时,这类支架具有很强的矿化诱导,会导致新形成组织过度矿化。基于牙根本身是无机和有机两种物质的有效结合体,因此有机与无机复合支架可能是构建生物牙根的理想支架。

（二）成牙诱导微环境

细胞、生长因子与细胞外基质共处于动态环境中,三者之间相互作用构成了牙齿发育、萌出、发挥功能的生物学基础。细胞对 ECM 微环境的弹性非常敏感,可随 ECM 弹性指数变化而向某一谱系专向分化并产生相应的细胞表型。因此,挖掘 ECM 微环境对种子细胞的诱导,通过细胞自身分泌 ECM 形成内源性支架,有利于细胞与细胞间、细胞与 ECM 间交互作用和信息传递,有利于维持细胞三维有序的发育空间,有利于 ECM 分泌和局部微环境建立,进而有利于牙根形态发生,这是生物牙根构建的重要内容。

经过处理的牙本质基质(treated dentin matrix,TDM)不但可以为细胞黏附、增殖提供支架环境,同时持续释放牙根发生发育所必需的关键蛋白和因子,为细胞分化和增殖提供微环境,使种子细胞分化为成牙本质细胞,进而有助于牙髓-牙本质复合体构建。这提示 TDM 同时具有支架及成牙诱导微环境功能,是一种具有生物活性的、新型的、较为理想的生物支架。

牙槽骨是牙齿发育和生长的唯一环境,牙根在自然条件下始终生长在牙槽骨内,我们推测牙槽骨是牙根构建中不可缺少的微环境,在牙槽骨中含有的细胞外基质以及诱导微环境是牙根构建中的必要条件。有学者利用牙槽骨微环境,在大鼠体内成功构建出具备牙周组织样结构的生物牙根,但其对牙髓-牙本质方向的构建还不十分令人满意。充分利用牙槽骨微环境的特殊结构,为支架-种子细胞复合体提供一个向牙周组织分化的微环境,同时使其与牙本质基质微环境相互作用,即形成复合微环境的诱导,使种子细胞向牙本质-牙髓、牙周膜和牙骨质方向分化,预期在体内构建出完整的牙根结构。

（三）种子细胞

在牙组织工程中应用的种子细胞可以分为牙源性细胞和非牙源性细胞。非牙源性细胞虽然获取相对容易,但在使用前需要经过其他方法处理使其具备一定的成牙潜能,如牙胚条件培养液的诱导或基因转染等方法,使用起来相对不便。目前方法使用的可应用于牙组织工程的种子细胞大部分源自牙齿本身。其中包括:

牙髓干细胞（DPSC）、牙乳头细胞（DPC）、人脱落乳牙干细胞（SHED）、牙周膜干细胞（PDLSC）、牙囊细胞（DFC）等。

1. 牙髓干细胞 DPSC 具有较高的克隆形成率和增生率,并且经体外诱导后能形成分散而高密度的钙化小结,与 HA/TCP 支架共培养后回植到小鼠背侧,能观察到类似牙本质牙髓复合体样的结构。DPSC 可以从人的第三磨牙或正畸牙等获取,一些体内体外实验也证实其能形成一定的牙髓牙本质结构,有可能成为牙构建的种子细胞,但是目前 DPSC 仍存在牙髓中的确切定位不明、在体外难以大量扩增、定向分化和增殖的条件不明确等缺点,有待进一步研究。

2. 牙乳头细胞 来源于牙胚的细胞,其在发育的过程中分化为牙本质细胞和牙髓成纤维细胞。根尖牙乳头间充质细胞的牙再生能力强于 DPC,因为牙乳头中所含的干细胞数量高于成熟的牙髓。移植于肾被膜下发现有牙本质样结构形成。也是能够通过人体未萌出的第三磨牙获取,但是也存在定向分化和增殖的条件不明确等问题,经定向诱导后形成的牙本质样结构与正常牙根仍有一定的差距。

3. 牙周膜干细胞 牙周组织中存在的一些具有分化能力的细胞。牙周膜包含较多的单克隆干细胞,这些干细胞具有分化为牙髓细胞、脂肪细胞和成纤维细胞的能力。PDLSC 和根尖牙乳头细胞植入小型猪模型中,可以构建牙根-牙周复合结构以支持烤瓷冠行使正常的牙功能。PDLSC 可以从人的第三磨牙或拔除的正畸牙等获取,其定向分化的条件不明,诱导分化后是否能够形成牙髓。

4. 牙囊细胞 具有较强的体外增殖能力,具有分化为成骨细胞、成纤维细胞和成牙骨质细胞的多向分化能力,被认为是成牙本质细胞的前体细胞。有研究采用 DFC 与牙本质基质复合移植,形成了牙髓组织、成牙本质细胞、前期牙本质和牙本质结构。DFC 在体内通过移植可以重新形成牙周膜组织。DFC 也能够通过人体未萌出的第三磨牙获取,体外增殖能力较强,有研究发现 DFC 不仅可以分化为牙周细胞形成较完整的牙周组织,同时也可以分化为成牙本质细胞,形成正常的牙本质牙髓结构。当牙齿发育完成时,脑神经嵴来源的细胞就分化成了成牙本质细胞、牙髓组织细胞和成牙骨质细胞。传统观点认为牙本质来源于 DPC 分化,但最近有实验表明牙囊细胞也具备分化为牙本质的能力。这些研究提示同一来源的细胞,即都来源于脑神经嵴细胞的各种细胞,具备分化为其他组织的能力。这将为牙齿再生的种子细胞来源问题提供一个新的思路。

（四）生物牙根再生

目前,对于牙齿构建的研究主要集中在以下几个方面:①器官培养:通过提取老鼠牙胚后分离为单细胞液,再将两种单细胞液混合培养后构建为人工牙胚,植入老鼠牙槽窝中,成功地形成了具有良好外形和咬合关系的牙齿。但是,器官培养存在一定的不足。如器官培养过程中器官生长、增殖常受到限制;培养过程中有丝分裂只出现在外缘,非随机分布,植入块中心经常出现坏死;器官培养的样本间可重复性较差;器官培养实验需要原始供体的组织器官,取材工作烦琐;器官培养毕竟是非生理条件下获得的结果,不能完全代替正常生理条件下的细胞反应等。②胚层重组试验:胚层重组试验是将发育期的牙胚组织或细胞经机械分离成两组分,即上皮成分、间充质成分,两者在体外重新组合后再进行体内或体外培养的一种实验方法。该方法利用牙齿发育的天然规律来实现牙齿的构建,这种研究手段是一种比较有前途的方法。但由于在人体内牙源性上皮是无法获取的,所以该方法受到细胞来源限制。③组织工程化生物牙根,利用支架材料复合种子细胞,在生物牙根的构建中取得了可喜的成果。在羟磷灰石和磷酸三钙形成的牙根形状生物支架上植入 PDLSC 和 DPC,再植入生物体内,以期构建出具有牙周膜结构的生物牙根,经过反复尝试,在小鼠及小型猪上均获得成功。但遗憾的是,得到的是牙周膜纤维样结构,与天然牙周膜存在较大差距。利用大鼠 DFC 和牙本质基质支架复合后植入大鼠牙槽窝 4 周。结果发现生物牙根得以再生。在远离牙槽窝一侧,有包括成牙本质样细胞的牙髓牙本质复合体样结构形成;而在近牙槽窝壁一侧,有牙骨质样结构在支架材料上形成。同时,走行良好的纤维束紧密连接牙骨质与牙槽骨而类似正常牙周膜把整个组织悬吊在牙槽窝。同时,再生的牙周膜牙骨质复合体及牙髓牙本质复合体样结构与正常牙周组织及牙髓组织具有同样的牙髓及牙周相关蛋白表达。利用 Brdu 对细胞进行标记通过示踪发现,植入的 DFC 积极参与了牙髓牙本质复合体、牙骨质样组织、牙周膜样结构及牙槽骨的形成。

传统的组织工程方式获取种子细胞需要使用胰蛋白酶进行消化,而经过处理后的细胞失去了原有的细胞外基质成分,天然的细胞外基质在细胞的黏附、增殖和分化过程中起着重要的作用。此外,胰蛋白酶分解了细胞膜表面的多糖-蛋白复合物,导致细胞活性的下降和生物学行为的改变,不利于种子细胞增殖和分化功能的发挥。此外,传统的组织工程技术其种子细胞的收集方式较为烦琐,接种效率低下并且很难达到在材料表面均一的分布,这将导致组织构建结果的不稳定。细胞膜片技术有助于解决这些难题。其原理是通过在培养基中加入适当浓度的抗坏血酸促进细胞分泌细胞外基质,连续培养数日后,细胞复层生长连同其周围的细胞外基质形成肉眼可见的膜状结构,具有一定的弹性和韧性,不需要使用胰蛋白酶,直接通过温度控制或者直接用机械的方式剥离。这样不但将种子细胞完好地保留,还将连同对细胞的增殖和分化起着重要作用的细胞外基质一同保留,同时增加了种子细胞的接种效率,简化了操作步骤。

利用细胞膜片技术,心、肝、膀胱等组织工程器官再生均已获得成功。有研究利用人埋伏第三磨牙牙冠形成期牙囊组织分离获得 DFC,并进一步获取 DFC 膜片。利用矿化材料及牙本质基质材料构成联合支架分别模拟牙周牙骨质复合体及牙髓牙本质复合体微环境,同时复合 DFC 膜片进行裸鼠皮下移植。结果发现,牙囊细胞膜片在牙本质基质支架材料诱导下,能够新生牙本质并可见成牙本质细胞样结构呈极性排列于新生牙本质周围,其内侧为大量纤维组织以及丰富血管的形成,新生组织阳性表达牙本质-牙髓复合体相关蛋白 DSP、ⅧFactors、COL1 和 Nestin,提示新生组织可能为牙本质-牙髓复合体。在牙本质基质支架与矿化材料支架之间观察到牙周膜牙骨质复合体再生,再生组织阳性表达 COL1 及 CAP 等牙周相关蛋白。

尽管生物牙根再生已取得了巨大成功,但仍面临众多难题。再生机制尚不完全清楚,再生生物牙根能否有效发挥咬合功能,临床前期及临床实验有待开展,以对现有生物牙根再生策略进行验证。

第三节　牙源性干细胞分化

随着科技的发展,在高节奏、现代化的生活里,脊髓损伤(spinal cord injury,SCI)的发病率愈趋升高。目前干细胞技术治疗 SCI 所选取的种子细胞有神经干细胞(neural stem cells,NSC)、BMSC、嗅鞘细胞(olfactory ensheathing cells,OEC)等。其中牙源性干细胞具有成神经分化效果良好、相对易于取材等优点。目前已从人类多种牙组织中成功分离出牙源性干细胞,并在实验条件下对疾病模型的治疗已取得初步成功。

一、牙源性干细胞与神经分化

(一)牙髓干细胞与脱落乳牙牙髓干细胞

DPSC 经诱导后能出现神经相关标志的表达,并且能够促进神经组织的生长和修复。有研究对 DPSC 体外诱导也出现神经特异性蛋白 NSE、GFAP 和 GFAP mRNA 的表达,表明 DPSC 向神经方向的横向分化潜能可能与组织发生有关。DPSC 可为多巴胺能的神经元提供营养支持。未经诱导的 DPSC 表达 Vimentin、Nestin、N-tubulin、Neurogenin-2、Neurofilament-M,这些蛋白是神经前体细胞和神经胶质细胞的特异标志蛋白,表明体外培养的 DPSC 可以向神经样细胞方向分化;而诱导后细胞的 vimentin、nestin、N-tubulin 表达则减少,Neurogenin-2、Neurofilament-M、NSE 和 GFAP 表达则增强;最后诱导成熟的细胞除了 Vimentin 和 Nestin 外,其余神经元标志基因的表达均高于未诱导分化组。膜片钳技术检测发现,分化后的细胞表现出电压依赖性钠、钾通道功能活动。进一步证明了 DPSC 的神经分化潜能。

SHED 也是神经嵴来源的干细胞,在用神经诱导液诱导后可形成神经球,神经细胞表面标志:β-Ⅲ-tubulin、GAD(glutamic acid decarboxylase)、NeuN(neuronal nuclei)表达上调,而神经胶质细胞表面标志:nestin、GFAP(glial fibrillary acidic protein)、NFM(neurofilament M)和 CNPase(2',3'-cyclic nucleotide-3'-phosphodiesterase)的表达保持不变,表明 SHED 可在诱导后向神经细胞分化而非胶质细胞。

将 SHED 向多巴胺神经元诱导分化后进行移植,发现 SHED 细胞对帕金森病(Parkinson disease,PD)大鼠模型具有一定的治疗作用。Kiyoshi 等通过直接将细胞植入到横断损伤脊髓的动物模型中,证明 SHED 和 DPSC 在 SCI 条件下能通过细胞自身的作用和旁分泌/营养作用,在损伤部位发生再生活动及功能性恢复。

比较 SHED 和 DPSC 的神经分化能力,发现 SHED 比 DPSC 表达更强的未分化细胞特异蛋白(如 OCT4、SOX2、NANOG 和 REX1),但 DPSC 表达更强的神经外胚层特异标志蛋白,如 Pax6、GBX2 和 Nestin,在神经分化是有更多的神经球形成，并表达更强神经分化标志蛋白，提示 DPSC 的神经分化能力更强。

（二）牙周膜干细胞

PDLSC 成神经分化的意义重大。用神经球培养系统从成年大鼠牙周膜组织中成功分离出 PDLSC，结果显示 PDLSC 在悬浮培养中形成了类似于神经球的干细胞球，并表达神经嵴来源细胞分化特异基因 *Twist*、*Slug*、*Sox2* 和 *Sox9*，而且可以分化为 NFM 阳性神经元样、GFAP 阳性星形胶质细胞样及 CNPase 阳性少突胶质细胞样细胞。

用含 10μg/L 的 bFGF 培养液预诱导 24 小时，再用含 5mmol/L 的 β-ME 培养液诱导培养 6 小时，成功实现了 PDLSC 向神经元样细胞的定向诱导分化。在加入诱导液后细胞形态急速向神经元特点的细胞转化，表现为胞体呈锥形、三角形或不规则形，折光性强，细胞伸出细长突起，部分细胞突起与突起间互相连接，呈现出神经元样细胞形态。在诱导 6 小时后细胞 NSE、NF 表达阳性，GFAP 表达阴性，表明诱导后分化为神经元样细胞而非星形胶质细胞。

（三）牙囊细胞

将 DFC 经过神经诱导培养 24 小时后细胞出现了多极神经元样改变，并表达神经细胞晚期分化蛋白神经丝 200（neurofilament 200，NF 200）。DFC 能分化为 β-Ⅲ-tubulin 阳性表达的神经球样细胞群。在血清替代培养液（serum-replacement medium，SRM）中培养，DFC 分化为小胞体长突起的形态，Nestin、β-Ⅲ-tubulin、NSE 及 NF 200 的表达上调。小神经元分化特异蛋白如神经肽甘丙肽（neuropeptides galanin，GAL）和速激肽（tachykinin，TAC1）的表达在 poly-L-lysine 中培养后也上调。

DFC 和 SHED 神经分化比较研究显示，两者有相似的神经相关基因表达，但只有 SHED 表达干细胞相关基因 *Pax6*。神经诱导分化后两者神经相关基因表达有所不同，如 DFC 的晚期神经细胞表面相关基因微管相关蛋白 2 表达上调，而 SHED 表达减弱；SHED 表达神经胶质细胞标志酸性神经胶原纤维蛋白，而 DFC 弱表达或不表达。两者在相同的培养条件下有不同的神经分化相关基因和蛋白表达。

（四）根尖牙乳头干细胞

SCAP 发生神经分化的潜能可能是其来源于神经嵴细胞，这与 DPSC 类似。目前报道 SCAP 在成神经分化方向的文献甚少。SCAP 表达神经细胞相关蛋白如 Tubulin 及 Nestin 等。在根尖孔未闭合的人类阻生第三磨牙中发现根尖牙髓细胞（apical pulp-derived cells，APDC）比冠髓细胞（coronal pulp cells，CPC）具有更强的神经嵴干细胞（neural crest-derived stem cells，NCSCC）分化潜能，APDC 在神经球的培养条件下能形成更多的球体，并且能表达神经嵴相关转录因子 p75、Snail、Slug 及神经干细胞分化特异基因及蛋白 Nestin、Musashi。提示在神经嵴系的组织工程再生中，未成熟的牙髓组织比成熟的牙髓组织更有可能作为种子细胞来源。

综合近年来众多牙源性干细胞神经分化研究，DPSC 及 APDC 可能在脊髓损伤修复的应用中更有优势，理由如下：①其成神经方向分化潜能相较 BMSC 及其他牙源性干细胞更为有优势；②其取材更为容易，可通过开髓取材，或者从拔除的第三磨牙中取材。

二、牙源性干细胞与骨髓间充质干细胞

BMSC 是一类具有多向分化潜能的干细胞，其在体外不同条件下可分化成为成骨细胞、软骨细胞、脂肪细胞、肌肉细胞和神经元细胞等。BMSC 是较早发现的一类成体干细胞也是目前研究最为深入的干细胞之一，在组织工程研究中相对较为成熟。BMSC 在一定条件下可以向神经元以及神经胶质细胞分化。

DPSC 与 BMSC 都是间充质来源的、分化形成机体不同硬组织成体细胞的前体细胞。用 DMSO、BHA、β-ME 等作为主要诱导剂，可诱导成年大鼠和人的 BMSC 分化为神经元和神经胶质细胞，诱导后细胞在形态上出现类似于神经元样突起，表达 NSE（neuron-specific enolase）、Nestin 等神经细胞特异性蛋白。将 BMSC 注入新生鼠侧脑室，发现 BMSC 可分化为神经元和神经胶质细胞，并具有一定的迁徙能力；而将 BMSC 注入大鼠纹状体后，部分 BMSC 逐渐丢失其抗原性而具有星形胶质细胞的特点。

与 BMSC 相比，牙源性干细胞是一群分化程度更高的细胞。但不同牙源性干细胞的分化潜能有所不同：DPSC 的成软骨分化能力较弱，DPSC 和 SCAP 的成脂分化能力都不如 MSC，而这些牙源性干细胞都比 MSC 更趋于神经分化。

三、牙源性干细胞成神经分化及修复损伤神经组织机制

干细胞修复损伤神经组织的作用机制目前尚未得以阐明。普遍认为可能是移植细胞本身或受刺激宿主细胞分泌的神经营养因子（neurotrophic factors，NTFs）的营养作用而促使神经功能的恢复。如神经生长因子（neurotrophic growth factor，NGF）、神经妥乐平（neurotropin，NT）-3/-4/-5、BDNF、GDNF以及一些已知的生长因子或细胞因子，如FGF、IGF（insulin-like growth factor）等。

β-巯基乙醇（β-mercaptoethanol）等抗氧化剂有利于神经元在体外的存活，其定向诱导的作用机制可能与其能将细胞从氧化状态释放出来有关，但具体的机制不详。在SCI模型实验中分析SHED修复神经组织的机制可能为：SHED能抑制SCI导致的神经细胞，星形胶质细胞、少突胶质细胞的凋亡，并促进神经纤维和髓鞘的保留；直接抑制轴突生长抑制剂（axon growth inhibitor，AGI）信号，如CSPG、MAG，使截断轴突再生（旁分泌机制）；在SCI条件下能特异地分化为少突胶质细胞，替代损伤的细胞。这可能是神经节苷脂（ganglioside）在体外神经分化培养条件下的DPSC的神经分化过程中起作用。损伤神经组织的修复或许还与炎性反应的抑制和神经外膜内血管网的修复有关，在干细胞神经分化或修复领域尚有待更广泛及深入研究。

脊髓损伤目前来说无法治愈，但随着近年来组织工程技术与干细胞技术的应用，临床上的一些患者已能够恢复少许功能。目前组织工程研究与再生医学在神经疾患治疗上的研究是最受瞩目的研究热点之一。有关牙源性干细胞成纤维，成骨/牙骨质的研究是牙源性干细胞的诸多研究中一大热点，但是牙源性干细胞多向分化潜能远不止成纤维和成骨/牙骨质，而在牙源性干细胞的成血管和成神经（或修复损伤神经组织）方向的研究相对较少。但在这两个方向上的研究意义也不容忽视：恢复了组织的神经和血供，才能更完整地修复缺损组织，更有效地恢复其功能。

牙源性干细胞的应用尚处于起步阶段，还有许多技术难点需要克服。在牙源性干细胞成神经分化（或修复损伤神经组织）的研究中，其分化和修复的机制还不甚明了。随着问题的深入探讨和逐个解决，干细胞的研究将日益完善，应用也将更为成熟，造福于健康。

第四节　牙及牙周组织的再生治疗

退化的釉质不会再生，釉质的洞穴得用持久性好、对口腔液体耐受也好的重建修复材料来填充。然而，一旦牙髓腔暴露，这种填充修复方法的成功率非常低，牙科医生常不得不采用根管治疗或拔牙。拔牙的另一个主因是牙周疾病，即牙龈线下因细菌感染破坏了牙周软组织，甚至侵蚀了牙槽骨组织。与牙周疾病相关的炎症与心脏病也很相关。25%的补齿或移植填补拔牙缺口的患者并不满意。牙周缺损也用导向型组织再生的方法治疗，包括把牙根刮除，在牙龈和牙齿之间插入一层膜，或者抑制异体骨基质，从而诱导牙槽骨。这些方法可能较痛，也有感染的危险，因此才需要探索基于生长因子、红外线、干细胞的牙周及牙齿的再生治疗方法。

小　　结

细胞分化是组织或器官发育的核心，而组织或器官发育则是组织或器官再生策略构建的来源。正确了解组织或器官发育过程中的细胞分化相关调控机制有利于组织或器官再生及再生方向及组织量平衡调控。以往研究发现TGF-β/BMP、Wnt、FGF、EGF及Shh/Hhh等信号通路参与牙发育过程中细胞分化调控。这些不同信号通路之间同时形成强大的网络调控牙发育。因此，如何有效利用不同信号通路以及如何协调通路之间相互影响将是利用牙源性干细胞进行组织再生首要考虑的问题。

牙源性干细胞广泛存在于成体牙齿组织中，容易获得、扩增且易于建立细胞库，这是利用干细胞进行组织再生的前提。对于牙齿相关组织修复与再生而言，牙源性干细胞是首选的种子细胞。目前利用化学法及组织工程法再生出了釉质，利用牙源性干细胞成功再生牙髓-牙本质复合体、牙周膜-牙骨质复合体及生物牙根结构，但这些组织生理功能尚待验证。在保证细胞生物安全、组织稳定及可控性再生前提下，利用牙源性干细胞进行牙组织或全牙再生将会得到突破，有望在临床得到有效应用。另外，利用牙源性干细胞再生非牙

源性组织也得到广泛研究。如利用牙源性干细胞进行骨、神经等组织再生。但从组织发育过程中细胞来源考虑,利用牙源细胞干细胞进行组织再生最有可能实现突破组织为牙及神经组织。

已从成人牙齿分离到几种干细胞,都具备一定的再生能力。成牙细胞直接列于牙组织下方,终身产生新的牙质以补充牙齿咀嚼表面釉质受到细菌感染等的腐蚀。牙周韧带干细胞(PDLSC)表达 MSC 标志 STO-1 与 CD146,以及高水平的肌腱转录因子 Scleraxis。这些细胞持续再生一直处于压力下的韧带,也可再生牙骨质和牙槽骨组织。牙髓干细胞(DPSC)在移植到免疫缺陷小鼠皮下后可重建完整的牙髓结构,而且也能分化成脂肪和神经样细胞。从儿童乳牙牙髓分离的,称为脱落乳牙干细胞(SHED),也像 PDLSC 一样表达 STRO-1 和 CD146。SHED 细胞与 DPSC 相比,增殖速率更快,移植皮下后只能再生出芽组织样的结构,且与毛细血管相关,说明可能是一种血管周围细胞。

有尾两栖动物的颌面、上下颚以及牙组织都可通过肌肉和软骨的转分化形成胚基后再生。与长骨的软骨内成骨不一样的是,这些动物能在颚部骨头去掉一半时,还能穿越中间的空隙后再生。有尾巴两栖动物可能是研究哺乳动物颌部和牙齿发育与再生较为理想的动物模型。

重建牙周组织目前的技术是导向性再生,其效果很难预测。动物模型上的一定成功的其他方法包括红外光照射,以及应用从牙周韧带分离然后在体外扩增的干细胞。这些干细胞与羟基磷灰石/三磷酸钙载体混合后再移植到小鼠皮下,可形成牙质/PDL 样的结构。利用牙髓干细胞进行牙组织再生,且结合上皮和间充质形成牙蕾,移植到体内后可进一步生长及发育。有尾两栖动物、鲨鱼和鳄鱼等都可自发地再生新牙齿,这些非哺乳动物研究模型对理解牙齿发育与再生相关生物学非常有用。

(田卫东　郭维华)

参 考 文 献

1. Mitsiadis TA,Graf D. Cell fate determination during tooth development and regeneration. Birth Defects Res C Embryo Today,2009,87(3):199-211.

2. Lumsden AG. Spatial organization of the epithelium and the role of neural crest cells in the initiation of themammalian tooth germ. Development,1988,103 Suppl:155-169.

3. Thesleff I. Epithelial-mesenchymal signalling regulating tooth morphogenesis. J Cell Sci,2003,116(Pt 9):1647-1648.

4. Lacruz RS,Smith CE,Chen YB,et al. Gene-expression analysis of early-and late-maturation-stage rat enamel organ. Eur J Oral Sci,2011,119 Suppl 1:149-157.

5. Simmer JP,Papagerakis P,Smith CE,et al. Regulation of dental enamel shape and hardness. J Dent Res,2010,89(10):1024-1038.

6. Gibson CW,Yuan ZA,Hall B,et al. Amelogenin-deficient mice display an amelogenesis imperfecta phenotype. J Biol Chem,2001,276(34):31871-31875.

7. Stephanopoulos G,Garefalaki ME,Lyroudia K. Genes and related proteins involved in amelogenesis imperfecta. J Dent Res,2005,84(12):1117-1126.

8. Fukumoto S,Kiba T,Hall B,et al. Ameloblastin is a cell adhesion molecule required for maintaining the differentiation state of ameloblasts. J Cell Biol,2004,167(5):973-983.

9. Shintani S,Kobata M,Toyosawa S,et al. Identification and characterization of ameloblastin gene in a reptile. Gene,2002,283(1-2):245-254.

10. Zheng L,Papagerakis S,Schnell SD,et al. Expression of clock proteins in developing tooth. Gene Expr Patterns,2011,11(3-4):202-206.

11. Venugopalan SR,Li X,Amen MA,et al. Hierarchical interactions of homeodomain and forkhead transcription factors in regulating odontogenic gene expression. J Biol Chem,2011,286(24):21372-21383.

12. Lee SK,Lee ZH,Lee SJ,et al. DLX3 mutation in a new family and its phenotypic variations. J Dent Res,2008,87(4):354-357.

13. Mitsiadis TA,Tucker AS,De Bari C,et al. A regulatory relationship between Tbx1 and FGF signaling during tooth morphogenesis and ameloblast lineage determination. Dev Biol,2008,320(1):39-48.

14. Golonzhka O,Metzger D,Bornert JM,et al. Ctip2/Bcl11b controls ameloblast formation during mammalian odontogenesis. Proc Natl Acad Sci,2009,106(11):4278-4283.

15. Seidel K,Ahn CP,Lyons D,et al. Hedgehog signaling regulates the generation of ameloblast progenitors in the continuously growing

mouse incisor. Development,2010,137(22):3753-3761.

16. Lee HK,Park JT,Cho YS,et al. Odontogenic ameloblasts-associated protein(ODAM),via phosphorylation by bone morphogenetic protein receptor type IB(BMPR-IB),is implicated in ameloblast differentiation. J Cell Biochem,2012,113(5):1754-1765.

17. Foster BL,Nagatomo KJ,Tso HW,et al. Tooth root dentin mineralization defects in a mouse model of hypophosphatasia. J Bone Miner Res,2013,28(2):271-282.

18. Allard B,Magloire H,Couble ML,et al. Voltage-gated sodium channels confer excitability to human odontoblasts:possible role in tooth pain transmission. J Biol Chem,2006,281(39):29002-29010.

19. Shibukawa Y,Suzuki T. Ca^{2+} signaling mediated by IP3-dependent Ca^{2+} releasing and store-operated Ca^{2+} channels in rat odontoblasts. J Bone Miner Res,2003,18(1):30-38.

20. Westenbroek RE,Anderson NL,Byers MR. Altered localization of Cav1.2(L-type)calcium channels in nerve fibers,Schwann cells, odontoblasts,and fibroblasts of tooth pulp after tooth injury. J Neurosci Res,2004,75(3):371-383.

21. Ten Cate AR. The development of the periodontium--a largely ectomesenchymally derived unit. Periodontol 2000,1997,13:9-19.

22. Yao S,Pan F,Prpic V,et al. Differentiation of stem cells in the dental follicle. J Dent Res,2008,87(8):767-771.

23. Luan X,Ito Y,Dangaria S,et al. Dental follicle progenitor cell heterogeneity in the developing mouse periodontium. Stem Cells Dev, 2006,15(4):595-608.

24. Huang X,Xu X,Bringas P,et al. Smad4-Shh-Nfic signaling cascade-mediated epithelial-mesenchymal interaction is crucial in regulating tooth root development. J Bone Miner Res,2010,25(5):1167-1178.

25. Handa K,Saito M,Yamauchi M,et al. Cementum matrix formation in vivo by cultured dental follicle cells. Bone,2002,31(5): 606-611.

26. Wu J,Jin F,Tang L,et al. Dentin non-collagenous proteins(dNCPs)can stimulate dental follicle cells to differentiate into cementoblast lineages. Biol Cell,2008,100(5):291-302.

27. Zeichner-David M,Oishi K,Su Z,et al. Role of Hertwig's epithelial root sheath cells in tooth root development. Dev Dyn,2003,228 (4):651-663.

28. Kanaya S,Nemoto E,Ebe Y,et al. Elevated extracellular calcium increases fibroblast growth factor-2 gene and protein expression levels via a cAMP/PKA dependent pathway in cementoblasts. Bone,2010,47(3):564-572.

29. Parsa S,Kuremoto K,Seidel K,et al. Signaling by FGFR2b controls the regenerative capacity of adult mouse incisors. Development, 2010,137(22):3743-3752.

30. Huang Z,Sargeant TD,Hulvat JF,et al. Bioactive nanofibers instruct cells to proliferate and differentiate during enamel regeneration. Journal of Bone and Mineral Research,2008,23(12):1995-2006.

31. Duailibi SE,Duailibi MT,Vacanti JP,et al. Prospects for tooth regeneration. Periodontology 2000,2006,41(1):177-187.

32. Arakaki M,Ishikawa M,Nakamura T,et al. Role of epithelial-stem cell interactions during dental cell differentiation. Journal of Biological Chemistry,2012,287(13):10590-10601.

33. Hu JC,Hu Y,Smith CE,et al. Enamel defects and ameloblast-specific expression in Enam knock-out/lacz knock-in mice. J Biol Chem,2008,283(16):10858-10871.

34. Suzuki T,Lee CH,Chen M,et al. Induced Migration of Dental Pulp Stem Cells for in vivo Pulp Regeneration. J Dent Res,2011,90 (8):1013-1018.

35. Gronthos S,Mankani M,Brahim J,et al. Postnatal human dental pulp stem cells(DPSCs)in vitro and in vivo. Proc Natl Acad Sci, 2000,97(25):13625-13630.

36. Ishizaka R,Hayashi Y,Iohara K,et al. Stimulation of angiogenesis,neurogenesis and regeneration by side population cells from dental pulp. Biomaterials,2013,34(8):1888-1897.

37. Horibe H,Murakami M,Iohara K,et al. Isolation of a stable subpopulation of Mobilized Dental Pulp Stem Cells(MDPSCs)with high proliferation,migration,and regeneration potential is independent of age. PLoS One,2014,9(5):5.

38. Murakami M,Horibe H,Iohara K,et al. The use of granulocyte-colony stimulating factor induced mobilization for isolation of dental pulp stem cells with high regenerative potential. Biomaterials,2013,34(36):9036-9047.

39. Dissanayaka WL,Hargreaves KM,Jin L,et al. The Interplay of Dental Pulp Stem Cells and Endothelial Cells in an Injectable Peptide Hydrogel on Angiogenesis and Pulp Regeneration In Vivo. Tissue Eng,2015,21(3-4):550-563.

40. Brazelton TR,Blau HM. Optimizing techniques for tracking transplanted stem cells in vivo. Stem Cells,2005,23(9):1251-1265.

41. Rosa V,Zhang Z,Grande RH,et al. Dental pulp tissue engineering in full-length human root canals. J Dent Res,2013,92(11):

970-975.

42. Kwon Y,Lim E,Kim H,et al. Genipin,a Cross-linking Agent,Promotes Odontogenic Differentiation of Human Dental Pulp Cells. J Endod,2015,41(4):501-507.

43. Zhu X,Wang Y,Liu Y,et al. Immunohistochemical and Histochemical Analysis of Newly Formed Tissues in Root Canal Space Transplanted with Dental Pulp Stem Cells Plus Platelet-rich Plasma. J Endod,2014,40(10):1573-1578.

44. Wang X,Sha XJ,Li GH,et al. Comparative characterization of stem cells from human exfoliated deciduous teeth and dental pulp stem cells. Arch Oral Biol,2012,57(9):1231-1240.

45. Qin W,Zhu H,Chen L,et al. Dental pulp cells that express adeno-associated virus serotype 2-mediated BMP-7 gene enhanced odontoblastic differentiation. Dent Mater J,2014,33(5):656-662.

46. Wang J,Zhang H,Zhang W,et al. BMP9 Effectively Induces Osteo/Odontoblastic Differentiation of the Reversibly Immortalized Stem Cells of Dental Apical Papilla(SCAPs). Stem Cells Dev,2014,23(12):1405-1416.

47. Zhang X,Jiang H,Gong Q,et al. Expression of high mobility group box 1 in inflamed dental pulp and its chemotactic effect on dental pulp cells. Biochem Biophys Res Commun,2014,450(4):1547-1552.

48. Gronthos S,Brahim J,Li W,et al. Stem Cell Properties of Human Dental Pulp Stem Cells. J Dent Res,2002,81(8):531-535.

49. Sonoyama W,Liu Y,Yamaza T,et al. Characterization of the apical papilla and its residing stem cells from human immature permanent teeth:a pilot study. Journal of end,2008,34(2):166-171.

50. Seo BM,Miura M,Gronthos S,et al. Investigation of multipotent postnatal stem cells from human periodontal ligament. Lancet,2004,364(9429):149-155.

51. Takatalo MS,Tummers M,Thesleff I,et al. Novel Golgi protein,GoPro49,is a specific dental follicle marker. J Dent Res,2009,88(6):534-538.

52. Li R,Guo W,Yang B,et al. Human treated dentin matrix as a natural scaffold for complete human dentin tissue regeneration. Biomaterials,2011,32(20):4525-4538.

53. Guo W,Gong K,Shi H,et al. Dental follicle cells and treated dentin matrix scaffold for tissue engineering the tooth root. Biomaterials,2012,33(5):1291-1302.

54. Sakai K,Yamamoto A,Matsubara K,et al. Human dental pulp-derived stem cells promote locomotor recovery after complete transection of the rat spinal cord by multiple neuro-regenerative mechanisms. J Clin Invest,2012,122(1):80-90.

55. Woodbury D,Schwarz EJ,Prockop DJ,et al. Adult rat and human bone marrow stromal cells differentiate into neurons. J Neurosci Res,2000,61(4):364-370.

56. Ryu JS,Ko K,Lee JW,et al. Gangliosides are involved in neural differentiation of human dental pulp-derived stem cells. Biochem Biophys Res Commun,2009,387(2):266-271.

第二十一章

乳腺干细胞与再生医学

乳腺(breast)是由多种不同类型的细胞构成的导管结构。组成乳腺上皮的细胞类型主要包括基底细胞(basal cell)和管腔细胞(luminal cell)。此外,在怀孕期,位于乳腺导管分支末端的管腔细胞能够进一步分化形成分泌乳汁的特殊细胞类型——腺泡状细胞(alveolar cell)。

乳腺作为出生后发育的器官,在成体干细胞研究中具有得天独厚的优势。随着个体进入青春期,乳腺也会进入一个快速发育阶段,在这一时期,乳腺干细胞的自我更新十分旺盛,从而构建形成完整的乳腺结构。乳腺的第二个快速发育阶段是在怀孕时,这一时期,乳腺干细胞会被重新活化,通过不断地自我更新,来满足怀孕期乳腺发育对多种细胞类型的需求。

乳腺是一个高度再生的器官,可以经历多个增殖、泌乳和复旧等周期,这些过程是通过乳腺干细胞来调控的。近10年来,乳腺干细胞在调控正常乳腺自我更新、上皮分化及其信号转导通路等方面的研究有了很大的进展,并且发现在乳腺的癌变中,调控生理性乳腺发育和稳态的信号转导通路发生异常起到重要的作用。

乳腺干细胞具有产生各类乳腺细胞的能力,其研究对于乳腺发育的认知、乳腺癌的治疗以及乳腺器具的开发都具有重要意义。此外,伴随胎儿发育,胚胎期乳腺干细胞所经历的增殖、迁移、侵袭等过程是成体乳腺干细胞没有的,而这些经历与乳腺癌的发生过程非常相似。因此,针对乳腺干细胞的研究在医学上具有更重要的意义。

本章主要介绍乳腺组织发育和结构特点;重点介绍乳腺干细胞及其有关理论知识;有关乳腺干细胞与再生医学的关系的新进展。

第一节　乳腺的发育

乳腺位于皮下浅筋膜的浅层与深层之间。浅筋膜伸向乳腺组织内形成条索状的小叶间隔,一端连于胸肌筋膜,另一端连于皮肤,将乳腺腺体固定在胸部的皮下组织之中。女性乳腺是女性性成熟的重要标志,也是分泌乳汁、哺育后代的器官(图21-1)。

乳腺组织的发生与发育,自出生前的胚胎期至出生后的青春期前,男女两性基本相同。随着青春期到来,女性在妊娠期、授乳期和绝经期阶段,乳腺的形状、大小、结构及功能均发生很大的变化(图21-2,图21-3)。

一、乳腺的胚胎发育阶段

乳腺实质起源于外胚层上皮芽。人类胚胎和胎儿期原始乳腺的发育经历多个阶段,依发育顺序包括乳嵴、乳丘、乳盘、小球、圆锥、发芽、凹入、分支、成管、端-泡等期。

对于各期出现的准确时间看法并不一致。例如,关于乳嵴发生的胎龄有4周、5周、6周的不同记载。差别的缘由主要是因判断胎龄的标准不同。有的按孕妇最后一次月经计算其怀胎时间,有的根据测量胚胎或胎儿的体长。

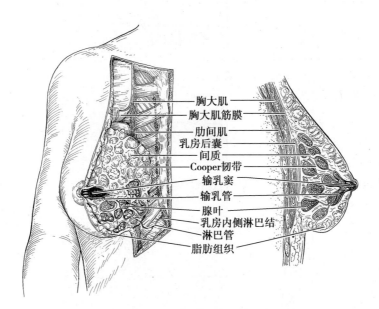

图 21-1　乳房相关胸壁正剖面(左)与矢状剖面(右)

乳腺位于真皮深面的浅筋膜中,靠 Cooper 韧带与皮肤连接。乳房后囊将其与包绕胸大肌的筋膜分隔。Cooper 韧带为间质中的纤维间隔,对乳腺实质起支撑作用。由腺体汇集成的 15~20 条小叶的输乳管开口于乳头。导管接近其开口处,于乳晕下组织中扩张,形成输乳窦。淋巴液由腺体小叶周围间质中的淋巴管输送至集合淋巴管。左图示淋巴管止于乳房内侧淋巴结(胸骨旁淋巴结)

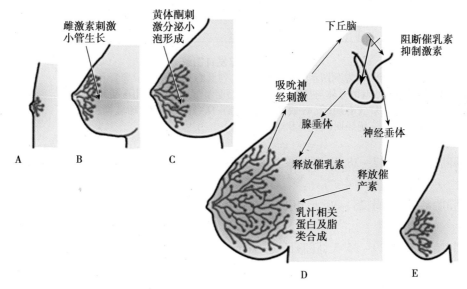

图 21-2　乳腺导管的发育和激素控制乳腺发育和功能

(A)新生儿乳腺;(B)年轻的成年人乳腺;(C)成人乳腺;(D)哺乳期的成年人乳腺;(E)哺乳后成年乳腺

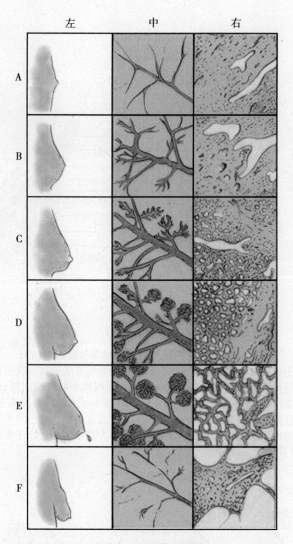

图 21-3　乳腺发育图解

纵列:左列图示乳房侧面观;中列和右列分别图示导管和
小叶的立体与显微镜下观。横列:A. 青春期前(儿童期);
B. 青春期;C. 性成熟(生殖)期;D. 妊娠期;E. 哺乳期;
F. 绝经期(老年)状态

1. 乳嵴期(胚胎龄 4 周,27～28 天,胚体长 4～5mm)　在人类,在胚体胸部乳腺芽形成处的表皮出现上皮细胞聚集,产生一对乳嵴。

2. 乳丘期(胚胎龄 4～5 周,28～30 天,胚胎长 6～7mm)　乳嵴处外胚层上皮增厚形成的原基继续增生呈丘状。

3. 乳盘期(胚胎龄 5 周,29～35 天,胚胎长 5～12mm)　原基向胸壁间叶内陷。胚胎长 10mm 时,原基邻近有单层间叶;11～14mm 时,间叶变为 4 层。

4. 小球期(胚胎龄 6 周,36～42 天,胚胎长 14～22mm)　原基呈三维生长,形成结节。

5. 圆锥期(胚胎龄 7 周,43～47 天,胚胎长 28～30mm)　原基进一步向间叶内长入。

6. 发芽期(胚胎龄 8 周,50～56 天,胚胎长 31～42mm)　原基出现多个芽蕾。

7. 凹入期(胎儿龄 10～13 周,64～91 天,胎儿长 60～98mm)　原基内陷。

8. 分支期(胎儿龄 14 周,92～98 天,胎儿长 105～120mm)　原始乳腺分出 15～25 个上皮索,进入次级乳腺原基阶段。

9. 成管期(胎儿龄 20～32 周,134～224 天,胎儿长 185～300mm)　次级原基的上皮索变成空心导管。

15 ~ 25 个原始导管汇合为 10 个左右原始输乳管。输乳管在出生时经皮肤表面的凹陷开口于乳头。

发育至胎龄 28 周的乳腺已经可以区别出两种不同的上皮细胞群体,即内层的腔细胞及其外层与基底膜相邻的基底细胞或肌上皮细胞。

10. 端-泡期(胎儿龄 40 周,274 ~ 280 天,新生儿体长超过 360mm) 新生儿乳腺体积为 20 ~ 32 周胎儿的 4 倍。乳腺结构原始,导管终端为短的小导管。乳头、乳晕开始形成。

二、出生后乳腺发育

女性出生后乳腺的主要变化始于青春期。在女性其出现的平均年龄为:黑人 8.9 岁,白人 10 岁。中国女性乳房开始发育平均年龄为 10.7 岁。

青春期前的不成熟乳腺发育至成年女性的成熟乳腺是一个顺序性演变过程。首先是导管生长期中上皮和间质同时生长。间质的纤维和脂肪组织量增加,在成年非哺乳乳腺可达 80% 或更多。实际上,结缔组织的增生先于导管的延伸,延长的导管及其尖端被紧密的成纤维细胞包绕。导管生长和分支有两种方式,一是一分为二分叉(分叉分支);二是从主支先后发出侧支(侧分支,又称合轴分支)。乳头部位的初级导管长出次级导管,依次形成节段导管和较小的亚节段导管。腺管实质不断增大;亚节段导管分支终止于上皮增生活跃的杵状球形结构,即终端芽(terminal buds,TEBs)。TEBs 细胞包括体细胞(body cells)和帽细胞(cap cells)。帽细胞位于芽的尖端,是一种具有旺盛细胞分裂及向腔上皮与肌上皮双向分化的多能性细胞。体细胞位于终端芽的内侧,随着导管发育后消失。TEBs 在导管发育延伸至脂肪垫后消失。乳腺发育进入小叶腺泡期时,TEBs 长出两个小的腺泡芽。腺泡芽是个过渡性结构,可形成新的分支或进一步发芽成小导管。小导管是一种小的终端结构,成簇围绕着 TEBs。埋于小叶间质中的短距终端导管及由它生出的 4 ~ 11 个小导管构成乳腺的结构与功能单位,称终末导管小叶单位(terminal dust-lobular unit,TDLU)或处女型腺小叶,或称为 Ⅰ型小叶(lobule1,Lob1)。女性乳腺小叶形成是分化的标志,通常开始于首次月经来潮后 1 ~ 2 年(图 21-4)。Lob1 进一步分化成 Ⅱ 型小叶(Lob2),然后至 Ⅲ 型小叶(Lob3)。每个腺小叶的小导管数在 Lob1 为 4 ~ 11 个,Lob2 平均为 47 个,Lob3 平均为 81 个。随着小导管数量增多,腺小叶体积增大,小导管管径变小。小叶内每一小导管的横断面上皮组成在 Lob1 大约是 32 个上皮细胞;Lob2 横断面约为 13 个上皮细胞,平均面积为 Lob1 的 1/2。Lob3 的小导管横断面面积比 Lob2 的进一步减小,约为 11 个上皮细胞。

三、月经周期乳腺

性激素水平在月经周期的改变对乳腺形态有显著影响。临床上表现为乳房体积和质度呈周期性变动。通常在卵泡期后期,乳房触诊结节感最少,是临床上乳房检查的最佳时刻。成年乳腺在月经周期中的显微镜下形态分为五个时相:增生期,卵泡期,黄体期,分泌期与月经期。

1. 增生期(第 3 ~ 7 天) 腔上皮单层拥挤排列,极向不整,无或仅有细小管腔形成,细胞质伊红淡染;核圆,核仁明显,核分裂平均 4 个/10HP;肌上皮不明显。本期特点为具有上皮核分裂与最高比率的凋亡,小叶间质相对致密,少血管,胖大的成纤维细胞围绕着腺体。

2. 卵泡期(第 8 ~ 14 天) 腔上皮细胞变为柱状,胞质嗜碱性增加;核深染位于细胞基部,核分裂象罕见。肌上皮呈多角形,胞质透亮。有少数胞质淡染的中间型基底细胞,可能是腔上皮和肌上皮的祖细胞。腺腔可辨认,但腔内无分泌物。基膜明显。小叶内间质轻度疏松化。

3. 黄体期(第 15 ~ 20 天) 由柱状腔上皮围绕的腺腔清晰;少数腺腔内含少量分泌物。肌上皮细胞胞质由于糖原蓄积而更为透明;中间型基底细胞更为明显;基膜变薄;间质进一步变疏松;上皮细胞增生率在经产妇的黄体期高于卵泡期,而在非经产妇则月经周期各期的差别不大。

4. 分泌期(第 21 ~ 27 天) 分泌活跃,分泌物致腺腔扩张;腔上皮与肌上皮胞质均透亮;无核分裂象;基膜薄;小叶间质重度水肿;电镜见管腔上皮细胞中内质网增多,有一个增大的高尔基器,细胞器还呈现其他分泌活跃的变化。

5. 月经期(第 28 天 ~ 下个周期第 2 天) 腔上皮胞质稀少。腺腔有的保存,有的塌陷。基底细胞空泡化。核分裂象阙如。间质恢复致密性,小叶内水肿消失,常有淋巴细胞、巨噬细胞和浆细胞浸润。

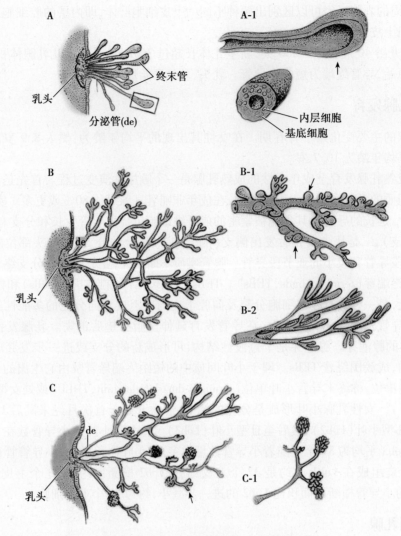

图21-4 出生后至青春期乳腺导管的发育

A. 出生时乳房由数个终止于终末管的分泌性导管组成。A-1:杵状的终末芽延长并进一步分出处女型导管;图中箭头所指处横切面,增生主要见于外层的基底细胞。B. 青春期开始前,导管生长并呈分叉或合轴分支(箭头示)。B-1:球形侧芽自导管外凸;B-2:自终末芽和侧芽形成新分支。C. 青春期乳腺,随年龄增长,小叶数目增多。腺体有些部分仍保持为未分化的终末导管或腺泡芽。如未经历妊娠,则不再进一步发育。C-1:处女型小叶(Ⅰ型小叶)

四、妊娠期乳腺

妊娠时乳腺获得最大限度的发育。妊娠最初三个月的特征是导管树远端呈活跃的细胞增生,致导管增长和出现众多分支。出芽与小叶形成的程度超过处女乳腺所见。新形成的小导管数量迅速增多,使Ⅱ型小叶(lobule2,Lob2)演进为Ⅲ型小叶(lobule3,Lob3)。妊娠第三个月时,发育良好的 Lob3 数量超过原始小叶 Lob1。但此时仍可见 TEBs。妊娠乳腺结构存在相当程度的异质性。有的小叶单位处于静止状态,而其他小叶则增生活跃,形成多量更为分化的 Lob3,甚至Ⅳ型小叶(lobule4,Lob4)。即使在同一小叶,腺泡的发育程度也不尽一致。在终端导管部位,当小叶迅速生长的同时,纤维脂肪间质相应减少,血管增多,伴有单核白细胞浸润。妊娠最初 3 个月结束时,乳头增大,乳晕色素沉着明显,表浅皮肤静脉扩张明显,小叶腺体内可有少量初乳。在 Lob3,腺泡数量可达 Lob1 的 10 倍。如果首次妊娠发生在 30 岁以前,则 Lob3 数量显著增加,这是所有经产妇直到 40 岁时乳腺的主要结构。

在妊娠中期,Lob3 日益转变为 Lob4,腺泡进一步扩大、增多。Ⅳ型小叶(Lob4)的发育特征为乳腺上皮分泌功能增强,小导管与分泌腺泡充分发育,组成 Lob4 每个腺泡的上皮,由于分裂活跃而数量增多、胞质增多而体积增大。由于自导管发出的小叶中央分支密集,以致导管终末或小叶内终末导管不能识别。终末导管向腺泡逐步过渡,两者均具早期分泌功能,因此,在组织学上难以区分。导管肌上皮仍然可见,但大多因上皮膨大而变得模糊。纤维脂肪间质继续相对减少。乳腺导管树的确定性结构基本在妊娠前半期建成;妊娠后半期主要是分泌功能继续加强;分支还在继续,但芽的形成不再明显。此时乳腺已分化的结构、真正分泌单位或腺泡的形成日益显著;新腺泡增生大为减少;上皮胞质因充满脂滴而空泡化;腺腔扩张,内有分泌物或初乳蓄积(图 21-5)。

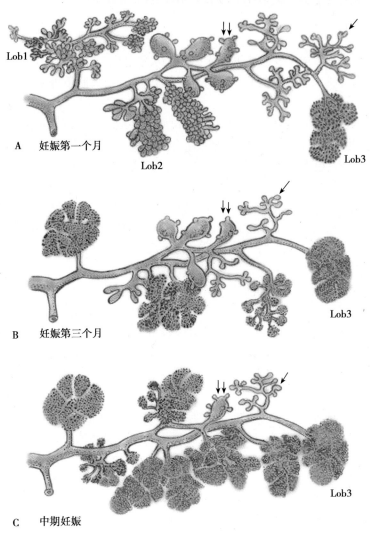

图 21-5 人类妊娠过程乳腺实质变化图解
单箭头:腺泡芽;双箭头:终末芽;Lob1:Ⅰ型小叶;Lob2:Ⅱ型小叶;
Lob3:Ⅲ型小叶

五、哺乳期乳腺

哺乳期乳腺并无较大的形态学改变。腺泡腔扩张,充满混有脂质的颗粒性微嗜碱性物质。腺小叶变大,但各个腺小叶大小不一,提示其泌乳功能强弱不同。随着乳房规律性地排乳,乳汁继续被合成并释入乳腺腺泡与导管系统。乳汁在导管系统内通常贮积 48 小时,若超过 48 小时,之后则致合成与分泌减少。

哺乳停止后,乳汁在导管腺泡和泌乳上皮胞质内的蓄存对于乳汁进一步合成起抑制作用。乳腺复旧时,90% 的腺上皮凋亡,退变的腺体被脂肪细胞取代。

六、绝经期乳腺

绝经后乳腺的显著结构改变是小叶和细胞数量减少,主要是上皮萎缩凋亡的结果。静止乳腺的双层上皮重新形成。在腺上皮消失的同时,间叶变化的趋势是基底膜增厚和小叶内间质胶原化。

第二节 乳腺形态结构

女性乳腺在诸多激素与分子调控下,青春期、妊娠期、哺乳期和绝经期等呈现明显的形态结构变化。男性青春期后的乳腺在正常情况下基本上不发生形态结构改变。

一、乳腺的外表结构

乳腺基部在垂直向介于第 2 或第 3 肋至第 6 或第 7 肋水平之间,在水平向介于胸骨侧缘与腋中线之间。整个乳房绝大部分位于胸大肌和前锯肌前面。乳房外上突出部沿胸大肌下外侧缘延伸至腋窝,形成所谓的 Spence 腋尾。

临床上对乳腺进行体表观察时,可通过乳头画一假设的十字线,将乳房分为内上、内下、外上与外下 4 个象限;乳头与乳晕则划为乳头区。临床医生可依此顺序全面检查乳房,并记录病变位置。乳头与乳晕是位于乳房中央的一个直径 2~3cm、色素沉着较多的环形区。乳头为乳晕正中的杵状突起,在成年女性,高约 1cm。乳头和乳晕表面为角化的复层鳞状上皮,即表皮。表皮深面的真皮乳头高而不规则,深嵌于表皮基底面的凹陷中。乳头结缔组织内有 15~25 条直径为 2~4mm 的输乳管,起端与乳腺腺叶导管连接,终端于乳头顶部的开口称输乳孔,直径 0.4~0.7mm。乳晕深部的输乳管扩大,形成直径为 5~8mm 的输乳窦。

二、乳腺的组织结构

成人乳腺包括皮肤、皮下组织与乳腺组织三种结构。乳腺组织位于皮下浅筋膜的深浅两层间隙之中,由实质与间质组成。有时在显微镜下可观察到腺体延伸穿越筋膜边界。乳腺实质是由一系列分支而管径递减的管道系统构成,其中输乳管分出的腺叶导管系统构成腺叶。输乳管共有 15~25 条,亦即每个乳腺共有 15~25 个腺叶。每个腺叶导管又再分出小叶导管,为 20~40 个。小叶导管继续分支,依次为小叶外导管、小叶内导管、终端小导管与腺泡。每个乳腺小叶含 10~100 个腺泡,为一个复管泡状腺,或称终端导管-腺泡单位(terminal catheter-acini unit,TCAU)。

全部乳腺小叶间散在分布有交织成网的粗大纤维束,称 Cooper 韧带。它们自乳腺垂直地插入真皮与胸深筋膜,对乳房起支撑和悬吊作用。这些韧带可因乳腺癌组织的侵袭而缩短,导致乳房皮肤呈所谓的橘皮样外观。

三、乳腺的血管

1. 动脉 乳腺的血液供应有三个来源,即胸廓内动脉穿支、腋动脉分支和肋间动脉穿支。这些动脉血管的分布存在个体差异,在同一个体也多非呈双侧对称。

胸廓内动脉的第 1、第 2、第 3 和第 4 肋间穿支分别在各自肋间近胸骨缘处穿出肋间。各穿支相继发出至肋间肌与胸大肌的分支后,其终支称乳房内动脉,为乳房内侧部分供血。腋动脉与乳房血液循环相关的分支有多条,胸肩峰动脉分布于乳房外上部,胸外侧动脉供应乳房外侧部,腋动脉或肱动脉也可直接向乳房外侧分出动脉小支。肋间动脉为乳房外下区供血。乳房血液约 60% 来自胸廓内动脉穿支,30% 来自胸外侧动脉,其他如胸肩峰动脉,胸廓最上动脉与肋间动脉穿支均只占少量。有两条动脉虽不向乳房供血,但在乳癌根治术中却具重要性。一条是胸背动脉,其位置较深,出血难以控制。另一条血管是胸外侧动脉,该血管受损,术后将致胸大肌萎缩(图 21-6)。

2. 静脉 乳腺静脉分浅深两种。乳腺浅静脉位于皮下浅筋膜浅层的深面,可透过乳腺皮肤而显现;乳腺深静脉大致与动脉伴行,将腺实质血液引流至乳腺周围部,再分别注入胸廓内静脉穿支、腋静脉属支和肋间

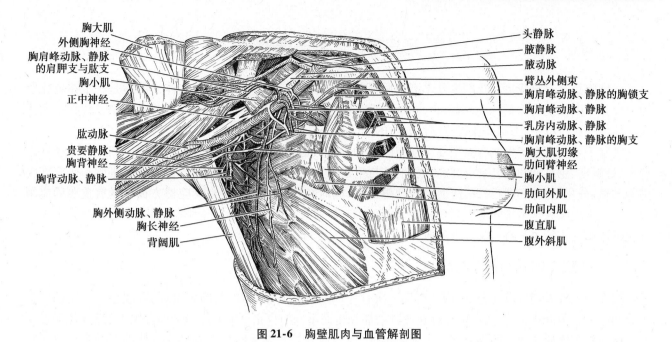

胸大肌
外侧胸神经
胸肩峰动脉、静脉
的肩胛支与肱支
胸小肌
正中神经
肱动脉
贵要静脉
胸背神经
胸背动脉、静脉
胸外侧动脉、静脉
胸长神经
背阔肌

头静脉
腋静脉
腋动脉
臂丛外侧束
胸肩峰动脉、静脉的胸锁支
胸肩峰动脉、静脉
乳房内动脉、静脉
胸肩峰动脉、静脉的胸支
胸大肌切缘
肋间臂神经
胸小肌
肋间外肌
肋间内肌
腹直肌
腹外斜肌

图 21-6 胸壁肌肉与血管解剖图

后静脉穿支。

四、乳腺的神经支配

乳房皮肤接受躯体感觉神经与交感神经支配;乳腺实质无神经支配,仅受激素调控。乳房皮肤的躯体感觉神经有三个来源:包括肋间神经外侧支,肋间神经前支及其节后纤维通过第2至第6肋间神经的皮支影响与神经伴行血管中的血流、皮肤汗腺的分泌和平滑肌收缩。乳头、乳晕处的神经末梢丰富,感觉敏锐,发生乳头皲裂时,疼痛剧烈。除了感觉神经外,还有交感神经纤维走行分布于乳头、乳晕和乳腺组织,因此,当产妇的乳头受到婴儿的吸吮刺激时,可以引起催乳素及催产素的反射性分泌,引起乳汁的分泌。乳腺癌术后很多患者会感觉胸壁切口麻木感、跳痛,这也与皮神经受损有关。

五、乳腺的淋巴回流

在女性乳房的组织内有极其丰富的淋巴管互相吻合成丛,整个腺体、腺叶、腺小叶都被稠密而微细的淋巴网所包围。但小叶内无淋巴管。乳房的淋巴循环主要引流到腋窝淋巴结、内乳淋巴结、锁骨下/上淋巴结、腹壁淋巴管及两侧乳房皮下淋巴网的交通。其中最重要的是腋窝淋巴结和乳腺内侧淋巴结,他们是乳房淋巴引流的第1站。乳腺各个象限的淋巴液都可以向腋窝或内乳淋巴结引流,腋窝淋巴结收集约75%的乳房淋巴液,另外约25%流向乳腺内侧淋巴结。因此,乳房外侧的肿瘤向腋窝淋巴结转移较多,肿瘤位于内侧时内乳淋巴结的转移率较高。

1. 乳腺的淋巴管 乳腺有丰富而广泛的呈多向性树枝状分布的淋巴管。乳腺皮肤、腺组织内间质、小叶间隔及导管周围的淋巴管均相互吻合沟通。乳腺的淋巴管道起始于毛细淋巴管,后者自其盲端收集组织间隙中的淋巴液。大量的毛细淋巴管互相吻合,汇集为小淋巴管。小淋巴管再逐步汇合,管径渐增,形成较大的淋巴管,经平行于较大静脉支的淋巴管进入区域淋巴结。乳腺淋巴流环绕乳腺小叶实质与乳腺导管周围。乳腺真皮的微小淋巴管无瓣膜。除病理情况外,乳腺淋巴呈典型的搏动式单向流。搏动是淋巴管呈波形收缩所致。

乳腺淋巴管道有相互联系的三组,其中主要的一组淋巴管道起始于乳腺小叶间隙,沿输乳管分布;第二组为乳晕下淋巴丛,主要引流乳腺中部腺组织及其表面皮肤中的淋巴;第三组为乳腺深面淋巴丛,它与其深面的深筋膜细小淋巴管沟通。

2. 淋巴结 一般认为收集乳腺淋巴流的淋巴结有三组。①腋淋巴结:接收75%或更多的乳腺淋巴流;②乳腺内侧淋巴结:有25%或少于此量的乳腺淋巴反流入该淋巴结;③肋间后淋巴结。

第三节 乳腺干细胞

干细胞是具有自我更新及产生分化谱系后裔能力的细胞。许多资料证明,人体干细胞是一个在分化能力上存在不同级别的体系(hierarchical model),具有依次产生增生性祖细胞和组织特异性成熟子代细胞的巨大潜能。在此过程中,细胞在获得特异性分化的同时却失去增生和自我更新的能力。

乳腺干细胞具有产生所有类型乳腺细胞的能力。在乳腺组织生长发育过程中,乳腺干细胞对于动物青春期、妊娠期、泌乳期和泌乳衰退期的乳腺生长与重建等具有重要意义。体外培养的乳腺干细胞是研究乳腺细胞增殖、分化、生存和凋亡等信号通路的理想模型,同时在转基因乳腺生物反应器方面也具有重要的应用前景。正常乳腺腺体系统和造血系统一样,也存在干/祖细胞。目前,对乳腺干细胞的识别、分离及其生长与分化等方面已进行了日益广泛深入的研究。

一、乳腺干细胞的存在与起源

妇女进入青春期乳腺充分发育后,在每一次月经周期以及妊娠、哺乳与断乳过程,乳腺会发生周期性增生或和凋亡。因此推论,乳腺中应该存在使其功能保持完整性的自我更新的细胞群即乳腺干细胞/祖细胞。

成人乳腺实质主要由两种分化上皮细胞构成,即内衬导管和腺泡的呈立方形或柱状的腔细胞与位于腔细胞和基底膜之间的肌上皮细胞。正如在其他器官一样,两种分化上皮应该是源于同一种干细胞。

在乳腺上皮中,有时可发现具有未分化形态的细胞,包括基底透明细胞和细胞角蛋白 19 阴性(CK19$^-$)细胞。在乳腺导管发育过程中,位于终末导管终端芽(TEB)尖端的"帽细胞(cap cell)"属于干细胞。帽细胞具活跃的核分裂,其表型介于腔细胞和肌上皮之间,两者的标记如波形蛋白(vimentin),SMA 与黏蛋白 1(MUC1)呈明显低表达。它们如果迁移入 TEB 的腔细胞群中,发育成腔细胞;如果向侧面迁移至腔细胞与纤维基质之间,则变为肌上皮细胞。鉴于其分裂活性与不同的表型发展,有些学者因而设想,帽细胞是一种多潜能乳腺干细胞/祖细胞。但是,TEB 只是一种过渡性结构,当导管延伸至脂肪垫后,TEB 及其帽细胞即随之消失。成人乳腺的整个上皮群体均保持再生能力,因而帽细胞可能不是唯一的多能性乳腺上皮细胞。

小鼠乳腺分离出的上皮,经有限稀释培养,获得细胞克隆。将克隆(祖)细胞移植入已清除了腺组织的受体小鼠乳腺脂肪垫,结果产生含导管、腺泡和肌上皮的枝条。在后来的移植实验发现,在小鼠乳腺整个发育过程中,自其任何一部取样进行有限稀释培养均可分离出具有完全发育能力的细胞,且不受其年龄与所处的发育阶段所限。经过评估,这些可以克隆化的祖细胞占乳腺上皮细胞的千分之一到二千分之一。目前认为成年小鼠乳腺中存在具分化多潜能性和自我更新能力的乳腺上皮干细胞群体。

乳腺干细胞培养基现阶段尚无有效的制备方法。2014 年张等将乳腺细胞培养在 BM 培养基(DF12、MC-DB-201、胎牛血清、胰岛素-转铁蛋白-亚硒酸、亚油酸-牛血清白蛋白、抗坏血酸、表皮细胞生长因子、血小板衍生生长因子、氢化可的松、100mg/L 青霉素和 100U/ml 硫酸链霉素)或者不同质量浓度的雌激素(10μg/L)和生长激素(50μg/L)。上述筛选出的培养基命名为 MaECM(mammary epithelial cell medium)培养基,能够促进乳腺上皮细胞生长,阻止成纤维细胞增殖,是适合筛选乳腺干细胞的培养基。在 MaECM 培养基的基础上,证明了 Sca-1$^+$乳腺细胞具有干细胞的潜能,值得关注。

二、乳腺干细胞的细胞表面标记

乳腺干细胞的培养对研究乳腺发育和乳腺癌的发病机制有重要意义。小鼠乳腺由多种不同类型的上皮细胞构成。多潜能干细胞位于乳腺发育的顶端,是乳腺中所有分化细胞类型的来源。然而,这群多潜能乳腺干细胞此前尚未通过特定的标记基因得到鉴定,其存在性也备受争议。

此前的研究利用特异的细胞表面标记 Lin$^-$、CD24$^+$和 CD29 能够将基底层细胞和管腔细胞通过流式分选区分开来,并通过移植实验,发现了乳腺上皮的基底细胞中存在多潜能的乳腺干细胞(mammary stem cells,MaSC),能够在体内再生成为新的器官,包含所有乳腺分化细胞类型。然而,乳腺的基底细胞存在很强的异质性,它们包括了多种细胞类型,例如干细胞、祖细胞(progenitor)和终末分化的基底细胞。乳腺基底细胞的异质性在移植实验中的表现就是虽然能够重建完整乳腺,但乳腺重建的成功率较低。如何借助特异的细胞表面标记在基底细胞中鉴定出真正具有高乳腺重建成功率的多潜能干细胞,此前尚未得到解决。除了借助移植实验,科学家也试图通过细胞谱系追踪的方法(lineage tracing)在乳腺的正常发育过程中鉴定多潜能干细胞的类群。此前,两个实验室分别报道了他们对基底细胞所形成的后代细胞类型进行追踪及分析的结果。其中一方的结果发现,基底细胞形成的后代细胞只有基底细胞,因而认为乳腺中并不存在多潜能的干细胞,只存在单潜能的干细胞;而另一方的结果却与之截然相反,提示基底细胞能够形成所有细胞类型。除了对所有基底细胞进行谱系追踪外,也有实验室开展了对基底细胞的亚群 Lgr5$^+$ 或 Axin2$^+$ 细胞进行谱系追踪。这些工作提示,这些细胞所形成的后代细胞仅贡献于基底细胞,Lgr5$^+$ 或 Axin2$^+$ 细胞是单潜能的干细胞。位于乳腺细胞谱系最顶端的多潜能干细胞是否存在仍是未解之谜。

Zheng 等团队最新发现借助芯片(microarray)的方法,得到了体外培养的干细胞中响应 Wnt 信号而被激活的一系列基因。从中筛选出了 Procr(protein C receptor)基因。Procr 是一个单次跨膜蛋白,之前对该蛋白的功能研究主要集中在抗凝血反应、炎症反应和造血干细胞等方面。Procr 基因在乳腺干细胞中的作用尚未有报道。借助流式细胞分析技术和免疫荧光染色,他们发现表达 Procr 的细胞是存在于基底细胞中的一个小的亚群,约有 3% 的基底细胞表达 Procr。而另一方面,Procr 在管腔细胞中不表达。借助体外 3D 培养的方法,他们发现只有 Procr$^+$ 的基底细胞能够在体外 3D 培养条件下形成克隆,而 Procr$^-$ 的基底细胞没有克隆形成能力。并通过移植实验进一步验证了 Procr$^+$ 的基底细胞的体内再生能力。研究发现,Procr$^+$ 的基底细胞能够在免疫缺陷的受体小鼠中更有效地再生成新的器官,与总体的基底细胞比较,Procr$^+$ 的基底细胞的乳腺重建能力提高了约 6 倍,这表明 Procr 能够作为特异的分子标记进一步在基底细胞中富集乳腺干细胞。

为进一步验证 Procr$^+$ 细胞在正常乳腺发育中是否具有这种多潜能性,他们构建了 Procr$^{CreERT-IRES-tdtomato}$ 基因敲入小鼠。在 Procr$^+$ 细胞中特异表达 CreER 重组酶,该重组酶需要在注射 Tamoxifen 的情况下才能被条件性地激活。接着,他们通过遗传实验获得 Procr$^{CreERT-IRES-tdtomato}$、Rosa$^{mTmG/+}$ 小鼠,在注射 Tamoxifen 的情况下,未发生同源重组的细胞依然表达 mTomato,而 Procr$^+$ 的细胞产生有活性的重组酶,开始表达 mGFP。这种重组是不可逆的过程,因此 Procr$^+$ 的细胞的后代细胞都表达 mGFP。实验证明,他们成功地标记了小鼠正常发育状态下乳腺中表达 Procr 的细胞。进一步追踪这群被标记细胞的后代细胞,分析其细胞类型,我们证明了这群被标记的 Procr$^+$ 细胞在正常乳腺发育过程中能够形成所有的乳腺细胞类型。该发现解决了乳腺干细胞领域长期以来对多潜能干细胞是否存在的争议。我们证明,Procr$^+$ 细胞是对位于乳腺细胞谱系的最顶端的多潜能干细胞,在移植实验中具有最高的再生能力,在谱系追踪实验中能够分化为所有分化细胞类型。

三、乳腺干细胞的鉴定

现有对乳腺干/祖细胞的分选与鉴定方法包括超微分析、表型标记、激素受体表达与 SP 细胞分离等。列为正常乳腺干细胞免疫表型标记的有 Sca1、CK5/6、CK19、Musashi、ESA$^+$/MUCT$^-$、EMA$^+$/CALL$^-$、Bmi1、CD49f^{high}、CD29^{high}、CD44$^+$CD24$^{-/low}$、OCT4 及 ALDH1 等。

(一) 超微分析

利用电子显微镜分析鼠类乳腺细胞。样品来源包括小鼠乳腺移植物,妊娠和哺乳小鼠乳腺,大鼠由未经产至妊娠、哺乳与绝经各个发育过程中的各期乳腺。界定多潜能干细胞的基本特点为细胞分裂能力(出现有丝分裂染色体)、有丝分裂静止相、不对称有丝分裂、对称有丝分裂及未分化细胞的超微结构。啮齿类乳腺上皮有五种形态类型,即原始性小亮细胞(small light cell,SLC),大亮细胞(large light cell,LLC)[包括未分化大亮细胞(undifferentiated large light cell,ULLC)与分化大亮细胞(differentiated large light cell,DLLC)],大暗细胞(large dark cell,LDC),具典型细胞学分化的腔细胞(cavity cell),还有肌上皮细胞(myoepithelial cell)。

ULLC 具有分裂能力,可能是 II 级祖细胞。SLC(约 8μm)不与管腔接触,无极向,形如阿米巴样;核小,核质苍白,具有异染色质;胞质苍白,细胞器少,细胞数量很少,缺乏特异功能的结构,具非对称有丝分裂的证据。SLC 有分化的形态学证据,在 SLC 中可见十分原始的细胞向 ULLC 过渡的特征;还有的 SLC 含肌丝与半桥粒,此两者是肌上皮特化的细胞器。

根据这些观察结果设想小亮细胞是干细胞和 I 级祖细胞,它们约占上皮细胞总数的 3% 。

(二) 干细胞抗原-1(stem cell antigen-1,Sca1-1)

Sca1-1 也称为淋巴细胞-6a(lymphocyte-6a,Ly-6a),是一种磷脂酰肌醇-锚定膜蛋白,为 Ly-6 家族成员之一,在小鼠骨髓和肌干细胞表达,具有 T-细胞激活或细胞粘连功能。小鼠乳腺中也存在 Sca1⁺细胞。标记实验显示在缓慢分裂的静息细胞群中 Sca1 含量丰富。利用一种将 Sca1-绿色荧光蛋白(green fluorescence protein,GFP)敲入的实验手段,显示 Sca1-GFP 细胞中不存在分化标记孕酮受体(progesterone receptor,PR)或花生凝集素(peanut agglutinin)。在有限稀释重建实验中,将荧光激活细胞分选(fluorescent activated cell sorter,FACS)法分离的 Sca1-GFP⁺细胞或磁珠分选法分离的 Sca1⁺细胞植入已清除腺组织的小鼠乳房脂肪垫后,可产生乳腺支条。一千个富含 Sca1 的小鼠原代培养细胞能在宿主小鼠重建出乳腺,而 Sca1-GFP⁻细胞则于移植后缺乏乳腺生长活性。

(三) 细胞角蛋白5/6(CK5/6)

细胞角蛋白分为两个主要亚群,即碱性的 Ⅰ 型(编号 1-9)和酸性的 Ⅱ 型(编号 10~20)。乳腺高分化的腔上皮细胞表达 CK8/18/19。在小鼠乳腺上皮的新生上皮中,有 CK14 和 CK6 两种细胞角蛋白表达。CK6 表达在活体内限于腺叶周边小管的少数腔上皮细胞,但在活跃生长的终端则呈高度表达。CK14 表达见于基底部的梭形细胞,相当于肌上皮所在的位置。成熟非经产小鼠乳腺表达 CK6 和 CK14。在妊娠早期,新形成的分泌腺泡细胞中可找到许多 CK6/CK14 阳性的腔上皮。继后,CK6 和 CK14 阳性腔上皮细胞随小叶生长停止而减少。在小鼠乳腺上皮恶性前增生时,CK6 和 CK14 表达增加。在乳腺胚胎发育过程中,乳腺原基也表达 CK6。人乳腺上皮除 CK8/18//19 阳性的腺管上皮与 SMA 阳性的肌上皮外,尚有一种仅表达 CK5,而 CK8/18/19 与 SMA 均阴性的细胞。后者可经过 CK5/CK8/18/19 或 CK5/SMA 阳性的中间阶段演变成腺上皮或肌上皮。所以认为 CK5 阳性细胞是可以分别向腺上皮与肌上皮分化的祖细胞,即委任干细胞(committed stem cells)。也有研究发现 CK6 和 CD14 具有与 CK5 相同的情况,三者均于乳腺定向干/祖细胞和乳腺中间型细胞中表达,说明三者在乳腺发育和分化中起一定作用。

(四) RNA-结合蛋白 Musashi-1

Musashi 是一种进化上保守的 RNA-结合蛋白家族。Musashi-1 在神经系统表达强烈,其原始结构和表达模式存在于线虫(C. elegans)、果蝇(Drosophila)、海鞘(Ciona intestinalis)及全部脊椎动物的不同种属中。Musashi-1 不仅是神经前体细胞,也是乳腺干细胞的标记物。Wnt 与 Notch 信号通路对于乳腺干细胞自我更新的调控具有重要作用。已有研究证实,哺乳动物 Musashi-1 通过抑制 m-Numb mRNA 翻译而激活 Notch 信号。β-catenin-Tcf/Lef 复合体在 Wnt 信号转导中起重要的枢纽作用。Musashi-1 基因的 5'-上游区含有许多转录因子 Tcf 结合感应系列。Wnt 信号和 Sox 家族转录因子可能诱发 Musashi-1 表达;Musashi-1 再通过抑制 m-Numb mRNA 的翻译和引发几个信号系统之间的交谈(cross-talk)而激活 Notch 信号,以发挥其增强干细胞自我更新与保持的功能。

(五) CD49f、CD29、CD44 与 CD24

整合素(integrins)家族是一类细胞表面糖蛋白受体,其配体为各种黏附因子。细胞表面整合素与黏附因子表达水平可作为识别乳腺上皮干/祖细胞的标记,包括整合素成员 CD49f(α6-integrins)和 CD29(β1-integrins)及黏附因子 CD44 和 CD24。从小鼠乳腺分离纯化的 CD49f^high CD24^med Lin⁻ 或 CD29^high CD24⁺ Lin⁻ 细胞系的单细胞移植可形成完全的乳腺组织。证明这些 CD49f^high CD24^med 或 CD29^high CD24⁺ 细胞具干细胞性质。CD49f 与 CD29 高表达提示其位于腺管的基底层。此外还发现一种 CD49f^high CD29^high CD24⁺ 祖细胞及 CD49f^low CD29^low CD24^high 的腔限定性祖细胞。

CD44⁺ CD24^(-/low) Lin⁻ 是从人乳腺分离出具干细胞特性的细胞。从 SNP 阵列和 FISH 分析及干细胞与分化细胞多种标记表达来看,CD44⁺ 更较具干性,而 CD24⁺ 则为较分化性。CD44⁺ 正常乳腺细胞与 CD44⁺ 乳癌细胞的相似性高于同一正常乳腺组织内 CD44⁺ 细胞和 CD24⁺ 细胞的相似性,这也说明 CD44⁺ 细胞为较原始性。

(六) 激素受体

应用细胞特异性表面标记显示,纯化的小鼠乳腺干细胞(如 CD29^high CD24⁺ 细胞)其雌激素受体(estrogen receptor,ER)、孕激素受体(progestrone receptor,PR)两种激素受体与 HER2 均为阴性。小鼠乳腺腔上皮细胞中的 40% 表达 ER,干细胞则位于 ER 阴性细胞的基底层。

在乳腺干/祖细胞群中,ER 阴性的干细胞最具有原始性,将其单个细胞移植于乳腺腺体清理后脂肪垫能重建全部乳腺。阴性表达 ER 的干细胞可产生阴性表达 ER 的暂时扩增性细胞与阳性表达 ER 的祖细胞。阳性表达 ER 的短暂性干/祖细胞在体外培养,增生成集落;在活体,增生成上皮片。这些干/祖细胞亚群在活体内构成一个连续系列。它们的增生与分化最终在成体产生出功能齐全的乳腺,其细胞的激素受体表达方式不同。

(七) Hoechst 染料排出

DNA-结合染料 Hoechst33342 排出作为一种独特的方法被用于从多种组织中鉴别可能的干细胞。这些组织包括骨髓、心、肺、肌肉、眼、胰等。具有排出 Hoechst33342 能力的细胞称为侧群(side population,SP)细胞。实验方法首先是将组织样品分离成单个细胞悬液,克隆培养;继之,取培养物单独加入 Hoechst33342,或 Hoechst3349 与 Verapamil。孵育后,再加入 propidium iodide。用流式细胞仪测定两种不同荧光着色的细胞;死亡细胞呈 propidium iodide 荧光着色,Hoechst33342 荧光阳性的细胞即为 SP 细胞。小鼠乳腺全部上皮细胞群中有 2%~3% 的 SP 细胞。Veropamil 处理使 SP 细胞比率降低至原来的 1/4。75% SP 细胞为 Sca1 阳性。活体脉冲追踪试验显示保存 BrdU 标记的新细胞在 SP 较非 SP 高出四倍之多。把有限稀释的新鲜分离小鼠乳腺 SP 细胞 2000~5000 个移植入清除腺体的乳房脂肪垫。5~8 周后检查,发现 37 个脂垫中有 4 个形成含肌上皮的小叶腺泡结构,1 个发育成导管与小叶腺泡;而 25 个非 SP 细胞移植物有 6 个产生乳腺。

(八) 乙醛脱氢酶 1

乙醛脱氢酶 1(aldehyde dehydrogenase 1,ALDH1)是 ALDHs 基因家族成员之一,是人乳腺干细胞和乳腺癌干细胞的重要标志物。干细胞和祖细胞的醛脱氢酶活性很高,将不带电荷的 ALDH-底物(BAAA,BodipyTM-aminoacetaldehyde)通过扩散进入活细胞,BAAA 被细胞内的 ALDH 转化为带负电荷的反应产物(BAAA,BodipyTM-aminoacetate),该产物滞留在细胞内,ALDH 高表达的细胞呈现明亮的荧光,在流式细胞仪的绿色通道(520~540nm)被检出,从而进行鉴定和分选。ALDH1 高表达的乳腺上皮细胞具有干细胞特性,能形成乳腺球(mammosphere),并能自我更新。

四、乳腺干细胞特性与再生

乳腺干细胞具有一般干细胞的特征,同时也具有自身的表型特点,其与组织再生也有着密切的关系。

(一) 乳腺干细胞的特性

乳腺上皮干细胞具有长寿性、自我更新性、细胞分裂不对称性及克隆性。

1. 长寿性 人乳腺上皮体外培养于补充垂体抽提液的无血清培养基中的趋化因子受体 CD184 细胞、低钙浓度 0.06mmol/L 培养基中的巨噬细胞趋化因子 10(macrophage chemotactic factor,MCF10)细胞和 MCF12 细胞、无血清培养基中的 4-羟基-17-甲基睾酮[4-hydroxy-17(α)-methyltestosterone,HMT]3522 细胞均可传代 50 代以上。

2. 自我更新性 乳腺干细胞由于数量少、寿命长及子代祖细胞的扩增,使其自我更新的体外观察实验存在困难。在小鼠可用移植传代方法观察乳腺干细胞的自我更新。对人类乳腺干细胞自我更新能力的观察,2003 年,首先是由 Dontu 等应用所谓非黏着性乳腺球试验才得以开展。乳腺干细胞的自我更新性与乳腺组织再生密切相关(见下)。

3. 细胞分裂不对称性 干细胞经不对称细胞分裂,产生了一个干细胞子代与另一个向系特异性细胞分化的子代。如将 ^{3}H-thymidine 标记的乳腺干细胞移植于裸鼠,经雌激素作用,移植细胞进行一或二次分裂,产生标记有 ^{3}H-thymidine 的两种细胞,即 Ki67 阴性、p27 阳性的静止性细胞与 Ki67 阳性的过渡性扩增细胞。

4. 克隆性 单个乳腺干细胞经短期克隆培养,可以分别产生具有腔上皮、肌上皮分化与干/祖细胞样的克隆。

(二) 乳腺干细胞与乳腺组织再生的关系

乳腺干细胞的自我更新和增殖分化等特性,在乳腺发生发育,不同时期的变化以及衰退和再生中起着重要的作用。

1. 乳腺干细胞植入诱发"乳腺球"再生 将自小鼠乳腺上皮分离的细胞移植入清除了腺体成分的小鼠

乳房脂肪垫,移植细胞增生并分化成腺管与腺泡结构,从而最终确定了分离移植细胞是小鼠乳腺干细胞。以此方法应用于人类乳腺干细胞,需要克服异体移植的障碍。当正常人类乳腺上皮细胞被植入小鼠经人类化的间质后,能进行正常的形态发育和功能分化。通过这个新模型,可以观察人类乳腺不同上皮细胞亚群在一种生理相关的种属特异性微环境中自我更新和分化的能力。因此为人类乳腺祖细胞的研究提供了一个有希望的新领域。目前在人类乳腺领域的研究,人们所作的努力主要是试图优化人类乳腺上皮细胞(human mammary epithelial cell,HMEC)体外克隆生长分化的条件。在此战略思想指导下,产生了一些识别 HMEC 祖细胞亚群,包括具有自我更新能力的多向分化潜能 HMEC 的方法(图 21-7)。

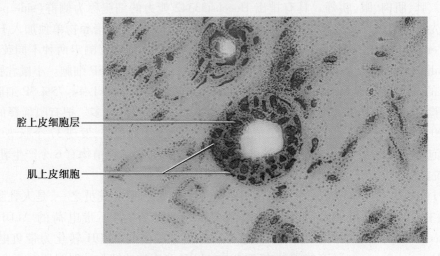

腔上皮细胞层

肌上皮细胞

图 21-7　HMEC 单细胞活体移植

HMEC(人乳腺上皮细胞)单细胞浮悬液移植于 NOD/SCID 雌小鼠肾被膜下的人类乳腺
成纤维细胞所含胶原液中,并给予外源性雌激素及孕酮。活体培养 4 周后,观察到成层
上皮细胞构成腔上皮细胞层及肌上皮细胞

从大鼠胚胎室管膜下区域分离出的神经细胞能在悬浮培养中增生,克隆性产生球状集落,称之为神经球;其中 20% 的细胞体外增生,对 EGF 和 bFGF 刺激发生反应,具有干细胞特征,能自我更新及沿多系分化。两年后,同一实验室证实,从成年动物分离的神经干/祖细胞同样具有体外繁殖成神经球的能力。2003 年 Dontu 等应用类似培养神经球的方法开辟了一条体外研究人乳腺干/祖细胞的途径。他们自乳房复原成形术切除的乳腺组织中分离人类乳腺上皮细胞,将其置于含 EGF 和(或)bFGF 的无血清培养基内非黏附性底物上培养。在这些条件下,绝大部分细胞发生失巢凋亡(anoikis)。Anoikis 是指非转化细胞在缺乏底物锚基,细胞-细胞外基质通讯断绝时发生的凋亡(apoptosis)。Anoikis 是分化细胞的特征,但干细胞能在锚基非依赖条件下生存。每 1000 个分离的细胞中有大约 4 个细胞能生存并增生,形成多细胞球体。由于这种多细胞球体与神经细胞培养所产生的神经球相似,而称其为乳腺球(mammary gland ball)。

乳腺球中富含 CD49f⁺、CK5⁺ 和 CD10⁺ 的未分化细胞,也有很少数表达腔上皮和肌上皮标记 ESA 和 CK14 的细胞。由乳腺球分离的单个细胞置于有促进分化的胶原底物的血清上培养,能增生分化成仅表达导管或肌上皮特异性标记或两种细胞系标记的集落。原代乳腺球所含双系祖细胞数 8 倍于新鲜培养的人类乳腺细胞。次代和较晚传代乳腺球实际上 100% 由双潜能分化祖细胞组成。大部分双潜能祖细胞能形成人乳腺三个细胞系,即肌上皮、导管上皮和腺泡上皮细胞的集落。在重建 3-D 培养系统的基质胶(matrigel),乳腺球所含细胞能克隆出与导管和腺泡相似的复杂分支结构。当在培养基中加入催乳素后,乳腺球形成功能性腺泡细胞,向腔内分泌 β-酪蛋白。逆病毒标签证明乳腺球是克隆来源的。此外,经过多次传代,其细胞仍然保持未分化状态和多向分化能力。

2. SP 细胞植入诱发乳腺组织再生　用流式细胞技术等从乳腺上皮细胞中分离出 SP 和非 SP 两个细胞群,其中仅 SP 细胞能在悬浮培养中形成乳腺球及在胶原底物上产生多系集落;当植入于 NOD/SCID 小鼠被清除腺组织的乳房脂肪垫后,乳腺球可产生有限的乳腺上皮支条,具有人类乳腺导管腺泡结构的形态和细胞特征。在缺乏人类成纤维细胞条件下产生这种支条至少需 500 个移植乳腺球(10 000～25 000 个细胞)。乳腺球如与人类乳腺成纤维细胞结合,则能改善移植生长的效果。

应用流式细胞技术和HPV$^{E6/E7}$永生化技术,从人类乳腺分离出分别表达干细胞标记MUC1$^-$/ESA$^{+(E6/E7)}$和系限制性标记MUC1$^+$/ESA$^{+(E6/E7)}$的两个细胞系;前者为永生化克隆,可产生自身原有特性及呈腔上皮与肌上皮表型的后代。在3DlrECM上,前者形成TDLU样结构,后者形成腺泡样球。利用体外非黏着性乳腺球形成、细胞系HPV16$^{E6/E7}$转导、荧光激活细胞拣选(FACS)分析和克隆化,结合免疫化学、RT-PCR与RS-PCR等技术获取人类乳腺上皮的4个细胞系。其中具有干细胞标记SSEA4^{hi}/CD5$^+$/CK6a$^+$/CK15$^+$/Bcl2$^+$的细胞呈CK19$^+$/CK14$^+$与Lin$^-$CD49f$^-$EpCAM^{hi},位于导管干细胞带,具有克隆性生长与自我更新能力。其他3个呈腔上皮祖细胞或肌上皮祖细胞分化倾向的细胞系位于干细胞邻近的远侧。

3. 乳腺干/祖细胞分化等级体系(hierarchical system)与乳腺再生　乳腺干细胞的特性,通过一系列单个细胞具有自我更新的能力与等级分化的关系进而重建乳腺结构的实验得到进一步证实。

从乳腺成形术切除的乳腺组织取样,经酶解过滤,获取存活单个细胞浮悬液,将克隆密度(<500 细胞/cm^3)培养于补充生长因子,以放射后小鼠成纤维细胞为饲养层(NIH3T3细胞)的无血清培养基内。一周内约1% HMEC形成多于4个细胞的集落,然后在有利于乳腺集落形成细胞(Ma-CFC)增生和分化的条件下把细胞平铺,培养6~10天后,产生一个不同集落的谱系。依据占优势的细胞成分将集落分为三类,即纯粹腔细胞、纯粹肌上皮细胞、含腔细胞与肌上皮细胞的混合表型。

纯粹腔细胞集落(CFC-Lu)以边界清楚的细胞紧密排列为特征。集落的绝大部分细胞表达MUC1、CK8/18、EpCAM和CK19;不表达CK14、CD44v6和组织血型抗原(BGA$_2$)。在培养基中加入1μg/ml羊催乳素和50% Matrigel,具腔细胞表型的细胞可被诱导进一步分化为生产酪蛋白的细胞。

纯粹肌上皮细胞集落(CFC-Me)含分散排列的特征性长形细胞。在培养基中的表皮生长因子(EGF)刺激下,分散细胞可迁移,反映其具肌上皮细胞特征。这类细胞表达CK14、BGA2、CK44v6、CD49f和CD10,但不表达MUC1、EpCAM和CK19,而一般无EMA表达。EMA表达与肌上皮生长状态相关。

混合型集落(CFC-LuMe)其特征为含有与纯粹腔细胞集落中所见相似的细胞中轴(紧密排列,表达MUC1、EpCAM和CK19;缺少CK14和BGA2反应),其外周绕以类似纯粹肌上皮细胞集落的具有高度折光性、迁移性的长形细胞(表达CK14、BGA2和CD44v6,但无MUC1、EpCAM和CK19反应)。许多邻近中轴的CK14$^+$长形细胞也表达CK18,它们可能是一种形态上的中间型细胞。

在Ma-CFC检测出的集落形成细胞大部分不是乳腺干细胞,而是由其下游的混合型集落形成细胞CFC-LuMe's及CFC-LuMe's来源的CFC-Lu's和CFC-Me's。当再次传代时,CFC-Lu's专门产生有限数量的下一代CFC-Lu's;CFC-Me's同样如此。但CFC-LuMe's不可能再次产生可检出量的CFC-LuMe's,提示体外条件下CFC-LuMe's不甚健全。将纯化人类CFC-Lu's和CFC-LuMe's培养于三维基质中,证明所形成的集落在大体形态上分别类似腺泡与导管。因此,CFC-Lu's代表了腺泡祖细胞,而CFC-LuMe's代表导管祖细胞。经常观察到在混合型集落,表达腔细胞特征的细胞被表达肌上皮细胞特征的细胞围绕,这种排列恰似活体移植所见。

根据以上研究结果,设计了一个乳腺干/祖细胞分化等级体系图解模式:

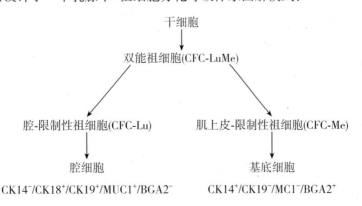

小鼠乳腺干细胞的单个细胞移植后,可以增生分化,形成整个乳腺组织。可以从新鲜小鼠乳腺组织分离

的细胞制备物中清除造血细胞和内皮细胞,按细胞表面标记 CD24(热稳定抗原)和 CD29(β1-整合素)或 CD49f(α6-整合素)的表达情况划分亚群。Lin⁻CD29ʰⁱCD24⁺ 和同时表达 CD24 与 CD49f 的 MRUs(mammary repopulating units)及 Ma-CFC(mammary colony-forming cells)中均富含乳腺干细胞(mammary stem cells, MaSC)。

在成年雌鼠和断奶后雌鼠其腺体清除后的乳腺脂肪垫内注射乳腺细胞后,再生的乳腺组织经酶消化制备的单个细胞悬液中均可常规检查出 MRUs 生长物,其组织学正常,含 CK18 表达的腔上皮和 SMA 阳性肌上皮。体外检查单个乳腺生成细胞悬液显示含有多量 Ma-CFC,证明 MRUs 和 Ma-CFC 之间的亲子关系。将具有 GFP 和蓝色荧光蛋白(cyan fluorescent protein,CFP)与来源于 MRU 的少量细胞混合,注入受体小鼠后生成的移植物所含细胞为 GFP⁺ 或 CFP⁺MaCFC,而无混合型细胞集落,证明单个细胞能产生完全的乳腺生长物。Ma-CFC 与 MRUs 同样表达 CD24 和 CD49f。但两者的不同点是 MRUs 表达 CD24ᵐᵉᵈCD49fʰⁱᵍʰ,而 90% 的 MaCFC 是在 CD24ʰⁱᵍʰCD49fˡᵒʷ 群体中发现的,这个细胞群中不能检出 MRUs。免疫染色显示高度富于 MRU 的部分中,有些细胞表达基部细胞的两个标记(23% SMA 阳性,27% CK14 阳性),另一些细胞具有腔上皮标记(18% 呈 CK18 阳性),未见同时表达基部与腔上皮标记的细胞。近半数细胞无标记。CK6 阳性细胞在富于 Ma-CFC 的细胞群中达 49%,而在富于 MRU 的细胞群中仅为 0~2%。CK6 是设想的祖细胞标记。移植高度纯化的单个 MRUs 至少需 10 代呈对称性自我更新的细胞分裂。

利用荧光激活细胞分类法(FACS)分离 Lin(系)阴性细胞,将其移植于受体小鼠乳腺经清理的脂肪垫。按 CD24 和 CD29 表达情况,Lin⁻ 细胞可分为四个不同亚群,在 FACS 分离和移植的 Lin 阴性的各细胞亚群中,MRUs 在 Lin⁻CD29ʰⁱCD24⁺ 亚群增长近 8 倍,而在其他三个亚群未见明显增多。把克隆生长的 Lin⁻CD29ʰⁱCD24⁺ 连续传代三轮,证明了该细胞亚群的自我更新能力。Lin⁻CD29ʰⁱCD24⁺ 亚群中富于长期标记保存细胞,与静止或不对称细胞分裂细胞的出现一致。上皮细胞培养试验显示 4 个亚群中仅两个 Lin⁻CD24⁺ 亚群(CD29ʰⁱCD24⁺ 与 CD29ˡᵒʷCD24⁺)产生明显的集落,其中 CD29ʰⁱ 的集落频率高出 2~3 倍并形成较大集落。将来自 Rosa-26 小鼠的 Lin⁻CD29ʰⁱCD24⁺ 细胞再次浮悬培养,以每个注射量中含一个细胞的浓度移植。在 102 次移植中有 6 个产生由腔上皮与肌上皮构成的导管结构。小鼠妊娠时,导管功能分化充分,在腺泡和导管腔内发现脂滴和乳汁蛋白。把野生型小鼠和 Rosa-26 小鼠的 Lin⁻CD29ʰⁱCD24⁺ 细胞混合移植后,95/97 的受体小鼠产生纯粹野生型和纯粹 Rosa-26 的 LacZ⁺ 生长物,提示乳腺生成并不需要各个 MaSC 之间的联合活动。

五、乳腺再生的调控

乳腺的再生需要适宜的微环境(microenvironment/niche)。不同组织的微环境具有特异性,乳腺微环境在不同时期既支持乳腺干细胞的自我更新分裂,促进乳腺导管、乳腺小叶的形成,也能阻止乳腺干细胞的分化。乳腺和其他树状的器官组织都是通过分支的形成而发展成为独特的形态结构,在这个过程中上皮细胞形成分叉并侵入周边的间质。在体内,分支的形成过程是受间质-上皮细胞的交互作用影响的。Chpko 等认为干细胞微环境是由信号细胞、特异性细胞外基质和干细胞自身组成。有研究显示小鼠乳腺的任何部分都可以在移植到的清除了腺体的脂肪垫上再生为功能完整的乳腺体。当把来自乳腺的散在的上皮细胞进行移植时,乳腺也能再生,这说明完整的乳腺上皮干细胞的微环境也能促进乳腺的再生。Boulanger 等将成年小鼠睾丸输精小管内具有遗传标记的生精细胞与乳腺上皮单细胞悬液混合后,注入清除腺体的乳腺脂肪垫,发现重新程序化的睾丸细胞能产生乳腺结构。Dontu 等从乳房复原成形术切除的乳腺组织中分离出上皮细胞置入含 EGF 和 hFGF 的无血清培养基内非黏着性底物上培养,在约 1000 个分离培养细胞中有 4 个存活并增生,形成非黏着性多细胞球体。乳腺球富含具干细胞标记 CD49f⁺、CD10⁺ 的未分化细胞,经多次传代后保持原有的未分化状态。培养基中加入促分化的胶原底物后,则形成表达导管上皮或肌上皮唯一性标记的集落。

造血干细胞可能受控于其所处的微环境或壁龛(niche)(图 21-8)。干细胞的微环境或壁龛是由保持干细胞干性特征的局部细胞之外所有信号构成。已有研究发现干细胞壁龛存在于果蝇与哺乳动物的睾丸、果蝇的卵巢、哺乳动物皮肤的毛球、肠黏膜隐窝以及造血干细胞和神经干细胞所在的微环境。例如毛囊干细胞的壁龛包括毛球基质、基底膜与毛乳头。毛乳头是刺激毛球内干细胞活性的信号来源。唯有毛乳头的存在,毛囊才能发育、生存或行使功能。

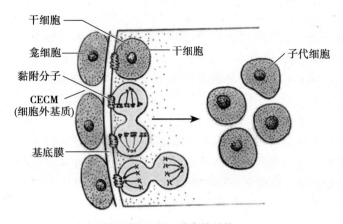

干细胞
龛细胞
干细胞
子代细胞
黏附分子
CECM
(细胞外基质)
基底膜

图 21-8　壁龛的结构

位于基底膜外侧的龛细胞发出信号给干细胞,阻断其分化并调控其分裂。干细胞由局部因子(ECM)决定其为对称性分裂(图右示)或非对称性分裂

(一) 微环境对乳腺干细胞的调控机制

微环境或壁龛对于干细胞的调控有以下三种机制。

1. **分泌因子**　niche 包括围绕干细胞的一些基质细胞、细胞外基质和可溶性分泌因子如生长因子、细胞因子、蛋白酶和激素,同时也包括来自间叶组织的细胞。血管内皮的血管床及基质也参与了微环境的形成。目前,已在造血系统、神经系统、表皮、性腺和消化道等组织发现了 niche 结构。在正常生理状态下,niche 通过接触抑制等机制控制 niche 中的细胞数量,防止干细胞过度增殖。一旦干细胞迁出 niche,就会发生进一步分化。niche 为干细胞的生存提供了一个庇护所,使干细胞免受分化刺激、凋亡刺激及其他刺激的影响,维持干细胞的正常功能。

2. **完整膜蛋白介导的细胞-细胞相互作用**　虽然分泌因子能跨越许多细胞发挥作用,但有些控制干细胞命运的因子需要通过细胞与细胞的直接接触以传递信号。

3. **整合素和细胞外基质**　例如表皮干细胞的保养需要 β_1 整合素的高表达。β_1 整合素控制干细胞命运的因子需要通过细胞与细胞的直接接触以传递信号。MAP 激酶信号调控角质蛋白和其他类型细胞分化。整合素将细胞保持在组织的正确位置,其表达丧失或改变的后果是细胞通过分化或凋亡而离开干细胞壁龛。整合素能直接激活生长因子受体。细胞外基质蛋白能调节 β_1 整合素的表达和活化。基膜的局部改变在建立和维持上皮干细胞的分布上发挥作用。细胞外基质能有力地隔离和调节适用于干细胞壁龛的分泌因子在局部的浓度。

在发育过程和对环境因子反应时,壁龛可自行调节其数量。正常情况下,小鼠出生后毛囊数量不增加,但在多种组织,壁龛与个体从幼年至成年的生长同步增多。例如,成年肠管的隐窝远较新生儿为多。实验结果显示,某些信号可诱发壁龛新生。例如 Wnt 信号上调时,成年皮肤可形成新的毛囊。在果蝇卵巢,过量 Hedgehog 信号可使体壁干细胞壁龛体积扩大,并产生新的壁龛。壁龛也随条件改变而修正其调控性质,以使干细胞活性与机体对特殊分化类型细胞的需要保持一致。

细胞-细胞相互作用对上皮细胞生存具有关键性作用,发挥这种作用的一个重要成分是 E-cadherin。E-cadherin 黏着作用丧失可使上皮细胞发生失巢凋亡(anoikis)。然而,电镜下所见,乳腺小亮细胞(干细胞/很早期祖细胞)却缺乏极向与相邻细胞间的膜接触。E-cadherin 表达水平在体外乳腺球细胞仅为分化细胞的 1/3,而 E-cadherin 抑制剂 Snail 与 Slug 在后者下调 2~3 倍。浮悬培养的非黏着性乳腺球内干/祖细胞之所以在分散条件下可免于失巢凋亡是由于其能合成和沉积细胞外基质,从而建立起进行细胞通讯和维持生存的体外干细胞壁龛。另一方面,壁龛中的干细胞由于缺乏 E-cadherin 表达,β-catenin 游离于胞质,有利于 Wnt/β-caterin 途径信号转导。

在 NOD/SCID 小鼠,乳腺间质促使取自乳腺腺体碎片和乳腺球(干/祖细胞)的人乳腺上皮生长与分化。乳腺球创始细胞与其后代之间及球体细胞和细胞外成分之间的相互作用决定分裂细胞类型(更新或分化)及后代细胞的命运。

体外悬浮培养形成的乳腺球中含有基质分子 tenascin、decorin 和 laminin。decorin 和 tenascin 存在于胚胎性乳腺,而 laminin 见于成体乳腺基膜。这提示体外的乳腺球形成可重复活体内胚胎性和早期乳腺发育的某些变化。乳腺干细胞可能还有早期祖细胞能合成与沉积细胞外基质,建立活体外的壁龛,以支持干/祖细胞在悬浮液中的生存和分化。间质-上皮相互作用涉及活体内干细胞发育性壁龛的产生。可以推测,壁龛基质发出的信号能使乳腺祖细胞表达整合素的某些特异类型,从而促进其生存。通过这些细胞的生长因子受体,有关信号对细胞生存也起重要作用。

（二）信号转导通路对乳腺干细胞的调控

调控乳腺干细胞的特异性蛋白有激素、生长因子、受体、细胞周期调控物、细胞-细胞调控分子和各个信号转导通路的多种成分，如 Wnt/β-catenin、Notch、Hedgehog、TGF-β 等。

1. Wnt/β-catenin 信号转导通路　　经典的 Wnt/β-catenin 信号转导通路被激活，可致某些瘤基因（如 *Myc*）的活性增强，使干细胞不对称分裂的子代细胞黏着性减弱。一旦干细胞迁出壁龛，它们可能活跃地分裂出保留其亲代 DNA 模板链的早期祖细胞，而后，委任祖细胞后代不再保留模板 DNA 链，并继续扩增。

Wnt 信号丧失伴有乳腺发育缺陷，提示缺乏固有的 Wnt 信号可损害乳腺干细胞群。应用目前的报告基因小鼠模型，在青春期或成年雌鼠并未检出特异性经典 Wnt 信号活性。Wnt 信号在妊娠早期促进导管侧分支，妊娠晚期小叶腺泡祖细胞的增生与生存必需 Wnt 信号。检查 2～3 月龄 MMTV-Wnt1 和 MMTV-△NB-catenin 小鼠乳腺的 SP，其乳腺呈增生性改变。较之野生型小鼠 SP 比率分别增加了 3 倍与 9 倍。当 MMTV-Wnt-1 或 MMTV-△N-catenin 小鼠与 syndecan-1 裸小鼠杂交后，乳腺增生反应减弱，SP 细胞至少减少 50%，提示生长因子对 SP 百分率有直接效应。乳腺腺泡祖细胞的 β-catenin 信号抑制后，可阻断乳腺发育和妊娠诱导的乳腺增生。

2. Notch 信号转导通路　　Notch 信号转导通路靠促进正常乳腺干细胞自我更新以使干细胞群体得以维持。利用非黏附性乳腺球体外培养系统以观察 Notch 信号在决定乳腺细胞命运中的作用。结果显示经外源性配体激活后，Notch 信号可促进乳腺干细胞自我更新及早期祖细胞增生。在加入经 Notch 活化的 DSL 肽后，第二代乳腺球的形成可多达 10 倍。Notch 信号也可作用于多能性祖细胞，助长肌上皮系定向分化（commitment）和增生。此信号转导途径还促进三维 Matrigel 培养中的乳腺小管分支形态发生。这些效应可被 Notch 阻断抗体或阻断 Notch 信号的 gamma 分泌酶抑制剂完全抑制。

因此，Notch 信号对乳腺干/祖细胞具有调节作用。它可调控正常乳腺的小导管分支及分叶形态的发育，而 Notch 信号失控可阻止乳腺上皮细胞的终期分化。但不同的研究所得结果不尽一致。从利用小鼠乳腺细胞系与转基因小鼠作为研究模型可以发现，Notch 4 信号促进上皮细胞增生，抑制小导管增生与腺泡形成；而对体外培养的乳腺球，Notch 信号促进乳腺干/祖细胞增生，且在一定条件下可出现小导管分支结构。

正常乳腺的 SP 细胞表达 Musashi1（Msi1）。Msi1 抑制 Numb 的产生。由于 Numb 可阻断 Notch 信号途径，故 Numb 受抑制的结果是 Notch 途径信号被激活，从而发挥其使干细胞自我更新的效用。此外，Notch 4 的结构性活化形式过表达，在体外可抑制正常乳腺上皮分化；在活体使转基因小鼠不能形成正常乳腺。

3. Hedgehog 信号转导通路　　Hedgehog 信号介导乳腺发生发育过程中的上皮-间叶相互作用，对乳腺干细胞维持与自我更新、乳腺上皮增生、导管生长及腺泡发生等方面具有重要作用。利用体外培养和异体移植显示乳腺球的人类乳腺干/祖细胞高度表达 Hedgehog 信号途径成分 Ptch1、Gli1 和 Gli2。Ihh、PtchmRNA、SmomRNA、Gli1mRNA、Gli2mRNA 在悬浮培养的乳腺球干/祖细胞表达高于在胶原底物上生长的分化细胞的表达，分别为 9 倍、4 倍、3 倍、25 倍和 6 倍。Bmi-1mRNA 在干/祖细胞表达也高于分化细胞 3.5 倍。Polycomb 基因 *Bmi-1* 可能是 Hedgehog 信号途径的下游基因。当细胞被诱导分化时，这些基因下调。信号途径受抑时，上述效应减弱。

4. ER 信号转导通路　　乳腺干细胞为 ERα 阴性，它的增生需要 ERα 阳性细胞（所谓"感觉细胞"）的旁分泌刺激。EGFα 是 ERα 信号下游的重要信号。青春期小鼠乳腺导管呈指数扩展。其时雌激素诱导"感觉细胞"合成分泌 amphiregulin（EGF 家族成员），后者被激活后，作用于 EGFR 阳性的间叶细胞。可能这些细胞释出增生信号或分泌 TGFβ 抑制物以解除 TGFβ 对增生的抑制作用，从而激发壁龛内干细胞分裂，使导管延长。孕酮在性成熟后取代雌激素，也是以旁分泌方式刺激受体阳性和阴性的乳腺腔上皮增生。介导旁分泌效应的是 RNAKL（Receptor Activator for Nuclear Factor KB Ligand）和 Wnt。孕酮刺激乳腺导管侧分支形成。

5. TGF-β 信号转导通路　　利用小鼠乳腺进行研究显示，TGF-β 在调节乳腺干细胞动力学、维持其未分化状态和建立特有的乳腺结构方面具有关键作用。靶细胞可决定所诱发 TGF-β 反应的类型。在体内和体外实验中，TGF-β 是乳腺上皮细胞增生强有力的抑制剂，而对间叶源细胞则有明显刺激作用。TGF-β3 是存在于终末芽帽细胞（干细胞）和上皮细胞内的唯一异构体，TGF-β1 则存在于非生长导管周围的基质中。在时空表达类型上，异构体的某种特异性使 TGF-β 在乳腺导管树建立后能抑制侧支芽发生。

第四节　乳腺干细胞与再生医学

干细胞具有自我更新和多向分化的能力，是再生医学和组织工程的重要组成部分。乳腺再生医学与乳腺干细胞有着十分密切的关系。乳腺干细胞的主要功能是产生乳腺组织生长发育过程中的多种细胞。哺乳动物的乳腺可以在受孕和产后中重复再生和退化，它是动物出生后唯一可以多次重复再生器官。乳腺中存在的一类乳腺干细胞祖系（lineage）是哺乳动物乳腺在多次受孕中泌乳和退化中乳腺再生的根本保障。不同发育时期的动物乳腺中都存在一定数量的乳腺干细胞，保证了乳腺再生和发育特征。但与骨髓间充质干细胞等相比，关于乳腺干细胞与再生医学的研究还比较少。

一、乳腺正常组织学特征与再生

乳房的内部主要有腺体、导管系统、脂肪组织和纤维组织，其内部结构中的腺体和导管犹如一棵倒着生长的小树。乳腺由外胚层分化而来，由皮肤顶泌汗腺衍化而来的复管泡状腺，其基本结构为 15～25 个乳腺叶及其相应的乳腺导管系统。一般乳腺每一腺叶含 20～40 个乳腺小叶。乳腺小叶是乳腺的基本单位，由末梢小导管和腺泡构成；每个乳腺小叶又由 10～100 个腺泡组成，这些腺泡紧密地排列在小乳管周围，腺泡的开口与小乳管相连；乳腺导管开口处为复层鳞状上皮细胞，狭窄处为移行上皮，壶腹以下各级导管为双层柱状上皮或单层柱状上皮，终末导管近腺泡处为立方上皮，腺泡内衬立方上皮；小叶周围由纤维结缔组织包绕，含有脂肪组织、血管和淋巴管及神经等；乳房内的脂肪组织呈囊状包于乳腺周围，称为脂肪囊。脂肪组织的多少是决定乳房大小的重要因素之一。

乳腺于青春期受卵巢激素的影响而开始发育。乳腺小叶的数目和大小以及脂肪囊的厚度因个体年龄、发育和功能状态而不同。成熟期乳腺发育良好，妊娠期和授乳期乳腺有泌乳活动而进一步发育；绝经后和老年期，由于体内雌激素如孕激素水平下降，乳腺小叶和上皮细胞数目逐渐减少或萎缩退化。

绝经后乳腺的显著结构改变主要是上皮萎缩凋亡的结果。在腺上皮消失的同时，间叶变化的趋势是基底膜增厚和小叶间间质胶原化。绝经后乳腺并非所有腺小叶均呈一致性改变，与萎缩腺体相邻有相对不受累的腺体。肌上皮一般不萎缩，即使在后期，也经常存在。大多数腺体塌陷、皱缩，可发生囊性变与输乳管扩张。妇女 65 岁以后小叶逐渐丧失，遗留埋于纤维胶原间质中的小导管与腺体脂肪组织穿插在纤维间隔中；脂肪和间质的相对比例可有很大差异；淋巴管也减少。退变的最终结果是乳腺体积减小和由原来富于小叶结构丰满隆起的外形变成一个扁平下垂的器官。

由此可见，正常人体乳腺上皮增生或再生，至少影响因素之一是其体内雌激素和孕激素的水平。丰乳的某些药物或食品也不无与此类激素有关，同时，此类药物对人类的危害很大，可能诱发乳腺癌及多种生殖系统肿瘤和疾病。

乳腺上皮细胞的损伤，可以是完全再生（complete regeneration），即由损伤周围的同种细胞进行修复；也可以是不完全性再生（incomplete regeneration），即由纤维结缔组织来修复，称为纤维性修复（fibrous repair）。

乳腺上皮细胞再生可以是生理性再生，也可以是病理性再生。乳腺属于成人激素依赖性器官和组织，随着生理过程的变化，组织和细胞不断老化，乳腺上皮细胞可以发生凋亡（apoptosis），由新生的同种细胞不断补充，以保持原有细胞结构和功能，即生理性再生；也可以在各种病理状态下（外伤、炎症或肿瘤性疾病），组织和上皮细胞损伤后的再生，即病理性再生。

乳腺上皮再生来自于具有自我更新和分化潜能的乳腺干/祖细胞，再生的结果可能从正常增生到不同程度的非典型增生，甚至癌变，所以要引起临床注意。

二、乳腺干细胞与乳腺再生

乳腺干细胞在不同发育时期乳腺及妊娠和授乳期乳腺的正常生长、分化、增殖和再生过程中起着重要的作用。再生医学的核心问题是获得所谓的"多能细胞"即胚胎性干细胞和成体干细胞。移植乳腺干细胞可以促进乳腺再生。

（一）乳腺干细胞与动物乳腺再生

哺乳动物的乳腺在动物出生后可以多次再生和退化，乳腺中的干细胞维持和再生保证了乳腺发育的这种特征。利用以上特性再生与重建乳腺已在小鼠中获得了成功。从新鲜小鼠乳腺组织分离的单个乳腺干细胞活体移植后，通过细胞增生、分化，结果形成了整个乳腺组织，并且在小鼠妊娠时能够分泌乳汁蛋白脂滴；此外也依赖于适宜的微环境（即乳腺干细胞壁龛），当把来自乳腺的腺体上皮细胞进行移植时，乳腺也能再生，表明乳腺干细胞壁龛也能促进乳腺的再生。小鼠乳腺的任何部分都可以移植到清除了腺体的脂肪垫上再生为功能完整的乳腺。

（二）乳腺干细胞与人类乳腺再生

目前，移植乳腺干细胞诱发人类乳腺再生的研究取得了一定进展。但仍有很多需要进一步解决的问题。

1. 特异性的乳腺干细胞标记物　至今，利用不同的分选乳腺干细胞的方法已得到一些乳腺干细胞的标记物，如前所述 $Lin^-CD29^{high}CD24^+$、ALDH、Sca-1、Musashi-1 等，但特异性的乳腺干细胞标记物仍在探索中，最近有研究表明很多其他因素亦能影响乳腺的形成及再生。

（1）Prominin-1：Prominin-1（proml）是一种跨膜蛋白，被认为是多种组织的干细胞标记物。通过敲除模型来研究 proml 在乳腺内的作用发现，proml 完全缺失并不会影响乳腺上皮细胞的再生能力，但却减少乳腺导管分支的形成，催乳素受体和基质金属蛋白酶 3 表达的降低。

（2）GATA-3：GATA 是一类转录因子，其家族包括 GATA1-6 等 6 个成员，GATA-3 对乳腺的形态形成也起重要的作用。将 GATA-3 引入富含乳腺干细胞的细胞群中，可以诱导细胞向腺泡细胞方向分化。

（3）胰岛素样生长因子（insulin like growth factors，IGFs）：为乳腺发育时上皮细胞分化的必要因素，主要包括 IGF-Ⅰ和 IGF-Ⅱ，它们是酪氨酸激酶受体 IGF-IR 的共同配体，可调控乳腺上皮祖细胞的扩张和干细胞的自我更新，在体外乳腺球体的培养中，富含乳腺干细胞信号，对乳腺小球的生长有促进作用。

（4）β1 结合蛋白：乳腺干细胞存在于乳腺上皮细胞的基底部，并高表达整合蛋白。β1 结合蛋白介导的基底乳腺上皮细胞和细胞外基质相互作用对维持乳腺干细胞的功能及乳腺的形态形成具有重要作用。基底细胞的 β1 结合蛋白缺失会影响乳腺上皮细胞的再生潜能并影响乳腺的发育。

（5）CD10：CD10 也称为膜金属肽链内切酶、中性肽链内切酶、肾胰岛素残基溶解酶和急性淋巴细胞性白血病的共同抗原，是锌依赖金属内切蛋白酶，其作用是分裂信号肽。外层细胞表达锌依赖金属蛋白酶 CD10，CD10 调节乳腺发育时的导管树状结构的生长。CD10 蛋白酶的活性和 β1 整合蛋白的黏附功能都被用来阻止乳腺祖细胞的分化。$CD10^+$细胞优先表达肌上皮细胞标记物（σ Np63、SMA 和 Notch4）。

2. 特异性的乳腺干细胞壁龛　乳腺干细胞诱发乳腺再生，需要适宜的壁龛（niche），即微环境（microenvironment）。干细胞微环境是由信号细胞、特异性细胞外基质和干细胞自身组成。不同组织的微环境具有特异性，乳腺微环境在不同时期可以支持乳腺干细胞的自我更新分裂，促进乳腺导管、乳腺小叶的形成，但也可能阻止乳腺干细胞的分化。乳腺和其他树状的器官组织都是通过分支形成而发展成为独特的形态结构，在这个过程中上皮细胞形成分叉并侵入周边的间质。在体内，分支的形成过程是受间质-上皮细胞的交互作用影响的。

3. 乳腺干细胞的异位再生　乳腺干细胞在乳腺再生医学中毫无疑问有着重要的作用和发展应用前景，但仍存在很多问题需要探讨。

人类乳腺干细胞的移植，不论是动物，还是人体的干细胞植入均存在异体移植和异位再生的障碍，以及伦理、道德问题。例如：植入后的细胞凋亡，组织细胞的相容性和排斥性，干细胞的基因组等的"重编程"，载体生物材料的问题以及乳腺再造、重塑和癌变等问题。

三、乳腺脂肪再生

有报道：将成脂诱导后的脂肪组织来源干细胞与聚乳酸-聚乙醇酸微球混合注射入裸鼠皮下，检测到有脂肪组织的形成。有人将脂肪前体细胞与碱性成纤维细胞生长因子混合后，并以胶原海绵作为支架进行体内移植，6 周后检测到有脂肪组织的形成。另有报道将猪前体脂肪组织与透明质酸凝胶混合注射到猪耳部，6 周后，组织学与 RT-PCR 分析脂肪组织的形成。有人将人前体脂肪细胞与纤维凝血素复合，裸鼠皮下注射后检测,发现有脂肪组织的形成。所以,在适宜的情况下,这些方法可能用于乳腺的再生与重建。目前乳腺脂肪再生和重建的方法有:①前体脂肪细胞即脂肪祖细胞或脂肪组织来源干细胞接种于可吸收高分子材料可形成成熟的脂肪组织;②结合可注射的微载体珠和水凝胶介质以刺激宿主脂肪细胞的再生从而充填软组织的孔隙;③将脂肪前体细胞或脂肪来源干细胞结合高度血管化的大网膜片段进行体内移植构建出组织工程脂肪;④直接利用生长因子诱导脂肪前体细胞或脂肪组织来源干细胞向植入位点迁移以产生脂肪组织。

四、乳腺发育与激素水平

雌激素可能具有促进乳腺干细胞增殖的作用。Clarke 等报道 ERa 阳性的乳腺具有干细胞的潜能,能够通过非对称分裂生成干细胞和分化的乳腺细胞。Booth 等发现一部分 ERa 阳性的乳腺细胞是乳腺干细胞,能够通过非对称分裂,雌激素能够促进乳腺干细胞增殖。

乳腺发育在青春期伴随着雌激素的分泌,而生长激素在出生后对细胞生长发挥作用,推断雌激素在调控乳腺上皮细胞和成纤维细胞生长中扮演关键的角色。在其他的实验研究中也发现相似的结果。在乳腺组织中,雌激素 α 受体只是在乳腺上皮细胞中表达,在成纤维细胞中不表达;雌激素 β 受体在乳腺上皮细胞和成纤维细胞中均表达。实验显示雌激素 α 受体和 β 受体有互相拮抗的作用:雌激素 α 受体促进细胞增殖,而雌激素 β 受体有促进细胞凋亡的作用。上述研究在分子机制上支持雌激素可以促进乳腺上皮细胞的增殖和抑制成纤维细胞的生长。

1963 年 Morris JM 等和 1971 年 Kratochwil K 分别对睾丸女性化女性表型的基因、雄性个体原发性闭经进行了激素对乳腺发育影响的研究,发现乳腺发育与激素有关。

五、乳腺干细胞与乳腺再生及癌变

据估计,人类正常生命期中约发生 10^{16} 次细胞分裂。一个寿命 80 岁的人,在其 80 年内平均每秒钟发生约 4000 万次细胞分裂。核分裂时可发生遗传密码突变,也为突变的复制提供机会。细胞恶变是由于单个细胞遗传和表遗传转化及克隆与选择所致,涉及染色质结构中 DNA 链一系列突变和失常的积累,而非一次性改变的结果。由此可见,致癌性突变一般不能发生于分化细胞,因分化细胞的生命周期短,不断被再生细胞取代,不可能传递祖代细胞积累的突变;反之,具有不断分裂活动的细胞才可能通过不断自我复制把积累的突变传代,终而产生恶性转化克隆。

早在 1815 年 Cohnhein 设想在胚胎发育过程中,干细胞错位可能是成年期肿瘤的起源,这是首次提出癌干细胞来源于正常干细胞的学说。有重要证据支持癌起源于正常干细胞:①干细胞广泛存在于机体各种可发生肿瘤的组织。②干细胞和癌干细胞具有相似的端粒酶活性和抗凋亡途径,以及较强的膜转运蛋白活性;干细胞的长寿性使其易于获得癌性转化所需的突变,而且通过自我更新把突变传递和积累起来。③癌干细胞具有与正常干细胞相似的基本特性,如自我更新能力。④应用瘤组织进行移植,即使在具有同样免疫系统的同基因小鼠也需要大量瘤细胞,提示其中仅少数具有干细胞性质的瘤细胞才可以致瘤。⑤干细胞和癌干细胞均具有无附着依赖性和转移能力。

1984 年 Hammond 等将从乳腺成形手术获取的正常人乳腺上皮细胞置于加垂体抽提液的无血清条件培养基中,获得迅速克隆及连续传代生长达 50 代的长寿细胞,即所谓 184 细胞。一般说来,无血清培养基很适宜于胚胎性和躯体干细胞扩增生长,故认为 184 细胞可能是一种乳腺干细胞。1993 年 Stempfer 等发现永生化的 184 细胞被引入突变型 *Ki-ras* 或 *ErbB2* 瘤基因后,可发生恶性转化。1986 年 Soule 等用 0.06mmol/L 钙浓度取代通常的 1.05mmol/L 钙浓度培养基培养人类乳腺上皮细胞也可传 50 代,并将单个细胞克隆化。这表明原代培养中所含干细胞样性质的细胞在低浓度钙培养时可不发生老化与分化。Soule 等从良性纤维囊性乳腺疾病中分离出两个永生化细胞系 MCF-10 和 MCF-12。MCF 细胞与 184 细胞一样不表达 CK19,C-Ha-ras 转染后,MCF-10A 细胞可在裸鼠形成肿瘤性病变,包含有腔上皮内层和 actin 阳性肌上皮外层的组织结构,说明 MCF 细胞系中存在多潜能的干细胞样祖细胞。由此可见,该细胞系在裸鼠形成的肿瘤结节是具有干细胞性质细胞的产物。184 来源的转化细胞和 MCF 演进产生的肿瘤并不代表最常见的人类乳腺癌;但同一肿瘤内存在着从鳞癌到腺癌的广泛差异的组织像,支持其起源细胞是干细胞或获得干细胞特征的祖细胞。

2003 年 Russo 等用 70mmol/L 雌二醇(E_2)处理 MCF10 细胞($ER\alpha^-$,$ER\beta^+$和 PR^-),每周 2 次。2 周后细胞表达转化表型,例如在琼脂甲基纤维素形成集落,在胶原基质生长时丧失导管生成能力。将 E_2 处理过的细胞传代 9 次后接种于 Boyden 小室,收集那些穿越膜的细胞,扩增后,命名为 B_2、B_3、B_4、B_5、C_2、C_3、C_4、C_5,将 B_2、C_3、C_4、C_5细胞注入重度联合免疫缺陷(SCID)小鼠,其中 C_3、C_5细胞分别在 2/12 只和 9/10 只受注射的小鼠成瘤。移植瘤为分化不良的腺癌。癌细胞呈 $ER\alpha^-$ 和 PR^-,表达高分子量碱性角蛋白、E-Cad、CAM5.2 和 imentin。C_5细胞过表达 5 倍以上的 tankyrase、claudin 1、homeobox C_{10} 和 Notch3。从 C_5 来源的 9 个肿瘤中 4 个获得 4 个肿瘤细胞系,将其注射入 SCID 小鼠,全部形成肿瘤。上述实验结果表明具有干细胞特性的 MCF-10 乳腺上皮细胞在 17β-雌二醇作用下转化为乳癌。其中有的细胞系含癌细胞,移植后可再形成肿瘤。

细胞系 184、MCF10A 和 MCF10 恶性转化需外源性因素的作用,另一个人类乳腺上皮细胞系 HMF-3522 则在其演进过程中可"自发性"地恶性转化。1987 年 Briand 等从纤维囊性乳腺病变组织分离,无血清培养基培养的乳腺上皮细胞系(HMT-3522 细胞系)。将 HMT-3522 先在组织培养塑料器皿中传 34 代,然后,在十分稳定的条件下,继续传代培养 70 代,再从培养基中撤除表皮生长因子,引发自主性生长,又传代培养 118 代,选择出 EGF 非依赖性亚细胞系。大约再经过 120 次传代,在第 238 代时,移植于裸鼠,再从移植瘤分离出恶性亚系 T4-2。HMT-3522 在演进过程中显示出形态学上沿腔上皮和肌上皮双向分化。HMT-3522 细胞和 184 细胞及 MCF-10A 细胞一样,均为雌激素受体阴性和 CK19 阴性。这种演变强烈地提示非恶性来源而向癌转化的人类乳腺某些上皮成分,具双向分化性与无限生命期特性,这是正常干细胞和癌干细胞的标志。

在肿瘤进展中发生突变的正常干细胞持续存在于肿瘤中,并参与诱导和维持肿瘤的生长。与大多数肿瘤细胞不同,肿瘤起始细胞保留了干细胞自我更新和产生祖细胞等关键特性。越来越多的证据表明,乳腺癌患者经过常规治疗后,肿瘤起始细胞含量增加,反映了其具有内在耐药性。因此,确定调控正常乳腺发育和稳态的途径可以使我们对肿瘤的发生、发展、维持及其耐药性有进一步的认识,这是了解乳腺发生癌变有关生物学特征最关键的第一步。

2014 年曾等发现 Procr 标记的多潜能乳腺干细胞为进一步研究乳腺干细胞的特性奠定了坚实的基础。通过高通量的 RNA-seq 技术,比较了基底细胞中 $Procr^+$ 和 $Procr^-$ 细胞的转录组差异。发现这群正常乳腺来源的多潜能干细胞具有明显的上皮-间充质相互转化的特性。上皮-间充质相互转化在乳腺癌的发生和转移过程中发挥了十分重要的作用。而 Procr 也在 $CD44^+$ 富集的乳腺癌干细胞中高表达。正常乳腺干细胞表现出明显的 EMT 特性,提示可能正常乳腺干细胞和乳腺癌干细胞之间具有明显相似性。这为从正常乳腺干细胞入手,研究肿瘤干细胞的性质,进而研究肿瘤的发生和转移提供了新的思路。

六、乳腺再生医学与临床应用

再生医学是在医疗和医学研究中产生的一个新的交叉学科领域,以修复、再造或替代等方式,重塑受损或有缺陷的组织或器官及其功能。乳腺干细胞在临床乳腺再生、乳腺组织工程和转化医学中起着重要的作用,具有广阔的临床应用前景。理论上,使用人乳腺干细胞可以再生乳腺,可用于乳房切除术后的再造乳房手术或隆胸手术。

1. 乳房重建的条件和目标　乳房切除术后,乳房再造率平均为 27%。因为患者的年龄、经济状况、有无合并症或其他疾病、地理位置以及整形外科医生的情况等要符合乳房再造的条件。整形外科医生的任务是努力重建乳房丘,可以是自体组织,也可以是合成组织的植入。重建目标包括保持两乳房球之间的对称,柔软的一致性,触觉的保留以及瘢痕最小化。乳房的大小和外形在女性极其多变,并受激素的影响,如青春期时、怀孕时、更年期,以及重力的影响。

2. 乳房重建的类型和特点　一般来说,乳房重建有两个类型。第一类是自体乳房重建,它是将源自人体其他部位的组织移植到胸壁,进而通过手术创建乳房。第二种类型是植入重建,通过将合成组织植入胸壁肌下来模仿自然乳房。

在植入重建中,通常是由一个肿瘤外科医生进行乳房切除术,随后立即由整形外科医生进行植入重建。在完成乳房切除术的基础上,整形外科医生通过评估剩下的皮肤等组织的生存能力,以决定立即进行永久植入的位置,或者在胸肌下放置组织扩张器的位置。由于辅助治疗和胸部辐射会增加植入重建并发症的发病率,许多外科医生和患者会选择接受自体乳房重建。自体乳房重建是通过自体组织创造表现更自然的乳房。自体乳房重建,一般来说,因为有自己的内在血液供应,同时缺少容易引起感染的外来因素,它更经得起时间考验,更能抵抗感染和辐射。

在自体乳房重建领域,在高皮瓣重建和改善肌肉损失方面的技术仍需继续改进。再生医学,对自由皮瓣/微血管生理方面的持续研究仍需坚持,以使显微外科更加可靠。观察与细胞信号相关的围绕着植入物的成纤维细胞的增殖仍需继续研究。

小　结

乳腺组织的发生与发育,自出生前的胚胎期至出生后的青春期前,男女两性基本相同。女性出生后乳腺的主要变化始于青春期。青春期前的不成熟乳腺发育至成年女性的成熟乳腺是一个顺序性演变过程。首先是在导管生长期上皮和间质同时生长。间质的纤维和脂肪组织量增加,在成年非哺乳期乳腺可达80%或更多。

成年乳腺在月经周期中的显微镜下形态分为五个时相,即增生期、卵泡期、黄体期、分泌期与月经期。妊娠时乳腺获得最大限度的发育,此时乳腺真正分泌单位或腺泡的形成显著;腺腔扩张,内有分泌物或初乳蓄积。哺乳期乳腺腺泡腔扩张,充满混有脂质的颗粒性微嗜碱性物质。哺乳停止后,乳汁在导管腺泡和泌乳上皮胞质内的蓄存对于乳汁进一步合成起抑制作用。乳腺复旧时,90%的腺上皮凋亡,退变的腺体被脂肪细胞取代。绝经期乳腺的显著结构改变是小叶和细胞数量减少,主要是上皮萎缩凋亡的结果。

成人乳腺实质主要由两种分化上皮细胞构成,即内衬导管和腺泡的呈立方形或柱状的腔细胞与位于腔细胞和基底膜之间的肌上皮细胞。两种分化上皮应该是源于同一种干细胞。在乳腺导管发育过程中,位于终末导管终端芽(TEBs)尖端的"帽细胞"(cap cell)属于干细胞。成人乳腺的整个上皮群体均保持再生能力,因而帽细胞可能不是唯一的多能性乳腺上皮细胞。目前认为成年小鼠乳腺中存在具分化多潜能性和自我更新能力的乳腺上皮干细胞群体。

现有对乳腺干/祖细胞的分选与鉴定方法包括超微分析、表型标记、激素受体表达与 SP 细胞分离等。列为正常乳腺干细胞免疫表型标记的有 Sca-1、CK5/6、CK19、Musashi、$ESA^+/MUCT^-$、$EMA^+/CALL^-$、Bmi1、$CD49f^{high}$、$CD29^{high}$、$CD44^+CD24^{-/low}$、OCT4 及 ALDH1 等。乳腺干细胞特性具有长寿性、自我更新性、细胞分裂不对称性和克隆性。

乳腺干细胞植入诱发"乳腺球"再生:将乳腺上皮分离的细胞移植入清除了腺体成分的乳房脂肪垫,可以观察人类乳腺不同上皮细胞亚群在一种生理相关的种属特异性微环境中自我更新和分化的能力。应用类似培养神经球的方法开辟了一条体外研究人乳腺干/祖细胞的途径。自乳房复原成形术切除的乳腺组织中分离人类乳腺上皮细胞,将其置于含 EGF 和(或)bFGF 的无血清培养基内非黏附性底物上培养,形成乳腺球。

SP 细胞植入诱发乳腺组织再生:用 FACS 从未培养细胞中分离出 SP 和非 SP 染色细胞群,其中仅 SP 组分的细胞能在浮悬培养中形成乳腺球及在胶原底物上产生多系集落;当植入于 NOD/SCID 小鼠被清除腺组织的乳房脂肪垫后,乳腺球可产生有限的乳腺上皮支条,具有人类乳腺导管腺泡结构的形态和细胞特征。

微环境对乳腺干细胞的调控机制有分泌因子;完整膜蛋白介导的细胞-细胞相互作用和整合素和细胞外基质的作用。乳腺干/祖细胞分化等级体系(hierarchical system)与乳腺再生有关密切。

调控乳腺干细胞的特异性蛋白有激素、生长因子、受体、细胞周期调控物、细胞-细胞调控分子和各个信号转导通路的多种成分,如 Wnt/β-catenin、Notch、Hedgehog、TGF-β 等。

2014 年曾等借助乳腺干细胞体外培养体系,从 Wnt 信号通路入手,发现了蛋白 C 受体基因 Procr。在乳腺中,Procr 作为一个新的 Wnt 信号通路的靶基因,能够标记多潜能乳腺干细胞。Procr 标记乳腺基底细胞中的一个亚群,这个亚群的细胞低表达基底细胞普遍表达的角蛋白,表现出上皮-间充质转化的特性。Procr 阳性的细胞在移植实验中表现出最高的乳腺重建率,体内追踪 Procr 阳性细胞的后代,发现 Procr 阳性细胞能够在发育过程中分化形成乳腺上皮的所有细胞类型。多潜能乳腺干细胞的发现结束了乳腺中多潜能干细胞存在性的争议,对乳腺癌的诊断及靶向治疗具有重大意义。

乳腺属于成人激素依赖性器官和组织,乳腺上皮细胞再生可以是生理性再生,也可以是病理性再生。随着生理过程的变化,组织和细胞不断老化,乳腺上皮细胞可以发生凋亡(apoptosis),由新生的同种细胞不断补充,以保持原有细胞结构和功能,即生理性再生;也可以在各种病理状态下(外伤、炎症或肿瘤性疾病),组织和上皮细胞损伤后的再生,即病理性再生。

乳腺上皮细胞的损伤,可以是完全再生(complete regeneration),即由损伤周围的同种细胞进行修复;也可以是不完全性再生(incomplete regeneration),即由纤维结缔组织来修复,称为纤维性修复(fibrous repair)。

正常人体乳腺上皮增生或再生,至少影响因素之一是其体内雌激素和孕激素的水平。丰乳的某些药物或食品与此类激素有关,同时,此类药物对人类的危害很大,可能诱发乳腺癌及多种生殖系统肿瘤和疾病。

移植乳腺干细胞在动物获得重建乳腺。人类乳腺干细胞的移植,不论是动物,还是人体的干细胞植入均存在异体移植的障碍,以及伦理、道德问题。

乳腺干细胞转化为乳腺癌干细胞。有重要证据支持癌起源于正常干细胞:①干细胞广泛存在于机体各种可发生肿瘤的组织。②干细胞和癌干细胞具有相似的端粒酶活性和抗凋亡途径,以及较强的膜转运蛋白活性;干细胞的长寿性使其易于获得癌性转化所需的突变,而且通过自我更新把突变传递和积累起来。③癌干细胞具有与正常干细胞相似的基本特性,如自我更新能力。④应用瘤组织进行移植,即使在具有同样免疫系统的同基因小鼠也需要大量瘤细胞,提示其中仅少数具干细胞性质的瘤细胞才可以致瘤。⑤干细胞和癌干细胞均具有无附着依赖性和转移能力。

乳腺干细胞在临床乳腺再生、乳腺组织工程和转化医学中起着重要的作用,具有广阔的临床应用前景。理论上,使用人乳腺干细胞可以再生乳腺,可用于乳房切除术后的再造乳房手术或隆胸手术。

(李连宏　马萍)

参 考 文 献

1. 李连宏,王喜梅,谢丰培,等乳腺干细胞调控与癌变北京:人民卫生出版社,2009

2. Caterson EJ,Caterxon SA. Regeneration in medicine:a plastic surgeons "Taid" of disease,stem cells and a possible future. Birth Defects Research(Part C),2008,84(4):322-334.

3. Stoltz JF,Bensoussan D,Decot V,et al. Cell and tissue engineering and clinical applications:An overview. Bio-Medical Materials and Engineering,2006,16(4 Suppl):S3-S18.

4. Jr LDF,Madrid JF,Gutierrez R,et al. Adult stem cell and transit-amplifying cell location. Histol Histopathiol,2006,21(9):995-1027.

5. Hombach-Klonisch S,Panigrahi S,R shedi I,et al. Adult stem cells and their trans-differentiation potential-perspectives and therapeutic applications. J Mol Med,2008,86(12):1301-1314.

6. Yoshimura Y. Feature:regenerative medicine. Human cell,2006,19:83-86.

7. Gardner RL. Stem cells and regenerative medicine:Principles,prospects and problems. C R. Biologies,2007,330(6-7):465-473.

8. Raymond K,Faraldo MM,Deugnier MA,et al. Integrins in mammary development. Semin Cell Dev Biol,2012,23(5):599-605.

9. Bajada S,Mazakova I,Richardson JB,et al. Updates on stem cells and their applications in regenerative medicine. J Tissue Eng Regen Med,2008,2(4):169-183.

10. Woodward WA,Chen MS,Behbod F,et al. On mammary stem cells. J cell science,2005,118:3585-3694.

11. Ercan C,van Diest PJ,Vooijs M. Mammary development and breast cancer:the role of stem cells. Current Molecular Medicine,2011,11(4),270-285.

12. 陈健,吴克瑾. 干细胞用于乳腺再生研究进展. 中国实用外科杂志,2011,31(10):969-970.

13. 李连宏,Xiao G G,张众,等. 乳腺干细胞研究及其再生医学. 临床与实验病理学杂志,2013,29(9):933-937.

14. Schwartz T,Stark A,Pang J,et al. Expression of aldehyde dehydrogenase 1 as a marker of mammary stem cells in benign and malignant breast lesions of Ghanaian women. Cancer,2013,119(3):488-494.

15. Smalley MJ,Kendrick H,Sheridan JM,et al. Isolation of mouse mammary epithelial subpopulations:a comparison of leading methods. J Mammary Gland Biol Neoplasia,2012,17(2):91-97.

16. Guler G,Balci S,Costinean S,et al. Stem cell-related markers in primary breast cancers and associated metastatic lesions. Mod Pathol,2012,25(7):949-955.

17. Stingl J,Eirew P,Ricketson I,et al. Puri fication and unique properties of mammary epithelial stem cells. Nature,2006,439(7079):

993-997.

18. Shackleton M, Vaillant F, Simpson KJ, et al. Generation of a functional mammary gland from a single stem cell. Nature, 2006, 439 (7072):84-88.

19. vanKeymeulen A, Rocha AS, Ousset M, et al. Distinct stem cells contribute to mammary gland development and maintenance. Nature, 2011, 479(7372):189-193.

20. Rios AC, Fu NY, Lindeman GJ, et al. In situ identification of bipotent stem cells in the mammary gland. Nature, 2014, 506(7488): 322-327.

21. vanAmerongen R, Bowman AN, Nusse R. Developmental stage and time dictate the fate of Wnt/b-catenin-responsive stem cells in the mammary gland. Cell Stem Cell, 2012, 11(3):387-400.

22. Plaks V, Brenot A, Lawson DA, et al. Lgr5-expressing cells are sufficient and necessary for postnatal mammary gland organogenesis. Cell Rep, 2013, 3(1):70-78.

23. 王代松, 蔡车国, 董小兵, 等. 多潜能乳腺干细胞的发现. 中国细胞生物学学报, 2015, 37(1):1-5.

24. Fan Y, Menon RK, Cohen P, et al. Liver-specific deletion of the growth hormone receptor reveals essential role of growth hormone signaling in hepatic lipid metabolism. J Biol Chem, 2009, 284(30):19937-19944.

25. Horigan K, Trott J, Barndollar A, et al. Hormone interactions confer specific proliferative and histomorphogenic responses in the porcine mammary gland. Domest Anim Endocrinol, 2009, 37(2):124-138.

26. Cheng G, Weihua Z, Warner M, et al. Estrogen receptors ER alpha and ER beta in proliferation in the rodent mammary gland. Proc Natl Acad Sci U S A, 2004, 101(11):3739-3746.

27. Morani A, Warner M, Gustafsson JA. Biological functions and clinical implications of oestrogen receptors alfa and beta in epithelial tissues. J Intern Med, 2008, 264(2):128-142.

28. Clarke RB, Spence K, Anderson E, et al. A putative human breast stem cell population is enriched for steroid receptor-positive cells. Dev Biol, 2005, 277(2):443-456.

29. Booth BW, Smith GH. Estrogen receptor-alpha and progesterone receptor are expressed in label-retaining mammary epithelial cells that divide asymmetrically and retain their template DNA strands. Breast Cancer Res, 2006, 8(4):R49.

30. Booth BW, Boulanger CA, Smith GH. Selective segregation of DNA strands persists in long-label-retaining mammary cells during pregnancy. Breast Cancer Res, 2008, 10(5):R90.

31. Fukudome K, Esmon CT. Identifi cation, cloning, and regulation of a novel endothelial cell protein C/activated protein C receptor. J Biol Chem, 1994, 269(42):26486-26491.

32. Balazs AB, Fabian AJ, Esmon CT, et al. Endothelial protein C receptor(CD201) explicitly identifies hematopoietic stem cells in murine bone marrow. Blood, 2006, 107(6):2317-2321.

33. Bae JS, Yang L, Manithody C, et al. The ligand occupancy of endothelial protein C receptor switches the protease-activated receptor 1-dependent signaling specificity of thrombin from a permeability-enhancing to a barrier-protective response in endothelial cells. Blood, 2007, 110(12):3909-3916.

34. Spek CA, Arruda VR. The protein C pathway in cancer metastasis. Thromb Res, 2012, 129(suppl. 1):S80-84.

35. Vetrano S, Ploplis VA, Sala E, et al. Unexpected role of anticoagulant protein C in controlling epithelial barrier integrity and intestinal inflammation. Proc Natl Acad Sci U S A, 2011, 108(49):19830-19835.

36. Schaffner F, Yokota N, Carneiro-Lobo T, et al. Endothelial protein C receptor function in murine and human breast cancer development. PLoS One, 2013, 8(4):e61071.

37. Shipitsin M, Campbell LL, Argani P, et al. Molecular definition of breast tumor heterogeneity. Cancer Cell, 2007, 11(3):259-273.

第二十二章
生殖腺干细胞与再生医学

生殖腺(genital gland)是产生生殖细胞的器官。生殖细胞的功能是由父代向子代传递遗传物质并构建新的生命。生殖腺由睾丸和卵巢组成,分别产生精子和卵子。在正常男性成年以后,睾丸能够产生和提供精子。卵子是由卵巢中的卵泡产生的,成年女性的卵巢位于子宫两侧,并在女性的一生中只产生有限的卵子。

本章将介绍生殖腺的发育、生殖干细胞以及前列腺干细胞与再生医学。

第一节　生殖腺的发育与生殖细胞的发生

一、生殖腺的发育

生殖腺由生殖嵴演化而来。第4周人胚,在胚胎背壁中线的两侧,即背系膜的两侧,各出现一条纵嵴,向腹膜腔突出,即尿生殖嵴(urogenital ridge)。在第5周,两内侧嵴的体腔上皮细胞增生加厚,上皮层下的间质也不断增殖,向腹膜腔突出,形成生殖嵴(genital ridge),外侧则分化成中肾。生殖嵴是体细胞聚集形成,即生殖上皮(germinal epithelium)。直到第6周生殖嵴内才出现生殖细胞,生殖嵴迅速长大,与中肾分开形成原始生殖腺,具有分化为卵巢或睾丸的双重潜能(bipotential)。两性的生殖细胞并不来自生殖上皮,而是来自原始生殖细胞(primordial germ cells,PGC)(图22-1)。在哺乳类和人类胚胎中,PGC于受精后第4周出现在靠近尿囊的卵黄囊壁内,体积较大呈圆形。从这里PGC借着变形虫样的运动,沿着后肠的背系膜,向着生殖嵴的部位迁移。在发育的第6周,PGC就迁入生殖嵴,如果它们没有达到生殖嵴,则生殖腺就不发育。PGC对生殖腺发育成卵巢或睾丸具有诱导作用。

人胚第7周时,约有1000个PGC。PGC的糖原含量高,并有较强的碱性磷酸酶活性,能做变形运动。在PGC到达生殖嵴前后,生殖嵴的体腔上皮增生,穿入到深部的间质中,在间质内形成若干形状不规则的索,即原始性索(primitive sex cord),这些索状结构渐渐把迁入的PGC包围起来。在男性和女性胚胎内,这些索都与表面上皮相连,此时不可能区别男性或女性生殖腺。

原始生殖索主要来自生化上皮,也有部分来自

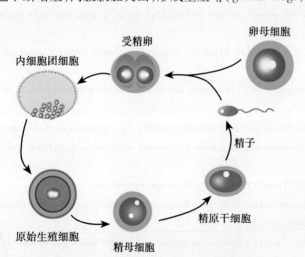

图 22-1 (男性)生殖细胞的生命周期
一个精子受精一个卵母细胞并开始形成一个新的个体叫合子。合子通过卵裂和桑葚胚期,在早期胚胎囊胚形成后,其内细胞团将产生所有的体细胞系和生殖细胞系。原始生殖细胞(PGC)是最初始生殖细胞。后者形成于胚胎生殖腺外的体细胞,随后迁移到生殖腺内并增殖。当PGC停止增殖后转化为Gonocytes。在啮齿类动物出生后不久,Gonocytes重新开始增殖,并迁移到生精索基底部,在那里发展成生精干细胞。生精干细胞终生维持自我更新,通过增殖、减数分裂和精子形成来产生精子以维持生殖功能

中肾小泡。中肾小泡的细胞不断迁移至原始生殖腺内,以后分化为男女生殖腺中的除生殖上皮外的各种其

他细胞成分。此时原始生殖腺分成外周的皮质及中央的髓质。

1. 睾丸　如果胚胎在遗传上是男性，即在Y染色体性别决定区域（sex determination of Y chromosome，SRY）基因和H-Y抗原作用下，原始生殖腺的髓质分化、皮质退化，在妊娠40～50天时胚胎睾丸形成。原始生殖索在胚胎发育的第7～8周期间继续增生，并穿入生殖腺髓质，形成许多界限清楚的、互相吻合的细胞索，这些细胞索叫作睾丸索（testis cord），朝着生殖腺的门处形成袢状。睾丸索随后变成一个纤细的细胞索构成的睾丸网，逐渐形成睾丸的曲细精管。在进一步发育中，睾丸失去和表面上皮的联系。而到第7周末，这些睾丸索就通过一层致密纤维性结缔组织（即白膜）与表面上皮分隔开。生殖腺表面的上皮变扁形成间皮，白膜就成为位于间皮深部的被膜。在第16周时，睾丸索变成马蹄形，其末端与睾网的细胞索相连。

睾丸索是由PGC和上皮细胞构成的。上皮细胞起源于生殖腺的表面，最后发育成滋养细胞。青春期时，实心睾丸索才出现管腔。这样就成为曲细精管，曲细精管很快就和睾网小管相连，并借睾网小管与输出小管相通，输出小管有5～12条，是中肾系统排泄小管的残余部分。输出小管的作用，是作为睾网小管和中肾导管（男性称为输精管）之间的连接环节。Leydig间质细胞是从位于曲细精管之间的间充质发育而来，并且在发育的第16～24周特别多。

生殖嵴的尾侧以后逐渐变成一条纵索，它与阴囊或卵巢相连。以后胚体逐渐长大，而纵索在性激素的影响下逐步缩短，导致睾丸下移。到第18周时，睾丸已降至骨盆边缘而继续下移。到第24周时，睾丸已到达腹股沟管上口，第8个月时进入阴囊。当睾丸通过腹股沟时，腹膜形成鞘突，包裹在睾丸的外面，一同进入阴囊，形成鞘膜腔。睾丸降入阴囊后，鞘膜腔与腹股沟之间的通道逐渐封闭。

来自鼠胚的研究证实，原始生殖细胞一旦进入生殖嵴即停止迁移，继续进行2～3次有丝分裂后，雄性胚胎（XY）中的原始生殖细胞将停止分裂进入休眠期（G_0/G_1期）。如果将这个时期的雄性原始生殖细胞移植到同期雌性胚胎（XX），这些细胞将像雌性胚胎原始生殖细胞一样进入减速分裂期。没有进入生殖嵴的原始生殖细胞，无论是来自雄性或是雌性胚胎也都将像雌性胚胎原始生殖细胞一样进入减数分裂期。提示原始生殖细胞进入减数分裂期是细胞自身的特性，与原始生殖细胞染色体组成无关，也不是细胞外诱导的结果。同时也提示在雄性胚胎生殖嵴，可能存在性别决定的分子机制，除了 SRY 基因，SRY 样 HMG 盒 9（SRY-type HMG box 9，sox9）基因、抗米勒管激素（anti-Müllerian hormone，AMH）、甾体生成因子-1（steroidogenic factor-1，SF-1）、WT-1 和 DAX-1 等也参与了胚胎的性别决定。

随着发育的进行，精索逐渐形成腔体即曲细精管。此时，原始生殖细胞的形态发生变化，转化为生殖母细胞或称为性原细胞（gonocyte）。小鼠和大鼠在出生几天后，性原细胞恢复分裂活动，并向曲细精管外周的基底膜迁移，到达基底膜的性原细胞转化为精原干细胞（spermatogonial stem cells，SSC）。

2. 卵巢　卵巢分化较晚，变化较小，主要是未分化发育型的继续。女性原始生殖索则被侵入的间质分隔成若干不规则的细胞团，每个细胞团内含有一些PGC，一般位于原始卵巢的髓质部，以后消失，被基质所取代，构成卵巢髓质。卵巢表面上皮细胞不断增殖，形成皮质。到第7周时，皮质产生第二代生殖索，侵入间叶细胞之间，但仍保持与上皮层的联系。到第16周时，皮质生殖索也分隔为独立的细胞群，各包围一个或几个PGC，这些原始细胞随后发育成卵原细胞（oogonium），周围的上皮细胞则形成卵泡细胞。到第15～20周，大多数卵原细胞已发展成为卵母细胞，充满了皮质层，使皮质增厚，同时中肾区血管垂直地长入含有卵母细胞的皮质之中，把皮质分隔成小叶（即所谓次级性索），并把皮质和髓质分隔开来。从第20周到出生，皮质里血管周围间叶细胞包围卵母细胞。形成单层扁平细胞，与原始卵细胞和卵母细胞一起形成原始卵泡。其余间叶细胞继续增殖，形成卵巢基质（ovarian stroma），围绕原始卵泡的基质细胞则组成卵泡膜（theca）。

到第10～20周，髓质中含有数以百计的生殖细胞，但未参加到皮质中去，一般在晚期退化。残余髓质以后构成卵巢门。卵原细胞在第8周时约有60万个。此后一方面继续进行有丝分裂以增加其数量，另一方面许多卵原细胞分化为初级卵母细胞（primary oocyte），表现为细胞体积增大，细胞核进入第一次成熟分裂的前期的核网期（dictyotene stage），细胞核为泡状，称为生发泡（germinal vesicle）。初级卵母细胞周围是一至数层立方形或矮柱状的卵泡细胞，这样就构成了初级卵泡，即 Graafian 卵泡。胎儿发育到第20周时，卵巢中约有200万个卵原细胞和500万个初级卵母细胞，此时是生殖细胞最多的时期。胎儿到第24～28周时，卵母细胞数目急剧减少。到足月时，卵巢内只含有100万个初级卵泡。尽管在母体促性腺素的刺激下，有部分卵泡可生长发育,绝大多数初级卵母细胞一直停滞在出生时的状态,直至青春期后才继续发育。

二、精子的发生

精子(spermatogenesis)发生是指从 SSC 形成高度特异性精子的细胞增殖和分化过程,一般由 SSC 的增殖分化、精母细胞的减数分裂和精子形成 3 个主要阶段组成。精子发生是在睾丸的曲细精管中进行的,其功能成熟过程延伸到附睾。增殖分化是指精原细胞的分裂、增殖过程,是保证睾丸持续大量生精的细胞学基础。在这一过程中,精原细胞的一部分形成干细胞贮备在曲细精管中,另一部分则增殖分化,并发育成初级精母细胞。初级精母细胞开始连续进行两次减数分裂期,于是初级精母细胞分裂成次级精母细胞后又立即分裂成精子细胞,由原来的(初级精母细胞时期)二倍体细胞变成单倍体精子细胞。在形成期,圆形的精子细胞经过一系列变化,形成具有特殊流线形态且具有活动能力的精子。

哺乳动物的雄性采用是一种非常无效率的生殖方式,产生的精子数量非常巨大,精子的产量从人类每天 >200 万到牛的 20 亿~30 亿,正常男性的一次射精往往会有数以亿计的精子,这种无效率现象反映出雄性在后代选择上的极端苛刻。

(一) 睾丸的结构

睾丸中的曲细精管(seminiferous tubule)是精子发生的场所,而附睾则是精子成熟的主要场所。成年男性睾丸重 10.5~14g,长约 4.5cm,宽约 2.5cm,厚约 3.0cm,睾丸表面有一层白色坚韧的纤维组织,称为白膜。白膜自睾丸的表层放射状地发出许多结缔组织小隔深入到睾丸的内部,将睾丸分成 200 多个睾丸小叶。每个小叶有 1~4 条小管,弯曲盘绕于小叶内,故名曲细精管。各小叶的曲细精管汇成较短的直细精管,然后进入睾丸后缘,形成睾丸网,经输出小管与附睾相连,附睾是一条高度弯曲的长约 4~5m 的管道,尾部与输精管相连(图 22-2)。

曲细精管是由基膜围成的管道,基底膜由胶原纤维以及位于其间的类肌细胞和成纤维细胞组成。基膜的内侧,由生精上皮(seminiferous epithelium 或 spermatogenic epithelium)构成管壁的主要部分,由此形成的精子将位于曲细精管的管腔中。生精上皮有两类细胞组成,一类称为支持细胞(Sertoli cell),另一类称为生精细胞(spermatogenic cell)。其中,成年男性的生精细胞包括精原细胞(spermatogonium)、初级精母细胞(primary spermatocyte)、次级精母细胞(secondary spermatocyte)、圆形精子细胞(round spermatid)和长形精子细胞(elongated spermatid)5 类。在管壁中,这些细胞根据它们发生的不同阶段,依次从基膜向管腔有规律地排列成多层。

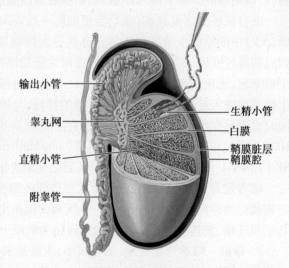

图 22-2 睾丸组织结构图

输出小管 —

睾丸网 —

直精小管 —

附睾管 —

— 生精小管

— 白膜

— 鞘膜脏层

— 鞘膜腔

成年男子的曲细精管中,支持细胞约占生精上皮细胞的 1/4。支持细胞体积较大,呈锥体形,底部较宽,有规律地排列在基底膜上,细胞的上端向管腔的中心部伸展,细胞间形成的间隙和凹陷里,包绕着各级生精细胞。支持细胞内含有丰富的细胞质和各种细胞器,如发达的高尔基体和微丝、微管,丰富的内质网和线粒体,大量的溶酶体和脂质体等。相邻的支持细胞基部形成侧突,在精原细胞的上方以多种形式彼此连接,构成了血-睾屏障(blood-testis barrier)。在电镜下,相邻两个支持细胞在靠近基底部为紧密连接,基底部又与曲细精管的基底膜紧密相贴,是构成血-睾屏障的主要结构基础(血管内皮细胞、类肌样细胞、基底膜等也参与血-睾屏障的形成)。紧密连接的存在把曲细精管的上皮分隔为基底部的生精细胞,但营养物质不能全部通过紧密连接而到达管腔部,如白蛋白、胆固醇难以通过,促性腺激素和性激素可以通过,糖、脂肪酸、氨基酸等则易通过,使血浆内的物质(包括激素等信号分子)有选择性地进入管腔。血-睾屏障同时也是一道有效的免疫屏障,可防止精母细胞和精子抗原与体内的免疫系统接触,因而不会发生免疫反应。一旦发生抗精子抗体,血-睾屏障亦可阻止血循环中的抗精子抗体进入曲细精管与精子发生免疫反应。生精细胞在发育过程中,可生成一些特异性蛋白质,如乳酸脱氢酶 X(C 亚基构成的四聚体,LDH-C4),可与血液中的免疫球蛋白 IgG 进入曲细精管的管腔部,可避免生精细胞自身免疫反应发生。所以,支持细胞除了为生精细胞的发育提供支持、营养和保护外,还为精子的发生提供了一个合适的环境。

另外,在曲细精管之间散布着零星的细胞群,称为间质细胞(leydig cell)。间质细胞呈多面体状,多集中分布在毛细血管周围,细胞内含有大量的线粒体、内质网和脂滴等。这种细胞主要是在男性的青春期后,由睾丸间质内的成纤维细胞逐渐演变而成的,其数量会随着年龄的增加而逐渐降低。间质细胞能够产生和分泌雄性激素,包括睾酮、双氢睾酮、雄烯二酮和脱氢雄酮等。这些激素对促进男性生殖器官正常发育、促进精子的形成和男性第二性征出现等具有不可缺少的作用。间质细胞的分泌功能主要受垂体分泌的黄体生成素(LH)的调节,并易受温度、射线和药物等的影响。

(二)精子发生的过程

性成熟后,精原干细胞在下丘脑-垂体-睾丸轴分泌的激素的作用下,启动精子的发生过程。在曲细精管中,各发育阶段生精细胞的排列是高度有序的。一代生精细胞与其前后代的生精细胞在生精上皮中相互交叠,组成一个恒定的生精细胞混合体,称为细胞组合。一个细胞组合的所有细胞分布在生精上皮的基底膜到管腔的各个部分,不同细胞组合在生精上皮中顺序出现,使精子发生成为一个周期性循环过程。形态学研究发现,沿着曲细精管的长轴,生精细胞组合呈波浪式重复出现(图 22-3)。

处于不同发育阶段的各组生精细胞组合称之为生精周期。在曲细精管连续切片中,两次经历同一期之间所需要时间称为一个生精周期,不同的动物生精周期各异。在人类,整个精子发生过程需要 4 个期,每期 16 天,因此人的一个生精周期需要 64 天左右。从空间上看,相邻的相同细胞组合沿曲细精管的空间距离称为生精波,即指相同生精细胞组合再次出现经历的曲细精管的长度。依据生精细胞不同的细胞组合,可将大鼠的生精周期划分为 14 个阶段(Ⅰ~ⅩⅨ)。人类生精细胞组合呈螺旋形排列,比较复杂。它与啮齿类动物生精细胞的组合在曲细精管中的线性排列不同。在人类中,从精原细胞开始,经过有丝分裂、减数分裂和变态三个过程,最终分化成精子。

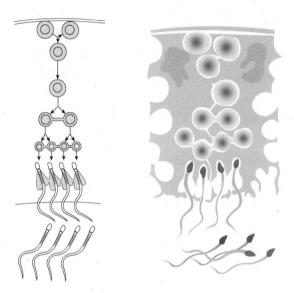

图 22-3　精子发生的过程

1. SSC 的有丝分裂　SSC 又称为原始 A 型精原细胞(primitive type A spermatogonium),它们经过有丝分裂所产生的细胞中,一部分细胞仍然保持干细胞的特性,可以继续进行周而复始的有丝分裂形成新的 SSC;另一部分细胞进入分化途径,形成 A 型精原细胞。

在啮齿类哺乳动物中,A 型精原细胞包括两大类,一类在整个生精上皮周期中都存在,另一类的存在则与生精上皮周期时相相关。在整个生精上皮周期中均存在精原细胞,从形态上又可根据其合胞体组成细胞数目再细分为单个的没有胞质间桥相连的 As 型(type A-single)精原细胞,它被认为是真正意义上的精原干细胞。其进一步的增殖或者产生两个新的 As 型精原细胞,或者分化产生两个由细胞间桥相连在一起的 Apr 型(type A-paired)精原细胞。Apr 型精原细胞进一步分化产生 4 ~ 16 个,甚至是 32 个细胞连成串的 AaⅠ型(type A-aligned)精原细胞。从 As 到 AaⅠ型,它们的细胞周期是同步的。由于 As 型、Apr 型和 AaⅠ型形态结构非常相似,也尚未发现它们之间有不同的分子标志,因而习惯上将它们合称为"未分化的 A 型精原细胞"。

AaⅠ型精原细胞可继续分化为 A1、A2、A3 和 A4 型精原细胞。其中,A1 型精原细胞紧邻基底膜,经有丝分裂形成两个子细胞中,一个仍具有 A1 型精原细胞的特征,另一个则分化成 A2 型。所以,A1 型精原细胞也可被认为是另一类 SSC,在生精过程中起储备作用。A2 ~ A4 型精原细胞是更新的 SSC,经数次有丝分裂形成同源的姐妹细胞群以维持生育能力,分裂的次数以及能产生的子代细胞群数目因动物的种属而定。A4 型精原细胞的分裂形成 In 型精原细胞(intermediate spermatogonium)，In 型精原细胞进行最后的有丝分裂，形成 B 型精原细胞(type B spermatogonium)。B 型精原细胞是精原细胞的最后阶段，已经进入了形成精子的分化之路，这些细胞分裂分化的程序不再可逆，它们分裂和分化形成初级精母细胞，进入生精过程中的减数分裂期。

根据精原细胞核的形态、大小、染色质的致密程度等，可将灵长类(包括人类)的精原细胞分为暗型精原细胞(dark type A spermatogonium，Ad 型精原细胞)、亮型精原细胞(pale type A spermatogonium，Ap 型精原细胞)、长型的精原细胞(long type A spermatogonium，A1 型精原细胞)和 B 型精原细胞 4 种类型，其中，Ad 和 Ap 精原细胞较为丰富，并以同样的频率出现，A1 精原细胞为人类特有，在曲细精管中很少出现。精原细胞各型间的相互关系尚不清楚，有人提出 Ad 精原细胞是干细胞，它可以通过有丝分裂增殖自己，也可以分裂分化成 Ap 精原细胞，再由 Ap 精原细胞分裂分化成 B 型精原细胞等。而有人则认为，Ad 细胞是一种储存的干细胞，在正常情况下，其并不参与精子发生。

2. 精母细胞的减数分裂　减数分裂期是指初级精母细胞经两次减数分裂形成精子细胞的分化过程。第一次减数分裂形成两个次级精母细胞。减数分裂 I 可分为前期、中期、后期和末期。减数分裂 I 期以后，同源染色体分离，形成的次级精母细胞中的染色体数目减少一半。此后，减数分裂 II 随即进行，结果形成 4 个精子细胞。这次分裂由于是姐妹染色单体分离并分别进入两个子细胞。因而其染色体数目仍和次级精母细胞一样，但 DNA 数量却减半。由此，一个初级精母细胞经过两次减数分裂以后形成了 4 个精子细胞，减数分裂即告结束。

男性青春期以后的正常生精过程中，由最后的 B 型精原细胞经有丝分裂产生子代细胞，经分化成为细线前期的初级精母细胞，并开始进入到减数分裂前短暂的(历时约两天)静止期。在接近这一时相的末期，细线前期的初级精母细胞进行最后一次染色体复制，之后进入长时间的第一次减数分裂前期，这个时期的变化比较复杂，要经过细线期、偶线期、粗线期、双线期和终变期 5 个时期。需要说明的是这 5 个时期本身是连续的，它们之间并没有截然的界限。在这 5 个时期中，同源染色体要进行配对联会、交叉、交换和分离，实现双亲来源部分遗传物质的重组。在这期间，细胞的体积也不断增加，到粗线期时，初级精母细胞的体积可为细线期以前细胞体积的两倍以上。最后，初级精母细胞经减数分裂前期的终变期进入减数分裂的中期和末期，每一个初级精母细胞分成两个次级精母细胞。而且，第一次减数分裂的历时较长，在人类约为 22 天。

第一次减数分裂所形成的两个次级精母细胞体积较小，染色体不再进行复制就进入第二次减数分裂。与有丝分裂相似，第二次减数分裂可分为前、中、后、末四个四期。经过第二次减数分裂，次级精母细胞即分裂成为只含有单倍染色体的早期的精子细胞。由于次级精母细胞存在的时间较短，所以在睾丸组织的切片上很少观察到次级精母细胞。

合胞体现象：这是精子发生过程中的独特现象，每次有丝分裂和减数分裂之后，细胞质都不完全分开，细胞之间有间桥相连，形似合胞体(图 22-4)。

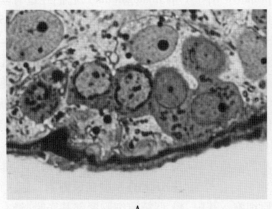
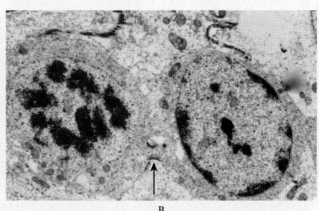

A　　　　　　　　　　　　　　B

图 22-4　自我更新和分化过程中的精原细胞合胞体和细胞间桥

在正常情况下，这些结构是不可能被看到的。以上图片来自精子形成受损恢复期间的睾丸。(A)5 个精原细胞组成的细胞群，其中 3 个是 A 型细胞、2 个是 B 型细胞；半薄切片(1μm)由 1% 甲苯胺蓝染色。(B)在电子显微镜下观察两个精原细胞通过细胞间桥连接

通过电镜可以观察到分化中的精母细胞彼此通过细胞间桥连接,这是由于细胞分裂不完全造成的。这种始于精原细胞的细胞间桥管状连接在减数分裂的进程中得到维持,这样,便使得减数分裂后的精子细胞连成一片。细胞间桥连接容许许多分子从一个细胞输送到另一个细胞内,由间细胞桥彼此相连的精子细胞可达几百个,在精子形成末期的残体中,细胞间桥还一直存在。这种合胞体的结构可能有利于细胞之间维持严格的同步发育,保证睾丸同时产生大量的精子。

3. 精子的形成 由圆形的精子细胞分化成为流线型、可运动精子的过程叫精子形成(spermiogenesis),也称为精子变态。这一过程极为复杂,主要是细胞核和细胞器发生急剧变化,使精子的结构、组成和形态朝着有利于精子执行其功能的方向改变,这个过程通常可以被再分为高尔基相、头帽相、尾形成相和成熟相。

(1)高尔基相:始于精子细胞极性化启动。开始高尔基体呈球形,以后变成半球形,位于细胞核的一侧形成精子头端。高尔基相的主要特征是在髓质内出现几个圆形小泡,称前顶体囊泡,内有致密的颗粒称前顶体颗粒。随后这些前顶体囊泡融合成一个大的顶体泡与核膜外层相贴(此处标志着未来精子核的前端),称为顶体囊泡,前顶体颗粒也融合成为顶体颗粒。这时在高尔基体髓质内或髓质附近还可见多泡体结构,它常与核外染色质伴随。以后多泡体与核外染色质一起离开高尔基体,移向细胞核尾侧中心粒。尾侧端则线粒体聚集、远侧中心粒开始形成轴丝,中段增厚。

精子细胞分化成精子时,借助于染色质重新包装(或核蛋白质替代)、浓缩使细胞核的体积大大减小,此相精子细胞的 DNA 开始启动包装过程。首先,在拓扑异构酶 2B 的作用下,DNA-组蛋白复合体的稳定性被破坏,继而组蛋白被高碱性的过度蛋白替代,进一步又被富含精氨酸的鱼精蛋白(protamine)替代。鱼精蛋白为碱性蛋白,带有大量的正电荷,能降低 DNA 分子间的负电荷以及由负电荷产生的静电排斥作用,使 DNA 发生集聚,并通过二硫键的交联形成致密的细胞核。其构象由核小体的球链结构变成叠层结构,染色质包装更加紧密。经过高度浓缩的精子核在化学性质上是惰性的,不能进行复制和转录。精子核的浓缩使核内遗传物质不变的前提下,体积大大减小。有利于降低精子运动过程中的能量消耗,另外,还可以保护核内的遗传物质免受化学和物理因素的影响。

核的形态变化和染色质的浓缩是同时进行的,这意味着,核的特殊形状是由于染色质浓缩时 DNA 与蛋白质互相作用的结果。但也有研究认为,核的形状是由于核外微管施加压力所产生的结果。

(2)头帽相:在精子细胞形成的早期,胞质内含有大量的高尔基复合体,由它们产生许多圆形小囊泡,这些小囊泡逐渐融合变大,形成的大囊泡称之为顶体囊泡,囊泡内含有致密的颗粒,称之顶体颗粒(acrosomal granule)。在此相顶体囊泡进一步扩大并向细胞核两侧延伸形成顶体帽,继续发育的顶体颗粒构成顶体的核心。顶体囊泡的壁丧失其脂类成分,形成双层鞘覆盖在核的前半部。此时,高尔基体体积增大、迁移到核的后端中心粒附近并逐渐退化,将作为一种剩余体与细胞质剩余体一起被抛弃。顶体颗粒与顶体帽统称为顶体系统。

(3)尾形成相:此相中两个中心粒移至核的正后方,在核的后端表面,形成一个压凹,一个中心粒恰好位于此压凹中,称为近端中心粒,与精子尾呈直角排列。另一个称为远端中心粒,位于近端中心粒的后方,其长轴平行于精子尾长轴,它在一个称为精子颈带(manchette)的临时结构的辅助下产生尾部轴丝,形成鞭毛。也就是说,轴丝就锚定在远端中心粒上。线粒体聚集在鞭毛周围,形成螺旋状的线粒体鞘。此相发育中的精子在曲细精管有一个定位过程,使其尾部指向曲细精管管腔中央。同时,顶体帽进一步扩大,顶体物质弥散于整个顶体帽中,于是顶体帽变成了顶体。细胞核由细胞中央部位移向细胞一端,形成由圆形变为扁平的梨形,体积逐渐缩小,染色体颗粒逐步增粗,电子密度逐渐增强,最后形成致密均质状结构。精子细胞核内与 DNA 结合的是富于精氨酸的碱性蛋白质,可以抑制核中 RNA 的合成,从而抑制核内基因的转录,使基因更为稳定,具有保护作用。

(4)成熟相:精子细胞的细胞质大部分在精子形成中成为多余的物质而被抛弃。当细胞核前端形成顶体时,细胞质向相对的方向移动,仅留下一薄层细胞质与质膜覆盖在顶体和细胞核上,当尾部向后端生长时,细胞质的大部分附着在精子的中段,称多余胞质。当线粒体围绕轴丝基部成鞘时,多余胞质连同位于其中的高尔基体成为残余体被抛弃。至此,精子形成并离开支持细胞,释放至曲细精管管腔,脱下的残余体被支持细胞吞噬。

4. 精子释放　精子细胞完成变态过程成为精子后,被 Sertoli 细胞释放到曲细精管的管腔中,管腔充填着睾丸液,释放到管腔的精子会随睾丸液的流动,通过睾丸的输出小管,注入并储存在附睾(epididymis)中。对蛙的精子释放观察发现,当给雄蛙注射促性腺激素时,支持细胞的顶端先发生空泡样变,而后崩解,将穴居其中的精子释放出去。因而认为精子释放与支持细胞活动有关,但确切机制不清楚,可能的释放机制为:①在黄体生成素的作用下,支持细胞上钠泵受抑制,细胞内钠离子增高,水增多,支持细胞肿大,顶端凹陷变平,精子进入管腔;②支持细胞内微丝、微管收缩,把镶嵌在支持细胞上的生精细胞推入管腔。

此时的精子虽然已经成熟,但缺乏运动能力,也不具备受精能力,被支持细胞所分泌的睾丸液承载,借助曲细精管的蠕动收缩运输到附睾,并在此最终实现功能的成熟,获得运动和受精能力。睾丸液为一种蛋白质含量很少的水样液,其中 K^+、$HCO3^+$ 含量较多,液体到达附睾后,99% 即被附睾上皮重吸收。

(三) 精子发生的内分泌调节

腺垂体嗜碱性细胞分泌的促间质细胞激素(interstitial cell stimulating hormone,ICSH),即女性体内的 LH 和 FSH 均对精子发生具有调节作用。其中,ICSH 主要作用于睾丸的间质细胞,FSH 主要作用于睾丸的生精和支持细胞,即垂体-间质细胞轴和垂体-曲细精管轴。

ICSH 控制睾酮的分泌。ICSCH 与间质细胞膜上的受体结合,在线粒体内形成甾体激素,即睾酮。睾酮进入血液后经扩散作用而进入靶组织发挥作用。精子发生过程必须在较高水平的睾酮作用下才能完成,但注射睾酮后生精过程受到抑制。睾酮还是精子成熟的必需因子,也具有刺激雄性激素结合蛋白(androgen binding protein,ABP)形成的作用。去垂体后,间质细胞将萎缩、睾丸分泌下降;反过来,血中睾酮将主要通过反馈机制控制下丘脑 GnRH 的分泌。

FSH 能直接启动精原细胞的有丝分裂、刺激初级精母细胞的发育。除此之外,还能激发支持细胞合成和分泌 ABP 物质。用同位素标记和放射自显影研究发现,在支持细胞的细胞膜上有 FSH 受体。当受体与 FSH 结合后,便激活细胞膜上的腺苷酸环化酶,从而使 cAMP 量增加。cAMP 又激活 *ABP* 基因的表达、合成和分泌。ABP 物质能够和睾酮结合,并将其局限于生精上皮的近管腔部和附睾中,保证精子发生和精子成熟。FSH 还使支持细胞中的睾酮转变为雌二醇。雌激素通过降低垂体对 GnRH 的反应性来反馈调节睾酮的分泌,将睾酮分泌控制在一定的水平。

另外,睾丸能产生睾酮以外的某些物质,如抑制素,具有强烈的抑制 FSH 分泌的作用,但对 LH 分泌的抑制作用轻微,对腺体也有局部旁分泌作用。

(四) 精子发生的基因调控

精子发生的调控是通过信号因子的异常表达和信号路径的受损来认识的。有数千个基因与精子发生有关,但在男性不育症中,只有其中很少的基因被筛选和鉴定。遗传学研究显示,抑制 GDNF 表达阻碍精子发育并导致生殖细胞缺失。小鼠 BMP4 缺失导致生殖细胞退化、精子数量减少、精子活动力降低,进而导致不育症。与正常精子发生和男性生育力密切相关的 FGFR1 信号缺失将导致精子无法产生和精子活力丧失。而 c-KIT 介导的 PI3K 通路激活对男性的生育力是非常重要的,因为 c-KIT 突变后不能与 PI3K 结合能使精原细胞增殖和早期分化完全受阻进而导致不育。不育突变小鼠睾丸支持细胞坚固因子(SF)表达缺乏能阻碍精原细胞的分化,进而导致无精子症。在雄性小鼠不育模型中,有许多基因的表达上调。小鼠 *SIRT1* 基因敲除导致雄性不育。而且,小鼠减数分裂重组蛋白 Dmc1 缺失能导致不育,因为它使得减数分裂的同源染色体配对障碍,使精母细胞停滞在偶线期。

小鼠 Jmjd1a 阶段特异性地表达于减数分裂和减数分裂后的圆形精子中。由于不完全的染色体聚合、顶体形成障碍和异染色质分布缺陷等后减数分裂缺陷,Jmjd1a 突变的裸鼠是不育的。小鼠睾丸表达基因 11(*Tex11*)缺失能导致染色体不联会、交换减少、精母细胞消失和不育。显然,由于联会复合体的退化使得精母细胞分化停滞。*KIT* 基因功能缺失将导致严重的精子发生缺陷,因为它不能与其配体 KITL 结合以刺激精原细胞的增殖和分化。睾丸表达基因 *AURKC* 在小鼠的减数分裂中发挥作用,与雄性不育有关。精子发生特异性基因 *SPATA16* 缺陷能导致圆头精子症。

精子发生过程中,作为生精小管内唯一与生精细胞接触的体细胞,支持细胞对生精细胞的发育分化起着重要的调控作用。转移相关蛋白 2(metastasis associated protein2,MTA2)主要表达于生精小管内支持细胞,且具有阶段特异性表达特点,提示 MTA2 可能和精子细胞最终成熟后释放过程有关系。在体外培养支持细胞时加入适当浓度的外源性雄激素,MTA2 的表达水平会逐渐上调。MTA2 在支持细胞的表达还受促卵泡素(FSH)的正向调控,当 FSH 作用于支持细胞时,MTA2 通过募集组蛋白去乙酰化酶1(HDAC1)至 FSH 受体启动子的方式,参与 FSH 对其受体的转录抑制调节。此外,在以支持细胞综合征为代表的精子发生障碍的睾丸病理组织中,MTA2 的表达量明显降低,提示其可能参与其病理发生。

总之,MTA2 在支持细胞中的作用受雄激素通路、FSH 通路和相邻生精细胞分化状态的影响,它很可能是通过"募集"HDAC 的方式来调节支持细胞上某些关键基因(如雄激素受体和 FSH 受体)的转录活性,组成一个对生殖细胞的分化增殖起到重要调控作用的网络,参与了内分泌信号调节生精细胞发育功能的关键性"介导"作用。

三、卵子的发生

卵子的发生(oogenesis)需要特定的细胞经过一系列的有丝分裂和减数分裂后才得以实现。卵子的发生过程包括卵原细胞(oogonium)的形成、增殖,卵母细胞(oocyte)的生长、发育和成熟等。

(一)卵巢的结构和功能

成年卵巢是一对卵圆形的器官,平均大小约为 2.5cm×2.0cm×1.5cm。卵巢表面被覆一层立方或扁平上皮细胞,称为生殖上皮,它们为卵子和卵泡的来源。上皮的下方有一薄层结缔组织,称为白膜。卵巢的内部又可分为皮质和髓质两部分,其中皮质位于卵巢的周围部分。在发育成熟的卵巢中,皮质部分的结构和组成极为复杂,其主要的结构有:①处于不同发育时期的卵泡;②排卵后卵泡的残留部分,在腺垂体分泌的黄体生成素(luteinizing hormone,LH)的作用下,迅速繁殖增大,形成大量的多角形的黄体细胞,组成黄体;③排出的卵未受精,黄体即退化变成白色的结缔组织瘢痕,称为白体。髓质部分位于卵巢中央,由疏松结缔组织构成,其中含有许多血管、淋巴管和神经,可为卵巢提供营养物质、信息分子等(图 22-5)。

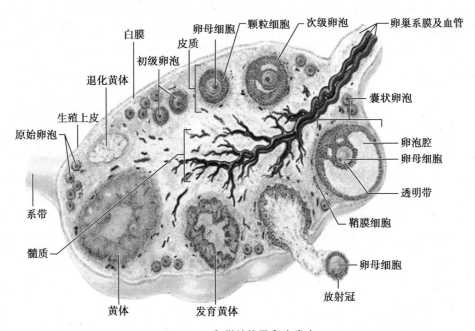

图 22-5　卵巢结构及卵泡发育

卵巢除产生卵细胞以外,还可合成和分泌多种雌激素和孕激素。雌激素主要包括雌二醇(estradiol)、雌三醇(estriol)和雌酮(estrone),其中雌二醇的含量最高,生物学作用也最显著。雌性激素的主要作用是刺激和维持女性生殖器官正常的生长发育以及女性第二性征的出现;在月经周期中还能刺激子宫内膜增生。孕激素包括孕酮(或称为黄体酮、黄体素 progesterone)和 17 羟孕酮。孕激素可以促进子宫内膜的继续增长,刺激子宫内膜中的腺组织进行分泌,为受精卵子宫里着床和发育做好准备,并且抑制排卵和产生月经。此外,卵巢还可以分泌少量的雄激素、松弛素(relaxin)和卵泡抑制素(folliculostatin)等。

（二）卵泡的生长和发育过程

卵泡的发育包括原始卵泡（primordial follicle）经过生长和发育，依次经历初级卵泡（primary follicle）、次级卵泡（secondary follicle）、三级卵泡（tertiary follicle）直至成熟卵泡（mature follicle）的整个生理过程。其中，初级卵泡、次级卵泡、三级卵泡又称为生长卵泡（growing follicle）。在女性发育过程中，这一过程几乎需要一年的时间才能完成。

1. 原始卵泡　初级卵母细胞被卵巢中的许多原始颗粒细胞（granular cells）包被而形成原始卵泡。人类的原始卵泡只有约 13 个颗粒细胞，将初级卵母细胞包围在其中，颗粒细胞外为一层很薄的基底膜，整个原始卵泡的直径为 $20 \sim 35\mu m$。原始卵泡形成后，逐渐向卵巢的皮质部分聚集，形成原始卵泡库。卵泡库中的原始卵泡处于休眠和储备状态，数量不再增加。此后，将有一些卵泡陆续地离开卵泡库，摆脱休眠状态而开始它们的继续生长过程，称为卵泡的募集（recruitment）。

而卵泡库中原始卵泡的储备量将逐渐减少，女婴出生时，每个卵巢中约含 75 万个原始卵泡。

随着年龄的增长，这些储存的原始卵泡有一部分被募集，而绝大部分逐渐解体消失。在 20 ~ 40 岁，每个卵巢中的原始卵泡数减至约 7 万个，40 岁以后减至 1 万个，直至最终枯竭。

2. 初级卵泡　被募集的原始卵泡启动生长后，原始颗粒细胞将由扁平状变为立方或柱状的颗粒细胞。随着卵泡的继续生长，在卵母细胞和颗粒细胞上出现一些重要的变化。

（1）初级卵母细胞体积显著增大：直径由原始卵泡 $20 \sim 35\mu m$ 增加到 $120\mu m$ 左右。除了体积增大外，卵母细胞和颗粒细胞中一些基因的表达也对卵泡的发育产生重要的影响。如在卵母细胞中，编码透明带蛋白的基因，此时开始表达和产生透明带蛋白 ZP1、ZP2 和 ZP3，后者被分泌到卵母细胞的膜外，在卵母细胞与颗粒细胞间的间隙内发生多聚化，最后，与颗粒细胞分泌的界限物质一起形成透明带。又如，颗粒细胞表达的 Kit 配基可以促进卵母细胞的生长，而卵母细胞表达的生长分化因子-9（growth and differentiation factor-9，GDF-9）可以促进颗粒细胞的增殖和发育等。

（2）颗粒细胞开始表达促卵泡素（follicle-stimulating hormone，FSH）的受体：在大鼠的原始卵泡中，每个颗粒细胞的膜上可表达出 1000 个以上特异性的、具有高亲和力的 FSH 受体，并且在整个卵泡的发育过程中基本保持恒定。尽管有实验证据证明，在初级卵泡的发育阶段，FSH 并不是必需的，但 FSH 受体的出现，为后期的颗粒细胞能接受来自中枢的控制信息、发挥 FSH 的发育调控作用奠定功能上的基础。

（3）在颗粒细胞之间以及颗粒细胞与卵母细胞之间形成缝隙连接（gap junction）：构成缝隙连接的主要结构是连接子（connexon）。在形成缝隙连接时，相邻两细胞的质膜相互紧密贴近，两细胞各提供一个连接子，并对接形成圆柱形的通道，通道中还有一个闸门，可以调节通道的开放或关闭。当通道开放时，可以允许小分子物质（相对分子质量小于 1200）直接双向通过该通道而在细胞间流动。缝隙连接构筑了卵泡内细胞之间的物质和信息交流的通道，颗粒细胞中的一些小分子营养物质（如单糖、小分子多糖、氨基酸、小分子多肽等）可以借助缝隙连接而被转运至卵母细胞中，供卵母细胞生长之用。一些激素、离子和信号分子（如 cAMP、Ca^{2+}、三磷酸肌醇等）可以在细胞间进行交流，并引起重要的生物学效应。如从颗粒细胞传递到卵母细胞中的一些物质和信号分子，可能在促进卵母细胞的减数分裂中起重要作用，而卵母细胞产生的信号分子可以转运到颗粒细胞中去，以维持颗粒细胞的继续增殖和发育，防止颗粒细胞的过早分化。

女性从青春期开始，在激素的作用下，卵泡的募集、生长和成熟呈周期性变化，每个周期（一般为 28 天）内，有 10 ~ 20 个初级卵泡发育。

3. 次级卵泡　随着初级卵泡发育的继续，卵泡的结构持续发生变化而形成次级卵泡。这些变化主要包括颗粒细胞数目和层数的不断增多、卵泡膜细胞的形成和卵母细胞的体积增大。

次级卵泡的形成开始于第二层颗粒细胞的出现，这一过程除包括颗粒细胞从简单的立方上皮到复层的柱状上皮的转变，还会在颗粒细胞之间形成较大的间隙连接。间隙连接蛋白 43（connexin 43，Cx43）是颗粒细胞间的间隙连接的主要蛋白，Cx43 缺失的小鼠，卵泡发育会停滞在从初级卵泡向次级卵泡的转变阶段。

在初级卵泡向次级卵泡转变的过程中，有几层基质细胞样的细胞出现在基底膜周围。随着次级卵泡的发育，膜细胞会分成两层，即内膜层和外膜层。内膜层含有较多的多边形或梭形的膜细胞及丰富的毛细血管，内膜细胞具有分泌类固醇激素细胞的结构特征。外膜层主要由结缔组织构成，胶原纤维较多，并含有平滑肌纤维。至卵泡发育的腔前阶段结束时,次级卵泡通常包含 5 个组成部分:一个被透明带包围的卵母细胞、5~8 层颗粒细胞、一层基底膜、一层内膜和一层外膜。

在次级卵泡阶段,颗粒细胞和膜细胞大量表达促性腺激素的受体。一般认为,颗粒细胞仅表达 FSH 受体,膜细胞仅表达 LH 受体。

4. 三级卵泡(tertiary follicle) 即窦状卵泡,次级卵泡进一步发育成为三级卵泡。在这个时期,卵泡腔(follicular cavity)开始形成,腔内充满卵泡液(follicular fluid)。卵泡液由卵泡颗粒细胞分泌物和卵泡膜血管渗出液组成,卵泡液除含有一般营养成分外,还有卵泡分泌的类固醇激素和多种生物活性物质,对卵泡的发育成熟有重要影响。同时借助卵泡液这一媒介,卵母细胞和颗粒细胞可以接受或释放调节物质。

随着卵泡液的增多及卵泡腔扩大,卵母细胞被挤到一侧,并被包围在一团颗粒细胞中,突出到卵泡腔中呈半岛状,称为卵丘(cumulus)。紧贴透明带的一层颗粒细胞则呈放射状排列,称为放射冠(corona radiata)。其余的颗粒细胞则紧贴在卵泡腔周围,构成卵泡壁,称为颗粒细胞层。卵泡腔出现的早晚与卵泡的发育程度相关,并且卵泡腔的大小与卵泡的大小呈正相关。所以,卵泡腔的有无和大小可以作为卵泡发育程度的评定指标。

5. 成熟卵泡 卵泡经过充分的生长后,体积和卵泡液的量达到最大,并向卵巢的表面隆起,此时的卵泡成为成熟卵泡或称为排卵前卵泡(preovulatory follicle)。人类成熟卵泡的直径可达 25mm,卵母细胞的直径可达 $100~130\mu m$。女性的两侧卵巢中,每一月经周期中虽然有 10~20 个初级卵泡发育,但一般只有一个卵泡能够生长到成熟卵泡阶段,称为优势卵泡(dominant follicle)。在两侧卵巢中,优势卵泡随机地从其中的一侧卵巢被选择和发育成熟,而其他未能被选择的生长卵泡将逐渐退化、闭锁。优势卵泡的选择是个复杂的过程,其详细的机制还不清楚,现有的证据证明,FSH 在卵泡的选择和优势卵泡的发育过程中可能起着关键的作用。

成熟卵泡中的初级卵母细胞,在排卵前完成第一次减数分裂。在 LH 的作用下,初级卵母细胞获得了恢复减数分裂的信号,此后,一些松散的染色体再次凝聚,核膜破裂又称为生发泡破裂(germinal vesicle breakdown,GVBD),纺锤体重新形成并将同源染色体分置于细胞两侧,随后细胞质不平衡分裂而形成一个大的次级卵母细胞和一个小的第一极体。第一极体位于次级卵母细胞与透明带之间的间隙中,一般不再生长和分裂,而次级卵母细胞随即进行第二次减数分裂,但停滞于分裂中期。

(三) 卵泡形成和发育的调控

1. 原始卵泡形成的调控 原始卵泡形成是体细胞侵入生殖细胞的合胞体并包裹卵母细胞形成卵泡的过程。在这个过程中,伴随着大量卵母细胞的凋亡和颗粒细胞的迁移。近年来,对原始卵泡形成过程进行了大量研究,发现了一些影响原始卵泡形成的关键分子和基因。

(1) 雌激素和孕酮:传统观点认为,雌激素对原始卵泡的形成并不关键,因为在芳香化酶基因敲除的小鼠卵巢中还能观察到原始卵泡、初级卵泡、次级卵泡和腔前卵泡。此外,小鼠雌激素受体缺失后,原始卵泡的形成亦未受明显影响。但近年来的研究发现,雌激素和孕酮在原始卵泡的形成中起着重要的作用。啮齿类动物血清中雌二醇(E_2)的浓度在出生后 0~2 天剧烈下降,类固醇激素的水平在牛胎儿发育的后期也明显下降,这些下降恰好与原始卵泡的形成同步发生。对啮齿类动物进行的体内和体外研究发现,雌激素和孕酮可以抑制新生鼠卵巢生殖细胞合胞体的破裂,进而抑制原始卵泡的形成。

此外,正常情况下,一个卵泡只含有一个卵母细胞,极少出现多个卵母细胞的卵泡(multiple oocyte follicles,MOFs)。MOFs 的形成可能是由于合胞体没有完全解体就被体细胞包围而形成。而以雌激素或孕酮处理培养的小鼠卵巢,则会明显增加 MOFs 的数量。因此认为,高水平的类固醇激素可抑制生殖细胞合胞体的解体以及卵泡的形成,而其水平的降低则在一定程度上促进原始卵泡的形成。

(2) 生殖细胞系因子 Figa(factor in germline alpha,+FIGA):Figa 是一个具有螺旋-环-螺旋(bHLH)结构的转录因子,其 mRNA 最早出现于胚胎发育 13 天的卵母细胞中,并持续到卵泡形成的整个过程。*Figα* 基因敲除后,小鼠生殖细胞的迁移或增殖并不受明显影响,但卵巢中的卵母细胞无法形成原始卵泡,并存出生后两天内迅速消失。*Figα* 能够以二聚体的形式结合到含有 E-box(CANNTG)序列的启动子区,调节透明带蛋白等的表达。此外,运用基因芯片技术分析发现,相较于正常小鼠,*Figα* 基因敲除后,卵巢中 165 个基因的表达下调,38 个基因的表达水平升高,其中很多基因编码转录因子或核酸结合蛋白如 Pou5f1、Mater 等。

（3）B 细胞淋巴瘤/白血病蛋白家族-2（B cell lymphoma/leukermia protein family,Bcl-2 family）：Bcl-2 家族分为两类,一类是抗凋亡的,主要有 *Bcl-2*、*Bcl-xl*、*Bcl-w*、*Mcl-1* 等；另一类是促进凋亡的,主要包括 *Bax*、*Bak* 等。抗凋亡基因 *Bcl-2* 缺失后,在出生后 6 周小鼠的卵巢中,卵母细胞和原始卵泡的数量均明显减少。促凋亡基因 *Bax* 敲除后,卵原细胞和原始生殖细胞的数量均明显增加,但是否影响原始卵泡形或尚存在争议。

此外,促凋亡蛋白 Casp2 敲除后会显著增加小鼠原始卵泡的数量,而且敲除小鼠的卵母细胞对导致 DNA 损伤的化疗药物多柔比星（doxorubicin）具有更强的耐受性。最新研究发现,在原始卵泡形成过程中,增殖细胞核抗原（proliferating cell nuclear antigen,PCNA）通过促进卵母细胞的凋亡而调节原始卵泡的形成。极性蛋白 Par6 也可能通过调节卵母细胞的存活来调控原始卵泡的形成。

2. 卵泡发育的调控　卵泡生长和发育是一个以卵泡的形态变化为特征的生长过程,同时伴随着卵泡功能的分化。原始卵泡一旦启动生长,便是一个连续不断的发育过程,要么形成优势卵泡,完成卵子的成熟与排放；要么中途闭锁。在雌性动物的每个月经周期（或性周期）中,都有一些原始卵泡启动生长,但其中绝大多数都不能发育到排卵阶段,而是在发育的不同时期发生闭锁。卵泡发育和闭锁的调节包括内分泌因素（促性腺激素）和卵巢局部调节因子（类固醇激素、生长因子和细胞因子）等对卵母细胞结局（增生、分化和细胞程序性死亡）、颗粒细胞增殖和分化的调控等。

卵巢内存在着生长因子,如胰岛素样生长因子（insulin-like growth factor,IGF）、表皮生长因子（epidermal growth factor,EGF）、转化生长因子和细胞因子等,越来越多的研究发现这些局部调节因子在卵泡的募集、颗粒细胞和卵泡膜细胞的增殖分化、类固醇合成、卵母细胞的成熟、排卵等方面发挥了重要作用。

此外,卵泡发育是一个受内分泌、旁分泌及基因调节的复杂的生理过程。其生长和发育可分为两个阶段,第一个阶段称为腔前或促性腺激素不依赖的阶段,其主要特征是卵母细胞的生长和分化。第二个阶段称为有腔或促性腺激素依赖的阶段,其主要特征是卵泡本身体积的迅速增大。卵泡发育的一个主要标志是卵泡细胞获得对促性腺激素的反应性,这种反应性包括相应的受体表达和受体后信号转导系统功能的完善。

在功能变化方面,次级卵泡中的颗粒细胞和内膜细胞密切配合,在垂体分泌的黄体素和 FSH 的共同作用下,完成雌激素的合成和分泌过程,这一优势卵泡产生雌激素的机制被称为"双激素和双细胞调节"假说（图 22-6）。

（1）在这两类细胞中存在有不同的合成酶系统,而且,酶系统的活性受不同激素的调节。其中,内膜细胞中富有合成雄烯二酮的酶系,该酶系主要受 LH 的调节,所合成的雄烯二酮将成为颗粒细胞合成雌激素的原料,颗粒细胞中有较高的雌激素合成酶系（如细胞色素 P450 芳香化酶）,此酶系的合成和活性受 FSH 的调节,通过该酶系,可将雄烯二酮转化成雌激素。所以,雌激素的合成是分步骤的、在两类细胞中分别进行的过程。

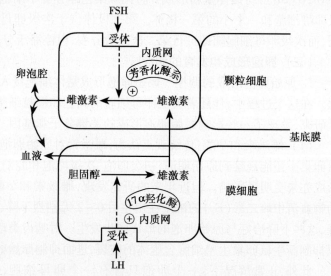

图 22-6　雌激素合成的"双激素和双细胞调节"假说

（2）这种合成过程和途径与颗粒细胞和内膜细胞在卵泡中的位置以及它们分别所处的微环境有关。在正常情况下,颗粒细胞位于由基膜围成的环境中,由于毛细血管不能穿透基膜与颗粒细胞接触,颗粒细胞无法得到合成雌激素的初级原料——胆固醇；而内膜中有丰富的毛细血管分布,其中的内膜细胞可以很容易地从血液中获取胆固醇。

（3）激素对颗粒细胞和内膜细胞内酶系统的调节是通过受体系统的作用实现的。在次级卵泡阶段,内膜细胞上已表达出了 LH 受体。颗粒细胞上的 FSH 受体在初级卵泡阶段已经形成,在 FSH 的诱导下,颗粒细胞上也随后形成 LH 受体。FSH 和 LH 受体的数量随卵泡的逐渐成熟而增加,受体的敏感性也会逐渐增强。

这样,在血液中的 FSH 的作用下,颗粒细胞可通过 cAMP 信号转导途径,使细胞内细胞色素 P450 芳香化酶的合成增加、活性增强;LH 可作用于内膜细胞,促进内膜细胞利用胆固醇合成和分泌雄激素(包括睾酮和雄烯二酮)。分泌出的雄激素经过扩散进入颗粒细胞后,会被颗粒细胞中的芳香化酶转化成雌激素(雌二醇)。在颗粒细胞的胞质和细胞核内,存在雌二醇的受体,合成出的雌二醇对颗粒细胞自身有正反馈作用,可以刺激颗粒细胞的增殖以及加速颗粒细胞对雄激素的转化,这一连锁反应除了引起卵泡的生长外,还导致了生殖周期的中期雌激素峰的出现。

总之,卵泡发育是处在一个极其复杂的内环境下完成的,并具有高度的协调性。它不仅受下丘脑-垂体-卵巢轴调节,还受卵巢自身的旁分泌和自分泌因子的调控,此外,其他组织产生的影响细胞发育的物质、外环境因素等对卵泡的发育和排卵也有一定影响,但其具体机制,目前国内外研究还很少。因此发现影响卵泡成熟、排卵的因素、探讨相关机制,可为不育不孕、卵巢早衰和 PCOS 等卵泡发育相关疾病的治疗提供理论依据。

第二节　生殖干细胞

精子发生和卵子发生的共同之处是其最终产物精子和卵子均是单倍体细胞,但精子和卵子形成细胞的分化过程是不同的,其主要区别在于出生后睾丸内存在有 SSC。SSC 可以在男性生命期间不断增殖并分化形成精子。而传统的观点认为,哺乳动物卵子发生主要在胎儿期,由 PGC 分化为卵原细胞,在出生前终止于减数分裂前 I 期。因此雌性动物出生时即具有全部数量有限的卵母细胞,出生后并不存在不断生成卵子的生殖干细胞(germ line stem cells,GSC)。但近年来对 GSC 的研究获得很大进展,如非生殖系成体干细胞体外分化为生殖细胞以及成体生殖腺外也存在 GSC 以及睾丸内多潜能 GSC 的提取等,使传统的 GSC 观念不断更新。

一、精原干细胞

(一) 精原干细胞的特性

精原干细胞(SSC)是生长于睾丸曲细精管基底膜区域的男性 GSC,既能通过自我更新维持 GSC 库的稳定,又能通过严格而有序的调控,最终分化形成精子,维持男性正常的生殖能力。形态学上,SSC 紧贴曲细精管基底膜,圆形或椭圆形,直径 $12\mu m$,核大,呈圆形或卵圆形,染色质细小,核仁明显,胞质除核糖体外,细胞器不发达。SSC 可以在体外扩增,还可以对其进行基因操作、富集和冻存而不失其特性。目前用于 SSC 鉴定的表面标记物有 α_6-2 整合素、β_1-2 整合素、酪氨酸蛋白激酶(c-kit)、碱性磷酸酶(alkaline phosphatase,AKP)和阶段特异性胚胎抗原-1(stage specific embryonic antigen-1,SSEA-1)等。SSC 具有很强的可塑性,能在体外重编程为胚胎干细胞样的多能干细胞,使其在干细胞治疗和再生医学领域具有独特的优势。

青春期前生殖细胞开始分化后,SSC 源源不绝地提供正在分化的精原细胞使得精子发生得以维持。SSC能够自我更新并能产生用于分化的干细胞。为了维持这种能力,就像其他成体干细胞一样,SSC 需要驻留在一个为其生存并保持其潜能提供相关因子的独特环境,也称之为巢(niche)。从出生到性成熟,SSC 的数量增加,这个过程中曲细精管提供了巢形成的环境支持。SSC 巢最有可能位于曲细精管的基底膜,它是由支持细胞造就的微环境。支持细胞专门为成体生殖细胞发育提供所需的营养和架构支持。以前一直认为一个支持细胞因子——TGF-β 超家族的神经胶质细胞源性的神经营养因子(GDNF)最可能负责干细胞巢的形成。而现在有资料表明,正如从围产期到青春期睾丸的发育一样,SSC 的调控也是变化的;在围产期它受 GDNF 的调控,而在青春期则依赖 Ets 相关分子(ERM)。支持细胞是生精上皮唯一的体细胞,ERM 就定位其中;已经确定它在成人睾丸支持细胞中维持 SSC 巢。对发育期和成人睾丸中,ERM 对干细胞的更新是必不可少的。有人认为在精子发生启动的过程中,SSC 能发育新的干细胞巢。在睾丸中,SSC 停留在干细胞巢中,即使毒素损伤也能再生并生成精子。反之,巢或支持细胞的微环境的损伤则可能限制或阻止 SSC 的精子发生。

(二) 精原干细胞的多能性

SSC 一直被认为是单能的,只能分化为精子细胞。但最近的研究显示,体外培养能使 SSC 去分化而具有类似于 ESC 的多能性,这些去分化的 SSC 细胞被称为多能性成体生殖干细胞(multipotent adult germline stem cells,maGSC)。与 ESC 相似,SSC 能在滋养层细胞呈岛状或簇状生长,同时也表达 Oct3/4 和碱性磷酸酶。而且发现 maGSC 表达 GPR125,这表明其是生殖细胞来源。进一步研究 ESC 样细胞的生物学特性,发现可表达 ESC 的相关基因和表面标记物如 SSEA1、Oct4、Nanog、Rex-1 等,体外培养可形成拟胚体,这证明 ESC 样细胞不仅具有 ESC 的形态,而且具有 ESC 的多能性质。ESC 样细胞移植小鼠后能产生肿瘤,并能在体外分化为所有三个胚层的组织,如外胚层(神经、上皮)、中胚层(成骨细胞、肌细胞、心肌细胞)和内胚层(胰腺细胞)等。

人睾丸组织能在培养条件下也能产生 ESC 样细胞。现已从成人睾丸中分离了可更新的多潜能干细胞群,它具有间充质干细胞(mesenchymal stem cells,MSC)的特征,被命名为生殖腺干细胞(gonadal stem cells,GSC)。GSC 容易分离,与 MSC 有相似的生长动力学、扩增速率、克隆形成能力和分化能力。从小鼠睾丸细胞中亦能成功地培养出多潜能 GSC。以成年 Stra8-EGFP 转基因小鼠为对象,分选 GFP 阳性的睾丸细胞在含 GDNF 的培养液中可培养出 SSC,继续在含有 LIF 和小鼠胚胎成纤维细胞(mouse embryonic fibroblast,MEF)饲养细胞的条件下培养,有多潜能 GSC 出现。睾丸内多潜能 GSC 培养成功的关键是培养条件的筛选,GDNF 和胎牛血清是诱导高纯化 SSC 生成 ESC 样细胞的必要条件,LIF 则促进其增殖。与 ESC 培养分化的心肌细胞相似,从新生小鼠和成年小鼠提取的多潜能 GSC 也能成功地培养分化为有功能的心肌细胞。与 ESC 相比,睾丸内多潜能 GSC 不涉及 ESC 相关的伦理和免疫排斥问题,因而其用于再生医学更有优势。

二、卵巢生殖腺干细胞

(一) 卵巢中的生殖腺干细胞

传统生殖医学观点认为,哺乳动物的卵母细胞在胎儿发育期就已形成,出生后就失去产生新卵母细胞的能力,不含有能自我更新的干细胞,只具备卵母细胞的有限储备池。在人类,随着卵母细胞的数量减少,原始卵泡池逐渐衰竭,并最终导致绝经。

目前,动物实验证明,除 ESC 外,皮肤干细胞、骨髓和外周血干细胞等非生殖系干细胞都能分化为生殖细胞。幼鼠及成年鼠卵巢中含有具有有丝分裂活性的 GSC,并可持续更新卵泡池。对出生前 C57BL/6 小鼠正常(未闭锁)和退化(闭锁)的原始卵泡数计数发现,单个卵巢中,未闭锁的休眠卵泡数(原始)和早期生长(初级)卵泡数比预期的要多,并且在这种不成熟卵巢中的衰减率比预期的要低。酪氨酸激酶受体(c-kit)是成体干细胞的特征性标记物,干细胞因子(stem cell factor,SCF)通过 c-kit 对干细胞进行调控和迁移。通过免疫组化技术证实,在山羊卵巢表面上皮(ovarian surface epithelium,OSE)层存在 c-kit 的表达;端粒酶是染色体末端不断合成端粒序列的酶,其可以维持端粒的长度,维持细胞的增殖潜能,在生殖细胞和干细胞中均能检测到高水平的端粒酶活性。

有研究表明,OSE 能够在体外培养出卵母细胞样细胞。正常人 OSE 中 c-kit 受体和 c-kit 配体/SCF 蛋白高表达,OSE 培养中 SCF 基因表达明显上升,这为卵巢中可能存在干细胞提供了重要证据。在人胎儿、新生儿及成人卵巢 OSE 中均检测到端粒酶活性。虽然正常卵巢中端粒酶活性随年龄增加而下降,但是成人卵巢中存在 GSC 和新形成的原始卵泡。取成人卵巢表面上皮(ovarian surface epithelium,OSE)细胞培养 5~6 天后观察发现,这些细胞直接分化为具有卵母细胞表型的细胞,可出现胚泡破裂、排出极体、表达透明带蛋白等次级卵泡具有的特征。此外,绝经后及卵巢早衰的卵巢表面组织角蛋白免疫染色切片中可见可能的干细胞,为直径 2~4μm 的小圆形细胞,具有典型的气泡样结构,离心培养后检测到 c-kit、Oct 4、Oct 4A、Oct 4B、Sox 2、Nanog、VASA、ZP2 和 SCP3 等胚胎发育标记物的表达;体外培养第 5 天出现卵母样细胞,培养到第 20 天,细胞逐渐长大,部分发育出透明带样结构。

这些体外研究提示,OSE 是成人卵巢卵子生成的重要来源,而不是卵巢皮质可能含有 GSC。从人体卵巢中分离获得的 GSC,能成功诱导为不同分化阶段的生殖细胞。这些资料表明成年人卵巢中的原始卵泡储备池可能并不是一成不变的,而是一个分化和退化保持动态平衡的细胞群。这些研究表明,哺乳动物产生后的卵巢存在着能维持卵母细胞和卵泡产生的增殖性 GSC,并且成年后卵母细胞的形成是持续的。然而,后续的研究工作并没有证明产生的子代是来自供体来源的卵母细胞。这些"卵母细胞"的功能还有待研究。

（二）卵巢生殖腺干细胞的起源

21世纪初,已证实小鼠胚胎干细胞能培养形成有功能的精子和卵母细胞。小鼠胚胎干细胞发育成的卵原细胞能进行减数分裂并招募邻近的细胞形成卵泡样结构并随后发育成胚泡。

如前所述,新的原始卵泡由 OSE 分化而来,而 OSE 来自于卵巢白膜的细胞角蛋白阳性的间充质前体细胞。人卵巢中的 OSE 是卵母细胞和颗粒细胞的共同来源,而且 OSE 细胞的体外培养也证实了体内观察的结果。而通过对不能产生卵母细胞的基因突变或基因缺陷小鼠进行骨髓移植,在周边血液中观察到卵母细胞,尽管发育能力以及受精率有待观察,但是从卵泡的形态学以及生殖细胞和卵母细胞特异性标志物都可证实这些细胞确实是卵母细胞。这表明骨髓是生殖细胞的潜在来源。但是通过骨髓移植建立的同种异体的卵母细胞并没有从根本上解决雌性哺乳动物卵巢不孕的问题,并且没有证据表明骨髓细胞或任何其他循环系统中的细胞与成熟的排卵后卵母细胞的形成有关。

第三节　生殖腺干细胞与再生医学

一、生殖腺的再生能力

包括哺乳动物在内的很多种系的生殖腺都能在局部生殖腺切除术后代偿性肥大。但是,其组织结构不能再生。鲑鱼、鲤鱼和蓝丝足鱼残存的生殖腺能够完全再生。但这种再生是通过体细胞和生殖细胞的增殖还是干细胞的分化抑或体细胞和生殖细胞的去分化而实现却不得而知。果蝇的精原细胞能去分化重新进入 GSC 巢。GSC 通过 JAK-STAT 信号通路分化为精原细胞而不进行自我更新,这个通路的温度敏感突变体果蝇通常是关闭 JAK-STAT 信号并破坏果蝇体内的 GSC,然后恢复信号。并始分化的精原细胞能去分化变成有功能的 GSC。

对雌性虹鳟鱼的激素诱导性别改变作用以及雌二醇疗法对成体雄性生殖腺再生的作用的研究显示,雌二醇对雄性生殖腺的再生并没有作用,它只再生睾丸,并且使雄性化雌性睾丸也只作为睾丸再生。这表明再生的睾丸不能改变性别,并且胚胎形成时的性别改变在成体鱼的生殖腺的再生过程中依然存在。

两栖动物的生殖腺也能再生。雄性蝾螈、东美螈的睾丸在被切除后能够恢复正常大小。这是由于再生而不是代偿性肥大所致。因为,恢复的睾丸与未处理对照组的组织学结构是一样的。然而,没有资料显示,这种再生是由于干细胞,还是去分化或是代偿性增生所致。在局部生殖腺切除后,蝾螈的卵巢不能再生或代偿性肥大。蟾蜍的睾丸在全部切除后能再生,但由什么再生的并不清楚。

二、精原干细胞移植和不育症的治疗

（一）精原干细胞与不育症的基础性研究

在成体干细胞中,SSC 是唯一能自我更新并完成产生下一代的细胞群。因此,对于生育能力的保存而言,SSC 的存储和移植是非常有吸引力的方法。由于血-睾屏障以及屏障外间质的存在,睾丸似乎更易容纳外来细胞。血-睾屏障能选择性地滤过细胞腔液、间质液和血浆,从而为生殖细胞营造一个低免疫的环境,这对 SSC 的异体移植是有利的。在啮齿类动物中,SSC 移植后生殖力能得以恢复,这也预示了该技术在人类治疗中的潜力。但还需要进一步的研究,特别是在灵长类动物模型中的不育治疗。如今大约有 500 个与生殖异常有关的小鼠突变模型被构建,同时也有许多与人类相关的研究。然而,这些基础研究与临床实践还有很大的距离。

在两种不育突变小鼠间进行精原细胞移植证实,来自不育 Sl/Sld 突变小鼠的生殖细胞移植到不育的 W/Wv 或 Wv/W54 突变小鼠能使后者的生殖力恢复。除了小鼠外,在大鼠、猪和牛等物种中也有进行 SSC 移植的尝试。牛的 A 型精原细胞移植能产生精子。小鼠的曲细精管为来自其他物种的生殖细胞与其干细胞巢的相互作用提供了一个适宜的环境。将仓鼠的生殖细胞移植到小鼠的睾丸后能观察到精子发生。此外,也有将人的 SSC 移植到大鼠或小鼠能成功地进行精子发生的报道。人的精原细胞在小鼠的体内能存活超过 6 个月,但是并没有观察到精细胞的减数分裂。当然,睾丸支持细胞的缺陷也会影响精子发生并导致男性不

育。睾丸支持细胞移植能挽救宿主微环境存在的缺陷,使 SSC 的精子发生得以恢复并能使不育动物生产子代。细胞周期蛋白依赖激酶抑制剂 p21 和 p27 在 SSC 的自我更新和分化中发挥着关键性的作用,而且认为这可以用来检测精子发生的小缺陷,这有别于传统的精原细胞移植。此外,纯化的小鼠精原细胞前体细胞能够分化产生有功能的 SSC,后者移植到小鼠的睾丸后能够恢复小鼠的生精能力。进一步的研究发现,GDNF 和 FGF2 与 SSC 的去分化有关,并认为在成体中,干细胞性不是被限定在一个自我更新的细胞池中,而是在整个生命过程中,当组织损伤时,能够通过前体细胞的分化获得。

SSC 和睾丸组织的冷冻保存是保存男性的生殖力的必要环节。现已证实,SSC 能长期冻存并被成功移植。牛的 SSC 冻融后,与滋养层细胞系共培养后能存活。狗和兔子的睾丸冻融后也能在小鼠的睾丸中存活。此外,灵长类动物的不成熟睾丸组织的深低温冷冻也能用来作为保存 SSC 的方法。这些研究不仅为濒危物种的保护带来希望,也为 SSC 移植治疗男性不育症带来新的突破。

(二) 精原干细胞移植在不育症治疗中的应用前景

来自临床和流行病学的研究表明,男性的生育问题日益突出。全球约有 15% 的育龄夫妇受到不育症的困扰,而这其中有约一半是由于男性因素导致的。据估计,全球大约有 8 千万人不能生育。男性不育的原因包括生殖细胞增殖和分化障碍、精子产生和功能异常、精子运输障碍、卫生和生活方式问题以及遗传和环境因素等。少精症、畸精症、弱精子症和无精子症是男性不育的主要病因,占到 20% ~ 25%。生殖生物学的进步对不育症的诊断和治疗是非常关键的。

对于那些需要抗癌治疗而又因此而导致 SSC 完全丢失的患者,生殖细胞移植和睾丸移植也许能为生育力的保护带来希望。男性癌症患者的睾丸经一定剂量的辐射和化疗药物作用后导致精原细胞无法分化进而导致不孕症。放、化疗由于有细胞毒性,因而能导致生殖细胞缺失,曲细精管内只有支持细胞。这可能是由于 SSC 被杀死,或者是支持细胞失去了对 SSC 分化支持能力,或两者兼而有之。

青春期前的男孩由于没有完成精子发生,他们的生精上皮只有足细胞和不同类型的精原细胞,其中包括 SSC。需要放化疗的青少年患者在癌症治疗之后,移植 SSC 和睾丸间质细胞的祖细胞,使其生育力得以保存也是可能的。在保存年幼男性癌症患者生育力的一个必要的步骤是在他们进行放化疗之前进行睾丸活检,然后通过培养扩增 SSC 并将这些细胞冷冻保存,待他们完全康复和成年之后再将这些细胞移植回到他们体内。在自体或异体移植时,不成熟的睾丸组织有惊人的存活和分化潜能。尽管睾丸活检和组织冷冻保存能为这些年轻患者带来希望,但这仍然需要从动物研究到人类的临床实践方面都取得实质性的进步。同时也应该考虑到,从癌症患者睾丸活检得到的组织中有可能含有肿瘤细胞。这些细胞应该从细胞悬液中去除,因为即使一个恶性肿瘤细胞暂停也有可能使疾病复发。因此,在移植前需要应用 SSC 的生物标志物去除活检睾丸中可能存在的肿瘤细胞,以防止肿瘤复发。

SSC 移植能恢复生育力,许多被鉴定的标志物也有助于观察 SSC 移植对生殖力恢复的结果如何。通过将来自有生育力的供者睾丸的细胞移植到无生育力的受者睾丸中,SSC 的再生潜能和 SSC 移植技术的研究已经取得了很大的进展。现在的培养条件也完全可以支持小鼠的精子发生。同时仍还不清楚的是,它们的后代尤其是那些来自冻存组织的后代,是否总体上是健康的,但是这些后代的生育能力也许是判断这些配子"正常"与否的一个粗略的指标。

此外,SSC 也存在于在非梗阻性无精患者的睾丸中;通过睾丸穿刺术和诊断性睾丸精子获取术能够获取 SSC,分离纯化后通过高效的培养系统也能进行体外扩增,并能定向分化成精子细胞。通过体外受精(in vitro fertilization,IVF)或胞质内精子注射(intracytoplasmic sperm injection,ICSCI)等辅助生殖技术(assisted reproductive techniques,ART),可以达到解决此类原发性无精子症患者生育难题的目的。除了 SSC 移植外,睾丸移植、自体和异体未成熟睾丸组织移植、精子冷冻等方法也能使男性生殖力恢复。

总之,SSC 移植在精子再生和男性生殖力恢复上有很大的临床潜力。尽管现阶段 SSC 移植研究主要停留在动物实验的基础研究上,而且还有很多问题有待解决,但随着科学的进步,为年幼的患者保存的睾丸组织将使他们有机会恢复其生殖力,这将给他们希望自己能够成为遗传学上的父亲带来希望。

三、卵巢生殖腺干细胞和卵巢组织移植

部分卵巢早衰患者卵巢内存在 GSC,经过合适的体外培养后也可以发育成为卵母细胞,并具备受精能

力,这为卵巢早衰患者的临床治疗提供了新方法。但由于卵巢 GSC 与其他细胞相比有很多不同的特性,如细胞周期长、需经过减数分裂等,而且生殖细胞启动分化的分子机制、微环境对生殖细胞分化增殖的影响、GSC转化为卵原细胞或卵母细胞需要的诱导机制等尚不清楚,限制了其在卵巢性不孕症中的应用。随着生命科学和干细胞研究技术的发展,相信干细胞体外培养可能获得生殖细胞,这将给人类生殖和生命带来重大影响。诸如为保留卵巢恶性肿瘤患者的生育功能及对卵巢性不孕症的治疗提供新思路。

女性肿瘤患者特别是年轻女性由于接受各种抗肿瘤治疗如手术、放疗、化疗,有可能会导致卵巢早衰甚至会切除卵巢从而导致终身不孕,丧失生育力。目前保存女性生育力的方法主要有胚胎冷冻保存、卵母细胞冷冻保存和卵巢组织冷冻保存。相对于前两种方法卵巢组织冷冻保存有其优越性。对于那些因疾病必须切除卵巢,或必须行放疗、化疗可能损伤卵巢功能的女性患者,卵巢组织冷冻保存是保存生育力和内分泌功能的有效方法,同时也是青春期前女孩保存生育力唯一的方法。对于那些需要立即进行癌症治疗的患者,卵巢组织冷冻可以不耽误治疗,也不需要激素刺激卵巢超排卵以进行 IVF,因此在保存女性生育力方面具有巨大潜力。

卵巢组织冷冻保存可以保存女性生育力,但要使由癌症治疗导致的卵巢早衰的妇女和儿童的生育能力得以恢复还需要进行卵巢移植。卵巢组织移植后,卵母细胞的存活能力和受精后正常胚胎的发育能力是评价该技术应用于人类的先决条件。动物实验已清楚地表明,移植效果取决于移植部位,从移植的卵巢组织中收集到的卵母细胞较正常卵巢组织的卵母细胞具有较低的胚胎发育潜能。来自原位移植卵巢的体外成熟卵母细胞比异位移植卵巢的体外成熟卵母细胞具有较高的卵裂率,而胚胎的植入率与移植部位关系不大。但原位和异位(肾被膜下)的卵巢移植都产生了正常的活体动物。

考虑到肿瘤患者的身体状况和移植过程中肿瘤细胞转移的危险性,卵巢移植技术并不适用于所有肿瘤患者。为了避免移植卵巢组织引起肿瘤细胞的复发和播散,可以考虑把卵巢组织中的卵泡体外培养成熟。原始卵泡占整个卵巢储备的 90% 并且其对于冻融过程具有很好的耐受性,因此从原始卵泡期体外培养卵泡至成熟卵母细胞阶段相当具有潜力。已有人用机械分离和酶解的方法从新鲜和冷冻的卵巢组织中分离出原始卵泡,但目前还存在许多技术难题,完整分离人卵巢组织中的原始卵泡仍然很困难。但从冷冻的卵巢组织中机械分离出的窦前卵泡,经体外培养可以得到成熟的卵母细胞;经体外受精后,卵母细胞能成功受精并能发育至囊胚阶段。而新生鼠的冷冻卵巢组织移植进受体鼠的肾包膜下,将从移植卵巢组织中分离的窦前卵泡体外培养至成熟卵母细胞,经体外受精后胚胎发育至囊胚期,移植进鼠体内后可以成功妊娠并分娩。证明在鼠体内移植冻融卵巢组织然后体外培养移植物中的卵泡可以得到完全成熟的卵母细胞。这预示着这种方法未来也完全有可能应用于人类。

从目前发展状况看,卵巢移植还有许多问题待解决。因此发展一些卵巢移植技术的补充技术,如卵巢中卵泡的分离、体外卵泡的培养或卵母细胞冷冻保存等技术也是十分必要的。卵巢移植面临的最主要问题是选择最佳移植时间和移植部位,尽快恢复移植物血供以减少缺血缺氧对卵巢组织的损伤,提高移植卵巢的存活率。随着该技术不断发展,相信将为许多面临提前闭经及丧失生育能力的妇女提供生殖能力保障,因此卵巢移植技术有广阔的发展前景。

小 结

GSC 的研究有助于更好地理解配子发生机制,为不育的治疗提供了一条有效途径;同时还可用于经济动物、濒危物种的保存及繁育。另外,GSC 的冷冻保存、基因修饰和移植技术将为生殖细胞功能研究、干细胞生物学、物种基因组保存以及转基因或基因剔除动物的生产提供一种有效的生物学工具。

目前,虽然在 GSC 的研究上取得了很大的进步,但是仍有许多问题尚未解决。GSC 与微生态小环境间的相互作用,以及决定 GSC 自我复制和分化机制等,都是亟待展开研究的内容。虽然 GSC 移植在治疗不育症上有很大的发展潜力,但仍存在伦理、排斥反应和遗传学等问题。而且,放化疗后青少年肿瘤患者 GSC 移植虽然能给其恢复生育力带来希望,但同时也要考虑如何避免可能导致的肿瘤复发。目前取得的成果只是给进一步深入研究指明了方向,带来了希望,相信随着 GSC 和生殖生物学研究的不断深入,GSC 移植在再生医学中将会有更加宽广的应用前景。

(李宏图　刘晓玉　王喜良　姜方旭)

参 考 文 献

1. 王一飞. 人类生殖生物学. 上海：上海科学技术出版社,2005.

2. 黄国宁,孙海翔. 体外受精-胚胎移植实验室技术. 北京：人民卫生出版社,2012.

3. 李媛. 人类辅助生殖实验技术. 北京：科技出版社,2008.

4. 卢惠霖,卢光琇. 人类生殖与生殖工程. 郑州：河南科学技术出版社,2001.

5. Johnson J,Bagley J,Skaznik-Wikiel M,et al. Oocyte generation in adult mammalian ovaries by putative germ cells in bone marrow and peripheral blood. Cell,2005,122(2):303-315.

6. Gaughan DJ,Kluijtmans LA,Bararbaux S,et al. The methionine synthase reductase(MTRR)A66G polymorph is a novel genetic determinant of plasma homocysteine concen-trations. Atroslerosis,2001,157:451-456.

7. Zhu H,Wicker NJ,et al. Homocysteine remethylation enzymepoly morphisms and increased risks for neural tube defects. Molecular Genetic and Metabolism,2003,78(3):216-221.

8. Furnari-Savoca G. Regeneration of the testes in the clawed toad(Discoglossus pictus Otth.)after complete surgical removal. Experentia,1967,23(3):218-219.

9. Meirw D. Reproduction post-chemotherapy in young cancer patients. Mol Cell Endocrinol,2000,169(1-2):123.

10. Ogawa T,Ohmura M,T amura Y,et al. Derivation and morphological characterization of mouse spermatogonial stem cell lines. Arch Histol Cytol,2004,67(4):297-306.

11. Itman C,Mendis S,Barakat B,et al. All in the family:TGF-β family action in testis development. Reproduction,2006,132(2):233-246.

12. Park IH,Zhao R,West JA,et al. Reprogramming of human somatic cells to pluripotency with defined factors. Nature,2008,451(7175):141-146.

13. McLean DJ. Spermatogonial stem cell transplantation and testicular function. Cell and Tissue Research,2005,322(1):21-31.

14. Hess RA,Cooke PS,Hofmann MC,et al. Mechanistic insights into the regulation of thespermatogonial stem cell niche. Cell Cycle,2006,5(11):1164-1170.

15. Lo KC,Whirledge S,Lamb DJ. Stem cells:implications for urology. Current Urology Reports,2005,6(1):49-54.

16. Mimeault M,Batra SK. Concise review:recent advances on the significance of stem cells in tissue regeneration and cancer therapies. Stem Cells,2006,24(11):2319-2345.

17. Shetty G,Meistrich ML. Hormonal approaches to preservation and restoration of male fertility after cancert reatment. Journal of the National Cancer Institute Monographs,2005,34:36-39.

18. Sato T,Katagiri K,Gohbara A,et al. In vitro production of functional sperm in culture dneonatal mouse testes. Nature,2011,471(7339):504-508.

19. Seandel M,Rafii S. In vitro sperm maturation. Nature,2011,471(7339):453-455.

20. Lim JJ,Sung SY,Kim HJ,et al. Long-term proliferation and characterization of human spermatogonial stem cells obtained from obstructive and non-obstructive azoospermia under exogenous feeder-free culture conditions. Cell Proliferation,2010,43(4):405-417.

21. Shin D,Lo KC,Lipshultz LI. Treatment options for the infertile male with cancer. Journal of the National Cancer Institute Monographs,2005,34:48-50.

22. Becker C,Jakse G. Stem cells for regeneration of urological structures. European Urology,2007,51(5):1217-1228.

23. De Rooij DG. Rapid expansion of the spermatogonial stem cell tool box. Proceedings of the National Academy of Sciences of the United States of America,2006,103(21):7939-7940.

24. Geens M,Goossens E,De Block G,et al. Autologous spermatogonial stem cell transplantation in man:current obstacles for a future clinical application. Human Reproduction Update,2008,14(2):121-129.

25. Jeruss JS,Woodruff TK. Preservation of fertility in patients with cancer. New England Journal of Medicine,2009,360(9):858-911.

26. Leader A,Lishner M,Michaeli J,et al. Fertility considerations and preservation in haemato-oncology patients undergoing treatment. British Journal of Haematology,2011,153(3):291-308.

27. Jahnukainen K,Hou M,Petersen C,et al. Intratesticular transplantation of testicular cells from leukemic rats causes transmission of leukemia. Cancer Research,2001,61(2):706-710.

28. Yeh JR,Nagano MC. Spermatogonial stem cell biomarkers:improved outcomes of spermatogonial transplantation in male fertility restoration? Expert Review of Molecular DiagnostiC,2009,9(2):109-114.

29. Nagano M,Ryu BY,Brinster CJ,et al. Maintenance of mouse male germ line stem cells in vitro. Biol Reprod,2003,68:2207-2214.

30. Kanatsu SM,Inoue K,Lee J,et al. Generation of Pluripotent Stem Cells from Neonatal Mouse Testis. Cell,2004,119:1001-1012.

31. Hamra FK,Chapman KM,Nguyen DM,et al. Self renewal,expansion,and transfection of rat spermatogonial stem cells in culture. Proc Natl Acad Sci USA,2005,102:17430-17435.

32. Guan K,Nayernia K,Maier LS,et al. Pluripotency of spermatogonial stem cells from adult mouse testis. Nature,2006,440:1199-1203.

33. Kubota H,Brinster RL. Technology insight:In vitro culture of spermatogonial stem cells and their potential therapeutic uses. Nat Clin Pract Endocrinol Metab,2006,2:99-108.

34. Kanatsu SM,Ogonuki N,Miki H,et al. Genetic influences in mouse spermatogonial stem cell self-renewal. J Reprod Dev,2010,56:145-153.

35. Kanatsu SM,Ikawa M,Takehashi M,et al. Production of knockout mice by random or targeted mutagenesis in spermatogonial stem cells. Proc Natl Acad Sci USA,2006,103:8018-8023.

36. Hofmann MC,Braydich SL,Dym M. Isolation of male germ-line stem cells:influence of GDNF. Dev Biol,2005,279:114-124.

37. Golestaneh N,Beauchamp E,Fallen S,et al. Wnt signaling promotes proliferation and stemness regulation of spermatogonial stem/progenitor cells. Reproduction,2009,138:151-162.

38. Kossack N,Meneses J,Shefi S,et al. Isolation and characterization of pluripotent human spermatogonial stem cell-derived cells. Stem Cells,2009,27(1):138-149.

39. Takahashi K,Tanabe K,Ohnuki M,et al. Induction of pluripotent stem cells from adult human fibroblasts by defined factors. Cell,2007,131(5):861-872.

40. Yu J,Vodyanik MA,Smuga OK,et al. Induced pluripotent stem cell lines derived from human somatic cells. Science,2007,318(5858):1917-1920.

41. Kossack N,Meneses J,Shefi S,et al. Isolation and characterization of pluripotent human spermatogonial stem cell-derived cells. Stem Cells,2009,27(1):138-149.

42. Chambers I,Silva J,Colby D,et al. Nanog safeguards pluripotency and mediates germline development. Nature,2007,450(7173):1230-1234.

43. Mizrak SC,Chikhovskaya JV,Sadri AH,et al. Embryonic stem cell-like cells derived from adult human testis. Hum Reprod,2010,25(1):158-167.

44. Streckfuss BK,Vlasov A,Hülsmann S,et al. Generation of functional neurons and glia from multipotent adult mouse germ-line stem cells. Stem Cell Res,2009,2(2):139-154.

45. Gonzalez R,Griparic L,Vargas V,et al. A putative mesenchymal stem cells population isolated from adult human testes. Biochem Biophys Res Commun,2009,385(4):570-575.

46. Kanatsu SM,Lee J,Inoue K,et al. Pluripotency of a single spermatogonial stem cell in mice. Biol Reprod,2008,78(4):681-687.

47. Borg CL,Wolski KM,Gibbs GM,et al. Phenotyping male infertility in the mouse:how to get the most out of a'non-performer'. Hum Reprod Update,2010,16(2):205-224.

48. Poongothai J,Gopenath TS,Manonayaki S. Genetic of human male infertility. Singapore Med J,2009,50(4):336-347.

49. O'Flynn O'Brien KL,Varghese AC,Agarwal A. The genetic causes of male factor infertility:a review. Fertil Steril,2010,93(1):1-12.

50. Yatsenko AN,Iwamori N,Iwamori T,et al. The power of mouse genetiC to study spermatogenesis. J Androl,2010,31(1):34-44.

51. Hu J,Chen YX,Wang D,et al. Developmental expression and function of Bmp4 in spermatogenesis and in maintaining epididymal integrity. Dev Biol,2004,276(1):158-171.

52. Cotton L,Gibbs GM,Sanchez-Partida LG,et al. FGFR-1 signaling is involved in spermiogenesis and sperm capacitation. J Cell Sci,2006,119(Pt 1):75-84.

53. Kissel H,Timokhina I,Hardy MP,et al. Point mutation in kit receptor tyrosine kinase reveals essential roles for kit signaling in spermatogenesis and oogenesis without affecting other kit responses. EMBO J,2000,19(6):1312-1326.

54. Flanagan JG,Chan DC,Leder P. Transmembrane form of the kit ligand growth factor is determined by alternative splicing and is missing in the Sld mutant. Cell,1991,64(5):1025-1035.

55. Coussens M,Maresh JG,Yanagimachi R,et al. Sirt1 deficiency attenuates spermatogenesis and germ cell function. PLoS One,2008,3(2):e1571.

56. Bannister LA, Pezza RJ, Donaldson JR, et al. A dominant, recombination-defective allele of Dmc1 causing male-specific sterility. PLoS Biol, 2007, 5(5): e105.

57. Liu Z, Zhou S, Liao L, et al. Jmjd1a demethylase-regulated histone modification is essential for cAMP-response element modulator-regulated gene expression and spermatogenesis. J Biol Chem, 2010, 285(4): 2758-70.

58. Adelman CA, Petrini JH. ZIP4H(TEX11) deficiency in the mouse impairs meiotic double strand break repair and the regulation of crossing over. PLoS Genet, 2008, 4(3): e1000042.

59. Richardson TE, Chapman KM, Tenenhaus Dann C, et al. Sterile testis complementation with spermatogonial lines restores fertility to DAZL-deficient rats and maximizes donor germline transmission. PLoS One, 2009, 4(7): e6308.

60. Herrid M, Vignarajan S, Davey R, et al. Successful transplantation of bovine testicular cells to heterologous recipients. Reproduction, 2006, 132(4): 617-624.

61. Sofikitis N, Ono K, Yamamoto Y, et al. Influence of the male reproductive tract on the reproductive potential of round spermatids abnormally released from the seminiferous epithelium. Hum Reprod, 1999, 14(8): 1998-2006.

62. Schlatt S, Ehmcke J, Jahnukainen K. Testicular stem cells for fertility preservation: preclinical studies on male germ cell transplantation and testicular grafting. Pediatr Blood Cancer, 2009, 53(2): 274-280.

63. Kanatsu SM, Miki H, Inoue K, et al. Long-term culture of mouse male germline stem cells under serum-or feeder-free conditions. Biol Reprod, 2005, 72(4): 985-991.

64. Yeh JR, Nagano MC. Spermatogonial stem cell biomarkers: improved outcomes of spermatogonial transplantation in male fertility restoration? Expert Rev Mol Diagn, 2009, 9(2): 109-114.

65. Izadyar F, Den Ouden K, Creemers LB, et al. Proliferation and differentiation of bovine type A spermatogonia during long-term culture. Biol Reprod, 2003, 68(1): 272-281.

66. Kanatsu-Shinohara M, Takashima S, Shinohara T. Transmission distortion by loss of p21 or p27 cyclin-dependent kinase inhibitors following competitive spermatogonial transplantation. Proc Natl Acad Sci, 2010, 107(14): 6210-6215.

67. Barroca V, Lassalle B, Coureuil M, et al. Mouse differentiating spermatogonia can generate germinal stem cells in vivo. Nat Cell Biol, 2009, 11(2): 190-196.

68. Kubota H, Brinster RL. Technology insight: In vitro culture of spermatogonial stem cells and their potential therapeutic uses. Nat Clin Pract Endocrinol Metab, 2006, 2(2): 99-108.

69. Yatsenko AN, Iwamori N, Iwamori T, et al. The power of mouse genetics to study spermatogenesis. J Androl, 2010, 31(1): 34-44.

70. Kanatsu-ShinoharaM, ShinoharaT. The germ of pluripotency. NatBiotechnol, 2006, 24(6): 663-664.

71. Kanatsu-Shinohara M, Inoue K, Lee J. et al. Generation of pluripotent stem cells fromneonatalmouse testis. Cell, 2004, 119(7): 1001-1012

72. Guan K, Nayernia K, Maier MS, et al. Pluripotency of spermatogonial stem cells from adult mouse testis. Nature, 2006, 440(7088): 1199-1203.

73. Golestaneh N, Kokkinaki M, Pant D, et al. Pluripotent stem cells derived from adult human testes. Stem Cells Dev, 2009, 18(8): 1115-1126.

74. Kossack N, J Meneses, S Shefi, et al. Isolation and characterization of pluripotent human spermatogonial stem cell-derived cells. Stem Cells, 2009, 27(1): 138-149.

75. Borum K. Oogenesis in the mouse a study of the meiotic prophase. Exp Cell Res, 1961, 24: 495-507.

76. Faddy MJ. Follicle dynamics during ovarian ageing. Mol Cell Endocrinol. 2000, 163(1-2): 43-48.

77. Richardson SJ, Senikas V, Nelson JF. Follicular depletion during the menopausal transition: evidence for accelerated loss and ultimate exhaustion. J Clin Endocrinol Metab, 1987, 65(6): 1231-1237.

78. Johnson J, Canning J, Kaneko T, et al. Germline stem cells and follicular renewal in the postnatal mammalian ovary. Nature, 2004, 428(6979): 145-150.

79. Zhang D, Fouad H, Zoma WD, et al. Expression of stem and germ cell markers within nonfollicle structures in adult mouse ovary. Reprod Sci, 2008, 15(2): 139-146.

80. Liu Y, Wu C, Lyu Q, et al. Germline stem cells and neo-oogenesis in the adult human ovary. Dev Biol, 2007, 306(1): 112-120.

81. Silva JR, van den Hurk R, van Tol HT, et al. The Kit ligand/c-Kit receptor system in goat ovaries: gene expression and protein localization. Zygote, 2006, 14(4): 317-328.

82. Parrott JA, Kim G, Skinner MK. Expression and action of kit ligand/stem cell factor in normal human and bovine ovarian surface ep-

ithelium and ovarian cancer. Biol Reprod,2000,62(6):1600-1609.

83. Kinugawa C,Murakami T,Okamura K,et al. Telomerase activity in normal ovaries and premature ovarian failure. Tohoku J Exp Med,2000,190(3):231-238.

84. Abale SC,Shen MM. Molecular genetics of prostate cancer. Genes Dev,2000,14(2):2410-2434.

85. Brawley C,Malunis E. Regeneration of male germline stem cells by spermatogonial dedifferentialion in vivo. Science,2004,304 (5675):1331-1334.

86. Clippinger DH,Osborne JA. Surgical sterilization of grass carp,a nice idea. Aquatics,1984,6:9-10.

87. Furnai SG. Regeneration of the testes in the clawed load(Discoglossus pictus Otth.)after complete surgical removal. Experentia, 1967,23(3):218-219.

88. Johns LS,Liley NR. The effects of gonadectomy and testosterone treatment on the reproductive behavior of the male blue gourami Trichogaster trichopterus. Canad J Zool,1970,8(5):977-987.

89. Karhadkar SS,Bova GS,Abdallah N,et al. Hedgehog signaling in prostate regeneration,neoplasia and metastasis. Nature,2004,431 (7009):707-712.

90. Kersten CA,Krisfalusi M,Parsons JE,et al. Gonadal regeneration in masculinized female or steroid-treated rainbow trout(Oncorhyn-chus mykiss). J Exp Zool,2001,290(4):396-401.

91. Kurita T,Medina RT,Mills AA,et al. Role of p63 and basal cells in the prostate. Development,2004,131(20):4955-4964.

92. Scadding SR. Response of the adult newt,Notophthalmus viridescens,to partial or complete gonadectomy. Anat Rec,1977,189(4): 641-647.

93. Signoretti S,Waltregny D,Dilks J,et al. p63 is a prostate basal cell marker and is required for prostate development. Am J Pathol, 2000,157(6):1769-1775.

94. Underwood JL,Hestad RS Ⅲ,Thompson BZ. Gonad regeneration in grass carp following bilateral gonadectomy. Prog Fish Cult, 1986,48(1):54-56.

Hochberg MC, et al. Lancet, 1997; 350: 823-830: 1200-1205.

80. Neuss S, Becher E, Woltje M, et al. Functional expression of HGF and HGF receptor/c-met in adult human mesenchymal stem cells suggests a role in cell mobilization, tissue repair, and wound healing. Stem Cells, 2004; 22(3): 405-414.

81. Lindner U, Kramer J, Behrends J, et al. Improved proliferation and differentiation capacity of human mesenchymal stromal cells cultured with basement-membrane extracellular matrix proteins. Cytotherapy, 2010; 12(8): 992-1005.

第二十三章

脂肪干细胞与再生医学

脂肪源性干细胞(adipose-derived stromal vascular fraction cells/stem cells, ADSC)是成体干细胞的一种,具有取材方便、创伤小、来源充足等优点而成为当今干细胞领域研究的热点。

传统的干细胞多取材于胚胎、骨髓和脐血,但因来源有限、提取创伤、伦理等一系列问题其临床应用受到一定限制,因此研究人员开始寻找其他的种子细胞。随着肥胖症患者的人数增加,多余的脂肪组织成为"累赘或废物",ADSC 的发现,便捷的取材方法和较高的干细胞含量使脂肪细胞有望成为细胞治疗理想的种子细胞。

目前以间充质干细胞为基础的细胞疗法是再生医学研究领域的热点和最前沿课题,探讨 ADSC 的潜能对发展干细胞为基础的再生性治疗,以及今后解决许多棘手的临床问题具有重大意义。本章将主要介绍脂肪组织干细胞与再生医学新的进展。

第一节　脂肪源性干细胞的生物学特性

ADSC 是从脂肪组织中分离出的一种具有很强的增殖活性及多向分化潜力的成体间充质干细胞。

2001 年由 Zuk 和他的研究团队发现并证实存在于人吸脂术的脂肪悬液中的间充质干细胞。2002 年 Zuk 等将其命名为脂肪来源干细胞(adipose-derived stem cells, ADSC),同时对 ADSC 在细胞形态、表型及多向分化潜能等方面进行了研究,确定了 ADSC 具有多向分化的潜能,与骨髓间充质干细胞(bone marrow mesenchymal stem cells, BMMSC)有许多相似之处。

从 2002 年起,更多的研究小组陆续从人类和其他动物群体中分离验证 ADSC 的存在。通过各种动物实验模型,人和动物的 ADSC 体外分化能力也被进一步证实。脂肪干细胞的命名繁多,如脂肪祖细胞(adipose progenitor cells)、前脂肪细胞(preadipocytes)、脂肪来源基质或脂肪来源干细胞(adipose derived stromal/stem cells, ADSC)、脂肪来源成体干细胞(adipose derived adult stem cells, ADAC)、脂肪成体基质细胞(adipose adult stromal cells)、脂肪来源基质细胞(adipose derived stromal cells, ADSC)、脂肪基质细胞(adipose stromal cells, ASC)、脂肪间充质干细胞(adipose mesenchymal stem cells, ADMSC)、脂肪前体细胞(adipose precursor cells, APC)等。2004 年国际脂肪应用技术学会(the international fat applied technology society)将其统一为"脂肪来源干细胞"(adipose-derived stem cells, ADSC)来界定这种多分化潜能的细胞群体类型。最初人们是根据脂肪细胞分化过程中脂滴的变化将脂肪细胞大致分为脂肪前体细胞(尚未出现脂滴之前的梭形细胞, adipocyte precursor)前脂肪细胞(刚出现脂滴后的细胞, preadipocyte)和成熟的脂肪细胞(1 个或多个大脂滴)。Spalding 等研究表明成人阶段脂肪细胞数量保持恒定,但这并非是最初的细胞保持一生,而是一种细胞死亡与补充更新的动态平衡过程,并认为成人的胖瘦是由脂肪细胞体积决定的。1959 年 Trowell 等发现脂肪细胞是由形态类似成纤维细胞的前体脂肪细胞在合适条件诱导下分化而来的。Rodbel 使用胶原酶将脂肪细胞从脂肪组织中分离,得到的脂肪细胞在消化后仍保持有新陈代谢的活性。在 1971 年, Poznanski 及 Van 等对基质血管成分(stromal vascular fraction, SVF)的系统研究形成了完整的前脂肪细胞理论,用胶原酶处理脂肪组织,再将组织悬液离心,将其中的沉淀物 SVF 进行培养,并和培养的成纤维细胞进行比较,这两种培养物的增殖速率相似,倍增时间约 50 小时,运用相同的加入标记的葡萄糖或甘油培养基培养后, SVF 细胞质内葡萄糖标记物比成纤维细胞高5~10倍。在显微镜下观察比较,发现SVF细胞内脂肪聚成大滴,细胞呈散发生长;成纤维细胞的胞质内只有少量的脂滴,呈螺旋样生长。这种具有结缔组织特征的方式,证明SVF内含有前体脂肪细胞,具有增殖和向成熟脂肪细胞分化的性能。

一、脂肪源性干细胞的表型

关于脂肪源性干细胞表面标志物,目前还没有任何分子可以单独作为ADSC的特异性表面标志物,Gronthos等对脂肪抽吸物培养细胞的表面标志物进行了系统研究,发现这些细胞具有与BMSC相似的表面抗原表达,如CD9、CD10、CD13、CD29、CD34、CD44、CD49d、CD49e、CD54、CD55、CD59、CD105、CD106、CD146、CD166等,但他们并没有检测到BMSC特有表面抗原STRO-1的表达。De Ugarte等研究指出ADSC和BMSC都表达CD13、CD29、CD44、CD90、CD105、SH-13和STRO-1。两者的差别在于ADSC不表达CD49d。目前公认的脂肪源性干细胞表面表达量较高的分子有基质相关标志(CD29、CD44),间充质标志(CD73、CD90)等。而作为血源性细胞标志CD45及MHC Ⅱ相关蛋白HLA-DR基本不表达。大多数研究人员明确指出脂肪来源细胞中CD105、CD166、STRO-1等干细胞相关表面抗原均有表达,另外与造血系、内皮细胞系相关的CD34、CD31等也均有较高表达比例。这些结果表明,脂肪来源细胞中确实存在具有间充质干细胞特性的细胞,但同时也夹杂着大量非间充质干细胞群体。因此,严格来讲,脂肪干细胞应该称之为脂肪组织来源的干细胞。

近年来,国际脂肪治疗和科学联合会(IFATS)和国际细胞治疗协会(ISCT)已为脂肪源性干细胞(ADSC)界定的最低标准提供了初步的指导性意见。认为在血管基质成分(stromal vascular fraction,SVF)中,脂肪源性干细胞可以通过以下标记组合鉴定:CD45和CD31同时为阴性,CD34为阳性。

二、脂肪源性干细胞的可塑性

目前大量文献报道都证实脂肪源性干细胞在一定的诱导条件下可分化成:①脂肪细胞;②成骨细胞;③软骨细胞;④内皮细胞;⑤外皮细胞;⑥神经前体细胞;⑦肌细胞;⑧心肌细胞;⑨平滑肌细胞;⑩表皮细胞;⑪真皮细胞;⑫肝细胞;⑬胰岛细胞等。近年来大量研究表明ADSC具有分泌功能,在人体组织和器官的发育中具有多种功能,包括:①促血管化作用;②造血支持作用;③抗凋亡作用;④趋化作用;⑤免疫控制和免疫调节作用;⑥维持细胞高增生率及多向分化潜能的作用。

关于成体干细胞的研究,骨髓间充质干细胞(MSC)研究最早、报道文献最多,但是取骨髓时患者痛苦较大,并且所提取得到的骨髓间充质干细胞数量较少,体外扩增需要时间长,费用较高,而ADSC应用于再生医药领域,其具有优于其他成体干细胞的优点:①来源丰富,每单位体积脂肪组织中含有的干细胞数量是骨髓组织的100~1000倍。2005年,Brian等报道常规抽脂术获取的每200ml脂肪组织可得到$1×10^6$个ADSC,并预测脂肪基质将成为人类最大的成体干细胞库;②取材容易,可以通过微创手术获得,减少患者痛苦,并且可以反复多次取材;③增殖迅速,具有多项分化潜能;④有很好的组织相容性,具有低免疫原性和免疫调节的作用。

三、脂肪源性干细胞免疫学特性

脂肪源性干细胞具有低免疫原性及免疫调节作用,作为血源性细胞标志CD45及MHC Ⅱ相关蛋白HLA-DR基本不表达,证明其为非造血类细胞并且它们具有极少量与移植排斥相关的抗原分子,提示脂肪源性干细胞具有低免疫原性,可能进行异体移植,与文献报道一致。

2005年,崔等经流式细胞仪测定表明,人类ADSC表达HLA Ⅰ类分子,但未检测到HLA Ⅱ类分子阳性表达。加入炎症因子IFN-γ刺激48小时后,HLA Ⅰ表达未见明显增高,HLA Ⅱ类分子表达明显增高,但仍不会刺激异基因淋巴细胞增殖,证明ADSC具有低免疫原性。Kevin McIntosh等由人类脂肪抽吸物中新鲜分离SVF细胞,并将其培养扩增至第5代,依次测定各代细胞表面标志,结果发现HLA-ABC分子在各代细胞均有表达,平均数在66.5~90.0之间,表达比较稳定;而HLA-DR分子除SVF细胞为13.2外,此后各代表达均较低,在1.3~4.0之间。

四、脂肪源性干细胞的组织学定位

在人体内存在着两种脂肪组织:白色脂肪组织(white adipose tissue,WAT)和棕色脂肪组织(brown adipose tissue,BAT)。WAT本身又分为皮下脂肪组织(subcutaneous adipose tissue)及内脏脂肪组织(visceral adipose tissue)。根据脂肪组织位置的不同,其所含有的亚细胞群有很大的差异。这两种脂肪组织均具有一定的可塑性,现有的研究多聚焦于皮下的白色脂肪组织,认为由此来源的ADSC有着强大的分化潜能。相对于BAT,WAT内含有更多的造血细胞及巨噬细胞,其所含有的非造血细胞多是未成熟的间充质样细胞,WAT来源的SVF已被证实可分化为脂肪细胞、内皮细胞、成骨细胞、造血细胞等多种类型的细胞,相比之下,BAT来源的SVF的可塑性要低得多。

目前的研究多集中于ADSC的特性、功能及不同部位的WAT之间ADSC性能的比较,却鲜有文献报道不同类型脂肪组织来源的SVF的分化潜能是否存在着差异。Bénédicte Prunet-Marcassus等学者对比了小鼠腹股沟(皮下)WAT来源的SVF、附睾(内脏)WAT来源的SVF及肩胛骨BAT来源的SVF,发现三者在抗原表型及分化潜能上均存在着差异。在WAT来源的SVF细胞表面有更高的CD45表达,证明其含有更为丰富的造血细胞,而腹股沟皮下WAT来源的SVF和附睾WAT来源的SVF也存在着差异,在腹股沟WAT CD45(+)细胞基本全部表达CD11b、Fcγ及MHC Ⅱ,而附睾WAT CD45(+)细胞仅50%表达前述分子,CD11b、Fcγ及MHC Ⅱ是巨噬细胞相关的表型,这也说明巨噬细胞可能是皮下WAT来源的SVF的重要组成部分。这提示我们WAT所含的造血细胞和巨噬细胞在脂肪组织特殊的生物学特性中可能起到了重要的作用。对比三者的多分化潜能,WAT来源的ADSC造血能力明显高于BAT,而不同来源的WAT并无明显差异;而BAT来源的ADSC具有更好的向心肌分化的能力,腹股沟来源的WAT也有向心肌分化的潜能,而附睾WAT来源的SVF未成功向心肌分化,这说明BAT所含的主要是前体脂肪细胞和非常不成熟的细胞从而能向心肌细胞分化;而不同的WAT向心肌分化能力的不同也说明,腹股沟皮下WAT含有更多的非成熟细胞。

综上所述,皮下组织WAT来源的SVF含有最丰富的细胞群,同时最具有多分化潜能,流式细胞仪检测也证实皮下白色脂肪组织具有最丰富的异质性和多样性,所以它被认为是可塑性最高的脂肪组织;相比于另外两种组织它的获取最为安全及容易,使它成为ADSC用于细胞治疗最适合的组织来源。

第二节 脂肪源性干细胞获取和培养及扩增

目前自体脂肪组织已作为临床上常用的软组织填充材料广泛应用于整形修复和美容为目的的软组织增大,所以如何在抽吸脂肪的过程中保证脂肪组织颗粒的活性受到了国内外学者的关注。

一、脂肪组织的获取

脂肪组织的获取,包括手术切取脂肪块的方法及脂肪抽吸的方法。

1. **手术切取脂肪块** 该方法仅在患者手术时进行,由于造成损伤大,故使用受限。

2. **脂肪抽吸** 在整形外科领域,脂肪抽吸去除多余的脂肪较手术切除脂肪组织的方法更加有优势,脂肪抽吸具有创伤小、恢复更快的优点。早在20世纪60年代,西德Josef Schradde应用妇科刮匙在皮下1cm深处形成隧道刮除两旁的脂肪组织,并用抽吸的方法去除脂肪组织碎片,但可引起严重并发症如出血、皮肤坏死等。1980年有报道在麻醉下用吸脂管借助负压直接抽吸皮下脂肪,但有出血多及疼痛明显的缺点。在1987年,Klei等提出了肿胀麻醉吸脂术,这种方法是先把大剂量含有低浓度的利多卡因、肾上腺素盐水进行吸脂区皮下浸润,具有良好的局麻效果,并可使术区脂肪组织肿胀变硬,位置相对固定,便于抽吸,该方法目前已经被整形外科医师广泛应用于临床实践,效果良好,被认为是一种安全、失血少、组织损伤轻、麻醉作用时间长、止痛效果好的技术。目前脂肪组织的获取方法已经从传统的针筒注射器进行手工脂肪抽吸到机械负压吸脂术。

脂肪抽吸影响因素包括:①负压压力:随着研究的深入,人们发现抽脂时必须控制负压压力(低压范围:

35~50kPa），防止高压抽脂，因为压力不仅影响颗粒脂肪活性，而且过高的负压对获取的 ADSC 也会产生显著的影响。因此使用低负压对保持 ADSC 活性有重要意义。②保存温度：体外脂肪的保存温度不仅对脂肪活性有影响，也影响 ADSC 生物学活性。Yoshinura 等认为室温下保存脂肪细胞破坏进行性增加，同时影响其脂肪源性干细胞获取的效率。③细菌污染：为避免脂肪抽吸过程中细菌污染问题，近年来，暨南大学黄海玲、刘宏伟等建立的微创无菌快速获取脂肪颗粒的装置，可以更加快捷、微创、无菌获取大量保证活性的颗粒脂肪。

二、脂肪源性干细胞的分离

目前 ADSC 的分离大部分学者采用的是胶原酶消化的方法，所使用的胶原酶类型包括 Ⅰ 型胶原酶、Ⅱ 型胶原酶，Ⅰ、Ⅱ 型胶原酶 1∶1 混合型，胶原酶浓度为 0.075%~0.2%，消化时间从 30 分钟到 2.5 小时均有所不同。

脂肪源性干细胞的分离具体步骤如下：①获取脂肪组织；②去除脂肪组织中肉眼可见的纤维条索成分；③眼科剪将体积超过 1mm³ 的脂肪组织剪碎；④无菌 PBS 液反复冲洗脂肪组织 3~5 次，直至脂肪组织呈金黄色；⑤1∶1 加入已预热的 0.1% Ⅰ 型胶原酶，37℃恒温摇床下消化，直至脂肪组织呈乳糜状取出；⑥300g 离心力下离心 10 分钟，弃上清及未完全消化的脂肪组织，留试管底部贴壁细胞，加入 10% FBS 的 DMEM 培养液（低糖）轻轻吹打后再次 300g 离心力下离心 10 分钟，弃上清留试管底部贴壁细胞；⑦用含 10% FBS 的低糖 DMEM 重悬细胞沉淀；⑧100 目尼龙筛网过滤；⑨用含 10% FBS 的 DMEM 培养液（低糖）原代培养；⑩48 小时后首次更换培养液，以后每隔一天更换一次培养液，用倒置显微镜观察细胞生长状况；⑪待细胞 80% 以上融合后，0.25% 胰酶消化后传代培养。

也有学者提出其他 ADSC 分离的方法，包括脂肪组织块培养法，该方法是利用细胞天花板培养技术将漂浮的脂肪组织块进行培养得到贴壁梭形的 ADSC 的方法，这种方法较胶原酶消化法步骤简便并且去除了胶原酶的使用，但是由于脂肪细胞为漂浮细胞，组织块贴壁困难，易漂浮，如脂肪块长时间不能贴壁可导致细胞死亡，如果培养瓶中刮取的组织块多，则可能贴壁的组织块较多，无法控制原代细胞接种的数量，同时细胞是从脂肪组织块边缘爬出，原代细胞中可能包含较多如成纤维细胞等各种非 ADSC 的杂细胞。

2013 年 Forums 等提出使用大力摇晃及反复洗涤脂肪组织的方法来提取 ADSC，该方法可以得到 CD29、CD105、CD90 高表达并且具有多分化功能的 ADSC。该方法与传统胶原酶消化法比较发现价格更加便宜，且去除胶原酶的使用，更加符合 ADSC 临床使用安全化标准，但是该方法所得 ADSC 效率比传统酶消化法低，一次所得 ADSC 不足以满足临床治疗需求。

三、原代脂肪源性干细胞体外培养和扩增

脂肪组织酶消化离心后沉淀物中可分离出 ADSC，其中还包括基质血管成分（SVF），以 DMEM 液（含 10% 胎牛血清）体外培养，3 小时后换液去除杂细胞，此细胞为 ADSC 原代细胞（P0），继续以 DMEM 液（含 10% 胎牛血清）培养至细胞 80% 融合后以 0.25% 胰酶消化，传代。平均每 300ml 脂肪组织中可获得 2×10^8~6×10^8 个 ADSC，可传递 13~15 代，其中衰老和死亡细胞仅占少数。

细胞接种时，含大量脂滴、红细胞和成纤维细胞，光镜下为明亮强反光的球形（图 23-1A），随着细胞贴壁后培养时间的延长，换液次数的增加，这些细胞基本被清除。接种 3 天后细胞贴壁并开始伸展，倒置显微镜下可见细胞为大而扁平的单层细胞。有的细胞体细长，似成纤维细胞（图 23-1B）。接种 5~7 天后细胞伸展、分离明显，外观呈成纤维细胞样，胞核明显，呈球形，核质清晰（图 23-1C）。随培养时间延长，贴壁生长的成纤维细胞样细胞增多，并逐渐融合成片，直至汇合（图 23-1D）。P2 代细胞加入成骨诱导液连续培养 2 周后，可见部分细胞向成骨细胞方向分化，茜红素染色后，可见红色沉积，提示有钙盐分泌和沉积（图 23-2）。P2 代细胞加入成脂诱导液培养 12 天后，部分细胞向脂肪方向分化，胞质内形成脂滴，油红 O 染色呈橙红色颗粒状（图 23-3）。

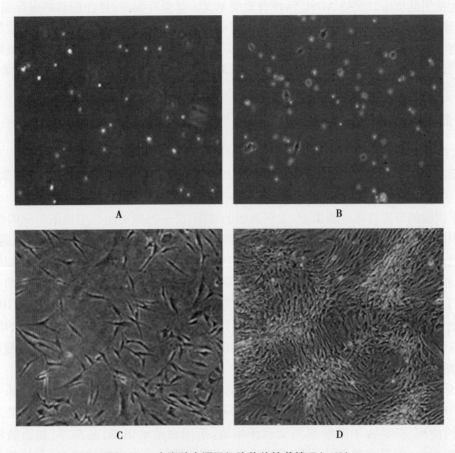

图 23-1　人脂肪来源干细胞体外培养情况(×40)

(A)新鲜分离细胞可见大量球形细胞;(B)体外培养 3 天后细胞贴壁并开始伸展,倒置
显微镜下见细胞为大而扁平的单层细胞;(C)体外培养 5~7 天后细胞伸展、分离明显,
外观呈成纤维细胞样,胞核明显,呈球形,核质清晰;(D)随培养时间延长,贴壁生长的
成纤维细胞样细胞增多并且生长速度加快呈对数生长,逐渐融合成片,直至汇合

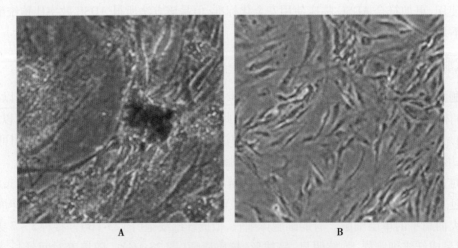

图 23-2　成骨诱导后钙盐染色结果(×100)

(A)成骨诱导液连续培养 2 周后茜红素染色出现红色沉积,提示有钙盐分泌和沉积;
(B)细胞常规培养液培养 2 周后茜红素染色无橘红色沉积出现

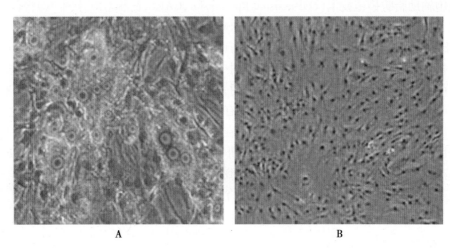

图 23-3　成脂诱导后油红 O 染色结果（×100）
（A）成脂诱导液连续培养 12 天后脂滴由小变大并融合,被油红染成红色;（B）细胞常规培养液培养 12 天后油红 O 染色没有染上一点红色,细胞核都被苏木素染成蓝色,清晰可见

第三节　脂肪源性干细胞在组织修复与再生中的应用

ADSC 具有来源充足、取材方便、自体移植无免疫排斥反应等优势,已成为组织修复和再生理想的细胞来源。ADSC 可分化成为脂肪细胞、成骨细胞、软骨细胞、内皮细胞、神经前体细胞、肌细胞、心肌细胞、平滑肌细胞、表皮细胞、肝细胞、胰岛细胞等。基于此,ADSC 在组织修复与再生领域有着广阔的应用前景。

一、血管再生

大量的研究表明,富含 ADSC 的基质血管成分可分泌多种促血管化因子:血管内皮细胞生长因子（vascular endothelial growth factor,VEGF）、表皮生长因子（epidermal growth factor,EGF）、成纤维细胞生长因子（basic fibroblast growth factor,bFGF）、肝细胞生长因子（hepatocyte growth factor,HGF）、基质细胞衍生因子（stromal cell derived factor,SDF）、转化生长因子-β1（transform growth factor-β1,TGF-β1）、转化生长因子-β2（TGF-β2）、角质细胞生长因子（keratinocyte growth factor,KGF）、胰岛素样生长因子（insulin like growth factor,IGF）等,这些因子通过旁分泌作用于相应的靶细胞,控制和影响着周围细胞的生长及凋亡,从而加速血管化的形成。其中 VEGF 被认为是新生血管最有效的促进因子。

Jae-Hong Kim 等将 ADSC 注射于 48 周龄（相当于中年人）无毛小鼠的背部皮肤,对小鼠皮肤血管内皮生长因子 CD31 及周细胞 NG2 进行染色,观察到 ADSC 注射组上述标记物含量显著高于对照组,表明实验组血管生成增加。此外,有研究人员在后肢缺血损伤的小鼠后肢肌肉中注射培养 3 天的 ADSC,15 天后运用血管照影和彩色多普勒检查,发现损伤后肢的血流供应得以明显改善;T. G. Ebrahimian 的团队将 ADSC 用于放射性损伤动物模型的治疗,在 ADSC 皮下注射 7 天后观察到皮肤血液灌注的改善,皮下毛细血管密度的增加,同时检测到实验组血浆中 VEGF 含量升高,这些研究均证实了 ADSC 促进新生血管形成的确实性。ADSC 促进血管再生这一特性被人类所熟知及应用后,将可解决各种缺血性疾病,如断肢术、末梢血管疾病、缺血性脑病及移植中发生的局部缺血等。它的这一特性也成为其多种应用潜能如促进创面愈合、面部年轻化、神经组织再生等各方面应用的基石。

二、脂肪组织再生

随着 2001 年 ZuK 和他的研究团队发现并证实 ADSC 的存在,并且将其应用于临床后,国内外学者开始将更多的注意力放在 ADSC 对脂肪移植存活的影响上来。2009 年日本东京大学医学院整形外科吉村浩太郎首次提出自体细胞辅助脂肪移植技术(cell-assisted lipotransfer,CAL),简称 CAL 技术,即将自体脂肪来源干细胞与脂肪细胞混合,共同注射于受体,含有丰富的 ADSC 的 SVF 黏附在脂肪颗粒上,不仅 ADSC 可以分化成脂肪细胞,促进脂肪再生,还可以促进血管化的作用,营养脂肪细胞,提高脂肪细胞的数量,增加脂肪细胞移植的成活率。根据吉村浩太郎的报道 40 名受试患者中仅有 4 人出现了纤维囊或者钙化,其余患者均表示满意。另外一项对颅面短小症患者治疗的临床研究表明,相对于单纯注脂填充患者 6 个月后有效脂肪存活占填充量的 54%,使用 CAL 技术填充的患者 6 个月后有效脂肪存活量达填充量的 88%。这些研究都表明,ADSC 能对脂肪组织的存活具有支持作用,然而,除了在支持原有脂肪细胞存活外,ADSC 本身存在的成脂分化能力也可能是脂肪组织含量增加的另一个原因。研究者们早已在体外成功诱导 ADSC 成脂分化形成脂滴,也有研究者应用脂肪诱导培养基培养 ADSC,检测到脂蛋白脂肪酶、aP2、PPAR(gamma)2 和 Glut4 等脂肪细胞在体内相关基因的表达。另一项研究中,研究者将 ADSC 与海绵状胶原复合后植入免疫缺陷小鼠体内,观察到了脂肪样组织的形成。

三、神经系统的再生

施万细胞作为轴突营养供应的关键细胞,在外周神经损伤的治疗中有举足轻重的地位,但由于大量获得施万细胞的低实效性及有创性,限制了它的临床应用。现有研究表明,ADSC 可以大量分化为施万细胞,提示 ADSC 在体内可能具有神经修复潜能。早在 2003 年,Ashjian 等学者就已成功使用 β-巯基乙醇诱导人 ADSC 向神经方向分化,诱导 30 分钟后即观察到类神经元样的细胞形态出现,3 小时之后就可检测到 nestin、NSE、NeuN 等神经细胞早期标志性因子的表达,随后其他学者将 ADSC 运用于动物实验得出相应结果。此外,移植未分化的 ADSC 进入外周神经损伤表明,ADSC 能分泌生长因子等多种神经营养因子,神经胶质细胞源性神经营养因子和脑源性神经生长因子,这些研究结果表明,ADSC 可能能创造一个轴突生长的良好环境。

嗅鞘细胞(olfactory ensheathing cells,OEC)作为脊髓损伤修复的一个关键细胞,其对脊髓损伤的修复有着非常重要的意义,当 ADSC 与 OEC 共培养时,在三维胶原支架上的 ADSC 向 OEC 样细胞分化,因此可见其对中枢神经系统的修复也起到重要的作用。同时,ADSC 移植后可以形成独特的神经保护,减少局部水肿的发生,同时促进内皮细胞分化,进一步促进神经功能的再生与恢复。国内周等学者将自体 ADSC 移植到冻伤大鼠模型的脑内,发现 ADSC 可以在中枢神经系统中存活并分化为神经元样细胞,它可以引起血管内皮生长因子、脑源性神经营养因子等具有促进修复、再生功能因子的高表达,从而减少细胞凋亡,加速神经功能修复过程以达到保护脑组织的目的。

综上,ADSC 在神经系统疾病治疗中有着深远的研究及应用价值。

四、肾损伤的修复

急性肾损伤是临床上一种常见的危急重症,它的发生与患者的预后及死亡率密切相关,已被认为是关系到患者死亡相关的独立危险因素之一。肾移植仍然是治疗肾衰竭最有效的手段,然而限制于器官的短缺、移植后的免疫排斥反应及社会的伦理关系,现阶段肾脏移植依然只能满足小部患者的治疗需求。干细胞技术的发展为肾损伤提供了一种新的治疗方式,多项研究结果已表明,细胞移植可减轻肾损伤并可促进肾功能恢复。肾小管损伤引起的肾衰竭是急性肾损伤一个常见的原因,肾脏的许多关键功能包括糖异生,氨基合成,重要肽类激素、生长因子和细胞因子的代谢,多器官功能和免疫调节的关键也是通过肾小管细胞来完成的。因此,通过细胞治疗实现功能性肾脏替代是有希望实现的。几种类型的干细胞移植防治肾损伤已被证实有效,包括肾脏成体干细胞、胚胎干细胞(ESC)、肾胚胎祖细胞和间充质干细胞(MSC)。其中,因为 MSC 的数量较多及其易获得性和低免疫原性,被认为是最有潜力的干细胞。

MSC 对肾脏的保护作用源于它的内分泌及旁分泌作用,注射于体内的 MSC 黏附于肾组织和肾小管周围,产生生物活性因子,减少肾小管细胞的凋亡,增加其存活率从而改善肾损伤。

Jiasheng Gaod 等以热敏的氯化壳聚糖水凝胶作为注射支架,将 ADSC 输送到大鼠缺血再灌注诱导的急性肾损伤大鼠模型的缺血部位,4 周后明显观察到大鼠肾功能的改善,其肾小管上皮细胞数量增多,局部微血管密度增加。另一项研究中,Y.-L. Wang 等将 ADSC 静脉注射用于大鼠肾脏冷灌注损伤模型,治疗后 24 小时即可观察到血清肌酐水平的下降,同时与对照组比较,ADSC治疗组明显减轻了肾皮质的变性、肿胀及肾小管的扩张,更好地维护了肾小管和肾小球的结构。

五、造血作用

造血是一个动态的过程,它涉及骨髓中造血干细胞的自我更新,不断产生新一代的血细胞,同时将成熟的血细胞释放入血。存在于骨髓腔内的MSC构成了骨髓造血的微环境,他们释放细胞因子及细胞外基质蛋白,参与调解造血。造血微环境的破坏会影响人体的造血功能,而再生医学技术就是指在修复甚至恢复被损坏的组织造血功能。

已有研究表明,将骨髓间充质干细胞(BMSC)直接注入骨髓可以重建骨髓造血微环境,Yukari Muguruma等研究人员将绿荧光蛋白标记的BMSC(eGFP-MSC)注入裸鼠胫骨内,在注射后4~10周内观察到注入的eGFP-MSC完整地融入裸鼠的造血微环境内,并与原始造血干细胞互动,改变其表型,增加了造血干细胞的功能。但是,BMSC在临床应用中仍存在弊端,包括临床应用的异源性引起的免疫应答反应,年龄对BMSC质量、数量及分化潜能的影响等。Satoshi Nishiwaki等也提出,ADSC能更好地替代BMSC重建小鼠的造血微环境,在体外共培养实验中发现,相比于BMSC,ADSC和人类造血干细胞祖细胞共培养能促进产生更多的粒细胞及造血干细胞;ADSC产生的CXCL12(造血功能关键调节因子)是BMSC的三倍之多;同时,将ADSC注入小鼠体内,发现ADSC能更好地促进小鼠造血干细胞的归巢,能在更短的时间内促使小鼠重建造血。随后,Satoshi Nishiwaki的团队又对ADSC使用的安全性进行了进一步检测,并没有观察到ADSC对其他组织或器官产生不利反应。

六、皮肤年轻化和瘢痕的改善

成纤维细胞是皮肤真皮中的主要细胞,其分泌的胶原蛋白、弹性纤维及基质成分均与皮肤老化有着密切的关系。ADSC产生的多种生长因子,通过促进血管生成、增加真皮内成纤维细胞含量和胶原基质的浓度来改善老化的面部皮肤,同时其还具有抗氧化凋亡,抑制黑色素合成的美白功效,ADSC局部注射技术被证实在面部年轻化的运用中有确实的疗效。自体细胞治疗将会成为面部年轻化领域最有发展前景的治疗方式。

1. ADSC产生多种生长因子,促进血管生成及胶原蛋白合成 ADSC促进血管生成,增加局部皮肤血液灌注量,促进成纤维细胞合成细胞外基质及分泌细胞因子(如表皮生长因子、细胞因子、IL-1β等)。有研究者将ADSC注射于48周龄(相当于中年人)无毛小鼠背部皮肤,观察到小鼠背部皮肤真皮厚度增加、成纤维细胞数量增多,I型胶原蛋白的合成显著增多,这些改变在保持皮肤细胞完整性方面起了非常重要的作用。现在的证据也证实,富含ADSC的基质血管成分可分泌内皮细胞生长因子及抗细胞凋亡因子,可促进血管生成及成纤维细胞的迁移。因此注射ADSC后,可通过促进血管生成,增加真皮内成纤维细胞含量及胶原基质的浓度来改善老化的面部皮肤。

ADSC可分泌多种生长因子,包括血管内皮生长因子(VEGF)、成纤维细胞生长因子(bFGF)、转化生长因子-β1(TGF-β1)、TGF-β2、肝细胞生长因子(HGF)、角质细胞生长因子(KGF)、胰岛素样生长因子(IGF)等,这些因子通过旁分泌作用于相应的靶细胞,控制和影响着周围细胞的生存及凋亡,具有促进血管生成,成纤维细胞增生、迁移及胶原蛋白合成的作用,新生的血管可进一步促进成纤维细胞合成细胞外基质及分泌细胞因子,相互作用改变老化失去弹性的皮肤。

Bae-Hwan Kim等报道在体外实验中,ADSC对中波紫外线(UVB)引起的人体皮肤成纤维细胞增殖能力下降、皮肤胶原纤维含量降低及表皮皱纹均有改善作用,并存在剂量依赖性。Won-Serk Kim等将ADSC用于光老化动物模型,同样可观察到ADSC产生多种生长因子,刺激皮肤成纤维细胞合成胶原蛋白及促进血管再生,从而逆转光照引起的皮肤老化。

2. 脂肪源性干细胞抗氧化凋亡,抑制黑色素合成 在UV暴露下,皮肤可产生氧化应激反应,产生自由基,引起蛋白质、细胞膜及核酸的损伤,导致的皮肤老化被认为是光老化根本因素。在一项体外诱导真皮成纤维细胞氧化应激损伤的研究中发现,条件培养的ADSC可通过减少凋亡相的成纤维细胞逆转氧化应激引起的细胞凋亡;抗氧化剂可抑制黑色素形成的氧化反应,干扰色素和黑素小体的转移分布,在皮肤发挥美白效应,因此,ADSC 具有皮肤美白的潜能。Kim 等研究者也证实,ADSC 分泌的转化生长因子 β(TGF-β)可抑制 B16 黑色素瘤细胞中黑色素酶的合成及络氨酸酶的活性和相关蛋白的表达,Chang 等将这一理论运用于在体动物实验,观察到 ADSC 可抑制紫外线引起的黑色素形成,进一步验证了 ADSC 的美白效果。

3. ADSC 抑制及降解 MMP,减少胶原蛋白的降解　过量的 UV 照射可以增加角质细胞、成纤维细胞、炎症细胞等对金属基质蛋白酶(MMP)的分泌,MMP 通过降解细胞外基质引起组织损伤从而导致皱纹的形成。MMP 是一个含锌的蛋白酶家族,其中 MMP-1、MMP-3 和 MMP-9 可被 UV 照射诱导,MMP-1 可降解Ⅰ、Ⅱ、Ⅲ型胶原蛋白,MMP-3 有广泛的底物特异性,对于与皮肤质量密切相关的Ⅰ型胶原蛋白(85% ~95%)、Ⅲ型胶原蛋白(10% ~15%),MMP-1 启动胶原纤维断裂,然后被 MMP-3 和 MMP-9 进一步降解。经研究发现,ADSC 注射后真皮中 MMP-1 及 MMP-3 的 mRNA 的表达下降,通过抑制及降解 MMP 家族,减少胶原蛋白的降解及组织损伤,从而预防及改善光老化引起的皱纹形成。研究者也观察到自然性老化的皮肤中 MMP 含量增加,其增加量小于 UV 照射引起的 MMP 分泌。

目前临床对 ADSC 应用的使用剂量尚无统一标准,临床医生多为经验性使用,国内外学者对 ADSC 在临床使用的有效性都已相继报道,特别是对额纹、鱼尾纹、鼻唇纹等面部老化症状具有明显的改善效果。刘等医生在一项长达 15 个月的随访中发现 ADSC 对上述面部症状有明显的改善,可持续 1 年以上,同时患者局部皮肤也表现出皱纹、斑点减少,毛孔收缩,纹理变得细腻,患者的自觉满意率高达 93%。

瘢痕形成的过程与炎症反应及成纤维细胞的增殖密切相关。ADSC 的抗炎作用和免疫抑制作用可能在病理性瘢痕增生的治疗方面也有一定的作用。Yun 等研究人员建立了猪背部全层皮肤损伤瘢痕模型,并使用 ADSC 皮下注射,结果表明,实验组模型猪背部皮肤瘢痕面积明显缩小,瘢痕颜色变浅,而且更加柔软;该项研究还观察到在注射 ADSC 的皮肤下有少量的肥大细胞存在,这些肥大细胞可能降低了成纤维细胞的增殖能力,控制了炎症的发展,从而控制瘢痕的形成。此外,Kim 的研究团队在对凹陷性瘢痕使用 ADSC 皮下注射治疗,也取得了良好的效果,有 75% 的患者在 12 周时都有明显的恢复。

七、慢性创面的治疗

创面愈合是一个高度协调的过程,涉及各种细胞间复杂的相互作用。ADSC 影响皮肤创伤修复的相关性研究集中于以下四个方面:①局部浸润炎症细胞的免疫调节作用:调节局部微环境和诱导、趋化作用;②诱导内皮细胞爬行并可直接分化为血管内皮细胞,促进微血管再生;③抑制成纤维细胞向肌成纤维细胞转化,对抗纤维化;④直接分化为皮肤成纤维细胞和角质细胞。有报道称在小鼠模型中将间充质干细胞应用于创伤局部取得抗炎和促血管生成作用。同时,该研究还对比了同基因型和同种异体干细胞,发现两者的迁移、抗炎和旁分泌血管内皮生长因子作用相当,证实成体干细胞在创伤修复期是免疫豁免的。

另一项研究,研究者在大鼠皮肤全层损伤模型上局部用 ADSC 并表达血管内皮细胞生长因子、肝细胞生长因子以及成纤维细胞生长因子,增强了再上皮化和肉芽组织形成,从而加速了创面的愈合。同时还观察到表达绿色荧光蛋白的 ADSC 同时被广谱细胞角蛋白和 CD31 染色,间接证实 ADSC 可以原位分化为内皮细胞和上皮细胞。也有学者将皮肤-脂肪块分离,分别提取角质形成细胞、成纤维细胞、脂肪干细胞并予以扩增,并诱导 ADSC 成脂分化,最终获得的各种细胞成分加以整合,能够形成一种皮肤替代品。ADSC 蛋白提取物对人角质形成细胞的增殖和迁移具有调节作用。

Yuan 等将 ADSC 与角质形成细胞共同培养确定为实验组,进行划痕实验,建立创伤模型,比较 24 小时、48 小时和 72 小时后角质形成细胞迁徙距离。证实发现,实验组角质形成细胞迁徙明显快于对照组,并认为 ADSC 通过直接接触促进表皮角质形成细胞迁移;对各组角质形成细胞数分析发现,实验组增殖速度快,差异有显著性意义,说明 ADSC 可促进角质形成细胞的增殖和迁移。Lu 等通过在小鼠背部皮瓣基底局部注射等量的 ADSC 后 7 天,分析背部皮瓣血管密度和单位组织内血管内皮细胞数量最大,认为 ADSC 有促进血管重建功能。ADSC 也能通过旁分泌作用于成纤维细胞,促进其分泌Ⅰ型胶原和纤连蛋白,促进皮肤表皮细胞的成熟以利于创面愈合和预防瘢痕形成。

八、骨与关节的修复

由创伤或肿瘤导致的骨缺损是临床常见外科疾病,目前采用的自体骨移植、异体骨移植及人工替代品等治疗方法存在各自不足,难以满足临床需要。随着细胞治疗的研究与发展,研究者们将目光逐渐聚焦于组织工程的材料种子——干细胞。目前骨髓间充质干细胞(BMSC)和 ADSC 被认为是在骨缺损的修复中最有潜力的两种细胞。然而 BMSC 的来源相对有限,骨髓穿刺给患者带来一定的痛苦,每个成人只能抽取 10~20ml 骨髓,只能得到少量的细胞,且需要体外大量扩增后才能满足需要,这既消耗时间也很昂贵,还要冒着细胞被污染和丧失的风险。

Zuk 等最早报道了 ADSC 具有体外诱导为成骨细胞的能力。Halvorsen 等经体外实验证实,成骨诱导的人 ADSC 可以分泌矿化基质并表达成骨特异性基因,包括碱性磷酸酶、Ⅰ型胶原、骨桥蛋白、降钙素等。2004 年 Hicok 等应用 ADSC 复合 HA-TCP 在免疫缺陷 SCID 小鼠体内形成组织工程化骨组织,证实了其体内成骨能力。在体内实验中,将 BMP2 转基因诱导的 ADSC 以Ⅰ型胶原海绵为支架,植入免疫缺陷小鼠肌肉后同样可以形成骨样组织。Cowan 等利用 ADSC 与羟基磷灰石支架复合,成功修复小鼠颅骨缺损,且经原位荧光素杂交实验证实 90% 的骨组织细胞来源于供区。同时,他们还将 ADSC 诱导为成骨细胞,与珊瑚材料复合,成功修复犬颅骨顶骨缺损,术后 6 个月组织学检测 ADSC-珊瑚复合物最终转变为骨松质,在大型动物中成功修复骨缺损,为进一步的临床应用提供了实验基础,也为临床治疗骨损伤提供了新途径。

修复软骨缺损有效的方法是自体软骨细胞移植术(autologous chondrocyte transplantation,ACT)。这种手术方法于 20 世纪 80 年代由瑞典学者报道,用于治疗骨性关节炎。软骨组织工程现在面临的主要问题是获得有活力的和分化良好的软骨细胞。在既往的研究中认为间充质干细胞有软骨分化潜能,容易在体外大量获取并扩增而不丢失分化能力,是软骨再生的理想细胞来源。自 2004 年 Zuk 团队发现 ADSC 以来,ADSC 被认为是另一种侵入性较小的、可在体外分化为软骨细胞的理想细胞来源。2007 年,马钰等用含有 TGF-β1、碱性成纤维细胞因子(basic fibroblast growth factor,bFGF)、ITS、地塞米松的培养基成功在体外诱导 ADSC 向软骨细胞分化,并且经诱导产生的细胞可分泌软骨细胞特异性的Ⅱ型胶原以及硫酸蛋白多糖,证实了 ADSC 有向软骨细胞分化的潜能。2014 年,Z. J. Wang 的团队将 ADSC 复合脱细胞软骨基质(ACM)用于兔关节软骨缺损的修复,发现相对于单纯运用 ACM,联合 ADSC 后关节软骨面更加光滑,减少了纤维结缔组织的增生,并且观察到新生软骨组织及Ⅱ型胶原蛋白的分泌,在电镜下也观察到更多基质颗粒的生成。

第四节 脂肪源性干细胞临床转化应用中需要解决的问题

ADSC 具有来源丰富、取材容易、增殖迅速、多项分化潜能、低免疫原性和免疫调节作用,在再生医学领域有着广阔的应用前景。目前在美国 NIH 的 http//www. clinicaltrials. gov 网站已经注册登记的在 15 个国家进行的临床试验多达 40 多个,其目的在于验证 ADSC 为基础的干细胞治疗的有效性、安全性和可能的副作用,也充分说明了世界范围内从事干细胞研究和应用的学者对 ADSC 临床转化应用的浓厚兴趣和重视。但是临床应用因充分考虑使用的安全、简便、经济、有效,对此就必须对有关涉及 ADSC 临床转化应用中与之有关的问题给予关注和解决。

一、脂肪源性干细胞产品的管理

国际上,有关使用脂肪源性干细胞临床治疗的管理规定与药物临床使用相关管理规定基本一致。美国食品和药物管理局(FDA)的网站(http//www. fda. gov/)及欧洲医药管理局(EMEA)网站(http//www. ema. europa. eu/ema)和有关政府的管理机构网站都可以找到有关细胞产品的管理指南。美国药典(United States Pharmacopia,USP)是美国政府对药品质量标准和检定方法作出的技术规定,也是目前国际公认的有关药品生产、使用、管理、检验的行业标准。使用 USP 为依据进行 ADSC 和基质血管成分(stromal vascular fraction,SVF)细胞的生产程序可以确保细胞产品的重复性和可靠性。目前绝大多数实验室使用几个常规的步骤处理脂肪组织来源的细胞。这些步骤包括:冲洗、酶消化或机械破碎脂肪组织、离心以便分离出可供直接使用或低温贮藏的 SVF,或者培养扩增以产生 ADSC。

二、脂肪源性干细胞生产应遵循的质量控制标准

许多科学研究的实验室并不一定按照标准实验室规范(Good Laboratory Practice,GLP)或更严格的动态药品生产管理规范(Current Good Manufacture Practices,cGMP)的标准生产 ADSC。GLP 和 cGMP 要求对细胞生产过程中使用的操作步骤要严格登记,使用的所有设备有严格的认证。另外所有操作程序包括实验室地板的装饰、孵育箱和生物安全柜的使用和常规的记录都必须符合确定的和认证的标准操作程序。许多特定的生产记录应该建立,以确保标准的规范和提供书面的文件确认质量保证和质量控制。任何用于临床的 ADSC 的治疗都必须遵守 cGMP 标准,所用的试剂和操作程序都要给予特别的关注。目前还需建立临床一级的 ADSC 和 SVF 细胞生产的 cGMP。美国 FDA、欧洲 EMA 和其他国家的管理机构都把成体细胞生产看作生物产品而不是器械或药物。总体来讲,细胞产品分为最小干预化(minimally manipulated)(如分离、富集)和非最小干预化(如培养、扩增)。最小干预化的细胞产品最容易应用到临床。因此通过细胞富集技术得到的 SVF 细胞产品易于应用到临床,但也需检测污染的问题如需氧、厌氧菌、内毒素和支原体。假如细胞用于异体治疗,还需检测 EB 病毒、肝炎病毒和 HIV。

三、脂肪源性干细胞和 SVF 细胞生产过程中防止病原微生物污染的措施

细胞产品在生产过程中容易发生病原微生物的污染,而细胞治疗非常重要的一点是要防止病原微生物的污染。为此目前有几家公司设计和生产了从抽吸的脂肪组织中分离 ASC 的装置,这种装置将脂肪抽吸、冲洗、消化、分离细胞全部在密闭的容器内完成,防止细胞暴露在外界环境而受污染。美国的 Cytori 公司(Cytori Therapeutics,Inc)生产了 CelutionSystem,它可从抽出的脂肪分离出临床可用的干细胞。另外一家美国公司(Sepax Technologis,Inc)也生产出了临床级的能从人的抽取脂肪中自动分离出 ADSC 的装置。在 11 个捐助者中,通过和操作者人工分离的比较研究发现使用这种自动装置分离 ADSC 效率高 62%,克隆形成率高 24%,分离产量和克隆形成率的变异分别减少 18% 和 50%,且不影响细胞的荧光光谱和多项分化能力,提示 Sepax® ADSC 分离机比人工分离效率高、重复性好,而且还可以减少操作人员的劳动,更有利于临床使用 ADSC 为基础的细胞治疗。此外,密闭的培养和扩增系统也已建立,以减少培养扩增过程中操作人员产生错误的风险。最近我们也自制了从人体密闭收集可供移植的脂肪颗粒的装置,由此密闭装置收集的脂肪可供提取 ADSC,并减少了脂肪组织暴露和降低了污染的概率,具有经济简便的优点。最近日本东京大学 Yoshimura 研究小组报到了他们使用自动分离设备获取 SVF 细胞与人工方法获得的 SVF 细胞在数目、活性上没有不同。流式细胞仪分析 SVF 细胞构成没有差异,经 1 周的培养观察 ADSC 产量也没有不同。而且自动设备减少了细胞处理单元的用地,使得 SVF 的应用有可能在没有 cGMP 标准的细胞处理单元完成,同时减少了操作人员的学习曲线和操作失误带来的诸多问题,这无疑为 ADSC 和 SVF 细胞的临床使用提供了极大的便利条件。目前在我国建立 cGMP 标准的细胞处理单元和专业队伍对许多临床单位来讲是非常困难的,这将是解决此类问题的关键。

四、脂肪源性干细胞分离过程中对酶和相关试剂的要求

ADSC 分离过程中所用的试剂都必须进行检测。生长因子、培养基、血清(如胎牛血清,fetal bovine serum,FBS)的效价都必须定量检测,包括细胞增殖率、细胞活力、分化潜能等。胶原酶、分散酶、透明质酸酶是用来分离脂肪组织的酶,它们可能包含内毒素、其他的蛋白酶、异种蛋白。从临床细胞治疗的角度考虑应使用无菌的或 cGMP 级的酶,但这可能使试剂的价格增加 10 倍。因此建立有效的、可重复的机械破碎组织的方法以便免除用酶来消化组织是值得进一步研究的问题。也有报道直接用抽吸的脂肪扩增 ADSC,不需酶消化组织,但如果使用新鲜的 ADSC,这种方法难以满足需要。另外,用猪或细菌来源的胰蛋白酶传代细胞,这涉及使用异种蛋白的问题。如常规的 ADSC 或 SVF 细胞富集过程中需使用 FBS,不排除动物源性传染病(bovine spongiform encephalopathy,BSE)和血清病的可能性。因此,Liu 等使用新鲜的 SVF 细胞进行细胞治疗的过程中,通常用磷酸盐缓冲液(PBS)代替 FBS 终止酶消化反应,以避开该问题的困扰。另外一些实验室研究发现使用人的血清或血小板源性产品可以作为一个选择。也有研究人员使用接受治疗者的血清。Liu 等

在细胞产品转运过程中使用患者自己的血清或富含血小板的血浆目的是细胞产品人源化增强细胞产品的活力,去除可能导致动物源性传染病和血清病的问题,符合干细胞临床转化应用指南的要求。理想的人血清试剂应该是没有抗体和补体蛋白,以减少对细胞的损害和副反应。最近 Fink 等报道就细胞分离来讲,目前用的几种酶在效率上没有明显差异;但若进行 ASC 的扩增,目前的几种血清替代品都还不及 FBS。因此,进一步开发无感染源的同种异体血清来生产 ASC 产品非常必要。经 FDA 或 EMEA 认证的专用培养基的生产也是目前临床转化应用中必须解决的问题。

五、脂肪源性干细胞生产取材过程中有关供区、年龄和性别的考虑

供者的年龄,性别和取材的部位是否会影响细胞产品的功能和质量,不同研究小组所获的结果存在差异。Gimble 研究发现小鼠脂肪源性祖细胞数量在内脏多于皮下脂肪,特别在雌性随年龄细胞数增加。在人小样本的研究也得到了类似的发现。但是,在 180 余例女性乳房组织标本的研究中,没有观察到年龄和干细胞数目或成脂能力,体重指数(body mass index,BMI)和干细胞数目、分化能力之间的相互关系。Mojallal 等对 42 名女性抽脂标本所获得的 ADSC 进行检测,结果并没有发现 ADSC 的数目和增殖率与年龄和 BMI 之间的关系。Ogawa 等报道从 GFP 转基因小鼠来源的 ADSC 其成脂能力与性别密切相关,雌性高于雄性 2.89 倍。有关成骨能力的研究,有学者报道:在女性来自腹部浅层和深层的 ADSC 成骨能力没有差异。而在男性腹部浅层的 ADSC 成骨能力较深层的 ADSC 强。Chen 等的研究表明人 ADSC 成骨和增殖能力与年龄没有明显相关性,而骨髓间充质干细胞的增殖和成骨能力随年龄增加而下降。Shu 等报道来自不同性别的 ADSC 其增殖、分化、旁分泌和抗凋亡能力不同,他们还发现来自不同年龄供体的细胞分化和抗凋亡能力有差异。Alt 等也报道了随年龄增加 ADSC 增殖能力下降。最近 Sowa 在周围神经损伤的动物模型发现 ADSC 通过旁分泌作用促进了周围神经的修复,而且这种作用与 ADSC 供体的年龄和部位无明显相关性。因此,更确切的结论尚需进一步的基础与临床实验来证实。

六、脂肪源性干细胞低温贮藏需要解决的问题

为了确保在需要的时候将 ADSC 和 SVF 细胞提供给所需者,长期保存是非常重要的。绝大多数关于 ADSC 和 SVF 细胞低温保存的文献都提到使用二甲亚砜(dimethyl sulfoxide,DMSO)作为低温保护剂,同时也结合使用血清蛋白。DMSO 通常是用来保护血细胞产品的,它对接收细胞产品的治疗对象可能存在潜在的副作用,且并不是对所有的细胞都是适宜的。另外的低温保存剂如羟乙基淀粉(hydroxyethyl starch)、海藻糖 6 磷酸酶(trehalose)、聚乙烯化合物(polyvinyl),一些可以在无血清条件下使用。进一步的研究需要确认它们稳定性以及是否可以作为将来的行业标准。许多实验室把细胞浸入在液氮里。cGMP 级的产品必须保存在液氮气相储存罐,这样可避免交叉感染,但在临床上常规应用有一定的困难。最可行的办法是把细胞保存在 −70 ~ −80℃ 的冰箱,但这对细胞产品的功能和活性的影响还需实验数据进一步验证。为了验证深低温保存对 ADSC 生长和成骨能力的影响,Liu 和他的同事等对第二代的 ADSC 液氮保存 4 周,然后观察液氮保存对 ADSC 生长和成骨能力的影响,发现液氮深低温保存并没有明显影响 ADSC 生长和成骨能力。Feng 等报道使用新鲜分离的 ADSC 和深低温保存的 ADSC 取得了同样的改善缺血再灌注诱导的急性肾损伤的效果。Lee 等也证实可从低温保存(−80℃)的脂肪组织中获取 ADSC。Martinello 等在对犬的 ADSC 保存研究中证实经为期 1 年长期保存并不影响 ADSC 的干性,但会使 ADSC 的增殖率和端粒酶的活性降低。James 等报道人 ADSC 深低温保存 2 周后分化能力明显降低。总之低温保存 ADSC 是可行的,但如何最大限度保存 ADSC 的生物学功能和选择最佳的保存剂和易于临床使用的保存方法仍需进一步研究。

七、脂肪源性干细胞产品运输可能带来的问题

从场地到经济等原因综合考虑,在每一个医院和诊疗单位设置 cGMP 标准的细胞处理单元准备 ADSC 和 SVF 细胞是不现实的,也是十分困难的。因此,脂肪组织和细胞产品在医院的诊疗单位与细胞处理单元之间存在运输期间维持细胞最佳活力的条件、干细胞富集效率可能的影响、无菌操作流程和管理制度的建立等一系列问题。已有的研究表明,4℃ 条件保存 24 小时 ADSC 功能和细胞活力无明显变化。我们最近尚未发表

的研究结果提示在4℃条件下保存脂肪抽吸物24小时并不影响脂肪细胞的活力,也不影响ADSC提取效率和它们的生物学功能。根据这一结果我们在临床ADSC治疗中将脂肪无菌保存在4℃医用冰箱,送达cGMP细胞处理单元,待ADSC富集完毕后再将细胞产品送回治疗区完成细胞治疗。更长时间的保存和运输以便维持ADSC和SVF细胞的活力还需进一步研究。

八、脂肪源性干细胞临床应用过程中安全性的问题

尽管ADSC在临床应用中已展现出了令人可喜的前景和价值,但是国际社会还是应该在考虑细胞产品疗效时把患者安全和产品可能产生的副作用放在首要的位置来考虑,特别是ADSC在体内是否会有致瘤性风险,在什么条件下ADSC可能致癌和促进肿瘤生长和转移。目前绝大部分已经发表的有关评价ADSC安全性和有效性的证据来自动物模型。绝大部分应用于啮齿类的动物,也有许多研究使用犬、绵羊、猪和其他大动物。然而这些证据还很难满足法规机构的认证。细胞产品局部植入后向重要器官如心脏、脑、肺、肝脏和肾脏的迁移及其可能的影响也需长期观察。已有报道人的ADSC体外培养期间可出现基因型的变化和非黏附生长。这些转化的ADSC植入免疫缺陷的小鼠可形成肉瘤。但绝大部分报道并没有发现这种转化的存在。最近Ra和他的同事报道用培养扩增的ADSC静脉输入治疗自身免疫性疾病取得较好疗效,且没有发现ADSC安全性、基因稳定性、活性和分化能力的改变。López-Iglesias等把人的ADSC注射的衰老的易发生肿瘤的免疫缺陷小鼠,在长达17个月的观察期内并没有发现肿瘤的形成;ADSC并没有移行到其他器官,也没有与宿主细胞融合;在注射部位ADSC分化成了皮肤的成纤维细胞和皮下的脂肪细胞。自体脂肪源性再生细胞辅助的脂肪移植重建乳房肿瘤切除术后的乳房畸形的临床试验(http://www. clinicaltrials. gov; NCT00616135)已完成,结果尚未公布。Sun等将人的ADSC移植到小鼠癌症转移模型,发现人ADSC通过诱导凋亡减少了肺癌的转移,抑制了乳腺癌细胞的生长。移植ADSC到尚未有临床症状的癌症模型,并没有发现ADSC促进肿瘤生长和转移。但也有另外报道,如Pinilla和他的同事在体外ADSC和乳癌细胞共培养的研究中发现,人ADSC通过产生CCL5能够增强乳癌细胞的侵袭能力。Zimmerlin等报道ADSC促进了转移性胸腔漏出液癌细胞的生长,但并不促进静止期肿瘤的生长。Muehlberg等研究证实不论局部注射还是静脉输入,ADSC可归巢到肿瘤部位促进了肿瘤的生长,ADSC可结合到肿瘤血管转化成血管内皮细胞。因此,ADSC用于因肿瘤切除而形成的软组织缺损和畸形要十分谨慎。总之,在干细胞的治疗上我们还是应该采取更为保守的方法,并进一步研究和长期观察SVF细胞和ADSC治疗的安全性是十分必要的。

小 结

脂肪源性干细胞是从脂肪组织中分离出的一种具有很强的增殖活性及多向分化潜力的成体间充质干细胞。2001年由Zuk和他的研究团队发现并证实存在于人吸脂术的脂肪悬液中的间充质干细胞。国际脂肪治疗和科学联合会(IFATS)和国际细胞治疗协会(ISCT)为脂肪源性干细胞(ADSC)界定的最低标准为CD45和CD31同时为阴性,CD34为阳性。脂肪组织的获取主要采用脂肪抽吸的方法。

ADSC因其具有来源充足、取材方便、自体移植无免疫排斥反应等优势,使其成为组织再生和修复的理想细胞来源。既往多项研究已证实ADSC有效调节免疫力,而其多向分化潜能,可分化成为脂肪细胞、成骨细胞、软骨细胞、内皮细胞、神经前体细胞、肌细胞、心肌细胞、平滑肌细胞、表皮细胞、肝细胞和胰岛细胞等。目前,日本和欧洲一些国家已开始利用人类ADSC,构建组织工程化脂肪组织用于修复软组织缺损。如Yoshimura等将ADSC移植与传统的脂肪颗粒移植技术相结合,并创建了细胞辅助脂肪移植术。近年来ADSC有许多新的功能被人们发现,如ADSC灌注急性肾损伤大鼠模型,4周后大鼠肾功能的改善;ADSC静脉注射用于大鼠肾脏损伤模型,治疗后24小时血清肌酐水平下降,肾皮质的变性、肿胀及肾小管的扩张减轻。国内周等学者将自体ADSC移植到冻伤大鼠模型的脑内,发现ADSC存活,并分化为神经元样细胞,引起血管内皮生长因子、脑源性神经营养因子等高表达。

软组织的再生与增大对于外观的恢复和改善非常重要,需要一个长期维持美容效果,然而现存的生物材料填充治疗技术存在着很大的局限性,不可避免会有感染、排斥反应、周围组织的纤维化及挛缩等并发症发生。其他治疗方法,如带蒂皮瓣转移修复,常伴较大的创伤性,其美观性也存在一定的缺陷。自体脂肪移植

填充技术很好地填补了这些治疗方法的不足之处,特别是在脂肪代谢障碍引起的面部萎缩填充、隆胸等方面的应用。然而脂肪组织移植后有一定的吸收率及坏死率应引起重视。

在修复重建外科中,ADSC 具有良好的应用前景。但其临床应用要充分考虑使用的安全、简便、经济、有效,对涉及 ADSC 临床转化应用中相关的问题要给予关注和解决。目前以间充质干细胞为基础的细胞疗法是再生医学研究领域的热点和最前沿课题,探讨 ADSC 的潜能对发展干细胞为基础的再生性治疗,以及今后解决许多棘手的临床问题无疑具有重大意义。

(刘宏伟　陈苑雯　王婧蕾)

参 考 文 献

1. Zuk PA, Zhu M, Mizuno H, et al. Multilineage cells from human adipose tissue: implications for cell-based therapies. Tissue Eng, 2001, 7(2): 211-228.

2. Zuk PA, Zhu M, Ashjian P, et al. Human adipose tissue is a source of multipotent stem cells. Mol Biol Cell, 2002, 13(12): 4279-4295.

3. Gimble JM, Katz AJ, Bunnell BA. Adipose-derived stem cells for regenerative medicine. Circ Res, 2007, 100(9): 1249-1260.

4. Traktuev DO, Merfeld-Clauss S, Li J, et al. A population of multipotent CD34-positive adipose stromal cells share pericyte and mesenchymal surface markers, reside in a periendothelial location, and stabilize endothelial networks. Circ Res, 2008, 102(1): 77-85.

5. Peroni D, Scambi I, Pasini A, et al. Stem molecular signature of adipose-derived stromal cells. Exp Cell Res, 2008, 314(3): 603-615.

6. Yoshimura K, Sato K, Aoi N, et al. Cell-assisted lipotransfer for cosmetic breast augmentation: supportive use of adipose-derived stem/stromal cells. Aesthetic Plast Surg, 2008, 32(1): 48-55.

7. Shah FS, Wu X, Dietrich M, et al. A non-enzymatic method for isolating human adipose tissue-derived stromal stem cells. International Society for Cellular Therapy, 2013, 15: 979e985.

8. Rehman J, Traktuev D, Li J, et al. Secretion of angiogenic and antiapoptotic factors by human adipose stromal cells. Circulation, 2004, 109(10): 1292-1298.

9. Yoshimura K, Suga H, Eto H. Adipose-derived stem/progenitor cells: roles in adipose tissue remodeling and potential use for soft tissue augmentation. Regen Med, 2009, 4(2): 265-273.

10. Lopatina T, Kalinina N, Karagyaur M, et al. Adipose-derived stem cells stimulate regeneration of peripheral nerves: BDNF secreted by these cells promotes nerve healing and axon growth de novo. PLoS One, 2011, 6(3): e17899.

11. Kingham PJ, Kalbermatten DF, Mahay D, et al. Adipose-derived stem cells differentiate into a Schwann cell phenotype and promote neurite outgrowth in vitro. Exp Neurol, 2007, 207(2): 267-274.

12. Francesca Bianchi, Elisa Sala, et al. Potential advantages of acute kidney injury management by mesenchymal stem cells. *World J Stem Cells*, 2014, 6(5): 644-650.

13. Gnecchi M, Zhang Z, Ni A, et al. Paracrine mechanisms in adult stem cell signaling and therapy. *Circ Res*, 2008, 103(11): 1204-1219.

14. Gao JH, Liu RF, Wu J, et al. The use of chitosan based hydrogel for enhancing the therapeutic benefits of adipose-derived MSCs for acute kidney injury. Biomaterials, 2012, 33(14): 3673-3681.

15. Muguruma Y, Yahata T, Miyatake H, et al. Reconstitution of the functional human hematopoietic microenvironment derived from human mesenchymal stem cells in the murine bone marrow compartment. Blood, 2006, 107(5): 1878-1887.

16. Norihiko N, Takayuki NA, Takashi Y, et al. Adipose Tissue-Derived Mesenchymal Stem Cells Facilitate Hematopoiesis in Vitro and in Vivo-Advantages Over Bone Marrow-Derived Mesenchymal Stem Cells. The American Journal of Pathology, 2010, 177(2): 547-554.

17. Kim JH, Jung M, Kim HS, et al. Adipose-derived stem cells as a new therapeutic modality for ageing skin. Experimental dermatology, 2011, 20(5): 383-387.

18. Ebrahimian TG, Pouzoulet F, Squiban C, et al. Cell therapy based on adipose tissue-derived stromal cells promotes physiological and pathological wound healing. Arterioscler Thromb Vasc Biol, 2009, 29(4): 503-510.

19. Kim WS, Park BS, Sung JH. Protective role of adipose-derived stem cells and their soluble factors inphotoaging. Archives of dermatological research, 2009, 301(5): 329-336.

20. Yun IS, Jeon YR, Lee WJ, et al. Effect of human adipose derived stem cells on scar formation and remodeling in a pig model: a pilot

study. Dermatol Surg,2012,38(10):1678-1688.

21. Doi K,Tanaka S,Iida H,et al. Stromal vascular fraction isolated from lipo-aspirates using an automated processing system:bench and bed analysis. J Tissue Eng Regen Med,2013,7(11):864-870.

22. Lindroos B,Aho KL,Kuokkanen H,et al. Differential gene expression in adipose stem cells cultured in allogeneic human serum versus fetal bovine serum. Tissue Eng Part A,2010,16(7):2281-2294.

23. 王太平,徐国彤,周琪,等. 国际干细胞研究学会《干细胞临床转化指南》.生命科学,2009,21(5):747-756.

24. Martinello T,Bronzini I,Maccatrozzo L,et al. Canine adipose-derived-mesenchymal stem cells do not lose stem features after a long-term cryopreservation. Res Vet Sci,2011,91(1):18-24.

25. Matsumoto D,Shigeura T,Sato K,et al. Influences of preservation at various temperatures on liposuction aspirates. Plast Reconstr Surg,2007,120(6):1510-1517.

26. Prockop DJ,Brenner M,Fibbe WE,et al. Defining the risks of mesenchymal stromal cell therapy. Cytotherapy,2010,12(5):576-578.

27. Bénédicte PM,Béatrice C,David C,et al. From heterogeneity to plasticity in adipose tissues:Site-specific differences. Experimental cell reaearch,2006,312(6):727-736.

28. 刘宏伟,程飚,付小兵. 脂肪源性干细胞临床转化应用中的相关问题. 中国修复重建外科杂志,2012,(10):1242-1246.

第二十四章

脐带血干细胞与再生医学

脐带血(umbilical cord blood,UCB)是胎儿娩出、脐带结扎并离断后残留存在胎儿胎盘和脐带中的血液。脐带血干细胞(umbilical cord blood stem cells)是脐带血中富含的一类具有自我更新和多向分化潜能的原始祖细胞。在一定条件诱导下可分化为所需的目的细胞或组织。由于脐带血来源丰富,采集方便,免疫排斥弱,无伦理争议等优点,近年研究表明,脐带血中也存在 MSC。脐血来源 MSCs 越来越受到重视。脐带血中 MSC 的数量能有多少,随着胎儿成熟,其数量是否发生变化,MSC 体外培养其生长速度如何,培养的成功率如何,脐带血中 MSC 在胎儿发育中扮演了什么样的角色,发挥了怎样的作用,这些都是值得探讨的问题。

本章主要介绍脐带血干细胞生物学特性及脐带血库的建立及其再生医学应用。

第一节　人脐带血造血干细胞的发现

1984 年 Boyce 等发现人脐带血中含有造血干细胞,并预言脐带血将是临床上造血干细胞移植的一个新来源。

1988 年 10 月,法国巴黎圣路易医院与美国印第安纳大学医学院合作,首次进行白细胞抗原(HLA)相合的同胞间脐带血造血干细胞移植(CBSCT),成功地救治了一名 Fanconi 贫血患儿,开创了人类造血干细胞移植(HSCT)的又一新纪元。而在此之前,这种病需要进行骨髓移植治疗。此后,法、美、澳等国又陆续对另外几名范科尼贫血及其他几种疾病的患儿进行 CBSCT,绝大部分获得了成功。这样新型的疗法弥补了骨髓短缺的局面。标志着脐带血干细胞研究和应用的新纪元的到来。

1992 年,美国在纽约建立了第一家公共脐带血造血干细胞库。

1993 年美国纽约血液中心与 Duke 大学合作率先采用脐带血库冻存的脐带血干细胞,分别对 2 名急性淋巴细胞型白血病(ALL)患儿实施 HLA 相合的无关供者和 HLA 不合的同胞间脐带血干细胞移植(CBSCT)均获得成功,同年,美国杜克大学成功地完成了异体脐带血干细胞移植手术,并且医生们还用脐带血救治了已经成年的血液病患者。进一步证实了脐带血移植和脐带血库建立的有效性和巨大的应用价值。而且,科学家还证明,脐带血里的细胞比骨髓移植的细胞更容易被人体接受。

此后,HLA 相合或者 HLA 不相合的相关或无关供者脐带血移植被成功地用于治疗患有造血系统恶性肿瘤、免疫缺陷综合征、遗传性疾病、骨髓衰竭综合征等儿童或少数成年患者,以脐带血体外扩增后移植及基因治疗为目的。脐带血移植的基础和临床研究也得到了长足的发展。

尽管随着造血干细胞移植技术的不断完善,异基因造血干细胞移植已广泛应用于多种难治疾病,但是,由于受到供体来源的限制,理论上只有 25% ~30% 的患者能找到匹配的同胞供者,加上年龄、身体状态等因素限制,实际上仅有 10% ~20% 患者从中受益。

2005 年 12 月 16 日,美国前总统布什在美国国会通过的脐带血干细胞法案上签字,使其正式在美国全国范围内生效成为法律。该法律将为美国脐带血干细胞研究和治疗提供上亿美元的资金。《干细胞治疗与研究法案》在国会接受投票表决时,高票通过。

我国在 20 世纪 90 年代初,个别医科大学着手进行脐带血采集、分离、冻存、功能鉴定的探讨。然而在脐带血究竟有无效果的问题上,各方均有不同意见,在很长一段时间内展开了口水战。

1998 年,军事医学科学院附属医院免疫室与中山医科大学合作,率先对一名珠蛋白生成障碍性贫血患儿实施了脐带血移植,并获得成功。随后,河南医科大学对 2 例急性白血病患者的脐带血移植亦获较好疗效。

2001 年 4 月 18 日,经济学博士季兴旺将自己刚出生的女儿的脐带血存入了有"生命银行"之称的天津脐带血造血干细胞库,成为中国自体存储脐带血的第一人。

2002 年 9 月,北京市脐带血库正式建立,同年 11 月,天津脐带血库在韩忠朝教授的主持下正式建立。这是两家最先获得原卫生部)批准的脐带血库。

2005 年国家颁布了脐带血库管理办法,用于规范、管理脐带血库。

2006~2008 年,上海、广东、四川、山东脐带血库也相继建立。迄今为止,广东库是唯一一家由政府投资设立的脐带血造血干细胞库。

国内的干细胞库大多数为自体库,公共库的储存量很少,自体移植在使用率上很低,并且这样的自体库,并没有真正意义上去实现储备脐带血造血干细胞,真正需要移植的患者无法获得珍贵储备的细胞用于移植。近几年,胎盘造血干细胞出现,并且可以弥补脐带血造血干细胞量不足的缺陷。

第二节　脐带血干细胞生物学特性

目前发现脐带血干细胞中主要是脐带血源造血干细胞(CB-HSC)和脐带血源间充质干细胞(CB-MSC),另外还有极少量的脐带血源非限制成体细胞(USSC)、脐带血源内皮祖细胞(CB-EPC)等具有增殖分化能力的早期干/祖细胞。在一定条件下,体外培养的脐带血细胞可以分化为血液细胞、血管内皮细胞、肌细胞、心肌细胞、间充质细胞、干细胞、神经元细胞、星形细胞、胰岛 β 细胞。按干细胞的分化潜能大小分类,属于成体干细胞。

一、脐带血干细胞的采集

脐带血采集是在胎盘、脐带与母体和胎儿完全分离以后进行的,因此对母亲和孩子没有任何不良影响,属于"废物利用,变废为宝"。脐带血含有大量的干细胞,其生物学特性、资源优势及广泛的移植适应证等优势弥补了其他来源的干细胞的某些不足,而成为近二十几年来干细胞移植领域的重大进展。

1. 脐带血的采集应在指定的单位进行　采集人员要经过严格的教育、培训和考核后方可进行采血。采集应严格防止病原微生物的污染,要求在清洁度高的、无菌条件好的手术室进行,严格无菌操作。足月正常分娩者,胎儿体重大于 2500g,APGAR 评分不少于 8 分,以及无先天性畸形等。

2. 以下情况不得采集脐血　有妊娠合并症、有遗传性疾病病史,有血液系统疾病等慢性疾病,产妇有艾滋病病毒、巨细胞病毒、梅毒病毒、肝炎病毒感染史,孕期未满 37 周或超过 42 周。

3. 脐带血的采集方法　在产妇分娩新生儿已娩出时,距新生儿脐部 5.0cm~7.0cm 处,用两把血管钳夹住脐带,随后在两钳中间断脐,胎盘暂未娩出时,下垂结扎的脐带,消毒后以采血袋针穿刺胎盘侧脐静脉,伴随产妇子宫收缩,脐带血直接流入 CPD 或 ACD 抗凝的采血袋中,轻轻摇匀,为了增加采集血,可以轻轻挤压胎盘及脐带。每份脐带血采集的量为 60ml~120ml,其中单个核细胞约为 $1.6\times10^6/ml$(图 24-1)。

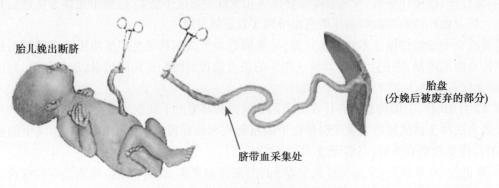

胎儿娩出断脐

胎盘
(分娩后被废弃的部分)

脐带血采集处

图 24-1　胎儿的脐带血采集结构示意图

4. 脐带血采集后进行生物学检测　活细胞计数、单个核细胞计数、CD34$^+$计数、CFU-GM 半固体培养基培养、细菌真菌污染检查、血型及 HLA 分型检测、血清学病毒检查(艾滋病病毒、巨细胞病毒、肝炎病毒、弓形体病毒等)以及遗传疾病的检测。

二、脐带血干细胞的冻存

采集脐带血后应及时分离,并使用,最好在 24 小时内进行分离和使用。为控制冷冻脐血的体积,常需对脐血单个核细胞进行分离后保存,同时,要求尽量减少干细胞的丢失,并最大限度地保持其活性。

目前,最常采用沉降法来清除红细胞,并经密度梯度离心分离浓集有核细胞,减少脐带血体积,再在经过计数、加工、程序降温等步骤,最终冻存于 $-196\,^{\circ}\text{C}$ 的液氮中保存。

以二甲基亚砜(DMSO)为冷冻保护剂,程序降温可以提前设定降温程序,保证干细胞冷冻过程中不会因降温速度波动而引起细胞质量的变化,最大限度地降低了降温保存对干细胞的损伤。但是程序降温设备昂贵,冷冻过程耗时长。

三、脐带血干细胞的生物学和免疫学特性

脐带血中含有较丰富的 HSC 和 MSC,脐带血中的 T 淋巴细胞比较原始,缺乏 T 细胞活化生长因子,所以,其免疫功能相对不成熟,脐带血接触的抗原,记忆细胞较少,淋巴细胞对异种抗原反应差,B 细胞不能转化为浆细胞,细胞间信号转导通路不完善,NK 细胞活性较弱等特点使其在应用时较少发生移植物抗宿主病(GVHD)。下面分别介绍脐带血中各主要干细胞的特征。

1. 脐带血源造血干细胞生物学和免疫学特征　CB-HSC 是脐带血中含量较高的一类干细胞,具有多向分化潜能和很强的增殖分化以及形成集落的能力,CB-HSC 对生长刺激较敏感,能迅速脱离 G_0/G_1 期而进入细胞周期,脐带血有自分泌造血因子的能力,自分泌产生的造血因子可赋予脐带血干细胞高增殖和扩增能力,CB-HSC 分为 CD34$^+$细胞群和 CD34$^-$细胞群,目前公认 CD34 是造血干细胞筛选的主要标志,CD34$^+$细胞是非均质性的细胞群,其中既含有造血干细胞也存在不同分化阶段的各系造血祖细胞,CD34$^-$细胞是一种处于静息状态下的细胞,经过特定的细胞因子活化后,可以转化为 CD34$^+$细胞。CD34 表面抗原的检测对造血干细胞的确认、计数、分离和控制具有重要价值。D34$^+$是与造血干/祖细胞相关的一个阶段特异性抗原,也是 HSC/HPC 分离纯化的主要标志,CD34$^+$细胞群约占 HSC/HPC 的90% 以上,所以目前通常所说 HSC/HPC 是 CD34$^+$细胞群。脐带血可分离的 CD34$^+$细胞群约占脐带血单个核细胞 2% ,其数量比例与骨髓来源的 CD34$^+$细胞群接近,但明显高于外周血。脐带 CD34$^+$CD33$^-$和 CD34$^+$CD38$^-$细胞群较骨髓来源的数量更多,更为原始,体外的增殖分化能力明显高于骨髓。这些都为少量脐带血代替大量骨髓和外周血满足临床移植治疗提供可能。脐带血中 BFU-E 水平高于骨髓;脐带血和骨髓中 CFU-GM 水平相当,但脐带血中更幼稚的双能粒-单核祖细胞含量高于骨髓;脐带血中高增潜能集落形成细胞(HPP-CFC)比骨髓中高 8 倍,且不成熟巨核祖细胞集落较多。大量研究表明,脐带血的自我复制、增殖能力、受刺激后进入细胞周期的速度及体外扩增的潜能均高于骨髓,尤其是对造血调控因子的反应明显高于骨髓和外周血细胞,表现为加入各种细胞因子后,CFU-GEMM 和 BFU-E 集落数量明显升高。因其有着较长的端粒和较高的端粒酶活性,且不表达 CD95/Fas,故不宜发生凋亡,有较高端粒酶活性可能是其自有更新内部因素之一。CD34$^+$细胞体外长期培养中初始细胞 CD34$^+$CD45RO$^+$细胞在脐带血中明显高于骨髓,且不成熟表型 T 细胞(CD45RO$^+$)以抑制性亚群为主,经过继发性免疫刺激后产生较长期无反应状态,这可能是脐带血移植后超越 HLA 屏障,GVHD 发生较少且轻的原因之一。学者研究发现 CD34$^+$ HSC 可以分化为心肌细胞、血管内皮细胞和平滑肌细胞,并且具有一定的心肌细胞收缩功能。HSC 移植和造血生长因子治疗心肌梗死能促进心肌的再生修复,改善心脏功能。

2. 脐带血源间充质干细胞生物学和免疫学特征　CB-MSC 是中胚层发育的早期细胞,具备干细胞的基

本特性。体外培养的 CB-MSC 形态呈梭形或纺锤形,体积稍小,连续传代培养和冷冻保存后仍具有多向分化潜能,而且保持正常的核型和端粒酶活性。CB-MSC 既可分化为骨、软骨、脂肪,也能转变成带有神经、骨骼肌、肝脏特异标记的细胞,光学显微镜下可以看到 CB-MSC 中某些间质标记物表达阳性,如 SMA、波形蛋白、巢蛋白及结蛋白;还可表达多种黏附分子;CB-MSC 还表达一种特殊的标记 HOX,尤其是 HOXA9、HOXB7、HOXC10 及 HOXD8,被称作 MSC 的"生物学指纹"。

　　目前认为 MSC 表面抗原没有特异性,可能有间质细胞,又有内皮细胞或上皮细胞的特征。MSC 是中胚层发育的早期干细胞,是一种具有多向分化潜能的细胞,存在于多种组织如脐带血、骨髓和脂肪等,在特定条件下,可以分化为多种细胞包括心肌细胞和血管内皮细胞。有学者研究发现来源于脐带血、骨髓和脂肪组织的 MSC 具有相同形态学特征和表面标记,且都能体外扩增并具有相同的分化潜能,但脐带血来源的 MSC 具有更强的扩增能力。

　　马兰兰等对不同胎龄人脐血间充质干细胞进行研究。应用单管多色荧光技术检测了不同胎龄脐带血中 CD44、CD105 阳性而 CD34、CD45 阴性细胞的数量,并提取脐带血中单个核细胞进行培养和培养后免疫荧光染色(图 24-2)。

　　将培养的细胞做免疫荧光染色分析,可见 CD45(−),CD90(+),符合 MSC 表面抗原表达特点(图 24-3)。

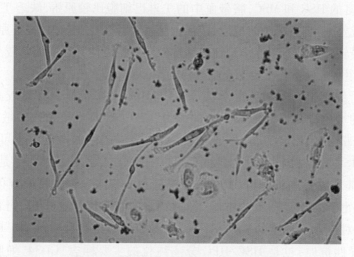

图 24-2　脐带血分离培养的 MSC(×100)

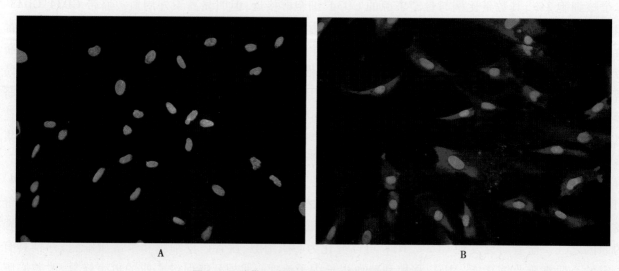

图 24-3　脐带血分离培养的 MSC 表面分子测定
(A)CD45(−)(×400);(B)CD90(+)(×400)

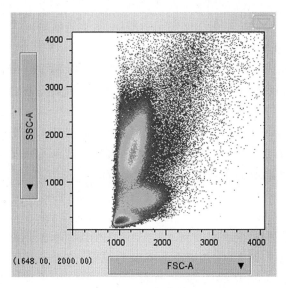

图 24-4　脐带血裂红后得到的有核细胞分群

取 37~40 周脐带血 12 份,28~36 周脐带血 52 例,分别作为足月组和非足月组,通过对上述两组脐带血中 MSC 的培养,比较两组脐血 MSC 增殖能力和表面标记并进行鉴定。对脐血单个核细胞的分离,采用流式细胞学单管多色染色方法检测脐带血有核细胞中 MSC 的数量。结果显示脐带血裂红后得到的有核细胞依据细胞大小(x 轴方向)和细胞胞质含有颗粒的情况(y 轴方向)分为 3 群,从下到上依次为淋巴细胞群、单核细胞群、粒细胞群,细胞分群明显(图 24-4)。

依据相应的阴性对照设定 CD45 表达阴性和阳性的界限,从图 24-5 直方图可见 CD45-PECY7 荧光表达(-)细胞占总细胞数的 21%,圈定 CD45 阴性的细胞群后继续分析;约 99% 的细胞为 CD34 表达阴性细胞(图 24-6);依据表达荧光分 4 个区,Q2 区为 CD45 和 CD34 同时阴性的细胞 CD44-PE 和 CD 1 OS-FITC 荧光表达为阳性,可见 9 个细胞出现在此区域(图 24-7)。

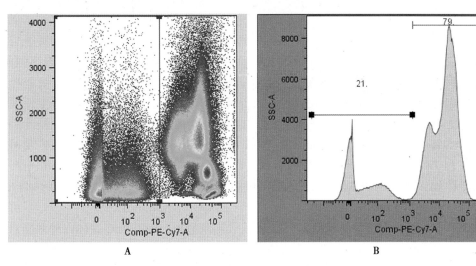

图 24-5　检测细胞 CD45-PECY7 荧光强度分布
A 为散点图;B 为直方图

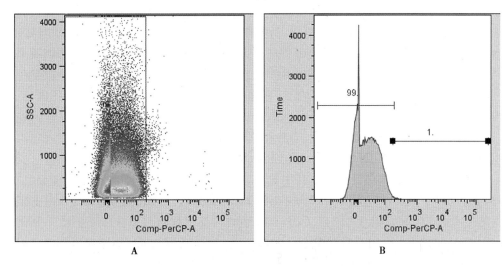

图 24-6　CD45(-)的细胞 CD34-PERCP 的荧光表达情况
A 为散点图;B 为直方图

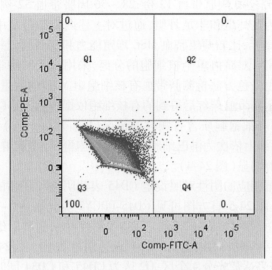

图 24-7 脐带血流式细胞学检测结果散点图
CD45(−)CD34(−)细胞的 CD44-PE CD105-FITC 的荧光表达情况

所有标本以 3 周为一阶段进行分组,分别观察各组的平均 MSC 数量,结果表明随胎龄增加,每百万有核细胞中检测到的 MSC 数量逐渐减少。

Javed 等报道单纯培养 24～40 周总计 36 例的脐带血细胞,发现形成了内皮细胞集落与间充质集落,通过对 MSC 集落的计数,发现非足月的脐带血中(24～28 周)含有最高量的 MSC,随着周数的增加含量不断减少。与上述研究结果相一致,但本实验应用单管多色流式细胞技术标记计数了新鲜脐带血中 MSC 的绝对数值。

有报道骨髓增生异常综合征患者外周血可培养出 MSC,正常成人外周血中可能也有 MSC 的存在,由于含量极低现有技术很难检测到,结合上述观察到随着胎儿的成熟脐带血中的 MSC 含量逐渐降低的现象,是否这些都是 MSC 经外周血迁移的表现,有待于进一步分析研究。另外,出生后机体发生病变的时候又是怎样被再动员并返回循环血中,这些研究对于 MSC 与胚胎发育的关系以及相关疾病的治疗有重要意义。

体外实验证实 CB-MSC 能分化为神经细胞,表达神经细胞相关标记和基因,这种细胞可能成为中枢神经细胞移植的一个重要来源。动物模型显示,脐血干细胞移植后能改善神经变性疾病如肌萎缩侧索硬化、帕金森病和阿尔茨海默病的神经功能,也能改善缺血性脑损伤,如脑卒中、脑外伤等预后。干细胞经不同诱导剂诱导还可向特定类型的神经元分化。Fu 等用神经元条件培养基、音猬蛋白和成纤维细胞生长因子 8 成功地将人 CB-MSC 诱导为表达酪氨酸羟化酶并分泌多巴胺的多巴胺能神经元。诱导分化的神经元通过神经发育不同阶段表面表达的神经元特异性标记物加以鉴定,如 Nestin、Vimentin、NeuN、MAP2、NSE 和神经营养因子受体如 TrkA、TrkB 和 TrkbC。进一步的电生理检测到这些神经元细胞表达电压依赖钾通道、电压依赖钠通道以及神经递质的受体如 ACh、GABA、DA、5-HT 的基因和蛋白,并发现这些细胞有内向和外向钾电流,说明这些诱导分化的神经元具有功能活性。

目前,骨髓 MSC 在心脏疾病干细胞治疗方面取得了一定的成果。骨髓 MSC 在体内外都能自我扩增并分化为心肌细胞、血管内皮细胞和平滑肌细胞,无论是动物实验还是临床实验都证明自体骨髓 MSC 治疗急性心肌梗死可以改善心肌梗死动物和患者的心脏功能,可能与有骨髓来源的心肌细胞生成及血管新生、抑制重构有关。但是这些患者大多数是中老年人,自体移植到体内骨髓 MSC 数量会大幅下降,增殖能力降低,从而失去有效性影响心肌细胞的修复过程。CB-MSC 有望解决这种困境,因为 CB-MSC 经过 5-氮杂胞苷诱导可分化为心肌样细胞,且具有更为原始、分化能力更强、污染率低、免疫细胞抗原性更弱、外源基因易表达等特点。

3. 脐带血源其他干/祖细胞生物学和免疫学特征 人脐带血中有一类细胞,体外培养时具有强大的增殖能力,即使在数目增殖至 10^{15} 时,仍具有稳定的多向分化能力,这类细胞就是 USSC,USSC 也是一种成体干细胞,可向三个胚层分化,而且研究者发现其可能是脐带血中造血和间质细胞的来源。CB-EPC 可参与内皮细胞的修复和再生,还能促进组织中新生血管形成。Werner 等发现循环中内皮祖细胞有促进内皮再生及血管修复的功能,后来的多项研究证实脑血管疾病、心脏和外周血管的动脉粥样硬化与循环中内皮祖细胞的减少有关。内皮祖细胞同其他干细胞一样,是基于功能的一个概念。只要某一细胞群体能分化形成成熟的有功能的内皮细胞,即可认为该细胞群体就是或者其中包含内皮祖细胞,内皮祖细胞存在于脐带血、骨髓和外周血,其表面标志包括 CD34[+]、CD133[+]、VEGFR-2、Tie-2 和 VE-cadherin。目前认为 CD133[+] 是内皮祖细胞区别于成熟内皮细胞的主要标志。脐带血含 CD34[+]、CD133[+] 表达的内皮祖细胞可以在体外扩增并分化为成熟的内皮细胞,此外,CD133[+] 细胞还具有向心肌样细胞分化的能力。有学者研究证实脐带血来源内皮祖细胞的趋化因子受体 4(CXCR4)的表达高于骨髓,更能提高内皮祖细胞功能,刺激新生血管形成。脐带血和外周血来源的内皮祖细胞移植到体内,都可表达血管内皮细胞标记的 CD31[+]、VE-cadherin、vWF、VEGFR2、Tie2 和能合成乙酰化低密度脂蛋白,但是脐带血来源的内皮祖细胞在体内存活时间更长,能发挥正常血管内皮细胞的功能。国内学者贾兵等采用直接贴壁法分离人脐带血的内皮祖细胞,先采用密度梯度法分离脐带血单个核细胞,再经过含血管内皮生长因子等诱导因子的培养液本身的选择和传代处理得到较纯的内皮细胞,并认为脐带血存在的内皮祖细胞分化增殖能力强,数量足够,可满足血管组织工程对种子细胞的要求。脐带血来源的内皮祖细胞移植到心肌梗死的小鼠体内,在梗死区周围其增殖能力加强,新生血管形成,整个心脏功能有所提高。非限制性体干细胞:脐带血中含有 USSC 是脐带血中的 CD45$^-$ 细胞群,可以在体外扩增并分化为成骨细胞、成软骨骨细胞、脂肪细胞和神经细胞,移植到胎羊模型体内可检测到其分化的心肌细胞和浦肯野纤维细胞,其比能 MSC 更为原始,且在动物模型体内未发现肿瘤形成,可作为修复心肌梗死的干细胞的新来源。

随着该项技术的不断发展与完善,部分研究中心已开展体外扩增的脐带血与新鲜脐带血混合植入,目的是同时保证长期植入的"质"和"量",但能否维持理想的长期植入及植入后的安全等问题仍有待于长时间大规模的实验观察。

第三节 脐带血干细胞的体外扩增技术

脐带血因诸多的优势而越来越引起人们的关注,但其细胞数量的有限性严重限制了临床应用。目前,学者们正通过多种手段来解决这一难题。在多种造血因子的支持和适宜的培养条件下,CB-HSC 可以在体外大量扩增。目前研究较多的是应用体外无基质液体培养体系扩增纯化的 CD34$^+$ 细胞或其亚群 CD34$^+$、CD38$^-$、HLA$^+$、DR$^-$ 等。脐带血干细胞的体外扩增与其内在特性如细胞亚群的生物学特性和外在因素均有关系。

一、细胞因子的合理组合

细胞因子在扩增中起着关键的作用,因此必须加入合适的细胞因子,干细胞才能有效增殖。目前的培养体系均为多种细胞因子联和应用。邱等应用 SCF+1L-1β、IL-3、IL-6、G-CSF、TPO+FL 扩增纯化脐带血 CD34$^+$ 细胞效果良好。这几种因子的组合有利于保持原始细胞的自我更新和增殖能力,并且在一定程度上抑制了分化,是扩增巨核细胞系、粒系祖细胞同时维持其体内外植活增殖潜能的最佳组合之一。经过 1 周休养后,能够实现各阶段的造血细胞均得到不同程度的扩增:NC 总数扩增 100 倍,CD34$^+$ 细胞总数扩增 4.4 倍。SCF又称为 c-kit 配体,在早期造血调控中发挥重要作用,可以与 IL-3、GM-CSF 等发挥协同作用。FL 是 flt3/flk2配体,对早期 HSC 的增殖、自我更新具有重要的调节作用。TPO 是 c-mpl 的配体,亦称巨核细胞生长发育因子,它能在体外刺激 CFU-MK、成熟巨核细胞以及血小板的生长分化。

二、培养基的选择

培养基是维持体外细胞生存和生长的基本条件,是组织细胞培养的重要因素。培养基的选择直接影响细胞的扩增速度。培养液的条件:传统培养基多用含动物血清的培养基,最常用的是胎牛血清(FCS)。由于动物血清含有异种蛋白,容易导致变态反应可能增加病毒感染的危险,因此富含白蛋白、脂蛋白和转铁蛋白的无血清培养基近年来被广泛应用。LamAC 等研究显示无血清培养基 QBSF-60(Quality biological)和stemspan SFEM(stem cell technologews)能支持早期祖细胞和 CFCs 的扩增,研究显示 CFU-GM 高达 407 倍,CD34$^+$/CD38$^-$ 细胞高达 330 倍,CFU-GEMM 高达 248 倍,BFU/CFU-E 可达 144 倍。

三、体外扩增的脐带血在临床中的应用

大量研究表明,体外扩增的脐带血用于成年患者的可行性,但对于移植体外扩增的细胞能否加速并维持移植后造血和免疫功能的重建问题尚存争议。Guenechea 等发现新鲜 CD34$^+$ 细胞组小鼠植入率与 CD34$^+$ 细胞呈剂量依赖性,而体外扩增组小鼠造血功能恢复缓慢,移植后 20 天两组 NOD/SCID 小鼠骨髓中 CD45$^+$ 细胞分别为 26.2% 和 3.7%,移植晚期(120 天)植入率逐渐接近。如果 NOD/SCID 小鼠模型与人体扩增后细胞反应相似,提示脐带血 CD34$^+$ 细胞扩增后保存了长期多系造血重建潜能,但造血恢复可能会有不同程度的延

迟。1988 年的 ASH 年会和 1999 年 ISHAGE 会议上,多位学者报告了扩增脐带血干细胞的 I 期临床实验结果。他们大多将供移植的脐带血标本分为两份,其中的 20% ~40% 脐带血用于体外扩增。患者同时或者是先后移植未扩增和扩增的 CB-HSC。结果表明:①体外扩增的脐带血干细胞是安全的,输注对受者无明显毒性。②对于体重>40kg 的患者,体外扩增的脐带血干细胞也可顺利恢复造血重建;③先后移植未扩增和扩增的脐带血干细胞的患者造血和免疫重建速度、感染、GVHD 等移植相关并发症的发生率与传统的治疗方法相比,未见明显差别;④同时输注扩增和未扩增的脐带血混合物的患者植入时间缩短。学者的结果提示,成人移植体外扩增的脐带血干细胞在技术上和临床上都是可行的,尽管植入时间未见明显缩短,对长期存活的影响尚无定论,但该方法扩大了脐带血干细胞移植的适应症,这将使更多的成年患者受益。此外,脐带血标本在最初冻存时就分为两部分,以便于同时输注扩增和未扩增的脐带血混合物,可能对加快造血和免疫重建、降低移植相关死亡率有一定帮助。

第四节 脐带血干细胞库

为解决供者来源问题,国际上进行了广泛宣传,世界各地相继建起脐带血干细胞库。美国纽约血液中心于 1992 年创建了世界上第一个脐带血库,是当前最大的脐带血库。1994 年,Kutzberg 等报道了首例无关供者的库存脐带血移植。随着脐带血采集、分离纯化及冻存技术的不断发展和完善,世界多个国家相继建立了脐带血库。

一、建立脐带干细胞血库基本条件

脐带血库必须依托于具有雄厚的血液学和临床移植能力的高等院校或医院,必须具备用于脐带血处理的足够面积的 GLP 医学实验室;要有足够空间,设立 HLA 配型、造血干细胞生物学、病原体检测、遗传学、细胞冷冻实验室,资料室、质控室、脐带血保存室等。负责人必须有丰富的细胞生物学或血液学的工作经验,各部门管理人员具有独立工作能力,脐血干细胞必须能独立进行 HLA 配型、干细胞生物学、病原体、遗传学检测和细胞冷冻和保存等工作。

二、脐带血干细胞库分类

目前,脐带血干细胞库有两种干细胞库,一种为异体干细胞库,储存正常新生儿的脐带血干细胞库。通过各种检测和组织配型后,用于适合干细胞移植的无关患者。另一种为自体干细胞库,用来保存婴儿本人的脐带血干细胞,为将来婴儿本人或亲属需要时做储备。

三、人脐带血造血干细胞库应用前景

目前,世界各地的都在致力于标准化建设。未来的脐带血库,不仅仅是储存血液的传统意义上的"血库",而是集采集、加工、大规模生产和安全性检测于一体的"现代化工厂"。在这里,本来已经废弃的脐带血采集后,根据不同需要进行分离纯化、扩增及定向分化,应用于从基础研究到造血干细胞移植、基因治疗、成分输血、免疫治疗等各个领域,因而,发展脐带血生物治疗这一伟大工程将为进一步推进人类对疑难疾病的治疗作出巨大贡献。

第五节 脐带血源造血干细胞临床应用

CB-HSC 移植技术具有干细胞来源丰富,对供者无风险,短时间即可进行移植、移植物抗宿主病的发生风险程度较低、能容许较大程度的 HLA 不匹配、传播病毒感染性疾病,因而它在临床医学上得到了比较广泛的应用。

CB-HSC 移植技术的原理是利用 CB-HSC 的高度增殖能力和多向分化潜能,通过细胞工程技术,体外模拟或部分模拟体内的造血环境或过程对分离纯化的脐带血干细胞进行体外扩增、定向诱导分化、功能激活与

调控、目的基因转染等,在较短时间内大量扩增早期的造血干细胞、各阶段的造血前体细胞,定向诱导和扩增大量功能细胞和免疫活性细胞,并对部分细胞功能进行激活和调控,将它们应用于造血干细胞移植、生物免疫治疗、造血支持治疗和基因治疗等。

自1989年Gluckman等成功地进行世界上首例CB-HSC移植治疗Fanconi贫血获得成功以来,世界上多个国家和地区相继开展了此项工作。随着各地脐带血库网络的建立及细胞分离、保存、配型技术的不断完善,接受脐带血干细胞移植的患者迅速增长。目前利用脐带血干细胞治疗的疾病主要包括五大类:血液系统疾病;恶性肿瘤;代谢缺陷病;自身免疫系统疾病;神经系统损伤性疾病。

一、治疗血液系统疾病

目前利用脐带血作为造血干细胞的来源治疗的血液疾病有:急慢性白血病、淋巴瘤、巨细胞缺乏性血小板减少症(AMT)、再生障碍性贫血、先天性血球细胞缺乏症、镰状细胞贫血、珠蛋白生成障碍性贫血、Blackfan-Diamond贫血、Evan综合征、Fanconi贫血和Kostmann综合征等。Eurocord对CB-HSC移植手术后的儿童进行了41个月的随访,发现恶性肿瘤、骨髓衰竭、血红蛋白病和原发性免疫缺陷患者的三年生存率分别为47%±5%、82%±7%、100%和70%±15%。Loea-telli等对接受了脐带血干细胞移植手术的33名珠蛋白生成障碍性贫血和镰状细胞病患儿进行了分析(绝大多数患者为HLA完全匹配),发现移植相关并发症的死亡率为0,两年无病生存率分别达到了79%和90%。陆亚红等采用CB-HSC移植技术治疗慢性粒细胞性白血病患儿获得成功。葛林阜等观察了3~6个HLA基因位点相合的非亲缘脐带血移植/输注治疗的21例重型再生障碍性贫血患者的效果,结果表明脐带血移植/输注是一种治疗重型再生障碍性贫血的有效方法,特别适合于重型再生障碍性贫血-Ⅰ型的低体质儿童。Kim等应用CB-HSC移植技术治疗buerger's病时发现患者的静息痛得到缓解,肢体皮肤溃疡4周愈合,血管阻力有所降低,肢体远端毛细血管密度增加、直径加大。CB-HSC移植治疗血液病是应用最早,也相对较成熟的一种治疗方法,目前治疗成功的报道也最多,各种并发症相对较少。当前利用脐带血移植治疗的最多的疾病就是白血病,特别是急性白血病。Bachanova等和Sanz等就报道了采用减低强度预处理方案预防GVHD,治疗ALL和AML时脐带血干细胞均成功植入,且具有较强的抗白血病效应,是治疗成人高危急性白血病安全有效的方法。而慢性粒细胞白血病,由于酪氨酸激酶抑制剂成为治疗慢性粒细胞白血病的一线用药,使得其利用脐带血移植治疗逐渐减少。幼年粒单核细胞白血病(JMML)是一种罕见的克隆性造血干细胞增生异常性疾病,多发生在幼年期,在儿童恶性血液病中发病率低于2%~3%,常规化疗治疗预后差,10年生存率仅6%左右。Locatelli等曾为100例JMML患儿利用脐带血移植治疗,比较HLA相合供者和无关供者移植疗效,发现5年无事件生存率(PFS)分别为55%和49%,复发率为35%。而德国的1组42例JMML患儿,采用无关脐带血干细胞移植,2年无事件生存率也达到45%,提示脐带血移植治疗JMML效果明显。血小板供应持续短缺已成为一个重要的医疗和社会挑战,尤其是在发展中国家,而体外扩增的脐带血巨核祖细胞(MPS)是一种有效的血小板替代品,Xi等利用体外培养技术分离的MPS细胞,按$5.45×10^6$cells/kg的中位浓度输入24例晚期血小板减少症患者体内,观察发现患者没有不良反应发生,随访1年,即使ABO血型、HLA配型不相匹配,也没有发生急性和慢性GVHD,从而提出在治疗血小板减少症上,输入脐带血来源的MPS是安全和可行的。

淋巴瘤是淋巴细胞发生恶变引起,分为霍奇金淋巴瘤(hodgkin lymphoma,HL)和非霍奇金淋巴瘤(non-hodgkin lymphoma,NHL),目前研究显示采用同种异体造血干细胞移植治疗淋巴瘤的远期生存率明显提高。Tomblyn等报道141例NHL患者分别经异基因清髓性或非清髓性脐带血移植治疗,3年的PFS分别是44%和31%,并推断老年人更宜行非清髓性移植。Rodrigues等报道了104例淋巴系统恶性疾病患者接受单份或双份脐带血移植,结果显示中性粒细胞恢复率和植入率与输入的CD34+细胞数的密度密切相关。均说明移植足够密度的脐带血在治疗淋巴瘤疾病上疗效确切。骨髓增生异常综合征是一种较罕见的血液系恶性肿瘤,多以贫血为主要表现,其有可能转化为急性白血病,临床进展缓慢,中位生存期为3~6年,Sato等采用脐带血移植治疗了33例患者,结果显示中性粒细胞植入率为90%,复发率16%,5年的无事件生存率高达70%,说明脐带血治疗骨髓增生异常综合征疗效明显。

二、治疗免疫缺陷性疾病

CB-HSC 移植技术目前可治疗的免疫缺陷方面的疾病主要有腺嘌呤去氨酵素缺乏（ADA）、慢性肉芽肿疾病（CGD）、严重性联合免疫缺陷疾病（SCIDs）、X-性连锁性淋巴组织增生疾病（KLP）和 Wiskott-Aldrich 综合征等。研究者对 1 岁 X 连锁慢性肉芽肿患儿 1 例进行 CB-HSC 的移植手术，并随访 9 个月，该课题组发现该患者肺部和肠道的肉芽肿明显消退，无慢性移植物抗宿主病发生。

三、治疗自身代谢缺陷性疾病

目前运用 CB-HSC 移植技术治疗的自身代谢缺陷性疾病主要有脑白质肾上腺营养不良症、淀粉样变性、巴尔-淋巴球综合征、先天性角化不良、家族性噬红细胞性淋巴组织细胞增生症、Gaucher 疾病、Gunter 疾病、Hunler 综合征、Hunter 综合征、遗传性神经元蜡样脂褐质沉着症、Krabbe 疾病（婴儿遗传性脑白质萎缩）、Langerhans 细胞组织细胞增生症、Lesch-Nyhan 疾病、骨硬化病（骨质石化病）和白细胞黏着缺乏症等。Boelens 等统计了从 1995 到 2007 年 93 例通过 CB-HSC 移植治疗的黏多糖病 I 型患儿，3a 期整体生存率为 78%，无病生存率为 70%。Staba 等分析了 20 例通过非血缘 CB-HSC 移植治疗的黏多糖病 I 型患儿，无病存活率达 85%。

四、治疗中枢神经系统疾病

干细胞技术对于中枢神经系统损伤疾病的治疗是有力的武器。脐血来源的细胞较成体干细胞和胚胎干细胞有更为广泛的优点，包括他们的低免疫原性，这在移植到不同宿主体内降低产生的排斥性方面有重要作用，取材方便，移植入人体后伦理学上易于接受。2005 年，韩国 Kang 等对 1 例脊髓损伤（SPI）患者进行 CB-HSC 移植，该患者的下肢于 41 天后恢复了感觉和运动能力，受损脊髓和部分马尾神经得到了再生。到目前为止，该技术可用来治疗慢性进行性舞蹈病、脑梗死、阿尔茨海默病、肌萎缩性（脊髓）侧索硬化和大脑和脊位损伤等，取得了类似的效果。综上所述，CB-HSC 移植技术应用前景广阔。

但该技术还存在一些尚待解决的问题，比如单份脐带血中造血干细胞数量有限、移植后免疫重建延迟、急性移植物抗宿主病和复发等。针对这些尚未解决的技术难题，有些学者做出了 CB-HSC 体外增殖、双份脐带血移植以及直接骨髓腔内脐带血注射等方面的尝试，并取得了初步的进展。大量的实验研究表明，脐血来源的细胞群体能分化为神经细胞，改善神经功能缺损，是治疗神经系统疾病的重要来源。其发挥脑损伤作用的机制认为是重组损伤组织结构，包括血管、神经环路，恢复损伤部位组织结构完整性；分泌各种营养因子，减少内源性细胞凋亡，促进内源性血管再生和神经再生。但脐血干细胞研究是一门新兴的科学，脐血干细胞应用于临床前还有诸多问题需要解决，如如何进行脐血干细胞的大量分离纯化、扩增和储存，如何调控脐血干细胞向特定细胞分化而又不过度增殖，移植细胞和宿主细胞之间是否建立了某种结构联系并长期与宿主组织整合，这种结构联系的功能发挥如何等。脐血干细胞移植治疗神经系统疾病尚有许多空白，需要进一步研究，争取为神经系统疾病的治疗提供一个新途径。

五、治疗肝硬化

通过实验显示培养的人 CB-HSC CD34$^+$细胞有部分免疫组化显示白蛋白（ALB）阳性，人脐带血单个核细胞和 CD34$^+$细胞都表达甲胎蛋白（AFP）mRNA，提示 CB-HSC 有向肝细胞分化的可能。Kakinuma 等以人脐带血干细胞作为起始细胞，在酸性成纤维生长因子（aFGF）、碱性成纤维生长因子（bFGF）、白血病抑制因子、干细胞生长因子（SCF）、宿主细胞因子（HGF）和抑瘤素 M（OSM）等细胞因子存在的条件下进行体外诱导，结果在第 21 天得到了能够表达 GS、CK-18、CK-19、AFP 和 ALB 的肝样细胞。他们将脐带血干细胞移植到有肝损伤的重症联合免疫缺陷（SCID）小鼠体内，发现移植的脐带血干细胞在鼠肝内可以分化为有功能的肝样细胞，在接受移植小鼠的血清可以检测到人 ALB。另外，很多研究小组已通过各种不同的方法在体外成功诱导 CB-MSC、非限制性体干细胞以及成体多能祖细胞向肝细胞转化。脐带血干细胞可刺激肝再生。Piscaglia 等将分离纯化的 CB-HSC 注入酒精性肝损伤大鼠体内，通过检测大鼠肝脾、骨髓等器官标本的基因以及肝脏免疫组化的变化,研究结果提示 CB-HSC 移植引起了广泛的功能基因的变化,尤其是与肝脏的卵圆细胞相关的增殖和分化方面的基因,因此作者认为干细胞的注入启动了损伤肝的修复程序,有助于肝再生。脐带血干细胞具有抗纤维化作用。卿丽琼等以脐带血干细胞通过耳缘静脉治疗急性心肌梗死的家兔,数据显示脐带血单个核细胞通过抑制心肌组织基质金属蛋白酶9(MMP-9)的表达,减少胶原蛋白沉积,改善心功能。Henning 等采用脐带血单个核细胞通过心肌内注射治疗进展期心肌病的仓鼠,结果表明该疗法可通过分泌生物活性因子以及产生抗炎作用来减轻仓鼠心脏的纤维化程度。脐带血干细胞可促进纤维化肝脏血管新生,改善血液供应,从而促进肝窦重建和肝再生。Elkhafif 等使用表面标记为 CD133$^+$脐带血干细胞通过肝内注射治疗血吸虫感染导致的肝纤维化鼠,干细胞移植后肝脏病理结果显示新的血管生成伴随肝纤维化程度的减轻,作者认为其机制主要在于脐带血干细胞能够增强肝脏血管生成和结构重塑,并通过旁分泌的方式创造一个适宜的微环境,促进内源性增殖并使得受损伤的细胞存活,而不仅仅是直接分化为肝细胞。CB-HSC 对原发性肝细胞癌有抑制作用。对于细胞免疫功能低下的乙型肝炎和丙型肝炎肝硬化患者,若植入 CB-HSC,则可向多种谱系、多个方向的细胞分化,产生新的 T、B 淋巴细胞,且脐带血中含有较多低免疫原性的 NK 细胞或造血祖细胞,在改善患者造血功能的同时,也增强了患者的免疫功能,从而发挥其抗肿瘤作用。Wulf-Goldenberg 等将脐带血单个核细胞注入 NOD/SCID 新生小鼠肝内,结果对小鼠体内皮下接种的人 SW480 结肠癌产生抗肿瘤效应。Bassiouny 等将 5×10^5 脐带血单个核细胞通过肝内注射治疗肝硬化大鼠,10 天后大鼠肝内即可检测到人 ALB、CK-18、CK-19 的表达,同时也发现脱嘌呤/脱嘧啶核酸内切酶(APE1)基因表达上调,这提示脐带血单个核细胞向肝细胞分化并刺激了肝再生;而移植后的星状细胞活化的相关基因(如 TGF-β、α-SMA、STAP、TGF、MMP-9 和 TIMP-1)、肝脏病理组织学的变化显示,输入的干细胞通过抑制星状细胞活化、诱导其凋亡、促进肝再生和抗炎抗氧化等机制显著减轻了肝硬化大鼠的纤维化程度。然而,对此也有不同的观点。Sa'ez-Lara 等把 1×10^5 CB-HSC 通过门静脉输入肝硬化大鼠肝内,研究结果表明携带 GFP 基因标记的干细胞仅仅少量出现于大鼠血中,移植后不同时间段均未在模型大鼠肝内发现携带 GFP 基因标记的干细胞,这提示输入的干细胞不能种植于患鼠肝内而且很快被排出体外。该研究小组进一步将 10×10^6 脐带血单个核细胞通过门静脉注入肝硬化大鼠体内,结果生化指标显示血 ALB 降低、胆红素以及血尿素等升高,这提示肝、肾功能损害;病理结果表明患鼠肝组织学无明显改善,而肾组织出现损伤,因此作者认为干细胞的注入加重了肝损伤并且伴发了肝肾综合征。对于出现上述情况的原因,个人认为可能与后者干细胞的剂量较大引发严重的排斥反应有关。不过,人与人之间脐带血干细胞的移植在排斥反应程度方面肯定要小于人与鼠之间的移植,但是具体情况怎样,则需要进一步的临床试验来判定。

研究者针对大部分为 Child C 级,且病因主要为乙型肝炎为主的患者,采用脐带血干细胞通过肝动脉介入的方法注入其肝脏内,同时给予抗病毒、保肝(包括促肝细胞生长素静脉滴注)及对症支持治疗,术后不同时间点发现,患者症状明显改善,血浆 ALB 水平、凝血酶原活动度较术前均明显提高,谷丙转氨酶、谷草转氨酶较术前均显著降低,CT 显示肝脏最大截面积较术前明显增加。张丽欣等使用脐带血干细胞经肝固有动脉或门静脉治疗 Child C 级乙型肝炎肝硬化患者,术后随访显示患者肝功能、临床症状明显改善,未见明显不良反应和并发症发生。韩等将脐带血单个核细胞主要通过外周静脉治疗 Child C 级为主的绝大多数为病毒性肝炎所致的肝硬化患者,结果表明术后干细胞移植组患者临床症状、体征的改善情况、肝功能的变化、凝血功能改变与对照组相比有好转的趋势,但差别不是很大。行经颈静脉肝内门体分流联合脐带血干细胞移植治疗食管静脉破裂大出血的 Child C 级的肝硬化患者,术后患者肝功能好转,其中,部分患者由 Child C 级转为 B 级,均无并发症发生及再次出血。徐苏等采用脐带血干细胞治疗肝硬化合并肝源性糖尿病患者,结果不仅肝硬化相关指标、症状好转,而且患者血糖也变为正常。使用脐带血干细胞移植治疗肝窦状核变性引起的肝硬化患者,术后患者精神状态明显好转,食欲增加,未出现急性排斥反应,铜蓝蛋白上升,临床症状得到控制和缓解。研究者通过肝动脉使用脐带血干细胞治疗乙型肝炎肝硬化失代偿期患者,随访发现该疗法可明显改善患者临床症状,促进腹水消退,提高肝脏合成 ALB 和前白蛋白能力,显著改善凝血功能,认为虽然初期干细胞治疗给患者带来了较大的治疗成本,但由于以后 ALB 使用的减少,使患者后续的治疗费用大大降低,因而该疗法在未明显增加患者总治疗费用的情况下,显著提高了肝硬化失代偿期患者的疗效。李翠莹等选择有肝硬化腹水的慢性重症肝病患者,分别采用脐带血与自体外周血干细胞移植进行治疗,数据显示无论是肝功能指标的变化还是腹水情况的改善,两种疗法具有类似的效果,不过,该文献中脐带血干细胞治疗组的移植前生化指标 ALB 基线值较低些。周汉超等通过观察脐带血干细胞和骨髓血干细胞在细胞总数中的比例发现,分离后脐带血干细胞的 CD34$^+$、CD38$^+$明显多于骨髓血干细胞,认为脐带血干细胞所占细胞总数中的比例明显优于骨髓血干细胞,分别将两种干细胞治疗 Child B、C 级为主的水肿、腹胀、乏力和纳差等临床症状减少例数明显多于骨髓血干细胞治疗组,提示前者的疗效可能优于后者。总之,我们认为脐带血干细胞在肝硬化的治疗方面有良好的应用前景,但目前其临床应用尚处于起步阶段,有关脐带血干细胞的类型(CB-HSC、脐带血单个核细胞)、移植数量、移植途径,移植治疗肝病的适应证、禁忌证、并发症及远期疗效等问题仍需要进一步的研究,以便更好地将这种治疗技术应用于临床。

六、治疗糖尿病足

干细胞移植治疗糖尿病足的技术是使血管再生的研究热点,利用干细胞的自我更新和多向分化潜能等特征,移植后能分化为血管内皮细胞、平滑肌细胞等多种细胞,促进患处溃疡的愈合。目前,干细胞移植治疗糖尿病足的方法有肌内注射法和血管输注法。肌内注射法有增加感染的风险。血管输注法是将导管插至患侧股动脉内行选择性血管造影,了解血管狭窄情况及部位,并将采集的干细胞通过导管输注的方法。与肌内注射法相比,动脉腔内干细胞移植则更符合干细胞的归巢、趋化作用原理。与自体干细胞移植相比,脐血 CB-HSC 由于来源丰富,成为移植细胞的重要来源,脐血中的 CD34$^+$细胞的增殖分化能力高于骨髓,而且脐血中的 CD34$^+$细胞含量约为成年人末梢血的 10 倍,将这些细胞分离移植到无胸腺小鼠的缺血部位,可以发现侧支血管的新生及血流的改善。研究者应用 CB-HSC 治疗糖尿病足的病例,结果证实脐血干细胞移植方法简单,能有效地增加患者下肢血流,促进溃疡愈合,得到与自体干细胞移植相似的效果。

第六节　脐带血源间充质干细胞的临床应用

MSC 是来源于中胚层的具有高度自我更新能力和多向分化潜能的成体干细胞,在一定条件的刺激下能向多种细胞分化,包括神经样细胞、肝细胞样细胞、心肌样细胞、胰岛样细胞、骨细胞成肌细胞、脂肪细胞等,主要存在于结缔组织和器官间质中。下述目前脐带血源间充质干细胞的临床应用。

一、急性呼吸窘迫综合征

急性呼吸窘迫综合征是以炎症和纤维化所导致的肺组织损伤为特点。在这种情况下利用 MSC 促进损伤组织的修复是一项重要的改进,Moodley 等评估了人类脐带 MSC 在治疗博来霉素诱发的肺损伤小鼠模型的疗效,发现全身注射给药 uMSC 在 2 周后主要位于炎症和纤维化的区域,而不在正常肺组织中,脐带 MSC 的使用减少了炎症反应,抑制了转化生长因子 β、干扰素 γ、促炎细胞因子、巨噬细胞迁移抑制因子和肿瘤坏死因子-α 的表达。hMSC 治疗后的胶原浓度明显减少 hMSC 增强基质金属蛋白酶-2 水平,有利于胶原沉积。研究的结果表明,在治疗急性呼吸窘迫综合征上 hMSC 具有抗纤维化特性,并可能会增强肺组织的修复。

二、修复创伤后的神经病变

脐带血干细胞在体内可以分化为神经元样细胞,并能选择性迁移到创伤后的脊髓损伤区,修复创伤后的神经病变,促进脊髓损伤后的功能恢复。Vaquero 等认为将干细胞直接注射到脊髓损伤部位,神经功能的改善明显优于静脉注射法,并有报道科学家利用脐带血干细胞移植修复受损的脊髓,使一名瘫痪达 20 年的患者获得了站立和行走的能力;但目前的研究结果都是近期疗效,并且都是关于急性脊髓损伤的研究,远期疗效如何? 对于慢性脊髓损伤是否有效尚需进一步研究。

三、肿瘤治疗

在肿瘤治疗上,通常 MSC 在体内主要向骨髓归巢,当机体内有肿瘤生长时,肿瘤细胞会释放生长因子、细胞因子等生物信号,招募 MSC 到肿瘤区域,参与肿瘤微环境的构建,形成微环境中各种基质细胞,释放各种细胞因子调节肿瘤细胞的生物学行为,而相关的研究表明这种调节是双向的,既可以促进肿瘤细胞生长,也能抑制其生长,促进肿瘤生长的机制可能与 MSC 促进肿瘤血管的形成、参与肿瘤组织构建以及抑制机体的免疫反应有关,但确切的分子机制还有待进一步研究;同时也有报道 MSC 会抑制肿瘤细胞的生长,Qiao 等发现胎源 hMSC 降低了人肝癌细胞系增殖能力和致癌基因 *c-myc* 的表达、下调 Wnt 通路 *β-catenin*、*Bcl-2*、*C-myc*、*survivin* 等靶基因表达,其机制可能与改变了细胞周期和抑制 Wnt 信号通路的激活有关,因此利用 MSC 的向肿瘤细胞的趋向性、参与肿瘤间质构建和免疫抑制等特性,将 MSC 作为载体携带能够杀死或抑制肿瘤细胞的基因,特异性聚集于肿瘤组织间质内,并在其中长期持续表达抗肿瘤物质,而达到治疗肿瘤的目的,目前抗肿瘤目的基因研究较多的主要有 *IFN-β*、*IL-2*、*TNF-α*、*IL-12* 等,Studeny 等将 *IFN-β* 基因修饰的 MSC(MSC-INF-β)注射到免疫缺陷乳腺癌肺转移肿瘤模型小鼠体内,发现 MSC-INF-β 能够和肿瘤整合并抑制肿瘤的生长,但却不在正常组织内分布;经 MSC-INF-治疗后的小鼠生存时间明显提高。Nakamura 等将 IL-2 基因修饰的 MSC(MSC-IL-2)注射到接种胶质瘤大鼠颅内,大鼠生存时间明显高于对照组。并行 MRI 检查发现注射 MSC-IL-2 后的大鼠的颅内病灶较对照明显缩小。赵等将重组腺病毒携带的 IL-12 转染 CB-MSC 构建成 AdIL-12-MSC 载体,体外观察对卵巢癌细胞形态、增殖及凋亡的影响;并观察外源性 IL-12 对卵巢癌裸鼠移植瘤生长和血管生成的影响,结果显示外源性 IL-12 可显著抑制卵巢癌细胞的增殖,且随着时间的增加抑制作用也增强,而在裸鼠体内可明显抑制肿瘤的生长。Egea 等论证了用 TNF-α 培养的 CB-MSC,上调了许多影响神经生长和功能的重要基因的表达,促进 CB-MSC 向基质细胞衍生因子 1(SDF-1)趋化的侵入力。TNF-α 预处理的 CB-MSC 不仅在体外增强了向脑胶质瘤细胞球体渗透能力,且在小鼠体内也表现出向颅内恶性胶质瘤渗透的趋向性。

四、1 型糖尿病

无法控制的自身免疫应答是 1 型糖尿病治疗的主要障碍,有证据表明人类脐带血来源干细胞能够借助于更改辅助性 T 细胞控制自身免疫应答调节。Zhao 等将患者血液中淋巴细胞分离出来后和脐带血间充质干细胞短暂混合培养,再回输入患者体内进行研究,结果显示,干细胞诱导疗法能明显提高葡萄糖刺激 C 肽水平,降低中位糖化血红蛋白值,减少有或没有残留胰岛 β 细胞功能患者中位胰岛素一日量,表明干细胞诱导治疗能够逆转自身免疫,重建胰岛 β 细胞。

五、创伤修复

作为组织工程的一种新型种子细胞 CB-MSC 在临床创伤修复方面的价值日益引起国内外学者的重视。虽然 CB-MSC 来源于中胚层,但在特定条件下,按照需要可分化为各胚层的多种细胞或组织,因此广泛用于肌肉、骨及软骨等缺损的修补。国外有文献报道,CB-MSC 在经过视黄酸、角质细胞生长因子诱导下通过特殊培养方式,将其移植入 scid 小鼠体内,通过一段时间的观察发现可见角蛋白和囊性纤维化跨膜转导调节因子少量表达在小鼠气道上皮细胞中。在组织缺血损伤方面,Koponen 等用脐带血分离出 HSC 和 MSC,在经过体外转染 VEGF-D/eGFP 后,移植入肌肉缺血模型的裸鼠体内,结果显示 CB-MSC 对缺血肌肉的再生有促进作用,尽管它们并不直接参与血管再生和肌形成,但是间接地提高了肌肉的再生能力。另有实验表明,在动物脊索损伤部位直接注射 CB-MSC 后,通过磁共振、体感诱发电位等方式对治疗效果进行评价。结果显示移植组动物的脊索修复效果及神经传导功能明显优于对照组,提示在治疗脊索损伤方面 CB-MSC 移植可以作为一种新途径。在探索把 CB-MSC 作为种子细胞构建皮肤创面修复的研究中,韩冰教授等人的研究表明烧伤大鼠血清内含有的因子在诱导 CB-MSC 同时能向表皮细胞和血管内皮细胞两个方向分化,提示 CB-MSC 可能参与了组织损伤后的修复过程。如得到进一步证实,则 CB-MSC 必将因为具有在体外易于扩增、导入外源基因比较方便而且能长期稳定表达的优点而在创伤修复和组织工程方面发挥不可估量的作用。国内有学者发现,在体外分离培养人 CB-MSC,用绿色荧光蛋白表达载体 pEGFP 转染并用 PKH26 标记示踪,通过流式细胞技术筛选 eGFP(+)PKH26(+)细胞,然后注入受伤的 Balb/C 裸鼠体内。2 周后发现,一定数量 eGFP(+)PKH26(+)细胞在受者皮肤组织内被检测到,在经 *Sry* 基因(Y 染色体性别决定区)和 HLA-1 检测,进一步证实了在经脐带血 MSC 定位的受者小鼠皮肤组织内,有角蛋白 8 和 10 的表达,且证实在创面再生皮肤附件的形成中有部分供体细胞参与了此过程。这些表明,在皮肤损伤条件下,创面微环境中 CB-MSC 在体内可以被诱导,并且能趋化至创面并向上皮细胞分化,进而促进上皮再生,加快创面愈合速度,改善创面愈合质量,成为临床治疗创面的一种新的细胞来源。

第七节 脐带血源其他干/祖细胞的干细胞的临床应用

脐带血源内皮祖细胞目前主要应用于组织的修复、皮肤移植、大面积烧伤、压疮等。近年来也有利用脐带血干细胞重建视网膜和内耳的毛细胞等临床报道,使患儿的视力和听力得到改善,但远期效果如何还有待进一步的观察。如何提高脑瘫患儿的康复运动和认知功能一直是比较棘手的医学难题,而最近韩国 Min 等报道利用脐带血移植合并使用促红细胞生成素后,伴随着大脑中结构和代谢的变化,患儿的康复运动和认知功能能力有了明显的改善。亦有报道利用脐带血干细胞移植治疗新生儿或是成人缺血缺氧性脑病都同样拥有巨大潜力,总之利用脐带血移植治疗的疾病正在不断拓宽。脐带血干细胞以其天然的优势,正在逐渐成为未来替代外周血和骨髓干细胞的理想资源,尽管目前还存在许多需要解决的难题,但随着对其各项特性研究的不断深入和细胞分子生物学技术的不断提高,各种临床应用中遇到的障碍都会在科研工作者的不断努力下一一得到克服,特别是在治疗恶性实体肿瘤疾病方面,通过脐带血重建免疫系统及转基因技术相关研究的不断深入,有可能为未来的治疗开拓新的思路和解决方案,我们有理由相信脐带血这一宝贵资源在未来的临床应用方面必将发挥越来越重要的作用。

据 2010 年 1 月 25 日《自然·医学》杂志报道,美国科学家 Delanev C 等找到了一种方法,可以让每千克脐带血中的干细胞数量从 20 万个激增到 6 亿个。当这些干细胞被移植到患者体内时,它们能够很快生成血细胞及血液系统中的其他细胞,将增殖干细胞的脐带血移植入人体,14 天就可以生成白细胞,而没有经过增殖的干细胞则需要 4 周。10 例白血病患者临床试验表明,有 7 例存活,没有复发。

脐带血不仅可用于疾病的治疗,还可用于疾病的检测和早期诊断。由于新生儿脐带血取材方便简单,针对脐带血进行相关疾病的检测,对疾病的早期诊断和治疗有重要作用。目前,脐带血可用于以下几种疾病的检测:乙型肝炎病毒的检测;新生儿溶血病的检测;遗传性葡萄糖磷酸脱氢酶缺乏症的早期诊断;耳聋基因的筛查等。对于某些新生儿先天性或遗传性疾病的筛查多是通过采集新生儿足底血进行,这些操作多是有创的,若能通过采集脐带血进行检测,既可减少对婴儿的伤害,又可节约人力、物力成本。脐带血用于新生儿疾病的检测多数仍处于研究阶段。

小 结

脐带血作为造血干细胞的主要来源,在产妇分娩时即可进行采集。采集到的脐带血需进行生物学检测,包括活细胞计数(单个核细胞计数、CD34$^+$计数、体外半固体集落培养(CFU-GM 计数)、细菌和真菌污染检查、血型及 HLA 分型检测、遗传疾病检测和血清学病毒检查)。血清学病毒检查的对象包括艾滋病病毒、巨细胞病毒、肝炎病毒和弓形体病毒等。确认符合标准后,即可对脐带血中的干细胞进行分离。脐带血分离的方法主要有密度梯度离心法、羟乙基淀粉沉降法、单克隆抗体流式细胞仪分析法和免疫磁珠分选法等。采集到的造血干细胞可利用冻存法进行保存,目前使用的冻存方法主要有程控降温法和玻璃化法超低温保存法。

脐带血采集过程简单,对母婴无任何痛苦和和不良作用,不会涉及伦理学问题,脐带血中的干细胞比较幼稚,具有较强的分化能力,脐带血免疫系统相对不成熟,脐带血中更加幼稚的 T 细胞产生的 Th1 相关的细胞因子少于成年人,且 NK 细胞活性较弱,还存在 CD4$^+$CD45RA$^+$抑制性 T 细胞,因而,移植后受体的排斥反应发生率和严重程度较低,移植物抗宿主反应的发病率低,可长久冻存,目前已证明将冻存 21～23.5 年的脐带血干细胞解冻后仍具有较高的增殖和分化能力。脐带血中造血干细胞增殖分化能力、体外集落形成能力、刺激后进入细胞周期的速度及自分泌生长因子的能力均强于骨髓和外周血造血干细胞,因而移植后成功的概率更大,脐带血中病毒的感染率低,冻存的脐带血在需要时,易于运输及融化,而新鲜捐献的骨髓由于寿命有限,需要采集人员、运输工具及移植队伍的通力合作,在骨髓移植登记的志愿者由于年龄的增长、新的疾病的发生或地址变迁等而失访,而库存脐带血除临床应用外少有丢失,这些都是脐带血干细胞应用的明显优势,但同时要想更好利用脐带血,也还存在许多问题。

在我国获得脐带血干细胞是否合法,目前的法律法规并没有明确规定;其次脐带血采血体积有限,其干细胞的数量有限,还会出现植入延迟现象等,限制了其在成年患者中的使用,且移植失败或植入延迟较为常见;脐带血移植同样存在致畸性和致瘤性的风险,这会为临床工作带来风险,而移植物抗宿主病亦不可避免,但随着对调节性 T 细胞的深入研究,将有助于降低 GVHD 的发生;此外,新生儿供者的造血干细胞移植给成人后,潜在疾病进展及对受者可能产生的不利影响是未知的;较低的 GVHD 发生率可能意味着因缺乏 GVL 效应而导致较高的移植后复发率;初次脐带血移植后,一旦移植失败或原有疾病复发将失去追加采集输注供者造血干细胞或淋巴细胞的补救机会。

脐带血的临床应用已有 30 多年的历史,不论是在疾病治疗上,还是疾病的检测及早期诊断上,都有广泛的应用前景。与骨髓相比,脐带血来源丰富,其中的 HSC 含量多,质量高,可以通过脐带血移植对一些恶性或非恶性疾病的造血系统进行恢复。但与骨髓移植相比,脐带血移植存在的主要问题是单份脐带血中 HSC 数量有限,随着对 HSC 增殖、分化、归巢等研究的深入,这一问题有望通过提高脐带血的利用率得到解决。除 HSC 外,脐带血中还可分离出其他多种干/祖细胞,这方面的研究还在深入,相信在不久的将来,脐带血来源的干细胞将在组织工程和细胞治疗中发挥重要作用。

(施萍 马兰兰 王哲 余丽梅)

参 考 文 献

1. Stenderup K,J ustuesen J,Clausen C,et al. Aging is associated with decreased maximal life span and accelerated senescence of bone marrow stromal cells. Bone,2003,33(6):9192-926.

2. Manca MF,Zwart I,Beo J,et al. Characterization of mesenchymal stromal cells derived from full term umbilical cord blood. Cytot herapy,2008,10(1):542-68.

3. Feldmann RE Jr,Bieback K,Maurer MH,et al. Stem cell proteomes:a profile of human mesenchymal stem cells derived from umbilical cord blood. Electrophoresis,2005,26(14):2749-2758.

4. Hutson EL,Boyer S,Genever PG,et al. Rapid isolation,expansion,and differentiation of osteoprogenitors from full-term umbilical cord blood. Tissue Eng,2005,11(9/10):1407-1420.

5. Mihu CM,Mihu D,Costin N,et al. Isolation and characterization of stem cells from the placenta and the umbilical cord. Rom J Morphol Embryol,2008,49(4):441-446.

6. Javed MJ,Mead LE,Prater D,et al. Endothelial colony forming cells and mesenchymal stem cells are enriched at different gestational ages in human umbilical cord blood. Pediatr Res,2008,64(1):68-73.

7. Koivisto H,Hyvärinen M,Strömberg AM,et al. Cultures of human embryonic stem cells:serum replacement medium or serum-containing media and the effect of basic fibroblast growth factor. Reprod. BioMed Online,2004,9(3):330-337.

8. Stenderup K,Justuesen J,Clausen C,et al. Aging is associated with decreased maximal life span and accelerated senescence of bone marrow stromal cells. Bone 2003,33(6):919-926.

9. Kim J,Jeon 11B,Yang YS,et al. Application of human umbilical cord blood derived mesenchymal stem cells in disease models. World J Stem Cells,2010,2(2):34-38.

10. McKenna D,Sheth J. Cmbilical cord blood:current status&promise for the future. Indian J Med Res,2011,134:261-269.

11. Chen L,Zhang Z,Chen B,et al. Brain lerived neurotrophic factor induces neuron-like cellular differentiation of mesenchymal stemcells derived from human umbilical cord blood cells in vitro. Neural Regen Res,2011,6(13):972-977.

12. Butler M,Menitove JE. Umbilical cord blood banking:an update. Assist Reprod Genet,2011,28(8):669-676.

13. Ma LL,Meng FB,Shi P,et al. Quantity and proliferation rate of mesenchymal stem cells in human cord blood during gestation. Cell Biol Int,2012,36(4):415-418.

14. Huttmann A,Li CL,Duhrsen U. Bone marrow-derived stem cells and"plasticity". Ann Hematol,2003,82(10):599-604.

15. Bruder SP,Jaiswal N,Haynesworth SE. Growth kinetics self-renewal and the osteogenic potential of purified human mesencyrnal stem cells during extensive subcultivation and following cryopreservation. Cell Bio chem,1997,64(2):278-294.

16. Valconrt U,Gouttenoire J,Monstakas A,et al. Functions of transforming growth factor-beta family type I receptors and Smad proteins in the hypertrophic maturation and Osteoblastic diferentiation of chondrocytes. Biol Chem 2002,277(37):33554-33558.

17. Sanchez RJ,Song S Cardozo-Pelaez F,et al. Adult Bone Marrow stromal cells differenitiate into neural cells in vitro. Exp Neurol,

2000,164(2):247-256.

18. Wakitoni SS,Caplan AI. Myogenic cells derived from rat bone marrow mesenchyrnal stem cells exposed to 5 azacytidine. Muscle Nerve,1995,18(12):1417-1421.

19. Woodbury D,Schwarz EJ,Prochop DJ,et al. Adult and human bone marrow stromal cells differentiate into neurons. J Neurosci Res,2000,61(4):364-370.

20. Friedenstein,AJ,Latzinik NW,Grosheva AG,et al. Marrow microenvironment transfer by heterotopic transplantation of freshly isolated and cultured cells in poroussponges. Experimental Hematology,1982,10:217-227.

21. Buzanska L,Machaj EK,Zablocka B,et al. Human cord blood drived cells attain neuronal and glial in vitro J. J Cell Sic,2002,115(101):2131-2138.

22. Stenderup K,J ustuesen J,Clausen C,et al. Aging is associated with decreased maximal life span and accelerated senescence of bone marrow stromal cells. Bone,2003,33(6):919-926.

23. Amit M,Margulets V,Segev H,et al. Human feeder layers for human embryonic stem cells. Biol Reprod,2003,68:2150-2156.

24. Manca MF,Zwart I,Beo J,et al. Characterization of mesenchymal stromal cells derived from full term umbilical cord blood. Cytot herapy,2008,10(1):542-568.

25. Hutson EL,Boyer S,Genever PG. Rapid isolation,expansion,and differentiation of osteoprogenitors from full-term umbilical cord blood. Tissue Eng,2005,11(9/10):1407-1420.

26. Fuchs JR,Hannouche D,Terada S,et al. Cartilage engineering from ovine umbilical cord blood mesenchymal progenitor cells. Stem Cells,2005,23(7):958-964.

27. Martins AA,Paiva A,Morgado JM,et al. Transplant Proc,2009,41(3):943-946.

28. Feldmann RE Jr,Bieback K,Maurer MH,et al. Stem cell proteomes:a profile of human mesenchymal stem cells derived from umbilical cord blood. Electrophoresis,2005,26(14):2749-2758.

29. Erices A,Conget P,Minguell JJ. Mesenchymal progenitor cell in human umbilical cord blood. Br J Haematol,2000,109(1):235-242.

30. Tondreau T,Meuleman N,Delforge A,et al. Mesenchymal stem cells derived from CD133-positive cells in mobilized peripheral blood and cord blood:proliferation,Oct4 expression,and plasticity. Stem cell,2005,23:1105-1112.

31. Caplan,A. L,Why are MSCs therapeutic? New data:new insight. J Pathol,2009,217(2):318-324.

第二十五章

羊水干细胞与再生医学

羊水(amniotic fluid, AF)是胎儿的尿液和周围的羊膜液,以及母体血浆通过胎盘的超滤液进入羊膜腔中的液体。羊水干细胞(amniotic fluid stem cell, AFSC)可以由羊水穿刺时的羊水标本获得。AFSC 具有向 3 个胚层分化的能力,且避免了胚胎干细胞(embryonic stem cells, ESCs)涉及的伦理道德问题,其来源广泛及应用上的安全性等特点使其成为生命科学领域研究的热点。2007 年 Atala 从子宫内的羊水中提取出干细胞,并发现细胞内含有大量与胚胎干细胞相似的成分,可以培养成多种人体组织细胞,如脑、肝脏和骨骼等。近年来,从羊水中获得的细胞被诱导成了多潜能性干细胞(induced pluripotent stem cells, iPSC),并且在体外具有很大的应用前景。2009 年上海交通大学医学院健康科学研究所金颖利用孕妇产前诊断的羊水细胞高效快速地建立了 iPSC 系。其重新编程所需时间仅为 6 天,创造了人类 iPSC 生成时间最短的"世界纪录",为今后利用人 iPSC 治疗疾病奠定了基础。

以干细胞为基础的研究为众多疾病的治疗开辟了新的途径。羊水干细胞提取羊水无损母亲健康,避免有关胚胎干细胞的伦理争论,羊膜和羊水均已分离出具有不同细胞类型和分化潜能细胞。因此,羊膜和羊水来源的干细胞也被认为是再生医学领域很有应用前景的一种生物材料和新的细胞来源。

本章将介绍羊水干细胞的分离培养和鉴定;多向分化潜能;在细胞治疗方面的用途,以及羊水干细胞在再生医学领域中作出的贡献。

第一节　羊水的生物学特性

胎儿在母体中发育到一定时期就会产生羊水。羊水对维持胎儿在胎盘中的稳态具有重要的作用,在胎儿发育的过程中,胎儿胎盘和羊膜等会存在新陈代谢,相应的细胞也会脱落,脱落的细胞进入羊水。因此,可以认为羊水中的细胞主要来自胎儿表皮、呼吸道、泌尿道、消化道及羊膜。

羊水中存在很多细胞类型,羊水中已分离出来源于三个胚层和胚胎外组织的胚盘和胎儿细胞。这些细胞在羊水中的产生与特定孕龄的发育过程在子宫中的展现密切相关。羊水的细胞谱随孕龄的变化而变化。

一、羊水的来源

羊水主要来源于胎儿尿液、呼吸道分泌、胎儿吞咽及胃肠道的分泌。羊水妊娠早期和中期羊水来源有所不同。

1. 妊娠前半阶段羊水来源　在妊娠的早期,羊水来源于钠离子和氯离子主动的跨羊膜和胎儿皮肤运输,该过程伴随水的被动运输。主要是母体血清经胎膜进入羊膜腔的透析液。这种透析也可经脐带胶质(Wharton's jelly)和胎盘表面羊膜进行,但量极少。当胚胎血循环形成后,水分和小分子物质还可经尚未角化的胎儿皮肤漏出。此时羊水成分除蛋白质含量及钠浓度偏低外与母体血清及其他部位组织间液成分极相似。在妊娠早期羊水是等渗的。

2. 妊娠后半阶段羊水来源　在妊娠中期以后,大部分羊水来源于胎儿尿液。是羊水的重要来源。妊娠 11～14 周时,胎儿肾脏已有排泄功能,于妊娠 14 周发现胎儿膀胱内有尿液,胎儿尿液排至羊膜腔中,使羊水的渗透压逐渐降低,肌酐、尿素、尿酸值逐渐增高。此时,胎儿皮肤的表皮细胞逐渐角化不再是羊水的来源。胎儿通过吞咽羊水使羊水量趋于平衡。羊水的另一个来源是呼吸道分泌。胎儿肺可吸收羊水,但其量甚微,对羊水量变化无大的影响。胎儿的胃肠道的分泌,尽管体积不大,但也是羊水的组成部分。在胎儿的皮肤角化后,通常在妊娠24周以后羊水变得低渗。

二、羊水的吸收

羊水的吸收主要在胎膜、胎儿消化道、脐带和胎儿角化前皮肤等部位进行。

1. 胎膜　羊水的吸收约50%由胎膜来完成。胎膜在羊水的产生和吸收方面起重要作用,是羊水量调控的重要途径。尤其是与子宫蜕膜接近的部分,其吸收功能远超过覆盖胎盘的羊膜。水通道蛋白(aquaporin,AQP)、血管内皮生长因子(vascular endothelial growth factor,VEGF)和催乳激素(prolactin,PRL)及精氨酸血管加压素(arginine vasopressin,AVP)等内分泌激素参与调节羊膜水通透性。

2. 胎儿消化道　妊娠足月胎儿每日吞咽羊水约500ml,经消化道进入胎儿血循环,形成尿液再排至羊膜腔中,故消化道也是吸收羊水的重要途径之一。胎儿自发吞咽速度是成人饮水行为的6倍,这种高速度的吞咽行为对调控羊水量起重要作用。一氧化氮、抗胆碱能药硫酸阿托品和血管紧张素Ⅱ(angiotensin Ⅱ,Ang Ⅱ)等参与调节胎儿吞咽。

3. 脐带　脐带可吸收羊水40~50ml/h。

4. 胎儿角化前皮肤　胎儿角化前皮肤也有吸收羊水功能,但量很少。

综上,羊水膜内吸收途径是羊水调控的主要途径。胎儿吞咽及胎儿尿液分泌,以及胎儿肺脏分泌都是胎儿为满足自身需要而进行的自我调控。

三、母体、胎儿和羊水间的液体平衡

羊水在羊膜腔不断进行液体变换,以保持羊水量的相对恒定。母体与胎儿间的液体交换,主要通过胎盘进行,约3600ml/h。羊水与母体间的交换,主要通过胎膜进行,约400ml/h。羊水与胎儿间的液体交换,主要通过胎儿消化道、呼吸道、泌尿道以及角化前皮肤等进行。

四、羊水量、细胞和性状及成分

1. 羊水量　在正常情况下,不同妊娠时期羊水体积不同。妊娠8周时羊水量为5~10ml;妊娠10周时羊水量约30ml;妊娠16周羊水量为115~300ml;妊娠19周羊水量为188~355ml;妊娠20周时羊水量约达400ml;妊娠38周时羊水量约1000ml。此后羊水量逐渐减少。妊娠足月时羊水量约800ml。过期妊娠时,羊水量明显减少,可少至300ml以下。

2. 羊水中细胞　在妊娠4~6个月中,羊水中的细胞数从10个/μl到1000个/μl不等。羊水所含细胞的具体数量和比例取决于胎龄及胎儿是否有先天性异常等因素。在正常情况下,羊水中可检测到来源于羊膜、胎儿皮肤、泌尿生殖道、呼吸道和消化道的多种细胞。但在病理情况下,羊水体积及羊水细胞数量有很大变化。当胎儿有先天性无脑、脊柱裂及腹裂等发育异常时,胎儿组织与羊水非正常接触,羊水中的细胞数可达50 000个/μl以上。而在畸形胎儿的羊水中,可检测到神经元细胞等多种细胞类型。除了完全分化的细胞,前体和多能干细胞样细胞也存在于羊水中。羊水细胞的特征是基于胎龄和胚胎病理情况而变化的。

3. 羊水性状及成分　妊娠足月时羊水比重为1.007~1.025。呈中性或弱碱性,pH约为7.20,内含水分98%~99%,1%~2%为无机盐及有机物质。妊娠早期羊水为无色澄清液体。妊娠足月羊水略混浊,不透明,羊水内常悬有小片状物,包括胎脂、胎儿脱落上皮细胞、毳毛、毛发、少量白细胞、白蛋白、尿酸盐等。羊水中含大量激素(包括雌三醇、孕酮、皮质醇、前列腺素、人胎盘生乳素、人绒毛膜促性腺激素、雄烯二酮、睾酮等)和酶(如溶菌酶、乳酸脱氢酶等)。羊水中酶的含量比母血清中的含量明显增高。

4. 羊水的功能　羊水主要有以下五个方面的功能。

(1) 保护胎儿在羊水中自由活动,不致受到挤压,防止胎体畸形及胎肢粘连。

(2) 保持羊膜腔内恒温。

(3) 适量羊水可避免子宫肌壁或胎儿对脐带直接压迫所致的胎儿窘迫。

（4）有利于胎儿体液平衡,若胎儿体内水分过多可采取胎儿排尿方式排至羊水中。

（5）保护母体妊娠期减少因胎动所致的不适感;临产后,前面的羊水囊扩张子宫颈口及阴道;破膜后羊水冲洗阴道减少感染机会。

5. 羊水中的细胞分类 产前诊断是通过筛查羊水和细胞,对胎儿的遗传和发育疾病进行诊断的方法。由于在羊水中可以找到胎儿各个胚层的细胞,因此,在很多年前,采集人羊水已经应用于产前诊断。

羊水标本是人类产前性别鉴别遗传病诊断的细胞来源。在早期,这些细胞也作为人类细胞资源用于生物学研究。体外培养的羊水细胞中发现多种形态的细胞。

根据细胞形态、生化特性、生长特性等特点,对羊水中能贴壁和形成集落的细胞生长及形态,将它们分为三种不同的类型。

（1）上皮样细胞:通常在羊水培养初期出现,形态和上皮细胞类似。但在培养过程中,细胞数量表现出明显的下降趋势,而且,不耐受胰酶消化,传代后数量很快减少,故在培养过程中生长期最短。这种细胞主要为胎儿皮肤、呼吸道、消化道和泌尿生殖道上皮的脱落细胞。

（2）羊水特异细胞:此类细胞为羊水中特有的细胞,呈现多形性,少数为双核或多核,羊水标本中超过70%的细胞是羊水特异细胞,大约在培养第7天出现该细胞的集落,增殖能力旺盛,是羊水培养过程中的主要细胞,可长期培养,采用这种细胞进行染色体分析。羊水特异细胞表达HLA-ABC,不表达HLA-DR,可以合成、分泌雌激素、绒毛膜促性腺激素及孕酮等激素,与羊膜细胞和滋养层细胞有共同特征,因此认为这种细胞来自羊膜和滋养层。该细胞可作为细胞水平对胎儿激素的合成、分泌和调控机制研究的细胞模型。

（3）成纤维样细胞:这类细胞形态和成纤维细胞类似,在羊水标本中数量较少。成纤维样细胞在培养后期才出现,由于其增殖能力很强,逐渐成为培养体系中的主体。该细胞具有和骨髓间充质类似的表型和分化特征,表达HLA-ABC,不表达HLA-DR,不产生激素。可能起源于间充质,主要来自纤维连接组织和胎儿皮肤的成纤维细胞。

另外,当胎儿具有神经管缺损(如无脑儿、脑膨出、脊柱裂)时,从羊水标本培养出的细胞除以上三种细胞外,还有一些贴壁很快的细胞。这些细胞一般在3天内贴壁,最短的在24小时内贴壁。细胞形态和免疫组化特点与从正常胎儿脑及脊髓组织中培养出的神经细胞相同,证明这些细胞来自非正常暴露的胎儿神经组织。

第二节 羊水干细胞

羊水干细胞可以由羊水穿刺时的羊水标本获得。2003年,Prusa等发现了羊水脱落细胞中一个能表达Oct-4的细胞亚群。Oct-4是人类多能干细胞的标记物,在胚胎干细胞和胚胎生殖源性细胞中也有表达。同年,In't Anker报道羊水中含有间充质干细胞。进一步研究显示,羊水干细胞可以分化成三个胚层的所有细胞类型,并且这些细胞在体内不会形成肿瘤。Atala等在人类和鼠的羊水中制备出了非胚胎源干细胞系,命名为羊水源性干细胞(amniotic fluid-derived stem cell,AFSC)。实验证明,AFSC能产生三个胚层的所有细胞类型,而且经长期培养后,这些持续自我更新的细胞仍能保持正常的染色体数目。另外,未分化的AFSC并不能产生多能干细胞中所有的蛋白质,AFSC并不具有形成畸胎瘤的能力。在体外条件下,AFSC能分化产生神经细胞、肝细胞、骨形成细胞等。AFSC源性人类神经细胞能够产生神经细胞所特有的蛋白质,整合、融入鼠脑后能存活2个月以上。实验室条件下培养出的AFSC源性人肝细胞能分泌尿素,表达正常人类肝脏细胞蛋白质。AFSC源性人骨细胞能表达骨细胞所特有的蛋白质,当被植入小鼠的皮下时,能在小鼠体内形成骨架结构。目前还不知道AFSC能分化产生多少种不同类型的分化细胞。

一、羊水干细胞的获取

羊膜穿刺术(amniocentesis)是最常用的侵袭性产前诊断技术。在上述方法进行时可抽取羊水样品进行胎儿染色体核型分析、染色体遗传病诊断和性别判定,也可用羊水细胞DNA做出基因病诊断、代谢病诊断。测定羊水中甲胎蛋白,还可诊断胎儿开放性神经管畸形等产前诊断。如果在出生之前或出生时,从羊水和胎盘获取胚胎和胎儿干细胞没有伦理问题。

（一）获得羊水的方法

1. 利用羊膜腔穿刺术获取羊水。在妊娠 16~20 周时进行。方法是在超声波探头的引导下，用穿刺针穿过腹壁、子宫肌层及羊膜进入羊膜腔，可抽取 20~30ml 羊水。

2. 剖宫产分娩时获取羊水。孕妇需要进行剖宫产分娩时，切开子宫肌层及羊膜进入羊膜腔后，即可采集到大量羊水。

孕期各个时期的羊水均可分离到羊水干细胞，但孕中期分离的成功率更高，且取材方便。羊水标本的采取均经过患者知情同意和医院伦理委员会批准。

（二）羊水干细胞的分离和培养

与常规羊水培养行胎儿染色体核型分析一样，羊水干细胞培养多是利用羊水细胞贴壁的特点，将穿刺获取的羊水离心后接种于适当的培养基。α-MEM 培养基、低糖 DMEM 培养基、F10 培养基等都成功地培养出了羊水干细胞，培养基含 10%~20% 血清，添加碱性成纤维生长因子(4ng/ml)或表皮生长因子等。羊水细胞贴壁较慢，一般 3~7 天开始贴壁。原代得到的贴壁细胞较杂乱，经多次传代可得到成纤维样细胞集落(图 25-1)。

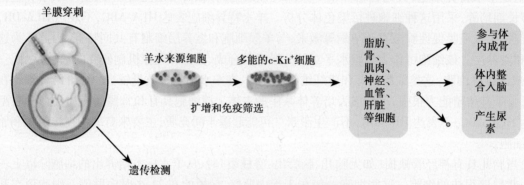

图 25-1　羊水干细胞的分离培养

将羊水培养上清液未贴壁的细胞更换培养条件后，也可得到羊水干细胞，其优点是不影响产前诊断的正常进行。产前诊断常规使用 Chang 氏培养基，上清液培养时使用含 20% 血清的 α-MEM 培养基，并添加碱性成纤维生长因子。实验得到的羊水干细胞形态、表面标志及分化增殖潜力与上述方法相似。

二、羊水干细胞的细胞周期与细胞核型分析

流式细胞仪分析结果表明，分离的 15 代 hAFSC 有 83% 处于 G_0/G_1 期，2.99% 处于 G_2/M 期，14.01% 处于 S 期。35 代 hAFSC 53.66% 处于 G_0/G_1 期，12.3% 处于 G_2/M 期，34.04% 处于 S 期。表明 hAFSC 在多次传代后，仍具有较强的增殖能力。同时细胞核型正常。

三、羊水干细胞的特点及鉴定

羊水干细胞一个重要特征是其具备端粒酶活性的存在。端粒酶存在于染色体末端的酶可以维持端粒序列。该序列可以防止染色体的末端破坏或被相邻的染色体融合。端粒酶活性是人类多能干细胞、胚胎增殖细胞和生殖细胞标记物。AFSC 表达人胚胎阶段特异性表面标志 SSEA4 和胚胎干细胞标志 OCT4。这两个标志都表明是胚胎干细胞典型的未分化状态。AFSC 也同样表达了间充质干细胞和神经干细胞标志(CD29、CD44、CD73、CD90 和 CD105)，不表达 SSEA1、SSEA3、CD4、CD8、CD34、CD133、C-MET、ABCG2、NCAM、BMP4、TRA1-60 或 TRA1-81 等。虽然，AFSC 在体外构成胚胎的主体，且对所有三个胚层的细胞标志染色均为阳性，但是，这些细胞在移植到免疫缺陷的小鼠体内时却不形成畸胎瘤。总之，AFSC 在生长上保持着像原始的混合祖细胞一样的单个细胞开始扩增特性和潜能。

四、羊水干细胞的分化

2003 年 Int' Anker 等从羊水中分离扩增干细胞并体外将其诱导为脂肪样细胞及成骨样细胞,此后成功诱导为神经元、软骨细胞、心肌细胞、内皮细胞、平滑肌细胞、肝细胞等。诱导体系与其他来源的间充质干细胞相似。hAFSC 显示了可以向三个胚层的不同组织和器官分化的多向分化潜能。表 25-1 显示了用化学物质诱导每个胚层分化模式。

表 25-1　在体外通过化学诱导 hAFSC 的分化

组织特异细胞型		培养环境
内胚层	肝脏(肝细胞)	HGF,胰岛素,制瘤素 M,地塞米松,FGF-4
外胚层	神经(神经细胞)	DMSO,BHA,NGF
中胚层	肌肉(肌肉细胞)	用 5-阿扎胞苷、马血清和鸡胚在基质培养皿中进行预处理
	血管(内皮细胞)	明胶培养皿上用 EBM 培养
	骨(骨细胞)	地塞米松、β-甘油磷酸酯、抗坏血酸-2-磷酸
	脂肪(脂细胞)	IBMX,胰岛素,吲哚美辛
	软骨(软骨细胞)	地塞米松、抗坏血酸-2-磷酸、丙酮酸、脯氨酸、TGF-β1

1. AFSC 向内胚层组织和器官分化　为了诱导肝脏特异性分化,AFSC 的细胞培养基中含有肝细胞生长因子、胰岛素、抑瘤素 M、地塞米松、成纤维细胞牛长因子-4,这些使 AFSC 分化成肝细胞,就是分化为最基本的肝内实质细胞类型,通过表达白蛋白、转录因子 HNF4α、c-met 受体、多药耐药膜转运蛋白和 α 甲胎蛋白来证明。虽然,确定的培养环境组成尚未确定,通过在小鼠胚胎肺中培养人的 AFSC 揭示了肺特异性分化的潜能,在小鼠的胚胎肺中注入 AFSC 可以整合到上皮细胞中,也可以表达早期人类分化标记,甲状腺转录因子 1。

2. AFSC 向外胚层组织和器官分化　AFSC 可以在含有二甲基亚砜(dimethyl sulfoxide,DMSO)、二丁基羟基茴香醚(butylated hydroxyanisole,BHA)的培养基中和含有神经生长因子的环境下被诱导分化成神经元。在 AFSC 的培养分化期间,在它形成圆锥形的终末伸展状态后,它的形态有大、扁平、小、双极等多种改变。这些诱导的神经元显示了有神经特异性蛋白质的表达,包括神经上皮和神经元的标记以及一些胶质细胞的标记。

3. AFSC 向中胚层组织和器官分化　将 AFSC 用 5-氮胞苷处理,然后放在含有马血清和鸡胚提取物的用基质胶包被的培养皿中可以诱导向肌源性分化。这些分化的细胞构成了肌管并且表达肌球蛋白和结蛋白,然而,这些标记在原始的祖细胞群体中并不表达。在培养环境中加入 3-异丁基-1-甲基黄嘌呤(3-1-methyl isobutyl-xanthine,IBMX)、胰岛素(insulin)和吲哚美辛(indometacin)时,可以诱导向脂肪细胞分化,可见细胞内脂质丰富的细胞。

AFSC 可以在内皮基本基质的表面涂有明胶的培养皿中诱导分化为内皮细胞。内皮的基质中,含 EGF、VEGF、FGF-2、胰岛素样生长因子 1(Island element sample growth factor 1,IGF-1)、氢化可的松、肝素和抗坏血酸,可诱导分别表达人类特异性内皮细胞表面标志(P1H12)、第 8 因子和激酶插入域受体以及形态学特性,如鹅卵石样和平面或立体培养基质的毛细血管样结构。

将 AFSC 放在含有地塞米松、β-甘油和抗坏血酸-2-磷酸中可以诱导向成骨细胞分化,钙离子沉淀法和分化细胞碱性磷酸酶检测得到证明。

使 AFSC 聚集并将其放在海藻盐水凝胶中,在培养基中加入地塞米松、β-甘油和抗坏血酸-2-磷酸、丙酮酸钠、脯氨酸和 TGFβ1 可以使 AFSC 向软骨细胞分化。证实分化细胞可产生 SGAG 和 Ⅱ 型胶原。

五、羊水细胞与其他干细胞的比较

表 25-2 显示了胚胎干细胞(ESC)、诱导多能干细胞(iPSC)、hAFSC 和间充质干细胞(MSC)等的主要特

点。ESC 和 iPSC 都难以有效地分化并且当细胞注入体内时有可能形成畸胎瘤。MSC 在体外相对难以扩增，因此，hAFSC 和许多其他干细胞相比，有一些优势。首先，即使在没有饲养层细胞的条件下，hAFSC 和其他干细胞相比有一个短暂的倍增时间（36 小时），它们可以很容易地在特定培养条件下分化成许多细胞类型。此外，90% 的 hAFSC 表达转录因子 Oct4。Oct4 在胚胎干细胞中与维持未分化和多潜能状态有着紧密联系，hAFSC 虽然不及 ESC 和 iPSC 具有可塑性，hAFSC 的再生和再分化也都没有被广泛报道，故需要进一步研究来评估这些潜能和用途。

表 25-2　ESC、iPSC、hAFSC 和 MSC 的主要特性

	ESC	iPSC	hAFSC	MSC
来源	早期胚胎	身体的细胞	羊水	骨髓和其他人体组织
饲养细胞	必需	必需	非必需	非必需
标志	SSEA3/4,OCT-3/4	SSEA3/4,OCT-3/4	SSEA4,OCT-4,c-kit	CD44,CD73,CD90
可塑性	多能性	多能性	广泛多潜能	多潜能
是否形成畸胎瘤	是	是	否	否
倍增(h)	31~57	48	36	不定
在体外的寿命	长	长	长	短
是否有伦理问题	是	否	否	否
是否进行临床试验	否	否	否	是

HAFSC 对临床试验的最终用途有可行性。由于其不能在体内诱导形成畸胎瘤，并且在理论上没有 ESC 和其他干细胞的伦理问题，最重要的是在儿科领域，如果在产前诊断出先天结构性缺陷，hAFSC 可以在妊娠的剩余月份用侵袭性采样分离获取 hAFSC 并且在体外培养，hAFSC 可在体外培养扩增后建造组织结构以用来重建出生后的结构性缺陷。

第三节　羊水细胞在再生医学中的应用

从羊水中分离的多能干细胞在再生医学领域中有着巨大的潜力。其全能性、高增殖率、多分化潜能和注射到体内时不形成畸胎瘤这些特征，使它们成为细胞来源的重要候补。此外，这些细胞的使用没有伦理问题，这就比其他干细胞（像胚胎干细胞）有优势。最近，用 hAFSC 结合的人工组织来治疗取得的让人兴奋的结果，鼓励它们在更先进、更广泛的再生医学领域使用（表 25-3）。

表 25-3　羊水干细胞对再生医学的各种应用

	细胞类型	支架	动物模型和结果
肌肉	大鼠 AFSC	可降解支架	低温损伤大鼠膀胱壁，预防低温损伤诱导的平滑肌细胞肥大
神经	神经元诱导的人 AFSC	可降解支架	Twitcher 小鼠，与小鼠体内神经细胞整合
	大鼠 AFSC	可降解支架	鸡胚胎2.5周广泛的胸廓挤压伤，减少出血和增加存活率
肾脏	人 AFSC	可降解支架	甘油诱导横纹肌溶解症和急性肾小管坏死的小鼠，急性肾小管坏死改善和受损的小管和细胞凋亡数减少
肺	人 AFSC	可降解支架	高氧和萘损伤的小鼠，AFS 细胞可以应对不同肺损伤
心脏	大鼠 AFSC	可降解支架	大鼠心脏梗死缺血/再灌注损伤，改善射血分数
	人 AFSC 和人 AFSC 衍生的细胞结构	可降解支架	免疫抑制大鼠心脏梗死，改善射血分数

	细胞类型	支架	动物模型和结果
心脏瓣膜	人 AFSC	人造聚合物支架	通过生物反应器调节,在体外形成新组织
膈	羊 AFSC	胶原水凝胶	部分膈肌更换的新生羔羊,机械和功能的结果
骨	人 AFSC	藻酸盐/胶原	皮下植入到免疫缺陷小鼠,异位成骨
	rhBMP-7 诱导人 AFSC 向成骨分化	PLLA 纳米纤维	皮下植入裸鼠,异位成骨
	兔 AFSC	PLLA 纳米纤维	全层胸骨缺陷,出生后胸壁重建
	人 AFSC	多孔 PCL	皮下植入无胸腺大鼠,异位成骨
软骨	人 AFSC	片状或藻酸盐水凝胶	在体外形成软骨
血管发生	人 AFSC 的条件培养基	可降解支架	小鼠后肢缺血,通过干细胞分泌因子介导的宿主干细胞的招募调节组织修复

1. 肌肉　在急性坏死损伤性膀胱的模型中,hAFSC 的移植可以用来治疗创伤所致的逼尿肌收缩力的损坏。hAFSC 移植到冰冻的受伤的膀胱中可以在逼尿肌上形成一系列小的平滑肌束并且产生有限的血管,一些 hAFSC 进行细胞融合。然而,hAFSC 的移植在这个机制中的主要影响似乎是通过一个未知的旁分泌机制,防治冷冻损伤所致的残存的平滑肌细胞的过度肥大。

2. 神经　Atala 等已在神经元分化的基质中培养出 hAFSC,并将它们移植到模型鼠的侧脑室和 Twitcher 小鼠的脑室。Twitcher 小鼠所代表的神经退行性疾病模型中少突胶质细胞的逐渐丧失导致了大量的脱髓鞘现象和神经元的损失。Twitcher 小鼠体内缺乏溶酶体酶、半乳糖苷酶,并进行广泛的神经退行性变和神经系统的退化,这些都起始于少突胶质细胞的功能障碍,与在克拉贝球状细胞性脑白质营养不良遗传病中所见到的相似。试验中 hAFSC 可以没有痕迹地转移到控制小鼠和 Twitcher 小鼠的脑中,并且在形态学上与周围的细胞不能区别。此外,它们在植入后至少存活了 2 个月。还发现有 70% 的 hAFSC 整合到了受损伤的 Twitcher 小鼠的脑中,仅有 30% 的 hAFSC 整合到了正常 Twitcher 小鼠的脑中,提示了在中枢神经系统的创伤和疾病中这项新的治疗方法的可行性。最近的一项研究调查了从 GFP 转基因大鼠中分离的 cKit⁺ 的 hAFSC 向神经元分化的能力,并且评估了在禽类胚胎损伤时它们的影响能力。当 hAFSC 移植到有大面积胸廓压碎的 2.5 周的鸡胚中时,可以广泛减少出血并增加存活率。这种效应是由旁分泌机制介导而不是由 hAFSC 完全分化为神经细胞所致。

3. 肾脏　在 2007 年 Perin 等证明了将 hAFSC 注射到体外的胚胎肾微环境时,hAFSC 可以被诱导分化成肾脏细胞。hAFSC 从男性胎儿的羊水中获得,并用 LacZ 或 GFP 标记,使 hAFSC 可以在整个实验中示踪。这些标记细胞被显微注射到小鼠的胚胎(E12.5~18)肾中并且使它们保持在一个特殊的系统中在体外共培养 10 天。使用这种技术,表明在整个的实验期间,标记的 hAFSC 仍然是可行的,重要的是,它们可以为各种前肾结构的发育作贡献,包括肾囊泡和 C 或 S 型肾体。采用 RT-PCR 方法可以证明,移植的 hAFSC 可以表达早期肾脏标记,如 ZO-1、胶质细胞源性神经营养因子和封闭蛋白。此外,在后续的实验中,Perin 等也用了一个急性肾小管坏死的肾损伤模型,这个模型是由甘油诱导的横纹肌溶解所诱导产生的。在这项研究中,注入的 hAFSC 提供了保护作用,改善了由血尿素氮(BUN)下降所反映的急性肾小管坏死(acute tubular necrosis, ATN)水平和肌酐(creatinine, Cr)水平,此外也降低了受损肾小管的数量和凋亡细胞的数量。hAFSC 也表现出了一定的免疫调节作用。总之,上述资料提示 hAFSC 有能力分化成构成肾脏的许多不同类型的细胞,而且对于肾脏组织重建来说是一个具有无限潜能,没有伦理争议的细胞来源。

4. 肺　hAFSC 可以整合到小鼠的肺中并且在肺损伤后可以分化成肺特定谱系的细胞。当 hAFSC 在体外显微注射到小鼠胚胎肺的微环境中后,hAFSC 可以融合到上皮内,并且表达人类早期分化标记甲状腺转录因子 1(TTF1)。将成年裸鼠暴露在高氧的环境下,尾静脉注射的 hAFSC 定位于远端肺并且表达 TTF1 和 II 型肺泡标记表面活性蛋白 C。萘损伤之后,在给予 hAFSC 时,对克拉拉细胞特定的损坏导致了 hAFSC 在细支气管和气管位置的融合和分化,并表达特定的克拉拉细胞 10kD 蛋白质。这些结果表明,hAFSC 的一定水平的可塑性允许它们在肺损伤中以不同的方法分化成不同类型的细胞,这些是通过表达特定的肺泡支气管上皮细胞系标记实现的,并且由肺损伤的类型和肺的接受者决定。

　　5. 心脏　hAFSC 作为一种替代细胞来源,对其进行测试,以确定在注射到大鼠心肌梗死模型后,它们是否能分化成心肌细胞的类型。在体外,当 hAFSC 与成年大鼠心肌细胞共培养时,转染进大鼠的 hAFSC 可以表达 GFP 证明了它们可以显著地向心肌细胞分化。然而,在心肌梗死后的心脏损伤部位探测到了不表达 GFP 的 hAFSC,尽管最小地改善了梗死心脏的射血分数。这项研究表明,大鼠体内的 hAFSC 可以向心肌表型分化并且改善心脏功能,即使它们的潜能被异体移植的极低生存率所限制。Yeh 等报道了有趣的方法,他们在体外培养了许多来源于 hAFSC 的结构并且在心肌梗死的动物模型中进行测试。在甲基纤维素水凝胶系统上培养 hAFSC,且准备了球形的细胞集合和细胞层碎片,然后,将它们移植到心脏梗死的部分。在肌肉注射后,细胞结构减少,同时细胞数减少,并且产生了丰富的细胞外基质,包括与分裂 hAFSC 相比的一些血管源性和保护心脏的因子。这些结果表明 hAFSC 结构可以有效地增强功能性心肌再生。

　　6. 心脏瓣膜　利用组织工程和再生医学的概念,许多团队已经证明了用一些细胞来源和生物相容性的支架建造心脏瓣膜的可行性。特别是,为了治疗先天性心脏疾病,产前收集的细胞可以用来在出生前建立工程瓣叶。将 hAFSC 分离并接种到生物可降解的支架上,来重建新生儿的瓣膜组织。这些组织也包括可以显示出稳定的机械强度并且与自然组织类似的有活性的内皮细胞。这项研究表明,用产前收集的自体的 AFSC 在体外建造心脏瓣膜组织,而后用来做出生后的组织工程移植是有可能的。

　　7. 膈肌组织　膈肌的组织工程移植对儿童先天性膈疝(congenital diaphragmatic hernia,CDH)是一种有效的长期解决方法。由于无细胞的生物假体不能提供可靠的结果,而且往往会导致并发症,如疝气、感染复发、胸壁和脊柱畸形、小肠梗阻和限制性肺疾病。分离绵羊 AFSC 并将其接种到无细胞的水凝胶组织上用来重建膈肌结构。移植到新生羔羊的部分膈肌缺损处的接种了 AFSC 的组织,与无细胞的生物组织相比,有更好的机械和功能。结果表明接种了 AFSC 的生物组织可能是重建膈肌组织的首选方法。

　　8. 骨骼　从组织工程的角度来看,最广泛的 hAFSC 的研究是在骨再生领域。在体 hAFSC 接种支架的皮下移植证实了异位骨形成。将成骨分化的 hAFSC 包埋在海藻酸钠/胶原支架上并植入免疫缺陷小鼠的皮下。在植入 18 周后,用微 CT 在受体小鼠中观察到了高矿化组织和骨状物质块。这些骨状物质块较鼠的股骨密度大,表明 hAFSC 可用于骨移植并进行骨缺损修复。

　　9. 软骨　hAFSC 在海藻酸钠水凝胶中做聚集扩增培养,为了诱导向软骨细胞分化,200 000 个细胞被接种在含有软骨形成基质的 15ml 离心管中,软骨形成基质中包含 ITS(胰岛素、转铁蛋白、亚硒酸钠)、地塞米松、L-脯氨酸和抗坏血酸-2-磷酸。在添加生长因子,如 TGF-β1、TGF-β3、BMP-2 和 IGF-1 后,将离心管离心使细胞聚集。细胞接种 3 周后,补加 TGF-β 可以增加 SGAG 和 Ⅱ型胶原的产量,补加 TGF-β1 比补加 TGF-β3 有更好的效果。加入 IGF-1 比单独加入 TGF-β1 产生更多的 SGAG/DNA。与骨髓源性的 MSC 相比,hAFSC 在补加 TGF-β1,3 周后产生较少的软骨基质。研究表明,hAFSC 有潜能分化为软骨细胞谱系,从而确立了用这些细胞在软骨组织工程应用的可能。

　　10. 血管发生　hAFSC 释放的生物因子作为组织再生间接支撑的重要性。最近,Teodelinda 等表明培养 hAFS 的条件培养基包括促进血管生成的可溶性因子,如单核细胞趋化蛋白-1(MCP-1)、白细胞介素-8(IL-8)、基质衍生因子-1(SDF-1)和血管内皮生长因子(VEGF)。当注射到小鼠的后肢缺血模型中,这个条件培养基可防止毛细血管的丢失和肌肉组织坏死,而后诱发新小动脉的生成和原有侧支动脉的重塑。该研究证实,干细胞分泌的因子可以招募内源性的干细胞和祖细胞并高效诱导组织修复。

　　羊水干细胞的优势之一是可以利用胎儿的自体细胞体外构建组织或器官,在孕中期获取羊水干细胞进行充分的体外扩增,使构建的组织或器官在胎儿出生后不久、甚至在出生前就能得以使用,来修补或纠正胎儿的某些先天性缺失,如先天性膈肌或心瓣膜发育不全等。Schmidt 等的研究让我们看到了这种希望,他们利用羊水干细胞体外构建人工心脏瓣膜,具有内皮化及开闭的功能,可以满足生理功能的需要。

　　虽然对 hAFSC 的特征和应用还要做更多的研究,但是初步的成果已经让我们感到兴奋,并且在再生医学领域的研究将一定会有更快的发展。

此外,hAFSC 可以冷冻保存以方便未来自己使用。与胚胎干细胞相比,hAFSC 和它有许多相似之处:它们均可向三个胚层分化,有共同的的标记和保持端粒的长度不变。然而,在这些细胞在转化为临床应用之前,一些实验还必须要进行,如细胞类型需要进一步鉴定。虽然,应用 hAFSC 和生物支架已经建立了少数组织工程和器官,像骨骼、软骨、心脏瓣膜和肌肉,但是,有几个问题必须解决,以实现在移植过程中取得成功的结果,包括在组织或特定器官中生物相容性材料(支架等)的选择,hAFSC 锚定在支架上的方法;细胞存活、增殖和分化的合适微环境的供给。在体内注射 hAFSC 或移植入接种 hAFSC 的组织工程的实验中,hAFSC 可以高效整合到受体系统内,证明细胞的结构与功能并突出了这些细胞的真实的临床潜力。用更为复杂和突出的方法来证明这些细胞的确切潜能以及完整的表征是有益的,可以帮助我们用这些细胞确定现实的目标和应用。此外,hAFSC 容易培养、增殖和分化,这些特点也为其他的应用提供了很大的希望,包括发育途径和药物筛选的研究。

hAFSC 具有诸多优点,在生物学研究和实际应用上已经取得了一定的进展,但由于 hAFSC 的生物学特性与胚胎干细胞和成体干细胞有一定的区别,因此在应用方面也遇到了一系列的问题。总结前人的研究发现还有以下问题待需解决:羊水中有多种干细胞群,其各自的分离纯化方法有待进一步探索并优化;寻找不同孕期 hAFSC 的最佳诱导方向和诱导体系;寻找更特异的标记物用以细胞鉴定,并应用这些标记进行筛选和纯化细胞;在体外有较高的增殖能力和潜在的多能性,被认为是为不同疾病的细胞治疗最有潜力的生物材料,而且具有较低的免疫原性,具有调节炎症反应的功能,因此羊水干细胞可以用来治疗皮肤大面积创伤和烧伤;国外学者体外研究羊水干细胞在心血管组织工程应用上有一定的作用,但是在移植治疗的过程中可能会出现一定的免疫排斥问题,需进一步探明免疫排斥反应的机制;hAFSC 在移植治疗的安全性,建立 hAFSC 库和冻存 hAFSC 在胎儿发育、妊娠、分娩和先天性疾病中的作用等。以上问题均值得进一步探讨。

小 结

从羊水中分离的干细胞为再生医学领域作出了杰出贡献。羊水干细胞的发现为再生医学带来了希望,和成体干细胞相比,它有以下特点和优势:来源广泛;不存在伦理上的问题;分离培养方法简单;体外扩增能力较强;不存在组织相容性和免疫排斥等问题;不易形成畸胎瘤。因此,具有广泛的应用前景。hAFSC 具有多潜能性,可以向三个不同胚层的细胞分化,也可以表达胚胎干细胞和成体干细胞的所有细胞表面标志。这些细胞在经过体外 250 次倍增之后,仍然保持端粒原有的长度和正常核型。羊水干细胞易扩增及可多向分化的能力,使它们有可能成为未来再生医学领域重要的种子细胞来源。与胚胎干细胞和骨髓或脂肪来源的间充质干细胞相比较,羊水干细胞具有独特的优势。

近年来,国内外研究者将羊水来源的干细胞作为替代细胞移植来治疗各种疾病,并且取得了较好的研究成果,因此,羊水来源的干细胞也被认为是再生医学领域很有应用前景的一种生物材料和新的细胞来源。

(孟涛 刘晶 施萍)

参 考 文 献

1. Albuquerque CA, Nijl and MJ, Ross MG. Humanand ovine amniotic fluid composition differences: implications for fluid dynamics. J Matern Fetal Med, 1999, 8(3): 123-129.

2. Prusa AR, Hengstschlager M. Amniotic fluid cells and human stem cell research: a new connection. Med Sci Monit, 2002, 8(11): RA253-257.

3. Kim J, Lee Y, Kim H, et al. Human amniotic fluid-derived stem cells have characteristics of multipotent stem cells. Cell Prolif, 2007, 40(1): 75-90.

4. In't Anker PS, Scherjon SA, Kleijburg-van der Keur C, et al. Amniotic fluid as a novel source of mesenchymal stem cells for therapeutic transplantation. Blood, 2003, 102(4): 1548-1549.

5. Kim J, Lee Y, Kim H, et al. Human amniotic fluid-derived stem cells have characteristics of multipotent stem cells. Cell Prolif, 2007, 40(1): 75-90.

6. Goaden C M, Brock D J. Morphology of rapidly adhering amniotic-fluid cells as an aid to the diagnosis of neural tube defects. Lancet, 2004, 1(8018): 919-922.

7. Whitsett C F',Priest JH,Priest RE,et al. HLA typing of cultured amniotic fluid cells. Am J Clin Pathol,2006,79(2):186-194.

8. Golden C M. Amniotic fluid cell types and culture. Br Med Bull,2005,39(4):348-354.

9. Prusa A R,Hengschlager M. Amniotic fluid cells and human stem cell research:a new connection. Med Sci Monit,2002,8(11):253-257.

10. Kim J,Lee Y,Kim 11,et al. Human amniotic fluid-derived stem cells have characteristics of multipotent stem cells. Cell Prolif,2007,40(1):75-90.

11. Shay J W,Wright W L,Hayflick,his limit,and cellular ageing. Nat Rev Mol Cell Biol,2007,1(1):72-76.

12. Joo S,Ko 1 K,Atala A,et al. Amniotic fluid-derived stem cells in regenerative medicine research. Arch Pharm Res,2012,35(2):271-280.

13. Georg B,J,Anthony A,et al. Isolation of amniotic Stem cell lines with potential for therapy. Nat Biotechnol,2007,25(1):100-106.

14. Kim J,Lee Y,You,J,et al. Human amniotic fluid-derived stem cells have characteristics of multipotent cells. Cell Prolif,2007,40(1):75-90.

15. DeCoppi P,Bartsch G J,Siddipui M M,et al. lsolation of amniotic stem cell lines with potential for therapy. Nat Biotechnol,2007,25(1):100-106.

16. Tsai M S,H wang S M,Tsai Y L,et al. Clonal amniotic fluid-derived stem cells express characteristics of both mesenchymal and neural stem cells. Biol Reprod,2006,74(3):545-551.

17. Czyz J,Wiese C,Rolletschek A,et al. Potential of embryonis and adult stem cells in vitro. Biol Chem,2003,384(10-11)1391-1409.

18. Mimeault M,Hauke R. Batra SK. Stem cells;a revolution in therapeutics-recent advances in stem cell biology and their therapeutic applications in regenerative medicine and cancer therapies. Clin Pharmacol Therapeutics,2007,82(3):252-264.

19. Siegel N,Kosner M,Hanneder M,et al. Human amniotic fluid stem cells:a new perspective. Amino Acids,2008,35(2):291-293.

20. Gemmis PD,Lapucci C. Bertelli M,et al. A real-time PCR approach to evaluate adipogenic potential of amniotic fluid-derived human mesenchymal stem cells. Stem Cells Devel,2006,15(5):719-728.

21. Tsai MS,H wang SM,Tsai YI,et al. Colonel amniotic fluidstem cells express characteristics of both mesenchymal and neural stem cells. Biol Reprod,2006,74(3):545-551.

22. Yeh YC,Wei HJ,Lee WY. et al. Cellular cardiomyoplasty with human amniotic fluid stem cells;in vitro and in vivo studies. Tissue Engineering(Part A),2010. 16(6):1925-1936.

23. Kolambkar YM. Peister A. Soker S,et al. Chondrogenic differentiation of amniotic fluid-derived stem cells. J Mol Histol,2007,38(5):405-413.

24. Faylor It M,Davern F,Munoz S,et al. 1'ulminant hepatitis A virus infection in the Cnited States:incidence,prognosis,and outcomes. Hepatology,2006,44(6):1889-1897.

25. Sato Y,Araki H,Kato,J,et al. Human mesenchymal stem cells xenografted directly to rat liver are differentiated into human hepatocytes without fusion. Blood,2008,106(2):756-763.

26. Bai J,Wang,Liu L,et al. Human amniotic fluid-derived c-kit(+)and c-kit(-)stem cellsgrowth characteristics and some differentiation potential capacities comparison. Cytotechnology,2012,64(5):577-589.

27. Ma X,Zhang S,Zhou J,et al. Clone-derived human AF-amniotic fluid item cells are capable of skeletal myogenic differentiation in vitro and in vivo. J Tissue Eng Regen M,2012,6(8):598-613.

28. Zhou Y,Mack D L,Williams J K,et al. Genetic modification of primate amniotic fluid-derived stem cells produces pancreatic progenitor cells in vitro. Cells Tissues Organs,2013,197(4):269-282.

29. Thomson J A,ltskovitz-Eldor J,Shapiro S S,et al. Embryonic stem cell lines derived from humanblastocvsts. Science,1998,282(5391):1145-1147.

30. Chiavegato A,Bollini S,Pozzobon M,et al. Human amniotic fluid-derived stem cells are rejected after transplantation in the myocardium of normal,ischemic,immunosupp ressed or immunodeficient rat. J Mol Cell Cardiol,2007,42(4):746-759.

31. Dafni M,Sayandip M,Michael P B,et al. Valproic acid confers functional pluripotency to human amniotic fluid stem cells in a transgeneree approach. Mol Ther,2012,20(10):1953-1967.

32. Antonucci I,Stuppia L,Kaneko Y,et al. Amniotic fluid as a rich source of mesenchymal stromal cells for transplantation therapy. Cell Transplant,2011,20(6):789-795.

33. Skardal A,Mack D,Kapetanovic E,et al. Bioprinted amniotic fluid-derived stem cells accelerate healing of large skin wounds. Stem Cell Transl Med,2012,1(11):792-802.

34. Connell J P, Camci-Unal G, Khademhosseini A, et al. Amniotic fluid-derived stem cells for cardiovascular tissue engineering applicadons. Tissue Engineering Part B-Revi, 2013, 19 (4) :368-379.

35. Mirabella' 1', Gentili C, Raga A, et al. Amniotic fluid stem cells in bone microenvironment: driving host angiogenic response. Stem Cell Res, 2013, 11 (1) :540-551.

36. Fauza D. Amniotic fluid and placental stem cells. Best Pract Res Clin Obstet Gynaecol, 2004, 18 (6) :877-891.

37. Albuquerque CA, Nijl and MJ, Ross MG. Humanand ovine amniotic fluid composition differences: implications for fluid dynamics. J Matern Fetal Med, 1999, 8 (3) :123-129.

38. Fauza D. Amniotic fluid and placental stem cells. Best Pract Res Clin Obstet Gynaecol, 2004, 18 (6) :877-891.

39. Prusa AR, Marton E, Rosner M, Bernaschek G, Hengstschläger M. Oct-4-expressing cells in human amniotic fluid: a new source for stem cell research? Hum Reprod, 2003, 18 (7) :1489-1493.

第二十六章

羊膜干细胞与再生医学

羊膜(amniotic membrane, AM)是子宫内包被胎儿的一层薄膜。羊膜是从细胞滋养层演化而来,是人类两层胎膜的内层,其厚度为0.02~0.5mm,是人体中最厚的基底膜。羊膜主要含有来自不同胚层的两种具有干细胞特征的细胞。包括来源于中胚层人羊膜间充质细胞(human amniotic mesenchymal cells, hAMC)和来自于外胚层的人羊膜上皮细胞(human amniotic epithelial cells, hAEC)。这两种细胞都有相似的免疫表型和多向分化潜能。因此,人羊膜细胞被认为是在细胞治疗和再生医学中治疗损伤和病变组织修复的一种优质种子细胞。

因人羊膜组织来源丰富,容易获得,免疫原性低,抗炎效果显著,获取时也不会损伤人胚胎等优势特征;提取羊膜无损母亲健康,避免有关胚胎干细胞的伦理争论,从羊膜已能分离具有不同细胞类型和分化潜能的细胞。因此,羊膜来源的干细胞也被认为是再生医学领域很有应用前景的一种生物材料和新的细胞来源。

本章将介绍羊膜干细胞及细胞治疗方面的用途,以及羊膜组织、羊膜干细胞在再生医学领域中作出的贡献。

第一节　羊膜的发育及组织结构

一、羊膜的发育

人羊膜是来源于胎儿的胚胎早期产物。在早期着床后发育的过程中,一个重要的里程碑事件是原肠胚形成。原肠胚形成开始于约胚胎第15天的胚胎后区。具有多潜能的外胚层细胞进一步演变为胚胎的三个初始胚层(外胚层、中胚层、内胚层)、生殖细胞及卵黄囊、羊膜、尿膜的胚外中胚层。后者形成了脐带及成熟绒膜尿囊胎盘中迷路层的间质部分。胎膜的最终位置决定于约胚胎第21天发生的折叠或扭转过程,以及其对围绕着胚胎的羊膜和卵黄囊的牵拉。羊膜腔也挤压入胚盘的颅端和尾端,因此,在头端和尾端的褶皱中纵向折叠增加。羊膜腔也挤压卵黄膜与内脏的连接处,形成狭窄的卵黄肠管。

羊膜与绒毛膜、底蜕膜共同构成胎盘,羊膜与绒毛膜紧密相连。羊膜和绒毛膜都来源于羊膜囊。羊膜囊是一个坚韧、薄和透明双层膜,承载着发育中的胚胎和胎儿,直到胎儿出生前不久。羊膜囊内填充着羊水,是胎儿生存的场所,同时对胎儿有保护作用。羊膜是内膜,容纳羊水和胎儿。绒毛膜是外膜,包绕羊膜形成胎盘的一部分。位于外层的绒毛膜包括滋养层绒毛膜和间质的组织;内层的羊膜是由一层外胚层衍生的上皮均一地形成的一层基底膜,是人组织中最厚的并且是富含胶原的间充质层,间充质层可以再分为致密层(构成羊膜的纤维骨架)、成纤维细胞层和海绵层等。

二、羊膜的组织结构和功能

1. 组织学观察　羊膜由羊膜上皮、基底膜和基质组成,羊膜是胎盘的最内层,构成胎盘的胎儿部分,是人体中最厚的基底膜。羊膜薄、有弹性、半透明、无色。正常羊膜厚度为0.02mm~0.5mm,表面没有血管、肌肉、神经及淋巴管。

2. 光学显微镜观察　HE染色人羊膜由内向外可见五层组织结构。

(1) 上皮层(epithelial layer):大部分为单层立方上皮,有合成、分泌和沉积基底膜和细胞外基质成分的能力,该层细胞在细菌细胞壁的脂多糖和肽聚糖的刺激下,可产生获得免疫和天然免疫过程中的重要桥梁物质,即β-防御素。

(2) 基底膜(basement membrane):由狭窄的无细胞网状纤维构成,厚度不一,含Ⅳ型胶原、纤维网层粘连蛋白和硫肝糖蛋白等成分,具有屏障作用,限制羊膜的通透性,对促进组织愈合有一定作用,同时,含有色素上皮衍生因子(pigment epithelium2derived factor,PEDF)可抑制新生血管的形成,促进角膜损伤的修复。

（3）致密层(compact layer)：薄而致密,无细胞,由90%的网织纤维构成,厚度不一,羊膜的张力主要取决于该层。

（4）成纤维细胞层(fibroblast layer)：此层构成羊膜的主要厚度,由疏松成纤维细胞和网状纤维构成。

（5）海绵层(spongy layer)：由波浪状网状纤维构成,具有一定的伸展性。由于该层的存在,可使羊膜与绒毛膜之间有相对活动性,当子宫下段形成时,不致发生羊膜破裂。

三、羊膜的超微结构和特征

透射和扫描电镜观察：临床应用制备的羊膜一般仅含上皮层、基底膜和致密层。成纤维细胞层和海绵层在剥离处理的过程中已被去除。

羊膜上皮层、基底膜和致密层透射和扫描电镜观察所见（图26-1～图26-4）。

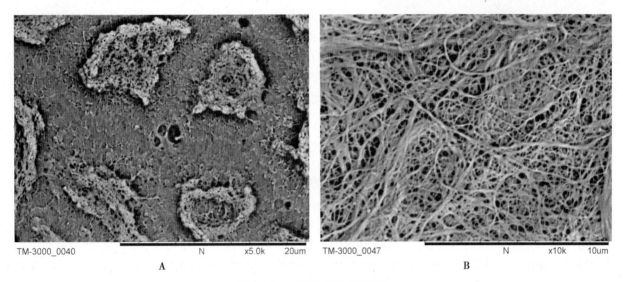

图 26-1　羊膜的扫描电镜照片
A. 上皮面；B. 致密层面

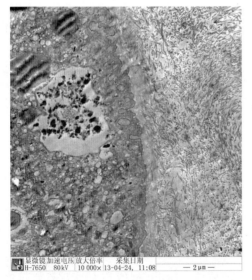

图 26-2　透射电镜下见足月人羊膜新鲜羊膜上皮面上皮细胞下基底膜纤维均匀的纵横交错排列

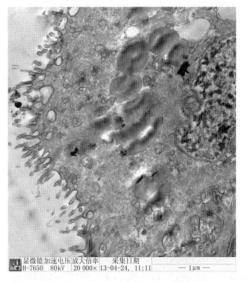

图 26-3　透射电镜下见足月人羊膜新鲜羊膜上皮面上皮细胞表面有很多不规则、大小不一的微绒毛,其下方有很多吞噬小泡,细胞质内也有很多吞噬泡大小不一,有的融合成管状

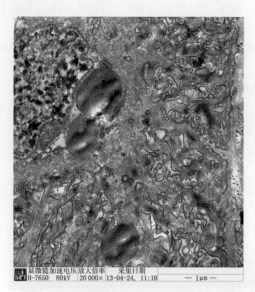

图 26-4 透射电镜下见足月人羊膜新鲜羊膜上皮面上皮细胞细胞质靠近基底部有很多小泡,有的融合成管状通向细胞外

（1）上皮细胞层:hAEC 为五边形或六边形;上皮细胞高 $1\mu m \sim 20\mu m$,细胞游离缘富含微绒毛,长短相近,排列整齐,均呈指状突起,长 $0.5\mu m \sim 0.8\mu m$,直径 $20nm \sim 40nm$,微绒毛表面为细胞膜结构,相互延续且不中断;上皮细胞质内富含脂滴、溶酶体和滑面内质网;胞质及染色质均匀无浓缩;细胞侧面可见少数桥粒连接。

（2）基底膜:无细胞结构,厚薄不均,薄处缺乏网织版,在透射电镜下观察,可分为 3 层结构。

1）透明板:紧贴上皮细胞基底面,为电子密度极低的薄层,厚 $30nm \sim 50nm$。

2）致密板:又称基板,占整个基底膜厚度的 80% 以上,为电子密度高的均质层,厚 $0.1\mu m \sim 0.2\mu m$。

3）网织版:厚薄不均,位于致密板下方,由密度中等的网状纤维和低密度的基质组成,厚 $5\mu m \sim 30\mu m$。

（3）致密层:位于基底膜的下方,厚 $20\mu m \sim 400\mu m$,主要由胶原纤维、网状纤维和基质组成,其中胶原纤维和网状纤维相互交织排列成网状,网孔间隙 $0.5\mu m \sim 15\mu m$。

四、羊膜的生物学特性和功能

（一）羊膜的生物学特性

1. 羊膜的强度和韧性 胎膜（含绒毛膜和羊膜）的抗拉力为 393mmHg,最大值是 900mmHg;羊膜每单位宽度的张力在 $0.05 \sim 0.45kg/cm$ 之间,平均为 $0.166kg/cm$。

2. 羊膜的渗透性 人类胎盘组织的胎膜（羊膜和绒毛膜）是部分半透膜性质,水分及溶质的转换,在电位梯度的基础上,胎膜进行大容积流动,而不是单纯扩散。其允许小分子物质通过,如尿素、葡萄糖和氯化钠等。hAEC 在调控离子运输方面也发挥着重要作用。在羊膜外层有许多小足突,除通过微绒毛与足突部位的饮液作用在蜕膜和羊水间进行一些物质交换之外,母体血浆也可经羊膜渗入羊水中。

3. 羊膜的羊水交换作用 在正常情况下,羊膜和绒毛膜所形成的羊膜囊承担着羊水交换作用,母体与羊水之交换可达 400ml/h 左右,即羊水每 3 小时可更换一次。

4. 羊膜的分子筛结构 羊膜具有特殊的生物分子筛结构:一方面,羊膜具有一定的柔韧性,可以作为生物支架或生物敷料;另一方面,羊膜能阻止细菌等微生物穿过,防止感染和减少水分挥发,并保持一定的生物通透性。基底膜和致密层这两层结构占羊膜的 90% 以上,致密层构成羊膜的主体结构。电镜观察可见,在一维空间内众多纤维交织成网状而且形成无数网孔结构,提示其三维空间内则是由胶原纤维和网状纤维相互缠绕组成的一个立体交叉的纤维交织网架,在胶原蛋白分子上嵌有蛋白多糖和糖蛋白,其生理功能类似于生物支架和生物分子筛。

（二）羊膜的功能

1. 调节母体-胎儿间体液平衡 羊膜将发育中的胚胎包裹在羊水中,从而避免水分脱失,在调节母体-胎儿间体液平衡中发挥重要作用。

2. 参与先天免疫防御反应 羊膜分泌多种生长因子,如人 β 防御素（people beta defense,HBD）、弹性蛋白酶抑制剂（elafin）和分泌型白细胞蛋白酶抑制剂（secretory leukocyte protease inhibitors,SLPI）等参与羊膜腔内先天免疫防御反应。

HBD 广泛表达于黏膜表面,是脊椎动物天然抗菌物质的主要成员。Elafin 和 SLPI 属于丝氨酸抗蛋白酶,能够拮抗人中性粒细胞释放的弹性蛋白酶,通过阻止炎性细胞过多地释放蛋白水解酶来发挥预防组织损伤的作用。另外,羊膜组织移植物能够合成和分泌多种补体蛋白,提示羊膜可能是羊水中补体蛋白的来源。

3. 分泌多种细胞因子 如血小板源性生长因子（platelet-derived growth factor,PDGF）、表皮生长因子（ep-

idermal growth factor，EGF）、角质细胞生长因子（keratinocyte growth factor，KGF）血管内皮细胞生长因子（vascular endothelial cell growth factor，VEGF）、肝细胞生长因子（hepatocyte growth factor，HGF）、成纤维细胞生长因子（basic fibroblast growth factor，bFGF）、血管生成因子（angiogenic factor，AF）、转化生长因子-β1，2，3（transformating growth factor-β1，2，3，TGF-β1，2，3）、基质金属蛋白酶（matrix metalloproteinases，MMP）、基质金属蛋白酶抑制剂（tissue inhibitor of metalloproteinase，TIMP）、Ⅳ型胶原、Ⅴ型胶原（collagen）、整合素（integrin）、层粘连蛋白（laminin，LN）、纤维连接蛋白（fibronectin，FN）、波形蛋白（vimentin）、神经微丝蛋白（neurofilament protein）和微管相关蛋白（microtubule-associated protein）。合成神经生长因子，如脑源性神经生长因子（brain derived neurotrophic factor，BDNF）、神经生长因子（nerve growth factor，NGF）等，可释放乙酰胆碱（acetyl choline，ACH）、儿茶酚胺（catecholamine）等神经递质。蛋白酶的抑制因子，如α₁-抗胰蛋白酶、α₂-巨球蛋白、α₂-抗糜蛋白酶等，这些因子通过抑制相应的蛋白酶而发挥抗炎作用。

五、羊膜的免疫学特性

1. 羊膜组织具有低免疫原性　hAEC 不表达人类白细胞抗原（human leukocyte antigen，HLA）A、B、C 和 HLA-DR，提示 hAEC 移植不引发免疫排斥反应。有学者观察了羊膜组织对人外周血 T 细胞活化的影响，发现羊膜组织不能刺激人外周血 T 细胞活化及 CD8⁺ T 细胞亚群表面分子 CD69 产生活化表达，从免疫细胞生物学水平证实了羊膜组织具有低免疫原性。羊膜的低免疫原性在眼表重建中亦得到证实。兔眼结膜部分切除后，用羊膜移植于眼表角膜边缘后第 3 周时，在人羊膜上形成完整的结膜上皮，PAS 阳性；在第 12 周时，羊膜植片降解吸收，结膜缺损区修复的上皮细胞正常，在愈合过程中，未见明显免疫炎性反应。此外，兔角膜内和前房植入羊膜，亦未见炎性细胞浸润。

2. 羊膜对 T 淋巴细胞反应有明显的抑制作用　用细胞内荧光标记的 C57BL/6 鼠的淋巴结细胞和 DBA/2 的脾细胞一起分别培养于有羊膜的基质和对照组基质中，再用荧光激活细胞术（FACSC）测定 DBA/2 的 T 淋巴细胞的反应率，发现反映羊膜组 CD4⁺ 的数量明显减少，ELISA 测得 IL-2、IL-6、IL-10 和 IFN 的表达明显受抑。结果表明，羊膜对 T 淋巴细胞反应有明显的抑制作用，具体机制还不清楚，但对同种异体羊膜移植的成功有重要的作用。研究表明，将羊膜作为异体组织植入志愿者上肢皮下时，在手术后 14～17 天未见排斥反应发生，在 20～30 天时，羊膜植片透明度降低，在羊膜植片的外周有少量的炎性细胞浸润。羊膜移植在动物腹膜腔间可以防止腹膜的粘连形成，羊膜逐渐降解，几乎不引起宿主反应。

羊膜具有低免疫原性的机制，与以下三个方面有关。

1. 不表达 HLA2A、HLA2B 和 DR 抗原　1995 年 Houlihan 等首次用 RNA 探针进行原位杂交，证明人羊膜和滋养层细胞中有 HLA2E 和 HLA2G 的 mRNA 片段；用免疫化学法证明羊膜和滋养层细胞膜上有 HLA2E 和 HLA2G 的蛋白分子表达。HLA2E 和 HLA2G 是主要组织相容性复合体（major histocompatibility complex，MHC）2 Ⅰ类基因的 DNA 序列中基因序列高度保守的两个等位基因。近年的研究表明 HLA2G 可与杀伤免疫球蛋白样受体家族 2DL4（killer cell Ig like receptor22DL4，KIR2DL4）、免疫球蛋白样受体 2（immunoglobulin 2 like transcript 2，ILT2）和 ILT4 结合，抑制自然杀伤细胞（natural killer cell，NK）和自然杀伤 T 细胞（natural killer T cell，NKT）的溶解靶细胞作用。而且分泌型 HLA2G 的 α3 区可与 CD8⁺ T 细胞（CTL）结合，使活化的细胞毒性 T 淋巴细胞（cytotoxic T lymphocyte，CTL）表达 Fas 配体，诱导 CTL 细胞凋亡。同时，HLA2G 可促进 HLA2E 表达水平上调，增强对 NK 细胞活性的抑制。以上研究表明，HLA2G 和 HLA2E 是重要的负向免疫调节因子，对维持羊膜的低免疫原性起重要作用。

但是，也有研究报道证实，羊膜上皮层有少量细胞表达 HLA2DR 阳性；羊膜成纤维细胞发现有 HLA2Ⅱ类抗原的表达。因此，羊膜供体表达 HLA2E（R）是否会导致免疫原性增加，有待进一步研究。

2. 促进多形核白细胞的凋亡　PMN 细胞是参与炎性反应的主要炎性细胞。新鲜羊膜可以分泌表皮生长因子、碱性成纤维细胞生长因子、IL21ra、IL210 和基质金属蛋白酶抑制剂等活性因子，促进多形核白细胞的凋亡；羊膜上皮可以合成并释放溶酶体以帮助清除凋亡的 PMN 细胞，从而减轻免疫炎性反应，影响其功能的变化，从而减轻炎症和阻止基质的溶解。

3. 羊膜含有丰富的色素上皮衍生因子　PEDF 可抑制人脐静脉内皮细胞和视网膜微血管内皮细胞增

殖。因此,羊膜移植产生的 PEDF 可抑制新血管生成,改善局部的炎性反应微环境。

六、人羊膜对皮肤创伤修复作用

羊膜作为一种天然的细胞培养基质,已经被用于再生医学,尤其是创伤修复和眼表重建。羊膜与人眼结膜组织结构相似,其光滑,无血管、神经及淋巴,具有一定的弹性,厚 0.02mm～0.5mm,在电镜下,其分为 5 层:上皮层、基底膜、致密层、成纤维细胞层和海绵层,羊膜基底膜和基质层含有大量不同的胶原,主要为 Ⅰ、Ⅲ、Ⅳ、Ⅴ、Ⅶ型胶原和纤维粘连蛋白、层粘连蛋白等成分,正是这些成分使羊膜成为一种良好的生物敷料并作为载体促进上皮化。目前,在已知的研究中,羊膜主要应用的研究有慢性下肢静脉性溃疡、深层角膜损伤、斜视手术后的眼外肌纤维化、腹腔镜疝修补术的术后粘连、胆管结扎术后的肝纤维化、急性眼部烧伤、大疱性表皮松解的慢性创伤、关节软骨修复、十二指肠损伤修复、缺血性心肌损伤、椎板切除术后硬膜外腔系粘连、结肠吻合术、尿道成形术、胫骨骨折治疗等,其中,有很多研究都还只是基于实验动物研究,其进一步的作用机制和应用的安全性及可行性还需要科研人员深入研究。

上述研究表明,羊膜可以作为负载其他细胞的生物膜基质,可以作为细胞供体,也可以直接作为生物敷料发挥其作用。羊膜由于具有低免疫原性、促再上皮化作用,具有抗炎性、抗菌性,无致瘤性等,已广泛用于皮肤创伤修复的研究中。

1. 羊膜负载羊膜间充质干细胞与皮肤创伤修复　人羊膜间充质干细胞(hAMSC)是来自胎盘羊膜组织,拥有多种分化潜能,在不同的生长因子调控下可以分化为来源于 3 个胚层的不同组织细胞类型。hAMSC 以其取材相对容易、增殖能力强、易在体外培养等诸多优点,在再生医学、干细胞治疗等研究应用中发挥着重要作用。在最近的研究中,Huo SZ 等以 SD 大鼠为实验对象,在大鼠背部两侧相同部位做相同大小的深至皮下的创面,构建机械损伤动物模型。然后将 hAMSC 接种于去上皮细胞的人羊膜上并置于培养液中进行培养。在实验组大鼠背部伤口外敷负载 hAMSC 的人羊膜,单纯羊膜组外敷单纯羊膜,对照组每日消毒。实验结果证明,人羊膜负载 hAMSC 组大鼠的创面平均愈合时间、愈合率明显高于其他组,免疫组织化学染色结果显示人羊膜负载 hAMSC 组 CK19 阳性表皮干细胞数和血管内皮生长因子阳性颗粒表达数都明显优于其他组。人羊膜负载 hAMSC 能够通过促进表皮干细胞和毛细血管再生,促进皮肤创伤修复。

2. 羊膜负载骨髓间充质干细胞与皮肤创伤修复　骨髓间充质干细胞(bone marrow mesenchymal stem cells,BMSC)来自于中胚层,存在于全身结缔组织和器官间质中,其中以骨髓中含量最为丰富,具有强大的增殖能力和多项分化潜能。并且 BMSC 还可以分泌细胞因子,促进成纤维细胞的增殖和迁移,若将 BMSC 直接植入到创面可以分泌相关细胞因子吸引和趋化炎性细胞向创伤部位迁移,BMSC 与创伤局部的微环境相互作用共同促进创伤修复过程。研究人员尝试着将 BMSC 负载于人脱细胞羊膜上,观察其对创伤修复的作用。结果发现:①羊膜负载自体 BMSC 和同种异体 BMSC 相比,前者愈合率和愈合质量会优于后者,并且前者分化的上皮细胞会更成熟,胶原束沉积以及真皮内的皮肤附属器的生长都会更优;②包含碱性成纤维细胞生长因子(bFGF)和维生素 C(Vit C)的羊膜负载 BMSC 与单纯羊膜负载 BMSC 相比,前者愈合率和愈合质量会优于后者,而且前者的 Ⅰ型胶原阳性的细胞数量和新生血管的数量均多余后者;③羊膜负载人血小板源性生长因子-A(hPDGF-A)改良的 BMSC 和角质细胞与羊膜负载单纯的 BMSC 和角质细胞相比,前者的愈合时间明显短于后者,而且上皮再生情况、胶原沉积以及肉芽组织内血管再生情况都显著优于后者;④羊膜负载 BMSC 和表皮细胞与单纯羊膜相比,前者的愈合时间短于后者,前者的肉芽组织更丰富,其中包含更多的血管性血友病因子(von Willebrand factor,vWF)、成纤维细胞、新生毛细血管和胶原。由此可以看出,羊膜负载骨髓间充质干细胞促进了创伤修复过程,在此基础上如附加其他促进创伤修复的因素,包括各种相关生长因子等,将会给羊膜负载骨髓间充质干细胞对创伤修复过程有促进作用。

3. 羊膜负载脂肪源性干细胞与皮肤创伤修复　脂肪组织被认为来自于中胚层特化的细胞群,其本身参与机体的多种生物学活动,如能量存贮、脂蛋白的分解代谢、分泌多种细胞因子和生物活性物质,脂肪组织不仅调控体内能量代谢的平衡,而且参与炎症、凝血、纤溶、糖尿病等多种生理过程和疾病发生过程。脂肪源性干细胞(human Adipose-derived stem cells,hADSC)多来自于抽脂术后,具有易于获取、体外可以大量培养、相容性好、风险低、对供者创伤小等优势。已有很多学者在从事着脂肪源性干细胞对皮肤创伤修复作用机制的研究。无论是将 hADSC 直接注射到创伤部位还是将其接种于人脱细胞羊膜,都能显著地观察到 hADSC 有明显的促进创伤修复的效果,愈合时间更短。在羊膜负载 hADSC 作用的伤口,能够检测到血管内皮生长因子、bFGF、转化生长因子-β、胰岛素样生长因子、肿瘤坏死因子、IL-6 的表达水平均有不同程度的升高。并且真皮层的成纤维细胞和角质细胞由于受到旁分泌机制作用,活性都明显增强。羊膜负载脂肪源性干细胞对创伤修复的分子机制仍有待进一步研究。

4. 羊膜负载表皮干细胞与皮肤创伤修复　表皮干细胞(epidermal stem cell,ESC)是来自于表皮基底部具有不断增殖和分化能力的干细胞,属于成体干细胞的一个分支,可增殖分化为表皮中的各种细胞成分,维持皮肤正常的表皮结构的稳态并在皮肤的创伤修复中起重要的作用。近来 Liu 等学者将 ESC 负载于羊膜上研究其与皮肤创伤修复的作用,结果显示,羊膜负载 ESC 能够显著地促进创面愈合速度,并且创面愈合率明显提高,同时增殖细胞核抗原(PCNA)阳性的细胞在羊膜负载 ESC 组密度明显高于对照组。Ji SZ 等将羊膜通过反复冻融后高速匀质化形成一种微载体,这种微载体仍然保持基底膜的结构并且仍具有活性物质如 HGF、KGF、bFGF、TGF-β1 等,它可以为 ESC 提供间接的体内培养的微环境和增殖条件,结果就是将其应用于全层皮肤缺陷模型中,可以观察到胶原纤维生成状态良好并具有规律性,表皮再生液良好,可以作为良好的皮肤替代品,其应用价值还有待进一步研究。

5. 羊膜来源细胞因子与皮肤创伤修复　羊膜来源细胞因子(amnion-derived cellular cytokine solution,ACCS)是指羊膜来源的多能祖细胞所分泌的独特的一组细胞因子和生长因子。Uberti MG 等的研究将其注射至创伤处,观察到 ACCS 可以增强巨噬细胞的活性。巨噬细胞在 ACCS 的作用下,吞噬作用和迁移能力都较对照组增加;Uberti MG 等还观察到 ACCS 可以促进角质细胞和成纤维细胞的迁移;Bergmann J 等观察到在 ACCS 作用的糖尿病动物全层皮肤缺损创伤模型中,ACCS 作用组细胞层数更多,将开拓羊膜与皮肤创伤修复作用研究的另一研究方向。

6. 单纯应用羊膜与皮肤创伤修复　从很早以来,羊膜就已作为一种生物敷料作用于多种领域。在腿部静脉溃疡的研究中发现,羊膜能够抑制基质金属蛋白酶(MMPs)的活性,降低其在炎症反应中的过度分泌,原因可能是羊膜中可能存在一些 MMPs 抑制因子,如组织金属蛋白酶抑制因子-1(tissue inhibitor of metalloproteinases-1,TIMP-1)、纤溶酶原激活剂Ⅰ型(type-1 plasminogen activator inhibitor,PAI-1)和血小板反应蛋白-1(thrombospondin-1,TSP-1),它们通过抑制 MMPs 的促炎性作用来促进创伤的愈合。羊膜直接作为生物敷料,无论是自体的还是异体的都有促进再上皮化的作用,改变角质细胞的一些行为使其有利于再上皮化。除了研究新鲜羊膜对创伤愈合的作用,也有不少学者致力于低温冷藏羊膜和"干燥羊膜"的研究。研究发现,经辐照的干羊膜在储存若干年后仍然具有有效的屏障作用和微生物渗透作用。而低温保存的羊膜对创伤修复的有效性多是在眼部的损伤研究领域中进行研究。羊膜对皮肤创伤的作用机制需要更深层次的挖掘。

第二节　羊膜间充质干细胞

羊膜间充质干细胞是存在于羊膜基质中的一种具有多向分化潜能的干细胞。它可以向骨、软骨、脂肪等组织分化,而且由于它可直接从羊膜获得,来源充足,细胞增殖能力强,可在体外大量培养扩增,异体移植无免疫排斥反应,免疫原性比骨髓间充质干细胞低。具有取材方便、对供体无任何损伤、无伦理学争议等优点,因此,hAMSC 可以作为组织工程的种子细胞。

一、人羊膜间充质细胞的分离和培养

将羊膜从绒毛膜上钝性分离,用不同浓度的胰酶,中性蛋白酶或其他消化酶进行不同时间的消化将 hAEC 从基底膜上消化下来,然后用胶原酶和(或)胶原酶联合 DNA 酶对 hAMSC 进行消化分离。

二、人羊膜间充质干细胞的形态

hAMSC 为成纤维样细胞,培养 3~4 周后细胞形态与骨髓来源间充质干细胞相似,可在体外至少传代 9 代以上,而不引起细胞形态的改变。传代培养 hAMSC 第 2 代和第 6 代细胞的光镜下观察所见(图 26-5,图 26-6)。

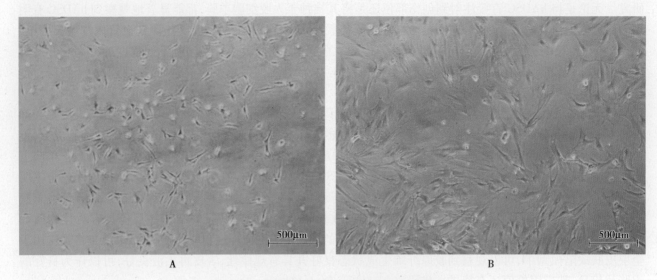

图 26-5　人羊膜间充质干细胞的原代分离培养
（A）培养第 2 天 hAMSC；（B）培养第 7 天 hAMSC

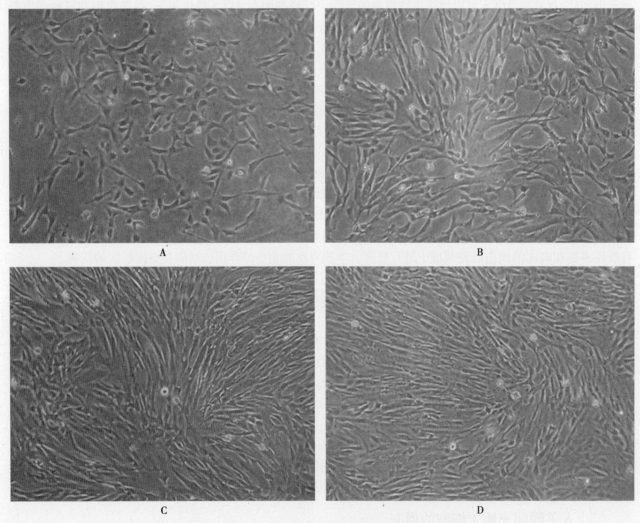

图 26-6　人羊膜间充质干细胞培养形态
在光镜下，传代培养的 hAMSC 形态细胞大小不一，呈梭形。（A）为 P0；（B～D）为 P1-P3（×40）

三、人羊膜间充质干细胞的超微结构

扫描和透射电子显微镜显示，hAMSC 具有间质的超微结构特点。包括粗面内质网、脂滴和伴有致密小体的丰富的收缩纤维，这些特点揭示了 hAMSC 的多分化潜能的结构基础。

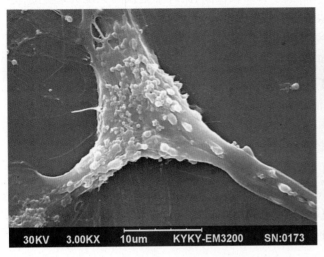
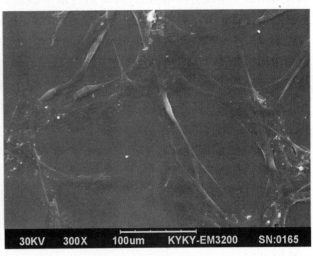

图 26-7　扫描电镜显示 hAMSC 贴壁状态下呈梭形，表面有很多小泡样结构

透射电镜观察第 3 代 hAMSC 体积大，核呈不规则形，胞质丰富，胞质内含丰富的线粒体，细胞表面有较多微绒毛样突起，显示细胞营养物质代谢旺盛，表明培养的羊膜间充质干细胞是一种增殖旺盛、代谢活跃的细胞。细胞表面较多的微绒毛，扩大了细胞的吸收面积，这表明 hAMSC 也具有较强的吸收功能，胞质内含丰富的质网和高尔基体及大小不等的空泡，表明该细胞具有较强的蛋白质合成能力，是其能够分泌大量生长因子，促进细胞增殖和分化的结构基础。提示该细胞这些超微结构特征与移植的 hAMSC 分泌各种细胞因子进而促进创伤修复密切相关。本实验用扫描电镜观察培养的细胞，结果贴壁状态下呈长梭形或多角形，排列呈鱼群状，细胞表面有较多的分泌小泡。说明细胞功能活跃，分泌能力强（图 26-7）；为其具有的多向分化潜能提供了进一步支持。这些结果与骨髓间充质干细胞的研究结果基本一致（图 26-8）。

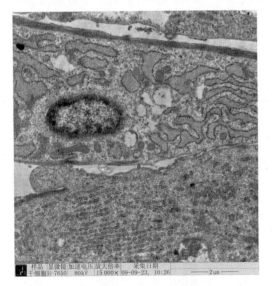

图 26-8　透射电镜显示，hAMSC 细胞内含丰富粗面内质网、高尔基体小泡结构和线粒体

粗面内质网是由核糖体和内质网构成的基本细胞器，是合成分泌性蛋白、多种膜蛋白和酶蛋白的重要场所，在分泌蛋白质旺盛的细胞中丰富，越是分泌旺盛的细胞其数量越多。本实验透射电镜观察到，细胞内有丰富的线粒体说明细胞功能活跃，为细胞提供能量；丰富的粗面内质网和高尔基复合体说明细胞具有较强的合成和向细胞外分泌蛋白的能力，由此可确定，培养的 hAMSC 向细胞外分泌蛋白是其重要的功能。

综上所述，通过描述 hMSC 的超微结构特征，从形态学这一结构基础，揭示了培养的 hAMSC 具有间充质细胞所特有的细胞结构和功能，能很好地黏附生长增殖，分化程度很低，有多向分化的潜能，并能分泌细胞因子以调节细胞增殖和细胞分化功能。因此，hAMSC 是组织工程中理想的种子细胞，在异体细胞移植领域有

很好的应用前景。

四、人羊膜间充质干细胞的鉴定

目前,鉴定间充质干细胞包括三方面:细胞形态学鉴定、细胞表面抗原表型分析以及多向分化潜能。本实验对来源于羊膜分离培养的 hMSC 进行基本形态学观察及生长曲线检测、流式细胞仪和免疫荧光检测,分析细胞表面标记分子并进行鉴定。我们的研究表明,从羊膜中分离和培养细胞传代培养后呈长梭形,形态与骨髓间充质干细胞相似,呈旋涡状生长。通过生长曲线测定证实其增殖活性良好。流式细胞术检测结果显示细胞阳性表达 CD44 和 CD105 等膜表面标记分子,阴性表达 CD34 和 CD45 分子;免疫荧光标记抗体染色结果显示细胞阳性表达 CD44 和 CD90 及波形蛋白;这表明 hAMSC 与骨髓源间充质干细胞具有相似的形态和免疫表型。提示该羊膜间充质干细胞符合国际细胞治疗协会制定的最低标准和第一届国际胎盘来源干细胞工作组制定的标准。

应用免疫细胞化学法、流式细胞术和逆转录聚合酶链反应(RT-PCR)检测 hAMSC 表面标记蛋白,发现了 hAMSC 表达间充质干细胞标记分子如 CD13、CD29、CD44、CD49d、CD54、CD59、CD73、CD90、CD105 等表面标志,此外,胎肝激酶-1(fetal-liver kinase-1)、细胞间黏附分子,以及整合素,如 L-选凝素、αMβ-2 整合素和 P-选凝素等也在 hAMSC 表达。hAMSC 不表达骨髓定向造血干细胞表达的 CD14、CD31、CD34、CD45、CD106 或 CD117 等标志物(图 26-9)。hAMSC 表达结蛋白和波形蛋白(图 26-10)。

五、人羊膜间充质干细胞的免疫学特性

hAMSC 低表达 HLA-A、B 和 C,不表达 HLA-DR,弱阳性表达 HLA-G。提示间质细胞在临床移植中有很大优势。羊膜细胞能够抑制激活的外周血单核细胞(peripheral blood mononuclear cell,PBMC)的增殖,而呈一定的剂量依赖性。hAMSC 和 hAEC 可显著地抑制混合淋巴细胞反应中 PBMC 增殖,抑制效率分别为 34% 和 23%。当 PBMC 被植物血凝素激活后,hAMSC 和 hAEC 对 PBMC 的抑制程度分别为 33% 和 28%。羊膜细胞的免疫抑制作用,并不因传代培养而发生改变。但是,冰冻保存却使这种免疫抑制作用明显降低。此外,从羊膜组织分离到的细胞,抑制淋巴细胞反应。

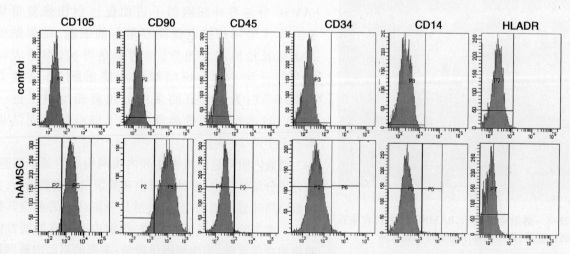

图 26-9 通过流式细胞术检测人羊膜间充质干细胞高表达间充质干细胞相关的细胞表面标志物 CD90、CD105,不表达 CD45、CD34、CD14、HLADR

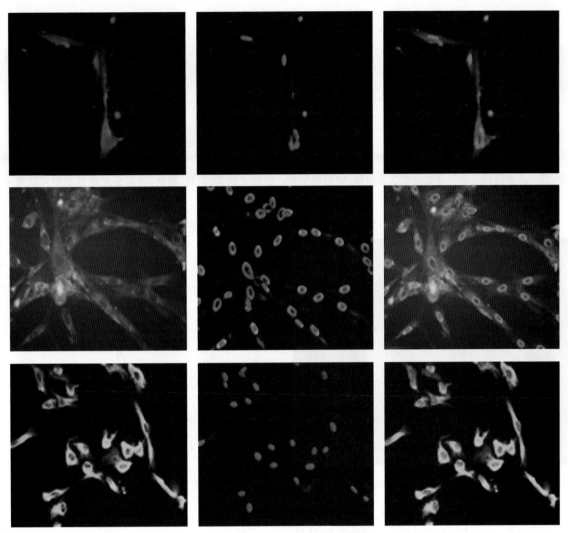

图 26-10 人羊膜间充质干细胞免疫荧光检测

hAMSC 细胞表面标志物 CD44 表达(+)、CD90 表达(+)、波形蛋白表达(+)(×200)

六、人羊膜间充质干细胞的分化

羊膜间充质细胞保有多向分化的潜力。在体外,hAMSC 可向成骨细胞、软骨和脂肪细胞分化(图 26-11)。在特殊诱导培养基培养后现表皮细胞分化(图 26-12)。在特殊诱导神经诱导培养基培养后,hAMSC 表达神经标记分子可以向神经谱系的细胞分化。Tamagawa 提出,hAMSC 可分化为具有肝细胞特征的细胞,该实验中天然细胞表达典型肝细胞 mRNA,如白蛋白、角蛋白及甲胎蛋白和葡萄糖-6-磷酸酶鸟氨酸等;同时,体外向肝细胞诱导可观察到糖原储备。Portmann 提出间充质细胞有向肌细胞分化的能力,用 RT-PCR 检测显示有肌转录因子,如肌红蛋白及肌形成蛋白 mRNA 表达,提示 hAMSC 有向血管源细胞分化的潜能。Zhao 提出 hAMSC 经向心肌诱导分化后可表达心肌特殊基因,如 *GATA4* 和 *MLC-2* 等,将 hAMSC 移植入患有心肌梗死的小鼠心脏中后,hAMSC 可在梗死处存活 2 个月以上,并可分化为成心肌样细胞。另外,有人观察到第 2 代内的 hAMSC 在标准培养基中培养可自发地向肌成纤维细胞分化。

七、人羊膜间充质干细胞增殖和细胞周期

细胞生长曲线表明,第 1~2 天为 hAMSC 潜伏期,第 3~5 天为对数生长期,第 6 天后细胞生长明显减慢,进入平台期。各组之间比较显示,第 3 代 hAMSC 增殖能力较强(图 26-13)。通过 Modfit 软件分析:$G_1 = 78.74\%$;$G_2 = 16.36\%$;$S = 4.90\%$;$G_2/G_1 = 1.81\%$(CV 为 9.66)(图 26-14),结果显示,分裂细胞比例低,hAMSC 在羊膜中处于缓慢增殖或静止状态。

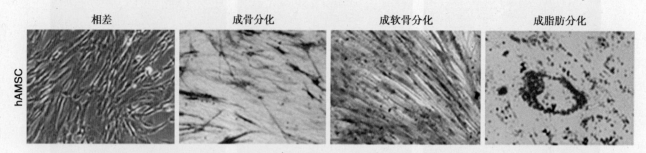

图 26-11　人羊膜间充质干细胞光镜下呈梭形，旋涡样生长。在特定的骨、软骨、脂肪，诱导分化培养基中可向成骨细胞、软骨和脂肪细胞分化（×100）

图 26-12　hAMSC 细胞诱导分化为表皮细胞的 CK14 免疫荧光染色（×100）

体外无血清条件下培养的 hAMSC，诱导培养 7 天后经细胞免疫荧光法染色。红色代表的是 CK14，蓝色是用 DAPI 复染的细胞核，在荧光显微镜下观察得到图像

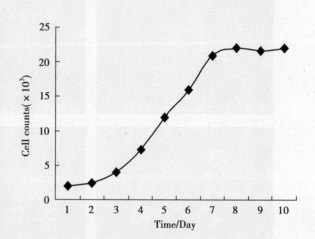

图 26-13　hAMSC 的生长曲线

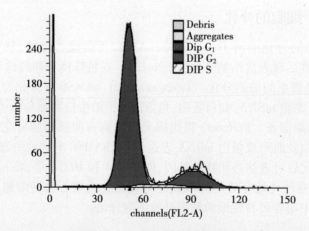

图 26-14　hAMSC 的细胞周期

八、人羊膜间充质干细胞的核型分析

对传代第 3 代和第 6 代 hAMSC 进行核型分析（图 26-15，图 26-16）。

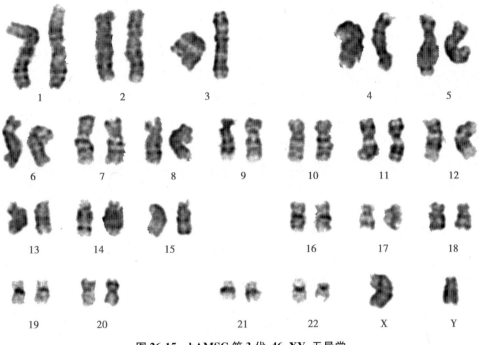

图 26-15 hAMSC 第 3 代,46,XY,无异常

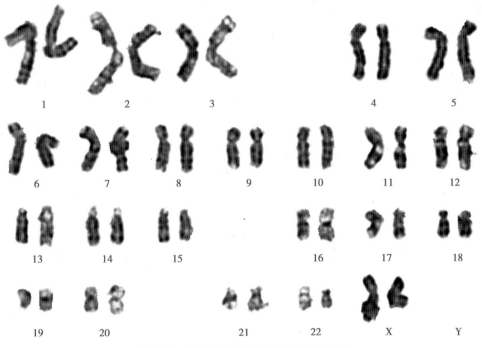

图 26-16 hAMSC 第 6 代,46,XX,无异常

九、人羊膜间充质干细胞的基因表达谱

基因表达谱测序技术是用来研究某一生物对象在特定生物过程中基因表达差异的技术,是基因表达和转录调控机制研究领域的重要手段。我们前期的研究发现 EGF 促进 hAMSC 增殖和迁移,与 hAMSC 促进创伤修复的发生与发展密切相关。因此,研究 EGF 对 hAMSC 基因表达谱的影响和分子机制,将有助于了解 EGF 促进 hAMSC 增殖和迁移的分子调控机制,为进一步研究 hAMSC 基因表达差异与创伤修复的关系提供

依据。

用 100ng/ml EGF 处理人羊膜间充质干细胞,与对照组比较,Illumina RNA-Seq 后生物信息学分析,筛选出差异表达基因 104 个(FDR≤0.001 和 |log2Ratio|≥1),其中上调差异表达基因 56 个,下调差异表达基因 48 个。上调或下调部分差异表达基因(表 26-1,表 26-2);GO 生物学过程富集分析显示参与的生物过程分类主要涉及对化学刺激应答、生物质量调节、对外部刺激应答中性粒细胞趋化、细胞化合价无机阳离子调节、系统进程管理、化合价阳离子调节、细胞钙离子调节、钙离子平衡调节、细胞阳离子平衡调节、细胞金属离子平衡调节和金属离子平衡调节等过程(P≤0.05)(表 26-3);KEGG 信号通路的显著性富集分析结果,细胞因子-细胞因子受体相互作用信号通路(Q≤0.05)(表 26-4)。RT-PCR 验证基因表达谱结果与表达谱结果基本一致,证明表达谱结果可靠;GAPDH 为内参。

表 26-1 差异表达上调部分已知基因列表

基因 ID	符号	基因长度	$\log_2$ 比率	P-值	FDR
140767	NRSN1	2408	3.026030	1.79E-13	1.29E-11
90865	IL33	2644	2.908922	2.44E-14	1.90E-12
11082	ESM1	2088	2.497095	1.72E-09	6.03E-08
84803	AGPAT9	2534	1.953349	1.21E-13	8.88E-12
22979	EFR3B	7458	1.839820	2.56E-06	5.72E-05
2150	F2RL1	2882	1.814285	4.49E-05	0.000779
650	BMP2	3150	1.802970	3.43E-12	1.85E-10
5327	PLAT	3173	1.703254	2.82E-09	9.80E-08
3576	IL8	1653	1.697127	3.53E-11	1.49E-09
64321	SOX17	2350	1.679355	2.98E-05	0.000544
6354	CCL7	805	1.602781	7.38E-07	1.80E-05
1847	DUSP5	2528	1.470331	5.01E-08	1.44E-06
9134	CCNE2	2726	1.408466	8.08E-11	3.28E-09
4884	NPTX1	5437	1.399248	2.39E-13	1.67E-11
3553	IL1B	1498	1.380858	1.70E-11	7.79E-10
4306	NR3C2	5869	1.377221	4.34E-05	0.000761
2921	CXCL3	1153	1.291444	6.00E-14	4.54E-12
8989	TRPA1	5190	1.246001	3.81E-07	9.68E-06
6347	CCL2	747	1.072588	8.72E-12	4.28E-10
1958	EGR1	3136	1.045922	0	0

注:log2 Ratio:样品间标准化表达量的比值取对数后得到的值,表示差异倍数的大小

表 26-2　差异表达下调部分已知基因列表

基因 ID	符号	基因长度	$\log_2$ 比率	P-值	FDR
113730	KLHDC7B	2990	−4.35564	1.20E-05	0.000239
83729	INHBE	2437	−3.09261	5.58E-07	1.38E-05
70	ACTC1	3693	−2.23365	1.26E-21	1.21E-19
4879	NPPB	698	−1.64171	6.83E-47	9.42E-45
29968	PSAT1	2188	−1.62223	7.66E-19	6.83E-17
358	AQP1	2754	−1.60656	1.81E-22	1.77E-20
56977	STOX2	4654	−1.59452	7.55E-08	2.14E-06
493	ATP2B4	8907	−1.57038	3.42E-05	0.000615
4147	MATN2	4108	−1.49831	2.79E-07	7.29E-06
5021	OXTR	4360	−1.48783	4.38E-34	5.35E-32
23336	SYNM	7354	−1.46902	5.31E-11	2.18E-09
25802	LMOD1	3967	−1.45660	6.36E-79	1.02E-76
79924	ADM2	4246	−1.44536	9.63E-14	7.11E-12
57158	JPH2	4785	−1.39382	5.75E-06	0.000122
10100	TSPAN2	3206	−1.24800	1.81E-05	0.000346
29995	LMCD1	1734	−1.23302	1.15E-06	2.69E-05
54541	DDIT4	1752	−1.23173	1.43E-26	1.52E-24
64115	C10orf54	4774	−1.18571	4.84E-20	4.46E-18
718	C3	5101	−1.10575	1.26E-10	4.96E-09
84709	C4orf49	1339	−1.00884	4.60E-07	1.15E-05

注:log2 Ratio:样品间标准化表达量的比值取对数后得到的值,表示差异倍数的大小

表 26-3　GO 生物学过程富集分析

Biological process classification (Gene Ontology term)	No. of gene (Cluster frequency81)	Differential expression gene(Genes annotated to the term gene)
response to chemical stimulus	24	EGR1;CCL2;LI1B;CXCL3;TRPA1;SEMA3A;PLAU;CCL7;ACTC1;AQP1; OLR1;NGF;OXTR;PLAT;IL8;PLK1;BMP2;STC1,HSPB7;DDIT4; UNC5B;UCP2;HSPA2,CITED2
regulation of biological quality	25	CCL7,MT2A,EGR1,SULT1E1,CCL2,IPH2,HSD17B6,FZD2,NGF,LI1B, PLAT,DCBLD2,PLK1,DAB2,PLAU,SULT1B1,SHROOM3,NUPR1,ACTA2, NPPB,OXTR,SEMA3A,SOX17,F2RL1,STC1
response to external stimulus	14	CCL2;LI1B;CXCL3;TRPA1;CCL7;IL8;PLK1 BMP2;STC1TRPA1,PLAU, SHROOM3,SEMA3A,NGF UNC5B
neutrophil chemotaxis	4	LI1B;CXCL3;IL8;CCL2
cellular di-, tri-valent inorganic cation homeostasis	9	CCL7,F2RL1,LI1B,CCL2,STC1,MT2A,FZD2 IPH25 ABCA3
regulation of system process	10	PLK1,EGR1,CCL2,NPPB,HSPB7,OXTR,SEMA3A,LI1B,PLAT,NGF
di-,tri-valent inorganic cation homeostasis	9	CCL7,MT2A,CCL2,IPH2,OXTR,FZD2,LI1B,F2RL1,STC1
cellular calcium ion homeostasis	8	CCL7,F2RL1,LI1B,CCL2,STC1,下调 OXTR,IPH2,FZD2
calcium ion homeostasis	8	CCL7,FZD2,F2RL1,LI1B,CCL2,STC1,OXTR,IPH2
cellular cation homeostasis	9	CCL7,MT2A,CCL2,FZD2,LI1B,F2RL1,STC1,OXTR,IPH2

Biological process classification (Gene Ontology term)	No. of gene (Cluster frequency81)	Differential expression gene(Genes annotated to the term gene)
cellular metal ion homeostasis	8	CCL7,FZD2,F2RL1,LI1B,CCL2,STC1,OXTR,TP53BP1
metal ion homeostasis	8	CCL7,FZD2,F2RL1,LI1B,CCL2,STC1,OXTR,IPH2
response to wounding	12	CCL7,BMP2,C3,PLAU,CCL2,CXCL3,IL8,LI1B,PLAT,DCBLD2,NGF,OLR1
cation homeostasis	9	CCL7,F2RL1,LI1B,CCL2,STC1,IPH2,MT2A,OXTR,IPH2,FZD2
female pregnancy	6	PLK1,PLAU,LI1B,OXTR,CITED2,SULT1E1
memory	4	PLK1,LI1B;OXTR,NGF
leukocyte chemotaxis	4	LI1B,CXCL3,IL8;CCL2
regulation of cell communication	13	BMP2,PLK1,EGR1,CCL2,DDIT4L,OXTR,CITED2,NGF,SOX17,LI1B,PLAT,HHIP,DDIT4
response to stress	22	IFNE,CCL7,C3,OLR1,TRPA1,CCL2,CXCL3,UCP2,HSPB7,NGF,LI1B,PLAT,DDIT4,DCBLD2,BMP2,TRIB3,PLK1,PLAU,IL8,OXTR,CITED2,HSPA2,CCL7,PLAU,CCL2,CXCL3,IL8,UNC5B,LI1B,SEMA3A
cell chemotaxis	4	LI1B,CCL2,CXCL3,IL8
regulation of synaptic transmission	6	PLK1,OXTR,EGR1,NGF,PLAT,CCL2
inflammatory response	9	CCL7,BMP2,C3,OLR1,CCL2,CXCL3,IL8,NGF,LI1B
ion homeostasis	10	CCL7,MT2A,CCL2,IPH2,OXTR,FZD2,LI1B,F2RL1,STC1 NPPB
chemotaxis	8	CCL7,PLAU,CCL2,CXCL3,IL8,UNC5B,LI1B,SEMA3A
taxis	8	CCL7,PLAU,CCL2,CXCL3,IL8,UNC5B,LI1B,SEMA3A
regulation of transmission of nerve impulse	6	PLK1,OXTR,EGR1,NGF,PLAT,CCL2

* $P \leqslant 0.05$

表26-4　KEGG信号通路富集分析

通路ID	KEGG通路	基因数量	基因符号
ko04060	Cytokine-cytokine receptor interaction	9	CCL2,CCL7,INHBE,IFNE,BMP2,CXCL3,IL1B,IL8,TNFRSF

● Q-value≤0.05

通过 Illumina RNA-Seq 技术对 EGF 干预 hAMSC 前后的基因表达谱和分子机制的研究,初步探讨了 EGF 干预 hAMSC 调控分子机制与创面修复之间的关系。差异显著表达的基因为研究创伤修复的分子机制提供了有价值的线索和资料,为后续研究奠定了基础。

十、人羊膜间充质干细胞的磁性纳米颗粒标记

超顺磁性氧化铁纳米颗粒是临床上常用的核磁共振(MRI)对比剂之一,已广泛应用于多种具有治疗潜力细胞的标记和体内 MRI 示踪,如哺乳动物神经干细胞、骨髓间充质干细胞、脐带静脉内皮细胞等,同时用于癌症的检测和靶向治疗。SPIO 对不同的细胞有不同的亲和能力和影响,因此,细胞的标记使用浓度和方法并不相同。聚乙烯亚胺(polyethylenimine,PEI)包被的超顺磁性氧化铁(superparamagnetic iron oxide,SPIO)示踪剂被认为是较有前景的示踪元素,它是一种颗粒物质,一种新型的磁共振(MR)细胞内对比剂。它通过直

接、受体或转染剂介导的胞吞作用进入细胞。以前应用的 SPIO 表面带有负电荷,与同样带有负电荷的细胞排斥难以进入细胞,因此使用 SPIO 进行细胞标记时需要加入带有正电荷的转染试剂(如 PLL、硫酸鱼精蛋白等),在形成 PLL-SPIO 复合物后改变带电状态,便于细胞吞噬。本实验应用的新型 PEI-SPIO 避免了这些不便,它本身带正电荷,不需要与多聚体等转染试剂混合,可以直接转染标记干细胞,并且在体内降解时间延长。

hAMSC 经 PEI-SPIO 标记后,细胞内可检测到大量铁颗粒。PEI-SPIO 标记具有浓度依赖性;6mg/L 和 8mg/L 浓度的 PEI-SPIO 对细胞增殖活力无显著影响($P>0.05$),10mg/L 和 12mg/L 浓度的 PEI-SPIO 明显抑制细胞增殖活力($P<0.05$)。提示浓度为 8mg/L 的 PEI-SPIO 标记 hAMSC 可获得良好的标记效果,并且不影响细胞的增殖活力(图 26-17)。

采用 MTT 法绘制细胞生长曲线(图 26-18)。铁浓度为 6mg/L 和 8mg/L 标记的细胞和未标记的细胞有相似增殖活性($P>0.05$),而铁浓度为 10mg/L 和 12mg/L 标记的细胞增殖活性受到不同程度抑制($P<0.05$)。

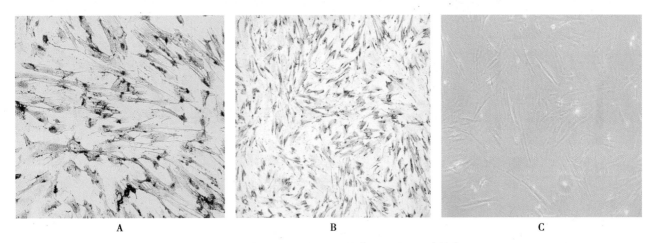

A　　　　　　　　　　B　　　　　　　　　　C

图 26-17　磁性纳米颗粒标记人羊膜间充质干细胞的效果

倒置显微镜下观察纳米颗粒标记后的人羊膜间充质干细胞。(A)普鲁士蓝染色被磁性纳米颗粒标记的人羊膜间充质干细胞(×400),细胞中的蓝色颗粒为磁性纳米颗粒。(B)普鲁士蓝染色被磁性纳米颗粒标记的人羊膜间充质干细胞(×100),细胞中的蓝色颗粒为磁性纳米颗粒。(C)倒置显微镜下观察只加培养液的对照组的人羊膜间充质干细胞,未见蓝染颗粒

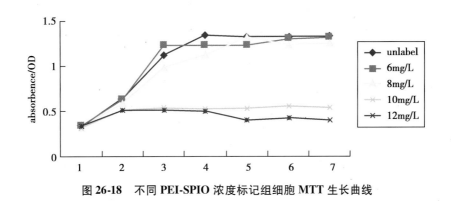

图 26-18　不同 PEI-SPIO 浓度标记组细胞 MTT 生长曲线

十一、人羊膜间充质干细胞对小鼠皮肤创伤愈合的作用

庞希宁研究团队发现人羊膜及负载人羊膜间充质干细胞促进创面再生可能与旁分泌作用改变创面微环境有关。他们将 0.25×10^6 个磁性纳米颗粒标记的 hAMSC 以皮内注射的方式移植到创伤模型小鼠的创面 4 周,细胞移植后,所有小鼠均存活,活动自如,进食正常,未见血尿和血便。分别于移植后第 0 天、3 天、7 天、10 天和 14 天,与对照组进行比较,二组比较均有显著性差异($P<0.05$)(图 26-19,图 26-20)。同时他们还发

现磁性纳米颗粒(MN)标记的人羊膜间充质、骨髓间充质和脂肪间充质干细胞负载于人羊膜上,治疗模型大鼠皮肤创面,其愈合速度和质量均明显>单纯羊膜组>普通敷料组,并建立了人羊膜间充质干细胞库。

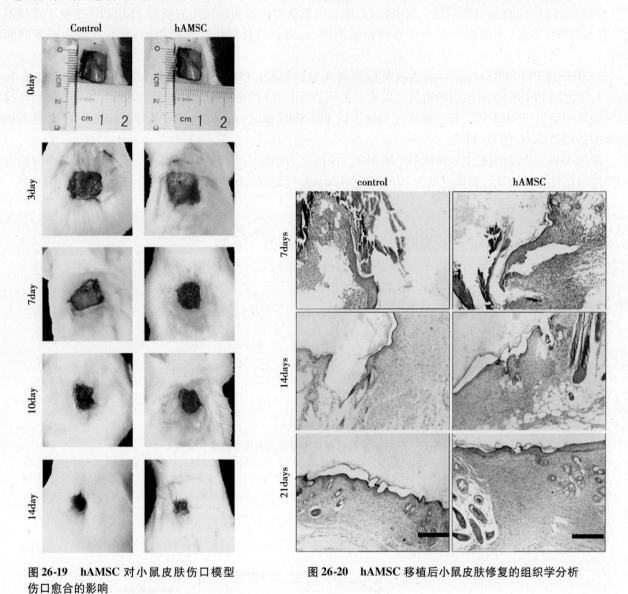

图 26-19　hAMSC 对小鼠皮肤伤口模型伤口愈合的影响

图 26-20　hAMSC 移植后小鼠皮肤修复的组织学分析

第三节　羊膜上皮干细胞

人羊膜上皮细胞位于羊膜的最内层,羊膜上皮细胞在受精后第 8 天从外胚层发育而来,使其可能维持原肠胚形成前期胚胎干细胞的可塑性。

一、人羊膜上皮干细胞的分离方法

经产妇知情同意,在无菌条件下采集足月妊娠的健康产妇剖宫产的胎膜,于 1~2 小时内处理标本,机械分离羊膜和绒毛膜,用含双抗(100U/ml 青霉素、100U/ml 链霉素)的 PBS 多次漂洗羊膜组织,除去血细胞。将整个羊膜组织剪成 3cm×3cm 的小块,分成 2 份,置于 100ml 广口瓶中,各加入 20ml 预热的 0.25% 胰酶/0.02% EDTA 于 37℃ 消化 20 分钟,弃去消化液,重新加入胰酶 37℃ 摇床震荡消化 40 分钟,200 目钢网过滤,收集的细胞滤液用含 10% FBS 的高糖 DMEM 终止,1500r/min 离心 10 分钟后重悬细胞沉淀,置于冰上。未消化完的羊膜组织重复 2 次胰酶消化,3 次消化后倒置显微镜下观察羊膜组织,几乎无上皮细胞存留。收集 3 次消化得到的羊膜上皮细胞,台盼蓝计数,以 $1.5 \times 10^5/cm^2$ 接种于 T75 培养瓶中,采用培养液进行培养。

二、人羊膜上皮干细胞的形态

羊膜上皮为单层人羊膜上皮细胞。羊膜上皮面为高度褶皱,整张羊膜展开可达 $2m^2$,约有 2 亿细胞。hAEC 在妊娠前期是扁平的,而在后期大部分呈单层立方形;且位于胎盘胎儿面的呈柱状,有活跃的物质转运功能。原代羊膜上皮细胞形态均一,呈鹅卵石样排列(图 26-21),体积较小,在体外容易扩增,且传代 3 代以内不会有形态学的变化,呈现典型的上皮细胞的立方形特征。这些细胞核多居中或稍偏,有 1~2 个核仁,细胞质含量丰富。

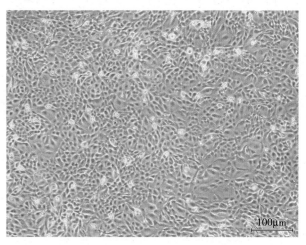

图 26-21　hAEC 原代培养形态(P0 cell)
在光镜下呈现典型的上皮细胞的立方形特征,呈铺路石样生长

三、人羊膜上皮干细胞的细胞增殖和细胞周期

培养的 hAEC 的生长曲线在第 1~2 天细胞个数值逐渐上升,为生长缓滞期。第 3~5 天,细胞数日明显增加,为对数生长期。第 6~7 天,细胞的数目轻微增加,为平台期,此时细胞基本长满培养板孔。

取第 2 代 hAEC,经 0.25% 胰酶消化后,以 PBS 重悬为细胞密度为 $1 \times 10^9/L$ 的单细胞悬液,经 70% 预冷乙醇固定、RNAase 处理及碘化丙啶避光染色后,流式细胞仪检测细胞周期。hAEC 大部分细胞处于静止期及 DNA 合成前期(G_0/G_1 期),只有少数处于有丝分裂期和 DNA 合成期(S 期和 G_2/M 期)。G_0/G_1 期为 79.7%,G_2/M 期为 5.7%,S 期为 14.6%。

hAEC 的细胞周期研究显示,只有少数细胞正在活跃地复制(大约有 10% 左右处于 $S+G_2/M$ 期),而大多数细胞处于 G_0/G_1 期。

四、人羊膜上皮干细胞的超微结构

在透射电子显微镜下观察,hAEC 呈立方体状,顶部有微绒毛,细胞侧壁卷曲并存在大量的桥粒,无明显的紧密连接,基底侧的上皮细胞表面高度卷曲,细胞突起末端有大量半桥粒,邻近的胞质存在波浪状纤维束。hAEC 细胞核居中,形态较大,直径可达到细胞的 50% 左右。有 1~2 个核仁,大而不规则,核膜有切迹,提示细胞代谢旺盛,分裂活跃。细胞内含有丰富的胞饮小泡,胞质丰富,含有大量内质网和高尔基体;表面有许多微绒毛,基底部有细胞突起伸入基底膜形成足突样结构;细胞突起与基底膜之间通过半桥粒结构形成紧密连接,微绒毛和桥粒连接共同在 hAEC 间组成复杂的迷路型管道系统,是沟通羊膜腔和羊膜基质的通道,有益于进行物质交换。这些结构特点为其在医学领域的应用奠定了物质基础。

五、人羊膜上皮干细胞的表面标记

hAEC 源于外胚层成羊膜细胞,保持着早期外胚层细胞的多潜能特性。从正常分娩的胎盘羊膜中,新分离的 hAEC 具有干细胞某些表面抗原标志,如 SSEA-3、SSEA-4、TRA-1-60、TRA-1-81、SOX-2、FGF-4 和 Rex-1,部分 hAEC 表达 c-kit 和 Thy-1。此外,hAEC 还表达多潜能干细胞特定的转录因子 Oct-4 和 Nanog;但 hAEC 不表达干细胞中的端粒酶基因,端粒酶可以保护染色体的末端,保证 DNA 不在复制过程中缩短,从而使细胞永生化。因此,hAEC 不能无限增殖,具有非致瘤性。将其应用于细胞移植比胚胎干细胞更具有优越性。

此外,hAEC 表达结蛋白和波形蛋白,与 hAMSC 表达相同的标记分子,有培养的间充质干细胞的抗原表达特征;还能检测到通常表达在神经细胞、肺细胞及其他分化细胞的基因产物如金属蛋白酶,这些标志物的表达,提示 hAEC 分化成几种组织细胞类型的可能性。流式细胞术分析显示,不同程度地阳性表达 CD44、CD90;阴性表达 CD31、CD34、CD45(图 26-22),细胞兼有间充质干细胞的表型特征。免疫荧光染色结果显示,hAEC 表达 Pan-CK,有少数细胞表达 vimentin。但随着培养代数增加,vimentin 在上皮细胞中的表达增强,在体外培养至第 3 代的羊膜上皮细胞可观察到 Pan-CK 和 vimentin 在上皮细胞中的共表达。

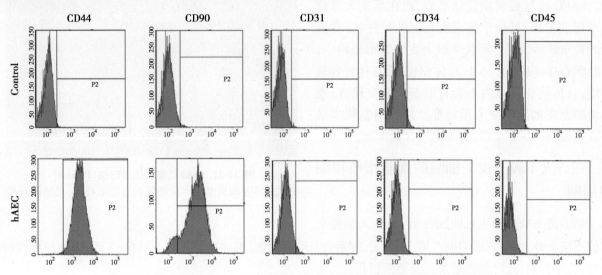

图 26-22　流式细胞分析技术检测人羊膜上皮细胞表面标志物的表达情况
CD44 和 CD90 表达阳性;CD31、CD34 和 CD45 表达阴性

六、人羊膜上皮干细胞具有类似胚胎干细胞的生物学特性

hAEC 在其起源上有别于胎盘其他部位来源的细胞,具有自身的特殊性。hAEC 起源于受精后第 8 天的上胚层细胞(epiblast),与最终发育成胎儿的起源相同,并且在发育的时间上早于原肠胚形成,因此理论上讲羊膜上皮细胞更好地保持前原肠胚细胞的可塑性,具有类似胚胎干细胞的生物学特性。

羊膜属于胎盘组织和绒毛膜黏附在一起,但它不是与绒毛膜共同起源于胚外的中胚层,而是由受精卵发育至第 8 天的囊胚内细胞团(inner cell mass)分化而来的,故而其上皮细胞保有最早的胚胎干细胞特性。目前已知,羊膜上皮细胞除缺乏端粒酶表达之外,胚胎干细胞主要的分子标志物它基本都能表达,表明它具有胚胎干细胞所特有的向三个胚层组织分化的潜能。人羊膜上皮细胞具有干细胞特性:表达干细胞某些表面抗原标志,如 SSEA-3、SSEA-4、TRA-1-60、TRA-1-81、SOX-2、FGF-4 和 Rex-1 等;表达多潜能干细胞特定的转录因子 Oct-4 和 Nanog。体外培养人羊膜上皮细胞会形成三种生长形态:在培养皿底部形成单层细胞,类似滋养层;在此层上面,还能像胚胎干细胞那样形成克隆球生长;另外,还有生长在培养液内的漂浮细胞。这三种形态的细胞(图 26-23)都表达胚胎干细胞分子标志,但是强弱有别,克隆球的细胞表达最强,底部的滋养层表达最弱。

目前的研究证实,hAEC 表达胚胎干细胞的多能性表面抗原,如 SSEA-3、SSEA-4、TRA1-60 和 TRA1-81,以及多能的细胞内分子标志 Oct-4、Nanog 等。

七、人羊膜上皮干细胞具有移植免疫耐受特点

根据遗传学理论,胎儿对双亲来说属于异基因型(allogeneic),基因组中一半来自父亲,一半来自母亲。胎儿在母体内应属同种异体移植(allogeneic graft),按理来说母体免疫系统要排斥胎儿。然而,胎儿对母体却

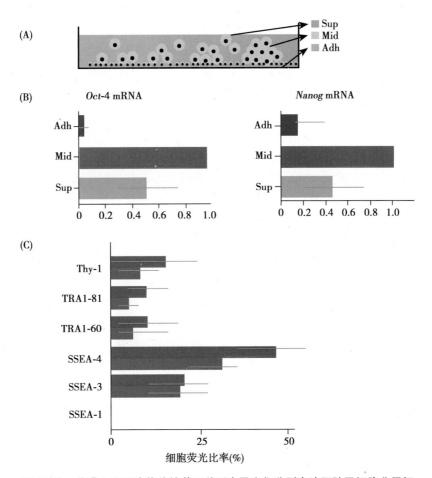

图 26-23　羊膜上皮细胞体外培养三种形态及它们分别表达胚胎干细胞分子标志物的情况

（A）Sup 为培养的悬浮羊膜上皮细胞,Mid 为形成克隆球的羊膜上皮细胞,Adh 为黏附在底层的羊膜上皮细胞;（B）三胚层中 Oct-4、Nanog 的表达情况;（C）其他胚胎干细胞分子标志物在克隆球和底层细胞表达情况。SSEA-1 是鼠胚胎干细胞的分子标志物,在人胚胎干细胞内部不表达,在人的羊膜上皮细胞也不表达（改绘自 Chan J[1],O'Donoghue K,2005）

具有免疫耐受。这种耐受不是胎儿本身血缘所具有的,因为借腹生子（没有血缘关系）的胎儿也是免疫耐受的。虽然,这种免疫耐受机制很复杂,但基本原理已很清楚。胎儿的羊膜和胎盘形成了免疫屏障,抑制了母体免疫细胞的激活和对胎儿的入侵。

20 世纪 80 年代初,人们就已经知道人羊膜上皮细胞不表达 HLA 抗原（包括 HLA-A、B、C、DR、β_2 微球蛋白等）,故而抗原提呈（antigen presentation）受阻,它的移植不引发宿主免疫应答反应。体外免疫实验也能证明这种特征。用人羊膜上皮细胞与淋巴细胞在体外共培养,可以明显抑制植物血凝素（PHA）和伴刀豆球蛋白 A（Con A）对淋巴细胞的激活。若用人羊膜上皮细胞分别与 T、B 淋巴细胞温育,也能分别抑制 Con A 和 LPS（脂多糖）对 T、B 淋巴细胞的激活。人羊膜上皮细胞在体外,也能分别抑制 MIPZ（细胞迁移激活蛋白 2）对粒细胞和巨噬细胞的迁移作用。若是 T、B 淋巴细胞已经激活,体外培养的羊膜上皮细胞,也能促使它们凋亡。

人羊膜上皮细胞能够分泌多种炎症抑制因子,例如,白细胞迁移抑制因子（MIF）、TGFβ、IL-10、防御素（defensin）等故而具有很好的抗炎症功能,有利于移植后在宿主体内的存活。

人羊膜上皮细胞来源于早期胚胎外胚层,和许多未成熟细胞或干细胞一样低表达 MHC-1 类抗原。Adinolfi 等用免疫荧光技术证明人羊膜上皮细胞膜上不表达 HLA-A、B、C 和 DR 抗原,也不表达 β_2-微球蛋白,用敏感的体外放射生物学技术可以显示 I 类、II 类抗原有轻度表达。Sakuragawa 等也报道了人羊膜上皮细胞不具有免疫原性,经流式细胞术分析揭示这些细胞表面不表达 MHC-Ⅱ类抗原但是少量表达 MHC-Ⅰ类抗原;用免疫过氧化物酶染色也证实了 MHC-Ⅰ类抗原弱阳性,MHC-Ⅱ类抗原阴性,并且加入 γ-干扰素(100U/ml)诱导培养 3 天也不增加两者的表达。后来 Terada 等也报道人羊膜上皮细胞表面不表达 HLA-A、B、C 和 DR 抗原,同种异体移植后不会引起免疫排斥。此外人羊膜上皮细胞还可分泌抗炎因子,可以防止移植后炎性反应的发生。综上可知,人羊膜上皮细胞可以看作免疫赦免细胞,移植后可减少免疫细胞来源,避免免疫排斥反应的发生。

然而,将来源于增强型绿色荧光蛋白转基因 C57BL/6 小鼠、野生型 C57BL/6 小鼠的羊膜上皮移植至 BALB/c 小鼠、C57BL/6 小鼠或预先被供体抗原致敏的 BALB/c 小鼠的角膜、结膜或眼前房,研究者发现与正常受者相比较,预先致敏和再次接受 hAEC 移植的受者(在接受本次移植的 7 天前,另外一眼曾接受 hAEC 移植),羊膜存活时间明显缩短,移植 hAEC 后 2 周,预先致敏和再次接受 hAEC 移植的受者发生了迟发型超敏反应,而正常受者却未发生超敏反应。表明同种异体的 hAEC 仍然易受到免疫排斥反应攻击,并且,这种排斥反应在预先致敏者尤为明显。总之,羊膜和羊膜细胞免疫原性的研究仍不容忽视。

八、人羊膜上皮干细胞缺乏端粒酶

人羊膜上皮细胞不表达干细胞中的端粒酶基因,端粒酶可以保护染色体的末端,保证 DNA 不在复制过程中缩短从而使细胞永生化,因此人羊膜上皮细胞不能无限增殖,具有非致瘤性,如果将其应用于细胞移植比胚胎干细胞更具有优越性。由于羊膜上皮细胞缺乏端粒酶,故而在体外只能培养 4~5 代,培养十几天后细胞开始萎缩。虽然在体外羊膜上皮细胞不能大量扩增,好在它的来源还是丰富的。因为每张人的羊膜剥离下来的细胞,经体外培养后能拿到几亿个细胞,临床上可满足约 5 个患者的治疗。人的羊膜是婴儿出生的废弃物,来源方便,只要征求产妇的同意,应无伦理和法律的障碍。

人羊膜上皮细胞由于缺乏端粒酶,虽然在体外扩增受到限制,但也带来一个其他干细胞移植无法拥有的优点,这就是移植后在宿主体内不能扩增,因而不会形成瘤,当然也不会致癌。若将人羊膜上皮细胞移植到裸鼠皮下组织,一年后未长出瘤,说明移植是安全的。

从胎盘中分离的羊膜上皮细胞表达多种干细胞分子标志物,未见形成畸胎瘤样改变。

九、人羊膜上皮干细胞的诱导分化

羊膜上皮细胞具有部分干细胞特性,可分化为三个胚层不同类型的细胞。在体外,人羊膜上皮细胞可以定向分化为内胚层来源的胰岛细胞和肝细胞,中胚层来源的骨骼和肌肉,外胚层来源的神经和皮肤组织。在体内,由移植内环境决定其分化为何种组织。

人羊膜上皮细胞免疫原性低,且有足够细胞数量,能分化成不同的细胞类型。虽然不能称之为严格定义上的干细胞(不具有长期的自我更新和产生单个细胞克隆的能力),但依靠其不能无限增殖的非致瘤性,将比胚胎干细胞更具有优越性,加上其丰富的可塑性,将是未来细胞移植或组织工程重建的一种新型种子细胞,应用于治疗神经系统、肝脏等多种疾病。

1. 人羊膜上皮干细胞可以定向分化为内胚层来源组织细胞

(1) 向胰岛细胞分化:向培养的 hAEC 中加入烟酰胺诱导可使细胞分泌胰岛素,将上述经诱导后表达胰岛素的细胞移植入患有糖尿病的严重联合免疫缺陷小鼠中,小鼠的血糖维持正常水平,表明 hAEC 有治疗糖尿病的潜能,用 RT-PCR 分析显示,向胰岛分化之后 hAEC 表达 A、B 细胞标记分子,如转录因子 PDX-1 和 NKI2 等同时,成熟胰岛分泌的激素如胰岛素、胰高血糖素等。

Miki 等用 RT-PCR 检测到新分离的人羊膜上皮细胞表达 PDX-1,加入烟酰胺培养后 mRNA 仍然持续表达,同时也表达下游转录因子,双盒同源异形基因 6(paired box homeotic gene 6,Pax-6),基因座 2(locus 2,Nkx 2.2)和成熟的胰岛素和胰高血糖素,免疫化学染色可观察到胰高血糖素,表明烟酰胺加速了人羊膜上皮细胞向胰腺样细胞的分化。后来也有学者用烟酰胺证明了人羊膜上皮细胞具有胰腺样细胞的特性。

(2) 向肝样细胞分化:有学者报道其具有肝细胞表面标志并表达白蛋白和甲胎蛋白,可用于组织再生医学和基因载体治疗肝脏疾病。Kakishita 等在诱导培养基中添加胰岛素和地塞米松证明了人羊膜上皮细胞表达肝细胞标志。后来又有学者报道从新鲜分离的人羊膜上皮细胞中,通过 RT-PCR 检测到了白蛋白、α1AT、CK18、GS、CPS-I、PEPCK、CYP2D6 和 CYP3A4。在体外培养中加入肝细胞生长因子、成纤维细胞生长因 2、肝素钠和致瘤素,检测到人羊膜上皮细胞表达 AFP、TTR、TAT 和 CYP2C9,但是不表达 OTC、葡萄糖-6-磷酸酯酶或 TDO,这些结果显示了人羊膜上皮细胞表达肝细胞相关基因的亚型。此外,他们还发现人羊膜上皮细胞具有产生白蛋白和储存糖原的功能,这正是肝细胞所具有的典型功能。Miki 等也报道将新分离的人羊膜上皮细胞培养一周后,加入地塞米松和胰岛素,可加速向肝细胞分化并表达特定的肝细胞基因、白蛋白和 α1-抗胰蛋白酶,当人羊膜上皮细胞在含有地塞米松和 EGF 的培养基中培养时,这些基因的表达会增加。以上报道结果显示,人羊膜上皮细胞有望成为肝细胞替代疗法中的新型的细胞来源,应用肝脏疾病的治疗。

研究发现,hAEC 表达一些成熟肝细胞表达的分子,如白蛋白、细胞角蛋白 18、谷氨酰胺合成酶、氨基甲酰磷酸合成酶等。不仅如此,还表达肝细胞核因子-3γ 和 CCAAT/增强子结合蛋白-α,可诱导调控上述蛋白的表达。表明 hAEC 可通过自身产生的转录因子诱导其向肝细胞方向分化,具有肝细胞的部分生物学特性及功能。

肝细胞样细胞表达白蛋白,肝内移植 hAEC 后,可在严重联合免疫缺陷小鼠肝实质内检测出白蛋白,后续研究发现,上皮细胞也表达与肝细胞相关的其他功能物质,如糖原储备,表达肝浓缩转录因子和一些新陈代谢促进因子。这些研究表明 hAEC 有修复损伤肝组织的潜能。

Marongiu 等在体外使用 EGF、EGF2、肝细胞生长因子、致瘤素等细胞因子成功将 hAEC 诱导成具有一定功能的肝样细胞,将新鲜 hAEC 移植入严重联合免疫缺陷小鼠肝脏后,hAEC 可分化为肝样细胞而且表达成熟肝细胞的基因。hAEC 移植到人体内代替治疗坏死或损伤肝细胞,并延长移植细胞在体内的存活时间等问题还待进一步研究。

(3) 向心肌细胞分化:新鲜分离的 hAEC 虽未检测到心特异性基因的表达,但经过适当方法诱导培养后,可以显示一些心肌样细胞的特性。通过抗坏血酸磷酸盐诱导,可以表达心肌前体细胞标记分子 GATA 结合蛋白 4 及成熟心肌细胞标记分子心房钠尿肽等。上述研究表明,hAEC 具有向心肌样细胞分化的潜能,但自发收缩基因的表达未检测到,因此还需进一步研究 hAEC 移植入人心脏内后的变化及如何诱导自发收缩细胞。

用酸化的维生素 C 诱导 hAEC 第 14 天后,RT-PCR 检测发现 hAEC 表达诱导心房和心室肌球蛋白合成的特定基因和转录因子 GATA-4NKX25,用免疫组化分析肌动蛋白表达,其染色的结果与先前报道的从人上皮干细胞中提取的心肌细胞非常相似。

Miki 等还报道了用胚胎干细胞诱导分化心肌细胞的培养基来培养人羊膜上皮细胞,加入抗坏血酸培养 14 天后,可以检测到心肌细胞相关基因的表达,如心肌特异基因房、室肌球蛋白轻链 2(atrial and ventricular myosin light chain 2,MLC-2A,MLC-2V)及转录因子 GATA-4 和 Nkx2.5,免疫组织化学染色检测到 α-肌球蛋白。此外,Kakishita 等在培养基中加入抗坏血酸也检测到人羊膜上皮细胞具有成心肌细胞的特性。

2. 人羊膜上皮干细胞可以定向分化为中胚层来源的组织细胞　近来,有学者报道从妊娠早期(7~14 周)和妊娠晚期(34~40 周)的人胎盘羊膜中获得的人羊膜上皮细胞具有成脂肪细胞、骨骼肌细胞、成骨及软骨细胞的特性,Wolbank 等采用成骨细胞培养的试剂盒诱导培养出的人羊膜上皮细胞也表达成骨细胞特性。近来,Ilancheran 等也证实人羊膜上皮细胞在培养基中添加用胰岛素,转化生长因子 β1 及抗坏血酸可诱导其向软骨细胞分化。因此人羊膜上皮细胞有望成为骨及软骨组织工程种子细胞的来源。hAEC 可向其他中胚层谱系分化,如肌肉等。

3. 人羊膜上皮干细胞可以定向分化为外胚层来源的组织细胞　向神经细胞分化部分 hAEC 能表达神经细胞特异性抗原,包括神经前体细胞标记蛋白、神经元标记蛋白。hAEC 能合成和分泌一些神经递质如去甲肾上腺素、多巴胺及受体。Elwan 等检测到 hAEC 表达多巴胺 D1、D2 受体 mRNA 及其结合位点。hAEC 还分泌多种神经营养因子,将 hAEC 与神经干细胞进行共培养,hAEC 能够促进神经干细胞存活及分化,且主要向神经元分化,并促进神经元突起的生长,说明 hAEC 所分泌的多种神经营养因子对神经元具有明显的促存活与促生长作用。hAEC 可诱导向神经分化的特性,对于移植治疗神经系统退行性疾病和损伤具有良好的应用前景。

HAEC 有神经前体细胞的特征。人羊膜上皮细胞表达神经元和神经胶质的标志分子;细胞有向神经细胞分化的能力可合成并分泌乙酰胆碱、儿茶酚胺、多巴胺,这表明上皮干细胞有治疗神经退行性疾病的潜能。研究表明,hAEC 中存在神经元前体细胞或干细胞,有合成释放生物活性物质和神经营养因子的功能。Akiva 报道来源于鼠羊膜上皮细胞表达 CD29 和 CD90,但是不表达 CD45 和 CD11b。在培养基内的羊膜上皮细胞处于多分化状态,表达神经外胚层、中胚层和内胚层的标志蛋白,在神经诱导培养基中培养的羊膜上皮细胞表现为神经细胞的形态并且神经特异性基因表达上调。培养的 hAEC 合成和释放活化素(activin)和头蛋白(noggin)。研究表明,由 Activin A 可以诱导初始反应基因(primary response gene)Noggin mRNA 的表达,提示 hAEC 内存在 Activin 信号路径,人类羊膜组织中有可能包含有早期发育的神经元。在组织学、蛋白质和 mRNA 水平证实了少突胶质细胞特异性标志物髓磷脂碱性蛋白(myelin basic protein,MBP)、环核苷酸磷酸二酯酶(CNPase)、蛋白脂质蛋白(proteolipid protein,PLP)的表达。国内发现人羊膜组织中存在 Nestin/GFAP 双阳性细胞,此外,还表达 Musashi-1、波形蛋白(Vimentin)和多唾液酸神经细胞黏附分子(polysialic acid neural cell adhesion molecule,PSA-NCAM)等神经干细胞特异性标志蛋白;培养羊膜细胞中存在 Vimentin 和 PSA-NCAM 阳性细胞,以及 Nestin/GFAP 双阳性细胞。另外,从羊膜组织成功培养出的细胞,传代后在神经干细胞培养基中可以形成类似神经干细胞的球状结构。细胞表达 Vimentin 和 Nestin 两种神经干细胞的标志物,也表达神经元的标志物 NSE 和 β-微血管蛋白(β-tubulin)。

另外,在体外实验中发现培养 hAEC 上清液可以明显抑制中性粒细胞和巨噬细胞的化学趋向性,明显减少由分裂原刺激 T、B 细胞增殖,提示 hAEC 可能通过分泌一种可溶性因子抑制先天免疫和获得性免疫。羊膜还能抑制纤维化和新生血管形成,羊膜中不但含有抗新生血管化蛋白,而且其无血管的基质可以减少血管化的肉芽组织。Ilancheran S 等发现 hAEC 表达人类胚胎干细胞的相关蛋白,包括 POU 区域、class5、转录因子 1、Nanog 同源异形盒、SRY-box2 和 SSEA-4。

第四节　羊膜组织与再生医学

羊膜是一种易得的生物材料,也易于加工、处理、保存和运输,并且在贮存相当长的时间后其适用性仍然不会受到损害。同时,羊膜也是一种理想的生物修复材料,具有支持上皮细胞生长、延长其生命、维持其克隆的作用。hAEC 和 hAMSC 的分离纯化技术日渐成熟,为今后大规模的应用奠定了基础。更为重要的是,羊膜来源丰富、取材方便、易于分离,羊膜组织在胎儿娩出后即完成使命,成为"废弃物",对其研究不会涉及伦理道德问题。它的这些独特的生物学特性使其必然成为现代临床医学中密切关注的领域,并具进一步深入研究的价值及更广泛的开发前景。

一、羊膜临床应用历史与发展

羊膜作为一种生物材料应用于临床已有百余年的历史,近年来,随着医学的发展和对羊膜认识的进一步深入,羊膜的临床应用领域越来越广泛。

1910 年 Davis 首次报道了用胎膜作为手术替代材料来进行皮肤移植。1913 年 Stern 和 Sabella 分别报道了用羊膜来治疗皮肤烧伤和皮肤溃疡,羊膜贴附在伤口上,患者疼痛明显减轻,伤处的皮肤创面上皮化明显加快。但是,由于机制不清,所以这些令人鼓舞的研究结果,并未引起医学界的重视。

1935 年和 1937 年 Brindeau 和 Burger 分别报道了用羊膜作为移植片来形成人工阴道并获得成功,手术后 9 个月的阴道刮片显示,阴道已经成功上皮化,并且与羊膜的上皮表型不同,提示阴道重建后的上皮来源于阴道的入口,羊膜起到基底膜的作用。自此以后,利用羊膜进行手术的研究日益增多,相继有学者报道采用羊膜修复烧伤皮肤、腿部的慢性溃疡、人工阴道及膀胱,或者用于修复脐膨出和预防腹部、头部和盆腔手术后的粘连。1940 年 De Rotth 首次将羊膜应用于眼部修复结膜缺损。

1946 年和 1949 年 Sorsby 连续报道了用羊膜作为敷料来治疗眼部急性烧伤。然而,由于 deRotth 使用的羊膜含有抗原性很强的绒毛膜,移植片发生排斥溶解,导致手术失败,因此羊膜的应用研究搁置了很长时间。直到 1995 年 Kim 和 Tseng 报道了用经过改良方法处理和保存的羊膜重建眼表获得成功,羊膜才又成为眼科的一个研究和应用热点。

1997 年,Ma 等开始从分子生物学角度对羊膜移植的可行性进行了研究,从分子水平阐述了羊膜的生物学特性。Akle 曾在异种皮下种植羊膜,术后 7 周未出现明显免疫应答反应;通过转染猿猴病毒 T 抗原(SV40)使 hAEC 出现高分化潜能,应用流式细胞术和免疫组化方法分析转染前和转染后的细胞两者均未能表达明显的 MHC-Ⅱ类抗原,从而认为羊膜缺乏免疫原性。

二、羊膜组织与再生

羊膜被认为是适于上皮生长的天然培养基。羊膜能产生各种生长因子如 EGF、TGF-β、HGF、bFGF 及 IL-10。这些细胞因子可能通过单独或网状途径加速中性粒细胞的程序性死亡,然后影响胶原酶的产生及其相关功能,从而减轻炎症。

1. 羊膜可促进多种细胞黏附和生长　羊膜的基质成分主要包括胶原和层粘连蛋白。层粘连蛋白是细胞外基质的非胶原糖蛋白,与Ⅳ型胶原结合构成羊膜结构中基底膜的骨架成分,基底膜厚有利于细胞的黏附;其富含胶原蛋白、糖蛋白、蛋白多糖和整合素等多种成分,羊膜细胞表达多种生长因子 mRNA 和相关蛋白,为黏附细胞的生长提供足够的营养物质;厚的基底膜可促进上皮细胞的黏附、移行,并抑制其凋亡。羊膜上皮层可合成并释放多种生长因子,对多种细胞的生长都有促进作用,如 KGF 通过旁分泌可促进上皮细胞或成纤维细胞增殖;碱性成纤维细胞生长因子可通过调节成纤维细胞的增殖分化进而促进创伤修复。故羊膜是细胞生长的良好载体。

2. 羊膜可抑制炎症、抑制纤维化及瘢痕组织形成、防止肌腱粘连　研究发现羊膜可通过抑制炎前因子的活性,使白细胞介素-1α 和白细胞介素-1β 的表达量降低,进而抑制炎症反应。同时,羊膜中含有的Ⅶ型胶原、金属蛋白酶组织抑制剂等都可以直接或间接地作用于损伤部位,抑制炎症的发生。瘢痕形成和纤维化是病理损伤后伤口愈合过程中的共同结果,是一个复杂的过程。羊膜可通过抑制上皮细胞诱导的肌成纤维细胞分化,进而起到抑制纤维化的作用;瘢痕组织是过度纤维化的表现,羊膜抑制瘢痕组织形成的机制主要与以下两个方面有关。一方面,羊膜无血管基质可以防止纤维瘢痕组织的形成;另一方面,TGF-β 是瘢痕形成过程中最重要的调节因子,其表达量的变化与瘢痕的形成呈现正相关关系。RT-PCR 结果显示,人羊膜表达TGF-β 随培养时间的延长其表达量是逐渐减少的,说明羊膜可通过抑制 TGF-β 相关蛋白的表达进而抑制瘢痕的过度形成。

3. 羊膜可防止肌腱粘连　羊膜防止肌腱粘连方面已有报道。Mei 等对 30 只肉鸡 60 根肌腱进行人为切断,吻合后将羊膜植入肌腱周围,定期观察发现修复中肌腱与周围组织未发生粘连,术后 3 ~ 4 周羊膜消退吸收周围出现裂隙,之后用羊膜治疗 22 例外伤性肌腱断裂进行临床验证,结果显示 22 例患者均未发生肌腱粘连。由此可见,应用羊膜防止肌腱粘连效果令人满意,证明羊膜有很好的防止肌腱粘连的作用。

4. 羊膜促进周围神经的再生　Mohammad 等用羊膜制成神经导管修复大鼠坐骨神经缺损(近 1mm),结果发现,有神经组织长入并穿过羊膜导管,提示羊膜含有重要的嗜神经组织因子。Mligiliche 等将脱细胞羊膜制成管状用以修复神经缺损,发现修复结果与管径大小有关,适合的管径的羊膜可促进周围神经的再生。

三、羊膜的再生

羊膜是胎膜的组成部分之一。基于人类胎膜是不受神经支配的,羊膜中也没有血液循环。皮肤和其他器官中典型的创伤愈合应答反应包括炎症、瘢痕形成、组织再生等在胎膜中是不太可能发生的。但是,在未足月胎膜早破(preterm pre-mature rupture of the membranes,PPROM)研究中发现有 7.7% ~ 9.7% 的胎膜破损能够自然闭合,妊娠可能继续,其围生儿预后较好。提示胎膜是否存在再生现象值得进一步研究。

未足月胎膜早破是指妊娠未满 37 周胎膜在临产前发生破裂。PPROM 的主要危害是早产、脐带脱垂、宫内感染及胎儿窘迫等。在所有妊娠中 PPROM 发生率为 2% ~ 3%,早产 30% ~ 40% 由 PPROM 引发,PPROM孕妇中有 60% ~ 80% 的孕妇在胎膜破裂 7 天内分娩,其中,潜伏期为 6.6 天。通过羊膜、绒毛膜体外实验证明,羊膜破口暴露的纤维组织可激发血小板的聚集、黏附和活化,在缺损处局部形成栓子,堵塞破口。电镜下可观察到局部形成的血小板栓子。提示可能为羊膜干细胞释放细胞因子发挥旁分泌作用的结果。虽然破口处羊膜也会通过滑动、收缩和在子宫肌层与子宫蜕膜层形成瘢痕进行功能性封闭,但不能达到胎膜解剖学的封闭。由 PPROM 造成的羊膜腔开放和羊水持续渗漏,以及其引发的早产是导致新生儿发病率与死亡率升高的重要原因,据报道新生儿存活率只有 94%。其余妊娠则面临肺发育不全、骨骼畸形和母体感染等危险。因此,在存活的婴儿中,其发育迟缓的危险性高达 22%~53%。目前,治疗 PPROM 的传统疗法,包括期待疗法与终止妊娠,虽在一定程度上改善了围产儿的预后,但未能从根本上解决这一问题。因此,进一步探讨 PPROM 的封闭疗法极为重要。

1. 胎膜破裂的体外实验模型　羊膜腔封闭的动物实验多使用兔孕中期模型。于孕 22~23 天(足月为 30~32 天)行子宫羊膜切开术或胎儿镜手术,术后用不同材料和方法封闭羊膜,比较各种材料及方法的疗效。具体方法是使用 30ml 的注射器,去掉乳头端,用橡皮筋将未足月胎膜固定于注射器上,羊膜面朝内,注射器内装有 20ml 羊水,统一用 9 号注射针头垂直刺破胎膜,见羊水流出,通过注入压缩空气到注射器羊水表面,使羊水压力维持在 130~260mmH$_2$O。每组制造标准的胎膜破口后,见羊水流出约 1ml,将封闭材料通过双腔三通管末端混合后一次性注入破口处。记录每组羊水渗漏干净或停止渗漏的时间,时间越长表示胎膜破口的封闭效果越好。再用显微镜对破口局部形态学进行观察,比较各封闭材料与破口处胎膜连接的紧密性与完整性。

2. 体外实验中胎膜的愈合能力　Quintero 等发现羊膜分化细胞株 FL(ATCC,CCL-62)有修复单细胞层中间微小缺损的能力。表皮生长因子和胰岛素样生长因子-1 可刺激羊膜细胞株 WISH(ATCC,CLL-25)增殖修复的能力。羊膜细胞的修复能力和孕周相关,远离足月的羊膜细胞具有更高的增殖率和修复中央缺损的能力。Devlieger 等在体外全层培养人胎膜组织块,在组织块中央建立损伤模型,发现组织块有局限性增殖,且组织块在体外培养 12 天仍能存活,但在中央缺损处却没有观察到胎膜组织愈合迹象。

3. 动物模型中胎膜的愈合能力　在研究胎膜创伤愈合应答反应的动物模型中,鼠胎膜用细针刺破后,伤口挛缩,破孔明显减小,组织学上的改变包括膜融合、粘连和血块形成。但破裂 5 天后胎膜完整性没有恢复,局部细胞也没有增殖。Gratac's 等完成了 19 例恒河猴胎儿镜检查后,胎膜缺损处的显微镜检查发现胎膜的愈合能力非常有限,恒河猴胎儿镜检查 6 周后,在胎儿镜进针处胎膜的缺损仍持续存在。

4. 胎膜修补　胎膜破口如果能够愈合或封闭,则可能恢复羊膜腔的内环境,从而延长孕周,同时使羊水量逐渐恢复正常,减少羊水过少导致的胎肺和骨骼发育不全。在处理医源性胎膜破裂上,已经有一些成功的个案报道。

1979 年,Genz 等首次报道了 2 例 PPROM 孕妇采用纤维蛋白封闭剂治疗的病例。从此以后,各国研究者相继报道了各种封闭剂在胎膜早破破口修复中的应用。羊膜腔封闭材料主要有纤维蛋白胶、羊膜补片、胶原栓剂、明胶海绵和生物基质补片等。然而,由于自发性胎膜破裂前存在胎膜基质的降解和亚临床感染,自发性胎膜破裂后的胎膜修补成功的报道较少。为了让胎膜修补尽快用于临床,还需要进一步研究最佳封闭及修复胎膜破口的生物材料、胎膜修补能否实现功能和解剖学两方面的修复、胎膜修补的最佳时间及介入方法和胎膜修补对母儿的利弊观察等。

5. 封闭方法　分为经宫颈注射、经羊膜腔注射和内镜下注射。此外,根据注射部位不同还可分为直接注射与破裂部位注射等。

四、羊膜的应用

临床应用的覆盖创面的生物敷料必须具备四个方面的特点:①敷料既可覆盖创面又可以主动参与创面修复过程;②应用过程舒适,不增加患者痛苦,无不良反应;③使用方便,不增加医务人员的额外工作量;④价格低廉,可以在临床大量推广应用。

近年来,羊膜作为生物敷料在临床应用越来越广泛,应用范围主要包括烧伤、机械性损伤、黏膜损伤及碱灼伤等创面的覆盖、减轻疼痛、抗菌消炎、促进愈合等。羊膜的临床应用范围日益扩大,但是应用最多的还是眼科手术后创面的治疗。羊膜组织因其独特的结构在重建健康眼表,防止角膜结膜化、血管化、感染及睑球粘连等方面具有独特的作用。

1. 重建眼表　结膜损伤是常见的眼表疾病。以往大多采用口唇黏膜作为结膜替代物,取材烦琐,术后外观欠佳,给患者增加了一定的痛苦。而采用羊膜替代结膜重建眼表,手术程序相对简单,残存的结膜细胞能很快在羊膜上爬行生长,术后外观及功能均较为满意。羊膜自身的一些特点决定了它比较适用于眼表重建。

2. 睑球粘连 睑球粘连见于各种原因引起的大面积结膜损害,如化学烧伤、热灼伤、机械性损伤、重型渗出性多形性红斑综合征(stevens-johnson syndrome)、复发性胬肉等。Solomon 等将羊膜移植用于睑球粘连 17 只眼的结膜穹隆重建,其中有 12 只眼获得了成功,睑球粘连完全解除;有 2 只眼获得部分穹隆重建,睑球粘连得到改善;有 3 只眼睑球粘连复发。提示羊膜移植是解决睑球粘连的有效方法。

3. 角膜溃疡 对于顽固性、药物治疗无效的上皮细胞缺失的患者,羊膜移植提供了一种可选择的新方法。无论是单层羊膜覆盖浅的溃疡还是多层羊膜移植治疗较深的溃疡,都取得了比较满意的临床疗效,大多数患者获得了有效的术后视力,相比较于角膜移植其优势明显。同时,手术后羊膜凭借较好的透明性可以使患者获得较好的远视力。

4. 视网膜移植 Yoshita 等使用分散酶处理过的羊膜为基底膜培养人视网膜色素上皮(RPE)细胞获得成功。用这种方法培养的 RPE 细胞的 RPE65、酪氨酸相关蛋白-2 等的基因表达上调。此外,血管内皮生长因子、色素上皮衍生因子明显增高。这项研究初步表明羊膜作为培养 RPE 细胞的基质可能有利于 RPE 细胞的分化及上皮表型表达。并且这项研究使羊膜在眼科的应用有了新的发展方向,为视网膜移植提供了新的研究方向与发展空间。

5. 硬脊膜损伤 Zhu 等对 60 只兔子行 L_5 水平椎板切除术,分别在硬膜外覆盖羊膜、几丁糖膜,空白对照组不做任何覆盖。空白对照组暴露的硬膜发生广泛粘连,硬膜外腔几乎消失;羊膜组和几丁糖膜组硬膜外瘢痕稀少,硬膜表面光滑,硬膜外形成潜在腔隙,维持了硬膜外的有效空间。不同时间段三组间粘连度评价以羊膜组最低,几丁糖膜组次之,空白组最高,比较均有显著性差异($P<0.05,P<0.01$)。在硬膜和骶棘肌间放置合适的材料,可预防硬膜外粘连。羊膜能预防硬膜外瘢痕向椎管内延伸。

6. 糖尿病难愈性皮肤溃疡 有学者选择 120 例糖尿病难愈性创面观察羊膜在组织修复中的作用,观察组创面应用人胎羊膜覆盖治疗,对照组采用常规治疗,分别于第 3、7、14 天观察创面上皮匍行后的面积及肉芽成熟程度。在治疗第 7、14 天时,观察组上皮匍行速度及肉芽组织生长均明显优于对照组($P<0.05,P<0.01$),说明羊膜组织在促进创面修复中有积极的作用。

7. 烧伤 有研究者采用同体对照,比较牛羊膜和作为对照的凡士林油纱敷料在烧伤创面的临床应用效果。结果羊膜组换药时患者疼痛轻微,对照组疼痛较明显。羊膜组创面愈合时间在各类创面中均低于对照组,差异有显著性意义,并且创面感染率在深Ⅱ度和残余创面也明显低于对照组,差异有显著性意义,说明牛羊膜可以促进烧伤创面愈合,降低创面感染率。

8. 口腔疾病 口腔外科医生经常面临着一个窘境,没有足够的自体口腔黏膜上皮组织来覆盖口腔组织缺损,如各种感染、损伤和肿瘤等引起组织缺损。传统方法是制造第二个创口进行自体黏膜移植。但该过程属于侵入性有创性操作,修复自身损伤的同时又制造了新的创面,增加了患者的痛苦。近年来,羊膜在烧伤及皮肤科的成功应用,为口腔组织缺损的修复提供了一个新的方法。羊膜在口腔科的应用主要包括以下几个方面:①口腔糜烂面的覆盖。②修复及重建牙周软组织缺损。Rinastiti 等在兔子上颌前磨牙与切牙之间除去直径约 4mm 的牙龈组织之后给予 5 层羊膜移植缝合固定,与不做处理的对照组进行对比,10 天后组织学观察发现羊膜组的成纤维细胞数目、成血管数目及胶原纤维的密度均高于对照组,这说明羊膜对较硬组织(如牙周软组织)缺损的修复有促进作用。③下颌前庭成形术中修补前庭黏膜缺损,改善手术造成的前庭沟变浅。④修补腭部软组织缺损,腭部软组织缺损修补的关键在于有效地抑制硬腭裸露骨面瘢痕组织的收缩,羊膜厚的基底膜可有效地防止过度纤维化,抑制瘢痕组织的增生,故羊膜在一定范围内可用于腭部软组织缺损的修补。这与 Song 等人用羊膜负载的羊膜复合组织片修复硬腭裸露软组织缺损的实验结果相一致。

此外,人羊膜还被应用于骨科疾病,如人胚半月板纤维软骨细胞扩增后与羊膜进行复合培养,发现纤维软骨细胞于羊膜上牢固黏附,3 天开始增殖,2 周时已有大量细胞生长于羊膜上,说明羊膜可作为半月板工程细胞支架材料。以羊膜作为移植物用于 5 例完全性阴道和宫颈不发育的女性的宫颈和阴道成形术中,实验结果也显示在所有病例中上皮形成良好,且宫颈及阴道重建成功。提示羊膜能作为一种同种异体移植物用于宫颈再造术效果良好。此外,还有对 6 例先天性无阴道患者进行羊膜移植阴道成形术的报道。研究发现羊膜覆盖创面 2 天后即可与创面形成羊膜痂,起到屏障的作用,保护创面,减轻或者消除患者因暴露的浅表神经受到刺激而引起的疼痛。同时,羊膜中含有的活性成分对损伤周围神经纤维的再生有一定的促进作用;羊膜中的次级溶酶体可刺激创面周围肥大细胞产生组胺,改善局部缺血的症状,原来苍白的创面色泽变红润,创面周围水肿减轻或消失;液态镶嵌结构的 hAEC 的细胞层孔径为 $0.5 \sim 4.0 \mu m$,一方面,可以允许水分和小分子物质通过,具有一定的透水透气性,在防止水分和电解质的过度丢失的同时可以使创面保持一定的湿度适合上皮细胞的生长,促进创面愈合;另一方面可以阻止细菌的侵入,减少创面的感染;羊膜柔软与创面贴敷良好无刺激,贴敷过程中无脱落便无须换药,这大大减少了换药给患者带来的痛苦和医务人员的工作量,羊膜来源丰富,价格低廉,可在临床广泛应用。

第五节　羊膜干细胞与再生医学

人羊膜细胞源于大量被遗弃的胎膜,也是再生医学中没有争议的细胞来源。今后的研究可探讨有效的实验方法,使人羊膜细胞向不同的细胞类型分化,用于临床移植。人羊膜细胞的应用将在生命科学领域引起一场新的变革,虽然此技术真正进入临床应用之前还有一段曲折的路要走,但毋庸置疑的是人羊膜细胞应用前景相当广阔。

一、羊膜间充质干细胞与再生医学

hAMSC 在再生医学应用中具有很高的应用价值,近年来已有不少学者应用 hAMSC 作为替代细胞来治疗各种疾病。研究者通过临床前的实验来探索验证对于 hAMSC 在临床治疗领域应用中的设想。目前,研究者已将 hAMSC 移植于骨损伤、糖尿病、肌营养不良、帕金森综合征、神经性疾病、骨髓损伤等疾病的动物模型体内,研究 hAMSC 的疗效及作用机制,为 hAMSC 的临床应用打下基础。

1. 外周神经损伤　国外有学者报道应用 hAMSC 移植治疗 SD 大鼠坐骨神经损伤,步态分析结果显示移植治疗组明显优于对照组,移植治疗组的肌肉复合动作电位的波幅百分比为 43%,对照组为 29%,动作电位传导潜伏期分别为 1.7 毫秒和 2.5 毫秒,表明移植组治疗效果优于对照组。

2. 心脏疾病　有研究发现 hAMSC 表达心肌特异性转录因子 GATA4,心肌特异性基因如 MLC-2a、MLC-2v、cTnI、cTnT 和一过性电流外向性钾离子通道 Kv4.3,经 bFGF 或苯丙酸诺龙 A 刺激后,hAMSC 表达心肌细胞特异性标记 Nkx2.5 和心房利钠肽以及 α 肌球蛋白重链。将 hAMSC 移植入心肌梗死的鼠心脏后,hAMSC 在瘢痕组织中存活至少 2 个月并且能分化成心肌细胞。

3. 中枢神经损伤　通过不同途径移植 hAMSC 治疗脑损伤大鼠,比较脑损伤大鼠行为学的改善,为脑损伤治疗选择有效的移植途径。hAMSC 移植对脑损伤大鼠行为学和空间学习记忆能力的影响,以及神经生长因子、纤维蛋白胶在人羊膜间充质干细胞移植中的作用。采用"无创途径",即静脉移植 hAMSC 以治疗阿尔茨海默病动物模型,结果显示可明显改善动物的认知功能,并且进一步对小鼠的体重、血细胞数目、肝肾功能指标、肿瘤标志物等进行检测,对 hAMSC 移植的安全性进行了综合评估,发现小鼠的肝肾功能未有明显损伤,且移植后无致瘤现象发生,安全可行。

4. 皮肤创面　Pang 实验室应用磁纳米颗粒标记的 hAMSC 皮内移植于小鼠全皮层创伤修复模型,与 PBS 对照组相比较,hAMSC 移植组创面愈合加速。HE 染色可见,hAMSC 移植组肉芽组织生长旺盛,成纤维细胞、毛细血管含量丰富,胶原沉积增多。

5. hAMSC 移植治疗 1 型糖尿病　研究发现 hAMSC 可以明显降低糖尿病大鼠的血糖,减轻糖尿病症状,并且,通过体内定位跟踪 hAMSC 发现干细胞可以归巢于胰腺损伤部位,进行胰岛修复。

另外,将 hAMSC 接种于由猪明胶制备的微载体上,于旋转培养瓶中进行增殖培养,并向骨细胞诱导分化发现 hAMSC 不仅具有很高的活性,还被成功诱导分化为骨组织细胞,再经灌注培养后,微载体就会聚集成厘米级的骨形态组织。hAMSC 能够高水平表达血管生成的相关基因,如 VEGF-A、血管生成素-1(angiogenin-1,Ang-1)、HGF 和 FGF-2。同时,hAMSC 体外培养可向血管内皮细胞分化,形成血管样组织;体内实验显示 hAMSC 移植能够增加小鼠下肢缺血部位的血液灌注量及局部毛细血管密度,表明 hAMSC 在血管发生中具有促进作用。hAMSC 还可分化为肝细胞样细胞或肝上皮样细胞,羊膜片移植于小鼠体内后分泌白蛋白,免疫荧光染色结果显示 hAMSC 肝内移植后 1、2 及 3 周表达肝细胞相关标志物 CK19、CK18 及白蛋白升高,表明 hAMSC 在损伤肝原位可向肝细胞分化。

二、羊膜上皮干细胞与再生医学

1. 缺血性脑损伤 研究表明,hAEC 可分泌多种神经营养因子,促进神经元的存活及其轴突生长。hAEC 可表达脑源性神经营养因子、神经营养因子-3 的 mRNA,在体外能改善无血清培养基中多巴胺能神经元的存活,且使多巴胺能神经元在 6-羟基多巴胺毒性作用时,保持形态完整。因此,在神经系统疾病中,hAEC 的应用有着非常重要的意义。将 hAEC 移植到 SD 大鼠脑损伤模型的脑内,发现 hAEC 可以在脑内存活至移植后 4 周,并且能表达神经元特异性抗原 MAP2,移植的动物后肢功能较对照组明显改善,提示 hAEC 移植治疗能有效改善神经功能。培养的 hAEC 中存在有神经元和神经干细胞表面标记 Nestin 和 MAP2 的阳性细胞,同时表达 Nestin 的 mRNA。纯化后的神经元干细胞脑缺血模型的脑内细胞移植实验发现移植细胞可以迁移到缺血部位,并显示了选择性神经元死亡与存活,与脑缺血部位相应的神经元成活。

2. 脊髓损伤 利用体外培养标记的 hAEC 移植治疗猴脊髓损伤,通过 15～60 天观察,发现移植部位有成活的 hAEC 存在,并且宿主脊髓中有与 hAEC 同样标记物的神经元和轴突,提示 hAEC 具有修复神经系统损伤的作用。

3. 帕金森病(parkinson disease,PD) PD 常见于老年人,是一种神经退行性病变,以脑的苍白球及黑质的多巴胺进行性减少为特征,目前尚缺乏有效的治疗措施。Kakishita 等的研究表明,hAEC 能够合成并产生 DA,分子水平研究证实,hAEC 有酪氨酸羟化酶(tyrosine hydroxylase,TH)的 mRNA 和蛋白质表达,在培养 hAEC 中,约 10% 的细胞酪氨酸羟化酶免疫组织化学染色阳性。酪氨酸羟化酶阳性细胞体内移植治疗大鼠帕金森病模型的实验表明,其不仅可以缓解帕金森病的临床症状,而且脑内移植细胞可以存活并具有产生 DA 的功能。

4. 黏多糖病 黏多糖病Ⅶ型是溶酶体贮积症的一种,是由于降解葡萄糖胺聚糖的 β-葡糖苷酸酶缺乏所致,传统的酶替代疗法、骨髓移植等不能改善患儿的中枢神经系统症状。用封装的转基因 hAEC 移植治疗黏多糖病Ⅶ型,发现在移植后 7 天 C3H 黏多糖病Ⅶ型模型鼠脑内的 β-葡糖苷酸酶增加,说明 hAEC 可以有效地用于黏多糖病Ⅶ型的治疗。

5. 肝脏疾病 近年来,由于供者短缺,很难获得肝脏来源的细胞。在诱导培养基中,添加胰岛素和地塞米松证明 hAEC 表达肝细胞标志。从新鲜分离的 hAEC 中,通过 RT-PCR 检测到白蛋白、α1AT、CK18、GS、CPS-I、PEPCK、CYP2D6 和 CYP3A4。在体外培养中,加入肝细胞生长因子、成纤维细胞生长因子 2、肝素钠和致瘤素,检测到 hAEC 表达 AFP、TTR、TAT 和 CYP2C9,但是不表达 OTC、葡萄糖-6-磷酸酯酶或 TDO,这些结果显示,hAEC 表达肝细胞相关基因的亚型。此外,还发现 hAEC 具有产生白蛋白和储存糖原的功能。将新分离的 hAEC 培养 7 天后,加入地塞米松和胰岛素,可加速向肝细胞分化并表达特定的肝细胞基因、白蛋白和 α1-抗胰蛋白酶,当 hAEC 在含有地塞米松和 EGF 的培养基中进行培养时,这些基因的表达会增加。结果显示 hAEC 有望成为肝细胞替代疗法中的新型的细胞来源,应用于肝脏疾病的治疗。

小 结

羊膜是子宫内包被胎儿的一层薄膜,对胎儿有保护作用。羊膜是一种生物膜,它结构简单,仅有一层上皮细胞位于基底膜上及其下的一薄层结缔组织,由于羊膜无血管供应,细胞通过羊水营养物质维生,故其有耐"饥饿"的特点。由此羊膜可用于临床多种用途:如覆盖创面,用在烧伤和眼表面损伤;器官移植和再造。羊膜有韧性,无血管、神经和淋巴管,主要分 5 层:①上皮层:大部分为单层立方上皮,有合成、分泌和沉积基底膜和细胞外间质成分的能力。②基底膜:由狭窄的无细胞网状纤维构成,厚度不一,含Ⅰ型胶原纤维网、层粘连蛋白和硫肝糖蛋白。③致密层:薄而致密,无细胞,由网织纤维组成。④成纤维细胞层:是羊膜厚度的主要组成部分,由疏松的成纤维细胞和网状纤维构成。⑤海绵层:由波浪状网织纤维构成。人羊膜组织,因来源丰富,容易获得,免疫原性低,抗炎效果显著,获取时也不会损伤人胚胎等优势特征;无损母亲健康,避免有关胚胎干细胞的伦理争论,羊膜已能分离为具有不同细胞类型和分化潜能的细胞。近期羊膜上皮细胞用于治疗 Parkinson 综合征。建立和利用羊膜库是一种有益的开辟性的工作。

人羊膜来源干细胞包括人羊膜间充质干细胞(hAMSC)和人羊膜上皮细胞(hAEC),具有获取简单、几乎不受伦理学限制、来源丰富、免疫原性低、增殖能力强及向 3 个胚层来源的组织细胞分化的潜能等优势,成为细胞移植的新来源。

hAMSC 是存在于羊膜基质中的一种具有多向分化潜能的干细胞。它来源充足,易于鉴定,细胞增殖能力强,可在体外大量培养扩增,异体移植无免疫排斥反应,免疫原性比骨髓间充质干细胞低。hAMSC 具有间充质干细胞的超微结构特点。它可以向骨、软骨、脂肪等组织分化,并能分泌细胞因子以调节细胞增殖和细胞分化功能。因此,hAMSC 是细胞治疗和组织工程的理想种子细胞,在异体细胞移植领域有很好的应用前景。

羊膜上皮细胞保留胚胎干细胞特性,能向三个胚层组织分化,具有较强的分化能力;具有较好的免疫耐受能力,移植时无须 HLA 或基因配型;能够分泌多种抗炎因子,具有很好的抗炎症功能;因缺乏端粒酶,在细胞体内不会无限增殖,也就不会致癌,因而移植是安全的;人的羊膜容易取得,能够获得大量细胞,制备工艺简单,质量容易得到控制。羊膜上皮细胞的这些特征,基本能满足干细胞移植的标准要求,故而具有临床广泛应用的美好前景。

hAEC 作为一种备选的良好的组织工程种子细胞,具有以下独特的优势:

1. 取材于分娩后废弃的胎盘,来源丰富、容易获得,不会对产妇及胎儿造成任何不良影响,不引起任何伦理及法律争议;

2. 每个废弃胎盘羊膜中可提取接近 10^9 数量级的 hAEC,通过扩增达到 10^{11} 数量级,细胞数量接近移植的要求;

3. 不表达干细胞中的端粒酶基因,端粒酶可以保护染色体的末端,保证 DNA 不在复制过程中缩短从而使细胞永生化,因此 hAEC 不能无限增殖,具有非致瘤性;

4. 不表达 MHC-Ⅱ类抗原,少量表达 MHC-Ⅰ类抗原,不具有免疫原性;

5. 培养过程中不需要动物血清、动物细胞的支持培养,免受动物源性疾病的污染;

6. 可分泌抗炎因子,可以防止移植后炎性反应的发生。

皮肤创伤尤其是慢性皮肤创伤已经成为了一个社会问题,改善治疗的有效性是研究人员长久以来致力的目标。总地来说羊膜无论作为负载其他细胞的生物膜基质,作为细胞供体,还是直接作为生物敷料,其主要作用是促进角质细胞和成纤维细胞的增殖和迁移,抑制炎性反应,促进再上皮化,从而促进创伤修复。目前的研究多是基于实验动物的研究,为了其能够在临床得到广泛应用,需要更多的科研人员付出更多的努力。羊膜在皮肤创伤修复中的应用前景是非常可观的,相信羊膜治疗皮肤创伤修复的时代会很快到来。

近年来,国内外研究者将羊膜来源的干细胞作为替代细胞移植来治疗各种疾病,并且取得了较好的研究成果,因此,羊膜来源的干细胞也被认为是再生医学领域很有应用前景的一种生物材料和新的细胞来源。

(庞希宁 施萍 张殿宝 王瑞 赵峰 张涛 郎宏鑫 林学文)

参 考 文 献

1. 庞希宁,王竞,施萍,等.人羊膜间充质干细胞的超微结构观察.基础医学与临床,2013,33(11):1371-1376.

2. 王瑞,庞希宁,施萍.磁性纳米颗粒与脂质体介导 REST-siRNA 转染的比较研究.基础医学与临床,2013,33(12):1549-1505.

3. 霍双枝,施萍,庞希宁.人羊膜负载人羊膜间充质干细胞对 SD 大鼠皮肤创面愈合的影响,中国医学科学院学报,2011,33(6):611-614.

4. 李彩虹,施萍,庞希宁.表皮生长因子影响人羊膜间充质干细胞迁移的机制.中国医学科学院学报,2011,33(6):606-610.

5. 王瑞,庞希宁,施萍,等.聚乙烯亚胺包被的 Fe_3O_4 磁纳米颗粒对 hAMSCs 生物特性的影响.基础医学与临床,2013,33(11):1398-1403.

6. 庞希宁,刘晓玉,施萍,等.人羊膜间充质干细胞储备库的构建方法.基础医学与临床,2013,33(11):1410-1417.

7. 张涛,庞希宁,施萍,等.水通道蛋白1促进人羊膜间充质干细胞的迁移.基础医学与临床,2013,33(11):1387-1390.

8. 庞希宁,李彩虹,施萍,等.EGF 对 hAMSCs 基因表达谱影响及生物信息学分析.基础医学与临床,2013,33(11):1391-1397.

9. 王瑞,刘晓玉,庞希宁,等.聚乙烯亚胺包被的四氧化三铁磁纳米颗粒对 hADSCs 生物学特性的影响.基础医学与临床,2013, 33(11):1398-1403.

10. 谭丽萍,庞希宁,施萍,等.EGF 促进人羊膜间充质干细胞迁移上调 MMP14 和 IL-1β 表达.基础医学与临床,2013,33(11): 1404-1409.

11. Miki T,Lehmann T,Cai H,et al. Stem cell characteristics of amniotic epithelial cells. Stem cells,2005,23(10):1549-1559.

12. Miki T,Lehmann T,Hongbo C,et al. Stem Cell Characteristics of Amniotic Epithelial Cells. Stem Cells 2005,23(10):1549-1559.

13. Enosawa S,Sakuragawa N,Suzuki S. Possible use of amniotic cells for regenerative medicine. Nippon Rinsho 2003,61(3):396-400.

14. Takashima S,Ise H,Zhao P,et al. Human amniotic epithelial cells possess hepatocyte-like characteristics and functions. Cell Struct Funct,2004,29(3):73-84.

15. Translational Medicine Journal,Vol. 2 No. 6,Dec 2013.

16. Marongiu F,Gramignoli R,Dorko K,et al. Hepatic differentiation of amniotic epithelial cells. Hepatology,2011,53(5):1719-1729.

17. Ilancheran S,Michalska A,Peh G,et al. Stem cells derived from human fetal membranes display multi-lineage Differentiation potential. Biol Reprod,2007,77(3):577-588.

18. Portmann-Lanz CB,Schoeberlein A,Huber A,et al. Placental mesenchymal stem cells as potential autologous graft for pre-and peri-natal neuroregeneration. Am J Obstet Gynecol,2006,194(3):664-673.

19. Wolbank S,Peterbauer A,Fahrner M,et al. Dose-Dependent immunomodulatory effect of human stem cell from amniotic membrane: A comparison with human mesenchymal stem cells from Adipose Tissue. Tissue Eng,2007,13(6):1173-1183.

20. Elwan MA,Ishii T,Sakuragawa N. Evidence of dopamine D1 receptor mRNA and binding sites in cultured human amniotic epithelial cells. Neurosci Lett,2003,344(3):157-160.

21. Elwan MA,Ishii T,Sakuragawa N. Characterization of dopamine D2 receptor gene expression and binding sites in human placenta amniotic epithelial cells. Placenta,2003,24(6):658-663.

22. Meng X,Chen D,Dong Z,et al. Enhanced neural differentiation of neural stem cells and neurite growth by amniotic epithelial cell co-culture. Cell Biol Int,2007,31(7):691-698.

23. Miki T,Strom SC. Amnion-derived pluripotent/multipotent stem cells. Stem cell,2006,2(2):133-142.

24. Akle CA,Adinolfi M,Welsh KI,et al. Immunogenicity of human amniotic epithelial cells after transplantation into volunteers. Lancet,1981,2(8254):1003-1005.

25. Adinolfi M,Akle CA,Mccoll I,et al. Expression of HLA antigens,beta 2-microglobulin and enzymes by human amniotic epithelial cells. Nature,1982,295(5847):325-327.

26. Sakuragawa N,Tohyama J,Yamamoto H. Immunostaining of human amniotic epithelial cells:possible use as a transgene carrier in gene therapy for inborn errors of metabolism. Cell Transplant,1995,4(3):343-346.

27. Terada S,Matsuura K,Enosawa S,et al. Inducing proliferation of human amniotic epithelial(HAE)cells for cell therapy. Cell Transplant,2000,9(5):701-704.

28. Bailo M,Soncini M,Vertua E,et al. Engraftment potential of human amnion and chorion cells derived from term placenta. Transplantation,2004,78(10):1439-1448.

29. Liu T,Zhai H,Xu Y,et al. Amniotic membrane traps and induces apoptosis of inflammatory cells in ocular surface chemical burn. Mol Vis,2012,18:2137-2146.

30. Chau DY,Brown SV,Mather ML,et al. Tissue transglutaminase(TG-2)modified amniotic membrane:a novel scaffold for biomedical applications. Biomed Mater,2012,7(4):045-011.

31. Tauzin H,Humbert P,Viennet C,et al. Human amniotic membrane in the management of chronic venous leg ulcers. Ann Dermatol Venereol,2011,138(8-9):572-579.

32. S. Guo,L. A. DiPietro. Factors Affecting Wound Healing. Critical Reviews in Oral Biology & Medicine,2010,89(3):219-229.

33. Li Z,Zhao M,Ke N. Amniotic membrane transplant using fibrin glue for the treatment of deep layer corneal damage. Zhonghua Yan Ke Za Zhi,2011,47(4):342-346.

34. Huo SZ,Shi P,Pang XN. Effect of the human amniotic membrane loaded with human amnioticmesenchymal stem cells on the skin wounds of SD rats. Zhongguo Yi Xue Ke Xue Yuan Xue Bao,2011,33(6):611-614.

35. Kim SS,Song CK,Shon SK,et al. Effects of human amniotic membrane grafts combined with marrow mesenchymal stem cells on healing of full-thickness skin defects in rabbits. Cell Tissue Res,2009,336(1):59-66.

36. Yu N, Zhai X, Xin C. An experimental study of rabbits' wound repair by amniotic carrier complex membrane containingb FGF and vitamin C and loaded with BMSCs. Zhongguo Xiu Fu Chong Jian Wai Ke Za Zhi, 2008, 22(12):1495-500.

37. Yan G, Sun H, Wang F, et al. Topical application of hPDGF-A-modified porcine BMSC and keratinocytes loaded on Acellular HAM promotes the healing of combined radiation-wound skin injury in minipigs. Int J Radiat Biol, 2011, 87(6):591-600.

38. Yan G, Su Y, Ai G. Study on human amniotic membrane loaded with marrow mesenchymal stem cells and epidermis cells in promoting healing of wound combined with radiation injury. Zhongguo Xiu Fu Chong Jian Wai Ke Za Zhi, 2004, 18(6):497-501.

39. Liu X, Wang Z, Wang R, et al. Direct comparison of the potency of human mesenchymal stem cells derived from amnion tissue, bone marrow and adipose tissue at inducing dermal fibroblast responses to cutaneous wounds. Int J Mol Med, 2013, 31(2):407-415.

40. Ji SZ, Xiao SC, Luo PF, et al. An epidermal stem cells niche microenvironment created by engineered human amniotic membrane. Biomaterials, 2011, 32(31):7801-7811.

41. Uberti MG, Lufkin AE, Pierpont YN, et al. Amnion-derived cellular cytokine solution promotes macrophage activity. Ann Plast Surg, 2011, 66(5):575-580.

42. Uberti MG, Pierpont YN, Ko F, et al. Amnion-derived cellular cytokine solution(ACCS) promotes migration of keratinocytes and fibroblasts. Annals of Plastic Surgery, 2010, 64(5):632-635.

43. Bergmann J, Hackl F, Koyama T, et al. The effect of amnion-derived cellular cytokine solution on the epithelialization of partial-thickness donor site wounds in normal and streptozotocin-induceddiabetic swine. Eplasty, 2009, 20:9-49.

44. Litwiniuk M, Bikowska B, Niderla-Bielińska J, et al. Potential role of metalloproteinase inhibitors from radiation-sterilized amnion Dressings in the healing of venous leg ulcers. Mol Med Rep, 2012, 6(4):723-728.

45. Insausti CL, Alcaraz A, García-Vizcaíno EM, et al. Amniotic membrane induces epithelialization in massive posttraumatic wounds. Wound Repair Regen, 2010, 18(4):368-377.

46. Singh R, Chacharkar MP. Dried gamma-irradiated amniotic membrane as dressing in burn wound care. Tissue Viability, 2011, 20(2):49-54.

47. Barrientos S, Stojadinovic O, Golinko MS, et al. Growth factors and cytokines in wound healing. Wound Repair Regen, 2008, 16(5):585-601.

48. Schultz G, Rotatori DS, Clark W. EGF and TGF-alpha in wound healing and repair. J Cell Biochem, 1991, 45(4):346-352.

49. Akle CA, Adinolfi M, Welsh KI, et al. Immunogenicity of human amniotic epithelial cells after transplantation into volunteers. Lancet, 1981, 2(8254):1003-1005.

50. Liu XY, Wang Z, Wang R, et al. Direct comparison of the potency of human mesenchymal stem cells derived from amnion tissue, bone marrow and adipose tissue at inducing dermal fibroblast responses to cutaneous wounds. International Journal of Molecular Medicine, 2013, 31(2):407-415.

51. Wang Z. , Gerstein M, Snyder M. RNA-Seq: a revolutionary tool for Transcriptomics. Nature Reviews Genetics, 2009, 10(1):57-63.

52. Von Lüttichau I, Notohamiprodjo M, Wechselberger A, et al. Human adult CD34-progenitor cells functionally express the chemokine receptors CCR1, CCR4, CCR7, CXCR5, and CCR10 but not CXCR4. . Stem Cells Dev, 2005, 14(3):329-336.

53. Honczarenko M, L e Y, Swierkow ski M, et al. Human bone marrow stromal cells express a distinct set of biologically functional chemokine receptors. Stem Cells, 2006, 24(4):1030-1041.

54. Vandercappellen J, Van Damme J, Struyf S. The role of CXC chemokines and their receptors in cancer. Cancer Letters, 2008, 267(2):226-244.

55. Gabellini C, Trisciuoglio D, Desideri M, et al. Functional activity of CXCL8 receptors, CXCR1 and CXCR2, on human malignant melanoma progression. Eur J Cancer, 2009, 45(14):2618-2627.

56. Belema-Bedada F, Uchida S, Martire A, et al. Efficient homing of multipotent adult mesenchymal stem cells depends on FROUNT-mediated clustering of CCR2. Cell Stem Cell, 2008, 2(6):566-575.

57. Belema-Bedada F, Uchida S, Martire A, et al. Efficient homing of multipotent adult mesenchymal stem cells depends on FROUNT2 mediated clustering of CCR2. Cell Stem Cell, 2008, 2(6):566-575.

58. Schenk S, Mal N, Finan A, et al. Monocyte chemotactic protein-3 is a myocardial mesenchymal stem cell homing factor. Stem Cells, 2007, 25(1):245-251.

59. Fu YS, Cheng YC, Lin MY, et al. Conversion of human umbilical cord mesenchymal stem cells in Wharton's jelly to dopaminergic neurons in vitro: potential therapeutic application for Parkinsonism. Stem Cells, 2006, 24(1):115-124.

60. Weissm L, Troyer DL. Stem cells in the umbilical cord. Stem Cell Rev, 2006, 2:155-162.

61. Wang HS, Hung SC, Peng ST, et al. Mesenchymal stem cells in the Whartons jelly of the human umbilical cord. Stem Cells, 2004, 22(7):1330-1337.

62. Xiaoyu Liu, Zhe Wang, Rui Wang, et al. Direct comparison of the potency of human mesenchymal stem cells derived from amnion tissue, bone marrow and adipose tissue at inducing dermal fibroblast responses to cutaneous wounds. International Journal of Molecular Medicine, 2013, 31(2):407-415.

63. Schauwer CD, Meyer E, Walle, et al. Markers of stemness in equine mesenchymal stem cells: a plea for uniformity. Theriogrnology, 2010, 5:1431-1443.

64. Parolini O, Alviano F, Bagnara GP, et al. Concise review: isolation and characterization of cells from human term placenta: outcome of the first international Workshop on Placenta Derived Stem Cells. Stem Cells, 2008, 26(2):300-311.

65. Dominici M, Le Blanc K, Mueller I, et al. Minimal criteria for defining multipotent mesenchymal stromal cells. The International Society for Cellular Therapy position statement. Cytotherapy, 2006, 8(4):315-317.

66. Banas RA1, Trumpower C, Bentlejewski C et al. effects of amnion-derived multipotent progenitor cells. Hum Immunol, 2008, 69(6):321-328.

67. Kang NH, Hwang KA, Kim SU, et al. Potential antitumor therapeutic strategies of human amniotic membrane and amniotic fluid-derived stem cells. Cancer Gene Ther, 2012, 19(8):517-522.

68. Manuelpillai U, Moodley Y, Borlongan CV, et al. Amniotic membrane and amniotic cells: potential therapeutic tools to combat tissue inflammation and fibrosis? Placenta, 2011, 32 Suppl 4:S320-5.

69. Neri M, Maderna C, Cavazzin C, et al. Efficient in vitro labeling of human neural precursor cells with superparamagnetic iron oxide particles: relevance for in vivo cell tracking. Stem Cells, 2008, 26(2):505-516.

70. Bulte J W, Douglas T, Witwer B, et al. Magnetodendrimers allow endosomal magnetic labeling and in vivo tracking of stem cells. Nat Biotechnol, 2001, 19(12):1141-1147.

71. So P W, Kalber T, Hunt D, et al. Efficient and rapid labeling of transplanted cell populations with superparamagnetic iron oxide nanoparticles using cell surface chemical biotinylation for in vivo monitoring by MRI. Cell Transplant, 2010, 19(4):419-429.

72. Tiel S T, Wielopolski P A, Houston G C, et al. Variations in labeling protocol influence incorporation, distribution and retention of iron oxide nanoparticles into human umbilical vein endothelial cells. Contrast Media Mol Imag, 2010, 5(5):247-257.

73. Kim Y K, Kim C S, Han Y M, et al. Comparison of gadoxetic acid-enhanced MRI and superparamagnetic iron oxide-enhanced MRI for the detection of hepatocellular carcinoma. Clin Radiol, 2010, 65(5):358-365.

74. Taratula O, Garbuzenko O, Savla R, et al. Multifunctional nanomedicine platform for cancer specific delivery of siRNA by superparamagnetic iron oxide nanoparticles-dendrimer complexes. Curr Drug Deliv, 2010, 65:358-365.

75. Himmelreich U, Dresselaers T. Cell labeling and tracking for experimental models using magnetic resonance imaging. Methods, 2009, 48(2):112-124.

76. de Almeida PE, Ransohoff JD, Nahid A, et al. Immunogenicity of pluripotent stem cells and their derivatives. Circ Res, 2013, 112(3):549-561.

77. Pietronave S, Prat M. Advances and applications of induced pluripotent stem cells. Can J Physiol Pharmacol, 2012, 90(3):317-325.

78. Joo S, Ko IK, Atala A, Yoo JJ, Lee SJ. Amniotic fluid-derived stem cells in regenerative medicine research. Arch Pharm Res, 2012, 35(2):271-280.

79. Yi T, Song SU. Immunomodulatory properties of mesenchymal stem cells and their therapeutic applications. Arch Pharm Res, 2012, 35(2):213-221.

80. Hong HS, Kim YH, Son Y. Perspectives on mesenchymal stem cells: tissue repair, immune modulation, and tumor homing. Arch Pharm Res, 2012, 35(2):201-211.

81. Frank J A, Miller B R, Arbab A S, et al. Clinically applicable labeling of mammalian and stem cells by combining superparamagnetic iron oxides and transfection agents. Radiology, 2003, 228(2):480-487.

82. Struys T, Ketkar-Atre A, Gervois P, et al. Magnetic resonance imaging of human dental pulp stem cells in vitro and in vivo. Cell Transplant, 2012, Oct 8.

83. Wang X, Wei F, Liu A, et al. Cancer stem cell labeling using poly(L-lysine)-modified iron oxide nanoparticles. Biomaterials, 2012, 33(14):3719-3732.

84. Baeten K, Adriaensens P, Hendriks J, et al. Tracking of myelin-reactive T cells in experimental autoimmune encephalomyelitis (EAE) animals using small particles of iron oxide and MRI. NMR Biomed, 2010, 23(6):601-609.

85. Ramaswamy S, Schornack PA, Smelko AG, et al. Superparamagnetic iron oxide(SPIO)labeling efficiency and subsequent MRI tracking of native cell populations pertinent to pulmonary heart valve tissue engineering studies. NMR Biomed, 2012, 25(3):410-417.

86. Karlsson T, Lagerholm BC, Vikström E, et al. Water fluxes through aquaporin-9 prime epithelial cells for rapid wound healing. Biochem Biophys Res Commun, 2013, 430(3):993-998.

87. Kong H, FanY, Xie J, et al. AQP4 knockout impairs proliferation, migration and neuronal differentiation of adult neural stem cells. J Cell Sci, 2008, 121(Pt 24):4029-4036.

88. Chen L, Tredget EE, Wu PY, et al. Paracrine factors of mesenchymal stem cells recruitmacrophages and endothelial lineage cells and enhance wound healing. PLoS ONE, 2008, 2(4):e1886.

89. Schinköthe T, Bloch W, Schmidt A. In vitro secreting profile of human mesenchymal stem cells. Stem Cells Dev, 2008, 17(1):199-206.

第二十七章

附 肢 再 生

　　附肢具有高度复杂的结构,包括多种有一定再生能力的单独组织(表皮、肌肉、软骨和骨、神经)。脊椎动物在截肢后再生出具有空间结构的附肢的能力是有限的。有尾目的(如蝾螈)和无尾目的(如青蛙和蟾蜍)两栖动物能够再生早期的肢芽和尾芽。但是,无尾目类动物的肢芽不能够再生出它们已经分化好的那种形态。成体的硬骨鱼、有尾目的蝾螈和蜥蜴能再生尾,并且硬骨鱼能再生胸鳍,唯独蝾螈是唯一能够再生出像成体蝾螈一样肢体的四足脊椎动物。哺乳类动物,包括人类都不能再生完整的手指(足趾)或肢体,但他们也没有彻底丧失附肢再生的能力。哺乳类动物的末端指(趾)骨的尖端,鹿角的尖端和耳部组织都显示其能够进行附肢再生。

　　本章重点介绍两栖动物四肢再生及哺乳动物附肢再生相关的内容。

第一节　有尾目动物肢体再生

　　在四足脊椎动物中,有尾目两栖动物的幼体和成体从不同的肢体截断水平进行再生的能力是各不相同的。早在 1768 年,Spallanzani 首次发表了在成体蝾螈中关于有尾目类动物的肢体再生的研究报告。在过去的几个世纪里,蝾螈和多种钝口螈属,如斑点钝口螈及幼体蝾螈一样,均被广泛用于肢体再生的实验研究。它们的再生是通过在断肢表面形成的由未分化细胞构成的芽基实现的。这种肢体再生的独特之处在于它同时应用了三种不同的再生机制,即去分化及再分化,转分化和成体干细胞激活。

　　芽基的生长有赖于肢体丢失部分的特化状态和再分化类型。研究所探讨的主要问题有:①芽基细胞的来源;②组织溶解释放再生细胞的机制;③细胞再分化和细胞聚积形成芽基的机制;④芽基的生长机制;⑤芽基的结构模式和构型机制;⑥为何成体无尾目类动物,鸟类和哺乳类动物失去了附肢再生的能力。

一、肢体再生过程

　　1973 年 Iten 和 Bryant,1979 年 Stocum 分别阐明了钝口螈属幼体以有尾目动物蝾螈为例的肢体再生的各发育阶段和时期。肢体被切断后,在几个小时内,创伤表面即被迁移的表皮所覆盖。随之去分化的细胞积聚创伤处表皮下,形成再生芽基(积聚芽基或早期萌芽),与此同时,创伤处增厚表皮的顶端形成一个具有多层结构的尖端表皮帽(apical epidermal cap,AEC)。AEC 的最外层是保护层,而其基底层显示出解剖结构和功能与脊椎动物胚胎肢芽外胚层嵴尖(apical ectodermal ridge,AER)相同的特点。随着积聚芽基的形成,神经轴突也会再生进入其中。不论是 AEC 还是再生的神经都会为芽基细胞提供存活和增殖必需的生长因子和营养因子。

　　之后,积聚的芽基会快速生长形成一个由未分化细胞组成的锥形肢芽,从形态学上类似于胚胎的肢芽。随着进一步生长,芽基会向一定的形态进行分化以此复制肢体被切掉的部分。芽基的生长和分化类似于胚胎肢芽的发育过程,其中一个主要的区别是芽基细胞的增殖依赖于 AEC 和再生神经的信号标志,而胚胎肢芽仅依赖于一个和 AEC 相似的结构—AER。新生肢体的骨骼肌和皮肤组织是延续了自身来源组织进行再生,而血管和神经组织的再生是原先存在的血管和神经轴突的断端的延伸。

　　分化和形态发生是按照从近及远、从前及后的顺序进行,除了在近远(PD)轴向上,手指(足趾)的发育是先于腕骨和跗骨的发育。背腹轴（DV）上的发育几乎是同时进行的。其他的再生过程还包括芽基生长和未离断肢体的大小的一致性。Spallanzani 率先观察到，并多次证明不管截断的是指（趾）尖，还是肱骨基部，离断部分的再生时间是相同的。幼体的肢体再生要比成体快2倍，甚至更多。

90%的成体蝾螈通过再生可以精确地复制原来的断肢。像晶状体，同一个肢体可以反复再生。又不像晶状体，如果其连续截肢，再生结果就会影响其形态学上的精确性。成体蝾螈的上臂通过四次的截肢再生后，有81%的再生肢体显示出了结构的异常，如趾尖蹼，骨骼元素数量减少，甚至会出现完全再生抑制。

二、芽基的来源

根据截肢后能否形成芽基能够将有尾目类动物肢体和那些无尾目类两栖动物、爬行动物和鸟类以及哺乳类动物区分开来。那么，一个主要的问题是芽基的来源是什么？

最初，在19世纪末20世纪早期的组织学研究表明肢体再生是残余的组织直接生长的结果。1911年Fritsch第一个证实了在断肢的顶端形成了由未分化细胞组成的芽基，并由此形成了再生的部分。芽基细胞的来源是有争议的，一些人认为是来源于肢体组织，而其他人认为是通过骨髓来源于血液。早在1927年G. Hertwig就认为肢体来源是通过将单倍体斑纹蝾螈的肢芽移植到二倍体宿主，然后切掉已经分化成熟肢体。再生的细胞是决定于供体的染色体倍数，这揭示了再生肢体组织的来源。1942年Butler和O'Brien研究表明芽基细胞来源于肢体截断处的局部肢体组织。他们用X线照射一小段钝口螈属的肢体以此来防止细胞分裂同时会遮盖住其他部分，反之亦然。当试验的肢体部分被遮盖的时候那么这部分截肢的试验肢体便会再生，但是，如果未被遮盖便不会再生，这证明了芽基细胞的局部起源。

另一个问题是芽基细胞是来源于储备（干）细胞的子代还是来源于未经去分化的成熟细胞。利用光和电子显微镜对再生肢体中肌纤维的研究提出，横断的肌纤维最终分解为去分化的单核细胞并参加到芽基的形成过程。截肢后，有实验证据支持的去分化现象，如检测 ^{3}H-胸苷嘧啶的倍数，用荧光右旋糖酐或染料标志，亦有报告转基因标记的组织移植到宿主肢体替代其未被标记的相对应的肢体部分。这些实验显示每个肢芽的中胚层组织，而不是表皮组织，会形成芽基的间充质，预示这些组织的细胞会经历去分化。在1986年Cameron等首次报道在有尾目动物肢体中，通过Pax7$^+$细胞的存在和迁移证实肌肉的卫星细胞也参与了芽基的形成。虽然不知道骨膜的间充质干细胞是否参与芽基的形成，但是可能性还是很大的。一个有趣的问题是，芽基细胞中来自于干细胞和去分化细胞的比例分别占多少呢？

在转基因的绿色荧光蛋白标记实验中，2009年Kragl等表示芽基细胞来源于肌肉，成纤维细胞、软骨和施万细胞的再分化为它们预先存在的祖细胞类型，但皮肤的成纤维祖细胞会转分化为软骨细胞和肌腱细胞，这证明了早期的结论。但未观察到肌肉细胞经过转分化过程，这和早期报道的肌肉细胞转分化为软骨细胞是相矛盾的。皮肤成纤维细胞构成了截肢蝾螈约50%的芽基细胞，并且构成了大部分的再生软骨细胞。在蝾螈肢体组织中，真皮占19%，而软骨占6%。在三倍体真皮移植给二倍体的肢体中，芽基细胞中平均43%的细胞由三倍体真皮提供，而移植的三倍体软骨仅占2%。因此，在芽基中，真皮来源的细胞过度表达大于2倍，而软骨来源的细胞的表达低于3倍。这些结果表明再生的软骨和肌肉是分别来源于两种组织，软骨来源于去分化的软骨细胞和转分化的成纤维细胞，肌肉来源于去分化的肌纤维和卫星干细胞。

三、芽基的形成机制

1. 止血和再上皮化　早期的创伤表皮有一个重要的功能就是产生促进芽基形成的最初信号。在蝾螈的肢体截断处 Na$^+$ 内流和在非洲爪蟾蜍的蝌蚪尾巴截断处的 H$^+$ 外流会形成再生所必需的跨创伤表皮的离子电流。Na$^+$ 内流是通过钠通道。尾巴截断处 H$^+$ 外流是受表皮细胞的等离子膜 ATP 酶驱动的，这对于肢体再生是很重要的。在非洲爪蟾蜍的早期蝌蚪尾巴的再生中，这些离子的流动是再生所必需的，在截肢后24小时内或以后通过药物诱导抑制 Na$^+$ 和 H$^+$ 的流动会造成芽基形成障碍。肢体在被截断后24小时或更久时，会有最小限度的细胞凋亡，但是，由于未能在截肢后24小时内观察到细胞凋亡，所以不能确定这段时间的细胞凋亡是否是肢体再生或是非洲爪蟾蜍尾再生所必需的。

在芽基形成过程中，由离子流引起的两个早期信号是一氧化氮（nitric oxide，NO）和三磷酸肌醇（inositol

triphosphate,IP3)。催化 NO 合成的酶,一氧化氮合成酶-1(nitric oxide synthase 1,NOS1),在蝾螈截肢后第 1 天的创伤表皮处显著上调。NO 有着广泛多样的信号功能。NO 是由巨噬细胞和中性粒细胞产生的,作为一种杀菌剂,并且在激活肢体再生时参与组织溶解的重要的效应蛋白的过程中发挥作用。IP3 和二酰基甘油(diacylglycerol,DAG)是 PIP2 的产物,而 PIP2 是由肌醇产生的。IP3 合酶是 6-磷酸葡萄糖合成肌醇的关键酶,在蝾螈肢体再生时的芽基形成过程中表达是上调的 IP3 促进细胞内 Ca^{2+} 增多,这将导致蛋白激酶 C(protein kinase C,PKC)局限到质膜上,在质膜上会被 DAG 激活并调节转录。在芽基形成过程中,参与 Ca^{2+} 体内平衡的蛋白质会普遍下调,这提示在肢体再生时 IP3 可能会通过这种机制标志细胞内的 Ca^{2+} 的增加。一些研究表明,IP3 是在蝾螈肢体截断后 30 秒内由 PIP2 产生的,并且在芽基积聚期 PKC 会上升达峰值。这些变化,以及它们与组织溶解和去分化的关系,是未来研究的焦点问题。

2011 年 Campbell 等利用基因芯片技术分析肢体放射性皮肤损伤处重新生长再覆盖的表皮和截肢的伤口处重新生长再覆盖的表皮的基因表达的区别。他们在截肢的伤口处的表皮发现了 125 个高表达的基因,提示这些基因和普通的创伤愈合中的相反是肢体再生时特异表达的基因。定量 PCR 检测结果显示,其中有几个基因呈显著高表达,抑或随着时间的改变出现了表达差异,包括一个编码类似于甲基转移酶的 mRNA 的基因。用这种方式研究基因功能,将有助于更深入了解创伤处表皮在创伤早期是如何促进再生过程的。

2. 组织溶解 形成芽基的细胞,无论是干细胞还是去分化来源的细胞,都是通过降解细胞外基质后由组织中释放出来的,这一过程称组织溶解。所有距创伤表皮下 1~2mm 距离的组织都会经过严重的组织溶解过程,导致个体的皮肤成纤维细胞,外周神经的施万细胞和来自细胞外基质的骨细胞的释放。同时肌纤维细胞与卫星细胞也会释放出来。释放的细胞会去分化为间充质样且"核大质少"的细胞,这体现了它们高度增强的 DNA、RNA 和蛋白质的合成能力。组织溶解和去分化是在幼体有尾目类动物截肢后 2~3 天和成体有尾目类动物截肢后 4~5 天内肉眼可见的组织结构上的变化。

酸性水解酶(acid hydrolases)和基质金属蛋白酶(matrix metalloproteinases,MMP)诱导组织细胞外基质的降解。已证实在有尾目动物肢体再生中存在的酸性水解酶,包括组织蛋白酶 D、酸性磷酸酶、β-葡萄糖醛酸酶、羧基酯水解酶和 N-乙酰基葡萄糖氨基酶。破骨细胞是通过盐酸、酸性水解酶和 MMP 使骨基质降解。表达上调的转录因子,包括 MMP-2,9(明胶酶类)和 MMP-3/10a 与 b(基质溶解素)。在蝾螈肢体上,创伤表皮基底层的 MMP-3/10a 与 b,表达上调。蝾螈肢体的软骨细胞表达 MMP-2,9,这些酶可降解软骨的细胞外间质。认为创伤表皮基底表达的 MMP 的一个重要功能是防止基底膜下纤维组织生长,以维护创伤表皮和下面的芽基细胞的信号传递。若失去这种信号传递,结缔组织都将会过早地嵌入到创伤表皮和芽基细胞之间,从而抑制再生。MMP 也可能会扩散至下面的组织参与其他细胞外基质成分的降解。

在野生型美西螈,短趾蝾螈(一个再生缺陷的突变)和非洲爪蟾蜍幼蛙(也是有再生缺陷)的芽基形成过程中,在不同的时间点进行抗体芯片检测,可以检测到 MMP-2,3,8,9,10 和 13 的蛋白表达。与野生型拥有完全肢体再生能力的美西螈相比,再生缺陷的肢体有不同水平和瞬时类型的酶的表达,提示这些区别在异常组织溶解中和在再生缺陷肢体的细胞显著去分化的可获得性过程中发挥重要作用。用 MMP 抑制剂 GM6001 处理蝾螈的断肢后会使芽基形成失败,这强调了再生时 MMP 的重要性。在某种程度上,血小板反应蛋白会调节 MMP 的合成,这涉及哺乳动物的创伤愈合。美西螈肢体再生的创伤表皮的基底层表达 *TSP-1* 和 *TSP-2* 基因,而 *TSP-1* 参与激活 MMP-9 的胶原酶的活性。

组织溶解过程贯穿芽基生长的中间胚芽(圆锥形胚芽)期,使用激活金属蛋白酶组织抑制剂(tissue inhibitors of metalloproteinases,TIMP)会使组织溶解过程停止。在创伤表皮、邻近表皮和内部经历破坏的组织处组织溶解过程中当 MMP 达到最高水平时,TIMP1 表达会上调。

3. 去分化 细胞的去分化包括细胞的细胞核重编程,分化基因的活性被抑制,而干性相关基因被激活。1969 年 Carlson 证明通过放线菌素 D 来抑制这种转录改变,并不会影响组织溶解,但是会阻止或延迟去分化,从而导致再生失败或延迟。提示至少组织溶解相关的一些蛋白酶的表达在转录水平上不会被调节,但是影响去分化的蛋白会被调节。此外,"过渡基质"被用来描述在蝾螈截肢后贯穿芽基形成早期的一种瞬时存在的状态,会促进肌纤维的细胞化并维持得到单核细胞的去分化。

芽基形成过程中上调的干性基因有 Msx-1、Nrad、rfrng 和 notch。Msx-1 抑制肌细胞生成,而且转染 Msx1 的 C2C12 小鼠肌管细胞会引起细胞化和减少肌肉调节蛋白的表达。使用抗 msx-1 的吗啉代处理培养的幼体美西螈肌纤维来抑制 msx-1 的表达,从而阻止它们细胞化。然而,2005 年 Schnapp 和 Tanaka 等均发现抗 msx-1 的吗啉代对幼体美西螈断尾处的肌纤维去分化没有作用。因此,msx-1 对去分化的作用还不清楚。Nrad 的表达和肌肉去分化相关,Nrad 是干细胞自我更新的一个主要调节因子。去分化的细胞表达更多的肢芽样的 ECM,其中,Ⅱ型胶原的合成和积聚减少;Ⅰ型胶原的合成保持平稳的状态;纤连蛋白、细胞黏合素和透明质酸积聚增多。

成年哺乳动物的成纤维细胞已经被重编程为具有多能性(诱导多能干细胞,iPSC,同前),等同于胚胎干细胞(ESC)的多能性干细胞,这一结果是通过转染 6 个(Oct4、Sox2、c-myc、Klf-4、Nanog 和 Lin 28)当中的 4 个转录因子基因(Oct4,Sox2,c-myc,Klf-4)得以实现的。这 6 个基因中的 3 个(klf4,Sox2,c-myc),不仅在蝾螈肢体再生芽基形成过程中是表达上调的,同时在蝾螈晶状体再生时也是上调的。美西螈肢体再生芽基形成过程中可以检测到 Lin 28 蛋白表达的上调。因此,一些使成纤维细胞重编程为 iPSC 的转录因子是确保芽基形成的细胞核重编程的共同影响因子。然而,其他的因子必须确保去分化细胞逆转它们的转录程序,只要使它们达到一个能够回应增殖信号和类型信号的状态足以,同时细胞的大部分仍然保留它们本来原始的记忆。重编程也包括外遗传标签的改变,如甲基化和乙酰化,以及微小 RNA。人们已经从蝾螈晶状体再生入手研究这些变化,但是目前还没有关于肢体再生的报道。

4. 芽基细胞积聚 在截肢后几天内,肢体顶端的创伤表皮增厚形成 AEC。AEC 直接促使芽基细胞迁移至它下面积聚。试验(图 27-1)证明侧向改变 AEC 的位置会相应地引起芽基细胞积聚位置的改变,并且在芽基基部再移植一个额外的 AEC 会引起多余的芽基形成。支配 AEC 的神经似乎不控制芽基细胞,因为在无神经肢体上做的类似试验会导致异位的芽基形成。AEC 的重新定位也会改变黏着基质的位置,细胞迁移到黏着物质上,芽基细胞会重新定位到异位的 AEC 下面。在美西螈截肢处芽基形成过程中 TGF-β1 表达显著上调。TGF-β1 的一个靶基因就是纤连蛋白,它是细胞迁移的一个基质分子,在芽基形成过程中创伤表皮的基部细胞高表达。Smad 磷酸化作用 SB-431542 的抑制因子会抑制 TGF-β1 的表达来减少纤连蛋白的表达,最终不能形成芽基,提示 AEC 产生的纤连蛋白会为芽基细胞提供指引方向的作用。

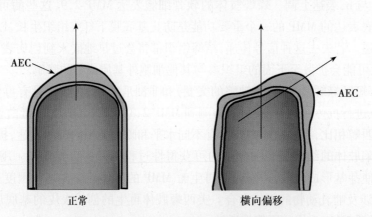

正常 横向偏移

图 27-1 AEC 作用下芽基细胞的定向迁移

在正常再生过程中,在肢体纵轴中心的顶端形成 AEC。芽基细胞形成一个匀称的纵轴与 AEC 顶端匹配的团块。当 AEC 被移到旁边的位置,芽基细胞也会向旁边迁移,所以积聚芽基的长轴能够和被移动的 AEC 的纵轴相匹配

5. Wnt 信号通路 对美西螈肢体的芽基形成处进行蛋白质组学分析发现,在经典的或非经典的 Wnt 信号通路含有 5 种蛋白质。这 5 种蛋白是 Wnt8、APC、CCDC88c、DIXDC1 和 inversin。Wnt8、APC 和 DIXDC1 是经典途径的组成部分。Wnt8 和 APC 是显著上调的,但是 DIXDC1 作为经典途径上的正性调节因子,却是下调的。Inversin 和 CCDC88c 是非经典途径上的组成部分。Inversin 能够将经典途径转变为非经典途径,这是

通过蛋白酶体途径或激活 c-jun N-端激酶途径的 DVL2 和轴蛋白,使靶蛋白降解,而 CCDC88c 是经典途径的一个负性调节因子。Inversin 和 CCDC88c 都是显著上调的。结果显示,Wnt 通路无论经过经典途径或非经典途径均可以调节芽基形成,这和 2008 年 Ghosh 等与 2007 年 Stoick-Cooper 等的研究结论是相一致的。Ghosh 等发现这两种通路上的基因在美西螈再生肢体中均表达,而 Stoick-Cooper 等发现经典途径(由 Wnt8 介导)促进斑马鱼鳍再生,反之非经典途径会抑制这种再生。经典 Wnt 通路也存在于鹿茸再生过程和非洲爪蟾蜍的蝌蚪尾巴再生过程。尚需要更深入的研究来探索在不同物种中 Wnt 信号通路调节附肢再生的具体机制。

四、芽基细胞增殖

在芽基细胞增殖过程中,创伤表皮和再生神经发挥着重要作用。两栖动物的前肢是受脊神经Ⅲ、Ⅳ和Ⅴ以及单独的交感神经支配;坐骨神经的多个分支支配后肢。AEC 被作为刺激芽基形成的交感神经轴突的萌芽所侵入,而运动神经元轴突紧密接触芽基细胞。

在 20 世纪 40 年代,神经切除实验显示,幼体和成体有尾目动物肢体再生具有高度的神经依赖性。去除截断肢体的神经支配会导致瘢痕形成和肢体再生失败。目前我们已了解到神经和创伤表皮通过相互作用来促进芽基细胞增殖。

1. 去除神经支配对芽基分子合成的影响　芽基细胞 DNA、RNA 和蛋白合成在整个再生过程高度活。将 ^{3}H-尿嘧啶掺入 TCA-可沉淀材料可以检测到,去除成体蝾螈芽基晚期胚芽阶段的神经支配可以在去除神经 40 小时后降低 RNA 合成总量的 75%。放射自显影分析幼体美西螈肢体在截肢后和去除神经支配后,每隔一段时间就会发动 RNA 合成,但是很快就会消失。在成体蝾螈的去神经肢体的芽基积聚期到分化期,去除神经支配使 rRNA 和 tRNA 合成下降约 40%。RNA(28S 和 18S rRNA 的 45S 前体,以及未处理的异质 RNA 和 mRNA)的两个主要高分子量的部分也显著减少。去神经支配不会影响 DNA 聚合酶活性,只会轻微降低,直到去神经支配后 26 天,也不会影响参与核苷酸合成的天冬氨酸氨甲酰基转移酶和尿苷激酶的活性。

对芽基形成过程中对照组和去神经支配组的肢体进行微阵列分析,结果显示,对创伤愈合有关键作用的基因(上调)转录本和肌肉特异性基因(下调)转录本是类似的,因此不受神经调节。去神经支配的和受神经支配的肢体,直到形成积聚芽基,两种肢体中增殖相关的基因转录本是没有区别的,因此去神经支配的肢体这些基因的转录本是减少的。

去神经支配后首个 24 小时,积聚芽基期和晚期胚芽再生期蛋白质合成会下降 50%~70%。这种下降不是由氨基酸前体池的改变、蛋白降解率或者 mRNA 翻译率造成的,而是由于转录本的减少引起的。去神经支配会改变芽基发育和生长所有阶段的不同蛋白质的合成谱。

去神经支配造成的 RNA 和蛋白质合成的变化会改变 ECM 的组成成分。在芽基形成过程中去除成体蝾螈肢体的神经支配会使 ^{3}H-醋酸盐标记插入黏多糖的百分比下降约 50%。插入透明质酸/硫酸软骨素的与对照组相比百分比会下降,提示受影响最大的是透明质酸的合成,这和芽基形成过程中透明质酸是主要黏多糖合成的这一事实是相一致的。胶原原纤维生成在去神经支配肢体的芽基形成早期就开始了。还没有研究能够表明,去神经支配对 ECM 的其他成分的效应,如纤连蛋白、层粘连蛋白、细胞黏合素、金属蛋白酶或生长因子的水平。

2. 芽基形成的必要条件:神经和创伤表皮相互作用　横断面水平的神经分支造成去神经支配效果,或者通过将截断的肢体顶端插入体腔或在截肢表面移植全层皮肤,均会抑制积聚芽基的形成。因此,得出结论,神经和 AEC 是形成积聚芽基所必需的。此外,公认 AEC 的维持有赖于再生神经轴突的支配,但存在这种依赖的原理并不清楚。在实验中,人为地在美西螈肢体处皮肤做一个切口,那么,创伤的表皮会发育成和 AEC 的厚度相当,随后退化。然而,如果神经迁入伤口,那么增厚的表皮会被维持,并且会从下面的组织形成芽基样的生长(图 27-2)。这种生长等同于截肢后的芽基形成,伴有同样的形态发生和 *MMP-9*、*Msx-2*、*Hox A-13*、*Prx-1*、*Tbx-5* 和 *Sp9* 的基因表达变化。

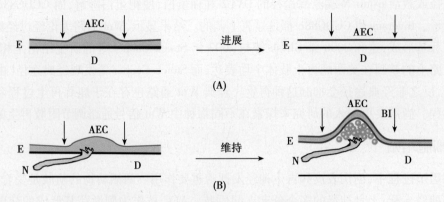

图 27-2　AEC 的维持依赖于与神经的交互作用

（A）在美西螈肢体皮肤做一个伤口（箭头标记）。一个增厚的表皮代表 AEC，它是最开始形成的，随后会演变。E：表皮；D：真皮。（B）像在（A）中同样的实验，除了表皮下偏离的神经。表皮增厚被维持并形成芽基样的生长（BI）（改绘自 After Endo et al. 2004）

综上，结果提示神经源性的肢体 AEC 形成不依赖于神经，但是除非 AEC 能够被再生轴突支配，否则不能维持 AEC 的结构和功能，那么，适合 AEC 形成的时机和轴突再生进入 AEC 的时间是截肢后 2～3 天。

依赖神经的再生出现在肢体发育阶段。有尾目类动物肢芽再生缺少轴突支配的状态可以持续到指（趾）状期，当肢芽被大量的神经支配，届时，再生就会变成神经依赖性。神经依赖性不是后天获得的，但是，如果肢体从来不受神经支配，这种神经依赖性只能后天获得。这一结论是通过对两个早期胚胎的实验证实，切断其中一个的神经管，所以完全分化的肢体就是无神经分布的。这些肢体仅需要创伤表皮／AEC 就能正常再生。无神经肢体既可以处于非神经依赖状态也可以是神经依赖状态。当正常的固有肢体被移植物替代，移植后 10～13 天他们再生变成受神经支配的和神经依赖性的，但是如果保持 30 天的去神经状态，几乎一半的个体会再次变成非神经依赖性的。

无论肢体肢芽还是被移植到神经性宿主的无神经肢体，都可以通过多种途径获得神经依赖性，但是一个简单的方式是：肢芽顶尖的表皮促进生长的功能可以是自发的，也可以是依赖于来自中胚层底部的信号，这是通过观察小鸡的肢芽发现的。当神经源性的肢体分化，会形成神经-表皮的关系，在这种关系中，表皮变成依赖于神经的因子来获得和保持它固有的促进生长的功能。这种依赖性神经出现在无神经肢体，并且在截肢后 AEC 能够保持它原始的功能（图 27-3）。

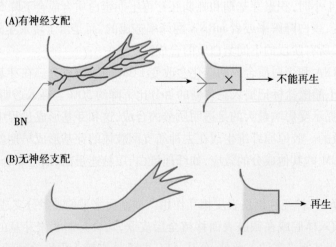

图 27-3　肢体再生时创伤表皮对神经的依赖性源于发育期间的相互作用

（A）前肢发育时，受到日益增多的臂神经（BN）及其分支的支配。当去神经化后（X）截肢不会再生。（B）共同培养两个异种的早期胚胎使肢体无神经化，并去除其中一个的神经管。这样的肢体在无神经支配的情况下发育。创伤表皮的神经需要一个依赖神经的功能，当截肢后肢体才能完美再生

3. 芽基细胞增殖条件:神经/表皮相互作用 在积聚芽基形成过程中,大部分的去分化细胞进入细胞周期并且合成 DNA。在体外,通过对来源于蝾螈肢体再生芽基细胞系的肌管的研究,已经观察到驱使细胞进入细胞周期的信号。正如在晶体再生中,凝血酶促进在培养的蝾螈和鼠的成肌细胞和蝾螈肌管重新进入细胞周期,但是作为晶体再生的假设,凝血酶催化血凝块形成无论是通过促进一个生长因子的合成还是促进多个生长因子的合成,尚不清楚。在肢体中,凝血酶似乎会激活血清中已经存在的,但仍然未知的因子,这个因子能够通过高度磷酸化使 pRb 蛋白失活,允许 E2F 转录因子从 pRB 中分离开来并发动 DNA 合成。小鼠 C2C12 的肌管不会受这个因子影响,即使它也存在于小鼠的血清中。

尽管凝血酶原活化因子对于促进肌细胞核进入细胞周期既是必需的又是充足的,但是它不足以驱动肌细胞核通过有丝分裂,它们被静止在 G_2 期。有丝分裂要求肌管细胞化为单核的细胞。重新进入细胞周期是不依赖于肌管细胞化的,因为,细胞周期抑制的肌管植入蝾螈肢体芽基后可以细胞化(图 27-4)。肌管或肌纤维分裂为单个细胞的机制仍然不明确,也不清楚凝血酶活化因子是否是驱动单核的细胞如软骨细胞和成纤维细胞进入细胞周期所必需的,也不知道这是否是肌纤维的特性。

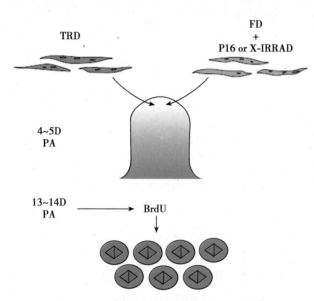

图 27-4 再生蝾螈肢体再生的肌纤维细胞化
实验表明,在再生蝾螈肢体中,肌纤维细胞化没有偶联于细胞周期的进入
p16 或 X 线照射抑制肌纤维细胞重新进入细胞周期,用荧光素葡聚糖(PD)标记转染 p16 或 X 线照射的肌纤维并与得克萨斯红右旋糖酐(TRD)标记的肌纤维一起植入早期芽基(截肢后 4~5 天)中,截肢后给予 2 周 BrdU 标记,肢体组织化学检测显示,两种肌纤维均发生细胞化,但仅 TRD 标记的单个核细胞分裂

尽管大部分的芽基细胞能够合成 DNA,但在形成积聚芽基过程中细胞进行有丝分裂的频率是很低的(约 0.4%),这提示大部分芽基细胞完成 DNA 复制后会暂时性静止在 G_2 期。进一步证明停滞在 G_2 期的间接证据是美西螈再生肢体的积聚芽基形成过程中嗜亲性病毒整合因子 5(Evi5)的显著上调。Evi5 是一个中心体蛋白,能够在哺乳类动物细胞 G_1 期早期核内积聚,与 Pin1 协作共同稳定 Emi1,防止细胞过早地进入有丝分裂期,Emi1 是一种通过后期促进复合物/细胞周期体能够抑制细胞周期蛋白 A 降解。在 G_2 期,Emi1 和 Evi5 在 Polo 样激酶 1 的作用下磷酸化并且成为泛素介导的蛋白质降解的靶标,使细胞进入细胞周期。在芽基形成过程中高水平的 Evi5 可能会限制去分化的细胞进入有丝分裂,直到它们已经积聚到足够多的细胞组成芽基。一旦积聚芽基形成,就会进入到发育周期,那么有丝分裂会增加 10 倍,甚至更多。

在幼体和成体的肢体中,芽基在形态发生和分化上变成非神经依赖性的(图 27-5)。这些由芽基形成的再生和对照组再生相比会更小。达到临界数量的芽基细胞很可能会使芽基下调组织溶解的蛋白酶,同时,上调终止组织溶解的基质金属蛋白酶组织抑制剂。因此,生长中的芽基尽管在形态发生上是非神经依赖性的,但是有丝分裂是神经依赖性的。另外,芽基形态发生和血管形成是一致的,都是非神经依赖性,这将会是今后发育的绝对必需条件。

幼体斑点蝾螈芽基在圆锥形(胚芽的中间形态)和晚期阶段剥脱创伤表皮并移植入背鳍的通道内形成比正常小的骨骼元素(图 27-6),提示在芽基生长的任何阶段缺少 AEC 会导致细胞增殖的减少,但是,这还有待定量实验来证实。移植物形成的肢身骨骼元素的远侧端被截断了,截断的程度和移植物所处的阶段是成比例的。相比之下,一个完整的近远轴向元素序列的形成有赖于芽基移植物所处的位置,远侧的尖端是被鳍部创伤表皮所覆盖。这些观察结果显示,芽基的有丝分裂和近远轴的形成是 AEC 依赖性的,但是仍然需要证实截断不是简单的因为尖端细胞的死亡,注定会形成缺失末端的部分。在芽基生长过程中,更直接表明 AEC 促进有丝分裂活性的证据是,在缺少背部神经根的情况下,培养无表皮的红绿东美螈的肢芽,DNA 的合成和有丝分裂会减少至 1/4 ~ 1/3。总的来说,目前为止,提到的所有观察结果都与假设一致,也就是在整个再生过程中神经轴突诱导并维持 AEC 的促有丝分裂功能。

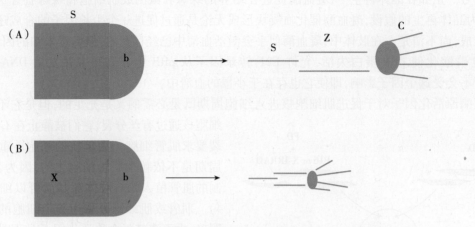

图 27-5　芽基的形态发生和分化

实验表明,已确定的芽基的形态发生和分化是不依赖神经的

(A)圆锥形芽基(b)从上臂截断处再生(S,柱基)。芽基再生出柱基(s)远端的一半、前臂(z,手臂稍低位置)和腕骨(c)以及手指。(B)在圆锥形芽基期,去神经化的肢体(X)近远轴向上所有部分再生,表示形态发生和分化不是神经依赖性的。但是,这些部分较小,说明芽基细胞有丝分裂仍然依赖于神经

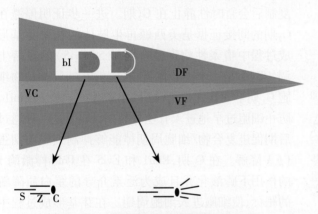

图 27-6　再生肢体远端形态发生和分化

实验表明,再生肢体远端形态发生和分化依赖于 AEC 两个从上臂截断处再生的锥形期芽基(红色),去除其表皮一个深深移植入背鳍结缔组织内的一个孔道,为了使它不会接触到表皮;另一个植入到孔道口处,为了它的尖端能够被来自于鳍部皮肤的创伤表皮(黄色)覆盖(对照组)。对照组能再生出近远轴向的所有部分,而无表皮的芽基不能再生指(趾)部。在这两个实验组中,再生的部分形体都比较小,就像在去神经化的肢体中一样。VC:脊柱;DF:背鳍;VF:腹鳍;bI:芽基;s:柱基;z:前臂;c:腕骨

4. 芽基细胞增殖中促进有丝分裂的因素　已经证明通过应用神经提取物培养芽基,在神经组织中有促进芽基细胞增殖的物质存在。从再生美西螈中提取的脊髓,刺激培养的芽基细胞进行有丝分裂的水平是未截肢动物的两倍,并且将芽基移植入邻近培养的再生了很多神经突的背神经根或脊髓,和对照组相比有丝分裂系数会大幅度升高。将大脑提取物输注入去神经支配的蝾螈肢芽或附加的部分芽基移植物中,可以恢复蛋白质合成。这种提取物的活性可以通过胰蛋白酶处理和加热去除,但是核糖核酸酶不可以,提示活化分子为蛋白质。

最近检测发现一个蛋白。这个蛋白是前梯度蛋白(AGP),是芽基细胞表面受体 Prod1 的配体。其在去神经支配的和截肢的成体蝾螈肢体中替代神经。Prod1 是三指结构蛋白 Ly6 家族的成员,三指结构蛋白通过与糖基磷脂酰肌醇结合锚定在细胞表面。AGP 在蝾螈截肢后 5 ~ 8 天再生肢体的末端大部分施万细胞中显著表达,而此时,同时存在组织溶解和去分化。AGP 的表达可以通过横断近

侧的神经来阻止,提示它是通过神经轴突在施万细胞中被诱导的。

截肢后 10 天,当开始形成集聚芽基,AGP 的表达从施万细胞转变为 AEC 的皮下分泌腺细胞。美西螈没有皮下腺体细胞,所以 AGP 的表达是在 AEC 的间质细胞中观察到的。集合的腺体细胞通过全浆分泌机制排出分泌物。因为,在去神经支配的肢体中没有 AGP 的表达,可以证明腺体细胞表达的 AGP 也是轴突依赖性的。当在截肢后 5 天对去神经支配的蝾螈肢体用电穿孔技术强行表达 *AGP* 基因可以支持再生到手指(足趾)期。使 Cos7 细胞的条件培养液转染 *AGP* 基因,刺激 BrdU 共同进入培养的芽基细胞,并且 Prod1 的抗体

能够阻止这种进入。结果显示,神经轴突诱导 AEC 表达 AGP,然后在下面的芽基上通过 Prod1 分泌并发挥作用来刺激芽基增殖,因此给神经依赖性 AEC 提供了一个分子基础。

除了 AGP 以外,在再生肢体的创伤皮肤中,也发现了促进芽基细胞增殖的因子,包括 FGF-1、FGF-2 和 FGF-8。芽基细胞表达 FGF-10,对于维持再生的非洲爪蟾蜍肢芽中 AEC 表达 FGF-2 也是不可缺少的。这些表皮因子在体内再生中的作用是不清楚的。但是,其中一个假设是成纤维细胞生长因子协同 AGP 促进芽基细胞整个生长过程的增殖,进一步说明他们是芽基细胞实际的有丝分裂原,但是它们的合成需要 AGP(图 27-7)。微阵列分析显示,从增殖到积聚芽基形成,相关的生长因子基因的转录本在去神经支配的和受神经支配的肢体中是没有差别的,但是去神经支配的肢体显现出这些基因表达的减少。

胰岛素样生长因子-1(IGF-1)被证实和积聚芽基形成有关。腹腔注射 IGF-1 能够缩短蝾螈被截断肢体的积聚芽基形成时间。IGF-1 发挥的作用并不清楚。但是,胰岛素本身对锥形期蝾螈肢芽³H-胸苷嘧啶的掺入和有丝分裂是至关重要的。因此,IGF-1 可能在芽基形成过程中对 DNA 的合成有作用,并且也对芽基生长各阶段的有丝分裂发挥作用。

5. 刺激 AGP 表达的轴突因子　轴突产生能够诱导施万细胞和 AEC 表达 AGP 的因子。许多研究已经表明神经细胞产生促有丝分裂的因子能够促进体内体外芽基细胞增殖,包括转铁蛋白、FGF-2 和 P 物质。转铁蛋白水平的异常可使 AGP 的表达减少 50%,去神经对这些因子的表达效果未知,这些因子的表达也不会维持整个再生过程。

神经胶质生长因子 2(Glial growth factor 2,GGF-2)是神经调节蛋白,其被认为是轴突刺激因子的候选因子。它是由神经元表达,存在于芽基中并且对去神经支配的没有作用。由血小板和巨噬细胞产生的 GGF-2 和其他生长因子(FGF、PDGF、TGF-β、IL-1,2,6)在横断哺乳类动物神经后的施万细胞中有促丝分裂的作用。从脊髓克隆的蝾螈神经调节蛋白基因表达在蝾螈背根神经节,并且重组人 GGF-2 输入去神经化的美西螈神经依赖性肢芽后可以维持 DNA 的合成,能够支持再生至手指(足趾)期,类似于通过脊髓神经节的移植来解救去神经化的芽基。但是,在这些实验中,少有数据表明 GGF-2 可以支持完整的再

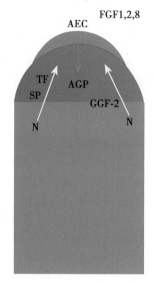

图 27-7　尖端表皮帽(AEC,绿色)和神经产生的因子对芽基细胞(红色)存活和增殖的重要作用
FGF 1,2,8:成纤维细胞生长因子;GGF-2:神经胶质细胞生长因子 2;TF:转铁蛋白;SP:P 物质;AGP:前梯度蛋白

生过程。最近,KGF 被证实表达于美西螈背根神经节细胞,当被以微球缓释的形式应用于无神经的创伤表皮下,能够诱导 AEC 特异性的 SP9 基因表达。KGF 的作用是不清楚的,但是很可能它会促进有丝分裂,使创伤表皮变厚且伸入 AEC 中,正如它在哺乳动物创伤中的上皮化一样。

6. 芽基细胞促进轴突再生　随着芽基的生长,轴突必须不断地伸长来实现已分化组织最终的神经分布。施万细胞提供大部分的可溶因子(神经生长因子、脑衍生生长因子、神经营养因子-3 和神经营养因子-4,睫状神经营养因子以及胶质衍生神经营养因子)和一些黏附因子,它们是横断外周神经后神经元存活和伸长所需要的。在体外,通过与肢体再生的芽基间充质进行共培养,可以促进两栖动物神经元的轴突再生。脑源性神经营养因子、神经营养因子-3 和神经营养因子-4,神经胶质衍生生长因子和肝细胞生长因子/肝细胞扩散因子能够替代芽基组织来促进轴突长出。在芽基组织的作用下轴突的长出会更加旺盛,但是,提示芽基细胞产生和其他未被确认的因子来维持神经元的存活和轴突生长。创伤表皮/AEC 是否产生神经营养因子? 促进肢体分支血管的血管生成因素是什么? 它们起源于什么? 哪些因素在血管生成和轴突再生中是共同的? 这些问题有待进一步研究。

五、芽基模式的形成机制

肢体再生的模式是如何在芽基中启动的机制主要是通过移植实验来进行研究的。通过截肢改变已分化肢体组织的空间关系,或者改变芽基和与其对应的残肢的关系,但是还没有得到一个关于这个过程的完整的且令人满意的模型。

1. 结构的不连续性引起的中间结构再生　肢体可以被看作一个由细胞组成的具有三维立体结构的"正常

邻居"的地图,在前后(anteroposterior,AP)轴、背腹(anteroposterior,DV)轴和近远(proximodistal,PD)轴(笛卡尔坐标),或者它的 PD、成角和径向定位(极坐标),每个细胞都标记有独特位置标识。只有那些截肢平面的结构末端会再生(末端转化原则)。实验是基于再生肢体产生的不连续的缺口,结果表明细胞可以感觉到这种不连续性并且通过增殖来消除这种缺口,这一过程被称作中间再生。因此,当通过自体移植未分化的末端芽基至更加接近残肢的水平所产生的 PD 轴向的不连续性,那么,由于宿主最接近的水平是去分化,所以芽基的进一步发育被延迟了,因此,现有的复合芽基的生长和分化会重新开始。将三倍体末端芽基移植到距离二倍体残肢最近的地方,结果显示移植物按照它本来的特性发育,但是来源于最接近宿主水平的去分化细胞会插入到移植物和宿主水平之间的结构中。截肢的残肢部分在没有芽基的地方可以被插入,但是更末端的结构需要形成芽基。最近的实验表明残肢部分的插入受 BMP 信号通路的调节,但是更加末端的结构再生需要 FGF 信号通路。

多种实验显示,芽基细胞感觉并填充在 AP 和 DV 轴向上的间断点。通过截肢去除蝾螈半个前臂,结果会从剩下的半个肢体再生出半个肢体。相比之下,如果去除前臂一半的肌肉和骨骼,保留完整的皮肤,那么截肢后会再生出正常的肢体,表明径向插入的位置身份可以从被操作的那半部分真皮获得。从皮肤的径向插入也可以通过用正常皮肤替代被辐射的肢体皮肤。肢体截肢后可以再生出完整的骨骼和皮肤(但不是肌肉)。通过将芽基移植到对侧的肢体使 AP 轴和 DV 轴反转,或者通过将残肢上的芽基旋转 180°来反转这两个轴,使芽基和残肢面对相反的轴向。两极之间的间断点可以被径向插入所填充,产生一个额外芽基的基础,在创伤表皮的影响下萌发出来形成额外肢体。在截肢后的肢体上也会出现额外的组织生长,这是通过旋转皮瓣或肌肉移植产生 AP 和 DV 上的不连续性。

2. 位置标识表达于芽基细胞表面 芽基细胞的位置标识表达于芽基细胞表面。Steinberg 发现最近端的和最远端的芽基在根基上是并列的,显示出最近端的芽基总是会趋向于吞没远端的芽基(图 27-8),这提示存在从最远端(更强)到最近端(更弱)的细胞黏附梯度。通过体内"亲和电泳"实验证实梯度活性,试验中分别来自腕部、肘部和中上臂水平的芽基被移植到从股骨中部再生的后肢的残肢芽基的接合处(图 27-9)。腕部和肘部的芽基通常移动至宿主再生芽基相应的水平上(分别是踝和膝盖),但是,中上臂的芽基仍然保持它原来的水平。实验将一个来自于早期腕部芽基的被标记的细胞移植到一个早期肱部芽基的基部,它们在那分类参与手的形成,因此证实了这种分拣行为。遗传标记试验显示黏附差异性存在于单个细胞的水平。在早期非洲爪蟾蝌蚪的肢芽发育和

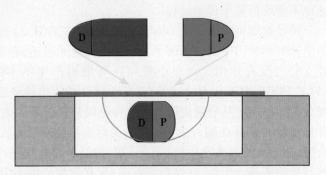

图 27-8 来源于不同 PD 轴向水平芽基的黏附性是不同的
远端(D,红色)和近端(P,绿色)的蝾螈肢芽被压到一起,然后培养在盖玻片下悬浮培养基中,证实其黏附性是有差异的

再生中,从最初的均质混合物分选出末端和近侧的细胞可以证实细胞的位置依赖性黏附。

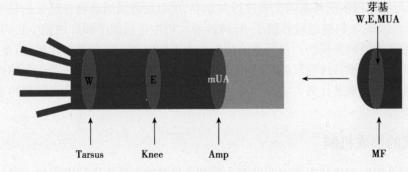

图 27-9
右侧:圆锥形芽基来自于腕(W)、肘(E)或中上臂(MUA)水平的美西螈前肢,被移植到来源于股骨中部(MF)的再生后肢背侧的残肢芽基上。左侧:将腕和肘的芽基移植到它们同一种类组织相应水平的远端(腕移植到踝骨;肘移植到膝),而中上臂的芽基留在股骨中部的水平。所有的芽基都按照它们起源的组织发育

3. 在全部三个轴向上视黄酸均可以改变位置标识　一个重要的发现,由 Niazi 的工作发起,被 Maden 和其他人扩展开来,这个发现就是视黄酸(retinoic acid,RA)能够使用芽基细胞的位置标识向近端移动。其他实验还显示 RA 能使芽基细胞的位置标识向后或中部移位。视黄酸通过与视黄酸受体(retinoic acid receptors,RARs)结合,激活或抑制视黄酸靶基因启动子上的反应元件而发挥作用。

视黄酸通过改变黏附度和位置标识来改变芽基细胞的转录程序。在视黄酸作用下被移植到再生后肢的腕部芽基的远端移动会消失,正如将 RA 处理的腕部芽基移植到更近侧的残肢水平后的中间再生一样。

1983 年 Nardi 和 Stocum 通过 Prod-1 的抗体或者磷脂酰肌醇特异性磷脂酶 C(PIPLC)去除芽基细胞表面的 Prod-1,可以抑制对末端芽基和近侧端芽基的黏附差异性的识别。此外,在末端芽基细胞中过表达 Prod-1,当被移植到近侧端芽基的时候,可以引起远端芽基细胞向更近端(黏附力较小)的位置转移。这些结果提示,Prod-1 在识别缺口中发挥作用,能够识别不相邻细胞的位置标识间的缺口,在 AGP 作用下会刺激细胞去分化和有丝分裂,并且成为芽基生长和可塑性的关键联系。其他可能参与芽基细胞位置依赖性黏附的表面分子有 CD59、ephrins 和钙黏素。CD59 沿着壁虎尾巴的近远轴按从高到低的梯度表达。显示再生尾巴的近侧端芽基能够吞没远端芽基;CD59 抗体能够消除这种吞没行为。EphA4 受体的抗体和 N-钙黏蛋白的抗体,或者借助磷脂酶 C 从细胞表面去除 ephrin A 的配体,可以阻止雏鸡近端和远端的肢芽细胞相互区分。这将有益于探究有尾目动物中这些分子的表达和功能。

4. 与模式化相关基因　芽基模式形成过程中的分子数据与鸡和鼠的肢芽相比是不完整的。已知前肢和后肢表达不同的 *T-box* 基因,*HoxA* 和 *HoxD* 及 *Meis* 基因参与 PD 轴向模式。在近端芽基中,*HoxD10* 表达水平比在远端芽基中高 2～3 倍。*HoxA9* 的表达遍及近端和远端芽基,但是,在远端芽基中 *HoxA13* 表达水平比在近端芽基中高 30%。在来源于上臂的芽基的柱基区 *Meis 1* 和 *Meis 2* 基因优先表达。由于 RA 对远端芽基的近侧化影响,*Hoxd10* 以及 *Meis 1* 和 *Meis 2* 的基因表达是上调的,*HoxA13* 的表达是减少的。远端芽基细胞近侧化是通过过表达 *Meis 2* 并更加向近端移动。这些观察结果说明,*HoxA 9*、*HoxD10* 和 *Meis 2* 存在于特化柱基,*HoxA9/13* 存在于特化肢身。

在特化雏鸡肢芽的前后(AP)轴向模式中,一个重要的元素是芽基后缘的极化活性带(zone of polarizing activity,ZPA)。在雏鸡翅芽和非洲爪蟾蝌蚪肢芽发生尖端旋转后 ZPA 会诱导双生。ZPA 的效应分子是 Shh。在蝾螈和非洲爪蟾早期蝌蚪的肢芽组织后缘能够证明有 *Shh* 基因的表达,而且,通过对侧移植反转芽基的 AP 轴之后,在残肢组织后缘也会表达 *Shh* 基因。此外,通过牛痘病毒将 *Shh* 转染至芽基组织前面的部分,会使芽基前部的细胞后移并且构建一个 AP 轴向的反转,最终导致额外肢体的形成。另一个沿着发育和再生中的非洲爪蟾蝌蚪肢体的 AP 轴向显著表达的蛋白是 XlSALL4,它是 spalt 家族的一个成员,它参与 ESCs 的维持和体细胞重编程为 iPSCs。

到目前为止,与 DV 轴极性相关的基因表达研究还只是局限在再生非洲爪蟾肢体中。*Lmx-1* 在早期蝌蚪肢芽(51～53 阶段)的背侧间充质中表达,通过这些阶段的前臂在截肢后形成的再生芽基中表达。但是,在第 55 阶段的肢芽中不表达,在这个阶段几乎没有再生。正常的 DV 轴向表皮/中胚层的空间关系在移除了来自中胚层的表皮和逆转肢体残端中胚层 DV 轴向后会改变。正常 DV 轴向极性的新鲜表皮增长超过了逆转段,这之后将允许再生。当这个操作如在第 52 阶段进行时,*Lmx-1* 基因表达和再生的结构模式与表皮 DV 轴向极性相符合,但是这种操作如在第 55 阶段进行时,那么 *Lmx-1* 基因表达的原始模式和该部分的 DV 轴向极性均保持在芽基阶段。这些结果表明,DV 轴向极性的自我组织在肢体再生芽基中被特化,这是受到创伤表皮上 *Lmx-1* 基因在 52 或 53 阶段上的表达影响,再次之后,极性就固定了。在胚胎肢芽中,*Wnt7a* 和 *En1* (engrailed)基因分别在背侧和腹外侧胚层表达,这决定了 *Lmx-1* 将仅在背侧中胚层中表达。这种 *Wnt7a* 和 *En1* 基因在再生芽基中的表达模式还未见报道。

5. APDV 模式形成的模型　在 20 世纪 70 年代和 20 世纪 80 年代见证了几种解释有尾目动物模式形成机制的模型的发展过程。其中,最突出的是极坐标模型和边界模型。设计的这些模型能够解释:①PD 轴在截肢后是怎样恢复的;②残肢芽基的轴向反转后长出的附肢的位置和偏向性。极坐标模型是基于局部细胞相互作用,随后诱发介于移植物和残肢之间的中间再生。然而,边界模型假设在残肢和移植物之间的 AP 轴和 DV 轴边界交叉的地方产生的成形素决定 AP 轴和 DV 轴的模式。这两种模型都能预测反转芽基的 AP 轴或 DV 轴后两个附肢形成的位置和偏向性。

但是,同时反转 AP 轴和 DV 轴,会诱发三个附肢的形成,而且它们的位置和来源是不可预知的。此外,在腕骨/掌骨水平检查这些附肢的骨骼肌系统的结构,发现不只是解剖学结构正常的右侧或左侧肢体,而且还有三类其他结构:镜像结构(两个背侧或腹侧),部分正常/部分镜像结构,以及部分正常/部分反向的(混合的)肢体。这些结果很难通过一个夹层模型来解释。1983 年 Maden 表示尽管没有在边界交叉处发现有成形素存在的物理证据,但是边界模型能够正确地预测大部分由芽基的 APDV 反转诱发的附肢的解剖层次。但是 Holder 和 Weekes 指出对称性的解剖学结构的预测对于边界模型来说是有问题的,如两个背侧和腹侧附肢的预测,因为这些对称的区域没有 DV 轴边界和 AP 轴边界的交叉。

这些模型的元素已经被结合在另一个理论当中,它提出芽基是由来自截肢表面的每个象限的不同细胞拼接而成的。Maden 和 Mustafa 揭示当 APDV 反转后形成的所有种类的附肢,无论附肢生长在哪里,假设它们是宿主和移植组织解剖学上的拼接,那么就会反映这些组织彼此之间相对的极性。因此附肢的解剖结构可能是以下两种产物:①来源于残肢每个象限提供的细胞和附肢的芽基;②这些细胞彼此之间相对的极性。关于嵌合三倍体和二倍体肢体的试验可以提供和这种解释一致的证据。美西螈的每半前臂是通过外科手术构建的,来自于前半部分和后半部分的不同染色体倍数提供了大约截肢后再生的半数细胞。移植 AP 轴反转的三倍体芽基到二倍体残肢后(反之亦然),附肢的再生是由来自于移植物和宿主几乎数量相等的细胞组成的。然而,这个结果带来了质疑,为什么两个前臂的前部分没有再生出对称的带有四个足趾的两个臂。1984 年 Maden 和 Mustafa 颠倒三倍体芽基到同侧的二倍体残肢(反之亦然),并且分析由残肢提供的细胞和移植的细胞所产生的四类附肢是怎样的。他们发现从所有残肢到所有芽基,每种附肢中来源于移植物和残肢的细胞比例不同;但是,不知道为什么,双倍的背侧和腹侧的附肢更加多变。

通过截肢手术构建的混合性前臂(一半正常,一半是反转的 AP 轴)会导致和 APDV 反转后同样解剖类型的再生,正如所料不仅仅是混合肢体。使用三倍体标记构造肢体的一部分可以获得证据表明一个定向的偏差夹层能够消除间断点并且能表明细胞的混合性,1980 年 Thoms 和 Fallon 在有尾目动物肢芽尖端反转实验中也记录了一些东西。这些结果提出了一个模型,在这个模型中镶嵌现象和中间再生都在附肢再生中发挥作用。芽基细胞的排序也可能有助于不同类型再生的最终解剖学和组织学结构。关于这件事一个有趣的问题是:为什么将腕部和肘部芽基移植到一个再生后肢的残肢/芽基接合处,不会诱发附肢的中间再生,反而它们在宿主再生时会按照正常的位置排序? 这个结果提示当细胞有机会重建正常的比邻关系时,排序会优于中间再生。

显而易见,关于正常再生或者冗余再生的 AP 轴和 DV 轴上的细胞起源和交互模式我们还很不了解。随着基因标记技术的出现,已经到了时机成熟的时候,我们可以试图追踪这些参与模式构建的细胞起源。

六、近远轴的模式形成

1. 远端转换需要肢体横断面处的细胞感知位置的差异 大量实验表明残肢的横断面上不同位置的细胞间,在径向上的和周缘上的夹层位置标识对于维持远端转换是至关重要的。1975 年 Lheureux 将一个从肢体上取下的纵向肢体皮肤条带旋转 90°,并且移植到一个已经被辐射的肢体的外围,前提是被辐射的肢体经过了带性截肢处理(图 27-10)。这样的肢体不能再生,因为来自于移植表皮的芽基细胞都有同样的位置标识,因此不能产生径向上的和周缘上的夹层再生。但是,当来自于三或四个肢体象限的短的纵向皮肤条带被旋转 90°并且移植到周缘上,会发生正常的再生,因为来自于这些条带的细胞有不同的 APDV 位置标识并能够参与径向上的和周缘上的夹层再生。同样,偏离肢体皮肤创伤处的神经诱导的芽基样的积聚,只有当来自于周缘上相对立位置的皮瓣能够覆盖创伤面时才会生长。

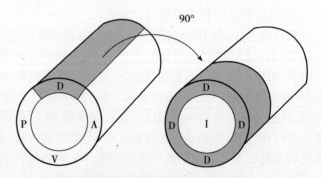

图 27-10 实验表明,截断肢体的皮肤的位置身份的一致性导致芽基形成和再生

一条只有一个象限的位置标识的纵向带状皮肤(点状标志的)被移除,旋转 90°并移植到一个被辐射(I)的宿主肢体的周缘周围来代替宿主皮肤。没有截肢后经过移植皮肤的再生。相比之下,如果用表示背(D)腹(V)轴,前部(A)和后部(P)的肢体象限的纵向带状皮肤,植入被辐射的宿主肢体的周缘周围,会形成截肢后的正常再生(改绘自 Stocum DL,1996)

手术构建的双重的前部分柱基只能再生出一个对称的软骨刺突,但是双重的前部分前臂能再生有单个手指的完整 PD 轴。相比之下,双重的后部分柱基和前臂都能在 PD 轴上再生对称的完整双重后肢。更多的实验证明双重的背侧柱基能够再生 PD 完整的对称肢体,但是双重的腹侧柱基不能再生。

这些结果被解释为前面的和腹侧的部分柱基只携带少量的位置标识仅能维持最小限度的径向和周缘的插入,因此会中止远端转换和再生刺突,然而前半部分(也可能和腹侧)的前臂携带更多的位置标识和更少的 PD 轴再生,因此导致单个手指(足趾)的形成。双重的后部和背侧柱基和前臂携带最多的位置标识,确保足够的径向和周缘的插入来允许一个完整的 PD 轴的形成。当周缘和径向上的位置标识没有足够的不连续性,芽基细胞会感到在肢体的横断面上彼此之间是正常的比邻关系并且细胞达到饱和,那么就不会经历远端转换。大多数研究人员认为相互影响的位置标识是那些中胚层芽基细胞的,2008 年 Campbell 和 Crews 已经指出 AEC 细胞有不对称的位置标识,那一定也会互相影响。

这个解释也提出了,一小部分去分化细胞,大部分来自真皮,迁移至截肢表面的中心处,通过径向和周缘的插入彼此之间相互作用。AEC 的形成会产生圆锥形,进一步需要径向和周缘的插入,在每个再生的 PD 水平上产生出一套完整的 APDV 身份识别。双重的前面的和双重的腹侧的肢体的芽基细胞间的相互作用在这个限定的区域内会很快停止,因为没有足够的空间差距来保持它们的生长,所以芽基只能简单地再生出对称的半个肢体并止于手指(足趾)。但是,一个正常的远端芽基移植到一个残肢上时,就会产生这样对称的半个肢体的再生。因此,一个拥有正常的腕部芽基移植物的截肢的双重前部的柱基会通过中间再生引起一个对称的双重前部柱基和前臂的生长,证明改变发生再生的几何空间,会诱发半个肢体再生出全部肢体的潜能。

2. 芽基是一个自我组织系统　正常的芽基包含 PD 再生所需的所有信息。Fate-mapping(细胞示踪)试验通过用碳、GFP 或 DsRed 标记锥形期芽基细胞显示,能够代表未来的柱基,前臂和肢身的细胞都是连续排列的。为了测试锥形芽基在 PD 轴上自我组织这些结构的能力,将它们移植到异常的位置。1960 年 Faber 将一个碳标记放在美西螈芽基潜在的前臂区域,这是一个来源于柱基的芽基并被移植到了背部。这个移植物只能形成手指(足趾)。在大部分实验对象中,能够在背部组织发现标记,提示未来的柱基和前臂细胞的再吸收,只留下了肢身细胞。但是,在少数实验对象中,在手指(足趾)发现了标记,因此得出结论,尽管细胞来源于柱基,那么早期芽基的细胞有肢身分化的趋势,所以能够解释为什么移植物只能形成手指(足趾)。可以通过来自残肢的诱导信号在柱基和前臂未来所在的区域来诱发它们的特质。但是,很有可能在极少数的实验对象中标记在手指(足趾)的上方,这是因为标记被错误地放置在了未来的手指(足趾)的间充质。事实上,当在吸收被移植的多种芽基阻止时,肢身近端的结构会高速发育。

这些异位移植实验室在大型的、缓慢再生的动物上实施的。当快速发育的幼体斑点蝾螈早期锥形期的柱基芽基被移植到背鳍部的皮肤创伤处,几乎 70% 的实验对象能够自我组织所有的截肢平面远端的肢体部分。自我组织实验已在许多其他的实验中得到证实,包括交换美西螈未分化的前肢和后肢的芽基。移植的芽基会按照它原来的全部 PD 结构排列而生长发育。为了测试是否新鲜的去分化芽基细胞能够自我组织,将上臂近端部分的正在经历早期再分化的芽基移植到后肢的踝骨组织,但是自我组织成所有的手臂结构远端直到截肢平面。这些结果表明自我组织的信息在芽基形成的早期阶段就已建立。

关于美西螈肢体再生中 HoxA9 和 13 的表达的研究再次提出了早期芽基只包括肢身细胞的可能性。报道在积聚芽基形成过程中有这两种基因的一致表达。到锥形期阶段,HoxA13 的表达受限于和未来肢身对应的远端区域,然而未来的前肢和柱基区域只表达 Hoxa 9。Meis 1 和 2 基因在来源于上臂的未来柱基的锥形期芽基也处于高水平表达。假设 HoxA9/13 的联合表达在肢身区域的特化起关键作用,同时 HoxA9 和 Meis 在柱基区域特化起关键作用,我们怎么使 HoxA 9 和 13 在完整 PD 自我组织下的积聚芽基中表达一致(我们不知道是否 Meis 基因表达早于锥形期),并且这些区域是怎么分开的?

图 27-11 举出了关于区域分开的两种可能的机制。第一个假设积聚芽基中每个去分化的细胞都表达 HoxA9/13,并且 HoxA13 的表达需要 AEC 分泌的因子。随着芽基生长,更多的近端细胞会不需要这些因子并

且这些细胞会停止表达 *HoxA13*,会在未来的肢身和前臂/柱基之间产生一个分界。很有可能会建立分开未来的柱基和前臂之间的第三个边界,并且转录因子如 *HoxA11* 可能会特化这个边界。近端芽基细胞的在吸收

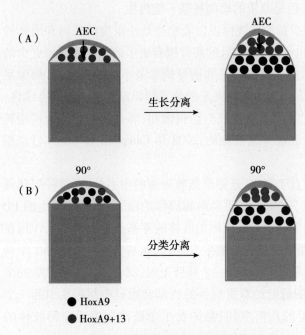

图 27-11　确立远端和近端界限的两种可能机制

HoxA9 是近端的(蓝色),HoxA9+13 是远端的(红色)。(A)所有的最初的芽基都表达 HoxA9 和 13,但是只有创伤表皮相关的细胞维持 HoxA 13 的表达,会引起 HoxA9 +13 和 Hox A9 区域的分开。(B)最初的芽基是一个有多种表达 Hox A9+13 和 HoxA 9 细胞的混合物。远端 HoxA 9+13 细胞对创伤表皮有较高度的亲和力,并且它们能够和 Hox A9 细胞区分开来

或者积聚芽基生长失败将会阻止肢身和更近端区域的分开,并导致只能形成手部的形成。因此完整的自我组织信息呈现在早期芽基中,但是芽基生长需要在最大限度上表达这种信息。另外,在积聚芽基阶段可能有两种细胞子集彼此均匀混合,一种表达 *HoxA9*,另一种表达 *HoxA9/13*,他们彼此之间区分开来是通过不同的黏附力来形成肢身和前臂/柱基区域。为了在个体芽基细胞水平检测 *HoxA9,13* 和 *Meis* 基因的表达谱,要提供线索说明哪种情况是正确的。

在每个模型中,将要再生的近端边界是通过无能力的芽基细胞建立的,采用位置身份的近端 *HoxA 9/Meis* 编码水平代表截肢程度,和 AEC 相关的表达 *HoxA13* 的细胞能够代表远端边界。位置标识被插入到这两个边界和分开柱基/肢身与前臂的边界之间,也被插入到柱基/前臂和前臂/肢身之间的边界。

我们并不知道这种插入是如何发生的。1981 年 Bryant 等提出在肢体横断面连续循环的细胞间相互作用会产生越来越多的远端位置标识。1983 年 Meinhardt 提出 PD 的再生机制,在位置标识中 AEC 会生成成形素。成形素浓度越高,特化的身份标识越远。在芽基形成早期阶段成形素浓度处于最低状态,所以近端标识首先特化。芽基细胞产生一种尖端表皮维持因子来控制 AEC 产生 PD 成形素。越远的固定

细胞会产生越多的 AEMF,最终导致越高浓度的 PD 成形素。越来越远的 PD 位置标识会因此通过阶梯式增长的 AEMF 和 PD 成形素而"凭借自己的努力"存在。这个理论还没有经过试验证实。另外,1977 年 Maden 提出了短程的细胞间相互作用的平均机制。

第二节　成体青蛙、鸟类和哺乳动物肢体再生的抑制因素

一、无尾类的蝌蚪缺乏肢体再生与基因表达模式的空间缺陷相关

早期无尾类蝌蚪的肢芽能够完美再生,但是随着肢体节段渐进的分化失去了一种从近端到远端顺序再生的能力。晚期的蝌蚪和一些无尾类的幼蛙根本不能形成芽基,然而其他的如非洲爪蟾蜍,能形成成纤维细胞芽基并能够分化为无肌肉的对称的软骨刺突。成纤维细胞芽基的形成与低于正常水平的组织溶解和去分化以及更微小的 AEC 有关。在截肢断面的肌纤维中存在有卫星细胞,但是不会成为成纤维细胞芽基的一部分。

在非洲爪蟾蜍截肢处的一个对称的软骨刺突的再生与几个模式基因的表达模式缺陷相关。在 AP 轴向上缺乏不对称性和成纤维细胞芽基中 *shh* 基因激活失败相关,并因此使 *shh* 的下游靶基因(*Ptc-1*、*Ptc-2*、*Gli 1*)表达失败。Shh 基因激活失败不是因为缺少 *Shh* 上游调节因子(*Gli 3*、*dHAND*)的表达,也不是因为 *Shh* 基因启动子的表观遗传修饰,而是远端肢体中特异性的 *shh* 增强子的表观遗传修饰,它是一个保守序列,叫作哺乳类动物-鱼类-保守的-序列 1(mammals-fishes-conserved-sequence 1,MFCS1),定位于 *LMBR1* 基因的非编码区。这段序列在幼蛙肢体和芽基中呈现高度甲基化状态,和蝌蚪在第 53 阶段的后肢芽和芽基的中等水平

甲基化形成对比,并且低于蝾螈和美西螈肢体和芽基的中等甲基化水平。在有再生能力的芽基中 MFCS1 的甲基化模式是有区域特异性的,在前面的组织是高度甲基化,但是在后部表达 *Shh* 的组织中则是较低水平的甲基化。

在幼蛙芽基中似乎也缺少 PD 轴向的位置信息。通过膝盖或踝/足范围截肢后,在第 53 阶段的后肢芽的早期芽基显示出了 *HoxA11* 和 *13* 的巢式表达。随着芽基生长,在膝盖芽基中分开这两种基因的表达区域,所以 *HoxA13* 表达于肢身区域,而在踝部芽基中 *HoxA11* 停止表达,只剩下 *HoxA13* 表达。这种分开基因的表达模式和出现不同的黏附性能相关,使远端和近端的芽基细胞从一个彼此的混合物中区分开来,反映了它们不同的 PD 轴向的位置标识的确定。类似的 *HoxA11* 和 *13* 巢式表达是最初在幼蛙成纤维细胞芽基中观察到的,但是随着芽基生长不能分开表达区域,并且远端细胞不能从近端细胞中区分开来。因此,PD 和 AP 轴向上的再生位置信息系统成分似乎被破坏了。

二、解释无尾类蝌蚪再生缺乏的假说

尽管我们可以将非洲爪蟾蜍缺乏真正的芽基形成和与有尾目类相比的某些缺陷联系在一起,但是我们仍然不知道根本的生理学原因。关于为什么幼体和成体有尾目类,以及早期无尾类蝌蚪能够形成有再生能力的芽基,而晚期无尾类蝌蚪和成体只能形成有再生缺陷的,或不能再生的芽基。出现了两种观点,并且互不排斥。

1. 免疫系统成熟抑制了肢体再生能力　第一个假说指出在青蛙、鸟类和哺乳动物发育过程中免疫系统达到成熟,并且肢芽转向一个错误的再生反应是和截肢后更强烈的免疫反应相关的。支持这一观点的证据是有尾目类和非洲爪蟾蜍相比有更加原始的免疫系统,并且非洲爪蟾蜍的免疫系统在蝌蚪发育期发生了巨大的改变,这种改变符合肢体再生能力的丢失。取蝌蚪早期有再生能力的皮肤并且不能经过冻存,变质后进行自体移植,通过这种方法证实了上面所说的假设。

进一步支持这个观点的是从研究哺乳动物胎儿创伤中发现的免疫力和肢体再生之间的反向关系。胎鼠的肢芽拥有有限的再生能力,胎鼠直到妊娠晚期才有皮肤再生,当到成年鼠的时候便会用瘢痕修复创伤,这种转变与免疫系统的成熟相关,但是当缺乏免疫系统的时候在体外也可以发生自主再生。1988 年 Sessions 和 Bryant 提供证据表明在非洲爪蟾蜍的肢芽细胞有类似的自主改变。将早期蝌蚪的肢芽移植到晚期蝌蚪的肢芽,并且反之亦然,不会改变肢芽的再生潜能。

2. 青蛙、鸟类和哺乳动物缺乏细胞周期和去分化之间的关系　第一个假说指出有尾目类已经使肢体的再生特异性基因逐步进化(或保留),而在青蛙、鸟类和哺乳动物中却没有发现能使它们的肢芽细胞经历去分化和像芽基样积聚的再生特异性基因,或者青蛙、鸟类和哺乳动物已经进化了再生抑制性基因,而在有尾目类中却没有发现。有证据能够证明这两种观点。首先,生物信息学分析在其他脊椎动物分类群中没有发现 Prod1 的同系物,说明再生的关键基因是有尾目类特有的。其次,蝾螈和哺乳动物的肌管核在血清作用下重新进入细胞周期的能力是不同的。在肌肉发育过程中,细胞周期检查点蛋白 pRb 在主要的成肌细胞中是过度磷酸化的并且失活的,以此来允许它们增殖,但是当成肌细胞融合并分化为肌管,pRb 变得低度磷酸化并且积极抑制肌核的细胞周期活性。用血清刺激蝾螈肌管会使 pRb 失活,促进它们重新进入细胞周期。然而,正常哺乳动物肌管的肌核在血清刺激下不会重新进入细胞周期,说明 pRb 失活不足以打破细胞周期的抑制。这可以通过实验来证实,研究人员通过 siRNA 介导敲除或删除主要成肌细胞中肌管内的 pRb。这些肌管的核在血清刺激下不能重新进入细胞周期。

基于这些结果,2010 年 Pajcini 等假设鸟类和哺乳动物已经使一个额外的细胞周期检查点基因得以进化而在有尾目中是不存在的,在肌肉细胞去分化的条件下,它的蛋白产物能够协同 pRb 来抑制重新进入细胞周期。为了使最初的哺乳动物肌管核进入细胞周期,这个蛋白或者它的基因要和 pRb 一样均失活。他们把焦点放在了 ARF(选择阅读框架),是由 *ink4a* 基因座编码的一个肿瘤抑制性蛋白,仅表达于有尾目类的一个分类群中。通过 siRNA 同时抑制 *Rb* 和 *ARF* 基因能够消除已分化的肌细胞的细胞周期抑制性。肌细胞去分化后,重新表达 Pax-7 并形成成肌细胞克隆,保留肌原性去分化的能力并且在体移植后形成新的肌纤维。

来源于异常成肌细胞系的 pRb 已被灭活或者丢失的肌管,已经被报道在血清的刺激下能够重新进入细胞周期,意味着在这些细胞中 ARF 不是去分化的一个阻碍物。血清能够刺激 pRb 已经被抑制掉的 C2C12 肌管重新进入细胞周期。但是,C2C12 肌管是来自于永生化的成肌细胞系并且删除了表达 ARF 的 *ink4a* 基因座。在血清刺激下逆转分化过程,这一现象也在致死的 Rb$^{-/-}$ 胎小鼠 CC42 肌细胞系的肌管分化中被报道过。野生型骨骼肌的分化需要 pRb,但是在 pRb$^{-/-}$ 肌肉分化中,p107 可以替代 pRb。这种交替的分化途径显然不包括像在正常肌肉的分化那样,在胞周期的重新进入过程设置锁定点。因此也不会惊讶于在 C2C12 和 CC42 细胞仅仅消除 pRb 会在血清刺激下重新进入细胞周期。和这种观点一致的现象是,将 *ink4a* 基因插入到培养的蝾螈肌管中,这使得他们在血清刺激下不会进入细胞周期。此外,2001 年 McGann 等已经报道蝾螈芽基提取物能够促进重新进入细胞周期和 C2C12 肌管的细胞化,有趣的是我们要确定提取物是否对来自于最初肌细胞的哺乳动物肌管有同样的作用。那么另一个有趣的问题是 ARF 是否表达于无尾目类动物,如非洲爪蟾蜍,它在早期蝌蚪截肢后能够再生出肢芽,但是,随着肢芽分化将会失去这种再生能力。

第三节　哺乳动物的附肢再生

一、兔和啮齿类的耳组织

兔耳是由一片坚硬的纤维软骨覆盖上皮肤而构成的。它们是为数不多的在耳上打 1~3cm 的洞之后还能再生的动物,和其他的野生型哺乳动物耳朵形成对比,其他的只能在洞周经历简单的创伤愈合。兔耳组织再生是从缺陷边缘呈向心性生长。软骨形成发生在再生组织形成 3 周左右,孔洞完全愈合则需 6~8 周的时间。将切断的脚趾移植到兔的耳洞中不会再生,这表明耳组织的再生环境不能促进脚趾的再生。

组织学研究表明,兔耳洞闭合是通过切割处组织的再生,创伤边缘的间充质细胞迅速形成环形芽基并且分化成新的真皮和软骨,随着芽基的生长而闭合耳洞。表皮向下生长穿透创伤边缘的软骨和真皮。这种向下生长不能够在狗和羊不能再生的耳部创伤处观察到,但是这却是成体蝾螈肢体再生的特征。兔耳组织的芽基细胞起源还不清楚,它们可能是来源于一种干细胞亚群,或由真皮成纤维细胞和(或)软骨去分化而来。

兔耳组织的再生需要耳部皮肤和软骨。如果用腹部的皮肤代替耳部的皮肤,腹部皮肤上的洞不能够完整闭合。如果在移植腹部皮肤前耳软骨被摘除,或者是软骨被摘除和耳部皮肤被替换,那么在无软骨区的这个耳洞不会闭合。接受过辐射的耳组织不会再生,但是如果经辐射的耳移植到未经辐射的软骨,其再生几乎和正常的耳很接近。未经辐射的耳被植了经辐射的软骨后,显示 80% 的耳会闭合,但是再生组织不会有软骨形成。总的来说,这些数据表明,皮肤可以支持部分再生,但是需要软骨来支持完整再生。这可能意味着通常软骨和真皮会为芽基提供细胞,软骨起着一个诱导皮肤细胞形成芽基的作用,或者是两种细胞的协同作用。

成年大鼠的耳软骨不能再生。在耳朵任何部位做切开伤口后,在切开的软骨边缘之间会形成纤维化瘢痕,并且抗体染色有大量的 Ⅰ 型胶原形成。然而,在新生大鼠耳软骨的类似切口可以通过表达 Ⅱ 型胶原的软骨细胞的再生修复,核 PCNA 染色表明再生软骨细胞来源于伤口处新生软骨细胞的增殖。

MRL/lpr 自体免疫突变的小鼠耳洞在少于 4 周内完全闭合。这种闭合和兔耳洞闭合的过程非常相似。组织学研究表明,这种闭合是通过创伤边缘的芽基细胞增殖完成的。芽基再生出耳组织的正常结构,包括支持软骨。在 MRL/lpr 小鼠的耳洞实验中也观察到了类似的结果。有趣的是,MRL/lpr 小鼠背部皮肤创伤是通过纤维化修复的,这提出了一个问题,是否耳部皮肤在缺乏软骨时能够再生。

MRL/lpj 小鼠耳组织再生的能力是和未受损伤的成纤维细胞中低水平的 p21 G_0-G_1 检查点蛋白和大部分静止于 G_2 期的成纤维细胞相关。一个 p21-null 鼠无关于 MRL 耳洞愈合,这类似于 MRL 的愈合方式。实质上,MRL/lpj 的耳成纤维细胞和 p21-null 鼠的耳朵将会经历有丝分裂并且形成一个基于孔洞损伤而产生的芽基。

小鼠耳组织再生能力是有限的并且和遗传的多基因性相关。为了鉴别这些突变小鼠的潜在再生能力相关的基因位点,用 DNA 标记对可再生和不可再生的小鼠 F2 杂交子代 MRL/lpr C57B1/6J 小鼠,MRL/MP SJL/J,MRL/MpJ 和 CAST/Ei 小鼠进行了全基因组扫描比较,它们是上海地区小家鼠近亲交配的亚种。一个正常的再生的定量分布可以通过 F2 代小鼠展现。与再生高度相关的 16 个数量性状遗传位点(quantitative trait loci,QTL)定位在染色体 1,2,4,6,7,8,9,11,12,13,4,15 和 17。其中大部分是继承于再生的 MRL 小鼠以及小部分再生于非再生小鼠。这些位点解释了 70% 的 F2 代小鼠的再生差异。一些 QTLs 似乎在再生过程中相互作用。一些已知参与肢体发育和再生基因已在 QLTs 中得以鉴定:FGFR4;Gli3,Shh 活化的转录因子;HoxC 簇;潜在的 TGF-β 结合蛋白 1 和 RARγ,以及哺乳动物中和蝾螈等同的 RARδ。在这些基因座的许多其他基因亦参与信号转导通路和 QTLs 共同定位的未经自身免疫修饰的基因座控制着愈合表型。

在兔耳的再生中,还没有报道过基底膜的状态,但是对 MRL 小鼠的研究表明,像两栖动物肢体再生一样,小鼠的耳洞闭合与基底膜的缺乏有关。基底膜最先被重建,但在创伤后第 5 天会消失,而在野生型小鼠中,却仍然保留。这种差异的原因是 MRL 小鼠耳中 MMP-2 和 9 的高表达和活性,反过来,这也和大量炎症细胞的存在有关。这些酶的较高活性可能是由于 MRL 小鼠耳也具有少量的 TIMPs。

2009 年 Naviaux 等比较了 MRL/lpj 小鼠的成纤维细胞和不能再生的 B6 小鼠的新陈代谢情况。他们发现 MRL 小鼠的成纤维细胞表现出 Warburg 效应,是胚胎细胞新陈代谢的主要特点,在肿瘤细胞和参与成体创伤愈合的细胞也存在。Warburg 效应是在增加糖酵解代谢的同时维持正常 O_2 消耗。尽管氧化磷酸化会减少能量生成,MRL 细胞中的线粒体数量高于 B6 细胞,显示了低于被利用功能的储备能力。

2008 年 Gorsic 等发现了在美西螈肢体 4dpa 再生的表皮和潜在组织中,细胞色素 b 和 c 基因显著上调并且这些细胞色素的抗体染色呈强阳性,提示在线粒体增加方面,美西螈和 MRL 细胞之间的相似性。

对于了解 MRL 小鼠或兔耳的芽基和两栖动物肢体再生芽基,在创伤表皮依赖性、芽基形成与产物的神经支配以及基因表达类型方面是否类似,是非常有趣的事情。

二、鹿角的再生

鹿角是双生的,从雄鹿的前额延伸出呈枝状生长的骨。在温带气候中,鹿角的作用是在秋天交配季节用来显示雄性力量和作为争夺雌鹿的武器。一旦交配季节结束,鹿角会在从每年 12 月到 3 月的 4 个月时间内脱落,留下一个没有皮肤的伤口最后通过皮肤覆盖而愈合。新的鹿角会在夏天的 4 个月内完成再生。

贮存在蒂骨膜底层的 MSC 再生出第一个鹿角,来自于颅骨的额骨的小梁骨碰撞形成刺突。手术切除蒂骨膜能够抑制鹿角形成,而将蒂骨膜移植到前额或者前脚上,会导致异位鹿角形成。移植的蒂能够诱导覆盖的表皮上的表皮变成多细毛的表皮,因而得名为“天鹅绒”样表皮。随后的鹿角再生中的 MSC 的来源还不清楚。组织学研究表明,鹿角可能来源于骨膜和创伤周围皮肤的真皮。在鹿角再生过程中不需要神经支配。

组织学研究表明,鹿角再生是一个改良型软骨内骨形成的过程。生长中的鹿角分枝有几个分化区域,分化始于一个远端天鹅绒表皮和真皮下的 MSC 帽状结构,随后就是向近端逐渐增多的分化的软骨细胞。然后这种生长会从近端到远端被骨组织替代。这个替代过程和软骨内长骨再生不同,其中,从开端就有许多带有血管周围成骨细胞和破骨细胞的血管穿入鹿角的整个软骨板。这种成骨机制可能与鹿角骨不含骨髓有关。最后,鹿角完全骨化封闭它的血液供应,使得鹿角像大量死骨一样,准备好在竞争交配中应该发挥的功能。

在分子方面,鹿角再生和软骨内骨发育和再生是类似的。鹿角中破骨细胞形成受 PTHrP/PPR 和 RANKL/RANK 途径的调控。在体内血管周围间质中 PTHrP 和 PPR 通过正在分化的破骨细胞表达。RANKL 和 M-CSF 是由培养的鹿角软骨细胞持续生成的,并且,由这些培养细胞产生的外源 RANKL 和 PTHrP 能够刺激破骨细胞分化。TGF-β1 刺激 PTHrP 合成,PTHrP 促进微团培养细胞的增殖并抑制分化。这些数据表明,TGF-β1 调控 PTHrP 的合成,而且,PTHrP 可能会维持软骨前体细胞的增殖。

在鹿角再生过程中,另一个对调节软骨细胞和成骨细胞分化起重要作用的分子是 RA。在软骨内骨发育过程中,RA 是软骨细胞和成骨细胞的成熟所必需的。在第一个鹿角生长之前用 RA 局部处理鹿蒂引起鹿角增大,这表明 RA 能促进骨膜来源的间充质细胞增殖。和这种想法一致的是,鹿角组织在它们发育的整个阶段都包含大量的维生素 A,并且 RALDH-2 和类维生素 A 受体也在皮肤、软骨膜、软骨、血管周围细胞和生长中的鹿角的成骨细胞中表达。

鹿角每年的生长周期是由内分泌和环境因素决定的。但是,这些因子是如何与局部因素共同作用调节鹿角再生的尚不清楚。一个常见的误解是睾酮刺激鹿角再生(与第一对鹿角形成相反)。睾酮参与生长中鹿角的骨化,但是当注射睾酮时,它却抑制了再生的发生。在温带气候,鹿角每年生长周期受光周期调节,加上鲜为人知的内在周期。光周期长度和频率的变化能够改变再生的周期数,但是不会取消周期,鹿角生长周期会与一个从明到暗的间隔光比例一样长。

三、小鼠和人指尖的再生

在胚胎发育第 12.5 天的胎鼠,在子宫内截肢后 1~2 个指尖再生是通过指骨再生形成胚胎脚板,但是在更近端的水平却观察不到截肢后再生。在胚胎发育第 14.5 天的胎鼠,再生能力就局限在末端指骨的远端 2/3。再生似乎会从同时表达 Msx1 和 Bmp4 的间充质干细胞的帽状结构出开始发生。这些细胞形成典型的软骨内软骨板,然后被骨替代。如果截肢是通过末端趾骨的近 1/3,那么不会发生指尖再生。BMP 信号转导通路是从末端趾骨的远端开始再生所必需的,并且能够被 Noggin 抑制。BMP 2,4,7 和它们的受体表达于手指(足趾)的骨髓和再生组织。Msx1 可能是 BMP 表达的上游调节因子。

2005 年 Allan 等发现 Msx1 表达在孕 53~67 天流产的发育中的人胚胎指尖指甲区的下方。在指尖被截断后第 4 天,截断的指尖处表皮已经增殖到几乎闭合创口并且有成纤维细胞样的细胞大量增殖。Msx1 在迁移表皮内高表达,同样在预定的甲床下方的间充质中也高表达。而培养的指尖近端没有增殖反应,骨端的皮肤收缩。远端截肢部位的增殖反应减少同孕龄相关。

成年哺乳动物保持了通过末端指(趾)骨的远端截肢后的再生能力。这首先在儿童末端指(趾)骨远端截肢后的再生中被报道。至此,也在成人中发现末端指(趾)骨的再生。

1982 年 Borgens 将 4 周大的小鼠的中趾的末端趾骨紧靠甲床的近端部截断。在 4 周时间内,截断的中趾再生并且外观形态和组织学结构均正常。如果截肢平面邻近关节,则不会发生再生,人类指尖再生也是如此。1995 年 Neufeld 和 Zhao 对小鼠的研究和 2005 年 Allan 等对兔末端趾骨的研究均证实了这一结果。显而易见,再生仅发生在开放性伤口,而不是通过缝合皮肤来关闭的截肢表面。因为表皮明显愈合了开放性伤口,说明上皮-间充质的相互作用是成年人和其他哺乳动物的指尖再生所必需的。

成年末端指(趾)骨的骨再生似乎是通过成骨细胞由骨直接沉积到剩余骨上而形成的,而不是经过软骨内成骨的过程。成纤维细胞出现在截肢部位并且有助于指尖再生,但是它们的具体过程还没有被确定。据推测,它们改造真皮、骨膜和疏松结缔组织,它们也可能有助于骨和脂肪垫的形成。甲基质、甲床和甲板是从表皮再生而来的。

因为邻近甲基质再生频率快速下降,据推测,在近端边缘有较少的血供可能会抑制新的骨生成,或甲基质(等同于包含干细胞的毛囊基质)或甲床是骨再生所必需的。但是,小鼠的指甲基质近端血供比远端更丰富。与想象不同的是,除指甲本身外,指甲基质或甲床不会为末端指(趾)骨的任何部位再生提供细胞来源。然而,在指甲上皮和再生的骨以及其他结构之间可能有上皮-间充质的相互作用。移植包括甲基质的甲板到一个截断的指(趾)骨近端会导致骨生长朝向移植物,而不是像平常一样局限在骨髓腔内生长。

2003 年 Han 等报道,在新生鼠的未截断的末端指(趾)骨中,*Msx1* 和 *Bmp4* 表达于甲基质和甲床下的结缔组织,而 *Hoxc13* 和 *Msx2* 表达在这些组织中。鉴于 *Msx1* 和 *Bmp4* 表达于再生胎鼠指(趾)尖的间充质细胞中,那么,指甲下的结缔组织可能是末端指(趾)骨再生的细胞来源。

条件性遗传标记每个小鼠的再生指(趾)尖的表皮和中胚层组织,会产生和标记美西螈肢体再生组织后一样的结果。也就是说,形成每个指(趾)尖再生组织的细胞保留了他们的谱系特异性,并通过集成的组织再生长而再生出指(趾)尖组织。这一结果符合之前对指(趾)尖组织再生的有限观察结果。因为 BrdU 的标记说明了远端指(趾)的特定部位的局部增殖。总之,参与再生的细胞是组织特异性的干细胞,它们不会形成一个具有多能细胞的芽基,虽然不能排除这些增殖细胞是源于进入细胞周期的去分化细胞。因此,小鼠的指(趾)尖再生看起来有别于蝾螈目动物肢体再生,其中组织特异性的细胞会形成芽基。2009 年 Kragl 等和最近 2011 年 Rinkevich 等都提出了多能芽基细胞形成的再生,替代了提出的组织特异性细胞形成的再生。

第四节　刺激无尾目类动物和哺乳类动物的附肢再生

一、刺激青蛙肢体的再生

已经做出很多努力来提高晚期无尾目类蝌蚪、幼蛙和成体青蛙的肢体再生能力,可以通过反复创伤和刺激增加组织溶解,或者增大神经供给来促进芽基细胞存活和增殖。已经报道了用电刺激成体非洲爪蟾蜍截断的前肢桡/尺骨来诱导包括一些肌纤维的宽阔的、扁平的及分叉的结构形成。这个结果和过度神经支配相关,同时在由于神经偏差造成的过度神经支配的非洲爪蟾蜍肢体中也观察到了。

在其他无尾目类动物中提升肢体再生能力的手段包括:截肢表面的反复创伤,用高浓度的 NaCl 溶液浸泡残肢尖端,并且通过增加神经供给来提供更多的有丝分裂刺激。在几个实验组中,形成了分段的带有肌肉的手指(足趾)。截断蜥蜴的肢体不会再生,尽管它们经历一定的组织溶解和去分化。增加神经供给后,可以从截断的蜥蜴后肢观察到小的、包含软骨和肌肉的组织生长。

在所有旨在增强无尾目类动物肢体再生模式的处理方法中,应用二甲基亚砜(dimethyl sulfoxide,DMSO)或者将类维生素 A 溶解在 DMSO 中的作用方式所得到的结果是最好的。用 DMSO 处理幼体或成体蛙科动物青蛙的断肢,通过前臂再生的结构,多种软骨和肌肉排成手样的形状。当用 DMSO 溶解视黄酸的溶液处理肢体后,可以诱导软骨元素和肌肉子集合的分开。在截肢后,用视黄醇棕榈酸酯溶液处理钝头蛙、蓝点蛙以及豹蛙的幼蛙,通过前臂促进多个手指(足趾)的再生,而不是普通的刺突样的产物或者完全没有再生。所有的这些处理因素都和增强的免疫反应、组织溶解和去分化相关。用 DMSO 处理的蝾螈断肢,在组织溶解过程中酸性水解酶的活性增加高于对照组。在其他系统中,已知 DMSO 可以渗透细胞膜并增加酸性水解酶的活性,也可以通过诱导溶酶体释放酸性水解酶来增强软骨中的蛋白水解活性。视黄酸(视黄醇棕榈酸酯代谢为视黄酸)Shh 基因表达的上游激活因子。还并不清楚是否这些模式上的改进与 Shh 基因表达的增强或其他原因相关。

最近,分子治疗已被用于增强非洲爪蟾蜍肢体的再生。非洲爪蟾蜍蝌蚪晚期的再生缺陷肢体在截肢后不表达 FGF-8 和 10、HGF、BMP4 或 SHH,而这些分子在蝌蚪早期有再生能力的肢体截肢后会表达。这些蛋白质已经用于滴注非洲爪蟾蜍的成纤维细胞芽基或者表达于移植细胞中,旨在提高它们的再生能力。在非洲爪蟾蜍幼蟾刺突中缺乏肌肉,不是由于芽基环境不支持卫星细胞分化,而是因为移植到芽基的卫星细胞能分化成肌肉。当然,问题似乎是缺乏信号,因此不能激活卫星细胞从残肢迁移至芽基。已经证明 HGF、FGF-10 和 Shh 能够促进 Pax-7$^+$卫星细胞迁移至芽基,它们在那会形成骨骼肌。将 BMP4、FGF-10 和 Shh 应用至成纤维细胞芽基来诱导刺突中关节的形成。FGF-10 和 SHH 也被联合应用,但不是协同作用。人 FGF-8 只能改善边缘再生,但是人 FGF-10 能导致多种手指(足趾)再生,同时也会诱导 AEC 中 FGF-8 的表达,这提示 FGF-8 的表达依赖于 FGF-10。然而,在这些蝌蚪中,更多近端元素没有恢复,而且其他实验中 FGF-10 作用的个体也没有再生出多种足趾。

二、小鼠指(趾)尖再生

我们已经努力诱导小鼠和大鼠截断的指(趾)骨近端的芽基形成,主要是通过用胰蛋白酶、CaCl$_2$处理伤口,NaCl 饱和溶液来培育组织溶解和去分化。反复开放截断手指(足趾)的创伤表皮,并用饱和盐溶液处理,能在伤口上皮下诱导少量间充质样细胞的积聚,其含有^{3}H-胸苷嘧啶并分裂。据报道,用来自于猪膀胱且具有趋化性的 ECM 降解产物处理成年小鼠截断的指(趾)骨近端,能够促进一些表达干细胞标记的异质细胞积聚,这些标记包括 Sox2、Sca1 和 Rex1。从指(趾)尖分离的细胞在体外能扩张和向神经外胚层和向中胚层的谱系分化,和对照组指(趾)尖细胞形成对比,对照组只能分化为中胚层谱系,但是在体内还没有增殖的数据表明。这些细胞的积聚不超过 14 ~ 16 天,所以并不知道手指(足趾)是否会再生。在另一项研究中,新生 3 天的小鼠,通过截断末端手指(足趾)的近 1/3,证明了滴注 BMP7 和 BMP2 会诱导结缔组织细胞的增殖以致形成芽基,再生出手指(足趾)完整的形态学结构,并带有指甲。在截肢后 35 天,手指(足趾)的再生长度是可变的,但是显著长于牛血清白蛋白处理的对照组。关于在成年小鼠中是否能够产生类似的结果还有待商榷。

大鼠被截断的肢体已被移植的肌肉处理,电流和给截肢动物无维生素 A 和 D 的饮食,或者用制备的透明体给它们注射。这些实验的结论是这些处理只能诱导从截断的骨骼处带来多余软骨的增殖。

第五节　用比较分析的方法来学习肢体再生

两栖动物肢体是非常宝贵的实验模型,对我们了解不能正常再生的组织是怎样能再生出哺乳动物组织和复杂的结构有重要意义。我们可以完成两种类型的比较分子分析。第一种包括比较同一生物体中肢体和其他能成功再生的组织,或者不同种类的蝾螈之间,通过成功再生的肢体确定共同的分子和回路,作为成功再生的特质。这种比较模式的一个例子是,通过使用减法杂交来确定非洲爪蟾蜍的肢体和晶状体再生中一些共同的基因。第二种比较就是比较有再生能力的肢体和再生缺陷的肢体。可以比较有再生能力的和再生缺陷的物种,有再生能力的和再生缺陷的发育阶段,也可以比较野生型和获得或丢失功能的突变体。基因组的和蛋白质组的比较都会带来重要的信息。第二种比较类型的例子是,通过使用减法杂交分析非洲爪蟾蜍肢体中有再生能力的第 53 阶段和有再生缺陷的第 59 阶段之间的基因活性的差异。为了进一步了解有能力再生和再生缺陷之间的差异,通过使用 RNAi 或吗啉代进行基因抑制来检测差异表达基因的功能,或者标记青蛙转基因与有再生能力的和再生缺陷的相关的基因活性。

小　结

很多动物能够再生完整的或部分的附肢。鱼的鳍再生,有尾目两栖动物的断肢和断尾的再生,爬行动物的尾部再生,某些小鼠和兔的耳组织再生,雄鹿、麋鹿和驼鹿的鹿角再生,以及小鼠和人类的远端指(趾)尖再生。两栖动物能够通过切割处再生来替代它们的肢体和下颚。这些结构提供了研究的模型,通过这些模型我们可以进一步了解如何扩展人类肢体的再生能力。

我们知道大部分有尾目类动物的肢体再生机制。再生最初的事件是断肢表面的创伤表皮的迁移。IP3 和 NO 的产生,以及跨创伤表皮的 Na^+ 内流和 H^+ 外流,是发动信号级联的必要条件并最终导致芽基形成。这些信号会导致酸性水解酶和 MMPs 的产生,它们定位于残肢的表面并能够降解组织 ECM,释放肌肉的卫星细胞,使肌纤维细胞化,并且释放经历去分化的真皮成纤维细胞、施万细胞、软骨和肌肉细胞。去分化包括表观遗传标记的改变,会导致干性基因的上调,如 *msx1*、*rfrng*、*Notch*、*Nrad* 和 *Lin 28*,同时也会合成更多的胚胎 ECM。截肢后的几天内,去分化细胞在创伤上皮下聚集,并且它在尖端增厚形成顶端表皮帽(AEC)。TGFβ 和 Wnt 信号转导通路调控最初的芽基细胞形成。

在积聚芽基形成过程中,绝大部分的芽基细胞进入细胞周期,但是只有其中的很小部分会发生有丝分裂。由凝血酶激活的一种仍未被确认的蛋白能够诱导进入细胞周期,类似于晶状体再生过程中的 PECs 进入细胞周期。一旦芽基形成,芽基细胞有丝分裂显著增加并驱动芽基生长。有丝分裂依赖于再生神经轴突和创伤表皮之间的交互关系。表皮合成前梯度蛋白,一个完整的芽基细胞有丝分裂原,但是依赖于神经轴突产生的一个因子来维持这种功能。这种因子的具体身份并不确定,但是证据表明它可能是 GGF-2。一旦达到临界大小,芽基的形态发生就变成神经依赖性的,但是通过有丝分裂进行再生仍然依赖于神经-表皮的相互作用。

随着芽基的形式和生长,丢失部分的类型会在芽基内重新特化并且通过再分化来体现。芽基细胞会再分化为它起源的固有的细胞类型,除了真皮成纤维细胞,它也会转分化为软骨细胞。改变了芽基和残肢组织之间的特异性联系的移植实验,总的来说,残肢横断面的每个部分会提供特定的细胞给再分化的结构,在这些细胞内,周缘上的、径向上的和按照近远原则的插入会充满位置标识之间的间隙。实验中用视黄酸来改变芽基细胞的位置标识,通过细胞表面分子不同部分的梯度差异来感知间隙的存在。AGP 受体,Prod 1,在有尾目动物肢体中和存在于蜥蜴尾部的 CD59,还有其他的细胞表面分子如钙黏素,都能够显示细胞表面的梯度。这些观察结果显示了理论上芽基生长如何匹配模式形成。许多轴向模式的基因表达于芽基模式形成过程中,包括近远轴向上的 *HoxA*、*HoxD* 和 *Meis 2* 基因,前后轴向上的 *Shh* 和背腹轴向上的 *Lmx-1*。

芽基从一开始就是一个自我组织的实体。异位移植,甚至是特定条件下迫使芽基重复其形成的最早期阶段,芽基的发育轨迹和偏手性都不会被改变。这些界限是如何形成的仍然是一个讨论的焦点,但是忽略其形成机制,仍要知道在芽基最早的形成阶段需要哪些信息来产生这种边界。

无尾目类两栖动物随着它们从蝌蚪早期到晚期的发展过程,失去了再生能力,所以在截肢后它们只能再生出一个软骨刺突的亚形态。亚形态再生与 *Shh*、*FGF8*、*FGF10*、*Bmp4* 和 *HGF* 的表达,以及适当类型 *HoxA* 的基因表达的失活相关。但是仍然不知道是什么因素奠定了这种失败的基础。一个观点就是,随着蝌蚪成熟,它的免疫系统的成熟改变了再生对亚等位基因的反应。另一个观点就是有尾目类动物已经进化或保留了青蛙、鸟类和哺乳动物中不再存在的再生基因,或者这些生物体内缺少再生抑制性基因。举例说明,在有尾目动物其他分类群中没有发现 Prod 1,并且哺乳动物肌肉细胞不能进入细胞周期和去分化,因为他们在重新进入细胞周期中有一个双锁定点,而有尾目动物的肌肉细胞中却没有。

在哺乳动物中,兔耳组织和 MRL/lpj 小鼠耳组织在全层穿孔损伤后能够再生。有趣的是,MRL 小鼠未受损伤的耳组织中高比例的成纤维细胞处于 G_2 期,说明他们在损伤后可以立即开始增殖。雄鹿每个夏天都会再生鹿角,它们来自于覆盖前额头带蒂骨的骨膜,通过改进软骨内骨形成来实现再生。小鼠和人的末端指(趾)骨的指(趾)尖也可以再生,只有残肢表面没有被缝合关闭。再生似乎直接由骨沉积诱发,这是通过残留在骨表面的成骨细胞实现的,而不是软骨内的过程。

我们已经做了很多努力来促进无尾目类肢体和小鼠末端指(趾)骨的再生。通过增强组织溶解,可以在青蛙中观察到增强的再生反应,并且在一些实验对象中可以观察到不止一个手指(足趾)的再生。外源性 HGF、SHH 或 FGF10 的应用可以诱导非洲爪蟾蜍的再生肢体中肌肉的形成,但是不会改进前后轴模式的形成。滴注 BMP 2 或 BMP 7 可以诱导小鼠手指(足趾)截断处的结缔组织细胞的增殖,只有末端指(趾)骨的近侧端才有增殖能力。这些细胞形成近侧端完整的不同长度的手指(足趾),包括指甲,说明即使在手指(足趾)截断处近端稍远的地方也可能会引起再生。

(李刚 郎宏鑫 林学文 庞希宁)

参 考 文 献

1. Adams DS,Masi A,Levin M. H⁺ pump-dependent changes in membrane voltage are an early mechanism necessary and sufficient to induce Xenopustail regeneration. Development,2007,134(7):1323-1335.

2. Agrawal V,Johnson SA,Reing J,et al. Epimorphic regeneration approach to tissue replacement in adult mammals. Proc Natl Acad Sci USA,2010,107(8):3351-3355.

3. Albert P,Boilly B. Effect of transferrin on amphibian limb regeneration:a blastema cell culture study. Roux's Archiv Dev Biol,1988,197(3):193-196.

4. Allan CH,Fleckman P,Gutierrez A,et al. Expression of MSX1 and Keratins 14 and 19 after human fetal digit tip amputation in vitro. Wound Rep Reg,2005,13:A24.

5. Allen SP,Maden M,Price JS. A role for retinoic acid in regulating the regeneration of deer antlers. Dev Biol,2002,251(2):409-423.

6. Anand P,McGregor GP,Gibson SJ,et al. Increase of substance P-like immunoreactivity in the peripheral nerve of the axolotl after injury. Neurosci Lett,1987,82(3):241-245.

7. Atkinson SL,Stevenson TJ,Park EJ,et al. Cellular electroporation induces dedifferentiation in intact newt limbs. Dev Biol,2006,299(1):257-271.

8. Barfurth D. Zur Regeneration der Geweben. Arch Mikrobiol Anat,1891,37:406-491.

9. Bernis C,Vigneron S,Burgess A,et al. Pin1 stabilizes Emi1 during G2 phase by preventing its association with SCF^βtrcp. EMBO Reports,2007,8(1):91-98.

10. Boilly B,Cavanaugh KP,Thomas D,et al. Acidic fibroblast growth factor is present in regenerating limb blastemas of axolotls and bonds specifically to blastema tissues. Dev Biol,1991,145(2):302-310.

11. Bryant SV,Endo T,Gardiner DM. Vertebrate limb regeneration and the origin of limb stem cells. Int J Dev Biol,2002,46(7):887-896.

12. Butler EG,O'Brien J. P. Effects of localized X-irradiation on regeneration of the urodele limb. Anat Rec,1942,84:407-413.

13. Cadinouche MZA, Liversage RA, Muller W, et al. Molecular cloning of the Notophthalmus viridescens Radical FringecDNA and characterization of its expression during forelimb development and adult forelimb regeneration. Dev Dyn,1999,214(3):259-268.

14. Calve S, Odelberg SJ, Simon H-G. A transitional extracellular matrix instructs cell behavior during muscle regeneration. Dev Biol, 2010,344(1):259-271.

15. Campbell LJ, Crews CM. Wound epidermis formation and function in urodele amphibian limb regeneration. Cell Mol Life Sci,2008, 65(1):73-79.

16. Campbell LJ, Suarez-Castillo EC, Ortiz-Zuazaga H, et al. Gene expression profile of the regeneration epithelium during axolotl limb regeneration. Dev Dynam,2011,240(7):1826-1840.

17. Christensen RN, Tassava RA. Apical epithelial cap morphology and fibronectin gene expression in regenerating axolotl limbs. Dev Dyn,2000,217(2):216-224.

18. Christensen RN, Weinstein M, Tassava RA. Fibroblast growth factors in regenerating limbs of Ambystoma:cloning and semiquantitative RT-PCR expression studies. J Exp Zool,2001,290(5):529-540.

19. Christensen RN, Weinstein M, Tassava RA. Expression of fibroblast growth factors 4,8, and 10 in limbs, flanks, and blastemas of Ambystoma. Dev Dyn,2002,223(2):193-203.

20. Dungan, KM, Wei, TY, Nace, JD, et al. Expression and biological effect of urodele fibroblast growth factor 1:relationship to limb regeneration. J Exp Zool,2002,292(6):540-554.

21. Du Pasquier L, Flajnik M. Origin and evolution of the vertebrate immune system. In:Paul, W. E. (Ed.), Fundamental Immunology. Lippincott-Raven, Philadelphia,1999,605-650.

22. Echeverri K, Tanaka EM. Proximodistal patterning during limb regeneration. Dev Biol,2005,279(2):391-401.

23. Egar MW. Affinophoresis as a test of axolotl accessory limbs. In:Fallon JF, Goetinck PF, Kelley RO, Stocum DL. (Eds.), Limb Development and Regeneration, Part B. Wiley-Liss, New York,1993,383A:203-211.

24. Eldridge AG, Loktev AV, Hansen DV, et al. The evi5 oncogene regulates cyclin accumulation by stabilizing the anaphase-promoting complex inhibitor emi1. Cell,2006,124(2):367-380.

25. Endo T, Yokoyama H, Tamura K. Shh expression in developing and regenerating limb buds of Xenopus laevis. Dev Dyn,1997,209 (2):227-232.

26. Endo T, Tamura K, Ide H. Analysis of gene expressions during xenopus forelimb regeneration. Dev Biol,2000,220(2):296-306.

27. Endo T, Bryant SV, Gardiner DM. A stepwise model system for limb regeneration. Dev Biol,2004,270(1):135-145.

28. Faber J. An experimental analysis of regional organization in the regenerating forelimb of the axolotl(Ambystoma mexicanum). Arch Biol,1960,71:1-67.

29. Fahmy GH, Sicard RE. Acceleration of amphibian forelimb regeneration by polypeptide growth factors. J Minn Acad Sci,1998,63: 58-60.

30. Faucheux C, Nesbitt SA, Horton MA, et al. Cells in regenerating deer antler cartilage provide a microenvironment that supports osteoclast differentiation. J Exp Biol,2001,204(Pt 3):443-455.

31. Faucheux C, Horton MA, Price JS. Nuclear localization of type I parathyroid hormone/parathyroid hormone-related protein receptors in deer antler osteoclasts:evidence for parathyroid hormone-related protein and receptor activator of NF-κB-dependent effects on osteoclast formation in regenerating mammalian bone. J Bone Min Res,2002,17(3):455-464.

32. Faucheux C, Nicholls BM, Allen S, et al. Recapitulation of the parathyroid hormone-related peptide-Indian hedgehog pathway in the regenerating deer antler. Dev Dynam,2004,231(1):88-97.

33. Gardiner DM, Bryant SV. Homeobox-containing genes in limb regeneration. In: Papageorgiou, S. (Ed.), HOX Gene Expression. Landes Bioscience and Springer, Austin X,2007,102-110.

34. Garza-Garcia A, Harris R, Esposito D. et al. Solution structure and phylogenetics of Prod1, a member of the three-finger protein superfamily implicated in salamander limb regeneration. PLoS One,2009,4(9):e7123.

35. Geraudie J, Ferretti P. Gene expression during amphibian limb regeneration. Int Rev Cytol,1998,180:1-50.

36. Ghosh S, Roy S, Seguin C. et al. Analysis of the expression and function of Wnt-5a and Wnt-5b in developing and regenerating axolotl limbs. Dev Growth Diff,2008,50(4):289-297.

37. Giampaoli S, Bucci S, Ragghianti M. ,et al. Expression of FGF2 in the limb blastema of two Salamandridae correlates with their regenerative capability. Proc Biol Sci,2003,270(1530):2197-2205.

38. Globus M, Alles P. A search for immunoreactive substance P and other neural peptides in the limb regenerate of the newt Notoph-

thalmus viridescens. J Exp Zool,1990,254(2):165-176.

39. Godwi JW,Brockes JP. Regeneration,tissue injury and the immune response. J Anat,2006,209:423-432.

40. Gorsic M,Majdic G,Komel R. Identification of differentially expressed genes in 4-day axolotl limb blastema by suppression subtractive hybridization. J Physiol Biochem,2008,64(1):37-50.

41. Gourevich D,Clark L,Chen P,et al. Matrix metalloproteinase activity correlates with blastema formation in the regenerating MRL ear hole model. Dev Dynam 2003,226(2):377-387.

42. Han MJ,An JY,Kim WS. Expression patterns ofFgf-8 during development and limb regeneration of the axolotl. Dev Dyn,2001,220(1):40-48.

43. Han MJ,Yang X,Farrington JE,Muneoka K. Digit regeneration is regulated by Msx1 and BM4 in fetal mice. Development,2003,130:5123-5132.

44. Han M,Yang X,Lee J,et al. Development and regeneration of the neonatal digit tip in mice. Dev Biol,2008,315(1):125-135.

45. Harty M,Neff AW,King MW,et al. Regeneration or scarring:an immunologic perspective. Dev Dynam,2003,226(2):268-279.

46. Heber-Katz E. Spallanzani's mouse:a model of restoration and regeneration. In:Heber-Katz,E. (Ed.),Regeneration:Stem Cells and Beyond. Curr Topics Microbiol Immunol,2004,280:165-189.

47. Heber-Katz E,Chen P,Clark L,et al. Regeneration in MRL mice:Further genetic loci controlling the ear hole closure trait using MRL and M. m. castaneus mice. Wound Rep Reg 2004,12(3):384-392.

48. Huh MS,Parker MH,Scime A,et al. Rb is required for progression through myogenic differentiation but not maintenance of terminal differentiation. J Cell Biol,2004,166(6):865-876.

49. Kestler HA,Kuhl M. From individual Wnt pathways towards a Wnt signaling network. Phil Trans R Soc Lond B Biol Sci,2008,363(1495):1333-1347.

50. Kierdorf U,Bartos L. Treatment of the growing pedicle with retinoic acid increased the size of first antlers in fallow deer(Dama damaL). Comp Biochem Physiol,1999,124(1):7-9.

51. Koshiba K,Kuroiwa A,Yamamoto H,et al. Expression of Msx genes in regenerating and developing limbs of axolotl. J Exp Zool,1998,282(6):703-714.

52. Kragl M,Knapp D,Nacu E,et al. Cells keep a memory of their tissue origin during axolotl limb regeneration. Nature,2009,460(7251):60-65.

53. Kuma A,Velloso C,Imokawa Y,et al. Plasticity of retrovirus-labelled myotubes in the newt regeneration blastema. Dev Biol,2000,218(2):125-136.

54. Kumar A,Velloso C,Imokawa Y,et al. The regenerative plasticity of isolated urodele myofibers and its dependence on MSX1. PloS Biol,2004,2(8):218.

55. Kumar A,Godwin JW,Gates PB,et al. Molecular basis for the nerve dependence of limb regeneration in an adult vertebrate. Science,2007,318(5851):772-777.

56. Kumar A,Nevill G,Brockes,JP,et al. A comparative study of gland cells implicated in the nerve dependence of salamander limb regeneration. J Anat,2010,217(1):16-25.

57. Levesque M,Gatien S,Finnson K,et al. Transforming growth factor:β signaling is essential for limb regeneration in axolotls. PLoS One,2007,2(11):e1277.

58. Lheureux E. Regeneration des membres irradies de Pleurodeles waltliiMichah. (Urodele). Influence des qualites et orientations des greffons non irradies. Wilhelm Roux's Arch Dev Biol,1975,176:303-327.

59. Lin G,Slack JM. Requirement for Wnt and FGF signaling in Xenopustadpole tail regeneration. Dev Biol,2008,316(2):323-335.

60. Maki N,Suetsugu-Maki R,Tarui H,et al. Expression of stem cell pluripotency factors during regeneration in newts. Dev Dyn,2009,238(6):1613-1616.

61. Maki N,Martinson J,Nishimura O,et al. Expression profiles during dedifferentiation in newt lens regeneration revealed by expressed sequence tags. Mol Vision,2010,16:72-78.

62. Masinde GL,Li X,Gu W,et al. Identification of wound healing/regeneration quantitative trait loci(QTL)at multiple time points that explain seventy percent of variance in(MRL/MpJ and SJL/J)mice F2population. Genome Res,2001,11(12):2027-2033.

63. Matsuda H,Yokoyama H,Endo T,et al. An epidermal signal regulates Lmx-1expression and dorsal-ventral pattern during xenopus limb regeneration. Dev Biol,2001,229(2):351-362.

64. McGann CJ,Odelberg SJ,Keating MT. Mammalian myotube dedifferentiation induced by newt regeneration extract. Proc Natl Acad

Sci USA,2001,98(24):13699-13704.

65. Mescher AL,White GW,Brokaw JJ. Apoptosis in regenerating and denervated nonregenerating urodele forelimbs. Wound Rep Reg, 2000,8(2):110-116.

66. Mescher AL,Neff AW. Regenerative capacity and the developing immune system. Adv Biochem Eng/Biotech,2005,93:39-66.

67. Mescher AL,Neff AW. Limb regeneration in amphibians:immunological considerations. Scientific World Journal,2006,6:(Suppl. 1)1-11.

68. Metcalfe AD,Ferguson MWJ. Harnessing wound healing and regeneration for tissue engineering. Biochem Soc Trans,2005,33:(Part 2)413-417.

69. Monaghan JR,Epp LG,Putta S,et al. Microarray and cDNA sequence analysis of transcription during nerve-dependent limb regeneration. BMC Biol,2009,7:1.

70. Morais da Silva,SM,Gates PB,et al. The new tortholog of CD59 is implicated in proximodistal identity during amphibian limb regeneration. Dev Cell,2002,3(4):547-555.

71. Morrison JI,Loof S,He P,et al. Salamander limb regeneration involves the activation of a multipotent skeletal muscle satellite cell population. J Cell Biol,2006,172(3):433-440.

72. Mount JG,Muzylak M,Allen S,et al. Evidence that the canonical Wnt signaling pathway regulates deer antler regeneration. Dev Dyn,2006,235(5):1390-1399.

73. Nakamura K,Maki N,Trinh A,et al. miRNAs in newt lens regeneration:specific control of proliferation and evidence for miRNA networking. PLOS One,2010,5(8):1-7.

74. Namenwirth,M. The inheritance of cell differentiation during limb regeneration in the axolotl. Dev Biol,1974,41(1):42-56.

75. Naviaux RK,Le TP,Bedelbaeva K,et al. Retained features of embryonic metabolism in the adult MRL mouse. Mol Genet Metab, 2009,96(3):133-144.

76. Neff AW,King MW,Harty MW,et al. Expression of Xenopus XlSALL4 during limb development and regeneration. Dev Dynam, 2005,233(2):356-367.

77. Neff AW,Mescher AL,King MW. Dedifferentiation and the role of sall4 in reprogramming and patterning during amphibian limb regeneration. Dev Dynam,2011,240(5):979-989.

78. Odelberg SJ,Kollhof A,Keating M. Dedifferentiation of mammalian myotubes induced by msx-1. Cell,2000,103(7):1099-1109.

79. Ohgo S,Itoh A,Suzuki M,et al. Analysis of hoxa11 and hoxa13 expression during patternless limb regeneration in Xenopus. Dev Biol,2010,338(2):148-157.

80. Pajcini KV,Corbel SY,Sage J,et al. Transient inactivation of Rband ARFyields regenerative cells from postmitotic mammalian muscle. Cell Stem Cell,2010,7(2):198-213.

81. Price JS,Oyajobi BO,Nalin AM,et al. Chondrogenesis in the regenerating antler tip in red deer:expression of collagen types Ⅰ, Ⅱ A, Ⅱ B,and X demonstrated by in situ nucleic acid hybridization and immunocytochemistry. Dev Dynam,1996,205(3):332-347.

82. Qian X,Wang TN,Rothman VL,et al. Thrombospondin-1 modulates angiogenesis in vitro by up regulation of matrix metalloproteinase-9 in endothelial cells. Exp Cell Res,1997,235(2):403-412.

83. Rajnoch C,Ferguson Metcalfe AD,Herrick SE,et al. Regeneration of the ear after wounding in different mouse strains is dependent on the severity of wound trauma. Dev Dynam,2003,226(2):388-397.

84. Rao N,Jhamb D,Milner DJ,et al. Proteomic analysis of blastema formation in regenerating axolotl limbs. BMC Biol,2009,7:83.

85. Rinkevich Y,Lindau P,Ueno H,et al. Germ-layer and lineage-restricted stem/progenitors regenerate the mouse digit tip. Nature, 2011,476(7361):409-413.

86. Sagai T,Masuya H,Tamura M,et al. Phylogenetic conservation of a limb-specific,cis-acting regulator of Sonic hedgehog(Shh). Mamm Genome,2004,15(1):23-34.

87. Said S,Parke W,Neufeld DA. Vascular supplies differ in regenerating and non regenerating amputated rodent digits. Anat Rec, 2004,278(1):443-449.

88. Sato K,Chernoff EAG. The short toes mutation of the axolotl. Dev Growth Diff,2007 49(6):469-478.

89. Satoh A,Ide H,Tamura K. Muscle formation in regenerating xenopus froglet limb. Dev Dynam,2005a,233(2):337-346.

90. Satoh A,Suzuki M,Amano T. et al. Joint development in Xenopus laevis and induction of segmentation in regenerating froglet limb (spike). Dev Dynam,2005b,233(4):1444-1453.

91. Satoh A,Endo T,Abe M,et al. Characterization of xenopus digits and regenerated limbs of the froglet. Dev Dyn,2006,235(12):

3316-3326.

92. Satoh A, Gardiner DM, Bryant SV, et al. Nerve-induced ectopic limb blastemas in the axolotl are equivalent to amputation induced blastemas. Dev Biol,2007,312(1):231-244.

93. Satoh A, Graham GMC, Bryant SV, et al. Neurotrophic regulation of epidermal dedifferentiation during wound healing and limb regeneration in the axolotl(Ambystoma mexicanum). Dev Biol,2008,319(2):321-335.

94. Satoh A, Cummings GMC, Bryant SV, et al. Regulation of proximal-distal intercalation during limb regeneration in the axolotl(Ambystoma mexicanum). Dev Growth Differ,2010,52(9):785-98.

95. Shimizu-Nishikawa KS, Tsuji S, Yoshizato K. Identification and characterization of newt rad(ras associated with diabetes), a gene specifically expressed in regenerating limb muscle. Dev Dynam,2001,220(1):74-86.

96. Simon HG, Tabin CJ. Analysis of Hox-4.5and Hox-3.6expression during newt limb regeneration:differential regulation of paralogous Hoxgenes suggests different roles for members of different Hox clusters. Development,1993,117(4):1397-1407.

97. Simon HG, Nelson C, Goff D, et al. Differential expression of myogenic regulatory genes and Msx-1 during dedifferentiation and redifferentiation of regenerating amphibian limbs. Dev Dyn,1995,202(1):1-12.

98. Simon HG, Kittappa R, Han PA, et al. A novel family of T-box genes in urodele amphibian limb development and regeneration:candidate genes involved in vertebrate forelimb/hindlimb patterning. Development,1997,124(7):1355-1366.

99. Stevenson TJ, Vinarsky V. Tissue inhibitor of metalloproteinase 1 regulates matrix metalloproteinase activity during newt limb regeneration. Dev Dyn,2006,235(3):606-616.

100. Stocum DL, Cameron JA. Looking proximally and distally:100 years of limb regeneration. Dev Dynam,2011,240(5):943-968.

101. Stoick-Cooper CL, Weidinger G, Riehle KJ, et al. Distinct Wnt signaling pathways have opposing roles in appendage regeneration. Development,2007,134(3):479-489.

102. Straube WL, Tanaka EM. Reversibility of the differentiated state:regeneration in amphibians. Artif Organs,2006,30(10):743-755.

103. Suzuki M, Satoh A, Ide H, et al. Nerve-dependent and-independent events in blastema formation during Xenopus froglet limb regeneration. Dev Biol,2005,286(1):361-375.

104. Suzuki M, Yakushiji N, Nakada Y, et al. Limb regeneration in Xenopus laevisfroglet. Scientific World Journal,2006,6(Suppl. 1):26-37.

105. Takahashi K, Tanabe K, Ohnuki M, et al. Induction of pluripotent stem cells from adult human fibroblasts by defined factors. Cell,2007,131(5):861-872.

106. Tamura K, Ohgo S, Yokoyama H. The limb blastema cell:a stem cell for morphological regeneration. Dev Growth Differ,2010,52(1):89-99.

107. Tseng AS, Adams DS, Qiu D, et al. Apoptosis is required during early stages of tail regeneration in Xenopus laevis. Dev Biol,2007,301(1):62-69.

108. Velloso CP, Kumar A, Tanaka EM, et al. Generation of mononucleate cells from post-mitotic myotubes proceeds in the absence of cell cycle progression. Differentiation,2000,66(4-5):239-246.

109. Vinarsky V, Atkinson DL, Stevenson T, et al. Normal newt limb regeneration requires matrix metalloproteinase function. Dev Biol,2005 279(1):86-98.

110. Wada N. Spatiotemporal changes in cell adhesiveness during vertebrate limb morphogenesis. Dev Dynam,2011,240(5):969-978.

111. Wagner W, Reichl J, Wehrman M, et al. Neonatal rat cartilage has the capacity for tissue regeneration. Wound Rep Reg,2001,9(6):531-536.

112. Wang L, Marchionni MA, Tassava RA. Cloning and neuronal expression of a type III newt neuregulin and rescue of denervated nerve-dependent newt limb blastemas by rhGGF2. J Neurobiol,2000,43(2):150-158.

113. Whited JL, Lehoczky JA, Austin CA, et al. Dynamic expression of two thrombospondins during axolotl limb regeneration. Dev Dynam,2011,240(5):1249-1258.

114. Wolfe D, Nye HLD, Cameron J. Extent of ossification at the amputation plane is correlated with the decline of blastema formation and regeneration in Xenopus laevishind limbs. Dev Dynam,2000,218(4):681-697.

115. Wolfe AD, Crimmins G, Cameron JA, et al. Early regeneration genes:building a molecular profile for shared expression in cornea-lens transdifferentiation and hindlimb regeneration in Xenopus laevis. Dev Dynam 2004,230(4):615-629.

116. Yakushiji N, Suzuki M, Satoh A, et al. Correlation between Shh expression and DNA methylation status of the limb-specific Shh en-

hancer region during limb regeneration in amphibians. Dev Biol,2007,312(1):171-182.

117. Yang EV,Gardiner DM,Bryant SV. Expression of Mmp-9and related matrix metalloproteinase genes during axolotl limb regeneration. Dev Dyn,1999,216(1):2-9.

118. Yokoyama H,Yonei-Tamura S,Endo T,et al. Mesenchyme with fgf10 expression is responsible for regenerative capacity in xenopus limb buds. Dev Biol,2000,219(1):18-29.

119. Yokoyama H,Ide H,Tamura K. FGF-10 stimulates limb regeneration ability in Xenopus laevis. Dev Biol,2001,233(1):72-79.

120. Yu J,Vodyanik MA,Smuga-Otto K,et al. Induced pluripotent stem cells derived from human somatic cells. Science,2007,318 (5858):1917-1920.

121. Yu L,Han M,Yan M,et al. Muneoka,K. BMP signaling induces digit regeneration in neonatal mice. Development,2010,137(4): 551-559.